建筑施工手册

（第五版）

1

《建筑施工手册》（第五版）编委会

中国建筑工业出版社

图书在版编目（CIP）数据

建筑施工手册 1/《建筑施工手册》（第五版）编委会.—5版.北京：中国建筑工业出版社，2011.12（2023.4重印）
ISBN 978-7-112-13691-9

Ⅰ.①建… Ⅱ.①建… Ⅲ.①建筑工程-工程施工-技术手册 Ⅳ.①TU7-62

中国版本图书馆CIP数据核字（2011）第231894号

《建筑施工手册》（第五版）共分5个分册，本书为第1分册。本书共分6章，主要内容包括：施工项目管理；施工项目技术管理；施工常用数据；施工常用结构计算；试验与检验；通用施工机械与设备。

近年来，我国先后对建筑材料、建筑结构设计、建筑技术、建筑施工质量验收等标准、规范进行了全面的修订，并新颁布了多项规范和标准，本书修订紧密结合现行规范，符合新规范要求；对近年来发展较快的施工技术内容做了大量的补充，反映了住房和城乡建设部重点推广的新材料、新技术、新工艺；充分体现权威性、科学性、先进性、实用性、便捷性，内容更全面、更系统、更丰富、更新颖，是建筑施工技术人员的好参谋、好助手。

本书可供建筑施工工程技术人员、管理人员使用，也可供大专院校相关专业师生参考。

* * *

责任编辑：余永祯 郦锁林 范业庶 赵晓菲
责任设计：董建平
责任校对：姜小莲 赵 颖

建筑施工手册
（第五版）
1
《建筑施工手册》（第五版）编委会
*
中国建筑工业出版社出版、发行（北京西郊百万庄）
各地新华书店、建筑书店经销
北京红光制版公司制版
天津翔远印刷有限公司印刷
*
开本：787×1092毫米 1/16 印张：72¾ 字数：1813千字
2012年12月第五版 2023年4月第二十三次印刷
定价：**150.00**元
ISBN 978-7-112-13691-9
（22775）
如有印装质量问题，可寄本社退换
（邮政编码100037）

《建筑施工手册》（第五版）编委会

主　　任： 王珮云　肖绪文

委　　员：（按姓氏笔画排序）

马荣全　马福玲　王玉岭　王存贵　邓明胜
冉志伟　冯　跃　李景芳　杨健康　吴月华
张　琨　张志明　张学助　张晋勋　欧亚明
赵志缙　赵福明　胡永旭　侯君伟　龚　剑
蒋立红　焦安亮　谭立新　虢明跃

主编单位： 中国建筑股份有限公司

副主编单位： 上海建工集团股份有限公司
北京城建集团有限责任公司
北京建工集团有限责任公司
北京住总集团有限责任公司
中国建筑一局（集团）有限公司
中国建筑第二工程局有限公司
中国建筑第三工程局有限公司
中国建筑第八工程局有限公司
中建国际建设有限公司
中国建筑发展有限公司

参编单位

同济大学
哈尔滨工业大学
东南大学
华东理工大学
上海建工一建集团有限公司
上海建工二建集团有限公司
上海建工四建集团有限公司
上海建工五建集团有限公司
上海建工七建集团有限公司
上海市机械施工有限公司
上海市基础工程有限公司
上海建工材料工程有限公司
上海市建筑构件制品有限公司
上海华东建筑机械厂有限公司
北京城建二建设工程有限公司
北京城建安装工程有限公司
北京城建勘测设计研究院有限责任公司
北京城建中南土木工程集团有限公司
北京市第三建筑工程有限公司
北京市建筑工程研究院有限责任公司
北京建工集团有限责任公司总承包部
北京建工博海建设有限公司
北京中建建筑科学研究院有限公司
全国化工施工标准化管理中心站
中建二局土木工程有限公司
中建钢构有限公司
中国建筑第四工程局有限公司
贵州中建建筑科研设计院有限公司
中国建筑第五工程局有限公司
中建五局装饰幕墙有限公司
中建（长沙）不二幕墙装饰有限公司
中国建筑第六工程局有限公司
中国建筑第七工程局有限公司
中建八局第一建设有限公司
中建八局第二建设有限公司
中建八局第三建设有限公司
中建八局第四建设有限公司
上海中建八局装饰装修有限公司
中建八局工业设备安装有限责任公司
中建土木工程有限公司
中建城市建设发展有限公司
中外园林建设有限公司
中国建筑装饰工程有限公司
深圳海外装饰工程有限公司
北京房地集团有限公司
中建电子工程有限公司
江苏扬安机电设备工程有限公司

第五版出版说明

《建筑施工手册》自1980年问世，1988年出版了第二版，1997年出版了第三版，2003年出版了第四版，作为建筑施工人员的常备工具书，长期以来在工程技术人员心中有着较高的地位，对促进工程技术进步和工程建设发展作出了重要的贡献。

近年来，建筑工程领域新技术、新工艺、新材料的应用和发展日新月异，我国先后对建筑材料、建筑结构设计、建筑技术、建筑施工质量验收等标准、规范进行了全面的修订，并陆续颁布出版。为使手册紧密结合现行规范，符合新规范要求，充分体现权威性、科学性、先进性、实用性、便捷性，内容更全面、更系统、更丰富、更新颖，我们对《建筑施工手册》（第四版）进行了全面修订。

第五版分5册，全书共37章，与第四版相比在结构和内容上有很大变化，主要为：

（1）根据建筑施工技术人员的实际需要，取消建筑施工管理分册，将第四版中“31 施工项目管理”、“32 建筑工程造价”、“33 工程施工招标与投标”、“34 施工组织设计”、“35 建筑施工安全技术与管理”、“36 建设工程监理”共计6章内容改为“1 施工项目管理”、“2 施工项目技术管理”两章。

（2）将第四版中“6 土方与基坑工程”拆分为“8 土石方及爆破工程”、“9 基坑工程”两章；将第四版中“17 地下防水工程”扩充为“27 防水工程”；将第四版中“19 建筑装饰装修工程”拆分为“22 幕墙工程”、“23 门窗工程”、“24 建筑装饰装修工程”；将第四版中“22 冬期施工”扩充为“21 季节性施工”。

（3）取消第四版中“15 滑动模板施工”、“21 构筑物工程”、“25 设备安装常用数据与基本要求”。在本版中增加“6 通用施工机械与设备”、“18 索膜结构工程”、“19 钢—混凝土组合结构工程”、“30 既有建筑鉴定与加固”、“32 机电工程施工通则”。

同时，为了切实满足一线工程技术人员需要，充分体现作者的权威性和广泛性，本次修订工作在组织模式、表现形式等方面也进行了创新，主要有以下几个方面：

（1）本次修订采用由我社组织、单位参编的模式，以中国建筑工程总公司（中国建筑股份有限公司）为主编单位，以上海建工集团股份有限公司、北京城建集团有限责任公司、北京建工集团有限责任公司等单位为副主编单位，以同济大学等单位为参编单位。

（2）书后贴有网上增值服务标，凭ID、SN号可享受网络增值服务。增值服务内容由我社和编写单位提供，包括：标准规范更新信息以及手册中相应内容的更新；新工艺、新工法、新材料、新设备等内容的介绍；施工技术、质量、安全、管理等方面的案例；施工类相关图书的简介；读者反馈及问题解答等。

本手册修订、审稿过程中，得到了各编写单位及专家的大力支持和帮助，我们表示衷心地感谢；同时也感谢第一版至第四版所有参与编写工作的专家对我们出版工作的热情支持，希望手册第五版能继续成为建筑施工技术人员的好参谋、好助手。

中国建筑工业出版社

2012年12月

第五版执笔人

1

1 施工项目管理	赵福明 田金信 刘　杨 周爱民 姜　旭 张守健 李忠富 李晓东 尉家鑫 王　锋
2 施工项目技术管理	邓明胜 王建英 冯爱民 杨　峰 肖绪文 黄会华 唐　晓 王立营 陈文刚 尹文斌 李江涛
3 施工常用数据	王要武 赵福明 彭明祥 刘　杨 关　柯 宋福渊 刘长滨 罗兆烈
4 施工常用结构计算	肖绪文 王要武 赵福明 刘　杨 原长庆 耿冬青 张连一 赵志缙 赵　帆
5 试验与检验	李鸿飞 宫远贵 宗兆民 秦国平 邓有冠 付伟杰 曹旭明 温美娟 韩军旺 陈　洁 孟凡辉 李海军 王志伟 张　青
6 通用施工机械与设备	龚　剑 王正平 黄跃申 汪思满 姜向红 龚满哗 章尚驰

2

7 建筑施工测量	张晋勋 秦长利 李北超 刘　建 马全明 王荣权 罗华丽 纪学文 张志刚 李　剑 许彦特 任润德 吴来瑞 邓学才 陈云祥
8 土石方及爆破工程	李景芳 沙友德 张巧芬 黄兆利 江正荣
9 基坑工程	龚　剑 朱毅敏 李耀良 姜　峰 袁　芬 袁　勇 葛兆源 赵志缙 赵　帆
10 地基与桩基工程	张晋勋 金　淮 高文新 李　玲 刘金波 庞　炜 马　健 高志刚 江正荣
11 脚手架工程	龚　剑 王美华 邱锡宏 刘　群 尤雪春 张　铭 徐　伟 葛兆源 杜荣军 姜传库
12 吊装工程	张　琨 周　明 高　杰 梁建智 叶映辉
13 模板工程	张显来 侯君伟 毛凤林 汪亚东 胡裕新 王京生 安兰慧 崔桂兰 任海波 阎明伟 邵　畅

3

14 钢筋工程	秦家顺 沈兴东 赵海峰 王士群 刘广文 程建军 杨宗放

15	混凝土工程	龚　剑	吴德龙	吴　杰	冯为民	朱毅敏
		汤洪家	陈尧亮	王庆生		
16	预应力工程	李晨光	王　丰	仝为民	徐瑞龙	钱英欣
		刘　航	周黎光	宋慧杰	杨宗放	
17	钢结构工程	王　宏	黄　刚	戴立先	陈华周	刘　曙
		李　迪	郑伟盛	赵志缙	赵　帆	王　辉
18	索膜结构工程	龚　剑	朱　骏	张其林	吴明儿	郝晨均
19	钢-混凝土组合结构工程	陈成林	丁志强	肖绪文	马荣全	赵锡玉
		刘玉法				
20	砌体工程	谭　青	黄延铮	朱维益		
21	季节性施工	万利民	蔡庆军	刘桂新	赵亚军	王桂玲
		项翥行				
22	幕墙工程	李水生	贺雄英	李群生	李基顺	张　权
		侯君伟				
23	门窗工程	张晓勇	戈祥林	葛乃剑	黄　贵	朱帏财
		唐际宇	王寿华			

4

24	建筑装饰装修工程	赵福明	高　岗	王　伟	谷晓峰	徐　立
		刘　杨	邓　力	王文胜	陈智坚	罗春雄
		曲彦斌	白　洁	宓文喆	李世伟	侯君伟
25	建筑地面工程	李忠卫	韩兴争	王　涛	金传东	赵　俭
		王　杰	熊杰民			
26	屋面工程	杨秉钧	朱文键	董　曦	谢　群	葛　磊
		杨　东	张文华	项桦太		
27	防水工程	李雁鸣	刘迎红	张　建	刘爱玲	杨玉苹
		谢　婧	薛振东	邹爱玲	吴　明	王　天
28	建筑防腐蚀工程	侯锐钢	王瑞堂	芦　天	修良军	
29	建筑节能与保温隔热工程	费慧慧	张　军	刘　强	肖文凤	孟庆礼
		梅晓丽	鲍宇清	金鸿祥	杨善勤	
30	既有建筑鉴定与加固改造	薛　刚	吴学军	邓美龙	陈　娣	李金元
		张立敏	王林枫			
31	古建筑工程	赵福明	马福玲	刘大可	马炳坚	路化林
		蒋广全	王金满	安大庆	刘　杨	林其浩
		谭　放	梁　军			

5

32	机电工程施工通则	刘　青	韦　薇	鞠　东		

33　建筑给水排水及采暖工程　纪宝松　张成林　曹丹桂　陈　静　孙　勇
赵民生　王建鹏　邵　娜　刘　涛　苗冬梅
赵培森　王树英　田会杰　王志伟

34　通风与空调工程　孔祥建　向金梅　王　安　王　宇　李耀峰
吕善志　鞠硕华　刘长庚　张学助　孟昭荣

35　建筑电气安装工程　王世强　谢刚奎　张希峰　陈国科　章小燕
王建军　张玉年　李显煜　王文学　万金林
高克送　陈御平

36　智能建筑工程　苗　地　邓明胜　崔春明　薛居明　庞　晖
刘　森　郎云涛　陈文晖　刘亚红　霍冬伟
张　伟　孙述璞　张青虎

37　电梯安装工程　李爱武　刘长沙　李本勇　秦　宾　史美鹤
纪学文

手册第五版审编组成员（按姓氏笔画排列）

卜一德　马荣华　叶林标　任俊和　刘国琦　李清江　杨嗣信　汪仲琦　张学助
张金序　张婀娜　陆文华　陈秀中　赵志缙　侯君伟　施锦飞　唐九如　韩东林

出版社审编人员

胡永旭　余永祯　刘　江　郦锁林　周世明　曲汝铎　郭　栋　岳建光　范业庶
曾　威　张伯熙　赵晓菲　张　磊　万　李　王砾瑶

第四版出版说明

《建筑施工手册》自1980年出版问世，1988年出版了第二版，1997年出版了第三版。由于近年来我国建筑工程勘察设计、施工质量验收、材料等标准规范的全面修订，新技术、新工艺、新材料的应用和发展，以及为了适应我国加入WTO以后建筑业与国际接轨的形势，我们对《建筑施工手册》（第三版）进行了全面修订。此次修订遵循以下原则：

1. 继承发扬前三版的优点，充分体现出手册的权威性、科学性、先进性、实用性，同时反映我国加入WTO后，建筑施工管理与国际接轨，把国外先进的施工技术、管理方法吸收进来。精心修订，使手册成为名副其实的精品图书，畅销不衰。

2. 近年来，我国先后对建筑材料、建筑结构设计、建筑工程施工质量验收规范进行了全面修订并实施，手册修订内容紧密结合相应规范，符合新规范要求，既作为一本资料齐全、查找方便的工具书，也可作为规范实施的技术性工具书。

3. 根据国家施工质量验收规范要求，增加建筑安装技术内容，使建筑安装施工技术更完整、全面，进一步扩大了手册实用性，满足全国广大建筑安装施工技术人员的需要。

4. 增加补充建设部重点推广的新技术、新工艺、新材料，删除已经落后的、不常用的施工工艺和方法。

第四版仍分5册，全书共36章。与第三版相比，在结构和内容上有很大变化，第四版第1、2、3册主要介绍建筑施工技术，第4册主要介绍建筑安装技术，第5册主要介绍建筑施工管理。与第三版相比，构架不同点在于：(1) 建筑施工管理部分内容集中单独成册；(2) 根据国家新编建筑工程施工质量验收规范要求，增加建筑安装技术内容，使建筑施工技术更完整、全面；(3) 将第三版其中22装配式大板与升板法施工、23滑动模板施工、24大模板施工精简压缩成滑动模板施工一章；15木结构工程、27门窗工程、28装饰工程合并为建筑装饰装修工程一章；根据需要，增加古建筑施工一章。

第四版由中国建筑工业出版社组织修订，来自全国各施工单位、科研院校、建筑工程施工质量验收规范编制组等专家、教授共61人组成手册编写组。同时成立了《建筑施工手册》（第四版）审编组，在中国建筑工业出版社主持下，负责各章的审稿和部分章节的修改工作。

本手册修订、审稿过程中，得到了很多单位及个人的大力支持和帮助，我们表示衷心地感谢。

第四版总目（主要执笔人）

32 建筑工程造价 丛培经

33 工程施工招标与投标 张 琰 郝小兵

34 施工组织设计 关 柯 王长林 董玉学 刘志才

35 建筑施工安全技术与管理 杜荣军

36 建设工程监理 张 莹 张稚麟

手册第四版审编组成员（按姓氏笔画排列）

王寿华 王家隽 朱维益 吴之昕 张学助 张 琰 张惠宗

林贤光 陈御平 杨嗣信 侯君伟 赵志缙 黄崇国 彭圣浩

出版社审编人员

胡永旭 余永祯 周世明 林婉华 刘 江 时咏梅 郦锁林

第三版出版说明

《建筑施工手册》自1980年出版问世，1988年出版了第二版。从手册出版、二版至今已16年，发行了200余万册，施工企业技术人员几乎人手一册，成为常备工具书。这套手册对于我国施工技术水平的提高，施工队伍素质的培养，起了巨大的推动作用。手册第一版荣获1971～1981年度全国优秀科技图书奖。第二版荣获1990年建设部首届全国优秀建筑科技图书部级奖一等奖。在1991年8月5日的新闻出版报上，这套手册被誉为"推动着我国科技进步的十部著作"之一。同时，在港、澳地区和日本、前苏联等国，这套手册也有相当的影响，享有一定的声誉。

近十年来，随着我国经济的振兴和改革的深入，建筑业的发展十分迅速，各地陆续兴建了一批对国计民生有重大影响的重点工程，高层和超高层建筑如雨后春笋，拔地而起。通过长期的工程实践和技术交流，我国建筑施工技术和管理经验有了长足的进步，积累了丰富的经验。与此同时，许多新的施工验收规范、技术规程、建筑工程质量验评标准及有关基础定额均已颁布执行。这一切为修订《建筑施工手册》第三版创造了条件。

现在，我们奉献给读者的是《建筑施工手册》(第三版)。第三版是跨世纪的版本，修订的宗旨是：要全面总结改革开放以来我国在建筑工程施工中的最新成果，最先进的建筑施工技术，以及在建筑业管理等软科学方面的改革成果，使我国在建筑业管理方面逐步与国际接轨，以适应跨世纪的要求。

新推出的手册第三版，在结构上作了调整，将手册第二版上、中、下3册分为5个分册，共32章。第1、2分册为施工准备阶段和建筑业管理等各项内容，分10章介绍；除保留第二版中的各章外，增加了建设监理和建筑施工安全技术两章。3～5册为各分部工程的施工技术，分22章介绍；将第二版各章在顺序上作了调整，对工程中应用较少的技术，作了合并或简化，如将砌块工程并入砌体工程，预应力板柱并入预应力工程，装配式大板与升板工程合并；同时，根据工程技术的发展和国家的技术政策，补充了门窗工程和建筑节能两部分。各章中着重补充近十年采用的新结构、新技术、新材料、新设备、新工艺，对建设部颁发的建筑业"九五"期间重点推广的10项新技术，在有关各章中均作了重点补充。这次修订，还将前一版中存在的问题作了订正。各章内容均符合国家新颁规范、标准的要求，内容范围进一步扩大，突出了资料齐全、查找方便的特点。

我们衷心地感谢广大读者对我们的热情支持。我们希望手册第三版继续成为建筑施工技术人员工作中的好参谋、好帮手。

1997年4月

手册第三版主要执笔人

第1册

1 常用数据　　关　柯　刘长滨　罗兆烈

2 施工常用结构计算 赵志缙 赵 帆

3 材料试验与结构检验 项翥行

4 施工测量 吴来瑞 陈云祥

5 脚手架工程和垂直运输设施 杜荣军 姜传库

6 建筑施工安全技术和管理 杜荣军

第2册

7 施工组织设计和项目管理 关 柯 王长林 田金信 刘志才 董玉学 周爱民

8 建筑工程造价 唐连珏

9 工程施工的招标与投标 张 琰

10 建设监理 张稚麟

第3册

11 土方与爆破工程 江正荣 赵志缙 赵 帆

12 地基与基础工程 江正荣

13 地下防水工程 薛振东

14 砌体工程 朱维益

15 木结构工程 王寿华

16 钢结构工程 赵志缙 赵 帆 范懋达 王 辉

第4册

17 模板工程 侯君伟 赵志缙

18 钢筋工程 杨宗放

19 混凝土工程 徐 帆

20 预应力混凝土工程 杨宗放 杜荣军

21 混凝土结构吊装工程 梁建智 叶映辉 赵志缙

22 装配式大板与升板法施工 侯君伟 戎 贤 朱维益 张晋元 孙 克

23 滑动模板施工 毛凤林

24 大模板施工 侯君伟 赵志缙

第5册

25 屋面工程 杨 扬 项桦太

26 建筑地面工程 熊杰民

27 门窗工程 王寿华

28 装饰工程 侯君伟

29 防腐蚀工程 芦 天 侯锐钢 白 月 陆士平

30 工程构筑物 王寿华

31 冬季施工 项翥行

32 隔热保温工程与建筑节能 张竹荪

第二版出版说明

《建筑施工手册》(第一版) 自 1980 年出版以来，先后重印七次，累计印数达 150 万册左右，受到广大读者的欢迎和社会的好评，曾荣获 1971～1981 年度全国优秀科技图书奖。不少读者还对第一版的内容提出了许多宝贵的意见和建议，在此我们向广大读者表示深深的谢意。

近几年，我国执行改革、开放政策，建筑业蓬勃发展，高层建筑日益增多，其平面布局、结构类型复杂、多样，各种新的建筑材料的应用，使得建筑施工技术有了很大的进步。同时，新的施工规范、标准、定额等已颁布执行，这就使得第一版的内容远远不能满足当前施工的需要。因此，我们对手册进行了全面的修订。

手册第二版仍分上、中、下三册，以量大面广的一般工业与民用建筑，包括相应的附属构筑物的施工技术为主。但是，内容范围较第一版略有扩大。第一版全书共 29 个项目，第二版扩大为 31 个项目，增加了“砌块工程施工”和“预应力板柱工程施工”两章。并将原第 3 章改名为“施工组织与管理”、原第 4 章改名为“建筑工程招标投标及工程概预算”、原第 9 章改名为“脚手架工程和垂直运输设施”、原第 17 章改名为“钢筋混凝土结构吊装”、原第 18 章改名为“装配式大板工程施工”。除第 17 章外，其他各章均增加了很多新内容，以更适应当前施工的需要。其余各章均作了全面修订，删去了陈旧的和不常用的资料，补充了不少新工艺、新技术、新材料，特别是施工常用结构计算、地基与基础工程、地下防水工程、装饰工程等章，修改补充后，内容更为丰富。

手册第二版根据新的国家规范、标准、定额进行修订，采用国家颁布的法定计量单位，单位均用符号表示。但是，对个别计算公式采用法定计量单位计算数值有困难时，仍用非法定单位计算，计算结果取近似值换算为法定单位。

对于手册第一版中存在的各种问题，这次修订时，我们均尽可能一一作了订正。

在手册第二版的修订、审稿过程中，得到了许多单位和个人的大力支持和帮助，我们衷心地表示感谢。

手册第二版主要执笔人

上　册

项目名称	修订者
1. 常用数据	关　柯　刘长滨
2. 施工常用结构计算	赵志缙　应惠清　陈　杰
3. 施工组织与管理	关　柯　王长林　董五学　田金信
4. 建筑工程招标投标及工程概预算	侯君伟
5. 材料试验与结构检验	项翥行
6. 施工测量	吴来瑞　陈云祥

7. 土方与爆破工程　江正荣
8. 地基与基础工程　江正荣　朱国梁
9. 脚手架工程和垂直运输设施　杜荣军

中　册

10. 砖石工程　朱维益
11. 木结构工程　王寿华
12. 钢结构工程　赵志缙　范懋达　王　辉
13. 模板工程　王壮飞
14. 钢筋工程　杨宗放
15. 混凝土工程　徐　帆
16. 预应力混凝土工程　杨宗放
17. 钢筋混凝土结构吊装　朱维益
18. 装配式大板工程施工　侯君伟

下　册

19. 砌块工程施工　张稚麟
20. 预应力板柱工程施工　杜荣军
21. 滑升模板施工　王壮飞
22. 大模板施工　侯君伟
23. 升板法施工　朱维益
24. 屋面工程　项桦太
25. 地下防水工程　薛振东
26. 隔热保温工程　韦延年
27. 地面与楼面工程　熊杰民
28. 装饰工程　侯君伟　徐小洪
29. 防腐蚀工程　侯君伟
30. 工程构筑物　王寿华
31. 冬期施工　项翥行

1988 年 12 月

第一版出版说明

《建筑施工手册》分上、中、下三册，全书共二十九个项目。内容以量大面广的一般工业与民用建筑，包括相应的附属构筑物的施工技术为主，同时适当介绍了各工种工程的常用材料和施工机具。

手册在总结我国建筑施工经验的基础上，系统地介绍了各工种工程传统的基本施工方法和施工要点，同时介绍了近年来应用日广的新技术和新工艺。目的是给广大施工人员，特别是基层施工技术人员提供一本资料齐全、查找方便的工具书。但是，就这个本子看来，有的项目新资料收入不多，有的项目写法上欠简练，名词术语也不尽统一；某些规范、定额，因为正在修订中，有的数据规定仍取用旧的。这些均有待再版时，改进提高。

本手册由国家建筑工程总局组织编写，共十三个单位组成手册编写组。北京市建筑工程局主持了编写过程的编辑审稿工作。

本手册编写和审查过程中，得到各省市基建单位的大力支持和帮助，我们表示衷心的感谢。

手册第一版主要执笔人

上　册

1. 常用数据	哈尔滨建筑工程学院	关　柯　陈德蔚
2. 施工常用结构计算	同济大学	赵志缙　周士富　潘宝根
	上海市建筑工程局	黄进生
3. 施工组织设计	哈尔滨建筑工程学院	关　柯　陈德蔚　王长林
4. 工程概预算	镇江市城建局	左鹏高
5. 材料试验与结构检验	国家建筑工程总局第一工程局	杜荣军
6. 施工测量	国家建筑工程总局第一工程局	严必达
7. 土方与爆破工程	四川省第一机械化施工公司	郭瑞田
	四川省土石方公司	杨洪福
8. 地基与基础工程	广东省第一建筑工程公司	梁　润
	广东省建筑工程局	郭汝铭
9. 脚手架工程	河南省第四建筑工程公司	张肇贤

中　册

10. 砌体工程	广州市建筑工程局	余福荫
	广东省第一建筑工程公司	伍于聪
	上海市第七建筑工程公司	方　枚

11. 木结构工程	山西省建筑工程局	王寿华
12. 钢结构工程	同济大学	赵志缙　胡学仁
	上海市华东建筑机械厂	郑正国
	北京市建筑机械厂	范懋达
13. 模板工程	河南省第三建筑工程公司	王壮飞
14. 钢筋工程	南京工学院	杨宗放
15. 混凝土工程	江苏省建筑工程局	熊杰民
16. 预应力混凝土工程	陕西省建筑科学研究院	徐汉康　濮小龙
	中国建筑科学研究院 建筑结构研究所	裴　骕　黄金城
17. 结构吊装	陕西省机械施工公司	梁建智　于近安
18. 墙板工程	北京市建筑工程研究所	侯君伟
	北京市第二住宅建筑工程公司	方志刚

下　册

19. 滑升模板施工	河南省第三建筑工程公司	王壮飞
	山西省建筑工程局	赵全龙
20. 大模板施工	北京市第一建筑工程公司	万嗣诠　戴振国
21. 升板法施工	陕西省机械施工公司	梁建智
	陕西省建筑工程局	朱维益
22. 屋面工程	四川省建筑工程局建筑工程学校	刘占罴
23. 地下防水工程	天津市建筑工程局	叶祖涵　邹连华
24. 隔热保温工程	四川省建筑科学研究所	韦延年
	四川省建筑勘测设计院	侯远贵
25. 地面工程	北京市第五建筑工程公司	白金铭　阎崇贵
26. 装饰工程	北京市第一建筑工程公司	凌关荣
	北京市建筑工程研究所	张兴大　徐晓洪
27. 防腐蚀工程	北京市第一建筑工程公司	王伯龙
28. 工程构筑物	国家建筑工程总局第一工程局二公司	陆仁元
	山西省建筑工程局	王寿华　赵全龙
29. 冬季施工	哈尔滨市第一建筑工程公司	吕元骐
	哈尔滨建筑工程学院	刘宗仁
	大庆建筑公司	黄可荣

手册编写组组长单位	北京市建筑工程局（主持人：徐仁祥　梅　璋　张悦勤）
手册编写组副组长单位	国家建筑工程总局第一工程局（主持人：俞佾文）
	同济大学（主持人：赵志缙　黄进生）
手 册 审 编 组 成 员	王壮飞　王寿华　朱维益　张悦勤　项翥行　侯君伟　赵志缙
出 版 社 审 编 人 员	夏行时　包瑞麟　曲士蕴　李伯宁　陈淑英　周　谊　林婉华 胡凤仪　徐竞达　徐焰珍　蔡秉乾

1980 年 12 月

总目录

目　录

2 施工项目技术管理

3 施工常用数据

4　施工常用结构计算

6　通用施工机械与设备

1 施工项目管理

1.1 施工项目管理概述

1.1.1 基本概念

1.1.1.1 项目、建设项目

1. 项目

是指为达到符合规定要求的目标，按限定时间、限定资源和限定质量标准等约束条件完成的，由一系列相互协调的受控活动组成的特定过程。

项目的基本特征是：一次性、目标的明确性、具有独特的生命期、整体性和不可逆性。

2. 建设项目

是项目中最重要的一类。建设项目是指需要一定量的投资，按照一定的程序，在一定时间内完成，符合质量要求的，以形成固定资产为明确目标的特定过程。一个建设项目就是一个固定资产投资项目，建设项目有基本建设项目（新建、扩建、改建、迁建、重建等扩大再生产的项目）和技术改造项目（以改进技术、增加产品品种、提高质量、治理“三废”、改善劳动安全、节约资源为主要目的的项目）。

建设项目的基本特征是：目标的明确性、整体性、建设过程程序性、约束性、一次性和风险性。

1.1.1.2 施工项目

施工项目是指建筑企业自施工承包投标开始到保修期满为止的全过程完成的项目。

施工项目除了具有一般项目的特征外，还具有以下特征：①施工项目是建设项目或其中的单项工程、单位工程的施工活动过程。②建筑企业是施工项目的管理主体。③施工项目的任务范围是由施工合同界定的。④建筑产品具有多样性、固定性、体积庞大的特点。

只有建设项目、单项工程、单位工程的施工活动过程才称得上施工项目，因为它们才是建筑企业的最终产品。由于分部工程、分项工程不是建筑企业的最终产品，故其活动过程不能称为施工项目，而是施工项目的组成部分。

1.1.1.3 项目管理、建设项目管理

1. 项目管理

是指项目管理者为达到项目的目标，运用系统理论和方法对项目进行的计划、组织、指挥、协调和控制等活动过程的总称。

项目管理的对象是项目。项目管理者是项目中各项活动主体。项目管理的职能同所有管理的职能均是相同的。由于项目的特殊性，要求运用系统的理论和方法进行科学管理，以保证项目目标的实现。

2. 建设项目管理

是项目管理的一类。建设项目管理是指为实现建设项目的目标，运用系统的理论和方法对建设项目进行的计划、组织、指挥、协调和控制等管理活动。

建设项目管理的对象是建设项目。建设项目管理的职能是决策、计划、组织、控制、协调。建设项目管理的主要目标是进行投资（成本）、质量、进度等目标的控制。

1.1.1.4　施工项目管理

施工项目管理是指建筑企业运用系统的理论和方法对施工项目进行的计划、组织、指挥、协调和控制等全过程的全面管理。

1.1.1.5　施工项目管理与建设项目管理的区别

施工项目管理与建设项目管理的区别见表 1-1。

施工项目管理与建设项目管理的区别　　表 1-1

区别特征	施工项目管理	建设项目管理
管理主体	建筑企业或其授权的项目经理部	建设单位或其委托的工程咨询（监理）单位
管理任务	生产出符合需要的建筑产品，获得预期利润	取得符合要求的能发挥应有效益的固定资产
管理内容	涉及从工程投标开始到交工与保修期满为止的全部生产组织与管理及维修	涉及投资周转和建设全过程的管理
管理范围	由工程承包合同规定的承包范围，可以是建设项目，也可以是单项（位）工程	由可行性研究报告评估审定的所有工程，是一个建设项目

1.1.2　施工项目管理程序及内容

1.1.2.1　施工项目管理程序

施工项目管理程序见表 1-2。

施工项目管理程序表　　表 1-2

序号	管理阶段	管理目标	主要工作	负责执行者
1	投标签订合同阶段	中标签订工程承包合同	• 按企业的经营战略，对工程项目做出是否投标及争取承包的决策； • 决定投标后，收集掌握企业本身、相关单位、市场、现场及诸方面信息； • 编制《施工项目管理规划大纲》； • 编制既能使企业经营盈利又有竞争力、可能中标的投标书，在投标截止日期前发出投标函； • 若中标，则与招标方谈判，依法签订工程承包合同	企业决策层、企业管理层
2	施工准备阶段	使工程具备开工和连续施工的基本条件	• 企业正式委派资质合格的项目经理，项目经理组建项目经理部，根据工程管理需要建立机构，配备管理人员； • 企业管理层与项目经理协商签订《施工项目管理目标责任书》，明确项目经理应承担的责任目标及各项管理任务； • 编制《施工项目管理实施规划》； • 做好施工各项准备工作，达到开工要求； • 编写开工申请报告，上报，待批开工	项目经理部、企业管理层

续表

序号	管理阶段	管理目标	主要工作	负责执行者
3	施工阶段	完成合同规定的全部施工任务，达到验收、交工条件	● 进行施工； ● 做好动态控制工作，保证质量、进度、成本、安全目标的全面实现； ● 管理施工现场，实行文明施工； ● 严格履行合同，协调好与建设、监理、设计及相关单位的关系； ● 处理好合同变更及索赔； ● 做好记录、检查、分析和改进工作	项目经理部、企业管理层
4	验收交工与结算阶段	对项目成果进行总结、评价，对外结清债权债务，结束交易关系	● 工程收尾； ● 进行试运转； ● 接受正式验收； ● 整理移交竣工文件，进行工程款结算； ● 总结工作，编制竣工报告； ● 办理工程交接手续，签订《工程质量保修书》； ● 项目经理部解体	项目经理部、企业管理层
5	用后服务阶段	保证用户正确使用，使建筑产品发挥应有功能，反馈信息，改进工作，提高企业信誉	● 根据《工程质量保修书》的约定做好保修工作； ● 为保证正常使用提供必要的技术咨询和服务； ● 进行工程回访，听取用户意见，总结经验教训发现问题，及时维修和保修； ● 配合科研等需要，进行沉陷、抗震性能观察	企业管理层

1.1.2.2 施工项目管理的内容

施工项目管理的内容见表1-3。

施工项目管理的内容 **表1-3**

序号	项目	管理内容
1	施工项目管理组织	● 由企业法定代表人采用适当的方式选聘称职的施工项目经理； ● 根据施工项目管理组织原则，结合工程规模、特点，选择合适的组织形式，建立施工项目管理组织机构，明确各部门、各岗位的责任、权限和利益； ● 在符合企业规章制度的前提下，根据施工项目管理的需要，制定施工项目经理部管理制度
2	施工项目管理规划	● 在工程投标前，由企业管理层编制施工项目管理大纲（或以“施工组织总体设计”代替），对施工项目管理自投标到保修期满进行全面的纲领性规划； ● 在工程开工前，由项目经理组织编制施工项目管理实施规划（或以“施工组织设计”代替），对施工项目管理从开工到交工验收进行全面的指导性规划
3	施工项目目标控制	在施工项目实施的全过程中，应对项目的质量、进度、成本和安全目标进行控制，以实现项目的各项约束性目标。控制的基本过程是： ● 确定各项目标控制标准； ● 在实施过程中，通过检查、对比，衡量目标的完成情况； ● 将衡量结果与标准进行比较，若有偏差，分析原因，采取相应的措施以保证目标的实现

续表

序号	项　目	管 理 内 容
4	施工项目生产要素管理	• 分析各生产要素（劳动力、材料、设备、技术和资金）的特点； • 按一定的原则、方法，对施工项目生产要素进行优化配置并评价； • 对施工项目各生产要素进行动态管理
5	施工项目合同管理	要从工程投标开始，加强工程承包合同的策划、签订、履行和管理。同时，还必须注意搞好索赔，讲究方法和技巧，提供充分的证据
6	施工项目信息管理	进行施工项目管理和施工项目目标控制、动态管理，必须在项目实施的全过程中，充分利用计算机对项目有关的各类信息进行收集、整理、储存和使用，提高项目管理的科学性和有效性
7	施工现场管理	应对施工现场进行科学有效的管理，以达到文明施工、保护环境、塑造良好企业形象、提高施工管理水平之目的
8	施工项目协调	在施工项目实施过程中，应进行组织协调，沟通和处理好内部及外部的各种关系，排除种种干扰和障碍。协调为有效控制服务，协调和控制都是保证计划目标的实现

1.1.3　施工项目管理规划

1.1.3.1　施工项目管理规划的概念和类型

1. 施工项目管理规划的概念

施工项目管理规划是指由企业管理层或项目经理主持编制的，用来作为编制投标书的依据或指导施工项目管理的规划文件。

2. 施工项目管理规划的类型

施工项目管理规划包括两种：一种是施工项目管理规划大纲，是由企业管理层在投标之前编制的，旨在作为投标依据，满足投标文件要求及签订合同要求的管理规划文件。另一种是施工项目管理实施规划，是由项目经理在开工之前主持编制的，旨在指导施工项目实施阶段管理的计划文件。

两种施工项目管理规划的比较见表 1-4。

施工项目管理规划大纲与实施规划的比较　　表 1-4

种类	作　用	编制时间	编制者	性　质	主要目标
规划大纲	编制投标书、签订合同、编制控制目标计划的依据	投标前	企业管理层	规划性	追求经济效益
实施规划	指导施工项目实施过程的管理依据	开工前	项目经理部	实施性	追求良好的管理效率和效果

1.1.3.2　施工项目管理规划大纲

1. 施工项目管理规划大纲的编制依据

（1）招标文件及发包人对招标文件的解释。

（2）企业对招标文件的分析。

（3）相关市场信息与环境信息。

(4) 发包人提供的工程信息和资料。

(5) 有关本工程投标的竞争信息。

(6) 企业对本工程的投标总体战略、中标后的经营方针和策略。

2. 施工项目管理规划大纲的内容

施工项目管理规划大纲的内容见表1-5。

施工项目管理规划大纲的内容 表1-5

序号	名称	内容
1	施工项目基本情况描述	施工项目范围描述，投资规模、工程规模、使用功能、工程结构与构造、建设地点、合同条件、场地条件、法规条件、资源条件
2	项目实施条件分析	发包人条件，相关市场条件，自然条件，政治、法律和社会条件，现场条件，招标条件
3	项目管理基本要求	法规要求、政治要求、政策要求、组织要求、管理模式要求、管理条件要求、管理理念要求、管理环境要求、有关支持性要求等
4	项目范围管理规划	通过工作分解结构图，既要对项目的过程范围进行描述，又要对项目的最终可交付成果进行描述
5	项目管理目标规划	施工合同要求的目标，对企业自身要完成的目标
6	项目管理组织规划	施工项目管理组织架构图（施工项目经理部），项目经理、职能部门、主要成员人选、拟建立的规章制度等
7	项目成本管理规划	施工预算和成本计划，总成本目标，按主要成本项目进行成本分解的子目标，保证成本目标实现的技术、组织、经济、合同措施
8	项目进度管理规划	施工进度的管理体系、管理依据、管理程序、管理计划、管理实施和控制、管理协调，招标文件要求总工期目标及其分解，主要的里程碑事件及主要施工活动的进度计划安排，进度计划表，保证进度目标实现的组织、经济、技术、合同措施
9	项目质量管理规划	确定的质量目标应符合招标文件规定的质量标准，应符合法律、法规、规范的要求，质量管理体系、质量保证措施、质量控制活动应保证质量目标的实现
10	项目职业健康安全与环境管理规划	规划职业健康安全管理体系、环境管理体系，要对危险源进行预测与控制，编制战略性和针对性的安全技术措施和环境保护措施计划
11	项目采购与资源管理规划	要识别与采购有关的资源和过程，包括采购什么、何时采购、询价、评价并确定参加投标的分包人、分包合同结构、采购文件的内容和编写，资源的识别、估算、分配相关资源，安排资源使用进度，进行资源控制的策划
12	项目信息管理规划	施工项目信息管理体系的建立，信息流动设计，信息收集、处理、储存、调用等构思、软件和硬件的获得及投资等
13	项目沟通管理规划	施工项目的沟通依据、沟通关系、沟通体系、沟通网络、沟通方式与渠道、沟通计划、沟通障碍与冲突管理方式，施工项目协调组织、原则和方式等
14	项目风险管理规划	根据工程实际情况对施工项目的主要风险因素作出识别、评估，并提出相应对策措施，提出风险管理的主要原则
15	项目收尾管理规划	竣工项目的验收和移交，费用的决算核算、合同终结、项目审计、售后服务、项目管理组织解体和项目经理解职、文件归档、项目管理总结等

1.1.3.3　施工项目管理实施规划

1. 施工项目管理实施规划的编制依据

(1) 施工项目管理规划大纲。

(2) 施工项目条件和环境分析资料。

(3) 工程施工合同及相关文件。

(4) 同类施工项目的相关资料。

(5)《施工项目管理目标责任书》。

(6) 施工项目经理部的自身条件和管理水平。

(7) 施工项目经理部掌握的新的其他信息。

(8) 企业的施工项目管理体系。

2. 施工项目管理实施规划的内容

施工项目管理实施规划的内容见表 1-6。

施工项目管理实施规划的内容　　**表 1-6**

序号	名　称	内　容
1	施工项目概况	项目特点具体描述，项目预算费用和合同费用，项目规模及主要任务量，项目用途及具体使用要求，工程结构与构造，地上、地下层数，具体建设地点和占地面积，合同结构图、主要合同目标，现场情况，水、电、气、通信、道路情况，劳动力、材料、设备、构件供应情况，资金供应情况，说明主要项目范围的工作量请单，任务分工，项目管理组织体系及主要目标
2	项目总体工作计划	该项目的质量、进度、成本及安全总目标；拟投入的最高人数和平均人数；分包计划；劳务供应计划、材料供应计划、机械设备供应计划；表示施工项目范围的项目专业工作表；工程施工区段（或单项工程）的划分及施工顺序安排等
3	项目组织方案	项目结构图、组织结构图、合同结构图、编码结构图、重点工作流程图、任务分工表、职能分工表，并进行必要说明；合同所规定的项目范围与项目管理责任；施工项目经理部人员安排；施工项目管理总体工作流程，施工项目经理部各部门的责任矩阵；工程分包策略和分包方案、材料供应方案、设备供应方案；新设置的制度一览表，引用企业已有制度一览表
4	项目施工方案	施工流向和施工顺序，施工段划分，施工方法、技术、工艺和施工机械选择，安全施工设计
5	施工进度计划	如果是建设项目施工，应编制施工总进度计划；如果是单项工程或单位工程施工，应编制单位工程施工进度计划。包括进度图、进度表、进度说明，与进度计划相应的人力计划、材料计划、机械设备计划、大型机具计划及相应说明
6	施工准备工作计划	施工准备工作组织及时间安排；技术准备工作；施工现场准备；施工作业队伍和管理人员的组织准备；物资准备；资金准备
7	项目质量计划	策划质量目标，质量管理体系
8	项目职业健康安全与环境管理计划	职业健康安全管理要点，识别危险源，判定其风险等级，对不同等级的风险采取不同的对策，制定安全技术措施、安全检查计划、环境管理方案
9	成本计划	主要费用项目的成本数量及降低的数量，成本控制措施和方法，成本核算体系

续表

序号	名 称	内 容
10	项目资源需求供应计划	列出资源计划矩阵、资源数据表，画出资源横道图、资源负荷图和资源积累曲线图；劳动力的招雇、调遣、培训计划；材料采购订货、运输、进场、储存计划；设备采购订货、运输、进出场、维护保养计划；周转材料供应采购、租赁、运输、保管计划；预制品订货和供应计划；大型工具、器具供应计划等
11	项目风险管理计划	列出施工过程中可能出现的风险因素，对这些风险出现的可能性（概率）以及将会造成的损失值作出估计，对各种风险做出确认，列出风险管理的重点，对主要风险提出防范措施对策，落实风险管理责任人
12	项目信息管理计划	项目管理的信息需求种类，项目管理中的信息流程，信息来源和传递途径，信息的使用权限规定，信息管理人员的职责和工作程序
13	项目沟通管理计划	项目的沟通方式和途径，沟通障碍与冲突管理计划，项目协调方法
14	项目收尾管理计划	项目收尾计划，项目结算计划，文件归档计划、项目管理总结计划等
15	项目现场平面布置图	在施工现场范围内现存的永久性建筑，拟施工的永久性建筑，永久性道路和临时道路，垂直运输机械，临时设施，施工水电管网、平面布置图说明及管理规定
16	项目目标控制措施	保证质量目标、进度目标、安全目标、成本目标的措施，保证季节施工的措施，保护环境的措施，文明施工措施
17	技术经济指标	总工期；工程整体质量标准，分部分项工程的质量标准，工程总造价或总成本，单位工程成本，成本降低率；总用工量，用料量，子项目用工量、高峰人数，节约量，机械设备使用数量；对以上指标的水平作出分析和评价，提出对策建议

1.2 施工项目管理组织

1.2.1 施工项目管理组织概述

1.2.1.1 施工项目管理组织的概念

施工项目管理组织是指为实施施工项目管理建立的组织机构，以及该机构为实现施工项目目标所进行的各项组织工作的简称。

施工项目管理组织作为组织机构，它是根据项目管理目标通过科学设计而建立的组织实体，即项目经理部。该机构是由有一定的领导体制、部门设置、层次划分、职责分工、规章制度、信息管理系统等构成的有机整体。作为组织机构，它则是通过该机构所赋予的权力，所具有的组织力、影响力，在施工项目管理中，合理配置生产要素，协调内外部及人员间关系，发挥各项业务职能的能动作用，确保信息畅通，推进施工项目目标的优化实现等全部管理活动。施工项目管理组织机构及其所进行的管理活动的有机结合才能充分发挥施工项目管理的职能。

1.2.1.2 施工项目管理组织的工作内容

施工项目管理组织的工作内容包括组织设计、组织运行、组织调整等 3 个环节。具体内容见表 1-7。

施工项目管理组织的工作内容　　表 1-7

管理组织基本环节	依据	内容
组织设计	● 管理目标及任务 ● 管理跨度、层次 ● 责权对等原则 ● 分工协作原则 ● 信息管理原理	● 设计、选定合理的组织系统（含生产指挥系统、职能部门等）； ● 科学确定管理跨度、管理层次，合理设置部门、岗位； ● 明确各层次、各单位、各部门、各岗位的职责和权限； ● 规定组织机构中各部门之间的相互联系、协调原则和方法； ● 建立必要的规章制度； ● 建立各种信息流通、反馈的渠道，形成信息网络
组织运行	● 激励原理 ● 业务性质 ● 分工协作	● 做好人员配置、业务衔接，职责、权力、利益明确； ● 各部门、各层次、各岗位人员各司其职、各负其责、协同工作； ● 保证信息沟通的准确性、及时性，达到信息共享； ● 经常对在岗人员进行培训、考核和激励，以提高其素质和士气
组织调整	● 动态管理原理 ● 工作需要 ● 环境条件变化	● 分析组织体系的适应性、运行效率，及时发现不足与缺陷； ● 对原组织设计进行改革、调整或重新组合； ● 对原组织运行进行调整或重新安排

1.2.2 施工项目管理组织机构设置

1.2.2.1 施工项目管理组织机构设置的原则

在设置施工项目管理组织机构时，应遵循表 1-8 所列的六项原则。

施工项目管理组织机构设置的原则　　表 1-8

原则	说明
目的性原则	● 明确施工项目管理总目标，并以此为基本出发点和依据，将其分解为各项分目标、各级子目标，建立一套完整的目标体系； ● 各部门、层次、岗位的设置，上下左右关系的安排，各项责任制和规章制度的建立，信息交流系统的设计，都必须服从各自的目标和总目标，做到与目标相一致、与任务相统一
效率性原则	● 尽量减少机构层次、简化机构，各部门、层次、岗位的职责分明，分工协作； ● 要避免业务量不足，人浮于事或相互推诿，效率低下； ● 通过考核选聘素质高、能力强、称职敬业的人员； ● 领导班子要有团队精神，减少内耗；力求工作人员精干，一专多能，一人多职，工作效率高
管理跨度与管理层次的统一原则	● 根据施工项目的规模确定合理的管理跨度和管理层次，设计切实可行的组织机构系统； ● 使整个组织机构的管理层次适中，减少设施，节约经费、加快信息传递速度和效率； ● 使各级管理者都拥有适当的管理幅度，能在职责范围内集中精力、有效领导，同时还能调动下级人员的积极性、主动性
业务系统化管理原则	● 依据项目施工活动中，各不同单位工程，不同组织、工种、作业活动，不同职能部门、作业班组，以及和外部单位、环境之间的纵横交错、相互衔接、相互制约的业务关系，设计施工项目管理组织机构； ● 应使管理组织机构的层次、部门划分、岗位设置、职责权限、人员配备、信息沟通等方面，适应项目施工活动的特点，有利于各项业务的进行，充分体现责、权、利的统一； ● 使管理组织机构与工程项目施工活动，与生产业务、经营管理相匹配，形成一个上下一致、分工协作的严密完整的组织系统

续表

原　则	说　明
弹性和流动性原则	● 施工项目管理组织机构应能适应施工项目生产活动单件性、阶段性、流动性的特点，具有弹性和流动性； ● 在施工的不同阶段，当生产对象数量、要求、地点等条件发生改变时，在资源配置的品种、数量发生变化时，施工项目管理组织机构都能及时作出相应的调整和变动； ● 施工项目管理组织机构要适应工程任务的变化，对部门设置增减、人员安排合理流动，始终保持在精干、高效、合理的水平上
与企业组织一体化的原则	● 施工项目组织机构是企业组织的有机组成部分，企业是施工项目组织机构的上级领导； ● 企业组织是项目组织机构的母体，项目组织形式、结构应与企业母体相协调、相适应，体现一体化的原则，以便于企业对其进行领导和管理； ● 在组建施工项目组织机构以及调整、解散项目组织时，项目经理由企业任免，人员一般都是来自企业内部的职能部门等，并根据需要在企业组织与项目组织之间流动； ● 在管理业务上，施工项目组织机构接受企业有关部门的指导

1.2.2.2 施工项目管理组织机构设置的程序

施工项目管理组织机构设置的程序如图 1-1 所示。

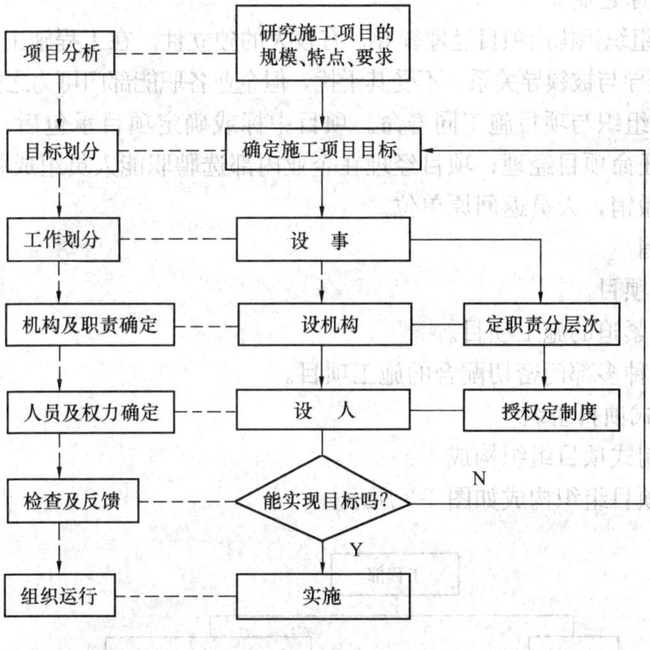

图 1-1　施工项目组织机构设置程序图

1.2.2.3 施工项目管理组织主要形式

施工项目管理组织形式是指在施工项目管理组织中处理管理层次、管理跨度、部门设置和上下级关系的组织结构的类型。其主要管理组织形式有工作队式、部门控制式、矩阵式、事业部式等。

1. 工作队式项目组织

(1) 工作队式项目组织构成

工作队式项目组织构成如图 1-2 所示。

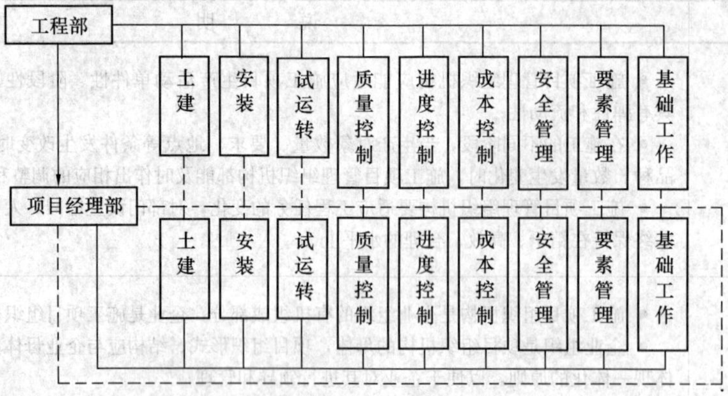

图 1-2　工作队式项目组织形式

注：虚线框内为项目组织机构

(2) 特征

1) 按照特定对象原则，由企业各职能部门抽调人员组建项目管理组织机构（工作队），不打乱企业原建制。

2) 项目管理组织机构由项目经理领导，有较大的独立性。在工程施工期间，项目组织成员与原单位中断领导与被领导关系，不受其干扰，但企业各职能部门可为之提供业务指导。

3) 项目管理组织与项目施工同寿命。项目中标或确定项目承包后，即组建项目管理组织机构；企业任命项目经理；项目经理在企业内部选聘职能人员组成管理机构；竣工交付使用后，机构撤销，人员返回原单位。

(3) 适用范围

1) 大型施工项目。

2) 工期要求紧迫的施工项目。

3) 要求多工种多部门密切配合的施工项目。

2. 部门控制式项目组织

(1) 部门控制式项目组织构成

部门控制式项目组织构成如图 1-3 所示。

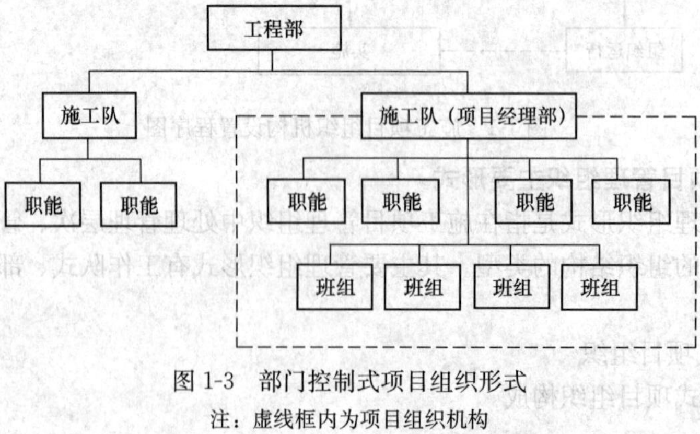

图 1-3　部门控制式项目组织形式

注：虚线框内为项目组织机构

（2）特征

1）按照职能原则建立项目管理组织。

2）不打乱企业现行建制，即由企业将项目委托其下属某一专业部门或某一施工队。被委托的专业部门或施工队领导在本单位组织人员，并负责实施项目管理。

3）项目竣工交付使用后，恢复原部门或施工队建制。

（3）适用范围

1）小型施工项目。

2）专业性较强，不涉及众多部门的施工项目。

3. 矩阵式项目组织

（1）矩阵式项目组织构成

如图 1-4 所示。

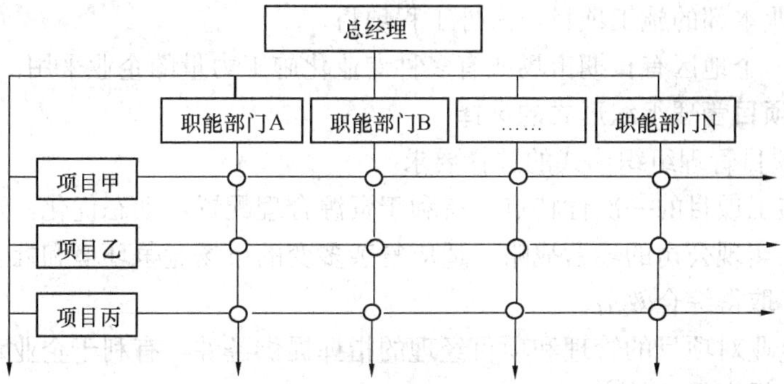

图 1-4 矩阵式项目组织形式

（2）特征

1）按照职能原则和项目原则结合起来建立的项目管理组织，既能发挥职能部门的纵向优势又能发挥项目组织的横向优势，多个项目组织的横向系统与职能部门的纵向系统形成了矩阵结构。

2）企业专业职能部门是相对长期稳定的，项目管理组织是临时性的。职能部门负责人对项目组织中本单位人员负有组织调配、业务指导、业绩考察的责任。项目经理在各职能部门的支持下，将参与本项目组织的人员在横向上有效地组织在一起，为实现项目目标协同工作，项目经理对其有权控制和使用，在必要时可对其进行调换或辞退。

3）矩阵中的成员接受原单位负责人和项目经理的双重领导，可根据需要和可能为一个或多个项目服务，并可在项目之间调配，充分发挥专业人员的作用。

（3）适用范围

1）大型、复杂的施工项目，需要多部门、多技术、多工种配合施工，在不同施工阶段，对不同人员有不同的数量和搭配需求，宜采用矩阵式项目组织形式。

2）企业同时承担多个施工项目时，各项目对专业技术人才和管理人员都有需求。在矩阵式项目组织形式下，职能部门就可根据需要和可能将有关人员派到一个或多个项目上去工作，可充分利用有限的人才对多个项目进行管理。

4. 事业部式项目组织

（1）事业部式项目组织构成

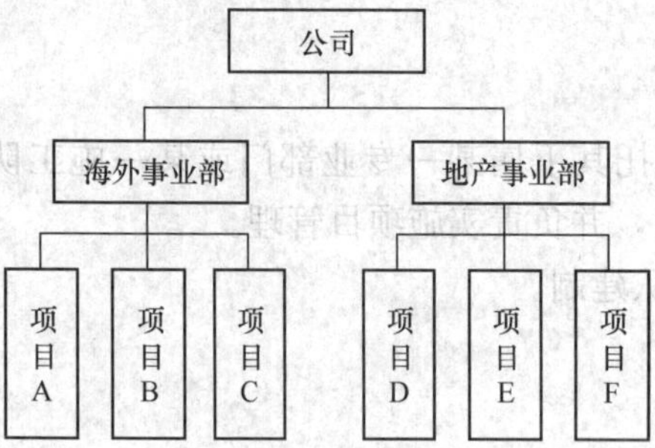

图 1-5　事业部式项目组织形式

如图 1-5 所示。

(2) 特征

1）企业下设事业部，事业部可按地区设置，也可按建设工程类型或经营内容设置，相对于企业，事业部是一个职能部门，但对外享有相对独立经营权，可以是一个独立单位。

2）事业部中的工程部或开发部，或对外工程公司的海外部下设项目经理部。项目经理由事业部委派，一般对事业部负责。

(3) 适用范围

1）适合大型经营型企业承包施工项目时采用。

2）远离企业本部的施工项目，海外工程项目。

3）适宜在一个地区有长期市场或有多种专业化施工力量的企业采用。

1.2.2.4　施工项目管理组织形式的选择

1. 对施工项目管理组织形式的选择要求

(1) 适应施工项目的一次性特点，有利于资源合理配置，动态优化，连续均衡施工。

(2) 有利于实现公司的经营战略，适应复杂多变的市场竞争环境和社会环境，能加强施工项目管理，取得综合效益。

(3) 能为企业对项目的管理和项目经理的指挥提供条件，有利于企业对多个项目的协调和有效控制，提高管理效率。

(4) 有利于强化合同管理、履约责任，有效地处理合同纠纷，提高公司信誉。

(5) 要根据项目的规模、复杂程度及其所在地与企业的距离等因素，综合确定施工项目管理组织形式，力求层次简化，责权明确，便于指挥、控制和协调。

(6) 根据需要和可能，在企业范围内，可考虑几种组织形式结合使用。如事业部式与矩阵式项目组织结合；工作队式与事业部式项目组织结合；但工作队式与矩阵式不可同时采用，否则会造成管理渠道和管理秩序的混乱。

2. 选择施工项目管理组织形式考虑的因素

选择施工项目管理组织形式应考虑企业类型、规模、人员素质、管理水平，并结合项目的规模、性质的要求等诸因素综合考虑，作出决策。表 1-9 所列内容可供决策时参考。

选择施工项目管理组织形式参考因素　　表 1-9

项目组织形式	项目性质	企业类型	企业人员素质	企业管理水平
工作队式	● 大型施工项目； ● 复杂施工项目； ● 工期紧的施工项目	● 大型综合建筑企业； ● 项目经理能力强的建筑企业	● 人员素质较高； ● 专业人才多； ● 技术素质较高	● 管理水平较高； ● 管理经验丰富； ● 基础工作较强
部门控制式	● 小型施工项目； ● 简单施工项目； ● 只涉及个别少数部门的项目	● 小型建筑施工企业； ● 工程任务单一的企业； ● 大中型直线职能制企业	● 人员素质较差； ● 技术力量较弱； ● 专业构成单一	● 管理水平较低； ● 基础工作较差； ● 项目经理人员较缺

续表

项目组织形式	项目性质	企业类型	企业人员素质	企业管理水平
矩阵式	● 需多工种、多部门多技术配合的项目； ● 管理效率要求高的项目	● 大型综合建筑企业； ● 经营范围广的企业； ● 实力强的企业	● 人员素质较高； ● 专业人员紧缺； ● 有一专多能的人才	● 管理水平高； ● 管理经验丰富； ● 管理渠道畅通信息流畅
事业部式	● 大型施工项目； ● 远离企业本部的项目； ● 事业部式企业承揽的项目	● 大型综合建筑企业； ● 经营能力强的企业； ● 跨地区承包企业； ● 海外承包企业	● 人员素质高； ● 专业人才多； ● 项目经理的能力强	● 经营能力强； ● 管理水平高； ● 管理经验丰富； ● 资金实力雄厚； ● 信息管理先进

1.2.3 施工项目经理部

1.2.3.1 施工项目经理部的设置

1. 设置施工项目经理部的依据

(1) 根据所选择的项目组织形式组建

不同的组织形式决定了企业对项目的不同管理方式，提供的不同管理环境，以及对项目经理授予权限的大小。同时对项目经理部的管理力量配备，管理职责也有不同的要求，要充分体现责、权、利的统一。

(2) 根据项目的规模、复杂程度和专业特点设置

如大型施工项目的项目经理部要设置职能部、处；中型施工项目的项目经理部要设置职能处、科；小型施工项目的项目经理部只要设置职能人员即可。在施工项目的专业性很强时，可设置相应的专业职能部门，如水电处、安装处等。项目经理部的设置应与施工项目的目标要求相一致，便于管理，提高效率，体现组织现代化。

(3) 根据施工工程任务需要调整

项目经理部是弹性的一次性的工程管理实体，不应成为一级固定组织，不设固定的作业队伍。应根据施工的进展、业务的变化，实行人员选聘进出，优化组合，及时调整，动态管理。项目经理部一般是在项目施工开始前组建，工程竣工交付使用后解体。

(4) 适应现场施工的需要设置

项目经理部人员配置可考虑设专职或兼职，功能上应满足施工现场的计划与调度、技术与质量、成本与核算、劳务与物资、安全与文明施工的需要。不应设置经营与咨询、研究与发展、政工与人事等与项目施工关系较少的非生产性部门。

2. 施工项目经理部的部门设置和人员配置

施工项目是市场竞争的核心、企业管理的重心、成本管理的中心。为此，施工项目经理部应优化设置部门、配置人员，全部岗位职责应能覆盖项目施工的全方位、全过程，人员应素质高、一专多能、有流动性。

1.2.3.2 施工项目管理制度

1. 施工项目管理制度的种类

施工项目管理制度是施工项目经理部为实现施工项目管理目标，完成施工任务而制定

的内部责任制度和规章制度。

(1) 责任制度。是以部门、单位、岗位为主体制定的制度。责任制规定了各部门、各类人员应该承担的责任、对谁负责、负什么责、考核标准以及相应的权利和相互协作要求等内容。责任制是根据职位、岗位划分的，其重要程度不同责任大小也各不相同；责任制强调创造性地完成各项任务，其衡量标准是多层次的，可以评定等级。如各级领导、职能人员、生产工人等的岗位责任制和生产、技术、成本、质量、安全等管理业务责任制度。

(2) 规章制度。是以各种活动、行为为主体制定的制度。规章制度是明确规定人们行为和活动不得逾越的规范和准则，任何人只要涉及或参与其事都必须遵守。规章制度是组织的法规，更强调约束精神，对谁都同样适用。执行的结果只有是与非，即只有遵守与违反两个衡量标准。如围绕施工项目的生产施工活动制定的专业类管理制度主要有：施工、技术、质量、安全、材料、劳动力、机械设备、成本管理制度等，非施工专业类管理制度主要有：有关的合同类制度、分配类制度、核算类制度等。

2. 施工项目经理部的主要管理制度

施工项目经理部组建以后，首先进行的组织建设就是立即着手建立围绕责任、计划、技术、质量、安全、成本、核算、奖惩等方面的管理制度。项目经理部的主要管理制度有：

(1) 施工项目管理岗位责任制度；
(2) 施工项目技术与质量管理制度；
(3) 图纸和技术档案管理制度；
(4) 计划、统计与进度报告制度；
(5) 施工项目成本核算制度；
(6) 材料、机械设备管理制度；
(7) 施工项目安全管理制度；
(8) 文明施工和场容管理制度；
(9) 施工项目信息管理制度；
(10) 例会和组织协调制度；
(11) 分包和劳务管理制度；
(12) 内外部沟通与协调管理制度。

1.2.3.3　施工项目经理部的解体

企业工程管理部门是施工项目经理部组建、解体、善后处理工作的主管部门。当施工项目临近结尾时，项目经理部的解体工作即列入议事日程，其工作程序、内容如表 1-10 所示。

项目经理部解体及善后工作的程序和内容　　表 1-10

程　序	工 作 内 容
成立善后工作小组	• 组长：项目经理； • 留守人员：主任工程师、技术、预算、财务、材料各一人
提交解体申请报告	• 在施工项目全部竣工验收合格签字之日起 15 天内，项目经理部上报解体申请报告，提交善后留用、解聘人员名单和时间； • 经主管部门批准后立即执行

续表

程 序	工 作 内 容
解聘人员	● 陆续解聘工作业务人员，原则上返回原单位； ● 预发两个月岗位效益工资
预留保修费用	● 保修期限一般为竣工使用后一年； ● 由经营和工程部门根据工程质量、结构特点、使用性质等因素，确定保修费预留比例，一般为工程造价的1.5%~5%； ● 保修费用由企业工程部门专款专用、单独核算、包干使用
剩余物资处理	● 剩余材料原则上让售处理给企业物资设备处，对外让售须经企业主管领导批准；让售价格：按质论价、双方协商； ● 自购的通信、办公用小型固定资产要如实建立台账，按质论价、移交企业
债权债务处理	● 留守小组负责在解体后3个月处理完工程结算、价款回收、加工订货等债权债务； ● 未能在限期内处理完，或未办理任何符合法规手续的，其差额部分计入项目经理部成本亏损
经济效益（成本）审计	● 由审计部门牵头，预算、财务、工程部门参加，以合同结算为依据，查收入、支出是否正确，财务、劳资是否违反财经纪律； ● 要求解体后4个月内向经理办公会提交经济效益审计评价报告
业绩审计奖惩处理	● 对项目经理和经理部成员进行业绩审计，作出效益审计评估； ● 盈余者：盈余部分可按比例提成作为经理部管理奖； ● 亏损者：亏损部分由项目经理负责，按比例从其管理人员风险（责任）抵押金和工资中扣除； ● 亏损数额大时，按规定给项目经理行政和经济处分，乃至追究其刑事责任
有关纠纷裁决	● 所有仲裁的依据原则上是双方签订的合同和有关的签证； ● 当项目经理部与企业有关职能部门发生矛盾时，由企业办公会议裁决； ● 与劳务、专业分公司、栋号作业队发生矛盾时，按业务分工，由企业劳动部门、经营部门、工程管理部门裁决

1.2.4 施工项目经理

1.2.4.1 施工项目经理应具备的素质

施工项目经理作为工程项目的承包责任人，他是施工项目的决策者、管理者和组织者。一个称职的施工项目经理必须在政治水平、知识结构、业务技能、管理能力、身心健康等诸方面具备良好的素质。具体内容见表1-11。

施工项目经理应具备的素质 **表1-11**

素质	具 体 内 容
政治素质	● 具有高度的政治思想觉悟和职业道德，政策性强； ● 有强烈的事业心和责任感，敢于承担风险，有改革创新和竞争进取精神； ● 有正确的经营管理理念，讲求经济效益； ● 有团队精神，作风正派，能密切联系群众，发扬民主作风，不谋私利，实事求是，大公无私； ● 言行一致，以身作则；任人唯贤，不计个人恩怨；铁面无私，赏罚分明

续表

素质	具 体 内 容
管理素质	● 对项目施工活动中发生的问题和矛盾有敏锐的洞察力，并能迅速作出正确分析判断和有效解决问题的严谨思维能力； ● 在与外界洽谈（谈判）及处理问题时，多谋善断的应变能力、当机立断的科学决策能力； ● 在安排工作和生产经营活动时，有协调人财物能力，排除干扰实现预期目标的组织控制能力； ● 有善于沟通上下级关系、内外关系、同事间关系，调动各方积极性的公共关系能力； ● 知人善任、任人唯贤，善于发现人才，敢于提拔使用人才的用人能力
知识素质	● 具有大专以上工程技术或工程管理专业学历，受过有关施工项目经理的专门培训，取得任职资质证书； ● 具有可以承担施工项目管理任务的工程施工技术、经济、项目管理和有关法规、法律知识； ● 具备资质管理规定的工程实践经历、经验和业绩，有处理实际问题的能力； ● 一级或承担涉外工程的项目经理应掌握一门外语
身心素质	● 年富力强、身体健康； ● 精力充沛、思维敏捷、记忆力良好； ● 有坚强的毅力和意志品质，健康的情感、良好的心理素质

1.2.4.2　施工项目经理的责、权、利

见表1-12。

施工项目经理的责、权、利　　**表1-12**

责、权、利	具 体 内 容
职责	● 代表企业实施施工项目管理，在管理中，贯彻执行国家和工程所在地政府的有关法律、法规和政策，执行企业的各项规章制度，维护企业整体利益和经济权益； ● 签订和组织履行《施工项目管理目标责任书》； ● 主持组建项目经理部和制定项目的各项管理制度； ● 组织项目经理部编制施工项目管理实施规划，并对项目目标进行系统管理； ● 对进入现场的生产要素进行优化配置和动态管理，推广和应用新技术、新工艺、新材料和新设备； ● 在授权范围内沟通与承包企业、协作单位、建设单位和监理工程师的联系，协调处理好各种关系，及时解决项目实施中出现的各种问题； ● 严格财经制度，加强成本核算，积极组织工程款回收，正确处理国家、企业、分包单位以及职工之间的利益分配关系； ● 加强现场文明施工，及时发现和处理例外性事件； ● 工程竣工后及时组织验收、结算和总结分析，接受审计； ● 做好项目经理部的解体与善后工作； ● 协助企业有关部门进行项目的检查、鉴定等有关工作
权限	● 参与企业进行的施工项目投标和签订施工合同等工作； ● 有权决定项目经理部的组织形式，选择、聘任有关管理人员，明确职责，根据任职情况定期进行考核评价和奖惩，期满辞退； ● 在企业财务制度允许的范围内，根据工程需要和计划安排，对资金投入和使用作出决策和计划；对项目经理部的计酬方式、分配办法，在企业相关规定的条件下作出决策； ● 按企业规定选择施工作业队伍； ● 根据《施工项目管理目标责任书》和《施工项目管理实施大纲》组织指挥项目的生产经营管理活动，进行工作部署、检查和调整； ● 以企业法定代表人代理的身份，处理、协调与施工项目有关的内部、外部关系； ● 有权拒绝企业经理和有关部门违反合同行为的不合理摊派，并对对方所造成的经济损失有索赔权； ● 企业法人授予的其他管理权力

续表

责、权、利	具体内容
利益	● 项目经理的工资主要包括基本工资、岗位工资和绩效工资，其中绩效工资应与施工项目的效益挂钩； ● 在全面完成《施工项目管理目标责任书》确定的各项责任目标、交工验收并结算，接受企业的考核、审计后，应获得规定的物质奖励和相应的表彰、记功、优秀项目经理荣誉称号等精神奖励； ● 经企业考核、审计，确认未完成责任目标或造成亏损的，要按有关条款承担责任，并接受经济或行政处罚

1.2.4.3 施工项目经理的选聘

施工项目经理的选聘方式有竞争招聘制、企业经理委任制、基层推荐内部协调制三种，它们的选聘范围、程序和特点各有不同，具体如表 1-13 所列。

施工项目经理的选聘方式　　表 1-13

选聘方式	选聘范围	程序	特点
公开竞争招聘制	● 面向社会招聘； ● 本着先内后外的原则	● 个人自荐； ● 组织审查； ● 答辩演讲； ● 择优选聘	● 选择范围广； ● 竞争性强； ● 透明度高
企业经理委任制	● 限于企业内部的在职干部	● 企业经理提名； ● 组织人事部门考核； ● 企业办公会议决定	● 要求企业经理知人善任； ● 要求人事部门考核严格
基层推荐、内部协调制	● 限于企业内部	● 企业各基层推荐人选； ● 人事部门集中各方意见严格考核； ● 党政联席办公会议决定	● 人选来源广泛； ● 有群众基础； ● 要求人事部门考核严格

1.2.4.4 施工项目经理责任制

1. 施工项目经理责任制的含义

施工项目经理责任制是指以施工项目经理为主体的施工项目管理目标责任制度。它是以施工项目为对象，以项目经理为主体，以项目管理目标责任书为依据，以求得项目的最佳经济效益为目的，实行从施工项目开工到竣工验收交工的施工活动以及售后服务在内的一次性全过程的管理责任制度。

2. 施工项目管理目标责任书

(1) 施工项目管理目标责任书的概念

施工项目管理目标责任书是企业管理层与施工项目经理部签订的明确施工项目经理部应达到的成本、质量、进度、安全和环境等管理目标及其承担的责任并作为项目完成后审核评价依据的文件。

(2) 施工项目管理目标责任书的依据与内容

1）项目管理目标责任书的依据

施工项目的合同文件；企业的项目管理制度；施工项目管理规划大纲；企业的经营方针和目标。

2）施工项目管理目标责任书的内容

施工项目的质量、进度、成本、职业健康安全与环境目标；企业与施工项目经理部之间的责任、权限和利益的分配；施工项目需用资源的供应方式；施工项目经理部应承担的风险；

施工项目管理目标评价的原则、内容和方法；对施工项目经理部进行奖罚的依据、标准和办法；

施工项目经理解职和施工项目经理部解体等条件和办法；法定代表人向施工项目经理委托的特殊事项。

3. 施工项目管理目标责任书的签订和实施

(1) 施工项目管理目标责任书的签订

首先，由企业管理部门根据施工项目特点和企业对项目的目标要求，按照施工项目管理目标责任书的内容体系起草制定；然后，会同施工项目经理，甚至可以扩大到施工项目经理部成员，进行协商，达成一致意见，最后双方签字认可。

施工项目管理目标责任书的签订，要内容具体，责任明确，各项目标的制定要详细、全面，尽量用量化的指标表达，具有可操作性。同时施工项目管理目标责任书的各项目标水平要适中，其水平高低应综合考虑历史上完成的相关类似项目的各项指标或其他相关企业的目标水平。

(2) 施工项目管理目标责任书的实施

施工项目管理目标责任书一经制定，就在施工项目管理中起强制性作用。施工项目经理应组织施工项目经理部成员及各层次人员认真学习，明确分工，制定措施，及时监督。

在日常的施工项目管理工作中，各管理层应经常检查目标责任的兑现情况，及时发现问题，并找出解决办法。

施工项目完成之后，企业管理层应对施工项目管理目标责任书完成情况进行考核，根据考核结果和项目管理目标责任书的奖惩规定，提出考核意见，应体现公平、公正的原则，确保目标责任书行为的约束性和管理的有效性。

1.2.4.5 注册建造师与施工项目经理的关系

注册建造师是指通过考核认定或考试合格取得中华人民共和国建造师资格证书，并按照《注册建造师管理规定》，取得注册执业证书和执业印章，担任施工单位项目负责人及从事相关活动的专业技术人员。

施工项目经理是施工企业某一具体工程项目施工的主要负责人，其职责是根据企业法定代表人的授权，对施工项目自开工准备至竣工验收，实施全面的组织管理。

注册建造师与施工项目经理都是从事建设工程的管理，但在定位上有很大不同。建造师执业的覆盖面广，可涉及工程建设项目管理的许多方面，担任施工项目经理只是建造师执业范围中的一项；而施工项目经理限于施工企业内某一工程的项目管理。

建造师选择工作的权力相对自主，可在社会市场上有序流动，有较大的活动空间；施工项目经理岗位则是企业设定，企业法人代表授权或聘用的一次性的工程项目施工管理者。

应指出：大中型工程项目的项目经理必须由取得建造师执业资格的建造师担任；小型工程项目的项目经理可以由不是建造师的人员担任。

1.3 施工项目进度管理

1.3.1 施工项目进度管理概述

1.3.1.1 影响施工项目进度的因素

影响施工项目进度的因素大致可分为三类，详见表1-14。

影响施工项目进度的因素表 **表1-14**

种　类	影　响　因　素
项目经理部内部因素	● 施工组织不合理，人力、机械设备调配不当，解决问题不及时； ● 施工技术措施不当或发生事故； ● 质量不合格引起返工； ● 与相关单位关系协调不善； ● 项目经理部管理水平低
相关单位因素	● 设计图纸供应不及时或有误； ● 业主要求设计变更； ● 实际工程量增减变化； ● 材料供应、运输等不及时或质量、数量、规格不符合要求； ● 水电通信等部门、分包单位没有认真履行合同或违约； ● 资金没有按时拨付等
不可预见因素	● 施工现场水文地质状况比设计合同文件预计的要复杂得多； ● 严重自然灾害； ● 战争、政变等政治因素

1.3.1.2 施工项目进度管理程序

施工项目进度管理程序如图1-6，大致分成施工进度计划、施工进度实施和施工进度控制三个阶段。

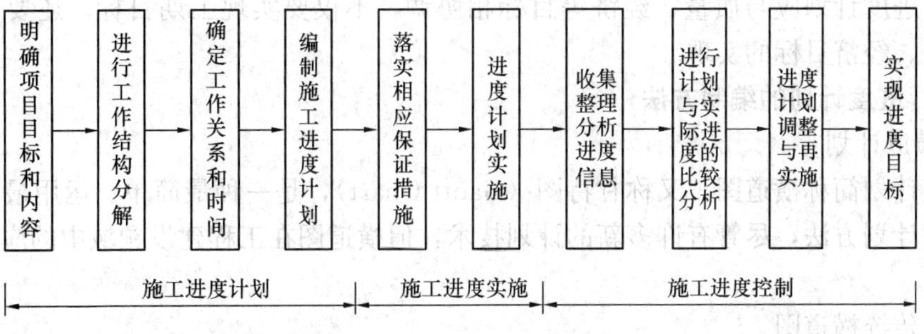

图1-6 施工项目进度管理程序图

1.3.2　施工项目进度计划的编制

项目进度控制以实现施工合同约定的竣工日期为最终目标，而如何实现这一管理目标的具体计划安排就是施工项目进度计划。

进度计划是将项目所涉及的各项工作、工序进行分解后，按各工作开展顺序、开始时间、持续时间、完成时间及相互之间的衔接关系编制的作业计划。通过进度计划的编制，使项目实施形成一个有机的整体，同时，进度计划也是进度控制和管理的依据。

项目进度控制总目标应进行分解。可按单位工程分解为分期交工分目标，还可按承包的专业或施工阶段分解为阶段完工分目标；亦可按年、季、月时间段将计划分解为更具体的时间段分目标。

项目总控进度计划的编制通常在项目经理的主持下，由各职能部门、相关人员等共同完成。

1.3.2.1　进度计划的编制依据

（1）项目施工合同中对总工期、开工日期、竣工日期的要求。

（2）业主对阶段节点工期的要求。

（3）项目技术经济特点。

（4）项目的外部环境及施工条件。

（5）项目的资源供应状况。

（6）施工企业的企业定额及实际施工能力。

1.3.2.2　进度计划的编制原则

（1）应运用科学的管理方法和先进的管理工具来进行进度计划的编制，以提高进度计划的合理性、科学性。

（2）应充分了解项目实际情况，落实对施工进度可能造成重大影响的各种因素的风险程度，避免过多的假定而使进度计划失去指导意义。

（3）进度计划应保证项目总工期目标。

（4）应研究企业自身情况，根据工艺关系、组织关系、搭接关系等，对工程实行分期、分批提出相应的阶段性进度计划，以保证各阶段性节点目标与总工期目标相适应。

（5）进度计划的安排必须考虑到项目资源供应计划，尽量保证劳动力、材料、机械设备等资源投入的均衡性和连续性。

（6）进度计划应与质量、经济等目标相协调，不仅要实现工期目标，还要有利于质量、安全、经济目标的实现。

1.3.2.3　进度计划的编制方法

1. 横道计划

横道计划简称横道图，又称甘特图（Gantt Chart），是一种最简单、运用最广泛的传统的进度计划方法，尽管有许多新的计划技术，但横道图在工程建设领域中的应用仍非常普遍。

（1）传统横道图

通常横道图的表头为工序及其简要说明，右侧的时间表格上则表示相应工作的进展情况。如图 1-7 所示。根据具体工程情况和计划的编制精度，时间刻度单位可以为年、季、月、旬、周、天或小时等。工作（工序）的分类及排列计划编制者可自定，通常以工作（工序）发生的时间先后顺序排列，也可按工作（序）间工艺关系顺序排列。横道图中，也可以将工作（工序）名称直接放在表示工作（工序）进展的横道上。

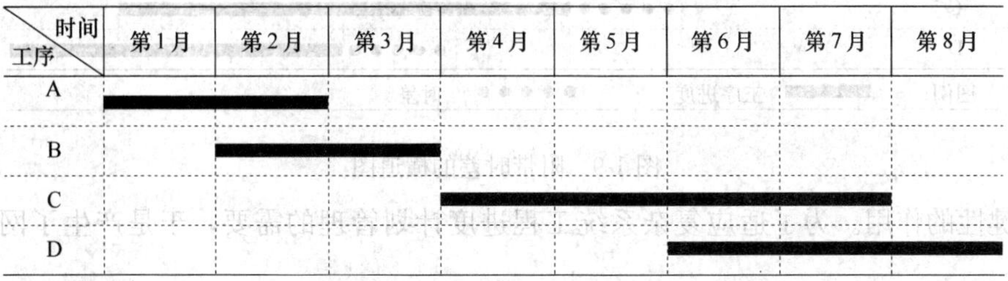

图 1-7 横道图

传统横道图中将工序进度与时间坐标相对应，这种表达方式简单直观、便于理解，而且编制容易、方便操作。但传统横道图也存在一些不足，如：

1）工序之间的逻辑关系、工艺关系表达不清楚；

2）没有通过严谨的进度计划时间参数计算，不能直观的确定关键线路、关键工作，也无法直接体现出某工作的时间；

3）计划调整工作量大，难以适应大的、复杂项目的进度计划。

由于具有上述优缺点，传统横道图适用手工编制，主要应用于小型项目或大型项目的子项目，或用于计算资源需要量和概要预示进度，也可作为运用其他计划技术编制的进度的结果表示。

（2）附带逻辑关系的横道图

在传统横道图的基础上，可以将重要工序间的逻辑关系标注在计划图上，把项目计划和项目进度安排有机地组合在一起，如图 1-8 所示。

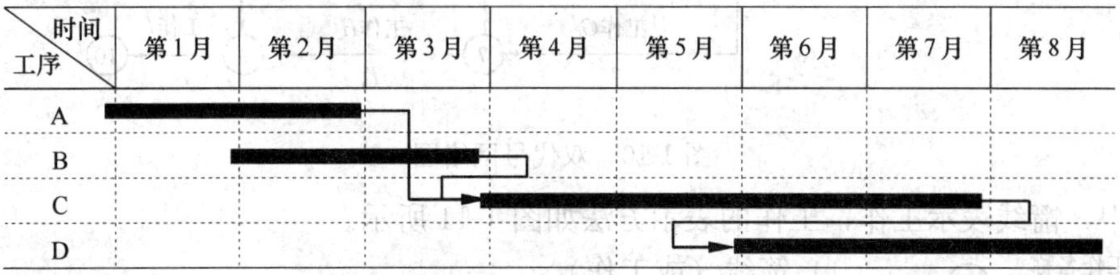

图 1-8 附带逻辑关系的横道图

（3）附带时差的横道图

随着进度计划技术的进步，网络进度计划中，在不影响总工期的前提下，某些工作的开始时间、完成时间并不是唯一的，往往存在一定的机动时间可以利用，这段机动时间就是时差。在传统的横道图中时差的概念是无法表达的，但经过改进后的附带时差的横道图也可以表达，但仅限于比较简单的工程进度计划，如图 1-9 所示。

2. 网络计划

横道图作为一种计划管理工具，最大的缺点就是不能明确地表明各项工作之间的相互依存与相互作用的关系，某一工序进度的后延对后续工序以及整个工期的影响无法迅速判断，同样也无法确定哪些工序在整个项目中是重要的，其工作时间将会对整个工程总工期

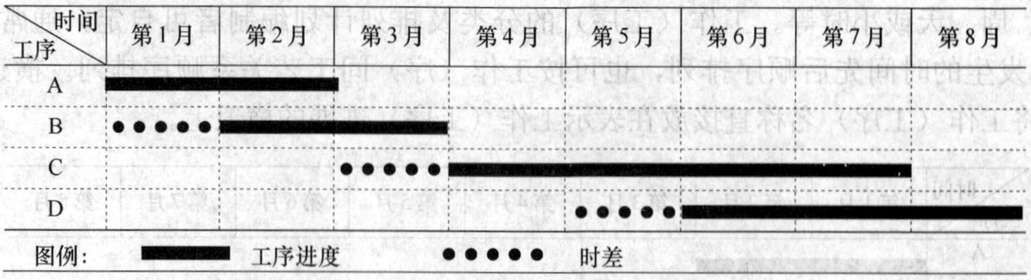

图 1-9 附带时差的横道图

起到关键性的作用。为了适应复杂系统工程进度计划管理的需要，于是产生了网络计划技术。

国际上，工程网络计划有许多种，如 CPM（Critical Path Method）和 PERT（Program Evaluation and Review Technique）等，但在我国，《工程网络计划技术规程》（JGJ/T 121）推荐的常用的工程网络计划类型有：

- 双代号网络计划；
- 双代号时标网络计划；
- 单代号网络计划；
- 单代号搭接网络计划。

（1）双代号网络计划

双代号网络图是以两个带有编号的圆圈和一个箭线表示一项工作的网络图，如图 1-10 所示。

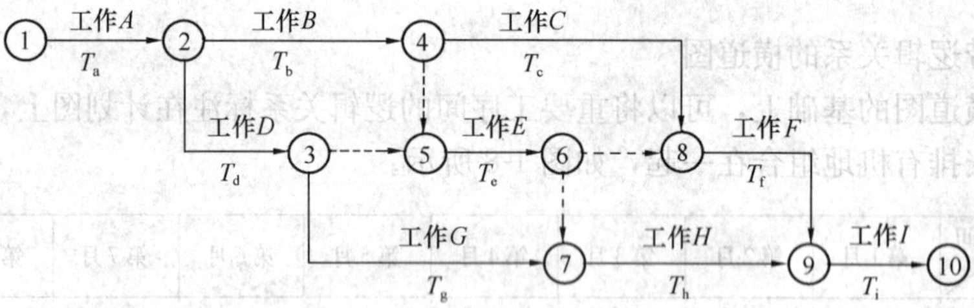

图 1-10 双代号网络图

其中，箭线表示工作，工作的表示方法如图 1-11 所示。

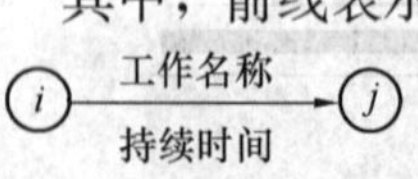

图 1-11 双代号网络图工作的表示方法

1）箭线（或工作）

工作指一项需要消耗人力、物力和时间的具体施工过程，也称工序、作业。双代号网络图中，每一条箭线表示一个施工过程。在建设工程中，视进度计划编制的精度要求，一个施工过程可以是一道工序、一个分项工程、一个分部工程或单位工程。

在双代号网络图中，根据工作是否需要消耗时间，可分为两种：消耗时间的为实工作（网络图中一般以实箭线表示），不消耗时间的为虚工作（网络图中一般以虚箭线表示）。网络图中虚工作的目的是为了正确表达前后相邻施工过程间的逻辑关系，它既不占用时间，也不消耗资源。

2）节点（或事件）

双代号网络图中箭线两端带有编号的圆圈即为节点，它是前后两个施工过程间的交接时间点，一般表示一项工作的开始（或结束）。

每一个网络图都有且只有一个起始节点和一个终止节点，其他节点均为中间节点。

网络图中每一个节点均需编号，按工作的逻辑流向编号逐渐变大，节点的编号确保箭尾编号小于箭头编号，任意节点编号均不重复。

3）线路

从起始节点开始，沿一系列连续的施工过程箭线方向，最后到达终止节点的路径称为线路。在同一个网络图中，有很多条线路。每条线路中各项工作的持续时间之和就是该线路的需用时间，也称线路时间。其中，总有一条线路（也可能同时几条线路）的线路时间最长，其他线路的线路时间均小于该线路时间，则该线路（或这几条线路）为关键线路，其他则为非关键线路。

关键线路上的工作全是关键工作，非关键线路上的工作除与关键线路交叉的关键工作外，其他均为非关键工作，非关键工作均有总时差。

关键工作与非关键工作、关键线路与非关键线路只是一个相对的概念，如各工作时间参数发生变化、工作间关系发生变化时，双方之间都可能相互转化。

4）工作关系

工作关系即网络图中各工作之间的先后顺序关系。相邻工作之间工作关系的确定需要理清相邻工作之间的相互依赖与相互制约关系，它包括工艺关系和组织关系两类。

①工艺关系

建设工程施工过程中，某些工作之间的先后顺序受施工技术、工艺流程、国家及地方相关法律法规的约束，必须按一定的程序进行，这些固有的先后关系，统称为工艺关系。

②组织关系

在进度计划安排时，为了减少施工现场的交叉作业或均衡各种资源的投入，而将某些没有工艺关系制约的工作进行适当的先后安排，这种关系统称为组织关系。

针对特定的工程，工艺关系一般是不能改变的，而组织关系却是根据项目各方面情况的变化可以优化的，所以网络图的重点应在优化工作间的组织关系上。

（2）双代号时标网络计划

时标网络图的全称是时间坐标网络计划图，是以时间为坐标，将各节点按时间标示在相应时间轴上的网络图。随着计算机管理技术的应用，双代号时标网络图在工程领域应用最为广泛。

1）双代号时标网络图的一般规定

时标的时间刻度单位规划与横道图类似，一般在时标刻度线的顶部（或底部）标注相应的时间值，必要时可在顶部和底部同时标注。

实工作用实箭线表示，工作如有自由时差，用波形线表示。虚工作必须用垂直方向的虚箭线表示，有自由时差时用波纹线表示。

时标网络计划一般按各个工作的最早开始时间编制，其中没有波形线的路线即为关键线路。双代号时标网络图如图 1-12 所示。

2）双代号时标网络图的特点

时标网络图兼具网络图和横道图的优点，不仅能够表明各工作的进程，而且可以清楚地看出各工作间的逻辑关系。

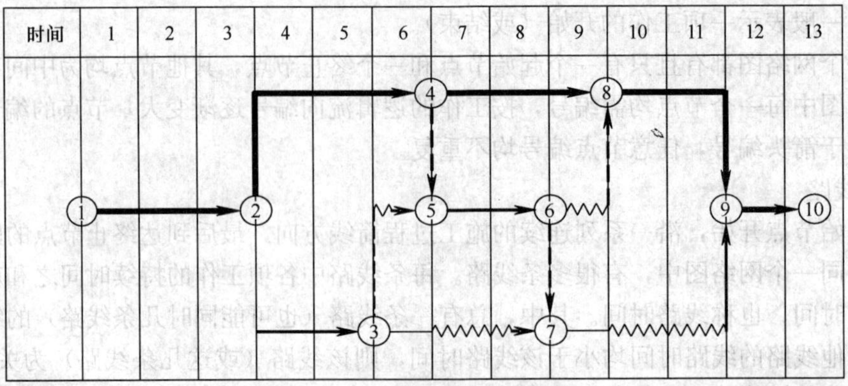

图 1-12　双代号时标网络图

从时标网络图上能直接显示关键线路、关键工作、各工作的起止时间和自由时差情况。

在时标网络图中，由于箭线受时间坐标的限制，一般不会出现工作关系之间的逻辑错误；但当情况发生变化时，对网络计划的调整也将比较麻烦。

在时标网络计划中，可以很方便地统计每一个单位时间段对资源的需求量，以便进行资源优化与调整。

3）双代号时标网络图的适用情况

由于时标网络计划绘制时的限制条件比较多，所以通常手工绘制只适用于如下几种情况：

①工作数量不多，工艺关系比较简单的项目。

②整体工程中的局部网络计划，或具体作业性网络计划。

③使用实际进度前锋线法进行进度控制的网络计划。

(3) 单代号网络计划

与双代号网络图一样，单代号网络图也是由节点、箭线、线路所组成，但单代号网络图是以节点（通常为圆圈或矩形）及其编号表示一项工作，而用箭线来表示工作之间的关系的网络图，如图 1-13 所示。

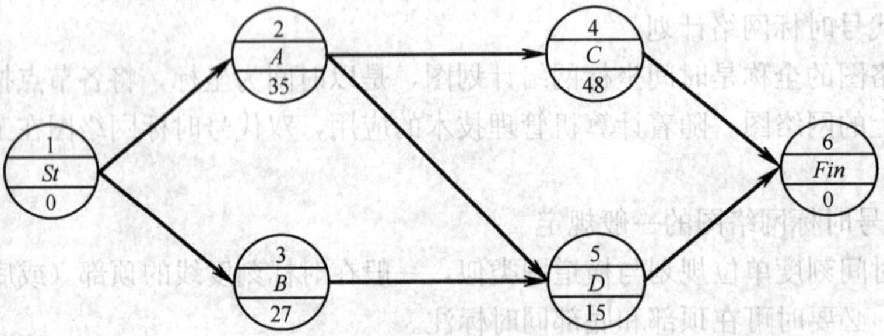

图 1-13　单代号网络图

其中，节点表示工作，工作的表示方法如图 1-14 所示。

1）单代号网络图的特点

①单代号网络图工作之间的逻辑关系更加直观，易画易读。

②便于检查、修改与调整。

③当工作间的关系比较复杂时，代表工作关系的箭线容易出现交叉。

④工作的持续时间以数字的形式体现，不能像双代号网络图那样有直观的时间概念。

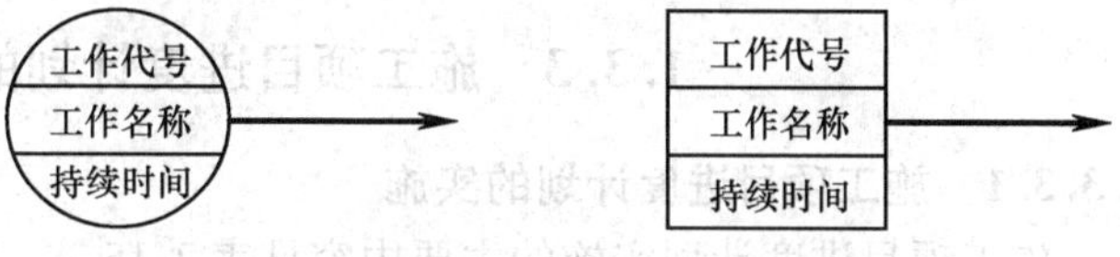

图 1-14 单代号网络图工作的表示方法

2）单代号网络图的一般规定

由于单代号网络图易画易读及修改检查方便等优点，单代号网络图在国外应用相当广泛，在国内某些项目管理中也获得了很多成功的经验。单代号网络图的绘制规定大部分与双代号网络图相同，不同之处主要有如下几点：

①单代号网络图必须正确表达工作之间的关系。

②单代号网络图中不得出现双向箭头和无箭头连线，更不存在虚箭线。

③绘制单代号网络图时，箭线不宜交叉，如果实在无法避免可采用过桥法、指向法，画法也与双代号网络图相同。

④单代号网络图中，有且仅有一个起始节点和一个终止节点，当同时有多个起始工作节点或多个终止工作节点时，应在网络图的最左端或最右端增设一项虚工作，作为该网络图的起始节点（*St*）或终止节点（*Fin*）。

（4）单代号搭接网络计划

在前面讲述的双代号和单代号网络计划中，各项工作依次按顺序进行，即前一工作完成后才开始下一工作。但在实际项目计划管理过程中，为了缩短工期，许多工作可采用平行搭接的方式进行。

工作之间的搭接关系主要分为以下四种：

1）结束到开始的搭接（$FTS_{i,j}$）

表示工作 i 完成时间与紧后工作 j 开始时间之间的时间间距。

2）开始到开始的搭接（$STS_{i,j}$）

表示工作 i 开始时间与紧后工作 j 开始时间之间的时间间距。

3）结束到结束的搭接（$FTF_{i,j}$）

表示工作 i 完成时间与紧后工作 j 完成时间之间的时间间距。

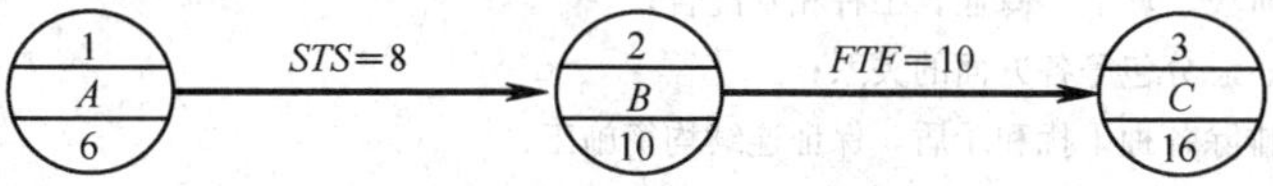

图 1-15 单代号搭接网络图

4）开始到结束的搭接（$STF_{i,j}$）

表示工作 i 开始时间与紧后工作 j 完成时间之间的时间间距。

单代号搭接网络图如图 1-15 所示。

该网络图如果用横道图表示则如图 1-16 所示。

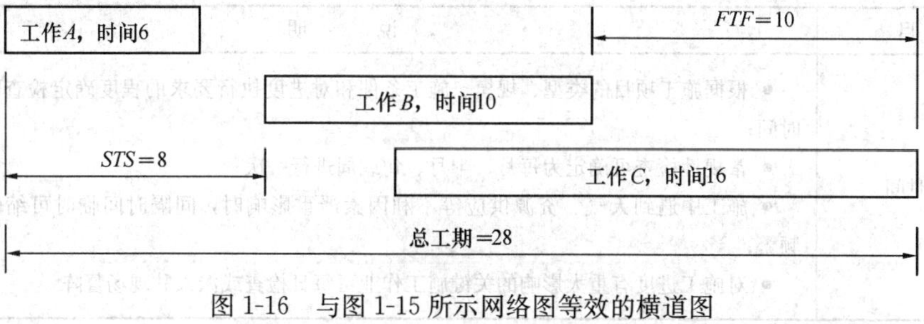

图 1-16 与图 1-15 所示网络图等效的横道图

1.3.3　施工项目进度计划的实施与检查

1.3.3.1　施工项目进度计划的实施

施工项目进度计划实施的主要内容见表 1-15。

施工项目进度计划实施的主要内容　　表 1-15

项　目	内　容
编制年、季度控制性施工进度计划	对总工期跨越一个年度以上的施工项目，应根据不同年度的施工内容编制年度和季度的控制性施工进度计划，确定并控制项目的施工总进度的重要节点目标
编制月旬作业计划	月旬计划是对控制性计划的落实与调整，重点解决工序之间的关系，它是施工进度计划的具体化，应具有实施性，使施工任务更加明确具体可行，便于测量、控制、检查。 ● 每月（或旬）末，项目经理提出下期目标和作业项目，通过工地例会协调后编制； ● 应根据规定的计划任务，当前施工进度，现场施工环境、劳动力、机械等资源条件编制； ● 项目经理部应将资源供应进度计划和分包工程施工进度计划纳入项目进度控制范畴
签发施工任务书	● 施工任务书是下达施工任务，实行责任承包，全面管理和原始记录的综合性文件； ● 施工任务书包括：施工任务单、限额领料单、考勤表等； ● 工长根据作业计划按班组编制施工任务书，签发后向班组下达并落实施工任务； ● 在实施过程中，做好记录，任务完成后回收，作为原始记录和业务核算资料保存
做好施工进度记录和统计	● 各级施工进度计划的执行者做好施工记录，如实记载计划执行情况，包括 　● 每项工作的开始和完成时间，每日完成数量； 　● 记录现场发生的各种情况、干扰因素的排除情况； ● 跟踪做好形象进度，工程量，总产值，耗用的人工、材料、机械台班、能源等数量； ● 及时进行统计分析并填表上报，为施工项目进度检查和控制分析提供反馈信息
施工进度调度	● 掌握计划实施情况； ● 组织施工中各阶段、环节、专业、工种相互配合； ● 协调外部供应、总分包等各方面的关系； ● 采取各种措施排除各种干扰和矛盾，保证连续均衡施工； ● 对关键部位要组织有关人员加强监督检查，发现问题，及时解决

1.3.3.2　施工项目进度计划的检查

跟踪检查施工实际进度是项目施工进度控制的关键内容，其具体内容见表 1-16。

施工项目进度计划的检查　　表 1-16

项　目	说　　明
检查时间	● 根据施工项目的类型、规模、施工条件和对进度执行要求的程度确定检查时间和间隔时间； ● 常规性检查可确定为每月、半月、旬或周进行一次； ● 施工中遇到天气、资源供应等不利因素严重影响时，间隔时间临时可缩短，次数应频繁； ● 对施工进度有重大影响的关键施工作业可每日检查或派人驻现场督阵

续表

项 目	说 明
检查内容	• 对日施工作业效率、周、旬作业进度及月作业进度分别进行检查，对完成情况作记录； • 检查期内实际完成和累计完成工程量； • 实际参加施工的人力、机械数量和生产效率； • 窝工人数、窝工机械台班及其原因分析； • 进度偏差情况和进度管理情况； • 影响进度的特殊原因及分析
检查方法	• 建立内部施工进度报表制度； • 定期召开进度工作会议，汇报实际进度情况； • 进度控制、检查人员经常到现场实地察看
数据整理、比较分析	• 将收集的实际进度数据和资料进行整理加工，使之与相应的进度计划具有可比性； • 一般采用实物工程量、施工产值、劳动消耗量、累计百分比等和形象进度统计； • 将整理后的实际数据、资料与进度计划比较，通常采用的方法有：横道图法、列表比较法、S形曲线比较法、香蕉形曲线比较法、前锋线比较法等； • 得出实际进度与计划进度是否存在偏差的结论：相一致、超前、落后

1.3.4 施工项目进度计划执行情况对比分析

施工进度比较分析与计划调整是建筑施工项目进度控制的主要环节。其中施工进度比较是调整的基础。常用的比较方法有以下几种：

1.3.4.1 横道图比较法

横道图比较法，是指将在项目施工中检查实际进度收集的信息，经整理后直接用横道线并列标于原计划的横道线处，进行直观比较的方法。例如将某钢筋混凝土工程的施工实际进度计划与计划进度比较，如图 1-17 所示。其中双细实线表示计划进度，涂黑部分（也可以涂彩色）则表示工程施工的实际进度。从比较中可以看出，在第 8 天末进行施工进度检查时，支模板工作已经完成，绑钢筋工作按计划进度应当完成，而实际施工进度只完成了 83%，已经拖后了 17%，浇混凝土工作完成了 40%，与计划施工进度一致。

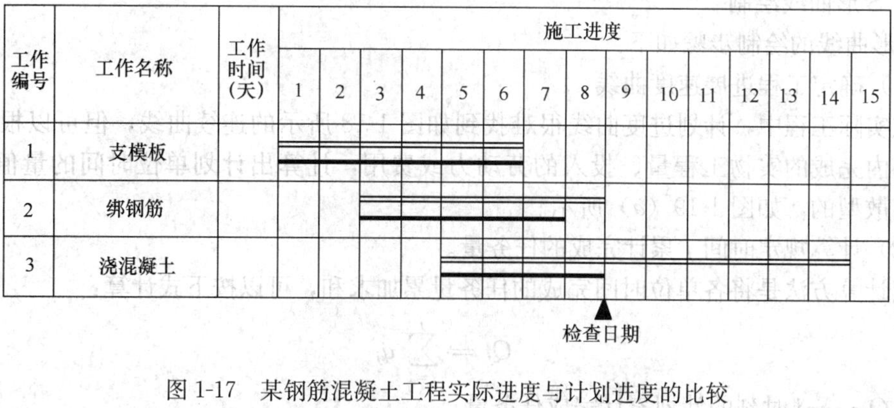

工作编号
工作名称
工作时间（天）
施工进度
1 2 3 4 5 6 7 8 9 10 11 12 13 14 15
1
支模板
2
绑钢筋
3
浇混凝土
检查日期

图 1-17 某钢筋混凝土工程实际进度与计划进度的比较

通过上述记录与比较，为进度控制者提供了实际施工进度与计划进度之间的偏差，为采取调整措施提供了明确的任务。这是在施工中进行进度控制经常使用的一种最简单、熟悉的方法。但是它仅适用于施工中的各项工作都是按均匀的速度进行，即每项工作在单位时间内完成的任务量都是相等的。

完成任务量可以用实物工程量、劳动消耗量和工作量三种物理量表示，为了比较方便，一般用它们实际完成量的累计百分比与计划的应完成量的累计百分比进行比较。

横道图比较法具有以下优点：记录和比较方法都简单，形象直观，容易掌握，应用方便，被广泛采用于简单的进度监测工作中。但是它以横道进度计划为基础，因此，带有其不可克服的局限性，如各工作之间的逻辑关系不明显，关键工作和关键线路无法确定，一旦某些工作进度产生偏差时，难以预测对后续工作和整个工期的影响以及确定调整方法。

1.3.4.2　S形曲线比较法

S形曲线比较法与横道图比较法不同，它不是在编制的横道图进度计划上进行实际进度与计划进度的比较，它是以横坐标表示进度时间，纵坐标表示累计完成任务量，而绘制出一条按计划时间累计完成任务量的S形曲线，将施工项目的各检查时间实际完成的任务量绘在S形曲线图上，进行实际进度与计划进度相比较的一种方法。

从整个施工项目的施工全过程而言，一般是开始和结尾时，单位时间投入的资源量较少，中间阶段单位时间投入的资源量较多，与其相关单位时间完成的任务量也是呈同样变化的，如图1-18（*a*）所示，而随时间进展累计完成的任务量，则应呈S形变化，如图1-18（*b*）所示。

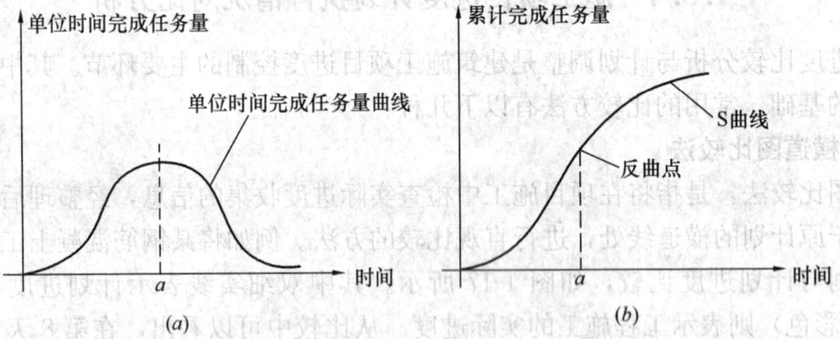

图1-18　时间与完成任务量关系曲线图

1. S形曲线绘制

S形曲线的绘制步骤如下：

（1）确定工程进展速度曲线。

在实际工程中，计划进度曲线很难找到如图1-18所示的连续曲线，但可以根据每单位时间内完成的实物工程量、投入的劳动力或费用，计算出计划单位时间的量值（q_j），它是离散型的，如图1-19（*a*）所示。

（2）计算规定时间 j 累计完成的任务量。

其计算方法是将各单位时间完成的任务量累加求和，可以按下式计算：

$$Q_j = \sum_{j=1}^{j} q_j \qquad (1\text{-}1)$$

式中　Q_j——j 时刻的计划累计完成任务量；

q_j——单位时间计划完成任务量。

（3）按各规定时间的 Q_j 值，绘制S形曲线，如图1-19（*b*）所示。

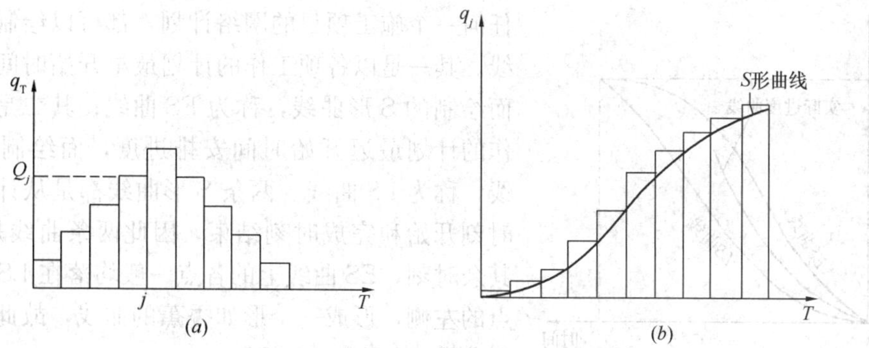

图 1-19 实际工作中时间与完成任务量关系曲线

2. 运用S形曲线进行比较

利用S形曲线进行比较，同横道图一样，是在图上直观地进行施工项目实际进度与计划进度的比较。一般情况，计划进度控制人员在计划实施前绘制出S形曲线；在项目施工过程中，按规定时间将检查的实际完成任务情况，绘制在原计划S形曲线图上，可得出实际进度S形曲线，如图 1-20 所示。比较 2 条S形曲线可以得到如下信息：

（1）施工项目实际进度与计划进度比较情况

当实际进展点落在计划S形曲线左侧则表示此时实际进度比计划进度超前，若落在其右侧，则表示拖后；若刚好落在其上，则表示二者一致。

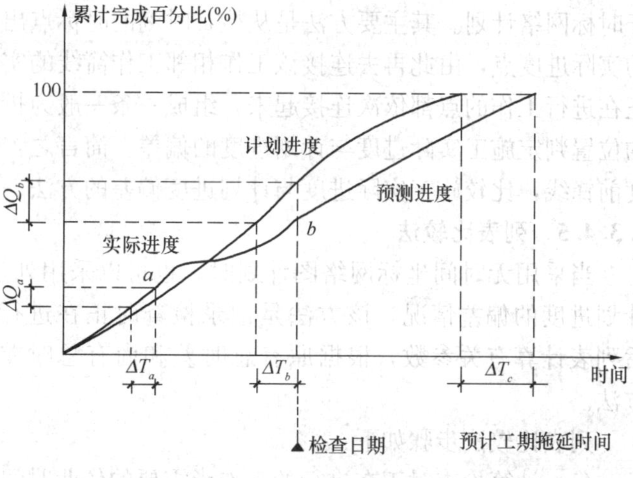

图 1-20 S形曲线比较图

（2）施工项目实际进度比计划进度超前或拖后的时间

如图 1-20 所示，ΔT_a 表示 T_a时刻实际进度超前时间，ΔT_b 表示 T_b时刻实际进度拖后时间。

（3）施工项目实际进度比计划进度超额或拖欠的任务量

如图 1-20 所示，ΔQ_a 表示 T_a时刻超额完成的任务量，ΔT_b 表示在 T_b时刻拖欠的任务量。

（4）预测工程进度

如图 1-20 所示，后期工程按原计划速度进行，则工期拖延预测值为 ΔT_c。

S形曲线法实际应用时，累计完成任务量可以是以货币形式表示的工作量也可以是实物量；既可用于对全部工程计划的检查，也可用于对特定局部进度计划的检查。S形曲线比较法主要用于累计进度与计划进度的比较，宜与其他方法结合使用。

1.3.4.3 香蕉形曲线比较法

1. 香蕉形曲线的绘制

香蕉形曲线是两条S形曲线组合成的闭合曲线。从S形曲线比较法可知：某一施工项目，计划时间和累计完成任务量之间的关系，都可以用一条S形曲线表示。一般说来，按

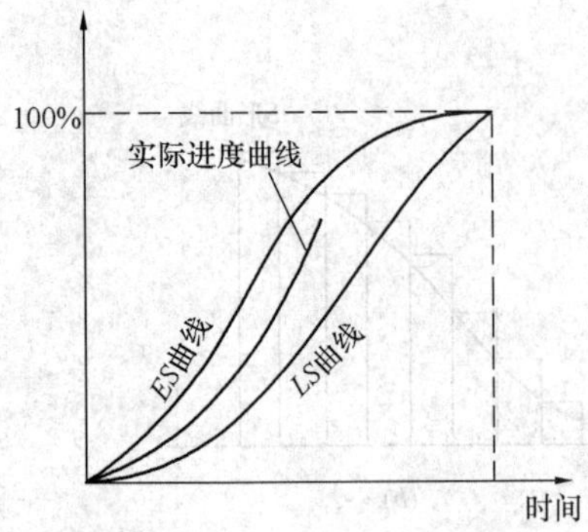

图 1-21　香蕉形曲线比较图

任何一个施工项目的网络计划，都可以绘制出两条曲线。其一是以各项工作的计划最早开始时间安排进度而绘制的 S 形曲线，称为 ES 曲线；其二是以各项工作的计划最迟开始时间安排进度，而绘制的 S 形曲线，称为 LS 曲线。两条 S 形曲线都是从计划的开始时刻开始和完成时刻结束，因此两条曲线是闭合的。其余时刻，ES 曲线上的各点一般均落在 LS 曲线相应点的左侧，形成一个形如香蕉的曲线，故此称为香蕉形曲线，如图 1-21 所示。

在项目的实施中，进度控制的理想状况是任一时刻按实际进度描出的点，应落在该香蕉形曲线的区域内。如图 1-21 中的实际进度线。

2. 香蕉形曲线比较法的作用

（1）利用香蕉形曲线合理安排进度。

（2）将施工实际进度与计划进度进行比较。

（3）确定在检查状态下，后期工程的 ES 曲线和 LS 曲线的发展趋势。

1.3.4.4　前锋线比较法

前锋线比较法也是一种简单地进行施工实际进度与计划进度的比较方法。它主要适用于时标网络计划。其主要方法是从检查时刻的时标点出发，首先连接与其相邻的工作箭线的实际进度点，由此再去连接该工作相邻工作箭线的实际进度点，依此类推。将检查时刻正在进行工作的点都依次连接起来，组成一条一般为折线的前锋线，按前锋线与箭线交点的位置判定施工实际进度与计划进度的偏差。简言之，前锋线法就是通过施工项目实际进度前锋线，比较施工实际进度与计划进度偏差的方法。

1.3.4.5　列表比较法

当采用无时间坐标网络图计划时，也可以采用列表分析法比较项目施工实际进度与计划进度的偏差情况。该方法是记录检查时正在进行的工作名称和已进行的天数，然后列表计算有关参数，根据原有总时差和尚有总时差判断实际进度与计划进度的比较方法。

列表比较法步骤如下：

（1）计算检查时正在进行的工作尚需要的作业时间。

（2）计算检查的工作从检查日期到最迟完成时间的尚余时间。

（3）计算检查的工作到检查日期止尚余的总时差。

（4）填表分析工作实际进度与计划进度的偏差。可能有以下几种情况：

1）若工作尚有总时差与原有总时差相等，则说明该工作的实际进度与计划进度一致；

2）若工作尚有总时差小于原有总时差，但仍为正值，则说明该工作的实际进度比计划进度拖后，产生的偏差值为二者之差，但不影响总工期；

3）若尚有总时差为负值，则说明对总工期有影响，应当调整。

【例】　已知网络计划如图 1-22 所示，在第 5 天检查时，发现 A 工作已完成，B 工作已进行 1 天，C 工作已进行 2 天，D 工作尚未开始。试用前锋线法和列表比较法进行实际进度与计划进度比较。

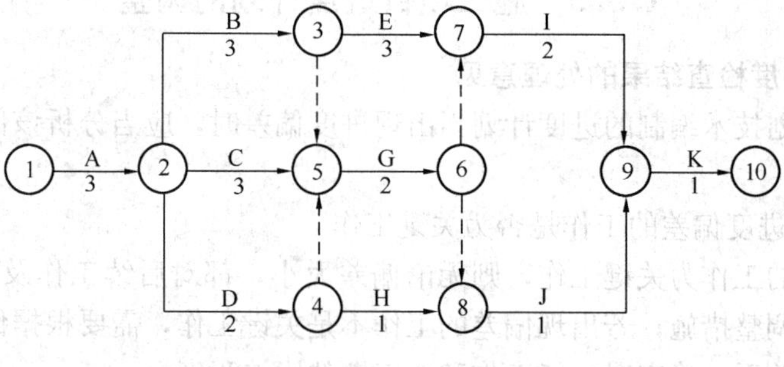

图 1-22 某工程网络计划图

解：（1）前锋线法

1）根据第 5 天检查的情况，绘制前锋线，如图 1-23 所示。

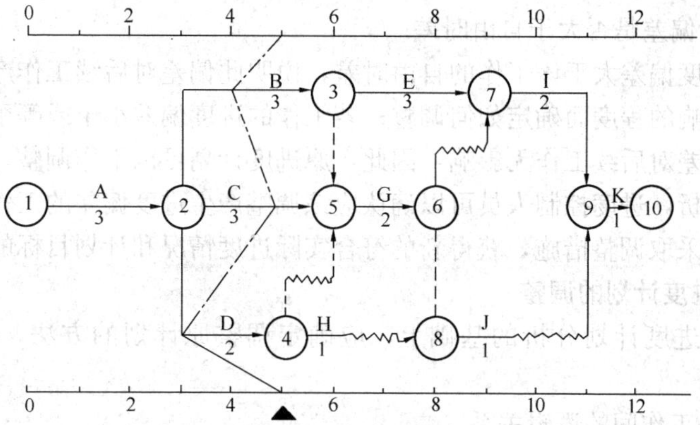

图 1-23 某计划前锋线法比较图

2）根据前锋线比较图，可以看出 B 工作为关键工作，比计划延误 1 天，会影响工期 1 天；C 工作为非关键工作，具有时差 1 天，现在与计划一致，因此不会影响工期；D 工作为非关键工作，具有时差 2 天，现在比计划延误 2 天，因此不会影响工期。

（2）列表比较法

1）计算时标网络图相关时间参数。

2）根据尚有总时差的计算结果，判断工作实际进度情况，如表 1-17 示。

工作进度检查比较表 **表 1-17**

工作代号	工作名称	检查计划时尚需作业天数	到计划最迟完成时尚余天数	原有总时差	尚有总时差	情况判断
2-3	B	2	1	0	−1	拖延工期 1 天
2-5	C	1	2	1	1	正常
2-4	D	2	2	2	0	正常

1.3.5 施工项目进度计划的调整

1.3.5.1 施工进度检查结果的处理意见

采用网络计划技术编制的进度计划当出现进度偏差时，应当分析该偏差对后续工作和总工期的影响。

1. 分析出现进度偏差的工作是否为关键工作

若出现偏差的工作为关键工作，则无论偏差大小，都对后续工作及总工期产生影响，必须采取相应的调整措施；若出现偏差的工作不是关键工作，需要根据偏差值与总时差和自由时差的大小关系，确定对后续工作和总工期的影响程度。

2. 分析进度偏差是否大于总时差

若工作的进度偏差大于该工作的总时差，说明此偏差必将影响后续工作和总工期，必须采取相应的调整措施；若工作的进度偏差小于该工作的总时差，说明此偏差对总工期无影响，但它对后续工作的影响程度需要根据此偏差与自由时差的比较情况来确定。

3. 分析进度偏差是否大于自由时差

若工作的进度偏差大于该工作的自由时差，说明此偏差对后续工作产生影响，应根据后续工作允许影响的程度而确定如何调整；若工作的进度偏差小于或等于该工作的自由时差，则说明此偏差对后续工作无影响，因此，原进度计划可以不作调整。

经过如此分析，进度控制人员可以确认应该调整产生进度偏差的工作和调整偏差值的大小，以便确定采取调整措施，获得新的符合实际进度情况和计划目标的新进度计划。

1.3.5.2 施工进度计划的调整

在对实施的进度计划分析的基础上，应确定调整原计划的方法，一般主要有以下两种：

1. 改变某些工作间的逻辑关系

若检查的实际施工进度产生的偏差影响了总工期，并且有关工作之间的逻辑关系允许改变，可以改变关键线路和超过计划工期的非关键线路上的有关工作之间的逻辑关系，达到缩短工期的目的。这种方法用起来效果是很显著的。例如可以把依次进行的有关工作改变为平行的或互相搭接的以及分成几个施工段进行流水施工的工作，都可以达到缩短工期的目的。

2. 缩短某些工作的持续时间

这种方法是不改变工作之间的逻辑关系，只是缩短某些工作的持续时间，而使施工进度加快，以保证实现计划工期的方法。这些被压缩持续时间的工作是位于因实际施工进度的拖延而引起总工期增长的关键线路和某些非关键线路上的工作。同时，这些工作又是可压缩持续时间的工作。这种方法实际上就是网络计划优化中的工期优化方法和工期与成本优化的方法。

3. 资源供应的调整

对于因资源供应发生异常而引起进度计划执行问题，应采用资源优化方法对计划进行调整，或采取应急措施，使其对工期影响最小。

4. 改变工作的起止时间

起止时间的改变应在相应的工作时差范围内进行：如延长或缩短工作的持续时间，或将工作在最早开始时间和最迟完成时间范围内移动。每次调整必须重新计算时间参数，观察该项调整对整个施工计划的影响。

1.4 施工项目质量管理

1.4.1 施工项目质量计划

1.4.1.1 施工项目质量计划编制的依据及内容

施工项目质量计划是指确定施工项目的质量目标和如何达到这些质量目标所规定必要的作业过程、专门的质量措施和资源等工作。

1. 施工项目质量计划的编制的依据

(1) 施工合同中有关项目（或过程）的质量要求；

(2) 施工企业的质量管理体系、《质量手册》及相应的程序文件；

(3)《建筑工程施工质量验收统一标准》(GB 50300)、施工操作规程及作业指导书；

(4)《建筑法》、《建设工程质量管理条例》、《环境保护条例》及有关法规；

(5) 安全施工管理条例等。

2. 施工项目质量计划的主要内容

(1) 施工项目应达到的质量目标和要求，质量目标的分解；

(2) 施工项目经理部的职责、权限和资源的具体分配；

(3) 施工项目经理部实际运作的各过程步骤；

(4) 实施中应采用的程序、方法和指导书；

(5) 有关施工阶段相适用的试验、检查、检验、验证和评审的要求和标准；

(6) 达到质量目标的测量方法；

(7) 随施工项目的进展而更改和完善质量计划程序；

(8) 为达到质量目标应采用其他措施。

1.4.1.2 施工项目质量计划的编制要求

施工项目的质量计划应由项目经理主持编制。质量计划作为对外质量保证和对内质量控制的依据文件，应体现施工项目从分项工程、分部工程到单位工程的系统控制过程，同时也要体现从资源投入到完成工程质量最终检验和试验的全过程控制。施工项目的质量计划编制的要求见表 1-18。

施工项目的质量计划编制要求 **表 1-18**

序号	项目	编制要求
1	质量目标	质量目标一般由企业技术负责人、项目经理部管理层经认真分析施工项目特点、项目经理部情况及企业生产经营总目标后决定。其基本要求是施工项目竣工交付业主（用户）使用时，质量要达到合同范围内的全部工程的所有使用功能符合设计（或更改）图纸要求；检验批、分部、分项、单位工程质量达到施工质量验收统一标准，合格率100%

续表

序号	项　目	编　制　要　求
2	管理职责	● 施工项目质量计划应规定项目经理部管理人员及操作人员的岗位职责； ● 项目经理是施工项目实施的最高负责人，对工程符合设计（或更改）、质量验收标准、各阶段按期交工负责，以保证整个工程项目质量符合合同要求。项目经理可委托项目质量副经理（或技术负责人）负责施工项目质量计划和质量文件的实施及日常质量管理工作； ● 项目生产副经理要对施工项目的施工进度负责，调配人力、物力保证按图纸和规范施工，协调同业主（用户）、分包商的关系，负责审核结果、整改措施和质量纠正措施的实施； ● 施工队长、工长、测量员、试验员、计量员在项目质量副经理的直接指导下，负责所管部位和分项施工全过程的质量，使其符合图纸和规范要求，有更改的要符合更改要求，有特殊规定的要符合特殊要求； ● 材料员、机械员对进场的材料、构件、机械设备进行质量验收和退货、索赔，对业主或分包商提供的物资和机械设备要按合同规定进行验收
3	资源提供	施工项目质量计划要规定项目经理部管理人员及操作人员的岗位任职标准及考核认定方法；规定施工项目人员流动的管理程序；规定施工项目人员进场培训的内容、考核和记录；规定新技术、新结构、新材料、新设备的操作方法和操作人员的培训内容；规定施工项目所需的临时设施、支持性服务手段、施工设备及通信设施；规定为保证施工环境所需要的其他资源提供等
4	施工项目实现过程的策划	施工项目质量计划中要规定施工组织设计或专项项目质量计划的编制要点及接口关系；规定重要施工过程技术交底的质量策划要求；规定新技术、新材料、新结构、新设备的策划要求；规定重要过程验收的准则或技艺评定方法
5	业主提供的材料、机械设备等产品的过程控制	施工项目上需用的材料、机械设备在许多情况下是由业主提供的。对这种情况要作出如下规定：①业主如何标识、控制其提供产品的质量；②检查、检验、验证业主提供产品满足规定要求的方法；③对不合格的处理办法
6	材料、机械设备等采购过程的控制	施工项目质量计划对施工项目所需的材料、设备等要规定供方产品标准及质量管理体系的要求、采购的法规要求，有可追溯性要求时，要明确其记录、标志的主要方法等
7	产品标识和可追溯性控制	● 隐蔽工程、分部分项工程的验收、特殊要求的工程等必须做可追溯性记录，施工项目的质量计划要对其可追溯性的范围、程序、标识、所需记录及如何控制和分发这些记录等内容作出规定； ● 坐标控制点、标高控制点、编号、沉降观察点、安全标志、标牌等是施工项目的重要标识记录，质量计划要对这些标识的准确性控制措施、记录等内容作出详细规定； ● 重要材料（如钢材、构件等）及重要施工设备的运作必须具有可追溯性
8	施工工艺过程控制	施工项目的质量计划要对工程从合同签订到交付全过程的控制方法作出相应的规定。具体包括：施工项目的各种进度计划的过程识别和管理规定；施工项目实施全过程各阶段的控制方案、措施及特殊要求；施工项目实施过程需用的程序文件、作业指导书；隐蔽工程、特殊工程进行控制、检查、鉴定验收、中间交付的方法及人员上岗条件和要求等；施工项目实施过程需使用的主要施工机械设备、工具的技术和工作条件、运行方案等

续表

序号	项目	编制要求
9	搬运、存储、包装、成品保护和交付过程的控制	施工项目的质量计划要对搬运、存储、包装、成品保护和交付过程的控制方法作出相应的规定。具体包括：施工项目实施过程所形成的分部、分项、单位工程的半成品、成品保护方案、措施、交接方式等内容的规定；工程中间交付、竣工交付工程的收尾、维护、验收、后续工作处理的方案、措施、方法的规定；材料、构件、机械设备的运输、装卸、存收的控制方案、措施的规定等
10	安装和调试的过程控制	对于工程水、电、暖、电讯、通风、机械设备等的安装、检测、调试、验评、交付、不合格的处置等内容规定方案、措施、方式。由于这些工作同土建施工交叉配合较多，因此对于交叉接口程序、验证哪些特性、交接验收、检测、试验设备要求、特殊要求等内容要作明确规定，以便各方面实施时遵循
11	检验、试验和测量过程及设备的控制	施工项目的质量计划要对施工项目所进行和使用的所有检验、试验、测量和计量过程及设备的控制、管理制度等作出相应的规定
12	不合格品的控制	施工项目的质量计划要编制作业、分项、分部工程不合格品出现的补救方案和预防措施，规定合格品与不合格品之间的标识，并制定隔离措施

1.4.2 施工工序质量控制

1.4.2.1 工序质量控制的概念和内容

工序质量是指施工中人、材料、机械、工艺方法和环境等对产品综合起作用的过程的质量，又称过程质量，它体现为产品质量。

工序质量控制就是对工序活动条件即工序活动投入的质量和工序活动效果的质量即分项工程质量的控制。在进行工序质量控制时要着重于以下几方面的工作：

(1) 确定工序质量控制工作计划。一方面要求对不同的工序活动制定专门的保证质量的技术措施，作出物料投入及活动顺序的专门规定；另一方面要规定质量控制工作流程、质量检验制度等。

(2) 主动控制工序活动条件的质量。工序活动条件主要指影响质量的五大因素，即人、材料、机械设备、方法和环境等。

(3) 及时检验工序活动效果的质量。主要是实行班组自检、互检、上下道工序交接检，特别是对隐蔽工程和分项（部）工程的质量检验。

(4) 设置工序质量控制点（工序管理点），实行重点控制。工序质量控制点是针对影响质量的关键部位或薄弱环节确定的重点控制对象。正确设置控制点并严格实施是进行工序质量控制的重点。

1.4.2.2 工序质量控制点的设置和管理

1. 工序质量控制点的设置原则

(1) 重要的和关键性的施工环节和部位。

(2) 质量不稳定、施工质量没有把握的施工工序和环节。

(3) 施工技术难度大、施工条件困难的部位或环节。

（4）质量标准或质量精度要求高的施工内容和项目。

（5）对后续施工或后续工序质量或安全有重要影响的施工工序或部位。

（6）采用新技术、新工艺、新材料施工的部位或环节。

2. 工序质量控制点的管理

（1）质量控制措施的设计

选择了控制点，就要针对每个控制点进行控制措施设计。主要步骤和内容如下：

1）列出质量控制点明细表；

2）设计控制点施工流程图；

3）进行工序分析，找出主导因素；

4）制定工序质量控制表，对各影响质量特性的主导因素规定明确的控制范围和控制要求；

5）编制保证质量的作业指导书；

6）编制计量网络图，明确标出各控制因素采用什么计量仪器、编号、精度等，以便进行精确计量；

7）质量控制点审核。可由设计者的上一级领导进行审核。

（2）质量控制点的实施

1）交底。将控制点的"控制措施设计"向操作班组进行认真交底，必须使工人真正了解操作要点。

2）质量控制人员在现场进行重点指导、检查、验收。

3）工人按作业指导书认真进行操作，保证每个环节的操作质量。

4）按规定做好检查并认真作好记录，取得第一手数据。

5）运用数据统计方法，不断进行分析与改进，直至质量控制点验收合格。

6）质量控制点实施中应明确工人、质量控制人员的职责。

1.4.2.3　工程质量预控

1. 工程质量预控的概念

工程质量预控就是针对所设置的质量控制点或分项、分部工程，事先分析在施工中可能发生的质量问题和隐患，分析可能的原因，提出相应的预防措施和对策，实现对工程质量的主动控制。

2. 质量预控的表达形式及示例

质量预控的表达形式有：①文字表达；②用表格形式表达；③用解析图形式表达。

（1）钢筋电焊焊接质量的预控——用文字表达

1）可能产生的质量问题：①焊接接头偏心弯折；②焊条型号或规格不符合要求；③焊缝的长、宽、厚度不符合要求；④凹陷、焊瘤、裂纹、烧伤、咬边、气孔、夹渣等缺陷。

2）质量预控措施：①检查焊接人员有无上岗合格证明，禁止无证上岗；②焊工正式施焊前，必须按规定进行焊接工艺试验；③每批钢筋焊完后，施工单位自检并按规定取样进行力学性能试验，然后由专业监理人员抽查焊接质量，必要时需抽样复查其力学性能；④在检查焊接质量时，应同时抽检焊条的型号。

（2）混凝土灌注桩质量预控——用表格形式表达

用简表形式分析在施工中可能发生的主要质量问题和隐患，并针对各种可能发生的质量问题，提出相应的预控措施，如表 1-19 所示。

混凝土灌注桩质量预控表 **表 1-19**

可能发生的质量问题	质量预控措施
孔斜	督促施工单位在钻孔前对钻机认真整平
混凝土强度达不到要求	随时抽查原料质量；试配混凝土配合比经监理工程师审批确认；评定混凝土强度；按月向监理报送评定结果
缩颈、堵管	督促施工单位每桩测定混凝土坍落度 2 次，每 30～50cm 测定一次混凝土浇筑高度，随时处理
断桩	准备足够数量的混凝土供应机械（拌合机等），保证连续不断地浇筑桩体
钢筋笼上浮	掌握泥浆密度和灌注速度，灌注前做好钢筋笼固定

(3) 混凝土工程质量预控及对策——用解析图形式表达

见图 1-24～图 1-26。

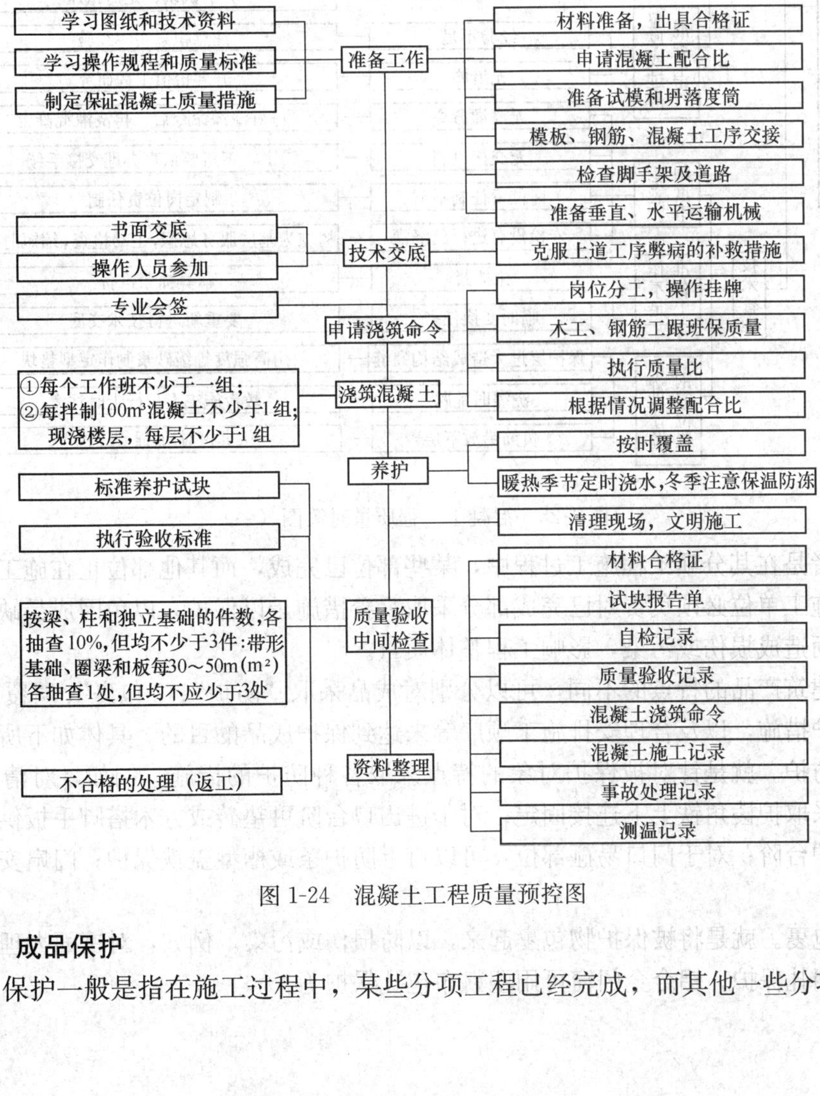

图 1-24 混凝土工程质量预控图

1.4.2.4 成品保护

成品保护一般是指在施工过程中，某些分项工程已经完成，而其他一些分项工程尚在

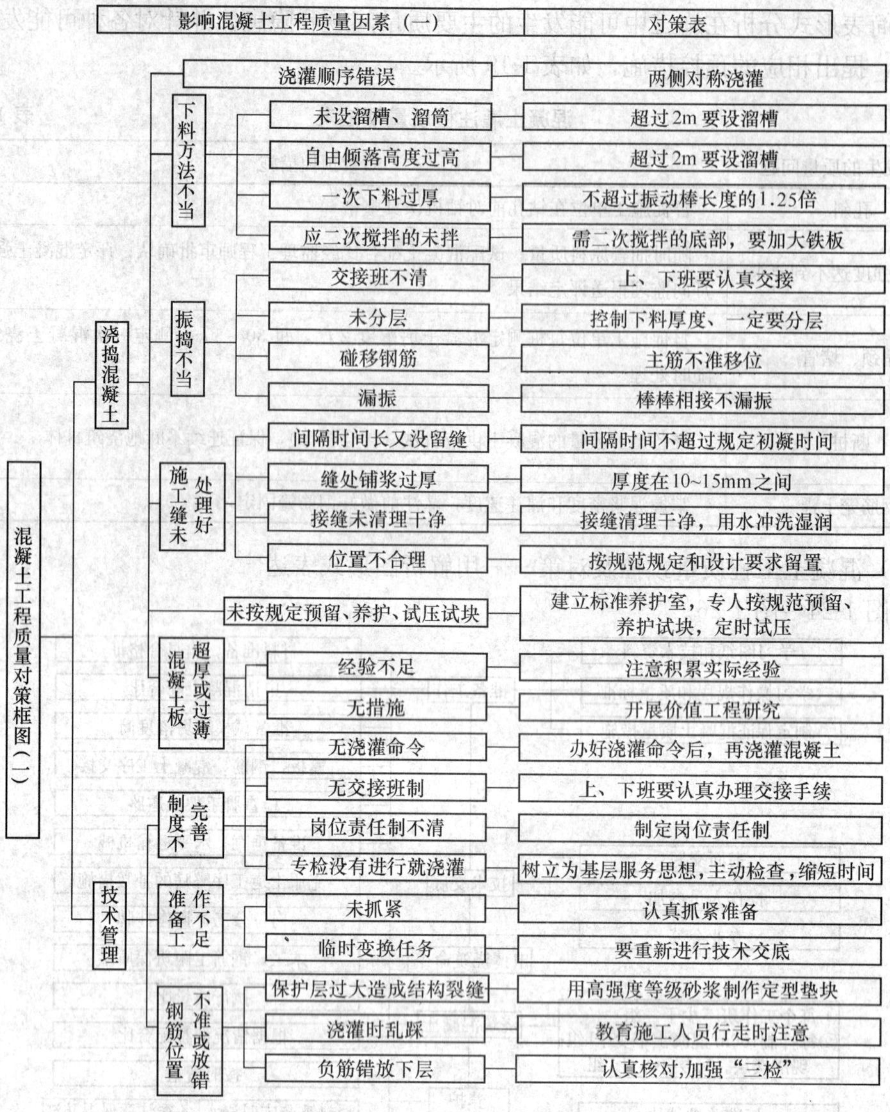

图 1-25　混凝土工程质量对策图（一）

施工；或者是在其分项工程施工过程中，某些部位已完成，而其他部位正在施工。在这种情况下，施工单位必须负责对已完成部分采取妥善措施予以保护，以免因成品缺乏保护或保护不善而造成损伤或污染，影响工程整体质量。

根据建筑产品的特点的不同，可以分别对成品采取“防护”、“包裹”、“覆盖”、“封闭”等保护措施，以及合理安排施工顺序等来达到保护成品的目的。具体如下所述。

(1) 防护。就是针对被保护对象的特点采取各种防护的措施。例如，对清水楼梯踏步，可以采取护棱角铁上下连接固定；对于进出口台阶可垫砖或方木搭脚手板供人通过的方法来保护台阶；对于门口易碰部位，可以钉上防护条或槽型盖铁保护；门扇安装后可加楔固定等。

(2) 包裹。就是将被保护物包裹起来，以防损伤或污染。例如，对镶面大理石柱可用立板包裹捆扎保护；铝合金门窗可用塑料布包扎保护等。

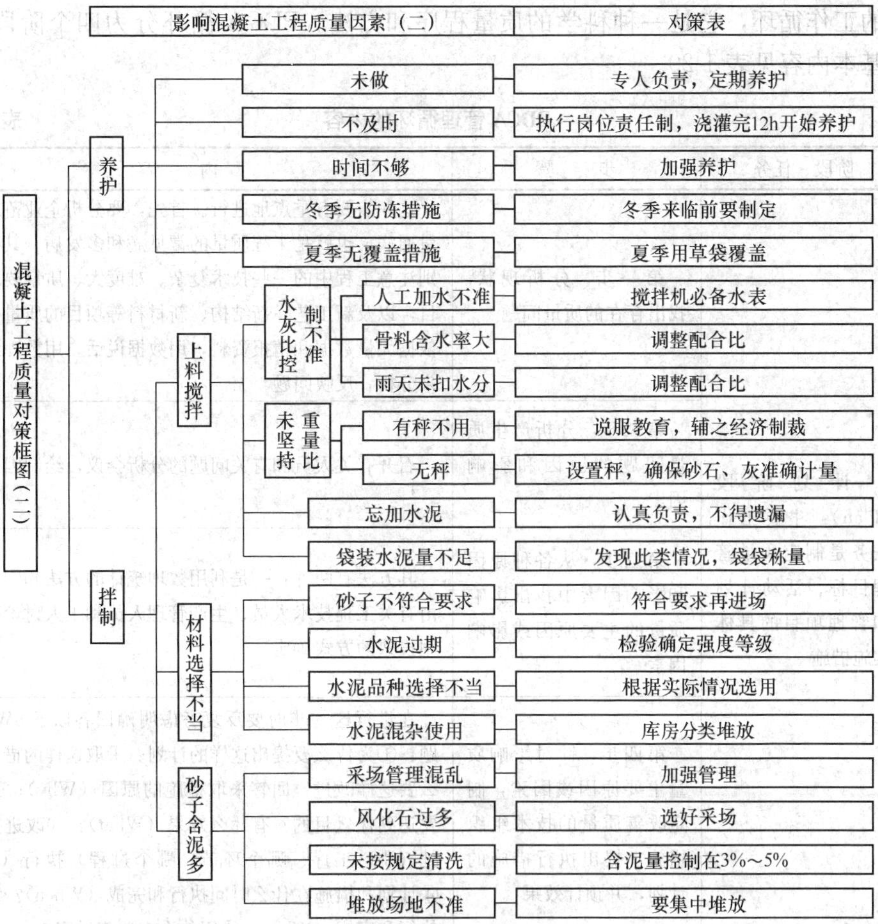

图 1-26　混凝土工程质量对策图（二）

(3) 覆盖。就是用表面覆盖的办法防止堵塞或损伤。例如，对地漏、落水口排水管等安装后可加以覆盖，以防止异物落入而被堵塞；预制水磨石或大理石楼梯可用木板覆盖加以保护；地面可用锯末、苫布等覆盖以防止喷浆等污染；其他需要防晒、防冻、保温养护等项目也应采取适当的防护措施。

(4) 封闭。就是采取局部封闭的办法进行保护。例如，垃圾道完成后，可将其进口封闭起来，以防止建筑垃圾堵塞通道；房间水泥地面或地面砖完成后，可将该房间局部封闭，防止人们随意进入而损害地面；房内装修完成后，应加锁封闭，防止人们随意进入而受到损伤等。

(5) 合理安排施工顺序。主要是通过合理安排不同工作间的施工顺序以防止后道工序损坏或污染前道工序。例如，采取房间内先喷浆或喷涂而后安装灯具的施工顺序可防止喷浆污染、损害灯具；先做顶棚、装修而后做地坪，也可避免顶棚及装修施工污染、损害地坪。

1.4.3　质量控制方法

1.4.3.1　PDCA 循环工作方法

PDCA 循环是由计划（Plan）、实施（Do）、检查（Check）和处理（Action）四个阶段组成的工作循环，它是一种科学的质量程序和方法。PDCA 循环分为四个阶段八个步骤，其基本内容见表 1-20。

PDCA 管理循环的内容　　表 1-20

序号	阶段、任务	步　骤	内　容
1	计划阶段(Plan)：主要工作任务是制定质量管理目标、活动计划和管理项目的具体实施措施	第一步，分析现状，找出存在的质量问题	这一步要有重点地进行。首先，要分析企业范围内的质量通病，也就是工程质量的常见病和多发病。其次，要特别注意工程中的一些技术复杂、难度大、质量要求高的项目，以及新工艺、新结构、新材料等项目的质量分析。要依据大量数据和情报资料，用数据说话，用数理统计方法来分析，反映问题
		第二步，分析产生质量问题的原因和影响因素	召开有关人员和有关问题的分析会议，绘制因果分析图
		第三步，从各种原因和影响因素中找出影响质量的主要原因或影响因素	其方法有两种：一是利用数理统计的方法和图表；二是由有关工程技术人员、生产管理人员和工人讨论确定，或用投票的方式确定
		第四步，针对影响质量主要原因或因素，制定改善质量的技术组织措施，提出执行措施的计划，并预计效果	在进行这一步时要反复考虑明确回答以下 5W1H 的问题：①为什么要提出这样的计划、采取这样的措施？为什么要这样改进？回答采取措施的原因（Why）；②改进后要达到什么目的？有什么效果（What）？③改进措施在何处（哪道工序、哪个环节、哪个过程）执行（Where）？④计划和措施在什么时间执行和完成（When）？⑤由谁来执行和完成（Who）？⑥用什么方法怎样完成（How）
2	实施阶段（Do）主要工作任务是按照第一阶段制定的计划措施，组织各方面的力量分头去认真贯彻执行	第五步，即执行措施和计划	首先要做好计划措施的交底和落实。落实包括组织落实、技术落实和物资落实。有关人员还要经过训练、实习、考核达到要求后再执行计划。其次，要依靠质量体系，来保证质量计划的执行
3	检查阶段(Check)主要工作任务是将实施效果与预期目标对比	第六步，检查效果、发现问题	检查执行的情况，看是否达到了预期效果，并提出哪些做对了？哪些还没达到要求？哪些有效果？哪些还没有效果？再进一步找出问题
4	处理阶段（Action）主要工作任务是对检查结果进行总结和处理	第七步，总结经验、纳入标准	经过上一步检查后，明确有效果的措施，通过修订相应的工作文件、工艺规程，以及各种质量管理的规章制度，把好的经验总结起来，把成绩巩固下来，防止问题再发生
		第八步，把遗留问题转入到下一个管理循环	为下一期计划提供数据资料和依据

PDCA 管理循环是不断进行的，每循环一次，就解决一定的质量问题，实现一定的质

量目标，使质量水平有所提高。如是不断循环，周而复始，使质量水平也不断提高。

1.4.3.2　质量控制统计分析方法

1. 排列图法

排列图法是利用排列图寻找影响质量主次因素的一种有效方法。排列图又叫帕累托图或主次因素分析图，它是由两个纵坐标、一个横坐标、几个连起来的直方形和一条曲线所组成。如图 1-27 所示。左侧的纵坐标表示频数，右侧纵坐标表示累计频率，横坐标表示影响质量的各个因素或项目，按影响程度大小从左至右排列，直方形的高度表示某个因素的影响大小。实际应用中，通常按累计频率划分为（0～80%）、（80%～90%）、（90%～100%）三部分，与其对应的影响因素分别为 A、B、C 三类。A 类为主要因素，B 类为次要因素，C 类为一般因素。

2. 因果分析图法

（1）什么是因果分析图法

因果分析图法是利用因果分析图来系统整理分析某个质量问题（结果）与其产生原因之间关系的有效工具。因果分析图也称特性要因图，又因其形状常被称为树枝图或鱼刺图。

因果分析图基本形式如图 1-28 所示。从图 1-28 可见，因果分析图由质量特性（即质量结果或某个质量问题）、要因（产生质量问题的主要原因）、枝干（指一系列箭线表示不同层次的原因）、主干（指较粗的直接指向质量结果的水平箭线）等所组成。

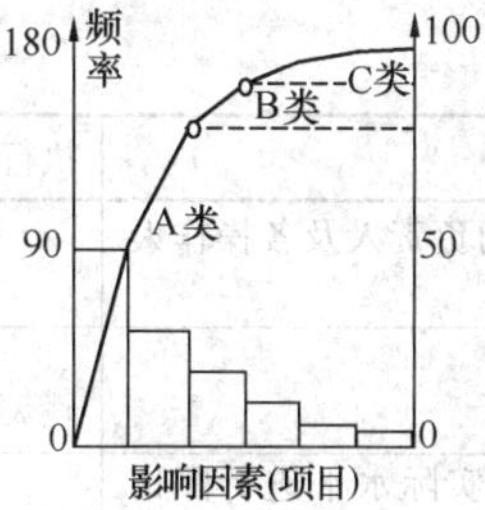

图 1-27　排列图

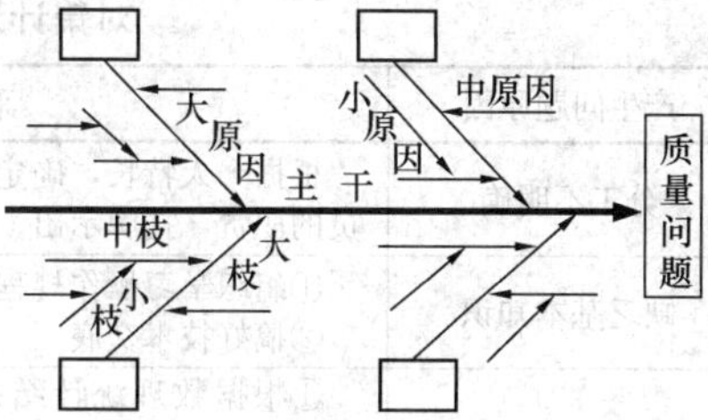

图 1-28　因果分析图的基本形式

（2）因果分析图的绘制

下面结合实例加以说明。

【例】　绘制混凝土强度不足的因果分析图，见图 1-29。

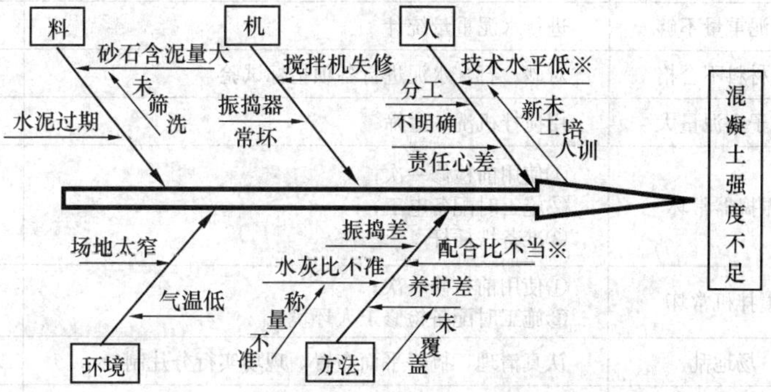

图 1-29　混凝土强度不足的因果分析图

解：因果分析图的绘制步骤与图中箭头方向恰恰相反，是从“结果”开始将原因逐层分解的，具体步骤如下：

1）明确质量问题——结果。该例分析的质量问题是“混凝土强度不足”，作图时首先由左至右画出一条水平主干线，箭头指向一个矩形框，框内注明研究的问题，即结果。

2）分析确定影响质量特性大的原因。一般来说，影响质量因素有五大方面，即人、机械、材料、方法、环境等。另外还可以按产品的生产过程进行分析。

3）将每种大原因进一步分解为中原因、小原因，直至分解的原因可以采取具体措施加以解决为止。

4）检查图中的所列原因是否齐全，可以对初步分析结果广泛征求意见，并做必要的补充及修改。

5）选择出影响大的关键因素，做出标记“※”，以便重点采取措施。

（3）绘制和使用因果分析图时应注意的问题

1）集思广益。绘制时要求绘制者熟悉专业施工方法技术，调查、了解施工现场实际条件和操作的具体情况。要以各种形式，广泛收集现场工人、班组长、质量检查员、工程技术人员的意见，集思广益，互相启发、互相补充，使因果分析更符合实际。

2）制定对策。绘制因果分析图不是目的，而是要根据图中所反映的主要原因，制定改进的措施和对策，限期解决问题，保证质量。具体实施时，一般应编制一个对策计划表。表 1-21 是混凝土强度不足的对策计划表。

对策计划表　　**表 1-21**

项目	序号	产生问题原因	采取的对策	执行人	完成时间
人	1	分工不明确	根据个人特长，确定每道工序的负责人及各操作人员的职责，挂牌示出		
	2	缺乏基本知识	①组织学习操作规程； ②搞好技术交底		
工艺	3	配比不当	①根据数理统计结果，按施工实际水平进行配比计算； ②进行实验		
	4	水灰比控制不严	①制作水箱； ②捣制时，每半天测砂石含水率一次； ③捣制时，控制坍落度在 5cm 以下		
	5	计量不准	校正磅秤		
材料	6	水泥重量不够	进行水泥重量统计		
	7	原材料不合格	对砂、石、水泥进行各项指标试验		
	8	石子含泥量大	用搅拌机洗、过筛		
机械	9	振捣器常坏	①使用前检修一次； ②施工时配备电工； ③准备铁插杆		
	10	搅拌机常坏	①使用前检修一次； ②施工时配备检修工人环境		
环境	11	场地乱	认真清理，搞好平面布置，现场实行分片制		
	12	气候变化	准备草包，养护落实到人		

3. 直方图法

（1）直方图的用途

直方图法即频数分布直方图法，它是将收集到的质量数据进行分组整理，绘制成频数分布直方图，用以描述质量分布状态的一种分析方法，所以又称质量分布图法。

通过直方图的观察与分析，可了解产品质量的波动情况，掌握质量特性的分布规律，以便对质量状况进行分析判断。同时可通过质量数据特征值的计算，估算施工生产过程总体的不合格品率，评价过程能力等。

（2）直方图的绘制方法

1）收集整理数据

用随机抽样的方法抽取数据，一般要求数据在 50 个以上。

【例】 某建筑施工工地浇筑 C30 混凝土，为对其抗压强度进行质量分析，共收集了 50 份抗压强度试验报告单，经整理如表 1-22 所示。

数据整理表（单位：N/mm^2） **表 1-22**

序号	抗压强度					最大值	最小值
1	39.8	37.7	33.8	31.5	36.1	39.8	31.5*
2	37.2	38.0	33.1	39.0	36.0	39.0	33.1
3	35.8	35.2	31.8	37.1	34.0	37.1	31.8
4	39.9	34.3	33.2	40.4	41.2	41.2	33.2
5	39.2	35.4	34.4	38.1	40.3	40.3	34.4
6	42.3	37.5	35.5	39.3	37.3	42.3	35.5
7	35.9	42.4	41.8	36.3	36.2	42.4	35.9
8	46.2	37.6	38.3	39.7	38.0	46.2*	37.6
9	36.4	38.3	43.4	38.2	38.0	42.4	36.4
10	44.4	42.0	37.9	38.4	39.5	44.4	37.9

2）计算极差 R

极差 R 是数据中最大值和最小值之差，本例中：

$$x_{\max} = 46.2(N/mm^2)$$

$$x_{\min} = 31.5(N/mm^2)$$

$$R = x_{\max} - x_{\min} = 46.2 - 31.5 = 14.7(N/mm^2)$$

3）将数据分组

包括确定组数、组距和组限，见表 1-23。

数据分组参考值 **表 1-23**

数据总数 n	分组数 k	数据总数 n	分组数 k
50～100	6～10	250 以上	10～20
100～250	7～12		

①确定组数 k。确定组数的原则是：分组的结果能正确地反映数据的分布规律。组数应根据数据多少来确定。组数过少，会掩盖数据的分布规律；组数过多，会使数据过于零

乱分散，也不能显示出质量分布状况。一般可参考表 1-23 的经验数值来确定。本例中取 $k=8$。

②确定组距 h。组距是组的区间长度，即一个组数据的范围。各组距应相等，为了使分组结果能覆盖全部变量值，应有：组距与组数之积稍大于极差。

组数、组距的确定应结合 R、n 综合考虑、适当调整，还要注意数值尽量取整，便于以后的计算分析。

本例中：$h=\dfrac{R}{k}=\dfrac{14.7}{8}=1.8\approx2$（$N/mm^2$）

③确定组限。每组数值的极限值，大者为上限，小者为下限，上、下限统称组限。确定组限时应注意使各组之间连续，即较低组上限应为相邻较高组下限，这样才不致遗漏组间数据。

对恰恰处于组限值上的数据，其解决的办法有二：一是规定每组的其中一个组限为极限，极限值对应数据不含在该组内，如上组限对应数值不计在该组内，而应计入相邻较高组内，即左连续［　）；或者是下组限对应数值不计在该组内，而应计入相邻较低组内，即右连续（　］。二是将组限值较原始数据精度提高半个最小测量单位。

现采取第一种办法左连续［　）划分组限，即每组上限不计入该组内。

首先确定第一组下限：

$$x_{\min}-\frac{h}{2}=31.5-\frac{2.0}{2}=30.5$$

第一组上限：$30.5+h=30.5+2=32.5$

第二组下限＝第一组上限＝32.5

第二组上限：$32.5+h=32.5+2=34.5$

以下以此类推，最高组限为 44.5～46.5，分组结果覆盖了全部数据。

4）编制数据频数统计表

统计各组频数，可采用唱票形式进行，频数总和应等于全部数据个数。本例频数统计结果见表 1-24。

频数统计表　　**表 1-24**

组号	组限（N/mm^2）	频数统计	频数	组号	组限（N/mm^2）	频数统计	频数
1	30.5～32.5	丅	2	5	38.5～40.5	正	9
2	32.5～34.5	正一	6	6	40.5～42.5	正	5
3	34.5～36.5	正正	10	7	42.5～44.5	丅	2
4	36.5～38.5	正正正	15	8	44.5～46.5	一	1
合计							50

从表 1-24 中可以看出，浇筑 C30 混凝土，50 个试块的抗压强度是各不相同的，这说明质量特性值是有波动的。但这些数据分布是有一定规律的，就是数据在一个有限范围内变化，且这种变化有一个集中趋势，即强度值在 36.5～38.5 范围内的试块最多，可把这个范围即第四组视为该样本质量数据的分布中心，随着强度值的逐渐增大和逐渐减小数据而逐渐减少。为了更直观、更形象地表现质量特征值的这种分布规律，应进一步绘制出直

方图。

5）绘制频数分布直方图

在频数分布直方图中，横坐标表示质量特性值，本例中为混凝土强度，并标出各组的组限值。根据表 1-24 画出以组距为底，以频数为高的 k 个直方形，便得到混凝土强度的频数分布直方图，见图 1-30。

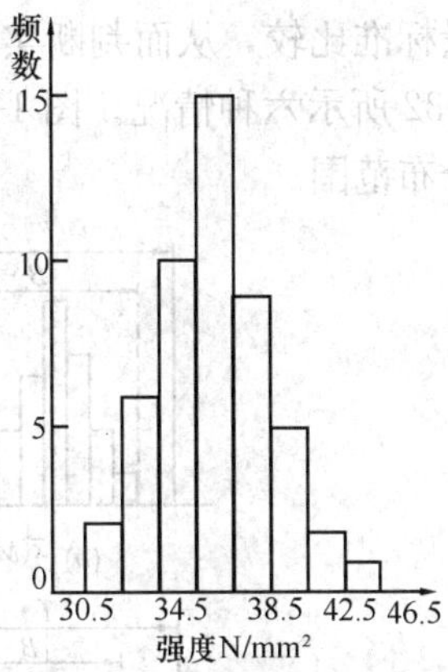

图 1-30　混凝土强度分布直方图

(3) 直方图的观察与分析

1）观察直方图的形状、判断质量分布状态。作完直方图后，首先要认真观察直方图的整体形状，看其是否是属于正常型直方图。正常型直方图是中间高，两侧底，左右接近对称的图形，如图 1-31（*a*）所示。

出现非正常型直方图时，表明生产过程或收集数据作图有问题。这就要求进一步分析判断，找出原因，从而采取措施加以纠正。凡属非正常型直方图，其图形分布有各种不同缺陷，归纳起来一般有图五种类型，如图 1-31（*b*）～（*f*）所示。

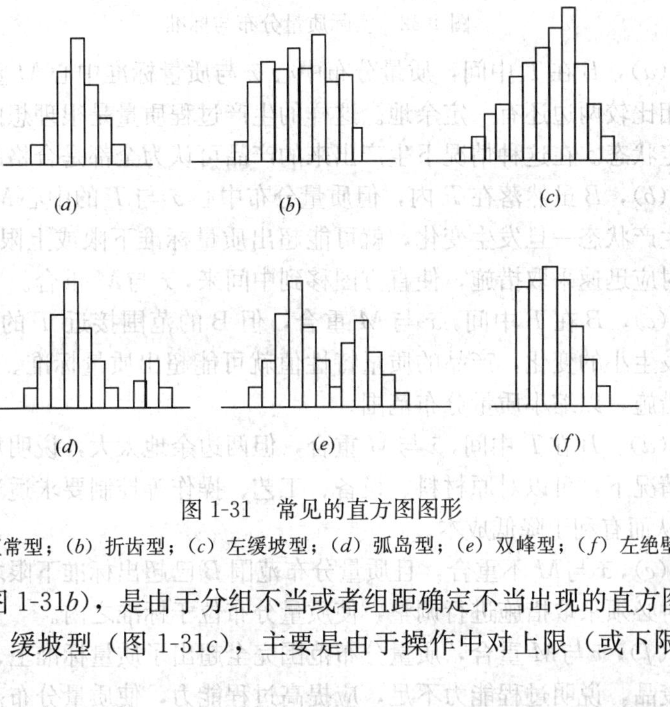

图 1-31　常见的直方图图形

（*a*）正常型；（*b*）折齿型；（*c*）左缓坡型；（*d*）弧岛型；（*e*）双峰型；（*f*）左绝壁型

①折齿型（图 1-31*b*），是由于分组不当或者组距确定不当出现的直方图。

②左（或右）缓坡型（图 1-31*c*），主要是由于操作中对上限（或下限）控制太严造成的。

③孤岛型（图 1-31*d*），是原材料发生变化，或者临时他人顶班作业造成的。

④双峰型（图 1-31*e*），可能是由于用两种不同方法或两台设备或两组工人进行生产的产品质量数据混在一起整理产生的。

⑤左（或右）绝壁型（图 1-31*f*），是由于数据收集不正常，可能有意识地去掉下限以下（或上限以上）的数据，或是在检测过程中存在某种人为因素所造成的。

2）将正常型直方图与质量标准比较，判断实际生产过程能力

做出直方图后，除了观察直方图形状，分析质量分布状态外，再将正常型直方图与质

量标准比较，从而判断实际生产过程能力。正常型直方图与质量标准相比较，一般有如图1-32所示六种情况。图1-32中：T——表示质量标准要求界限：B——表示实际质量特性分布范围。

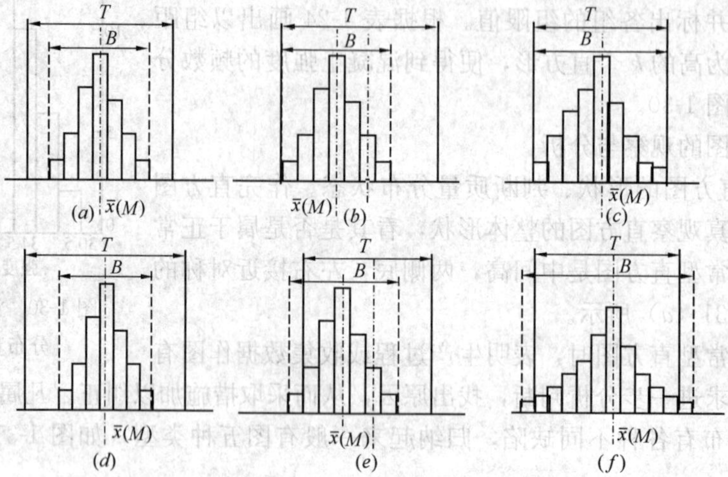

图1-32　实际质量分布与标准

①图1-32（a），B在T中间，质量分布中心$\bar{x}$与质量标准中心M重合，实际数据分布与质量标准相比较两边还有一定余地。这样的生产过程质量是很理想的，说明生产过程处于正常的稳定状态。在这种情况下生产出来的产品可认为全都是合格品。

②图1-32（b），B虽然落在T内，但质量分布中心$\bar{x}$与T的中心M不重合，偏向一边。这样如果生产状态一旦发生变化，就可能超出质量标准下限或上限而出现不合格品。出现这种情况时应迅速采取措施，使直方图移到中间来，$\bar{x}$与M重合。

③图1-32（c），B在T中间，$\bar{x}$与M重合，但B的范围接近T的范围，没有余地，生产过程一旦发生小的变化，产品的质量特性值就可能超出质量标准。出现这种情况时，必须立即采取措施，以缩小质量分布范围。

④图1-32（d），B在T中间，$\bar{x}$与M重合，但两边余地太大，说明加工过于精细，不经济。在这种情况下，可以对原材料、设备、工艺、操作等控制要求适当放宽些，有目的地使B扩大，从而有利于降低成本。

⑤图1-32（e），$\bar{x}$与M不重合，且质量分布范围B已超出标准下限之外，说明已出现不合格品。此时必须采取措施进行调整，使质量分布位于标准之内。

⑥图1-32（f），$\bar{x}$与M重合，质量分布范围完全超出了质量标准上、下界限，散差太大，产生许多废品，说明过程能力不足，应提高过程能力，使质量分布范围B缩小。

4. 控制图法

（1）控制图的基本形式及其用途

控制图又称管理图。它是在直角坐标系内画有控制界限，描述生产过程中产品质量波动状态的图形。利用控制图区分质量波动原因，判明生产过程是否处于稳定状态的方法称为控制图法。

1）控制图的基本形式。控制图的基本形式如图1-33所示。横坐标为样本（子样）序号或抽样时间，纵坐标为被控制对象的质量特性值。控制图上一般有三条线：在上面的一条虚线称为上控制界限，用符号 UCL 表示；在下面的一条虚线称为下控制界限，用符号 LCL 表示；中间的一条实线称为中心线，用符号 CL 表示。中心线标志着质量特性值分布的中心位置，上下控制界限标志着质量特性值允许波动范围。

在生产过程中通过抽样取得数据，把样本统计量描在图上来分析判断生产过程状态。如果点子随机地落在上、下控制界限内，则表明生产过程正常，处于稳定状态，不会产生不合格品，如果点子超出控制界限，或点子排列有缺陷，则表明生产条件发生了异常变化，生产过程处于失控状态。

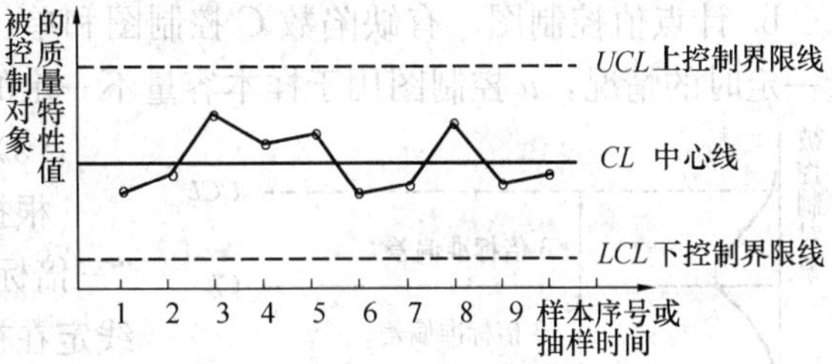

图 1-33 控制图基本形式

2）控制图的用途。控制图是用样本数据来分析判断生产过程（总体）是否处于稳定状态的有效工具。它的主要用途有两个：

①过程分析，即分析生产过程是否稳定。为此，应随机连续收集数据，绘制控制图，观察数据点分布情况并判定生产过程状态。

②过程控制，即控制生产过程质量状态。为此，要定时抽样取得数据，将其变为点子描在图上，发现并及时消除生产过程中的失调现象，预防不合格品的产生。

（2）控制图的种类

1）按用途分类

①分析用控制图。主要是用来调查生产过程是否处于控制状态。绘制分析用控制图时，一般需连续抽取 20～25 组样本数据，计算控制界限。

②管理（或控制）用控制图。主要用来控制生产过程，使之经常保持在稳定状态下。当根据分析用控制图判明生产过程处于稳定状态时，一般都是把分析用控制图的控制界限延长作为管理用控制图的控制界限，并按一定的时间间隔取样、计算、打点，根据点子分布情况，判断生产过程是否有异常因素影响。

2）按质量数据特点分类

①计量值控制图。主要适用于质量特性值属于计量值的控制，如时间、长度、重量、强度、成分等连续型变量。常用的计量值控制图有以下几种：

a. $\overline{x}-R$ 控制图。这是平均数 $\overline{x}$ 控制图和极差 R 控制图相配合使用的一种基本控制图。$\overline{x}$ 为组的平均值。R 为组的极差值。其特点是：提供的质量情报多，发现生产过程异常能力即检测能力强。

b. $\overline{x}-R$ 控制图。这是中位数 $\overline{x}$ 控制图和极差 R 控制图结合使用的一种控制图。其用途与 $\overline{x}-R$ 控制图相同。其特点是计算简单。

c. $x-R$ 控制图。这是单值 x 控制图和移动极差 R_S 控制图结合使用的一种控制图。

R_S 为相邻两数据差的绝对值，即：$R_S = |x_{i+1}-x_i|$

②计数值控制图。通常适用于质量数据中属于计数值的控制，如不合格品数、疵点数、不合格品率等离散型变量数据。根据计数值的不同又分为计件值控制图和计点值控制图。

a. 计件值控制图。有不合格品数 P_n 控制图和不合格品率 P 控制图。当某些产品质量的特性值无法直接测量，只要求按合格品和不合格品区分时，均宜采用 P_n 控制图和 P 控制图。P_n 控制图一般用于样本容量 n 相等的情况，P 控制图则用于样本容量不相等的情况；

b. 计点值控制图。有缺陷数 C 控制图和单位缺陷数 u 控制图。C 控制图用于样本容量一定时的情况，u 控制图用于样本容量不一定的情况。

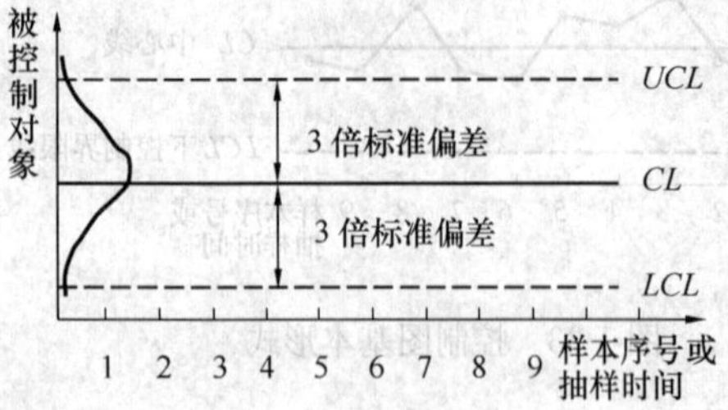

图 1-34　控制界限的确定

（3）控制图控制界限的确定

根据数理统计学原理和经济原则，采用的是“三倍标准偏差法”来确定控制界限，即将中心线定在被控制对象的平均值上，以中心线为基准向上、下各量三倍被控制对象的标准偏差作为上、下控制界限。如图 1-34 所示。

采用三倍标准偏差法是因为控制图是以正态分布为理论依据的。采用这种方法可以在最经济的条件下，实现生产过程控制，保证产品的质量。

在用三倍标准偏差法确定控制界限时，其计算公式如下：

中心线　$CL = E(X)$

上控制界限　$UCL = E(X) + 3\delta(X)$

下控制界限　$LCL = E(X) - 3\delta(X)$

式中　X——样本统计量；X 可取 $\bar{x}$（平均值）、$\tilde{x}$（中位数）、x（单值）、R（极差）、P_n（不合格品数）、P（不合格品率）、c（缺陷数）、u（单位缺陷数）等；

$E(X)$——X 的平均值；

$\delta(X)$——X 的标准偏差。

按三倍标准偏差法，各类控制图的控制界限的计算公式如表 1-25 所示。控制图用系数见表 1-26。

控制图控制界限计算公式　　**表 1-25**

控制图种类		中　心　线	控制界限
计量值控制图	平均数 $\bar{x}$ 控制图	$\bar{\bar{x}}=\frac{\sum_{i=1}^{k}\bar{x}_i}{k}$	$\bar{\bar{x}}\pm A_2\bar{R}$
	极差 R 控制图	$\bar{R}=\frac{\sum_{i=1}^{k}R_i}{k}$	$D_4\bar{R},D_3\bar{R}$
	中位数 $\tilde{x}$ 控制图	$\bar{\tilde{x}}=\frac{\sum_{i=1}^{k}\tilde{x}_i}{k}$	$\bar{\tilde{x}}\pm m_3A_2\bar{R}$
	单值 x 控制图	$\bar{x}=\frac{\sum_{i=1}^{k}x_i}{k}$	$\bar{x}\pm E_2\bar{R}_S$
	移动极差 R_s 控制图	$\bar{R}_s=\frac{\sum_{i=1}^{k}R_{si}}{k}$	$D_4\bar{R}_S$

续表

控制图种类			中心线	控制界限
计数值控制图	计件	不合格品数 P_n 控制图 不合格品率 P 控制图	$\overline{p}_n=\frac{\sum_{i=1}^{k}P_in_i}{k}$ $\overline{P}=\frac{\sum_{i=1}^{k}P_in_i}{k}$	$\overline{P}_n\pm3\sqrt{\overline{P}_n(1-\overline{P}_n)}$ $\overline{P}\pm3\sqrt{\overline{P}(1-\overline{P})}$
	计点	缺陷数 C 控制图 单位缺陷 u 控制图	$\overline{C}=\frac{\sum_{i=1}^{k}C_i}{k}$ $\overline{u}=\frac{\sum_{i=1}^{k}u_i}{k}$	$\overline{C}\pm3\sqrt{\overline{C}}$ $\overline{u}\pm3\sqrt{\frac{\overline{u}}{n}}$

控制图用系数表　　表 1-26

样本容量 n	A_2	D_4	D_3	m_3A_2	E_2
2	1.88	3.27	—	1.88	2.66
3	1.02	2.57	—	1.19	1.77
4	0.73	2.28	—	0.80	1.46
5	0.58	2.11	—	0.69	1.29
6	0.48	2.00	—	0.55	1.18
7	0.42	1.92	0.08	0.51	1.11
8	0.37	1.86	0.14	0.43	1.05
9	0.34	1.82	0.18	0.41	1.01
10	0.31	1.78	0.22	0.36	0.96

(4) 控制图的绘制方法

无论是计量值控制图还是计数值控制图，其绘制程序基本是一致的。

1）选定被控制的质量特性，即明确控制对象。要控制的质量特性应是影响质量的关键特性，且必须是可测量、技术上可以控制的。

2）收集数据并分组。收集数据应采取随机抽样。绘制分析用计量值控制图时，数据量应不少于 50～100 个，收集数据的时间不应少于 10～15d。在日常控制中，样本含量多取 $n=4\sim5$。

3）确定中心线和控制界限。这是绘制控制图的中心问题。可利用表 1-25 所列公式计算确定。

4）描点分析。如果认为生产过程处于稳定状态，则控制图可转为控制生产过程用。如果生产过程处于非控制状态，则应查明原因，剔除异常点，或重新取得数据，再行绘制，直到得出处于稳定状态下的控制图为止。

下面结合建筑工程实例，说明作为分析用计量值 $\overline{X}-R$ 控制图的绘制方法及应用。

【例】 某混凝土搅拌站搞制 C30 的混凝土，为保证其质量，采用平均值与极差 $\overline{X}-R$ 控制图进行分析和控制。$\overline{X}-R$ 控制图的绘制步骤如下：

1）收集数据并分组，共收集了50份抗压强度报告单。按时间顺序排列，每组5个数据（$n=5$），共分为10组（$k=10$），见表1-27。

混凝土强度数据表 表1-27

组序	抗压强度（N/mm^2）					小计 Σx	平均值 $\overline{x}_i$	极差 R_i
	x_1	x_2	x_3	x_4	x_5			
1	32.5	44.6	35.6	34.7	34.9	182.3	36.46	12.1
2	36.7	38.9	41.8	30.8	40.3	188.5	37.70	11.0
3	37.5	33.4	36.8	37.1	39.9	184.5	36.94	3.5
4	41.1	47.0	37.0	34.2	37.9	197.2	39.44	12.8
5	37.7	34.0	37.4	35.3	32.8	177.2	35.44	1.9
6	36.4	39.3	38.5	36.3	34.4	184.9	36.98	4.9
7	33.1	36.7	33.9	35.5	37.8	177.0	35.40	4.7
8	38.6	40.9	43.7	35.1	39.7	198.0	39.60	8.6
9	35.8	36.9	38.1	41.3	43.1	195.2	39.04	7.3
10	39.4	42.4	40.7	42.2	38.3	203.0	40.60	4.1
合计							377.60	76.9

2）确定中心线和控制界限

①计算每组的平均值 $\boldsymbol{x}_i$ 和极差 R_i，要求精度较测定单位高一级。其结果记入表1-27中最后两列。

②计算各组平均值 $\overline{\boldsymbol{x}}_i$ 的平均值 $\overline{\overline{\boldsymbol{x}}}_i$ 和各组极差 R_i 的平均值 $\overline{R}_i$。

$$\overline{\overline{x}} = \frac{\sum_{i=1}^{k} \overline{x}_i}{k} = \frac{377.60}{10} = 37.76(N/mm^2)$$

$$\overline{R}_i = \frac{\sum_{i=1}^{k} R_i}{k} = \frac{76.9}{10} = 7.69(N/mm^2)$$

③确定中心线和控制界限。

$\boldsymbol{x}$ 控制图的中心线和控制界限为：

$$CL = \overline{\overline{\boldsymbol{x}}} = 37.76(N/mm^2)$$

$$UCL = \overline{\overline{\boldsymbol{x}}} + A_2\overline{R} = 37.76 + 0.58 \times 7.69 = 42.22(N/mm^2)$$

$$LCL = \overline{\overline{\boldsymbol{x}}} - A_2\overline{R} = 37.76 - 0.58 \times 7.69 = 33.30(N/mm^2)$$

R 控制图的中心线和控制界限为：

$$CL = \overline{R} = 7.69(N/mm^2)$$

$$UCL = D_4\overline{R} = 2.11 \times 7.69 = 16.23(N/mm^2)$$

$$LCL = D_3\overline{R}$$

因为，$n<6$，所以，可不考虑下控制界限。

3）绘图、描点与分析。

根据确定的控制图的中心线和上、下控制界限，绘制出 $\overline{x}$ 控制图和 R 控制图，并将各组的平均值和极差变为点子描在图上，如图 1-35 所示。观察分析控制图上点子分布情况。可知，混凝土生产过程处于稳定状态。所确定的控制界限，可转为控制生产过程之用。

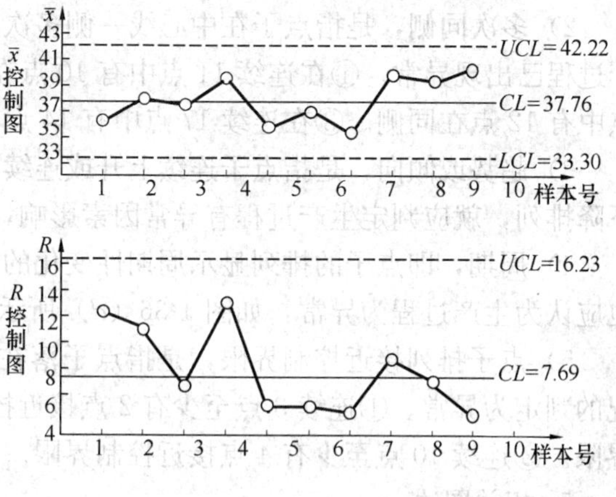

图 1-35　混凝土强度 $\bar{x}$—R 控制图

（5）控制图的观察与分析

绘制控制图的目的主要是对控制图进行观察和分析，判断生产过程是否处于稳定状态。这主要通过对控制图上点子的分布情况的观察与分析来进行。因为控制图上点子作为随机抽样的样本，可以反映出生产过程（总体）的质量分布状态。

当控制图同时满足以下两个条件：一是点子全部落在控制界限之内；二是控制界限内的点子排列没有缺陷，就可以认为生产过程基本上处于稳定状态。

所谓点子全部落在控制界线内，是指应符合下述三个要求：①连续 25 点以上处于控制界限内；②连续 35 点中仅有一点超出控制界限；③连续 100 点中不多于 2 点超出控制界限。

所谓控制界限内的点子排列没有缺陷，是指点子的排列是随机的，而没有出现异常现象。这里的异常现象是指点子排列出现了“链”、“同侧”、“趋势”等情况。

1）链，是指点子连续出现在中心线一侧的现象。①出现 5 点链，应注意工序发展状况。②出现 6 点链，应开始调查原因。③出现 7 点链，应判定工序异常，需采取处理措施，如图 1-36（a）所示。

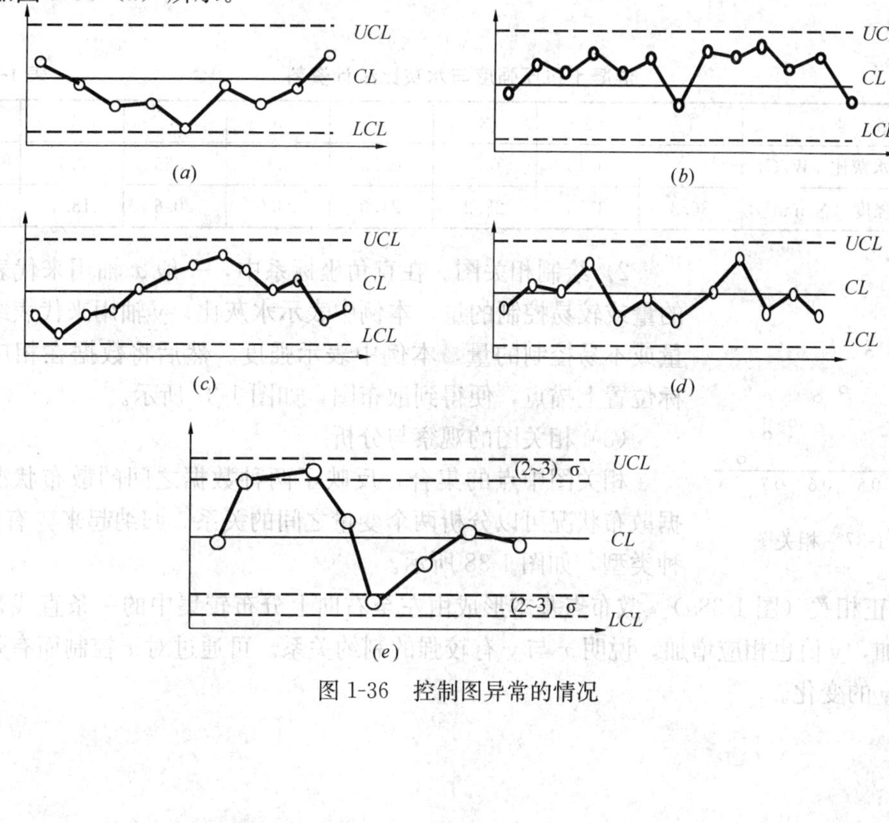

图 1-36　控制图异常的情况

2）多次同侧，是指点子在中心线一侧多次出现的现象，或称偏离。下列情况说明生产过程已出现异常。①在连续 11 点中有 10 点在同侧，如图 1-36（*b*）所示。②在连续 14 点中有 12 点在同侧。③在连续 17 点中有 14 点在同侧。④连续 20 点中有 16 点在同侧。

3）趋势或倾向，是指点子连续上升或连续下降的现象。连续 7 点或 7 点以上上升或下降排列，就应判定生产过程有异常因素影响，要立即采取措施，如图 1-36（*c*）所示。

4）周期，即点子的排列显示周期性变化的现象。这样既使所有点子都在控制界限内，也应认为生产过程为异常，如图 1-36（*d*）所示。

5）点子排列接近控制界限，是指点子落在了 $\overline{x}\pm2\sigma$ 以外、$\overline{x}\pm3\sigma$ 以内。如属下列情况的判定为异常。①连续 3 点至少有 2 点接近控制界限。②连续 7 点至少有 3 点接近控制界限。③连续 10 点至少有 4 点接近控制界限。如图 1-36（*e*）所示。

5. 相关图法

（1）相关图法的用途

相关图又称散布图。在质量管理中它是用来显示两种质量数据之间关系的一种图形。质量数据之间的关系多属相关关系。一般有三种类型：一是质量特性和影响因素之间的关系；二是质量特性和质量特性之间的关系；三是影响因素和影响因素之间的关系。

可以用 y 和 x 表示质量特性值和影响因素，通过绘制散布图，计算相关系数等，分析研究两个变量之间是否存在相关关系，以及这种关系密切程度如何，进而对相关程度密切的两个变量，通过对其中一个变量的观察控制，去估计控制另一个变量的数值，以达到保证产品质量的目的。

（2）相关图的绘制方法

【例】 分析混凝土抗压强度和水灰比之间的关系。

1）搜集数据。要成对地搜集两种质量数据，数据不得过少。本例搜集数据如表 1-28 所示。

混凝土抗压强度与水灰比统计资料　　表 1-28

	序　号	1	2	3	4	5	6	7	8
x	水灰比（W/C）	0.4	0.45	0.5	0.55	0.6	0.65	0.7	0.75
y	强度（N/mm^2）	36.3	35.3	28.2	24.0	23.0	20.6	18.4	15.0

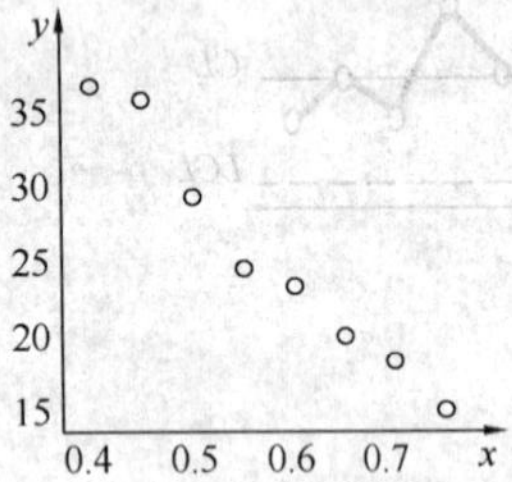

图 1-37　相关图

2）绘制相关图。在直角坐标系中，一般 x 轴用来代表原因的量或较易控制的量，本例中表示水灰比；y 轴用来代表结果的量或不易控制的量，本例中表示强度。然后将数据在相应的坐标位置上描点，便得到散布图，如图 1-37 所示。

（3）相关图的观察与分析

相关图中点的集合，反映了两种数据之间的散布状况，根据散布状况可以分析两个变量之间的关系。归纳起来，有以下 6 种类型，如图 1-38 所示。

1）正相关（图 1-38*a*）。散布点基本形成由左至右向上分布较集中的一条直线带，即随 x 增加，y 值也相应增加，说明 x 与 y 有较强的制约关系。可通过对 x 控制而有效地正向控制 y 的变化。

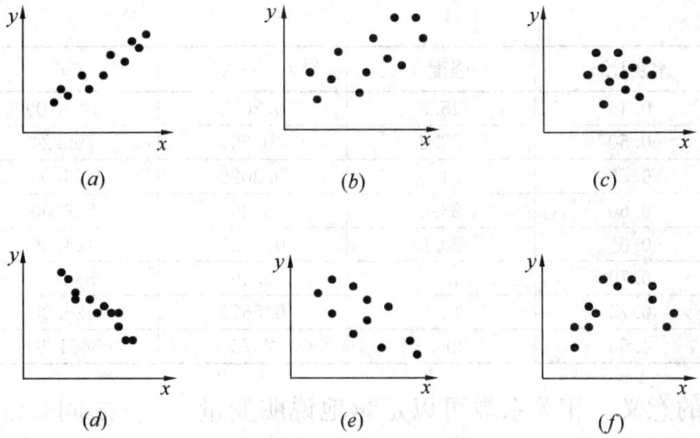

图 1-38 相关图的类型

(a) 正相关；(b) 弱正相关；(c) 不相关；(d) 负相关；(e) 弱负相关；(f) 非线性相关

2）弱正相关（图 1-38b）。散布点形成由左至右向上分布较分散的直线带。随 x 值的增加，y 值也有增加趋势，但 x、y 的关系不像正相关那么明显。说明 y 除受 x 影响外，还受其他更重要的因素影响。需进一步利用因果分析图法分析其他的影响因素。

3）不相关（图 1-38c）。散布点形成一团或平行于 x 轴的直线带。说明 x 变化不会引起 y 的变化或其变化无规律，分析质量原因时可排除 x 因素。

4）负相关（图 1-38d）。散布点形成由左至右向下的分布较集中的一条直线带，即 y 随 x 增加相应减小。说明 x 与 y 有较强的制约关系，但 x 对 y 的影响与正相关恰恰相反。可通过对 x 控制而有效地反向控制 y 的变化。

5）弱负相关（图 1-38e）。散布点形成由左至右向下分布的较分散的直线带。说明 x 与 y 的相关关系较弱，且变化趋势相反，应考虑寻找影响 y 的其他更重要的因素。

6）非线性相关（图 1-38f）。散布点呈一曲线带，即在一定范围内 x 增加，y 也增加；超过这个范围，x 增加，y 则有下降趋势。

从图 1-37 可以看出本例水灰比对强度影响是属于负相关。初步结果是，在其他条件不变情况下，混凝土强度随着水灰比增大有逐渐降低的趋势。

（4）相关系数

通过绘制并观察散布图，可定性分析判断两个变量之间的相关关系。而用相关系数则可定量地度量两个变量之间线性相关关系的密切程度。

1）相关系数的计算。相关系数用 r 表示，其计算公式为：

$$r=\frac{n\sum xy-\sum x\sum y}{\sqrt{n\sum x^2-(\sum x^2)}\sqrt{n\sum y^2-(\sum y)^2}} \tag{1-2}$$

根据上述公式，本例的相关系数可列表 1-29 进行计算。

$$r=\frac{8\times 109.03-4.60\times 200.8}{\sqrt{8\times 2.75-4.60^2}\sqrt{8\times 5451.94-200.8^2}}=-0.9367$$

相关系数计算表 **表 1-29**

序　号	水灰比 x	强度 y	x^2	y^2	xy
1	0.40	36.3	0.16	1317.69	14.52

续表

序　号	水灰比 x	强度 y	x^2	y^2	xy
2	0.45	35.3	0.2025	1246.09	15.89
3	0.50	28.2	0.25	795.24	14.10
4	0.55	24.0	0.3025	576.00	13.20
5	0.60	23.0	0.36	529.00	13.80
6	0.65	20.6	0.4225	424.36	13.39
7	0.70	18.4	0.49	338.56	12.88
8	0.75	15.0	0.5625	225.00	11.25
合计	4.60	200.8	2.75	5451.94	109.03

2）相关系数的意义。相关系数可以定量地说明变量 x、y 之间线性相关关系的密切程度和变化方向。相关系数 r 是一个无量纲数值，变化范围是：$-1\leqslant r\leqslant 1$。

r 的绝对值越接近于1，表示 x、y 之间线性相关程度高；r 越接近于0，表示线性相关程度低；当 r 等于零时，有两种可能，即或者是非线性相关，或者是不相关。

当 r 为负值时，表示变量间为负相关；r 为正值时，表示变量间为正相关。

当变量数据对数较多（$n\geqslant 50$）时，可以将相关关系的密切程度分为四级：①$|r|<0.3$，x、y 无线性相关关系；②$0.3\leqslant|r|<0.5$，x、y 是低度相关关系；③$0.5\leqslant|r|<0.8$，x、y 是显著相关关系；④$|r|\geqslant 0.8$，x、y 是高度相关关系。

当变量数据较少时（即小样本），需要对相关系数进行检验。

3）相关系数的检验。相关系数是根据样本资料计算的，根据抽样原理可知，用一个小样本的相关系数去说明总体的相关程度是具有随机性的。需要对样本相关系数进行检验。下面介绍一种查表检验的方法，其步骤如下：

①确定自由度，当样本数据对数是 n 时，自由度等于 $n-2$。

②确定危险率 α，一般取 $\alpha=5\%$ 或 $\alpha=1.0\%$。危险率的含义是：用计算的样本相关系数说明总体相关程度，其可靠程度为 $(1-\alpha)$，即95%或99%。

③查相关系数检验表，根据自由度 $n-2$ 和危险率 α 查相关系数检验表，见表1-30。

相关系数检验表　　**表 1-30**

$n-2$	α		$n-2$	α		$n-2$	α	
	0.01	0.05		0.01	0.05		0.01	0.05
1	1.000	0.997	14	0.623	0.497	27	0.470	0.367
2	0.990	0.950	15	0.606	0.482	28	0.463	0.361
3	0.950	0.878	16	0.590	0.468	29	0.456	0.355
4	0.917	0.811	17	0.575	0.456	30	0.449	0.249
5	0.874	0.754	18	0.561	0.444	35	0.418	0.325
6	0.834	0.707	19	0.549	0.433	40	0.393	0.304
7	0.798	0.666	20	0.537	0.423	45	0.372	0.288
8	0.765	0.632	21	0.526	0.413	50	0.354	0.273
9	0.735	0.602	22	0.515	0.404	60	0.325	0.250
10	0.708	0.576	23	0.505	0.396	70	0.302	0.232
11	0.684	0.553	24	0.496	0.388	80	0.283	0.217
12	0.661	0.532	25	0.487	0.381	90	0.267	0.205
13	0.641	0.514	26	0.478	0.374	100	0.254	0.195

从表 1-30 中查得相应的 α 和计算的 $|r|$ 比较，这里 α 是在一定的可靠度（$1-\alpha$）条件下，样本相关系数有效的起码值（界限值），即 $|r|\geqslant r_\alpha$ 时，可以判断 x、y 相关，其保证程度是（$1-\alpha$）；若 $|r|<r_\alpha$，则认为 x 与 y 无线性相关关系。

在例 1-1 中，$n=8$，需要对相关系数进行检验。自由度 $=8-2=6$，α 取 0.05，查表可得 $r_{0.05}=0.707$，因 $|r|=0.9367$，因而可以认为混凝土强度与水灰比之间存在高度线性相关关系，是负相关。在实际工作中就可以通过控制水灰比来保证混凝土强度。

6. 分层法

分层法又叫分类法，是将调查搜集的原始数据，根据不同的目的和要求，按某一性质进行分组、整理的分析方法。分层的结果使数据各层间的差异突出地显示出来，层内的数据差异减少了。在此基础上再进行层间、层内的比较分析，可以更深刻地发现和认识质量问题的本质和规律。由于产品质量是多方面因素共同作用的结果，因而对同一批数据，可以按不同性质分层，使我们能从不同角度来考虑、分析产品存在的质量问题和影响因素。

常用的分层标志有：①按操作班组或操作者分层；②按机械设备型号、功能分层；③按工艺、操作方法分层；④按原材料产地或等级分层；⑤按时间顺序分层。

7. 统计调查表法

统计调查表法是利用专门设计的统计调查表，进行数据搜集、整理和粗略分析质量状态的一种方法。

在质量管理活动中，利用统计调查表搜集数据，简便灵活，便于整理。它没有固定的格式，一般可根据调查的项目，设计出不同的格式。常用的统计分析表有：①统计产品缺陷部位调查表；②统计不合格项目的调查表；③统计影响产品质量主要原因调查表；④统计质量检查评定用的调查表等。

1.4.4 工程质量问题分析和处理

1.4.4.1 工程质量问题的分类

工程质量问题一般分为工程质量缺陷、工程质量通病、工程质量事故。

（1）工程质量缺陷：是指工程达不到技术标准允许的技术指标的现象。

（2）工程质量通病：是指各类影响工程结构、使用功能和外形观感的常见性质量损伤，犹如“多发病”一样，而称为质量通病。

目前建筑安装工程最常见的质量通病主要有如下几类：①基础不均匀下沉，墙下部产生裂缝。②现浇钢筋混凝土工程出现蜂窝、麻面、露筋。③现浇钢筋混凝土阳台、雨篷根部开裂或倾覆、坍塌。④砂浆、混凝土配合比控制不严，任意加水，强度得不到保证。⑤屋面、厨房渗水、漏水。⑥墙面抹灰起壳、裂缝、起麻点、不平整。⑦地面及楼面起砂、起壳、开裂。⑧门窗变形、缝隙过大、密封不严。⑨水暖电卫安装粗糙，不符合使用要求。⑩结构吊装就位偏差过大。⑪预制构件裂缝，预埋件移位，预应力张拉不足。⑫砖墙接槎或预留脚手眼不符合规范要求。⑬金属栏杆、管道、配件锈蚀。⑭墙纸粘贴不牢、空鼓、折皱、压平起光。⑮饰面板、饰面砖拼缝不平、不直、空鼓、脱落。⑯喷浆不均匀，脱色，掉粉等。

（3）工程质量事故：是指在工程建设过程中或交付使用后，对工程结构安全、使用功能和外形观感影响较大、损失较大的质量损伤。如住宅阳台、雨篷倾覆，桥梁结构坍塌，大体积混凝土强度不足，管道、容器爆裂使气体或液体严重泄漏等。它的特点是：①经济损失达到较大的金额。②有时造成人员伤亡。③后果严重，影响结构安全。④无法降级使用，难以修复时，必须推倒重建。

1.4.4.2　工程质量事故的分类及处理权限

1. 工程质量事故的分类

各门类、各专业工程，各地区、不同时期界定建设工程质量事故的标准尺度不一。《关于做好房屋建筑和市政基础设施工程质量事故报告和调查处理工作的通知》（建质［2010］111号）对工程质量事故通常采用按造成的人员伤亡或者直接经济损失程度进行分类，其基本分类见表1-31。

工程质量事故的分类　　**表1-31**

事故类型	具备条件之一
一般事故	（1）造成3人以下死亡，或者10人以下重伤的； （2）直接经济损失100万元以上1000万元以下的
较大事故	（1）造成3人以上10人以下死亡，或者10人以上50人以下重伤的； （2）直接经济损失1000万元以上5000万元以下的
重大事故	（1）造成10人以上30人以下死亡，或者50人以上100人以下重伤的； （2）直接经济损失5000万元以上1亿元以下的
特别重大事故	（1）造成30人以上死亡，或者100人以上重伤的； （2）直接经济损失1亿元以上的

注：本等级划分所称的“以上”包括本数，所称的“以下”不包括本数。

2. 质量事故的报告、调查及处理

（1）工程质量事故发生后，事故现场有关人员应当立即向工程建设单位负责人报告；工程建设单位负责人接到报告后，应于1小时内向事故发生地县级以上人民政府住房和城乡建设主管部门及有关部门报告。

情况紧急时，事故现场有关人员可直接向事故发生地县级以上人民政府住房和城乡建设主管部门报告。

（2）住房和城乡建设主管部门接到事故报告后，应当依照下列规定上报事故情况，并同时通知公安、监察机关等有关部门：

1）较大、重大及特别重大事故逐级上报至国务院住房和城乡建设主管部门，一般事故逐级上报至省级人民政府住房和城乡建设主管部门，必要时可以越级上报事故情况。

2）住房和城乡建设主管部门上报事故情况，应当同时报告本级人民政府；国务院住房和城乡建设主管部门接到重大和特别重大事故的报告后，应当立即报告国务院。

3）住房和城乡建设主管部门逐级上报事故情况时，每级上报时间不得超过2小时。

4）事故报告后出现新情况，以及事故发生之日起30日内伤亡人数发生变化的，应当及时补报。

（3）住房和城乡建设主管部门应当按照有关人民政府的授权或委托，组织或参与事故调查组对事故进行调查。

（4）住房和城乡建设主管部门应当依据有关人民政府对事故调查报告的批复和有关法

律法规的规定，对事故相关责任者实施行政处罚。处罚权限不属本级住房和城乡建设主管部门的，应当在收到事故调查报告批复后 15 个工作日内，将事故调查报告（附具有关证据材料）、结案批复、本级住房和城乡建设主管部门对有关责任者的处理建议等转送有权限的住房和城乡建设主管部门。

（5）住房和城乡建设主管部门应当依据有关法律法规的规定，对事故负有责任的建设、勘察、设计、施工、监理等单位和施工图审查、质量检测等有关单位分别给予罚款、停业整顿、降低资质等级、吊销资质证书其中一项或多项处罚，对事故负有责任的注册执业人员分别给予罚款、停止执业、吊销执业资格证书、终身不予注册其中一项或多项处罚。

（6）其他要求

1）事故发生地住房和城乡建设主管部门接到事故报告后，其负责人应立即赶赴事故现场，组织事故救援。

发生一般及以上事故，或者领导有批示要求的，设区的市级住房和城乡建设主管部门应派员赶赴现场了解事故有关情况。

发生较大及以上事故，或者领导有批示要求的，省级住房和城乡建设主管部门应派员赶赴现场了解事故有关情况。

发生重大及以上事故，或者领导有批示要求的，国务院住房和城乡建设主管部门应根据相关规定派员赶赴现场了解事故有关情况。

2）没有造成人员伤亡、直接经济损失没有达到 100 万元、但是社会影响恶劣的工程质量问题，参照有关规定执行。

1.4.4.3 工程质量问题原因分析

工程质量事故的表现形式千差万别，类型多种多样，例如结构倒塌、倾斜、错位、不均匀或超量沉陷、变形、开裂、渗漏、强度不足、尺寸偏差过大等，但究其原因，归纳起来主要有以下几方面。

1. 违背建设程序和法规

（1）违反建设程序

建设程序是工程项目建设过程及其客观规律的反映，但有些工程不按建设程序办事，例如，没有搞清工程地质情况就仓促开工；边设计、边施工；任意修改设计，不按图施工，不经竣工验收就交付使用等。这是导致重大工程质量事故的重要原因。

（2）违反有关法规和工程合同的规定。

例如，无证设计；无证施工；越级设计；越级施工；工程招、投标中的不公平竞争；超常的低价中标；非法分包；转包、挂靠；擅自修改设计等。

2. 工程地质勘察失误或地基处理失误

（1）工程地质勘察失误。如未认真进行地质勘察或勘探时钻孔深度、间距、范围不符合规定要求，地质勘察报告不详细、不准确、不能全面反映实际的地基情况等，而使得对地下情况不清，对基岩起伏、土层分布误判，或未查清地下软土层、墓穴、孔洞等，这些均会导致采用不恰当或错误的基础方案，造成地基不均匀沉降、失稳使上部结构或墙体开裂、破坏，或引发建筑物倾斜、倒塌等质量事故。

（2）地基处理失误。对软弱土、杂填土、冲填土、大孔性土或湿陷性黄土、膨胀土、红黏土、熔岩、土洞、岩层出露等不均匀地基未进行处理或处理不当也是导致重大事故的原因。必须根据不同地基的特点，从地基处理、结构措施、防水措施、施工措施等方面综合考虑，加以治理。

3. 设计计算问题

诸如，盲目套用图纸，采用不正确的结构方案，计算简图与实际受力情况不符，荷载取值过小，内力分析有误，沉降缝或变形缝设置不当，悬挑结构未进行抗倾覆验算，以及计算错误等，都是引发质量事故的隐患。

4. 建筑材料、制品及设备不合格

诸如，钢筋物理力学性能不良会导致钢筋混凝土结构产生裂缝或脆性破坏；骨料中活性氧化硅会导致碱骨料反应使混凝土产生裂缝；水泥安定性不良会造成混凝土爆裂；水泥受潮、过期、结块，砂石含泥量及有害物质含量、外加剂掺量等不符合要求时，会影响混凝土强度、和易性、密实性、抗渗性，从而导致混凝土结构强度不足、裂缝、渗漏、蜂窝等质量事故。此外，预制构件断面尺寸不足，支承锚固长度不足，未可靠地建立预应力值，漏放或少放钢筋，板面开裂等均可能出现断裂、坍塌事故。

建筑设备不合格，如变配电设备质量缺陷导致自燃或火灾，电梯质量不合格危及人身安全，均可造成工程质量问题。

5. 施工与管理失控

施工与管理失控是造成大量质量问题的常见原因。其主要表现为：

(1) 图纸未经会审即仓促施工；或不熟图纸，盲目施工。

(2) 未经设计部门同意，擅自修改设计；或不按图施工。例如将铰接做成刚接，将简支梁做成连续梁，用光圆钢筋代替异形钢筋等，导致结构破坏。挡土墙不按图设滤水层、排水导孔，导致压力增大，墙体破坏或倾覆。

(3) 不按有关的施工质量检收规范和操作规程施工。例如浇筑混凝土时振捣不良，造成薄弱部位；砖砌体包心砌筑，上下通缝，灰浆不均匀饱满等均能导致砖墙或砖柱破坏。

(4) 缺乏基本结构知识，蛮干施工，例如将钢筋混凝土预制梁倒置吊装；将悬挑结构钢筋放在受压区等均将导致结构破坏，造成严重后果。

(5) 施工管理紊乱，施工方案考虑不周，施工顺序错误，技术交底不清，违章作业，疏于检查、验收等，均可能导致质量事故。

6. 自然条件影响

温度、湿度、暴雨、大风、洪水、雷电、日晒等均可能成为质量事故的诱因。

7. 建筑物或设施的使用不当

对建筑物或设施使用不当也易造成质量事故。例如未经校核验算就任意对建筑物加层；任意拆除承重结构部件；任意在结构物上开槽、打洞、削弱承重结构截面等也会引起质量事故。

1.4.4.4　工程质量问题处理程序

工程质量问题发生后，一般可以按如图 1-39 所示程序进行处理。

(1) 当发现工程出现质量问题或事故后，应停止有质量问题部位和其有关部位及下道工序施工，需要时，还应采取适当的防护措施。同时，要及时上报主管部门。

(2) 进行质量问题调查，主要目的是要明确问题的范围、程度、性质、影响和原因，

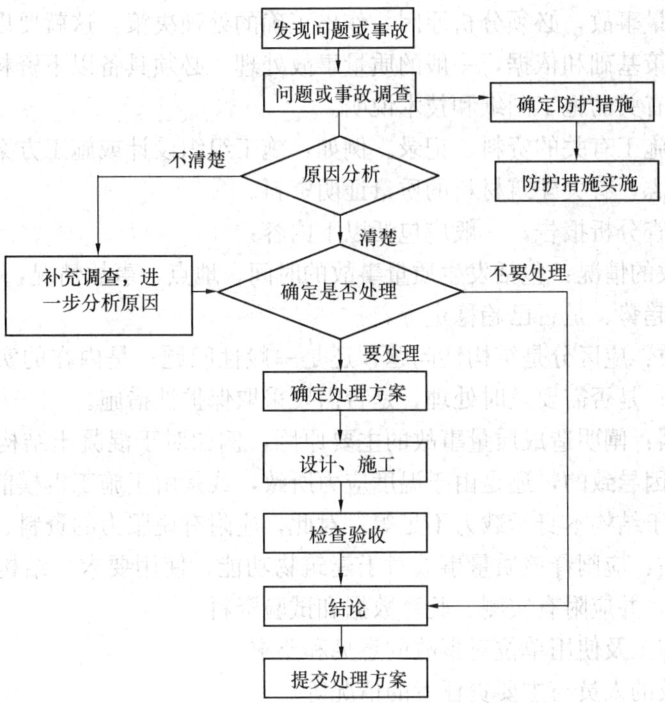

图 1-39 质量事故分析处理程序

为问题的分析处理提供依据。调查力求全面、准确、客观。

(3) 在问题调查的基础上进行问题原因分析，正确判断问题原因。事故原因分析是确定事故处理措施方案的基础。正确的处理来源于对问题原因的正确判断。只有对调查提供的充分的调查资料、数据进行详细、深入的分析后，才能由表及里、去伪存真，找出造成事故的真正原因。

(4) 研究制订事故处理方案。事故处理方案的制订以事故原因分析为基础。如果某些事故一时认识不清，而且事故一时不致产生严重的恶化，可以继续进行调查、观测，以便掌握更充分的资料数据，做进一步分析，找出原因，以利制订方案。

制订的事故处理方案应体现：安全可靠，不留隐患，满足建筑物的功能和使用要求，技术可行，经济合理等原则。如果一致认为质量缺陷不需专门处理，必须经过充分的分析、论证。

(5) 按确定的处理方案对质量事故进行处理。发生的质量事故不论是否由于施工承包单位方面的责任原因造成，质量事故的处理通常都是由施工承包单位负责实施。如果不是施工单位方面的责任原因，则通常都是由施工承包单位负责处理。如果不是施工单位方面的责任原因，则处理质量事故所需的费用或延误的工期，应给予施工单位补偿。

(6) 在质量问题处理完毕后，应组织有关人员对处理结果进行严格的检查、鉴定和验收，由监理工程师写出“质量事故处理报告”，提交业主或建设单位，并上报有关主管部门。

1.4.4.5 工程质量事故处理方案的确定

1. 事故处理的依据

处理工程质量事故，必须分析原因，作出正确的处理决策，这就要以充分的、准确的有关资料作为决策基础和依据，一般的质量事故处理，必须具备以下资料。

（1）与事故有关的施工图纸和技术说明。

（2）与工程施工有关的资料、记录。例如，施工组织设计或施工方案、施工计划，施工记录、施工日志，有关建筑材料的质量证明资料。

（3）事故调查分析报告，一般应包括以下内容：

1）质量事故的情况：包括发生质量事故的时间、地点，事故情况，有关的观测记录，事故的发展变化趋势、是否已趋稳定等。

2）事故性质：应区分是结构性问题，还是一般性问题；是内在的实质性的问题，还是表面性的问题；是否需要及时处理，是否需要采取保护性措施。

3）事故原因：阐明造成质量事故的主要原因，例如对于混凝土结构裂缝是由于地基的不均匀沉降原因导致的，还是由于温度应力所致，或是由于施工拆模前受到冲击、振动的结果，还是由于结构本身承载力不足等。对此，应附有说服力的资料、数据说明。

4）事故评估：应阐释该质量事故对于建筑物功能、使用要求、结构承受力性能及施工安全有何影响，并应附有实测、验算数据和试验资料。

5）设计、施工及使用单位对事故的意见和要求。

6）事故涉及的人员与主要责任者的情况等。

（4）相关建设法规。

2. 事故处理方案

质量事故处理方案，应当在正确地分析和判断事故原因的基础上进行。通常可归纳为三种类型的处理方案。

（1）修补处理

这是最常采用的一类处理方案。通常当工程的某些部分的质量虽未达到规定的规范、标准或设计要求，存在一定的缺陷，但经过修补后还可达到要求的标准，又不影响使用功能或外观要求，在此情况下，可以作出进行修补处理的决定。

属于修补这类方案的具体方案有很多，诸如封闭保护、复位纠偏、结构补强、表面处理等均是。例如，某些混凝土结构表面出现蜂窝麻面，经调查、分析，该部位经修补处理后，不会影响其使用及外观；某些结构混凝土发生表面裂缝，根据其受力情况，仅作表面封闭保护即可等。

（2）返工处理

当工程质量未达到规定的标准或要求，有明显的严重质量问题，对结构的使用和安全有重大影响，而又无法通过修补的办法纠正所出现的缺陷的情况下，可以作出返工处理的决定。例如，某防洪堤坝的填筑压实后，其压实土的干容重未达到规定的要求干容重值，核算将影响土体的稳定和抗渗要求，可以进行返工处理，即挖除不合格土，重新填筑。又如某工程预应力按混凝土规定张力系数为1.3，但实际仅为0.8，属于严重的质量缺陷，也无法修补，即需作出返工处理的决定。十分严重的质量事故甚至要作出整体拆除的决定。

（3）不做处理

某些工程质量问题虽然不符合规定的要求或标准，但如其情况不严重，对工程或结构的使用及安全影响不大，经过分析、论证和慎重考虑后，也可作出不作专门处理的决定。可以不做处理的情况一般有以下几种：

1）不影响结构安全和正常使用。例如，有的建筑物出现放线定位偏差，若要纠正则会造成重大经济损失，若其偏差不大，不影响使用要求，在外观上也无明显影响，经分析论证后，可不做处理；又如，某些隐蔽部位的混凝土表面裂缝，经检查分析，属于表面养护不够的干缩微裂，不影响使用及外观，也可不做处理。

2）有些质量问题，经过后续工序可以弥补的。例如，混凝土的轻微蜂窝麻面或墙面，可通过后续的抹灰、喷涂或刷白等工序弥补，可以不对该缺陷进行专门处理。

3）经法定检测单位鉴定合格。例如，某检验批混凝土试块强度值不满足规范要求，强度不足，在法定检测单位对混凝土实体采用非破损检验等方法测定其实际强度已达规范允许和设计要求值时，可不做处理。对经检测未达要求值，但相差不多，经分析论证，其后期强度可以利用的，只要使用前经再次检测达设计强度，也可不做处理，但应严格控制施工荷载。

4）出现的质量问题，经检测鉴定达不到设计要求，但经原设计单位核算，仍能满足结构安全和使用功能。例如，某一结构构件截面尺寸不足，或材料强度不足，影响结构不需进行专门处理。这是因为一般情况下，规范标准给出了满足安全和功能的最低限度要求，而设计往往在此基础上留有一定余量，这种处理方式实际上是挖掘了设计潜力或降低了设计的安全系数，因此需慎重考虑。

1.4.4.6 工程质量事故处理的鉴定验收

质量事故的处理是否达到了预期目的，是否仍留有隐患，应当通过检查鉴定和验收作出确认。

1. 检查验收

工程质量事故处理完成后，应严格按施工质量验收规范及有关标准的规定进行，通过实际量测，检查各种资料数据进行验收，并应办理交工验收文件，组织各有关单位会签。

2. 必要的鉴定

为确保工程质量事故的处理效果，凡涉及结构承载力等使用安全和其他重要性能的处理工作，常需做必要的试验和检验鉴定工作。在质量事故处理施工过程中，当建筑材料及构配件保证资料严重缺乏，或各参与单位对检查验收结果有争议时，也需进行必要的鉴定常见的检验工作有：混凝土钻芯取样，用于检查密实性和裂缝修补效果，或检测实际强度；结构荷载试验，确定其实际承载力；超声波检测焊接或结构内部质量；池、罐、箱柜工程的渗漏检验等。检测鉴定必须委托政府批准的有资质的法定检测单位进行。

3. 验收结论

对所有质量事故无论经过技术处理，通过检查鉴定验收还是不需专门处理的，均应有明确的书面结论。若对后续工程施工有特定要求，或对建筑物使用有一定限制条件，应在结论中提出。

验收结论通常有以下几种：①事故已排除，可继续施工；②隐患已消除，结构安全有保证；③经修补、处理后，完全能够满足使用要求；④基本上满足使用要求，但使用时应有附加的限制条件，例如限制荷载等；⑤对耐久性的结论；⑥对建筑物外观影响的结论等；⑦对短期难以作出结论者，可提出进一步观测检验的意见。

1.4.5　建筑工程施工质量验收

1.4.5.1　基本规定

（1）施工现场质量管理应有相应的施工技术标准，健全的质量管理体系、施工质量检验制度和综合施工质量水平评定考核制度。

施工现场质量管理可按表 1-32 的要求进行检查记录。

施工现场质量管理检查记录　　　开工日期：　　　　表 1-32

<table>
<tr><td colspan="2">工程名称</td><td colspan="2"></td><td>施工许可证（开工证）</td><td></td></tr>
<tr><td colspan="2">建设单位</td><td colspan="2"></td><td>项目负责人</td><td></td></tr>
<tr><td colspan="2">设计单位</td><td colspan="2"></td><td>项目负责人</td><td></td></tr>
<tr><td colspan="2">监理单位</td><td colspan="2"></td><td>总监理工程师</td><td></td></tr>
<tr><td colspan="2">施工单位</td><td></td><td>项目经理</td><td>项目技术负责人</td><td></td></tr>
<tr><td>序号</td><td colspan="2">项　　目</td><td colspan="3">内　　容</td></tr>
<tr><td>1</td><td colspan="2">现场质量管理制度</td><td colspan="3"></td></tr>
<tr><td>2</td><td colspan="2">质量责任制</td><td colspan="3"></td></tr>
<tr><td>3</td><td colspan="2">主要专业工种操作上岗证书</td><td colspan="3"></td></tr>
<tr><td>4</td><td colspan="2">分包方资质与对分包单位的管理制度</td><td colspan="3"></td></tr>
<tr><td>5</td><td colspan="2">施工图审查情况</td><td colspan="3"></td></tr>
<tr><td>6</td><td colspan="2">地质勘察资料</td><td colspan="3"></td></tr>
<tr><td>7</td><td colspan="2">施工组织设计、施工方案及审批</td><td colspan="3"></td></tr>
<tr><td>8</td><td colspan="2">施工技术标准</td><td colspan="3"></td></tr>
<tr><td>9</td><td colspan="2">工程质量检验制度</td><td colspan="3"></td></tr>
<tr><td>10</td><td colspan="2">搅拌站及计量设置</td><td colspan="3"></td></tr>
<tr><td>11</td><td colspan="2">现场材料、设备存放与管理</td><td colspan="3"></td></tr>
</table>

检查结论：

总监理工程师
（建设单位项目负责人）　　　　年　　月　　日

（2）建筑工程应按下列规定进行施工质量控制：

1）建筑工程采用的主要材料、半成品、成品、建筑构配件、器具和设备应进行现场验收。凡涉及安全、功能的有关产品，应按各专业工程质量验收规范规定进行复检，并应经监理工程师（建设单位技术负责人）检查认可。

2）各工序应按施工技术标准进行质量控制，每道工序完成后，应进行检查。

3）相关各专业工种之间，应进行交接检验，并形成记录。未经监理工程师（建设单位技术负责人）检查认可，不得进行下道工序施工。

（3）建筑工程施工质量应按下列要求进行验收：

1）建筑工程施工质量应符合建筑工程施工质量验收统一标准和相关专业验收规范的

规定。

2）建筑工程施工质量应符合工程勘察、设计文件的要求。

3）参加工程施工质量验收的各方人员应具备规定的资格。

4）工程质量的验收均应在施工单位自行检查评定的基础上进行。

5）隐蔽工程在隐蔽前应由施工单位通知有关单位进行验收，并应形成验收文件。

6）涉及结构安全的试块、试件以及有关材料，应按规定进行见证取样检测。

7）检验批的质量应按主控项目和一般项目验收。

8）对涉及结构安全和使用功能的重要分部工程应进行抽样检测。

9）承担见证取样检测及有关结构安全检测的单位应具有相应资质。

10）工程的观感质量应由验收人员通过现场检查，并应共同确认。

（4）检验批的质量检验，应根据检验项目的特点在下列抽样方案中进行选择：

1）计量、计数或计量—计数等抽样方案。

2）一次、二次或多次抽样方案。

3）根据生产连续性和生产控制稳定性情况，尚可采用调整型抽样方案。

4）对重要的检验项目当可采用简易快速的检验方法时，可选用全数检验方案。

5）经实践检验有效的抽样方案。

（5）在制定检验批的抽样方案时，对生产方风险（或错判概率 α）和使用方风险（或漏判概率 β）可按下列规定采取：

1）主控项目：对应于合格质量水平的 α 和 β 均不宜超过 5%。

2）一般项目：对应于合格质量水平的 α 不宜超过 5%，β 不宜超过 10%。

1.4.5.2 建筑工程质量验收的划分

建筑工程质量验收应划分为单位（子单位）工程、分部（子分部）工程、分项工程和检验批。

1. 单位工程的划分

（1）具备独立施工条件并能形成独立使用功能的建筑物及构筑物为一个单位工程。

（2）建筑规模较大的单位工程，可将其能形成独立使用功能的部分划分为若干个子单位工程。

2. 分部工程的划分

（1）分部工程的划分应按专业性质、建筑部位确定。如建筑工程可划分为 9 个分部工程：地基与基础、主体结构、建筑装饰装修、建筑屋面、给排水及采暖、电气、智能建筑、通风与空调和电梯。

（2）当分部工程规模较大或较复杂时，可按材料种类、施工特点、施工程序、专业系统及类别等划分为若干个子分部工程。如地基与基础分部工程可分为：无支护土方、有支护土方、地基与基础处理、桩基、地下防水、混凝土基础、砌体基础、劲钢（管）混凝土和钢结构等子分部工程。

3. 分项工程的划分

分项工程应按主要工种、材料、施工工艺、设备类别等进行划分。如无支护土方子分部工程可分为土方开挖和土方回填等分项工程。

4. 检验批的划分

所谓检验批是指按同一生产条件或按规定的方式汇总起来的供检验用的、由一定数量样本组成的检验体。检验批由于其质量基本均匀一致，因此可以作为检验的基础单位。

分项工程可由一个或若干个检验批组成。检验批可根据施工、质量控制和专业验收需要按楼层、施工段、变形缝等进行划分。分项工程划分成检验批进行验收有助于及时纠正施工中出现的质量问题，确保工程质量，也符合施工的实际需要。检验批的划分原则是：

(1) 多层及高层工程中主体部分的分项工程可按楼层或施工段划分检验批，单层建筑工程的分项工程可按变形缝等划分检验批。

(2) 地基与基础分部工程中的分项工程一般划分为一个检验批。

(3) 屋面分部工程的分项工程中的不同楼层屋面可划分为不同的检验批。

(4) 其他分部工程中的分项工程，一般按楼层划分检验批。

(5) 安装工程一般按一个设计系统或设备组别划分为一个检验批。

(6) 室外工程统一划分为一个检验批。

1.4.5.3　建筑工程质量验收标准

1. 检验批质量合格标准

(1) 主控项目和一般项目的质量经抽样检验合格。

(2) 具有完整的施工操作依据、质量检查记录。

所谓主控项目是指建筑工程中对安全、卫生、环境保护和公众利益起决定性作用的检验项目。主控项目是对检验批的基本质量起决定性影响的检验项目，其不允许有不符合要求的检验结果，即这种项目的检查具有否决权。因此，主控项目必须全部符合有关专业工程施工质量验收规范的规定。所谓一般项目是指除主控项目以外的检验项目。

质量控制资料反映了检验批从原材料到最终验收的各施工过程的操作依据、检查情况以及保证质量所必需的管理制度等。对其完整性的检查，实际是对过程控制的确认，这是检验批合格的前提。

2. 分项工程质量验收合格标准

(1) 分项工程所含的检验批均应符合合格质量的规定。

(2) 分项工程所含的检验批的质量记录应完整。分项工程的验收是在检验批的基础上进行的。一般情况下，两者具有相同或相近的性质，只是批量的大小不同而已。

3. 分部（子分部）工程质量验收合格标准

(1) 分部（子分部）工程所含分项工程的质量均应验收合格。

(2) 质量控制资料应完整。

(3) 地基与基础、主体结构和设备安装等分部工程有关安全及功能的检验和抽样检测结果应符合有关规定。

(4) 观感质量验收应符合要求。

4. 单位（子单位）工程质量验收合格标准

(1) 单位（子单位）工程所含分部（子分部）工程的质量均应验收合格。

(2) 质量控制资料应完整。

(3) 单位（子单位）工程所含分部工程有关安全和功能的检测资料应完整。

(4) 主要功能项目的抽查结果应符合相关专业质量验收规范的规定。

(5) 观感质量验收应符合要求。单位工程质量验收也称质量竣工验收，是施工项目投入使用前的最后一次验收，也是最重要的一次验收。

5. 建筑工程质量验收记录的规定

检验批、分项工程、分部（子分部）工程和单位（子单位）工程的质量验收记录，单位（子单位）工程质量控制资料核查记录、单位（子单位）工程安全和功能检验资料核查及主要功能抽查记录、单位（子单位）工程质量检查记录参照《建筑工程施工质量验收统一标准》(GB 50300)。

6. 当施工项目质量不符合要求时的处理

（1）经返工重做或更换器具、设备的检验批应重新进行验收。这种情况是指在检验批验收时，其主控项目不能满足验收规范规定或一般项目超过偏差限值的子项不符合检验规定的要求时，应及时处理的检验批。

（2）经有资质的检测单位测定能够达到设计要求的检验批，应予以验收。这种情况是指当发现个别检验批试块强度等质量不满足要求，难以确定是否验收时，应请具有资质的法定检测单位检测。

（3）经有资质的检测单位检测鉴定达不到设计要求、但经原设计单位核算认可，能够满足安全和使用功能的检验批，可予以验收。

（4）经返修或加工处理的分项、分部工程，虽然改变外形尺寸但仍能满足安全使用要求，可按技术处理方案和协商文件进行验收。

（5）通过返修或加固处理仍不能满足安全使用要求的分部工程、单位（子单位）工程，严禁验收。

1.4.5.4 建筑工程质量验收程序和组织

（1）所有检验批和分项工程均应由监理工程师或建设单位项目技术负责人组织验收。验收前，施工单位先填好“检验批和分项工程质量验收记录”，并由项目专业质量检验员和项目专业技术负责人分别在“检验批和分项工程质量检验记录”中相关栏目签字，然后由监理工程师组织，严格按规定程序进行验收。

（2）分部工程由总监理工程师或建设单位项目负责人组织施工单位项目负责人和技术、质量负责人等进行验收；地基与基础、主体结构分部工程的勘察、设计单位工程项目负责人和施工单位技术、质量部门负责人也应参加相关分部工程的验收。

（3）单位工程完成后，施工单位首先要依据质量标准、设计图纸等组织有关人员进行自检，并对检查结果进行评定，符合要求后向建设单位提交工程验收报告和完整的质量资料，提请建设单位组织验收。

（4）建设单位收到工程验收报告后，应由建设单位（项目）负责人组织施工单位（包括分包单位）、设计单位、监理单位等负责人进行单位（子单位）工程验收。

（5）单位工程有分包单位施工时，分包单位对所承包的工程项目也应按上述的程序进行检查验收，总包单位要派人参加。分包工程完成后，要将工程有关资料移交给总包单位。

（6）当参加验收各方对工程质量验收意见不一致时，可请当地建设行政主管部门或工程质量监督机构协调处理。

1.5 施工项目成本管理

1.5.1 施工项目成本管理概述

1.5.1.1 施工项目成本的概念与构成

1. 施工项目成本的概念

施工项目成本是指建筑企业以施工项目作为成本核算对象的施工过程中所耗费的生产资料转移价值和劳动者的必要劳动所创造的价值的货币形式。即某施工项目在施工中所发生的全部生产费用的总和，包括所消耗的主、辅材料，构配件，周转材料的摊销费或租赁费，施工机械台班费或租赁费，支付给生产工人的工资、奖金以及项目经理部（或分公司）一级为组织和管理工程所发生的全部费用支出。

施工项目成本不包括劳动者为社会所创造的价值（如税金和利润），也不应包括不构成施工项目价值的一切非生产支出。

施工项目成本是建筑企业的产品成本，亦称工程成本，一般以项目的单位工程作为成本核算对象，通过各单位工程成本核算的综合来反映施工项目成本。

2. 施工项目成本的构成

施工项目成本构成见表 1-33。

施工项目成本构成　　表 1-33

成本项目			内　　容
直接费	直接工程费	(1) 人工费	是指直接从事建筑安装工程施工的生产工人开支的各项费用，内容包括： ①基本工资：是指发放给生产工人的基本工资； ②工资性补贴：是指按规定标准发放的物价补贴，煤、燃气补贴，交通补贴，住房补贴，流动施工津贴等； ③生产工人辅助工资：是指生产工人年有效施工天数以外非作业天数的工资，包括职工学习、培训期间的工资，调动工作、探亲、休假期间的工资，因气候影响的停工工资，女工哺乳时间的工资，病假在六个月以内的工资及产、婚、丧假期的工资； ④职工福利费：是指按规定标准计提的职工福利费； ⑤生产工人劳动保护费：是指按规定标准发放的劳动保护用品的购置费及修理费，徒工服装补贴，防暑降温费，在有碍身体健康环境中施工的保健费用等
		(2) 材料费	是指施工过程中耗费的构成工程实体的原材料、辅助材料、构配件、零件、半成品的费用。内容包括： ①材料原价（或供应价格）； ②材料运杂费：是指材料自来源地运至工地仓库或指定堆放地点所发生的全部费用； ③运输损耗费：是指材料在运输装卸过程中不可避免的损耗； ④采购及保管费：是指为组织采购、供应和保管材料过程中所需要的各项费用。包括：采购费、仓储费、工地保管费、仓储损耗； ⑤检验试验费：是指对建筑材料、构件和建筑安装物进行一般鉴定、检查所发生的费用，包括自设试验室进行试验所耗用的材料和化学药品等费用。不包括新结构、新材料的试验费和建设单位对具有出厂合格证明的材料进行检验，对构件做破坏性试验及其他特殊要求检验试验的费用

续表

成本项目			内容
直接费	直接工程费	(3) 施工机械使用费	是指施工机械作业所发生的机械使用费以及机械安拆费和场外运费。施工机械台班单价应由下列七项费用组成： ①折旧费：指施工机械在规定的使用年限内，陆续收回其原值及购置资金的时间价值； ②大修理费：指施工机械按规定的大修理间隔台班进行必要的大修理，以恢复其正常功能所需的费用； ③经常修理费：指施工机械除大修理以外的各级保养和临时故障排除所需的费用。包括为保障机械正常运转所需替换设备与随机配备工具附具的摊销和维护费用，机械运转中日常保养所需润滑与擦拭的材料费用及机械停滞期间的维护和保养费用等； ④安拆费及场外运费：安拆费指施工机械在现场进行安装与拆卸所需的人工、材料、机械和试运转费用以及机械辅助设施的折旧、搭设、拆除等费用；场外运费指施工机械整体或分体自停放地点运至施工现场或由一施工地点运至另一施工地点的运输、装卸、辅助材料及架线等费用； ⑤人工费：指机上司机（司炉）和其他操作人员的工作日人工费及上述人员在施工机械规定的年工作台班以外的人工费； ⑥燃料动力费：指施工机械在运转作业中所消耗的固体燃料（煤、木柴）、液体燃料（汽油、柴油）及水、电等费用； ⑦养路费及车船使用税：指施工机械按照国家规定和有关部门规定应缴纳的养路费、车船使用税、保险费及年检费等
直接费	措施费		是指为完成工程项目施工，发生于该工程施工前和施工过程中非工程实体项目的费用。内容包括： （1）环境保护费：是指施工现场为达到环保部门要求所需要的各项费用； （2）文明施工费：是指施工现场文明施工所需要的各项费用； （3）安全施工费：是指施工现场安全施工所需要的各项费用； （4）临时设施费：是指施工企业为进行建筑工程施工所必须搭设的生活和生产用的临时建筑物、构筑物和其他临时设施费用等。临时设施包括：临时宿舍、文化福利及公用事业房屋与构筑物，仓库、办公室、加工厂以及规定范围内道路、水、电、管线等临时设施和小型临时设施。临时设施费用包括：临时设施的搭设、维修、拆除费或摊销费； （5）夜间施工费：是指因夜间施工所发生的夜班补助费、夜间施工降效、夜间施工照明设备摊销及照明用电等费用； （6）二次搬运费：是指因施工场地狭小等特殊情况而发生的二次搬运费用； （7）大型机械设备进出场及安拆费：是指机械整体或分体自停放场地运至施工现场或由一个施工地点运至另一个施工地点，所发生的机械进出场运输及转移费用及机械在施工现场进行安装、拆卸所需的人工费、材料费、机械费、试运转费和安装所需的辅助设施的费用； （8）混凝土、钢筋混凝土模板及支架费：是指混凝土施工过程中需要的各种钢模板、木模板、支架等的支、拆、运输费用及模板、支架的摊销（或租赁）费用； （9）脚手架费：是指施工需要的各种脚手架搭、拆、运输费用及脚手架的摊销（或租赁）费用； （10）已完工程及设备保护费：是指竣工验收前，对已完工程及设备进行保护所需费用； （11）施工排水、降水费：是指为确保工程在正常条件下施工，采取各种排水、降水措施所发生的各种费用
间接费	规费		是指政府和有关权力部门规定必须缴纳的费用（简称规费）。包括： （1）工程排污费：是指施工现场按规定缴纳的工程排污费； （2）工程定额测定费：是指按规定支付工程造价（定额）管理部门的定额测定费； （3）社会保障费：包括：养老保险费，失业保险费，医疗保险费； （4）住房公积金：是指企业按规定标准为职工缴纳的住房公积金； （5）危险作业意外伤害保险：是指按照建筑法规定，企业为从事危险作业的建筑安装施工人员支付的意外伤害保险费

续表

成本项目		内　　容
间接费	企业管理费	是指建筑安装企业组织施工生产和经营管理所需费用。内容包括： （1）管理人员工资：是指管理人员的基本工资、工资性补贴、职工福利费、劳动保护费等； （2）办公费：是指企业管理办公用的文具、纸张、账表、印刷、邮电、书报、会议、水电、烧水和集体取暖（包括现场临时宿舍取暖）用煤等费用； （3）差旅交通费：是指职工因公出差、调动工作的差旅费、住勤补助费，市内交通费和误餐补助费，职工探亲路费，劳动力招募费，职工离退休、退职一次性路费，工伤人员就医路费，工地转移费以及管理部门使用的交通工具的油料、燃料、养路费及牌照费； （4）固定资产使用费：是指管理和试验部门及附属生产单位使用的属于固定资产的房屋、设备仪器等的折旧、大修、维修或租赁费； （5）工具用具使用费：是指管理使用的不属于固定资产的生产工具、器具、家具、交通工具和检验、试验、测绘、消防用具等的购置、维修和摊销费； （6）劳动保险费：是指由企业支付离退休职工的易地安家补助费、职工退职金、六个月以上的病假人员工资、职工死亡丧葬补助费、抚恤费、按规定支付给离休干部的各项经费； （7）工会经费：是指企业按职工工资总额计提的工会经费； （8）职工教育经费：是指企业为职工学习先进技术和提高文化水平，按职工工资总额计提的费用； （9）财产保险费：是指施工管理用财产、车辆保险； （10）财务费：是指企业为筹集资金而发生的各种费用； （11）税金：是指企业按规定缴纳的房产税、车船使用税、土地使用税、印花税等； （12）其他：包括技术转让费、技术开发费、业务招待费、绿化费、广告费、公证费、法律顾问费、审计费、咨询费等

1.5.1.2　施工项目成本的主要形式

施工项目成本的主要形式见表1-34。

施工项目成本的主要形式　　表1-34

划分类别	主要形式	说　　明
按成本发生的时间划分	预算成本	是根据施工预算定额编制的，是施工企业投标报价的基础。预算定额是完成规定计量单位分项工程计价的人工、材料和机械台班消耗的数量标准
	计划成本	是在项目经理领导下组织施工、充分挖掘潜力、采取有效的技术措施和加强管理与经济核算的基础上，预先确定的工程项目的成本目标。它是根据合同价以及企业下达的成本降低指标，在成本发生前预先计算的
	实际成本	是施工项目在报告期内实际发生的各项生产费用的总和。实际成本与计划成本比较，可反映成本的节约或超支；计划成本和实际成本都反映施工企业成本管理水平，它受企业本身的生产技术、施工条件、项目经理部组织管理水平以及企业生产经营管理水平所制约
按生产费用计入成本的方法来划分	直接成本	是指施工过程中耗费的构成工程实体或有助于工程实体形成的各项费用支出，是可以直接计入工程对象的费用，包括人工费、材料费、施工机械使用费和施工措施费等
	间接成本	是指为施工准备、组织和管理施工生产的全部费用支出，是非直接用于也无法直接计入工程对象，但为进行工程施工所必须发生的费用，包括管理人员工资、办公费、差旅交通费等

续表

划分类别	主要形式	说明
按成本习性来划分	固定成本	是指在一定的期间和一定的工程量范围内，其发生的成本额不受工程量增减变动的影响而相对固定的成本。如折旧费、大修理费、管理人员工资、办公费、照明费等。这一成本是为了保持企业一定的生产经营条件而发生的。所谓固定，也是就其总额而言，关于分配到每个项目单位工程量上的固定费用则是变动的
	变动成本	是指发生总额随着工程量的增减变动而成正比例变动的费用，如直接用于工程的材料费、实行计件工资制的人工费等。所谓变动，也是就总额而言，对于单位分项工程上的变动费用往往是不变的

1.5.1.3 施工项目成本管理的内容

施工项目成本管理的内容见表 1-35。

施工项目成本管理的内容 **表 1-35**

序号	项目	说明
1	成本预测	是根据成本信息和施工项目的具体情况，运用一定的专门方法，对未来的成本水平及其可能的发展趋势作出科学的估计，其实质就是在施工前对成本进行估算。通过成本预测，可以使项目经理部在满足业主和企业要求的前提下，选择成本低、效益好的最佳方案，并能够在施工项目成本形成过程中，针对薄弱环节，加强成本控制，克服盲目性，提高预见性
2	成本计划	是以货币形式编制的施工项目在计划期内的生产费用、成本水平、成本降低率以及为降低成本所采取的主要措施的书面方案。它是建立施工项目成本管理责任制、开展成本控制和核算的基础，是施工项目降低成本的指导文件，是建立目标成本的依据
3	成本控制	是指在施工过程中，对影响施工项目成本的各种因素加强管理，并采取各种有效措施，将施工中实际发生的各种消耗和支出严格控制在成本计划范围内，及时反馈，严格审查各项费用是否符合标准、计算实际成本和计划成本之间的差异并进行分析，消除施工中的损失浪费现象
4	成本核算	是指按照规定开支范围对施工过程中所发生的各种费用进行归集，计算出施工费用的实际发生额，并根据成本核算的对象，采用适当的方法，计算出该施工项目的总成本和单位成本。施工项目成本核算所提供的各种成本信息是成本预测、成本计划、成本控制、成本分析和考核等各个环节的依据
5	成本分析	是在成本形成过程中，根据施工项目成本核算资料，对施工项目成本进行的对比评价和总结工作。将实际成本与计划成本、预算成本以及类似施工项目的实际成本等进行比较，了解成本的变动情况，同时也要分析主要技术经济指标对成本的影响，系统地研究成本变动原因，检查成本计划的合理性，深入揭示成本变动的规律，寻找降低施工项目成本的途径和潜力
6	成本考核	是在施工项目完成后，对施工项目成本形成中的各责任者，按施工项目成本目标责任制的有关规定，将成本的实际指标与计划、定额、预算进行对比和考核，评定施工项目成本计划的完成情况和各责任者的业绩，并以此给以相应的奖励和处罚

1.5.1.4 降低施工项目成本的途径和措施

降低施工项目成本的途径和措施见表 1-36。

降低施工项目成本的途径和措施　　表 1-36

途　径	措　施
认真审图纸，积极提出修改意见	施工单位应该在满足业主要求和保证质量的前提下，结合项目的主客观条件，对设计图纸进行认真会审，并能提出修改意见，在取得业主和设计单位同意后，修改设计图纸，同时办理增减账
加强合同管理，增创工程预算收入	● 深入研究招标文件、合同内容，正确编制施工预算。 ● 把合同规定的“开口”项目，作为增加预算收入的重要方面。 ● 根据工程变更资料，及时办理增减账
制定先进的、经济合理的施工方案	● 施工方案主要包括四项内容：施工方法的确定、施工机具的选择、施工顺序的安排和流水施工的组织。正确选择施工方案是降低成本的关键所在。 ● 制定施工方案要以合同工期和上级要求为依据，联系项目的规模、性质、复杂程度、现场条件、装备情况、人员素质等因素综合考虑。 ● 同时制订两个或两个以上的先进可行的施工方案，以便从中优选最合理、最经济的一个
落实技术组织措施	● 项目应在开工前根据工程情况制定技术组织计划，在编制月度施工作业计划的同时，作为降低成本计划的内容编制月度技术组织措施计划。 ● 应在项目经理领导下明确分工：由工程技术人员定措施，材料人员供材料，现场管理人员和班组负责执行，财务成本员结算节约效果，最后由项目经理根据措施执行情况和节约效果对有关人员进行奖励，形成落实技术组织措施的一条龙
组织均衡施工，加快施工进度	● 凡按时间计算的成本费用，在加快施工进度缩短施工周期的情况下，都会有明显的节约。除此之外，还可从业主方获得提前竣工奖。 ● 为加快施工进度，将会增加一定的成本支出。因此在签订合同时，应根据业主和赶工的要求，将赶工费列入施工图预算。如果事先并未明确，而由业主在施工中临时提出要求，则应该请业主签字，费用按实计算。 ● 在加快施工进度的同时，必须根据实际情况，组织均衡施工，确实做到快而不乱，以免发生不必要的损失
降低材料成本	● 节约采购成本，选择运费少、质量好、价格低的供应单位。 ● 认真计量验收，如遇数量不足、质量差的情况，要进行索赔。 ● 严格执行材料消耗定额，通过限额领料进行落实。 ● 正确核算材料消耗水平，坚持余料回收。 ● 改进施工技术，推广新技术、新工艺、新材料。 ● 利用工业废渣，扩大材料代用。 ● 减少资金占用，根据施工需要合理储备。 ● 加强现场管理，合理堆放，减少搬运，减少仓储和堆积损耗
提高机械的利用率	● 结合施工方案的制订，从机械性能、操作运行和台班成本等因素综合考虑，选取最适合项目施工特点的施工机械，要求做到既实用又经济。 ● 做好工序、工种机械施工的组织工作，最大限度地发挥机械效能；同时对机械操作人员的技能也有一定的要求，防止因不按规定操作或不熟练影响正常施工，降低机械利用率。 ● 做好平时的机械的维修保养工作，严禁在机械维修中将零件拆东补西，人为地损坏机械
用好用活激励机制，调动职工增产节约的积极性	用好用活激励机制，应从项目施工的实际情况出发，有一定的随机性，以下举几例作为项目管理参考： ● 对关键工序施工的关键班组要实行重奖。 ● 对材料损耗特别大的工序，可由生产班组直接承包。 ● 实行钢模零件和脚手螺丝有偿回收。 ● 实行班组落手清承包

1.5.1.5 施工项目成本管理的措施

1. 组织措施

组织措施是从施工项目成本管理的组织方面采取的措施，如实行项目经理责任制，落实施工项目成本管理的组织机构和人员，明确各级施工项目成本管理人员的任务和职能分工、权利和责任，编制施工项目成本控制工作计划和详细的工作流程图等。组织措施是其他各类措施的前提和保障，而且一般不需要增加什么费用，运用得当可以收到良好的效果。

2. 技术措施

技术措施是降低成本的保证，在施工准备阶段应多进行不同施工方案的技术经济比较。找出既保证质量，满足工期要求，又降低成本的最佳施工方案。另外，由于施工的干扰因素很多，因此在作方案比较时，应认真考虑不同方案对各种干扰因素影响的敏感性。

不但在施工准备阶段，还应在施工进展的全过程中注意在技术上采取措施以降低成本。结合施工方法，进行材料使用的比选，在满足功能要求的前提下，通过代用、改变配合比、使用添加剂等方法降低材料消耗的费用；确定最合适的施工机械、设备使用方案；结合项目的施工组织设计及自然地理条件，降低材料的库存成本和运输成本；先进的施工技术的应用；新材料的应用等。企业还应划拨一定的资金，用于技术改造，虽然这在一定时间内往往表现为成本的支出，但从长远的角度看，则是降低成本、增加效益的举措。

3. 经济措施

经济措施是最易为人接受和采用的措施。管理人员应编制资金使用计划，并在施工中进行跟踪管理，严格控制各项开支。对施工项目管理目标进行风险分析，并制定防范性对策。通过偏差原因分析和未完工程施工成本预测，可发现一些将引起未完工程施工成本增加的潜在的问题，对这些问题应以主动控制为出发点，及时采取预防措施。由此可见，经济措施的运用绝不仅仅是财务人员的事情。

4. 合同措施

(1) 选用适当的合同结构。选用合适的合同结构对项目的合同管理至关重要。在施工项目组织模式中，有多种合同结构模式，在使用时，必须对其分析、比较，要选用适合于工程规模、性质和特点的合同结构模式。

(2) 合同条款严谨细致。在合同的条文中应细致地考虑一切影响成本、效益的因素。特别是潜在的风险因素，通过对引起成本变动的风险因素的识别和分析，采取必要的风险对策，如通过合理的方式同其他参与方共同承担，增加承担风险的个体数量，降低损失发生的比例，并最终使这些策略反映在签订的合同的具体条款中。在和外商签订的合同中，还必须很好地考虑货币的支付方式。

(3) 全过程的合同控制。采用合同措施控制项目成本，应贯彻在合同的整个生命期，包括从合同谈判到合同终结的整个过程。

合同谈判是合同生命期的关键时刻，在这个阶段，双方具体地商讨合同的各个条款和各个细节问题，修改合同文本，最终双方就合同内容达成一致，签署合同协议书。这个阶段，虽然项目经理部还没有组建，但成本管理活动已经开始，必须予以重视。施工企业在报价时，一方面必须综合考虑自己的经营总战略、建筑市场竞争激烈程度和合同的风险程度等因素，以调整不可预见风险费和利润水平；另一方面还应该选择最有合同管理和合同谈判方面知识、经验和能力的人作为主谈人，进行合同谈判。承包商的各职能部门特别是合同管理部门要有力地配合，积极提供资料，为报价、合同谈判和合同签订提供决策的信息、建议、意见。

在合同执行期间，项目经理部要做好工程施工记录，保存各种文件图纸，特别是有施工变更的图纸，注意积累素材，为正确处理可能发生的索赔提供依据，并密切关注对方合同执行的情况，以寻求向对方索赔的机会。为防止对方索赔，应积极履行合同。在合同履行期间，当合同履行条件发生变化时，项目经理部应积极参与合同的修改、补充工作，并着重考虑对成本控制的影响。

1.5.2 施工项目成本计划

1.5.2.1 施工项目成本计划的内容

施工项目成本计划是以货币形式预先规定施工项目进行中的施工生产耗费的水平，确定对比项目总投资（或中标额）应实现的计划成本降低额与降低率，提出保证成本计划实施的主要措施方案。

施工项目成本计划的具体内容包括：编制说明，成本计划指标，成本计划汇总表。

（1）编制说明。是对工程的范围、合同条件、企业对项目经理提出的责任成本目标、项目成本计划编制的指导思想和依据等的具体说明。

（2）项目成本计划的指标。应经过科学地分析预测确定，可以采用对比法、因素分析法等进行测定。

（3）按工程量清单列出的单位工程计划成本汇总表，见表1-37。

单位工程计划成本汇总表 表1-37

序 号	清单项目编码	清单项目名称	合同价格	计划成本
1				
2				
……				

（4）按成本性质划分的单位工程成本汇总表，见表1-38。

根据清单项目的造价分析，分别对人工费、材料费、机械费、措施费、企业管理费和规费进行汇总，形成单位工程成本计划表。

单位工程计划成本表 表1-38

序 号	成本项目	合同价格	计划成本	备 注
一	直接成本			
1	人工费			
2	材料费			
3	施工机械使用费			
4	措施费			
二	间接成本			
6	企业管理费			
7	规费			
	合计			

1.5.2.2 施工项目成本计划编制的依据

(1) 合同报价书；

(2) 已签订的工程合同、分包合同、结构件外加工计划和合同等；

(3) 企业定额、施工预算；

(4) 施工组织设计或施工方案；

(5) 人工、材料、机械的市场价格；

(6) 公司颁布的材料指导价格、企业内部的机械台班价格、劳动力价格；

(7) 周转设备内部租赁价格、摊销损耗标准；

(8) 有关成本预测、决策的资料，有关财务成本核算制度和财务历史资料；

(9) 项目经理部与企业签订的承包合同及企业下达的成本降低额、降低率和其他有关技术经济指标；

(10) 以往同类项目成本计划的实际执行情况及有关技术经济指标完成情况的分析资料；

(11) 拟采取的降低施工成本措施等。

1.5.2.3 施工项目成本计划编制的程序

1. 搜集和整理资料

所需搜集的资料也即是编制成本计划的依据。此外，还应深入分析当前情况和未来的发展趋势，了解影响成本升降的各种有利和不利因素，研究如何克服不利因素和降低成本的具体措施，为编制成本计划提供丰富具体和可靠的资料。

2. 估算计划成本，确定目标成本

对所搜集到的各种资料进行整理分析，根据有关的设计、施工等计划，按照工程项目应投入的物资、材料、劳动力、机械、能源及各种设施等，结合计划期内各种因素的变化和准备采取的各种增产节约措施，进行反复测算、修订、平衡后，估算生产费用支出的总水平，进而提出全项目的成本计划控制指标，最终确定目标成本。

所谓目标成本即是项目对未来产品成本规定的奋斗目标。它比已经达到的实际成本要低，但又是经过努力可以达到的。目标成本有很多形式，在制定目标成本作为编制施工项目成本计划和预算的依据时，可能以计划成本或标准成本为目标成本，这将随成本计划编制方法的变化而变化。

一般而言，目标成本的计算公式如下：

$$\text{项目目标成本}=\text{预计结算收入}-\text{税金}-\text{项目目标利润} \tag{1-3}$$

$$\text{目标成本降低额}=\text{项目的预算成本}-\text{项目的目标成本} \tag{1-4}$$

$$\text{目标成本降低率}=\frac{\text{目标成本降低额}}{\text{项目的预算成本}}\times 100\% \tag{1-5}$$

3. 编制成本计划草案

对大中型项目，各职能部门根据项目经理下达的成本计划指标，结合计划期的实际情况，挖掘潜力，提出降低成本的具体措施，编制各部门的成本计划和费用预算。

4. 综合平衡，编制正式的成本计划

在各职能部门上报了部门成本计划和费用预算后，项目经理部首先应结合各项技术经济措施，检查各计划和费用预算是否合理可行，并进行综合平衡，使各部门计划和费用预算之间相互协调、衔接；其次，要从全局出发，在保证企业下达的成本降低任务或本项目目标成本实现的情况下，分析研究成本计划与生产计划、劳动工时计划、材料成本与物资供应计划、工资成本与工资基金计划、资金计划等的相互协调平衡。经反复讨论多次综合平衡，最后确定的成本计划指标，即可作为编制成本计划的依据。项目经理部正式编制的成本计划，上报企业有关部门后即可正式下达至各职能部门执行。

1.5.2.4　施工项目成本计划编制的方法

1. 施工预算法

施工预算是项目经理部根据企业下达的责任成本目标，在详细编制施工组织设计，不断优化施工技术方案和合理配置生产要素的基础上，通过工料消耗分析和节约措施，制订的计划成本——亦称现场目标成本。一般情况下施工预算总额应控制在责任成本目标的范围内，并留有一定余地。在特殊情况下，项目经理部经过反复挖潜措施，不能把施工预算总额控制在责任成本目标的范围内，应与公司主管部门进一步协商修正责任成本目标或共同探索进一步降低成本的措施，以使施工预算建立在切实可行的基础上，作为控制施工过程生产成本的依据。

施工预算是以施工图为基础，以施工方案、施工定额为依据，通过本企业工、料、机等资源的消耗量指标与企业内部价格来确定出各分项工程的成本，然后将各分项工程成本汇总，得到整个项目的成本支出。最后考虑风险、物价等影响因素，予以调整。

各分项工程成本计算公式：

$$M_j = S_j \sum_{i=1}^{n} A_{ij} P_i \tag{1-6}$$

施工项目预算成本公式：

$$C = \left(\sum_{j=1}^{m} M_j\right) \times (1+r) \times (1+q) \tag{1-7}$$

式中　M_j——第 j 分项工程成本；

S_j——第 j 分项工程的总工程量；

A_{ij}——在第 j 分项工程上，第 i 种资源单位工程量消耗定额；

P_i——第 i 种资源内部单价；

C——施工项目施工预算成本；

r——间接费率；

q——风险、物价系数。

这里应该注意，施工预算中各分部分项的划分尽量做到与合同预算的分部分项工程划分一致或对应，这样就为以后成本控制逐项对比创造了条件。

施工预算的编制应注意以下几点：

（1）必须充分了解投标估价过程，掌握哪些方面已经在投标时考虑了降低成本措施，分析尚有哪些途径可继续采取降低成本措施；

（2）必须认真研究合同条件和施工条件；

（3）必须以最经济合理的施工方案及其降低成本节约措施为依据；

（4）必须以企业统一的消耗定额进行工料消耗分析，然后以企业内部统一的价格、市场价，内协外协合同价为依据计算成本；

（5）施工预算编成后，要结合项目管理方案进行评审，进行可行性和合理性的论证评价，并在措施上进行必要的补充；

（6）必须在单位工程开工前编制完成，对于一些编制条件不成熟的分部分项工程，也要先进行估算，待条件成熟时再作详细调整。

2. 中标价调整法

中标价调整法是施工项目成本计划编制的常用方法，其基本思路是：根据已有的投标、概预算资料，确定中标合同价与施工图概预算的总价差额；根据技术组织措施计划确定采取的技术组织措施和节约措施所能取得的经济效果，计算出施工项目可节约的成本额；考虑不可预见因素、风险因素、工期制约因素、市场价格变动等加以计算调整；综合计算出工程项目的目标成本降低额及降低率。

1.5.3 施工项目成本控制

1.5.3.1 施工项目成本控制的依据

1. 工程承包合同

施工成本控制要以工程承包合同为依据，从预算收入和实际成本两方面，努力挖掘增收节支潜力，降低成本，获得最大的经济效益。

2. 施工项目成本计划

施工项目成本计划是根据施工项目的具体情况制定的施工成本控制方案，既包括预定的具体成本控制目标，又包括实现控制目标的措施和规划，是成本控制的指导性文件。

3. 施工进度报告

施工进度报告提供了施工中每一时刻实际完成的工程量，施工实际成本及实际支出情况，将实际成本与施工成本计划比较，找出二者的偏差，分析偏差产生的原因，采取纠偏措施，达到有效控制成本的目的。

4. 工程变更

在施工过程中，由于各方面的原因，工程变更是难免的。一旦出现工程变更，工程量、工期、成本都将发生变化，成本管理人员应随时掌握工程变更情况，按合同或有关规定确定工程变更价款以及可能带来的施工索赔等。

除了上述几种施工项目成本控制工作的主要依据以外，有关施工组织设计、分包合同文本等也都是施工项目成本控制的依据。

1.5.3.2 施工项目成本控制的步骤

1. 实际成本与计划成本比较

施工项目成本计划值与实际值逐项进行比较，以发现施工成本是否超支。

2. 分析偏差原因

即对比较的结果进行分析，以确定偏差的严重性和偏差产生的原因。这一步是施工项目成本控制工作的核心，其主要目的在于找出产生的原因，从而采取有针对性的措施，减少或避免相同原因的再次发生或减少由此造成的损失。

3. 预测施工项目成本

根据项目实施情况估算整个项目完成时的施工成本。预测的目的在于为决策提供支持。

4. 纠正偏差

当施工项目实际成本出现了偏差，应当根据工程的具体情况，偏差分析和预测结果，采取适当的措施，以期达到使施工成本偏差尽可能小的目的。纠正偏差是施工项目成本控制中最具实质性的一步。只有通过纠偏，才能最终达到有效控制施工成本的目的。

5. 跟踪和检查

它是指对工程的进展进行跟踪和检查，及时了解工程进展状况以及纠偏措施的执行情况和效果，为今后的工作积累经验。

1.5.3.3　施工项目成本控制方法

1. 建立成本控制责任体系和成本考核体系

(1) 建立施工项目成本控制责任体系

为使成本控制落到实处，项目经理部应将成本责任分解落实到各个岗位，落实到专人，对成本进行全员管理、动态管理，形成一个分工明确、责任到人的成本控制责任体系。施工项目管理人员成本控制责任如表 1-39 所示。

施工项目管理人员成本控制责任　　**表 1-39**

责任人	内　容
项目经理	全面负责项目成本预测、成本计划、成本控制、成本核算、成本分析、考核等工作
合同预算员	● 根据合同内容、预算定额和有关规定，编好施工图预算和施工预算； ● 收集工程变更资料，及时办理增减账，保证工程收入，及时归回垫付的资金； ● 参加对外经济合同的谈判与决策，以施工图预算和增减账为依据，严格核算经济合同的数量、单价和金额，切实做到“以收定支”
工程技术人员	● 根据施工现场的实际情况，合理规划施工现场平面布置，为文明施工，减少浪费创造条件； ● 严格执行工程技术规定和预防为主的方针，确保工程质量，减少零星修补，消灭质量事故，不断降低质量成本； ● 根据工程特点和设计要求，运用自身的技术优势，采取实用、有效的技术组织措施和合理化建议
材料人员	● 材料采购和构件加工，要选择质高、价低、运距短的供应（加工）单位。对到场的材料、构件要正确计量、认真验收，如遇质量差、量不足的情况，要进行索赔。切实做到：一要降低采购（加工）成本，二要减少采购（加工）过程中的管理损耗； ● 根据项目施工的计划进度，及时组织材料、构件的供应，保证项目施工的顺利进行，防止因停工待料造成的损失。在构件加工的过程中，要按照施工的顺序组织配料供应，以免因规格不齐造成施工间隙，浪费时间、人力； ● 在施工过程中，严格执行限额领料制度，控制材料消耗；同时，还要做好余料回收和利用，为考核材料实际消耗水平提供正确的依据； ● 钢管脚手和钢模板等周转材料，进出现场都要认真清点，正确核实并减少赔偿数量；使用后，要及时回收、整理、堆放，并及时退场，既能节省租费，又有利于场地整洁，还可加速调整，提高利用效率； ● 根据施工生产的需要，合理安排材料储备，减少资金的占用，提高资金的利用效率
安全人员	● 负责安全教育、安全检查工作，落实安全措施，预防事故发生； ● 严格执行安全操作规定，减少一般安全事故，消灭重大人身伤亡事故和设备事故，确保安全生产

续表

责任人	内 容
机械管理人员	● 根据工程特点和施工方案，编制机械台班使用计划，合理选择机械的型号规格，充分发挥机械的效能，节约机械费用及质量安全人员； ● 根据施工需求，合理安排机械施工，提高机械利用率，减少机械费成本； ● 严格执行机械维修保养制度，加强平时的机械维修保养，保证机械完好
行政管理人员	● 根据施工生产的需要和项目经理的意图，合理安排项目管理人员和后勤服务人员，节约工资性支出； ● 具体执行费用开支标准和有关财务制度，控制非生产性开支； ● 管好行政办公用的财产物资，防止损失和流失
财务成本员	● 按照成本开支范围、费用开支标准和有关财务制度，严格审核各项成本费用，控制成本支出； ● 建立月度财务收支计划制度，根据施工生产的需要，平衡调度资金，通过控制资金使用，达到控制成本的目的； ● 建立辅助记录，及时向项目经理和有关项目管理人员反馈信息，以便对资源消耗进行有效控制； ● 开展成本分析，特别是分部分项工程成本分析、月度综合分析和针对特定的专题分析，要做到及时向项目经理和有关项目管理人员反映情况，找出问题、提出解决问题的建议，以便采取针对性的措施来纠正项目成本的偏差； ● 在项目经理的领导下，协助项目经理检查、考核各部门、各单位乃至班组责任成本的执行情况，落实责、权、利相结合的有关规定

（2）建立成本考核体系

建立从公司、项目经理到班组的成本考核体系，促进成本责任制的落实。施工项目成本考核的内容如表1-40所示。

施工项目成本考核内容表 **表1-40**

考 核 对 象	考 核 内 容
公司对项目经理考核	● 项目成本目标和阶段成本目标的完成情况； ● 成本控制责任制的落实情况； ● 计划成本的编制和落实情况； ● 对各部门和施工队、班组责任成本的检查落实情况； ● 在成本控制中贯彻责权利相结合原则的执行情况
项目经理对各部门的考核	● 各部门、岗位责任成本的完成情况； ● 各部门、岗位成本控制责任的执行情况
项目经理对施工队（或分包）的考核	● 对合同规定的承包范围和承包内容的执行情况； ● 合同以外的补充收费情况； ● 对班组施工任务单的管理情况； ● 对班组完成施工任务后的成本考核情况
对生产班组的考核	● 平时由施工队（或分包）对生产班组考核； ● 考核班组责任成本（以分部分项工程为责任成本）完成情况

2. 以施工图预算控制成本支出

在施工项目成本控制中，可按施工图预算，实行“以收定支”，或者称“量入为出”，是有效的方法之一。对人工费、材料费、钢管脚手、钢模板等周转设备使用费、施工机械使用费、构件加工费和分包工程费实行有效的控制。

3. 以施工预算控制人力资源和物质资源的消耗

项目开工以前，应根据设计图纸计算工程量，并按照企业定额或上级统一规定的施工预算定额编制整个工程项目的施工预算，作为指导和管理施工的依据。对生产班组的任务安排，必须签收施工任务单和限额领料单，并向生产班组进行技术交底。要求生产班组根据实际完成的工程量和实耗人工、实耗材料作好原始记录，作为施工任务单和限额领料单结算的依据。任务完成后，根据回收的施工任务单和限额领料进行结算，并按照结算内容支付报酬（包括奖金）。为了便于任务完成后进行施工任务单和限额领料与施工预算的对比，要求在编制施工预算时对每一个分项工程工序名称进行编号，以便对号检索对比，分析节超。

4. 用价值工程原理控制工程成本

(1) 用价值工程控制成本的原理

按价值工程的公式 $V=F/C$ 分析，提高价值的途径有 5 条：

1) 功能提高，成本不变；

2) 功能不变，成本降低；

3) 功能提高，成本降低；

4) 降低辅助功能，大幅度降低成本；

5) 成本稍有提高，大大提高功能。

其中 1)、3)、4) 条途径是提高价值，同时也是降低成本的途径。应当选择价值系数低、降低成本潜力大的工程作为价值工程的对象，寻求对成本的有效降低。

(2) 价值分析的对象

1) 选择数量大、应用面广的构配件。

2) 选择成本高的工程和构配件。

3) 选择结构复杂的工程和构配件。

4) 选择体积与重量大的工程和构配件。

5) 选择对产品功能提高起关键作用的构配件。

6) 选择在使用中维修费用高、耗能量大或使用期的总费用较大的工程和构配件。

7) 选择畅销产品，以保持优势，提高竞争力。

8) 选择在施工（生产）中容易保证质量的工程和构配件。

9) 选择施工（生产）难度大、多花费材料和工时的工程和构配件。

10) 选择可利用新材料、新设备、新工艺、新结构及在科研上已有先进成果的工程和构配件。

5. 应用成本与进度同步跟踪的方法控制分部分项工程成本

为了便于在分部分项工程的施工中同时进行进度与费用的控制，可以按照横道图和网络图的特点分别进行处理。即横道图计划的进度与成本的同步控制、网络图计划的进度和成本的同步控制。

6. 用挣值法控制成本

(1) 三个费用值

挣值法是通过分析项目成本目标实施与项目成本目标期望之间的差异，从而判断项目实施的费用、进度绩效的一种方法。

挣值法主要运用三个成本值进行分析，它们分别是已完成工作预算成本、计划完成工作预算成本和已完成工作实际成本。

1) 已完成工作预算成本

已完成工作预算成本为 *BCWP*，是指在某一时间已经完成的工作（或部分工作），以批准认可的预算为标准所需要的成本总额，由于业主正是根据这个值为承包商完成的工作量支付相应的成本，也就是承包商获得（挣得）的金额，故称挣得值或挣值。

$$BCWP=\text{已完成工程量}\times\text{预算成本单价} \tag{1-8}$$

2) 计划完成工作预算成本

计划完成工作预算成本，简称 *BCWS*，即根据进度计划，在某一时刻应当完成的工作（或部分工作），以预算为标准计算所需要的成本总额，一般来说，除非合同有变更，*BCWS* 在工作实施过程中应保持不变。

$$BCWS=\text{计划工程量}\times\text{预算成本单价} \tag{1-9}$$

3) 已完成工作实际成本

已完成工作实际成本，简称 *ACWP*，即到某一时刻为止，已完成的工作（或部分工作）所实际花费的成本金额。

(2) 挣值法的计算公式

在三个成本值的基础上，可以确定挣值法的四个评价指标，它们也都是时间的函数。

1) 成本偏差 *CV*：

$$CV=BCWP-ACWP \tag{1-10}$$

当 *CV* 为负值时，即表示项目运行超出预算成本；当 *CV* 为正值时，表示项目运行节支，实际成本没有超出预算成本。

2) 进度偏差 *SV*：

$$SV=BCWP-BCWS \tag{1-11}$$

当 *SV* 为负值时，表示进度延误，即实际进度落后于计划进度；当 *SV* 为正值时，表示进度提前，即实际进度快于计划进度。

3) 成本绩效指数 *CPI*：

$$CPI=BCWP/ACWP \tag{1-12}$$

当 $CPI<1$ 时，表示超支，即实际费用高于预算成本；当 $CPI>1$ 时，表示节支，即实际费用低于预算成本。

4) 进度绩效指数 *SPI*：

$$SPI=BCWP/BCWS \tag{1-13}$$

当 $SPI<1$ 时，表示进度延误，即实际进度比计划进度滞后；当 $SPI>1$ 时，表示进度提前，即实际进度比计划进度快。

将 *BCWP*、*BCWS*、*ACWP* 的时间序列数相累加，便可形成三个累加数列，把它们绘制在时间—成本坐标内，就形成了三条S形曲线，结合起来就能分析出动态的成本和进度状况。

7. 建立项目成本审核签证制度，控制成本费用支出

在发生经济业务的时候，首先要由有关项目管理人员审核，最后经项目经理签证后支付。审核成本费用的支出，必须以有关规定和合同为依据，主要有：国家规定的成本开支范围；国家和地方规定的费用开支标准和财务制度；施工合同；施工项目目标管理责任书。

8. 定期开展“三同步”检查，防止项目成本盈亏异常

“三同步”就是统计核算、业务核算、会计核算同步。统计核算即产值统计，业务核算即人力资源和物质资源的消耗统计，会计核算即成本会计核算。根据项目经济活动的规律，这三者之间有着必然的同步关系。这种规律性的同步关系具体表现为：完成多少产值、消耗多少资源，发生多少成本，三者应该同步。否则，项目成本就会出现盈亏异常的偏差。“三同步”的检查方法可从以下三方面入手：时间上的同步、分部分项工程直接费的同步和其他费用的同步。

9. 应用成本控制的财务方法——成本分析表法来控制项目成本

成本分析表包括月度直接成本分析表（表 1-41）和月度间接成本分析表（表 1-42）和最终成本控制报告表（表 1-43）。

月度直接成本分析表主要反映分部分项工程实际完成的实物量与成本相对应的情况，以及与预算成本和计划成本相对比的实际偏差和目标偏差，为分析偏差产生的原因和针对偏差采取相应措施提供依据。

月度间接成本分析表主要反映间接成本的发生情况，以及与预算成本和计划成本相对比的实际偏差和目标偏差，为分析偏差产生的原因和针对偏差采取相应的措施提供依据。此外，还要通过间接成本占产值的比例来分析其支用水平。

最终成本控制报告表主要是通过已完实物进度、已完产值和已完累计成本，联系尚需完成的实物进度，尚不上报的产品和还将发生的成本。进行最终成本预测，以检验实现成本目标的可能性，并可为项目成本控制提出新的要求。这种预测，工期短的项目应该每季度进行一次，工期长的项目可每半年进行一次。

月度直接成本分析表　　**表 1-41**

项目名称　　　　　　　　年　月　　　　　　　　单位：元

分项工程编号	分项工程工序名称	实物单位	实物工程量				预算成本		计划成本		实际成本		实际偏差		目标偏差	
			计划		实际		本月	累计	本月	累计	本月	累计	本月	累计	本月	累计
			本月	累计	本月	累计										
甲	乙	丙	1	2	3	4	5	6	7	8	9	10	11=5−9	12=6−10	13=7−9	14=8−10

月度间接成本分析表 **表 1-42**

项目名称 年 月 单位：元

间接成本编号	间接成本项目	产值		预算成本		计划成本		实际成本		实际偏差		目标偏差		占产值的百分数（%）	
		本月	累计	本月	累计	本月	累计	本月	累计	本月	累计	本月	累计	本月	累计
甲	乙	1	2	3	4	5	6	7	8	9＝3－7	10＝4－8	11＝5－7	12＝6－8	13＝7÷1	14＝8÷2

最终成本控制报告表 **表 1-43**

项目名称 年 月 单位：元

进度	已完主要实物进度				到竣工尚有主要实物进度			
造价	预算造价	元	已完累计产值	元	到竣工尚可报产值		预测最终工程造价	

成本项目	到本月为止的累计成本				预计到竣工还将发生的成本				最终成本预测			
	预算成本	实际成本	降低额	降低率	预算成本	实际成本	降低额	降低率	预算成本	实际成本	降低额	降低率
甲	1	2	3＝1－2	4＝3÷1	5	6	7＝5－6	8＝7÷5	9＝1＋5	10＝2＋6	11＝9－10	12＝11÷9
一、直接成本												
1. 人工费												
2. 材料费												
其中：结构件												
周转材料费												
3. 施工机械使用费												
4. 措施费												
二、间接成本												
1. 规费												
2. 企业管理费												
(1) 管理人员工资												
(2) 办公费												
(3) 差旅交通费												
(4) 固定资产使用费												
(5) 工具用具使用费												
(6) 劳动保险费												
(7) 工会经费												
(8) 职工教育经费												
(9) 财产保险费												
(10) 财务费												
(11) 其他												
三、合计												

1.5.4　施工项目成本核算

1.5.4.1　施工项目成本核算的对象

施工项目成本一般以每一独立编制施工图预算的单位工程为成本核算对象，但也可以按照承包工程项目的规模、工期、结构类型、施工组织和施工现场等情况，结合成本控制的要求，灵活划分成本核算对象。一般说来有以下几种划分的方法：

（1）一个单位工程由几个施工单位共同施工时，各施工单位都应以同一单位工程为成本核算对象，各自核算自行完成的部分。

（2）规模大、工期长的单位工程，可以将工程划分为若干部位，以分部位的工程作为成本核算对象。

（3）同一建设项目，由同一施工单位施工，并在同一施工地点，属于同一建设项目的各个单位工程合并作为一个成本核算对象。

（4）改建、扩建的零星工程，可根据实际情况和管理需要，以一个单项工程为成本核算对象，或将同一施工地点的若干个工程量较少的单项工程合同作为一个成本核算对象。

1.5.4.2　施工项目成本核算的基础工作

（1）施工项目成本会计的账表

项目经理部应根据会计制度的要求，设立核算必需的账户，进行规范的核算。“成本会计”账表定为“三账四表”：工程施工账（项目成本明细账，单位工程成本明细账），施工间接费用账，措施费用账，项目工程成本表，在建工程成本明细表，竣工工程成本明细表和施工间接费用表。

（2）施工项目成本核算台账

施工项目成本核算台账见表 1-44。

项目经理部成本核算台账　　表 1-44

序号	台账名称	责任人	原始资料来源	设置要求
1	人工费台账	预算员	劳务合同结算单	分部分项工程的工日数，实物量金额
2	机械使用费台账	核算员	机械租赁结算单	各机械使用台班金额
3	主要材料收发存台账	材料员	入库单、限额领料单	反映月度分部分项收、发、存数量金额
4	周转材料使用台账	材料员	周转材料租赁结算单	反映月度租用数量、动态
5	设备料台账	材料员	设备租赁结算单	反映月度租用数量、动态
6	钢筋、钢构件门窗、预埋件台账	翻样技术员	入库单进场数、领用单	反映进场、耗用、余料、数量和金额动态
7	商品混凝土专用台账	材料员	商品混凝土结算单	反映月度收发存的数量和金额
8	其他直接费台账	核算员	与各子目相应的单据	反映月度耗费的金额
9	施工管理费台账	核算员	与各子目相应的单据	反映月度耗费的金额
10	预算增减账台账	预算员	技术核定单，返工记录，施工图预算定额，实际报耗资料，调整账单，签证单	施工图预算增减账内容、金额、预算增减账与技术核定单内容一致，同步进行

续表

序号	台账名称	责任人	原始资料来源	设置要求
11	索赔记录台账	成本员	向有关单位收取的索赔单据	反映及时，便于收取
12	资金台账	成本员 预算员	工作量、预算增减记录，工程款账单，收款凭证，支付凭证	反映工程价款收支及拖欠款情况
13	资料文件收发台账	资料员	工程合同，与各部门来往的各类文件、纪要、信函、图纸、通知等资料	内容、日期、处理人意见，收发人签字等，反映全面
14	形象进度台账	统计员	工程实际进展情况	按各分部分项工程据实记录
15	产值结构台账	统计员	施工预算、工程形象进度	按三同步要求，正确反映每月的施工值
16	预算成本构成台账	预算员	施工预算、施工图预算	按分部分项单列各项成本种类，金额，占总成本的比重
17	质量成本科目台账	技术员	用于技措项目的报耗实物量费用原始单据	便于结算费用
18	成本台账	成本员	汇集记录有关成本费用资料	反映三同步
19	甲供料台账	核算员 材料员	建设单位（总承包单位）提供的各种材料件验收、领用单据（包括三料交料情况）	反映供料实际数量、规格、损坏情况

1.5.4.3 施工项目成本核算的办法

成本的核算过程，实际上也是各项成本项目的归集和分配过程。成本的归集是指通过一定的会计制度以有序的方式进行成本数据的收集和汇总，而成本的分配是指将归集的间接成本分配给成本对象的过程，也称间接成本的分摊或分派。

1. 直接费成本核算

(1) 人工费核算

人工费包括两种情况，即内包人工费和外包人工费。内包人工费，按月结算计入项目单位工程成本。外包人工费，按月凭项目经济员提供的“包清工工程款月度成本汇总表”预提计入项目单位工程成本。上述内包、外包合同履行完毕，根据分部分项的工期、质量、安全、场容等验收考核情况，进行合同结算，以结账单按实据以调整项目的实际值。

(2) 材料费核算

工程耗用的材料，根据限额领料单、退料单、报损报耗单、大堆材料耗用计算单等，由项目料具员按单位工程编制“材料耗用汇总表”，据以计入项目成本。

(3) 周转材料费核算

周转材料实行内部租赁制，以租费的形式反映消耗情况，按“谁租用谁负担”的原则，核算其项目成本。

按周转材料租赁办法和租赁合同，由出租方与项目经理部按月结算租赁费。租赁费按租用的数量、时间和内部租赁单价计入项目成本。

周转材料在调入移出时，项目经理部都必须加强计量验收制度，如有短缺、损坏，一律按原价赔偿，计入项目成本（短损数=进场数—退场数）。

租用周转材料的进退场运费，按其实际发生数，由调入项目负担。

对U形卡、脚手扣件等零件除执行租赁制外，考虑到其比较容易散失的因素，故按规定实行定额预提摊耗，摊耗数计入项目成本，相应减少次月租赁基数及租费。单位工程竣工，必须进行盘点，盘点后的实物数与前期逐月按控制定额摊耗后的数量差，按实调整清算计入成本。

实行租赁制的周转材料，一般不再分配负担周转材料差价。

(4) 结构件费核算

项目结构件的使用必须要有领发手续，并根据这些手续，按照单位工程使用对象编制“结构件耗用月报表”。

项目结构件的单价，以项目经理部与外加工单位签订的合同为准，计算耗用金额进入成本。

根据实际施工形象进度、已完施工产值的统计、各类实际成本消耗三者在月度时点的三同步原则（配比原则的引申与应用），结构件耗用的品种和数量应与施工产值相对应。结构件数量金额账的结存数，应与项目的账面余额相符。

结构件的高进高出价差核算同材料费高进高出价差核算一致。

部位分项分包，如铝合金门窗、卷帘门、轻钢龙骨石膏板、平顶屋面防水等，按照企业通常采用的类似结构件管理和核算方法，项目造价员必须做好月度已完工程部分验收记录，正确计报部位分项分包产值，并及时、正确、足额计入成本。

(5) 机械使用费核算

机械设备实行内部租赁制，以租赁费形式反映其消耗情况，按“谁租用谁负担”原则，核算其项目成本。

按机械设备租赁办法和租赁合同，由企业内部机械设备租赁市场与项目经理部按月结算租赁费。租赁费根据机械使用台班、停置台班和内部租赁单价计算，计入项目成本。

机械进出场费，按规定由承租项目负担。

项目经理部租赁的各类中小型机械，其租赁费全额计入项目机械费成本。

根据内部机械设备租赁运行规则要求，结算原始凭证由项目指定专人签证开班和停班数，据以结算费用。现场机、电、修等操作工奖金由项目考核支付，计入项目机械成本并分配到有关单位工程。

向外单位租赁机械，按当月租赁费用全额计入项目机械费成本。

(6) 措施费核算

项目施工生产过程中实际发生的措施费，凡能分清受益对象的，应直接计入受益成本核算对象的工程施工—“措施费”，如与若干个成本核算对象有关的，可先归集到项目经理部的“措施费”总账科目（自行增设），再按规定的方法分配计入有关成本核算对象的工程施工—“措施费”成本项目内。分配方法可参照费用计算基数，以实际成本中的直接成本（不含措施费）扣除“三材”差价为分配依据。即人工费、材料费、周转材料费、机械使用费之和扣除（三材）高进高出价差。

1）施工过程中的材料二次搬运费，按项目经理部向劳务分公司汽车队托运包天或包月租费结算，或以汽车公司的汽车运费计算。

2）临时设施摊销费按项目经理部搭建的临时设施总价（包括活动房）除以项目合同工期求出每月应摊销额，临时设施使用一个月摊销一个月，摊完为止。项目竣工搭拆差额

(盈亏)按实调整实际成本。

3)生产工具用具使用费。大型机动工具、用具等可以套用类似内部机械租赁办法以租费形式计入成本，也可按购置费用一次摊销法计入项目成本，并做好在用工具实物借用记录，以便反复利用。工具用具的修理费按实际发生数计入成本。

4)除上述以外的措施费内容，均应按实际发生的有效结算凭证计入项目成本。

2. 间接费成本核算

间接费的具体费用核算内容在本书1.5.1.1“施工项目成本构成”中已有叙述，这里不再重复。下面着重讨论几个应注意的问题：

(1)应以项目经理部为单位编制工资单和奖金单列支工作人员薪金。项目经理部工资总额每月必须正确核算，以此计提职工福利费、工会经费、教育经费、劳保统筹费等。

(2)劳务分公司所提供的炊事人员代办食堂承包、服务、警卫人员提供区域岗点承包服务以及其他代办服务费用计入施工间接费。

(3)内部银行的存贷款利息，计入“内部利息”(新增明细子目)。

(4)间接费，先在项目“施工间接费”总账归集，再按一定的分配标准计入受益成本核算对象(单位工程)“工程施工—间接成本”。

3. 分包费成本核算

总分包方之间所签订的分包合同价款及其实际结算金额，应列入总承包方相应工程的成本核算范围。分包工程的实际成本由分包方进行核算，总承包方不可能也没有必要掌握分包方的真实的实际成本。

在施工项目成本管理的实践中，施工分包的方式是多种多样的，除了以上述称按部位分包外，还有施工劳务分包，即包清工、机械作业分包等。即使按部位分包也还有包清工和包工包料(即双包)之分。对于各种分包费用的核算，要根据分包合同价款并对分包单位领用、租用、借用总包方的物资、工具、设备、人工等费用，根据项目经理部管理人员开具的、且经分包单位指定专人签字认可的专用结算单据，如“分包单位领用物资结算单”及“分包单位租用工器具设备结算单”等结算依据，入账抵作已付分包工程款进行核算。

1.5.5 施工项目成本分析和考核

1.5.5.1 施工项目成本分析的分类(表1-45)

施工项目成本分析的分类　　表1-45

类　别	内　容
随项目施工的进展进行的成本分析	• 分部分项工程成本分析； • 月(季)度成本分析； • 年度成本分析； • 竣工成本分析
按目标成本项目构成进行的成本分析	• 人工费分析； • 材料费分析； • 机械使用费分析； • 措施费分析； • 间接费分析
专题分析及影响因素分析	• 成本盈亏异常分析； • 工期成本分析； • 质量成本分析； • 资金成本分析； • 技术组织措施节约效果分析； • 其他因素对成本影响分析

1.5.5.2 施工项目成本分析的方法

1. 成本分析的基本方法

(1)比较法(又称指标对比分析法)

1)将实际指标与目标指标对比。以此检查目标的完成情况，分析完成目标的积极因素和影响目标完成的原因，以便及时采取措施，保证成本目标的实现。

2）本期实际指标和上期实际指标对比。通过这种对比，可以看出各项技术经济指标的动态情况，反映施工项目管理水平的提高程度。

3）与本行业平均水平、先进水平对比。通过这种对比，可以反映项目的技术管理和经济管理与其他项目的平均水平和先进水平的差距，进而采取措施赶超先进水平。

（2）因素分析法（又称连锁置换法或连环替代法）

这种方法可以用来分析各种因素对成本形成的影响程度。在进行分析时，首先要假定众多因素中的一个因素发生了变化，而其他因素不变，然后逐个替换，并分别比较其计算结果，以确定各个因素的变化对成本的影响程度。

因素分析法的计算步骤如下：

1）确定分析对象（即分析的技术经济指标），并计算出实际与目标（或预算）数的差异；

2）确定该指标是由哪几个因素组成的，并按其相互关系进行排序；

3）以目标（或预算）数量为基础，将各因素的目标（或预算）数相乘，作为分析替代的基数；

4）将各个因素的实际数按照上面的排列顺序进行替换计算，并将替换后的实际数保留下来；

5）将每次替换计算所得的结果与前一次的计算结果相比较，两者的差异即为该因素对成本的影响程度；

6）各个因素的影响程度之和应与分析对象的总差异相等。

【例】 某工程浇筑一层结构商品混凝土，目标成本 364000 元，实际成本为 383760 元，比目标成本增加 19790 元。报据表 1-46 的资料，用“因素分析法”分析其成本增加原因。

商品混凝土目标成本与实际成本对比表　　表 1-46

项　目	单　位	计　划	实　际	差　额
产量	m^3	500	520	+20
单价	元	700	720	+20
损耗率	%	4	2.5	−1.5
成本	元	364000	383760	+19760

解：①分析对象是浇筑一层结构商品混凝土的成本，实际成本与目标成本的差额为 19760 元。

②该指标是由产量、单价、损耗率三个因素组成的。

③以目标数 364000 元(＝500×700×1.04)为分析替代的基础。

④第一次替代：产量因素，以 520 替代 500，得 378560 元，即 520×700×1.04＝378560 元。

第二次替代：单价因素，以 720 替代 700，并保留上次替代后的值，得 389376 元，即 520×720×1.04＝389376 元。

第三次替代：损耗率因素，以 1.025 替代 1.04，并保留上两次替代后的值，得 383760 元，即 520×720×1.025＝383760 元。

⑤计算差额：第一次替代与目标数的差额＝378560－364000＝14560元

第二次替代与第一次替代的差额＝389376－378560＝10816元

第三次替代与第二次替代的差额＝383760－389376＝－5616元

产量增加使成本增加了14560元，单价提高使成本增加了10816元，而损耗率下降使成本减少了5616元。

⑥各因素的影响程度之和＝14560＋10816－5616＝19760元，与实际成本与目标成本的总差额相等。

为了使用方便，企业也可以通过运用因素分析表来求出各因素的变动对实际成本的影响程度，其具体形式见表1-47。

商品混凝土成本变动因素分析表 **表1-47**

顺序	连环替代计算	差异（元）	因素分析
目标数	500×700×1.04		
第一次替代	520×700×1.04	14560	由于产量增加20m^3，成本增加14560元
第二次替代	520×720×1.04	10816	由于单价提高20元，成本增加10816元
第三次替代	520×720×1.025	－5616	由于损耗率下降1.5%，成本减少5616元
合计	14560＋10216－5616＝19760	19760	

必须说明，在应用"因素分析法"时，各因素的排列顺序应该固定不变。否则，就会得出不同的计算结果，也会产生不同的结论。

(3) 差额计算法

差额计算法是因素分析法的一种简化形式，它利用各个因素的目标与实际的差额来计算其对成本的影响程度。

(4) 比率法

比率法是指用两个以上的指标的比例进行分析的方法。它的基本特点是：先把对比分析的数值变成相对数，再观察其相互之间的关系。常用的比率法有：相关比率、构成比率和动态比率。

2. 综合成本的分析方法

(1) 分部分项工程成本分析。是施工项目成本分析的基础。分析对象是已完分部分项工程。分析方法：进行预算成本、目标成本和实际成本的"三算"对比，分别计算实际偏差和目标偏差，分析偏差产生的原因，为今后的分部分项工程成本寻找节约途径。

(2) 月（季）度成本分析。是施工项目定期的、经常性的中间成本分析。月（季）度的成本分析的依据是月（季）度的成本报表。分析的方法通常有以下几个方面：

1) 通过实际成本与预算成本的对比，分析当月（季）的成本降低水平；通过累计实际成本与累计预算成本的对比，分析累计的成本降低水平，预测出实际项目成本的前景。

2) 通过实际成本与目标成本的对比，分析目标成本的落实情况，以及目标管理中的问题和不足，进而采取措施，加强成本控制，保证成本目标的落实。

3) 通过对各成本项目的成本分析，可以了解成本总量的构成比例和成本控制的薄弱环节。

4) 通过主要技术经济指标的实际与目标对比，分析产量、工期、质量、"三材"节约率、机械利用率等对成本的影响。

5）通过对技术组织措施执行效果的分析，寻求更加有效的节约途径。

6）分析其他有利条件和不利条件对成本的影响。

（3）年度成本分析。分析的依据是年度成本报表。分析的内容，除了月（季）度成本分析的六个方面以外，重点是针对下一年度的施工进展情况规划切实可行的成本控制措施，以保证施工项目成本目标的实现。

（4）竣工成本的综合分析。凡是有几个单位工程而且是单独进行成本核算的施工项目，其竣工成本分析应以各单位工程竣工成本分析资料为基础，再加上项目经理部的经济效益（如资金调度、对外分包等所产的效益）进行综合分析。如果施工项目只有一个成本核算对象（单位工程），就以该成本核算对象的竣工成本资料作为成本分析的依据。单位工程竣工成本分析的内容应包括：竣工成本分析；主要资源节超对比分析；主要技术节约措施及经济效果分析。通过以上分析，可以全面了解单位工程的成本构成和降低成本的来源，对今后同类工程的成本控制很有参考价值。

3. 专项成本的分析方法

（1）成本盈亏异常分析。检查成本盈亏异常的原因，应从经济核算的“三同步”入手。“三同步”检查可以通过以下五个方面的对比分析来实现。

1）产值与施工任务单的实际工程量和形象进度是否同步？

2）资源消耗与施工任务单的实际人工、限额领料单的实际耗料、当期租用的周转材料和施工机械是否同步？

3）其他费用（如材料价差、超高费、井点抽水的打拨费和台班费等）的产值统计与实际支付是否同步？

4）预算成本与产值统计是否同步？

5）实际成本与资源消耗是否同步？

（2）工期成本分析。就是目标工期成本和实际工期成本的比较分析。所谓目标工期成本，是指在假定完成预期利润的前提下计划工期内所耗用的目标成本。而实际工期成本则是在实际工期耗用的实际成本。工期成本分析的方法一般采用比较法，即将目标工期成本与实际工期成本进行比较，然后应用“因素分析法”分析各种因素的变动对工期成本差异的影响程度。

（3）资金成本分析。进行资金成本分析，通常应用“成本支出率”指标，即成本支出占工程款收入的比例。计算公式如下：成本支出率＝（计算期实际成本支出/计算期实际工程款收入）×100%。通过对“成本支出率”的分析，可以看出资金收入中用于成本支出的比重有多大；也可通过资金管理来控制成本支出；还可联系储备金和结存资金的比重，分析资金使用的合理性。

（4）技术组织措施执行效果分析。对执行效果的分析要实事求是，既要按理论计算，又要联系实际。对节约的实物进行验收，然后根据节约效果论功行赏，以激励有关人员执行技术组织措施的积极性。不同特点的施工项目，需要采取不同的技术组织措施，有很强的针对性和适应性。在这种情况下，计算节约效果的方法也会有所不同。但总的来说，措施节约效果＝措施前的成本－措施后的成本。对节约效果的分析，需要联系措施的内容和措施的执行经过来进行。

（5）其他有利因素和不利因素对成本影响的分析。这些有利因素和不利因素，包括工程结构的复杂性和施工技术上的难度，施工现场的自然地理环境（如水文、地质、气候等），以及物资供应渠道和技术装备水平等。它们对成本的影响，需要具体问题具体分析。

4. 目标成本差异分析方法

（1）人工费分析。主要依据是工程预算工日和实际人工的对比，分析出人工费的节约和超用的原因。主要因素有两个：人工费量差和人工费价差。其计算公式如下：

$$人工费量差=(实际耗用工日数-预算定额工日数)\times 预算人工单价 \tag{1-14}$$

$$人工费价差=实际耗用工日数\times(实际人工单价-预算人工单价) \tag{1-15}$$

影响人工费节约和超支的原因是错综复杂的，除上述分析外，还应分析定额用工、估点工用工，从管理上找原因。

（2）材料费分析。

1）主要材料和结构件费用的分析。为了分析材料价格和消耗数量的差异对材料和结构件费用的影响程度，可按下列计算公式计算：

$$材料价格差异对材料费的影响=(实际单价-目标单价)\times 实际用量 \tag{1-16}$$

$$材料用量差异对材料费的影响=(实际用量-目标用量)\times 目标单价 \tag{1-17}$$

2）周转材料费分析。主要通过实际成本与目标成本之间的差异比较。节超分析从提高周转材料使用率入手，分析与工程进度的关系及周转材料使用管理上是否有不足之处。周转利用率的计算公式如下：

$$周转利用率=\frac{实际使用数\times 租用期内的周转次数}{进场数\times 租用期}\times 100\% \tag{1-18}$$

（3）机械使用费分析。主要通过实际成本和目标成本之间的差异分析，目标成本分析主要列出超高费和机械费补差收入。机械使用费的分析要从租用机械和自有机械这两方面入手。使用大型机械的要着重分析预算台班数、台班单价和金额，同实际台班数、台班单价及金额相比较，通过量差、价差进行分析。

（4）措施费分析。主要应通过目标与实际数的比较来进行。措施费目标与实际费用比较表的格式见表1-48。

措施费目标与实际费用比较表（单位：万元）　　**表1-48**

序号	项目	目标	实际	差异	序号	项目	目标	实际	差异
1	环境保护费				7	大型机械设备进出场及安拆费			
2	文明施工费				8	混凝土、钢筋混凝土模板及支架费			
3	安全施工费				9	脚手架费			
4	临时设施费				10	已完工程及设备保护费			
5	夜间施工费				11	施工排水、降水费			
6	二次搬运费					合计			

（5）间接成本分析。应将其实际成本和目标成本进行比较，将其实际发生数逐项与目标数加以比较，就能发现超额完成施工计划对间接成本的节约或浪费及其发生的原因。间

接成本目标与实际比较表的格式见表1-49。

间接成本目标与实际比较表（单位：万元）　　**表1-49**

序号	项　目	目　标	实　际	差　异	备　注
	规费				
1	工程排污费				
2	社会保障费				
3	住房公积金				
4	工伤保险费				
	企业管理费				
1	管理人员工资				
2	办公费				
3	差旅交通费				
4	固定资产使用费				
5	工具用具使用费				
6	劳动保险费				
7	工会经费				
8	职工教育经费				
9	财产保险费				
10	财务费				
11	税金				
12	其他				
	合计				

用目标成本差异分析方法分析完各成本项目后，再将所有成本差异汇总进行分析，目标成本差异汇总表的格式见表1-50。

目标成本差异汇总表　　**表1-50**

成本项目	实际成本	目标成本	差异金额	差异率（%）	成本项目	实际成本	目标成本	差异金额	差异率（%）
人工费					周转材料				
机械使用费					措施费				
材料费					间接成本				
结构件					合计				

1.5.5.3　施工项目成本考核

1. 施工项目成本考核的内容（表1-51）

施工项目成本考核的内容　　**表1-51**

考核对象	考核内容
企业对项目经理考核	• 项目成本目标和阶段成本目标的完成情况； • 成本控制责任制的落实情况； • 成本计划的编制和落实情况； • 对各部门、作业队、班组责任成本的检查落实情况； • 在成本控制中贯彻责权利相结合原则的执行情况

续表

考 核 对 象	考 核 内 容
项目经理对各部门的考核	● 本部门、本岗位责任成本的完成情况； ● 本部门、本岗位成本控制责任的执行情况
项目经理对作业队的考核	● 对劳务合同规定的承包范围和承包内容的执行情况； ● 劳务合同以外的补充收费情况； ● 对班组施工任务单的管理情况； ● 对班组完成施工后的考核情况
对生产班组的考核	● 平时由作业队对生产班组考核； ● 考核班组责任成本（以分部分项工程成本为责任成本）的完成情况

2. 施工项目成本考核的实施

(1) 评分制。具体方法为：先按考核的内容评分，然后按七与三的比例加权平均，即：责任成本完成情况的评分为七，成本控制工作业绩的评分为三。这是一个假定的比例，施工项目可根据自己的情况进行调整。

(2) 要与相关指标的完成情况相结合。具体方法是：成本考核的评分是奖罚的依据，相关指标的完成情况为奖罚的条件。也就是，在根据评分计奖的同时，还要考虑相关指标的完成情况给予嘉奖或扣罚。与成本考核相结合的相关指标，一般有质量、进度、安全和现场标准化管理。

(3) 强调项目成本的中间考核。一是月度成本考核，二是阶段成本考核（基础、结构、装饰、总体等）。

(4) 正确考核施工项目的竣工成本。施工项目竣工成本是项目经济效益的最终反映。它即是上缴利税的依据，又是进行职工分配的依据。由于施工项目的竣工成本关系到国家、企业、职工的利益，必须做到核算正确，考核正确。

(5) 施工项目成本的奖罚。在施工项目的月度考核、阶段考核和竣工考核的基础上立即兑现，不能只考核不奖罚，或者考核后拖了很久才奖罚。由于月度成本和阶段成本都是假设性的，正确程度有高有低。因此，在进行月度成本和阶段成本奖罚的时候不妨留有余地，然后再按照竣工结算的奖金总额进行调整（多退少补）。施工项目成本奖罚的标准，应通过经济合同的形式明确规定。

1.6 施工项目安全管理

1.6.1 施工项目安全管理概述

1.6.1.1 施工项目安全管理的概念

施工项目安全管理是在项目施工的全过程中，运用科学管理的理论、方法，通过法规、技术、组织等手段，所进行的规范劳动者行为，控制劳动对象、劳动手段和施工环境条件，消除或减少不安全因素，使人、物、环境构成的施工生产体系达到最佳安全状态，实现项目安全目标等一系列活动的总称。

1.6.1.2　施工项目安全管理的对象

安全管理通常包括安全法规、安全技术、工业卫生。安全法规侧重于“劳动者”的管理、约束，控制劳动者的不安全行为；安全技术侧重于“劳动对象和劳动手段”的管理，消除或减少物的不安全因素；工业卫生侧重于“环境”的管理，以形成良好的劳动条件。施工项目安全控制主要以施工活动中的人、物、环境构成的施工生产体系为对象，建立一个安全的生产体系，确保施工活动的顺利进行。施工项目安全管理的对象见表1-52。

施工项目安全管理的对象　　　　**表1-52**

管理对象	措　施	目　的
劳动者	依法制定有关安全的政策、法规、条例，给予劳动者的人身安全、健康及法律保障的措施	约束控制劳动者的不安全行为，消除或减少主观上的安全隐患
劳动手段 劳动对象	改善施工工艺、改进设备性能，以消除和控制生产过程中可能出现的危险因素、避免损失扩大的安全技术保证措施	规范物的状态，以消除和减轻其对劳动者的威胁和造成财产损失
劳动条件 劳动环境	防止和控制施工中高温、严寒、粉尘、噪声、振动、毒气、毒物等对劳动者安全与健康产生影响的医疗、保健、防护措施及对环境的保护措施	改善和创造良好的劳动条件，防止职业伤害，保护劳动者身体健康和生命安全

1.6.1.3　施工项目安全管理目标及目标体系

1. 施工项目安全管理目标

施工项目安全管理目标是在施工过程中，安全工作所要达到的预期效果。工程项目实施施工总承包的，由总承包单位负责制定。

(1) 制定安全目标时应考虑的因素：

1) 上级机构的整体方针和目标；

2) 危险源和环境因素识别、评价和控制策划的结果；

3) 适用法律法规、标准规范和其他要求；

4) 可以选择的技术方案；

5) 财务、运行和经营上的要求；

6) 相关方的意见。

(2) 安全目标的内容：

安全目标通常包括：

1) 杜绝重大伤亡、设备、管线、火灾和环境污染事故；

2) 一般事故频率控制目标；

3) 安全标准化工地创建目标；

4) 文明工地创建目标；

5) 遵循安全生产、文明施工方面有关法律法规和标准规范，以及对员工和社会要求的承诺；

6) 其他需满足的总体目标。

(3) 安全目标制定的要求

1) 制定的目标要明确、具体，具有针对性；针对项目经理部各层次，目标要进行分解；目标应可量化；

2）技术措施及可选技术方案；

3）责任部门及责任人；

4）完成期限。

（4）安全管理目标控制指标

施工项目安全管理目标应实现重大伤亡事故为零的目标，以及其他安全目标指标：控制伤亡事故的指标（死亡率、重伤率、千人负伤率、经济损失额等）、控制交通安全事故的指标（杜绝重大交通事故、百车次肇事率等）、尘毒治理要求达到的指标（粉尘合格率等）、控制火灾发生的指标等。

2. 施工项目安全管理目标体系

（1）施工项目总安全目标确定后，还要按层次进行安全目标分解到岗、落实到人，形成安全目标体系。即施工项目安全总目标；项目经理部下属各单位、各部门的安全指标；施工作业班组安全目标；个人安全目标等。

（2）在安全目标体系中，总目标值是最基本的安全指标，而下一层的目标值应略高些，以保证上一层安全目标的实现。如项目安全控制总目标是实现重大伤亡事故为零；中层的安全目标就应是除此之外还要求重伤事故为零；施工队一级的安全目标还应进一步要求轻伤事故为零；班组一级要求险肇事故为零。

（3）施工项目安全管理目标体系应形成全体员工所理解的文件，并实施保持。

1.6.1.4 施工项目安全管理的程序

施工项目安全管理的程序主要有：确定施工安全目标；编制施工项目安全保证计划；施工项目安全保证计划实施；施工项目安全保证计划验证；持续改进；兑现合同承诺等，如图 1-40 所示。

1.6.2 施工项目安全保证计划与实施

1.6.2.1 安全生产策划

1. 安全生产策划的内容

针对工程项目的规模、结构、环境、技术方案、施工风险和资源配置等因素进行安全生产策划，策划的内容包括：

（1）配置必要的设施、装备和专业人员，确定控制和检查的手段、措施。

（2）确定整个施工过程中应执行的文件、规范。如脚手架工程、高空作业、机械作业、临时用电、动用明火、沉井、深挖基础施工和爆破工程等作业规定。

（3）确定冬期、雨期、雪天和夜间施工时的安全技术措施及夏季的防暑降温工作。

（4）对危险性较大的分部分项工程要制定安全专项施工方案；对于超出一定规模的危险性较大的分部分项工程，应当组织专家对专项方案进行论证。

（5）因工程项目的特殊需求所补充的安全操作规定。

（6）制定施工各阶段具有针对性的安全技术交底文本。

（7）编制安全记录表格，确定收集、整理和记录各种安全活动的人员和职责。

2. 安全生产管理机构及人员

专职安全生产管理人员，主要负责安全生产，进行现场监督检查；发现安全事故隐患

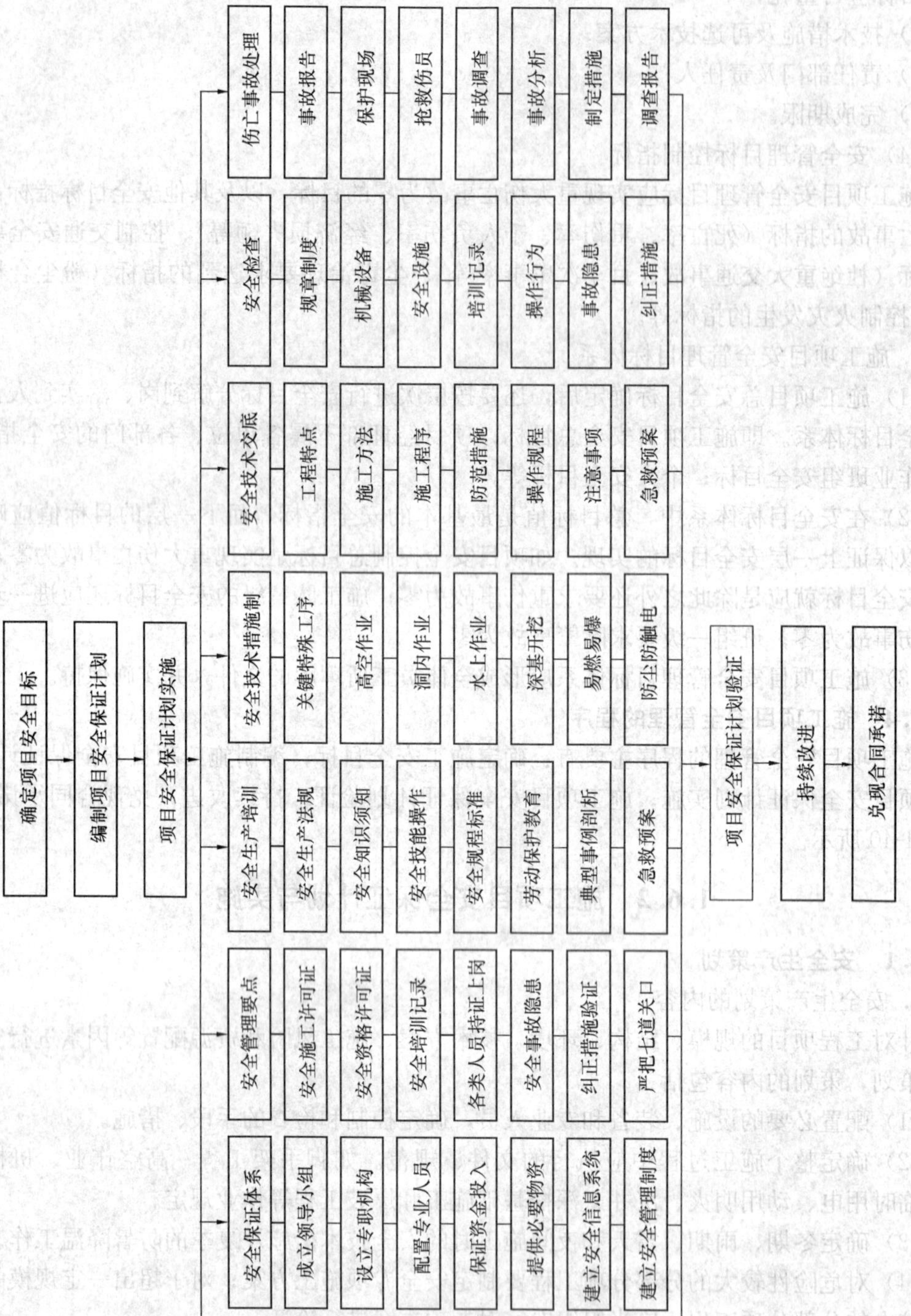

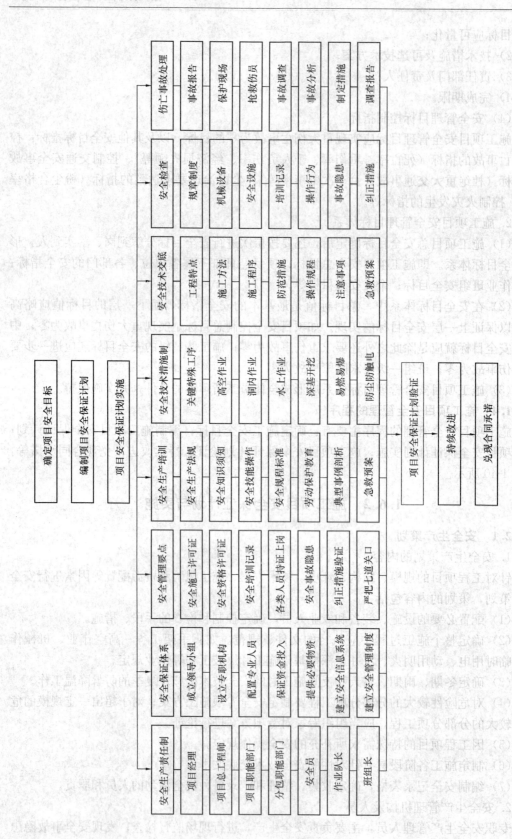

图 1-40 施工项目安全控制程序图

向项目负责人和安全生产管理机构报告；对于违章指挥、违章作业的，立即制止。

项目经理部，应建立以项目经理为组长的安全生产管理小组，按工程规模设安全生产管理机构或配备专职安全生产管理人员。

班组设兼职安全员，协助班组长进行安全生产管理。

3. 安全生产责任体系

（1）项目经理为项目经理部安全生产第一责任人；

（2）分包单位负责人为分包单位安全生产第一责任人，负责执行总包单位安全管理规定和法规相关规定，组织本单位安全生产。

（3）作业班组负责人作为本班组或作业区域安全生产第一负责人，贯彻执行上级指令，保证本区域、本岗位安全生产。

4. 安全生产资金策划

施工现场安全生产资金主要包括：

（1）施工安全防护用具及设施的采购和更新的资金；

（2）安全施工措施的资金；

（3）改善安全生产条件的资金；

（4）安全教育培训的资金；

（5）事故应急措施的资金。

由项目经理部制定安全生产资金保障制度，落实、管理安全生产资金。

5. 安全生产管理制度

安全生产管理制度主要包括：

（1）安全生产许可证制度；

（2）安全生产责任制度；

（3）安全生产教育培训制度；

（4）安全生产资金保障制度；

（5）安全生产管理机构和专职人员制度；

（6）特种作业人员持证上岗制度；

（7）安全技术措施制度；

（8）专项施工方案专家论证审查制度；

（9）施工前详细说明制度；

（10）消防安全责任制度；

（11）防护用品及设备管理制度；

（12）起重机械和设备实施验收登记制度；

（13）三类人员考核任职制度；

（14）意外伤害保险制度；

（15）安全事故应急救援制度；

（16）安全事故报告制度。

1.6.2.2 危险源辨识及风险评价

施工现场作业和管理业务活动中的危险源与不利环境因素很多，存在的形式也较复杂，这对识别工作增加了难度。如果把各种危险源与不利环境因素，按其在事故发生发展过程中所起的作用或特征进行分类，会对危险源与不利环境因素的识别工作带来方便。

1. 危险源的分类

危险源的分类有多种方法，通常有以下几种：

(1) 按在事故发生发展过程中的作用分类

危险源表现形式不同，但从事故发生的本质讲，均可归结为能量的意外释放或者有害物质的泄漏、散发。如果意外释放的能量作用于人体，并且超过人体的承受能力，则造成人员伤亡；如果意外释放的能量作用于设备、设施、环境等，并且能量的作用超过其抵抗能力，则造成设备、设施的损失或环境破坏。根据在事故发生、发展过程中的作用，可把危险源分为第一类危险源和第二类危险源两大类。

1) 第一类危险源

生产过程中存在的、可能会意外释放的能量（能源或能量载体）或有害物质称作第一类危险源。

一切产生、供给能量的能源和能量的载体在一定条件下，都可能是危险源。例如，高处作业（如吊起的重物等）的势能，带电导体上的电能，行驶车辆或各类机械运动部件、工件等的动能，噪声的声能，电焊时的光能，高温作业的热能等，在一定条件下都能造成各类事故。静止的物体棱角、毛刺、地面等之所以能伤害人体，也是因人体运动、摔倒时的动能、势能造成的。这些都是由于能量意外释放形成的危险因素。

有害物质在一定条件下能损伤人体的生理机能和正常代谢功能，破坏设备和物品的效能，也是最根本的危险源。例如，作业场所中由于存在有毒物质、腐蚀性物质、有害粉尘、窒息性气体等有害物质，当它们直接、间接与人体或物体发生接触，会导致人员的死亡、职业病、伤害、财产损失或环境的破坏等。

人体受到超过其承受能力的各种形式能量作用时受伤害的情况见表 1-53。

各种能量对人体伤害情况表　　**表 1-53**

施加的能量类型	产生的伤害	事故类型
机械能	移位、刺伤、割伤、撕裂、挤压皮肤的肌肉、骨折、内部器官损伤	高处坠落、物体打击、机械伤害、起重伤害、坍塌、放炮、火药爆炸、车辆伤害、锅炉爆炸、压力容器爆炸
热能	皮肤发炎、凝固、烧伤、烧焦、焚化、伤及全身	一、二、三度烧伤，灼烫，火灾
电能	干扰神经、肌肉功能、电伤，以及凝固、烧焦和焚化伤及身体任何层次	触电、烧伤
化学能	化学性皮炎、化学性烧伤、致癌、致遗传突变、致畸胎、急性中毒、窒息	中毒和窒息、火灾、化学灼伤（包括由于动物性和植物性毒素引起的损伤）

2) 第二类危险源

正常情况下，施工生产过程中会对能量或有害物质进行约束使其处于受控状态，但是，一旦这些约束或限制的措施受到破坏或失效（故障），将会发生事故。导致能量或有害物质约束或限制措施破坏或失效的各种不安全因素称作第二类危险源。

第二类危险源主要包括物的故障、人的失误和环境因素三种类型。

①物的故障

是指机械设备、设施、系统、装置、元部件等在运行或使用过程中由于性能（含安全性能）低下而不能实现预定的功能（包括安全功能）的现象。不安全状态是存在于起因物上的，是使事故能发生的不安全的物体条件或物质条件。从安全功能的角度，物的不安全状态也是物的故障。

发生故障并导致事故发生的这种危险源，主要表现在发生故障、误操作时的防护、保险、信号等装置缺乏、缺陷和设备、设施在强度、刚度、稳定性、人机关系上有缺陷两方面。例如超载限制或起升高度限位安全装置失效使钢丝绳断裂、重物坠落；围栏缺损、安全带及安全网质量低劣为高处坠落事故提供了条件；电线和电气设备绝缘损坏、漏电保护装置失效造成触电伤人，短路保护装置失效又造成配电系统的破坏；空气压缩机泄压安全装置故障使压力进一步上升，导致压力容器破裂；通风装置故障使有毒有害气体浸入作业人员呼吸道；有毒物质泄漏散发、危险气体泄漏爆炸，造成人员伤亡和财产损失等，都是物的故障引起的危险源。

②人的失误

人的失误是指人的行为结果偏离了被要求的标准，即没有完成规定功能的现象。人的失误会造成能量或危险物质控制系统故障，使屏蔽破坏或失效，从而导致事故发生。人的失误包括人的不安全行为和管理失误两个方面。

不安全行为：不安全行为是指违反安全规则或安全原则，使事故有可能或有机会发生的行为。违反安全规则或安全原则包括违反法律、规程、条例、标准、规定，也包括违反大多数人都知道并遵守的不成文的安全原则，即安全常识。

例如吊索具选用不当，吊物绑挂方式不当使钢丝绳断裂、吊物失稳坠落；起重吊装作业时，吊臂误碰触外电线路引发短路停电；误合电源开关使检修中的线路或电器设备带电，意外启动；故意绕开漏电开关接通电源等都是人的失误形成的危险源，都属于不安全行为。

管理失误：施工现场安全生产保证体系是为了保证及时、有效地实现安全目标，在预测、分析的基础上进行策划、组织、协调、检查等工作，是预防物的故障和人的失误的有效手段。管理失误表现在以下方面：

- 对物的管理：有时称技术原因。包括：技术、设计、结构上有缺陷，作业现场、作业环境的安排设置不合理等缺陷，防护用品缺少或有缺陷等。
- 对人的管理。包括：教育、培训、指示、对施工作业任务和施工作业人员的安排等方面的缺陷或不当。
- 对施工作业程序、操作规程和方法、工艺过程等的管理失误。
- 安全监控、检查和事故防范措施等方面的问题。
- 对工程施工和专项施工组织设计安全的管理失误。
- 对采购安全物资的管理失误。

③环境因素

人和物存在的环境，即施工生产作业环境中的温度、湿度、噪声、振动、照明或通风换气等方面的问题，会促使人的失误或物的故障发生。环境因素见表 1-54。

环境因素一览表 表 1-54

类别	内容
物理因素	噪声、振动、温度、湿度、照明、风、雨、雪、视野、通风换气、色彩
化学因素	爆炸性物质、腐蚀性物质、可燃液体、有毒化学品、氧化物、危险气体
生物因素	细菌、真霉菌、昆虫、病毒、植物、原生虫等

(2) 按导致事故和职业危害的直接原因分类

根据《生产过程危险和危害因素分类与代码》(GB/T 13861) 的规定，将生产过程中的危险因素与危害因素分为6类。此种分类方法所列的危险、危害因素具体、详细、科学合理，适用于项目经理部对危险源进行识别和分析，经过适当的选择调整后，可作为危险源提示表使用，见表1-55。

导致事故直接原因分类表 表 1-55

类别	内容
物理性危害因素	● 设备、设施缺陷（强度不够、刚度不够、稳定性差、密封不良、应力集中、外形缺陷、外露运动件缺陷、制动器缺陷、控制器缺陷、设备设施其他缺陷）； ● 防护缺陷（无防护、防护装置和设施缺陷、防护不当、支撑不当、防护距离不够、其他防护缺陷）； ● 电伤害（带电部位裸露、漏电、雷电、静电和杂散电流、电火花、其他电危害）； ● 噪声危害（机械性噪声、电磁性噪声、流体动力性噪声、其他噪声）； ● 振动危害（机械性振动、电磁性振动、流体动力性振动、其他振动）； ● 电磁辐射（电离辐射：X射线、γ射线、α粒子、R粒子、质子、中子、高能电子束等）； ● 非电离辐射（紫外辐射、激光辐射、微波辐射、超高频辐射、高频电磁场、工频电场）； ● 运动物危害（固体抛射物、液体飞溅物、反弹物、岩土滑动、料堆垛滑动、气流卷动、冲击地压、其他运动物危害）； ● 明火； ● 能造成灼伤的高温物质（高温气体、高温固体、高温液体、其他高温物质）； ● 能造成冻伤的低温物质（低温气体、低温固体、低温液体、其他低温物质）； ● 粉尘与气溶胶（不包括爆炸性、有毒性粉尘与气溶胶）； ● 作业环境不良（作业环境不良、基础下沉、安全过道缺陷、采光照明不良、有害光照、通风不良、缺氧、空气质量不良、给水排水不良、涌水、强迫体位、气温过高、气温过低、气压过高、气压过低、高温高湿、自然灾害、其他作业环境不良）； ● 信号缺陷（无信号设施、信号选用不当、信号位置不当、信号不清、信号显示不准、其他信号缺陷）； ● 标志缺陷（无标志、标志不清楚、标志不规范、标志选用不当、标志位置缺陷、其他标志缺陷）
化学性危害因素	● 易燃易爆性物质（易燃易爆性气体、易燃易爆性液体、易燃易爆性固体、易燃易爆性粉尘与气溶胶、其他易燃易爆性物质）； ● 自燃性物质； ● 有毒物质（有毒气体、有毒液体、有毒固体、有毒粉尘与气溶胶、其他有毒物质）； ● 腐蚀性物质（腐蚀性气体、腐蚀性液体、腐蚀性固体、其他腐蚀性物质）； ● 其他化学性危害因素
生物性危害因素	● 致病微生物（细菌、病毒、其他致病微生物）； ● 传染病媒介物； ● 致害动物； ● 致害植物； ● 其他生物性危害因素
行为性危害因素	● 指挥错误（指挥失误、违章指挥、其他指挥错误）； ● 操作失误（误操作、违章作业、其他操作失误）； ● 监护失误； ● 其他错误； ● 其他行为性危害因素

（3）按引起的事故类型分类

根据《企业伤亡事故分类》（GB 6441）标准，综合考虑事故的诱导性原因、致害物、伤害方式等特点，将危险源及危险源造成的事故分为16类。此种分类方法所列的危险源与企业职工伤亡事故处理调查、分析、统计、职业病处理和职工安全教育的口径基本一致，为企业安全管理人员、广大职工所熟悉、易于接受和理解，便于实际应用。详见表1-56。

按引起的事故类型分类表 **表 1-56**

类　别	内　容
物体打击	物体在重力或其他外力的作用下产生运动，打击人体造成人身伤亡事故，不包括因机械设备、车辆、起重机械、坍塌等引发的物体打击
车辆伤害	施工现场内机动车辆在行驶中引起的人体坠落和物体倒塌、飞落、挤压伤亡事故，不包括起重设备提升、牵引车辆和车辆停驶时发生的事故
机械伤害	机械设备运动（静止）部件、工具、加工件直接与人体接触引起的夹击、碰撞、剪切、卷人、绞、碾、割、刺等伤害，不包括车辆、起重机械引起的机械伤害
起重伤害	各种起重作业（包括起重机安装、检修、试验）中发生的挤压、坠落、（吊具、吊重）物体打击和触电
触电	包括雷击伤亡事故
淹溺	包括高处坠落淹溺，不包括矿山、井下透水淹溺
灼烫	火焰烧伤、高温物体烫伤、化学灼伤（酸、碱、盐、有机物引起的体内外灼伤）、物理灼伤（光、放射性物质引起的体内外灼伤），不包括电灼伤和火灾引起的烧伤
高处坠落	在高处作业中发生坠落造成的伤亡事故，不包括触电坠落事故
坍塌	物体在外力或重力作用下，超过自身的强度极限或因结构稳定性破坏而造成的事故，如挖沟时的土石塌方、脚手架坍塌、堆置物倒塌等，不适用于车辆、起重机械、爆破引起的坍塌
放炮	爆破作业中发生的伤亡事故
火药爆炸	火药、炸药及其制品在生产、加工、运输、贮存中发生的爆炸事故
化学性爆炸	可燃性气体，粉尘等与空气混合形成爆炸性混合物，接触引爆能源时，发生的爆炸事故（包括气体分解、喷雾爆炸）
物理性爆炸	包括锅炉爆炸、容器超压爆炸、轮胎爆炸等
中毒和窒息	包括中毒、缺氧窒息、中毒性窒息
其他伤害	除上述以外的危险因素，如摔、扭、挫、擦、刺、割伤和非机动车碰撞、轧伤等（坑道作业、矿山、井下还有冒顶片帮、透水、瓦斯爆炸等危险因素）

2. 危险源与不利环境因素识别的方法

（1）项目经理部识别施工现场危险源与不利环境因素的方法有许多，如现场调查工作任务分析、安全检查表、危险与可操作性研究、事件树分析、故障树分析等，项目经理主要采用现场调查的方法。

（2）现场调查方法，见表1-57。

危险源现场调查方法　　表 1-57

现场调查的形式	● 询问、交谈。对于项目经理部的某项工作和作业有经验的人，往往能指出其工作和作业中的危险源和不利环境因素，从中可初步分析出该项工作和作业中存在的各类危险源与不利环境因素，进行现场观察。通过对施工现场作业环境的观察，可发现存在的危险源与不利环境因素，但要求从事现场观察的人员具有安全、环保技术知识，掌握职业健康安全与环境的法律法规、标准规范。 ● 查阅有关记录。查阅企业的事故、职业病记录，可从中发现存在的危险源与不利环境因素。 ● 获取外部信息。从相关类似企业、类似项目、文献资料、专家咨询等方面获取有关危险源与不利环境因素信息，加以分析研究，有助于识别本工程项目施工现场有关的危险源与不利环境因素。 ● 检查表。运用已编制好的检查表，对施工现场进行系统的安全环境检查，可识别出存在的危险源与不利环境因素
现场调查的具体步骤	● 组织相关人员进行危险源与不利环境因素识别知识培训，并进行现场实地练习。 ● 对作业与管理业务活动分类和危险源与不利环境因素分类作出规定，编制相应的调查、识别表式，由相关人员逐类调查，找出危险源与不利环境因素，并按表式内容进行记录。必要时可以在企业或社会中寻求帮助。危险源与不利环境因素可按作业与管理活动分类汇总记录，也可按引发的事故类别汇总记录。 ● 由专人对调查内容进行汇总、确认、登记，建立项目经理部总的危险源识别及不利环境因素识别清单。 ● 项目经理部根据内外环境的变化，及时识别新出现的危险源与不利环境因素，对相应清单进行更新。 ● 定期对危险源和不利环境因素识别结果的充分性进行评审，必要时应进行调整

3. 危险源与不利环境因素识别的注意事项

（1）应充分了解危险源与不利环境因素的分布。

1）从范围上讲，应包括施工现场内受到影响的全部人员、活动与场所，以及受到影响的社区、排水系统等。包括可施加影响的供应商和分包商等相关方的人员、活动与场所。

2）从状态上讲，应考虑到以下三种状态：

①正常状态，指固定、例行性且计划中的作业与程序；

②异常状态，指在计划中，而不是例行性的作业，如机械的例行维修保养；

③紧急状态，指可能或已发生的紧急事件，如恶劣的突发性气候或事故。

3）从时态上讲，应考虑到以下三种时态：

①过去，以往发生或遗留的问题；

②现在，现在正在发生的、并持续到未来的问题；

③将来，不可预见什么时候发生且对安全和环境造成较大影响，如：新材料的使用、工艺变化、法律法规变化带来的问题。

4）从内容上讲，应包括涉及所有可能的伤害与影响。包括人为失误，物料与设备过期、老化、性能下降造成的问题。

（2）弄清危险源与不利环境因素伤害与影响的方式或途径。

（3）确认危险源与不利环境因素伤害与影响的范围。

（4）要特别关注重大危险源与不利环境因素，防止遗漏。

（5）对危险源与不利环境因素保持高度警觉，持续进行动态识别。

（6）充分发挥员工对危险源与不利环境因素识别的作用，广泛听取每一个员工，包括供应商、分包商的员工的意见和建议，必要时还可征求上级单位、设计单位、监理单位和政府主管部门的意见。

4. 危险源安全风险评价

(1) 评价方法

评价应围绕可能性和后果两个方面综合进行。项目管理人员通过定量和定性相结合的方法进行危险源的评价，通过全体员工参与，筛选出应优先控制的重大危险源，具体讲主要采取专家评估法直接判断，必要时可采用作业条件危险性评价法、安全检查表进行判断。

1) 专家评估方法

组织有丰富知识，特别是有系统安全工程知识的专家，熟悉本工程管理施工生产工艺的技术和管理人员组成评价组，通过专家的经验和判断能力，对管理、人员、工艺、设备、环境等方面已识别的危险源进行评价，评价出对本工程项目施工安全有重大影响的重大危险源。

作业条件危险性评价法（LEC 法）。危险性分值（D）取决于以下三个因素的乘积：

$$D = L \times E \times C \tag{1-19}$$

式中 L——发生事故的可能性大小，其取值见 L 值表；

E——人体暴露于危险环境的频繁程度，其取值见 E 值表；

C——发生事故可能造成的后果，其取值见 C 值表。

其中，将 L 值用概率表示时，绝对不可能发生的事故概率为 0，但是，从系统安全角度考虑，绝对不发生事故是不可能的，所以，将发生事故可能性极小的分数定为 0.1，最大定为 10，在 0.1～10 之间定出若干个中间值，见表 1-58。

L 值表 **表 1-58**

事故发生的可能	分数值	事故发生的可能性	分数值
完全可能预料	10	很不可能，可以设想	0.5
相当可能	6	极不可能	0.2
可能，但不经常	3	实际不可能	0.1
可能性小，完全意外	1		

将 E 值最小定为 0.5，最大定为 10，在 0.5～10 之间定出若干个中间值，见表 1-59。

E 值表 **表 1-59**

暴露于危险环境频繁程度	分数值	暴露于危险环境频繁程度	分数值
连续暴露	10	每月一次暴露	2
每天工作时间内暴露	6	每年几次暴露	2
每周一次暴露或偶然暴露	3	非常罕见地暴露	0.5

将需要救护的轻微伤害 C 规定为 1，将造成多人死亡的可能性值规定为 100，其他情况为 1～100 之间，见表 1-60。

C 值表 **表 1-60**

发生事故产生的后果	分数值	发生事故产生的后果	分数值
大灾难，许多人死亡	100	严重，重伤	7
灾难，数人死亡	40	重大，致残	3
非常严重，一人死亡	15	引人注目，需要救护	1

D 值为危险分值。根据其大小分为以下几个等级，见表 1-61。

D 值表　　**表 1-61**

危险程度	分数值	危险程度	分数值
极其危险，不可能继续作业	＞320	一般危险，需要注意	20～70
高度危险，要立即整改	160～320	稍有危险，可以接受	＜20
显著危险，需要整改	70～160		

2）安全检查表

列出各层次的不安全因素，确定检查项目，以提问的方式把检查项目按过程的组成顺序编制成表，按检查项目进行检查或评审。

（2）重大危险源的判定依据

1）严重不符合法律法规、标准规范和其他要求；

2）相关方有合理抱怨或要求；

3）曾发生过事故，且没有采取有效防范控制措施；

4）直接观察到可能导致危险的错误，且无适当控制措施；

5）通过作业条件危险性评价方法，总分高于 160 分高度危险的。

（3）安全风险评价结果应形成评价记录，一般可与危险源识别结果合并记录，通常列表记录。对确定的重大危险源还应另列清单，并按优先考虑的顺序排列。

1.6.2.3　施工安全应急预案

工程项目经理部应针对可能发生的事故制定相应的应急救援预案，准备应急救援的物资，并在事故发生时组织实施，防止事故扩大，以减少与之有关的伤害和不利环境影响。

1. 应急预案的编制要求

应急预案应与安保计划同步编写。根据对危险源与不利环境因素的识别结果，确定可能发生的事故或紧急情况的控制措施、失效时所采取的补充措施和抢救行动，以及针对可能随之引发的伤害和其他影响所采取的措施。

应急预案是规定事故应急救援工作的全过程。

应急预案适用于项目部施工现场范围内可能出现的事故或紧急情况的救援和处理。

应急预案中应明确：

（1）应急救援组织、职责和人员的安排，应急救援器材、设备的准备和平时的维护保养。

（2）在作业场所发生事故时，如何组织抢救，保护事故现场的安排，其中应明确如何抢救，使用什么器材和设备。

（3）内部和外部联系的方法、渠道，根据事故性质，规定由谁及在多少时间内向企业上级、政府主管部门和其他有关部门上报，需要通知有关的近邻及消防、救险、医疗等单位的联系方式。

（4）工作场所内全体人员如何疏散的要求。

2. 应急预案的主要内容

（1）应急救援组织和人员安排，应急救援器材、设备的配备与维护。应急组织机构如图 1-41 所示。

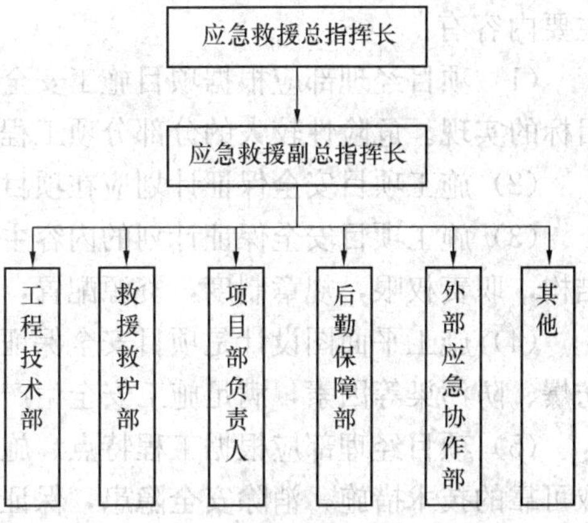

图 1-41 应急救援组织机构图

（2）在作业场所发生事故时，保护现场、组织抢救的安排，其中应明确如何抢救，使用什么器材、设备。

（3）建立内部和外部联系的方法、渠道，根据事故性质，按规定在相应期限内报告上级、政府主管部门和其他有关部门，通知有关的近邻及消防、救险、医疗等单位。

（4）作业场所内全体人员的疏散方案。

3. 应急救援指挥流程

应急救援指挥流程，如图 1-42 所示。

4. 应急预案的审核和确认

由施工现场项目经理部的上级有关部门，对应急预案的适宜性进行审核和确认。

1.6.2.4 施工项目安全保证计划

根据安全生产策划的结果，编制施工项目安全保证计划，主要是规划安全生产目标，确定过程控制要求，制定安全技术措施，配备必要资源，确保安全保证目标实现。它充分体现了施工项目安全生产必须坚持“安全第一、预防为主”的方针，是生产计划的重要组成部分，是改善劳动条件，搞好安全生产工作的一项行之有效的制度，其

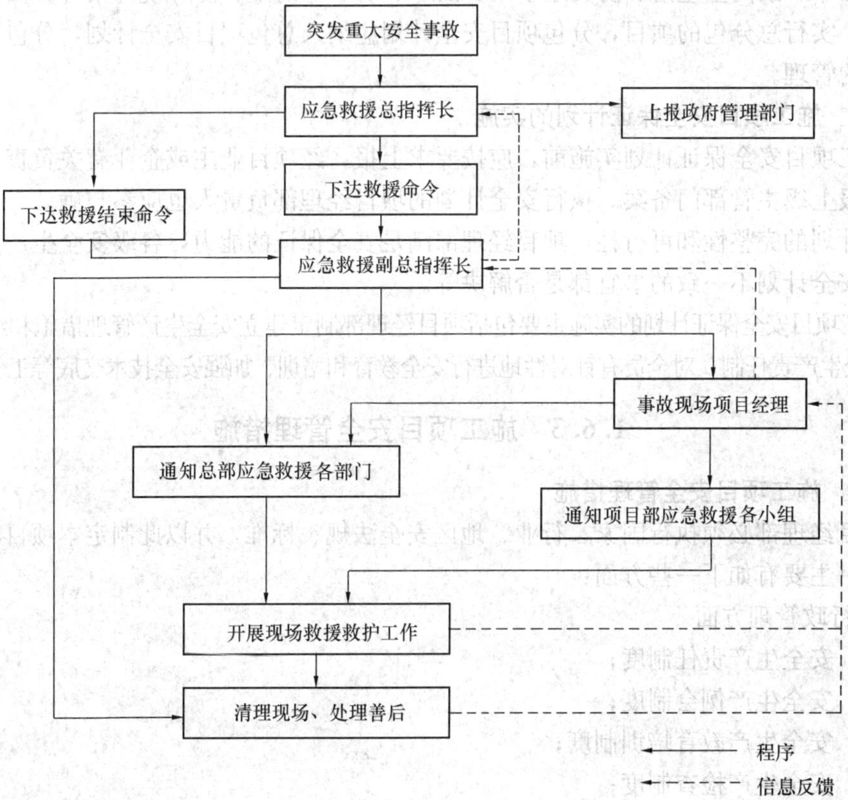

图 1-42 重大安全事故应急救援指挥程序图

主要内容有：

（1）项目经理部应根据项目施工安全目标的要求配置必要的资源，确保施工安全保证目标的实现。危险性较大的分部分项工程要制定安全专项施工方案并采取安全技术措施。

（2）施工项目安全保证计划应在项目开工前编制，经项目经理批准后实施。

（3）施工项目安全保证计划的内容主要包括：工程概况，控制程序，控制目标，组织结构，职责权限，规章制度，资源配置，安全措施，检查评价，奖惩制度等。

（4）施工平面图设计是项目安全保证计划的一部分，设计时应充分考虑安全、防火、防爆、防污染等因素，满足施工安全生产的要求。

（5）项目经理部应根据工程特点、施工方法、施工程序、安全法规和标准的要求，采取可靠的技术措施，消除安全隐患，保证施工安全和周围环境的保护。

（6）对结构复杂、施工难度大、专业性强的项目，除制定项目总体安全保证计划外，还须制定单位工程或分部、分项工程的安全施工措施。

（7）对高空作业、井下作业、水上作业、水下作业、深基础开挖、爆破作业、脚手架上作业、有害有毒作业、特种机械作业等专业性强的施工作业，以及从事电气、压力容器、起重机、金属焊接、井下瓦斯检验、机动车和船舶驾驶等特殊工种的作业，应制定单项安全技术方案和措施，并应对管理人员和操作人员的安全作业资格和身体状况进行合格审查。

（8）安全技术措施是为防止工伤事故和职业病的危害，从技术上采取的措施，应包括：防火、防毒、防爆、防洪、防尘、防雷击、防触电、防坍塌、防物体打击、防机械伤害、防溜车、放高空坠落、防交通事故、防寒、防暑、防疫、防环境污染等方面的措施。

（9）实行总分包的项目，分包项目安全计划应纳入总包项目安全计划，分包人应服从承包人的管理。

1.6.2.5　施工项目安全保证计划的实施

施工项目安全保证计划实施前，应按要求上报，经项目业主或企业有关负责人确认审批，后报上级主管部门备案。执行安全计划的项目经理部负责人也应参与确认。主要是确认安全计划的完整性和可行性，项目经理部满足安全保证的能力，各级安全生产岗位责任制和与安全计划不一致的事宜都是否解决等。

施工项目安全保证计划的实施主要包括项目经理部制定建立安全生产管理措施和组织系统、执行安全生产责任制、对全员有针对性地进行安全教育和培训、加强安全技术交底等工作。

1.6.3　施工项目安全管理措施

1.6.3.1　施工项目安全管理措施

项目经理部必须执行国家、行业、地区安全法规、标准，并以此制定本项目的安全管理制度，主要有如下一些方面：

1. 行政管理方面

（1）安全生产责任制度；

（2）安全生产例会制度；

（3）安全生产教育培训制度；

（4）安全生产检查制度；

（5）伤亡事故管理制度；

（6）劳保用品发放及使用的管理制度；

（7）安全生产奖惩制度；

（8）施工现场安全管理制度；

（9）安全技术措施计划管理制度；

（10）建筑起重机械安全监督管理制度；

（11）特种作业人员持证上岗制度；

（12）专项施工方案专家论证审查制度；

（13）危及施工安全的工艺、设备、材料淘汰制度；

（14）场区交通安全管理制度；

（15）施工现场消防安全责任制度；

（16）意外伤害保险制度；

（17）建筑施工企业安全生产许可制度；

（18）建筑施工企业三类人员考核任职制度；

（19）生产安全事故应急救援制度；

（20）生产安全事故报告制度等。

2. 技术管理方面

（1）关于施工现场安全技术要求的规定；

（2）各专业工种安全技术操作规程；

（3）设备维护检修制度等。

1.6.3.2　施工项目安全管理组织措施

施工项目安全管理组织措施包括建立施工项目安全组织系统——项目安全管理委员会；建立施工项目安全责任系统；建立各项安全生产责任制度等。

（1）建立施工项目安全组织系统——项目安全管理委员会，其主要职责是：组织编制安全生产计划，决定资源配置；规定从事项目安全管理、操作、检查人员的职责、权限和相互关系；对安全生产管理体系实施监督、检查和评价；纠正和预防措施的验证。

项目安全管理委员会的构成见图 1-43。

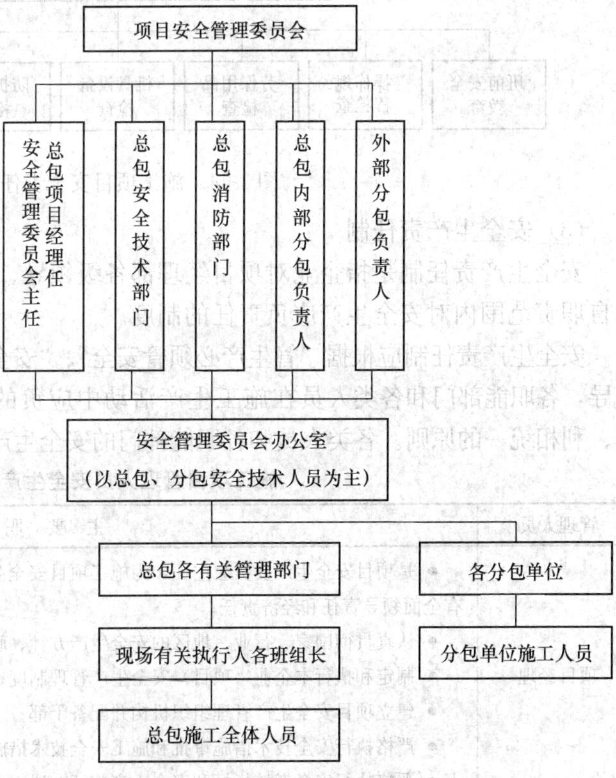

图 1-43　项目安全管理委员会组织系统

（2）建立与项目安全组织系统相配套的各专业、部门、生产岗位的安全责任系统，其构成见

图 1-44。

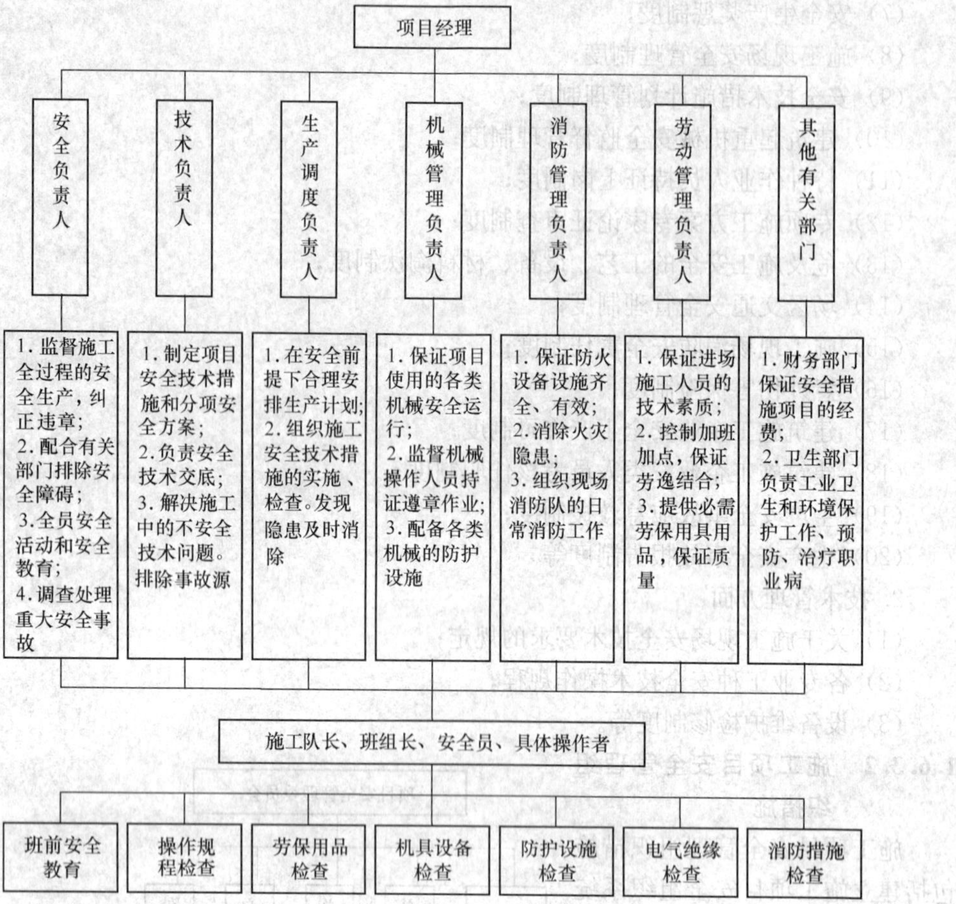

图 1-44　施工项目安全责任体系

（3）安全生产责任制

安全生产责任制是指企业对项目经理部各级领导、各个部门、各类人员所规定的在其各自职责范围内对安全生产应负责任的制度。

安全生产责任制应根据“管生产必须管安全”、“安全生产人人有责”的原则，明确各级领导，各职能部门和各类人员在施工生产活动中应负的安全责任，其内容应充分体现责、权、利相统一的原则。各类人员和各职能部门的安全生产责任制内容见表 1-62 和 1-63。

施工项目管理人员安全生产责任　　**表 1-62**

管理人员	主要职责
项目经理	● 是项目安全生产委员会主任，为施工项目安全生产第一责任人，对项目施工的安全生产负有全面领导责任和经济责任； ● 认真贯彻国家、行业、地区的安全生产方针、政策、法规和各项规章制度； ● 制定和执行本企业（项目）安全生产管理制度； ● 建立项目安全生产管理组织机构并配备干部； ● 严格执行安全技术措施审批和施工安全技术措施交底制度； ● 严格执行安全考核指标和安全生产奖惩办法，主持安全评比、检查、考核工作；

续表

管理人员	主 要 职 责
项目经理	● 定期组织安全生产检查和分析，针对可能产生的安全隐患制定相应的预防措施； ● 组织全体职工的安全教育和培训，学习安全生产法律、法规、制度和安全纪律，讲解安全事故案例，对生产安全和职工的安全健康负责； ● 当发生安全事故时，项目经理必须按国务院安全行政主管部门安全事故处理的有关规定和程序及时上报和处置，并制定防止同类事故再次发生的措施
项目工程师	● 对项目的劳动保护和安全技术工作负总的技术责任； ● 在编制施工组织设计时，制定和组织落实专项的施工安全技术措施； ● 向施工人员进行安全技术交底和进行安全教育
安全员	● 落实安全设施的设置，是否符合施工平面图的布置，是否满足安全生产的要求； ● 对施工全过程的安全进行监督，纠正违章作业，配合有关部门排除安全隐患； ● 组织安全宣传教育和全员安全活动，监督劳保用品质量和正确使用； ● 指导和督促班组搞好安全生产
作业队长	● 向作业人员进行安全技术措施交底，组织实施安全技术措施； ● 对施工现场安全防护装置和设施进行检查验收； ● 对作业人员进行安全操作规程培训，提高作业人员的安全意识，避免产生安全隐患； ● 发生重大或恶性工伤事故时，应保护现场，立即上报并参与事故调查处理
班组长	● 安排施工生产任务时，向本工种作业人员进行安全措施交底； ● 严格执行本工种安全技术操作规程，拒绝违章指挥； ● 作业前应对本次作业使用的机具、设备、防护用具及作业环境进行安全检查，检查安全标牌的设置是否符合规定、标识方法和内容是否正确完整，以消除安全隐患； ● 组织班组开展安全活动，召开上岗前安全生产会，每周应进行安全讲评
操作人员	● 认真学习并严格执行安全技术操作规程，不违章作业，特种作业人员须培训、持证上岗； ● 自觉遵守安全生产规章制度，执行安全技术交底和有关安全生产的规定； ● 服从安全监督人员的指导，积极参加安全活动； ● 爱护安全设施，正确使用防护用具； ● 对不安全作业提出意见，拒绝违章指挥； ● 下列情况下，操作者不得作业，在领导违章指挥时有拒绝权： 　● 没有有效的安全技术措施，不经技术交底； 　● 设备安全保护装置不安全或不齐全； 　● 没有规定的劳动保护设施和劳动保护用品； 　● 发现事故隐患未及时排除； 　● 非本岗位操作人员、未经培训或考试不合格人员； ● 对施工作业过程中危及生命安全和人身健康的行为，作业人员有权抵制、检举和控告
承包人对分包人	● 承包人对项目安全管理全面负责，分包人向承包人负责； ● 承包人应在开工前审查分包人安全施工资格和安全生产保证体系，不得将工程分包给不具备安全生产条件的分包人； ● 在分包合同中应明确分包人的安全生产责任和义务； ● 对分包人提出安全要求，并认真监督、检查； ● 对违反安全规定冒险蛮干的分包人，应令其停工整改； ● 承包人应负责统计分包人的伤亡事故，按规定上报，并按分包合同约定协助处理分包人的伤亡事故

续表

管理人员	主　要　职　责
分包人	● 分包人应认真履行分包合同中规定的安全生产责任和义务； ● 分包人对本施工现场的安全负责，并应保护环境； ● 遵守承包人的有关安全生产制度，服从承包人对施工现场的安全管理； ● 及时向承包人报告伤亡事故并参与调查，处理善后事宜

项目经理部应根据安全生产责任制的要求，把安全责任目标分解到岗、落实到人。安全生产责任制必须经项目经理批准后实施。

施工项目职能部门安全生产责任　　表 1-63

职能部门	主　要　职　责
项目经理部	● 积极贯彻执行安全生产方针、法律法规和各项安全规章制度，并监督执行情况； ● 建立项目安全管理体系、安全生产责任制，制定安全工作计划和方针，根据项目特点、安全法规和标准的要求，确定本项目安全生产目标及目标体系，制定安全施工组织设计和安全技术措施； ● 应根据施工中人的不安全行为、物的不安全状态、作业环境的不安全因素和管理缺陷进行相应的安全控制，消除安全隐患，保证施工安全和周围环境的保护； ● 建立安全生产教育培训制度，做好安全生产的宣传、教育和管理工作，对参加特种作业人员进行培训、考核、签发合格证，杜绝未经施工安全生产教育的人员上岗作业； ● 应确定并提供充分的资源，以确保安全生产管理体系的有效运行和安全管理目标的实现，资源包括： 　● 配备与施工安全相适应并经培训考核合格，持证的管理、操作和检查人员； 　● 有施工安全技术和防护设施；施工机械安全装置；用电和消防设施；必要的安全监测工具；安全技术措施的经费等； ● 对自行（包括分包单位）采购的安全设施所需的材料、设备及防护用品进行控制，对供应商的能力、业绩进行评价、审核，并做记录保存，对采购的产品进行检验，签订合同，须上报项目经理审批，保证符合安全规定要求； ● 对分包单位的资质等级、安全许可证和授权委托书、进行验证，对其能力和业绩及务工人员的安全意识和持证状况进行确认，并应安排专人对分包单位施工全过程的安全生产进行监控，并做好记录和资料积累； ● 对施工过程中可能影响安全生产的因素进行控制，对施工过程、行为及设施进行检查、检验或验证，并做好记录，确保施工项目按安全生产的规章制度、操作规程和程序要求进行，对特殊关键施工过程，要落实监控人员、监控方式、措施并进行重点监控，必要时实施旁站监控； ● 应对存在隐患的安全设施、过程和行为进行控制，并及时做出妥善处理，处理责任人； ● 鉴定专控劳动保护用品、并监督其使用； ● 由专人负责建立安全记录，按规定进行标识、编目、立卷和保管； ● 必须为从事危险作业的人员办理人身意外伤害保险
生产计划部门	● 安排生产计划时，须纳入安全计划、安全技术措施内容，合理安排并应有时间保证； ● 检查月旬生产计划的同时，要检查安全措施的执行情况，发现隐患，及时处理； ● 在排除生产障碍时，应贯彻“安全第一”的思想，同时消除安全隐患，遇到生产与安全发生矛盾时，生产必须服从安全，不得冒险违章作业； ● 对改善劳动条件的工程项目必须纳入生产计划，优先安排； ● 加强对现场的场容场貌管理，做到安全生产，文明施工

续表

职能部门	主 要 职 责
安全管理部门	● 严格按照国家有关安全技术规程、标准，编制审批项目安全施工组织设计等技术文件，将安全措施贯彻于施工组织设计、施工方案中； ● 负责制定改善劳动条件、减轻劳动强度、消除噪声、治理尘毒等技术措施； ● 对施工生产中的有关安全问题负责，解决其中的疑难问题，从技术措施上保证安全生产； ● 负责对新工艺、新技术、新设备、新方法制定相应的安全措施和安全操作规程； ● 负责编制安全技术教育计划，对员工进行安全技术教育； ● 组织安全检查，对查出的隐患提出技术改进措施，并监督执行； ● 组织伤亡事故和重大未遂事故的调查，对事故隐患原因提出技术改进措施
机械动力部门	● 负责制定保证机、电、起重设备、锅炉、压力容器安全运行的措施； ● 经常检查安全防护装置及附件，是否齐全、灵敏、有效，并督促操作人员进行日常维护； ● 对严重危及员工安全的机械设备，会同施工技术部门提出技术改进措施，并实施； ● 检查新购进机械设备的安全防护装置，要求其必须齐全、有效，出厂合格证和技术资料必须完整，使用前还应制定安全操作规程； ● 负责对机、电、起重设备的操作人员，锅炉、压力容器的运行人员定期培训、考核，并签发作业合格证，制止无证上岗； ● 认真贯彻执行机、电、起重设备、锅炉、压力容器的安全规程和安全运行制度，对违章作业造成的事故应认真调查分析
物资供应部门	● 施工生产使用的一切机具和附件等，采购时必须附有出厂合格证明，发放时必须符合安全要求，回收后必须检修； ● 负责采购、保管、发放、回收劳动保护用品，并了解使用情况； ● 采购的劳动保护用品，必须符合规格标准； ● 对批准的安全设施所用的材料应纳入计划，及时供应
财务部门	● 按国家有关规定要求和实际需要，提取安全技术措施经费和其他劳保用品费用，专款专用； ● 负责员工安全教育培训经费的拨付工作
保卫消防部门	● 会同有关部门对员工进行安全生产和防火教育； ● 主动配合有关部门开展安全检查，消除事故苗头和隐患，重点抓好防火、防爆、防毒工作； ● 对已发生的重大事故，会同有关部门组织抢救，并参与调查，查明性质，对破坏和破坏嫌疑事故负责追查处理

1.6.3.3 施工安全技术措施

施工安全技术措施是指在施工项目生产活动中，针对工程特点、施工现场环境、施工方法、劳动组织、作业使用的机械、动力设备、变配电设施、架设工具以及各项安全防护设施等制定的确保安全施工，保护环境，防止工伤事故和职业病危害，从技术上采取的预防措施。

施工安全技术措施应具有超前性、针对性、可靠性和可操作性。施工安全技术措施的主要内容见表1-64和1-65。

施工准备阶段安全技术措施　　表 1-64

	内　　容
技术准备	● 了解工程设计对安全施工的要求； ● 调查工程的自然环境（水文、地质、气候、洪水、雷击等）和施工环境（粉尘、噪音、地下设施、管道和电缆的分布、走向等）对施工安全及施工对周围环境安全的影响； ● 改扩建工程施工与建设单位使用、生产发生交叉，可能造成双方伤害时，双方应签订安全施工协议，搞好施工与生产的协调，明确双方责任，共同遵守安全事项； ● 在施工组织设计中，编制切实可行、行之有效的安全技术措施，并严格履行审批手续，送安全部门备案
物资准备	● 及时供应质量合格的安全防护用品（安全帽、安全带、安全网等），满足施工需要； ● 保证特殊工种（电工、焊工、爆破工、起重工等）使用工具器械质量合格，技术性能良好； ● 施工机具、设备（起重机、卷扬机、电锯、平面刨、电气设备等）、车辆等需要经安全技术性能检测，鉴定合格，防护装置齐全，制动装置可靠，方可进厂使用； ● 施工周转材料（脚手杆、扣件、跳板等）须经认真挑选，不符合安全要求禁止使用
施工现场准备	● 按施工总平面图要求做好现场施工准备； ● 现场各种临时设施、库房，特别是炸药库、油库的布置，易燃易爆品存放都必须符合安全规定和消防要求，须经公安消防部门批准； ● 电气线路、配电设备符合安全要求，有安全用电防护措施； ● 场内道路通畅，设交通标志，危险地带设危险信号及禁止通行标志，保证行人、车辆通行安全； ● 现场周围和陡坡、沟坑处设围栏、防护板，现场入口处设“无关人员禁止入内”的警示标志； ● 塔式起重机等起重设备安置要与输电线路、永久或临设工程间有足够的安全距离，避免碰撞，以保证搭设脚手架、安全网的施工距离； ● 现场设消防栓、有足够的有效的灭火器材、设施
施工队伍准备	● 总包单位及分包单位都应持有有关建设行政主管部门颁发的《建筑施工企业安全生产许可证》方可组织施工； ● 新工人（包括农民工）、特殊工种工人须经岗位技术培训、安全教育后，持合格证上岗； ● 高险难作业工人须经身体检查合格，具有安全生产资格，方可施工作业； ● 特殊工种作业人员，必须持有《特种作业操作证》方可上岗

施工阶段安全技术措施　　表 1-65

	内　　容
一般工程	● 单项工程、单位工程均有安全技术措施，分部分项工程有安全技术具体措施，施工前由技术负责人向参加施工的有关人员进行安全技术交底，并应逐级签发和保存“安全交底任务单”； ● 安全技术应与施工生产技术统一，各项安全技术措施必须在相应的工序施工前落实好，如： 　● 根据基坑、基槽、地下室开挖深度、土质类别，选择开挖方法，确定边坡的坡度和采取的防止塌方的护坡支撑方案； 　● 脚手架、吊篮等选用及设计搭设方案和安全防护措施； 　● 高处作业的上下安全通道； 　● 安全网（平网、立网）的架设要求，范围（保护区域）、架设层次、段落； 　● 对施工电梯、井架（龙门架）等垂直运输设备的位置、搭设要求，稳定性、安全装置等要求；

续表

	内　　容
一般工程	● 施工洞口的防护方法和主体交叉施工作业区的隔离措施； ● 场内运输道路及人行通道的布置； ● 在建工程与周围人行通道及民房的防护隔离措施； ● 操作者严格遵守相应的操作规程，实行标准化作业； ● 针对采用的新工艺、新技术、新设备、新结构制定专门的施工安全技术措施； ● 在明火作业现场（焊接、切割、熬沥青等）有防火、防爆措施； ● 考虑不同季节的气候对施工生产带来的不安全因素可能造成的各种突发性事故，从防护上、技术上、管理上有预防自然灾害的专门安全技术措施； ● 夏季进行作业，应有防暑降温措施； ● 雨季进行作业，应有防触电、防雷、防沉陷坍塌、防台风和防洪排水等措施； ● 冬季进行作业，应有防风、防火、防冻、防滑和防煤气中毒等措施
特殊工程	● 对于结构复杂、危险性大的特殊工程，应编制单项的安全技术措施，如爆破、大型吊装、沉箱、沉井、烟囱、水塔、特殊架设作业，高层脚手架、井架等； ● 安全技术措施中应注明设计依据，并附有计算、详图和文字说明
拆除工程	● 详细调查拆除工程结构特点、结构强度，电线线路、管道设施等现状，制定可靠的安全技术方案； ● 拆除建筑物之前，在建筑物周围划定危险警戒区域，设立安全围栏，禁止无关人员进入作业现场； ● 拆除工作开始前，先切断被拆除建筑物的电线、供水、供热、供煤气的通道； ● 拆除工作应自上而下顺序进行，禁止数层同时拆除，必要时要对底层或下部结构进行加固； ● 栏杆、楼梯、平台应与主体拆除程度配合进行，不能先行拆除； ● 拆除作业工人应站在脚手架或稳固的结构部分上操作，拆除承重梁、柱之前应拆除其承重的全部结构，并防止其他部分坍塌； ● 拆下的材料要及时清理运走，不得在旧楼板上集中堆放，以免超负荷； ● 拆除建筑物内需要保留的部分或设备要事先搭好防护棚； ● 一般不采用推倒方法拆除建筑物。必须采用推倒方法时，应采取特殊安全措施

1.6.3.4　安全教育

1. 安全教育的内容

安全教育的内容见表1-66。

安全教育的内容　　表1-66

类　　别	内　　容
安全思想教育	● 安全生产重要意义的认识，增强关心人、保护人的责任感教育； ● 党和国家安全生产劳动保护方针、政策教育； ● 安全与生产辩证关系教育； ● 职业道德教育
安全纪律教育	● 企业的规章制度、劳动纪律、职工守则； ● 安全生产奖惩条例

续表

类别	内容
安全知识教育	● 施工生产一般流程，主要施工方法； ● 施工生产危险区域及其安全防护的基本知识和安全生产注意事项； ● 工种、岗位安全生产知识和注意事项； ● 典型事故案例介绍与分析； ● 消防器材使用和个人防护用品使用知识； ● 事故、灾害的预防措施及紧急情况下的自救知识和现场保护、抢救知识
安全技能教育	● 本岗位、工种的专业安全技能知识； ● 安全生产技术、劳动卫生和安全操作规程
安全法制教育	● 安全生产法律法规、行政法规； ● 生产责任制度及奖罚条例

2. 安全教育制度

安全教育制度见表1-67。

安全教育制度 **表1-67**

类别	参加人	内容
新工人安全教育	新参加工作的合同工、临时工、学徒工、农民工、实习生、代培人员等	● 企业要进行安全生产、法律法规教育，主要学习《宪法》、《刑法》、《建筑法》、《消防法》等有关条款；国务院《关于加强安全生产工作的通知》、《建筑安装工程安全技术规程》等有关内容；行政主管部门发布的有关安全生产的规章制度；本企业的规章制度及安全注意事项； ● 事故发生的一般规律及典型事故案例； ● 预防事故的基本知识，急救措施； ● 项目经理部还要重点教育： 　● 施工安全生产基本知识； 　● 本项目工程特点、施工条件、安全生产状况及安全生产制度； 　● 防护用品发放标准及防护用具使用的基本知识； 　● 施工现场中危险部位及防范措施； 　● 防火、防毒、防尘、防塌方、防爆知识及紧急情况下安全处置和安全疏散知识； ● 班组长应主持班组的安全教育： 　● 本班组、工种（特殊作业）作业特点和安全技术操作规程； 　● 班组安全活动制度及纪律和安全基本知识； 　● 爱护和正确使用安全防护装置（设施）及个人防护用品； 　● 本岗位易发生事故的不安全因素及防范措施； 　● 本岗位的作业环境及使用的机械设备、工具安全要求
特种作业人员安全教育	从事电气、锅炉司炉、压力容器、起重机械、焊接、爆破、车辆驾驶、轮机操作、船舶驾驶、登高架设、瓦斯检验等工种的操作人员以及从事尘毒危害作业人员	● 必须经国家规定的有关部门进行安全教育和安全技术培训，并经考核合格取得操作证者，方准独立作业，所持证件资格须按国家有关规定定期复审； ● 一般的安全知识、安全技术教育； ● 重点进行本工种、本岗位安全知识、安全生产技能的教育； ● 重点进行尘毒危害的识别、防治知识、防治技术等方面安全教育

续表

类别	参加人	内容
变换工种安全教育	改变工种或调换工作岗位的人员及从事新操作法的人员	● 改变工种安全教育时间不少于4小时，考核合格方可上岗； ● 新工作岗位的工作性质、职责和安全知识； ● 各种机具设备及安全防护设施的性能和作用； ● 新工种、新操作法安全技术操作规程； ● 新岗位容易发生事故及有毒有害的地方的注意事项和预防措施
各级干部安全教育	组织指挥生产的领导：项目经理、总工程师、技术负责人、施工队长、有关职能部门负责人	● 定期轮训，提高安全意识、安全管理水平和政策水平； ● 熟悉掌握安全生产知识、安全技术业务知识、安全法规制度等； ● 熟悉本岗位的安全生产责任职责； ● 处理及调查工伤事故的规定、程序

1.6.3.5 安全检查与验收

1. 安全检查的形式与内容（表1-68）

安全检查的形式和内容　　表1-68

检查形式	检查内容及检查时间	参加部门或人员
定期安全检查	总公司（主管局）每半年一次，普遍检查； 工程公司（处）每季一次，普遍检查； 工程队（车间）每月一次，普遍检查； 元旦、春节、“五一”、“十一”前，普遍检查	由各级主管施工的领导、工长、班组长主持，安全技术部门或安全员组织，施工技术、劳动工资、机械动力、保卫、供应、行政福利等部门参加，工会、共青团配合
季节性安全检查	防传染病检查，一般在春季； 防暑降温、防风、防汛、防雷、防触电、防倒塌、防淹溺检查，一般在夏季； 防火检查，一般在防火期，全年； 防寒、防冰冻检查，一般在冬季	由各级主管施工的领导、工长、班组长主持，安全技术部门或安全员组织、施工技术、劳动工资、机械动力、保卫、供应、行政福利等部门参加，工会、共青团配合
临时性安全检查	施工高峰期、机构和人员重大变动期、职工大批探亲前后、分散施工离开基地之前、工伤事故和险肇事故发生后，上级临时安排的检查	基本同上，或由安全技术部门主持
专业性安全检查	压力容器、焊接工具、起重设备、电气设备、高空作业、吊装、深坑、支模、拆除、爆破、车辆、易燃易爆、尘毒、噪声、辐射、污染等	由安全技术部门主持，安全管理人员及有关人员参加
群众性安全检查	安全技术操作、安全防护装置、安全防护用品、违章作业、违章指挥、安全隐患、安全纪律	由工长、班组长、安全员组成
安全管理检查	规划、制度、措施、责任制、原始记录、台账、图表、资料、表报、总结、分析、档案等以及安全网点和安全管理小组活动	由安全技术部门组织进行

2. 安全检查方法

常用安全问卷检查表法（表1-69、表1-70）进行安全检查，即检查人员亲临现场，查看、量测、现场操作、化验、分析，逐项检查，并作检查记录保存。

公司、项目经理部安全检查表　　表1-69

检查项目	检查内容	检查方法或要求	检查结果
安全生产制度	(1) 安全生产管理制度是否健全并认真执行了	制度健全，切实可行，进行了层层贯彻，各级主要领导人员和安全技术人员知道其主要条款	
	(2) 安全生产责任制是否落实	各级安全生产责任制落实到单位和部门，岗位安全生产责任制落实到人	
	(3) 安全生产的"五同时"执行得如何	在计划、布置、检查、总结、评比生产同时，计划、布置、检查、总结、评比安全生产工作	
	(4) 安全生产计划编制、执行得如何	计划编制切实、可行、完整、及时，贯彻得认真，执行有力	
	(5) 安全生产管理机构是否健全，人员配备是否得当	有领导、执行、监督机构，有群众性的安全网点活动，安全生产管理人员不缺员，没被抽出做其他工作	
安全教育	(6) 新工人入厂三级教育是否坚持了	有教育计划、有内容、有记录、有考试或考核	
	(7) 特殊工种的安全教育坚持得如何	有安排、有记录、有考试，合格者发操作证，不合格者进行补课教育或停止操作	
	(8) 改变工种和采用新技术等人员的安全教育情况怎样	教育得及时，有记录、有考核	
	(9) 对工人日常教育进行得怎样	有安排、有记录	
	(10) 各级领导干部和业务员是怎样进行安全教育的	有安排、有记录	
安全技术	(11) 有无完善的安全技术操作规程	操作规程完善、具体、实用，不漏项、不漏岗、不漏人	
	(12) 安全技术措施计划是否完善、及时	单项、单位、分部分项工程都有安全技术措施计划，进行了安全技术交底	
	(13) 主要安全设施是否可靠	道路、管道、电气线路、材料堆放、临时设施等的平面布置符合安全、卫生、防火要求；坑、井、洞、孔、沟等处有安全设施；脚手架、井字架、龙门架、塔台、梯凳等都符合安全生产要求和文明施工要求	
	(14) 各种机具、机电设备是否安全可靠	安全防护装置齐全、灵敏、闸阀、开关、插头、插座、手柄等均安全，不漏电；有避雷装置、有接地接零；起重设备有限位装置；保险设施齐全完好等	

续表

检查项目	检查内容	检查方法或要求	检查结果
安全技术	（15）防尘、防毒、防爆、防暑、防冻等措施妥否	均达到了安全技术要求	
	（16）防火措施当否	有消防组织，有完备的消防工具和设施，水源方便，道路畅通	
	（17）安全帽、安全带、安全网及其他防护用品和设施当否	性能可靠，佩戴或搭设均符合要求	
安全检查	（18）安全检查制度是否坚持执行了	按规定进行安全检查，有活动记录	
	（19）是否有违纪、违章现象	发现违纪、违章，及时纠正或进行处理，奖罚分明	
	（20）隐患处理得如何	发现隐患，及时采取措施，并有信息反馈	
	（21）交通安全管理得怎样	无交通事故，无违章、违纪、受罚现象	
安全业务工作	（22）记录、台账、资料、报表等管理得怎样	齐全、完整、可靠	
	（23）安全事故报告及时否	按“三不放过”原则处理事故，报告及时，无瞒报、谎报、拖报现象	
	（24）事故预测和分析工作是否开展了	进行了事故预测，对事故进行一般分析和深入分析，运用了先进方法和工具	
	（25）竞赛、评比、总结等工作进行否	按工作规划进行	

班组安全检查表 **表 1-70**

检查项目	检查内容	检查方法或要求	检查结果
作业前检查	（1）班前安全生产会开了没有	查安排、看记录、了解未参加人员的主要原因	
	（2）每周一次的安全活动坚持了没有	同上，并有安全技术交底卡	
	（3）安全网点活动开展得怎样	有安排、有分工、有内容、有检查、有记录、有小结	
	（4）岗位安全生产责任制是否落实	知道责任制的主要内容，明确相互之间的配合关系，没有失职现象	
	（5）本工种安全技术操作规程掌握如何	人人熟悉本工种安全技术操作规程，理解内容实质	
	（6）作业环境和作业位置是否清楚，并符合安全要求	人人知道作业环境和作业地点，知道安全注意事项，环境和地点整洁，符合文明施工要求	
	（7）机具、设施准备得如何	机具设备齐全可靠，摆放合理，使用方便，安全装置符合要求	
	（8）个人防护用品穿戴好了吗	齐全、可靠、符合要求	
	（9）主要安全设施是否可靠	进行了自检，没发现任何隐患，或有个别隐患，已经处理了	
	（10）有无其他特殊问题	参加作业人员身体、情绪正常，没有发现穿高跟鞋、拖鞋、裙子等现象	

续表

检查项目	检查内容	检查方法或要求	检查结果
作业中检查	（11）有无违反安全纪律现象	密切配合，不互相出难题；不能只顾自己，不顾他人；不互相打闹；不隐瞒隐患，强行作业；有问题及时报告等	
	（12）有无违章作业现象	不乱摸乱动机具、设备；不乱触乱碰电气开关；不乱挪乱拿消防器材；不在易燃易爆物品附近吸烟；不乱丢抛料具和物件；不任意脱去个人防护用品；不私自拆除防护设施；不图省事而省略动作等	
	（13）有无违章指挥现象	违章指挥出自何处何人，是执行了还是抵制了，抵制后又是怎样解决的等	
	（14）有无不懂、不会操作的现象	查清作业人和作业内容	
	（15）有无故意违反技术操作现象	查清作业人和作业内容	
	（16）作业人员的特异反应如何	对作业内容有无不适应的现象，作业人员身体、精神状态是否失常，是怎样处理的	
作业后检查	（17）材料、物资整理没有	清理有用品，清除无用品，堆放整齐	
	（18）料具和设备整顿没有	归位还原，保持整洁，如放置在现场，要加强保护	
	（19）清扫工作做得怎样	作业场地清扫干净，秩序井然，无零散物件，道路、路口畅通，照明良好，库上锁，门关严	
	（20）其他问题解决得如何	如下班后人数清点没有，事故处理情况怎样，本班作业的主要问题是否报告和反映了等	

3. 安全检查评分方法

建设部于1999年4月颁发了《建筑施工安全检查标准》（JGJ 59—99），并于1999年5月1日起实施。该标准共分3章27条，其中一个检查评分汇总表，13个分项检查评分表，检查内容共有168个项目535条。最后以汇总表的总得分及保证项目达标与否，作为对一个施工现场安全生产情况的评价依据，分为优良、合格、不合格三个等级。

4. 施工安全验收制度

坚持“验收合格才能使用”原则进行施工安全验收，所有验收都必须进行记录并办理书面确认手续，否则无效。验收范围程序见表1-71。

施工安全验收程序　　表1-71

验收范围	验收程序
脚手架杆件、扣件、安全网、安全帽、安全带、护目镜、防护面罩、绝缘手套、绝缘鞋等个人防护用品	• 应有出厂证明或验收合格的凭据； • 由项目经理、技术负责人、施工队长共同审验
各类脚手架、堆料架、井字架、龙门架、支搭的安全网、立网等	• 由项目经理或技术负责人申报支搭方案并牵头，会同工程和安全主管部门进行检查验收
临时电气工程设施	• 由安全主管部门牵头，会同电气工程师、项目经理、方案制定人、安全员进行检查验收
起重机械、施工用电梯	• 由安装单位和工地的负责人牵头，会同有关部门检查验收
中小型机械设备	• 由工地负责人和工长牵头，进行检查验收

5. 隐患处理

（1）检查中发现的安全隐患应进行登记，作为整改的备查依据并进行安全动态分析。

（2）发现隐患应立即发出隐患整改通知单，对即发性事故隐患，检查人员应责令被查单位立即停工整改。

（3）对于违章指挥、违章作业行为，检查人员可以当场指出，立即纠正。

（4）受检单位领导对查出的安全隐患应立即研究制定整改方案。定人、定期限、定措施完成整改工作。

（5）整改完成后要及时通知有关部门派人员进行复查验证，合格后可销案。

1.6.4 伤亡事故的调查与处理

职工在施工劳动过程中从事本岗位劳动，或虽不在本岗位劳动，但由于施工设备和设施不安全、劳动条件和作业环境不良、管理不善，以及领导指派在外从事本企业活动，所发生的人身伤害（即轻伤、重伤、死亡）和急性中毒事故都属于伤亡事故。

1.6.4.1 伤亡事故等级

根据国务院1991年3月1日起实施的《企业职工伤亡事故报告和处理规定》、《企业职工伤亡事故分类》（GB 6441）和《生产安全事故报告和调查处理条例》（国务院令第493号）的规定，职工在劳动过程中发生的人身伤害、急性中毒伤亡事故具体分类见表1-72。

生产安全事故等级分类　　表1-72

事故类别	说明
轻伤	● 损失工作日1～105个工作日的失能伤害
重伤	● 损失工作日等于或超过105个工作日的失能伤害
死亡	● 损失工作日6000工日
安全事故	● 特别重大事故，是指造成30人以上死亡，或者100人以上重伤（包括急性工业中毒，下同），或者1亿元以上直接经济损失的事故； ● 重大事故，是指造成10人以上30人以下死亡，或者50人以上100人以下重伤，或者5000万元以上1亿元以下直接经济损失的事故； ● 较大事故，是指造成3人以上10人以下死亡，或者10人以上50人以下重伤，或者1000万元以上5000万元以下直接经济损失的事故； ● 一般事故，是指造成3人以下死亡，或者10人以下重伤，或者1000万元以下直接经济损失的事故

注：损失工作日是指估价事故在劳动力方面造成的直接损失。某种伤害的损失工作日一经确定，即为标准值，与受伤害者的实际休息日无关。

伤亡事故的分类在本书1.6.2.2中有详细说明。

1.6.4.2 事故原因

事故原因有直接原因、间接原因和基础原因，其具体表现见表1-73。由于基础原因造成了间接原因——管理缺陷；管理缺陷与不安全状态的结合就构成了事故的隐患；当事故隐患形成并偶然被人的不安全行为所触发时就发生了事故，即：施工中的危险因素＋触发因素＝事故，这个事故发生规律的过程可用图1-45示意表示。

事　故　原　因　　**表 1-73**

种　类			内　容
直接原因			最接近发生事故的时刻、并直接导致事故发生的原因
	人的原因	人的不安全行为	
		身体缺陷	疾病、职业病、精神失常、智商过低（呆滞、接受能力差、判断能力差等）、紧张、烦躁、疲劳、易冲动、易兴奋、运动精神迟钝、对自然条件和环境过敏、不适应复杂和快速动作、应变能力差等
		错误行为	嗜酒、吸毒、吸烟、打赌、逞强、戏耍、嬉笑、追逐等； 错视、错听、错嗅、误触、误动作、误判断、突然受阻、无意相碰、意外滑倒、误入危险区域等
		违纪违章	粗心大意、漫不经心、注意力不集中、不懂装懂、无知而又不虚心、凭过时的经验办事、不履行安全措施、安全检查不认真、随意乱放物品物件、任意使用规定外的机械装置、不按规定使用防护用品用具、碰运气、图省事、盲目相信自己的技术、企图恢复不正常的机械设备、玩忽职守、有意违章、只顾自己而不顾他人等
	环境和物的原因	环境和物的不安全状态	
		设备、装置、物品的缺陷	技术性能降低、强度不够、结构不良、磨损、老化、失灵、霉烂、物理和化学性能达不到要求等
		作业场所的缺陷	狭窄、立体交叉作业、多工种密集作业、通道不宽敞、机械拥挤、多单位同时施工等
		有危险源（物质和环境）	化学方面的氧化、自然、易燃、毒性、腐蚀、致癌、分解、光反应、水反应等； 机械方面的重物、振动、位移、冲撞、落物、尖角、旋转、冲压、轧压、剪切、切削、磨研、钳夹、切割、陷落、抛飞、铆锻、倾覆、翻滚、崩断、往复运动、凸轮运动等；电气方面的漏电、短路、火花、电弧、电辐射、超负荷、过热、爆炸、绝缘不良、无接地接零、反接、高压带电作业等； 环境方面的辐射线、红外线、紫外线、强光、雷电、风暴、骤雨、浓雾、高低温、潮湿、气压、气流、洪水、地震、山崩、海啸、泥石流、强磁场、冲击波、射频、微波、噪声、粉尘、烟雾、高压气体、火源等
间接原因			使直接原因得以产生和存在的原因
	管理原因	管理缺陷	
		目标与规划方面	目标不清、计划不周、标准不明、措施不力、方法不当、安排不细、要求不具体、分工不落实、时间不明确、信息不畅通等
		责任制方面	责权利结合不好、责任不分明、责任制有空当、相互关系不严密、缺少考核办法、考核不严格、奖罚不严等
		管理机构方面	机构设置不当、人浮于事或缺员、管理人员质量不高、岗位责任不具体、业务部门之间缺乏有机联系等
		教育培训方面	无安全教育规划、未建立安全教育制度、只教育而无考核、考核考试不严格、教育方法单调、日常教育抓得不紧、安全技术知识缺乏等

续表

种　类			内　　容
间接原因			使直接原因得以产生和存在的原因
	管理原因		管　理　缺　陷
		技术管理方面	建筑物、结构物、机械设备、仪器仪表的设计、选材、布置、安装、维护、检修有缺陷；工艺流程和操作方法不当；安全技术操作规程不健全；安全防护措施不落实；检测、试验、化验有缺陷；防护用品质量欠佳；安全技术措施费用不落实等
		安全检查方面	检查不及时；检查出的问题未及时处理；检查不严、不细；安全自检坚持得不够好；检查的标准不清；检查中发现的隐患没立即消除；有漏查漏检现象等
		其他方面	指令有误、指挥失灵、联络欠佳、手续不清、基础工作不牢、分析研究不够、报告不详、确认有误、处理不当等
基础原因			造成间接原因的因素
			包括经济、文化、社会历史、法律、民族习惯等社会因素

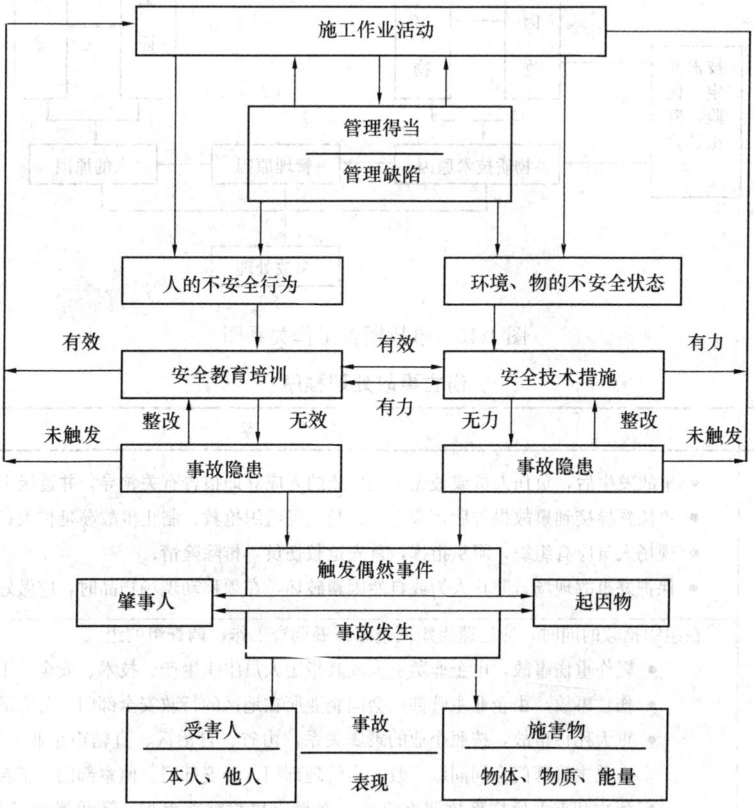

图 1-45　事故发生规律示意图

1.6.4.3　伤亡事故的处理程序

发生伤亡事故后，负伤人员或最先发现事故的人应立即报告。企业对受伤人员歇工一个工作日以上的事故，应填写伤亡事故登记表并及时上报。

企业发生重伤和重大伤亡事故，必须立即将事故概况（包括伤亡人数、发生事故的时间、地点、原因）等，用快速方法分别报告企业主管部门、行业安全管理部门和当地公安部门、人民检察院。发生重大伤亡事故，各有关部门接到报告后应立即转报各自的上级主管部门。

对事故的调查处理，必须坚持“事故原因不清不放过，事故责任者和群众没有受到教育不放过，没有防范措施不放过”的“三不放过”原则，事故调查的工作关系见图 1-46，事故的处理程序见表 1-74。

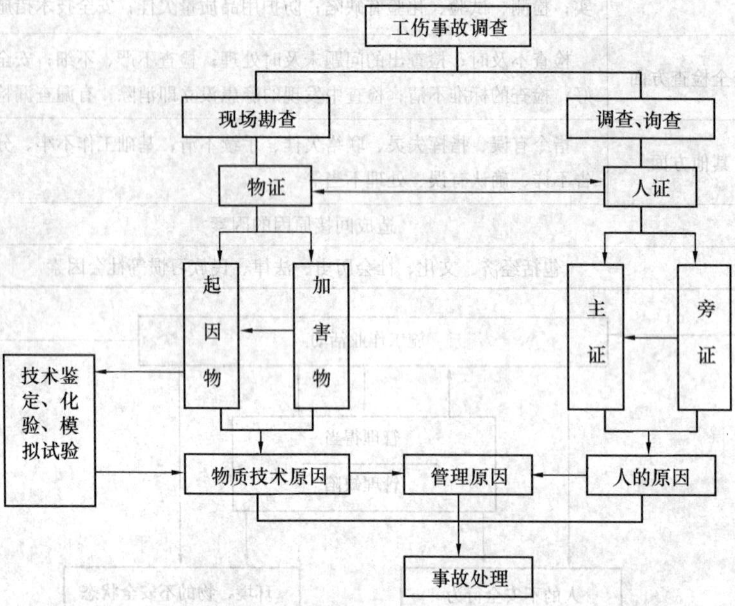

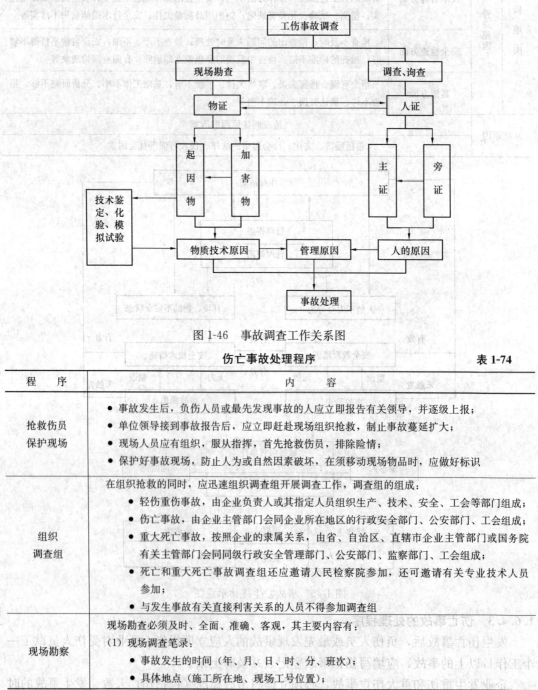

图 1-46　事故调查工作关系图

伤亡事故处理程序　　**表 1-74**

程　序	内　容
抢救伤员 保护现场	• 事故发生后，负伤人员或最先发现事故的人应立即报告有关领导，并逐级上报； • 单位领导接到事故报告后，应立即赶赴现场组织抢救，制止事故蔓延扩大； • 现场人员应有组织，服从指挥，首先抢救伤员，排除险情； • 保护好事故现场，防止人为或自然因素破坏，在须移动现场物品时，应做好标识
组织 调查组	在组织抢救的同时，应迅速组织调查组开展调查工作，调查组的组成： • 轻伤重伤事故，由企业负责人或其指定人员组织生产、技术、安全、工会等部门组成； • 伤亡事故，由企业主管部门会同企业所在地区的行政安全部门、公安部门、工会组成； • 重大死亡事故，按照企业的隶属关系，由省、自治区、直辖市企业主管部门或国务院有关主管部门会同同级行政安全管理部门、公安部门、监察部门、工会组成； • 死亡和重大死亡事故调查组还应邀请人民检察院参加，还可邀请有关专业技术人员参加； • 与发生事故有关直接利害关系的人员不得参加调查组
现场勘察	现场勘查必须及时、全面、准确、客观，其主要内容有： (1) 现场调查笔录： • 事故发生的时间（年、月、日、时、分、班次）； • 具体地点（施工所在地、现场工号位置）；

续表

程　序	内　　容
现场勘察	● 现场自然环境、气象、污染、噪声、辐射等； ● 现场勘察人员姓名、单位、职务和现场勘察的起止时间和勘察过程； ● 受伤害人员自然状况（姓名、年龄、工龄、工种、安全教育等）、伤害部位、性质、程度； ● 事故发生前劳动组合、现场人员的位置和行动，受伤害人数及事故类别； ● 导致伤亡事故发生的起因物（建筑物、构筑物、机械设备、材料、用具等）； ● 发生事故作业的工艺条件、操作方法、设备状况及工作参数； ● 设备损坏或异常情况及事故前后的位置，能量失散所造成的破坏情况、状态、程度； ● 重要物证的特征、位置、散落情况及鉴定、化验、模拟试验等检验情况； ● 安全技术措施计划的编制、交底、执行情况，安全管理各项制度执行情况； (2) 现场拍照： ● 方位拍照，能反映事故现场在周围环境中的位置； ● 全面拍照，能反映事故现场各部分之间的联系； ● 中心拍照，能反映事故现场中心情况； ● 细目拍照，提示事故直接原因的痕迹物、致害物等； ● 人体拍照，反映伤亡者主要受伤和造成死亡伤害的部位； (3) 现场绘图：根据事故类别和规模以及调查工作的需要现场绘制示意图，包括：平面图、剖面图；事故时现场人员位置及活动图；破坏物立体图或展开图；涉及范围图；设备或工、器具构造简图
分析事故原因	(1) 认真、客观、全面、细致、准确地分析造成事故的原因，确定事故的性质； (2) 按《企业职工伤亡事故分类》(GB 6441) 标准附录A，受伤部位、受伤性质、起因物、致害物、伤害方法、不安全状态和不安全行为等七项内容进行分析，确定事故的直接原因和间接原因； (3) 根据调查所确认的事实，从直接原因入手，深入查出间接原因，分析确定事故的直接责任者和领导责任者，并根据其在事故发生过程中的作用确定主要责任者； (4) 事故的性质有： ● 责任事故，由于人的过失造成的事故； ● 非责任事故，由于不可预见或不可抗力的自然条件变化所造成的事故或在技术改造、发明创造、科学试验活动中，由于科学技术条件的限制而发生的无法预料的事故； ● 破坏性事故，即为达到既定目的而故意制造的事故。此类事故应由公安机关立案、追查处理
事故责任分析	(1) 根据调查掌握的事实，按有关人员职责、分工、工作态度和在事故中的作用追究其应负责任； (2) 按照生产技术因素和组织管理因素，追究最初造成事故隐患的责任； (3) 按照技术规定的性质、技术难度、明确程度，追究属于明显违反技术规定的责任； (4) 根据其情节轻重和损失大小，分清责任、主要责任、其次责任、重要责任、一般责任、领导责任等： ● 因设计上的错误和缺陷而发生的事故，由设计者负责； ● 因施工、制造、安装、检修上的错误或缺陷所发生的事故，由施工、制造、安装、检修、检验者负责； ● 因工艺条件或技术操作确定上的错误和缺陷而发生的事故，由其确定者负责； ● 因官僚主义的错误决定、指挥错误而造成的事故，由指挥者负责； ● 事故发生未及时采取措施，致使类似事故重复发生的，由有关领导负责； ● 因缺少安全生产规章制度而发生的事故，由生产组织者负责； ● 因违反规定或操作错误而造成的事故，由操作者负责； ● 未经教育、培训，不懂安全操作规程就上岗作业而发生的事故，由指派者负责； ● 因随便拆除安全防护装置而造成的事故，由决定拆除者负责；

续表

程　序	内　容
事故责任分析	● 对已发现的重大事故隐患，未及时解决而造成的事故，由主管领导或贻误部门领导负责； (5) 对发生伤亡事故后，有下列行为者要给予从严处理： ● 发生伤亡事故后，隐瞒不报、虚报、拖报的； ● 发生伤亡事故后，不积极组织抢救或抢救不力而造成更大伤亡的； ● 发生伤亡事故后，不认真采取防范措施，致使同类事故重复发生的； ● 发生伤亡事故后，滥用职权，擅自处理事故或袒护、包庇事故责任者的有关人员； ● 事故调查中，隐瞒真相，弄虚作假、嫁祸于人的； (6) 根据事故后果和认识态度，按规定提出对责任者以经济处罚、行政处分或追究刑事责任等处理意见
制定预防措施	● 根据事故原因分析，制定防止类似事故再次发生的预防措施； ● 分析事故责任，使责任者、领导者、职工群众吸取教训，改进工作，加强安全意识； ● 对重大未遂事故也应按上述要求查找原因、严肃处理
撰写调查报告	● 调查报告应包括事故发生的经过、原因、责任分析和处理意见及本事故的教训和改进工作的建议等内容； ● 调查报告须经调查组全体成员签字后报批； ● 调查组内部存在分歧时，持不同意见者可保留意见，在签字时加以说明
事故审理和结案	● 事故处理结论，经有关机关审批后，即可结案； ● 伤亡事故处理工作应当在 90 天结案，特殊情况不得超过 180 天； ● 事故案件的审批权限应同企业的隶属关系及人事管理权限一致； ● 事故调查处理的文件、图纸、照片、资料等记录应完整并长期保存
员工伤亡事故记录	员工伤亡事故登记记录主要有： 员工重伤、死亡事故调查报告书，现场勘察记录、图纸、照片等资料；物证、人证调查材料；技术鉴定和试验报告；医疗部门对伤亡者的诊断结论及影印件；事故调查组人员的姓名、职务，并应逐个签字；企业及其主管部门对事故的结案报告；受处理人员的检查材料；有关部门对事故的结案批复等
工伤事故统计说明	● “工人职员在生产区域内所发生的和生产有关的伤亡事故”，是指企业在册职工在企业活动所涉及的区域内（不包括托儿所、食堂、诊疗所、俱乐部、球场等生活区域），由于生产过程中存在的危险因素的影响，突然使人体组织受到损伤或某些器官失去正常机能，以致负伤人员立即中断工作的一切事故； ● 员工负伤后一个月内死亡，应作为死亡事故填报或补报，超过者不作死亡事故统计； ● 员工在生产工作岗位干私活或打闹造成伤亡事故，不作工伤统计； ● 企业车辆执行生产运输任务（包括本企业职工乘坐企业车辆）行驶在场外公路上发生的伤亡事故，一律由交通部门统计； ● 企业发生火灾、爆炸、翻车、沉船、倒塌、中毒等事故造成旅客、居民、行人伤亡，均不作职工伤亡统计； ● 停薪留职的职工到外单位工作发生伤亡事故由外单位统计

1.6.5　安全事故原因分析方法

安全事故的分析方法很多，主要有事件树分析法、故障树分析法、因果分析图法、排列图法等。这些方法既可用于事前预防，又可用于事后分析。

1.6.5.1　事件树分析法

事件树分析法（ETA），又称决策树法。它是从起因事件出发，依照事件发展的各种可能情况进行分析，既可运用概率进行定量分析，亦可进行定性分析，如图 1-47 所示为工人搭脚手架时不慎将扳手从 12m 高处坠落，致使行人死亡的事故分析。

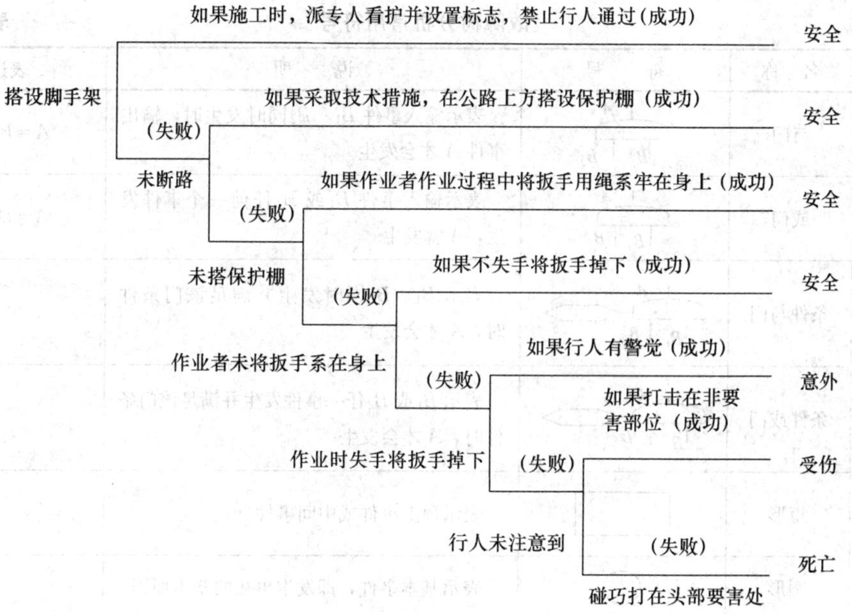

图 1-47 物体打击死亡事故事件树分析

1.6.5.2 故障树分析法

故障树分析法（FTA），又称事故的逻辑框图分析法。它与事件树分析法相反，是从事故开始，按生产工艺流程及因果关系，逆时序地进行分析，最后找出事故的起因。这种方法也可进行定性或定量分析，能揭示事故起因和发生的各种潜在因素，便于对事故发生进行系统预测和控制。图 1-48 为对一位工人不慎从脚手架上坠落死亡事故的故障树分析示例。图中符号意义见表 1-75。

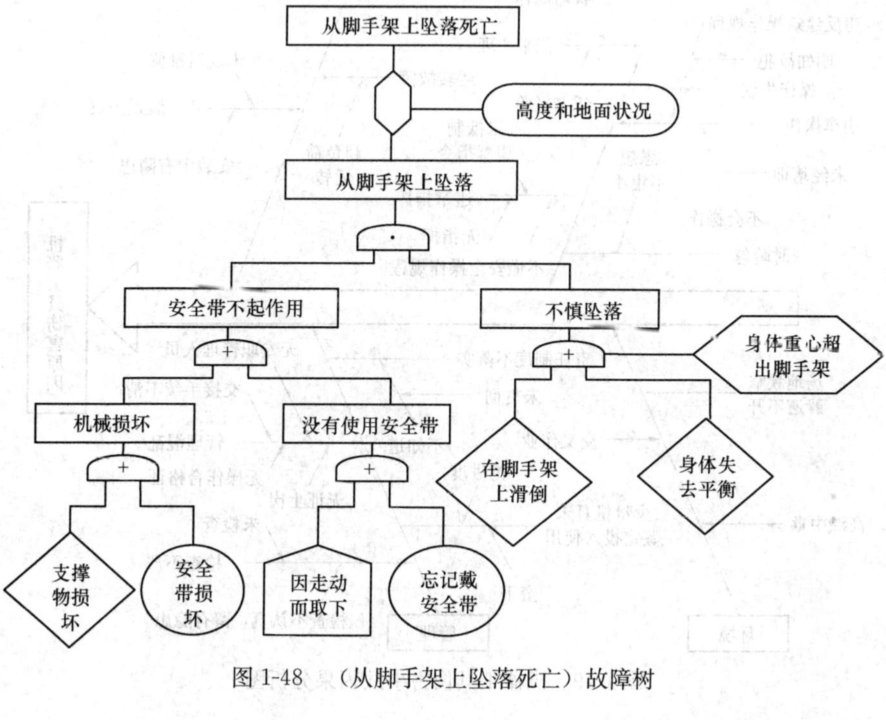

图 1-48 （从脚手架上坠落死亡）故障树

故障树分析常用符号　　表 1-75

种类	名称	符号	说明	表达式
逻辑门	与门	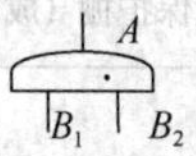	表示输入事件 B_1、B_2 同时发生时，输出事件 A 才会发生	$A=B_1 \cdot B_2$
	或门	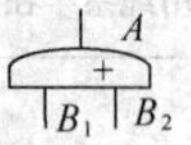	表示输入事件 B_1 或 B_2 任何一个事件发生，A 就发生	$A=B_1+B_2$
	条件与门	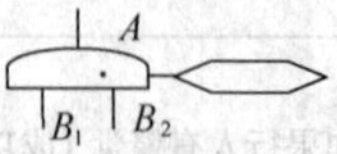	表示 B_1、B_2 同时发生并满足该门条件时，A 才会发生	
	条件或门	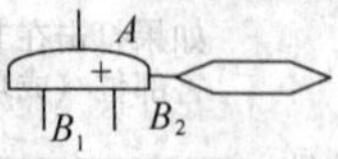	表示 B_1 或 B_2 任一事件发生并满足该门条件时，A 才会发生	
事件	矩形		表示顶上事件或中间事件	
	圆形		表示基本事件，即发生事故的基本原因	
	屋形		表示正常事件，即非缺陷事件，是系统正常状态下存在的正常事件	
	菱形	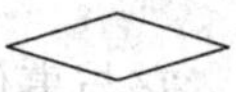	表示信息不充分、不能进行分析或没有必要进行分析的省略事件	

1.6.5.3　因果分析图法

见图 1-49 示例。

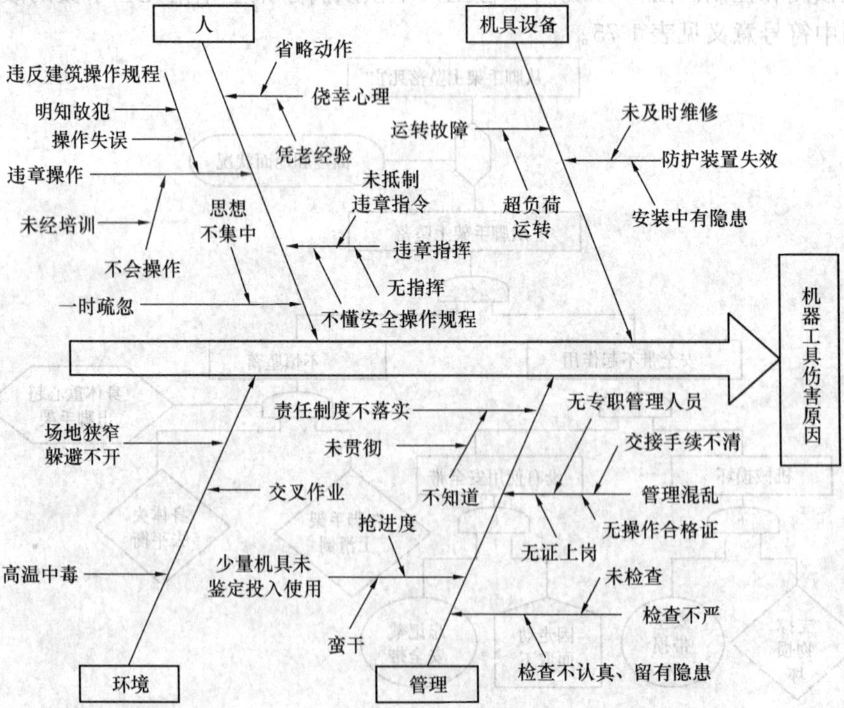

图 1-49　机器工具伤害事故因果分析图

1.7 施工项目劳动力管理

1.7.1 施工项目劳动力管理概念

施工项目劳动力管理是项目经理部把参加施工项目生产活动的人员作为生产要素，对其所进行的劳动、劳动计划、组织、控制、协调、教育、激励等项工作的总称。其核心是按照施工项目的特点和目标要求，合理地组织、高效率地使用和管理劳动力，并按项目进度的需要不断调整劳动量、劳动力组织及劳动协作关系。不断培养提高劳动者素质，激发劳动者的积极性与创造性，提高劳动生产率，达到以最小的劳动消耗，全面完成工程合同，获取更大的经济效益和社会效益。

1.7.2 施工项目劳动力组织管理的原则

施工项目劳动力组织管理的原则见表 1-76。

施工项目劳动力组织管理的原则 **表 1-76**

原则	内容	
两层分离	项目管理人员	● 以组织原理为指导，科学定员设岗为标准； ● 公司领导审批，逐级聘任上岗； ● 依据项目承包合同管理
	劳务人员	● 以企业为依托，企业适当保留一些与本企业专业密切相关的高级技术工种工人，其余劳动力由企业向社会劳动力市场招募； ● 企业以项目劳动力计划为依据，按计划供应给项目经理部； ● 建筑劳务分包企业（有木工、砌筑、抹灰、油漆、钢筋、混凝土、脚手架、模板、焊接、水暖电安装、钣金、架线等 13 个作业类别）是施工项目的劳动力可靠且稳定的来源； ● 依据劳务分包合同管理
优化配置	素质优化	● 以平等竞争、择优选用的原则，选择觉悟高、技术精、身体好的劳动者上岗； ● 以双向选择、优化组合的原则组合生产班组； ● 坚持上岗转岗前培训制度，提高劳动者综合素质
	数量优化	● 依据项目规模和施工技术特点，按照合理的比例配备管理人员和各工种工人； ● 保证施工过程中充分利用劳动力，避免劳务失衡、劳务与生产脱节
	组织形式优化	● 建立适应项目特点的精干高效的组织形式
动态管理	依据和目的	● 以进度计划与劳务合同为依据，以动态平衡和日常调度为手段，允许劳动力合理流动； ● 以达到劳动力优化组合以及充分调动作业人员劳动积极性为目的
	管理的方法	● 项目经理部向公司劳务管理部门申请派遣劳务人员的数量、工种、技术能力等要求，并签订劳务合同； ● 项目经理部向参加施工的劳务人员下达施工任务单或承包任务书，并对其作业质量和效率进行检查考核； ● 项目经理部应对参加施工的劳务人员进行教育培训和思想管理； ● 根据施工生产任务和施工条件的变化，对劳动力进行跟踪平衡、协调，进行劳动力补充或减员，及时解决劳动力配合中的矛盾； ● 在项目施工的劳务平衡协调过程中，按合同与企业劳务部门保持信息沟通，人员使用和管理的协调； ● 按合同支付劳务报酬，解除劳务合同后，将人员遣归企业内部劳务市场

1.7.3 施工项目劳动力组织管理的内容

施工项目劳动力组织管理的内容见表1-77。

施工项目劳动力组织管理的内容 表1-77

管理方式	内容
对外包、分包劳务的管理	● 认真签订和执行合同，并纳入整个施工项目管理控制系统，及时发现并协商解决问题，保证项目总体目标实现； ● 对其保留一定的直接管理权，对违纪不适宜工作的工人，项目管理部门拥有辞退权，对贡献突出者有特别奖励权； ● 间接影响劳务单位对劳务的组织管理工作，如工资奖励制度、劳务调配等； ● 对劳务人员进行上岗前培训并全面进行项目目标和技术交底工作
由项目管理部门直接组织管理	● 严格项目内部经济责任制的执行，按内部合同进行管理； ● 实施先进的劳动定额、定员，提高管理水平； ● 组织与开展劳动竞赛，调动职工的积极性和创造性； ● 严格职工的培训、考核、奖惩； ● 加强劳动保护和安全卫生工作，改善劳动条件，保证职工健康与安全生产； ● 抓好班组管理，加强劳动纪律
与企业劳务管理部门共同管理	● 企业劳务管理部门与项目经理部通过签订劳务承包合同承包劳务，派遣作业队完成承包任务； ● 合同中应明确作业任务及应提供的计划工日数和劳动力人数、施工进度要求及劳务进退场时间、双方的管理责任、劳务费计取及结算方式、奖励与罚款等； ● 企业劳务部门的管理责任是：包任务量完成，包进度、质量、安全、节约、文明施工和劳务费用； ● 项目经理部的管理责任是：在作业队进场后，保证施工任务饱满和生产的连续性、均衡性；保物资供应、机械配套；保各项质量、安全防护措施落实；保及时供应技术资料；保文明施工所需的一切费用及设施； ● 企业劳务管理部门向作业队下达劳务承包责任状； ● 承包责任状根据已签订的承包合同建立，其内容主要有： 　● 作业队承包的任务及计划安排； 　● 对作业队施工进度、质量、安全、节约、协作和文明施工的要求； 　● 对作业队的考核标准、应得的报酬及上缴任务； 　● 对作业队的奖罚规定

1.7.4 劳动定额与定员

1.7.4.1 劳动定额

劳动定额是指在正常生产条件下，为完成单位产品（或工作）所规定的劳动消耗的数量标准。其表现形式有两种：时间定额和产量定额。时间定额指完成合格产品所必需的时间。产量定额指单位时间内应完成合格产品的数量。二者在数值上互为倒数。

1. 劳动定额的作用

劳动定额是劳动效率的标准，是劳动管理的基础，其主要作用是：

(1) 劳动定额是编制施工项目劳动计划、作业计划、工资计划等各项计划的依据；

(2) 劳动定额是项目经理部合理定编、定岗、定员及科学地组织生产劳动推行经济责任制的依据；

(3) 劳动定额是衡量考评工人劳动效率的标准，是按劳分配的依据；

(4) 劳动定额是施工项目实施成本控制和经济核算的基础。

2. 劳动定额水平

劳动定额水平必须先进合理。在正常生产条件下，定额应控制在多数工人经过努力能够完成，少数先进工人能够超过的水平上。定额要从实际出发，充分考虑到达到定额的实际可能性，同时还要注意保持不同工种定额水平之间的平衡。

1.7.4.2 劳动定员

劳动定员是指根据施工项目的规模和技术特点，为保证施工的顺利进行，在一定时期内（或施工阶段内）项目必须配备的各类人员的数量和比例。

1. 劳动定员的作用

(1) 劳动定员是建立各种经济责任制的前提。

(2) 劳动定员是组织均衡生产，合理用人，实施动态管理的依据。

(3) 劳动定员是提高劳动生产率的重要措施之一。

2. 劳动定员方法

(1) 按劳动定额定员，适用于有劳动定额的工作，计算公式是：

$$\text{某工种的定员人数}=\frac{\text{某工种计划工程量}}{\text{该工种工人产量定额}\times\text{计划出勤工日利用率}} \tag{1-20}$$

(2) 按施工机械设备定员，适用于如车辆及施工机械的司机、装卸工人、机床工人等的定员。计算公式为：

$$\text{某机械设备定员人数}=\frac{\text{必需的机械设备台数}\times\text{每台设备工作班次}}{\text{工人看管定额}\times\text{计划出勤工日利用率}} \tag{1-21}$$

(3) 按比例定员。按某类人员占工人总数或与其他类人员之间的合理的比例关系确定人数。如：普通工人可按与技术工人比例定员。

(4) 按岗位定员。按工作岗位数确定必要的定员人数。如维修工、门卫、消防人员等。

(5) 按组织机构职责分工定员，适用于工程技术人员、管理人员的定员。

1.8 施工项目材料管理

1.8.1 施工项目材料管理的主要内容

施工项目材料管理是项目经理部为顺利完成项目施工任务，从施工准备开始到项目竣工交付为止，所进行的材料计划、订货采购、运输、库存保管、供应、加工、使用、回收等所有材料管理工作。

施工项目材料管理的主要内容有：

(1) 项目材料管理体系和制度的建立。建立施工项目材料管理岗位责任制，明确项目材料的计划、采购、验收、保管、使用等各环节管理人员的管理责任及管理制度。实现合理使用材料，降低材料成本的管理目标。

（2）材料流通过程的管理。包括材料采购策划、供方的评审和评定、合格供货商的选择、采购、运输、仓储等材料供应过程所需要的组织、计划、控制、监督等各项工作。实现材料供应的有效管理。

（3）材料使用过程管理。包括材料进场验收、保管出库、材料领用、材料使用过程的跟踪检查、盘点、剩余物质的回收利用等，实现材料使用消耗的有效管理。

（4）探索节约材料、研究代用材料、降低材料成本的新技术、新途径和先进科学方法。

1.8.2　施工项目材料计划管理

1.8.2.1　施工项目材料计划的分类

（1）按照计划的用途分，材料计划分为材料需用计划、加工订货计划和采购计划。

材料需用计划，由项目材料使用部门根据实物工程量汇总的材料分析和进度计划，分单位工程进行编制。材料需用计划应明确需用材料的品种、规格、数量及质量要求，同时要明确材料的进场时间。

材料采购计划，项目材料部门根据经审批的材料需用计划和库存情况编制材料采购计划。计划中应包括材料品种、规格、数量、质量、采购供应时间，拟采用供货商名称及需用资金。

半成品加工订货计划，是项目为获得加工制作的材料所编制的计划。计划中应包括所需产品的名称、规格、型号、质量及技术要求和交货时间等，其中若属非定型产品，应附有加工图纸、技术资料或提供样品。

（2）按照计划的期限划分，材料计划有年度计划、季度计划、月计划、单位工程材料计划及临时追加计划。

临时追加计划是因原计划中品种、规格、数量有错漏，施工中采取临时技术措施，机械设备发生故障需及时修复等原因，需要采取临时措施解决的材料计划。

施工项目常用的材料计划以按照计划的用途和执行时间编制的年、季、月的材料需用计划、加工订货计划和采购计划为最主要形式。

项目常用的材料计划有：单位工程主要材料需用计划、主要材料年度需用计划、主要材料月（季）度需用计划、半成品加工订货计划、周转料具需用计划、主要材料采购计划、临时追加计划等。

1.8.2.2　施工项目材料需用计划的编制

1. 单位工程主要材料需要量计划

项目开工前，项目经理部依据施工图纸、预算，并考虑施工现场材料管理水平和节约措施，以单位工程为对象，编制各种材料需要量计划，该计划是编制其他材料计划及项目材料采购总量控制的依据。

2. 主要材料年度需用计划、主要材料季度需用计划、主要材料月度需用计划

根据工程项目管理需要，结合进度计划安排，在单位工程主要材料需要量计划的基础上编制主要材料年度需用计划、主要材料季度需用计划和主要材料月度需用计划，作为项

目阶段材料计划的控制依据。

3. 主要材料月度需用计划

主要材料月度需用计划是与项目生产结合最为紧密的材料计划，是项目材料需用计划中最具体的计划。材料月度需用计划作为制定采购计划和向供应商订货的依据，应注明产品的名称、规格型号、单位、数量、主要技术要求（含质量）、进场日期、提交样品时间等。对材料的包装、运输等方面有特殊要求时，也应在材料月度需用计划中注明。

（1）编制的依据与主要内容

1）在项目施工中，项目经理部生产部门向材料部门提出主要材料月（季）需要量计划；

2）应依据工程施工进度编制计划，还应随着工程变更情况和调整后的施工预算及时调整计划；

3）该计划是项目材料部门动态供应材料的依据。

（2）编制程序

1）计算实物工程量：

项目生产部门要根据生产进度计划的工程形象部位，依据图纸和预算计算实物工程量。

2）进行材料分析：

根据相应的材料消耗定额，进行材料分析。

3）形成需用计划：

将材料分析得到的材料用量按照品种、规格分类汇总，形成材料需用计划。

4. 周转料具需用计划

依据施工组织设计，按品种、规格、数量、需用时间和进度编制。将经审批后的周转料具需用计划提交项目材料管理部门，由材料管理部门提前向租赁站提出租赁计划，作为租赁站送货到现场的依据。

1.8.2.3 施工项目材料采购计划的编制

1. 材料采购计划

项目材料采购部门应根据生产部门提出的材料需用计划，编制材料采购计划报项目经理审批。

材料采购计划中应确定采购方式、采购人员、候选供应商名单和采购时间等。应根据物资采购的技术复杂程度、市场竞争情况、采购金额及数量大小确定采购方式，包括招标采购、邀请报价采购和零星采购等方式。

（1）需用计划材料的核定

材料采购部门核定经审批的材料需用计划提出的材料是否能够被单位工程材料需用计划和项目预算成本所覆盖。如果需要采购物资在预算成本或采购策划以外，按照计划外材料制定追加计划。

（2）确定各种材料库存量、储备量

各种材料的库存和储备数量是编制采购计划的重要依据。在材料采购计划编制之前必须掌握计划期初的库存量、计划期末储备量、经常储备量、保险储备量等，当材料生产或运输受季节影响时，还需考虑季节性储备。

1）计划期初库存量：

计划期初库存量＝编制计划时实际库存量＋期初前的预计到货量－期初前的预计消耗量

2）计划期末储备量：

计划期末储备量＝（0.5～0.75）经常储备量＋保险储备量

3）经常储备量即经济库存量，指正常供应条件下，两次材料到货间隔期间，为保证生产正常进行需要保持的材料。

4）保险储备量，是在材料因特殊原因不能按期到货或现场消耗不均衡造成的材料消耗速度突然加快等情况下，为保证生产材料的正常需用进行的保险性材料库存。对生产影响不大、数量较少且周边市场方便购买的材料，不需设置保险储备。

5）季节性储备，指材料生产因季节性中断，在限定季节里购买困难的材料。比如北方冬季的砖瓦生产停歇，就需要项目提前进行季节性储备。

季节性储备量＝季节储备天数×平均日消耗量

（3）编制材料综合平衡表（表1-78）提出计划期材料进货量，即申请采购量。

材料平衡表　　**表1-78**

材料名称	计量单位	上期实际消耗量	计划期							备注
			需要量	储备量					进货量	
			计划需用量	期初库存量	期末储备量	期内不合用数量	尚可利用资源	合计	申请采购量	

材料申请采购量＝材料需要量＋计划期末储备量－（计划期初库存量－计划期内不合用数量）－尚可利用资源

计划期内不合用数量是考虑库存量中，由于材料、规格、型号不符合计划期任务要求扣除的数量。尚可利用资源是指积压呆滞材料的加工改制、废旧材料的利用、工业废渣的综合利用，以及采取技术措施可节约的材料等。

（4）掌握材料供需情况，选择供货商

了解需用材料现场存放场地容量，了解施工现场施工需求的部位和具体技术、品种、规格和对材料交货状态的要求，并与需用方确定确切的使用时间和场所。

了解市场资源情况，向社会供应商征询价格、资源、运输、结算方式和售后服务等情况，选择供货商。

根据拟采购材料的供需情况，确定采购材料的规格、数量、质量，确定进场时间和到货方式，确定采购批量和进场频率，确定采购价格、所需资金和料款结算方式。

（5）编制材料采购计划

根据对以上因素的了解、核查，编制材料采购计划，并报项目主管领导审批实施。

2. 半成品加工订货计划

在构件制品加工周期允许时间内，依据施工图纸和施工进度提出加工订货计划，经审批后由项目材料管理部门及时送交加工。

加工订货产品通常为非标产品、加工原料具有特殊要求或需在标准产品基础上改变某项指标或功能，因此加工计划必须提出具体加工要求。如果必要可由加工厂家先期提供试验品，在需用方认同的情况下再批量加工。

一般加工订货的材料或产品，在编制计划时需要附加图纸、说明、样品。

因加工订货产品的工艺复杂程度不同，产品加工周期也不相同，所以委托加工时间必须适当考虑提前时量，必要时还需在加工期间到加工地点追踪加工进度状况。

1.8.2.4 材料计划的调整

材料计划在实施中常会受到各种因素的影响而导致材料计划的调整。一旦发生材料计划的调整，要及时编制材料调整计划或材料追加计划，并按照计划的编制审核程序进行审批后实施。

造成材料计划调整的常见因素有：

1. 生产任务改变

临时增加任务或临时削减任务量，使材料需用量发生变化，采购、供应各环节也需因此作出相应调整。

2. 设计变更

因设计变更导致的材料需用品种、规格和价格的变化。

3. 材料市场供需变化

材料的突发性涨价，使采购价格与预算价格之间产生矛盾，造成采购物资在预算成本以外的情况。

4. 施工进度的调整

因施工进度的调整造成材料需用和供应的调整，在项目实施过程中经常发生。

5. 针对材料计划的调整对项目材料管理部门的要求

材料管理部门要与社会供应商建立稳定的供应渠道，利用社会市场和协作关系调整资源余缺。

做好协调工作，掌握生产部门的动态变化，了解材料系统各个环节的工作进程。通过统计检查，实地调查，信息交流，工作会议等方法了解各有关部门对材料计划的执行情况，及时进行协调，以保证材料计划的实现。

1.8.3 施工项目现场材料管理

1.8.3.1 材料进场验收

项目材料验收是材料由采购流通向消耗转移的中间环节，是保证进入现场的材料满足工程质量标准、满足用户使用功能、确保用户使用安全的重要管理环节。材料进场验收的管理流程如图 1-50 所示。

1. 材料进场验收准备

（1）验收工具的准备

针对不同材料的计量方法准备所需的计量器具。

（2）做好验收资料的准备

包括材料计划、合同、材料的质量标准等。

（3）做好验收场地及保存设施的准备

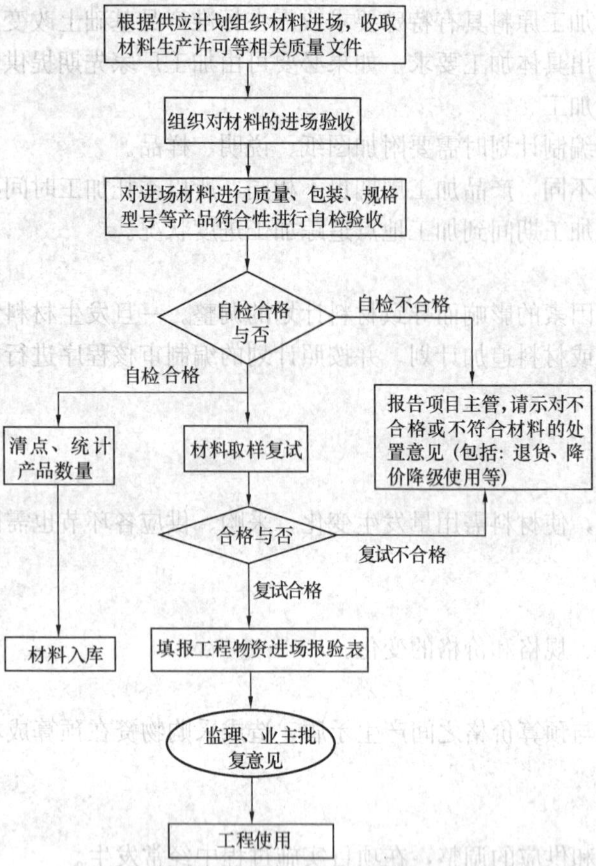

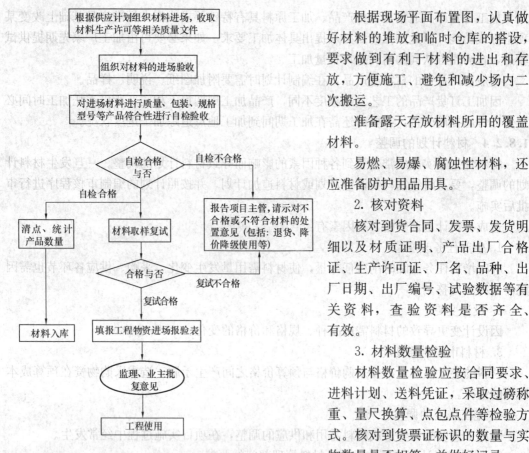

图 1-50　材料进场验收的管理流程图

根据现场平面布置图，认真做好材料的堆放和临时仓库的搭设，要求做到有利于材料的进出和存放，方便施工、避免和减少场内二次搬运。

准备露天存放材料所用的覆盖材料。

易燃、易爆、腐蚀性材料，还应准备防护用品用具。

2. 核对资料

核对到货合同、发票、发货明细以及材质证明、产品出厂合格证、生产许可证、厂名、品种、出厂日期、出厂编号、试验数据等有关资料，查验资料是否齐全、有效。

3. 材料数量检验

材料数量检验应按合同要求、进料计划、送料凭证，采取过磅称重、量尺换算、点包点件等检验方式。核对到货票证标识的数量与实物数量是否相符，并做好记录。

4. 材料质量检验

材料质量检验又分为外观质量检验和内在质量检验。外观质量检验是由材料验收员通过眼看、手摸和简单的工具，查看材料的规格、型号、尺寸、颜色、完整程度等。内在质量的验收主要是指对材料的化学成分、力学性能、工艺性能、技术参数等的检测，通常是由专业人员负责抽样送检，采用试验仪器和测试设备检测。

要求复检的材料要有取样送检证明报告；新材料未经试验鉴定，不得用于工程中；现场配制的材料应经试配，使用前应经认证。

5. 办理入库手续

验收合格的材料，方可办理入库手续。由收料人根据来料凭证和实际数量出具收料单。

6. 验收中出现问题的处理

在材料验收中，对不符合计划要求或质量不合格的材料，应更换、退货或让步接收（降级使用），严禁使用不合格的材料。

若发现下列情况，应酌情分别处理。

（1）材料实到数量与单据或合同数量不同的，及时通知采购人员或有关主管部门与供货方联系确定，并根据生产需要的缓急情况按照实际数量验收入库，保证施工急需。

（2）质量、规格不符的，及时通知采购人员或有关主管部门，不得验收入库。

(3) 若出现到货材料证件资料不全和对包装、运输等存在疑义时应作待验处理。待验材料也应妥善保管，在问题没有解决前不得发放和使用。

1.8.3.2 材料储存保管

1. 材料储存保管的一般要求

(1) 材料仓库或现场堆放的材料必须有必要的防火、防雨、防潮、防盗、防风、防变质、防损坏等措施。

(2) 易燃易爆、有毒等危险品材料，应专门存放，专人负责保管，并有严格的安全措施。

(3) 有保质期的材料应做好标识，定期检查，防止过期。

(4) 现场材料要按平面布置图定位放置，有保管措施，符合堆放保管制度。

(5) 对材料要做到日清、月结、定期盘点、账物相符。

(6) 材料保管应特别注意性能互相抵触的材料应严格分开。如酸和碱；橡胶制品和油脂；酸、稀料等液体材料与水泥、电石、滑石粉、工具、配件等怕水、怕潮材料都要严格分开，避免发生相互作用而降低使用性能甚至破坏材料性能的情况。进库的材料须验收后入库，按型号、品种分区堆放，并编号、标识，建立台账。

2. 材料保管场所

(1) 封闭库房

材料价值高、易于被偷盗的小型材料，怕风吹、日晒、雨淋，对温、湿度及有害气体反应较敏感的材料应存放在封闭库房。如水泥、镀锌板、镀锌管、胶粘剂、溶剂、外加剂、水暖管件、小型机具设备、电线电料、零件配件等均应在封闭库房保管。

(2) 货棚

不易被偷盗、个体较大、只怕雨淋、日晒，而对温度、湿度要求不高的材料，可以放在货棚内。如陶瓷制品、散热器、石材制品等均可在货棚内存放。

(3) 料场

存放在料场的材料，必然是那些不怕风吹、日晒、雨淋，对温、湿度及有害气体反应不敏感的材料；或是虽然受到各种自然因素影响，但在使用时可以消除影响的材料，如钢材中的大型型材、钢筋、砂石、砖、砌块、木材等，可以存放在料场。料场一般要求地势较高，地面夯实或进行适当处理，如作混凝土地面或铺砖。材料堆放位置应垫起，离地面30～50cm，以免地面潮气上返。

(4) 特殊材料仓库

对保管条件要求较高，如需要保温、低温、冷冻、隔离保管的材料，必须按保管要求，存放在特殊库房内。如汽油、柴油、煤油等燃料必须分别在单独库房保管；氧气、乙炔应专设库房；毒害品必须单独保管。

3. 材料的码放

材料码放形状和数量，必须满足材料性能要求。

(1) 材料的码放形状，必须根据材料性能、特点、体积特点确定。

(2) 材料的码放数量，首先要视存放地点的地坪负荷能力而确定，使地面、垛基不下陷，垛位不倒塌，高度不超标为原则；同时还要根据底层材料所能承受的重量，以材料不受压变形、变质为原则。避免因材料码放数量不当造成材料底层受压变形、变质，而影响使用。

4. 按照材料的消防性能分类设库

不同的材料性能决定了其消防方式不同。材料燃烧有的宜采用高压水灭火，有的只能使用干粉灭火器或砂子灭火；有的材料在燃烧时伴有有害气体挥发，有的材料存在燃烧爆炸危险，所以现场材料应按材料的消防性能分类设库。

5. 材料保养

材料在库存阶段还需要进行认真的保养，避免因外界环境的影响造成所保管材料的性能的损失。

(1) 为防止金属材料及金属制品产生锈蚀而采取的除锈保养。

(2) 为避免由于油脂干脱造成其性能受到影响的工具、用具、配件、零件、仪表、设备等需定期进行涂油保养。

(3) 对于易受潮材料采用的日晒、烘干、翻晾，使吸入的水分挥发，或在库房内放置干燥剂吸收潮气，降低环境湿度的干燥保养。

(4) 对于怕高温的材料，在夏季采用房顶喷水、室内放置冰块、夜间通风等措施降温保养。

(5) 对于易受虫、鼠侵害的材料，应采用喷洒、投放药物，减少损害的防虫和鼠害的保养措施。

6. 材料标识管理

(1) 材料基本情况标识：入库或进入现场的材料都应挂牌进行标识，注明材料的名称、品种、规格（标号）、产地、进货日期、有效期等。

(2) 状态标识：仓库及现场设置物资合格区、不合格区、待检区，标识材料的检验状态（合格、不合格、待检、已检待判定）。

(3) 半成品标识：半成品的标识是通过记号、成品收库单、构件表及布置图等方式来实现的。

(4) 标牌：标牌规格应视材料种类和标注内容选择适宜大小（一般可用 250mm×150mm、80mm×60mm 等）的标识牌来标识。

1.8.3.3　材料发放

项目经理部对现场物资严格坚持限额领料制度，控制物资使用，定期对物资使用及消耗情况进行统计分析，掌握物资消耗、使用规律。

超限额用料时，须事先办理手续，填限额领料单，注明超耗原因，经批准后，方可领发材料。

项目经理部物资管理人员掌握各种物资的保持期限，按“先进先出”原则办理物资发放，不合格物资应登记申报并进行追踪处理。

核对材料出库凭证是发放材料的依据。要认真审核材料发放地点、单位、品种、规格、数量，并核对签发人的签章及单据、有效印章，无误后方可进行发放。

物资出库时，物资保管人员和使用人员共同核对领料单，复核、点交实物，保管员登卡、记账；凡经双方签认的出库物资，由现场使用人员负责运输、保管。

检查发放的材料与出库凭证所列内容是否一致，检查发放后的材料实存数量与账务结存数量是否相符。

项目经理部要对物资使用情况定期进行清理分析，随时掌握库存情况，及时办理采购申请，保证材料正常供应。

建立领发料台账，记录领发状况和节超状况。

1.8.3.4 材料使用监督

对于发放后投入使用的材料，项目经理部相关人员应对材料的使用进行如下监督管理。

(1) 组织原材料集中加工，扩大成品供应。根据现场条件，将混凝土、钢筋、木材、石灰、玻璃、油漆、砂、石等不同程度地集中加工处理。

(2) 坚持按分部工程或按层数分阶段进行材料使用分析和核算。以便及时发现问题，防止材料超用。

(3) 现场材料管理责任者应对现场材料使用进行分工监督、检查。

(4) 认真执行领发料手续，记录好材料使用台账。

(5) 按施工场地平面图堆料，按要求的防护措施保护材料。

(6) 按规定进行用料交底和工序交接。

(7) 严格执行材料配合比，合理用料。

(8) 做到工完场清，要求"谁做谁清，随做随清，操作环境清，工完场地清"。

(9) 回收和利用废旧材料，要求实行交旧（废）领新、包装回收、修旧利废。

1) 施工班组必须回收余料，及时办理退料手续，在领料单中登记扣除。

2) 余料要造表上报，按供应部门的安排办理调拨和退料。

3) 设施用料、包装物及容器等，在使用周期结束后组织回收。

4) 建立回收台账，记录节约或超领记录。

1.8.3.5 周转材料现场管理

(1) 项目经理部按项目施工组织设计制定料具技术方案，并按料具技术方案编制料具实施计划。

(2) 企业确定购买、调拨或租赁的项目料具管理方式，并相应办理有关的手续。周转材料必须符合技术标准及质量要求，进场料具应进行验收、检验或技术验证。

(3) 项目经理部建立、健全周转材料的收、发、存、领、用、退手续，加强周转材料的现场管理，确保使用的周转材料按时、按量收回。

(4) 项目经理部在使用料具过程中要定期进行料具安全性能检查，及时更换残次废旧料具。

(5) 建立周转料具台账并及时登记有关动态，按月提供周转材料使用情况表，定期对周转材料进行盘点，保证账物相符。

(6) 各种周转材料均应按规格分别整齐码放，垛间留有通道。

(7) 露天堆放的周转材料应有规定限制高度，并有防水等防护措施。

(8) 零配件要装入容器保管，按合同发放，按退库验收标准回收、作好记录。

(9) 建立保管使用维修制度。

(10) 周转材料需报废时，应按规定进行报废处理。

1.8.4 库存管理方法

1.8.4.1 库存储备分类

项目的材料储备形成了材料的库存。项目的材料库存可以分为：经常储备、保险储备、季节储备。

(1) 经常储备，是项目在正常施工条件下，材料二次到货之间经常保持的材料储备。

经常储备＝日均消耗量×供应间隔时间

(2) 保险储备，是指材料供应发生异常，不能按时到货，为保证工程正常施工而进行的材料储备。

保险储备＝日均消耗量×保险储备时间

保险储备时间需参考以往发生的材料供应延误情况总结确定。

(3) 季节储备，是指有些材料受季节影响，在特殊季节不能生产，项目需提前进行的储备。

季节储备＝日均消耗量×季节间歇时间

(4) 根据上述库存储备的概念，可以得到：

项目最高储备量＝经常储备＋保险储备＋季节储备

项目最低储备量＝保险储备

1.8.4.2　定量库存控制法

工程的顺利进行，合理对库存量进行管理就是根据现场情况的变化而不断调整库存和采购，以保证工程材料的供应满足现场生产需求。

常见的影响材料库存的几种情况有：材料消耗速度增大、材料消耗速度减小、到货托期、提前到货。上述情况都会造成库存的异常变化，采取合理的库存管理方法才能使库存处于合理状态。

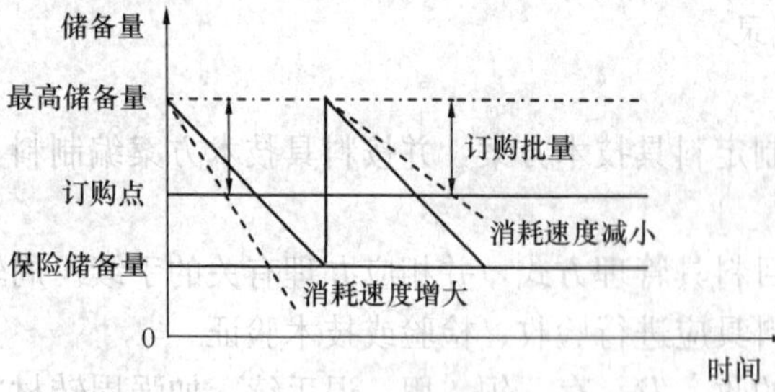

图 1-51　订购点及订购批量示意图

定量库存控制法是指当材料库存量下降到订购点时立即提出订购，每次订购数量均为订购点到最高储备量之间的数量。见图 1-51。

订购点库存水平应高于保险库存量。因为从材料订购到入库期间，包括了采购招标投标、谈判、供应商备料、运输、检验验收等备用期所需用的时间。备用期阶段材料消耗仍在继续。订购点必须设在保险储备量和备用期间材料消耗量的基础上，才能保证材料的连续供应。

这种方法使订购点和订购批量相对稳定，定购周期随情况变化。如果消耗量增大，则订购周期变短；消耗速度减少，定购周期加大。

订购点的计算公式如下：

订购点＝备用时间材料需用量＋保险库存量

1.8.4.3　定期库存控制法

定期库存控制法是事先确定好订购周期，如每季、每月或每旬订购一次，到达订货日期就组织订货。这种方法以每期末的库存量为订购点，结合下周期材料需用计划，从而确定本期订购批量。这种方法订购周期相等，但每次订购点不同，订购数量也不同。当材料消耗速度增大时，订购点低，订购批量大；材料消耗速度减小时，订购点高，订购批量减小。见图 1-52。

订购批量＝最高储备量－订购点实际库存量＋备用时间需用量

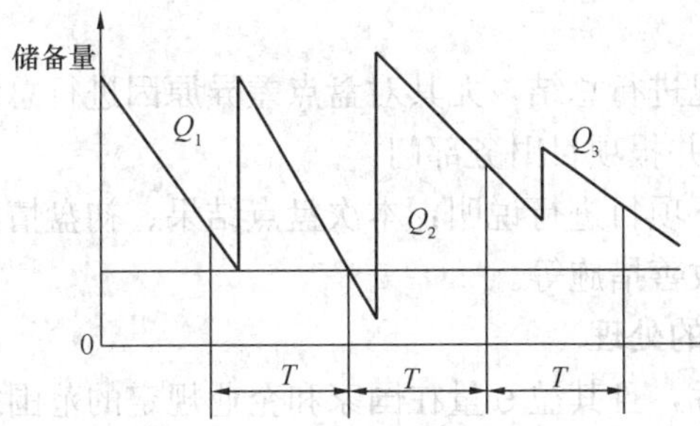

图 1-52　定期订购点及订购批量示意图

注：图中 T 为订购周期；Q_1、Q_2、Q_3 为根据材料的不同需用情况确定的定购批量

1.8.5　材料盘点管理

1.8.5.1　材料盘点的一般要求

项目经理部应定期对物资进行盘点，并对期间的物资管理情况进行总结分析。

项目经理部物资盘点工作包括对需用计划、物资台账、物资领用记录、现场材料清理记录等方面进行综合分析，总结计划的合理性、仓库管理的完好性、领用控制的科学性、材料消耗比例是否正常。

项目部对库存物资进行盘点时，应建立盘点计划，明确各盘点人员的职责；盘点期间存货不能流动，或将流入的存货暂时与正在盘点的存货分开，并做盘点记录。

通过材料盘点，准确地掌握实际库存材料的数量、质量状况。

1.8.5.2　材料盘点的内容

通过对仓库材料数量的盘查清点，核对库存材料与账面所记载的数量是否一致。若出现账面数量多于或少于实物数量，则分别记录为盘亏和盘盈。

在清点材料数量的过程中，同时检查材料外观质量是否有变化，是否临近或超过保质期，是否已属于淘汰或限制使用的产品，若有则应作好记录，上报业务主管部门处理。检查安全消防、材料码放、温湿度控制及货架、距离等保管措施是否得当及有效，检查地面、门窗是否出现不良隐患，检查操作工具是否完好，计量器具是否符合校验标准。

1.8.5.3　材料盘点的方法

1. 定期盘点

定期按照以下步骤对仓库材料进行全面、彻底盘点。

(1) 按照盘点要求，确定截止日期。

(2) 以实际库存量和账面结存量进行逐项核对，并同时检查材料质量、有效期、安全消防及保管状况。

(3) 编制盘点报告。凡发生数量盈亏者，编制盘点盈亏报告。发生质量降低或材料损坏的，编制报损报废报告。

(4) 根据盘点报告批复意见调整账务并做好善后处理。

2. 每日盘查

对库房每日有变动的常用材料，对当天库房收入或发出的材料，核对是否账物吻合，质量完好。以便及时发现问题，及时采取措施。必须做到当天收发当天记账。

1.8.5.4　盘点总结及报告

根据盘点期间的各种情况进行总结，尤其对盘点差异原因进行总结，形成“盘点总结及报告”；报项目经理审核，并报项目财务部门。

盘点总结报告需要对以下项目进行说明：本次盘点结果、初盘情况、复盘情况、盘点差异原因分析、以后的工作改善措施等。

1.8.5.5　材料盘点出现问题的处理

盘点中发现数量出现盈亏，且其盈亏量在国家和企业规定的范围之内时，可在盘点报告中反映，经业务主管领导审批后调整账务；当盈亏量超过规定范围时，除在盘点报告中反映外，还应填报盘点盈亏报告，经项目领导审批后再行处理。

当库存材料发生损坏、变质、降低等级问题时，填报材料报损报废报告，并通过有关部门鉴定等级降低程度、变质情况及损坏损失金额，经领导审批后再行处理。

库存材料在1年以上没有动态时，列为积压材料，编制积压材料报告，报请领导审批后再行处理。

当出现品种规格混串和单价错误时，报经项目领导审批后进行调整。

1.8.6　材料账务管理

1.8.6.1　材料记账依据

仓库材料记账依据一般包括以下几种：

(1) 材料入库凭证：主要有验收单、入库单、加工单等。

(2) 材料出库凭证：主要有限额领料单、调拨单、借用单等。

(3) 盘点、报废、调整凭证：主要指盘点产生的并经项目领导审批后的库存材料盈亏调整单、数量规格调整单、报损报废单等。

1.8.6.2　材料记账程序

1. 审核完善凭证的有效性

有效凭证要按规定填写齐全，如日期、名称、规格、数量、单位、单价，审核审批以及收发签字要齐全，否则为无效凭证，不能据以记账。对于材料管理过程中出现的临时性指令，应及时补办相关手续，否则不能作为记账的合法凭证。

2. 凭证整理

记账前先将凭证按规定记账科目类别分类排列，并按照材料收发实际发生日期的先后进行排列，然后依次序逐项登记。

3. 账册登记

根据账页上的各项指标逐项登记。记账后，要对账册上的结存数进行验算。验算公式：上期结存＋本期收入－本项发出＝本项结存。

1.9　施工项目机械设备管理

1.9.1　施工项目机械设备管理的主要内容与制度

施工项目机械设备管理是指项目经理部针对所承担的施工项目，运用科学方法优化选择和配备施工机械设备，并在生产过程中合理使用，进行维修保养等各项管理工作。

项目经理部应设置相应的设备管理机构和配备专、兼职的设备管理人员。设备出租单位也应派驻设备管理人员和设备维修人员，配合施工项目总承包企业加强对施工现场机械设备的管理，确保机械设备的正常运行。

项目经理部的主要任务是编制机械设备使用计划，报企业审批。负责对进入现场的机械设备（机械施工分包人的机械设备除外）做好使用中的管理、维护和保养。

1.9.1.1 施工项目机械设备管理工作的主要内容

(1) 贯彻落实国家、当地政府、企业有关施工企业机械设备管理的方针、政策、法规、条例、规定，制定适应本工程项目的设备管理制度；

(2) 按照施工组织设计做好机械设备的选型工作；

(3) 对设备租赁单位进行考察；

(4) 签订租赁合同，并组织实施，组织设备进场与退场；

(5) 对进场的机械设备认真做好验收工作，做好验收记录，建立现场设备台账；

(6) 坚持对施工现场所使用的机械设备日巡查、周检查、月专业大检查制度，及时组织对设备维修保养，杜绝设备带病运转；

(7) 做好设备使用安全技术交底，监督操作者按设备操作规程操作，设备操作者必须经过相应的技术培训，考试合格，取得相应设备操作证方可上机操作；

(8) 负责制定机械管理制度、掌握机械数量、发布和安全技术状况；

(9) 负责机械准入和有关人员准入确认审查，留取检查表和登记造册；

(10) 参与重要机械安拆、吊装、改造、维修等作业指导书、防范措施的制定审查等，并留存复印件；

(11) 负责或参与机械危害辨识和应急预案的编制和演练；

(12) 负责机械使用控制和巡检、月检、专项检查、评价、评比和奖罚考核及整改复查验收等；

(13) 负责或参与机械事故、未遂事故的调查处理、报告；

(14) 负责各种资料、记录的收集、整理、存档及机械统计表报工作；

(15) 负责完成上级和企业考核要求。

1.9.1.2 施工项目机械设备管理制度

施工项目要根据企业的设备管理制度，建立健全项目的机械设备管理制度。一般项目应建立健全以下设备管理制度：

(1) 项目机械设备管理的岗位责任制；

(2) 设备使用前验收制度；

(3) 设备使用保养与维护制度；

(4) 操作人员培训教育持证上岗制度；

(5) 多班作业交叉接班制度；

(6) 设备安全管理制度；

(7) 设备使用检查制度；

(8) 设备修理制度；

(9) 设备租赁管理制度。

1.9.2　施工项目机械设备的选择

工程施工机械的种类、型号、规格很多，各自又有独特的技术性能和作业范围。为了保证工程项目的施工质量，按时完成施工任务，并获得最佳的技术经济效益，根据项目具体施工条件，对施工机械进行合理选择和组合，使其发挥最大效能是施工项目机械管理的重要内容。

1.9.2.1　施工项目机械设备选择的依据

1. 工程特点

根据工程的平面分布、占地面积、长度、宽度、高度、结构形式等来确定设备选型。

2. 工程量

充分考虑建设工程需要加工运输的工程量大小，决定选用的设备型号。

3. 工期要求

根据工期的要求，计算日加工运输工作量，确定所需设备的技术参数与数量。

4. 施工项目的施工条件

主要是现场的道路条件、周边环境与建筑物条件、现场平面布置条件等。

1.9.2.2　施工机械选择的原则

1. 适应性

施工机械与建设项目的具体实际相适应，即施工机械要适应建设项目的施工条件和作业内容。施工机械的工作容量、生产率等要与工程进度及工程量相符合，尽量避免因施工机械的作业能力不足而延误工期，或因作业能力过大而使施工机械利用率降低。

2. 高效性

通过对机械功率、技术参数的分析研究，在与项目条件相适应的前提下，尽量选用生产效率高的机械设备。

3. 稳定性

选用性能优越稳定、安全可靠、操作简单方便的机械设备。避免因设备经常不能正常运转影响施工的正常进行。

4. 经济性

在选择工程施工机械时，必须权衡工程量与机械费用的关系。尽可能选用低能耗、易维修保养的机械设备。

5. 安全性

选用的施工机械的各种安全防护装置要齐全、灵敏可靠。此外，在保证施工人员、设备安全的同时，应注意保护自然环境及已有的建筑设施，不致因所采用的施工机械及其作业而受到破坏。

1.9.2.3　施工机械需用量的计算

施工机械需用量根据工程量、计划期内的台班数量、机械的生产率和利用率计算确定。计算公式为：

$$N = P/(W \times Q \times K_1 \times K_2) \tag{1-22}$$

式中　N——需用机械数量；

P——计划期内的工作量；

W——计划期内的台班数；

Q——机械每台班生产率（即单位时间机械完成的工作量）；

K_1——工作条件影响系数（因现场条件限制造成的）；

K_2——机械生产时间利用系数（指考虑了施工组织和生产时间损失等因素对机械生产效率的影响系数）。

1.9.2.4 施工项目机械设备选择的方法

1. 单位工程量成本比较法

机械设备使用的成本费用分为可变费用和固定费用两大类。可变费用又称操作费，它随着机械的工作时间变化，如操作人员的工资、燃料动力费、小修理费、直接材料费等。固定费用是按一定施工期限分摊的费用，如折旧费、大修理费、机械管理费、投资应付利息、固定资产占用费等，租入机械的固定费用是要按期交纳的租金。在多台机械可供选用时，可优先选择单位工程量成本费用较低的机械。单位工程量成本的计算公式是：

$$C=\frac{R+P_x}{Q_x} \tag{1-23}$$

式中 C——单位工程量成本；

R——定期间固定费用；

P——单位时间变动费用；

Q——单位作业时间产量；

x——实际作业时间（机械使用时间）。

2. 界限时间比较法

界限时间（x_0）是指两台机械设备的单位工程量成本相同时的时间。由单位工程量成本比较法的计算公式可知单位工程量成本 C 是机械作业时间 x 的函数，当 A、B 两台机械的单位工程量成本相同，即 $C_a=C_b$ 时，则有关系式：

$$(R_a+P_a x_0)/Q_a x_0=(R_b+P_b x_0)/Q_b x_0 \tag{1-24}$$

解界限时间 x_0 的计算公式：

$$x_0=(R_a Q_a-R_a Q_b)/(P_a Q_b-P_b Q_a) \tag{1-25}$$

当 A、B 两机单位作业时间产量相同，即 $Q_a=Q_b$ 时，上式可简化为：

$$x_0=(R_b-R_a)/(P_a-P_b) \tag{1-26}$$

上面公式可用图 1-53 表示。

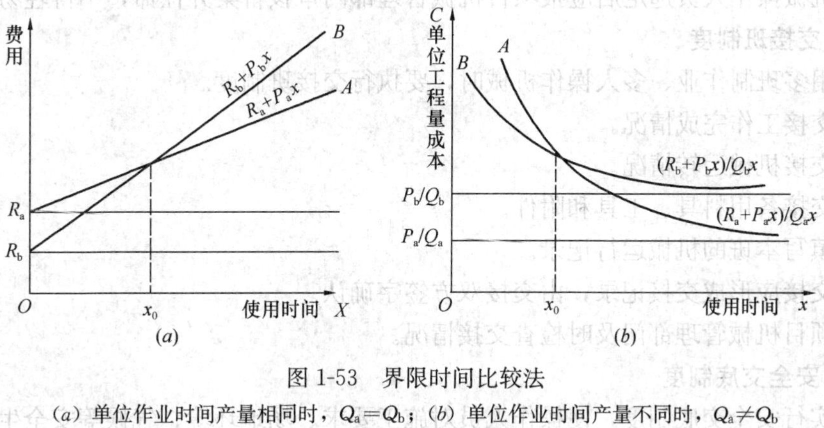

图 1-53 界限时间比较法

(a) 单位作业时间产量相同时，$Q_a=Q_b$；(b) 单位作业时间产量不同时，$Q_a\neq Q_b$

由图 1-53(a) 可以看出，当 $Q_a = Q_b$ 时，应按总费用多少，选择机械。由于项目已定，两台机械需要的使用时间 x 是相同的，即

$$\text{需要使用时间}(x) = \frac{\text{应完成工程量}}{\text{单位时间产量}} = x_a = x_b \tag{1-27}$$

当 $x < x_0$ 时，选择 B 机械；$x > x_0$ 时，选择 A 机械。

由图 1-53(b) 可以看出，当 $Q_a \neq Q_b$ 时，这时两台机械的需要使用时间不同，$x_a \neq x_b$。在都能满足项目施工进度要求的条件下，需要使用时间 x，应根据单位工程量成本较低者，选择机械。项目进度要求确定，当 $x < x_0$ 时选择 B 机械；$x > x_0$ 时选择 A 机械。

3. 折算费用法（等值成本法）

当施工项目的施工期限长，某机械需要长期使用，项目经理部决策购置机械时，可考虑机械的原值、年使用费、残值和复利利息，用折算费用法计算，在预计机械使用的期间，按月或年摊入成本的折算费用，选择较低者购买。计算公式是：

$$\text{年折算费用} = (\text{原值} - \text{残值}) \times \text{资金回收系数} + \text{残值} \times \text{利率} + \text{年度机械使用费} \tag{1-28}$$

其中

$$\text{资金回收系数} = \frac{i(1+i)^n}{(1+i)^n - 1} \tag{1-29}$$

式中　i——复利率；

　　n——计利期。

1.9.3　施工项目机械设备的使用管理制度

在工程项目施工过程中，要合理使用机械设备，严格遵守项目的机械设备使用管理规定。

1.9.3.1　“三定”制度

“三定”制度是指主要机械在使用中实行定人、定机、定岗位责任的制度。

（1）每台机械的专门操作人员必须经过培训和考试，获得“操作合格证”之后才能操作相关的设备。

（2）单人操作的机械，实行专机专责；多人操作的机械应组成机组，实行机组长领导下的分工负责制。

（3）机械操作人员选定后应报项目机械管理部门审核备案并任命，不得轻易更换。

1.9.3.2　交接班制度

在采用多班制作业、多人操作机械时，要执行交接班制度。

（1）交接工作完成情况。

（2）交接机械运转情况。

（3）交接备用料具、工具和附件。

（4）填写本班的机械运行记录。

（5）交接应形成交接记录，由交接双方签字确认。

（6）项目机械管理部门及时检查交接情况。

1.9.3.3　安全交底制度

严格实行安全交底制度，使操作人员对施工要求、场地环境、气候等安全生产要素有

详细的了解，确保机械使用的安全。

各种机械设备使用安全技术交底书应由项目机械管理人员交给机械承租单位现场负责人，再由机械承租单位现场负责人交给机械操作人签字，签字后安全交底记录返给项目机械管理人员一份备案存档管理。

1.9.3.4 技术培训制度

通过进场培训和定期的过程培训，使操作人员做到“四懂三会”，即懂机械原理、懂机械构造、懂机械性能、懂机械用途，会操作、会维修、会排除故障；使维修人员做到“三懂四会”，即懂技术要求、懂质量标准、懂验收规范，会拆检、会组装、会调试、会鉴定。

1.9.3.5 检查制度

项目应制定机械使用前和使用过程中的检查制度。检查的内容包括：

(1) 各项规章制度的贯彻执行情况。

(2) 机械的正确操作情况。

(3) 机械设施的完整及受损情况。

(4) 机械设备的技术与运行状况，维修及保养情况。

(5) 各种原始记录、报表、培训记录、交底记录、档案等机械管理资料的完整情况。

1.9.3.6 操作证制度

(1) 施工机械操作人员必须经过技术考核合格并取得操作证后，方可独立操作该机械。

(2) 审核操作的每年度的审验情况，避免操作证过期和有不良记录的操作人员上岗。

(3) 机械操作人员应随身携带操作证备查。

(4) 严禁无证操作。

1.9.4 施工项目机械设备的进场验收管理

施工项目总承包企业的项目经理部，对进入施工现场的所有机械设备安装、调试、验收、使用、管理、拆除退场等负有全面管理的责任。所以项目经理部对无论是企业自有、租用的设备，还是分包单位自有或租用的设备，都要进行监督检查。

1.9.4.1 进入施工现场的机械设备应具有的技术文件

(1) 设备安装、调试、使用、拆除及试验图标程序和详细文字说明书；

(2) 各种安全保险装置及行程限位器装置调试和使用说明书；

(3) 维护保养及运输说明书；

(4) 安全操作规程；

(5) 产品鉴定证书、合格证书；

(6) 配件及配套工具目录；

(7) 其他重要的注意事项等。

1.9.4.2 进入施工现场的机械设备验收

1. 施工现场的机械设备验收管理要求

（1）项目经理部应对进入施工现场的机械设备的安全装置和操作人员的资质进行审验，不合格的机械和人员不得进入施工现场。

（2）大型机械设备安装前，项目经理部应根据设备租赁方提供的参数进行安装设计架设，经验收合格后的机械设备，可由资质等级合格的设备安装单位组织安装。安装完成后，报请主管部门验收，验收合格后方可办理移交手续。

（3）对于塔式起重机、施工升降机的安装、拆卸，必须是具有资质证件的专业队承担，要按有针对性的安拆方案进行作业，安装完毕应按规定进行技术试验，验收合格后方可交付使用。

（4）中、小型机械由分包单位组织安装后，项目部机械管理部门组织验收，验收合格后方可使用。

（5）所有机械设备验收资料均由机械管理部门统一保存，并交安全部门一份备案。

2. 施工现场的机械设备验收组织管理

（1）企业的设备验收：企业要建立健全设备购置验收制度，对于企业新购置的设备，尤其大型施工机械设备和进口的机械设备，相关部门和人员要认真进行检查验收，及时安装、调试、移交使用，以便在索赔期内发现问题，及时办理索赔手续。同时要按照国家档案管理要求，及时建立设备技术档案。

（2）工程项目的设备验收：工程项目要严格设备进场验收工作，一般中小型机械设备由施工员（工长）会同专业技术管理人员和使用人员共同验收；大型设备、成套设备需在项目经理部自检自查基础上报请公司有关部门组织技术负责人及有关部门及人员验收；对于重点设备，要组织第三方具有认证或相关验收资质的单位进行验收，如：塔式起重机、电动吊篮、外用施工电梯、垂直卷扬提升架等。

3. 施工机械进场验收主要内容

（1）安装位置是否符合施工平面布置图要求。

（2）安装地基是否坚固，机械是否稳固，工作棚搭设是否符合要求。

（3）传动部分是否灵活可靠，离合器是否灵活，制动器是否可靠，限位保险装置是否有效，机械的润滑情况是否良好。

（4）电气设备是否安全可靠，电阻摇测记录应符合要求，漏电保护器灵敏可靠，接地接零保护正确。

（5）安全防护装置完好，安全、防火距离符合要求。

（6）机械工作机构无损坏，运转正常，紧固件牢固。

（7）操作人员必须持证上岗。

4. 起重设备安装验收参考表格

起重设备是施工项目机械设备管理最为重要的部分。对于起重机械的验收可以参照以下表格内容进行，并作好验收记录。

（1）设备情况表，见表1-79。

（2）安装单位情况表，见表1-80。

（3）施工操作单位情况表，见表1-81。

（4）塔式起重机安装单位自检验收表，见表1-82。

（5）塔式起重机共同验收记录，见表1-83。

设 备 情 况 表 **表 1-79**

产权单位		设备备案证证号	
设备名称		设备型号	
起升高度		额定起重力矩（起重量）	
生产厂家		出厂日期	

安装单位情况表 **表 1-80**

安装单位（章）				联系电话		
企业法定代表人				技术负责人		
起重设备安装工程专业承包企业资质证证号		资质等级		发证单位		
拟安装日期				拟拆卸日期		
专业安装人员及现场监督专业技术人员	性别	年龄	岗位工种	操作证证号	发证时间	复审记录

施工操作单位情况表 **表 1-81**

工程名称				结构层次		建筑面积
施工单位				项目经理		电话
司机	性别	年龄	本工种年限	操作证证号	发证时间	复审记录
指挥、司索人员	性别	年龄	本工种年限	操作证证号	发证时间	复审记录

塔式起重机安装单位自检验收表　　表 1-82

验收项目	验收内容		验收结果	结论
技术资料	设备备案证，出租设备检测合格证明			
	基础验槽、隐蔽记录，钢筋、水泥复试报告，混凝土试块强度报告			
	改造（大修）的设计文件，安全性能综合评价报告			
	设备使用情况记录表、设备大修记录表			
作业环境及外观	起重机与建筑物等之间的安全距离			
	起重机之间的最小架设距离			
	起重机与输电线的安全距离			
	危险部位安全标志及起重臂幅度指示牌（自由高度以下安装幅度指示牌，自由高度以上安装变幅仪）			
	产品标牌（包括设备编号牌）和检验合格标志			
	红色障碍灯			
金属结构	金属结构状况			
	金属结构连接			
	平衡重、压重的安装数量及位置			
	塔身轴心线对支承面的侧向垂直度			
	斜梯的尺寸与固定			
	直立梯及护圈的尺寸与固定			
	休息小平台、卡台			
	附着装置的布置与连接状况			
	司机室固定、位置及其室内设施			
	司机室视野及结构安全性			
	司机室门的开向及锁定装置			
	司机室内的操纵装置及相关标牌、标志			
基础	基础承载及碎石敷设			
	路基排水			
轨道	起重机轨道固定状况	a. 轨道顶面纵、横向上的倾斜度		
		b. 轨距误差		
		c. 钢轨接头间隙，两轨顶高度差		
	支腿工作、起重机的工作场地			
主要零部件及机构	吊钩标记和防脱钩装置			
	吊钩缺陷及危险断面磨损			
	吊钩开口度增加量			
	钢丝绳选用、安装状况及绳端固定			
	钢丝绳安全圈数			

续表

验收项目	验收内容	验收结果	结论
主要零部件及机构	钢丝绳润滑与干涉		
	钢丝绳缺陷		
	钢丝绳直径磨损		
	钢丝绳断丝数		
	滑轮选用		
	滑轮缺陷		
	滑轮防脱槽装置		
	制动器设置		
	制动器零部件缺陷		
	制动轮与摩擦片		
	制动器调整		
	制动轮缺陷		
	减速器连接与固定		
	减速器工作状况		
	开式齿轮啮合与缺损		
	车轮缺陷		
	联轴器及其工作状况		
	卷筒选用		
	卷筒缺陷		
电气	电气设备及电器元件		
	线路绝缘电阻		
	外部供电线路总电源开关		
	电气隔离装置		
	总电源回路的短路保护		
	失压保护		
	零位保护		
	过流保护		
	断错相保护		
	便携式控制装置		
	照明		
	信号（障碍灯）		
	电气设备的接地		
	金属结构的接地		
	防雷		

续表

验收项目	验收内容	验收结果	结论
安全装置与防护措施	高度限位器		
	起重量限制器		
	力矩限制器		
	行程限位器		
	强迫换速		
	防后翻装置		
	回转限制		
	小车断绳保护装置		
	风速仪		
	防风装置		
	缓冲器和端部止挡		
	扫轨板		
	防护罩和防雨罩		
	防脱轨装置		
	紧急断电开关		
	防止过载和液压冲击的安全装置		
	液压缸的平衡阀及液压锁		
试验	空载试验		
	额载试验		
	超载25%静载试验		
	超载10%动载试验		
验收结论			
验收签字	现场安装负责人：　现场专业技术监督人员： 安装单位技术负责人：　安装单位负责人： 安装单位（章） 年　月　日		

注：验收结论必须量化。

塔式起重机共同验收记录表 **表 1-83**

验收项目	验收内容和要求	验收结果	结论
技术资料	设备备案证、出租设备的检测合格证明及基础验槽、隐蔽记录、钢筋水泥复试报告、混凝土试块强度报告齐全，改造（大修）的设计文件、安全性能综合评价报告齐全，检验检测机构对设备的检测合格证明，设备的安装使用记录、大修记录，安装单位的自检验收记录，设备的安全使用说明等资料齐全		
方案及安全施工措施	塔式起重机的安全防护设施符合方案及安全防护措施的要求		
塔式起重机结构	部件、附件、连接件安装齐全，位置正确，安装到位		
	螺栓拧紧力矩达到原厂设计要求，开口销齐全、完好		
	结构无变形、开焊、疲劳裂纹		
	压重、配重重量、位置达到原厂说明书要求		
保险装置	吊钩上安装防钢丝绳脱钩的保险装置（吊钩挂绳处磨损不超10%）		
	卷扬机的卷筒上有钢丝绳防滑脱装置，上人爬梯设护圈（护圈从平台上2.5m处设置直径0.65～0.8m，间距0.5～0.7m；当上人爬梯在结构内部，与结构间的自由通道间距小于1.2m可不设护圈）		
限位装置	动臂变幅塔式起重机吊钩顶距臂架下端0.8m停止运动；小车变幅，上回转塔式起重机起重绳2倍率时为1m，4倍率时为0.7m，下回转塔式起重机起重绳2倍率时为0.8m，4倍率为0.4m时，应停止运动		
	轨道式塔式起重机或变幅小车应在每个方向装设行程限位装置		
	对塔式起重机周围有高压线或其他特殊要求的场所应设回转限位器		
	起重力矩和起重量限制器灵敏、可靠		
绳轮系统	钢丝绳在卷筒上缠绕整齐，润滑良好		
	钢丝绳规格正确，断丝、磨损未达到报废标准		
	钢丝绳固定不少于3个绳卡，且规格匹配，编插正确		
	各部位滑轮转动灵活、可靠、无卡塞现象		
电气系统	电缆供电系统供电充分，正常工作电压(380±5%)V		
	碳刷、接触器、继电器触点良好		
	仪表、照明、报警系统完好、可靠		
	控制、操纵装置动作灵活、可靠		
	电气各种安全保护装置齐全、可靠		
	电气系统对塔式起重机金属部分的绝缘电阻不小于0.5MΩ		
	驾驶室内有灭火器材及夏天降温，冬天取暖装置		
	接地电阻 $R \leqslant 4\Omega$，设置防雷击装置		
附墙装置与夹轨钳	自升塔式起重机超过规定必须安装附墙装置，附墙装置应由厂家生产，不得用其他材料代替		
	轨道式塔式起重机必须安装夹轨钳		
安装与拆除	安装与拆除必须制订方案，有书面安全技术交底		
	安装与拆除必须有相应资质的专业队伍进行		

续表

验收项目	验收内容和要求		验收结果	结论
路　基	路基坚实、平整，无积水，路基资料齐全			
	枕木铺设按规定进行，道钉、螺栓齐全			
	钢轨顶面纵、横方向上的倾斜度不大于 0.001，轨距偏差不超过其名义值的 0.001			
	塔身对支持面的垂直度不大于 3‰			
	止挡装置距离钢轨两端距离≥1m，限位器灵敏可靠			
	高塔基础符合设计要求			
多塔作业	多塔作业有防碰撞措施			
试验	空载荷、额定载荷、超载 10%载荷、超载 25%静载等各种情况下的运行情况			
试运行	检查各传动机构是否准确、平稳、有无异常声音，液压系统是否渗漏，操纵和控制系统是否灵敏可靠，钢结构是否有永久变形和开焊，制动器是否可靠，调整安全装置并进行不少于 3 次的检测			
结论				
验收签字	出租单位负责人： （章） 年　月　日	安装单位负责人： （章） 年　月　日		
	施工单位项目负责人： （章） 年　月　日	施工分包单位负责人： （章） 年　月　日		

1.9.5 施工项目机械设备的保养与维修

1.9.5.1 施工项目机械设备的保养

机械设备的保养指日常保养和定期保养，对机械设备进行清洁、紧固、润滑防腐、修换个别易损零件，使机械保持良好的工作状态。

1. 日常保养

(1) 日常保养工作主要是对某些零件进行检查、清洗、调整、紧固等，例如，空气滤清器和机油滤清器因尘土污染或聚集金属末与炭末，使滤芯失去过滤作用，必须经过清洗方能消除故障；锥形轴承或离合器等使用一段时间后，间隙有所增大，须经适当调整后，方可使间隙恢复正常；螺纹紧固件使用一段时间后，也会松动，必须给予紧固，以免加剧磨损。

（2）建筑机械的日常保养分为班保养和不定期保养两类。

（3）班保养是指班前班后的保养，内容不多，时间较短，主要是：清洁零部件、补充燃油与润滑油、补充冷却水、检查并紧固零件、检查操纵、转向与制动系统是否灵活可靠，并作适当调整。

2. 定期保养

（1）定期保养是指工作一段时间后进行的停工检修工作，其主要内容是：排除发现的故障，更换工作期满的易损部件，调整个别零部件，并完成日常保养的全部内容，定期保养根据工作量和复杂程度，分为一级保养、二级保养、三级保养和四级保养，级数越高，保养工作量越大。

（2）定期保养是根据机械使用时间长短来规定的，各级保养的间隔期大体上是：一级保养 50h，二级保养 200h，三级保养 600h，四级保养 1200h（相当于小修）；超过 2400h 时，即应安排中修；4800h 以上，应进行大修。

（3）各级保养的具体内容应根据建筑机械的性能与使用要求而定。

3. 冬季的维护与保养

冬季气温低，机械的润滑、冷却、燃料的气化等条件均不良，保养与维护也困难。为此，建筑机械在冬季进行作业前，应作详细的技术检查，发现缺陷，须及时消除。机械的驾驶室应给予保暖，柴油机装上保暖套，水管、油管用毡或石棉保暖，操纵手柄、手轮要用布包起来。冷却系统、油匣、汽油箱、滤油器等必须认真清洗，并用空气吹净。蓄电池要换上具有高密度的电介质，并采取保温措施和采用不浓化的冬季润滑剂。冷却系统中，宜用冰点很低的液体（如 45％的水和 35％的乙烯乙氨酸混合液）。长期停用的机械，冷却水必须全部放净。为了便于启动发动机，必须装上油液预热器。

采用液压操纵的建筑机械，低温时必须用变压器油代替机油和透平油（因为甘油与油脚混合后，会形成凝块而破坏液压系统的工作）。

4. 保养要求

（1）机械技术状况良好，工作能力达到规定要求。

（2）操作机构和安全装置灵敏可靠。

（3）做好设备的“十字”作业：清洁、紧固、润滑、调整、防腐。

（4）零部件、附属装置和随机工具完整齐全。

（5）设备的使用维修记录资料齐全、准确。

1.9.5.2 施工项目机械维修

机械修理包括零星小修、中修和大修。

（1）零星小修是临时安排的修理，一般和保养相结合，不列入修理计划。目的是消除操作人员无力排除的机械设备突然发生故障、个别零件损坏或一般事故性损坏，及时进行维修、更换、修复。

（2）大修和中修列入修理计划，并由企业负责按机械预检修计划对施工机械进行检修。

（3）大修是对机械设备进行全面的解体检查修理，保证各零部件质量和配合要求，使其达到良好的技术状态，恢复可靠性和精度等工作性能，以延长机械的使用寿命。

（4）中修是对不能继续使用的部分总成进行大修，使整机状况达到平衡，以延长机械设备的大修间隔。中修是在大修间隔期间对少数总成进行的一次平衡修理，对其他不进行大修的总成只执行检查保养。

1.9.6　机械设备安全管理

施工机械在使用过程中如果管理不严、操作不当，极易发生伤人事故。机械伤害已成为建筑行业“五大伤害”之一。现场施工人员了解常见的各种起重机械、物料提升机、施工电梯、土方施工机械、各种木工机械、卷扬机、搅拌机、钢筋切断机、钢筋弯曲机、打桩机械、电焊机以及各种手持电动工具等各类机械的安全技术要求对预防和控制伤害事故的发生非常必要。

1.9.6.1　施工机械进场及验收安全管理

1. 机械进场使用准备阶段的安全管理

（1）施工现场所需的机械，由施工负责人根据施工组织设计审定的机械需用计划，与机械经营单位签订租赁合同后按时组织进场。

（2）进入施工现场的机械，必须保持技术状况完好，安全装置齐全、灵敏、可靠，机械编号的技术标牌完整、清晰，起重、运输机械应经年审并具有合格证。

（3）电力拖动的机械要做到一机、一闸、一箱，漏电保护装置灵敏可靠；电气元件、接地、接零和布线符合规范要求；电缆卷绕装置灵活可靠。

（4）需要在现场安装的机械，应根据机械技术文件（随机说明书、安装图纸和技术要求等）的规定进行安装。安装要有专人负责，经调试合格并签署交接记录后，方可投入生产。

（5）现场机械的明显部位或机棚内要悬挂切实可行的简明安全操作规程和岗位责任标牌。

（6）进入现场的机械，要进行作业前的检查和保养，以确保作业中的安全运行。刚从其他工地转来的机械，可按正常保养级别及项目提前进行；停放已久的机械应进行使用前的保养；以前封存不用的机械应进行启封保养；新机或刚大修出厂的机械，应按规定进行走合期保养。

2. 机械进场使用前验收的安全管理

（1）项目经理部应对进入施工现场的机械设备的安全装置和操作人员的资质进行审验，不合格的机械和人员不得进入施工现场。

（2）大型机械设备安装前，项目经理部应根据设备租赁方提供的参数进行安装设计架设，经验收合格后的机械设备，可由资质等级合格的设备安装单位组织安装。安装完成后，报请主管部门验收，验收合格后方可办理移交手续。

（3）对于塔式起重机、施工升降机的安装、拆卸，必须由具有资质证件的专业队承担，要按有针对性的安拆方案进行作业，安装完毕应按规定进行技术试验，验收合格后方可交付使用。

（4）中、小型机械由分包单位组织安装后，项目部机械管理部门组织验收，验收合格后方可使用。

（5）所有机械设备验收资料均由机械管理部门统一保存，并交安全部门一份备案。

1.9.6.2　机械设备安全技术管理

（1）项目经理部技术部门应在工程项目开工前编制包括主要施工机械设备安全防护技术的安全技术措施，并报管理部门审批。

（2）认真贯彻执行经审批的安全技术措施。

（3）项目经理部应对分包单位、机械租赁方执行安全技术措施的情况进行监督。分包单位、机械租赁方应接受项目经理部的统一管理，严格履行各自在机械设备安全技术管理方面的职责。

1.9.6.3　贯彻执行机械使用安全技术规程

《建筑机械使用安全技术规程》（JGJ 33）对机械的结构和使用特点，以及安全运行的要求和条件都进行了明确的规定。同时也规定了机械使用和操作必须遵守的事项、程序等基本规则。机械操作和管理人员都必须认真执行本规程，按照规程要求对机械进行管理和操作。

1.9.6.4　做好机械安全教育工作

各种机械操作人员除进行必需的专业技术培训、取得操作证以后方能上岗操作以外，机械管理人员还应按照项目安全管理规定对机械使用人员进行安全教育，加强对机械使用安全技术规程的学习和强化。

1.9.6.5　严格机械安全检查

项目机械管理人员应采用定期、班前、交接班等不同的方式对机械进行安全检查。检查的主要内容：一是机械本身的故障和安全装置的检查，主要消除机械故障和隐患，确保机械安全装置灵敏可靠；二是机械安全施工生产检查，针对不断变化的施工环境，主要检查施工条件、施工方案、措施是否能够确保机械安全生产。

1.10　施工项目技术管理

1.10.1　施工项目技术管理的主要内容

施工项目技术管理是项目经理部在项目施工的过程中，对各项技术活动过程和技术工作的各种要素进行科学管理的总称。

1.10.1.1　施工项目技术管理的作用

通过科学组织各项技术工作，保证项目施工过程符合技术规范、规程；提高管理与操作人员的技术素质；研究和推广新技术、新材料、新工艺；深化与完善施工图设计，通过技术改进与技术攻关降低工程成本。

1.10.1.2　施工项目技术管理工作内容

1. 技术管理基础工作

（1）技术管理体系的建立；

（2）技术管理制度；

（3）技术管理责任制；

（4）技术教育与培训。

2. 技术管理基本工作

(1) 施工技术准备工作：

1) 原始资料收集、整理；

2) 施工组织设计；

3) 施工方案；

4) 设计交底、图纸审查与会审；

5) 技术交底；

6) 技术措施。

(2) 施工实施过程技术工作：

1) 工程变更与洽商；

2) 施工预检与复核；

3) 隐蔽工程检验；

4) 材料与半成品检验与试验；

5) 技术资料的收集、整理、归档；

6) 技术问题处理。

(3) 技术开发、新技术推广、工法。

(4) 技术经济分析与评价。

1.10.2　施工项目技术体系和制度建立

项目技术管理工作体系、制度、岗位责任、管理流程的建立参见本手册2.2技术管理基础工作。

1.10.3　施工项目技术管理主要工作

1.10.3.1　原始资料调查分析

工程实施前，应对工程的原始资料进行调查和分析，此项工作应由项目经理部各部门配合进行，必要时应有企业参与。项目技术部门对收集到的原始资料进行分析，确定切实可行的施工组织设计。原始资料调查分析主要包括自然条件、技术经济条件以及其他条件等几个方面：

1. 自然条件调查分析

搜集工程所在地的气象、建设场地的地形、工程地质和水文地质、施工现场地上和地下障碍物状况、周围民宅的坚固程度及其居民的健康状况等情况，为施工提供依据以便做好各项准备，主要调查内容见表1-84。

自然条件调查表　　表1-84

调查项目	调查内容	调查目的
气温	年平均温度，最高、最低、最冷、最热月的逐月平均温度	(1) 防暑降温；(2) 混凝土、灰浆强度增长
降雨	雨季起止时间，全年降水量，昼夜最大降水量，年雷暴日数	(1) 雨季施工；(2) 工地排水、防洪、防雷

续表

调查项目	调查内容	调查目的
风	主导风向及频率，全年大于或等于8级风的天数、时间	(1) 布置临时设施；(2) 高空作业及吊装措施
地形	厂址地形图，控制桩、水准点的位置	(1) 布置施工总平面图；(2) 现场平整土方量计算；(3) 障碍物及数量
地震	裂度大小	(1) 对地基影响；(2) 施工措施
地质	钻孔布置图，地质剖面图，地质的稳定性、滑坡、流沙等，地基土破坏情况，土坑、枯井、古墓、地下构筑物	(1) 土方施工方法的选择；(2) 地基处理方法；(3) 障碍物拆除计划；(4) 基础施工；(5) 复核地基基础设计
地下水	最高、最低水位及时间，流向、流速及流量，水质分析，抽水试验	(1) 土方施工；(2) 基础施工方案的选择；(3) 降低地下水位；(4) 侵蚀性质及施工注意事项
地面水	临近的江河湖泊及距离，洪水、平水及枯水时期，流量、水位及航道深、水质分析	(1) 临时给水；(2) 航运组织

2. 技术经济条件调查分析

主要包括地方建筑生产企业、地方资源、交通运输、通信、水电及其他能源、主要设备、国拨材料和特种物资，以及它们的生产能力等方面，调查内容有：

(1) 地方建筑生产企业情况：企业和产品名称，生产能力，供应能力，生产方式，出厂价格，运距，运输方式等。

(2) 地方资源情况：材料名称，产地，质量，出厂价，运距，运费等。

(3) 交通运输条件：铁路：邻近铁路专用线，车站至工地距离，运输条件，车站起重能力，卸货线长度，现地贮存能力，装载货物的最大尺寸，运费、装卸费和装卸力量等。公路：各种材料至工地的公路等级、路面构造、路宽及完好情况，允许最大载重量，途经桥涵等级，允许最大载重量，当地专业运输机构及附近能提供的运输能力，运费、装卸费和装卸力量，有无汽车修配厂，至工地距离，道路情况，能提供的修配能力等。航运：货源与工地至邻近河流、码头、渡口的距离，道路情况，洪水、平水、枯水期，通航最大船只及吨位，取得船只情况，码头装卸能力，最大起重量，每吨货物运价，装卸费和渡口费。

3. 其他条件调查分析

当地的风俗习惯、社会治安、医疗卫生；可利用的民房、劳动力和附属设施情况等当地水源和生活供应情况。

1.10.3.2 施工技术类标准、规范管理

施工技术类标准、规范是指国家、行业、地方、中国工程建设标准化协会、企业颁布的与施工技术相关的标准、规范、规程、图集等。

企业负责适用的国家、行业、企业颁布的技术规范的识别，将企业适用的现行技术规范有效版本目录清单及时更新并通知项目经理部。

项目经理部负责工程所在地技术规范的识别，建立和发布地方技术规范有效版本目录清单，及时更新有关技术规范。

项目经理部配置适用的技术规范、规程，建立项目技术规范配置清单。作废的标准及时回收销毁或加盖作废标记。项目技术负责人负责技术规范的管理工作，确保施工时使用当前有效的规范版本，并应根据当年标准规范的作废或修改情况及时更新有效版本清单。

项目资料员应根据公司发布的修订或作废的标准规范清单及时更新，收回旧版标准规范并作好作废标识。

1.10.3.3　施工组织设计、方案、交底、验收、资料管理

图纸会审，施工组织设计管理，项目施工方案管理，技术交底管理，变更、洽商、现场签证管理，技术措施计划管理，隐蔽工程检查与验收，工程资料管理，技术开发与科技成果推广等施工技术管理的内容参见本手册第二章各节内容。

1.11　施工项目资金管理

1.11.1　施工项目资金管理主要内容

项目资金管理主要是指施工项目经理部根据工程项目施工过程中资金运动的规律，进行的资金收支预测、编制资金计划、筹集投入资金（施工项目经理部收入），资金使用（支出）、资金核算与分析等一系列资金管理工作。

1.11.1.1　施工项目资金管理内容

项目资金管理主要包括资金筹集收取和资金使用支付两部分。资金的收支预测、资金计划、核算与分析等都是控制资金筹集收取和资金使用支付的管理手段和措施。

1. 资金筹集与收取

项目资金的主要来源是由发包方提供的工程预付款、施工过程支付的进度款、结算款等。但这部分资金往往因支付的比例与额度不足，造成对项目施工的正常进行的影响。故在实际项目的操作过程中项目需要垫支部分自有资金。项目的资金来源有以下几种方式：

(1) 按照合同约定的工程预付款。

(2) 发包方按合同约定支付的工程进度款。

(3) 企业自有资金的垫付。

(4) 银行贷款。

(5) 企业内部其他项目资金的调剂。

2. 资金的使用与支付

资金的使用应遵循资金计划原则与以收定支原则。

1.11.1.2　施工项目资金管理授权制度

企业应根据工程项目的具体情况，对项目经理部的资金管理权限进行规定，并通过项目授权书予以明确。

1.11.2　施工项目资金计划管理

项目经理部全面执行资金计划管理，企业必须严格按照资金计划对项目资金的收取和

使用进行严格控制。

1.11.2.1 施工项目资金收支预测

1. 施工项目资金收入预测

项目资金是按合同价款收取的。在实施施工项目合同的过程中，应从收取工程预付款（预付款在施工后以冲抵工程价款方式逐步扣还给业主）开始，每月按进度收取工程进度款，到最终竣工结算，按时间测算出价款数额，做出项目资金按月收入图及项目资金按月累加收入图。

在资金收入预测中，每月的资金收入都是按合同规定的结算办法测算的。实践中，工程进度款经常不能及时到位，因而预测时要充分考虑资金收入滞后的时间因素。另外资金的收入——进度款额需要以在合同工期完成施工任务作保证，否则会因为延误工期而罚款造成经济损失。

2. 施工项目资金支出预测

施工项目资金支出即项目施工过程中的资金使用。项目经理部应根据施工项目的成本费用控制计划、施工组织设计、材料物资储备计划测算出随着工程实施进展，每月预计的人工费、材料费、施工机械使用费、物资储运费、临时设施费、其他直接费和施工管理费等各项支出。形成对整个施工项目，按时间、进度、数量规划的资金使用计划和项目费用每月支出图及支出累加图。

资金的支出预测，应从实际出发，尽量具体而详细，同时还要注意资金的时间价值，以使测算的结果能满足资金管理的需要。

1.11.2.2 施工项目资金收支计划

项目经理部应根据施工合同、承包造价、施工进度计划、施工项目成本计划、物资供应计划、资金的收支预测情况等编制年、季、月度资金收支计划，上报企业主管部门审批后实施。

1. 项目资金收支总计划

在项目开工前，在成本分解计划的基础上，结合合同约定的付款条件以及对分包商/供应商等的支付条件，编制项目资金收款计划表（表 1-85）、项目资金支付计划表（表 1-86）。对于跨年度的项目，还需编制年度收支计划，对项目的总体现金流量进行预测和分析。在项目资金收款（支付）计划表汇总的基础上能够对企业年度的总体现金流量进行预测，编制项目总现金流量表（表 1-87）。

2. 项目资金收支月计划

项目月资金使用实行月报计划制度。每月项目经理部编制下月资金收支计划，进而提出月度资金使用计划（额度），编制项目月度资金使用计划表（表 1-88）。该计划由企业相关部门审核后报主管总经理批准。

3. 资金计划的调整

项目每月的资金使用要严格控制在计划之内，超出计划之外时，财务部门应停止付款，项目经理部为保证项目的正常运行，应提前提出资金使用变更申请，申请中要分析产生的原因，变更申请和相应计划审批程序相同。项目每月盘点资金使用状况时，要同产值进度以及成本管理的绩效相结合，实行收、支两条线。

项目资金收款计划表　　　　表 1-85

月份	业主拨付预付款		工程进度款		业主供材料		业主抵扣预付款		变更工程款		其他收款		收款累计	
	本月	累计	本月	累计	本月	累计	本月	累计	本月	累计	本月	累计	本月	累计
合计														

项目资金支付计划表　　　　表 1-86

月份	支付分包进度款		材料款		人工费		现场经费		其他费用		付款累计		资金余额（收款累积－付款累计）	
	本月应付	本月拟付	本月应付	本月拟付	本月应付	本月拟付	本月应付	本月拟付	本月应付	本月拟付	本月应付	本月拟付	本月余额	累计余额
合计														

项目总现金流量表　　　　表 1-87

项目名称：　　　　（单位：万元）

项目		计划施工工期（月）资金使用计划													
		以前年度累计	1	2	3	4	5	6	7	8	9	10	11	12	小计
产值	月完成														
	累计完成														
收款	月现金流入														
	累计现金流入														
项目支出	材料费														
	机械费														
	人工费														
	分包费														
	临时工程														
	现场管理经费														
	暂定金额														
	税金														
	其他														
	月现金流出														
	累计现金流出														
净现金流量															
累计净现金流量															

项目月度资金使用计划表 **表 1-88**

单位：万元

一、收款	预收工程款	工程进度款	变更工程款	其他	小计	业主供材料	合计	备注
1. 实际收款累计								
2. 本月拟收款								
3. 本月实际收款								
收款合计								

二、付款	分包款	材料款	人工费	机械使用费	其他直接费	间接费用	营业税金	合计
1. 实际付款累计								
2. 本月应付款累计								
3. 本月拟付款								
付款合计								
期末余额合计								

1.11.3 施工项目资金账户与印鉴管理

企业通常情况下不单独开设项目经理部银行账户。如果情况特殊，必须开设项目银行账户的，由项目经理部申请，企业进行账户开设的必要性及安全性分析，可行时确定项目账户开设方案。

企业规定账户的开设性质和具体的管理要求，安排专人负责并通过网络监控等手段确保项目账户合法、安全。

企业资金管理部门每月初应向银行核对银行账户中的记录和存款余额，确保与企业账簿记录和存款余额相符，不得出借银行账户，及时办理年检等有关手续，账户不需用时应及时销户。

银行印鉴应按照财务管理规定进行管理，将财务专用印章和人名章分人保管，严格按照要求使用。不定期对银行账户和印鉴管理进行检查。

1.11.4 施工项目资金收取管理

项目经理部应按企业授权配合企业财务部门及时进行资金计收。资金计收应符合下列要求：

（1）新开工项目按工程施工合同收取预付款或开办费。

（2）根据月度统计报表编制“工程进度款估算单”，在规定日期内报监理工程师审批、结算。如发包人不能按期支付工程进度款，且超过合同支付的最后限期，项目经理部应向发包人出具付款违约通知书，并按银行的同期贷款利率计息。

（3）根据工程变更记录和证明发包人违约的材料，及时计算索赔金额，列入工程进度款结算单。

(4) 发包人委托代购的工程设备或材料，必须签订代购合同，收取设备订货预付款或代购款。

(5) 工程材料价差应按规定计算，发包人应及时确认，并与进度款一起收取。

(6) 工期奖、质量奖、措施奖、不可预见费及索赔款应根据施工合同规定与工程进度款同时收取。

(7) 工程尾款应根据发包人认可的工程结算金额及时收回。

1.11.5　施工项目货币资金使用管理

1.11.5.1　项目备用金管理

(1) 企业建立备用金使用管理标准，明确项目备用金的数额及使用范围。

(2) 项目经理部按企业的规定管理使用备用金，提高资金利用效率。

(3) 企业对项目经理部备用金的使用管理进行必要的监督检查。

1.11.5.2　货币资金开支的授权批准

(1) 审批人应当根据公司有关授权批准制度的规定，在授权范围内进行审批，不得超越审批权限。

(2) 出纳人员应当在职责范围内，按照审批人的批准意见办理货币资金业务。

(3) 对于审批人超越授权范围审批的货币资金业务，出纳人员应拒绝办理，并及时向审批人的上级授权领导报告。

1.11.5.3　货币资金业务的办理程序

1. 支付申请

部门或个人用款时，应当提前提交货币资金支付申请，注明款项的用途、金额、预算及预算科目、支付方式等内容，并附有效经济合同或相关证明。

2. 支付审批

审批人根据其职责、权限和相应程序对支付申请进行审批。对不符合规定的货币资金支付申请，审批人应拒绝批准。

3. 支付复核

复核人应当对批准后的货币资金支付申请进行复核，复核货币资金支付申请的批准范围、权限、程序是否正确，手续及相关单证是否齐备，金额计算是否准确，预算是否超支，支付方式、支付单位是否妥当等。复核无误后交出纳人员办理支付手续。

4. 办理支付

出纳人员应当根据复核无误的支付申请，按规定办理货币资金支付手续，及时登记现金和银行存款日记账。

1.11.5.4　库存现金的保管

(1) 出纳应按照现金业务发生的先后顺序逐笔序时登记“现金日记账”。

(2) 库存现金必须日结日清，确保现金账面余额与实际库存相符，发现不符，应及时查明原因，做出处理。

(3) 出纳人员提取现金时应填写借款申请单，并说明库存现金情况，报财务资金部经理审批。

(4) 项目应当定期对项目现金使用进行盘点；也可在任意时间进行不定期盘点。

1.11.6　施工项目资金支付管理

1.11.6.1　项目分包商/供应商付款依据

（1）项目分包/供应商合同：直接费款项支付均应签署公司规定的合同。

（2）项目预算成本：直接费款项支付均应在公司签发的项目预算成本额度内。

（3）项目月度资金使用计划：项目每月底必须申报下月的月度资金使用计划，月度资金使用计划应遵循以收定支原则。

（4）项目分包工作量统计表：项目每月底必须申报分包工程量统计表（表1-89）。

（5）项目资金余额：项目付款应保证项目资金金额在公司规定的额度之内，对应的工程款从业主处收回，遵循以收定支的原则。

（6）担保的提供：支付预付款和工程款时，分包商/供应商应按照合同规定提交公司认可的预付款保函和履约保函，否则应扣除相应的保证金。

分包工程量统计表　　表1-89

序号	分包单位名称	合同编号	上期累计已完工作量	本月完成工作量	累计已完工作量
一、	分包				
1					
2					
二、	机械租赁				
1					
2					
三、	临时设施				
1					
2					
合计					

1.11.6.2　项目分包商/供应商付款程序

（1）对分包商付款时，由项目工程师确认并提供工程形象进度、质量和工作完成量，作为付款申请的重要依据。

（2）对供应商付款时，由项目物资部门提供并确认供应物资、设备的数量、质量等，作为付款申请的重要依据。

（3）项目合约商务部门根据合同、定额、验收资料等计算付款金额，并编制分包商/供应商付款申请表（表1-90）和分包商/供应商工作量完成情况统计表（表1-91）。

（4）分包商/供应商付款审核审批程序

项目经理部会签—公司相关管理部门复核—公司财务部门复核—公司领导审批—财务付款。

分包商/供应商付款申请表　　　　表 1-90

数据类别	代号	二级数据/计算公式	金额（支付币种：人民币）	备注
分包商/供应商名称：			合同编号：	
合同形式：			付款方式：□支票□汇票□电汇□其他：	
合同价格：			本期付款为该合同下第次付款	
收款人开户银行及账号			本期付款对应工作时间截止至：	
至本期止累计应付款	a	完成工作量累计（见附表）	—	
	b	按照付款比例（i）应付款 $a\times i$		
	c	工期奖/质量奖		
	d	应付预付款		
	e	退还保留金		
	f	其他应付款		
	g	至本期止应付款合计 sum（$b-e$）	—	
至本期止累计扣款	h	预付款抵扣		
		预付款余额（$d-h$）	—	
	j	保留金		
		保留金余额（$j-e$）	—	
	k	税金及基金		
	m	其他扣款		
	n	至本期止扣款合计($h+j+k+m$)	—	
至本期止累计应付净额	p	($g-n$)	—	
此前累计已付款	q	项目部财务按照实际填写		
本期应付款	r	($p-q$)	—	
本期实际付款	s	(s 应小于或等于 r)		
至本期止累计已支付金额	t	($s+q$)	—	
本单对应工作内容是否已从业主收回工程款，以及回收比例				
项目审核会签				
公司审核审批				

分包商/供应商工作量完成情况统计表　　　　表 1-91

分包商/供应商单位名称：　　　　金额：元

序号	工作内容描述/材料名称	单位	合同单价（元）	实际完成数量	完成工作量（元）	施工部位	施工时间
总计							

注：1. 本表适用于所有工程分包、材料采购及财产租赁等情况完成工作量的统计，工作量统计应涵盖合同方完成的所有我方应支付和扣款项目，扣款项目应用负数表示。

2. 本表应根据工程进度累加统计。

1.11.6.3 项目分包商/供应商财务审核内容

（1）项目分包/供应合同；

（2）项目预算成本；

（3）项目资金余额；

（4）分包商/供应商提供的保函；

（5）按照国家或公司合同规定的应代扣代缴的各种税费；

（6）各种往来款项抵扣；

（7）付款文件的完整性；

（8）付款金额的正确性；

（9）分包商/供应商提供发票的合法性；

（10）付款审批会签程序符合规定。

1.11.6.4 工程款支付要求

（1）分包工程款支付必须在分包工程结算审查完成后方可办理。材料、设备款必须在验收入库后方可办理。禁止先付款、后结算。

（2）如采取分包借款的方式支付分包工程款，应经过企业或分支机构总经理批准，借款人应提供担保或抵押，且借款手续齐备。

（3）企业从业主收取相应工程款后方可支付分包工程款和材料设备等款项，且支付比例不得高于企业从业主收回工程款的比例。

（4）采取总价包干、分段结算的分包工程，应严格做到付款与工程进度同步。

（5）分包工程款和材料设备等款项的支付必须履行企业规定的程序并办理相应的财务手续。

（6）必须建立工程款支付台账，及时掌握工程进度、结算和项目成本状况，并与工程款回收情况进行对比，发现问题及时采取措施。

1.11.7 施工项目现场管理费用的管理

项目现场管理费的明细按企业制定的统一会计科目表分类管理。项目现场管理费的开支应控制在按规定程序审批后的预算额度和科目之内。费用科目以外的开支和超出年度预算的开支应报企业相关负责人审批。

项目现场管理费的明细如表1-92所示。

项目现场管理费明细表 表1-92

序号	费用		说明
1	办公费	书报资料费	指日常购买参考书籍及资料
		打印复印费	指复印机的租赁费、购买复印纸张、硒鼓配件等费用
		办公用品费	指购买日常办公使用的笔墨、纸张、计算器、信封、信纸、文件夹等办公消耗品的开支
		网络使用费	指建设局域网或上网发生的开支，包括拨号上网资费、专线租赁费、Modem购置费、域名使用费等
		工程图纸费	指项目工程用图的复印费、晒图费、翻译费等，项目的工程图纸费等

续表

序号	费用		说明
1	办公费	生活用品费	指购买的被褥、纸杯、茶叶、纯净水等生活用品发生的费用
		修理费	指计算机、电视、冰箱、空调等办公设备的维修费，复印机、打印机维修费计入打印复印费
		会议费	召开各种会议需用的费用
		通信费	手机费指项目管理人员的手机通话费用。办公电话费指项目办公室的初装费和移机费，以及直拨电话和传真机的市内、长途电话费
		邮寄费	指邮寄、快递有关文件、资料等发生的费用开支
		软件费	指购买各种办公软件等费用支出
		印刷费	指印制工作表格、标准文本、名片等费用
2	低值易耗品摊销		低值易耗品系指单价低于5000元的资产，如办公家具、电器设备等
3	业务招待费		业务招待费系指为公务需要发生的招待用餐、礼品赠送等费用
4	企业标识宣传费		
5	差旅交通费	市内交通费	指项目发生的市内出租车费、公交车费及项目人员交通补助等
		外埠交通费	指项目人员到项目所在地区以外出差发生的住宿费、交通费、误餐费等
		车辆使用费	指机动车停车费、过路费、过桥费、年检费、养路费、保险费、修理费等支出
		汽车加油费	预算内项目公务车的加油费
6	无形资产摊销		无形资产摊销系指项目购买各种施工管理软件发生的费用摊销
7	折旧费	办公设备折旧	指计算机、打印机、办公家具（单价5000元以上）等办公设备应计提的折旧
		车辆折旧	指项目使用的企业自有公务用机动车应计提的折旧
		其他固定资产折旧	指项目使用的企业其他固定资产应计提的折旧
8	工资及相关费用		包括项目管理人员工资、职工福利费（独生子女补贴、集体福利费、职工医药费等）、社会保险费（五险一金）、工会经费、职工教育经费等
9	劳动保护费		仅指项目管理人员日常的劳动保护费用
10	职工教育经费		参加国家、地方建设行政主管部门、企业内部组织的各种培训发生的费用
11	人员管理费		指职员评定职称、取得各种证书等发生的费用
12	律师诉讼费		指项目期间发生的各种纠纷诉讼产生的费用
13	税金		现场管理费用中的税金包括印花税和车船使用税
14	财产保险费		项目为其财产保险支付的保费
15	意外伤害保险费		指为在施工现场的施工作业人员和工程管理人员受到的意外伤害，以及由于施工现场施工直接给其他人员造成的意外伤害而支付的保险费
16	项目其他生活费用支出		包括项目管理人员房屋租赁费、房屋维修费、物业管理费、水电费等费用

1.11.8 施工项目财务核算管理

(1) 项目中标后公司财务部门应确定项目会计负责项目的财务核算。项目会计应严格按照公司会计制度对项目账务进行处理。

(2) 项目会计应随时登记项目台账，及时处理财务信息，并保证核算正确。

(3) 项目会计应及时和项目商务人员沟通，保证项目成本处于受控状态。

(4) 项目会计应及时清理往来账务，催要发票凭证。

(5) 项目会计应及时做好电算化财务数据的备份。

(6) 项目会计应按时打印装订会计凭证、账册、会计报表等。

(7) 项目会计应按时向项目经理提供项目财务报告。

(8) 项目出纳应对项目付款进行及时登记，并于月末将本月间接费支付明细和直接费支付各明细（包括分包、材料供应商、其他直接费）报至项目会计核对。

1.11.9 施工项目资金预、决算管理

1.11.9.1 施工项目资金预算管理

(1) 项目经理部依据工程承包合同、项目管理策划书、项目承包责任书等方面的规定编写项目财务预算方案，报经企业批准后执行。

(2) 项目财务预算由项目经理部根据工程合同、施工组织设计、各种生产资料的市场价格及预期情况进行编制；项目预算方案在执行过程中根据项目实际情况的变化，按企业规定的程序进行必要的调整和完善。

(3) 项目财务预算执行严密的预算调整程序。原则上各项目预算一经批准确定不得更改，但因特殊事由需调整的，应遵循严格的审批制度。

(4) 财务预算应在项目中标后、开工前提出。

1.11.9.2 施工项目资金决算管理

(1) 项目竣工结算时，项目主管会计应配合项目合约商务部门与项目业主、分包商、供应商进行决算。

(2) 项目会计根据决算报告及时进行会计账务处理。

(3) 在项目经理部与业主办理工程决算，以及项目劳务、材料、机械等所有支出决算完成后，企业对项目经理部进行财务决算。

(4) 项目会计按照公司规定编制项目决算财务分析报告。

(5) 项目竣工结算后由公司派审计人员及相关部门对项目签订的合同及账务进行审计。

(6) 审计后项目会计按照公司档案管理规定将项目的有关财务资料及时清理造册，移交公司档案室。

1.11.10 税 务 管 理

1.11.10.1 项目纳税管理

项目的出纳人员应在项目初始阶段对当地税务政策进行了解，并根据相关规定办理流转税申报、缴纳工作，并应在项目结算后办理完税证明。公司税务主管负责协助提供办理

有关外出经营许可证的相关资料。

1.11.10.2　开具分包商完税证明的管理

(1) 作为总包，按照国家或公司规定已经代扣代缴分包商营业税及附加税后，应通过税务机关开具完税证明。

(2) 开具完税证明的条件：

1) 已签订正式合同；

2) 合同价格为含税（营业税及附加，下同）价格；

3) 确实已经在付款时进行代扣代缴；

4) 分包商已经提供完税正式发票。

(3) 开具完税证明时的发票的提供：

1) 分包合同为含税合同：

如果开具完税证明以前每次付款时分包商均开具实际收到款项（扣税后金额）的完税发票，则分包商应补开完税证明同等金额的完税发票后方可得到完税证明。

如果前期付款时分包商提供含税的完税发票（金额＝实际付款＋代扣税），则开具完税证明时分包商无需再提供发票。

2) 分包合同为不含税合同：

① 分包商在报价时未计取营业税及附加，但付款时分包商提供完税正式发票；

② 主管会计将依据实际付款折算税金，完税证明金额＝实际付款/(1－3.3%)×3.3%；

③ 分包商应补开完税证明同等金额的完税正式发票后方可得到完税证明。

(4) 完税证明开具时间：

1) 开具完税证明的时间应符合工程的形象进度、工程款的支付情况，原则上分包合同结算后开具完税证明。

2) 项目主管会计应认真计算、审核完税金额和分包商提供的完税正式发票，并建立相应记录或台账。

1.11.11　拖欠款管理

(1) 项目经理部对业主不按合同付款、拖延付款、延迟核定进度款等方式造成事实拖欠项目款项的情况，应制定拖欠款管理措施。

(2) 项目经理部核定拖欠款的具体情况，分析拖欠原因，制定清欠方案。

(3) 项目经理部在企业的指导下有策略地实施清欠方案。

(4) 业主未按合同约定支付工程款时，企业应首先做出判断，确定应对方式，并由项目部先行实施，项目力度不够时由企业实施。通常方法有加强催收、谈判、停工及法律手段等。

1.11.12　工程尾款与保修款管理

(1) 工程决算完成后，项目收款进入项目尾款及保修款的管理。项目经理部撤销后，企业应明确原项目经理或相关人员作为收款责任人。

(2) 收款责任人按工程款收取的程序催收工程尾款。

(3) 收款责任人按合同关于保修的要求创造条件及时回收保修款。企业也可采取保修保函的方式回收保修款。

(4) 尾款及保修款不能回收时，项目经理部的承包责任书规定的内容可提前进行考核，但不能提前奖励。

(5) 项目尾款及保修款清收方案。

1.12 施工项目节能减排与环境保护管理

1.12.1 项目节能减排管理

项目节能减排管理指的是，通过有效的管理减少项目施工过程中的能源浪费和降低污染物、噪声的排放。

1.12.1.1 项目节能减排的主要管理内容

1. 能源消耗

能源消耗量指实际消耗的各种能源，包括工程承包合同范围施工生产、辅助生产、附属生产消耗和现场办公消耗的能源，不包括用于生活目的所消耗的能源。

2. 耗能工质

耗能工质：间接消耗能源的工作物质。即在生产经营活动中，需要消耗某些工作物质，而生产这些工作物质，需要消耗一定数量的能源，利用这些工作物质就等于间接地消耗能源。

3. 材料

钢材、水泥、木材、商品混凝土等。

4. 减排管理内容

废水、废气、噪声、建筑垃圾的排放管理。

1.12.1.2 节能减排组织及要求

(1) 建筑施工企业应编制开展节能减排活动的管理制度；制定年度节能减排目标和指标，并分解到各工程项目部。

(2) 项目部施工组织设计应有节能减排专题章节，或针对工程项目特点，编制工地节能减排专项方案并组织实施。

(3) 成立以项目经理为主要责任人的工地节能减排活动领导小组，制定有工地节约控制责任制，编制创节能减排型工地的管理人员名单。

(4) 工程项目应设立节能降耗目标：

1) 万元产值用电量控制指标参考基本值为 108kW·h；

2) 万元产值用水量控制指标参考基本值为 $12m^3$；

3) 单位建筑面积损耗的其他能资源不超过定额规定，并逐年按比例递减。

(5) 建立分级节能降耗组织管理机构与节能降耗责任制；制定工程项目节能降耗目标阶段预审和预评的规定。

(6) 工程项目施工现场入口处，设立节能减排型工地公示牌，公示创建节能减排型工地的责任人、目标、能源资源分解指标、主要措施等内容，生活区及施工现场内在显著位置设置节约用水、用电的宣传。

1.12.1.3　节能减排现场管理措施

(1) 严格执行国家、行业、地方关于禁止与限制落后淘汰技术、工艺、产品的现行有关规定；积极采用新技术、新材料、新工艺和新产品。

(2) 安全生产、工程质量、文明施工符合国家、行业、地方标准规范的规定；按图施工，落实建筑节能要求，无不良记录。

(3) 建立分区域能源、资源消耗原始记录和月度台账，对指标体系中的各项指标值的真实性负责；完成从开工到竣工全过程节能降耗数据分析报告。

1.12.1.4　节能减排现场技术措施

1. 综合技术措施

(1) 通过方案比较、方案评审等优化措施，形成合理的施工方案、施工组织设计；方案优化的重点是施工平面布置、设备选用、模板体系、脚手架体系、材料管理等。

(2) 围绕符合建筑节能、节地、节水、节材和科技进步、技术创新的原则，在施工方案优化，过程管理，施工新技术、新工艺、新材料的开发应用等方面，实施能源资源节约和循环利用。

(3) 积极应用住房和城乡建设部推广的"10项新技术"(《建筑业10项新技术(2010)》建质〔2010〕170号)。

(4) 有条件的施工企业，应加大新技术、新工艺、新材料的课题研究，将科研成果转化为现场应用；鼓励施工企业自创的技术革新及有效节约方法的推广应用。

(5) 鼓励对太阳能光电、太阳能光热、风能、地源热泵等可再生能源的推广应用，淘汰或逐步减少耗能型施工机械设备。

(6) 严格执行当地使用新型建设工程材料的相关规定。禁止使用实心黏土砖，限制使用黏土多孔砖，非承重结构全面使用新型墙体材料。推广应用加气混凝土砌块、陶粒混凝土砌块、多排孔混凝土小型空心砌块等非黏土类新型墙体材料，保护和节约不可再生的土地资源。

2. 土地节约措施

(1) 施工现场物料堆放应紧凑，施工道路宜按照永久道路和临时道路相结合的原则布置，减少土地占用；如施工现场场地狭小，需选择第二场地进行材料堆放、材料加工时，应优先考虑利用荒地、废地或闲置的土地。

(2) 挖出的弃土，有场地堆放的应提前进行挖填平衡计算，或与邻近施工场地之间的土方进行资源调配，尽量利用原土回填，做到土方量挖填平衡。因施工造成裸土的地块，应及时覆盖沙石或种植速生草种，防止由于地表径流或风化引起的场地内水土流失。施工结束后，应恢复其原有地貌和植被。

3. 节水措施

(1) 施工现场供水管网应根据用水量设计布置，管径合理、管路简捷，采取有效措施减少管网和用水器具的漏损。

(2) 使用节水型产品，对不同的施工、生活等用水分别装置计量表，分别监控，并做记录。第一年节水型产品和计量装置使用率应达50%，并逐年提高。

(3) 有专人定时对施工现场及生活区的水龙头及用水设备进行检查，是否有"跑、冒、滴、漏”现象并及时修复。

(4) 生活区内热水供应采取限时或者用量控制措施，防止乱用水现象的发生。

(5) 厕所等部位应采用节水型闸阀开关，并根据时段调节阀门出水量。

(6) 实施水资源循环利用，现场设置废水回收水池（塔），沉淀后进行重复利用，减少市政自来水的使用。有条件的工地，可利用收集雨水、工地附近的河水等，替代自来水用于部分生产、生活。

4. 节能措施

(1) 施工现场应在各项施工活动和工序中，做好电机节能、余热利用、能量系统优化、绿色照明、办公节能及节能监测和服务体系建设等工作，优先使用节能、高效、环保的施工设备和机具，采用低能耗施工工艺，充分利用可再生清洁能源。

(2) 建设工程临时设施的节能由改善围护结构热工性能，提高空调采暖设备和照明设备效率来分担。围护结构传热系数参照《公共建筑节能设计标准》（DBJ01—621）执行。

(3) 根据《国务院办公厅关于严格执行公共建筑空调温度控制标准的通知》，夏季室内空调温度设置不得低于26℃，冬季室内空调温度设置不得高于20℃。空调运行时应关闭门窗。

(4) 编制科学的用电施工方案，配电线网布置规范，配线选材合理，避免电流密度过大或电阻过大，造成浪费。

(5) 室外照明宜采用高强度气体放电灯，办公室等场所宜采用细管荧光灯，生活区宜采用紧凑型荧光灯。在满足照度的前提下，办公室节能型照明器具功率密度值不得大于$8W/m^2$，宿舍不得大于$6W/m^2$，仓库照明不得大于$5W/m^2$。

(6) 加强用电管理，施工区、生活区有专人管理照明灯具；宿舍应采用智能化开关控制宿舍的用电。

(7) 建设工程施工用电必须装设电表，生活区和施工区应分别计量；用电电源处应设置明显的节约用电标识；同时，施工现场应建立照明运行维护和管理制度，及时收集用电资料，建立用电节电统计台账。针对不同的工程类型，如住宅建筑、公共建筑、工业厂房建筑、仓储建筑、设备安装工程等进行分析、对比，提高节电率。照明运行维护和管理制度应执行《建筑照明设计标准》（GB 500034）相关规定。

(8) 施工现场有条件时可利用太阳能作为照明能源，办公区、生活区宜安装太阳能装置提供生活热水。

(9) 建筑材料的选用应缩短运输距离，减少能源消耗。

(10) 采用能效比高的用电设备，推广使用智能型荷载限位器，现场有控制大功率用电设备措施。照明灯具应采用高效、节能、使用寿命长的施工照明灯具。

(11) 加强对大型施工机械设备运行管理，禁止空载运行、提高使用率；对机械进行定期维护，确保机械正常运行。

(12) 选用环保高效节能的施工机械，逐步利用Y系列节能电机（全封闭自扇冷式三相鼠笼型异步电动机）改造现有施工机械动力源，逐步采用高效功率补偿器技术；禁止耗能超标机械进入施工现场。

5. 节材措施

（1）强化现场材料管理，建立商品混凝土、钢材、木材、水泥、砂石料等大宗材料预算计划和进场验收管理制度，确保质量合格和数量准确。

（2）优先采用高效钢筋与预应力技术、钢筋直螺纹连接、电渣压力焊技术等节材效果明显的新技术。推广钢筋专业化加工和配送，减少施工现场钢筋断料的浪费。

（3）推广使用预拌混凝土和商品砂浆。准确计算采购数量、供应频率、施工速度等，在施工过程中进行动态控制。

（4）架设工艺及模板支护等专项方案应予会审、优化，合理安排工期，加快周转材料周转使用频率，降低非实体材料的投入和消耗；推广使用定型钢模、钢框竹模和竹胶板，增加模板周转次数；推广先进工艺、技术，降低材料剪裁浪费；合理确定商品混凝土掺合料及配合比，降低水泥消耗。

（5）其他主辅材使用时，安排好进场时间和堆放位置，合理有效保管和使用，减少放置、储存和二次搬运等对材料的消耗。

（6）施工现场应专设场地和专职人员负责对废弃物进行收集，分类回收或加工利用，对钢筋头、废铁丝等集中售给废品站回收炼钢。废木屑、锯末集中售给木屑板厂作为原料，落地砂浆过筛后经成型机加工成水泥块。力争各类建筑垃圾回收、再利用率达到30%以上。

（7）在施工期间，应充分利用场地及周边现有或拟建道路、给水、排水、供暖、供电、燃气、电信等市政设施、场地内现有建筑物或拟建建筑物的功能，减少资源能源消耗，提高资源再利用率，节约材料与资源。

（8）现场办公和生活用房采用周转式活动房，现场围挡应最大限度地利用已有围墙，或采用装配式可重复使用围挡封闭。建筑塔式起重机基础等临时性重型构件、基坑支护结构中设置有侵入坑外土层中的预应力锚杆，优先采用可拆卸式，便于回收利用。

6. 减排措施

（1）编制专项方案对工地的废水、废气、废渣的三废排放进行识别、评价和控制，安排专人、专项经费，制定专项措施，减少工地现场的三废排放。

（2）对施工区域的施工废水设置沉淀池，进行沉淀处理后重复使用或合规排放，对泥浆及其他不能简单处理的废水集中交由专业单位处理。在生活区设置隔油池、化粪池，对生活区的废水进行收集和清理。

（3）禁止在施工现场焚烧垃圾，使用密目式安全网、定期浇水等措施减少施工现场的扬尘。

（4）合理安排噪声源的放置位置及使用时间，采用有效的噪声防护措施，减少噪声排放，并满足施工场界环境噪声排放标准的限制要求。

（5）生活区垃圾按照有机、无机分类收集，与垃圾站签订合同，按时收集垃圾。对不可回收有害的施工垃圾打包封袋，按照环保等部门的规定要求送往指定处理中心集中进行无害化处理。房建类工程每万平方米的建筑垃圾不应超过400t。

1.12.1.5 施工项目的基本情况和工程类别，万元产值综合能耗水平统计

1. 项目概况、能耗水平统计表（表1-93）

2. 项目概况、能耗水平统计表填制说明

（1）工程名称、项目所在地按实填写。

项目概况、能耗水平统计表 **表 1-93**

施工项目名称		项目所在地	
工程类型	（ ）房屋建筑（ ）工业建筑（ ）市政工程（ ）公路工程 （ ）铁路工程（ ）能源工程（ ）水利工程（ ）园林工程 （ ）装饰工程（ ）钢结构工程（ ）安装工程（ ）其他工程		
现场情况	现场设搅拌站：□是□否 现场设钢筋加工场□是□否 非标设备加工场：□是□否 钢构件加工场□是□否		
开工日期		计划竣工日期	
项目经理		联系电话	
建筑面积（m^2）		合同造价（万元）	
工程进度		施工已完成合同额的比例（%）	
环境方面受到地级市以上表彰和奖励（次数）		环境方面受到省级以上表彰和奖励（次数）	
噪声、扬尘等方面受到地方政府通报批评（次数）		噪声、扬尘等方面受到地方政府处罚（次数）/金额（万元）	
噪声、扬尘等方面受到业主投诉（次数）		噪声、扬尘等方面受到社区居民投诉（次数）	
发生火灾（次数）/损失（万元）		发生其他环境事故（次数）	
环境、职业健康安全投入总额（万元）		能源消耗量［标准吨煤/产值（万元）］	

（2）建筑面积填写按照工程合同约定的工程实体建筑面积，如有多个单位工程，按照所有单位工程建筑面积总和。

（3）项目类型填写应在（√）注明房屋建筑、工业建筑、市政工程、公路工程、铁路工程、能源工程（各种电厂）、装饰工程、水利工程、园林工程、钢结构工程、安装工程、其他工程。

（4）其他工程指以上 11 种工程类型未包括的其他工程。

（5）在现场情况中应明确有无搅拌站、钢筋加工场、非标设备加工场、钢构件加工场。

（6）合同造价填写，按照合同约定的工程造价或预算价格，如有多个单位工程，按照所有单位工程合同约定的工程造价或甲方审定的预算价格总和。

（7）在环境方面获地市级以上表彰和奖励次数、省级以上表彰和奖励次数，均以证书和发证时间进行统计，未发生为零。

（8）在噪声、扬尘等方面受到地方政府通报批评次数、处罚次数/处罚金额（万元），均以地方政府文件和罚款通知进行统计，未发生为零。

（9）在噪声、扬尘等方面受到业主投诉或社区居民投诉次数，以业主、社区居民书面投诉进行统计，未发生为零。

（10）发生火灾次数、损失金额（万元）、发生其他环境事故的次数均以实际发生数统计，未发生为零。

（11）环境和职业健康安全投入总额（万元）按财务报表统计值为准，应包括：环境设施建设与维护费，消防设施与维护费用，环境、安全检测费用，废弃物回收、消纳费用，环境、职业健康安全监管系统的管理费，安全生产技术措施费，环境、职业健康安全应急准备和响应费用等。

1）环境设施建设与维护费：包括节水阀门、节能灯、沉淀池、化粪池、隔油池、排水设施、洒水设施、废水回收与处理设施、隔声屏、隔音围护、硬化道路、防止扬尘的覆盖设施或固化物、接火盆、接油盆的购置、建设、清掏、转运、消纳、洒水等费用。

2）消防设施与维护费用：包括消防水管、消防箱、灭火器、消防栓、消防水带、沙池、喷枪、铁锹、防火桶等购置、建设、维护、检定等费用。

3）环境、安全检测费用：包括水、电、油、计量仪器、噪声、污水、有毒有害气体等检测仪器购买或租赁、检定、保管，内部检测人员工资，噪声、污水、有毒有害气体、石材、涂料、外加剂、接地电阻、漏电保护器、电流、电压、安全帽、安全带、安全网等检测费用，委托权威机构检测等费用。

4）废弃物回收、消纳费用：包括废弃物分类、回收、垃圾消纳人员工资、废弃物转运、贮存、消纳、无害处理等费用。

5）环境、职业健康安全监管系统的管理费：包括企业各级环境、安全管理部门的办公、差旅等项管理费，专职环境、安全管理人员工资、奖金、福利等费用，企业自有职工工伤保险费、体检费。

6）环境、职业健康安全应急准备和响应费用：包括环境、职业健康安全应急准备材料、设施、通信器材等购买、储存、演练人员工资，材料、设施消耗等费用。

7）环境、安全教育培训费用：包括环境、安全教育培训资料费、差旅费、培训费、教师讲课费、场地租借费等。

8）安全生产技术措施费，包括：

①员工安全防护用品费：包括安全帽、安全带、工作服、防护口罩、护目眼境、耳塞、绝缘鞋、手套、袖套、电焊防护面具等个人防护用品的购置费。

②临边、洞口安全防护设施费：包括楼层临边、阳台临边、楼梯临边、卸料平台侧边、基坑周边、预留洞口、电梯井口、楼梯口、通道口等安全防护设施的材料费、人工费，为安全生产设置的安全通道、围栏、警示绳等材料费、人工费。

③临时用电安全防护设施费：包括临近高压线隔离防护的材料费、人工费，配电柜（箱）及其防护隔离设施、漏电保护器、低压变压器、低压配电线、低压灯泡的材料费、人工费。

④脚手架安全防护设施费：包括安全网、踢脚板等的材料费、人工费。

⑤机械设备安全防护设施费：包括钢筋加工机械、木工机械、卷扬机等中小型机械设备防砸、防雨设施的材料费、人工费。

⑥特殊作业安全防护设施费：包括隧道、容器、暗挖、2.5m 以上人工挖孔桩等作业通风设备、除尘设备、设施的购置费、安装费、维护费等。

⑦施工现场文明施工措施费：包括确保施工现场文明施工及安全生产所进行的材料整理、垃圾清扫的人工费等。

⑧其他安全措施费：包括安全标志、标语及安全操作规程牌购置、制作及安装费，安

全评优费，工程项目意外保险费、员工防暑降温药品、饮料费，冬季防滑、防冻措施费，其他安全专项活动费用。

(12) 能源消耗量：指实际消耗的各种能源，它包括工程承包合同范围施工生产、辅助生产、附属生产消耗和现场办公消耗的能源，不包括用于生活目的所消耗的能源。

1）项目能源消耗量＝项目统计产值的所用能源总量－能源中不统计产值的分包所用能源总量－生活用能源总量。

2）能源：包括一次能源、二次能源，一次能源包括：煤炭、石油、天然气等；二次能源包括：石油制品、蒸汽、电力、焦炭、煤气、氢气等；各种能源消耗不得重计或漏计。

3）消耗的各种能源中，作为原料用途的能源，原则上应包括在内。

(13) 产值综合能耗＝总综合能耗÷总产值（口径以统计报表为准），吨标准煤/万元

1）1kg标准：煤低（位）发热量等于29.27MJ（或7000kCal）的固体燃料，称1kg标准，在统计计算中，采用吨标准煤。

2）所有能源消耗均应换算成1t标准煤，能源换算成1t标准煤。详见拆标系数规定表（表1-94）。

3）消耗的一次能源量，均按应用基低（位）发热量换算为标准煤量；消耗的二次能源，均应折算到一次能源；其中，燃料能源应以应用基低（位）发热量为折算基础。

拆标系数规定表 **表1-94**

序号	能源项目	计量单位	拆标系数
1	原煤	t	0.7143
2	洗精煤	t	0.9000
3	其他洗煤	t	0.2857
4	焦炭	t	0.9714
5	焦炉煤气	万m^3	5.7140
6	高炉煤气	万m^3	1.2860
7	其他煤气	万m^3	3.5701
8	天然气	万m^3	13.3000
9	原油	t	1.4286
10	汽油	t	1.4714
11	煤油	t	1.4714
12	柴油	t	1.4571
13	燃料油	t	1.4286
14	液化石油气	t	1.7143
15	炼厂干气	t	1.5714
16	热力	10^9J	0.0341
17	电力	万kW·h	4.0400

如：1t汽油折合1.4714t标准煤；1万m^3天然气折合13.3000t标准煤。

1.12.1.6　施工项目能源、资源消耗统计

1. 能源、资源消耗统计表（表 1-95）

能源、资源消耗统计表　　表 1-95

施工项目名称			项目类型	
类　别	能源或材料类别	计划用量（1）	实际用量（2）	备　注
1 能源	1.1 原煤（t）			
	1.2 洗精煤（t）			
	1.3 其他洗煤（t）			
	1.4 焦炭（t）			
	1.5 焦炉煤气（万 m^3）			
	1.6 高炉煤气（万 m^3）			
	1.7 其他煤气（万 m^3）			
	1.8 天然气（万 m^3）			
	1.9 原油（t）			
	1.10 汽油（t）			
	1.11 煤油（t）			
	1.12 柴油（t）			
	1.13 燃料油（t）			
	1.14 液化石油气（t）			
	1.15 炼厂干气			
	1.16 热力（10^9J）			
	1.17 电力（万 kWh）			
2 耗能工质	2.1 水（t）			
3 材料	3.1 钢材（t）			
	3.2 水泥（t）			
	3.3 木材（m^3）			
	3.4 商品混凝土（m^3）			

2. 能源、资源消耗统计表填制说明

（1）项目类型填写应注明房屋建筑、工业建筑、市政工程、公路工程、铁路工程、能源工程（各种电厂）、装饰工程、水利工程、园林工程、钢结构工程、安装工程、其他工程。

（2）填报中：计划用量填报至工程竣工，按照预算或计划消耗的能源或资源数量或在企业规定的项目承包量作为计划用量；实际用量为至目前施工状态，实际消耗的能源或资源数量（应以统计口径为准），总包或分包自报产值的项目所消耗的能源和资源均由总包或分包单位统计，未报产值的项目其能源和资源的消耗均不统计。

（3）能源填制说明

1）能源包括用电、用原煤、洗精煤、其他洗煤、焦炭，焦炉煤气、高炉煤气、其他

煤气、天然气，原油、汽油、柴油、煤油、燃料油，液化石油气、炼厂干气、热力、电力等项目统计，在填报时，如无此项内容，则在表中填“无”或“/”标识。

2）用电、用煤、用油、用气应按工程实体消耗量及现场生产设施、辅助生产设施、办公设施所消耗总量，分别统计生产用量，数据均以电表、气表、加油量或油票和煤过磅量为准。

3）用油指项目所用汽油、柴油、煤油等，生活车用油为生活用油不统计；私车在项目报销油料费的，其用油量统计在生产用油中，班车用油、施工用油为生产用油；项目统计产值由分包自购材料所发生的油料消耗均由项目统计。

4）用电指项目照明和动力所用电，生活区、办公区全部用电为生活用电，现场生产设备、施工照明用电为生产用电。

5）洗澡、食堂用煤气、液化气、天然气为生活用气不统计，办公室用煤气、液化气、天然气为生产用气，现场生产设备施工用液化石油气、天然气作动力为生产用气。

6）食堂、茶炉、生活区用煤为生活用煤不统计，办公室用煤为生产用煤，构件养护、冬季施工加热、保温用煤为生产用煤；现场自烧蒸汽养护构件只统计用煤、用电所消耗能量，其用水量也应统计，现场购买的蒸汽应统计蒸汽消耗量，而不统计用煤、用电量，也不统计用水量。

7）总包报产值由供应商消耗的能源应纳入总包能源消耗量，如商品混凝土搅拌消耗的电力、混凝土运输和泵送中消耗的汽油、柴油、电力消耗量，钢构件、设备吊装租用的大型设备发生的汽油、柴油、电力消耗量，应纳入总包能源消耗量。

8）总包报产值由分包消耗的能源应纳入总包能源消耗量，如钢筋、钢构件加工发生的电力、运输中发生的汽油、柴油消耗量，基坑施工中各种机械设备发生的电力、汽油、柴油消耗量。

9）总包报产值涉及的供应商、分包方为二级施工企业或子公司内部法人单位或非法人单位所消耗的能源只统计一次，不重复计算。

（4）耗能工质填报说明

1）项目现场生产设备、施工、养护、搅拌、降尘、生产设备清洗等用水为生产用水，食堂、生活区、办公区用水为生活用水不统计。

2）现场用自来水不统计能耗，只统计用水量；抽地下水现场用、现场用水压力不足加压时，现场应统计所用电量，也统计用水量；地下降水、动力排水现场应统计所用电量，不统计用水量；现场用雨水、沉淀池水作降尘、养护用不统计能耗，也不统计用水量。

3）项目所用氧气、乙炔、电石均不统计能耗。

（5）施工用料消耗填制说明

1）表中材料部分内容统计，应包括构成施工实体和现场生产、辅助生产、办公临时设施、现场生活区施工所用材料消耗量。

2）施工用料统计指工程承包合同范围内总包或分包全部用料，包括所用分包用料、返工和返修用料。

3）填报时，如无此项内容，则在表中填“无”或“/”标识；填报时还应明确现场有无食堂、宿舍、厕所、浴室、搅拌站、钢筋加工场、非标设备和钢构件加工场等内容，以便考核比较。

1.12.1.7　施工项目环境管理绩效统计

分别针对项目的主要环境影响方面，对施工项目在环境管理、环境控制、环境监测等方面情况进行统计，反映施工项目在环境管理方面的绩效。

1. 施工项目环境管理绩效统计表（表 1-96）

施工项目环境管理绩效统计表　　　表 1-96

施工项目名称			项目类型	
环境影响		环境指标	计划值	实际值
1	污水排放	1.1　污水排放达标率（%）		
		1.2　沉淀池、化粪池、隔油池溢流或遗洒次数（次）		
2	施工扬尘	2.1　场地硬化面积（m^2）		
		2.2　易飞扬材料运输封闭率（%）		
		2.3　场地覆盖率（%）		
3	施工噪声	3.1　打桩施工阶段噪声值（dB）	昼间 85	昼间
		3.2　土方施工阶段噪声值（dB）	昼间 75	昼间
			夜间 55	夜间
		3.3　结构施工阶段噪声值（dB）	昼间 70	昼间
			夜间 55	夜间
		3.4　装饰装修施工阶段噪声值（dB）	昼间 65	昼间
			夜间 55	夜间
		3.5　现场噪声排放合格率（%）		
4	固体废弃物	4.1　固体废弃物分类处置率（%）		
		4.2　有毒有害废弃物无害处置率（%）	100	
5	有毒有害气体	5.1　住宅工程室内空气质量检测合格率（%）	100	
6	消防	6.1　现场消防器材达标率（%）		
7	施工机械	运输机械尾气达标率（%）		

2. 施工项目环境管理绩效统计表填制说明

（1）表 1-96 为施工项目环保绩效统计表，主要划分为污水排放、施工扬尘、施工噪声、固体废弃物、消防、施工机械六大项。

（2）项目类型填写应注明房屋建筑、工业建筑、市政工程、公路工程、铁路工程、能源工程（各种电厂）、装饰工程、水利工程、园林工程、钢结构工程、安装工程、其他工程。

（3）污水排放填制说明：

1）污水排放达标率计划值为目标规定应达到的合格排放值，实际值为经检测达到合格的排放值，污水排放达标率＝污水排放达标次数÷污水排放次数×100%。

2）污水排放达标指在有城市污水管网处施工，办理书面排污手续，其现场废水经两级或三级沉淀池沉淀过滤后排入市政管道；100 人以上食堂经隔油池过滤后排放入市政管道，浴厕废水经化粪池沉淀过滤后排入市政管道；在无城市污水管网处施工、其废水经检测达到规定排污标准或拉到指定污水排放口排放或由环卫部门定期清运；在风景名胜区和饮水源处施工其废水拉到指定污水排放口排放。

3）污水排放次数为项目混凝土浇筑后冲洗的次数，食堂污水为实际开伙日历天数每天统计排放量1次，现场废水每检测1次或转运1次或清运1次计算1次污水排放次数。

4）沉淀池、化粪池、食堂隔油池溢流或遗洒次数，计划数为目标规定值，实际数为沉淀池、化粪池、食堂隔油池实际发生溢流或清淘后发生遗洒次数，或检查发现溢流或清淘后发生遗洒次数。

（4）扬尘控制填制说明

1）场地硬化面积计划值为按照法规或企业施工组织设计中策划规定应硬化的面积量，包括现场主要临时道路面积及其他需硬化面积，实际值为现场实际硬化面积量。

2）易飞材料覆盖率=运输易飞材料实际覆盖封闭次数÷运输易飞材料总次数×100%

场地覆盖率统计=现场实际覆盖面积÷现场应覆盖面积×100%。

3）计划值为目标或企业施工组织设计中策划规定的应达到的易飞材料运输封闭率、场地覆盖率；实际值为运输易飞材料实际封闭次数占运输易飞材料总次数的百分比和现场实际覆盖面积占现场应覆盖面积的百分比。

（5）噪声排放填制说明

1）噪声计划值为当地环保部门按《声环境质量标准》（GB 3096）或《建筑施工场界噪声限值》（GB 12523）确定的噪声排放限值。

2）噪声排放实际值是对表1-9中的打桩施工阶段噪声值、土方基础施工阶段噪声值、结构施工阶段噪声值、装修装饰施工阶段噪声监测结果的平均值，分别进行昼间和夜间的统计，如：结构施工昼间噪声排放值=每次噪声监测数值÷噪声监测总次数。

3）表中3.5现场噪声排放合格率，计划值为目标或企业环境策划规定应达到的现场噪声排放合格率，实际值为现场噪声排放合格率实际完成值，如，现场噪声排放合格率=噪声排放监测合格的次数÷噪声监测总次数×100%。

（6）固体废弃物控制填制说明

1）固体废弃物分类处置率计划值为目标或企业环境策划规定应达到的现场固体废弃物分类处置率，实际值为现场固体废弃物分类处置率实际达到值。

2）固体废弃物分类处置率=现场产生固体废弃物进行分类处置数量(车)÷现场产生固体废弃物的总量(车)×100%

或固体废弃物分类处置率=检查现场产生固体废弃物进行分类处置次数(次)÷检查现场产生固体废弃物的处置总次数(次)×100%。

3）有毒有害废弃物无害处置率，计划值为目标或企业环境策划规定应达到的有毒有害废弃物无害处置率，实际值为现场有毒有害废弃物无害处置率实际完成值。

4）现场有毒有害废弃物无害处置率=有毒有害废弃物无害处置量(kg)÷有毒有害废弃物处置总量(kg)×100%。

5）有毒有害废弃物无害处置指有毒有害废弃物无害交供应商回收（废油漆、废涂料、墨盒、硒鼓等)、分包方处置（维修配件、废油等)、交有资质单位处置（废电脑、打印机等)，应有合同或协议、资质证书、处置记录或有毒有害废弃物处置五联单。

（7）有毒有害气体检测填制说明

1）住宅工程室内空气质量检测合格率，计划值为按《民用建筑工程室内环境污染控制规范》（GB 50325）标准确定的目标或企业环境策划规定的氡、游离甲醛、苯、氨、TVOC等有毒有害气体检测合格率，实际值为现场氡、游离甲醛、苯、氨、TVOC等有毒有害气体实际检测合格率。

2）住宅工程室内空气质量检测合格率＝住宅工程室内氡、游离甲醛、苯、氨TVOC等有毒有害气体检测合格面积(m^2)÷住宅工程室内氡、游离甲醛、苯、氨TOVC等有毒有害气体检测总面积(m^2)×100％。

(8) 消防填制说明

1）现场消防器材达标率，计划值为目标或企业环境策划规定的应达到的现场消防器材达标率，实际值为现场消防器材达标率实际完成值。

2）现场消防器材达标率＝现场每次检查消防器材合格数量总和(个)÷现场每次检查消防器材数量总和(个)×100％。

(9) 施工机械填制说明

1）运输机械尾气达标率，计划值为目标或企业环境策划规定应达到的运输机械尾气达标率，实际值为现场运输机械尾气达标率实际完成值。

2）现场运输机械尾气达标率＝现场运输机械尾气环保部门检测合格数量(台数)÷现场运输机械尾气检测总数量(台数)×100％。

1.12.2　项目环境保护管理

1.12.2.1　项目环境因素识别

项目经理部根据建筑施工行业特点，结合企业有关规定与要求，将在办公、采购、施工和服务等活动中常见的环境因素汇集、编制重大环境因素清单。

项目经理部在识别环境因素时，应考虑业主、周边单位、居民等对环保和文明施工的要求。施工过程中应根据法律法规要求以及企业的实际情况，适时更新重大环境因素清单。

1. 环境因素识别的对象和范围

应从项目的办公、设计、采购、施工和竣工后服务等活动中识别环境因素。

识别环境因素时应考虑本单位在过程、活动中，自身可以管理、控制、处理以及可施加影响（如对供应商、运输商、分包商）的方面和范围。识别环境因素应考虑三种状态、三种时态和六个方面：

(1) 三种状态

1）正常状态：指稳定、例行性、计划已做出安排的活动状态，如正常施工状态。

2）异常状态：非例行的活动或事件，如施工中的设备检修、工程停工状态。

3）紧急状态：指可能出现的突发性事故或环保设施失效的紧急状态，如发生火灾事故、地震、爆炸等意外状态。

(2) 三种时态

1）过去：以往遗留的环境问题，而会对目前的过程、活动产生影响的环境问题。

2）现在：当前正在发生、并持续到未来的环境问题。

3）将来：计划中的活动在将来可能产生的环境问题，如：新工艺、新材料的采用可能产生的环境影响。

(3) 六个方面

1) 大气排放：包括向大气实施点源、无组织排放的各类污染环境因素，如锅炉的烟尘排放。

2) 水体排放：生活污水与施工过程形成的废水等各类污染因素的产生与排放，如食堂含油污水、混凝土搅拌站污水排放。

3) 各类固体废弃物：包括施工过程以及生活、办公活动中产生的各种固体废弃物，如建筑垃圾、生活垃圾及办公垃圾。

4) 土地污染：由各种化学物质、油类、重金属等对土壤所造成的污染、积累和扩散。

5) 原材料和自然资源的耗用：施工和办公过程中对原材料、纸张、水、电等方面资源的耗用。

6) 当地其他环境问题和社区问题：如施工噪声、夜间工地照明的光污染。

2. 重大环境因素清单

重大环境因素清单见表 1-97。

重大环境因素清单 **表 1-97**

序号	环境因素	活动点/工序/部位	环境影响
1	噪声排放	(1) 施工机械：推土机、挖掘机、装载机、钻孔桩机、打夯机、混凝土输送泵； (2) 运输设备：翻斗车； (3) 电动工具：电锯、压刨、空压机、切割机、混凝土振捣棒、冲击钻	影响人体健康、社区居民休息
		脚手架装卸、安装与拆除	
		模板支拆、清理与修复	
2	粉尘排放	施工场地平整作业、砂堆、石灰、现场路面、进出车辆车轮带泥砂、水泥搬运、混凝土搅拌、木工房锯末、拆除作业	污染大气、影响居民身体健康
3	运输遗洒	运输渣土、商品混凝土、生活垃圾	污染路面、影响居民生活
4	有毒有害废弃物排放	施工现场的废化工材料及其包装物、容器等，废玻璃丝布，废铝箔纸，工业棉布，油手套，含油棉纱棉布，漆刷，油刷，废旧测温计等	污染土地、水体
		现场清洗工具废渣、机械维修保养废渣	
		办公区废复写纸、复印机废墨盒和废粉、打印机废硒鼓、废色带、废电池、废磁盘、废计算器、废日光灯、废涂改液瓶	
5	油漆、涂料、胶及含胶材料中甲苯、甲醛气体排放	建筑产品	影响使用者健康
6	火灾、爆炸的发生	油漆、易燃材料库房及作业面、木工房、电气焊作业点、氧气瓶（库）、乙炔气瓶（库）、液化气瓶、油库、建筑垃圾、冬季混凝土养护作业、施工现场配电室、中心试验室使用的乙醇、松节油、燃煤取暖、锅炉爆炸	污染大气

续表

序号	环境因素	活动点/工序/部位	环境影响
7	污水排放	食堂、现场搅拌站、厕所、现场混凝土泵冲洗	污染水体
8	生产水、电消耗	施工现场	资源浪费
9	办公用纸消耗	办公室	资源浪费

1.12.2.2　环境因素评价

1. 环境因素评价要点

环境因素评价是在识别环境因素的基础上，为改进环境绩效而确定项目重要环境因素的工作。

确定重要环境因素应考虑：当前某环境因素所造成的环境影响与相关法律法规要求的符合程度，其环境影响的范围和程度，发生的频次，资源的耗用及可节约的程序，相关方的关心程度等。

环境因素评价的工作流程是：分析环境因素产生的环境影响—评价影响的程度—确定重要环境因素。

项目经理部根据评价结果编制本单位重要环境因素清单，并整理、保存评价记录。

2. 环境因素评价方法

(1) 直接判断法：用于对能源、资源消耗评价，分为违法或超标两种判断结论。

(2) 综合打分法：适用于其他环境因素的评价，从以下六个方面进行评价：

1) 环境影响发生频率评分标准，见表1-98。

环境影响发生频率评分标准　　表1-98

等级	发生频率	评分，M_1	等级	发生频率	评分，M_1
1	频繁发生，连续发生至每日发生	5	4	很少发生，每月少于一次至每年一次	2
2	经常发生，每日至少一次至每周一次	4	5	不发生，几乎不发生，一年以上一次	1
3	每周一次至每月一次	3			

2) 法律法规的符合程度评分标准，见表1-99。

法律、法规的符合程度评分标准　　表1-99

等级	内　容	评分，M_2	等级	内　容	评分，M_2
1	超标	5	3	未超标准	1
2	接近标准	3			

3) 法律法规符合性评分标准

将排放的污染物与现行污染物排放标准相比较，根据其影响程度判断是否超标，见表1-100。

法律法规符合性评分标准　　表1-100

等级	影响程度	评分，M_3	等级	影响程度	评分，M_3
1	影响范围大或有毒有害	5	3	影响范围小且无毒无害	1
2	影响范围中且无毒有害	3			

4）环境影响的恢复能力评分标准，见表1-101。

环境影响的恢复能力评分标准　表1-101

级别	恢复能力	评分，M_4	级别	恢复能力	评分，M_4
1	一年以上才可恢复或不可恢复	5	4	一周至一个月可恢复	2
2	半年至一年可恢复	4			
3	一个月至半年可恢复	3	5	一天至一周可恢复	1

5）公众及媒介对影响的关注程度评分标准，见表1-102。

公众及媒介对影响的关注程度评分标准　表1-102

级别	关注程度	评分，M_5	级别	关注程度	评分，M_5
1	社会极度关注	5	4	社区关注	2
2	地区极度关注	4			
3	地区关注	3	5	不为关注	1

6）改变环境影响的技术难度和经济承受能力评分标准，见表1-103。

改变环境影响的技术难度和所需经济投入评分标准　表1-103

级别	技术难度和所需经济投入	评分，M_6	级别	技术难度和所需经济投入	评分，M_6
1	技术难度小或投资较少	3	3	技术难度大或投资巨大	1
2	技术难度中或投资较大	2			

（3）对环境因素清单中的环境因素，经上述环境因素评价，即：从上列一个或多个评价因子上分别进行打分，根据评价的项数n，取各项评价因子评分值之和：$M_n=M_1+M_2+M_3+M_4+M_5+M_6$。若$M_n>3n$时即定为重要环境因素。

1.12.2.3　环境因素更新

发生下列情况时，项目应与企业配合组织有关人员对环境因素进行补充识别和评价；同时更新环境因素清单。

（1）环境保护的法律、法规等有关要求发生变化；

（2）公司的产品、过程、活动发生较大变化；

（3）相关方有合理抱怨；

（4）公司的环境方针目标发生变化。

1.12.2.4　项目环境管理方案/计划

各项目于工程开工前，在评价重要环境因素的基础上，编制本项目的环境管理方案/计划。同时负责组织落实经批准的项目环境管理方案/计划。

项目环境管理计划的内容主要包括：

（1）环境因素识别与重要环境因素的确定；

（2）环境目标和指标；

（3）组织机构及重要环境管理岗位的设置；

（4）重要环境管理岗位职责描述；

（5）针对重要环境因素的控制措施；

（6）应急准备与响应方案；

（7）监视与测量；

（8）培训安排。

1.12.2.5　项目环境管理控制目标

项目环境管理目标必须根据国家和地方环境管理要求，并结合企业环境管理目标以及项目所在区域周围的环境要求确定。控制指标见施工现场环境因素及控制指标一览表（表1-104）。

施工现场环境因素及控制指标一览表　　　　**表 1-104**

<table>
<tr><th>序号</th><th>环境因素</th><th>目　标</th><th colspan="3">指　标</th></tr>
<tr><td rowspan="7">1</td><td rowspan="7">场界噪声</td><td rowspan="6">确保施工现场场界噪声达标</td><td rowspan="2">施工内容</td><td colspan="2">场界噪声限值（dB）</td></tr>
<tr><td>昼间</td><td>夜间</td></tr>
<tr><td>土石方</td><td>≤75</td><td>≤55</td></tr>
<tr><td>打桩</td><td>≤85</td><td>禁止施工</td></tr>
<tr><td>结构施工</td><td>≤70</td><td>≤55</td></tr>
<tr><td>装修施工</td><td>≤65</td><td>≤55</td></tr>
<tr><td colspan="4">项目办公室前院内禁止汽车长鸣笛，办公室内禁止人员大声喧哗</td></tr>
<tr><td rowspan="3">2</td><td rowspan="3">施工现场扬尘</td><td rowspan="3">减少和控制施工现场粉尘排放</td><td colspan="3">施工现场道路硬化率（%）</td></tr>
<tr><td colspan="3">现场如允许设搅拌站，其封闭率（%）</td></tr>
<tr><td colspan="3">水泥等易飞扬材料入库率（%）</td></tr>
<tr><td rowspan="3">3</td><td rowspan="3">污水排放</td><td rowspan="3">要求施工现场设沉淀池、隔油池、化粪池，保证污水排放达标</td><td colspan="3">施工现场设沉淀池达标率（%）</td></tr>
<tr><td colspan="3">现场食堂设隔油池达标率（%）</td></tr>
<tr><td colspan="3">厕所设化粪池率（%）（另设干厕协议也可）</td></tr>
<tr><td rowspan="2">4</td><td rowspan="2">废弃物</td><td>建筑垃圾及废弃物实行分类管理</td><td colspan="3">分类管理率（%）</td></tr>
<tr><td>可回收废物及时回收</td><td colspan="3">废物回收率（%）</td></tr>
<tr><td>5</td><td>运输遗洒</td><td>杜绝物料灰土遗洒</td><td colspan="3">生活区、施工现场不发生任何运输物料的道路遗洒</td></tr>
<tr><td>6</td><td>节能降耗水电油料消耗</td><td>要求项目经理部制定“用水用电管理办法”，提出节能降耗指标的要求</td><td colspan="3">节约水电使用：万元施工产值节电______（%），节水______（%），节约水电按实施计划比实际消耗降低______（%），材料节约______（%）</td></tr>
<tr><td>7</td><td>重大环境投诉</td><td>制定预案或管理办法</td><td colspan="3">重大环境投诉为零；火灾爆炸事故为零</td></tr>
</table>

1.12.2.6　项目环境管理运行控制

施工过程中应严格遵循国家和地方的有关法律法规，减少对场地地形、地貌、水系、水体的破坏和对周围环境的不利影响，严格控制噪声污染、光污染、水污染、大气污染，有毒有害及其他固体废弃物污染，最大限度地节能、节电、节水、节材、节地，预防和减少对环境污染的原则性规定和基本要求，实施环境管理体系，建设绿色建筑。

1. 施工现场大气的环境保护

施工现场扬尘管理应严格遵守《中华人民共和国大气污染防治法》和地方有关法律、规定。施工现场采取有效防尘抑尘措施，控制场地内施工车辆、机械、设备的废气排放。

施工现场主要道路必须进行硬化处理。施工现场应采取覆盖、固化、绿化、洒水等有效措施，做到不泥泞、不扬尘。施工现场的材料存放区、大模板存放区等场地必须平整夯实。

(1) 施工现场设置砂浆搅拌机，机棚必须封闭，其封闭率达100%，并配备有效的降尘防尘装置。

(2) 水泥和其他易扬尘细颗粒建筑材料应密闭存放，入库率达100%，使用过程中采用有效的防尘措施；施工现场渣土、砂、石应成方堆放，并进行苫盖；土建主体施工、建筑物外侧应使用密目安全网进行封闭。

(3) 施工现场道路硬化率达100%。裸露地面采取抑尘措施，派专人负责洒水降尘。大面积的裸露地面、坡面、集中堆放的土方应采用覆盖或固化的抑尘措施。

(4) 遇有四级风以上天气不得进行土方回填、转运及其他可能产生扬尘污染的施工作业。

(5) 清洁模板和绑扎好的钢筋内的锯末、灰尘、垃圾时要使用吸尘器，不得使用吹风机，清除后将垃圾应装袋送入垃圾场分类处理。

(6) 在采用机械剔凿作业时，必须有防粉尘飞扬的控制措施，可用局部遮挡、掩盖或水淋等降尘措施。作业人员必须按规定配备防护用品；高层建筑、桥梁的垃圾清运应使用袋装或容器吊运，严禁向下抛撒。

(7) 从事土方、渣土和施工垃圾的运输，必须使用密闭式运输车辆。施工现场出入口处设置冲洗车辆的设施，出场时必须将车辆清理干净，不得将泥沙带出现场。

(8) 拆除旧有建筑时，应随时洒水，减少扬尘污染。渣土要在拆除施工完成之日起三日内清运完毕，并应遵循拆除工程的有关规定。

2. 现场施工材料、垃圾的运输

(1) 施工现场的路面应进行硬化处理，路面不小于出口宽度。根据道路功能的不同，可以分为以下几种硬化处理方法。

(2) 运输车辆不允许超量装载。

(3) 运输土方、渣土、垃圾等易散落物质的车辆应使用机械式封闭盖，对车厢进行封闭。且应向市政管理行政部门申请办理运输车辆准运证件。

(4) 对预拌混凝土的运输要加强防止遗撒的管理，所有运输车卸料溜槽处必须装设防止遗撒的活动挡板。混凝土浇筑完后必须在出入口清洗干净车辆后方可离开现场。

(5) 运输水泥和其他易飞扬物、细颗粒散体材料时车辆要覆盖严密或使用封闭车厢。必须使用有准运证件的运输车辆。

(6) 施工现场废弃物的运输应确保不遗洒、不混放，送到政府批准的单位或场所进行处理、消纳。

3. 施工现场废气排放

(1) 所用室内建筑材料严禁使用对人体产生危害、对环境产生污染的产品。

(2) 民用建筑工程室内装修中所使用的木板及其他木质材料，严禁采用沥青类防腐、防潮处理剂。

(3) 施工中所使用的阻燃剂、混凝土外加剂氨的释放量不应大于0.10%，测定方法应符合现行国家标准《混凝土外加剂中释放氨的限量》(GB 18588) 的规定。

(4) 对引进的“四新”技术的项目应事前进行调查、评估。

（5）施工地段土壤含氡量浓度高于周围非地质构造断裂区域3倍及以上时，施工前要制定可靠的施工方案，在施工过程中要严格按照施工方案执行。

4. 施工场界噪声影响

施工现场应严格按照国家标准《建筑施工场界噪声限值》（GB 12523）的要求，将噪声大的机具合理布局，闹静分开。合理安排噪声作业时间，减轻噪声扰民。

（1）对施工机具设备进行良好维护，从声源上降低噪声。施工过程中设专人定期对搅拌机进行检查、维护、保养。

（2）对搅拌机、空气压缩机、木工机具等噪声大的机械，尽可能安排远离周围居民区一侧，从空间布置上减少噪声影响。

（3）施工现场应首先选用能耗低、性能好、技术含量高、噪声小的电动工具。

（4）打桩施工时不得随意敲打钻杆，施工噪音控制在85dB以下。

（5）机械剔凿作业应使用低噪声的破碎炮和风镐等剔凿机械。夜间（22：00～6：00）、午休（12：00～14：00）期间不得进行剔凿作业。

（6）对人为的施工噪声应有管理制度和降噪措施，并进行严格控制。

（7）施工前按规定办理噪声排放许可证、夜间施工证。

（8）对混凝土输送泵、振捣棒、木工棚、电锯、钢筋加工场等强噪声设备，实施降噪防护措施。

（9）根据环保噪声标准日夜要求的不同，合理协调安排分项施工的作业时间：施工宜安排在6：00～22：00间进行，因生产工艺上要求必须连续作业或者有特殊要求，确需在22时至次日6时期间进行施工的，建设单位和施工单位应在施工前到工程所在地区、县建设行政主管部门提出申请，经批准后方可进行夜间施工。必须进行夜间施工作业的，建设单位应当会同施工单位做好周边居民工作，并公布施工期限。

5. 施工现场废水污染

施工现场污水排放标准应符合国家标准《皂素工业水污染物排放标准》（GB 20425）的要求。对暴雨径流、生活污水、工程污水等不同来源的工地污水，采取去除泥沙、去除油污、分解有机物、沉淀过滤、酸碱中和等针对性的处理方式并进行二次使用。

（1）生活污水排放处理措施

1）生活区必须统筹安排，合理布局，满足安全、消防、卫生防疫、环境保护、防汛、防洪等要求。

2）施工现场食堂、餐厅应设隔油池，生活污水经隔油沉淀后排入污水管网。隔油池应及时清理，清理出的废物需有准运证，并送到合法的处理单位进行消纳。生活污水运出现场前必须覆盖严实，不得出现遗洒。清运单位必须持有关部门批准的废弃物消纳资质证明和经营许可证。

3）盥洗设施的设置：必须设置满足施工人员使用需要的水池和水龙头，盥洗设施的下水管线应与污水管线连接，必须保证排水通畅。

4）生活区内必须设置水冲式厕所或环保移动式厕所。

5）厕所污水尽量接入市政污水管道。若工地位于偏远郊区，可建造小型化粪池及渗透井对厕所污水进行处理。

（2）生产污水排放处理措施

1）生产污水、污油排放应在工程开工前15日，项目经理部到工程所在区县环保局进行排污申报登记。工程污水经沉淀池处理后排入市政污水管道。

2）混凝土输送泵及运输车辆清洗处应设置沉淀池（沉淀池的大小根据工程排污量设置），经二次沉淀后循环使用或用于施工现场洒水降尘。废水不得直接排入市政污水管线。

3）施工现场应尽量不设置油料库，若必须存放油料的，应对油料存储和使用采取措施，在库房进行防渗漏处理，防止油料泄露，污染土壤水体。

4）有条件的项目可在现场建造简易的雨水收集池，或采用绿化渗漏自然排放。尽量避免雨水跟其他工地污水接触。收集未经污染的雨水，应经沉沙池后排入专用雨水排放管道，或经沉淀后再利用。

5）深基坑支护施工中，大量的施工用水，可在坑内设置临时沉淀池，经过沉淀后继续使用。

6. 施工现场光污染

对施工场地直射光线和电焊眩光进行有效控制或遮挡，避免对周围区域产生不利干扰。

(1) 施工时需要照明亮度大的工作和焊接作业应尽量安排在白天进行。

(2) 统一施工现场照明灯具的规格，使用之前配备定向式可拆除灯罩，使夜间施工照明灯光尽量控制在现场施工区内，同时要尽量选择节能灯具。

(3) 施工现场大型照明灯安装要有俯射角度，要设置挡光板控制照明光的照射角度，应无直射光线射入非施工区。

(4) 电焊作业应采取遮挡措施，避免电焊眩光外泄。夜间焊接作业点要使用阻燃材料或彩板进行围护或隔挡。

7. 施工现场废弃物处置

施工现场废弃物分类为：固体类、液体类和气体类，三种类别根据其毒害又可分为有毒有害类和无毒有害类；根据回收利用情况还均分为可回收和不可回收等。

(1) 固体废弃物逐步实现资源化、无害化、减量化。

根据需要，设置固体废弃物的放置场地与储放设施，予以标识，实现固体废弃物的分类管理，以便分类存放、收集等。

1）可回收利用的。如：施工材料的下脚料、废包装皮（柔性包装、刚性包装、金属包装）、废零部件、废玻璃、废轮胎、木材、锯末、落地灰、废钢铁、包装袋等。

2）不可回收有毒有害的。如：化工材料及其包装物和容器、废电池、废墨盒、废色带、废硒鼓、废磁盘、废计算器、废日光灯管、废复写纸、油手套、油刷、含油棉纱棉布废电池、废机油、医疗废弃物、废化学品包装物等，应指定地点或装容器进行管理并及时处理。不可回收利用的施工产生的废渣、剔凿的混凝土渣块等，应设置半封闭围挡集中堆放并及时清运。

(2) 废弃物的搬运和存放、处置

废弃物按照分类的情况存放在指定地点，并应设置明显的标识。对可回收的废弃物应当进行废物综合利用或者对外销售，尽可能地减少资源、能源的浪费。项目经理部生活、办公产生的废弃物，可直接委托当地垃圾清运部门清运处理，施工垃圾按当地规定运至指定地点集中处理。对有害废弃物必须指定专人与政府有关部门联系，交有资质的部门处理，并做好记录。

8. 有毒有害气体的排放

购置有毒有害物质时，其有毒有害气体排放的指标，应符合国家标准或国家强制推行的环保型材料。

(1) 建筑工程使用的材料，应尽可能就地取材，建筑材料采购要制订明确的环保材料采购条款，对材料供应单位进行审核、比较、挑选。

(2) 装饰材料要使用环保型材料，对有毒有害气体含量限值不能超标，不使用环保不达标的材料，采取措施尽量使用符合对环境无害、对人体健康没有影响要求的绿色建材。

(3) 装饰装修材料的购入应按照以下绿色度进行评价：达到《民用建筑工程室内环境污染控制规范》(GB 50325) 要求；达到《室内装饰装修材料　人造板及其制品中甲醛释放限量》(GB 18580)、《室内装饰装修材料　溶剂型木器涂料中有害物质限量》(GB 18581)、《室内装饰装修材料　内墙涂料中有害物质限量》(GB 18582)、《室内装饰装修材料　胶粘剂中有害物质限量》(GB 18583)、《室内装饰装修材料　木家具中有害物质限量》(GB 18584)、《室内装饰装修材料　壁纸中有害物质限量》(GB 18585)、《室内装饰装修材料　聚氯乙烯卷材地板中有害物质限量》(GB 18586)、《室内装饰装修材料　地毯、地毯衬垫及地毯胶粘剂有害物质释放限量》(GB 18587) 要求。

(4) 混凝土外加剂选择应符合标准和规程的要求：达到《混凝土外加剂应用技术规范》(GB 50119) 的技术要求、《混凝土外加剂中释放氨的限量》(GB 18588)，以及每方混凝总碱含量应符合国家及地方对混凝土工程碱骨料反应的相关技术规定。

(5) 氡、游离甲醛、笨、氨等有毒有害气体排放限值达到《民用建筑工程室内环境污染控制规范》(GB 50325) 的一类标准，适用于住宅、医院、老年建筑、幼儿园、学校教师等处施工；达到 GB 50325 标准的二类标准，适用于办公楼、商店、旅馆、展览馆、图书馆、体育馆等处施工。

9. 油品、化学品污染

施工现场的油品、化学品、实验室内有毒有害品、现场的油漆、涂料和含有化学成分的特殊材料一律实行封闭式、容器式管理和使用，并在施工现场设独立仓库，避免因泄漏、遗洒对环境造成污染。

(1) 编制油品、化学品及有毒有害物品的使用及管理办法或作业指导书，并于作业前对操作者进行交底。

(2) 施工现场易燃易爆品及化学品存放应设立专用仓库或专用储存柜，防止混存混放。实验室内所有有毒有害原料应存放在指定容器内，由专人负责保管。

(3) 机械设备维修保养用油料要适量，加油要小心，防止遗洒。

1.12.2.7　项目环境监测管理

为确保项目环境管理正常运行及环境绩效达到管理目标要求，项目应配合企业对项目环境管理开展监视和测量活动，并监督指导各项目对环境管理方案/环境管理计划的落实。

监视与测量工作的主要内容有：

(1) 环境管理方案（计划）实施情况及效果；与重要环境因素有关的控制活动是否有效实施。

(2) 环境管理控制各项内容在项目生产过程中要定期监测，并符合国家有关标准规定。

(3) 环境保护法律法规的执行情况。

(4) 主要环境目标、指标的实现程度。

(5) 对于监视与测量的结果，检查人员做好并保存记录，以反映环境管理体系运行情况和实施效果。

1.12.3 绿色施工

绿色施工是指工程建设中，在保证质量、安全等基本要求的前提下，通过科学管理和技术进步，最大限度地节约资源与减少对环境的负面影响的施工活动，实现“四节一环保”(节能、节地、节水、节材和环境保护)。施工项目通过建立管理体系和管理制度，采取有效的技术措施，节约资源，减少能耗，降低施工对环境造成的不利影响，保护施工人员的职业健康安全。

1.12.3.1 施工单位绿色施工职责

(1) 总承包单位应对施工现场的绿色施工负总责。分包单位应服从总承包单位的绿色施工管理，并对所承包工程的绿色施工负责。

(2) 建立以项目经理为第一责任人的绿色施工管理体系，制定绿色施工管理责任制度，定期开展自检、考核和评比工作。

(3) 在施工组织设计中编制绿色施工技术措施或专项施工方案，并确保绿色施工费用的有效使用。

(4) 组织绿色施工教育培训，增强施工人员绿色施工意识。

(5) 定期对施工现场绿色施工实施情况进行检查，做好检查记录。

(6) 施工现场的办公区和生活区应设置明显的节水、节能、节约材料等具体内容的警示标识，并按规定设置安全警示标志。

(7) 施工前，应根据国家和地方法律、法规的规定，制定施工现场环境保护和人员安全与健康等突发事件的应急预案。

1.12.3.2 绿色施工节能措施

参见本章 1.12.1。

1.12.3.3 绿色施工环境保护措施

参见本章 1.12.2。

1.12.3.4 绿色施工职业健康安全管理

1. 场地布置及临时设施建设

(1) 办公区的布置应靠近施工现场或设在施工现场出入口，确保在施工坠落半径和高压线安全距离之外；如因条件所限办公设置在坠落半径区域内，必须有可靠的防护措施。生活区宜布置在施工现场以外，生活区必须统筹安排，合理布局，满足安全、消防、卫生防疫、环境保护、防汛、防洪等要求。

(2) 现场临时设施的建设要达到相关的验收规范的规定，保证使用安全。施工现场办公、生活临时设施的设置符合生活区设置和管理标准。

2. 作业条件及环境安全

(1) 建设工程施工现场用地应进行围挡，围挡材料宜选用可重复利用的材料，如金属定型材料，不宜使用砌筑砖体或易损、易燃等材料。市政基础设施工程因特殊情况不能进行围挡的，应设置安全警示标志，并在工程险要处采取隔离措施。

(2) 施工标志牌应注明工程名称、建设单位、设计单位、施工单位、监理单位，项目经理姓名、联系电话，开工和竣工日期以及施工许可证批准文号等内容；突发事件处置流程图应包括领导小组名单、联系电话及常用急救电话等内容。

(3) 施工单位在土方开挖作业前，应依据建设单位提供的全面、详实的岩土工程勘察报告、地下管线资料及相关设计文件，制定切实有效的保护措施或方案，经审批后方可施工；在施工期间应进行适时监测。

(4) 施工现场周边高压线防护棚应采用杉杆防护架，变压器处搭设防护棚，变压器上的高压线应采用悬臂结构加钢丝绳拉索；围墙边的高压线应采用双排架搭设。防护架、防护棚搭设应保持距高压线 1m 以上距离。防护架、防护棚距施工现场一侧应设置警示灯、警示旗且间距 6m，用 36V 低压线送电。防护架下必须设置灭火器。

(5) 施工现场应按要求完善各项安全防护设施，确保施工生产安全。

3. 职业健康安全

关于职业健康安全的具体内容参见 1.6 施工项目安全管理。

1.13 施工项目现场管理

1.13.1 施工项目现场管理的概念及内容

1.13.1.1 施工项目现场管理的概念

施工项目现场是指从事工程施工活动经批准占用的施工场地。它既包括红线以内占用的建筑用地和施工用地，又包括红线以外现场附近，经批准占用的临时施工用地。

施工项目现场管理是指项目经理部按照《施工现场管理规定》和城市建设管理的有关法规，科学合理地安排使用施工现场，协调各专业管理和各项施工活动，控制污染，创造文明安全的施工环境和人、材、物、资金流畅通的施工秩序所进行的一系列管理工作。

1.13.1.2 施工项目现场管理的内容

施工项目现场管理的内容见表 1-105。

施工项目现场管理的主要内容 表 1-105

	主 要 内 容
规划及报批施工用地	●根据施工项目及建筑用地的特点科学规划，充分、合理使用施工现场场内占地； ●当场内空间不足时，应会同发包人按规定向城市规划部门、公安交通部门申请，经批准后，方可使用场外施工临时用地
设计施工现场平面图	●根据建筑总平面图、单位工程施工图、拟订的施工方案、现场地理位置和环境及政府部门的管理标准，充分考虑现场布置的科学性、合理性、可行性，设计施工总平面图、单位工程施工平面图； ●单位工程施工平面图应根据施工内容和分包单位的变化，设计出阶段性施工平面图，并在阶段性进度目标开始实施前，通过施工协调会议确认后实施

续表

	主要内容
建立施工现场管理组织	●项目经理全面负责施工过程中的现场管理，并建立施工项目现场管理组织体系； ●施工项目现场管理组织应由主管生产的副经理、主任工程师、分包人、生产、技术、质量、安全、保卫、消防、材料、环保、卫生等管理人员组成； ●建立施工项目现场管理规章制度和管理标准、实施措施、监督办法和奖惩制度； ●根据工程规模、技术复杂程度和施工现场的具体情况，遵循“谁生产、谁负责”的原则，建立按专业、岗位、区片的施工现场管理责任制，并组织实施； ●建立现场管理例会和协调制度，通过调度工作实施动态管理，做到经常化、制度化
建立文明施工现场	●遵循国务院及地方建设行政主管部门颁布的施工现场管理法规和规章，认真管理施工现场； ●按审核批准的施工总平面图布置和管理施工现场，规范场容； ●项目经理部应对施工现场场容、文明形象管理作出总体策划和部署，分包人应在项目经理部指导和协调下，按照分区划块原则做好分包人施工用地场容、文明形象管理的规划； ●经常检查施工项目现场管理的落实情况，听取社会公众、邻近单位的意见，发现问题，及时处理，不留隐患，避免再度发生，并实施奖惩； ●接受政府建设行政主管部门的考评机构和企业对建设工程施工现场管理的定期抽查、日常检查、考评和指导； ●加强施工现场文明建设，展示和宣传企业文化，塑造企业及项目经理部的良好形象
及时清场转移	●施工结束后，应及时组织清场，向新工地转移； ●组织剩余物资退场，拆除临时设施，清除建筑垃圾，按市容管理要求恢复临时占用土地

1.13.2 施工项目现场管理的要求

施工项目现场管理的具体要求见表 1-106。

施工项目现场管理的要求　　表 1-106

	要　求
现场标志	●在施工现场门头设置企业名称、标志； ●在施工现场主要进出口处醒目位置设置施工现场公示牌和施工总平面图，具体有：
	●工程概况（项目名称）牌； ●施工总平面图； ●安全无重大事故计数牌； ●安全生产、文明施工牌； ●项目主要管理人员名单及项目经理部组织结构图； ●防火须知牌及防火标志（设置在施工现场重点防火区域和场所）； ●安全纪律牌（设置在相应的施工部位、作业点、高空施工区及主要通道口） 〔工程名称：　建筑面积： 建设单位：　监理单位： 设计单位： 施工单位：　工地负责人： 开工日期：　竣工日期：〕
场容管理	●遵守有关规划、市政、供电、供水、交通、市容、安全、消防、绿化、环保、环卫等部门的法规、政策，接收其监督和管理，尽力避免和降低施工作业对环境的污染和对社会生活正常秩序的干扰。 ●施工总平面图设计应遵循施工现场管理标准，合理可行，充分利用施工场地和空间，降低各工种、作业活动相互干扰，符合安全防火、环保要求，保证高效有序顺利文明施工。 ●施工现场实行封闭式管理，在现场周边应设置临时维护设施（市区内其高度应不低于 1.8m），维护材料要符合市容要求；在建工程应采用密闭式安全网全封闭。 ●严格按照已批准的施工总平面图或相关的单位工程施工平面图划定的位置，布置施工项目的主要机械设备、脚手架、模具，施工临时道路及进出口，水、气、电管线，材料制品堆场及仓库，土方及建筑垃圾，变配电间、消防设施、警卫室、现场办公室、生产生活临时设施，加工场地、周转使用场地等，井然有序。

续表

	要　　求
场容管理	●施工物料器具除应按照施工平面图指定位置就位布置外，尚应根据不同特点和性质，规范布置方式和要求，做到位置合理、码放整齐、限宽限高、上架入箱、规格分类、挂牌标识，便于来料验收、清点、保管和出库使用。 ●大型机械和设施位置应布局合理，力争一步到位；需按施工内容和阶段调整现场布置时，应选择调整耗费较小，影响面小或已经完成作业活动的设施；大宗材料应根据使用时间，有计划地分批进场，尽量靠近使用地点，减少二次搬运，以免浪费。 ●施工现场应设置现场通道排水沟渠系统，工地地面宜做硬化处理，场地不积水、泥浆，保持道路干燥坚实。 ●施工过程应合理有序，尽量避免前后反复，影响施工；对平面和高度也要进行合理分块分区，尽量避免各分包或各工种交叉作业、互相干扰，维持正常的施工秩序。 ●坚持各项作业落手清，即工完料尽场地清；杜绝废料残渣遍地、好坏材料混杂，改善施工现场脏、乱、差、险的状况。 ●做好原材料、成品、半成品、临时设施的保护工作。 ●明确划分施工区域、办公区、生活区域。生活区内宿舍、食堂、厕所、浴室齐全，符合卫生标准；各区都有专人负责，创造一个整齐、清洁的工作和生活环境
环境保护	见 1.12 施工项目节能减排与环境保护管理
防火保安	●应做好施工现场保卫工作，采取必要的防盗措施。现场应设立门卫，根据需要设置警卫。施工现场的主要管理人员应佩带证明其身份的证卡，应采用现场施工人员标识。有条件时可对进出场人员使用磁卡管理。 ●承包人必须严格按照《中华人民共和国消防条例》的规定，在施工现场建立和执行防火管理制度，现场必须安排消防车出入口和消防道路，设置符合要求的消防设施，保持完好的备用状态。在容易发生火灾的地区或储存、使用易燃、易爆器材时，承包人应当采取特殊的消防安全措施。施工现场严禁吸烟，必要时可设吸烟室。 ●施工现场的通道、消防入口、紧急疏散楼道等，均应有明显标志或指示牌。有高度限制的地点应有限高标志；临街脚手架、高压电缆，起重扒杆回转半径伸至街道的，均应设安全隔离棚；在行人、车辆通行的地方施工，应当设置沟、井、坎、穴覆盖物和标志，夜间设置灯光警示标志；危险品库附近应有明显标志及围挡措施，并设专人管理。 ●施工中需要进行爆破作业的，必须经上级主管部门审查批准，并持说明爆破器材的地点、品名、数量、用途、四邻距离的文件和安全操作规程，向所在地县、市公安局申领“爆破物品使用许可证”，由具备爆破资质的专业人员按有关规定进行施工。 ●关键岗位和有危险作业活动的人员必须按有关规定，经培训、考核、持证上岗。 ●承包人应考虑规避施工过程中的一些风险因素，向保险公司投施工保险和第三者责任险
卫生防疫及其他	●现场应准备必要的医疗保健设施。在办公室内显著地点张贴急救车和有关医院电话号码。 ●施工现场不宜设置职工宿舍，必须设置时应尽量和施工场地分开。 ●现场应设置饮水设施，食堂、厕所要符合卫生要求，根据需要制定防暑降温措施，进行消毒、防毒和注意食品卫生等。 ●现场应进行节能、节水管理，必要时下达使用指标。 ●现场涉及的保密事项应通知有关人员执行。 ●参加施工的各类人员都要保持个人卫生、仪表整洁，同时还应注意精神文明，遵守公民社会道德规范，不打架、赌博、酗酒等

1.13.3　施工项目现场综合考评

1.13.3.1　施工现场综合考评概述

施工项目现场管理考评的目的、依据、对象和负责考评的主管单位等概况见表 1-107。

施工项目现场管理考评的概况　表 1-107

	说　明
考评目的	●加强施工现场管理，提高管理水平，实现文明施工，确保工程质量和施工安全
考评依据	●《建设工程施工现场综合考评试行办法》建监〔1995〕407号
考评对象	●每一个建设工程及建设工程施工的全过程； ●对工程建设参与各方（业主、监理、设计、施工、材料及设备供应单位等）在施工现场中各种行为的评价； ●在建设工程施工现场综合考评中，施工项目经理部的施工现场管理活动和行为占有90%的权重，是最主要的考评对象
考评管理机构考评实施机构	●国务院建设行政主管部门归口负责全国的建设工程施工现场综合考评管理工作； ●国务院各有关部门负责其直接实施的建设工程施工现场综合考评管理工作； ●县级及以上地方人民政府建设行政主管部门负责本行政区域内的建设工程施工现场综合考评管理工作； ●施工现场综合考评实施机构（简称考评机构）可在现有工程质量监督站的基础上加以健全或充实

1.13.3.2 施工现场综合考评的内容

施工现场综合考评的内容见表 1-108。

施工现场综合考评的内容　表 1-108

考评项目（满分）	考评内容	有下列行为之一则该考评项目为0分
施工组织管理（20分）	●合同的签订及履约情况； ●总分包、企业及项目经理资质； ●关键岗位培训及持证上岗情况； ●施工项目管理规划编制实施情况； ●分包管理情况；	●企业资质或项目经理资质与所承担工程任务不符； ●总包人对分包人不进行有效管理和定期考评； ●没有施工项目管理规划或施工方案，或未经批准； ●关键岗位人员未持证上岗
工程质量管理（40分）	●质量管理体系； ●工程质量； ●质量保证资料	●当次检查的主要项目质量不合格； ●当次检查的主要项目无质量保证资料； ●出现结构质量事故或严重质量问题
施工安全管理（20分）	●安全生产保证体系； ●施工安全技术、规范、标准实施情况； ●消防设施情况	●当次检查不合格； ●无专职安全员； ●无消防设施或消防设施不能使用； ●发生死亡或重伤2人以上（包括2人）事故
文明施工管理（10分）	●场容场貌； ●料具管理； ●环境保护； ●社会治安； ●文明施工教育	●用电线路架设、用电设施安装不符合施工项目管理规划，安全没有保证； ●临时设施、大宗材料堆放不符合施工总平面图要求，侵占场道，危及安全防护； ●现场成品保护存在严重问题； ●尘埃及噪声严重超标，造成扰民； ●现场人员扰乱社会治安，受到拘留处理
业主、监理单位的现场管理（10分）	●有无专人或委托监理管理现场； ●有无隐蔽工程验收签认记录； ●有无现场检查认可记录； ●执行合同情况	●未取得施工许可证而擅自开工； ●现场没有专职管理技术人员； ●没有隐蔽工程验收签认制度； ●无正当理由影响合同履约； ●未办理质量监督手续而进行施工

1.13.3.3 施工现场综合考评办法及奖罚

施工现场综合考评办法及奖罚见表 1-109。

施工现场综合考评办法及奖罚　　表 1-109

	主 要 条 款
考评办法	●考评机构定期检查，每月至少一次；企业主管部门或总包单位对分包单位日常检查，每周一次； ●一个施工现场有多个单体工程的，应分别按单体工程进行考评；多个单体工程过小，也可按一个施工现场考评； ●全国建设工程质量和施工安全大检查的结果，作为施工现场综合考评的组成部分； ●有关单位和群众对在建工程、竣工工程的管理状况及工程质量、安全生产的投诉和评价，经核实后，可作为综合考评得分的增减因素； ●考评得分 70 分及以上的施工现场为合格现场；当次考评不足 70 分或有单项得 0 分的施工现场为不合格现场； ●建设工程施工现场综合考评的结果应由相应的建设行政主管部门定期上报并在所辖区域内向社会公布
奖励处罚	●建设工程施工现场综合考评的结果应定期向相应的资质管理部门通报，作为对建筑业企业、项目经理和监理单位资质动态管理的依据； ●对于当年无质量伤亡事故、综合考评成绩突出的单位予以表彰和奖励； ●对综合考评不合格的施工现场，由主管考评工作的建设行政主管部门根据责任情况，可给予相应的处罚： ●对建筑业企业、监理单位有警告、通报批评、降低一级资质等处罚； ●对项目经理和监理工程师有取消资格的处罚； ●有责令施工现场停工整顿的处罚； ●发生工程建设重大事故的，对责任者可给予行政处分，情节严重构成犯罪的，可由司法机关追究刑事责任

1.14　项目采购管理

1.14.1　项目采购管理概述

项目采购管理是对项目所需的人、材、机及技术咨询服务等资源的采购工作进行的计划、组织、监督、控制等的管理活动。

1.14.1.1　项目采购分类

项目采购依据采购内容的不同，可分为以下三类：

1. 物资采购

指项目建设所需要的投入物采购。包括建筑材料、机电设备、施工机械以及与之相关的运输、安装、调试、维修等。

2. 工程采购

主要指专业分包以及劳务分包采购。

3. 技术咨询服务采购

通常项目前期的可行性研究、勘察、设计等由建设单位组织，施工阶段项目的技术咨询服务采购主要包括各种咨询服务、技术援助和培训等服务采购。

1.14.1.2　项目采购原则

采购管理制度是指为了规范采购行为，根据企业与项目自身状况，针对采购活动制定的规章制度。采购制度要充分体现以下原则：

1. 遵守政策法规原则

项目采购活动应严格遵守国家、地方有关法律法规和企业的有关制度，并在《合同法》的约束下开展采购活动。

2. 采购责权制衡原则

项目采购活动应对不同的采购管理工作进行有效的责权制衡。对于采购过程的计划、供应商选择、商务招标投标或谈判、确定供应商并签订合同、进场管理控制等几个采购管理的控制程序进行授权分责管理。不同的程序由不同的部门或管理人员负责。

3. 计划采购原则

采购计划是以项目生产所需资源为依据，并经过需求量核对、库存盘查后进行编制，经过项目主管领导审批。计划要明确数量、质量、时间及项目对采购对象的其他要求。

4. 比价比质原则

采购管理要做到“同质比价，同价比质”。

5. 成本控制原则

采购商务活动应以成本计划为依据，根据工程的要求选择符合标准、资质要求的供应商。采购过程要通过成本核算，避免出现超预算量与超预算价的采购发生。

1.14.1.3 项目采购程序

(1) 编制采购计划。

项目采购部门应根据项目实施需要编制完备的采购计划文件。采购计划文件应该明确以下内容：

1) 采购产品或服务的品种、规格、数量要求。

2) 采购产品或服务的时间、地点要求。

3) 采购产品或服务的技术标准和质量要求以及检验方式与标准。

4) 供方资质要求。

(2) 供应商采选。

进行市场调查、选择合格的产品供应或服务单位，建立合格供应商名录。项目采购人应加强对合格供应商的选择与管理，按照采购产品的要求，组织对产品供应商的评价、选择和管理。对供应商的调查应包括：营业执照、管理体系认证、产品认证、产品加工制造能力、检验能力、技术力量、履约能力、售后服务、经营业绩等。企业的安全、质量、技术和财务管理等部门应参与调查评审。应选择管理规范、质量可靠、交货及时，安全环境管理能力强，财务状况和履约信誉好，有良好售后服务的产品供货人，并根据其质量保证能力进行分级、分类管理，建立合格供应商名录，对其实行动态管理，定期或不定期对其进行再评价，并根据评定结果适时调整。

(3) 通过招标投标等方式确定供应商。

采用招标、询价比较、协调等方式确定供应或服务单位。

(4) 签订采购合同。

(5) 采购产品的运输、验证、移交。

采购的产品必须按规定进行验证，禁止不合格产品使用到工程项目中。采购的产品应按采购合同、采购文件及有关标准规范进行验收、移交，并办理完备的交验手续。应根据采购合同检查交付的产品和质量证明资料，填写产品交验记录。

(6) 不合格产品或不符合服务的处置。

应严格做好采购不合格品的控制工作。采购不合格品是指所采购的产品在验收、施工、试车和保质期内发现的不合格品。采购过程中经评审确认的不合格品，必须严格按规定处置。当在验收、施工、试车和保质期内发现产品不符合要求时，必须对不合格的产品进行记录和标识。并区别不同情况，按合同和相关技术标准采用返工、返修、让步接收、降级使用、拒收等方式进行处置。

(7) 采购资料归档。

采购产品的资料应归档保存。包括计划、供应商评价选择记录、采购招标投标文件、询价记录、合同以及要约与承诺的有关文件。

1.14.2　项目物资采购管理

1.14.2.1　物资采购计划管理

物资采购计划由项目物资采购部门根据项目生产部门编制并且经过审核批准的物资需用计划，通过库存情况进行物资需求分析，并确定采购数量和采购方法后进行编制。物资采购计划中应确定采购方式、采购人员、候选供应商名单和采购时间等。

可参阅 1.8.2 施工项目材料计划管理。

1.14.2.2　物资采购方式

物资采购方式分为：公开招标采购、邀请招标采购、独家议标采购、询价采购和零星采购五类。

1. 公开招标采购

指对于采购金额数量较大、技术复杂且有较多可供选择供应商时，采用公开招标方式选择供应商。

2. 邀请招标采购

指采购金额数量较小、技术要求程度较低，需要供应商进行技术配合支持时，从企业合格供应商名单当中邀请至少三家参与投标的采购方式。

3. 独家议标采购

项目采购如果出现只有唯一供应商，或者为保证原有采购项目的一致性需继续从原供应商处少量添购的特殊情况下才采取独家议标方式。

4. 询价采购

对于规格、标准统一，质量差别很小，现货充足，且价格变化幅度小的物资，可以在合格供应商名录中选定几家供应商进行报价比较，来确定供应商。

5. 零星采购

同类物资在本项目实施全过程中的采购总额较少的物资采购，由项目部直接在建材市场进行现款采购，无需签订采购合同。

1.14.2.3　物资采购的招标管理

1. 招标阶段准备工作

(1) 货物采购分标确定

项目管理人员应考虑资金情况和货物采购计划，根据项目的以下情况对拟进行采购的物资进行合理分标。

1）有利于投标竞争

应按照工程项目中材料设备之间的关系、标的物预计金额的大小恰当地进行分标。划分的大小是否合适关系到招标工作是否成功。如果划分过大，就无法吸引中小供货商参加竞争，仅仅有少数实力雄厚的大供货商参与投标竞争，就会使得标价抬高。但如果划分过小，就会对实力雄厚的大承包商缺乏吸引力。

2）工程进度和供货时间

分阶段招标的计划应以供货进度计划、工程进度要求为原则，综合考虑资金、制造周期、运输、仓储能力等条件，既不能延误工程需要，也不能提前供货，以免影响资金的周转，同时也使采购人支出过多的保管和保养费用。

3）供货地点

分阶段招标的计划应合理考虑工程施工地点的情况，从而结合各地供货商的供货能力、运输条件等进行分析，不仅要保证供货，还要有利于降低成本。

4）市场供应情况

在保证工程需要的情况下，要合理预计市场价格的浮动影响，避免一次性大规模的采购，合理分阶段、分批采购。

5）资金情况

应考虑资金的到位情况和资金周转计划合理进行分标。

(2) 资格审查

根据项目采购计划，项目货物采购管理人员对有合作意向的物资供应商进行资格审查；应要求参加资格审查的物资供应商如实填写供应商资格审查表（表1-110），并提供以下资料：

1）企业及产品简介；

2）营业执照原件（应经过年检）；

3）产品生产许可证书、准用证；

4）产品检验报告、材质证明、产品合格证明；

5）使用该产品的代表工程项目；

6）其他必要资料。

审查人员负责对资格审查表和提供资料的真实性、有效性和符合性进行验证，保存相应资料或复印件，并做出审查结论。

(3) 考察

在必要时，招标有关人员应在供应商能力评价前对供应商进行考察。考察的内容应包括：生产能力、产品品质和性能、原料来源、机械装备、管理状况、供货能力、售后服务能力及对供应商提供保险、保函能力进行必要的调查等。考察结束后，考察组织者应将考察内容和结论写入供应商考察报告（表1-111），作为对供应商进行能力评价的依据。

(4) 样品/样本报批

根据合同规定、业主要求及工程实际情况，对于需要进行样品/样本审批的物资，项目技术负责人应提前确定需要，由项目物资管理人员提交样品/样本报批表（表1-112），明确需要报批物资的名称、规格、数量、报批时间等要求。

收到样品/样本后，交予商务与项目技术负责人共同审核。技术负责人应向业主、监理和设计办理报批手续，并将样品/样本报批的结果通知项目相关部门。

(5) 综合评价

采购管理人员通过对资格预审情况、考察结果、价格与工程要求的比较，应对供应商做出以下方面的评价：

1) 供应商和厂家的资质是否符合规定要求；

2) 产品的功能、质量、安全、环保等方面是否符合要求；

3) 价格是否合理（必要时应附成本分析）；

4) 生产能力能否保证工期要求。

物资管理人员负责将评价结论记录于供应商评价表（表 1-113）。

供应商资格审查表　　**表 1-110**

公司名称					
公司地址		邮政编码			
联系人		职务		电话	
网址		传真			
供应商提供资料清单	1. 公司简介：				
	2. 供应物资的工程明细表：				
	3. 营业执照：				
	4. 企业认证情况：				
	5. 供应物资质量标准：				
	6. 供应能力：				
	7. 资金承担能力：				
	8. 其他：				
审查意见	1. 供应商提供的资料是否属实？□是；□否 2. 供应商的资质是否满足要求？□是；□否 3. 审查结论：是否纳入候选分包商名单？□是；□否 签字/日期：				

编制人/日期：

供应商考察报告 表 1-111

公司名称					
公司地址				邮政编码	
联系人		职务		电话	
网址				传真	
供应商	1. 营业执照：				
	2. 公司规模：				
	3. 供应材料代理证书：				
	4. 已完工项目供货情况：				
	5. 已完工项目业主评价：				
	6. 供应能力：				
	7. 资金承担能力：				
	8. 其他：				
审查意见	1. 供应商提供的资料是否属实？□是；□否				
	2. 供应商的资质是否满足要求？□是；□否				
	3. 考察结论：是否纳入候选分包商名单？□是；□否				
	4. 其他：				
考察人确认	签名及意见：				
	签名及意见：				
	签名及意见：				
	签名及意见：				
	签名及意见：				
	签名及意见：				

编制人： 日期：

物资样品/样本送审表 表 1-112

致		收件人	
自		提交日期	
数据/样品			
实际返回日期		合同要求最迟返回日期	
提交编号		原提交编号	
我们请求贵方对以下事项进行审批			
提交项目描述（类型、规格、型号等）			
品牌/产地			
设计要求			
实际送审			
送审单位			
备注			

续表

<table>
<tr><td colspan="2">我方证明以上提交项目已经详细审核，正确无误，与合同一致</td></tr>
<tr><td colspan="2">样品提供单位：（公章）　　　　样品提供单位代表/日期：（签名）</td></tr>
<tr><td colspan="2">审批意见（样品审批单位填写）</td></tr>
<tr><td rowspan="4">认可级别</td><td>□A 提交认可</td></tr>
<tr><td>□B1 批注认可（不要求重新提交）</td></tr>
<tr><td>□B2 批注认可（要求重新提交）</td></tr>
<tr><td>□C 未认可（要求重新提交）</td></tr>
<tr><td colspan="2">批注意见：

签字　　　　日期：</td></tr>
</table>

供应商评价表　　　　**表 1-113**

<table>
<tr><td colspan="3">供应商名称：</td></tr>
<tr><td colspan="3">供应内容：</td></tr>
<tr><td>评估项目</td><td>评估内容</td><td>评估人/日期</td></tr>
<tr><td>质量稳定性（15%）</td><td>□很好□好□一般□差□很差</td><td></td></tr>
<tr><td>按时供货（20%）</td><td>□非常及时□及时□一般□不及时□很不及时</td><td></td></tr>
<tr><td>产品包装（5%）</td><td>□很好□好□一般□差□很差</td><td></td></tr>
<tr><td>合作性（25%）</td><td>□很好□好□一般□差□很差</td><td></td></tr>
<tr><td>售后服务（25%）</td><td>□很好□好□一般□差□很差</td><td></td></tr>
<tr><td>不合格品的处理（10%）</td><td>□非常及时□及时□一般□不及时□很不及时</td><td></td></tr>
<tr><td colspan="3">项目经理部其他意见：

建议是否留用？□是；□否

签名：
日期：</td></tr>
</table>

编制人：　　　　日期：

注：1. “质量稳定性”是指在满足合同技术要求的前提下的产品质量稳定性；

2. “按时供货”是指是按照进度计划及其变更计划的要求安排货物进场的配合程度；

3. 产品包装是指是否能够提供具有良好包装，以便储存、搬运、防潮等要求；

4. 合作性是指在采购方发生工作失误、进度延误、财务困难等问题时，是否能够给予支持和理解；

5. 售后服务是指提供良好的技术支持、安装、保养、配套产品供应、零星补充订货等方面服务程度；

6. 对不合格品的处理是指处理不合格品的及时性和采购方的满意度。

2. 招标方式

（1）公开招标

公开招标有利于降低工程造价，提高供货质量。但在以下情况下，可不进行公开招标：

1）国家和地方政府规定的不适宜公开招标的项目；

2）涉及国家机密和安全的采购活动；

3）发生突发事件时的情况；

4）所需采购的物资只有唯一的供货商；

5）所需采购的物资数量低于要求公开招标的下限额；

6）公开招标没有响应。

（2）邀请招标

邀请招标可以保证参加投标的供货商有相应的供货经验，信誉可靠。邀请招标适用于以下情况：

1）经有关部门批准不适宜公开招标的项目；

2）物资采购数量低于公开招标下限的项目；

3）只有少数投标人具备投标资格的项目。

3. 物资采购招标文件的主要内容

（1）投标邀请书

投标邀请书是采购人向投标者发出的投标邀请，明确回答投标者标书送交地点、截止日期和时刻、开标时间和地点等。

（2）投标者须知

投标者须知向投标人提供必要的信息，有助于投标人了解项目背景和投标规则。投标者须知主要包括以下几方面的内容：

1）前言

前言中要明确指明项目资金来源和合格投标者、合格物资及服务的范围。

2）招标文件

招标文件规定了所需物资、招标程序及合同条件。

3）投标文件的递交

投标文件应按招标文件中规定的时间和地点递交，并且在递交投标文件的同时应按招标文件的规定提交投标保证金，一旦投标人在投标截止日期之后撤销或修改投标文件，则投标保证金将被没收。

4. 开标

开标应按照投标邀请书中规定的时间和地点公开进行，采购人应当众宣布投标商名称、投标价格、有无撤标、有无提交合格的投标保证金以及其他采购人认为需要宣布的内容。

5. 评标

评标从总体上要力求使评标结果与招标、投标文件一致。物资采购评标办法主要有评标价法和综合评分法。

（1）评标价法

评标价法就是以货币价格作为评价指标的评标办法。评标价法根据标的性质的不同可分为最低投标价法和综合评标价法。

1）最低投标价法

采购简单商品、半成品、原材料，以及其他性能、质量相同或容易进行比较的物资时，仅以报价和运费作为比较要素，选择总价最低者中标。

2）综合评标价法

综合评标价法多用于采购机组、车辆等大型设备的情况，就是指将评审要素按规定方法换算成相应的价值后增加或减少到投标报价上形成评标价。综合评标价法不仅要考虑投标报价，还需考虑：

① 运输费用

运输费用就是指招标人可能额外支付的运费以及其他费用，例如运输超大件设备时可能需要对道路加宽、桥梁加固，因此招标人就需额外支出这些费用。在进行评标时，招标人可按照运输部门（铁路、公路、水运）及其他有关部门公布的取费标准计算物资运抵最终目的地将要发生的费用。

② 交货期

物资交货时间以招标文件的"供货一览表"中规定的时间为标准。由于物资的提前到达会使招标人付出额外的仓储保管费用和设备保养费用等，因此投标书中提出的交货期早于规定时间的，一般不给予评标优惠。但如果交货日期虽有延迟，但是对项目施工影响不大，则交货日期每延迟一个月，就按投标价的一定百分比（一般为2%）计算出折算价并增加到投标报价上去。

③ 付款条件

投标人的投标报价应符合招标文件中关于付款条件的规定，对不响应招标文件付款条件的投标书，可视为非响应性投标而予以拒绝。

④ 售后服务

对售后服务的评价要考虑两年内各类易损备件的获取途径和价格。要考虑投标人提供安装监督、设备调试、提供备件、负责维修和人员培训等工作的能力和所需支付的价格。如果这些费用已要求投标人包括在投标报价之内，则评标时不再重复考虑；但如果要求投标人在报价之外单独填报备件名称、数量等，则要将其加到投标报价上去。

以上各项评审价格加到投标报价上后形成的累计金额即为该标书的评标价。

(2) 综合评分法

按预先确定的评分标准，分别对各投标书的报价、技术质量及各种服务进行评审打分。

1）评审打分要素

① 投标报价。

② 物资的技术及质量情况（售后服务、技术指导和培训情况）。

③ 企业综合实力。

④ 其他有关内容。

2）评审要素的分值分配

评审要素确定后，应依据采购标的物的性质、特点，以及各要素对总投资的影响程度划分权重和打分标准。

6. 评标结果

根据评标情况选出合适的中标人。中标人的投标应当符合下列条件之一：

(1) 能最大限度地满足招标文件中规定的各项综合评价标准；

(2) 能满足招标文件各项要求，并且经评审的投标价格最低，但投标价格低于成本的除外。

7. 合同的签订

采购人在评标结束后，向中标人发出中标通知，并按照招投标文件的约定和中标人签订采购合同。物资采购合同要明确以下内容：

(1) 合同标的。包括产品名称、商标、型号、生产厂家、订购数量、合同金额、供货时间、每次供货数量、质量要求的技术标准、供货方对质量负责的条件和期限等。

(2) 物资包装。应明确物资包装的标准、包装物的供应与回收。

(3) 物资运输方式及到站、港和费用的负担责任。

(4) 物资合理损耗及计算方法。

(5) 物资验收标准和方法。

(6) 配件、工具数量及供应办法。

(7) 结算方式及期限。

(8) 违约责任。

(9) 其他条款。

1.14.2.4 物资采购合同履行

物资采购合同的履行主要有以下内容：

(1) 物资的交付应符合合同条款规定的交货方式、交货地点、交货期限。

(2) 物资的验收：产品验收应依据采购合同，供货方提供的发货单、计量单、装箱单及其他有关凭证，合同内约定的质量标准及国家标准或专业标准，产品合格证、检验单等，图纸、或其他技术文件，供需双方共同封存的样品等，对采购物资的数量、质量进行验收。验收合格后，由收料人根据来料凭证和实际数量出具收料单。

(3) 结算付款：按照合同约定及物资管理部门的收料单等有关资料进行合同结算和付款。

1.14.3 项目工程采购管理

项目工程采购主要指专业分包以及劳务分包采购。

1.14.3.1 项目工程采购策划

项目经理部应在企业的有关制度和授权范围的约束下，根据施工组织设计以及施工合同约定，对项目的工程采购进行策划，以明确项目整个阶段需要进行的专业分包项目和劳务分包。

(1) 在进行项目策划时，应确定分包项目、分包方式、分包商选择方式，并尽可能确定候选分包商名单。

(2) 制定分包方案时，应注意对于性质相同或相近的工作，原则上只设定为一个分包项目。

(3) 在具体组织分包商招标之前，必须要确定候选分包商名单。候选分包商应从公司合格分包商名单中选择，原则上不少于3家，并优先考虑已经通过质量管理体系、环境管理体系、职业健康安全管理体系认证的分包商。当合格名单中没有合适的候选者或业主有要求时，可在资质审查合格后将新的分包商纳入候选名单。

1.14.3.2 项目工程采购招标方式

项目工程采购方式分为：公开招标采购、邀请招标采购，特定情况下也有独家议标采购等方式。

1. 公开招标采购

公开发布招标信息，进行专业和劳务分包的招标。

2. 邀请招标采购

在企业合格分包商名录范围内，邀请至少3家资质、能力适合工程项目特点的施工单位进行投标。

3. 独家议标采购

工程采购招标尽量避免独家议标的采购模式，除非和企业有长期合作关系、信誉极佳及由经营合作约定的情况，以及业主指定分包的情况方可采用独家议标的采购模式。

1.14.3.3 项目工程采购招标

1. 资格预审

在项目工程采购活动正式组织招标之前，招标人要对投标人的资格和能力等进行预先审查。

(1) 资格预审的内容

1) 法人代表证明书。

2) 法定代表人委托书。

3) 企业法人营业执照副本、税务登记证。

4) 组织机构代码证副本原件。

5) 企业安全生产许可证。

6) 外地企业入省/市施工许可证。

7) 企业资质等级证书副本。

8) 一体化认证的证明材料。

9) 在建项目主要工程情况表。

10) 近三年财务状况表。

11) 近三年内已完成类似工程情况表。

12) 拟派驻项目的主要管理人员的资格证明文件与业绩证明材料。

(2) 资格预审程序

1) 编制资格预审文件

资格预审文件应由企业或项目采购部门组织编写。

2) 邀请符合条件的单位参加资格预审

由企业或项目采购部门邀请符合条件的供货商参加资格预审。首先邀请企业合格供应商名录中的单位参加。

3) 提交资格预审申请

投标人应按资格预审通告中规定的时间、地点提交资格预审申请。

4）资格评定、确定参加投标的单位名单

企业或项目采购单位应按事先确定的评定标准和方法对提交资格预审文件的单位的情况进行评审，以便确定有资格参加技标的单位。评审的内容包括：提供工程的质量水平，生产能力及业绩、信誉，企业资质等。

2. 招标文件

(1) 招标文件应该包括下列格式：

第一章　商务条款

第一节　投标邀请书

第二节　投标人须知

第三节　评标办法

第四节　合同条款及格式

第五节　工程量清单

第二章　技术标准和要求

第六节　技术标准和要求

第三章　投标文件格式

第七节　投标书、投标书附录和投标保函的格式

第八节　工程量清单与报价表

第九节　协议书格式、履约保函格式、预付款保函格式

第十节　辅助资料表

第四章　图样

第十一节　图样

(2) 招标文件的主要内容：

项目工程招标文件中应明确如下主要内容：分包工程范围、合同形式、单价/总价综合内容、工程量结算原则、工程款支付、变更洽商调整原则、工期要求、技术要求、人员要求、设备要求、质量、环境保护及职业健康安全管理要求、违约责任等。

(3) 招标文件的审核：

首先在项目经理部各相关部门进行审核，通过后上报至企业有关部门进行评审。按评审意见修改后的招标文件正式发放给各投标人。

3. 投标文件

(1) 投标准备

项目采购单位在投标人编制投标文件期间应做如下投标前的准备工作：

1）现场踏勘及答疑

项目采购单位应组织投标人对项目现场及周围环境进行踏勘，以便投标人获取有关编制投标文件和签署合同所涉及的现场资料。

各投标单位对于招标文件中的问题以书面的形式发给招标单位，由招标单位统一答疑发给各投标单位。

2）招标文件的澄清

投标人若对招标文件有任何疑问，应在规定的截止时间前以书面形式向招标人提出澄

清要求。无论是招标人根据需要主动对招标文件进行必要的澄清，或是根据投标人的要求对招标文件做出澄清，招标人都将于投标截止时间2日前以书面形式予以澄清，同时将书面澄清文件向所有投标人发送。

（2）投标文件的提交

1）投标文件需在招标文件中规定的投标截止时间之前予以提交。

2）项目采购单位在收到投标书后，要进行签收，并作好相应记录。

3）本着公开、公平、公正和诚实信用的原则，投标截止时间与开标时间应保持统一。

4. 开标

（1）开标应符合招标文件的相关内容。

（2）开标时要公开宣读投标信息。

（3）开标要作好开标记录。

5. 评标

（1）评标程序

1）响应性评审

审查投标文件是否对招标文件作出了实质性的响应，以及投标文件是否完整、计算是否正确等。

在评标过程中，评标委员会发现投标人的报价明显低于其他投标报价，使得其投标报价可能低于其个别成本的，应当要求该投标人作出书面说明并提供相关证明材料。投标人不能合理说明或者不能提供相关证明材料的，由评标委员会认定该投标人以低于成本报价竞标，其投标应作废标处理。

以下未能对招标文件提出的实质性要求或条件作出实质性响应的情况，作废标处理。

① 没有按照招标文件要求提供投标担保或者所提供的投标担保有瑕疵。

② 投标文件没有投标人授权代表签字和加盖公章。

③ 投标文件载明的招标项目完成期限超过招标文件规定的期限。

④ 明显不符合技术规格、技术标准的要求。

⑤ 投标文件载明的货物包装方式、检验标准和方法等不符合招标文件的要求。

⑥ 投标文件附有招标人不能接受的条件。

⑦ 不符合招标文件中规定的其他实质性要求。

2）技术评审

技术评审主要是为了确认备选的中标人完成生产项目的能力以及他们技术方案的可行性。评审内容主要有：

① 招标文件要求提供的技术资料是否完备。

② 施工方案是否可行。

③ 施工进度计划是否合理，并符合招标文件的工期要求。

④ 质量标准是否响应招标文件要求，质量保证措施是否有针对性，是否可行。

⑤ 分包商的技术能力和施工经验。

3）商务评审

商务评审主要是从成本、财务等方面评审投标报价的正确性、合理性、经济效益等，预测授标给不同投标人可能带来的风险。评审内容主要有：

① 报价的数额、各分项报价的正确性和合理性。

② 工程款支付和资金相关的问题。

③ 价格的调整问题。

④ 审查投标保证金。

4）评标结果

选出合适的中标人。中标人的投标应当符合下列条件中的一个：

① 能最大限度地满足招标文件中规定的各项综合评价标准。

② 能满足招标文件各项要求，并且经评审的投标价格最低，但投标价格不低于成本价。

6. 中标通知书

根据评标结果，经过评标委员会的确认和主管领导审批后，项目采购单位向确定的中标单位发出中标通知书，并在投标有效期内完成合同的授予。

7. 签订工程采购合同

项目经理部根据各企业的分包合同标准文本起草分包合同。分包合同必须要包括如下主要内容：分包工程范围、合同形式、单价/总价综合内容、工程量结算原则、工程款支付、变更洽商调整原则、工期要求、技术要求、人员要求、设备要求、质量、环保及职业健康安全管理要求、违约责任等。

经过项目和企业有关部门的评审、审核、批准，在投标有效期内与中标单位签订工程采购合同。

1.14.4 合格供应商名册建立及管理

企业或项目选择的供应商，应由项目进行年度评价，并填报供应商年度评价表（表1-114）。根据评价结果确定是否录入合格供应商名录（表1-115），或从合格供应商名录中删除。

供应商年度评价表 **表1-114**

供应商名称：		
供应内容：		
评估项目	评估内容	评估人/日期
价格水平（25%）	□很低□低□一般□高□很高	
按时供货（15%）	□非常及时□及时□一般□不及时□很不及时	
售后服务（20%）	□很好□好□一般□差□很差	
合作性（15%）	□很好□好□一般□差□很差	
报价配合（15%）	□很好□好□一般□差□很差	
财务配合（10%）	□很好□好□一般□差□很差	
采购合同主办人其他意见： 签名： 日期：		

续表

以下由采购合同主办人填写：				
评估单位	评估表编号	评估分数	权重	评定等级
使用项目1—			均分50%	
使用项目2—			权重	
采购合同主办人			50%	评分人/日期
总评平均分				
投标成本中心经理批示： □可 该供应商可进入年度合格供应商名单。 □不可 签名： 日期：				

合格供应商名录　　**表1-115**

编号	分包类型/物资种类	分/供方名称	单位地址	联系人	联系电话

1.15　施工项目合同管理

1.15.1　施工项目合同管理概述

1.15.1.1　施工项目合同管理的概念和内容

1. 施工项目合同管理的概念

施工项目合同管理是项目经理部对工程项目施工过程中所发生的或所涉及的一切经

济、技术合同的签订、履行、变更、索赔、解除、解决争议、终止与评价的全过程进行的管理工作。

施工项目合同管理的任务是根据法律、政策的要求，运用指导、组织、检查、考核、监督等手段，促使当事人依法签订合同，全面实际地履行合同，及时妥善地处理合同争议和纠纷，不失时机地进行合理索赔，预防发生违约行为，避免造成经济损失，保证合同目标顺利实现，从而提高企业的信誉和竞争能力。

2. 施工项目合同管理的内容

(1) 建立健全施工项目合同管理制度，包括合同归口管理制度；考核制度；合同用章管理制度；合同台账、统计及归档制度等。

(2) 经常对合同管理人员、项目经理及有关人员进行合同法律知识教育，提高合同业务人员法律意识和专业素质。

(3) 在谈判签约阶段，重点是了解对方的信誉，核实其法人资格及其他有关情况和资料；监督双方依照法律程序签订合同，避免出现无效合同、不完善合同，预防合同纠纷发生；组织配合有关部门做好施工项目合同的备案工作。

(4) 合同履约阶段，主要的日常工作是经常检查合同以及有关法规的执行情况，并进行统计分析，如统计合同份数、合同金额、纠纷次数，分析违约原因、变更和索赔情况、合同履约率等，以便及时发现问题、解决问题；做好有关合同履行中的调解、诉讼、仲裁等工作，协调好企业与各方面、各有关单位的经济协作关系。

(5) 专人整理保管合同、附件、工程洽商资料、补充协议、变更记录以及与业主及其委托的监理工程师之间的来往函件等文件，随时备查；合同期满，工程竣工结算后，将全部合同文件整理归档。

1.15.1.2 施工项目合同的两级管理

施工项目合同管理组织一般实行企业、项目经理部两级管理。

1. 企业的合同管理

企业设立专职合同管理部门，在企业经理授权范围内负责制定合同管理的制度、组织全企业所有施工项目的各类合同的管理工作；编写本企业施工项目分包、材料供应统一合同文本，参与重大施工项目的投标、谈判、签约工作；定期汇总合同的执行情况，向经理汇报、提出建议；负责基层上报企业的有关合同的审批、检查、监督工作，并给予必要地指导与帮助。

2. 施工项目经理部的合同管理

(1) 项目经理为项目总合同、分合同的直接执行者和管理者。在谈判签约阶段，预选的项目经理应参加项目合同的谈判工作，经授权的项目经理可以代表企业法人签约；项目经理还应亲自参与或组织本项目有关合同及分包合同的谈判和签署工作。

(2) 项目经理部设立专门的合同管理人员，负责本部所有合同的报批、保管和归档工作；参与选择分包商工作，在项目经理授权后负责分包合同起草、洽谈，制定分包的工作程序，以及总合同变更合同的洽谈，资料的收集，定期检查合同的履约工作；负责须经企业经理签字方能生效的重大施工合同的上报审批手续等工作；监督分包商履行合同工作，以及向业主、监理工程师、分包单位发送涉及合同问题的备忘录、索赔单等文件。

1.15.2　施工项目合同的种类和内容

1.15.2.1　建设工程施工合同的内容

根据有关工程建设施工的法律、法规，结合我国工程建设施工的实际情况，并借鉴了国际上广泛使用的土木工程施工合同（特别是FIDIC土木工程施工合同条件），建设部、国家工商行政管理局在对1991年3月31日发布的《建设工程施工合同示范文本》进行改进的基础上，于1999年12月24日发布了《建设工程施工合同（示范文本）》（以下简称《施工合同文本》）。《施工合同文本》是各类公用建筑、民用住宅、工业厂房、交通设施及线路管道施工合同和设备安装合同的样本。

1.《施工合同文本》的组成

《施工合同文本》由《协议书》、《通用条款》、《专用条款》三部分组成，并附有三个附件：附件一是《承包人承揽工程项目一览表》、附件二是《发包人供应材料设备一览表》、附件三是《工程质量保修书》。

（1）《协议书》，是《施工合同文本》中总纲性的文件，其内容包括工程概况、工程承包范围、合同工期、质量标准、合同价款、组成合同的文件等。它规定了合同当事人双方最主要的权利和义务，规定了组成合同的文件及合同当事人对履行合同义务的承诺。合同当事人在《协议书》上签字盖章后，表明合同已成立、生效，具有法律效力。

（2）《通用条款》，是将建设工程施工合同中共性的一些内容抽象出来编写的一份完整的合同文件，包括十一部分47条。它是根据《中华人民共和国合同法》、《中华人民共和国建筑法》、《建设工程施工合同管理办法》等法律、法规对承发包双方的权利义务作出的规定，除双方协商一致对其中的某些条款作了修改、补充或删除外，双方都必须履行。《通用条款》具有很强的通用性，基本适用于各类建设工程。其十一部分的内容是：

1）词语定义及合同文件；

2）双方一般权利和义务；

3）施工组织设计和工期；

4）质量与检验；

5）安全施工；

6）合同价款与支付；

7）材料设备供应；

8）工程变更；

9）竣工验收与结算；

10）违约、索赔和争议；

11）其他。

（3）《专用条款》，是由于建设工程的内容、施工现场的环境和条件各不相同，工期、造价也随之变动，承包人、发包人各自的能力、要求都不一样，《通用条款》不可能完全适用于每个具体工程，考虑由当事人根据工程的具体情况予以明确或者对《通用条款》进行的必要修改和补充，而形成的合同文件，从而使《通用条款》和《专用条款》体现双方统一意愿。《专用条款》的条款号与《通用条款》相一致。

（4）《施工合同文本》的附件，是对施工合同当事人的权利义务的进一步明确，并且使得施工合同当事人的有关工作一目了然，便于执行和管理。

2. 施工合同文件的组成及解释顺序

《施工合同文本》第 2 条规定了施工合同文件的组成及解释顺序。

组成建设工程施工合同的文件包括：

(1) 施工协议合同书；

(2) 中标通知书；

(3) 投标书及其附件；

(4) 施工合同专用条款；

(5) 施工合同通用条款；

(6) 标准、规范及有关技术文件；

(7) 图纸；

(8) 工程量清单；

(9) 工程报价单或预算书。

双方有关工程的洽商、变更等书面协议或文件视为施工合同的组成部分。

上述合同文件应能够互相解释、互相说明。当合同文件中出现不一致时，上面的顺序就是合同的优先解释顺序。当合同文件出现含糊不清或者当事人有不同理解时，按照合同约定的争议解决方式处理。

1.15.2.2 FIDIC《土木工程施工合同条件》简介

FIDIC 是国际咨询工程师联合会的法文缩写，是国际上最具有权威性的咨询工程师组织。FIDIC 下属许多专业委员会，他们在总结世界各国土木工程建设、工程合同管理的经验教训的基础上，科学地把土建工程技术、管理、经济、法律和各方的权利义务有机地结合起来，用合同的形式固定下来，编制了许多规范性文件，其中最常用的有《土木工程施工合同条件》(国际上通称“红皮书”)、《电气和机械工程合同条件》(黄皮书)、《业主/咨询工程师标准服务协议书》(白皮书)、《设计－建造与交钥匙工程合同条件》(橘皮书) 以及《土木工程施工分包合同条件》等。1999 年 9 月又出版了新的《施工合同条件》、《工程设备与设计－建造合同条件》、《EPC 交钥匙工程合同条件》(银皮书) 及《简明合同格式》(绿皮书)。

FIDIC 编制的合同条件 (以下称“FIDIC 合同条件”) 属于双务合同，即施工合同的签约双方 (业主和承包商) 都既要承担风险，又各自分享一定的利益。FIDIC 合同条件的各项规定具体体现了业主、承包商的义务、权力和职责以及工程师的职责和权限，公正合理；对处理各种问题的程序都有严谨的规定，易于操作和实施。FIDIC 合同条件虽不是法律，也不是法规，但在招标文件中、合同谈判、履行和解决争端时，被视为“国际惯例”，最具权威性，在国际承包和咨询界拥有崇高的信誉。在世界各地，凡是世界银行、亚洲开发银行、非洲开发银行贷款的工程项目以及 FIDIC 成员国家都采用国际通用的 FIDIC 合同条件。

在我国，凡亚行贷款项目，大都全文采用 FIDIC 红皮书。凡世行贷款项目，财政部编制的招标文件范本中，对 FIDIC 合同条件有一些特殊的规定和修改。但在工作中使用 FIDIC 合同条件时，应一律以正式的英文版 FIDIC 合同条件文本为准。

1.15.3　施工项目合同的签订及履行

1.15.3.1　施工项目合同的签订

1. 施工合同签订的原则（表 1-116）

施工合同签订的原则　　表 1-116

原　　则	说　　明
依法签订的原则	●必须依据《中华人民共和国经济合同法》、《建筑安装工程承包合同条例》、《建设工程合同管理办法》等有关法律、法规； ●合同的内容、形式、签订的程序均不得违法； ●当事人应当遵守法律、行政法规和社会公德，不得扰乱社会经济秩序，不得损害社会公共利益； ●根据招标文件的要求，结合合同实施中可能发生的各种情况进行周密、充分的准备，按照"缔约过失责任原则"保护企业的合法权益
平等互利协商一致的原则	●发包方、承包方作为合同的当事人，双方均平等地享有经济权利平等地承担经济义务，其经济法律地位是平等的，没有主从关系； ●合同的主要内容，须经双方经过协商、达成一致，不允许一方将自己的意志强加于对方、一方以行政手段干预对方、压服对方等现象发生
等价有偿原则	●签约双方的经济关系要合理，当事人的权利义务是对等的； ●合同条款中亦应充分体现等价有偿原则，即： ●一方给付，另一方必须按价值相等原则作相应给付； ●不允许发生无偿占有、使用另一方财产的现象； ●对工期提前、质量全优要予以奖励；延误工期、质量低劣应罚款；提前竣工的收益由双方分享等
严密完备的原则	●充分考虑施工期内各个阶段，施工合同主体间可能发生的各种情况和一切容易引起争端的焦点问题，并预先约定解决问题的原则和方法； ●条款内容力求完备，避免疏漏，措词力求严谨、准确、规范； ●对合同变更、纠纷协调、索赔处理等方面应有严格的合同条款作保证，以减少双方矛盾
履行法律程序的原则	●签约双方都必须具备签约资格，手续健全齐备； ●代理人超越代理人权限签订的工程合同无效； ●签约的程序符合法律规定； ●签订的合同必须经过合同管理的授权机关鉴证、公证和登记等手续，对合同的真实性、可靠性、合法性进行审查，并给予确认，方能生效

2. 签订施工合同的程序

作为承包商的建筑施工企业在签订施工合同中，主要的工作程序如表 1-117。

签订施工合同的程序　　表 1-117

程　序	内　　容
市场调查建立联系	●施工企业对建筑市场进行调查研究； ●追踪获取拟建项目的情况和信息，以及业主情况； ●当对某项工程有承包意向时，可进一步详细调查，并与业主取得联系
表明合作意愿投标报价	●接到招标单位邀请或公开招标通告后，企业领导做出投标决策； ●向招标单位提出投标申请书、表明投标意向； ●研究招标文件，着手具体投标报价工作

续表

程 序	内 容
协商谈判	●接受中标通知书后，组成包括项目经理的谈判小组，依据招标文件和中标书草拟合同专用条款； ●与发包人就工程项目具体问题进行实质性谈判； ●通过协商、达成一致，确立双方具体权利与义务，形成合同条款； ●参照施工合同示范文本和发包人拟定的合同条件与发包人订立施工合同
签署书面合同	●施工合同应采用书面形式的合同文本； ●合同使用的文字要经双方确定，用两种以上语言的合同文本，须注明几种文本是否具有同等法律效力； ●合同内容要详尽具体，责任义务要明确，条款应严密完整，文字表达应准确规范； ●确认甲方，即业主或委托代理人的法人资格或代理权限； ●施工企业经理或委托代理人代表承包方与甲方共同签署施工合同
备案与公证	●合同签署后，必须在合同规定的时限内完成履约保函、预付款保函、有关保险等保证手续； ●送交建设行政主管部门对合同进行备案； ●必要时可送交公证处对合同进行公证； ●经过备案、公证，确认了合同真实性、可靠性、合法性后，合同发生法律效力，并受法律保护

1.15.3.2 施工项目合同的履行

施工项目合同履行的主体是项目经理和项目经理部。项目经理部必须从施工项目的施工准备、施工、竣工至维修期结束的全过程中，认真履行施工合同，实行动态管理，跟踪收集、整理、分析合同履行中的信息，合理、及时地进行调整。还应对合同履行进行预测，及早提出和解决影响合同履行的问题，以避免或减少风险。

1. 项目经理部履行施工合同应遵守的规定

(1) 必须遵守《中华人民共和国合同法》、《中华人民共和国建筑法》规定的各项合同履行原则和规则。

(2) 在行使权利、履行义务时应当遵循诚实信用原则和坚持全面履行的原则。全面履行包括实际履行（标的的履行）和适当履行（按照合同约定的品种、数量、质量、价款或报酬等的履行）。

(3) 项目经理由企业授权负责组织施工合同的履行，并依据《中华人民共和国合同法》的规定，与业主或监理工程师打交道，进行合同的变更、索赔、转让和终止等工作。

(4) 如果发生不可抗力致使合同不能履行或不能完全履行时，应及时向企业报告，并在委托权限内依法及时进行处置。

(5) 遵守合同对约定不明条款、价格发生变化的履行规则，以及合同履行担保规则和抗辩权、代位权、撤销权的规则。

(6) 承包人按专用条款的约定分包所承担的部分工程，并与分包单位签订分包合同。非经发包人同意，承包人不得将承包工程的任何部分分包。

(7) 承包人不得将其承包的全部工程倒手转给他人承包，也不得将全部工程肢解后以分包的名义分别转包给他人，这是违法行为。工程转包是指：承包人不行使承包人的管理职能，不承担技术经济责任，将其承包的全部工程或将其肢解以后以分包的名义分别转包给他人；或将工程的主要部分或群体工程的半数以上的单位工程倒手转给其他施工单位；以及分包人将承包的工程再次分包给其他施工单位，从中提取回扣的行为。

2. 项目经理部履行施工合同应做的工作

（1）应在施工合同履行前，针对工程的承包范围、质量标准和工期要求，承包人的义务和权力，工程款的结算、支付方式与条件，合同变更、不可抗力影响、物价上涨、工程中止、第三方损害等问题产生时的处理原则和责任承担，争议的解决方法等重要问题进行合同分析，对合同内容、风险、重点或关键性问题作出特别说明和提示，向各职能部门人员交底，落实根据施工合同确定的目标，依据施工合同指导工程实施和项目管理工作。

（2）组织施工力量；签订分包合同；研究熟悉设计图纸及有关文件资料；多方筹集足够的流动资金；编制施工组织设计，进度计划，工程结算付款计划等，作好施工准备，按时进入现场，按期开工。

（3）制订科学的周密的材料、设备采购计划，采购符合质量标准的价格低廉的材料、设备，按施工进度计划，及时进入现场，搞好供应和管理工作，保证顺利施工。

（4）按设计图纸、技术规范和规程组织施工；作好施工记录，按时报送各类报表；进行各种有关的现场或实验室抽检测试，保存好原始资料；制定各种有效措施，采取先进的管理方法，全面保证施工质量达到合同要求。

（5）按期竣工，试运行，通过质量检验，交付业主，收回工程价款。

（6）按合同规定，作好责任期内的维修、保修和质量回访工作。对属于承包方责任的工程质量问题，应负责无偿维修。

（7）履行合同中关于接受监理工程师监督的规定，如有关计划、建议须经监理工程师审核批准后方可实施；有些工序须监理工程师监督执行，所做记录或报表要得到其签字确认；根据监理工程师要求报送各类报表、办理各类手续；执行监理工程师的指令，接受一定范围内的工程变更要求等。承包商在履行合同中还要自觉地接受公证机关、银行的监督。

（8）项目经理部在履行合同期间，应注意收集、记录对方当事人违约事实的证据，即对发包方或业主履行合同进行监督，作为索赔的依据。

1.15.3.3　分包合同的签订与履行

承包人经发包人同意或按照合同约定，可将承包项目的部分非主体工程、专业工程分包给具备相应资质的分包人完成，并与之订立分包合同。

1. 分包合同文件组成及优先顺序

（1）分包合同协议书。

（2）承包人发出的分包中标书。

（3）分包人的报价书。

（4）分包合同条件。

（5）标准规范、图纸、列有标价的工程量清单。

（6）报价单或施工图预算书。

2. 履行分包合同应符合的要求

（1）工程分包不能解除承包人任何责任与义务，承包人应在分包现场派驻相应的监督管理人员，保证本合同的履行。履行分包合同时，承包人应就承包项目（其中包括分包项目），向发包人负责，分包人就分包项目向承包人负责。分包人与发包人之间不存在直接的合同关系。

（2）分包人应按照分包合同的规定，实施和完成分包工程，修补其中的缺陷，提供所需的全部工程监督、劳务、材料、工程设备和其他物品，提供履约担保、进度计划，不得将分包工程进行转让或再分包。

（3）承包人应提供总包合同（工程量清单或费率所列承包人的价格细节除外）供分包人查阅。

（4）分包人应当遵守分包合同规定的承包人的工作时间和规定的分包人的设备材料进出场的管理制度。承包人应为分包人提供施工现场及其通道；分包人应允许承包人和监理工程师等在工作时间内合理进入分包工程的现场，并提供方便，做好协助工作。

（5）分包人延长竣工时间应根据下列条件：承包人根据总包合同延长总包合同竣工时间；承包人指示延长；承包人违约。分包人必须在延长开始14天内将延长情况通知承包人，同时提交一份证明或报告，否则分包人无权获得延期。

（6）分包人仅从承包人处接受指示，并执行其指示。如果上述指示从总包合同来分析是监理工程师失误所致，则分包人有权要求承包人补偿由此而导致的费用。

（7）分包人应根据下列指示变更、增补或删减分包工程：监理工程师根据总包合同作出的指示，再由承包人作为指示通知分包人；承包人的指示。

（8）分包工程价款由承包人与分包人结算。发包人未经承包人同意不得以任何名义向分包单位支付各种工程款项。

（9）由于分包人的任何违约行为、安全事故或疏忽、过失导致工程损害或给发包人造成损失，承包人承担连带责任。

1.15.3.4 施工项目合同履行中的问题及处理

施工项目合同履行过程中经常遇到不可抗力问题、施工合同的变更、违约、索赔、争议、终止与评价等问题。

1. 发生不可抗力

不可抗力是指合同当事人不能预见、不能避免并不能克服的客观情况。建设工程施工中的不可抗力包括因战争、动乱、空中飞行物坠落或其他非发包方责任造成的爆炸、火灾，以及专用条款中约定程度的风、雨、雪、洪水、地震等自然灾害。

在订立合同时，应明确不可抗力的范围，双方应承担的责任。在合同履行中加强管理和防范措施。当事人一方因不可抗力不能履行合同时，有义务及时通知对方，以减轻可能给对方造成的损失，并应当在合理期限内提供证明。

不可抗力发生后，承包人应在力所能及的条件下迅速采取措施，尽量减少损失，并在不可抗力事件发生过程中，每隔7d向监理工程师报告一次受害情况；不可抗力事件结束后48h内向监理工程师通报受害情况和损失情况，及预计清理和修复的费用；14d内向监理工程师提交清理和修复费用的正式报告。

因不可抗力事件导致的费用及延误的工期由合同双方承担责任：

（1）工程本身的损害、因工程损害导致第三方人员伤亡和财产损失以及运至施工现场用于施工的材料和待安装的设备的损害，由发包人承担；

（2）发包方、承包方人员伤亡由其所在单位负责，并承担相应费用；

（3）承包人机械设备损坏及停工损失，由承包人承担；

（4）停工期间，承包人应工程师要求留在施工场地的必要的管理人员及保卫人员的费用由发包人承担；

(5) 工程所需清理、修复费用，由发包人承担；

(6) 延误的工期相应顺延。

因合同一方迟延履行合同后发生不可抗力的，不能免除迟延履行方的相应责任。

2. 合同变更

合同变更是指依法对原来合同进行的修改和补充，即在履行合同项目的过程中，由于实施条件或相关因素的变化，而不得不对原合同的某些条款做出修改、订正、删除或补充。合同变更一经成立，原合同中的相应条款就应解除。合同变更是在条件改变时，对双方利益和义务的调整，适当及时的合同变更可以弥补原合同条款的不足。

合同变更一般由监理工程师提出变更指令，它不同于《施工合同文本》的“工程变更”或“工程设计变更”。后者是由发包人提出并报规划管理部门和其他有关部门重新审查批准。

(1) 合同变更的理由

1) 工程量增减。

2) 资料及特性的变更。

3) 工程标高、基线、尺寸等变更。

4) 工程的删减。

5) 永久工程的附加工作，设备、材料和服务的变更等。

(2) 合同变更的原则

1) 合同双方都必须遵守合同变更程序，依法进行，任何一方都不得单方面擅自更改合同条款。

2) 合同变更要经过有关专家（监理工程师、设计工程师、现场工程师等）的科学论证和合同双方的协商。在合同变更具有合理性、可行性，而且由此而引起的进度和费用变化得到确认和落实的情况下方可实行。

3) 合同变更的次数应尽量减少，变更的时间亦应尽量提前，并在事件发生后的一定时限内提出，以避免或减少给工程项目建设带来的影响和损失。

4) 合同变更应以监理工程师、业主和承包商共同签署的合同变更书面指令为准，并以此作为结算工程价款的凭据。紧急情况下，监理工程师的口头通知也可接受，但必须在48h内，追补合同变更书。承包人对合同变更若有不同意见可在7～10d内书面提出，但业主决定继续执行的指令，承包商应继续执行。

5) 合同变更所造成的损失，除依法可以免除的责任外，如由于设计错误，设计所依据的条件与实际不符，图与说明不一致，施工图有遗漏或错误等，应由责任方负责赔偿。

(3) 合同变更的程序

合同变更的程序应符合合同文件的有关规定，其示意图见图1-54。

3. 合同解除

合同解除是在合同依法成立之后的合同规定的有效期内，合同当事人的一方有充足的理由，提出终止合同的要求，并同时出具包括终止合同理由和具体内容的申请，合同双方经过协商，就提前终止合同达成书面协议，宣布解除双方由合同确定的经济承包关系。

合同解除的理由主要有：

1) 施工合同当事双方协商，一致同意解除合同关系。

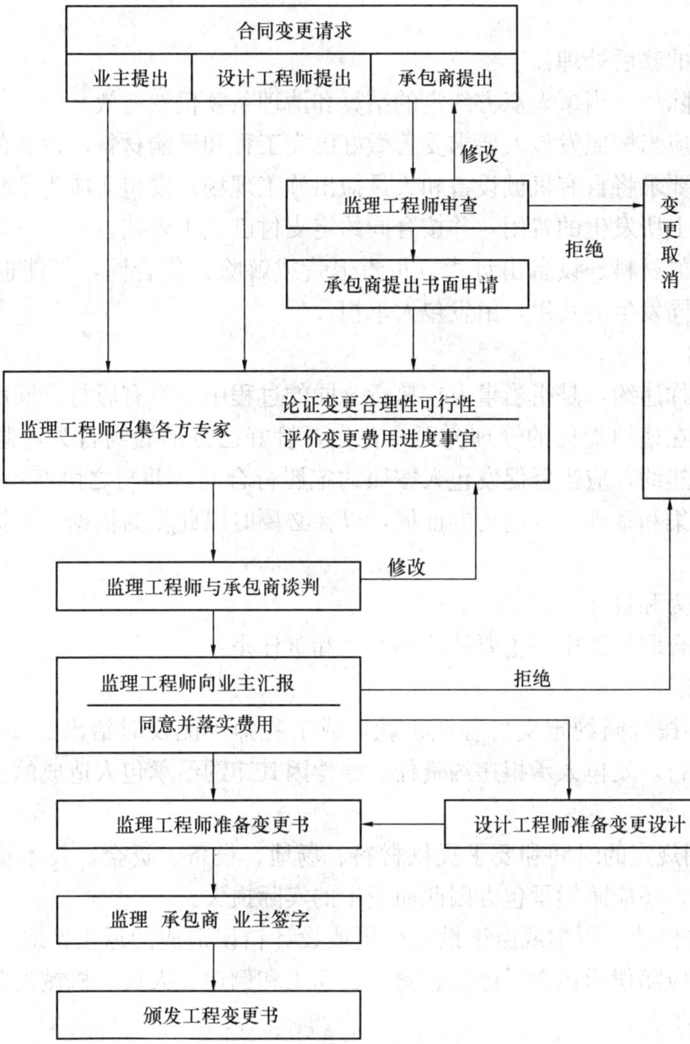

图 1-54 合同变更程序示意图

2）因为不可抗力或者是非合同当事人的原因，造成工程停建或缓建，致使合同无法履行。

3）由于当事人一方违约致使合同无法履行。违约的主要表现有：

① 发包人不按合同约定支付工程款（进度款），双方又未达成延期付款协议，导致施工无法进行，承包人停止施工超过 56d，发包人仍不支付工程款（进度款），承包人有权解除合同。

② 承包人发生将其承包的全部工程或将其肢解以后以分包的名义分别转包给他人；或将工程的主要部分、或群体工程的半数以上的单位工程倒手转包给其他施工单位等转包行为时，发包人有权解除合同。

③ 合同当事人一方的其他违约行为致使合同无法履行，合同双方可以解除合同。

当合同当事一方主张解除合同时，应向对方发出解除合同的书面通知，并在发出通知前 7d 告知对方。通知到达对方时合同解除。对解除合同有异议时，按照解决合同争议程序处理。

合同解除后的善后处理：

(1) 合同解除后，当事人双方约定的结算和清理条款仍然有效。

(2) 承包人应当按照发包人要求妥善做好已完工程和已购材料、设备的保护和移交工作，按照发包人要求将自有机械设备和人员撤出施工现场。发包人应为承包人撤出提供必要条件，支付以上所发生的费用，并按合同约定支付已完工程款。

(3) 已订货的材料、设备由订货方负责退货或解除订货合同，不能退还的货款和退货、解除订货合同发生的费用，由发包人承担。

4. 违背合同

违背合同又称违约，是指当事人在执行合同的过程中，没有履行合同所规定的义务的行为。项目经理在违约责任的管理方面，首先要管好己方的履约行为，避免承担违约责任。如果发包人违约，应当督促发包人按照约定履行合同，并与之协商违约责任的承担。特别应当注意收集和整理对方违约的证据，以在必要时以此作为依据、证据来维护自己的合法权益。

(1) 违约行为和责任

在履行施工合同过程中，主要的违约行为和责任是：

1) 发包人违约

① 发包人不按合同约定支付各项价款，或工程师不能及时给出必要的指令、确认，致使合同无法履行，发包人承担违约责任，赔偿因其违约给承包人造成的直接损失，延误的工期相应顺延。

② 未按合同规定的时间和要求提供材料、场地、设备、资金、技术资料等，除竣工日期得以顺延外，还应赔偿承包方因此而发生的实际损失。

③ 工程中途停建、缓建或由于设计变更或设计错误造成的返工，应采取措施弥补或减少损失。同时应赔偿承包方因停工、窝工、返工和倒运、人员、机械设备调迁、材料和构件积压等实际损失。

④ 工程未经竣工验收，发包单位提前使用或擅自动用，由此发生的质量问题或其他问题，由发包方自己负责。

⑤ 超过承包合同规定的日期验收，按合同的违约责任条款的规定，应偿付逾期违约金。

2) 承包人违约

① 承包工程质量不符合合同规定，负责无偿修理和返工。由于修理和返工造成逾期交付的，应偿付逾期违约金。

② 承包工程的交工时间不符合合同规定的期限，应按合同中违约责任条款，偿付逾期违约金。

③ 由于承包方的责任，造成发包方提供的材料、设备等丢失或损坏，应承担赔偿责任。

(2) 违约责任处理原则

1) 承担违约责任应按“严格责任原则”处理，无论合同当事人主观上是否有过错，只要合同当事人有违约事实，特别是有违约行为并造成损失的，就要承担违约责任。

2）在订立合同时，双方应当在专用条款内约定发（承）包人赔偿承（发）包人损失的计算方法或者发（承）包人应当支付违约金的数额和计算方法。

3）当事人一方违约后，另一方可按双方约定的担保条款，要求提供担保的第三方承担相应责任。

4）当事人一方违约后，另一方要求违约方继续履行合同时，违约方承担继续履行合同、采取补救措施或者赔偿损失等责任。

5）当事人一方违约后，对方应当采取适当措施防止损失的扩大，否则不得就扩大的损失要求赔偿。

6）当事人一方因不可抗力不能履行合同时，应对不可抗力的影响部分（或者全部）免除责任，但法律另有规定的除外。当事人延迟履行后发生不可抗力的，不能免除责任。

5. 合同争议的解决

合同争议，是指当事人双方对合同订立和履行情况，以及不履行合同的后果所产生的纠纷。

（1）施工合同争议的解决方式

合同当事人在履行施工合同时，解决所发生争议、纠纷的方式有和解、调解、仲裁和诉讼等。

1）和解，是指争议的合同当事人，依据有关法律规定或合同约定，以合法、自愿、平等为原则，在互谅互让的基础上，经过谈判和磋商，自愿对争议事项达成协议，从而解决分歧和矛盾的一种方法。和解方式无需第三者介入，简便易行，能及时解决争议，避免当事人经济损失扩大，有利于双方的协作和合同的继续履行。

2）调解，是指争议的合同当事人，在第三方的主持下，通过其劝说引导，以合法、自愿、平等为原则，在分清是非的基础上，自愿达成协议，以解决合同争议的一种方法。调解有民间调解、仲裁机构调解和法庭调解三种。调解协议书对当事人具有与合同一样的法律约束力。运用调解方式解决争议，双方不伤和气，有利于今后继续履行合同。

3）仲裁，也称公断，是双方当事人通过协议自愿将争议提交第三者（仲裁机构）作出裁决，并负有履行裁决义务的一种解决争议的方式。仲裁包括国内仲裁和国际仲裁。仲裁须经双方同意并约定具体的仲裁委员会。仲裁可以不公开审理从而保守当事人的商业秘密，节省费用，一般不会影响双方日后的正常交往。

4）诉讼，是指合同当事人相互间发生争议后，只要不存在有效的仲裁协议，任何一方向有管辖权的法院起诉并在其主持下，为维护自己的合法权益的活动。通过诉讼，当事人的权力可得到法律的严格保护。

5）除了上述四种主要的合同争议解决方式外，在国际工程承包中，又出现了一些新的有效的解决方式，正在被广泛应用。比如 FIDIC《土木工程施工合同条件》（红皮书）中有关“工程师的决定”的规定。当业主和承包商之间发生任何争端，均应首先提交工程师处理。工程师对争端的处理决定，通知双方后，在规定的期限内，双方均未发出仲裁意向通知，则工程师的决定即被视为最后的决定并对双方产生约束力。又比如在 FIDIC《设计—建造与交钥匙工程合同条件》（橘皮书）中规定业主和承包商之间发生任何争端，应首先以书面形式提交由合同双方共同任命的争端审议委员会（DRB）裁定。争端协议委员会对争端作出决定并通知双方后，在规定的期限内，如果任何一方未将其不满事宜通知对方，则该决定即被视为最终的决定并对双方产生约束力。无论工程师的决定，还是争端审议委员会的决定，都与合同具有同等的约束力。任何一方不执行决定，另一方即可将其不执行决定的行为提交仲裁。这种方式不同于调解，因其决定不是争端双方达成的协议；也不同于仲裁，因工程师和争端审议委员会只能以专家的身份作出决定，不能以仲裁人的身份作出裁决，其决定的效力不同于仲裁裁决的效力。

当承包商与业主（或分包商）在合同履行的过程中发生争议和纠纷，应根据平等协商的原则先行和解，尽量取得一致意见。若双方和解不成，则可要求有关主管部门调解。双方属于同一部门或行业，可由行业或部门的主管单位负责调解；不属于上述情况的可由工程所在地的建设主管部门负责调解；若调解无效，根据当事人的申请，在受到侵害之日起一年之内，可送交工程所在地工商行政管理部门的经济合同仲裁委员会进行仲裁；超过一年期限者，一般不予受理。仲裁是解决经济合同的一项行政措施，是维护合同法律效力的必要手段。仲裁是依据法律、法令及有关政策，处理合同纠纷，责令责任方赔偿、罚款，直至追究有关单位或人员的行政责任或法律责任。处理合同纠纷也可不经仲裁，而直接向人民法院起诉。

一旦合同争议进入仲裁或诉讼，项目经理应及时向企业领导汇报和请示。因为仲裁和诉讼必须以企业（具有法人资格）的名义进行，由企业作出决策。

（2）争议发生后履行合同情况

在一般情况下，发生争议后，双方都应继续履行合同，保持施工连续，保护好已完工程。

只有发生下列情况时，当事人方可停止履行施工合同：

1）单方违约导致合同确已无法履行，双方协议停止施工；

2）调解要求停止施工，且为双方接受；

3）仲裁机构要求停止施工；

4）法院要求停止施工。

6. 合同履行的评价

合同终止后，承包人应对从投标开始直至合同终止的整个过程或达到规定目标的适宜性、充分性、有效性进行合同管理评价，其评价内容有：

（1）合同订立过程情况评价。

（2）合同条款的评价。

（3）合同履行情况评价。

（4）合同管理工作评价。

1.15.4　工程变更价款及工程价款结算

1.15.4.1　工程变更价款的确定

1. 工程变更价款的确定程序

合同中综合单价因工程量变更需要调整时，除合同另有约定外，应按照下列办法确定：

（1）工程量清单漏项和设计变更引起的工程量清单项目，其相应综合单价由承包人提出，经发包人确认后作为结算的依据。

（2）工程量清单的工程数量有误或设计变更引起的工程量增减，属合同约定幅度以内的，应执行原有的综合单价；属合同约定幅度以外的，其增加部分的工程量或减少后剩余部分的工程量的综合单价由承包人提出，经发包人确认后作为结算的依据。

2. 工程变更价款的确定方法

（1）我国现行工程变更价款的确定方法

《建设工程施工合同示范文本》(GF-1999—0201）约定的工程变更价款的确定方法如下：①合同中已有适用变更工程的价格，按合同已有的价格变更合同价格；②合同中只有类似变更工程的价格，可以参考类似价格变更合同价格；③合同中没有适用或类似于变更工程的价格，由承包人提出适当的变更价格，经工程师确认后执行。

采用合同中工程量清单的单价和价格：合同中工程量清单的单价和价格由承包商投标时提供，用于变更工程，容易被业主、承包商及监理工程师所接受，从合同意义上讲也是比较公平的。

协商单价和价格：是基于合同中没有或者有但不适合的情况而采取的一种方法。

（2）FIDIC 施工合同条件下工程变更的估价

工程师应通过 FIDIC《施工合同条件》第 12.1 款和 12.2 款商定或确定的测量方法和适宜的费率和价格，对各项工作的内容进行估价，再按照 FIDIC 第 3.5 款商定或确定合同价格。

各项工作内容的适宜费率或价格，应为合同对此类工作内容规定的费率或价格，如合同中无某项内容，应取类似工作的费率或价格。但在以下情况下，宜对有关工作内容采用新的费率或价格。

第一种情况：①如果此项工作实际测量的工程量比工程量表或其他报表中规定的工程量的变动大于 10%；②工程量的变更与该项工作规定的费率的乘积超过了中标的合同金额的 0.01%；③由此工程量的变更直接造成该项工作单位成本的变动超过 1%；④这项工作不是合同中规定的“固定费率项目”。

第二种情况：①此工作是根据“变更与调整”的指示进行的；②合同没有规定此项工作的费率或价格；③由于该项工作与合同中的任何工作没有类似的性质或不在类似的条件下进行，故没有一个规定的费率或价格适用。

每种新的费率或价格应考虑以上描述的有关事项对合同中相关费率或价格加以合理调整后得出。如果没有相关的费率或价格可供推算新的费率或价格，应根据实施该工作的合理成本和合理利润，并考虑其他相关事项后得出。

工程师应在商定或确定适宜费率或价格前，确定用于期中付款证书的临时费率或价格。

1.15.4.2 工程价款结算

1. 承包工程价款的主要结算方式

承包工程价款的主要结算方式见表 1-118。

承包工程价款的主要结算方式　　表 1-118

结算方式	说　明
按月结算	先预付部分工程款，在施工过程中按月结算工程进度款，竣工后进行竣工结算
竣工后一次结算	建设项目或单项工程全部建筑安装工程建设期在 12 个月以内，或者工程合同价值在 100 万元以下的，可以实行工程价款每月月中预支，竣工后一次结算

续表

结算方式	说　明
分段结算	当年开工，当年不能竣工的单项工程或单位工程，按照工程形象进度，划分不同阶段进行结算。分段结算可以按月预支工程款
其他	结算双方约定的其他结算方式

2. 工程预付款

工程预付款是建设工程施工合同订立后由发包人按照合同约定，在正式开工前预先支付给承包人的工程款。它是施工准备和所需要材料、结构件等流动资金的主要来源，习惯上又称为预付备料款。

在《建设工程施工合同示范文本》(GF-1999-0201）中，对有关工程预付款作了如下规定："实行工程预付款的，双方应当在专用条款内约定发包人向承包人预付工程款的时间和数额，开工后按约定的时间和比例逐次扣回。预付时间应不迟于约定的开工日期前7天。发包人不按约定预付，承包人在约定预付时间7天后向发包人发出要求预付的通知，发包人收到通知后仍不能按要求预付，承包人可在发出通知后7天停止施工，发包人应从约定应付之日起向承包人支付应付款的贷款利息，并承担违约责任。"

工程预付款的具体事宜由发承包双方根据建设行政主管部门的规定，结合施工工期、建安工作量、主要材料和构件费用占承包总额的比例以及材料储备周期等因素在合同中约定。预付备料款额度的计算公式为：

$$预付备料款额度=\frac{年度承包总额\times 主要材料及构配件所占比重(\%)}{年度施工天数}\times 材料储备天数 \tag{1-30}$$

3. 工程预付款的扣回

发包人支付给承包人的工程预付款性质是预支。随着工程的进展，拨付的工程进度款数额不断增加，工程所需主要材料、构件的用量逐渐减少，原已支付的预付款应已抵扣的方式予以陆续扣回。扣款的方法由发包人和承包人通过洽商用合同的形式予以确定，可采用等比率或等额扣款的方式。也可针对工程实际情况具体处理。

4. 工程进度款的支付

工程进度款的支付，一般按当月实际完成工程量进行结算，工程竣工后办理竣工结算。

5. 工程竣工结算

工程竣工验收报告经发包人认可后28d内，承包人向发包人递交竣工结算报告及完整的结算资料，双方按照协议书约定的合同价款及专用条款约定的合同价款调整内容，进行工程竣工结算。专业监理工程师审核承包人报送的竣工结算报表并与发包人、承包人协商一致后，签发竣工结算文件和最终的工程款支付证书。

1.15.5 施 工 索 赔

1.15.5.1 施工索赔的概念

索赔是在经济活动中，合同当事人一方因对方违约，或其他过错，或无法防止的外因而受到损失时，要求对方给予赔偿或补偿的活动。

在施工项目合同管理中的施工索赔，一般是指承包商（或分包商）向业主（或总承包商）提出的索赔，而把业主（或总承包商）向承包商（或分包商）提出的索赔称为反索赔，广义上统称索赔。

施工索赔是承包商由于非自身原因，发生合同规定之外的额外工作或损失时，向业主提出费用或时间补偿要求的活动。

1.15.5.2 通常可能发生的索赔事件

在施工过程中，通常可能发生的索赔事件主要有：

（1）业主没有按合同规定的时间交付设计图纸数量和资料，未按时交付合格的施工现场等，造成工程拖延和损失。

（2）工程地质条件与合同规定、设计文件不一致。

（3）业主或监理工程师变更原合同规定的施工顺序，扰乱了施工计划及施工方案，使工程数量有较大增加。

（4）业主指令提高设计、施工、材料的质量标准。

（5）由于设计错误或业主、工程师错误指令，造成工程修改、返工、窝工等损失。

（6）业主和监理工程师指令增加额外工程，或指令工程加速。

（7）业主未能及时支付工程款。

（8）物价上涨，汇率浮动，造成材料价格、工人工资上涨，承包商蒙受较大损失。

（9）国家政策、法令修改。

（10）不可抗力因素等。

1.15.5.3 施工索赔的分类

施工索赔的主要分类见表 1-119。

施工索赔的分类 表 1-119

分类标准	索赔类别	说明
按索赔的目的分	工期延长索赔	●由于非承包商方面原因造成工程延期时，承包商向业主提出的推迟竣工日期的索赔
	费用损失索赔	●承包商向业主提出的，要求补偿因索赔事件发生而引起的额外开支和费用损失的索
按索赔的原因分	延期索赔	●由于业主原因不能按原定计划的时间进行施工所引起的索赔； ●主要有：发包人未按照约定的时间和要求提供材料设备、场地、资金、技术资料，或设计图纸的错误和遗漏等原因引起停工、窝工
	工程变更索赔	●由于对合同中规定的施工工作范围的变化而引起的索赔； ●主要是由于发包人或监理工程师提出的工程变更，由承包人提出但经发包人或监理工程师同意的工程变更；设计变更，或设计错误、遗漏，导致工程变更，工作范围改变
	施工加速索赔（又称赶工索赔、劳动生产率损失索赔）	●如果业主要求比合同规定工期提前，或因前段的工程拖期，要求后一阶段弥补已经损失工期，使整个工程按期完工，需加快施工速度而引起的索赔； ●一般是延期或工程变更索赔的结果； ●施工加速应考虑加班工资、提供额外监管人员、雇佣额外劳动力、采用额外设备、改变施工方法造成现场拥挤、疲劳作业等使劳动生产率降低

续表

分类标准	索赔类别	说明
按索赔的原因分	不利现场条件索赔	●因合同的图纸和技术规范中所描述的条件与实际情况有实质性不同，或合同中未作描述，但发生的情况是一个有经验的承包商无法预料的时候，所引起的索赔； ●如复杂的现场水文地质条件或隐藏的不可知的地面条件等
按索赔的合同依据分	合同内索赔	●索赔依据可在合同条款中找到明文规定的索赔； ●这类索赔争议少，监理工程师即可全权处理
	合同外索赔	●索赔权利在合同条款内很难找到直接依据，但可来自普通法律，承包商须有丰富的索赔经验方能实现； ●索赔表现多为违约或违反担保造成的损害； ●此项索赔由业主决定是否索赔、监理工程师无权决定
	道义索赔（又称额外支付）	●承包商对标价估计不足，虽然圆满完成了合同规定的施工任务，但期间由于克服了巨大困难而蒙受了重大损失，为此向业主寻求优惠性质的额外付款； ●这是以道义为基础的索赔，既无合同依据，又无法律依据； ●这类索赔监理工程师无权决定，只是在业主通情达理，出于同情时才会超越合同条款给予承包商一定的经济补偿
按索赔处理方式分	单项索赔	●在一项索赔事件发生时或发生后的有效期间内，立即进行的索赔； ●索赔原因单一、责任单一、处理容易
	总索赔（又称一揽子索赔）	●承包商在竣工之前，就施工中未解决的单项索赔，综合起来提出的总索赔； ●总索赔中的各单项索赔常常是因为较复杂而遗留下来的，加之各单项索赔事件相互影响，使总索赔处理难度大，金额也大

1.15.5.4 施工索赔的程序

1. 意向通知

索赔事件发生时或发生后，承包商应立即通知监理工程师，表明索赔意向，争取支持。

2. 提出索赔申请

索赔事件发生后的有效期内，承包商要向监理工程师提出正式书面索赔申请，并抄送业主。其内容主要是索赔事件发生的时间、实际情况及事件影响程度，同时提出索赔依据的合同条款等。

3. 提交索赔报告

承包商在索赔事件发生后，要立即搜集证据，寻找合同依据，进行责任分析，计算索赔金额，最后形成索赔报告，在规定期限内报送监理工程师，抄送业主。

4. 索赔处理

承包商在索赔报告提交之后，还应每隔一段时间主动向对方了解情况并督促其快速处理，并根据所提出意见随时提供补充资料，为监理工程师处理索赔提供帮助、支持与合作。

监理工程师（业主）接到索赔报告后，应认真阅读和评审，对不合理、证据不足之处提出反驳和质疑，与承包商经常沟通、协商。最后由监理工程师起草索赔处理意见，双方就有关问题协商、谈判，合同内单一索赔，一般协商就可以解决。对于双方争议较大的索赔问题，可由中间人调解解决，或进而由仲裁诉讼解决。

施工索赔的程序见图 1-55。

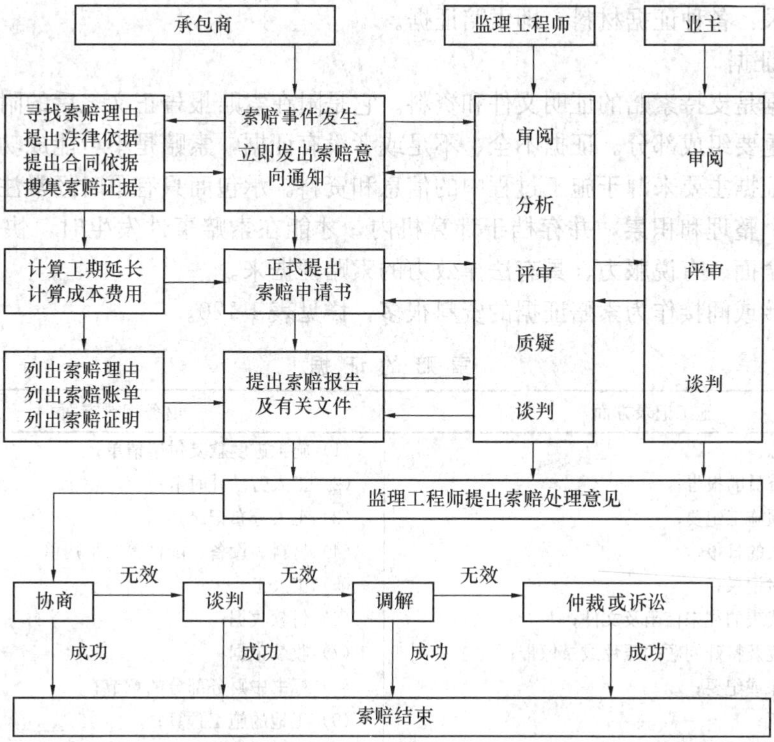

图 1-55　施工索赔程序示意图

1.15.5.5　索赔报告

索赔报告由承包商编写，应简明扼要，符合实际，责任清晰，证据可靠，计算方法正确，结果无误。索赔报告编制得好坏，是索赔成败的关键。

1. 索赔报告的报送时间和方式

索赔报告一定要在索赔事件发生后的有效期（一般为 28d）内报送，过期索赔无效。

对于新增工程量、附加工作等应一次性提出索赔要求，并在该项工程进行到一定程度、能计算出索赔额时，提交索赔报告；对于已征得监理工程师同意的合同外工作项目的索赔，可以在每月上报完成工程量结算单的同时报送。

2. 索赔报告的基本内容

(1) 题目：高度概括索赔的核心内容，如"关于×××事件的索赔"。

(2) 事件：陈述事件发生的过程，如工程变更情况，不可抗力发生的过程，以及期间监理工程师的指令，双方往来信函、会谈的经过及纪要，着重指出业主（监理工程师）应承担的责任。

(3) 理由：提出作为索赔依据的具体合同条款、法律、法规依据。

(4) 结论：指出索赔事件给承包商造成的影响和带来的损失。

(5) 计算：列出费用损失或工程延期的计算公式（方法）、数据、表格和计算结果，并依此提出索赔要求。

（6）综合：总索赔应在上述各分项索赔的基础上提出索赔总金额或工程总延期天数的要求。

（7）附录：各种证据材料，即索赔证据。

3. 索赔证据

索赔证据是支持索赔的证明文件和资料。它是附在索赔报告正文之后的附录部分，是索赔文件的重要组成部分。证据不全、不足或者没有证据，索赔是不可能成功的。

索赔的证据主要来源于施工过程中的信息和资料。承包商只有平时经常注意这些信息资料的收集、整理和积累，并存档于计算机内，才能在索赔事件发生时，快速地调出真实、准确、全面、有说服力、具有法律效力的索赔证据来。

可以直接或间接作为索赔证据的资料很多，详见表 1-120。

索赔的证据　　**表 1-120**

施工记录方面	财务记录方面
（1）施工日志；	（1）施工进度款支付申请单；
（2）施工检查员的报告；	（2）工人劳动计时卡；
（3）逐月分项施工纪要；	（3）工人分布记录；
（4）施工工长的日报；	（4）材料、设备、配件等的采购单；
（5）每日工时记录；	（5）工人工资单；
（6）同业主代表的往来信函及文件；	（6）付款收据；
（7）施工进度及特殊问题的照片或录像带；	（7）收款单据；
（8）会议记录或纪要；	（8）标书中财务部分的章节；
（9）施工图纸；	（9）工地的施工预算；
（10）业主或其代表的电话记录；	（10）工地开支报告；
（11）投标时的施工进度表；	（11）会计日报表；
（12）修正后的施工进度表；	（12）会计总账；
（13）施工质量检查记录；	（13）批准的财务报告；
（14）施工设备使用记录；	（14）会计往来信函及文件；
（15）施工材料使用记录；	（15）通用货币汇率变化表；
（16）气象报告；	（16）官方的物价指数、工资指数
（17）验收报告和技术鉴定报告	

1.15.5.6　索赔计算

1. 工期索赔及计算

工期索赔的目的是取得业主对于合理延长工期的合法性的确认。施工过程中，许多原因都可能导致工期拖延，但只有在某些情况下才能进行工期索赔，详见表 1-121。

工期拖延与索赔处理　　**表 1-121**

种　类	原因责任者	处　理
可原谅不补偿延期	责任不在任何一方 如：不可抗力、恶性自然灾害	工期索赔，工程本身损害的费用索赔
可原谅应补偿延期	业主违约 非关键线路上工程延期（不影响总工期）引起费用损失	费用索赔
	业主违约 导致整个工程延期	工期及费用索赔

续表

种 类	原因责任者	处 理
不可原谅延期	承包商违约导致整个工程延期	承包商承担违约罚款并承担违约后业主要求加快施工或终止合同所引起的一切经济损失

在工期索赔中，首先要确定索赔事件发生对施工活动的影响及引起的变化，然后再分析施工活动变化对总工期的影响。

常用的计算索赔工期的方法有：

(1) 网络计划分析法

网络计划分析法是通过分析索赔事件发生前后网络计划工期的差异计算索赔工期的。这是一种科学合理的计算方法，适用于各类工期索赔。

(2) 对比分析法

对比分析法比较简单，适用于索赔事件仅影响单位工程，或分部分项工程的工期，需由此而计算对总工期的影响。计算公式是：

$$总工期索赔=原合同总工期\times\frac{额外或新增工程量价格}{原合同总价} \tag{1-31}$$

(3) 劳动生产率降低计算法

在索赔事件干扰正常施工导致劳动生产率降低，而使工期拖延时，可按下式计算索赔工期。

$$索赔工期=计划工期\times\frac{(预期劳动生产率-实际劳动生产率)}{预期劳动生产率} \tag{1-32}$$

(4) 简单加总法

在施工过程中，由于恶劣气候、停电、停水及意外风险造成全面停工而导致工期拖延时，可以一一列举各种原因引起的停工天数，累加结果，即可作为索赔天数。

应该注意的是由多项索赔事件引起的总工期索赔，不可以用各单项工期索赔天数简单相加，最好用网络分析法计算索赔工期。

2. 费用索赔及计算

(1) 费用索赔及其费用项目构成

费用索赔是施工索赔的主要内容。承包商通过费用索赔要求业主对索赔事件引起的直接损失和间接损失给予合理的经济补偿。

计算索赔额时，一般是先计算与事件有关的直接费，然后计算应摊到的管理费。费用项目构成、计算方法与合同报价中基本相同，但具体的费用构成内容却因索赔事件性质不同而有所不同。表1-122中列出了工期延长、业主指令工程加速、工程中断、工程量增加和附加工程等类型索赔事件的可能费用损失项目的构成及其示例。

(2) 费用索赔额的计算

1) 总索赔额的计算方法

① 总费用法

总费用法是以承包商的额外增加成本为基础，加上管理费、利息及利润作为总索赔值的计算方法。这种方法要求原合同总费用计算准确，承包商报价合理，并且在施工过程中没有任何失误，合同总成本超支均为非承包商原因所致等条件，这一般在实践中是不可能的，因而应用较少。

索赔事件的费用项目构成示例表　　表 1-122

索赔事件	可能的费用损失项目	示　例
工期延长	(1) 人工费增加； (2) 材料费增加； (3) 现场施工机械设备停置费； (4) 现场管理费增加； (5) 因工期延长和通货膨胀使原工程成本增加； (6) 相应保险费、保函费用增加； (7) 分包商索赔； (8) 总部管理费分摊； (9) 推迟支付引起的兑换率损失； (10) 银行手续费和利息支出	包括工资上涨，现场停工、窝工，生产效率降低，不合理使用劳动力等的损失； 因工期延长，材料价格上涨； 设备因延期所引起的折旧费、保养费或租赁费等； 包括现场管理人员的工资及其附加支出，生活补贴，现场办公设施支出，交通费用等； 分包商因延期向承包商提出的费用索赔； 因延期造成公司部部管理费增加； 工程延期引起支付延迟
业主指令工程加速	(1) 人工费增加； (2) 材料费增加； (3) 机械使用费增加； (4) 因加速增加现场管理人员的费用； (5) 总部管理费增加； (6) 资金成本增加	因业主指令工程加速造成增加劳动力投入，不经济地使用劳动力，生产率降低和损失等； 不经济地使用材料，材料提前交货的费用补偿，材料运输费增加； 增加机械投入，不经济地使用机械； 费用增加和支出提前引起负现金流量所支付的利息
工程中断	(1) 人工费； (2) 机械使用费； (3) 保函、保险费、银行手续费； (4) 贷款利息； (5) 总部管理费； (6) 其他额外费用	如留守人员工资，人员的遣返和重新招雇费，对工人的赔偿金等； 如设备停置费，额外的进出场费，租赁机械的费用损失等； 如停工、复工所产生的额外费用，工地重新整理费用等
工程量增加或附加工程	(1) 工程量增加所引起的索赔额，其构成与合同报价组成相似； (2) 附加工程的索赔额，其构成与合同报价组成相似	工程量增加小于合同总额的5%，为合同规定的承包商应承担的风险，不予补偿； 工程量增加超过合同规定的范围（如合同额的15%～20%），承包商可要求调整单价，否则合同单价不变

② 分项法

分项法是先对每个引起损失的索赔事件和各费用项目单独分析计算，最终求和。这种方法能反映实际情况，清晰合理，虽然计算复杂，但仍被广泛采用。

2）人工费索赔额的计算方法

计算各项索赔费用的方法与工程报价时计算方法基本相同，不再多叙。但其中人工费索赔额计算有两种情况，分述如下：

① 由增加或损失工时计算

额外劳务人员雇用、加班人工费索赔额＝增加工时×投标时人工单价　(1-33)

闲置人员人工费索赔额＝闲置工时×投标时人工单价×折扣系数(一般为0.75)　(1-34)

② 由劳动生产率降低额外支出人工费的索赔计算

a. 实际成本和预算成本比较法

这种方法是用受干扰后的实际成本与合同中的预算成本比较，计算出由于劳动效率降低造成的损失金额。计算时需要详细的施工记录和合理的估价体系，只要两种成本的计算准确，而且成本增加确系业主原因时，索赔成功的把握性很大。

b. 正常施工期与受影响施工期比较法

这种方法是分别计算出正常施工期内和受干扰时施工期内的平均劳动生产率，求出劳动生产率降低值，而后求出索赔额：

$$人工费索赔额=\frac{(计划工时\times劳动生产率降低值)}{正常情况下平均劳动生产率}\times相应人工单价 \quad (1\text{-}35)$$

3）费用索赔中管理费的分摊办法

① 公司管理费索赔计算

公司管理费索赔一般用恩特勒（Eichleay）法，它得名于 Eichleay 公司一桩成功的索赔案例。

a. 日费率分摊法

在延期索赔中采用，计算公式如下：

$$延期合同应分摊的管理费(A)=(延期合同额/同时期公司所有合同额之和)\times同期公司总计划管理费 \quad (1\text{-}36)$$

$$单位时间(日或周)管理费率(B)=A/计划合同期(日或周) \quad (1\text{-}37)$$

$$管理费索赔值(C)=(B)\times延期时间(日或周) \quad (1\text{-}38)$$

b. 总直接费分摊法

在工作范围变更索赔中采用，计算公式为：

$$被索赔合同应分摊的管理费(A_1)=(被索赔合同原计划直接费/同期公司所有合同直接费总和)\times同期公司计划管理费总和 \quad (1\text{-}39)$$

$$每元直接费包含管理费率(B_1)=(A_1)/被索合同原计划直接费 \quad (1\text{-}40)$$

$$应索赔的公司管理费(C_1)=(B_1)\times工作范围变更索赔的直接费 \quad (1\text{-}41)$$

c. 分摊基础法

这种方法是将管理费支出按用途分成若干分项，并规定了相应的分摊基础，分别计算出各分项的管理费索赔额，加总后即为公司管理费总索赔额，其计算结果精确，但比较繁琐，实践中应用较少，仅用于风险高的大型项目。表 1-123 列举了管理费各构成项目的分摊基础。

管理费的不同分摊基础 **表 1-123**

管理费分项	分摊基础
管理人员工资及有关费用	直接人工工时
固定资产使用费	总直接费
利息支出	总直接费
机械设备配件及各种供应	机械工作时间
材料的采购	直接材料费

② 现场管理费索赔计算

现场管理费又称工地管理费。一般占工程直接成本的 8%～15%。其索赔值用下式计算：

现场管理费索赔值＝索赔的直接成本费×现场管理费率

现场管理费率的确定可选用下面的方法：

a. 合同百分比法：按合同中规定的现场管理费率。

b. 行业平均水平法：选用公开认可的行业标准现场管理费率。

c. 原始估价法：采用承包时，报价时确定的现场管理费率。

d. 历史数据法：采用以往相似工程的现场管理费率。

1.16　施工项目风险管理

1.16.1　施工项目风险管理概述

1.16.1.1　施工项目风险及其类型

施工项目风险是影响施工项目目标实现的事先不能确定的内外部的干扰因素及其发生的可能性。

施工项目一般具有规模大、工期长、关联单位多、与环境接口复杂等特征，在项目实施过程中蕴含着大量的风险，其主要风险可根据风险产生的原因、风险的行为主体及风险对施工项目目标的影响不同分为不同的类型。

1. 根据风险产生的原因划分的种类

根据风险产生的原因划分的种类见表1-124。

产生原因不同的施工项目风险　　　　**表1-124**

风险种类	内　容
自然风险	●自然力的不确定性变化给施工项目带来的风险，如地震、洪水、沙尘暴等； ●未预测到的施工项目的复杂水文地质条件、不利的现场条件、恶劣的地理环境等，使交通运输受阻，施工无法正常进行，造成人财损失等风险
社会风险	●社会治安状况、宗教信仰的影响、风俗习惯、人际关系及劳动者素质等形成的障碍或不利条件给项目施工带来的风险
政治风险	●国家政治方面的各种事件和原因给项目施工带来意外干扰的风险。如战争、政变、动乱、恐怖袭击、国际关系变化、政策多变、权力部门专制和腐败等
法律风险	●法律不健全、有法不依、执法不严，相关法律内容变化给项目带来的风险； ●未能正确全面的理解有关法规，施工中发生触犯法律行为被起诉和处罚的风险
经济风险	●项目所在国或地区的经济领域出现的或潜在的各种因素变化，如经济政策的变化、产业结构的调整、市场供求变化带来的汇率风险、金融风险
管理风险	●经营者因不能适应客观形势的变化、或因主观判断失误、或因对已发生的事件处理不当而带来的风险。包括财务风险、市场风险、投资风险、生产风险等
技术风险	●由于科技进步、技术结构及相关因素的变动给施工项目技术管理带来的风险； ●由于项目所处施工条件或项目复杂程度带来的风险； ●施工中采用新技术、新工艺、新材料、新设备带来的风险

2. 根据风险行为主体不同划分的种类

根据风险行为主体不同划分的种类见表1-125。

风险行为主体不同的施工项目风险　表 1-125

行为主体	内　容
承包商	●企业经济实力差，财务状况恶化，处于破产境地，无力采购和支付工资； ●对项目环境调查、预测不准确，错误理解业主意图和招标文件，投标报价失误； ●项目合同条款遗漏、表达不清，合同索赔管理工作不力； ●施工技术、方案不合理，施工工艺落后，施工安全措施不当； ●工程价款估算错误、结算错误； ●没有合适的项目经理和技术专家，技术、管理能力不足，造成失误，工程中断； ●项目经理部没有认真履行合同和缺少保证进度、质量、安全、成本目标的有效措施； ●项目经理部初次承担施工技术复杂的项目，缺少经验，控制风险能力差； ●项目组织结构不合理、不健全，人员素质差，纪律涣散，责任心差； ●项目经理缺乏权威，指挥不力； ●没有选择好合作伙伴（分包商、供应商），责任不明，产生合同纠纷和索赔
业主	●经济实力不强，抵御施工项目风险能力差； ●经营状况恶化，支付能力差或撤走资金，改变投资方向或项目目标； ●缺乏诚信，不能履行合同：不能及时交付场地、供应材料、支付工程款； ●管理能力差，不能很好地与项目相关单位协调沟通，影响施工顺利进行； ●业主违约、苛刻刁难，发出错误指令，干扰正常施工活动
监理工程师	●起草错误的招标文件、合同条件； ●管理组织能力低，不能正确执行合同，下达错误指令，要求苛刻； ●缺乏职业道德和公正性
其他方面	●设计内容不全，有错误、遗漏，或不能及时交付图纸，造成返工或延误工期； ●分包商、供应商违约，影响工程进度、质量和成本； ●中介人的资信、可靠性差，水平低难以胜任其职，或为获私利不择手段； ●权力部门（主管部门、城市公共部门：水、电）的不合理干预和个人需求； ●施工现场周边居民、单位的干预

3. 根据对项目目标影响不同划分的种类

根据对项目目标影响不同划分的种类见表 1-126。

风险对目标影响不同的施工项目风险　表 1-126

风险种类	内　容
工期风险	●造成局部或整个工程的工期延长，项目不能及时投产
费用风险	●包括报价风险、财务风险、利润降低、成本超支、投资追加、收入减少等
质量风险	●包括材料、工艺、工程不能通过验收、试生产不合格，工程质量评价为不合格
信誉风险	●造成对企业形象和信誉的损害
安全风险	●造成人身伤亡，工程或设备的损坏

1.16.1.2　施工项目风险管理

风险管理，是指在对风险的不确定性及可能性等因素进行考察、预测、分析的基础上，制定出包括识别评估风险、管理处置风险、控制防范风险等一整套科学系统的管理方法。

在施工项目实施的过程中，由于风险的存在使得建立在正常理想基础上的目标和决策、施工规划和方案、管理和组织等都有可能受到干扰，与实际产生偏离，导致经济效益下降，甚至影响全局，使项目失控。因此在施工项目管理中应对风险进行管理，力求在施工项目面临纯粹风险时，将损失减少到最小，在面临投机风险时，争取更大收益。

施工项目风险管理是用系统的动态的方法，对施工项目实施全过程中的每个阶段所包含的全部风险进行识别、评估、控制，有准备地科学地安排、调整施工活动中合同、经济、组织、技术、管理等各个方面和质量、进度、成本、安全等各个子系统的工作，使之顺利进行，减少风险损失，创造更大效益的综合性管理工作。

1.16.1.3　施工项目风险管理流程

施工项目风险管理流程一般分为风险识别、风险评估、风险响应与风险控制措施四个阶段，各阶段及其内容见图1-56。

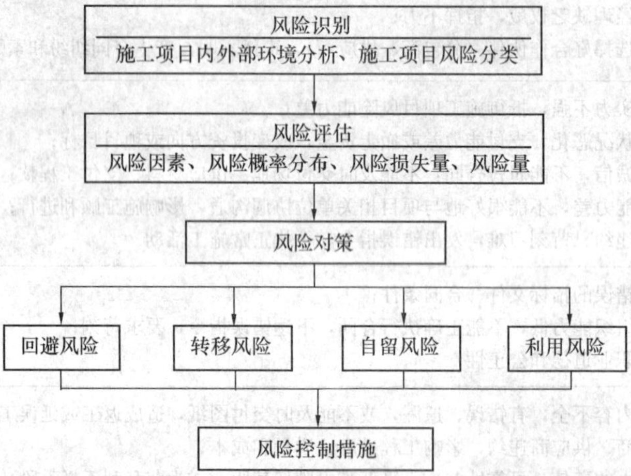

图1-56　施工项目风险管理流程示意图

1.16.2　施工项目风险的识别

1.16.2.1　施工项目风险识别的过程与步骤

1. 施工项目风险识别过程

施工项目风险识别过程见图1-57。

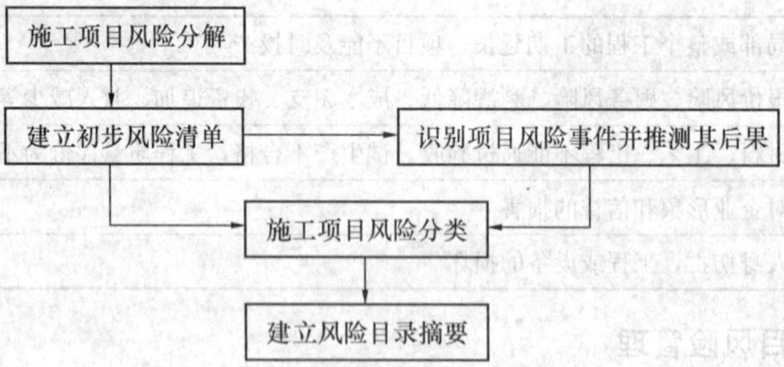

图1-57　风险识别过程框图

2. 施工项目风险识别的步骤

(1) 施工项目风险分解

施工项目风险分解是确认施工活动中客观存在的各种风险，从总体到细节，由宏观到微观，层层分解，并根据项目风险的相互关系将其归纳为若干个子系统，使人们能比较容易地识别项目的风险。根据项目的特点一般按目标、时间、结构、环境、因素等5个维度相互组合分解。

1）目标维，是按项目目标进行分解，即考虑影响项目费用、进度、质量和安全目标实现的风险的可能性。

2）时间维，是按项目建设阶段分解，也就是考虑工程项目进展不同阶段（项目计划与设计、项目采购、项目施工、试生产及竣工验收、项目保修期）的不同风险。

3）结构维，按项目结构（单位工程、分部工程、分项工程等）组成分解，同时相关技术群也能按其并列或相互支持的关系进行分解。

4）环境维，按项目与其所在环境（自然环境、社会、政治、经济等）的关系分解。

5）因素维，按项目风险因素（技术、合同、管理、人员等）的分类进行分解。

（2）建立初步项目风险清单

清单中应明确列出客观存在的和潜在的各种风险，应包括各种影响生产率、操作运行、质量和经济效益的各种因素。一般是沿着项目风险的5个维度去搜寻，由粗到细，先怀疑、排除后确认，尽量做到全面，不要遗漏重要的风险项目。

（3）识别各种风险事件并推测其结果

根据初步风险清单中开列的各种重要的风险来源，通过收集数据、案例、财务报表分析、专家咨询等方法，推测与其相关联的各种风险结果的可能性，包括盈利或损失、人身伤害、自然灾害、时间和成本、节约或超支等方面，重点是资金的财务结果。

（4）进行施工项目风险分类

通过对风险进行分类可以加深对风险的认识和理解，辨清风险的性质和某些不同风险事件之间的关联，有助于制定风险管理目标。

施工项目风险常见的分类方法是以由6个风险目录组成的框架形式，每个目录中都列出不同种类的典型风险，然后针对各个风险进行全面检查，这样既能尽量避免遗漏，又可得到一目了然的效果。详见表1-127。

施工项目风险分类 **表1-127**

风险目录	典型的风险
不可预见损失	洪水、地震、火灾、狂风、闪电、塌方
有形损失	结构破坏、设备损坏、劳务人员伤亡、材料或设备发生火灾或被盗窃
财务和经济	通货膨胀、能否得到业主资金、汇率浮动、分包商的财务风险
政治和环境	法律法规变化、战争和内乱、注册和审批、污染和安全规则、没收、禁运
设计	设计失误、遗漏、错误；图纸不全、交付不及时
其他相关事件	气候、劳务争端和罢工、劳动生产率、不同现场条件、工作失误、设计变更、设备缺陷

（5）建立风险目录摘要

风险目录摘要是将施工项目可能面临的风险汇总并排列出轻重缓急的表格。它能使全体项目人员对施工项目的总体风险有一个全局的印象，每个人不仅考虑自己所面临的风险，而且还能自觉地意识到项目其他方面的风险，了解项目中各种风险之间的联系和可能发生的连锁反应。风险目录摘要的格式见表1-128。

风险目录摘要　表 1-128

项目名称		
评述 日期 负责人		
风险事件	风险事件摘要	风险条件变量

通过风险识别最后建立了风险目录摘要，其内容可供风险管理人员参考。但是，由于人们认识的局限性，风险目录摘要不可能完全准确、全面，特别是风险自身的不确定性，决定了风险识别的过程应该是一个动态的连续的过程，最后所形成的风险目录摘要也应随着施工的进展，施工项目内外部条件的变化及风险的演变而在不断地更新、增删，直至项目结束。

1.16.2.2　施工项目风险识别的方法

1. 专家调查法

通过向有关经济、施工、技术专家和当事人提出一系列有关财产和经营的问卷调查，了解相关风险因素、风险程度和有关信息。

2. 财务报表分析法

通过分析资产负债表、损益表、财务现金流量表、资金来源与运用表及相关资料可以从财务角度发现并识别企业当前所面临的潜在风险和财务损失风险；将这些报表与财务预测、预算结合起来，可以发现未来风险。财务状况分析法得出的风险数据可靠、客观。

3. 流程图法

将一项特定的经营活动按步骤或阶段顺序以若干模块形式组成一个施工项目流程图系列，对每个模块都进行深入调查分析，以发现潜在的风险，并标出各种潜在的风险或利弊因素，从而给决策者一个清晰具体的印象。图 1-58 是一个以工程承包项目为例的风险辨识流程图。

4. 现场考察法

通过现场考察了解有关施工项目的第一手资料，发现客观存在的风险因素，做到心中有数，有利于对未来施工活动中的风险因素预测。

5. 部门配合法

与施工项目活动相关的各个部门都应参与风险识别工作，提供有关信息、意见和敏感因素资料，共同商讨、分析判断，最后由决策部门进行取舍、判断，形成结论。

6. 类比分析法

借鉴以往的历史资料和类似施工项目的风险案例是施工项目风险识别的一个重要手段。

7. 环境分析法

详细分析企业或一项特定的经营活动的外部环境与内在风险的联系是风险识别的重要方面。分析外部环境时，应着重分析项目的资金来源、业主的基本情况、可能的竞争对手、政府管理系统和材料的供应情况等 5 项因素；内部条件主要是项目的组织机构、管理

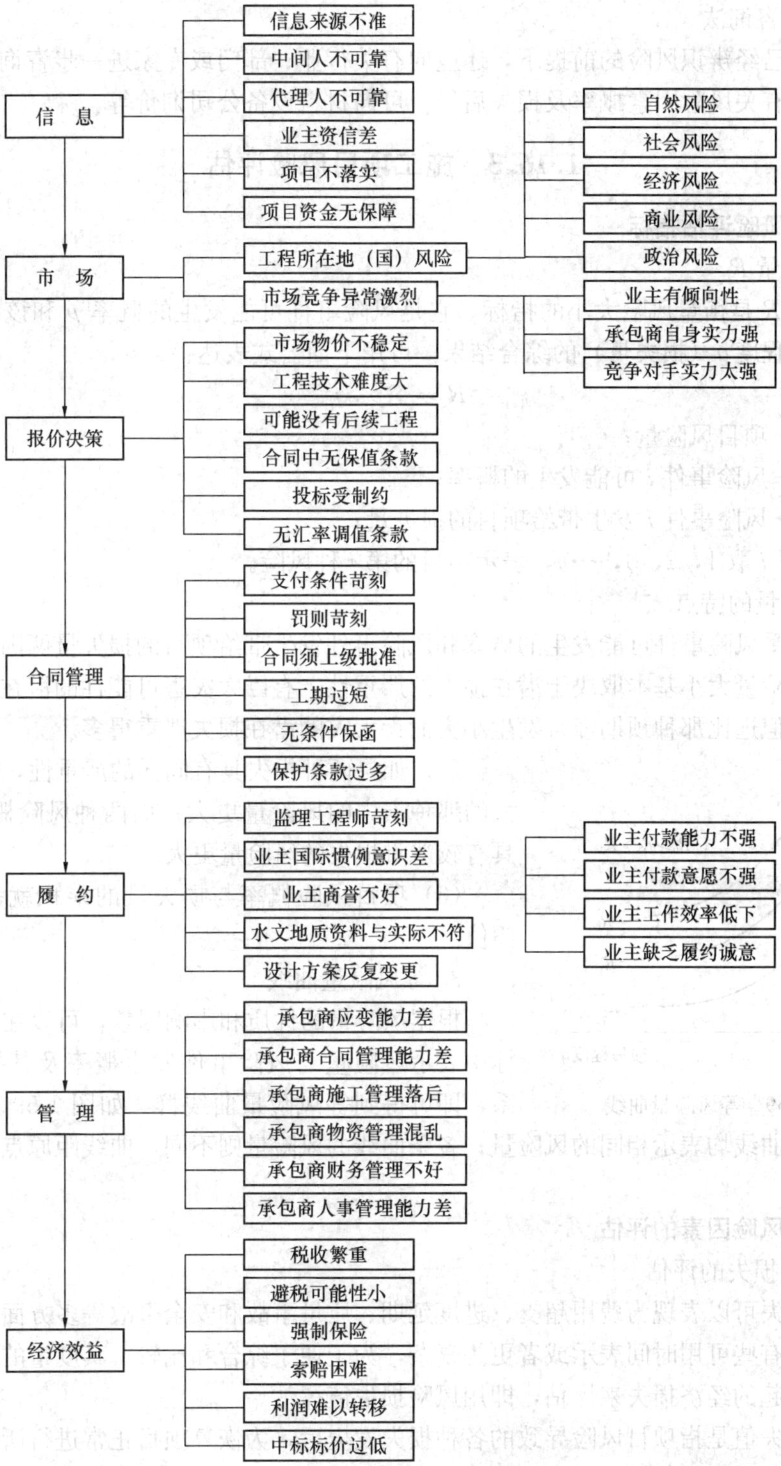

图 1-58 承包工程风险识别流程图

水平、人财物资源等状况。

8. 外部咨询法

在自己已经辨识风险的前提下，还应向有关行业、部门或专家进一步咨询，如可向保险公司咨询有关风险因素概率及损失后果；可向材料设备公司询价等。

1.16.3　施工项目风险评估

1.16.3.1　风险评估指标

1. 风险量 R

风险量 R 是衡量风险大小的指标，它是风险事件可能发生的概率 p 和该事件发生对项目的影响程度 q（损失量）的综合结果，可用下面公式表达：

$$R=\sum p_i\cdot q_i \tag{1-42}$$

式中　R——项目风险量；

p_i——风险事件 i 可能发生的概率；

q_i——风险事件 i 发生带给项目的损失量；

i——i 取 1，2，3，…n，表示项目的第 i 种风险。

2. 风险量的特点

风险量受风险事件可能发生的概率和风险事件发生带给项目的损失量两因素影响。

（1）风险量大小基本取决于潜在损失的严重性。有巨大灾害可能性的潜在损失，虽不经常发生，但远比那种预期经常发生小灾而无大灾的潜在损失严重得多。

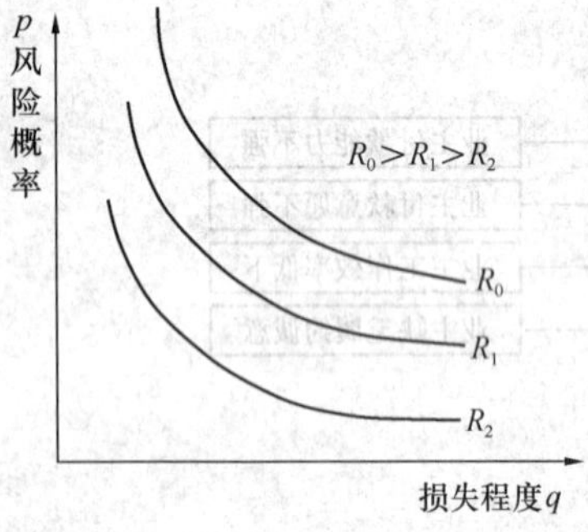

图 1-59　等风险量曲线

（2）如果两种损失具有同样的严重性，则其概率较大的那种损失的风险量更大；而两种风险概率相同时，具有较严重损失的风险量更大。

（3）项目风险概率与损失量的乘积就是损失的期望值。

3. 等风险量曲线

根据风险量的性质和影响因素，可以在二维风险坐标中表示风险量与风险事件发生概率及其损失量的关系，即可得到等风险量曲线群，如图 1-59 所示。曲线群中每一条曲线均表示相同的风险量；各条曲线的风险量则不同，曲线距原点越远，风险就越大。

1.16.3.2　风险因素的评估

1. 风险损失的评估

风险损失可以表现为费用超支、进度延期、质量事故和安全事故等多方面，有些可用货币表示，有些可用时间表示或者更为复杂，为了便于综合和比较，其度量的尺度可统一为用风险引起的经济损失来评估，即用风险损失值评估。

风险损失值是指项目风险导致的各种损失发生后，为恢复项目正常进行所需要的最大费用支出，即统一用货币表示。主要有：

（1）费用超支风险

项目费用各组成部分的超支，如价格、汇率和利率等的变化，或资金使用安排不当等风险事件引起的实际费用超出计划费用的那一部分即为损失值。

（2）进度延期风险

当项目施工各个阶段延误或总体进度延误时，为追赶计划进度所发生的包括加班的人工费、机械使用费和管理费等一切额外的非计划费用；另外，进度风险的发生可能会对现金流动造成影响，考虑货币的时间价值，应考虑利率因素影响计算出损失费用。

（3）质量风险

工程质量不合格导致的损失包括质量事故引起的直接经济损失，还包括修复和补救等措施发生的费用以及第三者责任损失等。如建筑物、构筑物或其他结构倒塌所造成的直接经济损失；复位纠偏、加固补强等补救措施的费用；返工损失；造成工期拖延的损失；永久性缺陷对于项目使用造成的损失；第三者责任损失等。

（4）安全风险

在施工活动中，由于操作者失误、操作对象的缺陷以及环境因素等导致的人身伤亡、财产损失和第三者责任等损失。如受伤人员的医疗费用和补偿费用；材料、设备等财产的损毁或被盗损失；因引起工期延误带来的损失；为恢复项目正常施工所发生的费用；第三者责任损失等。

2. 风险发生概率的评估

（1）统计概率法

实践中，经常用在基本条件不变的情况下，对类似事件进行大量观察得到的风险统计数据发生的频率分布来代替概率分布。收集数据时，应注意参考相同条件下的历史资料和借鉴统计部门、保险公司、同行业及专家的经验和建议。

具体做法是，根据收集的大量的风险统计数据，绘制直方图，选择风险分布类型，计算所选择分布的统计特征参数，当损失值基本符合或者是近似吻合一定的理论概率分布时，就可以利用该分布的特定参数来确定损失值的概率分布（该方法可参见质量管理中直方图的绘制及特征值计算）。

（2）相对比较法

这里的风险概率是指一种风险事件最可能发生的概率。是由专家根据以往经验作出判断、打分，一般分为以下几种情况：

1）“几乎是0”：即可以认为这种风险事件不会发生；

2）“很小的”：即这种风险事件虽然有可能会发生，但现在没有发生，并且将来发生的可能性也不大；

3）“中等的”：即这种风险事件偶尔会发生，并且能够预期将来有时会发生；

4）“一定的”：即这种风险事件一直在有规律地发生，并且能够预期未来也是有规律地发生。

相对应地，这时项目风险导致的损失大小也将相对划分为重大损失、中等损失和轻度损伤，于是通过在风险坐标上对项目风险定位，可以反映出风险量的大小。

1.16.3.3　风险评估方法

1. 风险量等级法

根据等量风险曲线原理，将风险概率分为很小（L）、中等（M）和大（H）三个档次，将风险损失分为轻度（L）、中度（M）和重大（H）损失三个档次，即风险坐标划分成 9 个区域，于是就有了描述风险量的五个等级：

（1）VL（风险量很小）；

（2）L（风险量小）；

（3）M（风险量中等）；

（4）H（风险量大）；

（5）VH（风险量很大）。

如表 1-129 所示。

风险量等级表　　　　**表 1-129**

风险概率 p	损失程度 q	风险量 R	风险量等级
小 L	轻度损失 L	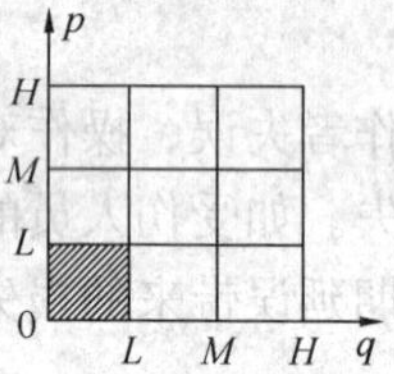	很小 VL
中等 M	轻度损失 L	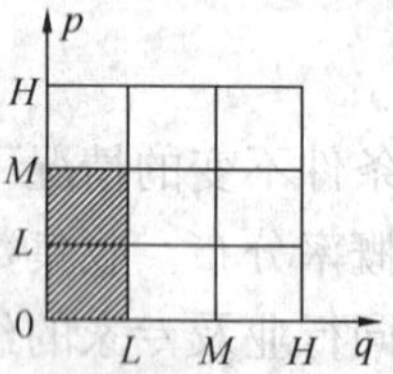	小 L
大 H	轻度损失 L	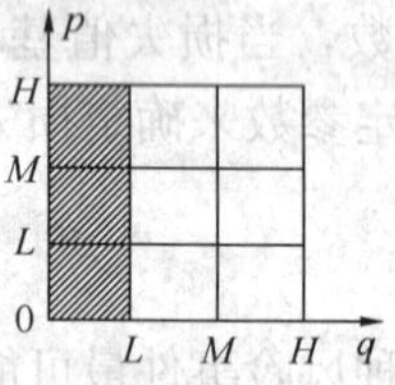	M 中等
小 L	中度损失 M	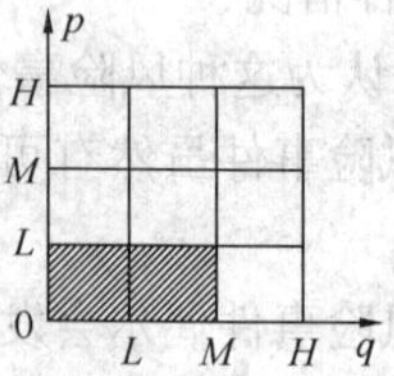	L 小
中等 M	中度损失 M	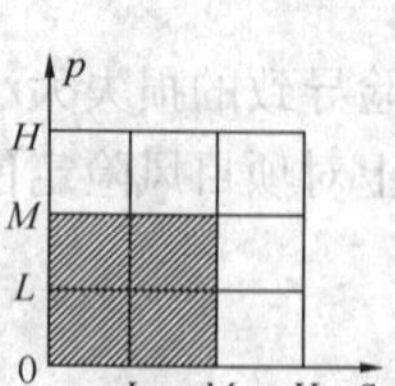	M 中等

续表

风险概率 p	损失程度 q	风险量 R	风险量等级
大 H	中度损失 M	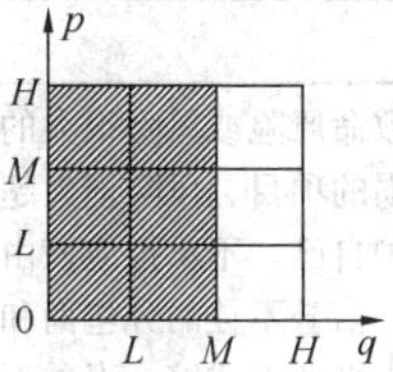	H 大
很小 L	重大损失 H	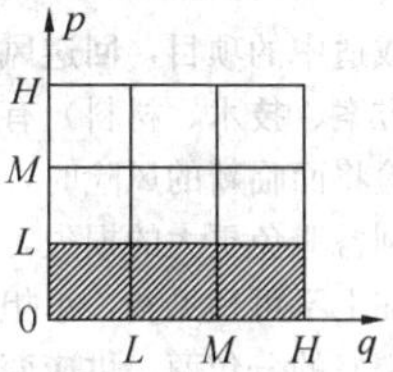	M 中等
中等 M	重大损失 H	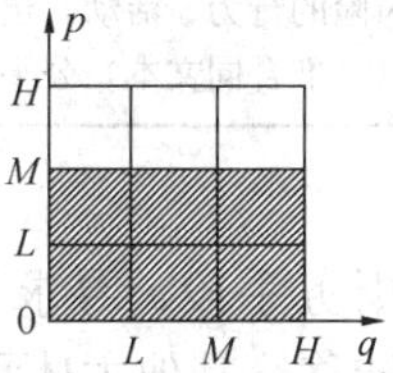	H 大
大 H	重大损失 H	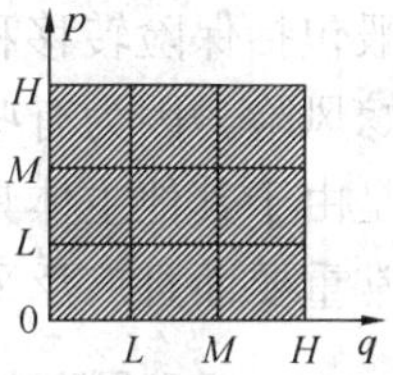	VH 很大

2. 风险量计算法

根据风险量计算公式：$R=\sum p_i \times q_i$，可计算出每种风险的期望损失值及多项风险的累计期望损失总值。

1.16.4　施工项目风险对策与措施

1.16.4.1　施工项目风险对策

承包商在对施工项目进行风险识别和评估之后，应根据施工项目风险的性质、发生概率和损失程度，以及承包商自身的状态和外部环境，针对各种风险采取不同的对策。常用的风险对策有回避风险、转移风险、自留风险、利用风险。

1. 回避风险

回避风险是指承包商设法远离、躲避可能发生风险的行为和环境，从而达到避免风险发生或遏制其发展的可能性的一种策略。单纯回避风险是一种消极的风险防范手段，因为对于投机风险来讲，回避了风险虽然避免了损失，但也意味着失去了获利的机会。另外，现代社会经济活动中广泛存在着各种风险，如果处处回避，只能是无所作为，实质上是承受了放弃发展的风险，因而单纯回避风险是有局限性的。积极回避风险策略是承担小风险回避大风险，损失一定小利益避免更大的损失，避重就轻，趋利避害，控制损失。具体做法见表1-130。

回避风险的措施及内容 表1-130

回避风险措施	内容
拒绝承担风险	●不参与存在致命风险或风险很大的工程项目投标； ●放弃明显亏损的项目、风险损失超过自己承受能力和把握不大的项目； ●利用合同保护自己，不承担应该由业主或其他方承担的风险； ●不与实力差、信誉不佳的分包商和材料、设备供应商合作； ●不委托道德水平低下或综合素质不高的中介组织或个人
控制损失	●选择风险小或适中的项目，回避风险大的项目，降低风险损失严重性； ●施工活动（方案、技术、材料）有多种选择时，面临不同风险，采用损失最小化方案； ●回避一种风险将面临新的风险时，选择风险损失较小而收益较大的风险防范措施； ●损失一定小利益避免更大的损失，如： ●投标时加上不可预见费，承担减少竞争力的风险，但可回避成本亏损的风险； ●选择信誉好的分包商、供应商和中介，价格虽高些，但可减小其违约造成的损失； ●对产生项目风险的行为、活动，定立禁止性规章制度，回避和减小风险损失； ●按国际惯例（标准合同文本）公平合理的规定业主和承包商之间的风险分配

2. 转移风险

转移风险是承包商通过财务手段，寻求用外来资金补偿确实会发生或业已发生的风险，从而将自身面临的风险转移给其他主体承担，以保护自己的一种防范风险的对策。因而又称风险的财务转移，一般包括保险转移和非保险的合同转移。

所谓转移风险，不是转嫁风险，因为有些承包商无法控制的风险因素，在转移后并非给其他主体造成损失，或者是由于其他主体具有的优势能够有效地控制风险，因而转移风险是施工项目风险管理中非常重要而且广泛采用的一项对策。具体做法见表1-131。

转移风险的措施及内容 表1-131

转移风险措施	内容
合同转移	●通过与业主、分包商、材料设备供应商、设计方等非保险方签订合同（承包、分包、租赁）或协商等方式，明确规定双方的工作范围和责任，以及工程技术的要求，从而将风险转移给对方； ●将有风险因素的活动、行为本身转移给对方，或由双方合理分担风险； ●减少承包商对对方损失的责任； ●减少承包商对第三方损失的责任； ●通过工程担保可将债权人违约风险损失转移给担保人
保险转移	●承包商通过购买保险，将施工项目的可保风险转移给保险公司承担，使自己免受损失 工程承包领域的主要险别有： ●建筑工程一切险，包括建筑工程第三者责任险（亦称民事责任险）； ●安装工程一切险，包括安装工程第三者责任险； ●社会保险（包括人身意外伤害险）； ●机动车辆险； ●十年责任险（房屋建筑的主体工程）和两年责任险（细小工程）

3. 自留风险

自留风险是指承包商以自身的风险准备金来承担风险的一种策略。与风险控制损失不同的是，风险自留的对策并不能改变风险的性质，即其发生的频率和损失的严重性不会改变。

(1) 自留风险一般有以下三种情况：

1) 被动自留，对风险的程度估计不足，认为该风险不会发生，或没有识别出这种风险的存在，但是在承包商毫无准备时风险发生了；

2) 被迫自留，即这种风险无法回避，而且又没有转移的可能性，承包商别无选择；

3) 主动自留，是经分析和权衡，认为风险损失微不足道，或者自留比转移更有利，而决定由自己承担风险。

其中被迫自留、主动自留又可称为计划自留，因为这时候承包商都已做好了应对风险的准备。

(2) 采用自留风险对策的有利情况有：

1) 自留费用低于保险人的附加保费；

2) 项目的期望损失低于保险公司的估计；

3) 项目有许多风险单位（意味着风险较小，承包商抵御风险能力较大）；

4) 项目的最大潜在损失与最大预期损失较小；

5) 短期内承包商有承受项目最大预期损失的经济能力；

6) 费用和损失支付分布于很长的时间里，因而导致很大的机会成本。

(3) 自留风险策略及其内容，见表 1-132。

自留风险的措施及内容 **表 1-132**

自留风险措施	内　容
风险预防	● 增强全体人员的风险意识，进行风险防范措施的培训、教育和考核； ● 根据项目特点，对重要的风险因素进行随时监控，做到及早发现，有效控制； ● 制定完善的安全计划，针对性地预防风险，避免或减小损失； ● 评估及监控有关系统及安全装置，经常检查预防措施的落实情况； ● 制定灾难性预案，为人们提供损失发生时必要的技术组织措施和紧急处理事故的程序； ● 制定应急性预案，指导人们在事故发生后，如何以最小的代价使施工活动恢复正常
风险分离	将项目的各风险单位分离间隔，避免发生连锁反应或互相牵连波及，而使损失扩大，如： ● 向不同地区（国家）供应商采购材料、设备，减小或平衡价格、汇率浮动带来的风险； ● 将材料进行分隔存放，分离了风险单位，减少了风险源影响的范围和损失
风险分散	通过增加风险单位减轻总体风险的压力，达到共同分担集体风险的目的，如： ● 承包商承包若干个工程，避免单一工程项目上的过大风险； ● 在国际承包工程中，工程付款采用多种货币组合也可分散国际金融风险

4. 利用风险

利用风险是指对于风险与利润并存的投机风险，承包商可以在确认可行性和效益性的前提下，所采取的一种承担风险并排除（减小）风险损失而获取利润的对策。由于投机风险的不确定性结果表现为造成损失、没有损失、获得收益三种。因此利用风险并不一定保证次次利用成功，它本身也是一种风险。

(1) 承包商采取利用风险对策的条件

1) 所面临的是投机风险，并具有利用的可行性；

2) 承包商有承担风险损失的经济实力，有远见卓识、善抓机遇的风险管理人才；

3) 慎重决策，权衡冒风险所付出的代价，确认利用风险的利大于弊；

4）分析形势，事先制定利用风险的策略和实施步骤，并随时监测风险态势及其因素的变化，做好应变的紧急措施。

(2) 承包商利用风险的对策

利用风险的对策，因风险性质、施工项目特点及其内外部环境、合同双方的履约情况的不同而多种多样，承包商应具体情况具体分析，因势利导，化损失为赢利，如：

1）承包商通过采取各种有效的风险控制措施，降低实际发生的风险费用，使其低于不可预见费，这样原来作为不可预见费用的一部分将转变为利润。

2）承包商资金实力雄厚时，可冒承担带资承包的风险，获得承包工程而赢取利润。

3）承包商利用合同对方（业主、供应商、保险公司等）工作疏漏、或履约不力、或监理工程师在风险发生期间无法及时审核和确认等弱点，做好索赔工作。

4）在（国际）工程承包中，对于时间性强的、区域（国别）性风险，特别是政治风险，承包商可通过对形势的准确分析和判断，采取冒短时间的风险，较其他竞争对手提前进入，开辟新的市场，建立根基。这样虽难免蒙受一时的风险损失代价，但是，待形势好转，经济复苏之时，就可获得长远且可观的效益。

5）承包商预测、关注宏观（国际、地区、国内）经济形势及行业情况的循环变动，在扩张时抓住机遇，紧缩时争取生存。

6）在国际工程承包中，面对不同国家法律、经济、文化等方面的差异，或政局变化等现象，应适应环境、发现机遇，获取利益。

7）精通国际金融的承包商，在国际工程承包中，可利用不同国家及其货币的利息差、汇率差、时间差、不同计价方式等取得获利机会，一旦成功获利巨大，但是若造成损失也将是致命的，须谨慎操作。

1.16.4.2　常见的施工项目风险防范策略和措施

常见的施工项目风险防范策略和措施见表1-133。

常见的施工项目风险对策和措施　　**表1-133**

风险目录		风险防范对策	风险防范措施
政治风险	战争、内乱、恐怖袭击	转移风险	保险
		回避风险	放弃投标
	政策法规的不利变化	自留风险	索赔
	没收	自留风险	援引不可抗力条款索赔
	禁运	损失控制	降低损失
	污染及安全规则约束	自留风险	采取环保措施，制定安全计划
	权力部门专制腐败	自留风险	适应环境，利用风险
自然风险	对永久结构的损坏	转移风险	保险
	对材料设备的损坏	风险控制	预防措施
	造成人员伤亡	转移风险	保险
	火灾洪水地震	转移风险	保险
	塌方	转移风险	保险
		风险控制	预防措施

续表

风险目录		风险防范对策	风险防范措施
经济风险	商业周期	利用风险	扩张时抓住机遇，紧缩时争取生存
	通货膨胀、通货紧缩	自留风险	合同中列入价格调整条款
	汇率浮动	自留风险	合同中列入汇率保值条款
		转移风险	投保汇率险套汇交易
		利用风险	市场调汇
	分包商或供应商违约	转移风险	履约保函
		回避风险	对进行分包商或供应商资格预审
	业主违约	自留风险	索赔
		转移风险	严格合同条款
	项目资金无保证	回避风险	放弃承包
	标价过低	转移风险	分包
		自留风险	加强管理，控制成本，做好索赔
设计施工风险	设计错误、内容不全、图纸不及时	自留风险	索赔
	工程项目水文地质条件复杂	转移风险	合同中分清责任
	恶劣的自然条件	自留风险	索赔，预防措施
	劳务争端内部罢工	自留风险损失控制	预防措施
	施工现场条件差	自留风险	加强现场管理，改善现场条件
		转移风险	保险
	工作失误设备损毁工伤事故	转移风险	保险
社会风险	宗教节假日影响施工	自留风险	合理安排进度，留出损失费
	相关部门工作效率低	自留风险	留出损失费
	社会风气腐败	自留风险	留出损失费
	现场周边单位或居民干扰	自留风险	遵纪守法，沟通交流，搞好关系

1.17 施工项目协调

1.17.1 施工项目协调概述

1.17.1.1 施工项目协调的概念

施工项目协调是指以一定的组织形式、手段和方法，对施工中产生的关系不畅进行疏通，对产生的干扰和障碍予以排除的活动，是施工项目管理的一项重要职能。项目经理部应该在项目实施的各个阶段，根据其特点和主要矛盾，通过协调沟通，排除障碍，化解矛盾，充分调动有关人员的积极性，协同努力，提高运转效率，保证项目施工活动顺利进行。

1.17.1.2 施工项目协调的范围

施工项目协调的范围可分为内部关系协调和外部关系协调。外部关系协调又分为近外层关系协调和远外层关系协调，详见表 1-134 和图 1-60。

施工项目协调的范围　　**表 1-134**

协调范围		协调关系	协调对象
内部关系		领导与被领导关系； 业务工作关系； 与专业公司有合同关系	●项目经理部与企业之间； ●项目经理部内部部门之间、人员之间； ●项目经理部与作业层之间； ●作业层之间
外部关系	近外层	直接或间接合同关系； 或服务关系	●企业、项目经理部与业主、监理单位、设计单位、供应商、分包单位、贷款人、保险人等
	远外层	多数无合同关系，但要受法律、法规和社会公德等约束关系	●企业、项目经理部与政府、环保、交通、环卫、环保、绿化、文物、消防、公安等

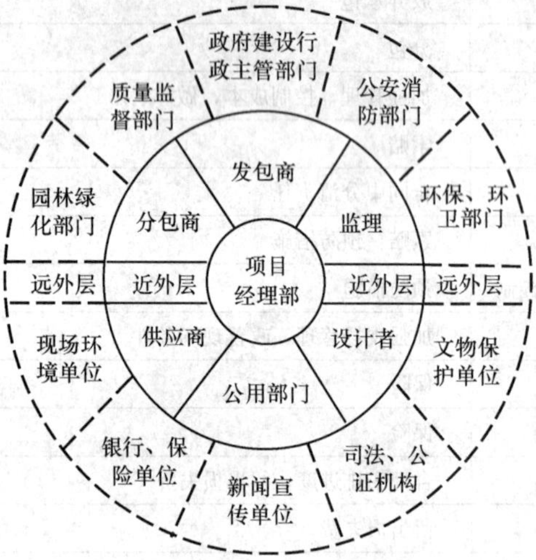

图 1-60　施工项目协调范围示意图

1.17.2　施工项目协调的内容

施工项目组织协调的内容主要包括人际关系、组织关系、供求关系、协作配合关系和约束关系等方面的协调。这些协调关系广泛存在于施工项目组织的内部、近外层和远外层之中。

1.17.2.1　施工项目内部关系协调

1. 施工项目经理部内部关系协调的内容与方法

施工项目经理部内部关系协调的内容与方法见表 1-135。

2. 施工项目经理部与企业本部关系协调的内容与方法

施工项目经理部与企业本部关系协调的内容与方法见表 1-136。

施工项目经理部内部关系协调　　**表 1-135**

协调关系		协调内容与方法
人际关系	●项目经理与下层关系； ●职能人员之间的关系； ●职能人员与作业人员之间； ●作业人员之间	●坚持民主集中制，执行各项规章制度； ●以各种形式开展人际间交流沟通，增强了解、信任和亲和力； ●运用激励机制，调动人的积极性，用人所长，奖罚分明； ●加强政治思想工作，做好培训教育，提高人员素质； ●发生矛盾，重在调节、疏导，缓和利益冲突
组织关系	●纵向层次之间、横向部门之间的分工协作和信息沟通关系	●按职能划分，合理设置机构； ●以制度形式明确各机构之间的关系和职责权限； ●制定工作流程图，建立信息沟通制度； ●以协调方法解决问题，缓冲、化解矛盾

续表

协调关系		协调内容与方法
供求关系	●劳动力、材料、机械设备、资金等供求关系	●通过计划协调生产要求与供应之间的平衡关系； ●通过调度体系，开展协调工作，排除干扰； ●抓住重点、关键环节，调节供需矛盾
经济制约关系	●管理层与作业层之间	●以合同为依据，严格履行合同； ●管理层为作业层创造条件，保护其利益； ●作业层接受管理层的指导、监督、控制； ●定期召开现场会，及时解决施工中存在的问题

施工项目经理部与企业本部关系的协调 **表 1-136**

协调关系及协调对象			协调内容与方法
党政管理	与企业有关的主管领导	上下级领导关系	●执行企业经理、党委决议，接受其领导； ●执行企业有关管理制度
业务管理	与企业相应的职能部、室	接受其业务上的监督指导关系	●执行企业的工作管理制度，接受企业的监督、控制； ●项目经理部的统计、财务、材料、质量、安全等业务纳入企业相应部门的业务系统管理
	水、电、运输、安装等专业公司	总包与分包的合同关系	●专业公司履行分包合同； ●接受项目经理部监督、控制，服从其安排、调配； ●为项目施工活动提供服务
	劳务分公司	劳务合同关系	●履行劳务合同，依据合同解决纠纷、争端； ●接受项目经理部监督、控制，服从其安排、调配

1.17.2.2 施工项目外部关系协调

1. 施工项目经理部与近外层关系协调的内容与方法

施工项目经理部与近外层关系协调的内容与方法见表 1-137。

施工项目经理部与近外层关系协调 **表 1-137**

协调对象与协调关系		协调内容与方法
发包商	甲乙双方合同关系（项目经理部是工程项目的施工承包人的代理人）	●双方洽谈、签订施工项目承包合同； ●双方履行施工承包合同约定的责任，保证项目总目标实现； ●依据合同及有关法律解决争议纠纷，在经济问题、质量问题、进度问题上达到双方协调一致
监理工程师	监理与被监理关系（监理工程师是项目施工监理人，与业主有监理合同关系）	●按《建设工程监理规范》的规定，接受监督和相关的管理； ●接受业主授权范围内的监理指令； ●通过监理工程师与发包人、设计人等关联单位经常协调沟通； ●与监理工程师建立融洽的关系
设计者	平等的业务合作配合关系（设计者是工程项目设计承包商，与业主有设计合同关系）	●项目经理部按设计图纸及文件制订项目管理实施规划，按图施工； ●与设计单位搞好协作关系，处理好设计交底、图纸会审、设计洽商变更、修改、隐蔽工程验收、交工验收等工作

续表

协调对象与协调关系		协调内容与方法
供应商	有供应合同者为合同关系	●双方履行合同，利用合同的作用进行调节
	无供应合同者为市场买卖、需求关系	●充分利用市场竞争机制、价格调节和制约机制、供求机制的作用进行调节
分包商	总包与分包的合同关系	●选择具有相应资质等级和施工能力的分包单位； ●分包单位应办理施工许可证，劳务人员有就业证； ●双方履行分包合同，按合同处理经济利益、责任，解决纠纷； ●分包单位接受项目经理部的监督、控制
公用部门	相互配合、协作关系； 相应法律、法规约束关系（业主施工前应去公用部门办理相关手续并取得许可证）	●项目经理部在业主取得有关公用部门批准文件及许可证后，方可进行相应的施工活动； ●遵守各公用部门的有关规定，合理、合法施工； ●项目经理部应根据施工要求向有关公用部门办理各类手续： ●到交通管理部门办理通行路线图和通行证； ●到市政管理部门办理街道临建审批手续； ●到自来水管理部门办理施工用水设计审批手续； ●到供电管理部门办理施工用电设计审批手续等 ●在施工活动中主动与公用部门密切联系，取得配合与支持，加强计划性，以保证施工质量、进度要求； ●充分利用发包人、监理工程师的关系进行协调

2. 施工项目经理部与远外层关系协调的内容与方法

施工项目经理部与远外层关系协调的内容与方法见表 1-138。

施工项目经理部与远外层关系协调　　表 1-138

关系单位或部门	协调内容与方法
政府建设行政主管部门	●接受政府建设行政主管部门领导、审查，按规定办理好项目施工的一切手续； ●在施工活动中，应主动向政府建设行政主管部门请示汇报，取得支持与帮助； ●在发生合同纠纷时，政府建设行政主管部门应给予调解或仲裁
质量监督部门	●及时办理建设工程质量监督通知单等手续； ●接受质量监督部门对施工全过程的质量监督、检查，对所提出的质量问题及时改正； ●按规定向质量监督部门提供有关工程质量文件和资料
金融机构	●遵守金融法规，向银行借贷，委托，送审和申请，履行借贷合同； ●以建筑工程为标的向保险公司投保
消防部门	●施工现场有消防平面布置图，符合消防规范，在办理施工现场消防安全资格认可证审批后方可施工； ●随时接受消防部门对施工现场的检查，对存在问题及时改正； ●竣工验收后还须将有关文件报消防部门，进行消防验收，若存在问题，立即返修
公安部门	●进场后应向当地派出所如实汇报工地性质、人员状况，为外来劳务人员办理暂住手续； ●主动与公安部门配合，消除不安定因素和治安隐患
安全监察部门	●按规定办理安全资格认可证、安全施工许可证、项目经理安全生产资格证； ●施工中接受安全监察部门的检查、指导，发现安全隐患及时整改、消除
公证鉴证机构	●委托合同公证、鉴证机构进行合同的真实性、可靠性的法律审查和鉴定

续表

关系单位或部门	协调内容与方法
司法机构	●在合同纠纷处理中，在调解无效或对仲裁不服时，可向法院起诉
现场环境单位	●遵守公共关系准则，注意文明施工，减少环境污染、噪声污染，搞好环卫、环保、场容场貌、安全等工作； ●尊重社区居民、环卫环保单位意见，改进工作，取得谅解、配合与支持
园林绿化部门	●因建设需要砍伐树木时，须提出申请，报市园林主管部门批准； ●因建设需要临时占用城市绿地和绿化带，须办理临建审批手续：经城市园林部门、城市规划部门、公安部门同意，并报当地政府批准
文物保护部门	●在文物较密集地区进行施工，项目经理部应事先与省市文物保护部门联系，进行文物调查或勘探工作，若发现文物要共同商定处理办法； ●施工中发现文物，项目经理部有责任和义务，妥善保护文物和现场，并报政府文物管理机关，及时处理

1.18 施工项目信息管理

1.18.1 施工项目信息管理概述

1.18.1.1 施工项目信息管理的概念

施工项目信息管理是指项目经理部以项目管理为目标，以施工项目信息为管理对象，所进行的有计划地收集、处理、储存、传递、应用各类各专业信息等一系列工作的总和，是施工项目管理的重要内容之一。

施工项目信息管理是利用信息技术，以建筑施工项目为中心，将政府行政管理、工程设计、工程施工过程（经营管理和技术管理）所发生的主要信息有序、及时、成批地存储。它以部门间信息交流为中心，以业务工作标准为切入点，采用工作流程和数据处理技术，解决工程项目从数据采集、信息处理与共享到决策目标生成等环节的信息化。即在信息管理的基础上利用计算机及网络技术实现项目管理，目的就是为预测未来和为正确决策提供科学依据，借以提高管理水平，实现高水准的施工项目管理。

1.18.1.2 施工项目信息的分类

施工项目信息主要分类见表 1-139。

施工项目管理信息主要分类　　表 1-139

依据	信息分类	主要内容
内容属性	技术类信息	技术部门提供的信息，如技术规范、施工方案、技术交底等
	经济类信息	如施工项目成本计划、成本统计报表、资金耗用等
	管理类信息	组织项目实施的信息，如项目的组织结构、具体的职能分工、人员的岗位责任、有关的工作流程等
	法律类信息	项目实施过程中的一些法规、强制性规范、合同条款等。这些信息是项目实施必须满足的

续表

依据	信息分类	主 要 内 容
管理目标	成本管理信息	施工项目成本计划、施工任务单、限额领料单、施工定额、成本统计报表、对外分包经济合同、原材料价格、机械设备台班费、人工费、运杂费等
	质量管理信息	国家或地方政府部门颁布的有关质量政策、法令、法规和标准等，质量目标的分解图表、质量管理的工作流程和工作制度、质量保证体系构成、质量抽样检查数据、各种材料和设备的合格证、质量证明书、检测报告等
	进度管理信息	施工项目进度计划、施工定额、进度目标分解图表、进度管理工作流程和工作制度、材料和设备到货计划、各分部分项工程进度计划、进度记录等
	安全管理信息	施工项目安全目标、安全管理体系、安全管理组织和技术措施、安全教育制度、安全检查制度、伤亡事故统计、伤亡事故调查与分析处理等
生产要素	劳动力管理信息	劳动力需用量计划、劳动力流动、调配等
	材料管理信息	材料供应计划、材料库存、储备与消耗、材料定额、材料领发及回收台账等
	机械设备管理信息	机械设备需求计划、机械设备合理使用情况、保养与维修记录等
	技术管理信息	各项技术管理组织体系、制度和技术交底、技术复核、已完工程的检查验收记录等
	资金管理信息	资金收入与支出金额及其对比分析、资金来源渠道和筹措方式等
管理工作流程	计划信息	各项计划指标、企业的有关计划指标、工程施工预测指标等
	执行信息	项目施工过程中下达的各项计划、指示、命令等
	检查信息	工程的实际进度、成本、质量、安全与环境的实施状况等
	反馈信息	各项调整措施、意见、改进的办法和方案等
信息来源	内部信息	来自施工项目的信息：如工程概况、施工项目的成本、质量、进度目标、施工方案、施工进度、完成的各项技术经济指标、项目经理部组织、管理制度等
	外部信息	来自外部环境的信息：如监理通知、设计变更、国家有关的政策及法规、国内外市场的有关价格信息、竞争对手信息等
信息稳定程度	固定信息	在较长时期内，相对稳定，变化不大，可以查询得到的信息，各种定额、规范、标准、条例、制度等，如施工定额、材料消耗定额、施工质量验收统一标准、施工质量验收规范、生产作业计划标准、施工现场管理制度、政府部门颁布的技术标准、不变价格等
	流动信息	随施工生产和管理活动不断变化的信息，如施工项目的质量、成本、进度的统计信息、计划完成情况、原材料消耗量、库存量、人工工日数、机械台班数等
信息层次	战略信息	提供给上级领导的重大决策性信息
	策略信息	提供给中层领导部门的管理信息，指项目年度进度计划、财务计划等信息
	业务信息	基层部门例行性工作产生或需用的日常信息，较具体，精度较高

1.18.1.3 施工项目信息管理的基本要求

依据《建设工程项目管理规范》(GB/T 50326)，对项目信息管理提出了如下要求：

(1) 项目经理部应建立项目信息管理体系，及时、准确地获得和快捷、安全、可靠地使用所需的信息。

(2) 施工项目信息管理应具有时效性和针对性，要有必要的精度，还要综合考虑信息成本及信息收益，实现信息效益最大化。

（3）施工项目信息管理的对象应包括各类工程资料和工程实际进展信息。工程资料的档案管理应符合有关规定，宜采用计算机辅助管理。

（4）项目经理部应根据实际需要，配备熟悉工程管理业务、经过培训的人员担任信息管理工作，也可以单设信息管理部门。

（5）项目经理部应负责收集、整理、管理本项目范围内的信息。实行总分包的项目，项目分包人应负责分包范围的信息收集、整理，承包人负责汇总、整理发包人的全部信息。

1.18.1.4 施工项目信息结构

施工项目信息包括项目公共信息和项目个体信息两部分，分别见图1-61和图1-62。

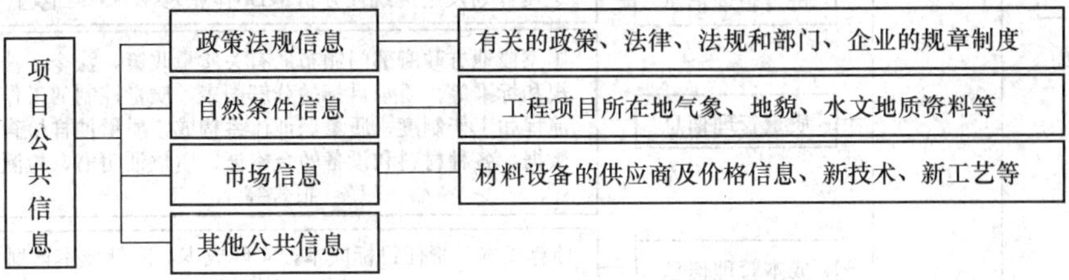

图1-61 施工项目公共信息的构成

1.18.2 施工项目信息管理体系的建立

项目信息管理体系是指项目管理组织为实施所承担项目的信息管理和目标控制，以现有的项目组织构架为基础，通过信息管理目标的确定、信息管理计划的编制和实施、信息管理制度的建立、信息处理平台的建立和维护，形成具有为各项管理工作提供信息支持和保证能力的工作系统。

1.18.2.1 施工项目信息管理目标

信息管理目标是为了及时、准确、安全地获得项目所需要的信息。全面推进项目部的信息化建设，切实提升项目信息化水平，规范项目信息化行为，借助信息化手段提高项目管理水平。

1.18.2.2 施工项目信息管理计划

信息管理计划的制订应依据项目管理实施计划中的有关内容，一般包括信息需求分析，信息的编码和分类，信息管理任务分工和职能分工，信息管理工作流程，信息处理要求及方式，各种报表、报告的内容和格式。信息管理计划是现代管理制度中的重要一环，信息处理工作的规范化、制度化、科学化，将大大提高信息处理的效率和质量。同时，科学有效的信息处理系统也将能够很好地保障信息在管理运作过程中的顺畅与安全。

（1）信息需求分析。信息需求分析是要识别组织各层次以及项目有关人员的信息需求，应能明确项目有关人员成功实施项目所必要的信息。其内容不仅应包括信息的类型、格式、内容、详细程度、传递要求、传递复杂性等，还应进行信息价值分析。应满足信息格式标准，包括信息源标准、加工处理标准、输入输出标准；以信息目录表的形式进行规范统一；注意扩容性。进行项目信息需求分析时，应考虑项目组织结构图，项

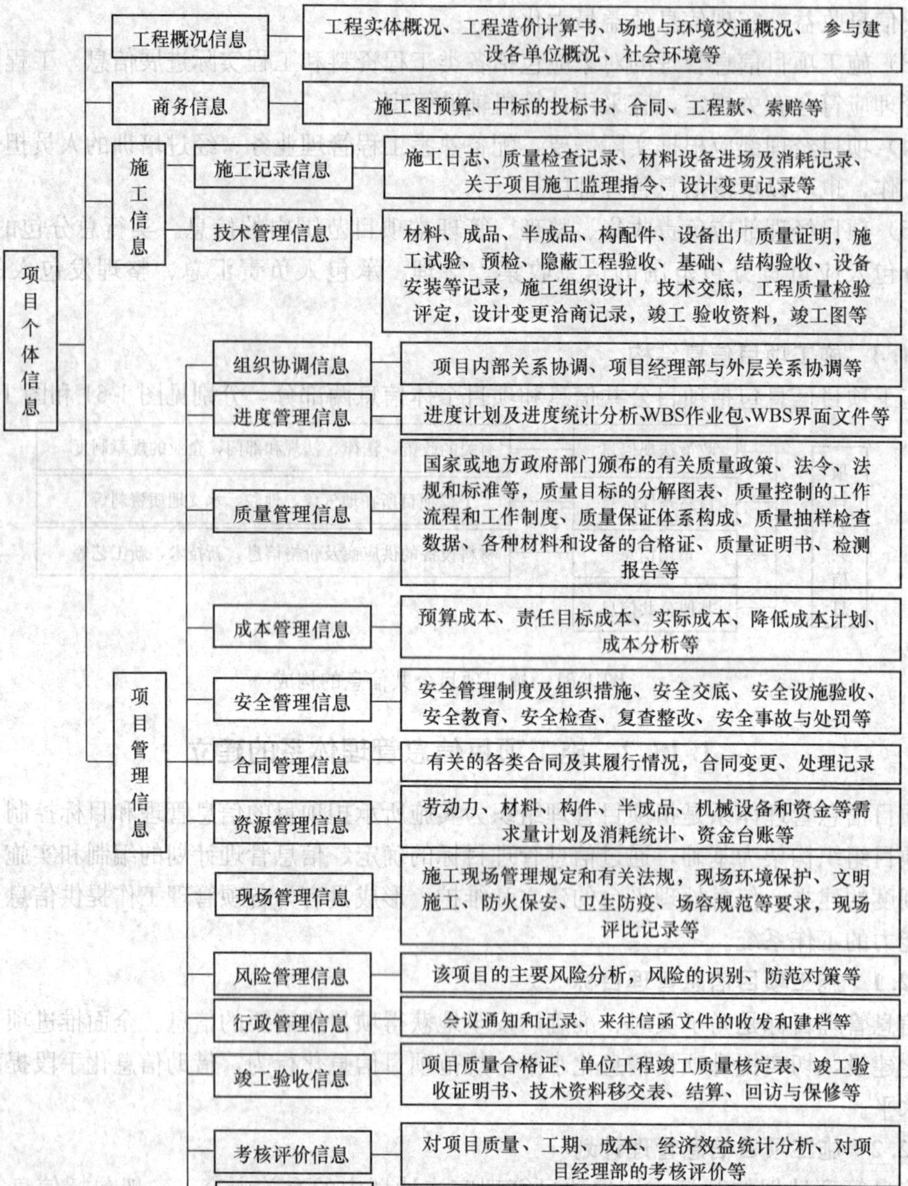

图 1-62　施工项目个体信息的构成

目组织分工及人员职责和报告关系，项目涉及的专业、部门，参与项目的人数和地点，项目组织内部对信息的需求，项目组织外部（如合同方）对信息的需求，项目相关人员的有关信息等。

（2）信息的编码和分类。主要包括项目编码、管理部门人员编码、进度管理编码、质量管理编码、成本管理编码。

（3）信息管理任务和职能分工。按照任务职责分工表的规定，对信息管理系统所有人员细化明确职责，包括信息收集、处理、输入、输出等环节的职责，且职责应进行量化或模拟量化。

（4）信息管理工作流程。信息管理工作流程应反映了工程项目组织内部信息流和有关的外部信息流及各有关单位、部门和人员之间的关系，并有利于保持信息畅通。确定信息管理工作流程时，应保证管理系统的纵向信息流、管理系统的横向信息流及外部系统信息流三种信息流有明晰的流线，并都应保持畅通。以模块化的形式进行编制，以适应信息系统运行的需要；必须进行优化调整，剔除不合理冗余的流程，并应充分考虑信息成本；每个模块内不得出现循环流程。

（5）信息处理要求及方式。为了便于管理和使用，必须对所收集到的信息、资料进行处理。信息处理要满足快捷、准确、适用、经济的目标，信息处理方式可以采用手工处理、机械处理、计算机处理。

在项目执行过程中，应定期检查计划的实施效果并根据需要进行计划调整。

1.18.2.3 施工项目信息管理制度

为了保证项目信息管理工作的质量，必须要建立一套完善的信息管理制度。通过建立基础数据收集制度，保证基础数据全面、及时、准确地按统一格式输入信息管理系统。建立项目的数据保护制度，保证数据的安全性、完整性和一致性。信息管理制度是现代管理制度中的重要一环，信息管理工作的规范化、制度化、科学化，将大大提高信息处理的效率和质量。同时，科学有效的信息处理系统也将能够很好地保障信息在管理运作过程中的顺畅与安全。

1. 建立施工项目管理的基础数据收集制度

对施工项目的各种原始信息来源、要收集的信息内容、标准、时间要求、传递途径、反馈的范围、责任人员的工作职责、工作程序等有关问题做出具体规定，形成制度，认真执行，以保证原始资料的全面性、及时性、准确性和可靠性。

项目经理部应及时收集信息，并将信息准确、完整及时地传递给使用单位和人员。项目信息收集应随工程的进展进行，保证真实、准确、具有时效性，经相关负责人审核签字，及时存入计算机，纳入项目管理信息系统数据库中。

2. 建立施工项目管理的信息处理制度

信息处理主要包括信息的收集、加工、传输、存储、检索和输出等工作，其内容见表1-140。

信息处理的工作内容　　表 1-140

工　作	内　容
收集	收集原始资料，包括业主提供的信息、项目部发出的某些文件和内容、施工现场记录、工地会议记录等。要求资料全面、及时、准确和可靠
加工	对所收集的资料进行筛选、校核、分组、排序、汇总、计算平均数等整理工作，建立索引或目录文件；将基础数据综合成决策信息；运用网络计划技术模型、线性规划模型、存储模型等，对数据进行统计分析和预测
存储	将各类信息存储、建立档案，妥善保管，以备随时查询使用。施工项目信息存储的主要形式包括普通分类台账、档案、微缩胶片、录像、计算机数据库等。必须依靠先进的存储技术，如硬件的存储介质技术和数据存储的逻辑组织技术
检索	迅速准确地检索应以先进的科学的存储为前提，必须对信息进行科学的分类、编码，建立一套科学、迅速的检索方法，采用先进的存储媒体和检索工具，便于查找各类信息

续表

工作	内　容
传输	通过信息传输形成信息流，具有双向流动特征，信息传输包括正向传输和反馈两个方面。应尽量采用先进的传输工具，如电话、传真、计算机网络通信，尽量减少人工传递
输出	将处理好的信息按各管理层次的不同要求，编制打印成各种报表和文件或以电子邮件、Web网页等形式发布

3. 建立项目信息安全制度

（1）项目信息保护。通过数据备份、磁盘镜像、磁盘阵列等冗余备份技术，来保证数据信息的静态存贮安全。网络数据库必须配置防火墙等防止黑客入侵的设备，软件应及时升级。网络系统中的关键服务器必须采用双机热备份，保证系统能提供可靠持续的服务。

（2）网络安全管理

1）在网络建设规划、设计和实施中，必须满足安全运行和信息保密的要求，要从技术和管理两个方面保证网络的安全。

2）内部网络与外部网络互联时，要确保保密的等级与安全实施是否对应，属于企业机密的计算机一定要做好安全防护，必要时与外部网络进行物理隔离。

3）网络管理人员及网络使用人员必须熟悉并遵守国家有关法律、法规，严格执行安全保密制度，不得利用计算机网络从事危害企业安全的活动。

4）建立用户身份认证制度和访问控制机制，按用户级别、岗位和应用需求进行应用授权，限制用户的非权限访问。

5）对网上传输的重要文件要进行必要的加密处理。

6）网络系统中的服务器、计算机工作站必须安装防病毒软件，防毒软件必须定时升级。

1.18.2.4　施工项目信息处理平台

1. 计算机系统管理

（1）计算机等硬件设备购置。部门需要添置计算机、打印机等电子硬件设备时，应向项目部提出书面申请，信息管理部门提出相关意见，经领导批准后，统一购置并建立台账。

（2）计算机硬件维护管理。计算机硬件设备的日常保养工作应由所在部门指定专人负责，维修工作由信息管理部门统一管理。信息管理部门可根据需要调拨、调配各部门的计算机设备，并应做好相关记录。

（3）专业应用软件的购置要做好充分论证和调研，既能满足使用需要的功能要求，又要保证能与相关系统兼容。购置的软件由各使用单位或部门指定专人保存，保管好软件的原装光盘及软件手册资料等相关资料，并报信息管理部门建立台账。

2. 计算机网络管理

（1）网络建设应由信息管理部门统一规划、建设、管理。

（2）信息管理部门在网络建设方案中需提出综合布线的详细要求，综合布线应通过招标由专业的公司施工。验收合格后，信息管理部门保存好完整的施工图和线路标识说明。

（3）网络设备基础包括网络服务器、路由器、交换机、光纤收发器、设备机柜等设备，信息管理部门负责采购和管理。

（4）网络运行维护工作由信息管理部门指定网络管理员进行，网络服务器作为提供网络服务的设备必须保证 24 小时正常运行。

（5）网络服务器必须由专人管理，网络人员每天至少二次查看系统是否正常运行，各项服务是否正常。发现异常及时解决，每天必须填写服务器运行日志。

（6）网络管理人员必须做好网络用户的入网名称登录、用户密码设置、用户资源分配等工作，并登记保存。

3. 项目管理信息系统

项目管理信息系统（PMIS）是一个由人、计算机等组成的能处理工程项目信息的集成化系统，通过收集、存储及分析项目实施过程中的有关数据，辅助项目管理人员和决策者进行规划、决策和检查，其核心是辅助项目管理人员进行项目目标控制。

项目管理信息系统应方便项目信息输入、整理与存储，有利于用户随时提取信息。项目信息管理系统应能保证设计信息、施工准备阶段的管理信息、施工过程项目管理各专业的信息、项目结算信息、项目统计信息等有良好的接口。项目信息管理系统应能连接项目经理部内部各职能部门之间以及项目经理部与各职能部门、与作业层、与企业各职能部门、与企业法定代表人、与发包人和分包人、与监理机构等，使项目管理层与企业管理层及作业层信息收集渠道畅通、信息资源共享。

1.18.3 施工项目信息管理体系的实施

1.18.3.1 建立项目计算机网络

1. 项目计算机局域网

施工现场建立覆盖整个项目施工管理机构的计算机网络系统，对内构建一个基于计算机局域网的项目管理信息交流平台，覆盖总承包商、业主、各指定分包商、工程监理和联合设计单位，达到信息的快速传递和共享，对外联通互联网，并与联合体各公司总部相连。

在整个网络体系中，各工作站对互联网的访问采用代理方式，每一个工作站都可以通过代理服务器访问互联网，实现电子邮件收发、文件传递和网站的访问。现场安装的视频监控系统通过中心交换机实现与局域网和互联网的互联互通。

2. 项目对外宣传网页

项目对外宣传网页可显示本工程相关的新闻动态、通知公告、工程信息、施工技术、财务信息、思想建设等方面的信息。

1.18.3.2 建立项目办公自动化平台

安装一套办公自动化系统，为项目的信息沟通和共享提供统一的平台，实现总承包商信息发布、文件管理、内部邮件、手机短信提醒、办公事务的自动流转等功能，提高办公效率。

办公自动化系统内置工作流系统，可以实现各项业务流程的管理，文件流转及审批。同时通过系统访问控制、系统安全设置、系统资源管理，可以确保系统稳定安全运行。

1.18.3.3 建立项目管理信息系统

通过项目管理信息系统完成各项计划编制并下达计划，及时掌握施工过程中进度、质量、成本、安全信息，掌握总承包合同及分包合同执行情况，对分包商上报的数据进行分析、整理、汇总，生成各种报表，发现施工中的问题，对进度、资源、质量、变更、安全等进行管理。对工程项目的计划、进度、质量、费用等情况进行检查，汇总生成各种报表；对到位资金、分包资金及管理费进行管理和控制。根据工程项目管理的主要内容，项目管理信息系统通常包括：成本管理、进度管理、质量管理、材料及机械设备管理、合同管理、安全管理、文档资料管理等子系统，如图1-63所示。

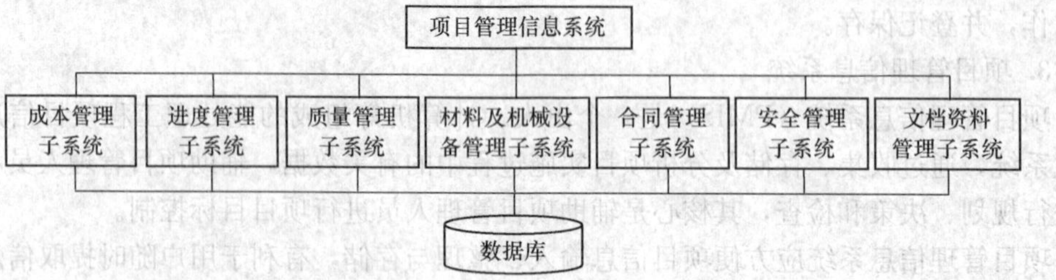

图1-63　项目管理信息系统的基本构成

(1) 成本管理子系统。功能包括：资金计划的建立；业主资金到位计划的建立；分包项目付款；借款支付；资金到位情况的记录及与计划的分析对比；资金使用情况（包括管理费用、工程款支付）跟踪、统计、汇总，以图表方式形成与资金计划的分析对比；相关资金情况的查询。

(2) 进度管理子系统。以网络计划技术为核心，实现施工计划的制订与控制。从项目进度计划中读取进度计划数据，和施工现场所采集的实际数据进行对比，实时地为工程项目管理者提供工程情况的评价依据；再将上述数据与预算进行对比，实时反映项目的进度、费用等情况，对工程的重要节点最大限度的实行人、材、物、机械、资金等资源平衡，对各分项工程、重大节点进行合理的资源配置，实现最理想的工程工期。

(3) 质量管理子系统。贯彻质量认证体系，帮助管理者掌握工程质量动态，组织质量检查，督促相关部门做好质量检验评定工作，组织质量事故调查处理工作，管理所需的计量器具，健全计量体系；对特殊作业人员进行考核和管理。

质量管理子系统的主要功能包括：建立质量标准数据库；制订关键WBS节点的质量控制计划；导入分包商的质量表格，并生成质量报告和质量控制意见；汇总产生所承包范围内的一整套质量管理资料；查看和审批分包商的质量报告和质量控制意见；建立质量通病及纠正预防措施信息库。

(4) 材料及机械设备管理子系统。主要功能包括：用网络图编制采购进度计划；编制资金使用计划；编制设备制造计划；编制设备安装计划；编制设备调试及试车计划。根据网络图的资源生成工程用设备清单；在网络图中或用表格形式填报计划执行情况；用前锋线表示某个时刻计划执行情况，反映计划进度和实际进度的差异；以报表形式输出计划执行情况；计划能够调整，并保留原计划版本；输出计划调整单。

(5) 合同管理子系统。应能进行合同制作、合同管理、合同查询等，最终将合同文件提交档案管理系统进行统一备案保存。主要功能包括：合同文档的快速制作和合同文档模板文件管理；各类标准及合同法规的录入和查询；能够根据要求对合同进行快速灵活修改；合同的分类保管和查询；合同提醒、冲突检查及与项目管理系统之间的数据交互；各种报表的打印输出；根据要求对同类合同进行统计；能够根据各种条件对合同进行查询。

(6) 安全管理子系统。实现施工安全相关信息的收集与维护，主要功能包括：建立安全管理及技术规范信息库；编制安全保证计划，系统提供相关模板功能；安全档案管理与表单管理，包含了施工安全的各个方面，满足日常工作的需要；安全教育与安全检查；事故记录及处理功能，包括"工伤事故登记表"、"违章守纪、违章处理记录"、"处理记录"三项功能；安全评分功能。内置各种安全评分标准，而且此标准可以根据需要进行调整，实现计算机的自动打分。

(7) 文档资料管理子系统。实现对整个项目建设过程中各类资料的综合管理，由于项目管理过程中所涉及的业务内容繁杂，所形成的资料庞大，系统采用分类归档查询的方法，对于在业务管理子系统（如质量管理、安全管理、资金管理、进度管理、材料设备管理等）中形成的资料将直接进行查询，其他类型的资料在此处直接管理，包括资料台账的建立，内容的录入，执行情况的跟踪等。另外，该子系统还应能形成完整的工程竣工资料文件。

1.18.3.4 建立基于Internet的工程项目信息系统

基于互联网的工程项目信息管理平台，能够安全地获取、记录、寻找和查询项目信息。即在项目实施过程中，对项目参与各方产生的信息和知识进行集中式管理，共享项目数据库。它不是一个具体的软件产品或信息系统，而是国际上工程建设领域基于Internet技术标准的项目信息沟通系统或远程协作系统的总称。主要是项目信息的共享和传递，而不是对信息进行加工和处理。

1. 基于互联网的工程项目信息管理系统的特点

(1) 以Extranet作为信息交换工作的平台，其基本形式是项目主题网。与一般的网站相比，它对信息的安全性有较高的要求。

(2) 采用B/S结构，用户在客户端只需要安装一台浏览器即可。浏览器界面是通往全部项目授权信息的唯一入口，项目参与各方可以不受时间和空间的限制，通过定制来获得所需的项目信息。

(3) 系统的核心功能是项目信息的共享和传递，而不是对信息进行加工、处理。但这方面的功能，可通过与项目信息处理系统或项目管理软件系统的有效集成来实现。

(4) 该系统不是一个简单的文档管理系统和群件系统，它可以通过信息的集中管理和门户设置，为项目参与各方提供一个开放、协同、个性化的信息沟通环境。

2. 基于互联网的工程项目信息管理系统的体系结构

一个完整的基于互联网的建设工程信息管理平台的体系结构应具有8个层次，从数据源到信息浏览界面分别为：

(1) 基于Internet的项目信息集成平台，可以对来自不同信息源的各种异构信息进行有效集成；

(2) 项目信息分类层，对信息进行有效的分类编目，以便于项目各参与方的信息利用；

(3) 项目信息搜索层，为项目各参与方提供方便的信息检索服务；

(4) 项目信息发布与传递层，支持信息内容的网上发布；

(5) 工作流支持层，使项目各参与方通过项目信息门户完成一些工程项目的日常工作流程；

(6) 项目协同工作层，使用同步或异步手段使项目各参与方结合一定的工作流程进行协作和沟通；

(7) 个性化设置层，使项目各参与方实现个性的界面设置；

(8) 数据安全层，通过安全保证措施，用户一次登录就可以访问所有的信息源。

3. 基于 Internet 的工程项目信息管理系统的实现方式

由于工程项目的一次性、单件性、流动性的特点，宜采用 ASP（Application Service Provider，应用服务供应商）模式。即租用 ASP 服务供应商已完全开发好的项目管理信息化系统，通常按租用时间、项目数、用户数、数据占用空间大小收费。

在 ASP 模式下，项目部不再需要购买应用软件，也不需要采购服务器、数据库、网络设备、防火墙防病毒的软硬件，更不需要关心日常的维护，而全交给应用服务供应商。由于 ASP 基于 Internet 运行，基础设施需经过电信部门，电信部门提供网络、服务器和防火墙防病毒软硬件等。用户需要做的只是输入相应的登录系统网址并使用系统，而不用管服务器放在哪儿、数据存放在何地。ASP 服务供应商则提供数据库和针对每个客户配置应用系统和数据库的升级和维护。系统可以做到按需要变换组织、自选模块、自定义流程和自由制定数据格式。

根据选择的应用模式和厂商的不同，ASP 提供的功能也会有所差异。成功的面向工程项目管理的 ASP 一般提供如下功能：

(1) 文档管理。集中存放项目相关文档，如：项目图纸、合同、工程照片、工程资料、成本数据等。允许项目成员集中管理和跟踪文档资料。

(2) 工作流程自动化。允许项目成员按照事先定义好的工作流程自动化处理业务流程，如业务联系单、提交单、变更令等。

(3) 项目通讯录。集中存放项目成员的通讯录，方便项目参与人员查找。

(4) 集中登录和修改控制。使用个人用户名和密码集中登录信息门户，跟踪文档的上传、下载和修改。

(5) 高级搜索。允许项目成员根据关键字、文件名和作者等查找文件。

(6) 在线讨论。为项目成员提供了一个公共的空间，项目参与者可以就某个主题进行讨论。项目成员可以发布问题、回复和发表意见。

(7) 进度管理。在线创建工程进度计划，发送给项目相关责任方，并根据项目进展进行实时跟踪、比较和更新。如项目出现延误可以自动报警。

(8) 项目视频。通过设在现场的网络摄像机，可以通过互联网远程查看项目现场，及时监控项目进度，远程解决问题。

(9) 成本管理。项目预算和成本的分解和跟踪，进行预算和实际费用的比较，控制项目的变更。

(10) 在线采购和招标投标。在线浏览产品目录和价格，发出询价单和订单，在线比较和分析投标价格。

(11) 权限管理。根据项目成员的角色设定访问权限。

基于互联网的建设工程信息管理系统在工程实践中有着十分广泛的应用，国外有的研究将之列为未来几年建筑业的发展趋势之一。在工程项目中应用基于互联网的建设工程信息管理系统可以降低工程项目的实施成本，缩短项目建设时间，降低项目实施的风险，提高业主的满意度。

1.19　施工项目竣工验收及回访保修

1.19.1　施工项目竣工验收

1.19.1.1　施工项目竣工验收条件和标准

1. 施工项目竣工验收条件

根据《建设工程质量管理条例》第16条规定，建设工程竣工验收应当具备下列条件：

(1) 完成建设工程设计和合同规定的各项内容；

(2) 有完整的技术档案和施工管理资料；

(3) 有工程使用的主要建筑材料、建筑构配件和设备的进场试验报告；

(4) 有勘察、设计、施工、工程监理等单位分别签署的质量合格文件；

(5) 有施工单位签署的工程保修书。

2. 施工项目竣工验收标准

建筑施工项目的竣工验收标准有三种情况：

(1) 生产性或科研性建筑工程施工项目验收标准：土建工程，水、暖、电气、卫生、通风工程（包括其室外的管线）和属于该建筑物组成部分的控制室、操作室、设备基础、生活间及至烟囱等，均已全部完成，即只有工艺设备尚未安装者，即可视为房屋承包单位的工作达到竣工标准，可进行竣工验收。这种类型建筑工程竣工的基本概念是：一旦工艺设备安装完毕，即可试运转乃至投产使用。

(2) 民用建筑（即非生产、科研性建筑）和居住建筑施工项目验收标准：土建工程，水、暖、电气、通风工程（包括其室外的管线），均已全部完成，电梯等设备亦已完成，达到水到灯亮，具备使用条件，即达到竣工标准，可以组织竣工验收。这种类型建筑工程竣工的基本概念是：房屋建筑能交付使用，住宅能够住人。

(3) 具备下列条件的建筑工程施工项目，亦可按达到竣工标准处理：

一是房屋室外或小区内管线已经全部完成，但属于市政工程单位承担的干管干线尚未完成，因而造成房屋尚不能使用的建筑工程，房屋承包单位可办理竣工验收手续。二是房屋工程已经全部完成，只是电梯尚未到货或晚到货而未安装，或虽已安装但不能与房屋同时使用，房屋承包单位亦可办理竣工验收手续。三是生产性或科研性房屋建筑已经全部完成，只是因为主要工艺设计变更或主要设备未到货，因而剩下设备基础未做的，房屋承包单位亦可办理竣工验收手续。

凡是具有以下情况的建筑工程，一般不能算为竣工，亦不能办理竣工验收手续：

1) 房屋建筑工程已经全部完成并完全具备了使用条件，但被施工单位临时占用而未腾出，不能进行竣工验收。

2) 整个建筑工程已经全部完成，只是最后一道浆活未做，不能进行竣工验收。

3) 房屋建筑工程已经完成，但由于房屋建筑承包单位承担的室外管线并未完成，因而房屋建筑仍不能正常使用，不能进行竣工验收。

4）房屋建筑工程已经完成，但与其直接配套的变电室、锅炉房等尚未完成，因而使房屋建筑仍不能正常使用，不能进行竣工验收。

5）工业或科研性的建筑工程，有下列情况之一者，亦不能进行竣工验收：①因安装机器设备或工艺管道而使地面或主要装修尚未完成；②主建筑的附属部分，如生活间、控制室尚未完成；③烟囱尚未完成。

1.19.1.2　施工项目竣工验收管理程序和准备

1. 竣工验收管理程序

竣工验收准备→编制竣工验收计划→组织现场验收→进行竣工结算→移交竣工资料→办理竣工手续。

2. 竣工验收准备

（1）建立竣工收尾工作小组，做到因事设岗，以岗定责，实现收尾的目标。该小组由项目经理、技术负责人、质量人员、计划人员和安全人员组成。

（2）编制一个切实可行、便于检查考核的施工项目竣工收尾计划，该计划可按表1-141编制。

施工项目竣工收尾计划表　　表1-141

序号	收尾工程名称	施工简要内容	收尾完工时间	作业班组	施工负责人	完成验证人

项目经理：　　技术负责人：　　编制人：

（3）项目经理部要根据施工项目竣工收尾计划，检查其收尾的完成情况，要求管理人员做好验收记录，对重点内容重点检查，不使竣工验收留下隐患和遗憾而造成返工损失。

（4）项目经理部完成各项竣工收尾计划，应向企业报告，提请有关部门进行质量验收评定，对照标准进行检查。各种记录应齐全、真实、准确。需要监理工程师签署的质量文件，应提交其审核签认。实行总分包的项目，承包人应对工程质量全面负责，分包人应按质量验收标准的规定对承包人负责，并收分包工程验收结果及有关资料交结承包人。承包人与分包人对分包工程质量承担连带责任。

（5）承包人经过验收，确认可以竣工时，应向发包人发出竣工验收函件，报告工程竣工准备情况，具体约定交付竣工验收的方式及有关事宜。

1.19.1.3　施工项目竣工验收的步骤

1. 竣工自验（或竣工预验）

（1）施工单位自验的标准与正式验收一样，主要是：工程符合国家（或地方政府主管部门）规定的竣工标准和竣工规定；工程完成情况是否符合施工图纸和设计的使用要求；工程质量是否符合国家和地方政府规定的标准和要求；工程是否达到合同规定的要求和标准等。

（2）参加自验的人员，应由项目经理组织生产、技术、质量、合同、预算以及有关的作业队长（或施工员、工程负责人）等共同参加。

（3）自验的方式，应分层分段、分房间地由上述人员按照自己主管的内容逐一进行检查。在检查中要做好记录。对不符合要求的部位和项目，确定修补措施和标准，并指定专人负责，定期修理完毕。

（4）复验。在基层施工单位自我检查的基础上，并查出的问题全部修补完毕后，项目经理应提请上级进行复验（按一般习惯，国家重点工程、省市级重点工程，都应提请总公司级的上级单位复验）。通过复验，要解决全部遗留问题，为正式验收做好充分的准备。

2. 正式验收

在自验的基础上，确认工程全部符合竣工验收的标准，即可由施工单位同建设单位、设计单位、监理单位共同开始正式验收工作。

（1）发送《工程竣工报告》。施工单位应于正式竣工验收之日前 10 天，向建设单位发送《工程竣工报告》。

（2）组织验收工作。工程竣工验收工作由建设单位邀请设计单位监理单位及有关方面参加，同施工单位一起进行检查验收。列为国家重点工程的大型建设项目，往往由国家有关部委邀请有关方面参加，组成工程验收委员会，进行验收。

（3）签发《工程竣工验收报告》并办理工程移交。在建设单位验收完毕确认工程竣工标准和合同条款规定要求以后，即应向施工签发《工程竣工验收报告》。

（4）办理工程档案资料移交。

（5）办理工程移交手续。

在对工程检查验收完毕后，施工单位要向建设单位逐项办理移交手续和其他固定资产移交手续，并应签认交接验收证书。还要办理工程结算手续。工程结算由施工单位提出，送建设单位审查无误后，由双方共同办理结算签认手续。工程结算手续一旦办理完毕，合同双方除施工单位承担工程保修工作以外，建设单位同施工单位双方的经济关系和法律责任即予解除。

1.19.1.4 施工项目竣工资料

详见“1.20 施工项目档案管理”中相关内容。

1.19.2 工程质量保修和回访

工程质量保修和回访属于项目竣工后的管理工作。这时项目经理部已经解体，一般是由承包企业建立施工项目交工后的回访与保修制度，并责成企业的工程管理部门具体负责。

为提高工程质量，听取用户意见，改进服务方式，承包人应建立与发包人及用户的服务联系网络，及时取得信息，依据《建筑法》、《建设工程质量管理条例》及有关部门的相关规定，履行施工合同的约定和《工程质量保修书》中的承诺，并按计划、实施、验证、报告的程序，搞好回访与保修工作。

1.19.2.1 工程质量保修

工程质量保修是指施工单位对房屋建筑工程竣工验收后，在保修期限内出现的质量不符合工程建设强制性标准以及合同的约定等质量缺陷，予以修复。

施工单位应当在保修期内，履行与建设单位约定的，符合国家有关规定的，工程质量保修书中的关于保修期限、保修范围和保修责任等义务。

1. 保修期限

在正常使用条件下，房屋建筑工程的保修期应从工程竣工验收合格之日起计算，其最低保修期限为：

(1) 地基基础工程和主体结构工程，为设计文件规定的该工程的合理使用年限；

(2) 屋面防水工程、有防水要求的卫生间、房间和外墙面的防渗漏，为5年；

(3) 供热与供冷系统，为2个采暖期、供冷期；

(4) 电气管线、给排水管道、设备安装为2年；

(5) 装修工程为2年；

(6) 住宅小区内的给排水设施、道路等配套工程及其他项目的保修期由建设单位和施工单位约定。

2. 保修范围

对房屋建筑工程及其各个部位，主要有：地基基础工程、主体结构工程、屋面防水工程、有防水要求的卫生间、房间和外墙面的防渗漏、供热与供冷系统、电气管线、给排水管道、设备安装和装修工程以及双方约定的其他项目，由于施工单位施工责任造成的建筑物使用功能不良或无法使用的问题都应实行保修。

凡是由于用户使用不当或第三方造成建筑功能不良或损坏者；或是工业产品项目发生问题；或不可抗力造成的质量缺陷等，均不属保修范围，由建设单位自行组织修理。

3. 质量保修责任

(1) 发送工程质量保修书（房屋保修卡）

工程质量保修书由施工合同发包人和承包人双方在竣工验收前共同签署，作为施工合同附件，其有效期限至保修期满。《房屋建筑工程质量保修书》示范文本附本节后。

一般是在工程竣工验收的同时（或之后的3～7天内），施工单位向建设单位发送《房屋建筑工程质量保修书》。保修书的主要内容有：工程简况、房屋使用管理要求；保修范围和保修内容、保修期限、保修责任和记录等。还附有保修（施工）单位的名称、地址、电话、联系人等。

若工程竣工验收后，施工企业不能及时向建设单位出具质量保修书的，由建设行政主管部门责令改正，并处1万～3万元的罚款。

(2) 实施保修

在保修期内，发生了非使用原因的质量问题，使用人应填写《工程质量修理通知书》，通告承包人并注明质量问题及部位、联系维修方式等；施工单位接到建设单位（用户）对保修责任范围内的项目进行修理的要求或通知后，应按《工程质量保修书》中的承诺，7日内派人检查，并会同建设单位共同鉴定，提出修理方案，将保修业务列入施工生产计划，并按约定的内容和时间承担保修责任。

发生涉及结构安全或者严重影响使用功能的质量缺陷，建设单位应当立即向当地建设行政主管部门报告，采取安全防范措施；由原设计单位或具有相应资质等级的设计单位提出保修方案，施工单位实施，原工程质量监督机构负责监督；对于紧急抢修事故，施工单位接到保修通知后，应当立即到达现场抢修。

若施工单位未按质量保修书的约定期限和责任派人保修的，发包人可以另行委托他人保修，由原施工单位承担相应责任。

对不履行保修义务或者拖延履行保修义务的施工单位，由建设行政主管部门责令改正，并处10万～20万元的罚款。

(3) 验收

施工单位在修理完毕之后，要在保修书上做好保修记录，并由建设单位（用户）验收签认。涉及结构安全的保修应当报当地建设行政主管部门备案。

4. 保修费用

保修费用由造成质量缺陷的责任方承担，具体内容如下：

(1) 由于承包人未按国家标准、规范和设计要求施工造成的质量缺陷，应由承包人修理并承担经济责任。

(2) 因设计人造成的质量问题，可由承包人修理，由设计人承担经济责任，其费用数额按合同约定，不足部分由发包人补偿。

(3) 属于发包人供应的材料、构配件或设备不合格而明示或暗示承包人使用所造成的质量缺陷，由发包人自行承担经济责任。

(4) 因发包人肢解发包或指定分包人，致使施工中接口处理不好，造成工程质量缺陷，或因竣工后自行改建造成工程质量问题的，应由发包人或使用人自行承担经济责任。

(5) 凡因地震、洪水、台风等不可抗力原因造成损坏或非施工原因造成的紧急抢修事故，施工单位不承担经济责任。

(6) 不属于承包人责任，但使用人有意委托修理维护时，承包人应为使用人提供修理维护等服务，并在协议中约定。

(7) 工程超过合理使用年限后，使用人需要继续使用的，承包人根据有关法规和鉴定资料，采取加固、维修措施时，应按设计使用年限，约定质量保修期限。

(8) 发包人与承包人协商，根据工程合同合理使用年限采用保修保险方式，投入并已解决保险费来源的，承包人应按约定的保修承诺，履行保修职责和义务。

(9) 在保修期限内，因房屋建筑工程质量缺陷造成房屋所有人、使用人或者第三方人身、财产损害的，房屋所有人、使用人或者第三方可以向建设单位提出赔偿要求。建设单位向造成房屋建筑工程质量缺陷的责任方追偿。

(10) 因保修不及时造成新的人身、财产损害，由造成拖延的责任方承担赔偿责任。

5. 其他

房地产开发企业售出的商品房保修，还应当执行《城市房地产开发经营管理条例》和其他有关规定。

军事建设工程的管理，按照中央军事委员会的有关规定执行。

1.19.2.2 工程回访

1. 工程回访的要求与内容

项目经理部应建立工程回访制度，将工程回访纳入承包人的工作计划、服务控制程序和质量管理体系文件中。

工程回访工作计划由施工单位编制，其内容有：

(1) 主管回访保修业务的部门。

(2) 工程回访的执行单位。

(3) 回访的对象（发包人或使用人）及其工程名称。

（4）回访时间安排和主要内容。

（5）回访工程的保修期限。

工程回访一般由施工单位的领导组织生产、技术、质量、水电等有关部门人员参加。通过实地察看、召开座谈会等形式，听取建设单位、用户的意见、建议，了解建筑物使用情况和设备的运转情况等。每次回访结束后，执行单位都要认真做好回访记录。全部回访结束，要编写《回访服务报告》。施工单位应与建设单位和用户经常联系和沟通，对回访中发现的问题认真对待，及时处理和解决。

主管部门应依据回访记录对回访服务的实施效果进行验证。

2. 工程回访的主要类型

（1）例行性回访。一般以电话询问、开座谈会等形式进行，每半年或一年一次，了解日常使用情况和用户意见。

（2）季节性回访。雨季回访屋面及排水工程、制冷工程、通风工程；冬季回访锅炉房及采暖工程，及时解决发生的质量缺陷。

（3）技术性回访。主要了解在施工过程中采用了新材料、新设备、新工艺、新技术的工程，回访其使用效果和技术性能、状态，以便及时解决存在问题，同时还要总结经验，提出改进、完善和推广的依据和措施。

（4）保修期满时回访，主要是对该项目进行保修总结，向用户交代维护和使用事项。

1.20 施工项目档案管理

1.20.1 施工项目档案分类

施工项目档案是项目建设、管理过程中形成的，各种形式的历史记录。包含了项目工程涉及的国家政策法规、工程合同法律文件、设计勘察文件、往来文件、工程资料等。施工项目档案是工程施工过程的真实记录，全面反映了工程的进展情况，是施工过程每一工序、分项、分部工程的实体质量的真实记录文件，是工程评估验收的依据，也是工程在交付试验后运行、维修、保养、改扩建的依据。档案是项目管理基础工作和成果的详实记录和追溯。

1.20.1.1 施工项目档案分类

1. 综合管理类（文书类）

包括决定、通知、通报、报告、请示、往来函件、会议纪要等。

2. 商务管理类

包括各类招标投标文件，工程预算、结算文件，合同、法律文件等。

3. 项目工程资料

项目建设过程中的各类勘察设计资料、施工管理、技术、验收、物资、测量、各类记录等资料。

4. 财务资料

1.20.1.2 施工项目档案形式

归档的文件材料载体形式包括：纸质文件，电子文件光盘，录音录像带，照片、底片，实物及其他形式。

1.20.2 档案管理制度与职责

1.20.2.1 档案管理制度

1. 档案存放管理制度

（1）存放档案应有专门的库房、柜架、装具，存放方法要科学和便于查找。一般库房的温度应控制在14～24℃，相对湿度控制在45%～60%之间。

（2）档案库房要坚固，库房内严禁存放其他物品。库房要配备相应的防火器材，注意防火、防水、防光、防潮、防鼠、防虫、防尘、防盗。

（3）档案人员必须熟悉档案库房情况，每年对库房档案进行检查核对，做到账、物相符。如发现有误，应立即更正。对破损和变质的档案，要及时进行修补和复制。电子档案需防磁、防病毒。

（4）档案室要建立登记制度，对档案的收进、移出、保管和利用等情况进行登记和统计。

2. 档案借阅与利用制度

（1）借阅档案时，借阅人须填写档案借阅申请，经本部门审签后，再经档案管理部门审批同意后，方可在档案管理人员处办理相关借阅手续，并根据借阅数量交纳部分押金（归还档案时退还）。借阅时间原则上不超过一周。

（2）外单位人员借阅档案时，须持有本单位介绍信，说明借阅原因，经相关领导审批签字，方可提供使用。

（3）借阅者必须妥善保管所借档案，不得私自拆装、撕页、涂改、杠画、污损、复制、转借、泄密、丢失。

（4）档案利用后或借阅人员调出单位时须及时将档案归还。档案人员必须进行认真核对，确认无误后，方可注销。

（5）档案室是档案存放重地，无关（借阅）人员不得进入。

3. 档案的鉴定与销毁制度

（1）项目成立档案鉴定工作小组，由项目技术负责人、档案管理部门和其他部门相关人员组成。

（2）根据档案保管期限，对到达保管期限的档案及确无继续保存价值的档案，进行鉴定工作。

（3）鉴定档案时应采取直接鉴定法。在一个案卷内档案保管价值如有不同，一般应拆卷，拣出无保存价值文件。

（4）销毁档案时要严格执行保密规定，在指定地点由两人监销，并在销毁清册上签字。

（5）每次鉴定工作结束，均应编制详细的统计和总结报告，编制档案销毁清册，并填写文件销毁审批表和档案鉴定与销毁目录报请公司主管领导审批后方能销毁。销毁档案，应指定专人负责监销，监销人要在销毁清册上签字。

4. 档案保密制度

（1）档案工作人员要遵守职业道德，严守单位秘密，不准向外泄露有关机密性内容。

（2）非档案管理人员或检查、鉴定人员不得私自进入档案库房。

（3）凡违反上述管理制度，造成损失、泄密事故，视情节轻重，给予批评教育或纪律处分，直到追究法律责任。

1.20.2.2　档案管理职责

施工项目涉及的工程竣工备案需要的各种工程资料，由各相关部门编制，项目资料员负责整理归档。记录施工管理控制的工程质量、安全、进度过程控制资料，以及各种行政、财务、商务等管理资料，由项目各专业部门进行收集整理。

项目各部门资料工作人员的主要职责：

（1）贯彻执行国家与地方建设行政主管部门对工程档案工作的方针、政策和企业档案管理的有关规定。

（2）对上级部门下发的各种文件和各部门形成的各种资料进行收集、整理、立卷、归档。

（3）严格档案入库制度，做好分类登记工作，对各类资料分类应科学合理，便于查找。

（4）采取各种切实可行的措施，妥善保管好档案，防止档案损坏流失。

（5）积极收集有关监督、检测工作的法规、标准、规范、规程、细则、方法及其他技术资料。

（6）对档案的收进、移出、保管和利用进行统计登记。对过期资料的销毁应严格执行报批手续，并造册登记。

（7）经常检查档案资料的质量状况，发现问题及时处理，防止资料的丢失和损坏。

（8）资料的借阅应按要求办理登记手续，归还时必须检查资料的完整性。

1.20.3　档案管理内容

1.20.3.1　公文管理

1. 收文管理

（1）文件签收

1）项目资料管理人员负责项目往来文件的签收工作。收到公文后，资料员要先对文件资料进行登记、编号，然后呈交项目有关领导批阅或交相关部门处理。

2）电子文件资料要视其内容及时发送到项目经理部领导和有关人员的信箱。重要事项应打印保存并提醒领导和有关人员及时批阅处理。

3）凡能通过网络发布、传递的文件资料，应通过网络发布、传递（保密文件除外），要求回复确认。所有工作人员每天都应查看个人信箱，以便及时阅知、处理。

4）项目经理部部门收文由部门资料管理人员办理收文登记后，交部门负责人阅处。

（2）文件阅办

1）文件经项目经理部领导批阅后，需有关部门办理的，由资料员做好记录并负责将文件资料送交相关部门，各部门做好登记工作后，交有关人员办理并负责督促及时阅办。

2）各部门阅办的文件，应及时处理，传阅的文件在各部门停留时间一般不超过一天、最长不得超过两天，需办理的文件在部门停留时间一般不超过一周。办文时间较长或较重要的文件，办文部门可将文件复印留存，原件退回资料员处。

3）涉及密级的文件须妥善保管，并在办公室阅办。阅办人要注意文件的安全、保密、完整、避免遗失。不得私自带入公共场所、家中或转借他人，不得擅自复印、抄录。

2. 发文管理

（1）发文种类

1）项目经理部发文：用于发布项目经理部重要的决定、通知、规章、制度，转发上级文件，向上级机关请示有关问题，办理申请，批转、批复分管机构的请示、报告，通知重要会议，传达企业领导批示等。

2）各部门发文：各部门用于通知、发布、批复部门职责范围内的业务事项，转发上级业务主管部门的文件，催要有关情况、材料、报表、联系工作等。

3）会议纪要：用于记载项目各类会议情况和议定事项。

4）签报：各部门用于向项目领导请示、报告工作，通报部门重要情况，工作动态等。

5）其他公文：便函、介绍信等。

（2）公文文体

1）决定：适用于对重要事项或重大行动做出安排。

2）通知：适用于转发上级单位和不相隶属的单位的公文，发布规章制度，传达要求下级单位办理和需要有关单位周知或者执行的事项，员工的任免和聘用。

3）通报：适用于表彰先进，批评错误，传达重要精神或情况。

4）报告：适用于向上级单位汇报工作，反映情况，提出建议或答复上级单位的询问。

5）请示：适用于向上级请求指示、批准的事项。

6）批复：适用于答复下级单位请示事项。

7）意见：适用于对重要问题提出见解和处理办法。

8）函：适用于不相隶属的单位之间相互商洽工作，询问和答复问题，请求批准。

（3）发文程序

1）拟文

文件标题应简要概括文件的主要内容，标题中除法规、规章名称加书名号外，一般不用标点符号。主送单位为公文的主要受理单位；抄送是指主送以外需要执行或知晓公文内容的其他单位。

2）会签

拟文中，如涉及其他部门职责范围的事项，主办部门应主动会签相关部门。为节约办文时间，会签形式一般采用电子邮件传递方式；重要的公司规章、制度和其他重大事项，必要的，应由主办单位召集有关部门对文件进行评审。

3）审/核稿

以公司名义的发文、便函、会议纪要，由主办部门主管领导签署审批意见；以工作部名义的发文由主办部门业务负责人或板块负责人签署审批意见，送综合管理部进行审/核稿后，呈公司主管领导签发。

4）签发

项目管理文件需经过项目经理或其授权的副总经理签发；技术文件需经项目技术负责人签发。

1.20.3.2　工程资料档案管理

参见本书“2.3工程技术资料管理”。

1.20.3.3　财务档案管理

1. 会计档案主要内容

会计档案的管理包括会计凭证、会计账簿和财务报告等会计核算专业材料，是记录和反映公司经济业务的重要资料和证据。具体包括：

(1) 会计凭证类：原始凭证、记账凭证、汇总凭证、其他会计凭证。

(2) 会计账簿类：总账、明细账（依据科目建立）、日记账、固定资产卡片、辅助账簿、其他会计账簿。

(3) 财务报告类：月度、季度、年度财务报告，包括会计报表及附表、附注和文字说明，其他财务报告。

(4) 其他类：会计档案移交清册，会计档案保管清册，会计档案销毁清册，银行余额调节表，其他应保存的会计核算专业资料。

2. 会计档案保管

(1) 每月形成的会计档案，应由专人按照归档要求，负责整理立卷、装订成册，编制会计档案保管清册。档案依据上述分类，分别保存，凭证按月整理保存，年终将本年账簿存档。

(2) 财务部门对每年形成的会计档案，按照归档的要求，负责整理立卷或装订成册。当年会计档案，在会计年度终了后，可暂由财务部门保管1年。期满后原则上编制清册移交公司档案部门。

(3) 档案部门接受保管的会计档案，原则应当保持原卷册的封装；个别需拆封重新整理的，会同项目以及企业财务部门和经办人共同拆封整理，以分清责任。

(4) 财务档案必须按期将应当归档的会计档案全部移交档案室，不得自行封包保存。档案室必须按期点收，不得推诿拒绝。

(5) 会计档案应科学管理妥善保管、存放有序、查找方便，严格执行安全和保密制度，不得随意堆放，严防毁损、散失和泄密。

(6) 档案室对于违反会计档案管理制度的，有权进行检查纠正，情节严重的，应当报告公司领导进行严肃处理。

3. 会计档案的借阅

(1) 会计档案查阅要按规定办理手续。上级机关或外单位需要查阅的，要经公司领导批准，且派专人陪同阅看；原件不得借出。

(2) 项目撤销，会计档案应随同转移到企业财务部门，并办理好交接手续。

(3) 调阅会计档案要填写借阅登记表，注明查阅会计档案名称、调阅时间、调阅人姓名和工作单位、调阅理由等。

(4) 会计档案原则上不得外借，特殊情况须征得项目经理同意。

(5) 调阅会计档案人员，不能私自对会计档案勾画，不准拆原卷册，不准更换张页。

(6) 所有查阅完毕的会计档案必须及时送还、放回原处。

4. 会计档案的保存期限

会计档案的保管期限分为永久、定期两类。各种会计档案的保管期限，从会计年度终了后的第一天算起。定期保管期限分为3年、10年、15年、20年、25年五种。其中：

(1) 纳税人的账簿、记账凭证等资料保存期限为10年。

(2) 原始凭证、记账凭证和汇总凭证保管期限为10年。

(3) 总账（包括日记总账）、明细账、日记账保管期限为15年，现金和银行存款日记账保管25年。

5. 会计档案的销毁

(1) 会计档案保管期满，需要销毁时，由主管档案部门提出销毁意见，会同财务财务部门共同鉴定，严格审查，编制会计档案销毁清册，报经主管批准后销毁。

(2) 由财务和档案部门共同派员监销。会计档案销毁前，监销人应认真清点核对：销毁后在销毁清册上签名，并将监销情况上报有关领导。公司对会计档案应当严格执行安全和保密制度，严防毁损、散失和泄密。

(3) 经公司领导审查，报经上级主管单位批准后销毁。

(4) 准备销毁的会计档案中尚未了结的债权债务的原始凭证，应单独抽出，另行立卷，由档案室保管到结清债权债务时为止。

(5) 销毁会计档案时应由档案室和财务资金部共同派人监销。

(6) 监销人在销毁会计档案以前，应当认真进行清点核对，销毁后，在销毁清册上签名盖章，并将监销情况报告本单位领导。

(7) 销毁清单应永久保存。

1.20.3.4 项目商务档案管理

项目商务档案主要包括合同文件、招标投标文件、预算与结算文件。商务档案同财务档案一样属于企业管理控制类档案，是项目各类经济活动的文字记录。应根据企业的有关规定，可参照财务档案的管理对项目商务档案进行归档、保存、保密、销毁等档案管理。

商务档案通常包括以下内容，见表1-142。

商务档案包括内容 **表1-142**

名称	所含内容
投标资料	招标文件及评审资料、答疑文件、投标书及评审资料、开标记录、投标资料交底记录、中标通知书、投标图纸
总包合同/项目策划	总包合同及评审资料、合同交底、合同变更资料、项目策划书及调整
分包合同	分包合同及选择过程资料（招标文件及评审资料、招标文件发放、答疑文件、分包投标资料、成本盈亏分析、分包合同评审、合同交底）
采购合同	采购合同及选择过程资料（招标文件及评审资料、招标文件发放、答疑文件、供应商投标资料、成本盈亏分析、合同评审、合同交底）
租赁合同	租赁合同及选择过程资料（招标文件及评审资料、招标文件发放、答疑文件、供应商投标资料、成本盈亏分析、合同评审、合同交底）
工程款支付	业主工程款支付、月资金支付计划、分包商工程款支付、供应商工程款计划
公司信函	与公司往来函件
工作计划	整体工作计划、月工作计划、周工作、月计划总结
业主、监理、设计院信函	与业主、监理、设计院往来信函（非经济洽商变更部分）

续表

名　　称	所含内容
分包信函	与分包商、供应商往来信函
监理月报	含监理（建设单位）批复等
分包商、供应商月报	分包商、供应商每月申报结算额、实际结算额
总包洽商变更	与总包的洽商变更往来资料
分包洽商变更	与分包的洽商变更往来资料
总包结算资料	总包结算及造价分析资料
分包结算资料	分包结算及造价分析资料
会议纪要	监理例会会议纪要、生产例会会议纪要

1.20.4　归档管理

1.20.4.1　归档要求

（1）归档的文件材料，要按照形成规律，保持其有机联系。文件材料应完整、准确、系统，反映公司各项活动的真实内容和过程。

（2）归档的文件材料应为原件或具有凭证作用的文件材料。

（3）非纸质文件材料应有文字说明一并归档；外文材料应与中文翻译件一同归档。

（4）具有长期保存价值的电子文件，必须制成纸质文件与原电子文件一同归档。

（5）归档的文件材料应符合档案保管要求。不符合保管要求的文件材料应经修复后归档。

（6）文件材料一般归档一份，重要的、利用频繁的和有专门需要的可适当增加份数。

（7）会计文件资料由财务部门负责立卷归档。

1.20.4.2　整理、组卷

（1）归档文件材料保管期限分为永久、长期、短期三种。归档立卷人员应按照国家和公司的有关规定，对归档文件材料确立保管期限。

（2）文件、材料管理部门要建立平时立卷制度。文件材料承办人员应随时或定期向本部门立卷人员移交已办理完毕的文件材料，由其分门别类妥善保存。

（3）综合管理类（文书类）文件材料的整理、组卷应规范、合理，符合国家标准规定的组卷原则和方法。要按照文件资料自然形成规律，保持文件资料之间的有机联系，区分不同保管期限进行系统整理，组成案卷，编定页号，填写“卷内目录”、“案卷目录”及“案卷备考表”和案卷封面，并装订整齐。

（4）项目工程资料的收集、整理、立卷、移交、审查工作按项目所在地地方标准和企业相关规定执行。向企业移交档案应有移交清单，并经项目经理审核签字。重要的项目文件材料归档时应编写归档说明。

（5）财务资料的分类、整理、保管等工作按照财政部、国家档案局财会字［1998］第32号文《会计档案管理办法》和企业相关规定执行。

（6）各类档案、文件归档时，必须办理交接手续。移交部门（项目）应以卷或件为单位填写“案卷目录”一式两份，并经主管领导签审。交接双方对照目录认真清点核对，核对无误后双方签字，各执一份长期保存。

参 考 文 献

1.《建设工程项目管理规范》编写委员会．建设工程项目管理规范实施手册(第二版)．北京：中国建筑工业出版社，2006.

2. 建筑施工手册(第四版)编写组．建筑施工手册(第四版)．北京：中国建筑工业出版社，2003.

3. 全国建筑业企业项目经理培训教材编写委员会．全国建筑业企业项目经理培训教材．北京：中国建筑工业出版社，2001.

4. 田金信．建设项目管理(第 2 版)．北京：高等教育出版社，2009.

5. 李晓东，张德群，孙立新．建设工程信息管理．北京：机械工业出版社，2008.

6. 成虎，陈群．工程项目管理(第 3 版)．北京：中国建筑工业出版社，2009.

7. 林知炎、曹吉鸣．工程施工组织与管理．上海：同济大学出版社，2002.

8. 建设部工程质量安全监督与行业发展司．建设工程安全管理(第二版)．北京：中国建筑工业出版社，2009.

9. 全国一级建造师执业资格考试用书编写委员会．建设工程项目管理．北京：中国建筑工业出版社，2004.

10. 雷胜强．国际工程风险管理与保险．北京：中国建筑工业出版社，2001.

11. 李世蓉，兰定筠，罗刚．建设工程施工安全控制．北京：中国建筑工业出版社，2004.

12. 彭圣浩．建筑工程施工组织设计实例应用手册(第三版)．北京：中国建筑工业出版社，2009.

13. 丁士昭．建设工程信息化导论．北京：中国建筑工业出版社，2004.

14. 国家标准．建筑工程施工质量验收统一标准(GB 50300－2001)，北京：中国建筑工业出版社，2002.

15. 建筑工程质量管理条例．北京：中国城市出版社，2000.

16. 国家标准．建设工程监理规范(GB 50319－2001)．北京：中国建筑工业出版社，2001.

2 施工项目技术管理

2.1 技术管理工作概述

项目的技术管理，就是对项目施工全过程运用计划、组织、指挥、协调和控制等管理职能，促进技术工作的开展，贯彻国家的技术政策、技术法规和上级有关技术工作的指示与决定，动态地组织各项技术工作，优化技术方案，推进技术进步，使施工生产始终在技术标准的控制下按设计文件和图纸规定的技术要求进行，使技术规范与施工进度、质量与成本达到统一，从而保证安全、优质、低耗、高效地按期完成项目施工任务。项目技术管理主要涵盖如下工作，见表2-1。

项目技术管理工作概述　　表2-1

序号	工作名称	工 作 概 述
1	图纸会审	图纸会审是指工程各参建单位（建设单位、监理单位、施工单位）在收到设计单位的施工图设计文件后，全面熟悉图纸，审查施工图中存在的问题及不合理情况并提交设计单位进行处理的一项重要活动。通过图纸会审可以使各参建单位特别是施工单位熟悉设计图纸、领会设计意图、掌握工程特点及难点，找出需要解决的技术难题并拟订解决方案，从而将因设计缺陷而导致的问题消灭在施工之前
2	施工组织设计和重大施工方案管理工作	施工组织设计（施工方案）是指导单位工程施工的纲领性文件，应该集中各种管理系统的意见，所以编制、审批、施工组织设计，必须组织有关部门参加，项目负责编制的施工组织设计，由项目经理组织进行，项目有关人员参与，由技术部负责汇总成册，严格执行编制及审批程序
3	技术交底	技术交底，是在某一单位工程开工前，或一个分项工程施工前，由主管技术人员向参与施工的人员进行的技术性交代，其目的是使施工人员对工程特点、技术质量要求、施工方法与措施、施工环保与安全等方面有一个较详细的了解，以便于科学地组织施工，避免技术质量等事故的发生。各项技术交底记录也是工程技术档案资料中不可缺少的部分。技术交底分为施工组织设计交底、施工方案交底、专项施工技术交底
4	试验管理	工程试验、检测是合理使用资源、保证工程质量的重要措施，是质量管理和质量保证体系的重要组成部分，试验、检测结果是重要的施工依据和基础资料
5	技术核定和技术复核	施工过程中，对重要的和影响全面的技术工作，必须在分部分项工程正式施工前进行复核，以免发生重大差错，影响工程质量和使用。当复核发现差错时应及时纠正，方可施工
6	设计变更洽商管理	设计变更、洽商是建设单位、设计单位、监理单位和施工单位协商解决施工过程中随时发生问题的文件记载，其目的是弥补设计的不足及解决现场实际情况。施工过程中遇到做法变动、材料代用、施工条件发生变动或为纠正施工图中的错误等情况，均应通过设计变更、洽商予以解决
7	安全技术措施管理	安全技术措施是指运用工程技术手段消除物的不安全因素，实现生产工艺和机械设备等生产条件本质安全的措施

续表

序号	工作名称	工 作 概 述
8	工程资料管理	工程资料是项目竣工交付使用的必备条件，是反映结构工程质量的重要文件，也是对工程进行检查、维修、管理、使用、改建和扩建的依据
9	监视与测量装置管理	对项目监视和测量装置进行有效的控制，保证其测试精度和准确性能满足施工过程中的使用要求
10	测量管理	项目施工阶段的测量工作主要为施工测量和设备安装测量，同时形成相应的测量记录
11	施工技术类标准规范管理	施工技术类标准规范是指国家、行业、地方、中国工程建设标准化协会、企业颁布的与施工技术相关的标准、规范、规程等。 施工技术类标准规范管理的主要任务就是保证施工技术类标准规范的及时性、有效性和可控性，确保施工时使用当前有效的规范版本
12	分包技术管理	主要包括劳务分包技术交底、专业分包施工方案审核及各项技术支持工作
13	隐检/预检等施工检查	隐蔽工程施工检查是在施工过程中对隐蔽工程的技术复核和质量控制检查工作，在隐检项目验收检查完毕后及时进行隐检记录。 预检施工检查是对施工重要工序在正式验收前由施工班组进行的质量控制检查工作，在预检项目检查完毕后作好预检记录
14	施工质量验收	施工质量验收包括施工过程中的检验批、分项工程、分部工程质量验收及竣工后的质量验收，严格按各项质量验收内容、质量验收条件和质量验收要求组织开展相应技术管理工作
15	技术总结管理	对于在工程施工过程中完成的有价值的技术成果要及时进行专题技术总结（如深大基坑施工技术、大体积混凝土施工技术、新型钢结构施工技术、超高层施工技术、新型幕墙体系施工技术以及其他新技术、新工艺、新材料、新设备等方面的专项技术），并形成书面文件
16	科技推广工作	一般由企业（公司）技术部门归口管理，协同项目经理部共同负责科技推广工作的立项申报、实施监督、验收评审等

2.2 技术管理基础工作

2.2.1 技术管理体系建设

2.2.1.1 技术管理体系综述

现场的技术管理组织体系是施工企业为实施承建工程项目管理的技术工作班子，包括项目总工程师（技术负责人）、技术工程师（各专业）、质量工程师、试验工程师、资料工程师、设计工程师等。其组织系统如图 2-1 所示。

2.2.1.2 技术管理机构及职责

根据工程特点、规模、专业内容、设计到位情况，项目技术管理机构的设置应实行动态调整，分阶段配置。特大型工程工程量很大，加剧了工程施工的复杂性，因此，人员的配置也应重点加强。此外，人员配置要与业主的管理模式相协调，避免发生甲、乙双方管理渠道的梗阻而影响工程进展。

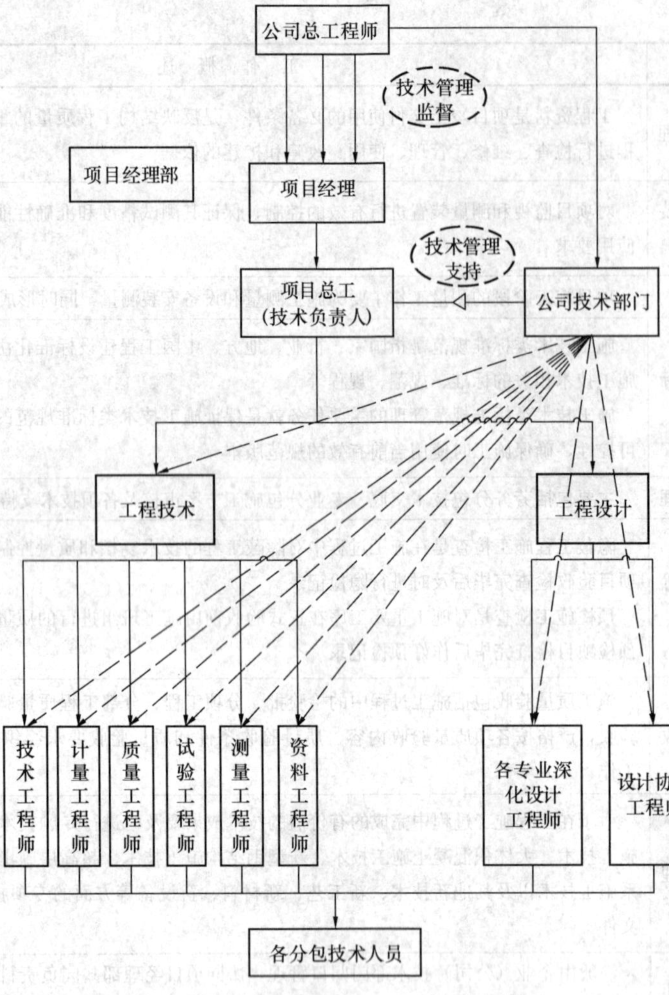

图 2-1　技术管理体系组织系统图

依据普通工程、大型或特大型工程技术管理的内容和根据工程性质发生的管理特点及其利弊关系，项目技术管理机构的设置基本如图 2-2、图 2-3 所示。

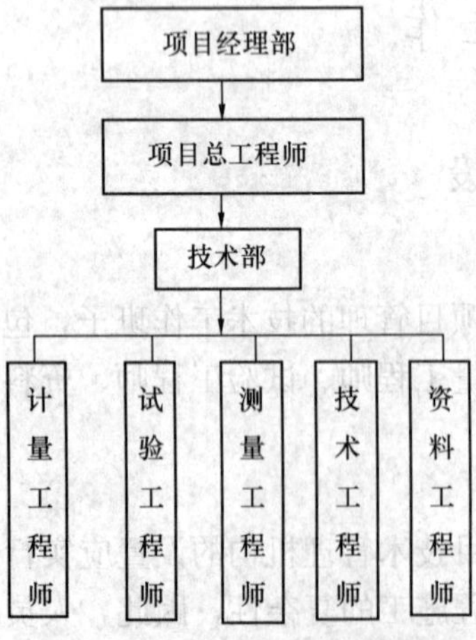

图 2-2　普通工程施工总承包项目技术管理机构设置

上述机构的设置随工程进展及到位情况逐步完善。如技术部人员设置，除测量、试验及资料管理设专人负责外，另设多名技术管理人员，在工程施工期间可根据现场工程任务的划分实行分区管理，将现场存在的问题统一由各分区技术人员协调管理，处理各种施工技术文件。

施工项目建立以项目总工程师（技术负责人）为首的技术管理体系，体系中的各级机构和人员必须严格履行各自的职责（表 2-2），接受项目总工程师（技术负责人）/副总工程师（技术部经理）、技术部、设计部的管理。

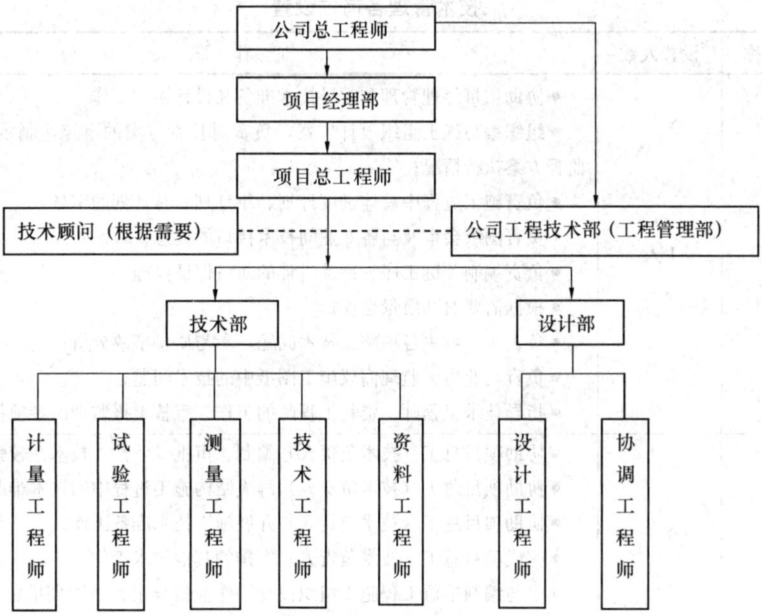

图 2-3 大型或特大型工程施工总承包总体技术管理机构设置

项目各部门技术工作职责表 **表 2-2**

序号	部门名称	工作职责
1	技术部	●负责项目施工技术管理、施工技术方案编制、图纸会审、设计变更洽商管理和技术核定、结构预控验算、结构变形监测、试验检测及施工测量管理工作； ●负责对分包商施工方案的审定，材料设备的选型和审核，统筹分包工程的设计变更和技术核定工作；参与相关分包商和供应商的选择； ●参与编制项目质量计划、项目职业健康安全管理计划、环境管理计划；负责技术资料及声像资料的收集整理工作；与质量管理部门紧密配合，参与项目阶段交验和竣工交验，共同负责工程创优活动； ●协助项目总工程师（技术负责人）进行新技术、新材料、新工艺、新设备在本项目的推广和科技成果的总结工作
2	设计部	●负责项目与设计方沟通与协调，以及总承包商内部的深化设计工作； ●负责各专业深化设计的总体协调，对指定分包商的深化设计图纸进行审核，确保各专业深化设计相互交圈，相互吻合，并呈报业主或设计审批； ●参与并审核各专业深化设计图，及时向业主报批后落实执行； ●绘制综合机电协调施工图及机电工程的土建配合图纸； ●向业主、监理和设计单位提出就设计方面的任何可能的合理化建议； ●负责项目内部设计交底工作； ●设计图纸复印、分发、保管及受控管理；组织相关部门进行竣工图编制工作

2.2.1.3 项目技术管理岗位及职责

根据施工合同形式及工程规模，技术管理各岗位设置如表 2-3 所示。

技术管理各岗位设置　　表 2-3

序号	岗位名称	设置人数	工作职责
1	项目总工（技术负责人）	1人	●协助项目经理管理和领导技术准备和设计协调工作； ●组织编写施工组织设计方案，负责对技术方案的审定，制定施工方案计划，监督方案执行情况； ●负责施工过程中总体进度计划、年计划、月计划的审核； ●负责图纸会审及与各专业间技术接口的处理； ●负责编制关键工序、特殊过程的质量保证措施； ●根据需要召开质量会议； ●负责组织解决各项施工技术问题，参与质量事故分析； ●负责与业主、监理商议施工图纸中的技术问题； ●指导技术工程师、资料工程师的工作，审核上报监理的各项技术资料
2	技术部经理	根据工程规模设置	●协助项目总工（技术负责人）编制、审批专业性、技术性较强的技术方案； ●协助项目总工（技术负责人）解决结构施工过程中的技术难题； ●协助项目总工（技术负责人）开展施工技术准备工作； ●完成项目总工（技术负责人）安排的其他技术工作； ●参与编制单位工程施工组织设计，作业指导书，冬雨期措施及施工方案，安全技术措施，脚手架搭设方案，施工用电组织设计，组织编制保证质量、安全、节约的技术措施计划，并贯彻实施； ●参加图纸会审，处理设计变更，负责向班组进行技术安全交底； ●贯彻执行施工验收规范、质量评定标准和操作规程，参与质量和安全检查，保证工程质量和安全生产； ●主持隐蔽工程验收和分部分项工程质量验收，参与单位工程交工验收； ●组织技术革新，推广先进经验
3	技术工程师	根据工程规模设置	●负责编制技术方案及技术措施； ●负责管理施工方案、施工图纸等受控文件； ●具体办理工程洽商、变更手续，参与解决各项施工技术问题； ●协助项目总工（技术负责人）、技术部经理进行施工技术准备工作； ●完成项目总工（技术负责人）、技术部经理安排的其他技术工作
4	测量工程师	1人（可根据工程规模增加）	●负责编制测量方案； ●负责设置现场永久性测量控制点； ●负责现场测量控制网的测放； ●负责对分包商进行测量放线的技术交底，对分包商测放的轴线、标高进行校核； ●负责总包的测量器具管理
5	资料工程师	1人（可根据工程规模增加）	●根据工程性质的要求，随着工程进度及时整理技术资料； ●负责工程分阶段验收及竣工资料的编制； ●定期检查资料的完整性、连续性、及时到位情况，并对有关人员进行工程技术资料交底； ●负责施工方案、图纸、变更等受控文件的登记发放工作； ●完成项目总工（技术负责人）交给的其他工作
6	试验工程师	1人（可根据工程规模增加）	●负责试件、试块的取样、送样； ●及时取回试验报告交资料工程师存档； ●负责作好有关的试验记录

续表

序号	岗位名称	设置人数	工作职责
7	计量工程师	1人	●收集并保管项目的计量器具（监视与测量装置），检定合格证书； ●建立项目的计量器具（监视与测量装置）台账及计量检定计划； ●建立项目小型计量器具（监视与测量装置）比对记录； ●标识已检定合格的计量器具及比对记录； ●定期维护保养计量器具（监视与测量装置），并建立维护保养记录； ●及时将台账、检定证书、检定计划、维护保养记录等上报企业（公司）工程技术部门
8	设计工程师	根据工程合同形式及规模设置	●深化设计工程的方案设计、设计管理、设计决策； ●参与项目深化设计工程的招（议）标以及合同谈判等工作； ●分析和设计具体项目深化设计工程，组织运作前期规划设计，监督与管理开发过程中的设计问题； ●设计指导、准备并绘制深化设计图和效果图；在项目施工期间现场指导，确保项目符合工程深化设计施工图
9	设计协调工程师	根据工程合同形式及规模设置	●负责项目设计方案深化、报审工作，参加扩大初步设计、施工图设计阶段的组织管理协调工作，配合施工图审查等工作； ●协调设计顾问、设计单位及承包商的工作，负责处理施工过程中发生的设计变更和其他技术问题； ●核对施工图，协调解决图纸的技术问题，参与设计审查、图纸会审、设计交底等

2.2.2 常用技术管理制度及内容

为保证工程中能充分发挥项目部的技术管理优势，采用科学的技术管理模式，做好施工前的技术准备工作，严格控制施工全过程，安全、优质、高效、低耗建成工程项目，确保质量目标的实现，项目经理部应该根据项目特点和组织结构制订符合项目情况的技术管理制度。

2.2.2.1 施工图纸会审制度

1. 图纸会审目的

图纸会审的目的是了解设计意图，将图纸上存在的问题和错误、专业之间的矛盾等，尽最大可能解决在工程开工之前。

2. 图纸自审

(1) 图纸自审由项目经理部总工程师（技术部经理）负责组织。

(2) 接到图纸后，项目经理部总工程师（技术部经理）应及时安排或组织技术部门有关人员及有经验的工程师进行自审，并提出各专业自审记录。

(3) 及时召集有关人员，组织内部会审，针对各专业自审发现的问题及建议进行讨论，弄清设计意图和工程的特点及要求。

(4) 图纸自审的主要内容：

1) 各专业施工图的张数、编号与图纸目录是否相符。

2) 施工图纸、施工图说明、设计总说明是否齐全，规定是否明确，三者有无矛盾。

3）平面图所标注坐标、绝对标高与总图是否相符。

4）图面上的尺寸、标高、预留孔及预埋件的位置，以及构件平、立面配筋与剖面有无错误。

5）建筑施工图与结构施工图，结构施工图与设备基础、水、电、暖、卫、通等专业施工图的轴线、位置（坐标）、标高及交叉点是否矛盾。平面图与大样图之间有无矛盾。

6）图纸上构配件的编号、规格型号及数量与构配件一览表是否相符。

（5）图纸经自审后，应将发现的问题以及有关建议，做好记录，待图纸会审时提交讨论解决。

3. 图纸会审制度

（1）会审参加人员

建设单位（业主）、设计单位、监理单位的有关人员和施工单位的项目经理、项目总工（技术负责人）、专业技术人员、内业技术人员、质量工程师及其他相关人员。

（2）会审时间

一般应在工程项目开工前进行，特殊情况也可边开工边组织会审（如图纸不能及时供应时）。

（3）会审组织

一般由建设单位组织，项目经理部应根据施工进度要求，督促业主尽快组织会审。

（4）会审内容

1）审查施工图设计是否符合国家有关技术、经济政策和有关规定。

2）审查施工图的基础工程设计与地基处理有无问题，是否符合现场实际地质情况。

3）审查建设项目坐标、标高与总平面图中标注是否一致，与相关建设项目之间的几何尺寸关系以及轴线关系和方向等有无矛盾和差错。

4）审查图纸及说明是否齐全和清楚明确，核对建筑、结构、上下水、暖卫、通风、电气、设备安装等图纸是否相符，相互间的关系尺寸、标高是否一致。

5）审查建筑平、立、剖面图之间关系是否矛盾或标注是否遗漏，建筑图本身平面尺寸是否有差错，各种标高是否符合要求，与结构图的平面尺寸及标高是否一致。

6）审查建设项目与地下构筑物、管线等之间有无矛盾。

7）审查结构图本身是否有差错及矛盾，结构图中是否有钢筋明细表，若无钢筋明细表，钢筋混凝土关于钢筋构造方面的要求在图中是否说明清楚，如钢筋锚固长度与抗震要求长度等。

8）审查施工图中有哪些施工特别困难的部位，采用哪些特殊材料、构件与配件，货源如何组织。

9）对设计采用的新技术、新结构、新材料、新工艺和新设备的可能性和应采用的必要措施进行商讨。

10）设计中的新技术、新结构限于施工条件和施工机械设备能力以及安全施工等因素，要求设计单位予以改变部分设计的，审查时必须提出，共同研讨，求得圆满的解决方案。

（5）会审记录内容

1）工程项目名称（分阶段会审时要标明分项工程阶段）。

2）参加会审的单位（要全称）及其人员名字（禁止用职称代替）。

3）会审地点（地点要具体），会审时间（年、月、日）。

4）会审记录内容：

① 建设单位和施工单位对设计图纸提出的问题并应由设计单位予以答复修改的内容（要注明图别、图号，必要时要附图说明）。

② 施工单位为便于施工或因施工安全、建筑材料等问题要求设计单位修改部分设计的会商结果与解决方法（要注明图别、图号，必要时附图说明）。

③ 会审中尚未得到解决或需要进一步商讨的问题。

④ 列出参加会审单位名称，并盖章后生效。

（6）会审记录的发送

1）盖章生效的图纸会审记录由内业技术人员移交给项目资料工程师，由资料工程师发送。

2）会审记录发送单位：

① 建设单位（业主）；

② 设计单位；

③ 监理单位；

④ 项目经理部：技术、工程、合约、质量、安全等部门。

2.2.2.2 施工组织设计管理制度

详见2.4节相关内容。

2.2.2.3 技术交底制度

详见2.6节相关内容。

2.2.2.4 技术核定和技术复核制度

（1）凡在图纸会审时遗留或遗漏的问题以及新出现的问题，属于设计单位原因产生的，由设计单位以变更设计通知单的形式通知有关单位，包括施工单位、建设单位（业主）、监理单位；属建设单位原因产生的，由建设单位通知设计单位出具工程变更通知单，并通知有关单位。

（2）在施工过程中，因施工条件、材料规格、品种和质量不能满足设计要求以及合理化建议等原因，需要进行施工图修改时，经技术核定后由施工单位以工程洽商的形式提出。

（3）工程洽商由项目技术人员负责填写，并经项目总工程师（技术负责人）审核，重大问题须报企业（公司）总工审核，核定单应正确、填写清楚、绘图清晰，变更内容要写明变更部位、图别、图号、轴线位置、原设计和变更后的内容和要求等。

（4）工程洽商由项目内业技术人员负责送设计单位、建设单位办理签证，经认可后方生效。

（5）经过签证认可后的工程洽商交项目资料工程师登记发放施工班组、预算工程师、质量工程师，技术、经营预算、质检等部门。

（6）在施工过程中，对重要的和影响全面的技术工作，必须在分部分项工程正式施工前进行复核，以免发生重大差错，影响工程质量和使用。当复核发现差错时应及时纠正，方可施工。

2.2.2.5　材料、构件检验制度

1. 材料检验证明

原材料、成品、半成品、建筑构配件、器具、设备等材料进场使用，应具备出厂合格证、取样检验证明等质量保证资料。

2. 材料的自检

参与材料检验的材料工程师、仓库主管、质量工程师应由专人担任，特别是质量检查人员，应指定专人参与检验，且专业对口。土建材料检验由土建质量工程师参加，装饰材料检验由装饰质量工程师参加，水电材料由水电质量工程师参加。材料自检时应按合同的相应条款及技术要求进行检查。

材料进场后，由材料主管组织质量工程师、仓库主管或其他专业人员参加验收，验收内容包括厂家的生产许可证、产品合格证、检验报告、实物质量，核对材料样板及送货单的单价、数量、规格型号。

验收合格后仓管人员开具收料（货）单，卸货进仓。

按样板采购的材料必须对照样板进行验收。

检验人员在验收材料时应严格把关，材料的主要质量保证资料不齐全或时效过期，材料检验不合格等，检验人员不得签认。

检验人员在检验材料时，应如实填写检验意见，不得弄虚作假。

3. 材料的报验

材料经自检合格后，主管现场工程师应及时填写工程材料报验单并附合格证，检验报告等质量保证资料，向建设（监理）单位报验，经验收合格后方允许进场使用。

对专业性机械设备、材料，应组织建设（监理）单位及供货单位的专业技术人员共同进行验收，验收合格后供货单位应向使用单位作详细的交底、说明。

未经报验的材料或经验收不合格的材料应限期退场，不得擅自使用。

材料经验收合格后，有关资料应及时送资料工程师分类存档。

2.2.2.6　工程质量检查和验收制度

1. 隐蔽工程验收制度

(1) 凡隐蔽工程都必须组织隐蔽验收。

分部（分项）隐蔽工程由现场工程师组织验收，项目部总工程师（技术负责人）和技术部、质量部参加，邀请建设单位、监理、设计单位代表参加。

(2) 隐蔽工程检查记录是工程档案的重要内容之一，隐蔽工程经三方共同验收后，应及时填写隐蔽工程检查记录。隐蔽工程检查记录由现场工程师或该项工程施工负责人填写，专业技术负责人签字后，报监理单位或建设单位代表回签。

(3) 不同项目的隐蔽工程，应分别填写检查记录表，一式四份，报监理单位一份，自存三份归档。

(4) 隐蔽工程项目及检查内容：

1) 地基与基础工程：地质、土质情况、标高尺寸、坟、井、坑、塘的处理，基础断面尺寸，桩的位置、数量、打桩记录、人工地基的试验记录、坐标记录。

2) 钢筋混凝土工程：钢筋的品种、规格、数量、位置、形状、焊接尺寸、接头位置、除锈情况，预埋件的数量及位置，预应力钢筋的对焊、冷拉、控制应力，混凝土、砂浆的

强度等级等要求，以及材料代用等情况。

3）砖砌体：抗震、拉结、砖过梁配筋部位品种、规格及数量。

4）木结构工程：屋架、檩条、墙体、顶棚、地下等隐蔽部位的防腐、防蛀、防菌等处理。

5）屏蔽工程：构造及做法。

6）防水工程：屋面、地下室、水下结构物的防水找平层的质量情况、干燥程度、防水层数、马𤇣脂的软化点、延伸度、使用温度，屋面保温层做法，防水处理措施的质量。

7）水暖卫暗管道工程：位置、标高、坡度、试压、通水试验、焊接、防锈、防腐、保温及预埋件等。

8）锅炉工程：保温前胀管情况，焊接、接口位置，螺栓固定及打泵试验等。

9）电气线路工程：导管、位置、规格、标高、弯度、防腐、接头等，电缆耐压绝缘试验、地线、地板、避雷针的接地电阻。

10）完工后无法进行检查、重要结构部位及有特殊要求的隐蔽工程。

（5）隐蔽工程检查记录表的填写内容

1）单位工程名称，隐蔽工程名称、部位，标高、尺寸和工程量。

2）材料产地、品种、规格、质量、含水率、容重、比重等。

3）合格证及试验报告编号。

4）地基土类别及鉴定结论。

5）混凝土、砂浆等试块（件）强度、报告单编号，外加剂的名称及掺量。

6）填写隐蔽工程检查记录，文字要简练、扼要，能说明问题，必要时应附三面图（平、立、剖面图）。

2. 分项、分部工程验收制度

分项、分部工程施工完毕，现场工程师、质量工程师应严格按《建筑工程施工质量验收统一标准》（GB 50300）、各专业施工质量验收规范（最新版）、施工图纸、修改通知等进行检查、验收。

对检查发现的问题，现场工程师、质量工程师应督促班组限期整改完毕，并复查整改结果。

整改完毕后应重新报验，必须经过验收合格并签认后方允许进行下一道工序的施工。

（1）分项工程的自检及报验

分项工程的三级检验分为班组自检，现场工程师、质量工程师自检，建设（监理）单位验收。

重要的分项和隐蔽工程验收前项目质量部应提前报企业（公司）质量管理部门，企业（公司）质量管理部门安排人员参加验收、签认。

（2）分部工程的自检及报验

分部工程施工完毕，现场工程师应及时督促资料工程师整理好验收资料，并进行审核、装订。

由项目经理部技术部向企业（公司）工程管理部门申请对技术资料的审核。

项目经理应组织工程部、质量部的管理人员对分部工程进行内部自检，合格后向企业（公司）质量管理部门报请验收。

企业（公司）质量管理部门组织进行分部工程内部验收，经验收合格后，由企业（公司）质量管理部门配合项目经理部向建设（监理）单位提出分部工程验收申请。

对涉及重要结构安全和使用功能的分部工程应邀请设计单位参与验收。

2.2.2.7　工程技术档案制度

详见 2.3 节相关内容。

2.2.2.8　单位工程施工记录制度

（1）单位工程施工记录是在建工程整个施工阶段，有关施工技术方面的记录；在工程竣工若干年后，其耐久性、可靠性、安全性发生问题而影响其功能时，是查找原因、制定维修、加固方案的依据之一。

（2）单位工程施工记录，由项目经理部各专业责任工程师负责逐日记载，直至工程竣工；人员调动时，应办理交接手续，以保证其完整性。

（3）单位工程施工记录的主要内容：

1）工程的开、竣工日期以及主要分部、分项工程的施工起止日期，技术资料供应情况。

2）因设计与实际情况不符，由设计（或建设）单位在现场解决的设计问题及施工图修改的记录。

3）重要工程的特殊质量要求和施工方法。

4）在紧急情况下采取的特殊措施的施工方法。

5）质量、安全、机械事故的情况，发生原因及处理方法的记录。

6）有关领导或部门对工程所作的生产、技术方面的决定或建议。

7）气候、气温、地质以及其他特殊情况（如停电、停水、停工待料）的记录等。

（4）施工记录的记载方法：

项目经理部技术工程师在各分部工程施工完成后，将逐日记录的施工、技术处理等情况加以整理，择其关键记述，填写在施工日志上，并经技术部经理或项目总工程师（技术负责人）审核是否确实并签名后，纳入施工技术资料存档。

2.2.3　技术管理流程和内容

2.2.3.1　总体管理流程

技术管理的总体流程见图 2-4。

2.2.3.2　技术管理主要工作内容

技术管理的主要工作内容见表 2-4。

技术管理主要工作内容　　**表 2-4**

序号	工作项目	工　作　内　容
1	原始资料调查分析	工程实施前，应对工程的原始资料进行调查和分析，此项工作应由项目经理部各部门配合进行，必要时企业参与，作为编制施工组织设计的重要参考资料
2	图纸会审	工程开工后，项目总工程师（技术负责人）组织项目各专业技术人员对设计图纸进行认真学习和内部审核，并做好图纸内部会审记录。项目总工程师（技术负责人）和各专业技术工程师参加由建设单位组织的设计、监理、施工单位参加的图纸会审，并作好图纸会审记录

续表

序号	工作项目	工 作 内 容
3	施工组织设计和重大施工方案管理工作	施工组织设计和重大施工方案由项目总工程师（技术负责人）组织项目相关人员根据工程特点进行详细编制，重大施工方案需组织专家进行论证，并经（上报）企业（公司）/监理审批后方可实施。实施前项目总工程师（技术负责人）须对项目全体管理人员和主要分包管理人员进行施工组织设计技术交底并作好记录
4	技术交底	●包括设计交底（审图记录）、施工组织设计交底、主要分部分项施工技术交底。 ●技术交底必须以书面形式进行，书面与口头相结合，并应填写交底记录，审核人、交底人及接受交底人应履行交接签字手续。书面交底力求简明扼要，重点交清设计意图（如结构工程应交清尺寸、标高、墙厚、分中、留洞、砂浆及混凝土强度等级、预埋件数量、位置等）施工技术措施和安全措施（如配合比、工序搭接、施工段落、施工洞、成品保护、塔式起重机利用、安全架设和防护等）和工程要求等，对工艺操作规程、工艺卡等应知应会内容可组织单独学习
5	安全技术措施管理	根据工程特点、规模、结构复杂程度、工期、施工现场环境、劳动组织、施工方法、施工机械设备、变配电设施、架设工具以及各项安全防护措施等，针对施工中存在的不安全因素进行预测和分析，找出危险点，从技术和管理上采取措施加以防范，消除不安全因素，防止事故发生，确保项目安全施工
6	施工技术类标准规范管理	施工技术类标准规范管理的主要任务是保证施工技术类标准规范的及时性、有效性和可控性，项目经理部设专人负责施工技术类标准、规范的管理工作，确保施工时使用当前有效的规范版本
7	工程资料管理	●工程资料主要包括工程管理与验收资料、施工管理资料、施工技术资料、施工测量资料、施工物资资料、施工记录、施工试验记录、施工质量验收记录八个方面。 ●项目经理部设置专职资料工程师，负责整个项目施工资料的管理工作，包括所有施工资料的收集、整理、归档工作；项目总工程师（技术负责人）负责对施工资料的审核、把关
8	设计变更洽商管理	设计变更洽商的部位、内容应明确具体，技术性洽商中的经济问题要明确经济负担责任和材料的平、议价问题，便于结算调整。设计变更洽商在业主、设计、监理和施工单位签字认可后由项目相关技术工程师指导资料工程师归档，按单位工程登记，按日期先后顺序编号，记入变更洽商台账，并且同时以复印件方式分发给项目的工程技术、合约、质检等相关部门，严格按变更洽商内容指导施工
9	测量管理	由项目测量工程师负责日常具体的测量工作管理，包括现场测量定位，测量报验、测量控制点的移交和接收等工作，同时及时填报相关测量资料及做好测量资料归档工作
10	隐检/预检等施工检查	●隐蔽工程施工检查是在施工过程中对隐蔽工程的技术复核和质量控制检查工作，在隐检项目验收检查完毕后作好隐检记录。例如，土方工程中的基底清理、基底标高等，结构工程中的钢筋品种、规格、数量等，钢结构工程中的地脚螺栓规格、位置、埋设方法等。 ●预检施工检查是对施工重要工序在正式验收前进行由施工班组进行的质量控制检查工作，在预检项目检查完毕后做好预检记录。例如，模板工程中的几何尺寸、轴线、标高、预埋件位置等，混凝土结构施工缝的留置方法、位置、接槎处理等。 ●在工程施工过程中，隐检或预检的检验批经分包单位自检合格后，报请总包单位质检人员组织检查验收，检查验收合格后，总包质量工程师报请监理单位进行检验批的隐检或预检工作
11	试验管理	项目试验管理由项目试验工程师组织实施，试验工程师负责编制试验计划，做好工程、材料试验的现场取样和送检工作，并作好试验台账记录

续表

序号	工作项目	工　作　内　容
12	监视与测量装置管理	项目经理部计量工程师（专职或兼职）负责项目监视和测量装置的具体管理工作，熟悉掌握项目在用监视和测量装置的使用情况，督促分包商及时将到期的监视和测量装置送检，建立相应的管理台账并报企业（公司）技术部门备案。项目计量工程师应确保项目所有计量档案资料的齐全、规范、整洁、安全，并对其准确性负责
13	技术核定和技术复核	施工过程中，根据工程性质和特点，规定技术核定和技术复核主要内容，对重要的和影响全面的技术工作，必须在分部分项工程正式施工前进行复核，以免发生重大差错，影响工程质量和使用。复核发现差错时，应及时纠正后方可施工
14	分包技术管理	• 对于由总包单位直接发包的劳务分包单位，项目总工程师（技术负责人）、责任工程师须对分包技术人员进行详细的施工组织设计、施工方案以及技术方面的交底，做好对分包的技术管理和指导工作。 • 对于专业分包和业主指定分包单位，项目总工程师（技术负责人）、责任工程师须对分包的施工组织设计、施工方案进行认真审核和把关，做好专业分包、指定分包的技术协调和沟通工作。 • 对分包还要从技术交底到工序控制、施工试验、材料试验、隐检预检，直到验收通过，进行系统的管理和控制
15	施工质量验收	• 工程施工质量验收的程序和组织应符合现行的相关工程施工质量验收标准的规定。 • 检验批经自检合格后，报送监理单位，由监理工程师（建设单位项目技术负责人）组织施工项目专业质量（技术）负责人等进行验收，并按规定填写验收记录。 • 基础、结构验收由项目总工程师（技术负责人）组织进行内部验收，预检合格后再由建设单位、设计单位、施工单位三方会验并办理签字后交质量监督部门核验，验收单由资料员归档，纳入竣工资料。 • 工程完工后，正式竣工验收之前项目总工程师（技术负责人）组织相关人员进行项目自检，依照设计文件、验收标准、施工规范、合同规定，对竣工项目的工程数量、质量、竣工资料进行全面检验。 • 工程项目经竣工自验、整改，达到验收条件后，由项目经理部向建设单位或接管单位报送竣工申请表，按照建设单位、接管单位设定的程序，参加工程项目竣工验收工作，并向接管单位提交达到档案验收标准的竣工文件（资料）
16	技术总结管理	对于在工程施工过程中完成的有价值的技术成果要及时进行专题技术总结（如深大基坑施工技术、大体积混凝土施工技术、新型钢结构施工技术、超高层施工技术、新型幕墙体系施工技术以及其他新技术、新工艺、新材料、新设备等方面的专项技术），并形成书面文件
17	科技推广工作	项目开工初期，项目部根据工程特点和具体情况编制本工程的“四新”技术应用策划，并按照该策划在项目施工过程中组织“四新”技术的推广应用

2.2.3.3　施工技术准备工作

1. 原始资料调查分析

原始资料调查分析主要包括自然条件、技术经济条件以及其他条件等几个方面。

(1) 自然条件调查分析

搜集工程所在地块的气象、建设场地的地形、工程地质和水文地质、施工现场地上和地下障碍物状况、周围民宅的坚固程度及其居民的健康状况等项资料为施工提供依据以便做好各项准备，主要调查内容见表 2-5。

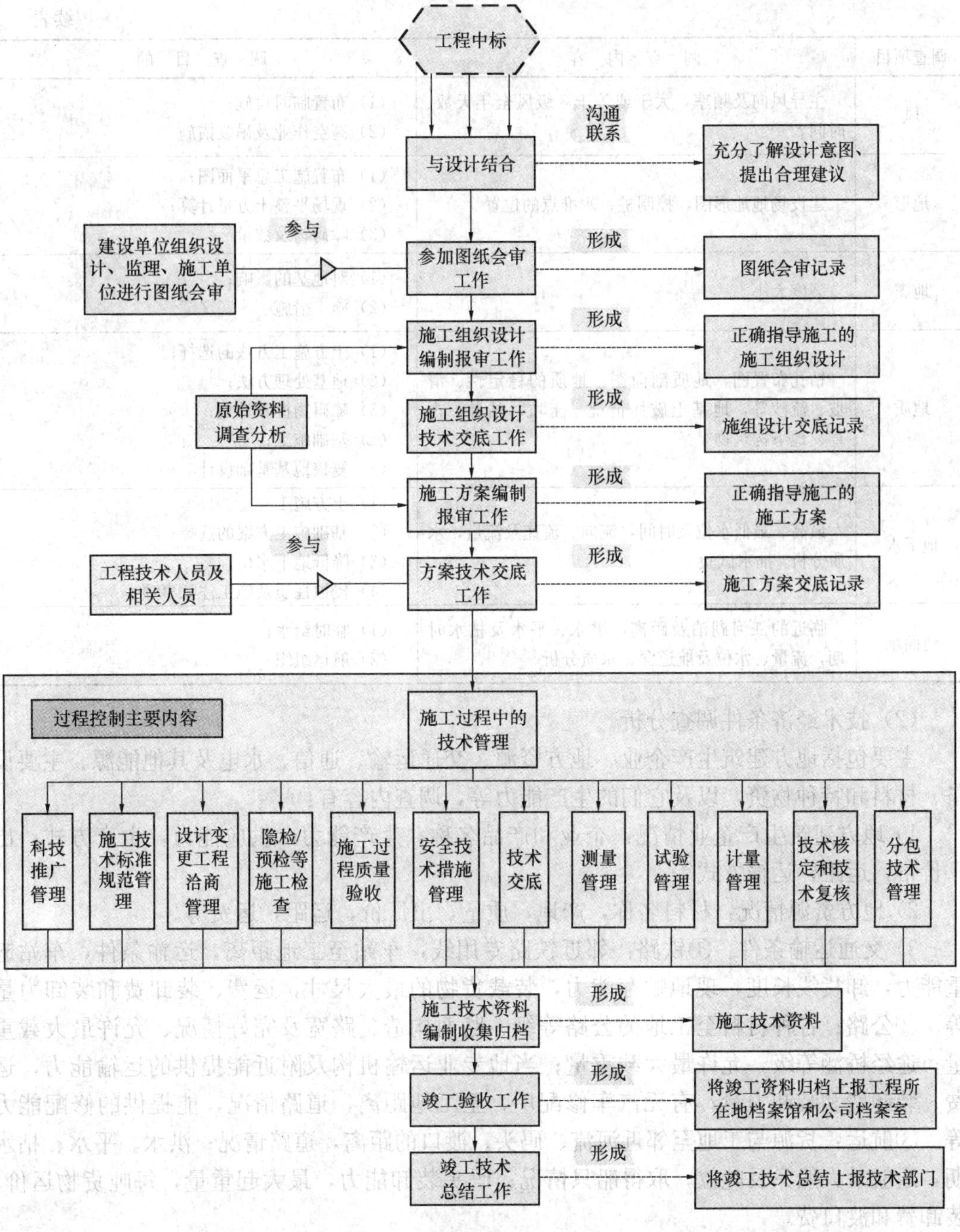

图 2-4 技术管理的总体流程图

自然条件调查表 **表 2-5**

调查项目	调 查 内 容	调 查 目 的
气温	年平均温度，最高、最低、最冷、最热月的逐月平均温度	(1) 防暑降温； (2) 混凝土、灰浆强度增长
降雨	雨季起止时间，全年降水量，昼夜最大降水量，年雷暴日数	(1) 雨期施工； (2) 工地排水、防洪、防雷电

续表

调查项目	调　查　内　容	调　查　目　的
风	主导风向及频率，大于或等于 8 级风全年天数、时间	(1) 布置临时设施； (2) 高空作业及吊装措施
地形	建设场地地形图，控制桩、水准点的位置	(1) 布置施工总平面图； (2) 现场平整土方量计算； (3) 障碍物及数量
地震	裂度大小	(1) 对地基的影响； (2) 施工措施
地质	钻孔布置图，地质剖面图，地质的稳定性、滑坡、流沙等，地基土破坏情况，土坑、枯井、古墓、地下构筑物	(1) 土方施工方法的选择； (2) 地基处理方法； (3) 障碍物拆除计划； (4) 基础施工； (5) 复核地基基础设计
地下水	最高、最低水位及时间，流向、流速及流量，水质分析，抽水试验	(1) 土方施工； (2) 基础施工方案的选择； (3) 降低地下水位； (4) 侵蚀性质及施工注意事项
地面水	临近的江河湖泊及距离，洪水、平水及枯水时期，流量、水位及航道深、水质分析	(1) 临时给水； (2) 航运组织

(2) 技术经济条件调查分析

主要包括地方建筑生产企业、地方资源、交通运输、通信、水电及其他能源、主要设备、材料和特种物资，以及它们的生产能力等，调查内容有：

1) 地方建筑生产企业情况：企业和产品名称，生产能力，供应能力，生产方式，出厂价格，运距，运输方式等。

2) 地方资源情况：材料名称，产地，质量，出厂价，运距，运费等。

3) 交通运输条件：①铁路：邻近铁路专用线，车站至工地距离，运输条件，车站起重能力，卸货线长度，现地贮存能力，装载货物的最大尺寸，运费、装卸费和装卸力量等。②公路：各种材料至工地的公路等级、路面构造、路宽及完好情况、允许最大载重量；途经桥涵等级，允许最大载重量；当地专业运输机构及附近能提供的运输能力，运费、装卸费和装卸力量；有无汽车修配厂，至工地距离，道路情况，能提供的修配能力等。③航运：货源与工地至邻近河流、码头、渡口的距离，道路情况；洪水、平水、枯水期，通航最大船只及吨位，取得船只情况；码头装卸能力，最大起重量，每吨货物运价，装卸费和渡口费。

(3) 其他条件调查分析

当地的风俗习惯、社会治安、医疗卫生；可利用的民房、劳动力和附属设施情况等；当地水源和生活供应情况。

2. 图纸会审

图纸会审程序见图 2-5。

3. 技术交底

技术交底的目的是使全体施工人员了解设计意图，熟悉工程内容、特点、技术标准、施工方案、施工程序、工艺要求、质量标准、安全措施和工期要求。技术交底管理程序见图 2-6。

工作过程	工作内容	工作输入	相关责任人	工作输出
图纸文件签收	图纸文件签收	图纸、投标答疑文件、现场勘察报告、设计补充等文件	负责:项目资料工程师	收文记录
会审文件下发	会审文件下发	图纸、投标答疑文件、现场勘察报告、设计补充等文件	负责:项目总工程师(技术负责人)	图纸会审文件目录
合格				
分专业预审	项目内部分专业对图纸进行预审	各专业图纸会审文件	负责:项目相关技术人员	各专业图纸预审记录
项目内部集体审查图纸	项目内部集体审查图纸	各专业图纸预审记录单	负责:项目总工程师(技术负责人)/相关专业技术人员	内部图纸审核记录
图纸会审	业主/设计/监理/施工等各方共同进行图纸会审	图纸、技术说明、内部审核记录	负责:项目技术负责人/相关专业技术人员/业主/监理/设计	正式的图纸会审记录
归档	将图纸会审记录归档	图纸会审记录	负责:项目资料工程师	收文记录

图 2-5 图纸会审程序

工作过程	工作内容	工作输入	相关责任人	工作输出
施工组织设计/“四新”技术交底	进行总体施工部署、主要技术方案及新技术新工艺等内容交底	工程特点,合同条件、批准生效的施工组织设计等	交底:项目总工程师(技术负责人); 接受交底:项目主要管理人员、分包商及材料供应商; 审核:项目经理	技术交底记录
专项施工方案/设计变更交底	就分部分项工程施工安排、质量安全环保等内容进行交底	批准生效的施工方案;施工组织设计/“四新”技术交底记录	交底:项目技术工程师; 接受交底:项目责任工程师、分包商及材料供应商; 审核:项目总工程师(技术负责人)	技术交底记录
分部分项工程施工技术交底	就分部分项工程施工细部做法,操作工艺以及具体质量安全环保等内容进行交底	批准生效的施工方案/设计变更交底记录;施工组织设计/“四新”技术交底记录	交底项目责任工程师; 接受交底施工班组长; 审核:项目总工程师(技术负责人)	技术交底记录

图 2-6 技术交底管理程序

4. 技术培训

随着科学技术不断发展,建筑工程的施工技术也在不断创新、发展、提高,作为施工企业,除了正常的管理和使用外,还应注意对科技人员的培训工作,鼓励他们多学习,使用新技术、新工艺、新材料、新设备,提高他们自身的素质。

根据工程规模和性质制订各项培训计划,包括年度技术培训计划、工程施工阶段技术培训计划，培训完成时作好技术培训记录和培训总结。

单位工程每一分项工程开工前，均应对新进场的施工班组进行技术交底、培训。

当检查发现工地的工程质量存在较多的问题时，应对施工管理人员、工班组长进行针对性的培训。

对使用新工艺或新技术的工程以及重点工程，由企业（公司）质量管理部门制订培训计划，对施工管理人员、工班组长进行培训。

5. 规范、标准的准备

(1) 施工现场所使用的各种工程建设标准规范由项目经理部技术部门组织购买、负责管理。

(2) 企业（公司）工程（技术）管理部门应及时掌握与工程建设有关的国家、行业的标准、规范的动态，及时以文件、传真或网络等形式向企业（公司）所属各单位和工程项目通报标准、规范的颁发、修改和作废情况。

(3) 项目技术部接到工程（技术）管理部门的通报后，应及时清理本项目管理、使用的相关标准、规范。

(4) 企业（公司）工程（技术）管理部门应定期检查所属各项目建设标准、规范的使用情况，并定期将本项目使用的工程建设标准、规范目录上报企业（公司）工程（技术）管理部门核查。

(5) 标准设计图应分类存放，定期清理，及时补充新图，更换修改图纸和剔除旧图，需保存作为参考的旧图应有作废标识，并注明修改、作废的日期和依据。

6. 施工组织设计和重大施工方案的编制

工程中标后，项目技术管理人员要在投标阶段施工组织设计的基础上，根据工程实际充分掌握的现场条件和资料，进一步完善施工组织设计，重点利用当地气候条件、地质条件，当地施工常规使用的模板、脚手架、垂直运输设备、施工机械等信息，做好当地物资供应、物资租赁的调查和询价工作。条件许可时积极联络当地的施工单位了解当地施工经验和施工方法（施工组织设计及技术方案具体编制流程及方法详见2.4～2.5相关内容）。

2.2.3.4　施工过程中的技术管理

1. 试验管理

工程试验是利用计量、检测手段，通过科学试验方法，鉴定原材料、半成品、成品和结构物的质量标准，选择经济可靠的成分配合比，保证工程质量，经济合理、有效地使用工程材料，降低工程造价，是工程项目技术管理工作的一项重要内容。

试验工作的程序及内容见图2-7。

2. 技术复核

(1) 技术复核的主要内容

1) 建筑物的位置和高程：四角定位轴线（网）桩的坐标位置，测量定位的标准轴线（网）桩位置及其间距，水准点、轴线、标高等。

2) 地基与基础工程设备基础：基坑（槽）底的土质；基础中心线的位置；基础底标高、基础各部尺寸。

3) 混凝土及钢筋混凝土工程：模板的位置、标高及各部尺寸、预埋件、预留孔的位置、标高、型号和牢固程度；现浇混凝土的配合比、组成材料的质量状况、钢筋搭接长

工作过程	工作内容	工作输入	相关责任人	工作输出
试验准备工作	选择本项目的送检试验室，建立本项目现场试验室	合格送检试验室及工程特点	组织：项目经理部；协助：企业（公司）技术部门	选定合格的送检试验室
制定试验及取样计划	编制本工程施工试验计划和施工见证取样计划，报送监理单位审批	工程特点、施工部署等	组织：项目总工（技术负责人）；负责：项目技术工程师	施工试验计划；施工见证取样计划
填写试验委托单	根据工程进展及需要填报施工/试验委托单	工程进展、工程特点等	负责：项目责任工程师、项目物资工程师	试验委托单、试验样品等
具体试验工作及试验资料整理收集	按合同规定及相关规范及时提供合格的试验资料并进行试验具体工作	试验分包合同等	负责：项目试验分包商	各种合格的试验资料，试验台账等
试验资料归档	根据国家及地方有关资料管理要求归档试验资料	各种合格的试验资料，试验台账等	负责：项目资料工程师（资料员）	合格的归档试验资料

图 2-7 试验工作的程序和内容

度；预埋构件安装位置及标高、接头情况、构件强度等。

4）砖石工程：墙身中心线、皮数杆、砂浆配合比等。

5）屋面工程：防水材料的配合比，材料的质量等。

6）钢筋混凝土柱、屋架、吊车梁以及特殊屋面的形状、尺寸等。

7）管道工程：各种管道的标高及其坡度；化粪池、检查井底标高及各部位尺寸。

8）电气工程：变、配电位置；高低压进出口方向；电缆沟的位置和方向；送电方向。

9）工业设备、仪器仪表的完好程度、数量及规格，以及根据工程需要指定的复核项目。

(2) 技术复核记录由所办复核工程内容的技术工程师负责填写，技术复核记录应有所办技术工程师的自查复核记录，并经质检人员和项目总工（技术负责人）签署复查意见和签字。

(3) 技术复核记录必须在下一道工序施工前办理。

(4) 技术复核记录由所办技术工程师负责交与项目资料工程师，资料工程师收到后应进行造册登记后归档。

3. 设计变更/工程洽商管理

(1) 设计变更程序见图 2-8。

(2) 工程洽商程序见图 2-9。

4. 安全技术措施（方案）管理

工作过程	工作内容	工作输入	相关责任人	工作输出
设计变更提出	业主/设计方提出设计变更	设计修改说明	负责：设计单位专业负责人	设计变更记录
计量与计价	设计变更的计量与计价	设计变更记录	负责：项目合约估算	变更工程计价单
计价的批复	设计变更计价的批复	变更工程计价单	负责：项目合约估算 相关人：业主/监理	批复的变更计价单
设计变更实施	项目现场组织设计变更的实施	设计变更记录	负责：项目技术工程师、现场工程师	现场实施

图 2-8　设计变更程序

工作过程	工作内容	工作输入	相关责任人	工作输出
工程洽商提出	项目根据现场情况提出工程洽商	施工的实际情况	负责：总工（技术负责人）/技术工程师/现场工程师	工程洽商记录
工程洽商的计量与计价	工程洽商的计量与计价	工程洽商记录	负责：项目合约估算工程师	洽商/工程计价单
工程洽商的申请与批复	工程洽商的申请与批复	工程洽商记录	负责：项目总工（技术负责人） 相关人：合约/业主/监理	工程洽商记录批复
工程变更实施	工程变更实施	经批复的工程洽商记录	负责：项目总工（技术负责人）/技术工程师/现场工程师	现场实施

图 2-9　工程洽商程序

为确保工程项目安全目标实现，坚持“安全第一、预防为主”的方针，在编制施工组织设计时，应根据工程的特点制定相应的安全技术措施，对危险性大的施工项目，应编制专项安全技术措施和方案，重点是防范施工中人的不安全行为，物的不安全状态，作业环境的不安全因素和管理缺陷，采取安全技术措施进行有针对性的控制。具体编制内容内容详见 2.4、2.5 节相关内容。

5. 技术资料管理

详见 2.3 节相关内容。

6. 监视与测量装置管理

监视与测量装置管理程序见图 2-10。

现场监视与测量装置要定人保管，建立账卡，保持账、卡、物、号相符。

项目计量工程师（专职或兼职）负责本项目监视与测量装置的具体管理工作，应熟悉掌握本项目在用的监视与测量装置的使用情况，督促分包商及时将到期的监视与测量装置送检，在工程开工两个月内及时将建立的监视与测量装置管理台账报送企业（公司）工程技术

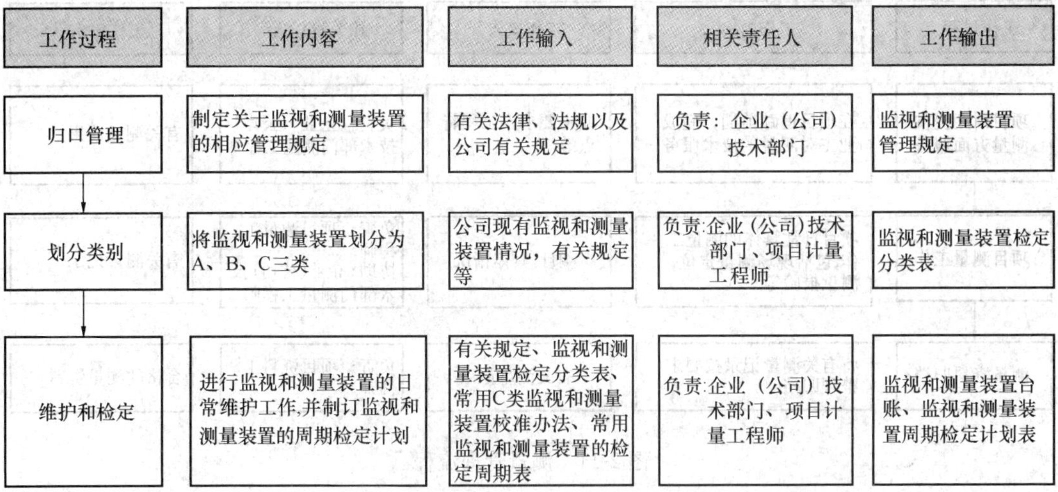
工作过程
工作内容
工作输入
相关责任人
工作输出
归口管理
制定关于监视和测量装置的相应管理规定
有关法律、法规以及公司有关规定
负责：企业（公司）技术部门
监视和测量装置管理规定
划分类别
将监视和测量装置划分为A、B、C三类
公司现有监视和测量装置情况，有关规定等
负责:企业（公司)技术部门、项目计量工程师
监视和测量装置检定分类表
维护和检定
进行监视和测量装置的日常维护工作,并制订监视和测量装置的周期检定计划
有关规定、监视和测量装置检定分类表、常用C类监视和测量装置校准办法、常用监视和测量装置的检定周期表
负责:企业（公司）技术部门、项目计量工程师
监视和测量装置台账、监视和测量装置周期检定计划表

图 2-10 监视与测量装置管理程序

部门备案，应确保项目所有计量档案资料的齐全、规范、整洁、安全，并对其准确性负责。

凡投入使用的监视与测量装置必须保证在检定有效期内，而且可以正常使用。

项目计量工程师（专职或兼职）应在项目分包商进场初期及施工期间，对分包商准备投入的监视与测量装置进行检查，检查内容为监视与测量装置的精度及检定有效期。发现或疑似有问题的监视与测量装置，严禁投入使用，要求分包商对此澄清直至得到证实后方可投入使用。

监视与测量装置的操作者应掌握所使用监视与测量装置的性能及使用维护要求。当发现监视与测量装置有异常时，应及时处理，严禁继续使用，否则追究操作者的责任。操作者应作好监视与测量装置仪器维护保养记录。

监视与测量装置经长途运输或长时间停用后，重新使用前无论其是否在检定有效期内，都必须对其进行精度校准，发现问题及时送检定部门检定。

对分包商的 A、B 类监视与测量装置由分包所在项目制订监视与测量装置周期检定计划并报至企业（公司）工程技术部门备案，项目应按照制订的检定计划督促分包商及时对监视与测量装置进行检定。

7. 测量管理

测量管理程序见图 2-11。

项目测量工程师负责接收、保管与项目有关的建筑红线点、高程点及相关测量记录；负责现场轴线控制网和高程控制网的建立；对现场施工测量记录等测量数据进行计算与校核等；负责编制施工测量方案，对批准的测量方案，指导分包单位具体实施；按照国家有关法律法规、工程规范及标准的要求，负责施工测量记录表格的填报工作；沟通、协调施工过程中分包、总包、咨询工程师以及有关建设管理部门在测量方面的工作关系。

8. 施工技术标准规范管理

(1) 技术标准规范管理程序见图 2-12。

(2) 管理内容。

1) 施工过程中，要配备齐全工程施工所需的各种规范、标准、规程、规定，以供施

工作过程	工作内容	工作输入	相关责任人	工作输出
项目前期提供测量方面服务	在项目追踪前期，完成业主对测量的技术服务	业主要求，工程特点等	负责：企业（公司）技术部门测量工程师	有关测量成果
项目测量工作	项目日常具体的测量工作,包括现场测量定位,测量报验等	项目具体情况	负责：项目测量工程师； 协助：企业(公司)技术部门测量工程师	有关测量记录
测量资料归档	将有关测量记录按要求整理归档	有关测量记录	负责：项目资料工程师	合格的测量资料

图 2-11　测量管理流程

工作过程	工作内容	工作输入	相关负责人	工作输出
收集有关标准规范有效版本并列出清单	收集有关国家、行业、地方等颁布的施工技术类标准规范并列出清单	各种有关最新标准规范的信息	主管部门：企业(公司)技术部门/项目经理部	施工技术类标准规范有效版本清单及工程所在地的标准规范清单
提出需求	根据项目的特点、所涉及的主要施工工艺,提交标准规范的需求清单	施工技术类标准规范有效版本清单及工程所在地的标准规范清单	负责:项目经理部（项目经理部各部门提出需求）	标准规范需求清单
购置	询价后，购置各个项目所需的施工技术类标准规范	标准规范需求清单	购置部门：企业（公司）技术部门/项目经理部	各种最新的施工技术类标准规范
受控发放	根据各项目提出的需求清单，主管部门登记下发	标准规范需求清单	下发部门：企业（公司）技术部门/项目经理部	各项目/部门收发文台账
过程控制	各相关单位应建立施工技术类标准规范台账，作好收发记录	各项目/部门收发文台账	管理部门：企业(公司）技术部门/项目经理部	施工技术类标准规范台账
竣工移交	各项目竣工后应将所接收的标准规范移交回主管部门	各项目／部门收发文台账	负责部门：项目经理部、项目经理部各部门	各项目/部门收发文台账

图 2-12　技术标准规范管理程序

工中严格执行。

2）施工过程中，要建立项目的技术标准体系，编制技术标准目录，本项工作由项目资料工程师在项目总工（技术负责人）指导下完成。

3）标准管理工作由项目总工（技术负责人）主持，项目资料工程师具体负责。

4）配给专业队、质量检查、钢筋翻样、安全等有关技术人员使用的技术标准、规范、规定、规程，须按登记发放。当有关人员调离项目部时，应上交资料工程师。

5）当某标准作废时，标准化管理人员应及时通知有关人员，交旧发新防止作废标准继续使用。

9. 科技推广工作

详见2.7节相关内容。

10. 分包技术管理

对于由总包单位直接发包的劳务分包单位，项目总工程师（技术负责人）、责任工程师需对分包技术人员进行详细的施工组织设计、施工方案以及技术方面的交底，做好对分包的技术管理和指导工作。

对于专业分包和业主指定分包单位，项目总工程师（技术负责人）、责任工程师需对分包单位编制的施工组织设计、施工方案进行认真审核和把关，做好专业分包、指定分包的技术协调和沟通工作。

同时，还要从技术交底到工序控制、施工试验、材料试验、隐检预检，直到验收通过，对分包进行系统的管理和控制。

11. 施工质量验收、隐检/预检等施工检查

详见本书第2.2.2.6节。

2.2.3.5 项目竣工和完工后的技术管理

1. 技术总结与集成

施工技术总结，是工程项目施工组织管理和施工技术应用的实践记录。编写工程项目施工技术总结，是为了总结施工中的经验教训，提高施工技术管理水平，形成企业的技术资产，为后续工程的承揽和施工提供依据和借鉴。

对于采用新技术、新工艺、新材料、新设备以及特殊施工方法的工程，应编写专题施工技术总结；本企业首次施工的特殊结构工程，新颖的高级装饰工程，引进新施工技术的工程应进行技术总结。

施工技术总结应在施工过程中随时积累资料，由总工程师（技术负责人）组织有关人员及时进行编写，主管编写施工技术总结的技术人员必须在编写任务完成后方可离任，企业工程技术（管理）部门履行督促、指导职能。

建设单位对施工技术总结编写内容及分工有明确规定或合同条款有明确规定的，应按建设单位提出的要求或合同规定编写并报送。

(1) 管理流程：

项目总工（技术负责人）组织编制→项目经理审核→工程技术（管理）部门复核→档案室归档。

(2) 编写内容和要求：

1）总结要简明扼要地介绍工程概况，以图、表形式为主，文字叙述为辅。

2）涉及采用的施工方法，包括方案的优化选择、主要的技术措施和实施效果；采用的先进技术、工艺的经济比较结果，技术性能、关键技术与国内外先进技术相比达到的先进程度；质量要求和实际达到的情况，劳动力组织、施工准备、操作要点和注意事项，经验教训和体会，易出现的质量问题和防治对策，需要有待进一步解决的技术问题，技术经

济效益对比等，要详细叙述。

3）施工中采用的标准、规范、规程、规定。

4）施工中采用的质量和安全保证体系和实施措施，文明施工和成品保护措施。

5）提供必要的插图、照片，条件许可时应提供施工录像带。

（3）项目各类技术人员的职责：

1）施工技术总结由项目总工（技术负责人）组织编写，从工程开工之日起，项目总工（技术负责人）应组织人员分工负责搜集工程项目及“四新”项目的有关技术资料、数据。

2）技术工程师编制施工技术总结计划，并与科技开发和推广计划一并下达。

3）项目及“四新”项目完成后，应立即编写技术总结，并上报技术管理部门。

4）项目总工（技术负责人）在组织编写施工技术总结的过程中，项目部的有关部门和人员应提供下述资料和其他必要的资料：

① 内业部门提供计划工期与实际工期的对比状况；

② 材料部门提供三材节约情况，核实材料节约率；

③ 机械部门提供机械设备性能、配备情况及使用率对比情况；

④ 质检部门提供达到质量标准的实际水平；

⑤ 试验室提供试验、检测资料；

⑥ 经营部门负责经济效益的分析对比工作；

⑦ 财务部门负责经济效益的成本核算工作；

⑧ 安全部门提供安全防护技术措施资料。

（4）施工技术总结编写完成经审批后，由项目内业技术人员负责向企业（公司）技术部门上报。

（5）施工技术总结内容：

1）工程概况：工程范围及主要工程数量、主要技术条件及标准、自然条件、施工特点、工程造价、工程开竣工日期等。

2）施工准备：征地拆迁、大小临建工程设计施工情况、材料、设备、人员的配备进场及其他有关问题的处理情况等。

3）施工组织：组织机构、施工队伍布置、工期安排、工程任务划分等。

4）施工过程：

① 主要工程进度及逐年完成任务情况。

② 物资供应及消耗情况。

③ 机械配备及使用情况。

④ 主要施工方法、施工方案和采用的新技术、新工艺、新材料、新设备等情况。

⑤ 重大施工技术关键问题及采取的措施，重大变更设计和工程索赔等情况。

5）工程质量、环保、安全管理情况：

① 质量、环境保护、职业健康安全管理体系的建立和运行情况。

② 施工过程中工程质量、环境保护、职业健康安全方面采取的主要措施与成效。

③ 项目创优质工程情况。

④ 工程自验和验收交接情况、对工程存在问题的处理意见、工程质量评价。

6）工程施工和管理的主要经验、教训和体会。

7）附表（图）：

① 主要工程数量汇总表。

② 主要工程机械使用统计表。

③ 主要材料使用数量统计表。

④ 工程平面、横纵断面示意图。

8）工程照片及音像资料：工程开工、竣工、重点工程、采用“四新”技术等工程照片及音像资料。

（6）施工技术总结应在竣工验收后2个月内编制完成，并将装订成册的文字资料及电子文档报送企业（公司）工程管理部门和档案室各一份。

2. 成果鉴定与报奖

详见2.7节相关内容。

2.3 工程资料管理

2.3.1 各单位资料管理职责

建设、勘察、设计、施工、监理等单位应将工程文件的形成和积累纳入工程建设管理的各个环节和有关人员的职责范围。

2.3.1.1 建设单位的资料管理职责

（1）在工程招标及与勘察、设计、施工、监理等单位签订协议、合同时，应对工程文件的编制、套数、费用、移交期限等提出明确的要求。

（2）收集、整理、组卷工程准备阶段文件及工程竣工文件。

（3）负责组织、监督和检查勘察、设计、施工、监理等单位的工程文件的形成、积累和立卷归档工作；也可委托监理单位监督、检查工程文件的形成、积累和立卷归档工作。

（4）收集和汇总勘察、设计、施工、监理等单位立卷归档的工程档案。

（5）应负责组织竣工图的绘制工作，也可委托施工单位、监理单位或设计单位进行，并按相关文件规定承担费用。

（6）在组织工程竣工验收前，应提请当地的城建档案管理机构对工程档案进行预验收；未取得工程档案预验收认可文件，不得组织工程竣工验收。

（7）对列入城建档案馆接收范围的工程，工程竣工验收后在规定的时间内向当地城建档案馆移交一套符合规定的工程档案。

2.3.1.2 施工单位的资料管理职责

（1）施工资料应由施工单位负责收集、整理与组卷，并保证工程资料的真实有效、完整齐全及可追溯性。

（2）建立健全施工资料管理岗位责任制，工程资料的收集、整理应由专人负责。

（3）由建设单位发包的专业承包施工工程，分包单位应将形成的施工资料直接交建设单位；由总包单位发包的专业承包施工工程，分包单位应将形成的施工资料交总包单位，总包单位汇总后交建设单位。

（4）施工总承包单位应向建设单位移交不少于一套的完整的工程档案。

(5) 施工单位应按国家或地方资料管理规程的要求将需要归档保存的工程档案归档保存，并合理确定工程档案的保存期限。

2.3.1.3　勘察、设计、监理单位的资料管理职责

(1) 各单位应对本单位形成的工程文件负责管理，确保各自文件的真实有效、完整齐全及可追溯性。

(2) 各单位应将本单位形成的工程文件组卷后在规定的时间内及时向建设单位移交。

(3) 各单位应将各自需要归档保存的工程档案归档保存，并合理确定工程档案的保存期限。

2.3.1.4　城建档案馆的资料管理职责

城建档案管理机构应对工程资料的组卷归档工作进行监督、检查、指导。在工程竣工验收前，应对工程档案进行预验收，验收合格后，出具工程档案认可文件。

2.3.2　工程资料分类与编号

2.3.2.1　分类

工程资料按照其特性和形成、收集、整理的单位不同分为：工程准备阶段文件、监理资料、施工资料、竣工图和工程竣工文件5类，具体详细划分如图2-13所示。

2.3.2.2　编号

(1) 工程准备阶段文件、工程竣工文件可按形成时间的先后顺序和类别，由建设单位

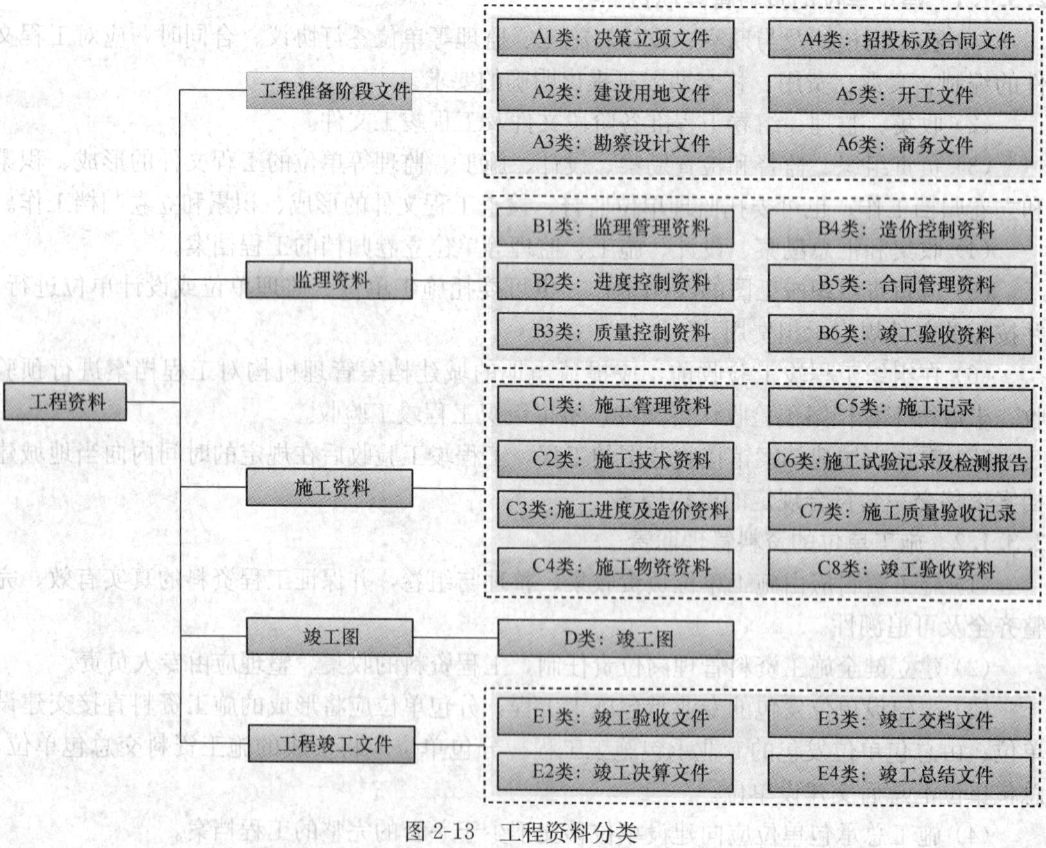

图2-13　工程资料分类

确定编号原则。

(2) 监理资料可按资料的类别及形成时间顺序编号。

(3) 施工资料的编号宜符合下列规定：

1) 施工资料编号可由分部、子分部、分类、顺序号4组代号组成，组与组之间应用横线隔开，见图2-14。

① 为分部工程代号，可按《建筑工程资料管理规程》(JGJ/T 185—2009) 附录A.3.1的规定执行；

② 为子分部工程代号，可按《建筑工程资料管理规程》(JGJ/T 185—2009) 附录A.3.1的规定执行；

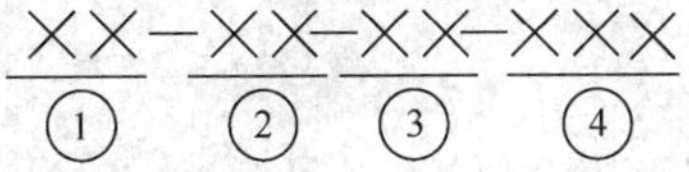

图2-14 施工资料编号

③ 为资料的类别编号，可按《建筑工程资料管理规程》(JGJ/T 185—2009) 附录A.3.1的规定执行；

④ 为顺序号，可根据相同表格、相同检查项目，按形成时间顺序填写。

2) 对按单位工程管理，不属于某个分部、子分部工程的施工资料，其编号中分部、子分部工程代号用"00"代替。

3) 同一厂家、同一品种、同一批次的施工物资用在两个分部、子分部工程中时，资料编号中的分部、子分部工程代号可按主要使用部位填写。

4) 工程资料的编号应及时填写，专用表格的编号应填写在表格右上角的编号栏中；非专用表格应在资料右上角的适当位置注明资料编号。

2.3.3 工程资料管理

2.3.3.1 工程资料形成步骤

工程资料的形成步骤见图2-15。

2.3.3.2 工程资料形成及管理要求

1. 形成要求

工程资料应与建筑工程建设过程同步形成，并应真实反映建筑工程的建设情况和实体质量。工程资料形成一般要求如下：

(1) 工程资料形成单位应对资料内容的真实性、完整性、有效性负责；由多方形成的资料，应各负其责。

(2) 工程资料的填写、编制、审核、审批、签认应及时进行，其内容应符合相关规定。

(3) 工程资料不得随意修改；当需要修改时，应实行划改，并由划改人签署。

(4) 工程资料的文字、图表、印章应清晰。

2. 工程资料管理要求

(1) 工程资料管理应制度健全、岗位责任明确，并应纳入工程建设管理的各个环节和各级相关人员的职责范围。

(2) 工程资料的套数、费用、移交时间应在合同中明确。

(3) 工程资料的收集、整理、组卷、移交及归档应及时。

(4) 工程资料的收集、整理应由专人负责管理，资料管理人员应经过相应的培训。

(5) 工程资料的形成、收集和整理应采用计算机管理。

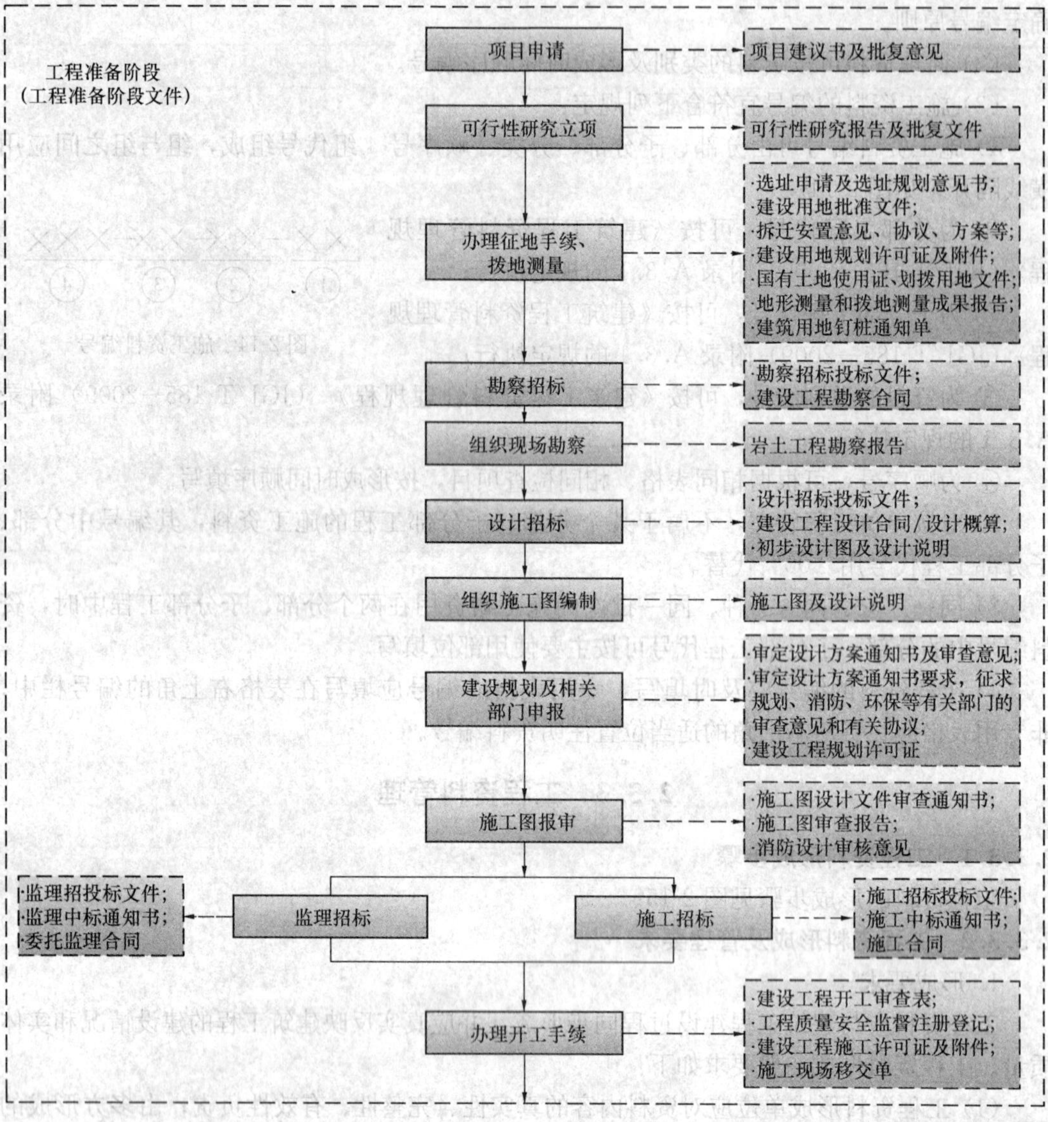

图 2-15　工程资料形成步骤（一）

2.3.3.3　工程资料填写、编制、审核及审批要求

（1）工程准备阶段文件和工程竣工文件的填写、编制、审核及审批应符合国家现行有关标准的规定。

（2）监理资料的填写、编制、审核及审批应符合现行国家标准《建设工程监理规范》（GB 50319）的有关规定；监理资料用表宜符合《建筑工程资料管理规程》（JGJ/T 185）的规定。

（3）施工资料的填写、编制、审核及审批应符合国家现行有关标准的规定；施工资料用表宜符合《建筑工程资料管理规程》（JGJ/T 185）的规定。

（4）竣工图的编制及审核：

1）新建、改建、扩建的建筑工程均应编制竣工图；竣工图应真实反映竣工工程的实际情况。

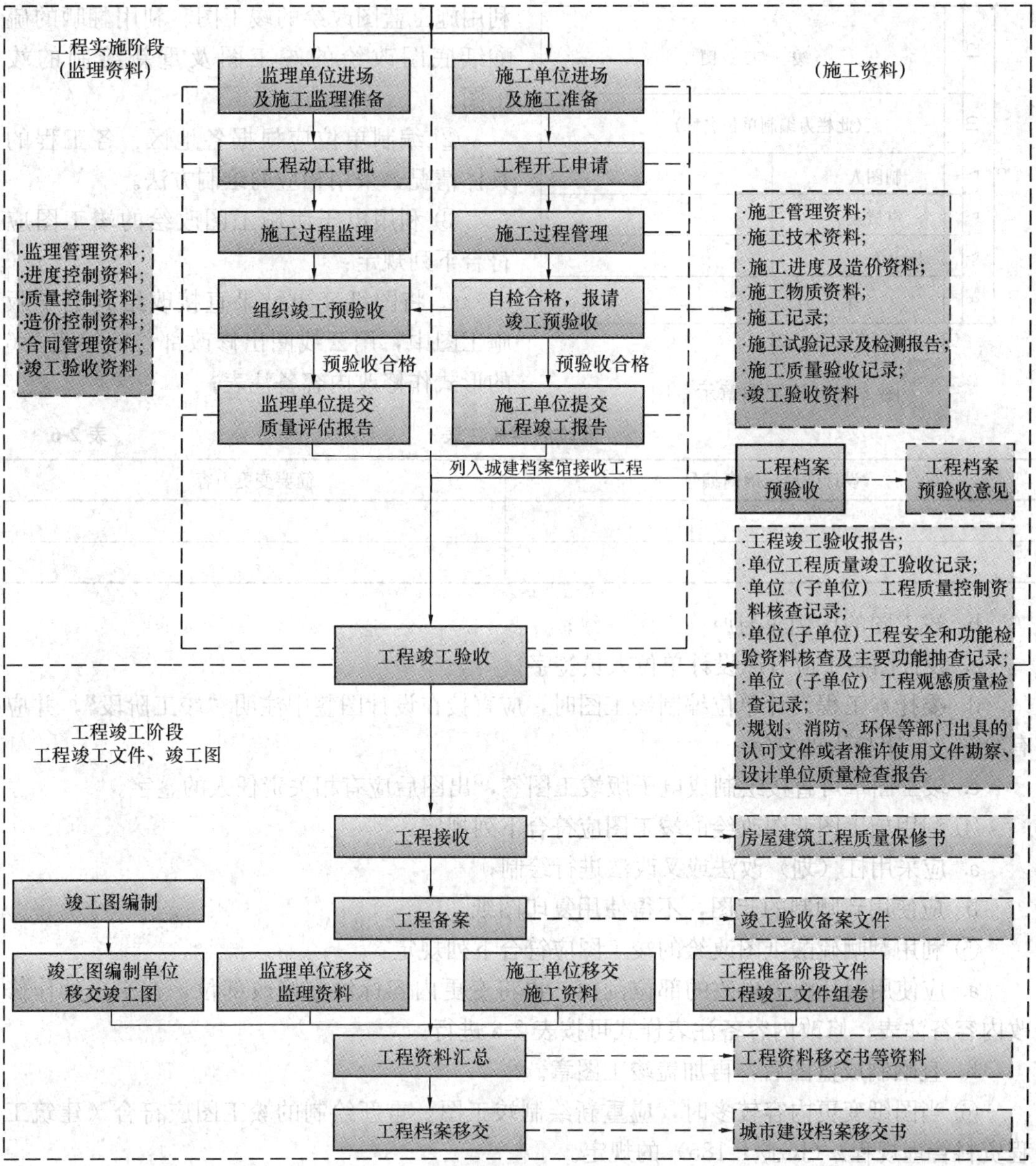

图 2-15 工程资料形成步骤(二)

2)竣工图的专业类别应与施工图对应。

3)竣工图应依据施工图、图纸会审记录、设计变更通知单、工程洽商记录(包括技术核定单)等绘制。

4)当施工图没有变更时,可直接在施工图上加盖竣工图章形成竣工图。

5)竣工图的绘制应符合国家现行有关标准的规定。

6)竣工图应有竣工图章(图 2-16)及相关责任人签字。

7)竣工图的绘制方法如下:

① 竣工图按绘制方法不同可分为以下几种形式:利用电子版施工图改绘的竣工图、

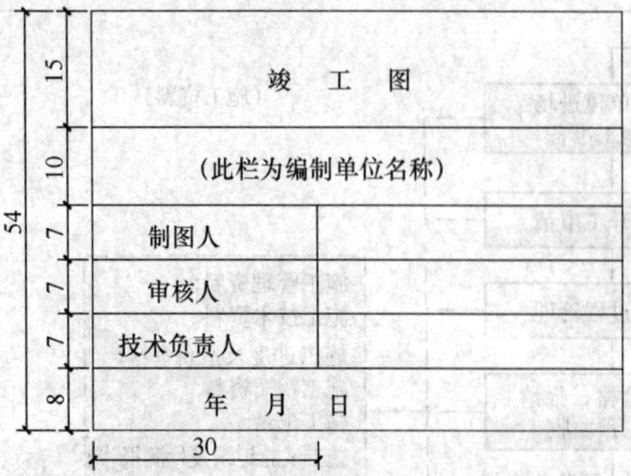

图 2-16　竣工图章示章图

利用施工蓝图改绘的竣工图、利用翻晒的硫酸纸底图改绘的竣工图及重新绘制的竣工图。

② 编制单位应根据各地区、各工程的具体情况，采用相应的绘制方法。

③ 利用电子版施工图改绘的竣工图应符合下列规定：

a. 将图纸变更结果直接改绘到电子版施工图中，用云线圈出修改部位，按表 2-6 的形式作修改内容备注表；

修改内容备注表　　　　**表 2-6**

设计变更、洽商编号	简要变更内容

b. 竣工图的比例应与原施工图一致；

c. 设计图签中应有原设计单位人员签字；

d. 委托本工程设计单位编制竣工图时，应直接在设计图签中注明“竣工阶段”，并应有绘图人、审核人的签字；

e. 竣工图章可直接绘制成电子版竣工图签，出图后应有相关责任人的签字。

④ 利用施工图蓝图改绘的竣工图应符合下列规定：

a. 应采用杠（划）改法或叉改法进行绘制；

b. 应使用新晒制的蓝图，不得使用复印图纸。

⑤ 利用翻晒硫酸纸图改绘的竣工图应符合下列规定：

a. 应使用刀片将需更改的部位刮掉，再将变更内容标注在修改部位，在空白处作修改内容备注表；修改内容备注表样式可按表 2-6 进行。

b. 宜晒制成蓝图后，再加盖竣工图章。

⑥ 当图纸变更内容较多时，应重新绘制竣工图。重新绘制的竣工图应符合《建筑工程资料管理规程》(JGJ/T 185）的规定。

2.3.3.4　工程资料收集、整理与组卷

(1) 工程准备阶段文件和工程竣工文件应由建设单位负责收集、整理与组卷。

(2) 监理资料应由监理单位负责收集、整理与组卷。

(3) 施工资料应由施工单位负责收集、整理与组卷。

(4) 竣工图应由建设单位负责组织，也可委托其他单位。

(5) 工程资料组卷应遵循自然形成规律，保持卷内文件、资料的内在联系。工程资料可根据数量多少组成一卷或多卷。

(6) 工程准备阶段文件和工程竣工文件可按建设项目或单位工程进行组卷。

(7) 监理资料应按单位工程进行组卷。

(8) 施工资料应按单位工程组卷，并应符合下列规定：

1）专业承包工程形成的施工资料应由专业承包单位负责，并应单独组卷；

2）电梯应按不同型号每台电梯单独组卷；

3）室外工程应按室外建筑环境、室外安装工程单独组卷；

4）当施工资料中的部分内容不能按一个单位工程分类组卷时，可按建设项目组卷；

5）施工资料目录应与其对应的施工资料一起组卷。

(9) 竣工图应按专业分类组卷。

(10) 工程资料组卷内容宜符合《建筑工程资料管理规程》(JGJ/T 185) 的相关规定。

(11) 工程资料组卷应编制封面、卷内目录及备考表，其格式及填写要求按《建设工程文件归档整理规范》(GB/T 50328) 的有关规定执行。

2.3.3.5 工程资料的验收

(1) 工程竣工前，各参建单位的主管（技术）负责人应对本单位形成的工程资料进行竣工审查；建设单位应按照国家验收规范的规定和城建档案管理的有关要求，对勘察、设计、监理、施工单位汇总的工程资料进行验收，使其完整、准确。

(2) 单位（子单位）工程完工后，施工单位应自行组织有关人员进行检查评定，合格后填写工程竣工报验单，并附相应的竣工资料（包括分包单位的竣工资料）报项目监理部，申请工程竣工验收。总监理工程师组织项目监理部人员与施工单位进行检查验收，合格后总监理工程师签署工程竣工报验单。

(3) 单位（子单位）工程竣工预验收通过后，应由建设单位（项目）负责人组织设计、监理、施工（含分包单位）等单位（项目）负责人进行单位（子单位）工程验收，形成单位（子单位）工程质量验收记录。

(4) 列入城建档案馆档案接收范围的工程，建设单位在组织工程竣工验收前，应提请城建档案管理机构对工程档案进行预验收。建设单位未取得城建档案馆管理机构出具的认可文件，不得组织工程竣工验收。

(5) 城建档案管理机构在进行工程档案预验收时，应重点验收以下内容：

1）工程档案齐全、系统、完整。

2）工程档案的内容真实，准确地反映工程建设活动和工程实际状况。

3）工程档案已整理组卷，组卷符合国家验收规范的规定。

4）竣工图绘制方法、图式及规格等符合专业技术要求，图面整洁，盖有竣工图章。

5）文件的形成，来源符合实际，要求单位或个人签章的文件，其签章手续完备。

6）文件材质、幅面、书写、绘图、用墨、托裱等符合要求。

2.3.3.6 工程资料移交与归档

(1) 工程资料移交归档应符合国家现行有关法规和标准的规定；当无规定时，应按合同约定移交归档。

(2) 工程资料移交应符合下列规定：

1）施工单位应向建设单位移交施工资料。

2）实行施工总承包的，各专业承包单位应向施工总承包单位移交施工资料。

3）监理单位应向建设单位移交监理资料。

4）工程资料移交时应及时办理相关移交手续，填写工程资料移交书、移交目录。

5）建设单位应按国家有关法规和标准的规定向城建档案管理部门移交工程档案，并办理相关手续。有条件时，向城建管理部门移交的工程档案应为原件。

（3）工程资料归档应符合下列规定：

1）工程参建各方宜符合《建设工程文件归档整理规范》（GB/T 50328）中的有关要求将工程资料归档保存。

2）归档保存的工程资料，其保存期限应符合下列规定：

① 工程资料归档保存期限应符合国家现行有关标准的规定；当无规定时，不宜少于5年。

② 建设单位工程资料归档保存期限应满足工程维护、修缮、改造、加固的需要。

③ 施工单位工程资料归档保存期限应满足工程质量保修及质量追溯的需要。

2.4　施　工　组　织　设　计

2.4.1　施工组织设计分类

施工组织设计，根据编制的对象、广度、深度和具体作用不同，可分为施工组织纲要、施工组织总设计、单位工程施工组织设计、分部（分项）施工组织设计或施工方案。

2.4.1.1　施工组织纲要

施工组织纲要是在工程招投标阶段，投标单位根据招标文件、设计文件及工程特点编制的有关施工组织的纲要性文件，即投标文件中的技术标，适用于工程的施工招投标阶段。

施工组织纲要的主要内容包括：①编制依据、工程概况、项目质量、安全、环境目标、编制依据；②项目重难点分析及应对措施；③项目组织架构及责任措施；④施工部署，主要施工方案选择；⑤施工总控计划，工期分析；⑥施工总平面布置，临水、临电及暂设工程；⑦劳动力、机械、材料需求计划；⑧分部分项工程主要施工方案；⑨冬、雨期，台风，泥石流等施工保证措施；⑩技术、质量、安全保证措施及招标文件要求的其他保证措施等。

2.4.1.2　施工组织总设计

施工组织总设计是以一个建设项目或建筑群等单项工程为编制对象，用以指导其施工全过程各项活动的技术、经济综合文件，是对建设项目施工组织的通盘规划。当初步设计或扩大初步设计批准后，以总承包单位为主，由建设单位、设计单位，分包单位及有关单位参加，结合施工准备和计划安排进行编制。

施工组织总设计的主要作用是：确定实施方案、论证施工技术经济合理性，为建设单位编制基本建设计划、施工单位编制建筑安装实施计划、组织物资供应等提供依据，确保能及时地进行施工准备工作，解决有关建筑生产和生活等若干问题。

施工组织总设计的主要内容包括：①编制依据；②工程概况；③施工总体部署；④主要施工方案选择；⑤目标管理；⑥施工进度总计划；⑦资源需要量及施工准备工作计划；⑧施工总平面布置。

2.4.1.3 单位工程施工组织设计

单位工程施工组织设计是以单体工程，即以一幢厂房、构筑物、公共、民用建筑作为施工组织的编制对象。一般根据施工的需要，又分为施工组织设计和简明施工组织设计两种，前者主要针对重点的、技术复杂或采用新结构、新工艺、新材料、新设备的单位工程；后者一般用于设计简单的单位工程或较常规的单位工程。单位工程施工组织设计，由项目经理负责组织编制，报总承包单位技术负责人审批、签字后并经监理批准实施。

单位工程施工组织设计的主要内容包括：①编制依据；②工程概况及特点；③施工部署；④施工准备；⑤主要施工方法；⑥主要管理措施；⑦施工进度计划；⑧施工平面布置。

2.4.1.4 分部（分项）工程施工组织设计

分部（分项）施工组织设计是以分部（分项）工程为编制对象，用以指导其各专项工程施工活动的技术经济文件。它适用于工程规模较大、技术复杂或施工难度大的分部（分项）工程。如土建单位工程中施工复杂的桩基、土方、基础工程，钢筋混凝土工程，大型结构吊装工程，有特殊要求的装修工程等；由专业施工单位施工的大量土石方工程、特殊基础工程、设备安装工程、水电暖卫工程等。

分部（分项）施工组织设计，一般由单位工程的技术负责人组织编制，由施工企业负责审批，报施工和监理备案（个别重要方案业主亦需备案）。该施组方案是结合具体专项工作，在单位工程施工组织设计基础上进一步细化、针对专业工程的施工设计方案，是直接指导现场施工和编制月、旬作业计划的依据。

分部（分项）施工组织设计的主要内容包括：①编制依据、分部（分项）工程特点；②施工方法、技术措施及操作要求；③工序搭接顺序及协作配合要求；④各分部（分项）工程的工期要求；⑤特殊材料和机具需要量计划；⑥技术组织措施、质量保证措施和安全施工措施；⑦作业区施工平面布置图设计。

2.4.2 编制施工组织设计的准备工作

2.4.2.1 合同文件的分析

项目合同文件是承包工程项目的依据，也是编制施工组织设计的基本依据，分析合同文件重点要弄清以下几方面内容：

(1) 工程地点、名称，业主、投资商、监理等合作方。

(2) 承包范围、合同条件：目的在于对承包项目有全面的了解，弄清各单项工程单位工程名称、专业内容、工程结构、开竣工日期、质量标准、界面划分、特殊要求等。

(3) 设计图纸：要明确图纸的日期和份数，图纸设计深度，图纸备案，设计变更的通知方法等。

(4) 物资供应：明确各类材料、主要机械设备、安装的设备等的供应分工和供应办法。由业主负责的，要弄清何时能供应、由哪方供应、供应批次等，以便制订需用量计划和仓储措施，安排好施工计划。

(5) 合同指定的技术规范和质量标准：了解指定的技术规范和质量标准，以便为制定技术措施提供依据。

以上是着重了解的内容，当然对合同文件中的其他条款，也不容忽略，只有对它认真地研究，方能编制出全面、准确、合理的施工组织设计。

2.4.2.2　施工现场、环境调查

要对施工现场、周边环境作深入细致的实际调查，调查的主要内容有：

(1) 现场勘查，明确建筑物的位置、工程的大概工程量，场地现状条件等。

(2) 收集施工地区的自然条件资料，如地形、地质、水文资料等设计文件。

(3) 了解施工地区内的既有房屋、通信电力设备、给水排水管道、墓穴及其他建筑物情况，以便安排拆迁、改建计划。

(4) 调查施工区域的周边环境，有无大型社区，交通条件，施工水源、电源，有无施工作业空间，是否要临时占用市政空间等。

(5) 调查社会资源供应情况和施工条件。主要包括劳动力供应和来源，主要材料生产和供应，主要资源价格、质量、运输等。

2.4.2.3　核算工程量

编制施工组织前和过程中，要结合业主提供的工程量清单或计价文件，对实施项目利用工程预算进行核算。目的是通过工程量核算，一是确保施工资源投入的合理性，包括劳动力和主要资源需要量的投入，同时结合施工部署中分层、分段流水作业的合理组织要求，量化人、材、机的投入数量和批次；二是通过工程量的计算，结合施工方法，编制施工辅助措施的投入计划，如土方工程的施工由利用挡土板改为放坡以后，土方工程量即会应增加，而支撑锚钉材料就相应全部取消。

在编制施工组织设计前，结合施工部署方案的制订，对项目工程量进行详细核算，能够确保施工准备阶段措施量较为准确地测算，并在施工组织设计中得到详细体现，制定措施量投入计划，实现施工成本控制的预前控制。

2.4.3　编制施工组织设计的原则

施工组织设计编制时应遵循的一些基本原则见表 2-7。

施工组织设计编制的基本原则　　表 2-7

序号	编制原则
1	贯彻国家工程建设的法律、法规、方针和政策，严格执行基本建设程序和施工程序，认真履行承包合同，科学地安排施工顺序，保证按期或提前交付业主使用
2	根据实际情况，拟定技术先进、经济合理的施工方案和施工工艺，认真编制各项实施计划和技术组织措施，严格控制工程质量、进度、成本，确保安全生产和文明施工，做好职业安全健康、环境保护工作
3	运用流水施工方法和网络计划技术，采用有效的劳动组织和施工机械，组织连续、均衡、有节奏的施工
4	科学安排冬雨期及夏季高温、台风等特殊环境条件下的施工项目，落实季节性施工措施，保证全年施工的均衡性、连续性
5	贯彻多层次技术结构的技术政策，因时、因地制宜地促进技术进步和建筑工业化的发展，不断提高施工机械化、预制装配化，改善劳动条件，提高劳动生产率
6	尽量利用现有设施和永久性设施，努力减少临时工程；合理确定物资采购及存储方式，减少现场库存量和物资损耗；科学地规划施工总平面

由于投标性施工组织设计（即施工组织纲要）与实施性施工组织设计在编制条件、内容组织、审核对象、责任程序等方面的区别，编制投标性施工组织设计时还应遵循的特别原则见表2-8。

投标性施工组织设计编制的特别原则 **表2-8**

序号	编制原则
1	积极响应招标文件要求，对招标文件提出的要求应作出明确、具体的承诺。对招标文件中有意见的条款，可先保留意见或根据招标文件的要求提供合理化建议
2	编制内容要注意从总体上体现本企业的综合实力、施工技术能力及管理水平，体现企业管理的控制性和战略性
3	充分进行调查研究，力求全面搜集相关资料，尽量做到考虑全面、重点突出，使施工方案具有针对性、可行性和先进性

2.4.4 施工组织设计编制及实施的控制环节

2.4.4.1 施工组织设计与投标技术文件的衔接

1. 施工组织设计与投标技术文件的比较

根据施工组织设计与投标技术文件比较见表2-9。

施工组织设计与投标技术文件的比较 **表2-9**

	内容	投标技术文件	施工组织设计
相同点	编制对象	两者针对同一个项目	
相同点	编制思想	重点突出，兼顾全面，确保质量，安全适用，技术先进，经济合理	
相同点	基本内容	一般都包括：①编制依据及说明；②工程概况；③施工准备及各种资源计划；④施工部署及组织；⑤施工方案；⑥进度计划；⑦总平面布置图；⑧各类管理保证措施等	
相同点	控制重点	（1）施工部署和施工方案，解决施工中的组织指导思想和技术方法问题； （2）施工进度计划，解决顺序和时间问题； （3）施工总平面图，解决空间问题和施工“投资”问题	
不同点	服务范围	投标、签约	施工准备至竣工验收
不同点	编制目的	中标；指导合同谈判，提出要约和承诺；对工程总体规划	进行施工准备，指导或组织工程的具体实施及操作
不同点	编制时间	必须在投标截止日期前完成	工程签约后，在所针对的项目实施前完成
不同点	编制依据和条件	施工准备及施工条件未完全落实、具有不确定性	编制依据和施工条件具有相应的确定性、稳定性和完整性
不同点	编制内容	除基本内容外，根据招标要求可能还包括：合理化建议，备选方案，业主的施工配合及准备工作，承包商资质及业绩证明文件，拟派项目主要管理人员资历及业绩等。对于涉及设计、建造的项目，还应包括深化设计方案及图纸	在投标技术文件的指导下，根据工程客观实际条件、企业相关技术文件规定编制，可以引用或参考其他管理文件
不同点	特点	战略性、规划性	实施性、指导性
不同点	编制人员和程序	由投标单位工程技术部门组织、采购估算部门人员配合，一次性、全面性地对工程项目施工组织的规划和指导	由项目经理组织项目部的技术、生产等管理人员，根据实际条件对工程项目（可分阶段、分部位）制定实施性的施工组织设计
不同点	审核人员	招标单位及业主方面的主管人员和相关专家	承包商内部各部门及项目部各有关人员、业主现场代表和监理人员

2. 施工组织设计与投标技术文件之间的关系

在投标阶段，施工组织设计是投标技术文件的主要组成部分。中标后，施工组织设计与投标技术文件中的施工组织设计（简称"投标性施工组织设计"）之间应该是顺序关系、制约关系和一定的替代关系，见图 2-17。

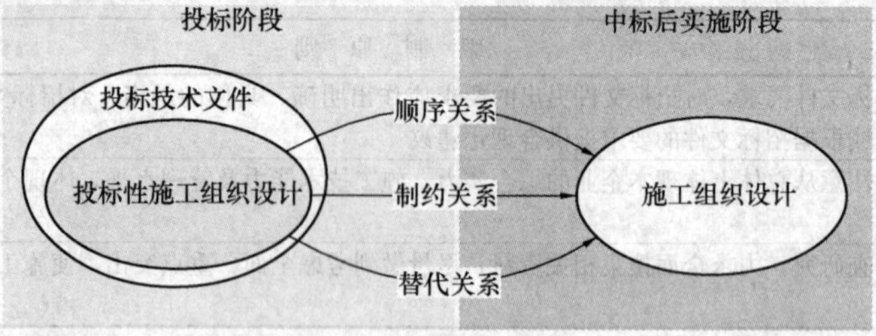

图 2-17　施工组织设计与投资技术文件之间的关系

2.4.4.2　控制目标的确定

施工组织设计中的主要控制目标包括工期目标、质量目标、成本目标、职业健康与安全管理目标、环境管理目标和文明施工目标等。

承包商施工控制目标一般应根据业主招标文件及施工合同中要求的目标，并根据企业自身施工素质和拥有的人力、物力、财力，在经过周密的计划与详细的计算后，综合确定。该目标必须满足或高于合同要求目标，并作为控制施工进度、质量和成本计划的依据。

2.4.4.3　主要技术方案与企业和工程实际的衔接

（1）主要技术方案的制定：应尽量适应施工过程的复杂性和具体施工项目的特殊性，并尽可能保持施工生产的连续性、均衡性和协调性。

（2）主要技术方案的编制和实施：要由企业的施工管理制度予以保证，通过企业法规确定其施工指导文件的地位。施工组织设计中大型施工方案的可行性在投标阶段应经过初步论证，在实施阶段应进行细化并审慎详细论证。编制人、审核人、审批人应具备施工经验和管理经验。

（3）主要技术方案的审批流程：投标性施工组织设计应由企业经营部门和技术管理部门负责编制和审核，企业技术负责人审批；实施性施工组织设计应由项目技术负责人组织编制，项目经理和企业技术管理部门审核，企业技术负责人审批；分包单位的施工组织设计应由分包单位编制和审核，并报总包单位审批；施工组织设计应盖企业法定公章，分包单位施工组织设计应加盖分包单位法定公章。

（4）施工组织设计主要技术方案的选择：要结合企业实力和实际施工水平选择合理的施工方法，避免重视施工方法、设备需要的数量和施工技术的先进性，而轻视施工组织设计、设备配备的选择和施工方案的经济性；要注意根据现场实际情况或出现的各种问题及时修改、调整方案，避免方案固化；要多方案合理性比较，在工程实际中统一施工方案、施工进度和施工成本的关系，即在制定施工技术方案时既要考虑施工进度也要考虑成本，安排进度时同样也要考虑成本，这样才能实现施工项目管理的核心目标。

（5）主要技术方案的积累：企业管理部门明确一定的职能机构人员，按计划程序对建筑工程大中型项目的主要施工技术方案进行搜集、注册与评审，不断进行有效的技术积累、分析、归纳、整理与发布，使施工组织设计的技术财富发挥效能，减少重复劳动，推广先进经验。

2.4.4.4 施工组织设计文稿成型环节

施工组织设计编制由项目经理及项目技术负责人负责编制前的组织工作，确定参加编制的人选、任务划分、完成时间及编制要求等内容。项目技术负责人指导项目资料工程师具体收集编制施工组织设计所需的规范、图集、手册等资料。其他需要准备的资料主要包括投标技术方案、投标技术方案交底、合同、施工图、地质勘察报告、设计交底及图纸会审文件等。

文件结构和层次的编排。施工组织设计的内容一般包括三图（平面布置图、进度计划图、工艺流程图）、三表（机械设备表、劳动力计划表、材料需求表）、一说明（综合说明）、四项措施（质量、安全、工期、环保措施）。实施性施工组织设计由编制人根据地方、企业施工组织编制的相关规定，结合自己的思维习惯编制；投标性施工组织设计则必须根据招标文件来编排目录。但都要保证框架合理，使阅读者易于接受和理解，在短时间内找到想找的内容。

施工组织设计文稿要求文字用词规范，图表设计合理，语言表述标准，概念逻辑清晰，格式及内容全文统一；尤其是投标性施工组织设计格式和内容应严格满足招标文件的要求。编制的依据和借用的素材应是现行有效的，不得引用国家废止的文件和标准。严禁在施工组织设计中使用国家、省、市、地方明令淘汰和禁止的建筑材料和施工工艺。

2.4.4.5 施工组织设计与实施施工环节的衔接

(1) 施工组织设计在编制前必须作好充分的调查，掌握各个方面的原始资料、各种施工参数；应对工程的具体内容、性质、规模进行深入的分析研究，要掌握工程特点、关键工程的施工方法及技术质量要求，了解施工的先后顺序。

(2) 充分注重技术民主、理论联系实际，在确定施工部署上，应该召开多种形式的“三结合”会议，广泛听取各个方面的有益意见。如在选定施工方案时，必须从各种资料分析着手，深入现场实际，摸清各种内、外条件，必要时可参观类似工程的实践经验，通过分析，用数据讲话，确定方案、工期、总平面布置等。

(3) 在编制单位工程施工组织设计时，原则上要执行“谁编制谁贯彻”的要求，一般由技术部门召集，施工人员派人参加，这样意图明确，便于贯彻执行，有利于全面指导施工，达到全面完成施工任务的要求。

(4) 施工组织设计经审批后，项目技术负责人应组织技术工程师等参与编制人员就施工组织设计中的主要管理目标、管理措施、规章制度、主要施工方案以及质量保证措施等对项目全体管理人员及分包主要管理人员进行施工组织设计交底并作出交底记录。

(5) 施工组织设计是指导项目施工的规范性重要性文件，经批准后必须严格执行，不得随意变更或修改。如有重大变更，应征得原施工组织设计（方案）批准人同意，并办理相应的变更手续。

2.4.5 施工组织计划技术及计算工作

2.4.5.1 流水施工基本方法

流水施工的实质就是在时间和空间上连续作业，组织均衡施工（同时隐含有工艺逻辑和组织逻辑关系的要求）。

1. 组织流水施工的条件

（1）施工对象的建造过程应能分成若干个施工过程，每个施工过程能分别由专业施工队负责完成。

（2）施工对象的工程量能划分成劳动量大致相等的施工段（区）。

（3）能确定各专业施工队在各施工段内的工作持续时间（流水节拍）。

（4）各专业施工队能连续地由一个施工段转移到另一个施工段，直至完成同类工作。

（5）不同专业施工队之间完成施工过程的时间应适度搭接、保证连续（确定流水步距），这是流水施工的显著的特点。

2. 流水施工的表达方式

流水施工的表达方式主要有横道图和网络图。横道图，又称横线图或甘特图，是建筑工程中常用的表达方法，横道图的表达方式有下面两种。

（1）水平指示图表

如图 2-18 所示，表的横向表示持续时间，纵向表示施工过程，“横道”表示每个施工过程在不同施工段上的持续时间和进展情况，“横道”上方的编号表示施工段编号，K 为流水步距。

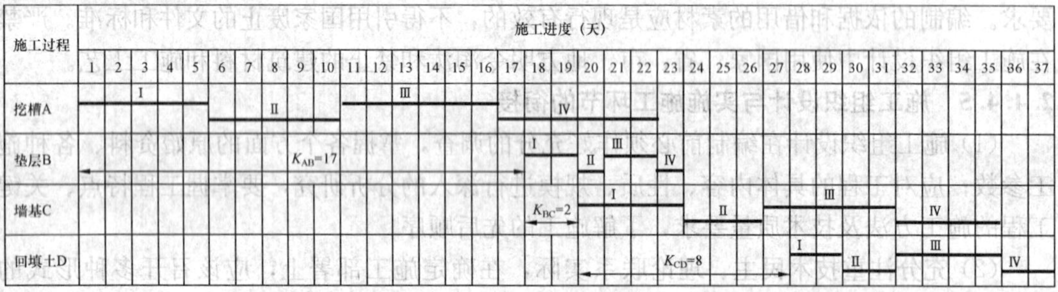

图 2-18　某土建基础工程水平横道进度图

（2）垂直指示图表

如图 2-19 所示，其横坐标表示持续时间，纵坐标表示施工段，斜线表示每个施工段完成各道工序的持续时间以及进展情况，斜线上方的编号表示施工过程。垂直指示图能直观地反映出一个施工段各施工过程的先后顺序。斜线的斜率反映了施工速度快慢，直观地反映施工进度计划。

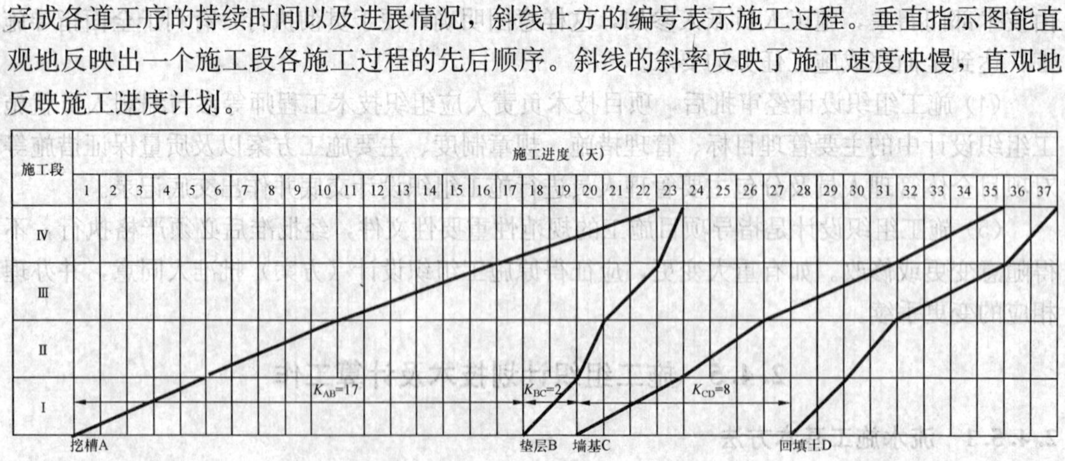

图 2-19　某土建基础工程垂直指示图

3. 流水施工参数及确定方法

(1) 流水施工的基本参数，见表2-10。

流水施工的基本参数 **表 2-10**

序号	类别	基本参数	代号	说明
一	工艺参数	施工过程数	n	用以表达流水施工在工艺上开展层次的有关过程，称为施工过程。施工过程所包括的范围可大可小，划分的粗细程度由实际需要而定
		流水强度	V_j	某施工过程在单位时间内所完成的工程数量
二	空间参数	工作面		指供某专业工种的工人或某种施工机械进行施工的活动空间，可根据该工种的计划产量定额和安全施工技术规程要求确定
		施工段	m	把拟建工程在平面上划分为若干个劳动量大致相等的施工段落，即为施工段
		施工层	r	为了满足专业工种对操作高度和施工工艺的要求，将拟建多层或高层建筑物（构筑物）工程项目在竖向上划分为若干个施工层
三	时间参数	流水节拍	t_i	每个专业工作队在各个施工段上完成相应的施工任务所必需的持续时间，均称为流水节拍
		流水步距	$K_{j,j+1}$	相邻两个专业工作队 j 和 $j+1$ 在保证施工顺序、满足连续施工、最大限度搭接和保证工程质量要求的条件下，相继投入施工的最小时间间隔
		技术间歇	$Z_{j,j+1}$	在组织流水施工时通常将施工对象的工艺性质决定的间歇时间，统称为技术间歇，如混凝土浇筑后的养护时间、砂浆抹面和油漆面的干燥时间、墙身砌筑前的墙身位置弹线、施工机械转移、回填土前地下管道检查验收等
		组织间歇	$G_{j,j+1}$	组织流水施工，通常将施工组织原因造成的间歇时间，统称为组织间歇，如墙体砌筑前的墙身位置弹线，施工人员、机械转移，回填土前地下管道检查验收等需要很多时间的作业前准备工作。 在组织流水施工时，间歇时间可以并入前一过程或后一过程中，以简化流水施工组织
		平行搭接时间	$C_{j,j+1}$	为了缩短工期，有时在工作面允许的前提下，某施工过程可与其紧前施工过程平行搭接施工
		流水施工工期	T	从第一个专业工作队投入流水施工开始，到最后一个专业工作队完成最后一个施工段的任务后退出流水施工为止的整个持续时间

(2) 流水施工主要参数的确定方法

1) 施工段数 m

一般情况下，一个施工段在同一时间内只安排一个专业工作队施工，各专业工作队遵循施工工艺顺序依次投入作业，同一时间内在不同的施工段上平行施工，使流水施工均衡地进行。在划分施工段时，通常应遵循的原则见表2-11。

施工段数 m 确定时应遵循的原则 **表 2-11**

序号	划分原则	说明
1	尽量与结构的自然界限一致	施工段的分界线应尽可能与结构界线（如沉降缝、伸缩缝等）相一致，或设在对建筑结构整体性影响小的部位（如必须将分界线设在墙体中间时，应将其设在对结构整体性影响少的门窗洞口等部位，以减少留槎，便于修复）

续表

序号	划分原则	说　明
2	劳动量大致相等	同一专业工作队在各个施工段上的劳动量应大致相等，相差幅度不宜超过10%～15%
3	有足够的工作面	每个施工段内要有足够的工作面，使其所容纳的劳动力人数或机械台数，能满足合理劳动组织的要求
4	划分段数不宜过多	划分的段数不宜过多，过多势必使工期延长
5	主队连续施工	尽量使主导施工过程的工作队能连续施工
6	施工段数（m）≥施工过程数（n）	施工段的数目要满足合理组织流水施工的要求： （1）对于多层或高层建筑物，施工段数（m）≥施工过程数（n）； （2）当无层间关系或无施工层（如某些单层建筑物、基础工程等）时，则施工段不受此限制，可按前面所述划分施工段的原则进行确定
7	考虑垂直运输机械的能力	如采用塔式起重机作为垂直运输工具，应考虑每台班的吊次，充分发挥塔式起重机效率
8	竖向合理划分施工层	对多层建筑物、构筑物或需要分层施工的工程，既要划分施工段，又要划分施工层，以确保相应专业队在施工段与施工层之间组织连续、均衡、有节奏的流水施工

2）施工层数 r

施工层的划分，要按施工项目的具体情况，根据建筑物的高度、楼层来确定。如砌筑工程的施工层高度一般为1.2m，室内抹灰、木装饰、油漆、玻璃和水电安装等，可按楼层进行施工层划分。

3）流水节拍 t_i

流水节拍的大小，可以反映出流水施工速度的快慢、节奏感的强弱和资源供应量的多少，同时，流水节拍也是区别流水施工组织方式的特征参数。为了避免工作队转移时浪费工时，流水节拍在数值上最好是半个班的整倍数。流水节拍可分别按下列方法确定：

① 定额计算法

根据各施工段的工程量、能够投入的资源量（工人数、机械台数和材料量等），按下式进行计算：

$$t_i=\frac{Q_i}{S_iR_iN_i}=\frac{P_i}{R_iN_i} \tag{2-1}$$

或

$$t_i=\frac{Q_iH_i}{R_iN_i}=\frac{P_i}{R_iN_i} \tag{2-2}$$

式中　t_i——某专业工作队在第 i 施工段上的流水节拍；

Q_i——某专业工作队在第 i 施工段上要完成的工程量；

S_i——某专业工作队的计划产量定额；

H_i——某专业工作队的计划时间定额；

R_i——某专业工作队在第 i 施工段上投入的工作人数或机械台数；

N_i——某专业工作队在第 i 施工段上的工作班次；

P_i——某专业工作队在某施工段（i）上的劳动量或机械设备数量。

式（2-1）和式（2-2）中产量定额 S_i、时间定额 H_i 最好是反映该专业队施工实际水平的定额。

如工期已定，根据工期要求倒排进度的方法确定的流水节拍，可用上式反算出资源需要量，这时应考虑作业面是否足够。如果工期紧、节拍短，就应考虑增加作业班次（双班或三班），相应的机械设备能力和材料供应情况，亦应同时考虑。

② 经验估算法

对于采用新结构、新工艺、新方法和新材料等没有定额可循的工程项目，可根据以往的施工经验进行估算。为了提高准确程度，往往先估算出该流水节拍的最长、最短和正常（即最可能）三种时间，然后据此求出期望时间，作为某专业工作队在某施工段上的流水节拍。一般按下式进行计算：

$$t_i = (a_i + 4c_i + b_i)/6 \tag{2-3}$$

式中 t_i——某专业工作队在第 i 施工段上的流水节拍；

a_i——某施工过程在第 i 施工段上的最短估算时间；

b_i——某施工过程在第 i 施工段上的最长估算时间；

c_i——某施工过程在第 i 施工段上的正常估算时间。

③ 工期计算法

对已经确定了工期的工程项目，往往采用倒排进度法。其流水节拍的确定步骤如下：

a. 根据工期要求，按经验或有关资料确定各施工过程的工作持续时间；

b. 根据每一施工过程的工作持续时间及施工段数确定出流水节拍。当该施工过程在各段上的工程量大致相等时，其流水节拍可按下式计算：

$$t_j = \frac{T_j}{m_j} \tag{2-4}$$

式中 t_j——流水节拍；

T_j——某施工过程的工作延续时间；

m_j——某施工过程划分的施工段数。

4）流水步距 $K_{j,j+1}$

流水步距的数目取决于参加流水施工的专业工作队数，如果有 x 个专业工作队，则流水步距的总数为 $x-1$ 个。

① 确定流水步距的原则，见表 2-12。

确定流水步距的原则　　表 2-12

序号	内　容
1	相邻两个专业工作队按各自的流水速度施工，要始终保持施工工艺的先后顺序
2	各专业工作队投入施工后尽可能保持连续作业
3	相邻两个专业工作队在满足连续施工的条件下，能最大限度地实现合理搭接
4	要保证工程质量，满足安全生产

② 确定流水步距的方法。

确定流水步距常用“潘特考夫斯基法”，即“累加数列、错位相减、取大差”法，其计算步骤如下：

a. 根据各专业工作队在各施工段上的流水节拍，求累加数列；

b. 根据施工顺序，对所求相邻的两累加数列，错位相减；

c. 根据错位相乘的结果，确定相邻专业工作队之间的流水步距，即取相减结果中数值最大者。

③ 应用举例。

【例】 某混凝土结构工程主要由三个施工过程组成，分别由 A、B、C 三个专业队完成，该工程在平面上分为四个施工段，每个专业队在各施工段上的作业时间如表 2-13 所列。试确定相邻专业队投入施工的最小时间间隔。

某混凝土结构工程施工段作业时间表　　表 2-13

施工段 / 流水节拍（天） / 专业队	①	②	③	④
A	4	3	4	2
B	3	2	3	2
C	2	1	2	1

解： 即求相邻两专业队之间的流水步距。

（1）累加数列：

A：　4，7，11，13

B：　3，5，8，10

C：　2，3，5，6

（2）错位相减：

A，B：

	4，	7，	11，	13	
−		3，	5，	8，	10
	4，	4，	6，	5，	−10

B，C：

	3，	5，	8，	10	
−		2，	3，	5，	6
	3，	3，	5，	5，	−6

（3）取大差值为流水步距

$$K_{A,B}=\max\{4，4，6，5，-10\}=6(\text{天})$$

$$K_{B,C}=\max\{3，3，5，5，-6\}=5(\text{天})$$

4. 流水施工的基本方法

根据各施工过程时间参数的不同，可将流水施工分为等节拍流水、成倍节拍流水和无节奏流水三大类。

（1）等节拍专业流水施工计算

等节拍流水，也称为全等节拍流水、固定节拍流水或同步距流水，见图 2-20。

1）等节拍流水施工特点（表 2-14）

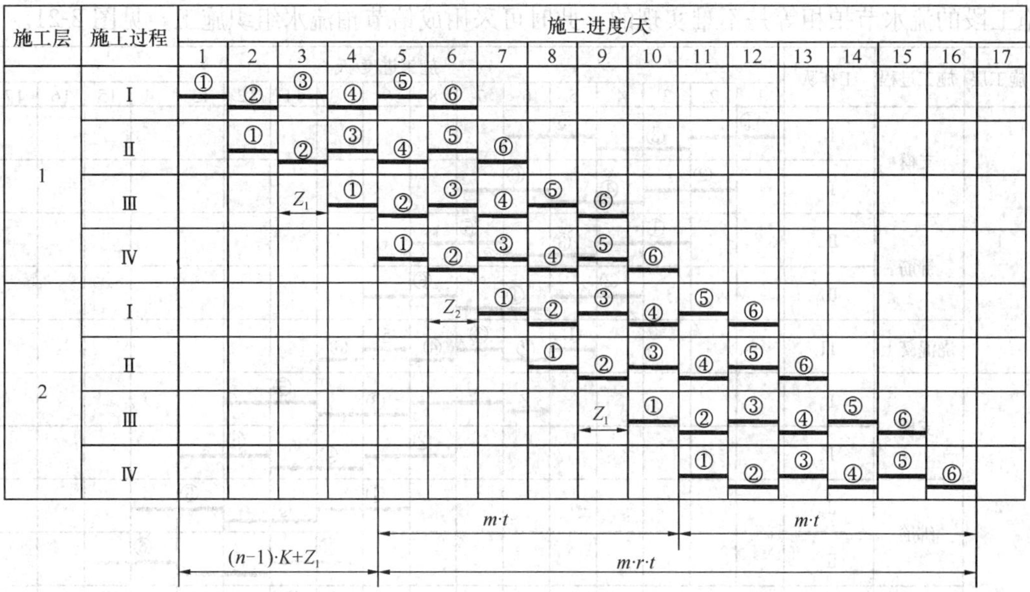

图 2-20 全等节拍流水施工进度计划图

等节拍流水施工特点 表 2-14

序号	内容
1	流水节拍彼此相等，即 $t_i=t$
2	流水步距彼此相等，且等于流水节拍，即 $K_i=K=t$
3	每一个施工过程组织一个专业工作队，由该队完成相应施工过程在所有施工段上的施工任务，即专业工作队数 n_1＝施工过程数 n
4	各个专业工作队都能够连续施工，施工段没有空闲，是一种理想的施工方式

2）等节拍流水施工工期计算

计算流水施工的工期 T，可按下式进行计算：

$$T=(m\cdot r+n-1)K+\sum Z_{j,j+1}^{1}+\sum G_{j,j+1}^{1}-\sum C_{j,j+1}^{1} \tag{2-5}$$

式中 j——施工过程编号，$1\leqslant j\leqslant n$；

T——流水施工的工期；

m——施工段数；

r——施工层数；

n——施工过程数；

K——流水步距；

$\sum Z_{j,j+1}^{1}$——第一个施工层中各施工过程间的技术间歇时间总和；

$\sum G_{j,j+1}^{1}$——第一个施工层中各施工过程间的组织间歇时间总和；

$\sum C_{j,j+1}^{1}$——第一个施工层中各施工过程间的平行搭接时间总和。

（2）成倍节拍流水施工计算

在通常情况下，组织等节拍的流水施工是比较困难的。在任一施工段上，很难使得各个施工过程的流水节拍都彼此相等。但是，如果施工段划分得合适，保持同一施工过程各施工段的流水节拍相等是不难实现的，此时可采用成倍节拍流水组织施工，见图 2-21。

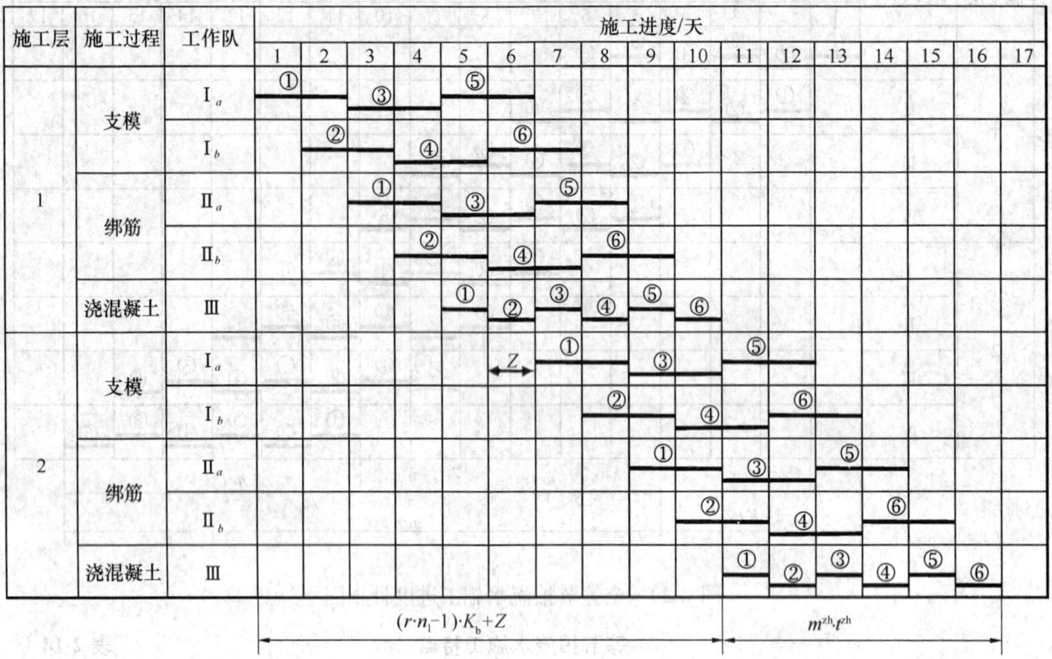

图 2-21　成倍节拍流水施工进度计划图

1）成倍节拍流水施工的特点（表 2-15）

成倍节拍流水施工特点　　**表 2-15**

序号	内　容
1	同一施工过程在各施工段上的流水节拍彼此相等，不同的施工过程在同一施工段上的流水节拍不尽相同，但其值为倍数关系
2	相邻专业工作队的流水步距 K_b 相等，且等于流水节拍的最大公约数
3	专业工作队数 $n_1 >$ 施工过程数 n
4	各专业工作队都能够保证连续施工，施工段之间没有空闲时间

2）成倍节拍流水施工的组织步骤

① 确定施工流水线、分解施工过程、确定施工顺序。

② 划分施工段：

a. 不分施工层时，可按划分施工段的原则确定施工段数号；

b. 分施工层时，每层的段数可按下式确定：

$$m = n_1 + \frac{\max\sum Z_1}{K_b} + \frac{\max\sum G_1}{K_b} + \frac{\max Z_b}{K_b} \tag{2-6}$$

式中　m ——施工段数目；

n_1 ——专业工作队总数；

$\sum Z_1$ ——一个楼层内各施工过程间的技术间歇之和；

$\sum G_1$ ——一个楼层内各施工过程间的组织间歇之和；

Z_b——楼层间技术间歇时间；

K_b——成倍节拍流水的流水步距。

③ 按式（2-1）、式（2-2）或式（2-3）计算，确定流水节拍。

④ 按下式，确定流水步距 K_b：

$$K_b = \text{最大公约数}\{t_1, t_2, \cdots, t_n\} \tag{2-7}$$

⑤ 按下式，确定专业工作队数 n_1：

$$b_j = \frac{t^j}{K_b} \tag{2-8}$$

$$n_1 = \sum_{i=1}^{n} b_j \tag{2-9}$$

式中 t^j——施工过程 j 在各施工段上的流水节拍；

b_j——施工过程 j 所要组织的专业工作队数；

j——施工过程编号，$1 \leqslant j < n$；

K_b——成倍节拍流水的流水步距；

n——施工过程数；

n_1——专业工作队数。

⑥ 确定计划总工期 T，按下式进行计算。

$$T = (r \cdot n_1 - 1)K_b + m^{zh} \cdot t^{zh} + \Sigma Z_{j,j+1} + \Sigma G_{j,j+1} - \Sigma C_{j,j+1} \tag{2-10}$$

或

$$T = (m \cdot r + n_1 - 1)K_b + \Sigma Z^1_{j,j+1} + \Sigma G^1_{j,j+1} - \Sigma C^1_{j,j+1} \tag{2-11}$$

式中 T——计划总工期；

r——施工层数；

n_1——专业工作队总数；

m——施工段数目；

K_b——成倍节拍流水的流水步距；

m^{zh}——最后一个施工过程的最后一个专业工作队所要通过的施工段数；

t^{zh}——最后一个施工过程的流水节拍；

n——施工过程数；

$\Sigma Z_{j,j+1}$——相邻两专业工作队 j 与 $j+1$ 之间的技术间歇时间总和（$1 \leqslant j \leqslant n-1$）；

$\Sigma G_{j,j+1}$——相邻两专业工作队 j 与 $j+1$ 之间的组织间歇时间总和（$1 \leqslant j \leqslant n-1$）；

$\Sigma C_{j,j+1}$——相邻两专业工作队 j 与 $j+1$ 之间的平行搭接时间总和（$1 \leqslant j \leqslant n-1$）；

$\Sigma Z^1_{j,j+1}$——第一个施工层中各施工过程间的技术间歇时间总和；

$\Sigma G^1_{j,j+1}$——第一个施工层中各施工过程间的组织间歇时间总和；

$\Sigma C^1_{j,j+1}$——第一个施工层中各施工过程间的平行搭接时间总和。

⑦绘制成倍节拍流水施工进度计划图。

在成倍节拍流水施工进度计划图中，除标明施工过程的编号或名称外，还应标明专业工作队的编号。在标明各施工段的编号时，一定要注意有多个专业工作队的施工过程。各专业工作队连续作业的施工段编号不应该是连续的，否则无法组织合理的流水施工。

3）应用举例

【例】　某 2 层工程，分为安装模板、绑扎钢筋和浇筑混凝土三个施工过程。其中每层每段各施工过程的流水节拍分别为 $t_{模}=2$ 天，$t_{筋}=2$ 天，$t_{混凝土}=1$ 天。第一层第 1 段的混凝土养护 1 天后才能进行第二层第 1 段模板安装施工。在保证各工作队连续施工的条件下，试计算工期并编制本工程的流水施工进度图表。

解： 按要求，本工程宜采用成倍节拍流水组织施工。

① 确定流水步距 K_b。由式（2-7）得，

$$K_b=最大公约数\{t_{模}，t_{筋}，t_{混凝土}\}=最大公约数\{2，2，1\}=1天$$

② 确定专业工作队数量 n_1。由式（2-8）得，

$$b_{模}=t_{模}/K_b=2/1=2个；同理，b_{筋}=2个，b_{混凝土}=1个；$$

由式（2-9）得，$n_1=\sum b_j=2+2+1=5$ 个

③ 确定每层施工段数量 m。由式（2-6）得，

$$m=n_1+\max\sum Z_1/K_b=5+1/1=6段$$

④ 计算工期 T。由式（2-10）得，

$$T=(rn_1-1)K_b+m^{zh}t^{zh}+\sum Z_{j,j+1}-\sum C_{j,j+1}$$
$$=(2\times5-1)\times1+6\times1+1-0=16天$$

（亦可由式(2-11)计算，$T=(mr+n_1-1)K_b+\sum Z^1_{j,j+1}+\sum G^1_{j,j+1}-\sum C^1_{j,j+1}=(6\times2+5-1)\times1+0+0-0=16$ 天，结果同上）

⑤ 编制成倍节拍流水施工进度图表，见图 2-21。

（3）无节奏流水施工计算

工程施工中经常由于项目结构形式、施工条件不同等原因，使得各施工过程在各施工段上的工程量有较大差异，或因专业工作队的生产效率相差较大，导致各施工过程的流水节拍随施工段的不同而不同，且不同施工过程之间的流水节拍又有很大差异。这时，流水节拍虽无任何规律，但仍可利用流水施工原理组织流水施工，使各专业工作队在满足连续施工的条件下，实现最大搭接。这种无节奏流水施工方式是建设工程流水施工的普遍方式，见图 2-22。

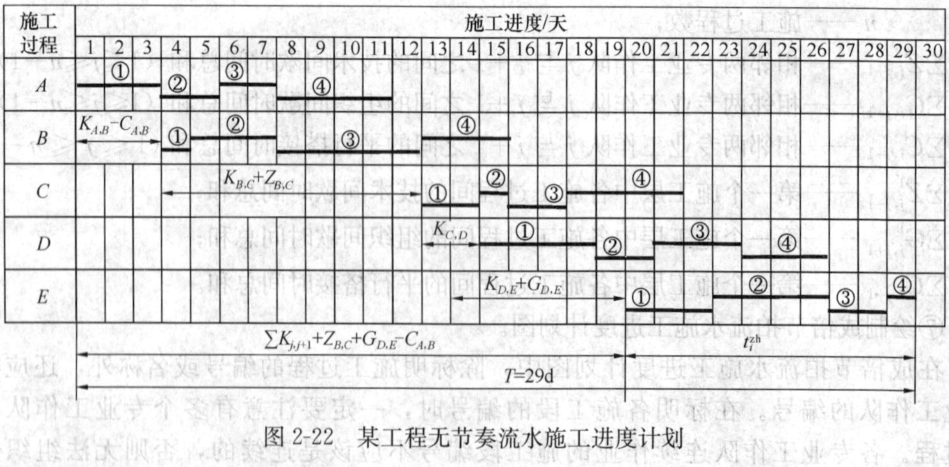

图 2-22　某工程无节奏流水施工进度计划

1）无节奏流水施工的特点（表 2-16）

无节奏流水施工特点 表 2-16

序号	内容
1	各施工过程在各个施工段上的流水节拍不尽相等
2	相邻专业工作队的流水步距不尽相等
3	专业工作队数等于施工过程数，即 $n_1=n$
4	各专业工作队在施工段上能够连续施工，但有的施工段可能存在空闲时间

2）无节奏流水施工的组织步骤

①确定施工流水线、分解施工过程、确定施工顺序；

②划分施工段；

③按相应的公式计算各施工过程在各个施工段上的流水节拍（参照本节相关内容）；

④按“潘特考夫斯基法”确定相邻两个专业工作队之间的流水步距；

⑤按下式计算流水施工的计划工期 T：

$$T=\sum_{j=1}^{n-1}K_{j,j+1}+\sum_{i=1}^{m}t_i^{\text{zh}}+\sum Z_{j,j+1}+\sum G_{j,j+1}-\sum C_{j,j+1} \tag{2-12}$$

式中 T——流水施工的计划总工期；

j——专业工作队编号，$1\leqslant j\leqslant n_1-1$；

n_1——专业工作队数目，此时 $n_1=n$；

m——施工段数目；

$K_{j,j+1}$——相邻专业工作队 j 与 $j+1$ 之间的流水步距；

i——施工段编号，$1\leqslant i\leqslant m$；

t_i^{zh}——最后一个施工过程的第 i 个施工段上的流水节拍；

$\sum Z_{j,j+1}$——相邻两专业工作队 j 与 $j+1$ 之间的技术间歇时间总和 $(1\leqslant j\leqslant n-1)$；

$\sum G_{j,j+1}$——相邻两专业工作队 j 与 $j+1$ 之间的组织间歇时间总和 $(1\leqslant j\leqslant n-1)$；

$\sum C_{j,j+1}$——相邻两专业工作队 j 与 $j+1$ 之间的平行搭接时间之和 $(1\leqslant j\leqslant n-1)$。

⑥绘制流水施工进度表。

3）应用举例

【例】 某项工程有 A、B、C、D、E 等 5 个施工过程。施工时在平面上划分成 4 个施工段，每个施工过程在各个施工段上的工程量、定额与班组人数见表 2-17。施工过程 B 完成后，其相应施工段至少要养护 2 天；施工过程 D 完成后，其相应施工段要留有 1 天的准备时间。为了早日完工，允许施工过程 A、B 之间搭接施工 1 天。试编制流水施工进度图表。

某工程资料表 表 2-17

施工过程	劳动力人数	劳动定额	各施工段工程量				
			单位	第 1 段	第 2 段	第 3 段	第 4 段
A	10	$8m^2$/工日	m^2	240	160	165	300
B	15	$1.5m^3$/工日	m^3	25	65	120	70
C	10	0.4t/工日	t	6.5	3.5	9	16
D	10	$1.3m^3$/工日	m^3	50	25	40	35
E	10	$5m^3$/工日	m^3	150	200	100	50

解：(1) 计算流水节拍 t。由式 (2-1) 得，

$$t_{A,1}=Q_{A,1}/(S_{A,1}\cdot R_{A,1}\cdot N_{A,1})=240/(8\times10\times1)=3;$$

同理可得其他各段的流水节拍，列表如表 2-18。

某工程流水节拍表　**表 2-18**

流水节拍(天) 施工段 / 专业队	①	②	③	④
A	3	2	2	4
B	1	3	5	3
C	2	1	2	4
D	4	2	3	3
E	3	4	2	1

(2) 确定流水步距 K_b，采用"潘特考夫斯基法"。

1) 累加数列：

A：3，5，7，11

B：1，4，9，12

C：2，3，5，9

D：4，6，9，12

E：3，7，9，10

2) 错位相减：

A，B：

```
  3,  5,  7,  11
-     1,  4,   9,  12
  3,  4,  3,   2, -12
```

同理　B，C：1，2，6，7，−9

C，D：2，−1，−1，0，−12

D，E：4，3，2，3，−10

3) 取大差值为流水步距

$$K_{A,B}=\max\{3,\ 4,\ 3,\ 2,\ -12\}=4(\text{天})$$

$$K_{B,C}=\max\{1,\ 2,\ 6,\ 7,\ -9\}=7(\text{天})$$

$$K_{C,D}=\max\{2,\ -1,\ -1,\ 0,\ -12\}=2(\text{天})$$

$$K_{D,E}=\max\{4,\ 3,\ 2,\ 3,\ -10\}=4(\text{天})$$

（3）计算工期 T。由式（2-12）得，

$$T=\sum_{j=1}^{n-1}K_{j,j+1}+\sum_{i=1}^{m}t_i^{zh}+\sum Z_{j,j+1}+\sum G_{j,j+1}-\sum C_{j,j+1}$$

$$=(4+7+2+4)+(3+4+2+1)+2+1-1=29\text{ 天}$$

（4）编制成倍节拍流水施工进度图表。见图 2-22。

2.4.5.2 工程网络图绘制及时间参数计算

工程网络计划技术是以规定的网络符号及其图形表达计划中工作之间的相互制约和依赖关系，并分析其内在规律，从而寻求其最优方案的计划管理方法。它在项目的组织施工、方案制订、进度管理与控制等方面起着十分重要的作用。按表示方法分，一般工程网络图分为双代号网络图和单代号网络图。此外，常见的还有双代号时标网络图和单代号搭接网络图。国内应用双代号网络图较多，而单代号网络图在国外应用相对普遍，由于容易画、不易出错、便于修改调整和不设虚工作等优点，现在也已被广大计划人员所采用。而时标网络图与横道图比较相似，便于绘制，虽其不能反映总时差，但还是被人们所应用。单代号搭接网络图能比较正确地反映工程中各项目之间的逻辑关系，但由于时间参数计算复杂，之前较少被应用，不过随着计算机技术的发展，其应用日益增多。下面重点说明普通双代号和单代号网络图的绘制及时间参数计算，并对双代号时标网络图和单代号搭接网络图进行简单的介绍。

1. 双代号网络图的绘制及时间参数计算

（1）双代号网络图的基本概念

采用两个带有编号的圆圈和一个中间箭线表示一项工作，其持续时间多为肯定型，由工作（箭线）、节点和线路三要素组成。分有时间坐标和无时间坐标两种。

1）工作

①工作又称工序、活动，是指计划按需要的粗细程度划分而成的一项消耗时间（或也消耗资源）的子项目或子任务。它是网络图的组成要素之一。

a. 在双代号网络图中工作用箭线表示。工作名称写在箭线的上面或左面，工作持续时间写在箭线的下面或右边。

b. 即使不消耗人力、物力，但需要消耗时间的活动过程仍是工作，如混凝土浇筑后的养护过程，也是工作。

c. 工作根据一项计划（或工程）的规模不同其划分的粗细程度、大小范围也有所不同。如对于一个规模较大的工程项目来讲，一项工作可能代表一个单位工程或一个构筑物；如对于一个单位工程，一项工作可能只代表一个分部工程或分项工作。

d. 箭线的长度和方向：在无时间坐标的网络图中，原则上可以任意画，但必须满足网络逻辑关系且不得中断；箭线的长度按美观和需要而定，其方向尽可能由左向右画出，箭线优先选用水平走向。在有时间坐标的网络图中，其箭线长度必须根据完成该项工作所需持续时间的大小按比例绘制。在同一张网络图中，箭线的画法要求统一，图面要求整齐醒目。

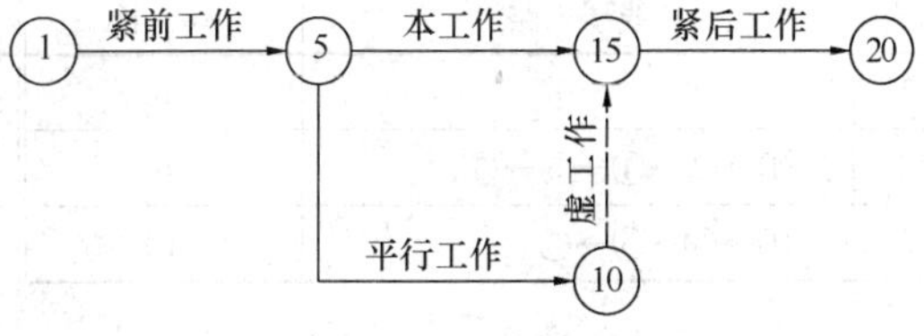

图 2-23 工作间的关系

②工作类型

按照网络图中工作之间的相互关系，可将工作分为以下几种类型，见表 2-19。

网络图的工作类型　　表 2-19

序号	工作类型	说　明
1	紧前工作	如图 2-23 所示，相对于工作 5-15 而言，紧排在本工作 5-15 之前的工作 1-5 称为工作 5-15 的紧前工作，即 1-5 完成后本工作即可开始；若不完成，本工作不能开始
2	紧后工作	如图 2-23 所示，紧排在本工作 5-15 之后的工作 15-20，称为工作 5-15 的紧后工作，本工作完成之后紧后工作即可开始；否则，紧后工作就不能开始
3	平行工作	如图 2-23 所示，工作 5-10 就是 5-15 的平行工作，可以和本工作 5-15 同时开始和同时结束
4	起始工作	没有紧前工作的工作。如图 2-23 所示，工作 1-5 就是起始工作
5	结束工作	没有紧后工作的工作。如图 2-23 所示，工作 15-20 就是结束工作
6	先行工作	自起点节点至本工作开始节点之前各条线路上的所有工作，称为本工作的先行工作
7	后续工作	本工作结束节点之后至终点节点之前各条线路上的所有工作，称为本工作的后续工作
8	虚工作	不消耗时间和资源的工作称为虚工作，即虚工作的持续时间为零。通常用虚箭线表示，如图 2-23 中工作 10-15 所示。当虚箭线很短，在画法上不易表示时，可采用工作持续时间为零的实箭线标识。虚工作实际上是用来表示工作间逻辑关系的一种符号

绘制网络图时，最重要的是明确各工作之间的紧前或紧后关系。只要这一点弄清楚了，其他任何复杂的关系都能借助网络图中的紧前或紧后关系表达出来。

2）节点

①节点又叫事件，以圆圈表示。一个箭线尾部的节点称为开始节点（事件），箭线头部的节点称为结束节点，两个工作之间的节点称为中间节点。中间节点标志前一个工作的结束，允许后一个工作的开始，起到承上启下把工作衔接起来的作用。

②节点仅为前后两个工作的交接点，它是工作完成或开始的瞬间，既不消耗时间也不消耗资源。在网络图中，对一个节点来讲，可能有许多箭线指向该节点，称该节点前导工作或前项工作，由该节点发出的箭线称该节点的后续工作或后项工作。

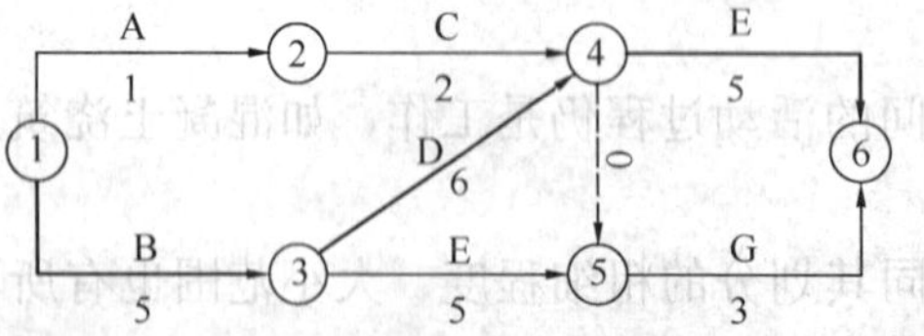

图 2-24　双代号网络示意图

3）线路

网络图中从起点节点开始，沿箭线方向连续通过一系列箭线与节点，最后到达终点节点所经过的通路，称为线路。每一条线路都有自己确定的完成时间，它等于该线路上各项工作持续时间的总和，称为线路时间。以图 2-24 为例，列表计算见表 2-20。

网络图线路时间计算表　　表 2-20

序号	线　路	线　长	序号	线　路	线　长
1	①→②→④→⑥	8	4	①→③→④→⑥	16
2	①→②→④→⑤→⑥	6	5	①→③→④→⑤→⑥	14
3	①→③→⑤→⑥	13			

在整个网络线路中线路时间最长的线路称为关键线路（也称主要线路）。如表 2-20 所

示，图 2-24 中共有 5 条线路，其中第 4 条线路即①→③→④→⑥的时间最长，即为关键线路。位于关键线路上的工作称为关键工作。关键工作完成的快慢直接影响整个计划工期的实现。关键线路一般用粗线（或双箭线、红箭线）来重点表示。

在网络图中关键线路有时不止一条，可能同时存在几条关键线路，即这几条线路上的持续时间相同且是线路持续时间的最大值，但管理中一般不希望出现太多的关键线路。

在一定的条件下，关键线路和非关键线路可以相互转化。例如当采用了一定的技术组织措施，缩短了关键线路上各工作的持续时间就有可能使关键线路发生转移，使原来的关键线路变成非关键线路，而原来的非关键线路却变成关键线路。

位于非关键线路的工作除关键工作外，其余称为非关键工作，它具有机动时间（即时差或浮时）。利用非关键工作的浮时可以科学、合理地调配资源和对网络计划进行优化，例如可以利用将非关键工作在浮时范围内延长，而把部分人员和设备转移到关键工作上去，以加快关键工作的进行，从而缩短工期。

(2) 双代号网络图的绘制

1）项目的分解

根据项目管理和网络计划的要求和编制需要，将项目分解为网络计划的基本组成单元（工作）。项目分解的原则见表 2-21。

项目分解的原则 表 2-21

序号	内容
1	项目分解一般可按其性质、组织结构或运行方式等来划分。如：按准备阶段、实施阶段；按全局与局部；按专业或工艺作业内容；按工作责任或工作地点等进行分解
2	项目分解一般先粗后细。粗分有利于制定总网络计划，细分可作为绘制局部网络计划的依据
3	项目分解宜根据具体情况决定分解的粗细程度，也可仅在某一局部、某一生产阶段进行必要的粗分或细分

项目分解的结果就是形成项目的分解说明及项目的工作分解结构（WBS）图表。

2）逻辑关系分析

工作的逻辑关系分析是根据施工工艺和施工组织的要求，确定各道工作之间的相互依赖和相互制约的关系，以方便绘制网络图。

①分析逻辑关系的依据（表 2-22）

分析逻辑关系的依据 表 2-22

序号	内容	序号	内容
1	已设计的工作方案	3	收集到的有关资料
2	项目已分解的工作序列	4	编制计划人员的专业工作经验和管理工作经验等

②逻辑关系分类（表 2-23）

逻辑关系分类 表 2-23

序号	分类	说明
1	工艺关系	由施工工艺所决定的各工作之间的先后顺序关系。这种关系是受客观规律支配的，一般是不可改变的。当一个工程的施工方法确定之后，工艺关系也就随之被确定下来。如果违背这种关系，将不可能进行施工，或会造成质量、安全事故，导致返工和浪费

续表

序号	分类	说明
2	组织关系	在施工过程中，由于劳动力、机械、材料和构件等资源的组织与安排的需要而形成的各工作之间的先后顺序关系。这种关系不是由工程本身决定的而是人为的。组织方式不同，组织关系也就不同。但是不同的组织安排，往往产生不同的组织效果，所以组织关系不但可以调整，而且应该优化。这是由组织管理水平决定的，应该按组织规律办事

③分析方法

a. 根据网络图的要求，分析每项工作的紧前工作或紧后工作，以及与相关工作的各种搭接关系。

b. 将项目分解及逻辑关系分析结果列表（样表见表 2-24），并使联系密切的工作尽量相邻或相近排列。

项目分解及逻辑关系分析结果列表 **表 2-24**

编码	工作名称	逻辑关系			工作持续时间				
		紧前工作（或紧后工作）	搭接		确定时间 D	三时估计法			
			相关工作	时距		最短估计时间 a	最长估计时间 b	最可能时间 m	期望持续时间 D_e
1	2	3	4	5	6	7	8	9	10

c. 计算工作持续时间的方法：

计算时间参数的依据有网络图、工作的任务量、资源供应能力、工作组织方式、工作能力和效率、选择的计算方法。常用方法如下：

a）参照以往实践经验估算；

b）经过试验推算；

c）按定额计算，工作持续时间 D=工作任务量 Q/（资源数量 R · 工效定额 S）；

d）对于一般非肯定型网络，工作持续时间 D 可采用“三时估计法”计算，即：期望持续时间值 D_e=（最短估计时间 a+4×最可能时间 m+最长估计时间 b）/6。

④常用逻辑关系表示方法

见表 2-26。

3）绘制双代号网络图

①基本规则

a. 双代号网络图必须正确表达各项工作之间已定的逻辑关系。

b. 双代号网络图中，严禁出现循环回路。

c. 双代号网络图中，在节点之间严禁出现带双向箭头或无箭头的连线。

d. 双代号网络图中，严禁出现没有箭头节点或没有箭尾节点的箭线。

e. 当双代号网络图的某些节点有多条外向箭线或多条内向箭线时，为使图形简洁，在不违反“一项工作应只有唯一的一条箭线和相应的一对节点编号”的前提下，可使用母线法绘图（见图 2-25），当箭线线型不同时（如粗线、细线、虚线、点画线等），可在从母线上引出的支线上标出。

f. 绘制网络图时，箭线不宜交叉；当交叉不可避免时，可用过桥法（如图 2-26）或指向法（如图 2-27）。

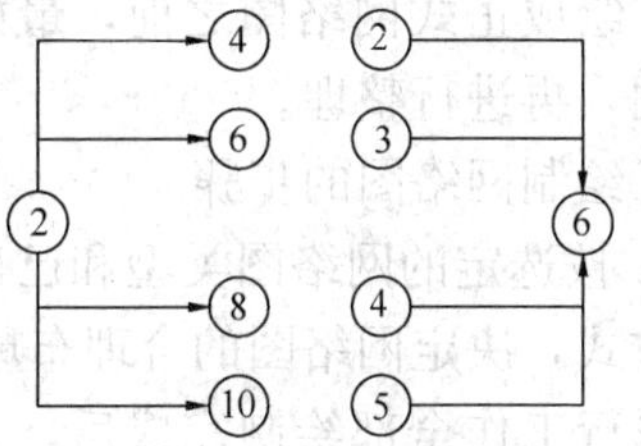

图 2-25　母线法图

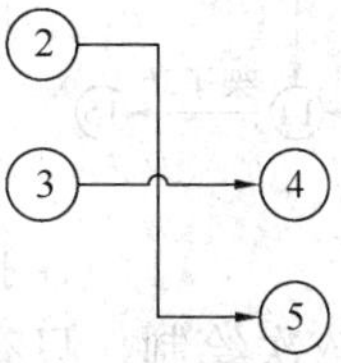

图 2-26　过桥法

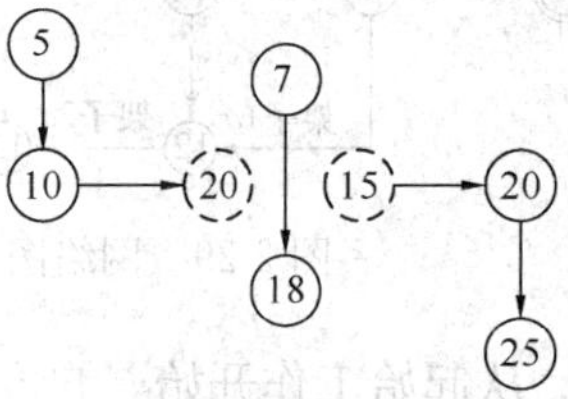

图 2-27　指向法

g. 双代号网络图中应只有一个起点节点，在不分期完成任务的网络图中，应只有一个终点节点；而其他所有节点均应是中间节点。

②网络图的编号

a. 箭线尾部的节点，即一项工作的开始节点的号码要小于箭头节点的号码，以开始节点为 i，箭头节点为 j，则各项工作总是 $i<j$。同一个网络图中，节点号码不能重复但可以不连续即中间可以跳号（最好以 5、10 跳隔比较方便），便于将来需要临时加入工作时可以不致打乱全图的编号。

b. 按水平自左至右顺序编号——水平编号法。此法首先在画网络图时，各节点尽量以相同的步距间隔布置，但上下的节点要垂直对位，然后每行自左至右沿箭头流向，编写由小到大的号码，保证节点号码 $i<j$ 即可。

c. 垂直编号。绘制网络图的要求与水平编号相同，而编号则按垂直方向从原始节点起由上而下或自下而上，或者自上而下从左至右编排。

③网络图的布局要求

在保证网络图逻辑关系正确的前提下，要重点突出、层次清晰、布局合理，方便阅读。关键线路应尽可能布置在中心位置，用粗箭线或双线箭头画出；密切相关的工作尽可能相邻布置，避免箭线交叉；尽量采用水平箭线或垂直箭线。

绘制网络图时，力求减少不必要的箭线和节点。正确使用网络图断路方法，将没有逻辑关系的有关工作用虚工作加以隔断，见图 2-28。

当网络图的工作数目很多时，可将其分解为几块来绘制；各块之间的分界点要设在箭线和事件最少的部位，

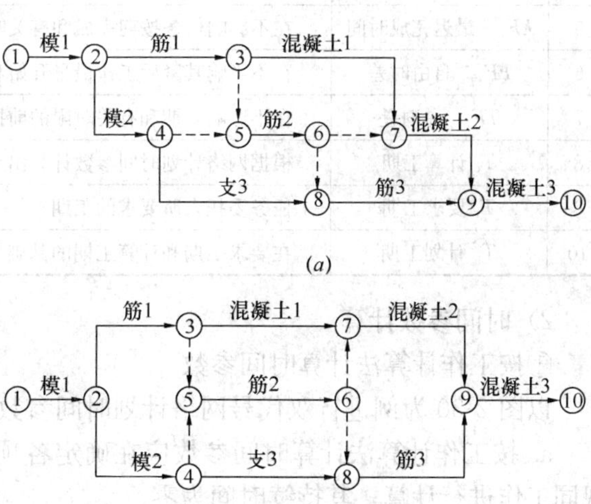

图 2-28　网络图断路方法示意图

（a）横向断路法；（b）纵向断路法

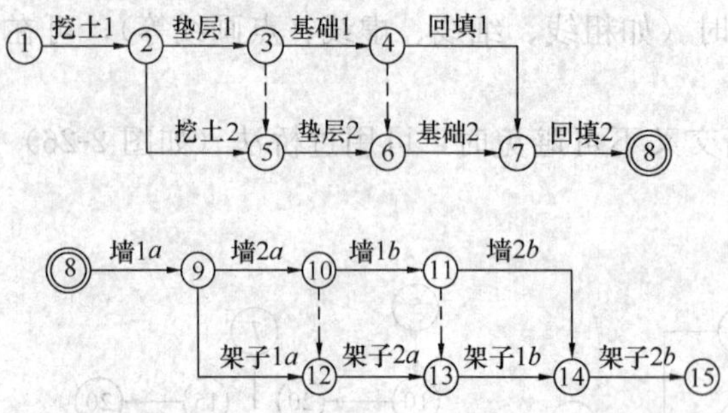

图 2-29　网络图分解

分界点事件的编号要相同，并且画成双层圆圈。单位工程施工网络图的分界点，通常设在分部工程分界处，见图 2-29。

在绘成正式网络图之前，最好先绘成草图，再进行整理。

④绘制网络图的步骤

a. 按选定的网络图类型和已确定的排列方式，决定网络图的合理布局；

b. 从起始工作开始，自左至右依次绘制，只有当先行工作全部绘制完成后，才能绘制本工作，直至结束工作全部绘完为止；

c. 检查工作和逻辑关系有无错、漏并进行修正；

d. 按网络图绘图规则的要求完善网络图；

e. 按网络图的编号要求将工作节点编号。

(3) 双代号网络图的时间参数计算

网络图计算的目的就是计算出各种时间参数，为管理提供信息，从而为确定关键线路及优化、控制网络计划服务。

1) 网络图计算的主要时间参数，见表 2-25。

网络图计算的主要时间参数　　表 2-25

序号	内　容	说　明
1	D_{i-j} 工作持续时间	对一项工作规定的从开始到完成的时间
2	ES_{i-j} 最早开始时间	在紧前工作和有关时限约束下，工作有可能开始的最早时刻
3	EF_{i-j} 最早完成时间	在紧前工作和有关时限约束下，工作有可能完成的最早时刻
4	LS_{i-j} 最迟开始时间	在不影响任务按期完成和有关时限约束的条件下，工作最迟必须开始的时刻
5	LF_{i-j} 最迟完成时间	在不影响任务按期完成和有关时限约束的条件下，工作最迟必须完成的时刻
6	FF_{i-j} 自由时差	在不影响其紧后工作最早开始和有关时限的前提下，一项工作可以利用的机动时间
7	TF_{i-j} 总时差	在不影响工期和有关时限的前提下，一项工作可以利用的机动时间
8	T_c 计算工期	根据网络计划时间参数计算出来的工期
9	T_r 要求工期	任务委托人所要求的工期
10	T_p 计划工期	在要求工期和计算工期的基础上综合考虑需要和可能而确定的工期

2) 时间参数计算

①按工作计算法计算时间参数

以图 2-30 为例进行双代号网络计划时间参数的计算。

a. 按工作计算法计算时间参数应在确定各项工作的持续时间之后进行。虚工作必须视同工作进行计算，其持续时间为零。

b. 按工作计算法计算时间参数，其计算结果应标注在箭线之上（图 2-31）。当为虚工作时，图中的箭线为虚箭线。

c. 计算顺序：a) 从起点节点工作开始，顺序计算各工作的最早开始时间 ES_{i-j}；b)

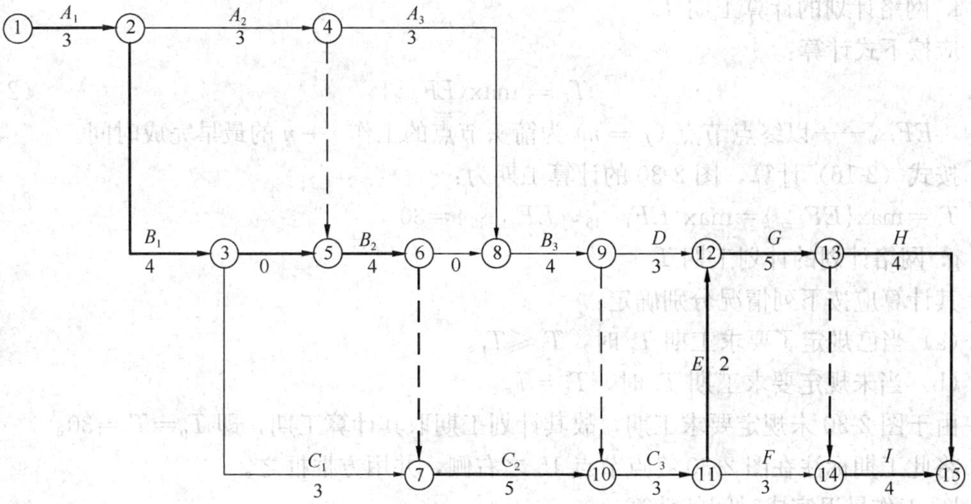

图 2-30 按工作计算法示例

计算各工作的最早完成时间 EF_{i-j}；c）计算网络计划的计算工期 T_c；d）从终点节点工作开始，逆序计算各工作的最迟完成时间 LF_{i-j}；e）计算各工作的最迟开始时间 LS_{i-j}；f）计算总时差 TF_{i-j}；g）计算自由时差 FF_{i-j}。

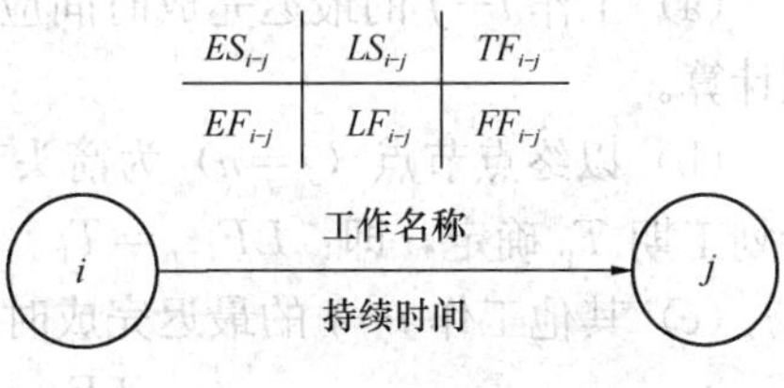

图 2-31 工作计算法标注要求

d. 工作最早开始时间的计算

工作最早开始时间 ES_{i-j} 的计算应符合下列规定：

（a）工作 $i-j$ 的最早开始时间 ES_{i-j} 应从网络计划的起点节点开始顺着箭线方向依次逐项计算；

（b）以起点节点 i 为箭尾节点的工作 $i-j$，当未规定其最早开始时间 ES_{i-j} 时，其值应等于零，即：$ES_{i-j}=0(i=1)$。

因此，图 2-30 例中，$ES_{1-2}=0$。

（c）当工作 $i-j$ 只有一项紧前工作 $h-i$ 时，其最早开始时间 ES_{i-j} 应为：

$$ES_{i-j}=ES_{h-i}+D_{h-i} \tag{2-13}$$

（d）当工作 $i-j$ 有多个紧前工作时，其最早开始时间 ES_{i-j} 应为：

$$ES_{i-j}=\max\{ES_{h-i}+D_{h-i}\} \tag{2-14}$$

式中 ES_{h-i}——工作 $i-j$ 的各项紧前工作 $h-i$ 的最早开始时间；

D_{h-i}——工作 $i-j$ 的各项紧前工作 $h-i$ 的持续时间。

按式（2-13）和式（2-14）计算图 2-30 中各项工作的最早开始时间，计算结果见图 2-32 中标注。

e. 工作 $i-j$ 的最早完成时间 EF_{i-j} 的计算

应按下式计算：

$$EF_{i-j}=ES_{i-j}+D_{i-j} \tag{2-15}$$

按式（2-15）计算图 2-30 中各项工作的最早完成时间，计算结果见图 2-32 中标注。

f. 网络计划的计算工期 T_c

应按下式计算：

$$T_c = \max\{EF_{i-n}\} \tag{2-16}$$

式中　EF_{i-n}——以终点节点（$j=n$）为箭头节点的工作 $i-n$ 的最早完成时间。

按式（2-16）计算，图 2-30 的计算工期为：

$T_c=\max\{EF_{i-n}\}=\max\{EF_{13-15}，EF_{14-15}\}=30$

g. 网络计划的计划工期 T_p

其计算应按下列情况分别确定：

(a) 当已规定了要求工期 T_r 时，$T_p \leqslant T_r$。

(b) 当未规定要求工期 T_r 时，$T_p=T_c$。

由于图 2-30 未规定要求工期，故其计划工期取其计算工期，即 $T_p=T_c=30$。

将此工期标注在图 2-30 终点节点 15 之右侧，并用方框框之。

h. 工作最迟完成时间的计算

应符合下列规定：

(a) 工作 $i-j$ 的最迟完成时间应从网络计划的终点节点开始，逆着箭线方向依次逐项计算。

(b) 以终点节点（$j=n$）为箭头节点的工作的最迟完成时间 LF_{i-n}，应按网络计划的计划工期 T_p 确定，即：$LF_{i-n}=T_p$。

(c) 其他工作 $i-j$ 的最迟完成时间 LF_{i-j} 应为：

$$LF_{i-j} = \min\{LF_{j-k} - D_{j-k}\} \tag{2-17}$$

式中　LF_{j-k}——工作 $i-j$ 的各项紧后工作 $j-k$ 的最迟完成时间；

　　D_{j-k}——工作 $i-j$ 的各项紧后工作 $j-k$ 的持续时间。

按式（2-17）计算图 2-30 中各项工作的最迟完成时间，计算结果和图 2-32 中所标注。

i. 工作 $i-j$ 的最迟开始时间 LS_{i-j}

应按下式计算：

$$LS_{i-j} = LF_{i-j} - D_{i-j} \tag{2-18}$$

按式（2-18）计算图 2-30 中各项工作的最迟开始时间，计算结果见图 2-32 中标注。

j. 工作 $i-j$ 的总时差 TF_{i-j}

应按下式计算：

$$TF_{i-j} = LS_{i-j} - ES_{i-j} \tag{2-19}$$

或

$$TF_{i-j} = LF_{i-j} - EF_{i-j} \tag{2-20}$$

按式（2-19）或式（2-20）计算图 2-30 中各项工作的总时差，结果和图 2-32 中所示。

k. 工作 $i-j$ 的自由时差 FF_{i-j} 的计算

应符合下列规定：

(a) 当工作 $i-j$ 有紧后工作 $j-k$ 时，其自由时差应为：

$$FF_{i-j} = ES_{i-j} - ES_{j-k} - D_{i-j} \tag{2-21}$$

或

$$FF_{i-j} = ES_{i-j} - EF_{i-j} \tag{2-22}$$

式中：ES_{j-k}——工作 $i-j$ 的紧后工作 $j-k$ 的最早开始时间。

(b) 以终点节点（$j=n$）为箭头节点的工作，其自由时差 FF_{i-j} 应按网络计划的计划

工期 T_p 确定，即：

$$FF_{i-n} = T_p - ES_{i-n} - D_{i-n} \tag{2-23}$$

或

$$FF_{i-n} = T_p - EF_{i-n} \tag{2-24}$$

按式（2-21）或式（2-22）计算图 2-30 中各项工作的自由时差，结果和图 2-32 中所示。图中虚工作的自由时差归其紧前工作所有。

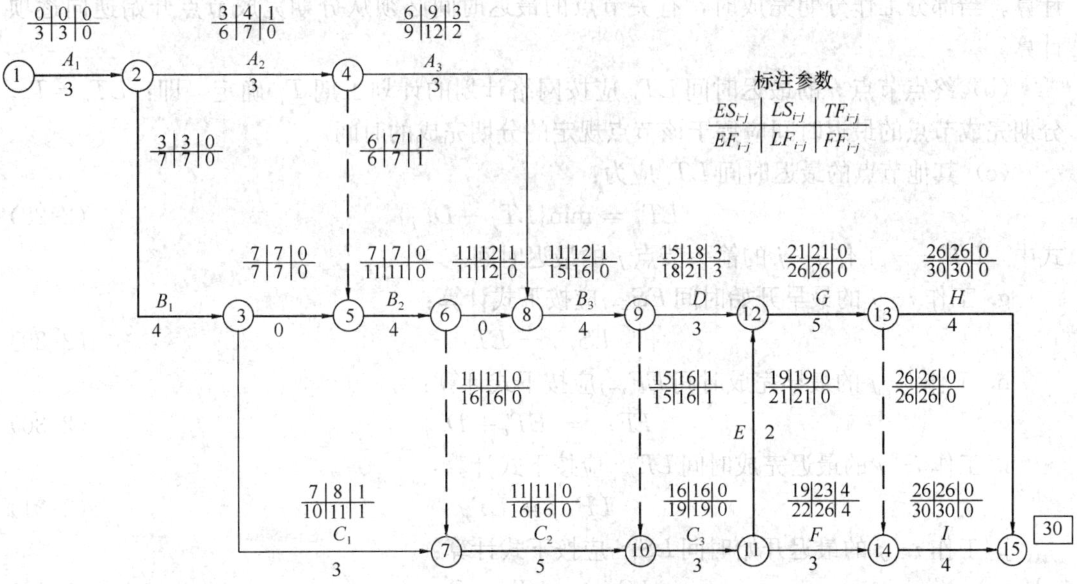

图 2-32 按工作计算法示例计算结果图示

②按节点计算法计算时间参数

a. 按节点计算法计算时间参数应在确定各项工作的持续时间之后进行。虚工作必须视同工作进行计算，其持续时间为零。

b. 按节点计算法计算时间参数，其计算结果应标注在节点之上（图 2-33）。

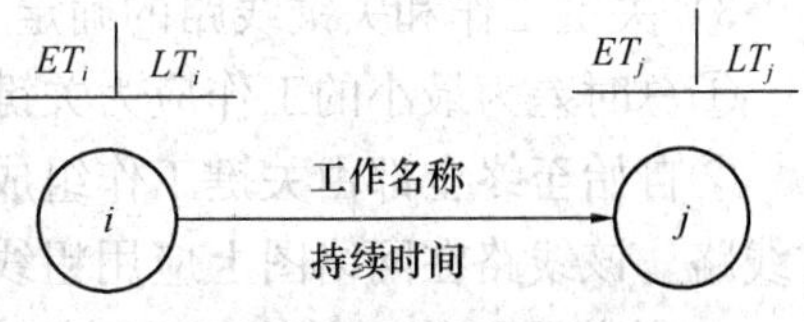

图 2-33 节点计算法标注要求

c. 节点最早时间的计算应符合下列规定：

（a）节点 i 的最早时间 ET_i 应从网络计划的起点节点开始，顺着箭线方向依次逐项计算；

（b）起点节点 i 如未规定最早时间 ET_i 时，其值应等于零，即：$ET_i = 0 (i = 1)$；

（c）当节点 j 只有一条内向箭线时，最早时间 ET_j 应为：

$$ET_j = ET_i + D_{i-j} \tag{2-25}$$

（d）当节点 j 有多条内向箭线时，其最早时间 ET_j 应为：

$$ET_j = \max\{ET_i + D_{i-j}\} \tag{2-26}$$

式中 D_{i-j}——工作 $i-j$ 的持续时间。

d. 网络计划的计算工期 T_c 应按下式计算：

$$T_c = ET_n \tag{2-27}$$

式中 ET_n——终点节点 n 的最早时间。

e. 网络计划的计划工期 T_p 的计算应按下列情况分别确定：

(a) 当已规定了要求工期 T_r 时，$T_p \leqslant T_r$。

(b) 当未规定要求工期 T_r 时，$T_p = T_c$。

f. 节点最迟时间的计算应符合下列规定：

(a) 节点 i 的最迟时间 LT_i 应从网络计划的终点节点开始，逆着箭线的方向依次逐项计算。当部分工作分期完成时，有关节点的最迟时间必须从分期完成节点开始逆向逐项计算。

(b) 终点节点 n 的最迟时间 LT_n 应按网络计划的计划工期 T_p 确定，即：$LT_n = T_p$；分期完成节点的最迟时间应等于该节点规定的分期完成的时间。

(c) 其他节点的最迟时间 LT_i 应为：

$$LT_i = \min\{LT_j - D_{i-j}\} \tag{2-28}$$

式中　LT_j——工作 $i-j$ 的箭头节点 j 的最迟时间。

g. 工作 $i-j$ 的最早开始时间 ES_{i-j} 应按下式计算：

$$ES_{i-j} = ET_i \tag{2-29}$$

h. 工作 $i-j$ 的最早完成时间 EF_{i-j} 应按下式计算：

$$EF_{i-j} = ET_i + D_{i-j} \tag{2-30}$$

i. 工作 $i-j$ 的最迟完成时间 LF_{i-j} 应按下式计算：

$$LF_{i-j} = LT_j \tag{2-31}$$

j. 工作 $i-j$ 的最迟开始时间 LS_{i-j} 应按下式计算：

$$LS_{i-j} = LT_j - D_{i-j} \tag{2-32}$$

k. 工作 $i-j$ 的总时差 TF_{i-j} 应按下式计算：

$$TF_{i-j} = LT_j - ET_i - D_{i-j} \tag{2-33}$$

l. 工作 $i-j$ 的自由时差 FF_{i-j} 应按下式计算：

$$FF_{i-j} = ET_j - ET_i - D_{i-j} \tag{2-34}$$

3) 关键工作和关键线路的确定

①总时差为最小的工作应为关键工作；

②自始至终全部由关键工作组成的线路或线路上总的工作持续时间最长的线路应为关键线路。该线路在网络图上应用粗线、双线或彩色线标注。

2. 单代号网络图的绘制及时间参数计算

(1) 单代号网络图的基本概念

1) 单代号网络图又称活动（工作）节点网络图，采用节点及其编号（一个大方框或圆圈）表示一项工作，工作之间的相互关系以箭线表达，工作持续时间多为肯定型。它与双代号网络图只是表现的形式不同，其所表达的内容则完全一样。相比双代号网络图，单代号网络图具有容易画、没有虚工作、便于修改等优点，但在多进多出的节点处容易发生箭线交叉，故又不如双代号网络图清楚。单代号网络图在国外使用较多。

2) 节点

单代号网络图中节点代表一项工作，既占用时间，又消费资源，节点可用圆圈或方框表示，其内标注工作编号、名称和持续时间。节点均需编号，不能重复，箭头节点的编号要大于箭尾节点的编号。

3）箭线

在单代号网络图中，箭线仅表示工作间的逻辑关系，既不占用时间，又不消费资源。单代号网络图中不设虚箭线。

（2）单代号网络图的绘制

1）单代号网络图的绘制步骤基本同双代号网络图。

2）项目分解、逻辑关系分析，同双代号网络图。双代号与单代号网络逻辑关系表示方法比较见表 2-26。

网络图逻辑关系表示方法 表 2-26

序号	逻辑关系	网络图表示方法	
		双 代 号	单 代 号
1	A 完成后进行 B，B 完成后进行 C	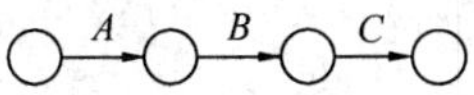	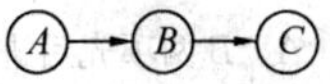
2	A 完成后同时进行 B 和 C	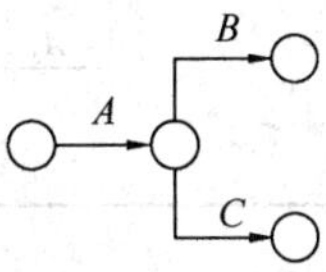	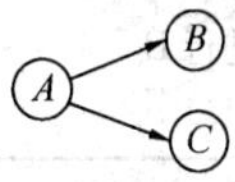
3	A 和 B 都完成后进行 C	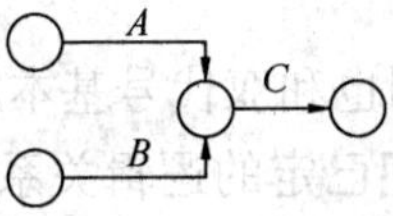	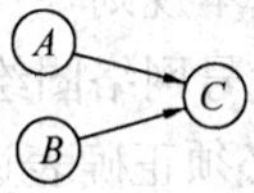
4	A 和 B 都完成后同时进 C 和 D	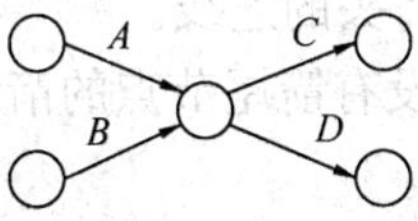	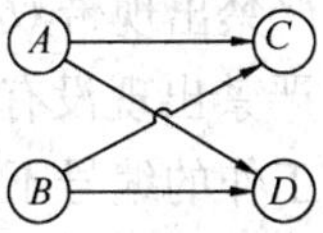
5	A、B、C 同时开始施工	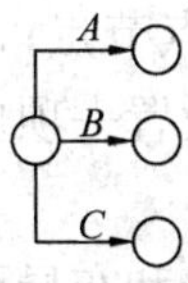	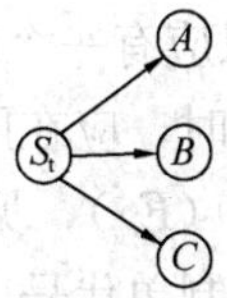
6	A、B、C 同时结束施工	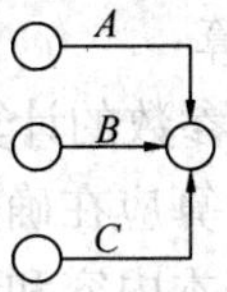	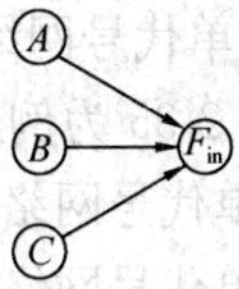
7	A 完成后进行 C；A、B 都完成后进行 D	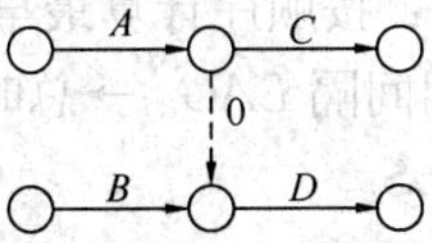	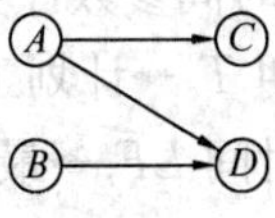

续表

序号	逻辑关系	网络图表示方法	
		双 代 号	单 代 号
8	A、B 都完成后进行 C，B、D 都完成后进行 E	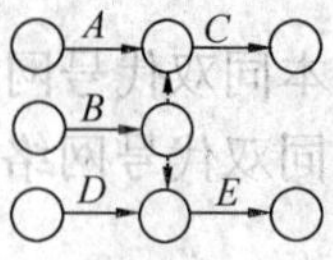	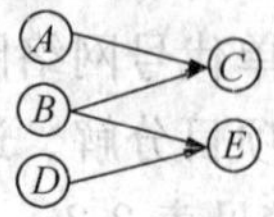
9	A 完成后进行 C，A、B 都完成后进行 D，B 完成后进行 E	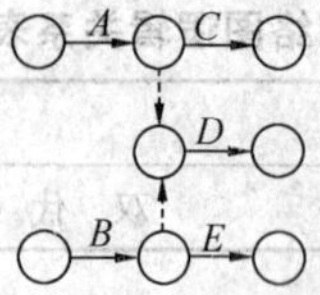	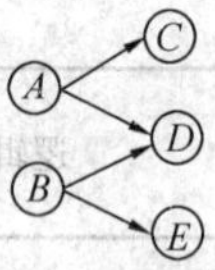
10	A、B 两项先后进行的工作，各分为三段进行。A_1 完成后进行 A_2、B_1，A_2 完成后进行 A_3、B_2，B_1 完成后进行 B_2，A_3、B_2 完成后进行 B_3	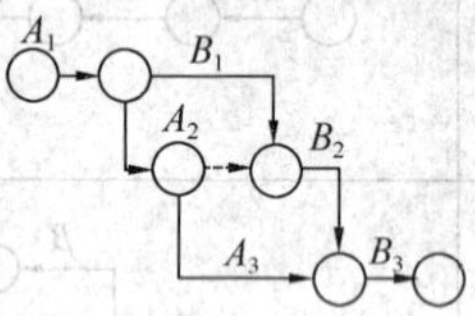	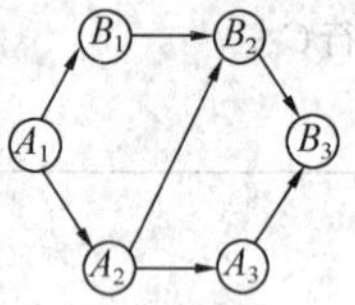

3）绘制单代号网络图

①基本规则

单代号网络图绘制的基本规则也和双代号基本相同，即：

a. 必须正确表达各项工作之间已定的逻辑关系。

b. 严禁出现循环回路。

c. 严禁出现带双向箭头或无箭头的连线。

d. 严禁出现没有箭头节点和没有箭尾节点的箭线。

e. 工作的编号不允许重复。

f. 绘制网络图时，箭线不宜交叉；当交叉不可避免时，可采用过桥法和指向法绘制。

g. 只应有一个起点节点和一个终点节点；当单代号网络图中有多项起点节点或多项终点节点时，应在网络图的两端分别设置一项虚工作，作为该网络图的起点节点（S_t）和终点节点（F_{in}），见图 2-34。

②绘制单代号网络图的步骤、编号和布局要求，同双代号网络图。

（3）单代号网络图的时间参数计算

以图 2-35 为例进行网络计划时间参数的计算。

1）单代号网络计划的时间参数计算应在确定各项工作持续时间之后进行。

2）单代号网络计划的时间参数基本内容和形式应按图 2-36 所示的方式标注。

3）时间参数计算的一般顺序：按顺序计算最早开始时间 ES_i→最早完成时间 EF_i→计算工期 T_c→计划工期 T_p→时间间隔 $LAG_{i,j}$→总时差 TF_i→自由时差 FF_i→逆序计算最迟完成时间 LF_i→最迟开始时间 LS_i。

4）工作最早开始时间 ES_i 的计算

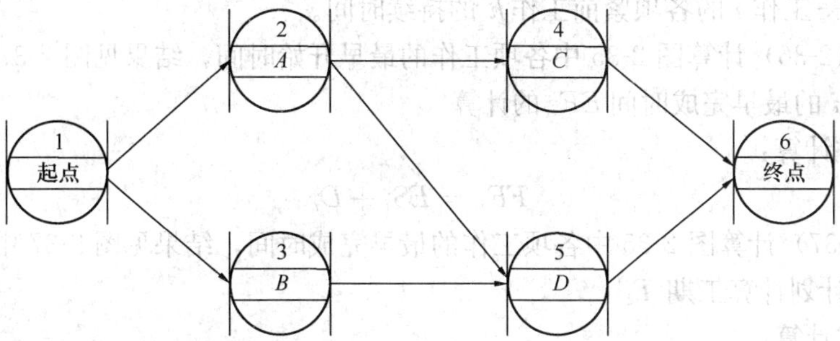

图 2-34 单代号网络图起点节点和终点节点

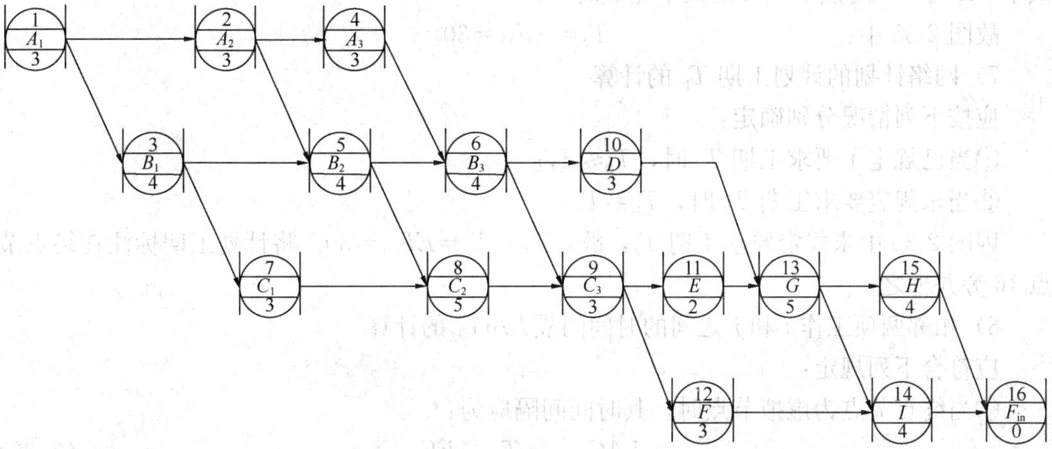

图 2-35 单代号网络计划计算示例

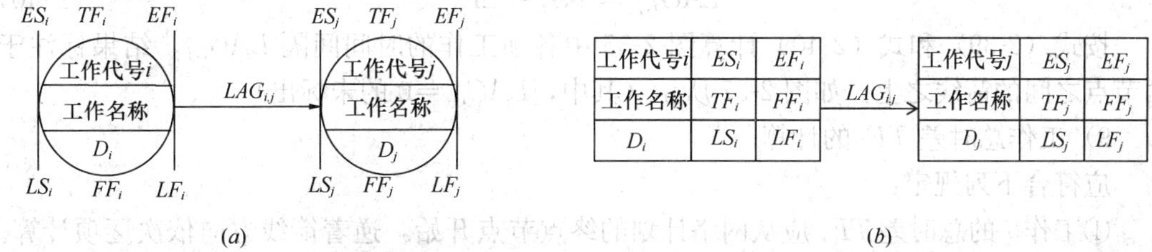

图 2-36 单代号网络图时间参数标注形式

应符合下列规定：

①工作 i 的最早开始时间 ES_i 应从网络图的起点节点开始，顺着箭线方向依次逐项计算；

②当起点节点 i 的最早开始时间 ES_i 无规定时，其值应等于零，即：$ES_i=0(i=1)$；

③其他工作的最早开始时间 ES_i 应为：

$$ES_i=\max\{EF_h\} \tag{2-35}$$

或

$$ES_i=\max\{ES_h+D_h\} \tag{2-36}$$

式中 ES_h——工作 i 的各项紧前工作 h 的最早开始时间；

D_h——工作 i 的各项紧前工作 h 的持续时间。

按公式（2-36）计算图 2-35 中各项工作的最早开始时间，结果见图 2-37 中标注。

5）工作 i 的最早完成时间 EF_i 的计算

应按下式计算：

$$EF_i = ES_i + D_i \quad (2\text{-}37)$$

按式（2-37）计算图 2-35 中各项工作的最早完成时间，结果见图 2-37 中标注。

6）网络计划计算工期 T_c

应按下式计算：

$$T_c = EF_n \quad (2\text{-}38)$$

式中 EF_n——终点节点 n 的最早完成时间。

故图 2-35 中： $T_c = EF_{16} = 30$

7）网络计划的计划工期 T_p 的计算

应按下列情况分别确定：

①当已规定了要求工期 T_r 时，$T_p \leqslant T_r$；

②当未规定要求工期 T_r 时，$T_p = T_c$。

因图 2-35 中未规定要求工期 T_r，故：$T_p = T_c = EF_{16} = 30$。将计划工期标注在终点节点 16 旁并框之。

8）相邻两项工作 i 和 j 之间的时间间隔 $LAG_{i,j}$ 的计算

应符合下列规定：

①当终点节点为虚拟节点时，其时间间隔应为：

$$LAG_{i,n} = T_p - EF_i \quad (2\text{-}39)$$

②其他节点之间的时间间隔应为：

$$LAG_{i,j} = ES_j - EF_i \quad (2\text{-}40)$$

按式（2-39）和式（2-40）计算图 2-35 中各项工作的时间间隔 $LAG_{i,j}$，结果标注于两节点之间的箭线之上，如图 2-37 所示（其中，$LAG_{i,j} = 0$ 的未标出）。

9）工作总时差 TF_i 的计算

应符合下列规定：

①工作 i 的总时差 TF_i 应从网络计划的终点节点开始，逆着箭线方向依次逐项计算。当部分工作分期完成时，有关工作的总时差必须从分期完成的节点开始逆向逐项计算；

②终点节点所代表工作 n 的总时差 TF_n 值应为：

$$TF_n = T_p - EF_n \quad (2\text{-}41)$$

③其他工作 i 的总时差 TF_i 应为：

$$TF_i = \min\{TF_j + LAG_{i,j}\} \quad (2\text{-}42)$$

按式（2-41）和式（2-42）计算图 2-35 中各项工作的总时差 TF_i，结果标注于图 2-37 中。

10）工作 i 的自由时差 FF_i 的计算

应符合下列规定：

①终点节点所代表工作 n 的自由时差 FF_n 应为：

$$FF_n = T_p - EF_n \quad (2\text{-}43)$$

②其他工作 i 的自由时差 FF_i 应为：

$$FF_i = \min\{LAG_{i,j}\} \tag{2-44}$$

按式（2-43）和式（2-44）计算，结果标于图 2-37 中。

11）工作最迟完成时间 LF_i 的计算

应符合下列规定：

①工作 i 的最迟完成时间 LF_i 应从网络计划的终点节点开始，逆着箭线方向依次逐项计算。当部分工作分期完成时，有关工作的最迟完成时间应从分期完成的节点开始逆向逐项计算；

②终点节点所代表的工作 n 的最迟完成时间 LF_n，应按网络计划的计划工期 T_p 确定，即：$LF_n = T_p$；

③其他工作 i 的最迟完成时间 LF_i 应为：

$$LF_i = \min\{LS_j\} \tag{2-45}$$

或

$$LF_i = EF_i + TF_i \tag{2-46}$$

式中 LS_j——工作 i 的各项紧后工作 j 的最迟开始时间。

按式（2-45）或式（2-46）计算图 2-35 中各项工作的最迟完成时间 LF_i，结果标注于图 2-37 中。

12）工作 i 的最迟开始时间 LS_i

应按下式计算：

$$LS_i = LF_i - D_i \tag{2-47}$$

或

$$LS_i = ES_i + TF_i \tag{2-48}$$

按式（2-45）或式（2-46）计算图 2-35 中各项工作的最迟开始时间 LS_i，结果标注于图 2-37 中。

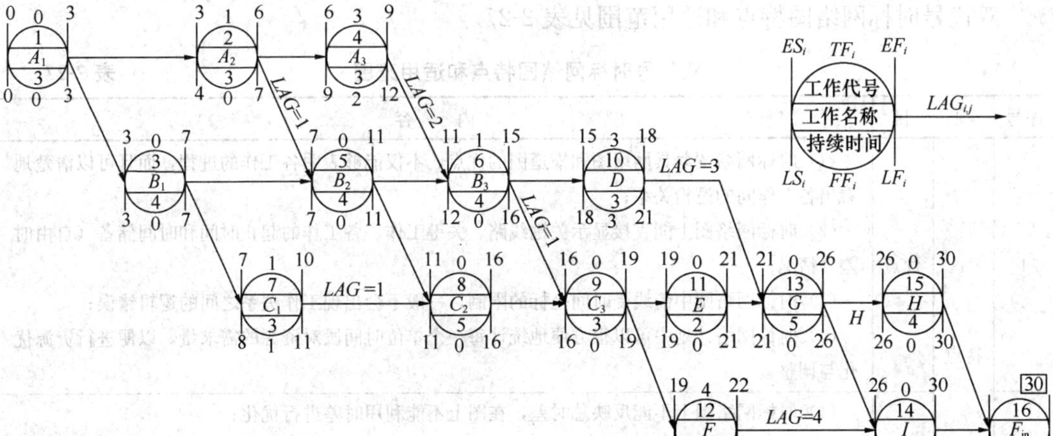

图 2-37 单代号网络计划计算示例图上标注结果

3. 双代号时标网络图

普通双代号与单代号网络图都是不带时间坐标的，工作的持续时间由箭线下方标注的时间说明，而与箭线的长短无关，不能直观地在图上看出各工作的开工和结束时间。而时标网络图吸取了横道图直观的优点，使网络图易于理解，方便应用，深为施工现场所欢迎，但修改起来比较麻烦。

（1）双代号时标网络图的一般规定

时标的时间刻度单位规划与横道图类似，一般在时标刻度线的顶部标注相应的时间值，也可以标注在底部，必要时可在顶部和底部同时标注。

实工作用实箭线表示，工作如有自由时差，用波形线表示。虚工作必须用垂直方向的虚箭线表示，有自由时差时用波形线表示。

时标网络计划一般按各个工作的最早开始时间编制，其中没有波形线的路线即为关键线路。双代号时标网络图如图 2-38 所示。

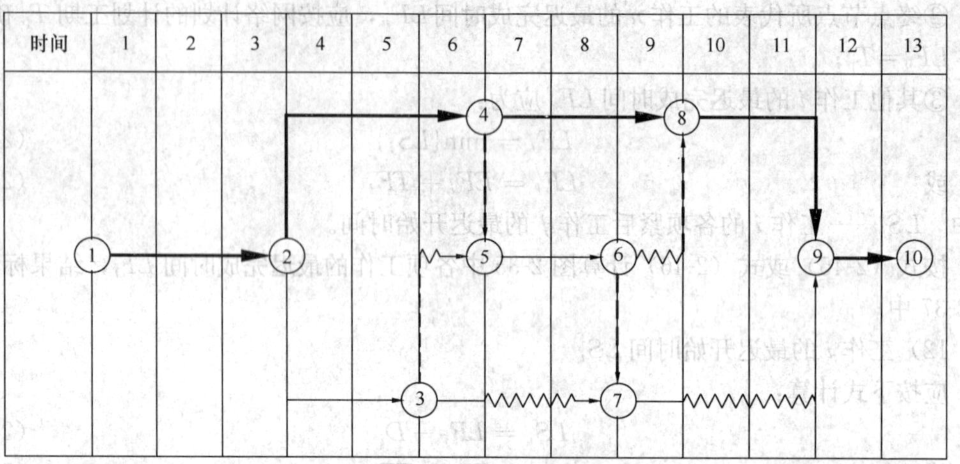

图 2-38　双代号时标网络图

（2）双代号时标网络图特点和适用范围

双代号时标网络图特点和适用范围见表 2-27。

双代号时标网络图特点和适用范围　　表 2-27

序号	项	目	内　容
1	特点	优点	（1）时标网络图兼具网络图和横道图的优点，不仅能够表明各工作的进程，而且可以清楚地看出各工作间的逻辑关系； （2）时标网络图上能直接显示关键线路、关键工作、各工作的起止时间和时间储备（自由时差）情况； （3）时标网络图中箭线受时间坐标的限制，一般不会出现工作关系之间的逻辑错误； （4）时标网络计划中可以很方便地统计每一个单位时间段对资源的需求量，以便进行资源优化与调整
2	特点	缺点	（1）时标网络图上不能反映总时差，在图上不能利用时差进行优化； （2）时标网络图中复杂的工程内容不能全面反映出来，即使要反映绘制也是相当困难； （3）时标网络图中工期长箭线长，图就长，所以绘图不方便，也不便于看图指导施工；因此在一般分项、分部工程指导施工时用得多； （4）时标网络画图前仍然要编制双代号网图，计算出最早时间或最迟时间，增加了工作量
3	适用范围		（1）工作数量不多，工艺关系比较简单的项目； （2）整体工程中的局部网络计划，或具体作业性网络计划； （3）使用实际进度前锋线法进行进度控制的网络计划

（3）时标网络图绘制方法

1）列出工作一览表，根据工程进度的要求确定工作名称及其划分的粗细；

2）确定各工作的工作持续时间；

3）画出工艺流程图；

4）绘制双代号网络图，确定最早开始时间（按最早开始时间绘制）或者最迟完成时间（按最迟时间绘制）；

5）在带有工作时间的坐标上绘制时标网络图。

4. 单代号搭接网络图

在前面讲述的双代号和单代号网络计划中，各项工作依次按顺序进行，即前一项工作完成后才开始下一项工作。但在工程项目实施中，为了缩短工期，许多工作可采用平行或搭接的方式进行。为了简单直接地表达这种搭接关系，使编制网络计划得到简化，于是相继出现了多种搭接网络计划技术的新方法，如美国的前导网络法（PDM）、前联邦德国的组合网络法（BKN）、法国的海特拉位势法（MPM）等，统称为“搭接网络计划法”。其共同特点为，前一项工作没有结束时，后一项工作即插入进行，将前后工作搭接起来。这种网络计划方法计算复杂，但利用计算机软件系统进行计算配合也就容易了。

搭接网络计划多采用单代号表示法，即以节点表示工作（活动、工序），节点可以绘成框形或圆图形，节点之间用不同的箭线表示逻辑顺序和搭接关系，如图 2-39 所示。

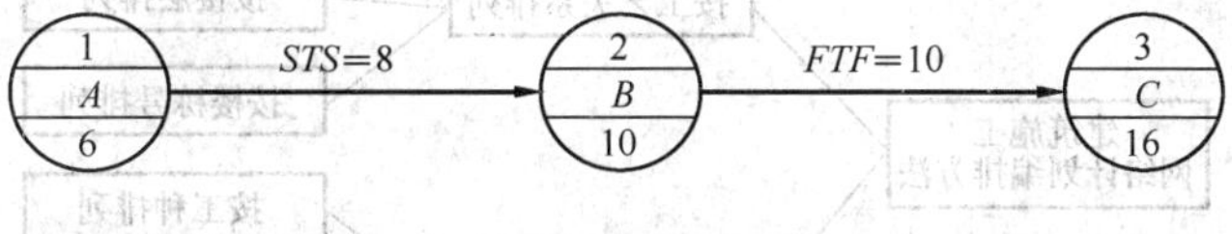

图 2-39 单代号搭接网络图

该网络图如果用横道图表示则如图 2-40 所示。

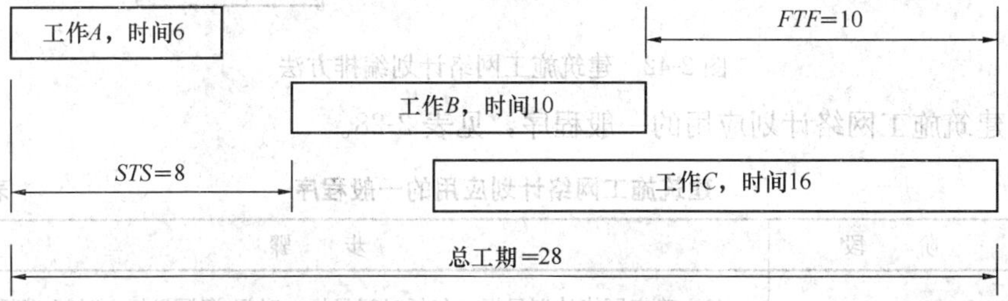

图 2-40 与图 2-39 所示网络图等效的横道图

搭接网络计划中，工作之间的搭接关系主要分为以下四种：

（1）结束到开始的搭接（$FTS_{i,j}$）。

表示工作 i 完成时间与紧后工作 j 开始时间之间的时间间距。

（2）开始到开始的搭接（$STS_{i,j}$）。

表示工作 i 开始时间与紧后工作 j 开始时间之间的时间间距。

（3）结束到结束的搭接（$FTF_{i,j}$）。

表示工作 i 完成时间与紧后工作 j 完成时间之间的时间间距。

（4）开始到结束的搭接（$STF_{i,j}$）。

表示工作 i 开始时间与紧后工作 j 完成时间之间的时间间距。

5. 建筑施工网络计划的应用

(1) 建筑施工网络计划的分类，见图 2-41。

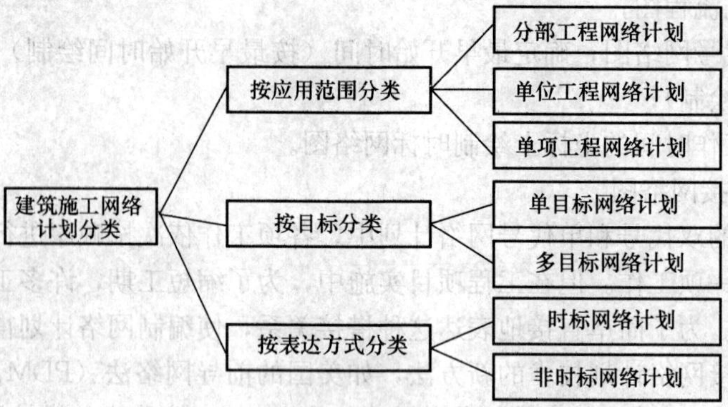

图 2-41　建筑施工网络计划分类

(2) 建筑施工网络计划的编排方法，见图 2-42。

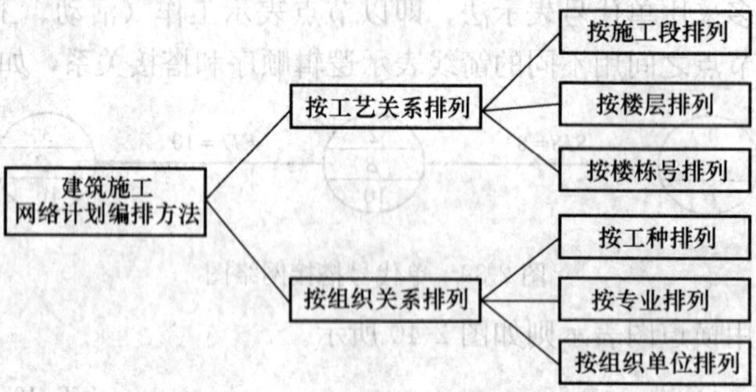

图 2-42　建筑施工网络计划编排方法

(3) 建筑施工网络计划应用的一般程序，见表 2-28。

建筑施工网络计划应用的一般程序　　表 2-28

序号	阶段	步骤
1	准备阶段	(1) 确定网络计划目标（包括时间目标、时间-资源目标、时间-费用目标）； (2) 调查研究； (3) 项目分解； (4) 施工方案设计
2	绘制网络图	(5) 逻辑关系分析； (6) 网络图构图
3	计算参数	(7) 计算工作持续时间和搭接时间； (8) 计算其他时间参数； (9) 确定关键线路
4	编制可行网络计划	(10) 检查与修正； (11) 可行网络计划编制

续表

序号	阶段	步骤
5	确定正式网络计划	(12) 网络计划优化; (13) 网络计划的确定
6	网络计划的实施与控制	(14) 网络计划的贯彻; (15) 检查与数据采集; (16) 控制与调整
7	收尾	(17) 分析; (18) 总结

(4) 建筑施工网络计划的优化

网络计划优化，是指在编制阶段，在满足既定约束的条件下，按某一目标，通过不断改进网络计划的可行方案，寻求满意结果，从而编制可供实施的网络计划的过程。

网络计划优化对实现项目进度、成本目标有重要的实际意义，甚至会使项目施工取得重大的经济效果，我们应当尽量利用网络计划模型可优化的特点，努力实现优化目标。

1) 网络计划优化目标的确定

网络计划优化目标一般有以下几种选择:

①工期优化;

②“时间固定、资源均衡”的优化;

③“资源有限，工期最短”的优化;

④“时间-费用”优化。

2) 网络计划优化的程序

网络计划应按下列程序进行优化:

①确定优化目标;

②选择优化方法并进行优化;

③对优化结果进行评审、决策。

(5) 网络计划软件应用介绍

工程计划的实现，必须进行经常的检查和调整。在工程应用中网络计划编制工作量大，计算工作量大，优化工作量更大，但随着计算机和网络通信技术的普及和发展，项目管理软件和网络计划软件应运而生。

1) 国外计划管理软件

国外项目管理软件有：Oracle公司的Oracle Primavera软件P3、Artemis公司的Artemis Viewer、NIKU公司的OpenWork Bench、Welcom公司的OpenPlan等软件，这些软件适合大型、复杂项目的项目管理工作；而Sciforma公司的Project Scheduler (PS)、Primavera公司的SureTrak、Microsoft公司的Project、IMSI公司的TurboProject等则是适合中小型项目管理的软件。国外计划管理软件多采用单代号网络图表示。

① P3E/C软件

美国P3E/C (Primavera Project Planner Enterprise/Construction) 软件，目前在中国是大型工程建设项目中应用最广泛的项目管理软件之一，非常适合大型施工建设项目

（包括设计、采购和施工）。P3E/C 是包涵现代项目管理知识体系的、以计划-协同-跟踪-控制-积累为主线的企业级工程项目管理软件。目前的版本为 P6（Oracle-PrimaveraP6）。

② Microsoft Project 软件

美国 Microsoft Project 软件与 Microsoft 其他系列产品的结合，可满足协同工作、用户权限管理、任务关联等；通过 Excel、Access 或各种兼容数据库存取项目文件。很多项目管理软件和 Microsoft Project 都有接口。该软件在小型项目应用中占据主导地位。目前的版本为 Microsoft Project 2010。

2）国内计划管理软件

国内的工程计划管理软件功能较为完善的有：普华 PowerOn、梦龙 Pert、邦永科技 PM2、建文软件、易建工程项目管理软件等，基本上是在借鉴国外项目管理软件的基础上，按照我国标准或习惯实现上述功能，并增强了产品的易用性。国内的网络计划软件一般采用双代号网络图表示。

2.4.5.3　劳动力计算及组织

1. 劳动力计算

（1）确定现场施工人员的组成

施工总承包项目通常由下列人员组成：①生产工人；②管理人员；③服务人员；④临时劳动力等。

（2）劳动力计算流程

先根据施工总体部署和施工方案，结合施工进度计划，计算分部分项工程工程量；然后计算分部分项工程劳动量，再进行分部分项工程劳动力需要量的计算，最后分析统计工程项目所需劳动力数量，并按工期一定、资源均衡的原则进行优化与调整。

（3）劳动量的计算

劳动量也称劳动工日数。

1）以手工操作为主的施工过程，其劳动量一般可根据各分部分项工程的工程量、施工方法和现行劳动定额，结合本单位的实际情况，按式（2-49）或式（2-50）计算。

$$P = Q \cdot H \tag{2-49}$$

$$P = Q/S \tag{2-50}$$

式中　P——完成某施工过程所需的劳动量（工日）；

Q——某施工过程的工程量（m^3、m^2、t……）；

H——某施工过程的人工时间定额（工日/m^3、工日/m^2、工日/t……）；

S——某施工过程的人工产量定额（m^3/工日、m^2/工日、t/工日……）。

选用时间定额时，若参考统一定额，则需综合考虑企业当时、当地定额与统一定额的幅度差及不可预见因素的修正，其计算可按式（2-51）进行。

$$H = H_{统} \cdot h_1 \cdot h_2 \tag{2-51}$$

式中　H——某施工过程的人工时间定额（工日/m^3、工日/m^2、工日/t……）；

$H_{统}$——某施工过程的统一时间定额（工日/m^3、工日/m^2、工日/t……）；

h_1——企业当时、当地定额与统一定额的幅度差（%）；

h_2——不可预见因素修正系数。

2）当某一施工过程是由两个或两个以上不同分项工程合并而成时，其总劳动量应按式（2-52）计算。

$$P=\frac{Q_1}{S_1}+\frac{Q_2}{S_2}+\cdots+\frac{Q_n}{S_n}=\sum_{i=1}^{n}\frac{Q_i}{S_i} \tag{2-52}$$

式中 P——完成某施工过程所需的劳动量（工日）；

Q_1——某施工过程包含的一个分项工程的工程量（m^3、m^2、t……）；

S_1——某施工过程包含的一个分项工程的人工产量定额（m^3/工日、m^2/工日、t/工日……）；

n——某一施工过程包含的不同分项工程的个数。

3）当某一施工过程是由同一工种，但不同做法、不同材料的若干个分项工程合并组成时，应按合并前后总劳动量不变的原则，先按式（2-53）计算合并后的综合产量定额，然后再按式（2-49）求其劳动量。

$$\overline{S}=\frac{\sum_{i=1}^{n}Q_i}{\frac{Q_1}{S_1}+\frac{Q_2}{S_2}+\cdots+\frac{Q_n}{S_n}} \tag{2-53}$$

式中 $\overline{S}$——综合产量定额；

Q_1——某施工过程包含的一个分项工程的工程量（m^3、m^2、t……）；

S_1——某施工过程包含的一个分项工程的人工产量定额（m^3/工日、m^2/工日、t/工日……）；

n——某一施工过程包含的不同分项工程的个数。

4）计划中的"其他工程"项目所需劳动量，一般可根据实际工程对象，取总劳动量的一定比例（10%～20%）。

（4）分部分项工程劳动力需要量计算

分部分项工程劳动力是完成基本工程所需的劳动力（包括工地小搬运及备料、运输等劳动力）。除备料运输劳动力需另行计算外，其余均可根据工程的劳动量及要求的工期计算。在计算过程中要考虑日历天中扣除节假日和大雨、雪天对施工的影响系数。另外还要考虑施工方法，如是人力施工，还是半机械施工及机械化施工。

1）人力施工劳动力需要量的计算

①人力施工在不受工作面限制时，可直接用劳动量除以工期即得劳动力数量，其计算公式如式（2-54）。

$$R=P/T \tag{2-54}$$

式中 R——劳动力需要量（人）；

P——完成某施工过程所需的劳动量（工日），按式（2-49）或式（2-50）计算；

T——工程施工的工作天数（工作日）。

考虑法定的节假日和气候影响，工程施工的工作天数 T 将小于其日历天数，其计算可按式（2-55）进行。

$$T=\text{施工期的日历天数}\times 0.7K\cdot c\cdot n \tag{2-55}$$

式中 0.7——节假日换算系数，除去星期天和国家法定假日即（365 日－104 个星期天－

11 个法定假日）/（12 月×30 日）＝0.7，可根据情况调整；

K——气候影响系数，K 的取值随不同地区而变化；

c——出勤率，一般不小于 85%；

n——作业班次。

②人力施工受到工作面限制时，计算劳动力的需要量必须保证每个人最小工作面这个条件，否则会在施工过程中出现窝工现象。每班工人的数量可按式（2-56）计算。

$$R=\frac{\text{施工现场的作业面积}(\mathrm{m}^2)}{\text{工人施工的最小工作面}(\mathrm{m}^2/\text{人})} \tag{2-56}$$

式中，工人施工的最小工作面需根据工作不同进行实测而定。

2）半机械化施工方法劳动力需求量的计算

半机械化施工方法主要是有的施工工序采用机械施工，有的工序采用人力施工。如基坑土石方工程，挖、运、填、压实等工序采用机械施工，而基底、边坡修整及肥槽回填夯实采用人工施工。

半机械施工方法在计算劳动力需要量时除了根据定额和工程量外，还要考虑充分发挥机械的工作效率和保证工期的要求，否则会出现窝工或者机械的工作效率降低的情况，影响工程施工成本。

3）机械化施工方法劳动力需求量的计算

机械化施工方法所需劳动力主要是司机及维修保养人员和管理人员（即机械辅助施工人员）。因此计算机械施工方法所需的劳动力与机械的施工班次有关，每日一班制配备的驾驶员少于多班次工作的人数，辅助人员也相应较少。其次与投入施工的机械数有关，投入多所需劳动力也多。只有同时考虑上述两个方面的问题，才能够较准确地计算所需的劳动力数量。

（5）工程基本劳动力计算

当分部分项工程劳动力求出后，对其进行分析统计，得出相应单位或单项工程的劳动力数量，进而分析统计为工程项目所需劳动力数量。方法是根据施工进度计划，按工期一定、资源均衡的原则进行优化与调整。即在工期不变的情况下，使劳动力分配尽量均衡，力求每天的劳动力需求量基本接近平均值。只有按这种方法对劳动力进行配备，才不会造成现场的劳动力短缺，也不会造成窝工现象。

（6）定额外劳动力计算

这类人员主要包括：①材料采购及保管人员；②材料到达工地以前的搬运、装卸工人等人员；③驾驶施工机械、运输工具的工人；④由管理费支付工资的人员。由于工程项目管理规范的推行，以及施工队伍向知识密集型发展，此类人员数量可简化计算。

1）机械台班中的劳动力

该项劳动力及司机人数，随着机械化程度不同而不同。可按各种机械台班总量，乘以台班劳动定额求得；也可以按机械配备数量，根据各种机械特点配备司机人数。

2）备料、运输劳动力

此项劳动力随窝工数量的多少而变化，并随着机械化、工厂化水平不断发展而减小。各施工单位可根据企业历史数据，统计此项劳动力约占工程基本劳动力百分比（如 20%

~30%）。通常此项劳动力多采用对外发包形式，基本不用考虑。

3）管理及服务人员

由项目经理组织确定，也按项目定员估算。项目越大，比例越小。

(7) 计算劳动力数量时还需注意的方面

1）工程量的计算。工程量计算是进行劳动力计算的基础。当确定了施工过程后，应计算每个施工过程的工程量。工程量应根据施工图纸、工程量计算规则及相应的施工方法进行计算。

2）劳动定额的选用。确定了施工过程及其工程量之后，即可套用施工定额（当地实际采用的劳动定额）以确定劳动量。在套用国家或当地颁发的定额时，必须注意结合本单位工人的技术等级、实际操作水平，施工机械情况和施工现场条件等因素，确定定额的实际水平，使计算出来的劳动量符合实际需求。有些采用新技术、新材料、新工艺或特殊施工方法的施工过程，定额中尚未编入，这时可参考类似施工过程的定额、经验资料，按实际情况确定。

3）作业班次的确定

当工期允许、劳动力和施工机械周转使用不紧迫、施工工艺上无连续施工要求时，通常采用一班制施工。当工期较紧或为了提高施工机械的使用率及加快机械的周转使用，或工艺上要求连续施工时，某些施工项目可考虑二班制甚至三班制施工。

2. 劳动力组织

项目的劳动力组织主要是研究施工基层组织施工队、施工班组的劳动组织，其中包括各工种工人和管理人员的组织，人员总数、体制、工种结构、各工种人数比例的组织，施工高峰期的人数等；还包括研究施工项目总的劳动力和各工种劳动力的投入量及比例，以及项目施工全过程中人力动态的变化（即进出现场人员计划）等。在组织劳动力时，应考虑以下问题：

(1) 投入项目人工日数不超过项目人力全员计划的总数。各队、班组的工人技术等级要成比例搭配，不能全高，也不能全低。常采用技术测定法搭配，即首先将施工对象的工作内容（工序）加以详细的划分，定出每一项工作内容的等级（即该项工作需要由哪一技术等级的工人才能完成），同时测定完成每项工作所需要的时间，最后再据此配备一定数量的工人，确定其组成。配备工人数量的方法是要使每一个工人的工作时间相等，工作时间多者可相应地多配工人。

(2) 专业施工队基本是由同工种的若干个班（组）组成的，综合施工队则由不同工种的班（组）组成的。顺序作业和平行作业大都选用综合施工队，而流水作业大都选用专业施工队。施工队的人数不宜太多，一般每队的总人数在100人左右为宜。

(3) 班组劳动力组织优化。在实际工作中，一般根据工作面所能容纳的最多人数（即最小工作面）和现有的劳动组织来确定每天的工作人数。

1）最小工作面。是指为了发挥高效率，保证施工安全，每一个工人或班组施工时必须具有的工作面。一个施工过程在组织施工时，安排人数的多少会受到工作面的限制，不能为了缩短工期而无限制地增加工人人数，否则会造成工作面不足而出现窝工现象。

2）最小劳动组合。在实际工作中，绝大多数施工过程不能由一个人来完成，而必须由几个人配合才能完成。最小劳动组合是指某一施工过程要进行正常施工所必需的最少人数及其合理组合。

3）可能安排的人数。根据现场实际情况（如劳动力供应情况、技工技术等级及人数等），在最少必需人数和最多可能人数的范围内，安排工人人数。通常，若在最小工作面条件允许下，安排了最多人数仍不能满足工期要求时，可组织两班制或三班制施工。

（4）做好劳动力岗前培训。各施工人员进场后，在正式施工前，由项目部统一组织，针对具体的施工项目，对施工人员进行岗前培训，明确设计标准、技术要求、施工工艺、操作方法和质量标准。施工人员经培训合格后方可上岗。施工过程中，在施工队伍中开展劳动竞赛、技术比武和安全评比等活动，提高施工人员整体施工水平。利用施工间隙进行法制宣传和环保教育，教育施工人员遵章守纪，保障社会治安，保护周边环境。作为储备的施工队伍在上场之前，应先在单位劳务基地进行相关教育培训，根据现场施工的需要随时进场。

各施工队伍、各工种劳动力上场计划根据工程施工进度安排确定，施工人员根据施工计划和工程实际需要，分批组织进场。提前做好农忙季节和春节期间劳动力保障措施，让每位劳动者明确工期和信誉对项目的重要性，提前安排好家中的生产和生活，做到农忙季节不回家、春节期间轮休假，同时对坚持施工的劳动者给予一定的补贴，保证各项工序正常进行。在施工过程中，由项目经理部统一调度，合理调配施工人员，确保各施工队、各工种之间相互协调，减少窝工和施工人员浪费现象。工程完工后，在统一安排、调度下，分批安排多余施工人员退场。

2.4.6 施工用临时设施

施工临时设施是指为适应工程施工需要而在现场修建的临时建筑物和构筑物。临时设施大部分要在工程施工完毕后拆除，因此应在满足施工需要的前提下尽量压缩其规模，一般可利用提前建成的永久工程和施工基地现有设施、实行工厂化施工、采用装配式结构等办法来减少施工临时设施及其成本。临时设施一般包括：①生产性施工临时建筑及附属建筑；②生活性施工临时建筑；③施工专用的铁路、公路、大型施工机械的轨道及其路基；④水源、电源及临时通信线路；⑤施工所需氧气、乙炔气及压缩空气站等。

2.4.6.1 临时施工设施布置原则

施工现场搭设的临时性建筑，是为施工队伍生产和生活服务的，要本着有利施工、方便生活、勤俭节约和安全使用的原则，统筹规划，合理布局，为顺利完成施工任务提供基础条件。

工地的临时设施包括工地临时房屋、临时道路、临时供水和供电设施等。临时设施的搭设原则为：

1. 临时房屋

临时房屋的布点既要考虑施工的需要，又要靠近交通线路，方便运输和职工的生活。应将施工（生产）区和生活区分开。要考虑安全，注意防洪水、泥石流、滑坡等自然灾害；尽量少占和不占农田，充分利用山地、荒地、空地或劣地；尽量利用施工现场或附近已有的建筑物；对必须搭设的临时建筑应因地制宜，利用当地材料和旧料，尽量减少费用。另外，尽可能使用装拆方便、可以重复利用的新型建筑材料来搭设临时设施，如活动房屋、彩钢板、铝合金板、集装箱等。近几年的实践证明，这些材料尽管一次性投资较大，但因其重复利用率高、周转次数多、搭拆方便、保温防潮、维修费用低、施工现场文明程度高等特点，其总的使用价值及社会效益高于传统的临时建筑。同时临时设施的搭设还必须符合安全防火要求。

2. 临时道路

现场主要道路应尽可能利用永久性道路或先建好永久性道路的路基，铺设简易路面，在土建工程结束之前再铺路面。

临时道路布置要保证车辆等行驶畅通，道路应设两个以上的进出口，避免与铁路交叉，有回转余地，一般设计成环行道路，覆盖整个施工区域，保证各种材料能直接运输到材料堆场，减少倒运，提高工作效率。其主干道应设计为双车道，宽度不小于 6m，次要道路为单车道，宽度不小于 4m。

根据各加工厂、仓库及各施工对象的相对位置，区分主要道路和次要道路，进行道路的整体规划，以保证运输畅通、车辆行驶安全，节省造价。

合理规划拟建道路与地下管网的施工顺序。在修建拟建永久性道路时，应考虑道路下的地下管网，避免将来重复开挖，尽量做到一次性到位，节约投资。

3. 临时供（排）水、供电设施

（1）布置供水管网时，应力求供水管总长度为最小；管径和龙头数目应经过计算确定；根据气候条件和使用期限的长短确定管线埋于地下还是铺在地表面。

（2）排水管应尽可能利用原有的排水管道，必要时通过疏浚或加长等措施，使工地的地下水和地表水及时排入城市排水系统。

（3）供电

施工现场的临时用电，应尽量利用现场附近已有的电网。如附近无电网，或供电不足时，则需自备发电设备。

变压器（站）的位置应布置在现场边缘高压线接入处，四周用铁丝网或铁栅栏围挡，不宜设在交通要道口。

供电系统的设置与使用应符合有关安全要求。

2.4.6.2 工地临时房屋

（1）生产性临时设施参考指标见附录 2-1。

（2）物资储存临时设施参考指标见附录 2-2。

（3）行政生活福利临时设施。

行政生活福利临时设施包括办公室、宿舍、食堂、医务室、活动室等，其搭设面积参考表 2-29。

行政生活福利临时设施建筑面积参考指标　　表 2-29

临时房屋名称		参考指标（m^2/人）	说　明
办公室		3～4	按管理人员人数
宿舍	双层	2.0～2.5	按高峰年（季）平均职工人数（扣除不在工地住宿人数）
	单层	3.5～4.5	

续表

临时房屋名称		参考指标（m^2/人）	说　明
食堂		3.5～4	按高峰年平均职工人数
浴室		0.5～0.8	
活动室		0.07～0.1	
现场小型设施	开水房	0.01～0.04	
	厕所	0.02～0.07	

2.4.6.3　工地临时道路

（1）施工道路技术要求。

工地临时道路可按简易公路技术要求进行修筑，有关技术指标可参见表 2-30。

简易公路技术要求表　　表 2-30

指标名称	单位	技　术　标　准
设计车速	km/h	≤20
路基宽度	m	双车道 7；单车道 5
路面宽度	m	双车道 6；单车道 4
平面曲线最小半径	m	平原、丘陵地区 20；山区 15；回头弯道 12
最大纵坡	%	平原地区 6；丘陵地区 8；山区 9
纵坡最短长度	m	平原地区 100；山区 50
桥面宽度	m	木桥 4～4.5
桥涵载重等级	t	木桥涵 7.8～10.4

（2）各类车辆要求路面最小允许曲线半径见表 2-31。

各类车辆要求路面最小允许曲线半径　　表 2-31

车辆类型	路面内侧最小曲线半径（m）		
	无拖车	有 1 辆拖车	有 2 辆拖车
小客车、三轮汽车	6	—	—
一般二轴载重汽车：单车道	9	12	15
一般二轴载重汽车：双车道	7	—	—
三轴载重汽车、重型载重汽车、公共汽车	12	15	18
超重型载重汽车	15	18	21

（3）路边排水沟最小尺寸见表 2-32。

路边排水沟最小尺寸表　　表 2-32

边沟类型	最小尺寸（m）		边坡坡度	适用范围
	深　度	底　宽		
梯形	0.4	0.4	1∶1～1∶1.5	土质路基
三角形	0.3	—	1∶2～1∶3	岩石路基
方形	0.4	0.3	1∶0	岩石路基

2.4.6.4 施工供水设施

工地临时供水的设计，一般包括以下几个内容：①确定需水量；②选择水源；③设计配水管网（必要时并设计取水、净水和储水构筑物）。

1. 工地临时需水量的计算

工地的用水包括生产、生活和消防用水三方面。

（1）生产用水。

生产用水指现场施工用水，施工机械、运输机械和动力设备用水，以及附属生产企业用水等。

（2）生活用水。

生活用水是指施工现场生活用水和生活区的用水

（3）现场施工用水量可按式（2-57）计算。

$$q_1 = K_1 \Sigma \frac{Q_1 \cdot N_1}{T_1 \cdot t} \cdot \frac{K_2}{8 \times 3600} \tag{2-57}$$

式中 q_1——施工工程用水量（L/s）；

K_1——未预计的施工用水系数（取 1.05～1.15）；

Q_1——年（季）度工程量（以实物计量单位表示）；

N_1——施工用水定额，见表 2-33；

T_1——年（季）度有效作业日（d）；

t——每天工作班数（班）；

K_2——用水不均衡系数，见表 2-34。

施工用水参考定额（N_1） **表 2-33**

序 号	用水对象	单 位	耗水量（N_1）
1	浇筑混凝土全部用水	L/m³	1700～2400
2	搅拌普通混凝土	L/m³	250
3	搅拌轻质混凝土	L/m³	300～350
4	搅拌泡沫混凝土	L/m³	300～400
5	搅拌热混凝土	L/m³	300～350
6	混凝土自然养护	L/m³	200～400
7	混凝土蒸汽养护	L/m³	500～700
8	冲洗模板	L/m²	5
9	搅拌机清洗	L/台班	600
10	人工冲洗石子	L/m³	1000
11	机械冲洗石子	L/m³	600
12	洗砂	L/m³	1000
13	砌砖工程全部用水	L/m³	150～250
14	砌石工程全部用水	L/m³	50～80
15	抹灰工程全部用水	L/m²	30
16	耐火砖砌体工程	L/m³	100～150

续表

序　号	用水对象	单　位	耗水量（N_1）
17	浇砖	L/千块	200～250
18	浇硅酸盐砌块	L/m³	300～350
19	抹面	L/m²	4～6
20	楼地面	L/m²	190
21	搅拌砂浆	L/m³	300
22	石灰消化	L/t	3000
23	上水管道工程	L/m	98
24	下水管道工程	L/m	1130
25	工业管道工程	L/m	35

施工用水不均衡系数　　表 2-34

系 数 号	用 水 名 称	系　数
K_2	现场施工用水	1.5
	附属生产企业用水	1.25
K_3	施工机械、运输机械	2.00
	动力设备	1.05～1.10
K_4	施工现场生活用水	1.30～1.50
K_5	生活区生活用水	2.00～2.50

（4）施工机械用水量计算，见式（2-58）。

$$q_2 = K_1 \sum Q_2 N_2 \frac{K_3}{8 \times 3600} \tag{2-58}$$

式中　q_2——机械用水量（L/s）；

K_1——未预计施工用水系数（1.05～1.15）；

Q_2——同一种机械台数（台）；

N_2——施工机械台班用水定额，参考表 2-35 中的数据换算求得；

K_3——施工机械用水不均衡系数，参考表 2-34。

施工机械用水参考定额（N_2）　　表 2-35

序号	用水机械名称	单　位	耗水量（L）	备　注
1	内燃挖土机	m³·台班	200～300	以斗容量 m³ 计
2	内燃起重机	t·台班	15～18	以起重机吨数计
3	蒸汽起重机	t·台班	300～400	以起重机吨数计
4	蒸汽打桩机	t·台班	1000～1200	以锤重吨数计
5	内燃压路机	t·台班	15～18	以压路机吨数计
6	蒸汽压路机	t·台班	100～150	以压路机吨数计
7	拖拉机	台·昼夜	200～300	—
8	汽车	台·昼夜	400～700	—

续表

序号	用水机械名称	单　位	耗水量（L）	备　　注
9	空压机	(m^3/min)·台班	40～80	以压缩空气机排气量 m^3/min 计
10	锅炉	t·h	1050	以小时蒸发量计
11	锅炉	t·m^2	15～30	以受热面积计
12	点焊机 25 型	台·h	100	—
13	点焊机 50 型	台·h	150～200	—
14	点焊机 75 型	台·h	250～300	—
15	对焊机、冷拔机	台·h	300	—
16	凿岩机 0130（CM56）	台·min	3	—
17	凿岩机 01-45（TN-4）	台·min	5	—
18	凿岩机 01-38（KⅡM-4）	台·min	8	—
19	凿岩机 YQ-100 型	台·min	8～12	—
20	木工场	台班	20～25	—
21	锻工房	炉·台班	40～50	以烘炉数计

（5）工地生活用水量可按式（2-59）计算。

$$q_3=\frac{P_1\cdot N_3\cdot K_4}{t\times 8\times 3600} \tag{2-59}$$

式中 q_3——施工工地生活用水量（L/s）；

P_1——施工现场高峰昼夜人数（人）；

N_3——施工现场生活用水定额；

K_4——施工现场用水不均衡系数（表 2-34）；

t——每天工作班数（班）。

（6）生活区生活用水量可按下式计算：

$$q_4=\frac{P_2\cdot N_4\cdot K_5}{24\times 3600} \tag{2-60}$$

式中 q_4——生活区生活用水（L/s）；

P_2——生活区居民人数（人）；

N_4——生活区昼夜全部生活用水定额，各分项用水参考定额见表 2-36；

K_5——生活区用水不均衡系数见表 2-34。

生活用水量参考定额（N_3、N_4） **表 2-36**

序号	用水对象	单　位	耗　水　量
1	生活用水（盥洗、饮用）	L/人·日	25～40
2	食堂	L/人·次	10～20
3	浴室（淋浴）	L/人·次	40～60
4	淋浴带大池	L/人·次	50～60

续表

序号	用水对象	单　位	耗　水　量
5	洗衣房	L/kg 干衣	40～60
6	理发室	L/人·次	10～25
7	施工现场生活用水	L/人·次	20～60
8	生活区全部生活用水	L/人·次	80～120

（7）消防用水。

工地消防需水量（q_5）取决于工地的大小和各种房屋、构筑物的结构性质、层数和防火等级等。消防用水量（q_5）见表 2-37。

消防用水量（q_5）　**表 2-37**

用　水　名　称		火灾同时发生次数	单位	用水量
居民区消防用水	5000 人以内	一次	L/s	10
	10000 人以内	二次	L/s	10～15
	25000 人以内	二次	L/s	15～20
施工现场消防用水	施工现场在 25ha 内	一次	L/s	10～15
	每增加 25ha	一次	L/s	5

（8）总用水量（Q）计算：

当 $(q_1+q_2+q_3+q_4)\leqslant q_5$ 时，则 $Q=q_5+(q_1+q_2+q_3+q_4)/2$

当 $(q_1+q_2+q_3+q_4)>q_5$ 时，则 $Q=q_1+q_2+q_3+q_4$

当工地面积小于 $5hm^2$ 而且 $(q_1+q_2+q_3+q_4)<q_5$ 时，则 $Q=q_5$，最后计算出的总用水量还应增加 10%，以补偿不可避免的水管漏水损失。

2. 临时供水水源的选择、管网布置及管径的计算

（1）水源选择

工程项目工地临时供水水源的选择有供水管道供水和天然水源供水两种方式。最好的方式是采用附近居民区现有的供水管道供水。只有当工地附近没有现成的供水管道或现成的给水管道无法使用及供水量难以满足施工要求时，才使用天然水源供水（如江、河、湖、井等）。

选择水源应考虑的因素有：水量是否充足、可靠，能否满足最大需求量要求；能否满足生活饮用水、生产用水的水质要求；取水、输水、净水设施是否安全、可靠；施工、运转、管理和维护是否方便。

（2）确定供水系统

供水系统由取水设施、净水设施、储水构筑物、输水管道、配水管道等组成。通常情况下，综合工程项目的首建工程应是永久性供水系统，只有在工程项目的工期紧迫时，才修建临时供水系统，如果已有供水系统，可以直接从供水源接输水管道。

临时供水方式有三种情况：

1）利用现有的城市给水或工业给水系统；

2）在新开辟地区没有现成的给水系统时，在可能条件下，应尽量先修建永久性给水

系统；

3）当没有现成的给水系统，而永久性给水系统又不能提前完成时，应设立临时性给水系统。

(3) 确定取水设施

取水设施一般由取水口、进水管和水泵组成。取水口距河底（或井底）一般不小于0.25～0.9m，距冰层下部边缘的距离不小于0.25m。给水工程一般使用离心泵、隔膜泵和活塞泵三种。所用的水泵应具有足够的抽水能力和扬程。

(4) 确定贮水构筑物

贮水构筑物一般有水池、水塔和水箱。在临时供水时，如水泵不能连续供水，需设置贮水构筑物。其容量以每小时消防用水决定，但不得少于10～20m^3。贮水构筑物的高度应根据供水范围、供水对象位置及水塔本身位置来确定。

(5) 配水管网布置

在保证连续供水的情况下，管道铺设越短越好。分期分区施工时，应按施工区域布置，同时还应考虑到在工程进展中各段管网应便于移置。

临时给水管网的布置有下列三种方案：①环式管网；②枝式管网；③混合式管网。

临时给水管网的布置常采用枝式管网，因为这种布置的总长度最小，但此种管网若在其中某一点发生局部故障时，有断水的威胁。从保证连续供水的要求上看，环式管网最为可靠，但这种方案所铺设的管网总长度较大。混合式管网总管采用环式，支管采用枝式，兼有以上两种方案的优点。

临时水管的铺设，可用明管或暗管。以暗管最为合适，它既不妨碍施工，又不影响运输工作。

(6) 确定供水管径

计算公式见式（2-61）。

$$d=\sqrt{\frac{4Q}{\pi \cdot v \cdot 1000}} \tag{2-61}$$

式中 d——配水管直径（m）；

Q——耗水量（L/s）；

v——管网中水流速度（m/s）。

临时水管经济流速参见表2-38。

临时水管经济流速参考表 **表2-38**

管径	流速（m/s）	
	正常时间	消防时间
(1) $D<0.1$m	0.5～1.2	—
(2) $D=0.1\sim0.3$m	1.0～1.6	2.5～3.0
(3) $D>0.3$m	1.5～2.5	2.5～3.0

2.4.6.5 施工供电设施

由于施工机械化程度的提高，工地上用电量越来越大，临时供电设施的配置和选择显得更为重要。工地临时供电的组织包括：用电量的计算，电源的选择，确定变压器，配电线路设置和导线截面面积的确定。

1. 工地总用电量的计算

施工现场用电，包括动力用电和照明用电。

动力用电：土木工程施工用电通常包括土建用电、设备安装工程和部分设备试运转用电。

照明用电：照明用电是指施工现场和生活区的室内外照明用电。

最大电力负荷量：是按动力用电量与照明用电量之和计算的。

在计算用电量时，应考虑以下因素：

（1）全工地动力用电功率。

（2）全工地照明用电功率。

（3）施工高峰用电量。

工地总用电量按下式计算：

$$P = 1.05 \sim 1.10\left(K_1 \frac{\sum P_1}{\cos\varphi} + K_2 \sum P_2 + K_3 \sum P_3 + K_4 \sum P_4\right) \quad (2\text{-}62)$$

式中　P——供电设备总需要容量（kVA）；

P_1——电动机额定功率（kW）；

P_2——电焊机额定功率（kVA）；

P_3——室内照明容量（kW）；

P_4——室外照明容量（kW）；

$\cos\varphi$——电动机的平均功率因数（施工现场最高为 0.75～0.78，一般为 0.65～0.75）；

K_1、K_2、K_3、K_4——需要系数，参考表 2-39。

其他机械动力设备及工具用电可参考有关定额。

由于照明用电量远小于动力用电量，故当单班施工时，其用电总量可以不考虑照明用电。

各种机械设备以及室内外照明用电定额见附录 2-3。

需要系数（*K* 值）　　　　**表 2-39**

用电名称	数　量	需要系数				备　注
		K_1	K_2	K_3	K_4	
电动机	3～10 台	0.7				如施工中需要电热时，应将其用电量计算进去。为使计算结果接近实际，式中各项动力和照明用电，应根据不同工作性质分类计算
	11～30 台	0.6				
	30 台以上	0.5				
加工厂动力设备		0.5				
电焊机	3～10 台		0.6			
	10 台以上		0.5			
室内照明				0.8		
室外照明					1.0	

2. 电源选择的几种方案

(1) 完全由工地附近的电力系统供电。

(2) 若工地附近的电力系统不够，工地需增设临时发电站以补充不足部分。

(3) 如果工地属于新开发地区，附近没有供电系统，电力则应由工地自备临时动力设施供电。

根据实际情况确定供电方案。一般情况下是将工地附近的高压电网引入工地的变压器进行调配。其变压器功率可由式（2-63）计算。

$$P = K\left(\frac{\sum P_{max}}{\cos\varphi}\right) \tag{2-63}$$

式中　P——变压器的功率（kVA）；

K——功率损失系数，取1.05；

$\sum P_{max}$——各施工区的最大计算负荷（kW）；

$\cos\varphi$——用电设备功率因数，一般建筑工地取0.75。

根据计算结果，应选取略大于该结果的变压器。

3. 选择导线截面

导线的自身强度必须能防止受拉或机械性损伤而折断，必须耐受因电流通过而产生的温升，应使得电压损失在允许范围之内，这样，导线才能正常传输电流，保证各方用电的需要。

选择导线应考虑如下因素：

(1) 按机械强度选择

导线在各种敷设方式下，应按其强度需要，保证必需的最小截面，以防拉、折而断。可根据有关资料进行选择。

(2) 按照允许电压降选择

导线满足所需要的允许电压，其本身引起的电压降必须限制在一定范围内。导线承受负荷电流长时间通过所引起的温升，其自身电阻越小越好，使电流通畅，温度则会降低，因此，导线的截面是关键因素，可由式（2-64）计算。

$$S = \frac{\sum P \times L}{C \times \varepsilon} \tag{2-64}$$

式中　S——导线截面面积（mm^2）；

P——负荷电功率或线路输送的电功率（kW）；

L——输送电线路的距离（m）；

C——系数，视导线材料、送电电压及调配方式而定，参考表2-40；

ε——容许的相对电压降（即线路的电压损失%），一般为2.5%～5%。

其中：照明电路中容许电压降不应超过2.5%～5%；

电动机电压降不应超过±5%，临时供电可到±8%。

根据以上两个条件选择的导线，取截面面积最大的作为现场使用的导线。通常导线的选取应先根据计算负荷电流的大小来确定，然后根据其机械强度和允许电压损失值进行复核。

按允许电压降计算时的 C 值　　　　表 2-40

线路额定电压（V）	线路系统及电流种类	系数 C 值	
		铜　线	铝　线
380/220	三相四线	77	46.3
220	—	12.8	7.75
110	—	3.2	1.9
36	—	0.34	0.21

（3）负荷电流的计算

三相四线制线路上的电流可按下式计算

$$I=\frac{P}{\sqrt{3}\times V\times \cos\varphi} \tag{2-65}$$

式中　I——电流值（A）；

P——功率（W）；

V——电压（V）；

$\cos\varphi$——用电设备功率因数，一般建筑工地取 0.75。

导线制造厂家根据导线的容许温升，制定了各类导线在不同敷设条件下的持续容许电流值，在选择导线时，导线中的电流不得超过此值。

2.4.7　施工组织纲要的编制

2.4.7.1　施工组织纲要编制程序及要点

（1）编制程序见图 2-43。

（2）施工组织纲要编制要点。

评标的特点是评委随机从专家库抽取，事前对工程一无所知、评标时间短、阅读量大，要使本单位的施工组织纲要获得评委的高分，标书除了要完全响应招标文件外，一定要有自身特点，向评委充分展示对本工程特点的理解，准确把握对业主关心问题及意图，从标书内容、内涵、视觉等方面给评委很深的印象，从而在评标中获得高分。

施工组织纲要编制要点如表 2-41 所示。

施工组织纲要编制要点　　　　表 2-41

序号	要　　点	说　　明
1	响应招标文件要求	增强响应力，避免废标
2	内容具有针对性	把握项目特点及重难点，提出行之有效的方法及解决措施，才能使标书具有生命力
3	保证内容的正确性	施工部署、施工方案等正确，才能顺利完成各项施工目标
4	内容全面、重点突出	内容符合评标办法要求并做到重点突出，才能得到业主认同
5	具有竞争性价格	好的方案及竞争性价格是中标的两项法宝
6	层次清晰、图文并茂	层次性、直观性能使评委抓住要点，感知投标人的整体实力

2.4.7.2　编制内容

施工组织纲要在符合招标文件的基础上，宜包含以下内容：

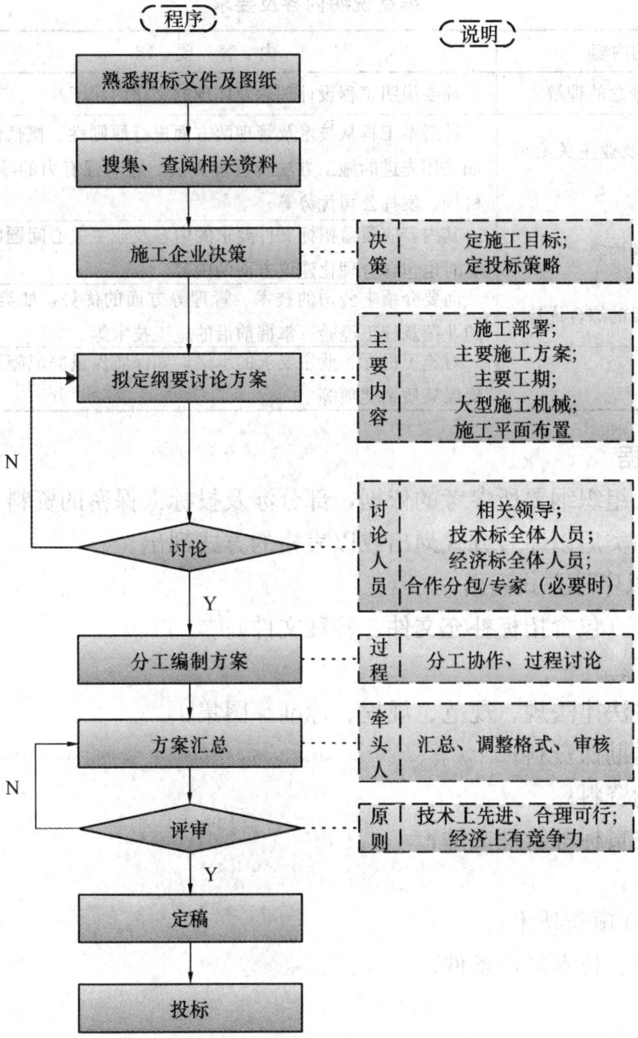

图 2-43　施工纲要编制程序

（1）编制说明；

（2）编制依据；

（3）工程概况；

（4）施工目标及风险分析；

（5）施工部署；

（6）施工准备工作；

（7）工程特点、重难点分析及应对措施；

（8）工程四新技术。

2.4.7.3　编制说明

编制说明是对施工组织纲要编制依据、编制内容的概括性说明，应文字简练、条理清晰、措辞恰当，充分表达投标人对工程特点的把握及展示公司在本项目的优势所在，编制说明内容及要求见表 2-42。

编制说明内容及要求　　表 2-42

序号	包含的内容	内 容 要 求	行文要求
1	对工程设计理念的理解	简要说明工程设计理念及体现的文化内涵	表格化 简洁化 条理化 客观化
2	对工程特点及业主关心问题的应对措施	针对本工程从技术及管理两方面进行原则性、概括性说明，如采用先进的施工方法及管理方法、建立强有力的项目组织机构、发挥公司优势等	
3	本纲要包含的内容	其内容应覆盖招标文件要求的内容及业主关心问题的内容、有时也包含合理化建议方面的内容	
4	公司在本项目的综合优势	简要介绍本公司的技术、管理等方面的优势，如类似工程的业绩及施工经验、掌握前沿的施工技术等	
5	承诺	对施工目标、业主要求的承诺，如保质保量完成施工任务、确保某质量奖项等	

2.4.7.4　编制依据

列出编制施工组织纲要所参考的依据，部分涉及投标人保密的资料不应列出。

编制依据可归类后以序号方式列出或以表格的方式列出。

1. 编制依据以序号方式列出

(1) 招标文件（包含招标补充文件、答疑文件）；

(2) 招标图纸；

(3) 国家相关法律法规、规范、规程、标准、图集；

(4) 工程地质勘探资料；

(5) 现场踏勘资料；

(6) 公司相关贯标等管理文件；

(7) 企业标准；

(8) 建筑业 10 项新技术；

(9) 当地自然、技术经济条件；

(10) 其他。

2. 编制依据以表格方式列出

见表 2-43。

编　制　依　据　　表 2-43

1. 招标文件

序号	文件名称	编　号	日　期

2. 招标图纸

序号	图纸名称	编　号	日　期

续表

3. 主要法律法规			
序号	类　别	法律法规名称	编　号
	国家		
	部门		
	地方		

4. 主要规范、规程			
序号	类　别	规范、规程名称	编　号
	国家		
	行业		
	地方		

5. 主要标准			
序号	类　别	标准名称	编　号
	国家		
	部门		
	地方		

6. 主要图集		
序号	图集名称	编　号

7. 其他			
序号	类　别	名　称	编　号
	企业	贯标等管理文件	
	企业	施工工艺标准	
		地质勘探报告	
		现场踏勘资料	
		当地自然、技术、经济条件调研资料	
	部门	建筑业10项新技术	
	……		

2.4.7.5　项目概况

项目概况主要介绍项目基本情况、项目发包情况、项目各专业设计概况、施工条件等。一般以图表为主，辅以简要的文字说明。项目概况包含的内容及表达方式见图2-44。

2.4.7.6　施工目标及风险分析

1. 施工目标承诺

施工目标要紧密结合工程的特点及投标企业的自身资源等情况来确定，为中标后施工合同管理中相应目标的控制打好基础，达到满足招标文件要求、有效竞争、切实可行的目的。投标人对实现项目目标的承诺可按表2-44要求编写。

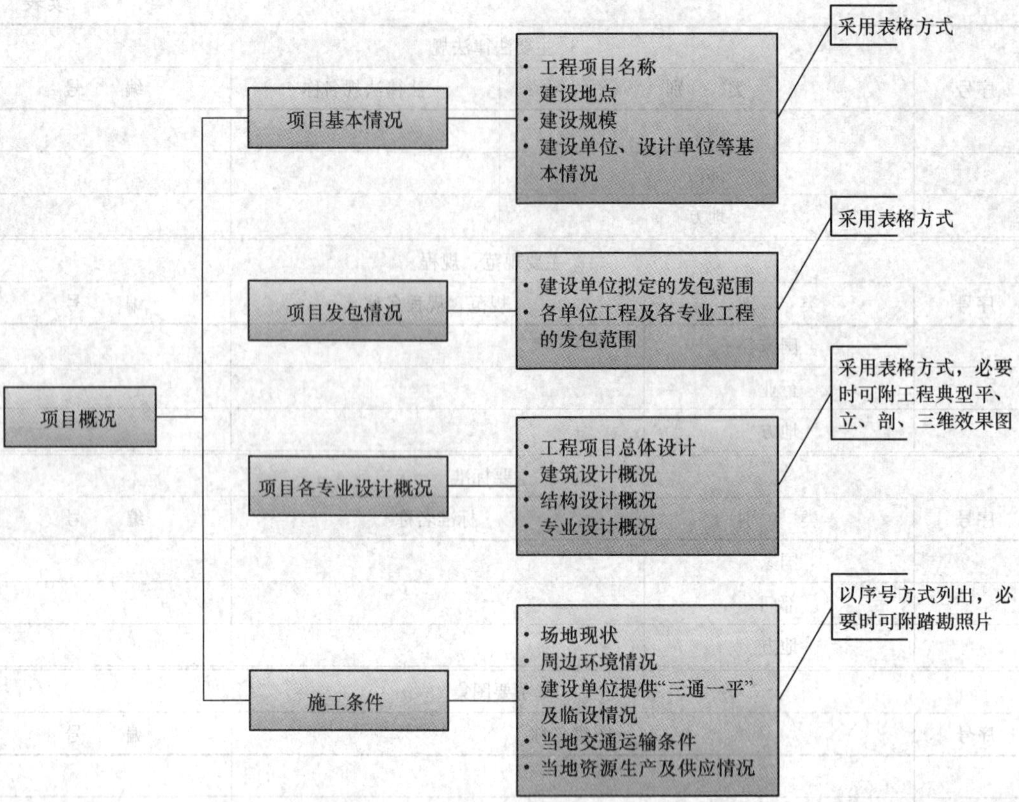

图 2-44　项目概况包含的内容及表达方式

施工目标承诺　　　　**表 2-44**

内容 项目	建设单位要求	投标单位承诺	备　注
工期目标			
质量目标			
安全目标			
环保目标			
文明施工目标			
其他			

2. 风险分析

对投标项目进行风险分析是投标决策前的关键举措，在正确分析的基础上提出具体的防范措施和对策以规避和转移风险。风险来自设计和施工两方面，除对施工风险如不可抗力、应用新技术方案失败等事件进行分析外，不应忽视设计文件缺陷和设计标准变更带来的风险，对此进行分析，制定对策和行之有效的措施予以规避。

2.4.7.7　施工部署

施工部署是施工组织纲要的核心内容，决定施工效果，体现公司综合实力，被业主及评委十分看重，因此要结合工程特点及公司实力水平进行科学合理部署。

在投标阶段，施工部署包含项目管理体系、施工部署两方面内容。

1. 项目管理体系

项目管理体系是投标人对投标项目所投入的组织管理指挥体系，应符合招标文件要求及工程特点。项目管理体系包含的内容见图 2-45。组织机构的组建原则应是精干、合理、高效，专业配套齐全，人员职称结构和年龄结构合理。组织机构的形式应适合工程特点及管理需要。

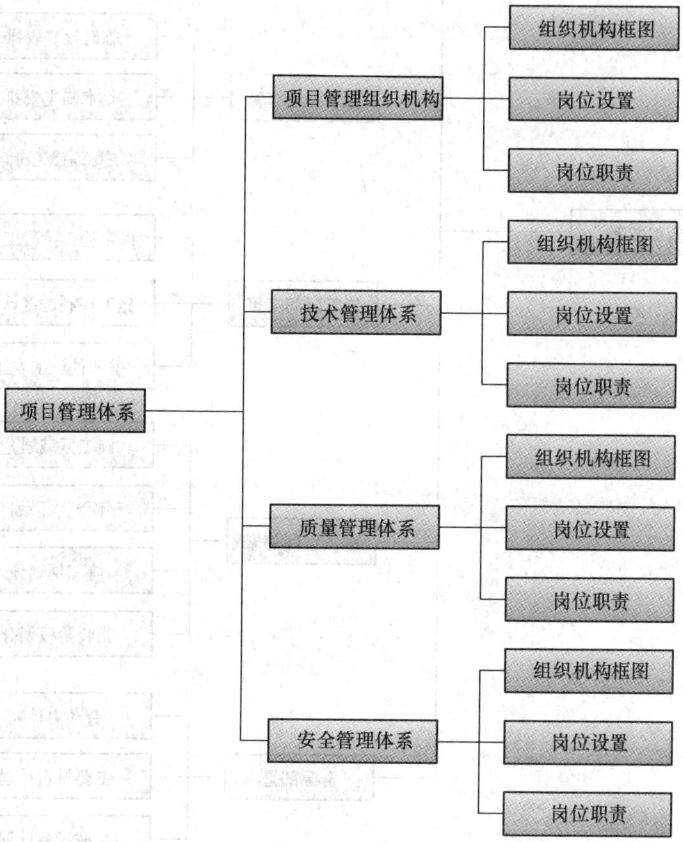

图 2-45 项目管理体系包含的内容

2. 施工部署

从部署原则、方案部署、场地部署、时间部署、空间部署、资源部署等方面组织和安排，部署时应结合施工目标、工程特点、施工条件等综合考虑，使部署科学合理。施工部署的内容见图 2-46。

(1) 总体部署原则

即完成施工任务、实现施工目标的总体指导思想，确定原则时应考虑工程特点、施工条件、施工目标、投标策略，综合技术、组织两方面确定总的指导思想（图 2-47），为其他方面的部署确定依据。

(2) 施工方案部署

施工方案最关键的部分是施工方法的选择，在现代化的施工条件下，施工方法的选择与施工机械的选择和配备密不可分。在施工方法和机械设备确定后，正确安排施工先后顺

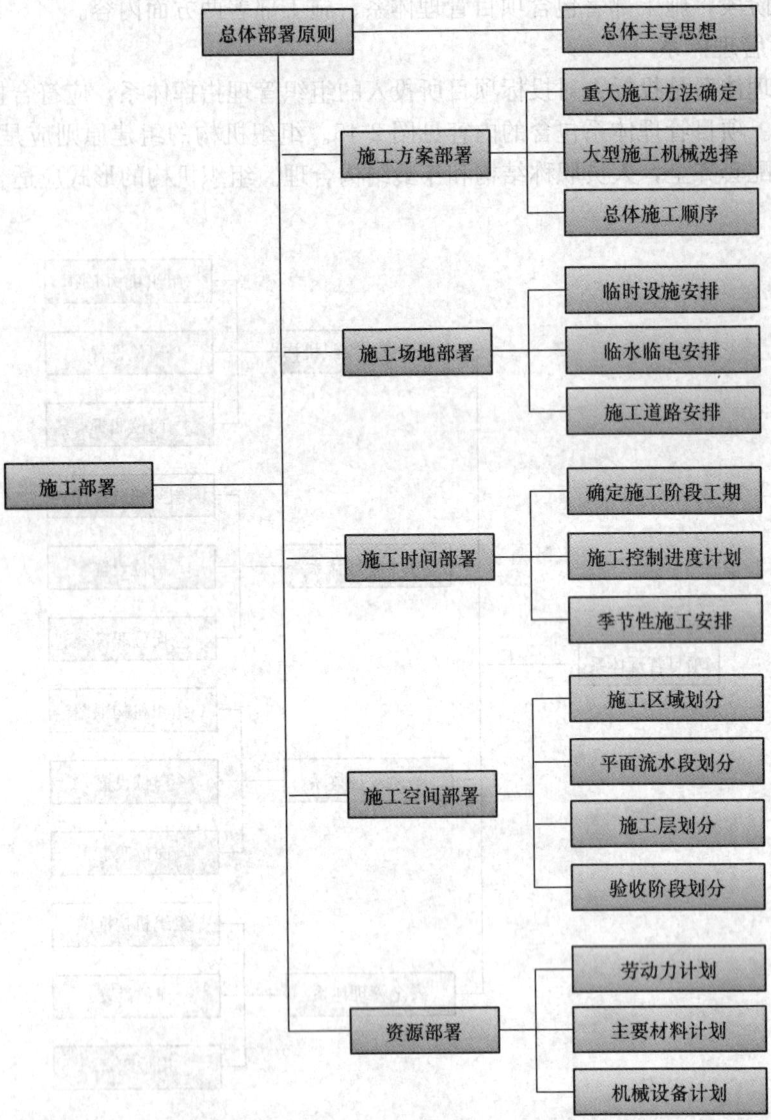

图 2-46　施工部署内容

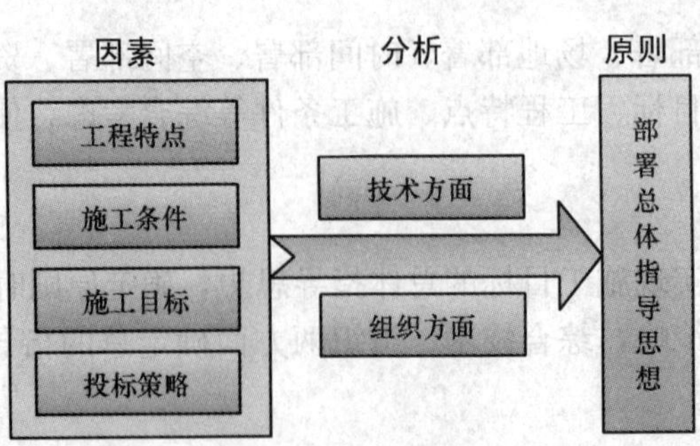

图 2-47　施工部署总体指导思想

序可实现科学组织施工。施工方案部署的项目及内容见表 2-45。

施工方案部署的项目及内容 **表 2-45**

内容＼项目	重大施工方法	大型施工机械选择	总体施工顺序
选择分部分项工程对象	● 工程量大且地位重要的工程； ●施工技术复杂或难度大的工程； ●采用新结构、新技术、新工艺的工程； ●特种结构工程； ●专业施工单位施工的特殊专业工程； ●超过一定规模的危险性较大分部分项工程	●根据工程特点及拟定的施工方法选用； ●垂直运输机械，如塔式起重机、电梯、提升井架等； ●水平运输机械，如平板运输车； ●水平和垂直运输机械，如地泵、汽车泵； ●土方施工机械，如挖土机、推土机等； ●打桩施工机械，如旋挖钻机、静力压桩机等； ●其他大型施工机械	宜按《建筑工程施工质量验收统一标准》（GB 50300）划分分部分项工程
确定要求	●选定的施工方法必须具备实现的可能性； ●选定的施工方法应能保证合同工期要求； ●选定的施工方法能够保证质量和安全； ●技术和经济方面具有竞争性	●优先选用施工单位自有机械，不能满足时采用租赁或购买； ●根据施工现场条件（施工场地地质、地形、工程量和施工进度）选择机械； ●满足施工需要，避免大机小用以节约成本； ●施工机械的合理组合（一是主机与辅机的生产能力应匹配，二是作业线上的各种机械应配套）； ●工程量大宜选择专用机械，工程量小而分散宜选择多用途机械	●符合施工程序及施工规律； ●符合施工工艺顺序； ●主导工程为关键线路施工； ●在满足质量、安全及资源均衡的情况下，尽可能搭接； ●考虑季节性施工影响
技术经济评价（选择最优方案）	1. 定性分析（方法简单、主观随意性大） ●技术上的可行性； ●安全上的可靠性； ●经济上的合理性； ●资源上的满足性； ●其他方面，如施工操作难易程度、季节施工的适应性等。 2. 定量分析（方法客观、指标确定和计算复杂） ●工期指标（当工期主导时，方法的选择应以缩短工期为优先）； ●机械化程度指标： 施工机械化程度＝机械完成的实物工程量×100%/全部实物工程量 ●主要材料消耗指标（反映若干方法的主要材料节约情况）； ●降低成本指标（反映不同的方法所产生的不同经济效果，在满足工期、质量、安全的情况下，该指标常用）： 降低成本额＝预算成本－计划成本 降低成本率＝降低成本额×100%/预算成本		●工期指标； ●主要材料消耗指标； ●降低成本指标

在绘制总体施工顺序流程图时，为了使流程图清晰有层次，建议竖向按照工序的逻辑顺序、横向按照专业、流水的顺序表示，要求重点突出、体现主导施工过程，各阶段的节点工期和大型机械设备的进出场可穿插其中，施工总体顺序的流程样图见图 2-48。

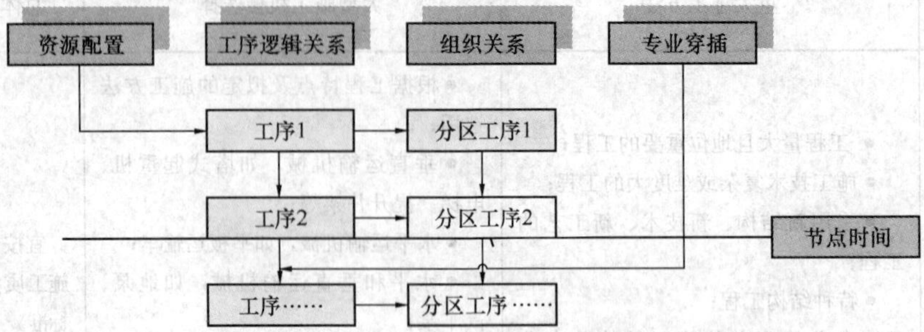

图 2-48　施工总体顺序的流程样图

（3）施工场地部署

施工场地部署不同于施工平面图设计，它是根据场地地形地貌、场地大小及形状、周边环境，结合施工阶段的主要施工任务，对与施工密切相关的平面图要素如场地临时设施、临水临电、道路等进行统筹性安排。

施工场地部署流程及相关内容见图 2-49。

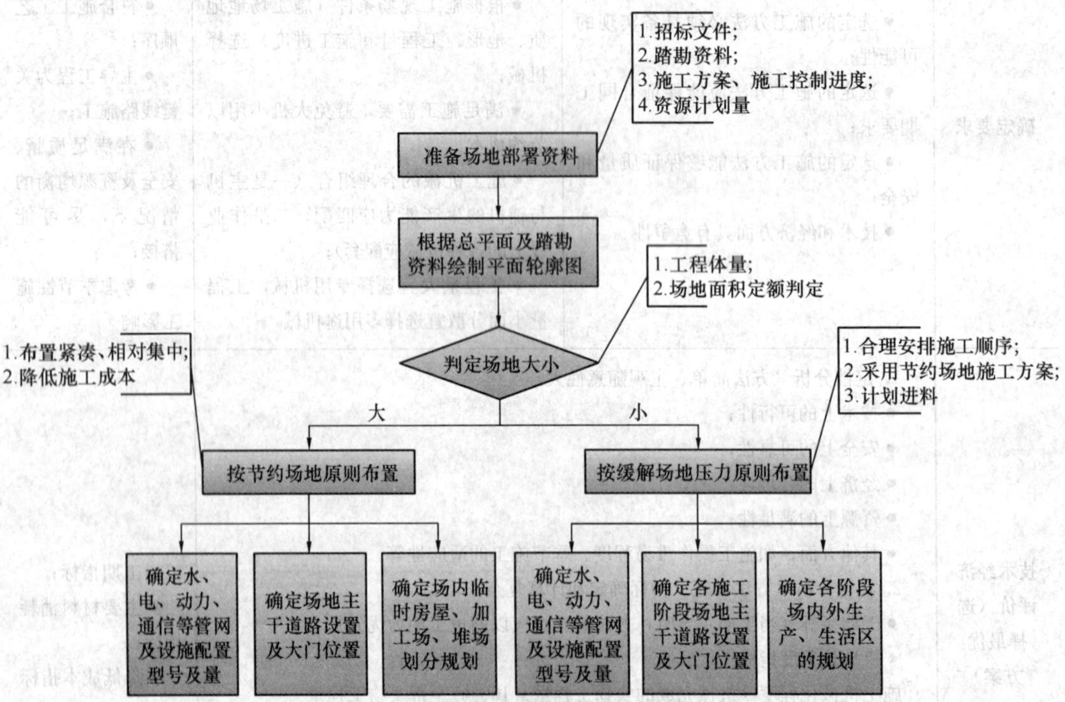

图 2-49　施工场地部署流程及相关内容

（4）施工时间部署

施工时间部署是施工活动在时间方面的规划及安排，主要是根据工程特点及工程量确定各施工阶段的节点时间，安排季节性施工任务，制定施工控制进度计划。施工时间部署、流程及说明见图 2-50。

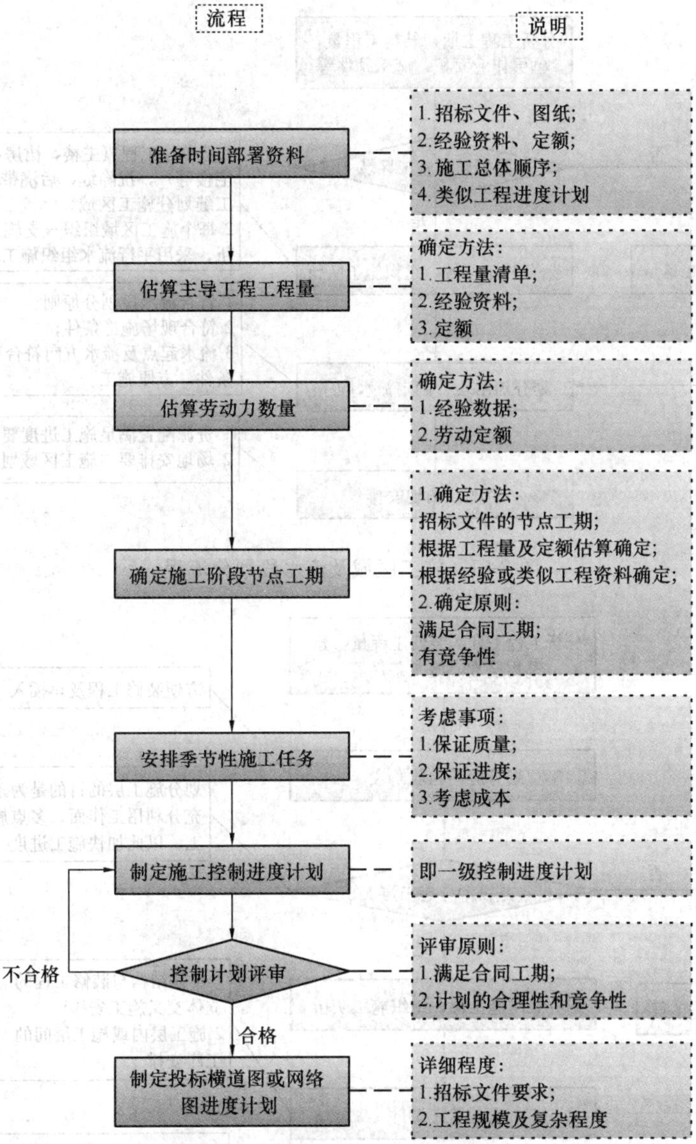

图 2-50 施工时间部署、流程及说明

(5) 施工空间部署

施工空间部署是施工活动在空间的规划及安排，主要是平面的施工区域及流水段划分、竖向的施工层及验收阶段划分、高层建筑的立体交叉施工安排等。

施工区域及流水段划分流程见图 2-51。

施工层划分流程见图 2-52。

(6) 资源部署

劳动力、机械设备、施工材料是施工的物质基础，在施工进度计划确定后，应编制资源计划表，从物质方面保证进度计划的顺利实现。

1) 劳动力需要量计划

根据工程量清单、劳动定额和进度计划进行编制，主要反映工程施工所需各工种的数

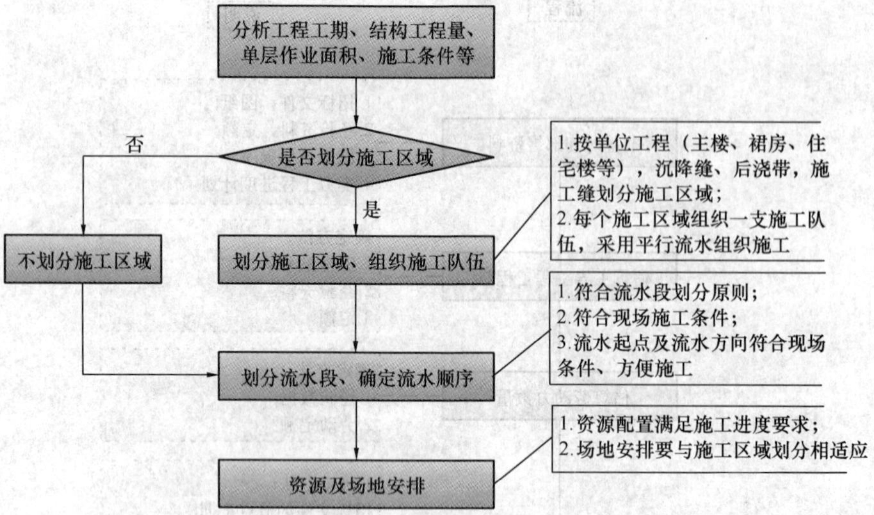

图 2-51 施工区域及流水段划分流程

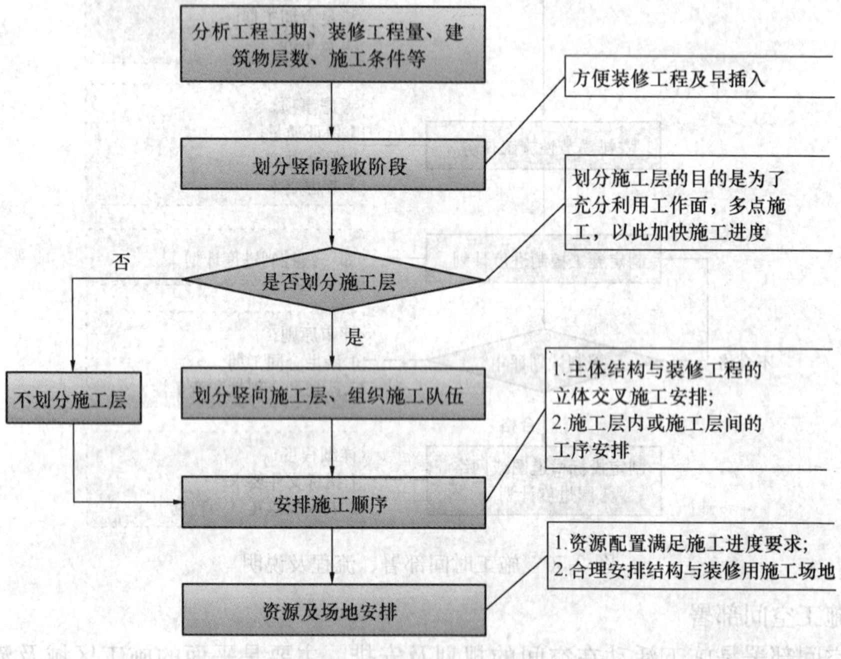

图 2-52 施工层划分流程

量，是控制劳动力平衡和调配的依据。劳动力需要量计划表应根据招标文件提供的样表编制，在没有的情况下，可按下面的样表（表 2-46）进行编制。

劳动力需要量计划样表 **表 2-46**

工种名称	需用总工日数	需用人数和时间			
		×月	×月	×月	×月

2）主要材料计划

根据工程量清单、材料消耗定额和进度计划编制，主要反映施工中各种材料的需要量，是备料、供料和确定仓库、堆场面积等的依据。主要材料计划应根据招标文件提供的样表编制，在没有的情况下，可按下面的样表（表2-47、表2-48）进行编制。

土建材料（周转材料）需要量计划样表　　表2-47

序号	名称	规格	总需要量	需要数量和时间		
				×月	×月	×月

机电工程材料需要量计划样表　　表2-48

序号	材料/设备	型号、规格	品牌	制造商及原产地	需要量	计划进场时间

3）施工机械、设备计划

根据施工方案、施工方法及进度计划编制，主要反映施工所需的各种机械、设备、测量装置等的名称、型号规格、数量及起止时间，是落实机具来源及组织机具进场的依据。施工机械、设备计划应根据招标文件提供的样表编制，在没有的情况下，可按下面的样表（表2-49）进行编制。

机电工程施工机械设备需要量计划样表　　表2-49

序号	施工机具名称	型号	规格	电功率	需要量	使用时间	备注

2.4.7.8　施工准备工作

施工准备工作包括绘制施工总平面图、技术准备和施工现场准备。

1. 施工准备工作内容

见表2-50。

施工准备工作内容　　表2-50

序号	项　目	内　容
1	施工总平面图布置	按施工阶段结合工程特点及施工条件分别绘制基础工程、主体结构工程、装饰装修工程等施工平面布置图

续表

序号	项　目	内　容
2	技术准备	(1) 熟悉图纸、准备图纸会审； (2) 熟悉规范，做到理解并找出新旧规范的不同； (3) 施工组织设计及施工方案编制计划； (4) 计量、测量、检测、试验等器具配置计划； (5) 编制试验工作计划； (6) 编制施工进度计划； (7) 开展图纸深化设计工作及施工大样图制作
3	施工现场准备	(1) 与前期施工单位的交接准备； (2) 办理开工的各项法定手续； (3) 测量放线工作； (4) 现场临时水源、电源和热源等的设置； (5) 搭设临时设施； (6) 劳动力准备； (7) 物资材料准备； (8) 周边协调准备

2. 施工总平面图布置

结合拟建工程的施工特点及施工现场的具体条件，作出一个合理、适用、经济的平面布置和空间规划方案。

(1) 施工总平面布置内容、依据、原则见表 2-51。

施工总平面布置内容、依据、原则　　表 2-51

序号	项　目	内　容
1	平面图设计主要内容	(1) 大型机械布置； (2) 生产及生活临时设施和材料、构件堆场布置； (3) 运输道路布置及出入口位置； (4) 水电管网布置
2	平面图设计依据	(1) 招标文件； (2) 招标图纸； (3) 现场踏勘资料； (4) 工程施工条件； (5) 拟定的施工方案； (6) 拟定的施工进度及各项资源计划； (7) 有关安全、消防、环境保护、市容卫生等方面的文件及法规； (8) 相关工具书
3	平面图设计原则	(1) 在满足现场施工的条件下，布置紧凑，方便管理，尽可能减少施工用地； (2) 在满足施工顺利进行的条件下，尽可能利用现场及附近原有建筑物，尽可能减少临时设施，减少施工用管线； (3) 最大限度缩短场内运距，尽可能减少现场二次搬运； (4) 临时设施的布置应有利于施工、避免交叉、方便管理； (5) 各项布置内容，应符合劳动保护、文明安全、消防、市容、环保等要求

（2）施工平面图设计

1）平面图设计步骤见图 2-53。

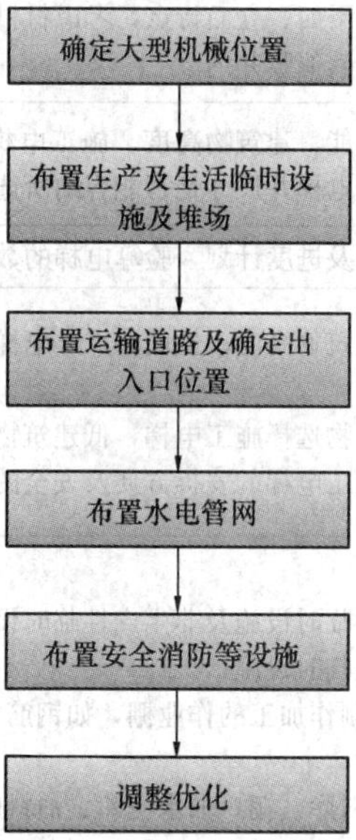

图 2-53 平面图设计步骤

2）平面布置项目及内容要点见表 2-52。

平面布置项目及内容要点 表 2-52

名称	项 目	内 容 要 点
起重机械	起重机械（塔式起重机、龙门架、井架、桅杆）位置	（1）固定式垂直运输设备位置：主要根据机械性能、建筑物平面形状和大小、施工区域及流水段划分情况、材料运输和装卸的方便性确定； （2）轨道式起重机的位置：主要取决于建筑物的平面形状、尺寸和四周的施工场地条件。布置方式有沿建筑物单侧布置、双侧布置、跨内布置等
	塔式起重机类型选择	（1）低层、长边较长的建筑物宜选择移动式塔式起重机，如单层或多层厂房可选择汽车式起重机、轨道式塔式起重机等； （2）有重型构件的钢结构厂房可选择履带式起重机、汽车式起重机等 （3）多层建筑物可选择附着式固定塔式起重机、轨道式塔式起重机，如住宅板楼可根据建筑物长边长度选择附着式固定塔式起重机或轨道式塔式起重机； （4）高层、超高层建筑物可选择附着式固定塔式起重机（用于超高层时须经过厂家特殊设计）、内爬式塔式起重机
	塔式起重机型号规格选择	根据起吊重量、起吊高度、起吊半径选择
	塔式起重机数量选择	（1）根据工期选择，常通过验算塔式起重机吊次来验算塔式起重机的数量是否满足施工进度要求； （2）考虑投标策略与经济成本
	塔式起重机布置注意事项	（1）保证起重机械利用最大化：即覆盖半径最大化、并能充分发挥塔式起重机的各项性能； （2）保证塔式起重机使用安全：其位置应考虑塔式起重机与建筑物（拟建建筑物和周边建筑物）间的安全距离、与基坑的安全距离、与高压线的安全距离、群塔施工的安全距离，塔式起重机安拆的安全施工条件等； （3）保证安拆方便：根据四周场地条件、场内施工道路考虑安拆的可行性和便利性； （4）除非建筑物特点及工艺需要，尽可能避免塔式起重机二次或多次移位； （5）尽量使用企业自有塔式起重机，不能满足施工要求时采用租赁方式解决

续表

名称	项目	内容要点
施工电梯	位置	根据建筑物平面、立面特点，考虑材料运输和装卸方便，可布置在建筑物外或建筑物的电梯井及其他竖井内
	选型	根据电梯性能、建筑物高度、施工电梯安装位置确定，如施工电梯安装在电梯井内，就得考虑电梯井尺寸是否能容纳所选型号的施工电梯
	数量	根据工作量及进度计划，验算电梯的数量能否满足工期要求
	布置注意事项	（1）根据建筑物高度、立面特点、电梯机械性能等选择一次到顶或接力方式的运输方式； （2）高建筑物选择施工电梯，低建筑物宜选择提升井架； （3）保证施工电梯的安拆方便及安全的安拆施工条件
现场临时设施及堆场的布置	临时设施分类	分为生产性临时设施及非生产性临时设施。 （1）生产性临时设施 1）在现场制作加工的作业棚，如钢筋加工棚、木工棚、预埋件加工棚、机电管线加工棚等； 2）各种材料库、棚，如水泥库、油料库、中小型工具库、各种材料储存库房、石灰棚等； 3）各种机械操作棚，如搅拌机棚、卷扬机棚、电焊机棚； 4）各种生产性用房：如锅炉房、机修房、水泵房； 5）其他设施，如吸烟室、垃圾站、变压器等。 （2）非生产性临时设施 包括各种生产管理办公用房、会议室、文化娱乐室、福利性用房、医务室、宿舍、食堂、浴室、开水房、警卫传达室、厕所等
	布置原则	遵循使用方便、有利施工、尽量合并搭建、符合防火安全的原则
	布置要点	（1）塔式起重机覆盖范围内应按施工阶段布置主导工程的材料、并按吊重由重到轻布置； （2）加工棚宜与对应的材料堆场合并在一起，并将材料堆场靠近建筑物近处布置； （3）工程划分施工区域的，当场地有条件时，应按施工区域布置临时设施及材料堆场，以便于协调管理； （4）各种加工棚及材料堆场的面积应考虑现场条件并满足施工要求，当场地受限制时，应做好计划进料； （5）满足招标文件及文明施工、安全、消防、环保、市容等要求
	布置注意事项	（1）施工区域与生活区域应分开设置，避免相互干扰； （2）各种临时设施均不能布置在拟建工程（或后续开工工程）、拟建地下管沟、取弃土地点； （3）各种临时设施应尽可能采用活动式、装拆式结构或就地取材； （4）临时设施建筑平面图及主要房屋结构图的设计应符合当地城市规划、市政、消防等部门要求； （5）施工场地富余时，各种临时设施及材料堆场的设置应遵循紧凑、节约的原则；施工场地狭小时，应先布置主导工程的临时设施及材料堆场

续表

名称	项　目	内 容 要 点
现场运输道路布置及出入口设置	作用	主要解决运输及消防两方面问题
	布置要点	(1) 尽可能利用永久性道路的路面或路基； (2) 应尽可能围绕建筑物布置环形道路，并设置出入口大门； (3) 当道路无法设置环形道路时，应在道路的末端设置回车场； (4) 道路主路线位置的选择应方便材料及构件的运输及卸料，当不能到达时，应尽可能设置支路线； (5) 道路的宽度应根据现场条件及运输对象、运输流量确定，并满足消防要求； (6) 大门设置位置及数量除满足施工需要外，还必须考虑城市规划、市政等方面要求
现场水电管网布置	布置原则	满足施工需要的前提下尽可能经济
	施工用临时给水管线布置	(1) 布置方式：枝状、环状、混合状； (2) 管径的大小、龙头数目根据工程规模由计算确定； (3) 管道埋置：根据气温和使用期限而定。在温暖及使用期限短的工地，宜铺设在地面上，其中穿过场内运输道路时，管道应埋入地下300mm深；在寒冷地区或使用期限长的工地管道应埋置于地下，其中冰冻地区管道应埋在冰冻深度以下； (4) 消火栓设置：消火栓设置数量应满足消防要求。消火栓距离建筑物距离不小于5m，也不应大于25m，距离路边不大于2m； (5) 根据实际需要，可在建筑物附近设置简易蓄水池、高压水泵以保证生产和消防用水
	施工用临时供电管线布置	(1) 根据现场用电量计算选用变压器或由业主原有变压器供电； (2) 每台变压器附近各自设立临电配电室； (3) 现场导线宜采用绝缘线架空或电缆布置

(3) 施工现场平面图绘制

按各施工阶段绘制相应的阶段平面布置图，图中应反映现场的布置内容及周围环境和面貌（如已有建筑物、场外道路等）。图中应标注指北针、主要控制尺寸、图例、相应文字说明等。所有图例、符号执行国家有关绘图标准，按比例绘制后微缩，通常图幅不小于A3。

2.4.7.9 工程特点、重难点分析及应对措施

对工程特点及重难点把握得越深刻，就越能准确理解设计意图，越能抓住施工关键，从而制定针对性施工部署和方案，又好又快地圆满完成各项施工目标。

工程的特点及重难点，应根据工程设计特点，拟建工程的地理位置、人文环境等结合施工单位的具体情况，从组织管理和施工技术两方面进行分析，并提出有针对性的措施和方案。在分析工程特点及重难点时，建议多用数据来说明问题。

一般工程特点、重难点分析见样表2-53。

工程特点、重难点分析样表　　表 2-53

分析项目	分 析 内 容	工程特点、重难点
基础设计	(1) 基坑的深度、基坑周边建筑物或公共设施距坑边距离、基坑支护允许变形及安全要求； (2) 地质条件、勘探报告； (3) 基础形式、基础尺寸； (4) 沉降、防水特殊要求	是否能得出： (1) 基坑深；基坑支护变形要求高； (2) 土方量大；开挖难度大； (3) 基础大体积施工； (4) 沉降要求高；防水要求高

续表

分析项目	分 析 内 容	工程特点、重难点
结构设计	（1）工程体量（建筑面积、层数、高度、建安工作量等）； （2）结构形式技术含量（预应力结构、劲性结构、钢结构、桁架结构、超长结构等）； （3）施工难度：超高层，立面不规则（倾斜、扭转、曲线曲面、大悬挑、网状等），构件种类多、长、重、大跨、高空、安装精度及变形控制高等，节点构造复杂等	是否能得出： （1）工程体量大；水平、垂直运输量大； （2）结构施工技术含量高； （3）施工难度大（可结合工艺、质量具体分析）；超高层施工；制作、安装精度高，安装难度大；高空作业多、安全防护要求高；变形控制要求高
建筑设计	（1）工程体量（装修工程量）； （2）建筑造型（新、奇、异）； （3）装修材料（新型材料、档次、进口等）； （4）施工难度（节点构造复杂、装修档次高、四新技术类）	是否能得出： （1）工程体量大；水平、垂直运输量大； （2）造型新颖；施工难度大（可结合工艺、质量具体分析）；要求标准高； （3）有四新技术应用
专业设计	（1）工程体量（安装工程量）； （2）设备安装（多、重、狭窄区域安装、技术含量等）； （3）四新技术类； （4）交叉作业	是否能得出： （1）工程体量大； （2）设备安装量大，安装技术含量高，难度大； （3）有四新技术应用； （4）工序多、交叉作业多
施工目标	业主要求及投标人承诺的工期、质量、安全、环保、绿色施工等目标	结合上述工程设计特点及目标，是否能得出：工期紧；质量标准高；安全文明工地；绿色认证；组织协调量大等
现场条件	（1）场地条件（地理位置、地形地貌、现场场地等）； （2）周边环境（建筑物、公共设施、地下管线、政治环境等）； （3）道路交通； （4）当地资源供给状况	是否能得出： （1）未做四通一平；坡形场地；场地狭窄； （2）周边环境复杂；紧邻地铁，变形控制要求高；地下管线众多等； （3）交通压力大，材料运输不方便，交通管制多； （4）资源匮乏；材料、设备外地采购量大
其他	业主的特殊要求，三边工程，EPC/DB项目、深化设计量，国外标准等	按照其他条件，分析得出重难点

2.4.7.10　工程四新技术

四新技术是指新技术、新工艺、新设备、新材料。在项目施工中采用先进可行的四新技术，不但可以降低成本、提高质量、加快进度，而且在投标阶段可以提高施工企业的核心竞争力。

罗列采用的新技术、新工艺、新材料和新设备名称、应用部位及注意事项，预测其经济效益和社会效益。

2.4.8 施工组织总设计的编制

2.4.8.1 编制内容

根据施工组织总设计的地位和作用，施工组织总设计一般包含以下内容：

(1) 编制依据；

(2) 工程概况；

(3) 施工总体部署；

(4) 主要施工方案；

(5) 目标管理；

(6) 施工总控制进度计划；

(7) 资源需要量及施工准备工作计划；

(8) 施工总平面布置。

2.4.8.2 编制程序

见图 2-54。

2.4.8.3 编制依据

为了切合实际编制好施工组织总设计，在编制时，应尽可能收集相关资料，保证施工组织设计的可行性。编制依据一般包含的内容见表 2-54。

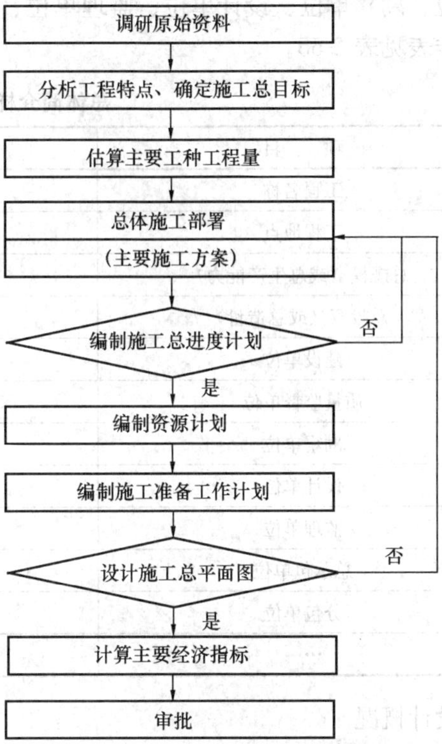

图 2-54 施工组织设计编制程序

编制依据 **表 2-54**

序号	项目	内容
1	计划文件及有关合同	包括国家批准的基本建设计划、可行性研究报告、工程项目一览表、分期分批施工项目和投资计划、主管部门的批件、施工单位上级主管部门下达的施工任务计划、招投标文件及签订的工程承包合同、工程材料和设备的订货合同等
2	设计文件及有关资料	包括建设项目的初步设计、扩大初步设计或施工图设计的有关图纸、设计说明书、建筑总平面图、建设地区区域平面图、建筑竖向设计、总概算或修正概算等
3	工程勘察和原始资料	包括建设地区地形、地貌、工程地质及水文地质、气象等自然条件；交通运输、能源、预制构件、建筑材料、水电供应及机械设备等技术经济条件；建设地区政治、经济文化、生活、卫生等社会生活条件
4	现行规范、规程和有关技术规定	包括国家现行的施工及验收规范、操作规程、定额、技术规定和技术经济指标

2.4.8.4 工程概况

施工组织总设计中的工程概况是对工程及所在地区特征的一个总的说明部分。一般应描述项目施工总体概况、设计概况、建安工作量及工程量、建设地区自然经济条件、施工条件、工程特点及重难点分析、承包范围。工程概况介绍时应简明扼要、重点突出、层次清晰，有时为了补充文字介绍的不足，还可辅以图表说明。

(1) 总体简介。

介绍建设项目或建筑群的基本情况，包含工程项目的名称，工程地址、建设单位、质量监督单位、勘察单位、设计单位、监理单位、承包单位、分包单位、资金来源等情况。总体简介样表见表 2-55。

总体简介样表　　**表 2-55**

序号	项　目	内　容
1	工程名称	
2	工程地点	
3	总规模（或总生产能力）	
4	总投资（或总造价）	
5	建设单位	
6	质量监督单位	
7	勘察单位	
8	设计单位	
9	监理单位	
10	总承包单位	
11	分包单位	
12	……	

(2) 设计概况。

介绍工程项目总体设计及各单位工程各专业的设计简介。

(3) 建安工作量及工程量，见表 2-56。

建安工作量及工程量一览表　　**表 2-56**

序号	工程名称	建安工作量（万元）		主要工种工程量	设备安装工程量（t）	备　注
		土建	安装			

(4) 建设地区自然经济条件，见表 2-57。

自然经济条件　　**表 2-57**

序号	项　目		内　容
1	自然条件状况	气象条件	
		工程地形地貌	
		工程地质状况	
		工程水文地质状况	
		地震级别及危害程度	

续表

序号	项目		内容
2	技术经济状况	当地主要材料供应状况	
		当地机械设备供应状况	
		当地生产工艺设备供应状况	
		地方交通运输方式及服务能力状况	
		地方供水能力状况	
		地方供电能力状况	
		地方供热能力状况	
		地方电信服务能力状况	
		地方施工技术水平	
		地方资源价格情况	
		承包单位信誉、能力、素质及经济效益状况	

(5) 施工条件，见表2-58。

施 工 条 件 **表2-58**

序 号	项 目	内 容
1	施工现场状况介绍	
2	现场周边环境介绍	
3	主要材料、特殊材料和生产工艺设备供应条件	
4	图纸供应阶段划分及时间安排	
5	承包单位的资源配置及准备情况	

(6) 工程特点及重难点分析。

根据工程设计特点及施工条件等结合施工单位的具体情况，从组织管理和施工技术两方面分析工程特点及重难点，制定针对性措施和方案。

2.4.8.5 施工总体部署

施工总体部署是对整个建设项目全局作出的统筹规划和全面安排，主要解决影响建设项目全局的重大施工问题。

施工总体部署因建设项目的性质、规模和施工条件等不同而不同，其主要内容包括：确定工程开展程序、拟定主要项目的施工方案、明确施工任务划分与组织安排、编制施工准备工作计划等。

(1) 工程开展程序的确定见图2-55。

(2) 主要工程项目施工方案的确定要求见表2-59。

主要工程项目的施工方案 **表2-59**

序号	项 目	内 容
1	主要工程项目选择	(1) 工程量大、施工难度大、工期长，对整个建设项目完成起关键作用的建筑物或构筑物； (2) 全场范围内工程量大、影响全局的特殊分项工程

续表

序号	项　目	内　容
2	总体施工顺序确定要求	根据工程开展程序、施工程序确定建设项目各单项及单位工程施工的先后顺序
3	施工方法确定原则	技术工艺上先进，经济上合理
4	施工机械选择要求	(1) 主导施工机械的型号和性能要既能满足施工的需要，又能发挥生产效率，并能在工程上实现综合流水作业； (2) 辅助配套施工机械的性能产量要与主导施工机械相适应； (3) 具有针对性，并注意贯彻中外结合、大中小型机械结合的原则

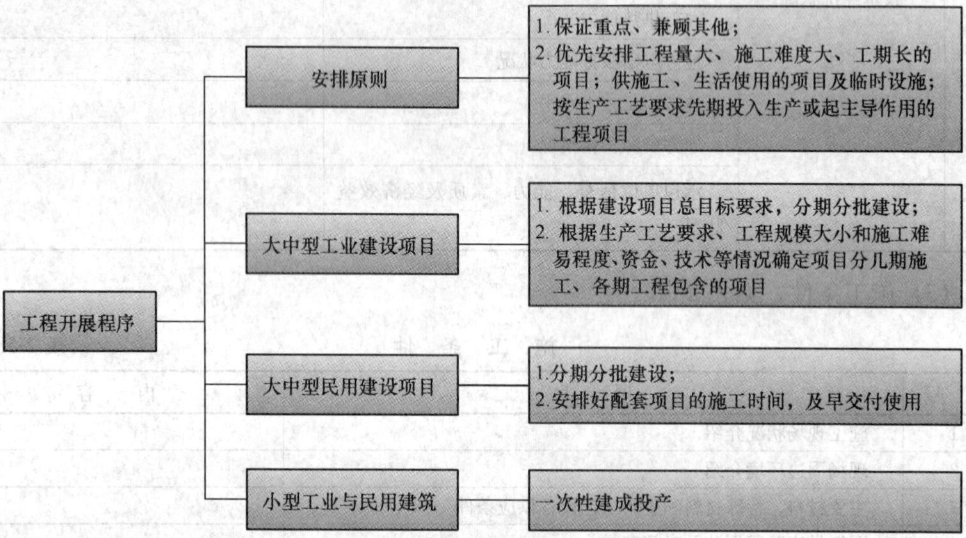

图 2-55　工程开展程序

(3) 施工任务划分与组织安排包括的内容见图 2-56。

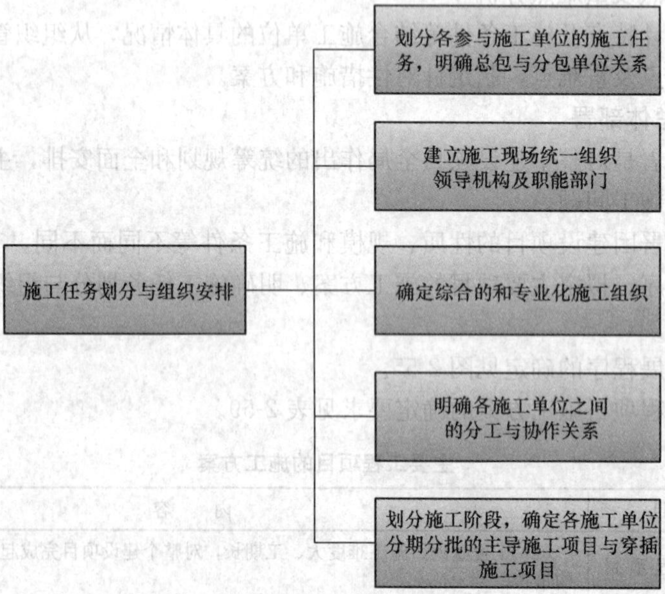

图 2-56　施工任务划分与组织安排

（4）全场性临时设施的规划见表 2-60。

全场性临时设施的规划 **表 2-60**

序号	项 目	内 容
1	规划依据	工程开展程序与施工项目施工方案
2	规划内容	（1）安排生产和生活性临时设施的建设； （2）安排材料、成品、半成品、构件的运输和储存方式； （3）安排场地平整方案和全场性排水设施； （4）安排场内外道路、水、电、气引入方案； （5）安排场区内的测量标志等

2.4.8.6 目标管理

阐述质量、进度、安全、环保、绿色施工等各项目标的要求，并制定强有力的保证措施。施工目标管理的项目及内容见表 2-61。

目标管理项目及内容 **表 2-61**

序号	项 目	内 容
1	质量目标	（1）包括单项工程质量目标和建设项目质量目标。 （2）施工质量保证措施： 1）组织保证措施：根据工程特点建立项目施工质量体系，明确分工职责和质量监督制度，落实施工质量控制责任； 2）技术保证措施：编制项目质量计划，完善施工质量控制点和控制标准，加强培训和交底，加强施工过程控制； 3）经济保证措施：保证资金正常供应；加大奖罚力度；保证施工资源正常供应； 4）合同保证措施：全面履行工程承包合同，及时监督检查分包单位施工质量，严把质量关
2	工期目标	（1）包括建设项目总工期目标；独立交工系统工期目标；单项工程工期目标。 （2）工期保证措施： 1）组织保证措施：从组织上落实工期控制责任，建立工期控制协调制度； 2）技术保证措施：编制工程施工进度总计划、单项工程进度计划、分阶段进度计划等多级网络计划，加强计划动态控制； 3）经济保证措施：保证资金正常供应；加大奖罚力度；保证施工资源正常供应； 4）合同保证措施：全面履行工程承包合同，及时协调分包单位施工进度
3	安全目标	（1）包括建设项目安全总目标，独立交工系统施工安全目标；独立承包项目施工安全目标；单项工程安全目标。 （2）安全保证措施： 1）组织保证措施：建立安全组织机构，确定各单位和责任人职责及权限，建立健全安全管理规章制度； 2）技术保证措施：编制项目安全计划、工种安全操作规程，选择安全适用的施工方案，落实安全技术交底制； 3）经济保证措施：保证资金正常供应；加大奖罚力度；保证安全防护资源及设施正常供应； 4）合同保证措施：全面履行工程承包合同，加强分包单位安全管理

续表

序号	项　目	内　容
4	环保目标	（1）包括建设项目施工总环保目标；独立交工系统施工环保目标；独立承包项目施工环保目标；单项工程施工环保目标。 （2）环保保证措施： 1）组织保证措施：建立施工环保组织机构，确定各单位和责任人职责及权限，建立健全环保管理规章制度； 2）技术保证措施：根据工程特点，明确施工环保内容，编制针对性强的施工环保方案； 3）经济保证措施：保证资金正常供应；加大奖罚力度；保证环保用资源及设施正常供应； 4）合同保证措施：全面履行工程承包合同，加强分包单位环保管理
5	其他目标	（1）确定建设项目其他总目标及单项工程其他目标； （2）制定其他目标保证措施

2.4.8.7　施工总控制进度计划

施工总控进度计划是以拟建项目交付使用时间为目标确定的控制性施工进度计划，是控制每个独立交工系统及单项（位）工程施工工期及相互搭接关系的依据，是总体部署在时间上的反映。

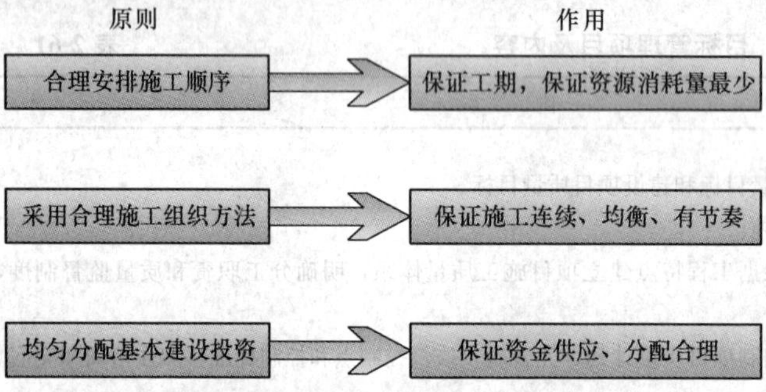

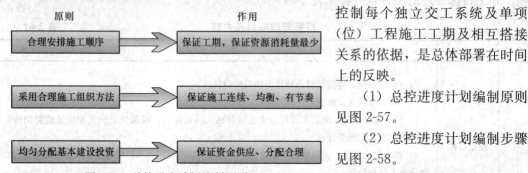

图 2-57　总控进度计划编制原则

（1）总控进度计划编制原则见图 2-57。

（2）总控进度计划编制步骤见图 2-58。

（3）估算各主要项目的实物工程量。

1）主要项目实物工程量的估算步骤见图 2-59。

2）工程量汇总表见表 2-62。

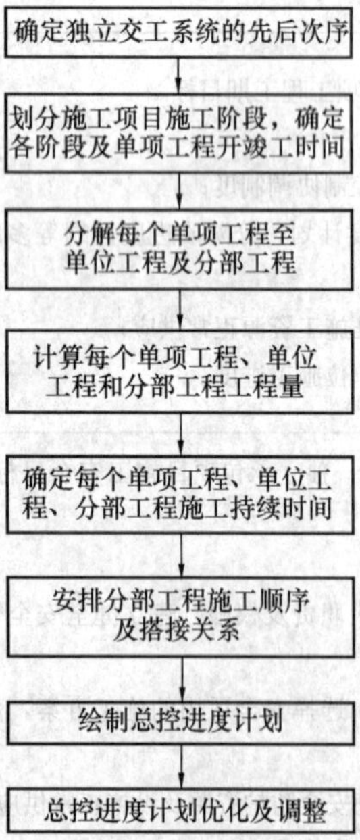

图 2-58　总控进度计划编制步骤

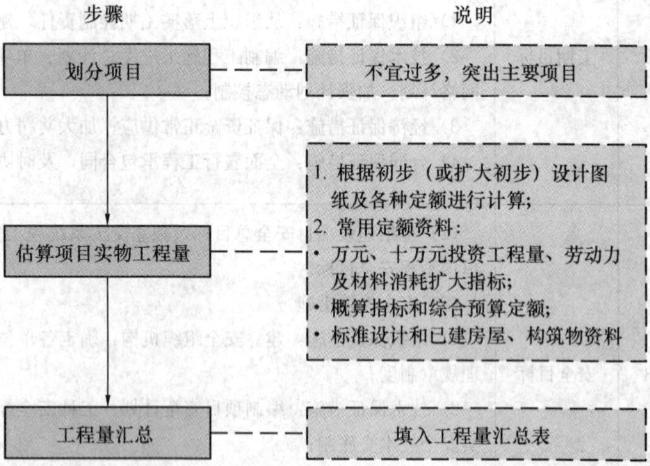

图 2-59　主要项目实物工程量估算步骤

工程量汇总表 **表 2-62**

工程项目分类	工程名称	结构类型	总建筑面积	实物工程量				
				分部工程 *a*	分部工程 *b*	分部工程 *c*	……	分部工程 *n*

（4）确定各单位工程施工期限。

根据工程特点，综合考虑各方面影响因素并参考有关工期定额或类似工程施工经验予以确定，见图 2-60。

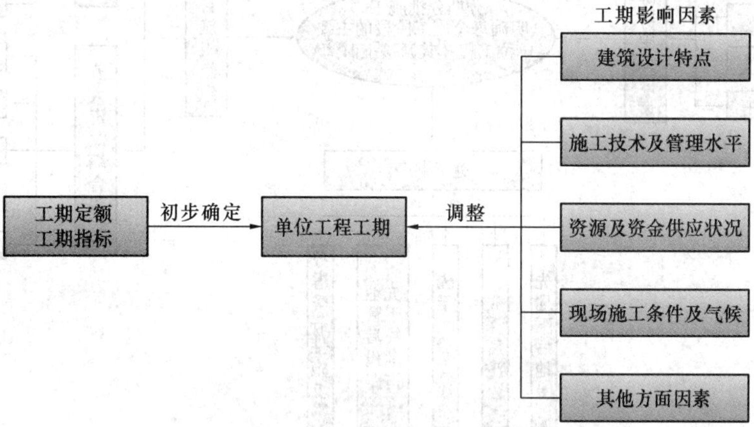

图 2-60 单位工程施工期限的确定

（5）确定各单位工程开竣工时间及相互搭接关系。

在确定了各主要单位工程的施工期限后，就可以进一步安排各单位工程的搭接施工时间。在解决这一问题时，一方面要根据施工部署中的控制工期及施工条件，另一方面要尽量使主要工种的工人连续、均衡、有节奏地施工。具体安排时可参见图 2-61。

（6）编制施工总控进度计划。

首先根据各施工项目的工期与搭接时间，编制初步进度计划；其次按照流水施工与综合平衡要求，调整进度计划或网络计划；最后绘制施工总进度计划（表 2-63）和主要分部工程流水施工进度计划（表 2-64）或网络计划。

施工总进度计划 **表 2-63**

序号	工程名称	建安指标		设备安装指标（t）	造价（千元）			进度计划					
								第一年				第二年	第三年
		单位	数量		合计	建筑工程	设备安装	Ⅰ	Ⅱ	Ⅲ	Ⅳ		

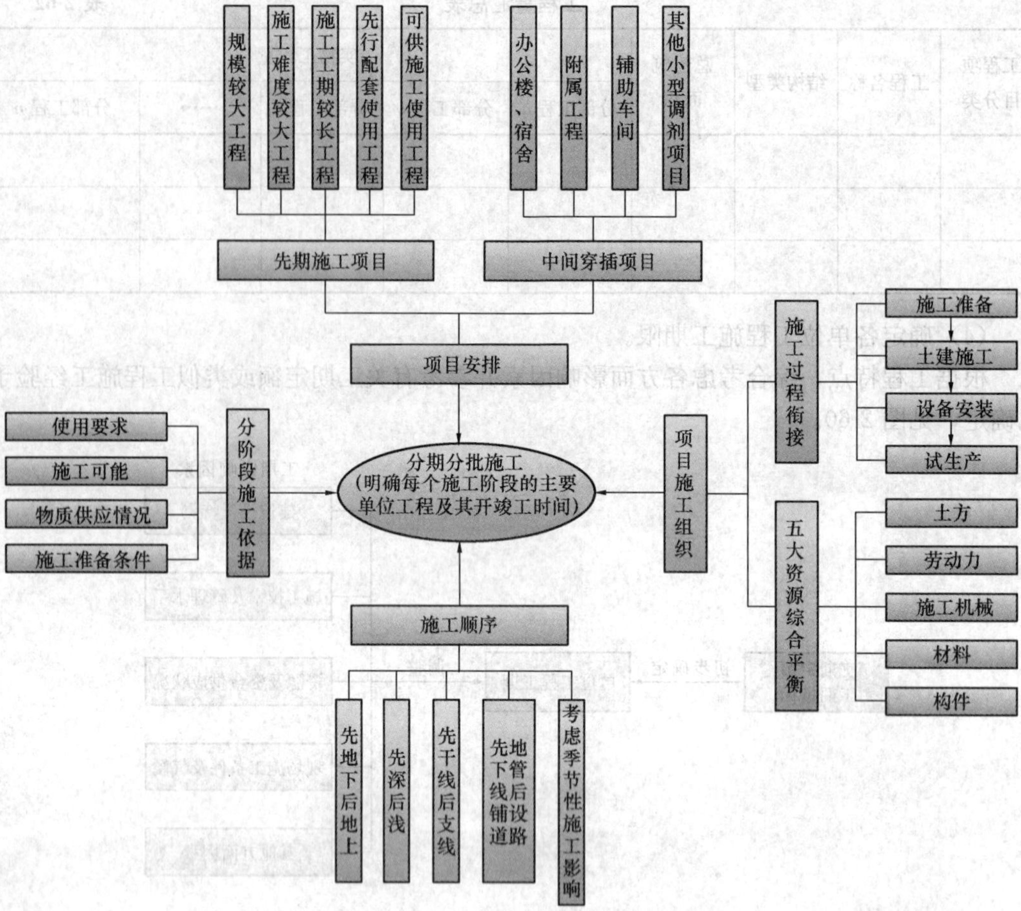

图 2-61　各单位工程开竣工时间及相互搭接安排

主要分部工程流水施工进度计划　　**表 2-64**

序号	单位工程名称	分部工程名称	工程量		机械			劳动力			施工天数	施工进度计划						
												××××年						
			单位	数量	机械名称	台班数量	机械数量	工种名称	总工日数	平均人数		1	2	3	4	5	6	…

(7) 施工总控进度计划的优化。

施工总控进度计划编制完成后，应进行调整及优化。优化时应从以下几个方面进行：

1) 是否满足合同工期以及节点工期要求；

2) 主体工程与辅助和配套工程是否平衡；

3) 整个建设项目资源需要量及资金需求量是否均衡；

4) 各施工项目之间的顺序安排是否合理，搭接时间是否合适。

对上述存在的问题，应通过调整优化来解决。施工总控进度计划的调整优化，就是通过改变若干个工程项目的开竣工时间及工期，即通过工期、费用、资源优化来实现总控进度计划的控制性及合理性。

(8) 制定施工总控进度计划保证措施，见表2-65。

施工总控进度计划保证措施　**表 2-65**

序号	项　目	内　容
1	组织保证措施	从组织上落实进度控制责任，建立健全进度控制的执行、管理、协调制度
2	技术保证措施	编制施工进度计划实施细则；建立多级网络计划和周作业计划体系；加强施工动态控制
3	经济保证措施	确保资金正常供应；执行奖惩制度；紧急工程采用协商单价；保证各项资源的正常供给
4	合同保证措施	全面履行工程承包合同；及时协调分包单位施工进度

2.4.8.8　资源需要量及施工准备工作计划

各项资源需要量计划是做好劳动力及物资供应、平衡、调度、落实的依据，其内容包括以下几个方面。

1. 劳动力需要量计划

根据工程量汇总表中列出的各个建筑物的主要实物工程量，查预算定额或有关资料，便可计算出各个建筑物主要工种的劳动量，再根据施工总进度计划表各单位工程分工种的持续时间，即可得到某单位工程在某段时间里的平均劳动力数。按同样方法可计算出各个建筑物各主要工种在各个时期的平均工人数。将施工总进度计划表纵坐标方向上各单位工程同工种的人数叠加在一起并连成一条曲线，即为某工种劳动力动态曲线图。其他工种也用同样方法绘成曲线图，从而根据劳动力曲线图列出主要工种劳动力需要量计划表，见表2-66。

劳动力需要量计划　**表 2-66**

序号	工程品种	劳动量	施工高峰人数	××年					××年					现有人数	多余或不足

2. 材料、构件、半成品需要量计划

根据工程量汇总表所列各建筑物的工程量，查定额或有关资料，计算出各建筑物所需的建筑材料、构件和半成品的需要量。然后根据施工总进度计划表，大致算出某建筑材料在某一段时间内的需要量，进而编制出建筑材料、构件和半成品的需要量计划，见表2-67。

主要材料、构件、半成品需要量计划　**表 2-67**

序号	工程名称	材料、构件、半成品名称								
		水泥	砂	砖	……	混凝土	砂浆	……	钢结构	……
		t	m^3	千块		m^3	m^3		t	

3. 施工机具需要量计划

主要施工机械的需要量，根据施工总进度计划、主要建筑施工方案和工程量，并套用机械产量定额求得。辅助机械可根据建筑安装工程每十万元扩大概算指标求得。运输机具的需要量根据运输量计算。施工机具需要量计划见表 2-68。

施工机具需要量计划　　表 2-68

序号	机具名称	规格型号	数量	电动机功率	需要量计划											
					××年				××年				××年			

4. 施工准备工作计划

为了落实各项施工准备工作，加强检查和监督。必须根据各项施工准备工作的内容、时间和人员，编制施工准备工作计划，见表 2-69。

施工准备工作计划　　表 2-69

序号	施工准备项目	内　容	负责单位	负责人	起止时间		备　注
					××月	××月	

2.4.8.9　施工总平面布置

施工总平面图解决建筑群施工所需各项生产生活设施与永久建筑（拟建的和已有的）相互间的合理布局。它是根据施工部署、施工方案、施工总进度计划，将施工现场的各项生产生活设施按照不同施工阶段要求进行合理布置，以图纸形式反映出来，从而正确处理全工地施工期间所需各项设施和拟建工程之间的空间关系，以指导现场有组织有计划地文明施工。

(1) 施工总平面布置图内容、布置原则、布置依据，见表 2-70。

施工总平面布置　　表 2-70

序号	项　目	内　容
1	总平面图内容	(1) 原有地形图和等高线，全部地下、地上已有建筑物、构筑物及其他设施和尺寸； (2) 全部拟建的建筑物、构筑物和其他基础设施的建筑坐标网； (3) 施工用的一切临时设施，包括道路、机械化装置、加工厂、材料场地、仓库、行政管理和文化生活福利用房、各种临水临电管线、安全防火设施和环境保护设施、弃土地点等
2	总平面图布置原则	(1) 在满足施工需要的前提下，尽量减少施工用地，施工现场布置要适用紧凑； (2) 合理选用及布置大型施工机械，合理规划各项施工设施，科学规划施工道路，减少现场的二次搬运费用； (3) 科学确定施工区域和场地面积，尽量减少专业工种之间的交叉作业； (4) 尽量降低临时设施的修建费用，充分利用已有建筑物、构筑物为施工服务，降低施工设施建造费用，尽量采用装配式设施提高安装速度； (5) 各项施工设施布置时，要有利生产、方便生活，施工区与居住区要分开； (6) 符合劳动保护、技术安全、防火、文明施工等要求； (7) 在改建、扩建企业项目中还应考虑企业生产与工程施工互不影响

续表

序号	项　目	内　容
3	总平面图布置依据	(1) 建设项目总平面图、竖向布置图和地下设施布置图； (2) 建设项目施工部署和主要项目施工方案； (3) 建设项目总进度计划、施工总成本计划； (4) 建设项目施工总资源计划、各项施工设施计划； (5) 建设项目施工用地范围和水、电源位置，以及项目安全施工和防火标准

(2) 施工总平面图设计步骤，见图 2-62。

(3) 施工平面图设计参考图例，见附录 2-4。

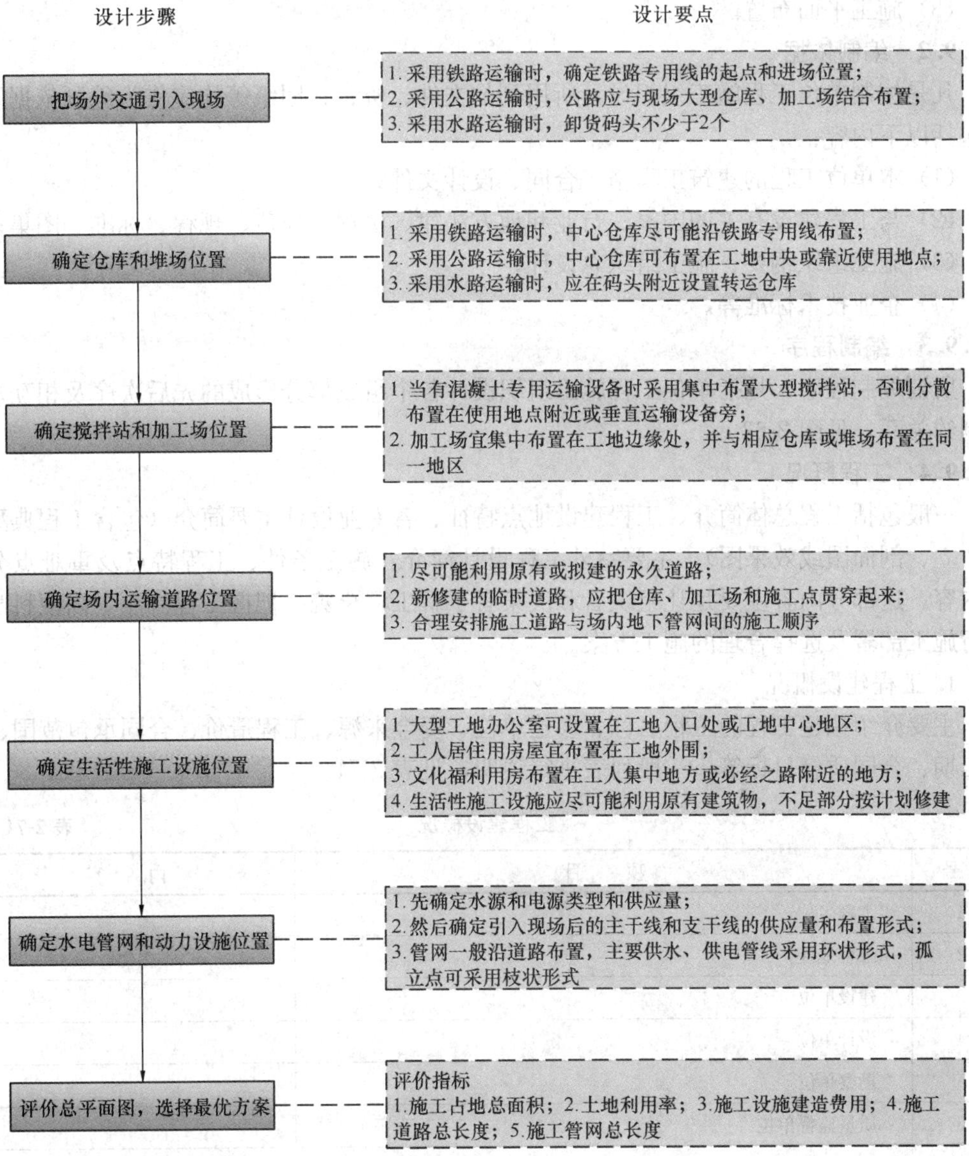

图 2-62　施工总平面图设计步骤

2.4.9 单位工程施工组织设计的编制

2.4.9.1 编制内容

（1）编制依据；

（2）工程概况；

（3）施工部署；

（4）施工准备；

（5）主要施工方法；

（6）主要管理措施；

（7）施工进度计划；

（8）施工平面布置。

2.4.9.2 编制依据

凡是编制单位工程施工组织设计所用到的文件、资料、图纸等均应作为编制依据。一般包括以下内容：

（1）本单位工程的建筑工程施工合同、设计文件；

（2）与工程建设有关的国家、行业和地方法律、法规、规范、规程、标准、图集；

（3）施工组织纲要、施工组织总设计；

（4）企业技术标准等。

2.4.9.3 编制程序

所谓编制程序，是指单位工程施工组织设计各个组成部分形成的先后次序及相互之间的制约关系，见图 2-63。

2.4.9.4 工程概况

一般包括工程总体简介、工程建设地点特征、各专业设计主要简介（包含工程典型的平、立、剖面图或效果图）、主要室外工程设计简介、施工条件、工程特点及重难点分析等内容。这部分内容主要是让组织者和决策者了解工程全貌、把握工程特点，以便科学地进行施工部署及选择合理的施工方案。

1. 工程建设概况

主要介绍拟建工程的工程名称、参建单位、资金来源、工程造价、合同承包范围、合同工期、合同质量目标等。一般列表进行说明，见表 2-71。

工程建设概况 **表 2-71**

序号	项　目	内　容
1	工程名称	
2	工程地址	
3	建设单位	
4	设计单位	
5	勘察单位	
6	质量监督单位	
7	监理单位	

续表

序号	项 目	内 容
8	施工总承包单位	
9	施工主要分包单位	
10	资金来源	
11	合同承包范围	
12	结算方式	
13	合同工期	
14	质量目标	

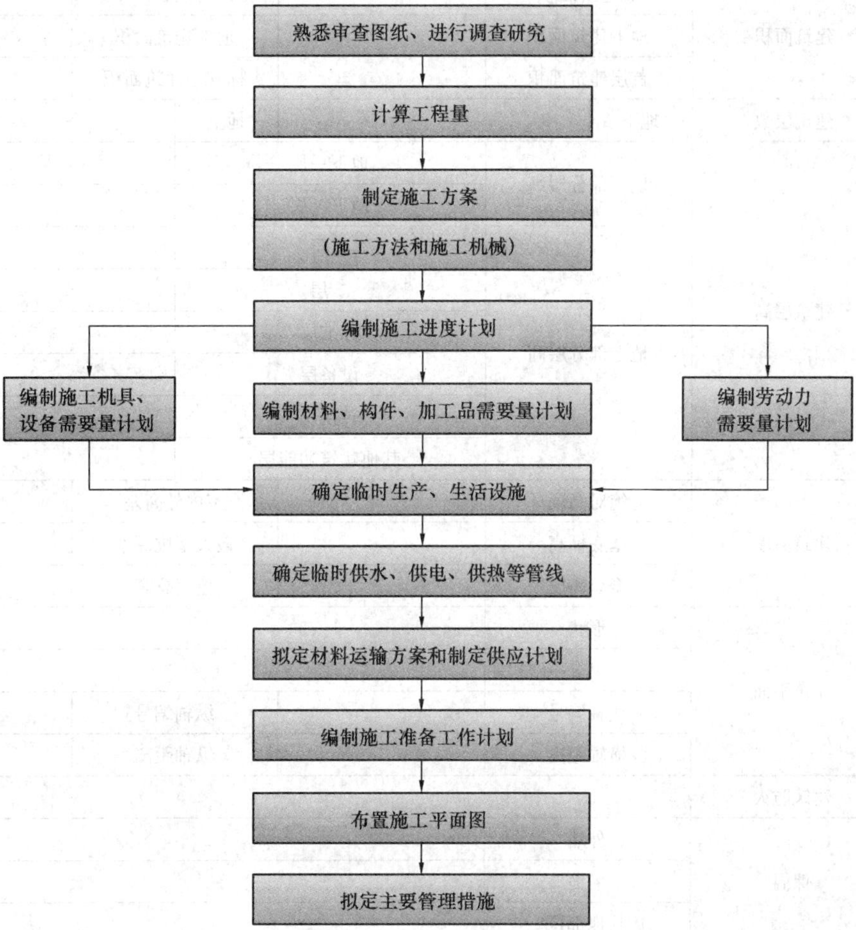

图 2-63 施工组织设计编制程序

2. 工程建设地点特征

主要介绍拟建工程的地理位置、地形、地貌、地质、水文地质、气温、季节性时间、主导风向、风力、地震烈度等。

本部分内容叙述应简明扼要，能用具体数字说明的尽量用数字进行说明，以便于读者很直观地获悉工程建设地点的特征信息。

3. 建筑设计概况

根据建筑总说明及具体的建筑施工图纸说明建筑功能、建筑特点、建筑面积、平面尺寸、层数、层高、总高、内外装修等情况。其中建筑特点及涉及四新方面的内容应重点说明。

一般工程的建筑设计概况样表如表 2-72 所示。

建筑设计概况　　**表 2-72**

序号	项　目	内　容			
1	建筑功能				
2	建筑特点	介绍建筑形态方面的特色、风格			
3	建筑面积	总建筑面积		占地面积	
		地下建筑面积		地上建筑面积	
		首层建筑面积		标准层建筑面积	
4	建筑层数	地下		地上	
5	建筑层高	地下部分层高	地下一层		
			地下 n 层		
		地上部分层高	首层		
			二层		
			标准层		
			设备层		
			转换层		
			其他建筑功能层		
6	建筑高度	绝对高度		室内外高差	
		基底标高		最大基坑深度	
		檐口高度		建筑总高	
7	建筑平面	形状			
		组合			
		横轴编号		纵轴编号	
		横轴距离		纵轴距离	
8	建筑防火				
9	保温	外墙			
		屋面			
		其他部位			
10	外装修	外墙装修			
		檐口			
		门窗工程			
		屋面工程	不上人屋面		
			上人屋面		
		出入口			

续表

序号	项目	内容			
11	内装修	顶棚工程			
		地面工程			
		内墙装修			
		门窗工程	普通门		
			特种门		
		楼梯			
12	防水工程	地下			
		屋面			
		室内			
13	电梯				

4. 结构设计概况

根据结构设计总说明及具体的结构施工图纸说明结构各方面的内容及设计做法，其中涉及工程重难点及四新方面的内容应重点描述。

一般钢筋混凝土工程的结构设计概况样表如表 2-73 所示。

结构设计概况 **表 2-73**

序号	项目	内容		
1	土质、水质	基底以上土质分层情况		
		地下水位	地下承压水	
			滞水层	
			设防水位	
		地下水质		
2	结构形式	基础结构形式		
		主体结构形式		
		屋面结构形式		
		填充材料		
3	地基	持力层以下土质类别		
		地基承载力		
		土壤渗透系数		
4	地下防水	混凝土自防水		
		材料防水		
5	混凝土强度等级	基础垫层		
		基础	底板	
			地下室顶板	
			外墙、柱	
			内墙、柱	
			梁、楼板	
		主体结构	墙、柱	
			梁、板、楼梯	

续表

序号	项目	内容		
6	抗震设防	工程设防烈度		
		抗震等级	框架抗震等级	
			剪力墙抗震等级	
		建筑结构安全等级		
		抗震设防类别		
7	钢筋类别	非预应力筋及等级		
		预应力筋及张拉方式		
8	钢筋接头形式	搭接绑扎		
		焊接		
		机械连接		
9	主要结构构件尺寸（mm）	底板、地梁厚度		
		外墙厚度		
		内墙厚度		
		柱断面尺寸		
		梁断面尺寸		
		楼板厚度		
10	楼梯、坡道结构形式	楼梯结构形式		
		坡道结构形式		
11	结构转换层	设置位置		
		结构形式		
12	混凝土结构工程预防碱骨料反应管理类别、有害物环境质量要求			
13	人防设置等级			
14	建筑沉降观测			
15	构件最大几何尺寸			

5. 专业设计概况

根据专业图纸按专业类别以表格的形式说明专业设计概况，见表2-74。

专业设计概况　　　　**表 2-74**

序号	项目		设计要求	系统做法	管道类别
1	给水排水系统	上水			
		中水			
		下水			
		热水			
		饮用水			
		消防水			

续表

序号	项目		设计要求	系统做法	管道类别
2	消防系统	消防			
		排烟			
		报警			
		监控			
3	空调通风系统	空调			
		通风			
		冷冻			
4	电力系统	照明			
		动力			
		弱电			
		避雷			
5	设备安装	电梯			
		配电柜			
		水箱			
		污水泵			
		冷却塔			
6	通信				
	音响				
	电视电缆				
7	庭院、绿化				
	楼宇清洁				
8	采暖	自供暖			
		集中供暖			
9	防雷				
10	电梯、扶梯				
11	设备最大几何尺寸及重量				

建筑、结构、专业设计概况表格中的内容应根据工程实际调整、增减，不可拘于以上样表中的内容。

6. 工程典型图示

在各专业设计概况介绍完成后，为了让读者更直观地了解工程特点，可附典型的平面图、立面图、剖面图、效果图（有条件时）。

7. 施工条件

从现场场地、周边环境、施工资源、施工单位能力等方面叙述，见表2-75。

施　工　条　件　　　　表 2-75

序号	项　目		内　容
1	现场场地	“五通一平”情况	叙述哪些已具备条件，哪些需要进场后解决
		场地大小及利用率	可利用场地与工程规模比较，说明场地的宽敞或狭小、利用率、场地布置难易程度等，以及建设单位是否提供施工二场地
		现场地形地貌	坡地地形应予以说明
		地下水位情况	基坑施工是否需要降水
		地下管线情况	是否影响临建布置及土方施工，施工是否需要采取保护
		场区高程引测及定位	叙述甲方提供的水准点、控制桩等
		甲方提供临时设施情况	叙述建设单位在场地或二场地提供临时设施情况，哪些需进场后解决
2	周边环境	周边建筑物	有哪些临近建筑，基坑及降水施工是否需要采取加固措施，扰民及民扰程度等
		周边道路及交通能力	重点叙述交通流量、交通管制、交通运输能力对混凝土及大型材料运输的影响
		周边地下管线情况	市政排污管道位置，施工是否需要临时中断地下管线等
3	施工资源	主要建筑材料供应情况	当地的供应能力，是否需要从外地采购
		主要构件供应情况	当地的供应能力，是否需要从外地采购
		劳动力	落实情况
		主要施工机械及设备	落实情况
4	施工能力	承包单位施工技术水平	从施工单位资质、人员配置、掌握核心施工技术及新技术能力、类似工程施工经验等方面叙述
		承包单位施工管理水平	从施工单位资质、总承包管理及协调能力、类似工程施工经验等方面叙述
5	其他	如气候条件、图纸是否完善、是否需要深化设计等	

8. 工程特点及重难点分析

着重从管理上的难点及技术上的难点进行描述。

2.4.9.5　施工部署

施工部署是施工组织设计的核心内容，是对整个工程涉及的任务、人力、资源、时间、空间、工艺的总体安排，其目的是通过合理部署顺利实现各项施工管理目标。

1. 施工部署内容

施工部署内容见表 2-76。

单位工程施工部署内容 表 2-76

序号	部署内容	说明
1	施工管理目标	根据施工合同的约定和政府行政主管部门的要求，制定工期、质量、安全目标和文明施工、消防、环境保护等方面的管理目标
2	施工部署原则	为实现本单位工程的各项管理目标，应确定的主导思想，即采用什么样的组织手段和技术手段去完成合同要求
3	总体施工顺序	是施工部署在流程图上的反映，受施工程序、施工组织、工序逻辑关系的制约
4	项目经理部组织机构	项目经理部应根据工程的规模、结构、复杂程度、专业特点等设置足够的岗位，其人员组成以机构方框图的形式列出，明确各岗位人员的职责
5	计算主要工程量	总承包单位按照施工图纸计算主要分项、分部工程的工程量，据此编制施工进度计划、划分流水段、配置资源等
6	施工进度计划	施工进度计划是施工部署在时间上的体现。应按施工组织总设计或施工组织纲要中的总控进度计划编制，住宅工程和一般公用建筑可用横道图表示，大型公共建筑应用网络图表示
7	原材料、构配件、设备的加工及采购计划	应根据施工进度计划制定原材料、构配件、设备的加工及采购计划
8	劳动力计划	按工程的施工阶段列出各工种劳动力计划，并绘制以时间为横坐标，人数为纵坐标的劳动力动态管理图
9	协调与配合	应明确项目经理部与工程监理单位及各参建单位之间需要配合、协调的范围和方式

2. 总体施工顺序

先确定施工程序、然后确定单位工程的施工起点和流向，最后根据施工程序、施工起点和流向、工序逻辑关系及组织关系确定单位工程的总体施工顺序。

(1) 施工程序

先进行内业及现场准备工作，施工时遵循“先地下后地上”、“先土建后设备”、“先主体后围护”、“先结构后装饰”的程序，最后安排好竣工收尾工作。

施工程序说明见表 2-77。

施 工 程 序 说 明 表 2-77

序号	施工程序名称	说明
1	内业准备工作	熟悉施工图纸，图纸会审，编制施工预算，编制施工组织设计，落实设备与劳动力计划，落实协作单位，对职工进行岗位培训、四新技术培训、施工安全与防火教育等
2	现场准备	完成拆迁、清理障碍、管线迁移、平整场地、设置施工用临时建筑、完成附属加工设施、铺设临时水电管网、完成临时道路施工、机械设备进场、必要的材料进场等
3	先地下后地上	指的是先完成管道、管线等地下设施，土方工程和基础工程，然后开始地上工程的施工
4	先土建后设备	一般说来，土建施工应先于水暖煤电卫等建筑设备的施工。但它们之间更多的是穿插配合的关系，尤其是在装修施工阶段

续表

序号	施工程序名称	说　明
5	先主体后围护	主要指框架主体结构与围护结构在总的程序上要合理的搭接。一般说来，多层建筑以少搭接为宜，而高层建筑则应尽量搭接施工，以保证或缩短工期
6	先结构后装饰	指一般情况而言。有时为缩短工期，也可部分搭接施工
7	竣工收尾	主要包括设备调试、生产或使用准备、交工验收等工作

(2) 单位工程的施工起点和流向

施工起点和流向是指单位工程在平面或空间上开始施工的部位及流动方向，这主要取决于生产需要、缩短工期及保证质量等要求。

1) 施工起点流向，其影响因素见表 2-78。

施工起点流向的影响因素　　表 2-78

序号	影响因素	说　明
1	生产工艺或使用要求	确定施工流向的基本因素，一般生产工艺上影响其他工段试车投产的或生产使用上要求急的工段，部分先安排施工。如工程厂房内要求先试生产的工段应先施工；高层宾馆、写字楼等可以在主体结构施工到一定层数后，可安排地面上若干层的室内外装修
2	施工的繁简程度	一般说来，技术复杂、施工难度大，施工进度较慢、工期长的工段或部位应先安排施工
3	房屋高低层或高低跨	基础埋深不一致时，应按先深后浅的顺序施工；房屋有高低层或高低跨时，应先从并列处开始
4	施工组织和施工技术	如施工组织的分层分段影响施工流向；基础工程，由施工机械和方法决定其平面上的施工流向；主体工程，平面上由施工组织决定从那一边开始施工，竖向按照施工程序一般自下而上施工；装饰工程竖向施工流向有自上而下、自下而上、自中而下再自上而中的顺序，具体采用哪种，由施工组织和施工技术决定

2) 装饰工程竖向施工流向

竖向施工流向见图 2-64，三种竖向施工流向的优缺点见表 2-79。

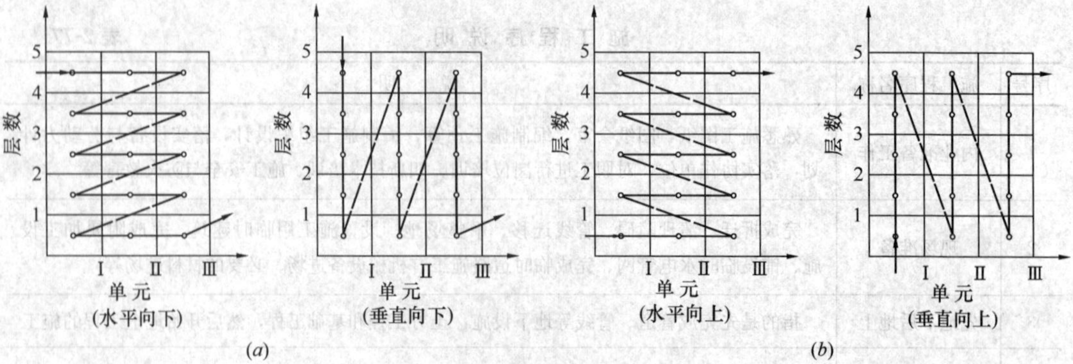

图 2-64　装饰工程竖向施工流向

(a) 自上而下的施工流向；(b) 自下而上的施工流向

装饰工程三种竖向施工流向的优缺点　　表 2-79

序号	装饰工程竖向施工流向	优　点	缺　点
1	自上而下	有利屋面及装饰工程质量，避免工种交叉，有利于文明施工及成品保护	不能与主体结构搭接，工期较长
2	自下而上	可以与主体结构平行搭接施工，能相应缩短工期	工种交叉多，施工资源供应紧张，施工组织和管理较复杂
3	自中而下再自上而中	综合前两种优点，适合高层建筑的装饰施工	工种交叉相对多，施工资源供应相对紧张，施工组织和管理相对复杂

(3) 施工顺序

1) 影响因素

影响施工顺序的因素较多，主要影响因素见图 2-65。

2) 施工顺序实例

多层混合结构的施工顺序见图 2-66，装配式钢筋混凝土单层工业厂房施工顺序见图 2-67，高层框剪结构施工顺序见图 2-68。

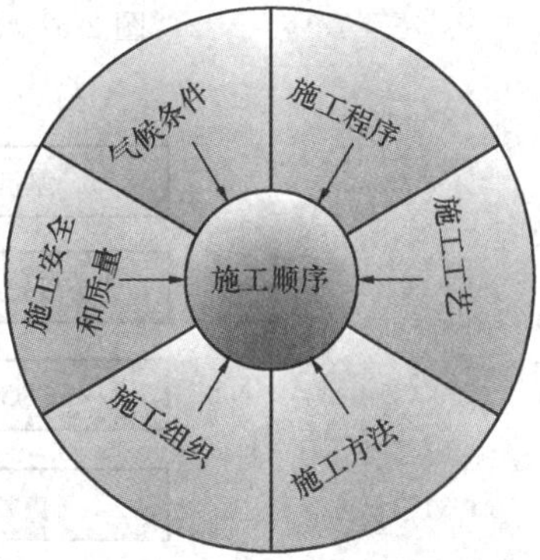

图 2-65　影响施工顺序的因素

2.4.9.6　施工准备

包括技术准备及现场准备两方面内容。在单位工程施工组织设计里，应列出具体准备的内容，当有责任人及时间要求时，应注明责任人及完成时间，保证准备工作顺利实施。

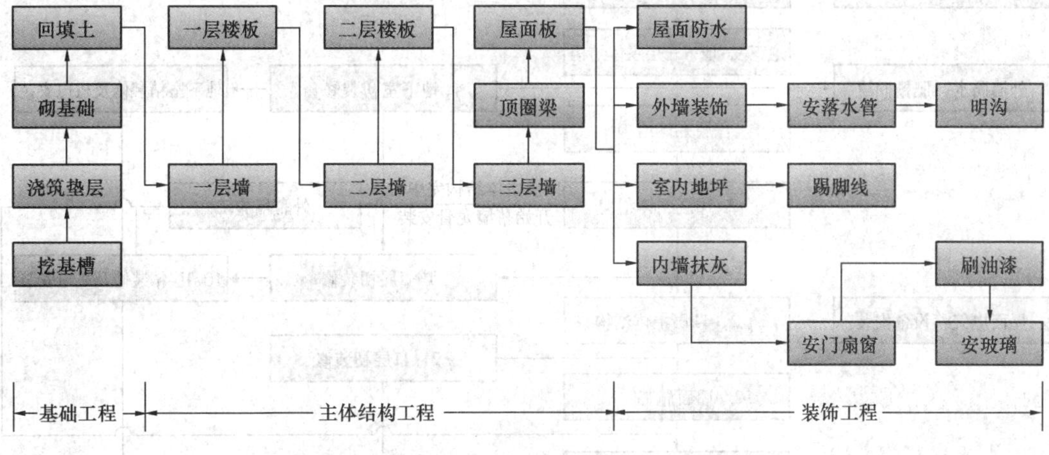

图 2-66　混合结构三层住宅房屋施工顺序图

1. 技术准备

(1) 一般性准备工作

组织技术人员、工程监理、质量工程师、预算工程师等认真审阅图纸，并在施工前进行阶段性图纸会审，以便能准确地掌握设计意图，解决图纸中存在的问题，并整理出图纸会审纪要。

由技术人员负责收集、购买本工程所需的主要规程、规范、标准、图集和法规。

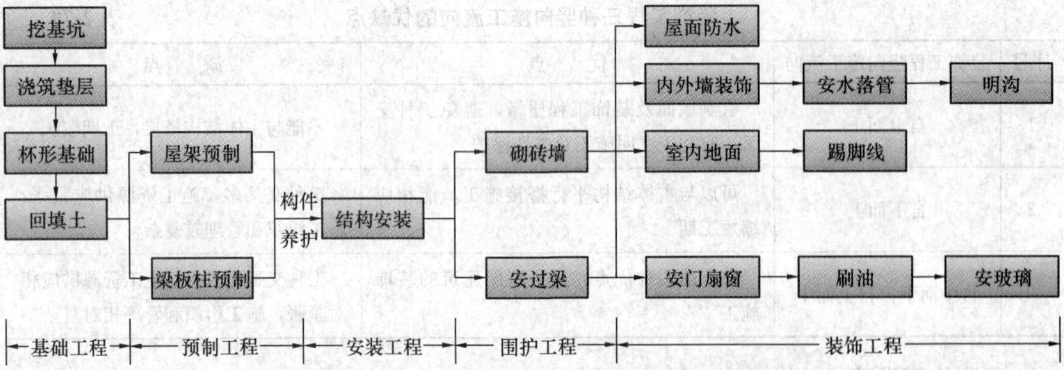

图 2-67　装配式钢筋混凝土单层厂房施工顺序图

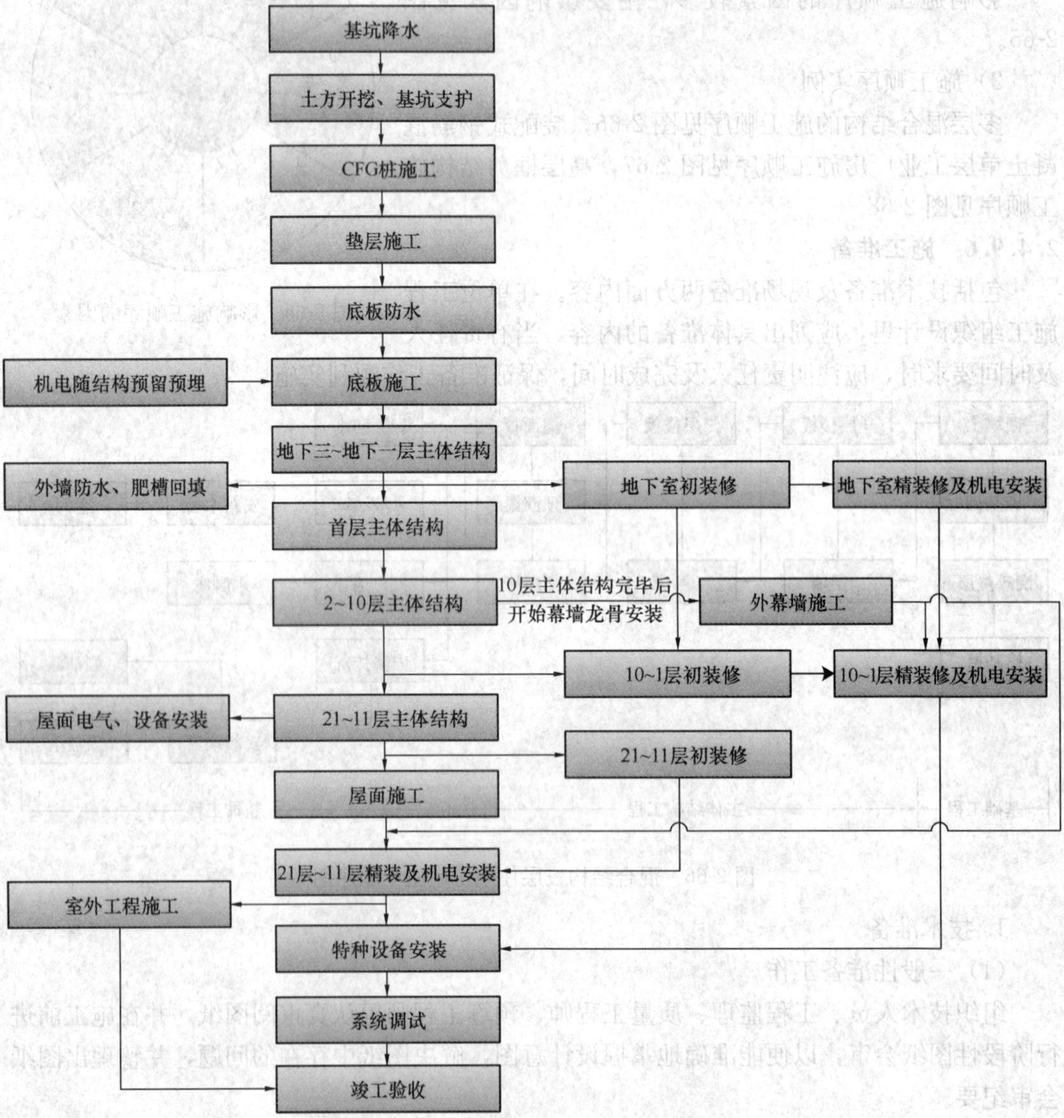

图 2-68　高层公建框剪结构施工顺序图

由技术负责人组织项目相关管理人员学习规程、规范的重要条文，加深对规范的理解。

以上内容均需确定完成时间。

(2) 计量、测量、检测、试验等器具配置计划

根据工程类型及规模确定器具的规格型号、数量，并列表说明。样表见表 2-80。

计量、测量、检测、试验等器具配置计划　表 2-80

序号	器具名称		型　号	单　位	数　量	检验状态
1	测量	全站仪				
2		经纬仪				
3		水准仪				
4		钢尺				
5		……				
6	试验	温湿度自动控制器				
7		混凝土试模				
8		砂浆试模				
9		高低温度计				
10		干湿温度计				
11		坍落度桶				
12		环刀				
13		……				
14	计量	电子秤				
15		磅秤				
16		压力表				
17		氧气、乙炔表				
18		……				
19	检测	声级计				
20		地阻仪				
21		兆欧表				
22		万用表				
23		游标卡尺				
24		建筑工程质量检查仪				
25		……				

(3) 技术工作计划

1) 施工方案编制计划

根据工程进度计划，提前编制详细的各分项工程施工方案和施工管理措施，以便为施工提供足够的技术支持。其样表见表 2-81。

施工方案编制计划　表 2-81

序号	方案名称	编制人	完成日期	审核人	审批人	备　注

2）试验工作计划

在编制施工组织设计时，因尚无施工预算，分层分段的数量不清楚，可先描述试验工作所应遵循的原则，规定另编详细的试验方案。

3）样板项、样板间计划

样板项是侧重结构施工中主要工序的样板，应将分项工程样板的名称、层段、轴线的位置规定得具体、明确。

样板间是针对装修施工设置的，该项工作对工程质量预控是至关重要的，应制订计划并认真实施。样板项、样板间编制计划见表 2-82。

样板项、样板间编制计划　表 2-82

序号	样板项目	具体部位	施工时间	负责人	备　注

4）技术培训计划

对四新技术内容、施工技术含量高的分项工程、危险性较大分项工程应在施工前对施工人员进行相关技术培训，保证施工质量及安全。技术培训计划的样表见表 2-83。

技术培训计划　表 2-83

序号	培训内容	主讲人	参加人	培训方式	培训时间

5）四新技术应用

以住房和城乡建设部颁发的建筑业 10 项新技术为依据列表逐项加以说明，其目的是体现工程技术含量，提高项目管理人员素质。四新技术应用计划见表 2-84。

四新技术应用计划　表 2-84

序号	四新项目	应用部位	应用数量	应用时间	总结完成时间	责任人

（4）高程引测与建筑物定位

对业主提供的坐标点、水准点进行校核无误后，按照工程测量控制网的要求引入，建立工程轴线及高程测量控制网。并将控制桩引测到基坑周围的地面上或原有建筑物上，并对控制桩加以保护以防破坏。

2. 施工现场准备

结合工程实际，阐明开工前所需做的现场准备工作，见表 2-85。

施工现场准备工作 表 2-85

序号	现场准备工作内容	说明
1	施工水源准备计划	临时供水应计算生产、生活用水和消防用水。三者比较选择较大者布置管线
2	施工电源准备计划	临时供电根据现场使用的各类机具及生活用电计算用电量，通过计算确定变压器规格、导线截面，并绘制现场用电线路布置图和系统图
3	施工热源准备计划	临时供热根据现场的生产、生活设施的面积形式，确定供热方式和供热量，并绘制管线布置图
4	生产、生活公共卫生临时设施计划	根据工程规模和施工人数确定并列表注明各类临时设施的面积、用途、做法，完成时间等
5	临时围墙及施工道路计划	根据现场平面布置图确定围墙和道路的材料、施工做法、材料采购计划
6	对业主的要求	对业主应解决而尚未解决的事项提出要求和解决的时间

2.4.9.7 主要施工方法

主要施工方法包括划分施工区域及流水段、确定大型机械设备、阐明主要分部分项工程施工方法。

1. 流水段划分

划分流水段的目的是有效地组织流水施工。

(1) 流水段划分原则

在划分施工段时，一定要结合工程特点，使施工段数适宜。为了使施工段划分得更科学、合理，通常应遵循的原则见表 2-11。

(2) 大模板工程流水段划分方法

1) 对称塔楼

以中轴线左右对称的塔楼，宜划分为 2～4 个流水段，模板宜按结构的一半偏多配置(阴影部分为模板配置量)。见图 2-69。

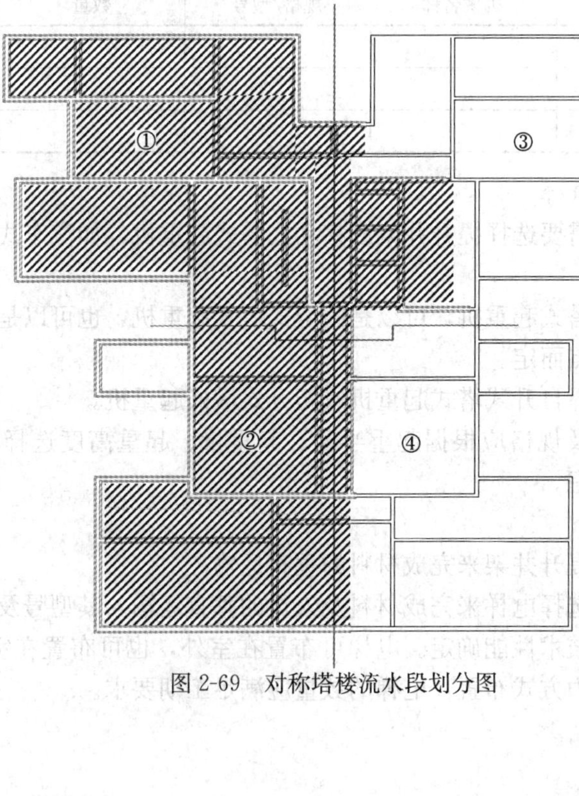

图 2-69 对称塔楼流水段划分图

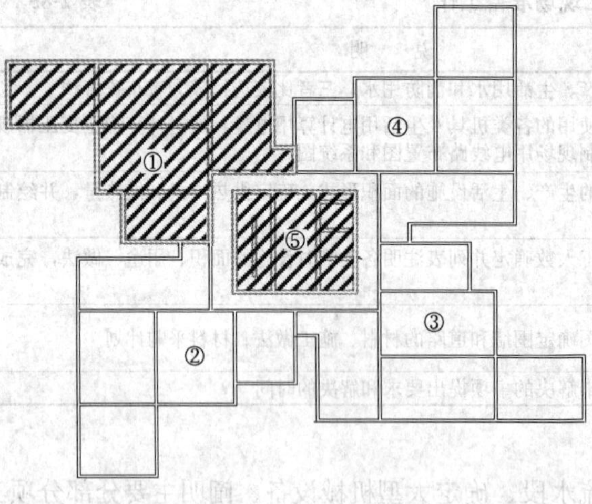

图 2-70　风车形塔楼流水段划分图

2）风车形塔楼

风车形顺转的塔楼平面，宜按每个“叶片”为一流水段，模板按一个流水段加核心筒设置（阴影为模板配置量），见图 2-70。

3）板式建筑

板式建筑宜按单元划分流水段，模板宜按单元分界线偏多配置，施工缝设置在另一单元靠近分界处窗口过梁跨中 1/3 位置，见图 2-71。

2. 大型机械设备的选择

根据工程特点，按照先进、合理、可行、经济的原则选择。

当大型机械设备确定后，应列表列出设备的名称、规格/型号、主要技术参数、数量、进出场时间，见表 2-86。

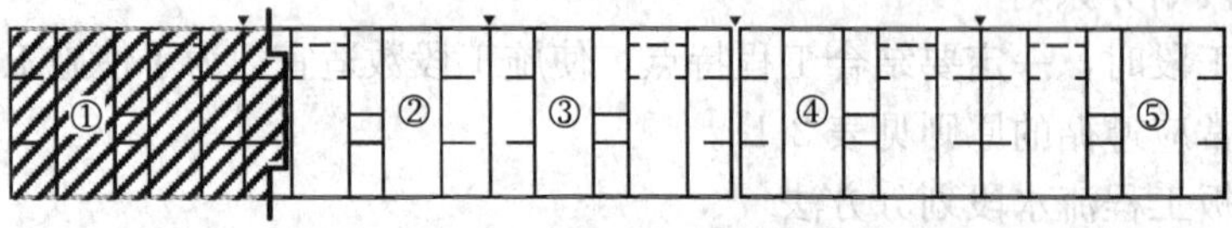

图 2-71　板式建筑流水段划分图

大型机械设备选型表　　**表 2-86**

序号	施工阶段	机械名称	规格/型号	数量	进出场时间
1	基础阶段				
2	结构阶段				
3	装修阶段				

（1）塔式起重机的选择

单层建筑根据工程需要选择提升井架或移动式塔式起重机，如汽车式起重机、履带式起重机（吊重较重时）。

多层建筑选择轻型塔式起重机，可以是固定式塔式起重机，也可以是轨道式塔式起重机，具体选用应根据特点而定。

高层或超高层应选择自升式塔式起重机或爬升式塔式起重机。

塔式起重机的类型及规格应根据起重半径、起重量、起重高度选择，并结合技术性能、工期、经济综合考虑。

（2）电梯的选择

多层建筑一般选择提升井架来完成材料的垂直运输。

高层或超高层一般选择电梯来完成材料及人员的垂直运输。其型号及规格一般是根据所要到达的高度参考其技术性能确定。电梯可布置在室外，也可布置在室内电梯井筒内，可以采用直接到达或接力方式布置，电梯的数量应满足工期要求。

(3) 其他机械的选择

根据施工方案选择相适应的大型机械。

3. 分部、分项工程施工方法

根据《建筑工程施工质量验收统一标准》(GB 50300)中分部、分项工程划分，结合工程实际情况，根据各级工艺标准或工法优化选择相应的施工方法。单位工程施工组织设计里的分部、分项工程施工方法的内容多是宏观性的描述，具体的细化可详见相应的施工方案。

施工方法的选择见附件 2-5。

2.4.9.8 主要管理措施

单位工程的主要管理措施，如分包管理措施、保证工期措施、保证质量措施、保证安全措施、消防措施、环境保护管理措施、文明工地管理措施等分别编制。各措施中应有相应的管理体系，并以方框图表示。

2.4.9.9 施工进度计划

单位工程施工进度计划应按施工组织总设计中的总控进度计划编制，简单工程可用横道图表示，复杂工程需用网络图表示，并根据进度计划，列表说明阶段目标控制计划。

(1) 进度计划编制要求，见表 2-87。

进度计划编制要求 **表 2-87**

序号	项　目	说　明
1	编制原则	施工进度计划是施工部署在时间上的体现，要贯彻空间占满、时间连续、均衡协调、有节奏、力所能及、留有余地的原则，组织好土建与专业工程的插入、施工机械进退场、材料设备进场与各专业工序的关系
2	编制依据	工程承包合同、工程量、施工方案及方法、投入的资金及资源等
3	编制要点	通过各类参数的计算找出关键线路，选择最优方案；明确基础、主体结构、装饰装修三大分部工程形象进度控制、大型机械进场退场、季节性施工、专业配合与土建施工的关系，计划编排应层次分明，形象直观。分段流水的工程要以网络图表示标准层的各段工序的流水关系，并说明工序的工程量和塔式起重机吊次计算等
4	编制要求	工序安排要符合逻辑关系，遵循“先地下后地上、先结构后围护、先主体后装饰、先土建后专业”的一般施工程序，并明确各阶段的工期目标，处理好工期目标与现场配备的施工设施、资金投入、劳动力之间的相互关系
5	各专业表现形式	土建进度以分层、分段的形式反映，专业进度按分系统、分干线和支线的形式反映；体现出土建以分层、分段平面展开；专业工种分系统以干线垂直展开，水平方向分层按支线配合土建施工的特点

(2) 阶段目标控制计划，见表 2-88。

阶段目标控制计划 **表 2-88**

序号	阶段目标	控制工期(天)	控制完成日期
1	总工期		×年×月×日
2	基础底板		×年×月×日
3	地下结构工程(底板除外)		×年×月×日
4	主体结构工程		×年×月×日
5	室内精装修工程		×年×月×日

续表

序号	阶段目标	控制工期（天）	控制完成日期
6	外墙装饰工程		×年×月×日
7	机电安装工程		×年×月×日
8	系统调试		×年×月×日
9	室外总图（管线及景观、绿化等）		×年×月×日
10	竣工清理、验收		×年×月×日

（3）单位工程施工进度计划编制步骤，见图 2-72。

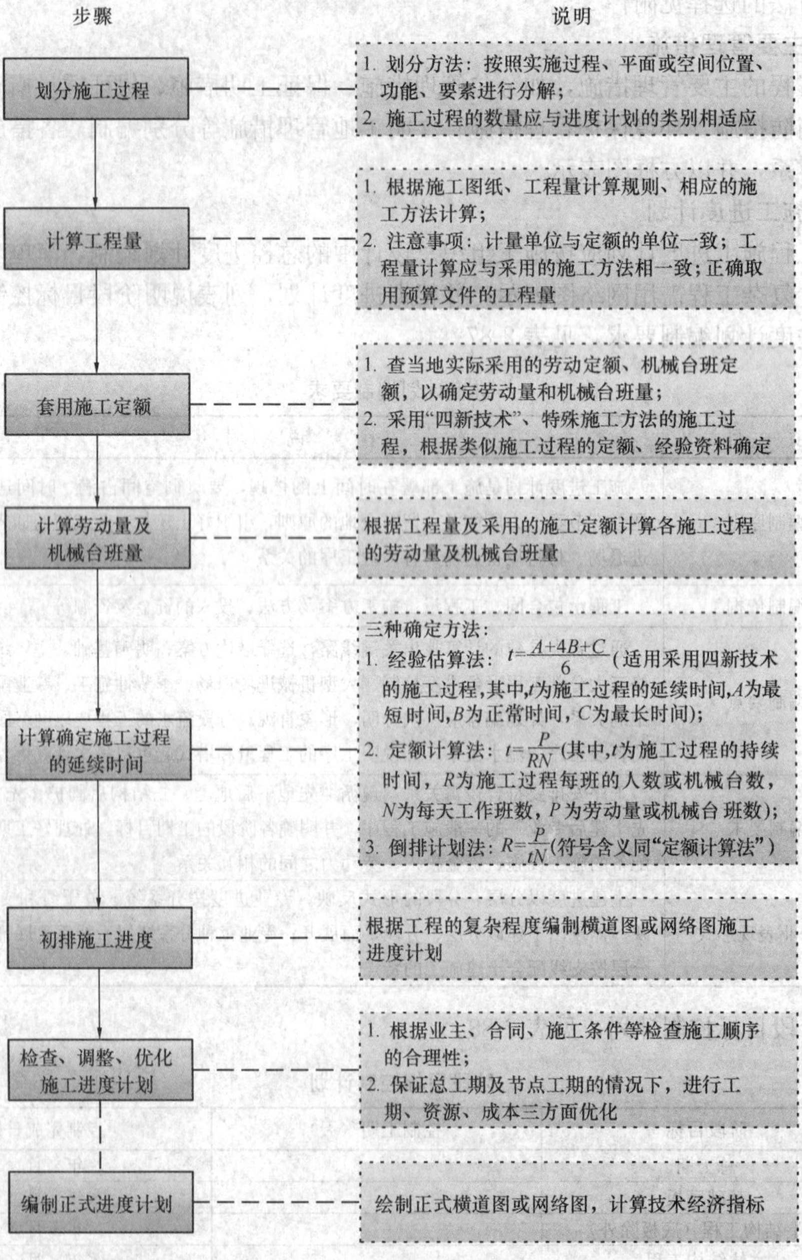
步骤
说明
划分施工过程
1. 划分方法：按照实施过程、平面或空间位置、功能、要素进行分解；
2. 施工过程的数量应与进度计划的类别相适应
计算工程量
1. 根据施工图纸、工程量计算规则、相应的施工方法计算；
2. 注意事项：计量单位与定额的单位一致；工程量计算应与采用的施工方法相一致；正确取用预算文件的工程量
套用施工定额
1. 查当地实际采用的劳动定额、机械台班定额，以确定劳动量和机械台班量；
2. 采用“四新技术”、特殊施工方法的施工过程，根据类似施工过程的定额、经验资料确定
计算劳动量及机械台班量
根据工程量及采用的施工定额计算各施工过程的劳动量及机械台班量
计算确定施工过程的延续时间
三种确定方法：
1. 经验估算法：$t=\frac{A+4B+C}{6}$（适用采用四新技术的施工过程，其中，t为施工过程的延续时间，A为最短时间，B为正常时间，C为最长时间）；
2. 定额计算法：$t=\frac{P}{RN}$（其中，t为施工过程的持续时间，R为施工过程每班的人数或机械台数，N为每天工作班数，P为劳动量或机械台班数）；
3. 倒排计划法：$R=\frac{P}{tN}$（符号含义同“定额计算法”）
初排施工进度
根据工程的复杂程度编制横道图或网络图施工进度计划
检查、调整、优化施工进度计划
1. 根据业主、合同、施工条件等检查施工顺序的合理性；
2. 保证总工期及节点工期的情况下，进行工期、资源、成本三方面优化
编制正式进度计划
绘制正式横道图或网络图，计算技术经济指标

图 2-72　单位工程施工进度计划编制步骤

(4) 施工进度计划各阶段工期安排，见表2-89。

进度计划各阶段工期安排　　**表2-89**

<table>
<tr><th>序号</th><th>施工阶段</th><th colspan="2">工期安排</th><th>原　因</th></tr>
<tr><td>1</td><td>基础及地下结构施工阶段</td><td colspan="2">工期较计算工期适当延长</td><td>(1) 各项施工资源配备不充分或正在配备中；
(2) 图纸变更多、图纸熟悉程度不够；
(3) 施工处于磨合期等</td></tr>
<tr><td>2</td><td rowspan="2">地上结构施工阶段</td><td>首层及非标准层</td><td>工期较计算工期适当延长</td><td>层高较高或非标准构件较标准层多</td></tr>
<tr><td>3</td><td>标准层</td><td>宜加快施工速度，工期较计算工期适当缩短</td><td>管理、资源供应、施工都进入正常阶段</td></tr>
<tr><td>4</td><td>屋面施工阶段</td><td colspan="2">时间安排上不宜过紧，工期较计算工期适当延长</td><td>构造层多、屋面设备多、技术间歇时间多</td></tr>
<tr><td>5</td><td>装饰施工阶段</td><td colspan="2">工期较计算工期适当延长，装修及安装阶段的时间应充裕</td><td>装饰及专业分包多、组织协调工作量大，设计变更多、交叉施工穿插多</td></tr>
<tr><td>6</td><td>季节性施工阶段</td><td colspan="2">施工速度应比平常放缓，工期较计算工期适当延长</td><td>考虑天气对施工的降效影响</td></tr>
</table>

2.4.9.10　施工平面布置

施工总平面图应按常规内容标注齐全，根据本单位工程所包含的施工阶段（如基础施工阶段、主体结构施工阶段、装饰及电气安装施工阶段、室外施工阶段）需要分别绘制，并应符合国家有关制图标准，图幅不宜小于A3尺寸。

1. 施工平面布置图包括的内容（表2-90）

施工平面布置图包括的内容　　**表2-90**

序号	项　目	内　容
1	建筑总平面图内容	包括单位工程施工区域范围内的已建和拟建的地上、地下建筑物和构筑物，周边道路、河流等，平面图的指北针、风向玫瑰图、图例等
2	大型施工机械	包括垂直运输设备（塔式起重机、井架、施工电梯等）、混凝土浇筑设备（地泵、汽车泵等）、其他大型机械布置等
3	施工道路	道路的布置、临时便桥、现场出入口位置等
4	材料及构件堆场	包括大宗施工材料的堆场（如钢筋堆场、钢构件堆场）、预制构件堆场、周转材料堆场、现场弃土点等
5	生产性及生活性临时设施	包括钢筋加工棚、木工棚、机修棚、混凝土拌合楼（站）、仓库、工具房、办公用房、宿舍、食堂、浴室、文化服务房、现场安全设施及防火设施等
6	临水、临电	包括水源位置及供水和消防管线布置、电源位置及管线布置、现场排水沟等

2. 现场场地安排（表2-91）

现场场地安排　　表 2-91

场地类型	场地安排
场地宽敞	遵循"节地、紧凑、经济、方便生产"的布置原则
场地狭窄	(1) 施工安排应优先考虑缓解场地压力问题，如做好基坑的及时回填，利用不影响关键线路的施工区域作为材料的临时堆场，底板大体积混凝土划分小区域浇筑、结构施工时装修滞后插入等。 (2) 分析各阶段施工特点，做好场地平面的动态布置，临建房屋应优先采用装配式房屋。 (3) 生产和办公用临时设施设置应注意节地和提高用地效率，如提高临建房屋的层数、架设物料平台。 (4) 现场应尽可能设置环形道路或最大限度地延伸道路，并设置进出口大门。 (5) 作好材料、设备进场的计划控制，做到材料、设备随工程进度随用随进。 (6) 选择先进的施工方法，减少周转材料的落地。 (7) 多利用现场外区域作为现场施工的辅助区域，如场外租赁场地设置生活区和钢筋加工区，与环境管理部门协商占用辅道作为泵车、混凝土罐车临时使用场地等。 (8) 狭窄场地的临时设施布置和场地安排时，应尽可能减少对周边环境的不利影响和危害

2.4.10　施工组织设计文件的管理

2.4.10.1　施工组织设计文件管理流程图

施工组织设计文件管理流程如图 2-73 所示。

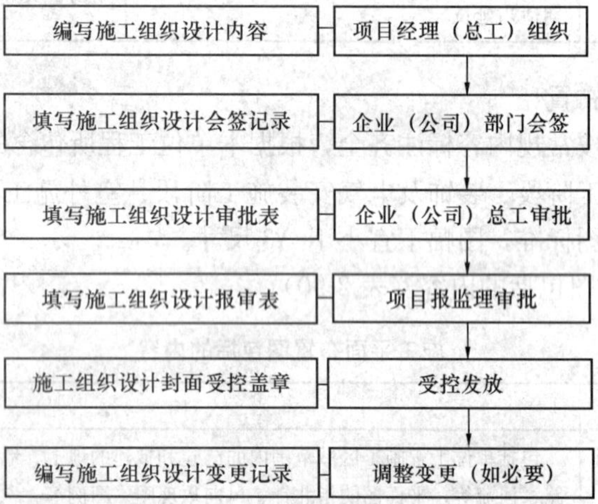

图 2-73　施工组织设计文件管理流程

2.4.10.2　施工组织设计文件编制管理规定

1. 编制施工组织设计必须具备的条件

(1) 掌握工程设计、施工规范及标准，熟悉上级有关部门的技术、管理文件规定和要求。

(2) 对合同规定的建设单位对工程建设的要求和提供条件已明确。

(3) 了解施工条件，充分掌握有关资料，如自然环境、水文地质、气候气象、交通运输、水源、电源、地形、四周建筑物和管线等，了解材料和构配件加工供应条件。

(4) 具备图纸设计文件，了解设计意图，熟悉工程施工内容，掌握施工关键项目内容。

2. 施工组织设计的分类和编制原则

施工组织设计的分类参见本书第 2.4.1 节内容；编制施工组织的原则参见本书第 2.4.3 节内容。

3. 施工组织设计文件编制要求

（1）施工组织设计应由承包单位项目负责人主持编制，落实负责编制前期各项组织工作：包括确定参加编制的人选、任务划分、完成时间以及编制要求等内容。项目总工（技术负责人）指导项目资料工程师具体收集编制施工组织设计所需的规范、图集、手册等资料。其他需要准备的资料主要包括投标技术方案、投标技术方案交底、合同、施工图、地质勘察报告、设计交底及图纸会审文件等。

（2）为了保证编制的质量和效率，一定要挑选精通工程技术和管理技术、具有一定的经济知识、了解设计技术、经验丰富的技术人员来担当编制负责人。

（3）参加编制的部门及人员应对编制任务的性质、施工部署、劳动力投入、大中型机械设备安排、总工期控制、工程质量目标等内容有充分了解。

（4）编制时应实地查看施工现场，摸清施工现场各方面的情况，根据工程对象、性质、大小、结构复杂程度，突出重点进行编制，不照搬套用。

（5）施工组织设计应采用新技术、新工艺，重点解决施工技术难题，加快施工进度，降低工程成本。

（6）施工组织设计应体现科学性、合理性，重点突出可操作性，力求准确实用。

（7）施工组织设计可根据需要分阶段编制。施工方案应由项目专业技术负责人主持编制。对由专业承包单位施工的分部（分项）工程或专项工程的施工方案，应由专业承包单位负责编制。对规模较大的分部（分项）工程和专项工程的施工方案应按单位工程施工组织设计进行编制。

2.4.10.3 施工组织设计文件审批管理规定

（1）施工组织设计编制后经项目负责人审核签字，再报施工单位有关部门（技术、工程、合约）进行会签。

（2）根据会签意见修改后的施工组织设计，报施工单位技术负责人审批。审批表应放在施工组织设计封面之后与施工组织设计一并存档。

（3）施工组织设计完成内部审批手续后，项目部应根据当地法律法规及项目合同约定报监理、业主审批。

（4）施工组织设计经审批完成后，原件由项目资料工程师归档管理，复印件作受控编号管理后，发放到项目各相关部门。

（5）对于群体工程，施工组织总设计以及该群体工程中的单项工程施工组织设计均应按上述程序进行审批。

（6）施工方案应由项目技术负责人审批：重点、难点分部（分项）工程和专项工程施工方案应由施工单位技术部门组织相关专家评审，施工单位技术负责人批准。对由专业承包单位施工的分部（分项）工程或专项工程的施工方案，应由专业承包单位技术负责人或技术负责人授权的技术人员审批；有总承包单位时，应由总承包单位项目技术负责人核准备案。

2.4.10.4　施工组织设计文件交底管理规定

(1) 经过批准的施工组织设计文件，应由负责编制该文件的主要负责人，向参与施工的有关部门和有关人员进行交底，说明该施工组织设计的基本方针，分析决策过程、实施要点，以及关键性技术问题和组织问题。交底的目的在于使基层施工技术人员和工人心中有数，形成人人把关的局面。

(2) 项目施工组织设计经审批后，项目总工（技术负责人）应组织项目技术工程师等参与编制人员就施工组织设计中的主要管理目标、管理措施、规章制度、主要施工方案及质量保证措施等对项目全体管理人员及分包主要管理人员进行交底并编写交底记录。

(3) 施工方案经审批后，项目负责编制该方案的技术工程师或责任工程师应就方案中的主要施工方法、施工工艺及技术措施等向相关现场管理人员及分包进行方案交底并编写方案交底记录。

(4) 经过审批的施工组织设计，项目计划部门应根据具体内容制定出切实可行且严密的施工计划，项目技术部门拟定科学合理的、具体的技术实施细则，保证施工组织设计的贯彻执行。

2.4.10.5　施工组织设计文件实施管理规定

施工组织设计文件为指导施工部署，组织施工活动提供了计划和依据，使工程得以有组织、有计划、有条不紊的施工。为了实现计划的预定目标，必须按照施工组织设计文件所规定的各项内容，认真实施，讲求实际，避免盲目施工，保证工程建设顺利进行。

为了保证施工组织设计的顺利实施，应重点做好以下几个方面的工作：

1. 制定施工组织设计各项管理制度

施工组织设计贯彻的顺利与否，主要取决于施工企业的管理素质、技术素质及经营管理水平。而体现企业素质和水平的标志，在于企业各项管理制度的健全与否及实施效果。实践经验证明，只有施工企业有了科学的、健全的管理制度，并且行之有效，企业的正常生产秩序才能维持，才能保证工程质量，提高劳动生产率，防止可能出现的漏洞或事故。为此必须建立、健全各项管理制度，保证施工组织设计的顺利实施。

2. 推行技术经济承包制

技术经济承包是用经济的手段和方法，明确承发包双方的责任。它便于加强监督和相互促进，是保证承包目标实现的重要手段。为了更好地贯彻施工组织设计，应该推行技术经济承包制度，开展劳动竞赛，把施工过程中的技术经济责任同职工的物质利益结合起来。如开展全优工程竞赛，推行全优工程综合奖、节约材料奖和技术进步奖等，对于全面贯彻施工组织设计是十分必要的。

3. 统筹安排及综合平衡

在施工组织设计实施中要根据实际情况不断完善施工组织设计，保证施工的节奏性、均衡性和连续性。在拟建工程项目的施工过程中，搞好人力、物力、财力的统筹安排，保持合理的施工规模，既能满足拟建工程项目施工的需要，又能带来较好的经济效果。施工过程中的任何平衡都是暂时的和相对的，平衡中必然存在不平衡的因素，要及时分析和研究这些不平衡因素，不断地进行各种施工条件和各专业工种的综合平衡。

4. 切实做好施工准备工作

施工准备工作是保证均衡和连续施工的重要前提，也是顺利地贯彻施工组织设计的重要保证。拟建工程项目不仅在开工之前要做好一切人力、物力和财力的准备，而且在施工过程中的不同阶段也要做好相应的施工准备工作，这对于施工组织设计的贯彻执行是非常重要的。

2.4.10.6 施工组织设计的中间检查

(1) 主要指标完成情况的检查。

施工组织设计的主要指标的检查一般采用比较法，就是把各项指标的完成情况同计划规定的指标相对比。检查的内容应该包括工程进度、工程质量、材料消耗、机械使用和成本费用等，把主要指标数额检查同其相应的施工内容、施工方法和施工进度的检查结合起来，发现问题，为进一步分析原因提供依据。

(2) 施工总平面图合理性的检查。

施工总平面图布置中必须按规定建造临时设施，敷设管网和运输道路，合理地存放机具，堆放材料；施工现场要符合文明施工的要求；施工现场的局部断电、断水、断路等，必须事先得到项目有关部门批准，施工的每个阶段都要有相应的施工总平面图；施工总平面图的任何改变都必须经过项目有关部门批准。如果发现施工总平面图存在不合理性，要及时制订改进方案，报请相关部门批准，不断地满足施工进展的需要。

(3) 对施工组织设计的定期检查，应由项目总工（技术负责人）组织、有关人员参加，对检查出的问题应及时提出改正意见，并作出记录，根据相应记录做好相应的调整和完善工作。

2.4.10.7 施工组织设计的调整及完善

1. 调整条件

当发生下列情况时可以对施工组织设计的相应部分进行修改和调整，修改后的施工组织设计仍由工程各相关部门审核，报送总工程师批准：

(1) 工程项目的设计有较大变化，导致施工方法、施工顺序、施工机械变动。

(2) 工程项目的施工条件发生变化，施工方法改变、物资采购渠道变化等。

(3) 工程现场平面布置有重大变动，需调整施工平面图。

(4) 原有施工组织设计不满足施工需求，影响施工部署。

2. 调整完善方法及原则

(1) 施工情况发生变化，原设计编制人需修改施工组织设计时，修改后的施工组织设计须按原审批程序报批。

(2) 施工组织设计的调整，应根据变化情况确定修改的内容，落实修改责任人及具体修改事项，修改后的施工组织设计按照受控文件的管理规定办理相应的变更手续。

(3) 根据对施工组织设计执行情况的检查中发现的问题及其产生的原因，拟订其改进措施或方案；对施工组织设计的有关部分或指标逐项进行调整；对施工总平面图进行修改，使施工组织设计在新的基础上实现新的平衡。

(4) 施工组织设计的贯彻、检查和调整是一项经常性的工作，必须随着施工的进展情况，加强反馈和及时进行，要贯穿拟建工程项目施工过程的始终。

2.4.10.8　施工组织设计归档

项目部资料工程师应及时将审批完毕的施工组织设计按技术资料归档方法归档，并及时将调整及完善的施工组织设计相关资料一并归档备查。

附录 2-1　生产性临时设施参考指标

生产临时加工厂所需面积参考指标　　附表 2-1

序号	加工厂名称	年产量		单位产量所需建筑面积	占地总面积(m^2)	备　注
		单位	数量			
1	混凝土搅拌站	m^3	3200	0.022(m^2/m^3)	按砂石堆场考虑	400L 搅拌机 2 台
		m^3	4800	0.021(m^2/m^3)		400L 搅拌机 3 台
		m^3	6400	0.020(m^2/m^3)		400L 搅拌机 4 台
2	临时性混凝土预制厂	m^3	1000	0.25(m^2/m^3)	2000	生产屋面板和中小型梁柱板等，配有蒸养设施
		m^3	2000	0.20(m^2/m^3)	3000	
		m^3	3000	0.15(m^2/m^3)	4000	
		m^3	5000	0.125(m^2/m^3)	小于 6000	
3	木材加工厂	m^3	15000	0.0244(m^2/m^3)	1800～3600	进行原木、方木加工
		m^3	24000	0.0199(m^2/m^3)	2200～4800	
		m^3	30000	0.0181(m^2/m^3)	3000～5500	
	综合木工加工厂	m^3	200	0.30(m^2/m^3)	100	加工木门窗、模板、地板、屋架等
		m^3	500	0.25(m^2/m^3)	200	
		m^3	1000	0.20(m^2/m^3)	300	
		m^3	2000	0.15(m^2/m^3)	420	
	粗木加工厂	m^3	5000	0.12(m^2/m^3)	1350	加工木屋架、模板及支撑、木方等
		m^3	10000	0.10(m^2/m^3)	2500	
		m^3	15000	0.09(m^2/m^3)	3750	
		m^3	20000	0.08(m^2/m^3)	4800	
	细木加工厂	万 m^2	5	0.0140(m^2/m^3)	7000	加工木门窗、地板
		万 m^2	10	0.0114(m^2/m^3)	10000	
		万 m^2	15	0.0106(m^2/m^3)	14300	
4	钢筋加工厂	t	200	0.35(m^2/t)	280～560	加工、成型、焊接
		t	500	0.25(m^2/t)	380～750	
		t	1000	0.20(m^2/t)	400～800	
		t	2000	0.15(m^2/t)	450～900	

续表

<table>
<tr><th rowspan="2">序号</th><th rowspan="2" colspan="2">加工厂名称</th><th colspan="2">年产量</th><th rowspan="2">单位产量所需建筑面积</th><th rowspan="2">占地总面积(m²)</th><th rowspan="2">备　注</th></tr>
<tr><th>单位</th><th>数量</th></tr>
<tr><td rowspan="14">4</td><td colspan="2">现场钢筋调直或冷拉</td><td colspan="4">所需场地(长×宽)</td><td></td></tr>
<tr><td colspan="2">拉直场</td><td colspan="4">70～80×3～4(m)</td><td>包括材料及成品堆放</td></tr>
<tr><td colspan="2">卷扬机棚</td><td colspan="4">15～20(m²)</td><td>3～5t电动卷扬机一台</td></tr>
<tr><td colspan="2">冷拉场</td><td colspan="4">40～60×3～4(m)</td><td>包括材料及成品堆放</td></tr>
<tr><td colspan="2">时效场</td><td colspan="4">30～40×6～8(m)</td><td>包括材料及成品堆放</td></tr>
<tr><td colspan="2">钢筋对焊</td><td colspan="4">所需场地(长×宽)</td><td></td></tr>
<tr><td colspan="2">对焊场地</td><td colspan="4">30～40×4～5(m)</td><td>包括材料及成品堆放</td></tr>
<tr><td colspan="2">对焊棚</td><td colspan="4">15～24(m²)</td><td>寒冷地区应适当增加</td></tr>
<tr><td colspan="2">钢筋冷加工</td><td colspan="4">所需场地(m²/台)</td><td></td></tr>
<tr><td colspan="2">冷拔、冷轧机</td><td colspan="4">40～50</td><td></td></tr>
<tr><td colspan="2">剪断机</td><td colspan="4">30～50</td><td></td></tr>
<tr><td colspan="2">弯曲机(ϕ12以下)</td><td colspan="4">50～60</td><td></td></tr>
<tr><td colspan="2">弯曲机(ϕ40以下)</td><td colspan="4">60～70</td><td></td></tr>
<tr><td colspan="2"></td><td colspan="4"></td><td></td></tr>
<tr><td rowspan="3">5</td><td colspan="2" rowspan="3">金属结构加工(包括一般铁件)</td><td colspan="4">所需场地(m²/t)</td><td rowspan="3">按一批加工数量计算</td></tr>
<tr><td colspan="4">年产500t年产1000t为10～8(m²/t)</td></tr>
<tr><td colspan="4">年产2000～3000t为6～5(m²/t)</td></tr>
<tr><td rowspan="3">6</td><td rowspan="3">石灰消化</td><td>贮灰池</td><td colspan="4">5×3=15(m²)</td><td rowspan="3">每600kg石灰可消化1m³石灰膏，每两个贮灰池配一套淋灰池和淋灰槽</td></tr>
<tr><td>淋灰池</td><td colspan="4">4×3=12(m²)</td></tr>
<tr><td>淋灰槽</td><td colspan="4">3×2=6(m²)</td></tr>
</table>

现场作业棚所需面积参考指标　　附表 2-2

序号	名　称	单　位	面积(m²)	备　注
1	电锯房	m²	80	34～36in 圆锯 1 台
2	电锯房	m²	40	1 台小圆锯
3	水泵房	m²/台	3～8	
4	发电机房	m²/台	10～20	
5	搅拌棚	m²/台	10～18	
6	卷扬机棚	m²/台	6～12	
7	木工作业棚	m²/人	2	
8	钢筋作业棚	m²/人	3	
9	烘炉房	m²	30～40	
10	焊工房	m²	20～40	
11	电工房	m²	15	

续表

序号	名　称	单　位	面积(m^2)	备　注
12	白铁工房	m^2	20	
13	油漆工房	m^2	20	
14	机、钳工修理房	m^2	20	
15	立式锅炉房	m^2/台	5～10	
16	空压机棚(移动式)	m^2/台	18	
17	空压机棚(固定式)	m^2/台	9	

附录 2-2　物资储存临时设施参考指标

仓库面积计算所需数据参考指标　　附表 2-3

序号	材料名称	单　位	储备天数(日)	每 m^2 储存量	堆置高度(m)	仓库类型
1	槽钢、工字钢	t	40～50	0.8～0.9	0.5	露天、堆垛
2	扁钢、角钢	t	40～50	1.2～1.8	1.2	露天、堆垛
3	钢筋(直筋)	t	40～50	1.8～2.4	1.2	露天、堆垛
4	钢筋(盘筋)	t	40～50	0.8～1.2	1.0	仓库或棚约占 20%
5	薄中厚钢板	t	40～50	4.0～4.5	1.0	仓库或棚露天、堆垛
6	钢管 ϕ200 以上	t	40～50	0.5～0.6	1.2	露天、堆垛
7	钢管 ϕ200 以下	t	40～50	0.7～1.0	2.0	露天、堆垛
8	铁皮	t	40～50	2.4	1.0	库或棚
9	生铁	t	40～50	5	1.4	露天
10	铸铁管	t	20～30	0.6～0.8	1.2	露天
11	暖气片	t	40～50	0.5	1.5	露天或棚
12	水暖零件	t	20～30	0.7	1.4	库或棚
13	五金	t	20～30	1.0	2.2	仓库
14	钢丝绳	t	40～50	0.7	1.0	仓库
15	电线电缆	t	40～50	0.3	2.0	库或棚
16	木材	m^3	40～50	0.8	2.0	露天
17	原木	m^3	40～50	0.9	2.0	露天
18	成材	m^3	30～40	0.7	3.0	露天
19	枕木	m^3	20～30	1.0	2.0	露天
20	木门窗	m^2	3～7	30	2	棚
21	木屋架	m^3	3～7	0.3	—	露天
22	灰板条	千根	20～30	5	3.0	棚
23	水泥	t	30～40	1.4	1.5	库
24	生石灰(块)	t	20～30	1～1.5	1.5	棚

续表

序号	材料名称		单　位	储备天数（日）	每 m^2 储存量	堆置高度（m）	仓库类型
25	生石灰(袋装)		t	10～20	1～1.3	1.5	棚
26	石膏		t	10～20	1.2～1.7	2.0	棚
27	砂、石子（人工堆置）		m^3	10～30	1.2	1.5	露天、堆放
28	砂、石子（机械堆置）		m^3	10～30	2.4	3.0	露天、堆放
29	块石		m^3	10～20	1.0	1.2	露天、堆放
30	耐火砖		t	20～30	2.5	1.8	棚
31	大型砌块		m^3	3～7	0.9	1.5	露天
32	轻质混凝土制品		m^3	3～7	1.1	2	露天
33	玻璃		箱	20～30	6～10	0.8	仓库或棚
34	卷材		卷	20～30	15～24	2.0	仓库
35	沥青		t	20～30	0.8	1.2	露天
36	水泥管、陶土管		t	20～30	0.5	1.5	露天
37	黏土瓦、水泥瓦		千块	10～30	0.25	1.5	露天
38	电石		t	20～30	0.3	1.2	仓库
39	炸药、雷管		t	10～30	0.7	1.0	仓库
40	钢筋混凝土构件	板	m^3	3～7	0.14～0.24	2.0	露天
		梁、柱	m	3～7	0.12～0.18	1.2	露天
41	钢筋骨架		t	3～7	0.12～0.18	—	露天
42	金属结构		t	3～7	0.16～0.24	—	露天
43	钢件		t	10～20	0.9～1.5	1.5	露天或棚
44	钢门窗		t	10～20	0.65	2	棚
45	模板		m^3	3～7	0.7	—	露天

附录 2-3　各种机械设备以及室内外照明用电定额

施工机械用电定额参考资料　　**附表 2-4**

机　械　名　称	型　　号	功率(kW)
蛙式夯土机	HW-32	1.5
	HW-60	3
振动夯土机	HZD250	4
振动打拔桩机	DZ45	45
	DZ45Y	45
	DZ30Y	30
	DZ55Y	55
	DZ90A	90
	D290B	90

续表

机械名称	型号	功率(kW)
螺旋钻孔机	ZKL400	40
	ZKL600	55
	ZKL800	90
螺旋式钻扩孔机	BQZ-400	22
冲击式钻机	YKC-20C	20
	YKC-22M	20
	YKC-30M	40
塔式起重机	MC300	90
	HK40	90
	C7022	110
	QTZ7030	80
	H3/36B	90
	MC180	80
	ST6014	70
	TC6020	71.5
	F0/23B	70
	TC5023	51.5
	JL150	72.4
	QTZ125	57.4
	QTZ100	73.87
	C5015	53.8
	TC5512(QTZ80)	42
卷扬机	JJK0.5	3
	JJK-0.5B	2.8
	JJK-1A	7
	JJK-5	40
	JJZ-1	7.5
	JJ1K-1	7
	JJ1K-3	28
	JJ1K-5	40
	JJM-0.5	3
	JJM-3	7.5
	JJM-5	11
	JJM-10	22

续表

机械名称	型号	功率(kW)
自落式混凝土搅拌机	JD150	5.5
	JD200	7.5
	JD250	11
	JD350	15
	JD500	18.5
强制式混凝土搅拌机	JW250	11
	JW500	30
混凝土搅拌楼(站)	HL80	41
混凝土输送泵	HB-15	32.2
混凝土喷射机(回转式)	HPH6	7.5
混凝土喷射机(罐式)	HPG4	3
插入式振动器	ZX25	0.8
	ZX35	0.8
	ZX50	1.1
	ZX50C	1.1
	ZX70	1.5
平板式振动器	ZB5	0.5
	ZB11	1.1
附着式振动器	ZW4	0.8
	ZW5	1.1
	ZW7	1.5
	ZW10	1.1
	ZW30-5	0.5
混凝土振动台	ZT-1×2	7.5
	ZT-1.5×6	30
	ZT-2.4×6.2	55
真空吸水机	HZX-40	4
	HZX-60A	4
	改型泵Ⅰ号	5.5
	改型泵Ⅱ号	5.5
预应力拉伸机油泵	ZB1/630	1.1
	ZB2×2/500	3
	ZB4/49	3
	ZB10/49	11

续表

机械名称	型号	功率(kW)
钢筋调直切断机	GT4/14	4
	GT6/14	11
	GT6/8	5.5
	GT3/9	7.5
钢筋切断机	QT40	7
	QJ40-1	5.5
	QJ32-1	3
钢筋弯曲机	GW40	3
	WJ40	3
	GW32	2.2
交流电焊机	BX3-120-1	9*
	BX3-300-2	23.4*
	BX3-500-2	38.6*
	BX2-100(BC-1000)	76*
直流电焊机	AX1-165(AB-165)	6
	AX4-300-1(AG-300)	10
	AX-320(AT-320)	14
	AX5-500	26
	AX3-500(AG-500)	26
纸筋麻刀搅拌机	ZMB-10	3
灰浆泵	UB3	4
挤压式灰浆泵	UBJ2	2.2
灰气联合泵	UB-76-1	5.5
粉碎淋灰机	FL-16	4
单盘水磨石机	SF-D	2.2
双盘水磨石机	SF-S	4
侧式磨光机	CM2-1	1
立面水磨石机	MQ-1	1.65
墙围水磨石机	YM200-1	0.55
地面磨光机	DM-60	0.4
套丝切管机	TQ-3	1
电动液压弯管机	WYQ	1.1
电动弹涂机	DT120A	8
液压升降台	YSF25-50	3
泥浆泵	红星 30	30
泥浆泵	红星 75	60

续表

机械名称	型号	功率(kW)
液压控制台	YKT-36	7.5
自动控制自动调平液压控制台	YZKT-56	11
静电触探车	ZJYY-20A	10
混凝土沥青切割机	BC-D1	5.5
小型砌块成型机	GC-1	6.7
载货电梯	JT1	7.5
建筑施工外用电梯	SCD100/100A	11
木工电刨	MIB2-80/1	0.7
木压刨板机	MB1043	3
木工圆锯	MJ104	3
木工圆锯	MJ106	5.5
木工圆锯	MJ114	3
脚踏截锯机	MJ217	7
单面木工压刨床	MB103	3
单面木工压刨床	MB103A	4
单面木工压刨床	MB106	7.5
单面木工压刨床	MB104A	4
双面木工刨床	MB106A	4
木工平刨床	MB503A	3
木工平刨床	MB504A	3
普通木工车床	MCD616B	3
单头直榫开榫机	MX2112	9.8
灰浆搅拌机	UJ325	3
灰浆搅拌机	UJ100	2.2

注：* 为额定负载持续率时功率(kVA)。

室内照明用电定额参考资料 **附表 2-5**

序号	项目	定额容量(W/m^2)	序号	项目	定额容量(W/m^2)
1	混凝土及灰浆搅拌站	5	13	锅炉房	3
2	钢筋室外加工	10	14	仓库及棚仓库	2
3	钢筋室内加工	8	15	办公楼、试验室	6
4	木材加工锯木及细木作	5～7	16	浴室、盥洗室、厕所	3
5	木材加工模板	8	17	理发室	10
6	混凝土预制构件厂	6	18	宿舍	3
7	金属结构及机电修配	12	19	食堂或俱乐部	5
8	空气压缩机及泵房	7	20	诊疗所	6
9	卫生技术管道加工厂	8	21	托儿所	9
10	设备安装加工厂	8	22	招待所	5
11	发电站及变电所	10	23	学校	6
12	汽车库或机车库	5	24	其他文化福利设施	3

室外照明用电定额参考资料　　附表 2-6

序号	项目	容量（W/m^2）	序号	项目	容量（W/m^2）
1	人工挖土工程	0.8	7	卸车场	1.0
2	机械挖土工程	1.0	8	警卫照明	1000W/km
3	混凝土浇灌工程	1.0	9	车辆行人主要干道	2000W/km
4	砖石工程	1.2	10	车辆行人非主要干道	1000W/km
5	打桩工程	0.6	11	夜间运料（夜间不运料）	0.8（0.5）
6	安装及铆焊工程	2.0	12	设备堆放、砂石、木材、钢筋、半成品堆放	0.8

附录 2-4　施工平面图参考图例

施工平面图参考图例　　附表 2-7

序号	名　称	图　例
一、地形及控制点		
1	三角点	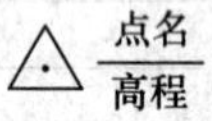
2	水准点	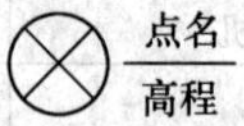
3	窑洞：地上、地下	
4	蒙古包	
5	坟地	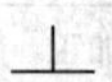
6	石油、天然气井	
7	钻孔	
8	探井（试坑）	
9	等高线：基本的、补助的	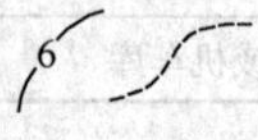

续表

序号	名 称	图 例
	一、地形及控制点	
10	土堤、土堆	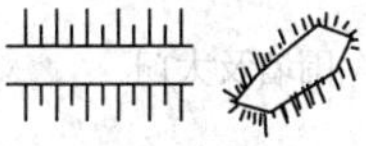
11	坑穴	
12	填挖边坡	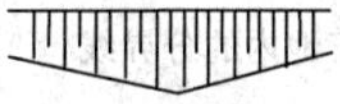
13	地表排水方向	
14	树林	
15	竹林	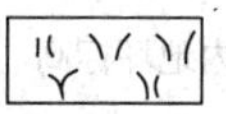
16	耕地：稻田、旱地	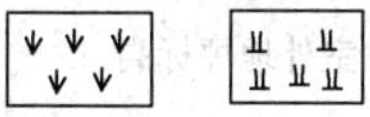

序号	名 称	图 例
	二、建筑、构筑物	
1	新建建筑物：地上、地下	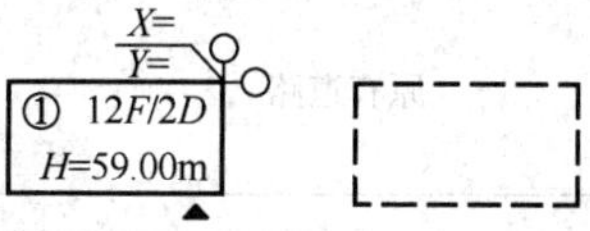
2	原有建筑物	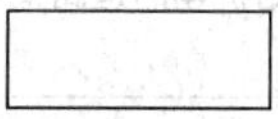
3	计划扩建的建筑物	
4	拆除的建筑物	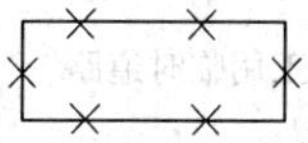
5	临时房屋：密闭式 敞棚式	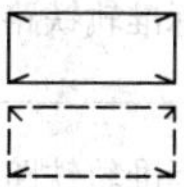

续表

序号	名　称	图　例
	二、建筑、构筑物	
6	围墙及大门	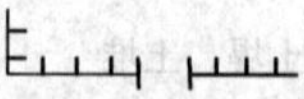
7	建筑工地界限	
8	工地内的分界线	
9	烟囱	
10	水塔	
11	室内地坪标高	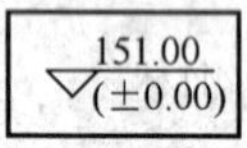
12	室外地坪标高	
序号	名　称	图　例
	三、交通运输	
1	原有道路	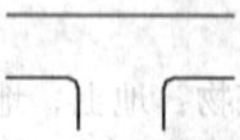
2	计划扩建的道路	
3	新建的道路	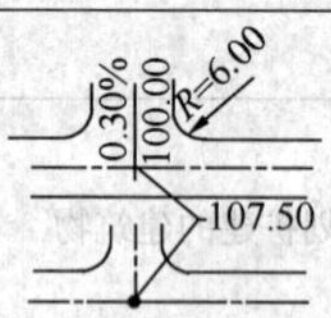
4	施工用临时道路	
5	新建标准轨铁路	
6	原有标准轨铁路	

续表

序号	名称	图例
	三、交通运输	
7	现有的窄轨铁路	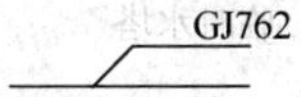
8	道路涵洞	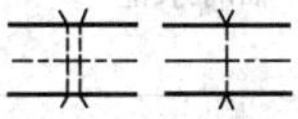
9	公路桥梁	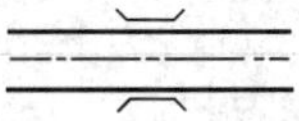
10 11 12 13	水系流向 人行桥 车行桥 渡口	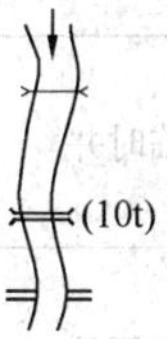
14	船只停泊场	
15	浮动码头 固定码头	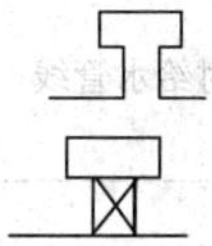
序号	名称	图例
	四、材料、构件堆场	
1	散状材料临时露天堆场	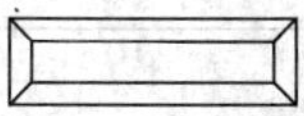 需要时可注明材料名称
2	其他材料露天堆场或露天作业场	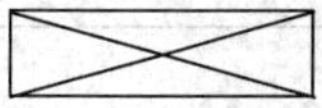 需要时可注明材料名称
3	敞棚	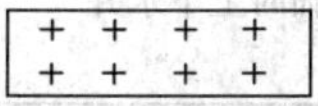

续表

序号	名称	图例
五、动力设施		
1	临时水塔	
2	临时水池	
3	贮水池	
4	永久井	
5	临时井	
6	加压站	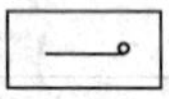
7	原有的上水管线	
8	临时给水管线	
9	给水阀门（水嘴）	
10	支管接管位置	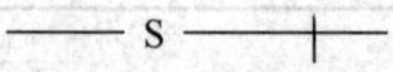
11	消火栓	
12	原有上下水井	
13	拟建上下水井	
14	临时上下水井	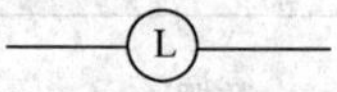

续表

序号	名 称	图 例
	五、动力设施	
15	原有的排水管线	—I——I——
16	临时排水管线	———P———
17	临时排水沟	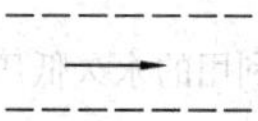
18	化粪池	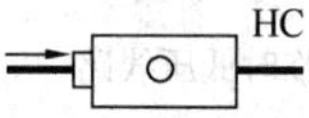
19	隔油池	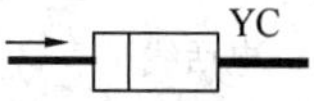
20	拟建水源	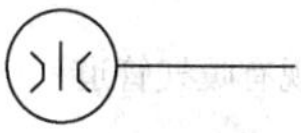
21	电源	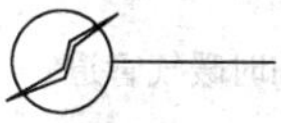
22	发电站	
23	变电站	
24	变压器	
25	投光灯	
26	电杆	
27	现在高压 6kV 线路	—WW_6—WW_6—
28	施工期间利用的永久高压 6kV 线路	—LLW_6—LLW_6—

续表

序号	名　　称	图　　例
	五、动力设施	
29	临时高压 3～5kV 线路	——VV——VV——
30	现有低压线路	——$W_{3.5}$——$W_{3.5}$——
31	施工期间利用的永久低压线路	——LVV——LVV——
32	临时低压线路	——V——V——
33	电话线	——·O——·O·——
34	现有暖气管道	══T═══T══
35	临时暖气管道	——Z——
序号	名　　称	图　　例
	六、施工机械	
1	塔式起重机	
2	井架	
3	门架	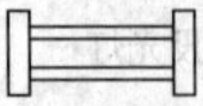
4	卷扬机	
5	履带式起重机	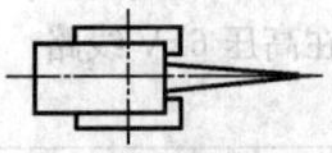
6	汽车式起重机	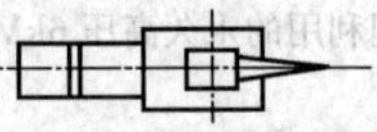

续表

序号	名称	图例
		六、施工机械
7	门式起重机	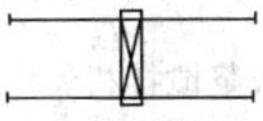 G_n=(t)
8	桥式起重机	 G_n=(t)
9	皮带式运输机	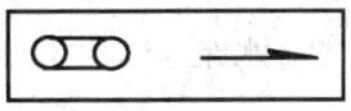
10	外用电梯	
11	挖土机： 正铲	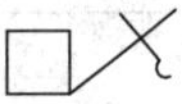
	反铲	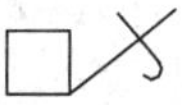
	抓铲	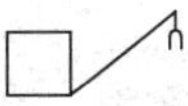
12	推土机	
13	铲运机	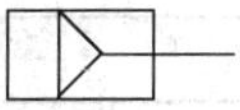
14	混凝土搅拌机	

续表

序号	名　称	图　例
		六、施工机械
15	灰浆搅拌机	
16	打桩机	
17	水泵	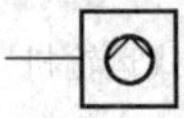
序号	名　称	图　例
		七、其　他
1	脚手架	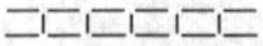
2	壁板插放架	
3	草坪	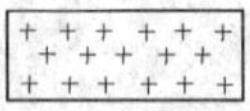
4	避雷针	

附录 2-5　施工方法选择的内容

分部、分项工程施工方法选择的内容　　**附表 2-8**

序号	分部、分项工程	施工方法选择的内容
1	测量放线	（1）建立平面控制网及高程控制点，轴线控制及标高引测的依据及引至现场的轴线控制点及标高的位置。 （2）控制桩的保护要求。 （3）本工程测量所采用的主要方法及轴线与高程的传递方法

续表

序号	分部、分项工程	施工方法选择的内容
2	降水与排水	（1）确定降水的分包单位及所采用的降水方法；在确定降水方法时一定要考虑降水对临近建筑物可能造成的影响及所采取的技术措施。 （2）排水工程应说明日排水量的估算值及排水管线的设计
3	基础桩	说明基础桩类型、选用的施工方法及设备的类型
4	基坑支护	重点说明选用的支护类型及主要施工方法。在选择支护类型及施工方法时，应着重考虑下述因素： （1）基坑的平面尺寸、开挖深度及施工要求。 （2）各层土的物理、力学性质，地下水情况。 （3）临近建筑物、构筑物、道路、地下管线及其他设施情况，以及对基坑变形的要求。 （4）施工阶段塔式起重机的位置、现场道路与基坑的距离、运输车辆的重量及地面上材料堆放情况。 （5）工期和造价的影响
5	土方工程	（1）确定挖土方向、坡道的留置位置。 （2）确定分几步开挖及每步的挖土深度。 （3）确定土方的开挖顺序与基坑支护如何穿插进行。 （4）绘制土方工程的平、剖面图。 （5）选择土方机械的性能、型号、数量。 （6）描述土方的存放地点、运输方法、土方回填土的来源
6	钎探与验槽	（1）挖至槽底的施工方法说明。 （2）钎探要求或不进行钎探的建议。 （3）清槽要求。 （4）季节性施工要求
7	地下防水工程	（1）自防水混凝土的类型、等级，外加剂的类型、掺量，对碱集料反应的技术要求，施工构造形式。 （2）防水材料的类型、规格、技术要求、主要施工方法
8	回填土工程	（1）回填土的来源及需用量。 （2）回填土的时间。 （3）回填土的技术要求。 （4）分层厚度及夯实等要求
9	钢筋工程	（1）描述本工程主要钢筋的类型。 （2）钢筋的供货方式、进场检验和原材堆放要求。 （3）钢筋加工方式：描述钢筋加工方式是采用现场加工还是场外加工，明确加工场的位置、面积，所采用的机械设备的名称、型号、数量、用途，确定钢筋除锈、调直、切断、弯曲成形主要加工方法及技术要求。 （4）钢筋连接：描述不同部位、不同直径的钢筋连接方式（如搭接、焊接、机械连接等）及具体采用的形式（如电弧焊、电渣焊、气压焊、冷挤压、直螺纹等）。 （5）钢筋绑扎：明确搭接部位、搭接倍数、接头设置位置及要求、锚固要求；确定各部位防止钢筋位移的方法；墙体、柱变截面的钢筋处理方法。 （6）预应力钢筋的类型、选用的分包、张拉方式及时间要求

续表

<table>
<tr><th>序号</th><th>分部、分项工程</th><th>施工方法选择的内容</th></tr>
<tr><td>10</td><td>模板工程</td><td>（1）模板设计：按地下、地上、特殊部位进行模板设计，如下表所示。
<table>
<tr><th>序号</th><th>结构部位</th><th>模板选型</th><th>数量（m^2）</th><th>模板尺寸</th><th>备注</th></tr>
<tr><td></td><td></td><td></td><td></td><td></td><td></td></tr>
<tr><td></td><td></td><td></td><td></td><td></td><td></td></tr>
</table>
（2）模板加工、制作、验收：
● 对各类模板加工制作方式（外加工或现场制作）进行描述，当某类模板采用外加工方式时，应明确是租赁还是购买、采用何种模板体系（如大钢模是整体式、还是组拼式等）、主要技术要求及技术参数；当采用现场制作时，应明确加工场地、所需设备及主要加工工艺；
● 明确模板具体的验收质量要求及方法。
（3）模板安装：
● 明确不同类型模板选用的脱模剂的类型；
● 确定模板安装顺序、技术要求、质量标准；
● 特殊部位模板（含预留孔洞模板）安装方法。
（4）高大模板支撑系统施工的安全技术要求</td></tr>
<tr><td>11</td><td>混凝土工程</td><td>（1）混凝土各部位的强度等级。
（2）确定混凝土是预拌混凝土还是现场搅拌混凝土。
（3）确定预拌混凝土厂家及主要技术要求、技术参数；当采用现场搅拌混凝土时，确定混凝土的试配配合比及根据现场条件调整的现场配合比及主要技术参数。
（4）混凝土拌制：主要是指现场混凝土的搅拌。应确定搅拌站的位置、面积、各种原材料储存位置、供料方式（人工还是配料机）、设备型号与数量、水电源位置、环保措施等。
（5）混凝土运输：
● 明确场外、场内的运输方式；现场内的水平运输与垂直运输方式；场外运输组织及季节性施工注意事项；
● 如果场内采用泵送混凝土，应将泵的位置、泵管的设置和固定措施提出原则要求。
（6）混凝土浇筑：
● 确定各部位浇筑方式（如采用泵送还是塔式起重机），当采用泵送时，应按《混凝土泵送技术规程》（JGJ/T 10）中有关内容提出原则性要求，如泵的选型原则、配管原则等；
● 浇灌顺序及浇灌方法（如大体积混凝土的斜面分层、梁板的“赶浆法”、墙柱的分层浇筑、门窗部位的堆成浇筑等）、标高控制方法特殊部位混凝土浇筑要求（如后浇带的施工时间、施工要求、施工缝的处置）；
● 混凝土接茬时间及施工缝设置、处置要求；
● 各部位混凝土振捣设备及振捣技术要求。
（7）混凝土养护：
● 常温条件下的养护方法；
● 冬期施工期间的养护方法。
（8）预防碱集料反应：
根据混凝土所处的环境类别，确定容许碱集料的最大单方含量及采取的控制措施（从原材料、外加剂、掺合料、施工方法等提出合理措施）</td></tr>
</table>

续表

序号	分部、分项工程	施工方法选择的内容
12	钢结构工程	(1) 钢结构类型。 (2) 钢结构的制作、运输、堆放、安装、防腐及防火涂料的主要施工方法
13	砌筑工程	(1) 砌筑部位及所采用的砌块及砂浆类别。 (2) 各部位主要砌筑方法（如明确组砌方法、砂浆要求、砌筑高度、墙拉结筋设置等）
14	脚手架工程	(1) 室内、室外不同施工阶段及不同部位的脚手架类型。 (2) 脚手架搭设高度、主要技术要求及技术参数。 (3) 保证安全的措施
15	屋面工程	(1) 明确屋面防水等级和设防要求。 (2) 说明屋面防水的类型：卷材、涂膜、刚性等。 (3) 采用的施工方法，如卷材屋面采用冷粘、热熔、自粘、卷材热风焊接等。 (4) 明确质量要求和试水要求
16	装修装饰工程	(1) 楼地面工程： ●共采用几种做法及部位； ●主要的施工方法及技术要点； ●各部位楼地面的施工时间； ●楼地面的养护及成品保护方法； ●环境保护方面有哪些要求。 (2) 抹灰工程： ●共采用几种做法及部位； ●主要的施工方法及技术要点； ●防止空裂的措施。 (3) 门窗工程： ●采用门窗的类型及部位； ●主要的施工方法及技术要点； ●外门窗三项指标的要求； ●对特种门安装的要求。 (4) 吊顶工程： ●吊顶的部位及类型； ●主要施工方法及技术要点； ●吊顶工程与吊顶内管道和设备安装的工序关系。 (5) 饰面板（砖）： ●采用饰面板（砖）的种类及部位； ●主要施工方法及技术要点； ●重点描述外墙饰面板的粘结试验、湿作业法防止反碱的方法、抗震缝、伸缩缝、沉降缝的做法。 (6) 幕墙工程： ●采用幕墙的类型及部位； ●主要施工方法及技术要点； ●主要原材料的性能检测报告。 (7) 涂饰工程： ●采用涂料的类型及部位； ●主要施工方法及技术要点； ●按设计要求和相关规范的有关规定对室内装修材料进行检验的项目。 (8) 裱糊与软包工程： ●采用裱糊与软包的类型及部位； ●主要施工方法技术要点。 (9) 厕浴、卫生间： ●明确厕浴间的墙面、地面、顶板的做法，工序安排，施工方法，材料的使用要求及防止渗漏采取的技术措施和管理措施
17	机电工程	其专业性较强，主要施工方法可详见具体施工方案

2.5 施工方案

2.5.1 施工方案编制原则

为了使施工方案有效地指导施工，必须科学地编制施工方案，使施工方案具有很强的针对性与适用性，要做到这些，在编制施工方案时，必须注意一些原则，见表2-92。

施工方案的编制原则　　表2-92

原则	说明
编制前做到充分讨论	主要分部分项工程在编制前，由技术负责人组织本单位技术、工程、质量、安全等部门相关人员，以及分包相关人员共同参加方案编制讨论会，在讨论会上讨论流水段划分、劳动力安排、工程进度、施工方法选择、质量控制等内容，并在讨论会上达成一致意见。这样，方案的编制就不会流于形式，而是有很好的实施性，这样的方案才能真正指导施工
施工方法选择要合理	最优的施工方法是要同时具有先进性、可行性、安全性、经济性，但这四个方面往往不能同时达到，这就需要对工程实际条件、施工单位的技术实力和管理水平综合权衡后决定。只要能满足各项施工目标要求、适应施工单位施工水平，经济能力能承受的方法就是合理的方法
切忌照抄施工工艺标准	现在有很多施工工艺方面的书籍，这些工艺标准大部分是提炼出来的、带有共性、普遍性的工艺，没有针对性。如果施工方案大部分是照抄这样的工艺标准和规范而不给出具体的构造和节点，则这样的方案是没有针对性的，无法指导施工
各项控制措施要实用	各项措施的制定一定要根据工程目标采取有针对性的控制措施，不要泛泛而谈，也不要采用施工不方便或者成本费用较高的措施，选择的措施一定要适合工程特点及所选择的施工方法，一定要实用，在适用的基础上做到尽可能经济

2.5.2 施工方案编制内容

2.5.2.1 编制依据

编制依据是施工方案编制时所依据的条件及准则，为编制施工方案服务，一般包括现场的施工条件、图纸、技术标准、政策文件、施工组织设计等。

2.5.2.2 工程概况

施工方案的工程概况不是针对整个工程的介绍，而是针对本分部（分项）工程内容进行介绍，不同的分部分项工程所介绍的内容和重点虽然不同，但介绍的原则是相同的，包括：

（1）重点描述与施工方法有关的内容和主要参数；

（2）分部分项工程施工条件；

（3）分部分项工程施工目标；

（4）特点及重难点分析。

以上四项内容在方案概况介绍时并不是全部需要的，可根据工程具体情况选用。

对施工方案的概况分析要简明扼要，多用图表表示，特点及重难点分析要根据工程特点及施工单位的实力分析得当，如果没有什么特点及重难点，也可以不写，不要为了分析而分析。

2.5.2.3 施工准备

包括技术准备、机具准备、材料准备、试验、检验工作的内容，见表 2-93。

施工准备工作内容 表 2-93

准备类别	内容
技术准备	(1) 图纸的熟悉及审图工作，图集、规范、规程等收集及学习； (2) 现场条件的熟悉及了解； (3) 施工方案编制的前期准备工作，如搜集资料及类似工程方案、工程量的计算、召开编制会议等； (4) 四新技术、工法等方面的学习及准备； (5) 样板部位确定； (6) 其他与技术准备相关的内容，如相关合同的了解、当地资源、机械性能、市场价格的收集及了解等
机具准备	包括中小型施工机械、工程测量仪器、工程试验仪器等，用列表说明所需机具的名称、型号、数量、规格、主要性能、用途和进出场时间等
材料准备	(1) 包括工程用主材（包含预制件、构件），工程用辅材，周转材料，成品保护及文明施工等材料； (2) 工程用主材需确定订货厂家或买家、运输及加工的规格、尺寸，同时用表格明确名称、型号、数量、规格、进出场时间等； (3) 工程用辅材、周转材料、成品保护及文明施工等材料也应用表格注明名称、规格、型号、数量、进出场时间等内容
试验、检验工作	列表说明试验、检验工作的部位、方法、数量、见证部位及数量

2.5.2.4 施工安排

1. 内容

包含组织机构及职责、施工部位、施工流水组织、劳动力组织、现场资源协调、工期要求、安全施工条件等内容。

2. 组织机构及职责

根据施工组织设计所确定的总承包组织机构对该分部分项工程所涉及的机构进行细化，并明确分工及职责、奖惩制度。

组织机构应细化到分包管理层。在总承包层面范围，其组织机构除了反映组织关系外，还应在方框图中注明岗位人员的姓名及职称、主要负责区域及分工。

组织机构方框图绘制示例见图 2-74，注意本例方框图中只说明框图包含哪些内容，具体组织结构关系需根据工程实际及施工单位的管理模式确定。

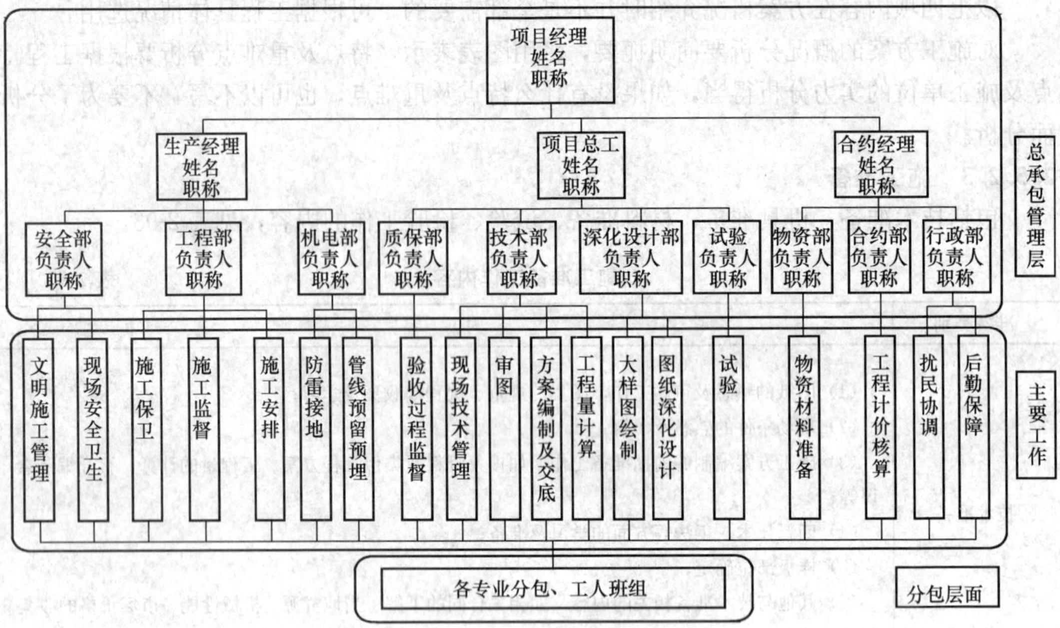

图 2-74　组织机构方框图绘制示例

3. 施工部位

施工部位与施工组织及施工方法有着密切的联系，在施工安排中应明确该分部分项工程包含哪些施工部位。

4. 施工流水组织

根据单位工程的施工流水组织对分部分项工程的施工流水组织进行细化。分部分项工程的施工流水组织包括各分包队伍施工任务划分、施工区域划分、流水段划分及流水顺序。例如模板工程，就应该按水平部位、竖向部位分别划分流水段、根据工期及模板配置数量说明模板如何流水。

5. 劳动力组织

列表说明各时间段（或施工阶段）的各工种（包含总分包管理人员、前方技术工、后方技术工、配合的特殊工种等）的劳动力数量。劳动力数量要根据定额、经验数据及工期要求确定。

除用表格说明各时间段的劳动用工外，宜绘制动态管理图直观地显示各时间段劳动力总数及工种构成比例。

明确现场管理人员应根据进度安排提前核实本工种的劳动力数量及比例构成，特别是高峰阶段的劳动力用工，当发现不能满足进度要求时，要督促分包负责人及时调配以满足施工需要。

6. 现场资源协调

这里的现场资源主要指：大型运输工具如塔式起重机、电梯等，现场场地，公用设施如脚手架、综合加工厂等，周转材料如模板、架料等。在方案中应明确总承包方总协调人，根据主导工程及时调整资源配给，保证关键线路的施工进度不滞后。

7. 工期要求

此处所指工期要求是要将该分部分项工程各施工部位的开始时间及结束时间描述清楚。

此处工期的确定是根据项目编制的三级进度计划确定，在确定时应根据流水段的划分及资源配置核实三级进度计划的工期安排，不合适的地方及时调整修正。

8. 安全施工条件

安全施工条件对保障施工人员生命及财产安全、减少和防止各种安全事故的发生具有重要意义。在施工安排时，必须明确各部位施工时安全作业条件，强调不具备条件时应采取措施达到安全条件，否则不准施工。

2.5.2.5 主要施工方法

施工方法是施工方案的核心，合理的施工方法能保证分部分项工程又好又快地施工。

应根据工程特点尽量选择工厂化、机械化的施工方法，如采用工厂预制及现场组装、高层建筑模板选用台模、滑模、爬模等。

1. 施工方法选择原则

(1) 方法可行，可以满足施工工艺要求；

(2) 符合法律法规、技术规范等要求；

(3) 科学、先进、可行、合理；

(4) 与选择的施工机械及流水组织相协调。

2. 内容

包含一般部位的施工方法、重难点部位的施工方法。重点描述重难点部位的施工工艺流程及技术要点。

2.5.2.6 质量要求

包含要达到的质量标准及质量控制措施。

质量标准分为国家标准、行业标准、地方标准、企业标准，应结合工程实际情况和单位工程施工组织设计中的质量目标，确定分部分项工程的质量指标。

质量控制措施应结合工程特点及采用的施工方法，有针对性地提出保证工艺质量措施，可从技术、施工、管理方面来控制，也可从事前、事中、事后过程控制的角度论述。

采用的保证质量的措施及方法应可行、方便施工、节约成本，凡是无效的、原则性的措施尽可能不写，做到宁缺毋滥。

2.5.2.7 其他要求

根据施工合同约定和行业主管部门要求，制订施工安全生产、消防、环保、成品保护、绿色施工等措施。

编制内容包括标准及控制措施。要结合工程特点及施工方法有针对性地论述。

2.5.3 施工方案编制要求及注意事项

2.5.3.1 编制准备工作

方案编制的准备工作包含以下内容：

(1) 熟悉图纸，了解专业概况、节点构造，把握技术及施工重难点，做好图纸审核工作、提前解决图纸设计不合理或错误的地方。

(2) 熟悉现场平面，了解地下管线布置。

(3) 熟悉合同相关条文，了解工程目标、任务划分、责权关系等。

(4) 收集学习相关规范、规程、标准、主管部门的条文规定等。

(5) 收集类似工程的施工方案并针对性学习。

(6) 收集当地相关资源，特别是机械、材料资源及价格水平。

(7) 学习与工程相关的四新技术，特别是目前比较领先的新技术和新工艺。

(8) 计算相关工程量，为进度安排、劳动力安排、材料计划等提供计算依据。

(9) 初步拟定施工组织及施工方法，编制前召开由总包、分包相关人员参加的技术方案讨论会。

2.5.3.2　一般施工方案编制要求

结合工程特点，围绕方案的指导性这一根本目的确定施工方法及编制内容。

1. 选择切实可行的施工方案

拟订多个可行方案，以技术、经济、效益指标综合评价施工方法的优劣性，从中选出总体效果最好的施工方法。施工方法的选择过程见图 2-75。

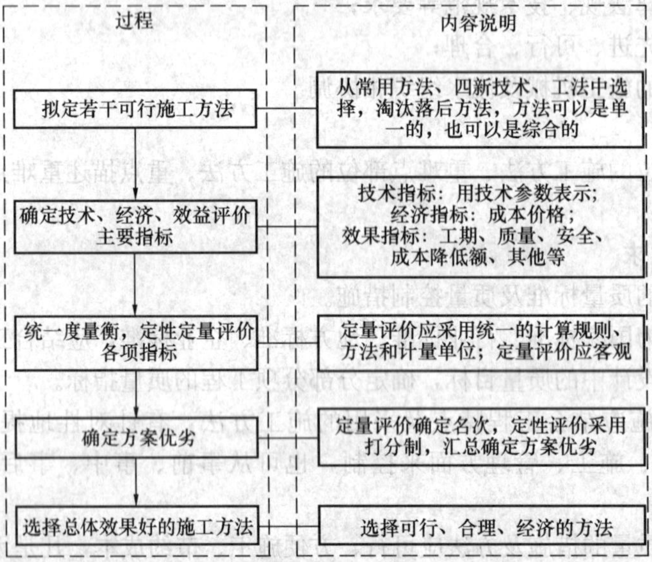

图 2-75　施工方法的选择流程图

2. 保证施工目标的实现

制定的施工方案在工期方面必须保证竣工时间符合合同工期要求，并争取提前完成；在质量方面应能达到合同及规范要求；在安全方面应能有良好的施工环境；在技术及管理方面均有充足的安全保障；在施工费用方面应在满足前面要求的基础上尽可能经济合理。

2.5.3.3　危险性较大工程安全专项施工方案编制要求

危险性较大的分部分项工程是指建筑工程在施工过程中存在的、可能导致作业人员群死群伤或造成重大不良社会影响的分部分项工程（危险性较大的分部分项工程范围见《危险性较大的分部分项工程安全管理办法》(建质【2009】87 号))。

危险性较大的分部分项工程专项施工方案应按照《危险性较大的分部分项工程安全管理办法》（建质【2009】87号）的要求结合工程特点进行编制，重点注意表2-94中的几个方面。

危险性较大工程安全专项施工方案编制要求　　表2-94

序号	项　目	内　容
1	编制内容	（1）工程概况：危险性较大的分部分项工程概况、施工平面布置、施工要求和技术保证条件； （2）编制依据：相关法律、法规、规范性文件、标准、规范及图纸（国家标准图集）、施工组织设计等； （3）施工计划：包括施工进度计划、材料与设备计划； （4）施工工艺技术：技术参数、工艺流程、施工方法、检查验收等； （5）施工安全保证措施：组织保障、技术措施、应急预案、监测监控等； （6）劳动力计划：专职安全生产管理人员、特种作业人员等； （7）计算书及相关图纸
2	编制重点	（1）工艺技术，并细化构造节点； （2）专项方案计算； （3）安全施工基本条件的落实
3	审核与论证	（1）专项方案应当由施工单位技术部门组织本单位施工技术、安全、质量等部门的专业技术人员进行审核； （2）超过一定规模的危险性较大的分部分项工程专项方案应当由施工单位组织召开专家论证会； （3）施工单位应当根据论证报告修改完善专项方案，并经施工单位技术负责人、项目总监理工程师、建设单位项目负责人签字后，方可组织实施； （4）专项方案经论证后需作重大修改的，施工单位应当按照论证报告修改，并重新组织专家论证； （5）施工单位应当严格按照专项方案组织施工，不得擅自修改、调整专项方案

2.5.4 施工方案实施及管理

2.5.4.1 一般施工方案管理流程

一般施工方案管理流程见图2-76。

2.5.4.2 危险性较大的分部分项工程安全专项施工方案管理

（1）危险性较大的分部分项工程范围

危险性较大的分部分项工程是指建筑工程在施工过程中存在的、可能导致作业人员群死群伤或造成重大不良社会影响的分部分项工程。施工单位应当严格按照《危险性较大的分部分项工程安全管理办法》（建质【2009】87号）文件的要求，对危险性较大的分部分项工程在施工前编制专项方案，对于超过一定规模的危险性较大的分部分项工程，施工单位应当组织专家对专项方案进行论证。危险性较大的分部分项工程范围见表2-95。

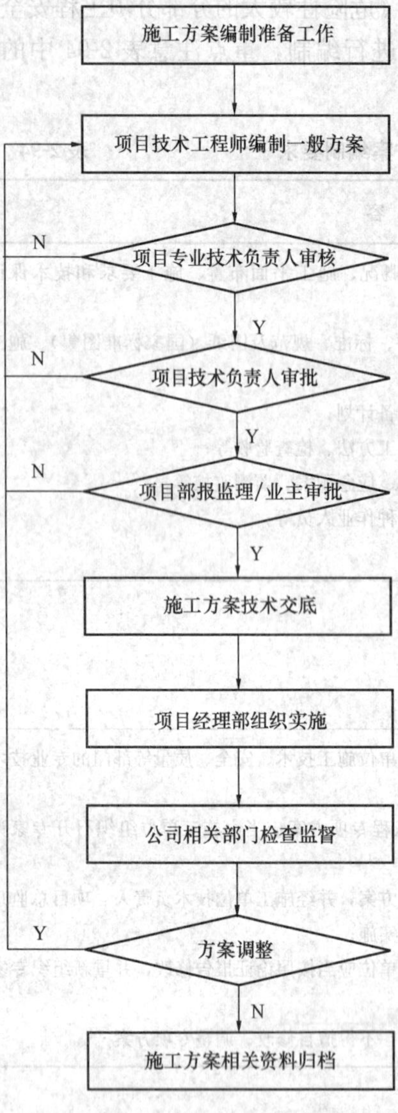

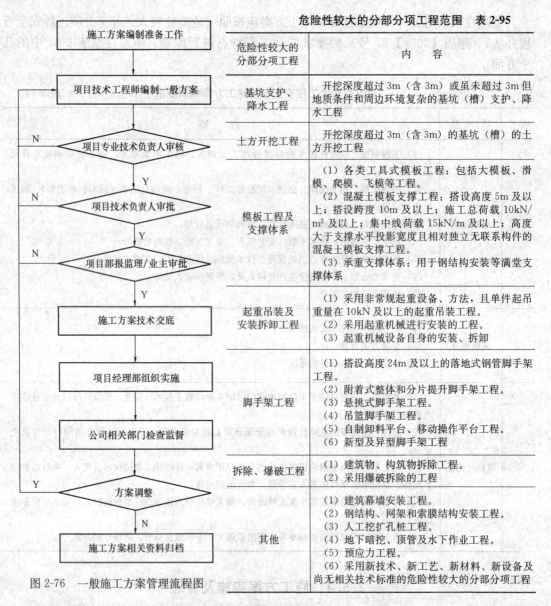

图 2-76　一般施工方案管理流程图

危险性较大的分部分项工程范围　表 2-95

危险性较大的分部分项工程	内　容
基坑支护、降水工程	开挖深度超过 3m（含 3m）或虽未超过 3m 但地质条件和周边环境复杂的基坑（槽）支护、降水工程
土方开挖工程	开挖深度超过 3m（含 3m）的基坑（槽）的土方开挖工程
模板工程及支撑体系	（1）各类工具式模板工程：包括大模板、滑模、爬模、飞模等工程。 （2）混凝土模板支撑工程：搭设高度 5m 及以上；搭设跨度 10m 及以上；施工总荷载 10kN/m² 及以上；集中线荷载 15kN/m 及以上；高度大于支撑水平投影宽度且相对独立无联系构件的混凝土模板支撑工程。 （3）承重支撑体系：用于钢结构安装等满堂支撑体系
起重吊装及安装拆卸工程	（1）采用非常规起重设备、方法，且单件起吊重量在 10kN 及以上的起重吊装工程。 （2）采用起重机械进行安装的工程。 （3）起重机械设备自身的安装、拆卸
脚手架工程	（1）搭设高度 24m 及以上的落地式钢管脚手架工程。 （2）附着式整体和分片提升脚手架工程。 （3）悬挑式脚手架工程。 （4）吊篮脚手架工程。 （5）自制卸料平台、移动操作平台工程。 （6）新型及异型脚手架工程
拆除、爆破工程	（1）建筑物、构筑物拆除工程。 （2）采用爆破拆除的工程
其他	（1）建筑幕墙安装工程。 （2）钢结构、网架和索膜结构安装工程。 （3）人工挖扩孔桩工程。 （4）地下暗挖、顶管及水下作业工程。 （5）预应力工程。 （6）采用新技术、新工艺、新材料、新设备及尚无相关技术标准的危险性较大的分部分项工程

（2）超过一定规模的危险性较大的分部分项工程范围（表 2-96）

超过一定规模的危险性较大的分部分项工程范围　表 2-96

危险性较大的分部分项工程	内　容
深基坑工程	（1）开挖深度超过 5m（含 5m）的基坑（槽）的土方开挖、支护、降水工程。 （2）开挖深度虽未超过 5m，但地质条件、周围环境和地下管线复杂，或影响毗邻建筑（构筑）物安全的基坑（槽）的土方开挖、支护、降水工程
模板工程及支撑体系	（1）工具式模板工程：包括滑模、爬模、飞模工程。 （2）混凝土模板支撑工程：搭设高度 8m 及以上；搭设跨度 18m 及以上，施工总荷载 15kN/m² 及以上；集中线荷载 20kN/m 及以上。 （3）承重支撑体系：用于钢结构安装等满堂支撑体系，承受单点集中荷载 700kg 以上

续表

危险性较大的分部分项工程	内容
起重吊装及安装拆卸工程	(1) 采用非常规起重设备、方法，且单件起吊重量在100kN及以上的起重吊装工程。 (2) 起重量300kN及以上的起重设备安装工程；高度200m及以上内爬起重设备的拆除工程
脚手架工程	(1) 搭设高度50m及以上落地式钢管脚手架工程。 (2) 提升高度150m及以上附着式整体和分片提升脚手架工程。 (3) 架体高度20m及以上悬挑式脚手架工程
拆除、爆破工程	(1) 采用爆破拆除的工程。 (2) 码头、桥梁、高架、烟囱、水塔或拆除中容易引起有毒有害气（液）体或粉尘扩散、易燃易爆事故发生的特殊建、构筑物的拆除工程。 (3) 可能影响行人、交通、电力设施、通信设施或其他建、构筑物安全的拆除工程。 (4) 文物保护建筑、优秀历史建筑或历史文化风貌区控制范围的拆除工程
其他	(1) 施工高度50m及以上的建筑幕墙安装工程。 (2) 跨度大于36m及以上的钢结构安装工程；跨度大于60m及以上的网架和索膜结构安装工程。 (3) 开挖深度超过16m的人工挖孔桩工程。 (4) 地下暗挖工程、顶管工程、水下作业工程。 (5) 采用新技术、新工艺、新材料、新设备及尚无相关技术标准的危险性较大的分部分项工程

危险性较大的分部分项工程安全专项施工方案管理流程见图2-77，超过一定规模的危险性较大分部分项工程安全专项施工方案管理流程见图2-78。

2.5.4.3 施工方案编制管理规定

(1) 施工方案编制前应召开讨论会，确定可行的施工方法和施工措施。

(2) 编制责任人规定：

1) 编制人应具有相关专业知识和专业技能，要求方案编制人具有中级以上（含中级）工程师职称。

2) 一般分部分项工程施工方案由项目技术工程师编制，项目总工（技术负责人）全过程指导。

3) 重大方案或危险性较大分部分项工程由项目总工（技术负责人）编制。

4) 超过一定规模的危险性较大分部分项工程由项目总工（技术负责人）编制，公司总工给予指导。

5) 由专业分包商独立完成的分部分项工程，由专业分包商技术负责人编制。

(3) 编制进度：

按照现场进度，在分部分项工程施工之前编制完成。当编制难度大、需要召开专家论证的重大方案或危险性较大工程方案应留有充足的编制时间。

(4) 编制内容：

1) 一般性施工方案宜按照下面大纲内容进行编制：

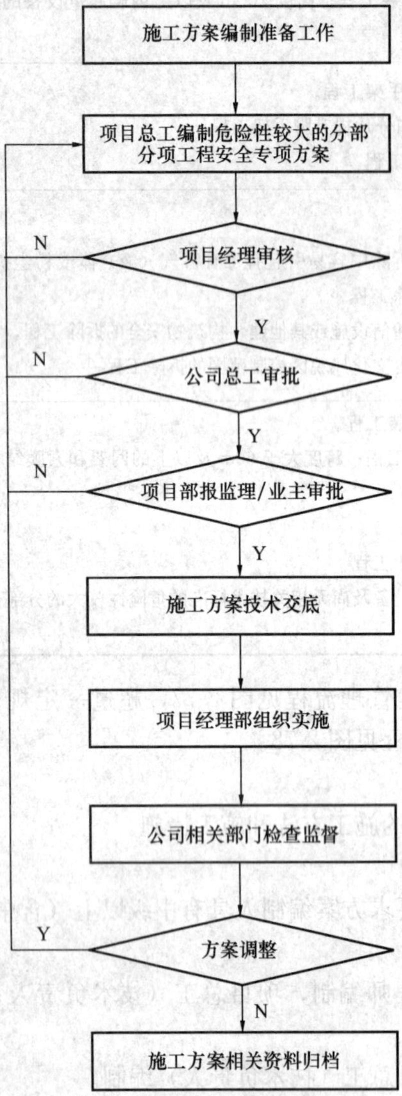

图 2-77　危险性较大的分部分项工程安全专项施工方案管理流程

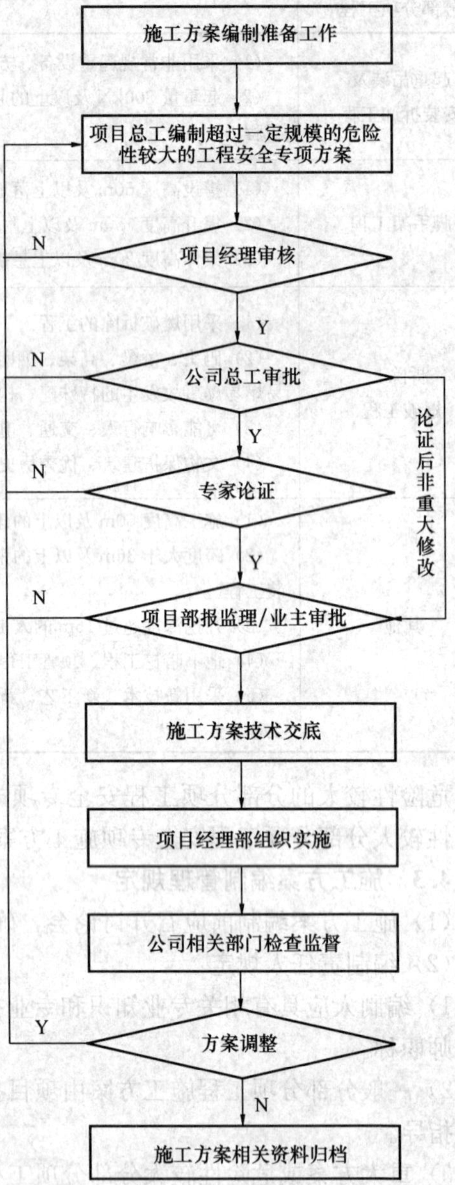

图 2-78　超过一定规模的危险性较大的分部分项工程安全专项施工方案管理流程

①编制依据；
②工程概况；
③施工安排；
④施工准备工作；
⑤施工方法；

⑥质量要求；

⑦安全文明施工要求；

⑧环保要求；

⑨其他要求（如降低造价、四新技术应用等）。

2）对于创优工程，应按各地创优方案规定或推荐的格式及内容编制。

3）对于危险性较大工程，应按《危险性较大的分部分项工程安全管理办法》（建质【2009】87号）要求的格式及内容编制。

4）专业性较强专项方案，其包含的内容应能完全满足施工要求。

5）当公司对方案编制内容有要求时，编制内容还应满足公司的相关要求。

（5）编制质量：

1）选用的施工方案应技术可行，经济合理，能全面满足施工要求。

2）内容符合法律、法规、规范性文件、标准、规范及图纸（国标图集）的要求。

3）重要方案、技术性较强的方案、危险性较大的专项方案宜召开专家论证会，超过一定规模危险性较大的专项方案应按规定召开专家论证会，以保证质量和安全满足施工要求。

4）行文组织有层次、叙述条理清楚，内容重点突出、图文并茂。

2.5.4.4 施工方案审批管理规定

1. 审批制度

施工采用总承包制时，施工方案按类别及重要性分别实行项目级审批、分公司级（如有）审批、公司级审批。

2. 审批时间

为了保证方案能及时指导施工，一般方案的审批时间不多于3个工作日，重大或危险性较大的分部分项工程专项方案，其审批时间不多于5个工作日。

3. 内容审核/审批重点

（1）一般性方案

1）方案措施有无重大缺陷；

2）质量、安全等保障体系是否健全，措施是否可行；

3）进度安排是否合理；

4）机具、劳动力、周转材料供应是否充足；

5）现场平面布置是否合理。

（2）重大方案/专业分包商方案

1）重难点解决措施是否合理可行；

2）技术性措施是否合理，安全性措施是否有效；

3）施工组织是否科学；

4）资源供应是否充足。

（3）危险性较大分部分项工程专项安全方案

1）安全施工条件是否具备；

2）方案措施是否完整、可行；

3）专项方案计算书和验算依据是否符合相关标准规范的规定；

4）超过一定规模的危险性较大的分部分项工程专项方案是否召开专家论证，是否有可行的应急预案措施。

4. 审核/审批人权限（表 2-97）

审核/审批人权限　　表 2-97

审核/审批人 方案类别	审　核　人	审　批　人
一般方案	专业技术负责人	项目技术负责人
专业分包商方案	专业分包商技术负责人、项目总工（技术负责人）	专业承包单位技术负责人审批，总承包项目技术负责人核准备案
重大方案	项目经理	公司总工（技术负责人）
四新技术类方案	项目经理	公司总工（技术负责人）
危险性较大工程的专项方案	项目经理	公司总工（技术负责人）
超过一定规模的危险性较大工程专项方案	项目经理	公司总工（技术负责人）

2.5.4.5　施工方案交底管理规定

(1) 施工方案审批完成后，应在实施前进行方案技术交底，方案交底采用会议及书面形式。

(2) 方案交底应形成书面交底记录，记录交底时间、地点、出席人员（包括主持人、交底人、被交底人、参加人员）、交底内容等，交底后交底人及被交底人应签字。

(3) 一般性施工方案交底由项目总工（技术负责人）主持，方案编制人向责任工程师交底，总承包项目工程部、质量部、安全部、测量、试验相关人员参加，分包项目负责人、技术工程师、责任工程师（工长）参加。

(4) 危险性较大的分部分项工程安全专项方案由项目经理主持，项目总工（技术负责人）向责任工程师交底，总承包项目工程部、质量部、安全部相关人员参加，分包项目负责人、技术工程师、责任工程师（工长）、班组长参加。

(5) 重大方案/超过一定规模的危险性较大的分部分项工程交底由公司（分公司）总工主持，项目总工（技术负责人）向总承包项目经理及以下的相关管理人员、分包负责人及以下管理人员交底，业主代表、总监（或总监代表）、监理工程师参加。

(6) 交底应重点阐述施工方法的重点工艺、安全施工条件，以及采取的质量及安全保证措施，着重剖析施工重难点的方法及措施、着重强调危险性较大分部分项安全技术措施及管理要求。

(7) 方案调整并审批后，应按方案类别组织相关人员参加，重新进行调整方案的交底。

2.5.4.6　施工方案实施管理规定

(1) 施工方案完成公司内部审批手续后，项目应填写相应的报审表报监理、业主审批。

(2) 施工方案经审批完成后，原件由项目资料员建档管理，复印件作受控编号管理后，发放到现场的各相关方。

(3) 施工方案是指导项目施工的规范性、重要性文件，经批准后必须严格执行，不得随意变更或修改。如有重大变更，应征得原方案批准人同意，并办理相应的变更手续。对于超过一定规模的分部分项工程安全专项方案，当方案有原则性改动时，应按《危险性较大的分部分项工程安全管理办法》（建质【2009】87号）的相关要求重新召开专家论证会，并按相关程序重新报批。

(4) 公司（分公司）项目管理及技术等相关部门，应对项目施工方案的执行情况进行检查监督。

2.5.4.7 中间检查

施工方案的检查是企业提高管理工作水平的有效措施，是动态管理的手段。

中间检查的次数和检查时间，可根据工程规模大小、技术复杂程度和施工方案的实施情况等因素由施工单位自行确定。通常可按表2-98组织中间检查。

施工方案的中间检查 **表 2-98**

项目 方案类别	主持人	参加人	检查内容	检查结果及处理
一般方案	项目总工（技术负责人）	技术工程师； 责任工程师； 分包相关管理人员	方案的落实和执行情况	没落实的工序应及时补做；执行不到位的工序或有偏差的应及时纠正
危险性较大的分部分项工程安全专项施工方案	项目经理	项目总工（技术负责人）； 技术工程师； 责任工程师； 安全总监/工程师； 分包负责人及相关管理人员； 班组长	安全施工条件、安全技术措施落实和执行情况	没落实安全施工条件及安全技术条件的应及时落实，严格按方案施工
专业分包方案	方案编制人	项目总工（技术负责人）； 技术工程师； 责任工程师； 安全总监/工程师； 质量总监/工程师； 分包管理人员	方案的安全/技术落实和执行情况	没落实的安全条件及构造要求应及时落实；执行不到位的工序或有偏差的应及时纠正

2.5.4.8 调整及完善

当工程施工条件发生变化，原方案不能满足施工要求时，项目技术负责人应及时组织相关人员对施工方案的相应部分进行修改、补充并作好交底。

各类施工方案的修改与补充内容应纳入原文件，并履行相关报审程序。

2.5.4.9　归档

各类施工方案及相关资料的归档应按照当地建筑工程资料管理规程的要求执行。

2.6　技　术　交　底

2.6.1　技术交底的分类

2.6.1.1　技术交底分类

见图 2-79。

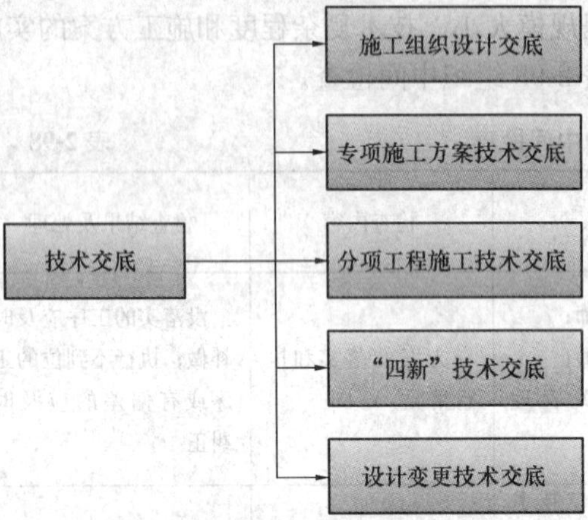

图 2-79　技术交底分类

2.6.1.2　施工组织设计交底

重点和大型工程施工组织设计交底，一般是由施工企业的技术负责人（公司总工）把主要设计要求、施工措施以及重要事项对项目主要管理人员进行交底。其他工程施工组织设计交底应由项目总工（技术负责人）进行。

施工组织设计交底，是使项目主要管理人员对建筑概况、工程重难点、施工目标、施工部署、施工方法与措施等方面有一个全面的了解，以便于在施工过程的管理及工作安排中做到目标明确、有的放矢。

2.6.1.3　专项施工方案技术交底

专项施工方案交底应由项目专业技术负责人负责，根据专项施工方案对专业工程师进行交底。

专项施工方案交底，主要向专业工程师交代分部分项工程流水组织、施工顺序、施工方法与措施，是承上启下的一种指导性交底。

2.6.1.4　“四新”技术交底

“四新”技术交底应由项目技术负责人组织有关专业人员编制并对专业工程师进行交底。

2.6.1.5　设计变更技术交底

设计变更技术交底应由项目技术部门根据变更要求，并结合具体施工步骤、措施及注意事项等对专业工程师进行交底。

2.6.1.6　分项工程施工技术交底

分项工程施工技术交底应由专业工程师对专业施工班组（或专业分包）进行交底。是将图纸与方案转变为实物的操作性交底，是上述各项交底的细化。

2.6.2　技术交底的要求及注意事项

2.6.2.1　技术交底的特性

技术交底的特性见表 2-99。

技术交底的特性　　表 2-99

特 性	内 容
针对性	技术交底是使被交底人获取知识及方法的一种管理手段，是变“不明白”为“明白”、变“图纸”为“实物”的桥梁。针对性是技术交底的“灵魂”，不结合工程特点、照抄照搬规范、工艺的技术交底是毫无价值可言的
可操作性	质量出自于操作者手中，只有教会操作者才能保障建筑产品的实现及质量。因此，交底的可操作性就变得尤为重要，它是技术交底的“生命”
全面性	交底内容应是施工图纸及技术标准的全面反映，内容性质应包括组织和技术，内容过程应包括施工准备到检查验收的全过程，内容方面应包括质量、安全、工期等，内容重点应是解决施工难题，因此交底的涵盖面必须覆盖施工及管理的各方面，交底必须全面才能使工人的每一步操作都在受控中，全面性是交底的“保障”

2.6.2.2 技术交底的要求

（1）必须符合国家法律法规、规范、规程、标准图集、地方政策和法规的要求。

（2）必须符合图纸各项设计及技术要求，特别是当设计图纸中的技术要求及标准高于国家及行业规范时，应作更详细的交底和说明。

（3）应符合和体现上一级技术交底中的意图和具体要求。

（4）应符合实施施工组织设计和施工方案的各项要求，包括组织措施、技术措施、安全措施等。

（5）对不同层次的施工人员，其技术交底的深度与详细程度应不同。因人而异也是技术交底针对性的一方面体现。

（6）技术交底应全面、明确、突出重点，应详细说明操作步骤、控制措施、注意事项等，应步骤化、量化、具体化，切忌含糊其辞。

（7）在施工中使用新技术、新材料、新工艺的应详细进行交底，交代应用的部位、应用前的样板施工等具体事宜。

（8）所有技术交底必须列入工程技术档案。

2.6.2.3 技术交底的注意事项

技术交底注意事项见表 2-100。

技术交底注意事项　　表 2-100

注意事项	说 明
做到规范性、符合性	技术交底应严格执行施工质量验收规范、规程，对施工质量验收规范、规程中的要求、质量标准，不得任意修改及删减。技术交底作为施工组织设计及施工方案的下级，必须遵守上级文件提出的技术要求
做到有记录、有备案	公司召开的会议交底应作详细的会议记录，包括与会人员的姓名、单位、职务、日期、会议内容及会议做出的技术决定，会议记录应完整，不得任意遗失和撕毁，并按照当地工程资料管理规程的要求归档保存。所有书面技术交底，均应审核并留有底稿。书面交底的审核人、交底人、被交底人均应签字或盖章

续表

注意事项	说　明
交底不得厚此薄彼	建筑工程的项目是由许多分部分项工程组成的，每一个分项工程对整个建筑功能来说都同等重要，各个部位、各个分项工程的技术交底都应全面、细心、周密。对于面积大、数量多、效益好的分项工程必须进行详细的技术交底；对于比较零星、容易忽略的部位、隐蔽工程或经济效益不高的分项工程也应同样认真地进行技术交底。对于重要结构、复杂部位进行详细的技术交底，但也不应忽视次要结构、构造简单的部位，如女儿墙等，而且这些部位容易出现质量问题。有些施工单位，在技术交底时重结构、轻装修，重室内、轻室外，厚此薄彼、差别对待，导致不重视的分项工程质量较差，影响到整个工程的质量及使用
交底应全面、及早进行	在技术交底中，应特别重视本单位当前的施工质量通病、安全隐患或事故，做到防患于未然，把工程质量事故和安全事故消灭在萌芽状态。在技术交底中应预防可能发生的质量事故和安全事故，技术交底做到全面、周到、完整。并且应及早进行交底，使管理人员及施工工人有时间消化和理解交底中的技术问题，及早做好准备，使施工人员心中有数，有利于完成施工活动
做好督促与检查	各级管理人员不要认为已进行过口头或书面交底就万事大吉了，这种做法只是流于形式，效果收获甚微，交底重要工作是对交底的效果进行监督与检查。在施工过程中要结合具体施工部位加强检查，加强自检、互检、交接检，强化过程控制，严格验收，发现问题及时解决，避免返工浪费或发生质量事故
采取多种形式的交底手段	技术交底的形式与手段可以多种多样，根据不同的对象，采用不同的方式方法。如对操作班组的交底，当分项工程施工难度大时，可以将交底的地点放在作业现场，将交底的文字说明改成节点图、构造图、工序图；对新技术、新工艺，可请专业厂家技术人员进行技术示范操作，或作样板间示范技术交底，使工人具体了解操作步骤，做到心中有数，避免不必要的质量和安全事故的发生

2.6.3　技术交底的内容及重点

2.6.3.1　施工组织设计交底的内容及重点

施工组织设计交底的内容及重点见表 2-101。

施工组织设计交底的内容及重点　　表 2-101

项　目	说　明
内　容	(1) 工程概况及施工目标的说明； (2) 总体施工部署的意图，施工机械、劳动力、大型材料安排与组织； (3) 主要施工方法，关键性的施工技术及实施中存在的问题； (4) 施工难度大的部位的施工方案及注意事项； (5)“四新”技术的技术要求、实施方案、注意事项； (6) 进度计划的实施与控制； (7) 总承包的组织与管理； (8) 质量、安全控制等方面内容
重　点	施工部署、重难点施工方法与措施、进度计划实施及控制、资源组织与安排

2.6.3.2 专项施工方案交底的内容及重点

专项施工方案交底的内容及重点见表2-102。

专项施工方案交底的内容及重点 表2-102

项 目	说 明
内 容	(1) 工程概况； (2) 施工安排； (3) 施工方法； (4) 进度、质量、安全控制措施与注意事项
重 点	施工安排、施工方法

2.6.3.3 分项工程施工技术交底的内容及重点

分项工程施工技术交底的内容及重点见表2-103。

分项工程施工技术交底的内容及重点 表2-103

项 目	说 明
内 容	(1) 施工准备； (2) 质量要求及控制措施； (3) 工艺流程； (4) 操作工艺； (5) 安全措施及注意事项； (6) 其他措施（如成品保护、环保、绿色施工等）及注意事项
重 点	操作工艺、质量控制措施、安全措施

2.6.3.4 “四新”技术交底的内容及重点

“四新”技术交底的内容及重点见表2-104。

“四新”技术交底的内容及重点 表2-104

项 目	说 明
内 容	(1) 使用部位； (2) 主要施工方法与措施； (3) 注意事项
重 点	主要施工方法与措施

2.6.3.5 设计变更交底的内容及重点

设计变更交底的内容及重点见表2-105。

设计变更交底的内容及重点 表2-105

项 目	说 明
内 容	(1) 变更的部位； (2) 变更的内容； (3) 实施的方案、措施、注意事项
重 点	主要实施的方案、措施

2.6.4　技术交底实施及管理

2.6.4.1　技术交底管理流程图

技术交底管理流程见图 2-80。

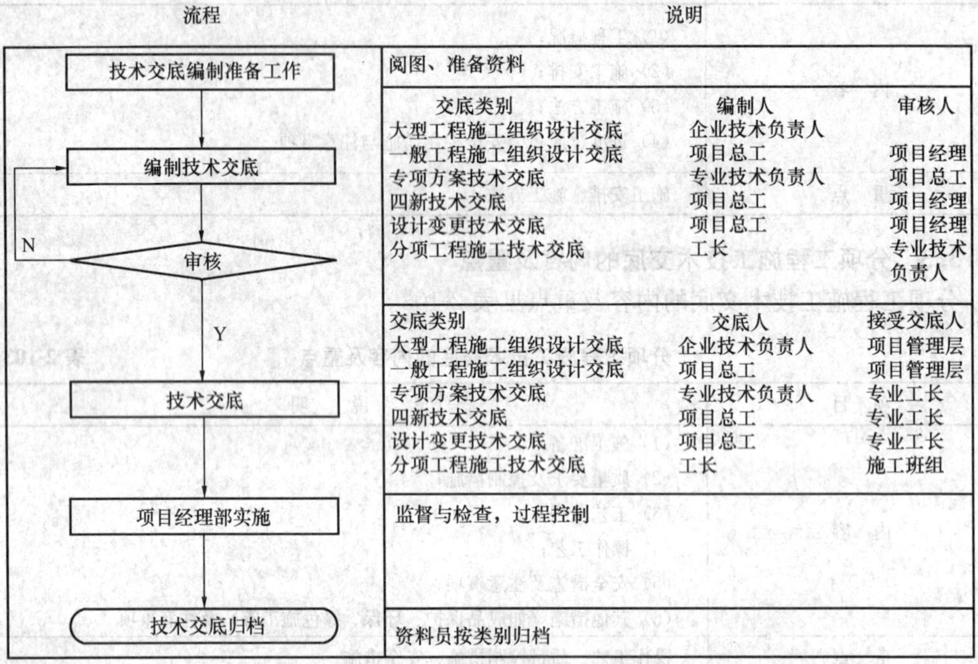

图 2-80　技术交底管理流程图

2.6.4.2　技术交底编制管理规定

技术交底编制管理规定见表 2-106。

技术交底编制管理规定　　　　**表 2-106**

项　目	说　明
编制责任人规定	（1）编制人应具有相关专业知识和专业技能； （2）大型工程施工组织设计交底编制人为企业技术负责人，一般工程施工组织设计、四新技术、设计变更的交底人为项目总工（技术负责人），专项方案技术交底编制人为专业技术负责人； （3）由专业分包商独立完成的分部分项工程，交底编制人为专业分包商技术负责人
编制进度	在正式施工前完成
编制内容	不同类别的交底有不同的内容及重点（见本节“技术交底的内容及重点”），内容应正确、全面
编制质量	（1）编制形式上要求图文并茂； （2）编制内容符合图纸、技术标准、政策法规等规定，内容全面、重点突出、并有针对性； （3）突出可操作性特点，尽量将内容“图示化”、“步骤化”、“通俗化”、“数字化”、“明确化”； （4）有合理可行的保证质量及安全的措施

2.6.4.3 技术交底审核管理规定

(1) 技术交底应及时审核，并按审核意见及时修改完善。

(2) 由项目总工（技术负责人）实施的技术交底，应由项目经理审核；由专业技术负责人编制的技术交底由总工（技术负责人）审核；责任工程师（工长）编制的技术交底由专业技术负责人审核；专业分包的技术交底由专业分包的技术负责人审核。

(3) 审核流程按各个企业的技术管理规定执行。

2.6.4.4 技术交底的交底管理规定

(1) 实行三级交底制，即公司向项目交底，项目总工（技术负责人）向项目管理层交底，责任工程师（工长）向操作班组交底。

(2) 大型工程施工组织设计交底、重大方案、或超过一定规模的分部分项工程专项安全方案技术交底，应邀请建设单位、监理单位的负责人及相关人员参加。

(3) 交底的形式可采用多种方式，宜根据不同的对象采取合适的方式，如书面式、口头式、会议式、示范式、样板式等。

(4) 项目经理、项目总工（技术负责人）应督促、检查技术交底工作的进行情况。

(5) 交底应有交底记录，有交底人和接受交底人签字，交底记录原件应交资料员存档。

2.6.4.5 技术交底实施管理规定

(1) 分部分项工程未经技术交底不得施工。

(2) 分部分项工程施工时，交底人应检查工人是否按交底的内容及要求实施，发现不正确的地方应及时指出并责令改正。

(3) 在监督、检查过程中发现错误的操作、易犯的质量通病时，应及时组织操作班组作相关针对性的交底，使之改正错误，避免不必要的返工或质量事故的发生。

(4) 交底人在监督、检查过程中发现交底的内容有不易实现或操作性不强的地方，如属于方案内容的原因，应按程序报方案编制人修改并根据方案修改的内容重新调整交底内容；如属于交底人自己的原因，应及时修正。经修改、修正后应重新进行交底并履行签字手续。

(5) 操作班组在按交底内容操作时，交底人应合理分配分工，保证经验丰富、技术水平高的人在技术或质量要求高的部位操作。

(6) 项目部应根据企业管理规定及工程特点制定技术交底实施管理办法，明确责权利，实行奖惩制，保证交底实施的效果。

2.6.4.6 归档

技术交底完成后及时将技术交底记录的原件交项目资料员归档保存。

2.7 新技术研究与应用

2.7.1 新技术研究的领域

2.7.1.1 新产品

新产品指采用新技术原理、新设计研制、生产的全新产品，或在结构、材质、工艺等某一方面比原有产品有明显改进，从而显著提高了产品性能或扩大了使用功能的产品。在研究开发过程，新产品可分为全新产品、模仿型新产品、改进型新产品、形成系列型新产品、降低成本型新产品和重新定位型新产品。按照建筑行业应用领域，新产品可分建筑材料新产品、建筑机械新产品、建筑模板新产品等。

建筑行业新产品研究的技术领域主要有以下几方面：

(1) 建筑工程勘察、检测技术领域；

(2) 建筑地基、基础技术领域；

(3) 建筑结构施工领域；

(4) 建筑制品与新型建筑材料的研究、开发与生产领域；

(5) 建筑机械与机具领域；

(6) 建筑设备安装技术领域；

(7) 城市规划、建设、市政与防灾技术领域；

(8) 道路与桥梁工程技术开发与应用领域；

(9) 工程管理技术领域；

(10) 房地产开发、建设领域；

(11) 信息技术及施工自动化技术领域。

2.7.1.2　新工艺

建筑行业的生产与其他行业相比，有其特殊性，就是其产品均为独一无二的，其建造地点均为固定的，建筑结构也有着不同的特点。因此，建筑行业的技术进步除体现在新产品（如新型建筑材料、新型施工材料、新型施工设备等）外，主要体现在工艺创新的过程中。

建筑行业新工艺研究的技术领域主要有以下方面：

(1) 建筑工程勘察、检测技术领域；

(2) 建筑地基、基础技术领域；

(3) 建筑结构设计及施工领域；

(4) 建筑制品与新型建筑材料的研究、开发与生产领域；

(5) 建筑机械与机具领域；

(6) 建筑设备安装技术领域；

(7) 城市规划、建设、市政与防灾技术领域；

(8) 道路与桥梁工程技术开发与应用领域；

(9) 工程管理技术领域；

(10) 房地产开发、建设领域；

(11) 信息技术及施工自动化技术领域。

2.7.2　新技术研究的类型

2.7.2.1　产品创新

产品创新是指在产品技术变化基础上进行的技术创新。产品创新包括技术发生较大变化的基础上推出新产品，也包括对现有产品进行局部改进而推出改进型产品。

2.7.2.2 工艺创新

工艺创新是指生产过程中的技术变革及技术上的创新。工艺创新包括在技术较大变化基础上采用全新工艺的创新，也包括对原有工艺的改进所形成的创新。

2.7.3 新技术研究

2.7.3.1 新技术研究的主要环节

建筑行业的新技术研究作为理论结合实际的复杂系统性工程，一般包括以下主要环节：

1. 确立技术研究选题

科研工作开展的前提是根据实际需求进行可行性调研，经过归纳整理，从中提炼出适宜的科学问题进行课题申报。

要根据企业的经营目标、技术研发策略和资源条件确定新产品、新工艺的开发目标，就必须做好调查研究工作。一方面对市场和行业进行调查，了解实际需要的发展动向，以及影响市场需求变化的因素等。

2. 科研立项

科研技术人员须根据选题结果，组织课题组，并组织编写立项报告，上报科技主管部门，期间要经历立项初审、专家组评审等程序。主管部门批准后，此项目方可正式开展有效的工作。

3. 构建方案

课题立项后，接下来需要在前期调研的基础上制订切实可行的研究策划方案及实施方案，并针对课题的特点进行针对性的设计。此方案应符合立项的各要素要求，并以满足客户需求（或项目需求、市场需求）为首要目标，并应符合国家及各部委的战略发展。实施方案可根据研究的进度和实际情况不断更新和修正，以满足研究目标的实现。

4. 试验探索

对于建筑材料、建筑机械类技术创新课题，一般需要做许多实验，对于此类课题，在此阶段需要精心设计实验程序和实验步骤，并尽可能考虑到各种因素对实验结果的影响。对于仪器仪表、施工机具等课题，需要以满足需求为首要研究目标，重点开发满足实际参数要求的实验样机，并寻找对输入参数敏感的变量，剥离次要影响因素，强化有利因素，并需考虑到市场对精密度的普遍需求。对于基础研究等软课题，需要注意课题的前沿性和领先性，以提升行业普遍技术水平为课题长期目标。对于应用科学类的课题，需要同时满足实际需求和推广价值两大要素。

5. 实践检验

当研究取得了预期的成果，即可进入实践检验阶段。对于建筑材料、建筑机械、仪器仪表等还需要试制样机，对于应用类课题可在实际项目上进行检验。此阶段需要不断调整有关参数，使研究成果能满足既定的各项技术指标和技术需求。实践检验前应报请有关主管部门和技术/质量监督部门及用户和相关方进行联合评估。如实践检验或试用未达到要求，则重复此步骤直到达到要求为止。

6. 评估、评审、鉴定

课题评估是指归口部门按照公开、公平和竞争的原则，择优遴选具有科技评估能力的评估机构，按照规范的程序和公允的标准对课题进行的专业化咨询和评判活动。课题评审是指归口部门组织专家，按照规范的程序和公允的标准，对课题进行的咨询和评判活动。

实践检验成功后，或满足评估或评审要求，项目组可向主管部门提交评估、评审申请。目前应用科学领域通行的评估、评审方法为科技成果鉴定，鉴定委员会专家一般为5～9人。

评审专家（或鉴定委员会专家）必须具备以下基本条件：从事被评审课题所属领域或行业专业技术工作满8年，并具有副高级以上专业技术职务或者具有同等专业技术水平；具有良好的科学道德，能够独立、客观、公正、实事求是地提出评审意见；熟悉被评审课题所属领域或行业的最新科技、经济发展状况，了解本领域或行业的科技活动特点与规律。

7. 验收

课题成果经检验成功后，可申请课题验收。主管部门组织专家对课题进行验收，并出具验收意见。通过验收后，即可加以市场推广。根据市场推广应用情况和用户反馈意见，不断改进相关设计及施工工艺，提高成果的质量和适用性。至此，一个研究课题结题，可以进入下一周期的课题立项与研发工作。

2.7.3.2　新技术研究计划与立项

1. 制定研究计划

建筑企业的技术主管部门应按年度编制新技术研究开发计划或课题研发计划，并按照公司架构，将计划下发各下级实体单位。各实体下级单位应根据上级部门的总体计划，制订本部门或本公司的研发计划，上报上级主管部门。

如遇到紧急研发课题或其他对公司发展有重要影响的研发课题，可随时组织立项申报。

2. 课题立项

科研课题确定下来以后，接下来的工作就是要撰写一份科研立项报告或科研计划书。科研立项报告既是研究课题的分阶段、分步骤的细化工作，是开题报告，又是研究经费申请所必备的文字材料。科研计划书也称为项目申请书。撰写科研立项报告对研究者来说是一项必备的基本功，一份完整的科研立项报告应该有题目、立题依据、研究目的、效益与风险分析、研究对象、研究方法、预期结果、经费计算、进度安排等方面的内容。

现以某建筑公司的一份科研课题立项报告为例进行说明。

（1）封面（图2-81）

封面一般介绍报告的类别、项目名称、单位、时间。项目的名称应是能够确切反映研究特定内容的简洁语言。组织单位指项目的主持部门，下发项目的主管部门或单位。申报单位为课题的主要承担单位。起止年月为该课题进行的周期。

（2）课题的目的、意义（图2-82）

课题的目的和意义是重要的立题依据，是科研计划书的主要组成部分。在该部分中，申请者应该提供项目的背景资料，阐述该申请项目的研究意义，国内外研究现状，主要存在的问题及主要的参考文献等。

××××公司

科研项目立项报告

科研项目名称：基坑钢支撑支护内力自动补及位移控制系统的研究及应用

项目组织单位：××××公司

课题申报单位：××××公司

项目起止年限：2007年1月至2009年1月

二〇〇七年一月二十日

图 2-81 某立项报告封面

一、项目的目的、意义、必要性及市场需求分析

1. 项目提出背景和意义

随着城市的不断发展，交通问题和地下空间开发问题显得日益突出，城市地铁对解决交通问题发挥重要作用，目前北京、上海、天津、广州等地都已建多条地铁线路。城市环境中的地铁隧道在其使用阶段不可避免地会受到这样或那样的工程活动影响，很多开发项目都基于地铁带来的便利交通而选择在地铁附近，并通常会将项目与地铁车站连接在一起，由此带来的临近深基坑工程对地铁隧道影响十分明显。深基坑工程是大型的土方开挖及支护工程，在软土地区还必须进行基坑降水。土方开挖的过程即为卸荷过程，造成周围土体内力重分布，从而导致周围土体的变形。

基坑周围土体位移主要来源于以下几个因素：围护墙的侧向变形；基坑止水帷幕效果不好；围护墙底变形过大；墙底土产生塑性流动；围护墙的入土深度不够。如控制不利将产生大的沉降和位移，对地铁的正常使用也会有不利影响。因此基坑开挖造成的对地铁的影响必须深入研究，以确保基坑本身以及地铁隧道的安全运行。

以下略……

2. 项目立项的必要性

以下略……

3. 项目的市场需求分析

以下略……

图 2-82 某立项报告的目的、意义

本部分内容主要介绍课题立项的背景，课题研究的目的和意义，以及市场分析等内容。针对国内外同类研究中存在的问题引出本研究的目的和意义，阐明本研究的重要性和必要性，以及理论意义和实际意义。特别要表明与国内外同类研究相比，本项目的特色和创新之处。

本部分内容非常重要，是体现课题先进性的主要部分，因此需要用简明扼要的话语说清楚，避免空谈和漫无目的的夸大。

(3) 国内外研究现状及发展趋势（图 2-83）

国内外研究现状和遇到的主要问题。在阅读了大量同类研究文献的基础上，综述出该研究领域国内外研究现状、发展趋势以及目前存在的主要问题。

(4) 课题目标和考核指标（图 2-84）

用简洁的文字将本研究的目的写清楚，如“描述城市地震灾害现状及影响因素”。原则上，目标要单一、特异。研究目的如较多可以分为主要研究目的和次要研究目的。

考核指标为上级部门考察课题实施的量化依据，应简明扼要。

(5) 主要研究内容（图 2-85）

此部分内容主要包括研究内容、技术路线、主要研究方法、创新点、技术难点、可行性分析等内容。

1) 研究内容：将研究的主要内容简述。

2) 研究方法：研究者可以根据自己的研究目的和可以利用的条件选择相应的研究方

二、课题所属领域国内外研究开发现状和发展趋势

1．国内外技术现状、专利等知识产权情况分析和国内现有的工作基础

略

2．国内外技术发展趋势

通过查阅大量文献及国内外最新行业动态，本课题的研究可大大促进国内软土地区深基坑施工技术的发展，且国内尚无类似先例。国外发达国家如美国、日本也仅停留在“基坑监测+人工维持钢支撑轴力”的阶段。通过调研，国内一些临近地铁的重要深基坑工程施工时，进行了周边施工对地铁隧道影响的监测及分析，简述如下：

(1) 上海太平洋广场二期工程

本工程基坑围护结构距离正在运营的地铁一号线隧道外边线仅3.8m。施工期间对地铁的保护措施有：地铁侧开挖留土宽度不小于4倍的开挖层深，增加基坑内靠近地铁侧区域内被动土体的保留时间以控制墙体位移，单块土体的挖土支撑控制在16-24h，垫层厚度增至300mm，加强对周围环境、地铁隧道及基坑的监测。第一层钢支撑施力后，损失率达到39%-57%。第三层土方开挖时，对第二道支撑按原设计的120%复加轴力，有效控制了基坑土体位移，从地下室结构施工至首层楼面结构全部完成的七个月时间内，地铁隧道变形总沉降量在8.5mm。

(2) 地铁二号线和地铁一号线在人民广场交汇处

以下略……

略……

(4) 研究成就

曾远等通过对上海张杨路车站基坑开挖，分析了其对老车站的影响，得出以下结论：土体弹性模量的变化对车站结构侧向变形的影响不大；引起地铁车站沉降的主要原因是：基坑内土体导致的墙后土体的移动。因此提高被动区土体强度、提高基坑内土体抗隆起安全系数是控制临近车站沉降的有效措施。

上述各工程实例分析了临近地铁隧道和车站的基坑开挖对其的影响，为减少这种影响，主要是通过①改变临近侧的墙厚和墙的埋深;②注浆加固;③临时增大支撑轴力等措施。

其中上海太平洋广场二期工程基坑开挖深度为11.2m，和地铁隧道顶板齐平。在第三层土方开挖时，对第二道支撑按原设计的120%复加轴力，有效地控制了基坑土体位移。会德丰项目基坑开挖深度18.2m，地铁隧道位于开挖深度以上，对因为基坑开挖产生的变形更为敏感。采用复加轴力的方法将显得尤为重要。

深基坑的钢支撑支护一般都预加轴力。在工作过程中不可避免地会出现一定程度的轴力损失，所以需要对其复加轴力；或者因为位移控制需要，对某些支撑复加或增加轴力。现有预加轴力的方法通常是：用千斤顶加载至预定轴力，然后插入锲块锁定钢支撑长度再撤除千斤顶；当需要复加（或增加轴力）时，重新安装千斤顶并进行加载，随后在新位置锁定钢支撑；如此循环，直至满足设计要求（或对隧道变形控制的要求）。

通过检索国内、外相关文献，尚未发现与本课题（对支撑内力和基坑位移根据监测结果和设计要求实施自动补偿）相类似的研究方法。

图2-83　某立项报告的国内外研究现状及发展趋势

三、课题实施目标及考核指标（具有明确的可考核性）

1．实施目标

以下略……

2．考核指标

（1）研究开发可重复利用的深基坑支撑轴力控制系统；

（2）能满足工程需求；

（3）科技成果达到国内领先及以上水平；

（4）申请国家发明专利1项以上；

（5）达到工程验收标准；

（6）课题资料完整，课题总结报告完善。

图2-84　某立项报告的课题目标和考核指标

法，将研究的技术路线表述清楚。

3）研究技术路线：在研究计划书中，研究者可以用文字、简单的线条或流程图的方式，将研究的技术路线表述清楚。

4）项目的创新点：用简洁明了的语言说明项目的创新之处。

5）可行性分析：在可行性分析部分，应该写明申请者的研究背景、研究能力、申请者及其团队所具有的硬件或软件条件及研究现场的条件等，再次表明申请者对完成该项目的可行性。

（6）效益分析及风险分析（图2-86）

效益分析包括项目的经济效益分析、社会效益、环境效益分析、项目成功后推广应用的前景分析等。

风险分析包括项目技术、市场、资金等风险分析及应对措施。

(7) 进度计划

项目实施进度计划包括项目阶段考核指标（含主要技术经济指标，可能取得的专利、专著、尤其是发明专利和国外专利情况）及时间节点安排；项目的中期验收、项目验收时间安排等。

(8) 经费预算

经费预算一般包括经费来源和经费支出两项内容。经费预算的形式一般与课题资助单位有关，并应满足相关单位财务和审计要求。

课题经费来源包括项目新增总投资估算、资金筹措方案（含自有资金、银行贷款、科教兴市专项资金、推进部门配套资金等）、投资使用计划。

四、主要研究内容（包括要解决的主要问题、解决措施、技术关键、创新点）

1. 课题的研究内容及技术路线

以下略……

2. 课题的主要研究方法

本项目将采用理论和工程实践相结合的方法进行研究。

以下略……

3. 课题研究的技术关键和难点

以下略……

4. 课题研究创新点

以下略……

图 2-85 某立项报告的主要研究内容

课题经费支出主要包括人员费用、试验费用、设备购置费用、材料费、资料费、调研费、租赁费等，并应出具明细表。

五、技术经济效益分析、推广应用前景分析、课题实施的风险分析

1. 社会经济效益分析

略。

2. 推广应用前景分析

略。

3. 课题实施的风险分析

(1) 市场风险及对策

基于上述社会经济效益分析可知，今后大量的项目将建在地铁附近，因此本课题的研究具有广泛的市场价值，如推广得力，可营造出广阔的市场。

(2) 技术风险及对策

以下内容略……

(3) 其他风险及对策

通过合约的方式及过程监控进行风险规避；国家和地方政府对于城市的发展的政策是一贯的，因此也不存在政策风险；课题现场实施中的管理风险包括安全、质量方面的风险可经精心组织得以避免，如成立相应的组织机构、进行技术交底及安全技术交底、加大安全及质量的现场监督力度等。

图 2-86 某立项报告的效益分析及风险分析

(9) 课题参加人员与协作单位

包括项目的组织形式、运作机制及分工安排；项目的实施地点；项目承担单位负责人、项目领军人物主要情况；项目开发的人员安排。

2.7.3.3 新技术研究的过程管理

1. 新技术研究的创新过程

技术创新的模式主要分为需求拉动型和技术市场交互型。

需求拉动型的技术创新，是目前业内普遍采用的方法。此类创新大多数属于渐进型创新，其创新过程如图 2-87 所示。

20 世纪 80 年代开始，西方发达国家开始了新一轮的技术创新热潮，并且提出了技术与市场交互的技术创新模型（如图 2-88 所示）。这种技术创新模式，强调技术与市场这两大创新要素的有机结合，认为技术创新是技术和市场交互共同引发的，技术推动和需求拉动在产

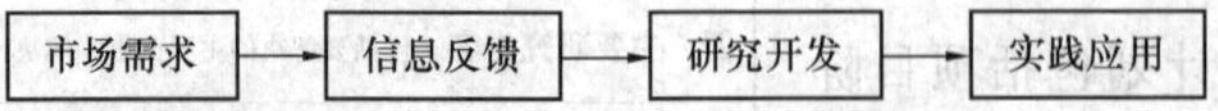

图 2-87　需求拉动型技术创新过程

品生命周期及创新过程的不同阶段有着不同的作用。这种创新过程，不仅可以满足企业在某个项目上遇到的技术难题，也可为企业的可持续发展、提高核心竞争力注入生机和活力。

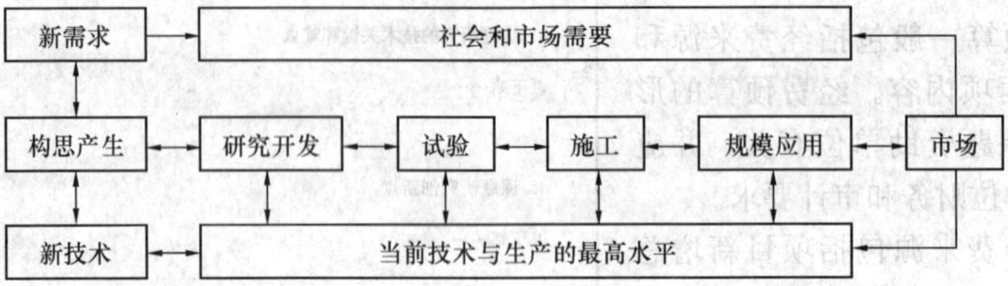

图 2-88　技术市场互动型技术创新过程

2. 新技术研究的影响因素

从国内外技术研究成功与失败的经验看，影响企业技术研发的成败，有以下非常重要的因素：

（1）资金：资金是从事技术创新活动的必备条件和保障，企业常因为资金缺乏而不能实施技术创新项目。对于企业来说，如果资金实力较弱，可以从容易见效的项目做起，积累经验和资金以后，可以逐步扩大创新规模。另外，建筑企业也可以跟踪国家各部委的科研立项信息，争取国家前沿性课题经费。

（2）组织队伍：人才是从事技术创新的能动主题，而且学术带头人的作用尤为重要，队伍的建设是技术创新的一项基本建设。

（3）决策：技术创新是关系企业全局的活动，又是充满风险的行为，因而对决策者有很高的要求。必须从企业总体和长远发展的角度，对创新做出全盘性的安排，克服重重障碍，抓住关键，把握技术和市场良机，把创新引向成功。

（4）机制：新技术研究和创新是创造性的活动，必须依靠科技人员、管理者和广大员工的才智和努力，必须激发相关人员的积极性。良好的激励机制，是创新效率和持久的关键。

3. 新技术研究的组织

由于新技术研究具有阶段性、专业性、综合性及不确定性，技术创新和研究过程需要建立在良好的组织构架内，且组织必须适应技术创新及研究的特点，有利于问题和矛盾的解决。

（1）内企业与内企业家

企业为了鼓励创新，允许自己的员工在一定限度的时间内，在本岗位工作以外，从事感兴趣的创新活动，而且可以利用企业现有的条件，如资金、设备等，由于这些员工的创新行为颇具企业家特征，但是创新的风险和收益均在所在企业内部，因此称这些从事创新活动的员工为内企业家，由内企业家创建的企业称为内企业。

(2) 创新小组或机构

创新小组是指为完成某一创新项目而成立的一种创新组织，它可以是常设的，也可以是临时的，小组成员可以专职也可以兼职。对于一些重大创新项目，小组成员要经过严格挑选，创新小组有明确的创新目标和任务，企业高层主管对创新小组充分授权，完全由创新小组成员自主决定工作方式。

(3) 技术研发部门

技术研发部门是大企业为了开创全新事业而单独设立的组织形式，全新事业涉及重大的产品创新或工艺创新，开创全新事业在管理方式和组织结构上可能与原有事业的运行有本质区别，由于重大创新常伴有很大的风险，因此这种创新组织又称为风险事业部。技术研发部门拥有很大的决策权，可直接接受企业最高技术主管的领导或直接受企业最高领导人领导，它为很难纳入企业现有组织体系中的重大创新提供了适宜的组织环境。

(4) 企业技术中心

技术中心是大企业集团中从事重大关键技术和新一代产品研究开发活动的专门机构，通常有较完备的研究开发条件，有知识结构合理、素质较高的技术力量。企业技术中心一般采取矩阵式组织结构，技术中心的大部分项目实行项目经理负责制，组织由不同专业技术人员组成的跨部门的课题组，根据项目的进展情况，课题组成员可以根据需要进行调整。

目前国家的企业技术中心体系可分为国家认定企业技术中心、省级企业技术中心和企业级企业技术中心。根据目前的《施工总承包企业特级资质标准》(建市［2007］72号)，对企业科技力量作了量化的规定，施工总承包企业必须具备省部级（或相当于省部级水平）及以上的企业技术中心。

4. 新技术研究的内部管理

技术创新活动在相当大的程度上带有非程序性，它同时又是一种综合性很强的活动，非少数人可以完成；而企业组织要求只能稳定、定位准确。这二者之间存在较大的组合难度。

在一般情况下，企业组织职能按日常经营活动组织技术创新和研究。技术创新不脱离常规组织，技术创新基本上是按专业分工、接力的方式进行，环节之间的衔接称为管理的难点和重点，关键在于协调各专业化组织之间的关系。对于具有完整的技术研究组织的单位，组织协调比较容易，企业可针对其单独设立组织定位和管理。

5. 新技术研究的对外合作

技术创新活动在很多领域需要各企业之间配合完成，这就需要企业与外部组织，包括大学、研究机构、企业的合作方进行合作。企业与外部的合作主要出于以下动机：进入新的技术领域，进入新市场，分担创新成本与创新风险，缩短研发时间，实现技术互补和资源共享，创立产品标准。

企业的合作方式，主要有以下几种：

(1) 技术供需合作

合作对象为技术供给者和需求者。一般而言，技术供给者为大学、研究院所或国外企业；需求者多为施工企业。

(2) 技术联合体

有些技术创新某一家企业无法胜任，就需要上下游企业共同合作完成，技术多方可在场地、设备、资金、人员、技术等多方面展开合作，成果共享。

(3) 竞争合作

这类合作主要存在于竞争者或潜在竞争者之间。此类合作类型一般在同行间进行，通过技术互补，大大增强合作双方或多方的竞争力，一般在重大工程项目或重大科技难题上存在此类合作，或者在制定行业、国家标准或产品标准时会遇到此类合作。

2.7.4　新技术推广应用的管理

2.7.4.1　一般规定

建筑业所称的推广应用新技术，是指新技术的推广应用和落后技术的限制、禁止使用。

推广应用的新技术，是指适用于工程建设、城市建设和村镇建设等领域，并经过科技成果鉴定、评估或新产品新技术鉴定的先进、成熟、适用的技术、工艺、材料、产品。

限用、禁用的落后技术，是指已无法满足工程建设、城市建设、村镇建设等领域的使用要求，阻碍技术进步与行业发展，且已有替代技术，需要对其应用范围加以限制或禁止其使用的技术、工艺、材料、产品。

2.7.4.2　新技术推广计划与申报立项

1. 新技术推广计划工作

新技术推广计划工作应以促进科技成果转化为现实生产力为中心，其宗旨是有组织、有计划地将先进、成熟的科技成果大面积推广应用，促进产业技术水平的提高。同时通过实施推广计划，培育和建立科技成果推广机制，促进科技与经济的紧密结合。为促进行业技术水平的提高，促进科技进步、经济和社会发展作出贡献。

2. 新技术推广立项宜具备以下条件：

(1) 符合住房和城乡建设部重点实施技术领域、技术公告和科技成果推广应用的需要；

(2) 通过科技成果鉴定、评估或新产品新技术鉴定，鉴定时间一般在一年以上；

(3) 具备必要的应用技术标准、规范、规程、工法、操作手册、标准图、使用维护管理手册或技术指南等完整配套且指导性强的标准化应用技术文件；

(4) 技术先进、成熟、辐射能力强，适合在较大范围内推广应用；

(5) 申报单位必须是成果持有单位且具备较强的技术服务能力；

(6) 没有成果或其权属的争议。

2.7.4.3　新技术推广应用实施管理

新技术推广应用要着力做好重点技术示范工程的组织实施，相应标准规范的制定编写，新技术产业化基地的建立，以及建筑技术市场的培育和发展等方面的工作，促进新技术的推广应用。

1. 新技术应用示范工程的实施

新技术应用示范工程在建设领域应用先进适用、符合国家技术政策和行业发展方向的技术，为不同类型工程推广应用新技术提供了范例。做好新技术应用示范工程的推广工作，可取得显著的社会、经济与环境效益，并具有普遍的新技术示范意义。

2. 新技术标准规范的制定

新技术标准化是科研、生产、使用三者之间的桥梁。新技术经归纳、总结并制定出相应的标准，就能更加迅速地得到推广和应用，从而促进技术进步。

3. 新技术产业化基地的建立

产业化基地的建立是以引导行业新技术产业化为目标，以行业优势企业为载体，推进新技术产业化进程。产业化基地实施单位，应根据基地建设规划和工作计划认真组织实施，并负责编制本行业的新技术产业化导则。

4. 建筑技术市场的培育和发展

技术市场作为生产要素市场的重要内容，是促进科技与经济结合的桥梁，为科技成果转化开辟了重要渠道。

建筑技术市场的培育和发展必须健全流通体系，强化中间环节；建立公平、公开、公正竞争的市场秩序；促进科技计划管理与技术市场接轨；加快技术市场的统一、开放和国际化；加强对技术市场的宏观调控和管理。

2.7.4.4 新技术应用示范工程管理

1. 概念

“建筑业10项新技术”，即①地基基础和地下空间工程技术；②混凝土技术；③钢筋与预应力技术；④模板及脚手架技术；⑤钢结构技术；⑥机电安装工程技术；⑦绿色施工技术；⑧防水技术；⑨抗震加固与监测技术；⑩信息化应用技术。

新技术应用示范工程是指：新开工程、建设规模大、技术复杂、质量标准要求高的国内外房屋建筑工程、市政基础设施工程、土木工程和工业建设项目，且申报书中计划推广的全部新技术内容可在三年内完成；同时，应由各级主管单位公布，并采用6项以上建筑新技术的工程。

新技术应用示范工程共分为三个级别：国家级、省部级和局级新技术应用示范工程。

2. 新技术应用示范工程管理办法

（1）示范工程采用逐级申报的方式：局级示范工程可申报省部级示范工程，省部级示范工程可申报国家级示范工程。

（2）示范工程申报要求：

示范工程执行单位应提交以下应用成果评审资料：

1）《示范工程申报书》及批准文件；

2）工程施工组织设计（有关新技术应用部分）；

3）应用新技术综合报告（扼要地叙述应用新技术内容、综合分析推广应用新技术的成效、体会与建议）；

4）单项新技术应用工作总结（每项新技术所在的分项工程状况、关键技术的施工方法及创新点、保证质量的措施、直接经济效益和社会效益）；

5）工程质量证明（工程监理或建设单位对整个工程或地基与基础和主体结构两个分部工程的质量验收证明）；

6）效益证明（有条件的可以由有关单位出具社会效益证明及经济效益与可计算的社

会效益汇总表)；

7) 企业技术文件（通过示范工程总结出的技术规程、工法等)；

8) 新技术施工录像及其他有关文件和资料。

3. 示范工程评审

示范工程应用成果评审工作分两个阶段进行，一是资料审查，二是现场查验。评审专家必须认真审查示范工程执行单位报送的评审资料和查验施工现场，实事求是地提出审查意见。

评审专家组组长应提出初步评审意见，当有超过三分之一（含三分之一）的评审专家对该审查结果提出不同意见时，该评审意见不能成立。评审意见形成后，由评审专家组组长签字。

2.8　深化设计管理

深化设计的目的主要在于对业主提供的原设计图纸中无法达到国内法规深度要求的部分进行合理细化。通过深化设计，既可以细化图纸内容，又能够与采购、现场管理等其他相应部门相互交流，选择最合适的设备材料、现场管理方法等，还能在过程中发现原设计图纸中重难点或影响工程施工的因素，给业主提出合理化建议，体现企业实力，通过这些方面，为项目顺利、保质保量、达到或超过预期利润目标提供支持。

2.8.1　深化设计管理流程

2.8.1.1　深化设计管理总流程

深化设计管理总流程见图 2-89。

2.8.1.2　钢结构深化设计管理流程

针对钢结构工程，尤其是特大型钢结构工程的工程量大、技术难、施工实际不一定相符，造型设计变更度高、涉及专业工程交叉配合多等特点，为准确、快捷、高效地完成钢结构施工详图的深化设计工作，宜采用“总包组织协调、制作单位进行深化设计、相关专业分包商参与、第三方机构进行施工模拟、总包进行深化图纸审核、设计单位审定”的形式，具体管理流程见图 2-90 所示。

1. 总包组织协调工作

总包的钢结构专业管理部门作为总包钢结构深化设计组织协调的主体，其主要职责是：

(1) 对接设计单位、建设单位和监理单位；

(2) 参与专项设计交底、图纸会审；

(3) 及时将最新版本设计文件向总包内部各相关部门传递，并在规定时限内收集其对钢结构加工的要求，初审后传递给钢结构深化设计单位；

(4) 对钢结构深化过程中的问题与设计单位或各专业部门、各指定分包商进行协调；

(5) 组织对钢结构深化图进行审核，审核意见及时反馈给深化设计单位；

(6) 报送钢结构施工详图给设计单位审定；

(7) 传递、发布审定加工图纸，在构件加工过程中进行跟踪，协调解决反馈的设计

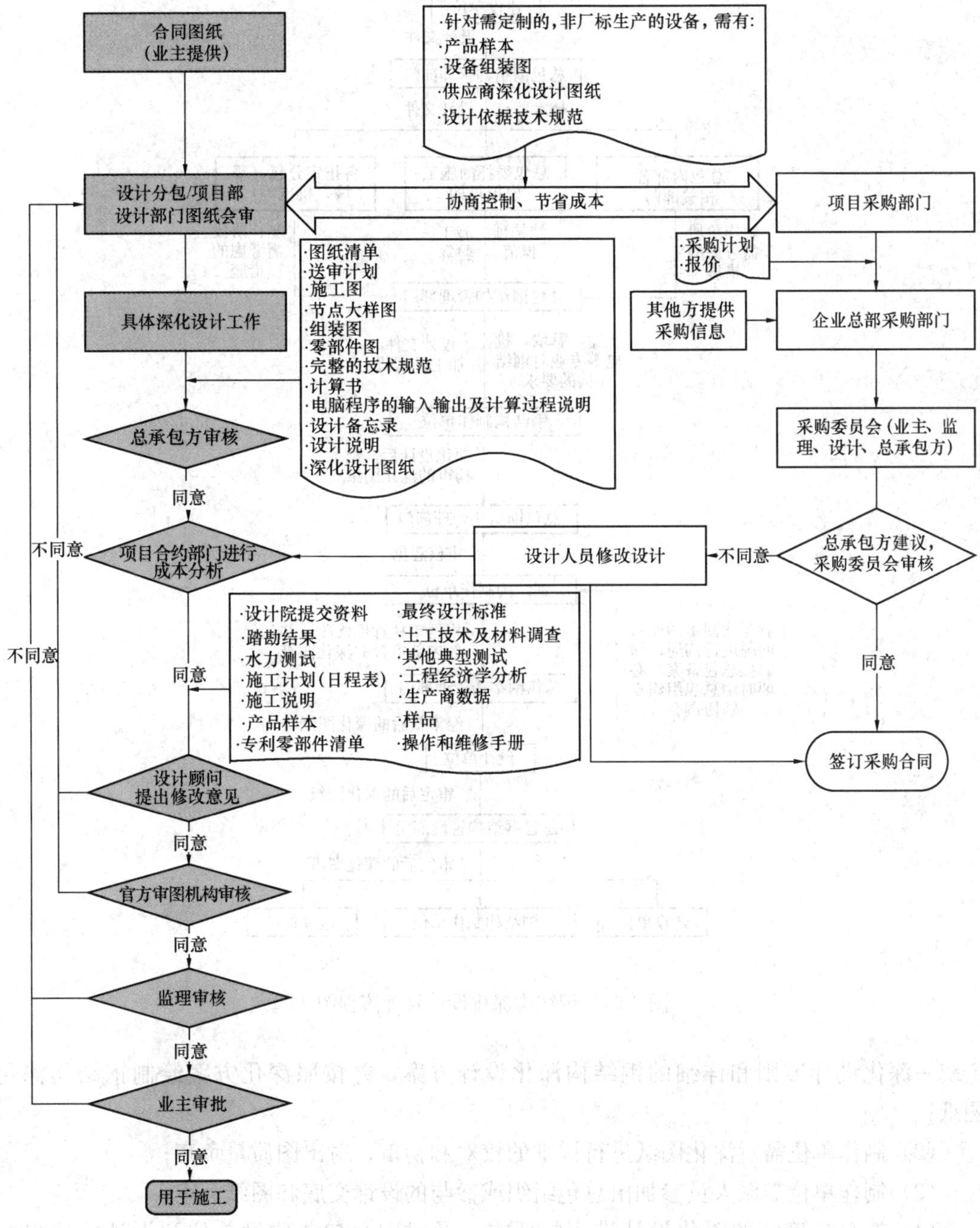

图 2-89 深化设计总管理流程图

问题;

(8) 归档钢结构深化图纸和相关技术资料。

2. 由制作单位负责钢结构深化设计

(1) 制作单位依据原设计图纸及相关要求、结构预调值、现场钢结构安装措施等，制

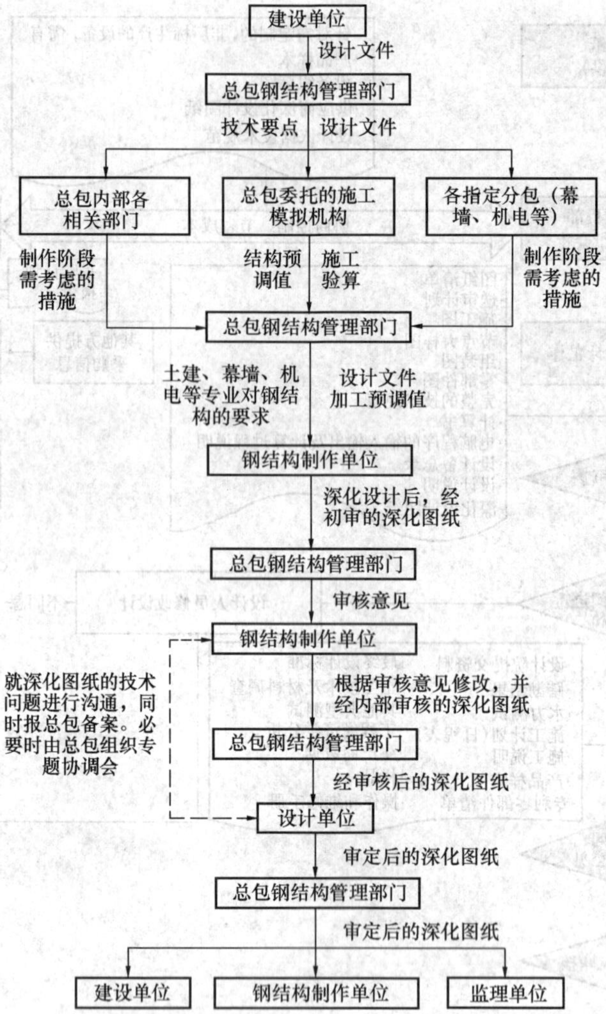

图 2-90　钢结构深化设计管理流程图

定统一深化设计准则和详细的钢结构深化设计方案，并按照深化方案绘制钢结构深化图纸；

（2）制作单位需对深化图纸进行详细的校对和初审，对出图质量负责；

（3）制作单位需派人员参加由总包组织或参与的设计交底和图纸会审；

（4）按总包确定的深化设计进度的要求，及时向总包、建设单位和设计单位提交图纸；

（5）制作单位必须具备相应的专项设计资质。

3. 相关专业分包商参与

土建结构、钢结构安装、装饰、机电等各专业根据其施工要求，提前以条件图纸形式对钢结构深化设计提出准确的要求。主要内容有：构件分段分节要求、节点及剖口形式、连接板件及接驳器、预留孔及螺栓孔等。

4. 第三方机构进行施工模拟分析

针对大型、复杂的钢结构工程进行施工模拟分析是非常有必要的，通过全过程的施工模拟分析，计算出构件的变形值，然后在制作和安装过程中将该变形值预先施加进去，从而保证施工完成后结构的整体位形与原设计一致。另外，通过全过程的施工模拟分析，可以验证施工方案的可靠性和安全性。

5. 深化详图的审核内容

审核的主要内容包括：深化设计详图制图深度和表示方法、对原结构图构件的构造完善、构件的截面和外形尺寸、连接节点的形式和尺寸、连接和拼接焊缝表达的完整性和准确性、加工制作工艺措施、构件现场安装措施、现场安装对接节点形式、结构预调整值在详图中的表现、构件材料、构件安装定位图、结构布置图和立面图等，并对审核内容提出详细的书面报告。

6. 设计单位审定

深化设计详图最终由原设计单位进行审定。

2.8.1.3 机电工程深化设计管理流程

机电工程深化设计管理流程见图 2-91。

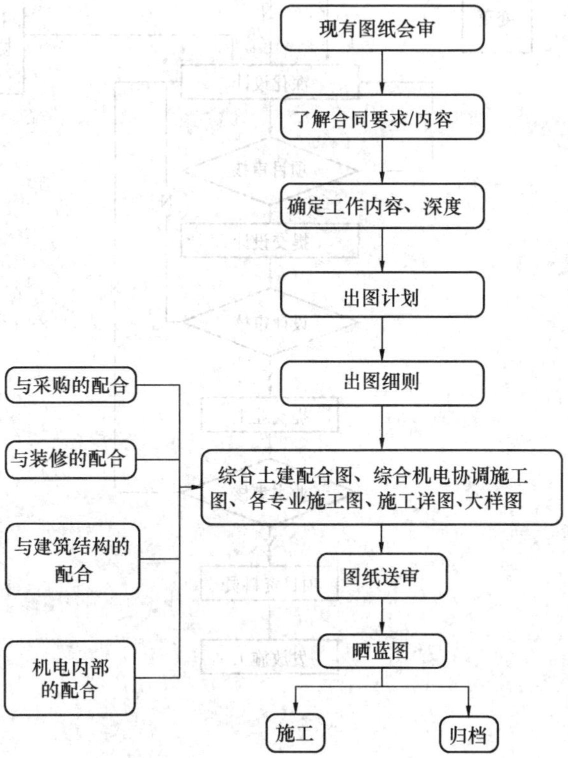

图 2-91 机电工程深化设计管理流程图

2.8.1.4 精装修工程深化设计管理流程

精装修工程深化设计管理流程见图 2-92。

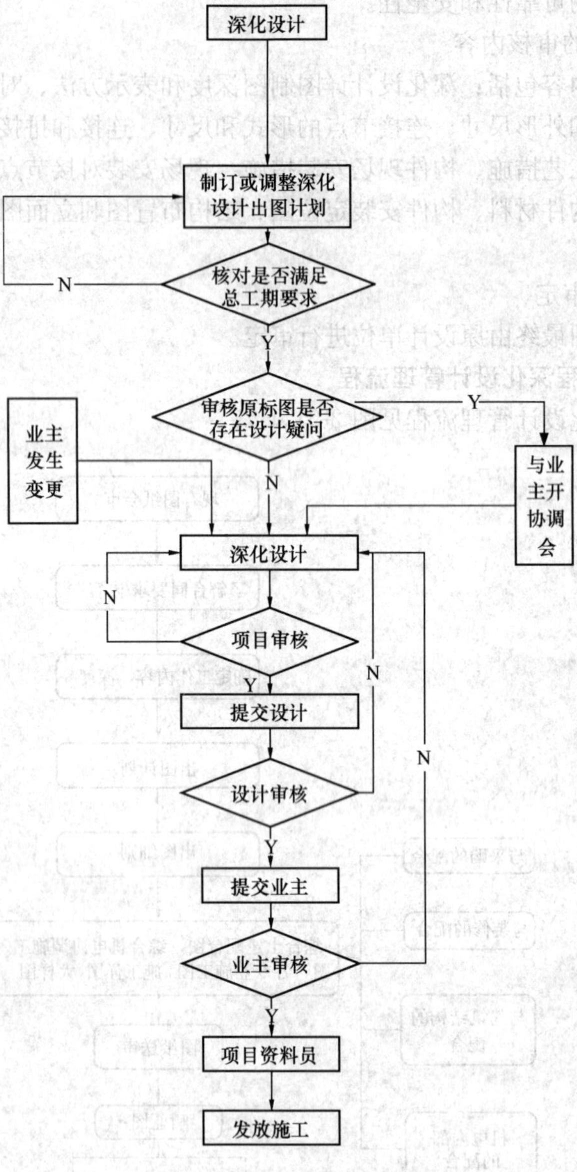

图 2-92　精装修工程深化设计管理流程图

2.8.1.5　幕墙工程深化设计管理流程

幕墙工程深化设计管理流程见图 2-93。

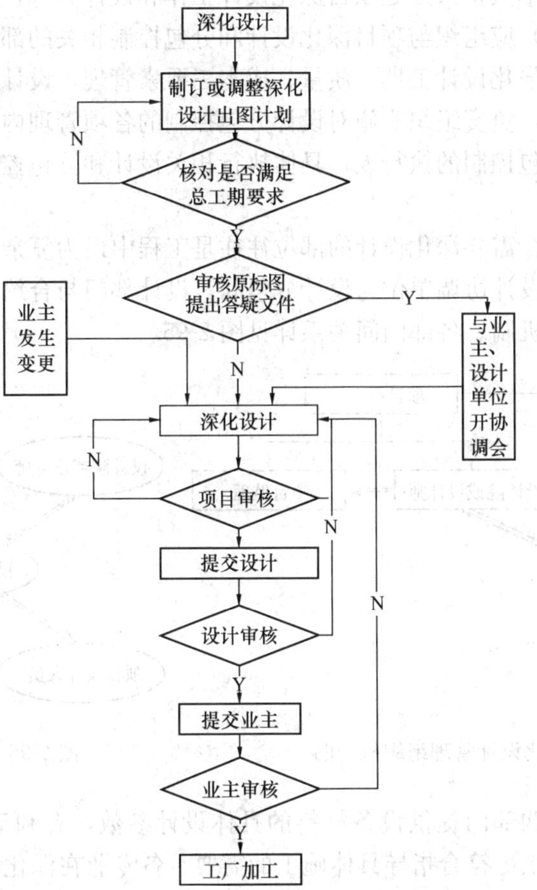

图 2-93 幕墙工程深化设计管理流程图

2.8.2 深化设计管理内容

2.8.2.1 深化设计管理体系的建立及基本内容

1. 深化设计管理体系的建立

深化设计管理体系的建立，有利于对工程中涉及的各个专业分包商进行有效的管理，有利于各个专业分包商之间的信息沟通与交流。总承包商应采用组织、协调、进度计划等各种管理手段对各分包商的专业设计人员在设计质量、进度计划、对工程的总成本的影响及对项目合同的影响等方面进行有效的控制。

深化设计管理不仅要对专业设计技术进行管理，对于设计成果，即在设计协调过程中的所有文档信息也要进行管理。在设计初期，就应在设计合同或协议中明确文档的建立、发放、翻译、报审、最终出图的流程和遵循的原则。总承包商要建立适合工程的组织体系对深化设计进行管理，并明确业主、总包方、设计分包方的相互权利及义务。只有明确了几方的工作原则和责任，才能做到在设计工作中各负其责，在最后的汇总审图修改中相互配合，保证总图的质量，满足施工的要求。

深化设计管理由项目主管领导和相关专业设计部门负责，各部门及人员应承担相应的职责。项目总工（技术负责人）是项目深化设计工作和设计分包控制管理的总负责人，项目总工（技术负责人）应组织与项目深化设计和分包控制相关的部门和人员监督项目设计分包的每一个细节，强化设计工期、质量、成本三要素管理。设计部经理是深化设计和分包控制的直接负责人，负责组织实施对设计分包控制的各项管理内容。项目设计工程师是项目设计工作和对分包控制的执行人，具体执行相关设计和分包控制内容。详细组织机构见图 2-94。

在工程的建设中，需要深化设计的部位往往是工程中最为复杂的部位，因此深化设计中各专业部门间，或设计协调单位与设计分包间，设计部门与合约采购部门间需要建立紧密的内在联系和协调机制。各部门间关系详见图 2-95。

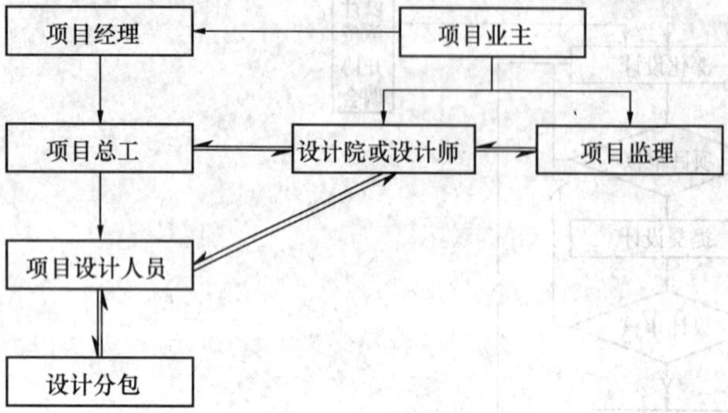

图 2-94　深化设计管理组织机构图

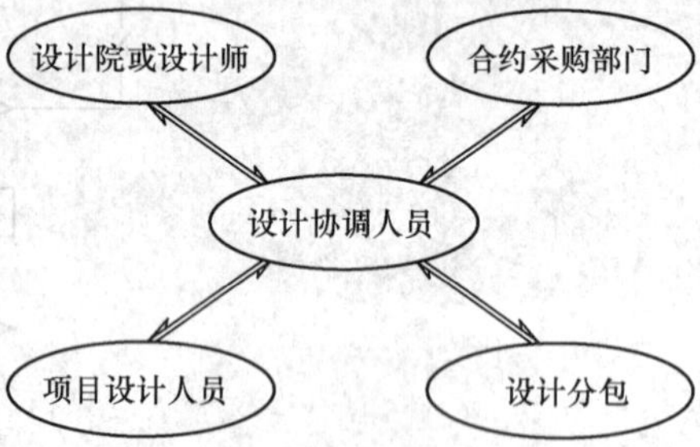

图 2-95　深化设计关系图

深化设计时由采购部门提供设备材料的具体设计参数，有利于将施工的问题提前解决，使深化设计的图纸更符合指导具体施工的需要。各专业在深化设计中，相互交流，有利于将施工中可能冲突或矛盾的地方提前发现，提前协调解决，保证施工顺利进行，不影响施工工期。承包商委托专业设计单位进行深化设计，必须从现场实际出发，将施工具体要求在设计前交底给专业设计单位。

2. 深化设计管理的基本内容

在深化设计的管理中，可以运用技术、经济、管理、组织、协调等措施对深化设计的质量、进度、成本、合同、信息等方面进行管理。

(1) 深化设计中的质量管理

深化设计是工程实施前的关键步骤，深化设计的质量在一定程度上决定了整个工程的质量，深化设计的优劣直接影响到项目能否顺利完工，并对工程在使用阶段产生的经济效益和社会效益产生深远的影响。总承包商为提高深化设计能力，可采取以下措施：

1）选择较好的设计人员或分包单位，编制详细的质量保证文件，制定详细的设计目录和提纲，签订详细的设计合同。

设计能力强、管理规范的设计分包的设计产品质量相对要高。

2）加强设计协调管理

当选定各设计分包后，应加强设计协调管理尤其是设计单位之间的自主性配合与协调。建筑专业是整体设计综合与协调的专业，应重点加强建筑专业在设计中的协调作用。在项目的组织机构中，设置专业的设计协调人员，设计协调人员应具有设计和施工多方面的经验，能协调各专业间的配合。

3）加强信息沟通与交流，加强信息传递管理

各设计参与方之间应及时地为第三方提供设计条件。重视各种信息传递方式的有效性和追溯性。

4）执行图纸会签制度

制定严格的设计岗位职责，对完成的专业设计图纸，各相关专业应进行会签，避免出现专业图纸之间的矛盾。

5）执行图纸会审制度

层层把关、全面校核，专业负责人应组织本专业设计工程师、责任工程师等对本专业的设计图纸进行会审，从各个角度对图纸进行审查。

6）制定统一的设计制图标准

要求各设计分包执行一致的设计内容、格式、技术标准、制图标准等，具体标准应在设计分包合同中体现，深化设计人员必须严格按照这些规定编制设计文件，设计协调及审查人员根据这些标准验收最终设计成果。

（2）深化设计中的进度管理

1）深化设计进度计划编制及管理

项目部应编制各级深化设计进度计划，从不同的管理角度控制设计工期。与深化设计相关的各级进度计划如下：

①一级进度计划：项目总控计划；深化设计总控计划；图纸送审总计划；

②二级进度计划：专业设计进度计划；专业设计图纸送审计划；

③三级进度计划：月度设计计划；月、周进度报告。

深化设计总控计划由项目部（总工、计划经理、设计部经理）组织编制，主要作用是从宏观上控制各专业设计的工期、设计顺序及相互关系。设计总控计划应纳入到设计分包合同管理范畴，专业设计工期及关键线路的里程碑和控制点应写入分包合同。总控计划通常由项目计划管理工程师负责跟踪、监督、调控等各项计划管理内容。

图纸送审计划是在总控计划的基础上由设计部经理组织各专业设计参与方编制完成的，用于各专业设计进度控制管理。各专业的工程师或设计管理工程师应根据图纸送审计划跟踪设计分包的图纸完成情况。

月进度控制计划是对二级进度计划的管理方式，由设计分包编制完成，设计管理人员进行跟踪。主要包括上月进度计划完成情况总结；下月进度计划及追赶上月计划拖延的措施。周进度计划在月进度计划的基础上由设计参与方编制，项目设计管理人员控制。通过这种计划管理目标的不断细化和分解，实现对项目设计进度从宏观到微观的控制。

2）影响设计分包进度的因素分析

①深化设计分包选择不及时，设计开展时间拖后。

可能由以下的因素造成：

• 深化设计实施策划不具备可行性；

• 深化设计资源少，项目部一时找不到适合的设计分包对象；

• 项目人员不足，职能支持部门支持不到位，不能及时、全面地开展设计分包选择（招标文件编制、招标评审、谈判、分包合同等系列分包选择工作程序将花费很长的时间，

当项目需要的专业设计较多时，问题更加明显）；

- 当策划自行组织设计时，深化设计人员不能及时组织到位。

②深化设计分包能力问题

当不慎选择了一个（或几个）设计能力不满足项目要求的设计单位时，影响设计进度将是一个必然的结果。造成这种不慎的主客观因素都很多，包括但不限于以下几个主要方面：

- 对本工程的设计困难程度评估不足，盲目乐观；
- 受成本的压力影响，降低了选择设计分包的标准；
- 对拟选定的设计分包对本工程的设计能力评估不足等；
- 工程复杂、技术含量高、原有设计问题多、存在超常规设计等；

（3）深化设计中的成本控制管理

1）设计分包成本应根据项目策划，在首先考虑设计工期和设计质量的前提下进行分包选择，主要应本着有效、节约的方式控制设计分包成本。

2）加强设计分包的设计优化管理

设计优化主要取决于设计单位，在设计分包选择时，应将设计优化的要求作为合同条款写进合同。为了提高设计分包进行设计优化的积极性，可以适当加入相应的奖罚措施。

不同阶段的设计对项目成本的影响不同，总承包商应根据所承担设计范围制定相应的控制设计分包成本的措施。

3）加强项目设计变更管理

无论是以何种形式表现的设计变更，项目部都应加强设计变更控制力度，控制不利变更的发生，使设计变更向着有利的方面发展。

4）价值工程

通过价值工程有效地缩短工期或降低工程成本。

5）加强设备材料采购与设计分包的配合

6）在深化设计之前，总承包商应仔细研究业主的招标文件、与设计相关的设计标准，做好一切准备工作，避免在深化设计的过程中出现偏差、返工，影响设计工期、质量和设计文件的最终形成。

（4）深化设计中的合同控制管理

在施工合同中，大多规定无论总承包商从业主或其他方面收到任何信息、数据及资料等，都不能解除总承包商因为这些资料而导致的设计及工程施工的责任。因此在招标阶段，就应对业主的工程范围、技术标准、工程质量安全要求及工作量清单等仔细研究，然后在深化设计中或对设计分包单位的合同中要求严格执行和明确这些要求，分散总承包商的风险，避免出现问题后给总承包商带来较大损失。对深化设计的合同管理的具体措施如下：

1）在对业主的投标工作和对设计分包单位的招标工作中，组织有丰富设计和工程施工经验的专家对业主的招标文件及相关资料进行仔细研究，在总承包合同和设计分包合同中明确深化设计的深度及由于设计变更产生的责任承担问题。

2）工程投标成功后，与业主签订合同期间，在总承包合同中加强合同特殊条款的谈判，将工程可能出现的变化尽量在合同中明确和限定，明确变化出现后的处理措施及各自的责任承担。在与设计分包签订合同的过程中，按照总承包合同将深化设计的范围、技术标准、完成时间等一切与深化设计有关的信息在分包合同中明确，明确分包设计单位的责任，分散总承包商的责任，保证深化设计工作的顺利进行。

3）合同签订后，深化设计工作中出现的任何变更需及时按照合同要求进行变更程序，并及时备案，以便合约部门与业主进行费用的协商。

（5）深化设计中的信息管理

在大型总承包工程中，由于专业数量较多，在深化设计的过程中须经历反复的变动和修改，各专业的信息资料及过程设计文件数量庞大，为使文件的信息能得到最快的更新和避免文件的版本错误、保证最终结果的正确性，须对深化设计过程中的所有文件等信息进行详尽的信息管理，信息管理分以下几个方面：

1）对总承包商与业主及参与深化设计的各方来往的所有文件进行管理，并按照时间、文件涉及的各方及重要程度进行分类。所有的文件采用电子及纸质版本保存，电子版文件应及时传送到公共的电子信息服务器上，供有权限的各方查询及参考使用。

2）对深化设计图纸的管理，应按照版本号进行管理。所有用于施工的深化设计图纸必须经过业主或总承包商的批准，获得最终的版本号。应编制深化设计图纸目录，并及时更新。所有深化设计图纸也需及时传送到公共的电子信息服务器上，供有权限的各方查询及参考使用。用于现场施工的图纸，在发送最新版图纸的同时，将旧版本图纸回收销毁。所有的图纸需有交接记录，由专人负责保存和整理。

2.8.2.2 钢结构工程深化设计

1. 深化设计技术管理

（1）深化设计方案的编制

钢结构深化设计前，深化设计单位应根据项目特点编制具有针对性的实施方案，经各方批准后，该方案将成为钢结构深化设计实施的依据。深化设计方案的确定需要综合考虑各种影响因素，在这些相互制约的因素中找到最佳平衡点。图 2-96 反映了深化设计中需要考虑的影响因素。

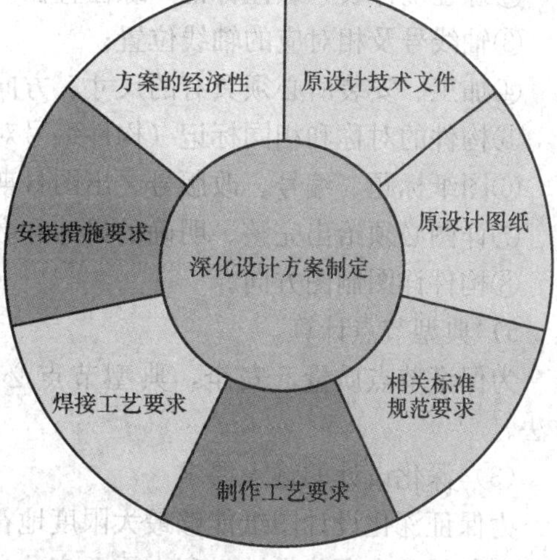

图 2-96 深化设计影响因素

钢结构深化设计专项方案的具体内容应包括：

1）项目概况及编制依据；

2）深化设计组织形式和工作方式；

3）深化设计工作流程、深化设计图纸送审、批复程序；

4）深化设计准则；

5）深化设计范围及需达到的质量要求；

6）深化设计制图标准及制图要求；

7）深化设计所需办公场所、办公设备、专业人员配备、深化设计软件配备等情况。

（2）深化设计内容

1）设计流程，见图 2-97。

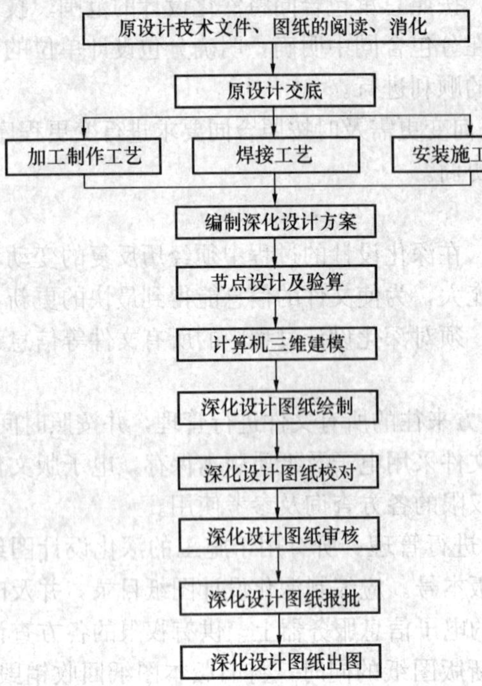

图 2-97　钢结构深化设计流程

2）节点设计详图

在深化设计中，如在节点设计图中无相对应的节点时，可按照钢结构连接节点手册选用，但必须提交原节点设计工程师认可。

其设计的内容包括：柱与柱、梁与柱、梁与梁、垂直支撑、水平支撑、桁架、网架、柱脚及支座等连接节点详图。详图内容应包括各个节点的连接类型，连接件的尺寸，高强度螺栓的直径、数量和长度，焊缝的形式和尺寸等一系列施工详图设计所必须具备的信息和数据。节点尽量采用结构简洁、传力清晰、方便现场安装的构造形式。

钢结构工程中的节点示例见图 2-98。

3）安装布置图

安装布置图应包括平面布置图、立面布置图、地脚螺栓布置图等。安装布置图应包含构件编号、安装方向、标高、安装说明等一系列安装所必须具有的信息。

4）构件详图，它至少应包含以下内容

①构件细部、重量表、材质、构件编号、焊接标记、连接细部、锁口和索引图等；

②螺栓统计表，螺栓标记，螺栓直径；

③轴线号及相对应的轴线位置；

④加工、安装所必须具有的尺寸、方向；

⑤构件的对称和相同标记（构件编号对称，此构件也应视为对称）；

⑥图纸标题、编号、改版号、出图日期，加工厂所需要的信息；

⑦详图必须给出完整、明确的尺寸和数据；

⑧构件详图制图方向。

5）典型节点计算

为保证节点质量、安全，典型节点必须进行计算，根据计算结果选择合适的连接方法。

（3）深化设计的输入要求

为保证深化设计图纸能够最大限度地符合现场安装施工需要，同时为其他专业施工创造便利条件，在深化设计过程中需要充分考虑如下内容：

1）国家相关技术规范和规程；

2）设计单位提供的设计文件（建筑图、结构图、连接节点内力等）；

3）构件分段分节图；

4）现场钢结构连接节点图；

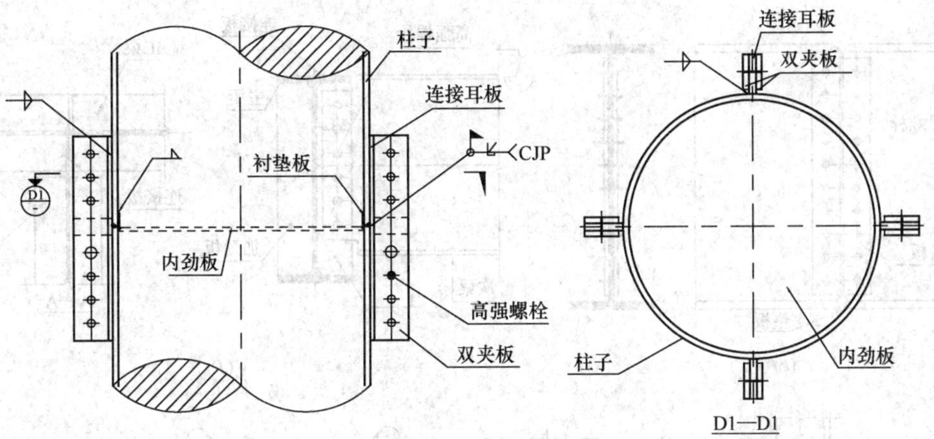

(a)

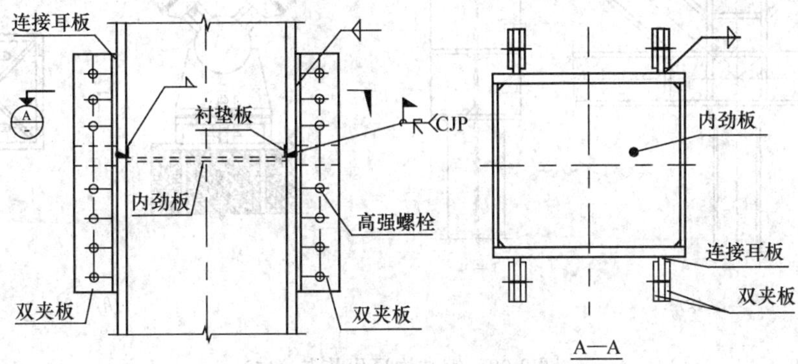

(b)

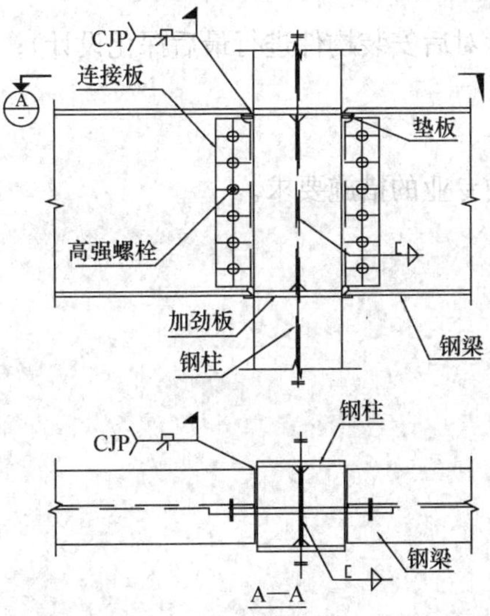

(c)

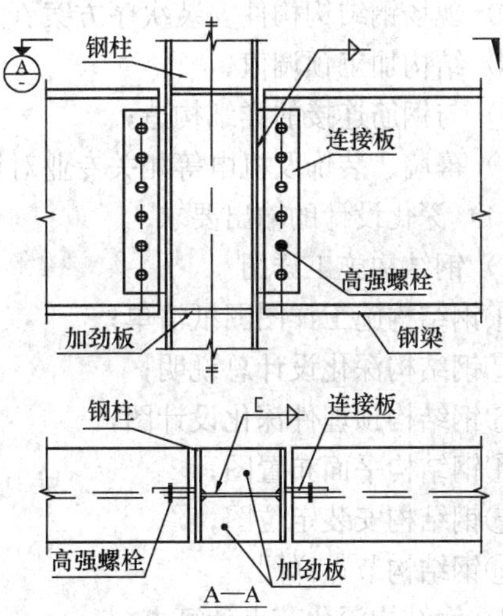

(d)

图 2-98 钢结构深化节点（一）

(a) 圆柱对接节点；(b) 箱形柱对接节点；(c) 梁柱栓焊连接；(d) 柱螺栓连接

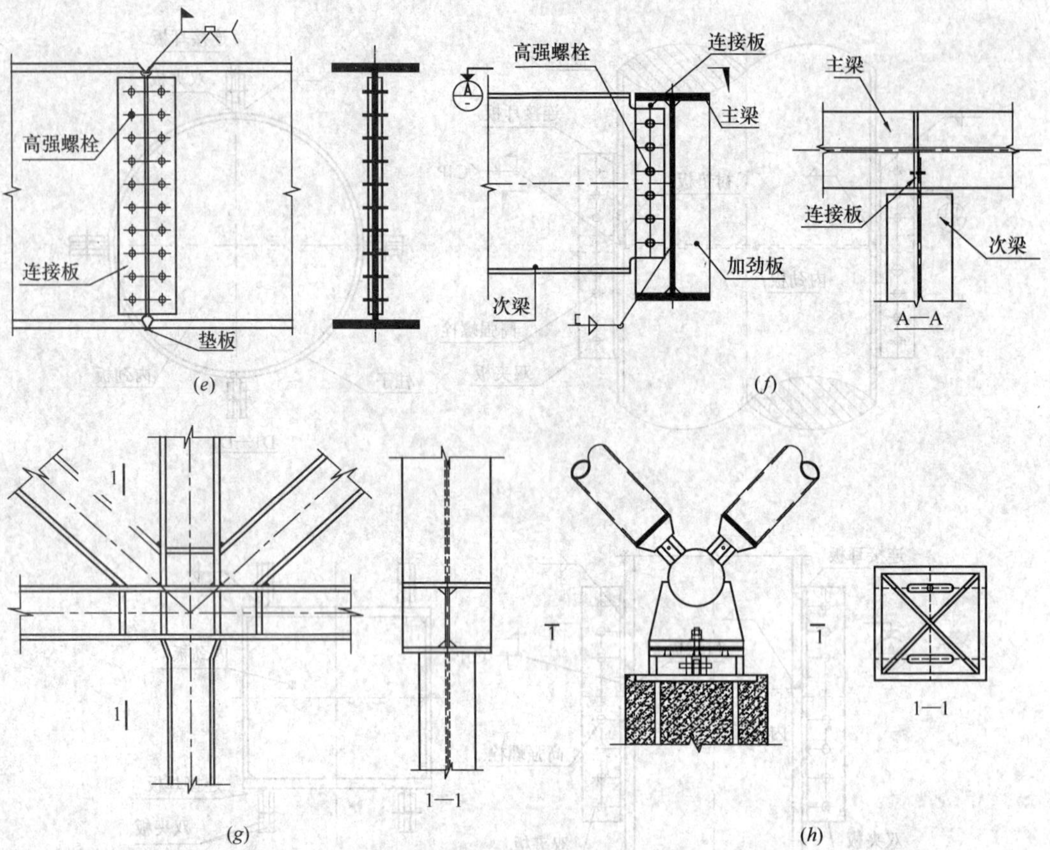

图 2-98　钢结构深化节点（二）

（e）钢梁拼接；（f）主次梁连接；（g）桁架节点；（h）钢网架与混凝土连接

5）现场钢结构构件安装次序方案（主要针对后安装构件进行最后深化设计）；

6）结构加工预调值；

7）与钢筋连接的详细构造；

8）幕墙、装饰及机电等相关专业对钢结构专业的措施要求。

（4）深化设计的输出要求

1）钢结构施工详图

①钢结构施工详图图纸清单；

②钢结构深化设计总说明；

③钢结构预埋件深化设计图；

④钢结构平面布置图；

⑤钢结构安装定位图；

⑥钢结构节点详图。

2）钢结构深化节点计算书

①节点计算依据和相应假定；

②节点计算过程及计算式；

③计算结果及与原设计的符合性。

3）钢结构深化设计模型

钢结构深化设计所建立的数值模型。

（5）深化设计的评审

钢结构深化设计评审主要是对深化设计单位提交的深化设计图、计算书等技术文件进行审核，实现深化设计的过程控制，识别深化设计过程中存在的问题并进行相应的修改。

钢结构深化设计过程图纸的评审人员主要应包括：原设计单位结构工程师、钢结构深化设计单位的专业结构工程师及总包钢结构工程师。评审人员应熟悉原结构设计图、钢结构加工工艺、钢结构吊装方案等，并在深化图纸评审过程中特别注意相关内容的符合性，对图纸中存在的问题和未考虑的内容提出审核意见，并要求整改，直至深化设计图纸通过评审。

（6）深化设计的验证

验证方法为审核最后硫酸图与原设计图的符合性，主要由原设计结构工程师进行验证。

（7）深化设计的确认

最终审批后的深化设计蓝图，由业主授权的原设计单位签字批准通过，证明深化设计图纸可行，可以发布实施。

（8）深化设计变更的控制

在下列情况下，钢结构深化设计图纸需要进行更改：

1）原施工图发生变更，影响深化设计图纸的符合性；

2）施工方案发生变化，影响深化设计图纸的符合性；

3）图纸存在的问题，与原设计方进行沟通确认。

钢结构深化设计图的变更应该由制作单位编制完成，其应以图纸更新或深化设计修改通知单的形式提交总包和原设计单位批准后，才可发布实施。

2. 深化设计进度管理

（1）深化设计单位应根据总包的总控计划编制详细的深化设计进度计划，并报总包批准。批准后的计划将成为深化设计进度控制的依据，深化设计单位应严格按照该计划执行。

（2）总包应要求深化设计单位在一定周期内（如每10日）向总包提交深化设计进度完成情况表及完成的深化数值模型，以便总包进行设计进度控制、校对模型的符合性等。

（3）总包应派专业工程师常驻或者定期到深化设计单位检查深化进度，实现对深化设计过程的有效控制。

（4）总包应要求深化设计单位按进度要求分期提交钢结构深化设计图纸。

（5）总包应在合同文件中明确深化设计进度的违约责任，明确处罚措施，以经济杠杆保证深化设计进度的顺利实现。

3. 深化设计质量管理

（1）深化设计单位应具有相应的专业设计资质和经验丰富的深化设计人员及先进的专业详图深化软件。

（2）深化设计应严格按照国家现行标准和规范、设计院蓝图、技术文件、技术交底、安装方案等要求等进行。

（3）深化设计应按业主、监理审批过的深化设计方案执行，并需保证整个工程项目施工详图的图面统一性。

(4) 钢结构施工详图设计的深度和表示方法应满足《03G102 钢结构设计制图深度和表示方法》的要求。

(5) 深化设计单位应对完成的施工详图进行仔细的校对和审核，并按照程序及时向总包、设计、监理、业主报审。

(6) 深化详图必须由深化设计单位的结构专业工程师和专业负责人签字并盖章。

2.8.2.3 机电工程深化设计

1. 深化设计的作用

大型智能化建筑，机电系统一般设有空调水系统、空调通风系统、防排烟系统、弱电系统、电气系统、给水排水系统、消防系统、动力系统等齐全的机电系统，管线设备密集。为保证工程顺利施工，通过对设计图纸的深化，补充完善设计图纸，合理布置机电各系统的设备及管路，满足设计和使用功能要求，达到质量、工期目标。深化设计目标见表2-107。

机电工程深化设计主要目标　　表 2-107

序号	深化设计的目标
1	通过对机电各系统的设备管线精确定位、明确设备管线细部做法，直接指导施工
2	综合协调机房、各楼层、设备竖井的管线位置，综合排布墙壁、顶棚上机电末端器具，力求各专业的管线及设备布置合理、整齐美观
3	提前解决图纸中可能存在的问题，减少管线“打架”现象，以免因变更和拆改造成不必要的损失
4	在满足规范的前提下，合理布置机电管线，为业主提供最大的使用空间
5	合理安排设备位置，尤其是在吊顶内的器具，一定要根据现场实际情况准确地反映到图纸上，便于以后业主的操作和检修

2. 机电深化设计步骤

(1) 图纸会审，了解现有图纸深度及存在的问题。

(2) 了解合同内容，明确本工程关于深化设计的工作内容及深度要求。

(3) 依据合同要求及现有图纸状况，确定深化设计出图内容。

(4) 参照整体工程进度需求，制订出图计划。

(5) 深化设计开始前，制定出图细则，使得图纸风格标准统一、规范化。

(6) 依据出图细则，进行各专业图纸深化设计。

(7) 按招标文件的要求在规定的时间内，进行图纸送审，并跟踪批复情况。

(8) 图纸批复后，晒制蓝图，发放现场，同时归档。

3. 深化设计内容

(1) 图纸会审

机电部分系统多，且结构复杂，业主提供的图纸难免存在问题，图纸的进一步复核是必要的。进场后组织机电部、现场管理部、深化设计部各专业技术人员对建筑图纸、结构图纸和机电各专业图纸仔细复核，对于存在的问题，提请设计单位做补充和更正。最大限度地发现并解决图纸中存在的问题，图纸会审注意要点详见表 2-108。

图纸会审注意要点 表 2-108

序号	主要工作内容
1	是否满足施工工艺要求及施工现场的条件
2	图纸各部位尺寸、标高是否统一、准确，技术说明书和图纸是否一致，设计深度是否满足施工要求
3	是否完全满足各系统功能的需要
4	机电各专业图纸间是否存在矛盾
5	是否满足大型设备安装的施工需求
6	吊顶标高是否有误
7	大型管道支吊架的设置位置是否合理

（2）初步深化施工图绘制

设计交底与图纸会审后根据施工图绘制各专业初步深化施工图。按招标文件和深化设计方案规定的各专业图层、线型、颜色、字体设置的要求绘制。将设计交底、图纸会审的内容反映在图纸上，将图纸存在的错误与矛盾之处更正，并提交业主和设计审核。主要出图目录详见表 2-109。

机电主要深化设计图纸目录 表 2-109

序号	专业名称	主要出图种类
1	暖通	系统图（风管、水管、自动控制），平面图，剖面图，空调机房详图，管井详图等
2	给水排水	系统图（给水排水、消防）、平面图、机房详图、卫生间详图，管井详图等
3	电气	干线系统图，管井详图，平面图，电气室详图
4	各专业通用图	综合协调图、吊顶平面图，留孔留洞图，预留预埋图，基础图，加工图等

（3）综合管线平面布置图

将各专业分不同图层、不同颜色绘制在同一图中。根据此图可看出各专业在标高位置上的冲突部位，然后调整各专业管路、设备的位置与标高，避免各专业管路冲突。

综合管线平面布置图实例见图 2-99。

（4）综合剖面图及管井布置图

在综合机电平面图中管路密集的地方及平面图无法准确表现设计意图的时候，绘制综合机电剖面图。标明各专业管路之间的空间关系、相互间的距离、标高，以及与吊顶、墙体、梁、楼板的距离。对于多专业共用管井，绘制综合管井布置图，标明管道位置、支架布置及形式。图 2-100 是综合剖面图、管井布置图实例。

（5）综合土建配合图绘制

1）综合预留预埋图

通过综合管线平面图及剖面图确定各专业的位置与标高，绘制综合预留预埋图，标明机电各系统管线穿楼板、墙体的具体位置和预留洞的尺寸。综合预留图实例见图 2-101。

2）设备基础图

根据设备各项参数确定设备的基础形式，标明基础尺寸位置、预埋件位置等。设备基

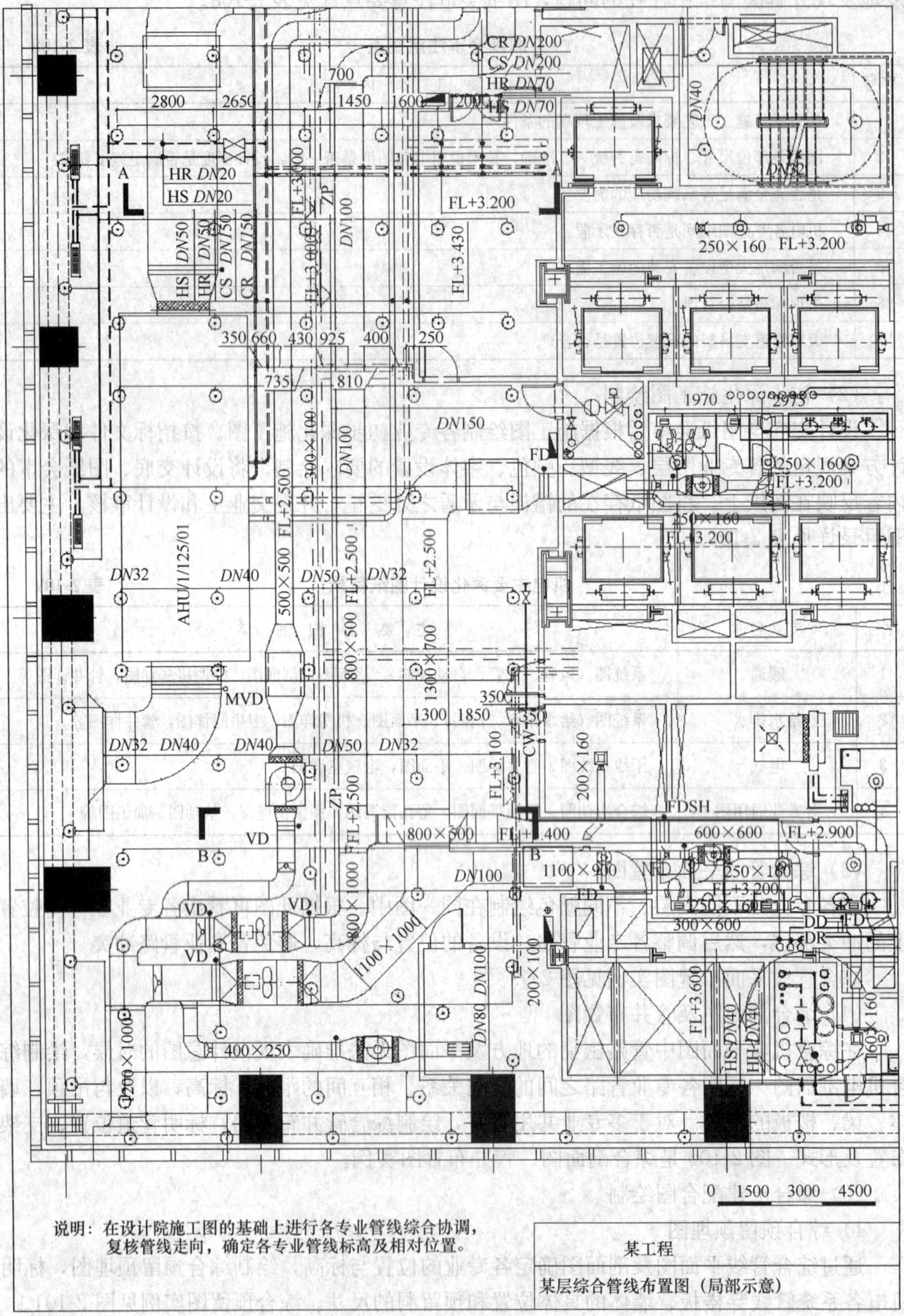

图 2-99　综合管线布置图

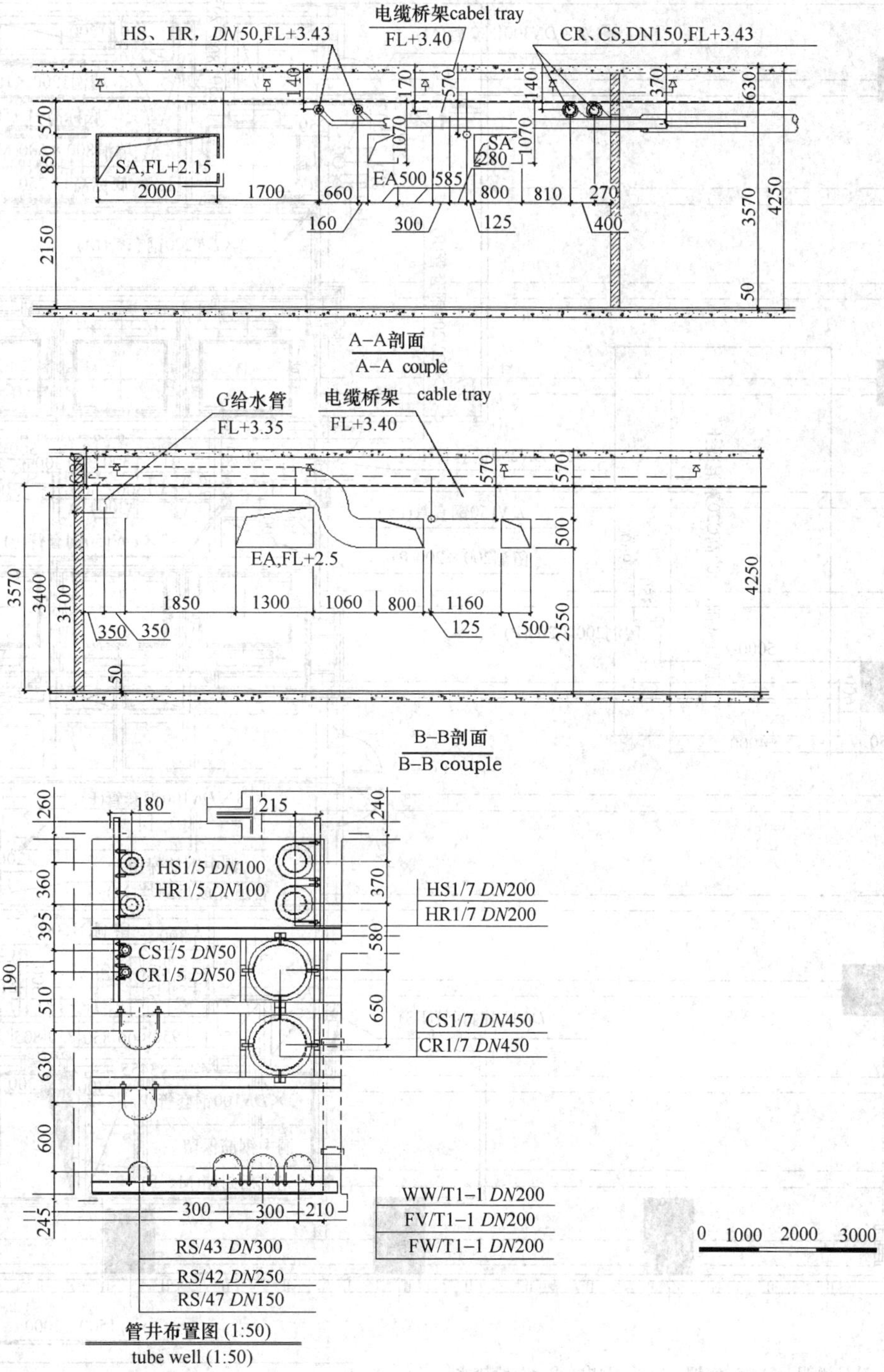

图 2-100 综合剖面及管井布置图

础图的条件：设备造型已定，设备参数已明确；厂家已提供了设备的技术参数和样本。

3）机电末端器具综合布置图

进行墙体或者吊顶装饰施工前，机电工程各系统施工单位与装饰单位配合，将机电各

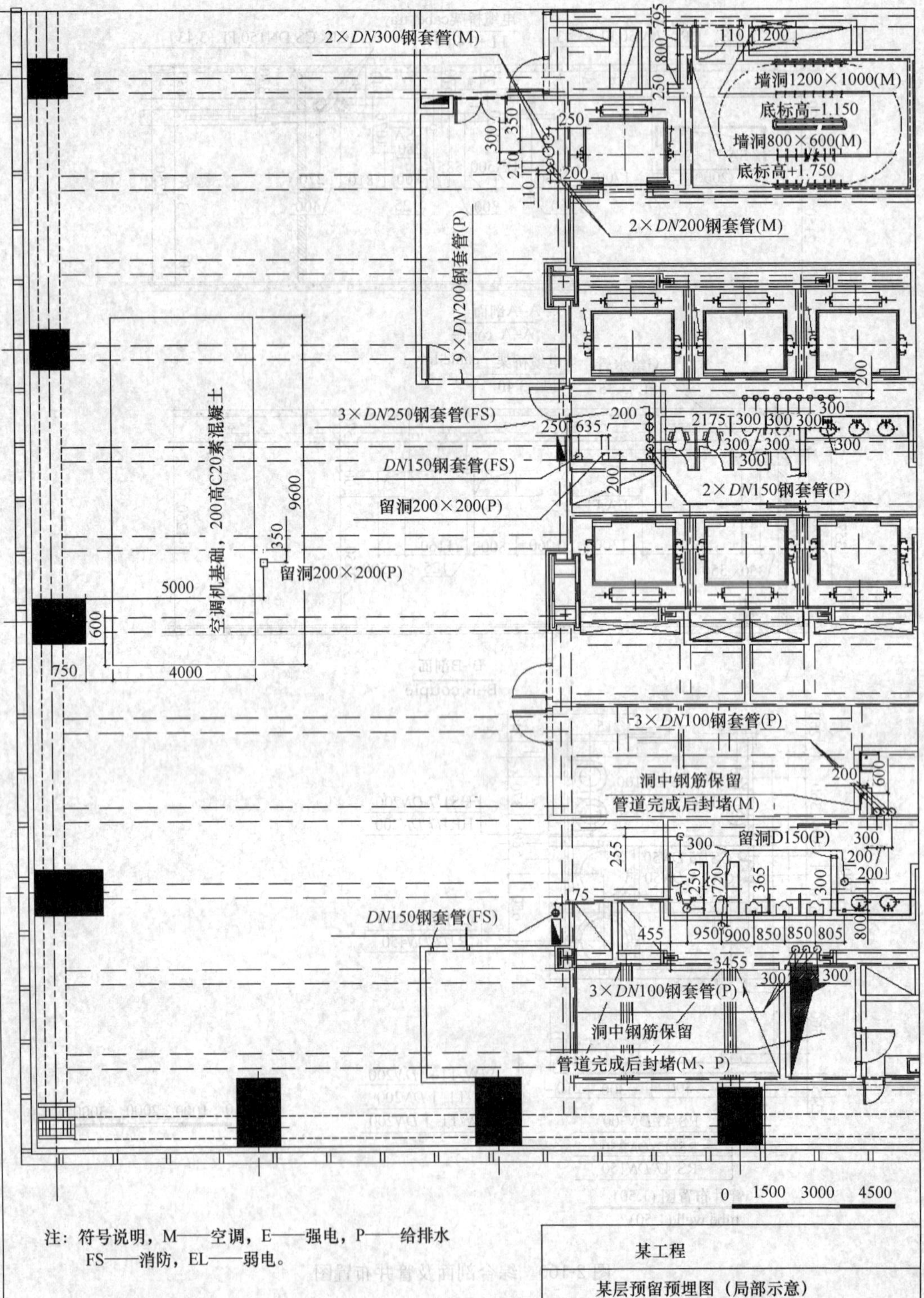

图 2-101　综合预留预埋图

系统末端包括在吊顶上安装的灯具、风口等绘制在同一张吊顶图上，绘制机电末端综合布置图。从图上可看出是否存在矛盾冲突，并以此调整各系统末端器具的位置，以达到避免冲突，布置协调美观的目的。

机电末端器具布置图实例（局部示例）见图 2-102。

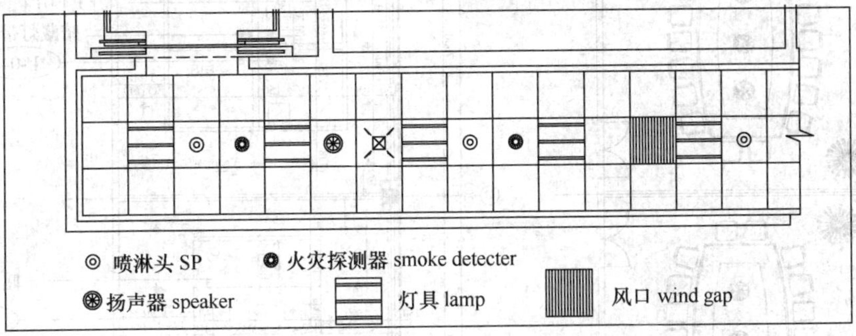

图 2-102 机电末端器具综合布置图

（6）深化施工图绘制

1）专业平面图绘制

根据综合机电协调施工图绘制各专业平面图，详细标注专业管线的标高与位置，用于指导具体施工。

2）施工详图、大样图绘制

绘制的施工详图及大样图等图纸应能反映设备与管路的连接形式，设备基础做法，设备固定方法，细部做法等。

（7）大型设备机房深化设计

制冷机房、换热站、水泵房、变配电所等位置，由于机房内设备体积大，管道管径大且管路密集，施工难度大。绘制机房平面图、剖面图、管道及设备施工详图，以明确设备管道安装位置及标高，以及设备、阀件、管路之间的关系及连接方法。

2.8.2.4 精装修工程深化设计

在智能化建筑中的公用部分或业主要求的特殊部位一般采用高级装修，装修形式复杂、装修标准高，与机电等各专业的工作面衔接较多。因此，保证装修工程施工组织管理的关键就是深化设计施工图的绘制及设计过程中的管理。

1. 深化设计主要工作内容

（1）平面部分

1）全面细化标注尺寸，如：对门（门框及门）、面材分格等进行严格定位和对位；对永久性家具及室内装置（舞台、屏幕等）相关构件的定位。

2）补充和细化各个区域的平面及反射顶棚平面，综合各专业设备终端的尺寸定位和安装形式。

3）核查不同种材料的交接方式，补充必要的大样图纸。

4）完善并补充大样索引标注体系。

5）复核、补充和细化房间门表。

6）补充和细化室内装修做法表。

以某项目会见室为例，详见图 2-103。

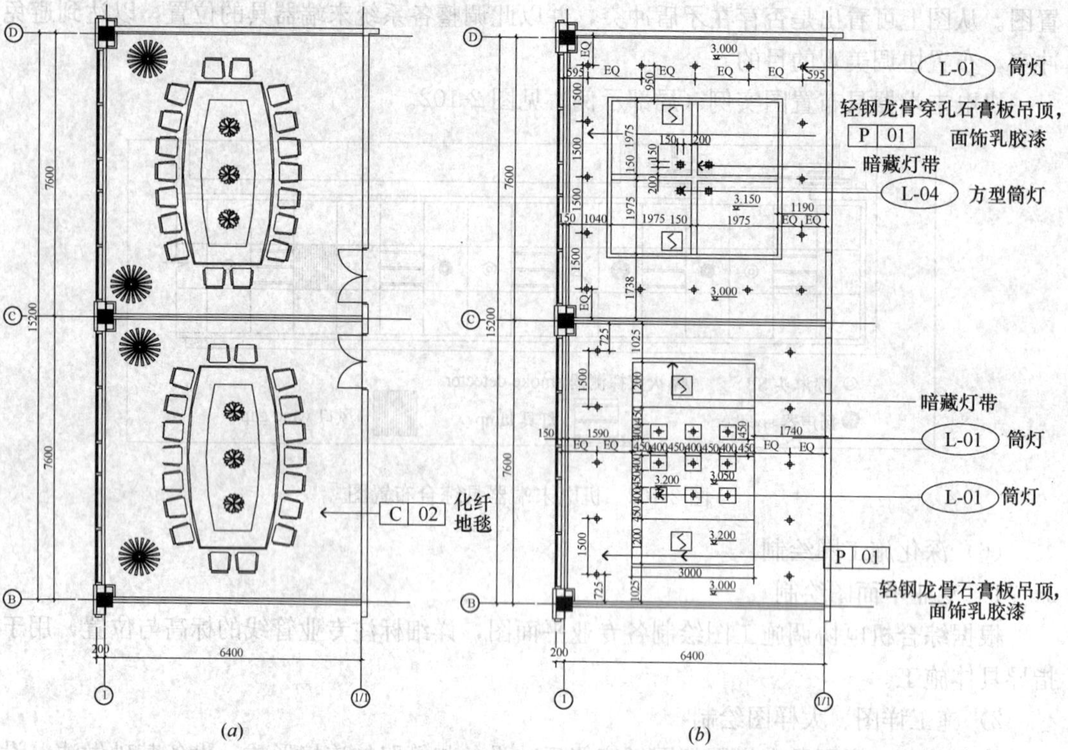

图 2-103　某工程会见室平面详图

（a）会见室平面图；（b）会见室天花图

（2）室内剖立面部分

1）深化室内立面设计，全面细化标注尺寸。如：对面材在立面上的划分体系进行复核及深化，并考虑与其他专业终端（如按钮、开关、灯具、风口、消防系统等）的配合。

2）细化立面材料标注，复核及完善其与地面及顶棚材料的交接。

3）完善立面大样的索引标注体系。

以某项目会见室为例，见图 2-104。

（3）细部节点部分

1）在保持建筑格调不变的情况下，完善和补充平、剖立面大样的深化设计，依需要增加放大比例后的细部深化图纸。

2）完善平、剖立面大样索引体系。

以某项目会见室为例，见图 2-105。

（4）选材

1）全面核查不同材质在各界面间的交接。

2）全面核查材料表，并制定详细材料家具设备采购清单。

3）收集全套饰面材料样本，标明规格型号并予以编号。

4）将各种材料的编号与图纸中的相关部分进行双向核查。

以某项目为例，详见表 2-110。

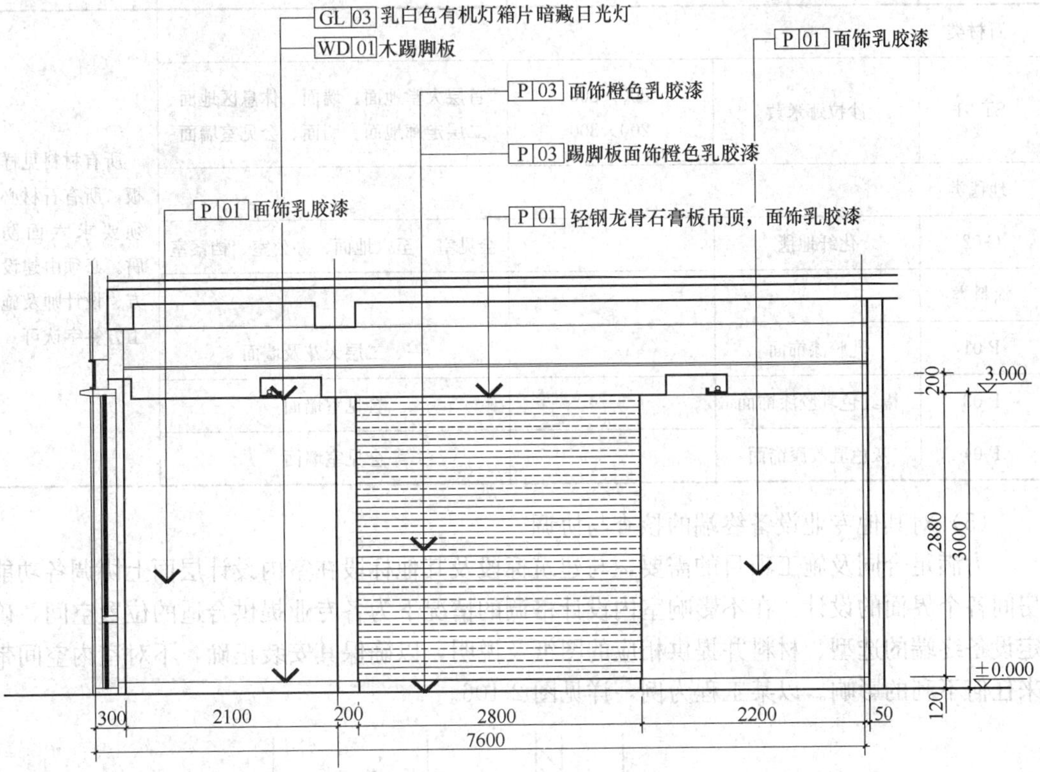

图 2-104 某工程会见室立面图

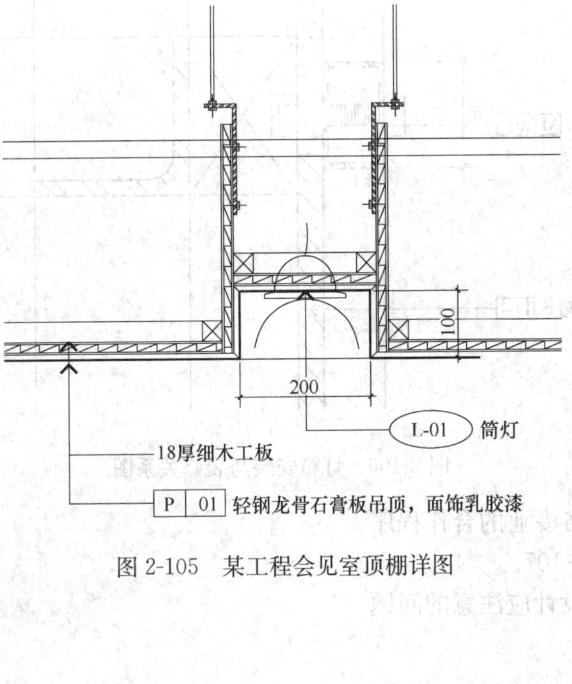

图 2-105 某工程会见室顶棚详图

某工程设计材料表　　表 2-110

材料编号	材料名称	材料品牌规格	材料使用部位	备　注
石材类				所有材料见样板，所有石材必须要求六面防腐。必须由建设方、设计师及施工方签字认可
ST-01	沙拉娜米黄	800×800 200×800	首层大堂地面、墙面、休息区地面 二层走廊地面、墙面、会见室墙面	
地毯类				
C-02	化纤地毯	—	会见室一至六地面、办公室、档案室	
涂料类				
P-01	乳胶漆饰面	—	一、二层天花及墙面	
P-03	橙红色乳胶漆饰面	—	会见室墙面	
P-04	灰色乳胶漆饰面	—	会见室墙面	

（5）对其他专业设备终端的核查与协调

为满足合同及施工项目的需要，与建筑标段及其他标段在室内设计层面上协调各功能房间各个界面的设计，在不影响室内设计格调的情况下为各专业提供合适的位置空间，确定设备终端的选型、材料并提供相应的图纸及说明，以确保其安装正确，不对室内空间带来任何不利的影响。以某工程为例，详见图 2-106。

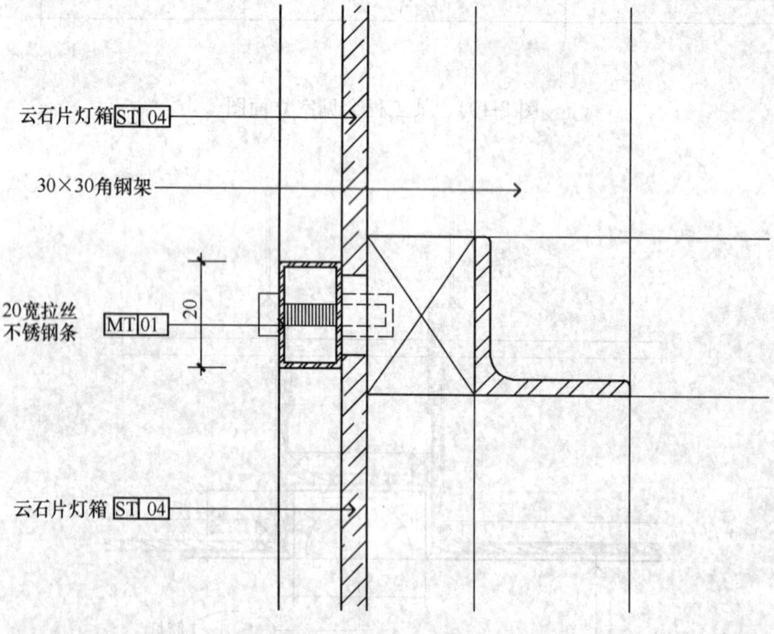

图 2-106　灯箱安装与装修关系图

2. 室内设计与各专业的合作程序

合作程序见图 2-107。

3. 精装修深化设计应注意的问题

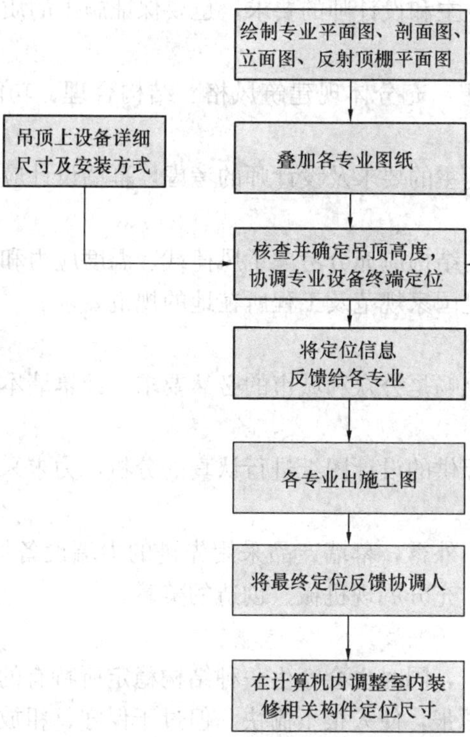

图 2-107 室内设计与各专业合作程序

（1）结构施工阶段

配合结构和机电等专业确认及协调预埋、预留孔洞的位置，确保施工的准确性，以防内装阶段返工。

（2）粗装修阶段

配合更加细致的施工工作，如：门窗安装、管线预埋等，以确保下一步装修的顺利进行。

（3）精装修阶段

深入细致的施工工作阶段。结合各专业的要求，统一配合吊顶面、墙面的细节布置，应均匀、美观、对称；对墙面、地面施工的选材、色差及平整度应严格按设计初衷进行控制。在建筑师的参与下选定各种材料及产品。在材料及产品的应用、安装及细节的处理中均应严格按技术规程的约定执行和控制。对有特殊照明及声像设计的区域，与建筑师及专业施工单位协调进行各种现场调试。

特殊装修面上的各专业末端需要通过建筑师的认可。

在有技术疑问的情况下及时与设计人员协商，确定解决方案。

2.8.2.5 幕墙工程深化设计

幕墙作为现代主义建筑的一个主要特征，广泛使用在新兴建筑物的装修中，受到业主和设计师的欢迎。随着新型幕墙的不断涌现，幕墙材料的不断创新，业主和设计师对幕墙形式的要求越来越高，在幕墙的设计中，设计单位只提供幕墙的材质、颜色及大致分格等基本参数，深化设计工作由具有幕墙设计施工资质的专业公司完成。因此需要对深化设计进行严格的管理，保证既能满足业主和设计师的要求，也要保证施工的质量和安全。

1. 幕墙设计的基本原则

幕墙工程设计的总体指导思想：充分体现建筑风格、结构合理、功能完善、安全可靠、经济实用。

（1）根据工程的实际特点、业主的要求及设计师的考虑，幕墙设计应遵循以下原则：

1）安全可靠原则

针对工程的特点，幕墙选用的结构应充分考虑了风荷载、温度应力和地震作用等对幕墙的影响，设计安全系数必须满足国家规范及工程所在地的规范要求。

2）造型美观原则

大型建筑群的优雅、和谐、流畅是公众和城市的必然要求，而幕墙本身已经具备了非常高的可观赏性。

在效果设计上，应对于业主提供的设计图纸进行认真的分析，力求采用最合理可行的结构来完成设计师的创意及构思。

确保型材的固定件、连接件不外露，幕墙产品采用先进的尖端设备加工、组装而成，精度高，具有较高的工艺观赏性，充分展现机械、创造的美感。

3）结构轻巧而稳定原则

结构稳定可以保证结构的安全，同时也会产生一种结构稳定所特有的美感，失稳的结构会给人带来危机感，造成人的紧张，使人很不愉快。但过于保守、粗放的设计则又显得笨拙、累赘，缺乏灵气，也会使人不愉快。最佳的幕墙系统是在满足结构强度要求的前提下，采用最合理的断面设计，形成结构稳定与轻巧明快完美结合的典范。

4）环保节能原则

现代幕墙已不再仅仅是一种装饰、一种简单的外围护结构，而是越来越深入地成为整个大厦的一个有机组成部分，越来越多地参与了整个大厦的功能建设。其对于整个大厦的环保节能性能的影响，已经到了至关重要的地步。幕墙的环保节能程度也已成为人们衡量幕墙品质的一个重要指标。

为保证幕墙的节能环保，应从选材、确定幕墙形式、确定幕墙结构、保温防火设计、断热节能设计等多方面进行详细、周密的研究和设计，确保交付业主一个环保与节能的幕墙。

5）可拆卸更换、维修方便原则

当幕墙的某个局部受损、更新时，幕墙板块能否灵活方便地进行拆卸更换，直接关系到幕墙的功能能否得到保持、结构能否受到影响等方面，因此在幕墙结构设计时要求必须可更换，并且要很方便，不能影响幕墙的正常使用。

6）经济性原则

在以上原则得到充分保证的基础上，要充分考虑幕墙的经济性、效益性，提高幕墙的性价比。保证资金投向合理，在确保满足国家规范的基础上，合理地使用材料至关重要，只有巧妙、合理地发挥各种材料的特性，才能产生极佳的效益。

（2）幕墙性能设计指标

根据国家规范要求，幕墙的设计必须满足以下性能要求：风压变形性能、空气渗透性能、雨水渗漏性能、保温性能、隔声性能、平面内变形性能、耐冲击性能、光学性能、防火等级、防雷等级、抗震设防烈度等。

对幕墙性能的要求和建筑物所在地的地理、气候条件有关。由于幕墙的构造比较复杂，在设计中不同的专业公司采用的材料截面尺寸、构造形式和做法都不相同，即使同一专业公司，不同的工程实际情况，具体设计也不尽相同。所以幕墙的设计往往通过幕墙实物性能试验来确认是否达到预定的性能等级要求。

(3) 幕墙的结构设计

幕墙最外层为玻璃、石板及金属板材等面层材料，支承在铝合金或钢横梁上，横梁链接在立柱上，立柱则悬挂在主体结构上，这些连接允许有一定的相对位移，以减少主体结构在水平力的作用下位移对幕墙的影响，并允许幕墙各部分因温度变化而变形。此外上下层立柱也通过活动接头连接，可以相对移动以适应温度变形和楼层的轴向压缩变形。

幕墙应按照围护结构设计，不分担主体结构的荷载和地震作用。

有抗震设计要求的幕墙，在常遇地震作用下玻璃不应产生破损；在设防烈度地震作用下经修理后幕墙仍可以使用；在罕遇地震作用下幕墙骨架不应脱落。

幕墙构件设计时，应考虑在重力荷载、风荷载、地震作用、温度作用和主体结构位移影响下的安全性。

(4) 幕墙的其他相关设计

目前常用的幕墙形式主要是玻璃、石材和金属板，尤其是玻璃幕墙，日常的清理才能保证幕墙的正常良好的使用。因此擦窗机设计和遮阳设计等相关设计应与幕墙设计结合进行，成为幕墙设计整体的一部分。

2. 深化设计步骤

(1) 玻璃幕墙

1) 选用材料：常用材料包括玻璃、铝型材、幕墙所用的结构胶及密封胶、连接件及预埋件、外露铝型材（主要是装饰条板）。

2) 幕墙主要受力杆件载荷集度的确定。

3) 幕墙主受力杆的强度和刚度的校验。

4) 幕墙横料的截面承载力的计算。

5) 幕墙玻璃粘结宽度计算。

6) 幕墙的抗震能力设计。

7) 幕墙玻璃的选择。

8) 幕墙材料热膨胀的考虑。

9) 防火隔层的设计。

10) 避雷设计。

11) 连接件、紧固件、预埋件的设计。

(2) 金属幕墙

1) 选用材料：金属板、铝型材、硅胶、隔热防火材料、扣件、后加螺栓等。

2) 单元性能试验。

3) 幕墙立面划分及平面布置。

4) 幕墙竖向及水平剖面设计。

5）幕墙主龙骨受力计算。

6）金属板骨架受力计算。

7）金属板验算。

8）节点构造设计（立柱节点、转角节点、外挑节点、封顶节点等）。

9）防火隔层的设计。

10）避雷设计。

11）连接件、紧固件、预埋件的设计。

（3）石材幕墙

1）材料选用：板材、骨料、挂件。

2）立面及水平面划分。

3）典型剖面及节点设计。

4）幕墙主龙骨验算。

5）板材验算。

6）板材连接方式验算。

7）避雷、防火、保温隔热层的设计。

以某工程为例，详见图 2-108。

3. 深化设计主要内容

（1）幕墙结构设计方法

结构设计的标准是小震下保持弹性，不产生损害，因此与幕墙有关的内力计算采用弹性计算方法进行。承载力表达方式有两种：一种是我国多数设计规范采用的内力表达方式，一种是用应力表达的方式。应力表达方式又分为允许应力表达及多系数方法表达。

幕墙构件采用弹性方法计算，其截面应力设计值不应超过材料的强度设计值。可变荷载组合作用产生的效应主要为风荷载、地震作用及温度作用。对于采光顶、可能上人或积雪的斜幕墙，还应考虑恒荷载及积雪荷载的组合，按照各效应组合中最不利的进行设计。

（2）幕墙的样板施工

为保证深化设计的质量及可行性，可根据业主的要求，施工单位先进行样板件施工：

1）通过样板实际效果的具体体现，对深化设计、设计风格进行调整提供重要的依据。

2）通过样板件的施工可以对外装修在后期施工可能会出现的质量问题进行预控制。

3）通过样板件对其进行力学性能、声学检测、环保检测以及抗风压性能、空气渗透性能、雨水渗透性能检验，并对其进行分析总结，从而对后期大面积施工声学、环保检测达标提供准确的数据。

2.8.2.6　其他深化设计工作

除了以上提到的钢结构、机电、精装修、幕墙等部位的深化设计，根据工程中业主的招标范围和工程实际特点，由总承包单位完成的深化设计还可能包括以下的部分：

（1）部分结构构件的受力计算、钢筋配筋详图及钢筋放样图、混凝土强度等级等。

（2）模板安装及其支撑细节，主要包括：塔楼柱模板设计、剪力墙模板设计、重点部

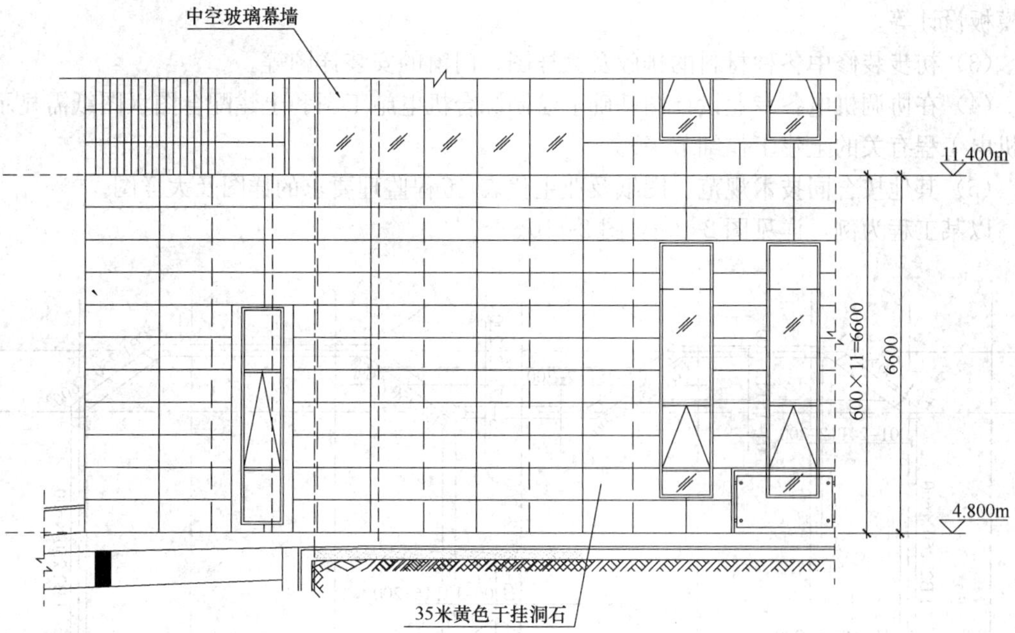

(*a*)

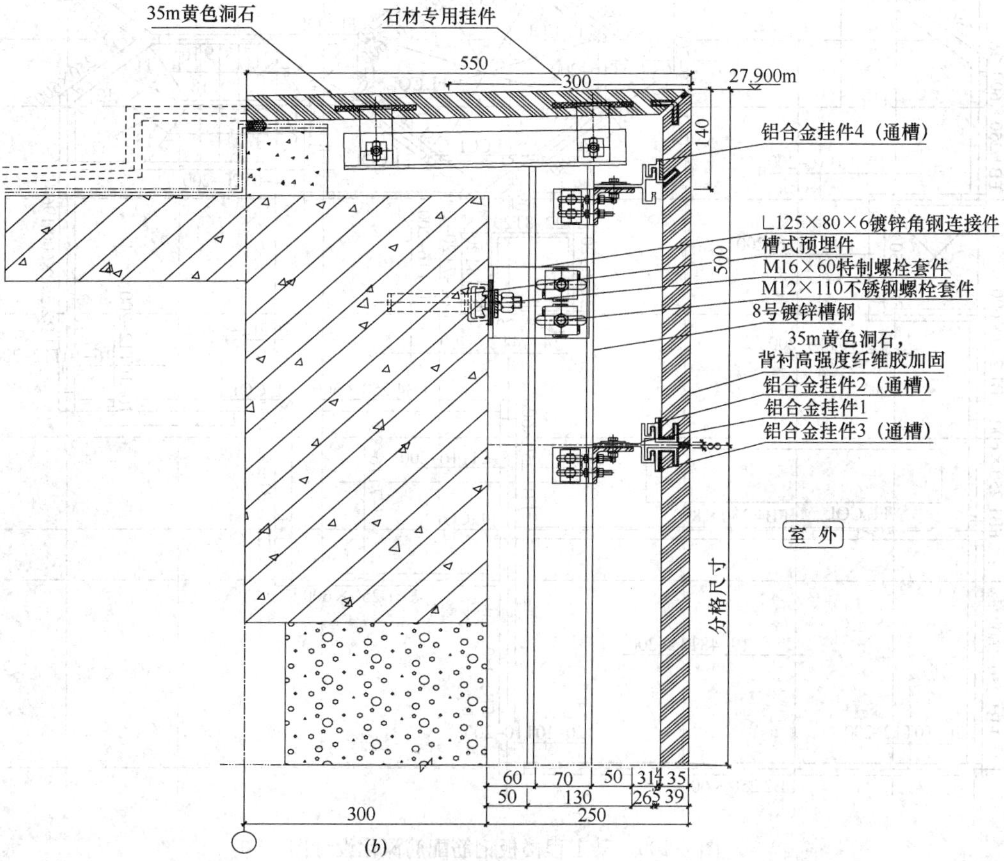

(*b*)

图 2-108 某工程幕墙立面及节点详图

(*a*) 幕墙立面；(*b*) 节点详图

位模板设计等。

（3）初步装修中各种材料的排版及大样图、门窗的安装详图等。

（4）在协调机电各专业设计图基础上绘制综合机电施工图和土建配合图（图纸需显示与机电工程有关的土建工作细节等）。

（5）其他按合同技术规范、图纸及业主代表/工程监理要求的详图及大样图。

以某工程为例，详见图 2-109、图 2-110。

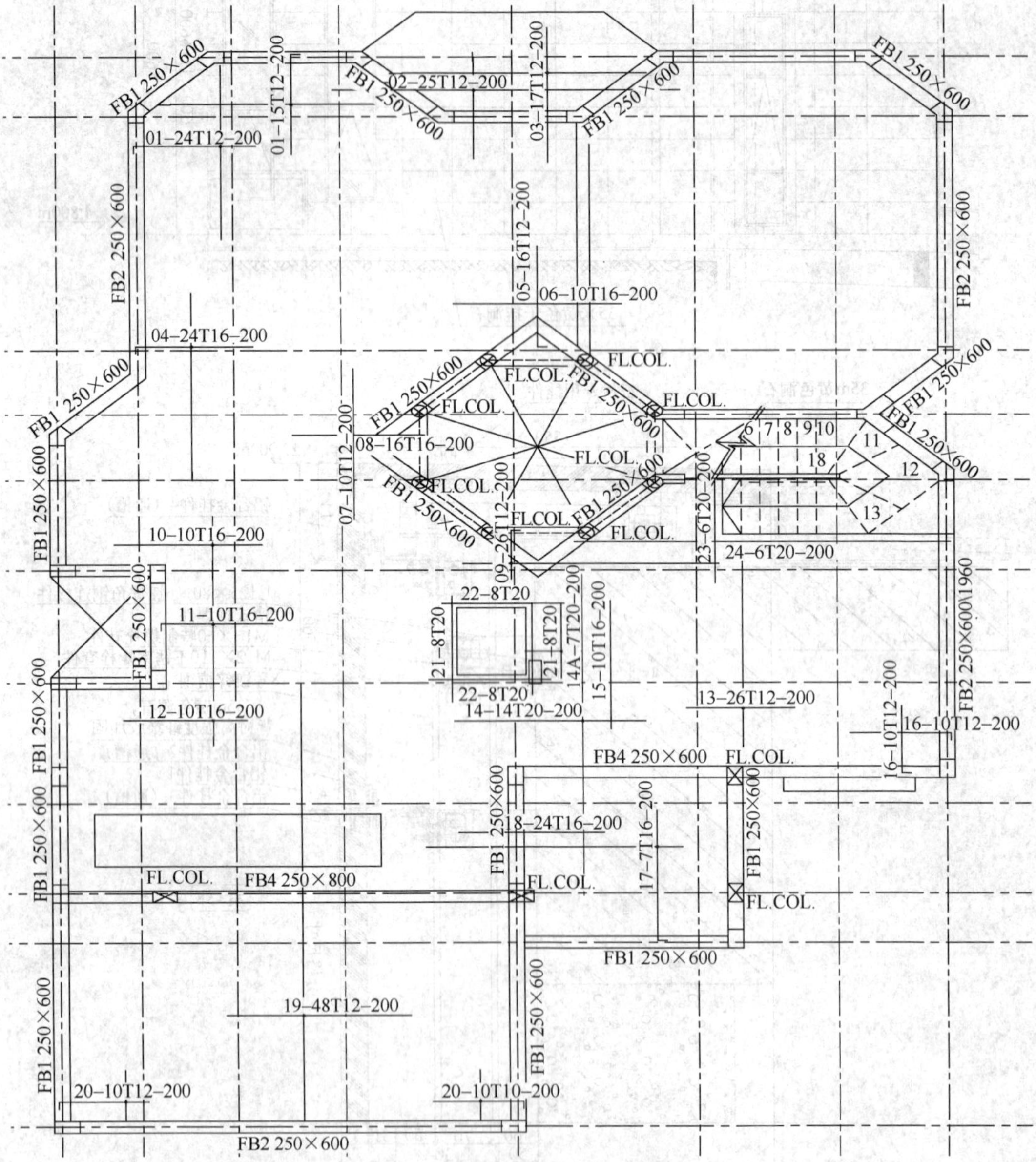

图 2-109　某工程楼板钢筋配筋深化设计图

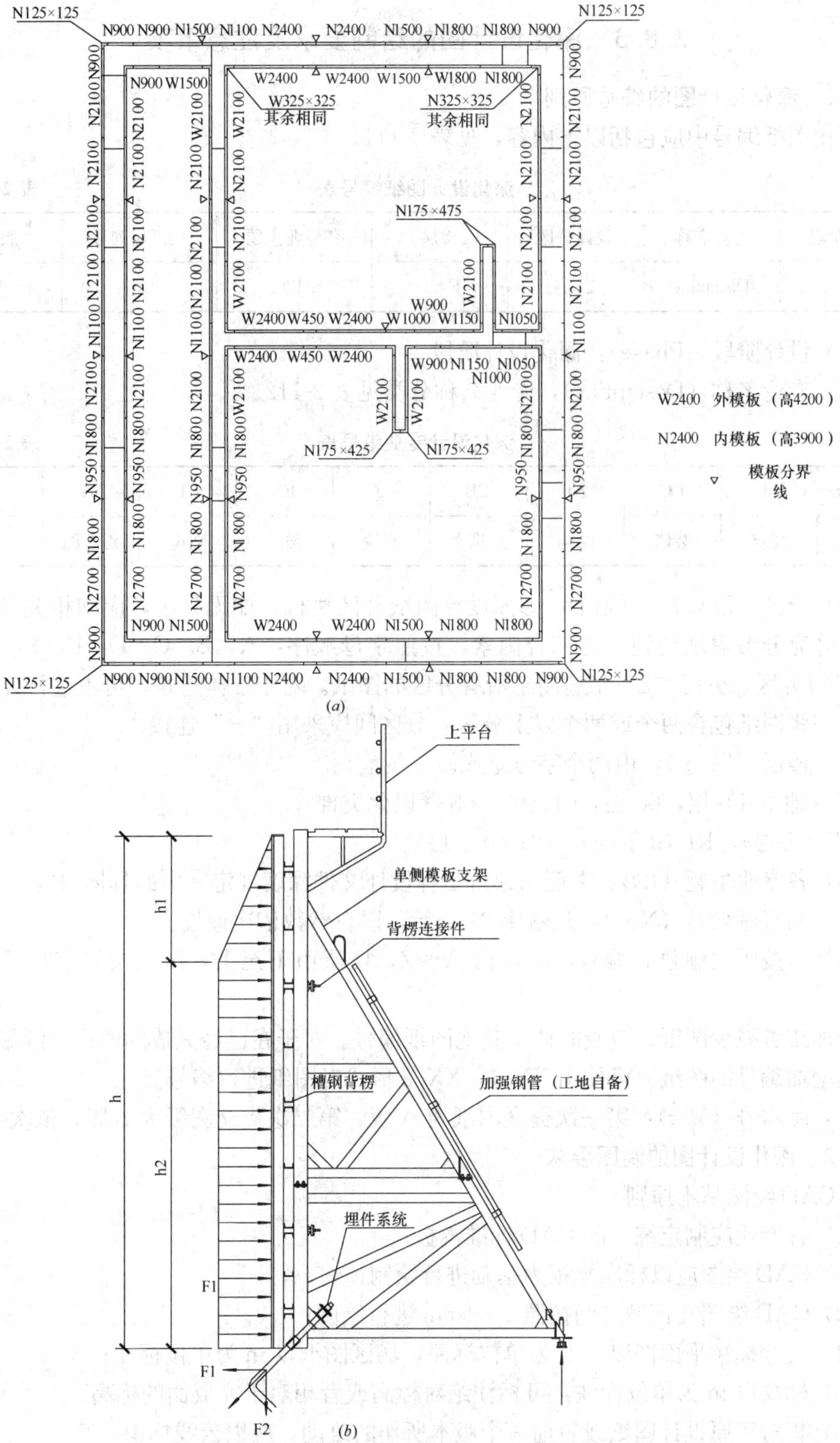

图 2-110 某工程模板配板及支撑详图

（*a*）模板配板；（*b*）支撑详图

2.8.3　深化设计图的绘制要求及注意事项

2.8.3.1　深化设计图的编号原则

深化图纸编号中应包括以下内容，见表 2-111。

深化设计图纸编号表　　表 2-111

设计阶段	专业名称	设计分区	楼层	各专业主题	图纸序列号	版本号
Phase	Discipline	Zone	Floor	ID	No.	Ver

(1) 设计阶段 (Phase)：深化设计阶段。

(2) 专业名称 (Descipline)，专业名称分类见表 2-112。

深化设计专业编号表　　表 2-112

Descipline	AR	DC	ST	PB	AC	EL	CF	SY	OT
专业	建筑	装修	结构	给排水	空调	强电	弱电	综合图	其他

(3) 分区 (Zone)：原则上应参照设计图纸分区执行；如无分区，应和相关专业进行讨论，并充分考虑现场施工等综合因素，按照字母顺序：A，B，C，D，E，F，G，H，J，Z 进行分区，分区"Z"指适用于所有分区的图纸。对于独体建筑，可不进行分区。

如一张图纸包含两个或两个以上分区，分区间应采用"—"连接。

(4) 楼层 (Floor)，由两个字母组成。

SS (地下-1) 层，00 层，01，02，03 等以此类推。

ZT (夹层)，RI (0 下层)，RS (0 上层)。

(5) 各专业主题 (ID)：参照《建筑工程设计文件深度规定》中的具体内容。

(6) 图纸序列号 (No.)：从数字 01 开始，以自然数依次递增。

序列号按照主题独立编号，区域由 A～Z，楼层由下至上，区域按照字母顺序由前往后。

增加或者减少图纸，应及时调整其他图纸编号。对于在已经完成的两张连续编号的图纸中间增加编号的图纸，可使用 XX.1，XX.2 形式对图纸进行编号。

(7) 版本号 (Ver)：第一次提交图纸为 A 版，第二次提交图纸为 B 版，依次类推。

2.8.3.2　深化设计图的制图要求

1. CAD 绘图基本原则

(1) 各专业应制定统一的 CAD 标准模板；

(2) CAD 绘图应以标准模板为基础进行绘制；

(3) CAD 绘图在模型空间按照 1∶1mm 进行绘图；

(4) 尺寸标注平面图以 mm 为单位标注，场区图纸以 m 为单位标注；

(5) 标高以 m 为单位标注，可标注绝对标高或者相对于完成面的标高；

(6) 相对于原设计图纸或者前一个版本所作的改动，应以云线标识；

(7) 对于平面布局较大需要分块切割出图的图形，应在布局空间出图；

(8) 图纸打印应按照各专业标准出图样式打印。

2. 图纸尺寸

图纸规格及尺寸如表 2-113 所示。

深化设计图纸规格表 **表 2-113**

图纸规格	A4	A3	A2	A1	A0
图纸尺寸 $w \times h$ (mm×mm)	297×210	420×297	594×420	841×594	1188×841

图纸宽度方向可加长，增加的长度为标准图纸宽度的 1/8、1/4、1/2，为了便于图纸在现场使用，A0 图纸原则上不加长。图纸外边框尺寸同图纸规格尺寸，内外边框距离 5mm。

3. 图纸比例

图纸比例应是满足主合同要求的各种比例，如主合同没有特别规定，应按照以下比例执行：

(1) 平面图 1∶100，1∶50；

(2) 大样图和剖面图 1∶50，1∶20，1∶10；

(3) 局部详图 1∶20，1∶10，1∶5，1∶1；

(4) 场区图纸 1∶100，1∶200。

4. 图签

深化设计图签应包含以下基本内容，在和监理讨论批准后使用：

(1) 参考图纸，要求填写深化设计图纸参照的本专业和相关专业图纸；

(2) 业主标志；

(3) 图纸名称；

(4) 图纸比例；

(5) 区域示意图和指北针：出图时用灰色阴影填充出图区域；

(6) 设计，监理，承包商和供货商标志；

(7) 设计和审核工程师签字；

(8) 版本信息（版本号，日期及状态）；

(9) 图签字体使用的字体及文字高度按照标准图签上字体和高度执行。

5. 文字

(1) 除特殊规定外，图纸上文字一般采用仿宋字体，西文一般采用 Times New Roman 字体；

(2) 图纸上标注、说明等文字高度一般为 2～2.5mm；

(3) 绘图区域图名文字高度 4mm。

6. 尺寸标注

尺寸应按照在 CAD 模板中设定的样式进行标注，尺寸标注样式设定基本要求如下：

(1) 尺寸线，尺寸界线，颜色和线型都随图层；

(2) 箭头使用短斜线（建筑标记），引线使用实心基准三角形，箭头大小为 1；

(3) 文字样式：使用 Arial 字体，文字颜色随图层；文字高度 2～2.5mm；文字位置：垂直-上方，水平-置中；

(4) 调整：由于在模型空间按照 1∶1mm 绘图，所以标注特性比例应使用全局比例，按照出图比例确定；

（5）主单位精度 0，比例因子为 1。

7. 图例

（1）标准图例可以以原设计图纸上的图例为基础，由各专业工程师按照绘图需要进行补充。

（2）标准图例经监理审核确认后下发到每一个设计工程师，并严格按照标准图纸绘图。

（3）在绘图过程中新增加的图例应及时补充到标准图例中。

8. 图层

CAD 绘图应按照标准图层规定的图层名称、线型和颜色绘图，标准图层由各专业工程师根据绘图需要制定和补充。

（1）图层命名原则：专业 _ 主题 _ 分类 _ 内容，由大到小设定。

（2）图层线型

各图层线型的设定应尽可能和原图纸保持一致，同时为了保证黑白图纸的管道区分，应通过设定不同线型或者在管道上加注文字标示来区分管道。

（3）图层线宽

1）线宽可根据管道的重要性设定，线宽分别为 0.2mm、0.3mm、0.4mm。

2）建筑图纸中，除需要特别突出的线条外采用 0.3～0.4mm 线宽外，应统一采用 0.2～0.25mm 线宽。

3）机电图纸中，建筑轮廓现采用细线，线宽 0.15～0.2mm，专业管线应加以突出，线宽 0.3～0.4mm。

（4）图层颜色

1）CAD 图形中图层颜色可根据管线种类进行设定，以便于在电脑上阅读。

2）机电专业图纸中建筑底图所有线条均改为灰色（8 号色），专业管道颜色根据管道种类进行设置。

3）图纸打印为黑白图纸，特殊图纸除外，如机电综合图等。

9. 打印样式

各专业应按照线型、线宽和颜色建立标准的出图样式。

2.8.3.3　深化设计的注意事项

1. 逐步提高深化设计能力

注重基础技术积累工作，为提升整体深化设计水平打下坚实的技术基础。一方面注重日常技术资料的搜集积累工作；另一方面，注重深化设计人员日常经验的沟通与交流，定期对包括深化设计人员在内的技术工作者进行专门的轮训考核，并在企业总部设立由设计专家担任的专门岗位负责进行审核和长期的辅导支持。

提升对新技术和新工艺的科技攻关能力，增强深化设计的科技竞争实力。

提升国际采购和材料优化选型能力，为深化设计能力的提升提供可靠的后勤保障。掌握一手的建筑材料市场行情及变化趋势，更加有助于在设计师和业主的期望中找到动态的平衡点，实现设计意图、功能要求和整体造价的完美结合。在深化设计中积极开展材料替代，提高材料设备的技术经济性，实现与设计、业主的共赢。

加强专业人才队伍建设，为深化设计提供有力的人才队伍保障。一方面加强企业内部深化设计人员的培养与锻炼；另一方面积极组织社会优秀资源，通过定期或不定期合作的方式，以具体项目为基本单位，与企业外部优秀的设计资源展开合作，在合作中不断充实自己，提升深化设计能力。

2. 完美体现设计意图，满足业主需要

工程总承包项目的深化设计必须立足于原有设计单位的设计理念与意图，通过深化设计中节点的深化及明确材料选择等方式，完善原有设计图纸的可操作性，因此，在深化设计前对设计图纸的阅读与审核至关重要。深化设计中，应及时咨询业主意见，提前解决业主可能发生的设计变更内容，减少施工时业主的设计变更，减少返工停滞的风险，更有利于工程施工的进行。

3. 统一深化设计标准，满足设计规范及深度要求

提高深化设计能力，需要加强深化设计人员、设计分包的个人与团体协作能力，因此需要统一深化设计标准，积累各种类型的工程深化设计经验，逐步提高深化设计能力。根据项目所在地的不同，原有设计单位的设计理念的差异，严格遵守设计规范及设计深度要求，保证深化设计成果的顺利审批和运用。

4. 加强深化设计管理，为项目节约成本、节省工期及材料采购等提供坚实基础

加强深化设计管理，完善深化设计内容，需要在管理制度上明确，根据深化设计管理的要求，从成本、组织、工期等方面利用深化设计工作为施工服务。

2.8.3.4 深化设计软件简介

详见本书 2.9.5 节相关内容。

2.8.4 深化设计的审批及文件管理

深化设计文件管理流程见图 2-111。

2.8.4.1 深化设计的内部审核工作

深化设计完成后，提交项目部审核，由项目总工（技术负责人）组织深化设计部门、合约部门、采购部门及相应的专家顾问审核。各专业负责人应组织本专业设计工程师、责任工程师等对本专业的设计图纸进行会审，从各个角度对图纸进行审查。各部门从各自角度对深化设计对项目的影响进行评估，以确定深化设计是否既能满足原有设计图纸的要求，也能满足项目施工、节约成本及保证施工工期的要求。

2.8.4.2 深化设计的外部会签工作

深化设计成果（包括图纸、计算书等）打印完成后填写图纸会签表，由专业主管工程师进行审核并交相关专业会签，最后由项目总工（技术负责人）审批后提交送审。

深化设计图纸会签应提交深化设计图纸清单、深化设计图纸并填写图纸会签表。对完成的专业设计图纸，各相关专业应相互进行会签，避免出现专业图纸之间的矛盾。各相关部门签字认可后方可报送总工（技术负责人）审批并报送设计及业主单位。

2.8.4.3 深化设计的审批工作

按照项目深化设计文件的报送计划，向业主报送深化设计文件（包括图纸、计算书等），在合同要求的时间内督促业主审批深化设计文件。如深化设计文件得不到业主认可，或业主要求进行修改，根据业主的要求重新设计及修改深化设计文件，经过内部审核和外

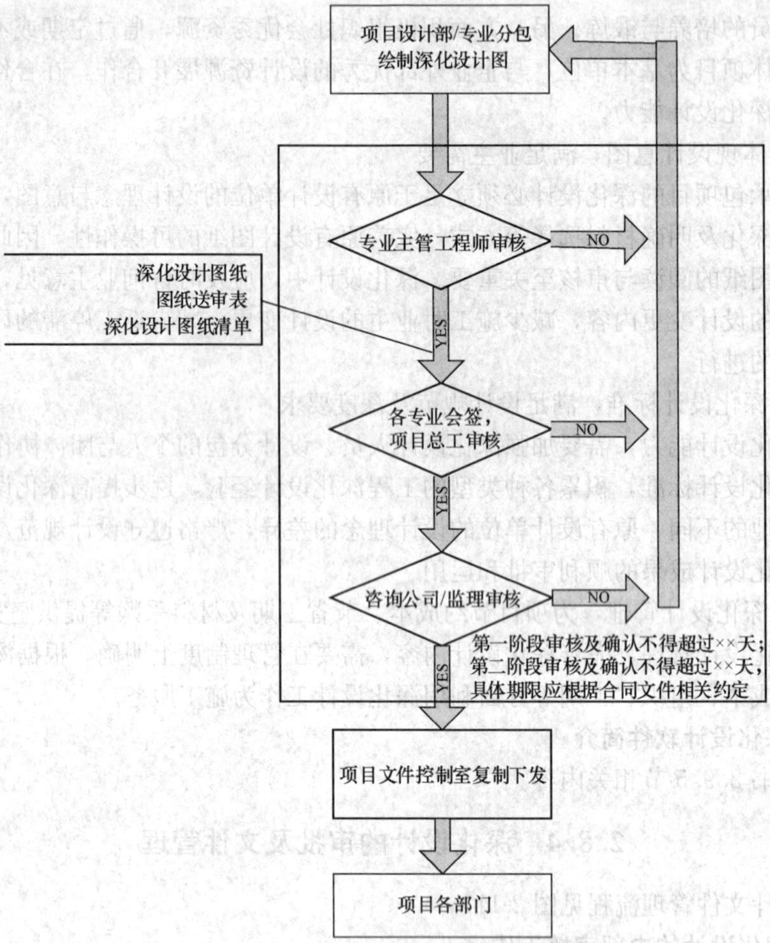

图 2-111　深化设计文件管理流程图

部会签程序后再次报送业主，获得批准后由文件管理部门发放，供施工使用。

2.8.4.4　深化设计文件管理

（1）工程总承包单位应设置专职资料员，负责深化设计图纸、设计变更、工程洽商及其他相关设计文件的收发、登记、保管、整理和归档工作。

（2）对于已批准的深化设计图纸，按照和咨询（监理）工程师商定的数量打印，并按照图纸送审程序提交图纸和电子文档。

（3）文件控制室收到咨询工程师下发的正式文件（含图纸）并登记后送项目经理批示。文件控制室负责图纸复印加盖受控章并下发项目各部门，原版图纸在文件控制室存档保存。对于有条件的项目，可以采用电子文档的形式在项目内部进行审批流转。

（4）只有经过正式确认发放的图纸才能用于施工。

（5）资料员要做好设计图纸、设计变更、工程洽商等设计文件的发放管理工作；对于作废的设计文件做好作废标识。

（6）图纸发放的部门及份数，由项目总工（技术负责人）根据项目的具体情况确定。

2.9 建筑工程施工信息化技术管理

2.9.1 建筑工程施工信息化应实现的目标

信息化，已被视为一项国策在各行各业贯彻实施，建设施工领域也不例外。但建设施工领域，由于其产品的单一性、固定性、流动性和从业人员的劳动密集型等特点，导致信息化工作的开展受到了诸多限制，在建筑施工领域推进信息化工作，就是要充分发挥信息及信息技术的作用，使建筑工程施工中其安全、质量、进度、成本等各项控制目标能得以全面、均衡、快速、高效地发展。

2.9.1.1 基本原则

鉴于建筑行业尤其是建筑施工领域信息化工作总体水平还不高的实际情况和信息技术总体快速发展的环境动力，在建筑施工领域开展信息化工作，应遵循下列原则：

1. 低水平、高起点、持续推进、稳步发展的原则

目前建筑施工领域信息化技术发展的总体水平还不均衡，建筑施工领域的信息化建设，必须从这个应予以高度重视的低水平现状出发，从源头保证建筑工程施工信息的真实性。应充分利用信息技术高速发展所带来的丰富成果，高起点地切入，尽快地将该部分施工信息化工作开展起来。充分利用信息化技术所带来的信息管理技术成果，高起点地切入。并以切入点为起点，结合企业或工程施工自身特点，持续稳定地开展。

2. 选准突破口，以点带面、诸点成线、点线面结合全面发展的原则

方案编制、技术交底、技术资料的汇集等都是可供选择的出发点，从任何一个点出发，在该项工作做好后向其前后延伸，均可与其余点的工作相汇合，从而形成一条以信息技术为纽带的线。当这些线覆盖了工程施工（乃至施工企业）的各方面时，信息技术工作就得到全面开展。

3. 整体规划、分步实施原则

应基于信息技术高速发展所带来的各项成果，结合企业发展目标，整体规划其信息技术发展方向，包括建筑工程施工信息化技术发展规划，并在该规划的指引下分步实施，逐步完善。以实现成熟一个、启动一个、成功一个。

4. 以日常工作为核心，从有用、够用出发，逐步寻求高速、高效的发展目标

信息技术的开展，应从眼前的工作出发，以具体解决某一个问题（比如方案、技术交底编制等）为突破口，使所配备的软、硬件和人员能够管用、够用，进而圆满地完成该项任务。方案库的建设，能辅助工程技术人员方便、快捷、有效地编制对应的施工方案；技术交底系统的建立，尤其是三维动画、虚拟仿真技术的运用，能够使操作人员快速、准确地领会各种复杂构造，掌握其操作方法，并进而安全、优质、高速、低耗地完成其施工任务。

5. 信息技术的推动必须与传统手段的淘汰同步进行

要体现信息技术的有用和有效性，必然要淘汰传统技术手段和相应的方法；如果同时按照传统方法和现代信息技术方法运行，就等于是在传统方法基础上给员工增加了一份工

作量，当职员对信息技术的"新鲜感"过去后，必然会抛弃新的信息技术方法，而选择驾轻就熟的传统方法，从而使新的信息技术方法难以有立足之地。

6. 信息技术的开展和见效是一个系统的、渐进的过程，不可一蹴而就

正如传统技术的淘汰会有一个过程一样，新推行的信息技术从领会、掌握到全面铺开也需要有一个过程。在这个过程中，新老技术会并行一段时间，新技术的优势将逐渐显现，传统技术和方法将逐步退出。

2.9.1.2　基本目的

尽管信息化建设工作不可一蹴而就，但却并不是说信息技术工作就可以弃之不顾。相反，还应当尽快起步并逐步开展起来，并达到和实现以下基本目的：

1. 满足日常办公需求，逐步向办公自动化（OA）方向迈进

信息技术发展至今，在计算机及其 OA 软件和互联网的支持下，因电子文档成型和传递的便易性、快捷性以及可重复利用等诸多特殊功能，而使日常办公计算机辅助化已被众多企业所青睐，并逐步替代了手写文稿。工程领域亦不例外，除去各类往来文字文档已经计算机化之外，各类工程图纸的形成和交流亦逐步实现了运用计算机辅助绘制替代手工绘制的方法，目前又发展到运用三维设计取代二维设计的方法。身处这种大环境中的施工企业，必须使自身的工作方法也融入到该现代化进程之中；否则，工作将难以开展。

2. 满足企业资质考核对信息化建设的需求

2007 年 3 月 13 日，建设部以"建市〔2007〕72 号"文颁发了《施工总承包企业特级资质标准》，这是自原"建建〔2001〕82 号"文《建筑业企业资质等级标准》后修订颁布的一个新标准，其中关于企业应具备的"科技进步水平"的第五条即对企业信息化建设提出了要求。

3. 满足科技示范工程对信息化建设的需求

自 1994 年在建筑行业推广应用 10 项新技术以来，通过各地、各施工企业科技示范工程的带动，有力地促进了建筑业的科技进步工作。示范工程的开展，既体现了一个企业的科学技术运用发展水平，亦为企业带来了巨大的经济效益和社会效益，并在市场竞争中占有较大的优势。应以该项工作为契机，切实启动并推动信息技术向前发展。

2.9.1.3　长期目标

这是信息技术在建筑施工领域运用的更高要求，是在启动信息化工作并实现基本目标要求后结合企业（或施工项目）具体情况而开展的工作。例如：虚拟仿真技术、施工现场的计算机辅助制造技术、复杂和困难环境下机器人施工技术、在线健康监测技术、运用 PDA 设备实时输入现场抽检质量数据、远程验收技术、远程项目管理控制技术、全方位的项目管理信息系统等。

2.9.2　建筑工程施工信息源及载体的识别

一般地说，信息是由信息源、内容、载体、传输和接受者五个方面组成；不同的信息源有不同的识别方法，不同的信息载体适合于不同的信息内容。弄清并掌握建筑工程施工环节的信息源及其载体，有利于更好地识别、提取和运用信息，使其在施工组织、施工管理以及施工技术活动中发挥积极的作用。

2.9.2.1 建筑工程施工的信息源

1. 信息源的概念

联合国教科文组织1976年出版的《文献术语》称："信息源"即个人为满足其信息需要而获得信息的来源。换言之，一切产生（生产）、存贮、加工、传播信息的源泉，都可以看作信息源。从科技攻关和日常工作角度看，信息源是人们在科研活动、生产经营和其他一切活动中所形成的各种原始记录和工作成果；并且，对这些原始记录和工作成果进行加工、整理以获得更好、更期待的成果，都是借以获得信息的源泉。

信息源的内涵非常丰富，它不仅包括各种信息载体，也包括各种信息机构；不仅包括自然表象的、人们口头的、肢体的信息，也包括文字的、声像的记录信息；不仅包括传统的印刷型文献资料，也包括现代电子图书报刊；不仅包括各种信息储存和信息传递机构，也包括各种信息生产机构。

2. 信息源的分类

(1) 从信息源产生的时间顺序方面看，可以将信息源划分为"先导信息源"、"即时信息源"和"滞后信息源"三类（图2-112）。

图2-112 按照信息产生的时间顺序划分信息源的种类

1) 先导信息源：指产生于社会活动之前、与建筑工程施工活动密切相关的信息源，包括：天气预报等；

2) 即时信息源：或实时信息源，是在科技攻关、生产经营和社会活动过程中逐项产生的信息源，如工作记录、试验报告、质量验收评定等；

3) 滞后信息源：在即时信息源的基础上对其加工、整理可获得更多有用的"再生"信息（比如总结报告、论文等），滞后信息源即是专门用来发布这些再生信息的信息源，比如报刊、杂志等。

(2) 按信息源传播形式，可将信息源划分为"语音信息源"、"文献信息源"和"实物信息源"三类。

1) 语音信息源：存在于人脑的记忆中，人们通过交流、讨论、报告会的方式交流传播；

2) 实物信息源：存在于自然界和人工制品中，人们可通过实践、实验、采集、参观等方式交流传播；

3) 文献信息源：存在于文献中（包括印刷型信息源和电子信息源等），人们可以通过阅读、视听学习等方式交流传播。

(3) 按信息的加工和集约程度，可将信息源划分为"一次信息源"、"二次信息源"、

“三次信息源”和“四次信息源”。

1）一次信息源：指直接来自创造者的原创，没有经过任何加工处理的信息；

2）二次信息源：是感知信息源，是从一次信息源中加工处理提取的信息；

3）三次信息源：是再生信息源，比如报刊、杂志或工具书（百科全书，辞典，手册，年鉴）等；

4）四次信息源：是大量提供三次信息源的信息源，比如图书馆、档案馆、博物馆、数据库等。

3. 建筑施工领域的信息源

建筑施工领域，伴随工程项目的建设（施工）过程，作为工程技术人员，应重点关注下列信息源及其产生的信息：

（1）基础类信息

包括为工程施工提供依据性的信息，即国家、行业、地区和企业标准类信息；为工程施工提供指导的信息，如工具书、工艺标准、工法等；反应工程项目状况的信息，如地理位置、地形、地貌及其所在地域的气象、气候、交通、水文、地质情况等；关于工程项目的具体信息，如招标、投标文件、设计图纸及设计技术规范等；这些信息源，多数可归结为“三次信息源”。

（2）即时（实时）信息

亦即施工过程中产生的信息；其既有语音信息（如设计交底会、技术交底会、施工安全/工程质量/施工进度例会、科技攻关会等的会议录音/录像），也有实物信息（如各种机械/设备、原材料、半成品等）；既有一次信息（施工过程中产生的各种原始记录、技术参数、试验数据等），也有二次信息（根据试验数据、技术参数得出的分部、分项工程验收记录等）。这类信息是施工过程中应重点把握的信息，其将直接形成建筑物的竣工档案，也将为企业的技术进步、经济建设等所需“再生信息”提供基础性资料；也是形成三次信息源、四次信息源和文献信息源的基础。

2.9.2.2　建筑工程施工的信息载体

1. 信息载体的概念

信息载体是指信息传播过程中携带信息的媒介，是信息赖以附着和承载的物质基础；即用以记录、传递、积累和存贮信息的实体。

信息载体有广义和狭义之分，理论信息学意义上的信息载体是指狭义而非广义。广义的信息载体是指所有承载有、蕴涵有信息的实体，即生命体和可从中形成、获取信息或可将信息赋予、固化其中的物质实体，包括日月星辰、山川河流，房屋衣饰、笔墨纸砚，也包括生命体自身；狭义的信息载体是指专门用于承载、固化信息或兼有承载、固化信息作用的物质实体，它只能是信息主体（生命体）有目的的创造物，如笔墨纸砚、房屋衣饰等等。

2. 建筑工程施工过程中的信息载体

施工过程中，赖以记录和传递信息的载体包括：

（1）特定人员——业主代表、设计工程师、监理工程师、企业领导、工程技术人员等。

（2）特定物体——建筑材料、机械、设备、构件、半成品等。

（3）纸质载体——各种书面指令（往来文件）、记录表格、设计图纸等。

（4）多媒体（电子媒体）——音像、广播、电视、数码（摄/录）相机、计算机网络以及相应的磁带、光盘、移动硬盘等。

伴随计算机及其网络技术的高速发展，各种图像、音频、视频资料在建筑工程中的运用越来越广泛。虚拟技术在建筑工程中的运用，亦以多媒体的方式首先展现在各参建人员的面前，相应地，其信息载体也发生了较大的改变；电子媒体的传递、保管等，均大大地优于纸质载体等传统媒体。

2.9.3 建筑工程施工过程中的信息传递及要求

伴随着全球科学技术的高速发展和国家经济建设的高速增长，对建设工程的要求也越来越高。建筑物，已不只是由简单的“火柴盒”构成，也不再只是简单地由砖、瓦、砂、石组成；取而代之的是各种复杂的结构和智能系统；因而，信息和信息技术的支撑就自然而然地成为施工决策、施工组织、施工管理等各项工作的必然需求。

2.9.3.1 建筑工程施工过程中的基本信息

工程的承接和施工过程中，需要各种信息作为支撑，同时也会产生各种信息，概略地看，包括以下内容：

1. 为工程承接或施工部署提供决策依据的基本信息

主要包括：市场行情资料、竞争对手资料、工程招标投标资料、工程设计资料、工程所在场地自然状况资料、工程所在国家或地区（行业）的法律、法规性资料、工程主要部位或主要构件的设计与施工所涉及的具有竞争性（科学、先进、经济、实用）的方法及企业自有的可供该工程的实施而任意调遣使用的各项资源等。

这类信息除工程招标投标资料和工程设计资料具有非常强的针对性、需要针对某个具体工程进行收集整理之外，其余各项资料均可在企业日常工作中逐项积累完成。

2. 为工程施工顺利进行提供支撑的基本信息

主要包括输入型资料和工程施工过程中产生的资料两部分。前者包括原材料、机械、设备、工具、半成品等用于工程中或用于施工过程中的各项物资的质保证明书、使用方法和相关技术参数及产地、厂家、运输方式、进场时间、数量、供应商等，重点在于质保资料和技术参数及使用说明几个方面；后者包括各种原材料、机械、设备、工具、半成品等用于工程中或用于施工过程中的各项物体进入现场后的检查、检验、存储、安装（施工）、运行记录，以及为保障其施工（安装）、运行等顺利进行所采取的具体部署（规划）和交底、检查（验收）等资料以及专门针对质量、安全、进度、环保（绿色建筑）等目标所制定的各项保证措施（方法）类资料。

3. 为工程的正常使用提供支撑的基本信息

工程建成后，相应的各成型过程中的资料均应转化为“产品质保书”、“使用说明书”和“注意事项”等方面的资料。工程成型过程中所产生的、需要工程技术人员或房屋维修人员掌握使用的资料则以竣工档案资料的形式提交给城市档案馆和建设单位等相关部门。建筑工程施工所产生的全面资料则应移交施工企业的档案室。

2.9.3.2 信息传递流程

1. 信息流转过程中涉及的单位

施工现场各信息流转过程中，以项目施工的参与单位来划分，各信息主体单位包括建设单位（或称业主方、甲方、开发方等）、设计单位、监理单位（项目管理单位、咨询单位）、施工单位、材料（设备）供应单位、政府监督管理单位和其他相关单位等；所有这些单位中，施工单位（主要是具体组织施工的项目经理部，有较多分包单位时则指总承包项目经理部）作为具体承担建筑工程施工的主体力量，将是各种信息的聚集单位。

2. 工程技术信息传递所涉及的主要专业技术岗位

各工程技术信息一旦获取或传递到施工项目后，首先经由资料员或资料工程师签收并按资料管理制度的要求作好相应的记录后在第一时间内送达主管领导审阅批示，经领导批示后即分发给各相关专业工程师并遵照执行（图 2-113）。

图 2-113　施工现场信息传递的途径

根据内容的不同，资料会分别发送到各相应的专业技术人员。通常，工程变更类资料，会同时分发到工程技术、合约商务和分管施工生产等专业技术人员处；质量、安全类资料，主要发送到分管质量、安全的工程技术人员和分管施工生产的专业技术人员处；而施工进度类资料，则主要发送到主管施工生产的专业技术人员处。具体要求可根据各单位岗位职责划分要求来确定。

3. 信息传递流程

完整的信息传递系统，由三个部分组成：信息源、信息渠道和信息宿。信息传递是一个封闭回路。信息从信息源出发，通过种渠道传输到信息宿，并加以利用后，经过反馈，又产生新的信息，回到信息源。

从信息源出发，凭借一定的（有些时候是特定的）传递媒介，通过一定的渠道传到信息接收点的每一个过程均属于信息传递的过程。而对于施工项目而言，则可以在图 2-113 的基础上于每一个信息接收点再向上级信息源增加一个反馈回路即成为其信息传递的流程，见图 2-114。

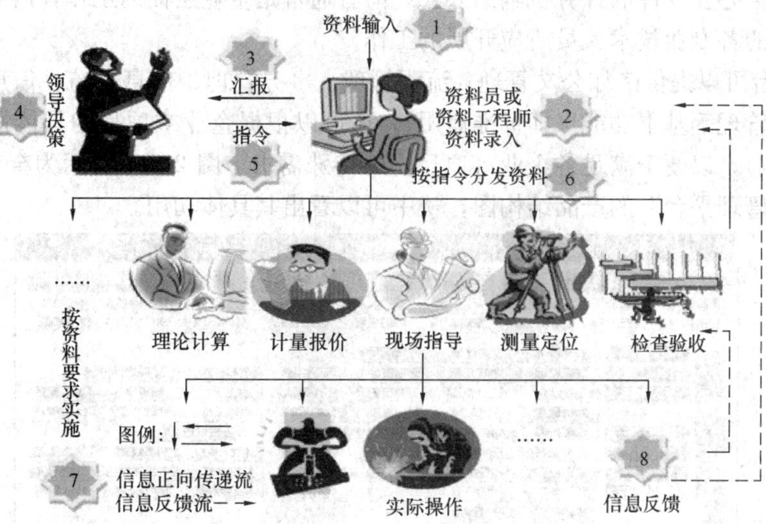

图 2-114 施工企业信息传递流程

2.9.3.3 建筑工程施工对信息及其传递的基本要求

信息，对于实现企业（工程施工项目）工作的科学决策，促进党和国家以及上级单位和企业自身发展方针、政策的贯彻执行，有着重要的指导作用和参考价值。而决策者和实施者对相应的信息是否了解、是否及时了解、是否准确地把握、是否正确地运用，跟信息的传递均密切相关。为此，对于信息及其传递必须满足下列要求。

1. 准确性要求

这是对信息本身的要求，信息有真伪之分，客观反映现实世界事物的程度是信息的准确性体现，只有真实并正确的信息才是有用的信息。

2. 全面性要求

同一个事物会有不同的方面，不同的方面即会产生不同的信息；只有全面地掌握各方面的信息，才能看清事物的本来面目；才会使得依此作出的决策不至于有偏颇。

3. 及时性要求

信息获取后，如果不能及时传递到应该到达的部门或人员，则该部门和人员在决策时就会遗漏该方面的信息，从而出现对事物片面认识的现象，甚至出现误判、错判等不良后果。任何一个环节如果存在问题，就会影响施工部署等决策工作，并进而影响到施工安全、工程质量和建设进度、建造成本等，必须加以高度重视。

2.9.4 信息技术在建筑施工过程中的运用

信息技术在建筑施工领域的运用，包括辅助办公（内部文件、来往公文、施工组织设计、方案及交底的编制等），辅助设计（含建筑、结构、装饰、机电等综合设计、节点设计、深化设计和结构分析等），辅助制造（钢结构下料、成型、焊接等），以及远程监控和验收等方面。

2.9.4.1 计算机辅助办公在施工过程中的运用

在建筑施工领域，计算机辅助办公，包括两个层次，即利用OA平台的计算机辅助办公和利用各类办公软件的计算机辅助办公。前者通常是企业层面的工作，后者则主要是参与建筑施工的各专业技术人员所应开展的工作。

OA 平台可以提供诸如公文管理、流程管理、事务管理、信息发布、信息交流、知识管理、系统管理等基本功能（即标准运用），还可以根据企业或项目的具体情况专门定制（即扩展运用），以便于满足各企业（项目）的特殊需求。图 2-115 所示为金和 OA“大中型企业协同管理平台”的产品结构图，从中可以看出其具体功用。

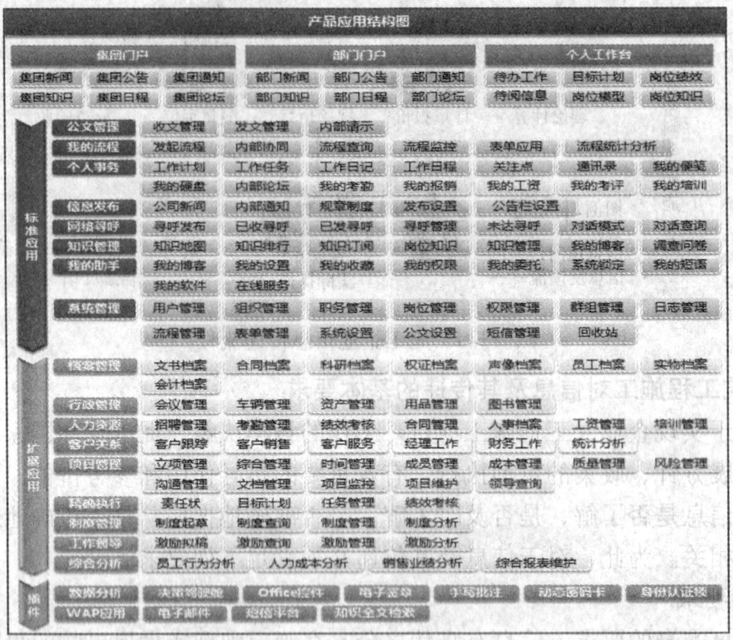

图 2-115　金和 OA“大中型企业协同管理平台”的产品结构图

常用的办公软件包括文字输入工具，图形绘制和编辑工具，美国 Microsoft Office 的 Word、Excel 和 PowerPoint，国产金山 WPS Office 的相关软件以及给这些软件提供运行环境的计算机操作系统，为了保护这些软件正常运行的杀毒软件或防火墙系统；还包括文件传递方面的邮件系统，给各专业提供支持的专业办公软件以及便于利用网络进行在线交流的即时通讯系统等。

利用这些软件，即可在计算机中完成文字、图表输入，形成技术交底、施工方案、施工组织设计等电子文件，通过编辑排版后亦可打印成纸质文件进行交流；更多的情况下则是直接利用计算机网络，通过邮件系统或即时通讯系统在项目和企业总部各部门间、在项目与各客户间实时快捷地传递和交流。OA 平台则可以为这些文件的流转提供快速、准确的通道和合理、有效的流程。

2.9.4.2　计算机辅助设计在施工过程中的运用

随着 D&B、EPC、BOT、BT、PPP 等工程承包模式的普及，以及复杂、高难度、高科技含量项目的增加，需要施工企业作为工程总承包商甚至投资商去牵头完成工程设计任务，在施工环节开展深化设计工作的事务越来越多，计算机辅助设计不仅仅只是在工程设计单位的工作，也与施工企业（尤其是项目经理部）的工作越来越紧密地联系在一起。

计算机辅助设计，在施工过程中，最基本的运用是施工方案或施工组织设计编制过程中的各项施工设计和临时设施的设计工作，包括辅助绘图等图形设计和辅助计算（通常是结构分析如受力分析、变形验算）等方面。

施工图或深化设计图绘制等图形设计工作，最常用的是 Autodesk 公司的 CAD 设计软件和以此为平台所开发的更具针对性的相关软件，如天正系列的建筑、暖通、电器专业软件等，它们可以辅助工程技术人员甩掉传统的绘图板、丁字尺，完美地完成各种工程设计任务。Xsteel 等软件的出台，给完成钢结构工程的深化设计工作提供了更好的手段。而 ANSYS、SAP、ETABS 以及国产的 PKPM 等结构计算（分析）软件的诞生，为复杂工程的结构分析（计算）又提供了强大的支撑。

在这些计算机软件的辅助下工程技术人员不仅可以对永久结构进行设计、深化，还可以对临时结构及施工工艺中涉及的结构问题或与永久结构的关联问题进行分析、优化，从而在保证安全、质量的前提下实现高速度、低成本。

2.9.4.3 计算机辅助制造在构件加工生产中的运用

计算机辅助制造，即 Computer Aided Manufacturing（缩写为 CAM），是指在机械制造行业中，利用计算机，通过各种数控设备自动完成离散产品的加工、装配、检测和包装等全部制造过程。国际计算机辅助制造组织（CAM-I）关于“计算机辅助制造”所给出的广义定义是指：通过直接的或间接的计算机与企业的物质资源或人力资源的连接界面，把计算机技术有效地运用于企业的管理、控制和加工操作方面。按照这个定义，计算机辅助制造应包括：企业生产信息管理、计算机辅助设计（CAD）和计算机辅助生产、制造等三个部分；计算机辅助生产、制造又包括连续生产过程控制和离散零件自动制造两种计算机控制方式。这种广义的计算机辅助制造系统又称为整体制造系统（IMS）。

在建筑工程施工领域，计算机辅助制造（CAM）主要是运用于工厂化制作的钢结构构件，部分金属、木材、石材、塑料等装饰构件，墙纸、墙布、饰面毯等饰面织物及预制混凝土构件等的生产过程中，通常可与 CAD 成果进行联动，即将运用 CAD 等方式完成的设计成果直接输入 CAM 系统，由 CAM 控制相应的机械设备根据 CAD 等设计图纸要求完成钢材的下料、组对、焊接，或者木材、石材、塑料的切割、打磨、组对等工作。也可以直接运用 CAM 系统软件完成相关设计工作。

图 2-116 所示为某单位在引进德国 ESAB 公司的数控火焰切割机及其配套软件 COLUMBUS 的基础上自行开发的 SSCAM 系统的主要结构模块和输入输出系统。SSCAM 系统在建立钢结构的计算机辅助 CAM/MIS 集成系统方面做了较多有益的工作；采用了 CAD 工作方式，具有良好的开放性，可以用 IGES、DXF 等几种 CAD 图形交换格式与绝大多数钢结构设计 CAD 系统连接；因此，SSCAM 可以直接从 CAD 系统接收设计图文件，并从中读取钢结构零件的几何信息；适合于采用火焰、等离子、激光、高压水等数控切割加工工艺生产钢结构及其他板材零件；极大地提高了钢构件加工制作的安全性、精确性和生产效率。

2.9.4.4 计算机辅助远程监控在工程施工和验收过程中的运用

计算机辅助远程监控包括与项目所在地不在同一地域的企业总部等管理机构对项目实施情况通过计算机辅助系统进行的监控，也包括项目办公室对项目操作现场实施情况进行的监控。

图 2-117 所示为上海环球金融中心采用的施工质量远程验收系统。通过该系统，可以

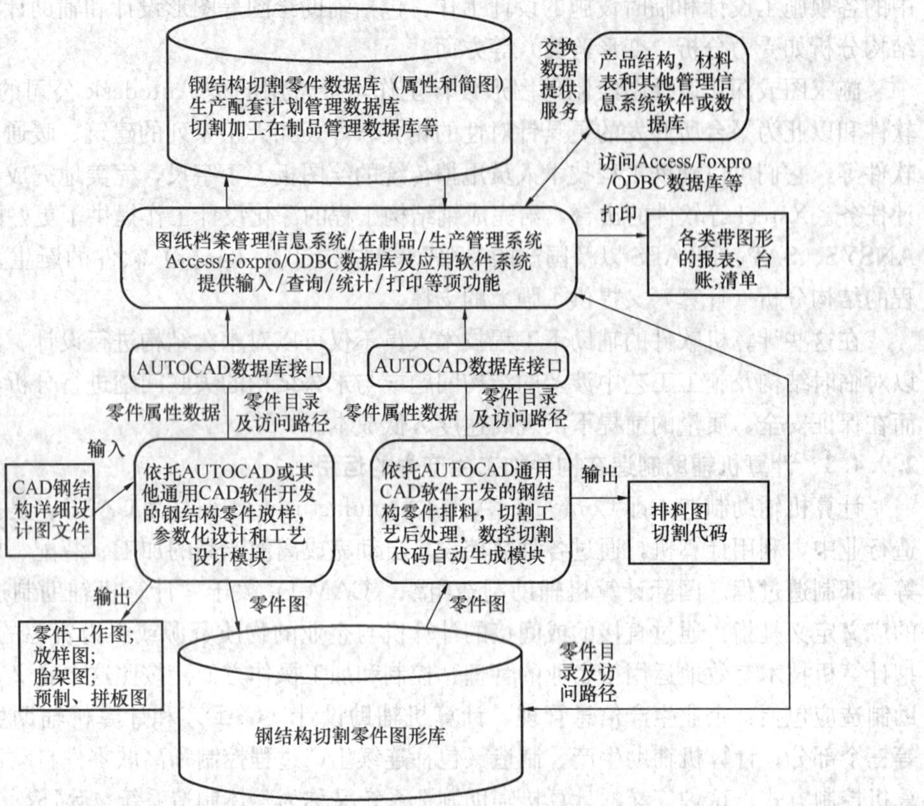

图 2-116　SSCAM 系统的主要结构模块和输入输出系统示意

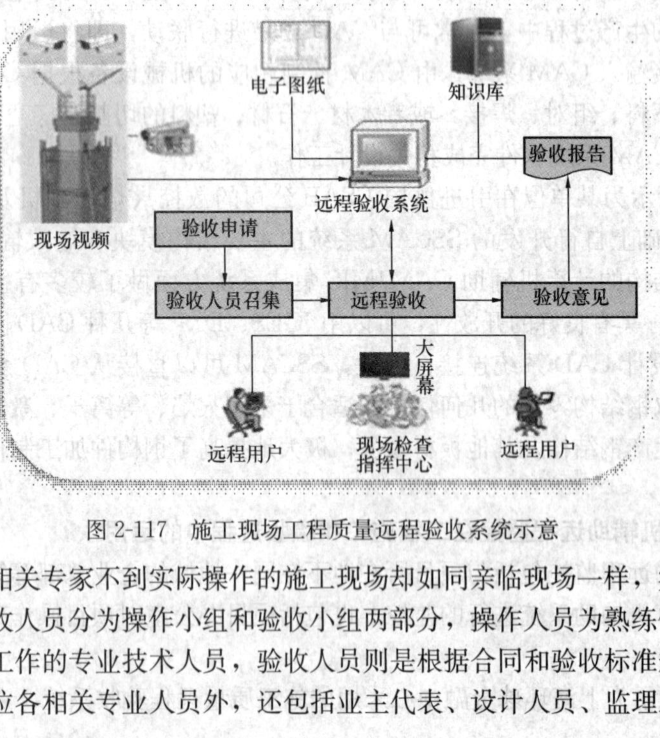

图 2-117　施工现场工程质量远程验收系统示意

实现验收人员和相关专家不到实际操作的施工现场却如同亲临现场一样，实现对施工过程的实时验收。验收人员分为操作小组和验收小组两部分，操作人员为熟练使用监测装置并常年在施工现场工作的专业技术人员，验收人员则是根据合同和验收标准规定组成的各方专家，除施工单位各相关专业人员外，还包括业主代表、设计人员、监理工程师、政府质量（安全）监督人员，以及特聘验收专家等；操作小组根据验收小组的指令完成各种量测工作，验收小组根据验收仪表反馈的数据判断验收部位的施工质量和安全等验收内容是否符合要求，并形成验收意见、出具验收报告；部分实时监测数据，还可以通过系统专家库自动评判、自动记录，达到临界值前自动报警。由于验收专家不需要频繁地到环境复杂的施工现场，从而可节省验收时间，也避免了专家们在施工现场行走所带来的安全风险，亦可降低工程成本。

2.9.5 建筑施工领域典型的计算机信息技术及软件介绍

从日常办公、图纸设计与绘制、结构计算到文件传递、系统管理等，能够运用于施工领域的计算机辅助软件非常多，正确地选择和配备相关计算机辅助软件，即可为广大工程技术人员提供强大的支撑和辅助作用；各单位和项目应当结合企业和工程实际，有针对性地选用。以下各类软件是各单位和工程技术人员经常运用的软件。

2.9.5.1 典型的办公自动化软件

1. 常见办公自动化（OA）平台

以下对常用的OA平台进行简单介绍，供各单位结合自身情况和需求具体运用时参考。

(1) 万户网络——协同办公软件

推出ezOFFICE标准版、ezOFFICE专业版、ezOFFICE政务版、ezOFFICE运营版等产品，有上海申通地铁、中国重汽、中联重科、东风汽车、东方电子等客户；广泛涉及集团型企业解决方案、大型企业解决方案、中小型企业解决方案、电力行业协调管理解决方案、公安行业解决方案、生产制造业解决方案、房地产行业解决方案等。

(2) 泛微软件——新一代协同办公（OA）软件

推出e-cology泛微管理运用平台、e-nature泛微协同办公高级版、e-office泛微协同办公标准版和e-nation泛微协同政务系统等产品，广泛涉及集团管理、制造业、IT通信行业、医药行业、化工能源、房产建筑业、城市建设、投资行业、咨询行业、机械行业、电子行业、汽车行业、广告传媒业、酒店餐饮业、零售连锁业、商业贸易、物流行业、金融保险、教育行业、研究机构及政府部门等。

(3) 华炎——网上办公室

包括华炎信息门户系统、个性化定制页面、多样化信息来源、集成各类google小工具、自定义专题门户、自定义页面主题等功能；有基础版、标准版、专业版和企业版办公套件、流程管理、知识管理、合同管理、信访管理、文档管理等版本；有众多交通、地产、石油、教学、金融等方面的成功案例。

(4) 金和OA

有大中型企业协同管理平台“金和C6”、政府协同办公平台“金和GOA”、中小企业办公管理软件“金和IOA”和组织精确沟通平台“金和通”等产品；有众多建筑业、地产业、服务业、军工贸易、信息技术、交通物流、政府机关等方面的成功案例。

(5) 用友致远OA

其OA协同产品包括普及版、标准版、企业版和集团版四个类型；在制造行业、电力行业、政府行业、建筑地产、商贸连锁、教育行业、食品饮食等领域有众多成功的案例。

(6) 微软 Microsoft

其面向个人和家庭解决方案中的 Windows、Offices、Windows Phone、Windows Live 等产品几乎是家喻户晓，如很多其他软件都是以 Windows 为平台而进行研发设计或二次开发；除此之外，Microsoft 还有面向企业和组织、面向研发人员、面向 IT 专业人士、面向合作伙伴等解决方案。

2. Microsoft Office 平台之 Word、Excel、Power Point 等

这是微软面向个人和家庭解决方案中众多软件的一部分，其中 Microsoft Word 用于完成文字输入和编辑工作，其所见即所得、丰富的文字类型和格式以及各种排版模式等，是文档形成的得力助手；Microsoft Excel 则用于电子计算、统计图表和资料分析等，除了能非常方便地进行各种报表处理之外，还有很多非常强大和方便的功能，如建立管理和经济方面的各种动态模型，然后进行大数据量的模拟分析；Microsoft PowerPoint 被用来制作各类演示文档，方便与客户间的交流、沟通。

随着 Microsoft Office 的不断升级完善，运用其提供的各种工具即可非常方便地完成施工过程中各种文档（如施工组织设计、施工方案、施工技术交底等）的编辑工作，包括文档中的插图绘制；尤其是一些简单的节点图绘制，利用软件提供的绘图功能即可轻松地实现二维和三维图形的绘制，从而避免了采用其他绘图软件绘制后插入到 MicrosoftWord 文档里的一系列转换工作。

运用 Powerpoint 进行技术交底，配合数码相机和其他三维设计软件及多媒体展示手段，可以方便快捷地传递设计意图、施工方法等，让操作工人准确快捷地领会意图，从而确保施工安全和工程质量、提高施工效率。

3. 金山 WPS Office 平台

金山 WPS Office 是我国国产办公软件的佼佼者，其主要功能亦包括“WPS 文字”、“WPS 表格”和“WPS 演示”等，具有与 Microsoft Office 在 Word、Excel 和 PowerPoint 等方面的相似功能，亦被广泛地运用于各行各业中；建筑施工领域也有其众多用户。

4. 电子邮件系统

电子邮件（Electronicmail），简称 E-mail，又称电子信箱、电子邮政等，是一种用电子手段提供信息交换的通信方式，是 Internet 应用最广也是最基本的服务。通过互联网快捷、便利地传递着各类信息，并以多附件的方式成功地携带和传递各种（格式的）文件。被 Microsoft Windows 所提供的 Outlook Express、Windows Mail 以及 Microsoft Office Outlook 等均可实现该功能，其他还有 Foxmail 等邮件客户端软件也可以实现这些功能。

通过网络实现的电子邮件系统，让每个用户以低廉的价格、非常快速的方式与世界上任何一个角落的网络用户联系，这些电子邮件可以是文字、表格、图像、声音等各种方式；不但可以一对一地传递，还可以一对多地传递；同时，使用者还可以得到大量免费的新闻和专题邮件等参考资料，并轻松地实现信息的查找、搜索功能。

5. 即时通讯工具

即时通讯 IM（Instant Messaging），是一种使人们能在计算机网络上识别在线用户并与他们实时交换消息的技术，可实现在线交流及互发文件等功能。

目前成熟的公共 IM 系统很多，除国际盛行的如微软 MSN 之外，国内亦有不少成熟的 IM，如腾讯 QQ、网易 Popo、新浪 UC 等，都能较好地实现即时通讯的功能；目前的

IM 系统不只是提供文字交流、文件传递功能，还提供语音、视频交流，并且还同时提供了对应的 E-mail 服务功能，以及与手机用户连接的功能，使用非常方便。

除了公共的 IM 之外，也有企业的 IM 系统，即 EIM（Enterprise Instant Messaging），这只是为企业内部员工提供的即时通讯系统，很多为企业提供的 OA 平台中都集成了这一功能，比如 IBM 公司的 Lotus Sametime，其功能与公共的 IM 相同，只是在使用（用户）范围方面有"企业群"的固定限制。

建筑施工领域，运用 IM 或者 EIM 非常适合于工程技术人员间或其他专业技术人员间在工作中的沟通、交流；这些交流，由于是文字性的，一旦达成一致后，即可很方便地转换为各种记录甚至作为各种技术文件中的一部分；从而避免了回忆性的记录、再次输入等而耽误信息的形成和传递。

6. FTP 传递系统

FTP，即"文件传送/传输协议"（File Transfer Protocol），它可以让用户连接上一个远程计算机（这些计算机上运行着 FTP 服务器程序）查看远程计算机的文件，然后把文件拷贝到本地计算机，或把本地计算机的文件发送到远程计算机。

2.9.5.2 典型计算机辅助制图软件

1. AutoCAD 绘图软件

AutoCAD 是美国 Autodesk 公司针对工程设计开发的计算机辅助绘图软件包，自 1982 年问世以来，经历了近 20 次升级，功能逐渐增强，且日渐完善，目前的版本是 AutoCAD 2012；被广泛地运用于建筑、机械、土木工程等领域；不但可以运用其进行二维图形设计，还可以实现三维图形设计；是工程技术人员在开展工程图纸设计、施工组织设计（施工方案）和技术交底编制工作的得力工具。

2. 天正建筑 CAD 等软件

天正公司应用先进的计算机技术，研发了以天正建筑为龙头的包括暖通、给水排水、电气、结构、日照、市政道路、市政管线、节能、造价等专业的建筑 CAD 系列软件。当前最新的 TArch 版本基于专业建筑对象开发，直接绘制出具有专业含义、可反复修改的图形对象，使设计效率大为提高；在满足建筑施工图绘制功能大大增强的前提下，兼顾三维表现，模型与平面图同步完成，不需要建筑设计者的额外劳动；基于国内制图规范开发的尺寸标注和符号标注系统使出图更加规范；完善的布图功能可满足多比例施工详图的绘制。同时天正建筑对象创建的建筑模型已经成为天正电气、给水排水、日照、节能等天正系列软件的数据来源。

3. Autodesk 3Ds Max 等软件

Autodesk 3Ds Max 是 Autodesk 公司开发的用于开展三维设计的软件，目前的版本是 Autodesk 3Ds Max 2012。是一款功能强大，集成 3D 建模、动画和渲染解决方案的软件，其中的各项工具能够使工程技术人员像艺术家一样迅速地开展工作，令专业人员在很短的时间内制作出令人赞不绝口的作品。在工程技术领域，可以针对复杂的构造节点制作出生动直观的立体模型，让施工管理人员和操作工人等快速、准确地理解设计意图，从而实现优质、高效地施工建造的目的。

4. BIM，信息化建筑设计软件

BIM 即 Building Information Modeling，称作"建筑信息模型"，于 2002 年由 Autodesk公司提出，目的是为设计和施工中的建设项目建立和使用互相协调、内部一致、可运算的信息，其效用被视为“引发了建筑行业一次脱胎换骨的革命”。已经于2003年起在美国等国际建筑市场起步并逐渐向全球“蔓延”。

它与运用CAD等二维设计软件进行的设计流程不同，并且基本上不采用以CAD为基础的技术，而是建立在不同的模型/图纸关系的基础上，采用三维、可视的参数化设计方法，在建立三维模型的同时建立了全面、专业的数据库，使单纯的设计从图纸、表格向更全面的数据和信息方面过渡。在BIM中可实现任何一处的变更所引发的其他部位变动均对应地自动修改完成，不但加快了设计进程，更提升了设计质量，同时确保了参与项目建设的各方，能够共享一个信息平台，在第一时间共享各种最新的信息。

运用BIM软件不但可以形成三维的设计（实物）模型，还可以将设计模型根据施工安排进一步细分形成施工模型；并将细分结构与模型中的项目要素联系起来，形成四维的施工进度模型；以及将成本控制与模型中的项目要素联系起来，形成五维的成本模型；为工程建设提供全方位的支撑。

目前BIM系列软件包括Autodesk Revit Architecture 2012、Autodesk Revit Structure 2012、Autodesk Revit MEP 2012、Autodesk Civil 3D 2012，以及Autodesk Navisworks 2012等。

此外，Bentley公司、Graphisoft公司等也开发了相应的BIM产品，比如Bentley公司的Triforma、Graphisoft公司的ArchiCAD等；并且Autodesk公司的AutoCAD Architecture 2012也具备了相应的功能，为选用BIM软件提供了更多的机会。

2.9.5.3　典型的结构分析（计算）软件

在施工过程中，常常会遇到一些需要进行结构分析（计算）的工作，比如高大脚手架搭设、大型钢结构安装支架或卸载顺序等，不能再依靠简单的人工计算方式来完成，下列软件可以帮助实现此类计算。

1. ANSYS等结构分析软件

ANSYS软件是美国ANSYS公司开发的集结构、流体、电场、声场、热分析等于一体的大型通用有限元分析软件，能与多数CAD软件对接，实现数据的共享和交换，目前的版本为ANSYS 13.0。

在建筑施工领域，可以运用ANSYS软件进行高大脚手架、空间复杂钢结构等项目的结构分析以及大体积混凝土的热工等计算工作，为施工管理提供有效的理论支持。

具有相似功能的著名结构分析软件还有美国Computer and Structures Inc.（CSI）公司的SAP2000、ETABS等，并且已经在其中导入了《建筑荷载规范》（GB 50009）、《建筑抗震设计规范》（GB 50011）、《混凝土结构设计规范》（GB 50010）、《钢结构设计规范》（GB 50017）等中国规范，在CCTV新楼、“水立方”、“鸟巢”等工程中已成功地运用。

2. PKPM系列结构分析软件

PKPM是中国建筑科学研究院建筑工程软件研究所专门针对中国建筑市场和中国规范而开发的一系列软件，包括结构软件、建筑软件、造型软件、装修软件、设备软件、节能软件、园林软件、场地规划、施工造价软件和管理信息化等。其中，结构系列的软件又针对具体的结构构件和使用环境划分成各种更具针对性的专用软件供用户选择，如PK钢筋混凝土框排架及连续梁设计、SATWE高层建筑结构空间有限元分析软件、PREC预应力混凝土结构辅助设计软件、STXT 钢结构详图设计软件、Chimney 钢筋混凝土烟囱CAD软件等，详见表2-114。

PKPM结构类软件细目 **表2-114**

01	PK 钢筋混凝土框排架及连续梁设计
02	PMCAD结构平面计算机辅助设计
03	TAT 高层建筑结构三维分析程序
04	SATWE 高层建筑结构空间有限元分析软件
05	TAT-D 高层建筑结构动力时程分析
06	FEQ 高精度平面有限元框支剪力墙计算及配筋
07	LTCAD 楼梯计算机辅助设计
08	JLQ 剪力墙结构计算机辅助设计
09	GJ 钢筋混凝土基本构件设计计算
10	JCCAD 基础 CAD（独基、条基、桩基、筏基）
11	BOX 箱形基础辅助设计软件
12	STS 钢结构 CAD 软件
13	PREC 预应力混凝土结构辅助设计软件
14	QITI 砌体结构（取代以前 QIK 软件）
15	EPDA/PUSH 弹塑性动力/静力时程分析软件
16	PMSAP 特殊多、高层建筑结构分析与设计软件
17	STPJ 钢结构重型工业厂房设计软件
18	SILO 钢筋混凝土筒仓结构设计软件
19	SLABCAD 复杂楼板分析与设计软件
20	STXT 钢结构详图设计软件
21	GSCAD 温室结构设计软件
22	Chimney 钢筋混凝土烟囱 CAD 软件
23	PKPMe 英文版 PKPM 计算分析软件
24	JDJG 建筑结构鉴定加固软件

3. 理正系列结构分析软件

北京理正软件设计研究院根据中国规范、针对中国建筑市场研究开发了“勘察系列软件”、“岩土系列软件”、“结构系列软件”和“建电水系列软件”。与PKPM类似，在每个系列的软件中，均按照具体的构件和环境提供了更具针对性的专业软件，如结构类的“结构绘图”结构快速设计软件（QCAD）、“工具箱”钢筋混凝土结构构件计算、“工具箱”特殊构件设计、“工具箱”地基基础设计、“工具箱”人防工程结构设计、“整体计算”基础共同作用分析软件FCAD-1、“整体计算”基础CAD、“整体计算”桩基CAD等；根据这些专业软件，用户既可以进行永久结构分析计算，也可以用于施工过程中的临时结构分析计算。

2.9.5.4　典型的施工进度计划或项目管理软件

1. Primavera P6 系列软件

Primavera 项目管理软件已成为工程建设行业的行业标准，在世界银行及一些国外项目的建设过程中，招标文件就明确指出：参与投标的公司必须承诺使用 Primavera 软件来进行管理。据 Engineering News-Record 记载，在 ENR 排名前 100 名承包商中有 99 个公司运用 Primavera；在 ENR 排名前 400 名承包商中有 375 个公司运用 Primavera；在 ENR 排名前 100 名业主中有 90 个运用 Primavera；到目前为止全球已有超过 5 万亿美元的项目采用 Primavera 进行项目管理。

P6 可以在项目实施的 5 个阶段（过程）中发挥作用（图 2-118）。能够为工程项目提供全局优先次序排列、进度计划、项目管控、执行管理及多项目、组合管理等功能。对于管理大规模、高复杂度和多项目具有明显优势。它可以对多达 100000 道的作业进行管理，并提供无限资源和无限量的目标计划数。

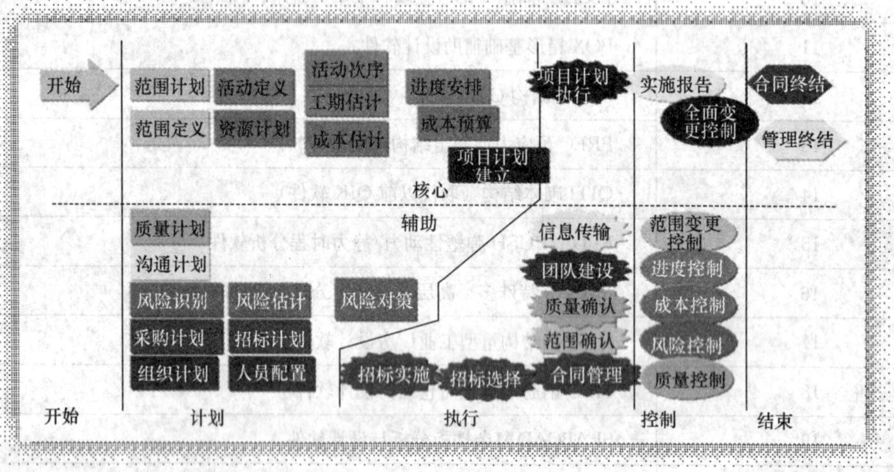

图 2-118　P6 在项目实施的 5 个阶段中发挥作用

在庞大数据库支持下，P6 可以与 Primavera 家族其他软件（比如风险管理软件、合同管理软件、成本（资源）管理软件等）配合使用（图 2-119），将项目实施的进度控制（进度计划）与合同管理、成本（资源）管理和实施控制等工作有机地整合在一起，并根据用户的不同需要生成各种分析图表；同时，还可以通过 Internet 实现远程控制。

P6 可以导入/导出为多种文件格式，如 Primavera 属性格式（XER）、Microsoft Project 格式（MPP、MPX 等）、Microsoft Excel 格式（XLS）和 P3 格式（P3 3.0）等，便于与其他相关软件协调工作。

2. Microsoft Project 系列软件

Microsoft Project 是微软公司开发的一款项目管理软件，可以协助项目经理或工程技术人员根据资源分配编制进度控制计划，并跟踪实施情况。其表现方式可以是单代号网络图，并自动生成横道图（甘特图），如图 2-120 所示。目前的版本是 Microsoft

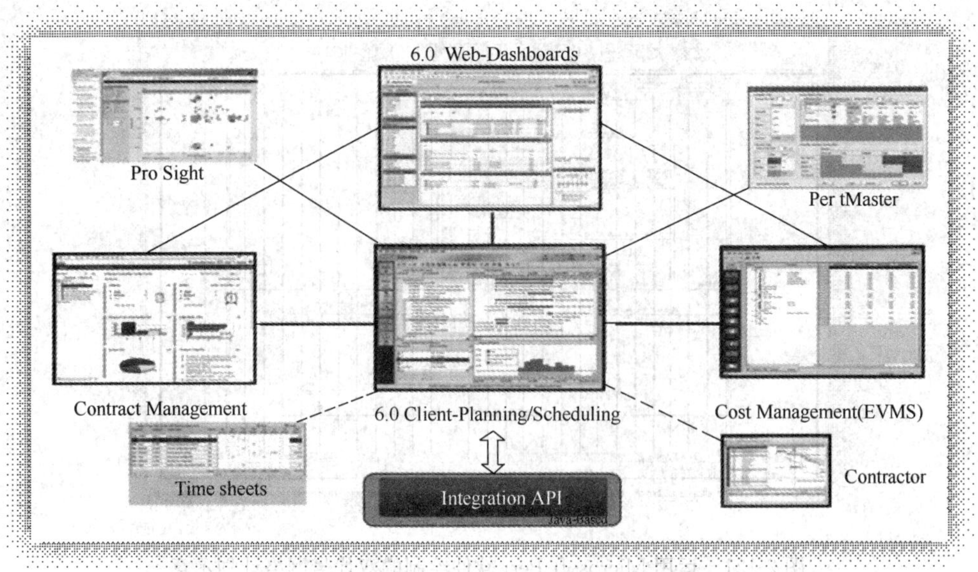

图 2-119 P6 家族各相关软件的关联示意

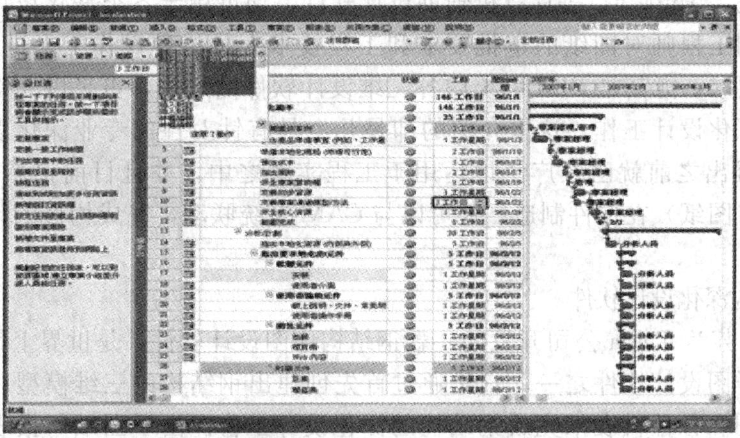

图 2-120 Microsoft Project 2007 形成的甘特图示意

Project 2010。

3. 梦龙 Morrowsoft 等国产项目管理软件

梦龙智能项目管理系统（Microsoft Pert）软件，具有屏幕图形编辑灵活自如、瞬间即可生成流水网络图、多种图式转换（双代号网络图↔单代号网络图↔横道图↔双代号网络图）方便快捷、子母网络系统随意分并（方便实用的网络图分级管理）、各种统计功能丰富多样、施工进度情况随时展现（动态控制前锋线）、图形彩色输出无级缩放等功能。通过该软件，可以实现资源、费用的优化控制。如图 2-121 所示即为运用 Microsoft Pert 软件绘制的一个双代号网络计划范例。

具有类似功能的国产项目管理系统还有：邦永 PM2 工程项目管理系统，同望 EasyPlan 项目计划管理系统，云建智能网络计划软件等。

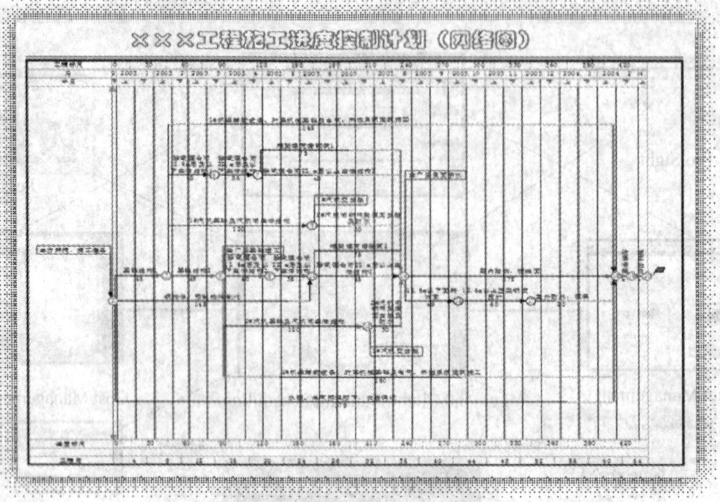

图 2-121　运用 Microsoft Pert 软件绘制的双代号网络计划示意

2.9.5.5　典型的深化设计软件

一般地说，AutoCAD 等计算机辅助设计软件，均可用于各类深化设计工作，并满足业主方顾问工程师对图纸的审批要求和工程技术人员指导操作工人进行加工制作、施工生产的要求。尤其是 BIM 系统内各三维设计软件的运用，更是以非常直观的方式完成对应的深化设计工作。这里介绍的却是几个具有针对性的专业深化设计软件，在 BIM 系统未推出之前就已经广泛地运用于工程实践之中，并且目前仍然在继续使用，其设计成果（图纸）在构件制造厂还可以与 CAM 系统联动，完成构件的计算机辅助加工制造工作。

1. 钢结构深化设计软件

Xsteel 是芬兰 Tekla 公司开发的一款钢结构详图设计软件，是世界上钢结构行业应用最广泛的详图设计软件之一，它是通过首先创建出钢结构的三维模型后再自动生成钢结构的详图和各种料表来完成钢结构的深化设计工作。由于图纸与报表均以模型为准，而在三维模型中设计人（操纵者）可很容易地发现各构件之间的连接是否存在着错误，所以它能保证钢结构详图深化设计过程中构件之间的正确性。同时 Xsteel 自动生成的各种表单和接口文件（数控切割文件）可以服务于整个工程（或在 CAM 设备中直接使用）。

此外，Bentley AutoPlant Structural 也是一款非常好的钢结构深化（设计）软件。AutoPlant Structural 是一个全参数化（Parametric）的、以资料库为导向（Spec-Driven）的全三维钢结构绘图设计及全自动的二维施工图（Shop drawing）生成软件。AutoPlant Structural 提供了丰富的标准型钢资料库（Standard Shapes），让使用者只要点取型钢断面，就可以轻松地绘出三维型钢。AutoPlant Structural 的标准型钢库也是开放资料库，随时可以自行扩充。AutoPlant Structural 也提供自行建立任意断面及组合断面的功能。AutoPlant 还提供了详细的材料统计工具和全自动尺寸标示施工图，让用户可以大量节省绘图时间成本并提升出图品质。

2. 机电工程深化设计软件（AutoPlant 系列软件）

利用计算机进行配管辅助设计已经广泛应用于国内的石油化工设计院，并运用于建筑工程中的机电综合设计，尤其是对于大型公共建筑，常常配备有众多复杂的机电、设备管线，一不留神就冲突：管线间冲突、管线跟结构冲突，这些冲突如果不能够提前得到解决，小则带来工期延误，大则会产生很多“连锁反应式”的返工。而这些冲突，在二维的 CAD 图上却很难发现，而运用三维的管道设计软件，就可以轻松地解决这些问题。美国 Rebis 公司的 AutoPlant 就是这样的一个软件，它主要包括二维管道绘制软件 Drawpipe 和三维模型软件 Designer。

AutoPlant 包括以下系列功能模块。

（1）三维设计群组（Plant Design Worgroup）

AutoPlant Equipment——三维设备及管口布置；

AutoPlant Piping——三维及二维管线布置，包括各种管件、阀门、管支架的资料库及算料功能；

AutoPlant Structural——三维钢结构布置，全自动施工图输出及算料功能；

AutoPlant Isogen——全自动的 Isometric 输出，全自动的尺寸标示及算料功能；

AutoPlant Isometrics——可独立绘制施工图及算料，亦可从 3D Piping 转为 Isometric；

AutoPlant Interference Detection——工厂即时三维动画及碰撞检查。

（2）流程仪表群组（Process & Instrumentation Worgroup）

AutoPlant P&ID——智能 P&ID 绘图系统，提供 ISA、DIN 及 ProFlow 三种图形库；

AutoPlant Data Manager——外部资料库管理系统，具有资料输入、编辑及报表生成功能；

AutoPlant Instrumentation——仪表绘图及资料管理系统，可绘制回路图及接线图；

AutoPlant Datasheet——仪表资料表输出，系统内建标准 ISA 资料表（Excel 格式）；

AutoPlant Hookups——仪表安装图输出，具有材料统计功能，系统内建 ISA 标准图（Excel 格式）。

（3）工程分析群组（CAE Worgroup）

AutoPlant AutoPipe——提供静态及动态管应力分析及管支架设计（内包含各国相关规定）；

AutoPlant AutoFlow——可计算三维管线系统的压力降、流速、温度分析及具有管径最佳化等功能。

3. BIM 系列软件运用于深化设计工作

BIM 系列软件并不只是用于工程设计阶段的设计工作，同样可以运用施工阶段的深化设计工作，其强大的三维可视化参数设计功能和虚拟场景功能，可用于解决建筑、结构、机电、设备、装饰等各系统间的碰撞等矛盾和协调，其一处修改其余各处对应修改的功能将大大地提高深化设计的质量和效率。

参 考 文 献

[1]　高民欢.《工程项目施工组织设计原理及实例》[M]. 北京：中国建材工业出版社，2003.

[2]　曹海莹，赵欣，骆中钊.《施工组织》[M]. 北京：化学工业出版社，2008.

[3]　江正荣.《建筑施工计算手册》(第二版)[M]. 北京：中国建筑工业出版社，2007.

[4]　张辑哲.《论信息的内容、形式与载体》[J].《档案学通讯》，2008，1：35.

[5]　王要武等.《建设工程信息化 BLM 理论与实践丛书》[M]. 北京：中国建筑工业出版社，2005.

[6]　余群舟，刘元珍.《建筑工程施工组织与管理》[M]. 北京：北京大学出版社，2006.

[7]　《建筑施工手册》(第四版)编写组.《建筑施工手册》(第四版)[M]. 北京：中国建筑工业出版社，2003.

3 施工常用数据

3.1 常用符号和代号

3.1.1 常用字母

常用字母见表3-1。

常用字母 **表3-1**

大写	小写	读音	大写	小写	读音	大写	小写	读音	大写	小写	读音
汉语拼音字母											
A	a	啊	H	h	喝	O	o	喔	U	u	乌
B	b	玻	I	i	衣	P	p	坡	V	v	万
C	c	雌	J	j	基	Q	q	欺	W	w	乌
D	d	得	K	k	科	R	r	日	X	x	希
E	e	鹅	L	l	勒	S	s	斯	Y	y	衣
F	f	佛	M	m	摸	T	t	特	Z	z	资
G	g	哥	N	n	讷						
拉丁（英文）字母											
A	a	欸	H	h	欸曲	O	o	欧	U	u	由
B	b	比	I	i	阿欸	P	p	批	V	v	维衣
C	c	西	J	j	街	Q	q	克由	W	w	达不留
D	d	地	K	k	凯	R	r	阿尔	X	x	欸克斯
E	e	衣	L	l	欸耳	S	s	欸斯	Y	y	外
F	f	欸夫	M	m	欸姆	T	t	梯	Z	z	齐
G	g	基	N	n	欸恩						
希腊字母											
A	α	阿尔法	H	η	艾塔	N	ν	纽	T	τ	套
B	β	贝塔	Θ	θ	西塔	Ξ	ξ	克西	Υ	υ	宇普西龙
Γ	γ	伽马	I	ι	约塔	O	o	奥密克戎	Φ	ϕ	佛爱
Δ	δ	德尔塔	K	κ	卡帕	Π	π	派	X	χ	西
E	ε	伊普西龙	Λ	λ	兰布达	P	ρ	肉	Ψ	ψ	普西
Z	ζ	截塔	M	μ	缪	Σ	σ	西格马	Ω	ω	欧米伽

注：读音均系近似读音。

3.1.2　常用符号

3.1.2.1　数学符号

数学符号见表 3-2。

数学符号　　表 3-2

中文意义	符号	中文意义	符号	中文意义	符号	中文意义	符号
几何符号		远大于	$\gg$	x 趋于 a	$x\to a$	z 的共轭	z^*
[直] 线段 AB	$\overline{AB}$ 或 $\boldsymbol{AB}$	无穷 [大]	∞	x 趋于 a 时 $f(x)$ 的极限	$\lim\limits_{x\to a} f(x)$	矩阵符号	
[平面] 角	$\angle$	数字范围	~	上极限	$\overline{\lim}$	矩阵 $\boldsymbol{A}$	$\boldsymbol{A}$
弧 AB	$\overset{\frown}{AB}$	小数点	.	下极限	$\underline{\lim}$	矩阵 $\boldsymbol{A}$ 与矩阵 $\boldsymbol{B}$ 的积	$\boldsymbol{AB}$
圆周率	π	百分率	%	上确界	Sup	单位矩阵	$\boldsymbol{E}$，$\boldsymbol{I}$
三角形	△	圆括号	( )	下确界	inf	方阵 $\boldsymbol{A}$ 的逆矩阵	A^{-1}
平行四边形	▱	方括号	[ ]	x 的 [有限] 增量	Δx	$\boldsymbol{A}$ 的转置矩阵	A^t, $\widetilde{A}$
圆	⊙	花括号	{ }	单变量函数 f 的导数或微商	$\frac{df}{dx}$ df/dx f'	方阵 $\boldsymbol{A}$ 的行列式	det$\boldsymbol{A}$
垂直	$\perp$	角括号	<>	单变量函数 f 的 n 阶导数	$\frac{d^n f}{dx^n}$ $d^n f/dx^n$ $f^{(n)}$	矩阵 $\boldsymbol{A}$ 的范数	$\Vert A \Vert$
平行	// 或 ||	正或负	$\pm$	多变量 $x,y,\cdots$ 的函数 f 对于 x 的偏导数或偏微商	$\frac{\partial f}{\partial x}$ $\partial f/\partial x$ $\partial_x f$	坐标系符号	
相似	∽	负或正	$\mp$	函数 f 的全微分	df	笛卡儿坐标	x，y，z
全等	≌	最大	max	函数 f 的不定积分	$\int f(x)dx$	圆柱坐标	ρ，ϕ，z
集合符号		最小	min	函数 f 的由 a 到 b 的定积分	$\int_a^b f(x)dx$ $\int_a^b f(x)dx$	球坐标	r,θ,ϕ
属于	$\in$	运算符号		函数 $f(x,y)$ 在集合 $\boldsymbol{A}$ 上的二重积分	$\iint f(x,y)dA$	矢量符号	
不属于	$\notin$	a 加 b	$a+b$	指数函数和对数函数符号		矢量或向量 a	$\boldsymbol{a}$ 或 $\vec{a}$

续表

中文意义	符号	中文意义	符号	中文意义	符号	中文意义	符号
包含	∋	a减b	$a-b$	x的指数函数（以a为底）	a^x	在笛卡儿坐标轴方向的单位矢量	i,j,r
不包含	∌	a加或减b	$a\pm b$	自然对数的底	e	矢量a的模或长度	a或$\|a\|$
杂类符号		a减或加b	$a\mp b$	x的指数函数（以e为底）	e^x，expx	$\boldsymbol{a}$与$\boldsymbol{b}$的标量积或数量积	$\boldsymbol{a}\cdot\boldsymbol{b}$或$\vec{a}\cdot\vec{b}$
等于	=	a乘以b	$a\times b, a\cdot b$, ab	以a为底的x的对数	$\log_a x$	$\boldsymbol{a}$与$\boldsymbol{b}$的矢量积或向量积	$\boldsymbol{a}\times\boldsymbol{b}$或$\vec{a}\times\vec{b}$
不等于	≠	a除以b	$a\div b, \frac{a}{b}$, $a/b, ab^{-1}$	x的常用对数（以e为底数的）	lnx	概率论与数理统计符号	
按定义	$\stackrel{\text{def}}{=}$	从a_1到a_n的和	$\sum_{i=1}^{n} a_i$	x的常用对数（以10为底数的）	lgx	事件的概率	P（·）
相当于	≙	从a_1到a_n的积	$\prod_{i=1}^{n} a_i$	三角函数		概率值	p
约等于	≈	a的p次方	a^p	x的正弦	$\sin x$	总体容量	N
成正比	∝	a的平方根	$a^{\frac{1}{2}}, a^{1/2}, \sqrt{a}$	x的余弦	$\cos x$	样本容量	n
比	:	a的n次方根	$a^{\frac{1}{n}}, a^{1/n}, \sqrt[n]{a}$	x的正切	$\tan x$	总体方差	σ^2
小于	<	a的绝对值	$\|a\|$	x的余切	$\cot x$	样本方差	s^2
大于	>	a的平均值	$\bar{a}$	x的正割	$\sec x$	总体标准差	σ
不小于	≮	n的阶乘	$n!$	x的余割	$\csc x$	样本标准差	s
不大于	≯	函数符号		复数函数		序数	i或j
小于或等于	⩽	函数f	f	虚数单位	i，j	相关系数	r
大于或等于	⩾	函数f在x或在（x，y，…）的值	$f(x)$ $f(x,y,\cdots)$	z的实部	Rez	抽样平均误差	μ
远小于	<<	$f(b)-f(a)$	$f(x)\|_a^b$	z的虚部	Imz	抽样允许误差	△

3.1.2.2　法定计量单位符号

我国法定计量单位（以下简称法定单位）包括：

1. 国际单位制（SI）的基本单位（见表 3-3）

国际单位制（SI）的基本单位　　表 3-3

量的名称	单位名称	单位符号
长度	米	m
质量	千克（公斤）	kg
时间	秒	s
电流	安［培］	A
热力学温度	开［尔文］	K
物质的量	摩［尔］	mol
发光强度	坎［德拉］	cd

注：1. 人民生活和贸易中，质量习惯称为重量；

2. 单位名称栏中，方括号内的字在不致混淆的情况下可以省略。例：“安培”可简称“安”，也作为中文符号使用。圆括号内的字，为前者的同义语。例：“千克”也可称为“公斤”。

2. 国际单位制（SI）的辅助单位（见表 3-4）

国际单位制（SI）的辅助单位　　表 3-4

量的名称	单位名称	单位符号
平面角	弧度	rad
立体角	球面度	sr

3. 国际单位制（SI）的导出单位（见表 3-5）

国际单位制（SI）的导出单位　　表 3-5

量的名称	单位名称	单位符号	其他表示示例
频率	赫［兹］	Hz	s^{-1}
力；重力	牛［顿］	N	$kg \cdot m/s^2$
压力；压强；应力	帕［斯卡］	Pa	N/m^2
能量；功；热	焦［耳］	J	$N \cdot m$
功率；辐射通量	瓦［特］	W	J/s
电荷量	库［仑］	C	$A \cdot s$
电位；电压；电动势	伏［特］	V	W/A
电容	法［拉］	F	C/V
电阻	欧［姆］	Ω	V/A
电导	西［门子］	S	A/V
磁通量	韦［伯］	Wb	$V \cdot s$
磁通量密度；磁感应强度	特［斯拉］	T	Wb/m^2
电感	亨［利］	H	Wb/A
摄氏温度	摄氏度	℃	
光通量	流［明］	lm	$cd \cdot sr$
光照度	勒［克斯］	lx	lm/m^2
放射性活度	贝可［勒尔］	Bq	s^{-1}
吸收剂量	戈［瑞］	Gy	J/kg
剂量当量	希［沃特］	Sv	J/kg

4. 国家选定的非国际单位制单位（见表 3-6）

国家选定的非国际单位制单位 **表 3-6**

量的名称	单位名称	单位符号	与SI单位的关系
时间	分 [小]时 天（日）	min h d	1min=60s 1h=60min=3600s 1d=24h=86400s
[平面]角	度 [角]分 [角]秒	° ″ ′	1°=60′=（π/180）rad（π为圆周率） 1′=60″=（π/10800）rad 1″=（π/648000）rad
体积	升	L，(l)	$1L=1dm^3=10^{-3}m^3$
质量	吨 原子质量单位	t u	$1t=10^3kg$ $1u\approx1.660540\times10^{-27}kg$
旋转速度	转每分	r/min	$1r/min=(1/60)\ s^{-1}$
长度	海里	n mile	1nmile=1852m（只用于航程）
速度	节	kn	1kn=1nmile/h=（1852/3600）m/s（只用于航程）
能	电子伏	eV	$1eV\approx1.602177\times10^{-19}J$
级差	分贝	dB	
线密度	特[克斯]	tex	1tex=10kg/m
面积	公顷	hm^2	$1hm^2=10^4m^2$

注：1. 平面角单位度、分、秒的符号，在组合单位中应采用（°）、（″）、（′）的形式。例如，不用°/s而用（°）/s；

2. 升的符号中，小写字母l为备用符号；

3. 公顷的国际通用符号为ha；

4. r为“转”的符号。

5. 构成十进倍数和分数单位的词头（见表3-7）

构成十进倍数和分数单位的词头 **表 3-7**

所表示的因数	词头名称	词头符号	所表示的因数	词头名称	词头符号
10^{18}	艾[可萨]（exa）	E	10^{-1}	分（deci）	d
10^{15}	拍[它]（peta）	P	10^{-2}	厘（centi）	c
10^{12}	太[拉]（tera）	T	10^{-3}	毫（milli）	m
10^{9}	吉[咖]（giga）	G	10^{-6}	微（micro）	μ
10^{6}	兆（mega）	M	10^{-9}	纳[诺]（nano）	n
10^{3}	千（kilo）	k	10^{-12}	皮[可]（pico）	p
10^{2}	百（hecto）	h	10^{-15}	飞[母托]（femto）	f
10^{1}	十（deca）	da	10^{-18}	阿[托]（atto）	a

注：10^4称为万，10^8称为亿，10^{12}称为万亿。这类数词的使用不受词头名称的影响，但不应与词头混淆。

3.1.2.3 文字表量符号

文字表量符号见表3-8。

3.1.2.4 化学元素符号

化学元素符号见表3-9。

3.1.2.5 常用构件代号

常用构件代号见表3-10。

文字表量符号 **表 3-8**

量的名称	符号	中文单位名称	简称	法定单位符号
一、几何量值				
振幅	A	米	米	m
面积	A、S、As	平方米	米^2	m^2
宽	B、b	米	米	m
直径	D、d	米	米	m
厚	d、δ	米	米	m
高	H、h	米	米	m
长	L、l	米	米	m
半径	R、r	米	米	m
行程、距离	S	米	米	m
体积	V、v	立方米	米^3	m^3
平面角	α、β、γ、θ、φ	弧度	弧度	rad
延伸率	δ	（百分比）	%	
波长	λ	米	米	m
波数	σ	每米	米$^{-1}$	m^{-1}
相角	φ	弧度	弧度	rad
立体角	ω、Ω	球面度	球面度	sr
二、时间				
线加速度	a	米每二次方秒	米/秒^2	m/s^2
频率	f、ν	赫兹	赫	Hz
重力加速度	g	米每二次方秒	米/秒^2	m/s^2
旋转频率，转速	n	每秒	秒$^{-1}$	s^{-1}
质量流量	Q_m	千克每秒	千克/秒	kg/s
体积流量	Q_v	立方米每秒	米^3/秒	m^3/s
周期	T	秒	秒	s
时间	t	秒	秒	s
线速度	v	米每秒	米/秒	m/s
角加速度	α	弧度每二次方秒	弧度/秒^2	rad/s^2
角速度，角频率	ω	弧度每秒	弧度/秒	rad/s
三、质量				
原子量	A	摩尔	摩	mol
冲量	I	牛顿秒	牛·秒	N·s
惯性矩	I	四次方米	米^4	m^4
惯性半径	i	米	米	m
转动惯量	J	千克二次方米	千克·米^2	kg·m^2
动量矩	L	千克二次方米每秒	千克·米^2/秒	kg·m^2/s
分子量	M	摩尔	摩	mol
质量	m	千克（公斤）	千克	kg
动量	p	千克米每秒	千克·米/秒	kg·m/s
静矩（面积矩）	S	三次方米	米^3	m^3
截面模量	W	三次方米	米^3	m^3
密度	ρ	千克每立方米	千克/米^3	kg/m^3
四、力				
弹性模量	E	帕斯卡	帕	Pa
力	F、P、Q、R、f	牛顿	牛	N

续表

量的名称	符号	中文单位名称	简称	法定单位符号
荷重、重力	G	牛顿	牛	N
剪变模量	G	帕斯卡	帕	Pa
硬度	H	牛顿每平方米	牛/米^2	N/m^2
布氏硬度	HB	牛顿每平方米	牛/米^2	N/m^2
洛氏硬度	HR、HRA、HRB、HRC	牛顿每平方米	牛/米^2	N/m^2
肖氏硬度	HS	牛顿每平方米	牛/米^2	N/m^2
维氏硬度	HV	牛顿每平方米	牛/米^2	N/m^2
弯矩	M	牛顿米	牛·米	N·m
压强	p	帕斯卡	帕	Pa
扭矩	T	牛顿米	牛·米	N·m
动力黏度	η	帕斯卡秒	帕·秒	Pa·s
摩擦系数	μ			
运动黏度	ν	二次方米每秒	米^2/秒	m^2/s
正应力	σ	帕斯卡	帕	Pa
极限强度	σ_s	帕斯卡	帕	Pa
剪应力	τ	帕斯卡	帕	Pa
五、能				
功	A、W	焦耳	焦	J
能	E	焦耳	焦	J
功率	P	瓦特	瓦	W
变形能	U	牛顿米	牛·米	N·m
比能	u	焦耳每千克	焦耳/千克	J/kg
效率	η	（百分比）	%	
六、热				
热容	C	焦耳每开尔文	焦/开	J/K
比热容	c	焦耳每千克开尔文	焦/(千克·开)	J/(kg·K)
体积热容	C_v	焦耳每立方米开尔文	焦/(米^3·开)	J/(m^3·K)
焓	H	焦耳	焦	J
传热系数	K	瓦特每平方米开尔文	瓦/(米^2·开)	W/(m^2·K)
熔解热	L_f	焦耳每千克	焦/千克	J/kg
汽化热	L_v	焦耳每千克	焦/千克	J/kg
热量	Q	焦耳	焦	J
燃烧值	q	焦耳每千克	焦/千克	J/kg
热流(量)密度	q、j	瓦特每平方米	瓦/米^2	W/m^2
传热阻	R	平方米开尔文每瓦特	米^2·开/瓦	m^2·K/W
熵	S	焦耳每开尔文	焦/开	J/K
热力学温度	T	开尔文	开	K
摄氏温度	t	摄氏度	度	℃
热扩散系数	α	平方米每秒	米^2/秒	m^2/s
线膨胀系数	α_L	每开尔文	开$^{-1}$	K^{-1}
面膨胀系数	α_S	每开尔文	开$^{-1}$	K^{-1}
体膨胀系数	α_V	每开尔文	开$^{-1}$	K^{-1}
导热系数	λ	瓦特每米开尔文	瓦/(米·开)	W/(m·K)
七、光和声				

续表

量的名称	符号	中文单位名称	简称	法定单位符号
光速	C	米每秒	米/秒	m/s
焦度	D	屈光度	屈光度	
光照度	E、E_V	勒克斯	勒	lx
光通量	Φ、Φ_V、F	流明	流	lm
焦距	f	米	米	m
曝光量	H、H_V	勒克斯秒	勒·秒	lx·s
发光强度	I、I_V	坎德拉	坎	cd
声强	I、J	瓦特每平方米	瓦/米^2	W/m^2
光效能	K	流明每瓦特	流/瓦	lm/W
光亮度	L、L_V	坎德拉每平方米	坎/米^2	cd/m^2
响度级	L_N	方	方	(phon)
响度	N	宋	宋	(sone)
折射系数	n			
辐射通量	Φ、Φ_e、P	瓦特	瓦	W
吸声系数	α、α_a			
声强级	β	贝尔或分贝尔	贝或分贝	B 或 dB
反射系数	r			
隔声系数	σ	贝尔或分贝尔	贝或分贝	B 或 dB
透射系数	τ			
八、电和磁				
磁感应强度	B	特斯拉	特	T
电容	C	法拉	法	F
电位移	D	库伦每平方米	库/米^2	C/m^2
电场强度	E	牛顿每库伦或伏特每米	牛/库或伏/米	N/C 或 V/m
电容	G	西门子	西	S
磁场强度	H	安培每米	安/米	A/m
电流	I	安培	安	A
电流密度	J、δ	安培每平方米	安/米^2	A/m^2
电感	M	亨利	亨	H
线圈数	n、W			
电功率	P	瓦特	瓦	W
磁矩	m	安培平方米	安·米^2	A·m^2
电量、电荷	Q、q	库伦	库	C
电阻	R	欧姆	欧	Ω
电势差(电压)	U、V	伏特	伏	V
电势(电位)	V、j	伏特	伏	V
电抗	X	欧姆	欧	Ω
阻抗	Z	欧姆	欧	Ω
电导率	γ、σ	西门子每米	西/米	S/m
电动势	ε	伏特	伏	V
介质常数	ε	法拉每米	法/米	F/m
电荷线密度	λ	库伦每米	库/米	c/m
磁导率	μ	亨利每米	亨/米	H/m
电荷体密度	ρ	库伦每立方米	库/米^3	C/m^3
电阻率	ρ	欧姆米	欧·米	Ω·m
电荷面密度	σ	库伦每平方米	库/米^2	C/m^2
磁通量	Φ_m	韦伯	韦	Wb

化学元素符号 表 3-9

名称	符号	名称	符号	名称	符号	名称	符号	名称	符号	名称	符号	名称	符号
氢	H	氯	Cl	砷	As	铟	In	铽	Tb	铊	Tl	锫	Bk
氦	He	氩	Ar	硒	Se	锡	Sn	镝	Dy	铅	Pb	锎	Cf
锂	Li	钾	K	溴	Br	锑	Sb	钬	Ho	铋	Bi	锿	Es
铍	Be	钙	Ca	氪	Kr	碲	Te	铒	Er	钋	Po	镄	Fm
硼	B	钪	Sc	铷	Rb	碘	I	铥	Tm	砹	At	钔	Md
碳	C	钛	Ti	锶	Sr	氙	Xe	镱	Yb	氡	Rn	锘	No
氮	N	钒	V	钇	Y	铯	Cs	镥	Lu	钫	Fr	铹	Lr
氧	O	铬	Cr	锆	Zr	钡	Ba	铪	Hf	镭	Ra	𬬻	Rf
氟	F	锰	Mn	铌	Nb	镧	La	钽	Ta	锕	Ac	𬭊	Db
氖	Ne	铁	Fe	钼	Mo	铈	Ce	钨	W	钍	Th	𬭳	Sg
钠	Na	钴	Co	锝	Tc	镨	Pr	铼	Re	镤	Pa	𬭛	Bh
镁	Mg	镍	Ni	钌	Ru	钕	Nd	锇	Os	铀	U	𬭶	Hs
铝	Al	铜	Cu	铑	Rh	钷	Pm	铱	Ir	镎	Np	鿏	Mt
硅	Si	锌	Zn	钯	Pd	钐	Sm	铂	Pt	钚	Pu	𫟼	Ds
磷	P	镓	Ga	银	Ag	铕	Eu	金	Au	镅	Am	𬬭	Rg
硫	S	锗	Ge	镉	Cd	钆	Gd	汞	Hg	锔	Cm		

常用构件代号 表 3-10

序号	名称	代号	序号	名称	代号	序号	名称	代号
1	板	B	19	圈梁	QL	37	承台	CT
2	屋面板	WB	20	过梁	GL	38	设备基础	SJ
3	空心板	KB	21	连系梁	LL	39	桩	ZH
4	槽形板	CB	22	基础梁	JL	40	挡土墙	DQ
5	折板	ZB	23	楼梯梁	TL	41	地沟	DG
6	密肋板	MB	24	框架梁	KL	42	柱间支撑	ZC
7	楼梯板	TB	25	框支梁	KZL	43	垂直支撑	CC
8	盖板或沟盖板	GB	26	屋面框架梁	WKL	44	水平支撑	SC
9	挡雨板或檐口板	YB	27	檩条	LT	45	梯	T
10	吊车安全走道板	DB	28	屋架	WJ	46	雨篷	YP
11	墙板	QB	29	托架	TJ	47	阳台	YT
12	天沟板	TGB	30	天窗架	CJ	48	梁垫	LD
13	梁	L	31	框架	KJ	49	预埋件	M—
14	屋面梁	WL	32	刚架	GJ	50	天窗端壁	TD
15	吊车梁	DL	33	支架	ZJ	51	钢筋网	W
16	单轨吊车梁	DDL	34	柱	Z	52	钢筋骨架	G
17	轨道连接	DGL	35	框架柱	KZ	53	基础	J
18	车挡	CD	36	构造柱	GZ	54	暗柱	AZ

注：1. 预制钢筋混凝土构件、现浇钢筋混凝土构件、钢构件和木构件，一般可直接采用本表中的构件代号。在绘图中，除混凝土构件可不注明材料代号外，其他材料的构件可在构件代号前加注材料代号，并在图纸中加以说明。

2. 预应力混凝土构件的代号，应在构件代号前加注“Y”，如 Y-DL 表示预应力混凝土吊车梁。

3.1.2.6 塑料、树脂名称缩写代号

塑料、树脂名称缩写代号见表 3-11。

塑料、树脂名称缩写代号　　**表 3-11**

名　称	代号	名　称	代号
丙烯腈/丁二烯/丙烯酸酯共聚物	ABA	聚酰亚胺	PI
丙烯腈/丁二烯/苯乙烯共聚物	ABS	聚异丁烯	PIB
丙烯腈/乙烯/苯乙烯共聚物	AES	聚酰亚胺砜	PISU
丙烯腈/甲基丙烯酸甲酯共聚物	AMMA	聚 α-氯代丙烯酸甲酯	PMCA
聚芳香酯	ARP	聚甲基丙烯酸甲酯	PMMA
丙烯腈-苯乙烯树脂	AS	聚 4-甲基戊烯-1	PMP
丙烯腈/苯乙烯/丙烯酸酯共聚物	ASA	聚 α-甲基苯乙烯	PMS
醋酸纤维素塑料	CA	聚甲醛	POM
醋酸-丁酸纤维素塑料	CAB	聚丙烯	PP
醋酸-丙酸纤维素	CAP	聚邻苯二甲酰胺	PPA
通用纤维素塑料	CE	聚苯醚	PPE
甲酚-甲醛树脂	CF	聚苯醚	PPO
羧甲基纤维素	CMC	聚环氧（丙）烷	PPOX
硝酸纤维素	CN	聚苯硫醚	PPS
丙酸纤维素	CP	聚苯砜	PPSU
氯化聚乙烯	CPE	聚苯乙烯	PS
氯化聚氯乙烯	CPVC	聚砜	PSU
酪蛋白	CS	聚四氟乙烯	PTFE
三醋酸纤维素	CTA	聚氨酯	PUR
乙烷纤维素	EC	聚醋酸乙烯	PVAC
乙烯/丙烯酸乙酯共聚物	EEA	聚乙烯醇	PVAL
乙烯/甲基丙烯酸共聚物	EMA	聚乙烯醇缩丁醛	PVB
环氧树脂	EP	聚氯乙烯	PVC
乙烯-丙烯-二烯三元共聚物	EPD	聚氯乙烯醋酸乙烯酯	PVCA
乙烯-丙烯共聚物	EPM	氯化聚氯乙烯	PVCC
发泡聚苯乙烯	EPS	聚（乙烯基异丁基醚）	PVI
乙烯-四氟乙烯共聚物	ETFE	聚（氯乙烯-甲基乙烯基醚）	PVM
乙烯-醋酸乙烯共聚物	EVA	窄面模塑	RAM
乙烯-乙烯醇共聚物	EVAL	甲苯二酚-甲醛树脂	RF
全氟（乙烯-丙烯）塑料	FEP	反应注射模塑	RIM
呋喃甲醛	FF	增强塑料	RP
高密度聚乙烯塑料	HDPE	增强反应注射模塑	RRIM
高冲聚苯乙烯	HIPS	增强热塑性塑料	RTP
耐冲击聚苯乙烯	IPS	苯乙烯-丙烯腈共聚物	S/AN
液晶聚合物	LCP	苯乙烯-丁二烯嵌段共聚物	SBS
低密度聚乙烯塑料	LDPE	聚硅氧烷	SI

续表

名　称	代号	名　称	代号
线性低密聚乙烯	LLDPE	片状模塑料	SMC
线性中密聚乙烯	LMDPE	苯乙烯-α-甲基苯乙烯共聚物	S/MS
甲基丙烯酸-丁二烯-苯乙烯共聚物	MBS	厚片模塑料	TMC
甲基纤维素	MC	热塑性弹性体	TPE
中密聚乙烯	MDPE	韧性聚苯乙烯	TPS
密胺-甲醛树脂	MF	热塑性聚氨酯	TPU
密胺/酚醛树脂	MPF	聚-4-甲基-1戊烯	TPX
聚酰胺（尼龙）	PA	聚乙烯-乙烯共聚物	VG/E
聚丙烯酸	PAA	聚乙烯-乙烯-丙烯酸甲酯共聚物	VC/E/MA
碳酸-二乙二醇酯・烯丙醇酯树脂	PADC	氯乙烯-乙烯-醋酸乙烯酯共聚物	VC/E/VCA
聚芳醚	PAE	聚（偏二氯乙烯）	PVDC
聚芳醚酮	PAEK	聚（偏二氟乙烯）	PVDF
聚酰胺-酰亚胺	PAI	聚氟乙烯	PVF
聚酯树脂	PAK	聚乙烯醇缩甲醛	PVFM
聚丙烯腈	PAN	聚乙烯咔唑	PVK
聚芳酰胺	PARA	聚乙烯吡咯烷酮	PVP
聚芳砜	PASU	苯乙烯-马来酐塑料	S/MA
聚芳酯	PAT	苯乙烯-丙烯腈塑料	SAN
聚酯型聚氨酯	PAUR	苯乙烯-丁二烯塑料	SB
聚丁烯-［1］	PB	有机硅塑料	Si
聚丙烯酸丁酯	PBA	苯乙烯-α-甲基苯乙烯塑料	SMS
聚丁二烯-丙烯腈	PBAN	饱和聚酯塑料	SP
聚丁二烯-苯乙烯	PBS	聚苯乙烯橡胶改性塑料	SRP
聚对苯二酸丁二酯	PBT	醚酯型热塑弹性体	TEEE
聚碳酸酯	PC	聚烯烃热塑弹性体	TEO
聚氯三氟乙烯	PCTFE	苯乙烯热塑性弹性体	TES
聚对苯二甲酸二烯丙酯	PDAP	热塑（性）弹性体	TPEL
聚乙烯	PE	热塑性聚酯	TPES
聚醚嵌段酰胺	PEBA	热塑性聚氨酯	TPUR
聚酯热塑弹性体	PEBA	热固聚氨酯	TSUR
聚醚醚酮	PEEK	脲甲醛树脂	UF
聚醚酰亚胺	PEI	超高分子量聚乙烯	UHMWPE
聚醚酮	PEK	不饱和聚酯	UP
聚环氧乙烷	PEO	氯乙烯/乙烯树脂	VCE
聚醚砜	PES	氯乙烯/乙烯/醋酸乙烯共聚物	VCEV
聚对苯二甲酸乙二酯	PET	氯乙烯/丙烯酸甲酯共聚物	VCMA

续表

名称	代号	名称	代号
二醇类改性 PET	PETG	氯乙烯/甲基丙烯酸甲酯共聚物	VCMMA
聚醚型聚氨酯	PEUR	氯乙烯/丙烯酸辛酯树脂	VCOA
酚醛树脂	PF	氯乙烯/醋酸乙烯树脂	VCVAC
全氟烷氧基树脂	PFA	氯乙烯/偏氯乙烯共聚物	VCVDC
酚呋喃树脂	PFF		

3.1.2.7 常用增塑剂名称缩写代号

常用增塑剂名称缩写代号见表 3-12。

常用增塑剂名称缩写代号 **表 3-12**

名称	代号	名称	代号
烷基磺酸酯	ASE	己二酸二辛酯[己二酸二(2-乙基己)酯]	DOA
邻苯二甲酸苄丁酯	BBP	间苯二甲酸二辛酯[间苯二甲酸二(2-乙基己)酯]	DOIP
己二酸苄辛酯	BOA	邻苯二甲酸二辛酯[邻苯二甲酸二(2-乙基己)酯]	DOP
邻苯二甲酸二丁酯	DBP	癸二酸二辛酯[癸二酸二(2-乙基己)酯]	DOS
邻苯二甲酸二辛酯	DCP	对苯二甲酸二辛酯[对苯二甲酸二(2-乙基己)酯]	DOTP
邻苯二甲酸二乙酯	DEP	壬二酸二辛酯[壬二酸二(2-乙基己)酯]	DOZ
邻苯二甲酸二庚酯	DHP	磷酸二苯甲苯酯	DPCF
邻苯二甲酸二己酯	DHXP	磷酸二苯辛酯	DPOF
邻苯二甲酸二异丁酮	DIBP	环氧化亚麻油	ELO
己二酸二异癸酯	DIDA	氧化豆油	ESO
邻苯二甲酸二异癸酯	DIDP	邻苯二甲酸辛癸酯	ODP
己二酸二异壬酯	DINA	磷酸三氯乙酯	TCEP
邻苯二甲酸二异壬酯	DINA	磷酸三甲苯酯	TCF
己二酸二异辛酯	DIOP	偏苯三酸三异辛酯	TIOTM
邻苯二甲酸二异辛酯	DIOP	磷酸三辛酯[磷酸三(2-乙基己)酯]	TOF
邻苯二甲酸二异十三酯	DITDP	均苯四甲酸四辛酯[均苯四甲酸四(2-乙基己)酯]	TOPM
邻苯二甲酸二甲酯	DMP	磷酸三苯酯	TPF
邻苯二甲酸二壬酯	DNP		

3.1.2.8 建筑施工常用国家标准

建筑施工常用国家标准见表 3-13。标准编号中，凡有“T”符号的标准，均为推荐性标准。

建筑施工常用国家标准 **表 3-13**

序号	标准编号	标准名称	序号	标准编号	标准名称
1	GBJ 124—88	道路工程术语标准	3	GBJ 132—90	工程结构设计基本术语和通用符号
2	GB/T 50125—2010	给水排水工程基本术语标准	4	GB 50155—92	采暖通风与空气调节术语标准

续表

序号	标准编号	标准名称	序号	标准编号	标准名称
5	GB 50186—93	港口工程基本术语标准	38	GBJ 87—85	工业企业噪声控制设计规范
6	GB/T 50228—96	工程测量基本术语标准	39	GBJ 99—86	中小学校建筑设计规范
7	GB/T 50083—97	建筑结构设计术语和符号标准	40	GBJ 12—87	工业企业标准轨距铁路设计规范
8	GB/T 50262—97	铁路工程基本术语标准	41	GBJ 14—87	室外排水设计规范
9	GB/T 50095—98	水文基本术语和符号标准	42	GBJ22—87	厂矿道路设计规范
10	GB/T 50279—1998	岩土工程基本术语标准	43	GBJ 110—87	卤代烷 1211 灭火系统设计规范
11	GB/T 50297—2006	电力工程基本术语标准			
12	GB/T 50504—2009	民用建筑设计术语标准	44	GBJ 115—87	工业电视系统工程设计规范
13	GBJ 2—86	建筑模数协调统一标准	45	GBJ 118—88	民用建筑隔声设计规范
14	GBJ 6—86	厂房建筑模数协调标准	46	GB 50063—90	电力装置的电气测量仪表装置设计规范
15	GBJ 100—87	住宅建筑模数协调标准			
16	GB/T 50001—2010	房屋建筑制图统一标准	47	GBJ 133—90	民用建筑照明设计标准
17	GB/T 50103—2010	总图制图标准	48	GBJ 136—90	电镀废水治理设计规范
18	GB/T 50104—2010	建筑制图标准	49	GBJ 140—90	建筑灭火器配置设计规范
19	GB/T 50105—2010	建筑结构制图标准	50	GB 50031—91	乙炔站设计规范
20	GB/T 50106—2010	给水排水制图标准	51	GB 50030—91	氧气站设计规范
21	GB/T 50114—2010	暖通空调制图标准	52	GB 50058—92	爆炸和火灾危险环境电力装置设计规范
22	GB 50162—92	道路工程制图标准			
23	GB 50167—92	工程摄影测量标准	53	GB 50059—92	35~110kV 变电所设计规范
24	GB 50307—1999	地下铁道、轻轨交通岩土工程勘察规范	54	GB 50151—92	低倍数泡沫灭火系统设计规范
25	GB 50021—2001	岩土工程勘察规范	55	GB 50158—92	港口工程结构可靠度设计统一标准
26	GB 50027—2001	供水水文地质勘察规范			
27	GB 50324—2001	冻土工程地质勘察规范	56	GB 50163—92	卤代烷 1301 灭火设计规范
28	GB 50287—2006	水力发电工程地质勘察规范	57	GB 50055—93	通用用电设备配电设计规范
29	GB 50026—2007	工程测量规范	58	GB 50056—93	电热设备电力装置设计规范
30	GB 50308—2008	城市轨道交通工程测量规范	59	GB 50176—93	民用建筑热工设计规范
31	GB 50478—2008	地热电站岩土工程勘察规范	60	GB 50190—93	多层厂房楼盖抗微振设计规范
32	GB 50487—2008	水利水电工程地质勘察规范			
33	GB/T 50480—2008	冶金工业岩土勘察原位测试规范	61	GB 50191—93	构筑物抗震设计规范
34	GB 50218—94	工程岩体分级标准	62	GB 50193—93	二氧化碳灭火系统设计规范
35	GB/T 50145—2007	土的工程分类标准	63	GB/T 50028—93	城镇燃气设计规范
36	GBJ 65—83	工业与民用电力装置的接地设计规范	64	GB/T 50180—93	城市居住区规划设计规范
37	GBJ 64—83	工业与民用电力装置的过电压保护设计规范	65	GB/T 50196—93	高倍数、中倍数泡沫灭火系统设计规范(2002 年版)
			66	GB 50038—94	人民防空地下室设计规范

续表

序号	标准编号	标准名称
67	GB 50049—94	小型火力发电厂设计规范
68	GB 50053—94	10kV及以下变电所设计规范
69	GB 50057—94	建筑物防雷设计规范
70	GB 50070—94	矿山电力装置设计规范
71	GB 50195—94	发生炉煤气站设计规范
72	GB 50197—94	露天煤矿工程设计规范
73	GB 50199—94	水利水电工程结构可靠度设计统一标准
74	GB 50215—94	煤炭工业矿井设计规范
75	GB 50216—94	铁路工程结构可靠度设计统一标准
76	GBJ 50251—94	输气管道工程设计规范
77	GB 50046—95	工业建筑防腐蚀设计规范
78	GB 50052—95	供配电系统设计规范
79	GB 50054—95	低压配电装置及线路设计规范
80	GB 50219—95	水喷雾灭火系统设计规范
81	GB 50225—95	人民防空工程设计规范
82	GB 50037—96	建筑地面设计规范
83	GB 50040—96	动力机器基础设计规范
84	GB 50260—96	电力设施抗震设计规范
85	GB 50061—97	66kV及以下架空电力线路设计规范
86	GB 50264—97	工业设备及管道绝热工程设计规范
87	GB 50267—97	核电厂抗震设计规范
88	GB/T 50265—97	泵站设计规范
89	GB 50116—98	火灾自动报警系统设计规范
90	GB 50286—98	堤防工程设计规范
91	GB 50090—99	铁路线路设计规范
92	GB 50091—99	铁路车站及枢纽设计规范
93	GB 50096—99	住宅设计规范
94	GB 50288—1999	灌溉与排水工程设计规范
95	GB/T 50283—1999	公路工程结构可靠度设计统一标准
96	GB/T 50294—1999	核电厂总平面及运输设计规范
97	GB 50313—2000	消防通信指挥系统设计规范
98	GB 50316—2000	工业金属管道设计规范
99	GB 50011—2001	建筑抗震设计规范
100	GB 50068—2001	建筑结构可靠度设计统一标准
101	GB 50072—2001	冷库设计规范
102	GB 50073—2001	洁净厂房设计规范
103	GB 50084—2001	自动喷水灭火系统设计规范
104	GB 50320—2001	粮食平房仓设计规范
105	GB 50322—2001	粮食钢板筒仓设计规范
106	GB/T 50003—2001	砌体结构设计规范
107	GB/T 50033—2001	建筑采光设计标准
108	GB 50007—2002	建筑地基基础设计规范
109	GB 50010—2010	混凝土结构设计规范
110	GB 50069—2002	给水排水工程构筑物结构设计规范
111	GB 50071—2002	小型水力发电站设计规范
112	GB 50156—2002	汽车加油加气站设计与施工规范
113	GB 50332—2002	给水排水工程管道结构设计规范
114	GB 50335—2002	污水再生利用工程设计规范
115	GB 500336—2002	建筑中水设计规范
116	GB 50005—2003	木结构设计规范
117	GB 50015—2003	建筑给水排水设计规范
118	GB 50017—2003	钢结构设计规范
119	GB 50029—2003	压缩空气站设计规范
120	GB 50032—2003	室外给水排水和煤气热力工程抗震设计规范
121	GB 50251—2003	输气管道工程设计规范
122	GB 50253—2003	输油管道工程设计规范
123	GB 50338—2003	固定消防炮灭火系统设计规范
124	GB 500340—2003	老年人居住建筑设计标准
125	GB 500341—2003	立式圆筒形钢制焊接油罐设计规范

续表

序号	标准编号	标准名称	序号	标准编号	标准名称
126	GB/T 50102—2003	工业循环水冷却设计标准	155	GB 50405—2007	钢铁工业资源综合利用设计规范
127	GB 50215—2005	煤炭工业矿井设计规范			
128	GB 50350—2005	油气集输设计规范	156	GB 50406—2007	钢铁工业环境保护设计规范
129	GB 50370—2005	气体灭火系统设计规范	157	GB 50408—2007	烧结厂设计规范
130	GB 50013—2006	室外给水设计规范	158	GB 50410—2007	小型型钢轧钢工艺设计规范
131	GB 50014—2006	室外排水设计规范	159	GB 50414—2007	钢铁冶金企业设计防火规范
132	GB 50028—2006	城镇燃气设计规范	160	GB 50415—2007	煤矿斜井井筒及硐室设计规范
133	GB 50111—2006	铁路工程抗震设计规范			
134	GB 50135—2006	高耸结构设计规范	161	GB 50416—2007	煤矿井底车场硐室设计规范
135	GB 50367—2006	混凝土结构加固设计规范	162	GB 50417—2007	煤矿井下供配电设计规范
136	GB 50373—2006	通信管道与通道工程设计规范	163	GB 50418—2007	煤矿井下热害防治设计规范
137	GB 50376—2006	橡胶工厂节能设计规范	164	GB 50419—2007	煤矿巷道断面和交岔点设计规范
138	GB 50383—2006	煤矿井下消防、洒水设计规范	165	GB 50420—2007	城市绿地设计规范
139	GB 50385—2006	矿山井架设计规范	166	GB 50421—2007	有色金属矿山排土场设计规范
140	GB 50388—2006	煤矿井下机车运输信号设计规范	167	GB 50423—2007	油气输送管道穿越工程设计规范
141	GB 50391—2006	油田注水工程设计规范	168	GB 50426—2007	印染工厂设计规范
142	GB 50398—2006	无缝钢管工艺设计规范	169	GB 50428—2007	油田采出水处理设计规范
143	GB 50399—2006	煤炭工业小型矿井设计规范	170	GB 50429—2007	铝合金结构设计规范
144	GB/T 50109—2006	工业用水软化除盐设计规范	171	GB 50432—2007	炼焦工艺设计规范
145	GB/T 50314—2006	智能建筑设计标准	172	GB 50435—2007	平板玻璃工厂设计规范
146	GB/T 50392—2006	机械通风冷却塔工艺设计规范	173	GB 50436—2007	线材轧钢工艺设计规范
			174	GB 50443—2007	水泥工厂节能设计规范
147	GB 50050—2007	工业循环冷却水处理设计规范	175	GB 50041—2008	锅炉房设计规范
			176	GB 50046—2008	工业建筑防腐蚀设计规范
148	GB 50217—2007	电力工程电缆设计规范			
149	GB 50226—2007	铁路旅客车站建筑设计规范	177	GB 50060—2008	3～110kV 高压配电装置设计规范
150	GB 50311—2007	综合布线系统工程设计规范	178	GB 50153—2008	工程结构可靠性设计统一标准
151	GB 50384—2007	煤矿立井井筒及硐室设计规范			
			179	GB 50174—2008	电子信息系统机房设计规范
152	GB 50394—2007	入侵报警系统工程设计规范	180	GB 50227—2008	并联电容器装置设计规范
153	GB 50395—2007	视频安防监控系统工程设计规范	181	GB 50295—2008	水泥工厂设计规范
			182	GB 50425—2008	纺织工业企业环境保护设计规范
154	GB 50396—2007	出入口控制系统工程设计规范	183	GB 50427—2008	高炉炼铁工艺设计规范

续表

序号	标准编号	标准名称	序号	标准编号	标准名称
184	GB 50431—2008	带式输送机工程设计规范	214	GB 50512—2009	冶金露天矿准轨铁路设计规范
185	GB 50439—2008	炼钢工艺设计规范			
186	GB 50450—2008	煤矿主要通风机站设计规范	215	GB 50039—2010	农村防火规范
187	GB 50451—2008	煤矿井下排水泵站及排水管路设计规范	216	GB 50045—2005	高层民用建筑设计防火规范
			217	GB 50222—95	建筑内部装修设计防火规范
188	GB 50454—2008	航空发动机试车台设计规范	218	GB 50067—97	汽车库、修车库、停车设计防火规范
189	GB 50455—2008	地下水封石洞油库设计规范			
190	GB 50457—2008	医药工业洁净厂房设计规范	219	GB 50098—2009	人民防空工程设计防火规范
191	GB 50458—2008	跨座式单轨交通设计规范	220	GB 50016—2006	建筑设计防火规范
192	GB 50463—2008	隔振设计规范	221	GB 50229—2006	火力发电厂与变电站设计防火规范
193	GB 50468—2008	焊管工艺设计规范			
194	GB 50469—2008	橡胶工厂环境保护设计规范	222	GB 50160—2008	石油化工企业设计防火规范
195	GB 50471—2008	煤矿瓦斯抽采工程设计规范	223	GB 50284—2008	飞机库设计防火规范
196	GB 50472—2008	电子工业洁净厂房设计规范	224	GB 50161—2009	烟花爆竹工厂设计安全规范
197	GB 50473—2008	钢制储罐地基基础设计规范	225	GB 50194—93	建设工程施工现场面供用电安全规范
198	GB 50475—2008	石油化工全厂性仓库及堆场设计规范			
199	GB/T 50062—2008	电力装置的继电保护和自动装置设计规范	226	GB 50089—2007	民用爆破器材工程设计安全规范
200	GB/T 50466—2008	煤炭工业供热通风与空气调节设计规范	227	GB 50154—2009	地下及覆土火药炸药仓库设计安全规范
201	GB/T 50476—2008	混凝土结构耐久性设计规范	228	GB/T 50129—2011	砌体基本力学性能试验方法标准
202	GB 50070—2009	矿山电力设计规范			
203	GB 50317—2009	猪屠宰与分割车间设计规范	229	GB 50152—92	混凝土结构试验方法标准
204	GB 50459—2009	油气输送管道跨越工程设计规范	230	GB 50164—2011	混凝土质量控制标准
			231	GB/T 50269—97	地基动力特性测试规范
205	GB 50481—2009	棉纺织工厂设计规范	232	GB/T 50123—99	土工试验方法标准(2007 版)
206	GB 50482—2009	铝加工厂工艺设计规范	233	GB/T 50266—99	工程岩体试验方法标准
207	GB 50483—2009	化工建设项目环境保护设计规范	234	GB 50150—2006	电气装置安装工程 电气设备交接试验标准
208	GB 50486—2009	钢铁厂工业炉设计规范	235	GB/T 50412—2007	厅堂音质模型试验规范
209	GB 50488—2009	腈纶工厂设计规范	236	GB/T 50080—2002	普通混凝土拌合物性能试验方法标准
210	GB 50489—2009	化工企业总图运输设计规范			
211	GB 50492—2009	聚酯工厂设计规范	237	GB/T 50081—2002	普通混凝土力学性能试验方法标准
212	GB 50493—2009	石油化工可燃气体和有毒气体检测报警设计规范			
			238	GB/T 50329—2002	木结构试验方法标准
213	GB 50499—2009	麻纺织工厂设计规范	239	GBJ 117—88	工业构筑物抗震鉴定标准

续表

序号	标准编号	标准名称	序号	标准编号	标准名称
240	GB 50023—2009	建筑抗震鉴定标准	268	GB 50404—2007	硬泡聚氨酯保温防水工程技术规范
241	GB 50223—2008	建筑工程抗震设防分类标准			
242	GB 50453—2008	石油化工建（构）筑物抗震设防分类标准	269	GB 50422—2007	预应力混凝土路面工程技术规范
243	GB 50292—1999	民用建筑可靠性鉴定标准	270	GB 50440—2007	城市消防远程监控系统技术规范
244	GB 50144—2008	工业建筑可靠性鉴定标准			
245	GB/T 50107—2010	混凝土强度检验评定标准	271	GB 50108—2008	地下工程防水技术规范
246	GBJ 112—87	膨胀土地区建筑技术规范	272	GB 50393—2008	钢质石油储罐防腐蚀工程技术规范
247	GBJ 130—90	钢筋混凝土升板结构技术规范			
			273	GB 50447—2008	实验动物设施建筑技术规范
248	GBJ 146—90	粉煤灰混凝土应用技术规程	274	GB 50464—2008	视频显示系统工程技术规范
249	GB 50181—93	蓄滞洪区建筑工程技术规范	275	GB 50470—2008	油气输送管道线路工程抗震技术规范
250	GB 50198—2011	民用闭路监视电视系统工程技术规范			
			276	GB 50474—2008	隔热耐磨衬里技术规范
251	GB 50200—94	有线电视系统工程技术规范	277	GB 50484—2008	石油化工建设工程施工安全技术规范
252	GB 50290—98	土工合成材料应用技术规范			
253	GB 50296—1999	供水管井技术规范	278	GB/T 50448—2008	水泥基灌浆材料应用技术规范
254	GB/T 50315—2011	砌体工程现场检测技术标准			
255	GB 50086—2001	锚杆喷射混凝土支护技术规范	279	GB/T 50452—2008	古建筑防工业振动技术规范
			280	GB/T 50485—2009	微灌工程技术规范
256	GB 50214—2001	组合钢模板技术规范	281	GB 50490—2009	城市轨道交通技术规范
257	GB 50018—2002	冷弯薄壁型钢结构技术规范	282	GB 50494—2009	城镇燃气技术规范
258	GB 50333—2002	医院洁净手术部建筑技术规范	283	GB 50495—2009	太阳能供热采暖工程技术规范
259	GB/T 50330—2002	建筑边坡工程技术规范	284	GB 50497—2009	建筑基坑工程监测技术规范
260	GB 50345—2004	屋面工程技术规范	285	GB 50327—2001	住宅装饰装修工程施工规范
261	GB 50366—2005	地源热泵系统工程技术规范	286	GB 50424—2007	油气输送管道穿越工程施工规范
262	GB/T 50349—2005	建筑给水聚丙烯管道工程技术规范			
263	GB/T 50362—2005	住宅性能评定技术标准	287	GB 50126—2008	工业设备及管道绝热工程施工规范
264	GB 50364—2005	民用建筑太阳能热水系统应用技术规范	288	GB 50460—2008	油气输送管道跨越工程施工规范
265	GB 50400—2006	建筑与小区雨水利用工程技术规范	289	GB 50496—2009	大体积混凝土施工规范
			290	GB 50325—2010	民用建筑工程室内环境污染控制规范
266	GB/T 50085—2007	喷灌工程技术规范			
267	GB 50127—2007	架空索道工程技术规范	291	GB/T 50441—2007	石油化工设计能耗计算标准

续表

序号	标准编号	标准名称	序号	标准编号	标准名称
292	GB 50178—93	建筑气候区划标准	315	GBJ 149—90	电气装置安装工程母线施工及验收规范
293	GB 50009—2001	建筑结构荷载规范	316	GB 50213—2010	煤矿井巷工程质量验收规范
294	GB 50319—2000	建设工程监理规范	317	GB 50212—2002	建筑防腐蚀工程施工及验收规范
295	GB/T 50323—2001	城市建设档案著录规范	318	GB 50169—2006	电气装置安装工程接地装置施工及验收规范
296	GB 50328—2001	建设工程文件归档整理规范	319	GB 50170—2006	电气装置安装工程旋转电机施工及验收规范
297	GB/T 50326—2006	建设工程项目管理规范	320	GB 50171—92	电气装置安装工程盘、柜及二次回路结线施工及验收规范
298	GB/T 50375—2006	建筑工程施工质量评价标准	321	GB 50172—92	电气装置安装工程蓄电池施工及验收规范
299	GB/T 50378—2006	绿色建筑评价标准	322	GB 50173—92	电气装置安装工程 35kV 及以下架空电力线路施工及验收规范
300	GB/T 50379—2006	工程建设勘察企业质量管理规范	323	GB 50175—93	露天煤矿工程施工及验收规范
301	GB/T 50380—2006	工程建设设计企业质量管理规范	324	GB 50252—2010	工业安装工程施工质量验收统一标准
302	GB 50501—2007	水利工程工程量清单计价规范	325	GB 50255—96	电气装置安装工程电力变流设备施工及验收规范
303	GB/T 50430—2007	工程建设施工企业质量管理规范	326	GB 50224—2010	建筑防腐蚀工程施工质量验收规范
304	GB 50500—2008	建设工程工程量清单计价规范	327	GB 50254—96	电气装置安装工程低压电器施工及验收规范
305	GB/T 50502—2009	建筑施工组织设计规范	328	GB 50256—96	电气装置安装工程起重机电气装置施工及验收规范
306	GBJ 97—87	水泥混凝土路面施工及验收规范	329	GB 50257—96	电气装置安装工程爆炸和火灾危险环境电气装置施工及验收规范
307	GBJ 126—89	工业设备及管道绝热工程施工及验收规范	330	GBJ 50092—96	沥青路面施工及验收规范
308	GB 50233—90	110～500kV 架空电力线路施工及验收规范	331	GB 50235—2010	工业金属管道工程施工规范
309	GBJ 128—90	立式圆筒开形钢制焊接油罐施工及验收规范	332	GB 50094—2010	球形储罐施工规范
310	GBJ 134—90	人防工程施工及验收规范	333	GB 50236—2011	现场设备、工业管道焊接工程施工规范
311	GBJ 142—90	中、短波广播发射台与电缆载波通信系统的防护间距标准			
312	GBJ 143—90	架空电力线路、变电所对电视差转台、转播台无线电干扰防护间距标准			
313	GBJ 147—90	电气装置安装工程高压电器施工及验收规范			
314	GBJ 148—90	电气装置安装工程高压电器施工及验收规范			

续表

序号	标准编号	标准名称	序号	标准编号	标准名称
334	GB 50270—2010	输送设备安装工程施工及验收规范	353	GB 50243—2002	通风与空调工程施工质量及验收规范
335	GB 50274—2010	制冷设备、空气分离设备安装工程施工及验收规范	354	GB 50303—2002	建筑电气工程施工质量验收规范
336	GB 50275—2010	风机、压缩机、泵安装工程施工及验收规范	355	GB 50310—2002	电梯工程施工质量验收规范
337	GB 50276—2010	破碎、粉磨设备安装工程施工及验收规范	356	GB 50334—2002	城市污水处理厂工程质量验收规范
338	GB 50277—2010	铸造设备安装工程施工及验收规范	357	GB 500339—2003	智能建筑工程质量验收规范
339	GB 50278—2010	起重设备安装工程施工验收规范	358	GB 50606—2010	智能建筑工程施工规范
340	GB 50299—1999	地下铁道工程施工及验收规范	359	GB 50168—2006	电气装置安装工程电缆线路施工及验收规范
341	GB 50300—2001	建筑工程施工质量验收统一标准	360	GB 50281—2006	泡沫灭火系统施工及验收规范
342	GB 50205—2001	钢结构工程施工质量验收规范	361	GB 50372—2006	炼铁机械设备工程安装验收规范
343	GB 50210—2001	建筑装饰装修工程质量验收规范	362	GB 50374—2006	通信管道工程施工及验收规范
344	GB 50093—2002	自动化仪表工程施工及验收规范	363	GB 50377—2006	选矿机械设备工程安装验收规范
345	GB 50202—2002	建筑地基基础工程施工质量验收规范	364	GB 50381—2010	城市轨道交通自动售检票系统工程质量验收规范
346	GB 50203—2011	砌体结构工程施工质量验收规范	365	GB 50382—2006	城市轨道交通通信工程质量验收规范
347	GB 50204—2002	混凝土结构工程施工质量验收规范	366	GB 50386—2006	轧机机械设备工程安装验收规范
348	GB 50206—2002	木结构工程施工质量验收规范	367	GB 50387—2006	冶金机械液压、润滑和气动设备工程安装验收规范
349	GB 50207—2002	屋面工程质量验收规范	368	GB 50389—2006	750kV 架空送电线路施工及验收规范
350	GB 50208—2011	地下防水工程施工质量验收规范	369	GB 50390—2006	焦化机械设备工程安装验收规范
351	GB 50209—2010	建筑地面工程施工质量验收规范	370	GB 50263—2007	气体灭火系统施工及验收规范
352	GB 50242—2002	建筑给水排水及采暖工程施工质量验收规范	371	GB 50131—2007	自动化仪表工程施工质量验收规范
			372	GB 50166—2007	火灾自动报警系统施工及验收规范

续表

序号	标准编号	标准名称	序号	标准编号	标准名称
373	GB 50309—2007	工业炉砌筑工程质量验收规范	383	GB 50444—2008	建筑灭火器配置验收及检查规范
374	GB 50312—2007	综合布线系统工程验收规范	384	GB 50446—2008	盾构法隧道施工与验收规范
375	GB 50397—2007	冶金电气设备工程安装验收规范	385	GB 50461—2008	石油化工静设备安装工程施工质量验收规范
376	GB 50401—2007	消防通信指挥系统施工及验收规范	386	GB 50462—2008	电子信息系统机房施工及验收规范
377	GB 50402—2007	烧结机械设备工程安装验收规范	387	GB 50467—2008	微电子生产设备安装工程施工及验收规范
378	GB 50403—2007	炼钢机械设备工程安装验收规范	388	GB 50231—2009	机械设备安装工程施工及验收通用规范
379	GB 50411—2007	建筑节能工程施工质量验收规范	389	GB 50271—2009	金属切削机床安装工程施工及验收规范
380	GB 50078—2008	烟囱工程施工及验收规范	390	GB 50272—2009	锻压设备安装工程施工及验收规范
381	GB 50141—2008	给水排水构筑物工程施工及验收规范	391	GB 50273—2009	锅炉安装工程施工及验收规范
382	GB 50268—2008	给水排水管道工程施工及验收规范	392	GB 50498—2009	固定消防炮灭火系统施工与验收规范

3.1.2.9　部分国家的国家标准代号

部分国家的国家标准代号见表 3-14。

部分国家的国家标准代号　　**表 3-14**

名　称	代　号	标　准　编　号
美国国家标准	ANSI	代号＋字母类号＋序号＋批准年份
澳大利亚标准	AS	代号＋字母类号＋序号＋制订年份
英国标准	BS	代号＋序号＋制订年份
原苏联标准①	COST（ГОСТ）	标准代号＋序号＋批准年份
斯里兰卡标准	CS	代号＋序号＋制订年份
加拿大国家标准	CSA	代号＋编制机构代号＋原序号＋制订年份
朝鲜国家标准	CSK	代号＋序号＋制订年份
捷克国家标准	CSN	代号＋序号＋批准年份
墨西哥官方标准	DGN	代号＋字母类号＋三位序号＋制订年份
德国标准	DIN	代号＋序号＋批准年份
丹麦标准	DS	代号＋序号
埃及标准	E・S・	代号＋序号＋制订年份
埃塞俄比亚标准	ESI	代号＋字母类号＋数字类号＋三位序号
中国国家标准	GB	代号＋序号＋批准年份

续表

名　称	代 号	标 准 编 号
加纳标准	GS	代号＋字母类＋序号＋制订年份
哥伦比亚标准	ICONTEC	代号＋序号
阿根廷标准	IRAM	代号＋标准序号＋（种类代号）＋制订年份
印度标准	IS	代号＋序号＋制订年份
伊朗标准	ISIRI	代号＋标准序号＋制订年份
国际标准化组织标准	ISO	
日本标准	JIS	代号＋字母类号＋数字类号＋标准序号＋制订或修订年份
南斯拉夫标准	JUS	
韩国标准	KS	代号＋序号＋批准年份
科威特标准规格	KSS	代号＋序号
利比亚标准	LS	代号＋序号
马来西亚标准	MS	代号＋工业标准委员会代号＋序号＋制订年份
巴西正式标准	NB	代号＋标准种类号＋序号＋制订或修订年份
智利标准	NCh	代号＋序号＋种类代号＋制订年份
荷兰标准	NEN	代号＋标准序号＋制订或修订年份
法国标准	NF	代号＋字母类号＋小类号＋序号＋制订年份
印度尼西亚标准	NI	
秘鲁标准	NOP	代号＋三位数字组号＋该组内序号＋制订年份
委内瑞拉标准	NORVEN	代号＋数字类号＋序号＋制订年份
巴拉圭标准	NP	标准编号
挪威标准	NS	代号＋顺序号
新西兰标准	NZS	代号＋序号
奥地利标准	ONORM	代号＋序号＋制订年份
波兰标准	PN	代号＋字母类号＋四位数字
巴基斯坦标准	PS	代号＋制订或修订年份＋字母类号＋数字组号
菲律宾标准	PS	代号＋序号＋制订年份
南非标准	SABS	代号＋序号
芬兰标准协会标准	SFS	代号＋序号＋制订年份
以色列标准	S・I	代号＋序号
瑞典标准	SIS	代号＋序号＋制订年份
瑞士标准协会标准	SNV	代号＋六位数号
新加坡标准	S・S・	代号＋六位数号
罗马尼亚国家标准	STAS	代号＋序号＋制订年份
越南国家标准	TCVH	代号＋序号＋制订年份
泰国国家标准规格	THAI	代号＋序号＋制订年份
土耳其标准	TS	代号＋标准序号＋制订或修订年份
坦桑尼亚标准	TZS	代号＋标准序号＋制订或修订年份

续表

名　称	代　号	标　准　编　号
西班牙标准	UNE	代号＋序号＋制订年份
意大利标准	UNI	代号＋四位或五位数号
乌拉圭技术标准学会标准	UNIT	代号＋标准序号＋制订或修订年份
蒙古国家标准	VCS	代号＋序号＋制订年份
赞比亚标准	ZS	代号＋序号＋制订年份

3.1.2.10　钢材涂色标记

钢材涂色标记见表 3-15。

钢 材 涂 色 标 记　　**表 3-15**

类别	牌号或组别	涂色标志
优质碳素结构钢	05～15	白色
	20～25	棕色＋绿色
	30～40	白色＋蓝色
	45～85	白色＋棕色
	15Mn～40Mn	白色二条
	45Mn～70Mn	绿色三条
合金结构钢	锰钢	黄色＋蓝色
	硅锰钢	红色＋黑色
	锰钒钢	蓝色＋绿色
	铬钢	绿色＋黄色
	铬硅钢	蓝色＋红色
	铬锰钢	蓝色＋黑色
	铬锰硅钢	红色＋紫色
	铬钒钢	绿色＋黑色
	铬锰钛钢	黄色＋黑色
	铬钨钒钢	棕色＋黑色
	钼钢	紫色
	铬钼钢	绿色＋紫色
	铬锰钼钢	绿色＋白色
	铬钼钒钢	紫色＋棕色
	铬硅钼钒钢	紫色＋棕色
	铬铝钢	铝白色
	铬钼铝钢	黄色＋紫色
	铬钨钒铝钢	黄色＋红色
	硼钢	紫色＋蓝色
	铬钼钨钒钢	紫色＋黑色

类别	牌号或组别	涂色标志
高速工具钢	W12Cr4V4Mo	棕色一条＋黄色一条
	W18Cr4V	棕色一条＋蓝色一条
	W9Cr4V2	棕色二条
	W9Cr4V	棕色一条
铬轴承钢	GCr6	绿色一条＋白色一条
	GCr9	白色一条＋黄色一条
	GCr9SiMn	绿色二条
	GCr15	蓝色一条
	GCr15SiMn	绿色一条＋蓝色一条
不锈耐酸钢	铬钢	铝色＋黑色
	铬钛钢	铝色＋黄色
	铬锰钢	铝色＋绿色
	铬钼钢	铝色＋白色
	铬镍钢	铝色＋红色
	铬锰镍钢	铝色＋棕色
	铬镍钛钢	铝色＋蓝色
	铬镍铌钢	铝色＋蓝色
	铬钼钛钢	铝色＋白色＋黄色
	铬钼钒钢	铝色＋红色＋黄色
	铬镍钼钛钢	铝色＋紫色
	铬钼钒钴钢	铝色＋紫色
	铬镍铜钛钢	铝色＋蓝色＋白色
	铬镍钼铜钛钢	铝色＋黄色＋绿色
	铬镍钼铜铌钢	铝色＋黄色＋绿色
	（铝色为宽条，余为窄色条）	

续表

类别	牌号或组别	涂色标志	类别	牌号或组别	涂色标志
耐热钢	铬硅钢	红色＋白色	耐热钢	铬硅钼钛钢	红色＋紫色
	铬钼钢	红色＋绿色		铬硅钼钒钢	红色＋紫色
	铬硅钼钢	红色＋蓝色		铬铝钢	红色＋铝色
	铬钢	铝色＋黑色		铬镍钨钼钛钢	红色＋棕色
	铬钼钒钢	铝色＋紫色		铬镍钨钼钢	红色＋棕色
	铬镍钛钢	铝色＋蓝色		铬镍钨钛钢	铝色＋白色＋红色
	铬铝硅钢	红色＋黑色		（前为宽色条，后为窄色条）	
	铬硅钛钢	红色＋黄色			

3.1.2.11 钢筋符号

钢筋符号见表 3-16。

钢 筋 符 号 **表 3-16**

种类		符号	种类			符号
热轧钢筋	HPB300	Φ	预应力钢筋	消除应力钢丝	光 面	Φ^{P}
	HRB335	Φ			螺旋肋	Φ^{H}
	HRBF335	Φ^{F}		中强度预应力钢丝	光面	Φ^{PM}
	HRB400	Φ			螺旋肋	Φ^{HM}
	HRBF400	Φ^{F}		预应力螺纹钢筋	螺纹	Φ^{T}
	RRB400	Φ^{R}				
	HRB500	Φ				
	HRBF500	Φ^{F}				
预应力钢筋	钢绞线	Φ^{S}				

3.1.2.12 建材、设备的规格型号表示法

建材、设备的规格型号表示法见表 3-17。

建材、设备的规格型号表示法 **表 3-17**

符号	意义	符号	意义
	一、土建材料	e	偏心距
L	角钢	M	门
匚	槽钢	n	螺栓孔数目
工	工字钢	C	材料强度等级表示法：混凝土强度等级
—	扁钢、钢板	M	砂浆强度等级
口	方钢	MU	砖、石、砌块强度等级
Φ	圆形材料直径	S	钢材强度等级
″	英寸	T	木材强度等级
#	号	β	高厚比
@	每个、每样相等中距	λ	长细比
C	窗	〔 〕	容许的
c	保护层厚度	＋（－）	受拉（受压）的

续表

符　号	意　　义	符　号	意　　义
	二、电气材料设备		三、给水排水材料设备
AWG	美国线规	DN	公称直径（毫米）
BWG	伯明翰线规	d	管螺纹（英寸）
CWG	中国线规	P_g	管线承受压力，如1.6N/mm^2
SWG	英国线规	AQ	输送液体、气体管类型表示法：氨气管
DG	电线管	DQ	氮气管
G	焊接钢管	E	二氧化碳管
VG	硬塑料管	GF	鼓风管
B	灯具安装方式表示法：壁装式	H	化工管
D	吸顶式	L	凝水管
G	管吊式	M	煤气管
L	链吊式	QQ	氢气管
R	嵌入式	R	热水管
X	线吊式	RH	乳化剂管
BLV	导线类型表示法：铝芯聚氯乙烯绝缘线		
BLVV	铝芯聚氯乙烯护套线	S	输送液体、气体管类型表示法：上水管
BLX	铝芯橡皮线	TF	通风管
BLXF	铝芯氯丁橡皮线	X	下水管
BV	铜芯聚氯乙烯绝缘线	XF	循环水管
BVR	铜芯聚氯乙烯绝缘软线	Y	油管
BVV	铜芯聚氯乙烯护套线	YI	乙炔管
BX	铜芯橡皮线	YQ	氧气管
BXR	铜芯橡皮软线	YS	压缩空气管
BXF	铜芯氯丁橡皮线	Z	蒸汽管
HBV	铜芯聚氯乙烯通信广播线	ZK	真空管
HPV	铜芯聚氯乙烯电话配线	ZQ	沼气管
		B、B_A	水泵类表示法：单级单吸离心水泵
		D、D_A	多级多吸离心水泵
		HB	单级单吸混流泵
		J、J_A	离心式水泵
		S、S_A	单级双吸离心水泵

3.1.2.13　钢铁、阀门、润滑油的产品代号

1. 钢铁及合金的产品代号（表3-18）

2. 阀门的产品代号（表 3-19）

3. 润滑油的产品代号表（见表 3-20）

钢铁及合金的产品代号表 **表 3-18**

代 号 组 成	前缀字母
统一数字代号由固定的 6 位符号组成，左边第一位用大写的拉丁字母作前缀（一般不使用“I”和“O”字母），后接 5 位阿拉伯数字。 每一个统一数字代号只适用于一个产品牌号；反之，每一个产品牌号只对应于一个统一数字代号。当产品牌号取消后，一般情况下，原对应的统一数字代号不再分配给另一个产品牌号。 统一数字代号的结构形式如下： ⊠××××× 大写拉丁字母，代表不同的钢铁及合金类型 第一位阿拉伯数字，代表各类型钢铁及合金细分类 第二、三、四、五位阿拉伯数字代表不同分类内的编组和同一编组内的不同牌号的区别顺序号（各类型材料编组不同）	A—合金结构钢 B—轴承钢 C—铸铁、铸钢及铸造合金 E—电工用钢和纯铁 F—铁合金和生铁 L—低合金钢 Q—快淬金属及合金 S—不锈、耐蚀和耐热钢 T—工具钢 U—非合金钢 W—焊接用钢及合金

阀门的产品代号表 **表 3-19**

代 号 组 成	类 别 符 号	驱动方法符号	连接形式和结构形式符号	密封圈或衬里材料符号	公称压力符 号	阀体材料符 号
由六部分组成如下： □□□□□□ —阀门类别符号（见右栏） —驱动方法符号（见右栏） —连接形式和结构形式符号（见右栏） —密封圈或衬里材料符号（见右栏） —公称压力符号（见右栏） —阀体材料符号（见右栏）	用汉语拼音字母表示类别： A—安全阀 D—蝶阀 G—隔膜阀 H—止回阀 J—截止阀 L—节流阀 Q—球阀 S—疏水阀 T—调节阀 X—旋塞阀 Y—减压阀 Z—闸阀	用阿拉伯数字表示驱动方法： 3—蜗轮传动 4—正齿轮传动 5—伞齿轮传动 6—气动驱动 7—液压驱动 8—电磁驱动 9—电动机驱动	用两位阿拉伯数字表示，个位数字表示各种阀门结构形式（略）。十位数字表示连接形式： 1—内螺纹 2—外螺纹 3～5—法兰 6—焊接	用汉语拼音字母表示密封圈或衬里材料： B—巴氏合金 D—渗氮钢 H—耐酸钢不锈钢 J—硬橡胶 L—铝合金 NL—尼龙 P—皮革 SA—聚四氟乙烯 SC—聚氯乙烯 SD—酚醛塑料 T—铜 TC—搪瓷 X—橡胶 Y—硬质合金	用阿拉伯数字表示公称压力，可直接表示，也可用短线将它与前面四个单元符号隔开表示	用汉语拼音字母表示阀体材料： B—铝合金 C—碳钢 G—硅铁 I—铬铜钢 K—可锻铸钢 L—铝合金钢 P—铬镍钛铜 Q—球墨铸铁 R—铬镍铜钛钢 T—铜合金 V—铬镍钒钢 Z—灰铸铁

润滑油的产品代号表　　表 3-20

代号组成	组别符号	级别符号	牌号	尾注	举例
由四部分组成如下： □□□—□ 类别符号（用H表示） 组别符号（见右栏） 级别符号（见右栏） 牌号（见右栏）	用汉语拼音字母表示组别： C—柴油机润滑油 D—冷冻机油 G—汽缸油 J—机械油 L—齿轮油 Q—汽油机润滑油 S—压缩机油 T—特种润滑油 U—汽轮机油 Y—仪表油 Z—车轴油	用阿拉伯数字表示级别： 1—轻级（一般可略去不写） 2—中级 3—重级 4—高速 5—低速 8—极压	用运动黏度平均厘斯托克斯（cSt）的阿拉伯数字表示。特种润滑油用顺序号表示	H—合成润滑油 D—低凝点润滑油	HC-8—8 号轻级柴油机润滑油； HC_2-16—16 号中级柴油机润滑油； HJ－12D—12 号低凝点机械油； HY－8H—8 号合成仪表油

3.1.2.14　常用架空绞线的型号及用途

常用架空绞线的型号及用途见表 3-21。

常用架空绞线的型号及用途　　表 3-21

型号组成	型号	名称	规格（mm^2）	用途
由三部分组成如下： □□□ 类别代号—特征代号—尾注 (1) 类别代号以导线区分： L—铝线　T—铜线 (2) 特征代号用拼音字母表示： G—钢芯　J—绞制　J—加强型 Q—轻型　R—柔软型　Y—圆形 (3) 尾注： F—防腐形 1—第一种　2—第二种	LJ	裸铝绞线	10～600	供高低压架空输配电线路用
	LGJ	钢芯铝绞线	10～400	供需提高拉力强度的架空输配电线路用
	LGJJ	加强型钢芯铝绞线	150～400	
	LGJQ	轻型钢芯铝绞线	150～700	
	LGJF	防腐型钢芯铝绞线	10～400	供沿海及有腐蚀性地区需提高拉力强度的架空输配电线路用
	LGJJF	防腐加强型钢芯铝绞线	150～400	
	LGJQF	防腐轻型钢芯铝绞线	150～700	

3.1.3　常用图纸标记符号和表示方法

3.1.3.1　图纸的标题栏与会签栏

图纸的标题栏与会签栏见表 3-22。

图纸的标题栏与会签栏 **表 3-22**

表示方法说明	图　示
横式使用的图纸，应按右栏图示的形式布置。	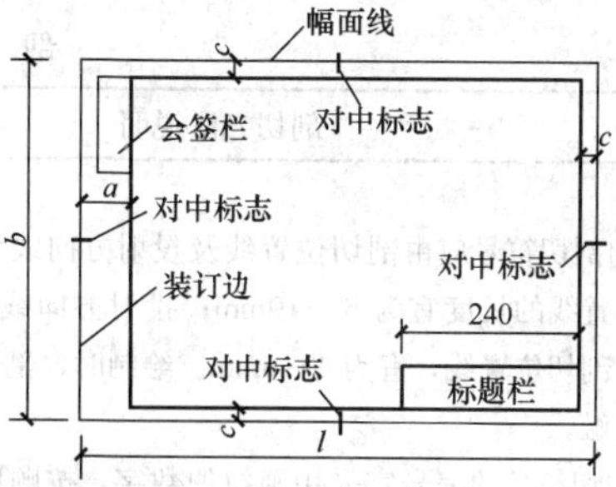
A0—A3 幅面立式使用的图纸，应按右栏图示的形式布置。	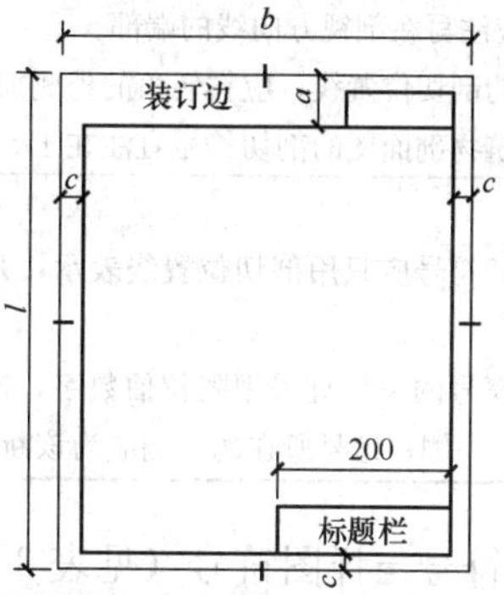
A4 幅面立式使用的图纸，应按右栏图示的形式布置。	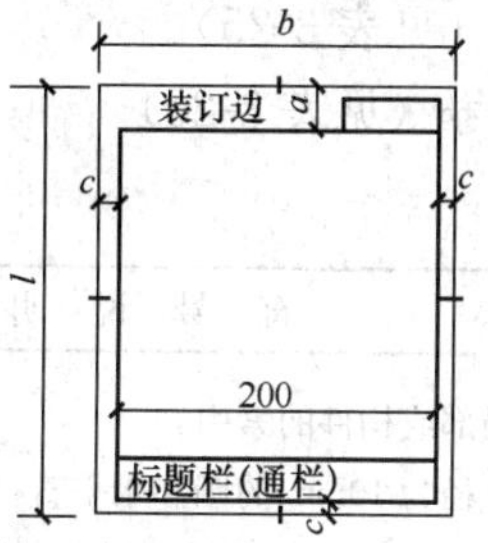
标题栏应按右栏图示，根据工程需要选择确定其尺寸、格式及分区。签字区应包含实名列和签名列。涉外工程的标题栏内，各项主要内容的中文下方应附有译文，设计单位的上方或左方，应加“中华人民共和国”字样	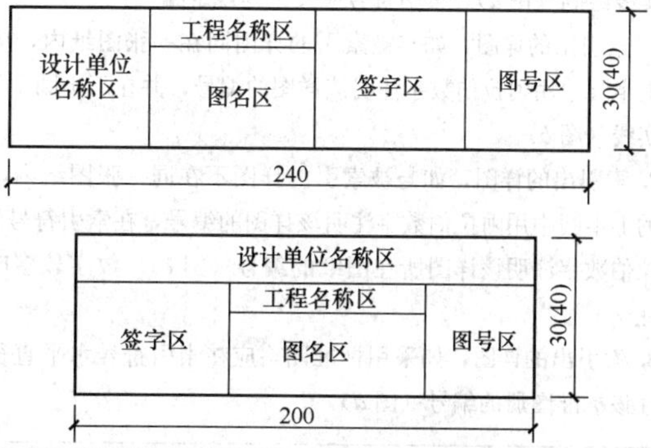
会签栏应按右栏图示的格式绘制，其尺寸应为100mm×20mm，栏内应填写会签人员所代表的专业、姓名、日期（年、月、日）；一个会签栏不够时，可另加一个，两个会签栏应并列；不需会签的图纸可不设会签栏	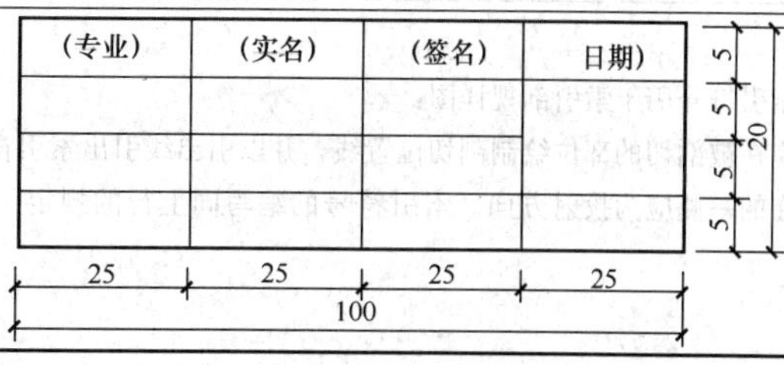

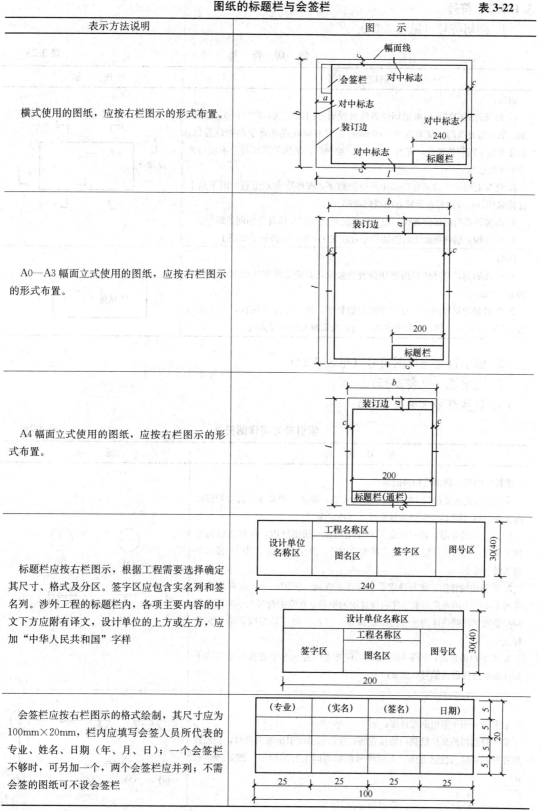

3.1.3.2　符号

1. 剖切符号（见表 3-23）

剖　切　符　号　　**表 3-23**

剖切方法说明	图　示
剖视： 1. 剖视的剖切符号应由剖切位置线及投射方向线组成，均应以粗实线绘制。剖切位置线的长度宜为 6～10mm；投射方向线应垂直于剖切位置线，长度应短于剖切位置线，宜为 4～6mm。绘制时，剖视的剖切符号不应与其他图线相接触。 2. 剖视剖切符号的编号宜采用阿拉伯数字，按顺序由左至右、由下至上连续编排，并应注写在剖视方向线的端部。 3. 需要转折的剖切位置线，应在转角的外侧加注与该符号相同的编号。 4. 建（构）筑物剖面图的剖切符号宜注在±0.000 标高的平面图上	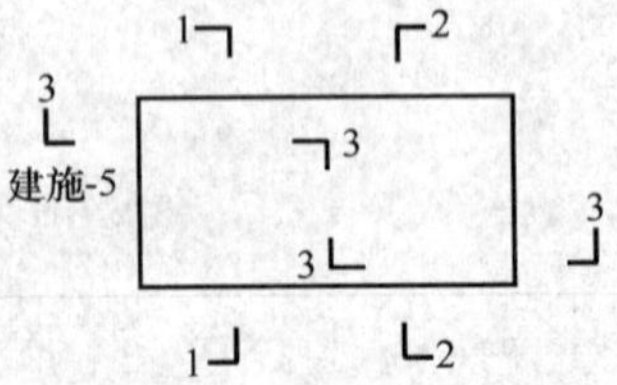
断面： 1. 断面的剖切符号应只用剖切位置线表示，并应以粗实线绘制，长度宜为 6～10mm。 2. 断面剖切符号的编号宜采用阿拉伯数字，按顺序连续编排，并应注写在剖切位置线的一侧；编号所在的一侧应为该断面的剖视方向	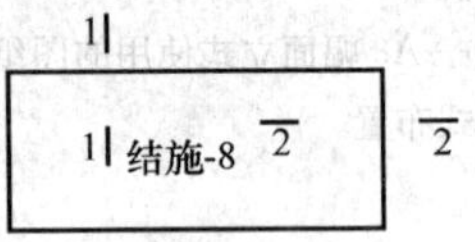

2. 索引符号与详图符号（见表 3-24）

3. 引出线（见表 3-25）

4. 其他符号（见表 3-26）

索引符号与详图符号　　**表 3-24**

符　号　说　明	图　示
图样中的某一局部或构件的索引： 索引符号是由直径为 10mm 的圆和水平直径组成，圆及水平直径均应以细实线绘制（图 *a*）。索引符号应按下列规定编写： 1. 索引出的详图，如与被索引的详图同在一张图纸内，应在索引符号的上半圆中用阿拉伯数字注明该详图的编号，并在下半圆中间画一段水平细实线（图 *b*）。 2. 索引出的详图，如与被索引的详图不在同一张图纸内，应在索引符号的上半圆中用阿拉伯数字注明该详图的编号，在索引符号的下半圆中用阿拉伯数字注明该详图所在图纸的编号（图 *c*）。数字较多时，可加文字标注。 3. 索引出的详图，如采用标准图，应在索引符号水平直径的延长线上加注该标准图册的编号（图 *d*）	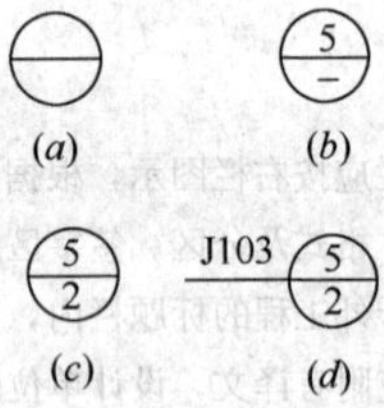
索引符号用于索引剖视详图： 应在被剖切的部位绘制剖切位置线，并以引出线引出索引符号，引出线所在的一侧应为投射方向。索引符号的编写同上行的规定（图 *a*、*b*、*c*、*d*）	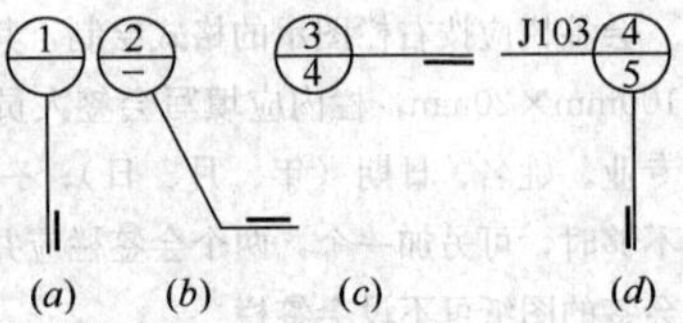

续表

符号说明	图示
零件、钢筋、杆件、设备等的编号： 以直径为 4～6mm（同一图样应保持一致）的细实线圆表示，其编号应用阿拉伯数字按顺序编写	
详图符号： 详图的位置和编号，应以详图符号表示。详图符号的圆应以直径为 14mm 粗实线绘制。详图应按下列规定编号： 1. 详图与被索引的图样同在一张图纸内时，应在详图符号内用阿拉伯数字注明详图的编号（图 *a*）。 2. 详图与被索引的图样不在同一张图纸内，应用细实线在详图符号内画一水平直径，在上半圆中注明详图编号，在下半圆中注明被索引的图纸的编号（图 *b*）	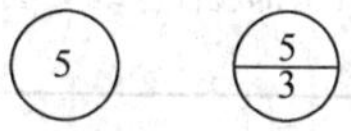 (*a*) (*b*)

引出线 **表 3-25**

引出线说明	图示
引出线应以细实线绘制，宜采用水平方向的直线、与水平方向成 30°、45°、60°、90°的直线，或经上述角度再折为水平线。文字说明宜注写在水平线的上方（图 *a*），也可注写在水平线的端部（图 *b*）。索引详图的引出线，应与水平直径线相连接（图 *c*）	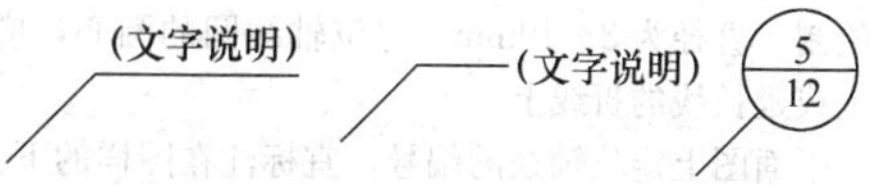 (*a*) (*b*) (*c*)
同时引出几个相同部分的引出线，宜互相平行（图 *a*），也可画成集中于一点的放射线（*b*）	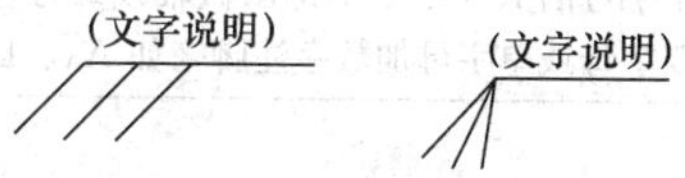 (*a*) (*b*)
多层构造或多层管道共用引出线，应通过被引出的各层。文字说明宜注写在水平线的上方，或注写在水平线的端部，说明的顺序应由上至下，并应与被说明的层次相互一致；如层次为横向排序，则由上至下的说明顺序应与左至右的层次相互一致	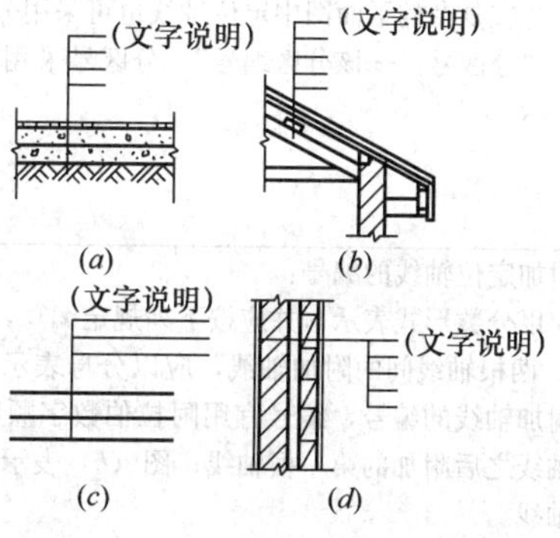 (*a*) (*b*) (*c*) (*d*)

其他符号 **表 3-26**

符号说明	图示
对称符号： 由对称线和两端的两对平行线组成。对称线用细点画线绘制；平行线用细实线绘制，其长度宜为 6～10mm，每对的间距宜为 2～3mm；对称线垂直平分于两对平行线，两端超出平行线宜为 2～3mm	

续表

符号说明	图示
连接符号： 应以折断线表示需连接的部位。两部位相距过远时，折断线两端靠图样一侧应标注大写拉丁字母表示连接编号。两个被连接的图样必须用相同的字母编号	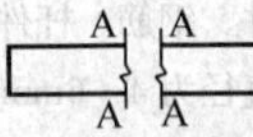 A-连接编号
指北针： 形状宜如右栏图示，其圆的直径宜为 24mm，用细实线绘制；指针尾部的宽度宜为 3mm，指针头部应注“北”或“N”字。需用较大直径绘制指北针时，指针尾部宽度宜为直径的 1/8	

3.1.3.3　定位轴线

定位轴线符号见表 3-27。

定位轴线符号　　**表 3-27**

相关说明	图示
定位轴线的绘制与编号： 定位轴线应用细点画线绘制。 定位轴线一般应编号，编号应注写在轴线端部的圆内。圆应用细实线绘制，直径为 8～10mm。定位轴线圆的圆心，应在定位轴线的延长线上或延长线的折线上。 平面图上定位轴线的编号，宜标注在图样的下方与左侧。横向编号应用阿拉伯数字，从左至右顺序编写，竖向编号应用大写拉丁字母，从下至上顺序编写。 拉丁字母的 I、O、Z 不得用做轴线编号。如字母数量不够使用，可增用双字母或单字母加数字注脚，如 A_A、B_A…Y_A 或 A_1、B_1…Y_1	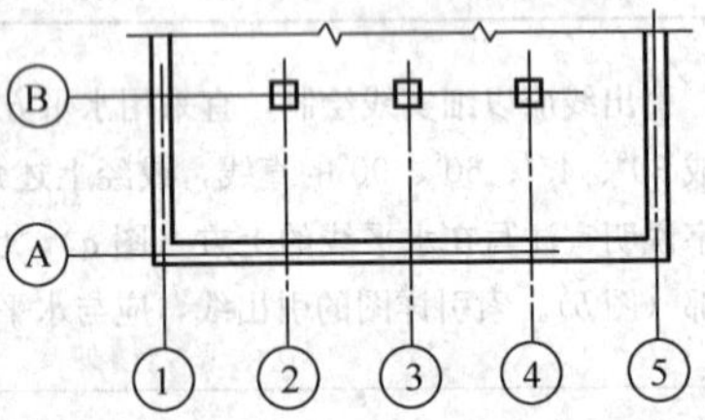
定位轴线的分区编号： 组合较复杂的平面图中定位轴线也可采用分区编号，编号的注写形式应为“分区号——该分区编号”。分区号采用阿拉伯数字或大写拉丁字母表示	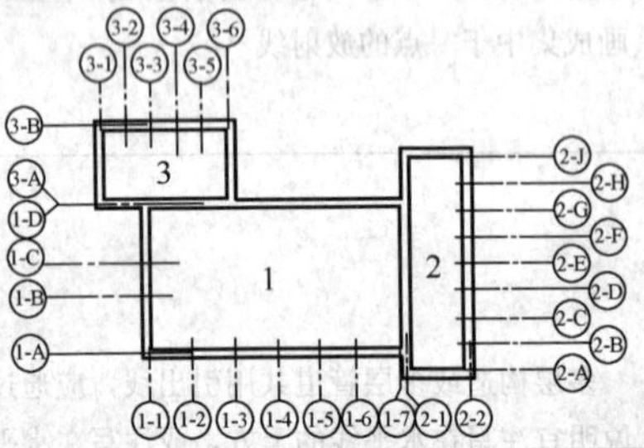
附加定位轴线的编号： 应以分数形式表示，并应按下列规定编写： 1. 两根轴线间的附加轴线，应以分母表示前一轴线的编号，分子表示附加轴线的编号，编号宜用阿拉伯数字顺序编写，如图（*a*）表示 2 号轴线之后附加的第一根轴线；图（*b*）表示 C 号轴线之后附加的第三根轴线。 2. 1 号轴线或 A 号轴线之前的附加轴线的分母应以 01 或 0A 表示，如图（*c*）表示 1 号轴线之前附加的第一根轴线；图（*d*）表示 A 号轴线之前附加的第三根轴线	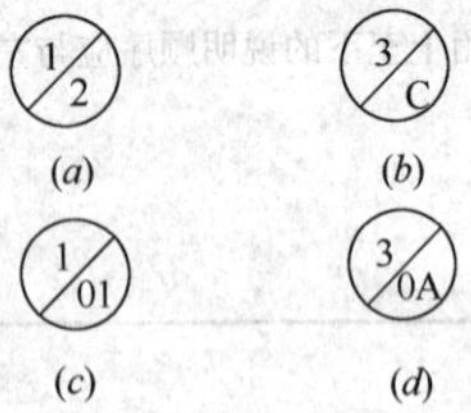
一个详图适用于几根轴线时的编号： 一个详图适用于几根轴线时，应同时注明各有关轴线的编号 图（*a*）表示用于 2 根轴线时；图（*b*）表示用于 3 根或 3 根以上轴线时；图（*c*）表示用于 3 根以上连续编号的轴线时 通用详图中的定位轴线： 应只画圆，不注写轴线编号	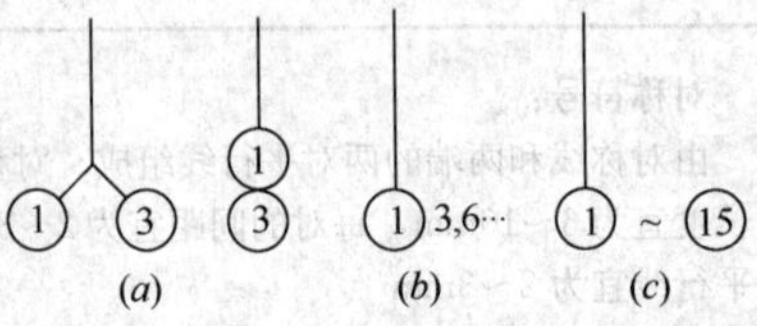

续表

相关说明	图示
圆形平面图中定位轴线的编号： 其径向轴线宜用阿拉伯数字表示，从左下角开始，按逆时针顺序编写；其圆周轴线宜用大写拉丁字母表示，从外向内顺序编写	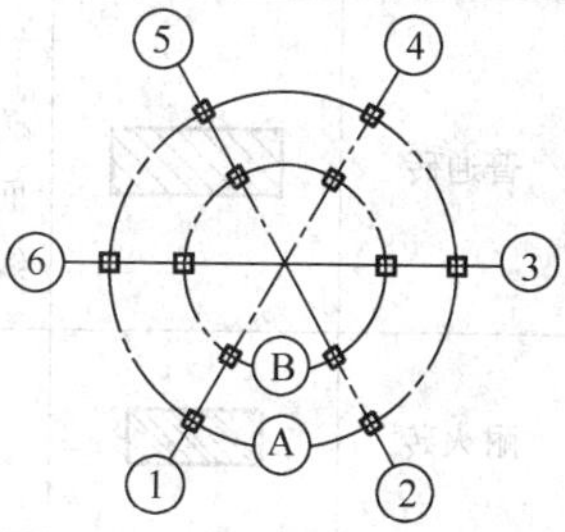
折线形平面图中定位轴线的编号： 可按右栏图式的形式编写	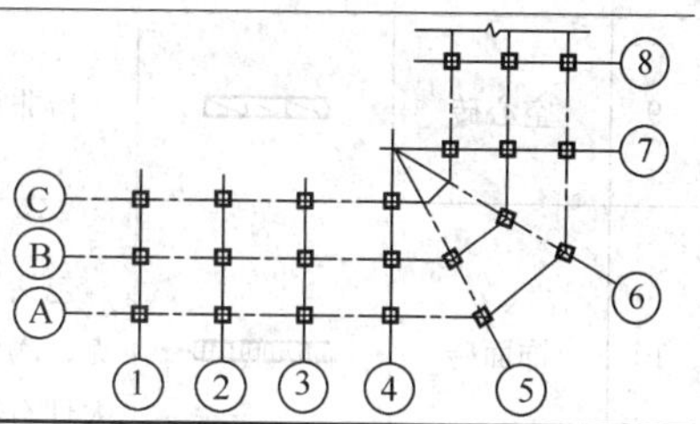

3.1.3.4 常用建筑材料图例

1. 一般规定（见表 3-28）

2. 常用建筑材料图例（见表 3-29）

常用建筑材料图例的一般规定 **表 3-28**

相关说明	图示
只规定常用建筑材料的图例画法，对其尺度比例不作具体规定。使用时，应根据图样大小而定，并应注意下列事项： 1. 图例线应间隔均匀，疏密适度，做到图例正确，表示清楚。 2. 不同品种的同类材料使用同一图例时（如某些特定部位的石膏板必须注明是防水石膏板时），应在图上附加必要的说明。 3. 两个相同的图例相接时，图例线宜错开或使倾斜方向相反（图 *a*）。 4. 两个相邻的涂黑图例（如混凝土构件、金属件）间，应留有空隙。其宽度不得小于 0.7mm（图 *c*）	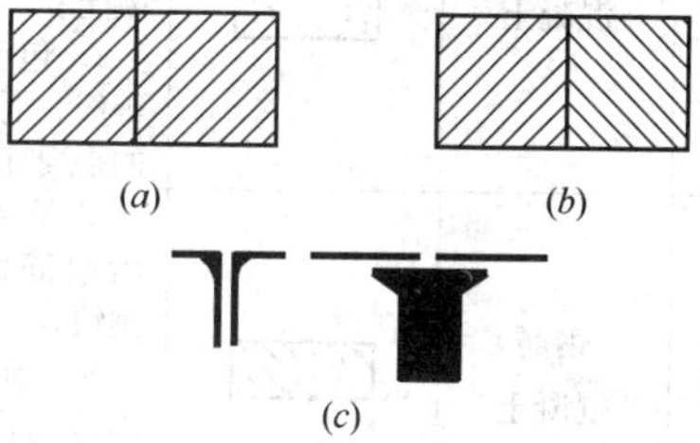
下列情况可不加图例，但应加文字说明： 1. 一张图纸内的图样只用一种图例时。 2. 图形较小无法画出建筑材料图例时	
需画出的建筑材料图例面积过大时，可在断面轮廓线内，沿轮廓线作局部表示	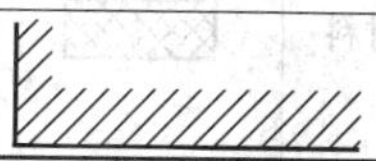

常用建筑材料图例 **表 3-29**

序号	名称	图例	备注	序号	名称	图例	备注
1	自然土壤		包括各种自然土壤	4	砂砾石、碎砖三合土	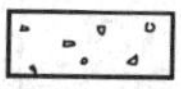	
2	夯实土壤			5	石材	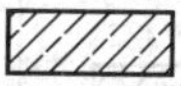	
3	砂、灰土	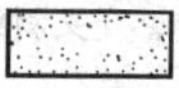	靠近轮廓线绘较密的点	6	毛石		

续表

序号	名称	图　例	备　注
7	普通砖	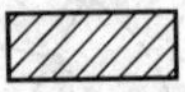	包括实心砖、多孔砖、砌块等砌体。断面较窄不易绘出图例线时，可涂红
8	耐火砖	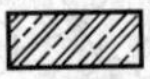	包括耐酸砖等砌体
9	空心砖		指非承重砖砌体
10	饰面砖		包括铺地砖、马赛克、陶瓷锦砖、人造大理石等
11	焦渣、矿渣	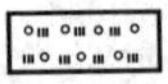	包括与水泥、石灰等混合而成的材料
12	混凝土	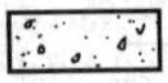	1. 本图例指能承重的混凝土及钢筋混凝土；2. 包括各种强度等级、骨料、添加剂的混凝土；3. 在剖面图上画出钢筋时，不画图例线；4. 断面图形小，不易画出图例线时，可涂黑
13	钢筋混凝土		
14	多孔材料		包括水泥珍珠岩、沥青珍珠岩、泡沫混凝土、非承重加气混凝土、软木、蛭石制品等
15	纤维材料	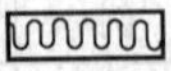	包括矿棉、岩棉、玻璃棉、麻丝、木丝板、纤维板等
16	泡沫塑料材料	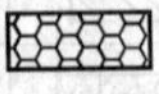	包括聚苯乙烯、聚乙烯、聚氨酯等多孔聚合物类材料
17	木材		1. 上图为横断面，上左图为垫木、木砖或木龙骨；2. 下图为纵断面
18	胶合板		应注明为×层胶合板
19	石膏板	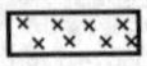	包括圆孔、方孔石膏板、防水石膏板等
20	金属		1. 包括各种金属；2. 图形小时，可涂黑
21	网状材料		1. 包括金属、塑料网状材料；2. 应注明具体材料名称
22	液体	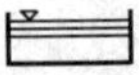	应注明具体液体名称
23	玻璃		包括平板玻璃、磨砂玻璃、夹丝玻璃、钢化玻璃、中空玻璃、夹层玻璃、镀膜玻璃等
24	橡胶		
25	塑料		包括各种软、硬塑料及有机玻璃等
26	防水材料		构造层次多或比例大时，采用上面图例
27	粉刷		本图例采用较稀的点

注：序号1、2、5、7、8、13、14、16、17、18、22、23图例中的斜线、短斜线、交叉斜线等一律为45°。

3.1.3.5 尺寸标注

1. 尺寸界线、尺寸线及尺寸起止符号（见表 3-30）

尺寸界线、尺寸线及尺寸起止符号 **表 3-30**

相关说明	图示
尺寸的组成： 图样上的尺寸，包括尺寸界线、尺寸线、尺寸起止符号和尺寸数字	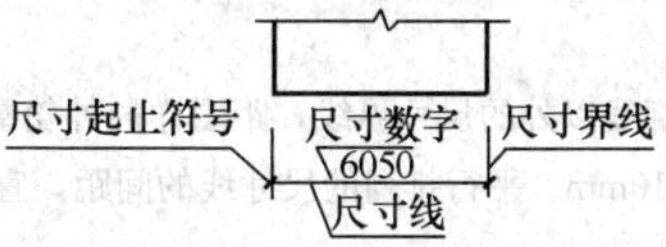
尺寸界线： 应用细实线绘制，一般应与被注长度垂直，其一端应离开图样轮廓线不小于 2mm，另一端宜超出尺寸线 2～3mm。图样轮廓线可用作尺寸界线	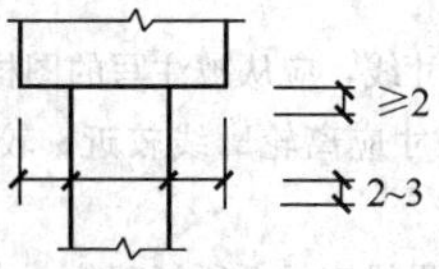
尺寸线绘制要求： 应用细实线绘制，应与被注长度平行。图样本身的任何图线均不得用作尺寸线	
尺寸起止符号： 一般用中粗斜短线绘制，其倾斜方向应与尺寸界线成顺时针 45°角，长度宜为 2～3mm。半径、直径、角度与弧长的尺寸起止符号，宜用箭头表示	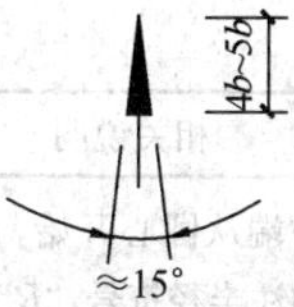

2. 尺寸数字（见表 3-31）

尺 寸 数 字 **表 3-31**

相关说明	图示
图样上的尺寸，应以尺寸数字为准，不得从图上直接量取	
尺寸数字的方向，应按图（*a*）的规定注写。若尺寸数字在 30°斜线区内，宜按图（*b*）的形式注写	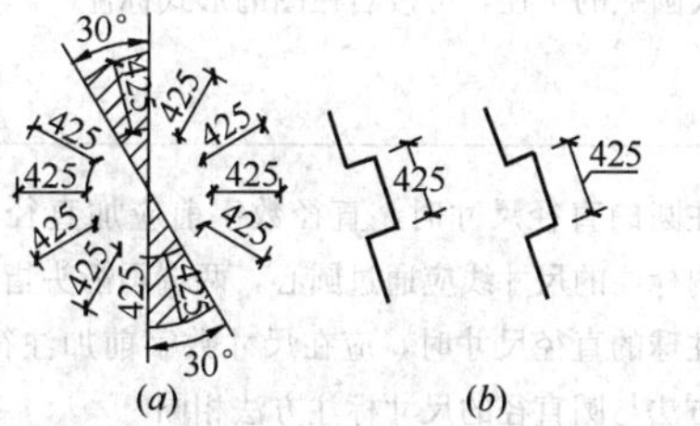(*a*) (*b*)
图样上的尺寸单位，除标高及总平面以米为单位外，其他必须以毫米为单位	
尺寸数字一般应依据其方向注写在靠近尺寸线的上方中部。如没有足够的注写位置，最外边的尺寸数字可注写在尺寸界线的外侧，中间相邻的尺寸数字可错开注写	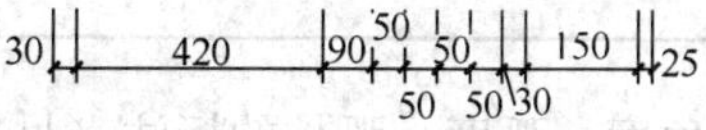

3. 尺寸的排列与布置（见表 3-32）

尺寸的排列与布置　　表 3-32

相关说明	图　示
尺寸数字的注写： 尺寸宜标注在图样轮廓以外，不宜与图线、文字及符号等相交。 图样轮廓线以外的尺寸界线，距图样最外轮廓之间的距离，不宜小于 10mm。平行排列的尺寸线的间距，宜为 7～10mm，并应保持一致	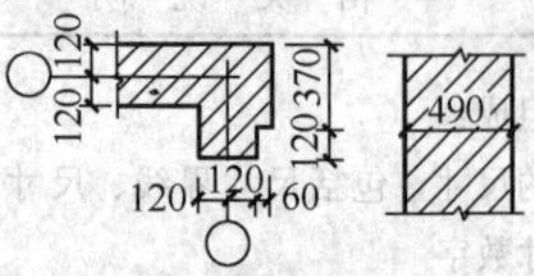
尺寸的排列： 互相平行的尺寸线，应从被注写的图样轮廓线由近向远整齐排列，较小尺寸应离轮廓线较近，较大尺寸应离轮廓线较远。 总尺寸的尺寸界线应靠近所指部位，中间分尺寸的尺寸界线可稍短，但其长度应相等	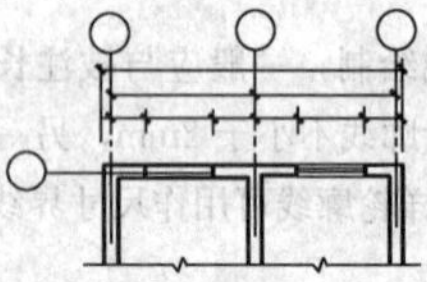

4. 半径、直径、球的尺寸标注（见表 3-33）

半径、直径、球的尺寸标注　　表 3-33

相关说明	图　示
半径的尺寸线应一端从圆心开始，另一端画箭头指向圆弧。半径数字前应加注半径符号“*R*”。 标注球的半径尺寸时，应在尺寸前加注符号“*SR*”。注写方法与圆弧半径标注方法相同	
较小圆弧的半径，可按右栏图的形式标注	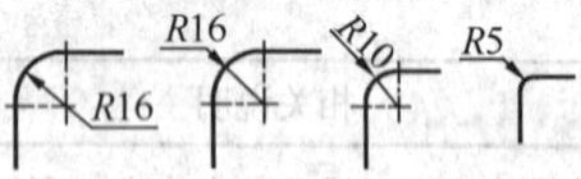
较大圆弧的半径，可按右栏图的形式标注	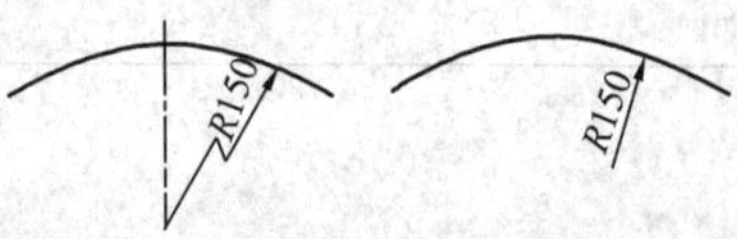
标注圆的直径尺寸时，直径数字前应加直径符号“ϕ”。在圆内标注的尺寸线应通过圆心，两端画箭头指至圆弧。 标注球的直径尺寸时，应在尺寸数字前加注符号“Sϕ”。注写方法与圆直径的尺寸标注方法相同	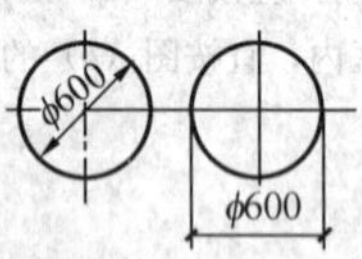
较小圆的直径尺寸，可标注在圆外	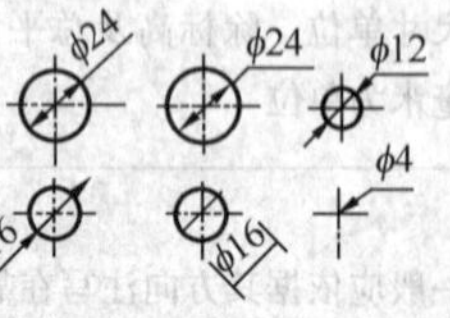

5. 角度、弧度、弧长的标注（见表 3-34）

角度、弧度、弧长的标注 **表 3-34**

相关说明	图　示
角度的标注方法： 角度的尺寸线应以圆弧表示。该圆弧的圆心应是该角的顶点，角的两条边为尺寸界线。起止符号应以箭头表示，如没有足够位置画箭头，可用圆点代替，角度数字应按水平方向注写	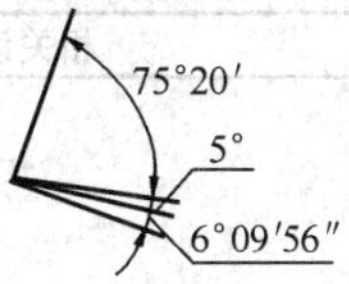75°20′ 5° 6°09′56″
弧长的标注方法： 标注圆弧的弧长时，尺寸线应以与该圆弧同心的圆弧线表示，尺寸界线应垂直于该圆弧的弦，起止符号用箭头表示，弧长数字上方应加注圆弧符号“⌒”	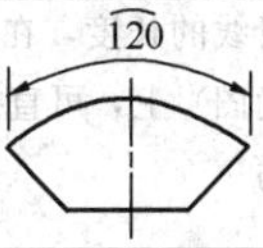120
弦长的标注方法： 标注圆弧的弦长时，尺寸线应以平行于该弦的直线表示，尺寸界线应垂直于该弦，起止符号用中粗斜短线表示	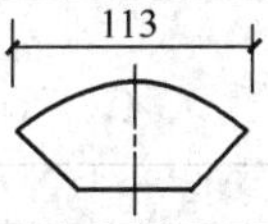113

6. 薄板厚度、正方形、坡度、非圆曲线等尺寸标注（见表 3-35）

薄板厚度、正方形、坡度、非圆曲线等尺寸标注 **表 3-35**

相关说明	图　示
在薄板板面标注板厚尺寸时，应在厚度数字前加厚度符号“*t*”	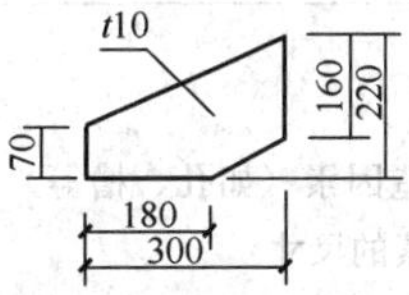t10 160 220 70 180 300
标注正方形的尺寸，可用“边长×边长”的形式，也可在边长数字前加正方形符号“□”	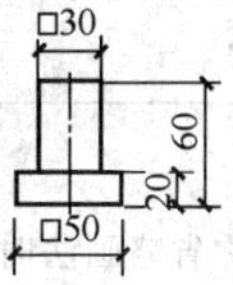□30 60 20 □50
外形为非圆曲线的构件，可用坐标形式标注尺寸	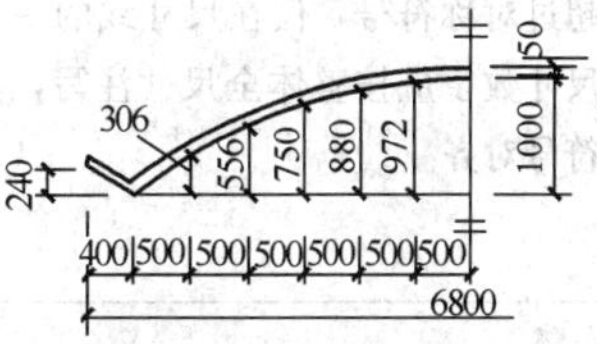306 556 750 880 972 50 1000 240 400 500 500 500 500 500 500 6800
标注坡度时，应加注坡度符号“←”，该符号为单面箭头，箭头应指向下坡方向	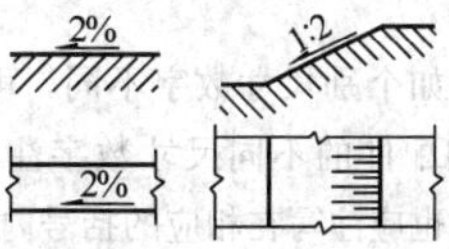2% 1:2 2% (a) (b)
坡度也可用直角三角形形式标注	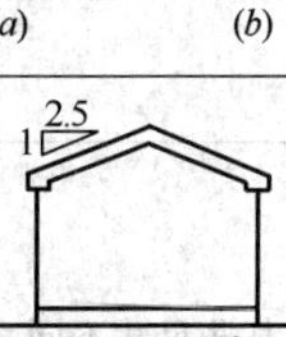2.5 1
复杂的图形，可用网格形式标注尺寸	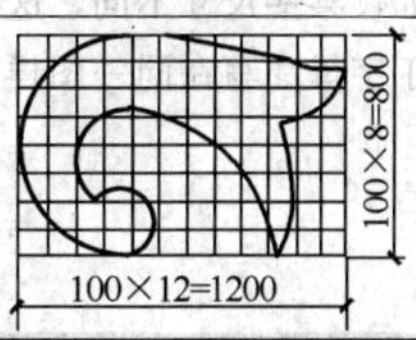100×8=800 100×12=1200

7. 尺寸的简化标注（见表 3-36）

尺寸的简化标注　　**表 3-36**

<table>
<tr><th>相关说明</th><th>图　示</th></tr>
<tr><td>杆件或管线的长度，在单线图（桁架简图、钢筋简图、管线简图）上，可直接将尺寸数字沿杆件或管线的一侧注写</td><td>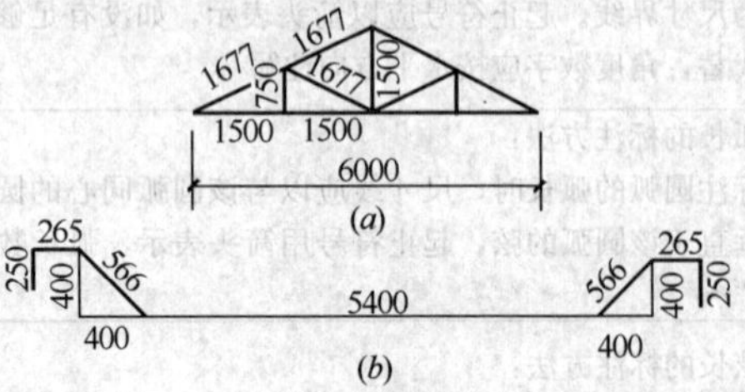
</td></tr>
<tr><td>连续排列的等长尺寸，可用“等长尺寸×个数＝总长”的形式标注</td><td>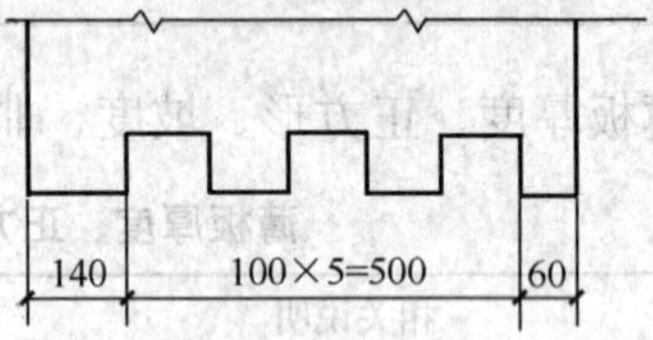
</td></tr>
<tr><td>构配件内的构造因素（如孔、槽等）如相同，可仅标注其中一个要素的尺寸</td><td>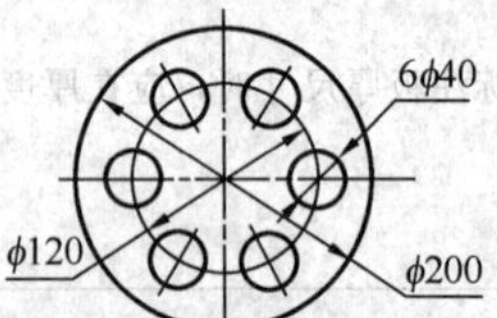
</td></tr>
<tr><td>对称构配件采用对称省略画法时，该对称构配件的尺寸线应略超过对称符号，仅在尺寸线的一端画尺寸起止符号，尺寸数字应按整体全尺寸注写，其注写位置宜与对称符号对齐</td><td>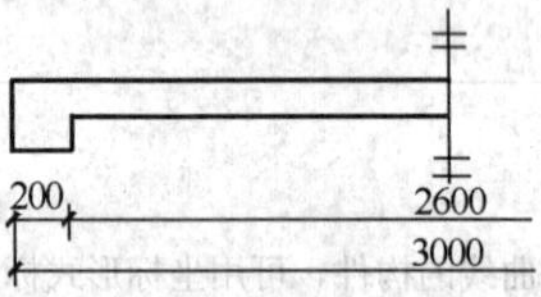
</td></tr>
<tr><td>两个构配件，如个别尺寸数字不同，可在同一图样中将其中一个构配件的不同尺寸数字注写在括号内，该构配件的名称也应注写在相应的括号内</td><td>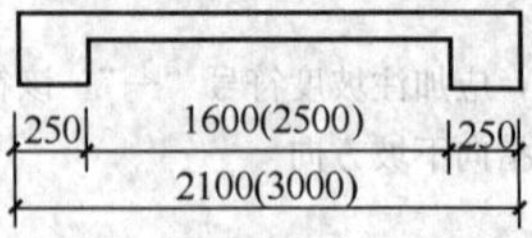
</td></tr>
<tr><td>数个构配件，如仅某些尺寸不同，这些有变化的尺寸数字，可用拉丁字母注写在同一图样中，另列表格写明其具体尺寸</td><td>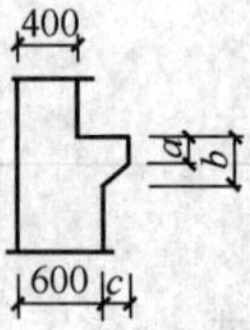

<table>
<tr><th>构件编号</th><th>a</th><th>b</th><th>c</th></tr>
<tr><td>Z-1</td><td>200</td><td>200</td><td>200</td></tr>
<tr><td>Z-2</td><td>250</td><td>450</td><td>200</td></tr>
<tr><td>Z-3</td><td>200</td><td>450</td><td>250</td></tr>
</table></td></tr>
</table>

8. 标高（见表 3-37）

标　　高　　　　**表 3-37**

相关说明	图　　示
标高符号应以直角等腰三角形表示，按图（*a*）所示形式用细实线绘制，如标注位置不够，也可按图（*b*）所示形式绘制。标高符号的具体画法如图（*c*）、（*d*）所示	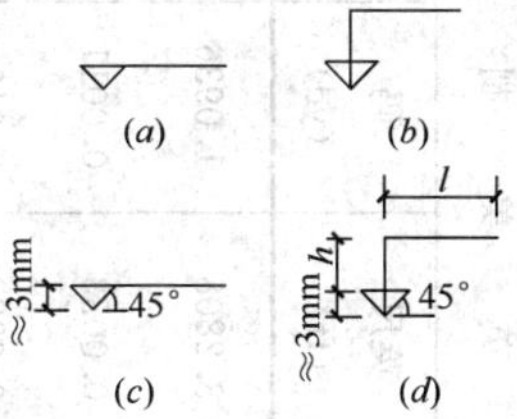
总平面图室外地坪标高符号，宜用涂黑的三角形表示如图（*a*），具体画法如图（*b*）所示	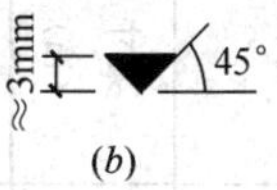
标高符号的尖端应指至被注高度的位置。尖端一般应向下，也可向上。标高数字应注写在标高符号的左侧或右侧	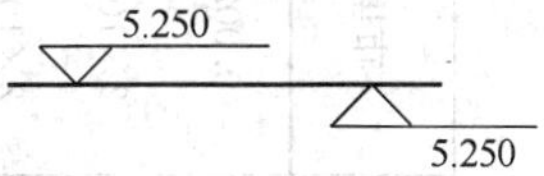
标高数字应以米为单位，注写到小数点以后第三位。在总平面图中，可注写到小数点以后第二位	
零点标高应注写成±0.000，正数标高不注“+”，负数标高应注“－”，例如 3.000、－0.600	
在图样的同一位置需表示几个不同标高时，标高数字可按图示的形式注写	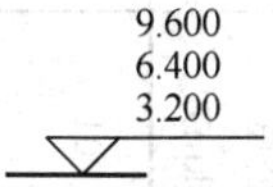

3.2　常用计量单位换算

3.2.1　长度单位换算

3.2.1.1　公制与市制、英美制长度单位换算

公制与市制、英美制长度单位换算见表 3-38。

3.2.1.2　英寸的分数、小数习惯称呼与毫米对照

英寸的分数、小数习惯称呼与毫米对照表见 3-39。

公制与市制、英美制长度单位换算表 **表 3-38**

单位	公制				市制				英美制			
	米 (m)	毫米 (mm)	厘米 (cm)	公里 (km)	市寸	市尺	市丈	市里	英寸 (in)	英尺 (ft)	码 (yd)	英里 (mile)
1m	1	1000	100	0.0010	30	3	0.3000	0.0020	39.3701	3.2808	1.0936	0.0006
1mm	0.0010	1	0.1000	10^{-6}	0.0300	0.0030	0.0003	2×10^{-6}	0.0394	0.0033	0.0011	0.6214×10^{-6}
1cm	0.0100	10	1	10^{-5}	0.3000	0.0300	0.0030	2×10^{-5}	0.3937	0.0328	0.0109	0.6214×10^{-5}
1km	1000	1000000	100000	1	30000	3000	300	2	3.9370×10^{4}	3280.8398	1093.6132	0.6214
1市寸	0.0333	33.3333	3.3333	3.3333×10^{-5}	1	0.1000	0.0100	6.6667×10^{-5}	1.3123	0.1094	0.0365	2.0712×10^{-5}
1市尺	0.3333	333.3333	33.3333	0.0003	10	1	0.1000	0.0007	13.1233	1.0936	0.3645	0.0002
1市丈	3.3333	3333.3333	333.3333	0.0033	100	10	1	0.0067	131.2333	10.9361	3.6454	0.0021
1市里	500	500000	50000	0.5000	15000	1500	150	1	1.9685×10^{4}	1640.4167	546.8055	0.3107
1in	0.0254	25.4000	2.5400	2.5400×10^{-5}	0.7620	0.0762	0.0076	5.0800×10^{-5}	1	0.0833	0.0278	1.5783×10^{-5}
1ft	0.3048	304.8000	30.4800	0.0003	9.1440	0.9144	0.0914	0.0006	12	1	0.3333	0.0002
1yd	0.9144	914.4000	91.4400	0.0009	27.4320	2.7432	0.2743	0.0018	36	3	1	0.0006
1mile	1609.3440	1.6093×10^{6}	1.6093×10^{5}	1.6093	4.8280×10^{4}	4828.0320	482.8032	3.2187	63360	5280	1760	1

英寸的分数、小数习惯称呼与毫米对照 表 3-39

英寸（in）		我国习惯称呼	毫米（mm）
分 数	小 数		
1/16	0.0625	半分	1.5875
1/8	0.1250	一分	3.1750
3/16	0.1875	一分半	4.7625
1/4	0.2500	二分	6.3500
5/16	0.3125	二分半	7.9375
3/8	0.3750	三分	9.5250
7/16	0.4375	三分半	11.1125
1/2	0.5000	四分	12.7000
9/16	0.5625	四分半	14.2875
5/8	0.6250	五分	15.8750
11/16	0.6875	五分半	17.4625
3/4	0.7500	六分	19.0500
13/16	0.8125	六分半	20.6375
7/8	0.8750	七分	22.2250
15/16	0.9375	七分半	23.8125
1	1.0000	一英寸	25.4000

3.2.2 面积单位换算

1. 公制与市制、英美制面积单位换算表（见表 3-40）
2. 公制与日制、俄制面积单位换算表（见表 3-41）
3. 一些国家地积单位换算表（见表 3-42）

3.2.3 体积、容积单位换算

1. 公制与市制、英美制体积和容积单位换算表（见表 3-43）
2. 公制与日制、俄制体积和容积单位换算表（见表 3-44）

3.2.4 重量（质量）单位换算

1. 公制与市制、英美制重量单位换算表（见表 3-45）
2. 单位长度的重量换算表（见表 3-46）
3. 单位体积、容积的重量换算表（见表 3-47）
4. 公斤与磅换算表（见表 3-48）

公制与市制、英美制面积单位换算表 **表 3-40**

单位	公制				市制				英美制				
	平方米 (m^2)	公亩 (a)	公顷 (ha，hm^2)	平方公里 (km^2)	平方市尺	平方市丈	市亩	市顷	平方英尺 (ft^2)	平方码 (yd^2)	英亩	美亩	平方英里 ($mile^2$)
$1m^2$	1	0.0100	0.0001	10^{-6}	9	0.0900	0.0015	0.1500×10^{-4}	10.7639	1.1960	0.0002	0.0002	0.3861×10^{-6}
1a	100	1	0.0100	0.0001	900	9	0.1500	0.0015	1076.3910	119.5990	0.0247	0.0247	0.3861×10^{-4}
1ha (hm^2)	10000	100	1	0.0100	90000	900	15	0.1500	1.0764×10^{5}	11959.9005	2.4711	2.4710	0.0039
$1km^2$	1000000	10000	100	1	9000000	90000	1500	15	1.0764×10^{7}	1.1960×10^{6}	247.1054	247.1041	0.3861
1平方市尺	0.1111	0.0011	0.1111×10^{-4}	0.1111×10^{-6}	1	0.0100	0.0002	1.6667×10^{-6}	1.1960	0.1329	0.2746×10^{-4}	0.2746×10^{-4}	0.4290×10^{-7}
1平方市丈	11.1111	0.1111	0.0011	0.1111×10^{-4}	100	1	0.0167	0.0002	119.5990	13.2888	0.0027	0.0027	0.4290×10^{-5}
1市亩	666.6667	6.6667	0.0667	0.0007	6000	60	1	0.0100	7175.9403	797.3267	0.1647	0.1647	0.0003
1市顷	66666.6667	666.6667	6.6667	0.0667	600000	6000	100	1	7.1759×10^{5}	7.9733×10^{4}	16.4737	16.4736	0.0257
$1ft^2$	0.0929	0.0009	0.929×10^{-5}	0.9290×10^{-7}	0.8361	0.0084	0.0001	0.1394×10^{-5}	1	0.1111	0.2296×10^{-4}	0.2296×10^{-4}	0.3587×10^{-7}
$1yd^2$	0.8361	0.0084	0.8361×10^{-4}	0.8361×10^{-6}	7.5251	0.0753	0.0013	0.1254×10^{-4}	9	1	0.0002	0.0002	0.3228×10^{-6}
1英亩	4046.8564	40.4686	0.4047	0.0040	36421.7078	364.2171	6.0703	0.0607	43560	4840	1	0.999995	0.0016
1美亩	4046.8767	40.4688	0.4047	0.0040	36421.8899	364.2189	6.0703	0.0607	43560.2178	4839.9758	1.000005	1	0.0016
$1mile^2$	0.2590×10^{7}	0.2590×10^{5}	258.9988	2.5900	2.3310×10^{7}	2.3310×10^{5}	3884.9822	38.8498	27878400	3097600	640	639.9968	1

公制与日制、俄制面积单位换算表 表 3-41

单位	公制				日制				俄制			
	平方米 (m^2)	公亩 (a)	公顷 (ha, hm^2)	平方公里 (km^2)	平方日尺	日坪	日亩	平方日里	平方俄尺	平方俄丈	俄顷	平方俄里
$1m^2$	1	0.0100	0.0001	10^{-6}	10.8900	0.3025	0.0101	0.6484×10^{-7}	10.7639	0.2197	0.0001	0.8787×10^{-6}
1a	100	1	0.0100	0.0001	1089	30.2500	1.0083	0.6484×10^{-5}	1076.3910	21.9672	0.0092	0.8787×10^{-4}
1ha	10000	100	1	0.0100	108900	3025	100.8333	0.0006	1.0764×10^{5}	2196.7164	0.9153	0.0088
$1km^2$	1000000	10000	100	1	1.0890×10^{7}	302500	10083.3333	0.0648	1.0764×10^{7}	2.1967×10^{5}	91.5299	0.8787
1 平方日尺	0.0918	0.0009	0.9183×10^{-5}	0.9183×10^{-7}	1	0.0278	0.0009	0.5954×10^{-8}	0.9885	0.0202	0.8406×10^{-5}	0.8069×10^{-7}
1 日坪	3.3058	0.0331	0.0003	3.3058×10^{-6}	36	1	0.0333	0.2143×10^{-6}	35.5860	0.7262	0.0003	0.2905×10^{-5}
1 日亩	99.1736	0.9917	0.0099	0.0001	1080	30	1	0.6430×10^{-5}	1067.5802	21.7874	0.0091	0.8715×10^{-4}
1 平方日里	1.5423×10^{7}	1.5423×10^{5}	1542.3471	15.4235	1.6796×10^{8}	4665600	155520	1	1.6603×10^{8}	3.3884×10^{6}	1411.8203	13.5535
1 平方俄尺	0.0929	0.0009	0.9290×10^{-5}	0.9290×10^{-7}	1.0116	0.0281	0.0009	0.6023×10^{-8}	1	0.0204	0.8503×10^{-5}	0.8163×10^{-7}
1 平方俄丈	4.5522	0.0455	0.0005	0.4552×10^{-6}	49.5700	1.3769	0.0459	0.2951×10^{-6}	49	1	0.0004	0.4000×10^{-5}
1 俄顷	1.0925×10^{4}	109.2540	1.0925	0.0109	1.1897×10^{5}	3304.6699	110.1557	0.0007	117600	2400	1	0.0096
1 平方俄里	1.1381×10^{6}	1.1381×10^{4}	113.8062	1.1381	1.2393×10^{7}	3.4424×10^{5}	1.1475×10^{4}	0.0738	1.2250×10^{7}	250000	104.1667	1

一些国家地积单位换算表 表 3-42

单位	公顷 (ha, hm^2)	市亩	町步 (朝鲜)	霍尔特 (匈牙利)	狄卡儿 (保加利亚)	杜努姆 (伊拉克)	费丹 (阿联)	摩根 (南非)	卡瓦耶里亚 (古巴)
1ha (hm^2)	1	15	1.0101	1.7544	10	4	2.3810	1.2500	0.0745
1 市亩	0.0667	1	0.0673	0.1170	0.6667	0.2667	0.1587	0.0833	0.0050
1 町步	0.9900	14.8500	1	1.7368	9.9000	3.9600	2.3571	1.2375	0.0738
1 霍尔特	0.5700	8.5500	0.5758	1	5.7000	2.2800	1.3571	0.7125	0.0425
1 狄卡儿	0.1000	1.5000	0.1010	0.1754	1	0.4000	0.2381	0.1250	0.0075
1 杜努姆	0.2500	3.7500	0.2525	0.4386	2.5000	1	0.5952	0.3125	0.0186
1 费丹	0.4200	6.3000	0.4242	0.7368	4.2000	1.6800	1	0.5250	0.0313
1 摩根	0.8000	12	0.8081	1.4035	8	3.2000	1.9048	1	0.0596
1 卡瓦耶里亚	13.4180	201.2700	13.5535	23.5404	134.1800	53.6720	31.9476	16.7725	1

公制与市制、英美制体积和容积单位换算表 表 3-43

单位	公制			市制				英美制					
	立方米 (m^3)	立方厘米 (cm^3)	升 (L)	立方市寸	立方市尺	市斗	市石	立方英寸 (in^3)	立方英尺 (ft^3)	立方码 (yd^3)	加仑（英液量）(gal)	加仑（美液量）(gal)	蒲式耳 (bu)
$1m^3$	1	1000000	1000	27000	27	100	10	6.1024×10^4	35.3146	1.3079	220.0846	264.1719	27.5106
$1cm^3$	10^{-6}	1	0.0010	0.0270	0.2700×10^{-4}	0.0001	10^{-5}	0.0610	0.3531×10^{-4}	0.1308×10^{-5}	0.2201×10^{-3}	0.2642×10^{-3}	0.2751×10^{-4}
1L	0.0010	1000	1	27	0.0270	0.1000	0.0100	61.0237	0.0353	0.0013	0.2201	0.2642	0.0275
1立方市寸	0.3704×10^{-4}	37.0370	0.0370	1	0.0010	0.0037	0.0004	2.2601	0.0013	0.4844×10^{-4}	0.0082	0.0098	0.0010
1立方市尺	0.0370	3.7037×10^4	37.0370	1000	1	3.7037	0.3704	2260.1387	1.3080	0.0484	8.1513	9.7842	1.0189
1市斗	0.0100	10000	10	270	0.2700	1	0.1000	610.2374	0.3531	0.0131	2.2008	2.6417	0.2751
1市石	0.1000	100000	100	2700	2.7000	10	1	6102.3745	3.5315	0.1308	22.0085	26.4172	2.7511
$1in^3$	1.6387×10^{-5}	16.3871	0.0164	0.4424	0.0004	0.0016	0.0002	1	0.0006	2.1433×10^{-5}	0.0036	0.0043	0.0005
$1ft^3$	0.0283	2.8317×10^4	28.3168	764.5549	0.7646	2.8317	0.2832	1728	1	0.0370	6.2321	7.4805	0.7790
$1yd^3$	0.7646	7.6455×10^5	764.5549	2.0643×10^4	20.6430	76.4555	7.6455	46656	27	1	168.2668	201.9740	21.0333
1gal（英）	0.0045	4543.7068	4.5437	122.6801	0.1227	0.4544	0.0454	277.2740	0.1605	0.0059	1	1.2003	0.1250
1gal（美）	0.0038	3785.4760	3.7855	102.2079	0.1022	0.3785	0.0379	231	0.1337	0.0050	0.8331	1	0.1041
1bu	0.0363	3.6350×10^4	36.3497	981.4407	0.9814	3.6350	0.3635	2218.1920	1.2837	0.0475	8	9.6026	1

公制与日制、俄制体积和容积单位换算表 表 3-44

单位	公制			日制					俄制	
	立方米 (m^3)	立方厘米 (cm^3)	升 (L)	立方日寸	立方日尺	日升	日斗	日石	立方俄寸	立方俄尺
1m^3	1	1000000	1000	35937	35.9370	554.0013	55.4001	5.5400	6.1024×10^4	35.3146
1cm^3	10^{-6}	1	0.0010	0.0359	3.5937×10^{-5}	0.0006	0.554×10^{-4}	0.5540×10^{-5}	0.0610	0.3531×10^{-4}
1L	0.0010	1000	1	35.9370	0.0359	0.5540	0.0554	0.0055	61.0237	0.0353
1立方日寸	2.7826×10^{-5}	27.8265	0.0278	1	0.0010	0.0154	0.0015	0.0002	1.6983	0.0010
1立方日尺	0.0278	2.7826×10^4	27.8265	1000	1	15.4159	1.5416	0.1542	1698.2782	0.9828
1日升	0.0018	1805.0500	1.8051	64.8681	0.0649	1	0.1000	0.0100	110.1641	0.0638
1日斗	0.0181	1.8051×10^4	18.0505	648.6808	0.6487	10	1	0.1000	1101.6405	0.6375
1日石	0.1805	1.8051×10^5	180.5050	6486.8083	6.4868	100	10	1	11016.4051	6.3752
1立方俄寸	1.6387×10^{-5}	16.3871	0.0164	0.5888	0.0006	0.0091	0.0009	0.0001	1	0.0006
1立方俄尺	0.0283	2.8317×10^4	28.3168	1017.5011	1.0175	15.6857	1.5686	0.1569	1728	1

公制与市制、英美制重量单位换算表 表 3-45

单位	公制			市制			英美制			
	公斤 (kg)	克 (g)	吨 (t)	市两	市斤	市担	盎司 (oz)	磅 (lb)	英（长）吨 (ton)	美（短）吨 (US ton)
1kg	1	1000	0.0010	20	2	0.0200	35.2740	2.2046	0.0010	0.0011
1g	0.0010	1	10^{-6}	0.0200	0.0020	0.2000×10^{-4}	0.0353	0.0022	0.9842×10^{-6}	1.1023×10^{-6}
1t	1000	1000000	1	20000	2000	20	3.5274×10^4	2204.6244	0.9842	1.1023
1市两	0.0500	50	0.5000×10^{-4}	1	0.1000	0.0010	1.7637	0.1102	0.4921×10^{-4}	0.5512×10^{-4}
1市斤	0.5000	500	0.0005	10	1	0.0100	17.6370	1.1023	0.0005	0.0006
1市担	50	50000	0.0500	1000	100	1	1763.6995	110.2312	0.0492	0.0551
1oz	0.0283	28.3495	0.2835×10^{-4}	0.5670	0.0567	0.0006	1	0.0625	0.2790×10^{-4}	0.3125×10^{-4}
1lb	0.4536	453.5920	0.0005	9.0718	0.9072	0.0091	16	1	0.0004	0.0005
1ton	1016.0461	1.0160×10^6	1.0160	2.0321×10^4	2032.0922	20.3209	35840	2240	1	1.1200
1US ton	907.1840	907184	0.9072	1.8144×10^4	1814.3680	18.1437	32000	2000	0.8929	1

单位长度的重量换算表 表 3-46

单位	公斤/米 (kg/m)	克/厘米 (g/cm)	市两/市寸	市斤/市尺	盎司/英寸 (oz/in)	磅/英尺 (lb/ft)	磅/码 (lb/yd)	日匁/日寸	日斤/日尺	俄磅/俄寸	普特/俄尺
1kg/m	1	10	0.6667	0.6667	0.8960	0.6720	2.0159	8.0808	0.5051	0.0620	0.0186
1g/cm	0.1000	1	0.0667	0.0667	0.0896	0.0672	0.2016	0.8081	0.0505	0.0062	0.0019
1 市两/市寸	1.5000	15	1	1	1.3439	1.0080	3.0239	12.1212	0.7576	0.0930	0.0279
1 市斤/市尺	1.5000	15	1	1	1.3439	1.0080	3.0239	12.1212	0.7576	0.0930	0.0279
1oz/in	1.1161	11.1612	0.7441	0.7441	1	0.7500	2.2500	9.0198	0.5632	0.0693	0.0208
1lb/ft	1.4882	14.8816	0.9921	0.9921	1.3333	1	3	12.0265	0.7516	0.0923	0.0277
1lb/yd	0.4961	4.9605	0.3307	0.3307	0.4444	0.3333	1	4.0088	0.2505	0.0308	0.0092
1 日匁/日寸	0.1238	1.2375	0.0825	0.0825	0.1109	0.0832	0.2495	1	0.0625	0.0077	0.0023
1 日斤/日尺	1.9800	19.8000	1.3200	1.3200	1.7754	1.3304	3.9913	16	1	0.1227	0.0368
1 俄磅/俄寸	16.1226	161.2260	10.7484	10.7484	14.4404	10.8303	32.4910	130.3867	8.1492	1	0.3000
1 普特/俄尺	53.7420	537.4196	35.8280	35.8280	48.1505	36.1011	108.3032	434.6224	27.1639	3.3333	1

单位体积、容积的重量换算表 表 3-47

单位	吨/立方米 (t/m^3)	公斤/立方厘米 (kg/cm^3)	市斤/立方市尺	磅/立方英尺 (lb/ft^3)	磅/加仑（英） (lb/gal)	磅/加仑（美） (lb/gal)	磅/蒲耳式 (lb/bu)	日斤/立方日尺	普特/立方俄尺
$1t/m^3$	1	0.0010	74.0741	62.4281	10.0172	8.3454	80.1374	46.3775	1.7287
$1kg/cm^3$	1000	1	7.4074×10^4	6.2428×10^4	1.0017×10^4	8345.4160	8.0137×10^4	4.6378×10^4	1728.6958
1 市斤/立方市尺	0.0135	0.1350×10^{-4}	1	0.8428	0.1352	0.1127	1.0819	0.6261	0.0233
$1lb/ft^3$	0.0160	0.1602×10^{-4}	1.1866	1	0.1605	0.1337	1.2837	0.7430	0.0277
1lb/gal（英）	0.0998	0.9983×10^{-4}	7.3947	6.2321	1	0.8331	8	4.6304	0.1726
1lb/gal（美）	0.1198	0.0001	8.8760	7.4805	1.2003	1	9.6026	5.5580	0.2072
1lb/bu	0.0125	0.1248×10^{-4}	0.9243	0.7790	0.1250	0.1041	1	0.5788	0.0216
1 日斤/立方日尺	0.0216	0.2156×10^{-4}	1.5972	1.3459	0.2160	0.1799	1.7277	1	0.0373
1 普特/立方俄尺	0.5785	0.0006	42.8515	36.1011	5.7937	4.8260	46.3430	26.8313	1

公斤与磅换算表 表 3-48

公斤（kg）	0.4536	0.9072	1.3608	1.8144	2.2680	2.7216	3.1751	3.6287	4.0823
磅或公斤（lb/kg）	1	2	3	4	5	6	7	8	9
磅（lb）	2.2046	4.4092	6.6139	8.8185	11.0231	13.2277	15.4324	17.6370	19.8416

3.2.5 力、重力单位换算

3.2.5.1 力（牛顿，N）单位换算

力的单位换算见表 3-49。

力（牛顿，N）单位换算 表 3-49

单位	牛顿（N）	千牛顿（kN）	兆牛顿（MN）	公斤力（kgf）	吨力（tf）
1N	1	0.0010	10^{-6}	0.1020	0.0001
1kN	1000	1	0.0010	101.9720	0.1020
1MN	1000000	1000	1	101972	101.9720
1kgf	9.8066	0.0098	9.8066×10^{-6}	1	0.0010
1tf	9806.6136	9.8066	0.0098	1000	1
1dyn	10^{-5}	10^{-8}	10^{-11}	0.1020×10^{-5}	0.1020×10^{-8}
1lbf	4.4483	0.0044	4.4483×10^{-6}	0.4536	0.0005
1tonf	9964.0817	9.9641	0.0100	1016.0573	1.0161
1UStonf	8896.5015	8.8965	0.0089	907.1940	0.9072

单位	达因（dyn）	磅力（lbf）	英吨力（tonf）	美吨力（UStonf）
1N	100000	0.2248	0.0001	0.0001
1kN	10^{8}	224.8075	0.1004	0.1124
1MN	10^{11}	0.2248×10^{6}	100.3605	112.4037
1kgf	9.8066×10^{5}	2.2046	0.0010	0.0011
1tf	9.8066×10^{8}	2204.6001	0.9842	1.1023
1dyn	1	0.2248×10^{5}	0.1004×10^{-8}	0.1124×10^{-8}
1lbf	4.4483×10^{5}	1	0.0004	0.0005
1tonf	9.9641×10^{8}	2240	1	1.1200
1UStonf	8.8965×10^{8}	2000	0.8929	1

注：英吨力也可标注为 UK tonf。

3.2.5.2 压强（帕斯卡，Pa）单位换算

1. 大气压强单位换算（见表 3-50）。

大气压强单位换算表 **表 3-50**

单　位	帕斯卡（Pa）或牛顿/平方米（N/m^2）	百帕斯卡（hPa）或牛顿/平方分米（N/dm^2）	工程大气压（at）或千克力/平方厘米（kgf/cm^2）	标准大气压（atm）	毫米汞柱（mmHg）	英寸汞柱（inHg）	毫米水柱（mmH_2O）	英寸水柱（inH_2O）	巴（bar）
1Pa 或 N/m^2	1	0.0100	1.0197×10^{-5}	0.9869×10^{-5}	0.0075	0.0003	0.1020	0.0040	10^{-5}
1hPa 或 N/dm^2	100	1	1.0197×10^{-3}	0.9869×10^{-3}	0.7503	0.0295	10.1972	0.4015	0.0010
1at 或 kgf/cm^2	9.8066×10^4	980.6614	1	0.9678	735.5574	28.9590	10000	393.7008	0.9807
1atm	10.1325×10^4	1013.2503	1.0332	1	760	29.9213	10332.3117	406.7839	1.0133
1mmHg	133.2719	1.3327	0.0014	0.0013	1	0.0394	13.5951	0.5352	0.0013
1inHg	3385.1057	33.8511	0.0345	0.0334	25.4000	1	345.3167	13.5951	0.0339
$1mmH_2O$	9.8066	0.0981	0.0001	0.0001	0.0736	0.0029	1	0.0394	0.0001
$1inH_2O$	249.0880	2.4909	0.0025	0.0024	1.8683	0.0736	25.4000	1	0.0025
1bar	100000	1000	1.0197	0.9869	750.0615	29.5300	10197.1999	401.4646	1

注：1atm 是指在零度时，密度为 $13.5951g/cm^3$ 和重力加速度为 $980.665cm/s^2$，高度为 760mmHg 在海平面上所产生的压力。$1atm=13.5951\times980.665\times76=1013250(dyn/cm^2)$。

2. 应力、强度等单位换算（见表 3-51）。

应力、强度等单位换算表

表 3-51

单位	帕斯卡（Pa）或牛顿/平方米（N/m^2）	兆帕斯卡（MPa）或牛顿/平方毫米（N/mm^2）	千克力/平方厘米（kgf/cm^2）	吨力/平方米（tf/m^2）	磅力/平方英寸（lbf/in^2）	磅力/平方英尺（lbf/ft^2）	英吨力/平方英寸（$tonf/in^2$）	英吨力/平方英尺（$tonf/ft^2$）	美吨力/平方英寸（US $tonf/in^2$）	美吨力/平方英尺（US $tonf/ft^2$）
1Pa 或 N/m^2	1	10^{-6}	1.0197×10^{-5}	0.0001	0.1450×10^{-3}	0.0209	6.4749×10^{-8}	9.3238×10^{-6}	7.2518×10^{-8}	10.4427×10^{-6}
1MPa 或 N/mm^2	1000000	1	10.1972	101.9720	145.0369	2.0885×10^{4}	0.0647	9.3238	0.0725	10.4427
$1kgf/cm^2$	9.8066×10^{4}	0.0981	1	10	14.2232	2048.1424	0.0063	0.9143	0.0071	1.0241
$1tf/m^2$	9806.6136	0.0098	0.1000	1	1.4223	204.8142	0.0006	0.0914	0.0007	0.1024
$1lbf/in^2$	6894.8399	0.0069	0.0703	0.7031	1	144	0.0004	0.0643	0.0005	0.0720
$1lbf/ft^2$	47.8808	0.4788×10^{-4}	0.0005	0.0049	0.0069	1	0.3100×10^{-5}	0.0004	0.3472×10^{-5}	0.0005
$1tonf/in^2$	1.5444×10^{7}	15.4444	157.4890	1574.8905	2240	322560	1	144	1.1200	161.2800
$1tonf/ft^2$	1.0725×10^{5}	0.1073	1.0937	10.9367	15.5556	2240	0.0069	1	0.0078	1.1200
1US $tonf/in^2$	1.3790×10^{7}	13.7897	140.6152	1406.1522	2000	288000	0.8929	128.5714	1	144
1US $tonf/ft^2$	9.5762×10^{4}	0.0958	0.9765	9.7649	13.8889	2000	0.0062	0.8929	0.0069	1

注：本表也适用于弹性模量、剪变模量、压缩模量等单位换算。

3.2.5.3 力矩（弯矩、扭矩、力偶矩、转矩）单位换算

力矩单位换算见表 3-52。

力矩（弯矩、扭矩、力偶矩、转矩）单位换算 表 3-52

单位	牛顿·米 (N·m)	牛顿·厘米 (N·cm)	达因·厘米 (dyn·cm)	千克力·厘米 (kgf·cm)	千克力·米 (kgf·m)	吨力·米 (tf·m)	磅力·英寸 (lbf·in)	磅力·英尺 (lbf·ft)	英吨力·英尺 (tonf·ft)	美吨力·英尺 (tonf·ft)
1N·m	1	100	10^7	10.1972	0.1020	0.0001	8.8507	0.7376	0.0003	0.0004
1N·cm	0.0100	1	100000	0.1020	0.0010	1.0197×10^{-6}	0.0885	0.0074	3.2927×10^{-6}	3.6878×10^{-6}
1dyn·cm	0.10^{-7}	10^{-5}	1	1.0197×10^{-6}	1.0197×10^{-8}	1.0197×10^{-11}	8.8507×10^{-7}	7.3756×10^{-8}	3.2927×10^{-11}	3.6878×10^{-11}
1kgf·cm	0.0981	9.8066	9.8066×10^5	1	0.0100	10^{-5}	0.8680	0.0723	0.3229×10^{-4}	0.3616×10^{-4}
1kgf·m	9.8066	980.6614	9.8066×10^7	100	1	0.0010	86.7951	7.2329	0.0032	0.0036
1tf·m	9806.6136	9.8066×10^5	9.8066×10^{10}	100000	1000	1	8.6795×10^4	7232.9252	3.2290	3.6165
1lbf·in	0.1130	11.2985	1.1299×10^6	1.1521	0.0115	1.1521×10^{-5}	1	0.0833	0.3720×10^{-4}	0.4167×10^{-4}
1lbf·ft	1.3558	135.5820	1.3558×10^7	13.8257	0.1383	0.0001	12	1	0.0004	0.0005
1tonf·ft	3037.0375	3.0370×10^5	3.0370×10^{10}	3.0969×10^4	309.6949	0.3097	26880	2240	1	1.1200
1US tonf·ft	2711.6262	2.7116×10^5	2.7116×10^{10}	2.7651×10^4	276.5133	0.2765	24000	2000	0.8929	1

3.2.5.4 习用非法定计量单位与法定计量单位换算

1. 冲击强度单位换算表（见表 3-53）。

冲击强度单位换算表 **表 3-53**

单 位	千焦耳/平方米 (kJ/m^2)	焦耳/平方厘米 (J/cm^2)	千克力·厘米/平方厘米 ($kgf \cdot cm/cm^2$)	千克力·米/平方厘米 ($kgf \cdot m/cm^2$)	吨力·米/平方米 ($tf \cdot m/m^2$)	磅力·英寸/平方英寸 ($lbf \cdot in/in^2$)	磅力·英尺/平方英寸 ($lbf \cdot ft/in^2$)	英吨力·英尺/平方英尺 ($tonf \cdot ft/ft^2$)	美吨力·英尺/平方英尺 ($UStonf \cdot ft/ft^2$)
$1kJ/m^2$	1	0.1000	1.0197	0.0102	0.1020	5.7102	0.4758	0.0306	0.0343
$1J/cm^2$	10	1	10.1972	0.1020	1.0197	57.1017	4.7585	0.3059	0.3426
$1kgf \cdot cm/cm^2$	0.9807	0.0981	1	0.0100	0.1000	5.5997	0.4666	0.0300	0.0336
$1kgf \cdot m/cm^2$	98.0661	9.8066	100	1	10	559.9695	46.6641	2.9999	3.3597
$1tf \cdot m/m^2$	9.8066	0.9807	10	0.1000	1	55.9970	4.6664	0.3000	0.3360
$1lbf \cdot in/in^2$	0.1751	0.0175	0.1786	0.0018	0.0179	1	0.0833	0.0054	0.0060
$1lbf \cdot ft/in^2$	2.1015	0.2102	2.1430	0.0214	0.2143	12	1	0.0643	0.0720
$1tonf \cdot ft/ft^2$	32.6902	3.2690	33.3349	0.3333	3.3335	186.6667	15.5556	1	1.1200
$1US\ tonf \cdot ft/ft^2$	29.1891	2.9189	29.7647	0.2976	2.9765	166.6667	13.8889	0.8929	1

2. 撕裂、抗劈强度单位换算表（见表 3-54）。

撕裂、抗劈强度单位换算表 **表 3-54**

单位	牛顿/米 (N/m)	牛顿/厘米 (N/cm)	千牛顿/米 (kN/m)	千克力/厘米 (kgf/cm)	吨力/米 (tf/m)	磅力/英寸 (lbf/in)	磅力/英尺 (lbf/ft)	英吨力/英尺 (tonf/ft)	美吨力/英尺 (UStonf/ft)
1N/m	1	0.0100	0.0010	0.0010	0.0001	0.0057	0.0685	0.3059×10^{-4}	0.3426×10^{-4}
1N/cm	100	1	0.1000	0.1020	0.0102	0.5710	6.8522	0.0031	0.0034
1kN/m	1000	10	1	1.0197	0.1020	5.7102	68.5219	0.0306	0.0343
1kgf/cm	980.6614	9.8066	0.9807	1	0.1000	5.5997	67.1968	0.0300	0.0336
1tf/m	9806.6136	98.0661	9.8066	10	1	55.9974	671.9684	0.3000	0.3360
1lbf/in	175.1264	1.7513	0.1751	0.1786	0.0179	1	12	0.0054	0.0060
1lbf/ft	14.5939	0.1459	0.0146	0.0149	0.0015	0.0833	1	0.0004	0.0005
1tonf/ft	32690.2613	326.9026	32.6903	33.3349	3.3335	186.6667	2240	1	1.1200
1US tonf/ft	29189.1343	291.8913	29.1891	29.7647	2.9765	166.6667	2000	0.8929	1

3. 冲量单位换算表（见表 3-55）。

冲量单位换算表 **表 3-55**

单位	牛顿·秒 (N·s)	千牛顿·秒 (kN·s)	达因·秒 (dyn·s)	公斤力·秒 (kgf·s)	吨力·秒 (tf·s)	磅力·秒 (lbf·s)	英吨力·秒 (tonf·s)	美吨力·秒 (US tonf·s)
1N·s	1	0.0010	100000	0.1020	0.0001	0.2248	0.0001	0.0001
1kN·s	1000	1	10^{8}	101.9720	0.1020	224.8075	0.1004	0.1124
1dyn·s	10^{-5}	10^{-8}	1	0.1020×10^{-5}	0.1020×10^{-8}	0.2248×10^{-5}	0.1004×10^{-8}	0.1124×10^{-8}
1kgf·s	9.8066	0.0098	9.8066×10^{5}	1	0.0010	2.2046	0.0010	0.0011
1tf·s	9806.6136	9.8066	9.8066×10^{8}	1000	1	2204.6001	0.9842	1.1023
1lbf·s	4.4483	0.0044	4.4483×10^{5}	0.4536	0.0005	1	0.0004	0.0005
1tonf·s	9964.0817	9.9641	9.9641×10^{8}	1016.0573	1.0161	2240	1	1.1200
1Ustonf·s	8896.5015	8.8965	8.8965×10^{8}	907.1940	0.9072	2000	0.8929	1

4. 冲量矩单位换算表（见表 3-56）。

冲量矩单位换算表 **表 3-56**

单 位	牛顿·米·秒 (N·m·s)	牛顿·厘米·秒 (N·cm·s)	千克力·厘米·秒 (kgf·cm·s)	千克力·米·秒 (kgf·m·s)	吨力·米·秒 (tf·m·s)	磅力·英寸·秒 (lbf·in·s)	磅力·英尺·秒 (lbf·ft·s)	英吨力·英尺·秒 (tonf·ft·s)	美吨力·英尺·秒 (US tonf·ft·s)
1N·m·s	1	100	10.1972	0.1020	0.0001	8.8507	0.7376	0.0003	0.0004
1N·cm·s	0.0100	1	0.1020	0.0010	1.0197×10^{-6}	0.0885	0.0074	3.2927×10^{-6}	3.6878×10^{-6}
1kgf·cm·s	0.0981	9.8066	1	0.0100	10^{-5}	0.8680	0.0723	0.3229×10^{-4}	0.3616×10^{-4}
1kgf·m·s	9.8066	980.6614	100	1	0.0010	86.7951	7.2329	0.0032	0.0036
1tf·m·s	9806.6136	9.8066×10^{5}	100000	1000	1	8.6795×10^{4}	7232.9252	3.2290	3.6165
1lbf·in·s	0.1130	11.2985	1.1521	0.0115	1.1521×10^{-5}	1	0.0833	0.3720×10^{-4}	0.4167×10^{-4}
1lbf·ft·s	1.3558	135.5820	13.8257	0.1383	0.0001	12	1	0.0004	0.0005
1tonf·ft·s	3037.0375	3.0370×10^{5}	30969.4895	309.6949	0.3097	26880	2240	1	1.1200
1Ustonf·ft·s	2711.6262	2.7116×10^{5}	27651.3299	276.5133	0.2765	24000	2000	0.8929	1

3.2.6 功率单位换算

功率单位换算表见表 3-57。

功率单位换算表 表 3-57

单位	瓦特 (W)	千瓦特 (kW)	米制马力 (Ps)	英制马力 (hp)	电工马力	锅炉马力	升·标准大气压/秒 (L·atm/s)	升·工程大气压/秒 (L·at/s)
1W	1	0.0010	0.0014	0.0013	0.0013	0.0001	0.0009	0.0102
1kW	1000	1	1.3596	1.3410	1.3405	0.1019	9.8692	10.1972
1Ps	735.4996	0.7355	1	0.9863	0.9859	0.0750	7.2588	7.5000
1hp	745.7000	0.7457	1.0139	1	0.9996	0.0760	7.3595	7.6040
1电工马力	746	0.7460	1.0143	1.0004	1	0.0761	7.3624	7.6071
1锅炉马力	9809.5000	9.8095	13.3372	13.1547	13.1495	1	96.8122	100.0291
1L·atm/s	101.3250	0.1013	0.1378	0.1359	0.1358	0.0103	1	1.0332
1L·at/s	98.0665	0.0981	0.1333	0.1315	0.1314	0.0100	0.9678	1
1kgf·m/s	9.8066	0.0098	0.0133	0.0132	0.0131	0.0010	0.0968	0.1000
1ft·lbf/s	1.3558	0.0014	0.0018	0.0018	0.0018	0.0001	0.0134	0.0138
1cal/s	4.1868	0.0042	0.0057	0.0056	0.0056	0.0004	0.0413	0.0427
1cal_{th}/s	4.1840	0.0042	0.0057	0.0056	0.0056	0.0004	0.0413	0.0427
1cal_{15}/s	4.1855	0.0042	0.0057	0.0056	0.0056	0.0004	0.0413	0.0427
1kcal/h	1.1630	0.0012	0.0016	0.0016	0.0016	0.0001	0.0115	0.0119
1Btu/h	0.2931	0.0003	0.0004	0.0004	0.0004	0.2988×10^{-4}	0.0029	0.0030
1CHU/h	0.5275	0.0005	0.0007	0.0007	0.0007	0.5378×10^{-4}	0.0052	0.0054

续表

单　位	千克·米/秒 (kgf·m/s)	英尺·磅力/秒 (ft·lbf/s)	卡/秒 (cal/s)	热化学卡/秒 (cal_{th}/s)	15摄氏度卡/秒 (cal_{15}/s)	千卡/小时 (kcal/h)	英热单位/小时 (Btu/h)	摄氏度热单位/小时 (CHU/h)
1W	0.1020	0.7376	0.2388	0.2390	0.2389	0.8598	3.4121	1.8956
1kW	101.9720	737.5620	238.8459	239.0057	238.9201	859.8452	3412.1238	1895.6320
1Ps	75	542.4766	175.6711	175.7886	175.7256	632.4158	2509.6263	1394.2369
1hP	76.0405	550	178.1074	178.2266	178.1627	641.1866	2544.4317	1413.5731
1电工马力	76.0711	550.2213	178.1790	178.2983	178.2344	641.4445	2545.4551	1414.1417
1锅炉马力	1000.2943	7235.1147	2342.9588	2344.5268	2343.6865	8434.6518	3.3471×10^4	1.8595×10^4
1L·atm/s	10.3323	74.7335	24.2011	24.2173	24.2086	87.1238	345.7349	192.0749
1L·at/s	10	72.3301	23.4228	23.4385	23.4301	84.3220	334.6165	185.8980
1kgf·m/s	1	7.2330	2.3423	2.3438	2.3430	8.4322	33.4616	18.5898
1ft·lbf/s	0.1383	1	0.3238	0.3240	0.3239	1.1658	4.6262	2.5701
1cal·s	0.4269	3.0880	1	1.0007	1.0003	3.6000	14.2860	7.9366
1cal_{th}/s	0.4267	3.0860	0.9993	1	0.9996	3.5975	14.2760	7.9311
1cal_{15}/s	0.4268	3.0871	0.9997	1.0004	1	3.5989	14.2814	7.9342
1kcal/h	0.1186	0.8578	0.2778	0.2780	0.2779	1	3.9683	2.2046
1Btu/h	0.0299	0.2162	0.0700	0.0700	0.0700	0.2520	1	0.5556
1CHU/h	0.0538	0.3891	0.1260	0.1261	0.1260	0.4536	1.8000	1

注：1. 1瓦特（W）=1焦耳/秒（J/s）=1安培·伏特（A·V）=1平方米·千克/秒³（$m^2\cdot kg/s^3$）；

2. cal_{th}称热化学卡，1cal_{th}=4.1840J；

3. cal_{15}称15摄氏度卡，是指在一个标准大气压下把1克无空气的水，从14.5℃加热到15.5℃时所需的热量，1cal_{15}=4.1855J。

3.2.7　速度单位换算

速度单位换算见表 3-58。

速度单位换算表　　表 3-58

单　位	米/秒 (m/s)	英尺/秒 (ft/s)	码/秒 (yd/s)	千米/分 (km/min)	公里/小时 (km/h)	英里/小时 (mile/h)	节或海里/小时 (kn 或 nmile/h)
1m/s	1	3.2808	1.0936	0.0600	3.6000	2.2369	1.9438
1ft/s	0.3048	1	0.3333	0.0183	1.0973	0.6818	0.5925
1yd/s	0.9144	3	1	0.0549	3.2919	2.0455	1.7774
1km/min	16.6667	54.6800	18.2267	1	60	37.2818	32.3964
1km/h	0.2778	0.9113	0.3038	0.0167	1	0.6214	0.5400
1mile/h	0.4470	1.4667	0.4889	0.0268	1.6094	1	0.8689
1kn 或 n mile/h	0.5144	1.6878	0.5626	0.0309	1.8520	1.1508	1

3.2.8　流量的单位换算

3.2.8.1　体积流量的单位换算

体积流量单位换算见表 3-59。

体积流量单位换算表　　表 3-59

单　位	升/秒 (L/s)	立方米/分 (m^3/min)	立方米/小时 (m^3/h)	立方英尺/秒 (ft^3/s)	立方英尺/分 (ft^3/min)	立方英尺/小时 (ft^3/h)	(英) 加仑/秒 (gal/s)	(美) 加仑/秒 (gal/s)
1L/s	1	0.0600	3.6000	0.0353	2.1189	127.1330	0.2201	0.2642
1m^3/min	16.6667	1	60	0.5886	35.3147	2118.8835	3.6681	4.4029
1m^3/h	0.2778	0.0167	1	0.0098	0.5886	35.3147	0.0611	0.0734
1ft^3/s	28.3168	1.6990	101.9405	1	60	3600	6.2321	7.4805
1ft^3/min	0.4719	0.0283	1.6990	0.0167	1	60	0.1039	0.1247
1ft^3/h	0.0079	0.0005	0.0283	0.0003	0.0167	1	0.0017	0.0021
1（英）gal/s	4.5437	0.2726	16.3573	0.1605	9.6276	577.6542	1	1.2003
1（美）gal/s	3.7854	0.2271	13.6275	0.1337	8.0208	481.2500	0.8331	1

3.2.8.2 质量流量的单位换算

质量流量单位换算见表 3-60。

质量流量单位换算表 表 3-60

单位	千克/秒（kg/s）	千克/分（kg/min）	吨/小时（t/h）	磅/秒（lb/s）	磅/分（lb/min）	磅/小时（lb/h）	英吨/小时（ton/h）	美吨/小时（US ton/h）
1kg/s	1	60	3.6000	2.2046	132.2775	7936.6500	3.5431	3.9683
1kg/min	0.0167	1	0.0600	0.0367	2.2046	132.2775	0.0591	0.0661
1t/h	0.2778	16.6667	1	0.6124	36.7438	2204.6250	0.9842	1.1023
1lb/s	0.4536	27.2155	1.6329	1	60	3600	1.6071	1.8000
1lb/min	0.0076	0.4536	0.0272	0.0167	1	60	0.0268	0.0300
1lb/h	0.0001	0.0076	0.0005	0.0003	0.0167	1	0.0004	0.0005
1ton/h	0.2822	16.9341	1.0160	0.6222	37.3333	2240	1	1.1200
1US ton/h	0.2520	15.1197	0.9072	0.5556	33.3333	2000	0.8929	1

3.2.9 热及热工单位换算

3.2.9.1 温度单位换算

温度单位换算见表 3-61。

温度单位换算表 表 3-61

单位	热力学温度（K）	摄氏温度（℃）	华氏温度（℉）	兰氏温度（°R）
tK	t	$t-273.15$	$1.8t-459.67$	$1.8t$
t℃	$t+273.15$	t	$1.8t+32$	$1.8t+491.67$
t℉	$\frac{5}{9}(t+459.67)$	$\frac{5}{9}(t-32)$	t	$t+459.67$
t°R	$\frac{5}{9}t$	$\frac{5}{9}t-273.15$	$t-459.67$	t

注：1℃=1K=1.8℉=1.8°R。

3.2.9.2 各种温度的绝对零度、水冰点和水沸点温度值

各种温度的绝对零度、水冰点和水沸点温度值见表 3-62。

各种温度的绝对零度、水冰点和水沸点温度值表 表 3-62

	热力学温度（K）	摄氏温度（℃）	华氏温度（℉）	兰氏温度（°R）
绝对零度	0	−273.15	−459.67	0
水冰点	273.15	0	32	491.67
水沸点	373.15	100	212	671.67

3.2.9.3 导热系数单位换算

导热系数单位换算见表 3-63。

导热系数单位换算表 **表 3-63**

单位	瓦特（米·开）W/(m·K)	瓦特（厘米·开）W/(cm·K)	千瓦特（米·开）kW/(m·K)	卡（厘米·秒·开）cal/(cm·s·K)	卡（厘米·时·开）cal/(cm·h·K)	千卡（米·时·开）kcal/(m·h·K)	英热单位（英寸·时·℉）Btu/(in·h·℉)	英热单位（英尺·时·℉）Btu/(ft·h·℉)	摄氏度热单位（英寸·时·℉）CHU/(in·h·℉)	摄氏度热单位（英尺·时·℉）CHU/(ft·h·℉)
1 W/(m·K)	1	0.0100	0.0010	0.0024	8.5985	0.8598	0.0481	0.5778	0.0267	0.3210
1 W/(cm·K)	100	1	0.1000	0.2388	859.8452	85.9845	4.8149	57.7790	2.6750	32.0995
1 kW/(m·K)	1000	10	1	2.3885	8598.4523	859.8452	48.1492	577.7902	26.7495	320.9946
1 cal/(cm·s·K)	418.6800	4.1868	0.4187	1	3600	360	20.1588	241.9050	11.1993	134.3917
1 cal/(cm·h·K)	0.1163	0.0012	0.0001	0.0003	1	0.1000	0.0056	0.0672	0.0031	0.0373
1 kcal/(m·h·K)	1.1630	0.0116	0.0012	0.0027	10	1	0.0560	0.6720	0.0311	0.3733
1 Btu/(in·h·℉)	20.7688	0.2077	0.0208	0.0496	178.5825	17.8582	1	12	0.5556	6.6667
1 Btu/(ft·h·℉)	1.7307	0.0173	0.0017	0.0041	14.8819	1.4882	0.0833	1	0.0463	0.5556
1 CHU/(in·h·℉)	37.3838	0.3738	0.0374	0.0893	321.4484	32.1448	1.8000	21.6000	1	12
1 CHU/(ft·h·℉)	3.1153	0.0312	0.0031	0.0074	26.7874	2.6787	0.1500	1.8000	0.0833	1

注：1. 表中“开”为“开尔文”的简称（以下同）；

2. 1 瓦特/(厘米·开)＝1 焦耳/(厘米·秒·开)。

3.2.9.4 传热系数单位换算

传热系数单位换算见表 3-64。

传热系数单位换算表 **表 3-64**

单位	瓦特（平方米·开）W/(m²·K)	瓦特（平方厘米·开）W/(cm²·K)	千瓦特（平方米·开）kW/(m²·K)	卡（平方厘米·秒·开）cal/(cm²·s·K)	卡（平方厘米·时·开）cal/(cm²·h·K)	千卡（平方米·时·开）kcal/(m²·h·K)	英热单位（平方英寸·时·℉）Btu/(in²·h·℉)	英热单位（平方英尺·时·℉）Btu/(ft²·h·℉)	摄氏度热单位（平方英寸·时·℉）CHU/(in²·h·℉)	摄氏度热单位（平方英尺·时·℉）CHU/(ft²·h·℉)
1 W/(m²·K)	1	0.0001	0.0010	0.2388×10⁻⁴	0.0860	0.8598	0.0012	0.1761	0.0007	0.0978
1 W/(cm²·K)	10000	1	10	0.2388	859.8452	8598.4523	12.2299	1761.1087	6.7944	978.3937
1 kW/(m²·K)	1000	0.1000	1	0.0239	85.9845	859.8452	1.2230	176.1109	0.6794	97.8394

续表

单位	瓦特（平方米·开） W/(m²·K)	瓦特（平方厘米·开） W/(cm²·K)	千瓦特（平方米·开） kW/(m²·K)	卡（平方厘米·秒·开） cal/(cm²·s·K)	卡（平方厘米·时·开） cal/(cm²·h·K)	千卡（平方米·时·开） kcal/(m²·h·K)	英热单位（平方英寸·时·℉） Btu/(in²·h·℉)	英热单位（平方英尺·时·℉） Btu/(ft²·h·℉)	摄氏度热单位（平方英寸·时·℉） CHU/(in²·h·℉)	摄氏度热单位（平方英尺·时·℉） CHU/(ft²·h·℉)
1 cal/(cm²·s·K)	41868	4.1868	41.8680	1	3600	36000	51.2042	7373.4099	28.4468	4096.3388
1 cal/(cm²·h·K)	11.6300	0.0012	0.0116	0.0003	1	10	0.0142	2.0482	0.0079	1.1379
1 kcal/(m²·h·K)	1.1630	0.0001	0.0012	2.7778×10^{-5}	0.1000	1	0.0014	0.2048	0.0008	0.1138
1 Btu/(in²·h·℉)	817.6667	0.0818	0.8177	0.0195	70.3067	703.0668	1	144	0.5556	80
1 Btu/(ft²·h·℉)	5.6782	0.0006	0.0057	0.0001	0.4882	4.8824	0.0069	1	0.0039	0.5556
1 CHU/(in²·h·℉)	1471.8002	0.1472	1.4718	0.0352	126.5520	1265.5203	1.8000	259.2000	1	144
1 CHU/(ft²·h·℉)	10.2208	0.0010	0.0102	0.0002	0.8788	8.7883	0.0125	1.8000	0.0069	1

注：表中“K”可用“℃”代替（以下同）。

3.2.9.5 热阻单位换算

热阻单位换算见表 3-65。

热阻单位换算表 **表 3-65**

单位	平方米·开/瓦特 m²·K/W	平方厘米·开/瓦特 cm²·K/W	平方米·开/千瓦特 m²·K/kW	平方厘米·秒·开/卡 cm²·s·K/cal	平方厘米·时·开/卡 cm²·h·K/cal	平方米·时·开/千卡 m²·h·K/kcal	平方英寸·时·℉/英热单位 in²·h·℉/Btu	平方英尺·时·℉/英热单位 ft²·h·℉/Btu	平方英寸·时·℉/摄氏度热单位 in²·h·℉/CHU	平方英尺·时·℉/摄氏度热单位 ft²·h·℉/CHU
1 m²·K/W	1	10000	1000	41868	11.6300	1.1630	817.6667	5.6782	1471.8002	10.2208
1 cm²·K/W	0.0001	1	0.1000	4.1868	0.0012	0.0001	0.0818	0.0006	0.1472	0.0010
1 m²·K/kW	0.0010	10	1	41.8680	0.0116	0.0012	0.8177	0.0057	1.4718	0.0102
1 cm²·s·K/cal	0.2388×10^{-4}	0.2388	0.0239	1	0.0003	2.7778×10^{-5}	0.0195	0.0001	0.0352	0.0002
1 cm²·h·K/cal	0.0860	859.8452	85.9845	3600	1	0.1000	70.3067	0.4882	126.5520	0.8788
1 m²·h·K/kcal	0.8598	8598.4523	859.8452	36000	10	1	703.0668	4.8824	1265.5203	8.7883

续表

单位	平方米·开/瓦特 $\frac{m^2 \cdot K}{W}$	平方厘米·开/瓦特 $\frac{cm^2 \cdot K}{W}$	平方米·开/千瓦特 $\frac{m^2 \cdot K}{kW}$	平方厘米·秒·开/卡 $\frac{cm^2 \cdot s \cdot K}{cal}$	平方厘米·时·开/卡 $\frac{cm^2 \cdot h \cdot K}{cal}$	平方米·时·开/千卡 $\frac{m^2 \cdot h \cdot K}{kcal}$	平方英寸·时·℉/英热单位 $\frac{in^2 \cdot h \cdot ℉}{Btu}$	平方英尺·时·℉/英热单位 $\frac{ft^2 \cdot h \cdot ℉}{Btu}$	平方英寸·时·℉/摄氏度热单位 $\frac{in^2 \cdot h \cdot ℉}{CHU}$	平方英尺·时·℉/摄氏度热单位 $\frac{ft^2 \cdot h \cdot ℉}{CHU}$
1 in·h·℉/Btu	0.0012	12.2299	1.2230	51.2042	0.0142	0.0014	1	0.0069	1.8000	0.0125
1 ft·h·℉/Btu	0.1761	1761.1087	176.1109	7373.4099	2.0482	0.2048	144	1	259.2000	1.8000
1 in·h·℉/CHU	0.0007	6.7944	0.6794	28.4468	0.0079	0.0008	0.5556	0.0039	1	0.0069
1 ft·h·℉/CHU	0.0978	978.3937	97.8394	4096.3388	1.1379	0.1138	80	0.5556	144	1

3.2.9.6 比热容(比热)单位换算

比热容(比热)单位换算见表 3-66。

比热容(比热)单位换算表 表 3-66

单位	焦耳/(千克·开) $\frac{J}{(kg \cdot K)}$	焦耳/(克·开) $\frac{J}{(g \cdot K)}$	卡/(千克·开) $\frac{cal}{(kg \cdot K)}$	千卡/(千克·开) $\frac{kcal}{(kg \cdot K)}$	热化学卡/(千克·开) $\frac{cal_{th}}{(kg \cdot K)}$	15摄氏度卡/(千克·开) $\frac{cal_{15}}{(kg \cdot K)}$	英热单位/(磅·℉) $\frac{Btu}{(lb \cdot ℉)}$	摄氏度热单位/(磅·℉) $\frac{CHU}{(lb \cdot ℉)}$
1 J/(kg·K)	1	0.0010	0.2388	0.0002	0.2390	0.2389	0.0002	0.0001
1 J/(g·K)	1000	1	238.8459	0.2388	239.0057	238.9201	0.2388	0.1327
1 cal/(kg·K)	4.1868	0.0042	1	0.0010	1.0007	1.0003	0.0010	0.0006
1 kcal/(kg·K)	4186.8000	4.1868	1000	1	1000.6692	1000.3106	1	0.5556
1 cal_{th}/(kg·K)	4.1840	0.0042	0.9993	0.9993×10^{-3}	1	0.9996	0.9993×10^{-3}	0.0006
1 cal_{15}/(kg·K)	4.1855	0.0042	0.9997	0.9997×10^{-3}	1.0004	1	0.9997×10^{-3}	0.0006
1 Btu/(lb·℉)	4186.8000	4.1868	1000	1	1000.6692	1000.3106	1	0.5556
1 CHU/(lb·℉)	7536.2400	7.5362	1800	1.8000	1801.2046	1800.5591	1.8000	1

注:1 焦耳/(千克·开)=1 焦耳/(千克·℃)。

3.2.9.7 热阻单位换算

热阻单位换算见表 3-67。

热阻单位换算表 **表 3-67**

单位	焦耳(J)或牛顿·米(N·m)	尔格(erg)或达因·厘米(dyn·cm)	千克力·米(kgf·m)	升·标准大气压(L·atm)	立方厘米·标准大气压(cm^3·atm)	升·工程大气压(L·at)	立方厘米·工程大气压(cm^3·at)	英尺·磅力(ft·lbf)	千瓦·时(kW·h)
1J 或 N·m	1	10000000	0.1020	0.0099	9.8692	0.0102	10.1972	0.7376	2.7778×10^{-7}
1erg 或 dyn·cm	10^{-7}	1	0.1020×10^{-7}	0.9869×10^{-9}	9.8692×10^{-7}	1.0197×10^{-9}	1.0197×10^{-6}	0.7376×10^{-7}	2.7778×10^{-14}
1kgf·m	9.8066	9.8066×10^{7}	1	0.0968	96.7841	0.1000	100	7.2330	2.7241×10^{-6}
1L·atm	101.3250	10.1325×10^{8}	10.3323	1	1000	1.0332	1033.2275	74.7335	2.8146×10^{-5}
1cm^3·atm	0.1013	10.1325×10^{5}	0.0103	0.0010	1	1.0332×10^{-3}	1.0332	0.0747	2.8146×10^{-8}
1L·at	98.0665	9.8066×10^{8}	10	0.9678	967.8411	1	1000	72.3301	2.7241×10^{-5}
1cm^3·at	0.0981	9.8066×10^{5}	0.0100	0.9678×10^{-3}	0.9678	0.0010	1	0.0723	2.7241×10^{-8}
1ft·lbf	1.3558	1.3558×10^{7}	0.1383	0.0134	13.3809	0.0138	13.8255	1	3.7662×10^{-7}
1kW·h	3600000	3.6000×10^{13}	3.6710×10^{5}	3.5529×10^{4}	3.5529×10^{7}	3.6710×10^{4}	3.6710×10^{7}	2.6552×10^{6}	1
1PS·h	2.6478×10^{6}	2.6478×10^{13}	2.7000×10^{5}	2.6132×10^{4}	2.6132×10^{7}	2.7000×10^{4}	2.7000×10^{7}	1.9529×10^{6}	0.7355
1hp·h	2684520	2.6845×10^{13}	2.7375×10^{5}	2.6494×10^{4}	2.6494×10^{7}	2.7375×10^{4}	2.7375×10^{7}	1.9800×10^{6}	0.7457
1cal	4.1868	4.1868×10^{7}	0.4269	0.0413	41.3205	0.0427	42.6932	3.0880	1.1630×10^{-6}
1cal_{th}	4.1840	4.1840×10^{7}	0.4267	0.0413	41.2929	0.0427	42.6647	3.0860	1.1622×10^{-6}
1cal_{15}	4.1855	4.1855×10^{7}	0.4268	0.0413	41.3077	0.0427	42.6791	3.0871	1.1626×10^{-6}
1Btu	1055.0687	1.0551×10^{10}	107.5866	10.4126	1.0413×10^{4}	10.7587	1.0759×10^{4}	778.1653	0.0003
1CHU	1899.1237	1.8991×10^{10}	193.6560	18.7428	1.8743×10^{4}	19.3656	1.9366×10^{4}	1400.6975	0.0005
1eV	1.6022×10^{-19}	1.6022×10^{-12}	0.1634×10^{-19}	1.5812×10^{-21}	1.5812×10^{-18}	0.1634×10^{-20}	0.1634×10^{-17}	0.1182×10^{-18}	0.4451×10^{-25}

续表

单位	米制马力·时 (PS·h)	英制马力·时 (hp·h)	卡 (cal)	热化学卡 (cal_{th})	15摄氏度卡 (cal_{15})	英热单位 (Btu)	摄氏度热单位 (CHU)	电子伏特 (eV)
1J或N·m	3.7767×10^{-7}	3.7251×10^{-7}	0.2388	0.2390	0.2389	0.0009	0.0005	0.6241×10^{19}
1erg或dyn·cm	3.7767×10^{-14}	3.7251×10^{-14}	0.2388×10^{-7}	0.2390×10^{-7}	0.2389×10^{-7}	9.4717×10^{-11}	5.2657×10^{-11}	0.6241×10^{12}
1kgf·m	0.3704×10^{-5}	0.3653×10^{-5}	2.3423	2.3439	2.3430	0.0093	0.0052	6.1208×10^{19}
1L·atm	0.3827×10^{-4}	0.3774×10^{-4}	24.2011	24.2173	24.2086	0.0960	0.0534	0.6324×10^{21}
$1cm^3$·atm	0.3827×10^{-7}	0.3774×10^{-7}	0.0242	0.0242	0.0242	0.9604×10^{-4}	0.5335×10^{-4}	0.6324×10^{18}
1L·at	0.3704×10^{-4}	0.3653×10^{-4}	23.4023	23.4385	23.4301	0.0929	0.0516	6.1208×10^{20}
$1cm^3$·at	0.370×10^{-7}	0.3653×10^{-7}	0.0234	0.0234	0.0234	0.9289×10^{-4}	0.5164×10^{-4}	6.1208×10^{17}
1ft·lbf	5.1206×10^{-7}	5.0505×10^{-7}	0.3238	0.3240	0.3239	0.0013	7.1393×10^{-4}	8.4623×10^{18}
1kW·h	1.3596	1.3410	859680	860400	860040	3409.8120	1895.6520	2.2468×10^{25}
1PS·h	1	0.9863	6.3242×10^{5}	6.3284×10^{5}	6.3261×10^{5}	2509.5996	1394.2220	1.6526×10^{25}
1hp·h	1.0139	1	6.4119×10^{5}	6.4162×10^{5}	6.4139×10^{5}	2544.4030	1413.5572	1.6755×10^{25}
1cal	1.5596×10^{-6}	1.5812×10^{-6}	1	1.0007	1.0003	0.0040	0.0022	2.6132×10^{19}
$1cal_{th}$	1.5586×10^{-6}	1.5802×10^{-6}	0.9993	1	0.9996	0.0040	0.0022	2.6114×10^{19}
$1cal_{15}$	1.5591×10^{-6}	1.5807×10^{-6}	0.9997	1.0004	1	0.0040	0.0022	2.6124×10^{19}
1Btu	0.0004	0.0004	251.9950	252.1715	252.0761	1	0.5556	0.6585×10^{22}
1CHU	0.0007	0.0007	453.5947	453.9087	453.7370	1.8000	1	1.1853×10^{22}
1eV	0.6051×10^{-25}	0.5968×10^{-25}	0.3827×10^{-19}	0.3829×10^{-19}	0.3828×10^{-19}	1.5186×10^{-22}	0.8436×10^{-22}	1

3.2.9.8 水的温度和压力换算

水的温度和压力换算见表 3-68。

水的温度和压力换算表 表 3-68

摄氏温度（℃）	热力学温度（K）	兆帕斯卡（MPa）	毫米汞柱（mmHg）	摄氏温度（℃）	热力学温度（K）	兆帕斯卡（MPa）	毫米汞柱（mmHg）
40	313.15	0.0074	55.3240	103	376.15	0.1127	845.1200
50	323.15	0.0123	92.5100	104	377.15	0.1167	875.0600
60	333.15	0.0199	149.3800	105	378.15	0.1208	906.0700
70	343.15	0.0312	233.7000	106	379.15	0.1250	937.9200
80	353.15	0.0473	355.1000	107	380.15	0.1294	970.6000
81	354.15	0.0493	369.7000	108	381.15	0.1339	1004.4200
82	355.15	0.0513	384.9000	109	382.15	0.1385	1038.9200
83	356.15	0.0534	400.6000	110	383.15	0.1431	1073.5600
84	357.15	0.0556	416.8000	111	384.15	0.1481	1111.2000
85	358.15	0.0578	433.6000	112	385.15	0.1532	1148.7400
86	359.15	0.0601	450.9000	113	386.15	0.1583	1187.4200
87	360.15	0.0625	468.7000	114	387.15	0.1636	1227.2500
88	361.15	0.0649	487.1000	115	388.15	0.1691	1267.9800
89	362.15	0.0675	506.1000	116	389.15	0.1746	1309.9400
90	363.15	0.0701	525.7600	117	391.15	0.1804	1352.9500
91	364.15	0.0729	546.0500	118	391.15	0.1861	1397.1800
92	365.15	0.0756	566.9900	119	392.15	0.1932	1442.6500
93	366.15	0.0785	588.6000	120	393.15	0.1985	1489.1400
94	367.15	0.0815	610.9000	125	398.15	0.2321	1740.9300
95	368.15	0.0845	633.9000	130	403.15	0.2701	2026.1600
96	369.15	0.0877	657.6200	140	413.15	0.3613	2710
97	370.15	0.0909	682.0700	150	423.15	0.4760	3570
98	371.15	0.0943	707.2700	160	433.15	0.6175	4635
99	372.15	0.0978	733.2400	170	443.15	0.7917	5940
100	373.15	0.1013	760.0000	180	453.15	1.0026	7520
101	374.15	0.1050	787.5100	190	463.15	1.2551	9414
102	375.15	0.1088	815.8600	200	473.15	1.5545	11660

3.2.9.9 水的温度和汽化热换算

水的温度和汽化热换算见表 3-69。

水的温度和汽化热换算表 表 3-69

摄氏温度（℃）	热力学温度（K）	千焦耳/千克（kJ/kg）	千卡/千克（kcal/kg）	摄氏温度（℃）	热力学温度（K）	千焦耳/千克（kJ/kg）	千卡/千克（kcal/kg）
0	273.15	2500.7756	597.3000	55	328.15	2370.1475	566.1000
5	278.15	2489.0526	594.5000	60	333.15	2358.0058	563.2000
10	283.15	2477.3296	591.7000	65	338.15	2345.4454	560.2000
15	388.15	2465.6065	588.9000	70	343.15	2333.3036	557.3000
20	293.15	2453.4686	586.0000	75	348.15	2320.7432	554.3000
25	298.15	2441.7418	583.2000	80	353.15	2308.1828	551.3000
30	303.15	2430.0187	580.4000	85	358.15	2295.6224	548.3000
35	308.15	2418.2957	577.6000	90	363.15	2282.6434	545.2000
40	313.15	2406.1540	574.7000	95	368.15	2269.6643	542.1000
45	318.15	2394.0122	571.8000	100	373.15	2256.6852	539.0000
50	323.15	2382.2892	569.0000				

3.2.9.10 热负荷单位换算

热负荷单位换算见表 3-70。

热负荷单位换算表 表 3-70

瓦特（W）	1.1630	2.3260	3.4890	4.6520	5.8150	6.9780	8.1410	9.3040	10.4670	11.6300
kcal/h 或 W	1	2	3	4	5	6	7	8	9	10
千卡/时（kcal/h）	0.8598	1.7197	2.5795	3.4394	4.2992	5.1591	6.0189	6.8788	7.7386	8.5985

3.2.10 电及磁单位换算

3.2.10.1 电流单位换算

电流单位换算见表 3-71。

电流单位换算表 表 3-71

单位	SI 单位安培（A）	电磁系安培（aA）	静电系安培（aA）
1A	1	0.1000	2.9980×10^{9}
1aA	10	1	2.9980×10^{10}
1sA	0.3336×10^{-9}	0.3336×10^{-10}	1

3.2.10.2 电压单位换算

电压单位换算见表 3-72。

电压单位换算表 表 3-72

单位	SI 单位安培（A）	电磁系安培（aA）	静电系安培（aA）
1V	1	10^{8}	0.0033
1aV	10^{-8}	1	0.3336×10^{-10}
1sV	299.8000	2.9980×10^{10}	1

3.2.10.3 电阻单位换算

电阻单位换算见表 3-73。

电阻单位换算表 表 3-73

单位	SI 单位安培（A）	电磁系安培（aA）	静电系安培（aA）
1Ω	1	10^{9}	1.1127×10^{-12}
1aΩ	10^{-9}	1	1.1127×10^{-21}
1sΩ	0.8987×10^{12}	0.8987×10^{21}	1

3.2.10.4 电荷量单位换算

电荷量单位换算见表 3-74。

电荷量单位换算表 表 3-74

单位	SI 单位库伦	安培·时（A·h）	电磁系库伦（aC）	法拉第	静电系库伦（aC）
1C	1	0.0003	0.1000	1.0364×10^{-5}	2.9980×10^{9}
1A·h	3600	1	360	0.0373	1.0793×10^{13}
1aC	10	0.0028	1	0.0001	2.9980×10^{10}
1 法拉第	96490	26.8028	9649	1	2.8935×10^{14}
1sC	0.3336×10^{-9}	0.9265×10^{-13}	0.3336×10^{-10}	0.3456×10^{-14}	1

3.2.10.5 电容单位换算

电容单位换算见表 3-75。

电容单位换算表 **表 3-75**

单位	SI 单位法拉（F）	电磁系法拉（aF）	静电系法拉（aF）
1F	1	10^{-9}	0.8987×10^{12}
1aF	10^{9}	1	1.8987×10^{21}
1sF	1.1127×10^{-12}	1.1127×10^{-21}	1

3.2.11 声单位换算

声单位换算见表 3-76。

声单位换算表 **表 3-76**

量的名词	法定计量单位		习用非法定计量单位		换算关系
	名称	符号	名称	符号	
声压	帕斯卡	Pa	微巴	μbar	$1\mu bar=10^{-1}Pa$
声能密度	焦耳每立方米	J/m^3	尔格每立方厘米	erg/cm^3	$1erg/cm^3=10^{-1}J/m^3$
声功率	瓦特	W	尔格每秒	erg/s	$1erg/s=10^{-7}W$
声强	瓦特每平方米	W/m^2	尔格每秒平方厘米	$erg/(s\cdot cm^2)$	$1erg/(s\cdot cm^2)=10^{-3}W/m^2$
声阻抗率、流阻	帕斯卡米每秒	Pa·s/m	CGS 瑞利	CGSrayl	1CGSrayl=10Pa·s/m
	帕斯卡米每秒	Pa·s/m	瑞利	rayl	1rayl=1Pa·s/m
声阻抗	帕斯卡秒每三次方米	$Pa\cdot s/m^3$	CGS 声欧姆	$CGS\Omega_A$	$1CGS\Omega_A=10^5Pa\cdot s/m^3$
	帕斯卡秒每三次方米	$Pa\cdot s/m^3$	声欧姆	Ω_A	$1\Omega_A=1Pa\cdot s/m^3$
力阻抗	牛顿秒每米	N·s/m	CGS 力欧姆	$CGS\Omega_M$	$1CGS\Omega_M=10^3N\cdot s/m$
	牛顿秒每米	N·s/m	力欧姆	Ω_M	$1\Omega_M=1N\cdot s/m$
吸声量	平方米	m^2	赛宾	Sab	$1Sab=1m^2$

3.2.12 黏度单位换算

3.2.12.1 动力黏度单位换算

动力黏度单位换算见表 3-77。

动力黏度单位换算表 **表 3-77**

单位	帕斯卡·秒 (Pa·s)	泊(P)或 $\frac{达因\times秒}{平方厘米}$ $(dyn\cdot s/cm^2)$	厘泊 (cP)	$\frac{千克力\times秒}{平方厘米}$ $(kgf\cdot s/cm^2)$	$\frac{千克力\times秒}{平方米}$ $(kgf\cdot s/m^2)$	$\frac{磅力\cdot秒}{平方英寸}$ $(lbf\cdot s/in^2)$	$\frac{磅力\cdot秒}{平方英尺}$ $(lbf\cdot s/ft^2)$
1Pa·s	1	10	1000	1.0197×10^{-5}	0.1020	0.1450×10^{-3}	0.0209
1P 或 $\frac{dyn\cdot s}{cm^2}$	0.1000	1	100	1.0197×10^{-6}	0.0102	0.1450×10^{-4}	0.0021
1cP	0.0010	0.0100	1	1.0197×10^{-8}	0.0001	0.1450×10^{-6}	0.2089×10^{-4}
$1kgf\cdot s/cm^2$	9.8066×10^4	9.8066×10^5	9.8066×10^7	1	10000	14.223	2048.1424

续表

单位	帕斯卡·秒 (Pa·s)	泊(P)或 $\frac{达因\times秒}{平方厘米}$ (dyn·s/cm²)	厘泊 (cP)	$\frac{千克力\times秒}{平方厘米}$ (kgf·2/cm²)	$\frac{千克力\times秒}{平方米}$ (kgf·s/m²)	$\frac{磅力·秒}{平方英寸}$ (1bf·s/in²)	$\frac{磅力·秒}{平方英尺}$ (1bf·s/ft²)
1kgf·s/m²	9.8066	98.0661	9806.6136	0.0001	1	0.0014	0.2048
1lbf·s/in²	6894.8399	6.8948×10^4	6.8948×10^6	0.0703	703.0761	1	144
1lbf·s/ft²	47.8808	478.8083	4.7881×10^4	0.0005	4.8825	0.0069	1

3.2.12.2　运动黏度单位换算

运动黏度单位换算见表3-78。

运动黏度单位换算表　　**表3-78**

单位	平方米/秒 (m^2/s)	平方米/分 (m^2/min)	平方米/小时 (m^2/h)	斯托克斯 (St)	厘斯托克斯 (cSt)
$1m^2/s$	1	60	3600	10000	1000000
$1m^2/min$	0.0167	1	60	166.6667	1.6667×10^4
$1m^2/h$	0.0003	0.0167	1	2.7778	277.7778
1St	0.0001	0.0060	0.3600	1	100
1cSt	10^{-6}	0.6000×10^{-4}	0.0036	0.0100	1

3.2.13　硬　度　换　算

1. 各种硬度名称、符号、说明(表3-79)

各种硬度名称、符号、说明表　　**表3-79**

名称	符号	单位	说　明
布氏硬度	HB	N/mm^2	表示塑料、橡胶、金属等材料硬度的一种标准，由瑞典人布林南尔首先提出：测定方法如下： 以一定重力(一般为30kN)把一定大小(直径一般为10mm)的淬硬的钢球压入试验材料的表面，然后以试祥表面上凹坑的表面积来除负荷，其商即为试样的布氏硬度值 布氏硬度测定较准确可靠，但除塑料、橡胶外一般只适用HB=8～450范围内的金属材料，对于较硬的钢或较薄的板材则不适用
洛氏硬度 (1)标尺A (2)标尺B (3)标尺C	HR HRA HRB HRC		表示金属等材料硬度的一种标准。由美国冶金学家洛克威尔首先提出。测定方法如下： 以一定重力把淬硬的钢球或顶角为120°圆锥形金刚石压入式样表面，然后以材料表面上凹坑的深度，来计算硬度的大小 采用600N重力和金刚石压入器求得的硬度 采用1kN重力和玄径1.50mm的淬硬的钢球求得的硬度 采用1.5kN重力和金刚石压入器求得硬度(洛氏硬度测定适用于极软到极硬的金属材料，但对组织不均匀的材质，硬度值不如布氏法准确)
维氏硬度	HV		表示金属等材料硬度的一种标准。由英国科学家维克斯首先提出。测定方法如下： 应用压入法将压力施加在四棱锥形的钻尖上，使它压入所试材料的表面而产生凹痕，用测得的凹痕面积上的压力表示硬度。这种标准多用于金属等材料硬度的测定
肖氏硬度	HS		表示橡胶、塑料、金属等材料硬度的一种标准。由英国人肖尔首先提出。测定方法如下： 应用弹性回跳法将撞销从一定高度落到所试材料的表面上而发生回跳，用测得的回跳高度来表示硬度。撞销是一只具有尖端的小锥，尖锥上常镶有金刚钻

2. 各种硬度值与碳钢抗拉强度近似值对照(表 3-80)

各种硬度值与碳钢抗拉强度近似值对照 **表 3-80**

布氏硬度 HB	洛氏硬度			维氏硬度 HV	肖氏硬度 HS	碳钢抗拉强度 σ_b 近似值(N/mm^2)
	HRA	HRB	HRC			
—	85.6	—	68.0	9400	97	—
—	85.3	—	67.5	9200	96	—
—	85.0	—	67.0	9000	95	—
7670	84.7	—	66.4	8800	93	—
7570	84.4	—	65.9	8600	92	—
7450	84.1	—	65.3	8400	91	—
7330	83.8	—	64.7	8200	90	—
7220	83.4	—	64.0	8000	88	—
7100	83.0	—	63.3	7800	87	—
6980	82.6	—	62.5	7600	86	—
6840	82.2	—	61.8	7400	—	—
6820	82.2	—	61.7	7370	84	—
6700	81.8	—	61.0	7200	83	—
6560	81.3	—	60.1	7000	—	—
6530	81.2	—	60.0	6970	81	—
6470	81.1	—	59.7	6900	—	—
6380	80.8	—	59.2	6800	80	2310
6300	80.6	—	58.8	6700	—	2280
6270	80.5	—	58.7	6670	—	2270
6200	80.3	—	58.3	6600	79	2240
6010	79.8	—	57.3	6400	77	2170
5780	79.1	—	56.0	6150	75	2090
—	78.8	—	55.6	6070	—	2060
5550	78.4	—	54.7	5910	73	2000
—	78.0	—	54.0	5790	—	1960
5340	77.8	—	53.5	5690	71	1930
—	77.1	—	52.5	5530	—	1870
5140	76.9	—	52.1	5470	70	1850
—	76.7	—	51.6	5390	—	1820
—	76.4	—	51.1	5300	—	1790
4950	76.3	—	51.0	5280	68	1780
—	75.9	—	50.3	5160	—	1740
4770	75.6	—	49.6	5080	66	1710
—	75.1	—	48.8	4950	—	1670
4610	74.9	—	48.5	4910	65	1650
—	74.3	—	47.2	4740	—	1590
4440	74.2	—	47.1	4720	63	1580
4290	73.4	—	45.7	4550	61	1530
4150	72.8	—	44.5	4400	59	1480
4010	72.0	—	43.1	4250	58	1420
3880	71.4	—	41.8	4100	56	1370
3750	70.6	—	40.4	3960	54	1320
3630	70.0	—	39.1	3830	52	1280
3520	69.3	—	37.9	3720	51	1240
3410	68.7	—	36.6	3600	50	1200

续表

布氏硬度 HB	洛氏硬度			维氏硬度 HV	肖氏硬度 HS	碳钢抗拉强度 σ_b 近似值(N/mm²)
	HRA	HRB	HRC			
3310	68.1	—	35.5	3500	48	1170
3210	67.5	—	34.3	3390	47	1120
3110	66.9	—	33.1	3280	46	1090
3020	66.3	—	32.1	3190	45	1050
2930	65.7	—	30.9	3090	43	1020
2850	65.3	—	29.9	3010	—	990
2770	64.6	—	28.8	2920	41	960
2690	64.1	—	27.6	2840	40	940
2620	63.6	—	26.6	2760	39	910
2550	63.0	—	25.4	2690	38	890
2480	62.5	—	24.2	2610	37	860
2410	61.8	100.0	22.8	2530	36	830
2350	61.4	99.0	21.7	2470	35	810
2290	60.8	98.2	20.5	2410	34	780
2230	—	97.3	—	2340	—	—
2170	—	96.4	—	2280	33	740
2120	—	95.5	—	2220	—	720
2070	—	94.6	—	2180	32	700
2010	—	93.8	—	2120	31	690
1970	—	92.8	—	2070	30	670
1920	—	91.9	—	2020	29	650
1870	—	90.7	—	1960	—	630
1830	—	90.0	—	1920	28	620
1790	—	89.0	—	1880	27	610
1740	—	87.8	—	1820	—	600
1700	—	86.8	—	1780	26	580
1670	—	86.0	—	1850	—	570
1630	—	85.0	—	1710	25	560
1560	—	82.9	—	1630	—	530
1490	—	80.8	—	1560	23	510
1430	—	78.7	—	1500	22	500
1370	—	76.4	—	1430	21	470
1310	—	74.0	—	1370	—	460
1260	—	72.0	—	1320	20	440
1210	—	69.8	—	1270	19	420
1160	—	67.6	—	1220	18	410
1110	—	65.7	—	1170	15	390

3.2.14 硬 度 换 算

标准筛常用网号、目数对照见表3-81。

标准筛常用网号、目数对照 **表 3-81**

网号（号）	目数（目）	孔/cm^2	网号（号）	目数（目）	孔/cm^2	网号（号）	目数（目）	孔/cm^2	网号（号）	目数（目）	孔/cm^2
5.0	4	2.56	2.00	10	16	1.00	18	51.84	0.71	26	108.16
4.0	5	4		12	23.04	0.95	20	64	0.63	28	125.44
3.22	6	5.76	1.43	14	31.36		22	77.44	0.6	30	144
2.5	8	10.24	1.24	16	40.96	0.79	24	92.16	0.55	32	163.84
0.525	34	185		55	484	0.14	110	1936	0.065	230	8464
0.50	36	207	0.031	60	576	0.125	120	2304		240	9216
0.425	38	231	0.28	65	676	0.12	130	2704	0.06	250	10000
0.40	40	256	0.261	70	784		140	3136	0.052	275	12100
0.375	42	282	0.25	75	900	0.10	150	3600		280	12544
	44	310	0.20	80	1024	0.088	160		0.045	300	14400
0.345	46	339	0.18	85		0.077	180	5184	0.044	320	16384
	48	369	0.17	90	1296		190	5776	0.042	350	19600
0.325	50	400	0.15	110	1600	0.076	200	6400	0.034	400	25600

注：1. 网号系指筛网的公称尺寸，单位为：毫米(mm)。例如：1号网，即指正方形网孔每边长1mm。

2. 目数系指1英寸(in)长度上的孔眼数目，单位为：目/英寸(目/in)。例如：1in(25.4mm)长度上有20孔眼，即为20目。

3. 一般英美各国用目数表示，原苏联用网号表示。

3.2.15 pH值参考表

pH值参考见表3-82。

pH值参考表 **表 3-82**

pH值	0	1	2	3	4	5	6	7	8	9	10	11	12	13	14
溶液性质	强酸性				弱酸性			中性	弱碱性			强碱性			

注：pH值<7溶液显酸性，值越小酸性越强；pH值>7溶液显碱性，值越大碱性越强。

3.2.16 角度与弧度互换表

角度与弧度互换见表3-83。

角度与弧度互换表 **表 3-83**

角度	弧度(rad)	角度	弧度(rad)	角度	弧度(rad)	角度	弧度(rad)	角度	弧度(rad)
10″	0.00005	30′	0.0087	14°	0.2443	30°	0.5236	70°	1.2217
20″	0.0001	40′	0.0116	15°	0.2618	31°	0.5411	75°	1.3090
30″	0.00015	50′	0.0145	16°	0.2793	32°	0.5585	80°	1.3963
40″	0.0002	1°	0.0175	17°	0.2967	33°	0.5760	85°	1.4835
50″	0.00025	2°	0.0349	18°	0.3142	34°	0.5934	90°	1.5708
1′	0.0003	3°	0.0524	19°	0.3316	35°	0.6109	100°	1.7453
2′	0.0006	4°	0.0698	20°	0.3491	36°	0.6283	110°	1.9199
3′	0.0009	5°	0.0873	21°	0.3665	37°	0.6458	120°	2.0944
4′	0.0012	6°	0.1047	22°	0.3840	38°	0.6632	150°	2.6180
5′	0.0015	7°	0.1222	23°	0.4010	39°	0.6807	180°	3.1416
6′	0.0017	8°	0.1396	24°	0.4189	40°	0.6981	210°	3.6652
7′	0.0020	9°	0.1571	25°	0.4363	45°	0.7854	240°	4.1888
8′	0.0023	10°	0.1745	26°	0.4538	50°	0.8727	270°	4.7124
9′	0.0026	11°	0.1920	27°	0.4712	55°	0.9599	300°	5.2360
10′	0.0029	12°	0.2094	28°	0.4887	60°	1.0472	330°	5.7596
20′	0.0058	13°	0.2269	29°	0.5061	65°	1.1345	360°	6.2832

3.2.17 角度与弧度互换表

弧度与角度互换见表 3-84。

弧度与角度互换表 **表 3-84**

弧度(rad)	角度	弧度(rad)	角度	弧度(rad)	角度
0.0001	0°00′21″	0.0070	0°24′04″	0.4000	22°55′06″
0.0002	0°00′41″	0.0080	0°27′30″	0.5000	28°28′52″
0.0003	0°01′02″	0.0090	0°30′56″	0.6000	34°22′39″
0.0004	0°01′23″	0.0100	0°34′23″	0.7000	40°06′25″
0.0005	0°01′43″	0.0200	1°08′45″	0.8000	45°50′12″
0.0006	0°02′04″	0.0300	1°43′08″	0.9000	51°33′58″
0.0007	0°02′24″	0.0400	2°17′31″	1	57°17′45″
0.0008	0°02′45″	0.0500	2°51′53″	2	114°35′30″
0.0009	0°03′06″	0.0600	3°26′16″	3	171°53′14″
0.0010	0°03′26″	0.0700	4°00′39″	4	229°10′59″
0.0020	0°06′53″	0.0800	4°35′01″	5	286°28′44″
0.0030	0°10′19″	0.0900	5°09′24″	6	343°46′29″
0.0040	0°13′45″	0.1000	5°43′46″	7	401°04′14″
0.0050	0°17′11″	0.2000	11°27′33″	8	458°21′58″
0.0060	0°20′38″	0.3000	17°11′19″	9	515°39′43″

3.2.18 斜度与角度变换表

斜度与角度变换见表 3-85。

斜度与角度变换表 **表 3-85**

斜度		角度	斜度		角度	斜度		角度	斜度		角度
%	H∶L		%	H∶L		%	H∶L		%	H∶L	
1	1∶100	0°34′	12		6°51′	21		11°52′	32		17°45′
2	1∶50	1°09′	12.50	1∶8	7°08′	22		12°24′	33		18°16′
3		1°34′	13		7°24′	23		12°57′	33.33	1∶3	18°26′
4	1∶25	2°17′	14		7°58′	24		13°30′	34		18°47′
5	1∶20	2°52′	14.29	1∶7	8°08′	25	1∶4	14°02′	36		19°48′
6		3°26′	15		8°32′	26		14°34′	38		20°48′
7		4°00′	16		9°05′	27		15°06′	40	1∶2.5	21°48′
8		4°34′	16.67	1∶6	9°28′	28		15°39′	42		22°47′
9		5°08′	17		9°39′	28.57	1∶3.5	15°57′	44		23°45′
10	1∶10	5°43′	18		10°12′	29		16°10′	46		24°42′
11		6°17′	19		10°45′	30		16°42′	48		25°38′
11.11	1∶9	6°20′	20	1∶5	11°19′	31		17°13′	50	1∶2	26°34′

3.3 常用求面积、体积公式

3.3.1 平面图形面积

平面图形面积见表 3-86。

平面图形面积 **表 3-86**

图形		尺寸符号	面积(A)	重心(G)
正方形	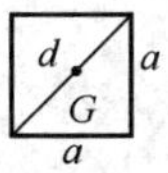	a——边长 d——对角线	$A=a^2$ $a=\sqrt{A}=0.707d$ $d=1.414a=1.414\sqrt{A}$	在对角线交点上
长方形	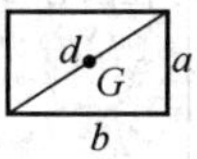	a——短边 b——长边 d——对角线	$A=a\cdot b$ $d=\sqrt{a^2+b^2}$	在对角线交点上
三角形	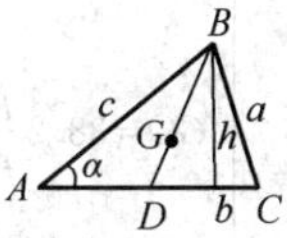	h——高 l——$\frac{1}{2}$周长 a、b、c——对应角 A、B、C 的边长	$A=\frac{bh}{2}=\frac{1}{2}ab\sin C$ $l=\frac{a+b+c}{2}$	$GD=\frac{1}{3}BD$ $CD=DA$
平行四边形	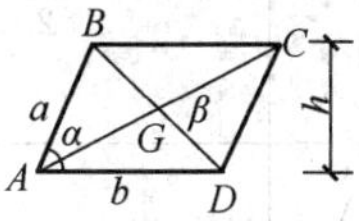	a、b——邻边 h——对边间的距离	$A=b\cdot h=ab\sin\alpha$ $=\frac{AC\cdot BD}{2}\cdot\sin\beta$	在对角线交点上
梯形	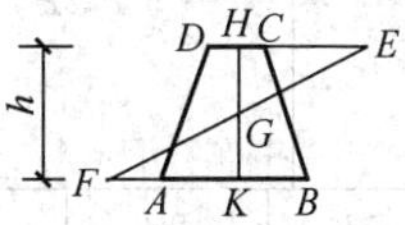	$CE=AB$ $AF=CD$ $a=CD$（上底边） $b=AB$（下底边） h——高	$A=\frac{a+b}{2}\cdot h$	$HG=\frac{h}{3}\cdot\frac{a+2b}{a+b}$ $KG=\frac{h}{3}\cdot\frac{2a+b}{a+b}$
圆形	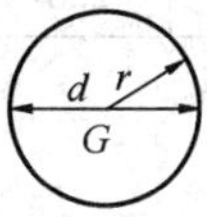	r——半径 d——直径 p——圆周长	$A=pr^2=\frac{1}{4}pd^2$ $=0.785d^2=0.07958p^2$ $p=\pi d$	在圆心上
椭圆形	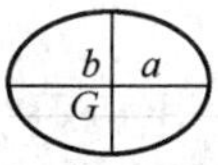	a、b——主轴	$A=\frac{\pi}{4}a\cdot b$	在主轴交点 G 上
扇形	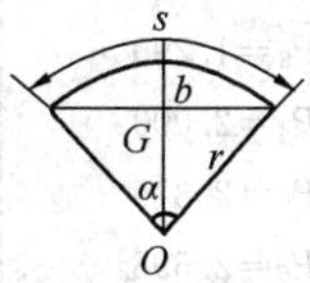	r——半径 s——弧长 α——弧长 s 的对应中心角	$A=\frac{1}{2}r\cdot s=\frac{\alpha}{360}\pi r^2$ $s=\frac{\alpha\pi}{180}r$	$GO=\frac{2}{3}\cdot\frac{rh}{s}$ 当 $\alpha=90°$时 $GO=\frac{4}{3}\cdot\frac{\sqrt{2}}{\pi}r\approx0.6r$
弓形	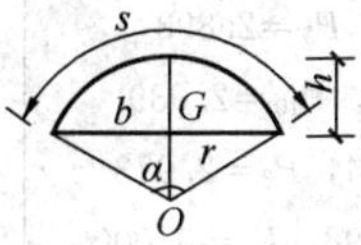	r——半径 s——弧长 α——中心角 b——弦长 h——高	$A=\frac{1}{2}r^2\left(\frac{\alpha\pi}{180}-\sin\alpha\right)$ $=\frac{1}{2}[r(s-b)+bh]$ $s=r\cdot\alpha\cdot\frac{\pi}{180}=0.0175r\cdot\alpha$ $h=r-\sqrt{r^2-\frac{1}{4}\alpha^2}$	$GO=\frac{1}{12}\cdot\frac{b^2}{A}$ 当 $\alpha=180°$时 $GO=\frac{4r}{3\pi}=0.4244r$

续表

图形		尺寸符号	面积(A)	重心(G)
环形	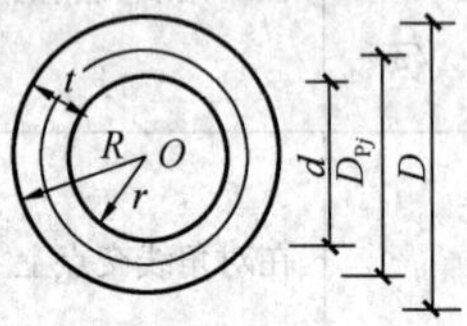	R——外半径 r——内半径 D——外直径 d——内直径 t——环宽 D_{pj}——平均直径	$A=\pi(R^2-r^2)$ $=\frac{\pi}{4}(D^2-d^2)$ $=\pi\cdot D_{pj}\cdot t$	在圆心 O
部分圆环	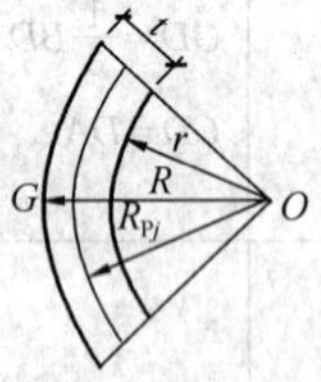	R——外半径 r——内半径 D——外直径 d——内直径 R_{pj}——圆环平均半径 t——环宽	$A=\frac{\alpha\pi}{360}(R^2-r^2)$ $=\frac{\alpha\pi}{180}R_{pj}\cdot t$	$GO=38.2\frac{R^3-r^3}{R^2-r^2}\times\frac{\sin\frac{\alpha}{2}}{\frac{\alpha}{2}}$
新月形	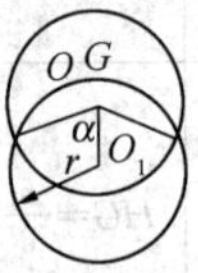	$OO_1=L$——圆心间的距离 d——直径	$A=r^2\left(\pi-\frac{\pi}{180}\alpha+\sin\alpha\right)$ $=r^2\cdot P$ $P=\pi-\frac{\pi}{180}\alpha+\sin\alpha$ P 值见下表	$O_1G=\frac{(\pi-P)\ L}{2P}$

L	$\frac{d}{10}$	$\frac{2d}{10}$	$\frac{3d}{10}$	$\frac{4d}{10}$	$\frac{5d}{10}$	$\frac{6d}{10}$	$\frac{7d}{10}$	$\frac{8d}{10}$	$\frac{9d}{10}$
P	0.40	0.79	1.18	1.56	1.91	2.25	2.55	2.81	3.02

图形		尺寸符号	面积(A)	重心(G)
抛物线形	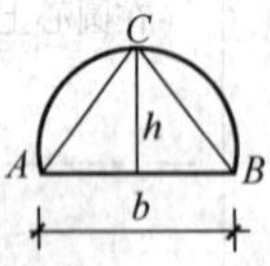	b——底边 h——高 l——曲线长 S——△ABC 的面积	$l=\sqrt{b^2+1.3333h^2}$ $A=\frac{2}{3}b\cdot h$ $=\frac{4}{3}\cdot S$	
等边多边形	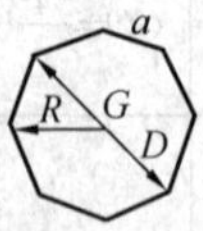	a——边长 K_i——系数，i 指多边形的边数 R——外接圆半径 P_i——系数，i 指多边形的边数	$A=K\cdot a^2=P\cdot R^2$ 正三边形 $K_3=0.433$，$P_3=1.299$ 正四边形 $K_4=1.000$，$P_4=2.000$ 正五边形 $K_5=1.720$，$P_5=2.375$ 正六边形 $K_6=2.598$，$P_6=2.598$ 正七边形 $K_7=3.634$，$P_7=2.736$ 正八边形 $K_8=4.828$，$P_8=2.828$ 正九边形 $K_9=6.182$，$P_9=2.893$ 正十边形 $K_{10}=7.694$，$P_{10}=2.939$ 正十一边形 $K_3=9.364$，$P_3=2.973$ 正十二边形 $K_3=11.196$，$P_3=3.000$	在内接圆心或外接圆心处

3.3.2 多面体的体积和表面积

多面体的体积和表面积见表 3-87。

多面体的体积和表面积 **表 3-87**

图形		尺寸符号	体积（V） 底面积（A） 表面积（S） 侧表面积（S_1）	重心（G）
立方体	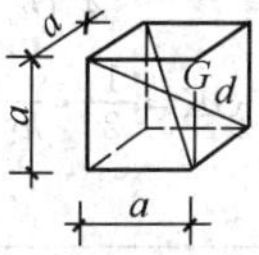	a——棱 d——对角线 S——表面积 S_1——侧表面积	$V=a^3$ $S=6a^2$ $S_1=4a^2$	在对角线交点上
长方体（棱柱）	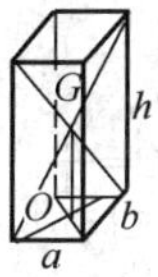	a、b、h——边长 O——底面对角线交点	$V=a\cdot b\cdot h$ $S=2(a\cdot b+a\cdot h+b\cdot h)$ $S_1=2h(a+b)$ $d=\sqrt{a^2+b^2+h^2}$	$GO=\frac{h}{2}$
三棱柱	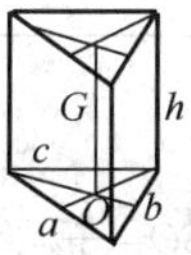	a、b、c——边长 h——高 A——底面积 O——底面中线的交点	$V=A\cdot h$ $S=(a+b+c)\cdot h+2A$ $S_1=(a+b+c)\cdot h$	$GO=\frac{h}{2}$
棱锥	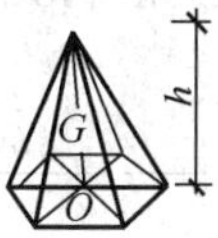	f——一个组合三角形的面积 n——组合三角形的个数 O——锥形各对角线的交点	$V=\frac{1}{3}A\cdot h$ $S=n\cdot f+A$ $S_1=n\cdot f$	$GO=\frac{h}{4}$
棱台	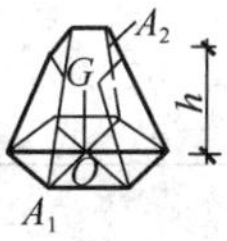	A_1、A_2——两个平行底面的面积 h——底面间的距离 a——一个组合梯形的面积 n——组合梯形数	$V=\frac{1}{3}h(A_1+A_2+\sqrt{A_1A_2})$ $S=an+A_1+A_2$ $S_1=an$	$GO=\frac{h}{4}\times\frac{A_1+2\sqrt{A_1A_2}+3A_2}{A_1+\sqrt{A_1A_2}+A_2}$
圆柱和空心圆柱（棱柱）	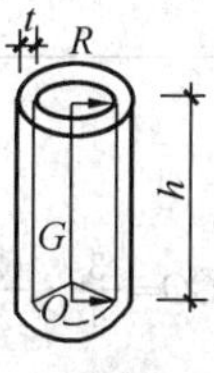	R——外半径 r——内半径 t——柱壁厚度 P——平均半径 S_1——内外侧面积	圆柱： $V=\pi R^2\cdot h$ $S=2\pi Rh+2\pi R^2$ $S_1=2\pi Rh$ 空心直圆柱： $V=\pi h(R^2-r^2)$ $=2\pi RPth$ $S=2\pi(R+r)h+2\pi\times(R^2-r^2)$ $S_1=2\pi(R+r)h$	$GO=\frac{h}{2}$

续表

图　　形		尺寸符号	体积（V）　底面积（A） 表面积（S）侧表面积（S_1）	重　　心（G）
斜截直圆柱	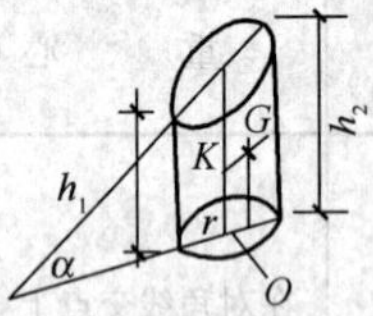	h_1——最小高度 h_2——最大高度 r——底面半径	$V=\pi r^2\cdot\dfrac{h_1+h_2}{2}$ $S=\pi r\ (h_1+h_2)\ +\pi r^2\times\left(1+\dfrac{1}{\cos\alpha}\right)$ $S_1=\pi r\ (h_1+h_2)$	$GO=\dfrac{h_1+h_2}{4}+\dfrac{r^2\text{tg}^2\alpha}{4\ (h_1+h_2)}$ $GK=\dfrac{1}{2}\cdot\dfrac{r^2}{h_1+h_2}\cdot\text{tg}\alpha$
直圆锥	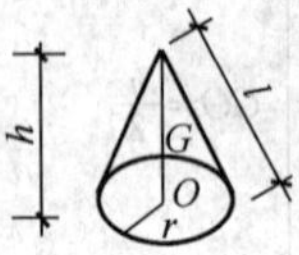	r——底面半径 h——高 l——母线长	$V=\dfrac{1}{3}\pi r^2\times h$ $S_1=\pi r\sqrt{r^2+h^2}=\pi rl$ $l=\sqrt{r^2+h^2}$ $S=S_1+\pi r^2$	$GO=\dfrac{h}{4}$
圆台	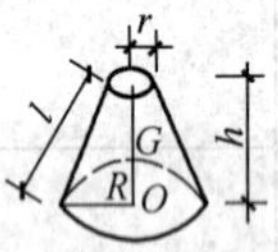	R、r——底面半径 h——高 l——母线	$V=\dfrac{\pi h}{3}\cdot(R^2+r^2+Rr)$ $S_1=\pi l\ (R+r)$ $l=\sqrt{(R-r)^2+h^2}$ $S=S_1+\pi\ (R^2+r^2)$	$GO=\dfrac{h}{4}\times\dfrac{R^2+2Rr+3r^2}{R^2+Rr+r^2}$
球	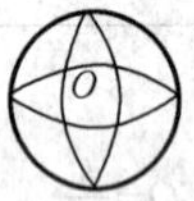	r——半径 d——直径	$V=\dfrac{4}{3}\pi r^2=\dfrac{\pi d^3}{6}=0.5236d^3$ $S=4\pi r^2=\pi d^2$	在球心上
球扇形（球楔）	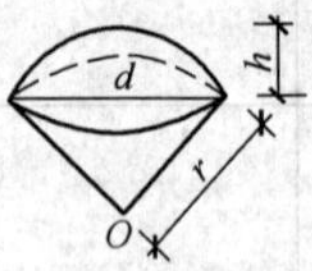	r——球半径 d——弓形底圆直径 h——弓形高	$V=\dfrac{2}{3}\pi r^2 h=2.0944r^2 h$ $S=\dfrac{\pi r}{2}\ (4h+d)=1.57r\ (4h+d)$	$GO=\dfrac{3}{4}\left(r-\dfrac{h}{2}\right)$
球缺	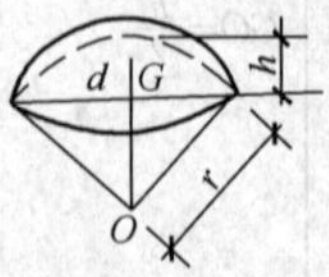	h——球缺的高 r——球缺的半径 d——平切圆直径 $S_{曲}$——曲面面积 S——球缺表面积	$V=\pi h^2\cdot\left(r-\dfrac{h}{3}\right)$ $S_{曲}=2\pi rh=\pi\left(\dfrac{d^2}{4}+h^2\right)$ $S=\pi h\ (4r-h)$ $d^2=4h\ (2r-h)$	$GO=\dfrac{3}{4}\cdot\dfrac{(2r-h)^2}{3r-h}$

续表

图　　形		尺寸符号	体积（V）　底面积（A） 表面积（S）侧表面积（S_1）	重　　心（G）
圆环体	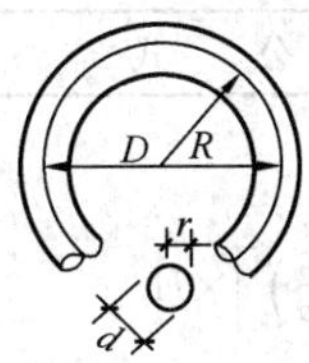	R——圆环体平均半径 D——圆环体平均直径 d——圆环体截面直径 r——圆环体截面半径	$V=2\pi^2R\cdot r^2$ $=\frac{1}{4}\pi^2Dd^2$ $S=4\pi^2Rr$ $=\pi^2Dd=39.478Rr$	在环中心上
球带体	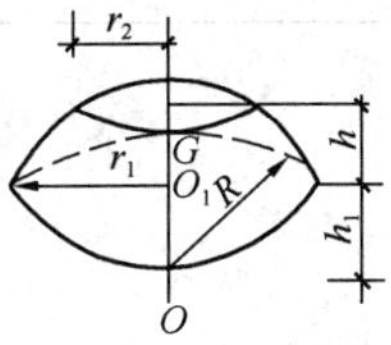	R——球半径 r_1、r_2——圆环体平均直径 h——腰高 h_1——球心 O 至带底圆心 O_1 的距离	$V=\frac{\pi h}{b}(3r_1^2+3r_2^2+h^2)$ $S_1=2\pi Rh$ $S=2\pi Rh+\pi(r_1^2+r_2^2)$	$GO=h_1+\frac{h}{2}$
桶形	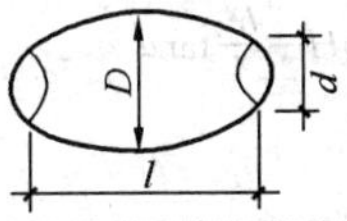	D——中间断面直径 d——底直径 l——桶高	对于抛物线形桶板： $V=\frac{\pi l}{15}\left(2D^2+Dd+\frac{4}{3}d^2\right)$ 对于圆形桶板： $V=\frac{1}{12}\pi l(2D^2+d^2)$	在轴线交点上
椭球体	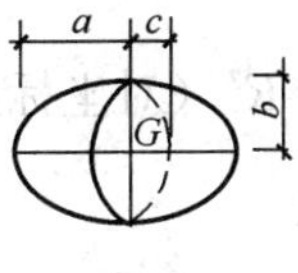	a、b、c——半轴	$V=\frac{4}{3}abc\pi$ $S=2\sqrt{2}\cdot b\cdot\sqrt{a^2+b^2}$	在轴线交点上
交叉圆柱体	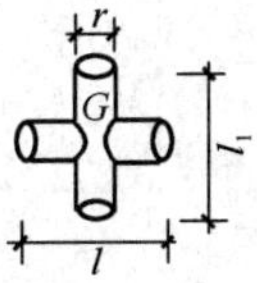	r——圆柱半径 l_1、l——圆柱长	$V=\pi r^2\left(l+l_1-\frac{2r}{3}\right)$	在二轴线交点上
梯形体	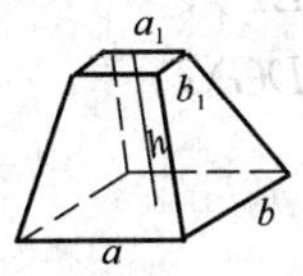	a、b——下底边长 a_1、b_1——上底边长 h——上、下底边距离（高）	$V=\frac{h}{6}[(2a+a_1)b$ $+(2a_1+a)b_1]$ $=\frac{h}{6}[ab+(a+a_1)(b+b_1)$ $+a_1b_1]$	

3.3.3　物料堆体积计算

物料堆体积计算见表 3-88。

物料堆体积计算　　　　**表 3-88**

图　　形	计　算　公　式
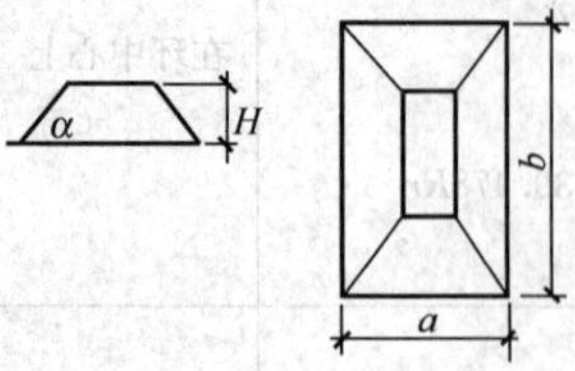	$V=\left[ab-\frac{H}{\tan\alpha}\left(a+b-\frac{4H}{3\tan\alpha}\right)\right]\times H$ α——物料自然堆积角
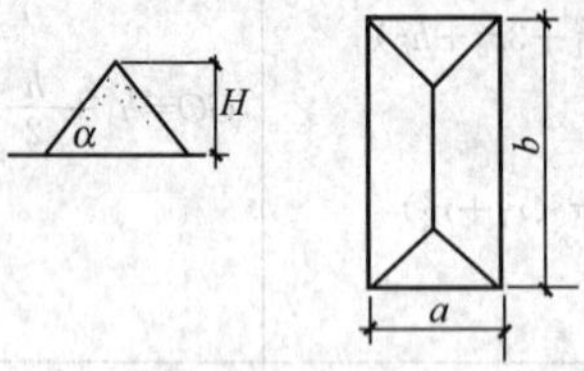	$a=\frac{2H}{\tan\alpha}$ $V=\frac{aH}{6}(3b-a)$
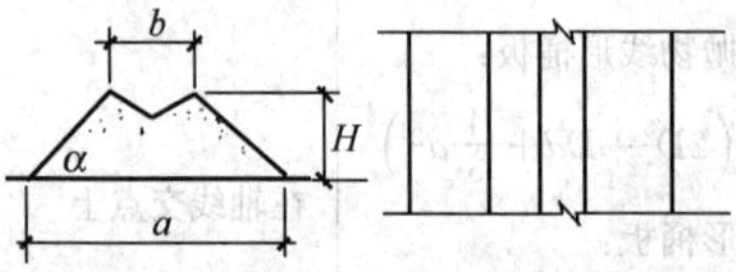	V_0（延米体积）$=\frac{H^2}{\tan\alpha}+bH-\frac{b^2}{4}\tan\alpha$

3.3.4　壳体表面积、侧面积计算

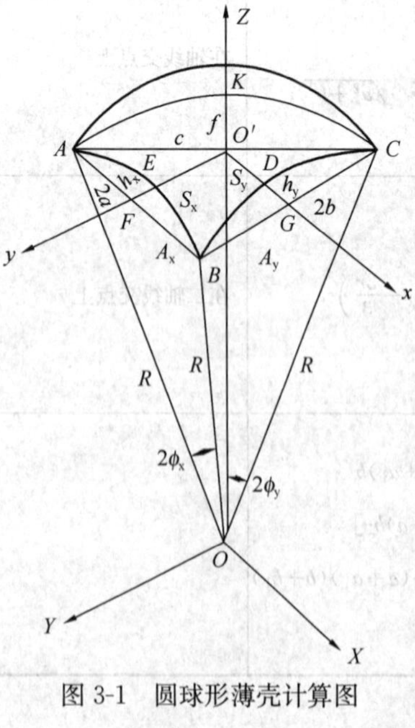

图 3-1　圆球形薄壳计算图

3.3.4.1　圆球形薄壳（图 3-1）

球面方程式：$X^2+Y^2+Z^2=R^2$（对坐标系 XYZ，原点在 O）

式中　R——半径；

X、Y、Z——在球壳面上任一点对原点 O 的坐标。

假设　c——弦长（AC）；

$2a$——弦长（AB）；

$2b$——弦长（BC）；

F、G——AB，BC 的中点；

f——弓形 AKC 的高（KO'）；

h_x——弓形 AEB 的高（EF）；

h_y——弓形 BDC 的高（DG）；

S_x——弧$\widehat{AEB}$的长；

S_y——弧$\widehat{BDC}$的长；

A_x——弓形 AEB 的面积（侧面积）；

A_y——弓形 BDC 的面积；

$2\phi_x$——对应弧$\widehat{AEB}$的圆心角（弧度）；

$2\phi_y$——对应弧$\widehat{BDC}$的圆心角（弧度）；

O'——新坐标系 xyz 的原点（XOY 平面平移$\sqrt{R^2-\left(\frac{c}{2}\right)^2}$后与 Z 轴的交点）。

则：

$$R=\frac{c^2}{8f}+\frac{f}{2}$$

$$\sin\phi_x=\frac{a}{R}$$

$$\sin\phi_y=\frac{b}{R}$$

$$\phi_x=\arcsin\frac{a}{R}$$

$$\phi_y=\arcsin\frac{b}{R}$$

$$\mathrm{tg}\phi_x=\frac{a}{\sqrt{R^2-a^2}}$$

$$\mathrm{tg}\phi_y=\frac{b}{\sqrt{R^2-b^2}}$$

$$h_x=\sqrt{R^2-b^2}-\sqrt{R^2-a^2-b^2}$$

$$h_y=\sqrt{R^2-a^2}-\sqrt{R^2-a^2-b^2}$$

弧$\widehat{AEB}$与$\widehat{BDC}$之曲线方程式分别为：

$$x^2+z^2=(R^2-b^2)(\widehat{AEB})$$

$$y^2+z^2=R^2-a^2\quad(\widehat{BDC})$$

1. 弧长按下式计算：

$$S_x=2\sqrt{R^2-b^2}\cdot\arcsin\frac{a}{\sqrt{R^2-b^2}}$$

$$S_y=2\sqrt{R^2-a^2}\cdot\arcsin\frac{b}{\sqrt{R^2-a^2}}$$

2. 侧面积按下式计算：

$$A_x=(R^2-b^2)\cdot\arcsin\frac{a}{\sqrt{R^2-b^2}}-a\cdot\sqrt{R^2-a^2-b^2}$$

$$A_y=(R^2-a^2)\cdot\arcsin\frac{b}{\sqrt{R^2-a^2}}-b\cdot\sqrt{R^2-a^2-b^2}$$

3. 壳表面积按下式计算：

$$A=S_x\cdot S_y$$

其一次近似值为：

$$A=4aR\arcsin=\frac{b}{R}=4aR\phi_y$$

其二次近似值为：

$$A=4\left[aR\arcsin\frac{b}{R}+\frac{a^3b}{6R\sqrt{R^2-b^2}}\right]=4aR\phi_y\left(1+\frac{a\sin\phi_x\cdot\tan\phi_y}{6R\phi_y}\right)$$

3.3.4.2　椭圆抛物面扁壳（图 3-2）

壳面方程式：

$$Z=\frac{h_x}{a^2}X^2+\frac{h_y}{b^2}Y^2$$

式中　X、Y、Z——在壳面上任一点对原点 O 的坐标；

2a——对应弧$\widehat{ADB}$的弦长；

2b——对应弧$\widehat{BEC}$的弦长；

h_x——弓形 ADB 的高；

h_y——弓形 BEC 的高。

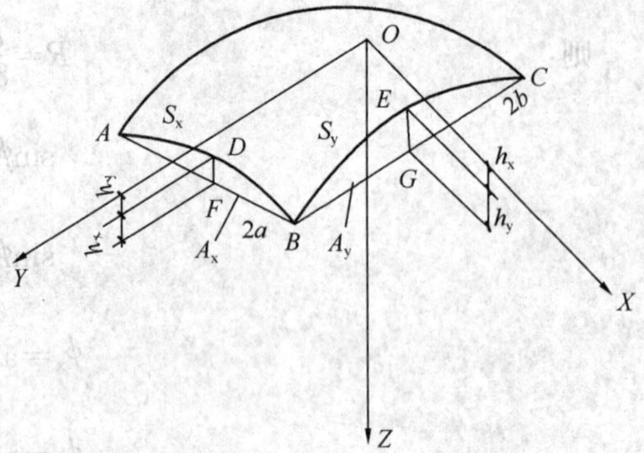

图 3-2　椭圆抛物面扁壳计算图

假设：S_x——弧$\widehat{ADB}$的长；

S_y——弧$\widehat{BEC}$的长；

A_x——弓形 ADB 的面积；

A_y——弓形 BEC 的面积。

1. 弧长按下式计算

$$S_x=c_1+am_1\ln\left(\frac{1}{m_1}+\frac{c_1}{a}\right)$$

$$S_y=c_2+bm_2\ln\left(\frac{1}{m_2}+\frac{c_2}{b}\right)$$

式中

$$c_1=\sqrt{a^2+4h_x^2}$$

$$m_1=\frac{a}{2h_x}$$

$$c_2=\sqrt{b^2+4h_y^2}$$

$$m_2=\frac{b}{2h_y}$$

或者：$S_x=2a\times$系数 K_a

$S_y=2b\times$系数 K_b

式中　系数 K_a、K_b——可分别根据$\frac{h_x}{2a}$、$\frac{h_y}{2b}$的值，查表 3-89 得到。

2. 壳表面积按下式计算

$$A=S_x\cdot S_y$$

3. 侧面积按下式计算

$$A_x=\frac{4}{3}a\cdot h_x$$

$$A_y=\frac{4}{3}b\cdot h_y$$

3.3.4.3　椭圆抛物面扁壳系数计算

见图 3-2，壳表面积（A）计算公式：

$$A = S_x \cdot S_y = 2a \times 系数 K_a \times 2b \times 系数 K_b$$

式中　K_a、K_b——椭圆抛物面扁壳系数，可按表 3-89 查得。

多面体的体积和表面积　　**表 3-89**

$\frac{h_x}{2a}$或$\frac{h_y}{2b}$	系数 K_a或K_b	$\frac{h_x}{2a}$或$\frac{h_y}{2b}$	系数 K_a或K_b	$\frac{h_x}{2a}$或$\frac{h_y}{2b}$	系数 K_a或K_b	$\frac{h_x}{2a}$或$\frac{h_y}{2b}$	系数 K_a或K_b	$\frac{h_x}{2a}$或$\frac{h_y}{2b}$	系数 K_a或K_b
0.050	1.0066	0.080	1.0168	0.110	1.0314	0.140	1.0500	0.170	1.0724
0.051	1.0069	0.081	1.0172	0.111	1.0320	0.141	1.0507	0.171	1.0733
0.052	1.0072	0.082	1.0177	0.112	1.0325	0.142	1.0514	0.172	1.0741
0.053	1.0074	0.083	1.0181	0.113	1.0331	0.143	1.0521	0.173	1.0749
0.054	1.0077	0.084	1.0185	0.114	1.0337	0.144	1.0528	0.174	1.0757
0.055	1.0080	0.085	1.0189	0.115	1.0342	0.145	1.0535	0.175	1.0765
0.056	1.0083	0.086	1.0194	0.116	1.0348	0.146	1.0542	0.176	1.0773
0.057	1.0086	0.087	1.0198	0.117	1.0354	0.147	1.0550	0.177	1.0782
0.058	1.0089	0.088	1.0203	0.118	1.0360	0.148	1.0557	0.178	1.0790
0.059	1.0092	0.089	1.0207	0.119	1.0366	0.149	1.0564	0.179	1.0798
0.060	1.0095	0.090	1.0212	0.120	1.0372	0.150	1.0571	0.180	1.0807
0.061	1.0098	0.091	1.0217	0.121	1.0378	0.151	1.0578	0.181	1.0815
0.062	1.0102	0.092	1.0221	0.122	1.0384	0.152	1.0586	0.182	1.0824
0.063	1.0105	0.093	1.0226	0.123	1.0390	0.153	1.0593	0.183	1.0832
0.064	1.0108	0.094	1.0231	0.124	1.0396	0.154	1.0601	0.184	1.0841
0.065	1.0112	0.095	1.0236	0.125	1.0402	0.155	1.0608	0.185	1.0849
0.066	1.0115	0.096	1.0241	0.126	1.0408	0.156	1.0616	0.186	1.0858
0.067	1.0118	0.097	1.0246	0.127	1.0415	0.157	1.0623	0.187	1.0867
0.068	1.0122	0.098	1.0251	0.128	1.0421	0.158	1.0631	0.188	1.0875
0.069	1.0126	0.099	1.0256	0.129	1.0428	0.159	1.0638	0.189	1.0884
0.070	1.0129	0.100	1.0261	0.130	1.0434	0.160	1.0646	0.190	1.0893
0.071	1.0133	0.101	1.0266	0.131	1.0440	0.161	1.0654	0.191	1.0902
0.072	1.0137	0.102	1.0271	0.132	1.0447	0.162	1.0661	0.192	1.0910
0.073	1.0140	0.103	1.0276	0.133	1.0453	0.163	1.0669	0.193	1.0919
0.074	1.0144	0.104	1.0281	0.134	1.0460	0.164	1.0677	0.194	1.0928
0.075	1.0148	0.105	1.0287	0.135	1.0467	0.165	1.0685	0.195	1.0937
0.076	1.0152	0.106	1.0292	0.136	1.0473	0.166	1.0693	0.196	1.0946
0.077	1.0156	0.107	1.0297	0.137	1.0480	0.167	1.0700	0.197	1.0955
0.078	1.0160	0.108	1.0303	0.138	1.0487	0.168	1.0708	0.198	1.0964
0.079	1.0164	0.109	1.0308	0.139	1.0494	0.169	1.0716	0.199	1.0973

【例】 已知 $2a=24.0$m，$2b=16.0$m，$h_x=3.0$m，$h_y=2.8$m，试求椭圆抛物面扁壳表面积 A。

先求出 $h_x/2a=3.0/24.0=0.125$

$h_y/2b=2.8/16.0=0.175$

分别查得系数 K_a 为 1.0402 和系数 K_b 为 1.0765，则扁壳表面积 $A=24.0\times1.0402\times16.0\times1.0765=429.99\text{m}^2$

3.3.4.4　圆抛物面扁壳（图 3-3）

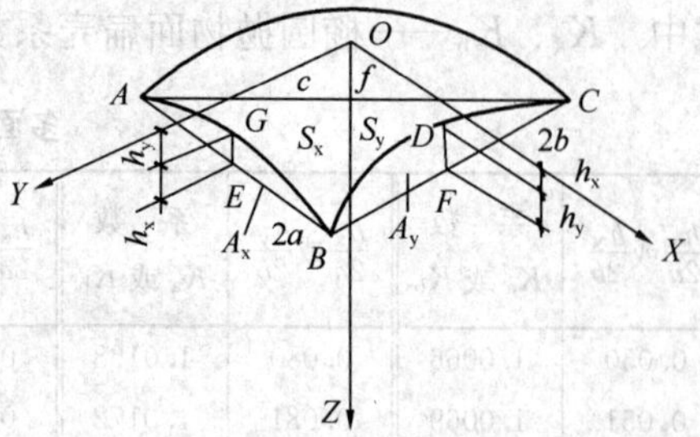

图 3-3　圆抛物面扁壳计算图

壳面方程式：$Z=\frac{1}{2R}(X^2+Y^2)$

式中　X、Y、Z——在壳面上任一点对原点 O 的坐标；

R——半径；

假设　2a——对应弧 $\widehat{AGB}$ 的弦长；

2b——对应弧 $\widehat{BDC}$ 的弦长；

S_x——弧 $\widehat{AGB}$ 的长；

S_y——弧 $\widehat{BDC}$ 的长；

h_x——弓形 AGB 的高；

A_x——弓形 AGB 的面积；

A_y——弓形 BDC 的面积；

f——壳顶到底面距离；

c——AC 的长。

则：

$$c=2\sqrt{a^2+b^2}$$

$$f=\frac{c^2}{8R}$$

$$h_x=\frac{a^2}{2R}$$

$$h_y=\frac{b^2}{2R}$$

1. 弧长按下式计算

$$S_x=\frac{a}{R}\sqrt{R^2+a^2}+R\cdot\ln\left(\frac{a}{R}+\frac{1}{R}\sqrt{R^2+a^2}\right)$$

$$S_y=\frac{b}{R}\sqrt{R^2+b^2}+R\cdot\ln\left(\frac{b}{R}+\frac{1}{R}\sqrt{R^2+b^2}\right)$$

2. 侧面积按下式计算

$$A_x=\frac{2a^3}{3R}=\frac{4}{3}ah_x$$

$$A_y=\frac{2b^3}{3R}=\frac{4}{3}bh_y$$

3.3.4.5　单、双曲拱展开面积

1. 单曲拱展开面积＝单曲拱系数×水平投影面积。

2. 双曲拱展开面积＝双曲拱系数（大曲拱系数×小曲拱系数）×水平投影面积。

单、双曲拱展开面积系数见表 3-90。单、双曲拱展开面积计算图见图 3-4。

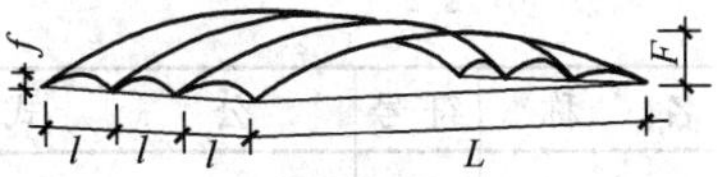

图 3-4　单、双曲拱展开面积计算图
L—拱跨；*F*—拱高

单、双曲拱展开面积系数表　　**表 3-90**

f/l	单曲拱系数	F/L								
		1/2	1/3	1/4	1/5	1/6	1/7	1/8	1/9	1/10
		单曲拱系数								
		1.50	1.25	1.15	1.10	1.07	1.05	1.04	1.03	1.02
		双曲拱系数								
1/2	1.50	2.25	1.875	1.725	1.650	1.605	1.575	1.569	1.545	1.530
1/3	1.25	1.875	1.563	1.438	1.375	1.338	1.313	1.300	1.288	1.275
1/4	1.15	1.725	1.433	1.323	1.265	1.231	1.208	1.196	1.185	1.173
1/5	1.10	1.650	1.375	1.265	1.210	1.177	1.155	1.114	1.133	1.122
1/6	1.07	1.605	1.333	1.231	1.177	1.145	1.124	1.113	1.102	1.091
1/7	1.05	1.575	1.313	1.203	1.155	1.124	1.103	1.092	1.082	1.071
1/8	1.04	1.560	1.300	1.196	1.144	1.113	1.092	1.082	1.071	1.061
1/9	1.03	1.545	1.288	1.185	1.133	1.102	1.082	1.071	1.061	1.051
1/10	1.02	1.530	1.275	1.173	1.122	1.091	1.071	1.061	1.051	1.040

3.4 常用建筑材料及数值

3.4.1 材料基本性质、常用名称及符号

材料基本性质、常用名称及符号见表3-91。

材料基本性质、常用名称及符号　　**表 3-91**

名　称	符号	公　式	常用单位	说　明
密　度	ρ	$\rho=m/V$	g/cm³	m——材料干燥状态下的质量(g)； V——材料绝对密实状态下的体积(cm³)
表观密度	ρ_0	$\rho_0=m/V_1$	g/cm³ 或 kg/m³	m——材料干燥状态下的质量(g 或 kg)； V_1——材料在自然状态下的体积(cm³ 或 m³)
堆积密度	ρ'_0	$\rho'_0=m/V'_1$	kg/m³	m——颗粒状材料的质量(kg)； V'_1——颗粒状材料在堆积状态下的体积(m³)

续表

名称	符号	公式	常用单位	说明
孔隙率	ξ	$\xi=\frac{V_1-V}{V_1}\times100\%$ $=\left(1-\frac{\rho_0}{\rho}\right)\times100\%$	%	密实度 $D=1-\xi$
空隙率	ξ'	$\xi'=\frac{V'_1-V_1}{V'_1}\times100\%$ $=\left(1-\frac{\rho'_0}{\rho_0}\right)\times100\%$	%	填充率 $D'=1-\xi'$
强度	f	$f=P/A$(抗拉、压、剪) $f=M/W$(抗弯)	MPa(N/mm²)	P——破坏时的拉(压、剪)力(N)； M——抗弯破坏时弯矩(N·mm)； A——受力面积(mm²)； W——抗弯截面模量(mm³)
含水率	W	$m_{水}/m$	%	$m_{水}$——材料中所含水质量(g)； m——材料干燥质量(g)
质量吸水率	$B_{质}$	$B_{质}=\frac{m_1-m}{m}\times100\%$	%	M——材料干燥质量(g)
体积吸水率	$B_{体}$	$B_{体}=\frac{m_1-m}{m_1}\times100\%$ $=B_{质}\cdot\rho_0$	%	V_1——材料在自然状态下的体积(cm³)； m、m_1、ρ_0 同上
软化系数	ψ	f_1/f_0	—	f_1——材料在水饱和状态下的抗压强度(MPa 或 N/mm²)； f_0——材料在干燥状态下的抗压强度(MPa 或 N/mm²)
渗透系数	K	$K=\frac{QD}{ATH}$	mL/(cm²·s) 或 cm/s	Q——渗水量(mL)； D——试件厚度(cm)； A——渗水面积(cm²)； T——渗水时间(s)； H——水头差(cm)
抗渗等级	Pn	(n=2，4，6…)	—	如 $P12$ 表示在承受最大静水压为 1.2MPa 的情况下，6 个混凝土标准试件经 8h 作用后，仍有不少于 4 个试件不渗漏
抗冻等级	Fn	(n=15，25，…)	—	材料在−15℃以下冻结，反复冻融后重量损失≤5%，强度损失≤25%的冻融次数。如 $F25$ 表示标准试件能经受冻融次数为 25 次

续表

名称	符号	公式	常用单位	说明
导热系数	λ	$\lambda=\frac{QD}{AT(t_2-t_1)}$	W/(m·K)	Q——传导热量(J)； λ 表示物体厚度 1m，两表面温差 1K 时，1h 内通过 $1m^2$ 围护结构表面积的热量
热阻	R	$R=1/U$	m^2·K/W	U——传热系数[W/(m^2·K)]，表示外温差为 1K 时，在 1h 内通过 $1m^2$ 围护结构表面积的热量。U 的倒数为热阻
比热容	c	$c=Q/[P(t_1-t_2)]$	kJ/(kg·K)	Q——加热于物体所耗热量(kJ)； P——材料质量(kg) t_1-t_2——物体加热前后的温度差
蓄热系数	S	$S=\frac{A_q}{A_\tau}$	W/(m^2·K)	A_q——热流波幅； A_τ——表面温度波幅 S——表示表面温度波动 1℃时，在 1h 内，$1m^2$ 围护结构表面吸收和散发的热量
蒸汽渗透系数	μ		g/(m·h·Pa)	μ 表示材料厚 1m，两侧水蒸气压力差为 1Pa 时，1h 经过 $1m^2$ 表面积扩散的水蒸气量
吸声系数	α	$\alpha=\frac{E}{E_0}$	%	α——材料吸收声能与入射声能的比值； E——被吸收的声能； E_0——入射声能
热流量	Φ		W	单位时间内通过一个面的热量
热流[量]密度	φ	$\varphi=\frac{\Phi}{A}$	W/m^2	φ——垂直于热流方向的单位面积的热流量； Φ——热流量（W）； A——面积（m^2）
热惰性指标	D	$D=R\cdot S$		S——蓄热系数； R——热阻（m^2·K/W）

3.4.2 常用材料和构件的自重

常用材料和构件的自重见表 3-92。

常用材料和构件的自重 **表 3-92**

名称	自重	备注
1. 木材（kN/m^3）		
杉木	4	随含水率而不同
冷杉、云杉、红松、华山松、樟子松、铁杉、拟赤杨、红椿、杨木、枫杨	4～5	随含水率而不同
马尾松、云南松、油松、赤松、广东松、桤木、枫香、柳木、檫木、秦岭落叶松、新疆落叶松	5～6	随含水率而不同
东北落叶松、陆均松、榆木、桦木、水曲柳、苦楝、木荷、臭椿	6～7	随含水率而不同
锥木（栲木）、石栎、槐木、乌墨	7～8	随含水率而不同

续表

名　　称	自重	备　　注
青冈砾（槠木）、栎木（柞木）、桉树、木麻黄	8～9	随含水率而不同
普通木板条、椽檩木料	5	随含水率而不同
锯末	2.0～2.5	加防腐剂时为 3kN/m³
木板丝	4～5	
软木板	2.5	
刨花板	6	
2. 胶合板材（kN/m²）		
三合板（杨木）	0.019	
三合板（椴木）	0.022	
三合板（水曲柳）	0.028	
五合板（杨木）	0.03	
五合板（椴木）	0.034	
五合板（水曲柳）	0.04	
甘蔗板（按 10mm 厚计）	0.03	常用厚度为 13、15、19、25mm
隔声板（按 10mm 厚计）	0.03	常用厚度为 13、20mm
木屑板（按 10mm 厚计）	0.12	常用厚度为 6、10mm
3. 金属矿产（kN/m³）		
铸铁	72.5	
锻铁	77.5	
铁矿渣	27.6	
赤铁矿	25～30	
钢	78.5	
紫铜、赤铜	89	
黄铜、青铜	85	
硫化铜矿	42	
铝	27	
铝合金	28	
锌	70.5	
亚锌矿	40.5	
铅	114	
方铅矿	74.5	
金	193	
白金	213	
银	105	
锡	73.5	
镍	89	
水银	136	

续表

名　称	自重	备　注
钨	189	
镁	18.5	
锑	66.6	
水晶	29.5	
硼砂	17.5	
硫矿	20.5	
石棉矿	24.6	
石棉	10	压实
石棉	4	松散，含水量不大于15%
白垩（高岭土）	22	
石膏矿	25.5	
石膏	13.0～14.5	粗块堆放 $\varphi=30°$；细块堆放 $\varphi=40°$
石膏粉	9	
4. 土、砂、砾石及岩石（kN/m³）		
腐殖土	15～16	干，$\varphi=40°$；湿，$\varphi=35°$；很湿，$\varphi=25°$
黏土	13.5	干，松，孔隙比为1.0
黏土	16	干，$\varphi=40°$，压实
黏土	18	湿，$\varphi=35°$，压实
黏土	20	很湿，$\varphi=20°$，压实
砂土	12.2	干，松
砂土	16	干，$\varphi=35°$，压实
砂土	18	湿，$\varphi=35°$，压实
砂土	20	很湿，$\varphi=25°$，压实
砂子	14	干，细砂
砂子	17	干，粗砂
卵石	16～18	干
黏土夹卵石	17～18	干，松
砂夹卵石	15～17	干，松
砂夹卵石	16.0～19.2	干，压实
砂夹卵石	18.9～19.2	湿
浮石	6～8	干
浮石填充料	4～6	
砂岩	23.6	
页岩	28	
页岩	14.8	片石堆置
泥灰石	14	$\varphi=40°$

续表

名　称	自重	备　注
花岗岩、大理石	28	
花岗岩	15.4	片石堆置
石灰石	26.4	
石灰石	15.2	片石堆置
贝壳石灰岩	14	
白云石	16	片石堆置，$\varphi=48°$
滑石	27.1	
火石（燧石）	35.2	
云斑石	27.6	
玄武石	29.5	
长石	25.5	
角闪石、绿石	30	
角闪石、绿石	17.1	片石堆置
碎石子	14～15	堆置
岩粉	16	黏土质或石灰质的
多孔黏土	5～8	作填充料用，$\varphi=35°$
硅藻土填充料	4～6	
辉绿岩板	29.5	
5. 砖及砌块（kN/m³）		
普通砖	18	240mm×115mm×53mm（684块/m³）
普通砖	19	机器制
缸砖	21.0～21.5	230mm×110mm×65mm（609块/m³）
红缸砖	20.4	
耐火砖	19～22	230mm×110mm×65mm（609块/m³）
耐酸瓷砖	23～25	230mm×113mm×65mm（590块/m³）
灰砂砖	18	砂：白灰＝92：8
煤渣砖	17.0～18.5	
矿渣砖	18.5	硬矿渣：烟灰：石灰＝75：15：10
焦渣砖	12～14	
粉煤灰砖	14～15	炉渣：电石渣：粉煤灰＝30：40：30
黏土砖	12～15	
锯末砖	9	
焦渣空心砖	10	290mm×290mm×140mm（85块/m³）
水泥空心砖	9.8	290mm×290mm×140mm（85块/m³）
水泥空心砖	10.3	300mm×250mm×110mm（121块/m³）
水泥空心砖	9.6	300mm×250mm×160mm（83块/m³）

续表

名　称	自重	备　注
蒸压粉煤灰砖	14～16	干相对密度
陶粒空心砖	5	长 600mm、400mm，宽 150mm、250mm，高 250mm、200mm
陶粒空心砖	6	390mm×290mm×190mm
粉煤灰轻渣空心砌块	7～8	390mm×190mm×190mm，390mm×240mm×190mm
蒸压粉煤灰加气混凝土砌块	5.5	
混凝土空心小砌块	11.8	390mm×190mm×190mm
碎砖	12	堆置
水泥花砖	19.8	200mm×200mm×24mm（1042 块/m^3）
瓷面砖	19.8	140mm×150mm×8mm（5556 块/m^3）
陶瓷面砖	0.12kN/m^2	厚 5mm
6. 石灰、水泥、灰浆及混凝土（kN/m^3）		
生石灰块	11	堆置，$\varphi=30°$
生石灰粉	12	堆置，$\varphi=35°$
熟石灰膏	13.5	
石灰砂浆、混合砂浆	17	
水泥石灰焦渣砂浆	14	
石灰炉渣	10～12	
水泥炉渣	12～14	
石灰焦渣砂浆	13	
灰土	17.5	石灰：土＝3：7，夯实
稻草石灰浆	16	
纸筋石灰浆	16	
石灰锯末	3.4	石灰：锯末＝1：3
石灰三合土	17.5	石灰、砂子、卵石
水泥	12.5	轻质松散，$\varphi=20°$
水泥	14.5	散装，$\varphi=20°$
水泥	16	袋装压实，$\varphi=40°$
矿渣水泥	14.5	
水泥砂浆	20	
水泥蛭石砂浆	5～8	
石灰水泥浆	19	
膨胀珍珠岩砂浆	7～15	
石膏砂浆	12	
碎砖混凝土	18.5	

续表

名　称	自重	备　注
素混凝土	22～24	振捣或不振捣
矿渣混凝土	20	
焦渣混凝土	16～17	承重用
焦渣混凝土	10～14	填充用
铁屑混凝土	28～65	
浮石混凝土	9～14	
沥青混凝土	20	
无砂大孔混凝土	16～19	
泡沫混凝土	4～6	
加气混凝土	5.5～7.5	单块
石灰粉煤灰加气混凝土	6.0～6.5	
钢筋混凝土	24～25	
碎砖钢筋混凝土	20	
钢丝网水泥	25	用于承重结构
水玻璃耐酸混凝土	20.0～23.5	
粉煤灰陶粒混凝土	19.5	
7. 沥青、煤灰及油料（kN/m^3）		
石油沥青	10～11	根据相对密度
柏油	12	
煤沥青	13.4	
煤焦油	10	
无烟煤	15.5	整体
无烟煤	9.5	块状堆放，$\varphi=30°$
无烟煤	8	碎块堆放，$\varphi=35°$
煤末	7	堆放，$\varphi=15°$
煤球	10	堆放
褐煤	12.5	
褐煤	7～8	
泥炭	7.5	
泥炭	3.2～3.4	堆放
木炭	3～5	
煤焦	12	
煤焦	7	堆放，$\varphi=45°$
焦渣	10	
煤灰	6.5	
煤灰	8	压实

续表

名　称	自重	备　注
石墨	20.8	
煤腊	9	
油蜡	9.6	
原油	8.8	
煤油	8	
煤油	7.2	桶装，相对密度 0.82～0.89
润滑油	7.4	
汽油	6.7	
汽油	6.4	桶装，相对密度 0.72～0.76
动物油、植物油	9.3	
豆油	8	大铁桶装，每桶 360kg
8. 杂项（kN/m^3）		
普通玻璃	25.6	
钢丝玻璃	26	
泡沫玻璃	3～5	
玻璃棉	0.5～1.0	作绝缘层填充料用
岩棉	0.5～2.5	
沥青玻璃棉	0.8～1.0	导热系数 0.035～0.047[W/(m·K)]
玻璃棉板(管套)	1.0～1.5	导热系数 0.035～0.047[W/(m·K)]
玻璃钢	14～22	
矿渣棉	1.2～1.5	松散，导热系数 0.031～0.044[W/(m·K)]
矿渣棉制品(板、砖、管)	3.5～4.0	导热系数 0.047～0.070[W/(m·K)]
沥青矿渣棉	1.2～1.6	导热系数 0.041～0.052[W/(m·K)]
膨胀珍珠岩粉料	0.8～2.5	干，松散，导热系数 0.052～0.076[W/(m·K)]
水泥珍珠岩制品、憎水珍珠岩制品	3.5～4.0	强度为 1.0N/mm^2，导热系数 0.058～0.081[W/(m·K)]
膨胀蛭石	0.8～2.0	导热系数 0.052～0.070[W/(m·K)]
沥青蛭石制品	3.5～4.5	导热系数 0.081～0.105[W/(m·K)]
水泥蛭石制品	4～6	导热系数 0.093～0.140[W/(m·K)]
聚氯乙烯板(管)	13.6～16.0	
聚苯乙烯泡沫塑料	0.5	导热系数不大于 0.035[W/(m·K)]
石棉板	13	含水率不大于 3%
乳化沥青	9.8～10.5	
软橡胶	9.3	
白磷	18.3	

续表

名 称	自重	备 注
松香	10.7	
瓷	24	
酒精	7.85	100%纯
酒精	6.6	桶装，相对密度 0.79～0.82
盐酸	12	浓度 40%
硝酸	15.1	浓度 91%
硫酸	17.9	浓度 87%
火碱	17	浓度 60%
氯化铵	7.5	袋装堆放
尿素	7.5	袋装堆放
碳酸氢铵	8	袋装堆放
水	10	温度 4℃，密度最大时
冰	8.96	
书籍	5	书籍藏置
胶版纸	10	
报纸	7	
宣纸类	4	
棉花、棉纱	4	压紧平均自重
稻草	1.2	
建筑碎料(建筑垃圾)	1.5	
9. 砌体(kN/m^3)		
浆砌细方石	26.4	花岗岩、方整石块
浆砌细方石	25.6	石灰石
浆砌细方石	22.4	砂岩
浆砌毛方石	24.8	花岗岩，上下面大致平整
浆砌毛方石	24	石灰石
浆砌毛方石	20.8	砂岩
干砌毛石	20.8	花岗岩，上下面大致平整
干砌毛石	20	石灰石
干砌毛石	17.6	砂岩
浆砌普通砖	18	
浆砌机砖	19	
浆砌缸砖	21	
浆砌耐火砖	22	
浆砌矿渣砖	21	
浆砌焦渣砖	12.5～14.0	
土坯砖砌体	16	
黏土砖空斗砌体	17	中填碎瓦砾、一眠一斗
黏土砖空斗砌体	13	全斗
黏土砖空斗砌体	12.5	不能承重
黏土砖空斗砌体	15	能承重
粉煤灰泡沫砌块砌体	8.0～8.5	粉煤灰：电石渣：废石膏＝74：22：4
三合土	17	灰：砂：土＝1：1：9～1：1：4
10. 隔墙与墙面(kN/m^2)		
双面抹灰板条隔墙	0.9	每抹灰厚 16～24mm
单面抹灰板条隔墙	0.5	灰厚 16～24mm，龙骨在内
C形轻钢龙骨隔墙	0.27	两层 12mm 纸面石膏板，无保温层
C形轻钢龙骨隔墙	0.32	两层 12mm 纸面石膏板，中填岩棉保温板 50mm

续表

名　称	自重	备　注
C形轻钢龙骨隔墙	0.38	三层12mm纸面石膏板，无保温层
C形轻钢龙骨隔墙	0.43	三层12mm纸面石膏板，中填岩棉保温板50mm
C形轻钢龙骨隔墙	0.49	四层12mm纸面石膏板，无保温层
C形轻钢龙骨隔墙	0.54	四层12mm纸面石膏板，中填岩棉保温板50mm
贴瓷砖墙面	0.5	包括水泥砂浆打底，其厚25mm
水泥粉刷墙面	0.36	20mm厚，水泥粗砂
水磨石墙面	0.55	25mm厚，包括打底
水刷石墙面	0.5	25mm厚，包括打底
石灰粗砂粉刷	0.34	20mm厚
斩假石墙面	0.5	25mm厚，包括打底
外墙拉毛墙面	0.7	包括25mm水泥砂浆打底
11. 屋架及门窗(kN/m^2)		
木屋架	0.07+0.007×跨度	按屋面水平投影面积计算，跨度以米计
钢屋架	0.12+0.011×跨度	无天窗，包括支撑，按屋面水平投影面积计算，跨度以米计
木框玻璃窗	0.2～0.3	
钢框玻璃窗	0.40～0.45	
木门	0.1～0.2	
钢铁门	0.40～0.45	
12. 屋顶(kN/m^2)		
黏土平瓦屋面	0.55	按实际面积计算，以下同
水泥平瓦屋面	0.50～0.55	
小青瓦屋面	0.9～1.1	
冷摊瓦屋面	0.5	
石板瓦屋面	0.46	厚6.3mm
石板瓦屋面	0.71	厚9.5mm
石板瓦屋面	0.96	厚12.1mm
麦秸泥灰顶	0.16	以10mm厚计
石棉板瓦	0.18	仅瓦自重
波形石棉瓦	0.2	1820mm×725mm×8mm
白铁皮	0.05	24号
瓦楞铁	0.05	26号
彩色钢板波形瓦	0.12～0.13	彩色钢板厚0.6mm
拱形彩色钢板屋面	0.3	包括保温及灯具自重0.15kN/m^2
有机玻璃屋面	0.06	厚1.0mm
玻璃屋顶	0.3	9.5mm夹丝玻璃
玻璃砖顶	0.65	框架自重在内
油毡防水层(包括改性沥青防水卷材)	0.05	一层油毡刷油两遍
油毡防水层(包括改性沥青防水卷材)	0.25～0.30	四层做法，一毡两油上铺小石子
油毡防水层(包括改性沥青防水卷材)	0.30～0.35	六层做法，二毡三油上铺小石子
油毡防水层(包括改性沥青防水卷材)	0.35～0.40	八层做法，三毡四油上铺小石子
捷罗克防水层	0.1	厚8mm
屋顶天窗	0.35～0.40	9.5mm夹丝玻璃，框架自重在内
13. 顶棚(kN/m^2)		
钢丝网抹灰吊顶	0.45	
麻刀灰板条顶棚	0.45	吊木在内，平均灰厚20mm

续表

名　称	自重	备　注
砂子灰板条顶棚	0.55	吊木在内，平均灰厚 25mm
苇箔抹灰顶棚	0.48	吊木龙骨在内
松木板顶棚	0.25	吊木在内
三合板顶棚	0.18	吊木在内
马粪纸顶棚	0.15	吊木及盖缝条在内
木丝板顶棚	0.26	厚 25mm，吊木及盖缝条在内
木丝板顶棚	0.29	厚 30mm，吊木及盖缝条在内
隔声纸顶棚	0.17	厚 10mm，吊木及盖缝条在内
隔声纸顶棚	0.18	厚 13mm，吊木及盖缝条在内
隔声纸顶棚	0.2	厚 20mm，吊木及盖缝条在内
V 形轻钢龙骨吊顶	0.12	一层 9mm 纸面石膏板，无保温层
V 形轻钢龙骨吊顶	0.17	一层 9mm 纸面石膏板，有厚 50mm 的岩棉棒保温层
V 形轻钢龙骨吊顶	0.20	二层 9mm 纸面石膏板，无保温层
V 形轻钢龙骨吊顶	0.25	二层 9mm 纸面石膏板，有厚 50mm 的岩棉棒保温层
V 形轻钢龙骨及铝合金龙骨吊顶	0.10～0.12	一层矿棉吸声板厚 15mm，无保温层
顶棚上铺焦渣锯末绝缘层	0.2	厚 50mm，焦渣、锯末按 1∶5 混合
14. 地面（kN/m^2）		
地板搁栅	0.2	仅搁栅自重
硬木地板	0.2	厚 25mm，剪刀撑、钉子等自重在内，不包括搁栅自重
松木地板	0.18	
小瓷砖地面	0.55	包括水泥粗砂打底
水泥花砖地面	0.6	砖厚 25mm，包括水泥粗砂打底
水磨石地面	0.65	10mm 面层，20mm 水泥砂浆打底
油地毡	0.02～0.03	油地纸，地板表面用
木块地面	0.7	加防腐油膏铺砌厚 76mm
菱苦土地面	0.28	厚 20mm
铸铁地面	4～5	60mm 碎石垫层，60mm 面层
缸砖地面	1.7～2.1	60mm 砂垫层，53mm 面层，平铺
缸砖地面	3.3	60mm 砂垫层，115mm 面层，侧铺
黑砖地面	1.5	砂垫层，平铺
15. 建筑用压型钢板（kN/m^2）		
单波型 V-300（S-30）	0.12	波高 173mm，板厚 0.8mm
双波型 W-500	0.11	波高 130mm，板厚 0.8mm
三波型 V-200	0.135	波高 70mm，板厚 1mm
多波型 V-125	0.065	波高 35mm，板厚 0.6mm

续表

名　　称	自重	备　　注
多波型 V-115	0.079	波高 35mm，板厚 0.6mm
	16. 建筑墙板（kN/m^2）	
彩色钢板金属幕墙板	0.11	两层，彩色钢板厚 0.6mm，聚苯乙烯芯材板厚 25mm
金属绝热材料（聚氨酯）复合板	0.14	板厚 40mm，钢板厚 0.6mm
金属绝热材料（聚氨酯）复合板	0.15	板厚 60mm，钢板厚 0.6mm
金属绝热材料（聚氨酯）复合板	0.16	板厚 80mm，钢板厚 0.6mm
彩色钢板加聚苯乙烯保温板	0.12～0.15	两层，彩色钢板厚 0.6mm，聚苯乙烯芯材板厚 50～250mm
彩色钢板岩棉夹心板	0.24	板厚 100mm，两层彩色钢板，Z 形龙骨岩棉芯材
彩色钢板岩棉夹心板	0.25	板厚 120mm，两层彩色钢板，Z 形龙骨岩棉芯材
GRC 增强水泥聚苯复合保温板	1.13	
GRC 空心隔墙板	0.3	长 2400～2800mm，宽 600mm，厚 60mm
GRC 空心隔墙板	0.35	长 2400～2800mm，宽 600mm，厚 60mm
轻质 GRC 保温板	0.14	3000mm×600mm×60mm
轻质 GRC 空心隔墙板	0.17	3000mm×600mm×60mm
轻质大型墙板	0.7～0.9	1500mm×600mm×120mm
轻质条形墙板（厚度 80mm）	0.4	3000mm×1000mm，3000mm×1200mm，3000mm×1500mm 高强水泥发泡芯材，按不同檩距及荷载配有不同钢骨架及冷拔钢丝网
轻质条形墙板（厚度 100mm）	0.45	
轻质条形墙板（厚度 120mm）	0.5	
GRC 墙板	0.11	板厚 10mm
钢丝网岩棉夹芯复合板（GY 板）	1.1	岩棉芯材厚 50mm，双面钢丝网水泥砂浆各厚 25mm
硅酸钙板	0.08	板厚 6mm
硅酸钙板	0.10	板厚 8mm
硅酸钙板	0.12	板厚 10mm
泰柏板	0.95	板厚 100mm，钢丝网片价聚苯乙烯保温层，每面抹水泥砂浆厚 20mm
蜂窝复合板	0.14	板厚 75mm
石膏珍珠岩空心条板	0.45	长 2500～3000mm，宽 600mm，厚 60mm
加强型水泥石膏聚苯保温板	0.17	3000mm×600mm×60mm
玻璃幕墙	0.5～1.0	一般可按单位面积玻璃自重增大 20%～30%

3.4.3 钢材质量常用数据、型钢表

3.4.3.1 钢材理论质量

钢材理论质量的计算可见表 3-93。

钢材理论质量的计算　　　　表 3-93

项目	序号	型材	计算公式	公式中代号
钢材断面积计算公式	1	方钢	$F=a^2$	a——边宽
	2	圆角方钢	$f=a^2-0.8584r^2$	a——边宽； b——圆角半径
	3	钢板、扁钢、带钢	$F=a\times\delta$	a——边宽； δ——厚度
	4	圆角扁钢	$F=a\delta-0.8584r^2$	a——边宽； δ——厚度； r——圆角半径
	5	圆角、圆盘条、钢丝	$F=0.7854d^2$	d——外径
	6	六角钢	$F=0.866a^2=2.598s^2$	a——对边距离； s——边宽
	7	八角钢	$F=0.8284a^2=4.8284s^2$	
	8	钢管	$F=\pi\delta(D-\delta)$	D——外径； δ——壁厚
	9	等边角钢	$F=d(2b-d)+0.2146(r^2-2r_1^2)$	d——边厚； b——边宽； r——内面圆角半径； r_1——端边圆角半径
	10	不等边角钢	$F=d(B+b-d)+0.2146(r^2-2r_1^2)$	d——边厚； B——长边宽； b——短边宽； r——内面圆角半径； r_1——边端圆角半径
	11	工字钢	$F=hd+2t(b-d)+0.8584(r^2-2r_1^2)$	h——高度； b——腿宽； d——腰宽； t——平均腿厚； r——内面圆角半径； r_1——边端圆角半径
	12	槽钢	$F=hd+2t(b-d)+0.04292(r^2-2r_1^2)$	
基本公式质量计算	$W(\mathrm{kg})=F(\mathrm{mm}^2)\times L(长度\cdot \mathrm{m})\times G(密度\cdot \mathrm{g/cm}^3)\times 1/100$ 式中　W——质量；F——断面积。钢的密度一般按 $7.85\mathrm{g/cm}^3$ 计算。其他型材如钢材、铝材等亦可引用上式按照不同的密度计算			

3.4.3.2　钢板理论质量

钢板的理论质量见表 3-94。

钢板理论质量　**表 3-94**

厚度（mm）	理论质量（kg）	厚度（mm）	理论质量（kg）	厚度（mm）	理论质量（kg）
0.20	1.570	2.8	21.98	22	172.70
0.25	1.963	3.0	23.55	23	180.60
0.27	2.120	3.2	25.12	24	188.40
0.30	2.355	3.5	27.48	25	196.30
0.35	2.748	3.8	29.83	26	204.10
0.40	3.140	4.0	31.40	27	212.00
0.45	3.533	4.5	35.33	28	219.80
0.50	3.925	5.0	39.25	29	227.70
0.55	4.318	5.5	43.18	30	235.50
0.60	4.710	6.0	47.10	32	251.20
0.70	5.495	7.0	54.95	34	266.90
0.75	5.888	8.0	62.80	36	282.60
0.80	6.280	9.0	70.65	38	298.30
0.90	7.065	10.0	78.50	40	314.00
1.00	7.850	11	86.35	42	329.70
1.10	8.635	12	94.20	44	345.40
1.20	9.420	13	102.10	46	361.10
1.25	9.813	14	109.90	48	376.80
1.40	10.99	15	117.80	50	392.50
1.50	11.78	16	125.60	52	408.20
1.60	12.56	17	133.50	54	423.90
1.80	14.13	18	141.30	56	439.60
2.00	15.70	19	149.20	58	455.30
2.20	17.27	20	157.00	60	471.00
2.50	19.63	21	164.90		

3.4.3.3　钢筋的计算截面面积及理论重量

钢筋的计算截面面积及理论重量见表 3-95。

钢筋的计算截面面积及理论重量　**表 3-95**

直径 d（mm）	不同根数钢筋的计算截面面积（mm^2）									单根钢筋理论重量（kg/m）
	1	2	3	4	5	6	7	8	9	
3	7.1	14.1	21.2	28.3	35.3	42.4	49.5	56.5	63.6	0.055
4	12.6	25.1	37.7	50.2	62.8	75.4	87.9	100.5	113	0.099
5	19.6	39	59	79	98	118	138	157	177	0.154
6	28.3	57	85	113	142	170	198	226	255	0.222
6.5	33.2	66	100	133	166	199	232	265	299	0.260
8	50.3	101	151	201	252	302	352	402	453	0.395
8.2	52.8	106	158	211	264	317	370	423	475	0.432
10	78.5	157	236	314	393	471	550	628	707	0.607
12	113.1	226	339	452	565	678	791	904	1017	0.888
14	153.9	308	461	615	769	923	1077	1230	1387	1.21
16	201.1	402	603	804	1005	1206	1407	1608	1809	1.58
18	254.5	509	763	1017	1272	1526	1780	2036	2290	2.00
20	314.2	628	941	1256	1570	1884	2200	2513	2827	2.47
22	380.1	760	1140	1520	1900	2281	2661	3041	3421	2.98
25	490.9	982	1473	1964	2454	2945	3436	3927	4418	3.85
28	615.3	1232	1847	2463	3079	3695	4310	4926	5542	4.83
32	804.3	1609	2418	3217	4021	4826	5630	6434	7238	6.31
36	1017.9	2036	3054	4072	5089	6107	7125	8143	9161	7.99
40	1256.1	2513	3770	5027	6283	7540	8796	10053	11310	9.87

注：表中直径 d=8.2mm 的计算截面面积及公称质量仅适用于有纵肋的热处理钢筋。

3.4.3.4　冷拉圆钢、方钢及六角钢质量

冷拉圆钢、方钢及六角钢的质量参见表 3-96。

冷拉圆钢、方钢及六角钢质量　　**表 3-96**

d (a) (mm)	GB/T 905—1994 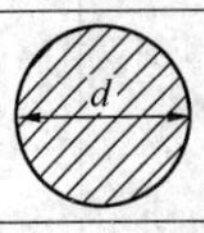	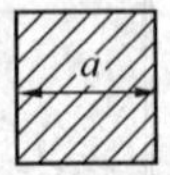	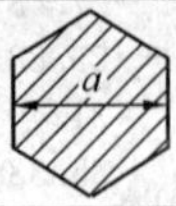	d (a) (mm)	GB/T 905—1994 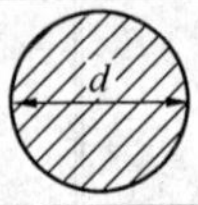	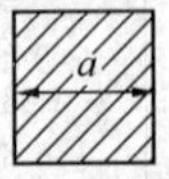	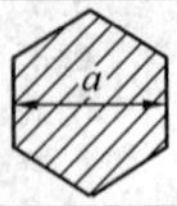
	理论质量（kg/m）				理论质量（kg/m）		
3.0	0.056	0.071	0.061	17.0	1.78	2.27	1.96
3.2	0.063	0.080		18.0	2.00	2.54	2.20
3.4	0.071	0.091		19.0	2.23	2.82	2.45
3.5	0.076	0.096		20.0	2.47	3.14	2.72
3.8	0.089	0.112		21.0	2.27	3.46	3.00
4.0	0.099	0.126	0.109	22.0	2.98	3.80	3.29
4.2	0.109	0.139		24.0	3.55	4.52	3.92
4.5	0.125	0.159	0.138	25.0	3.85	4.91	4.25
4.8	0.142	0.181		26.0	4.17	5.30	4.59
5.0	0.154	0.196	0.170	28.0	4.83	6.15	5.33
5.3	0.173	0.221		30.0	5.55	7.06	6.12
5.5			0.206	32.0	6.31	8.04	6.96
5.6	0.193	0.246		34.0	7.13	9.07	7.86
6.0	0.222	0.283	0.245	35.0	7.55	9.62	
6.3	0.245	0.312		36.0			8.81
6.7	0.277	0.352		38.0	8.90	11.24	9.82
7.0	0.302	0.385	0.333	40.0	9.87	12.56	10.88
7.5	0.347	0.442		42.0	10.87	13.85	11.92
8.0	0.395	0.502	0.435	45.0	12.48	15.90	13.77
8.5	0.446	0.567		48.0	14.21	18.09	15.66
9.0	0.499	0.636	0.551	50.0	15.42	19.63	16.99
9.5	0.556	0.709		53.0	17.32	22.05	19.10
10.0	0.617	0.785	0.680	55.0			20.59
10.5	0.680	0.865		56.0	19.33	24.61	
11.0	0.746	0.950	0.823	60.0	22.19	28.26	24.50
11.5	0.815	1.04		63.0	24.17	31.16	
12.0	0.888	1.13	0.979	65.0			28.70
13.0	1.04	1.33	1.15	67.0	27.67	35.24	
14.0	1.21	1.54	1.33	70.0	30.21	38.47	33.30
15.0	1.39	1.77	1.53	75.0	34.68		38.24
16.0	1.58	2.01	1.74	80.0	39.46		

注：冷拉圆长度 5、6、7 级为 2～6m，4 级为 2～4m，冷拉方钢及六角钢长度为 2～6m。

3.4.3.5　热轧圆钢、方钢及六角钢质量

热轧圆钢、方钢及六角钢的质量参见表 3-97。

热轧圆钢、方钢及六角钢质量　　**表 3-97**

GB/T 702—2008				GB/T 702—2008			
d（a）（mm）	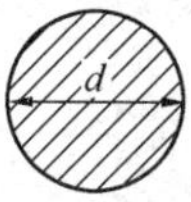	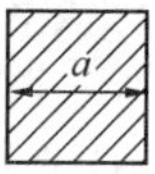	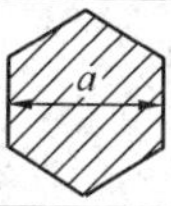	d（a）（mm）	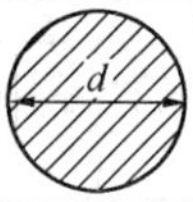	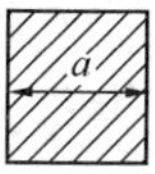	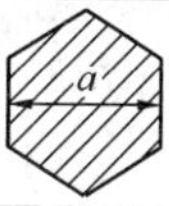
	理论质量（kg/m）				理论质量（kg/m）		
5.5	0.187	0.236	—	42	10.87	13.80	11.99
6.0	0.222	0.283	—	45	12.48	15.90	13.77
6.5	0.260	0.332	—	48	14.21	18.09	15.66
7.0	0.302	0.385	—	50	15.42	19.60	16.99
8.0	0.395	0.502	0.453	53	17.30	22.00	19.10
9.0	0.499	0.636	0.551	55	18.60	23.70	—
10.0	0.617	0.785	0.680	56	19.30	24.61	21.32
11.0	0.746	0.950	0.823	58	20.70	26.41	22.87
12.0	0.888	1.13	0.979	60	22.19	28.26	24.50
13.0	1.04	1.33	1.15	63	24.50	31.16	26.98
14.0	1.21	1.54	1.33	65	26.00	33.17	28.70
15.0	1.39	1.77	1.53	68	28.51	36.30	31.43
16.0	1.58	2.01	1.74	70	30.21	38.50	33.30
17.0	1.78	2.27	1.96	75	34.70	44.20	—
18.0	2.00	2.54	2.20	80	39.50	50.20	
19.0	2.23	2.82	2.45	85	44.50	56.72	
20.0	2.47	3.14	2.72	90	49.90	63.59	
21.0	2.72	3.46	3.00	95	55.60	70.80	
22.0	2.98	3.80	3.29	100	61.70	78.50	
23.0	3.26	4.15	3.59	105	68.00	86.50	
24.0	3.55	4.52	3.92	110	74.60	95.00	
25.0	3.85	4.91	4.25	115	81.50	104	
26.0	4.17	5.30	4.59	120	88.78	113	
27.0	4.49	5.72	4.96	125	96.33	123	
28.0	4.83	6.15	5.33	130	104.20	133	
29.0	5.18	6.60	—	140	120.84	154	
30.0	5.55	7.06	6.12	150	138.72	177	
31.0	5.92	7.54	—	160	157.83	201	
32.0	6.31	8.04	6.96	170	178.18	227	
33.0	6.71	8.55	—	180	199.76	283	
34.0	7.13	9.07	7.86	190	222.57	314	
35.0	7.55	9.62	—	200	246.62	—	
36.0	7.99	10.17	8.81	220	298.00	—	
38.0	8.90	11.24	9.82	250	385.00	—	
40.0	9.87	12.56	10.88				

注：热轧圆钢、方钢的长度，当 d(a) 8～70mm，长 3～8m，六角钢的长度，d(a) 为 8～70mm，长 3～8m 均指普通钢。

3.4.3.6　热轧等边角钢

（1）热轧等边角钢截面尺寸与理论质量见表 3-98。

热轧等边角钢截面尺寸与理论质量　　表 3-98

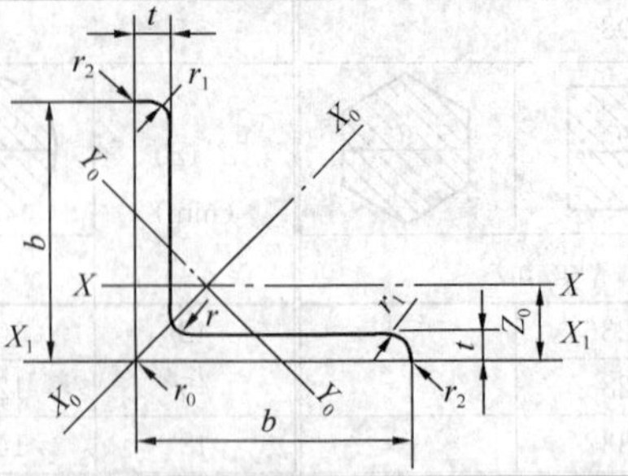

型号	尺寸（mm）			截面面积（cm^2）	理论质量（kg/m）	外表面积（m^2/m）
	b	t	r			
2	20	3	3.5	1.132	0.889	0.078
		4		1.459	1.145	0.077
2.5	25	3		1.432	1.124	0.098
		4		1.859	1.459	0.097
3.0	30	3	4.5	1.749	1.373	0.117
		4		2.276	1.786	0.117
3.6	36	3		2.109	1.656	0.141
		4		2.756	2.163	0.141
		5		3.382	2.654	0.141
4	40	3		2.359	1.852	0.157
		4		3.086	2.422	0.157
		5		3.791	2.976	0.156
4.5	45	3	5	2.659	2.088	0.177
		4		3.486	2.736	0.177
		5		4.292	3.369	0.176
		6		5.076	3.985	0.176
5	50	3	5.5	2.971	2.332	0.197
		4		3.897	3.059	0.197
		5		4.803	3.770	0.196
		6		5.688	4.465	0.196
5.6	56	3	6	3.343	2.624	0.221
		4		4.390	3.446	0.220
		5		5.415	4.251	0.220
		6		6.420	5.040	0.220
		7		7.404	5.812	0.219
		8		8.367	6.568	0.219
6	60	5	6.5	5.829	4.576	0.236
		6		6.914	5.427	0.235
		7		7.977	6.262	0.235
		8		9.020	7.081	0.235
6.3	63	4	7	4.978	3.907	0.248
		5		6.143	4.822	0.248
		6		7.288	5.721	0.247
		7		8.412	6.603	0.247
		8		9.515	7.469	0.247
		10		11.657	9.151	0.246
7	70	4	8	5.570	4.372	0.275
		5		6.875	5.397	0.275
		6		8.160	6.406	0.275
		7		9.424	7.398	0.275
		8		10.667	8.373	0.274
7.5	75	5	9	7.412	5.818	0.295
		6		8.797	6.905	0.294
		7		10.160	7.976	0.294
		8		11.503	9.030	0.294
		9		12.825	10.068	0.294
		10		14.126	11.089	0.293
8	80	5		7.912	6.211	0.315
		6		9.397	7.376	0.314
		7		10.860	8.525	0.314
		8		12.303	9.658	0.314
		9		13.725	10.774	0.314
		10		15.126	11.874	0.313
9	90	6	10	10.637	8.350	0.354
		7		12.301	9.656	0.354
		8		13.944	10.946	0.353
		9		15.566	12.219	0.353
		10		17.167	13.476	0.353
		12		20.306	15.940	0.352
10	100	6	12	11.932	9.366	0.393
		7		13.796	10.830	0.393
		8		15.638	12.276	0.393
		9		17.462	13.708	0.392
		10		19.261	15.120	0.392
		12		22.800	17.898	0.391
		14		26.256	20.611	0.391
		16		29.627	23.257	0.390
11	110	7	12	15.196	11.928	0.433
		8		17.238	13.535	0.433
		10		21.261	16.690	0.432
		12		25.200	19.782	0.431
		14		29.056	22.809	0.431

续表

角钢号数	尺寸（mm）			截面面积（cm²）	理论质量（kg/m）	外表面积（m²/m）
	b	t	r			
12.5	125	8	14	19.750	15.504	0.492
		10		24.373	19.133	0.491
		12		28.912	22.696	0.491
		14		33.367	26.193	0.490
		16		37.739	29.625	0.489
14	140	10		27.373	21.488	0.551
		12		32.512	25.522	0.551
		14		37.567	29.490	0.550
		16		42.539	33.393	0.549
15	150	8		23.750	18.644	0.592
		10		29.373	23.058	0.591
		12		34.912	27.406	0.591
		14		40.367	31.688	0.590
		15		43.063	33.804	0.590
		16		45.739	35.905	0.589

角钢号数	尺寸（mm）			截面面积（cm²）	理论质量（kg/m）	外表面积（m²/m）
	b	t	r			
16	160	10	16	31.502	24.729	0.630
		12		37.441	29.391	0.630
		14		43.296	33.987	0.629
		16		49.067	38.518	0.629
18	180	12		42.241	33.159	0.710
		14		48.896	38.383	0.709
		16		55.467	43.542	0.709
		18		61.055	48.634	0.708
20	200	14	18	54.642	42.894	0.788
		16		62.013	48.680	0.788
		18		69.301	54.401	0.787
		20		76.505	60.056	0.787
		24		90.661	71.168	0.785
22	220	16	21	68.664	53.901	0.866
		18		76.752	60.250	0.866
		20		84.756	66.533	0.865
		22		92.676	72.751	0.865
		24		100.512	78.902	0.864
		26		108.264	84.987	0.864

（2）热轧等边角钢长度见表 3-99。

热轧等边角钢长度　　表 3-99

型号	2～9	10～14	16～20
长度（m）	4～12	4～19	6～19

3.4.3.7　热轧不等边角钢

（1）热轧不等边钢截面尺寸与理论质量见表 3-100。

热轧不等边钢截面尺寸与理论质量　　表 3-100

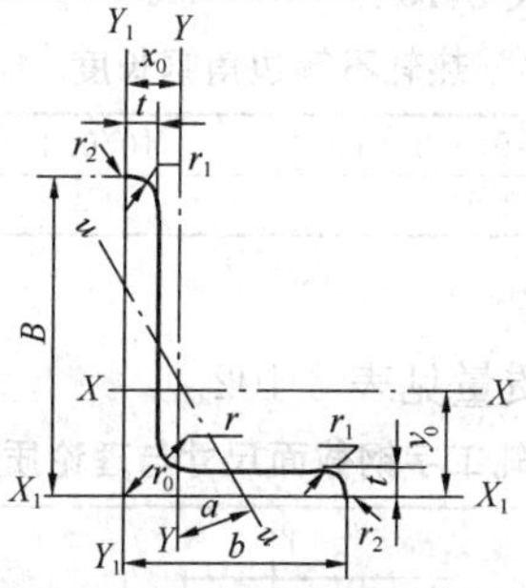

角钢号数	尺寸（mm）				截面面积（cm²）	理论质量（kg/m）	外表面积（m²/m）
	B	b	t	r			
2.5/1.6	25	16	3	3.5	1.162	0.912	0.080
			4		1.499	1.176	0.079
3.2/2	32	20	3		1.492	1.171	0.102
			4		1.939	1.522	0.101
4/2.5	40	25	3	4	1.890	1.484	0.127
			4		2.467	1.936	0.127
4.5/2.8	45	28	3	5	2.149	1.687	0.143
			4		2.806	2.203	0.143
5/3.2	50	32	3	5.5	2.431	1.908	0.161
			4		3.177	2.494	0.160

角钢号数	尺寸（mm）				截面面积（cm²）	理论质量（kg/m）	外表面积（m²/m）
	B	b	t	r			
5.6/3.6	56	36	3	6	2.743	2.153	0.181
			4		3.590	2.818	0.180
			5		4.415	3.466	0.180
6.3/4	63	40	4	2	4.058	3.185	0.202
			5		4.993	3.920	0.202
			6		5.908	4.638	0.201
			7		6.802	5.339	0.201
7/4.5	70	45	4	4	4.547	3.570	0.226
			5		5.609	4.403	0.225
			6		6.647	5.218	0.225
			7		7.657	6.011	0.225

续表

角钢号数	尺寸（mm） B	b	t	r	截面面积（cm²）	理论质量（kg/m）	外表面积（m²/m）
7.5/5	75	50	5	8	6.125	4.808	0.245
			6		7.260	5.699	0.245
			8		9.467	7.431	0.244
			10		11.590	9.098	0.244
8/5	80	50	5		6.375	5.005	0.255
			6		7.560	5.935	0.255
			7		8.724	6.848	0.255
			8		9.867	7.745	0.254
9/5.6	90	56	5	9	7.212	5.661	0.287
			6		8.557	6.717	0.286
			7		9.880	7.756	0.286
			8		11.183	8.779	0.286
10/6.3	100	63	6	10	9.617	7.550	0.320
			7		11.111	8.722	0.320
			8		12.584	9.878	0.319
			10		15.467	12.142	0.319
10/8	100	80	6		10.637	8.350	0.354
			7		12.301	9.656	0.354
			8		13.944	10.946	0.353
			10		17.167	13.476	0.353
11/7	110	70	6		10.637	8.350	0.354
			7		12.301	9.656	0.354
			8		13.944	10.946	0.353
			10		17.167	13.476	0.353

角钢号数	尺寸（mm） B	b	t	r	截面面积（cm²）	理论质量（kg/m）	外表面积（m²/m）
12.5/8	125	80	7	11	14.096	11.066	0.403
			8		15.989	12.551	0.403
			10		19.712	15.474	0.402
			12		23.351	18.330	0.402
14/9	145	90	8	12	18.038	14.160	0.453
			10		22.261	17.475	0.452
			12		26.400	20.724	0.451
			14		30.456	23.908	0.451
15/9	150	90	8	12	18.839	14.788	0.473
			10		23.261	18.260	0.472
			12		27.600	21.666	0.471
			14		31.856	25.007	0.471
			15		33.952	26.652	0.471
			16		36.027	28.281	0.470
16/10	160	100	10	13	25.315	19.872	0.512
			12		30.054	23.592	0.511
			14		34.709	27.247	0.510
			16		39.281	30.835	0.510
18/11	180	110	10	14	28.373	22.273	0.571
			12		33.712	22.464	0.571
			14		38.967	30.589	0.570
			16		44.139	34.649	0.569
20/12.5	200	125	12		37.912	29.761	0.641
			14		43.867	34.436	0.640
			16		49.739	39.045	0.639
			18		55.526	43.588	0.639

（2）热轧不等边角钢长度见表 3-101。

热轧不等边角钢长度 **表 3-101**

型　号	2.5/1.6～9/5.6	10/6.3～14/9	16/10～10/12.5
长度（m）	4～12	4～19	6～19

3.4.3.8 热轧工字钢

热轧工字钢截面尺寸与理论质量见表 3-102。

热轧工字钢截面尺寸与理论质量 **表 3-102**

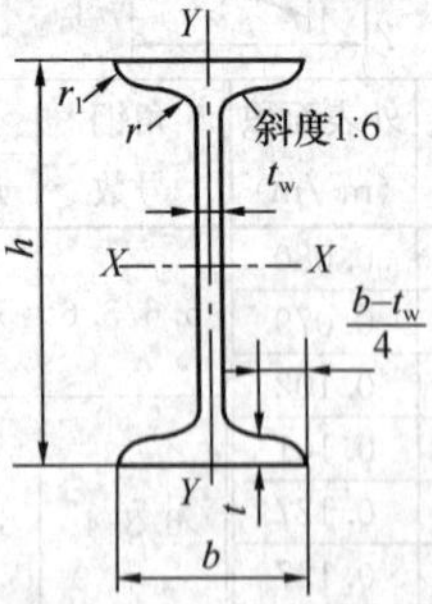

型号	尺寸（mm） h	b	t_w	t	r	r_1	截面面积（cm²）	理论质量（kg/m）
10	100	68	4.5	7.6	6.5	3.3	14.345	11.261
12.6	126	74	5.0	8.4	7.0	3.5	18.118	14.223

续表

型号	尺寸(mm)						截面面积	理论质量
	h	b	t_w	t	r	r_1	(cm^2)	(kg/m)
14	140	80	5.5	9.1	7.5	3.8	21.516	16.890
16	160	88	6.0	9.9	8.0	4.0	26.131	20.513
18	180	94	6.5	10.7	8.5	4.3	30.756	24.143
20a	200	100	7.0	11.4	9.0	4.5	35.578	27.929
20b	200	102	9.0	114.	9.0	4.5	39.578	31.069
22a	220	110	7.5	12.3	9.5	4.8	42.128	33.070
22b	220	112	9.5	12.3	9.5	4.8	46.528	36.524
25a	250	116	8.0	13.0	10.0	5.0	48.541	38.105
25b	250	118	10.0	13.0	10.0	5.0	53.541	42.030
28a	280	122	8.5	13.7	10.5	5.3	55.404	43.492
28b	280	124	10.5	13.7	10.5	5.3	61.004	47.888
32a	320	130	9.5	15.0	11.5	5.8	67.156	52.717
32b	320	132	11.5	15.0	11.5	5.8	73.556	57.741
32c	320	134	13.5	15.0	11.5	5.8	79.956	62.765
36a	360	136	10.0	15.8	12.0	6.0	76.480	60.037
36b	360	138	12.0	15.8	12.0	6.0	83.680	65.689
36c	360	140	14.0	15.8	12.0	6.0	90.880	71.341
40a	400	142	10.5	16.5	12.5	6.3	86.112	67.598
40b	400	144	12.5	16.5	12.5	6.3	94.112	73.878
40c	400	146	14.5	16.5	12.5	6.3	102.112	80.158
45a	450	150	11.5	18.0	13.5	6.8	102.446	80.420
45b	450	152	13.5	18.0	13.5	6.8	111.446	87.485
45c	450	154	15.5	18.0	13.5	6.8	120.446	94.550
50a	550	158	12.0	20.0	14.0	7.0	119.304	93.654
50b	500	160	14.0	20.0	14.0	7.0	129.304	101.504
50c	500	166	16.0	20.0	14.0	7.0	139.304	109.354
56a	560	168	12.5	21.0	14.5	7.3	135.435	106.316
56b	560	168	14.5	21.0	14.5	7.3	146.635	115.108
56c	560	170	16.5	21.0	14.5	7.3	157.835	123.900
63a	630	176	13.0	22.0	15.0	7.5	154.658	121.407
63b	630	178	15.0	22.0	15.0	7.5	167.258	131.298
63c	630	180	17.0	22.0	15.0	7.5	179.858	141.189
经供需双方协议，可供应以下系列工字钢								
12	120	74	5.0	8.4	7.0	3.5	17.818	13.987
24a	240	116	8.0	13.0	10.0	5.0	47.741	37.477
24b	240	118	10.0	13.0	10.0	5.0	52.541	41.245

续表

型号	尺　寸(mm)						截面面积 (cm²)	理论质量 (kg/m)
	h	b	t_w	t	r	r_1		
27a	270	122	8.5	13.7	10.5	5.3	54.554	42.825
27b	270	124	10.5	13.7	10.5	5.3	59.954	47.064
30a	300	126	9.0	14.4	11.0	5.5	61.254	48.084
30b	300	128	11.0	14.4	11.0	5.5	67.254	52.794
30c	300	130	13.0	14.4	11.0	5.5	73.254	57.504
55a	550	166	12.2	21.0	14.5	7.3	134.185	105.335
55b	550	168	14.5	21.0	14.5	7.3	145.185	113.970
55c	220	170	16.5	21.0	14.5	7.3	156.185	122.605

3.4.3.9　热轧槽钢

（1）热轧槽钢通常长度见表 3-103。

热轧槽钢通常长度　　**表 3-103**

型号	5～8	＞8～18	＞18～40
长度（m）	5～12	5～19	6～19

（2）热轧槽钢截面尺寸与理论质量见表 3-104。

热轧槽钢截面尺寸与理论质量　　**表 3-104**

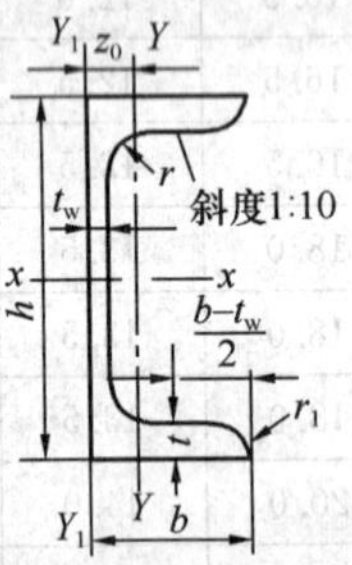

型号	尺　寸（mm）						截面尺寸 (cm²)	理论质量 (kg/m)
	h	b	t_w	t	r	r_1		
5	50	37	4.5	7.0	70	3.5	6.928	5.438
6.3	63	40	4.8	7.5	7.5	3.8	8.451	6.634
6.5	65	40	4.3	7.5	7.5	3.8	8.547	6.709
8	80	43	5.0	8.0	8.0	4.0	10.248	8.045
10	100	48	5.3	8.5	8.5	4.2	12.748	10.007
12	120	53	5.5	9.0	9.0	4.5	15.362	12.059
12.6	126	53	5.5	9.0	9.0	4.5	15.692	12.318
14a	140	58	6.0	9.5	9.5	4.8	18.516	14.535
14b	140	60	8.0	9.5	9.5	4.8	21.316	16.733

续表

型号	尺寸(mm)						截面尺寸 (cm²)	理论质量 (kg/m)
	h	b	t_w	t	r	r_1		
16a	160	63	6.5	10.0	10.0	5.0	21.962	17.240
16b	160	65	8.5	10.0	10.0	5.0	25.162	19.752
18a	180	68	7.0	10.5	10.5	5.2	25.699	20.174
18b	180	70	9.0	10.5	10.5	5.2	29.299	23.000
20a	200	73	7.0	11.0	11.0	5.5	28.837	22.637
20b	200	75	9.0	11.0	11.0	5.5	32.837	25.777
22a	220	77	7.0	11.5	11.5	5.8	31.846	24.999
22b	220	79	9.0	11.5	11.5	5.8	36.246	28.453
24a	240	78	7.0	12.0	12.0	6.0	34.217	26.860
24b	240	80	9.0	12.0	12.0	6.0	39.017	30.628
24c	240	82	11.0	12.0	12.0	6.0	43.817	34.396
25a	250	78	7.0	12.0	12.0	6.0	34.917	27.410
25b	250	80	9.0	12.0	12.0	6.0	39.917	31.335
25c	250	82	11.0	12.0	12.0	6.2	44.917	35.260
27a	270	82	7.5	12.5	12.5	6.2	39.284	30.838
27b	270	84	9.5	12.5	12.5	6.2	44.684	35.077
27c	270	86	11.5	12.5	12.5	6.2	50.084	39.316
28a	280	82	7.5	12.5	12.5	6.2	40.034	31.427
28b	280	84	9.5	12.5	12.5	6.2	45.634	35.823
28c	280	86	11.5	12.5	12.5	7.0	51.234	40.219
30a	300	85	7.5	13.5	13.5	6.8	43.902	34.463
30b	300	87	9.5	13.5	13.5	6.8	49.902	39.173
30c	300	89	11.5	13.5	13.5	6.8	55.902	43.883
32a	320	88	8.0	14.0	14.0	7.0	48.513	38.083
32b	320	90	10.0	14.0	14.0	7.0	54.913	43.107
32c	320	92	12.0	14.0	14.0	7.0	61.313	48.131
36a	360	96	9.0	16.0	16.0	8.0	60.910	47.814
36b	360	98	11.0	16.0	16.0	8.0	68.110	53.466
36c	360	100	13.0	16.0	16.0	8.0	75.310	59.118
40a	400	100	10.5	18.0	18.0	9.0	75.068	58.928
40b	400	102	12.5	18.0	18.0	9.0	83.068	65.208
40c	400	104	14.5	18.0	18.0	9.0	91.068	71.488

3.4.3.10　热轧扁钢

热轧扁钢质量见表3-105。

热轧扁钢质量　　表3-105

宽度（mm）	厚　度（mm）													
	3	4	5	6	7	8	9	10	11	12	14	16	18	20
	理论质量（kg/m）													
14	0.33	0.44	0.55	0.66	0.77	0.88	—	—	—	—	—	—	—	—
16	0.38	0.50	0.63	0.75	0.88	1.00	1.15	1.26	—	—	—	—	—	—
18	0.42	0.57	0.71	0.85	0.99	1.13	1.27	1.41	—	—	—	—	—	—
20	0.47	0.63	0.79	0.94	1.10	1.26	1.41	1.57	1.76	1.88	—	—	—	—
22	0.52	0.69	0.86	1.04	1.21	1.38	1.55	1.73	1.90	2.07	—	—	—	—
25	0.59	0.79	0.98	1.18	1.37	1.57	1.77	1.96	2.16	2.36	2.75	3.14	—	—
28	0.66	0.88	1.10	1.32	1.54	1.76	1.98	2.20	2.42	2.64	3.08	3.53	—	—
30	0.71	0.94	1.18	1.41	1.65	1.88	2.12	2.36	2.59	2.83	3.36	3.77	4.24	4.71
32	0.75	1.01	1.25	1.50	1.73	2.01	2.26	2.54	2.76	3.01	3.51	4.02	4.52	5.02
36	0.85	1.13	1.41	1.69	1.97	2.26	2.51	2.82	3.11	3.39	3.95	4.52	5.09	5.65
40	0.94	1.26	1.57	1.88	2.20	2.51	2.83	3.14	3.45	3.77	4.40	5.02	5.65	6.28
45	1.06	1.41	1.77	2.12	2.47	2.83	3.18	3.53	3.89	4.24	4.95	5.65	6.36	7.07
50	1.18	1.57	1.96	2.36	2.75	3.14	3.53	3.93	4.32	4.71	5.50	6.28	7.07	7.85
56	1.32	1.76	2.20	2.64	3.08	3.52	3.95	4.39	4.83	5.27	6.15	7.03	7.91	8.79
60	1.41	1.88	2.36	2.83	3.30	3.77	4.24	4.71	5.18	5.65	6.59	7.54	8.48	9.42
63	1.48	1.98	2.47	2.97	3.46	3.95	4.45	4.94	5.44	5.93	6.92	7.91	8.90	9.69
65	1.53	2.04	2.55	3.06	3.57	4.08	4.59	5.10	5.61	6.12	7.14	8.16	9.19	10.21
70	1.65	2.20	2.75	3.30	3.85	4.40	4.95	5.50	6.04	6.59	7.69	8.79	9.89	10.99
75	1.77	2.36	2.94	3.53	4.12	4.71	5.30	5.89	6.48	7.07	8.24	9.42	10.60	11.78
80	1.88	2.51	3.14	3.77	4.40	5.02	5.65	6.28	6.91	7.54	8.79	10.05	11.30	12.56
85	2.00	2.67	3.34	4.00	4.67	5.34	6.01	6.67	7.34	8.01	9.34	10.68	12.01	13.55
90	2.12	2.83	3.53	4.24	4.95	5.65	6.36	7.07	7.77	8.48	9.89	11.30	12.72	14.13
95	2.24	2.98	3.73	4.47	5.22	5.97	6.71	7.46	8.20	8.95	10.44	11.93	13.42	14.92
100	2.36	3.14	3.93	4.71	5.50	6.28	7.07	7.85	8.64	9.42	10.99	12.56	14.13	15.70
105	2.47	3.30	4.12	4.95	5.77	6.59	7.42	8.24	9.07	9.89	11.54	13.19	14.84	16.49
110	2.59	3.45	4.32	5.18	6.04	6.91	7.77	8.64	9.50	10.36	12.09	13.82	15.54	17.27
120	2.83	3.77	4.71	5.65	6.59	7.54	8.48	9.42	10.36	11.30	13.19	15.07	16.96	18.84

3.4.4　石油产品体积、重量换算

石油产品体积、重量换算见表3-106。

石油产品体积、重量换算 表 3-106

名称	每升（L）折合公斤（kg）	每立方米（m³）折合吨（t）	每吨（t）折合桶［每桶 200 升（L）］	每吨（t）折合升（L）
汽油	0.742	0.742	6.7385	1347.71
煤油	0.814	0.814	6.1425	1228.50
轻柴油	0.831	0.831	6.0168	1203.37
中柴油	0.839	0.839	5.9595	1191.90
重柴油	0.880	0.880	5.6818	1136.36
燃料油	0.947	0.947	5.2798	1055.97
润滑油	—	—	5.5472	—

名称	每吨（t）折合（美）桶（US・barrel）	每（美）桶（US・barrel）折合吨（t）
汽油	8.4770	0.1180
煤油	7.7272	0.1294
轻柴油	7.5691	0.1321
中柴油	7.4970	0.1334
重柴油	7.1477	0.1399
燃料油	6.6420	0.1506
润滑油	6.9783	0.1433

注：1（美）桶=158.9837L。

3.4.5 液体平均相对密度及容量、重量换算

液体平均相对密度及容量、重量换算见表 3-107。

液体平均相对密度及容量、重量换算表 表 3-107

液体名称	平均相对密度	容量折合重量数			
		公斤/升（kg/L）	公斤/(美)加仑［kg/(US)gal］	公斤/(美)加仑（kg/gal）	公斤/(美)桶［kg/(US)barrel］
原油	0.86	0.86	3.255	3.907	136.726
汽油	0.73	0.73	2.763	3.317	116.058
动力苯	0.88	0.88	3.331	3.998	139.906
煤油	0.82	0.82	3.104	3.726	130.367
轻柴油	0.86	0.86	3.255	3.907	136.726
重柴油	0.92	0.92	3.482	4.180	146.265
鲸油(动物油)	0.92	0.92	3.482	4.180	146.265
苯	0.90	0.90	3.407	4.089	143.085
变压器油	0.86	0.86	3.255	3.907	136.726
毛必鲁油	0.90	0.90	3.407	4.089	143.085
酒精	0.80	0.80	3.028	3.635	127.187
煤焦油	1.20	1.20	4.542	5.452	190.780
页岩油	0.91	0.91	3.444	4.134	144.675
大豆油(植物油)	0.93	0.93	3.520	4.225	147.855
甘油	1.26	1.26	4.769	5.725	200.319

续表

液体名称	平均相对密度	容量折合重量数			
		公斤/升 (kg/L)	公斤/(美)加仑 [kg/(US)gal]	公斤/(美)加仑 (kg/gal)	公斤/(美)桶 [kg/(US)barrel]
乙醚(乙脱)	0.74	0.74	2.801	3.362	117.650
醋酸	1.05	1.05	3.974	4.771	166.933
苯酚	1.07	1.07	4.050	4.861	170.113
蓖麻油	0.96	0.96	3.634	4.362	152.624
硫酸(100%)	1.83	1.83	6.927	8.314	290.940
硝酸(100%)	1.51	1.51	5.715	6.861	240.065
甲苯	0.88	0.88	3.331	3.998	139.906
二甲苯	0.86	0.86	3.255	3.907	136.726
苯胺	1.04	1.04	3.936	4.725	165.343
亚麻仁油	0.93	0.93	3.520	4.225	147.855
桐油	0.94	0.94	3.558	4.271	149.445
花生油	0.92	0.92	3.482	4.180	146.265
硝基苯	1.21	1.21	4.580	5.498	192.370
松节油	0.87	0.87	3.293	3.953	138.316
盐酸(40%)	1.20	1.20	4.542	5.452	190.780
水银	13.59	13.59	51.438	61.745	2160.588
矿物机械润滑油	0.91	0.91	3.444	4.134	144.675

注：1.0000L=0.2201(英)gal=0.2642(US)gal。

3.4.6 圆钉、木螺钉直径号数及尺寸关系

圆钉、木螺钉直径号数及尺寸关系见表 3-108。

圆钉、木螺钉直径号数及尺寸关系　　表 3-108

号 数	圆钉直径 (mm)	木螺钉直径 (mm)	号 数	圆钉直径 (mm)	木螺钉直径 (mm)
3	—	2.39	12	2.77	5.59
4	6.05	2.74	13	2.41	5.94
5	5.59	3.10	14	2.11	6.30
6	5.16	3.45	15	1.83	6.65
7	4.57	3.81	16	1.65	7.01
8	4.19	4.17	17	1.47	7.37
9	3.76	4.52	18	1.25	7.72
10	3.41	4.88	19	1.07	—
11	3.05	5.23	20	0.89	—

3.4.7 圆钉直径与英制长度关系

圆钉直径与英制长度关系见表 3-109。

圆钉直径与英制长度关系 表 3-109

长度(in)	直径(号数)	长度(in)	直径(号数)
3/8	20	2½	11
1/2	19	3	10
5/8	18	3½	9
3/4	17	4	8
1	16	4½	7
1¼	15	5	6
1½	14	6	5
1¾	13	7	4
2	12		

3.4.8 圆钉英制规格

圆钉英制规格见表 3-110。

圆钉英制规格 表 3-110

钢钉号(in)	全长(mm)	钉身直径(mm)	100 个约重(kg)	每公斤(kg)大约个数
3/8	9.52	0.89	0.046	21739.0
1/2	12.70	1.07	0.088	11363.0
5/8	15.87	1.25	0.152	6579.0
3/4	19.05	1.47	0.250	4000.0
1	25.40	1.65	0.420	2381.0
1¼	31.75	1.83	0.650	1538.0
1½	38.10	2.11	1.030	971.0
1¾	44.45	2.41	1.570	637.0
2	50.80	2.77	2.370	422.0
2½	63.50	3.05	3.580	279.0
3	76.20	3.41	5.350	187.0
3½	88.90	3.76	7.630	131.0
4	101.60	4.19	10.820	92.0
4½	114.30	4.57	14.490	69.0
5	127.00	5.16	20.530	48.7
6	152.40	5.59	28.930	34.6

注：1.0in=25.4mm。

3.4.9 薄钢板习用号数的厚度

薄钢板习用号数的厚度见表 3-111。

薄钢板习用号数的厚度 表 3-111

习用号数	厚度				习用号数	厚度			
	普通薄钢板		镀锌薄钢板			普通薄钢板		镀锌薄钢板	
	英寸(in)	毫米(mm)	英寸(in)	毫米(mm)		英寸(in)	毫米(mm)	英寸(in)	毫米(mm)
8	0.1664	4.176	0.1681	4.270	21	0.0329	0.836	0.0366	0.930
9	0.1495	3.797	0.1532	3.891	22	0.0299	0.759	0.0336	0.853
10	0.1345	3.416	0.1382	3.510	23	0.0269	0.683	0.0306	0.777
11	0.1196	3.038	0.1233	3.132	24	0.0239	0.607	0.0276	0.701
12	0.1046	2.657	0.1084	2.752	25	0.0209	0.531	0.0247	0.627
13	0.0897	2.278	0.0934	2.372	26	0.0179	0.455	0.0217	0.551
14	0.0747	1.897	0.0785	1.994	27	0.0164	0.417	0.0202	0.513
15	0.0673	1.709	0.0710	1.803	28	0.0149	0.378	0.0187	0.475
16	0.0598	1.519	0.0635	1.613	29	0.0135	0.343	0.0172	0.437
17	0.0538	1.367	0.0575	1.461	30	0.0120	0.305	0.0157	0.399
18	0.0478	1.214	0.0516	1.311	31	0.0105	0.267	0.0142	0.361
19	0.0418	1.062	0.0456	1.158	32	0.0097	0.246	0.0134	0.340
20	0.0359	0.912	0.0396	1.006					

注：表列习用号数及钢板厚度为英美制定，与我国实际生产的镀锌钢板及普通薄钢板的产品规格有出入。我国产品无号数称呼，为满足目前习惯称呼与实际厚度的关系对照，特选录此表，供参考。实际规格仍以我国产品为准。

3.4.10　塑料管材、板材规格及重量

3.4.10.1　塑料硬管

塑料硬管见表 3-112。

塑　料　硬　管　　　　**表 3-112**

直径(in)	外径×壁厚(mm×mm)	重量(kg/m)	直径(in)	外径×壁厚(mm×mm)	重量(kg/m)
1/2″	22×2.0	0.17	2″	63×4.5	1.16
1/2″	22×2.5	0.21	2″	63×7.0	1.73
3/4″	25×2.0	0.20	2½″	83×5.3	1.81
3/4″	25×3.0	0.29	3″	89×6.5	2.35
1″	32×3.0	0.38	3½″	102×6.5	2.73
1″	32×4.0	0.49	4″	114×7.0	3.30
1¼	40×3.5	0.56	5″	140×8.0	4.64
1¼	40×5.0	0.77	6″	166×8.0	5.56
1½″	51×4.0	0.83	8″	218×10.0	9.15
1½″	51×6.0	1.19			

3.4.10.2　塑料软管

塑料软管见表 3-113。

塑　料　软　管　　　　**表 3-113**

内径×壁厚(mm)	每 1000m 重(kg)	内径×壁厚(mm)	每 1000m 重(kg)	内径×壁厚(mm)	每 1000m 重(kg)
1.0×0.3	2.20	4.5×0.5	13.7	12×0.6	40.0
1.5×0.3	3.02	5×0.5	15.4	14×0.7	50.0
2.0×0.3	3.64	6×0.5	16.7	16×0.8	71.5
2.5×0.3	4.16	7×0.5	20.0	20×1.0	92.4
3.0×0.3	5.23	8×0.5	23.0	25×1.0	125.1
3.5×0.3	6.33	9×0.5	25.6	30×1.3	192.0
4.0×0.5	11.10	10×0.6	33.3	34×1.3	208.0

3.4.10.3　塑料硬板

塑料硬板见表 3-114。

塑　料　硬　板　　　　**表 3-114**

规格(mm)	重量(kg/m²)	规格(mm)	重量(kg/m²)	规格(mm)	重量(kg/m²)
2.0	2.96	7.0	10.36	14	20.72
2.5	3.70	7.5	11.10	15	22.20
3.0	4.44	8.0	11.84	16	23.68
3.5	5.18	8.5	12.58	17	25.16
4.0	5.92	9.0	13.32	18	26.64
4.5	6.66	9.5	14.06	19	28.12
5.0	7.40	10	14.80	20	29.60
5.5	8.14	11	16.28	25	37.00
6.0	8.88	12	17.76	28	41.44
6.5	9.62	13	19.24	30	44.40

3.4.11 岩土常用参数

3.4.11.1 岩土的分类

作为建筑地基的岩土可分为岩石、碎石土、砂土、粉土、黏性土和人工填土。

1. 岩石

岩石应为颗粒间牢固连接，呈整体或具有节理裂隙的岩体。作为建筑物地基，除应确定岩石的地质名称外，尚应根据岩块的饱和单轴抗压强度 f_{rk} 划分其坚硬程度（见表 3-115），根据完整性指数（岩体纵波波速与岩块纵波波速之比的平方）划分其完整程度（见表 3-116）。

岩石坚硬程度的划分 **表 3-115**

岩石按坚硬程度的分类		硬质岩		软质岩		极软岩
		坚硬岩	较硬岩	较软岩	软岩	
岩石坚硬程度的定量划分	f_{rk}(MPa)	$f_{rk}>60$	$60\geqslant f_{rk}>30$	$30\geqslant f_{rk}>15$	$15\geqslant f_{rk}>5$	$f_{rk}\leqslant 5$
岩石坚硬程度的定性划分（当缺乏饱和单轴抗压强度资料或不能进行该项试验时可在现场通过观察定性划分）	定性鉴定	锤击声清脆，有回弹，震手，难击碎 基本无吸水反应	锤击声较清脆，有轻微回弹，稍震手，较难击碎 有轻微吸水反应	锤击声不清脆，无回弹，较易击碎 指甲可刻出印痕	锤击声哑，无回弹，有凹痕，易击碎 浸水后可捏成团	锤击声哑，无回弹，有较深凹痕，手可捏碎 浸水后可捏成团
	代表性岩石	未风化～微风化的花岗岩、闪长岩、辉绿岩、玄武岩、安山岩、片麻岩、石英岩、硅质砾岩、石英砂岩、硅质石灰岩等	1. 微风化的坚硬岩 2. 未风化～微风化的大理岩、板岩、石灰岩、钙质砂岩等	1. 中风化的坚硬岩和较硬岩 2. 未风化～微风化的凝灰岩、千枚岩、砂质泥岩、泥灰岩等	1. 强风化的坚硬岩和较硬岩 2. 中风化的较软岩 3. 未风化～微风化的泥质砂岩、泥岩等	1. 风化的软岩 2. 全风化的各种岩石 3. 各种半成岩

岩石完整程度的划分 **表 3-116**

岩石完整程度等级		完整	较完整	较破碎	破碎	极破碎
有实验数据时	完整性指数	>0.75	0.75～0.55	0.55～0.35	0.35～0.15	<0.15
缺乏试验数据时	结构面组数	1～2	2～3	>3	>3	无序
	控制性结构面平均间距(m)	>1.0	0.4～1.0	0.2～0.4	<0.2	—
	代表性结构类型	整状结构	块状结构	镶嵌状结构	碎裂状结构	散体状结构

2. 碎石土

碎石土为粒径大于 2mm 的颗粒含量超过全重 50%的土。碎石土可按表 3-117 分为漂石、块石、卵石、碎石、圆砾和角砾。

碎石土的分类　　**表 3-117**

土的名称	颗粒形状	粒组含量
漂石 块石	圆形及亚圆形为主 棱角形为主	粒径大于 200mm 的颗粒含量超过全重 50%
卵石 碎石	圆形及亚圆形为主 棱角形为主	粒径大于 20mm 的颗粒含量超过全重 50%
圆砾 角砾	圆形及亚圆形为主 棱角形为主	粒径大于 2mm 的颗粒含量超过全重 50%

注：分类时应根据粒组含量栏从上到下以最先符合者确定。

碎石土的密实度可按表 3-118 分为松散、稍密、中密、密实。

碎石土的分类　　**表 3-118**

密实度	平均粒径小于等于 50mm 且最大粒径不超过 100mm 的卵石、碎石、圆砾、角砾	平均粒径大于或最大粒径大于的碎石土（碎石土的密实度按下列各项要求综合确定）		
	重型圆锥动力触探锤击数 $N_{63.5}$（综合修正后的平均值）	骨架颗粒含量和排列	可挖性	可钻性
松散	$N_{63.5} \leqslant 5$	骨架颗粒含量大于总重的 70%，呈交错排列，连续接触	锹镐挖掘困难，用撬棍方能松动，井壁一般较稳定	钻进极困难，冲击钻探时，钻杆、吊锤跳动剧烈，孔壁较稳定
稍密	$5 < N_{63.5} \leqslant 10$	骨架颗粒含量等于总重的 60%～70%，呈交错排列，大部分接触	锹镐可挖掘，井壁有掉块现象，从井壁取出大颗粒处，能保持颗粒凹面形状	钻进较困难，冲击钻探时，钻杆、吊锤跳动不剧烈，孔壁有坍塌现象
中密	$10 < N_{63.5} \leqslant 20$	骨架颗粒含量等于总重的 55%～60%，排列混乱，大部分不接触	锹可以挖掘，井壁易坍塌，从井壁取出大颗粒处，砂土立即坍塌	钻进较容易，冲击钻探时，钻杆稍有跳动，孔壁易坍塌
密实	$N_{63.5} > 20$	骨架颗粒含量小于总重的 55%，排列十分混乱，绝大部分不接触	锹易挖掘，井壁极易坍塌	钻进很容易，冲击钻探时，钻杆无跳动，孔壁极易坍塌

3. 砂土

砂土为粒径大于 2mm 的颗粒含量不超过全重 50%、粒径大于 0.075mm 的颗粒超过全重 50%的土。砂土可根据粒组含量，分为砾砂、粗砂、中砂、细砂和粉砂，按标准贯入试验锤击数 N，其密实度分为松散、稍密、中密、密实，见表 3-119。

砂土的分类和密实度　　**表 3-119**

砂土的分类（根据粒组含量栏从上到下以最先符合者确定）		砂土的密实度（用静力触探探头阻力判定时可根据当地经验确定）	
土的名称	粒组含量	标准贯入试验锤击数 N	密实度
砾砂	粒径大于 2mm 的颗粒含量占全重 25%～50%	$N \leqslant 10$	松散
粗砂	粒径大于 0.5mm 的颗粒含量超过全重 50%	$10 < N \leqslant 15$	稍密
中砂	粒径大于 0.25mm 的颗粒含量超过全重 50%	$15 < N \leqslant 30$	中密
细砂	粒径大于 0.075mm 的颗粒含量超过全重 85%	$N > 30$	密实
粉砂	粒径大于 0.075mm 的颗粒含量超过全重 50%		

4. 黏性土

黏性土为塑性指数 I_p 大于10的土。根据塑性指数 I_p 的大小，分为黏土、粉质黏土。其状态可按塑性指数 I_L 的大小，分为坚硬、硬塑、可塑、软塑、流塑，见表3-120。

黏性土的分类和状态　　表3-120

黏性土的分类（塑性指数由相应于76g圆锥体沉入土样中深度为10mm时测定的液限计算而得）		砂土的密实度（用静力触探探头阻力或标准贯入试验锤击数判定黏性土的状态时，可根据当地经验确定）	
塑性指数 I_p	土的名称	标准贯入试验锤击数 N	密实度
$I_p>17$	黏土	$I_L\leqslant 0$	坚硬
$10<I_p\leqslant 17$	粉质黏土	$0<I_L\leqslant 0.25$	硬塑
		$0.25<I_L\leqslant 0.75$	可塑
		$0.75<I_L\leqslant 1$	软塑
		$I_L>1$	流塑

5. 其他分类(见表3-121)

岩土的其他分类　　表3-121

土的名称		含义
粉土		介于砂土与黏性土之间，塑性指数 $I_p\leqslant 10$ 且粒径大于0.075mm的颗粒含量不超过全重50%的土
淤泥		在静水或缓慢的流水环境中沉积，并经生物化学作用形成，其天然含水量大于液限、天然孔隙比大于或等于1.5的黏性土
淤泥质土		天然含水量大于液限而天然孔隙比小于1.5但大于或等于1.0的黏性土或粉土为淤泥质土
红黏土		碳酸盐岩系的岩石经红土化作用形成的高塑性黏土。其液限一般大于50
次生红黏土		红黏土经再搬运后仍保留其基本特征，其液限大于45的土
人工填土	素填土	由碎石土砂土粉土黏性土等组成的填土
	压实填土	经过压实或夯实的素填土
	杂填土	含有建筑垃圾、工业废料、生活垃圾等杂物的填土
	冲填土	由水力冲填泥砂形成的填土
膨胀土		土中黏粒成分主要由亲水性矿物组成，同时具有显著的吸水膨胀和失水收缩特性，其自由膨胀率大于或等于40%的黏性土
湿陷性土		浸水后产生附加沉降，其湿陷系数大于或等于0.015的土

3.4.11.2 岩土的工程特性指标

土的工程特性指标应包括强度指标、压缩性指标以及静力触探探头阻力、标准贯入试验锤击数、载荷试验承载力等其他特性指标。

1. 土的抗剪强度指标

土的抗剪强度指标应取标准值，可采用原状土室内剪切试验、无侧限抗压强度试验、现场剪切试验、十字板剪切试验等方法测定。当采用室内剪切试验确定时，应选择三轴压缩试验中的不固结不排水试验。经过预压固结的地基可采用固结不排水试验。每层土的试验数量不得少于六组。

在验算坡体的稳定性时，对于已有剪切破裂面或其他软弱结构面的抗剪强度，应进行野外大型剪切试验。

2. 土的压缩性指标

土的压缩性指标应取平均值，可采用原状土室内压缩试验、原位浅层或深层平板载荷试验、旁压试验确定。

当采用室内压缩试验确定压缩模量时，试验所施加的最大压力应超过土自重压力与预计的附加压力之和。试验成果用 $e \sim p$ 曲线表示。当考虑土的应力历史进行沉降计算时，应进行高压固结试验，确定先期固结压力、压缩指数，试验成果用 $e \sim \ln p$ 曲线表示。为确定回弹指数，应在估计的先期固结压力之后进行一次卸荷，再继续加荷至预定的最后一级压力。

地基土的压缩性可按 p_1 为 100kPa，p_2 为 200kPa 时相对应的压缩系数值 α_{1-2} 划分为低、中、高压缩性，并应按以下规定进行评价：

(1)当 $\alpha_{1-2} < 0.1\text{MPa}^{-1}$ 时，为低压缩土；

(2)当 $0.1\text{MPa}^{-1} \leqslant \alpha_{1-2} < 0.5\text{MPa}^{-1}$ 时，为中压缩土；

(3)当 $\alpha_{1-2} \geqslant 0.5\text{MPa}^{-1}$ 时，为高压缩土。

当考虑深基坑开挖卸荷和再加荷时，应进行回弹再压缩试验，其压力的施加应与实际的加卸荷状况一致。

3. 载荷试验

载荷试验承载力应取特征值。

载荷试验包括浅层平板载荷试验和深层平板载荷试验。浅层平板载荷试验适用于浅层地基，深层平板载荷试验适用于深层地基。

3.5　气象、地质、地震

3.5.1　气　　象

3.5.1.1　风级表

风级表见表 3-122。

风级表　　表 3-122

风力名称		海岸及陆地面征象标准		相当风速 (m/s)
风级	概况	陆　地	海　岸	
0	无风	静，烟直上		0～0.2
1	软风	烟能表示方向，但风向标不能转动	渔船不动	0.3～1.5
2	轻风	人面感觉有风，树叶微响，寻常的风向标转动	渔船张帆时，可随风移动	1.6～3.3
3	微风	树叶及微枝摇动不息，旌旗展开	渔船渐觉起簸动	3.4～5.4
4	和风	能吹起地面灰尘和纸张，树的小枝摇动	渔船满帆时，倾于一方	5.5～7.9
5	清风	小树摇动	水面起波	8.0～10.7

续表

风力名称		海岸及陆地面征象标准		相当风速 (m/s)
风级	概况	陆 地	海 岸	
6	强风	大树枝摇动，电线呼呼有声，举伞有困难	渔船加倍缩帆，捕鱼需注意风险	10.8～13.8
7	疾风	大树摇动，迎风步行感觉不便	渔船停息港中，去海外的下锚	13.9～17.1
8	大风	树枝折断，迎风行走感觉阻力很大	进港海船均停留不出	17.2～20.7
9	烈风	烟囱及平屋顶受到损坏	汽船航行困难	20.8～24.4
10	狂风	陆上少见，可拔树毁屋	汽船航行颇危险	24.5～28.4
11	暴风	陆上很少见，有则必受重大损毁	汽船遇之极危险	28.5～32.6
12	飓风	陆上绝少，其摧毁力极大	海浪滔天	32.6 以上

3.5.1.2 降雨等级

降雨等级见表 3-123。

降 雨 等 级 **表 3-123**

降雨等级	现 象 描 述	降雨量范围(mm)	
		一天内总量	半天内总量
小雨	雨能使地面潮湿，但不泥泞	1～10	0.2～5.0
中雨	雨降到屋顶上有淅淅声，凹地积水	10～25	5.1～15
大雨	降雨如倾盆，落地四溅，平地积水	25～50	15.1～30
暴雨	降雨比大雨还猛，能造成山洪暴发	50～100	30.1～70
大暴雨	降雨比暴雨还大，或时间长，造成洪涝灾害	100～200	70.1～140
特大暴雨	降雨比大暴雨还大，能造成洪涝灾害	>200	>140

3.5.1.3 我国主要城市气象参数

我国主要城市气象参数见表 3-124。

我国主要城市气象参数 **表 3-124**

地名	海拔(m)	大气压力 hPa(mpar)		室外计算相对湿度(%)		室外风速(m/s)		年平均温度(℃)	日平均温度≤+5℃的起止日期(月、日)(℃)	极端最低温度(℃)	极端最高温度(℃)	最大冻结深度(cm)
		冬季	夏季	最冷年月平均	最热年月平均	冬季平均	夏季平均					
北京	31.2	1020.4	998.6	45	78	2.8	1.9	11.4	11.9～3.17	−27.4	40.6	85
天津	3.3	1004.8	1004.8	53	78	3.1	2.6	12.2	11.16～3.17	−22.9	39.7	69
承德	375.2	962.8	962.8	46	72	1.4	1.1	8.9	11.2～3.28	−23.3	41.5	126
张家口	723.9	924.4	924.4	43	67	3.6	2.4	7.8	10.28～3.31	−25.7	40.9	136
唐山	25.9	1002.2	1002.2	52	79	2.6	2.3	11.1	11.8～3.24	−21.9	39.6	73
石家庄	80.5	995.6	995.6	52	75	1.8	1.5	12.9	11.17～3.13	−26.5	42.7	54
大同	1066.7	888.6	888.6	50	66	3.0	3.4	6.5	10.23～4.5	−29.1	37.7	186
太原	777.9	919.2	919.2	51	72	2.6	2.1	9.5	11.2～3.25	−25.5	39.4	77

续表

地名	海拔(m)	大气压力hPa(mpar)		室外计算相对湿度(%)		室外风速(m/s)		年平均温度(℃)	日平均温度≤+5℃的起止日期(月、日)(℃)	极端最低温度(℃)	极端最高温度(℃)	最大冻结深度(cm)
		冬季	夏季	最冷年月平均	最热年月平均	冬季平均	夏季平均					
运城	376.0	962.8	962.8	57	60	2.6	3.4	13.6	11.2～3.4	－18.9	42.7	43
海拉尔	612.8	935.5	935.5	78	71	2.6	3.2	－2.1	10.1～5.1	－48.5	36.7	242
锡林浩特	989.5	895.6	895.6	71	62	3.4	3.2	1.7	10.9～4.16	－42.4	38.3	289
二连浩特	964.7	898.1	898.1	66	49	3.9	3.9	3/4	10.11～1.12	－40.2	39.9	337
赤峰	571.1	940.9	940.9	44	65	2.4	2.1	6.8	10.27～4.4	－31.4	42.5	201
呼和浩特	989.5	889.4	889.4	56	64	1.6	1.5	5.8	10.20～4.8	－32.8	37.3	143
沈阳	41.6	1020.8	1000.7	64	78	3.1	2.9	7.8	11.3～4.3	－30.6	38.3	148
锦州	65.9	117.6	997.4	50	80	3.9	3.8	9.0	11.5～3.31	－24.7	41.8	113
丹东	15.1	1023.7	1005.3	58	56	3.8	2.5	8.5	11.6～4.5	－28.0	34.3	88
大连	92.8	1013.8	994.7	58	83	5.8	4.3	10.2	11.18～3.29	－21.1	35.3	93
吉林	183.4	1001.3	984.7	72	79	3.0	2.5	4.4	10.20～4.12	－40.2	36.6	190
长春	236.8	994.0	977.0	68	78	4.2	3.5	4.9	10.22～4.13	－36.5	38.0	169
四平	164.2	1004.1	986.3	68	78	3.1	2.9	5.9	10.27～4.6	－34.6	36.6	148
延吉	176.8	1000.3	986.5	60	80	2.9	2.3	5.0	10.22～4.13	－32.7	37.6	200
通化	402.9	974.5	960.7	72	80	1.3	1.7	4.9	10.22～4.12	－36.6	35.5	133
爱辉	165.8	1000.3	985.8	72	79	3.6	3.2	－0.4	10.5～4.21	－44.5	37.7	298
伊春	231.3	992.0	978.6	75	78	2.1	2.2	0.4	10.6～4.20	－43.1	35.1	290
齐齐哈尔	145.9	1004.6	987.7	71	73	2.8	3.2	3.2	10.14～4.17	－39.5	40.1	225
佳木斯	81.2	1011.0	996.0	71	78	3.4	3.0	2.9	10.16～4.16	－41.1	35.4	220
哈尔滨	171.7	1001.5	985.1	74	77	3.8	3.5	3.6	10.18～4.14	－38.1	36.4	205
牡丹江	241.4	992.1	978.7	71	76	2.3	2.1	3.5	10.16～4.13	－38.3	36.5	191
上海	4.5	1025.1	1005.3	75	83	3.1	3.2	15.7	11.24～2.23	－10.1	38.9	8
连云港	3.0	1026.3	1005.0	66	81	3.0	3.0	14.0	11.27～3.11	－18.1	40.0	25
徐州	41.0	1021.8	1000.7	64	81	2.8	2.9	14.2	11.26～3.2	－22.6	40.6	24
南通	5.3	1025.4	1005.1	76	86	3.3	3.1	15.0	12.22～3.2	－10.3	38.2	12
南京	8.9	1025.2	1004.0	73	81	2.6	2.6	15.3	12.8～2.234	－14.0	40.7	9
杭州	41.7	1020.9	1000.5	77	80	2.3	2.2	16.2	12.25～2.23	－9.6	39.9	—
舟山	35.7	1020.9	1002.5	70	84	3.7	3.2	16.3	—	－6.1	39.1	—
宁波	4.2	1025.4	1005.8	78	83	2.9	2.9	16.2	12.26～2.13	－8.8	38.7	—
温州	6.0	1023.5	1005.5	75	84	2.2	2.1	17.9	—	－4.5	39.3	—
蚌埠	21.0	1024.1	1002.3	71	80	2.6	2.3	15.1	12.10～2.24	－19.4	40.7	15
合肥	29.8	1022.3	1000.9	75	81	2.5	2.6		12.12～2.24	－20.6	41.0	11
芜湖	14.8	1023.9	1002.8	77	80	2.4	2.3	16.0	12.21～2.19	－13.1	39.5	—
安庆	19.8	1023.7	1002.9	74	79	3.5	2.8	16.5	12.23～2.14	－12.5	40.2	10
福州	84.0	1012.6	996.4	74	78	2.7	2.9	19.6	—	－1.2	39.8	—
永安	206.0	997.8	932.6	80	75	1.2	1.4	19.1	—	－7.6	40.5	—

续表

地名	海拔(m)	大气压力hPa(mpar)		室外计算相对湿度(%)		室外风速(m/s)		年平均温度(℃)	日平均温度≤+5℃的起止日期(月、日)(℃)	极端最低温度(℃)	极端最高温度(℃)	最大冻结深度(cm)
		冬季	夏季	最冷年月平均	最热年月平均	冬季平均	夏季平均					
漳州	30.0	1017.8	1002.7	76	80	1.6	1.6	21.0	—	−2.1	40.9	—
厦门	63.2	1013.8	999.1	73	81	3.5	3.0	20.0	—	2.0	38.5	—
九江	32.2	1021.9	1000.9	75	76	3.0	2.4	17.0	12.25～2.8	−9.7	40.2	—
景德镇	61.5	1017.6	998.2	76	79	2.0	2.0	17.2	12.28～2.4	−10.9	41.8	—
南昌	46.7	1018.8	999.1	74	75	3.8	2.7	17.5	12.30～2.2	−9.3	40.6	—
上饶	118.3	1011.1	9992.6	78	74	2.7	2.6	17.8	—	−8.6	41.6	—
赣州	132.8	1008.6	990.9	75	70	2.1	2.0	19.4	—	−6.0	41.2	—
烟台	46.7	1021.0	1001.0	60	80	3.3	4.8	12.4	11.2～63.17	−13.1	38.0	43
潍坊	44.1	1020.7	999.7	61	81	3.5	3.2	12.3	11.19～3.16	−21.4	40.5	50
济南	51.6	1020.2	998.5	54	73	3.2	2.8	14.2	11.22～3.7	−19.7	42.5	44
青岛	76.0	1016.9	997.2	64	85	5.7	4.9	12.2	11.27～3.17	−15.5	35.4	49
新乡	72.7	1017.6	996.9	61	78	2.7	2.3	14.0	11.22～3.6	−21.3	42.7	28
郑州	110.4	1012.5	991.7	60	76	3.4	2.6	24.2	11.24～3.5	−17.9	43	27
南阳	129.8	1010.7	989.6	69	80	2.6	2.4	14.9	12.1～2.27	−21.2	41.4	12
信阳	114.5	1012.5	990.9	74	80	2.1	2.1	15.1	123.1～2.27	−20.0	40.9	8
宜昌	130.4	1010.0	989.1	73	80	1.6	1.7	16.8	12.26～2.6	−9.8	41.4	—
武汉	23.3	1023.3	1001.7	76	79	2.7	2.6	16.3	12.16～2.20	−18.1	39.4	10
黄石	19.6	1023.0	1002.0	77	78	2.1	2.2	17.0	12.25～2.8	−11.0	40.3	6
岳阳	51.6	1015.7	998.2	77	75	2.8	3.1	17.0	12.25～2.9	−11.0	39.3	—
长沙	44.9	1019.9	999.4	81	75	2.8	2.6	17.2	12.26～2.8	−11.3	40.6	5
株洲	73.6	1015.7	995.7	79	72	2.1	2.3	17.5	12.31～1.3	−8.0	40.5	—
衡阳	103.2	1012.4	992.8	80	71	1.7	2.3	17.0	—	−7.9	40.8	—
韶关	69.3	1013.8	997.1	72	75	1.8	1.5	20.3	—	−4.3	42.0	—
汕头	1.2	1019.8	1005.5	79	84	2.9	2.5	21.3	—	0.4	37.9	—
广州	6.6	1019.5	1004.5	70	83	2.4	1.8	21.8	—	0	38.7	—
湛江	25.3	1015.3	1001.1	79	81	3.5	2.9	23.1	—	2.8	38.1	—
海口	14.1	1016.0	1002.4	85	83	3.4	2.8	23.8	—	2.8	38.0	—
桂林	161.8	1002.9	986.1	71	78	3.2	1.5	18.8	—	−4.9	39.4	—
柳州	96.9	1009.9	993.3	75	78	1.7	1.4	20.4	—	−3.8	39.2	—
南宁	72.2	1011.4	996.0	75	82	1.8	1.6	21.6	—	−2.1	40.4	—
北海	14.6	1017.1	1002.4	77	83	3.6	2.8	22.6	—	2.0	37.1	—
广元	487.0	965.3	949.2	60	76	1.7	1.4	16.1	12.30～1.27	−8.2	38.9	—
万县	186.7	1000.9	982.1	83	80	0.6	0.6	18.1	—	−3.7	42.1	—
成都	505.9	963.2	947.7	80	85	0.9	1.1	16.2	—	−5.9	37.3	—
重庆	259.1	991.2	973.2	82	75	1.2	1.4	18.3	—	−1.8	42.2	—
宜宾	340.8	982.0	964.9	82	82	0.8	1.3	18.0	—	−3.0	39.5	—

续表

地名	海拔(m)	大气压力hPa(mpar)		室外计算相对湿度(%)		室外风速(m/s)		年平均温度(℃)	日平均温度≤+5℃的起止日期(月、日)(℃)	极端最低温度(℃)	极端最高温度(℃)	最大冻结深度(cm)
		冬季	夏季	最冷年月平均	最热年月平均	冬季平均	夏季平均					
西昌	1590.7	838.2	834.8	51	75	1.7	1.2	17.0	—	−3.8	36.5	—
遵义	843.9	923.5	911.5	82	77	1.0	1.1	15.2	11.25～2.9	−7.1	38.7	—
贵阳	1071.2	897.5	887.9	78	77	2.2	2.0	15.3	12.26～2.5	−7.8	37.5	—
安顺	1392.9	862.5	855.6	82	82	2.4	2.2	14.0	12.25～2.10	−7.6	34.3	—
丽江	2393.2	762.6	761.1	45	81	3.9	2.2	12.6	—	−7.5	32.3	—
昆明	1891.4	811.5	808.0	68	83	2.5	1.8	14.7	—	−5.4	31.5	—
思茅	1302.1	871.4	865.0	80	86	1.0	0.9	17.7	—	−3.4	35.7	—
昌都	3306.0	679.4	6811.4	37	64	1.0	1.4	7.5	10.31～3.25	−19.3	33.4	81
拉萨	3658.0	650.0	652.3	28	54	2.2	1.8	7.5	10.29～3.26	−16.5	29.4	26
日喀则	3836.0	651.0	638.3	27	53	1.9	1.5	6.3	10.21～3.29	−25.1	28.2	67
榆林	1057.5	902.0	889.6	58	62	1.8	2.5	8.1	11.2～3.26	−32.7	38.6	148
延安	957.6	913.3	900.2	54	72	2.1	1.6	9.4	11.4～3.16	−25.4	39.7	79
西安	396.9	978.7	859.2	67	72	1.8	2.2	13.3	11.21～3.1	−20.6	41.7	45
汉中	508.4	964.1	947.7	77	81	0.9	1.1	14.3	11.29～2.19	−10.1	38.0	—
敦煌	1138.7	893.3	879.6	50	43	2.1	2.2	9.3	10.27～3.15	−28.5	43.6	144
酒泉	1477.2	856.0	847.0	55	52	2.1	2.3	7.3	10.25～3.27	−31.6	38.4	132
兰州	1517.2	851.4	843.1	58	61	0.5	1.3	9.1	11.1～3.15	−21.7	39.1	103
天水	1131.7	892.0	880.7	62	72	1.3	1.2	10.7	11.14～3.10	−19.2	37.2	61
西宁	2261.2	775.1	773.5	48	65	1.7	1.9	5.7	10.20～4.2	−26.6	33.5	134
格尔木	2807.7	723.5	724.0	41	36	1.7	1.9	4.2	10.9～4.15	−33.6	33.1	88
玛多	4272.3	603.3	610.8	56	68	3.0	3.6	−4.1	9.2～6.14	−48.1	22.9	—
玉树	3681.2	647.0	651.0	43	69	1.2	0.9	2.9	10.10～4.21	−26.1	28.7	>103
银川	1111.5	895.7	883.5	58	64	1.7	1.7	8.5	10.30～3.27	−30.6	39.3	103
固原	1753.2	826.5	821.1	52	71	2.8	2.7	6.2	10.21～3.31	−28.1	34.6	114
阿勒泰	735.3	941.9	925.2	71	47	1.4	3.1	4.0	10.17～4.10	−43.5	37.6	7146
克拉玛依	427.0	980.6	958.9	77	92	1.5	5.1	8.0	10.28～3.25	−35.9	42.9	197
伊宁	662.5	947.1	983.5	78	58	1.7	2.5	8.4	10.31～3.22	−40.4	37.9	62
乌鲁木齐	917.9	919.9	906.7	80	44	1.7	3.1	5.7	10.24～3.29	−41.5	40.5	133
吐鲁番	34.5	1028.4	997.7	59	31	1.0	2.3	13.9	11.6～3.6	−23.0	47.6	83
台北	9.0	1019.7	1005.3	82	77	3.7	2.8	22.1	—	−2.0	38.0	—
香港	32.0	1019.5	1005.6	71	81	6.5	5.3	22.8	—	0.0	36.1	—

3.5.1.4 建筑气候区划

建筑气候的区划系统分为一级区和二级区两级：一级区划分为7个区，二级区划分为20个区。一级区划以1月平均气温、7月平均气温、7月平均相对湿度为主要指标；以年降水量、年日平均气温低于或等于5℃的日数和年日平均气温高于或等于25℃的日数为辅助指标；各一级区区划指标应符合表3-125。各一级区内，分别选取能反映该区建筑气候差异的气候参数或特征作为二级区区划指标，各二级区区划指标应符合表3-126。

一级区区划指标 **表 3-125**

区名	主要指标	辅助指标	各区辖行政区范围
Ⅰ	1月平均气温≤−10℃ 7月平均气温≤25℃ 7月平均相对湿度≥50%	年降水量 200～800mm 年日平均温度≤5℃的日数≥145d	黑龙江、吉林全境；辽宁大部；内蒙中、北部及陕西、山西、河北、北京北部的部分地区
Ⅱ	1月平均气温−10～0℃ 7月平均气温 18～28℃	年日平均气温≥25℃的日数<80d 年日平均气温≤5℃的日数145～90d	天津、山东、宁夏全境；北京、河北、山西、陕西大部；辽宁南部；甘肃中东部以及河南、安徽、江苏北部的部分部地区
Ⅲ	1月平均气温 0～10℃ 7月平均气温 25～30℃	年日平均气温≥25℃的日数40～110d 年日平均气温≤5℃的日数 90～0d	上海、浙江、江西、湖北、湖南全境；江苏、安徽、四川大部；陕西、河南南部；贵州东部；福建、广东、广西北部和甘肃南部的部分地区
Ⅳ	1月平均气温>10℃ 7月平均气温 25～29℃	年日平均气温≥25℃的日数100～200d	海南、台湾全境；福建南部；广东、广西大部以及云南西南部和元江河谷地区
Ⅴ	7月平均气温 18～25℃ 1月平均气温 0～13℃	年日平均气温≤5℃的日数 0～90d	云南大部；贵州、四川西南部；西藏南部一小部分地区
Ⅵ	7月平均气温<18℃ 1月平均气温 0～−22℃	年日平均气温≤5℃的日数 90～285d	青海全境；西藏大部；四川西部、甘肃西南部；新疆南部部分地区
Ⅶ	7月平均气温≥18℃ 1月平均气温−5～−20℃ 7月平均相对湿度<50%	年降水量 10～600mm 年日平均气温≥25℃的日数< 120d 年日平均气温≤5℃的日数110～180d	新疆大部；甘肃北部；内蒙古西部

注：本表摘自《建筑气候区划标准》(GB 50178—93)。

二级区区划指标 **表 3-126**

区名	指标	区名	指标
 ⅠA ⅠB ⅠC ⅠD	1月平均气温冻土性质 ≤−28℃永冻土 −28～−22℃岛状冻土 −22～−16℃季节冻土 −16～−10℃季节冻土	 ⅣA ⅣB	最大风速 ≥25m/s <25m/s
 ⅡA ⅡB	7月平均气温 7月平均气温日较差 ≥25℃<10℃ <25℃≥10℃	 ⅤA ⅤB	1月平均气温 ≤5℃ >5℃
 ⅢA ⅢB ⅢC	最大风速 7月平均气温 ≥25m/s26～29℃ <25m/s≥28℃ <25m/s<28℃	 ⅥA ⅥB ⅥC	7月平均气温 1月平均气温 ≥10℃≤−10℃ <10℃≤−10℃ ≥10℃>−10℃
		 ⅦA ⅦB ⅦC ⅦD	1月平均气温 7月平均气温年降水量 ≤−10℃≥25℃<200mm ≤−10℃<25℃200～600mm ≤−10℃<25℃50～200mm >−10℃≥25℃10～200mm

注：本表摘自《建筑气候区划标准》(GB 50178—93)。

3.5.1.5　全国主要城镇区属号、降水、风力、雷暴日数

全国主要城镇区属号、降水、风力、雷暴日数见表3-127。

全国主要城镇区属号、降水、风力、雷暴日数　　**表3-127**

区属号	地　名	降水(mm)		大风(风力)≥8级			雷暴日数
		年降水量	日最大降水量	全年	最多	最少	
ⅠA.1	漠河	419.2	115.2	10.3	35	2	35.2
ⅠB.1	加格达奇	481.9	74.8	8.5	18	3	28.7
ⅠB.2	克山	503.7	177.9	22.2	44	6	29.5
ⅠB.3	黑河	525.9	107.1	20.3	45	3	31.5
ⅠB.4	嫩江	485.1	105.5	21.8	56	0	31.3
ⅠB.5	铁力	648.7	109.0	12.3	31	0	36.3
ⅠB.6	格尔古纳右旗	363.8	71.0	19.5	40	6	28.7
ⅠB.7	满洲里	304.0	75.7	40.9	98	8	28.3
ⅠB.8	海拉尔	351.3	63.4	21.5	43	6	29.7
ⅠB.9	博克图	481.5	127.5	40.0	71	0	33.7
ⅠB.10	东乌珠穆沁旗	253.1	63.4	58.8	119	36	32.4
ⅠC.1	齐齐哈尔	423.5	83.2	21.3	38	6	28.1
ⅠC.2	鹤岗	615.2	79.2	31.0	115	9	27.3
ⅠC.3	哈尔滨	535.8	104.8	37.6	76	10	31.7
ⅠC.4	虎林	570.3	98.8	26.0	58	10	26.4
ⅠC.5	鸡西	541.7	121.8	31.5	62	5	29.9
ⅠC.6	绥芬河	556.7	121.1	37.4	75	5	27.1
ⅠC.7	长春	592.7	130.4	45.9	82	5	35.9
ⅠC.8	桦甸	744.8	72.6	12.3	41	2	40.4
ⅠC.9	图们	493.9	138.2	30.2	47	7	25.4
ⅠC.10	天池	1352.6	164.8	269.4	304	225	28.4
ⅠC.11	通化	878.1	129.1	11.5	32	1	35.9
ⅠC.12	乌兰浩特	417.8	102.1	25.1	77	0	29.8
ⅠC.13	锡林浩特	287.2	89.5	59.2	101	23	31.4
ⅠC.14	多伦	386.9	109.9	69.2	143	26	45.5
ⅠD.1	四平	656.8	154.1	33.4	60	11	33.5
ⅠD.2	沈阳	727.5	215.5	42.7	100	2	26.4
ⅠD.3	朝阳	472.1	232.2	12.5	34	1	33.8
ⅠD.4	林西	383.3	140.7	44.4	86	3	40.3

续表

区属号	地 名	降水(mm)		大风(风力)≥8级			雷暴日数
		年降水量	日最大降水量	全年	最多	最少	
ⅠD.5	赤峰	359.2	108.0	29.6	90	9	32.0
ⅠD.6	呼和浩特	418.8	210.1	33.3	69	15	36.8
ⅠD.7	达尔罕茂明安联合旗	258.8	90.8	67.0	130	23	33.9
ⅠD.8	张家口	411.8	100.4	42.9	80	24	39.2
ⅠD.9	大同	380.5	67.0	41.0	65	11	41.4
ⅠD.10	榆林	410.1	141.7	13.7	27	4	29.6
ⅡA.1	营口	673.7	240.5	33.3	95	10	27.9
ⅡA.2	丹东	1028.4	414.4	14.8	53	0	26.9
ⅡA.3	大连	648.4	166.4	76.8	167	5	19.0
ⅡA.4	北京市	627.6	244.2	25.7	64	5	35.7
ⅡA.5	天津市	562.1	158.1	35.7	60	6	27.5
ⅡA.6	承德	544.6	151.4	19.4	58	5	43.5
ⅡA.7	乐亭	602.5	234.7	20.0	53	3	32.1
ⅡA.8	沧州	617.8	274.3	28.7	69	6	29.4
ⅡA.9	石家庄	538.2	200.2	16.8	41	4	30.8
ⅡA.10	南宫	498.5	148.8	12.8	40	2	28.6
ⅡA.11	邯郸	580.3	518.5	11.7	26	1	27.3
ⅡA.12	威海	776.9	370.8	50.3	96	26	21.2
ⅡA.13	济南	671.0	298.4	40.7	79	19	25.3
ⅡA.14	沂源	721.8	222.9	16.6	48	4	36.5
ⅡA.15	青岛	749.0	269.6	67.6	113	40	22.4
ⅡA.16	枣庄	882.9	224.1				31.5
ⅡA.17	濮阳	609.6	276.9				26.6
ⅡA.18	郑州	655.0	189.4	22.6	42	2	22.0
ⅡA.19	卢氏	656.6	95.3	2.3	15	0	34.0
ⅡA.20	宿州	877.0	216.9	9.1	36	0	32.8
ⅡA.21	西安	591.1	92.3	7.2	18	1	16.7
ⅡB.1	蔚县	412.8	88.9	18.8	50	3	45.1
ⅡB.2	太原	456.0	183.5	32.3	54	12	35.7
ⅡB.3	离石	493.5	103.4	8.5	14	2	34.3
ⅡB.4	晋城	626.1	176.4	22.9	100	3	27.7
ⅡB.5	临汾	511.1	104.4	7.3	12	1	31.1
ⅡB.6	延安	538.4	139.9	1.2	5	0	30.5
ⅡB.7	铜川	610.5	113.6	6.2	15	0	29.4

续表

区属号	地名	降水(mm)		大风(风力)≥8级			雷暴日数
		年降水量	日最大降水量	全年	最多	最少	
ⅡB.8	白银	200.2	82.2	54.3	113	11	24.6
ⅡB.9	兰州	322.9	96.8	7.1	18	0	23.2
ⅡB.10	天水	537.5	88.1	3.8	15	0	16.2
ⅡB.11	银川	197.0	66.8	24.7	56	11	19.1
ⅡB.12	中宁	221.4	77.8	18.0	49	1	16.8
ⅡB.13	固原	476.4	75.9	21.4	47	10	30.9
ⅢA.1	盐城	1008.5	167.9	12.8	43	1	32.5
ⅢA.2	上海市	1132.3	204.4	15.0	35	1	29.4
ⅢA.3	舟山	1320.6	212.5	27.6	61	10	28.7
ⅢA.4	温州	1707.2	252.5	6.2	13	0	51.3
ⅢA.5	宁德	2001.7	206.8	5.1	21	0	54.0
ⅢB.1	泰州	1053.1	212.1	19.8	56	1	36.0
ⅢB.2	南京	1034.1	179.3	11.2	24	5	33.6
ⅢB.3	蚌埠	903.2	154.0	11.8	26	3	30.4
ⅢB.4	合肥	989.5	238.4	10.2	44	2	29.6
ⅢB.5	铜陵	1390.7	204.4	11.4	37	0	40.0
ⅢB.6	杭州	1409.8	189.3	6.9	18	0	39.1
ⅢB.7	丽水	1402.6	143.7	3.4	10	0	60.5
ⅢB.8	邵武	1788.1	187.7	1.2	4	0	72.9
ⅢB.9	三明	1610.7	116.2	8.0	15	3	67.4
ⅢB.10	长汀	1729.1	180.7	2.5	8	0	82.6
ⅢB.11	景德镇	1763.2	228.5	2.9	6	0	58.0
ⅢB.12	南昌	1589.2	289.0	19.9	38	5	58.0
ⅢB.13	上饶	1720.6	162.8	6.2	15	1	65.0
ⅢB.14	吉安	1496.0	198.8	5.2	20	0	69.9
ⅢB.15	宁冈	1507.0	271.6	2.4	13	0	78.2
ⅢB.16	广昌	1732.2	327.4	2.8	13	0	70.5
ⅢB.17	赣州	1466.5	200.8	3.8	16	0	67.4
ⅢB.18	沙市	1109.5	174.3	6.5	19	0	38.4
ⅢB.19	武汉	1230.6	317.4	7.6	16	2	36.9
ⅢB.20	大庸	1357.9	185.9	3.1	12	0	48.2
ⅢB.21	长沙	1394.5	192.5	6.6	14	0	49.5

续表

区属号	地名	降水(mm)		大风(风力)≥8级			雷暴日数
		年降水量	日最大降水量	全年	最多	最少	
ⅢB.22	涟源	1358.5	147.5	3.9	17	0	54.8
ⅢB.23	永州	1419.6	194.8	16.4	42	2	65.3
ⅢB.24	韶关	1552.1	208.8	2.4	11	0	77.9
ⅢB.25	桂林	1894.4	255.9	14.8	26	6	77.6
ⅢB.26	涪陵	1071.8	113.1	3.5	10	0	45.6
ⅢB.27	重庆	1082.9	192.9	3.4	8	0	36.5
ⅢC.1	驻马店	1004.4	420.4	5.6	20	1	27.6
ⅢC.2	固始	1075.1	206.9	5.4	43	0	35.3
ⅢC.3	平顶山	757.3	234.4	18.6			21.1
ⅢC.4	老河口	841.3	178.7	4.0	14	0	26.0
ⅢC.5	随州	965.3	214.6	4.1	12	1	35.1
ⅢC.6	远安	1098.4	226.1	5.6	14	1	46.5
ⅢC.7	恩施	1461.2	227.5	0.5	3	0	49.3
ⅢC.8	汉中	905.4	117.8	1.7	8	0	31.0
ⅢC.9	略阳	853.2	160.9	13.0	73	1	21.8
ⅢC.10	山阳	731.6	92.5	2.9	13	0	29.4
ⅢC.11	安康	818.7	161.9	5.4	18	0	31.7
ⅢC.12	平武	859.6	151.0	0.9	5	0	30.0
ⅢC.13	仪陇	1139.1	172.2	16.2	41	3	36.4
ⅢC.14	达县	1201.3	194.1	4.4	14	0	37.1
ⅢC.15	成都	1375.6	194.9	3.2	9	0	34.6
ⅢC.16	内江	1058.6	244.8	6.5	22	0	40.6
ⅢC.17	酉阳	1375.6	194.9	1.6	6	0	52.7
ⅢC.18	桐梓	1054.8	173.3	3.6	14	0	49.9
ⅢC.19	凯里	1225.4	156.5	4.7	23	3	59.4
ⅣA.1	福州	1339.7	167.6	12.6	23	3	56.5
ⅣA.2	泉州	1228.1	296.1	48.5	122	5	38.4
ⅣA.3	汕头	1560.1	297.4	11.1	23	5	51.7
ⅣA.4	广州	1705.0	248.9	5.5	17	0	80.3
ⅣA.5	茂明	1738.2	296.2	15.2			94.4
ⅣA.6	北海	1677.2	509.2	11.5	25	3	81.8
ⅣA.7	海口	1681.7	283.0	13.9	28	1	112.7
ⅣA.8	儋县	1808.0	403.1	4.1	20	0	120.8
ⅣA.9	琼中	2452.3	273.5	1.9	6	0	115.5

续表

区属号	地名	降水(mm)		大风(风力)≥8级			雷暴日数
		年降水量	日最大降水量	全年	最多	最少	
ⅣA.10	三亚	1239.1	287.5	7.0	18	0	69.9
ⅣA.11	台北	1869.9	400.0				27.9
ⅣA.12	香港	2224.7	382.6				34.0
ⅣB.1	漳州	1543.3	215.9	1.9	6	0	60.5
ⅣB.2	梅州	1472.9	224.4	1.5	7	0	79.6
ⅣB.3	梧州	1517.0	334.5	9.5	25	0	92.3
ⅣB.4	河池	1489.2	209.6	4.9	18	0	64.0
ⅣB.5	百色	1104.6	169.8	2.7	8	0	76.8
ⅣB.6	南宁	1307.0	198.6	3.5	10	0	90.3
ⅣB.7	凭祥	1424.8	206.5	0.7	3	0	82.7
ⅣB.8	元江	789.4	109.4	26.2	66	1	78.8
ⅣB.9	景洪	1196.9	151.8	3.4	11	0	119.2
ⅤA.1	毕节	952.0	115.8	2.3	10	0	61.3
ⅤA.2	贵阳	1127.1	133.9	10.2	45	0	51.6
ⅤA.3	察隅	773.9	90.8	1.1	6	0	14.4
ⅤB.1	西昌	1002.6	135.7	9.0	35	0	72.9
ⅤB.2	攀枝花	767.3	106.3	18.1	66	2	68.1
ⅤB.3	丽江	933.9	105.2	17.0	51	0	75.8
ⅤB.4	大理	1060.1	136.8	58.7	110	16	62.4
ⅤB.5	腾冲	1482.4	93.2	2.0	9	0	79.8
ⅤB.6	昆明	1003.8	153.3	11.0	40	0	66.3
ⅤB.7	临沧	1205.5	97.4	10.9	43	0	86.9
ⅤB.8	个旧	1104.5	118.4	1.1	7	0	51.0
ⅤB.9	思茅	1546.2	149.0	5.0	15	0	102.7
ⅤB.10	盘县	1399.9	148.8	54.4	98	6	80.1
ⅤB.11	兴义	1545.1	163.1	14.9	38	2	77.4
ⅤB.12	独山	1343.8	160.3	2.9	10	0	58.2
ⅥA.1	冷湖	16.9	22.7	47.2	116	7	2.5
ⅥA.2	茫崖	48.4	15.3	113.3	163	57	5.0
ⅥA.3	德令哈	173.6	84.0	38.0	65	19	19.3
ⅥA.4	刚察	375.0	40.5	47.2	78	18	60.4
ⅥA.5	西宁	367.0	62.2	27.3	55	2	31.4
ⅥA.6	格尔木	39.6	32.0	22.9	46	7	2.8
ⅥA.7	都兰	178.7	31.4	28.2	107	3	8.8
ⅥA.8	同德	437.9	# 47.5	36.6	56	20	56.9
ⅥA.9	夏河	557.9	64.4	19.9	53	4	63.8

续表

区属号	地名	降水(mm)		大风(风力)≥8级			雷暴日数
		年降水量	日最大降水量	全年	最多	最少	
ⅥA.10	若尔盖	663.6	65.3	39.2	77	15	64.2
ⅥB.1	曲麻莱	399.2	28.5	120.4	172	68	65.7
ⅥB.2	杂多	524.8	37.9	66.0	126	2	74.9
ⅥB.3	玛多	322.7	54.2	63.1	110	12	44.9
ⅥB.4	噶尔	71.8	24.6	134.8	231	48	19.1
ⅥB.5	改则	189.6	26.4	164.5	219	129	43.5
ⅥB.6	那曲	410.1	33.3	100.6	211	17	83.6
ⅥB.7	申扎	294.3	25.4	111.3	179	27	68.8
ⅥC.1	马尔康	766.0	53.5	35.0	78	7	68.8
ⅥC.2	甘孜	640.0	38.1	102.6	163	34	80.1
ⅥC.3	巴塘	467.6	42.3	25.6	68	0	72.3
ⅥC.4	康定	802.0	48.0	167.3	257	31	52.1
ⅥC.5	班玛	667.3	49.6	56.6	96	21	73.4
ⅥC.6	昌都	466.5	55.3	50.5	67	15	55.6
ⅥC.7	波密	879.5	80.0	3.6	23	0	10.2
ⅥC.8	拉萨	431.3	41.6	36.6	65	2	72.6
ⅥC.9	定日	289.0	47.8	80.2	117	51	43.4
ⅥC.10	德钦	661.3	74.7	61.7	135	5	24.7
ⅦA.1	克拉玛依	103.6	26.7	76.5	110	59	30.6
ⅦA.2	博乐阿拉山口	100.1	20.6	164.3	188	137	27.8
ⅦB.1	阿勒泰	180.2	40.5	30.5	85	5	21.4
ⅦB.2	塔城	284.0	56.9	39.9	88	6	27.7
ⅦB.3	富蕴	159.0	37.3	23.5	55	7	14.0
ⅦB.4	伊宁	255.7	41.6	14.7	34	0	26.1
ⅦB.5	乌鲁木齐	275.6	57.7	21.7	59	5	8.9
ⅦC.1	额济纳旗	35.5	27.3	43.8	78	19	7.8
ⅦC.2	二连浩特	140.4	61.6	72.2	125	44	23.3
ⅦC.3	杭锦后旗	138.2	77.6	25.1	47	10	23.9
ⅦC.4	安西	47.4	30.7	64.8	105	12	7.5
ⅦC.5	张掖	128.6	46.7	14.7	40	3	10.1
ⅦD.	吐鲁番	15.8	36.0	25.9	68	0	9.7
ⅦD.	哈密	34.8	25.5	21.0	49	2	6.8
ⅦD.	库车	64.0	56.3	19.6	41	2	28.7
ⅦD.	库尔勒	51.3	27.6	30.9	57	15	21.4
ⅦD.	阿克苏	62.0	48.6	13.4	45	2	32.7
ⅦD.	喀什	62.2	32.7	21.8	36	11	19.5
ⅦD.	且末	20.5	42.9	14.5	37	0	6.2
ⅦD.	和田	32.6	26.6	6.8	17	0	3.1

注：凡资料加"#"的，表示资料欠准确，但仍可使用。

3.5.1.6　我国主要城镇采暖期度日数

我国主要城镇采暖期度日数见表 3-128。

我国主要城镇采暖期度日数　　表 3-128

地名	采暖期			
	起止日期	天数 Z(d)	平均温度 t_e(℃)	度日数 D_{di}(℃·d)
哈尔滨	10.18～4.12	177	−9.9	4938
齐齐哈尔	10.15～4.14	182	−10.2	5132
牡丹江	10.17～4.12	178	−9.4	4877
伊春	10.8～4.19	194	−12.5	5917
长春	10.21～4.9	171	−8.3	4497
延吉	10.22～4.9	170	−7.1	4267
沈阳	10.31～3.31	152	−5.6	3587
丹东	11.8～4.1	145	−3.4	3103
大连	11.18～3.28	131	−1.4	2541
乌鲁木齐	10.24～4.3	162	−8.5	4293
阿勒泰	10.18～4.9	174	−9.6	4802
克拉玛依	10.28～3.24	148	−9.0	3996
吐鲁番	11.7～3.6	120	−4.8	2736
西宁	10.21～3.31	162	−3.3	3451
玛多	9.5～6.17	286	−7.1	7179
兰州	11.2～3.14	133	−2.8	2766
酒泉	10.24～3.28	156	−4.3	3479
天水	11.13～3.9	117	−0.2	2129
银川	10.30～3.24	146	−3.7	3168
西安	11.21～3.2	102	11	1724
延安	11.7～3.17	131	−2.4	2672
呼和浩特	10.21～4.4	166	−6.2	4017
锡林浩特	10.9～4.18	192	−10.7	5509
海拉尔	10.1～4.28	210	−14.2	6762
太原	11.5～3.21	137	−2.6	2822
大同	10.24～4.3	162	−5.2	3758
北京市	11.12～3.17	120	−1.6	2470
天津市	1.16～3.15	120	−1.6	2340
石家庄	11.17～3.10	114	−1.5	2109
张家口	10.28～3.30	154	−4.7	3496
唐山	11.12～3.20	129	−2.0	2580
承德	11.12～3.26	146	−4.4	3270
济南	11.24～3.6	103	0.7	1782
青岛	11.29～3.18	110	0.9	1881
徐州	11.29～3.4	96	1.6	1574
连云港	11.29～3.7	99	1.6	1629
郑州	11.26～3.5	100	1.4	1660
甘孜	10.22～4.4	165	−1.2	3168
拉萨	10.29～3.20	143	0.5	2503

3.5.1.7 世界主要城市气象参数

世界主要城市气象参数见表3-129。

世界主要城市气象参数（$\frac{\text{气温:℃}}{\text{降水:mm}}$） 表3-129

气候类型		测站	纬度	经度	海拔高度(m)	1	2	3	4	5	6	7	8	9	10	11	12	年平均
亚热带季风气候		东京	35°41′ N	139°46′ E	4	3.7/48	4.3/73	7.6/101	13.1/135	17.6/131	21.1/182	25.1/146	26.4/147	22.8/217	16.7/220	11.3/101	6.1/61	14.7/1562
热带季风气候	海洋型	黎牙实比	13°08′ N	123°44′ E	19	25.7/315	25.8/202	26.3/263	27.3/200	28.0/211	28.2/209	27.8/180	27.7/250	27.5/221	27.2/351	26.6/511	25.9/494	27.0/3407
	大陆型	新德里	28°35′ N	77°12′ E	216	14.3/25	17.3/22	22.9/17	29.1/7	33.5/8	34.5/65	31.2/211	29.9/173	29.3/150	25.9/31	20.2/1	15.7/5	25.3/715
赤道多雨气候		新加坡	1°18′ N	103°05′ E	10	26.1/285	26.7/164	27.2/154	27.6/160	27.8/101	28.0/127	27.4/183	27.3/230	27.3/102	27.2/184	26.7/236	26.3/306	27.1/2282
温带大陆性半干旱气候		乌兰巴托	47°55′ N	106°50′ E	1325	−23.7/<3	−19.2/<3	−11.3/<3	0.7/5	8.0/10	14.6/28	17.1/76	15.3/51	8.1/23	−0.8/5	−13.2/5	−21.3/3	−2.2/208
亚热带夏干气候		贝鲁特	33°54′ N	35°28′ E	34	13.9/113	14.1/80	15.3/77	18.1/26	21.0/10	24.1/1	26.2/0	27.1/0	25.7/7	23.0/20	18.8/78	15.5/105	20.2/517
温带大陆性气候		华沙	52°13′ N	21°01′ E	133	−2.9/32	−2.1/25	1.9/29	7.7/40	14.2/51	17.0/60	18.8/84	17.5/73	13.5/44	8.2/39	2.6/38	−1.2/35	8.0/550
		莫斯科	55°50′ N	37°33′ E	167	−10.8/37	−9.1/35	−4.8/39	3.4/36	11.8/52	15.6/66	18.0/82	15.8/74	10.1/58	3.7/33	−2.8/49	−8.0/39	3.6/620
地中海式气候		里斯本	38°43′ N	9°08′ W	95	10.3/86	11.2/82	12.7/80	14.1/54	16.5/40	19.3/19	21.3/4	21.8/5	20.3/38	17.1/82	13.5/109	11.3/93	15.8/692
		罗马	41°54′ N	12°29′ E	63	6.9/79	7.9/80	10.6/77	13.7/72	17.9/61	21.8/44	24.7/18	24.4/25	21.2/65	16.5/132	11.7/122	8.2/107	15.5/882
		雅典	37°58′ N	24°43′ E	107	8.9/54	9.2/44	11.6/33	15.0/21	19.5/23	23.8/18	27.0/5	26.8/8	23.3/17	19.0/44	14.3/66	10.9/74	17.4/407

续表

气候类型	测站	纬度	经度	海拔高度(m)	1	2	3	4	5	6	7	8	9	10	11	12	年平均
亚热带夏干气候	圣弗兰西斯科	37°47′ N	122°25′ W	16	10.4/116	11.7/93	12.6/74	13.2/37	14.1/16	15.1/4	14.9/—	15.2/1	16.7/6	16.3/23	14.1/51	11.4/51	13.8/529
热带干旱与半干旱气候	拉巴斯	24°10′ N	110°21′ W	12	17.2/3	18.4/11	20.2/1	21.4/0	23.4/0	25.5/0	28.0/6	28.6/42	27.9/52	26.0/10	22.4/13	18.7/34	23.2/172
亚热带大陆性半干旱气候	圣路易斯	33°19′ S	66°20′ W	708	24.0/107	22.5/103	20.3/59	16.4/39	12.4/19	8.9/6	9.2/11	10.9/11	13.4/18	17.6/34	20.6/70	23.0/92	16.6/566
亚热带湿润气候	悉尼	33°51′ S	151°13′ E	42.1	22.0/104	21.9/125	20.8/129	18.3/101	15.1/115	12.8/141	11.8/94	13.0/83	15.2/72	17.6/80	19.5/77	21.1/86	17.4/1205
亚热带湿润气候	奥克兰	36°51′	174°46′	49	19.2/84	19.6/104	18.4/71	16.4/109	13.8/122	11.8/140	10.8/140	11.3/109	12.6/97	14.3/107	15.9/81	17.7/79	15.2/1242
温带海洋性气候	惠灵顿	41°17′	174°46′	126	16.2/74	16.4/91	15.4/79	13.5/94	10.9/119	8.8/122	8.1/130	8.8/135	10.2/97	11.7/122	13.3/81	15.1/107	12.4/1250
高温多雨热带气候	莱城	6°44′ S	147° E	8	27.4/252	27.5/243	27.3/330	26.6/420	26.2/387	25.4/414	24.8/538	24.9/542	25.4/415	26.2/320	26.7/326	27.1/351	26.3/4538
热带海洋性气候	关岛	13°34′ N	144°55′ E	162	25.6/118	25.7/89	25.9/67	26.6/77	26.8/106	26.8/149	26.4/228	26.3/326	26.3/339	26.2/333	26.3/261	25.9/151	26.2/2249
沙漠性气候	开罗			139	12.7/3	14.0/4	16.6/3	20.5/1	24.7/4	26.8/0	26.8/0	27.7/0	25.7/0	23.6/1	19.7/4	14.8/7	21.1/25
温暖湿润气候	纽约			16	0.9/84	0.9/78	4.9/107	10.7/91	16.7/91	21.9/86	24.9/94	24.1/129	20.4/100	14.8/86	8.6/91	2.4/86	12.6/1123
温暖湿润气候	布宜诺斯艾利斯			25	23.6/92	23.3/84	20.2/122	17.3/87	13.7/78	11.2/55	10.3/42	11.4/58	13.9/88	16.7/100	19.7/79	22.4/90	17.0/975
海洋性气候	巴黎			53	3.1/54	3.8/43	7.2/32	10.3/38	14.0/52	17.1/50	19.0/55	18.5/62	15.9/51	11.1/49	6.8/50	4.1/49	10.9/585
海洋性气候	伦敦			5	4.2/53	4.4/40	6.6/37	9.3/38	12.4/46	15.8/46	17.6/56	17.2/59	14.8/50	10.8/57	7.2/64	5.2/48	10.5/594

3.5.2 地质年代表

地质年代见表 3-130。

地质年代表 **表 3-130**

年代单位			年代符号	各纪年数（百万年）	距今年数（百万年）	主要现象
新生代（哺乳类动物时代）	第四纪	全新世	Q_h	1	0.025	
		更新世	Q_p		1	冰川广布，黄土生成
	晚第三纪	上新世	N_2	62	12	西部造山运动，东部低平，湖泊广布
		中新世	N_1			
	早第三纪	渐新世	E_3		26	哺乳类分化
		始新世	E_2		38	蔬果繁盛，哺乳类急速发展
		古新世	E_1		58	（我国尚无古新世地层发现）
中生代（爬行动物时代）	白垩纪		K	43	127	造山作用强烈，火成岩活动矿产生成
	侏罗纪		J	45	152	恐龙极盛，中国南山俱成，大陆煤田生成
	三叠纪		T	36	182	中国南部最后一次海侵，恐龙哺乳类发育
上古生代（两栖动物与造煤植物时代）	二叠纪		P	38	203	世界冰川广布，新南最大海侵，造山作用强烈
	石炭纪		C	52	255	气候温热，煤田生成，爬行类昆虫发生，地形低平，珊瑚礁发育
中古生代（鱼类时代）	泥盆纪		D	36	313	森林发育，腕足类鱼类极盛，两栖类发育
	志留纪		S	50	350	珊瑚礁发育，气候局部干燥，造山运动强烈
下古生代（无脊椎动物时代）	奥陶纪		0	34	430	地热低平，海水广布，无脊椎动物极繁，末期华北升起
	寒武纪		∈	88	510	浅海广布，生物开始大量发展
隐生代	上古时代	震旦纪	S_n			地形不平，冰川广布，晚期海侵加广
	下古时代	前震旦纪	滹沱			沉积深厚造山变质强烈，火成岩活动矿产生成
	太古时代		五台			早期基性喷发，即以造山作用，变质强烈，花岗岩侵入
			泰山			
地壳局部变动，大陆开始形成					1980（最古矿物）约 3350	

3.5.3　地　　震

3.5.3.1　地震震级

地震震级是表示地震本身强度大小的等级，它是衡量地震震源释放出总能量大小的一种量度。震级与放出总能量的大小近似地如下式关系：

$$\lg E = 11.8 + 1.5M$$

式中　E——能量（erg），$1\text{erg}=10^{-7}\text{J}$；

M——地震震级。

3.5.3.2　地震烈度

地震烈度就是受震地区地面及房屋建筑遭受地震破坏的程度。烈度的大小不仅取决于每次地震时本身发出的能量大小，同时还受到震源深度、受灾区距震中的距离、震波传播的介质性质和受震区的表土性质及其他地质条件等的影响。

在一般震源深度（约15～20km）情况下，震级与震中烈度的大致关系如表3-131。

震级与震中烈度大致对应关系　　**表3-131**

震级 M（级）	2	3	4	5	6	7	8	8以上
震中烈度 I（度）	1～2	3	4～5	6～7	7～8	9～10	11	12

烈度是根据人的感觉、家具和物品的振动情况、房屋和构筑物遭受破坏情况等定性的描绘。目前我国使用的是十二度烈度表，对于房屋和结构物在各种烈度下的破坏情况见表3-132。

地震烈度表　　**表3-132**

烈度	加速度 (cm/s²)	地震系数	房　屋	结　构　物	地　表　现　象	其　他　现　象
1度	<0.25	$<\frac{1}{4000}$	无损坏	无损坏	无	无感觉，仅仅仪器才能记录到
2度	0.26～0.5	$\frac{1}{4000}$～$\frac{1}{2000}$	无损坏	无损坏	无	个别非常敏感的，且在完全静止中的人感觉到
3度	0.6～1.0	$\frac{1}{2000}$～$\frac{1}{1000}$	无损坏	无损坏	无	室内少数在完全静止的人感觉到振动，如同载重车辆很快地从旁驶过。细心的观察者注意到悬挂物轻微摇动
4度	1.1～2.5	$\frac{1}{1000}$～$\frac{1}{400}$	门窗和纸糊的顶棚有时轻微作响	无损坏	无	室内大多数人有感觉，室外少数人有感觉，少数梦中人惊醒 悬挂物摇动，器皿中的液体轻微震荡，紧靠在一起的、不稳定的器皿作响

续表

烈度	加速度（cm/s^2）	地震系数	房屋	结构物	地表现象	其他现象
5度	2.6～5.0	$\frac{1}{400}$～$\frac{1}{200}$	门窗、地板、顶棚和屋架木料轻微作响，开着的门窗摇动，尘土落下，粉饰的灰粉散落，抹灰层上可能有细小裂缝	无损坏	不流通的水池里起不大的波浪	室内差不多所有人和室外大多数人有感觉，大多数人都从梦中惊醒，家畜不宁 悬挂物明显摇摆，挂钟停摆，少数液体从装满的器皿中溢出，架上放置的不稳的器物翻倒或落下
6度	5.1～10.0	$\frac{1}{200}$～$\frac{1}{100}$	Ⅰ类房屋许多损坏，少数破坏（非常坏的房、棚可能倾倒） Ⅱ、Ⅲ类房屋许多轻微损坏，Ⅱ类房屋少数损坏	砖、石砌的塔和院墙轻微损坏，个别情况下，道路上湿土中或新填土中有细小裂缝	特殊情况下，潮湿、疏松的土里有细小裂缝 个别情况下，山区中偶有不大的滑坡、土石散落的陷穴	很多人从室内跑出，行动不稳，家畜从厩中跑出，器皿中液体剧烈动荡，有时溅出 架上的书籍和器皿等有时翻倒或坠落，轻的家具可能移动
7度	10.1～25.0	$\frac{1}{100}$～$\frac{1}{40}$	Ⅰ类房屋大多数损坏，许多破坏，少数倾倒 Ⅱ类房屋大多数损坏，少数破坏 Ⅲ类房屋大多数轻微损坏，许多损坏（可能有破坏的）	不很坚固的院墙少数破坏，可能有些倒塌，较坚固的院墙损坏 不很坚固的城墙很多地方损坏，有些地方破坏，女儿墙少数倒塌，较坚固的城墙有些地方损坏 砖石砌的塔和工厂烟囱可能破坏 碑石和纪念物很多轻微损坏 由于黄土崩滑，土窑洞的洞口遭到破坏 个别情况下，道路上有小裂缝 路基陡坡和新筑道路、土堤的斜坡上偶有塌方	干土中有时产生细小裂缝，潮湿或疏松的土中裂缝较多，较大；少数情况下冒出夹泥沙的水 个别情况下，陡坎滑坡，山区中有不大的滑坡和土石散落，土质松散的地区，可能发生崩滑，水泉的流量和地下水位可能发生变化	人从室内仓皇逃出 驾驶汽车的人也能感觉悬挂物强烈摇摆，有时损害或坠落。轻的家具移动，书籍、器皿和用具坠落
8度	25.1～50.0	$\frac{1}{40}$～$\frac{1}{20}$	Ⅰ类房屋大多数破坏，许多倾倒 Ⅱ类房屋许多破坏，少数倾倒 Ⅲ类房屋大多数损坏，少数破坏（可能有倾倒的）	不很坚固的院墙破坏，并有局部倒塌，较坚固的院墙局部破坏 不很坚固的城墙很多地方破坏，有些地方崩塌，女儿墙许多倒塌，较坚固的城墙有些地方破坏，砖、石砌墙少数倒塌 砖石的塔和工厂烟囱遭受损坏，甚至崩塌 不很稳定的碑石和纪念物移动或翻倒，较稳定的碑石和纪念物很多损坏，有些翻倒 路堤和路堑的陡坡上有不大的塌方 个别情况下，地下管道接头处遭受破坏	地下裂缝宽达几厘米，土质疏松的山坡和潮湿的河滩上，裂缝宽度可达10cm以上，在地下水位较高的地区里，常有夹泥沙的水从裂缝和喷口冒出 在岩石破碎、土质疏松的地区里。常发生相当大的土石散落、滑坡和山崩，有时河流受阻，形成新的水塘 有时井水干涸或发生新泉	人很难站得住 由于房屋破坏，人畜有伤亡 家具移动，并有部分翻倒

续表

烈度	加速度(cm/s^2)	地震系数	房屋	结构物	地表现象	其他现象
9度	50.1～100.0	$\frac{1}{20}$～$\frac{1}{10}$	Ⅰ类房屋大多倾倒 Ⅱ类房屋许多倾倒 Ⅲ类房屋许多损坏，少数倾倒	不很坚固的院墙大部分倒塌。较坚固的院墙大部分破坏，局部倒塌 较坚固的城墙很多地方破坏，女儿墙许多倒塌 砖石砌的塔和工厂烟囱很多破坏，甚至倾倒 较稳定的碑石和纪念物很多翻倒 道路上有裂缝，有时路基毁坏。个别情况下轨道局部弯曲 有些地方地下管道破裂或损伤	地上裂缝很多，宽度达10cm，斜坡上或河岸边疏松的堆积层中，有时裂缝纵横，宽度可达几十厘米绵延很长 很多滑坡和土石散落，山崩 常有井泉干涸或新泉产生	家具翻倒并损坏
10度	100.1～250.0	$\frac{1}{10}$～$\frac{1}{4}$	Ⅲ类房屋许多倾倒	砖石砌的塔和工厂烟囱大都倒塌 较稳定的碑石和纪念物大都翻倒 路基和土堤毁坏，道路变形，并有很多裂缝，铁轨局部弯曲 地下管道破裂	地下裂缝宽达几十厘米，个别情况下，达1米以上 堆积层中的裂缝有时组成宽大的裂缝带，继续绵延可达几公里以上。个别情况下，岩石中有裂缝 山区和岸边的悬崖崩塌。疏松的土大量崩溃，形成相当规模的新湖泊 河、池中发生击岸的大浪	家具和室内用品大量损坏
11度	250.1～500	$\frac{1}{4}$～$\frac{1}{2}$	房屋普遍毁坏	路基和土堤等大段毁坏，大段铁路弯曲 地下管道完全不能使用	地面形成许多宽大裂缝，有时从裂缝冒出大量疏松的，浸透水的沉积物 大规模的滑坡、崩滑和山崩，地表产生相当大的垂直和水平断裂 地表水情况和地下水位剧烈变化	由于房屋倒塌，压死大量人畜，埋没许多财物
12度	500.1～1000	$>\frac{1}{2}$	广大地区房屋普遍毁坏	建筑物普遍毁坏	广大地区内，地形有剧烈的变化 广大地区内，地表水和地下水情况剧烈变化	由于浪潮及山区内崩塌和土石散落的影响，动植物遭到毁灭

3.5.3.3 几种地震烈度表的换算

几种地震烈度表的换算见表3-133。

几种地震烈度表的换算表 表 3-133

名称	新中国的地震烈度表	美国修订的烈度表（MM 表）	前苏联地球物理研究所烈度表	MSK-1964 烈度表（注）	欧洲烈度表（MCS 表）	欧洲 Rossi-Fo-rel 烈度表	日本烈度表（JMA）
制定年份	1957	1931	1952		1917	1873	1952
烈度	1	1	1	1	1	1	0
	2	2	2	2	2	2	1
	3	3	3	3	3	3	2
	4	4	4	4	4	4	2～3
	5	5	5	5	5	5～6	3
	6	6	6	6	6	7	4
	7	7	7	7	7	8	4～5
	8	8	8	8	8	9	5
	9	9	9	9	9	10	6
	10	10	10	10	10	10	6
	11	11	11	11	11	10	7
	12	12	12	12	12	10	7

注：此表为国际地震和地质工程方面的有关组织于 1962～1964 年在已有烈度表基础上测定的一种烈度表，意图逐渐统一烈度标准。

3.6 我国环境保护标准

3.6.1 空气污染

3.6.1.1 标准大气的成分

标准大气的成分见表 3-134。

标准大气的成分 表 3-134

成分	相对分子质量	体积百分比	重量百分比	分压（×133.3224Pa）
氮 N_2	28.0134	78.084	75.520	593.44
氧 O_2	31.9988	20.948	23.142	159.20
氩 Ar	39.948	0.934	1.288	7.10
二氧化碳 CO_2	44.00995	3.14×10^{-2}	4.8×10^{-2}	2.4×10^{-1}
氖 Ne	20.183	1.82×10^{-3}	1.3×10^{-3}	1.4×10^{-2}
氦 He	4.0026	5.24×10^{-4}	6.9×10^{-5}	4.0×10^{-3}
氪 Kr	83.80	1.14×10^{-4}	3.3×10^{-4}	8.7×10^{-4}
氙 Xe	131.30	8.7×10^{-6}	3.9×10^{-5}	6.6×10^{-5}
氢 H_2	2.01594	5×10^{-5}	3.5×10^{-6}	4×10^{-3}
甲烷 CH_4	16.04303	2×10^{-4}	1×10^{-4}	1.5×10^{-3}
一氧化二氮 N_2O	44.0128	5×10^{-5}	8×10^{-4}	4×10^{-4}
臭氧 O_3	47.9982	夏：$0\sim7\times10^{-6}$	$0\sim1\times10^{-5}$	$0\sim5\times10^{-3}$
		冬：$0\sim2\times10^{-6}$	$0\sim0.3\times10^{-5}$	$0\sim1.5\times10^{-5}$
二氧化硫 SO_2	64.0628	$0\sim1\times10^{-4}$	$0\sim2\times10^{-4}$	$0\sim8\times10^{-4}$
二氧化氮 NO_2	46.0055	$0\sim2\times10^{-6}$	$0\sim3\times10^{-6}$	$0\sim1.5\times10^{-5}$
氨 NH_3	17.03061	0～微量	0～微量	0～微量
一氧化碳 CO	28.01055	0～微量	0～微量	0～微量
碘 I_2	253.8088	$0\sim1\times10^{-6}$	$0\sim9\times10^{-6}$	$0\sim8\times10^{-6}$

注：本表摘自《法定计量单位与科技常数》。

3.6.1.2　大气环境质量标准

大气环境质量标准分为三级。

一级标准：为保护自然生态和人群健康，在长期接触情况下，不发生任何危害影响的空气质量要求。

二级标准：为保护人群健康和城市、乡村、动植物，在长期和短期接触情况下，不发生伤害的空气质量要求。

三级标准：为保护人群不发生急、慢性中毒和城市一般动植物（敏感者除外）正常生长的空气质量要求。

3.6.1.3　空气污染物三级标准浓度限值

空气污染物三级标准浓度限值见表 3-135。

空气污染物三级标准浓度限值　　表 3-135

污染物名称	取值时间	浓度限值			浓度单位
		一级标准	二级标准	三级标准	
二氧化硫 SO_2	年平均	0.02	0.06	0.10	mg/m³（标准状态）
	日平均	0.05	0.15	0.25	
	1h 平均	0.15	0.50	0.70	
总悬浮颗粒物 TSP	年平均	0.08	0.20	0.30	
	日平均	0.12	0.30	0.50	
可吸入颗粒物 PM_{10}	年平均	0.04	0.10	0.15	
	日平均	0.05	0.15	0.25	
氮氧化物 NO_x	年平均	0.05	0.05	0.10	
	日平均	0.10	0.10	0.15	
	1h 平均	0.15	0.15	0.30	
二氧化氮 NO_2	年平均	0.04	0.04	0.08	
	日平均	0.08	0.08	0.12	
	1h 平均	0.12	0.12	0.24	
一氧化碳 CO	日平均	4.00	4.00	6.00	
	1h 平均	10.00	10.00	20.00	
臭氧 O_3	1h 平均	0.12	0.16	0.20	
铅 Pb	季平均		1.50		μg/m³（标准状态）
	年平均		1.00		
苯并［a］芘 B［a］P	日平均		0.01		
氟化物 F	日平均		7①		
	1h 平均		20①		
	月平均	1.8②		3.0③	μg/（dm²·日）
	植物生长季平均	1.2②		2.0③	

① 适用于城市地区；

② 适用于牧业区和以牧业为主的半农半牧区，蚕桑区；

③ 适用于农业和林业区。

3.6.1.4 中国居住区大气中有害物质最高容许浓度

中国居住区大气中有害物质最高容许浓度见表 3-136。

中国居住区大气中有害物质最高容许浓度 **表 3-136**

序号	物质名称	最高容许浓度（mg/m^3）		序号	物质名称	最高容许浓度（mg/m^3）	
		一次	日平均			一次	日平均
1	一氧化碳	3.00	1.00	18	环氧氯丙烷	0.20	—
2	乙醛	0.01	—	19	氟化物（换算成 F）	0.02	0.007
3	二甲苯	0.30	—	20	氨	0.20	—
4	二氧化硫	0.50	0.15	21	氧化氮（换算成 NO_2）	0.15	—
5	二氧化碳	0.04	—	22	砷化物（换算成 As）	—	0.003
6	五氧化二磷	0.15	0.05	23	敌百虫	0.10	—
7	丙烯腈	—	0.05	24	酚	0.045	0.015[1]
8	丙烯醛	0.10	—	25	硫化氢	0.01	—
9	丙酮	0.80	—	26	硫酸	0.30	0.10
10	甲基对硫磷（甲基 E605）	0.01	—	27	硝基苯	0.01	—
11	甲醇	3.00	1.00	28	铅及其无机化合物(换算成 Pb)	—	0.0007
12	甲醛	0.05	—	29	氯	0.10	0.03
13	汞	—	0.0003	30	氯丁二烯	0.10	—
14	吡啶	0.08	—	31	氯化氢	0.05	0.015
15	苯	2.4	0.80	32	铬（六价）	0.0015	—
16	苯乙烯	0.01	—	33	锰及其化合物（换算成 MnO_2）	—	0.01
17	苯胺	0.10	0.03	34	飘尘	0.5	0.15

注：1. 灰尘自然沉降量，可在当地清洁区实测数值的基础上增加 3～5t/km^2/月。
2. 一次最高容许浓度，指任何一次测定结果的最大容许值。
3. 日平均最高容许浓度，指任何一日的平均浓度的最大容许值。
4. 本表所列各项有害物质的检验方法，应按现行的《环境检测技术规范》（大气部分）执行。
5.《居住区大气中酚卫生标准》(GB 18067)。

3.6.1.5 大气中污染物浓度的表示方法

大气中污染物浓度的表示方法有两种：一种是以单位体积内所含的污染物的质量数表示，我国规定的最高容许浓度单位是 mg/m^3；另一种是对于气体或蒸汽用 ppm 或 ppb 作为浓度单位，ppm 单位表示 100 万体积空气中含有有害气体或蒸汽的体积数，ppb 是 ppm 的千分之一。两个单位可用下式换算。

$$X(\text{ppm}) = \frac{22.4}{M} \cdot A$$

式中 A——以 mg/m^3 表示的气体浓度；
X——以 ppm 表示的气体浓度；
M——物质的分子量；
22.4——在标准状况下（0℃，101.325kPa）的摩尔（mol）体积。

3.6.1.6 中国民用建筑工程室内环境污染控制标准

（1）无机非金属建筑材料放射性指标限量见表 3-137。

无机非金属建筑材料放射性指标限量 **表 3-137**

测定项目	限 量	测定项目	限 量
内照射指数（I_{Ra}）	≤1.0	外照射指数（I_γ）	≤1.0

（2）无机非金属装修材料放射性指标限量见表 3-138。

无机非金属装修材料放射性指标限量　　表 3-138

测定项目	限　量	
	A	B
内照射指数（I_{Ra}）	≤1.0	≤1.3
外照射指数（I_{γ}）	≤1.3	≤1.9

（3）环境测试舱法测定游离甲醛释放量限量见表 3-139。

环境测试舱法测定游离甲醛释放量限量　　表 3-139

类　别	限量（mg/m^3）
E_1	≤0.12

（4）穿孔法测定游离甲醛含量分类限量见表 3-140。

穿孔法测定游离甲醛含量分类限量　　表 3-140

类　别	限量（mg/100g，干材料）	类　别	限量（mg/100g，干材料）
E_1	≤9.0	E_2	9.0>，≤30.0

（5）干燥法测定游离甲醛释放量分类限量见表 3-141。

干燥法测定游离甲醛释放量分类限量　　表 3-141

类　别	限量（mg/L）	类　别	限量（mg/L）
E_1	≤1.5	E_2	>1.5，≤5.0

（6）室内用水性涂料和水性腻子中游离甲醛限量见表 3-142。

室内用水性涂料和水性腻子中游离甲醛限量　　表 3-142

测定项目	限　量	
	水性涂料	水性腻子
游离甲醛（g/kg）	≤0.1	

（7）室内用溶剂型涂料和木器用溶剂型腻子，应按其规定的最大稀释比例混合后，测定 VOC 和苯、甲苯＋二甲苯＋乙苯的含量，其限量见表 3-143。

室内用溶剂型涂料和木器用溶剂型腻子中 VOC、苯、甲苯＋二甲苯＋乙苯限量　　表 3-143

涂料类别	VOC（g/L）	苯（%）	甲苯＋二甲苯＋乙苯（%）
醇酸类涂料	≤500	≤0.3	≤5
硝基类涂料	≤720	≤0.3	≤30
聚氨酯类涂料	≤670	≤0.3	≤30
酚醛防锈漆	≤270	≤0.3	—
其他溶剂型涂料	≤600	≤0.3	≤30
木器用溶剂型腻子	≤550	≤0.3	≤30

（8）室内用水性胶粘剂其挥发性有机化合物（VOC）和游离甲醛含量限量见表 3-144。

室内用水性胶粘剂中 VOC 和游离甲醛限量 表 3-144

测定项目	限量			
	聚乙酸乙烯酯胶粘剂	橡胶类胶粘剂	聚氨酯类胶粘剂	其他胶粘剂
挥发性有机化合物 VOC (g/L)	≤110	≤250	≤100	≤350
游离甲醛 (g/kg)	≤1.0	≤1.0	—	≤1.0

(9) 室内用溶剂型胶粘剂，应测定其挥发性有机化合物（VOC)、苯、甲苯+二甲苯的含量，其限量见表 3-145。

室内用溶剂型胶粘剂中 VOC、苯、甲苯+二甲苯限量 表 3-145

测定项目	限量			
	氯丁橡胶胶粘剂	SBS 胶粘剂	聚氨酯类胶粘剂	其他胶粘剂
挥发性有机化合物 VOC (g/L)	≤700	≤650	≤700	≤700
甲苯+二甲苯 (g/kg)	≤200	≤150	≤150	≤150
苯 (g/kg)	≤5.0			

(10) 室内用水性阻燃剂（包括防火涂料)、防水剂、防腐剂等水性处理剂，应测定游离甲醛的含量，其限量见表 3-146。

室内用水性处理剂中游离甲醛限量 表 3-146

测定项目	限量
游离甲醛 (g/kg)	≤0.1

(11) 民用建筑工程室内环境污染物浓度限量见表 3-147。

民用建筑工程室内环境污染物浓度限量 表 3-147

污染物	Ⅰ类民用建筑工程	Ⅱ类民用建筑工程
氡 (B_q/m^3)	≤200	≤400
甲醛 (mg/m^3)	≤0.08	≤0.1
苯 (mg/m^3)	≤0.09	≤0.09
氨 (mg/m^3)	≤0.2	≤0.2
TVOC (mg/m^3)	≤0.5	≤0.6

注：1. 表中污染物浓度测量，除氡外均指室内测量值扣除同步测定的室外上风向空气测量值（本底值）后的测量值。
2. 表中污染物浓度测量值的极限值判定，采用全数值比较法。

(12) 民用建筑工程中所使用的其他材料有害物质限量见表 3-148。

其他材料有害物质限量　　表 3-148

材　料	有害物质	限　量
能释放氨的阻燃剂、混凝土外加剂	氨释放量（%）	≤0.10
能释放甲醛的混凝土外加剂	游离甲醛含量（mg/kg）	≤500
粘合木结构材料	游离甲醛释放量（mg/m^3）	≤0.12
室内装修用壁布、帷幕	游离甲醛释放量（mg/m^3）	≤0.12
室内装修用壁纸	甲醛含量（mg/m^3）	≤0.12
地毯	总挥发性有机化合物（$mg/m^2\cdot h$）	A 级，≤0.50；B 级，≤0.60
	游离甲醛（$mg/m^2\cdot h$）	A 级，≤0.05；B 级，≤0.05
地毯衬垫	总挥发性有机化合物（$mg/m^2\cdot h$）	A 级，≤1.00；B 级，≤1.20
	游离甲醛（$mg/m^2\cdot h$）	A 级，≤0.05；B 级，≤0.05

（13）根据甲醛指标形成的自然分类见表 3-149。

甲醛指标形成的自然分类　　表 3-149

标准名称	标准号	甲醛指标	适用的民用建筑	类别
《旅店业卫生标准》	GB 9663	≤0.12mg/m³	各类旅店客房	Ⅱ
《文化娱乐场所卫生标准》	GB9664	≤0.12mg/m³	影剧院（俱乐部）、音乐厅、录像厅、游艺厅、舞厅（包括卡拉 OK 歌厅）酒吧、茶座、咖啡厅及多功能文化娱乐场所等	Ⅱ
《理发店、美容店卫生标准》	GB 9666	≤0.12mg/m³	理发店、美容店	Ⅱ
《体育馆卫生标准》	GB 9668	≤0.12mg/m³	观众座位 1000 个以上的体育馆	Ⅱ
《图书馆、博物馆、美术馆和展览馆卫生标准》	GB 9669	≤0.12mg/m³	图书馆、博物馆、美术馆和展览馆	Ⅱ
《商场、书店卫生标准》	GB 9670	≤0.12mg/m³	城市营业面积在 300m² 以上和县、乡、镇营业面积在 200m² 以上的室内场所、书店	Ⅱ
《医院候诊室卫生标准》	GB 9671	≤0.12mg/m³	区、县以上的候诊室（包括挂号、取药等候室）	Ⅱ
《公共交通等候室卫生标准》	GB 9672	≤0.12mg/m³	特等和一、二等车站的火车候车室，二等以上的候船室，机场候机室和二等以上的长途汽车站候车室	Ⅱ
《饭馆（餐厅卫生标准》	GB 16153	≤0.12mg/m³	有空调装置的饭店（餐厅）	Ⅱ
《居室空气中甲醛的卫生标准》	GB 16127	≤0.08mg/m³	各类城乡住宅	Ⅰ

（14）水性涂料、水性胶粘剂和水性处理剂中总挥发性有机化合物（TVOC）含量测定时不同水含量样品的参考取样量见表 3-150。

不同水含量样品的参考取样量（卡尔·费休法）　**表 3-150**

估计水含量（%，m/m）	参考取样量（g）	估计水含量（%，m/m）	参考取样量（g）
0～1	5.0	10～30	0.4～1.0
1～3	2.0～5.0	30～70	0.1～0.4
3～10	1.0～2.0	＞70	0.1

3.6.2　噪　　声

3.6.2.1　环境噪声限值

各类声环境功能区环境噪声等效声级限值见表 3-151。

环境噪声限值［dB（A）］　**表 3-151**

声环境功能区类别＼时段		昼间	夜间	备　　注
0 类		50	40	指康复疗养区等特别需要安静的区域
1 类		55	45	指以居民住宅、医疗卫生、文化教育、科研设计、行政办公为主要功能，需要保持安静的区域
2 类		60	50	指以商业金融、集市贸易为主要功能，或者居住、商业、工业混杂，需要维护住宅安静的区域
3 类		65	55	指以工业生产、仓储物流为主要功能，需要防止工业噪声对周围环境产生严重影响的区域
4 类	4a 类	70	55	指交通干线两侧一定距离之内，需要防止交通噪声对周围环境产生严重影响的区域，包括 4a 类和 4b 类两种类型：4a 类为高速公路、一级公路、二级公路、城市快速路、城市主干路、城市次干路、城市轨道交通（地面段）、内河航道两侧区域；4b 类为铁路干线两侧区域
	4b 类	70	60	

注：本表摘自《声环境质量标准》（GB 3096—2008）。
1. 表中 4b 类声环境功能区环境噪声限值，适用于 2011 年 1 月 1 日起环境影响评价文件通过审批的新建铁路（含新开廊道的增建铁路）干线建设项目两侧区域。
2. 在下列情况下，铁路干线两侧区域不通过列车时的环境背景噪声限值，按昼间 70dB（A）、夜间 55dB（A）执行：
①穿越城区的既有铁路干线；②对穿越城区的既有铁路干线进行改建、扩建的铁路建设项目。
既有铁路是指 2010 年 12 月 31 日前已建成运营的铁路或环境影响评价文件已通过审批的铁路建设项目。
3. 各类声环境功能区夜间突发噪声，其最大声级超过环境噪声限值的幅度不得高于 15dB（A）。

3.6.2.2　新建、扩建、改建企业噪声标准

新建、扩建、改建企业噪声标准见表 3-152。

新建、扩建、改建企业噪声标准　**表 3-152**

每个工作日接触噪声时间（h）	允许噪声［dB（A）］	备　　注
8	85	本表摘自《工业企业噪声卫生标准》（试行草案）
4	88	
2	91	
1	94	

3.6.2.3　工业企业厂区内各类地点噪声标准

工业企业厂区内各类地点噪声标准见表 3-153。

工业企业厂区内各类地点噪声标准 表 3-153

序号	地点类别		噪声限制值（dB）
1	生产车间及作业场所（工人每天连续接触噪声 8h）		90
2	高噪声车间设置的值班室、观察室、休息室（室内背景噪声级）	无电话通信要求时	75
		有电话通信要求时	70
3	精密装配线、精密加工车间的工作地点、计算机房（正常工作状态）		70
4	车间所属办公室、实验室、设计师（室内背景噪声级）		70
5	主控制室、集中控制室、通讯室、电话总机室、消防值班室（室内背景噪声级）		70
6	厂部所属办公室、会议室、设计室、中心实验室（包括实验、化验、计量室）（室内背景噪声级）		60
7	医务室、教室、哺乳室、托儿所、工人值班宿舍（室内背景噪声级）		55

注：1. 本表所列的噪声级，均应以现行的国家标准测量确定；
2. 对于工人每天接触噪声不足 8h 的场合，可根据实际接触的噪声时间，按接触时间减半噪声限制增加 3dB 的原则，确定其噪声限制值。
3. 本表所列的室内背景噪声级，系在室内无声源发声的条件下，从室外经由墙、门、窗（门窗启闭状况为常规情况）传入室内的室内平均噪声级。

3.6.2.4 现有企业噪声标准

现有企业噪声标准见表 3-154。

现有企业噪声标准 表 3-154

每个工作日接触噪声时间（h）	允许噪声［dB（A）］	备注
8	90	本表摘自《工业企业噪声卫生标准》（试行草案）
4	93	
2	96	
1	99	
最高不得超过 115		

3.6.2.5 建筑现场主要施工机械噪声限值

建筑现场主要施工机械噪声限值见表 3-155。

建筑现场主要施工机械噪声限值 表 3-155

施工阶段	主要噪声源	噪声限值（dB）	
		昼间	夜间
土石方	推土机、挖掘机、装载机等	75	55
打桩	各种打桩机等	85	禁止施工
结构	搅拌机、振捣棒、电锯等	70	55
装修	吊车、升降机等	65	55

注：摘自《建筑施工场界噪声限值》（GB 12523）。

3.6.2.6 中国机动车辆噪声标准

中国机动车辆噪声标准见表 3-156。

中国机动车辆噪声标准（GB 1496） 表 3-156

车辆种类		最大加速声级（dB）（7.5m 处）	
		1985 年 1 月 1 日前生产的	1985 年 1 月 1 日以后生产的
载重车	8t≤载重量＜15t	92	89
	3.5t≤载重量＜8t	90	86
	载重量＜3.5t	89	84

续表

车辆种类		最大加速声级（dB）（7.5m 处）	
		1985 年 1 月 1 日前生产的	1985 年 1 月 1 日以后生产的
轻型越野车		89	84
公共汽车	4t≤总重量<11t	89	86
	总重量<4t	88	83
小客车		84	82
摩托车		90	84
轮式拖拉机（60PS 以下）		91	86

3.6.2.7 国外听力保护的允许噪声标准

国外听力保护的允许噪声标准见表 3-157。

国外听力保护的允许噪声标准（等效 A 级） **表 3-157**

每个工作日的允许工作时间（h）	允许噪声级（dB）		
	国际标准化组织（ISO）（1971 年）	美国政府（1969 年）	美国工业卫生医师协会（1977 年）
8	90	90	85
4	93	95	90
2	96	100	95
1	99	105	100
1/2（30min）	102	110	105
1/4（15min）	115（最高限）	115	110

3.6.2.8 国外环境噪声标准

国外环境噪声标准见表 3-158。

国外环境噪声标准 **表 3-158**

国家名称	地区分类与标准值［dB（A）］	修正值
ISO 第 43 技术委员会（声学）	基本值： 35～45 不同地区噪声标准的修正值： 乡村住宅、医疗地区 0 郊区住宅、小马路 +5 城区住宅 +10 工厂附近或主要街道道旁的住宅 +15 城市中心 +20 工业地区 +25	时间修正：白天 0；晚上 −5；深夜 −10～−15 脉冲性与纯音性噪声修正+5
英国	基本值： 50 不同地区噪声标准的修正值： 乡村 −5 郊区、少量交通 0 城市居住区 +5 居住为主，但混有一些轻工业或主要道路+10 一般工业区 +15 主要工业区，很少居住 +20	时间修正：工作日 8：00～18：00 +5；夜　间 22：00～7：00 −5；其　他 0 新工厂、新结构、新工艺 0 非特定区的已建工厂 +5 特定区内旧厂 +10

续表

国家名称	地区分类与标准值 [dB (A)]				修正值	
原苏联	住宅区（距墙2m） 中学、幼儿园	45			时间修正：白天	+10
					时间修正：夜间	0
	疗养区	40			持续时间：56%～100%	0
	新设计的住宅区	45			持续时间：18%～56%	+5
	居民点的住宅区	50			持续时间：6%～18%	+10
					持续时间：＜6%	+15
美国 白天/夜间	区　域	基本噪声级	常见的峰值	不常见的峰值		
	医院、疗养院	45/35	50/45	55/50		
	安静居住区	55/45	65/55	70/65		
	混合区	60/45	70/55	75/65		
	商业区	60/50	70/60	75/65		
	工业区	65/55	75/60	80/70		
	主要交通干线	70/65	80/70	90/80		

3.6.2.9　国外职业噪声标准

国外职业噪声标准见表 3-159。

国外职业噪声标准　　　　表 3-159

国家名称	8h暴露允许值 [dB (A)]	最高极限 [dB (A)]	暴露时间减半增加 (dB)	备　注
ISO（国际标准化组织）	85～90	115	3	
澳大利亚	90	115	3	
奥地利	90	110	—	对暴露在 85dB (A) 以上的工人每三年进行听力检查一次
比利时	90	110	5	
加拿大	90	115	5	阿伯塔 (Alberta) 规定为 85dB (A)
捷克、斯洛伐克	85	—	5	
丹麦	90	115	3	
芬兰	85	—	—	仅对新工厂，对暴露在 85dB (A) 以上的工人每三年、100dB (A 以上每一年进行听力检查一次
法国	90	—	3	当 85dB (A) 以上即为有听力损伤危险
德国	85	—	3	脑力工作：55dB (A)；一般办公：70dB (A)；其他一切地点：85dB (A)
荷兰	80	—	—	据联合国资料
意大利	90	115	5	
日本	90	—	—	不足 8h 按频率给出不同时间的不同限值
瑞典	85	115	3	
瑞士	90	—	3	
英国	90	—	3	
前苏联	85	—	3	对不同地区另有规定
美国	90	115	5	有些协会建议 85dB (A)

3.6.3　水　污　染

3.6.3.1　排水水质标准

工业废水中有害物质最高容许排放浓度分为两类。

第一类，能在环境或动植物体内蓄积，对人体健康产生长远影响的有害物质；第二类，其长远影响小于第一类的有害物质。

我国现行的工业废水排放标准是按行业来制定的，具体见表 3-160。

工业废水排放标准规范（按行业） 表 3-160

序号	行业	标准规范
1	造纸工业	《造纸工业水污染物排放标准》(GB 3544—2008)
2	海洋石油开发工业	《海洋石油开发工业含油污水排放标准》(GB 4914—2008)
3	纺织染整工业	《纺织染整工业水污染物排放标准》(GB 4287—92)
4	肉类加工工业	《肉类加工工业水污染物排放标准》(GB 13457—92)
5	合成氨工业	《合成氨工业水污染物排放标准》(GB 13458—2001)
6	钢铁工业	《钢铁工业水污染物排放标准》(GB 13456—92)
7	航天推进剂	《航天推进剂水污染物排放标准》(GB 14374—93)
8	兵器工业	《兵器工业水污染物排放标准》(GB 14470.1～14470.3—2002)
9	磷肥工业	《磷肥工业水污染物排放标准》(GB 15580—95)
10	烧碱、聚氯乙烯工业	《烧碱、聚氯乙烯工业水污染物排放标准》(GB 15581—95)
11	皂素工业	《皂素工业水污染物排放标准》(GB 20425—2006)
12	煤炭工业	《煤炭工业污染物排放标准》(GB 20426—2006)

排水水质中污染物测定方法按表 3-161 执行。

污染物项目测定方法 表 3-161

序号	项目	测定方法	最低检出浓度（量）	方法来源
1	pH 值	玻璃电极法	0.1（pH 值）	GB/T 6920
2	悬浮物	重量法	4mg/L	GB/T 11901
3	化学需氧量（COD_{Cr}）	重铬酸盐法（过滤后）	5mg/L	GB/T 11914
4	石油类	红外光度法	0.1mg/L	GB/T 16488
5	总铁、总锰	火焰原子吸收分光光度法	0.03mg/L、0.01mg/L	GB/T 11911
6	总 α 放射性 总 β 放射性	物理法	0.05Bq/L	《环境监测技术规范（放射性部分）》
7	总汞	冷原子吸收分光光度法	0.1μg/L	GB/T 7468
8	总镉	双硫腙分光光度法	1μg/L	GB/T 7471
9	总铬	高锰酸钾氧化-二苯碳酰二肼分光光度法	0.004mg/L	GB/T 7466
10	六价铬	二苯碳酰二肼分光光度法	0.004mg/L	GB/T 7467
11	总铅	原子吸收分光光度法 双硫腙分光光度法	10μg/L 0.01mg/L	GB/T 7475 GB/T 7470
12	总砷	二乙基二硫代氨基甲酸银分光光度法	0.007mg/L	GB/T 7485
13	总锌	原子吸收分光光度法 双硫腙分光光度法	0.02mg/L 0.005mg/L	GB/T 7475 GB/T 7472
14	氟化物	离子选择电极法	0.05mg/L	GB/T 7484

3.6.3.2 地面水水质卫生要求

地面水水质卫生要求见表 3-162。

地面水水质卫生要求 表 3-162

指　标	卫　生　要　求
悬浮物质色、嗅、味	含有大量悬浮物质的工业废水，不得直接排入地面水体，不得呈现工业废水和生活污水所特有的颜色、异臭、或异味
悬浮物质	水面上不得出现较明显的油膜和浮沫
pH 值	6～9
生化需氧量（5d20℃）	不超过 3～10mg/L
溶解氧	不低于 4mg/L
有害物质	不超过规定的最高允许浓度
病原体	含有病原体的工业废水和医院污水，必须经过处理和严格消毒，彻底消灭病原体后方可排入地面水体

注：本表摘自《地面水环境质量标准》(GB 3838)。

3.6.3.3　地面水有害物质的最高容许浓度

地面水有害物质的最高容许浓度见表 3-163。

地面水有害物质的最高容许浓度　　**表 3-163**

编号	物质名称	最高容许浓度（mg/L）	编号	物质名称	最高容许浓度（mg/L）
1	乙腈	5.0	28	矾	0.1
2	乙醛	0.05	29	松节油	0.2
3	二硫化碳	2.0	30	苯	2.5
4	二硝基苯	0.5	31	苯乙烯	0.3
5	二硝基氯苯	0.5	32	苯胺	0.1
6	二氯苯	0.02	33	苦味酸	0.5
7	丁基黄原酸盐	0.005	34	氟化物	1.0
8	三氯苯	0.02	35	活性氯	不得检出（按地面水需氯量计算）
9	三硝基甲苯	0.5			
10	马拉硫磷（4049）	0.25	36	挥发酚类	0.01
11	乙内酰胺	按地面水中生化需氧量计算	37	砷	0.04
			38	钼	0.5
12	六六六	0.02	39	铅	0.1
13	六氯苯	0.05	40	钴	1.0
14	内吸磷（E059）	0.03	41	铍	0.0002
15	水合肼	0.01	42	硒	0.01
16	四乙基铅	不得检出	43	铬：三价铬 六价铬	0.5 0.05
17	四氯苯	0.02	44	铜	0.1
18	石油（包括煤油、汽油）	0.3	45	锌	1.0
19	甲基对硫磷（甲基 E605）	0.02	46	硫化物	不得检出（按地面水溶解氧计算）
20	甲醛	0.5			
21	丙烯腈	2.0	47	氰化物	0.05
22	丙烯醛	0.1	48	氯苯	0.02
23	对硫磷（E605）	0.003	49	硝基氯苯	0.05
24	乐戈（乐果）	0.08	50	锑	0.05
25	异丙苯	0.25	51	滴滴涕	0.2
26	汞	0.001	52	镍	0.5
27	吡啶	0.2	53	镉	0.01

注：表中所列各项指标和有害物质的监测方法，应按现行《地面水水质检测检验方法》执行。

3.6.3.4　水消毒处理方法

水消毒处理方法见表 3-164。

水消毒处理方法　　**表 3-164**

项目		氯化消毒（使用液氯）	臭氧消毒	紫外线消毒	加热消毒	溴和碘消毒	金属离子消毒（银、铜等）
接触时间（min）		10～30	5～10	最小	15～20	10～30	120
有效性	细菌	有效	有效	有效	有效	有效	有效
	病毒	有一定效果	有效	有一定效果	有效	有一定效果	无效
	孢子	无效	有效	无效	无效	无效	无效
优点		费用低，能长时间保持剩余游离氧，有持续的杀菌消毒作用	能消灭病毒和孢子，还能加速地去除色、味、臭，氧化物无毒	不需要化学药剂，消毒快	不需要特殊设备	对眼的刺激性较小，其余与氯相似	具有持久性的灭菌效果

续表

项目	氯化消毒（使用液氯）	臭氧消毒	紫外线消毒	加热消毒	溴和碘消毒	金属离子消毒（银、铜等）
缺点	对某些孢子和病毒无效；氯化物有异臭、异味，如三卤代甲烷等甚至有毒	费用大；消毒作用短暂，不能保持有效消毒的剩余量	费用大；消毒作用短暂，对去除浊度的预处理要求高	消毒作用缓慢，费用大	比氯消毒作用缓慢，费用略高	消毒作用缓慢，费用大，效果易受胺等污染物的影响
备注	目前最通用的消毒方法	欧洲国家广泛使用	实验室有小规模的工业用水使用	家庭用	游泳池有时使用	

3.6.4 光 污 染

3.6.4.1 光污染的产生和危害及治理

光污染是现代社会产生的过量的或不适当的光辐射对人类生活和生产环境所造成的不良影响的现象。一般包括白色光亮污染、人工白昼污染和彩光污染。有时人们按光的波长分为红外光污染、紫外光污染、激光污染及可见光污染等。光污染的产生和危害见表3-165。

光污染的产生和危害 **表 3-165**

光污染的种类	光污染的产生和危害
白色光亮污染	长时间在白色光亮污染环境下工作和生活的人，眼角膜和虹膜都会受到程度不同的损害，引起视力的急剧下降，白内障的发病率高达40%～48%。同时还使人头昏心烦，甚至发生失眠、食欲下降、情绪低落、乏力等类似神经衰弱的症状
人工白昼污染	当夜幕降临后，酒店、商场的广告牌、霓虹灯使人眼花缭乱。一些建筑工地灯火通明，亮如白昼。由于强光反射，可把附近的居室照得如同白昼，使人夜晚难以入睡，打乱了正常的生物节律，致使精神不振，白天上班工作效率低下，还时常会出现安全方面的事故。据国外的一项调查显示，有三分之二的人认为人工白昼影响健康，84%的人认为影响睡眠，同时也使昆虫、鸟类的生殖遭受干扰。甚至昆虫和鸟类也可能被强光周围的高温烧死
彩光污染	彩光活动灯、荧光灯以及各种闪烁的彩色光源则构成了彩光污染，危害人体健康。据测定，黑光灯可产生波长为250～320纳米的紫外线，其强度远远高于阳光中的紫外线，长期沐浴在这种黑光灯下，会加速皮肤老化，还会引起一系列神经系统症状，诸如头晕、头痛、恶心、食欲不振、乏力、失眠等。彩光污染不仅有损人体的生理机能，还会影响到人的心理。长期处在彩光灯的照射下，其心理积累效应，也会不同程度引起倦怠无力、头晕、性欲减退、阳痿、月经不调、神经衰弱等身心方面的疾病
眩光污染	汽车夜间行驶时照明用的头灯，厂房中不合理的照明布置等都会造成眩光，造成视觉锐度的下降，影响工作效率。焊枪所产生的强光，若无适当的防护措施，也会伤害人的眼睛。长期在强光条件下工作的工人（如冶炼工、熔烧工、吹玻璃工等）也会由于强光而使眼睛受害。视觉污染
红外线污染	红外线是一种热辐射，对人体可造成高温伤害。较强的红外线可造成皮肤伤害，其情况与烫伤相似，最初是灼痛，然后是造成烧伤。红外线对眼的伤害有儿种不同情况，波长为7500～13000埃的红外线对眼角膜的透过率较高，可造成眼底视网膜的伤害。11000埃附近的红外线，可使眼的前部介质（角膜、晶体等）不受损害而直接造成眼底视网膜烧伤。波长19000埃以上的红外线，几乎全部被角膜吸收，会造成角膜烧伤（混浊、白斑）。波长大于14000埃的红外线的能量绝大部分被角膜和眼内液所吸收，透不到虹膜。只是13000埃以下的红外线才能透到虹膜，造成虹膜伤害。人眼如果长期暴露于红外线可能引起白内障

续表

光污染的种类	光污染的产生和危害
紫外线污染	紫外线的效应按其波长而有不同，波长为1000～1900埃的真空紫外部分，可被空气和水吸收；波长为1900～3000埃的远紫外部分，大部分可被生物分子强烈吸收；波长为3000～3300埃的近紫外部分，可被某些生物分子吸收。紫外线对人体主要是伤害眼角膜和皮肤。造成角膜损伤的紫外线主要为2500～3050埃部分，而其中波长为2880埃的作用最强。角膜多次暴露于紫外线，并不增加对紫外线的耐受能力。紫外线对角膜的伤害作用表现为一种叫做畏光眼炎的极痛的角膜白斑伤害。除了剧痛外，还导致流泪、眼睑痉挛、眼结膜充血和睫状肌抽搐。紫外线对皮肤的伤害作用主要是引起红斑和小水疱，严重时会使表皮坏死和脱皮。人体胸、腹、背部皮肤对紫外线最敏感，其次是前额、肩和臀部，再次为脚掌和手背。不同波长紫外线对皮肤的效应是不同的，波长2800～3200埃和2500～2600埃的紫外线对皮肤的效应最强
激光污染	由于激光具有方向性好、能量集中、颜色纯等特点，而且激光通过人眼晶状体的聚焦作用后，到达眼底时的光强度可增大几百至几万倍，所以激光对人眼有较大的伤害作用。激光光谱的一部分属于紫外和红外范围，会伤害眼结膜、虹膜和晶状体。功率很大的激光能危害人体深层组织和神经系统

防治光污染主要有下列几个方面：

①加强城市规划和管理，改善工厂照明条件等，以减少光污染的来源。

②对有红外线和紫外线污染的场所采取必要的安全防护措施。

③采用个人防护措施，主要是戴防护眼镜和防护面罩。

光污染的防护镜有反射型防护镜、吸收型防护镜、反射－吸收型防护镜、爆炸型防护镜、光化学反应型防护镜、光电型防护镜、变色微晶玻璃型防护镜等类型。

3.6.5　土　壤　污　染

3.6.5.1　土壤污染的来源及其治理

土壤是指陆地表面具有肥力、能够生长植物的疏松表层，其厚度一般在2m左右。凡是妨碍土壤正常功能，降低作物产量和质量，还通过粮食、蔬菜、水果等间接影响人体健康的物质，都叫做土壤污染物。

土壤污染的来源及其治理见表3-166。

土壤污染的来源及其治理　　表3-166

土壤污染的来源	土壤污染的特点	土壤污染的治理
土壤污染物有下列4类： ①化学污染物。包括无机污染物和有机污染物。前者如汞、镉、铅、砷等重金属，过量的氮、磷植物营养元素以及氧化物和硫化物等；后者如各种化学农药、石油及其裂解产物，以及其他各类有机合成产物等 ②物理污染物。指来自工厂、矿山的固体废弃物如尾矿、废石、粉煤灰和工业垃圾等 ③生物污染物。指带有各种病菌的城市垃圾和由卫生设施（包括医院）排出的废水、废物以及厩肥等 ④放射性污染物。主要存在于核原料开采和大气层核爆炸地区，以锶和铯等在土壤中生存期长的放射性元素为主	①土壤污染具有隐蔽性和滞后性 ②土壤污染的累积性。染物质在土壤中并不像在大气和水体中那样容易扩散和稀释，因此容易在土壤中不断积累而超标，同时也使土壤污染具有很强的地域性 ③土壤污染具有不可逆转性。重金属对土壤的污染基本上是一个不可逆转的过程 ④土壤污染很难治理。积累在污染土壤中的难降解污染物则很难靠稀释作用和自净化作用来消除 ⑤土壤污染具有仅仅依靠切断污染源的方法很难恢复的隐蔽性和滞后性等特点 ⑥辐射污染：大量的辐射污染了土地，使被污染的土地含有了一种毒质	①科学地进行污水灌溉 ②合理使用农药，重视开发高效低毒低残留农药 ③合理施用化肥，增施有机肥 ④施用化学改良剂，采取生物改良措施

3.7 机电安装工程常用数据

3.7.1 电 气 工 程

3.7.1.1 一般用途导线颜色标志

一般用途导线颜色标志 表3-167

序号	颜色	用途说明
1	红色	三相电路的L3相、半导体三极管集电极、半导体二极管、整流二极管或晶闸管的阴极
2	绿色	三相电路的L2相
3	黄色	三相电路的L1相、半导体三极管基极、晶闸管和双向晶闸管的控制极
4	白色	双向晶闸管的主电板、无指定用色的半导体电路
5	蓝色	直流电路的负极、半导体三极管发射级、半导体二极管、整流二极管或晶闸管的阳极
6	浅蓝色	三相电路的中性线、直流电路的接地中线
7	棕色	直流电路的正极
8	黑色	装置和设备的内部布线
9	红与黑并行	用双芯导线或双根绞线连接的交流电路
10	黄与绿双色	安全用的接地线（每种色宽约1.5～100mm交替贴接）

3.7.1.2 多芯电缆线芯颜色标志及数字标记

多芯电缆线芯颜色标志及数字标记 表3-168

序号	电缆类型	线芯颜色	对应数字标记	备注
1	二芯电缆	红、浅蓝	1、0	红、黄、绿（即数字1、2、3）用于主线芯，浅蓝（即数字0）用于中性线芯
2	三芯电缆	红、黄、绿	1、2、3	
3	四芯电缆	红、黄、绿、浅蓝	1、2、3、0	

3.7.1.3 电气设备指示灯颜色标志的含义及用途

指示灯颜色标志的含义及用途 表3-169

序号	颜色	含义	用途
1	白色	工作正常电缆通电	主开关处于工作位置
2	绿色	准备起动	设备运行
3	黄色	小心	电流等参数达到极限值
4	红色	反常情况	指示由于过载、超过行程或其他事故
5	蓝色	以上颜色未包括的各种功能	可自定义

3.7.1.4　一般按钮、带电按钮颜色标志的含义及用途

一般按钮、带电按钮颜色标志的含义及用途　表 3-170

分类	颜色	含　义	用　途
一般按钮	红色	停车、开断	设备停止运行
		紧急停车	紧急开断、防止危险
	绿色或黑色	起动、工作、点动	设备正常运行；控制回路激磁
	黄色	返回的起动、移动、正常工作循环或已开始去抑制危险情况	设备已完成一个循环的始点，按黄色按钮可取消预制功能
	白色或蓝色	以上颜色未包括的各种功能	可自定义
带电按钮	红色	停止	
	黄色	小心，抑制反常情况的作用开始	可取消预制功能
	绿色	起动，设备运行	设备正常运行
	白色	确认电路已通，电路闭合	任何起动运行
	蓝色	以上颜色未包括的各种功能	辅助功能的控制

3.7.1.5　电力线路合理输送功率和距离

电力线路合理输送功率和距离　表 3-171

标称电压（kV）	线路结构	输送功率（kW）	送电距离（km）
0.22	架空线	50 以下	0.15 以下
0.22	电缆线	100 以下	0.2 以下
0.38	架空线	100 以下	0.25 以下
0.38	电缆线	175 以下	0.35 以下
6	架空线	2000 以下	10～5
6	电缆线	3000 以下	8 以下
10	架空线	3000 以下	15～8
10	电缆线	5000 以下	10 以下

3.7.1.6　民用建筑用电指标

民用建筑用电指标　表 3-172

建筑类别	用电指标（W/m^2）	建筑类别	用电指标（W/m^2）
住宅	30～50	商业中心	小型：40～80
旅店	40～70		大中型：60～120
写字楼	30～70	高等学校	20～40
体育场馆	40～70	中小学校	12～20
影剧院	50～80	展览馆	50～80
医院	40～70	演播室	250～500
汽车库	8～15		

注：当空调冷水机组采用直燃机时的用电指标一般比采用电动压缩机制冷时的用电指标降低 25～35VA/m^2。表中所列用电指标的上限值是按空调采用电动压缩机制冷时的数值。

3.7.1.7 系统短路阻抗标幺值

系统短路阻抗标幺值 表 3-173

系统短路容量	30	50	75	100	200	300	350	500	∞
系统短路阻抗标幺值	3.333	2.000	1.333	1.000	0.500	0.333	0.286	0.200	0

注：基准容量设定为 100MVA。

3.7.1.8 电线、电缆线芯允许长期工作温度

电线、电缆线芯允许长期工作温度 表 3-174

电线、电缆种类		线芯允许长期工作温度（℃）
塑料绝缘电线	500V	70
交联聚氯乙烯绝缘电力电缆	1～10kV	90
	0.6～1kV	90
聚氯乙烯绝缘电力电缆	1～10kV	70
	0.6～1kV	70
矿物绝缘电力电缆		金属护套：70
		金属护套，无人触及场合：105

3.7.1.9 常用电力电缆最高允许温度

常用电力电缆最高允许温度 表 3-175

电缆类型	电压（kV）	最高允许温度（℃）	
		额定负荷时	短路时
黏性浸渍纸绝缘	1～3	80	250
	6	65	
	10	60	
不滴流纸绝缘	1～6	80	250
	10	65	
交联聚乙烯绝缘	≤10	90	250
聚氯乙烯绝缘		70	160

3.7.1.10 导线最小截面要求

按机械强度导线允许的最小截面见表 3-176。

按机械强度导线允许的最小截面 表 3-176

序号	用途及敷设方式	线芯的最小截面（mm²）		
		铜芯软线	铜线	铝线
1	照明用灯头线： （1）室内 （2）室外	 0.4 1.0	 1.0 1.0	 2.5 2.5

续表

序号	用途及敷设方式	线芯的最小截面（mm^2）		
		铜芯软线	铜线	铝线
2	移动式用电设备： （1）生活用 （2）生产用	 0.75 1.0		
3	架设在绝缘支持件上的绝缘导线支持点间距： （1）2m及以下，室内 （2）2m及以下，室外 （3）6m及以下 （4）15m及以下 （5）25m及以下		 1.0 1.5 2.5 4 6	 2.5 2.5 4 6 10
4	穿管敷设的绝缘导线	1.0	1.0	2.5
5	塑料护套线沿墙明敷设		1.0	2.5
6	板孔穿线敷设的导线		1.5	2.5

3.7.1.11　电缆桥架与各种管道的最小净距

电缆桥架与各种管道的最小净距　　　　表 3-177

管道类别		平等净距（m）	交叉净距（m）
一般工艺管道		0.4	0.3
具有腐蚀性液体（或气体）管道		0.5	0.5
热力管道	有保温层	0.5	0.5
	无保温层	1.0	1.0

3.7.1.12　电缆弯曲半径与电缆外径的比值

电缆弯曲半径与电缆外径的比值　　　　表 3-178

电缆护套类型		电力电缆		其他电缆
		单芯	多芯	多芯
金属护套	铅	25	15	15
	铝	30	30	30
	皱纹铝套和皱纹钢套	20	20	20
非金属护套		20	15	无铠装 10 有铠装 15

注：表中未注明电缆，均包括铠装和无铠装电缆；电力电缆中包括油浸纸绝缘电缆（含不滴流电缆）和橡皮、塑料绝缘电缆，其他电缆指控制信号电缆等。

3.7.1.13　导线、电缆穿套管最小管径

（1）导线穿焊接钢管或水煤气管的最小管径见表 3-179。

导线穿焊接钢管或水煤气管的最小管径　　表 3-179

导线型号 0.45/0.75kV	单芯导线穿管根数	导线穿焊接钢管（SC）或水煤气管（RC）(mm) 导线截面（mm²）													
		1.0	1.5	2.5	4	6	10	16	25	35	50	70	95	120	150
BV	2		15				25		32		40	50		70	80
BLV	3								40		50	70			
BV-105	4						32						80		
BLV-105	5		20					40			70			100	
	6								50						
BX	7			25			40			70	80			125	
BLX	8					32									150

（2）导线穿电线管或聚氯乙烯管的最小管径见表 3-180。

导线穿电线管或聚氯乙烯管的最小管径　　表 3-180

导线型号 0.45/0.75kV	单芯导线穿管根数	导线穿电线管或聚氯乙烯硬质管（TC、PC） 导线截面（mm²）											
		1.0	1.5	2.5	4	6	10	16	25	35	50	70	95
BV BLV BV-105 BLV-105 BX BLX	2		16		20		25	32	40		50	63	
	3		20				32	40			63		
	4												
	5						40						
	6		25					50					
	7				32	40							
	8												

（3）控制电缆穿金属管或聚乙烯硬质管最小管径见表 3-181 和表 3-182。

控制电缆穿金属管最小管径　　表 3-181

电缆截面（mm²）	控制电缆芯数		2	4	5	6，7	8	10	12	14	16	19	24	30	37
	焊接钢管（SC）或水煤气管（RC）		最小管径（mm）												
0.75～1.0	电缆穿管长度在 30m 及以下	直通	15	20				25		32			40		
		一个弯曲时			25			32		40			50		
		二个弯曲时	25		32		40					50		70	
1.5～2.5	电缆穿管长度在 30m 及以下	直通		20		25			32			40		50	
		一个弯曲时		25		32		40		50				70	
		二个弯曲时	25	32	40			50			70		80		100

控制电缆穿聚氯乙烯硬质管最小管径　　表 3-182

电缆截面（mm²）	控制电缆芯数		2	4	5	6，7	8	10	12	14	16	19	24	30	37
	聚氯乙烯硬质电线管（PC）		最小管径（mm）												
0.75～1.0	电缆穿管长度在 30m 及以下	直通	20		25		32			40		50			
		一个弯曲时	25	32		40				50			63		
		二个弯曲时					50			63					
1.5～2.5	电缆穿管长度在 30m 及以下	直通	25		32			40			50			63	
		一个弯曲时	32		40			50		63					
		二个弯曲时		40	50			63							

3.7.1.14　电话线路穿管最小管径

（1）电话电缆穿管的最小管径见表 3-183。

电话电缆穿管的最小管径　　表 3-183

电话电缆型号规格	管材种类	穿管长度（m）	保护管弯曲数	电缆对数									
				10	20	30	50	80	100	150	200	300	400
				最小管径（mm）									
HYV HYQ HPVV 2×0.5	SC RC	30m 以下	直通	20		25	32	40		50	70	80	
			一个弯曲	25	50					70	80		
			二个弯曲	32		40		70		80	100		
HYV HYQ HPVV 2×0.5	TC PC	30m 以下	直通	25		32	40	50					
			一个弯曲	32		40	50						
			二个弯曲	40	50								

（2）电话电线穿管的最小管径见表 3-184。

电话电线穿管的最小管径　　表 3-184

导线型号	穿管对数	导线截面（mm²）					导线型号	穿管对数	导线截面（mm²）				
		0.75	1.0	1.5	2.5	4.0			0.75	1.0	1.5	2.5	4.0
		SC 或 RC 管径（mm）							TC 或 PC 管径（mm）				
RVS 250V	1	15				20	RVS 250V	1	16			20	25
	2				25			2		20		32	
	3							3	20	25			
	4	20			32			4				40	
	5					40		5	25	32		50	

3.7.1.15　防雷设施相关数据

1. 接闪器

（1）避雷针采用圆钢或焊接钢管制成时，其直径不应小于表 3-185 所列数值。

避雷针规格表 表 3-185

针长	材料	规格
<1m	圆钢	12mm
	钢管	20mm
1～2m	圆钢	16mm
	钢管	25mm
烟囱顶上的针	圆钢	20mm
	钢管	40mm

（2）避雷带、避雷网和避雷环采用圆钢或扁钢，其尺寸不应小于表 3-186 所列数值。

避雷带、避雷网、避雷环规格表 表 3-186

项目	材料	规格
避雷带、避雷网	圆钢	直径 8mm
	扁钢	截面 $48mm^2$（厚度不小于 4mm）
烟囱顶上避雷环	圆钢	直径 12mm
	扁钢	截面 $100mm^2$（厚度不小于 4mm）

2. 避雷引下线选择见表 3-187。

避雷引下线选择 表 3-187

类别	材料	规格	备注
明敷	圆钢	直径≥8mm	1. 明设接地引下线及室内接地干线的支持件间距应均匀，水平直线部分宜为 0.5～3m，弯曲部分为 0.3～0.5m。 2. 明装防雷引下线上的保护管宜采用硬绝缘管，也可用镀锌角铁扣在墙面上。不宜将引下线穿入钢管内
	扁钢	截面≥$48mm^2$（厚度≥4mm）	
暗敷	圆钢	直径≥10mm	
	扁钢	截面≥$80mm^2$	
烟囱避雷引下线	圆钢	直径≥12mm	高度不超过 40m 的烟囱，可设一根引下线。超过 40m 的烟囱，应设两根引下线
	扁钢	截面≥$100mm^2$（厚度≥4mm）	

3.7.1.16 光源功率简化计算值

光源功率简化计算值 表 3-188

光源种类	直管荧光灯									环形荧光灯			紧凑型荧光灯			金属卤化物灯
	16mm（T5）				26mm（T8）											
光源功率（W）	14	21	28	35	18	30	36	58	85	22	32	40	9～13	18	26	光源标称功率乘以 1.2 倍后向上取整计
配电子整流器（W）	20	25	35	40	25	35	40	65	90	25	35	45	15	20	30	
配节能电感整流器（W）					30	40	45	70	100	30	40	50	20	25	30	

3.7.1.17　火灾探测器安装

感烟、感温探测器的保护面积和保护半径见表3-189。

感烟、感温探测器的保护面积和保护半径　　表3-189

火灾探测器种类	地面面积 S（m^2）	房间高度 h（m）	一只探测器的保护面积 A 和保护半径 R					
			屋顶坡度 θ					
			$\theta \leqslant 15°$		$15° < \theta \leqslant 30°$		$\theta > 30°$	
			A（m^2）	R（m）	A（m^2）	R（m）	A（m^2）	R（m）
感烟探测器	$S \leqslant 80$	$h \leqslant 12$	80	6.7	80	7.2	80	8.0
	$S > 80$	$6 < h \leqslant 12$	80	6.7	100	8.0	120	9.9
		$h \leqslant 6$	60	5.8	80	7.2	100	9.0
感温探测器	$S \leqslant 30$	$h \leqslant 8$	30	4.4	30	4.9	30	5.5
	$S > 30$	$h \leqslant 8$	20	3.6	30	4.9	40	6.3

3.7.2　给 排 水 工 程

3.7.2.1　管材的弹性模数

管材的弹性模数　　表3-190

管材种类	弹性模数 E（MPa）	管材种类	弹性模数 E（MPa）
铸铁管	$(1.15 \sim 1.6) \times 10^5$	铜 管	$(0.91 \sim 1.3) \times 10^5$
钢 管	$(2.0 \sim 2.2) \times 10^5$	铝 管	0.71×10^5
钢筋混凝土管	2.1×10^4	硬聚氯乙烯管	$(3.2 \sim 4.0) \times 10^3$
石棉水泥管	3.3×10^4	玻璃管	0.56×10^5

3.7.2.2　常用塑料材料英文缩写

施工中常用塑料材料及一些其他材料或介质的英文名称缩写见表3-191。

常用材料英文名称缩写　　表3-191

英文名称缩写	材料名称	英文名称缩写	材料名称
PVC	聚氯乙烯	PA	聚酰胺
UPVC、PVC－U	硬聚氯乙烯	POM	聚甲醛
PE	聚乙烯	PUR	聚氨酯
HDPE	高密度聚乙烯	FRP	玻璃钢
MDPE	中密度聚乙烯	PMMA	聚甲基丙烯酸甲酯（有机玻璃）
LDPE	低密度聚乙烯	PVDF	聚偏二氟乙烯
PP	聚丙烯	PTEF	聚四氟乙烯
PS	聚苯乙烯	LPG	液化石油气
PF	酚醛塑料	ABS	丙烯腈-丁二烯-苯乙烯共聚物

3.7.2.3 真空度与压力单位换算

真空度与压力单位换算表 **表 3-192**

真空度（%）	绝对压力（P）		真空压力（760-P）		真空度（%）	绝对压力（P）		真空压力（760-P）	
	kPa	mmHg	kPa	mmHg		kPa	mmHg	kPa	mmHg
0	101.3	760	0	0	85	15.2	114	86.1	646
10	91.2	684	10.1	76	90	10.1	76	91.2	684
20	81.1	608	20.3	152	95	5.07	38	96.3	722
30	70.9	532	30.4	228	96	4.00	30	97.3	730
40	60.8	456	40.5	304	97	3.33	25	98.0	735
50	50.7	380	50.7	380	98	2.00	15	99.3	745
60	40.5	304	60.8	456	99	1.07	8	100.3	752
70	30.4	228	70.9	532	99.5	0.53	4	100.8	756
80	20.3	152	81.1	608	100	0	0	101.3	760

3.7.2.4 管道涂色规定

（1）管道涂色的一般规定见表 3-193，此表仅为一般规定，具体以实际设计为准。

管道涂色的一般规定 **表 3-193**

管道名称	颜色		管道名称	颜色	
	底色	环色		底色	环色
饱和蒸汽管	红	—	液化石油气管	黄	绿
过热蒸汽管	红	黄	高热值煤气管	黄	—
废气管	红	绿	低热值煤气管	黄	褐
疏水管	绿	黑	油管	橙黄	—
热水管	绿	蓝	盐水管	浅黄	—
生水管	绿	黄	压缩空气管	浅蓝	—
补给（软化）水管	绿	白	净化压缩空气管	浅蓝	黄
凝结水管	绿	红	氧气管	洋蓝	—
余压凝结水管	绿	白	乙炔管	白	—
热力网供水管	绿	黄	氢气管	白	红
热力网回水管	绿	褐	氮气管	棕	—

（2）工业管道的基本识别涂色见表 3-194。

工业管道基本识别涂色 **表 3-194**

管道名称	颜色		管道名称	颜色	
	基本识别色	安全色		基本识别色	安全色
饱和蒸汽管	铝		碱液管	紫	黄/黑
过热蒸汽管	铝		硫酸亚铁溶液管	紫	黄/黑
排气管	铝		磷酸三钠溶液管	紫	黄/黑
酸液管	紫	黄/黑	石灰溶液管	紫	黄/黑

续表

管道名称	颜色		管道名称	颜色	
	基本识别色	安全色		基本识别色	安全色
生水管	绿		氦气管	黄褐	
软化水管	绿	白	氩气管	黄褐	
热水管（100℃及以上）	绿	黄/黑	氮气管	黄褐	
热水管（100℃以下）	绿		氢气管	黄褐	黄/黑
凝结水管	绿		煤气管	黄褐	黄/黑
疏水管	绿	黑	乙炔气管	黄褐	黄/黑
盐水管	绿	黄	天然气管	黄褐	黄/黑
锅炉给水管	绿		液化石油气管	黄褐	黄/黑
锅炉排污管	黑		油管	棕	黄/黑
烟气管	黑		鼓风管	浅蓝	
含酸、碱废液管	黑	黄/黑	真空管	浅蓝	黄
生产废水管	黑		氧气管	浅蓝	黄/黑
氨液管	黑		压缩空气管	浅蓝	
氨气管	黄褐		净化压缩空气管	浅蓝	白

3.7.2.5　阀门的标志识别涂漆

1. 阀体标志识别涂漆

阀体根据材质不同，涂漆颜色也不同，对应关系见表3-195。

不同材质阀体的涂漆颜色　　表3-195

阀体材质	识别涂漆颜色	阀体材质	识别涂漆颜色
球墨铸铁	银色	合金钢	中蓝色
灰铸铁、可锻铸铁	黑色	铜合金	不涂色漆
碳素钢	中灰色	耐酸钢、不锈钢	天蓝色/不涂色漆

2. 密封面标志识别涂漆

密封面涂漆涂在阀门手轮、手柄或扳手上，根据密封面材质不同涂漆颜色不同，对应关系见表3-196。

不同密封面材质的涂漆颜色　　表3-196

密封面材质	识别涂漆颜色	密封面材质	识别涂漆颜色
橡　胶	中绿色	铜合金	大红色
塑　料	紫红色	硬质合金	天蓝色
铸　铁	黑　色	巴氏合金	淡黄色
耐酸钢、不锈钢	天蓝色	蒙耐尔合金	深黄色
渗氮钢、渗硼钢	天蓝色		

注：1. 当阀座和启闭件材质不同时，按低硬度材质涂色漆；
2. 止回阀的识别颜色涂在阀盖顶部，安全阀、疏水阀涂在阀罩或阀帽上。

3.7.2.6 钢管常用数据

(1) 普通焊接钢管的常用数据见表 3-197。

普通焊接钢管常用数据 表 3-197

公称直径 DN		外径	通道截面面积	容积	外表面积	重量
(mm)	(in)	(mm)	(cm^2)	(L/m)	(m^2/m)	(kg/m)
15	1/2	21.3	2.01	0.201	0.063	1.25
20	3/4	26.8	3.46	0.346	0.078	1.63
25	1	33.5	5.73	0.573	0.100	2.42
32	1¼	42.3	8.56	0.856	0.126	3.13
40	1½	48.0	13.2	1.320	0.151	3.84
50	2	60.0	19.6	1.960	0.179	4.88
65	2½	75.5	37.4	3.740	0.239	6.64
80	3	88.5	51.5	5.150	0.280	8.34
100	4	114	78.5	8.820	0.339	10.85
125	5	140	123	13.40	0.418	15.04
150	6	165	177	19.10	0.500	17.81

(2) 无缝钢管的常用数据见表 3-198。

无缝钢管的常用数据 表 3-198

公称直径 DN (mm)	外径 (mm)	壁厚 (mm)	通道截面面积 (cm^2)	容积 (L/m)	外表面积 (m^2/m)	重量 (kg/m)
15	22	2.5	2.27	0.227	0.069	1.20
20	25	2.5	3.14	0.314	0.079	1.39
25	32	3	5.31	0.531	0.100	2.15
32	38	3.5	7.55	0.755	0.119	2.98
40	45	3.5	11.3	1.130	0.141	3.85
50	57	3.5	19.6	1.960	0.179	4.01
65	76	4	36.3	3.630	0.239	7.10
80	89	4	51.5	5.150	0.279	8.38
100	108	4	78.5	7.850	0.339	10.26
125	133	4.5	121	12.10	0.417	14.26
150	159	4.5	177	17.70	0.500	17.15
200	219	6	356	35.60	0.688	31.54
250	273	8	519	51.90	0.857	52.28
300	325	8	750	75.00	1.020	62.54
350	377	10	1001	100.1	1.180	90.51
400	426	10	1295	129.5	1.340	102.59
500	530	12	2011	201.1	1.660	154.29
600	630	12	2884	288.4	1.980	183.88

3.7.2.7 管道支架间距

管道支架的间距应按设计要求进行布置。当设计无明确规定时，钢管道支架间距可参照表3-199、表3-200设置。

无保温层管道支吊架最大间距 表3-199

介质参数及管道类别	管道规格 φ×δ (mm)	管道自重 (kg/m)	管道满水单位重 (kg/m)	最大允许间距 L_{max} (m)		
				按强度条件计算	按刚度条件计算	推荐值
碳钢管道	32×3.5	2.46	2.9	4.93	3.24	3.2
	38×3.5	2.98	3.63	5.37	3.68	3.7
	45×3.5	3.58	4.53	6.2	3.86	3.9
	57×3.5	4.62	6.63	6.24	4.9	4.9
	73×4	6.81	10.22	7.2	6.07	6.0
	89×4	8.38	13.86	7.45	6.7	6.7
	108×4	10.26	18.33	8.98	7.66	7.6
	133×4	12.73	25.13	9.56	8.8	8.8
	159×4.5	17.15	34.82	10.4	9.8	9.8
	219×6	31.52	65.17	12.13	9.93	9.9
	273×7	45.92	100.25	12.8	14.7	12.8
	325×7	54.90	157.50	13.1	16.6	13.0
	377×7	63.87	159.67	14.3	17.0	14.3
	426×7	72.33	193.23	14.8	18.8	14.8
	478×7	81.31	242.31	15.6	19.2	15.6
	529×7	90.11	291.01	16.0	20.4	16.0
	630×7	107.5	405.5	16.4	21.0	16.4

蒸汽管道支吊架最大间距 表3-200

介质参数及管道类别	管道规格 φ×δ (mm)	保温厚度 (mm)	管道自重 (kg/m)	保温重量 (kg/m)	管道单位重量 (kg/m)		最大允许间距 L_{max} (m)		
					无水	满水	按强度条件计算	按刚度条件计算	推荐值
蒸汽管道 $P=1MPa$ $t=175℃$	32×3.5	60	2.46	14.79	17.25	17.69	2.09	1.86	1.8
	38×3.5	70	2.98	18.91	21.89	22.54	2.32	1.88	1.9
	45×3.5	80	3.58	23.81	27.39	28.34	2.62	2.08	2.1
	57×3.5	90	4.62	30.15	34.77	36.79	2.80	2.5	2.5
	73×4	100	6.81	33.55	40.36	43.83	3.66	3.4	3.4
	89×4	100	8.38	40.97	49.35	54.26	3.91	3.7	3.7
	108×4	100	10.26	50.92	61.18	68.25	4.65	4.18	4.2
	133×4	100	12.73	56.28	69.01	80.07	5.55	5.01	5.0
	159×4.5	110	17.15	68.79	85.94	103.61	6.31	5.80	5.8
	219×6	110	31.52	82.55	114.07	147.72	8.71	8.01	8.0
	273×7	120	45.92	103.85	148.77	190.71	9.85	9.6	9.6
	325×7	120	54.90	116.63	171.53	244.40	10.7	11.2	10.7
	377×7	130	63.87	140.39	204.26	304.10	11.2	11.7	11.2
	426×7	130	72.33	153.15	225.48	354.38	12.8	12.9	12.8
	478×7	130	81.31	166.75	248.06	413.01	13.2	13.8	13.2
	529×7	130	90.11	179.91	270.10	570.00	14.9	15.9	14.9

注：1. 铜及铜合金管道的支架间距可按钢管道支架间距的80%取值；
2. 铝及铝合金管道的支架间距可按钢管道支架间距的65～75%取值；
3. 铅合金管道及硬塑料管道的支架间距可按1～2m取值；
4. 在较重的管道附件旁应设支架，以承受附件的荷重。

3.7.2.8 管道绝热层工程量计算

管道绝热层体积计算见表3-201，考虑到施工误差，在计算绝热层体积时，已将表列绝热层厚度加大10mm。

管道绝热层体积计算表(m^3/100m) **表 3-201**

管道外径(mm)	绝热层厚度 mm																													
	30	40	50	60	70	80	90	100	110	120	130	140	150	160	170	180	190	200	210	220	230	240	250	260	270	280	290	300	310	320
22	0.58	0.90	1.29	1.73	2.24	2.81	3.45	4.15	4.91	5.73	6.62	7.56																		
28	0.64	0.98	1.38	1.85	2.38	2.97	3.62	4.34	5.11	5.96	6.86	7.83	8.86																	
32	0.68	1.03	1.45	1.92	2.46	3.07	3.73	4.46	5.25	6.11	7.02	8.00	9.05	10.2																
38	0.74	1.11	1.54	2.04	2.59	3.22	3.90	4.65	5.46	6.33	7.27	8.27	9.33	10.5																
45	0.80	1.19	1.65	2.17	2.75	3.39	4.10	4.87	5.70	6.60	7.56	8.58	9.66	10.8	12.0															
57	0.91	1.34	1.84	2.39	3.01	3.69	4.44	5.25	6.12	7.05	8.05	9.10	10.2	11.4	12.7	14.0														
73	1.07	1.55	2.09	2.70	3.36	4.10	4.89	5.75	6.67	7.65	8.70	9.81	11.0	12.2	13.5	14.9	16.3													
89	1.22	1.75	2.34	3.00	3.72	4.50	5.34	6.25	7.22	8.26	9.35	10.5	11.7	13.0	14.4	15.8	17.3	18.8												
108	1.39	1.99	2.64	3.36	4.13	4.98	5.88	6.85	7.88	8.97	10.1	11.3	12.6	14.0	15.4	16.9	18.4	20.0	21.6											
133	1.63	2.30	3.03	3.83	4.68	5.60	6.59	7.63	8.74	9.91	11.1	12.4	13.8	15.2	16.7	18.3	19.9	21.6	23.3	25.1										
159	1.88	2.63	3.44	4.32	5.26	6.26	7.32	8.45	9.64	10.9	12.2	13.6	15.0	16.5	18.1	19.7	21.4	23.2	25.0	26.9	28.8									
219	2.44	3.38	4.38	5.45	6.58	7.77	9.02	10.3	11.7	13.2	14.7	16.2	17.9	19.6	21.3	23.1	25.0	27.0	29.0	31.0	33.2	35.4	37.6							
273	2.95	4.06	5.23	6.47	7.76	9.12	10.5	12.0	13.6	15.2	16.9	18.6	20.4	22.3	24.2	26.2	28.2	30.3	32.5	34.8	37.1	39.4	41.9	44.4	46.9					
325	3.44	4.71	6.05	7.45	8.91	10.4	12.0	13.7	15.4	17.2	19.0	20.9	22.9	24.9	27.0	29.1	31.3	33.6	36.0	38.4	40.8	43.4	45.9	48.6	51.3	54.1				
377	3.93	5.37	6.86	8.43	10.0	11.7	13.5	15.3	17.2	19.1	21.1	23.2	25.3	27.5	29.7	32.1	34.4	36.9	39.4	42.0	44.6	47.3	50.0	52.8	55.7	58.7	61.7			
426	4.39	5.98	7.63	9.35	11.1	13.0	14.9	16.8	18.9	21.0	23.1	25.3	27.6	30.0	32.4	34.8	37.4	40.0	42.6	45.3	48.1	51.0	53.9	56.9	59.9	63.0	66.1			
478	4.88	6.64	8.45	10.3	12.3	14.3	16.3	18.5	20.7	22.9	25.2	27.6	30.1	32.6	35.1	37.8	40.5	43.2	46.0	48.9	51.9	54.9	58.0	61.1	64.3	67.6	70.9	74.3		
529	5.36	7.28	9.25	11.3	13.4	15.6	17.8	20.1	22.4	24.8	27.3	29.9	32.5	35.1	37.9	40.7	43.5	46.4	49.4	52.5	55.6	58.7	62.0	65.3	68.6	72.0	75.5	79.1	82.7	
630	6.31	8.55	10.8	13.2	15.6	18.1	20.6	23.2	25.9	28.7	31.4	34.3	37.2	40.2	43.3	46.4	49.5	52.8	56.1	59.4	62.9	66.4	69.9	73.5	77.2	80.9	84.7	88.6	92.5	96.5
720	7.16	9.68	12.3	14.9	17.6	20.4	23.2	26.1	29.0	32.0	35.1	38.3	41.5	44.7	48.1	51.5	54.9	58.4	62.0	65.7	69.4	73.1	77.0	80.9	84.8	88.8	92.9	97.1	101	106
820	8.11	10.9	13.8	16.8	19.8	22.9	26.0	29.2	32.5	35.8	39.2	42.7	46.2	49.8	53.4	57.1	60.9	64.7	68.6	72.6	76.6	80.7	84.8	89.0	93.3	97.6	102	107	111	116
920	9.05	12.2	15.4	18.7	22.0	25.4	28.8	32.4	35.9	39.6	43.3	47.1	50.9	54.8	58.7	62.8	66.9	71.0	75.2	79.5	83.8	88.2	92.7	97.2	102	106	111	116	121	126
1020	9.99	13.4	17.0	20.5	24.2	27.9	31.7	35.5	39.4	43.4	47.4	51.5	55.6	59.8	64.1	68.4	72.8	77.3	81.8	86.4	91.0	95.8	101	105	110	115	120	125	131	136

3.7.2.9　管道压力试验项目

规范要求管道安装完毕后，应按设计规定对管道系统进行强度和严密性试验，试验项目见表 3-202。

管道系统试验项目　　**表 3-202**

介质性质	设计压力（表压，MPa）	强度试验	严密性试验		其他试验
			液　压	气　压	
一般	＜0	作	任选		真空度
	0	—	充水	—	—
	＞0	作	任选		—
有毒	任意	作	作	作	—
剧毒及甲、乙类火灾危险物质	＜100	作	作	作	泄漏量
	＞100	作	作	作	—

注：本表摘自《工业金属管道工程施工验收规范》（GBJ 50235）。

3.7.3　通 风 空 调 工 程

3.7.3.1　空气洁净度等级

目前国内采用比较多的空气洁净度标准分两种：国际标准 ISO/TC 209 和美国联邦标准 FS 209E，见表 3-203、表 3-204。

空气洁净度国际标准（ISO/TC 209）　　**表 3-203**

空气洁净度等级（N）	大于或等于表中粒径的最大浓度限值（pc/m³）					
	0.1μm	0.2μm	0.3μm	0.5μm	1μm	5μm
1	10	2				
2	100	24	10	4		
3	1000	237	102	35	8	
4	10000	2370	1020	352	83	
5	100000	23700	10200	3520	832	29
6	1000000	237000	102000	35200	8320	293
7				352000	83200	2930
8				3520000	832000	29300
9				35200000	8320000	293000

空气洁净度美国联邦标准（FS 209E）　　**表 3-204**

等级名称		最大浓度限值									
		0.1μm		0.2μm		0.3μm		0.5μm		5μm	
		容积单位		容积单位		容积单位		容积单位		容积单位	
国际单位	英制单位	m³	ft³	m³	ft³	m³	ft³	m³	ft³	m³	ft³
M1		350	9.91	75.7	2.14	30.9	0.875	10.0	0.283		
M1.5	1	1240	35.0	265	7.50	106	3.00	35.3	1.00		
M2		3500	99.1	757	21.4	309	8.75	100	2.83		
M2.5	10	12400	350	2650	75.0	1060	30.0	353	10.0		
M3		35000	991	7570	214	3090	87.5	1000	28.3		
M3.5	100			26500	750	10600	300	3530	100		
M4				75700	2140	30900	875	10000	283		
M4.5	1000							35300	1000	247	7.00

续表

等级名称		最大浓度限值									
		0.1μm		0.2μm		0.3μm		0.5μm		5μm	
		容积单位		容积单位		容积单位		容积单位		容积单位	
国际单位	英制单位	m^3	ft^3	m^3	ft^3	m^3	ft^3	m^3	ft^3	m^3	ft^3
M5								100000	2830	618	17.5
M5.5	10000							353000	10000	2470	70.0
M6								1000000	28300	6180	175
M6.5	100000							3530000	100000	24700	700
M7								10000000	283000	61800	1750

3.7.3.2 空气热工物理参数

（1）干空气在压力为 101.325kPa 时对传热有影响的物理参数见表 3-205。

干空气在压力为 101.325kPa 时对传热有影响的物理参数　　表 3-205

温度 t (℃)	密度 ρ (kg/m^3)	比热容 C_p kJ/(kg·℃)	热导率 $\lambda \cdot 10^2$ W/(m·℃)	热扩散率 $a \cdot 10^2$ (m^2/s)	动力黏度 $\eta \cdot 10^5$ (Pa·s)	运动黏度 $\nu \cdot 10^5$ (m^2/s)	普朗特数 P_r
−40	1.515	1.0132	2.117	4.96	1.5200	1.004	0.728
−30	1.453	1.0132	2.198	5.37	1.5691	1.080	0.723
−20	1.395	1.0090	2.280	5.83	1.6181	1.279	0.716
−10	1.342	1.0090	2.361	6.28	1.6671	1.243	0.712
0	1.293	1.0048	2.442	6.77	1.7162	1.328	0.707
10	1.247	1.0048	2.512	7.22	1.7652	1.416	0.705
20	1.205	1.0048	2.594	7.71	1.3142	1.506	0.703
30	1.165	1.0048	2.675	8.23	1.8633	1.600	0.700
40	1.128	1.0048	2.756	8.75	1.9123	1.696	0.699

（2）空气的含热量值见表 3-206。

空气在压力为 101.325kPa 时的含热量值（kJ/kg）　　表 3-206

t (℃)	相对湿度 ϕ (%)										
	0	10	20	30	40	50	60	70	80	90	100
−20	−20.097	−19.929	−19.720	−19.511	−19.343	−19.176	−18.966	−18.757	−18.589	−18.380	−18.213
−19	−18.841	−18.883	−18.673	−18.464	−18.255	−18.045	−17.878	−17.608	−17.459	−17.208	−17.040
−18	−18.087	−17.878	−17.626	−17.417	−17.208	−16.995	−16.747	−16.538	−16.287	−16.077	−15.868
−17	−17.082	−16.831	−16.580	−16.370	−16.161	−15.868	−15.617	−15.366	−15.114	−14.905	−14.656
−16	−16.077	−15.826	−15.533	−15.282	−15.031	−14.738	−14.486	−14.235	−13.942	−13.691	−13.440
−15	−15.073	−14.779	−14.486	−14.193	−13.816	−13.649	−13.356	−13.063	−12.770	−12.477	−12.184
−14	−14.063	−13.775	−13.440	−13.147	−12.812	−12.519	−12.184	−11.891	−11.556	−11.263	−10.928
−13	−13.063	−12.728	−12.393	−12.060	−11.723	−11.346	−11.011	−10.676	−10.341	−10.007	−9.672
−12	−12.058	−11.681	−11.304	−10.969	−10.593	−10.216	−9.839	−9.462	−9.085	−8.750	−8.374
−11	−11.053	−10.635	−10.258	−9.839	−9.462	−9.044	−8.667	−8.248	−7.829	−7.453	−7.034
−10	−10.048	−9.672	−9.253	−8.876	−8.457	−8.081	−7.704	−7.285	−6.908	−9.490	−6.113
−9	−9.044	−8.625	−8.164	−7.746	−7.327	−6.908	−6.448	−6.029	−5.610	−5.150	−4.731
−8	−8.039	−7.578	−7.118	−6.615	−6.155	−5.694	−5.234	−4.731	−4.271	−3.810	−3.308
−7	−7.034	−6.531	−6.029	−5.485	−4.982	−4.480	−3.936	−3.433	−2.931	−2.387	−1.884

续表

t (℃)	相对湿度 ϕ (%)										
	0	10	20	30	40	50	60	70	80	90	100
−6	−6.029	−5.485	−4.899	−4.354	−3.768	−3.224	−2.680	−2.093	−1.549	−0.963	−0.419
−5	−5.024	−4.396	−3.810	−3.182	−2.596	−1.968	−1.340	−0.754	−0.126	0.502	1.130
−4	−4.019	−3.349	−2.680	−2.010	−1.340	−0.670	0.000	0.670	1.340	2.010	2.680
−3	−3.015	−2.303	−1.549	−0.837	−0.126	0.628	1.340	2.093	2.805	3.559	4.271
−2	−2.010	−1.214	−0.419	0.377	1.172	1.968	2.763	3.559	4.354	5.150	5.945
−1	−1.005	−0.126	0.712	1.591	2.428	3.308	4.187	5.024	5.903	6.783	7.620
0	0.000	0.921	1.884	2.805	3.726	4.689	5.610	6.573	7.494	8.457	9.378
1	1.005	1.884	3.015	4.019	5.024	6.029	7.076	8.081	9.085	10.132	11.137
2	2.010	3.098	4.187	5.275	6.364	7.453	8.541	9.630	10.718	11.807	12.895
3	3.015	4.187	5.359	6.490	7.662	8.834	10.007	11.179	12.351	13.565	14.738
4	4.019	5.275	6.531	7.788	9.044	10.300	11.556	12.812	14.068	15.324	16.580
5	5.024	6.364	7.704	9.044	10.383	11.765	13.105	14.445	15.826	17.166	18.548
6	6.029	7.453	8.918	10.341	11.807	13.230	14.696	16.161	17.585	19.050	20.515
7	7.034	8.583	10.132	11.681	13.230	14.779	16.329	17.878	19.469	21.018	22.567
8	8.039	9.713	11.346	13.021	14.696	16.329	18.003	19.678	21.352	23.069	24.744
9	9.044	10.802	12.602	14.361	16.161	17.920	19.720	21.520	23.321	25.121	26.921
10	10.048	11.932	13.816	15.742	17.668	19.552	21.478	23.404	25.330	27.256	29.224
11	11.053	13.063	15.114	17.166	19.176	21.227	23.279	25.330	27.424	29.475	31.569
12	12.058	14.235	16.412	18.589	20.767	22.944	25.163	27.382	29.559	31.778	33.997
13	13.063	15.366	17.710	20.013	22.358	24.702	27.047	29.391	31.778	34.164	36.551
14	14.068	16.538	19.050	21.520	24.032	26.502	29.015	31.527	34.081	36.635	39.147
15	15.073	17.710	20.343	23.027	25.707	28.387	31.066	33.746	36.425	39.147	41.868
16	16.077	18.883	21.730	24.577	27.424	30.271	33.159	36.048	38.895	41.784	44.799
17	17.082	20.097	23.111	26.126	29.182	32.238	35.295	38.393	41.491	44.380	47.730
18	18.087	21.311	24.493	27.717	30.982	34.248	37.556	40.863	44.380	47.311	50.660
19	19.092	22.525	25.958	29.391	32.866	36.341	39.817	43.543	46.892	50.242	54.010
20	20.100	23.739	27.382	31.066	34.750	38.477	42.287	46.055	49.823	53.591	57.359
21	21.102	24.953	28.889	32.783	36.718	40.654	44.799	48.567	52.754	56.522	60.709
22	22.106	26.251	30.396	34.541	38.728	43.124	47.311	51.498	55.684	59.871	64.477
23	23.111	27.507	31.903	36.341	40.821	45.217	49.823	54.428	59.034	63.639	68.245
24	24.116	28.763	33.453	38.184	43.124	47.730	52.335	57.359	62.383	66.989	72.013
25	25.121	30.061	35.044	40.068	45.217	50.242	55.266	60.290	65.733	70.757	76.200
26	26.126	31.401	36.676	41.868	47.311	52.754	58.197	63.639	69.082	74.944	80.387
27	27.131	32.741	38.351	43.961	49.823	55.684	61.127	66.989	72.850	78.712	84.992
28	28.135	34.081	40.068	46.055	52.335	58.197	64.477	70.757	77.037	83.317	89.598
29	29.140	35.420	41.784	48.148	54.428	61.127	67.826	74.106	80.805	87.504	94.203
30	30.145	36.802	43.543	50.242	57.359	64.058	71.176	77.875	84.992	92.110	99.646
31	31.150	38.226	45.218	52.754	59.871	66.989	74.525	82.061	89.598	97.134	104.670
32	32.155	39.649	47.311	54.847	62.383	70.338	78.293	86.248	94.203	102.158	110.532
33	33.160	41.073	48.986	57.359	65.314	73.688	82.061	90.435	98.809	107.008	116.393
34	34.164	42.705	51.079	59.453	68.245	77.037	85.829	94.622	103.833	113.044	122.255
35	35.169	43.951	53.172	61.965	71.176	80.805	90.016	99.646	109.276	118.905	128.535
36	36.174	45.636	55.266	64.895	74.525	84.155	94.203	104.251	114.718	124.767	135.234
37	37.179	47.311	57.359	67.408	77.456	87.922	98.809	109.276	120.161	131.047	142.351
38	38.184	48.567	59.453	69.920	80.805	92.110	103.414	114.718	126.023	137.746	149.469
39	39.189	50.242	61.546	72.850	84.573	96.296	108.019	120.161	132.722	144.863	157.424
40	40.193	51.916	63.639	75.781	88.342	100.48	113.044	126.023	139.002	152.340	165.797

4 施工常用结构计算

4.1 荷载与结构静力计算表

4.1.1 荷　　载

4.1.1.1 永久荷载标准值

对结构自重，可按结构构件的设计尺寸与材料单位体积的自重计算确定。对于自重变异较大的材料和构件（如现场制作的保温材料、混凝土薄壁构件等），自重的标准值应根据对结构的不利状态，取上限值或下限值。

注：对常用材料的自重可参考本手册第3章的内容。

4.1.1.2 可变荷载的标准值

常用（竖向）可变荷载标准值可按下列规定采用。

1. 民用建筑楼面均布活荷载

民用建筑楼面均布活荷载的标准值及其组合值、频遇值和准永久值系数，应按表4-1的规定采用。

民用建筑楼面均布活荷载标准值及其组合值、频遇值和准永久值系数　　表4-1

项次	类　　别	标准值 (kN/m^2)	组合值系数 Ψ_c	频遇值系数 Ψ_f	准永久值系数 Ψ_q
1	(1) 住宅、宿舍、旅馆、办公楼、医院病房、托儿所、幼儿园	2.0	0.7	0.5	0.4
	(2) 教室、试验室、阅览室、会议室、医院门诊室			0.6	0.5
2	食堂、餐厅、一般资料档案室	2.5	0.7	0.6	0.5
3	(1) 礼堂、剧场、影院、有固定座位的看台	3.0	0.7	0.5	0.3
	(2) 公共洗衣房	3.0	0.7	0.6	0.5
4	(1) 商店、展览厅、车站、港口、机场大厅及其旅客等候室	3.5	0.7	0.6	0.5
	(2) 无固定座位的看台	3.5	0.7	0.5	0.3
5	(1) 健身房、演出舞台	4.0	0.7	0.6	0.5
	(2) 舞厅	4.0	0.7	0.6	0.3
6	(1) 书库、档案库、贮藏室	5.0	0.9	0.9	0.8
	(2) 密集柜书库	12.0			
7	通风机房、电梯机房	7.0	0.9	0.9	0.8
8	汽车通道及停车库：				
	(1) 单向板楼盖（板跨不小于2m）				
	客车	4.0	0.7	0.7	0.6
	消防车	35.0	0.7	0.7	0.6
	(2) 双向板楼盖（板跨不小于6m×6m）和无梁楼盖（柱网尺寸不小于6m×6m）				
	客车	2.5	0.7	0.7	0.6
	消防车	20.0	0.7	0.7	0.6

续表

项次	类　别	标准值 (kN/m²)	组合值系数 Ψ_c	频遇值系数 Ψ_f	准永久值系数 Ψ_q
9	厨房：(1) 一般的 (2) 餐厅的	2.0 4.0	0.7 0.7	0.6 0.7	0.5 0.7
10	浴室、厕所、盥洗室： (1) 第1项中的民用建筑 (2) 其他民用建筑	2.0 2.5	0.7 0.7	0.5 0.6	0.4 0.5
11	走廊、门厅、楼梯： (1) 宿舍、旅馆、医院病房、托儿所、幼儿园、住宅 (2) 办公楼、教学楼、餐厅，医院门诊部 (3) 当人流可能密集时	2.0 2.5 3.5	0.7 0.7 0.7	0.5 0.6 0.5	0.4 0.5 0.3
12	阳台： (1) 一般情况 (2) 当人群有可能密集时	2.5 3.5	0.7	0.6	0.5

注：1. 本表所给各项活荷载适用于一般使用条件，当使用荷载较大或情况特殊时，应按实际情况采用。
2. 第6项书库活荷载当书架高度大于2m时，书库活荷载尚应按每米书架高度不小于2.5kN/m² 确定。
3. 第8项中的客车活荷载只适用于停放载人少于9人的客车；消防车活荷载是适用于满载总重为300kN的大型车辆；当不符合本表的要求时，应将车轮的局部荷载按结构效应的等效原则，换算为等效均布荷载。
4. 第11项楼梯活荷载，对预制楼梯踏步平板，尚应按1.5kN集中荷载验算。
5. 本表各项荷载不包括隔墙自重和二次装修荷载。对固定隔墙的自重应按恒荷载考虑，当隔墙位置可灵活自由布置时，非固定隔墙的自重可取每延米长墙重（kN/m）的1/3作为楼面活荷载的附加值（kN/m²）计入，附加值不小于1.0kN/m²。

设计楼面梁、墙、柱及基础时，表4-1中的楼面活荷载标准值在下列情况下应乘以规定的折减系数。

(1) 设计楼面梁时的折减系数：

1) 第1 (1) 项当楼面梁从属面积超过25m² 时，应取0.9；

2) 第1 (2) ～7项当楼面梁从属面积超过50m² 时，应取0.9；

3) 第8项对单向板楼盖的次梁和槽形板的纵肋应取0.8，对单向板楼盖的主梁应取0.6，对双向板楼盖的梁应取0.8；

4) 第9～12项应采用与所属房屋类别相同的折减系数。

(2) 设计墙、柱和基础时的折减系数：

1) 第1 (1) 项应按表4-2规定采用；

2) 第1 (2) ～7项应采用与其楼面梁相同的折减系数；

3) 第8项对单向板楼盖应取0.5，对双向板楼盖和无梁楼盖应取0.8；

4) 第9～12项应采用与所属房屋类别相同的折减系数。

注：楼面梁的从属面积应按梁两侧各延伸二分之一梁间距的范围内的实际面积确定。

活荷载按楼层的折减系数　**表4-2**

墙、柱、基础计算截面以上的层数	1	2～3	4～5	6～8	9～20	>20
计算截面以上各楼层活荷载总和的折减系数	1.00 (0.90)	0.85	0.70	0.65	0.60	0.55

注：当楼面梁的从属面积超过25m² 时，应采用括号内的系数。

2. 屋面活荷载

房屋建筑的屋面，其水平投影面上的屋面均布活荷载，应按表 4-3 采用。屋面均布活荷载，不应与雪荷载同时组合。

屋面均布活荷载 表 4-3

项次	类 别	标准值 (kN/m^2)	组合值系数 Ψ_c	频遇值系数 Ψ_f	准永久值系数 Ψ_q
1	不上人的屋面	0.5	0.7	0.5	0
2	上人的屋面	2.0	0.7	0.5	0.4
3	屋顶花园	3.0	0.7	0.6	0.5

注：1. 不上人的屋面，当施工或维修荷载较大时，应按实际情况采用；对不同结构应按有关设计规范的规定，将标准值作 $0.2kN/m^2$ 的增减。

2. 上人的屋面，当兼作其他用途时，应按相应楼面活荷载采用。

3. 对于因屋面排水不畅、堵塞等引起的积水荷载，应采取构造措施加以防止；必要时，应按积水的可能深度确定屋面活荷载。

4. 屋顶花园活荷载不包括花圃土石等材料自重。

3. 施工和检修荷载及栏杆水平荷载

设计屋面板、檩条、钢筋混凝土挑檐、雨篷和预制小梁时，施工或检修集中荷载（人和小工具的自重）应取 1.0kN，并应在最不利位置处进行验算（注：①对于轻型构件或较宽构件，当施工荷载超过上述荷载时，应按实际情况验算，或采用加垫板、支撑等临时设施承受。② 当计算挑檐、雨篷承载力时，应沿板宽每隔 1.0m 取一个集中荷载；在验算挑檐、雨篷倾覆时，应沿板宽每隔 2.5～3.0m 取一个集中荷载)。

楼梯、看台、阳台和上人屋面等的栏杆顶部水平荷载，应按下列规定采用：

(1) 住宅、宿舍、办公楼、旅馆、医院、托儿所、幼儿园，应取 0.5kN/m；

(2) 学校、食堂、剧场、电影院、车站、礼堂、展览馆或体育场，应取 1.0kN/m。

4. 动力系数

建筑结构设计的动力计算，在有充分依据时，可将重物或设备的自重乘以动力系数后，按静力计算设计。

搬运和装卸重物以及车辆起动和刹车的动力系数，可采用 1.1～1.3；其动力荷载只传至楼板和梁。

直升机在屋面上的荷载，也应乘以动力系数，对具有液压轮胎起落架的直升机可取 1.4；其动力荷载只传至楼板和梁。

5. 雪荷载

屋面水平投影面上的雪荷载标准值，应按下式计算：

$$s_k = \mu_r s_0 \tag{4-1}$$

式中 s_k——雪荷载标准值 (kN/m^2)；

μ_r——屋面积雪分布系数（表 4-4)；

s_0——基本雪压 (kN/m^2)。

屋面积雪分布系数　　表 4-4

<table>
<tr><th>项次</th><th>类别</th><th>屋面形式及积雪分布系数 μ_r</th></tr>
<tr><td>1</td><td>单跨单坡屋面</td><td>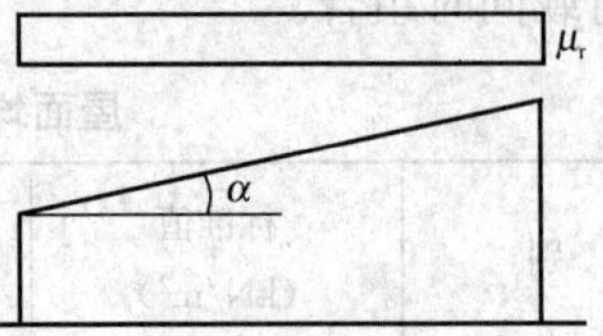

<table>
<tr><td>α</td><td>≤25°</td><td>30°</td><td>35°</td><td>40°</td><td>45°</td><td>≥50°</td></tr>
<tr><td>μ_r</td><td>1.0</td><td>0.8</td><td>0.6</td><td>0.4</td><td>0.2</td><td>0</td></tr>
</table></td></tr>
<tr><td>2</td><td>单跨双坡屋面</td><td>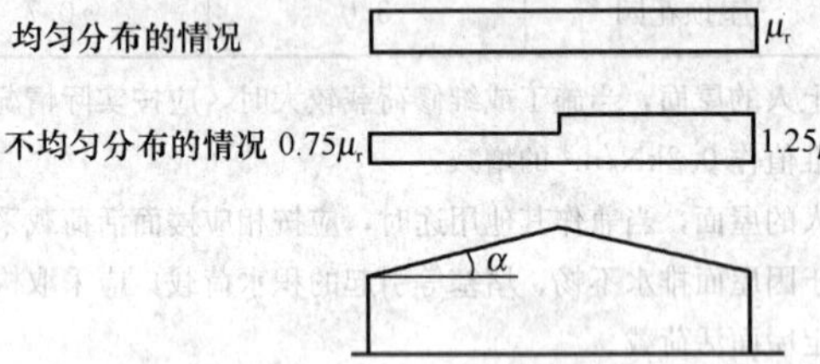

μ_r按第一项规定采用</td></tr>
<tr><td>3</td><td>拱形屋面</td><td>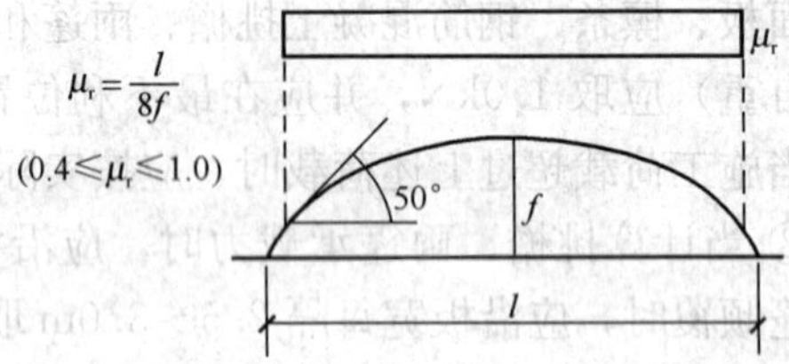
</td></tr>
<tr><td>4</td><td>带天窗的屋面</td><td>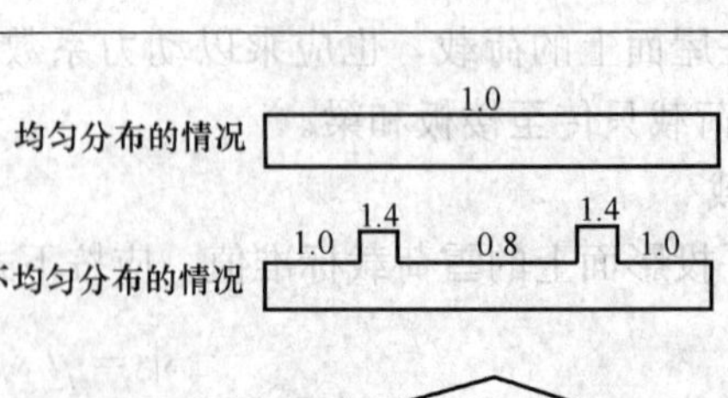
</td></tr>
<tr><td>5</td><td>带天窗有挡风板的屋面</td><td>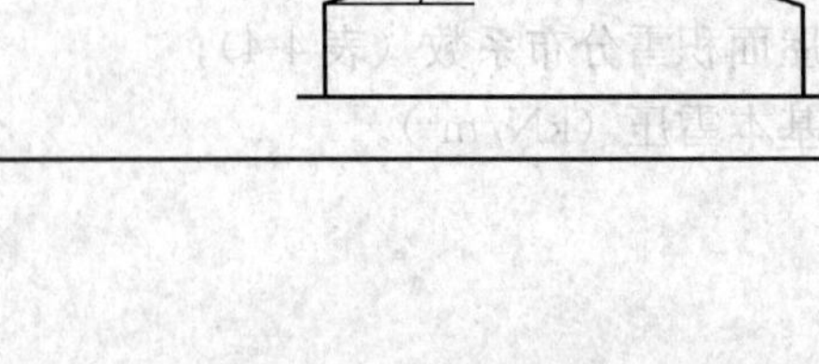
</td></tr>
</table>

续表

项次	类别	屋面形式及积雪分布系数 μ_r
6	多跨单坡屋面 （锯齿形屋面）	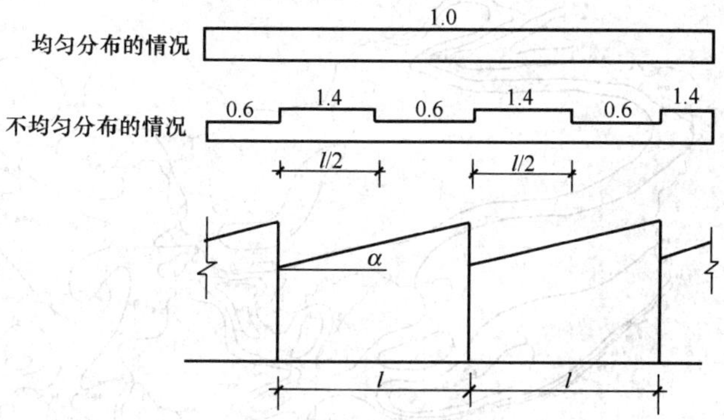
7	双跨双坡或 拱形屋面	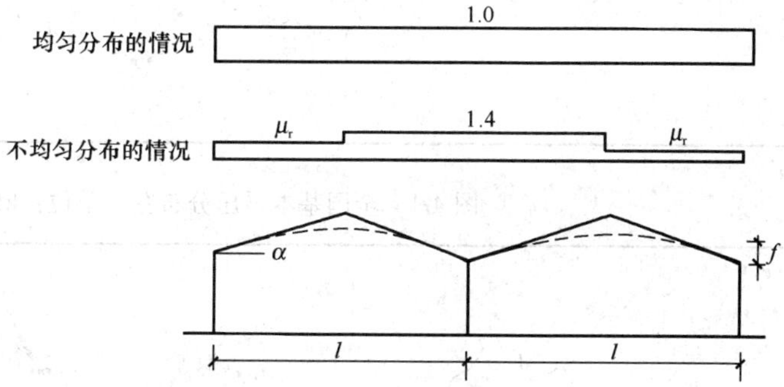 μ_r按第1或3项规定采用
8	高低屋面	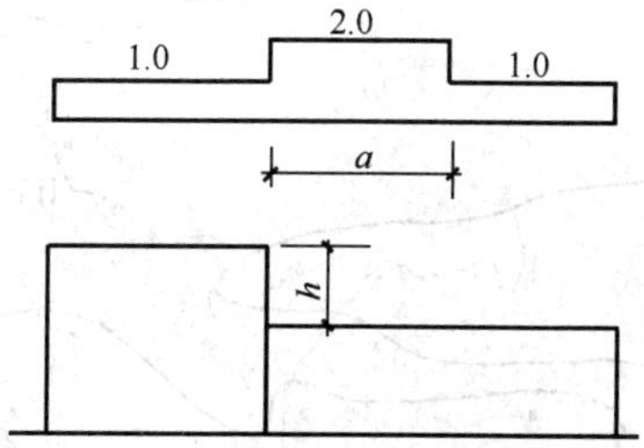 $a=2h$，但不小于 4m，不大于 8m

注：1. 第 2 项单跨双坡屋面仅当 20°≤a≤30°时，可采用不均匀分布情况。

2. 第 4、5 项只适用于坡度 a≤25°的一般工业厂房屋面。

3. 第 7 项双跨双坡或拱形屋面，当 a≤25°或 f/l≤0.1 时，只采用均匀分布情况。

4. 多跨屋面的积雪分布系数，可参照第 7 项规定采用。

基本雪压可参照全国基本雪压分布图 4-1 近似确定。

雪荷载的组合值系数可取 0.7；频遇值系数可取 0.6；准永久值系数应按雪荷载分区Ⅰ、Ⅱ和Ⅲ的不同，分别取 0.5、0.2 和 0；雪荷载分区应按图 4-2 确定。

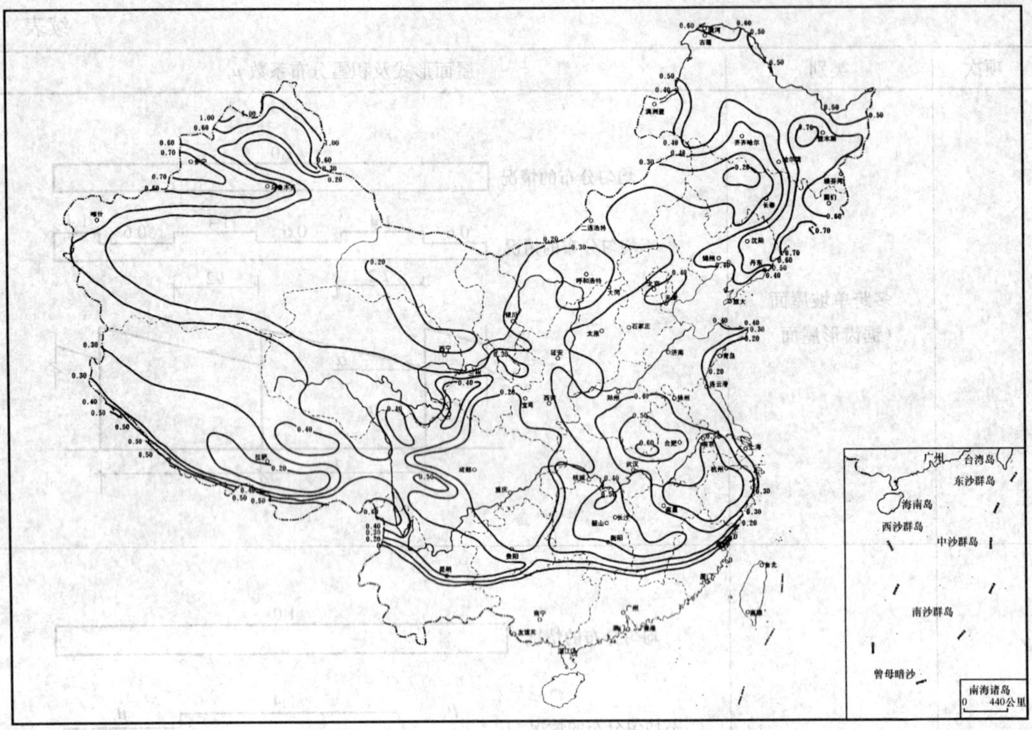

图 4-1　全国基本雪压分布图（单位：kN/m²）

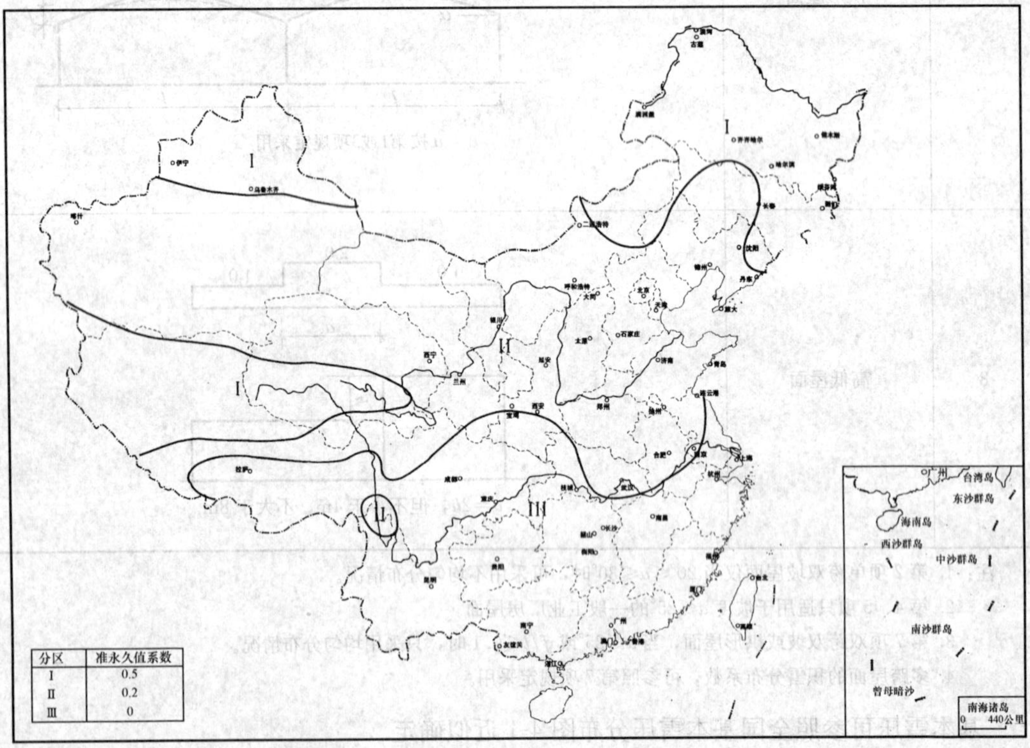

图 4-2　雪荷载准永久值系数分区图

设计建筑结构及屋面的承重构件时，可按下列规定采用积雪的分布情况：

（1）屋面板和檩条按积雪不均匀分布的最不利情况采用；

（2）屋架和拱壳可分别按积雪全跨均匀分布情况、不均匀分布的情况和半跨的均匀分布的情况采用；

（3）框架和柱可按积雪全跨的均匀分布情况采用。

4.1.1.3 荷载组合

1. 承载能力极限状态

对于承载能力极限状态，应按荷载效应的基本组合或偶然组合进行荷载（效应）组合，并应采用下列设计表达式进行设计：

$$\gamma_0 S \leqslant R \tag{4-2}$$

式中 γ_0——结构重要性系数，对安全等级（注：安全等级共分为三级，一级为重要的房屋、二级为一般的房屋、三级为次要的房屋）为一级的结构构件，不应小于1.1；对安全等级为二级或设计使用年限为50年的结构构件，不应小于1.0；对安全等级为三级或设计使用年限为5年及以下的结构构件，不应小于0.9；

S——荷载效应组合的设计值；

R——结构构件的抗力设计值，应按各有关建筑结构设计规范的规定确定。

对于基本组合，荷载效应组合的设计值 S 应从下列组合值中取最不利值确定：

（1）由可变荷载效应控制的组合

$$S = \gamma_G S_{Gk} + \gamma_{Q1} S_{Q1k} + \sum_{i=2}^{n} \gamma_{Qi} \psi_{ci} S_{Qik} \tag{4-3}$$

式中 γ_G——永久荷载的分项系数；

γ_{Qi}——第 i 个可变荷载的分项系数，其中 γ_{Q1} 为可变荷载 Q_1 的分项系数；

S_{Gk}——按永久荷载标准值 G_k 计算的荷载效应值；

S_{Qik}——按可变荷载标准值 Q_{ik} 计算的荷载效应值，其中 S_{Q1k} 为诸可变荷载效应中起控制作用者（当对 S_{Q1k} 无法明显判断时，轮次以各可变荷载效应为 S_{Q1k}，选其中最不利的荷载效应组合）；

ψ_{ci}——可变荷载 Q_i 的组合值系数；

n——参与组合的可变荷载数。

（2）由永久荷载效应控制的组合

$$S = \gamma_G S_{Gk} + \sum_{i=1}^{n} \gamma_{Qi} \psi_{ci} S_{Qik} \tag{4-4}$$

注：基本组合中的设计值仅适用于荷载与荷载效应为线性的情况。

（3）基本组合的荷载分项系数

1）永久荷载的分项系数

①当其效应对结构不利时：

a. 对由可变荷载效应控制的组合，应取 1.2；

b. 对由永久荷载效应控制的组合，应取 1.35。

②当其效应对结构有利时的组合，应取 1.0。

2）可变荷载的分项系数

①一般情况下取 1.4。

②对标准值大于 4kN/m^2 的工业房屋楼面结构的活荷载取 1.3。

对于偶然组合，荷载效应组合的设计值宜按下列规定确定：偶然荷载的代表值不乘分项系数；与偶然荷载同时出现的其他荷载可根据观测资料和工程经验采用适当的代表值。

2. 正常使用极限状态

对于正常使用极限状态，应根据不同的设计要求，采用荷载的标准组合、频遇组合或准永久组合，并应按下列设计表达式进行设计：

$$S \leqslant C \tag{4-5}$$

式中　C——结构或结构构件达到正常使用要求的规定限值。

对于标准组合，荷载效应组合的设计值 S 应按下式采用：

$$S = S_{\mathrm{Gk}} + S_{\mathrm{Q1k}} + \sum_{i=2}^{n} \psi_{\mathrm{c}i} S_{\mathrm{Q}i\mathrm{k}} \tag{4-6}$$

对于频遇组合，荷载效应组合的设计值 S 应按下式采用：

$$S = S_{\mathrm{Gk}} + \psi_{\mathrm{f1}} S_{\mathrm{Q1k}} + \sum_{i=2}^{n} \psi_{\mathrm{q}i} S_{\mathrm{Q}i\mathrm{k}} \tag{4-7}$$

式中　ψ_{f1}——可变荷载 Q_1 的频遇值系数；

$\psi_{\mathrm{q}i}$——可变荷载 Q_i 的准永久值系数。

对于准永久组合，荷载效应组合的设计值 S 可按下式采用：

$$S = S_{\mathrm{Gk}} + \sum_{i=1}^{n} \psi_{\mathrm{q}i} S_{\mathrm{Q}i\mathrm{k}} \tag{4-8}$$

注：在组合式（4-6）～式（4-8）中的设计值仅适用于荷载与荷载效应为线性的情况。

4.1.2　结构静力计算表

4.1.2.1　构件常用截面的几何与力学特征表（表 4-5）

4.1.2.2　单跨梁的内力及挠度表（表 4-6～表 4-10）

常用截面几何与力学特征表 **表 4-5**

序号	截面简图	截面积 A	截面边缘至主轴的距离 y	对主轴的惯性矩 I	截面抵抗矩 W	回转半径 i
1	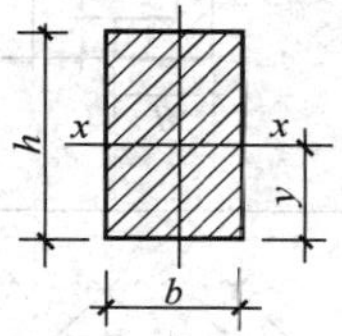	$A=bh$	$y=\frac{1}{2}h$	$I=\frac{1}{12}bh^3$	$W=\frac{1}{6}bh^2$	$i=0.289h$
2	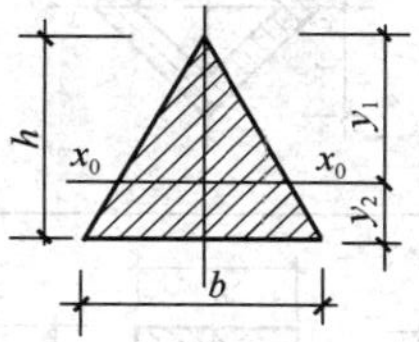	$A=\frac{1}{2}bh$	$y_1=\frac{2}{3}h$ $y_2=\frac{1}{3}h$	$I=\frac{1}{36}bh^3$	$W_1=\frac{1}{24}bh^2$ $W_2=\frac{1}{12}bh^2$	$i=0.236h$
3	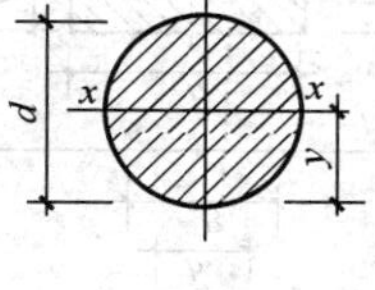	$A=\frac{\pi}{4}d^2$	$y=\frac{1}{2}d$	$I=\frac{1}{64}\pi d^4$	$W=\frac{1}{32}\pi d^3$	$i=\frac{1}{4}d$
4	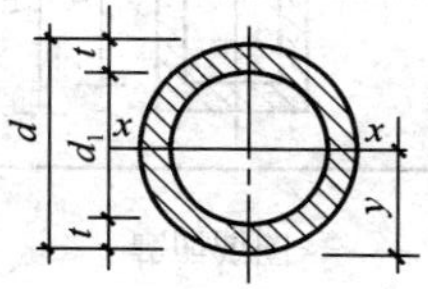	$A=\frac{\pi(d^2-d_1^2)}{4}$	$y=\frac{1}{2}d$	$I=\frac{\pi}{64}(d^4-d_1^4)$	$W=\frac{\pi}{32}\left(d^3-\frac{d_1^4}{d}\right)$	$i=\frac{1}{4}\sqrt{d^2+d_1^2}$

续表

序号	截面简图	截面积 A	截面边缘至主轴的距离 y	对主轴的惯性矩 I	截面抵抗矩 W	回转半径 i
5	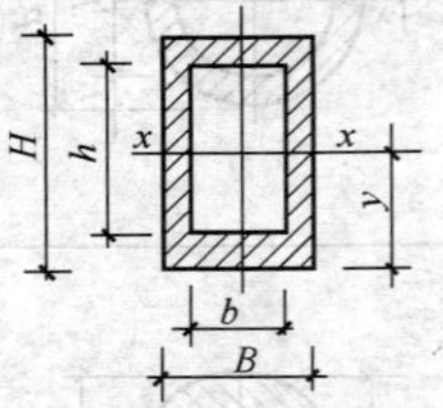	$A=BH-bh$	$y=\frac{1}{2}H$	$I=\frac{1}{12}(BH^3-bh^3)$	$W=\frac{1}{6H}(BH^3-bh^3)$	$i=0.289\sqrt{\frac{BH^3-bh^3}{BH-bh}}$
6	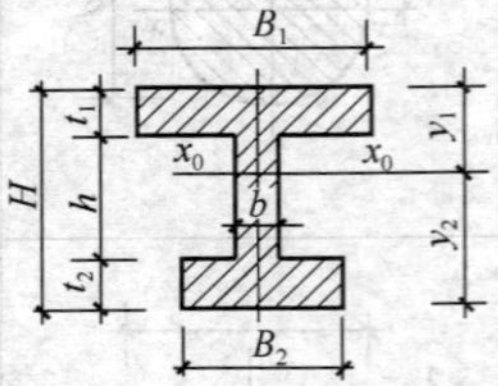	$A=B_1t_1+B_2t_2+bh$	$y_1=H-y_2$ $y_2=\frac{1}{2}\left[\frac{bH^2+(B_2-b)t_2^2}{B_1t_1+bh+B_2t_2}+\frac{(B_1-b)(2H-t_1)t_1}{B_1t_1+bh+B_2t_2}\right]$	$I=\frac{1}{3}[B_2y_2^3+B_1y_1^3-(B_2-b)(y_2-t_2)^3-(B_1-b)(y_1-t_1)^3]$	$W_1=\frac{1}{y_1}$ $W_2=\frac{1}{y_2}$	$i=\sqrt{\frac{I}{A}}$
7	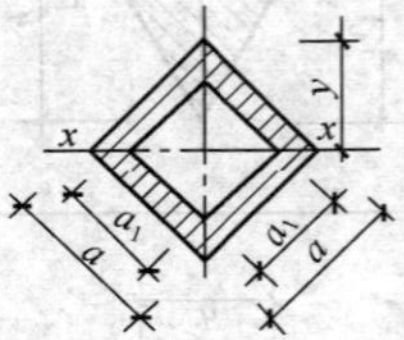	$A=a^2-a_1^2$	$y=\frac{a}{\sqrt{2}}$	$I=\frac{1}{12}(a^4-a_1^4)$	$W=0.118\left(a^3-\frac{a_1^4}{a}\right)$	$i=0.289\sqrt{a^2+a_1^2}$
8	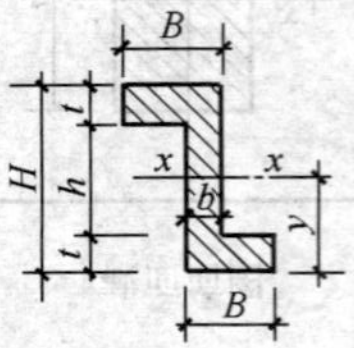	$A=BH-(B-b)h$	$y=\frac{1}{2}H$	$I=\frac{1}{12}[BH^3-(B-b)h^3]$	$W=\frac{1}{6H}[BH^3-(B-b)h^3]$	$i=0.289\sqrt{\frac{BH^3-(B-b)h^3}{BH-(B-b)h}}$

续表

序号	截面简图	截面积 A	截面边缘至主轴的距离 y	对主轴的惯性矩 I	截面抵抗矩 W	回转半径 i
9	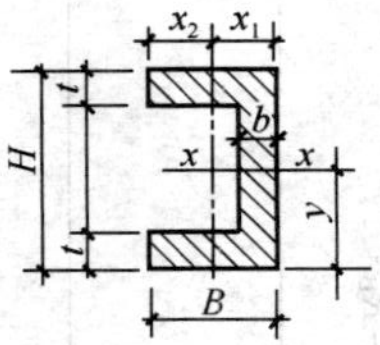	$A=BH-(B-b)h$	$y=\frac{1}{2}H$	$I=\frac{1}{12}[BH^3-(B-b)h^3]$	$W=\frac{1}{6H}[BH^3-(B-b)h^3]$	$i=0.289\sqrt{\frac{BH^3-(B-b)h^3}{BH-(B-b)h}}$
10	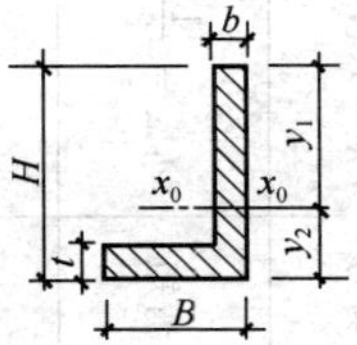	$A=bH+(B-b)t$	$y_1=H-y_2$ $y_2=\frac{1}{2}\times\frac{bH^2+(B-b)t^2}{bH+(B-b)t}$	$I=\frac{1}{3}[By_2^3-(B-b)$ $\times(y_2-t)^3+by_1^3]$	$W_1=\frac{I}{y_1}$	$i=\sqrt{\frac{I}{A}}$
11	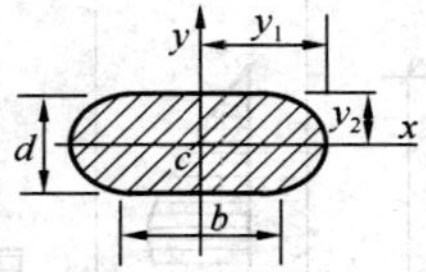	$A=\frac{\pi d^2}{4}+bd$	$y_1=\frac{1}{2}(b+d)$ $y_2=\frac{1}{2}d$	$I_x=\frac{\pi d^4}{64}+\frac{bd^3}{12}$ $I_y=\frac{\pi d^4}{64}+\frac{bd^3}{6}$ $+\frac{\pi b^2d^2}{16}+\frac{db^3}{12}$	$W_x=\frac{bd^2}{6}\left(1+\frac{3\pi d}{16b}\right)$ $W_y=\frac{1}{96(b+d)}\times(3\pi d^4$ $+32bd^3+12\pi b^2d^2$ $+16db^3)$	$i_x=\sqrt{\frac{I_x}{A}}$ $i_y=\sqrt{\frac{I_y}{A}}$
12	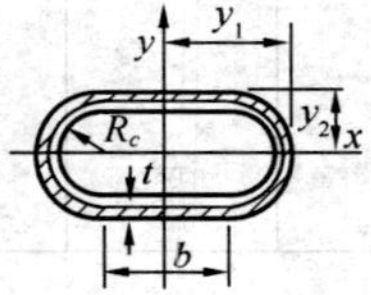	$A=2(\pi R+b)t$	$y_1=R+\frac{1}{2}(b+t)$ $y_2=R+\frac{1}{2}t$	$I_x\approx\pi R^3t+2tbR^2$ $I_y\approx\pi R^3t+4tbR^2+\frac{\pi Rt}{2}b^2$ $+\frac{t}{6}b^3+\cdots$	$W_x=\frac{I_x}{y_2}$ $W_y=\frac{I_y}{y_1}$	$i_x=\sqrt{\frac{I_x}{A}}$ $i_y=\sqrt{\frac{I_y}{A}}$

(1) 简支梁的内力及挠度　　表 4-6

序号	计算简图及弯矩、剪力图	项目	计算公式
1	荷载 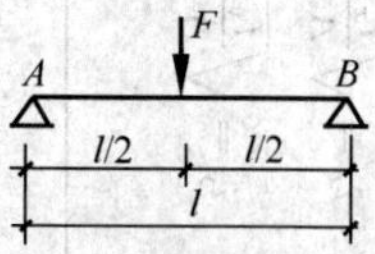	反力	$R_A = R_B = \dfrac{F}{2}$
		剪力	$V_A = R_A; V_B = -R_B$
	弯矩 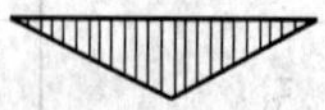	弯矩	$M_{max} = \dfrac{1}{4}Fl$
	剪力 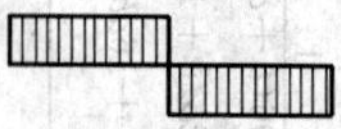	挠度	$w_{max} = \dfrac{Fl^3}{48EI}$
2	荷载 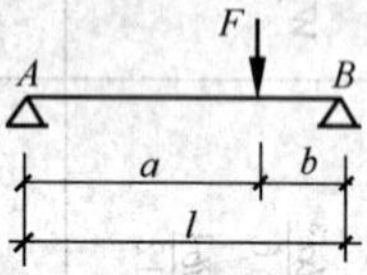	反力	$R_A = \dfrac{b}{l}F; R_B = \dfrac{a}{l}F$
		剪力	$V_A = R_A; V_B = -R_B$
	弯矩 	弯矩	$M_{max} = \dfrac{Fab}{l}$
	剪力 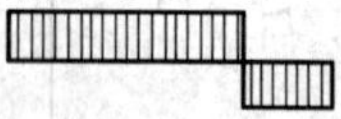	挠度	若 $a > b$，在 $x = \sqrt{\dfrac{a}{3}(a+2b)}$ 处， $w_{max} = \dfrac{Fb}{9EIl}\sqrt{\dfrac{(a^2+2ab)^3}{3}}$
3	荷载 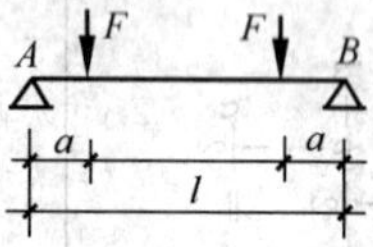	反力	$R_A = R_B = F$
		剪力	$V_A = R_A; V_B = -R_B$
	弯矩 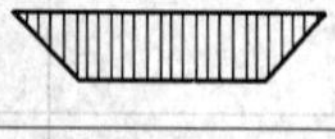	弯矩	$M_{max} = Fa$
	剪力 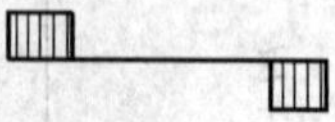	挠度	$w_{max} = \dfrac{Fa}{24EI}(3l^2 - 4a^2)$
4	荷载 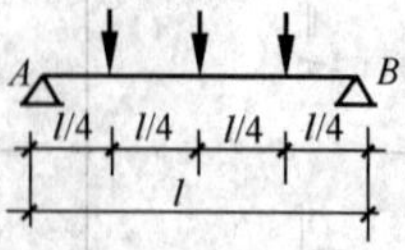	反力	$R_A = R_B = \dfrac{3}{2}F$
		剪力	$V_A = R_A; V_B = -R_B$
	弯矩 	弯矩	$M_{max} = \dfrac{1}{2}Fl$
	剪力 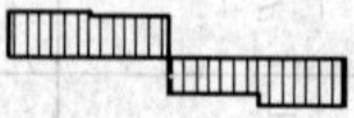	挠度	$w_{max} = \dfrac{19Fl^3}{384EI}$

续表

序号	计算简图及弯矩、剪力图		项目	计算公式
5	荷载	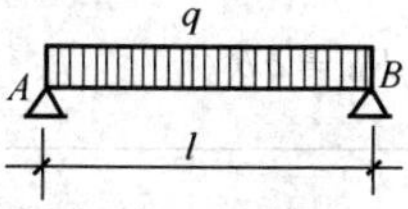	反力	$R_A=R_B=\frac{1}{2}ql$
			剪力	$V_A=R_A;V_B=-R_B$
	弯矩		弯矩	$M_{max}=\frac{1}{8}ql^2$
	剪力		挠度	$w_{max}=\frac{5ql^4}{384EI}$
6	荷载	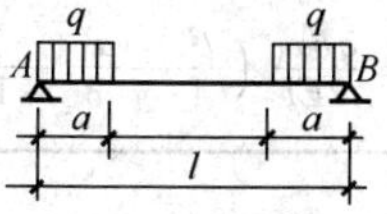	反力	$R_A=R_B=qa$
			剪力	$V_A=R_A;V_B=-R_B$
	弯矩		弯矩	$M_{max}=\frac{1}{2}qa^2$
	剪力		挠度	$w_{max}=\frac{qa^2}{48EI}(3l^2-2a^2)$
7	荷载	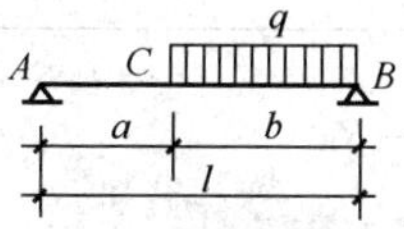	反力	$R_A=\frac{qb^2}{2l};R_B=\frac{qb}{2}\left(2-\frac{b}{l}\right)$
			剪力	$V_A=R_A;V_B=-R_B$
	弯矩		弯矩	当$x=a+\frac{b^2}{2l}$时,$M_{max}=\frac{qb^2}{8}\left(2-\frac{b}{l}\right)^2$
	剪力	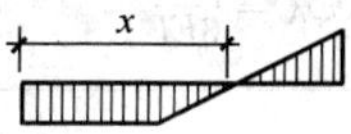	挠度	$w_x=\frac{qb^2l^2}{24EI}\left[\left(2-\frac{b^2}{l^2}-\frac{2x^2}{l^2}\right)\frac{x}{l}+\frac{(x-a)^4}{b^2l^2}\right]$(CB段)
8	荷载	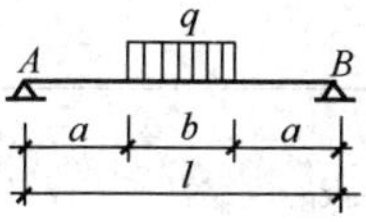	反力	$R_A=R_B=\frac{qb}{2}$
			剪力	$V_A=R_A;V_B=-R_B$
	弯矩		弯矩	$M_{max}=\frac{qbl}{8}\left(2-\frac{b}{l}\right)$
	剪力	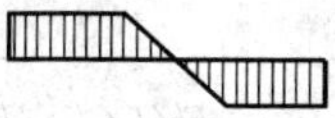	挠度	$w_{max}=\frac{qbl^3}{384EI}\left(8-\frac{4b^2}{l^2}+\frac{b^3}{l^3}\right)$
9	荷载	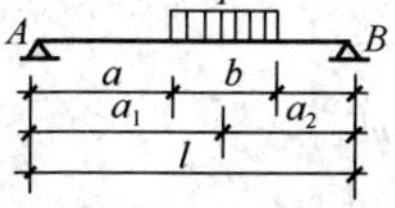	反力	$R_A=\frac{qa_2b}{l};R_B=\frac{qa_1b}{2}$
			剪力	$V_A=R_A;V_B=-R_B$
	弯矩	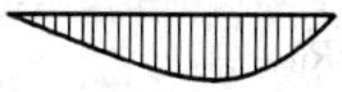	弯矩	$M_{max}=\frac{qba_2}{l}\left(a+\frac{ba_2}{2l}\right)$
	剪力	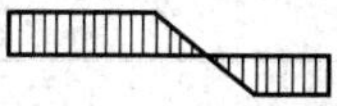	挠度	$w_{max}=\frac{qba_2}{24EI}\left[\left(4l-4\frac{a_2^2}{l}-\frac{b^2}{l}\right)x-4\frac{x^3}{l}+\frac{(x-a)^4}{ba_2}\right]$ 式中:$x=a+\frac{ba_2}{l}$

续表

序号	计算简图及弯矩、剪力图		项目	计算公式
10	荷载	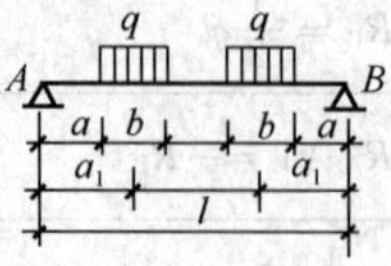	反力	$R_A = R_B = qb$
			剪力	$V_A = R_A; V_B = -R_B$
	弯矩		弯矩	$M_{max} = qba_1$
	剪力		挠度	$w_{max} = \frac{qba_1}{2EI}\left(\frac{l^2}{4} - \frac{a_1^2}{3} - \frac{b^2}{12}\right)$

(2) 悬臂梁的内力及挠度 **表 4-7**

序号	计算简图及弯矩、剪力图		项目	计算公式
1	荷载	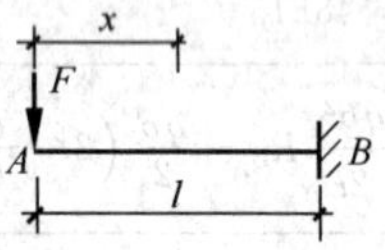	反力	$R_B = F$
			剪力	$V_B = -R_B$
	弯矩	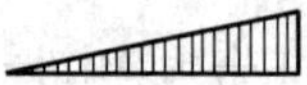	弯矩	$M_x = -Fx; M_{max} = M_B = -Fl$
	剪力		挠度	$w_{max} = w_A = \frac{Fl^3}{3EI}$
2	荷载	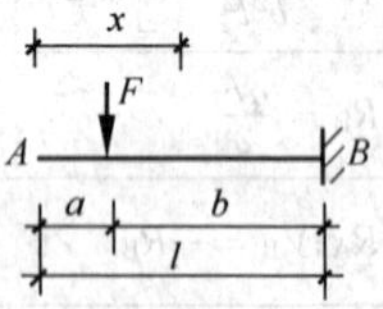	反力	$R_B = F$
			剪力	$V_B = -R_B$
	弯矩		弯矩	$M_x = -F(x-a); M_{max} = M_B = -Fb$
	剪力		挠度	$w_{max} = w_A = \frac{Fb^2 l}{6EI}\left(3 - \frac{b}{l}\right)$
3	荷载	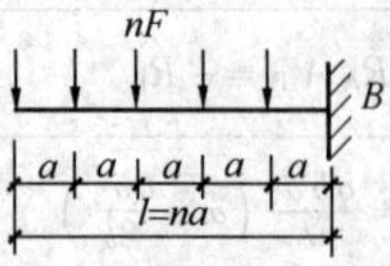	反力	$R_B = nF$
			剪力	$V_B = -R_B$
	弯矩		弯矩	$M_{max} = M_B = \frac{n+1}{2}Fl$
	剪力	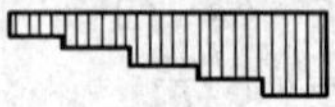	挠度	$w_{max} = w_A = \frac{3n^2+4n+1}{24nEI}Fl^3$

续表

序号	计算简图及弯矩、剪力图		项目	计算公式
4	荷载	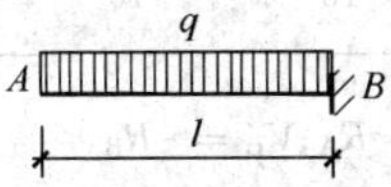	反力	$R_B = ql$
			剪力	$V_B = -R_B$
	弯矩	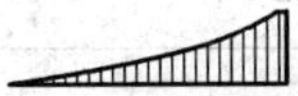	弯矩	$M_{max} = M_B = -\frac{ql^2}{2}$
	剪力	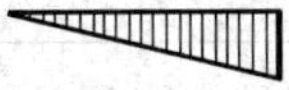	挠度	$w_{max} = w_A = \frac{ql^4}{8EI}$
5	荷载	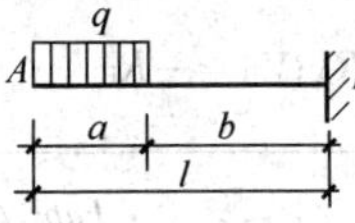	反力	$R_B = qa$
			剪力	$V_B = -R_B$
	弯矩		弯矩	$M_{max} = M_B = -qa\left(l - \frac{a}{2}\right)$
	剪力		挠度	$w_{max} = w_A = \frac{ql^4}{24EI}\left(3 - 4\frac{b^3}{l^3} + \frac{b^4}{l^4}\right)$
6	荷载	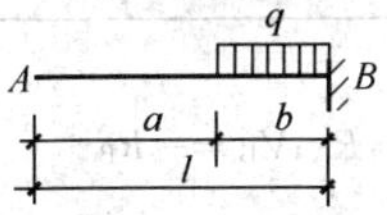	反力	$R_B = qb$
			剪力	$V_B = -R_B$
	弯矩		弯矩	$M_B = -\frac{qb^2}{2}$
	剪力		挠度	$w_A = \frac{qb^3 l}{24EI}\left(4 - \frac{b}{l}\right)$
7	荷载	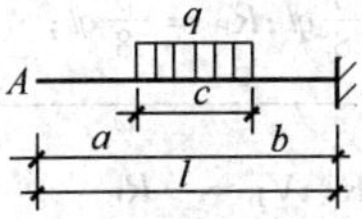	反力	$R_B = qc$
			剪力	$V_B = -R_B$
	弯矩		弯矩	$M_B = -qcb$
	剪力	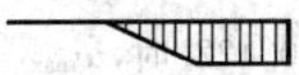	挠度	$w_A = \frac{qc}{24EI}(12b^2 l - 4b^3 + ac^2)$

(3) 一端简支另一端固定梁的内力及挠度　　**表 4-8**

序号	计算简图及弯矩、剪力图		项目	计算公式
1	荷载	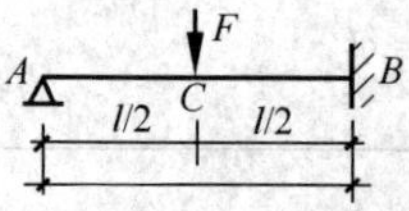	反力	$R_A=\frac{5}{16}F$; $R_B=\frac{11}{16}F$
			剪力	$V_A=R_A$; $V_B=-R_B$
	弯矩	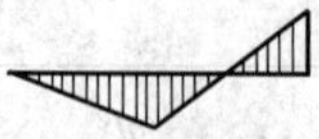	弯矩	$M_c=\frac{5}{32}Fl$; $M_B=-\frac{3}{16}Fl$
	剪力	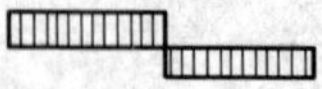	挠度	当 $x=0.447l$ 时，$w_{max}=0.00932\frac{Fl^3}{EI}$
2	荷载	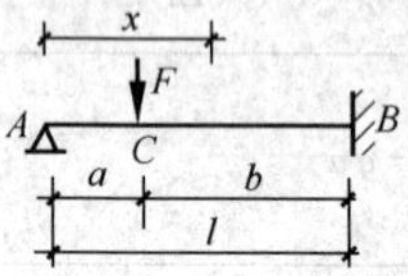	反力	$R_A=\frac{Fb^2}{2l^2}\left(3-\frac{b}{l}\right)$; $R_B=\frac{Fa}{2l}\left(3-\frac{a^2}{l^2}\right)$
			剪力	$V_A=R_A$; $V_B=-R_B$
	弯矩	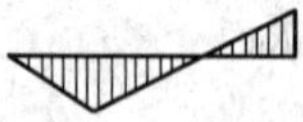	弯矩	当 $x=a$ 时，$M_{max}=\frac{Fab^2}{2l^2}\left(3-\frac{b}{l}\right)$
	剪力		挠度	CB 段： $w_x=\frac{1}{6EI}[R_A(3l^2x-x^3)-3Fb^2x+F(x-a)^3]$
3	荷载	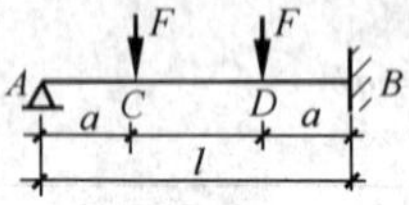	反力	$R_A=\frac{F}{2}\left(2-3\frac{a}{l}+3\frac{a^2}{l^2}\right)$; $R_B=\frac{F}{2}\left(2+3\frac{a}{l}-3\frac{a^2}{l^2}\right)$
			剪力	$V_A=R_A$; $V_B=-R_B$
	弯矩		弯矩	$M_{max}=M_c=R_Aa$; $M_B=-\frac{3Fa}{2}\left(1-\frac{a}{l}\right)$
	剪力	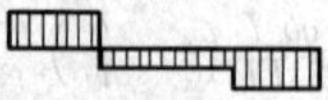	挠度	CD 段：$w_x=\frac{1}{6EI}[R_A(3l^2x-x^3)-3F(l^2-2al+2a^2)x+F(x-a)^3]$
4	荷载	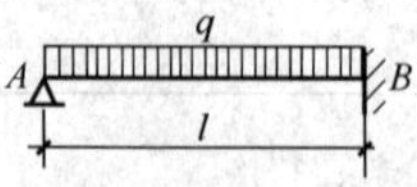	反力	$R_A=\frac{3}{8}ql$; $R_B=\frac{5}{8}ql$;
			剪力	$V_A=R_A$; $V_B=-R_B$
	弯矩	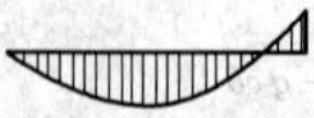	弯矩	当 $x=\frac{3}{8}l$ 时，$M_{max}=\frac{9ql^2}{128}$
	剪力	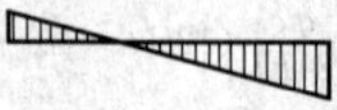	挠度	当 $x=0.422l$ 时，$w_{max}=0.00542\frac{ql^4}{EI}$

续表

序号	计算简图及弯矩、剪力图		项目	计算公式
5	荷载	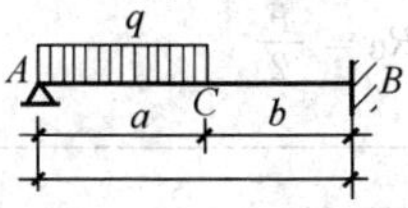	反力	$R_A=\frac{qa}{8}(8-6\alpha+\alpha^3)$；$R_B=\frac{qa^2}{8l}(6l+\alpha^2)$；$\alpha=\frac{a}{l}$
			剪力	$V_A=R_A$；$V_B=-R_B$
	弯矩	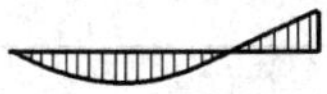	弯矩	当 $x=\frac{R_A}{q}$ 时，$M_{max}=\frac{R_A^2}{2q}$
	剪力	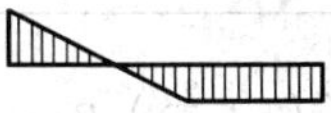	挠度	AC 段： $w_x=\frac{1}{24EI}[4R_A(3l_x^2-x^3)-4qa(3bl+a^2)x+qx^4]$ BC 段： $w_x=\frac{1}{24EI}[4R_A(3l^2x^2-x^3)-qa(a^3+12blx)$ $+6ax^2-4x^3]$ 当 $x=a$ 时，$w_a=\frac{1}{24EI}[4aR_A(3l^2-a^2)-3qa^2(4lb+a^2)]$
6	荷载	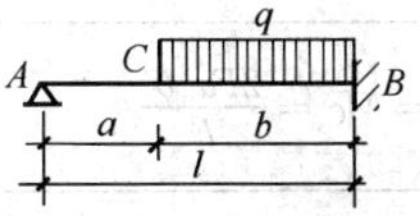	反力	$R_A=\frac{qb^3}{8l^3}\left(4-\frac{b}{l}\right)$；$R_B=\frac{qb}{8}\left(8-4\frac{b^2}{l^2}+\frac{b^3}{l^3}\right)$
			剪力	$V_A=R_A$；$V_B=-R_B$
	弯矩	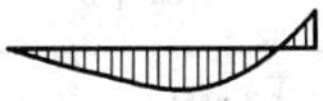	弯矩	当 $x=a+\frac{R_A}{q}$ 时，$M_{max}=R_A\left(a+\frac{R_A}{2q}\right)$
	剪力	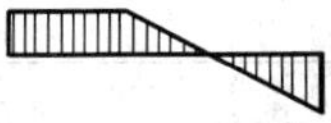	挠度	AC 段： $w_x=\frac{1}{6EI}[R_A(3l^2x-x^3)-qb^3x]$ BC 段： $w_z=\frac{1}{24EI}[4R_A(3l^2x-x^3)-4qb^3x+q(x-a)^4]$ 当 $x=a$ 时，$w_a=\frac{1}{6EI}[aR_A(3l^2-a^2)-qb^3]$
7	荷载	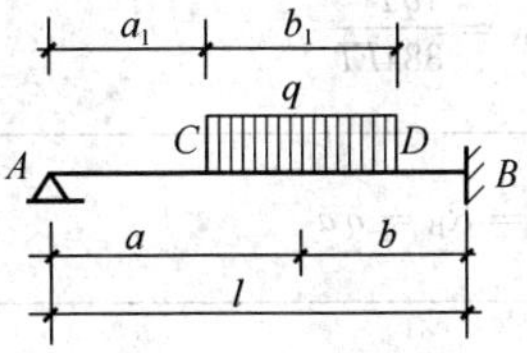	反力	$R_A=\frac{qb_1}{8l^3}(12b^2l-4b^3+ab_1^2)$；$R_B=qb_1-R_A$
			剪力	$V_A=R_A$；$V_B=-R_B$
	弯矩	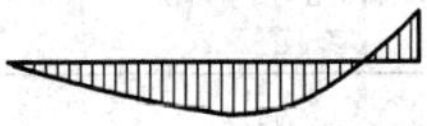	弯矩	当 $x=a_1+\frac{R_A}{q}$ 时，$M_{max}=R_A\left(a_1+\frac{R_A}{2q}\right)$
	剪力	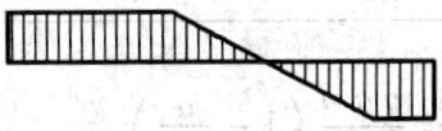	挠度	AC 段：$w_x=\frac{1}{24EI}[4R_A(3l^2x-x^3)-qb_1(12b^2+b_1^2)x]$ CD 段： $w_x=\frac{1}{24EI}[4R_A(3l^2x-x^3)-qb_1(12b^2+b_1^2)x$ $+q(x-a_1)^4]$

（4）两端固定梁的内力及挠度　　表 4-9

序号	计算简图及弯矩、剪力图		项目	计算公式
1	荷载	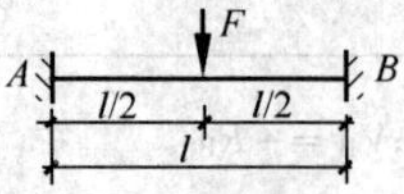	反力	$R_A = R_B = \frac{F}{2}$
			剪力	$V_A = R_A; V_B = -R_B$
	弯矩	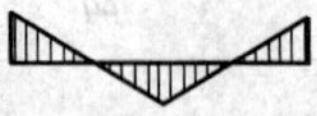	弯矩	$M_{max} = \frac{1}{8}Fl$
	剪力	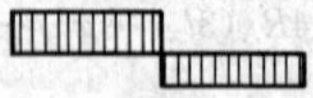	挠度	$w_{max} = \frac{Fl^3}{192EI}$
2	荷载	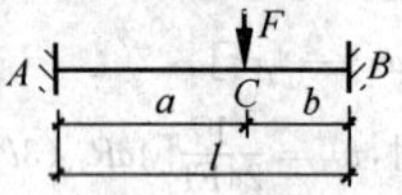	反力	$R_A = \frac{Fb^2}{l^2}\left(1+\frac{2a}{l}\right); R_B = \frac{Fa^2}{l^2}\left(1+\frac{2b}{l}\right)$
			剪力	$V_A = R_A; V_B = -R_B$
	弯矩	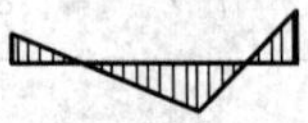	弯矩	$M_{max} = M_C = \frac{2Fa^2b^2}{l^3}$
	剪力	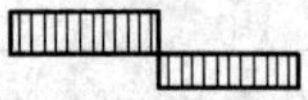	挠度	若 $a > b$，当 $x = \frac{2al}{3a+b}$ 时，$w_{max} = \frac{2F}{3EI} \times \frac{a^3b^2}{(3a+b)^2}$
3	荷载	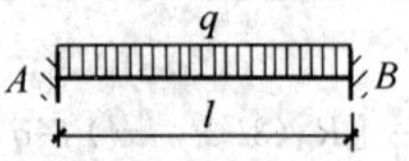	反力	$R_A = R_B = \frac{ql}{2}$
			剪力	$V_A = R_A; V_B = -R_B$
	弯矩		弯矩	$M_{max} = \frac{ql^2}{24}$
	剪力		挠度	$w_{max} = \frac{ql^4}{384EI}$
4	荷载	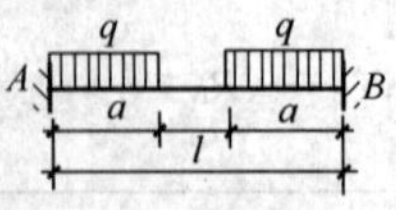	反力	$R_A = R_B = qa$
			剪力	$V_A = R_A; V_B = -R_B$
	弯矩		弯矩	$M_{max} = \frac{qa^3}{3l}$
	剪力		挠度	$w_{max} = \frac{qa^3l}{24EI}\left(1-\frac{a}{l}\right)$

续表

序号	计算简图及弯矩、剪力图	项目	计算公式
5	荷载 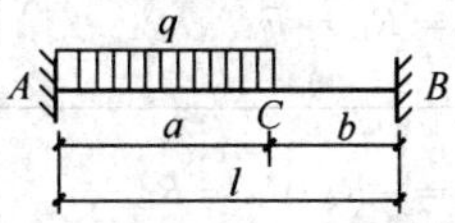	反力	$R_A=\frac{qa}{2}(2-2\alpha^2+\alpha^3)$；$R_B=\frac{qa^3}{2l^2}(2-\alpha)$；$\alpha=\frac{a}{l}$
		剪力	$V_A=R_A$；$V_B=-R_B$
	弯矩 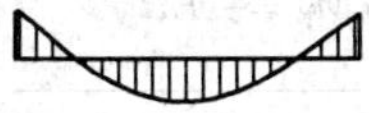	弯矩	$M_A=-\frac{qa^2}{12}(6-8\alpha+3\alpha^2)$；$\alpha=\frac{a}{l}$ 当 $x=\frac{R_A}{q}$ 时，$M_{max}=\frac{R_A^2}{2q}+M_A$
	剪力 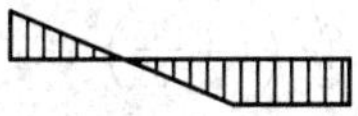	挠度	AC 段： $w_x=\frac{1}{6EI}\left(-R_Ax^3-3M_Ax^2+\frac{qx^4}{4}\right)$ BC 段： $w_x=\frac{1}{6EI}\left[-R_Ax^3-3M_Ax^2+\frac{qa}{4}(a^3-4a^2x+6ax^2-4x^3)\right]$
6	荷载 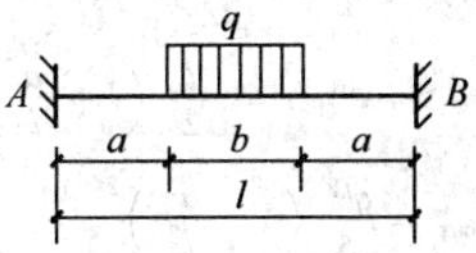	反力	$R_A=R_B=\frac{qb}{2}$
		剪力	$V_A=R_A$；$V_B=-R_B$
	弯矩 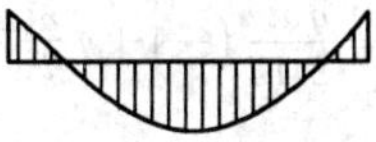	弯矩	$M_{max}=\frac{qbl}{24}\left(3-3\frac{b}{l}+\frac{b^2}{l^2}\right)$
	剪力 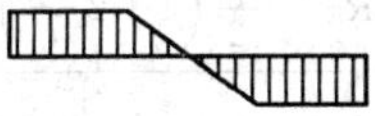	挠度	$w_{max}=\frac{qbl^3}{384EI}\times\left(2-2\frac{b^2}{l^2}+\frac{b^3}{l^3}\right)$

(5) 外伸梁的内力及挠度 **表 4-10**

序号	计算简图及弯矩、剪力图	项目	计算公式
1	荷载 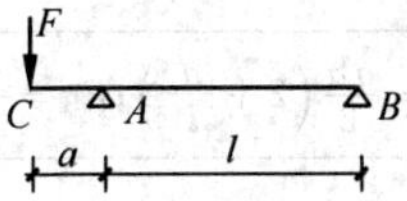	反力	$R_A=\left(1+\frac{a}{l}\right)F$；$R_B=-\frac{a}{l}F$
		剪力	$V_C=-F$；$V_B=-R_B=\frac{a}{l}F$
	弯矩 	弯矩	$M_{max}=M_A=-Fa$
	剪力 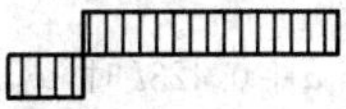	挠度	$w_C=\frac{Fa^2l}{3EI}\left(1+\frac{a}{l}\right)$ 当 $x=a+0.423l$ 时，$w_{min}=-0.0642\frac{Fal^2}{EI}$

续表

序号	计算简图及弯矩、剪力图	项目	计 算 公 式
2	荷载 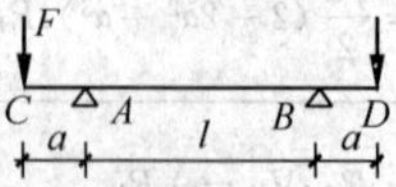	反力	$R_A = R_B = F$
		剪力	$V_A = -R_A; V_B = R_B$
	弯矩 	弯矩	$M_A = M_B = -Fa$
	剪力 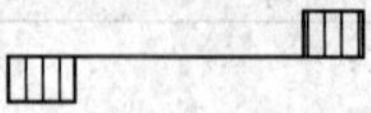	挠度	$w_C = w_D = \frac{Fa^2 l}{6EI}\left(3+2\frac{a^2}{l^2}\right)$ 当 $x = a + 0.5l$ 时，$w_{min} = -\frac{Fal^2}{8EI}$
3	荷载 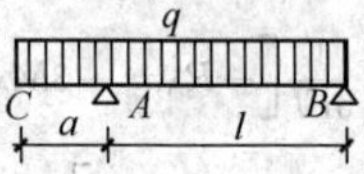	反力	$R_A = \frac{ql}{2}\left(1+\frac{a}{l}\right)^2; R_B = \frac{ql}{2}\left(1-\frac{a}{l}\right)^2$
		剪力	$V_{A左} = -qa; V_{A右} = R_A - qa; V_B = -R_B$
	弯矩 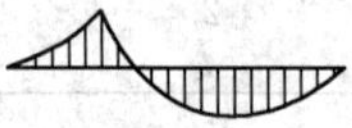	弯矩	$M_A = -\frac{1}{2}qa^2$ 若 $l > a$，当 $x = \frac{l}{2}\left(l+\frac{a}{l}\right)^2$ 时， $M_{max} = \frac{ql^2}{8}\left(1-\frac{a^2}{l^2}\right)^2$
	剪力 	挠度	$w_{max} = \frac{qal^3}{24EI}\left(-1+4\frac{a^2}{l^2}+3\frac{a^3}{l^3}\right)$
4	荷载 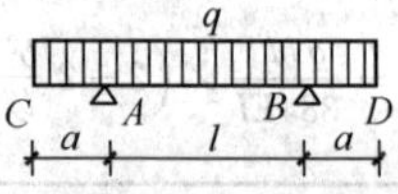	反力	$R_A = R_B = \frac{ql}{2}\left(1+2\frac{a}{l}\right) = \frac{q}{2}(l+2a)$
		剪力	$V_{A左} = -qa; V_{A右} = \frac{1}{2}ql; V_{B左} = -\frac{1}{2}ql; V_{B右} = qa$
	弯矩 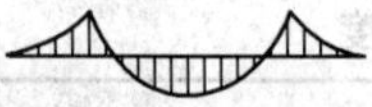	弯矩	$M_A = M_B = -\frac{1}{2}qa^2; M_{max} = \frac{ql^2}{8}\left(1-4\frac{a^2}{l^2}\right)$
	剪力 	挠度	$w_{max} = \frac{ql^4}{384EI}\left(5-24\frac{a^2}{l^2}\right)$
5	荷载 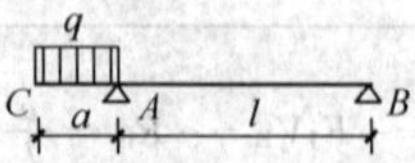	反力	$R_A = \frac{qa}{2}\left(2+\frac{a}{l}\right); R_B = -\frac{qa^2}{2l}$
		剪力	$V_{A左} = -qa; V_{A右} = V_B = -R_B = \frac{qa^2}{2l}$
	弯矩 	弯矩	$M_A = M_{max} = -\frac{qa^3}{2}$
	剪力 	挠度	$w_C = \frac{qa^3 l}{24EI}\left(4+\frac{3a}{l}\right)$ 当 $x = a + 0.423l$ 时，$w_{min} = -0.0321\frac{qa^2 l^2}{EI}$

续表

序号	计算简图及弯矩、剪力图	项目	计 算 公 式
6	荷载 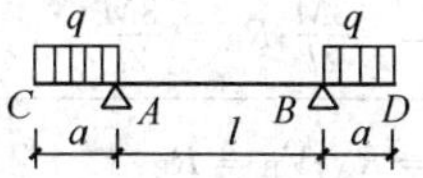	反力	$R_A = R_B = qa$
		剪力	$V_A = -R_A; V_B = R_B$
	弯矩 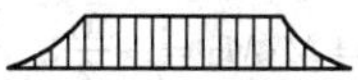	弯矩	$M_A = M_B = -\frac{1}{2}qa^2$
	剪力 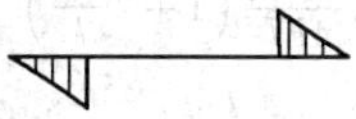	挠度	$w_C = w_D = \frac{qa^3 l}{8EI}\left(2+\frac{a}{l}\right)$ 当 $x = a + 0.5l$ 时，$w_{min} = -\frac{qa^2 l^2}{16EI}$
7	荷载 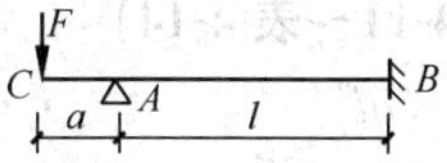	反力	$R_A = \frac{F}{2}\left(2+3\frac{a}{l}\right); R_B = -\frac{3Fa}{2l}$
		剪力	$V_{A左} = -F; V_{A右} = R_A - F$
	弯矩 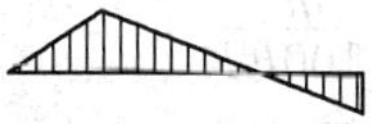	弯矩	$M_A = -Fa; M_B = \frac{Fa}{2}$
	剪力 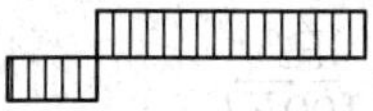	挠度	$w_C = \frac{Fa^2 l}{12EI}\left(3+4\frac{a}{l}\right)$ 当 $x = a + \frac{1}{3}$ 时，$w_{min} = -\frac{Fal^2}{27EI}$
8	荷载 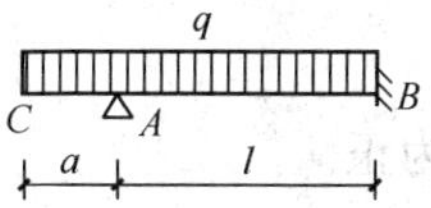	反力	$R_A = \frac{ql}{8}\left(3+8\frac{a}{l}+6\frac{a^2}{l^2}\right); R_B = \frac{ql}{8}\left(5-6\frac{a^2}{l^2}\right)$
		剪力	$V_{A左} = -qa; V_{A右} = ql - R_B; V_B = -R_B$
	弯矩 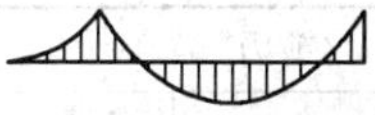	弯矩	$M_A = -\frac{qa^2}{2}; M_B = -\frac{ql^2}{8}\left(1-2\frac{a^2}{l^2}\right)$
	剪力 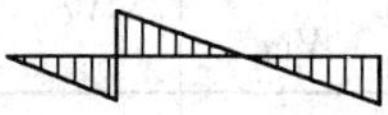	挠度	$w_C = \frac{qal^3}{48EI}\left(-1+6\frac{a^2}{l^2}+6\frac{a^3}{l^3}\right)$
9	荷载 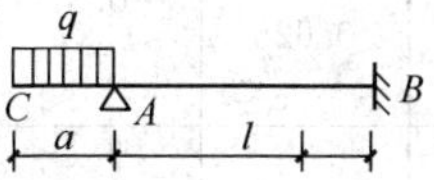	反力	$R_A = \frac{qa}{4}\left(4+3\frac{a}{l}\right); R_B = -\frac{3qa^2}{4l}$
		剪力	$V_{A左} = -qa; V_{A右} = V_B = R_B$
	弯矩 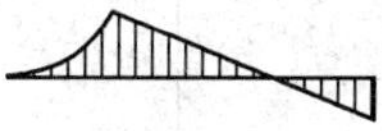	弯矩	$M_A = -\frac{qa^2}{2}; M_B = \frac{qa^2}{4}$
	剪力 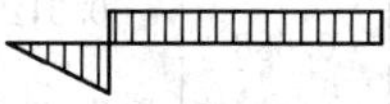	挠度	$w_C = \frac{qa^3 l}{8EI}\left(1+\frac{a}{l}\right)$

续表

序号	计算简图及弯矩、剪力图		项目	计算公式
10	荷载	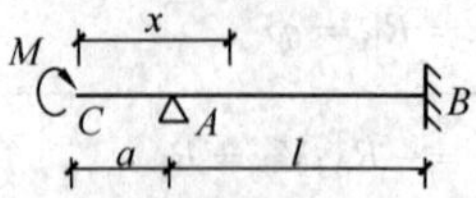	反力	$R_A=-\frac{3M}{2l}$；$R_B=\frac{3M}{2l}$
			剪力	$V_A=R_A$；$V_B=R_B$
	弯矩	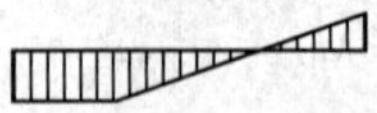	弯矩	$M_{max}=M$；$M_B=-\frac{M}{2}$
	剪力		挠度	$w_C=\frac{-Mal}{4EI}\left(1+2\frac{a}{l}\right)$ 当 $x=a+\frac{l}{3}$ 时，$w_{max}=\frac{Ml^2}{27EI}$

4.1.2.3　等截面等跨连续梁的内力和挠度系数（表4-11～表4-14）

（1）在均布及三角形荷载作用下：$M=$表中系数$\times ql^2$

$V=$表中系数$\times ql$

$w=$表中系数$\times\frac{ql^4}{100EI}$

（2）在集中荷载作用下：$M=$表中系数$\times Fl$

$V=$表中系数$\times F$

$w=$表中系数$\times\frac{Fl^3}{100EI}$

注：上式中 l 为梁的计算跨度。

（3）内力正负号规定：

M——使截面上部受压，下部受拉为正；

V——对邻近截面所产生的力矩沿顺时针方向者为正。

(1) 二跨等跨梁的内力和挠度系数　　表4-11

荷载图	跨内最大弯矩		支座弯矩	剪力			跨度中点挠度	
	M_1	M_2	M_B	V_A	$V_{B左}$ $V_{B右}$	V_C	w_1	w_2
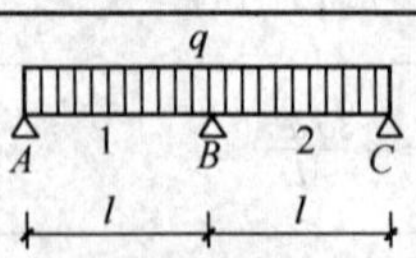	0.070	0.070	−0.125	0.375	−0.625 0.625	−0.375	0.521	0.521
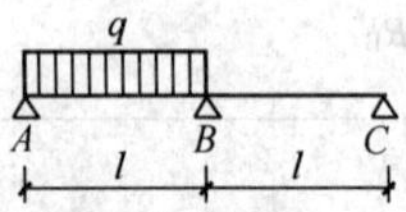	0.096	—	−0.063	0.437	−0.563 0.063	0.063	0.912	−0.391
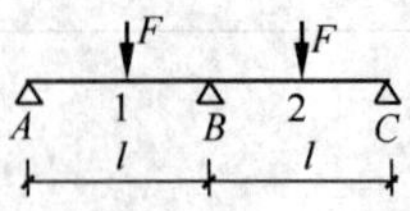	0.156	0.156	−0.188	0.312	−0.688 0.688	−0.312	0.911	0.911

续表

荷载图	跨内最大弯矩		支座弯矩	剪力			跨度中点挠度	
	M_1	M_2	M_B	V_A	$V_{B左}$ $V_{B右}$	V_C	w_1	w_2
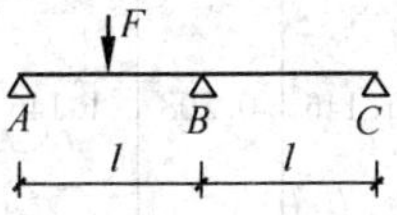	0.203	—	−0.094	0.406	−0.594 0.094	0.094	1.497	−0.586
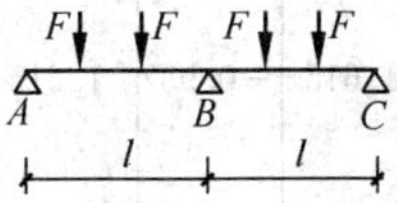	0.222	0.222	−0.333	0.667	−1.333 1.333	−0.667	1.466	1.466
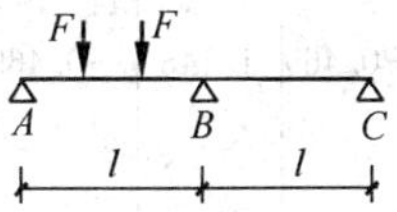	0.278	—	−0.167	0.833	−1.167 0.167	0.167	2.508	−1.042

(2) 三等跨梁的内力和挠度系数 **表 4-12**

荷载图	跨内最大弯矩		支座弯矩		剪力				跨度中点挠度		
	M_1	M_2	M_B	M_C	V_A	$V_{B左}$ $V_{B右}$	$V_{C左}$ $V_{C右}$	V_D	w_1	w_2	w_3
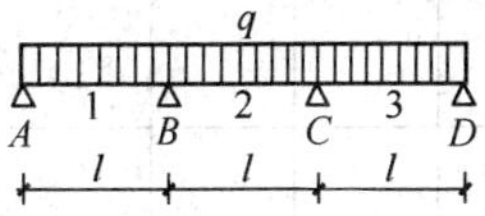	0.080	0.025	−0.100	−0.100	0.400	−0.600 0.500	−0.500 0.600	−0.400	0.677	0.052	0.677
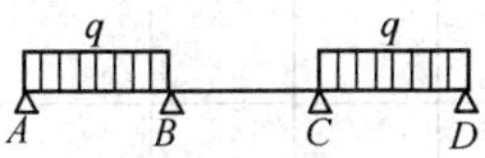	0.101	—	−0.050	−0.050	0.450	−0.550 0	0 0.550	−0.450	0.990	−0.625	0.990
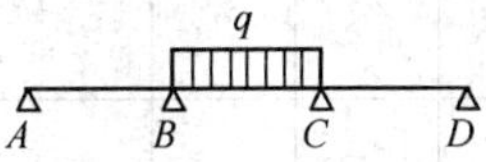	—	0.075	−0.050	−0.050	−0.050	−0.050 0.050	−0.500 0.050	0.050	−0.313	0.677	−0.313
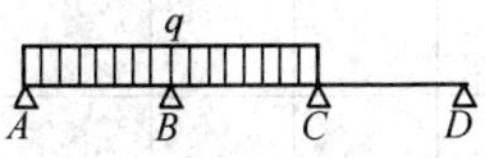	0.073	0.054	−0.117	−0.033	0.383	−0.617 0.583	−0.417 0.033	0.033	0.573	0.365	−0.208
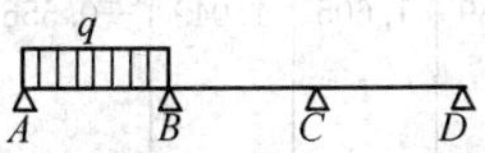	0.094	—	−0.067	0.017	0.433	−0.567 0.083	0.083 −0.017	−0.017	0.885	−0.313	0.104

续表

荷载图	跨内最大弯矩		支座弯矩		剪力				跨度中点挠度		
	M_1	M_2	M_B	M_C	V_A	$V_{B左}$ $V_{B右}$	$V_{C左}$ $V_{C右}$	V_D	w_1	w_2	w_3
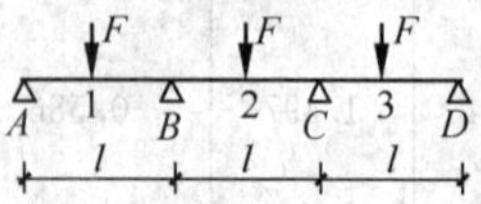	0.175	0.100	−0.150	−0.150	0.350	−0.650 0.500	−0.500 0.650	−0.350	1.146	0.208	1.146
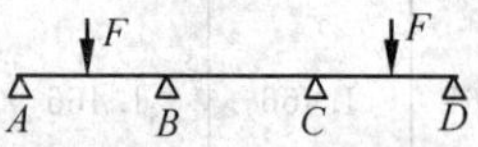	0.213	—	−0.075	−0.075	0.425	−0.575 0	0 0.575	−0.425	1.615	−0.937	1.615
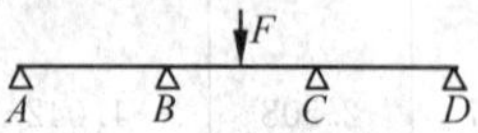	—	0.175	−0.075	−0.075	−0.075	−0.075 0.500	−0.500 0.075	0.075	−0.469	1.146	−0.469
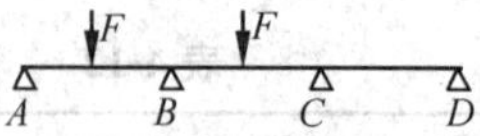	0.162	0.137	−0.175	−0.050	0.325	−0.675 0.625	−0.375 0.050	0.050	0.990	0.677	−0.312
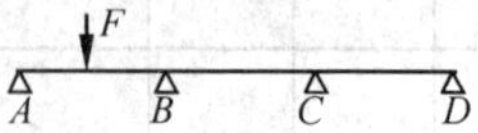	0.200	—	−0.100	0.025	0.400	−0.600 0.125	0.125 −0.025	−0.025	1.458	−0.469	0.156
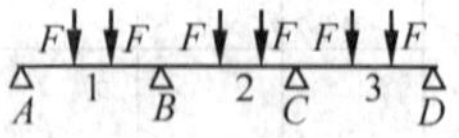	0.244	0.067	−0.267	−0.267	0.733	−1.267 1.000	−1.000 1.267	−0.733	1.883	0.216	1.883
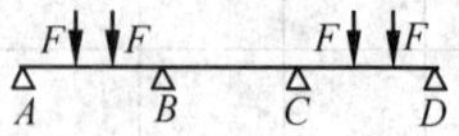	0.289	—	−0.133	−0.133	0.866	−1.134 0	0 1.134	−0.866	2.716	−1.667	2.716
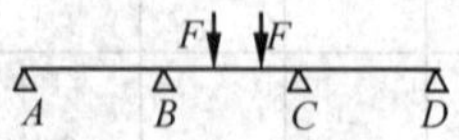	—	0.200	−0.133	−0.133	−0.133	−0.133 1.000	−1.000 0.133	0.133	−0.833	1.883	−0.833
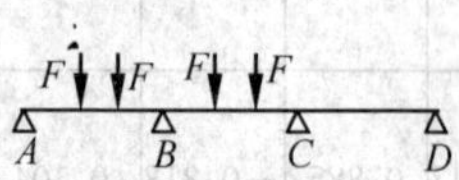	0.229	0.170	−0.311	−0.089	0.689	−1.311 1.222	−0.778 0.089	0.089	1.605	1.049	−0.556

续表

荷载图	跨内最大弯矩		支座弯矩		剪力				跨度中点挠度		
	M_1	M_2	M_B	M_C	V_A	$V_{B左}$ $V_{B右}$	$V_{C左}$ $V_{C右}$	V_D	w_1	w_2	w_3
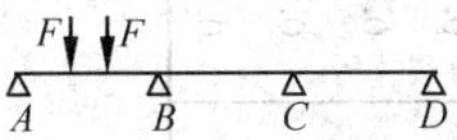	0.274	—	−0.178	0.044	0.822	−1.178 0.222	0.222 −0.044	−0.044	2.438	−0.833	0.278

(3) 四跨等跨连续梁内力和挠度系数 表 4-13

荷载图	跨内最大弯矩		支座弯矩		剪力			跨度中点挠度	
	M_1	M_2	M_B	M_C	V_A	$V_{B左}$ $V_{B右}$	$V_{C左}$ $V_{C右}$	w_1	w_2
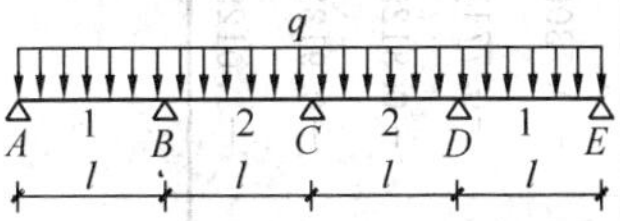	0.077	0.036	−0.107	−0.071	0.393	−0.607 0.536	−0.464 0.464	0.632	0.186
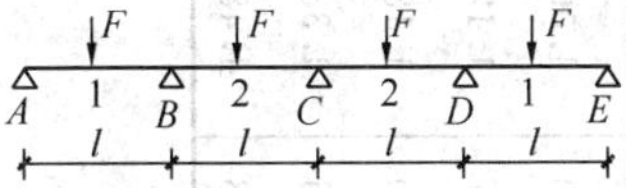	0.169	0.116	−0.161	−0.107	0.339	−0.661 0.554	−0.446 0.446	1.079	0.409
	0.238	0.111	−0.286	−0.191	0.714	−1.286 1.095	−0.905 0.905	1.764	0.573

(4) 五跨等跨连续梁内力和挠度系数 表 4-14

荷载图	跨内最大弯矩			支座弯矩		剪力			跨度中点挠度 w		
	M_1	M_2	M_3	M_B	M_C	V_A	$V_{B左}$ $V_{B右}$	$V_{C左}$ $V_{C右}$	w_1	w_2	w_3
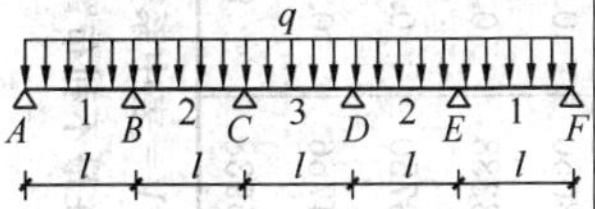	0.078	0.033	0.046	−0.105	−0.079	0.394	−0.606 0.526	−0.474 0.500	0.644	0.151	0.315
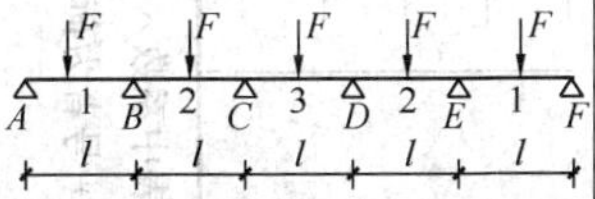	0.171	0.112	0.132	−0.158	−0.118	0.342	−0.658 0.540	−0.460 0.500	1.097	0.356	0.603
	0.240	0.100	0.122	−0.281	−0.211	0.719	−1.281 1.071	−0.930 1.000	1.795	0.479	0.918

4.1.2.4 等截面不等跨连续梁的内力系数(表 4-15、表 4-16)

(1) 二跨不等跨梁的内力系数

表 4-15

荷载图	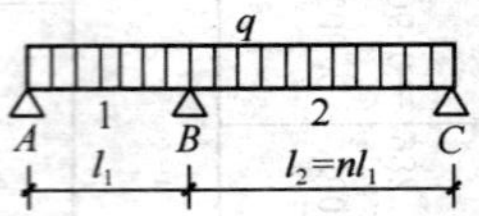							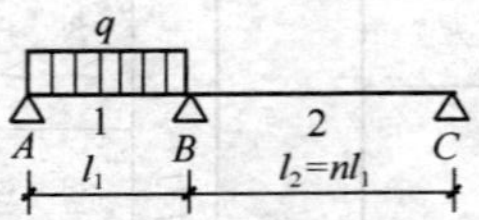		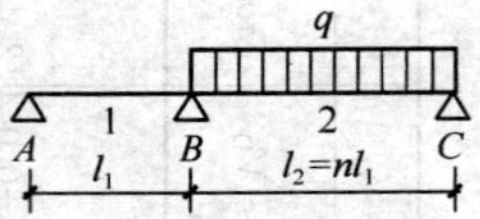	
n \ 内力	M_B^*	M_1	M_2	V_A	$V_{B左}^*$	$V_{B右}^*$	V_C	M_1^*	V_A^*	M_2^*	V_C^*
1.0	−0.125	0.0703	0.0703	0.3750	−0.6250	0.6250	−0.3750	0.0957	0.4375	0.0957	−0.4375
1.1	−0.1388	0.0653	0.0898	0.3613	−0.6387	0.6761	−0.4239	0.0970	0.4405	0.1142	−0.4780
1.2	−0.1550	0.0595	0.1108	0.3450	−0.6550	0.7292	−0.4708	0.0982	0.4432	0.1343	−0.5182
1.3	−0.1738	0.0532	0.1333	0.3263	−0.6737	0.7836	−0.5164	0.0993	0.4457	0.1558	−0.5582
1.4	−0.1950	0.0465	0.1572	0.3050	−0.6950	0.8393	−0.5607	0.1003	0.4479	0.1788	−0.5979
1.5	−0.2188	0.0396	0.1825	0.2813	−0.7187	0.8958	−0.6402	0.1013	0.4500	0.2032	−0.6375
1.6	−0.2450	0.0325	0.2092	0.2550	−0.7450	0.9531	−0.6469	0.1021	0.4519	0.2291	−0.6769
1.7	−0.2738	0.0256	0.2374	0.2263	−0.7737	1.0110	−0.6890	0.1029	0.4537	0.2564	−0.7162
1.8	−0.3050	0.0190	0.2669	0.1950	−0.8050	1.0694	−0.7306	0.1037	0.4554	0.2850	−0.7554
1.9	−0.3388	0.0130	0.2978	0.1613	−0.8387	1.1283	−0.7717	0.1044	0.4569	0.3155	−0.7944
2.0	−0.3750	0.0078	0.3301	0.1250	−0.8750	1.1875	−0.8125	0.1050	0.4583	0.3472	−0.8333
2.25	−0.4766	0.0003	0.4170	0.0234	−0.9766	1.3368	−0.9132	0.1065	0.4615	0.4327	−0.9303
2.5	−0.5938	负值	0.5126	−0.0938	−1.0938	1.4875	−1.0125	0.1078	0.4643	0.5272	−1.0268

注:1. M=表中系数×ql_1^2;V=表中系数×ql_1;

2. 带有 * 号者为荷载在最不利布置时的最大内力。

(2) 三跨不等跨梁内力系数

表 4-16

荷载图	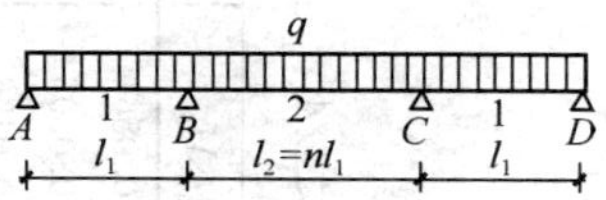						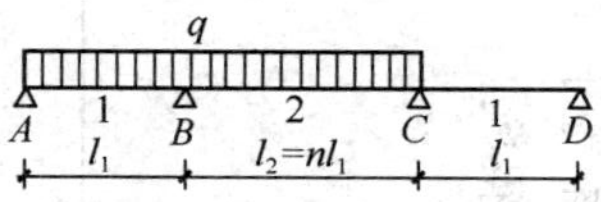			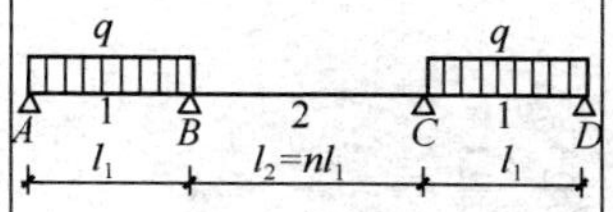		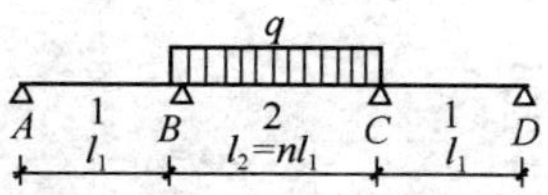
n \ 内力	M_B	M_1	M_2	V_A	$V_{B左}^*$	$V_{B右}^*$	M_B^*	$V_{B左}^*$	$V_{B右}^*$	M_1^*	V_A^*	M_2^*
0.4	−0.0831	0.0869	−0.0631	0.4169	−0.5831	0.2000	−0.0962	−0.5962	0.4608	0.0890	0.4219	0.0150
0.5	−0.0804	0.0880	−0.0491	0.4196	−0.5804	0.2500	−0.0947	−0.5947	0.4502	0.0918	0.4286	0.0223
0.6	−0.0800	0.0882	−0.0350	0.4200	−0.5800	0.3000	−0.0952	−0.5952	0.4603	0.0943	0.4342	0.0308
0.7	−0.0819	0.0874	−0.0206	0.4181	−0.5819	0.3500	−0.0979	−0.5979	0.4825	0.0964	0.4390	0.0403
0.8	−0.0859	0.0857	−0.0059	0.4141	−0.5859	0.4000	−0.1021	−0.6021	0.5116	0.0982	0.4432	0.0509
0.9	−0.0918	0.0833	0.0095	0.4082	−0.5918	0.4500	−0.1083	−0.6083	0.5456	0.0998	0.4468	0.0625
1.0	−0.1000	0.0800	0.0250	0.4000	−0.6000	0.5000	−0.1167	−0.6167	0.5833	0.1013	0.4500	0.0750
1.1	−0.1100	0.0761	0.0413	0.3900	−0.6100	0.5500	−0.1267	−0.6267	0.6233	0.1025	0.4528	0.0885
1.2	−0.1218	0.0715	0.0582	0.3782	−0.6218	0.6000	−0.1385	−0.6385	0.6651	0.1037	0.4554	0.1029
1.3	−0.1355	0.0664	0.0758	0.3645	−0.6355	0.6500	−0.1522	−0.6522	0.7082	0.1047	0.4576	0.1182
1.4	−0.1510	0.0609	0.0940	0.3490	−0.6510	0.7000	−0.1676	−0.6676	0.7525	0.1057	0.4597	0.1344
1.5	−0.1683	0.0550	0.1130	0.3317	−0.6683	0.7500	−0.1848	−0.6848	0.7976	0.1065	0.4615	0.1514
1.6	−0.1874	0.0489	0.1327	0.3127	−0.6873	0.8000	−0.2037	−0.7037	0.8434	0.1073	0.4632	0.1694
1.7	−0.2082	0.0426	0.1531	0.2918	−0.7082	0.8500	−0.2244	−0.7244	0.8897	0.1080	0.4648	0.1883
1.8	−0.2308	0.0362	0.1742	0.2692	−0.7308	0.9000	−0.2468	−0.7468	0.9366	0.1087	0.4662	0.2080
1.9	−0.2552	0.0300	0.1961	0.2448	−0.7552	0.9500	−0.2710	−0.7710	0.9846	0.1093	0.4675	0.2286
2.0	−0.2813	0.0239	0.2188	0.2188	−0.7812	1.0000	−0.2969	−0.7969	1.0312	0.1099	0.4688	0.2500
2.25	−0.3540	0.0106	0.2788	0.1462	−0.8538	1.1250	−0.3691	−0.8691	1.1511	0.1111	0.4714	0.3074
2.5	−0.4375	0.0019	0.3437	−0.0625	−0.9375	1.2500	−0.4521	−0.9521	1.2722	0.1122	0.4737	0.3701

注：1. M=表中系数×ql_1^2；V=表中系数×ql_1；

2. 带有 * 号者为荷载在最不利布置时的最大内力。

4.1.2.5　双向板在均布荷载作用下的弯矩❶及挠度系数（表 4-17～表 4-22）

刚度：

$$B=\frac{Eh^3}{12(1-\nu^2)}$$

式中　E——弹性模量；

h——板厚；

ν——泊松比；

w、w_{max}——分为板中心点的挠度和最大挠度；

M_x、$M_{x\,max}$——分别为平行于 l_x 方向板中心点的弯矩和板跨内最大弯矩；

M_y、M_{ymax}——分别为平行于 l_y 方向板中心点的弯矩和板跨内最大弯矩；

M_x^0——固定边中点沿 l_x 方向的弯矩；

M_y^0——固定边中点沿 l_y 方向的弯矩。

正负号的规定：

弯矩——使板的受荷面受压者为正；

挠度——弯位方向与荷载方向相同者为正。

表 4-17～表 4-22 仅列出了 $\nu=0$ 的弯矩系数与挠度系数。当 ν 值不等于零时，其挠度及支座中点弯矩仍可按这些表求得；当求其跨内弯矩时，可按下式求得❷：

$$M_x^{(\nu)}=M_x+\nu M_y,$$

$$M_y^{(\nu)}=M_y+\nu M_x$$

式中 M_x 及 M_y 为 $\nu=0$ 时的跨内弯矩。

四　边　简　支　　表 4-17

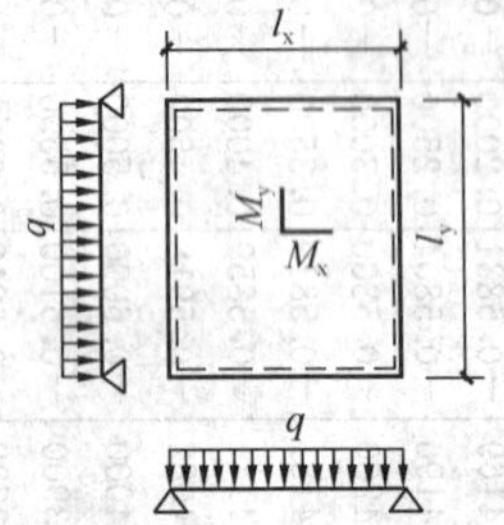

挠度＝表中系数×$\frac{ql^4}{B}$；$\nu=0$，弯矩＝表中系数×ql^2；式中 l 取 l_x 和 l_y 中之较小者

l_x/l_y	w	M_x	M_y	l_x/l_y	w	M_x	M_y
0.50	0.01013	0.0965	0.0174	0.80	0.00603	0.0561	0.0334
0.55	0.00940	0.0892	0.0210	0.85	0.00547	0.0506	0.0348
0.60	0.00867	0.0820	0.0242	0.90	0.00496	0.0456	0.0358
0.65	0.00796	0.0750	0.0271	0.95	0.00449	0.0410	0.0364
0.70	0.00727	0.0683	0.0296	1.00	0.00406	0.0368	0.0368
0.75	0.00663	0.0620	0.0317				

❶ 本节表内的弯矩系数均为单位板宽的弯矩系数。

❷ 当求跨内最大弯矩时，按此公式计算会得出偏大的结果。这是因为板内两个方向的跨内最大弯矩一般不在同一点出现。

三边简支，一边固定 表 4-18

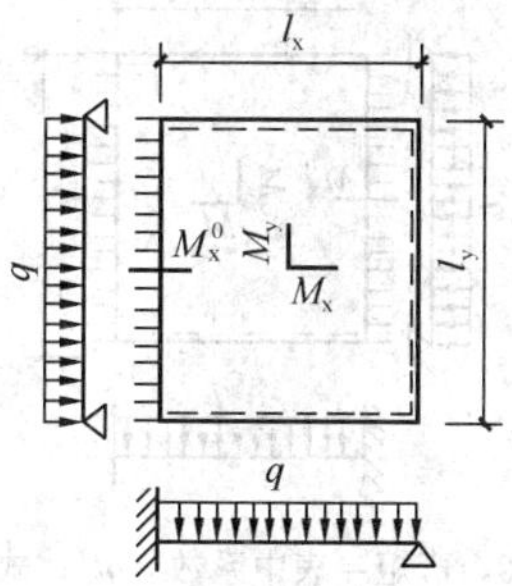

挠度＝表中系数×$\frac{ql^4}{B}$；$\nu=0$，弯矩＝表中系数×ql^2；式中 l 取 l_x 和 l_y 中之较小者

l_x/l_y	l_y/l_x	w_{max}	M_x	M_{xmax}	M_y	M_{ymax}	M_x^0
0.50		0.00504	0.0583	0.0646	0.0060	0.0063	−0.1212
0.55		0.00492	0.0563	0.0618	0.0081	0.0087	−0.1187
0.60		0.00472	0.0539	0.0589	0.0104	0.0111	−0.1158
0.65		0.00448	0.0513	0.0559	0.0126	0.0133	−0.1124
0.70		0.00422	0.0485	0.0529	0.0148	0.0154	−0.1087
0.75		0.00399	0.0457	0.0496	0.0168	0.0174	−0.1048
0.80		0.00376	0.0428	0.0463	0.0187	0.0193	−0.1007
0.85		0.00352	0.0400	0.0431	0.0204	0.0211	−0.0965
0.90		0.00329	0.0372	0.0400	0.0219	0.0226	−0.0922
0.95		0.00306	0.0345	0.0369	0.0232	0.0239	−0.0880
1.00	1.00	0.00285	0.0319	0.0340	0.0243	0.0249	−0.0839
	0.95	0.00324	0.0324	0.0345	0.0280	0.0287	−0.0882
	0.90	0.00368	0.0328	0.0347	0.0322	0.0330	−0.0926
	0.85	0.00417	0.0329	0.0347	0.0370	0.0378	−0.0971
	0.80	0.00473	0.0326	0.0343	0.0424	0.0433	−0.1014
	0.75	0.00536	0.0319	0.0335	0.0485	0.0494	−0.1056
	0.70	0.00605	0.0308	0.0323	0.0553	0.0562	−0.1096
	0.65	0.00680	0.0291	0.0306	0.0627	0.0637	−0.1133
	0.60	0.00762	0.0268	0.0289	0.0707	0.0717	−0.1166
	0.55	0.00848	0.0239	0.0271	0.0792	0.0801	−0.1193
	0.50	0.00935	0.0205	0.0249	0.0880	0.0888	−0.1215

两边简支，两边固定　　**表 4-19**

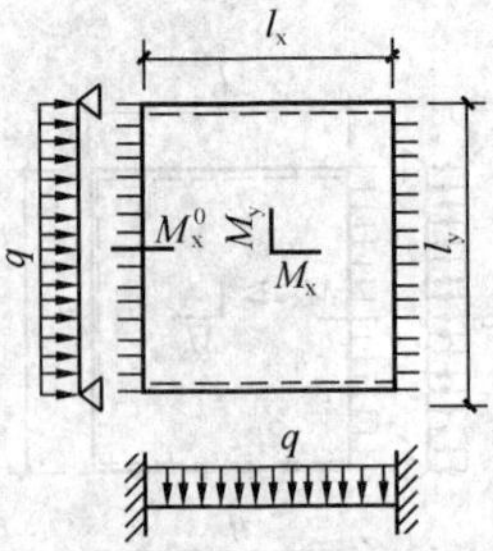

挠度＝表中系数×$\frac{ql^4}{B}$；ν＝0，弯矩＝表中系数×ql^2；式中 l 取 l_x 和 l_y 中之较小者

l_x/l_y	l_y/l_x	w	M_x	M_y	M_x^0	l_x/l_y	l_y/l_x	w	M_x	M_y	M_x^0
0.50		0.00261	0.0416	0.0017	−0.0843		0.95	0.00223	0.0296	0.0189	−0.0746
0.55		0.00259	0.0410	0.0028	−0.0840		0.9	0.00260	0.0306	0.0224	−0.0797
0.60		0.00255	0.0402	0.0042	−0.0834		0.85	0.00303	0.0314	0.0266	−0.0850
0.65		0.00250	0.0392	0.0057	−0.0826		0.80	0.00354	0.0319	0.0316	−0.0904
0.70		0.00243	0.0379	0.0072	−0.0814		0.75	0.00413	0.0321	0.0374	−0.0959
0.75		0.00236	0.0366	0.0088	−0.0799		0.70	0.00482	0.0318	0.0441	−0.1013
0.80		0.00228	0.0351	0.0103	−0.0782		0.65	0.00560	0.0308	0.0518	−0.1066
0.85		0.00220	0.0335	0.0118	−0.0763		0.60	0.00647	0.0292	0.0604	−0.1114
0.90		0.00211	0.0319	0.0133	−0.0743		0.55	0.00743	0.0267	0.0698	−0.1156
0.95		0.00201	0.0302	0.0146	−0.0721		0.50	0.00844	0.0243	0.0798	−0.1191
1.00	1.00	0.00192	0.0285	0.0158	−0.0698						

一边简支，三边固定　　**表 4-20**

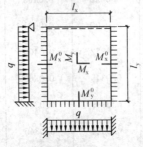

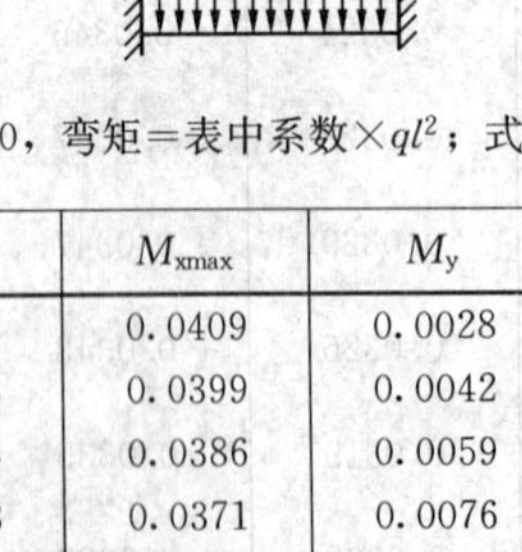

挠度＝表中系数×$\frac{ql^4}{B}$；ν＝0，弯矩＝表中系数×ql^2；式中 l 取 l_x 和 l_y 中之较小者

l_x/l_y	l_y/l_x	w_{max}	M_x	M_{xmax}	M_y	M_{ymax}	M_x^0	M_y^0
0.50		0.00258	0.0408	0.0409	0.0028	0.0089	−0.0836	−0.0569
0.55		0.00255	0.0398	0.0399	0.0042	0.0093	−0.0827	−0.0570
0.60		0.00249	0.0384	0.0386	0.0059	0.0105	−0.0814	−0.0571
0.65		0.00240	0.0368	0.0371	0.0076	0.0116	−0.0796	−0.0572
0.70		0.00229	0.0350	0.0354	0.0093	0.0127	−0.0774	−0.0572
0.75		0.00219	0.0331	0.0335	0.0109	0.0137	−0.0750	−0.0572
0.80		0.00208	0.0310	0.0314	0.0124	0.0147	−0.0722	−0.0570
0.85		0.00196	0.0289	0.0293	0.0138	0.0155	−0.0693	−0.0567
0.90		0.00184	0.0268	0.0273	0.0159	0.0163	−0.0663	−0.0563
0.95		0.00172	0.0247	0.0252	0.0160	0.0172	−0.0631	−0.0558
1.00	1.00	0.00160	0.0227	0.0231	0.0168	0.0180	−0.0600	−0.0550

续表

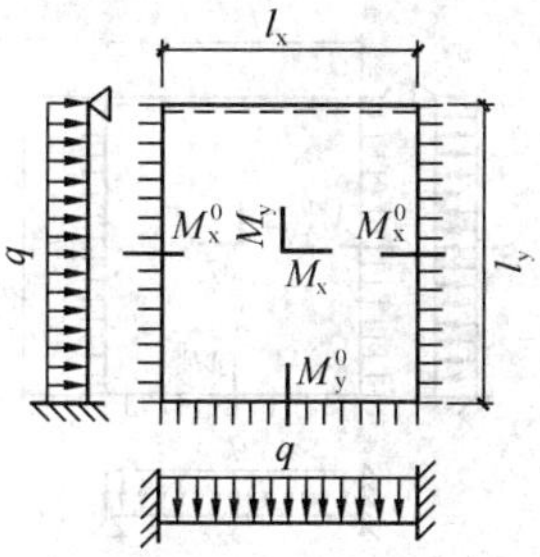

挠度=表中系数×$\frac{ql^4}{B}$；$\nu=0$，弯矩=表中系数×ql^2；式中 l 取 l_x 和 l_y 中之较小者

l_x/l_y	l_y/l_x	w_{max}	M_x	M_{xmax}	M_y	M_{ymax}	M_x^0	M_y^0
	0.95	0.00182	0.0229	0.0234	0.0194	0.0207	−0.0629	−0.0599
	0.90	0.00206	0.0228	0.0234	0.0223	0.0238	−0.0656	−0.0653
	0.85	0.00233	0.0225	0.0231	0.0255	0.0273	−0.0683	−0.0711
	0.80	0.00262	0.0219	0.0224	0.0290	0.0311	−0.0707	−0.0772
	0.75	0.00294	0.0208	0.0214	0.0329	0.0354	−0.0729	−0.0837
	0.70	0.00327	0.0194	0.0200	0.0370	0.0400	−0.0748	−0.0903
	0.65	0.00365	0.0175	0.0182	0.0412	0.0446	−0.0762	−0.0970
	0.60	0.00403	0.0153	0.0160	0.0454	0.0493	−0.0773	−0.1033
	0.55	0.00437	0.0127	0.0133	0.0496	0.0541	−0.0780	−0.1093
	0.50	0.00463	0.0099	0.0103	0.0534	0.0588	−0.0784	−0.1146

四 边 固 定 **表 4-21**

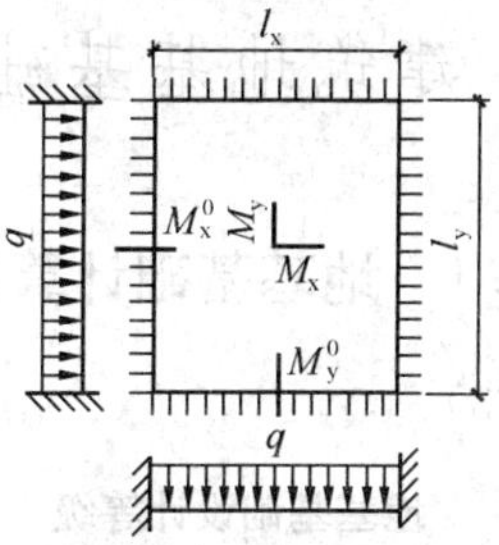

挠度=表中系数×$\frac{ql^4}{B}$；$\nu=0$，弯矩=表中系数×ql^2；式中 l 取 l_x 和 l_y 中之较小者

l_x/l_y	w	M_x	M_y	M_x^0	M_y^0
0.50	0.00253	0.0400	0.0038	−0.0829	−0.0570
0.55	0.00246	0.0385	0.0056	−0.0814	−0.0571
0.60	0.00236	0.0367	0.0076	−0.0793	−0.0571
0.65	0.00224	0.0345	0.0095	−0.0766	−0.0571
0.70	0.00211	0.0321	0.0113	−0.0735	−0.0569
0.75	0.00197	0.0296	0.0130	−0.0701	−0.0565
0.80	0.00182	0.0271	0.0144	−0.0664	−0.0559
0.85	0.00168	0.0246	0.0156	−0.0626	−0.0551
0.90	0.00153	0.0221	0.0165	−0.0588	−0.0541
0.95	0.00140	0.0198	0.0172	−0.0550	−0.0528
1.00	0.00127	0.0176	0.0176	−0.0513	−0.0513

两边简支，两边固定　表 4-22

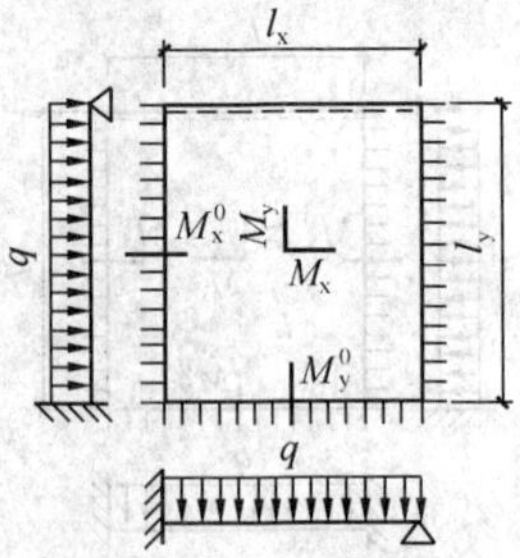

挠度=表中系数×$\frac{ql^4}{B}$；ν=0，弯矩=表中系数×ql^2；式中 l 取 l_x 和 l_y 中之较小者

l_x/l_y	w_{max}	M_x	M_{xmax}	M_y	M_{ymax}	M_x^0	M_y^0
0.50	0.00471	0.0559	0.0562	0.0079	0.0135	−0.1179	−0.0786
0.55	0.00454	0.0529	0.0530	0.0104	0.0153	−0.1140	−0.0785
0.60	0.00429	0.0496	0.0498	0.0129	0.0169	−0.1095	−0.0782
0.65	0.00399	0.0461	0.0465	0.0151	0.0183	−0.1045	−0.0777
0.70	0.00368	0.0426	0.0432	0.0172	0.0195	−0.0992	−0.0770
0.75	0.00340	0.0390	0.0396	0.0189	0.0206	−0.0938	−0.0760
0.80	0.00313	0.0356	0.0361	0.0204	0.0218	−0.0883	−0.0748
0.85	0.00286	0.0322	0.0328	0.0215	0.0229	−0.0829	−0.0733
0.90	0.00261	0.0291	0.0297	0.0224	0.0238	−0.0776	−0.0716
0.95	0.00237	0.0261	0.0267	0.0230	0.0244	−0.0726	−0.0698
1.00	0.00215	0.0234	0.0240	0.0234	0.0249	−0.0677	−0.0677

4.2　建筑地基基础计算

4.2.1　地基基础计算用表

1. 地基基础设计等级（表 4-23）

地基基础设计等级　表 4-23

设计等级	建筑和地基类型
甲级	重要的工业与民用建筑物 30 层以上的高层建筑 体型复杂，层数相差超过 10 层的高低层连成一体建筑物 大面积的多层地下建筑物（如地下车库、商场、运动场等） 对地基变形有特殊要求的建筑物 复杂地质条件下的坡上建筑物（包括高边坡） 对原有工程影响较大的新建建筑物 场地和地基条件复杂的一般建筑物 位于复杂地质条件及软土地区的二层及二层以下地下室的基坑工程
乙级	除甲级、丙级以外的工业与民用建筑物
丙级	场地和地基条件简单、荷载分布均匀的七层及七层以下民用建筑及一般工业建筑物；次要的轻型建筑物

根据建筑物地基基础设计等级及长期荷载作用下地基变形对上部结构的影响程度，地基基础设计应符合下列规定：

（1）所有建筑物的地基计算均应满足承载力计算的有关规定。

（2）设计等级为甲级、乙级的建筑物，均应按地基变形设计。

（3）表 4-24 所列范围内设计等级为丙级的建筑物可不作变形验算，如有下列情况之一时，仍应作变形验算：

1）地基承载力特征值小于 130kPa，且体型复杂的建筑；

2）在基础上及其附近有地面堆载或相邻基础荷载差异较大，可能引起地基产生过大的不均匀沉降时；

3）软弱地基上的建筑物存在偏心荷载时；

4）相邻建筑距离过近，可能发生倾斜时；

5）地基内有厚度较大或厚薄不均的填土，其自重固结未完成时。

（4）对经常受水平荷载作用的高层建筑、高耸结构和挡土墙等，以及建造在斜坡上或边坡附近的建筑物和构筑物，尚应验算其稳定性。

（5）基坑工程应进行稳定性验算。

（6）当地下水埋藏较浅，建筑地下室或地下构筑物存在上浮问题时，尚应进行抗浮验算。

可不作地基变形计算设计等级为丙级的建筑物范围　　表 4-24

地基主要受力层情况	地基承载力特征值 f_{ak}（kPa）			$60 \leqslant f_{ak} < 80$	$80 \leqslant f_{ak} < 100$	$100 \leqslant f_{ak} < 130$	$130 \leqslant f_{ak} < 160$	$160 \leqslant f_{ak} < 200$	$200 \leqslant f_{ak} < 300$
	各土层坡度（%）			≤5	≤5	≤10	≤10	≤10	≤10
建筑类型	砌体承重结构、框架结构（层数）			≤5	≤5	≤5	≤6	≤6	≤7
	单层排架结构（6m 柱距）	单跨	吊车额定起重量(t)	5～10	10～15	15～20	20～30	30～50	50～100
			厂房跨度(m)	≤12	≤18	≤24	≤30	≤30	≤30
		多跨	吊车额定起重量(t)	3～5	5～10	10～15	15～20	20～30	30～75
			厂房跨度(m)	≤12	≤18	≤24	≤30	≤30	≤30
	烟囱		高度(m)	≤30	≤40	≤50	≤75		≤100
	水塔		高度(m)	≤15	≤20	≤30	≤30		≤30
			容积(m^3)	≤50	50～100	100～200	200～300	300～500	500～1000

注：1. 地基主要受力层系指条形基础底面下深度为 $3b$（b 为基础底面宽度），独立基础下为 $1.5b$，且厚度均不小于 5m 的范围（二层以下一般的民用建筑除外）；

2. 地基主要受力层中如有承载力特征值小于 130kPa 的土层时，表中砌体承重结构的设计，应符合《建筑地基基础设计规范》（GB 50007—2002）中第七章的有关要求；

3. 表中砌体承重结构和框架结构均指民用建筑，对于工业建筑可按厂房高度、荷载情况折合成与其相当的民用建筑层数；

4. 表中吊车额定起重量、烟囱高度和水塔容积的数值系指最大值。

2. 基础宽度和埋深的地基承载力修正系数（表 4-25）

承载力修正系数　　表 4-25

土的类别		η_b	η_d
淤泥和淤泥质土		0	1.0
人工填土 e 或 I_L 大于等于 0.85 的黏性土		0	1.0
红黏土	含水比 $a_w>0.8$	0	1.2
	含水比 $a_w\leqslant0.8$	0.15	1.4
大面积压实填土	压实系数大于 0.95，黏粒含量 $\rho_c\geqslant10\%$的粉土	0	1.5
	最大干密度大于 $2.1t/m^3$ 的级配砂石	0	2.0
粉土	黏粒含量 $\rho_c\geqslant10\%$的粉土	0.3	1.5
	黏粒含量 $\rho_c<10\%$的粉土	0.5	2.0
e 及 I_L 均小于 0.85 的黏性土		0.3	1.6
粉砂、细砂（不包括很湿与饱和时的稍密状态）		2.0	3.0
中砂、粗砂、砾砂和碎石土		3.0	4.4

注：1. 强风化和全风化的岩石，可参照所风化成的相应土类取值，其他状态下的岩石不修正；
2. 地基承载力特征值按《建筑地基基础设计规范》(GB 50007—2002) 附录 D 深层平板载荷试验确定时 η_d 取 0。

3. 建筑物的地基变形允许值（表 4-26）

建筑物的地基变形允许值　　表 4-26

变形特征		地基土类别	
		中、低压缩性土	高压缩性土
砌体承重结构基础的局部倾斜		0.002	0.003
工业与民用建筑相邻柱基的沉降差			
(1) 框架结构		$0.002l$	$0.003l$
(2) 砌体墙填充的边排柱		$0.0007l$	$0.001l$
(3) 当基础不均匀沉降时不产生附加应力的结构		$0.005l$	$0.005l$
单层排架结构（柱距为 6m）柱基的沉降量（mm）		(120)	200
桥式吊车轨面的倾斜（按不调整轨道考虑）			
纵向		0.004	
横向		0.003	
多层和高层建筑的整体倾斜	$H_g\leqslant24$	0.004	
	$24<H_g\leqslant60$	0.003	
	$60<H_g\leqslant100$	0.0025	
	$H_g>100$	0.002	
体型简单的高层建筑基础的平均沉降量（mm）		200	
高耸结构基础的倾斜	$H_g\leqslant20$	0.008	
	$20<H_g\leqslant50$	0.006	
	$50<H_g\leqslant100$	0.005	
	$100<H_g\leqslant150$	0.004	

续表

变形特征		地基土类别	
		中、低压缩性土	高压缩性土
	$150<H_g\leqslant200$	0.003	
	$200<H_g\leqslant250$	0.002	
高耸结构基础的沉降量（mm）	$H_g\leqslant100$	400	
	$100<H_g\leqslant200$	300	
	$200<H_g\leqslant250$	200	

注：1. 本表数值为建筑物地基实际最终变形允许值；

2. 有括号者仅适用于中压缩性土；

3. l——相邻柱基的中心距离（mm）；H_g——自室外地面起算的建筑物高度（m）；

4. 倾斜指基础倾斜方向两端点的沉降差与其距离的比值；

5. 局部倾斜指砌体承重结构沿纵向 6～10m 内基础两点的沉降差与其距离的比值。

4. 压实填土地基（表 4-27、表 4-28）

压实填土的质量控制　**表 4-27**

结构类型	填土部位	压实系数 λ_c	控制含水量（%）
砌体承重结构和框架结构	在地基主要受力层范围内	≥0.97	$w_{op}\pm2$
	在地基主要受力层范围以下	≥0.95	
排架结构	在地基主要受力层范围内	≥0.96	
	在地基主要受力层范围以下	≥0.94	

注：1. 压实系数 λ_c 为压实填土的控制干密度 ρ_d 与最大干密度 ρ_{dmax} 的比值，w_{op} 为最优含水量；

2. 地坪垫层以下及基础底面标高以上的压实填土，压实系数不应小于 0.94。

压实填土的边坡坡度允许值　**表 4-28**

填土类型	边坡坡度允许值（高宽比）		压实系数（λ_c）
	坡高在 8m 以内	坡高为 8m～15m	
碎石、卵石	1∶1.50～1∶1.25	1∶1.75～1∶1.50	0.94～0.97
砂夹石（碎石、卵石占全重 30%～50%）	1∶1.50～1∶1.25	1∶1.75～1∶1.50	
土夹石（碎石、卵石占全重 30%～50%）	1∶1.50～1∶1.25	1∶2.00～1∶1.50	
粉质黏土、黏粒含量 ρ_c ≥10%的粉土	1∶1.75～1∶1.50	1∶2.25～1∶1.75	

5. 房屋沉降缝宽度（表 4-29）和相邻建筑物基础间的净距（表 4-30）

房屋沉降缝的宽度　表 4-29

房屋层数	沉降缝宽度（mm）
2～3	50～80
4～5	80～120
>5	不小于 120

相邻建筑物基础间的净距（m）　表 4-30

被影响建筑的长高比 / 影响建筑的预估平均沉降量 s（mm）	$2.0 \leq L/H_f < 3.0$	$3.0 \leq L/H_f < 5.0$
70～150	2～3	3～6
160～250	3～6	6～9
260～400	6～9	9～12
>400	9～12	≥12

注：1. 表中 L——建筑物长度或沉降缝分隔的单元长度（m）；H_f——自基础底面标高算起的建筑物高度（m）；

2. 当被影响建筑的长高比为 $1.5 < L/H_f < 2.0$ 时，其间净距可适当缩小。

6. 无筋扩展基础台阶宽高比的允许值（表 4-31）

无筋扩展基础台阶宽高比的允许值　表 4-31

基础材料	质量要求	台阶宽高比的允许值		
		$p_k \leq 100$	$100 < p_k \leq 200$	$200 < p_k \leq 300$
混凝土基础	C15 混凝土	1∶1.00	1∶1.00	1∶1.25
毛石混凝土基础	C15 混凝土	1∶1.00	1∶1.25	1∶1.50
砖基础	砖不低于 MU10、砂浆不低于 M5	1∶1.50	1∶1.50	1∶1.50
毛石基础	砂浆不低于 M5	1∶1.25	1∶1.50	—
灰土基础	体积比为 3∶7 或 2∶8 的灰土，其最小干密度：粉土 $1.55t/m^3$ 粉质黏土 $1.50t/m^3$ 黏土 $1.45t/m^3$	1∶1.25	1∶1.50	—
三合土基础	体积比 1∶2∶4～1∶3∶6（石灰∶砂∶骨料），每层约虚铺 220mm，夯至 150mm	1∶1.50	1∶2.00	—

注：1. p_k 为荷载效应标准组合时基础底面处的平均压力值（kPa）；

2. 阶梯形毛石基础的每阶伸出宽度，不宜大于 200mm；

3. 当基础由不同材料叠合组成时，应对接触部分作抗压验算；

4. 基础底面处的平均压力值超过 300kPa 的混凝土基础，尚应进行抗剪验算。

4.2.2　地基基础计算

4.2.2.1　基础埋置深度

基础的埋置深度，应按下列条件确定：

(1) 建筑物的用途，有无地下室、设备基础和地下设施，基础的形式和构造；
(2) 作用在地基上的荷载大小和性质；
(3) 工程地质和水文地质条件；
(4) 相邻建筑物的基础埋深；
(5) 地基土冻胀和融陷的影响。

在满足地基稳定和变形要求的前提下，基础宜浅埋，当上层地基的承载力大于下层土时，宜利用上层土作持力层。除岩石地基处，基础埋深不宜小于0.5m。

高层建筑筏形和箱形基础的埋置深度应满足地基承载力、变形和稳定性要求。在抗震设防区，除岩石地基外，天然地基上的箱形和筏形基础其埋置深度不宜小于建筑物高度的1/15；桩箱或桩筏基础的埋置深度（不计桩长）不宜小于建筑物高度的1/18。位于岩石地基上的高层建筑，其基础埋深应满足抗滑要求。

当存在相邻建筑物时，新建建筑物的基础埋深不宜大于原有建筑基础。当埋深大于原有建筑基础时，两基础间应保持一定净距，其数值应根据原有建筑荷载大小、基础形式和土质情况确定。当上述要求不能满足时，应采取分段施工，设临时加固支撑，打板桩，地下连续墙等施工措施，或加固原有建筑物地基。

确定基础埋深尚应考虑地基的冻胀性。

4.2.2.2 地基计算

地基计算见表4-32。

地基计算 **表4-32**

计算内容	计算公式
承载力计算	(1) 基础底面压力，应符合下式要求： 当轴心荷载作用时 $p_k \leqslant f_a$ 当偏心荷载作用时，除符合上式要求外，尚应符合 $p_{kmax} \leqslant 1.2f_a$ 式中 p_k——相应于荷载效应标准组合时，基础底面处的平均压力值； f_a——修正后的地基承载力特征值； p_{kmax}——相应于荷载效应标准组合时，基础底面边缘的最大压力值 (2) 基础底面压力，可按下列公式确定： 1) 当轴心荷载作用时： $$p_k=\frac{F_k+G_k}{A}$$ 式中 F_k——相应于荷载效应标准组合时，上部结构传至基础顶面的竖向力值； G_k——基础自重和基础上的土重； A——基础底面面积 2) 当偏心荷载作用时： $$p_{kmax}=\frac{F_k+G_k}{A}+\frac{M_k}{W}$$ $$p_{kmin}=\frac{F_k+G_k}{A}-\frac{M_k}{W}$$ 式中 M_k——相应于荷载效应标准组合时，作用于基础底面的力矩值； W——基础底面的抵抗矩； p_{kmin}——相应于荷载效应标准组合时，基础底面边缘的最小压力值 3) 当偏心距 $e>b/6$ 时： $$p_{kmax}=\frac{2(F_k+G_k)}{3la}\leqslant 1.2f_a$$

续表

计算内容	计　算　公　式
承载力计算	式中　l——垂直于力矩作用方向的基础底面边长； a——合力作用点至基础底面最大压力边缘的距离 （3）当基础宽度大于 3m 或埋置深度大于 0.5m 时，f_a 值应按下式修正： $f_a = f_{ak} + \eta_b \gamma (b-3) + \eta_d \gamma_m (d-0.5)$ 式中　f_a——修正后的地基承载力特征值； f_{ak}——地基承载力特征值； η_b、η_d——基础宽度和埋深的地基承载力修正系数； γ——基础底面以下土的重度，地下水位以下取浮重度； b——基础底面宽度，小于 3m 时按 3m 取值，大于 6m 时按 6m 取值； γ_m——基础底面以上土的加权平均重度，地下水位以下取浮重度； d——基础埋置深度，一般自室外地面标高算起 （4）当偏心距 e 小于或等于 0.033 倍基础底宽时，f_a 按下式计算： $f_a = M_b \gamma_b + M_d \gamma_m d + M_c c_k$ 式中　f_a——由土的抗剪强度指标确定的地基承载力特征值； M_b、M_d、M_c——承载力系数； b——基础底面宽度，大于 6m 时按 6m 取值，对于砂土小于 3m 时按 3m 取值； c_k——基底下一倍短边宽深度内土的黏聚力标准值 （5）当地基受力层范围内有较弱下卧层时，尚应验算 $p_z + p_{cz} \leqslant f_{az}$ 式中　p_z——相应于荷载效应标注组合时，软弱下卧层顶面处的附加压力值； p_{cz}——软弱下卧层顶面处土的自重压力值； f_{az}——软弱下卧层顶面处经深度修正后地基承载力特征值 对条形基础和矩形基础，p_z 值可按下列公式简化计算： 条形基础：$p_z = \dfrac{b(p_k - p_c)}{b + 2z\tan\theta}$ 矩形基础：$p_z = \dfrac{lb(p_k - p_c)}{(b + 2z\tan\theta)(l + 2z\tan\theta)}$ 式中　b——矩形基础或条形基础底边的宽度； l——矩形基础底边的长度； p_c——基础底面处土的自重压力值； z——基础底面至软弱下卧层顶面的距离； θ——地基压力扩散线与垂直线的夹角，可按《建筑地基基础设计规范》（GB 50007—2011）表 5.2.7 采用
变形计算	（1）地基最终变形量 $s = \psi_s s' = \psi_s \sum_{i=1}^{n} \frac{p_0}{E_{si}} (z_i \overline{\alpha_i} - z_{i-1} \overline{\alpha_{i-1}})$ 式中　s——地基最终变形量； s'——按分层总和法计算出的地基变形量； ψ_s——沉降计算经验系数，根据地区沉降观测资料及经验确定，无地区经验时可采用《建筑地基基础设计规范》（GB 50007—2011）表 5.3.5； n——地基变形计算深度范围内所划分的土层数； p_0——对应于荷载效应准永久组合时的基础底面处的附加压力； E_{si}——基础底面下第 i 层土的压缩模量，取土的自重压力至土的自重压力与附加压力之和的压力段计算； z_i、z_{i-1}——基础底面至第 i 层土、第 $i-1$ 层土底面的距离； $\overline{\alpha_i}$、$\overline{\alpha_{i-1}}$——基础底面计算点至第 i 层土、第 $i-1$ 层土底面范围内平均附加应力系数

续表

计算内容	计 算 公 式
变形计算	(2) 地基变形计算深度，应符合下式要求： $$\Delta s'_n \leqslant 0.025\sum_{i=1}^{n}\Delta s'_i$$ 式中 $\Delta s'_i$——在计算深度范围内，第 i 层土的计算变形值； $\Delta s'_n$——在计算深度向上取厚度为 Δz 的土层计算变形值，Δz 按《建筑地基基础设计规范》(GB 50007—2011) 表 5.3.7 确定 (3) 开挖基坑地基土的回弹变形量 $$s_c = \psi_c\sum_{i=1}^{n}\frac{p_c}{E_{ci}}(z_i\alpha_i - z_{i-1}\alpha_{i-1})$$ 式中 s_c——地基的回弹变形量； ψ_c——考虑回弹影响的沉降计算经验系数，ψ_c 取 1.0； p_c——基坑底面以上土的自重压力，地下水位以下扣除浮力； E_{ci}——土的回弹模量
稳定性计算	(1) 地基稳定性采用圆弧滑动面法验算，应符合下式： $$M_R/M_s \geqslant 1.2$$ 式中 M_s——滑动力矩； M_R——抗滑力矩 (2) 位于稳定土坡坡顶上的建筑，当垂直于坡顶边缘线的基础底面边长小于或等于 3m 时，其基础底面外边缘线至坡顶的水平距离应符合下式要求，但不得小于 2.5m： 1) 条形基础： $$a \geqslant 3.5b - \frac{d}{\tan\beta}$$ 2) 矩形基础： $$a \geqslant 2.5b - \frac{d}{\tan\beta}$$ 式中 a——基础底面外边缘线至坡顶的水平距离； b——垂直于坡顶边缘线的基础底面边长； d——基础埋置深度； β——边坡坡角

4.2.2.3 基础计算

基础计算见表 4-33。

基 础 计 算 **表 4-33**

计算内容	计 算 公 式
无筋扩展基础（砖、毛石、混凝土或毛石混凝土、灰土和三合土等材料组成的墙下条形基础或柱下独立基础）	基础高度应符合下式要求： $$H_0 \geqslant \frac{b-b_0}{z\tan\alpha}$$ 式中 H_0——基础高度； b——基础底面宽度； b_0——基础顶面的墙体宽度或柱脚宽度； $\tan\alpha$——基础台阶宽高比

续表

计算内容	计　算　公　式
扩展基础（钢筋混凝土柱独立基础和墙下条形基础）	（1）矩形截面柱的矩形基础，验算柱与基础交接处及基础变阶处的受冲切承载力： $$F_l \leqslant 0.7\beta_{hp} f_t a_m h_0$$ 式中　β_{hp}——受冲切承载力截面高度影响系数，当 $h \leqslant 800$mm 时，$\beta_{hp}=1.0$；$h \geqslant 2000$mm 时，$\beta_{hp}=0.9$，其间按线性内插法取用； f_t——混凝土轴心抗拉强度设计值； h_0——基础冲切破坏锥体的有效高度； a_m——冲切破坏锥体最不利一侧计算长度； F_l——相应于荷载效应基本组合时，作用 A_l 上的地基土净反力设计值 （2）基础底板抗弯计算 1）矩形基础（台阶宽高比小于或等于 2.5 和偏心距小于或等于 1/6 基础宽度时）： $$M_{\mathrm{I}}=\frac{1}{12}a_1^2\left[(2l+a')\left(p_{max}+p-\frac{2G}{A}\right)+(p_{max}-p)l\right]$$ $$M_{\mathrm{II}}=\frac{1}{48}(l-a')^2(2b+b')\left(p_{max}+p_{min}-\frac{2G}{A}\right)$$ 式中　M_{I}、M_{II}——基础底板横、纵截面处相应于荷载效应基本组合时的弯矩设计值； a_1——任意截面至基底边缘最大反力处的距离； l、b——基础底面的边长； p_{max}、p_{min}——相应于荷载效应基本组合时的基础底面边缘最大、最小地基反力设计值； p——相应于荷载效应基本组合时在任意截面处基础底面地基反力设计值； G——考虑荷载分配系数的基础自重及其上的土自重；当组合值由永久荷载控制时，$G=1.35G_k$，G_k 为基础及其上土的标准自重 2）墙下条形基础任意截面弯矩，可取 $l=a'=1$m 按上述 M_{I} 式计算 （3）当扩展基础的混凝土强度等级小于柱的混凝土等级时，尚应验算扩展基础顶面的局部受压承载力
柱下条形基础	（1）在比较均匀的地基上，上部结构刚度较好，荷载分布较均匀，且条形基础梁的高度不小于 1/6 柱距时，地基反力可按直线分布，条形基础梁的内力可按连续梁计算，此时边跨跨中弯矩及第一内支座的弯矩值宜乘以 1.2 的系数； （2）当不满足本条第一款的要求时，宜按弹性地基梁计算； （3）对交叉条形基础，交点上的柱荷载，可按交叉梁的刚度或变形协调的要求，进行分配，其内力可按本条上述规定，分别进行计算； （4）验算柱边缘处基础梁的受剪承载力； （5）当存在扭矩时，尚应作抗扭计算； （6）当条形基础的混凝土强度等级小于柱的混凝土强度等级时，尚应验算柱下条形基础梁顶面的局部受压承载力
筏形基础（梁板式、平板式）	（1）基底平面形心与结构竖向永久荷载重心的偏心距： $$e \leqslant 0.1\frac{W}{A}$$ 式中　W——与偏心距方向一致的基础底面边缘抵抗矩； A——基础底面积 （2）梁板式筏基底板受冲切承载力 $$F_l \leqslant 0.7\beta_{hp} f_t u_m h_0$$

续表

计算内容	计算公式
筏形基础（梁板式、平板式）	式中 F_l——作用在《建筑地基基础设计规范》（GB 50007—2011）图 8.4.12-1 中阴影部分面积上的地基土平均净反力设计值； u_m——距基础梁边 $h_0/2$ 处冲切临界截面的周长 底板区格为矩形双向板时，底板受冲切所需厚度 $h_0=\dfrac{(l_{n1}+l_{n2})-\sqrt{(l_{n1}+l_{n2})^2-\dfrac{4pl_{n1}l_{n2}}{p+0.7\beta_{hp}f_t}}}{4}$ 式中 l_{n1}、l_{n2}——计算板格的短边、长边的净长度； p——相应于荷载效应基本组合的地基土平均净反力设计值 （3）梁板式筏基底板斜截面受剪承载力 $V_s\leqslant 0.7\beta_{hp}f_t(l_{n2}-2h_0)h_0$ 式中 V_s——距离边缘 h_0 处，作用在梯形面积上的地基土平均净反力设计值； β_{hs}——受剪切承载力截面高度影响系数，板的有效高度 $h_0<800$mm 时，h_0 取 800mm；$h_0>2000$mm 时，h_0 取 2000mm （4）梁板式筏基的基础梁要验算正截面受弯、斜截面受剪承载力及底层柱下基础梁顶面的局部受压承载力 （5）平板式筏基板，距柱边 $h_0/2$ 处冲切临界截面的最大剪应力 τ_{max}： $\tau_{max}=F_l/u_mh_0+\alpha_sM_{unb}c_{AB}/I_s$ $\tau_{max}\leqslant 0.7(0.4+1.2/\beta_s)\beta_{hp}f_t$ $\alpha_s=1-\dfrac{1}{1+\dfrac{2}{3}\sqrt{c_1/c_2}}$ 式中 F_l——相应于荷载效应基本组合时的集中力设计值，对内柱取轴力设计值减去筏板冲切破坏锥体内的地基净反力设计值；对边柱和角柱，取轴力设计值减去筏板冲切临界截面范围内的地基净反力设计值；地基反力值应扣除底板自重； u_m——距基础梁边 $h_0/2$ 处冲切临界截面的周长； h_0——筏板的有效高度； M_{unb}——作用在冲切临界截面重心上的不平衡弯矩设计值； c_{AB}——沿弯矩作用方向，冲切临界截面重心至冲切临界截面最大剪应力点的距离； I_s——冲切临界截面对其重心的极惯性矩； β_s——柱截面长边与短边的比值，$\beta_s<2$ 时取 2，$\beta_s>4$ 时取 4； c_1——与弯矩作用方向一致的冲切临界截面的边长； c_2——垂直于 c_1 的冲切临界截面的边长； α_s——不平衡弯矩通过冲切临界截面上的偏心剪力来传递的分配系数 （6）平板式筏基内筒下板受冲切承载力 $F_l/u_mh_0\leqslant 0.7\beta_{hp}f_t/\eta$ 式中 F_l——相应于荷载效应基本组合时的内筒所承受的轴力设计值减去筏板冲切破坏锥体内的地基净反力设计值。地基反力值应扣除底板自重； u_m——距基础梁边 $h_0/2$ 处冲切临界截面的周长； h_0——距内筒外表面 $h_0/2$ 处筏板的截面有效高度； η——内筒冲切临界截面周长影响系数，取 1.25 （7）平板式筏基距内筒边缘或柱边缘 h_0 处筏板受剪承载力 $V_s\leqslant 0.7\beta_{hs}f_tb_wh_0$ 式中 V_s——荷载效应基本组合下，地基土净反力平均值产生的距内筒或柱边缘 h_0 处筏板单位宽度的剪力设计值； b_w——筏板计算截面单位宽度； h_0——距内筒或柱边缘 h_0 处筏板的截面有效高度

4.2.2.4　桩基础计算

桩基础计算见表 4-34。

桩基础计算　　表 4-34

计算内容	计算公式
桩顶作用效应计算	1. 竖向力 轴心竖向力作用下：$N_k=\frac{F_k+G_k}{n}$ 偏心竖向力作用下：$N_{ik}=\frac{F_k+G_k}{n}\pm\frac{M_{xk}y_i}{\Sigma y_j^2}\pm\frac{M_{yk}x_i}{\Sigma x_j^2}$ 2. 水平力：$H_{ik}=\frac{H_k}{n}$ 式中　F_k——荷载效应标准组合下，作用于承台顶面的竖向力； G_k——桩基承台和承台上土自重标准值，对稳定的地下水位以下部分应扣除水的浮力； N_k——荷载效应标准组合轴心竖向力作用下，基桩或复合基桩的平均竖向力； N_{ik}——荷载效应标准组合偏心竖向力作用下，第 i 基桩或复合基桩的竖向力； M_{xk}、M_{yk}——荷载效应标准组合下，作用于承台底面，绕通过桩群形心的 x、y 主轴的力矩； x_i、x_j、y_i、y_j——第 i、j 基桩或复合基桩至 y、x 轴的距离； H_k——荷载效应标准组合下，作用于桩基承台底面的水平力； H_{ik}——荷载效应标准组合下，作用于第 i 基桩或复合基桩的水平力； n——桩基中的桩数。
桩基竖向承载力计算	1. 荷载效应标准组合 轴心竖向力作用下：$N_k\leqslant R$ 偏心竖向力作用下，除满足上式外，尚应满足下式的要求：$N_{kmax}\leqslant 1.2R$ 2. 地震作用效应和荷载效应标准组合 轴心竖向力作用下：$N_{Ek}\leqslant 1.25R$ 偏心竖向力作用下，除满足上式外，尚应满足下式的要求：$N_{Ekmax}\leqslant 1.5R$ 3. 单桩竖向承载力特征值 $R_a=\frac{1}{K}Q_{uk}$ 4. 考虑承台效应的复合基桩竖向承载力特征值 不考虑地震作用时　$R=R_a+\eta_c f_{ak}A_c$ 考虑地震作用时　$R=R_a+\frac{\xi_a}{1.25}\eta_c f_{ak}A_c$ $A_c=(A-nA_{ps})/n$ 式中　N_k——荷载效应标准组合轴心竖向力作用下，基桩或复合基桩的平均竖向力； N_{kmax}——荷载效应标准组合偏心竖向力作用下，桩顶最大竖向力； N_{Ek}——地震作用效应和荷载效应标准组合下，基桩或复合基桩的平均竖向力； N_{Ekmax}——地震作用效应和荷载效应标准组合下，基桩或复合基桩的最大竖向力； R——基桩或复合基桩竖向承载力特征值； Q_{uk}——单桩竖向极限承载力标准值； K——安全系数，取 $K=2$； η_c——承台效应系数； f_{ak}——承台下 1/2 承台宽度且不超过 5m 深度范围内各层土的地基承载力特征值按厚度加权的平均值； A_c——计算基桩所对应的承台底净面积； A_{ps}——为桩身截面面积； A——为承台计算域面积。对于柱下独立桩基，A 为承台总面积；对于桩筏基础，A 为柱、墙筏板的 1/2 跨距和悬臂边 2.5 倍筏板厚度所围成的面积；桩集中布置于单片墙下的桩筏基础，取墙两边各 1/2 跨距围成的面积，按条基计算 η_c； ζ_a——地基抗震承载力调整系数，应按现行国家标准《建筑抗震设计规范》GB 50011 采用

续表

计算内容	计 算 公 式
单桩竖向极限承载力	1. 单桩竖向静载试验法 单桩竖向极限承载力标准值、极限侧阻力标准值和极限端阻力标准值应按下列规定确定： 1）单桩竖向静载试验应按现行行业标准《建筑基桩检测技术规范》JGJ 106 执行； 2）对于大直径端承型桩，也可通过深层平板（平板直径应与孔径一致）载荷试验确定极限端阻力； 3）对于嵌岩桩，可通过直径为 0.3m 岩基平板载荷试验确定极限端阻力标准值，也可通过直径为 0.3m 嵌岩短墩载荷试验确定极限侧阻力标准值和极限端阻力标准值； 4）桩的极限侧阻力标准值和极限端阻力标准值宜通过埋设桩身轴力测试元件由静载试验确定。并通过测试结果建立极限侧阻力标准值和极限端阻力标准值与土层物理指标、岩石饱和单轴抗压强度以及与静力触探等土的原位测试指标间的经验关系，以经验参数法确定单桩竖向极限承载力 2. 原位测试法 当根据单桥探头静力触探资料确定混凝土预制桩单桩竖向极限承载力标准值时，如无当地经验： $$Q_{uk}=Q_{sk}+Q_{pk}=u\sum q_{sik}l_i+\alpha p_{sk}A_p$$ $$当\ p_{sk1}\leqslant p_{sk2}\ 时, p_{sk}=\frac{1}{2}(p_{sk1}+\beta\cdot p_{sk2})$$ $$当\ p_{sk1}>p_{sk2}\ 时, p_{sk}=p_{sk2}$$ 式中 Q_{sk}、Q_{pk}——分别为总极限侧阻力标准值和总极限端阻力标准值； u——桩身周长； q_{sik}——用静力触探比贯入阻力值估算的桩周第 i 层土的极限侧阻力； l_i——桩周第 i 层土的厚度； α——桩端阻力修正系数，按《建筑桩基技术规范》JGJ 94—2008 表 5.3.3-1 取值； p_{sk}——桩端附近的静力触探比贯入阻力标准值（平均值）； A_p——桩端面积； p_{sk1}——桩端全截面以上 8 倍桩径范围内的比贯入阻力平均值； p_{sk2}——桩端全截面以下 4 倍桩径范围内的比贯入阻力平均值，如桩端持力层为密实的砂土层，其比贯入阻力平均值 p_s 超过 $20MP_a$ 时，则需乘以《建筑桩基技术规范》JGJ 94—2008 表 5.3.3-2 中系数 C 予以折减后，再计算 p_{sk2} 及 p_{sk1} 值； β——折减系数，按《建筑桩基技术规范》JGJ 94—2008 表 5.3.3-3 选用。 当根据双桥探头静力触探资料确定混凝土预制桩单桩竖向极限承载力标准值时，对于黏性土、粉土和砂土，如无当地经验 $$Q_{uk}=Q_{sk}+Q_{pk}=u\sum l_i\cdot\beta_i\cdot f_{si}+\alpha\cdot q_c\cdot A_p$$ 式中 f_{si}——第 i 层土的探头平均侧阻力（kPa）； q_c——桩端平面上、下探头阻力，取桩端平面以上 $4d$（d 为桩的直径或边长）范围内按土层厚度的探头阻力加权平均值（kPa），然后再和桩端平面以下 $1d$ 范围内的探头阻力进行平均； α——桩端阻力修正系数，对于黏性土、粉土取 2/3，饱和砂土取 1/2； β_i——第 i 层土桩侧阻力综合修正系数，黏性土、粉土：$\beta_i=10.04\ (f_{si})^{-0.55}$；砂土：$\beta_i=5.05\ (f_{si})^{-0.45}$ 3. 经验参数法 当根据土的物理指标与承载力参数之间的经验关系确定单桩竖向极限承载力标准值时 $$Q_{uk}=Q_{sk}+Q_{pk}=u\sum q_{sik}l_i+q_{pk}A_p$$ 式中 q_{sik}——桩侧第 i 层土的极限侧阻力标准值，如无当地经验时，可按《建筑桩基技术规范》（JGJ 94—2008）表 5.3.5-1 取值；

续表

计算内容	计算公式
单桩竖向极限承载力	q_{pk}——极限端阻力标准值，如无当地经验时，可按《建筑桩基技术规范》JGJ 94—2008 表 5.3.5-2 取值。 当根据土的物理指标与承载力参数之间的经验关系确定大直径桩单桩极限承载力标准值时 $Q_{uk}=Q_{sk}+Q_{pk}=u\sum\psi_{si}q_{sik}l_i+\psi_p q_{pk}A_p$ 式中 q_{sik}——桩侧第 i 层土极限侧阻力标准值，如无当地经验值时，可按《建筑桩基技术规范》（JGJ 94—2008）表 5.3.5-1 取值，对于扩底桩变截面以上 $2d$ 长度范围不计侧阻力； q_{pk}——桩径为 800mm 的极限端阻力标准值，对于干作业挖孔（清底干净）可采用深层载荷板试验确定；当不能进行深层载荷板试验时，可按《建筑桩基技术规范》（JGJ 94—2008）表 5.3.6-1 取值； ψ_{si}、ψ_p——大直径桩侧阻、端阻尺寸效应系数，按《建筑桩基技术规范》（JGJ 94—2008）表 5.3.6-2 取值。 u——桩身周长，当人工挖孔桩桩周护壁为振捣密实的混凝土时，桩身周长可按护壁外直径计算。 4. 钢管桩 当根据土的物理指标与承载力参数之间的经验关系确定钢管桩单桩竖向极限承载力标准值时 $Q_{uk}=Q_{sk}+Q_{pk}=u\sum q_{sik}l_i+\lambda_p q_{pk}A_p$ 当 $h_b/d<5$ 时，$\lambda_p=0.16h_b/d$ 当 $h_b/d\geqslant 5$ 时，$\lambda_p=0.8$ 式中 q_{sik}、q_{pk}——分别按《建筑桩基技术规范》（JGJ 94—2008）表 5.3.5-1、表 5.3.5-2 取与混凝土预制桩相同值； λ_p——桩端土塞效应系数，对于闭口钢管桩 $\lambda_p=1$，对于敞口钢管桩按《建筑桩基技术规范》（JGJ 94—2008）式（5.3.7-2）、式（5.3.7-3）取值； h_b——桩端进入持力层深度； d——钢管桩外径 5. 混凝土空心桩 当根据土的物理指标与承载力参数之间的经验关系确定敞口预应力混凝土空心桩单桩竖向极限承载力标准值时 $Q_{uk}=Q_{sk}+Q_{pk}=u\sum q_{sik}l_i+q_{pk}(A_j+\lambda_p A_{p1})$ 当 $h_b/d<5$ 时，$\lambda_p=0.16h_b/d$ 当 $h_b/d\geqslant 5$ 时，$\lambda_p=0.8$ 式中 q_{sik}、q_{pk}——分别按《建筑桩基技术规范》JGJ 94—2008 表 5.3.5-1、表 5.3.5-2 取与混凝土预制桩相同值； A_j——空心桩桩端净面积： 管桩：$A_j=\frac{\pi}{4}(d^2-d_1^2)$； 空心方桩：$A_j=b^2-\frac{\pi}{4}d_1^2$； 式中 A_{p1}——空心桩敞口面积：$A_{p1}=\frac{\pi}{4}d_1^2$； λ_p——桩端土塞效应系数； d、b——空心桩外径、边长； d_1——空心桩内径 6. 嵌岩桩 当根据岩石单轴抗压强度确定单桩竖向极限承载力标准值时

续表

计算内容	计算公式
单桩竖向极限承载力	$$Q_{uk}=Q_{sk}+Q_{rk}$$ $$Q_{sk}=u\sum q_{sik}l_i$$ $$Q_{rk}=\zeta_r f_{rk}A_p$$ 式中 Q_{sk}、Q_{rk}——分别为土的总极限侧阻力、嵌岩段总极限阻力； q_{sik}——桩周第 i 层土的极限侧阻力，无当地经验时，可根据成桩工艺按《建筑桩基技术规范》(JGJ 94—2008）表 5.3.5-1 取值； f_{rk}——岩石饱和单轴抗压强度标准值，黏土岩取天然湿度单轴抗压强度标准值； ζ_r——嵌岩段侧阻和端阻综合系数，与嵌岩深径比 h_r/d、岩石软硬程度和成桩工艺有关，可按《建筑桩基技术规范》(JGJ 94—2008）表 5.3.9 采用；表中数值适用于泥浆护壁成桩，对于干作业成桩（清底干净）和泥浆护壁成桩后注浆，ζ_r 应取表列数值的 1.2 倍 7. 后注浆灌注桩 后注浆灌注桩的单桩极限承载力，应通过静载试验确定。在符合《建筑桩基技术规范》(JGJ 94—2008）后注浆技术实施规定的条件下，其后注浆单桩极限承载力标准值： $$Q_{uk}=Q_{sk}+Q_{gsk}+Q_{gpk}=u\sum q_{sjk}l_j+u\sum\beta_{si}q_{sik}l_{gi}+\beta_p q_{pk}A_p$$ 式中 Q_{sk}——后注浆非竖向增强段的总极限侧阻力标准值； Q_{gsk}——后注浆竖向增强段的总极限侧阻力标准值； Q_{gpk}——后注浆总极限端阻力标准值； u——桩身周长； l_j——后注浆非竖向增强段第 j 层土厚度； l_{gi}——后注浆竖向增强段内第 i 层土厚度：对于泥浆护壁成孔灌注桩，当为单一桩端后注浆时，竖向增强段为桩端以上 12m；当为桩端、桩侧复式注浆时，竖向增强段为桩端以上 12m 及各桩侧注浆断面以上 12m，重叠部分应扣除；对于干作业灌注桩，竖向增强段为桩端以上、桩侧注浆断面上下各 6m； q_{sik}、q_{sjk}、q_{pk}——分别为后注浆竖向增强段第 i 土层初始极限侧阻力标准值、非竖向增强段第 j 土层初始极限侧阻力标准值、初始极限端阻力标准值；根据《建筑桩基技术规范》(JGJ 94—2008）第 5.3.5 条确定； β_{si}、β_p——分别为后注浆侧阻力、端阻力增强系数，无当地经验时，可按《建筑桩基技术规范》(JGJ 94—2008）表 5.3.10 取值。对于桩径大于 800mm 的桩，应按《建筑桩基技术规范》(JGJ 94—2008）表 5.3.6-2 进行侧阻和端阻尺寸效应修正
特殊条件下桩基竖向承载力验算	1. 软弱下卧层验算 对于桩距不超过 6d 的群桩基础，桩端持力层下存在承载力低于桩端持力层承载力 1/3 的软弱下卧层时： $$\sigma_z+\gamma_m z\leqslant f_{az}$$ 式中 σ_z——作用于软弱下卧层顶面的附加应力； γ_m——软弱层顶面以上各土层重度（地下水位以下取浮重度）的厚度加权平均值； f_{az}——软弱下卧层经深度 z 修正的地基承载力特征值 2. 负摩阻力计算 (1) 桩周土沉降可能引起桩侧负摩阻力时，应根据工程具体情况考虑负摩阻力对桩基承载力和沉降的影响；当缺乏可参照的工程经验时，可按下列规定验算。 对于摩擦型基桩可取桩身计算中性点以上侧阻力为零，并可按下式验算基桩承载力：

续表

计算内容	计算公式
特殊条件下桩基竖向承载力验算	$$N_k \leqslant R_a$$ 对于端承型基桩除应满足上式要求外，尚应考虑负摩阻力引起基桩的下拉荷载 Q_g^n，并可按下式验算基桩承载力： $$N_k + Q_g^n \leqslant R_a$$ 当土层不均匀或建筑物对不均匀沉降较敏感时，尚应将负摩阻力引起的下拉荷载计入附加荷载验算桩基沉降。 注：本条中基桩的竖向承载力特征值 R_a 只计中性点以下部分侧阻值及端阻值。 (2) 桩侧负摩阻力及其引起的下拉荷载，当无实测资料时可按下列规定计算： 1) 中性点以上单桩桩周第 i 层土负摩阻力标准值：$q_{si}^n = \xi_{ni}\sigma'_i$ 式中　q_{si}^n——第 i 层土桩侧负摩阻力标准值；当按《建筑桩基技术规范》（JGJ 94—2008）式(5.4.4-1) 计算值大于正摩阻力标准值时，取正摩阻力标准值进行设计； ξ_{ni}——桩周第 i 层土负摩阻力系数，可按《建筑桩基技术规范》（JGJ 94—2008）表 5.4.4-1 取值； σ'_i——桩周第 i 层土平均竖向有效应力； 2) 考虑群桩效应的基桩下拉荷载： $$Q_g^n = \eta_n \cdot u \sum_{i=1}^{n} q_{si}^n l_i$$ 式中　n——中性点以上土层数； l_i——中性点以上第 i 土层的厚度； η_n——负摩阻力群桩效应系数 3. 抗拔桩基承载力验算 (1) 承受拔力的桩基，应同时验算群桩基础呈整体破坏和呈非整体破坏时基桩的抗拔承载力： $$N_k \leqslant T_{gk}/2 + G_{gp}$$ $$N_k \leqslant T_{uk}/2 + G_p$$ 式中　N_k——按荷载效应标准组合计算的基桩拔力； T_{gk}——群桩呈整体破坏时基桩的抗拔极限承载力标准值，可按《建筑桩基技术规范》（JGJ 94—2008）第 5.4.6 条确定； T_{uk}——群桩呈非整体破坏时基桩的抗拔极限承载力标准值，可按《建筑桩基技术规范》（JGJ 94—2008）第 5.4.6 条确定； G_{gp}——群桩基础所包围体积的桩土总自重除以总桩数，地下水位以下取浮重度； G_p——基桩自重，地下水位以下取浮重度，对于扩底桩应按《建筑桩基技术规范》（JGJ 94—2008）表 5.4.6-1 确定桩、土柱体周长，计算桩、土自重
	(2) 群桩基础及设计等级为丙级建筑桩基，如无当地经验时，基桩的抗拔极限载力取值可按下列规定计算： 群桩呈非整体破坏时：$T_{uk} = \sum \lambda_i q_{sik} u_i l_i$ 式中　T_{uk}——基桩抗拔极限承载力标准值； u_i——桩身周长，对于等直径桩取 $u = \pi d$；对于扩底桩按《建筑桩基技术规范》（JGJ 94—2008）表 5.4.6-1 取值； q_{sik}——桩侧表面第 i 层土的抗压极限侧阻力标准值，可按《建筑桩基技术规范》（JGJ 94—2008）表 5.3.5-1 取值； λ_i——抗拔系数，可按《建筑桩基技术规范》（JGJ 94—2008）表 5.4.6-2 取值； 群桩呈整体破坏时：$T_{gk} = \frac{1}{n} u_l \sum \lambda_i q_{sik} l_i$ 式中　u_l——桩群外围周长；

续表

计算内容	计 算 公 式
特殊条件下桩基竖向承载力验算	(3) 季节性冻土上轻型建筑的短桩基础，应按下列公式验算其抗冻拔稳定性： $$\eta_f q_f u z_0 \leqslant T_{gk}/2 + N_G + G_{gp}$$ $$\eta_f q_f u z_0 \leqslant T_{uk}/2 + N_G + G_p$$ 式中 η_f——冻深影响系数，按《建筑桩基技术规范》(JGJ 94—2008) 表 5.4.7-1 采用； q_f——切向冻胀力，按《建筑桩基技术规范》(JGJ 94—2008) 表 5.4.7-2 采用； z_0——季节性冻土的标准冻深； T_{gk}——标准冻深线以下群桩呈整体破坏时基桩抗拔极限承载力标准值，可按《建筑桩基技术规范》(JGJ 94—2008) 第 5.4.6 条确定； T_{uk}——标准冻深线以下单桩抗拔极限承载力标准值，可按《建筑桩基技术规范》(JGJ 94—2008) 第 5.4.6 条确定； N_G——基桩承受的桩承台底面以上建筑物自重、承台及其上土重标准值。 (4) 膨胀土上轻型建筑的短桩基础，应验算群桩基础呈整体破坏和非整体破坏的抗拔稳定性： $$u\Sigma q_{ei} l_{ei} \leqslant T_{gk}/2 + N_G + G_{gp}$$ $$u\Sigma q_{ei} l_{ei} \leqslant T_{uk}/2 + N_G + G_p$$ 式中 T_{gk}——群桩呈整体破坏时，大气影响急剧层下稳定土层中基桩的抗拔极限承载力标准值，可按《建筑桩基技术规范》(JGJ 94—2008) 第 5.4.6 条计算； T_{uk}——群桩呈非整体破坏时，大气影响急剧层下稳定土层中基桩的抗拔极限承载力标准值，可按《建筑桩基技术规范》(JGJ 94—2008) 第 5.4.6 条计算； q_{ei}——大气影响急剧层中第 i 层土的极限胀切力，由现场浸水试验确定； l_{ei}——大气影响急剧层中第 i 层土的厚度
桩基沉降计算	1. 桩中心距不大于 6 倍桩径的桩基 (1) 桩基任一点最终沉降量可用角点法按下式计算： $$S = \psi \cdot \psi_e \cdot s' = \psi \cdot \psi_e \cdot \sum_{j=1}^{m} p_{0j} \sum_{i=1}^{n} \frac{z_{ij}\bar{\alpha}_{ij} - z_{(i-1)j}\bar{\alpha}_{(i-1)j}}{E_{si}}$$ 式中 s——桩基最终沉降量 (mm)； s'——采用布辛奈斯克解，按实体深基础分层总和法计算出的桩基沉降量 (mm)； ψ——桩基沉降计算经验系数，当无当地可靠经验时可按《建筑桩基技术规范》(JGJ 94—2008) 第 5.5.11 条确定； ψ_e——桩基等效沉降系数，可按《建筑桩基技术规范》(JGJ 94—2008) 第 5.5.9 条确定； m——角点法计算点对应的矩形荷载分块数； p_{0j}——第 j 块矩形底面在荷载效应准永久组合下的附加压力 (kPa)； n——桩基沉降计算深度范围内所划分的土层数； E_{si}——等效作用面以下第 i 层土的压缩模量 (MPa)，采用地基土在自重压力至自重压力加附加压力作用时的压缩模量； z_{ij}、$z_{(i-1)j}$——桩端平面第 j 块荷载作用面至第 i 层土、第 $i-1$ 层土底面的距离 (m)； $\bar{\alpha}_{ij}$、$\bar{\alpha}_{(i-1)j}$——桩端平面第 j 块荷载计算点至第 i 层土、第 $i-1$ 层土底面深度范围内平均附加应力系数，可按《建筑桩基技术规范》(JGJ 94—2008) 附录 D 选用。 (2) 桩基沉降计算深度 z_n 应按应力比法确定，即计算深度处的附加应力 σ_z 与土的自重应力 σ_c 应符合下列公式要求： $$\sigma_z \leqslant 0.2\sigma_c$$ 2. 对于单桩、单排桩、桩中心距大于 6 倍桩径的疏桩基础 (1) 承台底地基土不分担荷载的桩基最终沉降量：

续表

计算内容	计　算　公　式
桩基沉降计算	$$s=\psi\sum_{i=1}^{n}\frac{\sigma_{zi}}{E_{si}}\Delta z_i+s_e$$ （2）承台底地基土分担荷载的复合桩基最终沉降量： $$s=\psi\sum_{i=1}^{n}\frac{\sigma_{zi}+\sigma_{zci}}{E_{si}}\Delta z_i+s_e$$ 式中　n——沉降计算深度范围内土层的计算分层数；分层数应结合土层性质，分层厚度不应超过计算深度的0.3倍； σ_{zi}——水平面影响范围内各基桩对应力计算点桩端平面以下第i层土1/2厚度处产生的附加竖向应力之和；应力计算点应取与沉降计算点最近的桩中心点； σ_{zci}——承台压力对应力计算点桩端平面以下第i计算土层1/2厚度处产生的应力；可将承台板划分为u个矩形块，可按《建筑桩基技术规范》(JGJ 94—2008）附录D采用角点法计算； Δz_i——第i计算土层厚度（m）； E_{si}——第i计算土层的压缩模量（MPa），采用土的自重压力至土的自重压力加附加压力作用时的压缩模量； s_e——计算桩身压缩； ψ——沉降计算经验系数，无当地经验时，可取1.0。 （3）对于单桩、单排桩、疏桩复合桩基础的最终沉降计算深度Zn，可按应力比法确定，即Zn处由桩引起的附加应力σ_z、由承台土压力引起的附加应力σ_{zc}与土的自重应力σ_c应符合下式要求：$\sigma_z+\sigma_{zc}=0.2\sigma_c$
软土地基减沉复合疏桩基础	1. 减沉复合疏桩基础承台面积和桩数 $$A_c=\xi\frac{F_k+G_k}{f_{ak}}$$ $$n\geqslant\frac{F_k+G_k-\eta_c f_{ak}A_c}{R_a}$$ 式中　F_k——荷载效应标准组合下，作用于承台顶面的竖向力； G_k——桩基承台和承台上土自重标准值，对稳定的地下水位以下部分应扣除水的浮力； A_c——桩基承台总净面积； f_{ak}——承台底地基承载力特征值； ξ——承台面积控制系数，$\xi\geqslant0.60$； n——基桩数； η_c——桩基承台效应系数，可按《建筑桩基技术规范》(JGJ 94—2008）表5.2.5取值 2. 减沉复合疏桩基础中点沉降 $$s=\psi(s_s+s_{sp})$$ 式中　s——桩基中心点沉降量； s_s——由承台底地基土附加压力作用下产生的中点沉降； s_{sp}——由桩土相互作用产生的沉降； ψ——沉降计算经验系数，无当地经验时，可取1.0
桩基水平承载力与位移计算	1. 单桩基础 受水平荷载的一般建筑物和水平荷载较小的高大建筑物单桩基础和群桩中基桩应满足： $$H_{ik}\leqslant R_h$$ 式中　H_{ik}——在荷载效应标准组合下，作用于基桩i桩顶处的水平力； R_h——单桩基础或群桩中基桩的水平承载力特征值，对于单桩基础，可取单桩的水平承载力特征值R_{ha}。

续表

计算内容	计算公式
桩基水平承载力与位移计算	当缺少单桩水平静载试验资料时，可按下列公式估算桩身配筋率小于0.65%的灌注桩的单桩水平承载力特征值： $R_{ha}=\frac{0.75\alpha\gamma_m f_t W_0}{v_M}(1.25+22\rho_g)\left(1\pm\frac{\zeta_N\cdot N_k}{\gamma_m f_t A_n}\right)$ 式中 α——桩的水平变形系数，按《建筑桩基技术规范》(JGJ 94—2008) 第5.7.5条确定； R_{ha}——单桩水平承载力特征值，±号根据桩顶竖向力性质确定，压力取“+”，拉力取“−”； γ_m——桩截面模量塑性系数，圆形截面 $\gamma_m=2$，矩形截面 $\gamma_m=1.75$； f_t——桩身混凝土抗拉强度设计值； W_0——桩身换算截面受拉边缘的截面模量； v_M——桩身最大弯矩系数，按《建筑桩基技术规范》(JGJ 94—2008) 表5.7.2取值，当单桩基础和单排桩基纵向轴线与水平力方向相垂直时，按桩顶铰接考虑； ρ_g——桩身配筋率； A_n——桩身换算截面积，圆形截面为：$A_n=\frac{\pi d^2}{4}[1+(\partial_E-1)\rho_g]$； 方形截面为：$A_n=b^2[1+(\partial_E-1)\rho_g]$ ζ_N——桩顶竖向力影响系数，竖向压力取0.5；竖向拉力取1.0； N_k——在荷载效应标准组合下桩顶的竖向力(kN)。 当桩的水平承载力由水平位移控制，且缺少单桩水平静载试验资料时，可按下式估算预制桩、钢桩、桩身配筋率不小于0.65%的灌注桩单桩水平承载力特征值： $R_{ha}=0.75\frac{\alpha^3 EI}{\nu_x}X_{0a}$ 式中 EI——桩身抗弯刚度，对于钢筋混凝土桩，$EI=0.85E_c I_0$；其中 I_0 为桩身换算截面惯性矩：圆形截面为 $I_0=W_0 d_0/2$；矩形截面为 $I_0=W_0 b_0/2$； X_{0a}——桩顶允许水平位移； ν_x——桩顶水平位移系数，按《建筑桩基技术规范》(JGJ 94—2008) 表5.7.2取值，取值方法同 ν_M 2. 群桩基础 (1) 群桩基础（不含水平力垂直于单排桩基纵向轴线和力矩较大的情况）的基桩水平承载力特征值应考虑由承台、桩群、土相互作用产生的群桩效应，可按下列公式确定： $R_h=\eta_h R_{ha}$ 式中 η_h——群桩效应综合系数； R_h——单桩基础或群桩中基桩的水平承载力特征值，对于单桩基础，可取单桩的水平承载力特征值 R_{ha}； R_{ha}——单桩水平承载力特征值，±号根据桩顶竖向力性质确定，压力取“+”，拉力取“−” (2) 桩的水平变形系数： $\alpha=\sqrt[5]{\frac{mb_0}{EI}}$ 式中 m——桩侧土水平抗力系数的比例系数； b_0——桩身的计算宽度(m)； EI——桩身抗弯刚度，对于钢筋混凝土桩，$EI=0.85E_c I_0$；其中 I_0 为桩身换算截面惯性矩：圆形截面为 $I_0=W_0 d_0/2$；矩形截面为 $I_0=W_0 b_0/2$

续表

计算内容	计　算　公　式
桩身承载力与裂缝控制计算	1. 受压桩 钢筋混凝土轴心受压桩正截面受压承载力应符合下列规定： (1) 当桩顶以下 5d 范围的桩身螺旋式箍筋间距不大于 100mm，且符合《建筑桩基技术规范》(JGJ 94—2008) 第 4.1.1 条规定时： $$N\leqslant \psi_c f_c A_{ps}+0.9f'_y A'_s$$ (2) 当桩身配筋不符合上述 (1) 款规定时： $$N\leqslant \psi_c f_c A_{ps}$$ 式中　N——荷载效应基本组合下的桩顶轴向压力设计值； ψ_c——基桩成桩工艺系数，按《建筑桩基技术规范》(JGJ 94—2008) 第 5.8.3 条规定取值； f_c——混凝土轴心抗压强度设计值； f'_y——纵向主筋抗压强度设计值； A'_s——纵向主筋截面面积。 2. 抗拔桩 (1) 钢筋混凝土轴心抗拔桩的正截面受拉承载力应符合下式规定： $$N\leqslant f_y A_s+f_{py}A_{py}$$ 式中　N——荷载效应基本组合下桩顶轴向拉力设计值； f_y、f_{py}——普通钢筋、预应力钢筋的抗拉强度设计值； A_s、A_{py}——普通钢筋、预应力钢筋的截面面积。 (2) 对于抗拔桩的裂缝控制计算应符合下列规定： 对于严格要求不出现裂缝的一级裂缝控制等级预应力混凝土基桩： $$\sigma_{ck}-\sigma_{pc}\leqslant 0$$ 对于一般要求不出现裂缝的二级裂缝控制等级预应力混凝土基桩： 在荷载效应标准组合下：　$\sigma_{ck}-\sigma_{pc}\leqslant f_{tk}$ 在荷载效应准永久组合下：　$\sigma_{cq}-\sigma_{pc}\leqslant 0$ 对于允许出现裂缝的三级裂缝控制等级基桩： $$w_{max}\leqslant w_{lim}$$ 式中　σ_{ck}、σ_{cq}——荷载效应标准组合、准永久组合下正截面法向应力； σ_{pc}——扣除全部应力损失后，桩身混凝土的预应力； f_{tk}——混凝土轴心抗拉强度标准值； w_{max}——按荷载效应标准组合计算的最大裂缝宽度，可按现行国家标准《混凝土结构设计规范》(GB 50010) 计算； w_{lim}——最大裂缝宽度限值，按《建筑桩基技术规范》(JGJ 94—2008) 表 3.5.3 取用。
承台计算	1. 受弯计算 柱下独立桩基承台的正截面弯矩设计值可按下列规定计算： (1) 两桩条形承台和多桩矩形承台弯矩计算截面取在柱边和承台变阶处，可按下列公式计算： $$M_x=\Sigma N_i y_i$$ $$M_y=\Sigma N_i x_i$$ 式中　M_x、M_y——分别为绕 X 轴和绕 Y 轴方向计算截面处的弯矩设计值； x_i、y_i——垂直 Y 轴和 X 轴方向自桩轴线到相应计算截面的距离； N_i——不计承台及其上土重，在荷载效应基本组合下的第 i 基桩或复合基桩竖向反力设计值。 (2) 三桩承台的正截面弯矩值应符合下列要求：

续表

计算内容	计　算　公　式
承台计算	等边三桩承台：$M=\frac{N_{\max}}{3}\left(s_a-\frac{\sqrt{3}}{4}c\right)$ 式中　M——通过承台形心至各边边缘正交截面范围内板带的弯矩设计值； $N_{\max}$——不计承台及其上土重，在荷载效应基本组合下三桩中最大基桩或复合基桩竖向反力设计值； s_a——桩中心距； c——方柱边长，圆柱时 $c=0.8d$（d 为圆柱直径）。 等腰三桩承台：$M_1=\frac{N_{\max}}{3}\left(s_a-\frac{0.75}{\sqrt{4-\alpha^2}}c_1\right)$ $M_2=\frac{N_{\max}}{3}\left(\alpha s_a-\frac{0.75}{\sqrt{4-\alpha^2}}c_2\right)$ 式中　M_1、M_2——分别为通过承台形心至两腰边缘和底边边缘正交截面范围内板带的弯矩设计值； s_a——长向桩中心距； α——短向桩中心距与长向桩中心距之比，当 α 小于 0.5 时，应按变截面的二桩承台设计； c_1、c_2——分别为垂直于、平行于承台底边的柱截面边长 2. 受冲切计算 （1）轴心竖向力作用下桩基承台受柱（墙）的冲切，可按下列规定计算： 1）受柱（墙）冲切承载力：$F_l\leqslant\beta_{hp}\beta_0 u_m f_t h_0$ 式中　F_l——不计承台及其上土重，在荷载效应基本组合下作用于冲切破坏锥体上的冲切力设计值； f_t——承台混凝土抗拉强度设计值； β_{hp}——承台受冲切承载力截面高度影响系数，当 $h\leqslant$800mm 时，β_{hp} 取 1.0，$h\geqslant$2000mm 时，β_{hp} 取 0.9，其间按线性内插法取值； u_m——承台冲切破坏锥体一半有效高度处的周长； h_0——承台冲切破坏锥体的有效高度； β_0——柱（墙）冲切系数； 2）柱下矩形独立承台受柱冲切的承载力： $F_l\leqslant 2[\beta_{0x}(b_c+a_{0y})+\beta_{0y}(h_c+a_{0x})]\beta_{hp}f_t h_0$ 式中　β_{0x}、β_{0y}——由《建筑桩基技术规范》（JGJ 94—2008）公式（5.9.7-3）求得，$\lambda_{0x}=a_{0x}/h_0$，$\lambda_{0y}=a_{0y}/h_0$；λ_{0x}、λ_{0y}均应满足 0.25～1.0 的要求； h_c、b_c——分别为 x、y 方向的柱截面的边长； a_{0x}、a_{0y}——分别为 x、y 方向柱边离最近桩边的水平距离。 3）柱下矩形独立阶形承台受上阶冲切的承载力： $F_l\leqslant 2[\beta_{1x}(b_1+a_{1y})+\beta_{1y}(h_1+a_{1x})]\beta_{hp}f_t h_{10}$ 式中　β_{1x}、β_{1y}——由《建筑桩基技术规范》（JGJ 94—2008）公式（5.9.7-3）求得，$\lambda_{1x}=a_{1x}/h_{10}$，$\lambda_{1y}=a_{1y}/h_{10}$；$\lambda_{1x}$、$\lambda_{1y}$均应满足 0.25～1.0 的要求； h_1、b_1——分别为 x、y 方向承台上阶的边长； a_{1x}、a_{1y}——分别为 x、y 方向承台上阶边离最近桩边的水平距离。 （2）对位于柱（墙）冲切破坏锥体以外的基桩，可按下列规定计算承台受基桩冲切的承载力： 1）四桩以上（含四桩）承台受角桩冲切的承载力： $N_l\leqslant[\beta_{1x}(c_2+a_{1y}/2)+\beta_{1y}(c_1+a_{1x}/2)]\beta_{hp}f_t h_0$ $\beta_{1x}=\frac{0.56}{\lambda_{1x}+0.2}$ $\beta_{1y}=\frac{0.56}{\lambda_{1y}+0.2}$

续表

计算内容	计 算 公 式
承台计算	式中 N_l——不计承台及其上土重，在荷载效应基本组合作用下角桩（含复合基桩）反力设计值； β_{1x}，β_{1y}——角桩冲切系数； a_{1x}、a_{1y}——从承台底角桩顶内边缘引45°冲切线与承台顶面相交点至角桩内边缘的水平距离；当柱（墙）边或承台变阶处位于该45°线以内时，则取由柱（墙）边或承台变阶处与桩内边缘连线为冲切锥体的锥线； h_0——承台外边缘的有效高度； λ_{1x}、λ_{1y}——角桩冲跨比，$\lambda_{1x}=a_{1x}/h_0$，$\lambda_{1y}=a_{1y}/h_0$，其值均应满足0.25～1.0的要求。 2）对于三桩三角形承台可按下列公式计算受角桩冲切的承载力： 底部角桩： $$N_l\leqslant\beta_{11}(2c_1+a_{11})\beta_{hp}\tan\frac{\theta_1}{2}f_th_0$$ $$\beta_{11}=\frac{0.56}{\lambda_{11}+0.2}$$ 顶部角桩： $$N_l\leqslant\beta_{12}(2c_2+a_{12})\beta_{hp}\tan\frac{\theta_2}{2}f_th_0$$ $$\beta_{12}=\frac{0.56}{\lambda_{12}+0.2}$$ 式中 λ_{11}、λ_{12}——角桩冲跨比，$\lambda_{11}=a_{11}/h_0$，$\lambda_{12}=a_{12}/h_0$，其值均应满足0.25～1.0的要求； a_{11}、a_{12}——从承台底角桩顶内边缘引45°冲切线与承台顶面相交点至角桩内边缘的水平距离；当柱(墙)边或承台变阶处位于该45°线以内时，则取由柱(墙)边或承台变阶处与桩内边缘连线为冲切锥体的锥线。 3)箱形、筏形承台受内部基桩的冲切承载力： 受基桩的冲切承载力： $$N_l\leqslant2.8(b_p+h_0)\beta_{hp}f_th_0$$ 受桩群的冲切承载力： $$\sum N_{li}\leqslant2[\beta_{0x}(b_y+a_{0y})+\beta_{0y}(b_x+a_{0x})]\beta_{hp}f_th_0$$ 式中 β_{0x}、β_{0y}——由《建筑桩基技术规范》（JGJ 94—2008）式（5.9.7-3）求得，其中$\lambda_{0x}=a_{0x}/h_0$，$\lambda_{0y}=a_{0y}/h_0$，λ_{0x}、λ_{0y}均应满足0.25～1.0的要求； N_l、$\sum N_{li}$——不计承台和其上土重，在荷载效应基本组合下，基桩或复合基桩的净反力设计值、冲切锥体内各基桩或复合基桩反力设计值之和。 3. 受剪计算 柱下独立桩基承台斜截面受剪承载力应按下列规定计算： （1）承台斜截面受剪承载力： $$V\leqslant\beta_{hs}\alpha f_tb_0h_0$$ 式中 V——不计承台及其上土自重，在荷载效应基本组合下，斜截面的最大剪力设计值； f_t——混凝土轴心抗拉强度设计值； b_0——承台计算截面处的计算宽度； h_0——承台计算截面处的有效高度； α——承台剪切系数；按《建筑桩基技术规范》(JGJ 94—2008) 式（5.9.10-2）确定； β_{hs}——受剪切承载力截面高度影响系数；当$h_0<800$mm时，取$h_0=800$mm；当$h_0>2000$mm时，取$h_0=2000$mm；其间按线性内插法取值。 （2）砌体墙下条形承台梁配有箍筋，但未配弯起钢筋时，斜截面的受剪承载力： $$V\leqslant0.7f_tbh_0+1.25f_{yv}\frac{A_{sv}}{s}h_0$$ 式中 V——不计承台及其上土自重，在荷载效应基本组合下，计算截面处的剪力设计值； A_{sv}——配置在同一截面内箍筋各肢的全部截面面积； s——沿计算斜截面方向箍筋的间距； f_{yv}——箍筋抗拉强度设计值； b——承台梁计算截面处的计算宽度； h_0——承台梁计算截面处的有效高度。 （3）砌体墙下承台梁配有箍筋和弯起钢筋时，斜截面的受剪承载力： $$V\leqslant0.7f_tbh_0+1.25f_y\frac{A_{sv}}{s}h_0+0.8f_yA_{sb}\sin\alpha_s$$ 式中 A_{sb}——同一截面弯起钢筋的截面面积； f_y——弯起钢筋的抗拉强度设计值； α_s——斜截面上弯起钢筋与承台底面的夹角。 （4）柱下条形承台梁，当配有箍筋但未配弯起钢筋时，其斜截面的受剪承载力： $$V\leqslant\frac{1.75}{\lambda+1}f_tbh_0+f_y\frac{A_{sv}}{s}h_0$$ 式中 λ——计算截面的剪跨比，$\lambda=a/h_0$，a为柱边至桩边的水平距离；当$\lambda<1.5$时，取$\lambda=1.5$；当$\lambda>3$时，取$\lambda=3$

建筑桩基沉降变形计算值不应大于桩基沉降变形允许值。建筑桩基沉降变形允许值，按表4-35规定采用。

建筑桩基沉降变形允许值 **表4-35**

变形特征		允许值
砌体承重结构基础的局部倾斜		0.002
各类建筑相邻柱（墙）基的沉降差	（1）框架、框架－剪力墙、框架－核心筒结构	$0.002l_0$
	（2）砌体墙填充的边排柱	$0.0007l_0$
	（3）当基础不均匀沉降时不产生附加应力的结构	$0.005l_0$
单层排架结构（柱距为6m）桩基的沉降量（mm）		120
桥式吊车轨面的倾斜（按不调整轨道考虑）	纵向	0.004
	横向	0.003
多层和高层建筑的整体倾斜	$H_g \leqslant 24$	0.004
	$24 < H_g \leqslant 60$	0.003
	$60 < H_g \leqslant 100$	0.0025
	$H_g > 100$	0.002
高耸结构桩基的整体倾斜	$H_g \leqslant 20$	0.008
	$20 < H_g \leqslant 50$	0.006
	$50 < H_g \leqslant 100$	0.005
	$100 < H_g \leqslant 150$	0.004
	$150 < H_g \leqslant 200$	0.003
	$200 < H_g \leqslant 250$	0.002
高耸结构基础的沉降量（mm）	$H_g \leqslant 100$	350
	$100 < H_g \leqslant 200$	250
	$200 < H_g \leqslant 250$	150
体型简单的剪力墙结构高层建筑桩基最大沉降量（mm）	—	200

注：l_0 为相邻柱（墙）二测点间距离，H_g 为自室外地面算起的建筑物高度（m）。

4.3 混凝土结构计算

4.3.1 混凝土结构基本设计规定

（1）混凝土结构设计应包括下列内容：

1）结构方案设计，包括结构选型、构件布置及传力途径；

2）作用及作用效应分析；

3）结构的极限状态设计；

4）结构及构件的构造、连接措施；

5）耐久性及施工的要求；

6）满足特殊要求结构的专门性能设计。

设计应明确结构的用途，在设计使用年限内未经技术鉴定或设计许可，不得改变结构的用途和使用环境。

（2）结构上的直接作用（荷载）应根据现行国家标准《建筑结构荷载规范》GB 50009 及相关标准确定；地震作用应根据现行国家标准《建筑抗震设计规范》GB 50011 确定。

间接作用和偶然作用应根据有关的标准或具体情况确定。

直接承受吊车荷载的结构构件应考虑吊车荷载的动力系数。预制构件制作、运输及安装时应考虑相应的动力系数。对现浇结构，必要时应考虑施工阶段的荷载。

（3）混凝土结构的安全等级和设计使用年限应符合现行国家标准《工程结构可靠性设计统一标准》GB 50153 的规定。

混凝土结构中各类结构构件的安全等级，宜与整个结构的安全等级相同。对其中部分结构构件的安全等级，可根据其重要程度适当调整。对于结构中重要构件和关键传力部位，宜适当提高其安全等级。

（4）混凝土结构的极限状态设计应包括承载能力极限状态及正常使用极限状态。

混凝土结构的承载能力极限状态计算应包括下列内容：

1）结构构件应进行承载力（包括失稳）计算；

2）直接承受重复荷载的构件应进行疲劳验算；

3）有抗震设防要求时，应进行抗震承载力计算；

4）必要时尚应进行结构的倾覆、滑移、漂浮验算；

5）对于可能遭受偶然作用，且倒塌可能引起严重后果的重要结构，宜进行防连续倒塌设计。

混凝土结构构件应根据其使用功能及外观要求，按下列规定进行正常使用极限状态验算：

1）对需要控制变形的构件，应进行变形验算；

2）对不允许出现裂缝的构件，应进行混凝土拉应力验算；

3）对允许出现裂缝的构件，应进行受力裂缝宽度验算；

4）对舒适度有要求的楼盖结构，应进行竖向自振频率验算。

（5）钢筋混凝土受弯构件的最大挠度应按荷载的准永久组合，预应力混凝土受弯构件的最大挠度应按荷载的标准组合，并均应考虑荷载长期作用的影响进行计算，其计算值不应超过表 4-36 规定的挠度限值。

受弯构件的挠度限值　　　　**表 4-36**

构件类型		挠度限值
吊车梁	手动吊车	$l_0/500$
	电动吊车	$l_0/600$
屋盖、楼盖及楼梯构件	当 $l_0<7$m 时	$l_0/200$（$l_0/250$）
	当 7m$\leqslant l_0\leqslant$9m 时	$l_0/250$（$l_0/300$）
	当 $l_0>9$m 时	$l_0/300$（$l_0/400$）

注：1. 表中 l_0 为构件的计算跨度；计算悬臂构件的挠度限值时，其计算跨度 l_0 按实际悬臂长度的 2 倍取用；

2. 表中括号内的数值适用于使用上对挠度有较高要求的构件；

3. 如果构件制作时预先起拱，且使用上也允许，则在验算挠度时，可将计算所得的挠度值减去起拱值；对预应力混凝土构件，尚可减去预加力所产生的反拱值；

4. 构件制作时的起拱值和预加力所产生的反拱值，不宜超过构件在相应荷载组合作用下的计算挠度值。

（6）结构构件正截面的受力裂缝控制等级分为三级，等级划分及要求应符合下列规定：

一级——严格要求不出现裂缝的构件，按荷载标准组合计算时，构件受拉边缘混凝土不应产生拉应力。

二级——一般要求不出现裂缝的构件，按荷载标准组合计算时，构件受拉边缘混凝土拉应力不应大于混凝土抗拉强度的标准值。

三级——允许出现裂缝的构件：对钢筋混凝土构件，按荷载准永久组合并考虑长期作用影响计算时，构件的最大裂缝宽度不应超过表4-37规定的最大裂缝宽度限值。对预应力混凝土构件，按荷载标准组合并考虑长期作用的影响计算时，构件的最大裂缝宽度不应超过表4-37规定的最大裂缝宽度限值；对二a类环境的预应力混凝土构件，尚应按荷载准永久组合计算，且构件受拉边缘混凝土的拉应力不应大于混凝土的抗拉强度标准值。

结构构件应根据结构类型和表4-38规定的环境类别，按表4-37的规定选用不同的裂缝控制等级及最大裂缝宽度限值 w_{lim}。

结构构件的裂缝控制等级及最大裂缝宽度的限值（mm） **表4-37**

<table>
<tr><th rowspan="2">环境类别</th><th colspan="2">钢筋混凝土结构</th><th colspan="2">预应力混凝土结构</th></tr>
<tr><th>裂缝控制等级</th><th>w_{lim}</th><th>裂缝控制等级</th><th>w_{lim}</th></tr>
<tr><td>一</td><td rowspan="4">三级</td><td>0.30（0.40）</td><td rowspan="2">三级</td><td>0.20</td></tr>
<tr><td>二a</td><td rowspan="3">0.20</td><td>0.10</td></tr>
<tr><td>二b</td><td>二级</td><td>—</td></tr>
<tr><td>三a、三b</td><td>一级</td><td>—</td></tr>
</table>

注：1. 对处于年平均相对湿度小于60%地区一类环境下的受弯构件，其最大裂缝宽度限值可采用括号内的数值；
2. 在一类环境下，对钢筋混凝土屋架、托架及需作疲劳验算的吊车梁，其最大裂缝宽度限值应取为0.20mm；对钢筋混凝土屋面梁和托梁，其最大裂缝宽度限值应取为0.30mm；
3. 在一类环境下，对预应力混凝土屋架、托架及双向板体系，应按二级裂缝控制等级进行验算；对一类环境下的预应力混凝土屋面梁、托梁、单向板，按表中二a级环境的要求进行验算；在一类和二a类环境下需作疲劳验算的预应力混凝土吊车梁，应按裂缝控制等级不低于二级的构件进行验算；
4. 表中规定的预应力混凝土构件的裂缝控制等级和最大裂缝宽度限值仅适用于正截面的验算；预应力混凝土构件的斜截面裂缝控制验算应符合《混凝土结构设计规范》GB 50010—2010第7章的有关规定；
5. 对于烟囱、筒仓和处于液体压力下的结构，其裂缝控制要求应符合专门标准的有关规定；
6. 对于处于四、五类环境下的结构构件，其裂缝控制要求应符合专门标准的有关规定。
7. 表中的最大裂缝宽度限值为用于验算荷载作用引起的最大裂缝宽度。

（7）对混凝土楼盖结构应根据使用功能的要求进行竖向自振频率验算，并宜符合下列要求：

1）住宅和公寓不宜低于5Hz；

2）办公楼和旅馆不宜低于4Hz；

3）大跨度公共建筑不宜低于3Hz。

（8）混凝土结构暴露的环境类别应按表4-38的要求划分。

（9）混凝土结构应根据设计使用年限和环境类别进行耐久性设计。

设计使用年限为50年的混凝土结构，其混凝土材料宜符合表4-39的规定。

混凝土结构的环境类别　　表 4-38

环境类别	条　件
一	室内干燥环境； 无侵蚀性静水浸没环境
二 a	室内潮湿环境； 非严寒和非寒冷地区的露天环境； 非严寒和非寒冷地区与无侵蚀性的水或土壤直接接触的环境； 严寒和寒冷地区的冰冻线以下与无侵蚀性的水或土壤直接接触的环境
二 b	干湿交替环境； 水位频繁变动环境； 严寒和寒冷地区的露天环境； 严寒和寒冷地区冰冻线以上与无侵蚀性的水或土壤直接接触的环境
三 a	严寒和寒冷地区冬季水位变动区环境； 受除冰盐影响环境； 海风环境
三 b	盐渍土环境； 受除冰盐作用环境； 海岸环境
四	海水环境
五	受人为或自然的侵蚀性物质影响的环境

注：1. 室内潮湿环境是指构件表面经常处于结露或湿润状态的环境；
2. 严寒和寒冷地区的划分应符合国家现行标准《民用建筑热工设计规范》GB 50176 的有关规定；
3. 海岸环境和海风环境宜根据当地情况，考虑主导风向及结构所处迎风、背风部位等因素的影响，由调查研究和工程经验确定；
4. 受除冰盐影响环境是指受到除冰盐盐雾影响的环境；受除冰盐作用环境是指被除冰盐溶液溅射的环境以及使用除冰盐地区的洗车房、停车楼等建筑；
5. 暴露的环境是指混凝土结构表面所处的环境。

结构混凝土材料的耐久性基本要求　　表 4-39

环境等级	最大水胶比	最低强度等级	最大氯离子含量（%）	最大碱含量（kg/m³）
一	0.60	C20	0.30	不限制
二 a	0.55	C25	0.20	3.0
二 b	0.50（0.55）	C30（C25）	0.15	
三 a	0.45（0.50）	C35（C30）	0.15	
三 b	0.40	C40	0.10	

注：1. 氯离子含量系指其占胶凝材料总量的百分比；
2. 预应力构件混凝土中的最大氯离子含量为 0.06%；其最低混凝土强度等级宜按表中的规定提高两个等级；
3. 素混凝土构件的水胶比及最低强度等级的要求可适当放松；
4. 有可靠工程经验时，二类环境中的最低混凝土强度等级可降低一个等级；
5. 处于严寒和寒冷地区二 b、三 a 类环境中的混凝土应使用引气剂，并可采用括号中的有关参数；
6. 当使用非碱活性骨料时，对混凝土中的碱含量可不作限制。

一类环境中，设计使用年限为100年的混凝土结构应符合下列规定：

1）钢筋混凝土结构的最低强度等级为C30；预应力混凝土结构的最低强度等级为C40；

2）混凝土中的最大氯离子含量为0.06%；

3）宜使用非碱活性骨料；当使用碱活性骨料时，混凝土中的最大碱含量为3.0kg/m^3；

4）混凝土保护层厚度不应小于表4-55中数值的1.4倍；当采取有效的表面防护措施时，混凝土保护层厚度可适当减小。

二、三类环境中，设计使用年限100年的混凝土结构应采取专门的有效措施。

混凝土结构在设计使用年限内尚应遵守下列规定：

1）建立定期检测、维修的制度；

2）设计中可更换的混凝土构件应按规定更换；

3）构件表面的防护层，应按规定维护或更换；

4）结构出现可见的耐久性缺陷时，应及时进行处理。

（10）既有结构设计原则：

1）既有结构延长使用年限、改变用途、改建、扩建或需要进行加固、修复等，均应对其进行评定、验算或重新设计。

2）对既有结构进行安全性、适用性、耐久性及抗灾害能力评定时，应符合现行国家标准《工程结构可靠性设计统一标准》GB 50153的原则要求，并应符合下列规定：

①应根据评定结果、使用要求和后续使用年限确定既有结构的设计方案；

②既有结构改变用途或延长使用年限时，承载能力极限状态验算宜符合《混凝土结构设计规范》GB 50010—2010的有关规定；

③对既有结构进行改建、扩建或加固改造而重新设计时，承载能力极限状态的计算应符合《混凝土结构设计规范》GB 50010—2010和相关标准的规定；

④既有结构的正常使用极限状态验算及构造要求宜符合《混凝土结构设计规范》GB 50010—2010的规定；

⑤必要时可对使用功能作相应的调整，提出限制使用的要求。

（11）既有结构的设计应符合下列规定：

1）应优化结构方案，保证结构的整体稳固性；

2）荷载可按现行规范的规定确定，也可根据使用功能作适当的调整；

3）结构既有部分混凝土、钢筋的强度设计值应根据强度的实测值确定；当材料的性能符合原设计的要求时，可按原设计的规定取值；

4）设计时应考虑既有结构构件实际的几何尺寸、截面配筋、连接构造和已有缺陷的影响；当符合原设计的要求时，可按原设计的规定取值；

5）应考虑既有结构的承载历史及施工状态的影响；对二阶段成形的叠合构件，可按《混凝土结构设计规范》GB 50010—2010第9.5节的规定进行设计。

4.3.2 混凝土结构计算用表

1. 混凝土强度标准值（表4-40）

混凝土强度标准值（N/mm^2）　**表 4-40**

强度种类	混凝土强度等级													
	C15	C20	C25	C30	C35	C40	C45	C50	C55	C60	C65	C70	C75	C80
轴心抗压 f_{ck}	10.0	13.4	16.7	20.1	23.4	26.8	29.6	32.4	35.5	38.5	41.5	44.5	47.4	50.2
轴心抗拉 f_{tk}	1.27	1.54	1.78	2.01	2.20	2.39	2.51	2.64	2.74	2.85	2.93	2.99	3.05	3.11

2. 混凝土强度设计值（表 4-41）

混凝土强度设计值（N/mm^2）　**表 4-41**

强度种类	混凝土强度等级													
	C15	C20	C25	C30	C35	C40	C45	C50	C55	C60	C65	C70	C75	C80
轴心抗压 f_c	7.2	9.6	11.9	14.3	16.7	19.1	21.1	23.1	25.3	27.5	29.7	31.8	33.8	35.9
轴心抗拉 f_t	0.91	1.10	1.27	1.43	1.57	1.71	1.80	1.89	1.96	2.04	2.09	2.14	2.18	2.22

3. 混凝土受压和受拉的弹性模量 E_c（表 4-42）

混凝土的弹性模量（$\times 10^4 N/mm^2$）　**表 4-42**

混凝土强度等级	C15	C20	C25	C30	C35	C40	C45	C50	C55	C60	C65	C70	C75	C80
E_c	2.20	2.55	2.80	3.00	3.15	3.25	3.35	3.45	3.55	3.60	3.65	3.70	3.75	3.80

注：1. 当有可靠试验依据时，弹性模量可根据实测数据确定；

2. 当混凝土中掺有大量矿物掺合料时，弹性模量可按规定龄期根据实测数据确定。

4. 混凝土的剪切变形模量 G_c 可按相应弹性模量值的 40%采用。

5. 混凝土泊松比 υ_c 可按 0.20 采用。

6. 混凝土疲劳变形模量 E_c^f（表 4-43）

混凝土疲劳变形模量（$\times 10^4 N/mm^2$）　**表 4-43**

混凝土强度等级	C30	C35	C40	C45	C50	C55	C60	C65	C70	C75	C80
E_c^f	1.30	1.40	1.50	1.55	1.60	1.65	1.70	1.75	1.80	1.85	1.90

7. 混凝土的热工参数

当温度在 0℃～100℃范围内时，混凝土的热工参数可按下列规定取值：

线膨胀系数 α_c：1×10^{-5}/℃；

导热系数 λ：10.6kJ/(m·h·℃)；

比热容 c：0.96kJ/(kg·℃)。

8. 普通钢筋强度标准值（表 4-44）

普通钢筋强度标准值（N/mm²） **表 4-44**

牌号	符号	公称直径 d (mm)	屈服强度标准值 f_{yk}	极限强度标准值 f_{stk}
HPB300	Φ	6～22	300	420
HRB335 HRBF335	Φ Φ^{F}	6～50	335	455
HRB400 HRBF400 RRB400	Φ Φ^{F} Φ^{R}	6～50	400	540
HRB500 HRBF500	Φ Φ^{F}	6～50	500	630

9. 预应力筋强度标准值（表 4-45）

预应力筋强度标准值（N/mm²） **表 4-45**

种类		符号	公称直径 d (mm)	屈服强度标准值 f_{pyk}	极限强度标准值 f_{ptk}
中强度预应力钢丝	光面	ϕ^{PM}	5、7、9	620	800
				780	970
	螺旋肋	ϕ^{HM}		980	1270
预应力螺纹钢筋	螺纹	ϕ^{T}	18、25、32、40、50	785	980
				930	1080
				1080	1230
消除应力钢丝	光面	ϕ^{P}	5	—	1570
				—	1860
	螺旋肋	ϕ^{H}	7	—	1570
			9	—	1470
				—	1570
钢绞线	1×3（三股）	ϕ^{S}	8.6、10.8、12.9	—	1570
				—	1860
				—	1960
	1×7（七股）		9.5、12.7、15.2、17.8	—	1720
				—	1860
				—	1960
			21.6	—	1860

注：极限强度标准值为 1960N/mm² 的钢绞线作后张预应力配筋时，应有可靠的工程经验。

10. 普通钢筋强度设计值（表 4-46）

普通钢筋强度设计值（N/mm²）　　**表 4-46**

牌　号	抗拉强度设计值 f_y	抗压强度设计值 f'_y
HPB300	270	270
HRB335、HRBF335	300	300
HRB400、HRBF400、RRB400	360	360
HRB500、HRBF500	435	410

注：横向钢筋的抗拉强度设计值 f_{yv} 应按表中 f_y 的数值采用；当用作受剪、受扭、受冲切承载力计算时，其数值大于 360N/mm² 时应取 360N/mm²。

11. 预应力筋强度设计值（表 4-47）

预应力筋强度设计值（N/mm²）　　**表 4-47**

种　类	极限强度标准值 f_{ptk}	抗拉强度设计值 f_{py}	抗压强度设计值 f'_{py}
中强度预应力钢丝	800	510	410
	970	650	
	1270	810	
消除应力钢丝	1470	1040	410
	1570	1110	
	1860	1320	
钢绞线	1570	1110	390
	1720	1220	
	1860	1320	
	1960	1390	
预应力螺纹钢筋	980	650	410
	1080	770	
	1230	900	

注：当预应力筋的强度标准值不符合表 4-47 的规定时，其强度设计值应进行相应的比例换算。

12. 普通钢筋及预应力筋在最大力下的总伸长率限值

普通钢筋及预应力筋在最大力下的总伸长率 δ_{gt} 不应小于表 4-48 规定的数值。

普通钢筋及预应力筋在最大力下的总伸长率限值　　**表 4-48**

钢筋品种	普通钢筋			预应力筋
	HPB300	HRB335、HRBF335、HRB400、HRBF400、HRB500、HRBF500	RRB400	
δ_{gt}（%）	10.0	7.5	5.0	3.5

13. 普通钢筋和预应力筋的弹性模量 E_s（表 4-49）

钢筋的弹性模量（$\times 10^5 N/mm^2$） 表 4-49

牌号或种类	弹性模量 E_s
HPB300 钢筋	2.10
HRB335、HRB400、HRB500 钢筋 HRBF335、HRBF400、HRBF500 钢筋 RRB400 钢筋 预应力螺纹钢筋	2.00
消除应力钢丝、中强度预应力钢丝	2.05
钢绞线	1.95

注：必要时钢绞线可采用实测的弹性模量。

14. T 形、I 形和倒 L 形截面受弯构件受压区有效翼缘计算宽度 b'_f（表 4-50）

受弯构件受压区有效翼缘计算宽度 b'_f 表 4-50

情况		T 形、I 形截面		倒 L 形截面
		肋形梁（板）	独立梁	肋形梁（板）
1	按计算跨度 l_0 考虑	$l_0/3$	$l_0/3$	$l_0/6$
2	按梁（肋）净距 s_n 考虑	$b+s_n$	—	$b+s_n/2$
3	按翼缘高度 h'_f 考虑	$b+12h'_f$	b	$b+5h'_f$

注：1. 表中 b 为梁的腹板厚度；

2. 肋形梁在梁跨内设有间距小于纵肋间距的横肋时，可不考虑表中情况 3 的规定；

3. 加腋的 T 形、I 形和倒 L 形截面，当受压区加腋的高度 h_h 不小于 h'_f 且加腋的长度 b_h 不大于 $3h_h$ 时，其翼缘计算宽度可按表中情况 3 的规定分别增加 $2b_h$（T 形、I 形截面）和 b_h（倒 L 形截面）；

4. 独立梁受压区的翼缘板在荷载作用下经验算沿纵肋方向可能产生裂缝时，其计算宽度应取腹板宽度 b。

15. 钢筋混凝土轴心受压构件的稳定系数（表 4-51）

钢筋混凝土轴心受压构件的稳定系数 φ 表 4-51

l_0/b	≤8	10	12	14	16	18	20	22	24	26	28
l_0/d	≤7	8.5	10.5	12	14	15.5	17	19	21	22.5	24
l_0/i	≤28	35	42	48	55	62	69	76	83	90	97
φ	1.00	0.98	0.95	0.92	0.87	0.81	0.75	0.70	0.65	0.60	0.56
l_0/b	30	32	34	36	38	40	42	44	46	48	50
l_0/d	26	28	29.5	31	33	34.5	36.5	38	40	41.5	43
l_0/i	104	111	118	125	132	139	146	153	160	167	174
φ	0.52	0.48	0.44	0.40	0.36	0.32	0.29	0.26	0.23	0.21	0.19

注：1. l_0 为构件的计算长度，对钢筋混凝土柱可按本节第 16 条的规定取用；

2. b 为矩形截面的短边尺寸，d 为圆形截面的直径，i 为截面的最小回转半径。

16. 轴心受压和偏心受压柱的计算长度 l_0

（1）刚性屋盖单层房屋排架柱、露天吊车和栈桥柱的计算长度（表 4-52）。

刚性屋盖单层房屋排架柱、露天吊车柱和栈桥柱的计算长度　　表 4-52

柱的类别		l_0		
		排架方向	垂直排架方向	
			有柱间支撑	无柱间支撑
无吊车房屋柱	单　跨	$1.5H$	$1.0H$	$1.2H$
	两跨及多跨	$1.25H$	$1.0H$	$1.2H$
有吊车房屋柱	上　柱	$2.0H_u$	$1.25H_u$	$1.5H_u$
	下　柱	$1.0H_l$	$0.8H_l$	$1.0H_l$
露天吊车柱和栈桥柱		$2.0H_l$	$1.0H_l$	—

注：1. 表中 H 为从基础顶面算起的柱子全高；H_l 为从基础顶面至装配式吊车梁底面或现浇式吊车梁顶面的柱子下部高度；H_u 为从装配式吊车梁底面或从现浇式吊车梁顶面算起的柱子上部高度；

2. 表中有吊车房屋排架柱的计算长度，当计算中不考虑吊车荷载时，可按无吊车房屋柱的计算长度采用，但上柱的计算长度仍可按有吊车房屋采用；

3. 表中有吊车房屋排架柱的上柱在排架方向的计算长度，仅适用于 H_u/H_l 不小于 0.3 的情况；当 H_u/H_l 小于 0.3 时，计算长度宜采用 $2.5H_u$。

（2）一般多层房屋中梁柱为刚接的框架结构，各层柱的计算长度 l_0（表 4-53）。

框架结构各层柱的计算长度　　表 4-53

楼盖类型	柱的类别	l_0
现浇楼盖	底层柱	$1.0H$
	其余各层柱	$1.25H$
装配式楼盖	底层柱	$1.25H$
	其余各层柱	$1.5H$

注：表中 H 为底层柱从基础顶面到一层楼盖顶面的高度；对其余各层柱为上下两层楼盖顶面之间的高度。

17. 钢筋混凝土结构伸缩缝最大间距（表 4-54）

钢筋混凝土结构伸缩缝最大间距（m）　　表 4-54

结构类别		室内或土中	露　天
排架结构	装配式	100	70
框架结构	装配式	75	50
	现浇式	55	35
剪力墙结构	装配式	65	40
	现浇式	45	30
挡土墙、地下室墙壁等类结构	装配式	40	30
	现浇式	30	20

注：1. 装配整体式结构的伸缩缝间距，可根据结构的具体情况取表中装配式结构与现浇式结构之间的数值；

2. 框架-剪力墙结构或框架-核心筒结构房屋的伸缩缝间距，可根据结构的具体情况取表中框架结构与剪力墙结构之间的数值；

3. 当屋面无保温或隔热措施时，框架结构、剪力墙结构的伸缩缝间距宜按表中露天栏的数值取用；

4. 现浇挑檐、雨罩等外露结构的局部伸缩缝间距不宜大于 12m。

18. 构件中普通钢筋及预应力筋的混凝土保护层厚度

（1）构件中受力钢筋的保护层厚度不应小于钢筋的公称直径 d。

（2）设计使用年限为 50 年的混凝土结构，最外层钢筋的保护层厚度应符合表 4-55 的规定；设计使用年限为 100 年的混凝土结构，最外层钢筋的保护层厚度不应小于表 4-55 中数值的 1.4 倍。

混凝土保护层的最小厚度 c（mm） **表 4-55**

环境类别	板、墙、壳	梁、柱、杆
一	15	20
二 a	20	25
二 b	25	35
三 a	30	40
三 b	40	50

注：1. 基础混凝土强度等级不大于 C25 时，表中保护层厚度数值应增加 5mm；

2. 钢筋混凝土基础宜设置混凝土垫层，基础中钢筋的混凝土保护层厚度应从垫层顶面算起，且不应小于 40mm。

19. 钢筋混凝土结构构件中纵向受力钢筋的最小配筋百分率（表 4-56）

纵向受力钢筋的最小配筋百分率 ρ_{min}（%） **表 4-56**

受力类型			最小配筋百分率
受压构件	全部纵向钢筋	强度等级 500MPa	0.50
		强度等级 400MPa	0.55
		强度等级 300MPa、335MPa	0.60
	一侧纵向钢筋		0.20
受弯构件、偏心受拉、轴心受拉构件一侧的受拉钢筋			0.20 和 $45f_t/f_y$ 中的较大值

注：1. 受压构件全部纵向钢筋最小配筋百分率，当采用 C60 以上强度等级的混凝土时，应按表中规定增加 0.10；

2. 板类受弯构件（不包括悬臂板）的受拉钢筋，当采用强度等级 400MPa、500MPa 的钢筋时，其最小配筋百分率应允许采用 0.15 和 $45f_t/f_y$ 中的较大值；

3. 偏心受拉构件中的受压钢筋，应按受压构件一侧纵向钢筋考虑；

4. 受压构件的全部纵向钢筋和一侧纵向钢筋的配筋率以及轴心受拉构件和小偏心受拉构件一侧受拉钢筋的配筋率均应按构件的全截面面积计算；

5. 受弯构件、大偏心受拉构件一侧受拉钢筋的配筋率应按全截面面积扣除受压翼缘面积 $(b'_f-b)h'_f$ 后的截面面积计算；

6. 当钢筋沿构件截面周边布置时，“一侧纵向钢筋”系指沿受力方向两个对边中一边布置的纵向钢筋。

20. 现浇钢筋混凝土板的最小厚度（表 4-57）

现浇钢筋混凝土板的最小厚度（mm） **表 4-57**

板的类别		最小厚度
单向板	屋面板	60
	民用建筑楼板	60
	工业建筑楼板	70
	行车道下的楼板	80
双向板		80
密肋楼盖	面板	50
	肋高	250
悬臂板（根部）	悬臂长度不大于 500mm	60
	悬臂长度 1200mm	100
无梁楼板		150
现浇空心楼盖		200

21. 预应力损失值（表 4-58）

预应力损失值（N/mm^2）　**表 4-58**

<table>
<tr><th colspan="2">引起损失的因素</th><th>符　号</th><th>先张法构件</th><th>后张法构件</th></tr>
<tr><td colspan="2">张拉端锚具变形
和预应力筋内缩</td><td>σ_{l1}</td><td>按规范第 10.2.2 条
的规定计算</td><td>按规范第 10.2.2 条和
第 10.2.3 条的规定计算</td></tr>
<tr><td rowspan="3">预应力筋的摩擦</td><td>与孔道壁之间的摩擦</td><td rowspan="3">σ_{l2}</td><td>—</td><td>按规范第 10.2.4 条的规定计算</td></tr>
<tr><td>张拉端锚口摩擦</td><td colspan="2">按实测值或厂家提供的数据确定</td></tr>
<tr><td>在转向装置处的摩擦</td><td colspan="2">按实际情况确定</td></tr>
<tr><td colspan="2">混凝土加热养护时，预应力筋
与承受拉力的设备之间的温差</td><td>σ_{l3}</td><td>$2\Delta t$</td><td>—</td></tr>
<tr><td colspan="2">预应力筋的应力松弛</td><td>σ_{l4}</td><td colspan="2">消除预应力钢丝、钢绞线
普通松弛：
$0.4\left(\frac{\sigma_{con}}{f_{ptk}}-0.5\right)\sigma_{con}$
低松弛：
当 $\sigma_{con}\leqslant 0.7f_{ptk}$ 时
$0.125\left(\frac{\sigma_{con}}{f_{ptk}}-0.5\right)\sigma_{con}$
当 $0.7f_{ptk}<\sigma_{con}\leqslant 0.8f_{ptk}$ 时
$0.2\left(\frac{\sigma_{con}}{f_{ptk}}-0.575\right)\sigma_{con}$
中强度预应力钢丝：$0.08\sigma_{con}$
预应力螺纹钢筋：$0.03\sigma_{con}$</td></tr>
<tr><td colspan="2">混凝土的收缩和徐变</td><td>σ_{l5}</td><td colspan="2">按规范第 10.2.5 条的规定计算</td></tr>
<tr><td colspan="2">用螺旋式预应力筋作配筋的环形构件，当直径 d 不大于 3m 时，由于混凝土的局部挤压</td><td>σ_{l6}</td><td>—</td><td>30</td></tr>
</table>

注：1. 表中 Δt 为混凝土加热养护时，预应力筋与承受拉力的设备之间的温差（℃）；

2. 当 $\sigma_{con}/f_{ptk}\leqslant 0.5$ 时，预应力筋的应力松弛损失值可取为零；

3. 表中“规范”系指《混凝土结构设计规范》(GB 50010—2010)。

4.3.3　混凝土结构计算

计算公式见表 4-59（注：最小配筋率见表 4-56）

混凝土结构计算公式　**表 4-59**

<table>
<tr><th>计算内容</th><th>计 算 公 式</th><th>备　　注</th></tr>
<tr><td>正截面承载力计算</td><td>一、受弯承载力计算
1. 矩形截面或翼缘位于受拉边的倒 T 形截面构件
$$M\leqslant \alpha_1 f_c bx\left(h_0-\frac{x}{2}\right)+f'_y A'_s(h_0-a'_s)-(\sigma'_{p0}-f'_{py})A'_p(h_0-a'_p)$$</td><td>混凝土受压区高度确定：
$\alpha_1 f_c bx=f_y A_s-f'_y A'_s+f_{py}A_p+(\sigma'_{p0}-f'_{py})A'_p$
尚应符合：
$x\leqslant \xi_b h_0$　$x\geqslant 2a'$</td></tr>
</table>

续表

计算内容	计 算 公 式	备　　注
	2. 翼缘位于受压区的T形、I形截面构件 当满足　$f_yA_s+f_{py}A_P\leqslant\alpha_1f_cb'_fh'_f+f'_yA'_s-(\sigma'_{p0}-f'_{py})A'_P$ 按宽度为 b'_f 的矩形截面计算。否则按下式计算： $M\leqslant\alpha_1f_cbx\left(h_0-\frac{x}{2}\right)+\alpha_1f_c(b'_f-b)h'_f\left(h_0-\frac{h'_f}{2}\right)+f'_yA'_s(h_0-a'_s)-(\sigma'_{p0}-f'_{py})A'_p(h_0-a'_p)$	混凝土受压区高度确定： $\alpha_1f_c[bx+(b'_f-b)h'_f]=f_yA_s-f'_yA'_s+f_{py}A_p+(\sigma'_{p0}-f'_{py})A'_P$
	3. 当计算中计入纵向普通受压钢筋时，必须 $x\geqslant2a'$，否则按下式计算： $M\leqslant f_{py}A_p(h-a_p-a'_s)+f_yA_s(h-a_s-a'_s)+(\sigma'_{p0}-f'_{py})A'_p(a'_p-a'_s)$	
	二、受压承载力计算 1. 轴心受压构件配置有箍筋时 $N\leqslant0.9\varphi(f_cA+f'_yA'_s)$	
	2. 轴心受压构件配置螺旋式或焊接环式间接钢筋时 $N\leqslant0.9(f_cA_{cor}+f'_yA'_s+2\alpha f_{yv}A_{ss0})$	$A_{ss0}=\frac{\pi d_{cor}A_{ss1}}{s}$
正截面承载力计算	3. 矩形截面偏心受压构件 $N\leqslant\alpha_1f_cbx+f'_yA'_s-\sigma_sA_s-(\sigma'_{p0}-f'_{py})A'_P-\sigma_pA_P$ $Ne\leqslant\alpha_1f_cbx\left(h_0-\frac{x}{2}\right)+f'_yA'_s(h_0-a'_s)-(\sigma'_{p0}-f'_{py})A'_P(h_0-a'_p)$	$e=e_i+\frac{h}{2}-a$ $e_i=e_0+e_a$
	矩形截面非对称配筋的小偏心受压构件，当 $N>f_cbh$ 时，按下式计算。 $Ne'\leqslant f_cbh\left(h'_0-\frac{h}{2}\right)+f'_yA_s(h'_0-a_s)-(\sigma_{p0}-f'_{py})A_P(h'_0-a_p)$	$e'=\frac{h}{2}-a'-(e_0-e_a)$
	4. I形截面偏心受压构件 当 $x\leqslant h'_f$ 时，按宽度为受压翼缘计算宽度 b'_f 的矩形截面计算 当 $x>h'_f$ 时，按下式计算： $N\leqslant\alpha_1f_c[bx+(b'_f-b)h'_f]+f'_yA'_s-\sigma_sA_s-(\sigma'_{p0}-f'_{py})A'_P-\sigma_pA_p$ $Ne\leqslant\alpha_1f_c\left[bx\left(h_0-\frac{x}{2}\right)+(b'_f-b)h'_f\left(h_0-\frac{h'_f}{2}\right)\right]+f'_yA'_s(h_0-a'_s)-(\sigma'_{p0}-f'_{py})A'_P(h_0-a'_p)$	
	I形截面非对称配筋的小偏心受压构件，当 $N>f_cA$ 时，按下式计算： $Ne'\leqslant f_c\left[bh\left(h'_0-\frac{h}{2}\right)+(b_f-b)h_f\left(h'_0-\frac{h_f}{2}\right)+(b'_f-b)h'_f\left(\frac{h'_f}{2}-a'\right)\right]+f'_yA_s(h'_0-a_s)-(\sigma_{p0}-f'_{py})A_P(h'_0-a_p)$	$e'=y'-a'-(e_0-e_a)$
	5. 截面具有两个互相垂直对称轴的双向偏心受压构件 $N\leqslant\frac{1}{\frac{1}{N_{ux}}+\frac{1}{N_{uy}}-\frac{1}{N_{u0}}}$	

续表

计算内容	计 算 公 式	备　　注
正截面承载力计算	三、受拉承载力计算 1. 轴心受拉构件 $N \leqslant f_y A_s + f_{py} A_p$ 2. 矩形截面偏心受拉构件 （1）小偏心受拉构件 $Ne \leqslant f_y A'_s (h_0 - a'_s) + f_{py} A'_p (h_0 - a'_p)$ $Ne' \leqslant f_y A_s (h'_0 - a_s) + f_{py} A_p (h'_0 - a_p)$ （2）大偏心受拉构件 $N \leqslant f_y A_s + f_{py} A_p - f'_y A'_s + (\sigma'_{p0} - f'_{py}) A'_p - \alpha_1 f_c bx$ $Ne \leqslant \alpha_1 f_c bx \left(h_0 - \frac{x}{2}\right) + f'_y A'_s (h_0 - a'_s) - (\sigma'_{p0} - f'_{py}) A'_p (h_0 - a'_p)$ 3. 对称配筋的矩形截面双向偏心受拉构件 $N \leqslant \frac{1}{\frac{1}{N_{u0}} + \frac{e_0}{M_u}}$	
斜截面承载力计算	1. 矩形、T形和I形截面的受弯构件，其受剪截面应符合： $h_w/b \leqslant 4$ 时　$V \leqslant 0.25\beta_c f_c bh_0$ $h_w/b \geqslant 6$ 时　$V \leqslant 0.2\beta_c f_c bh_0$ $4 < h_w/b < 6$ 时按线性内插法确定 2. 不配置箍筋和弯起钢筋的一般板类受弯构件 $V \leqslant 0.7\beta_h f_t bh_0$ 3. 矩形、T形和I形截面受弯构件，仅配置箍筋时 $V \leqslant V_{cs} + V_p$ 4. 矩形、T形和I形截面受弯构件，配置箍筋和弯起钢筋时 $V \leqslant V_{cs} + V_p + 0.8 f_{yv} A_{sb} \sin\alpha_s + 0.8 f_{py} A_{pb} \sin\alpha_p$ 5. 矩形、T形和I形截面偏心受压构件 $V \leqslant \frac{1.75}{\lambda+1} f_t bh_0 + f_{yv} \frac{A_{sv}}{s} h_0 + 0.07N$ 6. 矩形、T形和I形截面偏心受拉构件 $V \leqslant \frac{1.75}{\lambda+1} f_t bh_0 + f_{yv} \frac{A_{sv}}{s} h_0 - 0.2N$ 7. 矩形截面双向受剪框架柱，其受剪截面应符合： $V_x \leqslant 0.25\beta_c f_c bh_0 \cos\theta$ $V_y \leqslant 0.25\beta_c f_c bh_0 \sin\theta$ 其斜截面受剪承载力： $V_x \leqslant \frac{V_{ux}}{\sqrt{1+\left(\frac{V_{ux}\tan\theta}{V_{uy}}\right)^2}}$ $V_y \leqslant \frac{V_{uy}}{\sqrt{1+\left(\frac{V_{uy}}{V_{ux}\tan\theta}\right)^2}}$	$\beta_h = \left(\frac{800}{h_0}\right)^{1/4}$ $V_{cs} = \alpha_{cv} f_t bh_0 + f_{yv} \frac{A_{sv}}{s} h_0$ $V_P = 0.05 N_{P0}$ $V_{ux} = \frac{1.75}{\lambda_x + 1} f_t bh_0 + f_{yv} \frac{A_{svx}}{s} h_0 + 0.07N$ $V_{uy} = \frac{1.75}{\lambda_y + 1} f_t hb_0 + f_{yv} \frac{A_{svy}}{s} b_0 + 0.07N$

续表

计算内容	计算公式	备注
扭曲截面承载力计算	1. 在弯矩、剪力和扭矩共同作用下的构件，符合下列要求时可不进行受剪扭承载力计算 $\frac{V}{bh_0}+\frac{T}{W_t}\leqslant 0.7f_t+0.05\frac{N_{p0}}{bh_0}$ 或 $\frac{V}{bh_0}+\frac{T}{W_t}\leqslant 0.7f_t+0.07\frac{N}{bh_0}$	当 $N_{p0}>0.3f_cA_0$ 取 $N_{p0}=0.3f_cA_0$ 当 $N>0.3f_cA$ 取 $N=0.3f_cA$
	2. 矩形截面纯扭构件 $T\leqslant 0.35f_tW_t+1.2\sqrt{\zeta}f_{yv}\frac{A_{st1}A_{cor}}{s}$	$\zeta=\frac{f_yA_{stl}s}{f_{yv}A_{st1}u_{cor}}$ $0.6\leqslant\zeta\leqslant 1.7$，当 $\zeta>1.7$ 时，取 $\zeta=1.7$
	3. T形和I形截面纯扭构件 将其截面划分为几个矩形截面进行计算	
	4. 箱形截面纯扭构件 $T\leqslant 0.35\alpha_hf_tW_t+1.2\sqrt{\zeta}f_{yv}\frac{A_{st1}A_{cor}}{s}$	$\alpha_h=2.5t_w/b_h$ 当 $\alpha_h>1$ 时，取 $\alpha_h=1$
	5. 在轴向压力和扭矩共同作用下的矩形截面钢筋混凝土构件，受扭承载力： $T\leqslant\left(0.35f_t+0.07\frac{N}{A}\right)W_t+1.2\sqrt{\zeta}f_{yv}\frac{A_{st1}A_{cor}}{s}$	当 $N>0.3f_cA$ 取 $N=0.3f_cA$
	6. 剪力和扭矩共同作用下的矩形截面剪扭构件，受剪扭承载力： 1）一般剪扭构件 受剪承载力： $V\leqslant(1.5-\beta_t)(0.7f_tbh_0+0.05N_{p0})+f_{yv}\frac{A_{sv}}{s}h_0$ 受扭承载力： $T\leqslant\beta_t\left(0.35f_t+0.05\frac{N_{p0}}{A_0}\right)W_t+1.2\sqrt{\zeta}f_{yv}\frac{A_{st1}A_{cor}}{s}$	$\beta_t=\frac{1.5}{1+0.5\frac{VW_t}{Tbh_0}}$
	2）集中荷载作用下的独立剪扭构件 受剪承载力 $V\leqslant(1.5-\beta_t)\left(\frac{1.75}{\lambda+1}f_tbh_0+0.05N_{p0}\right)+f_{yv}\frac{A_{sv}}{s}h_0$ 受扭承载力： $T\leqslant\beta_t\left(0.35f_t+0.05\frac{N_{p0}}{A_0}\right)W_t+1.2\sqrt{\zeta}f_{yv}\frac{A_{st1}A_{cor}}{s}$	$\beta_t=\frac{1.5}{1+0.2(\lambda+1)\frac{VW_t}{Tbh_0}}$
	7. 在弯矩、剪力、扭矩共同作用下的矩形、T形、I形和箱形截面的弯剪扭构件 当 $V\leqslant 0.35f_tbh_0$ 或 $V\leqslant 0.875f_tbh_0/(\lambda+1)$ 时，仅按受弯构件正截面受弯承载力和纯扭构件的受扭承载力计算。 当 $T\leqslant 0.175f_tW_t$ 或 $T\leqslant 0.175\alpha_hf_tW_t$ 时，仅按受弯构件的正截面受弯承载力和斜截面受剪承载力计算。 8. 轴向压力、弯矩、剪力、扭矩共同作用下的矩形截面框架柱 受剪承载力： $V\leqslant(1.5-\beta_t)\left(\frac{1.75}{\lambda+1}f_tbh_0+0.07N\right)+f_{yv}\frac{A_{sv}}{s}h_0$ 受扭承载力： $T\leqslant\beta_t\left(0.35f_t+0.07\frac{N}{A}\right)W_t+1.2\sqrt{\zeta}f_{yv}\frac{A_{st1}A_{cor}}{s}$	

续表

计算内容	计算公式	备注
受冲切承载力计算	1. 在局部荷载或集中反力作用下不配置箍筋或弯起钢筋的板，其冲切承载力应符合 $F_l \leqslant (0.7\beta_h f_t + 0.25\sigma_{pc,m})\eta\mu_m h_0$ 2. 在局部荷载或集中反力作用下，当受冲切承载力不满足上式要求且板厚受限制时，可配置箍筋或弯起钢筋 受冲切截面： $F_l \leqslant 1.2 f_t \eta\mu_m h_0$ 配置箍筋、弯起钢筋时： $F_l \leqslant (0.5f_t + 0.25\sigma_{pc,m})\eta\mu_m h_0 + 0.8 f_{yv} A_{svu} + 0.8 f_y A_{sbu}\sin\alpha$ 3. 矩形截面柱的阶形基础，在柱与基础交接处及基础变阶处的受冲切承载力应符合 $F_l \leqslant 0.7\beta_h f_t b_m h_0$	$\left.\begin{aligned}\eta_1 &= 0.4 + \frac{1.2}{\beta_s}\\ \eta_2 &= 0.5 + \frac{\alpha_s h_0}{4\mu_m}\end{aligned}\right\}\eta$ 取其较小值 $F_l = p_s A$ $b_m = \frac{b_t + b_b}{2}$
局部承压承载力	1. 配置间接钢筋的混凝土结构构件，局部受压区的截面尺寸应符合 $F_l \leqslant 1.35\beta_c\beta_l f_c A_{ln}$ 2. 配置方格网式或螺旋式间接钢筋的局部受压承载力 $F_l \leqslant 0.9(\beta_c\beta_l f_c + 2\alpha\rho_v\beta_{cor} f_{yv})A_{ln}$	$\beta_l = \sqrt{\frac{A_b}{A_l}}$ 方格网式配筋时： $\rho_v = \frac{n_1 A_{s1} l_1 + n_2 A_{s2} l_2}{A_{cor} s}$ 螺旋式配筋时： $\rho_v = \frac{4A_{ss1}}{d_{cor} s}$
裂缝宽度计算	矩形、T形、倒T形和I形截面的受拉、受弯、偏心受压构件及预应力轴心受拉和受弯构件，按荷载标准组合并考虑长期作用影响的最大裂缝宽度（mm） $\omega_{max} = \alpha_{cr}\psi\frac{\sigma_s}{E_s}\left(1.9c_s + 0.08\frac{d_{eq}}{\rho_{te}}\right)$	$\psi = 1.1 - 0.65\frac{f_{tk}}{\rho_{te}\sigma_s}$ $d_{eq} = \frac{\sum n_i d_i^2}{\sum n_i v_i d_i}$ $\rho_{te} = \frac{A_s + A_p}{A_{te}}$

注：表中符号

1. 作用、作用效应及承载力

M——弯矩设计值；

M_u——按通过轴向拉力作用点的弯矩平面计算的正截面受弯承载力设计值；

N——轴向压力（拉力）设计值；

N_{u0}——构件的截面轴心受压或轴心受拉承载力设计值；

N_{ux}、N_{uy}——轴向压力作用于 x 轴、y 轴并考虑相应的计算偏心距 e_{ix}、e_{iy} 后，按全部纵向钢筋计算的构件偏心受压承载力设计值；

N_{p0}——计算截面上混凝土法向预应力等于零时的预加力，当 $N_{p0} > 0.3f_c A_0$ 时，取 $N_{p0} = 0.3f_c A_0$，A_0 为构件换算截面面积；

V——构件斜截面上的最大剪力设计值；

V_{cs}——构件斜截面上混凝土和箍筋的受剪承载力设计值；

V_P——由预加力所提高的构件受剪承载力设计值；

V_x——x 轴方向的剪力设计值，对应的截面有效高度为 h_0，截面宽度为 b；

V_y——y 轴方向的剪力设计值，对应的截面有效高度为 b_0，截面宽度为 h；

T——扭矩设计值；

F_l——局部荷载设计值或集中反力设计值；

σ'_{p0}——受压区纵向预应力筋合力点处混凝土法向应力等于零时的预应力筋应力；

$\sigma_{pc,m}$——计算截面周长上两个方向混凝土有效预压应力按长度的加权平均值，其值宜控制在 $1.0 \sim 3.5\text{N/mm}^2$

范围内；

p_s——按荷载效应基本组合计算并考虑结构重要性系数的基础底面地基反力设计值（可扣除基础自重及其上的土重），当基础偏心受力时，可取用最大的地基反力设计值；

σ_s——按荷载准永久组合计算的钢筋混凝土构件纵向受拉普通钢筋应力或按标准组合计算的预应力混凝土构件纵向受拉钢筋等效应力。

2. 材料性能

f_c——混凝土轴心抗压强度设计值；

f_t——混凝土轴心抗拉强度设计值；

E_s——钢筋的弹性模量；

f_y——普通钢筋抗拉强度设计值；

f_{yv}——箍筋的抗拉强度设计值。

3. 几何参数

a'_s、a'_p——受压区纵向普通钢筋合力点、预应力筋合力点至截面受压边缘的距离；

a'——受压区全部纵向钢筋合力点至载面受压边缘的距离；

a_s、a_p——受拉区纵向普通钢筋、预应力筋至受拉边缘的距离；

b——矩形截面宽度或倒T形截面的腹板宽度；

h_0——截面有效高度；

b'_f——T形、I形截面受压区的翼缘计算宽度；

h'_f——T形、I形截面受压区的翼缘高度；

A_s、A'_s——受拉区、受压区纵向普通钢筋的截面面积；轴心受压时 A'_s 为全部纵向钢筋的截面面积；

A_p、A'_p——受拉区、受压区纵向预应力筋的截面面积；

A——构件截面面积；

A_{cor}——构件的核心截面面积，取间接钢筋内表面范围内的混凝土截面面积；

A_{ss0}——螺旋式或焊接环式间接钢筋的换算截面面积；

d_{cor}——构件的核心截面直径；取间接钢筋内表面之间的间距；

A_{ss1}——螺旋式或焊接环式单根间接钢筋的截面面积；

s——间接钢筋（箍筋）沿构件轴线方向的间距；

e——轴向压力作用点至纵向普通受拉钢筋和受拉预应力筋的合力点的距离；

e_i——初始偏心距；

a——纵向受拉普通钢筋和受拉预应力筋的合力点至截面近边缘的距离；

e_0——轴向压力（拉力）对截面重心的偏心距；$e_0=M/N$，当需要考虑二阶效应时，M 为按《混凝土结构设计规范》（GB 50010—2010）第 5.3.4 条、6.2.4 条规定确定的弯矩设计值；

e_a——附加偏心距；取 20mm 和偏心方向截面最大尺寸的 1/30 两者中的较大值；

e'——轴向压力作用点至受压区纵向普通钢筋和预应力筋的合力点的距离；

h'_0——纵向受压钢筋合力点至截面远边的距离；

h_w——截面的腹板高度；对矩形截面，取有效高度 h_0；对T形截面取有效高度减去翼缘高度；对I形和箱形截面取腹板净高；

A_{sv}——配置在同一截面内箍筋各肢的全部截面面积；$A_{sv}=nA_{sv1}$，此处，n 为在同一个截面内箍筋的肢数，A_{sv1} 为单肢箍筋的截面面积；

A_{sb}、A_{pb}——分别为同一平面内的弯起普通钢筋、弯起预应力筋的截面面积；

α_s、α_p——分别为斜截面上弯起普通钢筋、弯起预应力筋的切线与构件纵轴线的夹角；

θ——斜向剪力设计值 V 的作用方向与 x 轴的夹角，$\theta=\arctan(V_y/V_x)$；

A_{svx}、A_{svy}——配置在同一截面内平行于 x 轴、y 轴的箍筋各肢截面面积的总和；

W_t——受扭构件的截面受扭塑性抵抗矩；

t_w——箱形截面壁厚，不应小于 $b_h/7$，b_h 为箱形截面宽度；

A_{stl}——受扭计算中取对称布置的全部纵向非预应力钢筋截面面积；

A_{st1}——受扭计算中沿截面周边配置的箍筋单肢截面面积；

u_{cor}——截面核心部分的周长；

A_{svu}——与呈 45°冲切破坏锥体斜截面相交的全部箍筋截面面积；

A_{sbu}——与呈 45°冲切破坏锥体斜截面相交的全部弯起钢筋截面面积；

α——弯起钢筋与板底面的夹角；

b_t——冲切破坏锥体最不利一侧斜截面的上边长；

b_b——柱与基础交接处或基础变阶处的冲切破坏锥体最不利一侧斜截面的下边长，$b_b=b_t+2h_0$；

A_l——混凝土局部受压面积；

A_{ln}——混凝土局部受压净面积；

A_b——局部受压的计算底面积；

n_1、A_{s1}——分别为方格网沿 l_1 方向的钢筋根数、单根钢筋的截面面积；

n_2、A_{s2}——分别为方格网沿 l_2 方向的钢筋根数，单根钢筋的截面面积；

A_{ss1}——单根螺旋式间接钢筋的截面面积；

d_{cor}——螺旋式间接钢筋内表面范围内的混凝土截面直径；

c_s——最外层纵向受拉钢筋外边缘至受拉区底边距离（mm），当 $c_s<20$ 时，取 $c_s=20$；当 $c_s>65$ 时，取 $c_s=65$；

A_{te}——有效受拉混凝土截面面积；

d_{eq}——受拉区纵向钢筋的等效直径（mm）；

d_i——受拉区第 i 种纵向钢筋的公称直径（mm）；

n_i——受拉区第 i 种纵向钢筋根数；

4. 计算系数及其他

α_1——系数，当混凝土强度等级不超过 C50 时，α_1 取 1.0；当混凝土强度等级为 C80 时，α_1 取 0.94；其间按线性内插法确定；

φ——钢筋混凝土构件的稳定系数；

α——间接钢筋对混凝土约束的折减系数，当混凝土强度等级不超过 C50 时取 1.0；当混凝土强度等级为 C80 时取 0.85，其间按线性内插法确定；

β_c——混凝土强度影响系数，当混凝土强度等级不超过 C50 时，取 $\beta_c=1.0$；当混凝土强度等级为 C80 时，取 $\beta_c=0.8$，其间按线性内插法确定；

β_h——截面高度影响系数，当 $h_0<800$mm 时，取 $h_0=800$mm；当 $h_0>2000$mm 时，取 $h_0=2000$mm；

α_{cv}——截面混凝土受剪承载力系数，对于一般受弯构件取 0.7；对集中荷载作用下（包括作用有多种荷载，其中集中荷载对支座截面或节点边缘所产生的剪力值占总剪力的 75%以上的情况）的独立梁，取 α_{cv} 为 $\frac{1.75}{\lambda+1}$，λ 为计算截面的剪跨比，可取 λ 等于 a/h_0，当 λ 小于 1.5 时，取 1.5，当 λ 大于 3 时，取 3，a 取集中荷载作用点至支座截面或节点边缘的距离；

λ——计算截面的剪跨比；

λ_x、λ_y——分别为框架柱 x 轴、y 轴方向的计算剪跨比；

ζ——受扭的纵向普通钢筋与箍筋的配筋强度比值；

α_h——箱形截面壁厚影响系数，$\alpha_h=2.5t_w/b_h$，当 $\alpha_h>1.0$ 时，取 1.0；

β_t——一般剪扭构件混凝土受扭承载力降低系数；当 $\beta_t<0.5$ 时，取 0.5；$\beta_t>1$ 时，取 1；

η_1——局部荷载或集中反力作用面积形状的影响系数；

η_2——计算截面周长与板截面有效高度之比的影响系数；

β_s——局部荷载或集中反力作用面积为矩形时的长边与短边尺寸的比值，β_s 不宜大于 4；当 $\beta_s<2$ 时取 2；对圆形冲切面，$\beta_s=2$；

α_s——柱位置影响系数，对中柱取 $\alpha_s=40$；对边柱取 $\alpha_s=30$；对角柱取 $\alpha_s=20$；

β_l——混凝土局部受压时的强度提高系数；

β_{cor}——配置间接钢筋的局部受压承载力提高系数；

ρ_v——间接钢筋的体积配筋率；

α_{cr}——构件受力特征系数，钢筋混凝土受弯构件取 1.9；钢筋混凝土轴心受拉构件取 2.7；

ψ——裂缝间纵向受拉钢筋应变不均匀系数，当 $\psi<0.2$ 时，取 0.2；当 $\psi>1$ 时取 1；对直接承受重复荷载的构件，取 $\psi=1$；

ρ_{te}——按有效受拉混凝土截面面积计算的纵向受拉钢筋配筋率。当 $\rho_{te}<0.01$ 时取 0.01；

v_i——受拉区第 i 种纵向钢筋的相对粘结特性系数，光圆钢筋取 0.7；普通带肋钢筋取 1.0。

4.4 砌 体 结 构 计 算

4.4.1 砌体结构设计的有关规定及计算用表

1. 砌体和砂浆的强度等级

砌体和砂浆的强度等级，应按下列规定采用；

烧结普通砖、烧结多孔砖等的强度等级：MU30、MU25、MU20、MU15 和 MU10；

蒸压灰砂普通砖、蒸压粉煤灰普通砖的强度等级：MU25、MU20 和 MU15；

砌块的强度等级：MU20、MU15、MU10、MU7.5 和 MU5；

石材的强度等级：MU100、MU80、MU60、MU50、MU40、MU30 和 MU20；

砂浆的强度等级：M15、M10、M7.5、M5 和 M2.5。

2. 各类砌体的抗压强度设计值（表 4-60～表 4-64）

烧结普通砖和烧结多孔砖砌体的抗压强度设计值（MPa） **表 4-60**

砖强度等级	砂浆强度等级					砂浆强度
	M15	M10	M7.5	M5	M2.5	0
MU30	3.94	3.27	2.93	2.59	2.26	1.15
MU25	3.60	2.98	2.68	2.37	2.06	1.05
MU20	3.22	2.67	2.39	2.12	1.84	0.94
MU15	2.79	2.31	2.07	1.83	1.60	0.82
MU10	—	1.89	1.69	1.50	1.30	0.67

蒸压灰砂砖和蒸压粉煤灰砖砌体的抗压强度设计值（MPa） **表 4-61**

砖强度等级	砂浆强度等级				砂浆强度
	M15	M10	M7.5	M5	0
MU25	3.60	2.98	2.68	2.37	1.05
MU20	3.22	2.67	2.39	2.12	0.94
MU15	2.79	2.31	2.07	1.83	0.82

单排孔混凝土砌块和轻骨料混凝土砌块对孔砌筑砌体的抗压强度设计值（MPa）**表 4-62**

砌块强度等级	砂浆强度等级					砂浆强度
	Mb20	Mb15	Mb10	Mb7.5	Mb5	0
MU20	6.30	5.68	4.95	4.44	3.94	2.33
MU15	—	4.61	4.02	3.61	3.20	1.89
MU10	—	—	2.79	2.50	2.22	1.31
MU7.5	—	—	—	1.93	1.71	1.01
MU5	—	—	—	—	1.19	0.70

注：1. 对独立柱或厚度为双排组砌的砌块砌体，应按表中数值乘以 0.7；

2. 对 T 形截面砌体，应按表中数值乘以 0.85。

轻骨料混凝土砌块砌体的抗压强度设计值（MPa）　　**表 4-63**

砌块强度等级	砂浆强度等级			砂浆强度
	Mb10	Mb7.5	Mb5	0
MU10	3.08	2.76	2.45	1.44
MU7.5	—	2.13	1.88	1.12
MU5	—	—	1.31	0.78
MU3.5	—	—	0.95	0.56

注：1. 表中的砌块为火山渣、浮石和陶粒轻骨料混凝土砌块；

2. 对厚度方向为双排组砌的轻骨料混凝土砌块砌体的抗压强度设计值，应按表中数值乘以 0.8。

毛石砌体的抗压强度设计值（MPa）　　**表 4-64**

毛石强度等级	砂浆强度等级			砂浆强度
	M7.5	M5	M2.5	0
MU100	1.27	1.12	0.98	0.34
MU80	1.13	1.00	0.87	0.30
MU60	0.98	0.87	0.76	0.26
MU50	0.90	0.80	0.69	0.23
MU40	0.80	0.71	0.62	0.21
MU30	0.69	0.61	0.53	0.18
MU20	0.56	0.51	0.44	0.15

3. 各类砌体的轴心抗拉强度设计值、弯曲抗拉强度设计值和抗剪强度设计值（表 4-65）

沿砌体灰缝截面破坏时砌体的轴心抗拉强度设计值、
弯曲抗拉强度设计值和抗剪强度设计值（MPa）　　**表 4-65**

强度类别	破坏特征及砌体种类		砂浆强度等级			
			≥M10	M7.5	M5	M2.5
轴心抗拉	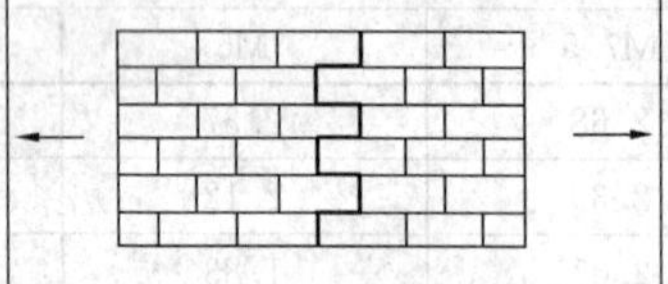 沿齿缝	烧结普通砖、烧结多孔砖	0.19	0.16	0.13	0.09
		混凝土普通砖、混凝土多孔砖	0.19	0.16	0.13	—
		蒸压灰砂普通砖砖、蒸压粉煤灰普通砖砖	0.12	0.10	0.08	—
		混凝土和轻骨料混凝土砌块	0.09	0.08	0.07	
		毛石	—	0.07	0.06	0.04
弯曲抗拉	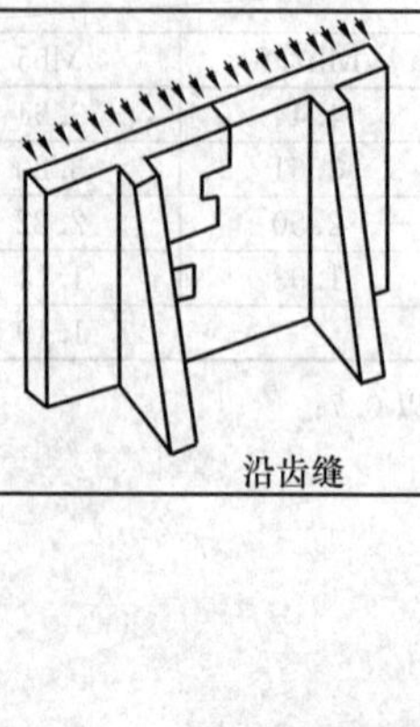 沿齿缝	烧结普通砖、烧结多孔砖	0.33	0.29	0.23	0.17
		混凝土普通砖、混凝土多孔砖	0.33	0.29	0.23	—
		蒸压灰砂普通砖砖、蒸压粉煤灰普通砖砖	0.24	0.20	0.16	0.12
		混凝土和轻骨料混凝土砌块	0.11	0.09	0.08	—
		毛石	—	0.11	0.09	0.07

续表

强度类别	破坏特征及砌体种类		砂浆强度等级			
			≥M10	M7.5	M5	M2.5
弯曲抗拉	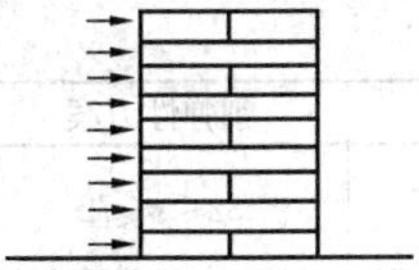 沿通缝	烧结普通砖、烧结多孔砖	0.17	0.14	0.11	0.08
		混凝土普通砖、混凝土多孔砖	0.17	0.14	0.11	—
		蒸压灰砂普通砖砖、蒸压粉煤灰普通砖砖	0.12	0.10	0.08	0.06
		混凝土和轻骨料混凝土砌块	0.08	0.06	0.05	—
抗剪	烧结普通砖、烧结多孔砖		0.17	0.14	0.11	0.08
	混凝土普通砖、混凝土多孔砖		0.17	0.14	0.11	—
	蒸压灰砂普通砖、蒸压粉煤灰普通砖		0.12	0.10	0.08	—
	混凝土和轻骨料混凝土砌块		0.09	0.08	0.06	—
	毛石		—	0.19	0.16	0.11

注：1. 对于用形状规则的块体砌筑的砌体，当搭接长度与块体高度的比值小于1时，其轴心抗拉强度设计值 f_t 和弯曲抗拉强度设计值 f_{tm} 应按表中数值乘以搭接长度与块体高度比值后采用；

2. 表中数值是依据普通砂浆砌筑的砌体确定，采用经研究性试验且通过技术鉴定的专用砂浆砌筑的蒸压灰砂普通砖、蒸压粉煤灰普通砖砌体，其抗剪强度设计值按相应普通砂浆强度等级砌筑的烧结普通砖砌体采用；

3. 对混凝土普通砖、混凝土多孔砖、混凝土和轻集料混凝土砌块砌体，表中的砂浆强度等级分别为：≥Mb10、Mb7.5 及 Mb5。

4. 各类砌体的弹性模量（表 4-66）

砌体的弹性模量（MPa） **表 4-66**

砌 体 种 类	砂 浆 强 度 等 级			
	≥M10	M7.5	M5	M2.5
烧结普通砖、烧结多孔砖砌体	$1600f$	$1600f$	$1600f$	$1390f$
混凝土普通砖、混凝土多孔砖砌体	$1600f$	$1600f$	$1600f$	—
蒸压灰砂普通砖、蒸压粉煤灰普通砖砌体	$1060f$	$1060f$	$1060f$	—
非灌孔混凝土砌块砌体	$1700f$	$1600f$	$1500f$	—
粗料石、毛料石、毛石砌体	—	5650	4000	2250
细料石砌体	—	17000	12000	6750

注：1. 轻集料混凝土砌体砌体的弹性模量，可按表中混凝土砌块砌体的弹性模量采用；

2. 表中砌体抗压强度设计值不按《砌体结构设计规范》（GB 50003—2011）第 3.2.3 条进行调整；

3. 表中砂浆为普通砂浆，采用专用砂浆砌筑的砌体的弹性模量也按此表取值；

4. 对混凝土普通砖、混凝土多孔砖、混凝土和轻集料混凝土砌块砌体，表中的砂浆强度等级分别为：≥Mb10、Mb7.5 及 Mb5；

5. 对蒸压灰砂普通砖和蒸压粉煤灰普通砖砌体，当采用专用砂浆砌筑时，其强度设计值按表中数值采用。

5. 各类砌体的线膨胀系数和收缩率（表 4-67）

砌体的线膨胀系数和收缩率 **表 4-67**

砌 体 类 别	线膨胀系数 10^{-6}/℃	收缩率（mm/m）
烧结普通砖、烧结多孔砖砌体	5	−0.1
蒸压灰砂普通砖、蒸压粉煤灰普通砖砌体	8	−0.2
混凝土砌块砌体	10	−0.2
轻骨料混凝土砌块砌体	10	−0.3
料石和毛石砌体	8	—

注：表中的收缩率系由达到收缩允许标准的块体砌筑 28d 的砌体收缩率，当地如有可靠的砌体收缩试验数据时，亦可采用当地的试验数据。

6. 房屋的静力计算方案

房屋的静力计算，根据房屋的空间工作性能分为刚性方案、刚弹性方案和弹性方案。设计时，可按表 4-68 确定静力计算方案。

房屋的静力计算方案　　表 4-68

屋盖或楼盖类别		刚性方案	刚弹性方案	弹性方案
1	整体式、装配整体和装配式无檩体系钢筋混凝土屋盖或钢筋混凝土楼盖	$s<32$	$32\leqslant s\leqslant 72$	$s>72$
2	装配式有檩体系钢筋混凝土屋盖、轻钢屋盖和有密铺望板的木屋盖或木楼盖	$s<20$	$20\leqslant s\leqslant 48$	$s>48$
3	瓦材屋面的木屋盖和轻钢屋盖	$s<16$	$16\leqslant s\leqslant 36$	$s>36$

注：1. 表中 s 为房屋横墙间距，其长度单位为 m；
2. 当屋盖、楼盖类别不同或横墙间距不同时，可按《砌体结构设计规范》GB 50003—2001 第 4.2.7 条的规定确定房屋的静力计算方案；
3. 对无山墙或伸缩缝处无横墙的房屋，应按弹性方案考虑。

7. 外墙不考虑风荷载影响的最大高度（表 4-69）

外墙不考虑风荷载影响的最大高度　　表 4-69

基本风压值（kN/m²）	层高（m）	总高（m）
0.4	4.0	28
0.5	4.0	24
0.6	4.0	18
0.7	3.5	18

注：对于多层砌块房屋 190mm 厚的外墙，当层高不大于 2.8m，总高不大于 19.6m，基本风压不大于 0.7kN/m² 时可不考虑风荷载的影响。

8. 计算影响系数 φ 时受压构件的高厚比及高厚比修正系数

构件的高厚比按下式确定：

对矩形截面：
$$b=\gamma_{\beta}\frac{H_0}{h}$$

对 T 形截面：
$$b=\gamma_{\beta}\frac{H_0}{h_T}$$

式中　γ_{β}——不同砌体材料的高厚比修正系数，按表 4-70 采用；

H_0——受压构件的计算高度，按表 4-71 确定；

h——矩形截面轴向力偏心方向的边长，当轴心受压时为截面较小边长；

h_T——T 形截面的折算厚度，可近似按 $3.5i$ 计算；

i——截面回转半径。

高厚比修正系数　　表 4-70

砌体材料类别	γ_{β}
烧结普通砖、烧结多孔砖	1.0
混凝土及轻骨料混凝土砌块	1.1
蒸压灰砂砖、蒸压粉煤灰砖、细料石、半细料石	1.2
粗料石、毛石	1.5

注：对灌孔混凝土砌块，γ_{β} 取 1.0。

受压构件的计算高度 H_0 **表 4-71**

房屋类别			柱		带壁柱墙或周边拉结的墙		
			排架方向	垂直排架方向	$s>2H$	$2H \geqslant s>H$	$s \leqslant H$
有吊车的单层房屋	变截面柱上段	弹性方案	$2.5H_u$	$1.25H_u$	$2.5H_u$		
		刚性、刚弹性方案	$2.0H_u$	$1.25H_u$	$2.0H_u$		
	变截面柱下段		$1.0H_l$	$0.8H_l$	$1.0H_l$		
无吊车的单层和多层房屋	单跨	弹性方案	$1.5H$	$1.0H$	$1.5H$		
		刚弹性方案	$1.2H$	$1.0H$	$1.2H$		
	多跨	弹性方案	$1.25H$	$1.0H$	$1.25H$		
		刚弹性方案	$1.10H$	$1.0H$	$1.1H$		
	刚性方案		$1.0H$	$1.0H$	$1.0H$	$0.4s+0.2H$	$0.6s$

注：1. 表中 H_u 为变截面柱的上段高度；H_l 为变截面柱的下段高度；

2. 对于上端为自由端的构件，$H_0=2H$；

3. 独立砖柱，当无柱间支撑时，柱在垂直排架方向的 H_0 应按表中数值乘以 1.25 后采用；

4. s 为房屋横墙间距；

5. 自承重墙的计算高度应根据周边支承或拉接条件确定。

9. 墙、柱的允许高厚比

墙、柱的高厚比应按下式验算：

$$\beta=\frac{H_0}{h} \leqslant \mu_1\mu_2[\beta]$$

式中 H_0——墙、柱的计算高度；

h——墙厚或矩形柱与 H_0 相对应的边长；

μ_1——自承重墙允许高厚比的修正系数；

μ_2——有门窗洞口墙允许高厚比的修正系数；

$[\beta]$ ——墙、柱的允许高厚比。

注：1 当与墙连接的相邻两横墙间的距离 $s \leqslant \mu_1\mu_2[\beta]h$ 时，墙的高度可不受上式限制；

2 变截面柱的高厚比可按上、下截面分别验算，其计算高度按《砌体结构设计规范》GB 50003—2011 第 5.1.4 条的规定采用。验算上柱的高厚比时，墙、柱的允许高厚比可按表 4-72 的数值乘以 1.3 后采用。

厚度 $h \leqslant 240$mm 的自承重墙，允许高厚比修正系数 μ_1，应按下列规定采用：

(1) $h=240$mm　　$\mu_1=1.2$；

(2) $h=90$mm　　$\mu_1=1.5$；

(3) 240mm$>h>$90mm　　μ_1 可按插入法取值。

注：1. 上端为自由端墙的允许高厚比，除按上述规定提高外，尚可提高 30%。

2. 对厚度小于 90mm 的墙，当双面用不低于 M10 的水泥砂浆抹面，包括抹面层的墙厚不小于 90mm 时，可按墙厚等于 90mm 验算高厚比。

对有门窗洞口的墙，允许高厚比修正系数 μ_2 应按下式计算：

$$\mu_2=1-0.4\frac{b_s}{s}$$

式中　b_s——在宽度 s 范围内的门窗洞口总宽度；

s——相邻窗间墙或壁柱之间的距离。

当按上式算得 μ_2 的值小于 0.7 时，取 $\mu_2=0.7$；当洞口高度等于或小于墙高的 1/5 时，可取 $\mu_2=1.0$。

墙、柱的允许高厚比见表 4-72。

墙、柱的允许高厚比［β］值　　**表 4-72**

砌体类型	砂浆强度等级	墙	柱
无筋砌体	M2.5	22	15
	M5.0 或 Mb5.0、Ms5.0	24	16
	≥M7.5 或 Mb7.5、Ms7.5	26	17
配筋砌块砌体	—	30	21

注：1. 毛石墙、柱允许高厚比应按表中数值降低 20%；
2. 组合砖砌体构件的允许高厚比，可按表中数值提高 20%，但不得大于 28；
3. 验算施工阶段砂浆尚未硬化的新砌砌体高厚比时，允许高厚比对墙取 14，对柱取 11。

10. 砌体房屋伸缩缝的最大间距（表 4-73）

砌体房屋伸缩缝的最大间距（m）　　**表 4-73**

屋盖或楼盖类别		间　距
整体式或装配整体式钢筋混凝土结构	有保温层或隔热层的屋盖、楼盖	50
	无保温层或隔热层的屋盖	40
装配式无檩体系钢筋混凝土结构	有保温层或隔热层的屋盖、楼盖	60
	无保温层或隔热层的屋盖	50
装配式有檩体系钢筋混凝土结构	无保温层或隔热层的屋盖	75
	无保温层或隔热层的屋盖	60
瓦材屋盖、木屋盖或楼盖、轻钢屋盖		100

注：1. 对烧结普通砖、多孔砖、配筋砌块砌体房屋取表中数值；对石砌体、蒸压灰砂砖、蒸压粉煤灰砖和混凝土砌块房屋取表中数值乘以 0.8 的系数。当有实践经验并采取有效措施时，可不遵守本表规定；
2. 在钢筋混凝土屋面上挂瓦的屋盖应按钢筋混凝土屋盖采用；
3. 按本表设置的墙体伸缩缝，一般不能同时防止由于钢筋混凝土屋盖的温度变形和砌体干缩变形引起的墙体局部裂缝；
4. 层高大于 5m 的烧结普通砖、多孔砖、配筋砌块砌体结构单层房屋，其伸缩缝间距可按表中数值乘以 1.3；
5. 温差较大且变化频繁地区和严寒地区不采暖的房屋及构筑物墙体的伸缩缝的最大间距，应按表中数值予以适当减小；
6. 墙体的伸缩缝应与结构的其他变形缝相重合，在进行立面处理时，必须保证缝隙的伸缩作用。

11. 组合砖砌体构件的稳定系数（表 4-74）

组合砖砌体构件的稳定系数 φ_{com}　　**表 4-74**

高厚比 β	配筋率 ρ（%）					
	0	0.2	0.4	0.6	0.8	≥1.0
8	0.91	0.93	0.95	0.97	0.99	1.00
10	0.87	0.90	0.92	0.94	0.96	0.98
12	0.82	0.85	0.88	0.91	0.93	0.95

续表

高厚比 β	配筋率 ρ（%）					
	0	0.2	0.4	0.6	0.8	≥1.0
14	0.77	0.80	0.83	0.86	0.89	0.92
16	0.72	0.75	0.78	0.81	0.84	0.87
18	0.67	0.70	0.73	0.76	0.79	0.81
20	0.62	0.65	0.68	0.71	0.73	0.75
22	0.58	0.61	0.64	0.66	0.68	0.70
24	0.54	0.57	0.59	0.61	0.63	0.65
26	0.50	0.52	0.54	0.56	0.58	0.60
28	0.46	0.48	0.50	0.52	0.54	0.56

注：组合砖砌体构件截面的配筋率 $\rho=A'_s/bh$。

4.4.2 砌体结构计算公式

砌体结构计算公式见表 4-75。

砌体结构计算 **表 4-75**

构件受力特征	计算公式	备注
受压构件 （无筋砌体）	$N\leqslant\varphi fA$	当 $\beta\leqslant3$ 时 $\varphi=\dfrac{1}{1+12\left(\dfrac{e}{h}\right)^2}$ 当 $\beta>3$ 时 $\varphi=\dfrac{1}{1+12\left[\dfrac{e}{h}+\sqrt{\dfrac{1}{12}\left(\dfrac{1}{\varphi_0}-1\right)}\right]^2}$ $\varphi_0=\dfrac{1}{1+\alpha\beta^2}$ 对矩截面 $\beta=\gamma_\beta\dfrac{H_0}{h}$ 对 T 形截面 $b=\gamma_\beta\dfrac{H_0}{h_T}$
局部受压 （无筋砌体）	（1）砌体截面受局部均匀压力 $N_l\leqslant\gamma fA_l$ （2）梁端支承处砌体局部受压 $\psi N_0+N_l\leqslant\eta\gamma fA_l$ （3）梁端设有刚性垫块的砌体局部受压 $N_0+N_l\leqslant\varphi\gamma_1 fA_b$ （4）梁下设有长度大于 πh_0 的垫梁下的砌体局部受压 $N_0+N_l\leqslant2.4\delta_2 fb_bh_0$	$\gamma=1+0.35\sqrt{\dfrac{A_0}{A_l}-1}$ $\psi=1.5-0.5\dfrac{A_0}{A_l}$ $N_0=\sigma_0A_l$ $A_l=a_0b$ $a_0=10\sqrt{\dfrac{h_c}{f}}$ $N_0=\sigma_0A_b$ $A_b=a_bb_b$ $N_0=\pi b_bh_0\sigma_0/2$ $h_0=2\sqrt[3]{\dfrac{E_bI_b}{Eh}}$

续表

构件受力特征	计算公式	备　注
轴心受拉构件（无筋砌体）	$N_t \leqslant f_t A$	
受弯构件（无筋砌体）	$M \leqslant f_{tm} W$ 受弯构件的受剪承载力 $V \leqslant f_v bz$	$z = I/S$
受剪构件（无筋砌体）	$V \leqslant (f_v + \alpha\mu\sigma_0)A$	当 $\gamma_G = 1.20$ 时 $\mu = 0.26 - 0.082\frac{S_0}{f}$ 当 $\gamma_G = 1.35$ 时 $\mu = 0.23 - 0.065\frac{S_0}{f}$
受压构件（网状配筋砖砌体）	$N \leqslant \varphi_n f_n A$	$f_n = f + 2\left(1 - \frac{2e}{y}\right) f_y$ $\rho = \frac{(a+b)A_s}{abs_n}$ $\varphi_n = \frac{1}{1 + 12\left[\frac{e}{h} + \sqrt{\frac{1}{12}\left(\frac{1}{\varphi_{0n}} - 1\right)}\right]^2}$ $\varphi_{0n} = \frac{1}{1 + \frac{1+3\rho}{667}\beta^2}$
轴心受压构件（组合砖砌体）	$N \leqslant \varphi_{com}(fA + f_c A_c + \eta_s f'_y A'_s)$	
偏心受压构件（组合砖砌体）	$N \leqslant fA' + f_c A'_c + \eta_s f'_y A'_s - \sigma_s A_s$ 或 $Ne_N \leqslant fS_s + f_c S_{c,s} + \eta_s f'_y A'_s (h_0 - a'_s)$	受压区高度 x 按下式确定： $fS_N + f_c S_{c,N} + \eta_s f'_y A'_s e'_N - \sigma_s A_s e_N = 0$ $e_N = e + e_a + (h/2 - a_s)$ $e'_N = e + e_a - (h/2 - a'_s)$ $e_a = \frac{\beta^2 h}{2200}(1 - 0.22\beta)$

注：表中符号

N——轴向力设计值；

φ——用于计算受压构件时为高厚比 β 和轴向力偏心距 e 对受压构件承载力的影响系数；用于计算梁端设有刚性垫块的砌体局部受压时为垫块上 N_0 及 N_l 合力的影响系数，此时，取 $\beta \leqslant 3$ 时的 φ 值；

f——砌体抗压强度设计值；

A——截面面积，按砌体毛截面计算；

e——轴向力的偏心距；

h——矩形截面轴向力偏心方向的边长，当轴心受压时为截面较小边长；

α——与砂浆强度等级有关的系数，当砂浆强度等级大于或等于 M5 时，$\alpha = 0.0015$；当砂浆强度等级等于 M2.5 时，$\alpha = 0.002$；当砂浆强度等级 $f_2 = 0$ 时，$\alpha = 0.009$；

β——构件的高厚比。计算 T 形截面受压构件的 φ 时，应以折算厚度 h_T 代替 h_0，$h_T = 3.5i$，i 为 T 形截面回转半径；

γ_β——不同砌体材料的高厚比修正系数；

H_0——受压构件的计算高度；

h_T——T 形截面的折算厚度；

N_l——局部受压面积上的轴向力设计值；

γ——砌体局部抗压强度提高系数；

A_l——局部受压面积；

A_0——影响砌体局部抗压强度的计算面积；

ψ——上部荷载的折减系数，当 $A_0/A_l \geqslant 3$ 时 $\psi = 0$；

N_0——局部受压面积内（或垫块面积 A_b 内、或垫梁）上部轴向力设计值；

N_l——梁端支承压力设计值（用于计算梁端支承处砌体局部受压）；

σ_0——上部平均压应力设计值；

η——梁端底面压应力图形的完整系数，可取 0.7，对于过梁和墙梁可取 1.0；

a_0——梁端有效支承长度，当 $a_0>a$ 时，取 $a_0=a$；

a——梁端实际支承长度；

h_c——梁的截面高度；

γ_1——垫块外砌体面积的有利影响系数，γ_1 应为 0.8γ，但不小于 1.0；

A_b——垫块面积；

a_b——垫块伸入墙内长度；

b_b——垫块宽度（垫梁在墙厚方向的宽度）；

δ_2——当荷载沿墙厚方向均匀分布时 δ_2 取 1.0，不均匀时 δ_2 取 0.8；

h_0——垫梁折算高度；

E_b、I_b——分别为垫梁的混凝土弹性模量和截面惯性矩；

h_b——垫梁的高度；

N_t——轴心拉力设计值；

f_t——砌体的轴心抗拉强度设计值；

M——弯矩设计值；

f_{tm}——砌体弯曲抗拉强度设计值；

W——截面抵抗矩；

V——剪力设计值；

f_v——砌体抗剪强度设计值；

b——截面宽度；

z——内力臂，当截面为矩形时，取 z 等于 $2h/3$（此处 h 为截面高度）；

I——截面惯性矩；

S——截面面积矩；

φ_n——高厚比和配筋率以及轴向力的偏心距对网状配筋砖砌体受压构件承载力的影响系数；

f_n——网状配筋砖砌体的抗压强度设计值；

ρ——体积配筋率，当采用截面面积为 A_s 的钢筋组成的方格网，网格尺寸为 a 和钢筋网的竖向间距为 s_n 时，$\rho=\frac{2A_s}{as_n}100$；

V_s・V——分别为钢筋和砌体的体积；

f_y——钢筋的抗拉强度设计值，当 f_y 大于 320MPa 时仍采用 320MPa；

φ_{com}——组合砖砌体构件的稳定系数；

f_c——混凝土或面层水泥砂浆的轴心抗压强度设计值，砂浆的轴心抗压强度设计值可取为同强度等级混凝土的轴心抗压强度设计值 70%，当砂浆为 M15 时，取 5.2MPa；当砂浆为 M10 时，取 3.5MPa；当砂浆为 M7.5 时，取 2.6MPa；

A_c——混凝土或砂浆面层的截面面积；

η_s——受压钢筋的强度系数，当为混凝土面层时，取 1.0；当为砂浆面层时取 0.9；

f'_y——钢筋抗压强设计值；

A'_s——受压钢筋的截面面积；

σ_s——钢筋 A_s 的应力；

A_s——距轴向力 N 较远侧钢筋的截面面积；

A'——砖砌体受压部分的面积；

A'_c——混凝土或砂浆面层受压部分的面积；

S_s——砖砌体受压部分面积对钢筋 A_s 重心的面积矩；

$S_{c,s}$——混凝土或砂浆面层受压部分面积对钢筋 A_s 重心的面积矩；

S_N——砖砌体受压部分的面积对轴向力 N 作用点的面积矩；

$S_{c,N}$——混凝土或砂浆面层受压部分面积对轴向力 N 作用点的面积矩；
e_N、e'_N——分别为钢筋 A_s、A'_s 重心至轴向力 N 作用点的距离；
e_a——组合砖砌体构件在轴向力作用下的附加偏心距；
h_0——组合砖砌体构件截面的有效高度，$h_0=h-a_s$；
a_s、a'_s——分别为钢筋 A_s、A'_s 重心至截面较近边的距离。

4.5 钢 结 构 计 算

4.5.1 钢结构计算用表

为保证承重结构的承载能力和防止在一定条件下出现脆性破坏，应根据结构的重要性、荷载特征、结构形式、应力状态、连接方法、钢材厚度和工作环境等因素综合考虑，选用合适的钢材牌号和材性。

承重结构的钢材宜采用 Q235 钢、Q390 钢和 Q420 钢，其质量应分别符合现行国家标准《碳素结构钢》（GB/T 700）和《低合金高强度结构钢》（GB/T 1591）的规定。当采用其他牌号的钢材时，尚应符合相应有关标准的规定和要求。对 Q235 钢宜选用镇静钢或半镇静钢。

承重结构的钢材应具有抗拉强度、伸长率、屈服强度和硫、磷含量的合格保证，对焊接结构尚应具有碳含量的合格保证。

焊接承重结构以及重要的非焊接承重结构的钢材还应具有冷弯试验的合格保证。

对于需要验算疲劳的焊接结构的钢材，应具有常温冲击韧性的合格保证。当结构工作温度等于或低于 0℃但高于－20℃时，Q235 钢和 Q345 钢应具有 0℃冲击韧性的合格保证；对 Q390 钢和 Q420 钢应具有－20℃冲击韧性的合格保证。当结构工作温度等于或低于－20℃时，对 Q235 钢和 Q345 钢应具有－20℃冲击韧性的合格保证；对 Q390 钢和 Q420 钢应具有－40℃冲击韧性的合格保证。

对于需要验算疲劳的非焊接结构的钢材亦应具有常温冲击韧性的合格保证，当结构工作温度等于或低于－20℃时，对 Q235 钢和 Q345 钢应具有 0℃冲击韧性的合格保证；对 Q390 钢和 Q420 钢应具有－20℃冲击韧性的合格证。

钢材的强度设计值，应根据钢材厚度或直径按表 4-76 采用。连接的强度设计值应按表 4-77 和表 4-78 采用。

钢材的强度设计值（N/mm^2） 表 4-76

钢材		抗拉、抗压和抗弯 f	抗剪 f_v	端面承压（刨平顶紧）f_{ce}
牌号	厚度或直径（mm）			
Q235 钢	≤16	215	125	325
	>16～40	205	120	
	>40～60	200	115	
	>60～100	190	110	
Q345 钢	≤16	310	180	400
	>16～35	295	170	
	>35～50	265	155	
	>50～100	250	145	

续表

钢材		抗拉、抗压和抗弯 f	抗剪 f_v	端面承压（刨平顶紧）f_{ce}
牌号	厚度或直径（mm）			
Q390 钢	≤16	350	205	415
	>16～35	335	190	
	>35～50	315	180	
	>50～100	295	170	
Q420 钢	≤16	380	220	440
	>16～35	360	210	
	>35～50	340	195	
	>50～100	325	185	

注：表中厚度系指计算点的钢材厚度，对轴心受力构件系指截面中较厚板件的厚度。

焊缝的强度设计值（N/mm^2） **表 4-77**

焊接方法和焊条型号	构件钢材		对接焊缝				角焊缝
	牌号	厚度或直径（mm）	抗压 f_c^w	焊缝质量为下列等级时，抗拉 f_t^w		抗剪 f_v^w	抗拉、抗压和抗剪 f_f^w
				一级、二级	三级		
自动焊、半自动焊和E43型焊条的手工焊	Q235 钢	≤16	215	215	185	125	160
		>16～40	205	205	175	120	
		>40～60	200	200	170	115	
		>60～100	190	190	160	110	
自动焊、半自动焊和E50型焊条的手工焊	Q345 钢	≤16	310	310	265	180	200
		>16～35	295	295	250	170	
		>35～50	265	265	225	155	
		>50～100	250	250	210	145	
自动焊、半自动焊和E55型焊条的手工焊	Q390 钢	≤16	350	350	300	205	220
		>16～35	335	335	285	190	
		>35～50	315	315	270	180	
		>50～100	295	295	250	170	
	Q420 钢	≤16	380	380	320	220	220
		>16～35	360	360	305	210	
		>35～50	340	340	290	195	
		>50～100	325	325	275	185	

注：1. 自动焊和半自动焊所采用的焊丝和焊剂，应保证其熔敷金属的力学性能不低于现行国家标准《埋弧焊用碳钢焊丝和焊剂》（GB/T 5293）和《低合金钢埋弧焊用焊剂》（GB/T 12470）中相关的规定；

2. 焊缝质量等级应符合现行国家标准《钢结构工程施工质量验收规范》（GB 50205）的规定。其中厚度小于8mm钢材的对接焊缝，不应采用超声波探伤确定焊缝质量等级；

3. 对接焊缝在受压区的抗弯强度设计值取 f_c^w，在受拉区的抗弯强度设计值取 f_t^w；

4. 表中厚度系指计算点的钢材厚度，对轴心受力构件系指截面中较厚板件的厚度。

螺栓连接的强度设计值（N/mm²）　　**表 4-78**

螺栓的性能等级、锚栓和构件钢材的牌号		普通螺栓						锚栓	承压型连接高强度螺栓		
		C级螺栓			A级、B级螺栓						
		抗拉 f_t^b	抗剪 f_v^b	承压 f_c^b	抗拉 f_t^b	抗剪 f_v^b	承压 f_c^b	抗拉 f_t^a	抗拉 f_t^b	抗剪 f_v^b	承压 f_c^b
普通螺栓	4.6级、4.8级	170	140	—	—	—	—	—	—	—	—
	5.6级	—	—	—	210	190	—	—	—	—	—
	8.8级	—	—	—	400	320	—	—	—	—	—
锚栓	Q235钢	—	—	—	—	—	—	140	—	—	—
	Q345钢	—	—	—	—	—	—	180	—	—	—
承压型连接高强度螺栓	8.8级	—	—	—	—	—	—	—	400	250	—
	10.9级	—	—	—	—	—	—	—	500	310	—
构件	Q235钢	—	—	305	—	—	405	—	—	—	470
	Q345钢	—	—	385	—	—	510	—	—	—	590
	Q390钢	—	—	400	—	—	530	—	—	—	615
	Q420钢	—	—	425	—	—	560	—	—	—	655

注　1. A级螺栓用于 $d \leqslant 24$mm 和 $l \leqslant 10d$ 或 $l \leqslant 150$mm（按较小值）的螺栓；B级螺栓用于 $d > 24$mm 或 $l > 10d$ 或 $l > 150$mm（按较小值）的螺栓，d 为公称直径，l 为螺杆公称长度；

2. A、B级螺栓孔的精度和孔壁表面粗糙度，C级螺栓孔的允许偏差和孔壁表面粗糙度，均应符合现行国家标准《钢结构工程施工质量验收规范》GB 50205 的要求。

钢材和钢铸件的物理性能指标见表 4-79。

钢材和钢铸件的物理性能指标　　**表 4-79**

弹性模量 E（N/mm²）	剪变模量 G（N/mm²）	线膨胀系数 α（以每 ℃ 计）	质量密度 ρ（kg/m³）
206×10^3	79×10^3	12×10^{-6}	7850

吊车梁、楼盖梁、屋盖梁、工作平台梁以及墙架构件的挠度不宜超过表 4-80 所列的容许值。

受弯构件挠度允许值　　**表 4-80**

项　次	构件类别	挠度允许值	
		$[v_T]$	$[v_Q]$
1	吊车梁和吊车桁架(按自重和起重量最大的一台吊车计算挠度)		
	(1) 手动吊车和单梁吊车(含悬挂吊车)	$l/500$	
	(2) 轻级工作制桥式吊车	$l/800$	
	(3) 中级工作制桥式吊车	$l/1000$	
	(4) 重级工作制桥式吊车	$l/1200$	
2	手动或电动葫芦的轨道梁	$l/400$	
3	有重轨(重量等于或大于 38kg/m) 轨道的工作平台梁	$l/600$	
	有轻轨(重量等于或大于 24kg/m) 轨道的工作平台梁	$l/400$	

续表

项次	构件类别	挠度允许值	
		$[v_T]$	$[v_Q]$
4	楼(屋)盖梁或桁架,工作平台梁(第3项除外)和平台板 (1) 主梁或桁架(包括设有悬挂起重设备的梁和桁架) (2) 抹灰顶棚的次梁 (3) 除(1)、(2)款外的其他梁(包括楼梯梁) (4) 屋盖檩条 支承无积灰的瓦楞铁和石棉瓦屋面者 支承压型金属板、有积灰的瓦楞铁和石棉瓦等屋面者 支承其他屋面材料者 (5) 平台板	 $l/400$ $l/250$ $l/250$ $l/150$ $l/200$ $l/200$ $l/150$	 $l/500$ $l/350$ $l/300$
5	墙架构件(风荷载不考虑阵风系数) (1) 支柱 (2) 抗风桁架(作为连续支柱的支承时) (3) 砌体墙的横梁(水平方向) (4) 支承压型金属板、瓦楞铁和石棉瓦墙面的横梁(水平方向) (5) 带有玻璃窗的横梁(竖直和水平方向)	 $l/200$	 $l/400$ $l/1000$ $l/300$ $l/200$ $l/200$

注:1. l 为受弯构件的跨度(对悬臂梁和伸臂梁为悬伸长度的2倍);
2. $[v_T]$ 为全部荷载标准值产生的挠度(如有起拱应减去拱度)允许值;
3. $[v_Q]$ 为可变荷载标准值产生的挠度允许值。

框架结构的水平位移允许值:在风荷载标准值作用下框架柱顶水平位移和层间相对位移不宜超过表4-81所列数值。

框架结构水平位移允许值 **表4-81**

序号	位移类型	允许值
1	无桥式吊车的单层框架的柱顶位移	$H/150$
2	有桥式吊车的单层框架的柱顶位移	$H/400$
3	多层框架的柱顶位移	$H/500$
4	多层框架的层间相对位移	$h/400$

注:1. H 为自基础顶面至柱顶的总高度,h 为层高;
2. 对室内装修要求较高的民用建筑多层框架结构,层间相对位移宜适当减小。无墙壁的多层框架结构,层间相对位移可适当放宽;
3. 对轻型框架结构的柱顶水平位移和层间位移均可适当放宽。

桁架弦杆和单系腹杆的计算长度见表4-82。

桁架弦杆和单系腹杆的计算长度 l_0 **表4-82**

项次	弯曲方向	弦杆	腹杆	
			支座斜杆和支座竖杆	其他腹杆
1	在桁架平面内	l	l	$0.8l$
2	在桁架平面外	l_1	l	l
3	斜平面		l	$0.9l$

注:1. l 为构件的几何长度(节点中心间距离);l_1 为桁架弦杆侧向支承点之间的距离;
2. 斜平面系指与桁架平面斜交的平面,适用于构件截面两主轴均不在桁架平面内的单角钢腹杆和双角钢十字形截面腹杆;
3. 无节点板的腹杆计算长度在任意平面内均取其等于几何长度(钢管结构除外)。

受拉构件的允许长细比见表 4-83，受压构件的允许长细比见表 4-84。

受拉构件的允许长细比　　**表 4-83**

项　次	构件名称	承受静力荷载或间接承受动力荷载的结构		直接承受动力荷载的结构
		一般建筑结构	有重级工作制吊车的厂房	
1	桁架的杆件	350	250	250
2	吊车梁或吊车桁架以下的柱间支撑	300	200	—
3	其他拉杆、支撑、系杆等（张紧的圆钢除外）	400	350	—

注：1. 承受静力荷载的结构中，可仅计算受拉构件在竖向平面内的长细比。
2. 在直接或间接承受动力荷载的结构中，单角钢受拉构件长细比计算方法与表 4-82 注 2 相同。
3. 中、重级工作制吊车桁架下弦杆的长细比不宜超过 200。
4. 在设有夹钳或刚性料耙等硬钩吊车的厂房中，支撑（表中第 2 项除外）的长细比不宜超过 300。
5. 受拉构件在永久荷载与风荷载组合作用下受压时，其长细比不宜超过 250。
6. 跨度等于或大于 60m 的桁架，其受拉弦杆和腹杆的长细比不宜超过 300（承受静力荷载或间接承受动力荷载）或 250（直接承受动力荷载）。

受压构件的允许长细比　　**表 4-84**

项　次	构件名称	允许长细比
1	柱、桁架和天窗架中的杆件	150
	柱的缀条、吊车梁或吊车桁架以下的柱间支撑	
2	支撑（吊车梁或吊车桁架以下的柱间支撑除外）	200
	用以减少受压构件长细比的杆件	

注：1. 桁架（包括空间桁架）的受压腹杆，当其内力等于或小于承载能力的 50% 时，允许长细比值可取为 200。
2. 计算单角钢受压构件的长细比时，应采用角钢的最小回转半径，但计算在交叉点相互连接的交叉杆件平面外的长细比时，可采用与角钢肢边平行轴的回转半径。
3. 跨度等于或大于 60m 的桁架，其受压弦杆和端压杆的允许长细比值宜取为 100，其他受压腹杆可取为 150（承受静力荷载或间接承受动力荷载）或 120（直接承受动力荷载）。

摩擦型高强度螺栓中摩擦面抗滑移系数见表 4-85，一个高强度螺栓的预拉力见表 4-86。

摩擦面的抗滑移系数 μ　　**表 4-85**

在连接处构件接触面的处理方法	构件的钢号		
	Q235 钢	Q345 钢、Q390 钢	Q420 钢
喷砂（丸）	0.45	0.50	0.50
喷砂（丸）后涂无机富锌漆	0.35	0.40	0.40
喷砂（丸）后生赤锈	0.45	0.50	0.50
钢丝刷清除浮锈或未经处理的干净轧制表面	0.30	0.35	0.40

一个高强度螺栓的预拉力 P(kN)　　**表 4-86**

螺栓的性能等级	螺栓公称直径(mm)					
	M16	M20	M22	M24M	M27	M30
8.8 级	80	125	150	175	230	280
10.9 级	100	155	190	225	290	355

螺栓或铆钉的允许距离见表 4-87。

螺栓或铆钉的最大、最小允许距离 **表 4-87**

名称	位置和方向			最大允许距离（取两者的较小值）	最小允许距离
中心间距	外排（垂直内力方向或顺内力方向）			$8d_0$ 或 $12t$	$3d_0$
	中间排	垂直内力方向		$16d_0$ 或 $24t$	
		顺内力方向	构件受压力	$12d_0$ 或 $18t$	
			构件受拉力	$16d_0$ 或 $24t$	
	沿对角线方向			—	
中心至构件边缘距离	顺内力方向			$4d_0$ 或 $8t$	$2d_0$
	垂直内力方向	剪切边或手工气割边			$1.5d_0$
		轧制边、自动气割或锯割边	高强度螺栓		
			其他螺栓或铆钉		$1.2d_0$

注：1. d_0 为螺栓或铆钉的孔径，t 为外层较薄板件的厚度；

2. 钢板边缘与刚性构件（如角钢、槽钢等）相连的螺栓或铆钉最大间距，可按中间排的数值采用。

4.5.2 钢结构计算公式

1. 构件的强度和稳定性计算公式（表 4-88）

强度和稳定性计算表 **表 4-88**

序号	构件类别	计算内容	计算公式	备注
1	轴心受拉构件	强度	$\sigma=\frac{N}{A_n}\leqslant f$ 摩擦型高强度螺栓连接处： $\sigma=\left(1-0.5\frac{n_1}{n}\right)\frac{N}{A_n}\leqslant f$ $\sigma=\frac{N}{A}\leqslant f$	
2	轴心受压构件	强度	同轴心受拉构件	
		稳定	$\frac{N}{\varphi A}\leqslant f$（实腹式）	格构式构件对虚轴的长细比应取换算长细比
		剪力	应能承受下式计算的剪力： $V=\frac{A_f}{85}\sqrt{\frac{f_y}{235}}$	格构式构件，剪力 V 应由承受该剪力的缀材面分担
3	受弯构件	抗弯强度（主平面内实腹构件）	$\frac{M_x}{\gamma_x W_{nx}}+\frac{M_y}{\gamma_y W_{ny}}\leqslant f$	
		抗剪强度（主平面内实腹构件）	$\tau=\frac{VS}{t_w I}\leqslant f_v$	
		局部承压强度（腹部计算高度上边缘）	当梁上翼缘受有沿腹板平面作用的集中荷载，且该荷载处又未设置支承加劲肋时： $\tau=\frac{\varphi F}{t_w l_z}\leqslant f_v$	

续表

序号	构件类别	计算内容	计算公式	备　注
3	受弯构件	整体稳定	(1) 在最大刚度主平面内受弯的构件 $$\frac{M_x}{\varphi_b W_x} \leqslant f$$ (2) 在两个主平面受弯的工字形或 H 形截面构件： $$\frac{M_x}{\varphi_b W_x} + \frac{M_y}{\gamma_y W_y} \leqslant f$$	
		局部稳定	对组合梁的腹板 (1) 当 $\frac{h_0}{t_w} \leqslant 80\sqrt{235/f_y}$ 时：对无局部压应力的梁，可不配置加劲肋；对有局部压应力的梁，宜按构造配置横向加劲肋 (2) 当 $\frac{h_0}{t_w} > 80\sqrt{235/f_y}$ 时，应配置横向加劲肋，并计算加劲肋的间距 (3) 当 $\frac{h_0}{t_w} > 170\sqrt{235/f_y}$（受压翼缘扭转受到约束）或 $\frac{h_0}{t_w} > 150\sqrt{235/f_y}$（受压翼缘扭转未受到约束）时：应配置横向加劲肋和在弯曲应力较大区域的受压区配置纵向加劲肋，必要时尚应在受压区配置短加劲肋，并计算加劲肋的间距 (4) 任何情况下，h_0/t_w 均不应超过 $250\sqrt{235/f_y}$ (5) 在梁的支座处和上翼缘受有较大固定集中荷载处，宜设置支承加劲肋	
4	拉弯、压弯构件	强度（弯矩作用在主平面内）	(1) 承受静力荷载或间接承受动力荷载： $$\frac{N}{A_n} \pm \frac{M_x}{\gamma_x W_{nx}} \pm \frac{M_y}{\gamma_y W_{ny}} \leqslant f$$ (2) 需计算疲劳的拉弯、压弯构件： 同上式。取 $\gamma_x = \gamma_y = 1.0$	

续表

序号	构件类别	计算内容	计算公式	备注
4	拉弯、压弯构件	稳定	(1) 实腹式压弯构件：弯矩作用在对称轴平面内(绕 x 轴) 弯矩作用平面内的稳定性 $\frac{N}{\varphi_x A}+\frac{\beta_{mx}M_x}{\gamma_x W_{1x}\left(1-0.8\frac{N}{N'_{Ex}}\right)}\leqslant f$ 弯矩作用平面外的稳定性 $\frac{N}{\varphi_x A}+\eta\frac{\beta_{tx}M_x}{\varphi_b W_{1x}}\leqslant f$ (2) 格构式压弯构件 (a) 弯矩绕虚轴(x 轴) 作用： 弯矩作用平面内的整体稳定性： $\frac{N}{\varphi_x A}+\frac{\beta_{mx}M_x}{W_{1x}\left(1-\varphi_x\frac{N}{N'_{Ex}}\right)}\leqslant f$ 弯矩作用平面外的整体稳定性，不必计算，但应计算分肢的稳定性，分肢的轴心力应按桁架的弦杆计算 (b) 弯矩绕实轴作用： 弯矩作用平面内的整体稳定性： 计算同实腹式压弯构件 弯矩作用平面外的整体稳定性：计算同实腹式压弯构件，长细比取换算长细比，φ_b 取 1.0。 (3) 双轴对称实腹式工字形和箱形截面压弯构件：弯矩作用在两个主平面内 $\frac{N}{\varphi_x A}+\frac{\beta_{mx}M_x}{\gamma_x W_x\left(1-0.8\frac{N}{N'_{Ex}}\right)}+\eta\frac{\beta_{ty}M_y}{\varphi_{by}W_y}\leqslant f$ $\frac{N}{\varphi_y A}+\eta\frac{\beta_{tx}M_x}{\varphi_{bx}W_x}+\frac{\beta_{my}M_y}{\gamma_y W_y\left(1-0.8\frac{N}{N'_{Ey}}\right)}\leqslant f$ (4) 双肢格构式压弯构件：弯矩作用在两个主平面内 (a) 按整体计算 $\frac{N}{\varphi_x A}+\frac{\beta_{mx}M_x}{W_{1x}\left(1-\varphi_x\frac{N}{N'_{Ex}}\right)}+\frac{\beta_{ty}M_y}{W_{1y}}\leqslant f$ (b) 按分肢计算 在 N 和 M_x 作用下，将分肢作为桁架弦杆计算其轴力，M_y 按计算分配给两分肢，然后按实腹式压弯构件计算分肢稳定性	$N'_{Ex}=\pi^2EA/(1.1\lambda_x^2)$ $W_{1x}=I_x/y_0$， φ_x、N'_{Ex} 由换算长细比确定 W_x、W_y— 对强轴和弱轴的毛截面抵抗矩 $N'_{Ey}=\pi^2EA/(1.1\lambda_x^2)$

续表

序号	构件类别	计算内容	计算公式	备注
	拉弯、压弯构件	稳定	分肢1 $M_{y1}=\frac{I_1/y_1}{I_1/y_1+I_2/y_2}\cdot M_y$ 分肢2 $M_{y2}=\frac{I_2/y_2}{I_1/y_1+I_2/y_2}\cdot M_y$	
5	受压构件	局部稳定	(1) 轴心受压构件：翼缘板自由外伸宽度 b 与其厚度 t 之比应符合 $\frac{b}{t}\leqslant(10+0.1\lambda)\sqrt{\frac{235}{f_y}}$ (2) 压弯构件：应符合 $\frac{b}{t}\leqslant 13\sqrt{\frac{235}{f_y}}$ (3) I字形、H形截面轴心受压构件：应符合 $\frac{h_0}{t_w}\leqslant(25+0.5\lambda)\sqrt{\frac{235}{f_y}}$ (4) I字形、H形截面压弯构件：应符合 当 $0\leqslant\alpha_0\leqslant1.6$ 时，$\frac{h_0}{t_w}\leqslant(16\alpha_0+0.5\lambda+25)\sqrt{\frac{235}{f_y}}$ 当 $1.6<\alpha_0\leqslant2.0$ 时，$\frac{h_0}{t_w}\leqslant(48\alpha_0+0.5\lambda-26.2)\sqrt{\frac{235}{f_y}}$ (5) 箱形截面受压翼缘在两腹板之间的宽度 b_0 与其厚度 t 之比，应符合 $\frac{b_0}{t}\leqslant 40\sqrt{\frac{235}{f_y}}$ (6) 箱形截面轴心受压构件，腹板计算高度 h_0 与其厚度 t_w 之比，应符合 $\frac{h_0}{t_w}\leqslant 40\sqrt{\frac{235}{f_y}}$ (7) 箱形截面压弯构件，应符合 当 $0\leqslant\alpha_0\leqslant1.6$ 时 $\frac{h_0}{t_w}\leqslant0.8(16\alpha_0+0.5\lambda+25)\sqrt{\frac{235}{f_y}}$ 当 $1.6<\alpha_0\leqslant2.0$ 时 $\frac{h_0}{t_w}\leqslant0.8(48\alpha_0+0.5\lambda-26.2)\sqrt{\frac{235}{f_y}}$ (8) T形截面受压构件，腹板高度与其厚度之比，不应超过下列数值 (*a*) 轴心受压构件和弯矩使腹板自由边受拉的压弯构件 热轧部分T形钢：$(15+0.2\lambda)\sqrt{\frac{235}{f_y}}$ 焊接T形钢：$(13+0.17\lambda)\sqrt{\frac{235}{f_y}}$ (*b*) 弯矩使腹板自由边受压的压弯构件 当 $\alpha_0\leqslant1.0$ 时 $15\sqrt{\frac{235}{f_y}}$ 当 $\alpha_0>1.0$ 时 $18\sqrt{\frac{235}{f_y}}$ (9) 圆管截面受压构件，其外径与壁厚之比不应超过 $100(235/f_y)$	λ 为构件两方向长细比的较大值。 当 $\lambda<30$ 时取 $\lambda=30$ 当 $\lambda>100$ 时取 $\lambda=100$ 当强度和稳定计算中取 $\gamma_\chi=1.0$ 时，b/t 可放宽至 $15\sqrt{\frac{235}{f_y}}$ $\alpha_0=\frac{\sigma_{max}-\sigma_{min}}{\sigma_{max}}$ 当右侧计算值小于 $40\sqrt{\frac{235}{f_y}}$ 时，应采用 $40\sqrt{\frac{235}{f_y}}$

注：表中符号

N——轴心拉力或轴心压力；

A_n——净截面面积；

f——钢材的抗拉、抗压、抗弯强度设计值；

n——在节点或拼接处，构件一端连接的高强度螺栓数；

n_1——所计算截面（最外列螺栓处）上高强度螺栓数；

A——构件的毛截面面积；

φ——轴心受压构件的稳定系数（取截面两主轴稳定系数中的较小者）；

f_y——钢材的屈服强度；

M_x、M_y——绕 x 轴、y 轴的弯矩；

W_{nx}、W_{ny}——对 x 轴、y 轴的净截面抵抗矩；

γ_x、γ_y——截面塑性发展系数（I字形截面 $\gamma_x=1.05$，$\gamma_y=1.20$；对箱形截面 $\gamma_x=\gamma_y=1.05$）

σ_{max}——腹板计算高度边缘的最大压应力，计算时不考虑构件的稳定系数和截面塑性发展系数；

σ_{min}——腹板计算高度另一边缘相应的应力，压应力取正值，拉应力取负值；

V——计算截面沿腹板平面作用的剪力；

β_{tx}、β_{ty}——等效弯矩系数；

φ_{bx}、φ_{by}——均匀弯曲的受弯构件整体稳定性系数；

S——计算剪应力处以上毛截面对中和轴的面积矩；

I——毛截面惯性矩；

t_w——腹板厚度；

f_v——钢材的抗剪强度设计值；

F——集中荷载，对动力荷载应考虑动力系数；

ψ——集中荷载增大系数，对重级工作制吊车梁 $\psi=1.0$；

l_z——集中荷载在腹板计算高度上边缘的假定分布长度；

W_x、W_y——按受压纤维确定的对 x 轴、y 轴毛截面抵抗矩；

φ_b——绕强轴弯曲所确定的梁整体稳定系数；

h_0——腹板的计算高度；

φ_x——在弯矩作用平面内的轴心受压构件稳定系数；

W_{1x}——弯矩作用平面内较大受压纤维的毛截面抵抗矩；

φ_y——在弯矩作用平面外的轴心受压构件稳定系数；

η——截面影响系数，闭口截面 $\eta=0.7$，其他截面 $\eta=1.0$；

N'_{Ex}——参数，$N'_{Ex}=\pi^2EA/(1.1\lambda_x^2)$；

β_{mx}、β_{my}——等效弯矩系数；

φ_b——梁的整体稳定系数；

I_1、I_2——分肢1、分肢2对 y 轴的惯性矩；

y_1、y_2——M_y 作用的主轴平面至分肢1、分肢2轴线的距离；

λ——构件两方向长细比的较大值。

2. 连接计算公式（见表4-89）

连接计算公式　　　　**表 4-89**

序号	连接种类	计算内容	计算公式	备注
1	焊缝连接	对接焊缝	(1) 在对接接头和T形接头中，垂直于轴心拉力或轴心压力的对接焊缝或对接与角接组合焊缝 $\sigma=\frac{N}{l_{w}t}\leqslant f_{t}^{w}$ 或 f_{c}^{w} (2) 在对接接头和T形接头中，承受弯矩和剪力共同作用的对接焊缝或对接与角接组合焊缝，其正应力和剪应力应分别进行计算。在同时受有较大正应力和剪应力处，应计算折算应力 $\sqrt{\sigma^{2}+3\tau^{2}}\leqslant 1.1f_{t}^{w}$	
		直角角焊缝	(1) 在通过焊缝形心的拉力、压力或剪力作用下： 正面角焊缝（力垂直于焊缝长度方向时）： $\sigma_{f}=\frac{N}{h_{e}l_{w}}\leqslant\beta_{f}f_{f}^{w}$ 侧面角焊缝（力平行于焊缝长度方向时）： $\tau_{f}=\frac{N}{h_{e}l_{w}}\leqslant f_{f}^{w}$ (2) 在其他力或各种力综合作用下，σ_{f} 和 τ_{f} 共同作用处： $\sqrt{\left(\frac{\sigma_{f}}{\beta_{f}}\right)^{2}+\tau_{f}^{2}}\leqslant f_{f}^{w}$	
		斜角角焊缝	按直角角焊缝公式计算，但 $\beta_{f}=1.0$， 计算厚度： $h_{e}=h_{f}\cos\frac{\alpha}{2}$ 或 $h_{e}=\left(h_{f}-\frac{b}{\sin\alpha}\right)\cos\frac{\alpha}{2}$	α 为两焊脚边的夹角
		部分焊透的对接焊缝	按直角角焊缝公式计算，在垂直焊缝长度方向的压力作用下，取 $\beta_{f}=1.22$，其他受力情况取 $\beta_{f}=1.0$，计算厚度： V形坡口 $\alpha\geqslant 60°$ 时 $h_{e}=s$ $\alpha<60°$ 时 $h_{e}=0.75s$ U形、J形坡口 $h_{e}=s$ 单边V形和K形坡口 $h_{e}=s-3$	s 为坡口根部至焊缝表面（不考虑余高）的最短距离 α 为V形、单边V形或K形坡口角度

序号	连接种类	计算内容	计算公式	备注
		普通螺栓受剪连接	每个普通螺栓的承载力设计值，应取受剪和承压承载力设计值中较小者： 受剪承载力设计值： $N_v^b = n_v \frac{\pi d^2}{4} f_v^b$ 承压承载力设计值： $N_c^b = d \Sigma t f_c^b$	
		普通螺栓、锚栓杆轴方向受拉连接	每个普通螺栓、锚栓的承载力设计值： 普通螺栓：$N_t^b = \frac{\pi d_e^2}{4} f_t^b$ 锚栓：$N_t^a = \frac{\pi d_e^2}{4} f_t^a$	
		普通螺栓同时承受剪力和杆轴方向拉力	$\sqrt{\left(\frac{N_v}{N_v^b}\right)^2 + \left(\frac{N_t}{N_t^b}\right)^2} \leqslant 1$ $N_v \leqslant N_c^b$	
2	螺栓连接	摩擦型高强度螺栓抗剪连接	每个摩擦型高强度螺栓的抗剪承载力设计值 $N_v^b = 0.9 n_f \mu P$	
		摩擦型高强度螺栓杆轴方向受拉连接	每个摩擦型高强度螺栓的抗拉承载力设计值 $N_t^b = 0.8P$	
		摩擦型高强度螺栓连接同时承受摩擦面间的剪力和杆轴方向外拉力	每个摩擦型高强度螺栓的抗剪承载力设计值 $\frac{N_v}{N_v^b} + \frac{N_t}{N_t^b} \leqslant 1$	
		承压型高强度螺栓抗剪连接	计算公式同普通螺栓	
		承压型高强度螺栓受拉连接	每个承压型高强度螺栓的承载力设计值计算方法同普通螺栓	
		承压型高强度螺栓同时承受剪力和杆轴方向拉力	$\sqrt{\left(\frac{N_v}{N_v^b}\right)^2 + \left(\frac{N_t}{N_t^b}\right)^2} \leqslant 1$ $N_v \leqslant N_c^b/1.2$	

注：表中符号

N_v^b、N_t^b、N_c^b——每个普通螺栓或高强度螺栓的受剪、受拉和承压承载力设计值；

N——轴向拉力或压力；

t——在对接接头中为连接件的较小厚度；在T形接头中为腹板厚度；

f_t^w、f_c^w——对接焊缝的抗拉、抗压强度设计值；

σ_f——按焊缝有效截面($h_e l_w$)计算，垂直于焊缝长度方向的应力；

τ_f——按焊缝有效截面计算，沿焊缝长度方向的剪应力；

h_e——角焊缝的计算厚度，对直角角焊缝等于$0.7h_f$，h_f为焊脚尺寸；

l_w——角焊缝的计算长度，对每条焊缝取其实际长度减去$2h_f$；

f_f^w——角焊缝的强度设计值；

β_f——正面角焊缝的强度设计值增大系数：对承受静力荷载和间接承受动力荷载的结构，$\beta_f = 1.22$；对直接承受动力荷载的结构，$\beta_f = 1.0$；

n_v——受剪面数目；

d——螺栓杆直径；

$\sum t$——同一受力方向的承压构件总厚度的较小值；

f_v^b、f_c^b——螺栓的抗剪和承压强度设计值；

d_e——螺栓或锚栓在螺纹处的有效直径；

f_t^b、f_t^a——普通螺栓、锚栓的抗拉强度设计值；

N_v、N_t——某个普通螺栓或高强度螺栓所承受的剪力和拉力；

n_f——传力摩擦面数目；

μ——摩擦面的抗滑移系数；

p——一个高强度螺栓的预拉力。

4.5.3 钢管结构计算

(1) 适用于不直接承受动力荷载，在节点处直接焊接的钢管桁架结构。

圆钢管的外径与壁厚之比，不应超过$100\left(\frac{235}{f_y}\right)$；方管或矩形管的最大外缘尺寸与壁厚之比，不应超过$40\sqrt{\frac{235}{f_y}}$。

(2) 钢管节点的构造应符合下列要求：

1) 主管外径应大于支管外径，主管壁厚不小于支管壁厚。在支管与主管连接处不得将支管插入主管内。

2) 主管和支管或两支管轴线之间的夹角不宜小于30°。

3) 支管与主管的连接节点处，应尽可能避免偏心。

4) 支管与主管的连接焊缝，应沿全周连续焊接并平滑过渡。

5) 支管端部宜用自动切管机切割，支管壁厚小于6mm时可不切坡口。

(3) 支管与主管的连接可沿全周用角焊缝，也可部分用角焊缝、部分用对接焊缝。支管管壁与主管管壁之间的夹角大于或等于120°的区域宜用对接焊缝或带坡口的角焊缝。角焊缝的焊脚尺寸h_f不宜大于支管壁厚的两倍。

(4) 支管与主管的连接焊缝为全周角焊缝，按下式计算，但取 $\beta_f = 1$：

$$\sigma_f = \frac{N}{h_e l_w} \leqslant \beta_f f_f^w$$

角焊缝的有效厚度 h_e，当支管轴心受力时取 $0.7h_f$。角焊缝的计算长度 l_w，按下列公式计算：

1) 在圆管结构中，取支管与主管相交线长度：

当 $\frac{d_i}{d} \leqslant 0.65$ 时 $\quad l_w = (3.25d_i - 0.025d)\left(\frac{0.534}{\sin\theta_i} + 0.466\right)$

当 $\frac{d_i}{d} > 0.65$ 时 $\quad l_w = (3.81d_i - 0.389d)\left(\frac{0.534}{\sin\theta_i} + 0.466\right)$

式中 d、d_i—— 主管和支管外径；

θ_i—— 支管轴线与主管轴线的夹角。

2) 在矩形管结构中，支管与主管交线的计算长度，对于有间隙的 K 形和 N 形节点：

当 $\theta_i \geqslant 60°$ 时 $\quad l_w = \frac{2h_i}{\sin\theta_i} + b_i$

当 $\theta_i \leqslant 50°$ 时 $\quad l_w = \frac{2h_i}{\sin\theta_i} + 2b_i$

当 $50° \leqslant \theta_i \leqslant 60°$ 时，l_w 按插值法确定。

对于 T、Y、X 形节点

$$l_w = \frac{2h_i}{\sin\theta_i}$$

式中 h_i、b_i—— 分别为支管的截面高度和宽度。

(5) 为保证节点处主管的强度，支管的轴心力不得大于表 4-90 规定的承载力设计值：

支管轴心力的承载力设计值 **表 4-90**

序号	节点类别	计算内容	计算公式	备注
1	X 形节点	受压支管在管节点处的承载力设计值	$N_{cx}^{pj} = \frac{5.45}{(1-0.81\beta)\sin\theta}\psi_n t^2 f$	$\psi_n = 1 - 0.3\frac{\sigma}{f_y} - 0.3\left(\frac{\sigma}{f_y}\right)^2$
		受拉支管在管节点处的承载力设计值	$N_{tx}^{pj} = 0.78\left(\frac{d}{t}\right)^{0.2} N_{cx}^{pj}$	
2	T 形或 Y 形节点	受压支管在管节点处的承载力设计值	$N_{cT}^{pj} = \frac{11.51}{\sin\theta}\left(\frac{d}{t}\right)^{0.2}\psi_n\psi_d t^2 f$	$\beta \leqslant 0.7$ 时 $\psi_d = 0.069 + 0.93\beta$ $\beta > 0.7$ 时 $\psi_d = 2\beta - 0.68$
		受拉支管在管节点处的承载力设计值	$\beta \leqslant 0.6$ 时 $N_{tT}^{pj} = 1.4N_{cT}^{pj}$ $\beta > 0.6$ 时 $N_{tT}^{pj} = (2-\beta)N_{cT}^{pj}$	
3	K 形节点	受压支管在管节点处的承载力设计值	$N_{cK}^{pj} = \frac{11.51}{\sin\theta_c}\left(\frac{d}{t}\right)^{0.2}\psi_n\psi_d\psi_a t^2 f$	$\psi_a = 1 + \frac{2.19}{1+\frac{7.5a}{d}}\left[1 - \frac{20.1}{6.6+\frac{d}{t}}\right] \cdot (1-0.77\beta)$
		受拉支管在管节点处的承载力设计值	$N_{tk}^{pj} = \frac{\sin\theta_c}{\sin\theta_t} \cdot N_{ck}^{pj}$	
4	TT 形节点	受压支管在管节点处的承载力设计值	$N_{cTT}^{pj} = \varphi_g N_{cT}^{pj}$	$\varphi_g = 1.28 - 0.64\frac{g}{d} \leqslant 1.1$ g 为两支管的横向间距
		受拉支管在管节点处的承载力设计值	$N_{tTT}^{pj} = N_{cT}^{pj}$	

续表

序　号	节点类别	计算内容	计算公式	备　　注
5	KK 形节点	受压支管在管节点处的承载力设计值	$N_{\mathrm{ckk}}^{\mathrm{pj}}=0.9N_{\mathrm{ck}}^{\mathrm{pj}}$	
		受拉支管在管节点处的承载力设计值	$N_{\mathrm{tkk}}^{\mathrm{pj}}=0.9N_{\mathrm{tk}}^{\mathrm{pj}}$	

注：表中符号

$\beta=d_i/d$——支管外径与主管外径之比；

ψ_n——参数；

t——主管壁厚；

f——钢材的抗拉、抗压和抗弯强度设计值；

σ——节点两侧主管轴心压应力的较小绝对值；

ψ_d——参数；

θ_i——支管轴线与主管轴线的夹角；

θ_c——受压支管轴线与主管轴线的夹角；

ψ_a——参数；

a——两支管间的间隙，当 $a<0$ 时，取 $a=0$；

θ_t——受拉支管轴线与主管轴线的夹角。

4.5.4　钢与混凝土组合梁计算

组合梁为由混凝土翼板与钢梁通过抗剪连接件组成。翼板可用现浇混凝土板，并可用混凝土叠合板或压型钢板混凝土组合板。钢与混凝土组合梁计算见表 4-91。

混凝土翼板的有效宽度（见图 4-3）b_e 为：

$$b_e=b_0+b_1+b_2$$

式中　b_0——板托顶部的宽度；当 $\alpha<45°$ 时，按 $\alpha=45°$ 计算板托顶部的宽度；当无板托时，则取钢梁上翼缘的宽度；

b_1、b_2——梁外侧和内侧的翼板计算宽度，各取梁跨度 l 的 1/6 和翼板厚度 h_{c1} 的 6 倍中的较小值。

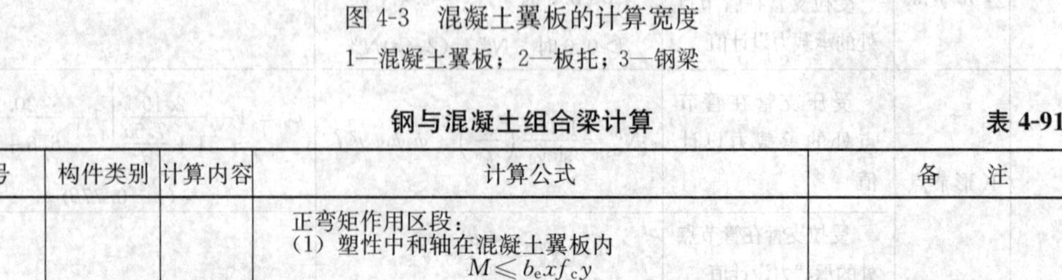

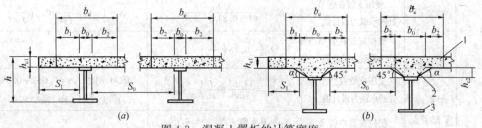

图 4-3　混凝土翼板的计算宽度

1—混凝土翼板；2—板托；3—钢梁

钢与混凝土组合梁计算　　**表 4-91**

序号	构件类别	计算内容	计算公式	备　注
1	完全抗剪连接组合梁	抗弯强度	正弯矩作用区段： （1）塑性中和轴在混凝土翼板内 $M\leqslant b_e x f_c y$ $x=Af/(b_e f_c)$ （2）塑性中和轴在钢梁截面内（既 $Af>b_e h_{c1} f_c$ 时） $M\leqslant b_e h_{c1} f_c y_1+A_c f y_2$ $A_c=0.5(A-b_e h_{c1} f_c/f)$ 负弯矩作用区段： $M'\leqslant M_s+A_{st} f_{st}(y_3+y_4/2)$ $M_s=(s_1+s_2)f$	

续表

序号	构件类别	计算内容	计算公式	备注
2	部分抗剪连接组合梁	抗弯强度	$x = n_r N_v^c/(b_e f_c)$ $A_c = (Af - n_r N_v^c)/(2f)$ $M_{u,r} = n_r N_v^c y_1 + 0.5(Af - n_r N_v^c) y_2$	
3	用塑性设计法计算组合梁	强度	下列部位可不考虑弯矩与剪力的相互影响： (1) 受正弯矩的组合梁截面； (2) $A_{st} f_{st} \geqslant 0.15Af$ 的受负弯矩的组合梁截面	
4	抗剪连接件	一个抗剪连接的承载力设计值	(1) 圆柱头焊钉(栓钉)连接件 $N_v^c = 0.43A_s\sqrt{E_c f_c} \leqslant 0.7A_s \gamma f$ (2) 槽钢连接件 $N_v^c = 0.26(t + 0.5t_w)l_c\ \sqrt{E_c f_c}$ (3) 弯筋连接件 $N_v^c = A_{st} f_{st}$ (4) 用压型钢板混凝土组合板作翼板的组合梁，其栓钉连接件的抗剪承载力设计值当压型钢板肋平行于钢梁布置时： $N_v^c = 0.43A_s\sqrt{E_c f_c}\beta_v \leqslant 0.7A_s \gamma f$ 当压型钢板肋垂直于钢梁布置时： $N_v^c = 0.43A_s\sqrt{E_c f_c}\beta_v \leqslant 0.7A_s \gamma f$ (5) 位于负弯矩的抗剪连接件，其 N_v^c 乘以折减系数 0.9(中间支座两侧)和 0.8(悬臂部分)	$\beta_v = 0.6\dfrac{b_w}{h_e}\left(\dfrac{h_d - h_e}{h_e}\right) \leqslant 1$ $\beta_v = \dfrac{0.85}{\sqrt{n_0}}\dfrac{b_w}{h_e}\left(\dfrac{h_d - h_e}{h_e}\right) \leqslant 1$

注：表中符号

M——正弯矩设计值；

A——钢梁的截面面积；

y——钢梁截面应力的合力至混凝土受压区截面应力的合力间的距离；

f_c——混凝土抗压强度设计值；

A_c——钢梁受压区截面面积；

y_1——钢梁受拉区截面形心至混凝土翼缘受压区截面形心的距离；

y_2——钢梁受拉区截面形心至钢梁受压区截面形心的距离；

M'——负弯矩设计值；

s_1、s_2——钢梁塑性中和轴（平分钢梁截面积的轴线）以上和以下截面对该轴的面积矩；

A_{st}——负弯矩区混凝土翼板有效宽度范围内的纵向钢筋截面面积；

f_{st}——钢筋抗拉强度设计值；

y_3——纵向钢筋截面形心至组合梁塑性中和轴的距离；

y_4——组合梁塑性中和轴至钢梁塑性中和轴的距离；

x——混凝土翼板受压区高度；

$M_{u,r}$——部分抗剪连接时组合梁截面抗弯承载力；

n_r——部分抗剪连接时一个剪跨区的抗剪连接件数目；

N_v^c——每个抗剪连接件的纵向抗剪承载力；

E_c——混凝土的弹性模量；

A_s——圆柱头焊钉（栓钉）钉杆的截面面积；

f——圆柱头焊钉（栓钉）抗拉强度设计值；

γ——栓钉材料抗拉强度最小值与屈服强度之比；

t——槽钢翼缘的平均厚度；

t_w——槽钢腹板的厚度；

l_c——槽钢的长度；

A_{st}——弯筋的截面面积；

f_{st}——弯筋的抗拉强度设计值；

b_w——混凝土凸肋的平均宽度；

h_e——混凝土凸肋高度；

h_d——栓钉高度；

n_0——在梁某截面处一个肋中布置的栓钉数，当多于 3 个时，按 3 个计算。

4.6　木结构计算

4.6.1　木结构计算用表

1. 普通木结构构件的材质等级（表 4-92）

普通木结构构件材质等级表　　表 4-92

项　次	主　要　用　途	材质等级
1	受拉或拉弯构件	Ⅰ$_a$
2	受弯或压弯构件	Ⅱ$_a$
3	受压构件及次要受弯构件（如吊顶小龙骨等）	Ⅲ$_a$

2. 普通木结构用木材适用的强度等级（表 4-93 和表 4-94）

针叶树种木材适用的强度等级　　表 4-93

强度等级	组　别	适　用　树　种
TC17	A	柏木、长叶松、湿地松、粗皮落叶松
	B	东北落叶松、欧洲赤松、欧洲落叶松
TC15	A	铁杉、油杉、太平洋海岸黄柏、花旗松—落叶松、西部铁杉、南方松
	B	鱼鳞云杉、西南云杉、南亚松
TC13	A	油松、新疆落叶松、云南松、马尾松、扭叶松、北美落叶松、海岸松
	B	红皮云杉、丽江云杉、樟子松、红松、西加云杉、俄罗斯红松、欧洲云杉、北美山地云杉、北美短叶松
TC11	A	西北云杉、新疆云杉、北美黄松、云杉—松—冷杉、铁—冷杉、东部铁杉、杉木
	B	冷杉、速生杉木、速生马尾松、新西兰辐射松

阔叶树种木材适用的强度等级　　表 4-94

强度等级	适　用　树　种
TB20	青冈、椆木、门格里斯木、卡普木、沉水稍克隆、绿心木、紫心木、孪叶豆、塔特布木
TB17	栎木、达荷玛木、萨佩莱木、苦油树、毛罗藤黄
TB15	锥栗（栲木）、桦木、黄梅兰蒂、梅萨瓦木、水曲柳、红劳罗木
TB13	深红梅兰蒂、浅红梅兰蒂、白梅兰蒂、巴西红厚壳木
TB11	大叶椴、小叶椴

普通木结构用木材的强度设计值和弹性模量按表 4-95 采用。

木材的强度设计值和弹性模量（N/mm^2）　　表 4-95

强度等级	组别	抗弯 f_m	顺纹抗压及承压 f_c	顺纹抗拉 f_t	顺纹抗剪 f_v	横纹承压 $f_{c,90}$			弹性模量 E
						全面表	局部表面和齿面	拉力螺栓垫板下	
TC17	A	17	16	10	1.7	2.3	3.5	4.6	10000
	B		15	9.5	1.6				

续表

强度等级	组别	抗弯 f_m	顺纹抗压及承压 f_c	顺纹抗拉 f_t	顺纹抗剪 f_v	横纹承压 $f_{c,90}$			弹性模量 E
						全面表	局部表面和齿面	拉力螺栓垫板下	
TC15	A	15	13	9.0	1.6	2.1	3.1	4.2	10000
	B		12	9.0	1.5				
TC13	A	13	12	8.5	1.5	1.9	2.9	3.8	10000
	B		10	8.0	1.4				9000
TC11	A	11	10	7.5	1.4	1.8	2.7	3.6	9000
	B		10	7.0	1.2				
TB20	—	20	18	12	2.8	4.2	6.3	8.4	12000
TB17	—	17	16	11	2.4	3.8	5.7	7.6	11000
TB15	—	15	14	10	2.0	3.1	4.7	6.2	10000
TB13	—	13	12	9.0	1.4	2.4	3.6	4.8	8000
TB11	—	11	10	8.0	1.3	2.1	3.2	4.1	7000

注：1. 计算木构件端部（如接头处）的拉力螺栓垫板时，木材横纹承压强度设计值应按“局部表面和齿面”一栏的数值采用。

2. 当采用原木时，若验算部位未经切削，其顺纹抗压和抗弯强度设计值和弹性模量可提高15%。

3. 当构件矩形截面的短边尺寸不小于150mm时，其强度设计值可提高10%。

4. 当采用湿材时，各种木材的横纹承压强度设计值和弹性模量，以及落叶松木材的抗弯强度设计值宜降低10%。

5. 在表4-96和表4-97所列的使用条件下，木材的强度设计值及弹性模量应乘以其表中给出的调整系数。

不同使用条件下木材强度设计值和弹性模量的调整系数　　表4-96

使用条件	调整系数	
	强度设计值	弹性模量
露天环境	0.9	0.85
长期生产性高温环境，木材表面温度达40～50℃	0.8	0.8
按恒荷载验算时	0.8	0.8
用于木构筑物时	0.9	1.0
施工和维修时的短暂情况	1.2	1.0

注：1. 当仅有恒荷载或恒荷载产生的内力超过全部荷载所产生的内力的80%时，应单独以恒荷载进行验算；

2. 当若干条件同时出现时，表列各系数应连乘。

不同设计使用年限时木材强度设计值和弹性模量的调整系数　　表4-97

设计使用年限	调整系数	
	强度设计值	弹性模量
5年	1.1	1.1
25年	1.05	1.05
50年	1.0	1.0
100年及以上	0.9	0.9

3. 受弯构件的挠度限值见（表 4-98）

受弯构件挠度限值　　**表 4-98**

项　次	构　件　类　别		挠度限值（w）
1	檩　　条	$l \leqslant 3.3$m	$l/200$
		$l > 3.3$m	$l/250$
2	椽条		$l/150$
3	吊顶中的受弯构件		$l/250$
4	楼板梁和搁栅		$l/250$

注：l—受弯构件的计算跨度。

4. 受压构件的长细比限值见（表 4-99）

受压构件长细比限值　　**表 4-99**

项　次	构　件　类　别	长细比限值 [λ]
1	结构的主要构件（包括桁架的弦杆、支座处的竖杆或斜杆以及承重柱等）	120
2	一般构件	150
3	支撑	200

5. 轴心受压构件的稳定系数

轴压构件稳定系数 φ 值：

(1) 树种强度等级为 TC17、TC15 及 TB20：

当 $\lambda \leqslant 75$ 时
$$\varphi = \frac{1}{1+\left(\frac{\lambda}{80}\right)^2}$$

当 $\lambda > 75$ 时
$$\varphi = \frac{3000}{\lambda^2}$$

(2) 树种强度等级为 TC13、TC11、TB17、TB15、TB13 及 TB11：

当 $\lambda \leqslant 91$ 时
$$\varphi = \frac{1}{1+\left(\frac{\lambda}{65}\right)^2}$$

当 $\lambda > 91$ 时
$$\varphi = \frac{2800}{\lambda^2}$$

式中　λ——构件的长细比。

构件的长细比，不论构件截面上有无缺口，均按下式计算：

$$\lambda = \frac{l_0}{i}$$

$$i = \sqrt{\frac{I}{A}}$$

式中　l_0——受压构件的计算长度（mm）；

i——构件截面的回转半径（mm）；

I——构件的全截面惯性矩（mm^4）；

A——构件的全截面面积（mm^2）。

受压构件的计算长度，应按实际长度乘以下列系数：

两端铰接：1.0；一端固定，一端自由：2.0；一端固定，一端铰接：0.8。

6. 桁架最小高跨比见（表 4-100）

桁架最小高跨比 **表 4-100**

序号	桁架类型	h/l
1	三角形木桁架	1/5
2	三角形钢木桁架；平行弦木桁架；弧形、多边形和梯形木桁架	1/6
3	弧形、多边形和梯形钢木桁架	1/7

注：h—桁架中央高度；l—桁架跨度。

7. 螺栓连接和钉连接中木构件的最小厚度见（表 4-101）

木构件连接的最小厚度 **表 4-101**

连接形式	螺栓连接				钉连接	
	$d<18mm$		$D\geqslant18mm$			
双剪连接	$c\geqslant5d$	$a\geqslant2.5d$	$c\geqslant5d$	$a\geqslant4d$	$c\geqslant8d$	$a\geqslant4d$
单剪连接	$c\geqslant7d$	$a\geqslant2.5d$	$c\geqslant7d$	$a\geqslant4d$	$c\geqslant10d$	$a\geqslant4d$

注：c—中部构件的厚度或单剪连接中较厚构件的厚度；
a—边部构件的厚度或单剪连接中较薄构件的厚度；
d—螺栓或钉的直径。

4.6.2 木结构计算公式

1. 木结构构件计算见（表 4-102）

木结构构件计算 **表 4-102**

序号	构件受力特征	计算内容	计算公式	备注
1	轴心受拉构件	承载能力	$\frac{N}{A_n}\leqslant f_t$	
2	轴心受压构件	强度	$\frac{N}{A_n}\leqslant f_c$	
		稳定	$\frac{N}{\varphi A_0}\leqslant f_c$	无缺口时：$A_0=A$；缺口不在边缘时：$A_0=0.9A$；缺口在边缘且为对称时：$A_0=A_n$；缺口在边缘但不对称时：按偏心受压构件计算
3	受弯构件	抗弯承载能力	$\frac{M}{W_a}\leqslant f_m$	
		挠度	$w\leqslant[w]$	
		抗剪承载能力	$\frac{VS}{Ib}\leqslant f_v$	
4	双向受弯构件	承载能力	$\sigma_{mx}+\sigma_{my}\leqslant f_m$ $\sigma_{mx}=\frac{M_x}{W_{nx}}$ $\sigma_{my}=\frac{M_y}{W_{ny}}$	x、y 相对于坐标轴而言
		挠度	$w=\sqrt{w_x^2+w_y^2}\leqslant[\omega]$	x、y 相对于坐标轴而言

续表

序号	构件受力特征	计算内容	计 算 公 式	备 注
5	拉弯构件	承载能力	$\frac{N}{A_n f_t}+\frac{M}{W_n f_m}\leqslant 1$	
6	压弯构件	强 度	$\frac{N}{A_n f_c}+\frac{M}{W_n f_m}\leqslant 1$	$M=Ne_0+M_0$
		稳定	$\frac{N}{\varphi\varphi_m A_0}\leqslant f_c$ 此外，尚需验算弯矩作用平面外的侧向稳定性	$\varphi_m=(1-K)^2(1-kK)$ $K=\frac{Ne_0+M_0}{Wf_m\left(1+\sqrt{\frac{N}{Af_c}}\right)}$ $k=\frac{Ne_0}{Ne_0+M_0}$

注：表中符号

N——轴向力设计值；

M——弯矩设计值；

V——剪力设计值；

w——受弯构件的挠度；

f_t——木材顺纹抗拉强度设计值；

f_c——木材顺纹抗压及承压强度设计值；

f_m——木材抗弯强度设计值；

φ_m——考虑轴向力和初始弯矩共同作用的折减系数；

M_0——横向荷载作用下跨中最大初始弯矩设计值（N·mm）；

e_0——构件的初始偏心距（mm）；

f_v——木材顺纹抗剪强度设计值；

$[w]$——受弯构件的挠度限值；

A——构件全截面面积；

A_n——构件净截面面积；

A_0——受压构件截面的计算面积；

I——构件的全截面惯性矩；

S——剪切面以上的截面面积对中性轴的面积矩；

W_n——受弯构件的净截面抵抗矩；

b——构件的截面宽度；

φ——轴心受压构件的稳定系数。

2. 木结构连接计算（表 4-103）

木结构连接计算　　**表 4-103**

序 号	连接种类	计算内容	计 算 公 式	备 注
1	齿连接	单齿连接	(1) 按木材承压$\frac{N}{A_c}\leqslant f_{ca}$ (2) 按木材受剪$\frac{V}{l_v b_v}\leqslant \psi_v f_v$	

续表

序　号	连接种类	计算内容	计算公式	备　注
1	齿连接	双齿连接	(1) 按木材承压$\frac{N}{A_c}\leqslant f_{ca}$ (2) 按木材受剪$\frac{V}{l_v b_v}\leqslant \psi_v f_v$	承压面面积取两个齿承压面面积之和 (1) τ按连接中全部剪力设计值V计算； (2) l_v取值不得大于10倍齿深h； (3) 考虑沿剪面长度剪应力分布不匀的强度降低系数
		桁架支座节点齿连接	保险螺栓承受的拉力设计值： $N_b=N\cdot\tan(60°-\alpha)$ 不考虑保险螺栓与齿共同作用；双齿连接宜选用两个直径相同的保险螺栓	必须设置保险螺栓，与上弦轴线垂直
2	螺栓和钉连接	每一剪面设计承载力	$N_v=k_v d^2\sqrt{f_c}$ 单剪连接，木构件厚度不满足表4-101的规定时，每一剪面设计承载力，除按上式计算外，尚不得大于$0.3cd\psi_a^2 f_c$	

注：表中符号

f_{ca}——木材斜纹承压强度设计值（N/mm^2）；

N——轴向压力设计值（N）；

A_c——齿的承压面积（mm^2）；

f_v——木材顺纹抗剪强度设计值（N/mm^2）；

V——剪力设计值（N）；

l_v——剪面计算长度，不得大于8倍齿深h_c；

b_v——剪面宽度；

ψ_v——考虑沿剪面长度剪力分布不匀的强度降低系数。

l_c/h_c（单齿/双齿）	4.5/6	5/7	6/8	7/10	8/
ψ_v（单齿/双齿）	0.95/1.00	0.89/0.93	0.77/0.85	0.70/0.71	0.64/

N_b——保险螺栓所承受的拉力设计值（N）；

α——上弦与下弦的夹角（°）；

N_v——每一剪面的设计承载力（N）；

f_c——木材顺纹承压强度设计值（N/mm^2）；

d——螺栓或钉的直径（mm）；

k_v——螺栓或钉连接设计承载力的计算系数。

连接形式	螺栓连接				钉　连　接				
a（构件厚度）$/d$	2.5～3	4	5	≥6	4	6	8	10	≥11
k_v	5.5	6.1	6.7	7.5	7.6	8.4	9.1	10.2	11.1

5 试验与检验

施工现场试验与检验主要包括材料检验试验、建筑工程施工检验试验和施工现场检测试验管理三部分。

材料检验主要包括进场材料复试项目、主要检测参数、取样依据及试件制备。

施工检验试验内容主要包括：施工工艺参数确定、土工、地基与基础、基坑支护、结构工程、装饰装修、工程实体及使用功能检测。

施工现场检测试验管理包括试验职责、现场试验站管理、检测试验管理和试验技术资料管理。

5.1 材料检验试验

5.1.1 材料试验主要参数、取样规则及取样方法

材料试验主要参数、取样规则及取样方法，见表5-1。

材料试验主要参数、取样规则及取样方法　　表5-1

序号	材料名称及相关标准、规范代号	主要检测参数	取样规则及取样方法
1	混凝土工程		
(1)	水泥		
1)	通用硅酸盐水泥 GB 50204 GB 175	胶砂强度 安定性 凝结时间	(1) 散装水泥： 1) 同一生产厂家、同一等级、同一品种、同一批号且连续进场的水泥不超过500t为1批，每批抽样不少于1次 2) 随机地从20个以上不同部位抽取等量的单样量水泥，经混拌均匀后，再从中称取不少于12kg的水泥作为试样 3) 当使用中对水泥有怀疑，或水泥出厂超过3个月（快硬硅酸盐水泥超过1个月）应进行复试 (2) 袋装水泥： 1) 同一生产厂家、同一等级、同一品种、同一批号且连续进场的水泥不超过200t为1批，每批抽样不少于1次 2) 随机地从不少于20袋中各抽取等量的单样量水泥，经混拌均匀后，再从中称取不少于12kg的水泥作为试样 3) 当使用中对水泥有怀疑，或水泥出厂超过3个月（快硬硅酸盐水泥超过1个月）应进行复试
2)	砌筑水泥 GB 50204 GB/T 3183	胶砂强度 安全性	
3)	快硬硅酸盐水泥 GB 50204 GB 199	胶砂强度 安定性 凝结时间	(1) 同一水泥厂、同一类型、同一编号的水泥，每400t为1取样单位，不足400t也按1取样单位计 (2) 取样要有代表性，可从20袋中各采取等量样品，总量至少14kg (3) 当使用中对水泥有怀疑，或水泥出场超过1个月应进行复试

续表

<table>
<tr><th>序号</th><th>材料名称及相关
标准、规范代号</th><th>主要检测参数</th><th>取样规则及取样方法</th></tr>
<tr><td>4）</td><td>铝酸盐水泥
GB 201</td><td>胶砂强度
凝结时间
细度</td><td>（1）同一水泥厂、同一类型、同一编号的水泥，每 120t 为 1 取样单位。不足 120t 也按 1 取样单位计
（2）从 20 个以上不同部位取等量样品，总量至少 15kg
注：水泥取样后，超过 45d 出场时，须重新取样试验</td></tr>
<tr><td>5）</td><td>抗硫酸盐硅酸盐水泥
GB 748</td><td>胶砂强度
凝结时间
安定性
抗硫酸盐性</td><td>（1）同一厂家、同品种、同强度等级的水泥按照下表数量为 1 个取样单位
<table><tr><th>序号</th><th>生产能力</th><th>1 个取样单位数量</th></tr><tr><td>1</td><td>60 万 t 以上</td><td>400t</td></tr><tr><td>2</td><td>30～60 万 t</td><td>300t</td></tr><tr><td>3</td><td>10～30 万 t</td><td>200t</td></tr><tr><td>4</td><td>10 万 t 以下</td><td>100t</td></tr></table>（2）从 20 个以上不同部位取等量样品，总量至少 12kg</td></tr>
<tr><td>6）</td><td>白色硅酸盐水泥
GB/T 2015</td><td>胶砂强度
凝结时间
安定性
水泥白度</td><td>从 20 个以上不同部位取等量样品，总量至少 12kg</td></tr>
<tr><td>7）</td><td>中热硅酸盐水泥
GB 200</td><td>胶砂强度
凝结时间
安定性
水化热</td><td>（1）同一生产厂家、同一等级、同一品种、同一批号且连续进场的水泥不超过 600t 为 1 批，每批抽样不少于 1 次
（2）从 20 个以上不同部位取等量样品，总量至少 14kg</td></tr>
<tr><td>8）</td><td>低热硅酸盐水泥
低热矿渣硅酸盐水泥
GB 200</td><td>胶砂强度
凝结时间
安定性
低热水泥 28d 水化热</td><td>（1）同一生产厂家、同一等级、同一品种、同一批号且连续进场的水泥不超过 600t 为 1 批，每批抽样不少于 1 次
（2）从 20 个以上不同部位取等量样品，总量至少 14kg</td></tr>
<tr><td>9）</td><td>低热微膨胀水泥
GB 2938</td><td>胶砂强度
凝结时间
安定性
水化热
线膨胀率</td><td>（1）同一生产厂家、同一等级、同一品种、同一批号且连续进场的水泥不超过 400t 为 1 批，每批抽样不少于 1 次
（2）从 20 个以上不同部位取等量样品，总量至少 14kg</td></tr>
<tr><td>（2）</td><td>砂</td><td></td><td></td></tr>
<tr><td>1）</td><td>天然砂
GB/T 14684
JGJ 52</td><td>筛分析
含泥量
泥块含量
氯离子含量（海砂或有氯离子污染的砂）
贝壳含量（海砂）</td><td>（1）以同一产地、同一规格的砂，当采用大型工具（如火车、货船或汽车）运输的，以 400m³ 或 600t 为 1 验收批；采用小型工具（拖拉机等）运输的，以 200m³ 或 300t 为 1 验收批。不足上述者，应按 1 验收批进行验收
（2）当砂日进量在 1000t 以上，连续复检 5 次以上合格，可按 1000t 为 1 批
（3）从堆料上取样时，取样部位应均匀分布。取样前应先将取样部位表面铲除，然后由各部位抽取大致相等的砂 8 份，组成 1 组样品</td></tr>
</table>

续表

<table>
<tr><th>序号</th><th>材料名称及相关标准、规范代号</th><th>主要检测参数</th><th>取样规则及取样方法</th></tr>
<tr><td>1)</td><td>天然砂
GB/T 14684
JGJ 52</td><td>筛分析
含泥量
泥块含量
氯离子含量（海砂或有氯离子污染的砂）
贝壳含量（海砂）</td><td>（4）从皮带运输机上取样时，应在皮带运输机尾的出料处用接料器定时抽取砂4份组成1组样品
（5）从火车、汽车、货船取样时，应从不同部位和深度抽取大致相等的砂8份，组成1组样品
（6）对于每一单项检验项目，每组样品取样数量应满足下表要求，当需要做多项检验时，可在确保样品经一项试验后不致影响其他试验结果的前提下，用同组样品进行多项不同的试验
每一单项检验项目所需砂的最小取样重量<table><tr><th>检验项目</th><th>最少取样重量（kg）</th></tr><tr><td>筛分析</td><td>4.4</td></tr><tr><td>含泥量</td><td>4.4</td></tr><tr><td>泥块含量</td><td>20</td></tr><tr><td>氯离子含量</td><td>2</td></tr><tr><td>贝壳含量</td><td>10</td></tr></table>（7）除筛分析外，当其余检验项目存在不合格项时，应加倍取样进行复验。当复验仍有一项不满足标准要求时，应按不合格品处理</td></tr>
<tr><td>2)</td><td>人工砂
GB/T 14684
JGJ 52</td><td>筛分析
石粉含量
（含亚甲蓝法）
泥块含量</td><td>（1）以同一产地、同一规格的砂，当采用大型工具（如火车、货船或汽车）运输的，以400m³或600t为1验收批；采用小型工具（拖拉机等）运输的，以200m³或300t为1验收批。不足上述者，应按1验收批进行验收
（2）当砂日进量在1000t以上，连续复检5次以上合格，可按1000t为1批
（3）从堆料上取样时，取样部位应均匀分布。取样前应先将取样部位表面铲除，然后由各部位抽取大致相等砂8份，组成1组样品
（4）从皮带运输机上取样时，应在皮带运输机尾的出料处用接料器定时抽取砂4份组成1组样品
（5）从火车、汽车、货船取样时，应从不同部位和深度抽取大致相等砂8份，组成1组样品
（6）对于每一单项检验项目，每组样品取样数量应满足下表要求，当需要做多项试验时，可在确保样品经一项检验后不致影响其他试验结果前提下，用同组样品进行多项不同试验
每一单项检验项目所需砂的最小取样重量<table><tr><th>检验项目</th><th>最少取样重量（kg）</th></tr><tr><td>筛分析</td><td>4.4</td></tr><tr><td>泥块含量</td><td>20</td></tr><tr><td>石粉含量</td><td>1.6</td></tr></table>（7）除筛分析外，当其余检验项目存在不合格项时，应加倍取样进行复验。当复验仍有一项不满足标准要求时，应按不合格品处理</td></tr>
</table>

续表

<table>
<tr><th>序号</th><th>材料名称及相关
标准、规范代号</th><th>主要检测参数</th><th>取样规则及取样方法</th></tr>
<tr><td>(3)</td><td>卵石与碎石
GB/T 14685
JGJ 52</td><td>筛分析
含泥量
泥块含量
针状和片状
颗粒的总含量
压碎指标值
(高强度混凝土)</td><td>(1) 以同一产地、统一规格的石，当采用大型工具（如火车、货船或汽车）运输的，以 $400m^3$ 或 600t 为 1 验收批；采用小型工具（拖拉机等）运输的，以 $200m^3$ 或 300t 为 1 验收批。不足上述者，应按 1 验收批进行验收
(2) 当石日进量在 1000t 以上，连续复检 5 次以上合格，可按 1000t 为 1 批
(3) 在堆料上取样时，取样部位应均匀分布。取样前应先将取样部位表面铲除，然后由各部位抽取大致相等石子 16 份，组成各自 1 组样品
(4) 从皮带运输机上取样时，应在皮带运输机尾的出料处用接料器定时抽取石 8 份组成各自 1 组样品
(5) 从火车、汽车、货船取样时，应从不同部位和深度抽取大致相等石子 16 份，组成各自 1 组样品
(6) 对于每一单项检验项目，每组样品取样数量应满足下表要求，当需要做多项试验时，可在确保样品经一项试验后不致影响其他试验结果前提下，用同组样品进行多项不同试验
每一单项检验项目所需碎石或卵石的最小取样重量（kg）
<table>
<tr><th rowspan="2">试验项目</th><th colspan="8">最大公称粒径（mm）</th></tr>
<tr><th>10.0</th><th>16.0</th><th>20.0</th><th>25.0</th><th>31.5</th><th>40.0</th><th>63.0</th><th>80.0</th></tr>
<tr><td>筛分析</td><td>8</td><td>15</td><td>16</td><td>20</td><td>25</td><td>32</td><td>50</td><td>64</td></tr>
<tr><td>含泥量</td><td>8</td><td>8</td><td>24</td><td>24</td><td>40</td><td>40</td><td>80</td><td>80</td></tr>
<tr><td>泥块含量</td><td>8</td><td>8</td><td>24</td><td>24</td><td>40</td><td>40</td><td>80</td><td>80</td></tr>
<tr><td>针、片状含量</td><td>1.2</td><td>4</td><td>8</td><td>12</td><td>20</td><td>40</td><td>—</td><td>—</td></tr>
</table>
(7) 除筛分析外，当其余检验项目存在不合格项时，应加倍取样进行复验。当复验仍有一项不满足标准要求时，应按不合格品处理</td></tr>
<tr><td>(4)</td><td>混凝土拌合用水
JGJ 63</td><td>pH 值
氯离子</td><td>(1) 水质检验水样不应少于 5L，用于测定水泥凝结时间和胶砂强度的水样不应少于 3L
(2) 采集水样的容器应无污染，容器应待采集水样冲洗 3 次再灌装，并应密封待用
(3) 地表水宜在水域中心部位、距水面 100mm 以下采集，并应记载季节、气候、雨量和周边环境情况
(4) 地下水应在防水冲洗管道后接取，或直接用容器采集；不得将地下水积存于地表后再从中采集
(5) 再生水应在取水管道终端接取
(6) 检测频率：
<table>
<tr><td>地表水</td><td>每 6 个月检验 1 次</td></tr>
<tr><td>地下水</td><td>每年检验 1 次</td></tr>
<tr><td>再生水</td><td>每 3 个月检验 1 次，在质量稳定 1 年后，可每 6 个月检验 1 次</td></tr>
</table>
当发现水受到污染和对混凝土性能有影响，应立即检验</td></tr>
</table>

续表

<table>
<tr><th>序号</th><th>材料名称及相关
标准、规范代号</th><th>主要检测参数</th><th>取样规则及取样方法</th></tr>
<tr><td>(5)</td><td>轻骨料</td><td></td><td></td></tr>
<tr><td>1)</td><td>轻粗骨料
GB/T 17431.1
GB/T 17431.2</td><td>颗粒级配（筛分析）
堆积密度
筒压强度
吸水率
粒型系数</td><td rowspan="2">(1) 以同一品种、同一种类、同一密度等级和质量等级，每 400m³ 为 1 验收批，不足 400m³ 也按 1 批计
(2) 试样可以从料堆自上到下不同部位、不同方向任选 10 点（袋装料应从 10 袋中抽取）应避免取离析的及面层的材料
(3) 初次抽取的试样拌合均匀后，按四分法缩分到试验所需的用料量
轻细骨料各项试验用量表
<table>
<tr><th>序　号</th><th>试验项目</th><th>用料量（L）</th></tr>
<tr><td>1</td><td>颗粒级配</td><td>2</td></tr>
<tr><td>2</td><td>堆积密度</td><td>15</td></tr>
</table>
轻粗骨料各项试验用量表
<table>
<tr><th rowspan="2">序号</th><th rowspan="2">试验项目</th><th colspan="2">用料量（L）</th></tr>
<tr><th>D_{max} ≤20mm</th><th>D_{max} ≤20mm</th></tr>
<tr><td>1</td><td>颗粒级配</td><td>10</td><td>20</td></tr>
<tr><td>2</td><td>堆积密度</td><td>30</td><td>40</td></tr>
<tr><td>3</td><td>筒压强度</td><td>5</td><td>5</td></tr>
<tr><td>4</td><td>吸水率</td><td>4</td><td>4</td></tr>
<tr><td>5</td><td>粒型系数</td><td>2</td><td>2</td></tr>
</table></td></tr>
<tr><td>2)</td><td>轻细骨料
GB/T 17431.1
GB/T 17431.2</td><td>颗粒级配（筛分析）
堆积密度</td></tr>
<tr><td>(6)</td><td>掺合料</td><td></td><td></td></tr>
<tr><td>1)</td><td>粉煤灰
GBJ 146
GB/T 1596</td><td>细度
烧失量
需水量比（同一供应单位，一次/月）</td><td>(1) 以连续供应 200t 相同等级、相同种类的粉煤灰为 1 批，不足 200t 者按 1 批计
(2) 取样应有代表性，可连续取，也可从 10 个以上不同部位取等量样品，总量至少 3kg
(3) 散装灰的取样，应从每批的不同部位取 15 份试样，每份不得少于 1kg，混拌均匀，按四分法缩取出比试验用量大一倍的试样
(4) 袋装灰的取样，应从每批中抽 10 袋，每袋各取试样不得少于 1kg，混拌均匀，按四分法缩取出比试验用量大一倍的试样</td></tr>
<tr><td>2)</td><td>粒化高炉矿渣粉
GB/T 18046</td><td>活性指数
流动度比</td><td>(1) 同一厂家、同一级别矿渣粉按照下表数量为 1 个取样单位
<table>
<tr><th>序号</th><th>生产能力</th><th>1 个取样单位数量</th></tr>
<tr><td>1</td><td>60×10^4 t 以上</td><td>2000t</td></tr>
<tr><td>2</td><td>$30\times10^4\sim60\times10^4$ t</td><td>1000t</td></tr>
<tr><td>3</td><td>$10\times10^4\sim30\times10^4$ t</td><td>600t</td></tr>
<tr><td>4</td><td>10×10^4 t 以下</td><td>200t</td></tr>
</table>
(2) 从 20 个以上不同部位取等量样品，总量至少 20kg。试样应混合均匀，按照四分法缩取比试验所需要量大一倍的试样</td></tr>
</table>

续表

序号	材料名称及相关标准、规范代号	主要检测参数	取样规则及取样方法
3)	天然沸石粉 JG/T 3048	细度 需水量比 吸铵值	(1) 以每120t相同等级的沸石粉为1验收批，不足120t也按1批计 (2) 袋装粉取样时，应从每批中随机抽取10袋，每袋中各取样不得少于1kg的试样，混合均匀后按四分法缩取 (3) 散装沸石粉取样时，应从不同部位取10份试样，每份不少于1kg，混合均匀后按四分法缩取
(7)	外加剂		
1)	普通减水剂 高效减水剂 GB 50119 GB 8076	pH值 密度（或细度） 减水率	(1) 掺量大于等于1%同品种外加剂每一编号为100t，掺量小于1%的外加剂每一编号为50t，不足100t或50t也按同1批量计 (2) 每一编号取样量不少于0.2t水泥所需用的外加剂量
2)	缓凝减水剂缓凝高效减水剂 GB 50119 GB 8076	pH值 密度（或细度） 减水率 混凝土凝结时间差	同上
3)	引气减水剂 GB 50119 GB 8076	pH值 密度（或细度） 减水率 含气量	同上
4)	早强剂 GB 50119 GB 8076	钢筋锈蚀 密度（细度） 1d、3d抗压强度比	同上
5)	缓凝剂 GB 50119 GB 8076	pH值 密度（细度） 凝结时间差	同上
6)	引气剂 GB 50119 GB 8076	pH值 密度（细度） 含气量	同上
7)	泵送剂 GB 50119 JC 473	pH值 密度（细度） 坍落度增加值 坍落度损失	(1) 生产厂应根据产量和生产设备条件，将产品分批编号，年产量不小于500t，每一批号为50t；年产500t以下，每一批号为30t，每批不足50t或30t的也按一个批量计，同一批号的产品必须混合均匀 (2) 三个或更多的点样等量均匀混合而取得的试样。每一批号取样不小于0.2t水泥所需用的外加剂
8)	防冻剂 GB 50119 JC 475	pH值 密度（细度） 钢筋锈蚀	(1) 同一品种的防冻剂，每50t为1批，不足50t也作为1批量计 (2) 取样应具有代表性，可连续取，也可从20个以上不同部位取等量样品。液体防冻剂取样时应注意从容器的上、中、下三层分别取样 (3) 每批取样量不少于0.15t水泥所需用的防冻剂量（以其最大掺量计）

续表

<table>
<tr><th>序号</th><th>材料名称及相关标准、规范代号</th><th>主要检测参数</th><th>取样规则及取样方法</th></tr>
<tr><td>9)</td><td>膨胀剂
GB 50119
GB 23439</td><td>限制膨胀率</td><td>(1) 日产量超过200t时，以不超过200t为1编号，不足200t时，应以不超过日产量为1编号
(2) 每1编号为一取样单位，样品应具有代表性，可连续取，也可从20个以上不同部位取等量样品，总量不小于10kg</td></tr>
<tr><td>10)</td><td>防水剂
GB 50119
JC 474
JGJ 190</td><td>密度（或细度）
钢筋锈蚀
R−7和R+28
抗压强度比</td><td>(1) 年生产不小于500t的每50t为1批；年生产小于500t的每30t为1批；不足50t或者30t的，也按照1个批量计
(2) 每一编号取样量不少于0.2t水泥所需用的外加剂量</td></tr>
<tr><td>11)</td><td>速凝剂
GB 50119
JC 477</td><td>密度（或细度）
1d抗压强度
凝结时间</td><td>(1) 每20t为1批，不足20t也按1批计
(2) 一批应有16个不同点取样，每个点取样不少于250g，总量不少于4000g</td></tr>
<tr><td>(8)</td><td>混凝土</td><td></td><td></td></tr>
<tr><td>1)</td><td>普通混凝土
GB 50204
GB 50080
JGJ 74</td><td>稠度（坍落度及坍落扩展度、维勃稠度）
抗压强度</td><td>(1) 试件留置
<table>
<tr><th>序号</th><th>项目</th><th>内容</th></tr>
<tr><td>1</td><td>标准养护试件</td><td>①每拌制100盘且不超过100m³的同配合比的混凝土，取样不得少于1次
②每工作班拌制的同一配合比的混凝土不足100盘时，取样不得少于1次
③当一次连续浇筑超过1000m³时，同一配合比混凝土每200m³混凝土取样不得少于1次</td></tr>
<tr><td>2</td><td>同条件养护试件</td><td>①使用外挂架时，留置7.5N/mm²同条件试件
②模板拆除所需要的同条件养护试件其他按照工程需要留置
③同一强度等级600℃·d的同条件养护试件，其留置数量应根据混凝土工程量和重要性确定，不宜少于10组，且不应少于3组</td></tr>
<tr><td>3</td><td>冬施试件留置</td><td>除留置上述试件外还需留置以下试件
①未掺防冻剂混凝土需留置负温转常温养护28d试件和临界强度试件
②掺防冻剂混凝土须留置同条件28d转标养28d试件（抗压）</td></tr>
<tr><td>4</td><td>建筑地面试件留置</td><td>以同一配合比，同一强度等级，每一层或每1000m²为1检验批，不足1000m²也按1批计。每批应至少留置1组试件</td></tr>
</table></td></tr>
</table>

续表

序号	材料名称及相关标准、规范代号	主要检测参数	取样规则及取样方法
1)	普通混凝土 GB 50204 GB 50080 JGJ 74	稠度（坍落度及坍落扩展度、维勃稠度） 抗压强度	（2）取样方法及数量： 在混凝土浇筑地点随机取样制作，每组试件所用的拌合物应从同一盘搅拌混凝土或同一车运送的混凝土中取样，对于预拌混凝土还应在卸料过程中卸料量的1/4、1/2、3/4处分别取样，每个试样量应满足混凝土质量检验项目所需用量的1.5倍，但不少于0.02m³，从第一次取样到最后一次取样不宜超过15min （3）每次取样应至少留置1组标准养护试件，同条件养护试件的留置组数应根据实际需要确定
2)	抗渗混凝土 GB 50204 GB 50208 GB 50119	稠度（坍落度及坍落扩展度、维勃稠度） 抗压强度 抗渗性能	（1）同一混凝土强度等级、抗渗等级、同一配合比，生产工艺基本相同，每单位工程不得少于两组抗渗试件（每组6个试件） （2）连续浇筑混凝土每500m³应留置1组抗渗试件（1组为6个抗渗试件），且每项工程不得少于两组。采用预拌混凝土的抗渗试件，留置组数应视结构的规模和要求而定 （3）检验掺用防冻剂混凝土抗渗性能，应增加留置与工程同条件养护28d，再标准养护28d后进行抗渗试验的试件 （4）留置抗渗试件的同时需留置抗压强度试件并应取自同一盘混凝土拌合物中。取样数量及方法同普通混凝土
3)	抗冻混凝土 GBJ 107 GBJ 82	稠度（坍落度及坍落扩展度、维勃稠度）抗压强度 抗冻性能	（1）抗压强度试验取样同普通混凝土 （2）以同一盘或同一车混凝土为一批，每组3个试件 （3）检验掺用防冻剂混凝土抗冻性能，应增加留置与工程同条件养护28d，再标准养护28d后进行抗冻试验的试件
4)	高性能混凝土 CECS 207	稠度（坍落度及坍落扩展度、维勃稠度） 抗压强度 冻融试验 抗氯离子渗透性 抗硫酸盐腐蚀性能 碱含量	取样同普通混凝土
5)	轻骨料混凝土 JGJ 12 JGJ 51	稠度 干表观密度 抗压强度	（1）试件应在混凝土浇筑地点随机取样，取样及试件留置应符合下列规定： 1）每拌制100盘且不超过100m³的同配合比的混凝土，取样不得少于1次 2）每工作班拌制的同一配合比的混凝土不足100盘时，取样不得少于1次 3）当一次连续浇筑超过1000m³时，同一配合比混凝土每200m³混凝土取样不得少于1次 4）每一楼层，同一配合比的混凝土，取样不得少于1次 5）每次取样至少留置1组标准养护试件，同条件养护试件的留置组数应根据实际需要确定 （2）混凝土干表观密度试验，连续生产的预制厂及预拌混凝土搅拌站，对同配合比的混凝土每月不少于4次；单项工程，每100m³混凝土的抽查不得少于1次，不足100m³者按100m³计

续表

序号	材料名称及相关标准、规范代号	主要检测参数	取样规则及取样方法
2	砌筑工程		
(1)	普通砂浆 GB 50203 GB 50209	稠度 分层度 抗压强度	(1) 试件留置 1) 砌筑砂浆 以同一砂浆强度等级，同一配合比，同种原材料每一楼层或 $250m^3$ 砌体为1个取样单位，每取样单位标准养护试件的留置不得少于1组（每组3件） 2) 建筑地面用砂浆 检验同一施工批次、同一配合比水泥砂浆强度的试件，应按每一层（或检验批）建筑地面工程不少于1组。当每一层（或检验批）建筑地面工程面积大于 $1000m^2$ 时，每增加 $1000m^2$ 应增做1组试件；小于 $1000m^2$ 取样1组；检验同一施工批次、同一配合比的散水、明沟、踏步、台阶、坡道的水泥砂浆强度的试件，应按每150延长米不少于1组 (2) 取样方法 1) 建筑砂浆试验用料应从同一盘砂浆中或同一车砂浆中取样，取样数量不应少于试验所需数量的4倍 2) 当施工过程中进行砂浆试验时，砂浆取样方法应按相应的施工验收规范执行，并宜在现场搅拌点或预拌砂浆卸料点的至少3个不同部位及时取样 3) 从取样完毕到开始进行各项性能试验，不宜超过15min
(2)	预拌砂浆		
1)	湿拌砂浆 GB/T 25181	抗压强度 稠度 保水性	(1) 湿拌砂浆应随机从同一运输车抽取，砂浆试样应在卸料过程中卸料量的1/4～3/4之间采取 (2) 湿拌砂浆试样的采取及稠度、保水性试验应在砂浆运到交货地点时开始算起20min内完成，试件的制作应在30min内完成 (3) 每个试验取样量不应少于试验用量的4倍
2)	干混砂浆 GB/T 25181	抗压强度 保水性	(1) 根据生产厂产量和生产设备条件，按同品种、同规格型号分批： 年产量 10×10^4t 以上，不超过800t或1d产量为1批 年产量 4×10^4～10×10^4t，不超过600t或1d产量为1批 年产量 4×10^4～1×10^4t，不超过400t或1d产量为1批 年产量 1×10^4t 以下，不超过200t或1d产量为1批 每批为一个取样单位，取样应随机进行 (2) 交货时以抽取实物试样的检验结果为依据时，供需双发应在发货前或交货地点共同取样和签封。每批抽取应随机进行，试样不应少于试验用量的8倍
3	砌体工程		
(1)	烧结普通砖 混凝土实心砖 GB 5101 GB/T 21144 GB 50203	抗压强度	(1) 每15万块为1验收批，不足15万块也按1批计 (2) 外观检验项目的样品采用随机抽样法，在每1检验批的产品堆垛中选取。其他检验项目的样品用随机抽样法从外观质量检验合格的样品中抽取 (3) 强度等级试验，抽样数量不少于10块

续表

<table>
<tr><th>序号</th><th>材料名称及相关标准、规范代号</th><th>主要检测参数</th><th>取样规则及取样方法</th></tr>
<tr><td>(2)</td><td>烧结多孔砖
混凝土多孔砖
GB 13544
JC 943
GB 25779
GB 50203</td><td>抗压强度</td><td>(1) 每10万块为1验收批，不足10万块也按1批计
(2) 外观检验项目的样品采用随机抽样法，在每1检验批的产品堆垛中选取。其他检验项目的样品用随机抽样法从外观质量检验合格的样品中抽取
(3) 强度等级试验，抽样数量不少于10块</td></tr>
<tr><td>(3)</td><td>烧结空心砖、
空心砌块
GB 13545</td><td>抗压强度</td><td>(1) 每3.5～15万块为一验收批，不足3.5万块也按1批计
(2) 外观检验项目的样品采用随机抽样法，在每1检验批的产品堆垛中选取。其他检验项目的样品用随机抽样法从外观质量检验合格的样品中抽取
(3) 强度等级试验，抽样数量不少于10块</td></tr>
<tr><td>(4)</td><td>非烧结垃圾尾矿砖
JC/T 422</td><td>抗压强度
抗折强度</td><td>(1) 同一种原材料、同一工艺生产、相同质量等级的10万块为1批，不足10万块亦按1批计
(2) 尺寸偏差和外观质量检验的样品用随机抽样法，在每1检验批的产品中抽取。其他检验项目的样品用随机抽样法从尺寸偏差和外观质量检验合格的样品中抽取
(3) 强度等级试验，抽样数量不少于10块</td></tr>
<tr><td>(5)</td><td>粉煤灰砖
JC 239</td><td>抗压强度
抗折强度</td><td>(1) 每10万块为1批，不足10万块也按1批计
(2) 尺寸偏差和外观质量检验的样品用随机抽样法，在每1检验批的产品中抽取。其他检验项目的样品用随机抽样法从尺寸偏差和外观质量检验合格的样品中抽取
(3) 强度等级试验，抽样数量不少于10块</td></tr>
<tr><td>(6)</td><td>粉煤灰砌块
JC 238</td><td>抗压强度</td><td>(1) 产品性能的复验以200m³为1批，抽样检测
(2) 每一验收批从外观检验合格的砌块中随机抽取试样1组（3块）</td></tr>
<tr><td>(7)</td><td>蒸压灰砂砖
GB 11945</td><td>抗压强度
抗折强度</td><td>(1) 同类型灰砂砖每10万块为1批，不足10万块亦为1批
(2) 抽样数量：<table><tr><th>序　号</th><th>检验项目</th><th>抽样数量（块）</th></tr><tr><td>1</td><td>抗压强度</td><td>5</td></tr><tr><td>2</td><td>抗折强度</td><td>5</td></tr></table></td></tr>
<tr><td>(8)</td><td>蒸压灰砂空心砖
JC/T 637</td><td>抗压强度</td><td>(1) 每10万块砖为1批，不足10万块亦为1批
(2) 用随机取样法抽取50块砖进行尺寸偏差、外观质量检验，从上述合格的砖样中随机抽取2组10块（NF砖为2组20块）砖进行抗拉强度试验，其中1组作为抗冻性能试验</td></tr>
</table>

续表

<table>
<tr><th>序号</th><th>材料名称及相关
标准、规范代号</th><th>主要检测参数</th><th>取样规则及取样方法</th></tr>
<tr><td>(9)</td><td>普通混凝土空心砌块
GB 8239</td><td>抗压强度</td><td>(1) 砌块按外观质量等级和强度等级分批验收。它以同一原材料配置成的相同外观质量、强度等级和同一工艺生产的1万块砌块为1批，不足1万块亦按1批计
(2) 每批随机抽取32块做尺寸偏差和外观质量检验。从尺寸偏差和外观质量检验合格的砌块中抽取如下数量进行其他项目检验
(3) 强度等级试验，抽样数量不少于5块</td></tr>
<tr><td>(10)</td><td>轻骨料混凝土
小型空心砌块
GB/T 15229
JGJ 190</td><td>强度等级
密度等级</td><td>(1) 砌块按密度等级和强度等级分批检验。以同一品种轻骨料配置成的相同密度等级、相同强度等级、质量等级和同一生产工艺制成的1万块砌块为1批；不足1万块亦按1批计
(2) 每批随机抽取32块做尺寸偏差和外观质量检验。从尺寸偏差和外观质量检验合格的砌块中抽取如下数量进行其他项目检验
(3) 抽样数量
<table><tr><th>序　号</th><th>检验项目</th><th>抽样数量（块）</th></tr><tr><td>1</td><td>强度</td><td>5</td></tr><tr><td>2</td><td>密度等级、吸水率、相对含水率</td><td>3</td></tr></table></td></tr>
<tr><td>(11)</td><td>蒸压加气混凝土砌块
GB 11968</td><td>立方体抗压强度
干密度</td><td>(1) 同品种、同规格、同等级的砌块，以1万块为1批，不足1万块亦为1批，随机抽取50块砌块，进行尺寸偏差、外观检验
(2) 从外观与尺寸偏差检验合格的砌块中，随机抽取6块砌块制作试件，进行检验
(3) 抽样数量
<table><tr><th>序　号</th><th>检验项目</th><th>抽样数量</th></tr><tr><td>1</td><td>干密度</td><td>3组9块</td></tr><tr><td>2</td><td>强度级别</td><td>3组9块</td></tr></table></td></tr>
<tr><td>(12)</td><td>粉煤灰混凝土
小型空心砌块
JC/T 862</td><td>抗压强度
密度
相对含水率</td><td>(1) 以同一品种粉煤灰、同一种集料与水泥、同一生产工艺制成的相同密度等级、相同强度等级的1万块砌块为1批；不足1万块亦按1批计
(2) 每批随机抽取32块做尺寸偏差和外观质量检验。从尺寸偏差和外观质量检验合格的砌块中抽取如下数量进行其他项目检验
(3) 抽样数量
<table><tr><th>序　号</th><th>检验项目</th><th>抽样数量（块）</th></tr><tr><td>1</td><td>强度</td><td>5</td></tr><tr><td>2</td><td>密度等级、吸水率、相对含水率</td><td>3</td></tr></table></td></tr>
</table>

续表

<table>
<tr><th>序号</th><th>材料名称及相关
标准、规范代号</th><th>主要检测参数</th><th>取样规则及取样方法</th></tr>
<tr><td>4</td><td>钢筋工程</td><td></td><td></td></tr>
<tr><td>(1)</td><td>热轧光圆钢筋
GB 1499.1
GB/T 20066
GB 50204</td><td>拉伸（屈服强度、
抗拉强度、
断后伸长率）
弯曲性能
重量偏差</td><td>(1) 钢筋应按批进行检查和验收，每批由同一牌号、同一炉罐号、同一尺寸的钢筋组成。每批重量通常不大于 60t。超过 60t 的部分，每增加 40t（或不足 40t 的余数），增加一个拉伸试样和弯曲试样
(2) 允许由同一牌号、同一冶炼方法、同一浇注方法的不同炉罐号组成混合批。各炉罐号含碳量之差不大于 0.02%，含锰量之差不大于 0.15%。混合批的重量不大于 60t
(3) 抽样<table><tr><th>序　号</th><th>检验项目</th><th>取样数量</th><th>取样方法</th></tr><tr><td>1</td><td>拉伸</td><td>2</td><td>任选两根钢筋切取</td></tr><tr><td>2</td><td>弯曲</td><td>2</td><td>任选两根钢筋切取</td></tr><tr><td>3</td><td>重量偏差</td><td>5</td><td>不少于 500mm</td></tr></table></td></tr>
<tr><td>(2)</td><td>热轧带肋钢筋
GB 1499.2
GB/T 20066
GB 50204</td><td>拉伸（屈服强度、
抗拉强度、
断后伸长率）
弯曲性能
重量偏差</td><td>(1) 钢筋应按批进行检查和验收，每批由同一牌号、同一炉罐号、同一尺寸的钢筋组成。每批重量通常不大于 60t。超过 60t 的部分，每增加 40t（或不足 40t 的余数），增加一个拉伸试样和弯曲试样
(2) 允许由同一牌号、同一冶炼方法、同一浇注方法的不同炉罐号组成混合批。各炉罐号含碳量之差不大于 0.02%，含锰量之差不大于 0.15%。混合批的重量不大于 60t
(3) 抽样<table><tr><th>序　号</th><th>检验项目</th><th>取样数量</th><th>取样方法</th></tr><tr><td>1</td><td>拉伸</td><td>2</td><td>任选两根钢筋切取</td></tr><tr><td>2</td><td>弯曲</td><td>2</td><td>任选两根钢筋切取</td></tr><tr><td>3</td><td>质量偏差</td><td>5</td><td>不少于 500mm</td></tr></table></td></tr>
<tr><td>(3)</td><td>钢筋混凝土用余
热处理钢筋
GB 13014
GB 50204</td><td>拉伸（屈服强度、
抗拉强度、
伸长率）
冷弯
重量偏差</td><td>(1) 钢筋应按批进行检查验收，每批重量不大于 60t，每批应由同一牌号、同一炉罐号、同一规格、同一交货状态的钢筋组成
(2) 公称容量不大于 30t 的冶炼炉冶炼制成的钢坯制的钢筋，允许由同一牌号、同一冶炼方法，同一浇铸方法的不同炉罐号组成的混合批，但每批不得多于 6 个炉罐号。各炉号含碳量之差不大于 0.02%，含锰量之差不大于 0.15%
(3) 同一牌号连铸坯制的钢视为 1 批
(4) 抽样<table><tr><th>序号</th><th>检验项目</th><th>取样数量</th><th>取样方法</th></tr><tr><td>1</td><td>拉伸</td><td>2</td><td>任选两根钢筋切取</td></tr><tr><td>2</td><td>冷弯</td><td>2</td><td>任选两根钢筋切取</td></tr><tr><td>3</td><td>质量偏差</td><td>5</td><td>不少于 500mm</td></tr></table></td></tr>
</table>

续表

<table>
<tr><th>序号</th><th>材料名称及相关标准、规范代号</th><th>主要检测参数</th><th>取样规则及取样方法</th></tr>
<tr><td>(4)</td><td>碳素结构钢
GB 2975
GB 20066
GB 700
JGJ 190
GB 50205</td><td>拉伸（屈服强度、抗拉强度、断后伸长率）
弯曲
冲击</td><td>（1）钢材应成批验收，每批由同一牌号、同一炉号、同一质量等级、同一尺寸、同一交货状态的钢筋组成。每批重量通常不大于60t
（2）公称密度比较小的炼钢炉冶炼的钢扎成的钢材，同一冶炼、浇注和脱氧方法、不同炉号、同一牌号的A级钢或B级钢，允许组成混合批，但每批各炉号含碳量之差不大于0.02%，含锰量之差不大于0.15%
（3）钢材的夏比（V型缺口）冲击试验结果不符合规定时，再从该检验批的剩余部分取两个抽样产品，在每个抽样产品上各选取新的1组3个试件进行试验
（4）抽样
<table>
<tr><th>序号</th><th>检验项目</th><th>取样数量</th><th>取样方法</th></tr>
<tr><td>1</td><td>拉伸</td><td rowspan="2">1</td><td rowspan="3">GB/T 2975</td></tr>
<tr><td>2</td><td>弯曲</td></tr>
<tr><td>3</td><td>冲击</td><td>3</td></tr>
</table>
（5）如供方能保证冷弯试验符合要求，可不做检验
（6）厚度不小于12mm或直径不小于16mm的钢材应做冲击试验，其他经供需双方协商可以做冲击试验
（7）钢结构工程中属于下列情况之一的钢材，应进行抽样复验
1）国外进口钢材
2）钢材混批
3）板厚度等于或大于40mm，且设计有Z向性能要求的厚板
4）建筑结构安全等级为一级，大跨度钢结构中主要受力构件所采用的钢材
5）设计有复验要求的钢材</td></tr>
<tr><td>(5)</td><td>低合金高强度结构钢
GB/T 1591
GB 2975
GB/T 5313
GB 20066
JGJ 190</td><td>拉伸（屈服强度、抗拉强度、断后伸长率）
弯曲
冲击</td><td>（1）钢材应成批验收，每批由同一牌号、同一质量等级、同一炉罐号、同一品种、同一尺寸、同一热处理制度（指按热处理状态供应）的钢材组成，每批重量不大于60t
（2）A级钢或B级钢允许同一牌号、同一质量等级、同一冶炼和浇注方法、不同炉罐号组成混合批，每批不得多于6个炉罐号，且各炉罐号C含量之差不得大于0.02%，Mn含量之差不得大于0.15%
（3）对于Z向钢的组批，应符合GB/T 5313的规定
（4）抽样
<table>
<tr><th>序号</th><th>检验项目</th><th>取样数量</th><th>取样方法</th></tr>
<tr><td>1</td><td>拉伸</td><td>1/批</td><td rowspan="3">GB/T 2975</td></tr>
<tr><td>2</td><td>弯曲</td><td>1/批</td></tr>
<tr><td>3</td><td>冲击试验</td><td>3/批</td></tr>
</table>
（5）钢结构工程中属于下列情况之一的钢材，应进行抽样复验
1）国外进口钢材
2）钢材混批
3）板厚度等于或大于40mm，且设计有Z向性能要求的厚板
4）建筑结构安全等级为一级，大跨度钢结构中主要受力构件所采用的钢材
5）设计有复验要求的钢材</td></tr>
</table>

续表

<table>
<tr><th>序号</th><th>材料名称及相关标准、规范代号</th><th>主要检测参数</th><th>取样规则及取样方法</th></tr>
<tr><td>(6)</td><td>冷轧带肋钢筋
GB 13788
GB 50204</td><td>拉伸（抗拉强度、伸长率）
弯曲或反复弯曲
重量偏差</td><td>（1）钢筋应按批进行检查和验收，每批应由同一牌号、同一外形、同一规格、同一生产工艺和同一交货状态的钢筋组成，每批不大于60t
（2）抽样
<table>
<tr><th>序号</th><th>检验项目</th><th>试验数量</th><th>取样方法</th></tr>
<tr><td>1</td><td>拉伸试验</td><td>每盘1个</td><td rowspan="3">在每（任）盘中随机切取</td></tr>
<tr><td>2</td><td>弯曲试验</td><td>每批2个</td></tr>
<tr><td>3</td><td>反复弯曲试验</td><td>每批2个</td></tr>
</table>
注：表中试验数量栏中的“盘”指生产钢筋的“原料盘”</td></tr>
<tr><td>(7)</td><td>冷轧扭钢筋
JGJ 115
GB 50204</td><td>拉伸
冷弯
重量偏差</td><td>（1）冷轧扭钢筋验收批应由同一型号、同一强度等级、同一规格尺寸、同一台（套）轧机生产的钢筋组成，且每批不大于20t，不足20t按1批计
（2）抽样
<table>
<tr><th>序号</th><th>检验项目</th><th>试验数量（出厂检验）</th><th>备　注</th></tr>
<tr><td>1</td><td>拉伸试验</td><td>每批2根</td><td></td></tr>
<tr><td>2</td><td>180°弯曲试验</td><td>每批1根</td><td></td></tr>
</table></td></tr>
<tr><td>(8)</td><td>一般用途低碳钢丝
YB/T 5294</td><td>抗拉强度
伸长率（标距100mm）
180度弯曲试验次数</td><td>（1）每批钢丝应由同一尺寸、同一锌层级别、同一交货状态的钢丝组成
（2）从每批中抽查5%，但不少于5盘进行形状、尺寸和表面检查
（3）从上述检查合格的钢丝中抽取5%，优质钢抽取10%，不少于3盘，拉伸试验、反复弯曲试验每盘各1个（任意端）</td></tr>
<tr><td>(9)</td><td>钢筋连接</td><td></td><td></td></tr>
<tr><td>1)</td><td>机械连接接头
JGJ 107</td><td>抗拉强度</td><td>（1）钢筋连接工程开始前及施工过程中，应对不同钢筋生产厂的进场钢筋进行接头工艺检验；施工过程中，更换钢筋生产厂时，应补充进行工艺检验。工艺检验应符合下列规定
1）每种规格钢筋的接头试件不应少于3根
2）每根试件的抗拉强度和3根接头试件的残余变形的平均值应符合《钢筋机械连接技术规程》（JGJ 107）规定
3）接头试件在测量残余变形后可再进行抗拉强度试验，并宜按《钢筋机械连接技术规程》（JGJ 107）中附录A中的单向拉伸加载制度进行试验
4）第一次工艺检验中1根试件抗拉强度或3根试件的残余变形平均值不合格时，允许再抽3根试件进行复验，复验仍不合格时判为工艺检验不合格</td></tr>
</table>

续表

序号	材料名称及相关标准、规范代号	主要检测参数	取样规则及取样方法
1)	机械连接接头 JGJ 107	抗拉强度	(2) 接头的现场检验应按验收批进行。同一施工条件下采用同一批材料的同等级、同形式、同规格的接头，应以500个为1验收批进行检验与验收，不足500个接头也按1批计 (3) 对接头的每一验收批必须在工程结构中随机截取3个接头试件做抗拉强度试验，按设计要求的接头等级进行评定。当3个接头的试件的抗拉强度均符合《钢筋机械连接技术规程》（JGJ 107）中相应等级的强度要求时，该验收批合格。如有1个试件的强度不符合要求，应再取6个试件进行复验，复验中如仍有1个试件强度不符合要求，则该验收批评为不合格 (4) 现场检验连续10个验收批抽样试件抗拉强度试验1次合格率为100%时，验收批接头数量可扩大1倍
2)	电阻点焊制品 （钢筋焊接骨架和焊接网） JGJ 18	抗拉强度 抗剪强度 弯曲试验	(1) 凡钢筋牌号、直径及尺寸相同的焊接骨架和焊接网应视为同一类制品，且每300件为1批，一周内不足300件亦应按1批计算 (2) 外观检验应按同一类型制品分批检查，每批抽查5%，且不得少于5件 (3) 试件应从成品中切取，当所切取试件的尺寸小于规定的试件尺寸时，或受力钢筋大于8mm时，可在生产过程中制作模拟焊接试验网片，从中切取试件，试件尺寸见下图 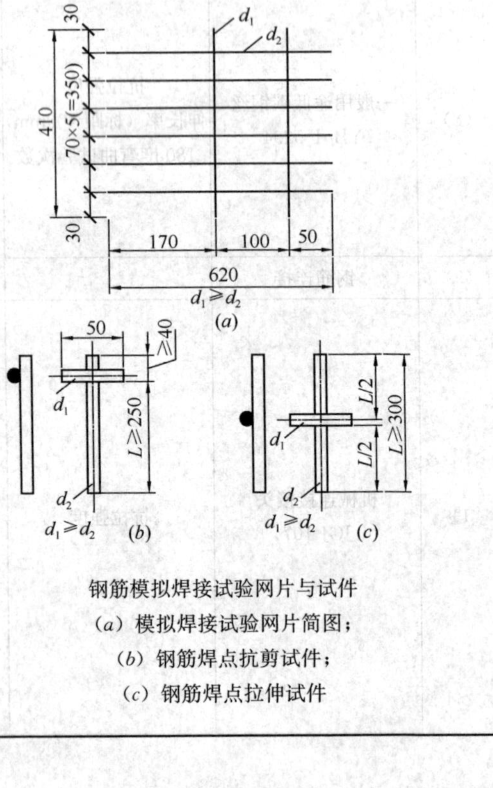 钢筋模拟焊接试验网片与试件 (a) 模拟焊接试验网片简图； (b) 钢筋焊点抗剪试件； (c) 钢筋焊点拉伸试件

续表

序号	材料名称及相关标准、规范代号	主要检测参数	取样规则及取样方法
2)	电阻点焊制品（钢筋焊接骨架和焊接网）JGJ 18	抗拉强度 抗剪强度 弯曲试验	（4）由几种钢筋直径组合的焊接骨架，应对每种组合做力学性能检验；热轧钢筋焊点，应做抗剪试验，试件数量3件；冷轧带肋钢筋焊点除做剪切试验外，尚应对纵向和横向冷轧带肋钢筋做拉伸试验，试件应各为1件。剪切试件纵筋长度应大于或等于290mm，横肋长度应大于或等于50mm（上图*b*）；拉伸试件纵筋长度应大于或等于300mm（上图*c*） （5）焊接网剪切试件应沿同一横向钢筋随机切取 （6）切取剪切试件时，应使制品中的纵向钢筋成为试件的受拉钢筋
3)	钢筋闪光对焊焊头 JGJ 18	抗拉强度 弯曲试验	（1）同一台班内，由同一焊工完成的300个同牌号、同直径钢筋焊接接头应作为1批。当同一台班内焊接接头数量较少，可在一周之内累计计算；累计仍不足300个接头，应按1批计算 （2）力学性能试验时，试件应从每批接头中随机切取6个接头，其中3个做拉伸试验，3个做弯曲试验 （3）焊接等长预应力钢筋（包括螺丝端杆与钢筋）时，可按生产时同等条件制作模拟试件 （4）螺丝端杆接头可只做拉伸试验 （5）封闭环式箍筋闪光对焊接头，以600个同牌号、同规格的接头作为1批，只做拉伸试验 （6）当模拟试件试验结果不符合要求时，应进行复验。复验应从现场焊接接头中切取，其数量及要求与初始试验相同
4)	钢筋电弧焊接头 JGJ 18	抗拉强度	（1）在现浇混凝土结构中，应以300个同牌号钢筋、同形式接头作为一批；在房屋结构中，应在不超过2楼层中300个同牌号钢筋、同形式接头作为1批。每批随机切取3个接头，做拉伸试验 （2）在装配式结构中，可按生产条件制作模拟试件，每批3个，做拉伸试验 （3）钢筋与钢板电弧搭接焊接头可只进行外观检验 （4）在同一批中若有几种不同直径的钢筋焊接接头，应在最大直径钢筋接头中切取3个试件 （5）当模拟试件试验结果不符合要求时，应进行复验。复验应从现场焊接接头中切取，其数量及要求与初始试验相同
5)	钢筋电渣压力焊 JGJ 18	抗拉强度	（1）在现浇混凝土结构中，应以300个同牌号钢筋、同形式接头作为一批；在房屋结构中，应在不超过2楼层中300个同牌号钢筋接头作为1批；当不足300个接头时，仍应作为1批。每批随机切取3个接头，做拉伸试验 （2）在同一批中若有几种不同直径的钢筋焊接接头，应在最大直径钢筋接头中切取3个试件

续表

序号	材料名称及相关标准、规范代号	主要检测参数	取样规则及取样方法
6)	钢筋气压焊接头 JGJ 18	抗拉强度 弯曲试验（梁、板的水平钢筋连接）	（1）在现浇混凝土结构中，应以 300 个同牌号钢筋、同形式接头作为 1 批；在房屋结构中，应在不超过 2 楼层中 300 个同牌号钢筋接头作为 1 批；当不足 300 个接头时，仍应作为 1 批 （2）在柱、墙竖向钢筋连接中，应从每批接头中随机切取 3 个接头做拉伸试验；在梁、板的水平钢筋连接中，应另切取 3 个接头做弯曲试验 （3）在同一批中若有几种不同直径的钢筋焊接接头，应在最大直径钢筋接头中切取 3 个试件
7)	预埋件钢筋 T 型接头 JGJ 18	抗拉强度	（1）预埋件钢筋 T 型接头的外观检查，应从同一台班内完成的同一类型预埋件中抽查 5%，且不得少于 10 件 （2）当进行力学性能检验时，应以 300 件同类型预埋件作为 1 批。一周内连续焊接时，可累计计算。当不足 300 件时，亦应按 1 批计。应从每批预埋件中随机切取 3 个接头做拉伸试验，试件的钢筋长度应大于或等于 200mm，钢板的长度和宽度均应大于或等于 60mm 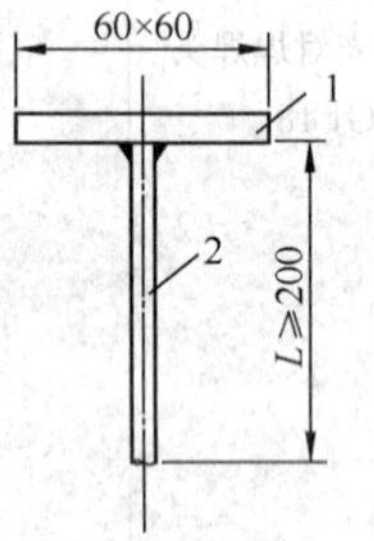 预埋件钢筋 T 型接头拉伸试件 1—钢板；2—钢筋 （3）当初试结果不符合规定时再取 6 个试件进行复试
5	钢结构工程		
(1)	紧固件		
1)	螺栓 GB 50205	螺栓实物最小载荷	同一规格螺栓抽查 8 个
2)	扭剪型高强度螺栓连接副 GB 50205 GB/T 3632	预拉力 （紧固轴力）	（1）同一材料、炉号、螺纹规格、长度、机械加工、热处理工艺及表面处理工艺的螺栓为同批；同一材料、炉号、螺纹规格、机械加工、热处理工艺及表面处理工艺的螺母为同批；同一材料、炉号、规格、机械加工、热处理工艺及表面处理工艺的垫圈为同批。分别由同批螺栓、螺母及垫圈组成的连接副为同批连接副 （2）同批钢结构用扭剪型高强度螺栓连接副的最大数量为 3000 套 （3）复验用的螺栓应在施工现场待安装的螺栓批中随机抽取，每批应抽取 8 套连接副进行复验 （4）每套连接副只应做 1 次试验，不得重复使用。在紧固中垫圈发生转动时，应更换连接副重新试验

续表

序号	材料名称及相关标准、规范代号	主要检测参数	取样规则及取样方法
3)	高强度大六角头螺栓连接副 GB 50205 GB/T 1231	扭矩系数	(1) 同一性能等级、材料、炉号、螺纹规格、长度、机械加工、热处理工艺及表面处理工艺的螺栓为同批；同一性能等级、材料、炉号、螺纹规格、机械加工、热处理工艺及表面处理工艺的螺母为同批；同一性能等级、材料、炉号、规格、机械加工、热处理工艺及表面处理工艺的垫圈为同批。分别由同批螺栓、螺母及垫圈组成的连接副为同批连接副 (2) 同批高强度螺栓连接副的最大数量为3000套 (3) 复验用螺栓应在施工现场待安装的螺栓批中随机抽取，每批应抽取8套连接副进行复验 (4) 每套连接副只应做1次试验，不得重复使用。在紧固中垫圈发生转动时，应更换连接副，重新试验
4)	螺栓球节点钢网架高强度螺栓 GB/T 16939 GB 50205 JGJ 190	拉力荷载 表面硬度（建筑结构安全等级为1级，跨度≥40m的螺栓球节点钢网架结构）	(1) 同一性能等级、材料牌号、炉号、规格、机械加工、热处理及表面处理工艺的螺栓为同批。最大批量：对于小于等于M36为5000件；对于大于M36为2000件 (2) 螺栓的尺寸、外观、机械性能及表面缺陷检验按GB 90规定；但对M39～M64×4螺栓的试验抽样方案按芯部硬度 $n=2$，$A_c=0$，实物拉力 $n=3$，$A_c=0$ (3) 螺纹规格为M39～M64×4的螺栓可用硬度试验代替拉力载荷试验，如对硬度试验有争议时，应进行螺栓实物的拉力载荷试验
(2)	高强度螺栓连接摩擦面 GB 50205	抗滑移系数检验	(1) 制造批可按分部（子分部）工程划分规定的工程量每2000t为1批，不足2000t的可视为1批 (2) 选用两种及两种以上表面处理工艺时，每种处理工艺应单独检验。每批3组试件
(3)	网架节点承载力 GB 50205	①焊接球节点：轴心拉、压承载力试验 ②螺栓球节点：抗拉强度保证荷载试验	(1) 当建筑结构安全等级为一级，跨度40m及以上的公共建筑钢网架结构，且设计有要求时，应进行节点承载力试验 (2) 用于试验的试件在该批产品中随机抽取，每批抽取3个试件
(4)	防火涂料 GB 50205 GB 14907 CECS 24	粘结强度 抗压强度	(1) 每使用100t或不足100t薄涂型防火涂料应抽检1次粘结强度 (2) 每使用500t或不足500t厚涂型防火涂料应抽检1次粘结强度和抗压强度
(5)	结构用无缝钢管 GB/T 8162	拉伸性能 压扁试验 弯曲试验	(1) 每批应由同一牌号、同一炉号、同一规格和同一热处理制度（炉次）的钢管组成 ①外径不大于76mm，并且壁厚不大于3mm：400根 ②外径大于351mm：50根 ③其他尺寸：200根

续表

<table>
<tr><th>序号</th><th>材料名称及相关标准、规范代号</th><th>主要检测参数</th><th>取样规则及取样方法</th></tr>
<tr><td>(5)</td><td>结构用无缝钢管
GB/T 8162</td><td>拉伸性能
压扁试验
弯曲试验</td><td>(2) 需方未提出特殊要求时，10、15、20、25、34、45、Q235、Q275、20Mn、25Mn可以不同炉号的同一牌号、同一规格的钢管组成1批
(3) 剩余钢管的根数，如不少于上述规定的50%时则单独列为1批，少于上述规定的50%时可并入同一牌号、同一炉号和同一规格的相邻批中
(4) 抽样<table><tr><th>序号</th><th>检验项目</th><th>取样数量</th></tr><tr><td>1</td><td>拉伸试验</td><td>每批两根钢管上各取1个试样</td></tr><tr><td>2</td><td>压扁试验</td><td>每批两根钢管上各取1个试样</td></tr><tr><td>3</td><td>弯曲试验</td><td>每批两根钢管上各取1个试样</td></tr></table></td></tr>
<tr><td>(6)</td><td>焊接工程</td><td></td><td></td></tr>
<tr><td>1)</td><td>焊缝质量
GB 50205</td><td>内部缺陷
外观缺陷
焊缝尺寸</td><td>(1) 内部缺陷检测当采用超声波检测时，一级焊缝100%检测，二级焊缝20%检测
(2) 外观缺陷及焊缝尺寸：每批同类构件抽查10%，且不应少于3件；被抽查构件中，每一类型焊缝按条数抽查5%，且不应少于1条；每条检查1处，总抽查数不应少于10处</td></tr>
<tr><td>2)</td><td>气体保护电弧焊用碳钢、低合金钢焊丝
GB/T 8110</td><td>化学成分
熔敷金属拉伸试验
熔敷V型缺口冲击试验
焊缝射线探伤</td><td>(1) 每批焊丝应由同一炉号、同一尺寸、同一交货状态的焊丝组成，每批焊丝的最大重量符合下表规定<table><tr><th>序号</th><th>焊丝型号</th><th>每批最大重量(t)</th></tr><tr><td>1</td><td>ER50-X、ER49-1</td><td>200</td></tr><tr><td>2</td><td>其他型号</td><td>30</td></tr></table>(2) 盘（卷、桶）焊丝每批任选一盘（卷、桶），直条焊丝任选一最小包装单位，进行焊丝化学成分、熔敷金属力学性能、射线探伤、尺寸和表面质量等检验</td></tr>
<tr><td>3)</td><td>埋弧焊用低合金钢焊丝和焊剂
GB/T 12470</td><td>焊丝化学成分
焊缝射线探伤试验
熔敷金属拉伸试验
熔敷金属冲击试验</td><td>(1) 每批焊丝应由同一炉号、同一尺寸、同一交货状态的焊丝组成
(2) 每一批焊剂应由同一批原材料，以同一配方及制造工艺制成。每批焊剂最高重量不应超过60t
(3) 焊丝取样，从每批焊丝中抽取3%，但不少于2盘（卷、桶），进行化学成分、尺寸和表面质量检验
(4) 焊剂取样时，若焊剂散放时，每批焊剂抽样不少于6处。若从包装的焊剂中取样，每批焊剂至少抽取6袋，每袋抽取一定量的焊剂，总量不少于10kg。把抽取的焊剂混合均匀，用四分法取出5kg焊剂，供焊接试件用，余下5kg用于其他项目检验</td></tr>
</table>

续表

<table>
<tr><th>序号</th><th>材料名称及相关标准、规范代号</th><th>主要检测参数</th><th>取样规则及取样方法</th></tr>
<tr><td>4)</td><td>熔化焊用钢丝
GB/T 14957</td><td>化学成分
表面
尺寸</td><td>(1) 每批焊丝应由同一牌号、同一炉号（或同一生产批号)、同一形状、同一尺寸、同一交货状态的钢丝组成
(2) 抽样
<table>
<tr><th>序号</th><th>试验项目</th><th>取样部位</th><th>取样数量</th></tr>
<tr><td>1</td><td>化学成分</td><td>GB222</td><td>3%,不小于2捆(盘)</td></tr>
<tr><td>2</td><td>表面</td><td>任一部位</td><td>逐捆（盘）</td></tr>
<tr><td>3</td><td>尺寸</td><td>任一部位</td><td>逐捆（盘）</td></tr>
</table></td></tr>
<tr><td>5)</td><td>低碳合金钢焊条
GB/T 5118</td><td>熔敷金属化学成分
熔敷金属拉伸试验
熔敷V型缺口冲击试验
焊缝射线探伤</td><td>(1) 每批焊条由同一批号焊芯、同一批号主要涂料原料、以同样涂料配方及制造工艺制成，每批焊条最高量应符合下表要求
<table>
<tr><th>序号</th><th>焊条型号</th><th>每批最高量，t</th></tr>
<tr><td>1</td><td>EXX03-X EXX13-X</td><td>50</td></tr>
<tr><td>2</td><td>EXX00-X EXX10-X
EXX11-X EXX15-X
EXX16-X EXX18-X
EXX20-X EXX27-X</td><td>30</td></tr>
</table>
(2) 每批焊条检验时，按照需要数量至少在3个部位平均取有代表性的样品</td></tr>
<tr><td>6</td><td>防水工程</td><td></td><td></td></tr>
<tr><td>(1)</td><td>沥青防水卷材</td><td></td><td></td></tr>
<tr><td>1)</td><td>石油沥青纸胎油毡
GB 326</td><td>拉力（纵向）
耐热度
柔度
不透水性</td><td>(1) 以同一类型的1500卷卷材为1批，不足1000卷的也可作为1批。随机抽取5卷进行卷重、面积和外观检查。从上述合格的卷材中任取1卷进行物理性能试验
(2) 将取样卷材切除距外层卷头2.5m后，顺纵向切取长度为600mm的全幅卷材试样2块，一块做物理性能检测，一块备用</td></tr>
<tr><td>2)</td><td>铝箔面石油沥青防水卷材
JC/T 504</td><td>拉力
柔度
耐热度</td><td>(1) 以同一类型、同一规格10000m² 或每班产量为1批，不足10000m² 亦作为1批
(2) 在每批产品中随机抽取5卷进行卷重、面积、外观检查，合格后，从中任选取一卷进行厚度和物理性能试验
(3) 将取样卷材切除距外层卷头2.5m后，顺纵向切取长度为500mm的全幅卷材试样两块</td></tr>
<tr><td>3)</td><td>石油沥青玻璃纤维胎油毡
GB/T 14686</td><td>拉力
耐热性
低温柔性
不透水性</td><td>(1) 以同厂家、同一类型、同一规格10000m² 为1批，不足10000m² 按1批计
(2) 抽样：在每批产品中，随机抽取5进行尺寸偏差、外观、单位面积质量检查。在上述检查合格后，从中随机抽取1卷，将取样卷切除距外卷头2500mm后，沿纵向切取长度为750mm的全副卷材试样2块，1块用作物料性能检测，另1块备用</td></tr>
</table>

续表

序号	材料名称及相关标准、规范代号	主要检测参数	取样规则及取样方法
4)	石油沥青玻璃布胎油毡 JC/T 84	拉力 柔度 可溶物含量 耐热度 不透水性 耐霉菌腐蚀性	（1）以同一等级每500卷为1批，不足500卷者也按1批验收，在每批产品中随机抽取3卷进行卷重、面积、外观的检验 （2）取卷重、面积和外观检验合格的无接头的最轻的1卷作为检验物理性能的试样 （3）将取样的1卷油毡切除距外层卷头2500mm后，顺纵向截取长度为600mm全幅卷材2块，1块做物理性能试验试件用，另1块备用
（2）	高聚合物改性沥青防水卷材		
1)	改性沥青聚乙烯胎防水卷材 GB 18967	拉力 断裂延伸率 低温柔性 耐热性(地下工程除外) 不透水性	（1）以同一厂家、同一类型、同一规格10000m²为1批 （2）不足10000m²亦作为1批 （3）在每批产品中随机抽取5卷进行单位面积质量、规格尺寸及外观检验。合格后，从中任选取1卷，将卷材切除卷头2.5m后取至少1.5m²进行物理力学性能试验
2)	弹性体改性沥青防水卷材 GB 18242	拉力 延伸率（G类除外） 低温柔性 不透水性 耐热性 （地下工程除外）	（1）以同一类型、同一规格10000m²为1批，不足10000m²亦可作为1批 （2）单位面积重量、面积、厚度及外观检验时，随机需抽取5卷样品进行判定，合格后，从中任选取1卷进行物理力学性能试验 （3）将取样卷材切除距外层卷头2.5m后，取1m长的卷材
3)	塑性体改性沥青防水卷材 GB 18243	拉力 延伸率（G类除外） 低温柔性 不透水性 耐热性 （地下工程除外）	（1）以同一厂家、同一类型、同一规格10000m²为1批，不足10000m²亦可作为1批 （2）在每批产品中，随机需抽取5卷进行卷重、面积及外观检查。合格后，从中任取1卷进行材料性能试验 （3）将取样卷材切除距外层卷头2.5m后，取1m长的卷材
4)	沥青复合胎柔性防水卷材 JC 690	最大拉力 低温柔性 不透水性 耐热性	（1）以同一类型、同一规格10000m²为1批，不足10000m²亦可作为1批 （2）单位面积重量、面积、厚度及外观检验时，随机需抽取5卷样品进行判定，合格后任取1卷进行物理力学性能试验 （3）将取样卷材切除距外层卷头1m后，取1m长的卷材
5)	自粘橡胶沥青防水卷材 JC 840	拉力 断裂延伸率 柔度	（1）以同一类型、同一规格5000m²为1批，不足5000m²亦可作为1批，从每批中随机抽取3卷进行检验 （2）对卷重、尺寸偏差与外观检查合格的产品中任取1卷进行物理力学性能试验 （3）将被检测的卷材在距外层端部500mm处沿纵向裁取1.5m的全幅卷材进行物理力学性能试验

续表

序号	材料名称及相关标准、规范代号	主要检测参数	取样规则及取样方法
6)	自粘聚合物改性沥青聚酯胎防水卷材 JC 898	拉力 最大拉力时 延伸率沥青 断裂延伸率 （适用于N类） 低温柔性 耐热度 （地下工程除外） 不透水性	（1）以同一类型、同一规格 $10000m^2$ 或每班产量为1批，不足 $10000m^2$ 亦作为1批 （2）在每批产品中随机抽取5卷进行厚度、面积、卷重及外观检查，合格后，从中任选取1卷进行物理力学性能试验 （3）将被检测的卷材在距外层端部500mm处沿纵向裁取1m的全幅卷材进行物理力学性能试验 （4）水蒸气透湿率性能在用于地下工程时要求试验 （5）聚乙烯膜面、细砂面卷材不要求人工气候加速老化性能
（3）	高分子防水卷材		
1)	高分子防水片材 GB 18173.1	断裂拉伸强度 扯断伸长率 不透水性 低温弯折温度	（1）以同一类型、同一规格的 $5000m^2$ 片材（如日产量超过 $8000m^2$ 则以 $8000m^2$）为1批 （2）随机抽取3卷进行规格尺寸、外观质量检验，在上述检验合格的样品中再随机抽取足够的试样进行物理性能试验
2)	聚氯乙烯防水卷材 GB 12952	拉力(适合于L、W类) 拉伸强度(适合于N类) 断裂伸长率 不透水性 低温弯折性	（1）以同类同型的 $10000m^2$ 卷材为1批，不满 $10000m^2$ 也可作为1批 （2）在该批产品中随机抽取3卷进行尺寸偏差和外观检查，在上述合格的样品中任取1卷，在距外层端部500mm处截取3m（出厂检验为1.5m）进行理化性能检验
3)	氯化聚乙烯防水卷材 GB 12953	拉力(适合于L、W类) 拉伸强度(适合于N类) 断裂伸长率 不透水性 低温弯折性	（1）以同类同型的 $10000m^2$ 卷材为1批，不满 $10000m^2$ 也可作为一批 （2）在该批产品中随机抽取3卷进行尺寸偏差和外观检查，在上述合格的样品中任取1卷，在距外层端部500mm处截取3m（出厂检验为1.5m）进行理化性能检验
4)	三元丁橡胶防水卷材 JC/T 645	纵向拉伸强度 纵向断裂伸长率 不透水性 低温弯折性	（1）以同规格、同等级的卷材300卷为1批，不足300卷亦可作为1批，从每批产品中任取3卷进行检验 （2）检查3卷的规格尺寸、外观全部合格后，再从中任选1卷进行物理力学性能检验 （3）从被检测厚度的卷材上取0.5m的样品 注：检测厚度须截掉端部3m
5)	氯化聚乙烯-橡胶共混防水卷材 JC/T 684	拉伸强度 断裂伸长率 不透水性 脆性温度	（1）以同规格同类型的卷材250卷为1批，不足250卷时亦可作为1批，从每批产品中任取3卷进行检验 （2）在规格尺寸与外观质量检查合格的卷材中任取1卷作物理性能检测
（4）	沥青基防水涂料		

续表

<table>
<tr><th>序号</th><th>材料名称及相关
标准、规范代号</th><th>主要检测参数</th><th>取样规则及取样方法</th></tr>
<tr><td>1)</td><td>溶剂型橡胶
沥青防水涂料
JC/T 852</td><td rowspan="2">固体含量
不透水性
低温柔性
耐热度
断裂伸长率</td><td rowspan="2">(1) 同一生产厂以5t产品为1批，不足5t亦为1批检验
(2) 按随机取样方法，对同一生产厂、同品种、相同包装的产品进行取样。样品最少2kg或完成规定试验所需量的3～4倍，所取样品数量见下表
<table><tr><th>序号</th><th>容器总数 N</th><th>被取样容器的最低件数 n</th></tr><tr><td>1</td><td>1～2</td><td>全部</td></tr><tr><td>2</td><td>3～8</td><td>2</td></tr><tr><td>3</td><td>9～25</td><td>3</td></tr><tr><td>4</td><td>26～100</td><td>5</td></tr><tr><td>5</td><td>101～500</td><td>8</td></tr><tr><td>6</td><td>501～1000</td><td>13</td></tr><tr><td>7</td><td>其后类推</td><td>$n=\sqrt{N/2}$</td></tr></table>(3) 液体材料取样时，应至少取出3份均匀的样品（最终样品），每份样品至少400mL或完成规定试验所需量的3～4倍，装入要求的容器中，液体材料须在清洁、干燥的容器中，最好是不锈钢容器混合。对于固体，用旋转分样器（格槽缩样器）将全部样品分成4等份，取出3份，每份样品至少500g或完成规定试验所需量的3～4倍，装入要求的容器中</td></tr>
<tr><td>2)</td><td>水乳型沥青
防水涂料
JC/T 408
GB 3186</td></tr>
<tr><td>(5)</td><td>合成高分子防水涂料</td><td></td><td></td></tr>
<tr><td>1)</td><td>聚氨酯防水涂料
GB 19250</td><td>固体含量
断裂伸长率
拉伸强度
低温弯折性
不透水性</td><td>(1) 以同一类型、同一规格15t为1批，不足15t亦作为1批（多组分产品按照组分配套组批）
(2) 在每批产品中，总共取3kg样品（多组分产品按配比取）。放入不与涂料发生反应的干燥密闭容器中密封好</td></tr>
<tr><td>2)</td><td>聚合物乳液
建筑防水涂料
JC/T 864</td><td>固体含量
断裂延伸率
拉伸强度
不透水性
低温柔性</td><td>(1) 对同一原料、配方、连续生产的产品，以每5t为1批，不足5t亦可按1批计
(2) 按随机取样方法，对同一生产厂、同品种、相同包装的产品进行取样总共取4kg样品用于检验，其余同沥青基防水涂料2)、3)项</td></tr>
<tr><td>3)</td><td>聚合物水泥防水涂料
GB/T 23445</td><td>固体含量
断裂延伸率(无处理)
拉伸强度(无处理)
低温柔性(适用于Ⅰ型)
不透水性</td><td>(1) 以同一类型的10t产品为1批，不足10t也作为1批
(2) 产品的液体组分抽样同上2)、3)项
(3) 配套固体组分的抽样按GB 12573中袋装水泥的规定进行，两组份共取5kg样品</td></tr>
<tr><td>(6)</td><td>喷涂聚脲防水涂料
GB/T 23446</td><td>固体含量
拉伸强度
断裂伸长率
不透水性
撕裂强度
低温弯折性</td><td>(1) 以同一类型的15t产品为1批，不足15t也作为1批
(2) 每批产品按GB/T 3186规定取样，按配比总共取不少于40kg样品。分为2组，放入不与涂料发生反应的干燥密闭容器中，密封贮存</td></tr>
</table>

续表

序号	材料名称及相关标准、规范代号	主要检测参数	取样规则及取样方法
(7)	无机防水涂料		
1)	无机防水堵漏材料 GB/T 23440	凝结时间 涂层和试件抗渗压力 粘结强度	(1) 对同一类别产品，以每30t按一批计，不足30t也按1批计 (2) 在每批产品中随机抽取5kg（含）以上包装的，不少于3个包装中抽取样品；少于5kg包装的，不少于10个包装中抽取样品。将所有样品充分混合均匀，样品总质量10kg。将样品分为2份，1份为检验样品，1份为备用样品
2)	水泥基渗透结晶型防水材料 GB 18445	抗折强度 湿基面粘结强度 抗渗压力	(1) 同一类型、型号的50t为1批量，不足50t的亦可按1批量计。1个批量为1个编号 (2) 包装后在10个不同部位随机取样。水泥基渗透结晶型防水涂料每次取样10kg；水泥基渗透结晶型防水剂每次取样量不少于0.2t水泥所需外加剂量。取样后应充分拌合均匀，一分为二，1份按标准进行试验；另1份密封保存一年，以备复验或仲裁用
(8)	密封材料		
1)	建筑石油沥青 GB/T 494	软化点 针入度 延度	(1) 以同一产地．同一品种，同一标号，每20t为1验收批，不足20t也按1批计。每1验收批取样2kg (2) 在料堆上取样时，取样部位应均匀分布，同时应不少于5处，每处取洁净的等量试样共2kg作为检验和留样用
2)	建筑防水沥青嵌缝油膏 JC/T 207	耐热性 低温柔性 拉伸粘结性 施工度	(1) 以同一标号产品20t为1批，不足20t也按1批计 (2) 每批随机抽取3件产品，离表皮大约50mm处各取样1kg，装入密封容器，一份做试验用，另两份留作备用
(9)	合成高分子密封材料		
1)	聚氨酯建筑密封胶 JC/T 482	拉伸粘结性 低温柔性 施工度 耐热度 （地下工程除外）	(1) 以同一品种、同一类型的产品每5t为1批进行检验，不足5t也作为1批 (2) 单组分支装产品由该批产品随机抽取3件包装箱，从每件包装箱随机抽取（2～3）支样品，共取（6～9）支 (3) 多组分桶装产品的抽样同聚合物乳液建筑防水涂料(2)项
2)	聚硫建筑密封胶 JC/T 483	拉伸粘结性 低温柔性 施工度 耐热度 （地下工程除外）	(1) 以同一级别的产品每10t为1批进行检验，不足10t也作为1批 (2) 按随机取样方法，对同一生产厂、同品种、相同包装的产品进行取样总共取4kg样品用于检验，其余同沥青基防水涂料2)、3)项
3)	丙烯酸酯建筑密封胶 JC/T 484	拉伸粘结性 低温柔性 施工度 耐热度 （地下工程除外）	(1) 以同一级别的产品每10t为1批进行检验，不足10t也作为1批 (2) 随机抽取3件包装箱，从每件包装箱随机抽取（2～3）支样品，共取（6～9）支。散装产品约取4kg

续表

<table>
<tr><th>序号</th><th>材料名称及相关标准、规范代号</th><th>主要检测参数</th><th>取样规则及取样方法</th></tr>
<tr><td>4)</td><td>聚氯乙烯建筑防水接缝材料
JC/T 798</td><td>拉伸粘结性
低温柔性</td><td>(1) 以同一类型、同一型号 20t 产品为 1 批，不足 20t 也作 1 批
(2) 抽样时，取 3 个试样（每个试样 1kg）</td></tr>
<tr><td>5)</td><td>建筑用硅酮结构密封胶
GB 16776</td><td>拉伸粘结性</td><td>(1) 连续生产时，每 3t 为 1 批，不足 3t 也为 1 批；间断生产时，每釜投料为 1 批
(2) 随机抽样，单组分产品抽样量为 5 支；双组分产品从原包装中抽样，抽样量为 3～5kg</td></tr>
<tr><td>6)</td><td>胶粘剂
GB 12954
JC 863</td><td>粘结剥离强度
剪切状态下的粘合性</td><td>(1) 以同一类型、同一品种的 5t 产品为 1 批，不足 5t 也作为 1 批
(2) 根据不同的批量，从批中随机抽取下表规定的容器个数，用适当的取样器，从每个容器内（预先搅拌均匀）取的等量的试样。试样总量约 1.0L，并经充分混合，用于各项试验批量大小
<table>
<tr><th>序号</th><th>(容器个数)</th><th>抽取个数（最小值）</th></tr>
<tr><td>1</td><td>2～8</td><td>2</td></tr>
<tr><td>2</td><td>9～27</td><td>3</td></tr>
<tr><td>3</td><td>28～64</td><td>4</td></tr>
<tr><td>4</td><td>65～125</td><td>5</td></tr>
<tr><td>5</td><td>126～216</td><td>6</td></tr>
<tr><td>6</td><td>217～343</td><td>7</td></tr>
<tr><td>7</td><td>344～512</td><td>8</td></tr>
<tr><td>8</td><td>513～729</td><td>9</td></tr>
<tr><td>9</td><td>730～1000</td><td>10</td></tr>
</table>
注：试样和试验材料使用前，在试验条件下放置时间应不少于 12h</td></tr>
<tr><td>(10)</td><td>止水带
GB 18173.2</td><td>拉伸强度
扯断伸长率
撕裂强度</td><td>(1) 以每月同标记的止水带产量为 1 批
(2) 逐一进行规格尺寸和外观质量检验，并在上述检验合格的样品中随机抽取足够的试样，进行物理性能试验</td></tr>
<tr><td>(11)</td><td>膨润土橡胶遇水膨胀止水条
JG/T 141</td><td>抗水压力
规定时间
吸水膨胀倍率
最大吸水膨胀倍率
耐水性</td><td>(1) 每同一型号产品 5000m 为 1 批，如不足 5000m 皆认为 1 批
(2) 每批任选 3 箱，每箱任取 1 盘，检查外观及规格尺寸后，在距端部 0.1m 任一部位各截取长度约 1m 试样一条</td></tr>
<tr><td>(12)</td><td>遇水膨胀橡胶
GB 18173.3</td><td>拉伸强度(制品型)
扯断伸长率(制品型)
体积膨胀倍率
高温流淌性(腻子型)
低温试验(腻子型)</td><td>(1) 以每月同标记的膨胀橡胶产量为 1 批
(2) 每批抽取两根进行外观质量检验，并在每根产品的任意 1m 处随机取 3 点进行规格尺寸检验（腻子型除外）；在上述检验合格后的样品中随机抽取足够的试样，进行物理性能检验</td></tr>
</table>

续表

序号	材料名称及相关标准、规范代号	主要检测参数	取样规则及取样方法
(13)	防水砂浆 GB 50108 JG/T 230	粘结强度 抗渗性 抗折强度 干缩率 吸水率 冻融循环 耐碱性（掺外加剂、掺合料的防水砂浆） 耐水性（聚合物水泥砂浆）	(1) 湿拌防水砂浆 1) 湿拌防水砂浆抗渗性能检验试样，取样频率应为 $100m^3$ 相同配合比砂浆，取样不应少于1次；每一工作班组相同配合比的砂浆不足 $100m^3$ 时，取样不应少于1次 2) 湿拌防水砂浆应随机从同一运输车抽取，砂浆试样应在卸料过程中卸料量的1/4～3/4之间采取 每个试验取样量应大于砂浆检验项目所需量的2倍，且不小于 $0.01m^3$ (2) 干混防水砂浆 1) 不超过400t或4d产量为1批；每批为1个取样单位，取样应随机进行 2) 交货时以抽取实物试样的检验结果为依据时，供需双方应在发货前或交货地点共同取样和签封。每批抽取应随机进行，普通干混砂浆试样不得少于80kg，特种干混砂浆试样总量不少于60kg
7	装饰装修工程		
(1)	陶瓷砖		
1)	陶瓷砖 GB/T 4100 GB 50325	吸水率 抗冻性（适用于寒冷地区）	(1) 以同一生产厂生产的同品种、同一级别、同一规格实际的交货量大于 $5000m^2$ 为1批，不足 $5000m^2$ 也按1批计 (2) 对使用在抗冲击性有特别要求的场所，应进行抗冲击性试验 (3) 大多数陶瓷砖都有微小的线性热膨胀，若陶瓷砖安装在有高热变性的情况下，应进行线性膨胀系数试验 (4) 所有陶瓷砖具有耐高温性，凡是有可能经受热震应力的陶瓷砖，应进行抗热震性试验 (5) 对于明示并准备用在受冻环境的产品必须通过抗冻性试验，一般对明示不用于受冻环境中产品不要求该项试验 (6) 陶瓷砖通常都具有化学药品的性能。如准备将陶瓷砖在有可能受腐蚀的环境下使用时，应进行高浓度酸和碱的耐化学腐蚀性试验 (7) 当有釉砖是用于加工食品的工作台或墙面且砖的釉面与食品有可能接触的场所时，则进行铅和镉的溶出量试验 (8) 抽样

续表

<table>
<tr><th>序号</th><th>材料名称及相关标准、规范代号</th><th>主要检测参数</th><th>取样规则及取样方法</th></tr>
<tr>
<td>1)</td>
<td>陶瓷砖
GB/T 4100
GB 50325</td>
<td>吸水率
抗冻性（适用于寒冷地区）</td>
<td>
<table>
<tr><th rowspan="2">序　号</th><th rowspan="2">性　　能</th><th colspan="2">样本量</th></tr>
<tr><th>第一次</th><th>第二次</th></tr>
<tr><td>1</td><td>吸水率[a]</td><td>5[b]
10</td><td>5[b]
10</td></tr>
<tr><td>2</td><td>断裂模数[a]</td><td>7[c]
10</td><td>7[c]
10</td></tr>
<tr><td>3</td><td>破坏强度[a]</td><td>7[c]
10</td><td>7[c]
10</td></tr>
<tr><td>4</td><td>无釉砖耐磨深度</td><td>5</td><td>5</td></tr>
<tr><td>5</td><td>线性膨胀系数</td><td>2</td><td>2</td></tr>
<tr><td>6</td><td>抗釉裂性</td><td>5</td><td>5</td></tr>
<tr><td>7</td><td>耐化学腐蚀性[d]</td><td>5</td><td>5</td></tr>
<tr><td>8</td><td>耐污染性</td><td>5</td><td>5</td></tr>
<tr><td>9</td><td>抗冻性[e]</td><td>10</td><td>—</td></tr>
<tr><td>10</td><td>抗热震性</td><td>5</td><td>—</td></tr>
<tr><td>11</td><td>湿膨胀</td><td>5</td><td>—</td></tr>
<tr><td>12</td><td>有釉砖耐磨性[e]</td><td>11</td><td>—</td></tr>
<tr><td>13</td><td>摩擦系数</td><td>12</td><td>—</td></tr>
<tr><td>14</td><td>小色差</td><td>5</td><td>—</td></tr>
<tr><td>15</td><td>抗冲击性</td><td>5</td><td>—</td></tr>
<tr><td>16</td><td>铅和镉的溶出量</td><td>5</td><td>—</td></tr>
<tr><td>17</td><td>光泽度</td><td>5</td><td>5</td></tr>
</table>
a. 样本量由砖的尺寸决定；b. 仅指单块砖表面积≥$0.04m^2$。每块砖重量＜50g 时应取足够数量的砖构成 5 组试样，使每组试样重量在 50～100g 之间；c. 仅适用于边长≥48mm 的砖；d. 每一种试验溶液；e. 该性能无二次抽样

（9）吸水率试验试样：砖的边长大于 200mm 且小于 400mm 时，可切割成小块，但切割下的每一块应计入测量值内，多边形和其他非矩形砖，其长和宽均按矩形计算。若砖的边长大于 400mm 时，至少在 3 块整砖的中间部位切取最小边为 100mm 的 5 块试样
（10）抗冻性测定试样：使用不少于 10 块整砖，其最小面积为 $0.25m^2$。对于大规格的砖，为能装入冷冻机，可进行切割，切割试样应尽可能的大。砖应没有裂纹、釉裂、针孔、磕碰等缺陷。如果必须用有缺陷的砖进行检验，在试验前应用永久性的染色剂对缺陷做记号，试验后检查这些缺陷
（11）湿膨胀测定试样：如果测量装置没有整砖长，应从每块砖的中心部位切割试样，最小长度为 100mm，最小宽度为 35mm，厚度为砖的厚度。对挤压砖来说，试样长度应沿挤压方向
（12）线性膨胀系数：从一块砖的中心部位相互垂直地切取两块试样，使试样长度适合于检测仪器。试样的两端应磨平并互相平行。如果有必要，试样横断面的任一边长应磨到小于 6mm，横断面的面积应大于 $10mm^2$。试样最小长度为 50mm。对施釉砖不必磨掉试样上的釉
（13）民用建筑工程室内饰面板用采用的瓷质砖，当总面积大于 $200m^2$ 时，应对不同产品分别进行放射性指标的复验
</td>
</tr>
</table>

续表

<table>
<tr><th>序号</th><th>材料名称及相关标准、规范代号</th><th>主要检测参数</th><th>取样规则及取样方法</th></tr>
<tr><td>2）</td><td>彩色釉面陶瓷地砖
GB 11947</td><td>吸水率
耐急冷急热性
弯曲强度</td><td>（1）以同一生产厂的产品每 500m² 为 1 验收批，不足 500m² 也按 1 批计
（2）按 GB 3810 规定随机抽取。吸水率、耐急冷急热性、抗冻、耐磨性试样，也可从表面质量，尺寸偏差合格的试样中抽取（吸水率 5 个试件，耐急冷急热 10 个试件，抗冻、耐磨 5 个试件、弯曲 10 个试件）</td></tr>
<tr><td>3）</td><td>陶瓷马赛克
JC/T 456</td><td>吸水率
抗冻性（适用于寒冷地区）</td><td>（1）以同一生产厂，同品种、同色号的产品 25～300 箱为 1 批，小于 25 箱时，供需双方商定
（2）从每批中随机抽取 3 箱，然后再从 3 箱中随机抽取满足下表的样本
（3）抽样
<table>
<tr><th rowspan="2">序号</th><th rowspan="2">检验项目</th><th rowspan="2">单位</th><th colspan="2">样本量</th></tr>
<tr><th>第一次</th><th>第二次</th></tr>
<tr><td>1</td><td>吸水率</td><td rowspan="9">块联</td><td>10</td><td>10</td></tr>
<tr><td>2</td><td>无釉砖耐磨性</td><td>5</td><td>5</td></tr>
<tr><td>3</td><td>抗热震性能</td><td>5</td><td>5</td></tr>
<tr><td>4</td><td>抗冻性</td><td>10</td><td>—</td></tr>
<tr><td>5</td><td>有釉砖耐磨性</td><td>11</td><td>—</td></tr>
<tr><td>6</td><td>耐化学腐蚀性</td><td>5</td><td>5</td></tr>
<tr><td>7</td><td>铺贴衬材的粘结性</td><td>3</td><td>—</td></tr>
<tr><td>8</td><td>铺贴衬材的剥离性</td><td>3</td><td>—</td></tr>
<tr><td>9</td><td>铺贴衬材的露出</td><td>10</td><td>—</td></tr>
</table></td></tr>
<tr><td>（2）</td><td>玻璃马赛克
GB/T 7697
GB 50210</td><td>粘结强度
脱纸时间</td><td>（1）以同一生产厂，同色号的产品 50～300 箱为 1 验收批，小于 50 箱由供需双方商定
（2）从每批中随机抽取 4 箱，然后再从 4 箱中随机抽取 20 联</td></tr>
<tr><td>（3）</td><td>陶瓷墙地砖胶粘剂-水泥基胶粘剂（C）
JC/T 547</td><td>拉伸胶粘原强度
浸水后的拉伸胶</td><td>（1）连续生产，同一配料工艺条件制得的产品为 1 批。C 类产品 100t 为 1 批，其他类产品 10t 为 1 批。不足上述数量时亦作为 1 批
（2）每批随机抽样，抽取 20kg 样品，充分混匀。取样后，将样品一分为二，1 份检验，1 份留样</td></tr>
<tr><td>（4）</td><td>陶瓷墙地砖胶粘剂-膏状乳液胶粘剂（D）、反应性树脂胶粘剂（R）
JC/T 547</td><td>压缩剪切胶粘原强度</td><td>同上</td></tr>
</table>

续表

<table>
<tr><th>序号</th><th>材料名称及相关标准、规范代号</th><th>主要检测参数</th><th>取样规则及取样方法</th></tr>
<tr><td>(5)</td><td>装饰砖
NF/T 671</td><td>强度等级（出）
尺寸偏差（出）
外观质量（出）
非承重砖的密度等级
颜色（面层厚度应大于等于5mm）（出）
吸水率
抗冻性</td><td>(1) 3.5～15万块为一批，不足3.5万块按1批计
(2) 抽样数量
<table>
<tr><th>序号</th><th>检验项目</th><th>抽样数量（块）</th></tr>
<tr><td>1</td><td>外观质量</td><td>50（$n_1=n_2=50$）</td></tr>
<tr><td>2</td><td>尺寸偏差</td><td>20</td></tr>
<tr><td>3</td><td>颜色</td><td>36</td></tr>
<tr><td>4</td><td>体积密度</td><td>3</td></tr>
<tr><td>5</td><td>强度等级</td><td>10</td></tr>
<tr><td>6</td><td>吸水率</td><td>5</td></tr>
<tr><td>7</td><td>冻融</td><td>5</td></tr>
</table></td></tr>
<tr><td>(6)</td><td>石材</td><td></td><td></td></tr>
<tr><td>1)</td><td>天然花岗岩石建筑板材
GB/T 18601
GB 50325
GB 50210</td><td>冻融循环后压缩强度（适用于寒冷地区）
弯曲强度
耐磨性（地面、楼梯踏步、台面等严重踩踏或磨损部位的花岗岩石材）
放射性(民用建筑室内)</td><td>(1) 同一品种、类别、等级板材为1批
(2) 采取GB 2828一次抽样正常检验方式，检查水平为Ⅱ。合格质量水平（AQL值）取6.5，根据下表抽取样本
<table>
<tr><th>批量范围</th><th>样本数</th><th>合格判定数（Ac）</th><th>不合格判定数（Re）</th></tr>
<tr><td>≤25</td><td>5</td><td>0</td><td>1</td></tr>
<tr><td>26～50</td><td>8</td><td>1</td><td>2</td></tr>
<tr><td>51～90</td><td>13</td><td>2</td><td>3</td></tr>
<tr><td>91～150</td><td>20</td><td>3</td><td>4</td></tr>
<tr><td>151～280</td><td>32</td><td>5</td><td>6</td></tr>
<tr><td>281～500</td><td>50</td><td>7</td><td>8</td></tr>
<tr><td>501～1200</td><td>80</td><td>10</td><td>11</td></tr>
<tr><td>1201～3200</td><td>125</td><td>14</td><td>15</td></tr>
<tr><td>≥3201</td><td>200</td><td>21</td><td>22</td></tr>
</table>(3) 民用建筑工程室内饰面板采用的天然花岗岩石材，当总面积大于200m² 时，应对不同产品分别进行放射性指标的复验</td></tr>
<tr><td>2)</td><td>天然花岗石荒料
JC/T 204</td><td>体积密度
吸水率</td><td>以同一产地、同一色调花纹、同一类别、同一等级的荒料，每20m³ 为1验收批，不足20m³ 也按1批计。从该批荒料中的不同块体上随机抽样，按GB 9966.1～3的规定进行试件的制备和试验以20m³ 的同一品种、类别、等级的荒料为1批，不足20m³ 的按1批计</td></tr>
</table>

续表

<table>
<tr><th>序号</th><th>材料名称及相关
标准、规范代号</th><th>主要检测参数</th><th>取样规则及取样方法</th></tr>
<tr><td>3)</td><td>天然大理石
建筑板材
GB/T 19766</td><td>镜向光泽度
干燥压缩强度
弯曲强度</td><td>（1）同一品种、类别、等级板材为1批
（2）采用GB/T 2828一次抽样正常检验方式，见下表
<table>
<tr><th>批量范围</th><th>样本数</th></tr>
<tr><td>≤25</td><td>5</td></tr>
<tr><td>26～50</td><td>8</td></tr>
<tr><td>51～90</td><td>13</td></tr>
<tr><td>91～150</td><td>20</td></tr>
<tr><td>151～280</td><td>32</td></tr>
<tr><td>281～500</td><td>50</td></tr>
<tr><td>501～1200</td><td>80</td></tr>
<tr><td>1201～3200</td><td>125</td></tr>
<tr><td>≥3201</td><td>200</td></tr>
</table></td></tr>
<tr><td>4)</td><td>干挂饰面石材
金属挂件
JC 830.2</td><td>挂件的拉拔强度</td><td>班产量大于2000件者，以2000件同型号、同规格的产品为1批，班产量不足2000件者，以实际班产量为1批。每批随机抽取6件进行检验</td></tr>
<tr><td>(7)</td><td>水磨石
JC 507</td><td>光泽度</td><td>（1）由一次订货的同一品种、规格和相同质量等级的水磨石构成，1个验收批最多不超过1万块
（2）抽样数量
<table>
<tr><th rowspan="2">序号</th><th rowspan="2">批量范围</th><th colspan="4">抽样数量</th></tr>
<tr><th>外观质量</th><th>尺寸偏差</th><th>光泽度
出石率
吸水率</th><th>抗折强度</th></tr>
<tr><td>1</td><td>20～500</td><td>20</td><td>13</td><td rowspan="4">5</td><td rowspan="4">5</td></tr>
<tr><td>2</td><td>501～1200</td><td>32</td><td>20</td></tr>
<tr><td>3</td><td>1201～3200</td><td>50</td><td>32</td></tr>
<tr><td>4</td><td>3201～10000</td><td>80</td><td>32</td></tr>
</table>
注：1. 检验外观质量的样品从整个批量中抽取，检验尺寸偏差的样品从检验外观质量合格的样品中抽取，检验光泽度，出石率、吸水率和抗折强度从检验尺寸偏差合格的样品中抽取
2. 光泽度，出石率、吸水率的检验可在同一组试件上依次进行</td></tr>
<tr><td>(8)</td><td>纸面石膏板
GB/T 9775</td><td>断裂荷载
吸水率（仅用于耐水纸面石膏板和耐水耐火纸面石膏板）
遇火稳定性（仅用于耐火纸面石膏板和耐水耐火纸面石膏板）
护面纸与芯材粘结性</td><td>（1）以每2500张同型号、同规格的产品为1批，不足2500张的也按1批计
（2）从每批产品中随机抽取5张板材作为1组试样</td></tr>
</table>

续表

<table>
<tr><th>序号</th><th>材料名称及相关标准、规范代号</th><th>主要检测参数</th><th>取样规则及取样方法</th></tr>
<tr><td>(9)</td><td>矿物棉装饰吸声板
JC/T 670
GB/T 25998</td><td>体积密度（出）
含水率（出）
弯曲破坏荷载（出）</td><td>（1）以同一原料、同一生产工艺，同一品种，稳定连续生产的产品为一个检验批。一个检验批由1个或多个均匀的交付批组成，检验批不大于一周的生产量。当检验批小于 $1500m^2$ 时按1批计
（2）从每批产品中随机抽取1组试件，每组试件为2个样本容量，其中1个样本，含水率按照GB 5480.1的规定裁取(试件尺寸为150mm×150mm×产品厚度)，1个样本容量中弯曲破坏荷载试件为6个试件（试件尺寸为150mm×200m×产品厚度，沿样品的纵横两个方向各取3个试样）</td></tr>
<tr><td>(10)</td><td>建筑用轻钢龙骨
GB/T 11981</td><td>抗冲击试验
静载试验</td><td>（1）班产量大于等于2000m者，以2000m同型号、同规格的轻钢龙骨为1批，班产量小于2000m者，以实际班产量为1批。从批中随机抽取规定数量的2份试样，1份检验用，1份备用
（2）用于检验和测定外观质量、形状和尺寸要求、双面镀锌层厚度、涂镀层厚度，每3根试件为1组试样。在经外观尺寸检查和力学性能测试后的3根试件上，各切取一块约 $900mm^2$ 的样品用于双面镀锌量的测量；烤漆带沿长度方向各切取150mm用于测定铅笔硬度和100mm用于耐盐雾试验性能试验
（3）吊顶力学性能试验抽样如下表，除配套材料外，其余龙骨可采用经外观尺寸检查后的试件
<table>
<tr><th colspan="2">品种</th><th>数量</th><th>长度(mm)</th></tr>
<tr><td rowspan="2">试件（U、C、V、L型）</td><td>承载龙骨</td><td>2根</td><td>1200</td></tr>
<tr><td>幅面龙骨</td><td>2根</td><td>1200</td></tr>
<tr><td rowspan="2">配套材料（V、L型直卡式无）</td><td>吊件</td><td>4件</td><td>—</td></tr>
<tr><td>挂件</td><td>4件</td><td>—</td></tr>
<tr><td>试件（T型）</td><td>主龙骨</td><td>2根</td><td>1200</td></tr>
<tr><td rowspan="2">配套材料（T型）</td><td>次龙骨</td><td>1200mm主龙骨上安装次龙骨的孔数</td><td>600</td></tr>
<tr><td>吊件或挂件</td><td>4件</td><td>—</td></tr>
<tr><td>试件（H型）</td><td>H型龙骨</td><td>2根</td><td>1200</td></tr>
<tr><td rowspan="2">配套材料（H型）</td><td>吊件</td><td>4件</td><td>—</td></tr>
<tr><td>挂件</td><td>4件</td><td>—</td></tr>
</table>
（4）墙体龙骨力学性能试验，按下表规定取样，其中横竖龙骨可采用经外观尺寸检查后的试件
<table>
<tr><th rowspan="3">规格</th><th colspan="4">试件</th><th colspan="3">配套材料</th></tr>
<tr><th colspan="2">横龙骨</th><th colspan="2">竖龙骨</th><th>支撑卡</th><th colspan="2">通贯龙骨</th></tr>
<tr><th>数量（根）</th><th>长度（mm）</th><th>数量（根）</th><th>长度（mm）</th><th>数量（只）</th><th>数量（根）</th><th>长度（mm）</th></tr>
<tr><td>Q100及以上</td><td>2</td><td>1200</td><td>3</td><td>5000</td><td>27</td><td>4</td><td>1200</td></tr>
<tr><td>Q75</td><td>2</td><td>1200</td><td>3</td><td>4000</td><td>21</td><td>3</td><td>1200</td></tr>
<tr><td>Q50</td><td>2</td><td>1200</td><td>3</td><td>2700</td><td>15</td><td>—</td><td>—</td></tr>
</table>
</td></tr>
</table>

续表

<table>
<tr><th>序号</th><th>材料名称及相关
标准、规范代号</th><th>主要检测参数</th><th>取样规则及取样方法</th></tr>
<tr><td>(11)</td><td>铝合金建筑型材
GB/T 5237.1～5</td><td>拉伸试验
硬度试验</td><td>(1) 同一生产厂、同一牌号、同一状态、同一规格的型材组成1验收批
(2) 用于化学分析的试件数量
板材、带材、每2000kg取1个样品
箔材每500kg取1个样品
管材、棒材、型材、线材每100kg取1个样品
锻件每1000～3000kg取1个样品
铸锭（批量不限）1批取1个样品
(3) 用于物理性能的试件
每1验收批，取1组试件（2根拉伸试样，2根硬度试验试样）</td></tr>
<tr><td>(12)</td><td>木材</td><td></td><td></td></tr>
<tr><td>1)</td><td>装饰单面贴面人造板
GB 18580</td><td>浸渍剥离强度
表面胶合强度
游离甲醛含量（或游离甲醛释放量）</td><td>(1) 同一生产厂、同品种、同规格的板材每1000张为1验收批，不足1000张也按1批计
(2) 抽样时应在具有代表性的板垛中随机抽取，每1验收批抽样1张，用于物理化学性能试验</td></tr>
<tr><td>2)</td><td>胶合板
GB 9846
GB 50325</td><td>含水率</td><td>同一生产厂、同类别、同树种、同规格、同等级、不足2000张随机抽取1张，2000～不足5000张抽取2张，5000张以上抽取3张</td></tr>
<tr><td>3)</td><td>细木工板
GB/T 5849</td><td>含水率
胶合强度</td><td>(1) 同一生产厂，同类别，同树种生产的产品为1验收批
(2) 抽样
芯板质量和理化性能抽样（张）
<table>
<tr><th>序号</th><th>提交检查批的
成品板数量</th><th>初检
抽样数</th><th>复检
抽样数</th></tr>
<tr><td>1</td><td>1000以下</td><td>1</td><td>2</td></tr>
<tr><td>2</td><td>1000～2000</td><td>2</td><td>4</td></tr>
<tr><td>3</td><td>2001～3000</td><td>3</td><td>6</td></tr>
<tr><td>4</td><td>3000以上</td><td>4</td><td>8</td></tr>
</table>
(3) 试样在样板的分布如图1所示，试件的制取位置及尺寸规格、数量如图2和下表要求进行
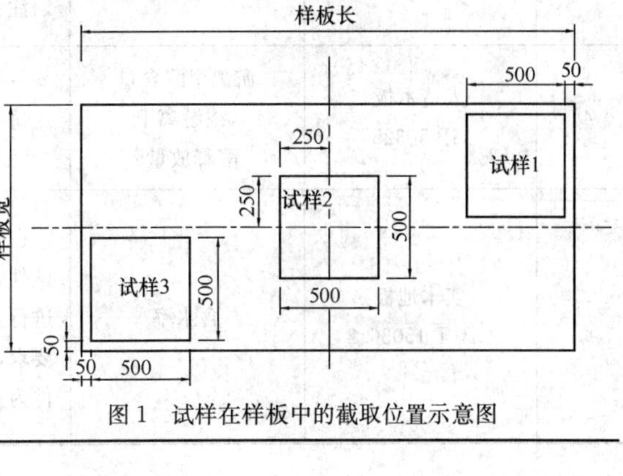

图1 试样在样板中的截取位置示意图</td></tr>
</table>

续表

<table>
<tr><th>序号</th><th>材料名称及相关
标准、规范代号</th><th>主要检测参数</th><th>取样规则及取样方法</th></tr>
<tr><td>3)</td><td>细木工板
GB/T 5849</td><td>含水率
胶合强度</td><td>
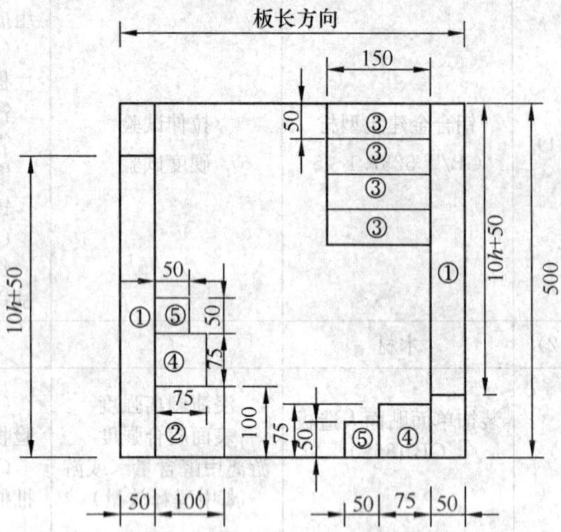

图2　试件制取示意图

理化性能试件表（mm）

<table>
<tr><th>序号</th><th>检验
项目</th><th>试件尺寸</th><th>试件
数量</th><th>试件
编号</th></tr>
<tr><td>1</td><td>含水率</td><td>100.0×100.0</td><td>3</td><td>②</td></tr>
<tr><td>2</td><td>胶合强度</td><td>100×25.0</td><td>12</td><td>—</td></tr>
<tr><td>3</td><td>浸渍剥离性能</td><td>75.0×75.0</td><td>6</td><td>④</td></tr>
<tr><td>4</td><td>表面胶合强度</td><td>50.0×50.0</td><td>6</td><td>⑤</td></tr>
<tr><td>5</td><td>横向静曲强度</td><td>(10h+50.0)×50.0
（h 为基本厚度）</td><td>6</td><td>①</td></tr>
<tr><td>6</td><td>甲醛释放量</td><td>150.0×50.0</td><td>10</td><td>③</td></tr>
</table>

注：试件的边角应垂直。尺寸偏差为±0.5mm。
</td></tr>
<tr><td>4)</td><td>人造木板
GB 50325</td><td>游离甲醛含量
（或游离甲
醛释放量）</td><td>每 500m² 板材为 1 批</td></tr>
<tr><td>5)</td><td>实木地板
GB/T 15036.2</td><td>含水率</td><td>在样本中根据产品批量大小随机抽取 2～8 块地板块作为试件，试件的制取位置、尺寸规格及数量按下图和表的要求进行，如因地板块尺寸偏小，无法满足试件尺寸与数量的要求，可再继续随机从样品中抽取，直到能割出满足要求试件为止</td></tr>
</table>

续表

<table>
<tr><th>序号</th><th>材料名称及相关标准、规范代号</th><th>主要检测参数</th><th>取样规则及取样方法</th></tr>
<tr><td>5）</td><td>实木地板
GB/T 15036.2</td><td>含水率</td><td>
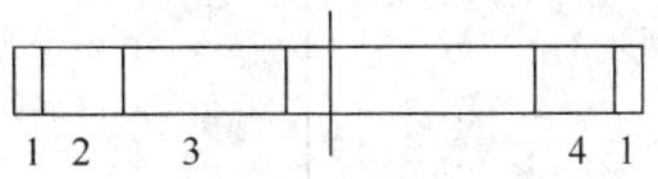

试件制取示意图
实木地板性能试件规格数量
<table>
<tr><th rowspan="2">检验项目</th><th rowspan="2">试件尺寸（mm）</th><th colspan="3">产品批量范围</th><th rowspan="2">编号</th></tr>
<tr><th>≤500</th><th>>500～≤1000</th><th>>1000</th></tr>
<tr><td>试件含水率</td><td>20.0×板宽</td><td>6</td><td>12</td><td>24</td><td>1</td></tr>
</table>
注：漆板含水率试件应去除表面漆膜及榫槽
</td></tr>
<tr><td>6）</td><td>实木复合地板
GB 50325
GB/T 18103</td><td>游离甲醛含量
（或游离甲醛释放量）
浸渍剥离</td><td>
（1）同一班次、同一规格、同一类产品为1批
（2）抽样
理化性能抽样方案
<table>
<tr><th>序号</th><th>提交检验批的成品板数量（块）</th><th>初检抽样数（块）</th><th>复检抽样数（块）</th></tr>
<tr><td>1</td><td>≤1000</td><td>2</td><td>4</td></tr>
<tr><td>2</td><td>>1000</td><td>4</td><td>8</td></tr>
</table>
（3）在样本中随机抽取两块地板作为试样，试件制取位置、尺寸、规格及数量按下图和表中的要求进行
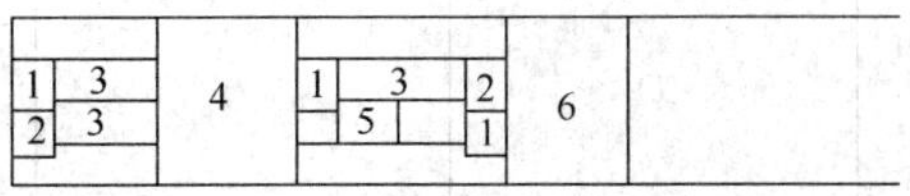

部分试件制取示意图
理化性能抽样检测方案
<table>
<tr><th>检测项目</th><th>试件尺寸</th><th>试件数量（块）</th><th>编号</th></tr>
<tr><td>浸渍剥离</td><td>75.0×75.0</td><td>6</td><td>1</td></tr>
<tr><td>甲醛释放量</td><td>20.0×20.0</td><td>约330g</td><td>2</td></tr>
</table>
（4）制取浸渍剥离试件时，试件表面只允许一条拼接线，且拼接线应尽量居中
（5）游离甲醛含量（或游离甲醛释放量）：每500m² 板材为1批
</td></tr>
</table>

续表

<table>
<tr><th>序号</th><th>材料名称及相关标准、规范代号</th><th>主要检测参数</th><th>取样规则及取样方法</th></tr>
<tr><td>7）</td><td>竹地板
GB/T 20240</td><td>浸渍剥离试验
含水率
静曲强度
表面漆膜耐磨性
表面漆膜耐污染性</td><td>
（1）理化性能检验时，应在具有代表性的地板条随机抽取，如果第一次抽样检验不合格，允许在同批产品中加倍抽样复检1次，全部性能均合格为合格。抽样方案见下表
<table>
<tr><th>序号</th><th>提交检查批的成品板数量（条）</th><th>初检抽样数（条）</th><th>复检抽样数（条）</th></tr>
<tr><td>1</td><td>≤1000</td><td>7</td><td>14</td></tr>
<tr><td>2</td><td>>1000</td><td>14</td><td>28</td></tr>
</table>
（2）在距试样两端20mm处裁取试件，应避免影响试验准确性的各种缺陷。试件按下图制作（试件制作图按长度920mm、宽度为92mm的地板绘制），试件尺寸、数量及编号详见下表
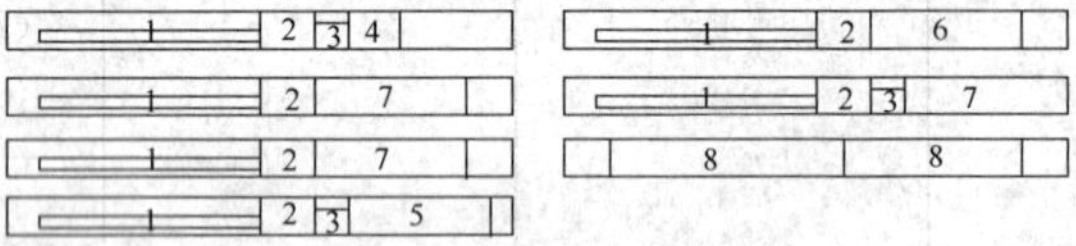

试件制取图
试件尺寸、数量、编号及抽样方案
<table>
<tr><th>检测项目</th><th>试件尺寸（mm）</th><th>数量</th><th>编号</th><th>备注</th></tr>
<tr><td>含水率</td><td>50×50</td><td>3</td><td>3</td><td></td></tr>
<tr><td>静曲强度</td><td>300×30（$h\leqslant15$）
350×30（$h>15$）</td><td>6</td><td>1</td><td></td></tr>
<tr><td>浸渍剥离试验</td><td>75×75</td><td>6</td><td>2</td><td></td></tr>
<tr><td>表面漆膜耐磨性</td><td>100×100</td><td>1</td><td>4</td><td>涂饰竹地板，当地板宽度方向小于100mm时，需拼宽至100mm</td></tr>
<tr><td>表面漆膜耐污染性</td><td>长度300</td><td>1</td><td>6</td><td>涂饰竹地板</td></tr>
<tr><td>表面漆膜附着力</td><td>长度250</td><td>1</td><td>5</td><td>涂饰竹地板</td></tr>
</table>
注：1. 试件边、角平直，长度、宽度允许偏差为±0.5mm
2. 制取静曲强度试件应去除榫槽、榫舌
</td></tr>
</table>

续表

序号	材料名称及相关标准、规范代号	主要检测参数	取样规则及取样方法
8)	中密度纤维板 GB 50210 GB 18580 GB/T 11718 GB/T 17657 GB 50325	甲醛释放量 密度 含水率 吸水厚度膨胀率 内结合强度静曲强度	（1）物理力学性能及甲醛释放量的测定，应在每批产品中，任意抽取0.1%（但不得少于1张）的样板进行测试 （2）试样按图1所示切割5块，其中试样1、2、3作为制备物理力学性能测试试件用，试样4、5作为制备甲醛释放量测试试件用。试件按图2规定从试样1、2、3中制取，在规定的取试件处遇有缺陷时，可适当移动试件的制取位置。当板厚大于25mm时，静曲强度和弹性模量试件（尺寸超过550mm），可在样板中任意制取，其他试件参照图2制取。试件的尺寸、数量和编号见下表 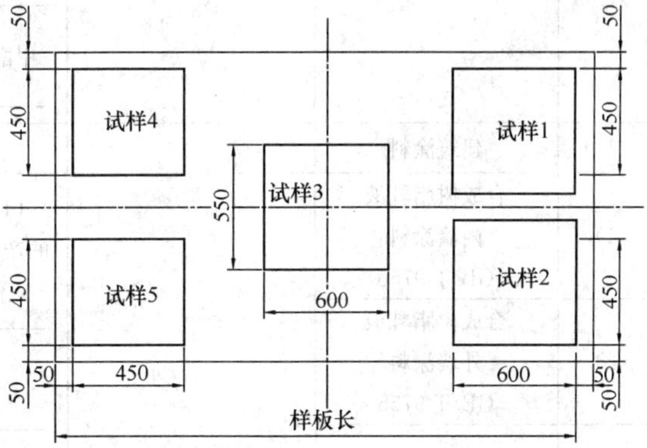 图1 试样切割示意图 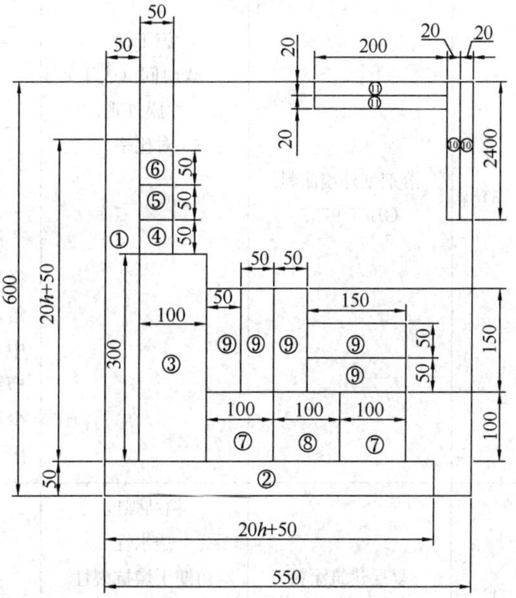 图2 试件制备示意图

续表

<table>
<tr><th>序号</th><th>材料名称及相关
标准、规范代号</th><th>主要检测参数</th><th>取样规则及取样方法</th></tr>
<tr><td>8)</td><td>中密度纤维板
GB 50210
GB 18580
GB/T 11718
GB/T 17657
GB 50325</td><td>甲醛释放量
密度
含水率
吸水厚度膨胀率
内结合强度静曲强度</td><td>试件的尺寸、数量
<table>
<tr><th>检验性能</th><th>试件尺寸
（mm）</th><th>试件数量</th><th>编号</th><th>备注</th></tr>
<tr><td>密度</td><td>100×100</td><td>6</td><td>⑦</td><td></td></tr>
<tr><td>含水率</td><td>100×100</td><td>3</td><td>⑧</td><td></td></tr>
<tr><td>吸水厚度膨胀率</td><td>50×50</td><td>3</td><td>⑤</td><td></td></tr>
<tr><td>内结合强度</td><td>50×50</td><td>3</td><td>④</td><td></td></tr>
<tr><td>甲醛释放量</td><td>50×50</td><td>105～110g</td><td>—</td><td></td></tr>
</table></td></tr>
<tr><td>(13)</td><td>建筑涂料</td><td></td><td></td></tr>
<tr><td>1)</td><td>合成树脂乳液
内墙涂料
GB/T 9756</td><td rowspan="3">施工性
干燥时间（表干）
涂膜外观
对比率</td><td rowspan="3">(1) 按随机取样方法，对同一生产厂、同品种、相同包装的产品进行取样。样品最少 2kg 或完成规定试验所需量的 3～4 倍，所取样品数量见下表
<table>
<tr><th>序号</th><th>容器总数
(N)</th><th>被取样容器的最低件数
(n)</th></tr>
<tr><td>1</td><td>1～2</td><td>全部</td></tr>
<tr><td>2</td><td>3～8</td><td>2</td></tr>
<tr><td>3</td><td>9～25</td><td>3</td></tr>
<tr><td>4</td><td>26～100</td><td>5</td></tr>
<tr><td>5</td><td>101～500</td><td>8</td></tr>
<tr><td>6</td><td>501～1000</td><td>13</td></tr>
<tr><td>7</td><td>其后类推</td><td>$n=\sqrt{N/2}$</td></tr>
</table>(2) 液体材料取样时，应至少取出 3 份均匀的样品（最终样品），每份样品至少 400ml 或完成规定试验所需量的 3～4 倍，装入要求的容器中，液体材料须在清洁、干燥的容器中，最好是不锈钢容器混合。对于固体，用旋转分样器（格槽缩样器）将全部样品分成 4 等份，取出 3 份，每份样品至少 500g 或完成规定试验所需量的 3～4 倍，装入要求的容器中</td></tr>
<tr><td>2)</td><td>合成树脂乳液
外墙涂料
GB/T 9755</td></tr>
<tr><td>3)</td><td>溶剂型外墙涂料
GB/T 9757</td></tr>
<tr><td>4)</td><td>复层建筑涂料
GB/T 9779</td><td>粘结强度
透水性
初期干燥抗裂性
低温稳定性
耐沾污性
（白色和浅色）</td><td>同上</td></tr>
</table>

续表

序号	材料名称及相关标准、规范代号	主要检测参数	取样规则及取样方法
5)	饰面型防火涂料 GB 12441	细度 干燥时间 附着力 柔韧性 耐燃时间	参照 GB 3186 规定进行抽样，即 $n=\sqrt{N/2}$（N—总桶数，n—样本桶数），$n\geqslant 2$，确定样本桶数，随机抽取样本。被抽取样本批量不小于 1t，抽取的样品数量不少于 10kg
(14)	建筑石膏 GB/T 9776	细度 凝结时间	（1）对于年产量小于 15 万 t 的生产厂，以不超过 60t 产品为 1 批；对于年产量等于或大于 15 万 t 的生产厂，以不超过 120t 产品为 1 批。产品不足 1 批时以 1 批计 （2）产品袋装时，从 1 批产品中随机抽取 10 袋，每袋抽取 2kg 试样，总共不少于 20kg。产品散装时，在产品卸料处或产品输送机具上每 3min 取样 2kg，总共不少于 20kg。将抽取的试样搅拌均匀，一分为二，1 份做实验，另 1 份密封保存 3 个月，以备复验用
(15)	粉刷石膏 JC/T 517	①面层粉刷石膏 细度 凝结时间 抗折强度 保水率 ②底层粉刷石膏 凝结时间 保水率 抗折强度 ③保温层粉刷石膏 凝结时间 体积密度 抗折强度	（1）同一厂家、同一品种，以连续生产的 60t 产品为 1 批，不足 60t 的产品也按 60t 计 （2）从一批中随机抽取 10 袋，每袋抽取 3L，总量不少于 30L。将抽取的试样充分拌匀，分为 3 等份，保存在密封容器中，以其中 1 份试样进行试验，其余 2 份备用，在室温下保存 3 个月
(16)	石灰		
1)	建筑生石灰 JC/T 479	CaO＋MgO 含量 未消化残渣含量	（1）以同一厂家，同一类别，同一等级不超过 100t 为 1 验收批 （2）从不同部位选取，取样点不少于 25 个，每个点不少于 2kg，缩分至 9kg
2)	建筑生石灰粉 JC/T 480	CaO＋MgO 含量 细度	（1）以同一生产厂，同一类别，同一等级不超过 100t 为 1 验收批 （2）从本批中随机抽取 10 袋，样品总重量不少于 3kg，混匀缩分至 300g
3)	建筑消石灰粉 JC/T 481	CaO＋MgO 含量 细度	（1）以同一生产厂，同一类别，同一等级 100t 为 1 批，小于 100t 仍作 1 批 （2）从每一批中抽取 10 袋样品，从每袋不同位置抽取 100g 样品，总数量不少于 1kg，混合均匀，用四分法缩取，最后取 250g 样品供物理试验和化学分析

续表

<table>
<tr><th>序号</th><th>材料名称及相关
标准、规范代号</th><th>主要检测参数</th><th>取样规则及取样方法</th></tr>
<tr><td>(17)</td><td>耐热材料</td><td></td><td></td></tr>
<tr><td>1)</td><td>膨胀珍珠岩
JC 209</td><td>堆积密度
粒度
质量含水率</td><td>(1) 从同一生产厂的产品、每 $100m^3$ 为 1 检验批，不足 $100m^3$ 也按 1 批计
(2) 从每检验批量货堆上的不同位置随机抽取 5 包试样，将每包试样按四分法缩分到 $0.008m^3$，放入袋中，分别放在干燥的容器中</td></tr>
<tr><td>2)</td><td>耐酸砖
GB/T 8488</td><td>弯曲强度
耐酸度
耐急冷急热性</td><td>(1) 以相同工艺条件生产的同一规格、同一牌号的 5000 块至 3 万块砖为 1 批，不足 5000 块时由供需双方协商
(2) 用随机抽样法抽取下表中各检查项目所需的样本。非破坏性试验的试样，检查后可用作其他项目检验
砖的抽样与判定规则
<table>
<tr><th rowspan="2">检验项目</th><th colspan="2">样本大小</th><th colspan="2">第一次</th><th colspan="2">第二次</th></tr>
<tr><th>n_1</th><th>n_1</th><th>合格判定数 A_1</th><th>不合格判定数 R_1</th><th>合格判定数 A_1</th><th>不合格判定数 R_1</th></tr>
<tr><td>外观质量</td><td>20</td><td>20</td><td>1</td><td>3</td><td>3</td><td>4</td></tr>
<tr><td>尺寸偏差</td><td>20</td><td>20</td><td>1</td><td>3</td><td>3</td><td>4</td></tr>
<tr><td>变形</td><td>10</td><td>10</td><td>0</td><td>2</td><td>1</td><td>2</td></tr>
<tr><td>耐急冷急热性</td><td>3</td><td>3</td><td>0</td><td>2</td><td>1</td><td>2</td></tr>
<tr><td>吸水率</td><td>3</td><td>3</td><td colspan="4">平均值应符合规范要求</td></tr>
<tr><td>弯曲强度</td><td>5</td><td>5</td><td colspan="4">平均值应符合规范要求</td></tr>
<tr><td>耐酸度</td><td>2</td><td>2</td><td colspan="4">平均值应符合规范要求</td></tr>
</table></td></tr>
</table>

续表

<table>
<tr><th>序号</th><th>材料名称及相关
标准、规范代号</th><th>主要检测参数</th><th>取样规则及取样方法</th></tr>
<tr><td>3)</td><td>定型耐火制品
GB/T 10325</td><td>耐火度
常温抗折强度
加热后残干
抗压强度</td><td>(1) 根据用途、生产工艺、重量或形状尺寸，应将大吨位的交付批组成100～300t的1个或几个检验批

耐火砖的取样方法
<table>
<tr><th rowspan="2">品种</th><th colspan="4">砖批数量不大于
(t)</th><th colspan="2">取样数量
(块)</th></tr>
<tr><th>黏土质</th><th>高铝质</th><th>硅质</th><th>镁质</th><th>理化</th><th>外形</th></tr>
<tr><td>标型砖</td><td>200</td><td>150</td><td>200</td><td>150</td><td>6</td><td>20</td></tr>
<tr><td>普、异型砖</td><td>150</td><td>100</td><td>150</td><td>100</td><td>6</td><td>20</td></tr>
<tr><td>物型砖</td><td>100</td><td>60</td><td>100</td><td>—</td><td>6</td><td>10</td></tr>
<tr><td>高炉砖</td><td>100</td><td>60</td><td>—</td><td>—</td><td>6</td><td>10</td></tr>
<tr><td>热风炉砖</td><td>100</td><td>100</td><td>—</td><td>—</td><td>6</td><td>10</td></tr>
<tr><td>盛钢桶用衬砖</td><td>100</td><td>100</td><td>—</td><td>—</td><td>6</td><td>10</td></tr>
<tr><td>塞头砖</td><td>1000块</td><td>1000块</td><td>—</td><td>—</td><td>3</td><td>10</td></tr>
<tr><td>铸口砖</td><td>1000块</td><td>1000块</td><td>—</td><td>—</td><td>3</td><td>10</td></tr>
<tr><td>座砖</td><td>2000块</td><td>2000块</td><td>—</td><td>—</td><td>3</td><td>10</td></tr>
<tr><td>釉砖</td><td>40</td><td>40</td><td>—</td><td>—</td><td>3</td><td>10</td></tr>
<tr><td>电炉顶砖</td><td>—</td><td>60</td><td>60</td><td>60</td><td>6</td><td>10</td></tr>
<tr><td>平炉顶砖</td><td>—</td><td>—</td><td>100</td><td>100</td><td>6</td><td>10</td></tr>
<tr><td>焦炉砖</td><td>—</td><td>—</td><td>100</td><td>—</td><td>8</td><td>10</td></tr>
<tr><td>玻璃窑砖</td><td>—</td><td>—</td><td>100</td><td>—</td><td>6</td><td>10</td></tr>
<tr><td>浇铸用砖</td><td>40</td><td>40</td><td>—</td><td>—</td><td>3</td><td>10</td></tr>
</table>
(2) 破坏性检验抽样从外观检验合格的样本中随机抽样

破坏性测试样量
<table>
<tr><th>序　号</th><th>检验项目</th><th>试样量、块</th></tr>
<tr><td>1</td><td>耐火度</td><td>1</td></tr>
<tr><td>2</td><td>耐压强度</td><td>3</td></tr>
<tr><td rowspan="2">3</td><td>常温抗折强度</td><td>3～6</td></tr>
<tr><td>高温抗折强度</td><td>3～6</td></tr>
</table>
注：耐火度试样应取平均测试样本（每个测试样量不少于100g）</td></tr>
</table>

续表

序号	材料名称及相关标准、规范代号	主要检测参数	取样规则及取样方法
4)	不发火骨料及混凝土 GB 50209	不发火性	(1) 粗骨料：从不少于 50 个试件中选出做不发生火花的试件 10 个（应是不同表面、不同颜色、不同结晶体、不同硬度)。每个试件重 50～250g，准确度应达到 1g (2) 粉状骨料：应将这些细粒材料用胶结料（水泥或沥青）制成块状材料进行试验。试件数量同上 (3) 不发火水泥砂浆、水磨石、水泥混凝土的试验用试件同上
5)	带基材的聚氯乙烯卷材地板 GB/T 11982.1	耐磨性 PVC 层厚度	(1) 同一厂家、相同配方、相同工艺、相同规格的卷材地板为 1 批，每批数量为 $5000m^2$，数量不足 $5000m^2$ 也作为 1 批，生产量小于 $5000m^2$ 的以 5d 产量为 1 批计 (2) 每一验收批随机抽取 3 卷，用于外观质量及尺寸偏差的检验，并在合格的样品中抽取 1 卷，用于物理性能检验
6)	半硬质聚氯乙烯块状塑料地板 GB 4085 GB 50209	热膨胀系数 加热重量损失率 加热长度变化率 吸水长度变化率	(1) 相同配方、相同工艺、相同规格的塑料地板每 $1000m^2$ 为 1 个批量。10d 生产量不足 $1000m^2$ 的以 10d 生产量为 1 批计 (2) 每一批量中至少抽取 10 块塑料地板作为试件，在每箱产品中最多取其中 2 块
(18)	门窗		
1)	建筑外窗 GB 50411 GB/T 7106 GB/T 1944	气密性能 水密性能 抗风压性能 传热系数 （夏热冬暖地区除外） 中空玻璃露点 玻璃遮阳系数 （严寒、寒冷地区除外） 可见光透射比 （严寒、寒冷地区除外）	(1) 同一厂家同一品种同一类型的产品各抽查不少于 3 樘（件） (2) 中空玻璃露点：510mm×350mm 试件 20 块
2)	建筑外门 GB 50411 GB 50210	气密性能 水密性能 抗风压性能	同一厂家同一品种同一类型的产品各抽查不少于 3 樘（件）
3)	建筑木门、窗 JG/T 122 GB/T 2828	吸水率 木材顺纹抗剪强度 人造木板甲醛含量	(1) 同一门、窗型随机抽取 1 套（件）进行检验 (2) 抽样方案按 GB/T 2828 规定执行
4)	塑料门窗用密封条 GB 50210 GB 12002	截面形状 拉伸断裂强度 断裂伸长率 100%定伸强度	(1) 以同一配方、同样原料规格的产品为 1 验收批，每验收批随机取样 2kg (2) 外观、尺寸偏差，每批抽检数量不少于 2%，但不少于 3 箱

续表

<table>
<tr><th>序号</th><th>材料名称及相关
标准、规范代号</th><th>主要检测参数</th><th>取样规则及取样方法</th></tr>
<tr><td>8</td><td>脚手架</td><td></td><td></td></tr>
<tr><td>(1)</td><td>低压流体输
送用焊接钢管
GB/T 3091</td><td>拉伸试验
弯曲试验
压扁试验</td><td>(1) 每批应由同一炉号、同一牌号、同一规格、同一焊接工艺、和同一热处理制度（如适用）和同一镀锌层（如适用）的钢管组成。每批钢管的数量应不超过如下规定
①$D \leqslant 33.7$mm：1000 根
②$D > 33.7 \sim 60.3$mm：750 根
③$D > 60.3 \sim 168.3$mm：500 根
④$D > 168.3 \sim 323.9$mm：200 根
⑤$D > 323.9$mm：100 根
(2) 抽样
<table>
<tr><th>检验项目</th><th colspan="3">取样数量</th></tr>
<tr><td>化学成分</td><td colspan="3">每炉 1 个</td></tr>
<tr><td rowspan="3">拉伸试验</td><td>$D < 219.1$</td><td colspan="2">每批 1 个</td></tr>
<tr><td rowspan="2">$D \geqslant 219.1$</td><td>直逢</td><td>母材每批 1 个
焊缝每批 1 个</td></tr>
<tr><td>螺旋逢</td><td>母材每批 1 个
螺旋焊缝每批 1 个
钢带对头焊缝每批 1 个</td></tr>
<tr><td>弯曲试验</td><td colspan="3">每批 1 个</td></tr>
<tr><td>压扁试验</td><td colspan="3">每批 2 个</td></tr>
<tr><td>导向弯曲试验</td><td colspan="3">每批 1 个</td></tr>
<tr><td>液压试验</td><td colspan="3">逐根</td></tr>
<tr><td>电阻焊钢管
超声波检验</td><td colspan="3">逐根</td></tr>
<tr><td>埋弧焊钢管
超声波检验</td><td colspan="3">逐根</td></tr>
<tr><td>涡流探伤检验</td><td colspan="3">逐根</td></tr>
<tr><td>射线探伤检验</td><td colspan="3">逐根</td></tr>
<tr><td>镀锌层重量测定</td><td colspan="3">每批 2 个</td></tr>
<tr><td>镀锌层均匀
性试验</td><td colspan="3">每批 2 个</td></tr>
<tr><td>镀锌层的
附着力检验</td><td colspan="3">每批 1 个</td></tr>
</table>
</td></tr>
</table>

续表

<table>
<tr><th>序号</th><th>材料名称及相关标准、规范代号</th><th>主要检测参数</th><th>取样规则及取样方法</th></tr>
<tr><td>(2)</td><td>钢管脚手架扣件
GB 15831</td><td>抗滑性能
（直角、旋转）
抗破坏性能
（直角、旋转）
扭转刚度
性能（直角）
抗拉性能（对接）
抗压性能（底座）</td><td>（1）每批扣件必须大于 280 件。当批量超过 10000，超过部分应作另 1 批抽样
（2）抽样
<table>
<tr><th>序号</th><th>检验项目</th><th>批量范围</th><th>第一样本</th><th>第二样本</th></tr>
<tr><td rowspan="3">1</td><td rowspan="3">抗滑性能
抗破坏性能
扭转刚度性能
抗拉性能
抗压性能</td><td>281～500</td><td>8</td><td>8</td></tr>
<tr><td>501～1200</td><td>13</td><td>13</td></tr>
<tr><td>1201～10000</td><td>20</td><td>20</td></tr>
<tr><td rowspan="3">2</td><td rowspan="3">外观</td><td>281～500</td><td>8</td><td>8</td></tr>
<tr><td>501～1200</td><td>13</td><td>13</td></tr>
<tr><td>1201～10000</td><td>20</td><td>20</td></tr>
</table></td></tr>
<tr><td>(3)</td><td>碗扣件
JGJ 166</td><td>上碗扣抗拉强度
下碗扣焊接强度
横杆接头强度
横杆接头焊接强度
可调底座抗压强度</td><td>（1）样本应从受检查批中随机抽取，每检查批扣件必须大于 280 件，当每检查批量超过 1200 件时，超过部分应作另 1 批抽样
（2）提取的样本应封存交付检验，检验前不得修理和调整</td></tr>
<tr><td>9</td><td>幕墙工程</td><td></td><td></td></tr>
<tr><td>(1)</td><td>铝塑复合板
GB/T 17748</td><td>180°剥离强度</td><td>（1）以同一品种、同一规格、同一颜色的产品 3000m² 为 1 批，不足 3000m² 的按 1 批计算
（2）从每批产品中随机抽取 3 张进行检验
（3）试件尺寸及数量
试件尺寸及数量
<table>
<tr><th rowspan="2">试验项目</th><th colspan="2">试件尺寸（mm）</th><th rowspan="2">试件数量（块）</th></tr>
<tr><th>纵向</th><th>横向</th></tr>
<tr><td rowspan="2">剥离强度</td><td>25</td><td>350</td><td>12</td></tr>
<tr><td>350</td><td>25</td><td>12</td></tr>
</table></td></tr>
<tr><td>(2)</td><td>幕墙工程
GB 50210
JGJ/T 139
GB/T 15226
GB/T 15228
GB/T 15227
GB/T 18250</td><td>抗风压性能
空气渗透性能
雨水渗透性能
平面变形性能</td><td>（1）工程中不同结构类型的幕墙可分别或以组合形式进行必检项目的检验，试验样品应具有代表性
（2）当幕墙面积大于 3000m² 或建筑外墙面积 50%时，应现场抽取材料和配件，在检测试验室安装制作试件进行气密性能检测
（3）应对 1 个单位工程中面积超过 1000m² 的每一种幕墙均抽取 1 个试件进行检测
注：有抗震设防要求或用于多、高层钢结构时为必检项目，否则为非必检项目</td></tr>
</table>

续表

<table>
<tr><th>序号</th><th>材料名称及相关标准、规范代号</th><th>主要检测参数</th><th>取样规则及取样方法</th></tr>
<tr><td>(3)</td><td>幕墙玻璃
GB 50411
GB/T 11944</td><td>传热系数
遮阳系数
可见光透射比
中空玻璃露点</td><td>(1) 同一厂家同一产品抽查不少于一组
(2) 传热系数取1个试样，可见光透射比取两块尺寸为150mm×150mm样块，中空露点制作尺寸为510mm×360mm，工艺与构造与现场使用的外窗玻璃相同的样块20块</td></tr>
<tr><td>10</td><td>预应力工程</td><td></td><td></td></tr>
<tr><td>(1)</td><td>预应力混凝土用钢绞线
GB/T 5224
GB/T 228.1</td><td>整根钢绞线的最大力
规定非比例延伸力
最大力总伸长率</td><td>(1) 钢绞线应成批验收，每批钢绞线由同一牌号、同一规格、同一生产工艺捻制的钢绞线组成，每批重量不大于60t。
(2) 取样
<table>
<tr><th>序号</th><th>检验项目</th><th>取样数量</th><th>取样部位</th></tr>
<tr><td>1</td><td>整根钢绞线的最大力</td><td>3根/每批</td><td></td></tr>
<tr><td>2</td><td>规定非比例延伸力</td><td>3根/每批</td><td></td></tr>
<tr><td>3</td><td>最大力总伸长率</td><td>3根/每批</td><td></td></tr>
</table></td></tr>
<tr><td>(2)</td><td>预应力混凝土用钢丝
GB/T 5223
GB/T 228.1
GB 238
GB/T 2103</td><td>抗拉强度
断后伸长率
弯曲</td><td>(1) 钢丝应成批验收，每批钢绞线由同一牌号、同一规格、同一生产工艺捻制的钢绞线组成，每批重量不大于60t
(2) 取样
<table>
<tr><th>序号</th><th>检验项目</th><th>取样数量</th><th>取样部位</th></tr>
<tr><td>1</td><td>抗拉强度</td><td>1根/盘</td><td rowspan="3">在每（任一）盘卷中任意一端截取</td></tr>
<tr><td>2</td><td>断后伸长率</td><td>1根/盘</td></tr>
<tr><td>3</td><td>弯曲</td><td>1根/盘</td></tr>
</table></td></tr>
<tr><td>(3)</td><td>中强度预应力混凝土用钢丝
YB/T 156
GB/T 228.1
GB 238
GB/T 2103</td><td>抗拉强度
伸长率
反复弯曲</td><td>(1) 钢丝应成批验收，每批钢绞线由同一牌号、同一规格、同一生产工艺捻制的钢绞线组成，每批重量不大于60t
(2) 在每盘钢丝的两端取样进行抗拉强度、反复弯曲、伸长率的检验
(3) 规定非比例延伸应力和松弛试验每季度抽检1次，每次不得少于3根。每个交货批至少提供1个规定非比例延伸应力值</td></tr>
<tr><td>(4)</td><td>预应力混凝土用钢棒
GB/T 5223.3
GB/T 228.1
GB/T 2103</td><td>抗拉强度
断后伸长率
伸直性
弯曲试验
（螺旋槽钢棒、带肋钢棒除外）</td><td>(1) 钢棒应成批验收，每批钢绞线由同一牌号、同一规格、同一加工状态的钢棒组成，每批重量不大于60t
(2) 取样
<table>
<tr><th>序号</th><th>检验项目</th><th>取样数量</th><th>取样部位</th></tr>
<tr><td>1</td><td>抗拉强度</td><td>1根/盘</td><td rowspan="4">在每（任一）盘卷中任意一端截取</td></tr>
<tr><td>2</td><td>断后伸长率</td><td>1根/盘</td></tr>
<tr><td>3</td><td>伸直性</td><td>1根/5盘</td></tr>
<tr><td>4</td><td>弯曲性能</td><td>3根/每批</td></tr>
</table>
注：1. 当更换原料牌号、规格及不同厂家的原料时，均要做松弛试验
2. 对于直条钢棒，以切断盘条的盘数为依据，并应按盘状取样</td></tr>
</table>

续表

<table>
<tr><th>序号</th><th>材料名称及相关标准、规范代号</th><th>主要检测参数</th><th>取样规则及取样方法</th></tr>
<tr><td>(5)</td><td>预应力混凝土用低合金钢丝
GB/T 701
YB/T 038</td><td>①拔丝用盘条：
抗拉强度
伸长率
冷弯
②钢丝：
抗拉强度
伸长率
反复弯曲
应力松弛</td><td>(1) 拔丝用盘条
1) 盘条应成批检查验收。每批应由同一牌号、同一炉罐号、同一规格、同一交货状态的盘条组成
2) 公称容量不大于 30t 的冶炼炉冶炼制成的钢坯和连续坯扎制的盘条，允许由同一牌号、同一冶炼方法，同一浇注方法的不同炉罐号组成的混合批，但每批不得多于 6 个炉罐号。各炉号含碳量之差不大于 0.02%，含锰量之差不大于 0.15%
3) 抽样
<table>
<tr><th>序　号</th><th>检验项目</th><th>取样数量</th><th>取样部位</th></tr>
<tr><td>1</td><td>拉伸</td><td>1 个/批</td><td>GB 2975</td></tr>
<tr><td>2</td><td>弯曲</td><td>2 个/批</td><td>不同根盘条</td></tr>
</table>
(2) 钢丝
1) 钢丝应组成批验收。每批钢丝同一牌号、同一炉号(或同一生产批号)、同一形状、同一尺寸及同一交货状态的钢丝组成
2) 抽样
<table>
<tr><th>序　号</th><th>检验项目</th><th>取样数量</th><th>取样部位</th></tr>
<tr><td>1</td><td>拉伸试验</td><td>每盘 1 个</td><td>任意端</td></tr>
<tr><td>2</td><td>反复弯曲</td><td>5%且不少于 5 盘</td><td>去掉 500mm 后取样</td></tr>
<tr><td>3</td><td>松弛试验</td><td>每季度 1 个</td><td></td></tr>
</table></td></tr>
<tr><td>(6)</td><td>预应力混凝土用螺纹钢筋
GB/T 20065</td><td>化学成分
拉伸
松弛
疲劳
表面</td><td>(1) 每批应由同一炉罐号、同一规格、同一交货状态的钢筋组成
(2) 对每批重量大于 60t 钢筋的部分，每增加 40t，增加 1 个拉伸试样
(3) 取样
<table>
<tr><th>序号</th><th>检验项目</th><th>取样数量</th><th>取样方法</th></tr>
<tr><td>1</td><td>化学成分</td><td>1</td><td>GB/T 20066</td></tr>
<tr><td>2</td><td>外形尺寸</td><td>2</td><td>任选两根钢筋</td></tr>
<tr><td>3</td><td>松弛</td><td>1/每 1000t</td><td>任选 1 根钢筋</td></tr>
<tr><td>4</td><td>疲劳</td><td>1</td><td></td></tr>
<tr><td>5</td><td>表面</td><td>逐支</td><td></td></tr>
</table></td></tr>
<tr><td>(7)</td><td>无粘结预应力钢绞线</td><td></td><td></td></tr>
</table>

续表

<table>
<tr><th>序号</th><th>材料名称及相关标准、规范代号</th><th>主要检测参数</th><th>取样规则及取样方法</th></tr>
<tr><td>1）</td><td>钢绞线
JG 161</td><td>外观伸直性
直径
整根钢绞线的最大力
规定非比例延伸力
最大力总伸长率</td><td>钢绞线应成批验收，每批钢绞线由同一牌号、同一规格、同一生产工艺捻制的钢绞线组成，每批重量不大于60t
<table>
<tr><th>序号</th><th>检验项目</th><th>取样数量</th><th>取样部位</th></tr>
<tr><td>1</td><td>表面</td><td>逐盘卷</td><td></td></tr>
<tr><td>2</td><td>外形尺寸</td><td>逐盘卷</td><td></td></tr>
<tr><td>3</td><td>钢绞线伸直性</td><td>3根/每批</td><td rowspan="5">在每（任）盘卷中任意一端截取</td></tr>
<tr><td>4</td><td>整根钢绞线的最大力</td><td>3根/每批</td></tr>
<tr><td>5</td><td>规定非比例延伸力</td><td>3根/每批</td></tr>
<tr><td>6</td><td>最大力总伸长率</td><td>3根/每批</td></tr>
<tr><td>7</td><td>应力松弛性能</td><td>不得小于1根/每合同批①</td></tr>
</table>
① 合同批为一个订货合同的总量。在特殊情况下，松弛试验可以由工厂连续检验提供同一原料、同一生产工艺数据所代替</td></tr>
<tr><td>2）</td><td>防腐润滑脂
JG 161</td><td>滴点
腐蚀试验</td><td>每批由同牌号、同生产工艺生产的油脂组成，每批重量不大于50t。随机抽取样品2.0kg进行检验</td></tr>
<tr><td>3）</td><td>高密度聚乙烯树脂
JG 161</td><td>熔体流动速率
密度
拉伸屈服强度
断裂伸长率</td><td>每批由同一牌号、同生产工艺生产的高密度聚乙烯树脂组成。每批重量不大于50t。随机抽取样品2.0kg进行检验</td></tr>
<tr><td>4）</td><td>护套
JG 161</td><td>拉伸强度
弯曲屈服强度
断裂伸长率
护套厚度</td><td>护套拉伸及弯曲试验，每批不大于60t，抽取3件试样进行检验。护套厚度检验，每批不大于30t抽取3件试样进行检验</td></tr>
<tr><td>(8)</td><td>预应力混凝土用金属波纹管
JG 225</td><td>外观
集中荷载下径向刚度
集中荷载作用后抗渗漏
弯曲后抗渗漏</td><td>（1）每批应由同一个钢带生产的同一批钢带所制造的预应力混凝土用金属波纹管组成。每半年或累计50000m生产量为1批
（2）取样
出厂检验内容
<table>
<tr><th>序号</th><th>检验项目</th><th>取样数量</th></tr>
<tr><td>1</td><td>外观</td><td>全部</td></tr>
<tr><td>2</td><td>尺寸</td><td>3</td></tr>
<tr><td>3</td><td>集中荷载下径向刚度</td><td>3</td></tr>
<tr><td>4</td><td>集中荷载作用后抗渗漏</td><td>3</td></tr>
<tr><td>5</td><td>弯曲后抗渗漏</td><td>3</td></tr>
</table></td></tr>
</table>

续表

<table>
<tr><th>序号</th><th>材料名称及相关标准、规范代号</th><th>主要检测参数</th><th>取样规则及取样方法</th></tr>
<tr><td>(9)</td><td>无粘结预应力混凝土管
JC/T 1056</td><td>外观
抗渗性
抗裂内压</td><td>(1) 同材料、同规格、同工艺生产的成品管子组成，每200根为1批，不足200根按1批计，但至少应为30根
(2) 抽样
出厂检验抽样数量<table><tr><th>序　号</th><th>检验项目</th><th>数量/根</th><th>备　注</th></tr><tr><td>1</td><td>外观质量</td><td>逐根</td><td>全检</td></tr><tr><td>2</td><td>尺寸偏差</td><td>10/项</td><td rowspan="3">随机方法抽样</td></tr><tr><td>3</td><td>抗渗性</td><td>10</td></tr><tr><td>4</td><td>抗裂内压</td><td>2</td></tr></table></td></tr>
<tr><td>(10)</td><td>预应力钢筒混凝土管
GB/T 19685</td><td>外观
内（外）压
抗裂性能</td><td>出厂检验的管子应由同类别、同规格、同工艺生产的成品管子组成，每200根为1批，不足200根按1批计，但至少应为30根
出厂检验抽样数量<table><tr><th>序号</th><th>检验项目</th><th>数量/根</th><th>备注</th></tr><tr><td>1</td><td>外观质量</td><td>逐根</td><td>按批量</td></tr><tr><td>2</td><td>尺寸偏差</td><td>逐根</td><td rowspan="2">随机方法抽样</td></tr><tr><td>3</td><td>内（外）压抗裂性能</td><td>2</td></tr></table></td></tr>
<tr><td>(11)</td><td>预应力筋用锚具、夹具和连接器
GB/T 14370
CECS 180</td><td>外观
硬度
静载性能检验</td><td>(1) 组批原则
出厂检验时，每批零件产品的数量是指同一种产品，同一批原材料，用同一种工艺一次投料生产的数量
(2) 抽样
每个抽检组批不得超过2000件（套），对静载锚固性能试验，多孔锚具不应超过1000套（单孔锚具为2000套），连接器不宜超过500套为1个检验批。外观检验从每批中抽取10%且不应少于10套。对有硬度要求的零件做硬度检验，对新型锚具应从每批中抽取5%且不少于5套，对常用锚具每批中抽取2%且不少于3套。静载试验用的锚具、夹具或连接器按成套产品抽样，应在外观及硬度检验合格后的产品中抽取，每生产组批抽取3个组装件的用量</td></tr>
<tr><td>11</td><td>节能工程</td><td></td><td></td></tr>
<tr><td>(1)</td><td>保温材料</td><td></td><td></td></tr>
<tr><td>1)</td><td>绝热用模塑聚苯乙烯泡沫塑料
GB 50411
GB/T 10801.1</td><td>表观密度
压缩强度
导热系数</td><td>(1) 组批原则
1) 墙体节能工程
同一厂家同一品种的产品，当单位工程面积在2万m^2以下时抽查不少于3次，当单位工程面积在2万m^2以上时抽查不少于6次
2) 幕墙工程
同一厂家同一品种的产品抽查不少于1组
3) 屋面、地面工程
同一厂家同一品种的产品抽查不少于3组
(2) 抽样数量：2m^2</td></tr>
</table>

续表

序号	材料名称及相关标准、规范代号	主要检测参数	取样规则及取样方法
2)	绝热用挤塑聚苯乙烯泡沫塑料（XPS） GB 50411 GB/T 8813 GB 10294 GB/T 10801.2	压缩强度 导热系数	（1）组批原则 1）墙体节能工程 同一厂家同一品种的产品，当单位工程面积在 2 万 m^2 以下时抽查不少于 3 次，当单位工程面积在 2 万 m^2 以上时抽查不少于 6 次 2）幕墙工程 同一厂家同一品种的产品抽查不少于 1 组 3）屋面、地面工程 同一厂家同一品种的产品抽查不少于 3 组 （2）尺寸和外观随机抽取 6 块样品进行检验，压缩强度取 3 块样品进行检验，绝热性能（即导热系数）取 2 块样品进行检验 （3）抽样数量：$2m^2$
3)	硬质聚氨酯泡沫塑料 GB 50411 GB/T 21558	导热系数 芯密度 压缩强度	（1）组批原则 1）墙体节能工程 同一厂家同一品种的产品，当单位工程面积在 2 万 m^2 以下时抽查不少于 3 次，当单位工程面积在 2 万 m^2 以上时抽查不少于 6 次 2）幕墙工程 同一厂家同一品种的产品抽查不少于 1 组 3）屋面、地面工程 同一厂家同一品种的产品抽查不少于 3 组 （2）抽样数量：$2m^2$
4)	喷涂聚氨酯硬泡体保温材料 GB 50411 JC/T 998	密度 抗压强度 导热系数	（1）组批原则 1）墙体节能工程 同一厂家同一品种的产品，当单位工程面积在 2 万 m^2 以下时抽查不少于 3 次，当单位工程面积在 2 万 m^2 以上时抽查不少于 6 次 2）幕墙工程 同一厂家同一品种的产品抽查不少于 1 组 3）屋面、地面工程 同一厂家同一品种的产品抽查不少于 3 组 （2）抽样数量：$2m^2$ （3）在喷涂施工现场，用相同的施工工艺条件单独制成一个泡沫体。试件的数量与推荐尺寸按照下表从泡沫体中切取，所有试件都不带表皮

续表

<table>
<tr><th>序号</th><th>材料名称及相关标准、规范代号</th><th>主要检测参数</th><th>取样规则及取样方法</th></tr>
<tr><td>4）</td><td>喷涂聚氨酯硬泡体保温材料
GB 50411
JC/T 998</td><td>密度
抗压强度
导热系数</td><td>试件数量及推荐尺寸
<table>
<tr><th>项次</th><th colspan="2">检验项目</th><th>试样尺寸（mm）</th><th>数量（个）</th></tr>
<tr><td>1</td><td colspan="2">密度</td><td>100×100×30</td><td>5</td></tr>
<tr><td>2</td><td colspan="2">导热系数</td><td>200×200×25</td><td>2</td></tr>
<tr><td>3</td><td colspan="2">粘结强度</td><td>8字砂浆块</td><td>6</td></tr>
<tr><td>4</td><td colspan="2">尺寸变化率</td><td>100×100×25</td><td>3</td></tr>
<tr><td>5</td><td colspan="2">抗压强度</td><td>100×100×30</td><td>5</td></tr>
<tr><td>6</td><td colspan="2">拉伸强度</td><td>哑铃状</td><td>5</td></tr>
<tr><td>7</td><td colspan="2">断裂伸长率</td><td>哑铃状</td><td>5</td></tr>
<tr><td>8</td><td colspan="2">闭孔率</td><td>100×30×30
100×30×15
100×30×7.5</td><td>各3</td></tr>
<tr><td>9</td><td colspan="2">吸水率</td><td>150×150×25</td><td>3</td></tr>
<tr><td>10</td><td colspan="2">水蒸气透过率</td><td>100×100×25</td><td>4</td></tr>
<tr><td>11</td><td colspan="2">抗渗性</td><td>100×100×30</td><td>3</td></tr>
<tr><td rowspan="2">12</td><td rowspan="2">燃烧性能</td><td>水平燃烧</td><td>150×13×50</td><td>6</td></tr>
<tr><td>氧指数</td><td>100×10×10</td><td>15</td></tr>
</table></td></tr>
<tr><td>5）</td><td>保温浆料
GB 50411</td><td>导热系数
干表度
压缩强度</td><td>组批原则：
1）墙体节能工程
①采用相同材料、工艺和施工做法的墙面，每500～1000m² 面积划分1个检验批，不足500m² 也为1个检验批
②检验批的划分也可根据施工流程相一致且方便施工与验收的原则，由施工单位与监理（建设）单位共同商定
③每个检验批应抽样制作同条件试件不少于3组
2）屋面、地面工程
同一厂家同一品种的产品抽查不少于3组</td></tr>
<tr><td>6）</td><td>保温砂浆
GB 50411
GB/T 20473</td><td>导热系数
干密度
抗压强度</td><td>（1）组批原则
1）墙体节能工程
同一厂家同一品种的产品，当单位工程面积在2万m² 以下时抽查不少于3次，当单位工程面积在2万m² 以上时抽查不少于6次
2）幕墙工程
同一厂家同一品种的产品抽查不少于1组
3）屋面、地面工程
同一厂家同一品种的产品抽查不少于3组
（2）抽样应有代表性，可连续取样，也可以从20个以上不同堆放部位的包装袋中取等量样品并混匀，总量不少于40L</td></tr>
</table>

续表

序号	材料名称及相关标准、规范代号	主要检测参数	取样规则及取样方法
7)	绝热用玻璃棉及其制品 绝热用岩棉、矿渣棉及其制品 GB/T 13350 GB/T 11835	导热系数 密度 吸水率	(1) 组批原则 1) 墙体节能工程 同一厂家同一品种的产品，当单位工程面积在2万m^2以下时抽查不少于3次，当单位工程面积在2万m^2以上时抽查不少于6次 2) 幕墙工程 同一厂家同一品种的产品抽查不少于1组 3) 屋面、地面工程 同一厂家同一品种的产品抽查不少于3组 4) 采暖节能工程 同一厂家同材质的保温材料见证取样送检次数不得少于2次 5) 通风与空调节能工程 同一厂家同材质的绝热材料复验次数不得少于2次 (2) 抽样数量：板材1m^2，管材长度1m
8)	建筑绝热用玻璃棉制品 GB/T 17795	导热系数 密度	同上
9)	柔性泡沫橡胶绝热制品 GB/T 17794	表观密度 导热系数 尺寸稳定性 真空吸水率	同上
10)	散热器 GB 540411	单位散热量 金属热强度	同一厂家统一规格的散热器按其数量的1%进行见证取样，不得少于2组
11)	风机盘管机组 GB 540411	供冷量 供热量 风量 出口静压 噪声 功率	同一厂家的风机盘管机组按数量复验2%，但不得少于2台
(2)	粘结材料		
1)	胶粘剂 GB 50411 JG/T 3049 JG 149 JGJ 144	拉伸胶粘强度	(1) 同一厂家同一品种的产品，当单位工程面积在2万m^2以下时抽查不少于3次，当单位工程面积在2万m^2以上时抽查不少于6次 (2) 抽样数量：2kg
2)	保温粘结砂浆 GB 50411	拉伸粘结强度	(1) 同一厂家同一品种的产品，当单位工程面积在2万m^2以下时抽查不少于3次，当单位工程面积在2万m^2以上时抽查不少于6次 (2) 抽样数量：2kg

续表

<table>
<tr><th>序号</th><th>材料名称及相关标准、规范代号</th><th>主要检测参数</th><th>取样规则及取样方法</th></tr>
<tr><td>3)</td><td>抗裂砂浆
GB 50411
JG 149
JG 158</td><td>拉伸粘结强度</td><td>(1) 同一厂家同一品种的产品，当单位工程面积在 2 万 m^2 以下时抽查不少于 3 次，当单位工程面积在 2 万 m^2 以上时抽查不少于 6 次
(2) 抽样数量：2kg</td></tr>
<tr><td>(3)</td><td>增强网</td><td></td><td></td></tr>
<tr><td>1)</td><td>耐碱型玻纤网格布
GB 50411
JC/T 841</td><td>断裂强力
(经向、纬向)
耐碱强力保留率
(经向、纬向)</td><td>(1) 同一厂家同一品种的产品，当单位工程面积在 2 万 m^2 以下时抽查不少于 3 次，当单位工程面积在 2 万 m^2 以上时抽查不少于 6 次
(2) 抽样数量：2kg</td></tr>
<tr><td>2)</td><td>镀锌钢丝网
GB 50411
QB/T 3897
JG 158</td><td>焊点抗拉力
抗腐蚀性能（镀锌层质量或镀锌层均匀性）</td><td>(1) 同一厂家同一品种的产品，当单位工程面积在 2 万 m^2 以下时抽查不少于 3 次，当单位工程面积在 2 万 m^2 以上时抽查不少于 6 次
(2) 抽样数量：长度 1m</td></tr>
<tr><td>(4)</td><td>幕墙隔热型材</td><td></td><td></td></tr>
<tr><td>1)</td><td>隔热型材
GB 5237.6</td><td>抗拉强度
抗剪强度</td><td>(1) 隔热型材应成批提交验货，每批应由同一牌号和状态的铝合金型材与同一种隔热材料通过同一种复合工艺制作成的同一类别、规格和表面处理方式的隔热型材组成
(2) 取样
取样见下表
<table>
<tr><th>检测项目</th><th>取样规定</th></tr>
<tr><td>铝合金型材</td><td>生产厂在复合前取样，需方可在隔热型材品上直接取样。符合 GB 5237.2～5237.5 或 YS/T 459—2003 相应产品规定</td></tr>
<tr><td>隔热材料</td><td>供需方协商</td></tr>
<tr><td>尺寸</td><td>符合 GB 5237.1—2004 表 13 规定</td></tr>
<tr><td>纵向剪切试验</td><td rowspan="3">每项试验在每批取 2 根，每根于中部和两端各取 5 个试样，并做标识。将试样均分 3 份，分别用于低温、高温试验。试验长 100mm±1mm，拉伸试验试样的长度允许缩短至 18mm</td></tr>
<tr><td>横向拉伸试验</td></tr>
<tr><td>抗扭试验</td></tr>
<tr><td>高温持久负荷试验</td><td>每批取 4 根，每根于中部切取 1 个试样，于两端切取 2 个试样，对试样进行标识。将试样均分 2 份，分别用于低温、高温试验。试验长 100mm±1mm</td></tr>
<tr><td>热循环试验</td><td>每批取 2 根，每根于中部切取 1 个试样，于两端分别切取 2 个试样，试样长 305mm±1mm</td></tr>
<tr><td>外观</td><td>逐根检查</td></tr>
</table></td></tr>
</table>

续表

<table>
<tr><th>序号</th><th>材料名称及相关标准、规范代号</th><th>主要检测参数</th><th>取样规则及取样方法</th></tr>
<tr><td>2)</td><td>建筑用隔热铝合金型材（穿条式）
JG/T 175</td><td>抗拉强度
抗剪强度</td><td>（1）型材应成批验收，每批应由同一合金牌号、同一状态、同一类别、规格和表面处理方式的产品组成，每批重量不限
（2）随机在同批同规格隔热型材中抽取1根型材，分别从两端中部取样10个试件，取样长度为100mm±1mm</td></tr>
<tr><td>12</td><td>给排水材料</td><td></td><td></td></tr>
<tr><td>（1）</td><td>建筑排水用硬聚氯乙烯管材
GB/T 5836.1
GB 2828</td><td>纵向回缩率
扁平试验
拉伸屈服强度
断裂伸长率
落锤冲击试验
维卡软化温度</td><td>（1）同一生产厂，同一原料、配方和工艺的情况下生产的同一规格的管材，每30t为1验收批，不足30t也按1批计
（2）在计数合格的产品中随机抽取3根试件，进行纵向回缩率和扁平试验</td></tr>
<tr><td>（2）</td><td>建筑排水用硬聚氯乙烯管件
GB/T 583.2</td><td>烘箱试验
坠落试验
维卡软化温度</td><td>同一生产厂，同一原料、配方和工艺情况下生产的同一规格的管件，每5000件为1验收批，不足5000件也按1批计</td></tr>
<tr><td>（3）</td><td>给水用硬聚氯乙烯（PVC-V）管材
GB/T 10002.1</td><td>生活饮用给水管材的卫生性能
纵向回缩率
二氯甲烷浸渍
试验液压试验</td><td>同一生产厂，同一原料、配方和工艺的情况下生产的同一规格的管材，每100t为1验收批，不足100t也按1批计</td></tr>
<tr><td>（4）</td><td>给水用聚乙烯（PE）管材
GB/T 13663
GB/T 17219</td><td>生活饮用给水管材的卫生性能
静液压强度（80℃）
断裂伸长率
氧化诱导时间</td><td><table>
<tr><th>批量范围（N）</th><th>样本大小（n）</th></tr>
<tr><td>≤150</td><td>8</td></tr>
<tr><td>151～280</td><td>13</td></tr>
<tr><td>281～500</td><td>20</td></tr>
<tr><td>501～1200</td><td>32</td></tr>
<tr><td>1201～3200</td><td>50</td></tr>
<tr><td>3201～10000</td><td>80</td></tr>
</table></td></tr>
<tr><td>13</td><td>建筑电气材料</td><td></td><td></td></tr>
<tr><td>（1）</td><td>电线、电缆
GB 5023.3
GB/T 3956
GB/T 3048</td><td>截面
每芯导体电阻值</td><td>各种规格总数的10%，且不少于2个规格</td></tr>
<tr><td>（2）</td><td>照明系统
GB50411</td><td>平均照度
照明功率密度</td><td>同一功能区不少于2处，且测试值不能小于设计值的90%</td></tr>
<tr><td>14</td><td>智能建筑材料</td><td></td><td></td></tr>
</table>

续表

序号	材料名称及相关标准、规范代号	主要检测参数	取样规则及取样方法
(1)	5类（包含5e类）、6类、7类对绞电缆 GB 50312	电缆长度 衰减 近端串 音等技术指标	依据《综合布线系统工程验收规范》GB 50312—2007，抽检数量为：本批量对绞电缆中的任意三盘中各截出90m长度，加上工程中所选用的连接器件按永久链路测试模型进行抽样测试，另外从本批量电缆配盘中任意抽取3盘进行电缆长度的核准
(2)	光纤 GB 50312	衰减 长度测试	光缆外包装受损时应对每根光缆按光纤链路进行衰减和长度测试
15	通风空调材料		
(1)	镀锌钢板 GB/T 2518	拉伸 锌层重量	钢板及钢带应按批检验，同牌号、同规格、同一镀层重量、同镀层表面结构和同表面处理的钢材组成。对于单个卷重大于30t的钢带，每卷作为1个检验批。拉伸试验取1个试样，试样位置距边部不小于50mm。镀锌重量试验1组取3个，单个试样的面积不小于$5000mm^2$
(2)	不锈钢钢板 GB/T 4237	拉伸 弯曲 耐腐蚀性能	钢板与钢带应成批提交验收，每批由同一牌号、同一炉号、同一厚度和同一热处理制度的钢板和钢带组成在钢板宽度1/4处切取拉伸、弯曲各1个试件，在不同张或卷钢板取2个试件做耐腐蚀性能试验

样品的缩分

1. 砂、粉料等

将样品置于平板上，在自然状态下拌混均匀（砂在潮湿状态下拌合均匀）并堆成厚度约为20mm的“圆饼”，然后沿互相垂直的两条直径把“圆饼”分成大致相等的4份，取其对角的2份重新拌匀，再堆成“圆饼”状。重复上述过程，直至缩分后的材料略多于进行试验所必需的量为止。

2. 碎石、卵石

将样品置于平板上，在自然状态下拌混均匀，并堆成锥体，然后沿互相垂直的两条直径把锥体分成大致相等的4份，取其对角的2份重新拌匀，再堆成锥体。重复上述过程，直至把样品缩分至试验所需量为止。

5.1.2 试样（件）制备

5.1.2.1 混凝土试件制作要求

1. 取样

(1) 同一组混凝土拌合物的取样应从同一车混凝土中取样。取样量应多于试验所需量的1.5倍且不少于20L。

(2) 混凝土拌合物的取样应具有代表性，宜采用多次采样的方法。一般在同一盘混凝土或同一车混凝土中的约1/4处，1/2和3/4处之间分别取样，从第一次取样到最后一次取样不宜超过15min，然后人工搅拌均匀。

(3) 从取样完毕到开始做各项性能试验不宜超过5min。

2. 混凝土试件制作对试模要求

(1) 试件的尺寸、形状和公差

混凝土试件的尺寸应根据混凝土骨料的最大粒径按表 5-2 选用。

混凝土试件尺寸选用表 **表 5-2**

试件横截面尺寸（mm）	骨料最大粒径（mm）	
	劈裂抗拉强度试验	其他试验
100×100	20	31.5
150×150	40	40
200×200	—	63

（2）试件的形状

抗压强度、劈裂抗压强度、轴心抗压强度、静力受压弹性模量、抗折强度试件应符合下表 5-3 要求。

试 件 的 形 状 **表 5-3**

试验项目	试件形状	试件尺寸（mm）	试件类型
抗压强度、劈裂抗压强度试件	立方体	150×150×150	标准试件
		100×100×100	非标准试件
		200×200×200	
	圆柱体	ϕ150×300	标准试件
		ϕ100×200	非标准试件
		ϕ200×400	
轴心抗压强度、静力受压弹性模量试件	棱柱体	150×150×300	标准试件
		100×100×300	非标准试件
		200×200×400	
	圆柱体	ϕ150×300	标准试件
		ϕ100×200	非标准试件
		ϕ200×400	
抗折强度试件	棱柱体	150×150×600（或 550mm）	标准试件
		100×100×400	标准试件

（3）抗折强度试件应符合表 5-4 要求

抗折强度试件尺寸 **表 5-4**

试件形状	试件尺寸（mm）	试件类型
棱柱体	150×150×600（或 550mm）	标准试件
	100×100×400	非标准试件

（4）试件尺寸公差

1）试件的承压面的平面公差不得超过 0.0005d（d 为边长）。

2）试件的相邻面间的夹角应为 90°，其公差不得超过 0.5°。

3）试件各边长、直径和高的尺寸的公差不得超过 1mm。

3. 混凝土试件的制作、养护

（1）混凝土试件制作的要求：

1）成型前，检查试模尺寸并符合标准中的有关规定；试模内表面应涂一层矿物油，或其他不与混凝土发生反应的隔离剂。

2）取样后应在尽量短的时间内成型，一般不超过 15min。

3）根据混凝土拌合物的稠度确定混凝土的成型方法，坍落度不大于 70mm 的混凝土宜用振动台振实；大于 70mm 的宜用捣棒人工捣实。

（2）混凝土试件制作：

取样或拌制好的混凝土拌合物应至少用铁锹再来回拌合 3 次。

1）用振动台振实制作试件的方法

①将混凝土拌合物一次装入试模，装料时应用抹刀沿各试模壁插捣，并使混凝土拌合物高出试模口。

②试模应附着或固定在振动台上，振动时试模不得有任何跳动，振动应持续到表面出浆为止；不得过振。

2）用人工插捣制作试件的方法

①混凝土拌合物应分两层装入模内，每层的装料厚度大致相等。

②插捣应按螺旋方向从边缘向中心均匀进行。在插捣底层混凝土时，捣棒应达到试模底部；插捣上层时捣棒应贯穿上层后插入下层 20～30mm；插捣时捣棒应保持垂直，不得倾斜。然后应用抹刀沿试模内壁插捣数次。

③每层插捣次数按在 10000mm^2 截面内不得少于 12 次。

④插捣后应用橡皮锤轻轻敲击试模 4 周，直到插捣棒留下的空洞消失为止。

3）用插入式振捣棒振实制作试件的方法

①将混凝土拌合物一次装入试模，装料时应用抹刀沿各试模壁插捣，并使混凝土拌合物高出试模口。

②宜用直径为 ϕ25mm 的插入式振捣棒，插入试模振动时，振捣棒距试模底板 10～20mm 且不得触及试模底板，振动应持续到表面出浆为止，且应避免过振，以防止混凝土离析；一般振捣时间为 20s，振捣棒拔出时要缓慢，拔出后不得留有孔洞。

（3）刮除试模上口多余的混凝土，待混凝土临近初凝时，用抹刀抹平。

（4）混凝土试件的养护：

1）试件成型后应立即用不透水的薄膜覆盖表面。

①采用标准养护的试件，应在温度为 20±5℃的环境中静置 1 昼夜至 2 昼夜，然后编号、拆模。拆模后应立即放入温度为 20±2℃，相对湿度为 95%以上的标准养护室中养护，也可在温度为 20±2℃的不流动的 $Ca(OH)_2$ 饱和溶液中或水中养护。标准养护室内的试件应放在支架上，彼此间隔 10～20mm，试件表面应保持潮湿，并不得被水直接冲淋。

②同条件养护试件的拆模时间可与实际构件的拆模时间相同，拆模后，试件仍需保持同条件养护。

2）标准养护龄期为 28d（从搅拌加水开始计）。

5.1.2.2 防水（抗渗）混凝土试件制作

1. 取样

同混凝土取样。

2. 稠度试验方法

同混凝土试验方法。

3. 试件制作、养护及留置

（1）防水（抗渗）混凝土试件制作及养护

1）试件的成型方法按混凝土的稠度确定，坍落度不大于70mm的混凝土，宜用振动台振实，大于70mm的宜用捣棒捣实。

2）制作试件用的试模应由铸铁或钢制成，应具有足够的刚度并拆装方便。采用顶面直径为175mm，底面直径为185mm，高度为150mm的圆台体或直径与高度均为150mm的圆柱体试模（视抗渗设备要求而定），试模的内表面应机械加工，其尺寸公差与混凝土试模的尺寸公差一致。每组抗渗试件以6个为1组。

3）试件成型方法与混凝土成型方法相同，但试件成型后24h拆模，用钢丝刷刷去两端面水泥浆膜，然后送标准养护室养护。

4）试件的养护温度、湿度与混凝土养护条件相同，试件一般养护至28d龄期进行试验，如有特殊要求，可按要求选择养护龄期。

（2）试件留置要求

1）防水（抗渗）混凝土试件应在浇筑地点随机取样，同一工程、同一配合比的抗渗混凝土取样不应少于1次，留置组数可根据实际需要确定。

2）连续浇筑抗渗混凝土500m^3应留置1组试件，且每项工程不得少于2组。采用预拌混凝土的抗渗试件，留置组数应视结构的规模和要求而定。

5.1.2.3 砂浆试件制作

1. 取样

（1）砂浆可从同一盘搅拌机或同一车运送的砂浆中取出，施工中取样进行砂浆试验时，应在使用地点的浆槽、砂浆运送车或搅拌机出料口，至少从三个不同部位集取。所取试样的数量应多于试验用量的4倍。

（2）砂浆拌合物取样后，在试验前应经人工再翻拌，以保证其质量均匀。并尽快进行试验。

2. 砂浆试件的制作、养护

（1）试模尺寸、捣棒直径及要求

1）砂浆试模尺寸为70.7mm×70.7mm×70.7mm立方体，应具有足够的刚度并拆模方便。试模的内表面其不平度为每100mm不超过0.05mm，组装后，各相邻面的不垂直度不应超过±0.5°。

2）捣棒直径为10mm，长度为350mm的钢棒，端部应磨圆。

（2）砂浆试件制作（每组试件3块）

1）使用有底试模并用黄油等密封材料涂抹试模的外接缝，试模内涂刷薄层机油或隔离剂，将拌制好的砂浆一次注满砂浆试模。成型方法根据稠度而定。当稠度≥50mm时采用人工振捣。用捣棒均匀地由边缘向中心按螺旋方式插捣25次，插捣过程中如砂浆沉落低于试模口，应随时添加砂浆，可用手将试模一边抬高 5～10mm 各振动 5 次，使砂浆高出试模顶面 6～8mm。当稠度＜50mm 时采用振动台振实成型。将拌制好的砂浆一次注满砂浆试模放置到振动台上，振动时试模不得跳动，振动 5～10s 或持续到表面出浆为止，不得过振。

2）待表面水分稍干后，将高出试模部分的砂浆沿试模顶面刮去抹平。

3）试件制作成型后应在室温 20℃±5℃温度环境下静置 24h±2h，当气温较低时，可适当延长时间但不应超过两昼夜。然后对砂浆试件进行编号并拆模，试件拆模后，应在标准养护条件下，养护至 28d，然后进行强度试验。

（3）砂浆试件的养护

1）砂浆试件应在温度为 20℃±2℃，相对湿度为 90%以上进行养护。

2）养护期间，试件彼此间隔不少于 10mm。

5.1.2.4　金属材料试件制备

1. 范围

适用于试件横截面积为圆形、矩形、多边形、环形的线材、棒材、型材及管材金属产品。

2. 拉伸试件种类

（1）比例试件：试件原始标距与原始横截面积有 $L_0=R\sqrt{S_0}$ 关系，比例系数 $R=5.65$（也可采用 $R=11.3$）

式中　L_0——原始标距；

S_0——原始横截面积。

（2）非比例试件：试件原始标距（L_0）与其原始横截面积 S_0 无关。

3. 试件制备

（1）机加工试件

机加工试件示意图见图 5-1。

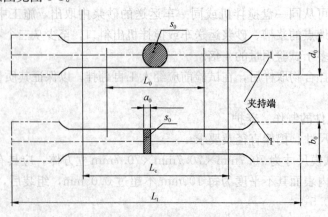

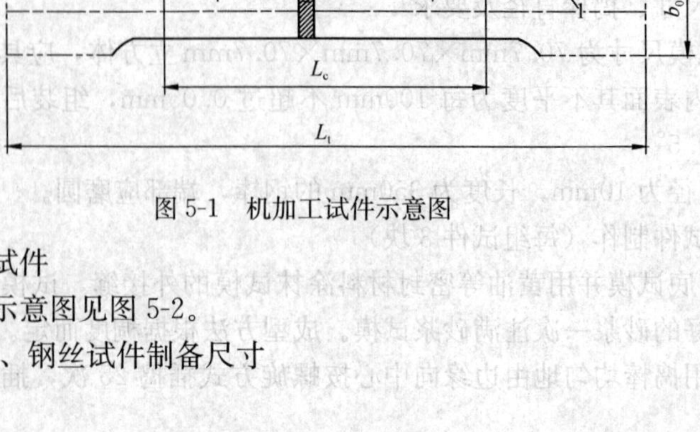

图 5-1　机加工试件示意图

（2）不经机加工试件

不经机加工试件示意图见图 5-2。

4. 钢筋、钢绞线、钢丝试件制备尺寸

（1）拉伸试件

$$L_c = 10d + 2T \quad (5\text{-}1)$$

（2）冷弯试件

① 带肋钢筋：

$$L_c = 2.5\pi d + 200 \quad (5\text{-}2)$$

② 热轧光圆、盘条、钢丝及钢绞线：

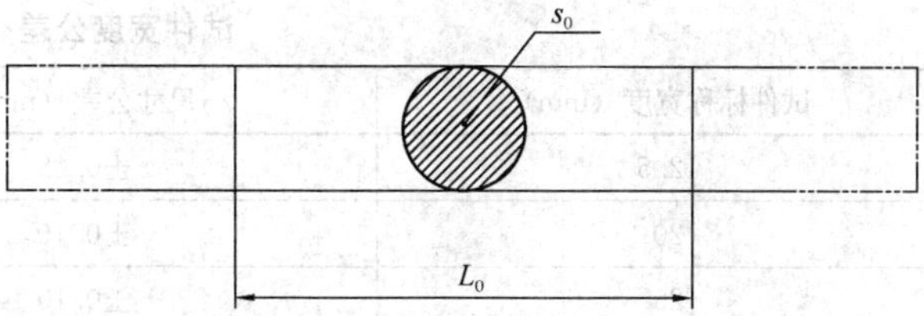

图 5-2 不经机加工试件示意图

$$L_0 = \pi d + 200 \quad (5\text{-}3)$$

式中 L_c——试件平行长（mm）；

d——钢筋直径（mm）；

L_0——原始标距；

T——试验机夹持长度（可根据试验机的情况而定，一般取 T=100mm）。

（3）试件平行长度 L_c

对于圆形试件不小于 L_0+d_0，对于矩形试件不小于 L_0+b_0。一般情况下钢筋、钢绞线及钢丝不经加工。其中：d_0——试件的公称直径；b_0——试件的公称宽度。

5. 厚度 0.1～<3mm 薄板和薄带试件类型

（1）试件的形状

试件的夹持头部一般应比其平行长度部分宽，试件头部与平行长度（L_c）之间应有过渡半径（r）至少为 20mm 的过渡弧相连接见图 5-1。头部宽度应≥1.2b_0，b_0 为原始宽度。

（2）试件的尺寸

1）矩形横截面比例试件见表 5-5；

2）矩形横截面非比例试件见表 5-6。

（3）试件宽度公差

试件宽度公差见表 5-7。

矩形横截面比例试件 表 5-5

b（mm）	r（mm）	k=5.65			k=11.3		
		L_0（mm）	L_C（mm）		L_0（mm）	L_C（mm）	
			带头	不带头		带头	不带头
10	≥20	$5.65\sqrt{S_0}$ ≥15	≥$L_0+b_0/2$ 仲裁试验 L_0+2b	L_0+3b_0	$11.3\sqrt{S_0}$ ≥15	≥$L_0+b_0/2$ 仲裁试验：L_0+2b_0	L_0+3b_0
12.5							
15							
20							

注：优先采用比例系数 k=5.65 的比例试件。

矩形横截面非比例试件 表 5-6

b（mm）	r（mm）	L_0（mm）	L_C（mm）	
			带 头	不带头
12.5	≥20	50	75	87.5
20		80	120	140
25		50	100	120

注：如需要，厚度小于 0.5mm 的试件在其平行长度上可带小凸耳，上、下两凸耳宽度中心线间的距离为原始标距。

试件宽度公差　　**表 5-7**

试件标称宽度（mm）	尺寸公差（mm）	形状公差（mm）
12.5	±0.05	0.06
20	±0.10	0.12
25	±0.10	0.12

6. 厚度等于或大于 3mm 板材和扁材及直径或厚度等于或大于 4mm 线材、棒材和型材试件类型

（1）试件的形状

通常，试件进行机加工如图 5-1。平行长度和夹持头部之间应以过渡弧（r）连接。过渡弧的半径应为：

圆形横截面试件（r）$\geqslant 0.75d_0$；

其他试件（r）$\geqslant$12mm。

试件的原始横截面可以为圆形、方形、矩形或特殊情况时为其他形状，矩形横截面试件，推荐其宽高比不超过 8∶1，机加工的圆形横截面其平行长度的直径一般不应小于 3mm。

（2）试件尺寸

1）机加工试件的平行长度：

对于圆形横截面试件 $L_C \geqslant L_0 + d_0/2$，仲裁试验 $L_C \geqslant L_0 + 2d_0$；

对于其他形状试件 $L_C \geqslant L_0 + 1.5\sqrt{S_0}$，仲裁试验 $L_C \geqslant L_0 + 2\sqrt{S_0}$。

2）不经加工试件的平行长度：

试验机两夹头间的自由长度应足够，以使试件原始标距的标记与最接近夹头间的距离不小于$\sqrt{S_0}$。

（3）比例试件

圆形、矩形横截面比例试件见表 5-8 和表 5-9。

圆形横截面比例试件　　**表 5-8**

<table>
<tr><th rowspan="2">d（mm）</th><th rowspan="2">r（mm）</th><th colspan="2">k=5.65</th><th colspan="2">k=11.3</th></tr>
<tr><th>L_0（mm）</th><th>L_C（mm）</th><th>L_0（mm）</th><th>L_C（mm）</th></tr>
<tr><td>25</td><td rowspan="8">$\geqslant 0.75d_0$</td><td rowspan="8">$5d_0$</td><td rowspan="8">$\geqslant L_0+d_0/2$
仲裁试验$\geqslant$
L_0+2d_0</td><td rowspan="8">$10d_0$</td><td rowspan="8">$\geqslant L_0+d_0/2$
仲裁试验$\geqslant$
L_0+2d_0</td></tr>
<tr><td>20</td></tr>
<tr><td>15</td></tr>
<tr><td>10</td></tr>
<tr><td>8</td></tr>
<tr><td>6</td></tr>
<tr><td>5</td></tr>
<tr><td>3</td></tr>
</table>

矩形横截面比例试件 表 5-9

b（mm）	r（mm）	k=5.65		k=11.3	
		L_0（mm）	L_C（mm）	L_0（mm）	L_C（mm）
12.5	≥12	$5.65\sqrt{S_0}$	$\geqslant L_0+1.5\sqrt{S_0}$ 仲裁试验：$L_0+2\sqrt{S_0}$	$11.3\sqrt{S_0}$	$\geqslant L_0+1.5\sqrt{S_0}$ 仲裁试验：$L_0+2\sqrt{S_0}$
15					
20					
25					
30					

注：如相关产品标准无具体规定，优先采用比例系数 k=5.65 的比例试件。

（4）非比例试件

矩形横截面非比例试件见表 5-10。

矩形横截面非比例试件 表 5-10

b（mm）	r（mm）	L_0（mm）	L_C（mm）
12.5	≥20	50	$\geqslant L_0+1.5\sqrt{S_0}$ 仲裁试验：$L_0+2\sqrt{S_0}$
20		80	
25		50	
38		50	
40		200	

（5）试件横向尺寸、形状公差

试件横向尺寸公差见表 5-11。

试件横向尺寸公差（mm） 表 5-11

名　　称	标称横向尺寸	尺寸公差	形状公差
机加工的圆形横截面直径和四面机加工的矩形横截面试件横向尺寸	≥3 ≤6	±0.02	0.03
	>6 ≤10	±0.03	0.04
	>10 ≤18	±0.05	0.04
	>18 ≤30	±0.10	0.05
相对两面机加工的矩形横截面试件横向尺寸	≥3 ≤6	±0.02	0.03
	>6 ≤10	±0.03	0.04
	>10 ≤18	±0.05	0.06
	>18 ≤30	±0.10	0.12
	>30 ≤50	±0.15	0.15

7. 直径或厚度小于 4mm 线材、棒材和型材的试件类型

（1）试件形状

试件通常为产品的一部分，不经机加工见图 5-2。

（2）试件尺寸

非比例试件尺寸见表 5-12。

非比例试件　**表 5-12**

d 或 a_0（mm）	L_0（mm）	L_C（mm）
≤4	100	≥120
	200	220

8. 管材试件类型

（1）试件的形状

试件可以为全壁厚纵向弧形试件见图 5-3，管段试件见图 5-4，全壁厚横向试件，或从管壁厚度机加工的圆形横截面试件。通过协议，可以采用不带头的纵向弧形试件和不带头的横向试件。仲裁试验时采用带头试件。

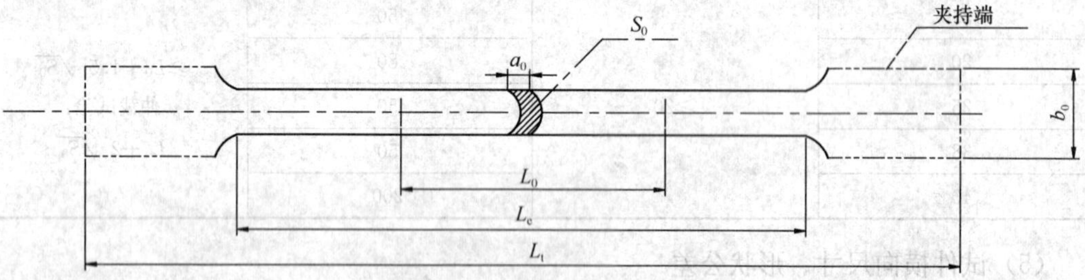

图 5-3　全壁厚纵向弧形试件

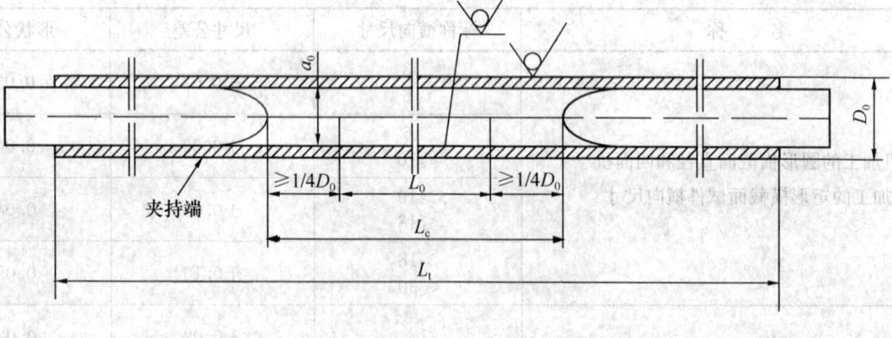

图 5-4　管段试件的塞头位置

（2）试件的尺寸

1）纵向弧形试件见表 5-13。纵向弧形试件一般适用于管壁厚度大于 0.5mm 的管材。

2）管段试件

管段试件应在其试件两端加以塞头。塞头至最接近的标距标记的距离不应小于 $D_0/4$（见图 5-5），允许压扁管段试件两夹持头部，加扁或不加扁块塞头后进行试验，但仲裁试验不压扁，应加配塞头，试件尺寸见表 5-14。

纵向弧形试件表 表 5-13

D（mm）	b（mm）	a（mm）	r（mm）	k=5.65		k=11.3	
				L_0（mm）	L_C（mm）	L_0（mm）	L_C（mm）
30～50	10	原壁厚	≥12	$5.65\sqrt{S_0}$	$\geqslant L_0+1.5\sqrt{S_0}$ 仲裁试验：$L_0+2\sqrt{S_0}$	$11.3\sqrt{S_0}$	$\geqslant L_0+1.5\sqrt{S_0}$ 仲裁试验：$L_0+2\sqrt{S_0}$
>50～70	15						
>70～100	20/19						
>100～200	25						
>200	38						

注：采用比例试件时，优先采用比例系数 k=5.65 的比例试件。

管 段 试 件 表 5-14

L_0（mm）	L_C（mm）
$5.65\sqrt{S_0}$	$\geqslant L_0+D_0/2$ 仲裁试验：L_0+2D_0
50	≥100

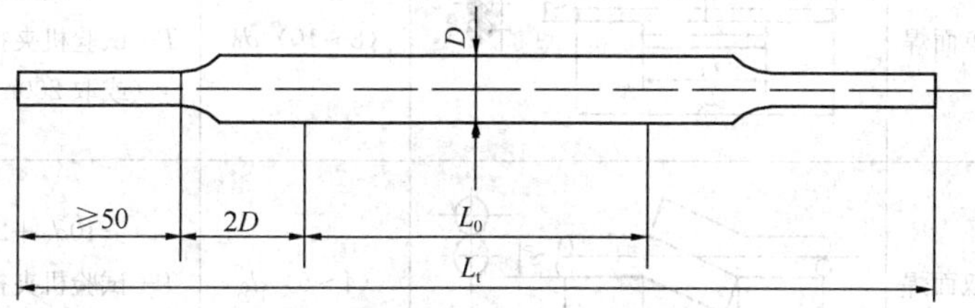

图 5-5 管段试件的两夹持头部压扁

3）机加工的横向试件

机加工的横向矩形横截面试件，管壁厚度小于 3mm 时，采用矩形横截面比例、非比例试件中的表 5-5、表 5-6 规定的试件尺寸，管壁厚度大于或等于 3mm 时，采用矩形横截面比例、非比例试件中的表 5-9、表 5-10 规定的试件尺寸。

4）管壁厚度机加工的纵向圆形横截面试件

管壁厚度机加工的纵向圆形横截面试件见表 5-15。

机加工的纵向圆形横截面试件，应采用圆形横截面比例试件中（表 5-8）规定的尺寸。

管壁厚度机加工的纵向圆形横截面试件 表 5-15

管壁厚度（mm）	8～13
	>13～16
	>16

5.1.2.5 钢筋焊接试件制备

1. 一般要求

在工程开工正式焊接之前，参与该项施焊的焊工应进行现场条件下的焊接工艺试验，并经试验合格后，方可正式生产。试验结果应符合质量检验与验收时的要求。

2. 试件制备尺寸

试件制备尺寸详见表 5-16。

试件制备尺寸　　表 5-16

焊接方法			接头形式	接头搭接长度 L_t	拉伸试件长度 L_c	冷弯件长度 L_c
电阻点焊			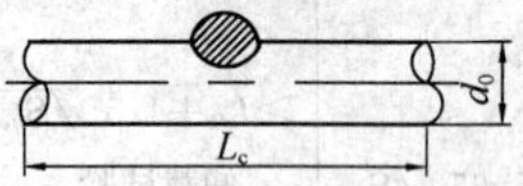		$\geqslant 10d_0+2T$ T—试验机夹持长度（或取 200mm）	
闪光对焊			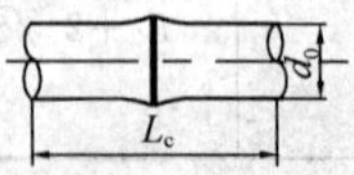		$\geqslant 10d_0+2T$ T—试验机夹持长度（或取 200mm）	
电弧焊	帮条焊	双面焊	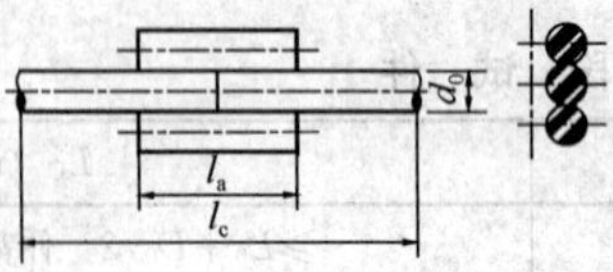	（4～5）d_0	$\geqslant 10d_0+2T$ T—试验机夹持长度（或取 200mm）	
电弧焊	帮条焊	单面焊	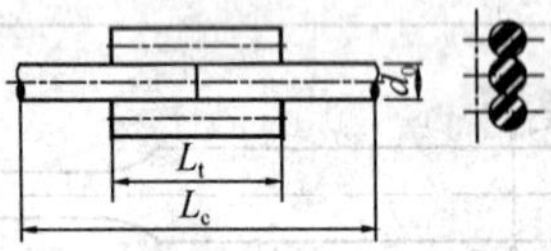	（8～10）d_0	$\geqslant 10d_0+2T$ T—试验机夹持长度（或取 200mm）	
电弧焊	搭接焊	双面焊	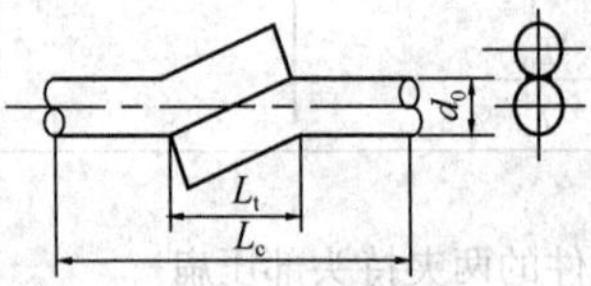	（4～5）d_0	$\geqslant 10d_0+2T$ T—试验机夹持长度（或取 200mm）	
电弧焊	搭接焊	单面焊	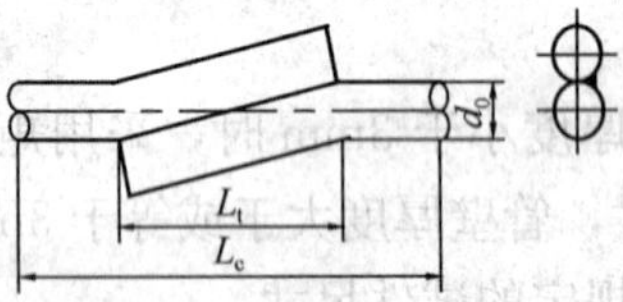	（8～10）d_0	$\geqslant 10d_0+2T$ T—试验机夹持长度（或取 200mm）	
钢筋与钢板搭接焊			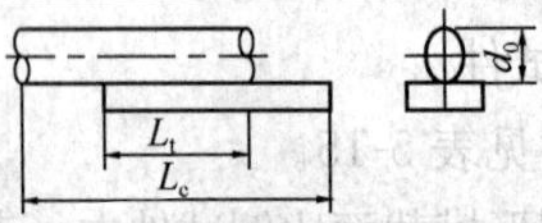	（4～5）d_0	$\geqslant 10d_0+2T$ T—试验机夹持长度（或取 200mm）	
电弧焊	坡口焊	平焊	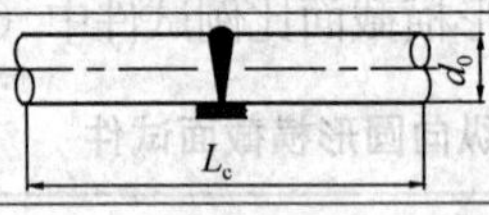		$\geqslant 10d_0+2T$ T—试验机夹持长度（或取 200mm）	
电弧焊	坡口焊	立焊	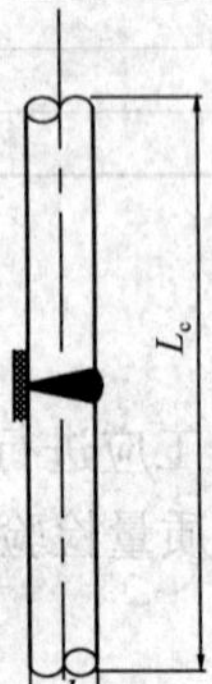		$\geqslant 10d_0+2T$ T—试验机夹持长度（或取 200mm）	

续表

焊接方法		接头形式	接头搭接长度 L_t	拉伸试件长度 L_c	冷弯件长度 L_c
预埋件电弧焊	角焊	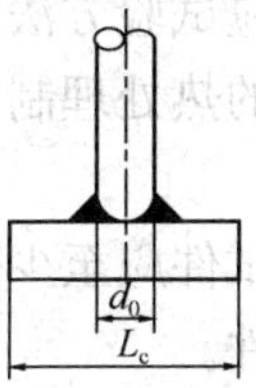		$\geqslant 2.5d_0+200$	
	穿孔塞焊	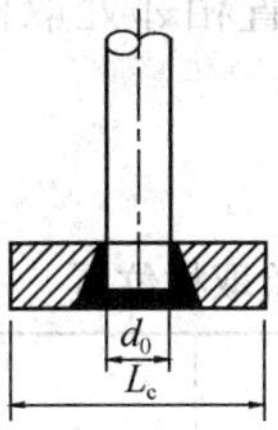		$\geqslant 2.5d_0+200$	
	窄间隙焊	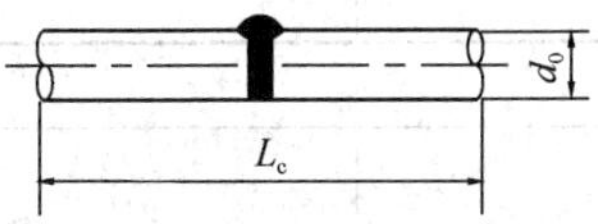		$\geqslant 10d_0+2T$ T—试验机夹持长度 （或取 200mm）	
预埋件钢筋埋弧压力焊		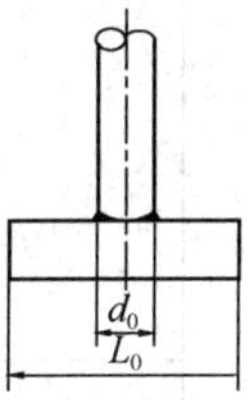		$\geqslant 2.5d_0+200$	
电渣压力焊		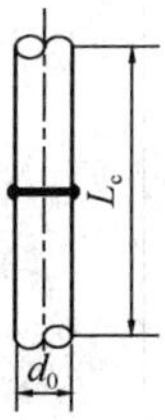		$\geqslant 10d_0+2T$ T—试验机夹持长度 （或取 200mm）	$\geqslant 5d+200$
气压焊		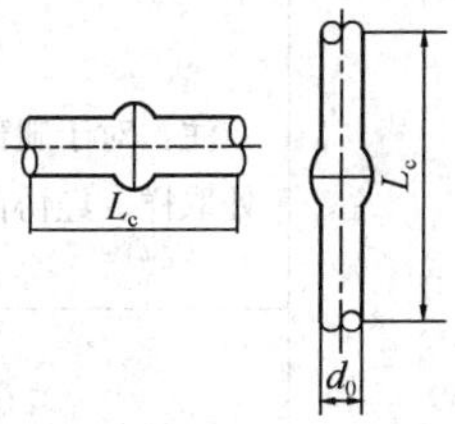		$\geqslant 10d_0+2T$ T—试验机夹持长度 （或取 200mm）	$\geqslant 5d+200$
熔槽帮条焊		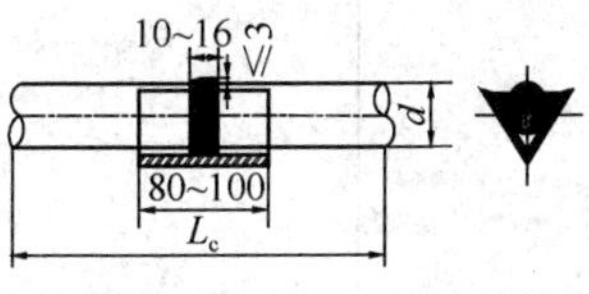		$\geqslant 10d_0+2T$ T—试验机夹持长度 （或取 200mm）	

5.1.2.6　型钢及型钢产品力学性能试验取样位置及试件制备

1. 试件制备的要求

（1）制备试件时应避免由于机加工使钢表面产生硬化及过热而改变其力学性能。机加工最终工序应使试件表面质量、形状尺寸满足相应试验方法标准的要求。

（2）当要求标准状态热处理时，应保证试件的热处理制度与样坯相同。

2. 试件取样位置的要求

（1）当在钢产品表面切去弯曲样坯时，弯曲试件应至少保留一个表面，当机加工和试验机能力允许时，应制备全截面或全厚度弯曲试件。

（2）当要求取一个以上试件时，可在规定位置相邻处取样。

3. 钢产品力学性能试验取样位置

钢产品力学性能试验取样位置详见表 5-17。

钢产品力学性能试验取样位置　　表 5-17

序号	取样方向及试件种类	取样位置要求	取样位置示意图
1	型钢		
(1)			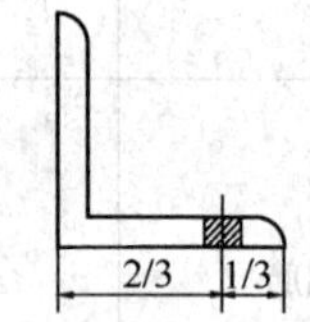 图 A1-a
(2)	在型钢腿部宽度方向切取样坯的位置	按图 A1 在型钢腿部切去拉伸、弯曲和冲击样坯，如型钢尺寸不能满足要求，可将取样位置向中部位移，对于腿部长度不相等的角钢，可从任一腿部取样	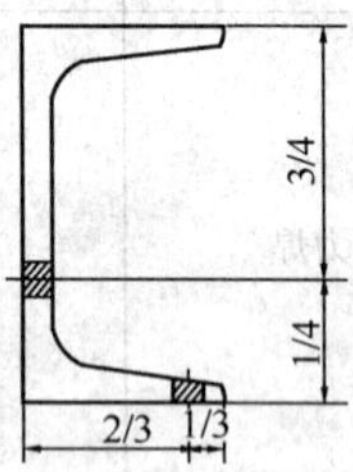 图 A1-b 注：对于腿部有斜度的型钢，可在腰部 1/4 处取样。经协商也可以从腿部取样进行加工
(3)			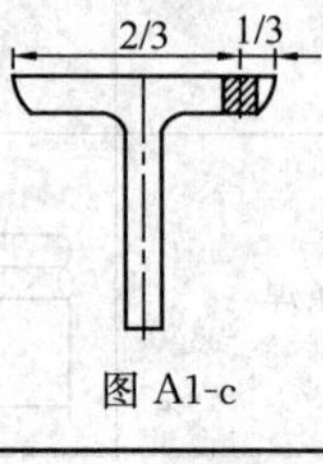 图 A1-c

续表

<table>
<tr><th>序号</th><th>取样方向
及试件种类</th><th>取样位置要求</th><th>取样位置示意图</th></tr>
<tr><td>(4)</td><td rowspan="3">在型钢腿部宽度方向切取样坯的位置</td><td rowspan="3">按图 A1 在型钢腿部切去拉伸、弯曲和冲击样坯，如型钢尺寸不能满足要求，可将取样位置向中部位移，对于腿部长度不相等的角钢，可从任一腿部取样</td><td>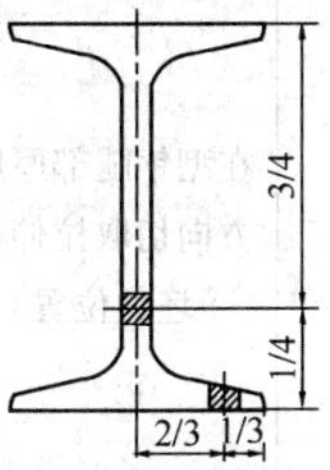

图 A1-d
注：对于腿部有斜度的型钢，可在腰部 1/4 处取样。经协商也可以从腿部取样进行加工</td></tr>
<tr><td>(5)</td><td>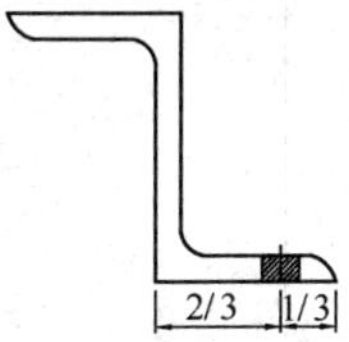

图 A1-e</td></tr>
<tr><td>(6)</td><td>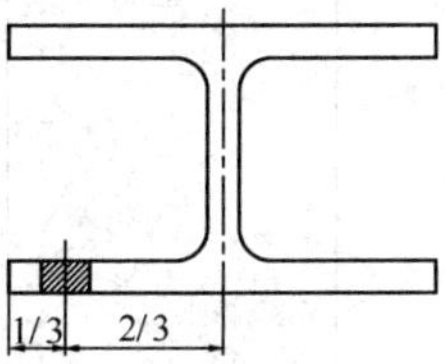

图 A1-f</td></tr>
<tr><td>(7)</td><td rowspan="3">在型钢腿部厚度方向切取拉伸样坯的位置</td><td rowspan="3">对于腿部厚度不大于 50mm 的型钢当机加工和试验机能力允许时按图 A2-a 切取拉伸样坯。当截取圆形横截面拉伸样坯时，按 A2-b 图示的规定。对于腿部厚度大于 50mm 的型钢截取圆形横截面样坯时，按图 A2-c 在型钢腿部厚度方向切取拉伸样坯</td><td>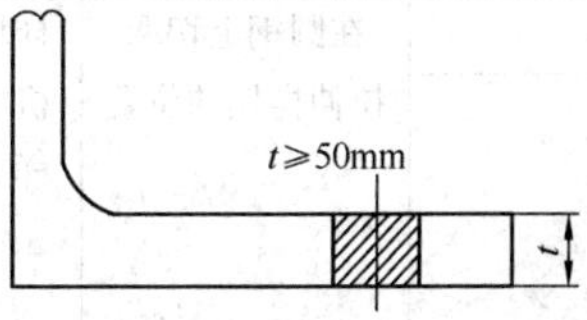

图 A2-a</td></tr>
<tr><td>(8)</td><td>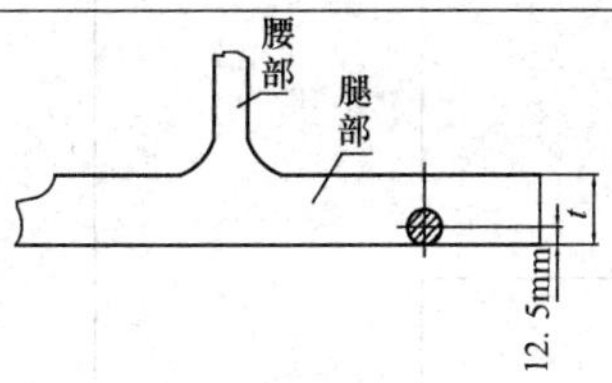

图 A2-b</td></tr>
<tr><td>(9)</td><td>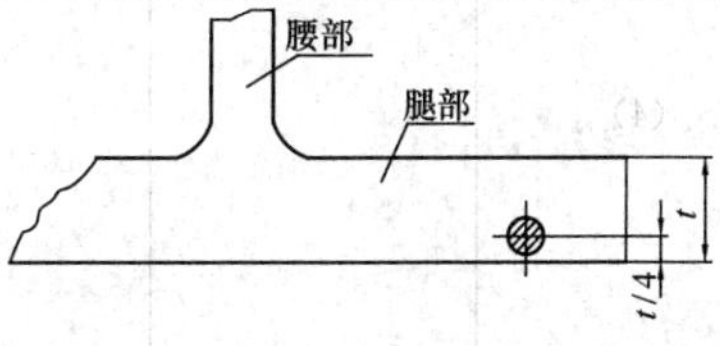

图 A2-c</td></tr>
</table>

续表

序号	取样方向及试件种类	取样位置要求	取样位置示意图
(10)	在型钢腿部厚度方向切取拉伸样坯的位置	按图 A3 在型钢腿部厚度方向切取冲击样坯	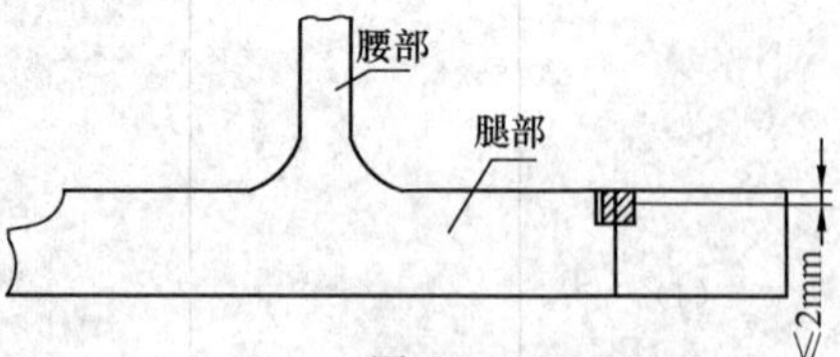 图 A3
2		条　钢	
(1)	在圆钢上切取拉伸样坯的位置	按图 A4 在圆钢上选取拉伸样坯位置，当机加工和试验机能力允许时，按图 A4-a 取样	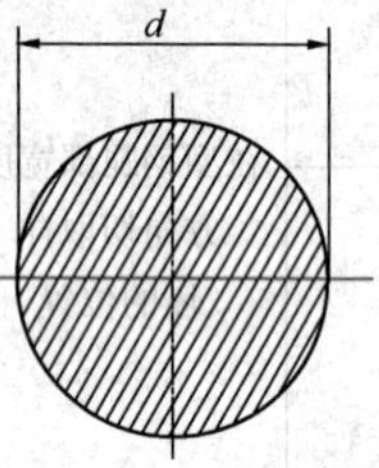 图 A4-a　全截面试件
(2)			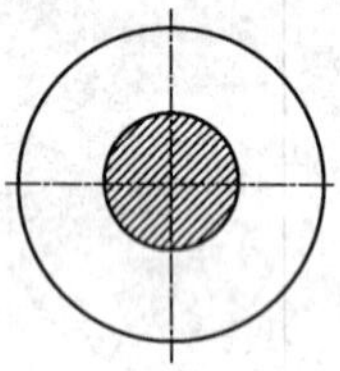 图 A4-b（$d\leqslant 25$mm）
(3)			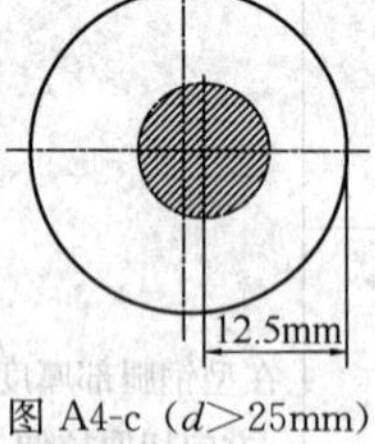 图 A4-c（$d>25$mm）
(4)			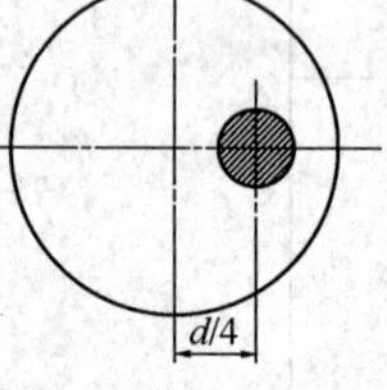 图 A4-d（$d>50$mm）

续表

<table>
<tr><th>序号</th><th>取样方向
及试件种类</th><th>取样位置要求</th><th>取样位置示意图</th></tr>
<tr><td>(5)</td><td rowspan="4">在圆钢上切取冲击样坯的位置</td><td rowspan="4">按图 A5 在圆钢上选取冲击样坯位置</td><td>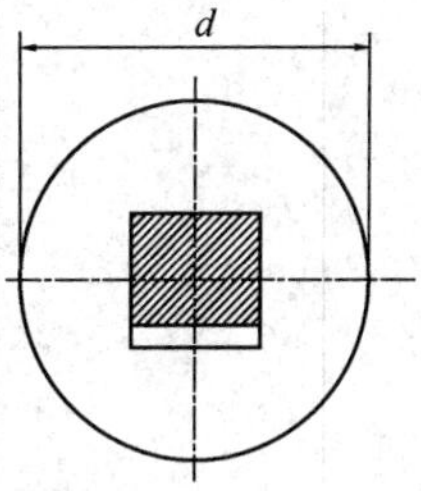
图 A5-a（$d \leqslant 25$mm）</td></tr>
<tr><td>(6)</td><td>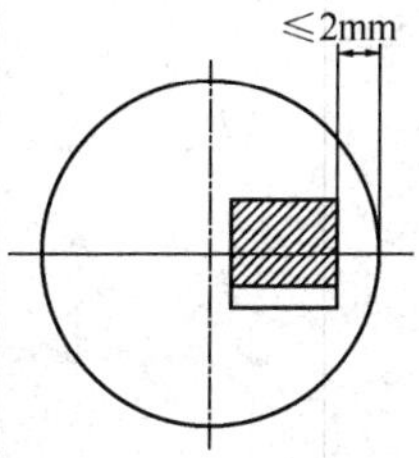
图 A5-b（25mm$<d\leqslant$50mm）</td></tr>
<tr><td>(7)</td><td>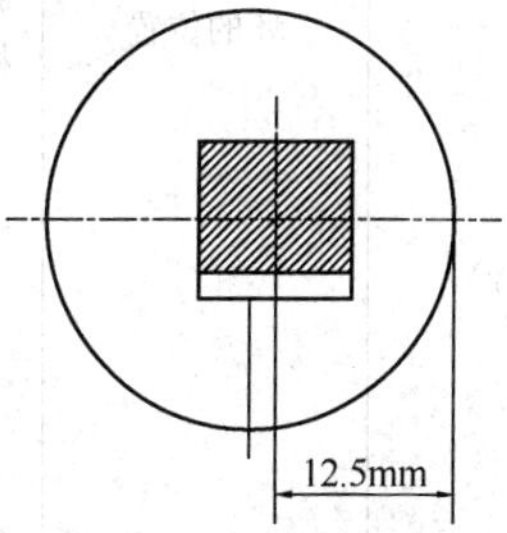
图 A5-c（$d>25$mm）</td></tr>
<tr><td>(8)</td><td>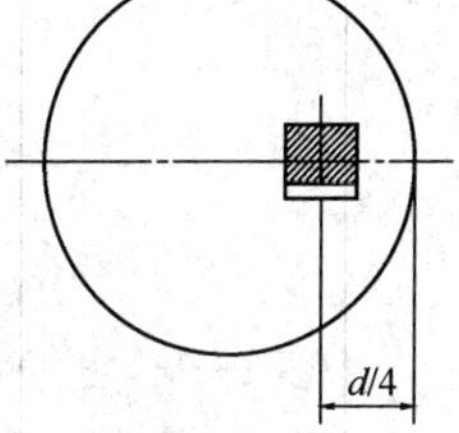
图 A5-d（$d>50$mm）</td></tr>
</table>

续表

序号	取样方向及试件种类	取样位置要求	取样位置示意图
(9)	在六角钢上切取拉伸样坯的位置	按图 A6 在六角钢上选取拉伸样坯位置，当机加工和试验机能力允许时按图 A6-a 取样	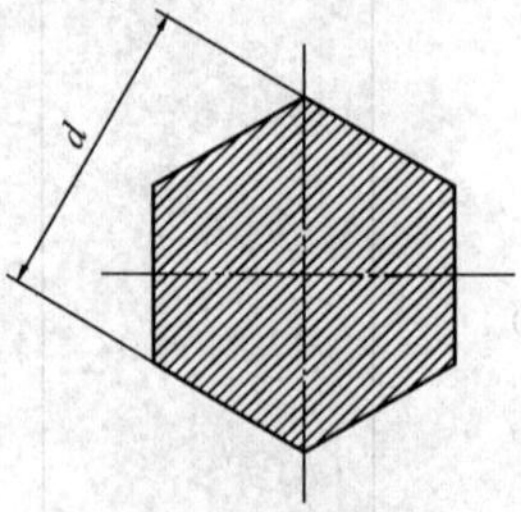 图 A6-a　全截面试件
(10)			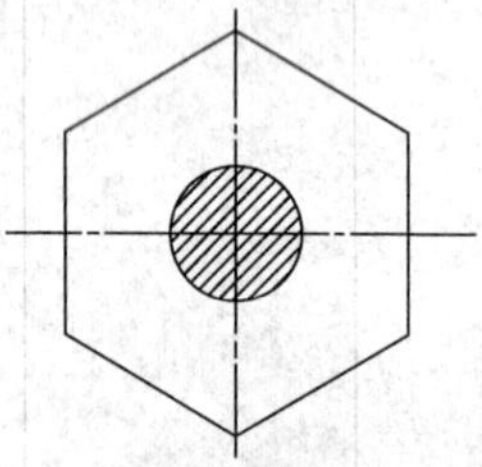 图 A6-b　（d≤25mm）
(11)			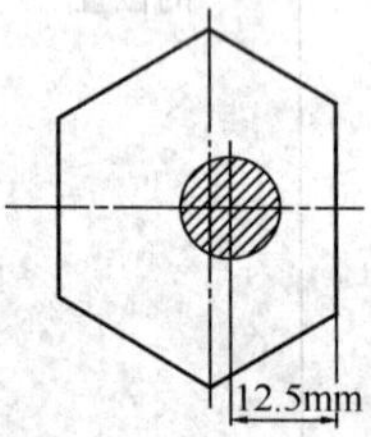 图 A6-c　d＞25mm
(12)			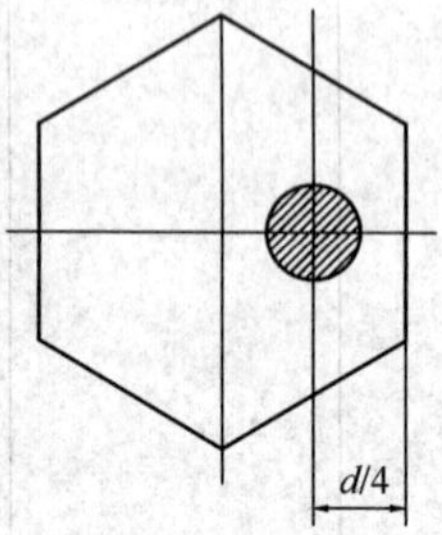 图 A6-d　d＞50mm

续表

序号	取样方向及试件种类	取样位置要求	取样位置示意图
（13）	在六角钢上切取冲击样坯的位置	按图A7在六角钢上选取冲击样坯位置	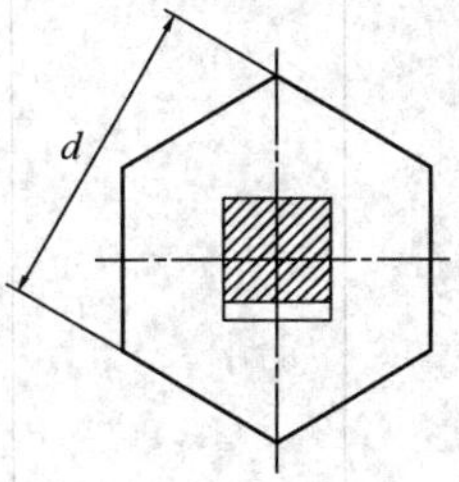 图 A7-a $d \leqslant 25$mm
（14）			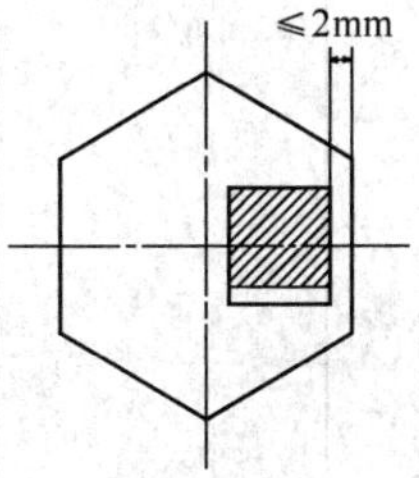 图 A7-b （$25\text{mm} < d \leqslant 25$mm）
（15）			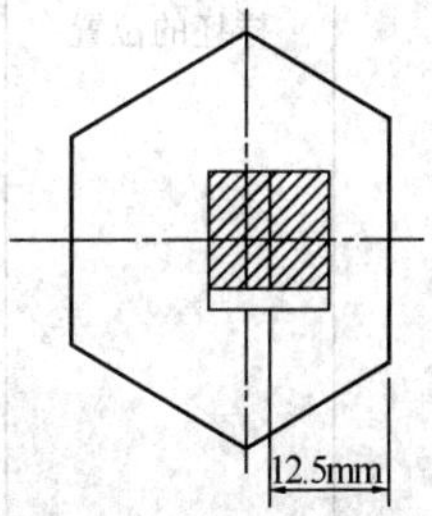 图 A7-c $d > 25$mm
（16）			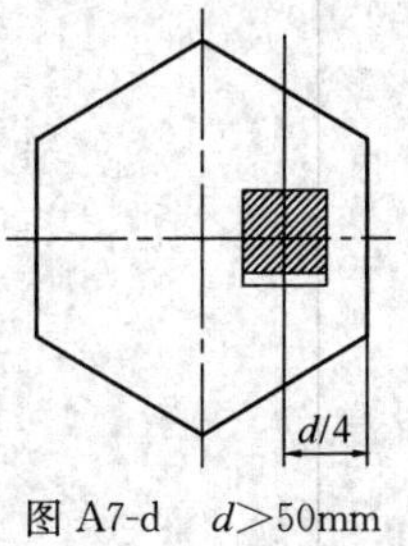 图 A7-d $d > 50$mm

续表

序号	取样方向及试件种类	取样位置要求	取样位置示意图
(17)	在矩形截面条钢上切取拉伸样坯的位置	按图 A8 在矩形截面条钢上切取拉伸样坯时，当机加工和试验机能力允许时，按图 A8-a 取样	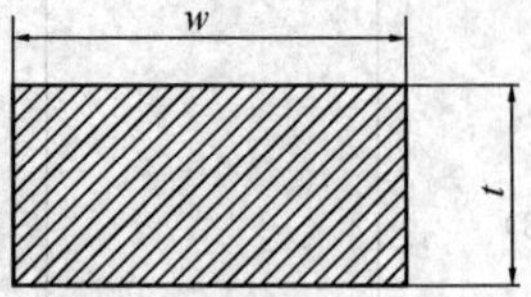 图 A8-a　全截面试件
(18)			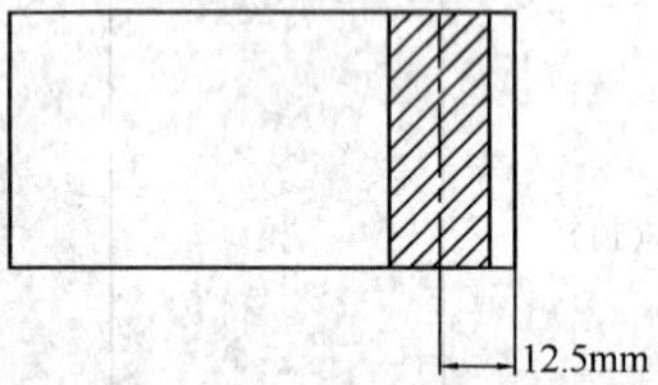 图 A8-b　（w≤50mm）
(19)			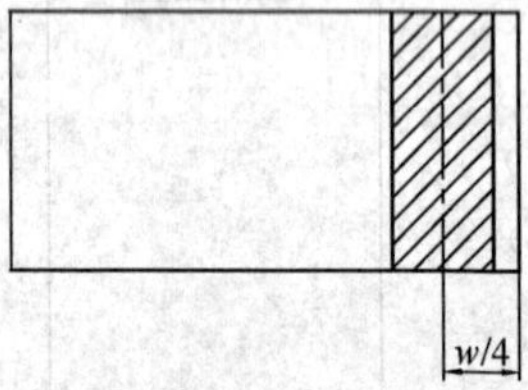 图 A8-c　w＞50mm
(20)			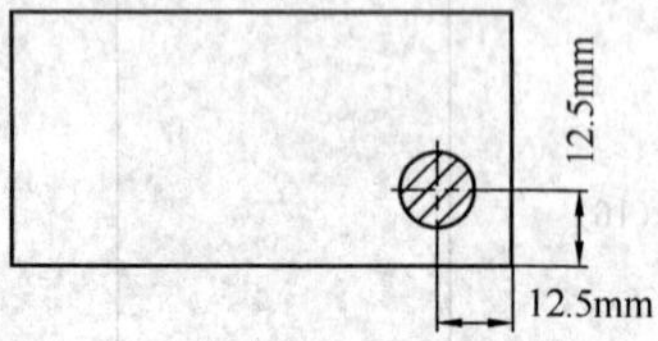 图 A8-d　w≤50mm 和 t≤50mm

续表

序号	取样方向及试件种类	取样位置要求	取样位置示意图
(21)	在矩形截面条钢上切取拉伸样坯的位置	按图 A8 在矩形截面条钢上切取拉伸样坯时，当机加工和试验机能力允许时，按图 A8-a 取样	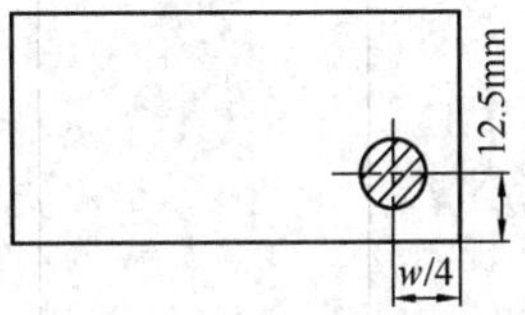 图 A8-e $w>50$mm 和 $t\leqslant50$mm
(22)			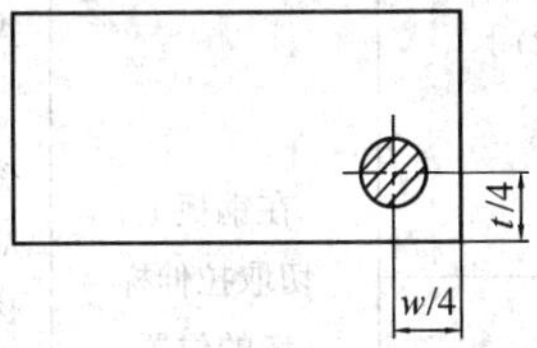 图 A8-f $w>50$mm 和 $t>50$mm
(23)			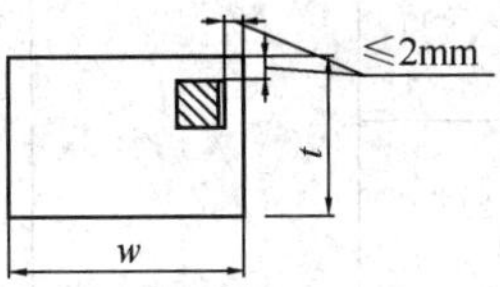 图 A9-a 12mm$\leqslant w\leqslant$50mm 和 $t\leqslant$50mm
(24)	在矩形截面条钢上切取冲击样坯的位置	按图 A9 在矩形截面条钢上切取冲击样坯	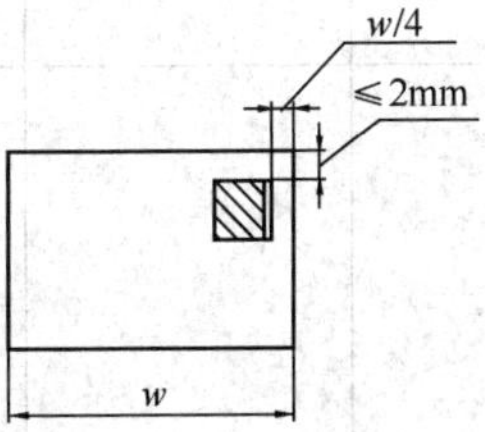 图 A9-b $w>50$mm 和 $t\leqslant50$mm
(25)			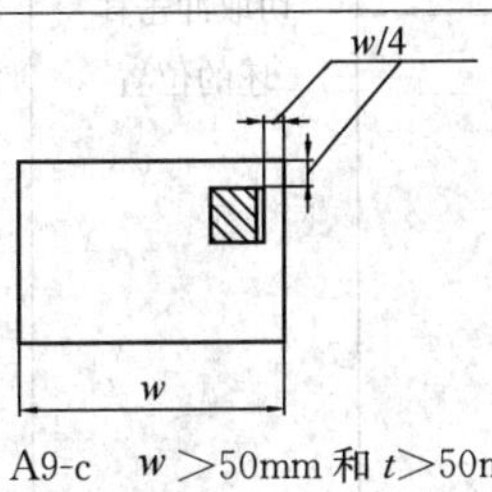 图 A9-c $w>50$mm 和 $t>50$mm

续表

序号	取样方向 及试件种类	取样位置要求	取样位置示意图
3		钢　　板	
(1)	在钢板上 切取拉伸样 坯的位置	①在钢板宽度 1/4 处切取拉伸、弯曲或冲击样坯按图 A10 和图 A11 切取 ②对于纵轧钢板，当产品标准没有规定取样方向时，应在钢板 1/4 处切取横向样坯，如钢板宽度不足时，样坯中心可以内移 ③按图 A10 在钢板厚方向切取拉伸时，当机加工和试验机能力允许时应按图 A10-a 取样	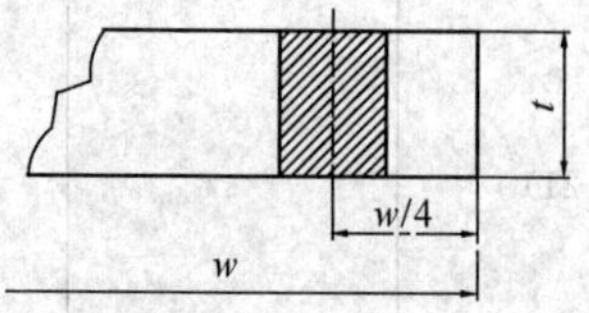 图 A10-a　全厚度试件
(2)			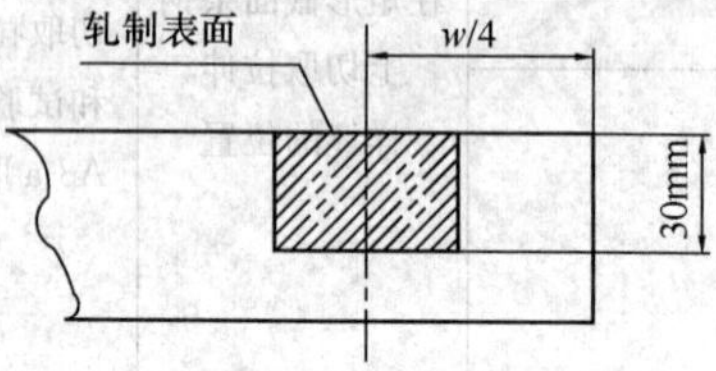 图 A10-b　$t>30$mm
(3)			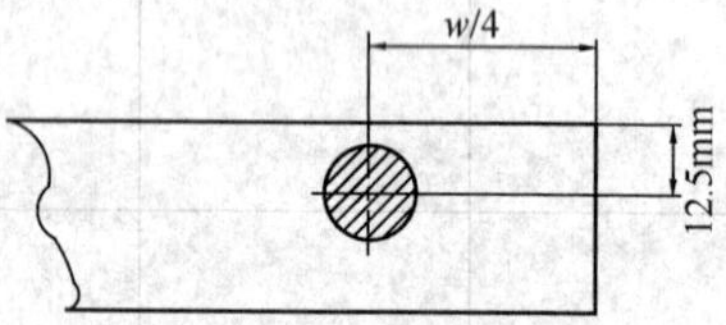 图 A10-c　25mm$<t<$30mm
(4)			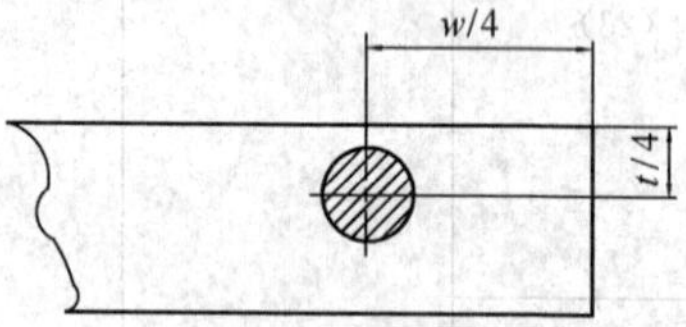 图 A10-d　$T\geqslant$50mm
(5)	在钢板上 切取冲击样 坯的位置	在钢板厚度方向切取冲击样坯时，根据产品标准或供需双方协议按图 A11 取样	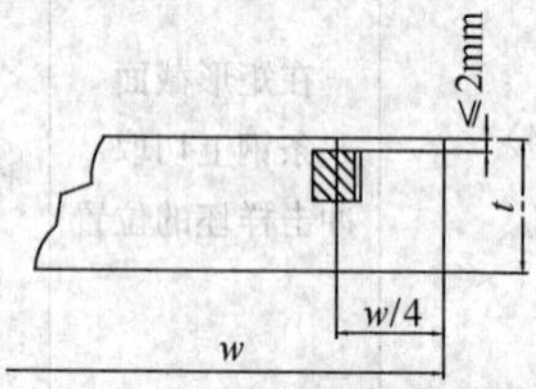 对于全部 t 值 图 A11-a
(6)			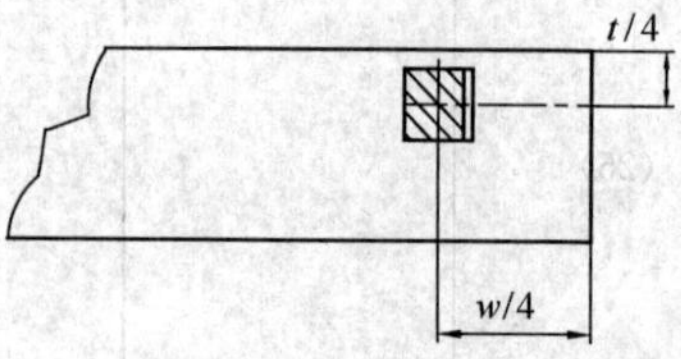 图 A11-b　$t>40$mm

续表

<table>
<tr><th>序号</th><th>取样方向
及试件种类</th><th>取样位置要求</th><th>取样位置示意图</th></tr>
<tr><td>4</td><td colspan="3">钢　管</td></tr>
<tr><td>(1)</td><td rowspan="3">在钢管上
切取拉伸及
弯曲样坯</td><td rowspan="3">①按图 A12 切取拉伸样坯。当机加工和试验机能力允许时，应按图 A12-a 取样。如果图 A12-c 尺寸不能满足要求，可将取样位置向中部位移
②对于焊管当取横向试件检验焊管性能时焊缝应在试件中部</td><td>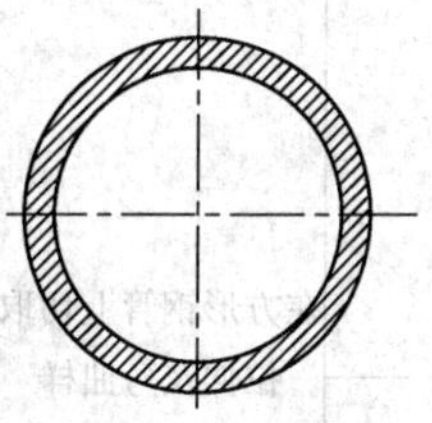
图 A12-a　全截面试件</td></tr>
<tr><td>(2)</td><td>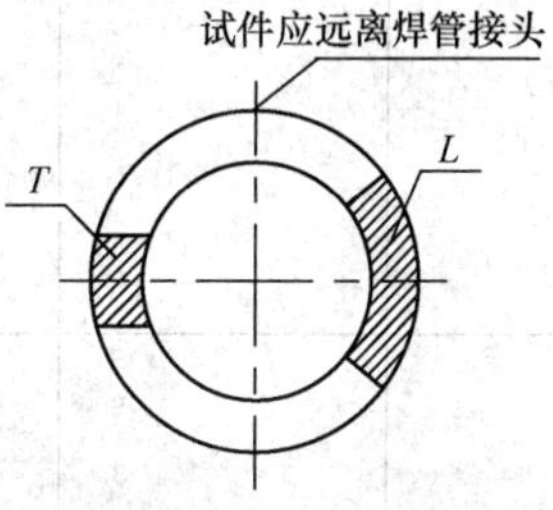

图 A12-b　矩形截面试件</td></tr>
<tr><td>(3)</td><td>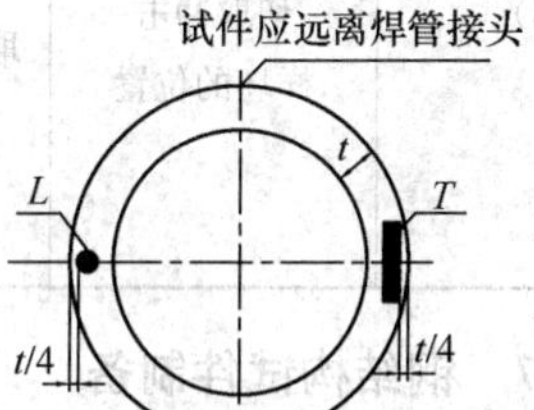

图 A12-c　圆形横截面拉伸及弯曲试件</td></tr>
<tr><td>(4)</td><td rowspan="2">在钢管上
切取冲击样
坯的位置</td><td rowspan="2">③按图 A13 切取冲击样坯时，如果产品标准没有规定取样位置应由生产厂提供，如果钢管尺寸允许应切取 10～5mm 最大厚度的横向试件。切取横向试件的最小外径 D_{min}（mm）按 $D_{min}=(t-5)+756.25/(t-5)$ 计算。如果不能取横向冲击试件。则应切取 10～5mm 最大的纵向试件</td><td>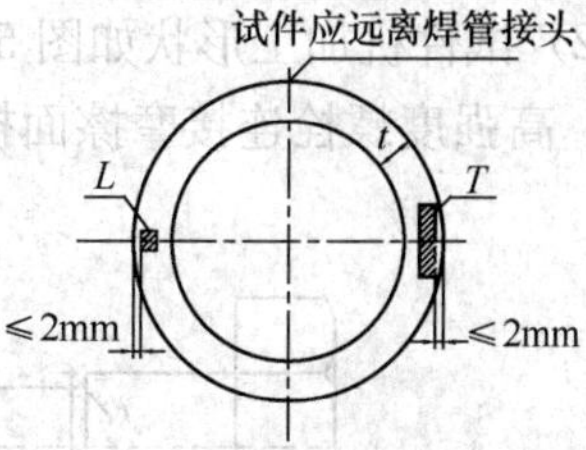

图 A13-a　冲击试件</td></tr>
<tr><td>(5)</td><td>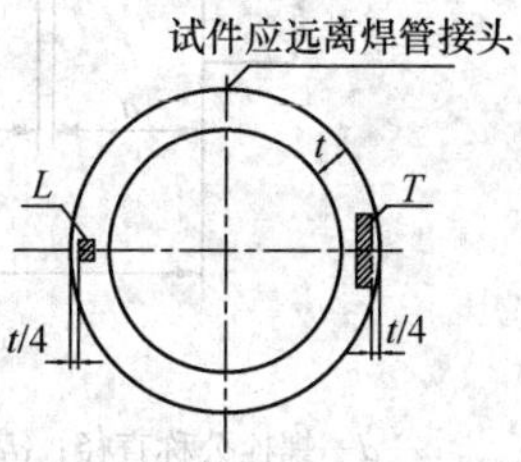

图 A13-b　$t>40$mm 冲击试件</td></tr>
</table>

续表

序号	取样方向及试件种类	取样位置要求	取样位置示意图
(6)	在方形钢管上切取拉伸及弯曲样坯的位置	按图 A14 在方形钢管上切取拉伸或弯曲样坯，当机加工和试验机能力允许时，按图 A14-a 取样	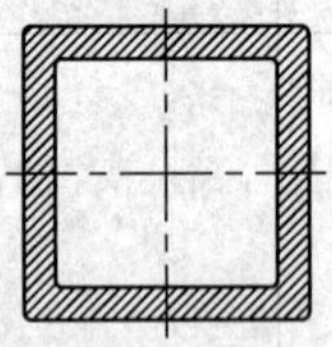 图 A14-a　全截面试件
(7)			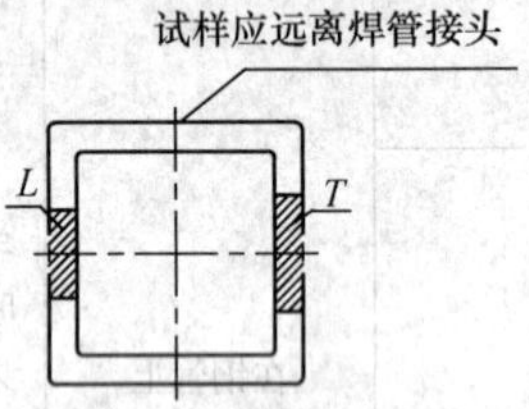 图 A14-b　矩形横截面试件
(8)	在方形钢管上切取冲击样坯的位置	按图 A15 在方形钢管上切取冲击样坯	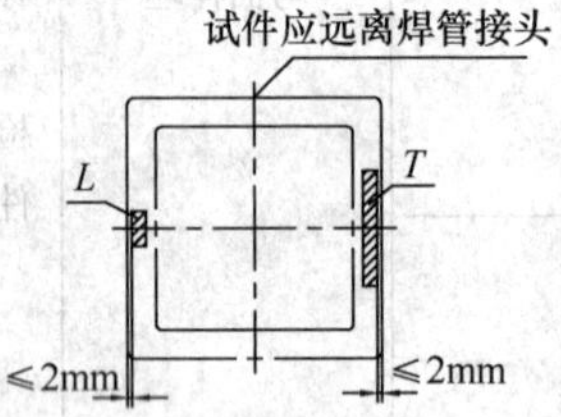 图 A15　在方钢管上切去冲击样坯

5.1.2.7　钢结构试件制备

1. 机械加工螺栓、螺钉和螺柱试件

(1) 试件使用的材料应复合各性能等级。

(2) 试件机加工形状如图 5-6。

2. 高强度螺栓连接摩擦面抗滑移系数试件

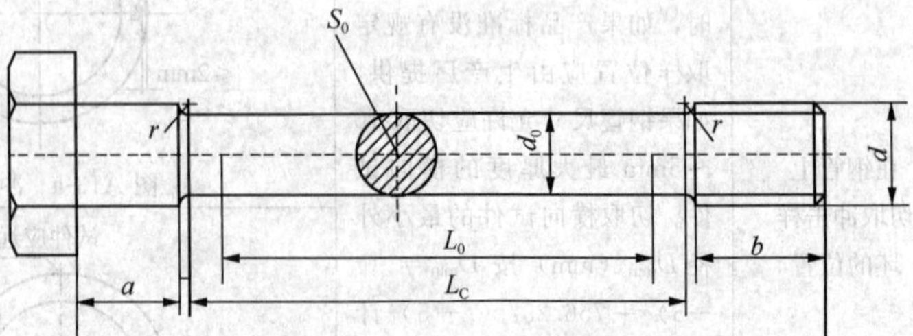

图 5-6　拉力试验的机械加工试件

d—螺栓公称直径；d_0—试件直径；b—螺纹长度；L_0—$5d_0$ 或 $5.65\sqrt{S_0}$；L_C—直线部分长度；L_t—试件总长度；S_0—拉力试验前的横截面积；r—圆角半径

抗滑移系数试验用的试件应由制造厂加工，试件与所代表的钢结构构件应为同一材质、同批制作，采用同一摩擦面处理工艺和具有相同的表面状态，并用同批同一性能的高强度螺栓连接副，并在同一环境下存放。高强度螺栓连接摩擦面抗滑移系数试件如图 5-7。

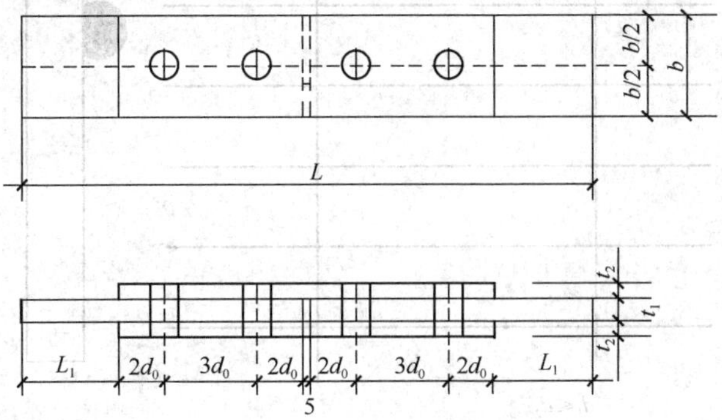

图 5-7 抗滑移系数拼接试件的形式和尺寸

5.1.2.8 钢筋焊接骨架和焊接网试件制备

1. 一般要求

(1) 力学性能检验的试件，应从每批成品中切取，切取过试件的制品，应补焊同牌号、同直径的钢筋，其每边的搭接长度不应小于 2 个孔格的长度；当焊接骨架所切取试件的尺寸小于规定的试件尺寸，或受力钢筋直径大于 8mm 时，可在生产过程中制作模拟焊接试验网片（图 5-8a），从中切取试件。

(2) 由几种直径钢筋组合的焊接骨架或焊接网，应对每种组合的焊点做力学性能检验。

(3) 热轧钢筋的焊点应做剪切试验，试件应为 3 个；冷轧带肋钢筋焊点除做剪切试验外，尚应对纵向和横向冷轧带肋钢筋做拉伸试验，试件应各为 1 件。剪切试件纵筋长度应大于或等于 290mm，横筋长度应大于或等于 50mm（图 5-8b）；拉伸试件纵筋长度应大于或等于 300mm（图 5-8c）。

(4) 焊接网剪切试件应沿同一横向钢筋切取。

(5) 切取剪切试件时，应使制品中的纵向钢筋成为试件的受拉钢筋。

2. 试件制备的尺寸

5.1.2.9 预埋件钢筋 T 型接头试件制备

1. 一般要求

(1) 预埋件钢筋 T 型接头进行力学性能检验时，应以 300 件同类型预埋件作为一批，一周内连续焊接时，可累计计算。当不足 300 件时，亦应按一批计算。

(2) 应从每批预埋件中随机切取 3 个接头做拉伸试验，试件的钢筋长度应大于或等于 200mm，钢板的长度和宽度均应大于或等于 60mm。

2. 预埋件钢筋 T 型接头试件制备尺寸见图 5-9。

5.1.2.10 钢筋机械连接试件制备

一般要求

(1) 工程中应用钢筋机械连接接头时，应由技术提供单位提交有效的型式检验报告

(2) 钢筋连接工程开始前及施工过程中，应对每批进场钢筋进行接头工艺检验，工艺

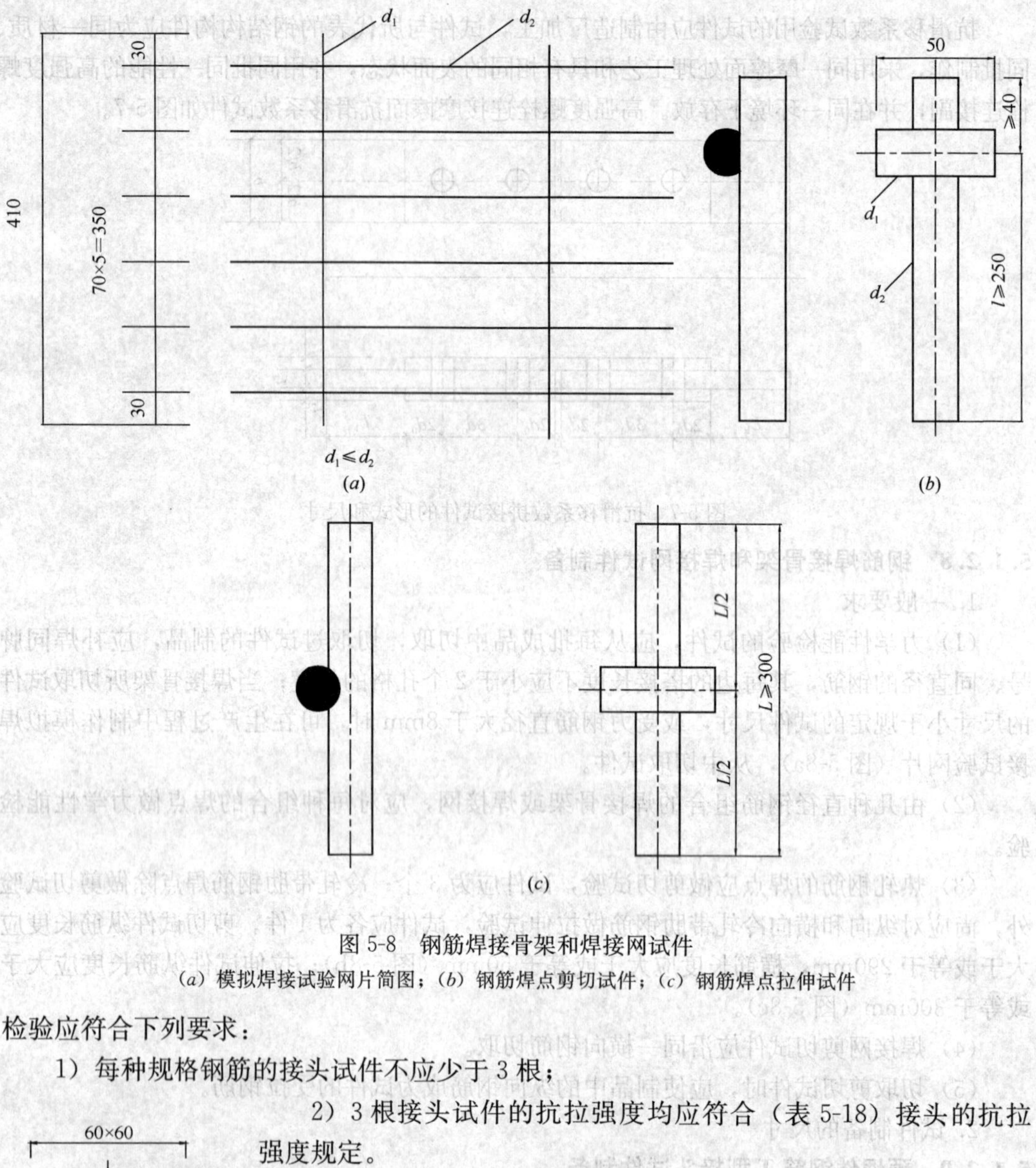

图 5-8　钢筋焊接骨架和焊接网试件

(a) 模拟焊接试验网片简图；(b) 钢筋焊点剪切试件；(c) 钢筋焊点拉伸试件

检验应符合下列要求：

1）每种规格钢筋的接头试件不应少于 3 根；

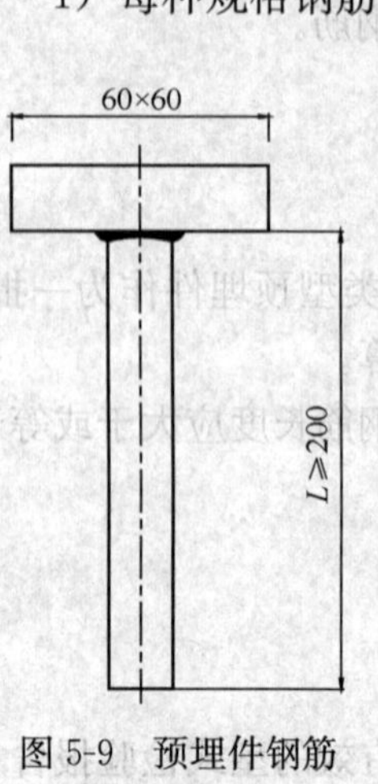

图 5-9　预埋件钢筋 T 型接头试件

2）3 根接头试件的抗拉强度均应符合（表 5-18）接头的抗拉强度规定。

接头的抗拉强度　　**表 5-18**

接头等级	Ⅰ级	Ⅱ级	Ⅲ级
抗拉强度	$f^0_{mst} \geqslant f^0_{stk}$断于钢筋 或 $f^0_{mst} \geqslant 1.1 f^0_{stk}$断于接头	$f^0_{mst} \geqslant f^0_{stk}$	$f^0_{mst} \geqslant 1.25 f_{yk}$

注：f^0_{mst}——接头试件实际拉断强度；

f^0_{stk}——接头试件中钢筋抗拉强度标准值；

f_{yk}——钢筋屈服强度标准值。

钢筋机械连接试件制备尺寸见图 5-10。

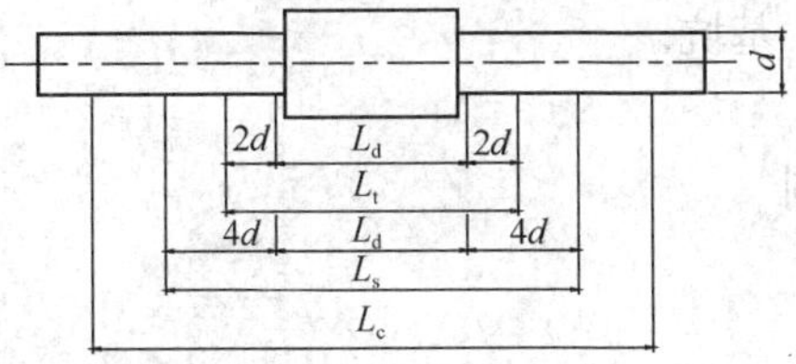

图 5-10 钢筋机械连接试件

注：L_d——机械接头长度；

L_t——非弹性变形、残余变形测量标距；

L_s——总伸长率测量标距；

$$Lc \geqslant Ls + 2T$$

L_c——钢筋机械连接拉伸试件的取样长度；

$$Lt = Ld + 4d$$

$$Ls = Lt + 8d$$

T——试验机夹持长度（或取 200mm）。

5.2 建筑工程施工检验试验

5.2.1 土壤中氡浓度的测定

1. 测定方法

土壤中氡浓度测量的关键是采集土壤中的空气，土壤中氡气的浓度一般大于数百 B_q/m^3 这样高的氡浓度的测量可以采用电离室法、静电扩散法、闪烁瓶法等进行测量。

2. 测量区域及布点要求

(1) 测量区域范围应与工程地质勘察范围相同。

(2) 布点时，应以间距 10m 作网格，各网格点即为测试点（当遇较大石块时，可偏离±2m)，但布点数不少于 16 个。布点位置应覆盖基础工程范围。

(3) 在每个测试点，应采用专用钢钎打孔。孔的直径宜为 20～40mm，孔的深度宜为 600～800mm。

(4) 成孔后，正式取样测试前，应通过一系列不同抽气次数的试验，确定最佳抽气次数。应使用头部有气孔的特制的取样器，插入打好的孔中，取样器在靠近地面时应进行密闭，避免大气渗入孔中，然后进行抽气。

(5) 取样测试时间宜在 8：00～18：00 之间现场取样测试工作不应在雨天进行，如遇雨天，应在雨后 24h 后进行。

5.2.2 土工现场检测

1. 土密度检测的规则

(1) 取样点应位于每层厚度的 2/3 深度。

(2) 对于大基坑每 50～100m^2 应不少于 1 个检测点。

(3) 对于基槽每 10～20m 应不少于 1 个检测点。

(4) 每个独立柱基应不少于 1 个检测点。

(5) 房心回填可参照大基坑。

2. 环刀法

(1) 环刀法的适用范围

本方法适用于细粒土。

(2) 设备配置

1) 环刀：内径 61.8mm 或 79.8mm，高 20mm。

2) 天平：称量 500g，最小分度值 0.1g，称量 200g，最小分度值 0.01g。

3) 电炉、酒精、铝盒、切土刀、修土刀。

(3) 试验方法（密度试验）

1) 在已压实的土样上，将环刀刃口向下，放在压实的土样上，环刀垂直下压，并用切土刀沿环刀外侧随土样下压，切削周围土样，直至土样高出环刀，用切土刀切取环刀底部土样，使其脱离，取出土样，并用切土刀削切环刀两端多余土样，使其两端齐平，擦净环刀外壁，称量环刀和土的总重量（m_1）然后将土从环刀内取出，称量环刀的重量（m_2）并随即抽取一部分土放入铝盒中，称量土和铝盒的重量（m_3），然后用电炉翻炒或用酒精燃烧 3～4 次盒中的土样，直至确认已充分燃尽土样中的水分，称量铝盒和干土重量（m_4）。

2) 计算土的密度

$$w_0 = (m_3 - m_4)/d_{干} \tag{5-4}$$

$$\rho_w = (m_1 - m_2)/V \tag{5-5}$$

$$\rho_d = \frac{\rho_w}{1 + 0.01w_0} \tag{5-6}$$

式中　m_1——环刀和土的总重量；

m_2——环刀的重量；

m_3——土和铝盒的重量；

m_4——铝盒和干土重量；

w_0——含水率；

V——环刀体积；

ρ_w——土的湿密度；

ρ_d——土的干密度；

$d_{干}$——干土重量。

3. 蜡封法

(1) 蜡封法的适用范围：本方法适用于易于破裂土和形状不规则的坚硬土。

(2) 设备配置：

1) 熔蜡加热器。

2) 天平（精度同环刀法）。

(3) 试验方法

1) 在土样中切取体积小于 30cm³ 的有代表性试样，清除表面浮土及尖锐棱角，系上细线称量试样重量。

2) 持线将试件缓缓放入刚过熔点的蜡液中，进行蜡封处理。在处理过程中，不允许蜡封表面有气泡，然后立即提起，称量蜡封试件的重量。

3）将蜡封试件放在水中天平上称量试件的重量，并测定水的温度。取出试件，擦干试件表面的水分，再称量蜡封试件重量，当试件重量有增加时，说明蜡封不严，应另取试样重做试验。

4）计算土的密度：

$$\rho_{w}=\frac{m_{0}}{\frac{m_{n}-m_{w}}{\rho_{T}}-\frac{m_{n}-m_{0}}{\rho_{n}}} \tag{5-7}$$

$$\rho_{d}=\frac{\rho_{w}}{1+0.01w_{0}} \tag{5-8}$$

式中 m_0——湿土试件重量；

m_n——蜡封试件重量；

m_w——蜡封试件在水中的重量；

ρ_w——土的湿密度；

ρ_d——土的干密度；

ρ_T——水在 T℃时的密度；

ρ_n——蜡的密度；

w_0——土的含水率。

4. 灌水法

（1）灌水法适用范围：适用于测定粗粒土。

（2）设备配置：

1）储水筒（有刻度及出水管）、挖土刀；

2）台称：称量 50kg 最小分度值 10g。

（3）试验方法：

1）根据试样最大粒径确定试坑尺寸见表 5-19。

试 坑 尺 寸 **表 5-19**

试样最大粒径（mm）	试坑尺寸（mm）	
	直 径	深 度
5（20）	150	200
40	200	250
60	250	300

2）将选定试验处的试坑地面整平，除去表面松散的土层。

3）按确定的试坑直径划出坑口轮廓线，在轮廓线内下挖至要求深度，将试坑内挖出的土装入盛土容器内，称量湿土的重量（m_0），并测定试样的含水率。

4）试坑挖好后，放上相应尺寸的套环，用水准尺找平，将大于试坑容积的塑料薄膜平铺于坑内用套环压住薄膜四周。

5）向坑内注水，记录储水筒内的初始水位刻度，打开储水筒出水开关，将水缓缓注入薄膜坑内，使水面与试坑地平面齐平，记录水位下降的刻度。

（4）计算试坑体积：

$$V=(h_{1}-h_{2})\times A \tag{5-9}$$

式中　V——试坑体积；

h_1——储水筒初始水位刻度；

h_2——储水筒降低水位后刻度；

A——储水筒横截面面积。

（5）计算土的密度：

$$\rho_w = m_0/V \tag{5-10}$$

$$\rho_d = \frac{\rho_w}{1+0.01w_0} \tag{5-11}$$

式中　ρ_d——土的干密度；

ρ_w——土的湿密度；

V——试坑体积；

w_0——土的含水率；

m_0——湿土重量。

5. 灌砂法

（1）灌砂法适用范围：适用于测定粗粒土。

（2）设备配置：

1）灌砂筒见图 5-11。

2）标准砂：洁净，粒径宜选用 0.25～0.5mm。

3）天平：称量 10kg，最小分度值 5g，称量 500g，最小分度值 0.1g；其他挖土工具。

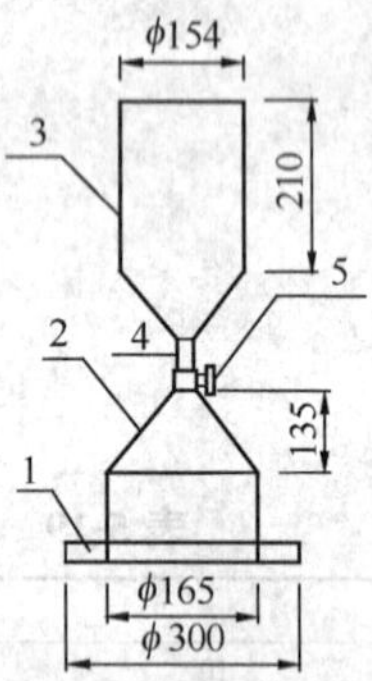

图 5-11　灌砂筒

1—底盘；2—灌砂筒漏斗；3—容砂瓶；4—螺纹接头；5—阀门

（3）试验方法：

1）标定标准砂的密度（$\rho_{砂}$）

①用水确定标定罐的容积 V（cm^2）；

②将标定空罐放在台秤上，上口处于水平位置，称量标定罐的质量（m_1），准确至 1g；

③向标定罐中灌水，不要将水滴洒在台秤或罐的外壁上，然后将一直尺放置在罐的顶部，当罐中水面将要接近直尺时，用滴管往罐中加水至水直尺，移去直尺，称量罐和水的总质量（m_2）；

计算标定罐的体积

$$V = (m_2 - m_1)/\rho_{水} \tag{5-12}$$

④将灌砂筒放在标定罐上，打开阀门，让砂流出，直至容砂瓶中的砂不再流出，关闭阀门，移去灌砂筒，称量标定罐和标准砂的总质量（m_3）。

计算砂的密度

$$\rho_{砂} = \frac{m_3 - m_1}{V} \tag{5-13}$$

式中　m_1——标定罐的重量；

m_2——标定罐和水的总重量；

m_3——标定罐和标准砂的总重量；

$\rho_{水}$——水密度；

$\rho_{砂}$——标准砂密度；

V——标定罐的容积。

2）标定锥体内标准砂的重量（图 5-12）

①将灌砂筒置于玻璃板上，在容砂瓶内装满标准砂，用直尺沿容砂瓶上口端部刮去多余的砂，称量容砂瓶内砂的重量（M）。要求每次标定及以后的试验均应维持此次的重量不变。

②打开阀门，让砂流出，直至瓶内砂不再下泄，关上阀门，轻轻移走罐砂筒。

③小心收集玻璃板上的标准砂，并称量收集到的标准砂（m_4）计算锥体内标准砂的重量。

$$m_4 = M - m_5 \tag{5-14}$$

式中 m_4——锥体内标准砂的重量；

M——容砂瓶内砂的重量；

m_5——玻璃板上的标准砂重量。

④按灌水法试验方法中的（3）进行操作。

⑤底盘和灌砂筒置于试坑上（见图 5-13）对试坑内进行灌砂，直至容砂瓶内的标准砂不再下泄，关闭灌砂筒阀门，把容砂瓶内剩余的砂倒出，称量剩余标准砂的重量（m_6）。

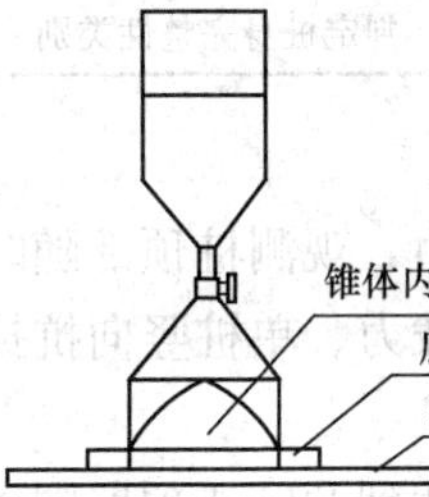

图 5-12 标定锥体内标准砂的重量

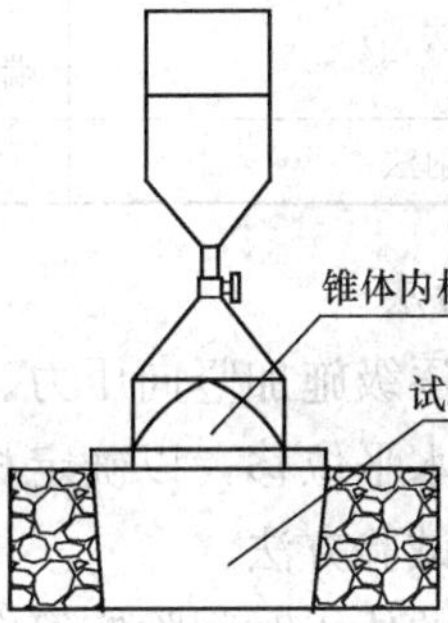

图 5-13 底盘和灌砂筒置于试坑

3）计算试坑体积

$$V = (M - m_4 - m_6) \times \rho_{砂} \tag{5-15}$$

4）计算土的密度

$$\rho_w = m_0 / V \tag{5-16}$$

$$\rho_d = \frac{\rho_w}{1 + 0.01 w_0} \tag{5-17}$$

式中 V——试坑体积；

m_0——湿土重量；

w_0——土的含水率；

ρ_d——土的干密度；

ρ_w——土的湿密度；

$\rho_{砂}$——标准砂的密度。

5.2.3 工程桩检测

工程桩检测应进行单桩承载力和桩身完整性抽样检测，检测方法及检测目的见表 5-20。

检测方法及检测目的 表 5-20

检测方法		检测目的
静载法	单桩竖向抗压静载试验	确定单桩竖向抗压极限承载力 判定竖向抗压承载力是否满足设计要求 通过桩身内力及变形测试、测定桩侧、桩端阻力 验证高应变法的单桩竖向抗压承载力检测结果
	单桩竖向抗拔静载试验	确定单桩竖向抗拔极限承载力 判定竖向抗拔承载力是否满足设计要求 通过桩身内力及变形测试，测定桩的抗拔摩阻力
	单桩水平静载试验	确定单桩水平临界和极限承载力，推定土抗力参数 判定水平承载力是否满足设计要求 通过桩身内力及变形测试，测定桩身弯矩
动测法	低应变法	检测桩身缺陷及其位置，判定桩身完整性类别
	高应变法	判定单桩竖向抗压承载力是否满足设计要求 检测桩身缺陷及其位置，判定桩身完整性类别 分析桩侧和桩端土阻力
钻芯法		检测灌注桩桩长、桩身混凝土强度、桩底沉渣厚度，判断或鉴别桩端岩土性状，判定桩身完整性类别
声波透射法		检测灌注桩桩身缺陷及其位置，判定桩身完整性类别

5.2.3.1 静载试验法

通过在桩顶部逐级施加竖向压力、竖向上拔力和水平推力，观测桩顶部随时间产生的沉降、上拔位移和水平位移，以确定相应的单桩竖向抗压承载力、单桩竖向抗拔承载力和单桩水平承载力的试验方法。

承载力检测前的休止时间除应符合受检桩的混凝土龄期达到 28d 或预留同条件养护试件强度达到设计强度规定外，尚不应少于表 5-21 规定的时间。

休 止 时 间 表 5-21

土的类别	休止时间（d）	土的类别	休止时间（d）	
砂土	7	黏性土	非饱和	15
粉土	10		饱和	25

注：对于泥浆护壁灌注桩，宜适当延长休止时间。

检测数量在同一条件下不应少于 3 根，且不宜少于总桩数的 1%；当工程桩总数在 50 根以内时，不应少于 2 根。

1. 单桩竖向抗压静载试验

（1）检测目的是确定单桩竖向抗压极限承载力，判定竖向抗压承载力是否满足设计要求，通过桩身内力及变形测试测定桩侧、桩端阻力，验证高应变法的单桩竖向抗压承载力检测结果。为设计提供依据的试验桩，应加载至破坏；当桩的承载力以桩身强度控制时，可按设计要求的加载量进行。对工程桩抽样检测时，加载量不应小于设计要求的单桩承载力特征值的 2.0 倍。

（2）对单位工程内且在同一条件下的工程桩，当符合下列条件之一时，应进行单桩竖向抗压承载力静载验收检测：

1）设计等级为甲级的建筑桩基；

2）地质条件复杂、施工质量可靠性低的建筑桩基；

3）本地区采用的新桩型或新工艺；

4）挤土群桩施工产生挤土效应。

（3）仪器设备及其安装：

1）试验加载宜采用油压千斤顶。当采用两台及两台以上千斤顶加载时应并联同步工作，且应符合下列规定：采用的千斤顶型号、规格应相同；千斤顶的合力中心应与桩轴线重合。

2）加载反力装置：

根据现场条件选择锚桩横梁反力装置、压重平台反力装置、锚桩压重联合反力装置、地锚反力装置，并应符合下列规定：

①加载反力装置能提供的反力不得小于最大加载量的1.2倍。

②应对加载反力装置的全部构件进行强度和变形验算。

③应对锚桩抗拔力（地基土、抗拔钢筋、桩的接头）进行验算；采用工程桩作锚桩时，锚桩数量不应少于4根，并应监测锚桩上拔量。

④压重宜在检测前一次加足，并均匀稳固地放置于平台上。

⑤压重施加于地基的压应力不宜大于地基承载力特征值的1.5倍，有条件时宜利用工程桩作为堆载支点。

3）试桩、锚桩（压重平台支墩边）和基准桩之间的中心距离应符合表5-22规定。

试桩、锚桩（或压重平台支墩边）和基准桩之间的中心距离　　表5-22

反力装置	试桩中心与锚桩中心（或压重平台支墩边）	试桩中心与基准桩中心	基准桩中心与锚桩中心（或压重平台支墩边）
锚桩横梁	≥4（3）D且>2.0m	≥4（3）D且>2.0m	≥4（3）D且>2.0m
压重平台	≥4D且>2.0m	≥4（3）D且>2.0m	≥4D且>2.0m
地锚装置	≥4D且>2.0m	≥4（3）D且>2.0m	≥4D且>2.0m

注：D为试桩、锚桩或地锚的设计直径或边宽，取其较大者。如试桩或锚桩为扩底桩或多支盘桩时，试桩与锚桩的中心距尚不应小于2倍扩大端直径。括号内数值可用于工程桩验收检测时多排桩基础设计桩中心距离小于4D的情况。软土场地堆载重量较大时，宜增加支墩边与基准桩中心和试桩中心之间的距离，并在试验过程中观测基准桩的竖向位移。

4）荷载测量可用放置在千斤顶上的荷重传感器直接测定；或采用并联于千斤顶油路的压力表或压力传感器测定油压，根据千斤顶率定曲线换算荷载。传感器的测量误差不应大于1%，压力表精度应优于或等于0.4级。试验用千斤顶、油泵、油管在最大加载时的压力不应超过规定工作压力的80%。

5）沉降测量宜采用位移传感器或大量程百分表，并应符合下列规定：

①测量误差不大于0.1%FS，分辨力优于或等于0.01mm。

②直径或边宽大于500mm的桩，应在其两个方向对称安置4个位移测试仪表，直径或边宽小于等于500mm的桩可对称安置2个位移测试仪表。

③沉降测定平面宜在桩顶200mm以下位置，测点应牢固地固定于桩身。

④基准梁应具有一定的刚度，梁的一端应固定在基准桩上，另一端应简支于基准桩上。

⑤固定和支撑位移计（百分表）的夹具及基准梁应避免气温、振动及其他外界因素的影响。

（4）慢速维持荷载法现场检测：

1）桩顶部宜高出试坑底面，试坑底面宜与桩承台底标高一致。对作为锚桩用的灌注桩和有接头的混凝土预制桩，检测前宜对其桩身完整性进行检测。

2）荷载加载：

加载应分级进行，采用逐级等量加载；分级荷载宜为最大加载量或预估极限承载力的1/10，其中第一级可取分级荷载的2倍。每级荷载施加后按第5mm、15min、30min、45min、60min测读桩顶沉降量，以后每隔30min测读一次。

3）试桩沉降相对稳定标准：每一小时内的桩顶沉降量不超过0.1mm，并连续出现两次（从每级荷载施加后第30min开始，按1.5h连续三次每30min的沉降观测值计算）。加、卸载时应使荷载传递均匀、连续、无冲击，每级荷载在维持过程中的变化幅度不得超过该级增减量的±10％。当桩顶沉降速率达到相对稳定标准时，再施加下一级荷载。

4）卸载应分级进行，每级卸载量取加载时分级荷载的2倍，逐级等量卸载。卸载时，每级荷载维持1h，按第15min、30min、60min测读桩顶沉降量；卸载至零后，应测读桩顶残余沉降量，维持时间为3h，测读时间为第15min、30min，以后每隔30min测读一次。

5）终止加载条件：

①某级荷载作用下，桩顶沉降量大于前一级荷载作用下沉降量的5倍（当桩顶沉降能稳定且总沉降量小于40mm时，宜加载至桩顶总沉降量超过40mm）。

②某级荷载作用下，桩顶沉降量大于前一级荷载作用下沉降量的2倍，且经24h尚未达到稳定标准。

③已达到设计要求的最大加载量。

④当工程桩作锚桩时，锚桩上拔量已达到允许值。

⑤当荷载-沉降曲线呈缓变形时，可加载至桩顶总沉降量60～80mm；在特殊情况下，可根据具体要求加载至桩顶累计沉降量超过80mm。

（5）单桩竖向抗压极限承载力Q_u可按下列方法综合分析确定：

1）根据沉降随荷载变化的特征确定：对于陡降形$Q-s$曲线，取其发生明显陡降的起始点对应的荷载值。

2）根据沉降随时间变化的特征确定：取s－lgt曲线尾部出现明显向下弯曲的前一级荷载值。

3）某级荷载作用下，桩顶沉降量大于前一级荷载作用下沉降量的2倍，且经24h尚未达到稳定标准的情况，取前一级荷载值。

4）对于缓变形$Q-s$可根据沉降量确定，宜取$s=40$mm对应的荷载值；当桩长大于40m时，宜考虑桩身弹性压缩量；对直径大于或等于800mm的桩，可取$s=0.05D$（D为桩端直径）对应的荷载值。

注：当按上述四条在判定桩的竖向抗压承载力未达到极限时，桩的竖向抗压极限承载力应取最大试验荷载值。

(6) 单桩竖向抗压极限承载力统计值的确定应符合下列规定：

1) 参加统计的试桩结果，当满足其极差不超过平均值的30%时，取其平均值为单桩竖向抗压极限承载力。

2) 当极差超过平均值的30%时，应分析极差过大的原因，结合工程具体情况综合确定。必要时可增加试桩数量。

3) 对桩数为3根或3根以下的柱下承台，或工程桩抽检数量小于3根时，应取低值。

(7) 单位工程同一条件下的单桩竖向抗压承载力特征值 R_a 应按单桩竖向抗压极限承载力统计值的一半取值。

2. 单桩竖向抗拔静载试验

(1) 本方法适用于检测单桩的竖向抗拔承载力。为设计提供依据的试验桩应加载至桩侧土破坏或桩身材料达到设计强度；对工程桩抽样检测时，可按设计要求确定最大加载量。

(2) 设备仪器及其安装：

1) 抗拔桩试验加载装置宜采用油压千斤顶，当采用两台及两台以上千斤顶加载时应并联同步工作，采用的千斤顶型号、规格应相同，千斤顶的合力中心应与桩轴线重合。

2) 试验反力装置宜采用反力桩（或工程桩）提供支座反力，也可根据现场情况采用天然地基提供支座反力。反力架系统应具有1.2倍的安全系数并符合下列规定：

①采用反力桩（或工程桩）提供支座反力时，反力桩顶面应平整并具有一定的强度。

②采用天然地基提供反力时，施加于地基的压应力不宜超过地基承载力特征值的1.5倍；反力梁的支点重心应与支座中心重合。

3) 荷载测量及其仪器、桩顶上拔量测量及其仪器、试桩、支座和基准桩之间的中心距离同单桩竖向抗压静载试验规定。

(3) 慢速维持荷载法现场检测：

1) 对混凝土灌注桩、有接头的预制桩，宜在拔桩试验前采用低应变法检测受检桩的桩身完整性。为设计提供依据的抗拔灌注桩施工时应进行成孔质量检测，发现桩身中、下部位有明显扩径的桩不宜作为抗拔试验桩；对有接头的预制桩，应验算接头强度。

2) 单桩竖向抗拔静载试验慢速维持荷载法的加卸载分级、试验方法及稳定标准应按单桩竖向抗压静载试验有关规定执行，并仔细观察桩身混凝土开裂情况。

3) 终止加载条件：

①在某级荷载作用下，桩顶上拔量大于前一级上拔荷载作用下的上拔量5倍。

②按桩顶上拔量控制，当累计桩顶上拔量超过100mm时。

③按钢筋抗拉强度控制，桩顶上拔荷载达到钢筋抗拉强度的0.9倍。

④对于验收抽样检测的工程桩，达到设计要求的最大上拔荷载值。

(4) 检测数据的分析与判定：

1) 绘制上拔荷载 U 与桩顶上拔量 δ 之间的关系曲线（$U-\delta$）和 δ 与时间 t 之间的曲线（$\delta-\lg t$ 曲线）。

2) 单桩竖向抗拔极限承载力可按下列方法综合判定：

①根据上拔量随荷载变化的特征确定：对陡变形 $U-\delta$ 曲线，取陡升起始点对应的荷载值。

②根据上拔量随时间变化的特征确定：取 $\delta-\lg t$ 曲线斜率明显变陡或曲线尾部明显弯曲的前一级荷载值。

③当在某级荷载下抗拔钢筋断裂时，取其前一级荷载值。

④当作为验收抽样检测的受检桩在最大上拔荷载作用下，未出现上述所列三条情况时，应按设计要求综合判定。

3. 单桩水平静载试验

(1) 本方法适用于桩顶自由时的单桩水平静载试验，可以检测单桩的水平承载力，推定地基土抗力系数的比例系数。为设计提供依据的试验桩宜加载至桩顶出现较大水平位移或桩身结构破坏；对工程桩抽样检测，可按设计要求的水平位移允许值控制加载。

(2) 仪器设备及其安装：

1) 水平推力加载装置宜采用油压千斤顶，加载能力不得小于最大试验荷载的 1.2 倍。

2) 水平推力的反力可由相邻桩提供；当专门设置反力结构时，其承载能力和刚度应大于试验桩的 1.2 倍。

3) 荷载测量及其仪器的技术要求应符合单桩竖向抗压静载试验的规定；水平力作用点宜与实际工程的桩基承台底面标高一致；千斤顶和试验桩接触处应安置球形支座，千斤顶作用力应水平通过桩身轴线；千斤顶与试桩的接触处宜适当补强。

4) 桩的水平位移测量及其仪器的技术要求应符合单桩竖向抗压静载试验的有关规定。在水平力作用平面的受检桩两侧应对称安装两个位移计；当需要测量桩顶转角时，尚应在水平力作用平面以上 50cm 的受检桩两侧对称安装两个位移计。

5) 位移测量的基准点设置不应受试验和其他因素的影响，基准点应设置在与作用力方向垂直且与位移方向相反的试桩侧面，基准点与试桩净距不应小于 1 倍桩径。

(3) 现场检测：

1) 加载方法宜根据工程桩实际受力特性选用单向多循环加载法或慢速维持荷载法试验。

2) 加卸载方式和水平位移测量应符合下列规定：

①单向多循环加载法的分级荷载应小于预估水平极限承载力或最大试验荷载的 1/10；每级荷载施加后，恒载 4min 后可测读水平位移，然后卸载至零，停 2min 测读残余水平位移，至此完成一个加卸载循环。如此循环 5 次，完成一级荷载的位移观测。试验不得中间停顿。

②慢速维持荷载法的加卸载分级、试验方法及稳定标准应按单桩竖向抗压静载试验有关规定执行。

3) 终止加载条件：

①桩身折断；

②水平位移超过 30～40mm（软土取 40mm）；

③水平位移达到设计要求的水平位移允许值。

(4) 检测数据分析与判定：

1) 检测数据应按下列要求整理：

①采用单向多循环加载法时应绘制水平力-时间-作用点位移（$H-t-Y_0$）关系曲线和水平力-位移梯度（$H-\Delta Y_0/\Delta H$）关系曲线。

②采用慢速维持荷载法时应绘制水平力-力作用点位移（$H-Y_0$）关系曲线、水平力-位移梯度（$H-\Delta Y_0/\Delta H$）关系曲线、力作用点位移-时间对数（$Y_0-\lg t$）关系曲线和水平力-力作用点位移双对数（$\lg H-\lg Y_0$）关系曲线。

③绘制水平力、水平力作用点水平位移-地基土水平抗力系数的比例系数的关系曲线（$H-m$、Y_0-m）。

当桩顶自由且水平力作用位置位于地面处时，m 值可按下列公式确定：

$$m=\frac{(\nu_y \cdot H)^{\frac{5}{3}}}{b_0 Y_0^{\frac{5}{3}}(EI)^{\frac{2}{3}}} \tag{5-18}$$

$$\alpha=\left(\frac{mb_0}{EI}\right)^{\frac{1}{5}} \tag{5-19}$$

式中 m——地基土水平土抗力系数的比例系数（kN/m^4）；

α——桩的水平变形系数（m^{-1}）；

ν_y——桩顶水平位移系数，由式（5-2）试算 α，当 $\alpha h \geqslant 4.0$ 时（h 为桩的入土深度），其值为 2.441；

H——作用于地面的水平力（kN）；

Y_0——水平力作用点的水平位移（m）；

EI——桩身抗弯刚度（$kN \cdot m^2$）；其中 E 为桩身材料弹性模量，I 为桩身换算截面惯性矩；

b_0——桩身计算宽度（m）；对于圆形桩：当桩径 $D \leqslant 1m$ 时，$b_0=0.9(1.5D+0.5)$；当桩径 $D>1m$ 时，$b_0=0.9(D+1)$。对于矩形桩：当边宽 $B \leqslant 1m$ 时，$b_0=1.5B+0.5$；当边宽 $B>1m$ 时，$b_0=B+1$。

2）单桩的水平临界荷载可按下列方法综合确定：

①取单向多循环加载法时的 $H-t-Y0$ 曲线或慢速维持荷载法时的 $H-Y_0$ 曲线出现拐点的前一级水平荷载值。

②取 $H-\Delta Y0/\Delta H$ 曲线或 $\lg H-\lg Y_0$ 曲线上第一拐点对应的水平荷载值。

③取 $H-\sigma_s$ 曲线第一拐点对应的水平荷载值。

3）单桩的水平极限承载力可根据下列方法综合确定：

①取单向多循环加载法时的 $H-t-Y0$ 曲线或慢速维持荷载法时的 $H-Y0$ 曲线产生明显陡降的起始点对应的水平荷载值。

②取慢速维持荷载法时的 $Y_0-\lg t$ 曲线尾部出现明显弯曲的前一级水平荷载值。

③取 $H-\Delta Y_0/\Delta H$ 曲线或 $\lg H-\lg Y_0$ 曲线上第二拐点对应的水平荷载值。

④取桩身折断或受拉钢筋屈服时的前一级水平荷载值。

4）单桩水平极限承载力和水平临界荷载统计值的确定：

①参加统计的试桩结果，当满足其极差不超过平均值的 30%时，取其平均值为单桩水平极限承载力。

②当极差超过平均值的 30%时，应分析极差过大的原因，结合工程具体情况综合确定。必要时可增加试桩数量。

③对桩数为 3 根或 3 根以下的柱下承台，或工程桩抽检数量小于 3 根时，应取低值。

5）单位工程同一条件下的单桩水平承载力特征值的确定应符合下列规定：

①当水平极限承载力能确定时，应按单桩水平极限承载力统计值的一半取值，并与水平临界荷载相比较取小值。

②当按设计要求的水平允许位移控制且水平极限承载力不能确定时，取设计要求的水平允许位移所对应的水平荷载，并与水平临界荷载相比较取小值。

6）当水平承载力按设计要求的水平允许位移控制时，可取设计要求的水平允许位移对应的水平荷载作为单桩水平承载力特征值，但应满足有关规范抗裂设计的要求。

5.2.3.2　动测法

1. 低应变法

（1）本方法适用于检测混凝土桩的桩身完整性，判定桩身缺陷的程度及位置。有效检测桩长范围应通过现场试验确定。

（2）仪器设备：

1）低应变动力检测采用的测量相应传感器主要是压电式加速度传感器，应尽量选用自振频率较高的加速度传感器，加速度计幅频线性段的高限不应小于 5000Hz，且应具有信号显示、储存和处理分析功能。

2）瞬态激振设备应包括能激发宽脉冲和窄脉冲的力锤和锤垫；力锤可装有力传感器；稳态激振设备应包括激振力可调、扫频范围为 10～2000Hz 的电磁式稳态激振器。

（3）现场检测：

1）受检桩应符合下列规定

①受检桩混凝土强度至少达到设计强度的 70%，且不小于 15MPa。

②受检桩桩顶的混凝土质量、截面尺寸应与桩身设计条件基本等同。灌注桩应凿去桩顶浮浆或松散、破损部分，并露出坚硬的混凝土表面；桩顶表面应平整干净且无积水；妨碍正常测试的桩顶外露主筋应割掉。对于预应力管桩，当法兰盘与桩身混凝土之间结合紧密时，可不进行处理，否则，应采用电锯将桩头锯平。

③桩顶面应平整、密实、并与桩轴线基本垂直。测试时桩头不得与混凝土承台或垫层相连，而应将其与桩侧断开。

2）测试参数设定应符合下列规定

①时域信号分析的时间段长度应在 $2L/c$ 时刻后延续不少于 5ms；幅频信号分析的频率范围上限不应小于 2000Hz。

②设定桩长应为桩顶测点至桩底的施工桩长，设定桩身截面积应为施工截面积。

③桩身波速可根据本地区同类型桩的测试值初步设定。

④采样时间间隔或采样频率应根据桩长、桩身波速和频域分辨率合理选择；时域信号采样点数不宜少于 1024 点。

⑤传感器的设定值应按计量检定结果设定。

3）测量传感器安装和激振操作

①传感器安装应与桩顶面垂直，必要时可采用冲击钻打孔安装方式，但传感器安装面应与桩顶面紧密接触；用耦合剂粘结时，粘结层应尽可能薄，应具有足够的粘结强度。

②实心桩的激振点位置应选择在桩中心，测量传感器安装位置宜为距桩中心 2/3 半径处；空心桩的激振点与测量传感器安装位置宜在同一水平面上，且与桩中心连线形成的夹角宜为 90°，激振点和测量传感器安装位置宜为桩壁厚的 1/2 处，见图 5-14。

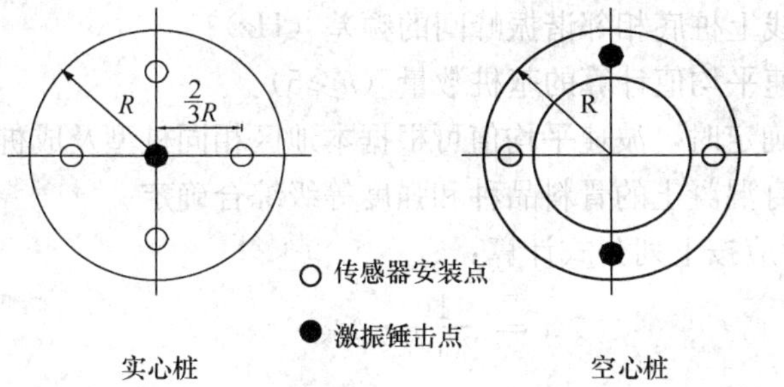

图 5-14 传感器安装点、锤击点布置示意图

③为了减少外露主筋对测试产生干扰信号，激振点与传感器安装点应远离钢筋笼的主筋，若外露主筋过长而影响正常测试时，应将其割短。

④激振方向应沿桩轴线方向。

⑤瞬态激振应通过现场敲击试验，选择合适重量的激振力锤和锤垫，宜用宽脉冲获取桩底或桩身下部缺陷反射信号，宜用窄脉冲获取桩身上部缺陷反射信号。

⑥稳态激振在每个设定的频率下激振时，为避免频率变换过程产生失真信号，应具有足够的稳定激振时间，以获得稳定的激振力和响应信号，并根据桩径、桩长及桩周土约束情况调整激振力大小。稳态激振器的安装方式及好坏对测试结果起着很大的作用。为保证激振系统本身在测试频率范围内不至于出现谐振，激振器的安装宜采用柔性悬挂装置，同时在测试过程中应避免激振器出现横向振动。

4）信号采集和筛选应符合下列规定

①根据桩径大小，桩心对称布置 2～4 个检测点；每个检测点记录的有效信号数不宜少于 3 个。

②检查判断实测信号是否反映桩身完整性特征。

③不同检测点及多次实测时域信号一致性较差，应分析原因，增加检测点数量。

④信号不应失真和产生零漂，信号幅值不应超过测量系统的量程。

(4) 检测数据分析与判定

1）桩身波速平均值的确定：

①当桩长已知、桩底反射信号明确时，在地质条件、设计桩型、成桩工艺相同的基桩中，选取不少于 5 根Ⅰ类桩的桩身波速值按下式计算其平均值：

$$c_{\mathrm{m}}=\frac{1}{n}\sum_{i=1}^{n}c_i \tag{5-20}$$

$$c_i=\frac{2000L}{\Delta T} \tag{5-21}$$

$$c_i=2L\cdot\Delta f \tag{5-22}$$

式中 c_{m}——桩身波速的平均值（m/s）；

c_i——第 i 根受检桩的桩身波速值（m/s），且 $|c_i-c_{\mathrm{m}}|/c_{\mathrm{m}}\leqslant 5\%$；

L——测点下桩长（m）；

ΔT—— 速度波第一峰与桩底反射波峰间的时间差（ms）；

Δf——幅频曲线上桩底相邻谐振峰间的频差（Hz）；

n——参加波速平均值计算的基桩数量（$n \geqslant 5$）。

②当无法按上述确定时，波速平均值可根据本地区相同桩型及成桩工艺的其他桩基工程的实测值，结合桩身混凝土的骨料品种和强度等级综合确定。

2）桩身缺陷位置应按下列公式计算：

$$x = \frac{1}{2000} \cdot \Delta t_{x} \cdot c \tag{5-23}$$

$$x = \frac{1}{2} \cdot \frac{c}{\Delta f'} \tag{5-24}$$

式中　x——桩身缺陷至传感器安装点的距离（m）；

Δt_{x}——速度波第一峰与缺陷反射波峰间的时间差（ms）；

c——受检桩的桩身波速（m/s），无法确定时用 c_{m} 值替代；

$\Delta f'$——幅频信号曲线上缺陷相邻谐振峰间的频差（Hz）。

3）桩身完整性类别应结合缺陷出现的深度、测试信号衰减特性以及设计桩型、成桩工艺、地质条件、施工情况，按表 5-23 的规定和表 5-24 所列实测时域或幅频信号特征进行综合分析判定。

桩身完整性分类表　　**表 5-23**

桩身完整性类别	分类原则
Ⅰ类桩	桩身完整
Ⅱ类桩	桩身有轻微缺陷，不会影响桩身结构承载力的正常发挥
Ⅲ类桩	桩身有明显缺陷，对桩身结构承载力有影响
Ⅳ类桩	桩身存在严重缺陷

桩身完整性判定　　**表 5-24**

类　别	时域信号特征	幅频信号特征
Ⅰ	$2L/c$ 时刻前无缺陷反射波； 有桩底反射波	桩底谐振峰排列基本等间距，其相邻频差 $\Delta f \approx c/2L$
Ⅱ	$2L/c$ 时刻前出现轻微缺陷反射波； 有桩底反射波	桩底谐振峰排列基本等间距，其相邻频差 $\Delta f \approx c/2L$，轻微缺陷产生的谐振峰与桩底谐振峰之间的频差 $\Delta f' > c/2L$
Ⅲ	有明显缺陷反射波，其他特征介于Ⅱ类和Ⅳ类之间	
Ⅳ	$2L/c$ 时刻前出现严重缺陷反射波或周期性反射波，无桩底反射波；或因桩身浅部严重缺陷使波形呈现低频大振幅衰减振动，无桩底反射波	缺陷谐振峰排列基本等间距，相邻频差 $\Delta f' > c/2L$，无桩底谐振峰；或因桩身浅部严重缺陷只出现单一谐振峰，无桩底谐振峰

注：对同一场地、地质条件相近、桩型和成桩工艺相同的基桩，因桩端部分桩身阻抗与持力层阻抗相匹配导致实测信号无桩底反射波时，可参照本场地同条件下有桩底反射波的其他桩实测信号判定桩身完整性类别。

4）对于混凝土灌注桩，采用时域信号分析时应区分桩身截面渐变后恢复至原桩径并在该阻抗突变处的一次反射，或扩径突变处的二次反射，结合成桩工艺和地质条件综合分析判定受检桩的完整性类别。必要时，可采用实测曲线拟合法辅助判定桩身完整性或借助实测导纳值、动刚度的相对高低辅助判定桩身完整性。

5）对于嵌岩桩，桩底时域反射信号为单一反射波且与锤击脉冲信号同向时，应采取其他方法核验桩底嵌岩情况。

6）出现下列情况之一，桩身完整性判定宜结合其他检测方法进行：

①实测信号复杂，无规律，无法对其进行准确评价。

②设计桩身截面渐变或多变，且变化幅度较大的混凝土灌注桩。

2. 高应变法

（1）本方法适用于检测基桩的竖向抗压承载力和桩身完整性；监测预制桩打入时的桩身应力和锤击能量传递比，为沉桩工艺参数及桩长选择提供依据。进行灌注桩的竖向抗压承载力检测时，应具有现场实测经验和本地区相近条件下的可靠对比验证资料。对于大直径扩底桩和Q—s曲线具有缓变形特征的大直径灌注桩，不宜采用本方法进行竖向抗压承载力检测。

（2）仪器设备：

1）检测仪器的主要技术性能指标不应低于《基桩动测仪》JG/T 3055中表1规定的2级标准，且应具有保存、显示实测力与速度信号和信号处理与分析的功能。

2）锤击设备宜具有稳固的导向装置；打桩机械或类似的装置（导杆式柴油锤除外）都可作为锤击设备。

3）重锤应材质均匀、形状对称、锤底平整，高径（宽）比不得小于1，并采用铸铁或铸钢制作。当采取自由落锤安装加速度传感器的方式实测锤击力时，重锤应整体铸造，且高径（宽）比应在1.0～1.5范围内。

4）进行承载力检测时，锤的重量应大于预估单桩极限承载力的1.0%～1.5%，混凝土桩的桩径大于600mm或桩长大于30m时取高值。

5）桩的贯入度可采用精密水准仪等仪器测定。

（3）现场检测：

1）检测前的准备工作应符合下列规定：

①预制桩承载力的时间效应应通过复打确定。

②桩顶面应平整，桩顶高度应满足锤击装置的要求，桩锤重心应与桩顶对中，锤击装置架立应垂直。

③对不能承受锤击的桩头应做加固处理，桩头混凝土强度等级宜比桩身混凝土提高1～2级，且不得低于C30。

④检测时至少应对称安装冲击力和冲击响应（质点运动速度）测量传感器各两个。在桩顶下的桩侧表面分别对称安装加速度传感器和应变式力传感器，直接测量桩身测点处的响应和应变，并将应变换算成冲击力。在桩顶下的桩侧表面对称安装加速度传感器直接测量响应，在自由落锤锤体0.5Hr处（Hr为锤体高度）对称安装加速度传感器直接测量冲击力。

⑤桩头顶部应设置桩垫，桩垫可采用10～30mm厚的木板或胶合板等材料。

2）参数设定和计算应符合下列规定：

①采样时间间隔宜为50～200μs，信号采样点数不宜少于1024点。

②传感器的设定值应按计量检定结果设定。

③自由落锤安装加速度传感器测力时，力的设定值由加速度传感器设定值与重锤质量

的乘积确定。

④测点处的桩截面尺寸应按实际测量确定，波速、质量密度和弹性模量应按实际情况设定。

⑤测点以下桩长和截面积可采用设计文件或施工记录提供的数据作为设定值。

⑥桩身材料质量密度应按表 5-25 取值。

桩身材料质量密度（t/m^3）　　表 5-25

钢桩	混凝土预制桩	离心管桩	混凝土灌注桩
7.85	2.45～2.50	2.55～2.60	2.40

⑦桩身波速可结合本地经验或按同场地同类型已检桩的平均波速初步设定，现场检测完成后应调整。

⑧桩身材料弹性模量应按下式计算：

$$E = \rho \cdot c^2 \tag{5-25}$$

式中　E——桩身材料弹性模量（kPa）；

c——桩身应力波传播速度（m/s）；

ρ——桩身材料质量密度（t/m^3）。

3）现场检测应符合下列要求：

①交流供电的测试系统应良好接地；检测时测试系统应处于正常状态。

②采用自由落锤为锤击设备时，应重锤低击，最大锤击落距不宜大于 2.5m。

③试验目的为确定预制桩打桩过程中的桩身应力、沉桩设备匹配能力和选择桩长时，应进行试打桩与打桩监控。

④检测时应及时检查采集数据的质量；每根受检桩记录的有效锤击信号应根据桩顶最大动位移、贯入度以及桩身最大拉、压应力和缺陷程度及其发展情况综合确定。

⑤发现测试波形紊乱，应分析原因；桩身有明显缺陷或缺陷程度加剧，应停止检测。

4）承载力检测时宜实测桩的贯入度，单击贯入度宜在 2～6mm 之间。

（4）检测数据分析与判定：

1）检测承载力时选取锤击信号，宜取锤击能量较大的击次。当出现下列情况之一时，锤击信号不得作为承载力分析计算的依据。

①传感器安装处混凝土开裂或出现严重塑性变形使力曲线最终未归零。

②严重锤击偏心，两侧力信号幅值相差超过 1 倍。

③触变效应的影响，预制桩在多次锤击下承载力下降。

④四通道测试数据不全。

2）桩身波速可根据下行波波形起升沿的起点到上行波下降沿的起点之间的时差与已知桩长值确定（图 5-15）；桩底反射信号不明显时，可根据桩长、混凝土波速的合理取值范围以及邻近桩的桩身波速值综合确定。

3）当测点处原设定波速随调整后的桩身波速改变时，桩身材料弹性模量和锤击力信号幅值的调整应符合下列规定：

①桩身材料弹性模量应按式（5-25）重新计算。

② 当采用应变式传感器测力时，应同时对原实测力值校正。

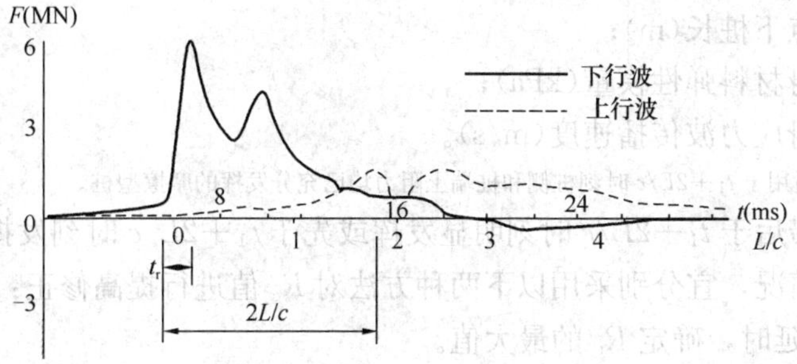

图 5-15 桩身波速的确定

4）高应变实测的力和速度信号第一峰起始比例失调时，不得进行比例调整。

5）承载力分析计算前，应结合地质条件、设计参数，对实测波形特征进行定性检查：

①实测曲线特征反映出的桩承载性状。

②观察桩身缺陷程度和位置，连续锤击时缺陷的扩大或逐步闭合情况。

6）对于以下情况之一的应采用静载法进一步验证：

①桩身存在缺陷，无法判定桩的竖向承载力。

②桩身缺陷对水平承载力有影响。

③单击贯入度大，桩底同向反射强烈且反射峰较宽，侧阻力波、端阻力波反射弱，即波形表现出竖向承载性状明显与勘察报告中的地质条件不符合。

④嵌岩桩桩底同向反射强烈，且在时间 $2L/c$ 后无明显端阻力反射；也可采用钻芯法核验。

7）凯司法判定桩承载力：

①采用凯司法判定桩承载力应符合下列规定：只限于中、小直径桩；桩身材质、截面应基本均匀；阻尼系数 Jc 宜根据同条件下静载试验结果校核，或应在已取得相近条件下可靠对比资料后，采用实测曲线拟合法确定 Jc 值，拟合计算的桩数应不少于检测总桩数的 30%，且不少于 3 根；在同一场地、地质条件相近和桩型及其截面积相同情况下，Jc 值的极差不宜大于平均值的 30%。

②凯司法判定单桩承载力可按下列公式计算：

$$R_c=\frac{1}{2}(1-J_c)\cdot[F(t_1)+Z\cdot V(t_1)]+\frac{1}{2}(1+J_c)\cdot\left[F\left(t_1+\frac{2L}{c}\right)-Z\cdot V\left(t_1+\frac{2L}{c}\right)\right] \tag{5-26}$$

$$Z=\frac{E\cdot A}{c} \tag{5-27}$$

式中 R_c——由凯司法判定的单桩竖向抗压承载力(kN)；

J_c——凯司法阻尼系数；

t_1——速度第一峰对应的时刻(ms)；

$F(t_1)$——t_1 时刻的锤击力(kN)；

$V(t_1)$——t_1 时刻的质点运动速度(m/s)；

Z——桩身截面力学阻抗(kN·s/m)；

A——桩身截面面积(m^2)；

L ——测点下桩长(m)；

E ——桩身材料弹性模量(kPa)；

c ——桩身应力波传播速度(m/s)。

注：公式（5-9）适用于 t_1+2L/c 时刻桩侧和桩端土阻力均已充分发挥的摩擦型桩。

对于土阻力滞后于 t_1+2L/c 时刻明显发挥或先于 t_1+2L/c 时刻发挥并造成桩中上部强烈反弹这两种情况，宜分别采用以下两种方法对 R_c 值进行提高修正：

a. 适当将 t_1 延时，确定 R_c 的最大值。

b. 考虑卸载回弹部分土阻力对 R_c 值进行修正。

8）实测曲线拟合法判定桩承载力

①采用实测曲线拟合法判定桩承载力，应符合下列规定：

a. 所采用的力学模型应明确合理，桩和土的力学模型应能分别反映桩和土的实际力学性状，模型参数的取值范围应能限定。

b. 拟合分析选用的参数应在岩土工程的合理范围内。

c. 曲线拟合时间段长度在 t_1+2L/c 时刻后延续时间不应小于 20ms；对于柴油锤打桩信号，在 t_1+2L/c 时刻后延续时间不应小于 30ms。

d. 各单元所选用的土的最大弹性位移值不应超过相应桩单元的最大计算位移值。

e. 拟合完成时，土阻力响应区段的计算曲线与实测曲线应吻合，其他区段的曲线应基本吻合。

f. 贯入度的计算值应与实测值接近。

②对单桩承载力的统计和单桩竖向抗压承载力特征值的确定应符合下列规定：

a. 参加统计的试桩结果，当满足其级差不超过 30%时，取其平均值为单桩承载力统计值。

b. 当极差超过 30%时，应分析极差过大的原因，结合工程具体情况综合确定。必要时可增加试桩数量。

c. 单位工程同一条件下的单桩竖向抗压承载力特征值 R_a 应按本方法得到的单桩承载力统计值的一半取值。

9）桩身完整性判定可采用以下方法进行：

①采用实测曲线拟合法判定时，拟合时所选用的桩土参数应符合第 8）中①条第 a、b 款的规定；根据桩的成桩工艺，拟合时可采用桩身阻抗拟合或桩身裂隙（包括混凝土预制桩的接桩缝隙）拟合。

②对于等截面桩，可参照表 5-26 并结合经验判定；桩身完整性系数 β 和桩身缺陷位置 x 应分别按下列公式计算：

$$\beta=\frac{[F(t_1)+Z\cdot V(t_1)]-2R_x+[F(t_x)-Z\cdot V(t_x)]}{[F(t_1)+Z\cdot V(t_1)]-[F(t_x)-Z\cdot V(t_x)]} \tag{5-28}$$

$$x=c\cdot\frac{t_x-t_1}{2000} \tag{5-29}$$

式中　β——桩身完整性系数；

t_x——缺陷反射峰对应的时刻(ms)；

x——桩身缺陷至传感器安装点的距离（m）；

t_1——速度第一峰对应的时刻(ms)；

$F(t_1)$——t_1 时刻的锤击力(kN)；

$V(t_1)$——t_1 时刻的质点运动速度(m/s)；

Z——桩身截面力学阻抗(kN・s/m)；

c——桩身应力波传播速度(m/s)。

R_x——缺陷以上部位土阻力的估计值，等于缺陷反射波起始点的力与速度乘以桩身截面力学阻抗之差值，取值方法见图 5-16。

桩身完整性判定 表 5-26

类别	β值	类别	β值
Ⅰ	$\beta=1.0$	Ⅲ	$0.6\leqslant\beta<0.8$
Ⅱ	$0.8\leqslant\beta<1.0$	Ⅳ	$\beta<0.6$

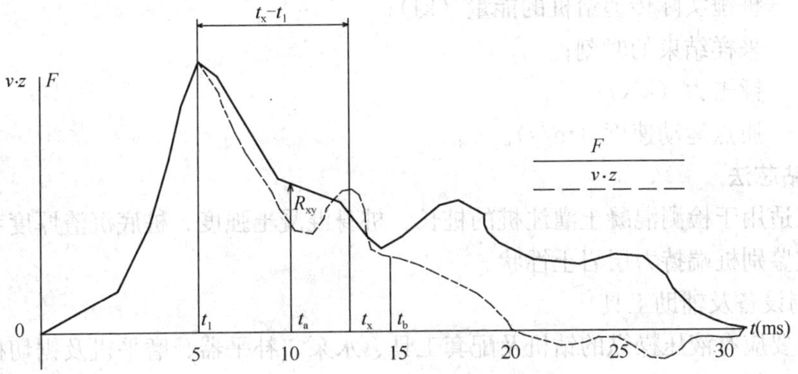

图 5-16 桩身完整性系数计算

③出现下列情况之一时，桩身完整性判定宜按工程地质条件和施工工艺，结合实测曲线拟合法或其他检测方法综合进行：

a. 桩身有扩径的桩。

b. 桩身截面渐变或多变的混凝土灌注桩。

c. 力和速度曲线在峰值附近比例失调，桩身浅部有缺陷的桩。

d. 锤击力波上升缓慢，力与速度曲线比例失调的桩。

10）桩身最大锤击拉、压应力和桩锤实际传递给桩的能量

①最大桩身锤击拉应力可按下式计算：

$$\sigma_t=\frac{1}{2A}\left\{Z\cdot V\left(t_1+\frac{2L}{c}\right)-F\left(t_1+\frac{2L}{c}\right)-Z\cdot V\left[t_1+\frac{2L-2x}{c}\right]-F\left[t_1+\frac{2L-2x}{c}\right]\right\} \tag{5-30}$$

式中 σ_t——最大桩身锤击拉应力(kPa)；

x——传感器安装点至计算点的距离(m)；

A——桩身截面面积(m^2)；

t_1——速度第一峰对应的时刻(ms)；

$F(t_1)$ ——t_1 时刻的锤击力(kN)；

$V(t_1)$ ——t_1 时刻的质点运动速度(m/s)；

L ——测点下桩长(m)；

c ——桩身应力波传播速度(m/s)。

②最大桩身锤击压应力可按下式计算：

$$\sigma_P = \frac{F_{max}}{A} \tag{5-31}$$

式中 σ_P——最大桩身锤击压应力（kPa）；

A——桩身截面面积（m^2）；

F_{max}——实测的最大锤击力（kN）。

③桩锤实际传递给桩的能量应按下式计算：

$$E_n = \int_0^{t_e} F \cdot V \cdot dt \tag{5-32}$$

式中 E_n——桩锤实际传递给桩的能量（kJ）；

t_e——采样结束的时刻；

F——锤击力（kN）；

V——质点运动速度（m/s）。

5.2.3.3 钻芯法

本方法适用于检测混凝土灌注桩的桩长、桩身混凝土强度、桩底沉渣厚度和桩身完整性，判定或鉴别桩端持力层岩土性状。

1. 检测设备及辅助工具

检测主要应有液压操纵的钻机及配套工具、水泵、补平器、磨平机及锯切机等。钻机应配备单动双管钻具以及相应的孔口管、扩孔器、卡簧、扶正稳定器和可捞取松软渣样的钻具。钻杆应顺直，直径宜为 50mm 。钻头应根据混凝土设计强度等级选用合适粒度、浓度、胎体硬度的金刚石钻头，且外径不宜小于 100mm 。钻头胎体不得有肉眼可见的裂纹、缺边、少角、倾斜及喇叭口变形。水泵的排水量应为 50～160L/min，泵压应为 1.0～2.0MPa。锯切芯样试件用的锯切机应具有冷却系统和牢固夹紧芯样的装置，配套使用的金刚石圆锯片应有足够刚度。

2. 取样规则

(1) 桩径小于 1.2m 的桩钻 1 孔，桩径为 1.2～1.6m 的桩钻 2 孔，桩径大于 1.6m 的桩钻 3 孔。

(2) 当钻芯孔为一个时，宜在距桩中心 10～15cm 的位置开孔；当钻芯孔为两个或两个以上时，开孔位置宜在距桩中心 0.15～0.25D 内均匀对称布置。

(3) 对桩端持力层的钻探，每根受检桩不应少于一孔，且钻探深度应满足设计要求。

3. 现场检测

(1) 钻取芯样

1) 钻机设备安装必须周正、稳固、底座水平。钻机立轴中心、天轮中心（天车前沿切点）与孔口中心必须在同一铅垂线上。应确保钻机在钻芯过程中不发生倾斜、移位，钻芯孔垂直度偏差不大于 0.5%。当桩顶面与钻机底座的距离较大时，应安装孔口管，孔口管应垂直且牢固。

2）钻进过程中，钻孔内循环水流不得中断，应根据回水含砂量及颜色调整钻进速度。提钻卸取芯样时，应拧卸钻头和扩孔器，严禁敲打卸芯。每回次进尺宜控制在1.5m内；钻至桩底时，宜采取适宜的钻芯方法和工艺钻取沉渣并测定沉渣厚度，并采用适宜的方法对桩端持力层岩土性状进行鉴别。

3）钻取的芯样应由上而下按回次顺序放进芯样箱中，芯样侧面上应清晰标明回次数、块号、本回次总块数，并应按规范要求的格式及时记录钻进情况和钻进异常情况，对芯样质量进行初步描述。钻芯过程中，应按规范要求的格式对芯样混凝土，桩底沉渣以及桩端持力层详细编录。钻芯结束后，应对芯样和标有工程名称、桩号、钻芯孔号、芯样试件采取位置、桩长、孔深、检测单位名称的标示牌的全貌进行拍照。

（2）芯样试件截取与加工

1）当桩长为10～30m时，每孔截取3组芯样；当桩长小于10m时，可取2组，当桩长大于30m时，不少于4组。上部芯样位置距桩顶设计标高不宜大于1倍桩径或1m，下部芯样位置距桩底不宜大于1倍桩径或1m，中间芯样宜等间距截取。缺陷位置能取样时，应截取一组芯样进行混凝土抗压试验。当同一基桩的钻芯孔数大于一个，其中一孔在某深度存在缺陷时，应在其他孔的该深度处截取芯样进行混凝土抗压试验。

2）当桩端持力层为中，微风化岩层且岩芯可制作成试件时，应在接近桩底部位截取一组岩石芯样；遇分层岩性时宜在各层取样。

3）每组芯样应制作三个芯样抗压试件。芯样试件应按规范进行加工和测量。

4. 芯样试件抗压强度试验

（1）芯样试件制作完毕可立即进行抗压强度试验。混凝土芯样试件的抗压强度试验应按现行国家标准《普通混凝土力学性能试验方法》（GB/T 50081）的有关规定执行。抗压强度试验后，当发现芯样试件平均直径小于2倍试件内混凝土粗骨料最大粒径，且强度值异常时，该试件的强度值不得参与统计平均。

（2）混凝土芯样试件抗压强度应按下列公式计算：

$$f_{cu} = \xi \cdot \frac{4P}{\pi d^2} \tag{5-33}$$

式中 f_{cu}——混凝土芯样试件抗压强度（MPa），精确至0.1MPa；

P——芯样试件抗压试验测得的破坏荷载（N）；

d——芯样试件的平均直径（mm）；

ξ——混凝土芯样试件抗压强度折算系数，应考虑芯样尺寸效应、钻芯机械对芯样扰动和混凝土成型条件的影响，通过试验统计确定；当无试验统计资料时，宜取为1.0。

（3）桩底岩芯单轴抗压强度试验可按现行国家标准《建筑地基基础设计规范》（GB 50007）附录J执行。

5. 检测数据的分析与判定

（1）混凝土芯样试件抗压强度代表值应按一组3块试件强度值的平均值确定。同一受检桩同一深度部位有两组或两组以上混凝土芯样试件抗压强度代表值时，取其平均值为该桩该深度处混凝土芯样试件抗压强度代表值。

（2）受检桩中不同深度位置的混凝土芯样试件抗压强度代表值中的最小值为该桩混凝土芯样试件抗压强度代表值。

（3）桩端持力层性状应根据芯样特征、岩石芯样单轴抗压强度试验、动力触探或标准贯入试验结果，综合判定桩端持力层岩土性状。

（4）桩身完整性类别应结合钻芯孔数、现场混凝土芯样特征、芯样单轴抗压强度试验结果，按表5-23的规定和表5-26的特征进行综合判定。

（5）成桩质量评价应按单桩进行。当出现下列情况之一时，应判定该受检桩不满足设计要求：

1）桩身完整性类别为Ⅳ类的桩（桩身完整性判定见表5-27）。

2）受检桩混凝土芯样试件抗压强度代表值小于混凝土设计强度等级的桩。

3）桩长、桩底沉渣厚度不满足设计或规范要求的桩。

4）桩端持力层岩土性状（强度）或厚度未达到设计或规范要求的桩。

桩身完整性判定　　表5-27

类　别	特　征
Ⅰ	混凝土芯样连续、完整、表面光滑、胶结好、骨料分布均匀、呈长柱状、断口吻合，芯样侧面仅见少量气孔
Ⅱ	混凝土芯样连续、完整、胶结叫好、骨料分布基本均匀、呈柱状、断口基本吻合
Ⅲ	大部分混凝土芯样胶结较好，无松散、夹泥或分层现象，但有下列情况之一 芯样局部被破碎且破碎长度不大于10cm 芯样骨料分布不均匀 芯样多呈短柱状或块状 芯样侧面蜂窝麻面、沟槽连续
Ⅳ	有下列情况之一 钻进很困难 芯样任意段松散、夹泥或分层 芯样局部破碎且破碎长度大于10cm

（6）钻芯孔偏出桩外时，仅对钻取芯样部分进行评价。

5.2.3.4　声波透射法

本方法适用于已预埋声测管的混凝土灌注桩桩身完整性检测，判定桩身缺陷的程度并确定其位置。

1. 检测设备及辅助工具

检测应有声波发射与接收换能器、声波检测仪等设备。

2. 现场检测

（1）现场检测前准备

采用标定法确定仪器系统延迟时间。计算声测管及耦合水层声时修正值。在桩顶测量相应声测管外壁间净距离。将各声测管内注满清水，检查声测管畅通情况；换能器应能在全程范围内升降顺畅。

（2）检测

1）将发射与接收声波换能器通过深度标志分别置于两根声测管中的测点处。发射与接收声波换能器应以相同标高见图 5-17（a）或保持固定高差见图 5-17（b）同步升降，测点间距不宜大于 250mm 。实时显示和记录接收信号的时程曲线，读取声时、首波峰值和周期值，宜同时显示频谱曲线及主频值。

2）将多根声测管以两根为一个检测剖面进行全组合，分别对所有检测剖面完成检测。

3）在桩身质量可疑的测点周围，应采用加密测点，或采用斜测见图 5-17（b）、扇形扫测见图 5-17（c）进行复测，进一步确定桩身缺陷的位置和范围。在同一根桩的各检测剖面的检测过程中，声波发射电压和仪器设置参数应保持不变。

3. 检测数据的分析与判定

（1）各测点的声时 t_c、声速 v、波幅 A_p 及主频 f 应根据现场检测数据，按下列各式计算，并绘制声速-深度（v-z）曲线和波幅-深度（A_p-z）曲线，需要时可绘制辅助的主频-深度（f-z）曲线：

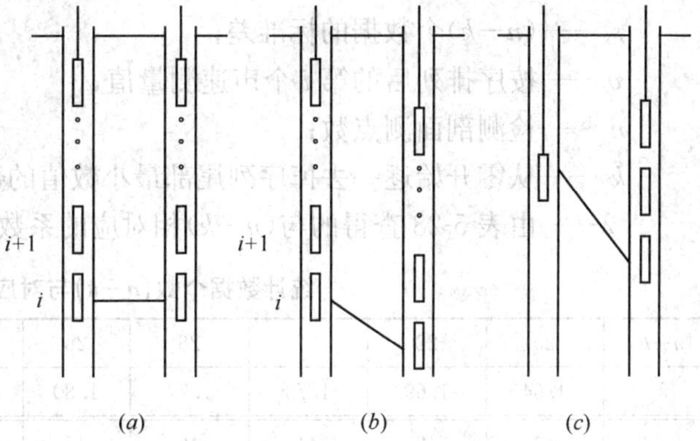

图 5-17　平测、斜测和扇形扫测示意图

（a）平测；（b）斜测；（c）扇形扫测

$$t_{ci} = t_i - t_0 - t' \quad (5\text{-}34)$$

$$v_i = \frac{l'}{t_{ci}} \quad (5\text{-}35)$$

$$A_{pi} = 20\lg\frac{a_i}{a_0} \quad (5\text{-}36)$$

$$f_i = \frac{1000}{T_i} \quad (5\text{-}37)$$

式中　t_{ci}——第 j 测点声时（μs）；

t_i——第 i 测点声时测量值（μs）；

t_0——仪器系统延迟时间（μs）；

t'——声测管及耦合水层声时修正值（μs）；

l'——每检测剖面相应两声测管的外壁间净距离（mm）；

v_i——第 i 测点声速（km/s）；

A_{pi}——第 i 测点波幅值（dB）；

a_i——第 i 测点信号首波峰值（V）；

a_0——零分贝信号幅值（V）；

f_i——第 i 测点信号主频值（kHz），也可由信号频谱的主频求得；

T_i——第 i 测点信号周期（μs）。

（2）声速临界值应按下列步骤计算：

1）将同一检测剖面各测点的声速 v_i 值由大到小依次排序，即

$$v_1 \geqslant v_2 \geqslant \cdots v_i \geqslant \cdots v_{n-k} \geqslant \cdots v_{n-1} \geqslant v_n (k = 0,1,2,\cdots) \quad (5\text{-}38)$$

式中　v_i——按序排列后的第 i 个声速测量值；

n——检测剖面测点数；

k——从零开始逐一去掉序列尾部最小数值的数据个数。

2）对从零开始逐一去掉，序列中最小数值后余下的数据进行统计计算。当去掉最小数值的数据个数为 k 时，对包括 v_{n-k} 在内的余下数据 $v_1 \sim v_{n-k}$ 按下列公式进行统计计算：

$$v_0 = v_m - \lambda \cdot s_x \tag{5-39}$$

$$v_m = \frac{1}{n-k}\sum_{i=1}^{n-k} v_i \tag{5-40}$$

$$s_x = \sqrt{\frac{1}{n-k-1}\sum_{i=1}^{n-k}(v_i - v_m)^2} \tag{5-41}$$

式中 v_0——异常判断值；

v_m——$(n-k)$个数据的平均值；

s_x——$(n-k)$个数据的标准差；

v_i——按序排列后的第 i 个声速测量值；

n——检测剖面测点数；

k——从零开始逐一去掉序列尾部最小数值的数据个数；

λ——由表 5-28 查得的与$(n-k)$相对应的系数。

统计数据个数$(n-k)$与对应的 λ 值　　表 5-28

$n-k$	20	22	24	26	28	30	32	34	36	38
λ	1.64	1.69	1.73	1.77	1.80	1.83	1.86	1.89	1.91	1.94
$n-k$	40	42	44	46	48	50	52	54	56	58
λ	1.96	1.98	2.00	2.02	2.04	2.05	2.07	2.09	2.10	2.11
$n-k$	60	62	64	66	68	70	72	74	76	78
λ	2.13	2.14	2.15	2.17	2.18	2.19	2.20	2.21	2.22	2.23
$n-k$	80	82	84	86	88	90	92	94	96	98
λ	2.24	2.25	2.26	2.27	2.28	2.29	2.29	2.30	2.31	2.32
$n-k$	100	105	110	115	120	125	130	135	140	145
λ	2.33	2.34	2.36	2.38	2.39	2.41	2.42	2.43	2.45	2.46
$n-k$	150	160	170	180	190	200	220	240	260	280
λ	2.47	2.50	2.52	2.54	2.56	2.58	2.61	2.64	2.67	2.69

3）将 v_{n-k}与异常判断值 v_0 进行比较，当 $v_{n-k} \leqslant v_0$ 时，v_{n-k}及其以后的数据均为异常，去掉 v_{n-k}及其以后的异常数据；再用数据 $v_1 \sim v_{n-k-1}$并重复式（5-39）～（5-41）的计算步骤，直到 v_i 序列中余下的全部数据满足：

$$v_i > v_0 \tag{5-42}$$

此时，v_0 为声速的异常判断临界值 v_c。

4）声速异常时的临界值判据为：

$$v_i \leqslant v_c \tag{5-43}$$

当式（5-43）成立时，声速可判定为异常。

（3）当检测剖面 n 个测点的声速值普遍偏低且离散性很小时，宜采用声速低限值判据：

$$v_i \leqslant v_L \tag{5-44}$$

式中 v_i——第 i 测点声速（km/s）；

v_L——声速低限值（km/s），由预留同条件混凝土试件的抗压强度与声速对比试验结果，结合本地区实际经验确定。

当式（5-45）成立时，可直接判定为声速低于低限值异常。

（4）波幅异常时的临界值判据应按下列公式计算：

$$A_{\mathrm{m}} = \frac{1}{n}\sum_{i=1}^{n} A_{\mathrm{p}i} \tag{5-45}$$

$$A_{\mathrm{p}i} < A_{\mathrm{m}} - 6 \tag{5-46}$$

式中 A_{m}——波幅平均值（dB）；

$A_{\mathrm{p}i}$——第 i 测点波幅值（dB）；

n——检测剖面测点数。

当式（5-47）成立时，波幅可判定为异常。

（5）当采用斜率法的 PSD 值作为辅助异常点判据时，PSD 值应按下列公式计算：

$$PSD = K \cdot \Delta t \tag{5-47}$$

$$K = \frac{t_{\mathrm{c}i} - t_{\mathrm{c}i-1}}{Z_i - Z_{i-1}} \tag{5-48}$$

$$\Delta t = t_{\mathrm{c}i} - t_{\mathrm{c}i-1} \tag{5-49}$$

式中 K——斜率

$t_{\mathrm{c}i}$——第 i 测点声时（μs）；

$t_{\mathrm{c}i-1}$——第 $i-1$ 测点声时（μs）；

Z_i——第 i 测点深度（m）；

Z_{i-1}——第 $i-1$ 测点深度（m）。

根据 PSD 值在某深度处的突变，结合波幅变化情况，进行异常点判定。

（6）当采用信号主频值作为辅助异常点判据时，主频-深度曲线上主频值明显降低可判定为异常。

（7）桩身完整性类别应结合桩身混凝土各声学参数临界值。PSD 判据、混凝土声速低限值以及桩身质量可疑点加密测试（包括斜测或扇形扫测）后确定的缺陷范围，按表 5-23 的规定和表 5-29 的特征进行综合判定。

桩身完整性判定 **表 5-29**

类别	特征
Ⅰ	各检测剖面的声学参数均无异常，无声速低于低限值异常
Ⅱ	某一检测剖面个别测点的声学参数出现异常，无声速低于低限值异常
Ⅲ	某一检测剖面连续多个测点的声学参数出现异常；两个或两个以上检测剖面在同一深度测点的声学参数出现异常；局部混凝土声速出现低于低限值异常
Ⅳ	某个检测剖面连续多个测点的升序参数出现明显异常；两个或两个以上检测剖面在同一深度测点的升序参数出现明显异常；桩身混凝土声速出现普遍低于低限值异常或无法检测首波或声波接收信号严重畸变

5.2.4 地基结构性能试验

5.2.4.1 浅层平板荷载试验

(1) 地基土浅层平板载荷试验可适用于确定浅部地基土层的承压板下应力主要影响范围内的承载力。承压板面积不应小于 $0.25m^2$，对于软土不应小于 $0.5m^2$。

(2) 试验基坑宽度不应小于承压板宽度或直径的 3 倍。应保持试验土层的原状结构和天然湿度。宜在拟试压表面用粗砂或中砂层找平，其厚度不超过 20mm。

(3) 加荷分级不应少于 8 级。最大加载量不应小于设计要求的 2 倍。

(4) 每级加载后，按间隔 10min、10min、10min、15min、15min，以后为每隔 0.5h 测读一次沉降量，当在连续 2h 内，每小时的沉降量小于 0.1mm 时，则认为已趋稳定，可加下一级荷载。

(5) 当出现下列情况之一时，即可终止加载：

1) 承压板周围的土明显地侧向挤出；

2) 沉降 s 急骤增大，荷载-沉降（P-s）曲线出现陡降段；

3) 在某一级荷载下，24h 内沉降速率不能达到稳定；

4) 沉降量与承压板宽度或直径之比大于或等于 0.06。

当满足前三种情况之一时，其对应的前一级荷载定为极限荷载。

(6) 承载力特征值的确定应符合下列规定：

1) 当 $P-s$ 曲线上有比例界限时，取该比例界限所对应的荷载值；

2) 当极限荷载小于对应比例界限的荷载值的 2 倍时，取极限荷载值的 1/2；

3) 当不能按上述两项要求确定时，当压板面积为 $0.25\sim0.50m^2$，可取 $s/b=0.01\sim0.015$，所对应的荷载，但其值不应大于最大加载量的 1/2。

(7) 同一土层参加统计的试验点不应少于 3 点，当试验实测值的极差不超过其平均值的 30%时，取此平均值作为该土层的地基承载力特征值 f_{ak}。

5.2.4.2 深层平板荷载试验

(1) 深层平板载荷试验可适用于确定深部地基土层及大直径桩桩端土层在承压板下应力主要影响范围内的承载力。

(2) 深层平板载荷试验的承压板采用直径为 0.8m 的刚性板，紧靠承压板周围外侧的土层高度应不少于 80cm。

(3) 加荷等级可按预估极限承载力的 1/10～1/15 分级施加。

(4) 每级加荷后，第一个小时内按间隔 10min、10min、10min、15min、15min，以后每隔 0.5h 时测读一次沉降。当在连续 2h 内，每小时的沉降量小于 0.1mm 时，则认为已趋稳定，可加下一级荷载。

(5) 当出现下列情况之一时，可终止加载：

1) 沉降 s 急骤增大，荷载～沉降（$P\sim s$）曲线上有可判定极限承载力的陡降段，且沉降量超过 $0.04d$（d 为承压板直径）；

2) 在某级荷载下，24h 内沉降速率不能达到稳定；

3) 本级沉降量大于前一级沉降量的 5 倍；

4) 当持力层土层坚硬，沉降量很小时，最大加载量不小于设计要求的 2 倍。

（6）承载力特征值的确定应符合下列规定：

1）当 P～s 曲线上有比例界限时，取该比例界限所对应的荷载值；

2）满足前 3 条终止加载条件之一时，其对应的前一级荷载定为极限荷载，当该值小于对应比例界限的荷载值的 2 倍时，取极限荷载值的 1/2；

3）不能按上述二条要求确定时，可取 s/d＝0.01～0.015 所对应的荷载值，但其值不应大于最大加载量的 1/2。

（7）同一土层参加统计的试验点不应少于 3 点，当试验实测值的极差不超过平均值的 30%时，取此平均值作为该土层的地基承载力特征值 f_{ak}。

5.2.4.3 岩基荷载试验

（1）本岩基荷载试验适用于确定完整、较完整、较破碎岩基作为天然地基或桩基础持力层时的承载力。

（2）采用圆形刚性承压板，直径为 300mm。当岩石埋藏深度较大时，可采用钢筋混凝土桩，但桩周需采取措施以消除桩身与土之间的摩擦力。

（3）测量系统的初始稳定读数观测：加压前，每隔 10min 读数 1 次，连续 3 次读数不变可开始试验。

（4）加载方式：单循环加载，荷载逐级递增直到破坏，然后分级卸载。

（5）荷载分级：第一级加载值为预估设计荷载的 1/5，以后每级为 1/10。

（6）沉降量测读：加载后立即读数，以后每 10min 读数 1 次。

（7）稳定标准：连续 3 次读数之差均不大于 0.01mm。

（8）终止加载条件：当出现下述现象之一时，即可终止加载：

1）沉降量读数不断变化，在 24h 内，沉降速率有增大的趋势；

2）压力加不上或勉强加上而不能保持稳定。

注：若限于加载能力，荷载也应增加到不少于设计要求的 2 倍。

（9）卸载观测：每级卸载为加载时的 2 倍，如为奇数，第一级可为 3 倍。每级卸载后，隔 10min 测读 1 次，测读 3 次后可卸下一级荷载。全部卸载后，当测读到 0.5h 回弹量小于 0.01mm 时，即认为稳定。

（10）岩石地基承载力的确定：

1）对应于 P～s 曲线上起始直线段的终点为比例界限。符合终止加载条件的前一级荷载为极限荷载。将极限荷载除以 3 的安全系数，所得值与对应于比例界限的荷载相比较，取小值；

2）每个场地载荷试验的数量不应少于 3 个，取得小值作为岩石地基承载力特征值。

3）岩石地基承载力不进行深宽修正。

5.2.4.4 岩石单轴抗压强度试验

（1）试料可用钻孔的岩石或坑、槽探中采取的岩块。

（2）岩样尺寸一般为 ϕ50mm×100mm，数量不应少于 6 个，进行饱和处理。

（3）在压力机上以每秒 500～800kPa 的加载速度加载，直到试样破坏为止，记下最大加载，做好试验前后的试样描述。

（4）根据参加统计的一组试样的试验值计算其平均值、标准差、变异系数，取岩石饱和单轴抗压强度的标准值为：

$$f_{rk}=\psi\cdot f_{rm} \tag{5-50}$$

$$\psi=1-\left(\frac{1.704}{\sqrt{n}}+\frac{4.678}{n^2}\right)\delta \tag{5-51}$$

式中 f_{rm}——岩石饱和单轴抗压强度平均值；

f_{rk}——岩石饱和单轴抗压强度标准值；

ψ——统计修正系数；

n——试样个数；

δ——变异系数。

5.2.4.5 岩石锚杆抗拔试验

(1) 在同一场地同一岩层中的锚杆，试验数不得少于总锚杆的5%，且不应少于6根。

(2) 试验采用分级加载，荷载分级不得少于8级。试验的最大加载量不应少于锚杆设计荷载的2倍。

(3) 每级荷载施加完毕后，应立即测读位移量。以后每间隔5min测读1次。连续4次测读出的锚杆拔升值均小于0.01mm时，认为在该级荷载下的位移已达到稳定状态，可继续施加下一级上拔荷载。

(4) 当出现下列情况之一时，即可终止锚杆的上拔试验：

1) 锚杆拔升量持续增长，且在1小时时间范围内未出现稳定的迹象；

2) 新增加的上拔力无法施加，或者施加后无法使上拔力保持稳定；

3) 锚杆的钢筋已被拔断，或者锚杆锚筋被拔出。

(5) 符合上述终止条件的前一级拔升荷载，即为该锚杆的极限抗拔力。

(6) 参加统计的试验锚杆，当满足其极差不超过平均值的30%时，可取其平均值为锚杆极限承载力。极差超过平均值的30%时，宜增加试验量并分析离差过大的原因，结合工程情况确定极限承载力。将锚杆极限承载力除以安全系数2为锚杆抗拔承载力特征值 R_t。

(7) 锚杆钻孔时，应利用钻孔取出的岩芯加工成标准试件，在天然湿度条件下进行岩石单轴抗压试验，每根试验锚杆的试样数，不得少于3个。

(8) 试验结束后，必须对锚杆试验现场的破坏情况进行详尽的描述和拍摄照片。

5.2.5 砌体工程试验、检测

5.2.5.1 砂浆性能试验

建筑砂浆性能试验方法主要有：稠度试验、表观密度试验、分层度试验、保水性试验、凝结时间试验、立方体抗压强度试验、拉伸粘结强度试验、抗冻性能试验、收缩试验、含气量试验、吸水率试验、抗渗性能试验、静力受压弹性模量试验。

其中稠度试验、分层度试验主要用于施工现场检测。

1. 稠度试验

砂浆稠度试验主要是用于确定砂浆配合比或施工过程中控制砂浆稠度。

(1) 检测设备及辅助工具

1) 砂浆稠度测定仪：由试锥、容器和支座三部分组成。试锥由钢材或铜材制成，锥高 145mm，锥底直径 75mm，试锥连同滑杆重量应为 300±2g；盛砂浆容器由钢板制成，筒高 180mm，锥底内径 150mm；支座应包括底座、支架及稠度显示三部分；由铸铁、钢及其他金属制成；如图 5-18；

2）钢制捣棒：直径 10mm、长 350mm，端部磨圆；

3）秒表。

（2）取样

1）建筑砂浆试验用料应从同一盘砂浆或同一车砂浆中取出。取样量不应少于试验所需量的 4 倍。

2）当施工过程中进行砂浆试验时，砂浆取样方法应按相应的施工验收规范执行，并宜在现场搅拌点或预拌砂浆卸料点的至少 3 个不同部位及时取样。对于现场取得的试样，试验前应人工搅拌均匀。

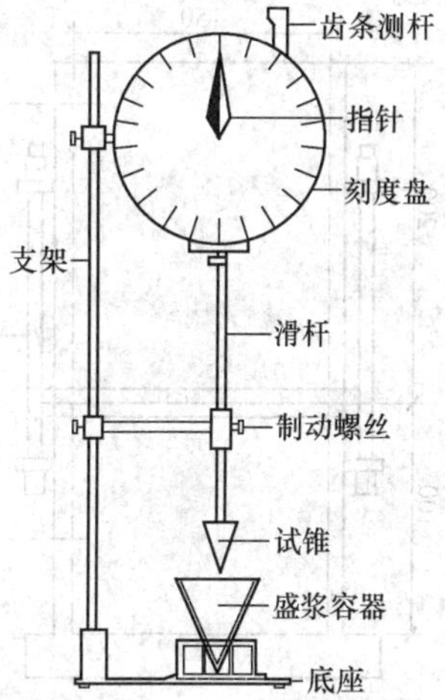

图 5-18 砂浆稠度测定仪

3）从取样完毕到开始进行各项性能试验，不宜超过 15min。

（3）现场检测

1）应先采用少量润滑油轻擦滑杆，再将滑杆上多余的油用吸油纸擦净，使滑杆自由滑动。

2）应先采用湿布擦净盛浆容器和试锥表面，再将砂浆拌合物一次装入容器，砂浆低于容器口约 10mm，用捣棒自容器中心向边缘插捣 25 次，轻击容器 5～6 下，使砂浆表面平整，随后将容器置于稠度测定仪的底座上。

3）拧开制动螺丝，向下移动滑杆，当试锥调至尖端与砂浆表面刚接触时，拧紧制动螺丝，使齿条侧杆下端刚接触滑杆上端，并将指针对准零点上。

4）拧开制动螺丝，同时以秒表计时，待 10s 立即固定螺丝，将齿条测杆下端接触滑杆上端，从刻度盘读出下沉深度（精确至 1mm），即为砂浆稠度值。

5）盛浆容器内的砂浆，只允许测定一次稠度，重复测定时，应重新取样测定。

（4）检测结果

1）同盘砂浆应取以两次试验结果的算术平均值为测试值，并应精确至 1mm。

2）当两次试验值之差大于 10mm，应重新取样测定。

2. 分层度试验

分层度试验是用于测定砂浆拌合物在运输、停放、使用过程中的离析、泌水等内部组分的稳定性。

（1）检测设备及辅助工具

1）分层度筒：由金属制成，内径为 150mm，主节高度为 200mm，下节带底净高为 100mm，由连接螺栓在两侧连接，上、下层连接处需加宽到 3～5mm，并设有橡胶垫圈，如图 5-19。

2）水泥胶砂振动台：振幅 0.5±0.05mm，频率 50±3Hz。

3）砂浆稠度仪、木棰等。砂浆分层度测定仪见图 5-19。

（2）取样

1）建筑砂浆试验用料应从同一盘砂浆或同一车砂浆中取出。取样量不应少于试验所

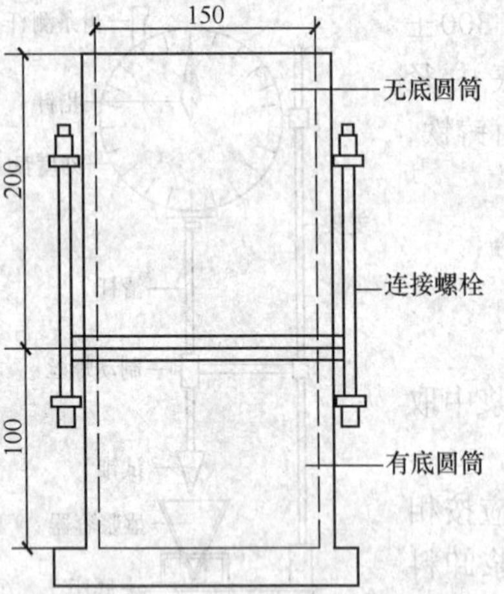

图 5-19　砂浆分层度测定仪

需量的4倍。

2）当施工过程中进行砂浆试验时，砂浆取样方法应按相应的施工验收规范执行，并宜在现场搅拌点或预拌砂浆卸料点的至少3个不同部位及时取样。对于现场取得的试样，试验前应人工搅拌均匀。

3）从取样完毕到开始进行各项性能试验，不宜超过15min。

（3）现场检测

分层度的测定可采用标准法和快速法。当发生争议时，应以标准法的测定结果为准。

1）标准法测定分层度应按下列步骤进行：

①先按规定测定砂浆拌合物稠度；

②将砂浆拌合物一次装入分层度筒内，待装满后，用木锤在容器周围距离大致相等的四个不同部位轻轻敲击1～2下；当砂浆沉落到低于筒口，则应随时添加，然后刮去多余的砂浆并用抹刀抹平；

③静置30min后，去掉上节200mm砂浆，然后将剩余的100mm砂浆倒出放在拌合锅内拌2min，再按标准测定其稠度。前后测得的稠度之差即为该砂浆的分层度值（mm）。

2）快速法测定分层度应按下列步骤进行：

①先测定测定砂浆拌和物的稠度；

②将分层度筒预先固定在振动台上，砂浆一次装入分层度筒内，振动20s；

③去掉上节200mm砂浆，剩余100mm砂浆倒出放在拌合锅内拌2min，再按稠度试验方法测其稠度，前后测得的稠度之差即为是该砂浆的分层度值。

（4）检测结果

1）取两次试验结果的算术平均值作为该砂浆的分层度值；

2）两次分层度试验值之差如大于10mm，应重新取样测定。

5.2.5.2　砂浆强度现场检验

1. 砂浆强度检测一览表见表5-30。

砂浆强度检测一览表　　　　**表5-30**

项　次	项　目	抽检数量	合格标准
1	砖砌体工程	每一检验批且不超过250m³砌体的各类、各强度等级的普通砌筑砂浆，每台搅拌机应至少抽检一次。验收批的预拌砂浆、蒸压加气混凝土砌块专用砂浆，抽检可为3组	同一验收批砂浆试件强度平均值应大于或等于设计强度等级值的1.10倍；同一验收批砂浆试件抗压强度的最小一组平均值应大于或等于设计强度等级值的85%
2	混凝土小型空心砌块砌体工程		
3	石砌体工程		
4	填充墙砌体		

注：当施工中或验收时出现下列情况，可采用现场检验方法，对砂浆和砌体强度进行原位检测或取样检测，并判定其强度：

1. 砂浆试件缺乏代表性或试件数量不足；
2. 对砂浆试件的试验结果有怀疑或争议；
3. 砂浆试件的试验结果，不能满足设计要求；
4. 发生工程事故，需要进一步分析事故原因。

2. 结果评定：

(1) 应以 3 个试件测值的算术平均值作为改组时间的砂浆立方体抗压强度平均值（f_2），精确至 0.1MPa。

(2) 当 3 个测值的最大值或最小值中有一个与中间值的差值超过中间值的 15%时，应把最大值及最小值一并舍去，取中间值作为该组试件的抗压强度值。

(3) 当两个测值与中间值的差值均超过中间值的 15%时，该组试验结果应为无效。

5.2.5.3 砌体工程现场检测

1. 基本规定

(1) 检测工作内容：

1) 收集被检测工程的原设计图纸、施工验收资料、砖与砂浆的品种及有关原材料的试验资料。

2) 现场调查工程的结构形式、环境条件、使用期间的变更情况、砌体质量及其存在问题。

3) 应根据调查结果和确定的检测目的、内容和范围，选择一种或数种检测方法。对被检测工程划分检测单元，并确定测区和测点数。

(2) 检测单元、测区和测点：

1) 当检测对象为整栋建筑物或建筑物的一部分时，应将其划分为一个或若干个可以独立进行分析的结构单元，每一结构单元划分为若干个检测单元。

2) 每一检测单元内，应随机选择 6 个构件（单片墙体、柱）作为 6 个测区。当一个检测单元不足 6 个构件时，应将每个构件作为一个测区 。

3) 每一测区应随机布置若干测点。各种检测方法的测点数，应符合下列要求：

①原位轴压法、扁顶法、原位单剪法、筒压法：测点数不应少于 1 个。

②原位单砖双剪法、推出法、砂浆片剪切法、回弹法、点荷法、射钉法：测点数不应少于 5 个。

注：回弹法的测位，相当于其他检测方法的测点。

(3) 检测方法分类及其选用原则：

1) 砌体工程的现场检测方法，按对墙体损伤程度，可分为以下两类：

①非破损检测方法，在检测过程中，对砌体结构的既有性能没有影响。

②局部破损检测方法，在检测过程中，对砌体结构的既有性能有局部的、暂时的影响，但可修复。

2) 砌体工程的现场检测方法，按测试内容可分为下列几类：

①检测砌体抗压强度：原位轴压法、扁顶法；

②检测砌体工作应力、弹性模量：扁顶法；

③检测砌体抗剪强度：原位单剪法、原位单砖双剪法；

④检测砌筑砂浆强度：推出法、筒压法、砂浆片剪切法、回弹法、点荷法、射钉法、择压法。

3) 砌体工程现场检测方法一览表见表 5-31。

(4) 砖柱和宽度小于 2.5m 的墙体，不宜选用有局部破损的检测方法。

砌体工程现场检测方法一览表　　表 5-31

序号	检测方法	用途	特点	限制条件
1	原位轴压法	检测普通砖砌体的抗压强度	1. 属原位检测，直接在墙体上测试，测试结果综合反映了材料质量和施工质量 2. 直观性、可比性强 3. 设备较重 4. 检测部位局部破损	1. 槽间砌体每侧的墙体宽度应不小于 1.5m 2. 同一墙体上的测点数量不宜多于 1 个；测点数量不宜太多 3. 限用于 240mm 砖墙
2	原位扁顶法	1. 检测普通砖砌体的抗压强度 2. 测试古建筑和重要建筑的实际应力；测试具体工程的砌体弹性模量	1. 属原位检测，直接在墙体上测试，测试结果综合反映了材料质量和施工质量 2. 直观性、可比性较强 3. 扁顶重复使用率较低 4. 砌体强度较高或轴向变高或轴向变形较大时难以测出抗压强度 5. 设备较轻 6. 检测部位局部破损	1. 槽间砌体每侧的墙体宽度不应小于 1.5m 2. 同一墙体上的测点数量不宜多于 1 个；测点数量不宜太多
3	原位单剪法	检测各种砌体的抗剪强度	1. 属原位检测，直接在墙体上测试，测试结果综合反映了施工质量和砂浆质量 2. 直观性强 3. 检测部位局部破损	1. 测点选在窗下墙部位，且承受反作用力的墙体应有足够长度 2. 测点数量不宜太多
4	原位单砖双剪法	检测烧结普通砖砌体的抗剪强度，其他墙体应经试验确定有关换算系数	1. 属原位检测，直接在墙体上测试，测试结果综合反映了施工质量和砂浆质量 2. 直观性较强 3. 设备较轻便 4. 检测部位局部破损	当砂浆强度低于 5MPa 时，误差较大
5	原位推出法	检测普通砖墙体的砂浆强度	1. 属原位检测，直接在墙体上测试，测试结果综合反映了施工质量和砂浆质量 2. 设备较轻便 3. 检测部位局部破损	当水平灰缝的砂浆饱满度低于 65%时，不宜选用
6	筒压法	检测烧结普通砖墙体中的砂浆强度	1. 属取样检测 2. 仅需利用一般混凝土试验室的常用设备 3. 取样部位局部损伤	测点数量不宜太多
7	砂浆片剪切法	检测烧结普通砖墙体中的砂浆强度	1. 属取样检测 2. 专用的砂浆测强仪和其标定仪，较为轻便 3. 试验工作较简便 4. 取样部位局部损伤	

续表

序号	检测方法	用途	特点	限制条件
8	回弹法	1. 检测烧结普通砖墙体中的砂浆强度 2. 适宜于砂浆强度均质性普查	1. 属原位无损检测，测区选择不受限制 2. 回弹仪有定型产品，性能较稳定，操作简便 3. 检测部位的装修面层仅局部损伤	砂浆强度不应小于2MPa
9	点荷法	检测烧结普通砖墙体中的砂浆强度	1. 属取样检测 2. 试验工作较简便 3. 取样部位局部损伤	砂浆强度不应小于2MPa
10	射钉法	烧结普通砖和多孔砖砌体中，砂浆强度均质性普查	1. 属原位无损检测，测区选择不受限制 2. 射钉枪、子弹、射钉有配套定型产品，设备较轻便 3. 墙体装修面层仅局部损伤	1. 定量推定砂浆强度，宜与其他检测方法配合使用 2. 砂浆强度不应小于2MPa 3. 检测前，需要用标准靶检校
11	择压法	检测烧结普通砖、烧结多孔砖、烧结空心砖砌体结构中的砂浆强度	1. 属取样检测 2. 专用择压仪局部直接抗压 3. 所测结果更直接、更准确、更合理、更科学	

2. 原位轴压法

(1) 检测设备及辅助工具

本方法适用于推定240mm厚普通砖砌体的抗压强度。检测时，在墙体上开凿两条水平槽孔，安放原位压力机。原位压力机由手动油泵、扁式千斤顶、反力平衡架等组成，其工作状况如图5-20所示。

(2) 取样规则

测试部位应具有代表性，并应符合下列规定：

1) 测试部位宜选在墙体中部距楼、地面1m左右的高度处；槽间砌体每侧的墙体宽度不应小于1.5m。

2) 同一墙体上，测点不宜多于1个，且宜选在沿墙体长度的中间部位；多于1个时，其水平净距不得小于2.0m。

3) 测试部位不得选在挑梁下、应力集中部位以及墙梁的墙体计算高度范围内。

(3) 现场检测

1) 在测点上开凿水平槽孔时，应遵守下列规定：

①上、下水平槽的尺寸应符合表5-32的要求。

上、下水平槽尺寸 **表5-32**

名称	长度(mm)	厚度(mm)	高度(mm)	适用机型
上水平槽	250	240	70	
下水平槽	250	240	70	450
	250	240	140	600

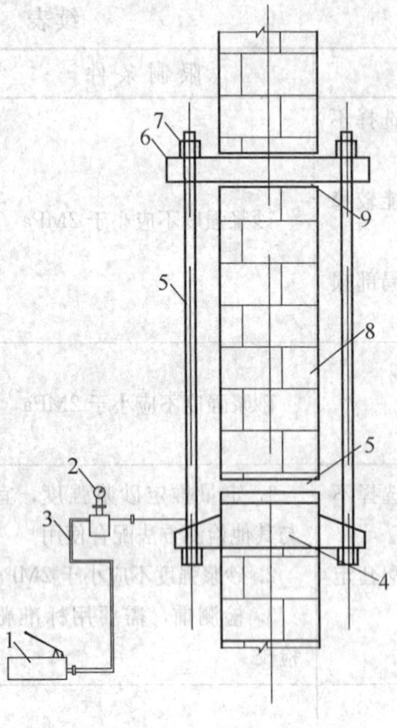

图 5-20　原位压力机测试工作状况
1—手动油泵；2—压力表；3—高压油管；4—扁式千斤顶；5—拉杆（共 4 根）；6—反力板；7—螺母；8—槽间砌体；9—砂垫层

②上下水平槽孔应对齐，两槽之间应相距 7 皮砖。

③开槽时，应避免扰动四周的砌体；槽间砌体的承压面应修平整。

2）在槽孔间安放原位压力机（图 5-20）时，应符合下列规定：

①在上槽内的下表面和扁式千斤顶的顶面，应分别均匀铺设湿细砂或石膏等材料的垫层，垫层厚度可取 10mm。

②将反力板置于上槽孔，扁式千斤顶置于下槽孔，安放四根钢拉杆，使两个承压板上下对齐后，拧紧螺母并调整其平行度；四根钢拉杆的上下螺母间的净距误差不应大于 2mm。

③正式测试前，应进行试加荷载试验，试加荷载值可取预估破坏荷载的 10%。检查测试系统的灵活性和可靠性，以及上下压板和砌体受压面接触是否均匀密实。经试加荷载，测试系统正常后卸荷，开始正式测试。

3）正式测试时，应分级加荷。每级荷载可取预估破坏荷载的 10%，并应在 1～1.5min 内均匀加完，然后恒载 2min。加荷至预估破坏荷载的 80%后，应按原定加荷速度连续加荷，直至槽间砌体破坏。当槽间砌体裂缝急剧扩展和增多，油压表的指针明显回退时，槽间砌体达到极限状态。

4）试验过程中，如发现上下压板与砌体承压面因接触不良，致使槽间砌体呈局部受压或偏心受压状态时，应停止试验。此时应调整试验装置，重新试验，无法调整时应更换测点。

5）试验过程中，应仔细观察槽间砌体初裂裂缝与裂缝开展情况，记录逐级荷载下的油压表读数、测点位置、裂缝随荷载变化情况简图等。

3. 原位扁顶法

本方法适用于推定普通砖砌体的受压工作应力、弹性模量和抗压强度。

（1）检测设备及辅助工具

检测时，在墙体的水平灰缝处开凿两条槽孔，安放扁顶。加荷设备由手动油泵、扁顶等组成，其工作状况如图 5-21 所示。

（2）取样规则

测试部位应具有代表性，并应符合下列规定：

1）测试部位宜选在墙体中部距楼、地面 1m 左右的高度处；槽间砌体每侧的墙体宽度不应小于 1.5m。

2）同一墙体上，测点不宜多于 1 个，且宜选在沿墙体长度的中间部位；多于 1 个时，其水平净距不得小于 2.0m。

3）测试部位不得选在挑梁下、应力集中部位以及墙梁的墙体计算高度范围内。

（3）现场检测

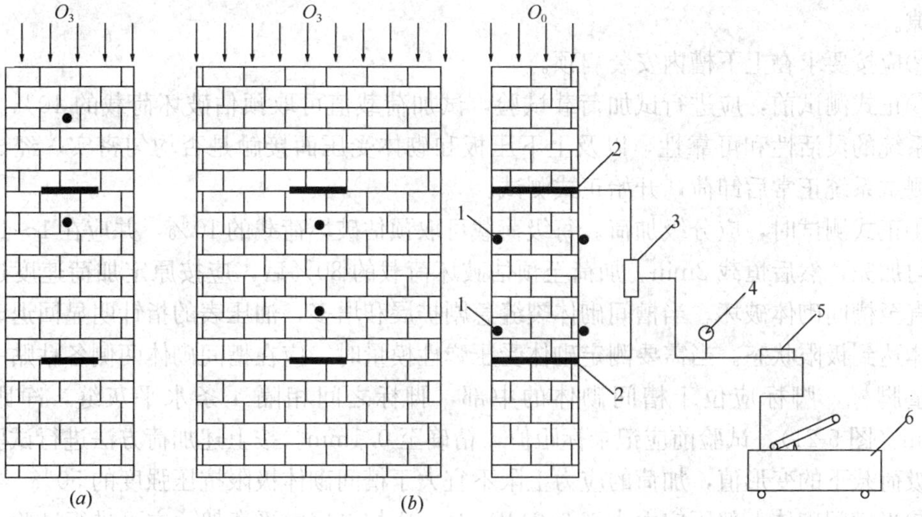

图 5-21 扁顶法测试装置与变形测点布置

(a) 测试受压工作应力；(b) 测试弹性模量、抗压强度

1—变形测量脚标（两对）；2—扁式液压千斤顶；3—三通接头；4—压力表；5—溢流阀；6—手动油泵

1）实测墙体在受压工作应力时，应符合下列要求：

①在选定的墙体上，标出水平槽的位置并应牢固粘贴两对变形测量的脚标。脚标应位于水槽正中并跨越该槽；脚标之间的标距应相隔 4 皮砖，宜取 250mm。试验前应记录标距值，精确至 0.1mm。

②使用手持应变仪或千分表在脚标上测量砌体变形的初读数，应测量 3 次，并取其平均值。

③在标出水平槽位置处，剔除水平灰缝内的砂浆。水平槽的尺寸应略大于扁顶尺寸。开凿时不应损伤测点部位的墙体及变形测量脚标。应清理平整槽的 4 周，除去灰渣。

④使用掌上型应变仪或千分表在脚标上测量开槽后的砌体变形值，待读数稳定后方可进行下一步试验工作。

⑤在槽内安装扁顶，扁顶上下两面宜垫尺寸相同的钢垫板，并应连接试验油路（图 5-18）。

⑥正式测试前，应进行试加荷载试验，试加荷载值可取预估破坏荷载的 10%。检查测试系统的灵活性和可靠性，以及上下压板和砌体受压面接触是否均匀密实。经试加荷载，测试系统正常后卸荷，开始正式测试。

⑦正式测试时，应分级加荷。每级荷载应为预估破坏荷载值的 5%，并应在 1.5～2min 内均匀加完，恒载 2min 后测读变形值。当变形值接近开槽前的读数时，应适当减小加荷级差，直至实测变形值达到开槽前的读数，然后卸荷。

2）实测墙内砌体抗压强度或弹性模量时，应符合下列要求：

①在完成墙体的受压工作应力测试后，开凿第二条水平槽，上下槽应互相平行、对齐。当选用 250mm×250mm 扁顶时，两槽之间相隔 7 皮砖，净距宜取 430mm；当选用其他尺寸的扁顶时，两槽之间相隔 8 皮砖，净距宜取 490mm。遇有灰缝不规则或砂浆强度较高而难以凿槽的情况，可以在槽孔处取出 1 皮砖，安装扁顶时应采用钢制楔形垫块调整

其间隙。

②应按要求在上下槽内安装扁顶。

③正式测试前，应进行试加荷载试验，试加荷载值可取预估破坏荷载的10%。检查测试系统的灵活性和可靠性，以及上下压板和砌体受压面接触是否均匀密实。经试加荷载，测试系统正常后卸荷，开始正式测试。

④正式测试时，应分级加荷。每级荷载可取预估破坏荷载的10%，并应在1～1.5min内均匀加完，然后恒载2min。加荷至预估破坏荷载的80%后，应按原定加荷速度连续加荷，直至槽间砌体破坏。当槽间砌体裂缝急剧扩展和增多，油压表的指针明显回退时，槽间砌体达到极限状态。当需要测定砌体受压弹性模量时，应在槽间砌体两侧各粘贴一对变形测量脚标，脚标应位于槽间砌体的中部，脚标之间相隔4条水平灰缝，净距宜取250mm（图5-21）。试验前应记录标距值，精确至0.1mm。按上述加荷方法进行试验，测记逐级荷载下的变形值，加荷的应力上限不宜大于槽间砌体极限抗压强度的50%。

⑤当槽间砌体上部压应力小于0.2MPa时，应加设反力平衡架，方可进行试验。反力平衡架可由两块反力板和四根钢拉杆组成（图5-20中5、6）。

3）当仅需要测定砌体抗压强度时，应同时开凿两条水平槽，按GB/T 50315中第5.3.2条的要求进行试验。

4）试验记录内容应包括描绘测点布置图、墙体砌筑方式、扁顶位置、脚标位置、轴向变形值、逐级荷载下的油压表读数、裂缝随荷载变化情况简图等。

4. 原位单剪法

本方法适用于推定砖砌体沿通缝截面的抗剪强度

（1）检测设备及辅助工具

1）测试设备包括螺旋千斤顶或卧式液压千斤顶、荷载传感器及数字荷载表等。试件的预估破坏荷载值应在千斤顶、传感器最大测量值的20%～80%之间。

2）检测前，应标定荷载传感器及数字荷载表，其示值相对误差不应大于3%。

（2）取样规则

1）检测时，测试部位宜选在窗洞口或其他洞口下3皮砖范围内，试件具体尺寸应符合图5-22的规定。

2）试件的加工过程中，应避免扰动被测灰缝。

（3）现场检测

1）在选定的墙体上，应采用振动较小的工具加工切口，现浇钢筋混凝土传力件（图5-23）。

2）测量被测灰缝的受剪面尺寸，精确至1mm。

3）安装千斤顶及测试仪表，千斤顶的加力轴线与被测灰缝顶面应对齐（图5-20）。

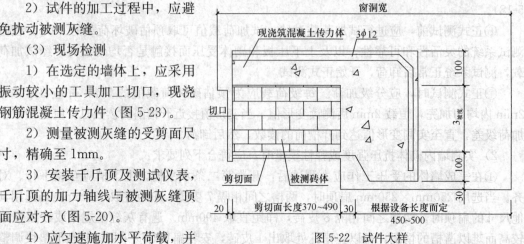

4）应匀速施加水平荷载，并

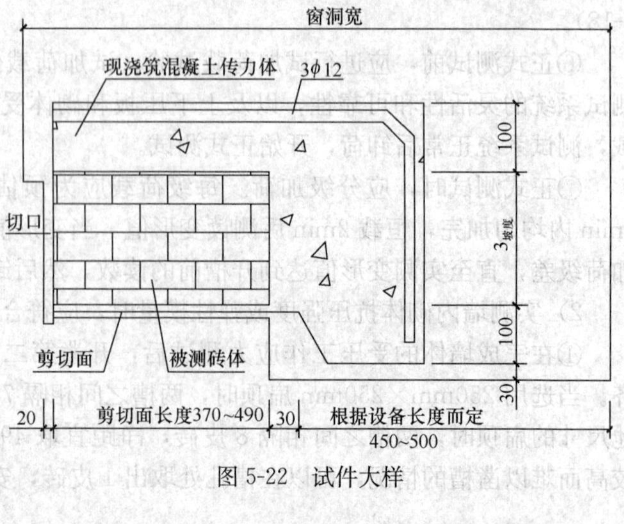

图5-22　试件大样

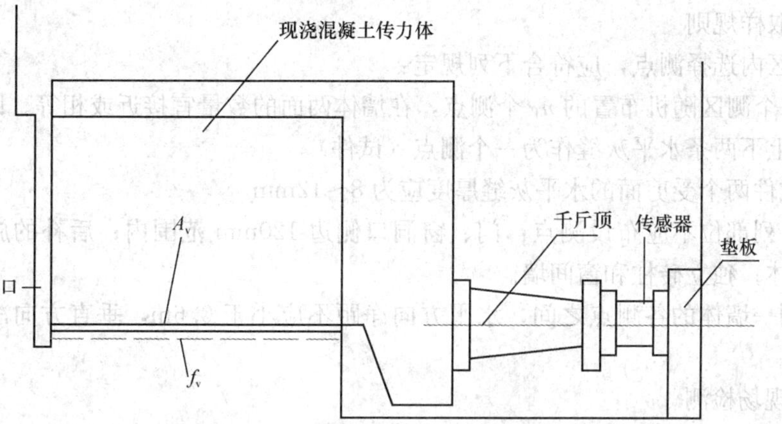

图 5-23 测试装置

控制试件在 2～5min 内破坏。当试件沿受剪面滑动、千斤顶开始卸荷时，即判定试件达到破坏状态。记录破坏荷载值，结束试验。在预定剪切面（灰缝）破坏，此次试验有效。

5）加荷试验结束后，翻转已破坏的试件，检查剪切面破坏特征及砌体砌筑质量，并详细记录。

5. 原位单砖双剪法

本方法适用于推定烧结普通砖砌体的抗剪强度。本方法宜选用释放受剪面上部压应力 σ_0 作用下的试验方案；当能准确计算上部压应力 σ_0 时，也可选用在上部压应力 σ_0 作用下的试验方案。

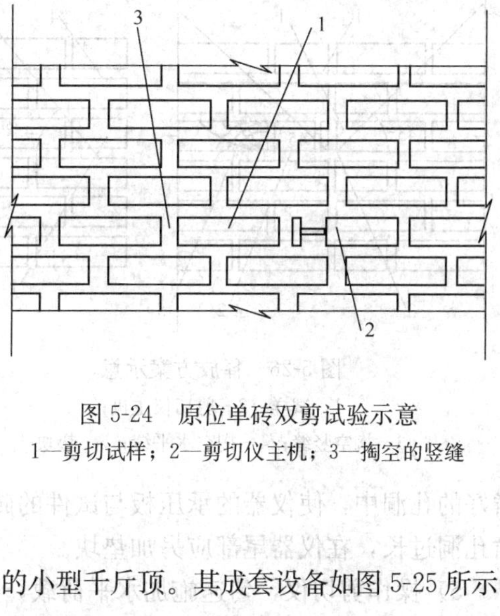

图 5-24 原位单砖双剪试验示意
1—剪切试样；2—剪切仪主机；3—掏空的竖缝

（1）检测设备及辅助工具

1）检测时，将原位剪切仪的主机安放在墙体的槽孔内，其工作状况如图 5-24 所示。

2）测试设备的技术指标

原位剪切仪的主机为一个附有活动承压钢板的小型千斤顶。其成套设备如图 5-25 所示。

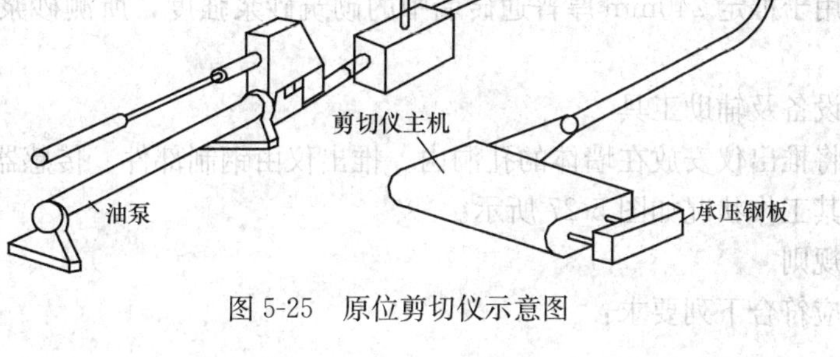

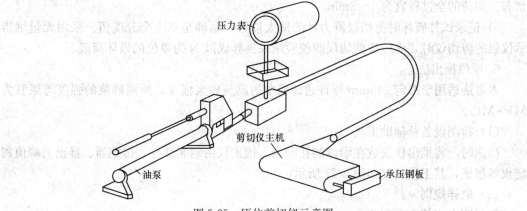

图 5-25 原位剪切仪示意图

(2) 取样规则

在测区内选择测点，应符合下列规定：

1) 每个测区随机布置的 n_1 个测点，在墙体两面的数量宜接近或相等。以一块完整的顺砖及其上下两条水平灰缝作为一个测点（试件）。

2) 试件两个受剪面的水平灰缝厚度应为 8～12mm。

3) 下列部位不应布设测点：门、窗洞口侧边 120mm 范围内；后补的施工洞口和经修补的砌体；独立砖柱和窗间墙。

4) 同一墙体的各测点之间，水平方向净距不应小于 0.6m，垂直方向净距不应小于 0.5m。

(3) 现场检测

1) 当采用带有上部压应力作用的试验方案时，应按图 5-21 的要求，将剪切试件相邻一端的一块砖掏出，清除四周的灰缝，制备出安放主机的孔洞，其截面尺寸不得小于 115mm×65mm，掏空、清除剪切试件另一端的竖缝。

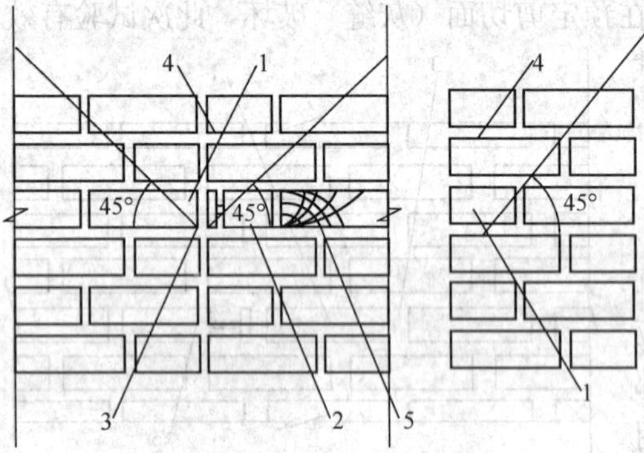

图 5-26　释放方案示意

1—试样；2—剪切仪主机；
3—掏空竖缝；4—掏空水平缝；5—垫块

2) 当采用释放试件上部压应力的试验方案时，尚应按图 5-26 所示，掏空水平灰缝，掏空范围由剪切试件的两端向上按好角扩散至灰缝 4，掏空长度应大于 620mm，深度应大于 240mm。

3) 试件两端的灰缝应清理干净。开凿清理过程中，严禁扰动试件；如发现被推砖块有明显缺棱掉角或上、下灰缝有明显松动现象时，应舍去该试件。被推砖的承压面应平整，如不平时应用扁砂轮等工具磨平。

4) 将剪切仪主机（图 5-26）放入开凿好的孔洞中，使仪器的承压板与试件的砖块顶面重合，仪器轴线与砖块轴线吻合。若开凿孔洞过长，在仪器尾部应另加垫块。

5) 操作剪切仪，匀速施加水平荷载，直至试件和砌体之间相对位移，试件达到破坏状态。加荷的全过程宜为 1～3min。

6) 记录试件破坏时剪切仪测力计的最大读数，精确至 0.1 个分度值。采用无量纲指示仪表的剪切仪时，尚应按剪切仪的校验结果换算成以 N 为单位的破坏荷载。

6. 原位推出法

本方法适用于推定 240mm 厚普通砖墙中的砌筑砂浆强度，所测砂浆的强度等级宜为 M1～M15。

(1) 检测设备及辅助工具

检测时，将推出仪安放在墙体的孔洞内。推出仪由钢制部件、传感器、推出力峰值测定仪等组成，其工作状况如图 5-27 所示。

(2) 取样规则

选择测点应符合下列要求：

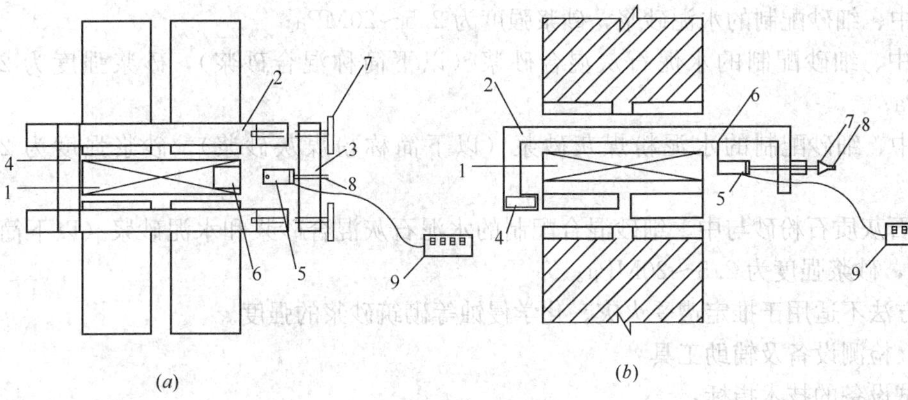

图 5-27 推出仪及测试安装

(a) 平剖图；(b) 纵剖图

1—被推出丁砖；2—支架；3—前梁；4—后梁；5—传感器；6—垫片；

7—调平螺丝；8—传力螺杆；9—推出力峰值测定仪

1）测点宜均匀布置在墙上，并应避开施工中的预留洞口。

2）被推丁砖的承压面可采用砂轮磨平，并应清理干净。

3）被推丁砖下的水平灰缝厚度应为 8～12mm。

4）测试前，被推丁砖应编号，并详细记录墙体的外观情况。

（3）现场检测

1）取出被推丁砖上部的两块顺砖（图 5-28），应遵守下列规定：

①使用冲击钻在图 5-28 所示 A 点打出约 40mm 的孔洞。

②用锯条自 A 至 B 点锯开灰缝。

③将扁铲打入上一层灰缝，取出两块顺砖。

④用锯条锯切被推丁砖两侧的竖向灰缝，直至下皮砖顶面。

⑤开洞及清缝时，不得扰动被推丁砖。

2）安装推出仪（图 5-28），用尺测量前梁两端与墙面距离，使其误差小于 3mm。传感器的作用点，在水平方向应位于被推丁砖中间，铅垂方向应距被推丁砖下表面之上 15mm 处。

3）旋转加荷螺杆对试件施加荷载，加荷速度宜控制在 5kN/min。当被推丁砖和砌体之间发生相对位移，试件达到破坏状态。记录推出力。

4）取下被推丁砖，用百格网测试砂浆饱满度。

7. 筒压法

本方法适用于推定烧结普通砖墙中的砌筑砂浆强度。检测时，应从砖墙中抽取砂浆试样，在试验室内进行筒压荷载试验，测试筒压比，然后换算为砂浆强度。

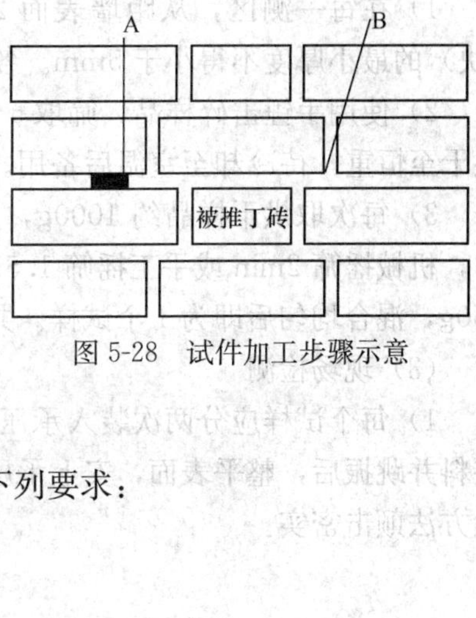

图 5-28 试件加工步骤示意

本方法所测试的砂浆品种及其强度范围，应符合下列要求：

a. 中、细砂配制的水泥砂浆，砂浆强度为 2.5～20MPa；

b. 中、细砂配制的水泥石灰混合砂浆（以下简称混合砂浆），砂浆强度为 2.5～15.0MPa；

c. 中、细砂配制的水泥粉煤灰砂浆（以下简称粉煤灰砂浆），砂浆强度为 2.5～20MPa；

d. 石灰质石粉砂与中、细砂混合配制的水泥石灰混合砂浆和水泥砂浆（以下简称石粉砂浆），砂浆强度为 2.5～20MPa。

本方法不适用于推定遭受火灾、化学侵蚀等砌筑砂浆的强度。

（1）检测设备及辅助工具

测试设备的技术指标：

1）承压筒（图 5-29）可用普通碳素钢或合金钢自行制作，也可用测定轻骨料筒压强度的承压筒代替。

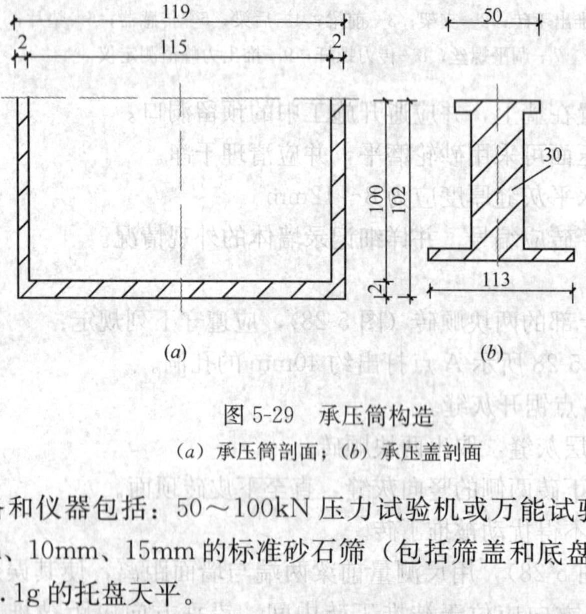

图 5-29　承压筒构造

（*a*）承压筒剖面；（*b*）承压盖剖面

2）其他设备和仪器包括：50～100kN 压力试验机或万能试验机；砂摇筛机；干燥箱；孔径为 5mm、10mm、15mm 的标准砂石筛（包括筛盖和底盘）；水泥跳桌；称量为 1000g、感量为 0.1g 的托盘天平。

（2）取样规则

1）在每一测区，从距墙表面 20mm 以内的水平灰缝中凿取砂浆约 4000g，砂浆片（块）的最小厚度不得小于 5mm。各个测区的砂浆样品应分别放置并编号，不得混淆。

2）使用手锤击碎样品，筛取 5～15mm 的砂浆颗粒约 3000g，在 105℃±5℃的温度下烘干至恒重，待冷却至室温后备用。

3）每次取烘干样品约 1000g，置于孔径 5mm、10mm、15mm 标准筛所组成的套筛中，机械摇筛 2min 或手工摇筛 1.5min。称取粒级 5～10mm 和 10～15mm 的砂浆颗粒各 250g，混合均匀后即为 1 个试样。共制备 3 个试样。

（3）现场检测

1）每个试样应分两次装入承压筒。每次约装 1/2，在水泥跳桌上跳振 5 次。第二次装料并跳振后，整平表面，安上承压盖。如无水泥跳桌，可按照砂、石紧密体积密度的试验方法颠击密实。

2）将装料的承压筒置于试验机上，盖上承压盖，开动压力试验机，应于20～40s内均匀加荷至规定的筒压荷载值后，立即卸荷。不同品种砂浆的筒压荷载值分别为：水泥砂浆、石粉砂浆为20kN；水泥石灰混合砂浆、粉煤灰砂浆为10kN。

3）将施压后的试样倒入由孔径5mm和10mm标准筛组成的套筛中，装入摇筛机摇筛2min或人工摇筛1.5min，筛至每隔5s的筛出量基本相等。

4）称量各筛筛余试样的重量（精确至0.1g），各筛的分计筛余量和底盘剩余量的总和，与筛分前的试样重量相比，相对差值不得超过试样重量的0.5%；当超过时，应重新进行试验。

8. 砂浆片剪切法

本方法适用推定烧结普通砖砌体中的砌筑砂浆强度。

（1）检测设备及辅助工具

1）检测时，应从砖墙中抽取砂浆片试样，采用砂浆测强仪测试其抗剪强度，然后换算为砂浆强度。砂浆测强仪的工作状况如图5-30所示。

2）从每个测点处，宜取出两个砂浆片，一片用于检测，一片备用。

（2）取样规则

1）制备砂浆片试件，应遵守下列规定：

①从测点处的单块砖大面上取下的原状砂浆大片，应编号，分别放入密封袋（如塑料袋）内。

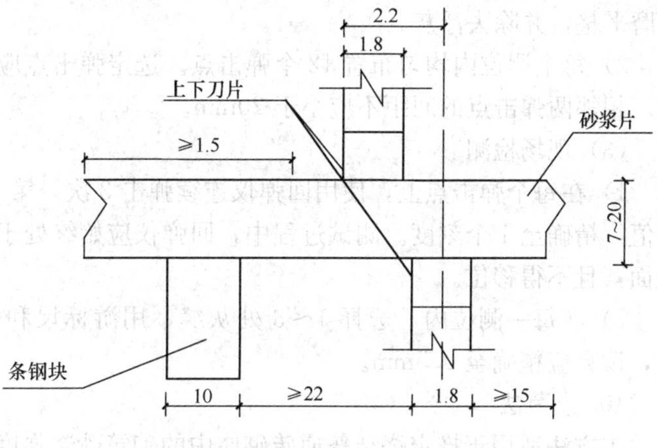

图5-30 砂浆测强仪工作原理

②同一个测区的砂浆片，应加工成尺寸接近的片状体，大面、条面均匀平整，单个试件的各向尺寸宜为：厚度7～15mm，宽度15～50mm，长度按净跨度不小于22mm确定（图5-30）。

③试件加工完毕，应放入密封袋内。

2）砂浆试件含水率，应与砌体正常工作时的含水率基本一致。如试件呈冻结状态，应缓慢升温解冻，并在与砌体含水率接近的条件下试验。

（3）现场检测

1）砂浆试件的剪切试验，应遵守下列程序：

①调平砂浆测强仪、使水平泡居中；

②将砂浆试件置于砂浆测强仪内（图5-30），并用上刀片压紧；

③开动砂浆测强仪，对试件匀速连续施加荷载，加荷速度不宜大于10N/s，直至试件破坏。

2）试件未沿刀片刃口破坏时，此次试验作废，应取备用试件补测。

3）试件破坏后，应记读压力表指标读数，并根据砂浆测强仪的校验结果换算成剪切荷载值。

4）用游标卡尺或最小刻度为 0.5mm 的钢板尺量测试件破坏截面尺寸，每个方向量测两次，分别取平均值。

9. 回弹法

本方法适用于推定烧结普通砖砌体中的砌筑砂浆强度。检测时，应用回弹仪测试砂浆表面硬度，用酚酞试剂测试砂浆碳化深度，以此两项指标换算为砂浆强度。

测位宜选在承重墙的可测面上，并避开门窗洞口及预埋件等附近的墙体。墙面上每个测位的面积宜大于 0.3m^2。

本方法不适用于推定高温、长期浸水、化学侵蚀、火灾等情况下的砂浆抗压强度。

（1）检测设备及辅助工具

采用砂浆回弹仪检测，砂浆回弹仪应每半年校验 1 次。在工程检测前后，均应对回弹仪在钢砧上做率定试验。

（2）取样规则

1）测位处的粉刷层、勾缝砂浆、污物等应清除干净；弹击点处的砂浆表面，应仔细打磨平整，并除去浮灰。

2）每个测位内均匀布置 12 个弹击点。选定弹击点应避开砖的边缘、气孔或松动的砂浆。相邻两弹击点的间距不应小于 20mm。

（3）现场检测

1）在每个弹击点上，使用回弹仪连续弹击 3 次，第 1、2 次不读数，仅记读第 3 次回弹值，精确至 1 个刻度。测试过程中，回弹仪应始终处于水平状态，其轴线应垂直于砂浆表面，且不得移位。

2）在每一测位内，选择 1～3 处灰缝，用游标尺和 1%的酚酞试剂测量砂浆碳化深度，读数应精确至 0.5mm。

10. 点荷法

本方法适用于推定烧结普通砖砌体中的砌筑砂浆强度。

（1）检测设备及辅助工具

1）小吨位压力试验机（最小读数盘宜为 50kN 以内）。

2）自制加荷装置作为试验机的附件，应符合下列要求：

①钢质加荷头是内角为 60°的圆锥体，锥底直径为 ϕ40，锥体高度为 30mm；锥体的头部是半径为 5mm 的截球体，锥球高度为 3mm（图 5-31）；其他尺寸可自定。加荷头需 2 个。

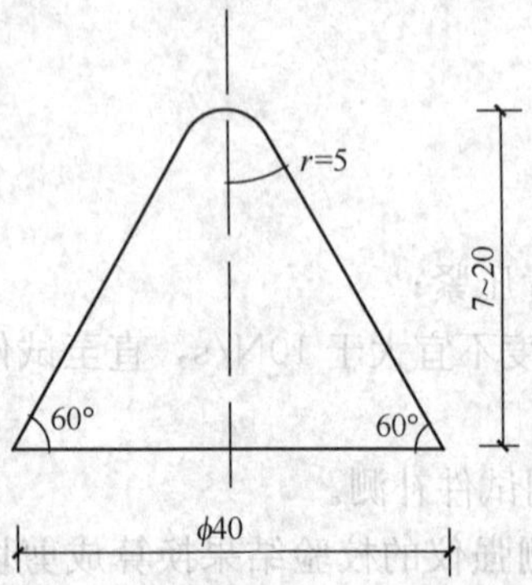

图 5-31　加荷头端部尺寸示意

②加荷头与试验机的连接方法，可根据试验机的具体情况确定，宜将连接件与加荷头设计为一个整体附件；在满足上款要求的前提下，也可制作其他专用加荷附件。

（2）取样规则

1）检测时，应从砖墙中抽取砂浆片试样，采用试验机测试其点荷载值，然后换算为砂浆强度。

2）从每个测点处，宜取出两个砂浆大片，一片用于检测，一片备用。

3）加工或选取的砂浆试件应符合下列要求：厚度为

5～12mm,预估荷载作用半径为15～25mm，大面应平整，但其边缘不要求非常规则。

4）在砂浆试件上画出作用点，量测其厚度，精确至0.1mm。

（3）现场检测

1）在小吨位压力试验机上、下压板上分别安装上、下加荷头，两个加荷头应对齐。

2）将砂浆试件水平放置在下加荷头上，上、下加荷头对准预先画好的作用点，并使上加荷头轻轻压紧试件，然后缓慢匀速施加荷载至试件破坏。试件可能破坏成数个小块。记录荷载值，精确至0.1kN。

3）将破坏后的试件拼接成原样，测量荷载实际作用点中心到试件破坏线边缘的最短距离即荷载作用半径，精确至0.1mm。

11. 射钉法

本方法适用于推定烧结普通砖和多孔砖砌体中M2.5～M15范围内的砌体砂浆强度。

（1）检测设备及辅助工具

1）一般规定

①检测时，采用射钉枪将射钉射入墙体的水平灰缝中，根据射钉的射入量推定砂浆强度。

②每个测区的测点，在墙体两面的数量宜各半。

2）测试设备的技术指标

①测试设备包括射钉、射钉器、射钉弹和游标卡尺。

②射钉、射钉器和射钉弹的计量性能可按GB/T 50315中附录A的规定配套校验。其校验结果应符合下列各项指标的规定：

a. 在标准靶上的平均射入量为29.1mm；

b. 平均射入量的允许偏差为±5％；

c. 平均射入量的变异系数不大于5％。

③射钉、射钉器和射钉弹每使用1000发或半年，应作一次计量校验。

④经配套校验的射钉、射钉器和射钉弹，必须配套使用。

（2）取样规则

1）在各测区的水平灰缝上，应按上述要求标出测点位置。测点处的灰缝厚度不应小于10mm；在门窗洞口附近和经修补的砌体上不应布置测点。

2）清除测点表面的覆盖层和疏松层，将砂浆表面修理平整。

（3）现场检测

1）应事先量测射钉的全长，将射钉射入测点砂浆中，并量测射钉外露部分的长度。

2）射入砂浆中的射钉，应垂直于砌筑面且无擦靠块材的现象，否则应舍去和重新补测。

12. 择压法

本方法适用于烧结普通砖、烧结多孔砖、烧结空心砖砌体结构中水泥砂浆、混合砂浆抗压强度的现场检测和推定。

（1）检测设备及辅助工具

采用择压仪检测，择压仪的计量校准有效期应为1年。当新择压仪启用前、超过校准有效期、遭受损伤、维修后、对检测结果有怀疑或争议时，应对择压仪进行校准。

(2) 取样规则

1) 当检测对象为整栋建筑物或建筑物的一部分时，划分一个或若干个独立的检测单元。连续墙体检测单元，每片墙的高度不宜大于3.5m，水平长度不宜大于6m。

2) 当一个检测单元内的墙体多于6片时，随机取样不应少于6片；当一个检测单元内的墙体不多于6片时，每片墙均应检测。每片墙内至少应布置1个测区，当每片墙布置2个或2个以上测区时，宜沿墙高均匀分布。当检测单元为单片墙时，测区不应少于2个。

3) 每个测区的面积宜为0.5m×0.5m。

4) 应随机在每个测区的水平灰缝内取出6个面积不小于30mm×30mm、厚度为8～16mm的砂浆片试样，其中1个为备份试样，其余5个为试验试样。

5) 砂浆试样应在深入墙体表面20mm以内抽取，不应在独立砖柱、长度小于1m的墙体上、承重梁正下方的墙体上抽取。

6) 制作的试件最小中心线长度不应小于30mm，试件受压面应保证平整无缺陷，试件表面无砂粒和浮尘。

(3) 现场检测

1) 检测的砂浆试件应自然干燥，潮湿的砂浆试件应自然晾干或烘干后检测。

2) 使用游标卡尺量测砂浆试件的厚度，测厚点应在择压作用面内，读数精确至0.1mm，并应取3个不同部位的厚度的平均值作为试件厚度。

3) 砂浆试件应垂直对中放置在择压仪的两个压头之间，压头作业面边缘至砂浆试件边缘的距离不宜小于10mm。

4) 加荷试验的加荷速率宜控制在每秒为预估破坏荷载的1/15～1/10，持续至试件破坏为止。择压仪荷载值应为砂浆试件破坏时择压仪数显测读系统显示的峰值，精确值1N。

5.2.6　混凝土试验、检验

为了控制和检验混凝土质量，除采用混凝土标准养护28d强度的试验方法外，还利用早期强度推定标准养护28d强度，能够较早了解施工情况，及时进行混凝土的配合比调整和辅助设计，结构实体检验用同条件养护试件强度检验作为加强混凝土结构施工质量验收。混凝土试件强度分批检验评定，评定不合格时，可采用非破损或局部破损的检测方法，按国家现行有关标准对结构构件中的混凝土强度进行推定，并作为判断结构是否处理的依据，实际应用主要有回弹法、超声回弹综合法、钻芯法、后装拔出法检测混凝土抗压强度。混凝土缺陷通常采用超声法检测，判定混凝土中的缺陷情况。

5.2.6.1　混凝土试验

1. 混凝土强度试验

混凝土强度试验现场主要有早期推定混凝土强度试验和结构实体混凝土强度检验。

(1) 早期推定混凝土强度试验方法

早期推定混凝土强度试验方法有混凝土加速养护法、砂浆促凝压蒸法和早龄期法三种实验方法，常用的为混凝土加速养护法。

1) 混凝土加速养护法

通过建立标准养护28d强度与早期强度二者关系式，对新成型的混凝土试件进行加速养护做抗压试验，利用早期强度推定标准养护 28d 强度。这种方法适用于混凝土生产和施工中的强度控制以及混凝土配合比的调整和辅助设计。加速养护试验方法分沸水法、80℃热水法和 55℃温水法三种试验方法。

①试验设备及辅助工具

加速养护箱、密封试模。

②试验

a. 沸水法试验

试件在 20±5℃室温下成型、抹面后，随即应以橡皮垫或塑料布覆盖表面，然后静置至脱模，时间应为 24h±15min。将脱模试件立即浸入加速养护箱内的 Ca（OH）$_2$ 饱和沸水中养护 4h±5min，水温不应低于 98℃。取出试件，应在室温 20±5℃下静置冷却 1h±10min 后，应按现行国家标准《普通混凝土力学性能试验方法标准》（GB/T 50081）的规定进行抗压强度试验，测得其加速养护强度 f_{cu}^{a}。

b. 80℃热水法试验

试件在 20±5℃室温下成型、抹面后，随即密封试模静置，时间应为 1h±10min。将带模试件浸入保持水温 80±2℃养护箱热水中养护 5h±5min，取出带模试件脱模，在 20±5℃下静置冷却 1h±10min，然后按现行国家标准《普通混凝土力学性能试验方法标准》GB/T 50081 的规定进行抗压强度试验，测得其加速养护强度 f_{cu}^{a}。

c. 55℃温水法试验

试件在 20±5℃室温下成型、抹面后，随即密封试模静置，时间应为 1h±10min。将带模试件浸入水温保持 55±2℃养护箱热水中养护 23h±15min，取出带模试件脱模，在 20±5℃下静置冷却 1h±10min，然后按现行国家标准《普通混凝土力学性能试验方法标准》GB/T 50081 的规定进行抗压强度试验，测得其加速养护强度 f_{cu}^{a}。

2）砂浆促凝压蒸法

①试验设备及辅助工具

压蒸设备（带压力表的压力锅）、三联专用试模、孔径 ϕ5mm 筛子（配相同尺寸的料盘）、5kg 案秤、混凝土振动台、搅拌锅。

②试验方法

用孔径 ϕ5mm 筛子筛取混凝土拌合物中的砂浆，筛分后砂浆搅拌均匀后称取 600kg 放入搅拌锅中，均匀加入促凝剂快速搅拌 30s，装入专用试模成型试件，然后置于已烧沸的压蒸锅中高温高压养护 1h，取出试模脱模进行抗压强度试验，测得加速养护砂浆试件抗压强度 f_{cu}^{a}。从切断热源到抗压强度试验的时间不宜超过 3min。

3）早龄期法

早龄期法的龄期宜采用 3d 或 7d。采用早龄期标准养护混凝土强度推定标准养护 28d 强度时，应事先通过试验建立二者的强度关系式。早龄期混凝土试件与标准养护 28d 混凝土试件取至同盘混凝土，且制作与养护相同。早龄期混凝土抗压强度试验宜在 3d±1h 或 7d±2h 龄期内完成，按现行国家标准《普通混凝土力学性能试验方法标准》（GB/T 50081）的规定进行抗压强度试验。

4）混凝土强度推定

建立加速养护混凝土试件抗压强度推定值与标准养护 28d 强度混凝土强度推定值关系

式，采用线性方程或幂函数方程。

$$f_{cu}^{e}=a+bf_{cu}^{a} \tag{5-52}$$

$$f_{cu}^{e}=a+(f_{cu}^{a})^{b} \tag{5-53}$$

$$b=\frac{\sum_{i=1}^{n}(f_{cu,i}f_{cu,i}^{a})-\frac{1}{n}\sum_{i=1}^{n}f_{cu,i}\sum_{i=1}^{n}f_{cu,i}^{a}}{\sum_{i=1}^{n}(f_{cu,i}^{a})^{2}-\frac{1}{n}(\sum_{i=1}^{n}f_{cu,i}^{a})^{2}} \tag{5-54}$$

$$a=\frac{1}{n}\sum_{i=1}^{n}f_{cu,i}-\frac{b}{n}\sum_{i=1}^{n}f_{cu,i}^{a} \tag{5-55}$$

式中　f_{cu}^{e}——标准养护 28d 混凝土抗压强度的推定值（MPa）；

f_{cu}^{a}——加速养护混凝土（砂浆）试件抗压强度值（MPa）；

$f_{cu,i}^{a}$——第 i 组加速养护混凝土（砂浆）试件抗压强度值（MPa）；

$f_{cu,i}$——第 i 组标准养护 28d 混凝土试件抗压强度值（MPa）；

n——试件组数；

a、b——回归系数。

（2）结构实体检验用同条件养护试件强度检验

1）结构混凝土强度实体检验的原则

对涉及混凝土结构安全的重要部位应进行结构混凝土强度实体检验。对混凝土强度的检验，应以在混凝土浇筑地点制备并与结构实体同条件养护的试件强度为依据。结构实体检验应在监理工程师（建设单位项目专业技术负责人）见证下，由施工项目技术负责人组织实施。承担结构实体检验的试验室应具有相应的资质。同条件养护试件应在达到等效养护龄期时进行强度试验。等效养护龄期应根据同条件养护试件强度与在标准养护条件下28d 龄期试件强度相等的原则确定。

2）混凝土强度检验用同条件养护试件的留置方式、取样数量和养护

①监理（建设）、施工等各方共同选定同条件养护试件所对应的结构构件或结构部位。

②对混凝土结构工程中的各混凝土强度等级，均应留置同条件养护试件。

③同一强度等级的同条件养护试件，其留置的数量应根据混凝土工程量和重要性确定，不宜少于 10 组，且不应少于 3 组。

④同条件养护试件拆模后，应放置在靠近相应结构构件或结构部位的适当位置，并应采取相同的养护方法。

3）同条件自然养护试件的等效养护龄期及相应的试件强度代表值确定

①等效养护龄期可取按日平均温度逐日累计达到 600℃·d 时所对应的龄期，0℃及以下的龄期不计入；等效养护龄期不应小于 14d，也不宜大于 60d；

②同条件养护试件的强度代表值应根据强度试验结果按现行国家标准《混凝土强度检验评定标准》GB/T 50107 的规定确定后，乘折算系数取用；折算系数宜取为 1.10，也可根据当地的试验统计结果做适当调整。

③冬期施工、人工加热养护的结构构件，其同条件养护试件的等效养护龄期可按结构构件的实际养护条件，由监理（建设）、施工等各方根据等效龄期的规定共同确定。

2. 混凝土强度检验评定

(1) 混凝土强度检验评定原则

混凝土强度应分批进行检验评定。一个检验批的混凝土应由强度等级相同、试验龄期相同、生产工艺条件和配合比基本相同的混凝土组成。

(2) 混凝土强度评定统计方法

混凝土强度评定分为统计方法评定和非统计方法评定。对大批量、连续生产混凝土的强度应按统计方法评定。对小批量或零星生产混凝土的强度应按非统计方法评定。

(3) 混凝土强度合格评定条件（表 5-33）

混凝土强度合格评定条件表 **表 5-33**

评定方法	评定条件	混凝土强度的合格性判定
统计方法 (一)	当连续生产的混凝土，生产条件在较长时间内保持一致，且同一品种、同一强度等级混凝土的强度变异性保持稳定时，一个检验批的样本容量应为连续的 3 组试件，其强度应同时符合下列规定： 1. $m_{f_{cu}} \geqslant f_{cu,k}+0.7\sigma_0$ 2. $f_{cu,min} \geqslant f_{cu,k}-0.7\sigma_0$ 检验批混凝土立方体抗压强度的标准差应按下列公式计算确定： $$\sigma_0=\sqrt{\frac{\sum_{i=1}^{n} f_{cu,i}^2-nm_{f_{cu}}^2}{n-1}}$$ 当混凝土强度等级不高于 C20 时，$f_{cu,min} \geqslant 0.85 f_{cu,k}$；当混凝土强度等级高于 C20 时，$f_{cu,min} \geqslant 0.9 f_{cu,k}$ 式中 $m_{f_{cu}}$——同一检验批混凝土立方体抗压强度的平均值（N/mm^2） $f_{cu,k}$——混凝土立方体抗压强度标准值（N/mm^2） $f_{cu,min}$——同一检验批混凝土立方体抗压强度的最小值（N/mm^2） $f_{cu,i}$——前一个检验期内同一品种、同一强度等级的第 i 组混凝土试件的立方体抗压强度值（N/mm^2），该检验期不应少于 60d，也不得大于 90d σ_0——检验批混凝土立方体抗压强度的标准差（N/mm^2），当检验批混凝土强度标准差 σ_0 计算值小于 $2.5N/mm^2$，应取 $2.5N/mm^2$ n——前一检验期内的样本容量，在该期间内样本容量不应少于 45 混凝土立方体抗压强度精确到 0.01（N/mm^2）	当检验结果能满足统计方法（一）或统计方法（二）或非统计方法的评定条件规定时，则该批混凝土强度应评定为合格；当不能满足评定条件规定时，该批混凝土强度应评定为不合格。对评定为不合格批的混凝土，可按国家现行的有关标准进行处理

续表

<table>
<tr><th>评定方法</th><th>评定条件</th><th>混凝土强度的合格性判定</th></tr>
<tr><td>统计方法（二）</td><td>
当样本容量不少于 10 组时，其强度应同时满足下列要求
1. $m_{f_{cu}} \geqslant f_{cu,k} + \lambda_1 s_{f_{cu}}$
2. $f_{cu,min} \geqslant \lambda_2 f_{cu,k}$
同一检验批混凝土立方体抗压强度的标准差（N/mm²）按下式计算：
$$s_{f_{cu}} = \sqrt{\frac{\sum_{i=1}^{n} f_{cu,i}^2 - nm_{f_{cu}}^2}{n-1}}$$
式中 $s_{f_{cu}}$——同一检验批混凝土立方体抗压强度的标准差（N/mm²），精确到 0.01（N/mm²），当检验批混凝土强度标准差 $s_{f_{cu}}$ 计算值小于 2.5N/mm²，应取 2.5N/mm²
n——个验收批混凝土试件组数
λ_1、λ_2——合格评定系数按下表取用
混凝土强度的合格评定系数
<table>
<tr><th>试件组数</th><th>10～14</th><th>15～19</th><th>≥20</th></tr>
<tr><td>λ_1</td><td>1.15</td><td>1.05</td><td>0.95</td></tr>
<tr><td>λ_2</td><td>0.90</td><td colspan="2">0.85</td></tr>
</table>
</td><td rowspan="2">同上</td></tr>
<tr><td>非统计方法</td><td>
当用于评定的样本容量小于 10 组时，其强度应同时符合下列规定
1. $m_{f_{cu}} \geqslant \lambda_3 f_{cu,k}$
2. $f_{cu,min} \geqslant \lambda_4 f_{cu,k}$
式中 λ_3、λ_4——合格评定系数按下表取用
混凝土强度的非统计法合格评定系数
<table>
<tr><th>混凝土强度等级</th><th><C60</th><th>≥C60</th></tr>
<tr><td>λ_1</td><td>1.15</td><td>1.10</td></tr>
<tr><td>λ_2</td><td colspan="2">0.95</td></tr>
</table>
</td></tr>
</table>

5.2.6.2　混凝土现场检验（检测）

1. 混凝土拌合物性能试验

普通混凝土拌合物性能试验包括稠度试验、凝结时间试验、泌水与压力泌水试验、表观密度试验、含气量试验和配合比分析试验。现场主要进行砂石含水率快速测定和稠度试验，稠度试验方法包括坍落度与坍落扩展度法、维勃稠度法、增时因数法。坍落度与坍落扩展度法适用于骨料最大粒径不大于 40mm、坍落度不小于 10mm 的混凝土拌合物稠度测定。维勃稠度法适用于骨料最大粒径不大于 40mm，维勃稠度在 5～30s 之间的混凝土拌合物稠度测定。增实因数法适用于坍落度不大于 50mm 或干硬性混凝土和维勃稠度大于 30s 的特干硬性混凝土拌合物的稠度测定。现场稠度试验主要采用坍落度与坍落扩展度法。

（1）砂（石）含水率快速测定法

1）试验设备及辅助工具

电炉（火炉）、天平（最大称量1kg，感量0.5g）、炒盘（铁制或铝制）、油灰铲、毛刷等。

2）试验方法

从密封样品中取500g试样放入干净的炒盘（m_1）中，称取试样与炒盘的总重量（m_2）。把炒盘放置在电炉（或火炉）上加热烘干，用小铲不断翻拌试样，直至试样表面全部干燥后，停止加热，继续翻拌内炒盘试样1min，稍微冷却后称干样与炒盘的总重量（m_3）。

3）含水率计算

含水率按下列公式计算，精确至0.1%，以两次试验结果的算术平均值作为测定值。

$$w_{wc}=\frac{m_2-m_3}{m_3-m_1}\times 100\% \tag{5-56}$$

式中 w_{wc}——砂（石）含水率（%）；

m_1——炒盘重量（g）；

m_2——未烘干的试样与炒盘的总重量（g）；

m_3——烘干后的试样与炒盘的总重量（g）。

（2）稠度试验（坍落度与坍落扩展度法）

1）试验设备及辅助工具

混凝土坍落度仪、捣棒、钢尺，混凝土坍落度仪应符合《混凝土坍落度仪》（JG 3021）中有关技术要求的规定。

2）坍落度与坍落扩展度试验方法

①试验准备

用水湿润坍落度筒内壁及底板，表面应无明水。底板放置在坚实水平面上，并把筒放在底板中心，然后用脚踩住二边的脚踏板，坍落度筒在装料时应保持固定的位置。

②装料与振捣

把按要求取得的混凝土试样用小铲分三层均匀地装入筒内，使捣实后每层高度为筒高的1/3左右。每层用捣棒沿螺旋方向由外向中心进行均匀插捣25次。插捣筒边混凝土时，捣棒可以稍稍倾斜。插捣底层时，捣棒应贯穿整个深度，插捣第二层和顶层时，捣棒应插透本层至下一层的表面；浇灌顶层时，混凝土应灌到高出筒口。插捣过程中，如混凝土沉落到低于筒口，则应随时添加。顶层插捣完后，刮去多余的混凝土，并用抹刀抹平。清除筒边底板上的混凝土后，垂直平稳地提起坍落度筒。坍落度筒的提离过程应在5～10s内完成，从开始装料到提坍落度筒的整个过程应不间断地进行，并应在150s内完成。

③试验结果

a. 坍落度值测量

测量筒高与坍落后混凝土试体最高点之间的高度差，即为该混凝土拌合物的坍落度值；坍落度筒提离后，如混凝土发生崩坍或一边剪坏现象，应重新取样试验。若复试仍出现上述现象，则表示该混凝土和易性不好，应予记录备查。

b. 观察坍落后的混凝土试体的黏聚性及保水性

黏聚性的检查方法是用捣棒在已坍落的混凝土锥体侧面轻轻敲打，此时如果锥体逐渐下沉，则表示黏聚性良好，如果锥体倒塌、部分崩裂或出现离析现象，则表示黏聚性不好。保水性以混凝土拌合物稀浆析出的程度来评定，坍落度筒提起后如有较多的稀浆从底部析出，锥体部分的混凝土也因失浆而骨料外露，则表明此混凝土拌合物的保水性能不好；如坍落度筒提起后无稀浆或仅有少量稀浆自底部析出，则表示此混凝土拌合物保水性良好。

c. 坍落扩展度值测量

当混凝土拌合物的坍落度大于 220mm 时，用钢尺测量混凝土扩展后最终的最大直径和最小直径，在这两个直径之差小于 50mm 的条件下，用其算术平均值作为坍落扩展度值；否则，此次试验无效。如果发现粗骨料在中央集堆或边缘有水泥浆析出，表示此混凝土拌合物抗离析性不好，应予记录。

d. 结果值确定

混凝土拌合物坍落度和坍落扩展度值以毫米为单位，测量精确至 1mm，结果表达修约至 5mm。

2. 现场混凝土结构抗压强度检测

(1) 回弹法检测混凝土抗压强度

回弹法属于无损检测，是通过回弹仪检测混凝土表面硬度从而推算出混凝土强度的方法。适用于工程结构普通混凝土抗压强度的检测，但不适用于表层与内部质量有明显差异或内部存在缺陷的混凝土结构或构件的检测。当对结构的混凝土强度有检测要求时，检测结果可作为处理混凝土质量问题的一个依据。

1) 检测设备及辅助工具

测定回弹值的回弹仪可为数字式的，也可为指针直读式的，回弹仪必须经检定单位检定合格证有效。

2) 取样规则

①抽检数量

单个检测取被检测的单个构件。混凝土为同一生产工艺条件、同强度等级、同原材料、同配合比、同成型工艺、同养护条件及龄期相近的一批同类构件，按批进行检测，应随机抽取具有代表性构件的数量不宜少于同批构件总数 30%且不宜少于 10 件，当检验批构件数量大于 30 个时，抽样构件数可适当调整，并不得少于国家现行有关标准规定的最少抽样数量。

②测区布置原则

对于一般构件，测区数不宜少于 10 个。当受检构件数量大于 30 个且不需提供单个构件推定强度或受检构件某一方向尺寸不大于 4.5m 且另一方向尺寸不大于 0.3m 时，每个构件的测区数量可适当减少，但不应少于 5 个；相邻两测区的间距不应大于 2m，测区离构件端部或施工缝边缘的距离不宜大于 0.5m，且不宜小于 0.2m；测区宜选在能使回弹仪处于水平方向的混凝土浇筑侧面，当不能满足这一要求时，也可选在回弹仪处于非水平方向的混凝土浇筑表面或底面；测区宜对称且应均匀分布，在构件的重要部位及薄弱部位必须布置测区，并应避开预埋件，测区的面积不宜大于 $0.04m^2$。

3) 现场检测

①检测条件

a. 检测面应清洁、平整，不应有疏松层、浮浆、油垢、涂层以及蜂窝、麻面，必要时可用砂轮清除疏松层和杂物，且不应有残留的粉末或碎屑。对弹击时产生颤动的薄壁、小型构件应进行固定。构件的测区应标有清晰的编号，必要时应在记录纸上描述测区布置示意图和外观质量情况。

b. 当检测条件与统一测强曲线的适用条件有较大差异时，可采用在构件上钻取的混凝土芯样或同条件试件对测区混凝土强度换算值进行修正。试件或钻取芯样数量不应少于6个，钻取芯样时每个部位应钻取一个芯样，芯样公称直径宜为100mm，高径比应为1，试件边长应为150mm，计算时，测区混凝土强度修正量及测区混凝土强度换算值应符合下列规定：

修正量应按下列公式计算：

$$\Delta_{tot} = f_{cor,m} - f^{c}_{cu,m0} \tag{5-57}$$

$$\Delta_{tot} = f_{cu,m} - f^{c}_{cu,m0} \tag{5-58}$$

$$f_{cor,m} = \frac{1}{n}\sum_{i=1}^{n} f_{cor,i} \tag{5-59}$$

$$f_{cu,m} = \frac{1}{n}\sum_{i=1}^{n} f_{cu,i} \tag{5-60}$$

$$f^{c}_{cu,m0} = \frac{1}{n}\sum_{i=1}^{n} f^{c}_{cu,i} \tag{5-61}$$

式中 Δ_{tot}——测区混凝土强度修正量（MPa），精确到0.1MPa；

$f_{cor,m}$——芯样试件混凝土强度平均值（MPa），精确到0.1MPa；

$f_{cu,m}$——150mm同条件立方体试件混凝土强度平均值修正量（MPa）；

$f^{c}_{cu,m0}$——对应于钻芯部位或同条件立方体试件回弹测区混凝土强度换算值的平均值（MPa）；

$f_{cu,i}$——第 i 个混凝土立方体试件（边长为150mm）的抗压强度值，精确至0.1MPa；

$f_{cor,i}$——第 i 个混凝土芯样试件的抗压强度值，精确至0.1MPa；

$f^{c}_{cu,i}$——对应于第 i 个芯样部位或同条件立方体试件测区回弹值和碳化深度值的混凝土强度换算值（MPa），可按《回弹法检测混凝土抗压强度技术规程》JGJ/T 23附录A或附录B取值；

n——试件数。

测区混凝土强度换算值的修正应按下式计算：

$$f^{c}_{cu,i1} = f^{c}_{cu,i0} + \Delta_{tot} \tag{5-62}$$

式中 $f^{c}_{cu,i0}$——第 i 个测区修正前的混凝土强度换算值（MPa），精确到0.1MPa；

$f^{c}_{cu,i1}$——第 i 个测区修正后的混凝土强度换算值（MPa），精确到0.1MPa。

②回弹值测量

每一测区布置16个测点，在测区范围内均匀分布，相邻测点的净距不宜小于20mm。测点距外露钢筋、预埋件的距离不宜小于30mm，测点应避免在气孔或外露石子上，同一测点只应弹击一次。检测时，回弹仪的轴线应始终垂直于构件的混凝土检测面，缓慢施压，准确读数，快速复位。

③碳化深度值测量

a. 回弹值测量完毕后，应在有代表性的测区上测量碳化深度值，测点不应少于构件测区数的 30%，取其平均值为该构件每测区的碳化深度值。当碳化深度值极差大于 2.0mm 时，应在每一测区分别测量碳化深度值。

b. 碳化深度值测量，可采用适当的工具在测区表面形成直径约 15mm 的孔洞，其深度应大于混凝土的碳化深度。孔洞中的粉末和碎屑应除净，并不得用水擦洗。同时，应采用浓度为 1%～2%的酚酞酒精溶液滴在孔洞内壁的边缘处，当已碳化与未碳化界线清晰时，应采用碳化深度测量仪测量已碳化与未碳化混凝土交界面到混凝土表面的垂直距离，并应测量 3 次，每次读数应精确至 0.25mm，取其平均值作为检测结果，并应精确至 0.5mm。

4）检测结果评定

①回弹值计算

a. 计算测区平均回弹值，应从该测区的 16 个回弹值中剔除 3 个最大值和 3 个最小值，余下的 10 个回弹值应按下式计算：

$$R_m = \frac{\sum_{i=1}^{10} R_i}{10} \tag{5-63}$$

式中 R_m——测区平均回弹值，精确至 0.1；

R_i——第 i 个测点的回弹值。

b. 非水平方向检测混凝土浇筑侧面时，应按下式修正：

$$R_m = R_{m\alpha} + R_{a\alpha} \tag{5-64}$$

式中 R_m——测区平均回弹值，精确至 0.1；

$R_{m\alpha}$——非水平状态检测时测区的平均回弹值，精确至 0.1；

$R_{a\alpha}$——非水平状态检测时回弹值修正值，按《回弹法检测混凝土抗压强度技术规程》(JGJ/T 23) 附录 C 采用。

c. 水平方向检测混凝土浇筑表面或底面时，应按下列公式修正：

$$R_m = R_m^t + R_a^t \tag{5-65}$$

$$R_m = R_m^b + R_a^b \tag{5-66}$$

式中 R_m——测区平均回弹值，精确至 0.1；

R_m^t、R_m^b——水平方向检测混凝土浇筑表面、底面时，测区的平均回弹值，精确至 0.1；

R_a^t、R_a^b——混凝土浇筑表面、底面回弹值的修正值，按《回弹法检测混凝土抗压强度技术规程》(JGJ/T 23) 附录 D 采用。

d. 当检测时回弹仪为非水平方向且测试面为非混凝土的浇筑侧面时，先按《回弹法检测混凝土抗压强度技术规程》(JGJ/T 23) 附录 C 对回弹值进行角度修正，再按《回弹法检测混凝土抗压强度技术规程》(JGJ/T 23) 附录 D 对修正后的值进行浇筑面修正。

②混凝土强度的计算

a. 构件第 i 个测区混凝土强度换算值，可按所求得的平均回弹值 (R_m) 及所求得的平均碳化深度值 (d_m) 由《回弹法检测混凝土抗压强度技术规程》(JGJ/T 23) 附录 A、附录 B 查表或计算得出。当有地区或专用测强曲线时，混凝土强度的换算值宜按地区测强曲线或专用测强曲线计算或查表得出。

b. 构件的测区混凝土强度平均值应根据各测区的混凝土强度换算值计算。当测区数为 10 个及以上时，应计算强度标准差。平均值及标准差应按下列公式计算：

$$m_{f_{cu}^c} = \frac{1}{n}\sum_{i=1}^{n} f_{cu,i}^c \tag{5-67}$$

$$s_{f_{cu}^c} = \sqrt{\frac{\sum_{i=1}^{n}(f_{cu,i}^c)^2 - n(m_{f_{cu}^c})^2}{n-1}} \tag{5-68}$$

式中 $m_{f_{cu}^c}$——结构或构件测区混凝土强度换算值的平均值（MPa），精确至 0.1MPa；

$s_{f_{cu}^c}$——结构或构件测区混凝土强度换算值的标准差（MPa），精确至 0.1MPa；

$f_{cu,i}^c$——测区混凝土强度换算值（MPa）；

n——对于单个检测的构件，取一个构件的测区数；对批量检测的构件，取被抽检构件测区数之和。

c. 构件的现龄期混凝土强度推定值应按下列公式确定：

（a）当构件测区数少于 10 个时：

$$f_{cu,e} = f_{cu,min}^c \tag{5-69}$$

式中 $f_{cu,e}$——构件混凝土强度推定值；

$f_{cu,min}^c$——构件中最小的测区混凝土强度换算值。

（b）当构件的测区强度值中出现小于 10.0MPa 时：

$$f_{cu,e} < 10.0\text{MPa} \tag{5-70}$$

（c）当构件测区数不少于 10 个或按批量检测时，应按下式计算：

$$f_{cu,e} = m_{f_{cu}^c} - 1.645 s_{f_{cu}^c} \tag{5-71}$$

d. 对按批量检测的构件，当该批构件混凝土强度标准差出现下列情况之一时，则该批构件应全部按单个构件检测：

（a）当该批构件混凝土强度平均值小于 25MPa、$s_{f_{cu}^c} > 4.5$MPa 时；

（b）当该批构件混凝土强度平均值不小于 25MPa 且 $s_{f_{cu}^c} > 5.5$MPa 时。

（2）超声回弹综合法测混凝土抗压强度

超声回弹综合法是无损检测，根据实测声速值和回弹值综合推定混凝土强度的方法。本方法采用带波形显示器的低频超声波检测仪，并配置频率为 50～100kHz 的换能器，测量混凝土中的超声波声速值，以及采用弹击锤冲击能量为 2.207J 的混凝土回弹仪，测量回弹值。当对结构中的混凝土有强度检测要求时，可按本方法进行检测，并推定结构混凝土的强度，作为混凝土结构处理的一个依据。不适用于检测因冻害、化学侵蚀、火灾、高温等已造成表面疏松、剥落的混凝土。

1）检测设备及辅助工具

检测应有中型回弹仪、混凝土超声波检测仪器（具有波形清晰、显示稳定的示波装置）、换能器（工作频率宜在 50～100kHz 范围内）等。

2）取样规则

①测区布置的数量

按单个构件检测时，应在构件上均匀布置测区，每个构件上测区数量不应少于 10 个；同批构件（混凝土设计强度等级、构件种类相同，混凝土原材料、配合比、成型工艺、养护条件、施工阶段所处状态和龄期基本相同）按批抽样检测时，构件抽样数不应少于同批构件的 30%，且不应少于 10 件；对某一方向尺寸不大于 4.5m 且另一方向尺寸不大于 0.3m 的构件，其测区数量可适当减少，但不应少于 5 个。

②构件的测区布置原则

构件的测区布置原则同回弹法检测混凝土抗压强度。

3）现场检测

①测量回弹值应在构件测区内超声波的发射和接收面各弹击 8 点；超声波单面平测时，可在超声波的发射和接收测点之间弹击 16 点。每一测点的回弹值，测读精确度至 1。其余按照《回弹法检测混凝土抗压强度技术规程》（JGJ/T 23）进行检测和计算。

②超声测点应布置在回弹测试的同一测区内，每一测区布置 3 个测点；超声测试宜优先采用对测或角测，当被测构件不具备对测或角测条件时，可采用单面平测，换能器辐射面应通过耦合剂与混凝土测试面良好耦合；声时测量应精确至 0.1μs，超声测距测量应精确至 1.0mm，且测量误差不应超过±1%，声速计算应精确至 0.01km/s。

③当在混凝土浇筑方向的侧面对测时，测区混凝土中声速代表值应根据该测区中 3 个测点的混凝土中声速值，按下列公式计算：

$$v=\frac{1}{3}\sum_{i=1}^{3}\frac{l_i}{t_i-t_0} \tag{5-72}$$

式中　v——测区混凝土中声速代表值（km/s）；

l_i——第 i 个测点的超声测距（mm）；角测时超声测距计算：

$$l_i=\sqrt{l_{1i}^2+l_{2i}^2} \tag{5-73}$$

式中　l_{1i}、l_{2i}——角测第 i 个测点换能器与构件边缘的距离（mm）；

t_i——第 i 个测点的声时读数（μs）；

t_0——声时初读数（μs）。

④当在混凝土浇筑的顶面或底面测试时，测区声速代表值应按下列公式修正：

$$v_a=\beta v \tag{5-74}$$

式中　v_a——修正后的测区混凝土中声速代表值（km/s）；

β——超声测试面的声速修正系数，在混凝土浇筑的顶面和底面间对测或斜测时，$\beta=1.034$；在混凝土浇筑的顶面平测时，$\beta=1.05$；在混凝土浇筑的底面平测时，$\beta=0.95$。

4）结构混凝土强度推定

①结构或构件中第 i 个测区的混凝土抗压强度换算值，根据修正后的测区回弹代表值和声速代表值，优先采用专用测强曲线或地区测强曲线换算而得，当无专用和地区测强曲线时，按下列全国统一测区混凝土抗压强度换算公式计算：

a. 当粗骨料为卵石时

$$f_{cu,i}^{c}=0.0056v_{ai}^{1.439}R_{ai}^{1.769} \tag{5-75}$$

b. 当粗骨料为碎石时

$$f_{cu,i}^{c}=0.0162v_{ai}^{1.656}R_{ai}^{1.410} \tag{5-76}$$

式中　$f_{cu,i}^{c}$——结构或构件第 i 个测区混凝土抗压强度换算值（MPa），精确至 0.1MPa；

v_{ai}——结构或构件第 i 个测区修正后的回弹代表值，精确至 0.1；

R_{ai}——结构或构件第 i 个测区修正后的声速代表值，精确至 0.01km/s。

②当结构或构件中的测区数不少于 10 个时，各测区混凝土抗压强度换算值的平均值和标准差应按下列公式计算：

$$m_{f^c_{cu}} = \frac{1}{n}\sum_{i=1}^{n} f^c_{cu,i} \tag{5-77}$$

$$s_{f^c_{cu}} = \sqrt{\frac{\sum_{i=1}^{n}(f^c_{cu,i})^2 - n(m_{f^c_{cu}})^2}{n-1}} \tag{5-78}$$

式中 $f^c_{cu,i}$——结构或构件第 i 个测区的混凝土抗压强度换算值（MPa）；

$m_{f^c_{cu}}$——结构或构件测区混凝土抗压强度换算值的平均值（MPa），精确至 0.1MPa；

$s_{f^c_{cu}}$——结构或构件测区混凝土抗压强度换算值的标准差（MPa），精确至 0.1MPa；

n——测区数。对于单个检测的构件，取一个构件的测区数；对批量检测的构件，取被抽检构件测区数之和。

③当结构或构件所采用的材料及其龄期与制定测强曲线所采用的材料及其龄期有较大差异时，应采用同条件立方体试件或从结构或构件测区中钻取的混凝土芯样试件的抗压强度进行修正。试件数量不应少于 4 个。此时，采用测区混凝土抗压强度换算值应乘以下列修正系数 η。

a. 采用同条件立方体试件修正时：

$$\eta = \frac{1}{n}\sum_{i=1}^{n} f^o_{cu,i}/f^c_{cu,i} \tag{5-79}$$

b. 采用混凝土芯样试件修正时：

$$\eta = \frac{1}{n}\sum_{i=1}^{n} f^o_{cor,i}/f^c_{cu,i} \tag{5-80}$$

式中 η——修正系数，精确至 0.01；

$f^o_{cu,i}$——第 i 个混凝土立方体试件（边长为 150mm）的抗压强度实测值（MPa），精确至 0.1MPa；

$f^o_{cor,i}$——第 i 个混凝土芯样（ϕ100×100mm）试件的抗压强度实测值（MPa），精确至 0.1MPa；

$f^c_{cu,i}$——对应于第 i 个立方体试件试件或芯样试件的混凝土强度换算值（MPa），精确至 0.1MPa；

n——试件数。

④结构或构件的混凝土强度推定值 $f_{cu,e}$ 应按下列公式确定：

a. 当结构或构件的测区抗压强度换算值中出现小于 10.0MPa 时：

$$f_{cu,e} < 10.0\text{MPa} \tag{5-81}$$

b. 当结构或构件测区数少于 10 个时：

$$f_{cu,e} = f^c_{cu,min} \tag{5-82}$$

式中 $f^c_{cu,min}$——构件中最小的测区混凝土强度换算值。

c. 当结构或构件测区数不少于 10 个或按批量检测时，应按下式计算：

$$f_{cu,e} = m_{f^c_{cu}} - 1.645 s_{f^c_{cu}} \quad (5\text{-}83)$$

⑤对按批量检测的构件，当一批构件的测区混凝土抗压强度标准差出现下列情况之一时，则该批构件应全部按单个构件进行强度推定：

a. 一批构件的混凝土抗压强度平均值 $m_{f^c_{cu}} < 25.0\text{MPa}$ 时，标准差 $s_{f^c_{cu}} > 4.50\text{MPa}$；

b. 一批构件的混凝土抗压强度平均值 $m_{f^c_{cu}} = 25.0 \sim 50.0\text{MPa}$ 时，标准差 $s_{f^c_{cu}} > 5.50\text{MPa}$；

c. 一批构件的混凝土抗压强度平均值 $m_{f^c_{cu}} > 50.0\text{MPa}$ 时，标准差 $s_{f^c_{cu}} > 6.50\text{MPa}$。

(3) 钻芯取样检测混凝土抗压强度

钻芯检测混凝土强度是一种直接测定混凝土强度的检测技术，通过从混凝土结构或构件中钻取圆柱状试件并进行施压，得到混凝土抗压强度。适用于被检测混凝土的表层质量不具有代表性时，被检测混凝土的龄期或抗压强度超过回弹法、超声回弹综合法或后装拔出法等相应技术规程限定的范围时。

1) 检测设备及辅助工具

检测应有钻芯机（有水冷却系统）、人造金刚石薄壁钻头、锯切机和磨平机（具有冷却系统和牢固夹紧芯样的装置）、探测钢筋位置的定位仪（最大探测深度不应小于 60mm，探测位置偏差不宜大于±5mm）和补平装置（或研磨机）等。

2) 取样规则

①钻取芯样部位：结构或构件受力较小的部位；混凝土强度具有代表性的部位；便于钻芯机安放与操作的部位；避开主筋、预埋件和管线的位置。

②钻芯数量：芯样试件的数量应根据检测批的容量确定。标准芯样试件的最小样本量不少于 15 个，小直径芯样试件的最小样本量应适当增加。单个构件检测时，有效芯样试件的数量不应少于 3 个，对于较小构件不得少于 2 个。标准芯样试件公称直径不宜小于骨料最大粒径的 3 倍，小直径芯样试件公称直径不应小于 70mm 且不得小于骨料最大粒径的 2 倍。

3) 现场检测

①芯样的钻取

钻芯机就位并安放平稳后，应将钻芯机固定牢固；钻芯机在未安装钻头之前，应先通电检查主轴旋转方向（三相电动机）；钻芯时用于冷却钻头和排除混凝土碎屑的冷却水的流量宜为 3～5L/min；钻取芯样应控制进钻的速度，钻至规定位置后取下芯样，进行芯样标记包装。

②芯样加工

芯样试件的高径比（H/d）宜为 1.00；芯样的端面平整且芯样端面与芯样轴线垂直；每个标准芯样试件内最多只允许有 2 根直径小于 10mm 的钢筋，每个公称直径小于 100mm 的芯样试件内最多只允许有 1 根直径小于 10mm 的钢筋，钢筋与芯样试件的轴线基本垂直并离开端面 10mm 以上。锯切后的芯样应进行端面处理，宜采取在磨平机上磨平端面的处理方法。承受轴向压力芯样试件端面，也可采取下列处理方法：用环氧胶泥或聚合物水泥砂浆补平；抗压强度低于 40MPa 的芯样试件，可采用水泥砂浆、水泥净浆或聚合物水泥砂浆补平，补平层厚度不宜大于 5mm，也可采用硫磺胶泥补平，补平层厚度不宜大于 1.5mm。

③测量芯样试件的尺寸

用游标卡尺在芯样中部相互垂直的两个位置上测量平均直径，取测量的平均值，精确至0.5mm，用钢卷尺或钢板尺测量高度，精确至1mm，用游标量角器测垂直度，精确至0.1°，用钢板尺（或角尺）和塞尺测量平整度。芯样试件尺寸偏差及外观质量超过下列数值时，相应的测试数据无效：芯样试件的实际高径比（H/d）小于要求高径比的0.95或大于1.05；沿芯样试件高度的任一直径与平均直径相差大于2mm；抗压芯样试件端面的不平整度在100mm长度内大于0.1mm；芯样试件端面与轴线的垂直度偏差大于1°；芯样有裂缝或有其他较大缺陷。

4）芯样抗压强度试验与计算

①芯样抗压强度试验

芯样的干湿度应与结构构件相一致。芯样试验应在自然干燥条件下进行抗压试验；当结构工作条件比较潮湿时，需要确定潮湿状态下的混凝土强度，芯样试件宜在20±5℃的清水中浸泡40～48h，从水中取出后立即进行试验。

②芯样试件混凝土抗压强度计算

芯样试件混凝土抗压强度计算公式：

$$f_{\mathrm{cu,cor}}=\frac{F_{\mathrm{c}}}{A} \tag{5-84}$$

式中 $f_{\mathrm{cu,cor}}$——芯样试件的混凝土抗压强度值（MPa）；

F_{c}——芯样试件的抗压试验测得的最大压力（N）；

A——芯样试件抗压截面面积（mm^2）。

（4）后装拔出法检测混凝土抗压强渡

拔出法是检测混凝土强度的一种半破损试验方法。拔出法分为两种。一种是浇灌混凝土时在测试部位预先埋入金属锚固件，待混凝土硬化后做拔出试验，称为预埋拔出法。另一种是在硬化混凝土的测试部位上钻孔、磨槽、嵌入锚固件后做拔出试验，称为后装拔出法。适用于混凝土试件与结构的混凝土质量不一致或对试件检验结果有怀疑时，供试验用的混凝土试件数量不足时，有待改建或扩建的旧结构物需要了解其混凝土强度时，现场常用后装拔出法检测混凝土抗压强度。

1）检测设备及辅助工具

检测拔出试验装置由钻孔机、磨槽机、锚固件及拔出仪等组成，可采用圆环式或三点式。

2）取样规则

①按单个构件检测时，在构件均匀布置3个测点。最大拔出力或最小拔出力与中间值之差大于15％（包括两者均大于中间值的15％）时，应在最小拔出力测点附近再加测2个测点。

②按批抽样检测时，抽样数量应不少于总数的30％，且不少于10件，每个构件不应少于3个测点。

③测点宜优先布置在混凝土成型侧面；在构件的受力较大及薄弱部位应布置测点，相邻两测点间距不应小于10h，距构件边缘不应小于4h（h锚固深度）。

④测点应避开接缝、蜂窝、麻面部位和混凝土表面的钢筋、预埋件。

3）现场检测

①试验准备

拔出试验前，对钻孔机、磨槽机、拔出仪的工作状态是否正常及钻头、磨头、锚固件的规格尺寸是否满足成孔尺寸要求，均应检查。

②钻孔与磨槽

在钻孔过程中钻头应始终与混凝土表面保持垂直，垂直度偏差不应大于3°。在混凝土孔壁磨环形槽时，磨槽机的定位圆盘应始终紧靠混凝土表面回转，磨出的环形槽形状应规整。成孔尺寸应满足下列要求：钻孔直径 d_1 应比圆环式（d_1＝18mm）、三点式（d_1＝22mm）规定值大0.1mm，且不宜大于1.0mm；钻孔深度 h_1 应比锚固深度 h 深20～30mm；圆环式锚固件的锚固深度 h＝25mm，三点式锚固件的锚固深度 h＝35mm，允许误差为±0.8mm；环形槽深度 c 应为3.6～4.5mm。

③拔出试验

将胀簧插入成型孔内，通过胀杆使胀簧锚固台阶完全嵌入环形槽内保证锚固可靠。拔出仪与锚固件用拉杆连接对中，并与混凝土表面垂直。施加拔出力应连续均匀，其速度控制在0.5～1.0kN/s。施加拔出力至混凝土开裂破坏，测力显示器读数不再增加为止，记录极限拔出力值精确至0.1kN。当拔出试验出现异常时，应做详细记录，并将该值舍去，在其附近补测一个测点。

4）混凝土强度换算与推定

①混凝土强度换算

a. 混凝土强度换算值计算公式：

$$f_{cu}^{e} = A \cdot F + B \tag{5-85}$$

式中　f_{cu}^{e}——混凝土强度换算值（MPa），精确至0.1MPa；

F——拔出力（kN），精确至0.1kN；

A、B——测强公式回归系数。

b. 当被测结构所用混凝土的材料与制定测强曲线所用材料有较大差异时，可在被测结构上钻取混凝土芯样，根据芯样强度对混凝土强度换算值进行修正。芯样数量应不少于3个，在每个钻取芯样附近做3个测点的拔出试验，取3个拔出力的平均值代入式（5-85）计算每个芯样对应的混凝土强度换算值。修正系数可按下式计算：

$$\eta = \frac{1}{n}\sum_{i=1}^{n}(f_{cor,i}/f_{cu,i}^{e}) \tag{5-86}$$

式中　η——修正系数精确至0.01；

$f_{cor,i}$——第 i 个混凝土芯样试件抗压强度值，精确至0.1MPa；

$f_{cu,i}^{e}$——对应于第 i 个混凝土芯样试件的3个拔出力平均值的混凝土强度换算值（MPa），精确至0.1MPa；

n——芯样试件数。

②混凝土强度推定

a. 单个构件的混凝土强度推定

（a）当构件3个拔出力中最大和最小拔出力与中间值之差均小于中间值的15%，取最小值作为该构件拔出力计算值。

(b) 如有加测时，加测的2个拔出力和最小拔出力一起取平均值，再与前一次的拔出力中间值比较，取小值作为该构件拔出力计算值。

(c) 将单个构件的拔出力计算值代入式（5-85）计算强度换算值（或用式（5-86）得到的修正系数乘以强度换算值）作为单个构件混凝土强度推定值 $f_{cu,e}$。

b. 批抽检构件的混凝土强度推定

(a) 将同批构件抽样检测的每个拔出力代入式（5-82）计算强度换算值（或用式（5-86）得到的修正系数乘以强度换算值）。

(b) 混凝土强度的推定值 $f_{cu,e}$ 按下列公式计算：

$$f_{cu,e1} = m_{f^e_{cu}} - 1.645 s_{f^e_{cu}} \tag{5-87}$$

$$f_{cu,e2} = m_{f^e_{cu,min}} = \frac{1}{m}\sum_{j=1}^{m} f^e_{cu,min,j} \tag{5-88}$$

式中 $m_{f^e_{cu}}$——批抽检构件混凝土强度换算值的平均值（MPa），精确至0.1MPa，按下式计算：

$$m_{f^e_{cu}} = \frac{1}{n}\sum_{i=1}^{n} f^e_{cu,i} \tag{5-89}$$

式中 $f^e_{cu,i}$——第 i 个测点混凝土强度换算值；

$s_{f^e_{cu}}$——批抽检构件混凝土强度换算值的标准差平均值（MPa），精确至0.1MPa，按下式计算：

$$s_{f^e_{cu}} = \sqrt{\frac{\sum_{i=1}^{n}(f^e_{cu,i})^2 - n(m_{f^e_{cu}})^2}{n-1}} \tag{5-90}$$

$m_{f^e_{cu,min}}$——批抽检每个构件混凝土强度换算值中最小值的平均值（MPa），精确至0.1MPa；

$f^e_{cu,min,j}$——每 j 个构件混凝土强度换算值中的最小值（MPa），精确至0.1MPa；

n——批抽检构件的测点总数；

m——批抽检构件的测点总数。

(c) 取 $f_{cu,e1}$、$f_{cu,e2}$ 中的较大值作为该批构件的混凝土强度推定值。当同批构件按批抽样检测时，若全部测点的强度标准差出现下列情况时，则该批构件应按单个构件检测：当该批构件混凝土强度换算值的平均值小于或等于25MPa时，$s_{f^e_{cu}} > 4.5$MPa；当该批构件混凝土强度平均值大于25MPa时，$s_{f^e_{cu}} > 5.5$MPa。

3. 混凝土缺陷检测

混凝土缺陷是指破坏混凝土的连续性和完整性，并在一定程度上降低混凝土的强度和耐久性的不密实区、空洞、裂缝或夹杂泥砂、杂物等。超声法对混凝土内部空洞和不密实区的位置和范围、裂缝深度、表面损伤层厚度、不同时间浇筑的混凝土结合面质量、灌注桩和钢管混凝土中的缺陷进行检测，测量混凝土的声速、波幅和主频等声学参数，并根据这些参数及其相对变化分析判断混凝土缺陷。

(1) 检测设备及辅助工具

超声法检测需用超声波检测仪和换能器等设备。用于混凝土的超声波检测仪有模拟式和数字式两种。常用的换能器具有厚度振动方式和径向振动方式两种类型，可根据不同测试需要选用。

（2）检测规则

1）确定缺陷测试的部位混凝土表面应清洁、平整，必要时可用砂轮磨平或用高强度的快凝砂浆抹平。抹平砂浆必须与混凝土粘结良好。

2）在满足首波幅度测读精度的条件下，应选用较高频率的换能器，换能器应通过耦合剂与混凝土测试表面保持紧密结合，耦合层不得夹杂泥砂或空气。

3）检测时应避免超声传播路径与附近钢筋轴线平行，如无法避免，应使两个换能器连线与该钢筋的最短距离不小于超声测距的 1/6。

4）检测中出现可疑数据时应及时查找原因，必要时进行复测校核或加密测点补测。

5）超声波检测仪分为模拟式和数字式两种，应各自按照相应的方法操作，混凝土声时值应按下式计算：

$$t_{ci}=t_i-t_0 \text{ 或 } t_{ci}=t_i-t_{00} \tag{5-91}$$

式中 t_{ci}——第 i 点混凝土声时值（μs）；

t_i——第 i 点测读声时值（μs）；

t_0——厚度振动式换能器时的声时初读数（μs）；

t_{00}——径向振动式换能器时的声时初读数（μs）。

（3）现场检测

1）裂缝深度检测

被测裂缝中不得有积水或泥浆等，裂缝深度检测有单面平测法、双面斜测法和钻孔对测法三种。当结构的裂缝部位只有一个可测表面，估计裂缝深度又不大于 500mm 时，可采用单面平测法。平测时应在裂缝的被测部位，以不同的测距按跨缝和不跨缝避开钢筋的影响布置测点。当结构的裂缝部位具有两个相互平行的测试表面时，可采用双面穿透斜测法检测。钻孔对测法适用于大体积混凝土，预计深度在 500mm 以上的裂缝检测，被检测混凝土应允许在裂缝两侧钻测试孔。

①单面平测法

a. 不跨缝的声时测量

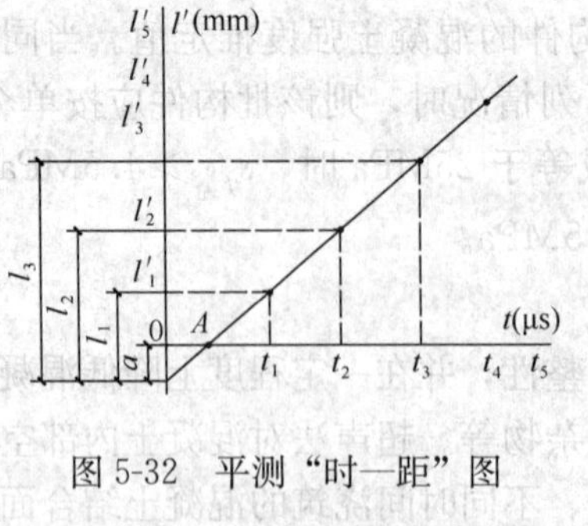

图 5-32 平测"时—距"图

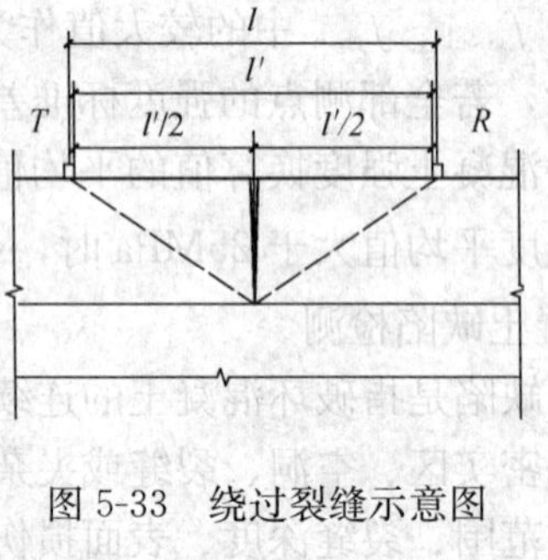

图 5-33 绕过裂缝示意图

将 T 和 R 换能器置于裂缝附近同一侧，以两个换能器内边缘间距（l'）等于 100、150、200、250mm……分别读取声时值（t_i），绘制"时—距"坐标图或用回归分析的方法求出声时与测距之间的回归直线方程：

$$l_i=a+bt_i \tag{5-92}$$

每测点超声波实际传播距离 l_i 为：

$$l_i = l' + |a| \tag{5-93}$$

式中 l_i——第 i 点的超声波实际传播距离（mm）；

l'——第 i 点的 R、T 换能器内边缘间距（mm）；

a——“时—距”图中 l' 轴的截距或回归直线方程的常数项（mm）。

不跨缝平测的混凝土声速值为：

$$v = (l'_n - l'_1)/(t_n - t_1) \tag{5-94}$$

或 $$v = b \text{ (km/s)}$$

式中 l'_n、l'_1——第 n 点和第 1 点的测距（mm）；

t_n、t_1——第 n 点和第 1 点读取的声时值（μs）；

b——回归系数。

b. 跨缝的声时测量

将 T 和 R 换能器置分别置于以裂缝为对称的两侧，l 取 100、150、200、……分别读取声时值（t_i^0），同时观察首波相位的变化。

c. 裂缝深度计算与确定

(a) 平测法检测裂缝深度应按下式计算：

$$h_{ci} = l_i \frac{\sqrt{\left(\frac{t_i^0}{l_i}v\right)^2 - 1}}{2} \tag{5-95}$$

$$m_{hc} = \frac{1}{n}\sum_{i=1}^{n} h_{ci} \tag{5-96}$$

式中 l_i——不跨缝平测时第点的超声波实际传播距离（mm）；

h_{ci}——第 i 点计算的裂缝深度值（mm）；

t_i^0——第 i 点跨缝平测的声时值（μs）；

m_{hc}——各测点计算裂缝深度的平均值；

v——混凝土的声速；

n——测点数。

(b) 裂缝深度的确定

跨缝测量中，当在某测距发现首波反相时，可用该测距及两个相邻测距的测量值按式（5-95）计算 h_{ci} 值，取此三点 h_{ci} 的平均值作为该裂缝的深度值（h_c）；跨缝测量中如难于发现首波反相，则以不同测距按式（5-95）、式（5-96）计算 h_{ci} 及其平均值（m_{hc}）。

将各测距 l'_1 与 m_{hc} 相比较，凡测距 l'_i 小于 m_{hc} 和大于 $3m_{hc}$，应剔除该组数据，然后取余下 h_{ci} 的平均值，作为该裂缝的深度值（h_c）。

②双面斜测法

a. 裂缝深度检测：

双面穿透斜测法的测点布置如图 5-34 所示，将 T 和 R 换能器分别置于两测试表面对应测点 1、2、3……的位置读取相应声时值 t_i、波幅值 A_i 及主频率 f_i。

b. 裂缝深度判定：当 T 和 R 换能器的连线通过裂缝，根据波幅、声时和主频的突变，可以判定裂缝深度以及是否在所处断面内贯通。

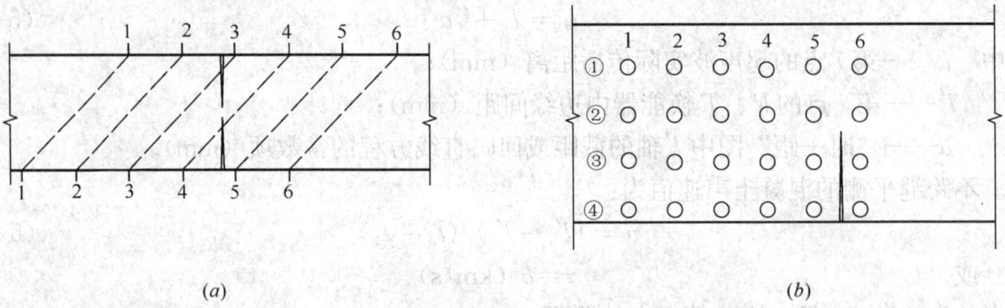

图 5-34　斜测图裂缝测点布置示意图
（a）平面图；（b）立面图

③钻孔对测法

a. 所钻测试孔要求

孔径应比所用换能器直径大 5～10mm；孔深应不小于比裂缝预计深度深 700mm。经测试如浅于裂缝深度则应加深钻孔；对应的两个测试孔（A、B），必须始终位于裂缝两侧，其轴线应保持平行；两个对应测试孔的间距宜为 2000mm，同一检测对象各对测孔间距应保持相同，孔中粉末碎屑应清理干净；如图所示，宜在裂缝一侧多钻一个孔距相同但较浅的孔（C），通过 B、C 两孔测试无裂缝混凝土的声学参数。

b. 裂缝深度检测

检测应选用频率为 20～60kHz 的径向振动式换能器。测试前应先向测试孔中注满清水，然后将 T、R 换能器分别置于裂缝两侧的对应孔中，以相同高程等间距（100～400mm）从上到下同步移动，逐点读取声时、波幅和换能器所处的深度，如图 5-35 所示。

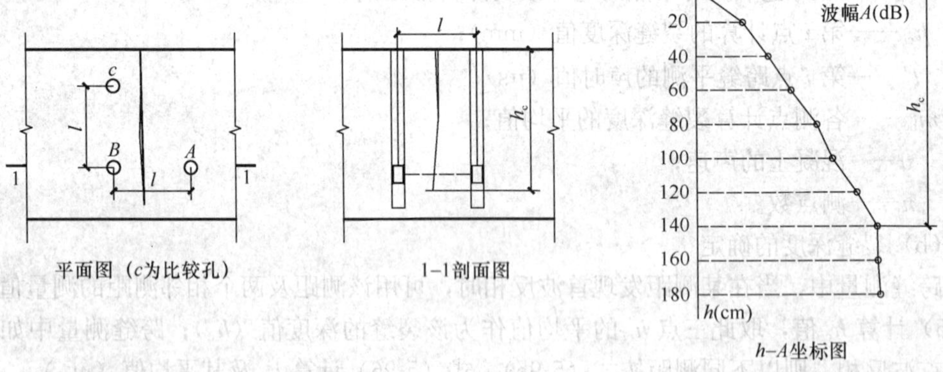

图 5-35　钻孔测裂缝深度示意图

c. 裂缝深度确定

以换能器所处深度（h）与对应的波幅值（A）绘制 h-A 坐标图（如图 5-35 所示）。随换能器位置的下移，波幅逐渐增大，当换能器下移至某一位置后，波幅达到最大并基本稳定，该位置所对应的深度便是裂缝深度值（h_c）。

2）不密实区和空洞检测

①构件的被测部位要求

被测部位应具有一对或两对相互平行的测试面；测试范围除应大于有怀疑的区域外，

还应有同条件的正常混凝土进行对比，且对比测点数不应少于 20 个。

②测试

a. 换能器布置条件

（a）当构件具有两对相互平行的测试面时，可采用对测法。如图 5-36 所示，在测试部位两对相互平行的测试面上，分别画出等间距的网格（网格间距：工业与民用建筑为 100～300mm，其他大型结构物可适当放宽），并编号确定对应的测点位置；

（b）当构件只有一对相互平行的测试面时，可采用对测和斜测相结合的方法。如图 5-37 所示，在测位两个相互平行的测试面上分别画出网格线，可在对测的基础上进行交叉斜测；

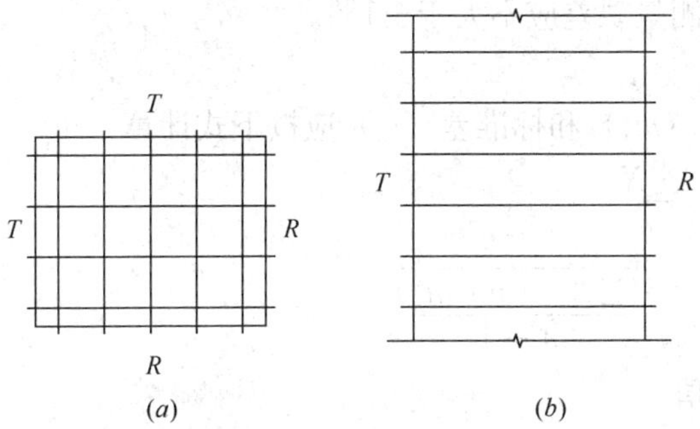

图 5-36 对测法示意图

（a）平面图；（b）立面图

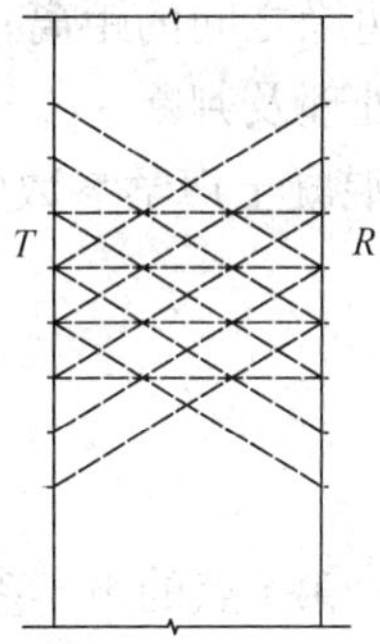

图 5-37 斜测法立面图

（c）当测距较大时可采用钻孔或预埋管测法。如图 5-38 所示，在测位预埋声测管或钻出竖向测试孔，预埋管内径或钻孔直径宜比换能器直径大 5～10mm，预埋管或钻孔间距宜为 2～3m，其深度可根据测试需要确定。检测时可用两个径向振动式换能器分别置于两测孔中进行测试，或用一个径向振动式与一个厚度振动式换能器，分别置于测孔中和平行于测孔的侧面进行测试。

b. 测量每一测点的声时、波幅、主频和测距

（a）声时测量

应将发射换能器（简称 T 换能器）和接收换能器（简称 R 换能器）分别耦合在测位中的对应测点上。当首波幅度过低时可用“衰减器”调节至便于测读，再调节游标脉冲或扫描延时，使首波前沿基线弯曲的起始点对准游标脉冲前沿，读取声时值 t_i（读至 0.1μs）。

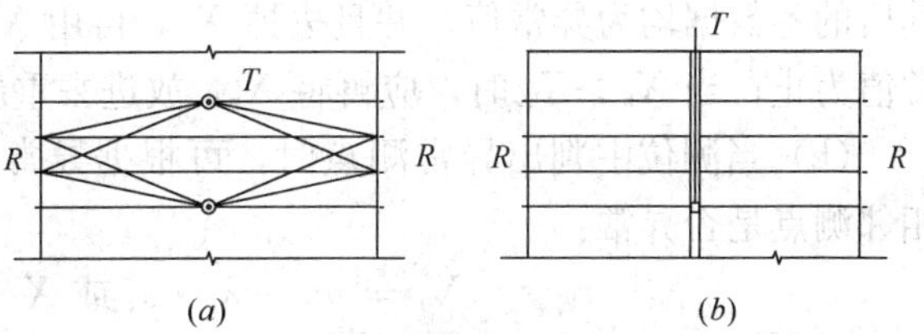

图 5-38 钻孔法示意图

（a）平面图；（b）立面图

（b）波幅测量

应在保持换能器良好耦合状态下采用下列两种方法之一进行读取。刻度法：将衰减器固定在某一衰减位置，在仪器荧光屏上读取首波幅度的格数。衰减值法：采用衰减器将首波调至一定高度，读取衰减器上的 dB 值。

（c）主频测量

应先将游标脉冲调至首波前半个周期的波谷（或波峰），读取声时值 t_1（μs），再将游标脉冲调至相邻的波谷（或波峰）读取声值 t_2（μs），按式（5-97）计算出该点（第 i 点）第一个周期波的主频 f_i（精确至 0.1kHz）

$$f_i=\frac{1000}{t_2-t_1} \tag{5-97}$$

（d）测距测量

当采用厚度振动式换能器对测时，宜用钢卷尺测量 T、R 换能器辐射面之间的距离；当采用厚度振动式换能器平测时，宜用钢卷尺测量 T、R 换能器内边缘之间的距离；当采用径向振动式换能器在钻孔或预埋管中检测时，宜用钢卷尺测量放置 T、R 换能器的钻孔或预埋管内边缘之间的距离；测距的测量误差应不大于±1%。

③数据处理及判断

a. 测位混凝土声学参数的平均值（m_x）和标准差（s_x）应按下式计算：

$$m_x=\frac{\sum X_i}{n} \tag{5-98}$$

$$s_x=\sqrt{\frac{(\sum X_i^2-n\cdot m_x^2)}{n-1}} \tag{5-99}$$

式中　X_i——第 i 点的声学参数测量值；

n——参与统计的测点数。

b. 异常数据判别

（a）将测位各测点的波幅、声速或主频值由大至小按顺序分别排列，即 $X_1\geqslant X_2\geqslant\cdots\geqslant X_n\geqslant X_{n+1}\cdots\cdots$，将排在后面明显小的数据视为可疑，再将这些可疑数据中最大的一个（假定 X_n）连同其前面的数据计算出 m_x 及 s_x 值，并计算异常情况的判断值（X_0）：

$$X_0=m_x-\lambda_1\cdot s_x \tag{5-100}$$

式中 λ_1 按表 5-34 取值。

将判断值（X_0）与可疑数据的最大值（X_n）相比较，当 $X_n\leqslant X_0$ 时，则 X_n 及排列于其后的各数据均为异常值，并且去掉 X_n，再用 $X_1\sim X_{n-1}$ 进行计算和判别，直至判不出异常值为止；当 $X_n>X_0$ 时，应再将 X_{n+1} 放进去重新进行计算和判别。

（b）当测位中判出异常测点时，可根据异常测点的分布情况，按下式进一步判别其相邻测点是否异常：

$$X_0=m_x-\lambda_2\cdot s_x \text{ 或 } X_0=m_x-\lambda_3\cdot s_x \tag{5-101}$$

式中 λ_2、λ_3 按表取值，当测点布置为网格状时取 λ_2；当单排布置测点时（如在声测孔中检测）取 λ_3。若保证不了耦合条件的一致性则波幅值不能作为统计法的判据。

统计数的个数 n 与对应的 λ_1、λ_2、λ_3 值　　**表 5-34**

n	20	22	24	26	28	30	32	34	36	38
λ_1	1.65	1.69	1.73	1.77	1.80	1.83	1.86	1.89	1.92	1.94
λ_2	1.25	1.27	1.29	1.31	1.33	1.34	1.36	1.37	1.38	1.39
λ_3	1.05	1.07	1.09	1.11	1.12	1.14	1.16	1.17	1.18	1.19
n	40	42	44	46	48	50	52	54	56	58
λ_1	1.96	1.98	2.00	2.02	2.04	2.05	2.07	2.09	2.10	2.12

续表

n	40	42	44	46	48	50	52	54	56	58
λ_2	1.41	1.42	1.43	1.44	1.45	1.46	1.47	1.48	1.49	1.49
λ_3	1.20	1.22	1.23	1.25	1.26	1.27	1.28	1.29	1.30	1.31
n	60	62	64	66	68	70	72	74	76	78
λ_1	2.13	2.14	2.15	2.17	2.18	2.19	2.20	2.21	2.22	2.23
λ_2	1.50	1.51	1.52	1.53	1.53	1.54	1.55	1.56	1.56	1.57
λ_3	1.31	1.32	1.33	1.34	1.35	1.36	1.36	1.37	1.38	1.39
n	80	82	84	86	88	90	92	94	96	98
λ_1	2.24	2.25	2.26	2.27	2.28	2.29	2.30	2.30	2.31	2.31
λ_2	1.58	1.58	1.59	1.60	1.61	1.61	1.62	1.62	1.63	1.63
λ_3	1.39	1.40	1.41	1.42	1.42	1.43	1.44	1.45	1.45	1.45
n	100	105	110	115	120	125	130	140	150	160
λ_1	2.32	2.35	2.36	2.38	2.40	2.41	2.43	2.45	2.48	2.50
λ_2	1.64	1.65	1.66	1.67	1.68	1.69	1.71	1.73	1.75	1.77
λ_3	1.46	1.47	1.48	1.49	1.51	1.53	1.54	1.56	1.58	1.59

3）混凝土结合面质量检测

①检测条件

用于前后两次浇筑的混凝土之间接触面的结合质量检测，被测部位及测点的确定应满足下列要求：测试前应查明结合面的位置及走向，明确被测部位及范围；构件的被测部位应具有使声波垂直或斜穿结合面的测试条件。

②布置测点规则

a. 使测试范围覆盖全部结合面或有怀疑的部位；

b. 各对 $T-R_1$（声波传播不经过结合面）和 $T\text{-}R_2$（声波传播经过结合面）换能器连线的倾斜角测距应相等；

c. 测点的间距宜为 100～300mm。

③检测方法

a. 混凝土结合面质量检测可采用对测法和斜测法如图 5-39 所示。

b. 对已布置测点分别按照不密实区和空洞检测中测出各点的声时、波幅和主频值。

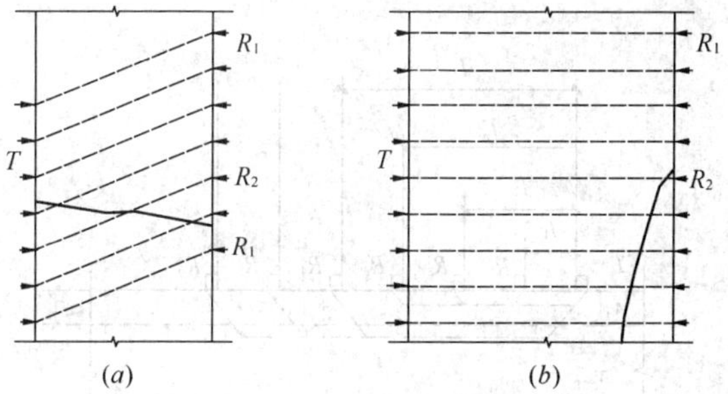

图 5-39　混凝土结合面质量检测示意图

（a）斜测法；（b）对测法

④数据处理及判断

将同一测位各测点声速波幅和主频值分别按不密实区和空洞检测中第③条进行统计和判断。当测点数无法满足统计法判断时，可将 $T\text{-}R_2$ 的声速、波幅等声学参数与 $T\text{-}R_1$ 进行比较，若 $T\text{-}R_2$ 的声学参数比 $T\text{-}R_1$ 显著低时，则该点可判为异常测点。当通过结合面的某些测点的数据被判为异常，并查明无其他因素影响时，可判定混凝土结合面在该部位结合不良。

4）表面损伤层检测

适用于因冻害高温或化学腐蚀等引起的混凝土表面损伤层厚度的检测。

①被测部位和测点的确定规则

根据构件的损伤情况和外观质量选取有代表性的部位布置测位；构件被测表面应平整并处于自然干燥状态，且无接缝和饰面层。

②检测方法

选用频率较低的厚度振动式换能器。测试时换能器应耦合好，并保持不动，然后将换能器依次耦合在间距为 30mm 的测点位上，如图 5-40 所示，读取相应的声时值 t_1、t_2、t_3……，并测量每次 T、R 换能器内边缘之间的距离 l_1、l_2、l_3、……。每一测位的测点数不得少于 6 个，当损伤层较厚时应适当增加测点数。当构件的损伤层厚度不均匀时应适当增加测位数量。

③数据处理及判断

a. 求损伤和未损伤混凝土的回归直线方程

用各测点的声时值 t_i 和相应测距值 l_i 绘制“时—距”坐标图，如图 5-41 所示。由图可得到声速改变所形成的转折点，该点前、后分别表示损伤和未损伤混凝土的 l 与 t 相关直线。用回归分析方法分别求出损伤、未损伤混凝土 l 与 t 的回归直线方程：

损伤混凝土　　$$l_f = a_1 + b_1 \cdot t_f \tag{5-102}$$

未损伤混凝土　　$$l_a = a_2 + b_2 \cdot t_a \tag{5-103}$$

式中　l_f——拐点前各测点的测距（mm），对应于图中的 l_1、l_2、l_3；

t_f——对应于图中 l_1、l_2、l_3 的声时（μs）t_1、t_2、t_3；

l_a——拐点后各测点的测距（mm），对应于图中的 l_4、l_5、l_6；

t_a——对应于测距 l_4、l_5、l_6 的声时（μs）t_4、t_5、t_6；

a_1、b_1、a_2、b_2——回归系数，即图中损伤和未损伤混凝土直线的截距和斜率。

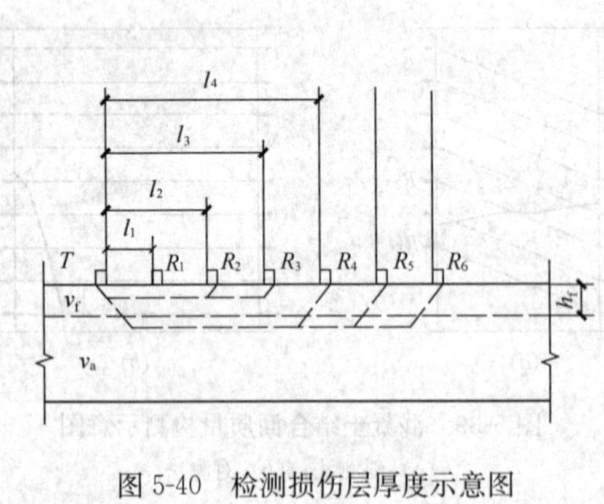

图 5-40　检测损伤层厚度示意图

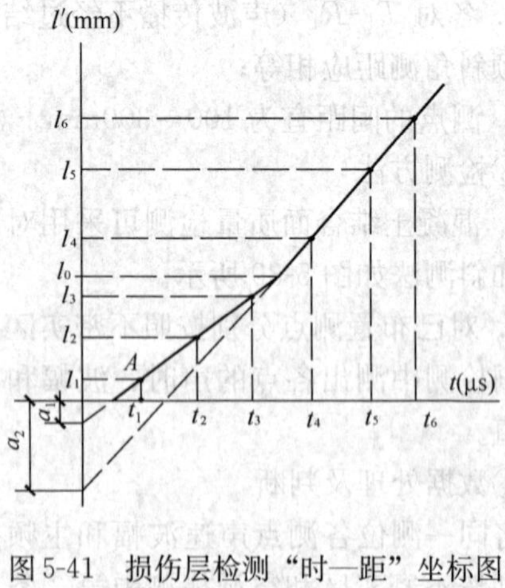

图 5-41　损伤层检测“时—距”坐标图

b. 损伤层厚度应按下式计算：

$$l_0 = \frac{a_1 b_2 - a_2 b_1}{b_2 - b_1} \tag{5-104}$$

$$h_f = \frac{l_0\sqrt{\frac{b_2 - b_1}{b_2 + b_1}}}{2} \tag{5-105}$$

式中 h_f——损伤层厚度（mm）；

l_0——拐点的测距（mm）。

5）灌注桩混凝土缺陷检测

适用于桩径（或边长）不小于 0.6m 的灌注桩桩身混凝土缺陷。

①埋设超声检测管

a. 根据桩径大小预埋超声检测管，桩径为 0.6～1.0m 时宜埋 2 根管；桩径为 1.0～2.5m 时宜埋 3 根管，按等边三角形布置；桩径为 2.5m 以上时宜埋 4 根管，按正方形布置；声测管之间应保持平行，如图 5-42 所示。

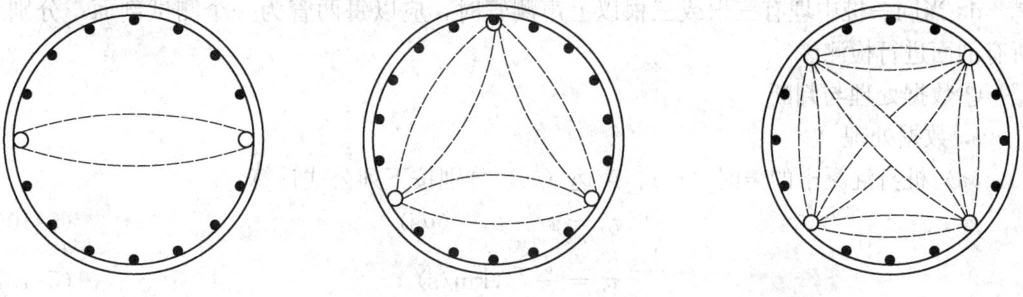

(a) (b) (c)

图 5-42 声测管埋设示意图

(a) 双管；(b) 三管；(c) 四管

b. 声测管宜采用钢管，对于桩身长度小于 15m 的短桩，可用硬质塑料管。管的内径宜为 35～50mm，各段声测管宜用外加套管连接并保持通直，管的下端应封闭，上端应加塞子。

c. 声测管的埋设深度应与灌注桩的底部齐平，管的上端应高于桩顶表面 300～500mm，同一根桩的声测管外露高度宜相同。

d. 声测管应牢靠固定在钢筋笼内侧。对于钢管，每 2m 间距设一个固定点，直接焊在架立筋上；对于 PVC 管，每 1m 间距设一固定点，应牢固绑扎在架立筋上。对于无钢筋笼的部位，声测管可用钢筋支架固定。

②桩检测

a. 首先向管内注满清水，采用一段直径略大于换能器的圆钢作疏通吊锤，逐根检查声测管的畅通情况及实际深度，用钢卷尺测量同根桩顶各声测管之间的净距离。

b. 根据桩径大小选择合适频率的换能器和仪器参数，一经选定在同批桩的检测过程中不得随意改变。将 T、R 换能器分别置于两个声测孔的顶部或底部，以同一高度或相差一定高度等距离同步移动，逐点测读声学参数并记录换能器所处深度，检测过程中应经常校核换能器所处高度。

c. 测点间距宜为 200～500mm。普测后对数据可疑的部位应进行复测或加密检测。采用如图 5-43 所示的对测斜测交叉斜测及扇形扫测等方法确定缺陷的位置和范围。

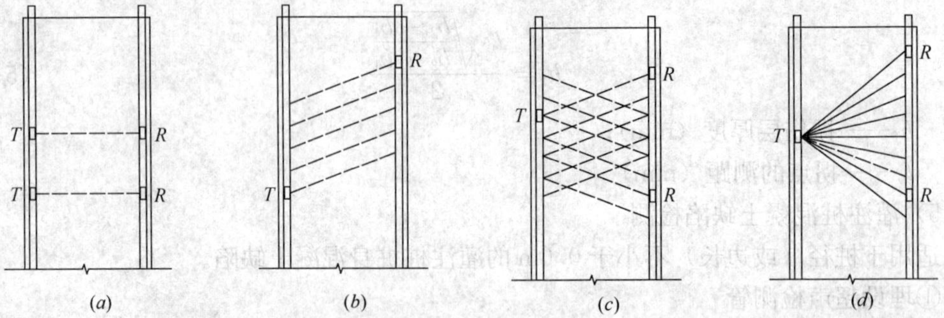

图 5-43　灌注桩超声测试方法示意图

(a) 对测；(b) 斜测；(c) 交叉斜测；(d) 扇形扫描测

d. 当同一桩中埋有三根或三根以上声测管时，应以每两管为一个测试剖面，分别对所有剖面进行检测。

③数据处理与判断

a. 数据处理

(a) 桩身混凝土的声时（t_{ci}）、声速（v_i）分别按下列公式计算：

$$t_{ci} = t_i - t_{\infty} \quad (\mu s) \tag{5-106}$$

$$v_i = \frac{l_i}{t_{ci}} \quad (km/s) \tag{5-107}$$

式中　t_{∞}——声时初读数（μs），按径向振动式换能器声时初读数测量；

t_i——测点 i 的测读声时值（μs）；

l_i——测点 i 处二根声测管内边缘之间的距离（mm）。

(b) 主频（f_i）：数字式超声仪直接读取；模拟式超声仪应根据首波周期按下式计算：

$$f_i = \frac{1000}{T_{bi}} \quad (kHz) \tag{5-108}$$

式中　T_{bi}——测点 i 的首波周期（μs）。

b. 桩身混凝土缺陷可疑点判断方法

(a) 概率法：将同一桩同一剖面的声速、波幅、主频按本节第 4 条进行计算和异常值判别。当某一测点的一个或多个声学参数被判为异常值时，即为存在缺陷的可疑点。

(b) 斜率法：用声时 t_c—深度（h）曲线相邻测点的斜率 K 和相邻两点声时差值 Δt 的乘积 Z，绘制 Z-h 曲线，根据 Z-h 曲线的突变位置，并结合波幅值的变化情况可判定存在缺陷的可疑点或可疑区域的边界。

$$K = \frac{t_i - t_{i-1}}{d_i - d_{i-1}} \tag{5-109}$$

$$Z = K \cdot \Delta t = \frac{(t_i - t_{i-1})^2}{d_i - d_{i-1}} \tag{5-110}$$

式中　$t_i - t_{i-1}$、$d_i - d_{i-1}$——分别代表相邻两测点的声时差和深度差。

(c) 结合判断方法绘制相应声学参数—深度曲线，根据可疑测点的分布及其数值大小综合分析判断缺陷的位置和范围。

(d) 当需用声速评价一个桩的混凝土质量匀质性时，可分别按下列各式计算测点混凝土声速值（v_i）和声速的平均值（m_v）、标准差（s_v）及离差系数（C_v）。根据声速的离差系数可评价灌注桩混凝土匀质性的优劣。

$$v_i=\frac{l_i}{t_{ci}} \tag{5-111}$$

$$m_v=\frac{1}{n}\sum v_i \tag{5-112}$$

$$s_v=\sqrt{\frac{\sum v_i^2-n\times m_v^2}{n-1}} \tag{5-113}$$

$$C_v=\frac{s_v}{m_v} \tag{5-114}$$

式中 v_i——第 i 点混凝土声速值（km/s）；

l_i——第 i 点测距值；

t_{ci}——第 i 点的混凝土声时值（μs）；

n——测点数。

（e）桩身完整性评价见表 5-35。

桩身完整性评价 表 5-35

类别	缺陷特征	完整性评定结果
Ⅰ	无缺陷	完整，合格
Ⅱ	局部小缺陷	基本完整，合格
Ⅲ	局部严重缺陷	局部不完整，不合格，经工程处理后可使用
Ⅳ	断桩等严重缺陷	严重不完整，不合格，报废或通过验证确定是否加固使用

6）钢管混凝土缺陷检测

适用于管壁与混凝土粘结良好的钢管混凝土缺陷检测。检测过程中应注意防止首波信号经由钢管壁传播，所用钢管的外表面应光洁无严重锈蚀。

①检测方法

a. 钢管混凝土检测采用径向对测的方法，如图 5-44 所示。

b. 选择钢管与混凝土粘结良好的部位布置测点，布置测点时，先测量钢管实际周长再将圆周等分，在钢管测试部位画出若干根母线和等间距的环向线，线间距宜为 150～300mm。

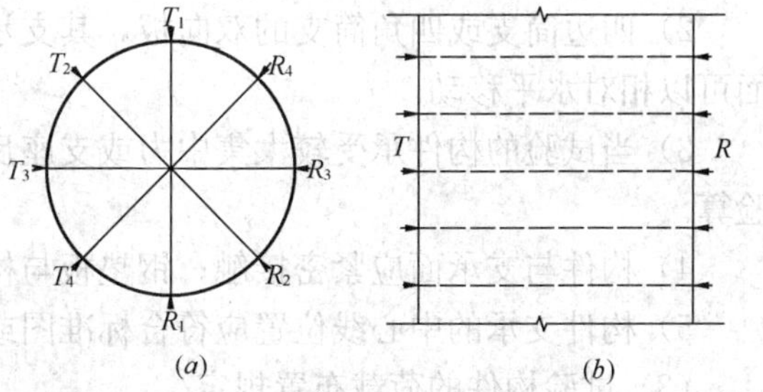

图 5-44 钢管混凝土检测示意图

（a）平面图；（b）立面图

c. 检测时可先做径向对测，在钢管混凝土每一环线上保持 T、R 换能器连线通过圆心，沿环向测试，逐点读取声时、波幅和主频。

②数据处理与判断

同一测距的声时、波幅和频率应按本节 4 条进行统计计算及异常值判别。当同一测位的测试数据离散性较大或数据较少时，可将怀疑部位的声速、波幅、主频与相同直径钢管混凝土的质量正常部位的声学参数相比较，综合分析判断所测部位的内部质量。

5.2.7 预制构件结构性能检验

预制构件应按标准图或设计要求的试验参数及检验指标进行结构性能检验。检验内容：钢筋混凝土构件和允许出现裂缝的预应力混凝土构件进行承载力、挠度和裂缝宽度检验；不允许出现裂缝的预应力混凝土构件进行承载力、挠度和抗裂检验；预应力混凝土构件中的非预应力杆件按钢筋混凝土构件的要求进行检验。对设计成熟、生产数量较少的大型构件，当采取加强材料和制作质量检验的措施时，可仅做挠度、抗裂或裂缝宽度检验。

1. 检验设备及辅助工具

检验应有试验机、荷重块、千斤顶、百分表、位移传感器、水平仪等设备仪器，试验用的加荷设备及量测仪表应预先进行标定和校准。

2. 取样规则

对成批生产的构件，应按同一工艺正常生产的不超过 1000 件且不超过 3 个月的同类型产品为一批。当连续检验 10 批且每批的结构性能检验结果均符合本规范规定的要求时，对同一工艺正常生产的构件，可改为不超过 2000 件且不超过 3 个月的同类型产品为一批。在每批中应随机抽取一个构件作为试件进行检验。

3. 检验条件

(1) 预制构件结构性能试验条件

1) 构件应在 0℃以上的温度中进行试验。

2) 蒸汽养护后的构件应在冷却至常温后进行试验。

3) 构件在试验前应量测其实际尺寸，并检查构件表面，所有的缺陷和裂缝应在构件上标出。

(2) 试验构件的支承方式规定

1) 板、梁和桁架等简支构件，试验时应一端采用铰支承，另一端采用滚动支承。铰支承可采用角钢、半圆型钢或焊于钢板上的圆钢，滚动支承可采用圆钢。

2) 四边简支或四角简支的双向板，其支承方式应保证支承处构件能自由转动，支承面可以相对水平移动。

3) 当试验的构件承受较大集中力或支座反力时，应对支承部分进行局部受压承载力验算。

4) 构件与支承面应紧密接触；钢垫板与构件、钢垫板与支墩间，宜铺砂浆垫平。

5) 构件支承的中心线位置应符合标准图或设计的要求。

(3) 试验构件的荷载布置规定

1) 构件的试验荷载布置应符合标准图或设计的要求。

2) 当试验荷载布置不能完全与标准图或设计的要求相符时，应按荷载效应等效的原则换算，即使构件试验的内力图形与设计的内力图形相似，并使控制截面上的内力值相等，但应考虑荷载布置改变后对构件其他部位的不利影响。

4. 检验

(1) 加载方法

加载方法应根据标准图或设计的加载要求、构件类型及设备条件等进行选择。当按不同形式荷载组合进行加载试验（包括均布荷载、集中荷载、水平荷载和竖向荷载等）时，各种荷载应按比例增加。

1）荷重块加载

荷重块加载适用于均布加载试验。荷重块应按区格成垛堆放，垛与垛之间间隙不宜小于50mm。

2）千斤顶加载

千斤顶加载适用于集中加载试验。千斤顶加载时，可采用分配梁系统实现多点集中加载。千斤顶的加载值宜采用荷载传感器量测，也可采用油压表量测。

3）梁或桁架可采用水平对顶加载方法，此时构件应垫平且不应妨碍构件在水平方向的位移。梁也可采用竖直对顶的加载方法。

4）当屋架仅做挠度、抗裂或裂缝宽度检验时，可将两榀屋架并列，安放屋面板后进行加载试验。

5）构件应分级加载。当荷载小于荷载标准值时，每级荷载不应大于荷载标准值的20%；当荷载大于荷载标准值时，每级荷载不应大于荷载标准值的10%；当荷载接近抗裂检验荷载值时，每级荷载不应大于荷载标准值的5%；当荷载接近承载力检验荷载值时，每级荷载不应大于承载力检验荷载设计值的5%。对仅做挠度、抗裂或裂缝宽度检验的构件应分级卸载。作用在构件上的试验设备重量及构件自重应作为第一次加载的一部分。构件在试验前，宜进行预压，以检查试验装置的工作是否正常，同时应防止构件因预压而产生裂缝。

6）每级加载完成后，应持续10～15min；在荷载标准值作用下，应持续30min。在持续时间内，应观察裂缝的出现和开展，以及钢筋有无滑移等；在持续时间结束时，应观察并记录各项读数。

（2）预制构件承载力检验

1）当按现行国家标准《混凝土结构设计规范》（GB 50010）的规定进行检验时，应符合下列公式的要求：

$$\gamma_u^0 \geqslant \gamma_0 [\gamma_u] \tag{5-115}$$

式中 γ_u^0——构件的承载力检验系数实测值，即试件的荷载实测值与荷载设计值（均包括自重）的比值；

γ_0——结构重要性系数，按设计要求确定，当无专门要求时取1.0；

$[\gamma_u]$——构件的承载力检验系数允许值，按表5-36中取用。

构件的承载力检验系数允许值 **表5-36**

<table>
<tr><th>受力情况</th><th colspan="2">达到承载能力极限状态的检验标志</th><th>[γ_u]</th></tr>
<tr><td rowspan="5">轴心受拉、偏心受拉、受弯、大偏心受压</td><td rowspan="2">受拉主筋处的最大裂缝宽度达到1.5mm，或挠度达到跨度的1/50</td><td>热轧钢筋</td><td>1.20</td></tr>
<tr><td>钢丝、钢绞线、热处理钢筋</td><td>1.35</td></tr>
<tr><td rowspan="2">受压区混凝土破坏</td><td>热轧钢筋</td><td>1.30</td></tr>
<tr><td>钢丝、钢绞线、热处理钢筋</td><td>1.45</td></tr>
<tr><td colspan="2">受拉主筋拉断</td><td>1.50</td></tr>
<tr><td rowspan="2">受弯构件的受剪</td><td colspan="2">腹部斜裂缝达到1.5mm，或斜裂缝末端受压混凝土剪压破坏</td><td>1.40</td></tr>
<tr><td colspan="2">沿斜截面混凝土斜压破坏，受拉主筋在端部滑脱或其他锚固破坏</td><td>1.55</td></tr>
<tr><td>轴心受压、小偏心受压</td><td colspan="2">混凝土受压破坏</td><td>1.50</td></tr>
</table>

2）当按构件实配钢筋进行承载力检验时，应符合下列公式的要求：

$$\gamma_u^0 \geqslant \gamma_0 \eta [\gamma_u] \tag{5-116}$$

式中　η——构件承载力检验修正系数，根据现行国家标准《混凝土结构设计规范》（GB 50010）按实配钢筋的承载力计算确定。

承载力检验的荷载设计值是指承载能力极限状态下，根据构件设计控制截面上的内力设计值与构件检验的加载方式，经换算后确定的荷载值（包括自重）。

3）对构件进行承载力检验时，应加载至构件出现表5-36所列承载能力极限状态的检验标志。当在规定的荷载持续时间内出现上述检验标志之一时，应取本级荷载值与前一级荷载值的平均值作为其承载力检验荷载实测值；当在规定的荷载持续时间结束后出现上述检验标志之一时，应取本级荷载值作为其承载力检验荷载实测值。当受压构件采用试验机或千斤顶加载时，承载力检验荷载实测值应取构件直至破坏的整个试验过程中所达到的最大荷载值。

（3）预制构件的挠度检验

1）当按现行国家标准《混凝土结构设计规范》（GB 50010）规定的挠度允许值进行检验时，应符合下列公式的要求：

$$a_s^0 \leqslant [a_s] \tag{5-117}$$

$$[a_s] = \frac{M_k}{M_q(\theta - 1) + M_k}[a_f] \tag{5-118}$$

式中　a_s^0——在荷载标准值下的构件挠度实测值；

$[a_s]$——挠度检验允许值；

$[a_f]$——受弯构件的挠度限值，按现行国家标准《混凝土结构设计规范》（GB 50010）确定；

M_k——按荷载标准组合计算的弯矩值；

M_q——按荷载准永久组合计算的弯矩值；

θ——考虑荷载长期作用对挠度增大的影响系数，按现行国家标准《混凝土结构设计规范》（GB 50010）确定。

2）当按构件实配钢筋进行挠度检验或仅检验构件的挠度、抗裂或裂缝宽度时，应符合下列公式的要求：

$$a_s^0 \leqslant 1.2 a_s^c \tag{5-119}$$

同时，还应符合公式 $a_s^0 \leqslant [a_s]$ 的要求。

式中　a_s^0——在荷载标准值下的构件挠度实测值；

$[a_s]$——挠度检验允许值；

a_s^c——在荷载标准值下按实配钢筋确定的构件挠度计算值，按现行国家标准《凝土结构设计规范》（GB 50010）确定。

3）构件挠度检验：

①构件挠度可用百分表、位移传感器、水平仪等进行观测。接近破坏阶段的挠度，可用水平仪或拉线、钢尺等测量。

②试验时，应量测构件跨中位移和支座沉陷。对宽度较大的构件，应在每一量测截面的两边或两肋布置测点，并取其量测结果的平均值作为该处的位移。

③当试验荷载竖直向下作用时，对水平放置的试件，在各级荷载下的跨中挠度实测值应按下列公式计算：

$$a_t^0 = a_q^0 + a_g^0 \tag{5-120}$$

$$a_q^0 = v_m^0 - \frac{1}{2}(v_l^0 + v_r^0) \tag{5-121}$$

$$a_g^0 = \frac{M_g}{M_b} a_b^0 \tag{5-122}$$

式中 a_t^0——全部荷载作用下构件跨中的挠度实测值（mm）；

a_q^0——外加试验荷载作用下构件跨中的挠度实测值（mm）；

a_g^0——构件自重及加荷设备重产生的跨中挠度值（mm）；

v_m^0——外加试验荷载作用下构件跨中的位移实测值（mm）；

v_l^0、v_r^0——外加试验荷载作用下构件左、右端支座沉陷位移的实测值（mm）；

M_g——构件自重和加荷设备重产生的跨中弯矩值（kN·m）；

M_b——从外加试验荷载开始至构件出现裂缝的前一级荷载为止的外加荷载产生的跨中弯矩值（kN·m）；

a_b^0——从外加试验荷载开始至构件出现裂缝的前一级荷载为止的外加荷载产生的跨中挠度实测值（mm）。

④当采用等效集中力加载模拟均布荷载进行试验时，挠度实测值应乘以修正系数 ψ。当采用三分点加载时 ψ 可取为 0.98；当采用其他形式集中力加载时，ψ 应经计算确定。

4）预制构件的抗裂和裂缝宽度检验：

①预制构件的抗裂检验应符合下列公式的要求：

$$\gamma_{cr}^0 \geqslant [\gamma_{cr}] \tag{5-123}$$

$$[\gamma_{cr}] = 0.95 \frac{\sigma_{pc} + \gamma f_{tk}}{\sigma_{ck}} \tag{5-124}$$

式中 γ_{cr}^0——构件的抗裂检验系数实测值，即试件的开裂荷载实测值与荷载标准值（均包括自重）的比值；

$[\gamma_{cr}]$——构件的抗裂检验系数允许值；

σ_{pc}——由预加力产生的构件抗拉边缘混凝土法向应力值，按现行国家标准《混凝土结构设计规范》（GB 50010）确定；

γ——混凝土构件截面抵抗矩塑性影响系数，按现行国家标准《混凝土结构设计规范》（GB 50010）计算确定；

f_{tk}——混凝土抗拉强度标准值；

σ_{ck}——由荷载标准值产生的构件抗拉边缘混凝土法向应力值，按现行国家标准《混凝土结构设计规范》（GB 50010）确定。

②预制构件的裂缝宽度检验应符合下列公式的要求：

$$\omega_{s\cdot max}^0 \leqslant [\omega_{max}] \tag{5-125}$$

式中 $\omega_{s\cdot max}^0$——在荷载标准值下，受拉主筋处的最大裂缝宽度实测值（mm）；

$[\omega_{max}]$——构件检验的最大裂缝宽度允许值，按表 5-37 取用。

构件检验的最大裂缝宽度允许值（mm） 表 5-37

设计要求的最大裂缝宽度限值	0.2	0.3	0.4
$[\omega_{max}]$	0.15	0.20	0.25

③试验中裂缝的观测

a. 观察裂缝出现可采用放大镜。若试验中未能及时观察到正截面裂缝的出现，可取荷载——挠度曲线上的转折点（曲线第一弯转段两端点切线的交点）的荷载值作为构件的开裂荷载实测值；

b. 构件抗裂检验中，当在规定的荷载持续时间内出现裂缝时，应取本级荷载值与前一级荷载值的平均值作为其开裂荷载实测值；当在规定的荷载持续时间结束后出现裂缝时，应取本级荷载值作为其开裂荷载实测值；

c. 裂缝宽度可采用精度为0.05mm的刻度放大镜等仪器进行观测；

d. 对正截面裂缝，应量测受拉主筋处的最大裂缝宽度；对斜截面裂缝，应量测腹部斜裂缝的最大裂缝宽度。确定受弯构件受拉主筋处的裂缝宽度时，应在构件侧面量测。

5.2.8 混凝土中钢筋检测

混凝土中钢筋检测包括钢筋间距和保护层厚度检测、钢筋直径检测、钢筋锈蚀性状检测。

5.2.8.1 钢筋间距和保护层厚度检测

钢筋间距和保护层厚度检测有钢筋探测仪检测和雷达仪检测两种方法，适用于普通混凝土结构或构件，不适用于含有铁磁性物质的混凝土检测。根据钢筋设计资料确定检测区域内钢筋分布，选择适当的检测面。检测面为原状混凝土面应清洁、平整，并应避开金属预埋件。对于辅助检测验证时，钻孔、剔凿不得损坏钢筋，实测应采用游标卡尺，量测精度应为0.1mm。

1. 检测设备及辅助工具

检测应有钢筋探测仪和雷达仪，应在标准有效期内，检测前应采用标准试件进行校准。

2. 取样规则

(1) 钢筋保护层厚度检验的结构部位，应由监理（建设）、施工等各方根据结构构件的重要性共同选定；

(2) 对梁类、板类构件，应各抽取构件数量的2%且不少于5个构件进行检验；当有悬挑构件时，抽取的构件中悬挑梁类、板类构件所占比例均不宜小于50%。

(3) 对选定的梁类构件，应对全部纵向受力钢筋的保护层厚度进行检验；对选定的板类构件，应抽取不少于6根纵向受力钢筋的保护层厚度进行检验。对每根钢筋，应在有代表性的部位测量1点。

3. 钢筋间距和保护层厚度的检验

钢筋间距和保护层厚度的检验可采用钢筋探测仪和雷达仪检测，所使用的检测仪器应经过计量检验，检测操作应符合相应规程的规定。当混凝土保护层厚度为10～50mm时，钢筋保护层厚度检测的允许误差为±1mm，钢筋间距检测的允许误差为±3mm。

(1) 钢筋探测仪检测

1) 检测前要求：

应对钢筋探测仪进行预热和调零，调零时探头应远离金属物体。在检测过程中，应检查钢筋探测仪的零点状态。应避开钢筋接头和绑丝，钢筋间距应满足钢筋探测仪的检测要求，探头在检测面上移动，直到钢筋探测仪保护层厚度示值最小，此时探头中心线与钢筋轴线应重合，在相应位置做好标记。应将检测范围内的设计间距相同的连续相邻钢筋逐一标出，并应逐个量测钢筋的间距。

2) 混凝土保护层厚度的检测：

①首先应设定钢筋探测仪量程范围及钢筋公称直径，沿被测钢筋轴线选择相邻钢筋影响较小的位置，并应避开钢筋接头和绑丝，读取第1次检测的混凝土保护层厚度检测值。在被测钢筋的同一位置应重复检测1次，读取第2次检测的混凝土保护层厚度检测值。

②当同一处读取的2个混凝土保护层厚度检测值相差大于1mm时，该组检测数据应无效，并查明原因，在该处应重新进行检测。仍不满足要求时，应更换钢筋探测仪或采用钻孔、剔凿的方法验证。

③当实际混凝土保护层厚度小于钢筋探测仪最小示值时，应采用在探头下附加垫块的方法进行检测。垫块对钢筋探测仪检测结果不应产生干扰，表面应光滑平整，其各方向厚度值偏差不应大于0.1mm。所加垫块厚度在计算时应予扣除。

④当遇到下列情况之一时，应选取不少于30%的已测钢筋，且不应少于6处（但实际检测数量小于6处时应全部选取），采用钻孔、剔凿等方法验证：

a. 认为相邻钢筋对检测结果有影响；

b. 钢筋公称直径未知或有异议；

c. 钢筋实际根数、位置与设计有较大偏差；

d. 钢筋以及混凝土材质与校准试件有显著差异。

(2) 雷达仪检测

1) 雷达法宜用于结构及构件中钢筋间距的大面积扫描检测；当检测精度满足要求时，可用于钢筋的混凝土保护层厚度检测。

2) 根据被测结构及构件中钢筋的排列方向，雷达仪探头或天线应沿垂直于选定被测钢筋轴线方向扫描，应根据钢筋的反射波位置来确定钢筋间距和混凝土保护层厚度检测值。

3) 当遇到下列情况之一时，应选取不少于30%的已测钢筋，且不应少于6处（但实际检测数量小于6处时应全部选取），采用钻孔、剔凿等方法验证：

①认为相邻钢筋对检测结果有影响；

②钢筋实际根数、位置与设计有较大偏差或无资料可供参考；

③混凝土含水率较高；

④钢筋以及混凝土材质与校准试件有显著差异。

4. 检测数据处理

(1) 钢筋的混凝土保护层厚度平均检测值应按下式计算：

$$c_{m,i}^{t}=\frac{c_1^t+c_2^t+2c_c-2c_0}{2} \tag{5-126}$$

式中　$c_{m,i}^{t}$——第 i 测点混凝土保护层厚度平均检测值，精确至1mm；

c_1^t、c_2^t——第1、2次检测的混凝土保护层厚度检测值，精确至1mm；

c_c——混凝土保护层厚度修正值，为同一规格钢筋的混凝土保护层厚度实测验证值，精确至0.1mm；

c_0——探头垫块厚度，精确至0.1mm；不加垫块时，$c_0=0$。

(2) 检测钢筋间距时，可根据实际需要采用绘图方式给出结果。当同一构件检测钢筋不少于7根钢筋（6个间隔）时，也可给出被测钢筋的最大间距、最小间距，并按下式计算钢筋平均间距：

$$s_{m,i}=\frac{1}{n}\sum_{i=1}^{n}s_i \tag{5-127}$$

式中　$s_{m,i}$——钢筋平均间距，精确至1mm；

n——钢筋间隔数；

s_i——第 i 个钢筋间距，精确至1mm。

5. 钢筋保护层验收

(1) 对梁类、板类构件纵向受力钢筋的保护层厚度应分别进行验收。

(2) 结构实体钢筋保护层厚度验收合格应符合下列规定：

1) 当全部钢筋保护层厚度检验的合格点率为90%及以上时，钢筋保护层厚度的检验结果应判为合格；

2) 当全部钢筋保护层厚度检验的合格点率小于90%但不小于80%，可再抽取相同数量的构件进行检验；当按两次抽样总和计算的合格点率为90%及以上时，钢筋保护层厚度的检验结果仍应判为合格；

3) 每次抽样检验结果中不合格点的最大偏差均不应大于允许偏差（纵向受力钢筋保护层厚度的允许偏差，对梁类构件为+10mm，−7mm；对板类构件为+8mm，−5mm。）的1.5倍。

5.2.8.2　钢筋直径检测

应采用以数字显示示值的钢筋探测仪来检测钢筋公称直径。对于校准试件，钢筋探测仪对钢筋公称直径的检测允许误差为±1mm。当检测误差不能满足要求时，应以剔凿实测结果为准。

1. 检测设备及辅助工具

钢筋探测仪的操作应按5.2.8.1中的钢筋探测仪检测要求进行。

2. 取样规则

钢筋的公称直径检测应采用钢筋探测仪检测并结合钻孔、剔凿的方法进行，钢筋钻孔、剔凿的数量不应少于该规格已测钢筋的30%且不应少于3处（当实际检测数量不到3处时应全部选取）。钻孔、剔凿时，不得损坏钢筋，实际应采用游标卡尺，量测精度应为0.1mm。

3. 钢筋直径检测

(1) 实测时，根据游标卡尺的测量结果，可通过相关的钢筋产品标准查出对应的钢筋公称直径。

(2) 当钢筋探测仪测得的钢筋公称直径与钢筋实际公称直径之差大于 1mm 时，应以实测结果为准。

(3) 应根据设计图纸等资料，确定被测结构及构件中钢筋的排列方向，并采用钢筋探测仪对被测结构及构件中钢筋及其相邻钢筋进行准确定位并做标记。

(4) 被测钢筋与相邻钢筋的间距应大于 100mm，且其周边的其他钢筋不应影响检测结果，并应避开钢筋接头及绑丝。在定位的标记上，应根据钢筋探测仪的使用说明书操作，并记录钢筋探测仪显示的钢筋公称直径。每根钢筋重复检测 2 次，第 2 次检测时探头应旋转 180°，每次读数必须一致。

(5) 对需依据钢筋混凝土保护层厚度值来检测钢筋公称直径的仪器，应事先钻孔确定钢筋的混凝土保护层厚度。

5.2.8.3 钢筋锈蚀性状检测

适用于采用半电池电位法来定性评估混凝土结构及构件中钢筋的锈蚀性状，不适用于带涂层的钢筋以及混凝土已饱水和接近饱水的构件检测。钢筋的实际锈蚀状况宜进行剔凿实测验证。

1. 检测设备及辅助工具

检测设备应有钢筋锈蚀检测仪、钢筋探测仪、钢丝刷及砂轮等。

2. 取样规则

在混凝土结构及构件上可布置若干测区，测区面积不宜大于 5m×5m，并应按确定的位置编号。每个测区应采用矩阵式（行、列）布置测点，依据被测结构及构件的尺寸，宜用 100mm×100mm～500mm×500mm 划分网格，网格的节点应为电位测点。

3. 钢筋半电池电位检测

(1) 当测区混凝土有绝缘涂层介质隔离时，应清除绝缘涂层介质。测点处混凝土表面应平整、清洁。必要时应采用砂轮或钢丝刷打磨，并应将粉尘等杂物清除。

(2) 导线与钢筋的连接应按下列步骤进行：

1) 采用钢筋探测仪检测钢筋的分布情况，并应在适当位置剔凿出钢筋；

2) 导线一端应接于电压仪的负输入端，另一端应接于混凝土中钢筋上；

3) 连接处的钢筋表面应除锈或清除污物，并保证导线与钢筋有效连接；

4) 测区内的钢筋（钢筋网）必须与连接点的钢筋形成电通路。

(3) 导线与半电池的连接应按下列步骤进行：

1) 连接前应检查各种接口，接触应良好；

2) 导线一端应连接到半电池接线插头上，另一端应连接到电压仪的正输入端。

(4) 测区混凝土应预先充分浸湿。可在饮用水中加入适量（约 2%）家用液态洗涤剂配制成导电溶液，在测区混凝土表面喷洒，半电池的电连接垫与混凝土表面测点应有良好的耦合。

(5) 半电池检测系统稳定性应符合下列要求：

1) 在同一测点，用相同半电池重复 2 次测得该点的电位差值应小于 10mV；

2) 在同一测点，用两只不同的半电池重复 2 次测得该点的电位差值应小于 20mV。

(6) 半电池电位的检测应按下列步骤进行：

1）测量并记录环境温度；

2）应按测区编号，将半电池依次放在各电位测点上，检测并记录各测点的电位值；

3）检测时，应及时清除电连接垫表面的吸附物，半电池多孔塞与混凝土表面应形成电通路；

4）在水平方向和垂直方向上检测时，应保证半电池刚性管中的饱和硫酸铜溶液同时与多孔塞和铜棒保持完全接触；

5）检测时应避免外界各种因素产生的电流影响。

（7）当检测环境温度在（22±5)℃之外时，应按下列公式对测点的电位值进行温度修正：

当 $T\geqslant 27℃$：

$$V=0.9\times(T-27.0)+V_{R} \tag{5-128}$$

当 $T\leqslant 17℃$：

$$V=0.9\times(T-17.0)+V_{R} \tag{5-129}$$

式中　V——温度修正后电位值，精确至 1mV；

V_R——温度修正前电位值，精确至 1mV；

T——检测环境温度，精确至 1℃；

0.9——系数（mV/℃）。

4. 半电池电位法检测结果评判

（1）半电池电位检测结果可采用电位等值线图表示被测结构及构件中钢筋的锈蚀性状。

（2）宜按合适比例在结构及构件涂上标出各测点的半电池电位值，可通过数值相等的各点或内插等值的各点绘出电位等值线。电位等值线的最大间隔宜为 100mV。

（3）当采用半电池电位值评价钢筋锈蚀性状时，应根据表 5-38 进行判断。

半电池电位值评价钢筋锈蚀性状的判据　　**表 5-38**

电位水平（mV）	钢筋锈蚀性状
＞−200	不发生锈蚀的概率＞90％
−200～−350	锈蚀性状不确定
＜−350	发生锈蚀的概率＞90％

5.2.9　钢　结　构

5.2.9.1　成品、半成品进场检验

1. 钢材

钢结构工程所用的所有钢材品种、规格、性能等应符合现行国家产品标准和设计要求。进口钢材产品的质量应符合设计和合同规定标准的要求。进场应检查其质量合格证明文件、中文标志及检验报告等。而对下类情况之一的钢材，应进行抽样复验，其复验结果应符合现行国家产品标准和设计要求。

（1）国外进口钢材；

(2) 钢材混批；

(3) 板厚等于或大于 40mm，且设计有 Z 向性能要求的厚板；

(4) 建筑结构安全等级为一级，大跨度钢结构中主要受力构件所采用的钢材；

(5) 设计有复验要求的钢材；

(6) 对质量有疑义的钢材。

2. 焊接材料

钢结构所用焊接材料的品种、规格、性能等应符合现行国家产品标准和设计要求。进场应检查其质量合格证明文件、中文标志及检验报告等。重要钢结构采用的焊接材料应进行抽样复验，复验结果应符合现行国家产品标准和设计要求。

焊钉及焊接瓷环的规格、尺寸及偏差应符合《电弧螺柱焊用圆柱头焊钉》(GB/T 10433) 中的规定。焊钉机械性能试验按《紧固件机械性能　螺栓、螺钉和螺柱》(GB/T 3098.1) 进行；焊接性能按《电弧螺柱焊用圆柱头焊钉》(GB/T 10433) 附录 A 进行。按量抽查 1%，且不应少于 10 套。

3. 连接用紧固标准件

钢结构连接用高强度大六角头螺栓连接副、扭剪型高强度螺栓连接副、钢网架用高强度螺栓、普通螺栓、铆钉、自攻钉、拉铆钉、射钉、锚栓 (机械型和化学试剂型)、地角锚栓等紧固标准件及螺母、垫圈等标准配件，其品种、规格、性能等应符合现行国家产品标准和设计要求。高强度大六角头螺栓连接副和扭剪型高强度螺栓连接副出厂时应分别随箱带有扭矩系数和紧固轴力 (预拉力) 的检验报告，并进行进场复验。高强度大六角头螺栓连接副的扭矩系数检测应参照《钢结构用高强度大六角头螺栓、大六角母、垫圈技术条件》(GB/T1231) 进行；扭剪型高强度螺栓连接副的紧固轴力 (预拉力) 检测应参照《钢结构用扭剪型高强度螺栓连接副》(GB/T 3632) 进行。二者均应按批抽取 8 套。每批高强度螺栓连接副最大数量均为 3000 套。

对建筑结构安全等级为一级，跨度 40m 及以上的螺栓球节点钢网架结构，其连接高强度螺栓应进行表面硬度试验。硬度试验应参照《金属洛氏硬度试验　第 1 部分：试验方法》(GB/T 230.1) 进行，每种规格抽取 8 只进行检测。

5.2.9.2　焊接质量无损检测

1. 一般规定

(1) 钢结构焊后检查包括外观检查和焊缝内部缺陷的检查。外观检查主要采用目视检查 (VT)(借助直尺、焊缝检测尺、放大镜等)，辅以磁粉探伤 (MT)、渗透探伤 (PT) 检查表面和近表面缺陷。内部缺陷的检查主要采用射线探伤 (RT) 和超声波探伤 (UT)。不管运用何种探伤方法，都应经外观检查合格后进行。

(2) 碳素结构钢应在焊缝冷却到环境温度、低合金结构钢应在完成焊接 24h 以后，进行焊缝探伤检验。

(3) 设计要求全焊透的一、二级焊缝应采用超声波探伤进行内部缺陷的检验，超声波探伤不能对缺陷作出判断时，应采用射线探伤，其内部缺陷分级及探伤方法应符合现行国家标准《钢焊缝手工超声波探伤方法和探伤结果分级》(GB 11345) 或《金属熔化焊焊接接头射线照相》(GB/T 3323) 的规定。

(4) 焊接球节点网架焊缝、螺栓球节点网架焊缝及圆管 T、K、Y 形点相贯线焊缝，其内部缺陷分级及探伤方法应分别符合国家现行标准《钢结构超声波探伤及质量分级法》(JG/T 203)、《建筑钢结构焊接技术规程》(JGJ 81) 的规定。

一级、二级焊缝的质量等级及缺陷分级应符合表 5-39 的规定。

一级、二级焊缝质量等级及缺陷分级表　　表 5-39

焊缝质量等级		一　级	二　级
内部缺陷超声波探伤	评定等级	Ⅱ	Ⅲ
	检验等级	B 级	B 级
	探伤比例	100%	20%
内部缺陷射线探伤	评定等级	Ⅱ	Ⅲ
	检验等级	AB 级	AB 级
	探伤比例	100%	20%

注：探伤比例的计数方法应按以下原则确定：

1. 对工厂制作焊缝，应按每条焊缝计算百分比，且探伤长度应不小于 200mm，当焊缝长度不足 200mm 时，应对整条焊缝进行探伤；
2. 对现场安装焊缝，应按同一类型、同一施焊条件的焊缝条数计，算百分比，探伤长度应不小于 200mm，并应不少于 1 条焊缝。

2. 外观检查

外观检查主要包括目视检查（VT）、磁粉探伤（MT）和渗透探伤（PT）三种方法。

(1) 目视检查（VT）

直接目视检测时，眼睛与被测工件表面的距离不得大于 610mm，视线与被测工件表面所成的视角不得小于 30°。被测工件表面应有足够的照明，一般情况下光照度不得低于 160lx；对细小缺陷进行鉴别时，光照度不得低于 540lx。

1) 检测设备及辅助工具

对细小缺陷进行鉴别时，可使用 2～10 倍的放大镜。

2) 现场检测

检测人员在目视检测前，应了解工程施工图纸和有关标准，熟悉工艺规程，提出目视检测的内容和要求。焊前目视检测的内容包括焊缝剖口形式、剖口尺寸、组装间隙；焊后目视检测的内容包括焊缝长度、焊缝外观质量。对于焊接外观质量的目视检测，应在焊缝清理完毕后进行，焊缝及焊缝附近区域不得有焊渣及飞溅物。

3) 检测结果的评价

钢材表面的外观质量应符合国家现行有关标准的规定，表面不得有裂纹、折叠，钢材端边或断口处不应有分层、夹渣等缺陷。当钢材的表面有锈蚀、麻点或划伤等缺陷时，其深度不得大于该钢材厚度负偏差值的 1/2。焊缝剖口形式、剖口尺寸、组装间隙等应符合焊接工艺规程和相关技术标准的要求。焊缝表面不得有裂纹、焊瘤等缺陷。一级焊缝不允许有外观质量缺陷，二、三级焊缝外观质量应符合《钢结构工程施工质量验收规范》(GB 50205) 中附录 A 的要求。

(2) 磁粉探伤（PT）

磁粉探伤适用于铁磁性材料熔焊焊缝表面或近表面缺陷的检测。钢结构工程焊缝检测主要用磁粉探伤检测原材料的表面或近表面缺陷。

1）检测设备及辅助工具

检测需要磁粉探伤仪、灵敏度试片、黑光灯照射装置等设备。

2）现场检测

磁粉检测包括预处理、磁化（选择磁化方法和磁化规范）、施加磁粉或磁悬液、磁痕的观察与记录、缺陷评级、退磁和后处理等环节。

检测前，现场应首先完成预处理。预处理包括清除、打磨、分解、封堵、涂敷等。清除的范围应由焊缝向母材方向扩大 20mm。清除的对象应包括试件上所有影响检测结果的附着物。

预处理完成后，由检测人员对试件实施检测：包括磁化、施加磁粉或磁悬液、磁痕观察与记录、缺陷评级、退磁、后处理等。

3）检测结果的评价

磁粉探伤显示的缺陷磁痕可分为线型磁痕和圆形磁痕。根据缺陷磁痕类型、长度、间距等对检测到的缺陷进行分级，缺陷磁痕分级应符合表 5-40 的规定。裂纹缺陷直接评定为不合格。评定为不合格或超过要求质量等级的缺陷，在工艺条件允许情况下可以进行返修。返修后应进行复检，并重新进行质量评定。返修复检部位应在检测报告的检测结果中标明。

缺陷磁痕（迹痕）分级表　　表 5-40

质量评级		Ⅰ	Ⅱ	Ⅲ	Ⅳ
不考虑的最大缺陷显示磁痕（迹痕）（mm） 缺陷显示痕迹的类型及缺陷性质		不考虑的最大缺陷显示迹痕，mm			
		≤0.3	≤1	≤1.5	≤1.5
线型缺陷	裂纹	不允许	不允许	不允许	不允许
	未焊透		不允许	允许存在的单个缺陷显示迹痕长度≤0.16δ，且≤2.5mm；100mm 长度范围内允许存在的缺陷显示迹痕总长≤25mm	允许存在的单个缺陷显示迹痕长度≤0.2δ，且≤3.5mm；100mm 长度范围内允许存在的缺陷显示迹痕总长≤25mm
	夹渣或气孔		≤0.3δ，且≤4mm 相邻两缺陷显示迹痕的间距应不小于其中较大缺陷显示长度的 6 倍	≤0.3δ，且≤10mm 相邻两缺陷显示迹痕的间距应不小于其中较大缺陷显示长度的 6 倍	≤0.5δ，且≤20mm 相邻两缺陷显示迹痕的间距应不小于其中较大缺陷显示长度的 6 倍
圆形缺陷	夹渣或气孔		任意 50mm 焊缝长度范围内允许存在显示长度≤0.15δ，且≤2mm 的缺陷显示迹痕 2 个；缺陷显示迹痕的间距应不小于其中较大显示长度的 6 倍	任意 50mm 焊缝长度范围内允许存在显示长度≤0.3δ，且≤3mm 的缺陷显示迹痕 2 个；缺陷显示迹痕的间距应不小于其中较大显示长度的 6 倍	任意 50mm 焊缝长度范围内允许存在显示长度≤0.4δ，且≤4mm 的缺陷显示迹痕 2 个；缺陷显示迹痕的间距应不小于其中较大显示长度的 6 倍

注：δ 为焊缝母材的厚度。当焊缝两侧的母材厚度不相等时，取其中较小的厚度值作 δ。

(3) 渗透探伤（MT）

钢结构原材料表面开口性的缺陷和其他缺陷可采用渗透探伤进行检测。

1）检测设备及辅助工具

渗透检测需要渗透检测剂和试块。渗透检测剂指渗透剂、清洗剂、显像剂。试块指铝合金试块（A型对比试块）和不锈钢镀铬试块（B型灵敏度试块），其技术要求应分别符合《无损检测—渗透检查A型对比试块》（JB/T 9213）和《渗透探伤用镀铬试块技术条件》（JB/T 6064）规定。

2）现场检测

渗透检测包括清理、清洗、施加渗透剂、清除多余渗透剂、干燥、施加显像剂、观察评定、复验、后处理等步骤。

渗透检测前应清除检测面上有碍渗透检测的附着物，如铁锈、氧化皮、焊接飞溅、铁刺以及各种涂覆保护层。可采用机械砂轮打磨和钢丝刷，不允许用喷砂、喷丸等可能封闭表面开口缺陷的方法。清理范围应从检测部位边缘向外扩展30mm。检测面的表面粗糙度$R_a \leqslant 12.5\mu m$，非机械加工面的粗糙度可适当放宽，但不得影响检测结果。

3）检测结果的评价

渗透检测结果的评价参照磁粉检测结果的评价执行。

3. 内部缺陷的检查

内部缺陷的检查主要包括超声波探伤（UT）和射线探伤（RT）。

(1) 超声波探伤（UT）

1）一般规定

钢结构焊缝超声波探伤主要参照《钢焊缝手工超声波探伤方法和探伤结果分级》（GB 11345）进行。《钢焊缝手工超声波探伤方法和探伤结果分级》（GB 11345）主要适用于母材厚度不小于8mm、曲率半径不小于160mm的铁素体钢全焊透熔化焊对接焊缝A型脉冲反射式手工超声波检验。

焊接球节点网架焊缝、螺栓球节点网架焊缝及圆管T、K、Y形点相贯线焊缝，其内部缺陷分级及探伤方法应参照《钢结构超声波探伤及质量分级法》（JG/T 203）进行。此外，符合下列情况之一的可参照《钢结构超声波探伤及质量分级法》（JG/T 203）进行探伤。

①网格钢结构及其圆管相贯节点焊接接头和钢管对接焊缝；

②建筑钢屋架、格构柱（梁）钢构件、钢桁架、吊车梁、焊接H型钢、箱形钢框架柱、梁，桁架或框架梁中焊接组合构件和钢建筑构筑物即板节点；

③母材壁厚不小于4mm，球径不小于120mm，管径不小于60mm焊接空心球及球管焊接接头；

④母材壁厚不小于3.5mm，管径不小于48mm螺栓球节点杆件与锥头或封板焊接接头；

⑤支管管径不小于89mm、壁厚不小于6mm、局部二面角不小于30°，支管壁厚外径比在13%以下的圆管相贯节点碳素结构钢和低合金高强度结构钢焊接接头；

⑥铸钢件、奥氏体球管和相贯节点焊接接头以及圆管对接或焊管焊缝；

⑦母材厚度不小于4mm碳素结构刚和低合金高强度合金钢的钢板对接全焊透接头、箱形构件的电渣焊接头、T型接头、搭接角接接头等焊接接头以及钢结构用板材、锻件、

铸钢件；

⑧方形矩形管节点、地下建筑结构钢管桩、先张法预应力管桩端板的焊接接头以及板壳结构曲率半径不小于1000mm的环峰和曲率半径不小于1500mm的纵缝的检测；

⑨桥梁工程、水工金属结构的焊接接头可参照执行。

2）检测设备及辅助工具

检测需要A型脉冲反射式超声波探伤仪、探头、试块等设备。其中A型脉冲反射式超声波探伤仪有模拟式和数字式两种。探头有直探头、斜探头、双晶探头等。试块有标准试块和对比试块。

3）取样规则

设计要求全焊透的一、二级焊缝应采用超声波探伤进行内部缺陷的检验，一级焊缝100%，二级焊缝20%。

4）现场检测

现场检测主要分为表面处理、选择探伤工艺、设备调整与校验、初始检验、规定检验、缺陷评定与分级、返修等7个环节。

现场应对探测面进行处理，保证试件的表面状况不对检测结果的判断造成影响。

检测人员应根据工件规格、验收级别等，正确选择检验等级，制定合适的探伤工艺、调试设备，绘制距离—波幅（DAC）曲线，现场实施检测。检测过程中发现反射波幅超过定量线的缺陷，应进一步判断其是否为缺陷。判断为缺陷的均应确定其位置，最大反射波幅所在区域和缺陷指示长度。当缺陷反射波未达到定量线时，如认为有必要记录时，应测定其位置、波幅和指示长度。

检测人员可结合自身经验，将探头对准缺陷做平动和转动扫查，观察波形的相应变化，依据反射波特性对缺陷类型做出判断。

超声波探伤中，根据质量要求将检验等级分为A、B、C三级，检验的完善程度A级最低，B级一般，C级最高，检验工作的难度系数按A、B、C顺序逐渐增高。检测中应合理选用检验等级。A、B、C三个等级的选用可参照表5-41执行。

检验等级划分 **表5-41**

检验等级	检验范围
A	采用一种角度探头在焊缝的单面单侧进行检测，只对允许扫查到的焊缝截面进行探测。一般不要求做横向缺陷的检测。母材厚度大于50mm时，不宜采用A级检验
B	采用一种角度探头单面双侧检测，对整个焊缝截面进行探测。母材厚度大于100mm时，双面双侧检测。受几何条件的限制，可在焊缝的双面单侧采用两种角度的探头进行探伤。条件许可应做横向缺陷检测
C	至少要采用两种角度探头单面双侧检测，同时要做两个扫查方向和两种探头角度的横向缺陷检测。 母材厚度大于100mm时，采用双面双侧检测。并要求对接焊缝余高应磨平，以便探头在焊缝上做平行扫查；母材扫查部分应用直探头检查；焊缝母材厚度不小于100mm，窄间隙焊缝母材厚度不小于40mm时，一般要增加串列式扫查

5）检验结果的评价

当依据GB 11345进行检测时，参照GB 11345第12条缺陷评定及第13条检验结果的等级分类进行评级。当依据 JG/T 203 进行检测时，参照 JG/T 203 第 9 部分检测结果的质量分级进行评级。

(2) 射线照相检测（RT）

射线照相防护应符合《放射卫生防护基本标准》GB 4792 的有关规定。

1) 检测设备及辅助工具

射线检测需要射线源、胶片、金属增感屏、像质计、观片灯及黑度计等。

2) 取样规则

设计要求全焊透的一、二级焊缝进行内部缺陷的检验，一级焊缝 100%，二级焊缝 20%。

3) 现场检测

射线照相检测包括布设警戒线、表面质量检查、设标记带、布片、透照、暗室处理、缺陷的评定等步骤。

如工件表面的不规则状态或覆层可能给辨认造成困难时，应对工件表面进行适当处理。

现场检测时，检测人员应根据工件的具体情况，制定探伤工艺并事先制作适宜的曝光曲线，供现场使用。

现场检测时，应严格按工艺要求进行，包括选择透照方法、布片、透照、暗室处理、缺陷评定等环节。

确定缺陷类型时，宜从多个方面分析射线照相的影像，并结合操作者的工程经验，作出判断。常见缺陷类型的基本影像特性见表 5-42。

常见缺陷类型的基本影像特性　　表 5-42

缺陷类型	基本影像特性	备注
裂缝	大致平直，两端较细，中间略宽	危险性缺陷
未焊透	位于影像中心的直线黑度大，影像规则，轮廓清晰	危险性缺陷
未熔合	黑度较大的条状影像，比裂缝影像宽	危险性缺陷
夹渣	形状不规则，黑度不均匀，呈现边界不清晰的点、条、块状区域	非危险性缺陷
气孔	圆形或近似圆形的黑点，圆心黑度大，黑度沿径向逐渐减小，边界圆滑清晰	非危险性缺陷

4) 检测结果的评价

根据缺陷的性质和数量，焊接接头质量分为四级：Ⅰ级焊接接头应无裂纹、未熔合、未焊透和条形缺陷。Ⅱ级焊接接头应无裂纹、未熔合和未焊透；Ⅲ级焊接接头应无裂纹、未熔合以及双面焊和加垫板单面焊中的未焊透。超过Ⅲ级者为Ⅳ级。

不同类型缺陷的评级可参照《金属熔化焊焊接接头射线照相》(GB/T 3323) 附录 B。

综合评级：在圆形缺陷评定区内，同时存在圆形缺陷和条形缺陷（或未焊透、根部内凹和根部咬边）时，应首先各自评级，将两种缺陷所评级别之和减 1（或三种缺陷所评级别之和减 2）作为最终级别。

5.2.9.3　防腐及防火涂装检测

1. 防腐涂料涂层厚度的检测

(1) 检测设备及辅助工具

测量涂层厚度所用干漆膜测厚仪的最大测量值不应小于 1200μm，最小分辨力不大于 2μm，示值相对误差不应大于 3%。测试构件的曲率半径应符合仪器的使用要求。在弯曲试件的表面上测量，应考虑其对测试准确度的影响。

(2) 取样规则

按构件数抽查 10%，且同类构件不应少于 3 件。

(3) 现场检测

钢结构防腐涂层（油漆类）厚度检测及钢结构表面其他覆层（如珐琅、橡胶、塑料等）厚度的检测均需待涂层干燥后方可进行。

确定的检测位置应有代表性，在检测区域内分布宜均匀。检测前应清除测试点表面的防火涂层、灰尘、油污等。

检测前对仪器进行校准，根据具体情况可采用一点校准（校零值）、二点校准或基本校准，经校准后方可开始测试。应使用与试件基体金属具有相同性质的标准片对仪器进行校准；亦可用待涂覆试件进行校准。

测试时，将探头与测点表面垂直接触，探头距试件边缘不宜小于 10mm，并保持 1～2s，读取仪器显示的测量值，对测试值进行打印或记录并依次进行测量。测点距试件边缘或内转角处的距离不宜小于 20mm。检测期间关机再开机后，应对设备重新校准。

每个构件测 5 处，每处以 3 个相距 50mm 测点的平均值作为该处涂层厚度的代表值。以构件上所有测点的平均值作为该构件涂层厚度的代表值。现场使用涂层测厚仪检测时，宜避免电磁干扰（如焊接等）。

(4) 检测结果的评价

涂料、涂装遍数、涂层厚度均应符合设计要求。当设计对涂层厚度无要求时，涂层干漆膜总厚度：室外应为 150μm，室内应为 125μm，其允许偏差为－25μm，每遍涂层干漆膜厚度的允许偏差为－5μm。

2. 防火涂料涂层厚度检测

(1) 检测设备及辅助工具

对防火涂层的厚度可采用测针和卡尺检测，用于检测的卡尺尾部应有可外伸的窄片。测量设备的量程应大于被测防火涂层厚度。检测设备的精确度不应低于 0.5mm。

(2) 取样规则

按构件数抽查 10%，且均不应少于 3 件。

(3) 现场检测

检测前应清除测试点表面的灰尘、附着物等，并避开构件的连接部位。在测点处，将仪器的测针或窄片垂直插入防火涂层直至钢材防腐涂层表面，记录标尺读数，测试值应精确到 0.5mm。如探针不易插入防火涂层内部，可将防火涂层局部剥除的方法测量。

钢结构防火涂料涂层厚度检测需待涂层干燥后方可进行。

楼板和防火墙的防火涂层厚度检测，可选两相邻纵、横轴线相交中的面积为一个构件，在其对角线上，按每米长度选 1 个测点，每个构件不应少于 5 个测点。

全钢框架结构的梁和柱的防火涂层厚度检测，在构件长度内每隔 3m 取一个截面，按测点示意图布置测点测试见图 5-45。对于梁和柱在所选的位置中，分别测出 6 个和 8 个点。

桁架结构，上弦和下弦按图 5-45 规定每隔 3m 取一截面检测，其他腹杆每根取一截面检测。

以同一截面测点的平均值作为该截面涂层厚度的代表值，以构件所有测点厚度的平均值作为该构件防火涂层厚度的代表值。

（4）检测结果的评价

每个截面涂层厚度的代表值不应小于设计厚度的 85%，构件涂层厚度的代表值不应小于设计厚度。

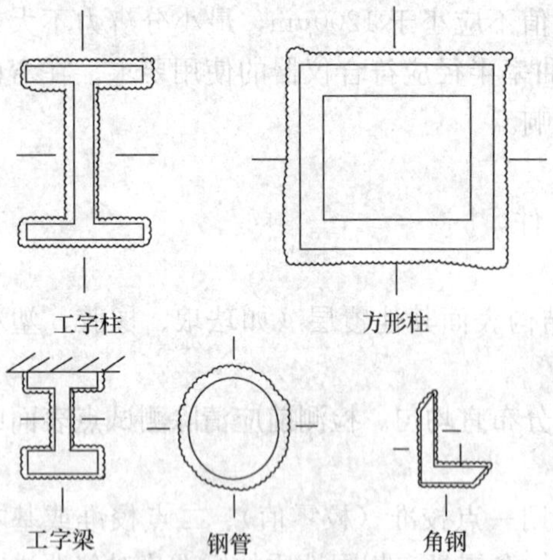

图 5-45　测点示意图

5.2.9.4　钢网架结构球节点性质检测

钢网架结构安装检验批应在进场验收和焊接连接、紧固件连接、制作等分项工程验收合格的基础上进行验收。当建筑结构安全等级为一级，跨度 40m 及以上的公共建筑钢网架结构，且设计有要求时，应进行节点承载力试验。

1. 检测设备及辅助工具

万能试验机应符合一级试验机标准要求，并进行周期检定。

2. 取样规则

用于试验的试件在该批产品中随机抽取，每批抽取 3 个试件。

3. 检测步骤

钢网架球型节点包括螺栓球节点和焊接球节点。螺栓球节点承载力性能检测应将螺栓球与高强度螺栓按图 5-46 组成拉力载荷试件，采用单向拉伸试验方法进行试验；焊接球节点承载力性能试验，一般采用单向拉、压试验。单向拉力试验试件应如图 5-47 所示；单向压力试验试件应如图 5-48 所示。

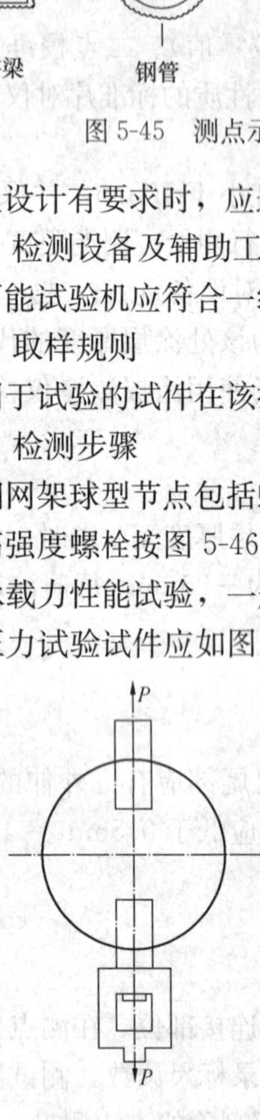

图 5-46　拉力载荷试件

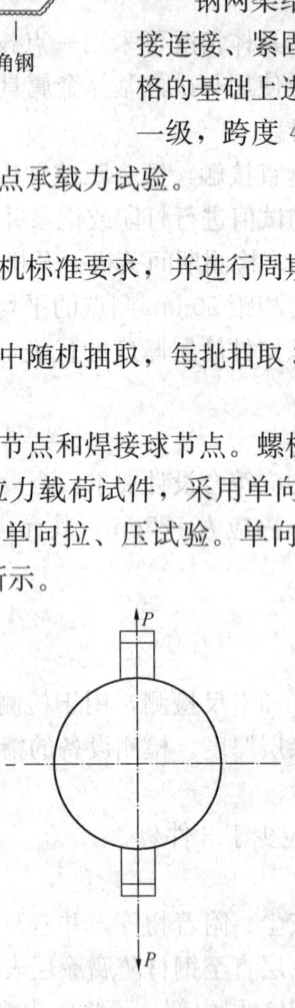

图 5-47　单向拉力试验

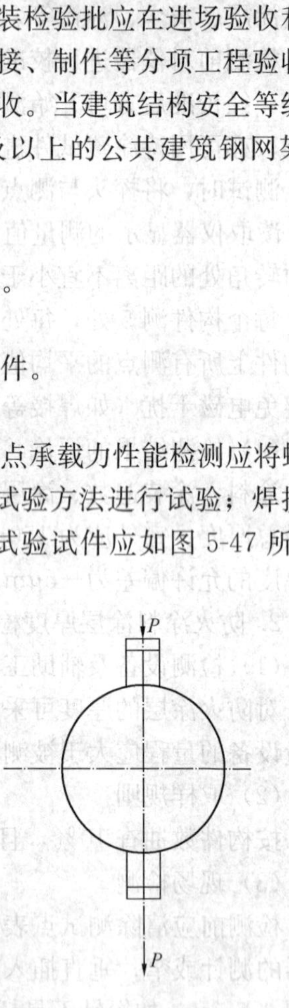

图 5-48　单向压力试验

4. 检测结果的评价

焊接球节点应按设计指定规格的球及其匹配的钢管焊接成试件，进行轴心拉、压承载力试验，其试验破坏荷载值大于或等于 1.6 倍设计承载力为合格。

螺栓球节点应按设计指定规格的球最大螺栓孔螺纹进行抗拉强度保证荷载试验，当达到螺栓的设计承载力时，螺孔、螺纹及封板仍完好无损为合格。

5.2.9.5 钢结构连接用紧固标准件性能检测

钢结构制作和安装中的普通螺栓、扭剪型高强度螺栓、高强度大六角头螺栓、钢网架螺栓球节点用高强度螺栓及射钉、自攻钉、拉铆钉等应按 GB 50205 进行质量验收。

钢结构制作和安装单位应按规定进行高强度螺栓连接摩擦面的抗滑移系数试验和复验，现场处理的构件摩擦面应单独进行摩擦面抗滑移系数试验，其结果应符合设计要求。

普通螺栓作为永久性连接螺栓时，当设计有要求或对其质量有疑义时，应进行螺栓实物最小拉力载荷复验，其结果应符合现行国家标准《紧固件机械性能螺栓、螺钉和螺柱》GB/T 3098.1 的要求。

高强度螺栓连接副施工扭矩检验：

高强度螺栓连接副扭矩检验含初拧、复拧、终拧扭矩的现场无损检验。其检验方法分扭矩法和转角法两种，原则上检验法与施工法应相同。扭矩检验应在施拧 1h 后，48h 内完成。

（1）检测设备及辅助工具

检验所用的扭矩扳手其扭矩精度误差应不大于 3%，且具有峰值保持功能。

（2）取样规则

高强度大六角头螺栓连接副的检查数量：应按节点数抽查 10%，且不应少于 10 个；每个被抽查节点按螺栓数抽查 10%，且不应少于 2 个。扭剪型高强度螺栓检查数量：按节点数抽查 10%，但不应少于 10 个节点，被抽查节点中梅花头未拧掉的扭剪型高强度螺栓连接副全数进行终拧扭矩检查。

（3）检验步骤

1）高强度大六角头螺栓连接副施工扭矩检验方法分为两种：扭矩法和转角法。

①扭矩法检验：

在螺尾端头和螺母相对位置画线，将螺母退回 60°左右，用扭矩扳手拧回至原来位置时的扭矩值。该扭矩值与施工扭矩值的偏差在 10%以内为合格。

高强度螺栓连接副终拧扭矩值按式（5-130）计算：

$$T_C = K \cdot P_C \cdot d \tag{5-130}$$

式中 T_C——终拧扭矩值（N·m）；

P_C——施工预拉力标准值（kN）；

d——螺栓公称直径（mm）；

K——扭矩系数，按试验确定。

高强度螺栓连接副施工预拉力标准值（kN）　　表 5-43

螺栓的性能等级	螺栓公称直径（mm）					
	M16	M20	M22	M24	M27	M30
8.8s	75	120	150	170	225	275
10.9s	110	170	210	250	320	390

高强度大六角头螺栓连接副初拧扭矩值 T_0 可按 $0.5T_C$ 取值。

扭剪型高强度螺栓连接副初拧扭矩值 T_0 可按式（5-131）计算：

$$T_0 = 0.065 P_C \cdot d \tag{5-131}$$

式中　T_0——初拧扭矩值（N·m）；

P_C——施工预拉力标准值（kN）；

d——螺栓公称直径（mm）。

②转角法检验：

检查初拧后在螺母与相对位置所画的终拧起始线和终止线所夹的角度是否达到规定值。在螺尾端头和螺母相对位置画线，然后全部卸松螺母，在按规定的初拧扭矩和终拧角度重新拧紧螺栓，观察与原画线是否重合。终拧转角偏差在10°以内为合格。终拧转角与螺栓的直径、长度等因素有关，应由试验确定。

2）扭剪型高强度螺栓施工扭矩检验：

扭剪型高强度螺栓连接副终拧后，除因构造原因无法使用专用扳手终拧掉梅花头者外，未在终拧中拧掉梅花头的螺栓数不应大于该节点螺栓数的5%。

检验方法：观察尾部梅花头拧掉情况。尾部梅花头被拧掉者视同其终拧扭矩达到合格质量标准；尾部梅花头未被拧掉者应按上述扭矩法或转角法检验。

（4）检验结果评定：

高强度大六角头螺栓连接副施工扭矩应符合下列规定：扭矩法——扭矩值与施工扭矩值的偏差在10%以内为合格。转角法——终拧转角偏差在10°以内为合格。

扭剪型高强度螺栓连接副终拧后，除因构造原因无法使用专用扳手终拧掉梅花头者外，未在终拧中拧掉梅花头的螺栓数不应大于该节点螺栓数的5%。

5.2.9.6　网架结构的变形检测

钢网架结构或构件变形检测可分为结构整体垂直度、整体平面弯曲以及构件垂直度、弯曲变形、跨中挠度等项工作。在对钢网架结构或构件变形检测前，宜先清除饰面层（如涂层、浮锈）。如构件各测试点饰面层厚度基本一致，且不明显影响评定结果，可不清除饰面层。

1. 检测设备及辅助工具

用于钢网架结构构件变形的测量仪器主要有水准仪、经纬仪和全站仪。用于钢网架结构构件变形的测量仪器和精度可参照《建筑变形测量规范》JGJ 8的要求，变形测量精度可按三级考虑。

2. 现场检测

变形检测的基本原则是利用设置基准直线，来量测结构或构件的变形。

测量尺寸不大于6m的构件变形，可用拉线、吊线锤的方法检测。测量构件弯曲变形时，从构件两端拉紧一根细钢丝或细线，然后测量跨中构件与拉线之间的距离，该数值即是构件的变形。测量构件的垂直度时，从构件上端吊一线锤直至构件下端，当线锤处于静止状态后，测量吊锤中心与构件下端的距离，该数值即是构件的垂直度。

跨度大于6m的钢构件挠度，宜采用全站仪或水准仪检测。钢构件挠度观测点应沿构件的轴线或边线布设，每一构件不得少于3点；将全站仪或水准仪测得的两端和跨中的读数相比较，即可求得构件的跨中挠度；钢网架结构总拼完成及屋面工程完成后的挠度值检测，跨度24m及以下钢网架结构测量下弦中央一点；跨度24m以上钢网架结构测量下弦中央一点及各向下弦跨度的四等分点。

尺寸大于6m的钢构件垂直度、侧向弯曲矢高以及钢结构整体垂直度与整体平面弯曲宜采用全站仪或经纬仪检测。可用计算测点间的相对位置差来计算垂直度或弯曲度，也可通过仪器引放置量尺直接读取数值的方法。当测量结构或构件垂直度时，仪器应架设在与倾斜方向成正交的方向线上距被测目标1～2倍目标高度的位置。

钢构件、钢网架结构安装主体垂直度检测，应测定钢构件、钢网架结构安装主体顶部相对于底部的水平位移与高差，分别计算垂直度及倾斜方向。

3. 检测结果的评价

钢网架结构或构件变形应符合《钢结构设计规范》(GB 50017)、《钢结构工程施工质量验收规范》(GB 50205) 等的要求。对既有建筑的整体垂直度检测，当发现有个别测点超过规范要求时，宜进一步核实其是否由外饰面不平或结构施工时超标引起的。当钢网架结构或构件变形，在进行结构安全性鉴定时应考虑其不利影响。

5.2.9.7 钢构件厚度检测

1. 检测设备及辅助工具

超声测厚仪的主要技术指标应符合表5-44的要求。同时，超声测厚仪应带校准用的试块。

超声测厚仪的主要技术指标 **表5-44**

项　目	技术指标
显示最小单位	0.1mm
工作频率	5MHz
测量范围	板材：1.2～200mm　管材下限：ϕ20×3
测量误差	±（t/100+0.1）mm，t为被测物的厚度
灵敏度	能检出距探测面80mm直径2mm的平底孔

2. 取样规则

钢结构构件厚度的检测，对于能在构件横截面直接量测厚度的，宜优先用游标卡尺量测。若不能直接用尺类器具测量时，可采用超声波原理进行测量。每个尺寸在构件的3个部位量测，取3处测试值的平均值作为该尺寸的代表值。

3. 现场检测

在对钢结构构件厚度检测前，应清除表面油漆层、氧化皮、锈蚀等，打磨露出金属光泽。检测前应预设声速，并用随机标准块对仪器进行校准，经校准后方可开始测试。将耦合剂涂于被测处，耦合剂可用机油、化学糨糊等；在测量小直径管壁厚度或工件表面较粗糙时，可选用黏度较大的甘油，以保证耦合稳定。将探头与被测材料耦合即可测量。为减小误差，可在同一位置将探头转过90°后作二次测量。在测量管材壁厚时，宜使探头中间的隔声层与管子轴线平行。仪器使用完毕后，应擦去探头及仪器上的耦合剂和污垢，保持仪器的清洁。

4. 检测结果的评价

钢构件的尺寸偏差，应以设计图纸规定的尺寸为基准计算尺寸偏差；构件尺寸偏差的评定，应按相应的产品标准的规定执行。当钢构件的尺寸偏差过大，在进行结构安全性鉴定时应考虑对构件承载力的不利影响。

5.2.10　现场粘结强度与拉拔检测

5.2.10.1　外墙饰面砖粘结强度检测

1. 检测设备及辅助工具

检测应有粘结强度检测仪、钢直尺（分度值应为 1mm）、手持切割锯、胶粘剂（粘结强度宜大于 3.0MPa）等。粘结强度检测仪应每年检定一次，发现异常时应随时维修、检定。

2. 取样规则

（1）带饰面砖的预制墙板，复验应以每 1000m² 同类产品为一个检验批，不足 1000m² 应按 1000m² 计，每批应取一组，每组应为 3 块板。

（2）现场粘贴的外墙饰面砖粘结强度检验，应以每 1000m² 同类墙体饰面砖为一个验收批，不足 1000m² 应按 1000m² 计，每批应随机抽取一组（3 个）试样。每相邻的三个楼层应至少取一组试样，取样间距不得小于 500mm。

3. 现场检测

（1）检测条件

采取水泥基胶粘剂粘结外墙饰面砖时，可按胶粘剂使用说明书的规定时间或粘贴外墙饰面砖 14d 及以后进行饰面砖粘结强度检验。粘贴后 28d 以内达不到标准或有争议时，应以 28～60d 内约定时间检验的粘结强度为准。

（2）现场试样制备

1）断缝应符合下列要求；

①断缝应从饰面砖表面切割至混凝土墙体或砌体表面，深度应一致。对有加强处理措施的加气混凝土、轻质砌块、轻质墙板的外墙保温系统上粘贴的外墙饰面砖，在加强处理措施或保温系统符合国家有关标准的要求，并有隐蔽工程验收合格证明的前提下，可切割至加强抹面表面。

②试样切割长度和宽度宜与标准块（标准块：按长、宽、厚的尺寸为 95mm×45mm×（6～8）mm 或 40mm×40mm×（6～8）mm，用 45 号钢或铬钢质材料所制作的标准试件）相同，其中有两道相邻切割应沿饰面砖边缝切割。

2）标准块粘结应符合下列要求：

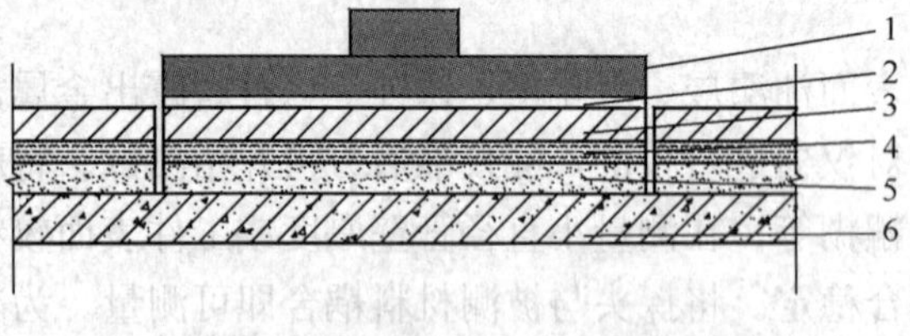

图 5-49　不保温加强系统的标准块粘结示意图

1—标准块；2—胶粘剂；3—饰面砖；4—粘结层；5—找平层；6—基体

①在粘结标准块前，应清除饰面砖表面污渍并保持干燥。当现场温度低于 5℃时，标准块宜预热后再进行粘贴。

②胶粘剂应按使用说明书规定的配比使用，应搅拌均匀、随用随配、涂布均匀，胶粘剂硬化前不得受水浸。

③在饰面砖上粘标准块可按图 5-49 和图 5-50 进行，胶粘剂不应粘连相邻饰面砖。

④标准块粘结后应及时用胶带固定。

（3）检测方法

1）检测仪器安装：

检测仪器安装见图5-51。

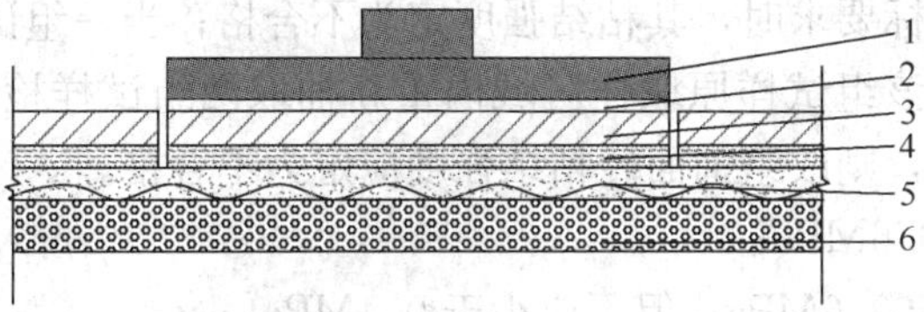

图5-50 带保温或加强系统的标准块粘结示意图
1—标准块；2—胶粘剂；3—饰面砖；4—粘结层；5—加强抹灰层；6—保温层或被加强的基体

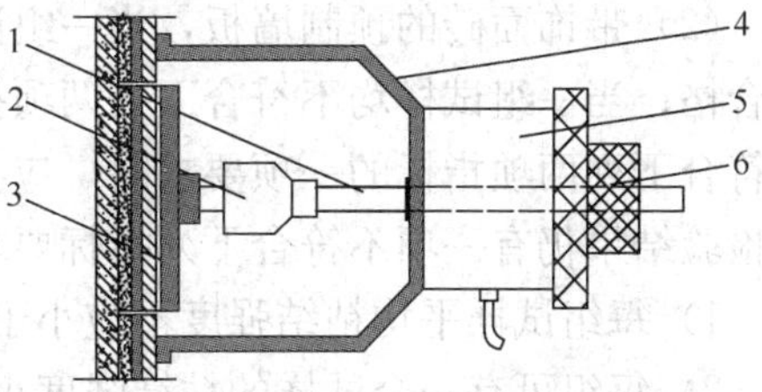

图5-51 粘结强度检测仪安装示意图
1—拉力杆；2—万向接头；3—标准块；4—支架；5—穿心式千斤顶；6—拉力杆螺母

①检测前在标准块上应安装带有万向接头的拉力杆。

②应安装专用的穿心式千斤顶，使拉力杆通过穿心千斤顶中心并与标准块垂直。

③调整千斤顶活塞时，应使活塞升处2mm左右，并将数字显示调零，在拧紧拉力杆螺母。

2）检测饰面砖粘结力时，匀速摇转手柄升压，直至饰面砖试样断开，并记录粘结强度检测仪的数字显示峰值，该值既是粘结力值。

3）检测后降压至千斤顶复位，取下拉力杆螺母及拉杆。

4）当检测结果为胶粘剂与饰面砖界面断开或饰面砖为主断开的断开状态，且粘结强度小于标准平均值要求时，应分析原因重新选点检测。

5）标准块处理应符合下列要求：

①粘结力检测完毕，应将标准块表面胶粘剂清理干净，用50号砂布摩擦标准块粘结面直至出现光泽。

②应将标准块放置干燥处，再次使用前应将标准块粘结面的锈迹、污渍清除。

4. 粘结强度计算

（1）试样粘结强度应按下式计算：

$$R_i = \frac{X_i}{S_i} \times 10^3 \tag{5-132}$$

式中 R_i——第 i 个试样粘结强度（MPa），精确到0.1MPa；

X_i——第 i 个试样粘结力（kN），精确到0.1kN；

S_i——第 i 个试样断面面积（mm^2），精确到1mm^2。

（2）每组试样平均粘结强度应按下式计算：

$$R_m = \frac{1}{3}\sum_{i=1}^{3} R_i \tag{5-133}$$

式中 R_m——每组试样平均粘结强度（MPa），精确到0.1MPa。

5. 粘结强度检测评定

（1）现场粘贴的同类饰面砖，当一组试样均符合下列两项指标要求时，其粘结强度应定为合格；当一组试样均不符合下列两项指标要求时，其粘结强度定为不合格；当一组试样只符合下列两项指标的一项要求时，应在该组试样原取样区域内重新抽取两组试样检验，若检验结果仍有一项不符合下列指标要求，则该组饰面砖粘结强度应定为不合格。

1）每组试样平均粘结强度不应小于0.4MPa；

2）每组可有一个试样的粘结强度小于 0.4MPa，但不应小于 0.3MPa。

（2）带饰面砖的预制墙板，当一组试样均符合下列两项指标要求时，其粘结强度应定为合格；当一组试样均不符合下列两项指标要求时，其粘结强度定为不合格；当一组试样只符合下列两项指标的一项要求时，应在该组试样原取样区域内重新抽取两组试样检验，若检验结果仍有一项不符合下列指标要求，则改组饰面砖粘结强度应定为不合格。

1）每组试样平均粘结强度不应小于 0.6MPa；

2）每组可有一个试样的粘结强度小于 0.6MPa，但不应小于 0.4MPa。

5.2.10.2 碳纤维粘结强度检测

1. 检测设备及辅助工具

检测应有粘结强度检测仪、胶粘剂等。粘结强度检测仪应每年检定一次，发现异常时应随时维修、检定。

2. 取样规则

（1）梁、柱类构件以同规格、同型号的构件为一检验批。每批构件随机抽取的受检构件应按该批构件总数的 10%确定，但不得少于 3 根；以每根受检构件为一个检验组；每组 3 个检验点。

（2）板、墙类构件应以同种类、同规格的构件为一检验批，每批按实际粘贴的表面积（不论粘贴的层数）均匀划分为若干区，每区 100m^2（不足 100m^2，按 100m^2 计），且每一楼层不得少于 1 区；以每区为一检验组，每组 3 个测点。

3. 现场检测

（1）检测条件

现场检验应在已完成碳纤维片材粘贴并固化 7d 的结构表面上进行。

（2）现场试样制备

1）现场检验的布点应在胶粘剂固化已经达到可以进入下一个工序之日进行。当因故推迟布点日期，不得超过 3d。

2）布点时，应由独立检验单位的技术人员在每一检验点处粘贴钢标准块以构成试验用的试件。钢标准块的间距不应小于 500mm，且有一块应粘贴在加固构件的端部。

3）表面处理：被测部位的加固表面应清除污渍并保持干燥。

4）切割预切缝：从加固表面向混凝土基体内部切割预切缝，切入混凝土深度 10～15mm，宽度约 2mm。预切缝形状为直径 50mm 的圆形或边长 40mm×40mm 的正方形。

5）粘贴钢标准块：采用高强、快固化的胶粘剂（取样胶粘剂）粘结钢标准块。取样胶粘剂的正拉粘结强度应大于粘贴碳纤维片材的结构胶粘剂强度。钢标准块粘贴后应及时固定。

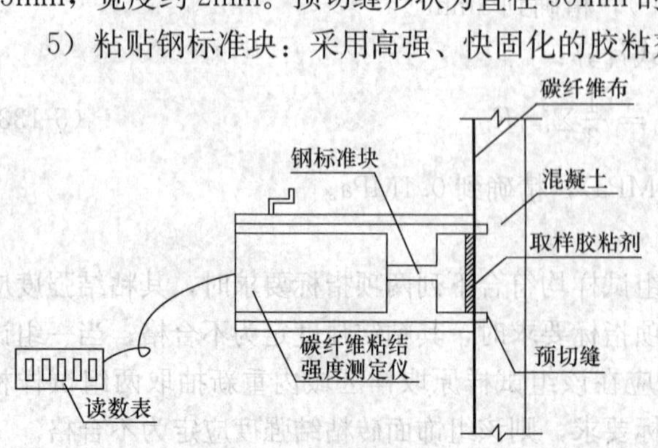

图 5-52 碳纤维片材粘结质量现场检验

（3）检测方法

1）检测仪器安装

按照粘结强度检测仪生产厂提供的使用说明书，连接钢标准块，见图 5-52。

2）检测方法

以1500～2000N/min匀速加载，记录破坏时的荷载值，并观察破坏形态。

4. 粘结强度计算

正拉粘结强度应按下式计算：

$$f=\frac{P}{A} \tag{5-134}$$

式中 f——正拉粘结强度（MPa）；

P——试样破坏时的荷载值（N）；

A——钢标准块的粘结面面积（mm^2）。

注：1. 每组取3个被测试样，以算术平均值作为该组正拉粘结强度的试验结果。

2. 试验结果应包括破坏形式，3个试样的正拉粘结强度值和该组正拉粘结强度的试验平均值。

5. 粘结强度检测评定

（1）试样破坏形式及其正常性判别

1）试件破坏形式

①内聚破坏：应分为基材混凝土内聚破坏和受检胶粘剂的内聚破坏；后者可见于使用低性能、低质量胶粘剂的工程。

②黏附破坏：应分为胶层与基材之间的黏附破坏及胶层与纤维复合材或钢标准块之间的粘附破坏。

③混合破坏：粘合面出现两种或两种以上的破坏形式。

2）破坏形式正常性判别，应符合下列规定

①当破坏形式为基材混凝土内聚破坏，或虽出现两种或两种以上的破坏形式，但基材混凝土内聚破坏面积占粘合面积85%以上，均可判为正常破坏。

②当破坏形式为黏附破坏、胶层内聚破坏或基层混凝土内聚破坏面积少于85%的混合破坏，均应判为不正常破坏。

（2）碳纤维片材粘贴施工质量的合格评定

1）当组内每一试样的正拉粘结强度均达到max｛1.5，f_{tk}｝的要求，其破坏形式正常时，应评定该组为检验合格组（f_{tk}为原构件混凝土实测的抗拉强度标准值）；

2）当一组内仅一个试样达不到要求，允许以加倍试样重新做一组检验，如检验结果全数达到要求，仍可评定该组为检验合格组；

3）当检验批由不少于20组试样组成，且检验结果仅有一组因个别试样粘结强度低而被评为检验不合格组时，仍可评定该检验批构件的粘结施工质量合格。

5.2.10.3 锚固承载力现场检测

混凝土结构后锚固工程包括锚栓和化学植筋，现场应进行抗拔承载力检验。锚固件抗拔承载力现场检验可分为非破坏性检验和破坏性检验。对于一般结构及非结构构件，可采用非破坏性检验；对于重要结构构件及生命线工程非结构构件，应采用破坏性检验。

1. 检测设备及辅助工具

（1）现场检验用的仪器、设备，如拉拔仪、x-y记录仪、电子荷载位移测量仪等，应定期检定。

（2）加荷设备应能按规定的速度加荷，测力系统整机误差不应超过全量程的±2%。

（3）加荷设备应能保证所施加的拉伸荷载始终与锚栓的轴线一致。

（4）位移测量记录仪宜能连续记录。当不能连续记录荷载位移曲线时，可分阶段记录，在到达荷载峰值前，记录点应在 10 点以上。位移测量误差不应超过 0.02mm。

（5）位移仪应保证能够测量出锚栓相对于基材表面的垂直位移，直至锚固破坏。

2. 取样规则

锚固抗拔承载力现场非破坏性检验可采用随机抽样办法取样。同规格，同型号，基本相同部位的锚固件组成一个检验批。抽取数量按每批锚栓总数的 1‰计算，且不少于 3 根。

3. 现场检测

（1）加荷设备支撑环内径 D_o 应满足下述要求：化学植筋 $D_o \geqslant \max(12d, 250mm)$，膨胀型锚栓和扩孔型锚栓 $D_o \geqslant 4h_{ef}$。

（2）锚栓拉拔检验可选用以下两种加荷制度：

1）连续加载，以匀速加载至设定荷载或锚固破坏，总加荷时间为 2～3min。

2）分级加载，以预计极限荷载的 10％为一级，逐级加荷，每级荷载保持 1～2min，至设定荷载或锚固破坏。

（3）非破坏性检验，荷载检验值应取 $0.9A_s f_{yk}$ 及 $0.8N_{Rk,c}$ 计算之较小值。$N_{Rk,c}$ 为非钢材破坏承载力标准值。

4. 检测结果评定

（1）非破坏性检验荷载下，以混凝土基材无裂缝、锚栓或植筋无滑移等宏观裂损现象，且 2min 持荷期间荷载降低≤5％时为合格。当非破坏性检验为不合格时，应另抽不少于 3 个锚栓做破坏性检验判断。

（2）对于破坏性检验，该批锚栓的极限抗拔力满足下列规定为合格：

$$N_{Rm}^{C} \geqslant [\gamma_{\mu}] N_{sd} \tag{5-135}$$

$$N_{Rmin}^{C} \geqslant N_{Rk,*}^{*} \tag{5-136}$$

式中　N_{sd}——锚栓拉力设计值；

N_{Rm}^{C}——锚栓极限抗拔力实测平均值；

N_{Rmin}^{C}——锚栓极限抗拔力实测最小值；

$N_{Rk,*}^{*}$——锚栓极限抗拔力标准值，根据破坏类型的不同，分别按 JGJ 145 中 6.1 节有关规定计算；

$[\gamma_{\mu}]$——锚固承载力检验系数允许值，近似取 $[\gamma_{\mu}] = 1.1\gamma_{R*}$，$\gamma_{R*}$ 按表 5-45 取用。

锚固承载力分项系数 γ_{R*}　　**表 5-45**

项次	符号	被连接结构类型 / 锚固破坏类型	结构构件	非结构构件
1	$\gamma_{Rc,N}$	混凝土锥体受拉破坏	3.0	2.15
2	$\gamma_{Rc,V}$	混凝土楔形体受剪破坏	2.5	1.8
3	γ_{Rp}	锚栓穿出破坏	3.0	2.15
4	γ_{Rsp}	混凝土劈裂破坏	3.0	2.15
5	γ_{Rcp}	混凝土剪撬破坏	2.5	1.8
6	$\gamma_{Rs,N}$	锚栓钢材受拉破坏	$1.3f_{stk}/f_{yk} \geqslant 1.55$	$1.2f_{stk}/f_{yk} \geqslant 1.4$

续表

项次	符号	被连接结构类型 / 锚固破坏类型	结构构件	非结构构件
7	$\gamma_{Rc,V}$	锚栓钢材受剪破坏	$1.3f_{stk}/f_{yk}\geqslant 1.4$ （$f_{stk}\leqslant 800$MPa 且 $f_{yk}/f_{stk}\leqslant 0.8$）	$1.2f_{stk}/f_{yk}\geqslant 1.25$ （$f_{stk}\leqslant 800$MPa 且 $f_{yk}/f_{stk}\leqslant 0.8$）

（3）当试验结果不满足上述两条相应规定时，应会同有关部门依据试验结果，研究采取专门措施处理。

5.2.10.4 锚杆拉拔检测

锚杆试验适用于岩土层中锚杆试验。软土层中锚杆试验应符合现行有关标准的规定。锚杆试验分为基本试验和验收试验。基本试验主要目的是确定锚固体与岩土层间粘结强度特征值、锚杆设计参数和施工工艺；验收试验的目的是检验施工质量是否达到设计要求。

1. 检测设备及辅助工具

检测应有加载装置（千斤顶、油泵）、计量仪表（压力表、传感器和位移计等）等，上述设备应在试验前进行计量检定合格，且应满足测试精度要求。

2. 取样规则

（1）基本试验

每种试验锚杆数量均不应少于3根。

（2）验收试验

验收试验锚杆的数量取每种类型锚杆总数的5%（自由段位于Ⅰ、Ⅱ或Ⅲ类岩石内时取总数的3%），且均不得少于5根。

3. 现场检测

（1）检测条件

锚固体灌浆强度达到设计强度的90%后，可进行锚杆试验。

（2）检测方法

1）基本试验

①锚杆长度：

a. 当进行确定锚固体与岩土层间粘结强度特征值、验证杆体与砂浆间粘结强度设计值的试验时，为使锚固体与地层间首先破坏，可采取增加锚杆钢筋用量（锚固段长度取设计锚固长度）或减短锚固长度（锚固长度取设计锚固长度的0.4～0.6倍，硬质岩取小值）的措施；

b. 当进行确定锚固段变形参数和应力分布的试验时，锚固段长度应取设计锚固长度；

c. 锚杆基本试验的地质条件、锚杆材料和施工工艺等应与工程锚杆一致；

d. 基本试验时最大的试验荷载不宜超过锚杆杆体承载力标准值的0.9倍。

②锚杆循环加、卸荷法

a. 每级荷载施加或卸除完毕后，应立即测读变形量；

b. 在每次加、卸荷时间内应测读锚头位移2次，连续2次测读的变形量：岩石锚杆均小于0.01mm，砂质土、硬黏性土中锚杆小于0.1mm时，可施加下一级荷载；

c. 加、卸荷等级、测读间隔时间宜按表 5-46 确定。

锚杆基本试验循环加卸荷等级与位移观测间隔时间　　表 5-46

加荷标准循环数	预估破坏荷载的百分数（%）												
	每级加载量						累计加载量	每级卸载量					
第一循环	10	20	20				50				20	20	10
第二循环	10	20	20	20			70			20	20	20	10
第三循环	10	20	20	20	20		90		20	20	20	20	10
第四循环	10	20	20	20	20	10	100	10	20	20	20	20	10
观测时间（min）	5	5	5	5	5	5		5	5	5	5	5	5

③锚杆试验中出现下列情况之一时可视为破坏，应终止加载：

a. 锚头位移不收敛，锚固体从岩土层中拔出或锚杆从锚固体中拔出；

b. 锚头总位移量超过设计允许值；

c. 土层锚杆试验中后一级荷载产生的锚头位移增量，超过上一级荷载位移增量的 2 倍。

④试验完成后，应根据试验数据绘制荷载—位移（Q-s）曲线、荷载-弹性位移(Q-s_e）曲线和荷载-塑性位移（Q-s_p）曲线。

⑤基本试验的钻孔，应钻取芯样进行岩石力学性能试验。

2）验收试验

①验收试验的锚杆应随机抽样。质监、监理、业主或设计单位对质量有疑问的锚杆也应抽样做验收试验。

②试验荷载值对永久性锚杆为 $1.1\xi_2 A_s f_y$；对临时性锚杆为 $0.95\xi_2 A_s f_y$。

③前三级荷载可按试验荷载值的 20％施加，以后按 10％施加，达到试验荷载后观测 10min，然后卸荷到试验荷载的 0.1 倍并测出锚头位移。加载时的测读时间可按表 5-46 确定。

④锚杆试验完成后应绘制锚杆荷载-位移（Q-s）曲线图。

4. 检测结果

（1）基本试验

1）锚杆弹性变形不应小于自由段长度变形计算值的 80％，且不应大于自由段长度与 1/2 锚固段长度之和的弹性变形计算值。

2）锚杆极限承载力基本值取破坏荷载前一级的荷载值；在最大试验荷载作用下未达到规定的破坏标准时，锚杆极限承载力取最大荷载值为基本值。

3）当锚杆试验数量为 3 根，各根极限承载力值的最大差值小于 30％时，取最小值作为锚杆的极限承载力标准值；若最大差值超过 30％，应增加试验数量，按 95％的保证概率计算锚杆极限承载力标准值。锚固体与地层间极限粘结强度标准值除以 2.2～2.7（对硬质岩取大值，对软岩、极软岩和土取小值；当试验的锚固长度与设计长度相同时取小值，反之取大值）为粘结强度特征值。

（2）验收试验

1）满足下列条件时，试验的锚杆为合格。

①加载到设计荷载后变形稳定；

②锚杆弹性变形不应小于自由段长度变形计算值的 80%，且不应大于自由段长度与 1/2 锚固段长度之和的弹性变形计算值。

2）当验收锚杆不合格时应按锚杆总数的 30%重新抽检；若再有锚杆不合格时应全数进行检验。

3）锚杆总变形量应满足设计允许值，且应与地区经验基本一致。

5.2.11 建筑外门窗性能检测

建筑外门窗性能主要包括气密性能、水密性能和抗风压性能。现场检测除检测建筑外门窗本身还包括安装连接部位的检测。

其检测原理是现场利用密封板、维护结构和外窗形成静压箱，通过供风系统从静压箱抽风或向静压箱吹风在检测对象两侧形成正压差或负压差。在静压箱引出测量孔测量压差，在管路上安装流量测量装置测量空气渗透量，在外窗外侧布置适量喷嘴进行水密试验，在适当位置安装位移传感器测量杆件变形。其检测要求及步骤如下：

1. 检测装置

检测装置由淋水装置、静压箱、供风系统、水流量计、传感器等组成，检测装置示意图，见图 5-53。密封板与维护结构组成静压箱，各连接处应密封良好。密封板宜采用组合方式，应有足够的刚度，与维护结构的连接应有足够的刚度。检测仪器应符合 GB/T 7106、GB/T 7107、GB/T 7108 要求。

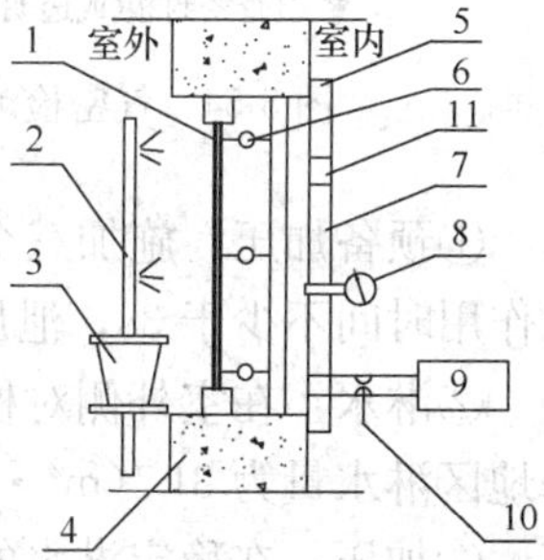

图 5-53 检测装置示意图

1—外窗；2—淋水装置；3—水流量计；4—维护结构；5—位移传感器安装杆；6—位移传感器；7—静压箱密封板（透明膜）；8—差压传感器；9—供风系统；10—流量传感器；11—检查门

2. 试件及检测要求

（1）外窗及连接部位安装完毕达到正常使用状态。

（2）试件选取同窗型、同规格、同型号 3 樘为 1 组。

（3）当温度、风速、降雨等环境条件影响检测结果时，应排除干扰因素后继续检测，并在报告中注明。

（4）检测过程应采取必要的安全措施。

3. 检测方法

检测顺序宜按照抗风压变形性能（P_1）、气密、水密、抗风压安全性能（P'_3 检测）依次进行。

（1）气密性能检测

气密性能检测前，应测量外窗面积；弧形窗、折线窗应按展开面积计算。从室内侧用厚度不小于 0.2mm 的透明塑料膜覆盖整个窗范围并沿窗边框处密封，密封膜不应重复使用。在室内侧的窗洞口上安装密封板，确认密封良好。气密性能检测压力差检测顺序见图 5-54，并按以下步骤进行：

1）预备加压：正负压检测前，分别施加三个压差脉冲，压差绝对值为 150Pa，加压速度约为 50Pa/s。压差稳定作用时间不少于 3s，泄压时间不少于 1s，检查密封板及透明膜的密封状态。

2）附加渗透量的测定：按照图 5-54 逐级加压，每级压力作用时间约为 10s，先逐级正压，后逐级负压。记录各级测量值。附加空气渗透系指除通过试件本身的空气渗透量以外通过设备和密封板，以及各部分之间连接缝等部位的空气渗透量。

3）总空气渗透量测量：打开密封板检查门，去除试件上所加密封措施薄膜后关闭检查门并密封后进行测量。检测程序同 1)。

（2）水密性能检测

水密性能检测采用稳定加压法，分为一次加压法和逐级加压法。当有设计指标值时，宜采用一次加压法。需要时间参照 GB/T 7108 增加波动加压法。

1）水密一次加压法检测顺序见图 5-55，并按以下步骤进行：

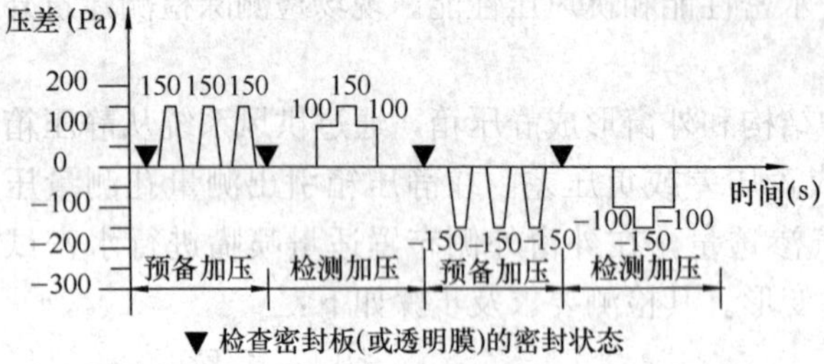

图 5-54　气密检测压差顺序图

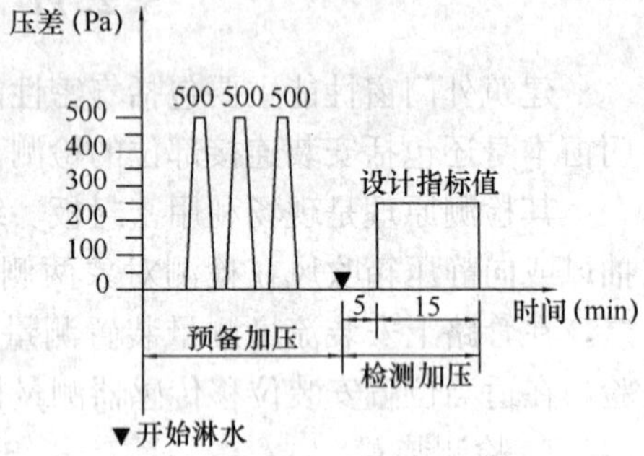

图 5-55　一次加压法顺序示意图

①预备加压：施加三个压差脉冲，压差值为 500Pa。加载速度约为 100Pa/s，压差稳定作用时间不少于 3s，泄压时间不少于 1s。

②淋水：在室外侧对检测对象均匀地淋水。淋水量为 $2L/(m^2 \cdot min)$。台风及热带风暴地区淋水量为 $3L/(m^2 \cdot min)$，淋水时间为 5min。

③加压：在稳定淋水的同时，按照图 5-55 一次加压至设计指标值，持续 15min 或产生严重渗漏为止。

④观察：在检测过程中，观察并记录检测对象渗漏情况，在加压完毕后 30min 内安装连接部位出现水迹记作严重渗漏。

2）水密逐级加压法检测顺序见图 5-56，并按以下步骤进行：

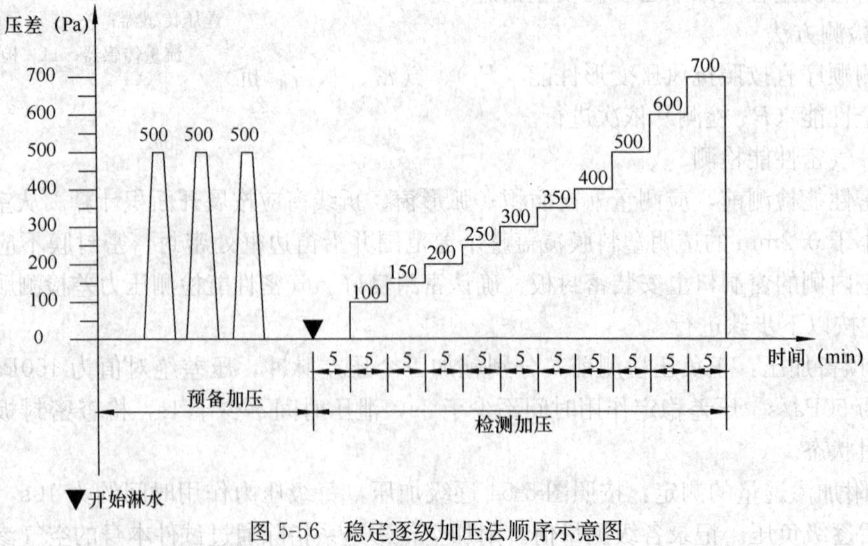

图 5-56　稳定逐级加压法顺序示意图

①预备加压：施加三个压差脉冲，压差值为500Pa。加载速度约为100Pa/s，压差稳定作用时间不少于3s，泄压时间不少于1s。

②淋水：在室外侧对检测对象均匀地淋水。淋水量为2L/(m^2·min)，淋水时间为5min。

③加压：在稳定淋水的同时，按照图5-56逐级加压至产生严重渗漏或加压至最高级为止。

④观察：观察并记录检测对象渗漏情况，在最后一次加压完毕后30min内安装连接部位出现水迹记作严重渗漏。

（3）抗风压性能检测

抗风压性能检测前，在外窗室内侧安装位移传感器及密封板（或透明膜），条件允许时也可将位移计安装在室外侧。检测顺序见图5-57，并按以下步骤进行：

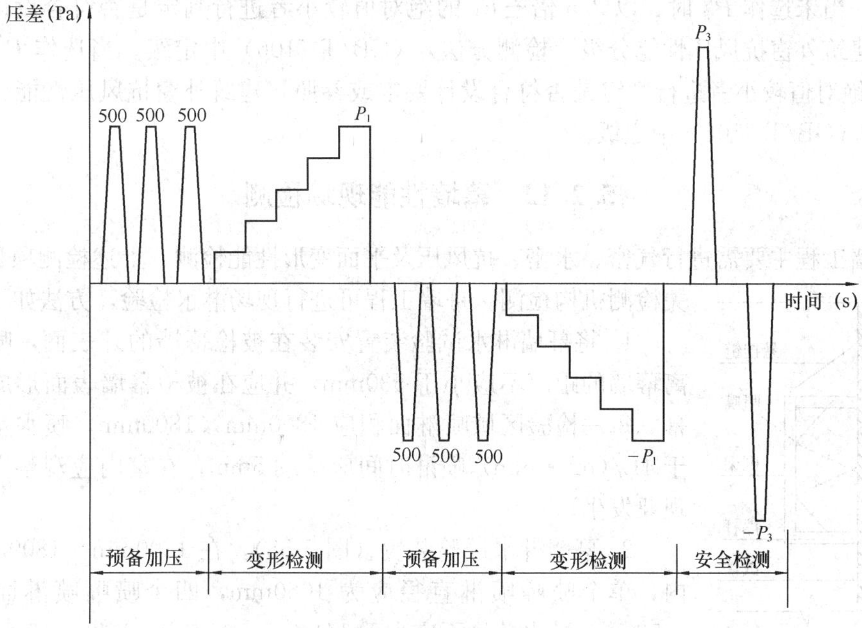

图5-57 检测加压顺序示意图

1）预备加压：正负压变形检测前，分别施加三个压差脉冲，压差P_0绝对值为500Pa，加载速度约为100Pa/s，压差稳定作用时间不少于3s，泄压时间不少于1s。

2）变形检测：先进行正压检测，后进行负压检测。检测压差逐级升、降。每级升降压差值不超过250Pa，每级检测压差稳定作用时间约不少于10s。压差升降直到面法线挠度值±1/300时为止，但最大不宜超过±2000Pa，检测级数不少于4级。记录每级压差作用下的面法线位移量。并依据达到±l/300面法线挠度时的检测压差级的压差值，利用压差和变形之间的相对关系计算出±l/300面法线挠度的对应压差值作为变形检测压差值，标以±P_1。在变形检测过程中压差达到工程设计要求P'_3时，检测至P'_3为止。杆件中点面法线挠度的计算按照《建筑外窗抗风压性能分级及检测方法》(GB 7106）进行。

3）安全检测：当工程设计值大于2.5倍P_1时，终止抗风压性能检测。当工程设计值小于等于 2.5 倍 P_1 时，可根据需要进行 P'_3 检测。压差加至工程设计值 P'_3 后降至零，再降至 $-P'_3$ 后升至零。加压速度为 300Pa/s，泄压时间不少于 1s，持续时间为 3s。记录检测过程中发生损坏和功能障碍的部位。当工程设计值大于 2.5 倍 P_1 时，以定级检测取代工程检测。

4）连接部位检查：检查安装连接部位的状态是否正常，并进行必要的测量和记录。必要时 P'_3 检测完成后重新进行一次气密和水密检测并根据检测结果进行必要修复和更换。

4. 检测结果评定

（1）气密检测结果按照《建筑外窗气密性能分级及检测方法》（GB/T 7107）进行处理，根据工程设计值进行判定或按照（GB/T 7107）中要求确定检测分级指标。

（2）水密检测结果按照《建筑外窗水密性能分级及检测方法》（GB/T 7108）进行处理和定级，三樘均应符合设计要求。

（3）当未选作 P'_3 时，以 2.5 倍 $\pm P_1$ 的绝对值较小者进行判定是否符合设计要求或参照《建筑外窗抗风压性能分级及检测方法》（GB/T 7106）中定级。当选作 P'_3 时，以 $\pm P'_3$ 的绝对值较小者进行判定是否符合设计要求或参照《建筑外窗抗风压性能分级及检测方法》（GB/T 7106）中定级。

5.2.12　幕墙性能现场检测

幕墙工程主要需进行气密、水密、抗风压及平面变形性能检测，上述检测项目需到相关检测机构检测。幕墙工程可进行现场淋水检验，方法如下：

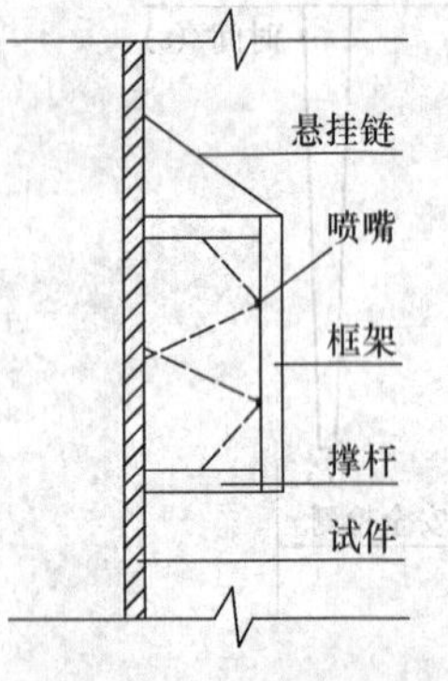

图 5-58　幕墙淋水试验装置安装示意

1. 将幕墙淋水试验装置安装在被检幕墙的外表面，喷水水嘴离幕墙的距离不应小于 530mm，并应在被检幕墙表面形成连续水幕。每一检验区域喷淋面积应 1800mm×1800mm，喷水量不应小于 4L/(m² · min)，喷淋时间应持续 5min，在室内应观察有无渗漏现象发生。

2. 幕墙淋水试验装置（图 5-58），在 1800mm×1800mm 范围内，单个喷嘴喷淋直径应为 1060mm，四个喷嘴喷淋面积应为 3.53m²，淋水总量不应小于 14L/min。

3. 喷嘴应安装在框架上，框架应用撑杆与被测幕墙连接，水管应与喷嘴连接，并引至水源。当水压不够时，应采用增压泵增压。水流量的监测可采用转子流量计或压力表两种形式。

5.2.13　建筑节能工程检验

为加强建筑节能工程的施工质量管理，统一建筑节能工程施工质量验收，提高建筑工程节能效果，《建筑节能工程施工质量验收规范》规定把建筑节能工程作为单位建筑工程的一个分部工程，单位工程竣工验收应在建筑节能分部工程验收合格后进行。建筑节能工程检验分为成品半成品进场检验、围护结构现场实体检测、系统节能性能检测等三部分。

5.2.13.1　成品半成品进场检验

建筑节能工程使用的材料、设备等，必须符合设计要求及国家有关标准的规定。严禁使用国家明令禁止使用与淘汰的材料和设备，对材料和设备应按照《建筑节能工程施工质量验收规范》GB 50411-2007 附录 A 表 A.0.1 及有关规定在施工现场抽样复验，复验应为见证取样送检。

5.2.13.2 围护结构现场实体检测

1. 基层与保温层粘结强度现场拉拔试验

（1）保温板材墙体保温系统

1）检测条件：保温层施工完成，养护时间达到粘结材料要求的龄期，并在下道工序施工前。

2）检测内容：

①基层与保温板材的粘结强度现场拉拔试验，每个检验批不少于 3 处，每处测 1 点。取样部位宜均匀分布，不宜在同一房间外墙上选取。

②基层与保温板材粘结面积现场试验，每个单体工程检测 1 组，每组检测 1 整块保温板材（尺寸为 1.2m×0.6m 或为保温板材实际尺寸）。

3）检测结果判定：

①基层与保温板材的粘结强度平均值必须满足设计要求且不小于 0.1MPa，破坏界面不得位于界面层；

②基层与保温板材累计粘结面积满足设计要求且不得小于 40%。

（2）保温浆料墙体保温系统

1）检测条件：保温层施工完成，养护时间达到粘结材料要求的龄期，并在下道工序施工前。

2）检测数量：每个单体工程检测 1 组，每组测 3 处，每处测 1 点。取样部位宜均匀分布，不宜在同一房间外墙上选取。

3）检测结果判定：检测粘结强度平均值必须满足设计要求且不小于 0.1MPa。破坏界面不得位于界面层。

2. 饰面层与保温层粘结强度现场拉拔试验

（1）薄抹面层与保温层的粘结强度现场拉拔试验

1）检测条件：薄抹面层施工完成，养护时间达到粘结材料要求的龄期，并在下道工序施工前。

2）检测数量：每个单体工程检测 1 组，每组测 3 处，每处测 1 点。取样部位宜均匀分布，不宜在同一房间外墙上选取。

3）检测结果判定：检测粘结强度平均值必须满足设计要求且不小于 0.1MPa。破坏界面不得位于界面层。

（2）墙面采用饰面砖，饰面砖的粘结强度现场拉拔试验

1）检测条件：面砖饰面层施工完成，养护时间达到粘结材料要求的龄期。

2）检测数量：每个检验批不少于 3 处，每处测 1 点。取样部位宜均匀分布，不宜在同一房间外墙上选取。

3）检测结果判定：检测粘结强度平均值必须满足设计要求且不小于 0.4MPa；一组内可有一处试样的粘结强度小于 0.4MPa，但不应小于 0.3MPa。

3. 围护结构（墙体）传热系数检测

（1）节能墙体传热系数试验室检测（等同于现场检测）

1）检测条件：在墙体节能工程施工前，按设计要求在试验室砌筑标准墙体，根据不同施工工艺确定墙体干燥养护时间。

2）检测数量：每单位工程每种节能做法的墙体各检测 1 组，每组为 1 块标准墙体。

3）检测结果判定：按照设计要求判定，试验结果不大于设计值的 120%。

（2）现场检测

1）检测条件：围护结构施工完成，围护结构（墙体）和环境均达到干燥状态。

2）检测数量：每单位工程每种节能做法的围护结构（墙体）各检测 1 组，每组测 1 处。

3）检测结果判定：按照设计要求判定，试验结果不大于设计值的 140%。

4. 建筑外窗气密性现场检测

（1）检测条件：建筑外窗安装完成，并达到竣工交付要求。现场需要具备接电条件。

（2）检测数量：同一厂家、同一品种、类型的产品各抽查不少于 3 樘。

（3）检测结果判定：将 3 樘试件正压值、负压值分别平均后对照规范确定各自所属等级，最后取两者中的不利级别为该组试件所属等级。正、负压测值分别定级。门窗等级按 GB/T 7107《建筑外窗气密性能分级及检测方法》或 JG/7211《建筑外窗气密、水密、抗风压性能现场检测方法》要求判定。

5. 围护结构的外墙节能构造钻芯检验

（1）检测条件：墙体节能工程保温层施工完成后，饰面层施工前。现场需要准备适量水，具备接电条件。

（2）检测数量：每个单体工程抽取 1 组，每组 3 处，每处 1 个芯样。取样部位宜均匀分布，不宜在同一房间外墙上选取。

（3）检测结果判定：实测芯样厚度的平均值达到设计厚度的 95%及以上且最小值不低于设计厚度的 90%时，可判定保温层厚度符合设计要求；保温材料的种类应符合设计要求。

6. 后置锚固件现场拉拔试验

（1）检测条件：保温板材的后置锚固件安装完成，并在下道工序施工前。

（2）检测数量：

采用同材料、同工艺和施工做法的墙面，每 500～1000m² 面积划分为一个检验批，不足 500m² 也为一个检验批。每个检验批抽查不少于 3 处。

（3）检测结果判定：10 个后置锚固件抗拉承载力平均值必须满足设计要求且不小于 0.30kN，最小值不小于 0.20kN。

5.2.13.3　系统节能性能检测

采暖、通风与空调、配电与照明工程安装完成后，应进行系统节能性能的检测，且应由建设单位委托具有相应检测资质的检测机构检测并出具报告，受季节影响未进行的节能性能检测项目，应在保修期内补做。采暖、通风与空调、配电与照明系统节能性能检测的主要项目及要求见下表，其检测方法应按国家现行有关标准执行。系统节能性能检测的项目和抽样数量也可以在工程合同中约定，必要时可以增加其他检测项目，当合同中约定的检测项目和抽样数量不应低于表 5-47 规定。

系统节能性能检测一览表 表 5-47

序号	检测项目	抽样数量	允许偏差或规定值
1	室内温度	居住建筑每户抽测卧室或起居室 1 间，其他建筑按房间总数抽测 10%	冬季不得低于设计计算温度 2℃，且不应高于 1℃；夏季不得高于设计计算温度 2℃，且不应低于 1℃
2	供热系统室外管网的水力平衡度	每个热源与换热站均不少于 1 个独立的供热系统	0.9～1.2
3	供热系统的补水率	每个热源与换热站均不少于 1 个独立的供热系统	0.5%～1%
4	室外管网的热输送效率	每个热源与换热站均不少于 1 个独立的供热系统	≥0.92
5	各风口的风量	按风管系统数量抽查 10%，且不得少于 1 个系统	≤15%
6	通风与空调系统的总风量	按风管系统数量抽查 10%，且不得少于 1 个系统	≤10%
7	空调机组的水流量	按系统数量抽查 10%，且不得少于 1 个系统	≤20%
8	空调系统冷热水、冷却水总流量	全数	≤10%
9	平均照度与照明功率密度	按同一功能区不少于 2 处	≤10%

5.2.14 建筑工程室内环境污染物浓度检测

民用建筑室内污染物由建筑工程所用的建筑材料和装修材料产生，主要有氡（Rn-222）、甲醛、氨、苯和总挥发性有机化合物（TVOC）。民用建筑工程根据控制室内环境污染的不同要求，划分以下两类：Ⅰ类民用建筑工程：住宅、医院、老年建筑、幼儿园、学校教室等民用建筑工程；Ⅱ类民用建筑工程：办公楼、商店、旅馆、文化娱乐场所、书店、图书馆、展览馆、体育馆、公共交通等候室、餐厅、理发店等民用建筑。

5.2.14.1 基本要求

1. Ⅰ类民用建筑工程室内装修采用的无机非金属装修材料必须为 A 类，人造木板及饰面人造木板必须采用 E1 类。

2. Ⅱ类民用建筑工程宜采用 A 类无机非金属建筑材料和装修材料，当 A 类和 B 类无机非金属装修材料混合使用时，应按下式计算，确定每种材料的使用量：

$$\sum f_i \cdot I_{Rai} \leqslant 1 \tag{5-137}$$

$$\sum f_i \cdot I_{Yi} \leqslant 1.3 \tag{5-138}$$

式中 f_i——第 i 种材料在材料总用量中所占的份额（%）；

I_{Rai}——第 i 种材料的内照射数；

I_{Yi}——第 i 种材料的外照射指数。

3. Ⅱ类民用建筑工程的室内装修，宜采用 E1 类人造木板及饰面人造木板，当采用 E2

类人造板时，直接暴露于空气的部位应进行表面涂覆密封处理。

4. 对民用建筑工程装修还有以下规定：

(1) 民用建筑工程的室内装修时，不应采用聚乙烯醇水玻璃内墙涂料、聚乙烯醇缩甲醛内墙涂料和树脂以硝化纤维为主、溶剂以二甲苯为主的水包油型多彩内墙涂料，也不应采用聚乙烯醇缩甲醛类胶粘剂。

(2) 民用建筑工程室内装修中所使用的木地板及其他木质材料，严禁采用沥青、煤焦油类防腐、防潮处理剂。

(3) Ⅰ类民用建筑工程室内装修粘贴塑料地板时，不应采用溶剂型胶粘剂，Ⅱ类民用建筑工程地下室及与室外直接自然通风的房间粘贴塑料地板时，不宜采用溶剂型胶粘剂。

(4) 民用建筑工程中，不应在室内采用脲醛树脂泡沫塑料作为保温、隔热和吸声材料。

5.2.14.2　材料

1. 无机非金属建筑主体材料和装修材料

民用建筑工程所使用的砂、石、砖、砌块、水泥、混凝土、混凝土预制构件等无机非金属建筑主体材料的放射性指标限量，应符合表5-48的规定：

无机非金属主体材料放射性指标限量　　表5-48

测定项目	限　量
内照射指数 I_{Ra}	≤1.0
外照射指数 I_r	≤1.0

民用建筑工程所使用的无机非金属装修材料，包括石材、建筑卫生陶瓷、石膏板、吊顶材料、无机瓷质砖胶粘材料等，进行分类时，其放射性限量应符合表5-49规定：

无机非金属装修材料放射性指标限量　　表5-49

测 定 项 目	限　量	
	A	B
内照射指数 I_{Ra}	≤1.0	≤1.3
外照射指数 I_r	≤1.3	≤1.9

民用建筑工程所使用的加气混凝土和空心率（孔洞率）大于25%的空心砖、空心砌块等建筑主体材料，其表面氡析出率不大于0.015，天然放射性核素镭-266、钍-232、钾-40的放射性比活度应同时满足内照射指数不大于1.0，外照射指数不大于1.3。

2. 人造木板及饰面人造木板

民用建筑工程室内用人造木板及饰面人造木板，必须测定游离甲醛含量或游离甲醛释放量，人造木板及饰面人造木板根据游离甲醛含量或游离甲醛释放量限量划分为E1类和E2类，具体分类依据见表5-50至表5-52：

环境测试舱法测定游离甲醛释放限量　　表5-50

类　别	限量（mg/m³）
E_1	≤0.12

穿孔法测定游离甲醛含量分类限量 表 5-51

类 别	限量（mg/100g，干材料）
E_1	≤9.0
E_2	≤30.0

干燥器法测定游离甲醛释放量分类限量 表 5-52

类 别	限量（mg/100g，干材料）
E_1	≤1.5
E_2	≤5.0

3. 涂料

民用建筑工程室内用水性涂料和水性腻子，应测定游离甲醛的含量，其限量应符合表5-53规定：

室内用水性涂料和水性腻子中游离甲醛限量 表 5-53

测 定 项 目	限 量	
	水 性 涂 料	水 性 腻 子
游离甲醛（mg/kg）	≤100	

民用建筑工程室内用溶剂型涂料和木器用溶剂型腻子，应按其规定的最大稀释比例混合后，测定VOC和苯、甲苯＋二甲苯＋乙苯的含量，其限量应符合表5-54规定：

VOC、苯＋二甲苯＋乙苯限量 表 5-54

涂料名称	VOC（g/L）	苯（g/kg）	甲苯＋二甲苯＋乙苯（g/kg）
醇酸类涂料	≤500	≤0.3	≤5
硝基类涂料	≤720	≤0.3	≤30
聚氨酯类涂料	≤670	≤0.3	≤30
酚醛防锈漆	≤270	≤0.3	—
其他溶剂型涂料	≤600	≤0.3	≤30
木器用溶剂型腻子	≤550	≤0.3	≤30

聚氨酯漆测定固化剂中游离二异氰酸酯（TDI、HDI）的含量后，应按其规定的最小稀释比例计算出聚氨酯漆中游离二异氰酸酯（TDI、HDI）的含量，且不应大于4g/kg。

4. 胶粘剂

民用建筑工程室内用水性胶粘剂，应测定挥发性有机化合物（VOC）和游离甲醛的含量，其限量应符合表5-55规定：

室内用水性胶粘剂中VOC和游离甲醛限量 表 5-55

测 定 项 目	限 量			
	聚乙酸乙烯酯胶粘剂	橡胶类胶粘剂	聚氨酯类胶粘剂	其他胶粘剂
挥发性有机化合物（VOC）（g/L）	≤110	≤250	≤100	≤350
游离甲醛（g/kg）	≤1.0	≤1.0	—	≤1.0

民用建筑工程室内用溶剂型胶粘剂，应测定挥发性有机化合物（VOC）、苯、甲苯+二甲苯的含量，其限量应符合表5-56规定：

室内用溶剂型胶粘剂中VOC、苯、甲苯+二甲苯限量　　表5-56

测定项目	限量			
	氯丁橡胶胶粘剂	SBS胶粘剂	聚氨酯类胶粘剂	其他胶粘剂
苯（g/kg）	≤750			
甲苯+二甲苯（g/kg）	≤200	≤150	≤150	≤150
挥发性有机化合物(VOC)(g/kg)	≤700	≤650	≤700	≤700

聚氨酯胶粘剂应测定固化剂中游离甲苯二异氰酸酯（TDI）的含量，并不应大于10g/kg。

5. 水性处理剂

民用建筑工程室内用水性阻燃剂（包括防火涂料）、防水剂、防腐剂等水性处理剂，应测定游离甲醛的含量，其限量应符合表5-57规定：

室内用水性处理剂中游离甲醛的限量　　表5-57

测定项目	限量
游离甲醛（mg/kg）	≤100

5.2.14.3　检验

1. 材料进场检验

（1）民用建筑工程中所采用的无机非金属建筑材料和装修材料必须有放射性指标检测报告，并应符合设计要求和有关规范要求。

（2）民用建筑室内饰面采用的天然花岗岩石材或瓷质砖使用面积大于200m^2时，应对不同产品、不同批次材料分别进行放射性指标的抽查复验。

（3）民用建筑工程室内装修中所采用的人造木板及饰面人造木板，必须有游离甲醛含量或游离甲醛释放量检测报告，并应符合设计要求和有关规范的要求。

（4）民用建筑工程室内装修中采用的某一种人造木板或饰面人造木板面积大于500m^2时，应对不同产品、不同批次材料的游离甲醛含量或游离甲醛释放量分别进行抽查复验。

（5）民用建筑工程室内装修中所采用的水性涂料、水性胶粘剂、水性处理剂必须有同批次产品的挥发性有机化合物（VOC）和游离甲醛含量检测报告；溶剂型涂料、溶剂型胶粘剂必须有同批次产品的挥发性有机化合物（VOC）、苯、甲苯+二甲苯、游离甲苯二异氰酸酯（TDI）含量检测报告，并应符合设计要求和有关规范的规定。

（6）建筑材料和装修材料的检测项目不全或对检测结果有疑问时，必须将材料送有资格的检测机构进行检验，检验合格后方可使用。

2. 室内环境检测

（1）民用建筑工程及室内装修工程的室内环境质量验收，应在工程完工至少7d以后、工程交付使用前进行。民用建筑工程验收时，应抽检每个建筑单体有代表性的房间室内环境污染物浓度，氡、甲醛、氨、苯、TVOC的抽检量不得少于房间总数的5%，每个建筑单体不得少于 3 间，当房间总数少于 3 间时，应全数检测。民用建筑工程验收时，凡进行了样板间室内环境污染物浓度检测且检测结果合格的，抽检数量减半，并不得少于 3 间。

（2）民用建筑工程验收时，室内环境污染物浓度检测点数应按表 5-58 设置：

室内环境污染物浓度检测点数设置 **表 5-58**

房间使用面积（m^2）	检测点数（个）
＜50	1
≥50，＜100	2
≥100，＜500	不少于 3
≥500，＜1000	不少于 5
≥1000，＜3000	不少于 6
≥3000	每 1000m^2 不少于 3

当房间内有 2 个及以上检测点时，应采用对角线、斜线、梅花状均衡布点，并取各点检测结果的平均值作为该房间的检测值。

（3）环境污染物浓度现场检测点应距内墙面不小于 0.5m，距楼地面高度 0.8～1.5m，检测点应均匀分布，避开通风口和通风道。

（4）民用建筑工程室内环境中甲醛、苯、氨、总挥发性有机化合物（VOC）浓度检测时，对采用集中空调的民用建筑工程，应在空调正常运转的条件下进行；对采用自然通风的民用建筑工程，检测应在对外门窗关闭 1h 后进行。对甲醛、氨、苯、TVOC 取样检测时，装饰装修工程中完成的固定式家具，应保持正常使用状态。

（5）民用建筑工程室内环境中氡浓度检测时，对采用集中空调的民用建筑工程，应在空调正常运转的条件下进行，对采用自然通风的民用建筑工程，应在房间的对外门窗关闭 24h 以后进行。

（6）当室内环境污染物浓度的全部检测结果符合表 5-59 规定时，可判定该工程室内环境质量合格。

民用建筑工程室内环境污染物浓度限量 **表 5-59**

污染物	Ⅰ类民用建筑工程	Ⅱ类民用建筑工程
氡（Bq/m^3）	≤200	≤400
甲醛（mg/m^3）	≤0.08	≤0.1
苯（mg/m^3）	≤0.09	≤0.09
氨（mg/m^3）	≤0.2	≤0.2
TVOC（mg/m^3）	≤0.5	≤0.6

当室内环境污染物浓度检测结果不符合表 5-59 规定时，应查找原因并采取措施进行处理，并可对不合格项进行再次检测，再次检测时，抽检数量应增加 1 倍，并应包含同类型房间及原不合格房间。再次检测结果符合规范规定时，应判定为室内环境质量合格。

5.2.15　给排水及采暖试验、检验

5.2.15.1　成品半成品进场检验

建筑给水、排水及采暖工程所使用的主要材料、成品、半成品、配件、器具和设备必须具有中文质量合格证明文件，规格、型号及性能检测报告应符合国家技术标准或设计要求。进场时应做检查验收，并经监理工程师核查确认。所有材料进场时应对品种、规格、外观等进行验收。包装应完好，表面无划痕及外力冲击破损。主要器具和设备必须有完整的安装使用说明书。在运输、保管和施工过程中，应采取有效措施防止损坏或腐蚀。

1. 阀门

阀门安装前，应做强度和严密性试验。试验应在每批（同牌号、同型号、同规格）数量中抽查10%，且不少于1个。对于安装在主干管上起切断作用的闭路阀门，应逐个做强度和严密性试验。阀门的强度和严密性试验，应符合以下规定：阀门的强度试验压力为公称压力的1.5倍；严密性试验压力为公称压力的1.1倍；试验压力在试验持续时间内应保持不变，且壳体填料及阀瓣密封面无渗漏。阀门试压的试验持续时间应不少于表5-60的规定。

阀门试验持续时间　　**表 5-60**

公称直径 DN（mm）	最短试验持续时间（s）		
	严密性试验		强度试验
	金属密封	非金属密封	
≤50	15	15	15
65～200	30	15	60
250～450	60	30	180

2. 喷头

闭式喷头应进行密封性能试验，无渗漏、无损伤为合格。试验数量宜从每批中抽查1%，但不得少于5只，试验压力应为3.0MPa；试验时间不得少于3min，当有两只及以上不合格时，不得使用该批喷头。当仅有一只不合格时，应再抽查2%，但不得少于10只。重新进行密封性能试验，仍有不合格时，不得使用该批喷头。

3. 报警阀及水流指示器

报警阀应逐个进行渗漏试验，应有水流方向的永久性标志；报警阀、信号阀阀瓣及操作机构动作灵活，无卡涩现象，阀体应清洁无异物；水力警铃的铃锤应转动灵活，无阻滞现象；水流指示器应有水流方向的永久性标志。

5.2.15.2　给（热）水系统试验

1. 水压试验

试验标准：

(1) 室内给水管道的水压试验必须符合设计要求。当设计未注明时，各种材质的给水管道系统试验压力均为工作压力的1.5倍，但不得小于0.6MPa。

(2) 热水供应系统安装完毕，管道保温之前应进行水压试验。试验压力应符合设计要

求。当设计未注明时，热水供应系统水压试验压力应为系统顶点的工作压力加 0.1MPa，同时在系统顶点的试验压力不小于 0.3MPa。

2. 水压试验合格标准

金属及复合管给水管道系统在试验压力下观测 10min，压力降不应大于 0.02MPa，然后降到工作压力进行检查，应不渗不漏；塑料管给水系统应在试验压力下稳压 1h，压力降不得超过 0.05MPa，然后在工作压力的 1.15 倍状态下稳压 2h，压力降不得超过 0.03MPa，同时检查各连接处不得渗漏。

3. 系统冲洗、通水试验

（1）管道系统在验收前必须进行冲洗，冲洗水应采用生活饮用水，流速不得小于 1.5m/s。应连续进行，保证充足的水量，出口水质和进水水质透明度一致为合格。

（2）系统冲洗完毕后应进行通水试验，按给水系统的 1/3 配水点同时开放，各排水点通畅，接口处无渗漏。

5.2.15.3　消防给水系统试验

1. 水压试验标准

一般当系统设计工作压力等于或小于 1.0MPa 时，水压强度试验压力为设计工作压力的 1.5 倍，并不小于 1.4MPa；当系统设计工作压力大于 1.0MPa 时，水压强度试验压力应为该工作压力加 0.4MPa，但不大于 1.6MPa。

2. 水压试验合格标准

系统达到强度试验压力后，稳压 30min，目测管网应无变形、无泄漏且压力降不大于 0.05MPa。强度试压合格后，再将管网水压降到工作压力，稳压 24h，无渗漏为水压严密性试验合格。

5.2.15.4　排水系统试验

1. 灌水试验

先将排出管末端用气囊堵严，从管道最高点灌水，灌水试验合格后，经过监理、甲方有关人员验收，方可隐蔽或回填，回填土必须分层进行，每层 0.15m，埋地管道、设备层的管道隐蔽前必须做灌水试验。灌水高度不低于卫生器具的上边缘或地面高度，满水 15min 水面下降后，再灌满观察 5min 液面不降，管道接口无渗漏为合格。

2. 球试验

（1）排水系统立、干管安装完后，必须做通球试验。

（2）根据立管直径选择可击碎小球，球径为管径的 2/3，从立管顶端投入小球，并用小线系住小球，在干管检查口或室外排水口处观察，发现小球为合格。

（3）干管通球试验要求：从干管起始端投入塑料小球，并向干管内通水，在户外的第一个检查井处观察，发现小球流出为合格。

3. 卫生器具试验

（1）器具安装完成后，应进行满水和通水试验，试验前应检查地漏是否畅通，分户阀门是否关好，然后按层段分户分房间逐一进行通水试验。

（2）试验时临时封堵排水口，将器具灌满水后检查各连接件不渗不漏；打开排水口，排水通畅为合格。

4. 器具配件试验

(1) 满水试验：打开器具进水阀门，封堵排水口，观察器具及各连接件是否渗漏，溢水口溢流是否畅通。

(2) 通水试验：器具满水后打开排水口，检查器具连接件，以不渗不漏排水通畅为合格。

5.2.15.5　压力排水系统试验

压力排水系统一般包括用污水泵从集水坑抽水和虹吸屋面雨水系统。前者系统试验可参照给水系统试验执行。

1. 虹吸式雨水系统密封性能试验

堵住所有雨水斗，向屋顶或天沟灌水。水位应淹没雨水斗，持续 1h 后，雨水斗周围屋面应无渗漏现象。

安装在室内的雨水管道，应根据管材和建筑高度选择整段或分段方式进行灌水试验，灌水高度必须达到每根立管上部雨水斗口。灌水试验持续 1h 后，管道及其所有连接处应无渗水现象。

2. 虹吸式排水系统排水性能试验

可以采用以下三种实验方法：

(1) 单位时间内水容积增减的方法（适用于混凝土屋面）；

(2) 管道流量计测量的方法；

(3) 采用降雨时实际观测来计算雨水的排水能力的方法。

5.2.15.6　雨水系统试验

雨水管道安装后，按规定要求必须进行灌水试验。灌水高度必须到每根立管上部的雨水斗。灌水试验持续 1h 不渗不漏为合格；凡属隐蔽暗装管道必须按分项工序进行。安装在室内的雨水管道安装后应做灌水试验灌水高度必须到每根立管上部的雨水斗。

5.2.15.7　采暖系统试验

水压试验：

(1) 试验标准

试验压力应符合设计要求，当设计未注明时，应符合下列规定：

1) 蒸汽、热水采暖系统，应以系统顶点工作压力加 0.1MPa 做水压试验，同时在系统顶点的试验压力不小于 0.3MPa。

2) 高温热水采暖系统，试验压力应为系统顶点工作压力加 0.4MPa。

3) 使用塑料管及复合管的热水采暖系统，应以系统顶点工作压力加 0.2MPa 做水压试验。同时在系统顶点的试验压力不小于 0.4MPa。

(2) 试验合格标准

使用钢管及复合管的采暖系统应在试验压力下 10min 内压力降不大于 0.02MPa，降至工作压力后检查，不渗、不漏。使用塑料管的采暖系统应在试验压力下 1h 内压力降不大于 0.05MPa，然后降压至工作压力的 1.15 倍，稳压 2h，压力降不大于 0.03MPa，同时各连接处不渗、不漏。

5.2.15.8　锅炉安装系统试验

1. 水压试验

(1) 锅炉水压试验标准，如表 5-61 所示。

锅炉水压试验的压力（MPa） 表 5-61

名　称	锅筒工作压力 P	试验压力
锅炉本体	<0.8	1.5P，且不小于 0.20
	0.8～1.6	P+0.4
	>1.6	1.25P
可分式省煤器	1.25P+0.5	
过热器	与锅炉本体试验压力相同	

（2）水压试验的合格标准

水压试验符合下列所有要求时，即认为水压试验合格。

1）升至试验压力水泵停止后，在试验压力下保持 20min，然后降至工作压力进行检查，检查期间压力应保持不变。

2）在受压组件金属壁和焊缝上没有水珠和水雾。

3）当降到工作压力后胀口处不滴水珠。

4）水压试验后，无可见的残余变形。

水压试验合格后及时填写记录表格，办理各方检验人员的签证。

2. 漏风试验

（1）在所有密封装置施工后，保温施工前，为检验锅炉的密封性能，应进行漏风试验，结合烟道、风道一起进行。漏风试验，必须具备以下条件：

1）锅炉炉墙、烟道、风道，密封装置施工完毕，风压表已装好，人孔、仪表孔等全部封闭。

2）所有风门开关灵活，指示准确。

（2）漏风试验主要是对炉室，烟、风道等部分进行正风压试验，试验压力按高于炉膛工作压力 0.5kPa 进行。

5.2.15.9 水质检测

生活给水系统管道在交付使用前必须冲洗和消毒，并经有关部门取样检验，符合国家《生活饮用水标准》方可使用。

锅炉水质监测单位必须取得省级以上（含省级）安全监察机构的授权，才能从事锅炉水质监测工作。锅炉水质监测单位的条件应符合《锅炉水质监测单位必备条件》。锅炉水质符合《工业锅炉水质》（GB 1576）标准的规定。

5.2.15.10 消防检测

凡新建、改建、扩建建筑工程竣工后，建筑消防设施投入运行前必须先由具备资格的检测机构进行技术检测，合格后再由公安消防机构进行验收，验收合格颁发消防设施合格证（牌）。未经检测或检测不合格的工程，公安消防机构一律不予验收，不得投入使用。对于已投入使用的建筑消防设施实行定期年检制度。

1. 消防供水系统检测内容

（1）消防水源的性质、进水管的条数和直径及消防水池的设置状况；

（2）消防水池的容积、水位指示器和补水设施、保证消防用水和防冻措施等；

（3）消防水箱的设置、容积、防冻措施、补水及单向阀的状况等；

（4）各种消防供水泵的性能、管道、手自动控制、启动时间，主备泵和主备电源转换功能等；

（5）检测水泵结合器的设置、标志及输送消防水的功能等。

2. 室内消火栓系统检测内容

（1）室内消火栓的安装、组件、规格及其间距等；

（2）屋顶消火栓的设置、防冻措施及其充实水柱长度等；

（3）室内消火栓管网的设置、管径、颜色、保证消防用水及其连接形状；

（4）室内消火栓的首层和最不利点的静压、动压及其充实水柱长度；

（5）手动启泵按钮的设置及其功能。

3. 自动喷水灭火系统检测内容

（1）管网的安装、连接、设置喷头数量及末端管径等；

（2）水流指示器和信号阀的安装及其功能；

（3）报警阀组的安装、阀门的状态、各组件及其功能；

（4）喷淋头安装、外观、保护间距和保护面积及与邻近障碍物的距离等；

（5）对报警阀组进行功能试验；

（6）对自动喷淋水（雾）系统进行功能试验。

5.2.15.11 供热系统节能检测

供热系统安装或节能技术改造完成后应委托第三方节能量检测机构进行供热系统安装或节能技术改造项目的节能测试，出具节能检测报告。

项目实施单位应向第三方节能量检测机构提供供热系统安装方案或供热系统节能技术改造方案、供热管网及建筑物平面布置图、采暖用户明细表。

1. 节能量测试

节能量是指供热系统实施节能技术改造后的锅炉燃料、水泵耗电的节约量。测试时间不少于72h，并避开测试前和测试过程中室外温度、室内温度变化剧烈的状况。

节能量按照以下公式计算：

节能量=（全市锅炉房平均燃料消耗量−锅炉房标准燃料消耗量）×λ+水泵节电量 (5-139)

其中 λ——考虑项目实施单位改造前后自身节能量对比的系数。

水泵节电量采用以下测试结果。

2. 水泵节电量测试

泵系统输入电能（量）或有功功率、改造前后采暖季统计电量、节能率和节能量。

测试时间：应选取在采暖季节里正常供暖7d后，抽取某一天去现场实地测试。

测试结果评价

（1）节电率

$$RE=(EG-EV)/EG\times 100\% \tag{5-140}$$

式中 RE——平均节电率（%）；

EG——改造前泵系统运行用电量平均值（kW·h）；

EV——改造后泵系统运行用电量平均值（kW·h）。

（2）节电量

$$\Delta E = E_{N1} \times RE \tag{5-141}$$

式中 ΔE——采暖季节电量（kW·h）；

E_{N1}——改造前采暖季用电量（kW·h）；

RE——平均节电率（%）。

（3）泵系统采暖季单位面积耗电量

a. 改造前泵系统单位面积耗电量

$$e_1 = E_{N1}/A_1 \tag{5-142}$$

式中 e_1——改造前泵系统单位面积耗电量（kW·h/m^2）；

E_{N1}——改造前采暖季用电量（kW·h）；

A_1——改造前总供热面积（m^2）。

b. 改造后泵系统单位面积耗电量

$$e_2 = E_{N2}/A_2 \tag{5-143}$$

式中 e_2——改造后泵系统单位面积耗电量（kW·h/m^2）；

E_{N2}——改造后泵系统年耗电量（kW·h）；

A_2——改造前总供热面积（m^2）。

3. 燃气锅炉烟气冷凝热回收技术测试

烟气冷凝器回收装置的进排烟温度、烟气冷凝器回收装置前后的烟气成分（O_2、CO、CO_2）、烟气冷凝器回收装置的进出水温度。

测试时间应选取在采暖季节里正常供暖 7d 后，抽取某一天去现场实地考核；测试应在热工况稳定时开始；测试时间为 2h。检测单位不计算烟气冷凝器回收装置效率，仅提供烟气冷凝器回收装置的工作状况参数。

4. 水力平衡技术测试

应选取在采暖季节里正常供暖 7d 后，抽取某一天去现场实地实测时间为 24h。

测试结果评价：

（1）抽查供热单位水力平衡调试报告；

（2）计算近端任一测点的逐时平均温度 t_1，远端同层测点的逐时平均温度 t_2，如果满足：测点瞬时温度不低于 16℃，且$(t_1-t_2)/(t_1+t_2) \leqslant 10\%$，则视为水力平衡。

5. 分时分区控制技术测试

测试时间选取在采暖季节里正常供暖 7d 后、在事前了解系统分时分区控制方案之后、抽取某一时刻去现场实地考核。按照分时分区控制方案中，在系统热量应发生调节变化的时刻的前后 10min 内，在建筑物热力入口通过对管道的流量和温度的测试，记录调节控制的变化过程。

结果评价：对仪表记录的工况变化过程是否吻合控制方案，加以定性评价。

6. 气候补偿技术测试

测试时间选取在采暖季节里正常供暖 7d 后的某一工作日，不包括节假日（因为节假日里居民开窗会影响测试结果）；测试周期为测试日的 10：00～20：00，连续测试 10h。

结果评价：

以逐时的室外平均温度值作为横坐标、以逐时平均温差（定流量运行）或耗热量（变流量运行）为纵坐标绘图，对照气候补偿装置的说明书曲线，检查实际效果。

7. 锅炉房集中控制技术测试

测试时间选取在采暖季节里正常供暖 7d 后、抽取某一天某一刻去现场实地考核。

测试方法：对照改造方案，现场逐项观察是否实现了锅炉房自动控制的功能。

结果评价：对已装控制装置是否符合改造方案，加以定性评价。

5.2.16　建筑电气试验、检验

5.2.16.1　成品、半成品进场检验

成品和半成品进场检验结论应有记录，因有异议送有资质试验室进行抽样检测，试验室应出具检测报告，确认符合《建筑电气工程施工质量验收规范》（GB 50303）和相关技术标准规定，才能在施工中应用。经批准的免检产品或认定的名牌产品，当进场验收时，宜不做抽样检测。

5.2.16.2　低压成套配电柜交接试验

依据《建筑电气工程施工质量验收规范》（GB 50303）要求，低压成套配电柜交接试验符合下列规定：

1. 配电柜每路开关及保护装置的规格、型号，应符合设计要求。

2. 相间和相对地间的绝缘电阻值应大于 0.5MΩ。

3. 电气装置的交流工频耐压试验电压为 1kV，当绝缘电阻值大于 10MΩ 时，可采用 2500V 兆欧表摇测替代，试验持续时间 1min，无击穿闪络现象。

5.2.16.3　高压母线交流工频耐压试验

交流耐压试验是破坏性试验。在试验之前必须对被试品先进行绝缘电阻、吸收比、泄漏电流、介质损失角及绝缘油等项目的试验，若试验结果正常方能进行交流耐压试验，若发现设备的绝缘情况不良（如受潮和局部缺陷等），通常应先进行处理后再做耐压试验，避免造成不应有的绝缘击穿。

高压母线通常与设备一起做交流工频耐压试验，很少单独进行耐压试验，一般高压母线试验电压取绝缘等级最低的设备或器件的工频耐压试验电压，依据现行国家标准《电气装置安装工程电气设备交接试验标准》（GB 50150）的规定。

5.2.16.4　低压母线交接试验

依据《建筑电气工程施工质量验收规范》（GB 50303）要求，低压母线交接试验符合下列规定：

1. 每路配电开关及保护装置的规格、型号，应符合设计要求。

2. 相间和相对地间的绝缘电阻值应大于 0.5MΩ。

3. 电气装置的交流工频耐压试验电压为 1kV，当绝缘电阻值大于 10MΩ 时，可采用 2500V 兆欧表摇测替代，试验持续时间 1min，无击穿闪络现象。

5.2.16.5　高压电力电缆直流耐压试验

1. 电力电缆线路的试验，应符合现行国家标准《电气装置安装工程电气设备交接试验标准》（GB 50150）中的下列规定：

1）对电缆的主绝缘做耐压试验或测量绝缘电阻时，应分别在每一相上进行。对一相进行试验或测量时，其他两相导体、金属屏蔽或金属套和铠装层一起接地。

2）对金属屏蔽或金属套一端接地，另一端装有护层过电压保护器的单芯电缆主绝缘做耐压试验时，必须将护层过电压保护器短接，使这一端的电缆金属屏蔽或金属套临时接地。

3）对额定电压为0.6/1kV的电缆线路应用2500V兆欧表测量导体对地绝缘电阻代替耐压试验，试验时间1min。

2. 直流耐压试验及泄漏电流测量，应符合《电气装置安装工程电气设备交接试验标准》（GB 50150）中的下列规定：

（1）直流耐压试验电压标准

1）纸绝缘电缆直流耐压试验电压 U_t 可采用下式计算

对于统包绝缘（带绝缘）： $U_t = 5 \times (U_0 + U)/2$ （5-144）

对于分相屏蔽绝缘： $U_t = 5 \times U_0$ （5-145）

试验电压见表5-62的规定。

纸绝缘电缆直流耐压试验电压标准（kV）　　表5-62

电缆额定电压 U_0/U	1.8/3	2.6/3	3.6/6	6/6	6/10	8.7/10	21/35	26/35
直流试验电压	12	17	24	30	40	47	105	130

2）18/30kV及以下电压等级的橡塑绝缘电缆直流耐压试验电压应按式（5-146）计算：

$$U_t = 4 \times U_0 \tag{5-146}$$

3）充油绝缘电缆直流耐压试验电压，应符合表5-63的规定。

充油绝缘电缆直流耐压试验电压标准（kV）　　表5-63

电缆额定电压 U_0/U	雷电冲击耐受电压	直流试验电压
48/66	325	165
	350	175
64/110	450	225
	550	275
127/220	850	425
	950	475
	1050	510
200/330	1175	585
	1300	650
290/500	1425	710
	1550	775
	1675	835

注：上列各表中的 U 为电缆额定线电压；U_0 为电缆导体对地或对金属屏蔽层间的额定电压。

4）交流单芯电缆的护层绝缘直流耐压试验标准，可依据《电气装置安装工程电气设备交接试验标准》（GB 50150）中的附录F（电力电缆线路交叉互联系统试验方法和要求）进行。

（2）试验时，试验电压可分4～6阶段均匀升压，每阶段停留1min，并读取泄漏电流值。试验电压升至规定值后维持15min，其间读取1min和15min时泄漏电流。测量时应消除杂散电流的影响。

5.2.16.6 动力和照明工程的漏电保护装置模拟动作试验

1. 漏电开关模拟试验要求

依据《建筑电气工程施工质量验收规范》（GB 50303）中规定动力和照明工程的带有漏电保护装置的回路均要进行漏电开关模拟试验。

2. 漏电开关模拟试验方法

（1）漏电开关模拟试验应使用漏电开关检测仪，并在检定有效期内。

（2）漏电开关模拟试验应100%检查。

（3）测试住宅工程的漏电保护装置动作电流应依据《建筑电气工程施工质量验收规范》（GB 50303）中第6.1.9条第2款（箱或盘内开关动作灵活可靠，带有漏电保护的回路，漏电保护装置动作电流不大于20mA，动作时间不大于0.1s）的数值要求进行。测试其他设备的漏电保护装置的动作电流和动作时间应依据设计要求而定。

5.2.16.7 大型灯具的过载试验

1. 大型灯具依据《建筑电气工程施工质量验收规范》（GB 50303）中规定需进行过载试验。大型灯具的界定：

（1）大型的花灯。

（2）设计单独出图的大型灯具。

（3）灯具本身标明的灯具。

2. 大型灯具应在预埋螺栓、吊钩、吊杆或吊顶上嵌入式安装专用骨架等物件上安装，吊钩圆钢直径不应小于灯具挂销直径，且不应小于6mm。

3. 大型灯具过载试验方法：

（1）大型灯具的固定及悬吊装置应按灯具重量的2倍进行过载试验。

（2）大型灯具的固定及悬吊装置应全数进行过载试验。

（3）试验重物距离地面300mm左右，试验时间为15min。

5.2.16.8 设备单机试运转试验

电气设备安装完毕后应进行耐压及调整试验，然后进行单机试运转试验，单机试运转试验主要检测运转状态、设备振动情况、温升、噪声等内容。

如风机试运转试验的主要内容包括：叶轮旋转方向是否正确；运转状态是否运转平稳；风机振动有无异常振动；运行功率是多少千瓦；连续运转时间是多少小时；轴承外壳温度是多少摄氏度；运行噪声是多少分贝。

水泵试运转试验的主要内容包括：叶轮旋转方向是否正确；运转状态是否平稳；水泵振动有无异常；紧固件连接有无松动；壳体密封有无渗漏；运行功率是多少千瓦；连续运转时间是多少小时；轴承外壳温度是多少摄氏度；泄漏量每小时多少毫升。

5.2.16.9 避雷带支架垂直拉力试验

1. 避雷带支架拉力试验的目的

为使避雷带不因受到外力作用而发生脱落现象，避雷带安装完成后应做拉力试验。

2. 避雷带支架拉力试验要求

（1）避雷带应平正顺直，固定点支持件间距均匀、固定可靠，每个支持件应能承受大于5kg（49N）的垂直拉力。

（2）当设计无要求时，明敷接地引下线及室内接地干线的支持件间距应符合：水平直线部分0.5～1.5m，垂直直线部分1.5～3m；弯曲部分0.3～0.5m。

3. 避雷带支架拉力试验方法

（1）避雷带支架拉力测试使用弹簧秤，弹簧秤的量程应能满足规范要求；并在检定有效期内。

（2）避雷带的支持件应100%进行垂直拉力测试，每个支持件均能承受大于5kg（49N）的垂直拉力。

5.2.16.10 低压配电电源检测

低压配电电源主要检测电源电压和电源的功率因数是否到达规范标准或设计要求。《电能质量供电电压允许偏差》（GB 12325）规定电力系统在正常运行条件下，用户受电端供电电压的允许偏差为：低压用户为额定电压的+7%～−7%；低压照明用户为额定电压的+5%～−10%。

如果功率因数达不到设计要求，一般进行低压无功补偿，低压无功补偿通常采用的方法主要有三种：随机补偿、随器补偿、跟踪补偿。

5.2.16.11 平均照度与照明功率密度检验

依据《建筑节能工程施工质量验收规范》（GB 50411）中12.2.4要求，在通电试运行中，抽检平均照度与照明功率密度，照度值不得小于设计值的90%；检验方法是在无外界光源的情况下，被检测区域内平均照度和功率密度，每种功能区抽检不少于2处。如果设计未明确，则各类建筑房间或场所的照明功率密度和平均照度值可参考表5-64～表5-68的规定。当房间或场所的照度值高于或低于表中规定的照度值时，其照明功率密度值应按比例提高或折减。

办公建筑照明功率密度和平均照度 **表5-64**

房间或场所	照明功率密度（W/m²）	对应照度（lx）
普通办公室	11	300
高档办公室	18	500
会议室	11	300
营业厅	13	300
文件整理、复印、发行室	11	300
档案室	8	200

商业建筑照明功率密度和平均照度 **表5-65**

房间或场所	照明功率密度（W/m²）	对应照度（lx）
一般商店营业厅	12	300
高档商店营业厅	19	500
一般超市营业厅	13	300
高档超市营业厅	20	500

旅馆建筑照明功率密度和平均照度　表 5-66

房间或场所	照明功率密度（W/m^2）	对应照度（lx）
客房	15	—
中餐厅	13	200
多功能厅	18	300
客房层走廊	5	50
门厅	15	300

医院建筑照明功率密度和平均照度　表 5-67

房间或场所	照明功率密度（W/m^2）	对应照度（lx）
治疗室、诊室	11	300
化验室	18	500
手术室	30	750
候诊室	8	200
病房	6	100
护士站	11	300
药房	20	500
重症监护室	11	300

学校建筑照明功率密度和平均照度　表 5-68

房间或场所	照明功率密度（W/m^2）	对应照度（lx）
教室、阅览室	11	300
实验室	11	300
美术教室	18	500
多媒体教室	11	300

5.2.17　智能建筑试验、检验

5.2.17.1　通信网络系统

1. 通信系统

（1）通信系统检测由系统检查测试、初验测试和试运行验收测试三个阶段组成。

（2）通信系统的测试可包括以下内容：

1）系统检查测试：

硬件通电测试；系统功能测试。

2）初验测试：

初验测试主要对系统的可靠性；接通率；基本功能（如通信系统的业务呼叫与接续、计费、信令、系统负荷能力、传输指标、维护管理、故障诊断、环境条件适应能力等）进行测试。

3）试运行验收测试：

联网运行（接入用户和电路）测试；故障率测试。

4）智能建筑通信系统安装工程的检测阶段、检测内容、检测方法及性能指标要求应符合《程控电话交换设备安装工程验收规范》YD 5077等有关国家现行标准的要求。

5）通信系统接入公用通信网信道的传输速率、信号方式、物理接口和接口协议应符合设计要求。

6）通信系统的系统检测的内容应符合表5-69的要求。

通信系统工程检测项目表 **表 5-69**

序号	检测项目	检 测 内 容
程控电话交换设备检测项目		
1	硬件测试	设备供电正常、告警指示工作正常、硬件通电无故障
2	系统检测	系统功能、中继电路测试、用户连通性能测试、基本业务与可选业务、冗余设备切换、路由选择、信号与接口、过负荷测试、计费功能
3	系统维护管理	软件版本符合合同规定、人机命令核实、告警系统、故障诊断、数据生成
4	网络支撑	网管功能、同步功能
5	模拟测试	呼叫接通率、计费准确率
会议电视系统检测项目		
1	系统测试	单机测试、信道测试、传输性能指标测试、画面显示效果与切换、系统控制方式检查、时钟与同步
2	监测管理系统检测	系统故障检测与诊断、系统实时显示功能
3	计 费 功 能	
接入网设备（非对称数字用户环路ADSL）检测项目		
1	收发器线路接口测试（功率谱密度，纵向平衡损耗，过压保护）	
2	用户网络接口（UNI）测试	25.6Mbit/s电接口、10BASE-T接口、通用串行总线（USB）接口、PCI总线接口
3	业务节点接口（SNI）测试	STM-1（155Mbit/s）光接口、电信接口（34Mbit/s、155Mbit/s）
4	分离器测试（包括局端和远端）	直流电阻、交流阻抗特性、纵向转换损耗纵向转换损耗、损耗/频率失真、时延失真、脉冲噪声、话音频带插入损耗、频带信号衰减
5	传输性能测试	
6	功能验证测试	传递功能（具备同时传送IP、POTS或ISDN业务能力）、管理功能（包括配置管理、性能管理和故障管理）

2. 卫星数字电视及有线电视系统测试

(1) 采用主观评测检查有线电视系统的性能，主要技术指标应符合表5-70中规定。

(2) 电视图像质量的主观评价应不低于4分。具体标准见表5-71。

有线电视主要技术指标　表 5-70

序号	项目名称	测试频道	主观评测标准
1	系统输出电平 (dBμV)	系统总频道的10%且不少于5个，不足5个全检，且分布于整个工作频段的高、中、低段	60～80
2	系统载噪比	系统总频道的10%且不少于5个，不足5个全检，且分布于整个工作频段的高、中、低段	无噪波，即无"雪花干扰"
3	载波互调比	系统总频道的10%且不少于5个，不足5个全检，且分布于整个工作频段的高、中、低段	图像中无垂直、倾斜或水平条纹
4	交扰调制比	系统总频道的10%且不少于5个，不足5个全检，且分布于整个工作频段的高、中、低段	图像中无移动、垂直或斜图案，即无"窜台"
5	回波值	系统总频道的10%且不少于5个，不足5个全检，且分布于整个工作频段的高、中、低段	图像中无沿水平方向分布在右边一条或多条轮廓线，即无"重影"
6	色/亮度时延差	系统总频道的10%且不少于5个，不足5个全检，且分布于整个工作频段的高、中、低段	图像中色、亮信息对齐，即无"彩色鬼影"
7	载波交流声	系统总频道的10%且不少于5个，不足5个全检，且分布于整个工作频段的高、中、低段	图像中无上下移动的水平条纹，即无"滚道"现象
8	伴音和调频广播的声音	系统总频道的10%且不少于5个，不足5个全检，且分布于整个工作频段的高、中、低段	无背景噪声、如咝咝声、哼声、蜂鸣声和串间等

图像的主观评价标准　表 5-71

等级	图像质量损伤程度
5分	图像上不觉察有损伤或干扰存在
4分	图像上有稍可觉察的损伤或干扰，但不令人讨厌
3分	图像上有明显觉察的损伤或干扰，令人讨厌
2分	图像上损伤或干扰较严重，令人相当讨厌
1分	图像上损伤或干扰极严重，不能观看

(3) HFC网络和双向数字电视系统正向测试的调制误差率和相位抖动，反向测试的侵入噪声、脉冲噪声和反向隔离度的参数指标应满足设计要求；并检测其数据通信、VOD，图文播放等功能；HFC用户分配网应采用中心分配结构，具有可寻址路权控制及上行信号汇集均衡等功能；应检测系统的频率配置、抗干扰性能，其用户输出电平应取62～68dBμV。

3. 公共广播与紧急广播系统功能检测

(1) 业务宣传、背景音乐和公共寻呼插播；

(2) 紧急广播与公共广播共用设备时，其紧急广播由消防分机控制，具有最高优先权，在火灾和突发事故发生时，应能强制切换为紧急广播并以最大音量播出；紧急广播功能检测按规范《智能建筑工程质量验收规范》GB 50339第7章的有关规定执行；

(3) 功率放大器应冗余配置，并在主机故障时，按设计要求备用机自动投入运行。

5.2.17.2　信息网络系统

1. 计算机网络系统检测

(1) 计算机网络系统的检测应包括连通性检测、路由检测、容错功能检测、网络管理功能检测。

(2) 连通性检测方法可采用相关测试命令进行测试，或根据设计要求使用网络测试仪测试网络的连通性。

(3) 对计算机网络进行路由检测，路由检测方法可采用相关测试命令进行测试，或根据设计要求使用网络测试仪测试网络路由设置的正确性。

(4) 容错功能的检测方法应采用人为设置网络故障，检测系统正确判断故障及故障排除后系统自动恢复的功能；切换时间应符合设计要求。

2. 信息平台及办公自动化应用软件检测

智能建筑的应用软件应包括智能建筑办公自动化软件、物业管理软件和智能化系统集成等应用软件系统。应用软件的检测应从其涵盖的基本功能、界面操作的标准性、系统可扩展性和管理功能等方面进行检测，并根据设计要求检测其行业应用功能。满足设计要求时为合格，否则为不合格。不合格的应用软件修改后必须通过回归测试。

3. 网络安全系统检测

(1) 网络安全系统宜从物理层安全、网络层安全、系统层安全、应用层安全等四个方面进行检测，以保证信息的保密性、真实性、完整性、可控性和可用性等信息安全性能符合设计要求。

(2) 计算机信息系统安全专用产品必须具有公安部计算机管理监察部门审批颁发的"计算机信息系统安全专用产品销售许可证"；特殊行业有其他规定时，还应遵守行业的相关规定。

(3) 如果与因特网连接，智能建筑网络安全系统必须安装防火墙和防病毒系统。

5.2.17.3 建筑设备监控系统

1. 建筑设备监控系统的检测应以系统功能和性能检测为主，同时对现场安装质量、设备性能及工程实施过程中的质量记录进行抽查或复核。

2. 空调与通风系统功能检测：

建筑设备监控系统应对空调系统进行温湿度及新风量自动控制、预定时间表自动启停、节能优化控制等控制功能进行检测。应着重检测系统测控点（温度、相对湿度、压差和压力等）与被控设备（风机、风阀、加湿器及电动阀门等）的控制稳定性、响应时间和控制效果，并检测设备连锁控制和故障报警的正确性。

3. 变配电系统功能检测：

建筑设备监控系统应对变配电系统的电气参数和电气设备工作状态进行监测，检测时应利用工作站数据读取和现场测量的方法对电压、电流、有功（无功）功率、功率因数、用电量等各项参数的测量和记录进行准确性和真实性检查，显示的电力负荷及上述各参数的动态图形能比较准确地反映参数变化情况，并对报警信号进行验证。

4. 公共照明系统功能检测：

建筑设备监控系统应对公共照明设备（公共区域、过道、园区和景观）进行监控，应以光照度、时间表等为控制依据，设置程序控制灯组的开关，检测时应检查控制动作的正确性；并检查其手动开关功能。

5. 给排水系统功能检测：

建筑设备监控系统应对给水系统、排水系统和中水系统进行液位、压力等参数检测及水泵运行状态的监控和报警进行验证。检测时应通过工作站参数设置或人为改变现场测控点状态，监视设备的运行状态，包括自动调节水泵转速、投运水泵切换及故障状态报警和保护等项是否满足设计要求。

6. 热源和热交换系统功能检测：

建筑设备监控系统应对热源和热交换系统进行系统负荷调节、预定时间表自动启停和节能优化控制。检测时应通过工作站或现场控制器对热源和热交换系统的设备运行状态、故障等的监视、记录与报警进行检测，并检测对设备的控制功能。

7. 冷冻和冷却水系统功能检测：

建筑设备监控系统应对冷水机组、冷冻冷却水系统进行系统负荷调节、预定时间表自动启停和节能优化控制。检测时应通过工作站对冷水机组、冷冻冷却水系统设备控制和运行参数、状态、故障等的监视、记录与报警情况进行检查，并检查设备运行的联动情况。

8. 电梯和自动扶梯系统功能检测：

建筑设备监控系统应对建筑物内电梯和自动扶梯系统进行监测。检测时应通过工作站对系统的运行状态与故障进行监视，并与电梯和自动扶梯系统的实际工作情况进行核实。

9. 建筑设备监控系统与子系统（设备）间的数据通信接口功能检测：

建筑设备监控系统与带有通信接口的各子系统以数据通信的方式相连时，应在工作站监测子系统的运行参数（含工作状态参数和报警信息），并和实际状态核实，确保准确性和响应时间符合设计要求；对可控的子系统，应检测系统对控制命令的响应情况。

10. 中央管理工作站与操作分站功能检测：

对建筑设备监控系统中央管理工作站与操作分站功能进行检测时，应主要检测其监控和管理功能，检测时应以中央管理工作站为主，对操作分站主要检测其监控和管理权限以及数据与中央管理工作站的一致性。

11. 系统实时性检测：

采样速度、系统响应时间应满足合同技术文件与设备工艺性能指标的要求；报警信号响应速度应满足合同技术文件与设备工艺性能指标的要求。

12. 系统可维护功能检测：

应检测应用软件的在线编程（组态）和修改功能，在中央站或现场进行控制器或控制模块应用软件的在线编程（组态）、参数修改及下载，全部功能得到验证为合格，否则为不合格。

设备、网络通信故障的自检测功能，自检必须指示出相应设备的名称和位置，在现场设置设备故障和网络故障，在中央站观察结果显示和报警，输出结果正确且故障报警准确者为合格，否则为不合格。

13. 系统可靠性检测：

系统运行时，启动或停止现场设备，不应出现数据错误或产生干扰，影响系统正常工作。

切断系统电网电源，转为 UPS 供电时，系统运行不得中断。

中央站冗余主机自动投入时，系统运行不得中断。

14. 现场设备性能检测：

（1）传感器精度测试，检测传感器采样显示值与现场实际值的一致性；

（2）控制设备及执行器性能测试，包括控制器、电动风阀、电动水阀和变频器等，主要测定控制设备的有效性、正确性和稳定性；测试核对电动调节阀在零开度、50%和80%的行程处与控制指令的一致性及响应速度；测试结果应满足合同技术文件及控制工艺对设备性能的要求。

15. 根据现场配置和运行情况对以下项目做出评测：

（1）控制网络和数据库的标准化、开放性；

（2）系统的冗余配置，主要指控制网络、工作站、服务器、数据库和电源等；

（3）系统可扩展性，控制器I/O口的备用量应符合合同技术文件要求，但不应低于I/O口实际使用数的10%；机柜至少应留有10%的卡件安装空间和10%的备用接线端子；

（4）节能措施评测，包括空调设备的优化控制、冷热源自动调节、照明设备自动控制、风机变频调速、VAV变风量控制等。根据合同技术文件的要求，通过对系统数据库记录分析、现场控制效果测试和数据计算后做出是否满足设计要求的评测。

5.2.17.4 火灾自动报警及消防联动系统

1. 在智能建筑工程中，火灾自动报警及消防联动系统的检测应按《火灾自动报警系统施工及验收规范》（CB 50166）规定执行。

2. 系统功能检测项目：

（1）火灾报警系统装置（包括各种火灾探测器、手动火灾报警按钮、火灾报警控制器和区域显示器等）；

（2）消防联动控制系统（含消防联动控制器、气体灭火控制器、消防电气控制装置、消防设备应急电源、消防应急广播设备、消防电话、传输设备、消防控制中心图形显示装置、模块、消防电动装置、消火栓按钮等设备）；

（3）自动灭火系统的控制装置；

（4）消火栓系统的控制装置；

（5）通风空调、防烟排烟及电动防火阀等控制装置；

（6）电动防火门控制装置、防火卷帘控制器；

（7）消防电梯和非消防电梯的回降控制装置；

（8）火灾警报装置；

（9）火灾应急照明和疏散指示控制装置；

（10）切断非消防电源的控制装置；

（11）电动阀控制装置；

（12）消防联网通信；

（13）系统内的其他消防控制装置。

3. 系统中各装置的检测数量应满足下列要求。

（1）各类消防用电设备主、备电源的自动转换装置，应进行3次转换试验，每次试验均应正常。

（2）火灾报警控制器（含可燃气体报警控制器）和消防联动控制器应按实际安装数量全部进行功能检验。消防联动控制系统中其他各种用电设备、区域显示器应按下列要求进行功能检验：

1）实际安装数量在5台以下者。全部检验；

2）实际安装数量在6～10台者。抽验5台；

3）实际安装数量超过10台者。按实际安装数量30％～50％的比例抽验，但抽验总数不应少于5台；

4）各装置的安装位置、型号、数量、类别及安装质量应符合设计要求。

（3）火灾探测器（含可燃气体探测器）和手动火灾报警按钮。应按下列要求进行模拟火灾响应（可燃气体报警）和故障信号检验：

1）实际安装数量在100只以下者，抽验20只（每个回路都应抽验）；

2）实际安装数量超过100只。每个回路按实际安装数量10％～20％的比例抽验，但抽验总数不应少于20只；

3）被检查的火灾探测器的类别、型号、适用场所、安装高度、保护半径、保护面积和探测器的间距等均应符合设计要求。

（4）室内消火栓的功能验收应在出水压力符合现行国家有关建筑设计防火规范的条件下，抽验下列控制功能：

1）在消防控制室内操作启、停泵1～3次；

2）消火栓处操作启泵按钮，按实际安装数量5％～10％的比例抽验。

（5）自动喷水灭火系统，应在符合现行国家标准《自动喷水灭火系统设计规范》（GB 50084）的条件下，抽验下列控制功能：

1）在消防控制室内操作启、停泵1～3次；

2）水流指示器、信号阀等按实际安装数量的30％～50％的比例抽验；

3）压力开关、电动阀、电磁阀等按实际安装数量全部进行检验。

（6）气体、泡沫、干粉等灭火系统，应在符合国家现行有关系统设计规范的条件下按实际安装数量的20％～30％的比例抽验下列控制功能：

1）自动、手动启动和紧急切断试验1～3次；

2）与固定灭火设备联动控制的其他设备动作（包括关闭防火门窗、停止空调风机、关闭防火阀等）试验1～3次。

（7）电动防火门、防火卷帘。5樘以下的应全部检验，超过5樘的应按实际安装数量20％的比例抽验，但抽验总数不应小于5樘，并抽验联动控制功能。

（8）防烟排烟风机应全部检验，通风空调和防排烟设备的阀门，应按实际安装数量10％～20％的比例抽验，并抽验联动功能，且应符合下列要求：

1）报警联动启动、消防控制室直接启停、现场手动启动联动防烟排烟风机1～3次；

2）报警联动停、消防控制室远程停通风空调送风1～3次；

3）报警联动开启、消防控制室开启、现场手动开启防排烟阀门1～3次。

（9）消防电梯应进行1～2次手动控制和联动控制功能检验，非消防电梯应进行1～2次联动返回首层功能检验，其控制功能、信号均应正常。

（10）火灾应急广播设备，应按实际安装数量的10％～20％的比例进行下列功能检验：

1）对所有广播分区进行选区广播，对共用扬声器进行强行切换；

2）对扩音机和备用扩音机进行全负荷试验；

3）检查应急广播的逻辑工作和联动功能。

（11）消防专用电话的检验，应符合下列要求：

1）消防控制室与所设的对讲电话分机进行1～3次通话试验；

2）电话插孔按实际安装数量10%～20%的比例进行通话试验；

3）消防控制室的外线电话与另一部外线电话模拟报警电话进行1～3次通话试验。

（12）消防应急照明和疏散指示系统控制装置应进行1～3次使系统转入应急状态检验，系统中各消防应急照明灯具均应能转入应急状态。

（13）除《火灾自动报警系统施工及验收规范》（GB 50166）中规定的各种联动外，当火灾自动报警及消防联动系统还与其他系统具备联动关系时，其检测应按规范《智能建筑工程质量验收规范》（GB 50339）执行。

（14）检测火灾报警控制器的汉化图形显示界面及中文屏幕菜单等功能，并进行操作试验。

（15）检测消防控制室向建筑设备监控系统传输、显示火灾报警信息的一致性和可靠性，检测与建筑设备监控系统的接口、建筑设备监控系统对火灾报警的响应及其火灾运行模式，应采用在现场模拟发出火灾报警信号的方式进行。

（16）检测消防控制室与安全防范系统等其他子系统的接口和通信功能。

（17）安全防范系统中相应的视频安防监控（录像、录音）系统、门禁系统、停车场（库）管理系统等对火灾报警的响应及火灾模式操作等功能的检测，应采用在现场模拟发出火灾报警信号的方式进行。

（18）新型消防设施的设置情况及功能检测应包括：

1）早期烟雾探测火灾报警系统；

2）大空间早期火灾智能检测系统、大空间红外图像矩阵火灾报警及灭火系统；

3）可燃气体泄漏报警及联动控制系统。

（19）火灾自动报警系统的电磁兼容性防护功能，应符合《消防电子产品环境试验方法及严酷等级》（GB 16838）的有关规定。

4. 各项检验项目中，当有不合格时，应修复或更换，并进行复验。复验时，对有抽验比例要求的，应加倍检验。

5.2.17.5 安全防范系统

1. 安全防范系统的系统检测应由国家或行业授权的检测机构进行检测，并出具检测报告，检测内容、合格判据应执行国家公共安全行业的相关标准。

2. 安全防范系统综合防范功能检测应包括：

（1）防范范围、重点防范部位和要害部门的设防情况、防范功能，以及安防设备的运行是否达到设计要求，有无防范盲区；

（2）各种防范子系统之间的联动是否达到设计要求；

（3）监控中心系统记录（包括监控的图像记录和报警记录）的质量和保存时间是否达到设计要求；

（4）安全防范系统与其他系统进行系统集成时，应按规范《智能建筑工程质量验收规范》（GB 50339）第3.2.7条的规定检查系统的接口、通信功能和传输的信息等是否达到设计要求。

3. 视频安防监控系统的检测：

视频安防监控系统的检测应包括系统功能检测；图像质量检测；系统整体功能检测；系统联动功能检测及视频安防监控系统的图像记录保存时间检测。

4. 入侵报警系统（包括周界入侵报警系统）的检测：

入侵报警系统（包括周界入侵报警系统）的检测应包括探测器的盲区检测，防动物功能检测；探测器的防破坏功能检测；探测器灵敏度检测；系统控制功能检测；系统通信功能检测；现场设备的接入率及完好率测试；系统的联动功能检测；报警系统管理软件（含电子地图）功能检测；报警信号联网上传功能的检测及报警系统报警事件存储记录的保存时间检测等。

5. 出入口控制（门禁）系统的检测：

出入口控制（门禁）系统的检测应包括出入口控制（门禁）系统的功能检测；系统的软件检测。

6. 巡更管理系统的检测：

巡更管理系统的检测应包括系统的巡更终端、读卡机的响应功能；现场设备的接入率及完好率测试；巡更管理系统编程、修改功能以及撤防、布防功能测试；系统的运行状态、信息传输、故障报警和指示故障位置的功能测试；巡更管理系统对巡更人员的监督和记录情况、安全保障措施和对意外情况及时报警的处理手段测试；在线联网式巡更管理系统还需要检查电子地图上的显示信息，遇有故障时的报警信号以及和视频安防监控系统等的联动功能；巡更系统的数据存储记录保存时间测试。

7. 停车场（库）管理系统的检测：

停车场（库）管理系统功能检测应分别对入口管理系统、出口管理系统和管理中心的功能进行检测。

8. 安全防范综合管理系统的检测：

综合管理系统完成安全防范系统中央监控室对各子系统的监控功能，具体内容按工程设计文件要求确定。

安全防范综合管理系统的检测应包括各子系统的数据通信接口测试；对综合管理系统监控站的软、硬件功能的检测。

5.2.17.6　综合布线系统

1. 综合布线系统性能检测应采用专用测试仪器对系统的各条链路进行检测，并对系统的信号传输技术指标及工程质量进行评定。

2. 综合布线系统性能检测时，光纤布线应全部检测，检测对绞电缆布线链路时，以不低于10%的比例进行随机抽样检测，抽样点必须包括最远布线点。

3. 系统性能检测合格判定应包括单项合格判定和综合合格判定。

（1）单项合格判定如下：

1）对绞电缆布线某一个信息端口及其水平布线电缆（信息点）按《综合布线系统工程验收规范》（GB 50312）中附录B的指标要求，有一个项目不合格，则该信息点判为不合格；垂直布线电缆某线对按连通性，长度要求、衰减和串扰等进行检测；

2）光缆布线测试结果应满足《综合布线系统工程验收规范》（GB 50312）中附录C的指标要求。

(2) 综合合格判定如下：

1) 光缆布线检测时，如果系统中有一条光纤链路无法修复，则判为不合格；

2) 对绞电缆布线抽样检测时，被抽样检测点（线对）不合格比例不大于1%，则视为抽样检测通过；不合格点（线对）必须予以修复并复验。被抽样检测点（线对）不合格比例大于1%，则视为一次抽样检测不通过，应进行加倍抽样；加倍抽样不合格比例不大于1%，则视为抽样检测通过。如果不合格比例仍大于1%，则视为抽样检测不通过，应进行全部检测，并按全部检测的要求进行判定；

3) 对绞电缆布线全部检测时，如果有下面两种情况之一时则判为不合格：无法修复的信息点数目超过信息点总数的1%；不合格线对数目超过线对总数的1%；

4) 全部检测或抽样检测的结论为合格，则系统检测合格；否则为不合格。

4. 采用计算机进行综合布线系统管理和维护时，应按下列内容进行检测：

(1) 中文平台、系统管理软件；

(2) 显示所有硬件设备及其楼层平面图；

(3) 显示干线子系统和配线子系统的元件位置；

(4) 实时显示和登录各种硬件设施的工作状态。

5.2.17.7 智能化系统集成

1. 系统集成的检测应在建筑设备监控系统、安全防范系统、火灾自动报警及消防联动系统、通信网络系统、信息网络系统和综合布线系统检测完成，系统集成完成调试并经过1个月试运行后进行。

2. 系统集成的检测应包括接口检测、软件检测、系统功能及性能检测、安全检测等内容。

3. 子系统之间的硬线连接、串行通信连接、专用网关（路由器）接口连接等应符合设计文件、产品标准和产品技术文件或接口规范的要求。计算机网卡、通用路由器和交换机的连接测试可按规范《智能建筑工程质量验收规范》(GB 50339) 第5.3.2条有关内容进行。

4. 检查系统数据集成功能时，应在服务器和客户端分别进行检查，各系统的数据应在服务器统一界面下显示，界面应汉化和图形化，数据显示应准确，响应时间等性能指标应符合设计要求。对各子系统应全部检测，100%合格为检测合格。

5. 系统集成的整体指挥协调能力：

系统的报警信息及处理、设备连锁控制功能应在服务器和有操作权限的客户端检测。对各子系统应全部检测，每个子系统检测数量为子系统所含设备数量的20%，抽检项目100%合格为检测合格。

6. 系统集成的综合管理功能、信息管理和服务功能的检测应符合规范《智能建筑工程质量验收规范》(GB 50339) 第5.4节的规定，并根据合同技术文件的有关要求进行。

7. 视频图像接入时，显示应清晰，图像切换应正常，网络系统的视频传输应稳定、无拥塞。

8. 系统集成的冗余和容错功能（包括双机备份及切换、数据库备份、备用电源及切换和通信链路冗余切换）、故障自诊断，事故情况下的安全保障措施的检测应符合设计文件要求。

9. 系统集成不得影响火灾自动报警及消防联动系统的独立运行，应对其系统相关性进行连带测试。

10. 系统集成商应提供系统可靠性维护说明书，包括可靠性维护重点和预防性维护计划，故障查找及迅速排除故障的措施等内容。可靠性维护检测，应通过设定系统故障，检查系统的故障处理能力和可靠性维护性能。

11. 系统集成安全性，包括安全隔离身份认证、访问控制、信息加密和解密、抗病毒攻击能力等内容的检测，按规范《智能建筑工程质量验收规范》(GB 50339) 第 5.5 节有关规定进行。

5.2.17.8　电源与接地

1. 电源系统检测

(1) 智能化系统应引接依《建筑电气安装工程施工质量验收规范》(GB 50303) 验收合格的公用电源。

(2) 智能化系统自主配置的稳流稳压、不间断电源装置的检测，应执行《建筑电气安装工程施工质量验收规范》(GB 50303) 中第 9.1 及 9.2 节的规定。

(3) 智能化系统自主配置的应急发电机组的检测，应执行《建筑电气安装工程施工质量验收规范》(GB 50303) 中第 8.1 及 8.2 节的规定。

(4) 智能化系统自主配置的蓄电池组及充电设备的检测，应执行《建筑电气安装工程施工质量验收规范》(GB 50303) 中第 6.1.8 条的规定。

(5) 智能化系统主机房集中供电专用电源设备、各楼层设置用户电源箱的安装质量检测，应执行《建筑电气安装工程施工质量验收规范》(GB 50303) 中第 10.1.2 及 10.2 节的规定。

(6) 智能化系统主机房集中供电专用电源线路的安装质量检测，应执行《建筑电气安装工程施工质量验收规范》(GB 50303) 中第 12.1、12.2、13.1、13.2、14.1、14.2、15.1、15.2 节的规定。

2. 防雷及接地系统检测

(1) 智能化系统的防雷及接地系统应引接依《建筑电气安装工程施工质量验收规范》(GB 50303) 验收合格的建筑物共用接地装置。采用建筑物金属体作为接地装置时，接地电阻不应大于 1Ω。

(2) 智能化系统的单独接地装置的检测，应执行《建筑电气安装工程施工质量验收规范》(GB 50303) 中第 24.1.1、24.1.2、24.1.4、24.1.5 条的规定，接地电阻应按设备要求的最小值确定。

(3) 智能化系统的防过流、过压元件的接地装置、防电磁干扰屏蔽的接地装置、防静电接地装置的检测，其设置应符合设计要求，连接可靠。

(4) 智能化系统与建筑物等电位联结的检测，应执行《建筑电气安装工程施工质量验收规范》(GB 50303) 中第 27.1 及 27.2 节的规定。

(5) 智能化系统的单独接地装置，防过流和防过压元件的接地装置、防电磁干扰屏蔽的接地装置及防静电接地装置的检测，应执行《建筑电气安装工程施工质量验收规范》(GB 50303) 中第 24.2 节的规定。

5.2.17.9 环境

1. 空间环境的检测应符合下列要求：

(1) 主要办公区域顶棚净高不小于2.7m；

(2) 楼板满足预埋地下线槽（线管）的条件，架空地板、网络地板的铺设应满足设计要求；

(3) 为网络布线留有足够的配线间；

(4) 室内装饰色彩合理组合，建筑装修用材应符合《建筑装饰装修工程施工质量验收规范》(GB 50210) 的有关规定；

(5) 防静电、防尘地毯，静电泄漏电阻在1.0×105～1.0×108Ω之间；

(6) 采取的降低噪声和隔声措施应恰当。

2. 室内空调环境检测应符合下列要求：

(1) 实现对室内温度、湿度的自动控制，并符合设计要求；

(2) 室内温度，冬季18～22℃，夏季24～28℃；

(3) 室内相对湿度，冬季40%～60%，夏季40%～65%；

(4) 舒适性空调的室内风速，冬季应不大于0.2m/s，夏季应不大于0.3m/s。

(5) 室内CO含量率小于$10\times10^{-6}g/m^3$；

(6) 室内CO_2含量率小于$1000\times10^{-6}g/m^3$。

3. 视觉照明环境检测应符合下列要求：

(1) 工作面水平照度不小于500lx；

(2) 灯具满足眩光控制要求；

(3) 灯具布置应模数化，消除频闪。

4. 环境电磁辐射的检测应执行《环境电磁波卫生标准》(GB 9175) 和《电磁辐射防护规定》(GB 8702) 的有关规定。

5. 室内噪声测试推荐值：办公室40～45dBA，智能化子系统的监控室35～40dBA。

5.2.17.10 住宅（小区）智能化

1. 住宅（小区）智能化的系统检测应在工程安装调试完成、经过不少于1个月的系统试运行，具备正常投运条件后进行。

2. 火灾自动报警及消防联动系统、安全防范系统、监控与管理系统、通信网络系统、信息网络系统、综合布线系统、家庭控制器、电源与接地、环境的系统检测应执行规范《智能建筑工程质量验收规范》(GB 50339) 有关规定。

5.2.18 通风空调试验、检验

5.2.18.1 成品、半成品检验

通风与空调工程中所使用的主要原材料、成品、半成品的质量，将直接影响到工程的整体质量。所以，在其进入施工现场后，必须对其进行验收。验收应由供货商、监理、施工单位几方人员共同参加，并应形成相应的质量记录。

1. 风管检验

工程中选用的成品、半成品风管制作质量的验收，应按其材料、系统类别和使用场所的不同分别进行，主要包括风管的材质、规格、强度、严密性与成品外观质量等项内容，系统类别是指高压系统、中压系统，还是低压系统风管。成品风管必须具有相应的产品合格证明文件或进行强度和严密性试验，符合要求的方可使用。

(1) 金属风管检验

1) 金属风管应检查其材料质量合格证明、产品合格证书等，并按风管数量抽查10%。

2) 风管管道的规格尺寸允许偏差、管口平面度、风管表面平整度、矩形风管对角线长度差、圆形法兰任意正交两直径之差，应按照《通风与空调工程施工质量验收规范》(GB 50243) 的要求进行检验。

3) 金属风管的板材厚度应符合设计和现行国家产品标准的规定。当设计无规定时，钢板风管、不锈钢板风管、铝板风管板材的最小厚度应按照《通风与空调工程施工质量验收规范》(GB 50243) 的要求选取。

4) 金属风管法兰应检查其焊接质量、法兰平面度以及风管与法兰的连接质量。风管采用碳素钢法兰时，法兰规格应按照《通风与空调工程施工质量验收规范》(GB 50243) 的要求进行检验。风管应按照其系统类别检查风管加固形式和加固质量。

(2) 非金属风管检验

1) 非金属风管使用的材料品种、规格、性能与厚度等应符合设计和现行国家产品标准的规定。硬聚氯乙烯风管、有机玻璃钢风管、无机玻璃钢风管板材的厚度，应符合《通风与空调工程施工质量验收规范》(GB 50243) 的要求。非金属风管应检查其材料质量合格证明、产品合格证书等，并按风管数量抽查10%。

2) 非金属风管法兰用料应符合《通风与空调工程施工质量验收规范》(GB 50243) 的要求。

3) 有机玻璃钢风管及无机玻璃钢风管外观质量应良好；风管外形尺寸偏差符合要求；法兰与风管连接质量良好；风管加固方法符合要求。

4) 复合材料风管的覆面材料必须为不燃材料，内部的绝热材料应为不燃或难燃B1级，且对人体无害。复合材料风管应检查其材料质量合格证明、产品合格证书、性能检测报告等，并做点燃试验。

5) 铝箔玻璃纤维板风管的离心玻璃纤维板材应干燥、平整；板外表面的铝箔隔气保护层应与内芯玻璃纤维材料粘结牢固；内表面应有防纤维脱落的保护层。风管表面应平整、两端面平行，无明显凹穴、变形、起泡、铝箔无破损等。法兰与风管的连接应牢固。

2. 阀部件检验

(1) 手动单叶、多叶调节风阀检查应符合下列要求。

检查产品质量证明文件。风阀结构应牢固，启闭应灵活，并进行手动操作试验。法兰应与相应材质风管相一致。叶片的搭接应贴合一致，与阀体缝隙应小于2mm。采用分组调节风阀的各组叶片的调节应协调一致。风阀的手轮或扳手，应以顺时针方向转动为关闭，其调节范围及开启角度指示应与叶片开启角度相一致。工作压力大于1000Pa的调节风阀，检查产品的强度测试合格报告。检查数量按类别、批抽查10%。

(2) 止回风阀检查应符合下列要求。

检查产品质量证明文件。风阀启闭灵活，关闭时应严密。阀叶的转轴、铰链应采用不易锈蚀的材料制作，转动灵活。阀片的强度可保证在最大负荷压力下不弯曲变形。水平安装止回风阀的平衡调节机构动作灵活、可靠，并进行手动操作试验。检查数量按类别、批抽查10%。

(3) 插板风阀检查应符合下列要求。

检查产品质量证明文件。风阀壳体应严密，内壁做防腐处理。插板应平整，启闭灵活，并有可靠的定位固定装置。检查数量按类别、批抽查10%。

(4) 三通调节风阀检查应符合下列要求。

检查产品质量证明文件。风阀拉杆或手柄的转轴与风管的结合应严密。拉杆可在任意位置固定，手柄开关应标明调节的角度。阀板调节方便，无擦碰。检查数量按类别、批分别抽查10%。

(5) 防火阀检查应符合下列要求。

防火阀和排烟阀（排烟口）必须符合有关消防产品标准的规定，并具有相应的质量证明文件，检查产品性能检测报告。检查风阀手动关闭、复位情况，动作应灵活。其他检查项目可参照手动风阀的内容。检查数量按种类、批抽查10%。

(6) 电动调节风阀检查应符合下列要求。

检查产品质量证明文件、性能检测报告。电动调节风阀的驱动装置，动作应灵活可靠，定位准确。对驱动装置进行单独通电试验，检查其动作情况。其他检查项目可参照手动风阀的内容。检查数量按批抽查10%。

(7) 消声器检查应符合下列要求。

检查产品质量证明文件、产品性能检测报告。选用的材料，应符合设计的规定，如防火、防腐、防潮和卫生性能等要求。消声器外壳应牢固、严密，充填的消声材料，应按规定的密度均匀铺设，并应有防止下沉的措施。消声材料的覆面层不得破损，搭接应顺气流，且应拉紧，界面无毛边。隔板与壁板结合处应紧贴、严密；穿孔板应平整、无毛刺，其孔径和穿孔率应符合设计要求。消声弯管平面边长大于800mm时，应加设吸声导流片；直接迎风面的布质覆面层应有保护措施。检查数量按批抽查10%。

(8) 风口检查应符合下列要求。

检查产品质量证明文件。风口的外表装饰面应平整、叶片或扩散环的分布应匀称、颜色应一致、无明显的划伤和压痕；调节装置转动应灵活、可靠，定位后应无明显松动。风口规格尺寸允许偏差应符合《通风与空调工程施工质量验收规范》(GB 50243) 的要求。检查数量按类别、批分别抽查5%。

5.2.18.2 风系统试验

1. 风管系统严密性试验

风管系统安装后，必须进行严密性检验，合格后才能进行下一步施工。风管系统的严密性检验以主、干管为主，支管一般可不进行严密性检验。在加工工艺得到保证的前提下，低压风管系统采用漏光法进行严密性检测。

(1) 风管严密性试验的系统类别划分及检查数量

1) 风管系统安装完毕后，应按系统类别进行严密性试验。

2) 低压系统风管的严密性试验应采用抽检，抽检率为5%，且不得少于1个系统。在加工工艺得到保证的前提下，采用漏光法检测。检测不合格时，应按一定的抽检率做漏风量测试。

3）中压系统风管的严密性试验，应在漏光法检测合格后，对系统漏风量测试进行抽检，抽检率为20%，且不得少于1个系统。

4）高压系统风管的严密性试验，为全数进行漏风量测试。

5）系统风管严密性试验的被抽检系统，应全数合格，则视为通过；如有不合格时，则应再加倍抽检，直至全数合格。

（2）风管系统漏风量检测要求

1）矩形风管的允许漏风量应符合以下要求。

低压系统风管 $Q_L \leqslant 0.1056P^{0.65}$

中压系统风管 $Q_M \leqslant 0.0352P^{0.65}$

高压系统风管 $Q_H \leqslant 0.0117P^{0.65}$

式中　Q_L、Q_M、Q_H——系统风管在相应工作压力下，单位面积风管单位时间内的允许漏风量[$m^3/(h \cdot m^2)$]；

P——风管系统的工作压力(Pa)。

2）低压、中压圆形金属风管、复合材料风管以及采用非法兰形式的非金属风管的允许漏风量，应为矩形风管规定值的50%。

3）排烟、除尘、低温送风系统按中压系统风管的规定，1～5级净化空调系统按高压系统风管的规定。

（3）漏光法检测风管严密性要求

1）风管的检测，宜采用分段检测、汇总分析的方法。

2）风管的检测以总管和干管为主。

3）采用漏光法检测系统的严密性时，低压系统风管以每10m接缝，漏光点不大于2处，且100m接缝平均不大于16处为合格；中压系统风管每10m接缝，漏光点不大于1处，且100m接缝平均不大于8处为合格。

（4）风管漏风量测试

1）风管的漏风量测试，一般采用正压条件下的测试来检验。

2）漏风量测试装置应采用经检验合格的专用测量仪器（如漏风测试仪）。

3）漏风量测定值一般应为规定测试压力下的实测数值。特殊条件下，也可用相近规定压力下的测试代替，其漏风量可按下式换算。

$$Q_0 = Q(P_0/P)^{0.65} \tag{5-147}$$

式中　P_0——规定试验压力，500Pa；

Q_0——规定试验压力下的漏风量[$m^3/(h \cdot m^2)$]；

P——风管工作压力（Pa)；

Q——工作压力下的漏风量[$m^3/(h \cdot m^2)$]。

2. 风管强度试验

（1）风管强度的检测主要检查风管的耐压能力，风管接缝的连接强度、风管加固是否符合要求，保证风管在1.5倍工作压力下接缝无开裂。

（2）将风管漏风测试仪连接到测试风管上。开启测试仪，使风管组内压力至少为工作压力的1.5倍，保持测试压力并检查风管的各个接缝处有无开裂现象。

（3）风管接缝处无开裂现象则风管强度测试合格。

5.2.18.3 水系统试验

1. 空调水系统管道压力试验

(1) 空调水系统管道安装完毕，外观检查合格后，应按设计要求并根据系统的大小采取分区、分层试压和系统试压。

(2) 冷热水、冷却水系统的试验压力，当工作压力小于等于 1.0MPa 时，为 1.5 倍工作压力，但最低不小于 0.6MPa；当工作压力大于 1.0MPa，为工作压力加 0.5MPa。

(3) 分区、分层试压：对相对独立的局部区域的管道进行试压。在试验压力下，稳压 10min，压力不得下降，再将压力降至工作压力，在 60min 内压力不得下降，外观检查无渗漏为合格。

(4) 系统试压：试验压力以最低点的压力为准，但最低点的压力不得超过管道与组成件的承受压力。压力试验升至试验压力后，稳压 10min，压力下降不得大于 0.02MPa，再将系统压力降至工作压力，外观检查无渗漏为合格。

(5) 各类耐压塑料管的强度试验压力为 1.5 倍工作压力，严密性工作压力为 1.15 倍的设计工作压力。

(6) 凝结水系统进行充水试验，应以不渗漏为合格。检查数量为系统全数检查。

(7) 冷却塔积水盘应进行充水试验。

2. 阀门压力试验

(1) 阀门安装前必须进行外观检查，阀门的铭牌应符合现行国家标准《通用阀门标志》GB 12220 的规定。对于工作压力大于 1.0MPa 及在主干管上起到切断作用的阀门，应进行强度和严密性试验，合格后方可使用。其他阀门可不单独进行试验，待在系统试压中检验。

(2) 强度试验：试验压力为公称压力的 1.5 倍，持续时间不少于 5min，阀门的壳体、填料应无渗漏。

(3) 严密性试验：试验压力为公称压力的 1.1 倍；试验压力在试验持续的时间内应保持不变，试验持续时间应符合表 5-72 的要求，以阀瓣密封面无渗漏为合格。

阀门压力持续时间 **表 5-72**

公称直径 *DN* (mm)	最短试验持续时间 (s)	
	严密性试验	
	金属密封	非金属密封
≤50	15	15
65～200	30	15
250～450	60	30
≥500	120	60

(4) 检查数量：水压试验以每批（同牌号、同规格、同型号）数量中抽查 20%。对于安装在主干管上起切断作用的阀门，全数检查。

3. 风机盘管安装前检查

(1) 风机盘管机组安装前检查项目主要为：单机三速试运转检查及水压检漏试验。

(2) 表冷器水压试验：水压试验压力为系统工作压力的 1.5 倍，压力试验时间为 2min，试验持续时间内机组无渗漏为合格。

（3）电机试运转：通电试验主要应检查机组各速运转状态是否正常，运转速度与调速控制器是否正确对应。机械部分不得有摩擦，电气部分不得漏电，运转平稳、噪声正常。检查数量按总数抽查10%。

5.2.18.4　系统调试试验

通风与空调工程安装完毕，必须进行系统的测定和调整（调试）。系统调试应包括项目：设备单机试运转及调试；系统无生产负荷下的联合试运转及调试。系统无生产负荷联合试运转及调试，应在制冷设备和通风与空调设备单机试运转合格后进行。空调系统带冷（热）源的正常联合试运转不应少于8h，当竣工季节与设计条件相差较大时，仅做不带冷（热）源试运转。通风系统的连续试运转不应少于2h。

1. 设备单机试运转及调试

（1）风机

1）风机试运转前应核对风机型号、规格、油位、叶片调节功能及角度等是否与设计及设备技术文件相符；传动皮带轮应同心，松紧适度；手动盘车时叶轮不得有卡阻、碰刷现象；各连接部位不得松动；冷却水系统供应正常；风机电源应到位，检查设备接地及其接线、电压是否符合电气规范及设备技术文件要求。

2）风机启动前首先应点动试机，叶轮与机壳无摩擦、各部位应无异常现象，风机的旋转方向应与机壳所标的箭头一致；风机启动时应测量瞬间启动电流。

3）风机运转时应测量风机转速，保证风机的风量及风压满足设计要求；风机运转时应测量运行电流，其数值应等于或小于电动机的额定电流值。

4）风机小负荷运转正常后，可进行规定负荷连续运转，其运转时间不少于2h。

5）风机在额定转速下连续运转2h后，滑动轴承外壳最高温度不得超过70℃；滚动轴承不得超过80℃。风机运转应平稳、无异常振动与声响，轴承无杂音，其电机运行功率应符合设备技术文件的规定。

（2）水泵

1）水泵的规格、型号、技术参数应符合设计要求和产品性能指标。

2）水泵叶轮旋转方向正确，运行时无异常振动和声响，紧固连接部位无松动，壳体密封处不得渗漏，轴封温升应正常。

3）手动盘车无阻碍，无偏重。

4）水泵启动时应测量瞬间启动电流，电机电流不得超过额定值。水泵电机运行功率值符合设备技术文件的规定。

5）水泵在额定工况下连续运行2h后，滑动轴承外壳最高温度不得超过70℃，滚动轴承不得超过75℃。

（3）冷却塔

冷却塔中的风机试运转参照风机试运转的要求。冷却塔风机试运行不少于2h。冷却水系统循环试运行不少于2h，运行应无异常情况。

（4）制冷机组、单元式空调机组

机组的试运转，应符合设备技术文件和现行国家标准《制冷设备、空气分离设备安装工程施工及验收规范》（GB 50274）的有关规定，正常运转不应少于8h。

2. 通风空调系统风量调整

（1）通风空调系统风量调整的目的，是为了保证风管系统各干管、支管、末端的风量值，达到设计数值，从而确保各个区域的温度、湿度及送排风量达到设计要求。

（2）系统风量平衡后应达到以下要求：

1）各风口或吸风罩的风量与设计风量的允许偏差不大于15%。系统总风量调试结果与设计风量的偏差不应大于10%；

2）新风量与回风量之和应近似等于总的送风量或各送风量之和；

3）总的送风量应略大于回风量与排风量之和。

3. 室内空气温度和相对湿度检测

（1）根据设计要求，有温度、湿度要求的区域，应对其温、湿度进行测量。

（2）根据温度和相对湿度波动范围，应选择相应的具有足够精度的仪表进行测定。每次测定时间间隔不应大于30min。

（3）测定点布置位置要求：

1）测点应选择区域中具有代表性的地点。测点一般应布置在距外墙表面大于0.5m，离地面0.8m的同一高度上；也可以根据空调区域的大小，分别布置在离地不同高度的几个平面上。

2）测点数应符合表5-73的规定。

温、湿度测点数 **表5-73**

波动范围	室面积≤$50m^2$	每增加$20\sim50m^2$
$\Delta t=\pm0.5\sim\pm2$℃ $\Delta RH=\pm5\%\sim\pm10\%$	5个	增加3～5个
$\Delta t\leq\pm0.5$℃ $\Delta RH\leq\pm5\%$	点间距不应大于2m，点数不应少于5个	

4. 系统无生产负荷的联合试运转及调试要求

（1）系统平衡调整完成后，各空调机组的水流量应符合设计要求，允许偏差为20%。空调冷热水、冷却水总流量测试结果与设计流量的偏差不应大于10%。多台冷却塔并联运行时，各冷却塔的进、出水量应达到均衡。

（2）舒适空调的温度、相对湿度应符合设计的要求。恒温、恒湿房间室内空气温度、相对湿度及波动范围应符合设计规定。

（3）空调室内噪声应符合设计规定要求。有环境噪声要求的场所，制冷、空调机组应按现行国家标准《采暖通风与空气调节设备噪声声功率级的测定——工程法》(GB 9068)的规定进行测定。

（4）通风与空调工程的控制和监测设备，应能与系统的检测元件和执行机构正常沟通，系统的状态参数应能正确显示，设备连锁、自动调节、自动保护应能正确动作。各种自动计量检测元件和执行机构的工作应正常，满足建筑设备自动化系统对被测定参数进行检测和控制的要求。

5. 综合效能的测定与调整要求

（1）通风与空调工程交工前，应进行系统生产负荷的综合效能试验的测定与调整。通风与空调工程带生产负荷的综合效能试验与调整，应在已具备生产试运行的条件下进行。

通风、空调系统带生产负荷的综合效能试验测定与调整的项目，应以适用为准则，不宜提出过高要求。

(2) 空调系统综合效能试验项目：

1) 送回风口空气状态参数的测定与调整；

2) 空气调节机组性能参数的测定与调整；

3) 室内噪声的测定；

4) 室内空气温度和相对湿度的测定与调整；

5) 对气流有特殊要求的空调区域做气流速度的测定。

(3) 恒温恒湿空调系统综合效能试验项目：

恒温恒湿空调系统除应包括空调系统综合效能试验项目外，还可增加下列项目：室内静压的测定和调整。空调机组各功能段性能的测定和调整。室内温度、相对湿度场的测定和调整。室内气流组织的测定。

5.2.18.5　通风空调节能检测

1. 通风空调系统节能工程所使用的设备、管道、阀门、仪表、绝热材料等产品进场时，应按设计要求对其类型、材质、规格及外观等进行验收，并应对产品的技术性能参数进行核查。各种产品和设备的质量证明文件和相关技术资料应齐全，并应符合有关国家现行标准和规定。产品包括：组合式空调机组、柜式空调机组、新风机组、单元式空调机组、热回收装置等设备的冷量、热量、风量、风压、功率及额定热回收效率；风机的风量、风压、功率及其单位风量耗功率；成品风管的技术性能参数；自控阀门与仪表的技术性能参数。

2. 空调系统冷热源设备及其辅助设备、阀门、仪表、绝热材料等产品进场时，应按设计要求对其类型、规格和外观等进行检查验收，并应对产品的技术性能参数进行核查。各种产品和设备的质量证明文件和相关技术资料应齐全，并应符合国家现行标准和规定。产品包括：热交换器的单台换热量；电机驱动压缩机的蒸汽压缩循环冷水（热泵）机组的额定制冷量（制热量）、输入功率、性能系数（COP）；电机驱动压缩机的单元式空气调节机、风管送风式和屋顶式空气调节机组的名义制冷量、输入功率及能效比（EER）；蒸汽和热水型溴化锂吸收式机组及直燃型溴化锂吸收式冷（温）水机组的名义制冷量、供热量、输入功率及性能系数；空调冷热水系统循环水泵的流量、扬程、电机功率及输送能效比（ER）；冷却塔的流量及电机功率；自控阀门与仪表的技术性能参数。

3. 风机盘管机组和绝热材料进场时，应对其技术性能参数进行复验。

(1) 性能参数包括：风机盘管机组的供冷量、供热量、风量、出口静压、噪声及功率；绝热材料的导热系数、密度、吸水率。

(2) 风机盘管机组的规格、数量应符合设计要求；机组与风管、回风箱及风口的连接应严密、可靠；空气过滤器的安装应便于拆卸和清理。

4. 通风空调节能工程中的送、排风系统及空调风系统、水系统的制式，应符合设计要求；各种设备、自控阀门与仪表应按设计要求安装齐全，不得随意增减和更换；水系统各分支管路水力平衡装置、温控装置与仪表的安装位置、方向应符合设计要求，并便于观察、操作和调试。

5. 组合式空调机组、柜式空调机组、新风机组、单元式空调机组的规格、数量应符合设计要求；机组与风管、送风静压箱、回风箱的连接应严密可靠；现场组装的组合式空调机组各功能段之间连接应严密；机组内的空气热交换器翅片和空气过滤器应清洁、完好，且安装位置和方向必须正确，并便于维护和清理。当设计未注明过滤器的阻力时，应满足粗效过滤器的初阻力≤50Pa（粒径≥5.0μm，效率：80%>E≥20%）；中效过滤器的初阻力≤80Pa（粒径≥1.0μm，效率：70%>E≥20%）的要求。

6. 冷却塔、水泵等辅助设备的规格、数量应符合设计要求；冷却塔设置位置应通风良好，并应远离厨房排风等高温气体。

7. 带热回收功能的双向换气装置和集中排风系统中的排风热回收装置的规格、数量及安装位置应符合设计要求；进、排风管的连接应严密、可靠；室外进、排风口的安装位置、高度及水平距离应符合设计要求。

8. 空调机组回水管上的电动两通调节阀、风机盘管机组回水管上的电动两通（调节）阀、空调冷热水系统中的水力平衡阀、冷（热）量计量装置等自控阀门与仪表的规格、数量应符合设计要求；方向应正确，位置应便于操作和观察。

9. 冷热源侧的电动两通调节阀、水力平衡阀及冷（热）量计量装置等自控阀门与仪表的规格、数量应符合设计要求；方向应正确，位置应便于操作和观察。

10. 电机驱动压缩机的蒸汽压缩循环冷水（热泵）机组、蒸汽或热水型溴化锂吸收式冷水机组及直燃型溴化锂吸收式冷（温）水机组、热交换器等设备的规格、数量应符合设计要求；安装位置及管道连接应正确。

5.2.18.6　防排烟系统检测

1. 排烟系统风管的材料品种、规格、性能与厚度等应符合设计和规范要求。排烟系统风管钢板厚度应按高压系统选用。按材料与风管加工批数量抽查10%，不得少于5件。

2. 防火风管的本体、框架与固定材料、密封垫料必须为不燃材料，其耐火等级应符合设计的规定。检查数量：按材料与风管加工批数量抽查10%，不应少于5件。

3. 排烟系统风管的允许漏风量按中压系统风管的规定执行，检查数量不得少于3件及15m^2。

4. 防火阀和排烟阀（排烟口）必须符合消防产品标准规定，并具有相应的产品合格证明文件。

5. 防排烟系统柔性短管的制作材料必须为不燃材料。

6. 防排烟系统调试前应对电控防火、防排烟风阀（口）进行检查，其手动、电动操作应灵活、可靠，信号输出正确。

7. 防排烟系统试运行与调试时，应保证系统整体风量及风口风量值达到设计要求；消防楼梯、前室等安全区域的正压值，必须符合设计与消防规定。

8. 防排烟系统正常运转后，应在安全区域进行烟雾扩散试验。

5.3　施工现场检测试验管理

5.3.1　参建各方检测试验工作职责

1. 施工单位职责

（1）总包单位应负责施工现场检测工作的整体组织管理和实施，分包单位负责其施工合同范围内施工现场检测工作的实施；

（2）施工单位应按照有关规定配置资源（包括人员、设备、设施、标准等），并建立施工现场检测试验管理规定；

（3）工程施工前，施工单位按照有关规定编制施工检测试验计划，经监理（建设）单位审批后组织实施；

（4）施工单位对建设工程的施工质量负责，按照规范和有关标准规定的取样标准进行取样，能够确保试件真实反映工程质量，对试件的代表性、真实性负责；

（5）需要委托检测的项目，施工单位负责办理委托检测并及时获取检测报告；自行试验的项目，施工单位对试验结果进行评定；

（6）施工单位应及时通知见证人员对见证试件的取样（含制样）、送检过程进行见证；

（7）施工单位应会同相关单位对不合格的检测试验项目查找原因，依据有关规定进行处置。

2. 监理（建设）单位职责

（1）监理（建设）单位应及时确定见证人员，审批施工单位报送的检测试验计划并监督实施；

（2）监理（建设）单位应根据施工单位报送的检测试验计划，制定见证取样和送检计划；

（3）监理（建设）单位应对见证取样和送检试件的制样、送检过程进行见证，填写见证记录，并对见证试件的代表性、真实性负责；

（4）监理单位对各专业施工中重要物资的进场检测试验要采取适当的方式进行监督核查，并对检测试验资料进行核查或核准；

（5）建设单位自行采购的工程物资，应向施工单位提供完备的质量证明文件，并应组织施工、监理单位共同对进场的工程物资按照有关规定实施进场检测试验；

（6）监理（建设）单位应会同相关单位对不合格的检测试验项目查找原因，依据有关规定处置。

3. 检测机构职责

（1）检测机构应具备与其所承接的检测项目和业务量相适应的检测能力；

（2）检测机构出具的检测报告应信息齐全，数据可靠，结论正确；

（3）检测机构应与委托方建立书面委托（合同）关系，并对所出具的检测报告的真实性、准确性负责。

5.3.2　现场试验站管理

现场试验站是施工单位根据工程需要在施工现场设置的主要从事取样（含制样）、养护送检以及对部分检测试验项目进行试验的部门，一般由工作间和标准养护室两部分组成。为保证建筑施工检测工作的顺利进行，当单位工程建筑面积超过一万平方米或造价超过一千万元人民币时可设立现场试验站，工地规模小或受场地限制时可设置工作间和标准养护箱（池）。

现场试验站要明确检测试验项目及工作范围，并要满足相关安全、环保和节能的有关要求。现场试验站要建立健全检测管理制度，还应制定试验站负责人岗位职责，检测管理制度包括但不限于：①检测人员岗位职责；②见证取样送检管理制度；③混凝土（砂浆）试件标准养护管理制度；④仪器（仪表）、设备管理制度；⑤检测安全管理制度；⑥检测资料管理制度；⑦其他相关制度。在试验站投入使用前，施工单位应组织有关人员对其进行验收，合格后才能开展工作。

5.3.2.1　现场试验站环境条件

（1）工作间（操作间）面积不宜小于15m^2，工作间应配备必要的办公设备，其环境条件应满足相关规定标准，要配备必要的控制温度、湿度的设备，如空调、加湿器等。对操作间环境条件的一般要求为20±5℃

（2）现场试验站应设置标准养护室，对混凝土或水泥砂浆试件进行标准养护。标准养护室的面积不宜小于9m^2，养护室要具有良好的密封隔热保温措施。养护室内应配置一定数量的多层试件架子，确保所有试件均能上架养护，试件彼此间距≥10mm放置在架子上。标准养护池的深度宜为600mm，也必须有可行的控温措施。标准养护室（养护箱、养护池）对环境条件的一般要求为：养护室温度控制为20±2℃，湿度要求为大于95%。每日检查记录3次，早中晚各1次。

5.3.2.2　人员、设备配置及职责

1. 人员配置

现场试验站人员根据工程规模和检测试验工作的需要配备，宜为1～3人。

2. 设备配置

现场试验站根据检测试验种类及工作量大小，配齐足够的各种试模；混凝土振动台；砂浆稠度仪；坍落度筒；天平；台秤；钢直（卷）尺；标准养护室自动恒温恒湿装置；测定砂石含水率设备；干密度试验工具；量筒、量杯；烘干设备；大气测温设备；冬施混凝土测温仪（有冬施要求的配置）。

3. 人员职责

（1）站长职责

1）严格贯彻执行国家、部和地区颁发的现行有关建筑工程的法规、技术标准、检测试验方法等规定，熟悉掌握检测试验业务，制定试验站管理制度；

2）在项目技术负责人领导下，全面负责试验工作；

3）负责编制试验仪器、设备计划、配合计量员对仪器设备定期送检、标识；

4）根据工程情况，编写检测试验计划；

5）建立检测试验资料台账、做好检测试验资料的整理及归档。

（2）试验员职责

1）负责现场原材取样、送试工作；

2）负责砂浆、混凝土试块的制作、养护、保管及送试，以便试验室进行测试工作；

3）负责拌合站砂浆、混凝土配合比计量检查校核工作；

4）负责砂、石含水率测定工作；

5）负责大气测温、标养室测温记录；

6）负责回填土的取样试验，并填写记录；

7）负责完成工程其他检测试验任务及项目技术负责人、站长交代的任务。

5.3.3　检测试验管理

当工程开工时，应由施工、监理（建设）单位共同考察、按照有关规定协商或通过招标的方式来确定检测机构，检测机构必须保证检测试验工作的公正性。在施工现场应配备必要的检测试验人员、设备、仪器（仪表）、设施及相关标准，对建筑工程施工质量检测试验过程中产生的固体废弃物、废水、废气、噪声、震动和有害物质等的处置，应符合安全和环境保护等相关规定。

建筑施工检测工作包括制定检测试验计划、取样（含制样）、现场检测、台账登记、委托检测试验及检测试验资料管理等。建筑施工检测试验工作应符合下列规定：

（1）当行政法规、国家现行标准或合同对检测单位的资质有要求时，应遵守其规定；当没有要求时，可由施工单位的企业试验室试验，也可委托具备相应资质的检测机构检测；

（2）对检测试验结果有争议时，应委托共同认可的具备相应资质的检测机构重新检测；

（3）检测单位的检测试验能力应与所承接检测试验项目相适应。

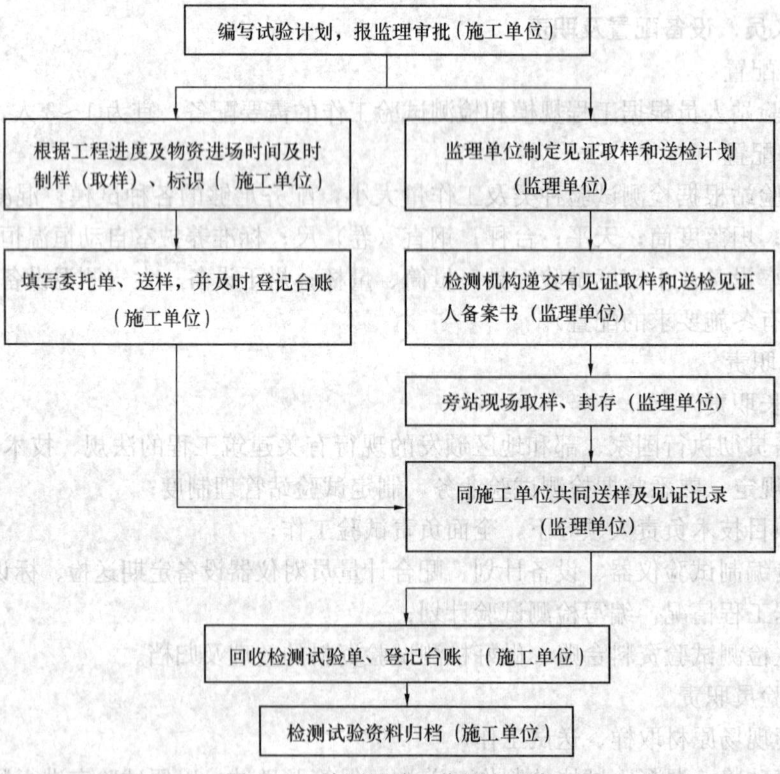

图 5-59　检测试验工作基本程序

1. 检测试验计划

工程施工前，施工单位项目技术负责人应组织有关人员编制试验方案，确定工程检测内容和频率，并应报送监理单位进行审查和监督实施。工程物资检测试验应依据预算量、进场计划及相关标准规定的抽检率确定抽检频次；施工过程质量检测试验应根据施工方案中流水段划分、工程量、施工环境因素及质量控制的需要确定抽检频次；工程实体质量和使用功能检测应按照相关标准的要求检测频次；计划检测试验时间应根据工程施工进度计划确定。施工单位应按照核准的检测试验计划组织实施，当设计、施工工艺、施工进度或主要物资等发生变化时，应及时调整检测试验计划并重新送监理单位审查。

编写检测试验计划应依据《施工图纸》、《施工组织设计》、有关规程、规范及施工单位对检测试验要求按检测试验项目分别编制，检测试验计划应包括如下内容：①工程概况；②设计要求；③检测试验准备；④检测试验程序；⑤依据规范、标准；⑥各项目检测试验计划（检测试验项目名称、检测试验参数、试样规格；代表数量；施工部位；计划检测试验时间部位）；⑦检测试验质量保证措施；⑧安全环保措施。

2. 试样及标识

（1）试样的抽取或确定应符合以下规定：进入现场材料的检测试样必须从施工现场随机抽取，严禁在现场外制取；施工过程质量检测试样，除确定工艺参数可制作模拟试样外，必须从施工现场相应的施工部位制取；工程实体质量与使用功能检测应依据相关标准的抽取检测试样或确定检测部位。

（2）试样标识应符合下列规定：试样应及时做唯一性标识；试样应按照取样时间顺序连续编号，不得空号、重号；试样标识的内容应该根据试样的特性确定，一般包括试样编号、名称、规格（强度等级）、制取日期等主要信息；试样标识应字迹清晰、附着牢固。

3. 施工日志

试验员在施工现场制取试样时，要详细记录施工环境、部位、使用材料、制取试样的方法数量等有效信息，做到有据可查。

4. 检测试验台账

对现场试验站可按照单位工程及专业类别建立台账和记录，当试验人员制取试样并对其标识后，应及时登记委托台账，当检测结果不合格或不符合要求时，应在委托台账中注明。委托检测台账应按时间顺序编号，不得有空号、重号和断号，委托检测台账的页码要连续，不得抽换。现场试验站台账一般包括但不限于以下内容：

（1）水泥检测试验台账；

（2）砂石检测试验台账；

（3）钢筋（材）检测试验台账；

（4）砌墙砖（砌块）检测试验台账；

（5）防水材料检测试验台账；

（6）混凝土外加剂检测试验台账；

（7）混凝土检测试验台账；

（8）砂浆检测试验台账；

（9）钢筋（接头）连接检测试验台账；

（10）回填土检测试验台账；

（11）节能保温材料检测试验台账；

（12）仪器设备登记台账；

（13）根据工程需要建立的其他委托检测试验台账；

（14）不合格台账；

（15）标养室温湿度记录；

(16) 混凝土坍落度记录：每次浇筑混凝土，要求每工作台班测坍落度次数不少于2次；

(17) 大气测温记录；

(18) 有见证试验送试记录；

(19) 材料进场通知单。

5. 委托检测

(1) 施工现场检测人员应按照检测计划并根据现场工程物资进场数量及施工进度等情况、及时取样（含制备）并委托检测。

(2) 施工现场检测人员办理委托检测时，应正确填写委托（合同）书，有特殊要求时，应在委托（合同）书中注明。

(3) 施工现场检测人员办理委托后，应及时在检测试验台账登记委托编号。

6. 见证检测

(1) 见证人员应由监理（建设）单位具有建筑施工监测资质的专业技术人员担任。监理（建设）单位确定见证人员后，应以《见证取样和送检见证人员备案书》告知检测机构和施工单位。当见证人员发生变化时，应及时办理书面变更。

(2) 见证取样检测宜委托同一家检测机构完成，当该检测机构不具备部分项目的检测能力时，施工单位可将该部分项目另行委托其他检测机构。

(3) 见证取样和送检应按照见证取样和送检计划实施，见证人员应对试件和送检全过程实施见证，并按规定填写《见证记录》。见证人员可采取标记、封志、封存容器等方式保证试样的真实性。

(4) 检测机构接收见证试件时，应核查《见证记录》和见证人员的签名及送检试样的标识，见证人员与备案见证人员不符或见证记录无备案见证人员签字时不得接受试验。

(5) 施工单位应及时收集检测报告，填写《见证试验汇总表》，核查见证检测的数量。

5.3.4 试验技术资料管理

5.3.4.1 试验技术资料管理要求

1. 施工现场检测人员要熟悉检测内容，及时取样（制样），填写委托单送检；

2. 施工现场检测人员应及时收集检测报告，核查检测报告内容。当检测结果不合格或不符合要求时，施工现场检测人员应及时报告施工项目技术负责人；

3. 施工现场检测人员应在检测台账上登记试验编号和检测结果，并按其相关规定移交检测报告；

4. 施工单位自行检测的资料内容应符合相关规范、标准要求，记录真实、字迹清晰、数据可靠，结论明确，签字齐全。

5.3.4.2 技术资料归档

所有检测报告经现场试验人员登记、归档以后移交施工单位档案室，由资料人员进行整理、归档。其中工程物资检测报告归于施工物资资料；施工过程检测报告及工程实体检测报告归于施工试验记录。

参 考 文 献

1. 中华人民共和国国家标准. 通用硅酸盐水泥 GB 175—2007. 北京：中国标准出版社，2007.
2. 中华人民共和国国家标准. 砌筑水泥 GB/T 3183—2003. 北京：中国标准出版社，2003.
3. 中华人民共和国国家标准. 快硬硅酸盐水泥 GB 199—1990. 北京：中国标准出版社，1990.
4. 中华人民共和国国家标准. 铝酸盐水泥 GB 201—2000. 北京：中国标准出版社，2000.
5. 中华人民共和国国家标准. 中热硅酸盐水泥 低热硅酸盐水泥 低热矿渣硅酸盐水泥 GB 200—2003. 北京：中国标准出版社，2003.
6. 中华人民共和国国家标准. 抗硫酸盐硅酸盐水泥 GB 748—2005. 北京：中国标准出版社，2005.
7. 中华人民共和国国家标准. 白色硅酸盐水泥 GB/T 2015—2005. 北京：中国标准出版社，2005.
8. 中华人民共和国国家标准. 低热微膨胀水泥 GB 2938—2008. 北京：中国标准出版社，2008.
9. 中华人民共和国国家标准. 混凝土结构工程施工质量验收规范 GB 50204—2002. 北京：中国建筑工业出版社，2010.
10. 中华人民共和国国家标准. 建筑用砂 GB/T 14684—2001. 北京：中国标准出版社，2001.
11. 中华人民共和国国家标准. 建筑用卵石、碎石 GB/T 14685—2001. 北京：中国标准出版社，2001.
12. 中华人民共和国行业标准. 普通混凝土用砂、石质量及检验方法标准 JGJ 52—2006. 北京：中国建筑工业出版社，2006.
13. 中华人民共和国行业标准. 混凝土用水标准 JGJ 63—2006. 北京：中国建筑工业出版社，2006.
14. 中华人民共和国国家标准. 轻集料及其试验方法第 1 部分：轻集料 GB/T 17431.1—1998. 北京：中国标准出版社，1998.
15. 中华人民共和国国家标准. 轻集料及其试验方法第 2 部分：轻集料试验方法 GB/T 17431.2—1998. 北京：中国标准出版社，1998.
16. 中华人民共和国国家标准. 用于水泥和混凝土中的粉煤灰 GB/T 1596—2005. 北京：中国标准出版社，2005.
17. 中华人民共和国国家标准. 粉煤灰混凝土应用技术规范 GBJ 146—90. 北京：中国计划出版社，1991.
18. 中华人民共和国国家标准. 用于水泥和混凝土中的粒化高炉矿渣粉 GB/T 18046—2008. 北京：中国标准出版社，2008.
19. 中华人民共和国建筑工业行业标准. 混凝土和砂浆用天然沸石粉 JC/T 3048—1998. 北京：中国标准出版社，1998.
20. 中华人民共和国国家标准. 混凝土外加剂应用技术规范 GB 50119—2003. 北京：中国建筑工业出版社，2003.
21. 中华人民共和国国家标准. 混凝土外加剂 GB 8076—2008. 北京：中国标准出版社，2008.
22. 中华人民共和国国家标准. 混凝土膨胀剂 GB 23439—2009. 北京：中国标准出版社，2009.
23. 中华人民共和国建材行业标准. 混凝土泵送剂 JC 473—2001. 国家建筑材料工业局标准化研究所，2001.
24. 中华人民共和国建材行业标准. 混凝土防冻剂 JC 474—2008. 北京：中国建材工业出版社，2008.
25. 中华人民共和国建材行业标准. 喷射混凝土用速凝剂 JC 477—2005. 北京：中国建材工业出版社，2005.
26. 中华人民共和国国家标准. 普通混凝土拌合物性能试验方法标准 GB/T 50080—2002. 北京：中国建筑工业出版社，2003.

27. 中华人民共和国国家标准．地下防水工程质量验收规范 GB 50208—2011．北京：中国建筑工业出版社，2002.
28. 中华人民共和国国家标准．混凝土强度检验评定标准 GB/T 50107—2010．北京：中国建筑工业出版社，2010.
29. 中华人民共和国国家标准．普通混凝土长期性能和耐久性能试验方法标准 GB/T 50082—2009．北京：中国建筑工业出版社，2009.
30. 中国工程建设标准化协会标准．高性能混凝土应用技术规程 CECS 207—2006．北京：中国计划出版社，2006.
31. 中华人民共和国行业标准．轻骨料混凝土结构技术规程 JGJ 12—2006．北京：中国建筑工业出版社，2006.
32. 中华人民共和国行业标准．轻骨料混凝土技术规程 JGJ 51—2002．北京：中国建筑工业出版社，2002.
33. 中华人民共和国国家标准．砌体结构工程施工质量验收规范 GB 50203—2011．北京：中国建筑工业出版社，2002.
34. 中华人民共和国国家标准．建筑地面工程施工质量验收规范 GB 50209—2010．北京：中国计划出版社，2002.
35. 中华人民共和国建筑工业行业标准．预拌砂浆 JC/T 230—2007．北京：中国标准出版社，2007.
36. 中华人民共和国国家标准．烧结普通砖 GB 5101—2003．北京：中国标准出版社，2003.
37. 中华人民共和国国家标准．烧结多孔砖 GB 13544—2000．北京：中国标准出版社，2000.
38. 中华人民共和国国家标准．烧结空心砖和空心砌块 GB 13545—2003．北京：中国标准出版社，2003.
39. 中华人民共和国建材行业标准．非烧结垃圾尾矿砖 JC/T 422—2007．北京：中国建材工业出版社，2008.
40. 中华人民共和国建材行业标准．粉煤灰砖 JC 239—2001．国家建筑材料工业局标准化研究所，2001.
41. 中华人民共和国国家标准．蒸压灰砂砖 GB 11945—1999．北京：中国标准出版社，1999.
42. 中华人民共和国建材行业标准．蒸压灰砂空心砖 JC/T 637—2009．北京：中国建材工业出版社，2010.
43. 中华人民共和国国家标准．普通混凝土空心砌块 GB 8239—1997．北京：中国标准出版社，1997.
44. 中华人民共和国国家标准．轻集料混凝土小型空心砌块 GB/T 15229—2002．北京：中国标准出版社，2002.
45. 中华人民共和国国家标准．蒸压加气混凝土砌块 GB 11968—2006．北京：中国标准出版社，2006.
46. 中华人民共和国建材行业标准．粉煤灰混凝土小型空心砌块 JC/T 862—2008．北京：中国建材工业出版社，2008.
47. 中华人民共和国国家标准．钢筋混凝土用钢筋第 1 部分：热轧光圆钢筋 GB 1499.1—2008．北京：中国标准出版社，2008.
48. 中华人民共和国国家标准．钢筋混凝土用钢第 2 部分：热轧带肋钢筋 GB 1499.1—2008．北京：中国标准出版社，2007.
49. 中华人民共和国国家标准．钢和铁化学成分测定用试样的取样和制样方法 GB/T 20066—2006．北京：中国标准出版社，2006.
50. 中华人民共和国国家标准．钢筋混凝土用余热处理钢筋 GB 13014—91．北京：中国标准出版社，1991.
51. 中华人民共和国国家标准．钢及钢产品力学性能试验取样位置及试样制备 GB 2975—1998．北京：中国标准出版社，1998.
52. 中华人民共和国国家标准．碳素结构钢 GB 700—2006．北京：中国标准出版社，2007.

53. 中华人民共和国国家标准. 钢结构工程施工质量验收规范 GB 50205—2001. 北京：中国计划出版社，2001.
54. 中华人民共和国行业标准. 建筑工程检测试验技术管理规范 JGJ 190—2010. 北京：中国建筑工业出版社，2010.
55. 中华人民共和国国家标准. 低合金高强度结构钢 GB/T 1591—2008. 北京：中国标准出版社，2008.
56. 中华人民共和国国家标准. 厚度方向性能钢板 GB/T 5313—2010. 北京：中国标准出版社，2010.
57. 中华人民共和国国家标准. 冷轧带肋钢筋 GB 13788—2000. 北京：中国标准出版社，2000.
58. 中华人民共和国行业标准. 冷轧扭钢筋混凝土构件技术规程 JGJ 115—2006. 北京：中国建筑工业出版社，2006.
59. 中华人民共和国黑色冶金行业标准. 一般用途低碳钢丝 YB/T 5294—2009. 北京：中国标准出版社，2009.
60. 中华人民共和国行业标准. 钢筋机械连接技术规程 JGJ 107—2010. 北京：中国建筑工业出版社，2010.
61. 中华人民共和国行业标准. 钢筋焊接及验收规程 JGJ 18—2003. 北京：中国建筑工业出版社，2003.
62. 中华人民共和国国家标准. 钢结构用扭剪型高强度螺栓连接副 GB/T 13632—2008. 北京：中国标准出版社，2008.
63. 中华人民共和国国家标准. 钢结构用高强度大六角头螺栓、大六角螺母、垫圈技术条件 GB/T 1231—2006. 北京：中国标准出版社，2006.
64. 中华人民共和国国家标准. 钢网架螺栓球节点用高强度螺栓 GB/T 16939—1997. 北京：中国标准出版社，1997.
65. 中华人民共和国国家标准. 结构用无缝钢管 GB/T 8162—2008. 北京：中国标准出版社，2008.
66. 中华人民共和国国家标准. 气体保护电弧焊用碳钢、低合金钢焊丝 GB/T 8110—2008. 北京：中国标准出版社，2008.
67. 中华人民共和国国家标准. 埋弧焊用低合金钢焊丝和焊剂 GB/T 12470—2003. 北京：中国标准出版社，2003.
68. 中华人民共和国国家标准. 熔化焊用钢丝 GB/T 14957—94. 北京：中国标准出版社，1994.
69. 中华人民共和国国家标准. 低合金钢焊条 GB/T 5118—1995. 北京：中国标准出版社，1995.
70. 中华人民共和国国家标准. 石油沥青纸胎油毡 GB 326—2007. 北京：中国标准出版社，2008.
71. 中华人民共和国建材行业标准. 铝箔面石油沥青防水卷材 JC/T 504—2007. 北京：中国建材工业出版社，2007.
72. 中华人民共和国国家标准. 石油沥青玻璃纤维胎油毡 GB/T 14686—2008. 北京：中国标准出版社，2008.
73. 中华人民共和国国家标准. 石油沥青纸胎油毡 GB 326—2007. 北京：中国标准出版社，2008.
74. 中华人民共和国国家标准. 改性沥青聚乙烯胎防水卷材 GB 18967—2003. 北京：中国标准出版社，2003.
75. 中华人民共和国国家标准. 弹性体改性沥青防水卷材 GB 18242—2008. 北京：中国标准出版社，2008.
76. 中华人民共和国国家标准. 塑性体改性沥青防水卷材 GB 18243—2008. 北京：中国标准出版社，2008.
77. 中华人民共和国建材行业标准. 沥青复合胎柔性防水卷材 JC/T 690—2008. 北京：中国建材工业出版社，2008.
78. 中华人民共和国建材行业标准. 自粘橡胶沥青防水卷材 JC 840—1999. 国家建筑材料工业局标准化研究所，1999.

79. 中华人民共和国建材行业标准. 自粘聚合物改性沥青聚酯胎防水卷材 JC 898—2002. 北京：中国建材工业出版社，2002.
80. 中华人民共和国国家标准. 高分子防水材料第 1 部分：片材 GB 18173.1—2006. 北京：中国标准出版社，2006.
81. 中华人民共和国国家标准. 聚氯乙烯防水卷材 GB 12952—2003. 北京：中国标准出版社，2003.
82. 中华人民共和国国家标准. 氯化聚乙烯防水卷材 GB 12953—2003. 北京：中国标准出版社，2003.
83. 中华人民共和国建材行业标准. 三元丁橡胶防水卷材 JC/T 645—1996. 国家建筑材料工业局标准化研究所，1996.
84. 中华人民共和国建材行业标准. 氯化聚乙烯—橡胶共混防水卷材 JC/T 684—1997. 国家建筑材料工业局标准化研究所，1997.
85. 中华人民共和国建材行业标准. 溶剂型橡胶沥青防水涂料 JC/T 852—1999. 国家建筑材料工业局标准化研究所，1999.
86. 中华人民共和国建材行业标准. 水乳型沥青防水涂料 JC/T 408—2005. 北京：中国建材工业出版社，2005.
87. 中华人民共和国国家标准. 色漆、清漆和色漆与清漆用原材料取样 GB/T 3186—2006. 北京：中国标准出版社，2006.
88. 中华人民共和国国家标准. 聚氨酯防水涂料 GB/T 19250—2003. 北京：中国标准出版社，2003.
89. 中华人民共和国建材行业标准. 聚合物乳液建筑防水涂料 JC/T 864—2008. 北京：中国建材工业出版社，2005.
90. 中华人民共和国国家标准. 聚合物水泥防水涂料 GB/T 23445—2009. 北京：中国标准出版社，2009.
91. 中华人民共和国国家标准. 喷涂聚脲防水涂料 GB/T 23446—2009. 北京：中国标准出版社，2009.
92. 中华人民共和国国家标准. 无机防水堵漏材料 GB 23440—2009. 北京：中国标准出版社，2009.
93. 中华人民共和国国家标准. 水泥基渗透结晶型防水材料 GB 18445—2001. 北京：中国标准出版社，2001.
94. 中华人民共和国国家标准. 建筑石油沥青 GB/T 494—1998. 北京：中国标准出版社，1998.
95. 中华人民共和国建材行业标准. 建筑防水沥青嵌缝油膏 JC/T 207—1996. 国家建筑材料工业局标准化研究所，1996.
96. 中华人民共和国建材行业标准. 聚氨酯建筑密封胶 JC/T 482—2003. 北京：中国建材工业出版社，2003.
97. 中华人民共和国建材行业标准. 聚硫建筑密封胶 JC/T 483—2006. 北京：中国建材工业出版社，2006.
98. 中华人民共和国建材行业标准. 丙烯酸酯建筑密封胶 JC/T 484—2006. 北京：中国建材工业出版社，2006.
99. 中华人民共和国建材行业标准. 聚氯乙烯建筑防水接缝材料 JC/T 798—1997. 国家建筑材料工业局标准化研究所，1997.
100. 中华人民共和国国家标准. 建筑用硅酮结构密封胶 GB 16776—2005. 北京：中国标准出版社，2005.
101. 中华人民共和国国家标准. 建筑胶粘剂试验方法　第 1 部分　陶瓷砖胶粘剂试验方法 GB/T 12954.1—2008. 北京：中国标准出版社，2008.
102. 中华人民共和国建材行业标准. 高分子防水卷材胶粘剂 JC 863—2000. 国家建筑材料工业局标准化研究所，2000.
103. 中华人民共和国国家标准. 高分子防水卷材　第 2 部分：止水带 GB 18173.2—2000. 北京：中国标

准出版社，2000.
104. 中华人民共和国建材行业标准. 膨润土橡胶遇水膨胀止水条 JC/T 141—2001. 北京：中国标准出版社，2001.
105. 中华人民共和国国家标准. 高分子防水卷材 第 3 部分：遇水膨胀橡胶 GB 18173.3—2002. 北京：中国标准出版社，2002.
106. 中华人民共和国国家标准. 地下工程防水技术规范 GB 50108—2008. 北京：中国计划出版社，2008.
107. 中华人民共和国国家标准. 陶瓷砖 GB/T 4100—2006. 北京：中国标准出版社，2006.
108. 中华人民共和国国家标准. 民用建筑工程室内环境污染控制规范 GB 50325—2010. 北京：中国标准出版社，2010.
109. 中华人民共和国建材行业标准. 陶瓷马赛克 JC/T 456—2005. 北京：中国建材工业出版社，2005.
110. 中华人民共和国国家标准. 玻璃马赛克 GB/T 7697—1996. 北京：中国标准出版社，1996.
111. 中华人民共和国国家标准. 建筑装饰装修工程质量验收规范 GB 50210—2001. 北京：中国建筑工业出版社，2001.
112. 中华人民共和国建材行业标准. 陶瓷墙地砖胶粘剂 JC/T 547—2005. 北京：中国建材工业出版社，2005.
113. 中华人民共和国国家标准. 混凝土普通砖和装饰砖 NY/T 671—2003. 北京：中国标准出版社，2003.
114. 中华人民共和国国家标准. 天然花岗石建筑板材 GB/T 18601—2009. 北京：中国标准出版社，2009.
115. 中华人民共和国建材行业标准. 天然花岗石荒料 JC/T 204—2001. 北京：中国建材工业出版社，2001.
116. 中华人民共和国国家标准. 天然大理石建筑板材 GB/T 19766—2005. 北京：中国标准出版社，2005.
117. 中华人民共和国建材行业标准. 干挂饰面石材及其金属挂件第 2 部分：金属挂件 JC 830.2—2005. 北京：中国建材工业出版社，2005.
118. 中华人民共和国建材行业标准. 建筑水磨石制品 JC 507—1993. 北京：中国建材工业出版社，1993.
119. 中华人民共和国国家标准. 纸面石膏板 GB/T 9775—2008. 北京：中国标准出版社，2008.
120. 中华人民共和国建材行业标准. 矿物棉装饰吸声板 JC/T 670—2005. 北京：中国建材工业出版社，2005.
121. 中华人民共和国国家标准. 建筑用轻钢龙骨 GB/T 11981—2008. 北京：中国标准出版社，2008.
122. 中华人民共和国国家标准. 铝合金建筑型材 GB/T 5237.1～5—2008. 北京：中国标准出版社，2008.
123. 中华人民共和国国家标准. 装饰单板贴面人造板 GB/T 15104—2006. 北京：中国标准出版社，2006.
124. 中华人民共和国国家标准. 胶合板，第 3 部分，普通胶合板通用技术条件 GB 9836.3—2004. 北京：中国标准出版社，2004.
125. 中华人民共和国国家标准. 细木工板 GB/T 5849—2006. 北京：中国标准出版社，2006.
126. 中华人民共和国国家标准. 实木地板第 2 部分：检验方法 GB/T 15036.2—2009. 北京：中国标准出版社，2009.
127. 中华人民共和国国家标准. 实木复合地板 GB/T 18103—2000. 北京：中国标准出版社，2000.
128. 中华人民共和国国家标准. 竹地板 GB/T 20240—2006. 北京：中国标准出版社，2006.

129. 中华人民共和国国家标准．中密度纤维板 GB/T 11718—2009．北京：中国标准出版社，2009.
130. 中华人民共和国国家标准．人造板及饰面人造板理化性能试验方法 GB/T 17657—1999．北京：中国标准出版社，1999.
131. 中华人民共和国国家标准．室内装饰装修材料人造板及其制品中甲醛释放限量 GB 18580—2001．北京：中国标准出版社，2001.
132. 中华人民共和国国家标准．乳液内墙涂料 GB/T 9756—2009．北京：中国标准出版社，2009.
133. 中华人民共和国国家标准．合成树脂乳液外墙涂料 GB/T 9755—2001．北京：中国标准出版社，2001.
134. 中华人民共和国国家标准．溶剂型外墙涂料 GB/T 9757—2001．北京：中国标准出版社，2001.
135. 中华人民共和国国家标准．复层建筑涂料 GB/T 9779—2005．北京：中国标准出版社，2005.
136. 中华人民共和国国家标准．饰面型防火涂料 GB 12441—2005．北京：中国标准出版社，2005.
137. 中华人民共和国国家标准．建筑石膏 GB/T 9776—2008．北京：中国标准出版社，2008.
138. 中华人民共和国建材行业标准．粉刷石膏 JC/T 517—2004．北京：中国建材工业出版社，2004.
139. 中华人民共和国建材行业标准．建筑生石灰 JC/T 479—1992．北京：中国建材工业出版社，1992.
140. 中华人民共和国建材行业标准．建筑生石灰粉 JC/T 480—1992．北京：中国建材工业出版社，1992.
141. 中华人民共和国建材行业标准．建筑消石灰粉 JC/T 481—1992．北京：中国建材工业出版社，1992.
142. 中华人民共和国建材行业标准．膨胀珍珠岩 JC 209—1992(1996)．北京：中国建材工业出版社，1992.
143. 中华人民共和国国家标准．耐酸砖 GB/T 8488—2008．北京：中国标准出版社，2008.
144. 中华人民共和国国家标准．定形耐火制品抽样验收规则 GB/T 10325—2001．北京：中国标准出版社，2001.
145. 中华人民共和国国家标准．聚氯乙烯卷材地板第 1 部分：带基材的聚氯乙烯卷材地板 GB/T 11982.1—2005．北京：中国标准出版社，2005.
146. 中华人民共和国国家标准．半硬质聚氯乙烯块状塑料地板 GB 4085—2005．北京：中国标准出版社，2005.
147. 中华人民共和国国家标准．建筑节能工程施工质量验收规范 GB 50411—2007．北京：中国建筑工业出版社，2007.
148. 中华人民共和国国家标准．建筑外门窗气密、水密、抗风压性能分级及检测方法 GB/T 7106—2008．北京：中国标准出版社，2008.
149. 中华人民共和国国家标准．中空玻璃 GB/T 1944—2002．北京：中国标准出版社，2002.
150. 中华人民共和国国家标准．计数抽样检验程序按接收质量限检索的逐批检验抽样计划 GB/T 2828.1—2003．北京：中国标准出版社，2003.
151. 中华人民共和国国家标准．塑料门窗用密封条 GB 12002—1989．北京：中国标准出版社，1989.
152. 中华人民共和国国家标准．低压流体输送用焊接钢管 GB/T 3091—2008．北京：中国标准出版社，2008.
153. 中华人民共和国国家标准．钢管脚手架扣件 GB 15831—2006．北京：中国标准出版社，2006.
154. 中华人民共和国行业标准．建筑施工碗扣式钢管脚手架安全技术规范 JGJ 166—2008．北京：中国建筑工业出版社，2008.
155. 中华人民共和国国家标准．建筑幕墙用铝塑复合板 GB/T 17748—2008．北京：中国标准出版社，2008.
156. 中华人民共和国行业标准．玻璃幕墙工程质量检验标准 JGJ/T 139—2001．北京：中国建筑工业出版社，2001.
157. 中华人民共和国国家标准. 建筑幕墙空气渗透性能检测方法 GB/T 15226—1994. 北京：中国标准出版社，1994.
158. 中华人民共和国国家标准. 建筑幕墙气密、水密、抗风压性能检测方 GB/T 15227—2007. 北京：中国标准出版社，2007.
159. 中华人民共和国国家标准. 建筑幕墙空气渗透性能检测方法 GB/T 15228—1994. 北京：中国标准出版社，1994.
160. 中华人民共和国国家标准. 建筑幕墙平面内变形性能检测方法 GB/T 18250—2000. 北京：中国标准出版社，2000.
161. 中华人民共和国国家标准. 预应力混凝土用钢绞线 GB/T 5224—2003. 北京：中国标准出版社，2003.
162. 中华人民共和国国家标准. 金属材料拉伸试验第 1 部分：室温试验方法 GB/T 228. 1—2010. 北京：中国标准出版社，2011.
163. 中华人民共和国国家标准. 预应力混凝土用钢丝 GB/T 5223—2002. 北京：中国标准出版社，2002.
164. 中华人民共和国国家标准. 金属材料线材反复弯曲试验方法 GB/T 238—2002. 北京：中国标准出版社，2002.
165. 中华人民共和国国家标准. 钢丝验收、包装、标志及质量证明书的一般规定 GB/T 2103—2008. 北京：中国标准出版社，2008.
166. 中华人民共和国黑色冶金行业标准. 中强度预应力混凝土用钢丝 YB/T 2103—1999. 北京：中国标准出版社，1999.
167. 中华人民共和国国家标准. 预应力混凝土用钢棒 GB/T 5223. 3—2005. 北京：中国标准出版社，2005.
168. 中华人民共和国国家标准. 低碳钢热轧圆盘条 GB/T 701—2008. 北京：中国标准出版社，2008.
169. 中华人民共和国黑色冶金行业标准. 预应力混凝土用低合金钢丝 YB/T 038—1993. 北京：中国标准出版社，1993.
170. 中华人民共和国国家标准. 预应力混凝土用螺纹钢筋 GB/T 20065—2006. 北京：中国标准出版社，2006.
171. 中华人民共和国建筑工业行业标准. 无粘结预应力钢绞线 JG 161—2004. 北京：中国标准出版社，2004.
172. 中华人民共和国建筑工业行业标准. 预应力混凝土用金属波纹管 JG 225—2007. 北京：中国标准出版社，2007.
173. 中华人民共和国建材行业标准. 无粘结预应力混凝土管 JC/T 1056—2007. 北京：中国建材工业出版社，2007.
174. 中华人民共和国国家标准. 预应力钢筒混凝土管 GB/T 19685—2005. 北京：中国标准出版社，2006.
175. 中华人民共和国国家标准. 预应力筋用锚具、夹具和连接器 GB/T 14370—2007. 北京：中国标准出版社，2007.
176. 中国工程建设标准化协会标准. 建筑工程预应力施工规范 CECS 180—2005. 北京：中国计划出版社，2005.
177. 中华人民共和国国家标准. 绝热用模塑聚苯乙烯泡沫塑料 GB/T 10801. 1—2002. 北京：中国标准出版社，2002.
178. 中华人民共和国国家标准. 硬质泡沫塑料压缩性能的测定 GB/T 8813—2008. 北京：中国标准出版

社，2008.
179. 中华人民共和国国家标准. 绝热材料稳态热阻及有关特性的测定：防护热板法 GB 10294—1988. 北京：中国标准出版社，1988.
180. 中华人民共和国国家标准. 绝热用挤塑聚苯乙烯泡沫塑料 GB/T 10801.2—2002. 北京：中国标准出版社，2002.
181. 中华人民共和国国家标准. 建筑绝热用硬质聚氨酯泡沫塑料 GB/T 21558—2008. 北京：中国标准出版社，2008.
182. 中华人民共和国建材行业标准. 喷涂聚氨酯硬泡体保温材料 JC/T 998—2006. 北京：中国建材工业出版社，2006.
183. 中华人民共和国国家标准. 建筑保温砂浆 GB/T 20473—2006. 北京：中国标准出版社，2006.
184. 中华人民共和国国家标准. 绝热用玻璃棉及其制品 GB/T 13350—2008. 北京：中国标准出版社，2008.
185. 中华人民共和国国家标准. 绝热用岩棉、矿渣棉及其制品 GB/T 11835—2007. 北京：中国标准出版社，2007.
186. 中华人民共和国国家标准. 建筑绝热用玻璃棉制品 GB/T 17795—2008. 北京：中国标准出版社，2008.
187. 中华人民共和国国家标准. 柔性泡沫橡塑绝热制品 GB/T 17794—2008. 北京：中国标准出版社，2008.
188. 中华人民共和国建筑工业行业标准. 建筑室内用腻子 JG/T 3049—1998. 北京：中国标准出版社，1998.
189. 中华人民共和国建筑工业行业标准. 膨胀聚苯板薄抹灰外墙外保温系统 JG 149—2003. 北京：中国标准出版社，2003.
190. 中华人民共和国行业标准. 外墙外保温工程技术规范 JGJ 144—2004. 北京：中国建筑工业出版社，2005.
191. 中华人民共和国建筑工业行业标准. 胶粉聚苯颗粒外墙外保温系统 JG 158—2004. 北京：中国标准出版社，2004.
192. 中华人民共和国建材行业标准. 耐碱玻璃纤维网布 JC/T 841—2007. 北京：中国建材工业出版社，2007.
193. 中华人民共和国轻工行业标准. 镀锌电焊网 QB/T 3897—1999. 北京：中国标准出版社，1999.
194. 中华人民共和国国家标准. 铝合金建筑型材第 6 部分：隔热型材 GB 5237—2004. 北京：中国标准出版社，2004.
195. 中华人民共和国建筑工业行业标准. 建筑用隔热铝合金型材穿条式 JG/T 175—2005. 北京：中国标准出版社，2005.
196. 中华人民共和国国家标准. 建筑排水用硬聚氯乙烯(PVC-U)管材 GB/T 5836.1—2006. 北京：中国标准出版社，2006.
197. 中华人民共和国国家标准. 建筑排水用硬聚氯乙烯(PVC-U)管件 GB/T 5836.2—2006. 北京：中国标准出版社，2006.
198. 中华人民共和国国家标准. 给水用硬聚氯乙烯(PVC-U)管材 GB/T 10002.1—2006. 北京：中国标准出版社，2006.
199. 中华人民共和国国家标准. 给水用聚乙烯(PE)管材 GB/T 13663.1—2005. 北京：中国标准出版社，2005.
200. 中华人民共和国国家标准. 生活饮用水输配水设备及防护材料卫生安全评价规范 GB/T 17219—1998. 北京：中国标准出版社，1998.

201. 中华人民共和国国家标准. 额定电压450/750V及以下聚氯乙烯绝缘电缆第3部分：固定布线用无护套电缆GB 5023.3—2008. 北京：中国标准出版社，2008.
202. 中华人民共和国国家标准. 电缆的导体GB/T 3956—2008. 北京：中国标准出版社，2008.
203. 中华人民共和国国家标准. 电线电缆电性能试验方法GB/T 3048—2008. 北京：中国标准出版社，2008.
204. 中华人民共和国国家标准. 综合布线系统工程验收规范GB 50312—2007. 北京：中国计划出版社，2007.
205. 中华人民共和国国家标准. 连续热镀锌钢板及钢带GB/T 2518—2008. 北京：中国标准出版社，2008.
206. 中华人民共和国国家标准. 不锈钢热轧钢板和钢带GB/T 4237—2007. 北京：中国标准出版社，2007.
207. 中华人民共和国国家标准. 普通混凝土力学性能试验方法标准GB/T 50081—2002. 北京：中国建筑工业出版社，2003.
208. 中华人民共和国行业标准. 建筑砂浆基本性能试验方法标准JGJ/T 70—2009. 北京：中国建筑工业出版社，2009.
209. 中华人民共和国行业标准. 择压法检测砌筑砂浆抗压强度技术规程JGJ/T 234—2011. 北京：中国建筑工业出版社，2011.
210. 中华人民共和国国家标准. 钢及钢产品力学性能试验取样位置及试样制备GB/T 2975—1998. 北京：中国标准出版社，1998.
211. 中华人民共和国行业标准. 钢筋焊接及验收规程JGJ 18—2003. 北京：中国建筑工业出版社，2003.
212. 中华人民共和国行业标准. 钢筋机械连接技术规程JGJ 107—2010. 北京：中国建筑工业出版社，2010.
213. 中华人民共和国国家标准. 土工试验方法标准GB/T 50123—1999. 北京：中国计划出版社，1999.
214. 中华人民共和国国家标准. 建筑地基基础设计规范GB 50007—2002. 北京：中国建筑工业出版社，2002.
215. 中华人民共和国国家标准. 建筑地基基础工程施工质量验收规范GB 50202—2002. 北京：中国计划出版社，2002.
216. 中华人民共和国行业标准. 建筑基桩检测技术规范JGJ 106—2003. 北京：中国建筑工业出版社，2003.
217. 中华人民共和国国家标准. 砌体工程现场检测技术标准GB/T 50315—2000. 北京：中国建筑工业出版社，2000.
218. 中华人民共和国行业标准. 早期推定混凝土强度试验方法标准JGJ/T 15—2008. 北京：中国建筑工业出版社，2008.
219. 中华人民共和国行业标准. 回弹法检测混凝土抗压强度技术规程JGJ/T 23—2011. 北京：中国建筑工业出版社，2011.
220. 中国工程建设标准化协会标准. 超声回弹综合法检测混凝土强度技术规程CECS 02：2005. 北京：中国计划出版社，2005.
221. 中国工程建设标准化协会标准. 钻芯法检测混凝土强度技术规程CECS 03：2007. 北京：中国建筑工业出版社，2007.
222. 中国工程建设标准化协会标准. 超声回弹综合法检测混凝土强度技术规程CECS 69：94. 中国工程建设标准化协会，1995.
223. 中国工程建设标准化协会标准. 超声法检测混凝土缺陷技术规程CECS 21：2000. 北京：中国工程

建设标准化协会，2000.
224. 中华人民共和国行业标准. 混凝土中钢筋检测技术规程 JGJ/T 152—2008. 北京：中国建筑工业出版社，2008.
225. 中华人民共和国国家标准. 钢焊缝手工超声波探伤方法和探伤结果分级 GB 11345—89. 北京：中国标准出版社，1989.
226. 中华人民共和国国家标准. 金属熔化焊焊接接头射线照相 GB/T 3323—2005. 北京：中国标准出版社，2005.
227. 中华人民共和国行业标准. 钢结构超声波探伤及质量分级法 JG/T 203—2007. 北京：中国建筑工业出版社，2007.
228. 中华人民共和国机械行业标准. 无损检测焊缝磁粉检测 JB/T 6061—2007. 北京：机械工业出版社，2007.
229. 中华人民共和国机械行业标准. 无损检测焊缝渗透检测 JB/T 6062—2007. 北京：机械工业出版社，2007.
230. 中华人民共和国国家标准. 建筑装饰装修工程施工质量验收规范 GB 50210—2002. 北京：中国建筑工业出版社，2002.
231. 中华人民共和国行业标准. 建筑工程饰面砖粘结强度检验标准 JGJ 110—2008. 北京：中国建筑工业出版社，2008.
232. 中国工程建设标准化协会标准. 碳纤维片材加固修复混凝土结构技术规程 CECS 146：2003(2007年版). 北京：中国计划出版社，2007.
233. 中华人民共和国行业标准. 混凝土结构后锚固技术规程 JGJ 145—2004. 北京：中国建筑工业出版社，2005.
234. 中华人民共和国国家标准. 建筑边坡工程技术规范 GB 50330—2002. 北京：中国建筑工业出版社，2002.
235. 中华人民共和国国家标准. 建筑幕墙 GB/T 21086—2007. 北京：中国标准出版社，2007.
236. 中华人民共和国通信行业标准. 固定电话交换设备安装工程验收规范 YD/T 5077—2005. 北京：北京邮电大学出版社，2005.
237. 中华人民共和国国家标准. 智能建筑工程质量验收规范 GB 50339—2003. 北京：中国建筑工业出版社，2003.
238. 中华人民共和国国家标准. 火灾自动报警系统施工及验收规范 GB 50166—2007. 北京：中国计划出版社，2007.
239. 中华人民共和国国家标准. 综合布线系统工程验收规范 GB 50312—2007. 北京：中国计划出版社，2007.
240. 中华人民共和国国家标准. 环境电磁波卫生标准 GB 9175—1988. 北京：中国标准出版社，1988.
241. 中华人民共和国国家标准. 电磁辐射防护规定 GB 8702—1988. 北京：中国标准出版社，1988.
242. 中华人民共和国国家标准. 安全防范工程技术规范 GB 50348—2004. 北京：中国计划出版社，2004.
243. 中华人民共和国国家标准. 建筑电气工程施工质量验收规范 GB 50303—2002. 北京：中国计划出版社，2002.
244. 中华人民共和国国家标准. 自动喷水灭火系统施工及验收规范 GB 50261—96. 北京：中国计划出版社，2003.
245. 中华人民共和国国家标准. 建筑给排水及采暖工程施工质量验收规范 GB 50242—2002. 北京：中国建筑工业出版社，2002.
246. 中华人民共和国国家标准. 工业锅炉安装工程施工及验收规范 GB 50273—98. 北京：中国计划出版

社，2006.

247. 中华人民共和国国家标准. 通风与空调工程施工质量验收规范 GB 50243—2002. 北京：中国计划出版社，2002.

248. 中华人民共和国行业标准. 通风管道技术规程 JGJ 141—2004. 北京：中国建筑工业出版社，2004.

249. 中华人民共和国国家标准. 电气装置安装工程电气设备交接试验标准 GB 50150—2006. 北京：中国计划出版社，2006.

250. 中华人民共和国行业标准. 建筑工程检测试验技术管理规范 JGJ 190—2010. 北京：中国建筑工业出版社，2010.

251. 中华人民共和国行业标准. 现场绝缘试验实施导则第 1 部分：绝缘电阻、吸收比和极化指数试验 DL/T 474.1—2006. 北京：中国电力出版社，2006.

252. 中华人民共和国行业标准. 建筑工程资料管理规程 JGJ/T 185—2009. 北京：中国建筑工业出版社，2009.

6 通用施工机械与设备

6.1 基础桩工程施工机械

6.1.1 打入桩施工机械

打入桩施工机械主要由桩锤和桩架组成，其主要功能包括起吊桩锤、吊桩和插桩、导向沉桩，靠桩锤冲击或振动桩头，使桩在冲击力或振动力的作用下贯入土中。

桩架：桩架是打桩机的配套设备，桩架承受自重、桩锤重、桩及辅助设备等重量。桩架根据移动方式的不同，分为走管式、轨道式、轮胎式、步履式和履带式等。

桩锤：根据桩锤驱动方式的不同，可分为柴油、液压、蒸汽、振动四种打桩锤。

6.1.1.1 柴油打桩锤的种类及适用范围

柴油打桩锤是以柴油为燃料，以冲击作用方式进行打桩施工的桩工机械。打桩锤的构造实际是一种单缸二冲程自由活塞式内燃机，它既是柴油原动机，又是打桩工作机，不需要其他配套的原动机械，具有结构简单、施工方便、不受电源限制等特点，应用广泛。

柴油打桩锤按其动作特点分为导杆式（图 6-1）和筒式（图 6-2）两种。导杆式打桩锤冲击体为汽缸，它构造简单，但打桩能量少，只适用于打小型桩；筒式打桩锤冲击体为活塞，打桩能量大，施工效率高，是目前使用最广泛的一种打桩设备。

图 6-1　导杆式柴油打桩锤

图 6-2　筒式柴油打桩锤

6.1.1.2 柴油打桩锤的技术性能

1. 导杆式柴油打桩锤

导杆式柴油打桩锤的冲击部分沿两根圆形导杆作上下运动，向上时由柴油燃爆能而推起，以自重下落实现冲击作用。导杆式柴油打桩锤的主要技术性能参见表 6-1。

导杆式柴油打桩锤的主要技术性能 **表 6-1**

型　号	DD2	DD4	DD6	DD12	DD18	DD25
桩最大长度（m）	5	6	8	10	12	16
桩最大直径（mm）	200	250	300	350	400	450
锤击部分跳高（mm）	1300	1500	1800	2100	2100	2100
最大打击能量（kN·m）	3	6	11	25	29.6	41.2
桩锤质量（kg）	460	720	1250	2160	3100	4200

2. 筒式柴油打桩锤

筒式柴油打桩锤的芯锤沿圆形筒体作上下运动，向上时由柴油压缩燃爆而推起，圆柱形芯锤以自重下落实现夯击桩顶的作用。筒式柴油打桩锤的主要技术性能参见表 6-2。

筒式柴油打桩锤的主要技术性能 **表 6-2**

型　号	D12	D18	D25	D32	D40	D50	D60	D72
最大打击能量（kN·m）	30	45	62.5	80	100	125	180	216
冲击部分行程（mm）	2500	2500	2500	2500	2500	2500	2500	2500
冲击频率（min^{-1}）	40～60	40～60	40～60	39～52	39～52	37～53	35～50	35～50
最大爆发力（kN）	500	600	1080	1500	1900	2140	2800	2800
总质量（kg）	2400	4210	6490	6490	9300	10500	12270	16756

6.1.1.3 液压打桩锤的种类及适用范围

液压锤是以液压能作为动力，举起锤体然后快速泄油，或同时反向供油，使锤体加速下降，锤击桩帽并将桩体沉入土中（图 6-3）。液压锤正被广泛地用于工业、民用建筑、道路、桥梁以及水中桩基施工（加上防水保护罩，可在水面以下进行作业）。同时，液压锤通过桩帽这一缓冲装置，直接将能量传给桩体，一般不需要特别的夹桩装置，因此可以不受限制地对各种形状的钢板桩、混凝土预制桩、木桩等进行沉桩作业。另外，液压锤还可以相当方便地进行陆上与水上的斜桩作业，与其他桩锤相比有独到的优越性。

液压锤可分为单作用和双作用两种类型。

6.1.1.4 液压打桩锤的技术性能

液压打桩锤的主要技术性能参见表 6-3。

液压打桩锤的主要技术性能 **表 6-3**

型　号	HHK-5A	HHK-7A	HHK-9A	HHK-12A	HHK-14A	HHK-18A
最大打击能量（kN·m）	60	84	108	144	168	216
最大冲程（mm）	1200	1200	1200	1200	1200	1200
冲击频率（min^{-1}）	40～100	40～100	40～100	40～100	40～100	40～100
桩锤质量（t）	5	7	9	12	14	18
总质量（t）	8.7	11	13.2	21	23.5	28
功率（kW）	75	93	120	160	185	240

6.1.1.5　蒸汽打桩锤的种类及适用范围

蒸汽打桩锤是以蒸汽（或压缩空气）作为动力，提升桩锤的冲击部分进行锤击沉桩（图 6-4）。随着桩基向大型化方向发展，特别是海底石油开发中，打入斜桩和水下打桩作业时，柴油打桩锤受到一定的局限，不如蒸汽打桩锤优越。此外，蒸汽打桩锤结构简单，工作可靠，能适应各种性质的地基，而且操作、维修也较容易；它可以做成超大型，可以打斜桩、水平桩，蒸汽锤的冲击能量可以在 25%～30%的范围内无级调节，因此成为主要桩工机械之一。

图 6-3　液压打桩锤

图 6-4　蒸汽打桩锤

蒸汽打桩锤一般有三种类型：按蒸汽锤的动作方式可分为自由落体的单作用式和强制下落的双作用式；按蒸汽锤的打击方式可分为缸体打击式和落锤打击式；按蒸汽锤的应用方式可分为陆上型和水上型。

6.1.1.6　蒸汽打桩锤的技术性能

1. 单作用蒸汽桩锤的主要技术性能（表 6-4）

单作用蒸汽桩锤的主要技术性能　　表 6-4

型　号	30	60	70	100	150	65
最大冲程（mm）	1350	1200	1650	1300	1350	1200
常用冲程（mm）	600～800	600～900	500～800	500～800	500～800	200 以上
冲击频率（min^{-1}）	60～90	20～30	24～30	25～40	35～40	50
最大打击能量（kN・m）	32.4	72	89	118.7	182.5	40.28
总质量（kg）	3100	8674	6600	11130	15630	6500

2. 双作用蒸汽桩锤的主要技术性能（表 6-5）

双作用蒸汽桩锤的主要技术性能 表 6-5

型号	100C	200C	400C	200C	300C	400C	600C
应用方式	陆上型			水上型			
最大冲程 (mm)	420	390	420	390	420	420	420
冲击频率 (min^{-1})	103	98	100	98	110	100	100
最大打击能量 (kN·m)	45.47	69.41	156.69	69.4	124.43	156.9	227.44
总质量 (kg)	10070	17690	37649	19194	33113	41359	54886

6.1.1.7 振动桩锤的种类及适用范围

振动桩锤又称振动沉拔桩锤，在一定的地质条件下，具有沉桩或拔桩效率高、速度快、噪声小、便于施工等特点，因而得到广泛使用（图 6-5）。

图 6-5 振动桩锤

振动桩锤分类：

(1) 按动力可分为电动振动和液压振动两类。电动振动桩锤具有施工速度快、使用方便、噪声较小、无公害污染、结构简单、维修方便等优点，已被普遍采用。

(2) 按振动频率可分为低频（300～700r/min）、中频（700～1500r/min）、高频（2300～2500r/min）、超高频（约 6000r/min），国内生产的基本都属中频。

(3) 按振动偏心块的结构可分为固定式偏心块和可调式偏心块两类。

6.1.1.8 振动桩锤的技术性能

振动桩锤的主要技术性能参见表 6-6。

振动桩锤的主要技术性能 表 6-6

型号	DZ11	DZ15	DZ30	DZ40	DZ50	DZ60	DZ75	DZ120	DZ180
静偏心力矩 (N·m)	60	80	170	190	250	300	340	680	630×2
振动频率 (r/min)	1000	1000	980	1050	1000	1000	1080	1000	800
电机功率 (kW)	11	15	30	40	45	55	75	120	90×2
允许拔桩力 (kN)	60	60	100	100	120	120	160	300	400
总质量 (kg)	1554	1619	3100	3200	3750	3900	4100	8274	13000

6.1.1.9 桩锤的合理选择

桩锤有落锤、汽锤、柴油锤、振动锤等，其使用优缺点和适用范围可参考表 6-7。桩锤目前多采用柴油锤，锤重可根据工程地质条件、桩的类型、结构、密集程度及现场施工条件参照表 6-8 选用。

桩锤适用范围参考表　　**表 6-7**

桩锤种类	优缺点	适用范围
柴油桩锤	不需要外部能源，机架轻，移动便利，打桩快，燃料消耗少；遇硬土或软土不宜使用	1. 最适于打钢板桩、木桩。 2. 在软弱地基可打 12m 以下的混凝土桩
液压桩锤	可以对各种形状的钢板桩、混凝土预制桩、木桩等进行沉桩作业，还可以进行陆上与水上的斜桩作业，与其他桩锤比有独到的优越性	广泛地用于工业、民用建筑、道路、桥梁以及水中桩基施工（加上防水保护罩，可在水面以下进行作业）
单动汽锤	结构简单，落距小，对设备和桩头不易损坏，打桩速度及冲击力较落锤大，效率较高	1. 适于打各种桩。 2. 最适于套管法打就地灌注混凝土桩
双动汽锤	冲击次数多，冲击力大，工作效率高，但设备笨重，移动较困难	1. 适于各种桩，并可用于打斜桩。 2. 使用压缩空气时，可用于水下打桩。 3. 可用于拔桩、吊锤打桩
振动桩锤	沉桩速度快，适用性强，施工操作简易安全，能打各种桩，并能帮助卷扬机拔桩；但不适于打斜桩	1. 适于打钢板桩、钢管桩、长度在 15m 以内的打入式灌注桩。 2. 适于粉质黏土、松散砂土、黄土和软土

柴油锤锤重选择表　　**表 6-8**

锤型		柴油锤（t）					
		2.0	2.5	3.5	4.5	6.0	7.2
性能	总质量（t）	4.5	6.5	7.2	9.6	15.0	18.0
	冲击力（kN）	2000	2000～2500	2500～4000	4000～5000	5000～7000	7000～10000
适用的桩规格	边长或直径（cm）	25～35	35～40	40～45	45～50	50～55	55～60
	钢管桩直径（cm）	40	40	40	60	90	90～100
锤的常用控制贯入度（cm/10 击）		—	2～3	—	3～5	4～8	—
设计单桩极限承载力（kN）		400～1200	800～1600	2500～4000	3000～5000	5000～7000	7000～10000

注：1. 本表仅供选锤用；

2. 本表适用于 20～60m（多节）长预制桩及 40～60m（多节）长钢管桩，且桩尖进入硬土层有一定深度。

6.1.2　压入桩施工机械

6.1.2.1　常用压入桩施工机械的种类及适用范围

常用压入桩即静力压桩机是以压桩机的自重克服沉桩过程中的阻力，当静压力超过桩周上的摩阻力时，桩就沿着压梁的轴线方向下沉。静力沉桩具有无振动、无噪声的特点，在城市居住密集区施工有明显的优越性，并且由于桩身只承受垂直静压力，无冲击力和锤击拉应力，因而减少了桩身、桩头的破损率，提高了施工质量。

静力压桩机可分为机械式和液压式两种。机械式压桩力由机械方式传递，液压式用液压缸产生的静压力来压桩。

6.1.2.2 常用压入桩施工机械的技术性能

常用压入桩施工机械的技术性能参见表 6-9。

静力压桩机的主要技术性能 表 6-9

型 号	YZY80	YZY120	YZY160	WYC150	DYG320
最大夹持力（kN）	2600	3530	5000	5000	6000
最大夹入力（kN）	800	1200	1600	1500	3200
最大顶升力（kN）	1440	2430	1840	3000	
最大桩段长度（m）	12	12	10	15	20
最大桩截面（mm×mm）	400×400	400×400	450×450	400×400	45～63 号工字钢
最小桩截面（mm×mm）	300×300	350×350	350×350	350×350	
主电动机功率（kW）	30	30	40	40	55
总质量（t）	110	120	188.5	180	150

6.1.3 钻孔灌注桩施工机械

钻孔灌注桩的施工根据水文地质的条件不同，其成孔方式可分为干作业成孔与湿作业成孔两大类，干作业施工的成孔机械主要有螺旋钻孔机、机动洛阳铲挖孔机；湿作业施工的成孔机械主要有全套管护壁成孔桩机、转盘式（回转式）钻孔机、回转斗式钻头成孔机、潜水电钻机、冲击式钻孔机、冲抓锥成孔机等。

6.1.3.1 螺旋钻孔机械的种类及适用范围

螺旋钻孔机可分为长螺旋钻孔机（图 6-6）与短螺旋钻孔机（图 6-7）两种，用于干作业螺旋钻孔的施工。

图 6-6 ZJB6 长螺旋钻孔机

图 6-7 KD1500 短螺旋钻孔机

螺旋钻孔机具有机振动小、噪声低、不扰民、造价低、无泥浆污染、设备简单、混凝土灌注质量较好的特点；钻进速度快，混凝土灌注质量较好，单桩承载力较打入式预制桩低，桩端或多或少留有虚土，适用范围限制较大。

螺旋钻成孔适用于地下水位以上的填土层、黏性土层、粉土层、砂土层和粒径不大的砾砂层，但不宜用于地下水位以下的上述各类土层以及碎石土层、淤泥层、淤泥质土层。对非均质含碎砖、混凝土块、条块石的杂填土层及大卵石层，成孔困难大。

6.1.3.2　螺旋钻孔机械的技术性能

1. 长螺旋钻孔机的主要技术性能（表6-10）

长螺旋钻孔机的主要技术性能　　表6-10

型　　号	BQZ	KLB	ZKL400B	LZ	ZKL650Q
钻孔深度（m）	8～10.5	12	12（15）	13	10
钻孔直径（mm）	300～400	300～600	300～400	300～600	350 510 600
机头电动机功率（kW）	22	40	30	30	40
卷扬电动机功率（kW）	10		11.4		
卷扬起重能力（kN）	30	90	20		
整机回转角度	190°	100°	120°		60°
桩架形式	步履式	步履式	步履式	履带吊 W1001	汽车式
整机质量（kg）	10000	13000	12500		25000

2. 短螺旋钻孔机的主要技术性能（表6-11）

短螺旋钻孔机的主要技术性能　　表6-11

型　　号	TEXOMA300	TEXOMA600	TEXOMA7011	ZKL1500	BZ-1
钻孔直径（mm）	1828	1828	1828	1500	300～800
钻孔深度（m）	6.09	10.6	18.28	70（最大） 40（标准）	11.8
主轴前后移动距离（mm）	91.4	91.4	91.4		
主轴左右倾角	35°	9°	6°		
主轴前倾角	15°	15°	10°		
主轴后倾角	15°	15°	10°		
动力形式	柴油机	柴油机	柴油机	柴油机	液压泵
功率（kW）	80	100	100	83	40
底盘形式	车装式	车装式	车装式	履带式	车装式
总质量（kg）	17200	24000	27600		8000

6.1.3.3　全套管钻孔机械的种类及适用范围

全套管施工法又称贝诺托法，配合这个施工工艺的设备称为全套管设备或全套管钻孔机。在打孔时，可以确切地分析清楚持力层的土质，因此可随时确定混凝土灌注深度；在软土地基中，由于套管先行压入，因此不会引起塌孔，不必采用任何护壁方式，可在邻近建筑物处施工；可以在除岩层外的任何土层钻竖直孔、倾斜孔，特别适用于斜桩的需要。同时，采用全套管钻孔机施工机身庞大沉重，施工时要有较大场地。此外，在水上作业时，费用较高；在软土地区施工，将使周围地基因振动而松散；若地下水位以下有较厚的细砂层时（厚度在5m以下），造成挖掘困难；当桩尖持力层位于砂层时，往往在水头控制不当，引起翻砂现象，使持力层松软；灌注混凝土过程中，往往在提升导管时将钢筋笼带起；全套管钻孔机适用于除岩层以外的任何土质，但在孤石、泥岩层或软岩层成孔时，成孔效率将显著降低。

全套管钻孔机主要由主机、钻机、套管、锤式抓斗、钻架等组成，其构造如图 6-8 所示。

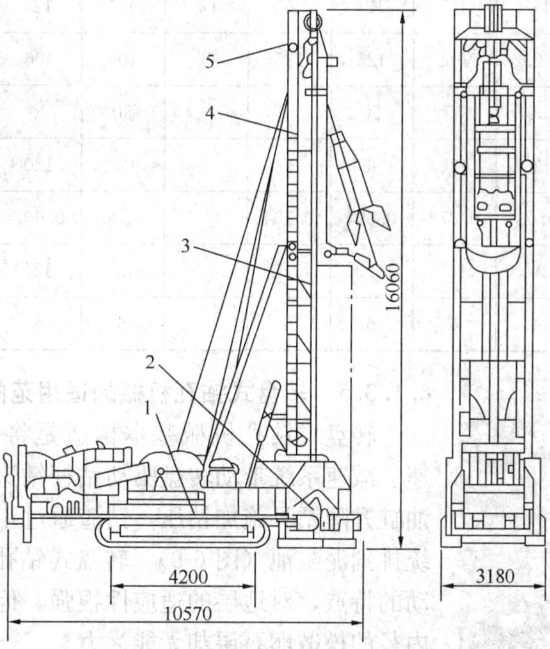

图 6-8 整机式全套管钻孔机构造图

1—主机；2—钻机；3—套管；4—锤式抓斗；5—钻架

6.1.3.4 全套管钻孔机械的技术性能

全套管钻孔机械的主要技术性能参见表 6-12。

全套管钻孔机的主要技术性能 **表 6-12**

型号		MT120	MT130	MT150	MT200	20TH	20THC	20THD	30THC	30THCS	50TH
钻孔直径(m)		1.0～1.2	1.0～1.3	1.0～1.5	1.0～2.0	0.6～1.2	0.6～1.2	0.6～1.3	1.0～1.5	1.0～1.5	1.0～2.0
钻孔深度(m)		35～50	35～60	40～60	35～60	27	35～40	35～40	35～40	35～45	35～40
工作状态外形尺寸(mm)	长度	7580	8700	10570	11020	7815	7810	8060	9450	9710	10745
	宽度	3300	3100	3180	3490	3700	2820	2820	3200	3200	4574
	高度	11180	14965	16060	16060	15300	10460	11960	13300	13300	16774
质量(kg)		24000	30000	51000	54000	27000	23000	24000	37500	37900	50000
摇动扭矩(kN·m)		510	680	1480	1600	460	506	632	1350	1350	1810
最大压管力(kN)		150	200	300	350		150	150	260		

续表

型　号	MT120	MT130	MT150	MT200	20TH	20THC	20THD	30THC	30THCS	50TH
最大拔管力(kN)	440	600	1180	1180	420	420	520	920	920	920
千斤顶能力(kN)	640	800	1000	1000		560	700	1350		
摇动角度	15°	13°	12°	12°	17°	12°	12°	13°	13°	17°
发动机额定功率(kW)	125	114	125	125	72	106	106	162	162	96×2
卷扬机起重力(kN)	35	35	50	50		30	30	60		
卷扬机提升速度(m/min)	120	120	85	85		120	120	90		
接地压力(MPa)	0.08	0.072	0.094	0.104		0.06	0.067	0.079		
爬坡能力	19°	16°	15.3°	13.3°		12°	12°	17°		
适用套管(m)	4	6	6	6		6	6	6		

图 6-9　KP2000 转盘式钻孔机械

6.1.3.5　转盘式钻孔机械的适用范围

转盘式钻孔机械基本构造是将动力系统动力通过变速、减速系统带动转盘驱动钻杆钻进，并通过卷扬机构或油缸升降钻具施加钻压，钻渣通过正循环或反循环排渣系统排到泥浆池（图 6-9）。转盘式钻孔机具有噪声低和无振动的特点，对地层的适应性很强，但对直径大于 2/3 钻杆内径的松散卵石层却无能为力。

6.1.3.6　转盘式钻孔机械的技术性能

转盘式钻孔机械的主要技术性能参见表 6-13。

转盘式钻孔机械的主要技术性能　　表 6-13

型　号	KP1000	KP1500	KP2000	KP3000	KP3500	GPS-10	GPS-15	GPS-20
钻孔直径（mm）	1000	1500	2000	3000	3500	1500	1500	2000
钻孔深度（m）	40	60	60	80	130	50	50	80
水龙头提升能力（kN）	60	150	200	600	1200			
钻杆内径（mm）	69	120	195	241	275			
转盘电机功率（kW）	22	15/24	20/30	75	30×4	30	30	37
卷扬机牵引力（kN）	20	30	30	75	75	20	30	30
钻机质量（t）	5.5	15	26	62	47	6.47	8	10

6.1.3.7　回转斗式钻孔机械的种类及适用范围

回转斗式钻孔机械使用特制的斗式回转钻头，在钻头旋转时切土进入土斗，装满土斗后，回转停止旋转并提出孔外，打开土斗弃土，并再次进入孔中旋转切土，重复进行直至成孔。用斗式钻机施工，其排渣方法独特，不需要反循环旋转钻机施工需要的排渣系统诸多机具和设施，施工消耗低，施工工艺简单。由于采用频繁提升，下降的回转斗对孔壁的扰动较大，容易塌孔，所以对护壁泥浆的制备要求较高。

回转斗式钻孔机械适用于除岩层以外的各种地质条件，排渣设备设施简单，对泥浆排放较严的地区比较有利；缺点是对桩长、桩直径有一定限制，在某些地质条件下，回转斗施工的速度不理想，对泥浆的质量要求比较高，施工选用时要加以综合比较选用。

回转斗式钻孔机械按照驱动方式可以分为电动与液压马达驱动；按照钻机机架与动力可分为履带式、步履式、导杆式、短立柱式和液压式。

6.1.3.8　回转斗式钻孔机械的技术性能

回转斗式钻孔机械的主要技术性能参见表 6-14。

回转斗式钻孔机的主要技术性能　　**表 6-14**

型号		20H	20HR	TH55	KH100	ED400	DH300	RT3S
最大钻孔直径（mm）	一般土层	1000	1200	1500	1700	1500	1300	2200
	软弱土层			1700	2000	1700		
	装上铰刀	2000	2000	2000		2000		
钻孔深度（m）	不用加深杆	24.0	27.0	30.0	33.0	43.0	33.0	42.0
	用加深杆		42.0	40.0	43.0	53.0		78.0
钻斗转速（r/min）	高速			30	26	28	20	31
	低速			15	13	14	12	14
钻斗提升力（kN）				100	120	135	120	160
发动机功率（kW）		48	49	88	91	114	95	118
整机质量（kg）		20500	22000	35000	39400	43600	39800	
底盘形式		履带式		履带式		履带式	车装式	履带式

6.1.3.9　潜水钻孔机械的种类及适用范围

潜水钻孔机设备简单、体积小、成孔速度快、移动方便，近年来被广泛地使用于覆盖层中进行成桩作业。以潜水电动机作动力，工作时动力装置潜在孔底，耗用动力少，钻孔效率高；电动机防水性能好，过载能力强，运转时温度较低；可采用正、反两种循环方式排渣（图 6-10）；与全套管钻孔机相比，自重轻，没有很大的拔管反力，因此钻架对地基承载力要求小；钻孔时不需要提钻排渣，所以钻孔效率高；只要循环水不发生间断，孔壁不会塌，且成孔精度高。

图 6-10　KQ 系列潜水钻孔机械

潜水钻成孔适用于填土、淤泥、黏土、粉土、砂土等地层，尤其适于在地下水位较高的土层中成孔，但不宜用于碎石土层。由于潜水钻孔机不能在地面变速，且动力输出全部采用刚性传动，对非均质的不良地层适应性较差，加之转速较高，不适合在基岩中钻进。

潜水钻孔机按冲洗液排渣方式可分为正循环排渣与反循环排渣；按行走装置分为简易式、轨道式、步履式和车载式。

6.1.3.10　潜水钻孔机械的技术性能

潜水钻孔机械的主要技术性能参见表 6-15。

潜水钻孔机的主要技术性能 表 6-15

型号		KQ800	KQ1250A	KQ1500	KQ2000	KQ2500	KQ3000
钻孔直径（mm）		450～800	450～1250	800～1500	800～2000	1500～2500	2000～3000
钻孔深度（m）	潜水钻法	80	80	80	80	80	80
	钻斗钻法	35	35	35			
潜水电动机功率（kW）		22	22	37	44	74	111
整机外形尺寸（mm）	长度	4306	5600	6850	7500		
	宽度	3260	3100	3200	4000		
	高度	7020	8742	10500	11000		
整机质量（kg）		7280	10460	15430	20180	32000	

6.1.3.11 冲击式钻孔机械的适用范围

冲击式钻孔机是灌注桩施工的一种主要钻孔机械，它能适应各种不同地质情况，特别是在卵石层中钻孔时，冲击式钻孔机比其他形式钻孔机适应性更强（图 6-11）。同时，用冲击式钻孔机钻孔，成孔后，孔壁周围形成一层密实的土层，对稳定孔壁，提高桩基承载能力，均有一定作用。冲击钻孔功率消耗很大，钻进效率较低，除在卵石层中钻孔时采用外，其他地层中已被其他形式的钻机所取代。

图 6-11 CZ 系列冲击式钻孔机械

6.1.3.12 冲击式钻孔机械的技术性能

冲击式钻孔机械的技术性能参见表 6-16。

国产常用冲击式钻孔机的技术性能 表 6-16

性能指标＼型号	SPC300H	GJC-40H	GJD-1500	YKC-31	CZ-22	CZ-30
钻孔最大直径（mm）	700	700	2000（土层） 1500（岩层）	1500	800	1200
钻孔最大深度（m）	80	80	50	120	150	180
冲击行程（mm）	500，650	500，650	100～1000	600～1000	350～1000	500～1000
冲击频率（次/min）	25，50，72	20～72	0～30	29，30，31	40，45，50	40，45，50
冲击钻重量（kg）	—	—	2940	—	1500	2500
卷筒提升力（kN）	30	30	39.2	55	20	30
驱动动力功率（kW）	118	118	63	60	22	40
钻机重量（kg）	15000	15000	20500	—	6850	13670

6.2 地下连续墙施工机械

6.2.1 钢筋混凝土地下连续墙施工机械

6.2.1.1 软土地层钢筋混凝土地下连续墙施工机械

软土地层钢筋混凝土地下连续墙施工主要采用抓斗式成槽机和多头钻成槽机。

1. 抓斗式成槽机

目前，常用的钢筋混凝土地下连续墙抓斗有三大类：悬吊式抓斗（配合履带式起重机作业）、导板式抓斗和导杆式抓斗。悬吊式抓斗的刃口闭合力大，成槽深度深，同时配有自动纠偏装置，可保证抓斗的工作精度，是中大型地下连续墙施工的主要机械，图 6-12 为 MHL 型悬吊式抓斗构造图，其主要性能参见表 6-17；导板式抓斗结构简单，成本低，在国内使用较为普及，其主要性能参见表 6-18；导杆式抓斗由于其成槽深度有限，应用并不广泛。

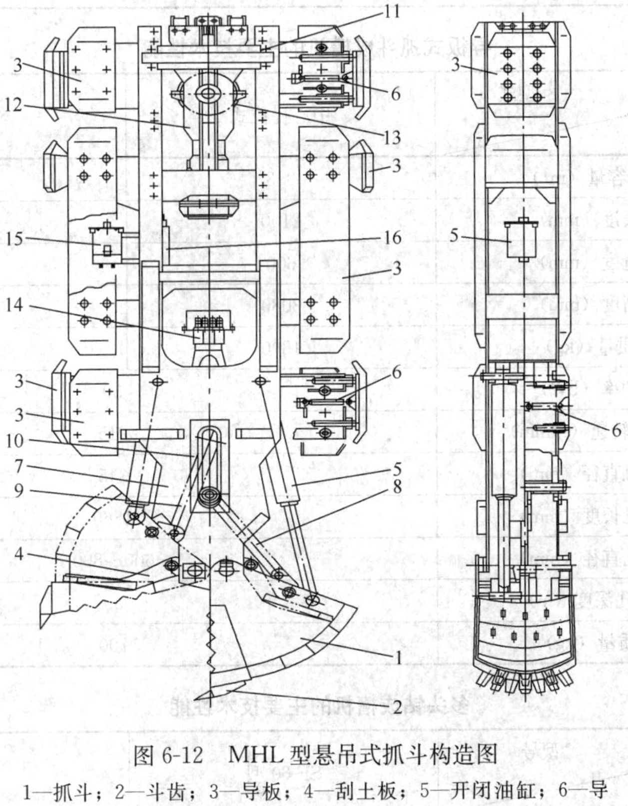

图 6-12 MHL 型悬吊式抓斗构造图

1—抓斗；2—斗齿；3—导板；4—刮土板；5—开闭油缸；6—导向油缸；7—固定锥；8—A 杆；9—B 杆；10—滑槽；11—压板；12—滑轮托架；13—滑轮总成；14—传感器；15—终端接线盒；16—传感元件

2. 多头钻成槽机

多头钻成槽机又称为并列式钻槽机，是一种并列许多钻头，同时旋转切削土壤、反循环排渣的钻机。其主要性能参见表 6-19。

MHL型悬吊式抓斗的主要技术性能　表6-17

项目		MHL5070AY	MHL60100AYH	MHL80120AY
油槽容量（L）		700		
抓斗规格	容量（m^3）	0.6/0.74/0.86	0.65/0.75/0.85/1.05	0.95/1.09/1.15/1.3
	自重（t）	8.3/8.8/9.2	10.7/11.2/11.5/12.0	10.0/10.7/11.0/11.9
	总质量（t）	9.5/10.28/10.92	12.0/12.7/13.5/14.1	11.9/12.8/13.3/14.5
	刃口力	14MPa/328kN	14MPa/425kN	14MPa/656kN
	开启时间（s）	约12.5	约16	约25
	关闭时间（s）	约18	约23	约36
液压装置规格	使用压力（MPa）	14		
	主排出量（L/min）	120/144		
	主电动机功率（kW）	4P—45		
	卷盘电动机功率（kW）	4P—7.5		

导板式抓斗成槽机的主要技术性能　表6-18

项目		中心提拉式	斗体推压式
抓斗	斗容量（m^3）	0.3	0.3
	长度（mm）	2100	2200
	宽度（mm）	600	580
	高度（mm）	3080	4310
	质量（kg）	1800	4000
潜水电钻	功率（kW）	30	
	钻头转速（r/min）	215	
	钻机直径（mm）	345	
	钻机长度（mm）	1560	
	钻孔直径（mm）	600～800	
	钻孔深度（m）	50	
	质量（kg）	700	

多头钻成槽机的主要技术性能　表6-19

项目		SF-60型	SF-80型
钻机尺寸	外形尺寸（mm×mm×mm）	4340×2600×600	4540×2800×800
	钻头个数	5	5
	钻头直径（mm）	600	800
	机头质量（kg）	9700	10200

续表

项目	型号	SF-60 型	SF-80 型
成槽能力	成槽宽度（mm）	600	800
	一次成槽有效长度（mm）	2000	2000
	设计挖掘深度（m）	40～60	
	挖掘效率（m/h）	8.5～10.0	
	成槽垂直精度	1/300	
机械性能	潜水电机（kW）	4 级 18.5×2	
	传动速比	$i=50$	
	钻头转速（r/min）	30	
	反循环管内径（mm）	150	
	输出扭矩（N·m）	7000	

6.2.1.2　砂砾地层钢筋混凝土地下连续墙施工机械

砂砾地层钢筋混凝土地下连续墙施工成槽机械主要有液压铣槽机、抓斗成槽机、钢丝绳冲击成槽机。

1. 液压铣槽机

液压铣槽机是一种带有 3 个潜入孔底的液压马达和泥浆反循环系统的地下连续墙成槽机械，成套设备包括起重机、铣槽轮总成、泥浆站三部分，液压铣槽机主要性能参见表 6-20。

液压铣槽机主要生产厂家及规格型号　　表 6-20

生产厂家	规格型号	铣轮性能参数
德国宝峨公司	BC15/BC20	扭矩 2×30kN·m，重量 12～20t，长×宽×高 2.2m×(0.5～1)m×10.7m
	BC33	扭矩 2×81kN·m，重量 25～32t，长×宽×高 2.8m×(0.64～1.5)m×8.5m
	BC40	扭矩 2×81kN·m，重量 20～35t，长×宽×高 2.8m×(0.64～1.5)m×12m
德国宝峨公司	BC50	扭矩 2×100kN·m，重量 30～45t，长×宽×高 2.8m×(0.8～1.8)m×11.5m
	CB25(矮尺寸)	高 5m，功率 365～414kW，铣槽深度 60m
	MBC30	高 5～6.5m，功率 634kW，铣槽深度 54m
法国地基建筑公司	HF4000	扭矩 40kN·m，功率 110kW，重量 30～50t，排渣泵流量 $450m^3/h$，宽度 630～2000mm
	HF8000	扭矩 80kN·m，功率 220kW，重量 30～50t，排渣泵流量 $450m^3/h$，宽度 630～2000mm
	HF12000	扭矩 120kN·m，功率 220kW，重量 30～50t，排渣泵流量 $450m^3/h$，宽度 630～2000mm
	改进 02 型	扭矩 2×40kN·m，重量 32t，排渣泵流量 $450m^3/h$，压力 7.5bar
	HC03 紧凑型	扭矩 2×80kN·m，重量 20～25t，排渣泵流量 $450m^3/h$，压力 7.5bar
意大利卡沙哥兰地集团	K2	扭矩 2×36kN·m，重量 17t，排渣泵流量 $450m^3/h$
	K3L	扭矩 2×67kN·m，重量 29t，排渣泵流量 $450m^3/h$
	K3C	扭矩 2×67kN·m，重量 17t，排渣泵流量 $450m^3/h$

2. 钢丝绳冲击成槽机

钢丝绳冲击成槽机是通过钻头向下的冲击运动破碎地基土，借助于泥浆护壁和出渣，形成连续钻孔，主要适用于砂砾土、卵石、岩基等。钢丝绳冲击成槽机技术性能参见表6-21。

常用钢丝绳冲击成槽机技术性能　表 6-21

型　号	CZ—20	CZ—22	CZ—30
开孔直径（mm）	635	710	1000
钻具最大质量（kg）	1000	1300	2500
钻具的冲程（m）	1.00～0.45	1.00～0.35	1.00～0.50
钻具冲击次数（次/min）	40，45，50	40，45，50	40，45，50
钻进深度（m）	120	150	180
工具、抽砂、辅助卷扬起重力（kN）	15，10，0	20，13，15	30，20，30
桅杆高度（m）	12.0	13.5	16.0
桅杆起重量（t）	5.0	12.0	25.0
电机功率（kW）	20	30	45
钻机质量（t）	6.27	7.5	13.5

6.2.1.3　嵌岩钢筋混凝土地下连续墙施工机械

嵌岩钢筋混凝土地下连续墙施工成槽机械主要有液压铣槽机、钢丝绳冲击成槽机等，机械性能可参考 6.2.1.2 砂砾地层钢筋混凝土地下连续墙施工机械。

6.2.1.4　泥浆搅拌机械

泥浆搅拌机械常用的有高速回转式搅拌机和喷射式搅拌机两类。高速回转式搅拌机由搅拌桶和搅拌叶片组成，是以高速回转（1000～1200r/min）的叶片使泥浆产生激烈的涡流，使泥浆搅拌均匀。喷射式搅拌机是一种利用喷水射流进行拌合的搅拌方式，其原理是利用泵把水喷射成射流状，利用喷嘴附近的真空吸力，把加料中膨胀土吸出与射流进行拌合，可以进行比较大的容量搅拌，高速回转式搅拌机主要性能参见表 6-22。

高速回转式搅拌机主要性能　表 6-22

型号	搅拌桶容量 (m^3)	搅拌桶尺寸（直径×高度）(mm)	搅拌机叶片回转速度 (r/min)	功率 (kW)	尺寸（长×宽×高）(mm)	质量 (kg)
HM-250	0.20	700×705	600	5.5	1100×920×1250	195
HM-500	0.4×2	780×1100	500	11	1720×990×1720	550
HM-8	0.25×2	820×720	280	3.7	1250×1000×2000	400
GSM-15	0.5×2	1400×900	280	5.5×2	2400×1700×1600	900
MH-2	0.39×2	800×910	1000	3.7	1470×950×2000	450
MCE-200A	0.2	762×710	800～1000	2.2	1000×800×1250	180
MCE-600B	0.60	1000×1095	600	5.5	1600×900×1720	400
MS-1000	0.88×2	1150×1000	600	18.5×2	1850×1350×2600	850
MS-1500	1.2×2	1200×1300	600	18.5×2	2100×1350×2600	850
MCE-2000	2.0	1550×1425	550～650	15	2100×1550×1940	1200

6.2.2 二轴水泥土搅拌桩施工机械

6.2.2.1 二轴水泥土搅拌桩施工机械的种类及适用范围

二轴水泥土搅拌桩施工机械主要包括双轴深层搅拌机（图 6-13）以及一些配套机械，双轴深层搅拌机是深层搅拌施工的关键机械，目前国内外深层搅拌机有中心管喷浆方式和叶片喷浆方式两种，中心管喷浆方式可适用于多种固化剂；叶片喷浆方式适用于大直径叶片和连续搅拌，不能采用其他的固化剂。

6.2.2.2 二轴水泥土搅拌桩施工机械的技术性能

二轴水泥土搅拌桩施工机械的主要技术性能参见表 6-23。

二轴水泥土搅拌桩施工机械的主要技术性能　表 6-23

	水泥深层搅拌机械	SJB-1	SJB-30	SJB-40
搅拌机械	搅拌轴数量（根）	2	2	2
	搅拌叶片外径（mm）	ϕ700～800	ϕ700	ϕ700
	电机功率（kW）	2×30	2×30	1×40
起吊设备	提升能力（kN）	>100	>100	>100
	提升高度（m）	>14	>14	>14
	接地压力（kPa）	60	60	40
水泥制配系统	灰浆拌制台数×容量（台×L）	2×200	2×200	2×200
	输浆量（L/min）	50	50	50
	集料斗容量（L）	400	400	400
技术指标	一次加固面积（m^2）	0.71～0.88	0.71	0.71
	最大加固深度（m）	15.0	12.0	18.0
	加固效率（m/台班）	40～50	40～50	40～50
	总质量（t）（不包括吊车）	4.5	4.5	4.7

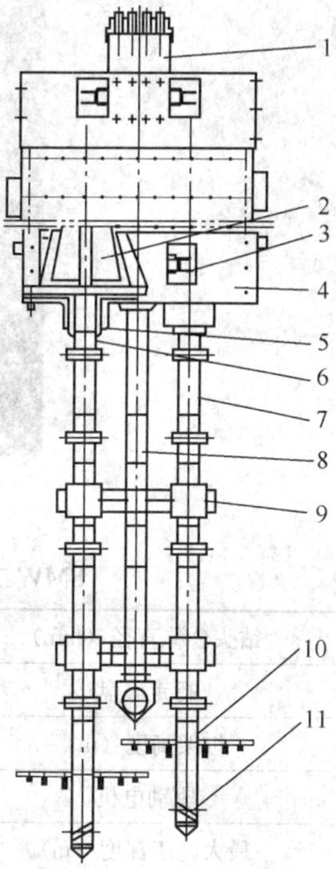

图 6-13　SJB 系列二轴水泥土搅拌桩施工机械
1—动滑轮组；2—减速器；3—导向块；4—箱体；5—套桶；6—联接轴；7—钻杆；8—输浆杆；9—保持架；10—搅拌头；11—搅拌叶片

6.2.3 三轴水泥土搅拌桩（SMW 工法）施工机械

三轴水泥土搅拌桩（SMW 工法）是利用搅拌设备就地切削土体，并注入水泥系混合液搅拌形成均一的地基加固土，最常用的施工机械是三轴型钻掘搅拌机（图 6-14）。SMW 工法与传统的二轴深层搅拌桩不同之处在于：二轴搅拌桩施工时水泥浆充填在原土间隙中，不进行土体的置换；SMW 工法则在充填水泥浆时加入高压空气，同时钻机对水泥土进行充分搅拌并置换出大量的原状土。

6.2.3.1 三轴水泥土搅拌桩（SMW 工法）施工机械的种类及适用范围

1. 标准机型

SMW 工法标准机型主要技术性能（日本成幸株式会社生产）参见表 6-24。

图 6-14　国产 SMW 工法机

SMW 工法标准机型主要技术性能（日本成幸株式会社生产）　　**表 6-24**

钻头公称直径（mm）	ϕ650	ϕ850
行走底盘	DH608-120M	
桩架高度（m）	18～33	18～30
驱动电机	45～55kW 4/8P×2	75kW 4/6P×2
最大施工深度（m）	35.0	45.0

2. 低高度三轴水泥搅拌桩施工机型

为了适应城市高架下方等低空间场地的施工，SMW500D 系列机型的最低整机高度只有 5m，底盘可采用通用履带式或专用轨道式。

3. TMW 机型

与 SMW 标准机型相比，TMW 机型增加了两对侧面铣刀，由掘削搅拌轴通过螺旋齿轮驱动，切除地钻头掘削的残余部分，修平地槽壁面。侧面铣刀同时加强了搅拌效果，并可扩大钻孔间距，提高施工效率。TMW 工法的施工顺序采用与 SMW 工法相同的全重叠搭接法，对冲击值 N 大于 50 的地质，也采用预钻孔方式。

6.2.3.2　三轴水泥土搅拌桩（SMW 工法）施工机械的技术性能

三轴水泥土搅拌桩施工机械的主要技术性能参见表 6-25、表 6-26。

国产 SMW 工法机主要技术性能　　**表 6-25**

机　型	SJB-37×2	SJB-42/30×4
搅拌头数量（根）	2	4
搅拌头直径（mm）	2×ϕ700	4×ϕ700
电机功率（kW）	2×37	4×42/30

续表

<table>
<tr><td>机　型</td><td colspan="3">SJB-37×2</td><td colspan="2">SJB-42/30×4</td></tr>
<tr><td>动力头质量（t）</td><td colspan="3">3.2</td><td colspan="2">6</td></tr>
<tr><td rowspan="2">加固面积（m²）</td><td colspan="3" rowspan="2">0.71</td><td>正方形</td><td>1.38</td></tr>
<tr><td>一字形</td><td>1.42</td></tr>
<tr><td>成墙深度（m）</td><td colspan="3">28 左右</td><td colspan="2">28 左右</td></tr>
<tr><td rowspan="3">成墙施工工艺</td><td colspan="3">二喷三搅</td><td colspan="2">一喷二搅或二上二下</td></tr>
<tr><td colspan="3" rowspan="2">双排桩搭接 200mm</td><td>双排桩</td><td>搭接 260mm</td></tr>
<tr><td>单排桩</td><td>套接一孔位</td></tr>
<tr><td rowspan="2">一次成墙长度（mm）</td><td rowspan="2">双排桩</td><td colspan="2" rowspan="2">700</td><td>双排桩</td><td>1260</td></tr>
<tr><td>单排桩</td><td>1820</td></tr>
<tr><td rowspan="2">水泥土搅拌均匀性</td><td rowspan="2">双层拌叶</td><td colspan="2">均速喷浆搅拌均匀</td><td rowspan="2">四层搅拌叶
慢速喷浆</td><td rowspan="2">搅拌均匀性好</td></tr>
<tr><td>不均速喷浆</td><td>均匀性不稳定</td></tr>
<tr><td>墙体插入</td><td colspan="3">好</td><td colspan="2">很好</td></tr>
<tr><td>H 型钢插入</td><td colspan="3">较容易</td><td colspan="2">容易</td></tr>
<tr><td>施工涌土量</td><td colspan="3">较少</td><td colspan="2">较多</td></tr>
<tr><td>施工速度</td><td colspan="3">较慢</td><td colspan="2">快</td></tr>
</table>

国外 SMW 工法机主要技术性能表（日本三和机材株式会社生产）　表 6-26

机种分类	合流一体机				高速部脱卸型		
型号	50-3-J	80-3-J	120-3-J	150-3-J	200-3-B	200-3-B	240-3-B
功率（kW）	37×1	30×2	45×3	55×2	75×2	75×2	90×2
旋转接头口径（mm）	42	42	42	42	53	53	53
质量（t）	3.8	4.7	7.5	9.5	9.7	11.7	11.7
轴间距离（mm）	450	450	450	450	450	600	600

6.2.4 咬合桩施工机械

咬合桩的施工机械包括全套管钻孔机械、取土机械、挖运土方设备、抽水设备、钢筋加工等施工机械，主要施工机械是全套管钻孔机械。

6.2.4.1 咬合桩施工机械的种类及适用范围

根据成孔设备硬法咬合桩可分为以下三种：

1. FCEC 双回转套管机（图 6-15）

优点：成孔速度快、清障和切割能力强、可紧贴周边建筑施工、所需施工场地小，能完成 30m 以上的咬合桩施工。

缺点：三种方法中费用最高。

2. 全回转套管机（CD 机）（图 6-16）

优点：清障和切割能力强，能完成 30m 以上的咬合桩施工。

缺点：施工速度慢、施工场地要求高、不能紧贴周边建筑施工、费用较高。

3. 旋挖钻机（图 6-17）

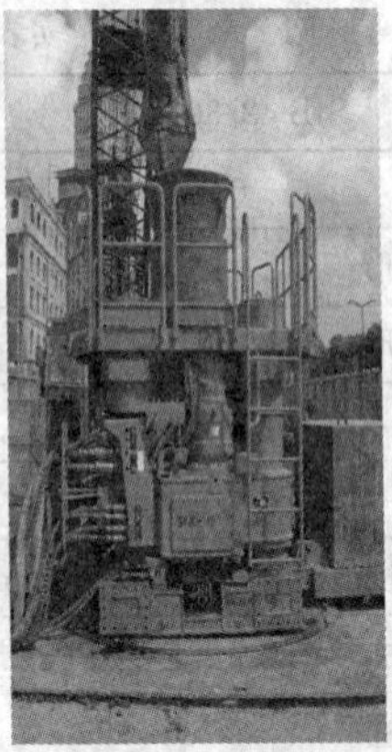

图 6-15　FCEC 双回转套管机

图 6-16　CD 机

图 6-17　旋挖钻机

优点：费用低、施工速度快、能紧贴周边建筑施工。

缺点：清障和切割混凝土的能力差、只能施工 20m 以内的咬合桩。

6.2.4.2　咬合桩施工机械的技术性能

1. FCEC 正逆同步双回转套管机

旋挖钻机以履带自行走机械为基架，主要通过液压旋转动力装置驱动钻杆泥浆护壁旋挖取土钻孔，满足不同深度、规格的钻孔灌注桩施工，SWRD25 最深可至 75m，垂直度可达到 1/300 以上；额定扭矩达 25t·m，极限扭矩 28t·m；最大起拔力 25t；配置钻桶旋转挖掘土体，钻桶长度一般不超过 1.5m；施工部位离建筑物不少于 0.5m；自配动力，能自行埋设灌注桩钢护筒（2～6m），钻孔灌注桩成孔一机完成。

2. CD 机

能够对单轴压缩强度为 137～206MPa 的巨砾、岩床进行切削；在砂砾、软岩层等地层的挖掘深度可达 62m，在淤泥、黏土层等地层的挖掘深度可达 73m；垂直精度可达 1/500；起拔力可达 300t；对于地下存在钢筋混凝土结构、钢筋混凝土桩、钢桩等的地层具有切割穿透的能力，并能将其清除；通过自动控制套管的压入力，可以保持符合切削对象最合适的切削状态，以及防止切割钻头的超负荷。

3. 旋挖钻机

在土层、砂砾、软岩层等地层的挖掘取土深度可达 65m；垂直精度可达 1/300；主卷扬起拔力可达 25t；最大扭矩为 25t·m；通过自动控制套管的压入力，可以保持符合切削对象最合适的切削状态，以及防止切割钻头及驱动装置的超负荷。

6.2.5　钢板桩施工机械

钢板桩施工主要采用桩锤打入的方式进行施工，打入的施工机械见预制桩的沉桩机械。钢板桩施工结束后，一般均需要拔除，常见的拔桩方式有两种：振动锤拔桩和重型起重机与振动锤共同拔桩。

6.2.5.1　钢板桩施工机械的种类及适用范围

钢板桩的打入和拔除机械选择时主要根据地质特性以及钢板桩的型号、深度而定，具体机械选型方法可参照本书的预制桩打入机械选型原则执行。

6.2.5.2 振动锤拔桩施工机械的技术性能

振动锤拔桩机械技术性能参见表 6-27。

振动锤拔桩机械技术性能　　表 6-27

型　号		VM2-2500E	VM2-4000E	VM2-5000A	VM4-10000A
电动机功率（kW）		45	60	90	150
拔桩	H、I形钢板桩长（m）	20	22	25	30
	U形钢板桩长（m）	≤20（Ⅳ型）	≤22（Ⅳ型）	≤25（Ⅳ型）	≤30（Ⅳ型）
	吊车吊装能力（t）	25	25	30	30

6.3 地 基 处 理 机 械

6.3.1 注 浆 施 工 机 械

地基注浆是通过钻机或其他设施，压送到需要注浆的地基中的一种施工技术，注浆机械主要包括三部分：钻孔机械、注浆泵、辅助机械。

6.3.1.1 注浆施工机械的种类及适用范围

注浆施工的钻孔机械目前主要采用回转式钻机，包括立轴式回转钻机、转盘式回转钻机、动力头式回转钻机等。立轴式回转钻机体积小、占地小、质量小，调速范围大，扭矩较大，工程中使用最多；转盘式回转钻机是一种大扭矩、低转速的钻机，它对地层适应性强，钻孔直径大，多用于大口径的钻孔施工；动力头式回转钻机可以打任何角度的孔（水平孔、下向孔、上向扇面孔），主要使用在锚固孔、爆破孔、勘探孔、排水孔等工程施工中。

6.3.1.2 注浆施工机械的技术性能

注浆施工机械技术性能参见表 6-28。

注浆施工机械技术性能　　表 6-28

设备种类	型号	性　能	重量（kg）
钻探机	立轴旋转式 D-2	340 给油式；旋转速度：160、300、600、1000r/min；功率：5.5kW；钻杆外径：40.5mm；轮周外径：41.0mm	500
注浆泵	卧式二连单管复活活塞式 BGW 型	容量：16～60L/min；最大压力：3.62MPa；功率：3.7kW	350
水泥搅拌机	立式上下两槽式 MVM5 型	容量：上下槽各 250L；叶片旋转速度：160r/min；功率：2.2kW	340
化学浆液混合器	立式上下两槽式	容量：上下槽各 220L；搅拌容量：20L；手动式搅拌	80
齿轮泵	KI-6 型 齿轮旋转式	排出量：40L/min；排出压力：0.1MPa；功率：2.2kW	40
流量、压力仪表		流量计测定范围：40L/min；压力计：3MPa	120

6.3.2　旋喷桩施工机械

6.3.2.1　旋喷桩施工机械的种类及适用范围

因采用的旋喷方式不同，机具也不同。机具主要包括钻机、高压泵、泥浆泵、空压机、注浆管、喷嘴、流量计、输浆管、制浆机等。进行旋喷注浆施工机具的组配是比较简单的，多是一般施工单位中常备的机具，只要适当选择和加工少量专用零部件，即可配套进行旋喷注浆施工。这里主要介绍注浆管和喷嘴。

1. 单旋喷管

单旋喷管的主要结构分为导流器、钻杆、喷头三个部分。

2. 二重旋喷管

二重旋喷管是在单管旋喷基础上发展起来的。浆液和压缩空气分别输入二重管内两个互不串通的管道，使压缩空气从喷头外的环状喷嘴喷出，而形成环状射流，包围在高压浆液喷射流的外侧。二重旋喷管也是由导流器、钻杆和喷头三部分组成。

3. 三重旋喷管

三重旋喷管是在二重旋喷管的基础上发展起来的。它克服了单管旋喷存在的加固直径小、易堵管、机械磨耗大、浆液难以回收再利用等缺点，成为旋喷工艺中的一项重大革新。

三重旋喷管工艺中的关键是三重旋喷管机具，它由导流器、三重钻杆和喷头组成。根据三重旋喷工艺要求，喷头在喷射介质喷流的过程中，要做连续旋转、提升运动。旋喷时，高压泵输送（压力为 20～30MPa、流量为 60～120L/min）清水；空气压缩机输送（压力为 0.7MPa、流量为 0.6～1.0m^3/min）空气；中压泥浆泵输送（压力为 2～3MPa、流量为 60～120L/min）浆液。我国目前大多数单位都是选择不同直径的三根管子套在一起，即轴线重合的三重旋喷管。

6.3.2.2　旋喷桩的主要施工设备

一套旋喷桩施工设备配备如表 6-29 所示。

旋喷桩施工主要设备（每套）　　**表 6-29**

设备名称	型　号	数　量
潜水泵		2
钻机	XY-2（液压 300 型）	1
空压机	2V-6/8	1
高压泥浆泵	PP-120	1
高压胶管		若干
高压台车	CYP-50	1
送泥泵	HB-80	2
搅拌机	WJG-80	1
灌浆机	HB/80	1

6.3.3 深层搅拌桩施工机械

6.3.3.1 单轴深层搅拌桩施工机械的种类及适用范围

目前国内常用的深层搅拌桩施工机械分为动力式及转盘式两大类，转盘式深层搅拌桩机的主要优点是：重心低，比较稳定，钻进及提升速度易于控制。动力式深层搅拌桩机可采用液压电动机或机械式电动机—减速器，主机悬吊在架子上，重心高，必须配有足够质量的底盘，另一方面电机与搅拌钻具连成一体，质量较大，可以不必配置加压装置。

6.3.3.2 单轴深层搅拌桩施工机械的技术性能

1. 动力式单轴技术性能（表 6-30）

常用动力式单轴技术性能　　表 6-30

机型		CZB-600	DJB-14D
搅拌装置	搅拌叶片外径（mm）	600	500
	电机功率（kW）	2×30	1×22
起吊设备	提升能力（kN）	150	50
	提升高度（m）	14	19.5
	接地压力（kPa）	60	40
制浆系统	灰浆拌制台数×容量（L）	2×500	2×200
	灰浆泵量（L/min）	281	33
	灰浆泵工作压力（kPa）	1400	1500
施工能力	一次加固桩面积（m^2）	0.283	0.196
	最大加固深度（m）	15	19
	效率（m/台班）	60	100
总质量（t）		12	4

2. 转盘式单轴技术性能（表 6-31）

常用转盘式单轴技术性能　　表 6-31

机型		GPP-5	PH-5G
搅拌装置	搅拌轴规格	108×108	114×114
	搅拌叶片外径（mm）	500	500
	电机功率（kW）	30	45
起吊设备	提升能力（kN）	78.4	78.4
	提升高度（m）	14	20
	接地压力（kPa）	34	30
制浆系统	灰浆拌制台数×容量（L）	2×200	2×200
	灰浆泵量（L/min）	50	50
	灰浆泵工作压力（kPa）	1500	1500
施工能力	一次加固桩面积（m^2）	0.196	0.196
	最大加固深度（m）	12.5	18
	效率（m/台班）	100~150	100~150
总质量（t）		9.2	12.5

6.3.3.3　二轴、三轴深层搅拌桩施工机械

二轴、三轴深层搅拌桩施工机械见本手册 6.2.2 节和 6.2.3 节。

6.3.4　强夯法施工机械

6.3.4.1　强夯法施工机械的种类及适用范围

夯锤底面有圆形和方形两种，圆形不易旋转，定位方便，稳定性和重合性好，采用较广。锤底面积宜按土的性质和锤重确定，锤底静压力值可取 25～40kPa，对于粗颗粒土（砂质土和碎石类土）选用较大值，一般锤底面积为 2～4m^2；对于细颗粒土（黏性土或淤泥质土）宜取较小值，锤底面积不宜小于 6m^2。一般 10t 夯锤底面积用 4.5m^2，15t 夯锤用 6m^2 较适宜。

图 6-18　强夯法施工

选择强夯法使用的起重机时，为了适应松软地基承载能力小和适用于强夯作业，宜选用接地压力小、稳定性好的履带式起重机，起重机的吊重和吊高应满足所选用的夯锤重和落距的要求，强夯法施工如图 6-18 所示。

6.3.4.2　强夯法施工机械的技术性能

强夯法施工机械的性能及技术参数参见表 6-32。

强夯法施工机械的性能及技术参数　　表 6-32

夯机名称	夯锤质量（t）	提升高度（m）	锤底直径（m）	夯击能量（kN·m）
1252 强夯机	15.0	13.34	2.50	200
Q25 强夯机	15.6	12.83	2.50	200
QM-20J 强夯机	15.0	6.67	2.50	100
W-1001 强夯机	15.0	6.67	2.50	100

6.3.5　换填预压夯实法施工机械

换填预压夯实法的施工机械与土方压实机械和夯实机械相同，具体见本手册的相关章节。

6.3.6　水泥粉煤灰碎石桩（CFG）法施工机械

选择 CFG 桩的施工机械时，桩径较大时一般采用钻孔灌注桩的成桩设备，桩径较小时（350～400mm）都用振动沉管打桩机或螺旋机，有时也把振动沉管机与螺旋钻机联合使用。

6.3.6.1　水泥粉煤灰碎石桩（CFG）法施工机械的种类及适用范围

CFG 桩成桩常用三种施工方法：长螺旋钻孔灌注成桩、长螺旋钻孔管内泵压混合料灌注成桩和振动沉管灌注成桩。如何选择合理的成桩机械，应根据设计要求和现场实际的

地质特性、地下水位埋深、场地周边环境是否对振动施工敏感等多种因素进行选择。

1. 长螺旋钻孔灌注成桩

该方法适用于地下水位以上的黏性土、粉土、素填土、中等密实以上的砂土等，属非挤土成桩工艺，具有穿透能力强、低噪声、无振动、无泥浆污染的特点，要求桩长范围内无地下水，以保证成孔时不会发生塌孔现象，并适用于对周边环境（如噪声、泥浆污染）要求比较严格的场地。

2. 长螺旋钻孔管内泵压混合料灌注成桩

该方法适用于黏土、粉土、砂土以及对噪声和泥浆污染要求严格的场地，具有低噪声、无泥浆污染、无振动的优点，在城市居民区施工受到限制，采用此法成桩，对周围居民和环境影响较小。

3. 振动沉管灌注成桩

由于振动打桩机施工效率高，造价相对较低，振动沉管灌注成桩是CFG桩施工的主要施工方法，该方法适用于无坚硬土层和粉土、黏性土、素填土、松散的饱和粉细砂地层条件，以及对振动噪声限制不严格的场地。振动沉管灌注桩成桩属挤土成桩工艺，对桩间土有挤振效应，可提高地基的承载力。当遇到较厚的坚硬黏土、砂土和卵石层时，振动沉管会发生困难，可考虑采用长螺旋钻引孔后再用振动成管机成孔；在饱和黏性土中成桩，会造成地表隆起，甚至挤断已完成的桩，且噪声和振动严重，在城市居民区施工受到限制。

6.3.6.2 水泥粉煤灰碎石桩（CFG）法施工机械的技术性能

常用水泥粉煤灰碎石桩的桩架及桩锤技术性能参见表6-33、表6-34。

部分振动沉管桩架型号及技术性能 **表6-33**

项目	桩架型号				
	ZJ40J	ZJ60J	DJB18	DJB25	DJB60
沉桩最大长度（m）	18	25	16	20	26
沉桩最大直径（mm）	400	500	350	500	500
最大加压力（kN）	120	200	78		
最大拔桩力（kN）	150	250	120	250	350
桩架质量（t）	18	26.5	28	30	60

振动沉管桩锤型号及技术性能 **表6-34**

型号	电机功率（kW）	激振力（kN）	允许加压力（kN）	允许拔桩力（kN）	桩锤质量（t）
DZ45KS	22×2	270	100	130	3.7
DZ60KS	30×2	360	120	200	4.5
DZ75KS	37×2	440	140	200	5.2
DZ90KS	45×2	520	180	300	6.05
DZ40A	90	400/550		260	4.9/6.2
DZ60	90	410/680		260	6.67
DZG-37K	37	191.6	78	120	4.703
DZG-45K	45	239	98	160	4.8
DZG-75K	75	428	150	300	6.725

6.3.7　振冲挤密冲扩法施工机械

振冲挤密冲扩法是采用振冲机具加密地基土或在地基中设置碎（卵）石桩并和周围土体组成复合地基，以提高地基的强度和抗滑及抗震稳定性的地基处理技术，振冲器是该技术的主要施工机械，振冲器通过自激振动并辅以压力水冲贯入土中，对土体进行加固（密实）。

6.3.7.1　振冲挤密冲扩法施工机械的种类及适用范围

目前振冲尚没有统一标准，各种振冲器的电动机、振动器的构造结构也不相同，其性能存在较大的差异，施工中可在现场进行试验确定振冲器的型号和施工参数。

6.3.7.2　振冲挤密冲扩法施工机械的技术性能

振冲挤密冲扩法施工的振冲器主要技术性能参见表 6-35。

振冲器主要技术性能　　表 6-35

项目		型号			
		ZCQ13	ZCQ30	ZCQ55	BL-75
潜水电机	功率（kW）	13	30	55	75
	额定电流（A）	25.5	60	100	150
振动机体	振动频率（1/min）	1450	1450	1450	
	不平衡部分质量（kg）	31	66	104	
	动力矩（N·cm）	1461	3775	8345	
	振动力（N）	34321	88254	196120	160000
振动体直径（mm）		274	351	450	426
振动体长度（mm）		2000	2150	2359	3000
总质量（kg）		780	940	1800	2050

6.3.8　特殊桩工施工机械

6.3.8.1　旋挖钻机

旋挖钻机是一种适合在建筑基础工程中成孔作业的施工机械，具有装机功率大、输出扭矩大、轴向压力大、机动灵活、施工效率高等特点，适应我国大部分地区的土壤地质条件。配合不同钻具，适应于短螺旋、回转斗及岩层的成孔作业。对于硬性黏土可不用稳定液护壁的干式旋挖工法，一般的覆盖层采用静态泥浆护壁的湿式旋挖工法，它广泛应用于桥梁、市政建设、高层建筑等基础的钻孔灌注桩工程。

（1）广泛的适应性：在硬土地层，由于传统钻机的自重有限，不可能给钻头施加更大的给进压力。而旋挖钻机由于采用动力头装置，动力头的给进力加上钻杆的重量，钻进能力强。据统计，在相同的地层中，旋挖钻机的成孔速度是转盘钻机的 5～10 倍。

（2）良好的环保性：目前国内传统钻机多采用连接钻杆形式和掏渣桶掏渣，在钻进过程中多采用泥浆循环方式，泥浆对于这类钻机起润滑、支护、置换和携带钻渣的作用。随着对城市建设环保要求愈加严格，传统钻机面临更大危机。

（3）提高灌注桩的承载力：由于旋挖钻机的特殊成孔工艺，它仅需要静压泥浆作护壁，所采用的泥浆一般用膨润土、火碱、纤维素等配置，在孔壁不形成厚的泥皮。

国内主要旋挖钻机技术性能参见表6-36。

旋挖钻机技术性能 表6-36

技术参数	三一重工旋挖钻机			山河智能旋挖钻机			徐工旋挖钻机			
	SR150C	SR360	SR250R	SW08	SW16	SWDM10	XR220	XR150	XR160	XR200
最大成孔直径（mm）	1500	2500	2500	1300	1800	1300	2200	1500	1600	2000
最大成孔深度（m）	56	92		32	50	43	65	50	54	54
最大加压力（kN）	150	280	400	100	110	100	160	114	160	160
最大起拔力（kN）	160	280	400	120	150	150	180	148	180	180
工作状态高度（mm）	18440	23196	22580	15130	18400	12730	21700	17260	18260	20500
工作状态宽度（mm）	4000	4400	4490	3400	3600	2700	4400	3700	4300	4400
运输状态宽度（mm）	3000	3000	3190	2500	3000	3100	3500	2600	2940	3500
最大总质量（t）	45	90		32	47	40	70	38	56	68

6.3.8.2 潜孔钻机

潜孔钻机是冲击回转式钻机，其内部结构与一般凿岩机不同，其配气和活塞往复机构是独立的，即冲击器。其前端直接连接钻头，后端连接钻杆。凿岩时冲击器潜入孔内，通过配气装置（阀），使冲击器内的活塞（锤体）往复运动打击钎尾，使得钻头对孔底岩石产生冲击（图6-19）。冲击器在孔内的高速回转，则是由单独的回转机构，即由孔外的电动机或风动旋转装置，通过接在冲击器后端的钻杆来实现的。凿岩时产生的岩粉，由风水混合气体冲洗排出孔外，混合气体是由排粉机构经钻杆中心注入冲击器，再经冲击器缸体上的气槽进入孔底。

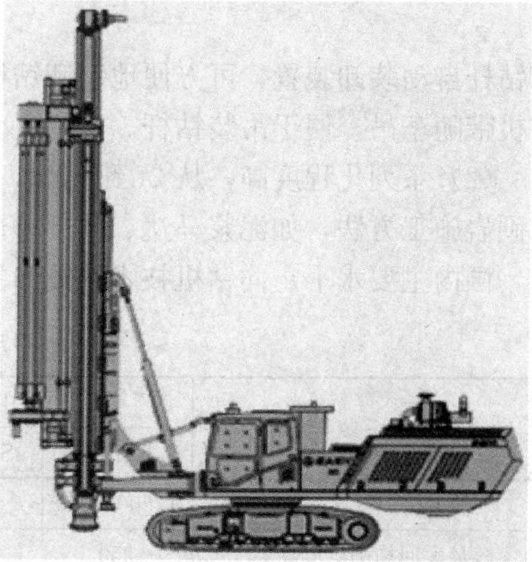

图6-19 SQ200型潜孔钻机

应用范围：

（1）各类岩土工程中钻凿炮孔，适合在深孔梯段爆破、大孔径深孔预裂爆破、光面爆破；

（2）交通建设的修边护坡等的凿岩作业中；

（3）城市高层建筑基坑的锚索孔钻进；

（4）地源热泵及水电围堰注浆孔的钻进；

（5）水井等大孔径基岩钻孔领域应用。

国内主要潜孔钻机技术性能参见表6-37。

潜孔钻机技术性能 表 6-37

技术参数	三一重工潜孔钻机	山河智能潜孔钻机			
	SQ200	SWDA200	SWDB90	SWDB120	SWDA165
钻孔直径（mm）	152～204	152～255	90～120	90～138	152～180
钻孔深度（m）		30	20	22	27
工作状态高度（mm）	3524	12600	7300	12500	11500
工作状态宽度（mm）	3498	4150	3050	3200	3540
提升能力（kN）	79	75	32	32	40
总质量（t）	21	27	12.5	15.5	23

图 6-20 KSD25 型水平定向钻机

6.3.8.3 水平定向钻机

水平定向钻机是在不开挖地表面的条件下，铺设多种地下公用设施（管道、电缆等）的一种施工机械，它广泛应用于供水、电力、电信、天然气、煤气、石油等管线铺设施工中，它适用于砂土、黏土、卵石等地况，我国大部分非硬岩地区都可施工（图 6-20）。

（1）中小型定向钻机多采用橡胶履带底盘，具有自行走功能，减小对人行道和草坪的损坏。带钻杆自动装卸装置，可方便地装卸钻杆，减轻操作者的劳动强度，提高工作效率；大型钻机带随车吊，便于吊装钻杆。

（2）系列化程度高，从 2t 到 600t，适合不同口径和长度、各类地层的施工；具有多种硬岩施工方法，如泥浆马达、顶部冲击、双管钻进，能进行软、硬岩层的施工。

国内主要水平定向钻机技术性能参见表 6-38。

水平定向钻机技术性能 表 6-38

技 术 参 数	中联重科水平定向钻机				徐工水平定向钻机	
	KSD25	SD12065	SD7535	SD6020	XZ160	XZ650
最大扭矩（N·m）	11500/5000	33750	20000	7100	5000	26000
最大回拖力（kN）	250	650	500	200	160	650
钻杆直径（mm）	89	127	89	60	60	102
主机外形宽度（mm）	2250	2600	2480	2230	2200	2800
主机外形高度（mm）	2950	3340	3140	1988	2350	3300
主机质量（kg）	16600	25000	17500	9600	10000	25000

6.4 降水工程施工设备

井点降水方法包括单层轻型井点、多层轻型井点、喷射井点、电渗井点、管井井点、深井井点、无砂混凝土管井点以及小沉井井点等。可根据土的种类、透水层位置及厚度、土层的渗透系数、水的补给源、要求降水深度、邻近建筑及管线情况、工程特点、场地及设备条件等情况，作出技术经济和节能比较后确定，选用一种或两种，或井点与明排综合使用。表 6-39 为各种井点适用的土层渗透系数和降水深度情况，可供选用参考。

各种井点的适用范围表 **表 6-39**

项 次	井点类别	土层渗透系数（m/d）	降低水位深度（m）
1	单层轻型井点	0.1～80	3～6
2	多层轻型井点	0.1～80	6～9
3	喷射井点	0.1～50	8～20
4	电渗井点	<0.1	5～6
5	管井井点	20～200	3～5
6	深井井点	10～80	>15

6.4.1 轻型井点降水施工设备

轻型井点系在基坑的四周或一侧埋设井点管深入含水层内，井点管的上端通过连接弯管与集水总管连接，集水总管再与真空泵和离心水泵相连，启动抽水设备，在真空泵吸力的作用下，地下水经滤水管进入井点管和集水总管，由离心水泵的排水管排出，使地下水位降到基坑底以下。

轻型井点系统主要由井点管、连接管、集水总管及抽水设备等组成。

6.4.1.1 井点管

用直径 38～55mm 的钢管（或镀锌钢管），长度 5～7m，管下端配有滤管和管尖，其构造如图 6-21 所示。滤管直径常与井点管相同，长度一般为 0.9～1.7m，管壁上呈梅花形，钻直径为 10～18mm 的孔，管壁外包两层滤网，内层为细滤网，采用网眼 30～50 孔/cm^2 的黄铜丝布、生丝布或尼龙丝布；外层为粗滤网，采用网眼 3～10 孔/cm^2 的铁丝布、尼龙丝布或棕树皮。为避免滤孔淤塞，在管壁与滤网间用铁丝绕成螺旋状隔开，滤网外面再围一层 8 号粗铁丝保护层。滤网下端放一个锥形的铸铁头，井点管的上端用弯管与总管相连。

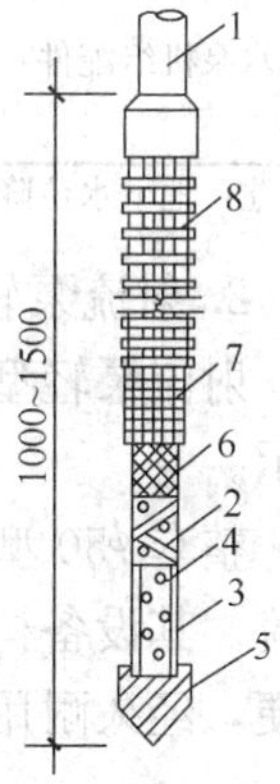

图 6-21 滤管构造

1—外管；2—内管；3—喷射器；4—扩散管；5—混合管；6—喷嘴；7—缩节；8—连接座

6.4.1.2 连接管与集水总管

连接管用塑料透明管、胶皮管或钢管制成，直径为 38～55mm。每个连接管均宜装设阀门，以便检修井点。集水总管一般用直径为 75～100mm 的钢管分节连接，每节长 4m，一般每隔 0.8～1.6m 设一个连接井点管的接头。

6.4.1.3 抽水设备

轻型井点根据抽水机组类型不同，分为真空泵轻型井点、射流泵轻型井点和隔膜泵轻型井点三种。

1. 真空泵轻型井点抽水设备

真空泵轻型井点设备由真空泵一台、离心式水泵两台（一台备用）和气水分离器一台组成一套抽水机组，如图 6-22 所示。

国内的一些定型产品见表 6-40，这种设备形成真空度高（67～80kPa）、带井点数多（60～70 根）、降水深度较大（5.5～6.0m），但设

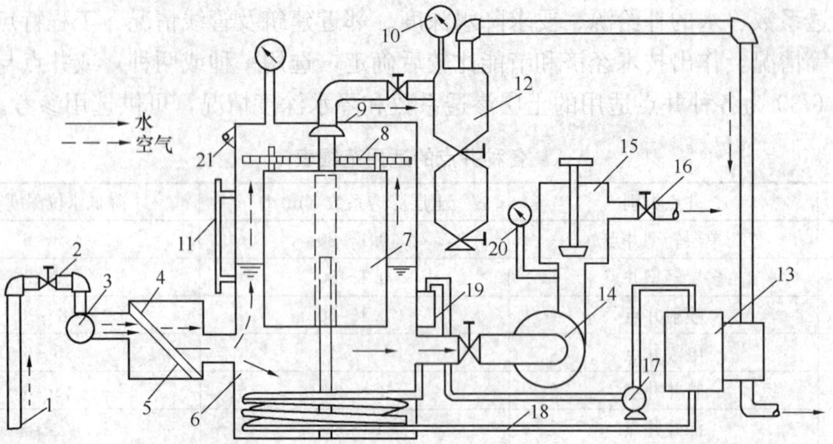

图 6-22　真空泵轻型井点抽水设备工作简图

1—井点管；2—弯联管；3—集水总管；4—过滤箱；5—过滤网；6—水气分离器；7—浮筒；8—挡水布；9—阀门；10—真空表；11—水位计；12—副水气分离器；13—真空泵；14—离心泵；15—压力箱；16—出水管；17—冷却泵；18—冷却水管；19—冷却水箱；20—压力表；21—真空调节阀

备较复杂，易出故障，维修管理困难，耗电量大，适用于重要的较大规模的工程降水。

真空泵轻型井点设备的规格及技术性能　　**表 6-40**

名　称	数量	规格及技术性能
往复式真空泵	1 台	V_5 型（W_6 型）或 V_6 型；生产率 4.4m³/min，真空度 100kPa，电动机功率 5.5kW，转速 1450r/min
离心式水泵	2 台	B 型或 BA 型；生产率 30m³/h，扬程 25m，抽吸真空高度 7m，吸口直径 50mm，电动机功率 2.8kW，转速 2900r/min
水泵机组配件	1 套	井点管 100 根，集水总管直径 75～100mm，每节长 1.6～4.0m，每套 29 节，总管上节管间距 0.8m，接头弯管 100 根；冲射管用冲管 1 根；机组外形尺寸 2600mm×1300mm×1600mm，机组重 1500kg

注：地下水位降低深度 5.5～6.0m。

2. 射流泵轻型井点抽水设备

射流泵轻型井点抽水设备由离心水泵、射流器（射流泵）、水箱等组成，如图 6-23 所示。

整套 ϕ50 型设备见表 6-41，由高压水泵供给工作水，经射流泵后产生真空，引射地下水流。其设备构造简单，易于加工制造，效率较高，降水深度较大（可达 9m），操作维修方便，经久耐用，耗能少，费用低，是一种有发展前途的降水设备。

ϕ50 型射流泵轻型井点设备的规格及技术性能　　**表 6-41**

名　称	数量	规格及技术性能	备注
离心泵	1 台	3BL-9 型，流量 45m³/h，扬程 32.5m	供给工作水
电动机	1 台	JO_2-42-2，功率 7.5kW	水泵的配套动力
射流泵	1 个	喷嘴 ϕ50mm，空载真空度 100kPa，工作水压 0.15～0.3MPa，工作水流 45m³/h，生产率 10～35m³/h	形成真空
水箱	1 个	1100mm×600mm×1000mm	循环用水

注：每套设备带 9m 长井点管 25～30 根，间距 1.6m，总长 180m，降水深 5～9m。

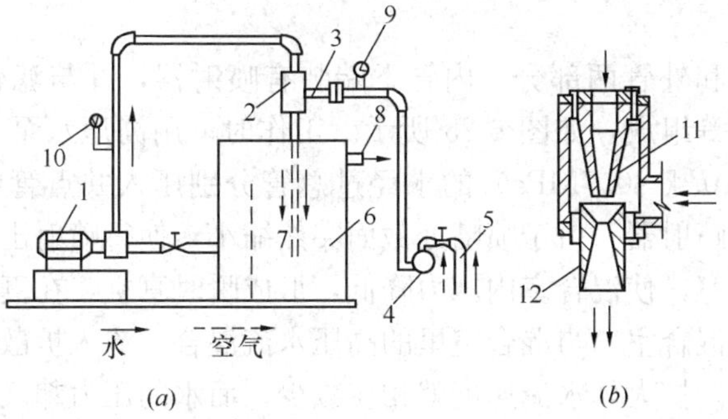

图 6-23 射流泵轻型井点抽水设备工作简图

（*a*）工作简图；（*b*）射流器构造

1—离心泵；2—射流器；3—进水管；4—集水总管；5—井点管；6—循环水箱；7—隔板；8—泄水口；9—真空表；10—压力表；11—喷嘴；12—喉管

3. 隔膜泵轻型井点抽水设备

隔膜泵轻型井点分真空型、压力型和真空压力型三种。前两种由真空泵、隔膜泵、气液分离器等组成；真空压力型隔膜泵则兼有前两种的特性，可一机代三机，其技术性能参见表 6-42。设备也较简单，易于操作维修，耗能较少，费用较低，但形成真空度低（56～64kPa），所带井点管较少（20～30 根），降水深度为 4.7～5.1m，适于降水深度不大的一般性工程采用。

ϕ400mm 真空压力型隔膜泵的技术性能 **表 6-42**

型 号	ϕ400mm	型 号	ϕ400mm
隔膜数量（根）	2	真空度（kPa）	93.3～100
隔膜频率（min^{-1}）	58	压力（MPa）	0.1～0.2
隔膜行程（mm）	90	工作流量（m^3/h）	10
电机功率（kW）	3.0		

三种轻型井点的配用功率、井点管根数及集水管长度参见表 6-43。

三种轻型井点的配用功率、井点管根数及集水管长度参数 **表 6-43**

轻型井点类别	配用功率（kW）	井点管根数（根）	集水管长度（m）
真空泵轻型井点	18.5～22.0	80～100	96～120
射流泵轻型井点	7.5	30～50	40～60
隔膜泵轻型井点	3.0	50	60

6.4.2 喷射井点降水施工设备

喷射井点降水是在井点管内部装设特制的喷射器，用高压水泵或空气压缩机通过井点管中的内管向喷射器输入高压水（喷水井点）或压缩空气（喷气井点）形成水气射流，将地下水经井点外管与内管之间的间隙抽出排走，如图 6-24 所示。

喷射井点降水系统主要由喷射井管、高压水泵（或空气压缩机）和管路系统组成。

6.4.2.1　喷射井管

喷射井管分内管和外管两部分，内管下端装有喷射器，并与滤管相接。喷射器由喷嘴、混合管、扩散管等组成，如图 6-25 所示。工作时，用高压水泵（或空气压缩机）把压力 0.7～0.8MPa（0.4～0.7MPa）的水经过总管分别压入井点管中，使水经过内外管之间的环形空隙进入喷射器。由于喷嘴处截面突然缩小，使得喷射出的流速突然增大，高压水流高速进入混合室，使混合室内压力降低，形成瞬时真空，在真空吸力作用下，地下水经过滤管被吸收到混合室，与混合室里的高压水流混合，流入扩散室中，由于扩散室的截面顺着水流方向逐渐扩大，水流速度就相应减少，而水的压力却又逐渐增高，因而压迫地下水沿着井管上升流到循环水箱。其中一部分水用低压水泵排走，另一部分重新用高压水泵压入井点管作为高压工作水使用。如此循环作业，将地下水不断从井点管中抽走，使地下水逐渐下降，达到设计要求的降水深度。

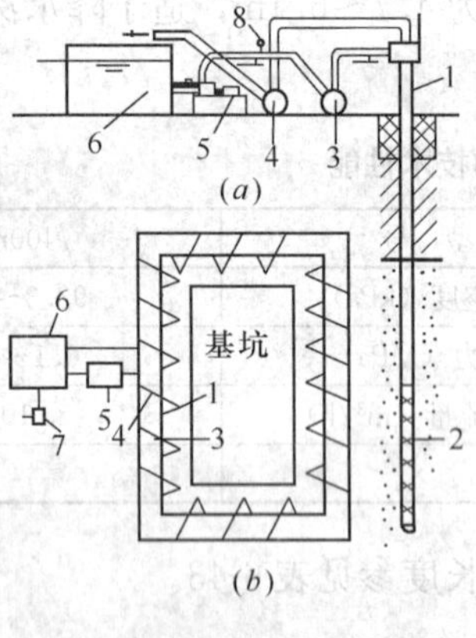

图 6-24　喷射井点设备及布置

(a) 喷射井点竖向布置；(b) 喷射井点平面布置
1—喷射井点管；2—滤管；3—进水总管；4—排水总管；5—高压水泵；6—集水池；7—低压水泵；8—压力表；

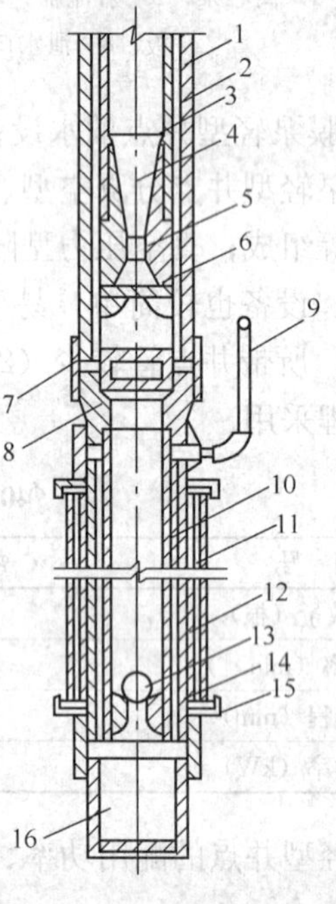

图 6-25　喷射井点管构造

1—外管；2—内管；3—喷射器；4—扩散管；5—混合管；6—喷嘴；7—缩节；8—连接座；9—真空测定管；10—滤管芯管；11—滤管有孔套管；12—滤管外缠滤网及保护网；13—逆止球阀；14—逆止阀座；15—护套；16—沉淀管

6.4.2.2　高压水泵

用 6SH6 型或 15OS78 型高压水泵（流量 140～150m^3/h，扬程 78m）或多级高压水泵（流量 50～80m^3/h，压力 0.7～0.8MPa）1～2 台，每台可带动 25～30 根喷射井点管。

6.4.2.3　循环水箱

循环水箱用钢板制成，尺寸为 2.5m×1.45m×1.2m。

6.4.2.4　管路系统

管路系统包括进水总管、排水总管（直径 150mm、每套长 60m）、接头、阀门、水表、溢流管、调压管等管件、零件及仪表。

6.4.3 电渗井点降水施工设备

电渗排水是利用井点管（轻型井点管或喷射井点管）本身作阴极，沿基坑（槽、沟）外围布置；用钢管（直径 50～70mm）或钢筋（直径 25mm 以上）作阳极，埋设在井点管环圈内侧 1.25m 处，外露在地面上约 20～40cm，其入土深度应比井点管深 50cm，以保证水位能降到所要求的深度。阴、阳极分别用 BX 型铜芯橡皮线或扁钢、钢筋等连成通路，并分别接到直流发电机的相应电极上，如图 6-26 所示。一般常用功率为 9.6～55kW 的直流电焊机代替直流发电机使用。

6.4.4 管井井点降水施工设备

管井井点由滤水井管、吸水管和抽水设备等组成，其构造如图 6-27 所示，管井井点设备较为简单，排水量大，降水较深，比轻型井点具有更大的降水效果，可代替多组轻型井点作用，水泵设在地面，易于维护。

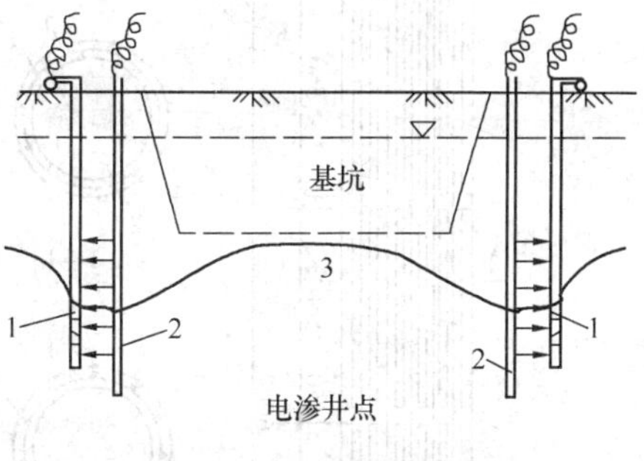

图 6-26 电渗井示意图

1—井点管；2—金属棒；3—地下水降落曲线

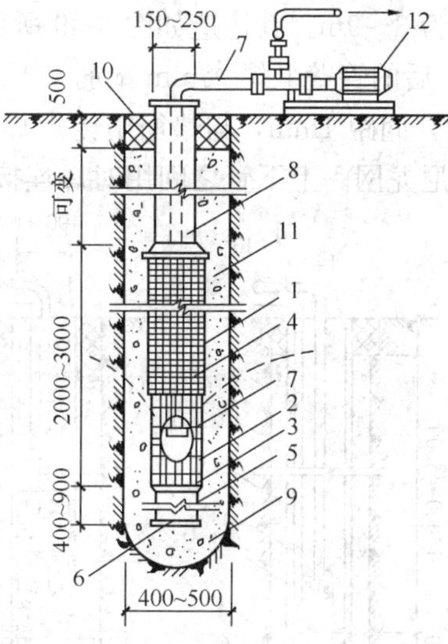

图 6-27 管井井点构造

1—滤水井管；2—ϕ14mm 钢筋焊接骨架；3—6mm × 30mm 铁环@250mm；4—10 号铁丝垫筋@250mm 焊于管骨架上，外包孔眼 1～2mm 铁丝网；5—沉砂管；6—木塞；7—吸水管；8—ϕ100～200mm 钢管；9—钻孔；10—夯填黏土；11—填充砂砾；12—抽水设备

6.4.4.1 滤水井管

下部滤水井管过滤部分用钢筋焊接骨架，外包孔眼为 1～2mm 滤网，长 2～3m，上部井管部分用直径 200mm 以上的钢管、塑料管或混凝土管，或用竹、木制成的管。

6.4.4.2 吸水管

用直径 50～100mm 的钢管或胶皮管，插入滤水井管内，其底端应沉到管井吸水时的最低水位以下，并装逆止阀，上端装设带法兰盘的短钢管一节。

6.4.4.3　水泵

采用 BA 型或 B 型、流量 10～25m³/h 离心式水泵。每根井管装置一台，当水泵排水量大于单孔滤水井涌水量数量时，可另加设集水总管将相邻的相应数量的吸水管连成一体，共用一台水泵。

6.4.5　深井井点降水施工设备

深井井点降水是在深基坑的周围埋置深于基底的井管，通过设置在井管内的潜水电泵将地下水抽出，使地下水低于坑底。

井点设备由深井井管和潜水泵等组成，其构造如图 6-28 所示。

6.4.5.1　井管

井管由滤水管、吸水管和沉砂管三部分组成，可用钢管、塑料管或混凝土管制成，管径一般为 300～375mm，内径宜大于潜水泵外径 50mm。

（1）滤水管：在降水过程中，含水层中的水通过该管滤网将土、砂颗粒过滤在外边，使清水流入管内。滤水管的长度取决于含水层的厚度、透水层的渗透速度及降水速度的快慢，一般为 3～9m。其构造如图 6-29 所示，通常在钢管上分三段轴条（或开孔），在轴条（或开孔）后的管壁上焊 ϕ6mm 垫筋，要求顺直，与管壁点焊固定，在垫筋外螺旋形缠绕 12 号铁丝，间距 1mm，与垫筋用锡焊焊牢，或外包 10 孔/cm² 和 41 孔/cm² 镀锌铁丝网各两层或尼龙网。上下管之间用对焊连接。

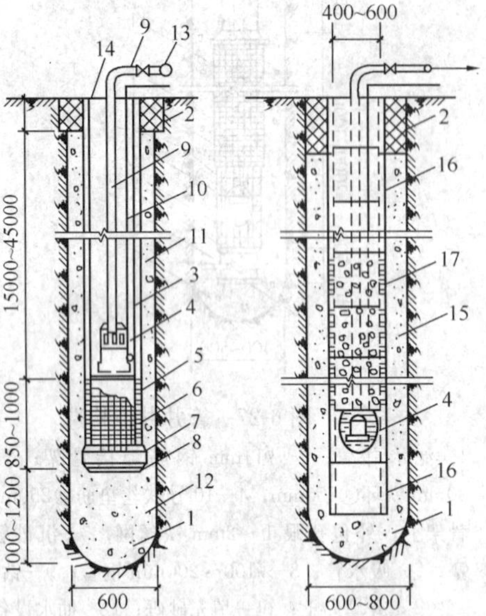

图 6-28　深井井点构造

(*a*) 钢管深井井点；(*b*) 无砂混凝土管深井井点

1—井孔；2—井口（黏土封口）；3—ϕ300～375mm 井管；4—潜水电泵；5—过滤段（内填碎石）；6—滤网；7—导向段；8—开孔底板（下铺滤网）；9—ϕ50mm 出水管；10—电缆；11—小砾石或中粗砂；12—中粗砂；13—ϕ50～75mm 出水总管；14—20mm 厚钢板井盖；15—小砾石；16—沉砂管（混凝土实管）；17—无砂混凝土过滤管

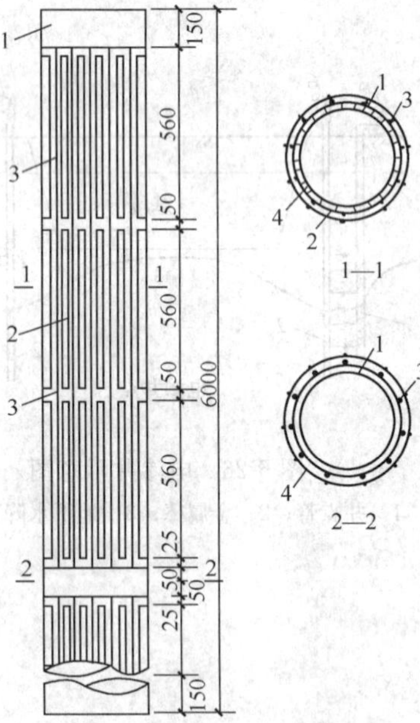

图 6-29　深井滤水管构造

1—钢管；2—轴条后孔；3—ϕ6mm 垫筋；4—缠绕 12 号铁丝与钢筋锡焊焊牢

当土质较好，深度在15m内时，亦可采用外径380～600mm、壁厚50～60mm、长1.2～1.5m的无砂混凝土管作为滤水管，或在外再包棕树皮二层作滤网。

(2) 吸水管：连接滤水管，起挡土、贮水作用，采用与滤水管相同直径的实钢管制成。

(3) 沉砂管：在降水过程中，起极少量通过砂粒的沉淀作用，一般采用与滤水管相同直径的钢管，下端用钢板封底。

6.4.5.2 水泵

用QY-25型或QW-25型、QW40-25型潜水电泵，或QJ50-52型浸油或潜水电泵或深井泵。每井一台，并带吸水铸铁管或胶管，配上一个控制井内水位的自动开关，在井口安装75mm阀门以便调节流量的大小，阀门用夹板固定。每个基坑井点群应有2台备用泵。

6.4.5.3 集水井

用ϕ325～500mm钢管或混凝土管，并设3‰的坡度，与附近下水道接通。

6.5 土石方工程施工机械

6.5.1 土石方挖掘施工机械

6.5.1.1 挖掘机的类型及特点

挖掘机按传动方式分，可分为液压式挖掘机和机械式挖掘机；按装置特性分，可分为正铲挖掘机（图6-30）、反铲挖掘机（图6-31）、拉铲挖掘机（图6-32）和抓斗挖掘机（图6-33）。

图6-30 正铲挖掘机

图6-31 反铲挖掘机

图6-32 拉铲挖掘机

图6-33 抓斗挖掘机抓斗

液压挖掘机技术性能高，工作装置型式增加；结构简化，减少易损件，维修方便；由于采用液压传动后省去了复杂的中间传动零部件，能实现无级调速；机构布置合理。由于液压系统中各元件均采用油管连接，各部件之间相互位置不受传动关系的限制影响，布置灵活，便于满足传动要求；操作简单、轻便。液压挖掘机普遍采用液压伺服机构（先导阀）操纵，放手柄操作力不论机型大小都小于 30N，而且一个伺服操纵杆可前后左右动作，不仅减少了操纵杆件数，而且改善了司机的工作条件。由于液压挖掘机具有上述优势，目前市场上主要以液压挖掘机为主导。

6.5.1.2　液压正铲挖掘机主要技术性能及适用范围

常用液压正铲挖掘机主要技术性能参见表 6-44。

常用液压正铲挖掘机主要技术性能　　表 6-44

项　目	机　型							
	W1-50		W1-60		W1-100		W-200	
铲斗容量（m^3）	0.5		0.6		1.0		1～1.5	
铲臂倾斜角度	45°	60°	45°	60°	45°	60°	45°	60°
挖掘半径（m）	7.8	7.2	7.7	7.2	9.8	9.0	11.5	10.8
挖掘高度（m）	6.5	7.9	5.85	7.45	8.0	9.0	9	10
卸土半径（m）	7.1	6.5	6.9	6.5	8.7	8.0	10	9.6
卸土高度（m）	4.5	5.6	3.85	5.05	5.5	6.8	6	7
行走速度（km/h）	1.5～3.6		1.48～3.25		1.49			
最大爬坡能力	22°		20°		20°		20°	
对地面平均压力（MPa）	0.062		0.088		0.091		0.127	
质量（t）	20.5		22.7		41		77.5	

正铲挖掘机的工作装置主要由支杆、斗柄和土斗组成，适合开挖停机面以上的土方，挖土高度 1.5m 以上，在开挖基坑时，要求停机面保持干燥，故要求基坑开挖前做好基坑的排水工作。正铲挖掘机具有强制性和较大的灵活特性，可以开挖较坚硬的土质，在开挖时需汽车配合运土。

6.5.1.3　液压反铲挖掘机主要技术性能及适用范围

常用液压反铲挖掘机主要技术性能参见表 6-45、表 6-46。

国内常用液压反铲挖掘机技术性能　　表 6-45

项　目	机　型					
	W1-50		W1-60		W1-100	WY-100
铲斗容量（m^3）			0.6		1.0	1～1.2
铲臂倾斜角度	45°	60°	45°	60°		
卸土半径（m）	8.1	7	7.1	6.0	10.2	5.6
卸土高度（m）	5.26	6.14	6.4	7.2	6.3	7.6
挖掘半径（m）	9.2		8.8		12	9
挖掘深度（m）	5.56		5.2		6.8	5.7

续表

项目	机型			
	W1-50	W1-60	W1-100	WY-100
行走速度（km/h）	1.5～3.6	1.48～3.25	1.49	1.6～3.2
最大爬坡能力	22°	20°	20°	24°
对地面平均压力（MPa）	0.062	0.088	0.091	0.052
质量（t）	20.5	19	41.5	25

部分国外反铲机械技术性能（小松生产） 表 6-46

技术参数	型号						
	PC120-6	PC160-7	PC200-7	PC220-7	PC300LC-6	PC400-7	PC600-7
挖掘机质量（t）	12.03	16.3	19.5	22.84	31.5	43.1	61.1
标准铲斗容量（m³）	0.4	0.6	0.8	1	1.4		4
挖掘深度（m）	5.52	5.64	6.62	6.92	7.38	3.06	3.49
挖掘高度（m）	8.61	8.8	10	10	10.21	9.83	10.1
倾卸高度（m）	6.17	6.19	7.11	7.04	7.11	7.17	6.71
挖掘半径（m）	8.17	8.51	9.7	10.02	10.92	8.77	8.85
行驶速度（km/h）	5.0	5.5	5.5	5.5	5.5	5.5	4.9
履带长度（m）	3.48	3.68	4.46	4.64	4.96	5.03	5.37
履带轨距（m）	1.96	1.99	2.39	2.58	2.59		
履带板宽（mm）	500	500	800	700	600	600	600
全长（运输）（m）	7.6	8.57	9.43	9.89	10.94	8.46	8.82
全高（运输）（m）	2.72	2.94	3	3.16	3.28	4.4	5.54
全宽（履带）（m）	2.49	2.49	2.8	3.28	3.19	3.34	4.21

适用于开挖停机面以下的土方，不需设置进出口通道。适用于开挖基坑深度不大及含水量大或地下水位较高的土壤。最大挖土深度为4～6m，比较经济的开挖深度为1.5～3m。对于较大较深的基坑，宜采用分层开挖法开挖，挖出的土方可直接堆放在基坑两侧或直接配备自卸汽车运走。

6.5.1.4 液压抓铲挖掘机主要技术性能及适用范围

抓铲挖掘机的工作装置由抓斗、工作钢索和支杆组成。挖停机面以下的土方。抓斗可以在基坑内任何位置上挖掘土方，深度不限，并可在任何高度卸土（装土和弃土）。在工作循环中，支杆的倾斜角不变。抓铲挖掘机用于挖土坡较陡的基坑，可以挖砂土、亚黏土或水下土方等。

常用液压抓铲挖掘机主要技术性能参见表6-47。

常用液压抓铲挖掘机主要技术性能表　　表 6-47

项　目	机　型							
	W501				W1001			
抓斗容量（m³）	0.5				1.0			
伸臂长度（m）	10				13		16	
回转半径（m）	4	6	8	9	12.5	4.5	14.5	5.0
最大卸载高度（m）	7.6	7.5	5.8	4.6	1.6	10.6	4.8	13.2
抓斗开度（m）					2.4			
对地面平均压力（MPa）	0.062				0.093			
质量（t）	20.5				42.2			

6.5.1.5　拉铲挖掘机主要技术性能及适用范围

常用拉铲挖土机主要技术性能参见表 6-48。

常用拉铲挖掘机主要技术性能表　　表 6-48

项　目	机　型									
	W1-50				W1-100				W-200	
铲斗容量（m³）	0.5				1.0				2	
铲臂长度（m）	10		13		13		16		15	
铲臂倾斜角度	30°	45°	30°	45°	30°	45°	30°	45°	30°	45°
最大卸土半径（m）	10	8.3	12.5	10.4	12.8	10.8	15.4	12.9	15.1	12.7
最大卸土高度（m）	3.5	5.5	5.3	8.0	4.2	6.9	5.7	9.0	4.8	7.9
最大挖掘半径（m）	11.1	10.2	14.3	13.2	14.4	13.2	17.5	16.2	17.4	15.8
侧面挖掘深度（m）	4.4	3.8	6.6	5.9	5.8	4.9	8.0	7.1	7.4	6.5
正面挖掘深度（m）	7.3	5.6	10	9.6	9.5	7.4	12.2	9.6	12	9.6
对地面平均压力（MPa）	0.059		0.0637		0.092		0.093		0.125	
质量（t）	19.1		20.7		42.06		42.42		79.84	

拉铲挖掘机由于铲斗悬挂在钢丝绳上，可以挖得较深、更远，但不及反铲灵活。适用于挖掘停机面以下的一至三类的土，开挖较深、较大的基坑，还可挖取水中泥土。拉铲挖掘机通常配备自卸汽车运土，或将土直接甩在近旁，它挖土和卸土半径较大，但由于操纵悬挂在钢丝绳上的土斗比较困难，开挖的精确性较差。

6.5.1.6　长臂挖掘机主要技术性能及适用范围

目前基坑越来越深，对挖掘机的挖掘深度提出了更高要求，同时部分城市建筑的拆除也需要配置长臂挖掘机进行施工。为此工程中常常需要配置一定量的长臂挖掘机或加长臂挖掘机（图 6-34）。

加长臂挖掘机主要分为二段式挖掘机和三段式挖掘机，二段式挖掘机加长大小臂可加长到 13～26m，二段式挖掘机主要适用于土石方基础和深堑及远距离清淤泥挖掘作业等；三段式挖掘机加长大小臂可加长到 16～32m，三段式挖掘机主要适用于高层建筑的拆除等工程。

加长臂挖掘机常用机型：SH200 住友挖掘机、SK200 加滕挖掘机、DH200 大宇挖掘机、

CX210B凯斯挖掘机、PC200小松挖掘机、PC200神户挖掘机、PC200大连挖掘机等，目前东莞建华机械制造公司设计生产的加长臂配置如下：0～16t，臂长13m；16～20t，臂长15.38m；20～25t，臂长18m；25～35t，臂长20m；35～40t，臂长22m；40～50t，臂长26m。

6.5.2　土石方装运施工机械

6.5.2.1　装载机

装载机按行走方式可分为轮胎式和履带式。轮胎式装载机具有行驶速度快、机动灵活的特点，可在城市道路上行驶，使用方便；履带式装载机接地比压低，牵引力大，但行驶速度慢，转移不灵活，目前市场上常见的主要为轮胎式装载机（图6-35）。

图6-34　长臂挖掘机

图6-35　轮胎式装载机

轮胎式装载机的主要技术性能参见表6-49、表6-50。

国内轮胎式装载机的主要技术性能　表6-49

产品型号	ZLJ40	ZLJ50	ZLJ65	ZLC40	ZLC50	ZLG50
额定载重量（t）	4	5	6.5	3.3	4.2	5
额定斗容量（m^3）	2	3	3	1.7	2.3	2.9
卸载高度（mm）	2605	2820	3050	2820	2920	4330
卸载距离（mm）	1330	1450	1460	1010	1390	1300
装置举至最高时总高度（mm）	5220	5445	5665	6175	6710	5370
整机质量（t）	13	17	19	14	17.8	17

国外轮胎式装载机的主要技术性能（美国卡特皮勒生产）　表6-50

产品型号	920	930	950B	966D	980C	988B	992C
铲斗容量（m^3）	1.15～1.34	1.34～1.72	2.4～2.7	3.1～3.5	4.0～4.4	5.4～6.0	9.6
额定载荷（t）	2.08	2.78	4.29	5.55	7.14	9.8	
最小转弯半径（mm）	11.2	11.8	13.74	14.64	15.6	17.05	21.51
工作质量（kg）	8440	9662	14700	19505	26310	40811	85679
卸载高度（mm）	2770	2840	2900	3018	3170	3460	4485
卸载距离（mm）	740	810	1040	1090	1320	1950	2089
离地间隙（mm）	335	338	427	451	417	474	544

6.5.2.2　铲运机

铲运机运土距离较远，铲斗的容量也较大，是土方工程中应用最广泛的重要机种之一，主要应用于中长运距的土方工程如填筑路堤、开挖路堑、大面积的平整场地和浮土剥离等。拖式铲运机经济运距为70～800m，自行式铲运机经济运距为800～2000m。

常用铲运机主要技术性能参见表6-51。

常用铲运机主要技术性能　　　　表6-51

项　目	拖式铲运机			自行式铲运机	
	C6-2.5	C5-6	C3-6	C4-7	CL7
铲斗容量（m^3）	2.5	6	6～8	7	7
堆尖容量（m^3）	2.75	8		9	9
铲刀宽度（m）	1.9	2.6	2.6	2.7	2.7
切土深度（m）	150	300	300	300	
铺土厚度（mm）	230	380		400	
最小回转半径（m）	2.7	3.75		6.7	
卸土形式	自由	强制式		强制式	
外形尺寸（长×宽×高）（m）	5.6×2.44×2.4	8.77×3.12×2.54	8.77×3.12×2.54	9.7×3.1×2.8	9.8×3.2×2.98
质量（t）	2.0	7.3	7.3	14	15

6.5.2.3　翻斗车

目前在市场上主要产品名称有重力卸料翻斗车、后置式重力卸料翻斗车、液压翻斗车、后置式液压翻斗车、后置式三面卸料液压翻斗车、回转卸料液压翻斗车、高位卸料液压翻斗车等（图6-36）。

常用翻斗车主要技术性能参见表6-52。

部分翻斗车的主要技术性能　　　　表6-52

产　品　型　号		FC10	FC10D	FCY25
装载质量（kg）		1000	1000	2500
空载质量（kg）		1030	1160	2000
斗容量（m^3）	平装	0.467	0.467	1.215
	堆装	0.765	0.765	1.557
爬坡能力（%）		21	21	36
最小转弯半径（m）		4	4	4

6.5.3　土石方平整施工机械

6.5.3.1　推土机

推土机按行走机构可分为履带式和轮胎式两种。履带式推土机牵引力大，接地比压小（0.04～0.15MPa），爬坡能力强，但行驶速度较低（图6-37）；轮胎式推土机行驶速度高，机动性好，作业时间短，但牵引力较小，适合在野外硬地上或经常变换工地时使用。

图 6-36 FC10 翻斗车

图 6-37 T-180 履带式推土机

国内履带式推土机的主要技术性能见表 6-53。

部分国内履带式推土机主要技术性能 **表 6-53**

产品型号	T_2-60（东方红-60）	移山-80	T_1-100	T_2-100	T_2-120A	上海-120	征山-160	黄河-180	T-180
额定牵引力（kN）	36	99	90	90	117.6	118		180	180
总质量（kg）	5900	14886	13430	16000	17425	16200	20000	20000	21000
生产率（m^3/h）		40～80	45	75～80	80				
接地比压（kPa）	46	63	50	68	63	65	68	60	71
爬坡能力		30°	30°	30°	30°	30°	30°	30°	30°
最大提升量（mm）	625	850	900	800	940	1000	1240	1100	1260
最大切入量（mm）	290		180	250	300	300	350	450	530

图 6-38 PY160B 平地机

6.5.3.2 平地机

平地机是一种效能高、作业精度好、用途广泛的施工机械，被广泛用于公路、铁路、机场、矿山、停车场等大面积场地的整平作业，也被用于进行农田整地、路堤整形及林区道路的整修等作业，如图 6-38 所示。

部分常用平地机主要技术性能参见表 6-54。

部分常用平地机主要技术性能　　表 6-54

产品型号		PY160B	PY160C	PY180	PY200
最大牵引车（kN）		80	73.5	69	80
爬坡能力		20°	20°	20°	20°
铲刀	长×弦高（mm）	3660×610	3660×610	3965×610	3965×610
	回转角度	360°	360°	360°	360°
	倾斜角度	90°	90°	90°	90°
	最大入地深度（mm）	490	500	500	500
整机质量（t）		14.20	13.65	15.40	15.40

6.5.4　土石方压实施工机械

6.5.4.1　压实机械的分类、特点及适用范围

压实机械是依靠设备本身的自重或激振，对地面进行振动加载，排除土石颗粒间的空气，使其密实的施工作业机械。压实机械按压实原理主要可分为静作用压路机、振动式压路机、夯实机械。

（1）静作用碾压机械：静作用碾压机械是依靠机械自重产生的静压力，利用滚轮在碾压层表面的往复滚动，使被压实层产生一定程度永久变形而达到压实目的（图 6-39、图 6-40）。

图 6-39　两轮压路机

图 6-40　三轮压路机

（2）振动碾压机械：振动碾压机械是利用专门的振动机构，以一定的频率和振幅振动，并通过滚轮往复滚动传递给压实层，使压实材料的颗粒在振动力和静压力联合作用下发生振动位移而重新组合，提高其密实度和稳定性，达到压实目的。常见有拖式（图 6-41）、手扶式（图 6-42）。

（3）夯实机械：夯实机械是利用夯本身的质量和夯的冲击运动或振动，对被压实的材料施加动压力，以提高其密实度、强度和承载能力等的压实机械。它的主要特点是轻便灵活，特别适用于压实边坡、沟槽、基坑等狭窄场所，在大型工程中与其他压实机械配套，完成大型机械所不能完成的边角区域的压实，如图 6-43～图 6-45 所示。

图 6-41 拖式振动压路机

图 6-42 手扶式振动压路机

图 6-43 振动冲击夯

图 6-44 振动平板夯

图 6-45 蛙式夯实机

6.5.4.2 静作用压路机的主要技术性能

常用静作用压路机的技术性能参见表 6-55。

常用静作用压路机的技术性能 **表 6-55**

项目		型号					
		两轮压路机	两轮压路机	三轮压路机	三轮压路机	三轮压路机	三轮压路机
		2Y6/8	2Y8/10	3Y8/10	3Y10/12	3Y12/15	3Y15/18
重量（t）	不加载	6	8	8	10	12	15
	加载后	8	10	10	12	15	18
压轮直径（mm）	前轮	1020	1020	1020	1020	1120	1170
	后轮	1320	1320	1500	1500	1750	1800
压轮宽度（mm）		1270	1270	530×2	530×2	530×2	530×2
前轮（N/cm）	不加载	0.192	0.259	0.264	0.332	0.346	0.402
	加载	0.259	0.393	0.332	0.445	0.470	0.481
后轮（N/cm）	不加载	0.29	0.385	0.516	0.632	0.801	0.503
	加载	0.385	0.481	0.645	0.724	0.93	0.615
最小转弯半径（m）		6.2～6.5	6.2～6.5	7.3	7.3	7.5	7.5
爬坡能力（%）		14	14	20	20	20	20

6.5.4.3 振动压路机的主要技术性能

1. 拖式振动压路机的主要技术性能（表 6-56）

拖式振动压路机的主要技术性能　　表 6-56

型　号	YZT12	YZT15	YZT18	YZT16	YZT18	YZT20	YZT22
工作质量（t）	12	15	18	16	18	20	22
振动轮直径（mm）	1800	1720	1800	1620	1620	1620	1620
振动轮宽度（mm）	2000	2000	2000	2130	2130	2130	2130
振动频率（Hz）	30	29	27.5	25	26	25	25
激振力（kN）	298	343	392	373	420	460	530
振幅（mm）	1.4	1.4	1.54	2.1	2.2	2.1	2.1
静线载荷（N/cm）	562	735	882				

2. 手扶式振动压路机的主要技术性能（表 6-57）

手扶式振动压路机的主要技术性能　　表 6-57

型　号	YSZ05	YSZ07	YSZ06B	YSZ06C
工作质量（t）	0.5	0.85	0.735	0.86
振动轮直径（mm）	350	406		
振动轮宽度（mm）	400	600	600	600
振动频率（Hz）	43	48	48	48
激振力（kN）	19.6	12	12	12
振幅（mm）			0.25	0.25
静线载荷（N/cm）	62.5	62.5	73	73
爬坡能力（%）	20	40	40	40

3. 自行式振动压路机的主要技术性能（表 6-58）

部分常用轮胎驱动光轮振动压路机主要技术性能　　表 6-58

型　号	YZ7A	YZ12A	YZ14C	YZ16B	YZ25GD	YZ16C	YZ18C	YZ20C
工作质量（t）	7	12.5	14	16	25	16.2	18.8	20.3
静线载荷（N/cm）	202	219	342	370	786	456	576	600
激振力（高/低）（kN）	70	230	260/180	290	380/280	296/208	380/260	380/260
振幅（高/低）（mm）	0.4	1.65	1.70/0.78	1.7	1.95/0.99	1.9/0.9	1.9/0.95	1.9/0.9
爬坡能力（%）	25	20	25	25	40	35	48	42
外侧转弯半径（mm）	5000	6000	5565	5565	7000	12600	12600	12600
振动轮宽度（mm）	1700	2100	2100	2120	2120	2170	2170	2170

6.5.4.4　夯实机械的主要技术性能

1. 振动冲击夯的主要技术性能（表 6-59）

振动冲击夯的主要技术性能 表 6-59

型　号		HC70	HC70	HC70	HC75	HC75	HC70D	HC70D	HC75D
型　式		内 燃 式					电 动 式		
夯击频率（Hz）			7～11.2	6.7～10	10.8～11.3	10～11.3		10.7	6.7～7.0
跳起高度（mm）		80	45～65	45～60	5.5～50	15～70	40～50	45～65	45～60
冲击力（kN）		5.67	5.488		5.68	23		5.5	
动力机功率（kW）		1.9	2.2	2.2	2.2	2.2	2.2	2.2	2.2
夯板面积（mm）	长	345	300	300	362	260	300	300	300
	宽	280	280	280	280	280	280	280	280
整机质量（kg）		70	70	70	75	75	75	70	70

2. 振动平板夯的主要技术性能（表 6-60）

振动平板夯的主要技术性能 表 6-60

型　号	HZR70	HZR130	HZR250A	ZH85	ZPH250-Ⅱ	HZD300
型　式	内 燃 式			电 动 式		
激振力（kN）	98	17.64	20	22	24.5	23
振动频率（Hz）	83.3	90	37.3	25	40	38
动力机功率（kW）	2.59	3.67	4.42	2.2	4	4
夯板面积（m^2）	0.236	0.202	0.36	0.147	0.36	0.41
整机质量（kg）	90	135	360	190	250	340

3. 蛙式夯实机的主要技术性能（表 6-61）

蛙式夯实机的主要技术性能 表 6-61

型　号	HW20	HW60	HW140	HW201-A	HW170	HW280
夯击能量（N·m）	200	620	200	220	320	620
夯击次数（min^{-1}）	155～165	140～150	140～145	140	140～150	140～150
夯头跳高（mm）	100～170	200～260	100～170	130～140	140～150	200～260
电动机功率（kW）	2.2	3	1	1.5	1.5	3
夯板面积（m^2）	0.055	0.078	0.04	0.04	0.078	0.078
整机质量（kg）	151	250	130	125	170	280

6.6 履带式起重机施工机械

6.6.1 履带式起重机的特点、分类、组成及构造

6.6.1.1 履带式起重机的特点

履带式起重机具有接地比压低、转弯半径小、爬坡能力大、可以带载行驶、履带可横

向伸展扩大支承宽度等特点。

6.6.1.2　履带式起重机的分类

履带式起重机按其传动方式的不同，可分为机械式、液压式和电动式三种。机械式已经被液压式所取代。履带式起重机按其起重方式的不同，可分为一般型式、人字臂架平衡起重型式、支撑圈起重型式三种。

6.6.1.3　履带式起重机的组成及构造

履带式起重机主要由履带行走装置、起重臂、吊钩、起升钢丝绳、变幅钢丝绳、主机房等组成，如图 6-46 所示。

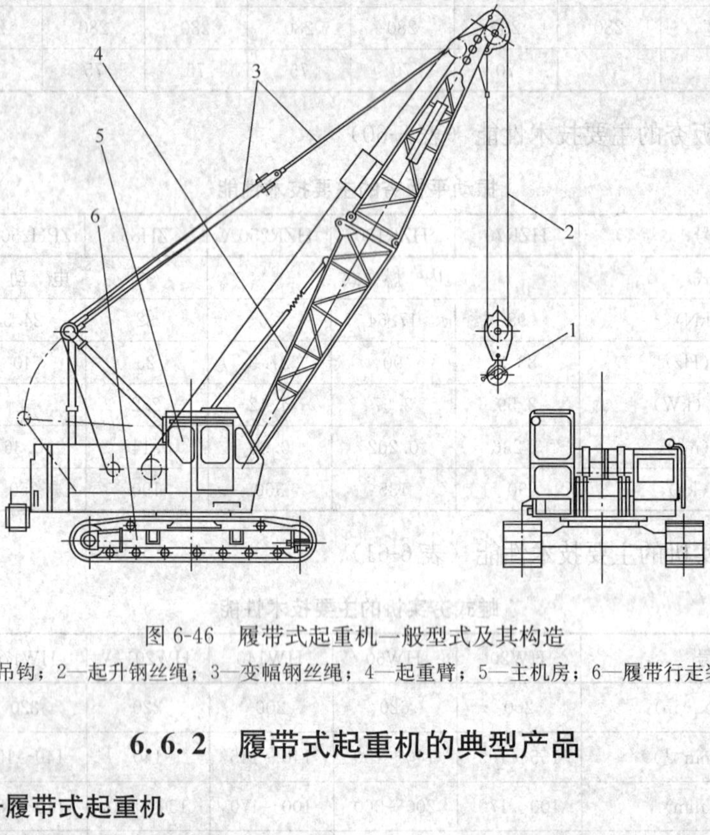

图 6-46　履带式起重机一般型式及其构造

1—吊钩；2—起升钢丝绳；3—变幅钢丝绳；4—起重臂；5—主机房；6—履带行走装置

6.6.2　履带式起重机的典型产品

6.6.2.1　三一履带式起重机

三一履带式起重机技术性能参见表 6-62。

6.6.2.2　中联履带式起重机

中联履带式起重机技术性能参见表 6-63。

部分三一履带式起重机技术性能　　表 6-62

工作性能参数		型号				
		SCC500C	SCC800C	SCC1000C	SCC2000C	SCC2500C
主臂工况	最大额定起重量(t)	55	80	100	210	260
	最大起重力矩(t·m)	55×3.7	80×4.3	100×5.5	210×4.8	260×4.8
	主臂长度(m)	13～52	13～58	18～72	16.5～85.5	16.5～91.5
	主臂变幅角(°)	30～80	30～80	30～80	30～81	30～81

续表

工作性能参数		型号				
		SCC500C	SCC800C	SCC1000C	SCC2000C	SCC2500C
固定副臂工况	主臂长度(m)	22～43	37～52	39～63	40.5～73.5	28.5～76.5
	副臂长度(m)	6.1～15.25	9～18	13～25	13～31	13～31
	最长主臂＋最长固定副臂(m)	43＋15.25	52＋18	60＋25/63＋19	73.5＋31	76.5＋31
	主臂变幅角(°)	30～80	30～80	30～78	30～80	30～81
	副臂变幅角(°)	10，30	15，30	15，30	15，30	10，30
变幅副臂工况	最大起重力矩(t·m)				58×9.8	72×10
	主臂长度(m)				37～58	22.5～61.5
	变幅副臂长度(m)				22～52	22～61
	最长主臂＋变幅副臂(m)				58＋52	61.5＋52/52.5＋61
	副臂变幅角(°)				15～75	63～88
速度参数	主(副)卷扬绳速(m/min)	102/63(R)	0～103	0～110	0～120	0～143
	主变幅卷扬绳速(m/min)	0～73	0～70		(0～26)×2	(0～31)×2
	回转速度(rpm)	0～3.2/1.6	0～2.25	0～1.9	1.35	0～1.8
	爬坡能力(%)	40	30	30	30	30
重量	整机重量(t)	49	79	115	210	223
	配重(t)	17.5	26.9	42	80＋20	24＋91
	最大单件重量(t)	30	46.5	42.3	45	57

部分中联履带式起重机技术性能 表 6-63

工作性能参数		型号				
		QUY50	QUY70	QUY100	QUY160	QUY200
主臂工况	最大额定起重量(t)	55	70	100	160	200
	最大起重力矩(t·m)	55×3.7	70×3.8	100×5	160×5	200×5
	主臂长度(m)	13～52	12～57	19～73	20～83	20～83
固定副臂工况	最大起重量(t)	5	6.4	12	22	32
	副臂长度(m)	6～15	6～18	13～31	13～31	12～30
	最长主臂＋最长固定副臂(m)	43＋15	42＋18	45＋31，55＋25，61＋19	71＋31	71＋30
塔式工况	副臂长度(m)				27～51	21～51
	副臂最大起重量(t)				38	55
	主臂工作角度(°)				65、75、85	65、75、85
	主臂＋副臂长度(m)				56＋51	59＋51

续表

工作性能参数		型号				
		QUY50	QUY70	QUY100	QUY160	QUY200
速度参数	主卷扬绳速(m/min)	120	120	110	110	102
	副卷扬绳速(m/min)	120	120	110	110	102
	回转速度(rpm)	0～3.0	0～2.4	0～2.2	2.2	0～1.2
	行走速度(km/h)	0～1.6	0～1.35	0～1.3	1.2	0～0.98
	爬坡能力(%)	40	30	30	30	30
重量	基本臂时重量(t)	48	61	110	160	196
外形尺寸	长(mm)	6800	11200	9500	10300	10600
	宽(mm)	3300	3300	6000	6900	7200
	高(mm)	3020	3200	3500	3750	3200
	平均接地比压(MPa)	0.066	0.074	0.1	0.1	0.1
履带	接地长度(mm)	4700	5040	6850	7465	7935
	履带板宽度(mm)	760	1000	900	1100	1200

6.6.2.3 徐工履带式起重机

徐工履带式起重机技术性能参见表 6-64。

部分徐工履带式起重机技术性能　　表 6-64

工作性能参数		型号				
		QUY35	QUY50	QUY100	QUY150	QUY300
主臂工况	最大额定起重量(t)	35	50	100	150	300
	最大起重力矩(t·m)	294.92	1815	5395	8240	14715
主臂工况	主臂长度(m)	10～40	13～52	18～72	19～82	24～72
	主臂变幅角(°)	30～80	0～80	0～80	−3～82	−3～84
固定副臂工况	副臂长度(m)	9.15～15.25	9.15～15.25	12～24	12～30	24～60
	主臂变幅角(°)					30～80
速度参数	主(副)卷扬绳速(m/min)		0～65	0～100	0～100	0～100
	主变幅卷扬绳速(m/min)		0～65	0～45	0～30	0～24
	最大回转速度(r/min)	1.5	1.5	1.4	1.5	1.4
	最大行走速度(km/h)	1.34	1.1	1.1	1.0	1.0
	爬坡能力(%)	20	40	30	30	30
重量	整机重量(t)		48.5	114	190	285
	最大单件运输重量(t)		31	40	46	40
运输尺寸	长(mm)		11500	9600	11500	11200
	宽(mm)		3400	3300	3300	3350
	高(mm)		3400	3300	3300	3400
	平均接地比压(MPa)	0.058	0.069	0.0927	0.093	0.127

6.6.2.4 部分国外履带式起重机产品

部分国外履带式起重机技术性能参见表 6-65。

部分国外履带式起重机技术性能(神户制钢所) 表 6-65

技术参数	型号								
	7035	7045	7055	7065	7080	7150	7250	7300	7450
最大起重量(t)	35	45	55	65	80	150	250	300	450
最大起重力矩(t·m)	1324	1665	2035	2600	3200	8652	12375	15100	26810
主臂起升高度(m)	38	48	52	54	56	80	70	71	97
幅度范围(m)	3～34	3.5～34	3.7～34	4～38	4～40	5～64	5～82	5～78	5.8～90
起升单绳速度(m/min)	1.17	1.17	1.5	1.5	1.5	1.5	1.5	1.5	1.67
回转速度(r/min)	3.7	3.5	3.7	3.0	3.3	2.2	2.0	1.9	1.0
行走速度(km/h)	1.6	1.4	1.6	1.2	1.4	1.2	1.2	1.0	1.2
接地比压(MPa)	0.053	0.060	0.065	0.070	0.076	0.092	0.088	0.123	0.105
整机质量(t)	38	45	50.7	59.6	77.9	150		275	335
长(mm)	6350	7115	7450	7575	8370	8788	11949	11580	14656
宽(mm)	3300	3300	3300	3400	3500	5600	6700	8220	8400
高(mm)	3075	3075	3080	3390	3400	3770	4295	4280	5940

6.7 汽车式起重机施工机械

6.7.1 汽车式起重机的特点、分类、组成及构造

6.7.1.1 汽车式起重机的特点

汽车式起重机，又称汽车吊，是把汽车和吊机相结合，可以自行形式不用组装直接可以工作。特点是力气大、方便灵活、工作效率高、转场快、提高工作效率。缺点是受地形限制、大型设备（1000～2000t）不能完成起吊（目前汽车吊最大吨位 1000t）。主要用于工程建设，如：公路、桥梁、建筑、抢险等。

6.7.1.2 汽车式起重机的分类

按额定起重量分，一般额定起重量 15t 以下的为小吨位汽车起重机；额定起重量 16～25t 的为中吨位汽车起重机；额定起重量 26t 以上的为大吨位汽车起重机。按吊臂结构分为定长臂汽车起重机、接长臂汽车起重机和伸缩臂汽车起重机三种。

6.7.1.3 汽车式起重机的组成及构造

汽车式起重机主要由底盘、工作机构、液压系统组成，如图 6-47 所示。

图 6-47 汽车式起重机

6.7.2 汽车式起重机的典型产品

6.7.2.1 中联汽车式起重机

中联汽车式起重机技术性能参见表 6-66。

部分中联汽车式起重机技术性能　　表 6-66

工作性能参数		QY70V533	QY25V532	QY50V531
性能参数	最大额定起重量（t）	70	25	55
	基本臂最大起重力矩（kN·m）	2352	980	1764
	最长主臂最大起重力矩（kN·m）	1098	494	940.8
	基本臂最大起升高度（m）	12.2	11	11.6
	主臂最大起升高度（m）	44.2	39	42.1
	副臂最大起升高度（m）	60.2	47	58.3
行驶参数	最高速度（km/h）	75	78	76
	最大爬坡度（%）	35	37	32
	最小转弯半径（m）	12	≤22	24
	最小离地间隙（mm）	280	220	260
质量参数	总质量（t）	45	31.7	40.4
	前轴轴荷（t）	19	6.9	14.9
	后轴轴荷（t）	26	24.8	22.5
尺寸参数	长（m）	14.1	12.7	13.3
	宽（m）	2.75	2.5	2.75
	高（m）	3.75	3.45	3.55
	支腿纵向距离（m）	6	5.36	5.92
	支腿横向距离（m）	全伸 7.6 半伸 5.04	6.1	全伸 6.9 半伸 4.7
	主臂长（m）	11.6～44.0	10.4～39.2	11.1～42.0
	副臂长（m）	9.5、16	8	9.5、16

6.7.2.2　三一重工汽车式起重机

三一重工汽车式起重机技术性能参见表 6-67。

三一重工汽车式起重机技术性能　　表 6-67

工作性能参数		QY52	QY50C	QY20	QY25C
性能参数	最大额定起重量（t）	55	55	20	25
	基本臂最大起重力矩（kN·m）	1568	1786	600	962
	最长主臂最大起重力矩（kN·m）	412	956	956	544
	基本臂最大起升高度（m）	11.5	12	11.2	10.9
	（最长主臂+副臂）最大起升高度（m）	55.1	58.5	41.2	42
	（最长主臂+副臂）最大起重力矩（kN·m）	392	392		
行驶参数	最高速度（km/h）	75	78	72	83
	最大爬坡度（%）	35	35	30	30
	最小转弯半径（m）	12	12	12	11
	最小离地间隙（mm）	232	232	270	272

续表

工作性能参数		型号			
		QY52	QY50C	QY20	QY25C
质量参数	整车总质量（t）	42	42	24.5	29.4
	一、二轴轴荷（t）	16.7	15.6	7	7
	三、四轴轴荷（t）	25.3	26.4	17.5	22.4
尺寸参数	长（m）	13.07	13.75	12.35	12.605
	宽（m）	2.75	2.75	2.5	2.5
	高（m）	3.6	3.65	3.28	3.45
	纵向支腿跨距（m）		6	5.15	5.1
	横向支腿跨距（m）		7.2	6.2	6.0

6.7.2.3 一汽欧Ⅲ汽车式起重机

一汽欧Ⅲ汽车式起重机技术性能参见表 6-68。

一汽欧Ⅲ汽车式起重机技术性能 **表 6-68**

工作性能参数		型号		
		GT-350E	GT-250E	BT-120A
性能参数	最大额定起重量（t）	35	25	12
	主起升单绳允许拉力（kN）	31.2	30.7	19.6
	副起升单绳允许拉力（kN）	34.3	34.3	
行驶参数	最高速度（km/h）	70	73	74
	最大爬坡度（%）	28	29	28
	最小转弯半径（m）	11	11	10.5
质量参数	行驶状态总质量（t）	33.98	28.57	16.295
尺寸参数	长（m）	12.77	12.77	10.436
	宽（m）	2.5	2.5	2.49
	高（m）	3.615	3.615	3.367
	支腿纵向距离（m）	全伸 6.1 半伸 4.0	全伸 6.1 半伸 4.0	4.8
	支腿横向距离（m）	5.15	5.1	4.25
	主臂长（m）	10.6～34	10～32.5	9～22
	主臂仰角（°）	−2～80	−2～80	
	副臂长（m）	8/15.2	8	8

6.7.2.4 国外汽车式起重机

国外一些汽车式起重机技术性能参见表 6-69。

国外汽车式起重机技术性能（多田野）　　**表 6-69**

技术参数		TL-200E	TL-250E	TL-300E	TG-500E	TG-700E	TG-1000E
最大起重量（t）		20	25	30	50	70	100
最大起重力矩（kN·m）		600	750	900	1500	2100	3000
最大起升高度（m）	基本臂	10	10.2	11	10.8	13	14
	伸缩臂	24.2	30.8	33	40	42.5	45.6
	副臂	32	39	47	55.7	55	60.5
最大起重幅度（m）	基本臂	8	8	8	9	9	11
	伸缩臂	22	29	30	32	34	32
	副臂	30	32.2	36	37	38	34
单绳最大速度（m/min）		98	114	114	100	93	104
最大回转速度（r/min）		2.4	2.4	2.5	2	1.9	1.6
最大减幅时间（s）		44	48	70	68	67	45
最高行驶速度（km/h）		71	65	65	71	73	64
功率（kW）		150	165	213	231	224	257
重量（t）		21.1	24.55	29.3	39	43.2	64.34
外形尺寸（m）	长	11.505	11.84	12.63	12.86	13.95	15.55
	宽	2.49	2.5	2.5	2.82	3	3.2
	高	3.45	3.35	3.5	3.75	3.88	3.93

6.8　塔式起重机施工机械

塔式起重机（以下简称塔机，建筑工地上一般称为塔吊）是建筑工程中广泛应用的一种起重设备，主要用于建筑材料与构件的吊运和建筑结构与工业设备的安装，其主要功能是重物的垂直运输和施工现场内短距离水平运输，特别适用于高层建筑的施工。

6.8.1　塔式起重机的特点、分类、组成及构造

6.8.1.1　塔式起重机的特点

根据塔式起重机的基本形式及其主要用途，与其他起重机相比，它具有以下主要特点：

1. 起升高度高

塔机有垂直的塔身，并且还能根据施工需要加节或爬升，因而能够很好地适应建筑物高度的要求。一般中小型塔机在独立或行走状态下，其起升高度在30～50m左右，大型塔机的起升高度在60～80m左右。对于自升式塔机，其起升高度则可大大增加，一般附着式塔机可利用顶升机构，增加塔身标准节的数量，起升高度可达100m以上，而用于超高层建筑的内爬式塔吊，也可利用爬升机构随建筑物施工逐步爬升达到数百米的起升高度。

2. 幅度利用率高

塔机的垂直塔身除了能适应建筑物的高度外，还能很方便地靠近建筑物。在塔身顶部安装的起重臂，使塔机的整体结构呈 T 形或 Γ 形，这样就可以充分地利用幅度。一般情况下，塔机的幅度利用率大于 90%。

3. 作业范围大，作业效率高

由于塔机可利用塔身增加起升高度，而其起重臂的长度不断加大，形成一个以塔身为中心线的较大作业空间，通过采用轨道行走方式，可带 100% 额定载荷沿轨道长度范围形成一个连续的作业带，进一步扩大了作业范围，提高了工作效率。

6.8.1.2 塔式起重机的分类

塔式起重机的机型构造形式较多，按其主体结构与外形特征，基本上可按架设型式、变幅型式、回转型式、臂架支承型式区分。

按架设型式分为：固定式、附着式、移动式和内爬式（图 6-48）。

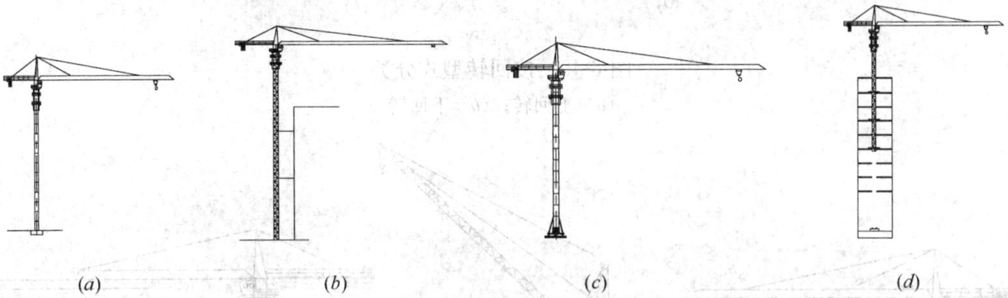

图 6-48 按塔式起重机的架设型式分类
（a）固定式；（b）附着式；（c）移动式；（d）内爬式

按变幅型式分为：小车变幅、动臂变幅、伸缩式小车变幅及折臂变幅。

按回转型式分为：上回转和下回转。

按臂架支承型式分为：平头式塔机和非平头式塔机。

平头式塔机不带塔顶结构，改变臂长方便，可在空中加减臂节，适于模数化臂架设计；降低了塔顶高度。特别适合于多台塔机交叉作业等。

1. 塔式起重机按架设型式分类

按塔式起重机的架设型式可分为固定式、附着式、移动式和内爬式四种，如图 6-48 所示。

2. 塔式起重机按回转型式分类

按塔式起重机的回转型式可以分为上回转和下回转两种，如图 6-49 所示。

3. 塔式起重机按起重变幅型式分类

按塔式起重机的起重变幅型式可分为小车变幅、动臂变幅、伸缩式小车变幅及折臂变幅四种，如图 6-50 所示。

（1）小车变幅的塔式起重机的起重臂呈水平状态，下弦装有起重小车。这种起重机变幅简单，操作方便，并能带载变幅。

（2）动臂变幅塔式起重机，起重臂与塔身铰接，变幅时可调整起重臂的仰角。

（3）伸缩式小车变幅是通过臂架前部的伸缩可使臂架最大幅度缩减近一半，从而避开

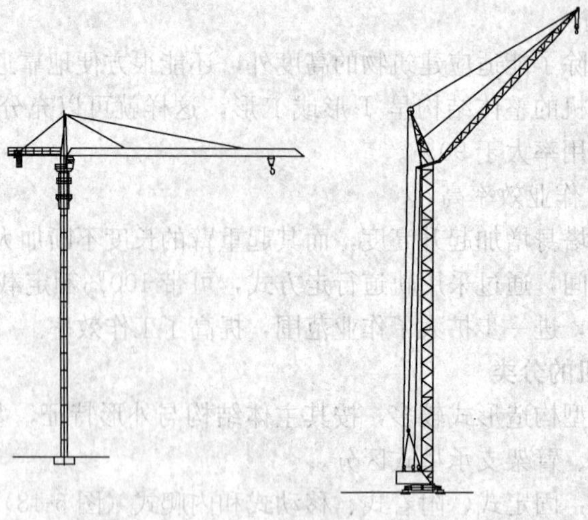

图 6-49　按回转型式分类

（*a*）上回转；（*b*）下回转

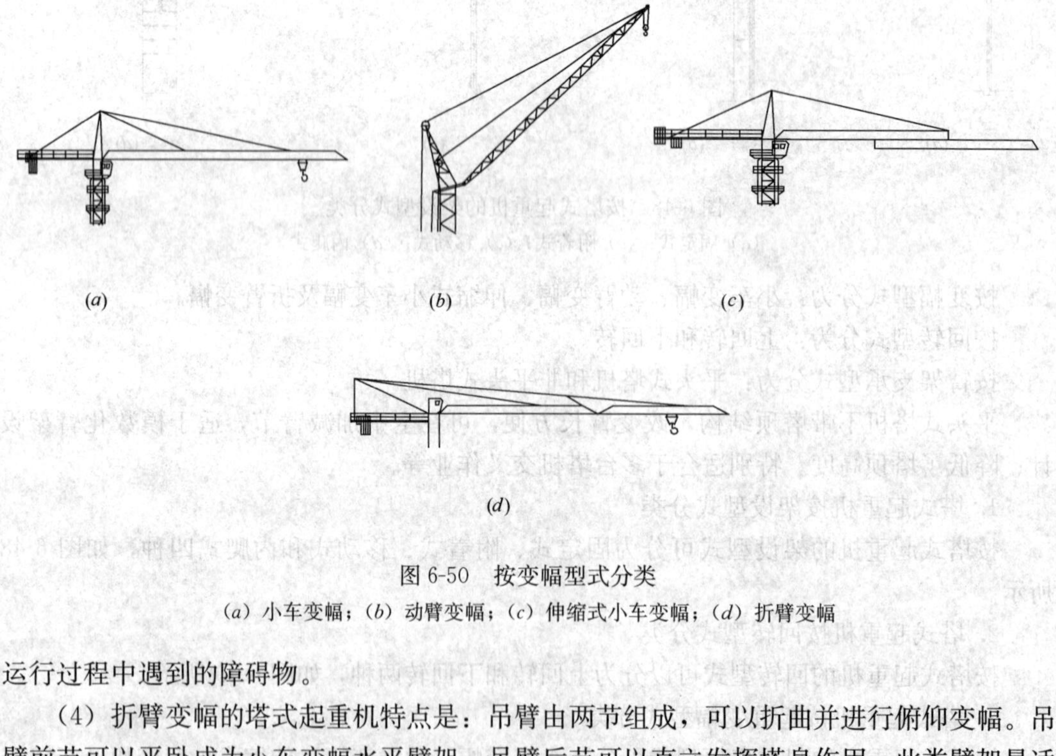

图 6-50　按变幅型式分类

（*a*）小车变幅；（*b*）动臂变幅；（*c*）伸缩式小车变幅；（*d*）折臂变幅

运行过程中遇到的障碍物。

（4）折臂变幅的塔式起重机特点是：吊臂由两节组成，可以折曲并进行俯仰变幅。吊臂前节可以平卧成为小车变幅水平臂架，吊臂后节可以直立发挥塔身作用。此类臂架最适合冷却塔、电视塔以及一些超高层建筑施工需要。

4. 按臂架支撑形式，可以分为非平头式塔机与平头式塔机，如图 6-51 所示。

6.8.1.3　塔式起重机的组成及构造

塔式起重机是由金属结构、工作机构、电气设备及安全控制和液压顶升系统等部分组成（见表 6-70）。

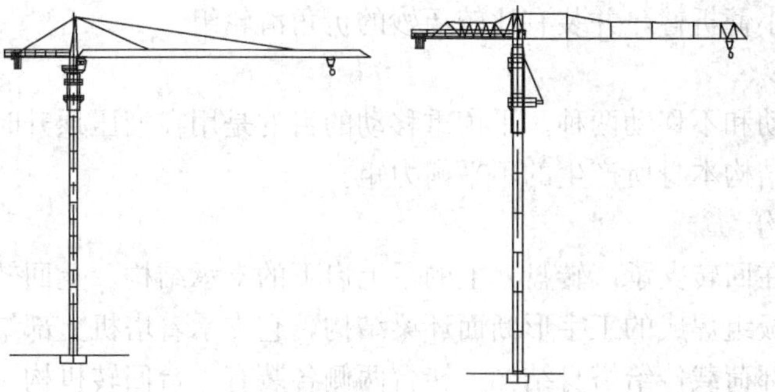

(*a*)　　　　　　　　(*b*)

图 6-51　塔式起重机按臂架支撑形式分类

（*a*）非平头式；（*b*）平头式

塔式起重机主要组成及构造　　表 6-70

组成及构造	说　明
1. 金属结构部分	包括：底架结构、塔身结构、平衡臂、起重臂、平衡重、转台结构、司机室、塔帽
2. 工作机构部分	包括：行走机构、起升机构、回转机构、变幅机构
3. 电气设备及安全控制部分	电气设备包括：电缆卷筒、电动机、操作电动机用的电器、切断电器、主副回路中的控制； 安全控制包括：超负荷保险器、限位开关、缓冲装置、安全保护音响信号、风速计、紧急安全开关、钢丝绳防脱装置
4. 液压顶升系统	包括：液压泵、液压油缸、液压油滤清器、控制元件、油管和油箱、管接头

1. 塔式起重机的金属结构

（1）底架结构

小车变幅塔式起重机采用的底架可分为：十字形底架和带撑杆的十字形底架；带撑杆的井字形底架；带撑杆的水平框架式杆件拼装底架和塔身偏置式底架。

（2）塔身结构

塔身由主弦杆、水平腹杆、单斜腹杆和横膈组成。塔身的断面形式分别为圆形断面、三角形断面及方形断面三类，一般常用的是方形断面，应用最广的方形断面尺寸为1.4m×1.4m、1.6m×1.6m、1.8m×1.8m、2m×2m，最常用的塔身标准节长度是2.5m、2.8m 和 3m。塔身可分为基础节、加强节、标准节、调整节、附着节等几种。

（3）平衡臂

平衡臂架功能是支承平衡重和控制前后两臂所产生的不平衡力矩在允许范围内。

（4）起重臂

起重臂架根据塔式起重机的工作需要可分为水平小车式、动臂式以及折臂式三种。水平小车式臂架的截面有正三角形和倒三角形两种，臂架拉索有单道或多道，根据臂架的长度而定，拉索可以由钢丝绳或扁钢、圆钢制成。动臂式臂架的截面形式一般为正方形，整个臂架可分为几节，由销轴连接。折臂式臂架的截面一般为正三角形，它由大臂和小臂组成，大臂起伏，小臂折臂，并装有比较巧妙的折角滑轮组。

(5) 平衡重

平衡重有移动和不移动两种。平衡重移动的目的是用在液压顶升时，调整平衡臂的重心位置，以减少结构本身所产生的不平衡力矩。

(6) 转台结构

转台是安装在回转支承（转盘）上的承上启下的支承结构。上回转塔式起重机的转台多采用型钢和钢板组焊成的工字形断面环梁结构，它支承着塔机上部结构，并通过回转支承及支承座将上部荷载传给塔身结构。转台两侧各装有一台回转机构。

(7) 司机室

有的塔机司机室与塔帽连在一起，司机室顶上还设有电气室，以便于电气控制系统维修和保养。司机室内安装有各种操纵与电子控制仪器盘。

(8) 塔帽

塔帽起着起重臂、平衡臂和塔身联系的作用。塔帽的金属结构顶部形式共有四种：前部直立，后部倾斜；前部倾斜，后部直立；两面倾斜；整个塔帽简化成后倾或直立三角撑。四种塔帽形式各有结构特点，其根据塔式起重机的需要来确定，塔帽顶上须设有避雷针、测风仪及障碍灯。

2. 塔式起重机的工作机构

(1) 行走机构

行走机构由两个主动行走台车和两个从动台车组成。一般主、从动台车按对角线对称布置。主动行走台车由电动机经液力耦合器、涡轮减速器和开式齿轮减速后驱动行走轮。行走机构采用液力耦合器，可以保证行走机构启动和停车平稳、无冲击。

(2) 起升机构

起升机构包括电动机、联轴节、变速箱、制动器、卷筒等。起升机构还包括滑轮组和吊钩及吊钩高度限位装置。起升机构的调速装置通常采用：

1) 三速笼型电动机驱动方案；

2) 带涡流制动器的绕线电机配以2～3档电磁换档减速器调速方案；

3) 双电动机驱动方案；

4) 变频调速方案。

采用变频调速方案的起升机构通过变频器对供电电源的电压和频率进行调节，使笼型电动机在变换的频率和电压条件下以所需要的转速运转。可使电动机功率得到较好发挥，达到无级调速效果。目前国内外一些塔机新产品均趋向采用这种调速技术。

(3) 回转机构

回转机构将塔式起重机以塔身中心为中心点全幅的工作范围内旋转。回转机构是由支承装置（带齿轮的轴承）与回转驱动机构两大部分组成。前者用来支持塔式起重机回转部分，后者用来驱动塔式起重机的旋转。回转支承装置主要有三大类：定柱式、转柱式和转盘式。常用的是定柱式和转盘式。

回转机构调速系统主要有涡流制动绕线电机调速、多档速度绕线电机调速、变频调速和电磁联轴节调速等，后两种可以实现无级调速，性能较好。

(4) 变幅机构

变幅机构由一台变幅卷扬机完成变幅动作。对于小车变幅塔式起重机，变幅机构又称小车牵引机构，它由电动机经联轴节和安装在卷筒内部的少齿差行星齿轮减速器驱动卷筒，经过钢丝绳牵引小车沿水平吊臂上的轨道行走。

3. 电气设备及安全控制部分

（1）电气设备

电气设备包括：电缆卷筒一中央集电环；电动机；操纵电动机用的电器，如控制器、主令控制器、接触器、继电器和制动器；切断电器；主副回路中的控制。

（2）安全控制设备

安全控制设备的作用是防止误操作和违章操作，以避免安全事故发生。塔机的安全装置可分为限位开关（限位器）、超负荷保险器（超载断电装置）、缓冲止挡装置、钢丝绳防脱装置、风速仪、紧急安全开关和安全保护音响信号，是塔机不可缺少的关键设备。

4. 液压顶升系统

液压顶升系统用于完成塔身的加节顶升工作。当需要接高塔身时，由塔式起重机吊起一节塔身标准节，开动油泵电动机，使顶升液压油缸工作，顶起顶升套架及上部结构，当顶升到超过一个塔身标准节高度时，将套架固定销就位锁紧，形成引入标准节的空间。当吊起的标准节引入后，安装连接螺栓将其紧固在原塔身上，将顶升套架落下，紧固过渡节和刚接高的标准节相连的螺栓，完成顶升接高工作。若按相反顺序即可完成降节工作。

6.8.2 国内塔式起重机施工机械

国内塔式起重机的主要技术性能，见表6-71。

国内塔式起重机的主要技术性能 **表 6-71**

生产厂商	长沙中联重工科技发展有限公司									
型　号	TC5013	TC5610	TC5015	TC6013	TC5613	TC5616	TC6517	TC7035	TC7052	D1100
额定起重力矩（kN·m）	630	630	800	800	800	800	1600	3150	4000	6300
最大幅度（m）	50	56	50	60	56	56	65	70	70	80
最大幅度时起重量（t）	1.3	1.0	1.5	1.3	1.3	1.6	1.7	3.5	5.2	9.6
最大起重量（t）	6	6	6	6	8	6	10	16	25	63

生产厂商	抚顺永茂建筑机械有限公司							
型　号	ST5513	ST7030	ST7027	STL230	STL420	STT293	STT403	STT553
额定起重力矩（kN·m）	1000	2500	3000	2500	4500	3000	4200	5000
最大幅度（m）	55	70	70	55	60	74	80	80
最大幅度时起重量（t）	1.3	3.0	2.7	2.0	4.9	2.7	3.0	3.5
最大起重量（t）	6.0	12	16	16	24	12	18	24

续表

生产厂商	江麓建筑机械有限公司							
型　　号	JL5615	JL5515	JL5022	JL5518	JL5520	JL6516	JL6018	JL7034
额定起重力矩（kN·m）	940	920	1250	1400	1500	1600	1600	3570
最大幅度（m）	56	55	50	55	55	65	60	70
最大幅度时起重量（t）	1.45	1.5	2.11	1.8	1.99	1.5	1.76	2.86
最大起重量（t）	6	8	8	8	10	10	10	16

生产厂商	中昇建机（南京）重工有限公司						
型　　号	ZSL500	ZSL750	ZSL1000	ZSL1350	ZSL2000	ZSL2700	ZSL3200
额定起重力矩（kN·m）	500	750	1000	1350	2000	2700	3200
最大幅度（m）	45	50	50	50	50	60	50
最大幅度时起重量（t）	7.5	9.9	14.4	18.7	31	31.9	55.6
最大起重量（t）	32	50	64	96	100	100	100

6.8.2.1　自升式系列塔式起重机

1. 塔式起重机基础四种设置型式

在设计塔式起重机基础时，要根据施工现场及建筑物周围地质等情况进行设置。施工技术人员总结了多年来设置塔式起重机基础的经验，提供四种基础设置型式供参考。四种基础设置型式如下：

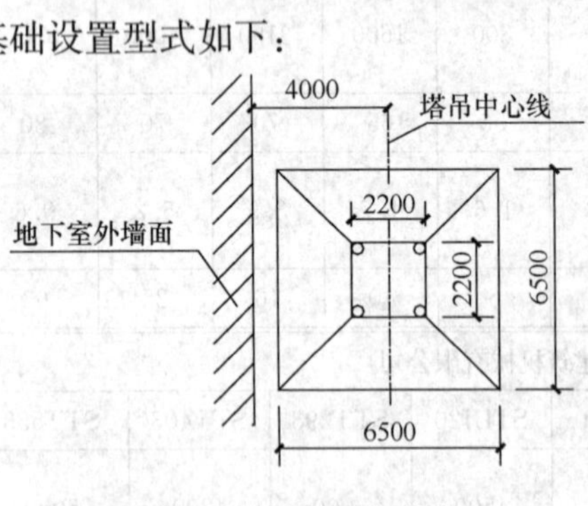

图 6-52　基础平面图

适用于自升式和附着式塔式起重机设置，塔式起重机基础位于地下室外墙以外，考虑到建筑结构施工及外脚手架的布置，建议塔式起重机的中心线距建筑物外墙≥4000mm。平面尺寸为6500mm×6500mm，如图 6-52 所示。

根据塔式起重机锚脚的深度要求，设计基础高度为 $H=1300$mm，基础底标高与地下室底平面持平，为使基础载荷传入第二层地基上，基础下土质应进行处理或加固，以满足地基承载力要求。配筋图如图 6-53 所示。

2. 塔式起重机基础计算

关于塔式起重机的钢筋混凝土基础，必须根据所在建筑物周围的地质条件进行设计。设计的依据是以塔式起重机最大自由高度下的垂直压力和弯矩组合作为主要载荷考虑。

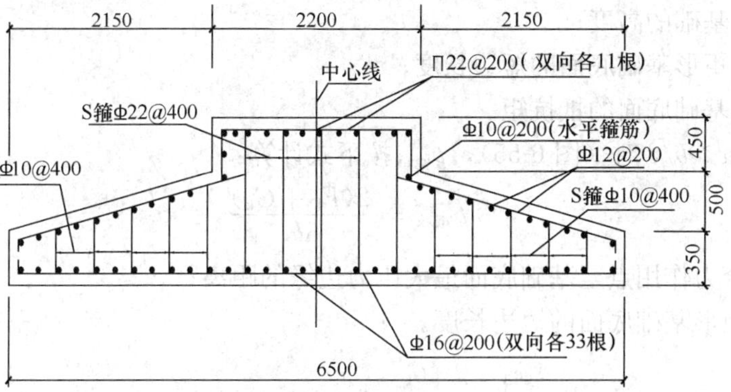

图 6-53 基础配筋图

(1) 地基承载力计算

参照国家现行标准《建筑地基基础设计规范》GB 50007 和《塔式起重机混凝土基础工程技术规程》JGJ/T 187 规定。塔机在独立状态时，作用于基础的荷载应包括塔机作用于基础顶的竖向荷载标准值（F_k）、水平荷载标准值（F_{vk}）、倾覆力矩（包括塔机自重、起重荷载、风荷载等引起的力矩）荷载标准值（M_k）、扭矩荷载标准值（T_k），以及基础及其上土的自重荷载标准值（G_k），如图 6-54 所示。

塔式起重机的地基承载力计算方法如下：

1) 基础底面的压力应符合下列公式要求：

当轴心荷载作用时

$$P_k \leqslant f_a \tag{6-1}$$

式中 P_k——相应于荷载效应标准组合时，基础底面处的平均压力值；

f_a——修正后的地基承载力特征值。

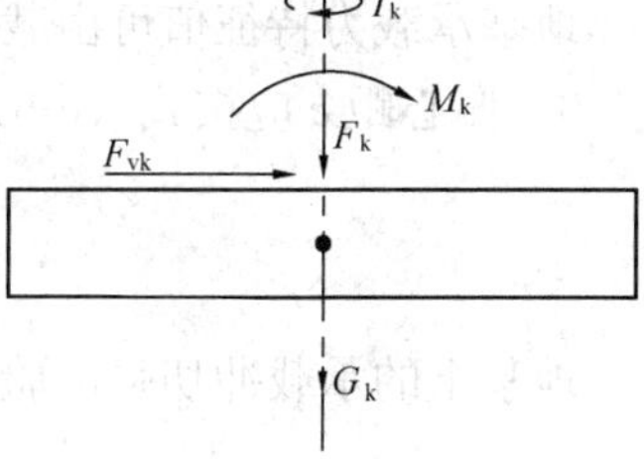

图 6-54 基础荷载

当偏心荷载作用时，除符合式（6-1）要求外，尚应符合下式要求：

$$p_{kmax} \leqslant 1.2 f_a \tag{6-2}$$

式中 p_{kmax}——相应于荷载效应标准组合时，基础底面边缘的最大压力值。

2) 基础底面的压力可按下列公式确定：

当轴心荷载作用时，

$$p_k = \frac{F_k + G_k}{A} \tag{6-3}$$

式中 F_k——塔式起重机传至基础顶面的竖向力值；

G_k——基础自重和基础上的土重；

A——基础底面面积。

当偏心荷载作用，偏心距 $e \leqslant b/6$ 时，

$$p_{kmax} = \frac{F_k + G_k}{A} + \frac{M_k + F_{vk} \cdot h}{W} \tag{6-4}$$

式中 M_k——相应于荷载效应标准组合时，作用于矩形基础顶面短边方向的力矩值；

F_{vk}——相应于荷载效应标准组合时，作用于矩形基础顶面短边方向的水平荷载值；

h——基础的高度；

b——矩形基础底面的短边长度；

W——基础底面的抵抗矩。

当偏心距 $e>b/6$ 时（图 6-55），p_{kmax}按下式计算：

$$p_{kmax}=\frac{2(F_k+G_k)}{3la} \tag{6-5}$$

式中　a——合力作用点至基础底面最大压力边缘的距离；

l——矩形基础底面的短边长度。

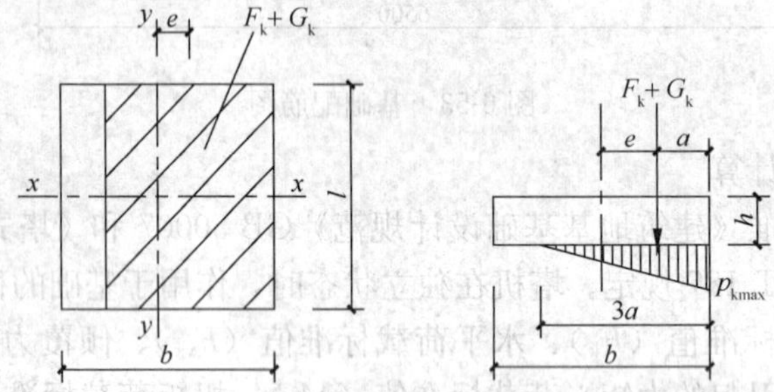

图 6-55　单向偏心荷载（$e>b/6$）作用下的基底压力计算示意

地基承载力特征值可由载荷试验或其他原位测试等方法确定。

3）偏心距 e 应按式（6-6）计算，并应符合式（6-7）要求：

$$e=\frac{M_k+F_{vk}\cdot h}{F_k+G_k} \tag{6-6}$$

$$e\leqslant b/4 \tag{6-7}$$

地基土的承载冲切强度验算：

$$\sigma_t=\frac{2\,(F_k+G_k)}{3b}\leqslant[\sigma_a] \tag{6-8}$$

式中　σ_a——地基土的承载力。

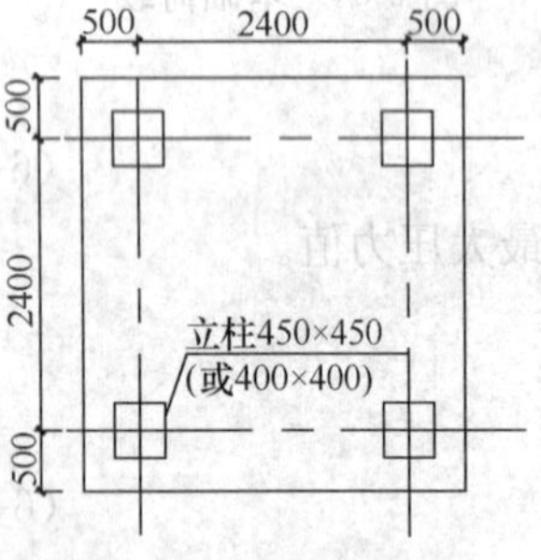

图 6-56　塔吊基础平面图

（2）塔式起重机基础设置在基坑内，平面尺寸如图 6-56 所示。此型式由于施工比较简单经济，对建筑物影响比较小，所以应用很广泛。它利用原基础工程桩（工程桩形式采用钻孔灌注桩）承载，通过在钻孔桩灌注施工时，用插入的型钢立柱，来传递塔式起重机的载荷。如图 6-57、图 6-58 所示。塔式起重机在基坑土方开挖前预先安装，型钢立柱随上方开挖进度，由上而下设置剪力支撑和水平支撑进行加固，直至土方开挖至坑底。在土方开挖及基础施工过程中，应加强塔式起重机基础的沉降观测，必要时塔式起重机附着在基坑支撑上，确保塔式起重机基础稳定。

混凝土承台基础计算应符合现行国家标准《混凝土结构设计规范》GB 50010 和现行行业标准《建筑桩基技术规范》JGJ 94 的规定。可视格构式钢柱为基桩，应进行受弯、受剪承载力计算。

1）格构式钢柱应按轴心受压构件设计，并应符合下列公式规定：

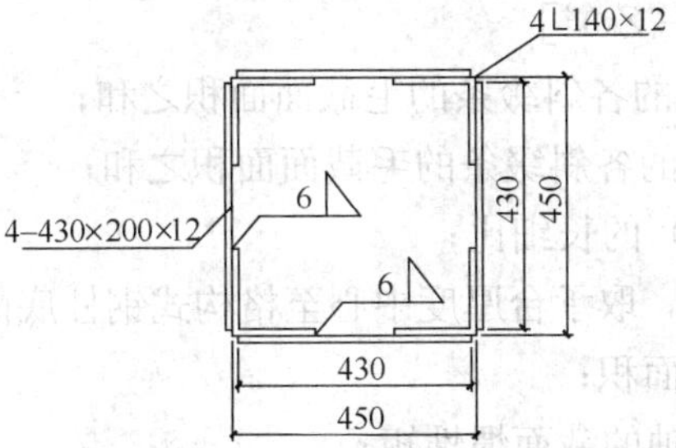

图 6-57 型钢立柱详图

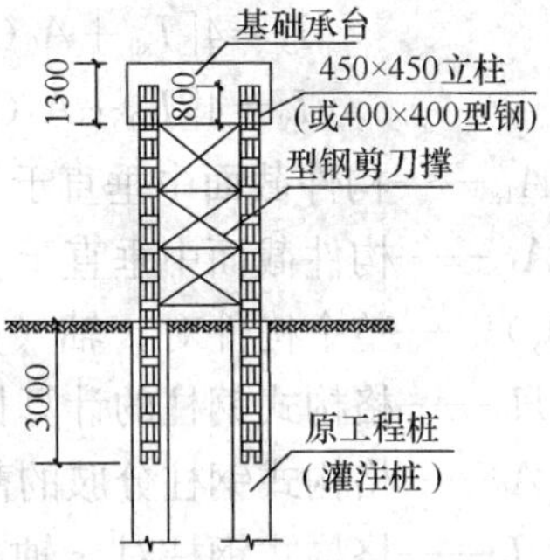

图 6-58 塔吊基础剖面图

格构式钢柱受压整体稳定性应符合下式要求：

$$\frac{N_{\max}}{\varphi A} \leqslant f \tag{6-9}$$

式中 $N_{\max}$——格构式钢柱单柱最大轴心受压力设计值，荷载效应的基本组合值；

A——构件毛截面面积，即分肢毛截面面积之和；

f——钢材抗拉、抗压强度设计值；

φ——轴心受压构件的稳定系数，应根据构件的换算长细比 $\lambda_{0\max}$ 和钢材屈服强度，按现行国家标准《钢结构设计规范》GB 50017 的规定"按 b 类截面查表 C-2"取用。

2）格构式钢柱的换算长细比应符合下式要求：

$$\lambda_{0\max} \leqslant [\lambda] \tag{6-10}$$

式中 $\lambda_{0\max}$——格构式钢柱绕两主轴 x、y 的换算长细比中较大值（图 6-59）；

$[\lambda]$——轴心受压构件允许长细比，取 150。

格构式钢柱分肢的长细比应符合下列公式要求：

当缀件为缀板时：

$$\lambda_1 \leqslant 0.5\lambda_{0\max}，且\ \lambda_1 \leqslant 40 \tag{6-11}$$

当缀件为缀条时：

$$\lambda_1 \leqslant 0.7\lambda_{0\max} \tag{6-12}$$

式中 λ_1——格构式钢柱分肢对最小刚度轴 1-1 的长细比，其中计算长度应取两缀板间或横缀条间的净距离。

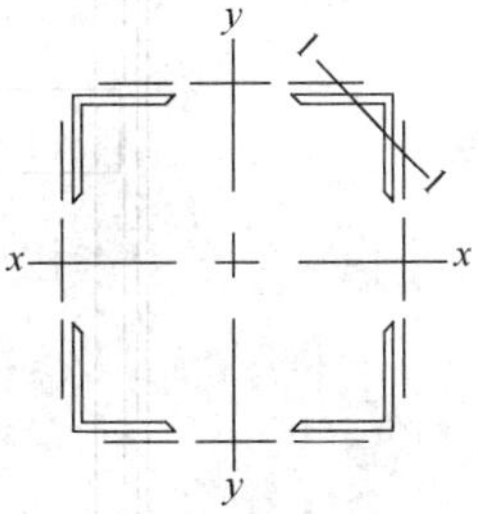

图 6-59 格构式组合构件截面

3）格构式轴心受压构件换算长细比（λ_0）应按下列公式计算：

当缀件为缀板时：$$\lambda_{0x} = \sqrt{\lambda_x^2 + \lambda_1^2} \tag{6-13}$$

$$\lambda_{0y} = \sqrt{\lambda_y^2 + \lambda_1^2} \tag{6-14}$$

当缀件为缀条时：$$\lambda_{0x} = \sqrt{\lambda_x^2 + 40A/A_{1x}} \tag{6-15}$$

$$\lambda_{0y} = \sqrt{\lambda_y^2 + 40A/A_{1y}} \tag{6-16}$$

$$\lambda_x = H_0 / \sqrt{I_x/(4A_0)} \tag{6-17}$$

$$\lambda_y = H_0 / \sqrt{I_y/(4A_0)} \tag{6-18}$$

$$I_x = 4[I_{x0} + A_0(a/2 - Z_0)^2] \tag{6-19}$$

$$I_y = 4[I_{y0} + A_0(a/2 - Z_0)^2] \tag{6-20}$$

式中　A_{1x}——构件截面中垂直于 x 轴的各斜缀条的毛截面面积之和；

A_{1y}——构件截面中垂直于 y 轴的各斜缀条的毛截面面积之和；

$\lambda_x(\lambda_y)$——整个构件对 x 轴（y 轴）的长细比；

H_0——格构式钢柱的计算长度，取承台厚度中心至格构式钢柱底的长度；

A_0——格构式钢柱分肢的截面面积；

I_x、I_y——格构式钢柱对 x 轴、y 轴的截面惯性矩；

I_{x0}——格构式钢柱的分肢平行于分肢形心 x 轴的惯性矩；

I_{y0}——格构式钢柱的分肢平行于分肢形心 y 轴的惯性矩；

a——格构式钢柱的截面边长；

Z_0——分肢形心轴距分肢外边缘距离。

4）缀件所受剪力应按下式计算：

$$V = \frac{Af}{85}\sqrt{\frac{f_y}{235}} \tag{6-21}$$

式中　A——格构式钢柱四肢的毛截面面积之和，$A = 4A_0$；

f——钢材的抗拉、抗压强度设计值；

f_y——钢材的强度标准值（屈服强度）。

剪力 V 值可认为沿构件全长不变，此剪力应由构件两侧承受该剪力的缀件面平均分担。

5）缀件设计（图 6-60、图 6-61）应符合下列公式要求：

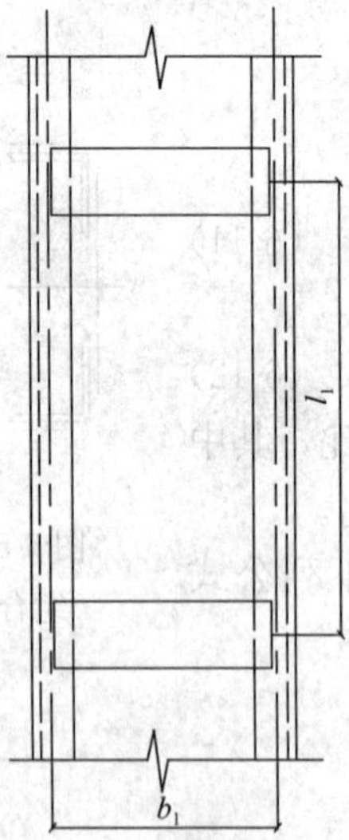

图 6-60　缀板式格构式钢柱立面示意

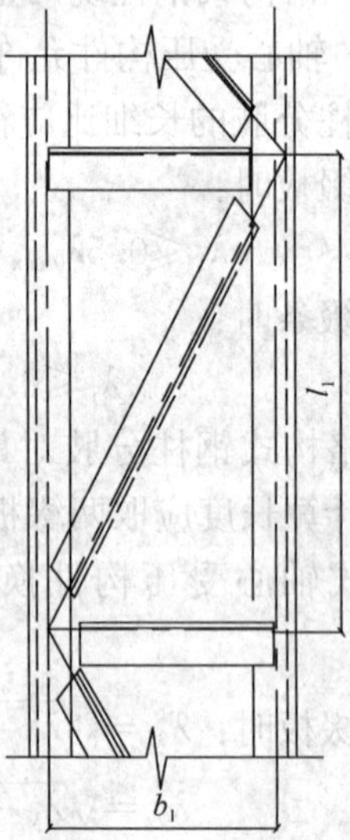

图 6-61　缀条式格构式钢柱立面示意

缀板应按受弯构件设计，弯矩和剪力值应按下列公式计算：

$$M_0 = \frac{Vl_1}{4} \tag{6-22}$$

$$V_0 = \frac{Vl_1}{2b_1} \tag{6-23}$$

斜缀条应按轴心受压构件设计，轴向压力值应按下式计算：

$$N_0 = \frac{V}{2\cos\alpha} \tag{6-24}$$

式中 M_0——单个缀板承受的弯矩；

V_0——单个缀板承受的剪力；

N_0——单个斜缀条承受的轴向压力；

b_1——分肢型钢形心轴之间的距离；

l_1——格构式钢柱的一个节间长度，即相邻缀板轴线距离；

α——斜缀条和水平面的夹角。

（3）塔式起重机基础设置在基坑外，采用补桩（补桩形式可采用预制桩或钻孔灌注桩），通过用补桩承受塔式起重机载荷；考虑到工程地质条件的不同情况，应对补桩承载力及基础地基承载力进行验算。塔式起重机在靠近基坑外围设置时，应综合考虑与基坑围护结构的关系，必要时对坑外部分进行地基加固，确保塔式起重机基础稳定。在土方开挖及基础施工过程中，应加强塔式起重机基础的沉降观测，以及塔式起重机基础与基坑之间土体的变形监测。塔式起重机基础设置形式及配筋如图 6-62 所示。

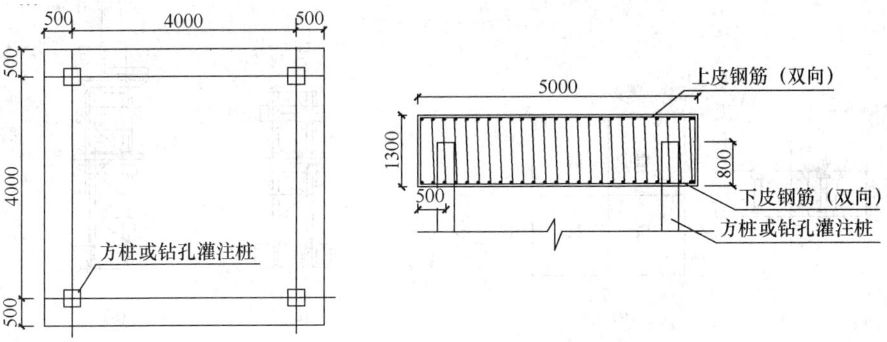

图 6-62 塔式起重机基础平面及剖面图

（4）塔式起重机基础设置在基坑围护结构上，利用原围护结构部分的钻孔灌注桩和搅拌桩，同时在坑外采用补桩（补桩形式可采用钻孔灌注桩或预制桩），通过补桩和围护结构承受塔式起重机载荷。塔式起重机的基础考虑到工程地质条件的不同及原围护结构的情况，应对补桩和原围护结构承载力及基础地基承载力进行验算，必要时对原围护结构进行加固处理。在土方开挖及基础施工过程中，应加强塔式起重机基础的沉降观测，以及基坑围护结构的变形监测，确保塔式起重机基础稳定。基础型式如图 6-63 所示。

3. 塔式起重机的混凝土基础应符合下列要求：

（1）混凝土强度等级不低于 C35；

（2）基础表面平整度允许偏差 1/1000；

（3）埋设件的位置、标高和垂直度以及施工工艺符合出厂说明书要求。

4. 塔式起重机的安装与拆除方法

塔式起重机的安装方法根据起重机的结构型式、质量和现场的具体情况确定。同一台

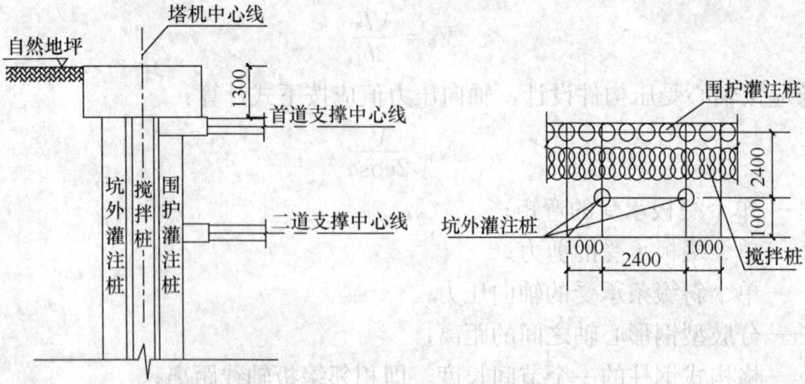

图 6-63　塔式起重机基础剖面及平面图

塔式起重机的拆除方法和安装方法相同，仅程序相反。自升式塔式起重机安装方法主要用其他起重机（辅机）将所要安装的塔式起重机，除塔身中间节以外的全部部件，立装于安装位置，然后用本身的自升装置安装塔身中间节。立装自升法的安装步骤如图 6-64 示。

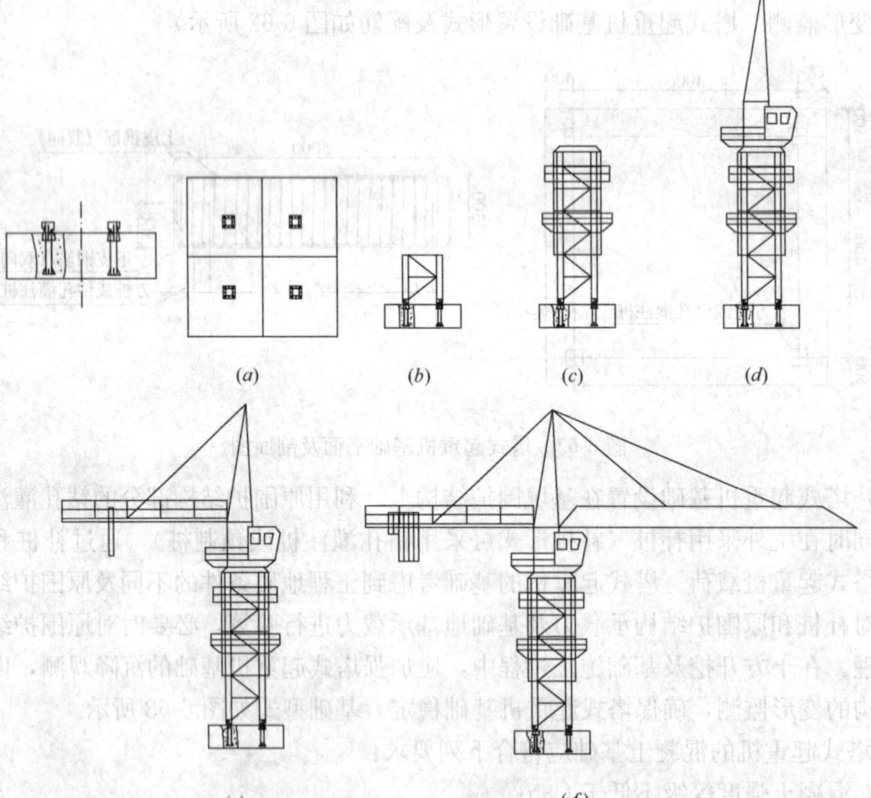

图 6-64　自升法安装塔式起重机的步骤

(*a*) 放置基础锚脚；(*b*) 安装塔身基础节；(*c*) 安装爬升架；
(*d*) 吊装塔顶及回转；(*e*) 安装平衡臂；(*f*) 安装起重臂

5. 自升式塔式起重机加节顶升（自升）与降落

顶升作业步骤如下：

顶升加节的步骤如图 6-65 所示。

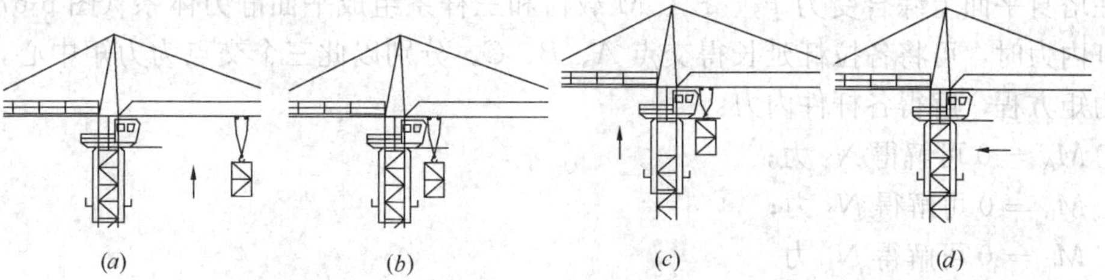

图 6-65 自升式起重机自升过程示意图

(a) 吊起标准节；(b) 标准节吊挂在引进小车上；(c) 外套架顶升；(d) 接高一个标准节

（1）起重机首先将塔身标准节吊起并放入套架的引进小车上。

（2）顶升时，油缸活塞杆的伸出端通过鱼腹梁抵在已固定的塔节上。开动液压顶升系统，使活塞杆在压力油的作用下伸出，这时套架连同上部结构及各种装置，包括液压缸等被向上顶升，直到规定的高度。

（3）将套架与塔身固定，操纵液压系统使活塞杆缩回，形成标准节的引进空间。

（4）将引进小车上的标准节引进空间内，与下面的塔身连接校正。这时塔身自升了一个标准节的高度。

重复上述过程，可反复顶升加装标准节，直至达到要求高度。塔身降落与顶升方法相似，仅程序相反。

6.8.2.2 附着式系列塔式起重机

自升塔式起重机的塔身接高到设计规定的独立高度后，须使用锚固装置将塔身与建筑物相连接（附着），以减少塔身的自由高度，保持塔机的稳定性，减小塔身内力。锚固装置由附着框架、附着杆和附着支座组成，如图 6-66 所示。

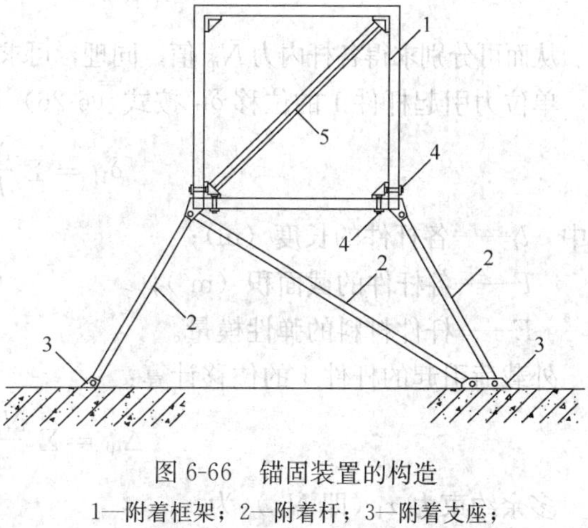

图 6-66 锚固装置的构造

1—附着框架；2—附着杆；3—附着支座；4—顶紧螺栓；5—加强撑

1. 附着式塔式起重机支承杆计算

塔式起重机作附着时需要设置附着支撑。附着支撑的水平力是根据塔式起重机的起重能力，塔身悬臂的自由长度以及载荷组合情况确定的。在施工之前应将支撑附着的水平力以及各杆受力通告设计与施工单位，以便根据需要设置预埋铁件。

一般来说，塔式起重机厂商在塔式起重机技术说明书或计算书上都在相应的附着长度上提供 x 向水平力 F_x、y 向水平力 F_y 和扭矩 M，并提供附着杆系的形式和长度，但在特殊的情况下，施工单位因施工场地限制或由于塔式起重机平面合理布置的需要而改变塔式起重机与建筑物的距离时，需对附着各杆系受力情况和杆件强度进行验算，以下提供两种比较常见的三杆支撑体系和四杆支撑体系的内力计算方法。

（1）附着三杆支撑内力计算

在塔身平面上综合受力 F_x、F_y、M 载荷和三杆系组成平面静力体系（图 6-67），如求各杆内力时，可将各拉杆延长得交点 A、B、C。分别以此三个交点为力矩中心，可得平面力矩方程，解得各杆件内力：

$\sum M_A = 0$ 可解得 N_3 力；

$\sum M_B = 0$ 可解得 N_2 力；

$\sum M_C = 0$ 可解得 N_1 力。

（2）附着四杆支撑内力计算

四杆支撑式附墙装置的内力，可作为一次超静定体系（图 6-68）用力法方程式求解：

$$\delta_{11} \cdot X_1 + \Delta_{1p} = 0 \tag{6-25}$$

图 6-68 中 N_1 杆视为多余约束，则在外力的作用下，各杆件的内力可由下列静定平衡方程式中解出：

$$\sum X = 0,\ \sum Y = 0,\ \sum M_A = 0$$

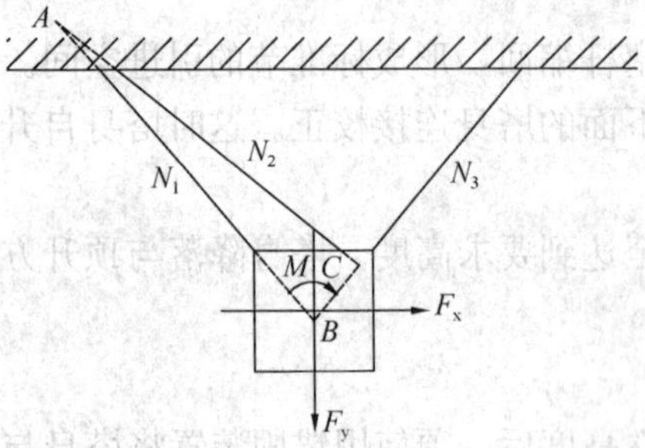

图 6-67　附着三杆支撑

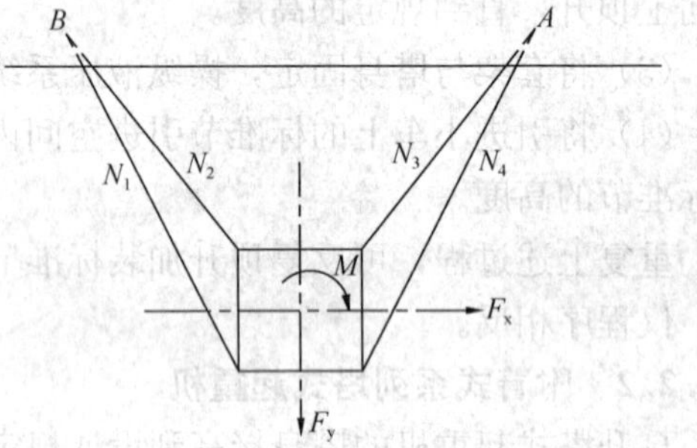

图 6-68　附着四杆支撑

从而可分别求得各杆内力 $\overline{N}_{ip}$ 值。同理，可求得单位多余约束力作用上的杆件内力 $\overline{N}_i$ 值。单位力引起杆件 1 的位移 δ_{11} 按式（6-26）计算：

$$\delta_{11} = \sum \frac{\overline{N}_i^2 l_i}{EF} \tag{6-26}$$

式中　l_i——各杆件的长度（m）；

F——各杆件的截面积（m^2）；

E——杆件材料的弹性模量。

外载荷引起的杆件 1 的位移计算：

$$\Delta_{1p} = \sum \frac{\overline{N}_i N_{ip} l_i}{EF} \tag{6-27}$$

多余约束力 x_1（即 N_1）为：

$$x_1 = \frac{\Delta_{1p}}{\delta_{11}} \tag{6-28}$$

从而可得各杆件的内力：

$$N_i = N_{ip} + \overline{N}_i x_1 \tag{6-29}$$

6.8.3 国外塔式起重机的主要技术性能

国外塔式起重机的主要技术性能，见表6-72。

国外塔式起重机的主要技术性能 **表6-72**

生产厂商	德国 LIEBHERR							
型　号	88HC	256HC	290HC	132EC-H	TN112	180EC-H	SK560	800HC20
最大幅度（m）	45	70	70	55	50	60	60	80.8
最大幅度时起重量（t）	1.9	2.7	2.7	1.7	1.4	2.2	2.6	7
最大起重量（t）	6	12	10	8	12	10	32	20

生产厂商	法国 POTAIN							
型　号	MD208A	MD560A	MR160C	MC48C	MCT58	MDT268J10	F0/23B	H3/36B
最大幅度（m）	62.5	80	50	36	42	65	50	65
最大幅度时起重量（t）	2	4	2.4	1	1.2	3	2.3	2.8
最大起重量（t）	10	40	10	2.5	3	10	10	12

生产厂商	意大利 COMEDIL			意大利 EDILMAC			
型　号	CT4618	CT6025	MCA501	E751	E955	E6026	E1801
最大幅度（m）	46	60	50	45	50	60	55
最大幅度时起重量（t）	1.8	2.5	1.35	1.75	2.45	2.6	1.7
最大起重量（t）	8	10	6	6	8	10	10

生产厂商	意大利 SOCEM	意大利 ALFA	丹麦 KRϕLL	捷克 BREZNO	西班牙 COMANSA		
型　号	SG1740	SG1250	A822PA8	K100	K200-DS	MB2043	SH-4518
最大幅度（m）	60	55	51	44	40	50	45
最大幅度时起重量（t）	3	2.25	1.35	2	6	3	1.8
最大起重量（t）	12	8	8	6	16	12	8

生产厂商	澳大利亚 FAVCO			
型　号	M440D	M600D	M900D	M1280D
最大幅度（m）	55	70	70	80
最大幅度时起重量（t）	6.6	3	6.3	13.6
最大起重量（t）	32	50	64	100

6.8.3.1　澳大利亚 FAVCO 系列塔式起重机

1. M440D 塔式起重机

M440D 塔式起重机是施工超高层建筑的常用起重设备，该设备塔身高 40m，最大起重臂 55m，最大起重量 32t，起重力矩 6000kN·m，立面示意如图 6-69 所示。

2. M600D 塔式起重机

M600D 塔机塔身高 56m，最大起重臂 70m，最大起重量 50t，起重力矩 7500kN·m。立面示意如图 6-70 所示。

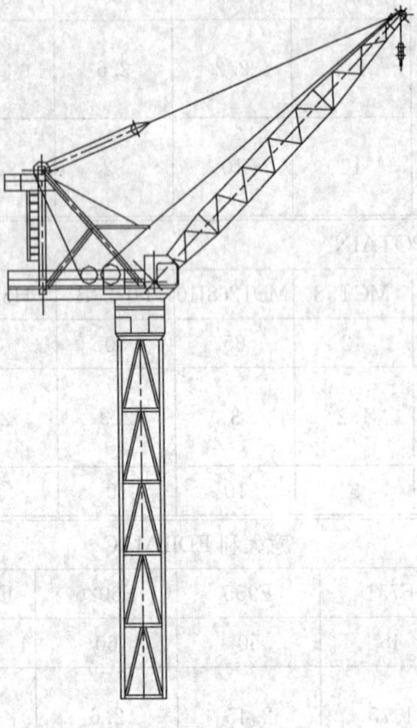

图 6-69　M440D 塔式起重机立面示意图

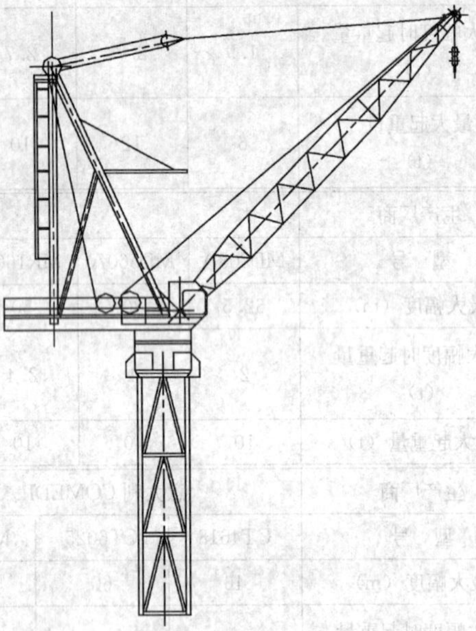

图 6-70　M600D 塔式起重机立面示意图

3. M900D 塔式起重机

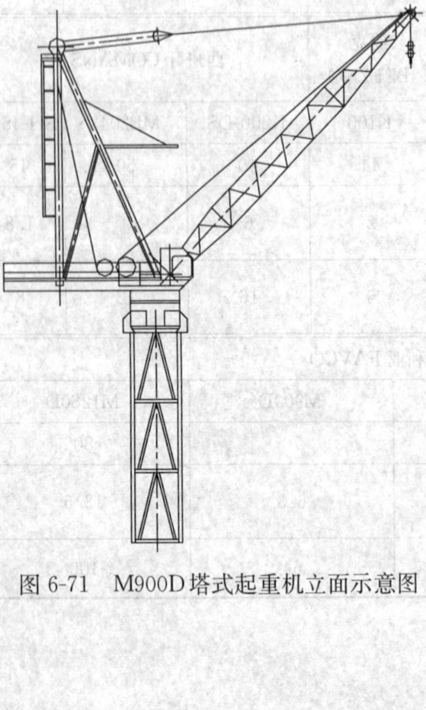

图 6-71　M900D 塔式起重机立面示意图

M900D 塔机塔身高 60m，最大起重臂 70m，最大起重量 64t，起重力矩 12000kN·m。立面示意如图 6-71 所示。

6.8.3.2　内爬式系列塔式起重机

1. 内爬升塔式起重机的概念

内爬升塔式起重机是一种安装在建筑物内部（电梯井或特设空间）的结构上，依靠爬升机构随建筑物向上建造而向上爬升的起重机。适用于框架结构、剪力墙结构等高层建筑施工。一般内爬升塔式起重机的外形如图 6-72 所示。

2. 内爬升塔式起重机的液压爬升系统

内爬升塔式起重机的液压爬升系统又可分为四类，其构造及爬升方式分别介绍如下：

（1）单向侧顶式液压爬升系统特点是液压爬

升机组设置在靠近楼板开口处，位于塔身的一侧。国产 F0/23B、ST60/15、H3/36B 型塔式起重机作为内爬塔式起重机时均采用这种单向侧顶式液压爬升系统。整个爬升系统由爬升框架、液压机组、液压缸及扁担梁等部件组成，如图 6-73 所示。

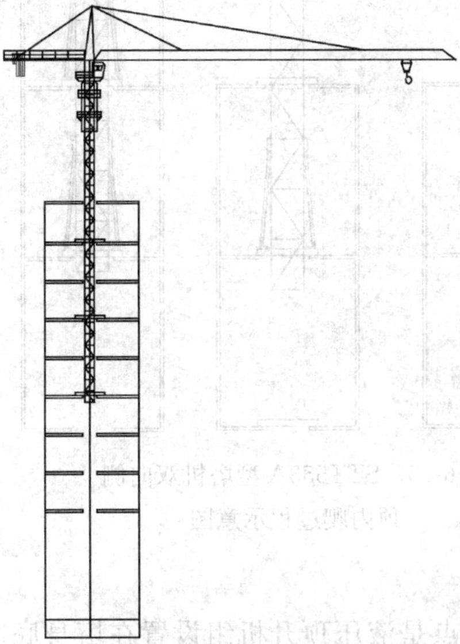

图 6-72 内爬升塔式起重机外形

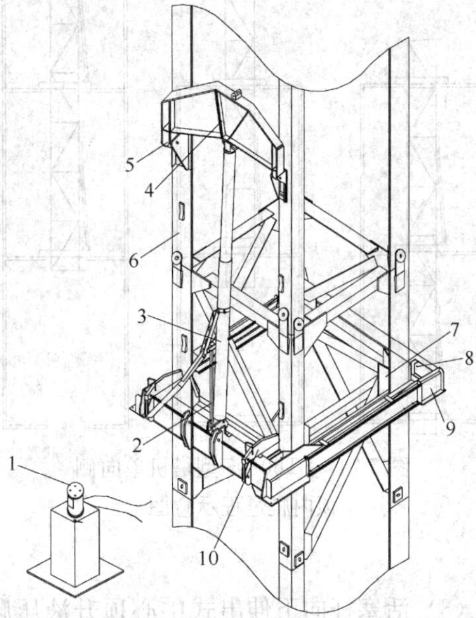

图 6-73 ST60/15 侧顶式液压内爬系统构造示意图

1—液压机组；2—液压缸支架；3—液压油缸；4—顶升扁担梁；5—顶升爬爪；6—塔身标准节；7—塔身基础加强节；8—支承销；9—爬升框架；10—导向楔紧装置

采用单向侧顶内爬系统的爬升程序如下：

1）使液压油缸竖立并将扁担梁及顶升爬爪就位，开动液压泵，使活塞杆伸出顶起塔身，卸下塔身底座（塔身基础加强节）与埋设在钢筋混凝土基础中的底脚主角钢的连接销轴，使塔身结构与混凝土基础脱开；

2）开动液压泵，使活塞杆伸出顶起塔身；

3）继续操纵液压泵完成一个顶升行程，翻转支承销，微微缩回活塞杆以落下塔身，使整个塔式起重机重量由爬升框架支承；

4）缩回顶升爬爪、落下扁担梁，并使之在次一排塔身主弦杆上的踏步块处就位；

5）嵌装好顶升爬爪，再一次伸出活塞杆顶起塔身；

6）按上述顺序进行多次顶升循环，即可完成塔式起重机爬升的全过程，经过固定，便可使内爬塔式起重机在新的一个楼层上进行吊装作业。单向侧顶内爬系统爬升过程如图 6-74 所示。

(2) 双向侧顶式液压爬升系统比单向侧顶式液压爬升系统增加了一套液压缸和扁担梁等部件，工作时同时作用于塔身的两侧。国产 STT553A 型塔式起重机作为内爬升塔式起重机时采用这种双向侧顶式液压爬升系统。整个爬升系统由爬升框架、液压机组、两套液压缸及扁担梁等部件组成。双向侧顶内爬系统爬升过程如图 6-75 所示。

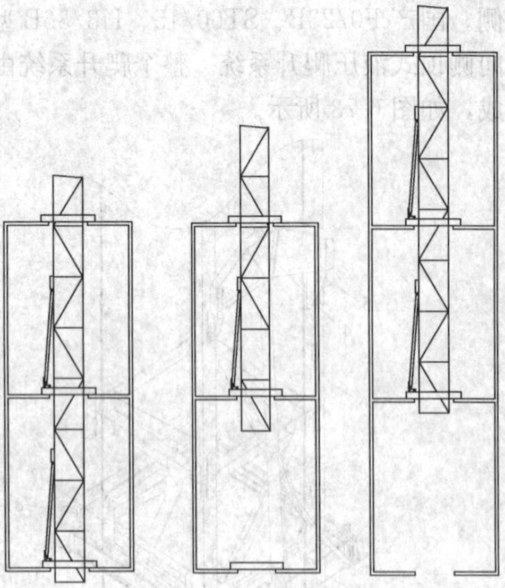

图 6-74　ST60/15 型塔机单向侧顶内爬过程示意图

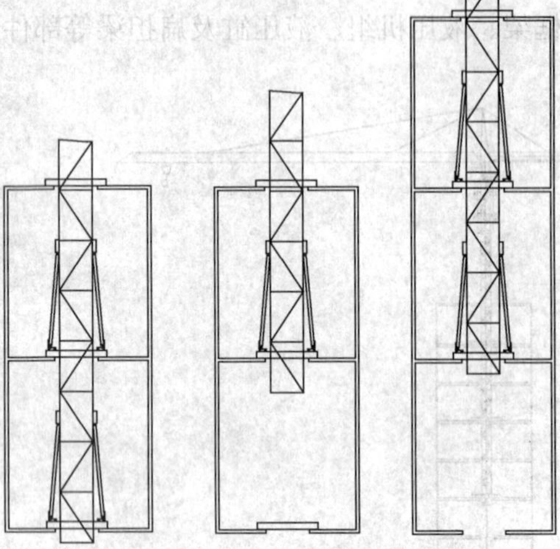

图 6-75　STT553A 型塔机双向侧顶内爬过程示意图

（3）活塞杆向下伸出式中心顶升液压爬升系统特点是液压顶升机组设置在塔身底座处，液压油缸位于塔身中心，活塞杆向下。国产 QT80EA 型塔式起重机，引进的德国 LIEBHERR132EC-H，88HC 型塔式起重机，意大利 RAIMONDI TK6024-4/8 型塔式起重机以及澳大利亚 FAVCOM440D，M600D，M900D 型塔式起重机均采用这种内爬系统。这种中心顶升式液压爬升系统的液压缸缸体上端铰装有一个固定横梁，活塞杆向下伸出，杆端铰固在扁担梁上。扁担梁可随活塞杆的伸缩而上、下升降。固定横梁和升降扁担梁上都装有可伸缩的活络支腿。顶升时，先使扁担梁上的两个活络支腿分别伸出并搁置在爬梯的踏步上。随后往液压缸大腔供油，小腔回油，活塞杆便徐徐伸出，塔身被顶起。当活塞杆完成伸出行程后，拔出固定横梁两端的活络支腿并支搁在爬梯的相应踏步上，使塔式起重机的重量通过固定横梁的活络支腿而传递给爬梯踏步，再通过爬梯、爬升框架传给楼板结构。然后收回扁担梁的活络支腿，缩回活塞杆，提起扁担梁并将扁担梁两端的活络支腿伸出而搁置在更高一阶爬梯踏步上。如此重复上述动作，塔式起重机便完成预定的爬升过程，从而可在更高一个楼层上进行吊装作业。

这种活塞杆向下伸出式中心顶升式液压内爬系统的构造及爬升过程，如图 6-76、图 6-77 所示。

（4）活塞杆向上伸出式中心顶升液压内爬系统特点是，液压顶升机组设置在塔身底座处，液压缸位于塔身中心，活塞杆向上伸出，通过扁担梁托住塔身向上顶起。国产 QTP60 型内爬式塔式起重机就是采用这类液压内爬系统。

3. 内爬式塔式起重机的拆卸

将内爬式塔式起重机从高层建筑屋顶处拆卸到地面上，应根据具体情况（可供利用的起重设备、建筑结构特点以及施工现场条件等）采用不同实施方案。目前较简单、经济、可行的方法是：利用专门设计的台灵架、桅杆式起重机或采用人字扒杆进行拆塔。

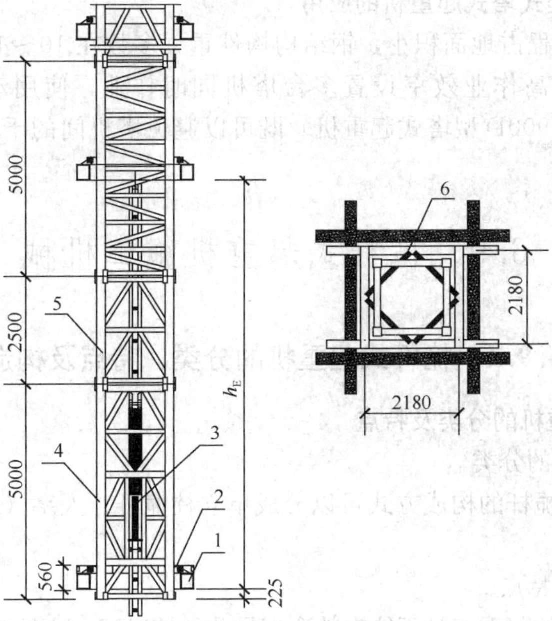

图 6-76　活塞杆向下伸出顶升式液压内爬系统构造示意图
1—钢梁；2—爬升框架；3—液压缸；4—内爬基础节（塔身底座）；
5—塔身节；6—托梁 h_E 表示上、下道支承爬升架之间距离（m）

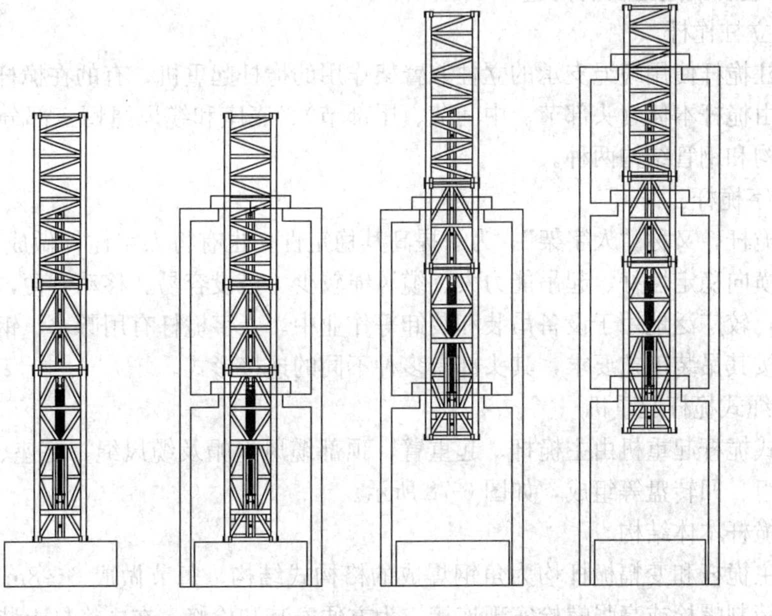

图 6-77　采用活塞杆向下伸出式中心顶升液压内爬系统的爬升过程示意图

内爬塔式起重机的拆卸顺序是：开动爬升系统使塔式起重机沿爬升井筒下降，让起重臂下落到与层面平齐→拆卸平衡重→拆卸起重臂→拆卸平衡臂→拆卸塔顶及司机室→开动爬升系统顶升塔身→拆卸转台及回转支承装置→逐节顶起并拆卸塔身→拆卸底座、爬升系统及附件。

6.8.3.3　超高层内爬式塔式起重机的应用

超高层钢结构工程占地面积小，钢结构构件重，多数在 10～40t，这种工程都是选择内爬式塔机，为提高作业效率设置多台塔机同时作业，使用动臂变幅式塔机（如 M440D、M600D、M900D 型塔式起重机）既可以避免塔机间的干涉又能满足起重量大的要求。

6.9　桅杆式起重机施工机械

6.9.1　桅杆式起重机的分类、特点及构造

6.9.1.1　桅杆式起重机的分类及特点

1. 桅杆式起重机的分类

桅杆式起重机按桅杆的构成方式可以分成单立柱桅杆、人字（或 A 形）桅杆、缆绳式桅杆起重机。

2. 桅杆式起重机特点

在使用比较先进的起重工具不能有效合理吊装的情况下，或是缺乏比较先进的吊装机械设备时，桅杆起重装置有时能发挥它的巨大作用，实现重型设备和构件的安装任务。这种起重机结构简单、轻便、具有较大的提升高度和幅度，且易于拆卸和安装。

6.9.1.2　桅杆式起重机的构造

1. 单立柱桅杆

单立柱桅杆使用缆绳支承的立柱兼臂架作用的桅杆起重机，有的在桅杆上部设有小臂架。它是由桅杆本体（头部节、中间节、尾部节）、底座和缆风绳帽三部分组成。本体有格构式结构和钢管结构两种。

2. 人字桅杆

人字桅杆，又称“人字架”。为了提高其稳定性，也有将人字桅杆做成 A 字形的。人字桅杆的横向稳定性好、起吊能力大、缆风绳较少、搭设容易、移动方便，又改变吊装角度。因此，较广泛地用于设备吊装和装卸等作业中。人字桅杆有用圆木、钢管焊成和格构式三类，按其吊装工艺要求，其头部有多种不同的连接形式。

3. 缆绳式桅杆起重机

缆绳式桅杆起重机由主桅杆、起重臂、顶部缆风绳帽及缆风绳、底座、起重滑轮组、变幅滑车组、回转盘等组成，如图 6-78 所示。

（1）桅杆本体结构

一般主桅杆和变幅桅杆均为角钢焊成的格构式结构，每节做成 6～8m 长，两节间用接口板以精制螺栓或高强螺栓实现连接。为方便安装和检修，在主桅杆上装有梯子。

（2）顶部结构

顶部结构的功能是固定缆风绳，悬挂变幅桅杆滑车组的上滑车，并可让主桅杆绕自身轴线回转。图 6-79 中的桅杆上盘和支座是由铸钢件制成，也可用相似形状的焊接件。为减少主桅杆回转时的摩擦阻力，利用了青铜轴套和油杯，用润滑脂进行润滑。

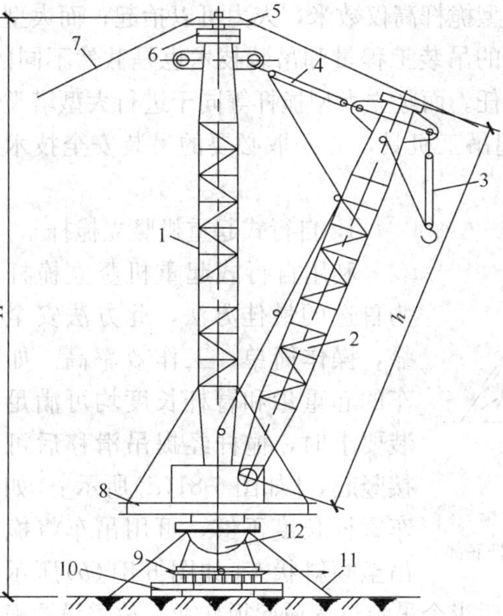

图 6-78 缆绳式桅杆机构示意图

1—主桅杆；2—起重臂；3—起重滑车组；4—变幅滑车组；5—缆风绳帽；6—顶部结构；7—缆风绳；8—回转盘；9—木排；10—枕木；11—底座固定设施；12—底座

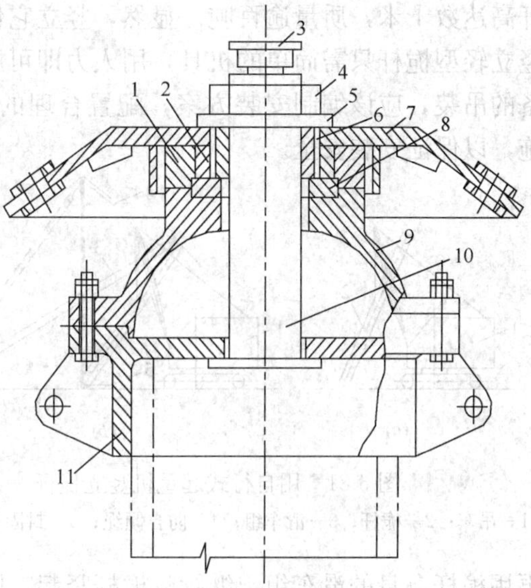

图 6-79 顶部结构

1—环套；2—铜套；3—油杯；4—螺母；5—垫圈；6—套；7—缆风绳帽；8—铜垫圈；9—支座；10—轴；11—桅杆上盘

(3) 底座

底座需承受计算载荷、桅杆自身重量、缆风绳拉力、施于主桅杆的轴向力等载荷。因有来自变幅桅杆的载荷对底座产生水平推力，因此底座必须有足够的强度。它由桅杆端套、球铰副座、转盘三部分组成，前两者一般用铸钢件制成，转盘常用槽钢制成，其直径视桅杆规格大小选用。球铰副中间有孔，滑车组的牵引绕出绳从孔中穿出，经过固定于底座下的导向滑车引往卷扬机。为减少桅杆回转的摩擦阻力，设有铜套和润滑装置，如图6-80所示。

一般情况底座置于木排和滚杠之上，并需用固定措施固定底座，以防其产生位移而使桅杆失稳。在需回转桅杆时，应在转盘上绕以钢丝绳 3～4 圈，用卷扬机牵引。

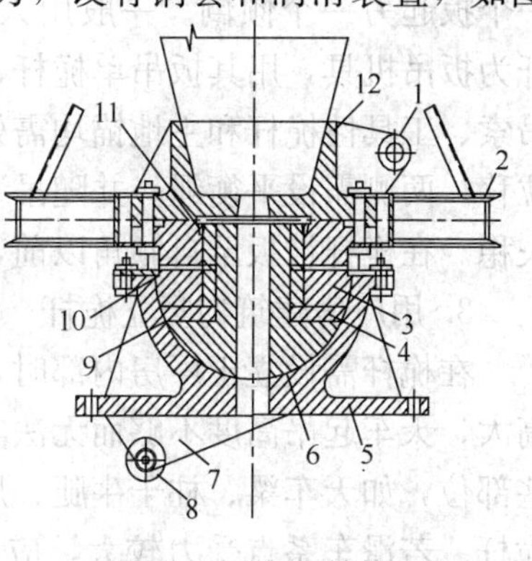

图 6-80 底座结构

1—回转桅杆轴枢；2—转盘；3—环套；4—铜垫圈；5—底座体；6—球形座头；7—导向滑轮架；8—导向滑轮；9—铜套；10—油孔；11—固定螺钉；12—端套

6.9.2 桅杆式起重机的使用要点

6.9.2.1 桅杆的竖立

竖立桅杆的方法，按其起吊原理分有提吊滑移法和旋转扳吊法两类，一般用自行式起重机、桥式起重机或桅杆为起吊机具，在具备利用条件时，也可用厂房建筑物，如车间天车梁、柱子牛腿、屋架等为受力点竖立桅杆。

由于桅杆的高度和质量大小差别极大，轻型桅杆高仅数米，人力可以抬起；而大型桅杆高达数十米，质量逾百吨。显然，竖立它们的吊装工程量和吊装技术也是截然不同的。竖立轻型桅杆只需简单的机具，用人力即可胜任。而竖立大型桅杆等同于进行大型塔类设备的吊装，应该编制安装方案，配置合理的起吊工机具，并采取必要的吊装安全技术措施，以保证安装安全。

1. 自行式起重机竖立桅杆

利用自行式起重机竖立桅杆应为首选的最佳方法，此方法安全可靠，操作简单，工作效率高。如吊车的起重量和臂杆长度均可满足吊装要求时，桅杆经提吊滑移后可直接竖起，[如图 6-81(*a*)所示]。如吊车臂杆长度不够，可用吊车将桅杆吊至倾斜状态[如图 6-81(*b*)所示]，再用桅杆自身的滑车组，继续将桅杆竖起。因后半个吊装过程属起扳作业，故需设置桅杆底封固措施、防自倾绳（也可用缆风绳代替）和两侧向平衡绳。

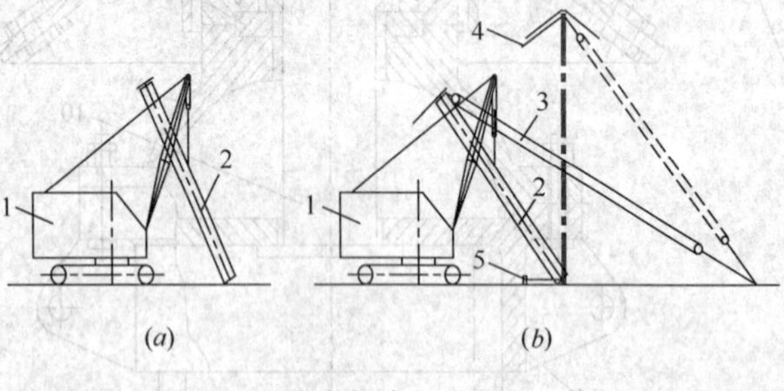

图 6-81　用自行式起重机竖立桅杆

1—吊车；2—桅杆；3—滑车组；4—防自倾绳；5—封固桅杆底部

2. 旋转扳吊法竖立桅杆

用旋转扳吊法竖立桅杆，是常用的方法之一。此方法的特点是可利用较低的工具性桅杆竖立起高大的桅杆，前者高仅为后者的 1/3 左右。按吊装方式的不同，有单转扳吊法[图 6-82(*a*)]和双转扳吊法[图 6-82(*b*)]的差别。前一种方法仅被起吊的桅杆旋转扳起，后一种方法两桅杆均旋转，一个扳起另一个倾倒。一般用人字桅杆为扳吊机具，用其扳吊单桅杆、人字桅杆等。用扳转法时，桅杆纵向中心线、滑车组、吊索、工具性桅杆和主地锚均需处于一个吊装平面之内。桅杆脚需封固，只许旋转，不能位移。两侧需设平衡绳，并随吊装的进行，使其处于轻度收紧的状态，以防扳转中的桅杆失稳。在桅杆被扳至自倾角以前，需收紧防倾绳索。

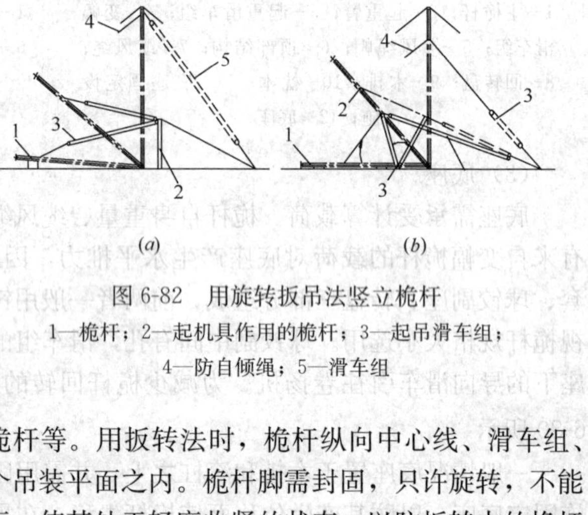

图 6-82　用旋转扳吊法竖立桅杆

1—桅杆；2—起机具作用的桅杆；3—起吊滑车组；4—防自倾绳；5—滑车组

3. 用厂房建筑物竖立桅杆

在桅杆需设立于厂房内部时，应首先选用桥式起重机竖立桅杆的方法，如果因桅杆较高大，天车起吊高度不够而无法实现此种机械化吊装时，一般情况可利用厂房建筑物的某些部位，如天车梁、柱子牛腿、屋架等为受力点，挂数组滑车组，以扳吊或提吊方式竖立桅杆。若滑车系点受力较大，应进行建筑结构的强度核算，必要时可采取加固或补强措施，以保证吊装安全。

若桅杆需设立在厂房附近，或周围近处有可利用的其他构筑物、高大设备时，应视具体条件，因地制宜地加以利用，以减少吊装成本、缩短工期。

6.9.2.2　桅杆的拆除

一般情况桅杆的拆除方法较简单，常用滑车组或绳索加以控制，靠桅杆自重使其向预定方向缓慢放倒。当然，有时也需利用吊车或其他机具拆除。在许多工程实践中，均利用已吊起的设备来拆除桅杆。若设备虽然高大坚固，为稳妥起见，可在放倒桅杆的反方向在设备顶部加临时缆风绳，然后，用其放倒桅杆。应注意同竖立桅杆一样，桅杆脚应设制动设施，两侧向设平衡绳，以防杆脚滑动、杆体摆动，进而使桅杆失稳。

6.9.2.3　桅杆的位移

移动桅杆通常是指在桅杆竖立的状态下，向某一方向作较小距离的位移，至新的杆位再次进行吊装作业。移动桅杆的作业方式有两种，第一种是连续移动方式，一般用于只有一支脚的单桅杆移动，要求两侧缆风绳或松或紧必须与杆脚拖排的移动协调同步，始终保持桅杆在基本上直立的状态下移动，显然，由桅杆和多根缆风绳组成的系统，在连续移动中，时时保持稳定，其操作难度较大，对作业和指挥能力要求较高。为确保安全，除具有娴熟的起重技术以外，尽量放慢桅杆的移动速度亦是关键，只要卷扬机通过多轮滑车组牵引拖排前行，就可达到缓慢移动的目的。如图 6-83 所示。

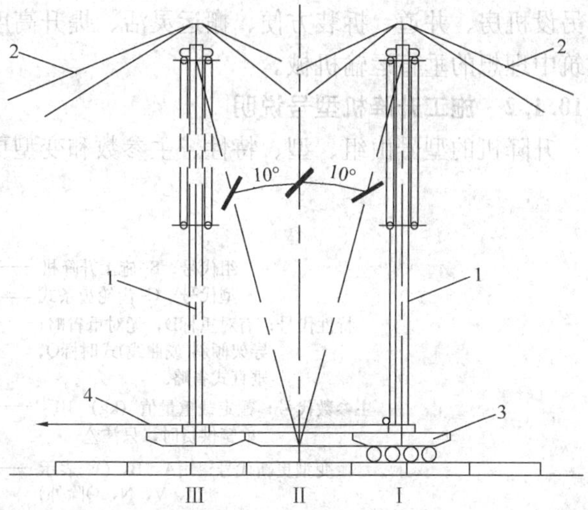

图 6-83　分次移动桅杆方法示意图
1—桅杆；2—缆风绳；3—拖排；4—牵引绳

移动桅杆的第二种方式是分次移动，即分数次移动后将桅杆移至预定的新杆位。此方法可用于各种桅杆的移动。具体的操作步骤有两种，一种是先倾桅杆后移动拖排；另一种是先移动拖排后倾桅杆。

先倾桅杆后移动拖排方法的操作步骤是：①放松后侧各缆风绳，同时收紧移动方向的各缆风绳，桅杆向移动方向倾斜 10°～15°；②用拉葫芦或卷扬机将拖排向移动方向牵引，即从Ⅰ移至Ⅱ的位置，则桅杆又呈直立状态；③继续向移动方向牵引拖排，由Ⅱ至Ⅲ的位置，此时桅杆向后倾斜 10°～15°；④收紧移动方向各缆风绳，放松后侧各缆风绳，则桅杆再次呈直立状态；⑤重复以上各步骤，将桅杆移至新杆位。

先移动拖排后倾桅杆方法的操作步骤是：①适当放松全部缆风绳以后，向移动方向牵动拖排，即拖排从Ⅰ至Ⅱ的位置，此时桅杆向后倾斜 10°～15°；②收紧移动方向各缆风绳，放松后侧各缆风绳，使桅杆立直；③再向移动方向牵动拖排，即从Ⅱ到Ⅲ的位置，桅杆再次向后倾斜 10°～15°；④再次收紧移动方向各缆风绳，放松后侧各缆风绳，则桅杆再次立直；⑤重复以上各步骤，将桅杆移至新杆位。

6.10 人货两用电梯施工机械

6.10.1 施工升降机型号和组成

6.10.1.1 用途与特点

施工升降机是一种可分层输送建筑材料和人员的高效率垂直施工机械，适用于高层建筑、桥梁、电视塔、烟囱、电站等工程的施工。该外用电梯具有性能稳定、安全可靠，不用另设机房、井道、拆装方便、搬运灵活、提升高度大，运载能力强等特点，因而是施工建筑中理想的垂直运输机械。

6.10.1.2 施工升降机型号说明

升降机的型号由组、型、特性、主参数和变型更新、特征等代号组成。

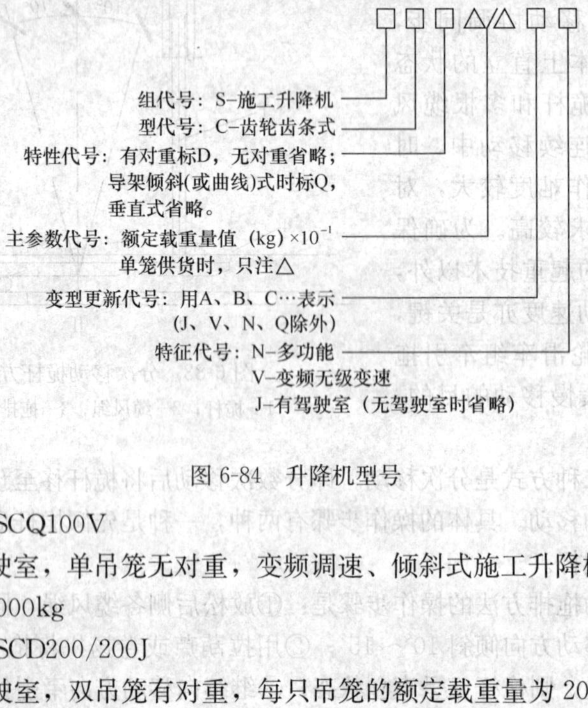

图 6-84　升降机型号

例一，升降机 SCQ100V

表示吊笼无驾驶室，单吊笼无对重，变频调速、倾斜式施工升降机，吊笼的额定载重量为 100×10kg＝1000kg

例二，升降机 SCD200/200J

表示吊笼有驾驶室，双吊笼有对重，每只吊笼的额定载重量为 200×10kg＝2000kg

例三，升降机 SC100/100V

表示吊笼无驾驶室，双吊笼无对重，变频调速，每只吊笼的额定载重量为 100×10kg＝1000kg

例四，升降机 SC100/100HK

表示吊笼无驾驶室，双吊笼无对重，香港专用型号，每只吊笼的额定载重量为 100×10kg＝1000kg

6.10.1.3 施工升降机的组成

升降机主要由基础平台（或地坑）、地面防护围栏（包括与基础连接的基础底架）、导架与附墙架、电缆导向装置、吊笼、传动机构、安装吊杆、对重装置、安全保护装置、电气设备与控制系统等十大部分组成。

（1）基础平台

基础平台是由地脚螺栓、预埋底架和钢筋混凝土基础等组成，其上部承受升降机的全部自重和载荷，并对立柱导轨架起固定和定位作用。

（2）围栏

围栏主要由底架、门框、侧墙板、后墙板、接长墙板、缓冲弹簧、围栏门等组成。各墙板由钢板网拼装而成，依附在底架上。围栏门采用机械和电气联锁，使门锁住后就不能打开，只有吊笼降至地面后才能开启；但门开启时就切断电源，使吊笼立即停止，只有在门关上时，吊笼才能启动。底架安置在基础上用预埋地脚螺栓固定。

（3）导轨架

导轨架由若干标准节组装在底架标准节上，它既是升降机的主体构架，又是吊笼上下运行的轨道。一般采用无缝钢管为主立柱，齿条模数为 $m=8$mm，因而决定标准节的长度为 1508mm。对于超高层的导轨架，其断面尺寸不变，只是主立柱管壁厚有 4mm、6mm、8mm 之分，以适用于不同高度。

（4）附墙架

附墙架是由一组支撑杆组成。其一端用 U 形螺栓和标准节的框架相固结，另一端和建筑物结构中的预埋作用螺栓固定，每隔 1～2 个楼层设置一组，使升降机附着于建筑物的一侧，以增加其纵向稳定性。

（5）电缆导向装置

吊笼上下运行时，其进线架和地面电缆筒之间拖挂随行电缆，依靠安装在导轨架上或外侧过道竖杆上的电缆导向架导向和保护。有的也可用电缆滑车形式导向。

（6）吊笼及传动机构

吊笼分为无驾驶室和有驾驶室两种。吊笼四壁用钢板网围成，四周装有安全护栏。吊笼立柱上装有 12 只带有滚珠轴承的导向滑轮，经调节后全部和导轨架上的立柱管相贴合，使吊笼沿导轨架运行时减少摇晃。吊笼内侧上部装有作为传动机构的传动底板，底板上装有两套包括电动机、蜗轮蜗杆减速器、制动器、联轴器等传动机构，当一套传动机构失效时，另一套仍有效，以保证升降机的安全可靠性。当电动机驱动时，通过减速器输出轴上和齿条相啮合的齿轮沿齿条转动，从而带动吊笼作上、下运行。传动底板下侧还装有与导轨架齿条啮合的摩擦式限速器，当吊笼超出正常运行速度下坠时，限速器依靠离心力动作而使吊笼实现柔性制动，并切断控制电路。

（7）安装吊杆

安装吊杆装配在吊笼顶上的插座中，在安装或拆卸导轨架时，用它起吊标准节或附墙架等部件。吊杆上的手摇卷扬机具有自锁功能，起吊重物时按顺时针方向转动摇把，停止转动后卷扬机即可制动。下放重物时按相反方向转动。升降机投入正常使用时，可将吊杆卸下，以减少吊笼荷重。

（8）对重装置

对重装置用以平衡吊笼的自重，从而提高电动机功率利用率和吊笼的起重量，并可改善结构的受力情况。对重由钢丝绳通过导轨架顶部的天轮和吊笼对称悬挂。当吊笼运行时，对重装置沿吊笼对面的导轨架的主柱管反向运行。

（9）安全保护装置

施工升降机属高空载人机械，除从结构设计上提高安全系数来保障机械安全运行外，还要设置多种安全保护装置，包括电气安全保护装置和机械安全保护装置。

1）机械安全保护装置

机械安全保护装置有限速器、安全钩、缓冲弹簧、门锁等。

2）电气安全保护装置

吊笼的单、双门及顶部活板门都设有安全开关、冲顶限位装置，任一门未关闭，吊笼就不能运行；各种限位开关能限制吊笼超越安全距离；断绳保护开关能在钢丝绳断裂时切断控制电路，刹住吊笼不再下坠。在超载时，重量限制器自动切断电源，不能运行。

（10）电气设备

施工升降机的电气设备是由电动机、电气控制箱、操作开关箱或操纵箱等组成。

1）电动机

施工升降机一般采用带直流圆盘式制动器的交流笼型异步电动机，它的特点是：自重较轻，启动电流较小，自身配有圆盘式制动器，为了增加动力，提高吊笼的载重力，升降机普遍采用双电动机驱动，但也有采用三电动机驱动以提高传动安全系数。

2）电气控制箱

电气控制箱安装在吊笼内，其中装有继电器、接触器等各种电器元件，通过这些元件实现施工升降机的启动、制动和上、下运行等动作。

3）操纵箱或操作开关箱

有驾驶室的施工升降机，操纵箱装在驾驶室内，其面板上装有操作开关、电压表指示灯、紧急电锁开关等电器元件，用来操纵施工升降机的启动、上下运行、制动及信号显示等；没有驾驶室的升降机，在吊笼内装有操作开关箱，其作用和操纵箱相似。

4）楼层无线呼叫系统，能及时传输楼层信息便于操作工及时到达服务层。

5）自动楼层停层装置，在较为先进的升降机上其操作可与室内电梯一样便捷操作。

6）较为先进的变频无级调速升降机其运行状况可使梯笼启动停止更为平稳，对机械的各种冲击可大大降低，避免了各种冲击。

6.10.2　施工升降机的主要技术性能

6.10.2.1　普通升降机主要技术性能

1. 国内普通施工升降机主要的技术性能（表 6-73）

普通升降机主要技术性能　　表 6-73

生产厂家		上海宝达工程机械有限公司		广州市京龙工程机械有限公司	ALIMAK
型号		SCD200/200 (SCD200)	SC200/200 (SCQ150/150)	SCD200/200	450CN DOL
每只吊笼	额定载重量（kg）	2000	2000（1500）	2×2000	2000
	额定安装载重量（kg）	1000	1000	2×1000	1000
最大提升高度（m）		150（非标产品可达 250）		450	150
额定起升速度（m/min）		38	38	36	38

续表

生 产 厂 家		上海宝达工程机械有限公司		广州市京龙工程机械有限公司	ALIMAK
每只吊笼配电动机	数量（只）	2	3	2	2
	额定功率（S3，25%）（kW）	10.5×2	10.5×3	2×2×11	2×7.5
防坠安全器	制动载荷（kN）	≥30	≥40		
	动作速度（m/min）	57			
	限速器型号			SAJ30-1.2	9067360-1009
标准节规格（m）		立柱管中心距0.65×0.65；高度1.508			
围栏重量（kg）		1170（870）	1170	1480	
每块对重重量（kg）		1200		2×1000	
每只吊笼重量（kg）（包括传动机构）		1300	1500	2×2000	
普通型标准节每节重量（kg）（带对重则包括对重导轨重量）		174（132）	156	190	

2. 基础形式

升降机的基础要求设置在坚实的地基上，地基承载力需≥0.15MPa。如需设置在地下室顶板上则应在基础中心位置增设钢格构柱，并对顶板结构进行验算确保达到要求（图6-85、图6-86）。

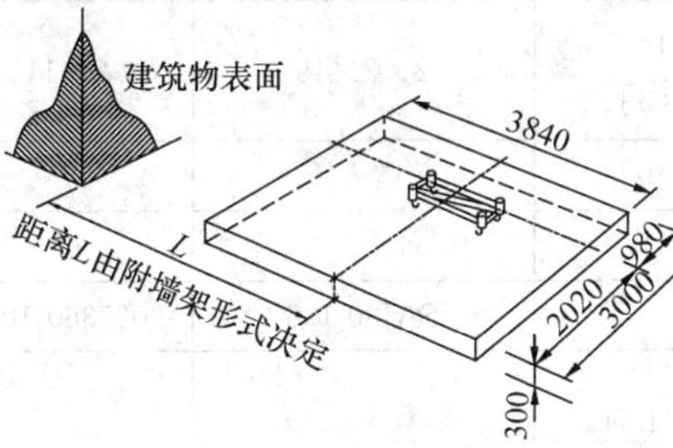

图 6-85 SCD200、SC100、SC200、SC120 型混凝土基础

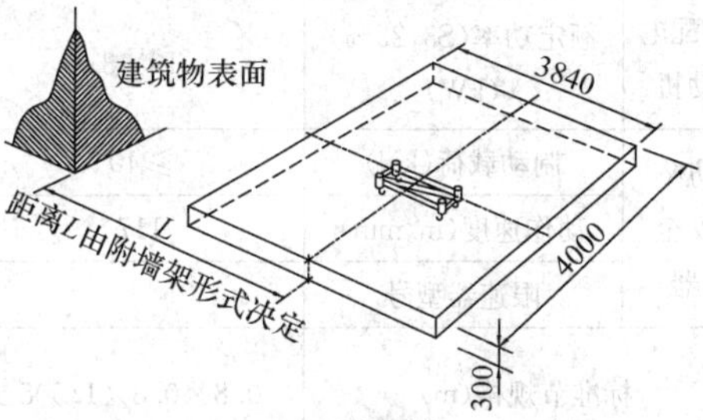

图 6-86 SCD200/200、SC100/100、SC200/200、SC120/120 型混凝土基础

3. 附墙架形式

附墙架根据实际施工需要，主要分为两大类型。第一大类型：间接式附墙架，见图6-87；第二大类型：直接式附墙架，见图6-88。两者的主要区别是间接式附墙架需通过钢立杆、短前支撑及过桥联杆连接在结构上，而直接式则是附墙架直接连接在结构上；间接式附墙架距离较长，可达到3.8m，而直接式距离则为2.318m。

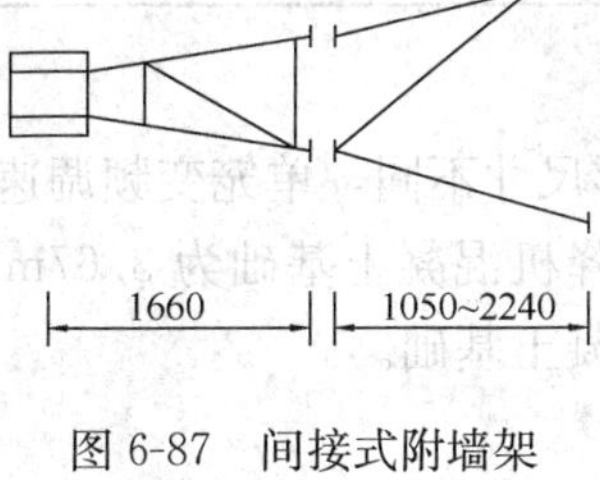

图 6-87 间接式附墙架

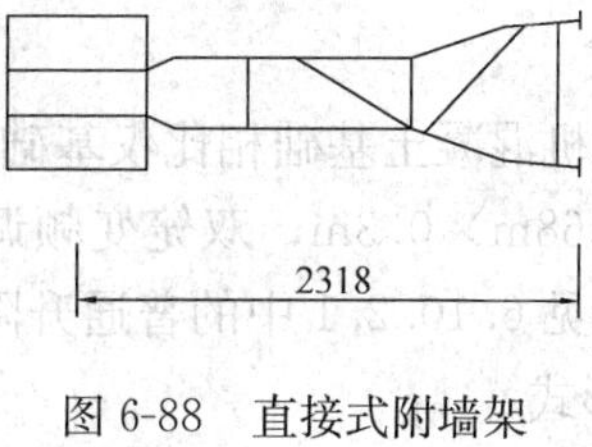

图 6-88 直接式附墙架

6.10.2.2　变频调速升降机主要技术性能

1. 国内变频调速施工升降机主要的技术性能见表 6-74

采用变频调速方案的升降机通过变频器对供电电源的电压和频率进行调节，使电动机在变换的频率和电压条件下以所需要的转速运转。可使电动机功率得到较好发挥，达到无级调速效果。变频调速技术发展很快，目前国内外一些升降机新产品均趋向采用这种调速技术。变频高速升降机提升速度可以达到 60m/min，大大高于普通升降机 38m/min 的提升速度。变频高速升降机主要应用在超高层建筑的垂直运输上。

变频调速升降机主要技术性能　　**表 6-74**

生产厂家		上海宝达工程机械有限公司		广州市京龙工程机械有限公司	ALIMAK
型号		SCD200/200V (SCD200V)	SCD200/200VA [SC(Q)200/200VA]	SCD200/200GZ	450CNFC
每只吊笼	额定载重量(kg)	2000	2000	2×2000	1900
	额定安装载重量(kg)	800	800[1000]	2×1000	
最大提升高度(m)		350(非标产品可达 400)	250	450	150
额定起升速度(m/min)		0～96	0～60	0～63	54
每只吊笼配电动机	数量(只)	3	2[3]	2	2
	额定功率(S3,25%)(kW)	16×3	14.5×2[16×3,18.5×3]	2×2×15	2×11
防坠安全器	制动载荷(kN)	≥40	≥30[≥40]		
	动作速度(m/min)	117	84		
	限速器型号			SAJ30-1.6	9067360-1012
标准节规格(m)		0.8×0.8×1.508 或 0.65×0.65×1.508			
围栏重量(kg)		1600(1310)	1225	1480	
每块对重重量(kg)		1200～1900	1600～1900	2×2000	
变频器功率(kW)		55	45[55,75]	2×30	
普通型标准节每节重量(kg)(带对重则包括对重导轨重量)		207(157)	174(152)	210	
每只吊笼重量(kg)(包括传动机构)		2300	2000[2300]	2×2050	

2. 基础形式

与普通升降机混凝土基础相比仅基础的外形尺寸不同，单笼变频调速升降机混凝土基础为 3.67m×3.68m×0.3m，双笼变频调速升降机混凝土基础为 3.67m×5.4m×0.3m。其余技术参数参见 6.10.2.1 中的普通升降机混凝土基础。

3. 附墙架形式

参见 6.10.2.1 中的普通升降机附墙架。

6.10.2.3 特殊升降机主要技术性能

特殊升降机主要有双柱式升降机、曲线式升降机、倾斜式升降机、小型升降机。双柱式大吨位施工升降机在运输大吨位、大体积的货物方面有着不可代替的优势；曲线式升降机适用于曲面上的人货运输，在电力、化工、矿产等领域广泛使用；倾斜式升降机（技术性能见表 6-75）无对重，导架按施工需要而倾斜安装（导架轴线与铅垂线夹角≤10°），但吊笼地板始终与水平面平行，在桥梁建设中广泛使用；小型升降机额定载重量可从 200～1000kg 选择，在悬空平台、工厂、桥梁、港头、码头、井道内部使用。

倾斜式升降机技术性能 **表 6-75**

生产厂商	上海宝达工程机械有限公司	广州市京龙工程机械有限公司
型号	SCQ100/100	SCQ100/100TD
额定载重量(每只吊笼)(kg)	1500/1000	2×1000
额定安装载重量(kg)	1500/1000	2×1000
提升速度(m/min)	40	36
最大附壁间距(m)	9	
标准架设高度(m)(特殊订货最大高度)	150(300)	450
吊笼内空尺寸(长×宽×高)(m)	3.0×1.3×2.7	
标准节尺寸(长×宽×高)(m)	0.65×0.65×1.508/0.8×0.8×1.508	
安装吊杆额定起重量(kg)	200	
连续负载功率(kW)	7.5×2/7.5×3	2×2×11
额定电流(每只吊笼)(A)	45/65	2×63
防坠安全器型号	SAJ30-0.95/SAJ40-0.95	SAJ30-1.2
吊笼重量(kg)	1380/1540	2×2000
标准节重量(kg)	162/174	170
地面围栏重量(kg)	1230	1480

双柱式大吨位升降机产品结构坚固，承载量大，升降平稳，安装维护简单方便，运行平稳，操作简单可靠，楼层间货物传输经济便捷。

曲线式升降机适用于曲面上的人货运输，在电力、化工、矿产等领域广泛使用。曲线式升降机是一种轿厢能沿建筑物表面为斜线或曲线运行的运输机械，可运送人员物料。该机采用矩形截面导轨；轿厢的调平机构采用下固定铰点，使工作平台统一，轿厢工作平稳。

倾斜式升降机导架按施工需要而倾斜安装（导架轴线与铅垂线夹角≤10°），但吊笼地板始终与水平面平行。附墙支撑具有可变段和螺杆调整，适应各道附墙长度不同的要求（最大附墙距离 12m），传动机构有并联双传动或三传动两种供货形式，吊笼可以有驾驶室或无驾驶室。双吊笼型号为 SCQ150/150、SCQ100/100，单笼型号为 SCQ150、SCQ100，该系列升降机在上海浦东徐浦大桥、江阴长江大桥和广东虎门大桥等著名大桥的施工中，充分显示了高效优质的先进性。

小型升降机适用于狭小空间垂直运输，额定载重量可从 200～1000kg，在悬空平台、工厂、桥梁、港头、码头、井道内部使用。

6.10.3　施工升降机的使用要点

（1）施工升降机应设专人管理，施工升降机的安装、操作、维修人员必须经过专业培训，并经考试合格方准操作。

（2）使用前先检查各部限位和安全装置情况，再将吊笼升高至离地面1m处停车，检查制动是否符合要求。然后继续上行检查各楼层站台、防护门、前后门及上限位，确认符合要求，做好机械例保记录方可正式投产。

（3）运行中如发现异常情况（如电气失控）时，应立即按下急停按钮，在未排除故障前不允许打开。运载货物应做到均匀分布，物料不得超出吊笼之外，严禁超载超负及打开天窗装载超长物料。

（4）运行到上、下尽端时，不准以限位停车。在运行中严禁进行保养作业。双笼升降机一只吊笼进行维修保养时，另一只吊笼不得运行。

（5）如遇雷雨、大风（六级以上）、大雾、导轨结冰等情况时，应停止运行。

（6）工作后将吊笼降到底层，切断电源，做好班后检查保养作业，关锁门窗后再离去。

6.11　物料垂直运输机械

6.11.1　物 料 提 升 机

6.11.1.1　龙门架提升机

龙门架提升机是在二根立杆及天轮梁（横梁）构成的门式架上装设滑轮、吊盘、导轨、安全装置、起重索、缆风绳等构成一个完整的垂直运输体系，普通龙门架的基本构造形式如图6-89所示。

常用龙门架吊盘及立杆的构造形式及主要参数　　表6-76

名称		立柱基本尺寸（mm）	重量（t）	最大架设高度（m）	最大起重量（t）	吊盘尺寸 宽×长（m）
角钢组合立杆龙门架	矩形截面	$L=5000$	1.7	25	1.2	1.5×3.6
	三角形截面	$L=6000$	2	30	1.2	1.6×3.6
		$L_1=4500$；$L_2=7000$	1.5	25	1	1.6×2.4；1.6×3.6
角钢组合立杆龙门架	三角形截面	$L=4000$	1	20	0.8	1.6×2.4；1.6×3.6
		$L_1=3500$；$L_2=4500$	0.6	15	0.6	1.25×2.4；1.6×3.6
角钢钢管组合立杆龙门架		$L=4500$	1.4	30	1	1.6×2.4；1.6×3.6
		$L_1=4500$；$L_2=6500$	1	20	0.8	1.6×2.4；1.6×3.6
钢管组合立杆龙门架		$L=4000$	1.3	20	0.8	1.33×2.4；1.6×3.6
		$L_1=3000$；$L_2=4000$	0.9	25	0.8	1.6×3.6
圆钢组合立杆龙门架		$L_1=4000$；$L_2=5000$	1.3	25	0.8	1.4×3.6
		$L_1=3600$；$L_2=4600$	0.9	20	0.6	1.4×3.6
钢管龙门架		$D=152$；$L=5000$	0.77	20	0.8	1.33×3.6；1.6×3.6
		$D=133$；$L=5000$	0.54	15	0.6	1.33×3.6；1.6×3.6
		$D=89$；$L=5000$	0.28	10	0.4	1.33×3.6；1.6×3.6

1. 吊盘停车安全装置

吊盘停车安全装置是防止吊盘在装、卸料时卷扬机制动失灵而产生跌落事故的一种装置，有安全支杠和安全挂钩两种形式。安全支杠装置由安全杠和安全卡两部分组成。安全卡的构造有多种形式，现介绍几种如下：

（1）用耳形铁肩作安全卡的安全支杠装置。这种安全装置是用角钢做成安全杠滑道，吊盘上升到卸料平台时安全杠搁置在角钢上焊有的耳形铁肩上，如图 6-90 所示。图 6-91 所示是装在龙门架上的金鱼状盖板安全卡。

（2）用活动三脚架作安全卡的安全支杠装置。这种装置的安全杠为设置在吊盘底部的两根钢管，两根安全杠之间设置拉伸弹簧，使两杠间的距离可在一定范围内变动。安全卡由活动铁三脚架构成，如图 6-92（*a*）所示。图 6-92（*b*）、（*c*）所示是装在龙门架上的另外两种活动三脚架安全卡装置。

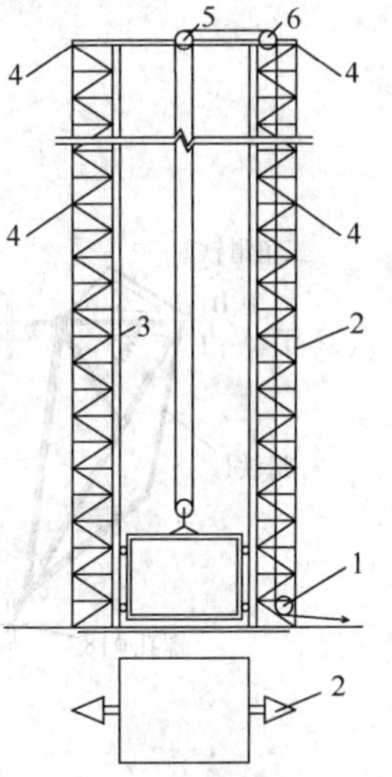

图 6-89 龙门架的基本构造形式

1—地轮；2—立柱；3—导轨；4—缆风绳；5—天轮；6—导向轮

2. 吊盘钢丝绳断后安全装置

如图 6-93 所示的装置是用 55cm 长的 $\phi 42 \times 3.5$ 无缝钢管，内装直径 32mm 圆钢制成的活舌，可在吊盘钢丝绳断后的瞬间将活舌弹出管外，搁在井架或龙门架的横杆上。

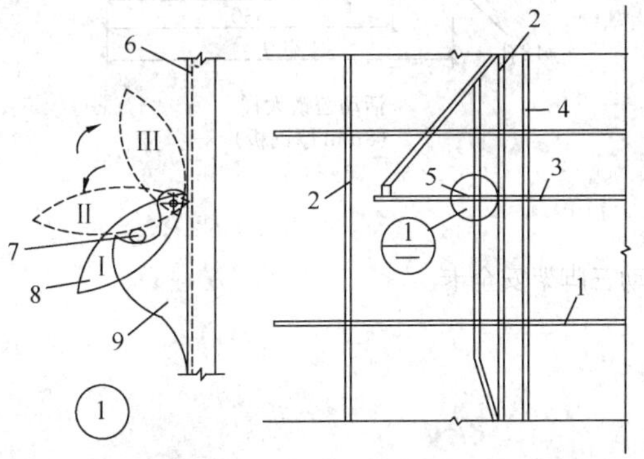

图 6-90 耳形铁肩安全卡

1—横杆；2—立杆；3—吊盘；4—导轨；5—安全卡；6—角钢滑道；7—安全杠；8—铁盖板；9—耳形铁肩

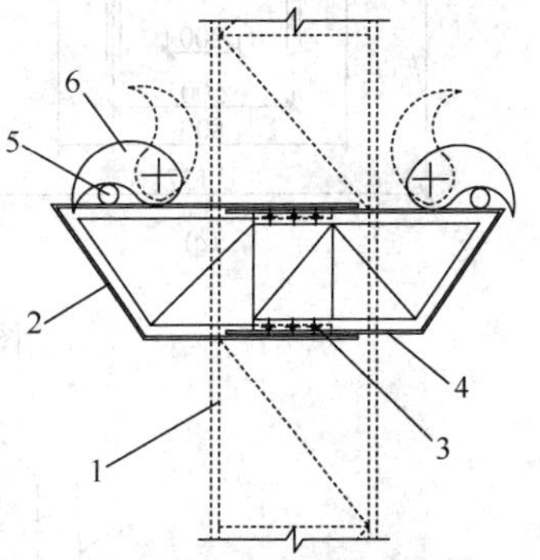

图 6-91 金鱼状盖板安全卡

1—龙门架组合立杆；2—伸缩式支架；3—连接螺栓；4—卡环；5—安全杠停留位置；6—金鱼状盖板

3. 新型安全装置

（1）SSE100 型门式升降机的保护系统，如图 6-94 所示，其主要安全装置有：吊笼平层定位保护系统；断绳保护系统；防钢丝绳假断保护系统。

（2）钳闸型断绳保护装置，如图 6-95 所示，该断绳保护装置设于 MSS-100 型龙门架，由主安全装置和辅助安全装置组成。主安全装置是由一套杠杆增力摩擦制动式安全钳和拉簧等组成的简单的力控激发型安全装置。

（3）压挂型断绳保护装置。发生断绳时，支承槽钢在弹簧作用下绕支承轴销向下转动，顶块迅速使挂钩伸出挂钩盒，使之钩住固定于两侧导轨上的安全制动板上，使吊架安全制动。该安全保护装置有安全可靠、结构简单、反应迅速的特点。

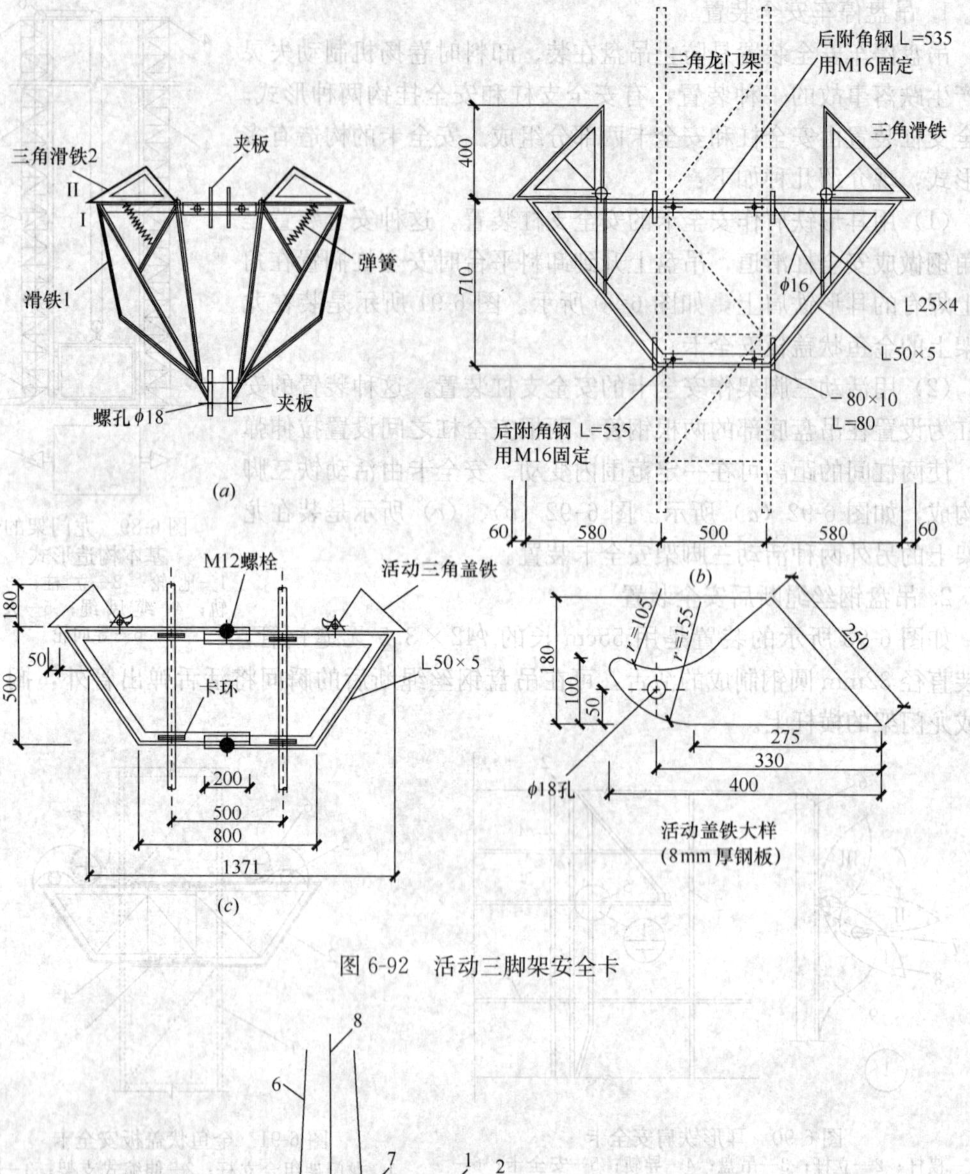

图 6-92　活动三脚架安全卡

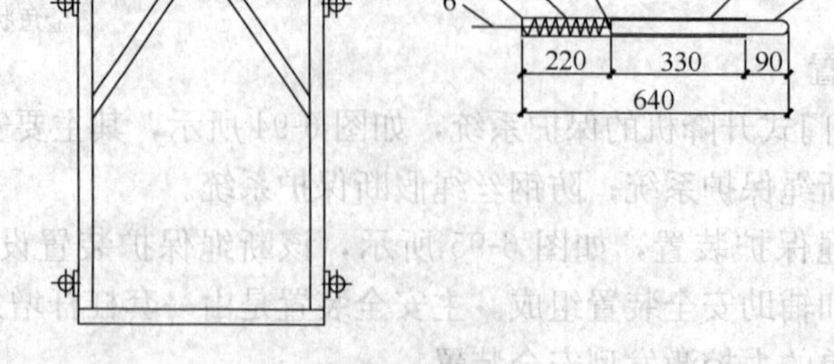

图 6-93　吊盘断绳安全装置

1—φ42×3.5 无缝钢管；2—活舌（φ32 圆钢）；3—穿钢丝绳环；4—弹簧；5—封口铁圈；6—活舌钢丝绳；7—导向滑轮；8—吊盘钢丝绳

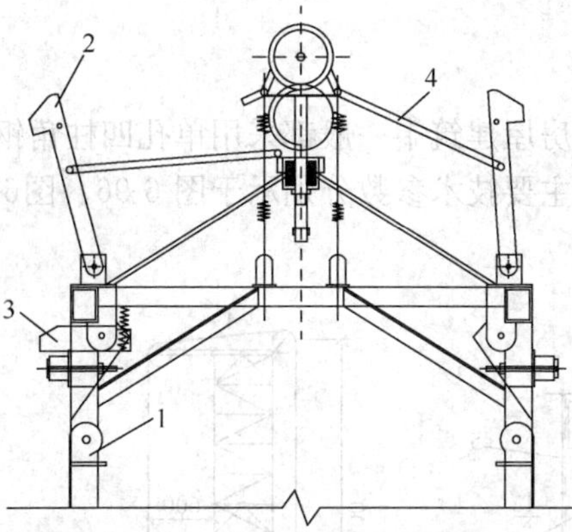

图 6-94 SSE100 型门式升降机的保护系统

1—吊笼；2—断绳保护挂钩；3—平层保护装置；4—连杆

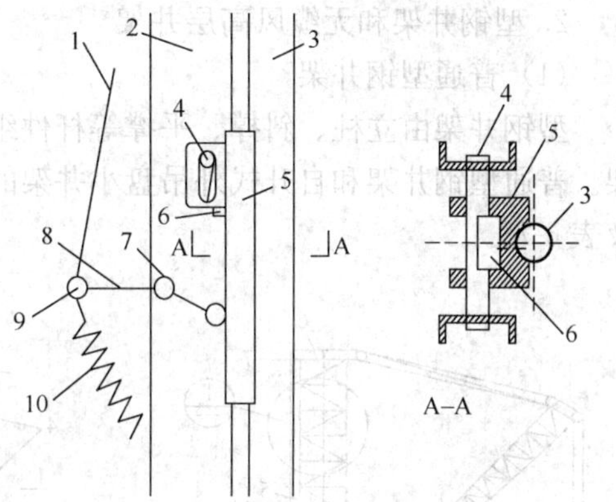

图 6-95 主安全装置工作原理图

1—联动钢丝绳；2—承重架槽钢；3—立柱节柱管；4—传力轴；5—安全钳；6—楔块；7—杠杆轴；8—杠杆；9—杠杆联动轴；10—拉簧

6.11.1.2 井架提升机

1. 扣件式钢管井架

井式垂直运输架，通称井架或井字架，是施工中最常用的、最为简便的垂直运输设施。它的运输量大、稳定性好，可采用型钢或钢管加工定型井架，也可采用许多种脚手架材料搭设，而且搭设高度可以达到 50m 以上。

(1) 30m 以下扣件式钢管井架有四柱、六柱和八柱三种，其主要杆件和用料要求与扣件式钢管脚手架基本相同。主要技术参数和搭设要点见表 6-77。

扣件式钢管井架的主要技术参数和搭设要点 表 6-77

项目	四柱井架	六柱井架	八柱井架
井孔尺寸（m^2）	1.9×1.9	4×2	4.2×2.4
吊盘尺寸（m^2）	1.5×1.2	3.6×1.3	3.8×1.7
起重量（kg）	500	1000	1000
附设拔杆起重量（kg）	≤300	≤300	≤300
搭设高度（m）	常用 20～30	常用 20～25	常用 20～30
缆风设置	高度在 15m 以下时设一道，15m 以上每增高 10m 增设一道。缆风最好用 7～9mm 的钢丝绳（或 ϕ8 钢筋代用），与地面成 45°夹角		
搭设要点	(1) 杆件要做到方正平直，立杆垂直度偏差不得超过总高度的 1/400； (2) 剪刀撑和斜撑应用整根钢管，不宜用短管，最底层的剪刀撑应落地； (3) 进料口和出料口的净空高度应不小于 1.7m； (4) 导轨垂直度及间距尺寸的偏差，不得大于±10mm		

(2) 30m 以上 50m 以下扣件式钢管井架应采用四角和天轮梁下双杆的 12 柱结构。平面尺寸为3.6～4.0m 长，2.0～2.4m 宽，起重量为 1000kg。

(3) 50m 以上扣件式钢管井架应采用四角和天轮梁下双杆的 16 柱结构。平面尺寸为 3.6～4.0m 长，2.0～2.4m 宽，起重量为 1000kg。

2. 型钢井架和无缆风高层井架

(1) 普通型钢井架

型钢井架由立柱、斜撑、平撑等杆件组成。在房屋建筑中一般都采用单孔四柱角钢井架。普通型钢井架和自升式外吊盘小井架的构造和主要技术参数分别示于图 6-96、图6-97及表 6-78。

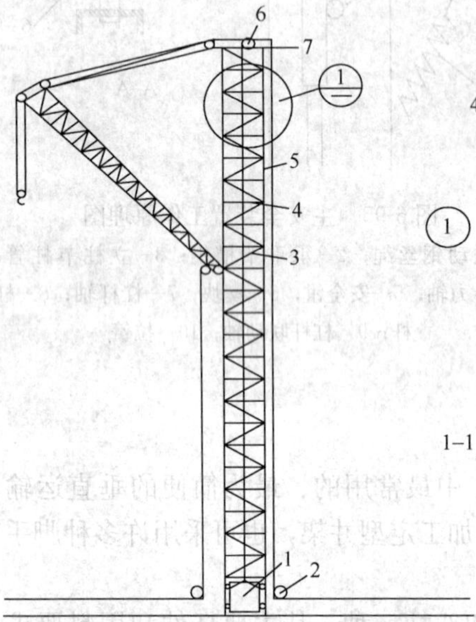

图 6-96 普通型钢井架

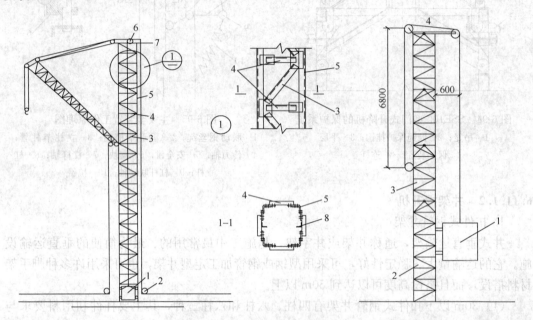

1—吊盘；2—地轮；3—斜撑；4—平撑；5—立柱；6—天轮；7—缆风绳；8—导轨

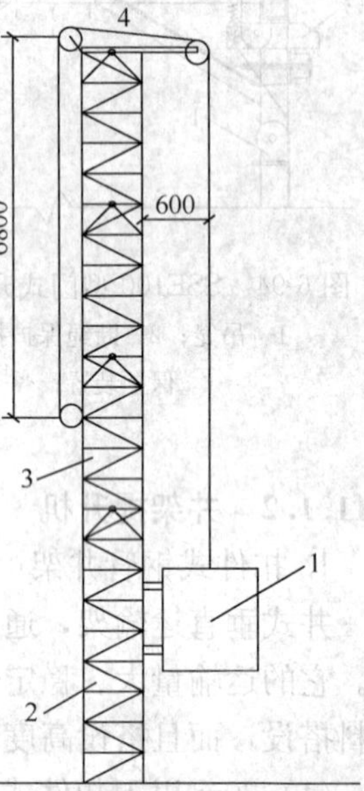

图 6-97 自升式外吊盘小井架

1—吊盘；2—底部节；3—标准节；4—固定缆绳

型钢井架的技术参数和搭设要点 **表 6-78**

项 目	普通型钢井架 Ⅰ	普通型钢井架 Ⅱ	自升式外吊盘小井架
构造说明尺寸 (mm)	立柱∟ 75×8；平撑∟ 63×6 斜撑∟ 63×6；连接板 δ=8mm 螺栓 M16；节间尺寸 1500mm 底节尺寸 1800mm；导轨 [5 单根杆件螺栓连接	立柱∟ 63×6；平撑∟ 50×5 斜撑∟ 50×5；连接板 δ=6mm 螺栓 M14；节间尺寸 1500mm 底节尺寸 1800mm；导轨∟ 50×5 单根杆件螺栓连接	立柱 [5 平撑∟ 30×4 斜撑∟ 25×3 螺栓 M12 节间尺寸 900mm
井孔尺寸 (m)	①—1.8×1.8；②—1.6×1.6 ③—1.7×1.7；④—1.5×1.5	⑤—1.6×1.6 ⑥—1.5×1.5	1.0×1.0
吊盘尺寸宽×长 (m)	①—1.46×1.6；②—1.26×1.4 ③—1.36×1.5；④—1.16×1.3	⑤—1.5×1.5 ⑥—1.4×1.4	1.0×1.6 1.0×1.8
起重量 (kg)	1000～1500	800～1000	500～800

续表

项 目		普通型钢井架		自升式外吊盘小井架
		Ⅰ	Ⅱ	
附设拔杆	长度（m）	7～10	5～6	安装井架使用，起重量150kg
	回转半径(m)	3.5～5	2.5～3	
	起重量(kg)	800～1000	500	
搭设高度（m）		常用40	常用30	18m
缆风设置		15m以下时设一道，15m以上时每10m增设一道，缆风宜用9mm的钢丝绳，与地面夹角45°	15m以下时设一道，15m以上时每10m增设一道，缆风宜用9mm的钢丝绳，与地面夹角45°	附着于建筑物可不设缆风

注：表中①②③④⑤⑥所示吊盘尺寸分别与井孔尺寸①②③④⑤⑥对应。

（2）无缆风高层井架

无缆风高层井架截面为2m×2m，其主肢选用∟75×8角钢，交叉和水平缀板采用∟50×5角钢，水平缀板间距为1.5m；井架内装有自翻提料斗；配置3t快速卷扬机。井架基础采用现浇钢筋混凝土箱形结构。几种常见高速井架的主要技术参数列于表6-79中。

常见高速井架的主要技术参数 **表6-79**

机型	型号	高度（m）	额定牵引力（kN）	最大升速（m/min）
单笼	JGWB-1.5	150	15	75
单笼	JGWB-2	150	20	61
双、三笼	JGWB-1.5	120/200	15	75
双、三笼	JGWB-2	120/200	20	61

6.11.1.3 货用升降机

货用升降机是一种可分层输送各种建筑材料的货用电梯，因升降机的导轨附着于建筑结构的外侧，又称为外用电梯。

1. 货用升降机的分类

（1）按构造分为单笼式和双笼式两种。

单笼式货用升降机，单侧有一个吊笼，适用于输送量小的建筑物。

双笼式货用升降机，双侧各有一个吊笼，适用于输送量大的建筑物。

（2）按提升方式分为齿轮齿条式、钢丝绳式和混合式（即一个吊笼采用齿轮齿条，另一个吊笼采用钢丝绳）三种。

（3）按架设方式分为固定式、附着式和快速安装式三种。

2. 货用升降机的组成

货用升降机由基础平台、围栏、导轨架、附墙架、吊笼及传动机构、对重装置、电缆导向装置、安装吊杆、电气设备、安全保护装置组成。

电气设备是由电动机、电气控制箱、操纵箱或操作开关箱等组成。

安全保护装置包括机械安全保护装置和电气安全保护装置。机械安全保护装置有限速器、安全钩、门锁、缓冲弹簧等。

3. 常用货用升降机的主要技术性能（表 6-80）

常用货用升降机主要技术性能参数　表 6-80

	SSD100/100	SC200/200	SC100H	SC230H	SCD320H
额定载重量（kg）	2×1000	2×2000	1000	2300	3200
额定起升速度（m/min）	0～38	34.4	23	23	23
最大提升高度（m）	120	150	150	150	150
电机功率（kW）	5.5	11×3×2	11	2×11	2×11
标准节尺寸（mm）	750×750×1508	650×650×1508	650×650×1508	650×650×1508	650×650×1508

4. 施工升降机的安全装置

（1）限速制动装置，可有效防止上升时"冒顶"和下降时出现"自由落体"坠落现象。

（2）限位装置：由限位碰铁和限位开关构成。设在梯架顶部的为最高限位装置，可防止冒顶；设在楼层的为分层停车限位装置，可实现准确停层。

（3）电机制动器：有内抱制动器和外抱电磁制动器等。

（4）紧急制动器：有手动楔块制动器和脚踏液压紧急刹车等，在限速和传动机构都发生故障时，可紧急实现安全制动。

（5）断绳保护开关：梯笼在运行过程中因某种原因使钢丝绳断开或放松时，该开关可立即控制梯笼停止运行。

（6）塔形缓冲弹簧：装在基座下面，使梯笼降落时免受冲击。

6.12　混凝土施工机械

6.12.1　混凝土施工机械的概况

随着我国国民经济建设的高速发展，商品混凝土得到了广泛的推广使用。由于商品混凝土的高速增长，给混凝土施工机械带来了极大的商机，产品出口每年递增。

混凝土施工机械有混凝土摊铺机、混凝土振捣机、混凝土喷射机、混凝土搅拌楼（站）、混凝土搅拌运输车、混凝土泵车等发展迅速，产品系列齐全。

混凝土搅拌楼（站）是通过计算机自动控制系统完成各种配比混凝土生产的混凝土搅拌设备，称量精确，生产效率高，控制系统可储存百种以上的混凝土配方。混凝土搅拌楼（站）规格从 25～240m^3/h。

混凝土泵车可以一次同时完成现场混凝土的输送和布料作业，具有泵送性能好，布料范围大，特别适用于混凝土浇筑需求量大，超大体积及超厚基础混凝土的一次浇筑的高质量的工程。产品规格从 24～72m。泵车采用新颖的机、电、液一体化的设计，具有优良的使用性能。

混凝土施工机械适用于建筑、水电、公路、桥梁、港口、机场等工程建设。

6.12.2 混凝土搅拌楼施工机械

6.12.2.1 混凝土搅拌楼工艺流程

混凝土搅拌楼工艺流程如图 6-98 所示。它由砂石供料系统和贮料系统、粉料输送系统和贮料系统、计量装置、搅拌装置、供水系统、附加剂供给系统、气路系统及电控系统等部分组成，其工艺流程为：粉料贮料仓内的水泥、粉煤灰掺合料通过蝶阀和旋转喂料机进入相应称量斗；砂石贮料仓中的砂、石通过其仓底的弧形门投放到其下部砂子称量斗和石子称量斗；水、附加剂则通过电泵送入到各自的称量斗中；配料完毕，进入搅拌机搅拌；搅拌后的混凝土通过混凝土卸料斗直接卸入混凝土输送车中。

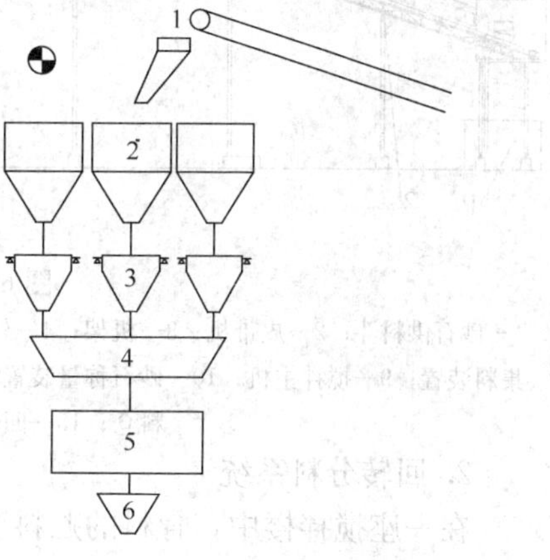

图 6-98　混凝土搅拌楼工艺流程

1—输送系统；2—贮料系统；3—计量系统；4—集料系统；5—搅拌系统；6—混凝土卸料斗

搅拌楼整机性能稳定可靠，称量精确，生产效率高，质量好。具有手动和自动两种操作方式，自动化程度高。控制系统可储存百种以上的混凝土配方，配有打印机，便于生产和管理。

操作维修人员必须在使用前认真阅读随机提供的全套产品使用说明书，并接受操作培训，掌握正确的操作和维修保养方法。

混凝土搅拌楼执行《混凝土搅拌站（楼）》GB/T 10171。

6.12.2.2 搅拌楼的主要组成

混凝土搅拌楼目前是比较成熟的设备，按照搅拌楼生产工艺流程，其设备配置基本是定型的，变化不大。图 6-99、图 6-100 是目前市场常用的混凝土搅拌楼的产品设计图。主要由以下几个部分组成。

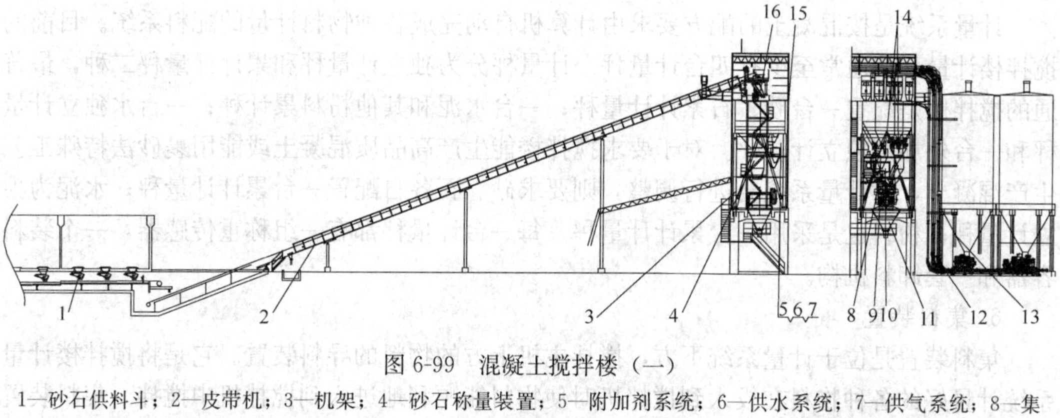

图 6-99　混凝土搅拌楼（一）

1—砂石供料斗；2—皮带机；3—机架；4—砂石称量装置；5—附加剂系统；6—供水系统；7—供气系统；8—集料装置；9—搅拌主机；10—水和附加剂称量装置；11—混凝土卸料斗；12—粉料输送系统；13—粉料贮料仓；14—粉料称量装置；15—砂石料仓；16—回转分料装置

1. 骨料输送系统

最常用的骨料输送系统是皮带输送机，也是目前基本上一致采用的输送设备，它的作用是将粗细骨料输送到搅拌楼的贮料仓内。

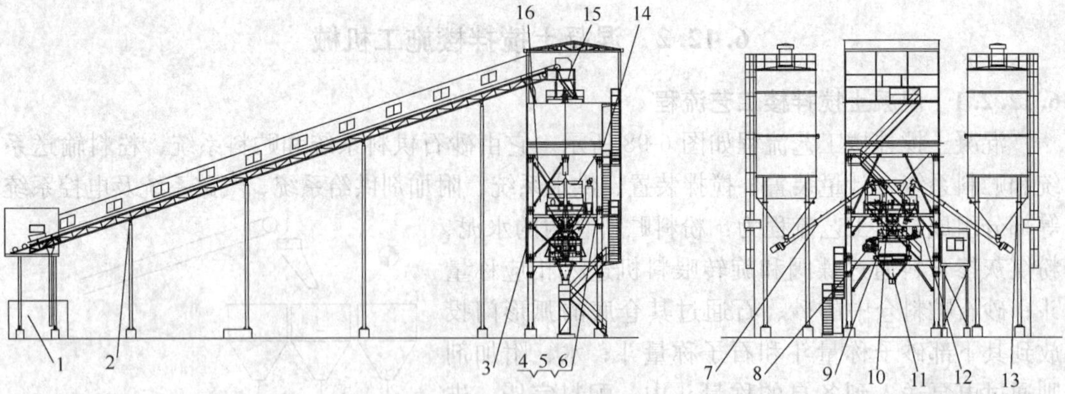

图 6-100　混凝土搅拌楼（二）

1—砂石供料斗；2—皮带机；3—机架；4—外加剂系统；5—供水系统；6—供气系统；7—粉料输送螺旋机；8—集料装置；9—搅拌主机；10—砂石称量装置；11—混凝土卸料斗；12—粉料称量装置；13—粉料料仓；14—砂石料仓；15—回转分料装置；16—水和附加剂称量装置

2. 回转分料系统

在一座搅拌楼中，骨料的贮料仓通常配有 2 至 8 个，骨料的输送皮带通常只有一条，通过回转分料系统可以将皮带输送机送来的不同骨料分配至各自相应的贮料仓里。

3. 粉料输送系统

粉料输送系统有两种形式，一种是机械式输送系统，如斗式提升机和螺旋输送机；另一种是气力输送系统，通过压缩空气将粉料输送至贮料仓里。

4. 贮料系统

贮料系统是用于存贮石、砂、水泥和其他粉料的大的容器。一套完整的贮料系统包括贮料仓、给料门、料位计、砂含水率测定仪、粉料的破拱装置和振动器。现在的混凝土通常粉料有二至四个，砂、石骨料有二至四种。

5. 计量系统

计量系统是按混凝土的配方要求由计算机自动完成各种物料计量的配料系统。目前的搅拌楼计量系统通常至少有四台计量秤。计量秤分为独立计量秤和累计计量秤二种，最普通的搅拌楼是配置一台砂、石累计计量秤；一台水泥和其他粉料累计秤；一台水独立计量秤和一台外加剂独立计量秤。对于要求搅拌楼能生产高品质混凝土或能用裹砂法特殊工艺生产混凝土，对计量系统会进行调整，则要求砂、石各自配置一台累计计量秤；水泥为独立计量秤；粉料也是采用一台累计计量秤。每一台计量秤都有一组称重传感器，一个装料容器和一套卸料机构。

6. 集料装置

集料装置是位于计量系统下方，搅拌主机上方的物料的导料装置。它是将搅拌楼计量系统计量好的各种物料在投入到搅拌机时使物料能顺利地进入到搅拌机中搅拌。集料装置根据计量系统配置的不同有各种各样的形式。如果一座搅拌楼配置有 2 台或 2 台以上搅拌机时，在集料装置的下部还需配置相应的分料装置，将计量好的物料按序投入至对应的搅拌机内。水和外加剂液态物料由独立的管路投入至对应的搅拌机内。

7. 搅拌装置

搅拌装置是搅拌楼的主要部件，它将按要求配好的各种物料搅拌成符合要求的混凝土混合料。混凝土搅拌装置的类型可以分为自落式和强制式。双锥形、梨形为自落式搅拌机，单卧轴、双卧轴和立轴为强制式搅拌机。在一套搅拌楼内通常安装有一台强制式搅拌机。特殊情况也有安装两台或三台自落式的搅拌机。

8. 混凝土贮料斗

搅拌好的新鲜混凝土被临时贮存在混凝土贮料斗里，然后再卸到混凝土搅拌运输车内或通过混凝土贮料斗直接进入混凝土搅拌运输车内。混凝土贮料斗料口装有可调节卸料量卸料门，卸料门结构有弧形钢门和夹辊式橡胶门。配置多台主机的搅拌楼混凝土卸料斗可以是一个，根据用途也可以一台搅拌机对应一个混凝土卸料斗。

9. 机架

机架是搅拌楼的支撑结构，它构成料仓层、计量层、搅拌层和卸料层。机架有全钢结构的，也有混凝土结构的，还有的是搅拌层以下采用混凝土，计量层和料仓层采用钢结构的钢混混合结构。

10. 控制系统

控制系统是搅拌楼的大脑和指挥中心，它掌管着整个搅拌楼的自动运行。搅拌楼的控制系统分为强电、弱电和计算机控制系统，强电系统驱动搅拌楼各执行机构的动作，计算机系统对搅拌楼的生产任务和客户的信息进行监控和管理，可实现客户管理，预存各级配混凝土配方，按合同要求进行全自动生产混凝土，生产数据的存贮，输出生产任务单，原材料统计报表分析输出等等。

6.12.2.3 搅拌楼的系列

搅拌楼按其配置的搅拌主机形式不同，主要分成 HLZ 锥形自落式主机搅拌楼、HLS 卧轴强制式主机搅拌楼和 HLW 立轴强制式主机搅拌楼三大系列；按其搅拌主机的容量，又形成了 60、90、120、150、180、200、240m^3/h 生产能力产品系列；按其配置的搅拌主机的数量，还可分成 2HLZ 锥形自落式主机搅拌楼、2HLS 卧轴强制式主机搅拌楼和 2HLW 立轴强制式主机搅拌楼或 3HLZ 锥形自落式主机搅拌楼、3HLS 卧轴强制式主机搅拌楼和 3HLW 立轴强制式主机搅拌楼等系列（表 6-81、表 6-82）。

上海华建混凝土搅拌楼主要技术参数　　表 6-81

型　号		HLS120	HLS180	HLS240
1. 搅拌机型号		JS2000b	JS3000b	JS4000b
2. 生产率（m^3/h）		120	180	240
3. 出料容量（m^3）		2	3	4
4. 电机功率（kW）		37×2	55×2	75×2
5. 骨料粒径（mm）		40/60	40/60	40/60
6. 称量范围及精度	骨料（kg）	50～2500±2%	100～4000±2%	100～5000±2%
	粉料（kg）	20～1200±1%	20～1800±1%	20～2400±1%
	水（kg）	10～500	10～750	20～1000
	附加剂（kg）	1～70	2～100	2～100
7. 物料输送系统	皮带机生产率（t/h）	360	480	540
8. 存料仓（m^3）		100～300	100～300	100～300
9. 装机总功率（kW）		～225	～250	～310

南方路机混凝土搅拌楼主要技术参数　　表 6-82

型　号		HLS60	HLS90	HLS120	HLS180	HLS240
生产率（m^3/h）		60	90	120	180	240
搅拌主机	型号	JS1000	JS1500	JS2000	JS3000	JS4000
	搅拌功率（kW）	2×18.5	2×30	2×37	2×55	2×75
	出料容量（m^3）	1	1.5	2	3	4
	骨料粒径（mm）	≤80	≤100	≤120	≤150	≤150
上储料容积		120	120	200	200	200
皮带机输送能力（t/h）		200	300	400	500	600
称量范围及精度	骨料（kg）	2×1500±2%	2×2000±2%	2×2400±2%	2×3600±2%	2×4800±2%
	水泥（kg）	600±1%	1000±1%	1200±1%	1800±1%	2400±1%
	粉煤灰（kg）	200±1%	300±1%	400±1%	600±1%	800±1%
	水（kg）	300±1%	500±1%	600±1%	800±1%	1000±1%
	附加剂（kg）	2×30±1%	2×30±1%	2×50±1%	2×50±1%	2×50±1%
总功率（kW）		85	117	170	210	240
卸料高度（m）		3.9	3.9	3.9	3.9	3.9

6.12.2.4　搅拌楼的选型

搅拌楼是商品混凝土生产最合适、最有效的设备，也是大型工程施工中用于现场混凝土生产的最佳设备。在实际应用中，如何选择混凝土搅拌楼的配置，是提高混凝土生产效率，保障工程顺利进行和生产优质的商品混凝土关键。根据生产的混凝土的不同，在选择混凝土搅拌楼时通常要考虑以下几个方面：

1. 生产能力

生产能力指的是一套搅拌楼一小时能连续生产多少立方米的混凝土。它是混凝土搅拌楼选型的最基本条件。在选择搅拌楼时，对商品混凝土要根据设计的商品混凝土供应能力来选择搅拌楼的生产率。对应用于工程施工中的搅拌楼，则要根据工程混凝土的用量和施工时间来选择搅拌楼的生产率。选择搅拌楼的生产能力要大于实际混凝土需求量的30%。

2. 搅拌主机形式

在实际使用中，根据搅拌楼使用场合的不同，要选择不同类型的搅拌主机。通常在水利工程的大坝浇筑中，骨料的粒径比较大，多选用自落式搅拌机。在水泥制品行业中，其混凝土级配中骨料粒径比较小，而其混凝土比较干硬，用水量很少，多选用立轴涡桨或立轴行星强制式搅拌机。在普通建筑工程中，混凝土级配中骨料粒径最大的用到60mm，用水量也比较多，混凝土的坍落度值在50～180mm，有的甚至要达到220mm左右，这样的场合多选用单卧轴或双卧轴强制式搅拌机。

3. 粉料的种数和用量

在选择混凝土搅拌楼时还要考虑混凝土配方中粉料的种类和用量。目前，混凝土中通常使用的粉料有水泥、粉煤灰、矿粉、UEA 等粉状外掺剂等等，在配方中，有些粉料用量很少。因此要根据粉料用量的不同，确定选用粉料秤的数量和量程范围。确保粉料能精确计量。用量相差很大的粉料不宜采用累计称量的方式，应当配置独立的计量秤。

4. 骨料的上料形式

搅拌楼的骨料上料形式有两种，一种是皮带机上料形式，另一种是斗式提升机上料形式。通常皮带机的工作可靠性相对较高，运行也较平稳，噪声低，维护工作量小，但占用场地大。斗式提升机结构紧凑，占地小，但噪声较大，磨损较大，维护工作量大。所以，一般有足够场地的情况下首选采用皮带机上料形式。

5. 粉料的上料形式

现在搅拌楼粉料的上料形式有多种。对上部配有粉料仓的搅拌楼，粉料的上料形式有两种方式，一种是斗式提升机，另一种是气力输送。二者比较，斗式提升机结构简单，投入成本低，但有时会产生粉料堵塞，清除故障时产生很多的粉尘，既浪费粉料，又污染环境，现在很少采用。气力输送的方式工作可靠，效率高，维修量小。但投资略大，上部料仓要配置除尘装置，保持除尘配置清洁和通畅是本系统的关键。

目前的搅拌楼大多都不采用上部配置粉料仓结构的形式，而是一种采用螺旋输送机或空气输送斜槽，粉料贮存采用独立的贮料仓，使用螺旋输送机或空气斜槽将粉料直接输送到粉料称量斗内。这样的配置是目前搅拌楼中采用最多的方案，因为它的设备投入较小，使用简单。

6. 水的种类

普通混凝土中常用的水为清水，现在对商品混凝土搅拌站管理的要求越来越严格，很多搅拌站对清洗搅拌车和搅拌楼站收集起来的污水都采取了回用的措施，因此，在这种情况下，选择搅拌设备时还要考虑是否利用污水，这样，除考虑配置清水供水装置之外，就必须还得考虑一套污水回用装置。其供水能力要根据每立方米混凝土允许掺入多少污水的比例来定。

7. 称量系统的配置

称量系统是搅拌楼的部件，其工作是否正常可靠直接影响到搅拌楼的生产效率和混凝土的质量。在选择混凝土搅拌楼时，要根据混凝土的要求确定搅拌楼的工艺流程，对于采用裹砂法工艺的搅拌楼，则砂和石的称量装置必须采用独立的计量秤。水泥一般是单独的计量秤，也有和矿粉共用一个计量秤的，此时水泥秤要求设计成累计叠加秤。粉煤灰秤一般设计成累计叠加秤，适应二至三种粉料的累计计量。通常水泥秤的量程较大，粉煤灰秤的量程要小一些。但二种或三种粉料累计计量时，要考虑累计计量粉料的用量，用量相差很大的粉料最好采用单独的计量秤，这有利于计量的精确。所以，有时候还需要配置一个量程小的粉料秤。水秤通常是设计成独立的，当要采用经处理合格后污水回用时，水秤就设计成累计叠加秤。液体外加剂秤通常设计成双称斗独立计量秤，配置双套供给装置，但也有设计成独立秤斗的，但采用双秤斗系统更为合理，在商品混凝土生产中，它能交替生产不同级配的混凝土，在计量两种不同特性的外加剂时，中途不需要清洗秤斗。

6.12.2.5 搅拌楼的使用与保养

为了更好地发挥搅拌楼的优越性，保证搅拌楼的正常生产，延长搅拌楼的使用期限，平时必须按厂方提供的用户手册对搅拌楼妥善地维修和保养。

6.12.3　固定式混凝土搅拌站施工机械

6.12.3.1　混凝土搅拌站工艺流程

工艺流程如图 6-101、图 6-102 所示。

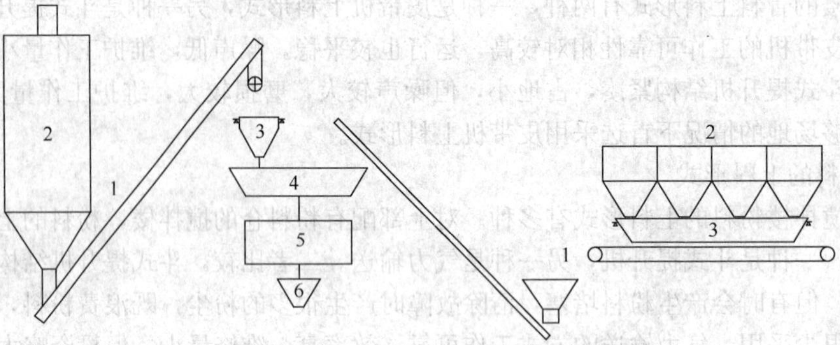

图 6-101　混凝土搅拌站工艺流程（一）

1—输送系统；2—贮料系统；3—计量系统；4—集料系统；5—搅拌系统；6—混凝土卸料斗

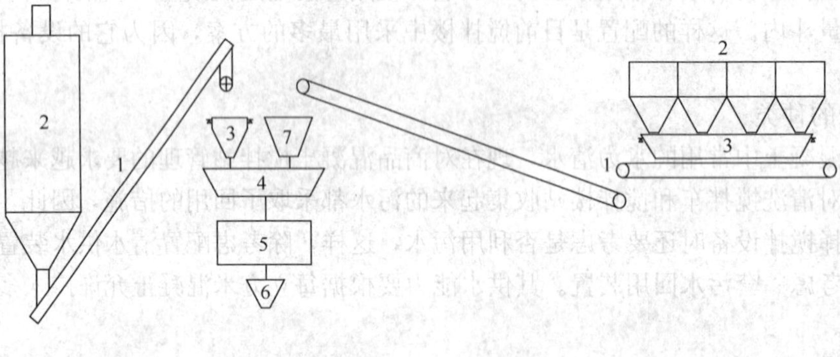

图 6-102　混凝土搅拌站工艺流程（二）

1—输送系统；2—贮料系统；3—计量系统；4—集料系统；5—搅拌系统；6—混凝土卸料斗；7—待料斗

为了正确使用混凝土搅拌站，充分发挥混凝土搅拌站的特点和工作效率，使用前，操作维修人员必须认真阅读搅拌站制造商提供的全套使用说明书，并接受操作培训，以了解和熟悉其结构性能，掌握正确的操作和维修保养方法。

6.12.3.2　固定式混凝土搅拌站的主要组成

混凝土搅拌站是目前非常成熟的混凝土生产设备，按照搅拌站生产工艺流程，其设备配置比较灵活，能适应不同的场地。图 6-103 是目前市场常用的混凝土搅拌站的产品设计图。主要由以下几个部分组成。

1. 骨料输送系统

搅拌站的骨料输送系统是计量好的骨料输送到搅拌机上方的骨料待料仓里。除了采用皮带输送机之外，另一种是料斗提升机，小容量的搅拌站上使用较多。用料斗提升机形式，在搅拌主机上方不配置骨料待料仓，提升上去的物料直接进入搅拌机内。

2. 骨料待料仓

在混凝土搅拌站中，通常设计了一个骨料待料仓。骨料待料仓是用于贮存搅拌一盘混凝土所需的骨料，其目的是提高搅拌站的生产率。

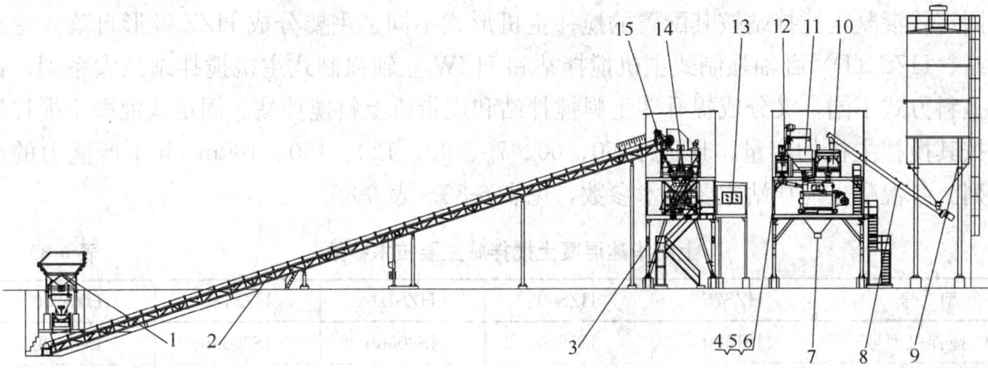

图 6-103 混凝土搅拌站

1—砂石料仓和砂石称量装置；2—皮带输送机；3—机架；4—外加剂系统；5—供水系统；6—供气系统；7—混凝土卸料斗；8—粉料输送螺旋机；9—粉料料仓；10—粉料称量装置；11—待料斗；12—水和外加剂称量装置；13—控制系统；14—搅拌主机；15—集料装置

3. 粉料输送系统

在混凝土搅拌站中，粉料输送系统通常采用斗式提升机和螺旋输送机；也有采用空气斜槽输送系统，通过压缩空气将粉料输送至称量斗内。

4. 贮料系统

搅拌站的贮料系统分为两大部分，一是用于存贮石、砂的配料仓，最少有两仓，多的可以配置五仓或六仓；二是用于存贮水泥和其他粉料的大容器，数量按粉料的种类和粉料的供应状况来确定。一套完整的贮料系统包括贮料仓、给料门、料位计、砂含水率测定仪、粉料的破拱装置和振动器。

5. 计量系统

计量系统与搅拌楼配置相同，具体介绍可参照 6.12.2.2。

6. 集料装置

同混凝土搅拌楼一样，搅拌站也配置一套集料装置。能将计量好的各种物料投入到搅拌机中搅拌。

7. 搅拌装置

搅拌站的搅拌装置通常采用与搅拌楼相同的搅拌装置，是搅拌站的主要部件。详细描述请参见 6.12.2.2。

8. 混凝土卸料斗

参见 6.12.2.2。

9. 机架

与搅拌楼相同，机架是搅拌站的支撑结构，但搅拌站与搅拌楼的差别是少了一层料仓层。详见 6.12.2.2。

10. 控制系统

搅拌楼与搅拌站的控制系统是基本相同的。只是多了一层料仓层的控制。详见6.12.2.2。

6.12.3.3　固定式混凝土搅拌站的系列

固定式混凝土搅拌站按其配置的搅拌主机形式不同，主要分成HZZ锥形自落式主机搅拌站、HZS（D）卧轴强制式主机搅拌站和HZW立轴强制式主机搅拌站三大系列；按骨料上料方式不同，又分成提升斗上料搅拌站和皮带机上料搅拌站。固定式混凝土搅拌站系列按其搅拌主机的容量，形成了50、60、75、90、120、150、180m^3/h生产能力的产品系列。各混凝土搅拌站主要技术参数，见表6-83～表6-85。

上海华建混凝土搅拌站主要技术参数　　**表6-83**

型　号		HZS75	HZS90	HZS120	HZS180	HZS200
1. 搅拌机型号		JS1500	JS1500	JS2000b	JS3000b	JS4000b
2. 生产率（m^3/h）		75	90	120	180	200
3. 出料容量（m^3）		1.5	1.5	2	3	4
4. 电机功率（kW）		30×2	30×2	37×2	55×2	75×2
5. 骨料粒径（mm）		40/60	40/60	40/60	40/60	40/60
6. 称量范围及精度	骨料（kg）	50～3000±2%	50～2000±2%	50～2500±2%	100～4000±2%	100～4500±2%
	粉料（kg）	20～800±1%	20～800±1%	20～1200±1%	20～1800±1%	20～2400±1%
	水（kg）	10～500	10～500	10～500	10～750	20～1000
	附加剂（kg）	1～40	1～40	1～70	2～100	2～100
7. 物料输送系统	皮带机输送能力（t/h）	600	400	580	733	720
	斗提机型号	R143DV180L4	—	—	—	—
	电机功率（kW）	22	—	—	—	—
8. 贮料仓总容量（m^3）		18×3只	20×3只	20×4只	20×4只	20×4只
9. 装机总功率（kW）		～170	～200	～225	～250	～310

中联重科混凝土搅拌站主要技术参数　　**表6-84**

技术参数＼型号	HZS90/2HZS90/2×HZS90	HZS120/2HZS120/2×HZS120	HZS180/2HZS180/2×HZS180
理论生产率（m^3/h）	90/2×90/2×90	120/2×120/2×120	180/2×180/2×180
卸料高度（m）	4	4	4
搅拌主机型号	MAO2250/1500SDSHO	MAO3000/2000SDSHO	MAO4500/3000SDSHO
搅拌功率（kW）	2×30	2×37	2×55
生产周期（s）	60	60	60
进料容量（L）	2250	3000	4500
出料容量（L）	1500	2000	3000
骨料粒径（mm）	≤80	≤80	≤80
骨料仓容量（m^3）（可选）	16×3	25×4	30×4

续表

技术参数 \ 型号	HZS90/2HZS90/2×HZS90	HZS120/2HZS120/2×HZS120	HZS180/2HZS180/2×HZS180
粉料仓容量(t)(可选)	150×2+100×1	200×4	200×4
配料站配料能力(L/罐)	2400	3200	4800
斜皮带机输送能力(t/h)	600	900	900
螺旋输送机生产率(t/h)	90	90	110
装机容量(kW)	145/290/290	210/420/420	260/520/520
外形尺寸(长×宽)(m)	—	—	—
砂、石计量范围及精度(kg)	(0～2000)±2%	(0～3000)±2%	(0～4500)±2%
水泥计量范围及精度(kg)	(0～800)±1%	(0～1000)±1%	(0～1500)±1%
粉煤灰计量范围及精度(kg)	(0～400)±1%	(0～500)±1%	(0～700)±1%
水计量范围及精度(kg)	(0～350)±1%	(0～450)±1%	(0～650)±1%
外加剂计量范围及精度(kg)	(0～20)±1%	(0～30)±1%	(0～50)±1%

南方路机混凝土搅拌站主要技术参数 **表 6-85**

型号		HZS60	HZS90	HZS120	HZS180	HZS240
生产率(m^3/h)		60	90	120	180	240
搅拌主机	型号	JS1000	JS1500	JS2000	JS3000	JS4000
	搅拌功率(kW)	2×22	2×30	2×37	2×55	2×75
	出料容量(m^3)	1	1.5	2	3	4
	骨料粒径(mm)	≤60	≤80	≤120	≤150	≤150
配料仓	仓容积(m^3)	3×13	3×13	3×13	4×20	4×20
	仓格数	3	3	3	4	4
皮带机输送能力(t/h)		200	200	300	400	
称量范围及精度	骨料(kg)	2500±2%	3500±2%	4500±2%	6500±2%	9000±2%
	水泥(kg)	600±1%	900±1%	1200±1%	1800±1%	2400±1%
	粉煤灰(kg)	200±1%	300±1%	400±1%	600±1%	800±1%
	水(kg)	300±1%	400±1%	600±1%	800±1%	1000±1%
	外加剂(kg)	10±1%	30±1%	30±1%	50±1%	50±1%
总功率(kW)		82	108	127	178	220
卸料高度(m)		3.8	3.8	3.8	3.8	3.8

6.12.3.4 固定式混凝土搅拌站的选型

搅拌站是商品混凝土生产经济、有效的设备，也是大型工程施工中用于现场混凝土生产的主要设备。在设备选型中有许多方面与搅拌楼的选型有相似的地方。在选型时，通常也是考虑以下几个方面：（1）生产能力；（2）搅拌主机形式；（3）粉料的种数和用量；（4）骨料的上料形式；（5）粉料的上料形式；（6）水的种类；（7）称量系统的配置等。其中有差异的部分是：

1. 骨料的上料形式

搅拌站的骨料上料形式有两种，一种是皮带机上料形式，另一种是提升斗上料形式。通常皮带机连续送料，效率高，工作可靠性相对较高，运行也较平稳，噪声低，维护工作量小，但占用场地大。提升斗结构紧凑，占地小，但送料是间隙的，效率低，噪声较大，磨损较大，维护工作量大。所以，一般有足够场地的情况下首选采用皮带机上料形式。皮带机上料的形式也有很多种类，从布置上，可以是"一"字形的，"L"形的，还可以布置成"之"字形的。可以采用一条，也可以采用多条皮带机。皮带的形式有光皮带，"人"字形皮带和裙边隔板皮带。采用怎样形式的皮带是根据搅拌站现场条件来决定的，通常情况应当首选光面普通皮带机，它运行平稳，可靠度高，容易清扫。"人"字形皮带和裙边隔板皮带运行噪声较光面皮带大，回程易粘料，不易清扫。通常采用皮带机上料方式时，在搅拌主机上方可配置一个骨料待料仓，可以提高搅拌站的生产效率。

2. 粉料的上料形式

搅拌站粉料的上料形式有三种方式，第一种是斗式提升机加螺旋输送机，第二种是螺旋输送机，第三种是空气斜槽输送。螺旋输送机对环境要求低，工作效率高，但受螺旋输送机输送角度和长度的限制，粉料仓需要提高一定的高度和保持一定的水平距离，因此，场地占用略大。空气斜槽输送方式工作可靠，成本低，维修量小，但要求环境的湿度要低一些，需要采用高置的粉料仓，这样能保持粉料输送的可靠平稳。因此，相比较目前使用最多的是螺旋输送机，其次是空气斜槽。

6.12.3.5　固定式混凝土搅拌站的使用与保养

固定式混凝土搅拌站的使用与保养可参照"6.12.2.5 搅拌楼的使用与保养"一节进行。

6.12.4　移动式混凝土搅拌站施工机械

6.12.4.1　移动式混凝土搅拌站的主要组成

移动式混凝土搅拌站是一种特殊用途的混凝土生产设备，按照搅拌站生产工艺流程，其设备配置不仅要满足各种混凝土生产要求，还要具有紧凑、灵活、快捷转移和拆装的特点。图 6-104 是移动式混凝土搅拌站的示意图。主要由以下几个部分组成。

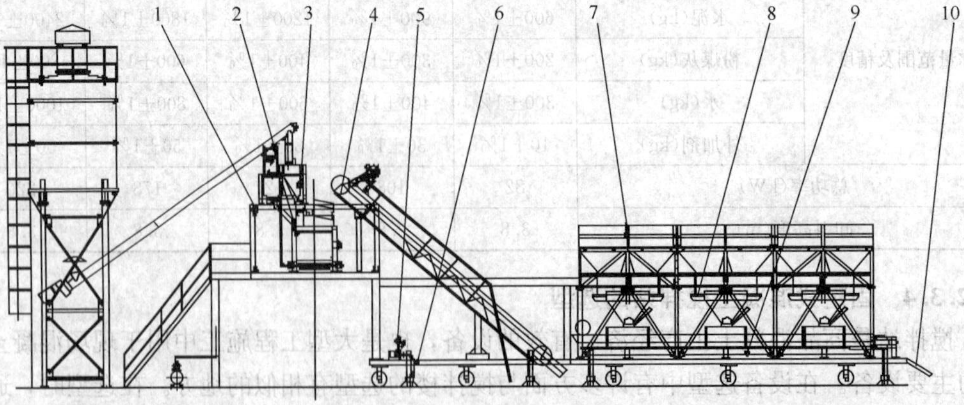

图 6-104　移动式混凝土搅拌站示意图

1—机架；2—搅拌主机；3—粉料称量装置；4—皮带机附加剂系统；5—供水系统；6—车架；7—砂石料仓；8—砂石称量装置；9—气路系统；10—牵引架

1. 骨料输送系统

移动式搅拌站的骨料输送系统是计量好的骨料输送到搅拌机里。最常用的骨料输送系统是皮带输送机，也是目前使用最多的输送设备。皮带的形式受长度和高度的限制，有平带、花纹带和裙边隔板带。另一种是料斗提升机，另配一条水平皮带机。

2. 粉料输送系统

在移动式混凝土搅拌站中，粉料输送系统通常采用螺旋输送机。将立式粉料仓或拖挂车上粉料贮料仓里的粉料输送到搅拌机上方的粉料称量斗内。

3. 贮料系统

移动式搅拌站的贮料系统分为两大部分。一是用于存贮石、砂的配料仓，通常为两仓，也有配置三仓的，这主要取决于整机长度。二是用于存贮水泥和其他粉料的大容器，数量按粉料的种类和粉料的供应状况来确定。有独立安装在外部的立式粉料筒仓或卧式粉料贮料仓，配置卧式粉料贮料仓通常在搅拌主体上还需配置过渡粉料贮料仓，用风方式先将粉料送到过渡粉料仓中。一套完整的贮料系统包括贮料仓、给料门、料位计、砂含水率测定仪、粉料的破拱装置和振动器。

4. 计量系统

计量系统是按混凝土的配方要求由计算机自动完成各种物料计量的配料系统。目前的移动式搅拌站计量系统通常至少有四台计量秤。计量秤分为独立计量秤和累计计量秤两种，最普通的移动式搅拌站是配置一台砂、石累计计量秤；一台水泥和其他粉料累计秤；一台水独立计量秤和一台外加剂独立计量秤。对于粉料有特殊要求的移动式搅拌站需要配置两台独立的计量系统。每一台计量秤都有一组称重传感器，一个装料容器和一套卸料机构。

5. 集料装置

集料装置是位于计量系统下方，搅拌主机上方的物料的导料装置。它是将搅拌站计量系统计量好的各种物料在投入到搅拌机时使物料能顺利地进入到搅拌机中搅拌。集料装置除了有骨料和粉料的集料口外，还配置喷水管路，有些还配有高压清洗装置。

6. 搅拌装置

搅拌装置是搅拌站的主要部件，它将按要求配好的各种物料搅拌成符合要求的混凝土混合料。混凝土搅拌装置的类型可以分为自落式和强制式。双锥形、梨形为自落式搅拌机，单卧轴、双卧轴和立轴为强制式搅拌机。在一套移动式搅拌站内通常只安装有一台搅拌机。目前通常采用的是强制式的混凝土搅拌机，容量通常为 $0.5m^3$、$1.0m^3$、$1.5m^3$ 和 $2.0m^3$。

7. 混凝土卸料斗

混凝土卸料斗是将搅拌好的新鲜混凝土导流到接料的运输装置中。移动式混凝土搅拌站不配置混凝土贮料斗。

8. 机架

机架是移动式搅拌站的支撑结构，又是用于拖行的车架。它构成计量层、搅拌层和卸料层。机架为全钢结构的，机架底部装有车轮，半拖挂的装有一组车轮，全拖挂的装有两组车轮。机架上集有砂石贮料仓、砂石计量系统、砂石输送系统、粉料螺旋输送机、粉料计量系统、水和外加剂计量和输送系统、气路系统、搅拌主机和混凝土卸料斗、控制室和电气控制系统。搅拌主机部分的机架为可拆解的，在转移工地拖行过程中卸下支撑，翻转在机架上。机架下方在搅拌主机处有主支撑外，在料仓部分还有多个辅助支撑，保证工作时的稳定性。

9. 控制系统

控制系统是搅拌站的大脑和指挥中心，它掌管着整个搅拌站的自动运行。搅拌站的控制系统分为强电、弱电和计算机控制系统，强电系统驱动搅拌站各执行机构的动作，计算机系统对搅拌站的生产任务和客户的信息进行监控和管理，可实现客户管理，预存各级配混凝土配方，按合同要求进行全自动生产混凝土，生产数据的存贮，输出生产任务单，原材料统计报表分析输出等等。

6.12.4.2　移动式混凝土搅拌站的系列

移动式混凝土搅拌站系列按其配置的搅拌主机形式不同，主要分成 YHZS（D）双（单）卧轴强制式主机搅拌站和 YHZW 立轴强制式主机搅拌站三大系列；按骨料上料方式不同，又分成提升斗上料搅拌站和皮带机上料搅拌站；按其搅拌主机的容量，形成了 25、50、75、90m^3/h 生产能力的产品系列；按其拖行方式，有半挂拖行式和全挂拖行式。

半挂式移动式混凝土搅拌站产品如图 6-105 所示。移动式混凝土搅拌站主要技术参数，见表 6-86 和表 6-87。

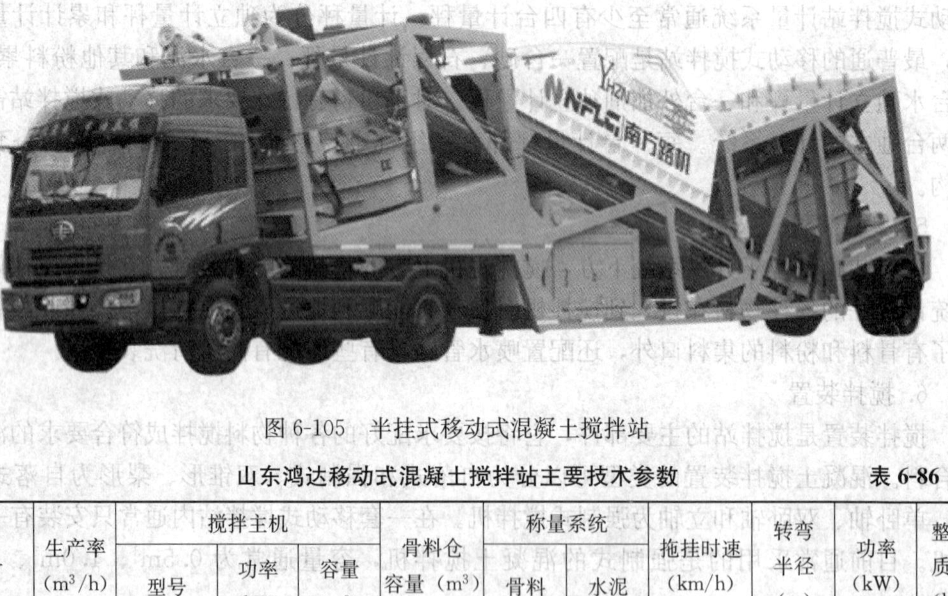

图 6-105　半挂式移动式混凝土搅拌站

山东鸿达移动式混凝土搅拌站主要技术参数　　表 6-86

型号	生产率 (m^3/h)	搅拌主机			骨料仓容量 (m^3)	称量系统		拖挂时速 (km/h)	转弯半径 (m)	功率 (kW)	整机质量 (kg)
		型号	功率 (kW)	容量 (m^3)		骨料	水泥				
YHZD25	25	JS500	22	0.5	4×6.5	±2%	±1%	15	10	52	23000
YHZS50	50	JS1000	2×18.5	1	4×6.5	±2%	±1%	15	10	68	25000

南方路机移动式混凝土搅拌站主要技术参数　　表 6-87

型号	生产率 (m^3/h)	搅拌主机	称量精度		整机功率 (kW)	整机质量 (kg)	拖挂时速 (km/h)	轮距（外侧）(mm)	转弯半径 (m)
			骨料	其他					
YHZS75	75	JS1500	≤2%	≤1%	100	32000	15	3400	12
YHZS50	50	JS1000	≤2%	≤1%	70	25000	15	3400	10

6.12.4.3 移动式混凝土搅拌站的选型

移动式搅拌站是施工点多，施工期短，混凝土又较多的最经济、最有效的设备。它设备投入低，转移场地快捷，施工效率高。在实际应用中，如何选择移动式混凝土搅拌站的配置，是提高混凝土生产效率，保障工程顺利进行和生产优质的商品混凝土关键。选型时要考虑的方面可参照6.12.3.4。

6.12.4.4 移动式混凝土搅拌站的使用与保养

移动式混凝土搅拌站的使用与保养可参照“6.12.2.5 搅拌楼的使用与保养”一节进行。

6.12.4.5 混凝土搅拌机

混凝土搅拌机是混凝土搅拌楼（站）的主要配套件，主要产品有：双卧轴、行星式、涡桨式、连续式等系列。双卧轴搅拌机主要技术参数见表6-88和表6-89；行星式搅拌机主要技术参数，见表6-90；方圆搅拌机主要技术参数，见表6-91。

上海华建双卧轴搅拌机主要技术参数 表6-88

型　号	JS1000b	JS1500b	JS2000b	JS3000b	JS4000b	JS6000b
公称容量（L）	1000	2000	2000	3000	4000	6000
进料容量（L）	1600	3200	3200	4800	6400	9600
生产率（m^3/h）	60	120	120	150	200	288
骨料最大粒径（mm）	120	120	120	120	120	120
搅拌轴转速（r/min）	27.83	24.8	23.5	22.08	22.08	18.198
工作循环次数（次/h）	60	60	60	50	50	48
减速机型号	307R2RA/307R2RO	309R2RA/309R2RO	310R2RA/310R2RO	311R2RA/311R2RO	313R2RA/313R2RO	315R2RA/315R2RO
减速机速比	23.5	23.5	27	27	28.2	70.7
减速机扭矩（N·m）	12500	18000	25000	40000	50000	80000
电动机功率（kW）	2×18.5	2×30	2×37	2×55	2×75	2×110
外形尺寸（$L\times W\times H$）(mm)	2740×2008×1562	2715×2320×1705	3233×2320×1839	3937×2600×1920	4416×2600×1979	4700×3890×2190
总重量（kg）	4903	5662	8008	10075	11430	15540

SICOMA双卧轴搅拌机主要技术参数 表6-89

型　号	1.0m^3	1.25m^3	1.5m^3轻型	2250/1500	3000/2000	4500/3000	6000/4000
干粉容量（L）	1500	1750	2250	2250	3000	4500	6000
密实混凝土（L）	1000	1250	1500	1500	2000	3000	4000
拌刀（个）	12	12	14	12	16	20	24
电机功率（kW）	22	22	30	2×30	2×37	2×55	2×75
重量（t）	5.05	5.13	5.62	6.5	7.5	9.2	12.2

SICOMA 行星式搅拌机主要技术参数　表 6-90

型　号	P500	P750	P1000	P1000TN	P1500	P2000
容积（1t）	500	750	1000	1000	1500	2000
马达动力（HP）	25	40	60	60	40＋40	60＋60
油压马达动力（HP）	2	2	2	2	2	2
转盘运转速度	20.5	19	17.5	14.5	14.5	14
拌臂运转速度	42.5	39.05	36	43.5＋43.5	30＋30	28＋28
外围长拌臂数量（个）	1	1	1	1	1	1
外围短拌臂数量（个）	1	1	1	1	1	1
长拌臂数量（个）	3	3	3	3＋3	6	6
外围方拌刀数量（个）	5	5	5	5	7	7
拌刀数量（个）	3	3	3	3＋3	6	6
重量（kg）	2000	2700	3700	4700TN	6300	8500

山东方圆搅拌机主要技术参数　表 6-91

型　号	进料容量（L）	出料容量（L）	生产率（m^3/h）	骨料粒径，卵/碎（mm）	外形尺寸（$L\times W\times H$）（mm）
FJS1500	2400	1500	≥75	80/60	3600×2070×1475
FJS2000	3200	2000	≥100	80/60	3500×2320×1677
JS2000B（双螺带）	3200	2000	≥100	80/60	3810×2480×1710
FJS3000	4800	3000	≥150	80/60	3990×2600×1700
JS4000	6400	4000	≥200	120/100	4450×3050×2380
JS500	800	500	≥25	80/60	4486×3030×5280
JS750	1200	750	≥35	80/60	5100×2250×6700
JS1000	1600	1000	≥50	80/60	8765×3436×9540
JS1500	2400	1500	≥75	80/60	9645×3436×9700
JZC350	560	350	10～14	60	4010×2140×3340
JZC350B	560	350	10～14	60	4310×2140×4180
JZC500	800	500	18～20	60	5230×2300×5450
JZC750	1200	750	20～22.5	80	6107×2050×6070
JZC1000	1600	1000	25～30	100	7600×2200×7455
JZM350	560	350	10～14	60	4310×2140×4240
JZM750	1200	750	20～22.5	80	6107×2050×6070

6.12.5 混凝土搅拌运输车施工机械

6.12.5.1 混凝土搅拌运输车的主要组成（图 6-106）

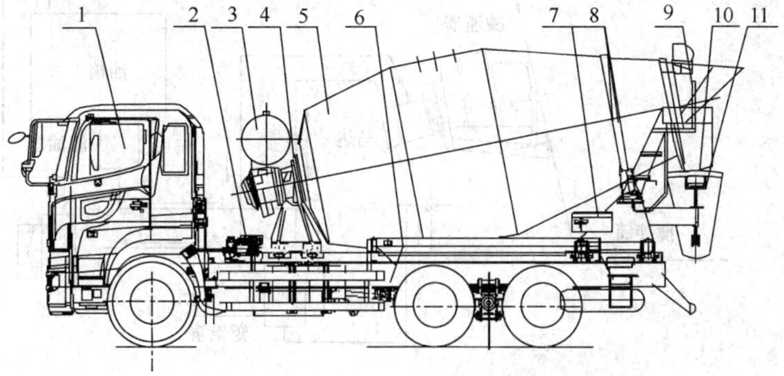

图 6-106 混凝土搅拌运输车主要组成

1—汽车底盘；2—液压泵；3—水箱；4—齿轮减速器、液压马达；5—搅拌筒；6—护罩；7—操作机构；8—托轮；9—进料斗；10—溜槽；11—卸料斗

搅拌运输车的搅拌装置工作时发动机通过取力传动轴驱动油泵——液压马达——齿轮减速器终端减速驱动搅拌筒转动，搅拌筒正转时进行搅拌或装料，反转时卸料，搅拌筒的转速和转动方向是根据搅拌运输车的工序，由工作人员通过操纵装置改变液压泵换向阀的斜盘角度来实现。

1. 搅拌筒的驱动装置

搅拌运输车的搅拌筒驱动装置，目前实用的有机械式和液压-机械混合式两大类。我国生产的搅拌运输车中普遍应用的液压-机械混合式驱动装置：发动机——取力装置（PTO）——液压泵——控制阀——液压马达——齿轮减速机——搅拌筒。

2. 液压系统有两种配置

（1）三合一型配置：由斜盘式轴向柱塞变量泵和三合一减速机（PLM9，其中包括含低速大扭矩马达、减速器、带冷却风扇的冷却器）组成，具体结构见图 6-107。

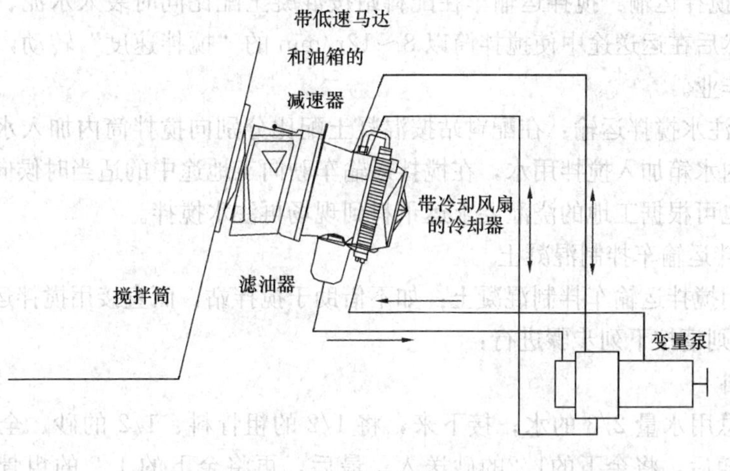

图 6-107 三合一型配置

(2) 分体型配置：由斜盘式轴向柱塞变量泵、轴向柱塞马达和带冷却风扇的冷却器组成一闭式系统，驱动减速机带动搅拌筒转动，具体结构见图 6-108。

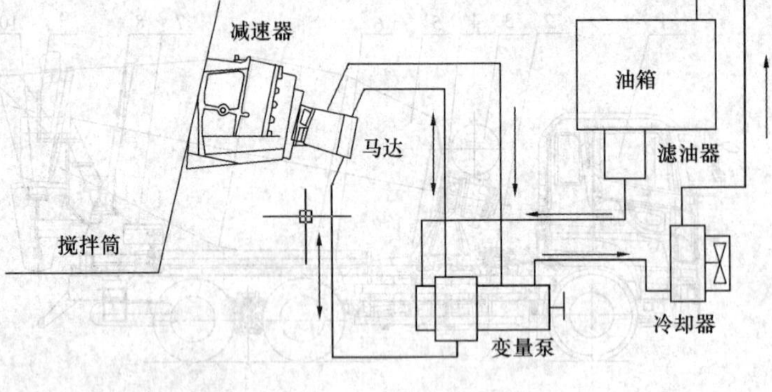

图 6-108　分体型配置

3. 混凝土搅拌运输车的工作特点

搅拌运输车实际上就是在载重汽车或专用运载底盘上安装一种独特的混凝土搅拌装置的组合机械。它兼有载运和搅拌混凝土的双重功能，可以在运送混凝土的同时对其进行搅动或搅拌。因此能保证输送混凝土的质量，允许适当延长运输距离（或运送时间）。

基于搅拌运输车的上述工作特点，通常可以根据对混凝土运输距离的长短、现场施工条件以及对混凝土的配比和质量的要求等不同情况，采取下列不同的工作方法：

(1) 预拌混凝土的搅动运输

这种运输方式是搅拌运输车从混凝土工厂（站）装进已经搅拌好的混凝土，在运送工地的路途中，使搅拌筒作大约 1～3r/min 的低速转动，对载运的混凝土不停的搅动，以防止出现离析等现象，从而使运到工地的混凝土质量得到控制，并相应增长运距。但这种运输方式的运输距离（或运送时间）视混凝土配比、道路和气候等条件而定。

(2) 混凝土拌合料的搅拌运输

这种运输方式又有湿料和干料搅拌运输两种情况：

1) 湿料搅拌运输：搅拌运输车在配料站按混凝土配比同时装入水泥、砂石骨料和水等拌合料，然后在运送途中使搅拌筒以 8～12r/min 的"搅拌速度"转动，对混凝土拌合料完成搅拌作业。

2) 干料注水搅拌运输：在配料站按混凝土配比分别向搅拌筒内加入水泥、砂石等干料，再向车内水箱加入搅拌用水，在搅拌运输车驶向工地途中的适当时候向搅拌筒内喷水进行搅拌，也可根据工地的浇灌要求运干料到现场再注水搅拌。

4. 用搅拌运输车拌制混凝土

如何使用搅拌运输车拌制混凝土：如不借助于搅拌站，而直接用搅拌运输车搅拌混凝土（湿拌），则请按下列步骤进行：

(1) 进料

先注入总用水量 2/3 的水；接下来，将 1/2 的粗骨料、1/2 的砂、全部的水泥顺次送入拌筒，随后，将余下的1/2的砂送入；最后，再将余下的 1/2 的粗骨料和 1/3 的水送入。

(2) 拌筒转速及搅拌时间

进料时拌筒的转速……6～10r/min。

搅拌时拌筒的转速……6～10r/min。

搅拌时间……进料后 10～16min。

(3) 搅动、出料

搅拌完毕的搅动和出料。

(4) 注意

1) 投料时，切忌只投水泥。

2) 上述方法仅是一例。由于具体的搅拌方法跟随混凝土种类不同而有所不同，因此，根据试拌等的结果，来决定实际采用的方法和数值。

3) 在干旱地区，需长途运送预拌混凝土时，为保证混凝土的质量，水是在运送至目的地后再加注搅拌的，所以拌车要有大容量水箱才能满足要求。

6.12.5.2 混凝土搅拌运输车的系列

它是由汽车底盘的承载能力所决定的，我国目前的容量是 3、5、6、7、8、9、10、12、15、16m³。各种混凝土搅拌运输车技术参数见表 6-92～表 6-97。

对于拖挂式搅拌车由于转弯半径较大，倒车就位困难，所以采用多轿汽车底盘改装成搅拌运输车。

上海华建混凝土搅拌运输车技术参数（一）　　表 6-92

拌筒	搅动容积（m³）	10	12	15
	几何容积（m³）	15.64	19.23	22.84
	拌筒最大直径（mm）	ϕ2400	ϕ2400	ϕ2400
液压系统	减速箱	ZF5300	ZF7300	PMB 8SP
		ZFP LM9	萨澳 TMG71.2	
		萨澳 TMG61.2		
		TOP P68		
	液压泵	KYB PSV 90C（A）	KYB PSVS 90（A）	ARK PV090
		萨澳 T90P075/ T90P100	力士乐 A4VTG 90HW	
		力士乐 A4VTG 90HW	萨澳 T90P100	
		TOP PV089		
	油马达	KYB MSF-85	KYB MSF-85	ARK PV090
		萨澳 90M075/90M100	力士乐 AA 2FM90	
		力士乐 AA2FM80/90	萨澳 90M100	
		TOP MF089		
底盘		日野、欧曼、豪泺、德龙、豪运、五十铃、解放、东风	日野、欧曼、德龙、东风、豪运、五十铃	豪运、豪泺、东风

上海华建混凝土搅拌运输车技术参数（二）　表 6-93

拌筒	搅动容积（m^3）	5/6	8	9
拌筒	几何容积（m^3）	8.9	13.1	15.64
拌筒	拌筒最大直径（mm）	φ2114	φ2308	φ2400
液压系统	减速箱	ZF3301	ZF4300 萨澳 TMG61.2 TOP P68	ZF P4300
液压系统	液压泵	KYB PSVS 90C 萨澳 T90P075 力士乐 A4VTG 71HW	KYB PSVS 90C 萨澳 T90P075 力士乐 A4VTG 71HW	KYB PSVS 90C（A）
液压系统	油马达	KYB MSF-85 萨澳 T90P075 力士乐 AA2FM63/80	KYB MSF-85 萨澳 T90P075 力士乐 AA2FM80	KYB MSF-85
底盘		东风、黄河	五十铃	三菱、扶桑、欧曼、东风、解放、日野、豪泺、德龙、豪运、五十铃

三一重工混凝土搅拌运输车技术参数（一）　表 6-94

拌筒	搅动容积（m^3）	6	8	9
拌筒	几何容积（m^3）	12.42	14.43	15.07
拌筒	拌筒最大直径（mm）	φ2110	φ2342	φ2342
液压系统	减速箱	PMB 6SP PMB 6.5SP		
液压系统	液压泵	ACA542337R A4VTG71（90）HW/32R -NLD10F001S	ACA542337R A4VTG71HW/32R -NLD10F001S	
液压系统	油马达	HHD543321 AA2F80/61W -VXDXX7-S		
底盘		SYM1250T4		日野 FELV SYM1250T4

三一重工混凝土搅拌运输车技术参数（二）　表 6-95

拌筒	搅动容积（m^3）	10	12	15
拌筒	几何容积（m^3）	17.22	19.80	25.26
拌筒	拌筒最大直径（mm）	φ2342	φ2342	φ2440
液压系统	减速箱	PMB 6.5SP	TOPP75.58OL	PMB 8SP
液压系统	液压泵	ACA542337R A4VTG90HW/32R -NLD10F001S		ACA642337R A4VTG90/61W
液压系统	油马达	HHD543321 AA2FM80/61W -VXXX7-S	HHD543321 AA2FM90/61W -VUXO27	HHD643321 AA2FM90/61W
底盘		SYM1250T4	SYM1250T3 SYM1310T	SYMB10T

中联重科混凝土搅拌运输车技术参数 表 6-96

拌筒	装水容积（m^3）	9.1/10.2	10.2
	几何容积（m^3）	14.3/15.2	15.2
	适装容积（m^3）	8/9	9
液压系统	减速箱	原装进口件	原装进口件
	液压泵	原装进口件	原装进口件
	油马达	原装进口件	原装进口件
底盘		豪泺、五十铃	奔驰、日野

利勃海尔混凝土搅拌运输车技术参数 表 6-97

技术参数 \ 型号	HTM504	HTM604	HTM704	HTM804	HTM904	HTM1004	HTM1204
理论新鲜混凝土填充量（m^3）	5（6）	6（7）	7（8）	8（9）	9（10）	10（11）	12（13）
水的含量（m^3）	5.95	6.78	7.7	9.1	10.22	11.15	12.59
搅拌筒容量（m^3）	9.66	11	12.34	14.29	15.96	17.38	18.28
无框架时的间隙高度（mm）	2305	2402	2412	2477	2531	2585	2650
无框架时的加料高度（mm）	2274	2383	2408	2437	2485	2550	2591
带独立式马达时的装配重量（kg）	3720	3840	4100	4660	4830	5380	5700
带车辆驱动机构时的装配重量（kg）	3220	3340	3520	4080	4220	4790	5090

6.12.5.3 混凝土搅拌运输车的选型

混凝土搅拌运输车是建筑工程施工中，用于现场混凝土运输的最佳设备。如何选择混凝土搅拌运输车，通常要考虑以下几个方面：

（1）建设部已于1997年8月5日颁布了行业标准，搅拌运输车必须经过测试鉴定后方可允许生产、销售。

（2）车辆必须经过交通部对生产厂家和产品型号进行颁布年度目录进行上牌管理，才能在全国车辆管理所申办牌照。

（3）选用搅拌运输车首要是汽车底盘的可靠性和具有良好的备配件以及维修网点。

（4）为了保养维修的方便和减少备配件的储备，一个搅拌楼（站）选购同一制造厂提供的车型为妥。

（5）选用混凝土搅拌运输车的装载量大小，要根据搅拌楼（站）的生产能力和搅拌主机出料容量来定。

6.12.5.4 混凝土搅拌运输车的使用与保养

装载混凝土时如搅拌运输车发生故障，拌筒不能旋转，应迅速将拌筒内的混凝土排出。

1. 发动机或液压泵发生故障时

搅拌运输车发生这种故障时，用救援车紧急驱动故障车排除混凝土，见图6-109。操作步骤详见生产厂使用说明书。

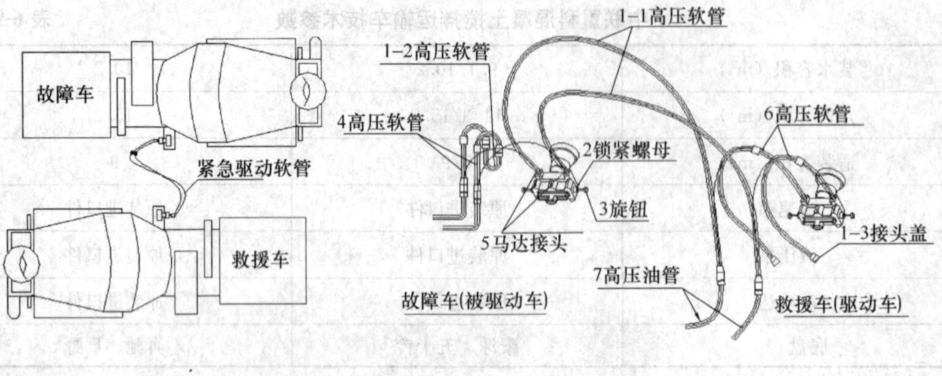

图 6-109　搅拌运输车发生故障

2. 液压马达发生故障时的处理方法

(1) 换上新的液压马达，使拌筒恢复正常运转，从而将混凝土排出。

(2) 打开拌筒检修孔盖，放松管接头，使混凝土从拌筒检修孔排出。

为了更好发挥混凝土搅拌运输车的优越性，延长使用期限，平时必须对其妥善保养，按厂方提供的使用说明书进行。

6.12.6　混凝土拖泵施工机械

6.12.6.1　拖式混凝土输送泵的主要组成

拖式混凝土输送泵主要由主动力系统、泵送系统、液压和电控系统组成。如图6-110、图 6-111 所示。

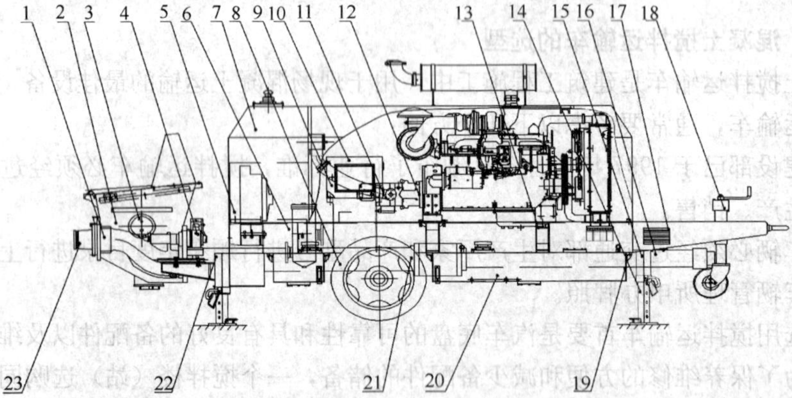

图 6-110　柴油 S 阀拖泵整机结构

1—“S”管式分配阀系统；2—料斗总成；3—搅拌系统；4—摆动油缸；5—油箱；6—底架；7—机壳；8—车桥；9—电器箱；10—电气系统；11—液压系统；12—柴油机改装；13—动力系统；14—长支腿总成；15—支腿油缸；16—主油缸；17—整机标牌；18—导向轮；19—工具箱；20—柴油箱；21—泵送系统；22—短支腿总成；23—输送管道

1. 主动力系统

拖式混凝土泵的原动力有柴油机和电机两种，柴油机泵优点是适应性强。在某些施工工地，应满足不了机器对大功率的要求，因为大排量的要求功率一般都在 100kW 以上，

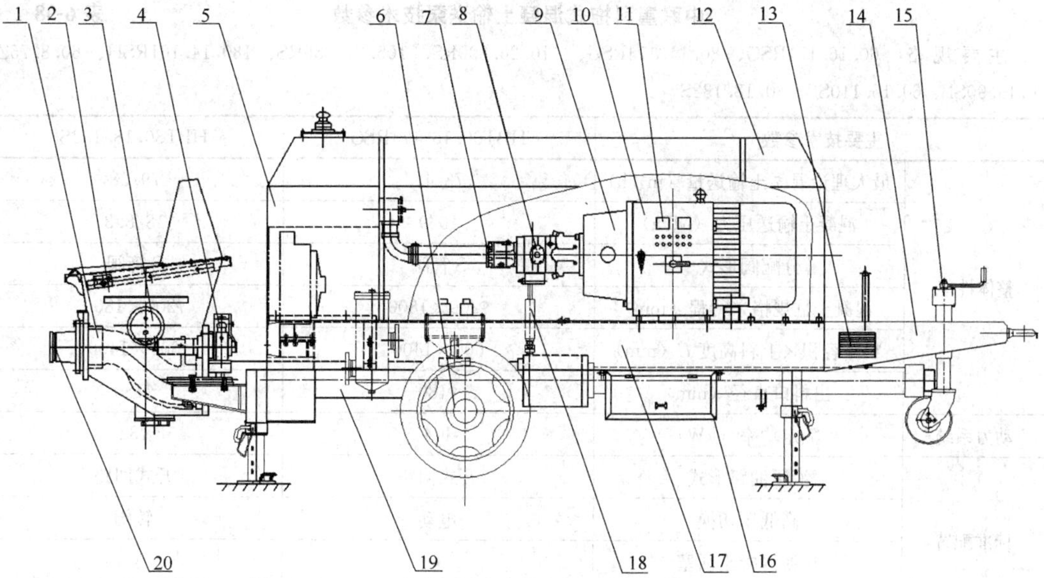

图 6-111 电动 S 阀拖泵整机结构

1—"S"阀系统；2—料斗；3—搅拌系统；4—摆缸；5—液压油箱；6—车桥；7—辅油配管；8—主油配管；9—动力系统；10—电器箱；11—电气系统；12—机壳；13—整机标牌；14—底架；15—导向轮；16—工具柜；17—润滑系统；18—防震器；19—泵送系统；20—输送管道

柴油机可以满足供应问题。而电动机泵优点是价格低，同时噪声也较小，对日益提高环保要求的城市施工来说，电动机泵比较合适。

2. 泵送系统

此系统是混凝土泵的执行机构，主要功能是吸入和推出物料。用于将混凝土拌合物沿输送管道连续输送至浇筑现场。

3. 液压和电控系统

液压系统有开式系统和闭式系统，开式主油泵既为主油缸提供液压油也可摆动，油缸提供液压油。开式系统具有液压油温低、清洁度高的优点；闭式系统具有液压油箱小、结构紧凑的优点，国内产品大部分采用这两种系统。电控系统一般采用 PLC 控制，当遇到异常时，系统内设的保护程序立即启动，保护混凝土泵不受损害，同时在文本显示器上显示出故障原因，可以方便故障诊断和维修。

6.12.6.2 拖式混凝土输送泵的系列

1. 按排量分类（m^3/h）

按每小时泵送方量分为：$20m^3$、$30m^3$、$40m^3$、$50m^3$、$60m^3$、$70m^3$、$80m^3$、$90m^3$ 等。

2. 按功率分类（kW）

按功率分为：37kW、45kW、55kW、75kW、90kW、110kW、130kW（柴油）、132kW、162kW（柴油）、174kW（柴油）等。

3. 按动力分类

按动力可分为电机动力和柴油机动力。

中联重科拖式混凝土输送泵技术参数　　**表 6-98**

主要规格：60.16.174RSG、80.14.174RSG、110.26.390RS、105.21.286RS、180.14.161RSH、60.8.75Z、60.13.90SB、60.16.110SB、80.18.132S

主要技术参数		HBT60.16.174RSG	HBT80.18.132S
整体性能	最大理论混凝土输送量（m^3/h）	78/47	79/38
	混凝土输送压力（MPa）	16/9	18/8.3
	分配阀形式	S管阀	S管阀
	混凝土缸规格×行程（mm）	ϕ200×1800	ϕ200×1800
	料斗容积×上料高度 L（mm）	600×1400	600×1400
	出料口直径（mm）	ϕ180	ϕ180
动力系统	额定功率（kW）	174	132
标准配置	液压油路形式	开式回路	开式回路
	高低压切换	电动	转阀
	快换混凝土活塞	●	○
	电控显示屏	●	●
可选配置	液压系统水冷散热	○	○
	清洗装置	○	○
	无线遥控	○	○
其他参数	允许最大骨料粒径（mm）	卵石：50 碎石：40	卵石：50 碎石：40
	混凝土输送管内径（mm）	ϕ125/ϕ150	ϕ125/ϕ150
	外形尺寸：长×宽×高（mm）	6700×2100×2250	6700×2100×2300

三一重工拖式混凝土输送泵技术参数（一）　　**表 6-99**

主要规格：15-500S、16-132S、18-90S、40C-1008D、40C-1408Ⅲ、40C-1408ⅢA、40C-1410DⅢ、40C-1410DⅢC、50C-1413Ⅲ、50C-1413ⅢA、60A-1406Ⅲ、60A-1406DⅢ、60C-1413Ⅲ、60C-1413DⅢ、60C-1810Ⅲ、60C-1816Ⅲ、60C-1816ⅢA、60C-1816DⅢ、60C-1816DⅢC、80A-1808DⅢ、80C-1813Ⅲ、80C-1813DⅢ、80C-1816Ⅲ、80C-1816ⅢA、80C-1818Ⅲ、80C-1818DⅢ、80C-1818DⅢC、80C-2122Ⅲ、90C-2016DⅢ、90CH-2122D、90CH-2128D、90CH-2135D、90CH-2135DA、90CH-2150D、100C-2118DⅢ、120A-1613D、120C-2016DⅢ、120C-2120DⅢ、120C-2120DⅢB、120C-2120DⅢC

型　号		HBT60C-1816Ⅲ	HBT80C-1813Ⅲ	HBT80C-1816Ⅲ	HBT80C-1818Ⅲ	HBT80C-2122Ⅲ
混凝土理论输送压力（低压/高压）（MPa）		70/45	85/55	85/55	87/57	85/50
混凝土理论输送量（低压/高压）（m^3/h）		45	50/33	65/40	75/45	85/55
电动机额定功率（kW）		110	110	132	160	2×110
最大骨料尺寸（mm）	输送管径 ϕ150mm	50				
	ϕ125mm	40				
混凝土坍落度（mm）		100～230				
输送缸直径×最大行程（mm）		ϕ200×1800	ϕ200×1800	ϕ200×1800	ϕ200×1800	ϕ200×2100
料斗容积×上料高度（m^3·mm）		0.7×1320	0.7×1320	0.7×1420	0.7×1420	0.7×1420

续表

型　　号	HBT60C-1816Ⅲ	HBT80C-1813Ⅲ	HBT80C-1816Ⅲ	HBT80C-1818Ⅲ	HBT80C-2122Ⅲ
外形尺寸 长×宽×高（mm）	6691×2068×2215	6690×2068×2215	6891×2075×2295	6891×2075×2295	7390×2100×2532
总重量（kg）	6600	6600	7300	7600	10500
类型	S阀电动机拖泵				

三一重工拖式混凝土输送泵技术参数（二）　　表 6-100

型　　号		HBT90C-2016DⅢ	HBT100C-2118DⅢ	HBT120C-2120DⅢ	HBT120C-2120DⅢB	HBT120C-2016DⅢ
混凝土理论输送压力（低压/高压）（MPa）		10/16	10/18	13/21	13/21	9/16
混凝土理论输送量（低压/高压）（m^3/h）		95/60	105/70	120/75	120/75	130/75
柴油机额定功率（kW）		181/186	181/186	273	273	273
最大骨料尺寸（mm）	输送管径 ϕ150mm	50				
	ϕ125mm	40				
混凝土坍落度（mm）		100～230				
输送缸直径×最大行程（mm）		ϕ230×2000	ϕ200×2100	ϕ200×2100	ϕ200×2100	ϕ230×2000
料斗容积×上料高度（m^3·mm）		0.7×1420	0.7×1420	0.7×1420	0.7×1420	0.7×1420
外形尺寸 长×宽×高（mm）		7430×2075×2628	7390×2075×2628	7390×2099×2900	7390×2099×2900	7390×2099×2900
总重量（kg）		6800	6900	9100	9100	9100
类型		S阀柴油机拖泵				

上海鸿得利拖式混凝土输送泵技术参数（一）　　表 6-101

主要规格：60-9-75Z、80-15-110S、80-18-132S、60-13-90S、60-13-132S、80-13-132S、85-15-158S、80-18-195S、85-15-174S

序号	项　　目	单位	HBT60-9-75Z	HBT60-13-90S
1	理论混凝土输送量（低压/高压）	m^3/h	63	60/40
2	理论混凝土输出压力（低压/高压）	MPa	8.5	8/13
3	液压系统压力	MPa	32	32
4	分配阀形式		"Z"阀	"S"阀
5	输送缸缸径/行程	mm	ϕ205/1400	ϕ205/1400
6	主油泵排量	mL/r	190	190
7	电动机功率	kW	75	90
8	上料高度	mm	≤1500	≤1450
9	料斗容积	m^3	0.7	0.7
10	混凝土坍落度	mm	50～230	80～230
11	理论最大垂直高度	m	130	200

上海鸿得利拖式混凝土输送泵技术参数（二）　表 6-102

序号	项　目	单位	HBT80-9-132S	HBT80-15-174S
1	理论混凝土输送量（低压/高压）	m^3/h	85/55	85/50
2	理论混凝土输出压力（低压/高压）	MPa	8.4/13.5	9.2/15.6
3	液压系统压力	MPa	32	32
4	输送缸缸径/行程	mm	ϕ200/1800	ϕ200/1800
5	主油泵排量	mL/r	190	190
6	电动机功率	kW	132	174
7	上料高度	mm	≤1450	≤1450
8	料斗容积	m^3	0.7	0.7
9	混凝土坍落度	mm	80～230	80～230
10	理论最大垂直高度	m	200	220

6.12.6.3　拖式混凝土输送泵的选型

（1）选择排量时首先要考虑是商品混凝土还是现场搅拌，如为现场搅拌就必须考虑，搅拌机单位时间的喂料方量和泵送距离的远近。

（2）选择电机混凝土泵，首先要考虑变压器容量，其次考虑距离混凝土泵的远近和线径大小，以免压降过大造成电流增高或跳闸停机。

（3）在供电正常地区和施工现场，电机动力较好，原因是使用成本低，柴油机动力机动性强，不受电源影响，但相对电机泵，使用成本略高。

（4）出口压力(即混凝土压力)是决定泵送距离的标志。正常情况下实际泵送，垂直高度＝出口压力(MPa)×10，即：例如16MPa混凝土泵，正常保障垂直160m，水平距离160m×3＝480m。

（5）S阀泵以其泵送距离远、扬程高为高压泵送首选。其优点为：1）泵送距离远(垂直80m以上，水平300m以上)；2）泵送完毕后，管道清洗方便。其缺点为：1）对骨料要求严；2）电机过大成本高。

闸板阀由于结构与S阀的不同，一般为中低压泵。其优点为：1）吸料更直接，对粗骨料的现场搅拌混凝土较S阀强；2）电机相对S阀泵更小。其缺点为：1）洗管不如S阀方便；2）泵送距离最好控制在垂直80m或水平300m内。

（6）泵送量与泵送混凝土压力的关系

在功率P(kW)给定下，泵送量Q(m^3/h)取决于泵送压力f(MPa)

$$P(\text{kW})=Q(\text{m}^3/\text{h})\times f(\text{MPa})$$

对同一台泵来说，泵送的混凝土坍落度越小，泵送的压力就越大，则泵送量也越小。

（7）泵送压力与管道长度的关系

泵送压力取决于管道的长度。

泵送压力的增加与水平浇注距离成正比。混凝土在管道内壁产生摩擦，管道的长度越长，摩擦表面越大，则所需的压力就越高。

（8）泵送压力与弯管的关系

在布料杆中弯管导致压力增加，这取决于弯管的度数和半径。施维英公司推荐弯管半

径 $r=1$m，90°的弯管所产生的阻力等于一根 3m 长的水平管道压力。

(9) 泵送压力与管径的关系

在规定的输出量下，流速随管道口径的缩小而加快。泵送压力取决于流速（管道截面积）。

(10) 泵送压力与垂直浇注的关系

泵送压力随浇注高度的提高而增加。由于垂直输送时混凝土的重力产生静压；静压的大小取决于混凝土的坍落度大小。在垂直泵送时，必须另外克服这种静压。

选什么型号的拖泵，就是要根据您的工程情况和相关因素综合考虑。

6.12.6.4 拖式混凝土输送泵的使用与保养

混凝土拖泵的故障大多属于突发性故障和磨损故障。设备出现故障，不要盲目乱拆乱查，应根据故障现象，结合液压原理图、电气原理图分析故障的原因。请使用者根据故障原因在使用说明书中的故障检查表中查找解决的办法。

6.12.7 混凝土汽车泵施工机械

混凝土汽车泵分为臂架式混凝土汽车泵（简称混凝土泵车）和车载式混凝土汽车泵（简称混凝土车载泵）两种。

6.12.7.1 混凝土汽车泵的主要组成

1. 混凝土泵车

混凝土泵车主要由底盘、泵送单元和臂架系统三大部分组成，如图 6-112 所示。

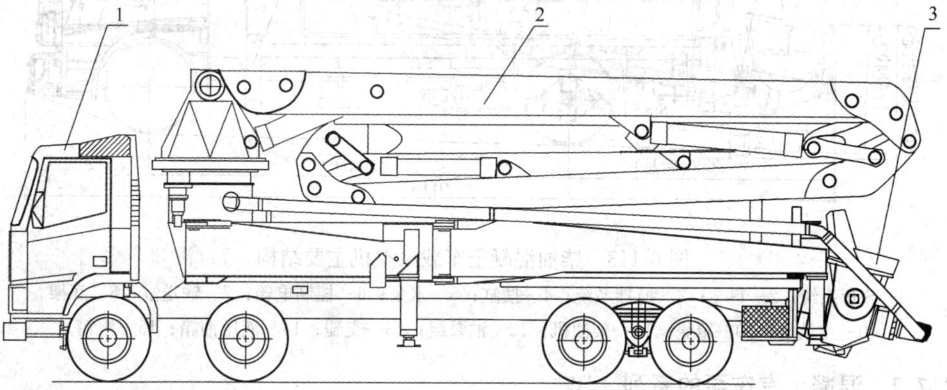

图 6-112 混凝土泵车主要组成

1—底盘；2—臂架系统；3—泵送单元

(1) 臂架系统的基本构造

1) 作用

臂架系统用于混凝土的输送。通过臂架液压缸伸缩、转台回转，将混凝土经由附在臂架上的输送管，直接送达浇筑点。

2) 结构和组成

臂架系统由多节臂架、连杆、液压缸和连接件等部分组成。

(2) 泵送单元

混凝土泵车的泵送单元，动力取自于发动机，由泵送机构、分配机构、搅拌机构、液压系统等构成。

1）泵送机构主要由混凝土缸、水箱、泵送液压缸、料斗和混凝土活塞组成。

2）分配机构由换向液压缸、摇臂、换向管、切割环、眼镜板等组成。通过两个换向液压缸推动换向管的摆动，实现泵送缸的吸料和排料。

3）搅拌机构由液压马达、搅拌轴、叶片等组成。装配于料斗上；其功能主要是防止料斗内混凝土的离析。

4）液压系统主要由液压泵和液压阀等部件组成，其主要功能是驱动泵送机构中的泵送液压缸，驱动分配机构中换向液压缸和启动搅拌机构中液压马达。

常见混凝土泵车的技术性能见表 6-103～表 6-107。

2. 混凝土车载泵

混凝土车载泵，根据主动力的不同可分为柴油车载泵与电动车载泵，由机械系统、液压系统、电气系统、底盘四大部分组成。如图 6-113、图 6-114 所示。常见混凝土车载泵的技术性能见表 6-108～表 6-110。

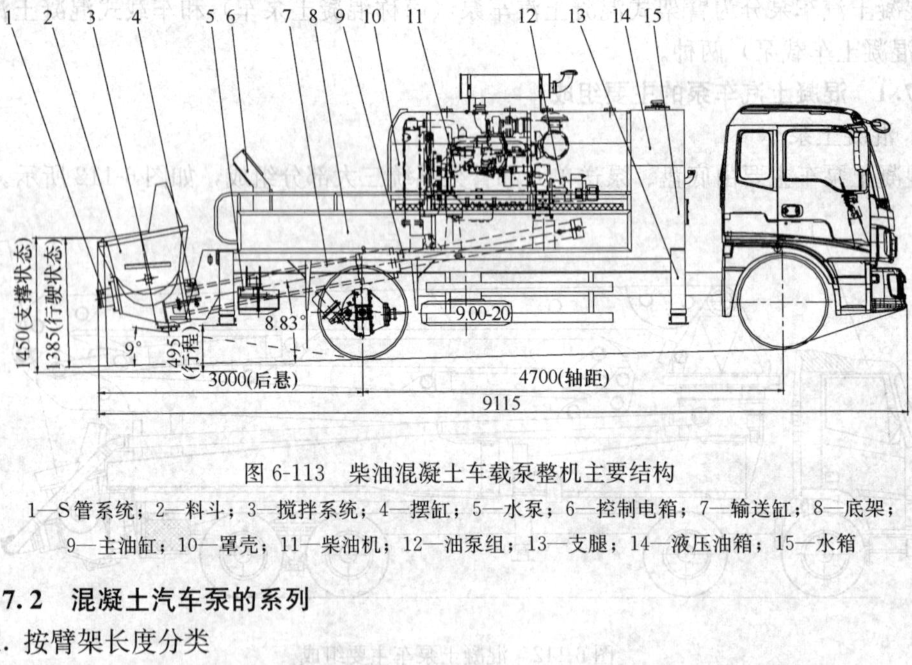

图 6-113　柴油混凝土车载泵整机主要结构

1—S管系统；2—料斗；3—搅拌系统；4—摆缸；5—水泵；6—控制电箱；7—输送缸；8—底架；9—主油缸；10—罩壳；11—柴油机；12—油泵组；13—支腿；14—液压油箱；15—水箱

6.12.7.2　混凝土汽车泵的系列

1. 按臂架长度分类

短臂架：臂架垂直高度小于 30m；

常规型：臂架垂直高度大于 30m 小于 40m；

长臂架：臂架垂直高度大于 40m 小于 50m；

超长臂架：臂架垂直高度大于等于 50m。

其主要规格有：24m、28m、32m、37（36）m、40m、42m、45（44）m、48（47）m、50m、52m、56（55）m、60（58）m、62m、66（65）、72m。

各种混凝土泵车技术参数见表 6-103～表 6-110。

2. 按泵送方式分类

主要有活塞式、挤压式。目前，以液压活塞式为主流，挤压式主要用于灰浆或砂浆的

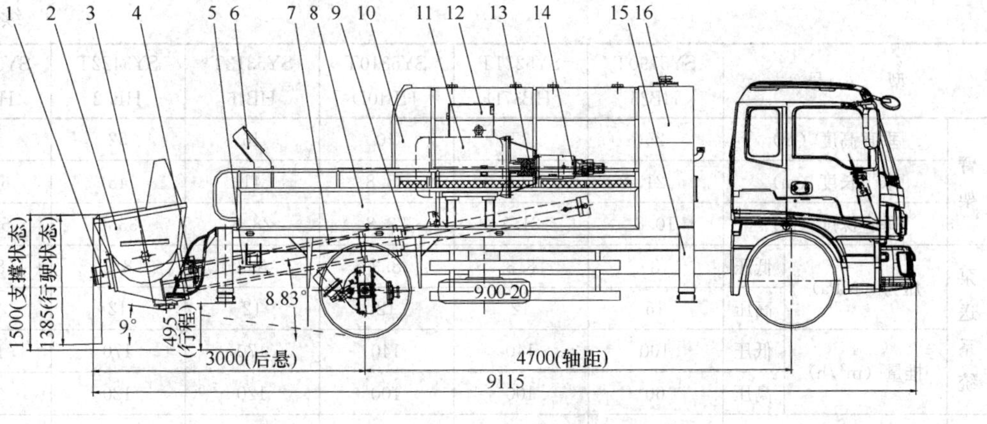

图 6-114 电动混凝土车载泵整机主要结构

1—S管系统；2—料斗；3—搅拌系统；4—摆缸；5—水泵；6—控制电箱；7—输送缸；8—底架；9—主油缸；10—罩壳；11—电机；12—强电电器箱；13—联轴器；14—油泵组；15—支腿；16—液压油箱

输送。

3. 按分配类型分类

按照分配阀形式可以分为：S阀、闸板阀、裙阀和蝶阀等。目前，使用最为广泛的是S阀，具有简单可靠、密封性好、寿命长等特点。

S分配阀混凝土泵的泵送原理（图 6-115）：

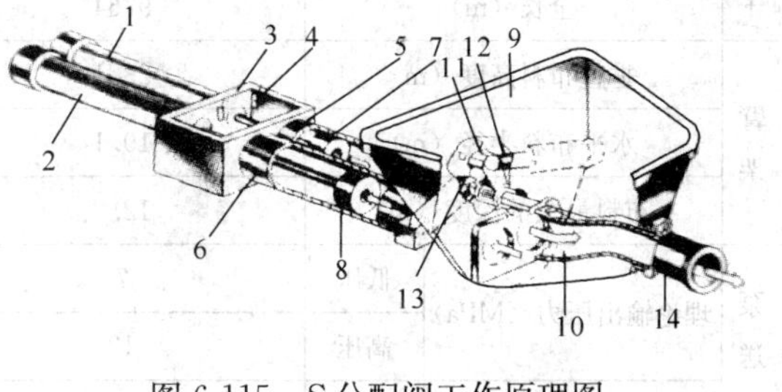

图 6-115 S分配阀工作原理图

1、2—主液压缸；3—水箱；4—换向装置；5、6—混凝土缸；7、8—混凝土活塞；9—料斗；10—S分配阀；11—摆动轴；12、13—摆动液压缸；14—出料口

泵送混凝土时，在主液压缸 1、2 和摆动液压缸 12、13 驱动下，当左侧混凝土缸 6 与料斗 9 连通，则右侧混凝土缸 5 与S分配阀 10 连通。在大气压的作用下左侧混凝土活塞 8 向后移动，将料斗中的混凝土吸入混凝土缸 6（吸料缸），同时液压压力使右侧混凝土缸活塞 7 向前移动，将该侧混凝土缸 5（排料缸）中的混凝土推入S分配阀，经出料口 14 及外接输送管将混凝土输送到浇筑现场。当左侧混凝土缸活塞后移至行程终端时，两主液压缸液压换向，摆动液压缸 12、13 使S分配阀 10 与左侧混凝土缸 6 连接，该侧混凝土缸活塞 8 向前移动，将混凝土推入分配阀，同时，右侧混凝土缸 5 与料斗 9 连通，并使该侧混凝土缸活塞 7 后移，将混凝土吸入混凝土缸，从而实现连续泵送。

三一重工混凝土泵车技术参数 **表 6-103**

主要规格（m）：25、28、32、37、40、43、46、48、50、52、56、58、60、62、66

型号		SY5190T HB25	SY5271T HB37D	SY5310T HB40D	SY5313T HB46	SY5422T HB52	SY5630T HB66
整车	自重（kg）	18900	27495	31490	32800	42900	63000
	全长（m）	10000	11800	11520	11520	14000	17560

续表

型　号			SY5190T HB25	SY5271T HB37D	SY5310T HB40D	SY5313T HB46	SY5422T HB52	SY5630T HB66
臂架	垂直高度（m）		25	37	40	46	52	66
	水平长度（m）		21	33	35.8	41	48	62.2
	垂直深度（m）		10.8	21.3	23.8	28.8	33.6	51.9
泵送系统	压力（MPa）	低压	8	8.3	8.3	8.3	8.3	8.3
		高压	16	12	12	12	12	
	推量（m^3/h）	低压	100	140	140	170	170	170
		高压	60	100	100	120	120	
底盘	底盘型号		SYM1160-01	ISUZU CYZ51Q	ISUZU CYZ51Q	ISUZU CYZ51Q	SYM5430	BENZ Actros 4150 12×6
	发动机功率（kW/rpm）		240/2100	265/1800	265/1800	265/1800	306/1900	370/1800

鸿得利混凝土泵车技术参数　　表 6-104

主要规格（m）：24、37、47

型　号			HDL5160THB	HDL5270THB	HDL5380THB
整车	整车质量（kg）		15820	26745	37900
	全长（m）		9764	11730	12550
臂架	垂直布料高度（m）		23.1	36.8	46.2
	水平布料半径（m）		19.1	32.8	42.2
	布料最大的深度（m）		12.2	20.7	32.5
泵送系统	理论输出压力（MPa）	低压	7	7	7
		高压	12		
	理论输送量（m^3/h）	低压	110	110	135
		高压	65		
底盘	底盘型号		ZZ1161M5011C	CYZ51Q	CYH51Y
	发动机功率（kW）		213	265	287

中联重科混凝土泵车技术参数　　表 6-105

主要规格（m）：22、37、40、42、43、44、46、47、49、52

型　号		ZLJ5281 THB125-37	ZLJ5300 THB125-40	ZLJ5381 THB125-44	ZLJ5401 THB125-46	ZLJ5335 THB 47X-5RZ
整车	整车质量（kg）	28190	30150	37900	32800	32900
	全长（m）	11650	11380	12630	11520	12000
臂架	最大布料高度（m）	36.6	39.2	44	45.51	46.5
	最大布料半径（m）	32.6	35.2	40	41.51	42.2
	最大布料深度（m）	24.9	27	32	31.6	32.7

续表

型号		ZLJ5281 THB125-37	ZLJ5300 THB125-40	ZLJ5381 THB125-44	ZLJ5401 THB125-46	ZLJ5335 THB 47X-5RZ
泵送系统	混凝土最大出口压力（MPa）	6.5	6.5	6.5	6.5	11/7
	最大理论输送量（m³/h）	120	120	120	120	120/70
底盘	底盘型号	CYZ51Q	FS1ERV	CYH51Y	Actros4141	CYZ51Q
	发动机功率（kW/rpm）	265/1800	302/1800	287/1800	300/1800	265/1800

普茨迈斯特混凝土泵车技术参数 **表 6-106**

主要规格（m）：20-4、24-4、28-4、31-5、32-4、36-4、38-4、42-4、46-5、47-5、52-5、58-5、62-6、63-5、70-5

型号		M20-4	M24-4	M28-4	M31-5	M47-5	M70-5
臂架		4	4	4	5	5	5
垂直高度（m）		19.5	23.6	27.3	30.5	46.1	69.3
水平长度（m）		16.1	19.7	23.4	26.6	42.1	65.1
向下深度（m）		11.1	14.5	16.6	20.4	32.2	51.4
泵送系统	压力（无杆腔）（bar）	78	78	85	88	88	85
	排量（无杆腔）（m³/h）	90	90	110	112	112	200

施维英混凝土泵车技术参数 **表 6-107**

主要规格（m）：16-2、16-3、23、24-4H、26、26-4、28、32、32XL、36、36X、42、52

型号		施维英 KVM34X		支腿形式	后摆伸缩
整车	重量（kg）	25×10³	支腿	跨距（前×后×前后）（m）	6.23×5.96×7.44
	长度（m）	10.9			
泵送系统	最大压力（MPa）	7	臂架架	折叠形式	R
	最大排量（m³/h）	130		节数	4
				垂直高度（m）	34

中联重科混凝土车载泵技术参数 **表 6-108**

型号		ZLJ5120THB	型号			ZLJ5120THB
整车	重量（kg）	11980	泵送系统	混凝土理论输送压力（MPa）	低压	9
	长×宽×高（mm）	8800×2490×3070			高压	14
底盘参数	底盘型号	EQ1126KJ1		混凝土理论输送量（m³/h）	低压	88
					高压	57
	电机功率（kW）	118		输送缸内径×行程（mm）		230×1650
				理论泵送次数（次/min）	低压	22
					高压	13

三一重工混凝土车载泵技术参数 **表 6-109**

型号			SY5125THB-9012Ⅲ	SY5121THB-9014Ⅲ	SY5121THB-9018Ⅲ	SY5110THB-9016G
整车	重量（kg）		12000	12000	11000	12000
	长×宽×高（mm）		9185×2470×3040	8960×2470×3040	8800×2470×2935	8960×2470×3040
底盘参数	底盘品牌		东风天锦 DFL1120B	东风 EQ1126KJ1	三一 HQC1130（带分动箱）	东风 EQ1126KJ1
	电机功率（kW）		132	118	210	118
	最大速度（km/h）		90	90	85	90
泵送系统	混凝土理论输送压力（MPa）	低压	7.5	8	7	8.7
		高压	12	16	14	18
	混凝土理论输送量（m³/h）	低压	90	95	95	94
		高压	53	51	50	50
	输送缸内径×行程（mm）		230×1600	230×1600	230×1600	200×1600
	理论泵送次数（次/min）	低压	22	24	23	31
		高压	13	13	12	16

鸿得利混凝土车载泵技术参数 **表 6-110**

型号			HBC85-15-158S	HBC80-18-195S	HBC110-12-158S
泵送系统	混凝土理论输送压力（MPa）	低压	9.2	11.5	7
		高压	15.6	18	12
	混凝土理论输送量（m³/h）	低压	85	80	112
		高压	50	50	67
	输送缸内径×行程（mm）		200×1800	200×1800	230×1800
	理论泵送次数（次/min）	低压	25	23	25
		高压	15	15	15
	理论最大垂直高度（m）		220	280	180

6.12.7.3 混凝土汽车泵的选型

（1）混凝土汽车泵的选型，应根据混凝土工程对象、特点、要求的最大输送量、最大输送距离、混凝土浇筑计划、混凝土泵形式以及具体条件进行综合考虑。

（2）选用机型时除考虑混凝土浇筑量以外，还应考虑建筑的类型和结构、施工技术要求、现场条件和周围环境等。通常选用的混凝土汽车泵的主要性能参数应与施工需要相符或稍大。

（3）由于混凝土汽车泵具有灵活性，而且臂架高度越高，浇筑高度和布料半径就越大，施工适应性也越强，在施工中应尽量选用高臂架混凝土汽车泵。臂架长度 28～36m 的混凝土汽车泵是市场上量大面广的产品，约占 75%。

（4）所用混凝土汽车泵的数量，可根据混凝土浇筑量、单机的实际输送量和施工作业时间进行计算。

（5）混凝土汽车泵采用全液压技术，因此要考虑所用的液压技术是否先进，液压元件质量如何。因其动力来源于发动机，而一般汽车泵采用的是汽车底盘上的发动机，因此除考虑发动机性能与质量外，还要考虑汽车底盘的性能、承载能力及质量等。

6.12.7.4　混凝土汽车泵的使用与保养

由于不同类型的混凝土汽车泵在结构与控制上都会有不同，所以在操作前，必须仔细阅读相应的使用说明书，做好日常保养工作。使用者根据故障原因在使用说明书中的故障检查表中查找解决办法。

6.12.8　混凝土布料杆施工机械

6.12.8.1　混凝土布料杆的系列

1. 混凝土布料杆的分类

（1）移置式布料杆

移置式布料杆构造简单，可以人力推动回转，整机重量较轻，可借助塔吊搬运，在楼层上转移位置以改变布料点。移置式布料杆由布料系统、支座及底架等部件组成。

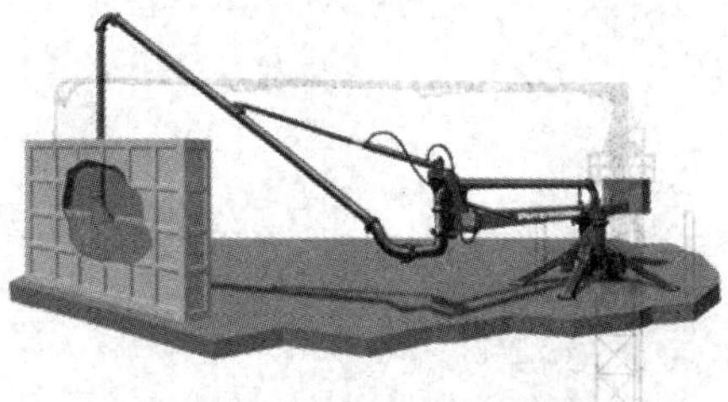

图 6-116　普茨迈斯特机械式可提升混凝土布料系统 RV12

如图 6-116、图 6-117 所示为移置式布料杆，该布料杆通常放置在建筑物的上面，它需要平衡重以保持稳定。其位置转移一般是靠塔式起重机等来吊搬，而混凝土泵置于建筑物底部的地面上。

移置式布料杆主要由折叠式臂架（一般为大、中、小三节）、输送管道、回转支承装置、液压变幅机构、上下支座及配重等几部分组成。布料杆的动作采用液压驱动，控制方式有驾驶员室控制、线控及遥控三种。在布料杆的上部，还加配了多速起重系统，可以作为塔式起重机使用。

（2）固定式布料杆

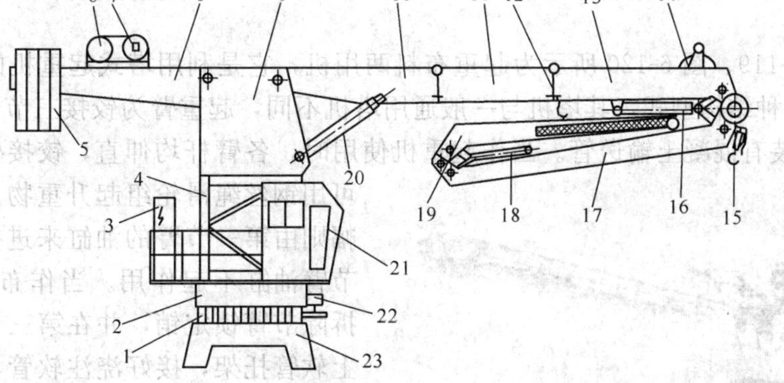

图 6-117　移置式布料杆

1—回转齿圈；2—上支座；3—电控柜；4—回转塔身；5—配重块；6—卷扬帆；7—高度限位器；8—平衡臂；9—转台；10—大臂（后）；11—大臂（中）；12—安全钩；13—大臂（前）；14—载荷限制器；15—吊钩；16—中臂油缸；17—中臂；18—小臂油缸；19—小臂；20—大臂油缸；21—驾驶员室；22—回转限位器；23—下支座

国产固定式布料杆的布料臂架有两种做法：一种是液压曲伸式臂架；另一种是采用卷扬绳轮变幅系统实现俯仰的臂架。

图 6-118 所示固定式布料杆分别采用俯仰式臂架和液压曲伸式臂架。固定式布料杆一般是装在管柱式或格构式塔架上，而塔架可安装在建筑物的里面或旁边，这种布料杆的结构与移置式的大体相同，当建筑物升高时，即接高塔身，布料杆也就随之升高。较高的塔身，需要用撑杆固定在建筑物上，以提高其稳定性。固定式布料杆与建筑结构的接触形式可分为附着式和内爬式两种。

（3）塔式起重布料两用机

这种布料杆亦称起重布料两用塔吊，多以重型塔吊为基础研制而成，主要用于造型复杂的大面积高层建筑综合体工程。布料系统可装设在塔帽下方经加固改装的转台上。

图 6-118　固定式布料杆

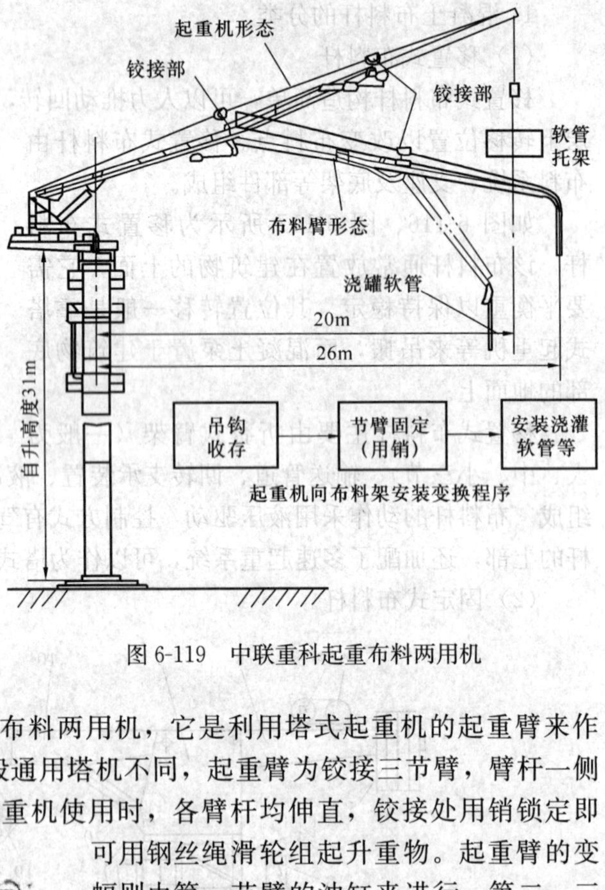

图 6-119　中联重科起重布料两用机

如图 6-119、图 6-120 所示为起重布料两用机，它是利用塔式起重机的起重臂来作布料臂的一种结构型式，其塔机与一般通用塔机不同，起重臂为铰接三节臂，臂杆一侧（或内部）装有混凝土输送管。当作起重机使用时，各臂杆均伸直，铰接处用销锁定即可用钢丝绳滑轮组起升重物。起重臂的变幅则由第一节臂的油缸来进行，第二、三节臂油缸不起作用。当作布料臂使用时，拆除节臂锁定销，并在第三节臂的前端装上软管托架，接好浇注软管，这样三节臂即变为布料杆。

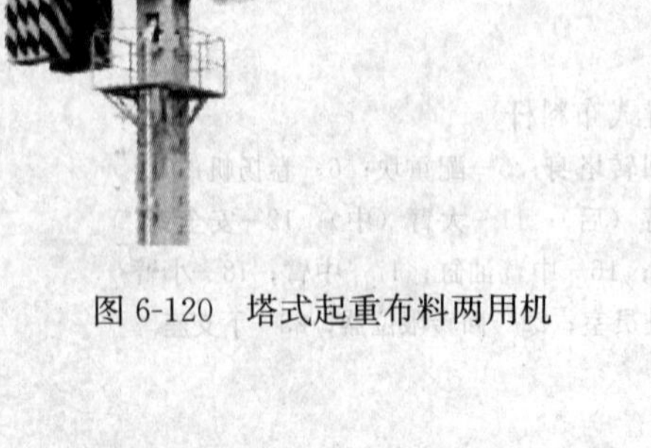

图 6-120　塔式起重布料两用机

2. 各种混凝土布料杆性能的对比

固定式布料杆、移置式布料杆和塔式布料两用机之间性能对比见表 6-111：

三种混凝土布料杆性能对比 表 6-111

	固定式布料杆	移置式布料杆	塔式起重布料两用机
优点	1. 适应塔形高层建筑和筒仓建筑施工，高度限制少。 2. 布料时不影响其他塔式起重机吊装。 3. 结构简单只需立管与爬升装置	1. 可自由地在施工楼面上按流水作业段转移。 2. 无需依赖塔式起重机或重设管柱，独立性强。 3. 制作简便，造价低	1. 充分利用塔式起重机的自升特点，使用高度扩大。 2. 自身结构简化
缺点	1. 独立设置爬升装置与机构，成本相对较高。 2. 由于立管固定依附在建筑物上，故水平输送距离受到限制	1. 上楼层要借助于塔式起重机搬运。 2. 占用楼面空间给施工作业区带来不便	1. 由于塔身是固定式，故使用的幅度有限制。 2. 布料与起重作业有矛盾

6.12.8.2 混凝土布料杆的选型

由于现场施工环境复杂，施工工艺不同，混凝土浇筑受到很多因素的制约。各种不同型式的布料杆都有其最适宜的施工环境，为了达到设备的最佳配置，充分发挥泵送效率、高效、优质、经济、可靠地完成施工任务，选型时可以着重从以下几个方面考虑：

（1）充分分析工程特点，如混凝土施工层面面积大小、平面形状特点；工地配置的设备情况（如泵的数量，塔机起重能力等）；工程结构可利用的状况（如有无电梯井）等。

（2）了解各种型式布料杆的性能结构特点及其所能发挥的优势，有无明显的限制因素，如安装在电梯井内的内爬式布料杆是否因臂架长度限制而无法实现边角部位的浇筑，起重设备的起吊能力是否能满足移动式布料杆整体转移的要求等。

（3）针对工程特点，选择最合适的布料杆。如作业面狭长的堤坝、桥梁、面积较大的车间、厂房等工程可选用车载式或船载式布料杆。另外，在几个型式的布料杆同时能满足一个工程需求时，应选择受限因素最少的，以便今后其他工程使用。

6.12.8.3 混凝土布料杆的使用与保养

汽车式布料杆、移置式布料杆、固定式布料杆和塔式起重布料两用机这四种混凝土布料机的使用与保养相对较为简单，在使用时主要是确保在悬臂动作范围内无障碍物，无高压线，而使用完毕主要是确保布料管内混凝土残留物的清洁干净，防止下次使用时堵塞。

6.12.9 混凝土振动施工机械

6.12.9.1 混凝土振动施工机械的分类

1. 混凝土振动机械的分类及特点

按振动传递的方式可分为插入式振动器、外部式振动器。

插入式振动器又可分为软轴行星式振动器、软轴偏心式振动器和电动机内装式振动器。施工时将插入式振动器插入混凝土拌合物中，直接对混凝土拌合物进行密实。由于插入式振动器可直接插入混凝土拌合物中，所以振动密实效果好。它适合于深度或厚度较大的混凝土制品或结构，多用于振捣现浇基础、柱、梁、墙等结构构件和厚大体积基础的混凝土。其使用非常普遍。

外部式振动器有平板式振动器、附着式振动器和混凝土振动台等几种，是将振动器安装在预制构件模板底部或侧部，振捣时将振动器放在浇好的混凝土结构表面，振动力能够通过振动器的底板传给混凝土。外部式振动器也可以安装一块底板，作为平板式振动器

(表面振动器)，通过底板将振动作用于混凝土拌合物的表面。外部式振动器适用于插入式振动器使用受到限制的钢筋较密、深度或厚度较小的构件。附着式振动器主要用于柱、墙、拱等；平板式振动器主要用于振实面积大、厚度小的水泥混凝土路面、桥面及混凝土预制构件板等施工；而振动平台主要用于板条或柱形等混凝土制品。

混凝土振动台又称台式振动器，它是混凝土混合料的振动成型机械。其机架一般支承在弹簧上，机架下装有激振器，机架上安置成型钢模板，模板内装有混凝土混合料。在激振器作用下，机架连同模板及混合料一起振动，使混凝土密实成型。它是采用短线工艺生产的预制构件厂的主要设备，用于大批量生产空心板、壁板以及厚度不大的梁柱、排水管等。

混凝土振动器根据振动传递方式的分类如图 6-121 所示。

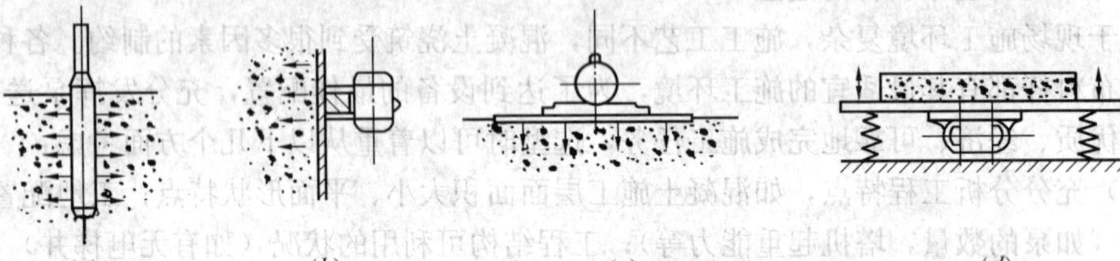

(*a*)　(*b*)　(*c*)　(*d*)

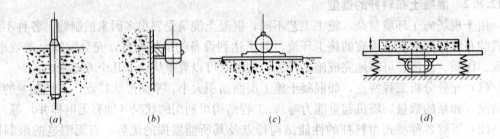

图 6-121　混凝土振动器根据振动传递方式的分类

(*a*) 插入式振动器；(*b*) 附着式振动器；(*c*) 平板式（直线振动式）振动器；(*d*) 台架式振动器（振动台）

2. 混凝土振动机械的型号

混凝土振动机械型号的表示方法见表 6-112。

混凝土振动机械型号的表示方法　**表 6-112**

机类	机型	特性	代号	代号含义	主参数
混凝土振动器 Z（振）	插入式振动器（内部振动器）	电动软轴行星式（X）	ZX	电动软轴行星插入式振动器	振动棒直径（mm）
		电动软轴偏心式（P）	ZP	电动软轴偏心插入式振动器	
		电动直联式（D）	ZD	电动直联插入式振动器	
		风动偏心式（Q）	ZQ	风动偏心插入式振动器	
		内燃行星式（R）	ZR	内燃行星式插入式振动器	
	外部振动器（W）	附着式（F）	ZW（F）	外部电动附着式振动器	电动机功率（kW）
		平板式（B）	ZW（B）	外部电动平板式振动器	
		振动台（T）	ZT	电动混凝土振动台	台面尺寸（mm）

6.12.9.2　插入式振动器

插入式振动器的合理选择：振动器的振动频率是影响混凝土振捣密实效果的重要因素，只有当振动器的振动频率与混凝土颗粒的自振频率相同或相近时，才能达到最佳捣实效果。颗粒的尺寸影响颗粒的共振频率，尺寸大的自振频率较低，尺寸小的自振频率较高，在实际操作中应选用低频、振幅大的插入式振动器来振捣骨料颗粒大而光滑的混凝土。

高频振动器不适用于流动度较大的混凝土，否则混凝土将产生离析现象。干硬性混凝土则应选用高频振动器，能改善振实效果，增加液化作用，扩大捣实范围，缩短捣实时间；选用高频振动器要根据建筑施工的混凝土成分，插入式振动器的结构多采用软轴式，轻便灵活，可单人携带使用，转移十分方便，对上下楼层或通过狭隘场所通道等均能适应，很适合于基层建筑施工单位使用。

6.12.9.3　外部振动器

外部式振动器有平板式振动器、附着式振动器和混凝土振动台三种。

1. 外部式振动器的选择

混凝土较薄或钢筋稠密的结构，以及不宜使用插入式振动器的地方，可选用附着式振动器；钢筋混凝土预制构件厂生产的空心板、平板及厚度不大的梁柱构件等，则选用振动台可收到快速而有效的捣实效果。

2. 外部式振动器的操作方法

（1）操作人员应穿绝缘胶鞋、戴绝缘手套，以防触电。

（2）附着式振动器安装时应保证转轴水平或垂直，如图 6-122 所示。在一个模板上安装多台附着式振动器同时进行作业时，各振动器频率必须保持一致，相对面安装的振动器的位置应错开。振动器所装置的构件模板，要坚固牢靠，构件的面积应与振动器的额定振动板面积相适应。

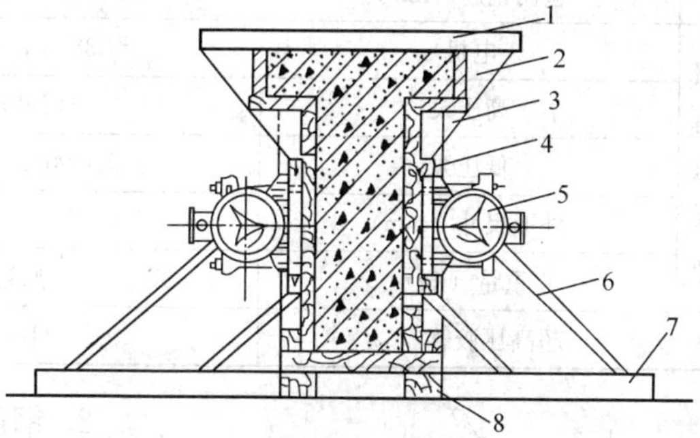

图 6-122　附着式振动器的安装示意图

1—模板面卡；2—模板；3—角撑；4—夹木枋；5—附着式振动器；6—斜撑；7—底横枋；8—纵向底枋

（3）混凝土振动台是一种强力振动成型机械装置，必须安装在牢固的基础上，地脚螺栓应有足够的强度并拧紧。同时在基础中间必须留有地下坑道，以便调整和维修。在振捣作业中，必须安置牢固可靠的模板锁紧夹具，以保证模板和混凝土与台面一起振动。

6.13 钢筋工程施工机械设备

6.13.1 钢筋机械连接施工机械

6.13.1.1　钢筋机械连接施工机械的技术性能

1. 钢筋套筒挤压连接

带肋钢筋套筒挤压连接是将两根待连接钢筋插入钢套筒，用挤压连接设备沿径向挤压钢套筒，使之产生塑性变形，依靠变形后的钢套筒与被连接钢筋纵、横肋产生的机械咬合的钢筋连接方法（图 6-123）。

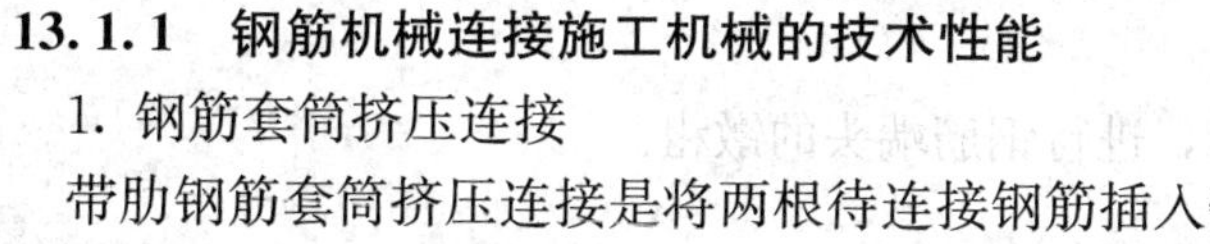

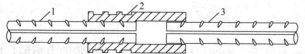

图 6-123　钢筋套筒挤压连接

1—已挤压的钢筋；2—钢套筒；3—未挤压的钢筋

这种接头质量稳定性好，能与母材等强，但操作工人工作强度大，有时液压油污染钢筋，综合成本较高。钢筋挤压连接，要求钢筋最小中心间距为90mm。

挤压设备：钢筋挤压设备由压接钳、超高压泵站及超高压胶管等组成。其型号与参数见表6-113。

钢筋挤压设备的主要技术参数　　表6-113

设备型号		YJH-25	YJH-32	YJH-40	YJ-32	YJ-40
压接钳	额定压力（MPa）	80	80	80	80	80
	额定挤压力（kN）	760	760	900	600	600
	外形尺寸（mm）	$\phi150\times433$	$\phi150\times480$	$\phi170\times530$	$\phi120\times500$	$\phi150\times520$
	重量（kg）	28	33	41	32	36
	适用钢筋（mm）	20～25	25～32	32～40	20～32	32～40
超高压泵站	电机	380V，50Hz，1.5kW			380V，50Hz，1.5kW	
	高压泵	80MPa，0.8L/min			80MPa，0.8L/min	
	低压泵	2.0MPa，4.0～6.0L/min			—	
	外形尺寸（mm）	790×540×785（长×宽×高）			390×525（高）	
	重量（kg）	96	油箱容积（L）	20	40，油箱12	
超高压胶管		100MPa，内径6.0mm，长度3.0m（5.0m）				

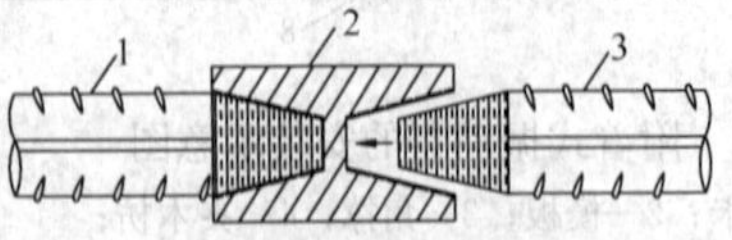

图6-124　钢筋锥螺纹套筒连接
1—已连接的钢筋；2—锥螺纹套筒；3—待连接的钢筋

2. 钢筋锥螺纹套筒连接

钢筋锥螺纹套筒连接是将两根待接钢筋端头用套丝机做出锥形外丝，用带锥形内丝的套筒将钢筋两端拧紧的钢筋连接方法（图6-124）。

锥螺纹接头质量稳定性一般，施工速度快，综合成本较低。在普通型锥螺纹接头的基础上，增加钢筋端头预压或锻粗工序，GK型钢筋等强锥螺纹接头，可与母材等强。

机具设备：

（1）钢筋预压机或镦粗机

钢筋预压机用于加工GK型等强锥螺纹接头，以超高压泵站为动力源，配备与钢筋规格对应的模具，用于直径16～40mm钢筋端部的径向预压。GK40型径向预压机的推力1780kN，工作时间20～60s，重量80kg。YTDB型超高压泵站的压力70MPa，流量3L/min，电机功率3kW，重量105kg。径向预压模具的材质CrWMn锻件，淬火硬度HRC=55～60。

钢筋镦粗机可采用液压冷锻压床，进行钢筋端头的镦粗。

（2）钢筋套丝机

钢筋套丝机是加工钢筋连接端头的锥形螺纹用的一种专用设备。型号：SZ-50A、GZL-40等。

（3）扭力扳手

扭力扳手是保证钢筋连接质量的测力扳手。能够根据钢筋直径大小规定的力矩值，把钢筋与连接套筒拧紧，同时发出声响信号。其型号：PW360（管钳型），性能100～360N·m；HL-02型，性能70～350N·m。

（4）量规

量规主要有牙形规、卡规和锥螺纹塞规。牙形规用来检查钢筋连接端的锥螺纹牙形加工质量。卡规用来检查钢筋连接端的锥螺纹小端直径。锥螺纹塞规用来检查锥螺纹连接套筒加工质量。

3. 钢筋镦粗直螺纹套筒连接

钢筋镦粗直螺纹套筒连接方法是：将钢筋端头镦粗，切削成直螺纹，然后用带直螺纹的套筒将钢筋两端拧紧的钢筋连接方法（图 6-125）。

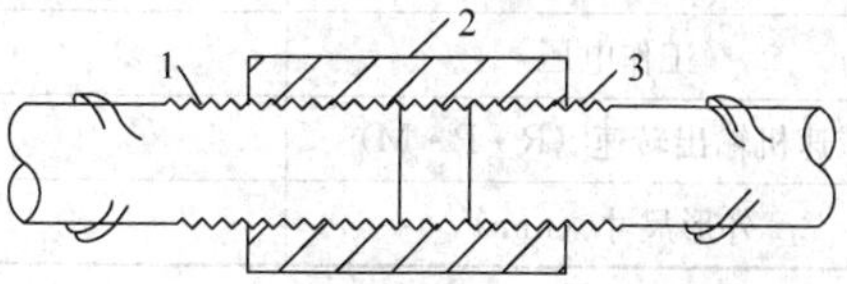

图 6-125 钢筋镦粗直螺纹套筒连接
1—已连接的钢筋；2—直螺纹套筒；3—正在拧入的钢筋

机具设备：

（1）钢筋液压冷镦机：钢筋端头镦粗用的一种专用设备。型号有：HJC200 型（Φ 18～40）、HJC250 型（Φ 20～40）、GZD40、CDJ-50 型等。

（2）钢筋直螺纹套丝机：将已镦粗或未镦粗的钢筋端头切削成直螺纹的一种专用设备。其型号有：GZL-40、HZS-40、GTS-50 型等。

（3）扭力扳手、量规（通规、止规）等。

4. 钢筋滚压直螺纹套筒连接

钢筋滚压直螺纹套筒连接是利用冷作硬化增强金属材料强度的特性，使接头与母材等强的连接方法。根据滚压直螺纹成型方式，分为直接滚压螺纹、挤肋滚压螺纹、剥肋滚压螺纹三种类型。

（1）滚压直螺纹加工与检验

1）直接滚压螺纹加工

采用钢筋滚丝机（型号：GZL-32、GYZL-40、GSJ-40、HGS40 等）直接滚压螺纹。该工艺螺纹加工简单，设备投入少；但螺纹精度差，钢筋粗细不均导致螺纹直径差异，施工质量受影响。

2）挤肋滚压螺纹加工

采用专用挤压设备，滚轮先将钢筋的横肋和纵肋进行预压平，然后滚压螺纹。以减轻钢筋肋对成型螺纹的影响。该工艺对螺纹精度有一定提高，但仍不能根本解决钢筋直径差异对螺纹精度的影响，螺纹加工需要两套设备。

3）剥肋滚压螺纹加工

采用钢筋剥肋滚丝机（型号：GHG40、GHG50），将钢筋的横肋和纵肋进行剥切处理，使钢筋滚丝前的柱体直径达到一致，再进行螺纹滚压成型。该工艺螺纹精度高，接头质量稳定，施工速度快，价格适中。该机主要技术性能见表 6-114。

GHG40 型钢筋剥肋滚丝机技术性能 **表 6-114**

滚丝头型号	40 型［或 Z40 型（左旋）］			
滚丝轮型号	A20	A25	A30	A35
滚压螺纹螺距	2	2.5	3.0	3.5
钢筋规格	16	18、20、22	25、28、32	36、40
整机质量（kg）	590			

续表

主电机功率（kW）	4
水泵电机功率（kW）	0.09
工作电压	380V
减速机输出转速（R·P·M）	～50/60
外形尺寸（mm）	（长×宽×高）1200×600×1200

6.13.1.2　钢筋机械连接设备的种类及使用范围

1. 钢筋机械连接设备的种类（表 6-115）

钢筋机械连接设备型号　　表 6-115

名称	代号	名称	代号	名称	代号	名称	单位
钢筋挤压连接机械	G（钢）	钢筋挤压连接机	J（挤）	钢筋挤压连接机	GJ	钢筋最大公称直径	mm
钢筋螺纹连接机械	G（钢）	钢筋锥螺纹成型机		钢筋锥螺纹成型机			
		钢筋直螺纹成型机		钢筋直螺纹成型机			

2. 钢筋机械连接各种方法的使用范围（表 6-116）

钢筋机械连接各种方法使用范围　　表 6-116

机械连接方法		使用范围	
		钢筋级别	钢筋直径（mm）
钢筋套筒挤压连接		HRB335、HRB400 RRB400	16～40 16～40
钢筋锥螺纹套筒连接		HRB335、HRB400 RRB400	16～40 16～40
钢筋滚压直螺纹套筒连接	直接滚压	HRB335、HRB400	16～40
	挤肋滚压		16～40
	剥肋滚压		16～50
钢筋镦粗直螺纹套筒连接		HRB335、HRB400	16～40

6.13.2　钢筋对焊连接施工机械

6.13.2.1　钢筋对焊连接施工机械的技术性能

钢筋焊接机械的主要技术性能见表 6-117～表 6-126。

点焊机的主要技术性能　　表 6-117

产品型号		DN-5	DN-6	DN-10	DN-10	DN-25	DN_1-75
额定容量（kVA）		5	6	10	10	25	75
电源电压（V）		220/380	380	380	220	220/380	220/380
焊接厚度（mm）	最大	1.5+1.5	1.5+1.5	2+2	0.8+0.8	4+4	5+5
	额定	1+1	1+1	1.5+1.5	0.5+0.5	3+3	2.5+2.5

续表

产品型号		DN_2-50	DN_2-75	DN_2-100	DN_2-6×35	DN_2-3×100	DN_2-6×100
额定容量（kVA）		50	75	100	6×35	3×100	6×100
电源电压（V）		380	380	380	380	380	380
焊接厚度（mm）	最大	1.5+1.5	5+5	5+5			纵筋ϕ6～12 横筋ϕ6～12
	额定		2.5+2.5	2.5+2.5			

对焊机的主要技术性能 **表 6-118**

产 品 型 号	UN-1	UN-10	UN_1-25	UN_1-75	UN_1-100	UN_2-150	UN_9-200
额定容量（kVA）	1	10	25	75	100	150	200
电源电压（V）	220/380	220/380	220/380	220/380	380	380	380
最大焊截面（mm^2）	3.2	50	弹簧 120 杠杆 300	600	1000	连续闪光焊≤1000 预热闪光焊≤2000	1200

UN_1 系列对焊机的调节级数 **表 6-119**

级 数	插头位置			次级空载电压（V）		
	Ⅰ	Ⅱ	Ⅲ	UN_1-25	UN_1-75	UN_1-100
1	2	2	2	1.76	3.52	4.50
2	1			1.89	3.76	4.75
3	2	1		2.05	4.09	5.05
4	1			2.24	4.42	5.45
5	2	2	1	2.47	5.00	5.85
6	1			2.74	5.50	6.25
7	2	1		3.09	6.29	6.90
8	1			3.52	7.04	7.60

不熔化极（钨极）氩弧焊机的主要技术性能 **表 6-120**

产 品 型 号	NSA-300-1	NSA-400	NSA-500-1	NSA-300	NSA_4-300-2	NSA_4-300	NSA_2-150	NSA_2-250
电源电压（V）	380	380	380	380	380	380	380	380
工作电压（V）	20	12～30	20	12～20	12～20	25～30	15	10.4～20

熔化极氩弧焊机的主要技术性能 **表 6-121**

产 品 型 号	NBA_1-500	NBA_{19}-500-1	NBA_2-200	NZA_2-200
电源电压（V）	380	380	380	380
工作电压（V）	20～40	25～40	30	30
焊丝直径范围（mm）	2～3	2.5～4.5	铝 1.4～2.0 不锈钢 1.0～1.6	铝 1.5～2.5 不锈钢 1～2
送丝速度（m/h）	60～840	90～330	60～840	60～180
送丝方式	推丝	推丝	推丝	推丝

交流弧焊机的主要技术性能　　表 6-122

产品型号	BP-3×1000	BX1-1000	BX1-1600	BX2-1000	BX2-2000	BX3-120-1	BX3-300-2
额定容量（kVA）	160	77.75	148	76	170	9	23.4
初级电压（V）	380	380	380	380	380	380	380
电流范围（A）	1000	1000	1600	400～1200	800～1200	20～160	40～400

产品型号	BX3-500-2	BX3-1-400	BX10-500	SQW-1000	T225 AC	T225 AD
额定容量（kVA）	38.6	35.6	40.5	84	7.7	7.7
初级电压（V）	380	380	380	380	380	380
电流范围（A）	60～655	400	50～500	1000	225	150

直流弧焊机的主要技术性能　　表 6-123

产品型号	AX320-1	AXD320	AX1-165-1	AX4-300-1	AX5-500
输入功率（kW）	14	9.5	6	10	26
初级电压（V）	380		380	380	380

弧焊整流器的主要技术性能　　表 6-124

产品型号	ZDG-500-1	ZDG-1000R	ZP-250	ZPG1-500-1	ZXG-300N	ZXG-250R
额定容量（kVA）	37	100	10.7	37	21	19.5
初级电压（V）	380	380	380	380	380	380

产品型号	ZXG-1000R	ZXG-1600	ZXG2-400	ZXG3-300-1	ZXM-250	CP-200
额定容量（kVA）	100	160	130	18.6	37	7.44
初级电压（V）	380	380	380	380	380	380

产品型号	CP-300	DW-450	GS-300SS	GS-400SS	GS-500SS	GS-600SS
额定容量（kVA）	13.16	28	23.3	33.6	38.8	45.6
初级电压（V）	380	220/380/440	220/380/440	220/380/440	220/380/440	220/380/440

二氧化碳保护焊机的主要技术性能　　表 6-125

产 品 型 号	NZC-500-1	NZC_3-500	NZC-1000	NZAC-1	NQZCA-2×400	NBC-160
电源电压（V）	380	380	380	380	380	380
焊丝直径范围（mm）	1～2	1.5～1.6	3～5	1～2	1～1.2	0.5～1.0
送丝速度（m/h）	96～960	120～600	60～228	120～420	400	40～200
送丝方式	推丝	推丝	推丝	推丝	推丝	推丝

产 品 型 号	NBC-250	NBC_1-250	NBC-400	NBC-250	NBC_1-400
电源电压（V）	380	380	380	220	220
焊丝直径范围（mm）	0.8～1.2	1.0～1.2	0.8～1.6	1.0～1.2	1.2～1.6
送丝速度（m/h）	60～250	120～720	80～500	130～800	80～800
送丝方式	推丝	推丝	推丝	推丝	推丝

钨极脉冲氩弧焊机的主要技术性能 **表 6-126**

产品型号	NZA_6-30	NZA_7-250-1
电源电压（V）	380	380
额定焊接电流（A）	30	250
电极直径（mm）	0.5～1	4

6.13.2.2 钢筋对焊连接施工机械的种类

（1）点焊机的分类

点焊机的种类很多，按结构形式分为固定式和悬挂式；按压力传动方式分为杠杆式、气动式和液压式；按电极类型分为单头式、双头式和多头式；按上、下电极臂的长度分为长臂式和短臂式。

（2）对焊机的分类

对焊机的种类很多，按焊接方式分为电阻对焊、连接闪光对焊和预热闪光对焊；按结构形式分为弹簧顶锻式对焊机、杠杆挤压弹簧式对焊机、电动凸轮顶锻式对焊机和气压顶锻式对焊机等。在建筑施工中常用的是 UN_1 系列的对焊机。

（3）弧焊机的分类

弧焊机可分为交流弧焊机和直流弧焊机两类，直流弧焊机是一种将交流电变为直流电的手弧焊电源。

（4）气压焊机的分类

气压焊接有两种方法进行：一是接头闭合式，是金属在塑化状态下的气压焊接法；二是接头敞开式，是在结合面表层金属熔融状态下的气压焊接法。

（5）电渣压力焊机的分类

钢筋电渣压力焊机按控制方式分为手动式电渣压力焊机、半自动式电渣压力焊机和自动式电渣压力焊机；按传动方式分为手摇齿轮式电渣压力焊机和手压杠杆式电渣压力焊机。

6.13.3 钢筋成型施工机械

6.13.3.1 钢筋成型施工机械的主要技术性能

1. 钢筋切断机的主要技术性能

机械式钢筋切断机的主要技术性能见表 6-127；

液压式钢筋切断机的主要技术性能见表 6-128。

机械式钢筋切断机的主要技术性能 **表 6-127**

产品型号	GQL40	GQ40	GQ40A	GQ40B	GQ50
切断钢筋直径（mm）	6～40	6～40	6～40	6～40	6～50
切断次数（次/min）	38	40	40	40	30
功率（kW）	3	3	3	3	5.5

液压式钢筋切断机的主要技术性能 **表 6-128**

产 品 型 号	GQ-12	GQ-20	DYJ-32	SYJ-16
切断钢筋直径（mm）	6～12	6～20	8～32	16
工作总压力（kN）	100	150	320	80
单位工作压力（MPa）	34	34	45.5	79

2. 钢筋调直机、调直切断机的主要技术性能

（1）钢筋调直机的主要技术性能

常用钢筋调直机的主要技术性能见表 6-129。

常用钢筋调直机的主要技术性能 **表 6-129**

产 品 型 号	GT4/8	GT4/14	数控钢筋调直机	GT1.6/4	GT3/8
调直钢筋直径（mm）	4～8	4～14	4～8	1.6～4	3～8
自动切断长度（m）	0.3～0.6	0.3～0.7	<10	0.2～4	0.2～6
钢筋抗拉强度（MPa）				650	650
牵引速度（m/min）				20～30	40
功率（kW）	5.5	4	2.2	3	7.5
切断长度误差（mm）	3	3	2	1	1
产 品 型 号	GT6/12	L GT4/8	L GT6/14	GT5/7	W GT10/16
调直钢筋直径（mm）	6～12	4～8	6～14	5～7	10～16
自动切断长度（m）	0.3～12	0.3～12	1～16	0.3～7	2～10
钢筋抗拉强度（MPa）	650	800	800	1500	1000
牵引速度（m/min）	30～50	40	30～50	30～50	20～30
功率（kW）	15	5.5	15	11	18.5
切断长度误差（mm）	1	1	1.5	1	1.5

（2）钢筋调直切断机的主要技术性能

常用钢筋调直切断机的主要技术性能见表 6-130。

常用钢筋调直切断机的主要技术性能 **表 6-130**

产 品 型 号	GT4/14	GT4/14	GT4/8	GT3/9	GT4/14	GT4/8
调直钢筋直径（mm）	4～14	4～14	4～8	3～9	4～14	4～8
自动剪切长度（mm）	0.3～7	0.3～7	0.3～6.3	0.3～6	0.5～6	0.3～6
钢筋调直速度（r/min）	30.54	58	58	40	50.30	40
功率（kW）	4 5.5	4 5.5	3 2.2	7.5	15	7.5

产 品 型 号	GT4/8	GT4/8	GT6/14	GT4/8	GT4/8
调直钢筋直径（mm）	4～8	4～8	6～14	4～8	4～8
自动剪切长度（mm）	0.3～6	0.3～6	0.3～6	0.3～6	
钢筋调直速度（r/min）	30		30.54	40	40
功率（kW）	4	5.5	11	4 5.5	3

3. 钢筋弯曲机、镦头机的主要技术性能

钢筋弯曲机的主要技术性能

钢筋弯曲机的主要技术性能见表6-131；钢筋弯箍机的主要技术性能见表6-132。

钢筋弯曲机的主要技术性能 **表6-131**

产品型号	GW32	GW32A	GW40	GW40A	GW50
弯曲钢筋直径（mm）	6～32	6～32	6～40	6～40	25～50
钢筋抗拉强度（MPa）	450	450	450	450	450
弯曲速度（r/min）	10/20	8.8/16.7	5	9	2.5
功率（kW）	2.2	4	3	3	4

钢筋弯箍机的主要技术性能 **表6-132**

产品型号	SGWK8B	GJG4/10	GJG4/12	LGW60Z
弯曲钢筋直径（mm）	4～8	4～10	4～12	4～10
钢筋抗拉强度（MPa）	450	450	450	450
工作盘转速（r/min）	18	30	18	22
功率（kW）	2.2	2.2	2.2	3

(2) 钢筋镦头机的主要技术性能

电动钢筋镦头机的主要技术性能见表6-133；

液压钢筋镦头机的主要技术性能见表6-134。

电动钢筋镦头机的主要技术性能 **表6-133**

项目	性能参数	项目	性能参数
产品型号	GLD_5	生产率（头/min）	16～18
可镦钢筋直径（mm）	4～5	电动机型号	Y132S-6
工作转数（r/min）	60	功率（kW）	3

液压钢筋镦头机的主要技术性能 **表6-134**

产品型号	YLD_{45}	LD_{10}	LD_{13}
可镦钢筋直径（mm）	12	5	7
最大镦头力（kN）	450	90	130
最大切断力（kN）		176	226

6.13.3.2 钢筋成型施工机械的种类及使用范围

1. 钢筋成型机械的分类及使用范围

常用的钢筋成型机械有钢筋切断机、钢筋调直机、钢筋调直切断机、钢筋弯曲机和钢筋镦头机等。

（1）钢筋切断机的分类及使用范围

1）按结构型式可分为手动式钢筋切断机、立式钢筋切断机、卧式钢筋切断机；按工作原理可分为凸轮式钢筋切断机、曲柄连杆式钢筋切断机；按传动方式可分为机械式钢筋切断机、液压式钢筋切断机；按驱动方式可分为电动式钢筋切断机、手动式钢筋切断机。

2）钢筋切断机是把钢筋原材和已矫直的钢筋切断成所需长度的专用机械。它广泛应用于施工现场和混凝土预制构件厂剪切 6～40mm 的钢筋，是施工企业的常规设备。同时也可供其他行业作为圆钢、方钢的下料使用（更换相应刀片）。

（2）钢筋调直机的分类及使用范围

1）钢筋调直机一般分为机械式钢筋调直机和简易式钢筋调直机具，简易式钢筋调直机具又可分为导轮调直机具、手绞车调直机具、蛇形管调直机具，其中手绞车调直机具一般适用于工程量较小的零星钢筋加工。

2）钢筋调直机用于将成盘的细钢筋和经冷拉的低碳钢丝调直。它具有一机多用的功能，能在一次操作完成钢筋调直、输送、切断、并兼有清除表面氧化皮和污迹的作用。

（3）钢筋调直切断机的分类及使用范围

1）按调直原理可分为孔模式钢筋调直切断机、斜辊式（双曲线式）钢筋调直切断机；按切断原理可分为锤击式钢筋调直切断机、轮剪式钢筋调直切断机；按切断机构的不同可分为下切剪刀式钢筋调直切断机、旋转剪刀式钢筋调直切断机；按传动方式可分为液压式钢筋调直切断机、机械式钢筋调直切断机、数控式钢筋调直切断机；按切断运动方式可分为固定式钢筋调直切断机、随动式钢筋调直切断机。

2）钢筋调直切断机能自动调直和定尺切断钢筋，并可清除钢筋表面的氧化皮和污迹。

（4）钢筋弯曲机的分类及使用范围

1）按传动方式可分为机械式钢筋弯曲机、液压式钢筋弯曲机；按工作原理可分为蜗轮蜗杆式钢筋弯曲机、齿轮式钢筋弯曲机；按结构型式可分为台式钢筋弯曲机、手持式钢筋弯曲机。

2）钢筋弯曲机是利用工作盘的旋转对钢筋进行弯曲、弯钩、半箍、全箍等作业，以满足钢筋混凝土结构中对各种钢筋形状的要求。

（5）钢筋镦头机的分类及使用范围

1）钢筋镦头机按其固定状态可分为移动式钢筋镦头机和固定式钢筋镦头机两种；钢筋镦头机按其动力传递方式的不同可分为机械式冷镦机、液压式冷镦机和电热镦头机三种。

2）机械式冷镦机适用于镦粗直径 5mm 以下的冷拔低碳钢丝。10 型液压式冷镦机适用于冷镦直径为 5mm 的高强度碳素钢丝；45 型液压式冷镦机适用于冷镦直径为 12mm 普通低合金钢筋。直径 12mm 以上、22mm 以下的 HRB 335、HRB 400（RRB 400）级钢筋主要采用电热镦粗。

2. 钢筋成型机械的型号

钢筋成型机械的型号分类及表示方法见表 6-135。

钢筋成型机械的型号分类 **表 6-135**

类	组	型	特性	代号	代号含义	主参数	
						名称	单位表示法
钢筋及预应力机械	钢筋加工机械 G（钢）	钢筋切断机 Q（切）		GQS	手动钢筋切断机	公称直径	mm
			S（手）	GQ	卧式钢筋切断机		
			L（立）	GQL	立式钢筋切断机		
		钢筋调直机 T（调）		GT	钢筋调直机	钢筋最小直径×最大直径	mm×mm
			Y（液）	GTY	液压钢筋调直机		
			K（控）	GTK	数控钢筋调直机		
			J（机）	GTJ	机械钢筋调直机		
		钢筋弯曲机 W（弯）		GW	钢筋弯曲机	钢筋最大公称直径	mm
			S（手）	GWS	手持电动钢筋弯曲机		
			K（控）	GWK	数控钢筋弯曲机		
		钢筋镦头机 D（镦）	S（手）	GDS	手动钢筋镦头机	钢筋最大直径	mm
			G（固）	GDG	固定钢筋镦头机		

6.14 木工工程施工机械设备

6.14.1 木工加工施工机械的技术性能

6.14.1.1 切割机具

1. 手提锯

常用于切割木方、板材、轻金属的工具，不但方便移动，同时也适合在稳固的工作平台上锯割工作，可进行纵向、横向的直线锯割或斜角锯割，斜角锯割的最大锯角为45°。常用手提锯规格、性能详见表6-136。

常用手提锯规格、性能 **表 6-136**

厂商	博世电动工具		
型号	GKS190	GKS235	GKS190 Upgrade
功率（kW）	1.05	2.1	1.4
转速（r/min）	5000	5000	5500
锯片尺寸（mm）	190	235	184
最大切割深度（mm）	66	85	67
重量（kg）	4.5	7.8	4.1

2. 切割机（云石锯）

主要用于石材、瓷砖等材料切割，也可用于混凝土、钢材等切割。常用切割机规格、性能详见表6-137。

常用切割机规格、性能 表 6-137

厂　商	牧田专业电动工具		
型号	4100NH	4107R	4112HS
功率（kW）	1.2	1.4	2.4
转速（rpm）	13000	5000	5500
锯片尺寸（mm）	110	280	305
最大切割深度（mm）	34	60	100
重量（kg）	2.5	7.2	10.3

3. 木工圆锯机

常用木工圆锯机规格、性能见表 6-138。

常用木工圆锯机规格、性能 表 6-138

厂　商	北京顺义永光清洁机械厂	
型号	MJ104A 型	MJ105D 型
电机型号	Y100L-2	Y112M-4
额定电压	380V	380V
额定功率	3kW	4kW
额定频率	50Hz	50Hz
电机额定转速	2880r/min	1440r/min
主轴转速	2220r/min	1830r/min
线速度	47m/s	47m/s
锯片规格	ϕ400×ϕ25×2mm	ϕ500×ϕ30×2mm
最大切厚	85mm	120mm
整机重量	100±5kg	140±5kg

4. 曲线锯

为满足现代装饰设计师对于木饰面各类形状的要求，曲线锯的诞生很好地解决了这一问题，曲线锯能够加工出各种形状的木材基层及饰面，切割边缘光滑不毛躁，很大程度上提高了装饰工程中木材加工的质量。常用规格、性能详见表 6-139。

常用曲线锯规格、性能 表 6-139

厂　商	博世电动工具		
型号	GST 54	GST 85	GST 135 BCE
功率（kW）	0.4	0.58	0.72
割削深度（mm）	54	85	135
冲程（mm）	18	26	26
转速（r/min）	3000	3100	500～2800
重量（kg）	1.7	2.4	2.7

5. 马刀锯

又称军刀锯，适用于切割、锉削、磨光木材及轻金属材料，作业时将机器紧压在加工材料上，可进行直线、曲线及弯角的切割，切割面光滑平整。常用规格、性能详见表6-140。

常用马刀锯规格、性能 **表 6-140**

厂　商	博世电动工具	
型号	GFZ 600 E	GSA 900
功率（kW）	0.6	0.9
割削深度（mm）	165	250
往复频率（r/min）	500～2600	2700
重量（kg）	3.1	3.3

6.14.1.2 刨削机具

1. 电刨

用于木材表面刨光处理，提高木材表面平整度，不但方便移动，也可以稳固地在工作台上进行操作。常用规格、性能详见表 6-141。

常用电刨规格、性能 **表 6-141**

厂　商	牧田专业电动工具	
型号	N1900B	1911B
功率（kW）	0.5	0.84
刨削宽度（mm）	82	110
刨削深度（mm）	1	2
转速（r/min）	16000	16000
重量（kg）	2.5	4.2

2. 修边机

适合在木材、塑胶板和轻质建材上进行修边、开槽的工作，也可以用作铣槽、雕刻、挖长的孔，甚至借助模板进行铣挖。常用规格、性能详见表 6-142。

常用修边机规格、性能 **表 6-142**

厂　商	牧田专业电动工具	
型号	3703	3710
功率（kW）	0.35	0.53
夹头尺寸（mm）	6	6
转速（r/min）	30000	30000
重量（kg）	1.5	1.6

3. 雕刻机

又称电木铣，多用于木材雕刻、开槽、钻孔等工作。常用规格、性能详见表 6-143。

常用雕刻机规格、性能　　表 6-143

厂　商	牧田专业电动工具		
型号	RP1800	2301FC	3612
功率（kW）	1.85	2.1	1.65
夹头尺寸（mm）	12	12	12
柱塞行程长度（mm）	70	70	60
转速（r/min）	22000	9000～22000	22000
重量（kg）	5.9	6.0	5.8

6.14.1.3　钻孔工具

1. 手电钻

用于装饰工程中各类木材、轻金属材料的开孔、钻孔、固定等工作，也可根据钻头的调整作为电动螺丝刀等工具使用。常用规格、性能详见表 6-144。

常用手电钻规格、性能　　表 6-144

厂　商	博世电动工具		
型号	GBM13	GBM6	GBM23-2E
功率（kW）	0.6	0.35	1.15
最大钻孔直径（mm）	30	15	50/35
转速（r/min）	2600	4000	640
重量（kg）	1.65	1.1	4.8

2. 电锤

适合在砖块、混凝土和石材上进行钻孔。另外也可以在木材、金属、陶瓷和塑料上钻孔。常用规格、性能详见表 6-145。

常用电锤规格、性能　　表 6-145

厂　商	博世电动工具		
型号	GBH2-18E	GBH2-26E	GBH3-28E
功率（kW）	0.55	0.8	0.72
最大钻孔直径（mm）	30	30	30
最佳钻孔范围（mm）	4～10	8～18	8～18
锤击率（n/min）	4550	4000	4000
转速（r/min）	1550	9000	800
重量（kg）	1.5	2.7	3.3

6.14.1.4　钉固机具

1. 气钉枪

广泛应用于装饰木基层的制作施工，具有省时省力、高效等特点，使用时必须配备空气压缩机，通过空气压力将钉子射出。常用规格、性能详见表 6-146。

常用气钉枪规格、性能　　表 6-146

厂　商	美国百事高（BESCO）	
型号	FS1013J	F50
使用气压（MPa）	0.6～1	0.5～0.7
可装钉数（枚）	100	100
钉子使用范围（mm）	6～13	6～13
重量（kg）	0.8	1.6

2. 电动螺丝枪

又称起子机，用于板材间的螺丝固定，相比传统螺丝刀具有高效、省力等优点。常用规格、性能详见表 6-147。

常用电动螺丝枪规格、性能　　表 6-147

厂　商	牧田专业电动工具		
型号	6821	6823N	6824N
功率（kW）	0.57	0.57	0.57
使用螺丝（mm）	6	6	6
转速（r/min）	4000	2500	4500
重量（kg）	2.0	2.5	2.5

6.14.1.5 打磨机具

1. 角向磨光机

常用于石材、金属的切割，切缝平整光滑，不易发生爆边等现场。常用规格、性能详见表 6-148。

常用角向磨光机规格、性能　　表 6-148

厂　商	牧田专业电动工具		
型号	9553B	9555NB	9566C
功率（kW）	0.71	0.71	1.4
适用磨光片（mm）	100	125	150
转速（r/min）	11000	10000	9000
重量（kg）	1.4	1.4	1.8

2. 盘式抛光机

主要用于木材、石材等装饰面的修整、磨光，如门扇、门套、窗帘箱、装饰木饰面等。常用规格、性能详见表 6-149。

常用盘式抛光机规格、性能　　表 6-149

厂　商	牧田专业电动工具		
型号	GV5000	DV6010	9227CB
功率（kW）	0.4	0.44	1.2
适用砂轮片（mm）	125	150	180
转速（r/min）	4500	4500	3000
重量（kg）	1.2	1.1	3.0

6.15 其他施工机械

1. 型材切割机

可在金属板上做纵向与横向的直线切割，斜割最大角度为45°。常用规格、性能详见表6-150。

常用型材切割机规格、性能　　表6-150

厂　商	博世电动工具	
型号	GCO2000	LC1230
功率（kW）	2	1.75
切片直径（mm）	355	115
转速（r/min）	3500	1300
重量（kg）	15.8	19

2. 空气压缩机

为气钉枪、电镐等气动工具提供空气压力。常用规格、性能详见表6-151。

常用空气压缩机规格、性能　　表6-151

厂　商	山西省太原大汇实业有限公司					
型号	DH-7	DH-10	DH-15	DH-20	DH-25	DH-30
排气量/排气压力（m^3/min/MPa）	0.8/0.8 0.5/1.2	1.2/0.8 0.8/1.2	1.6/0.8 1.2/1.2	2.3/0.8 2.0/1.2	3.0/0.8 2.4/1.2	3.6/0.8 3.1/1.2
功率（kW）	5.5	7.5	11	15	18.5	22
重量（kg）	220	240	260	350	380	420

3. 电动拉铆枪

电动拉铆枪，能将铆螺母、铆螺栓直接铆接于薄板，操作便捷、安全，铆接牢固、可靠，彻底改变了传统的薄板装配点焊工艺所存在的加工繁复、板面不平、位置不准、强度差、费工费料等不足。常用规格、性能详见表6-152。

常用拉铆枪规格、性能　　表6-152

厂　商	日本LOBSTER	
型号	BR200M	BR210M
功率（kW）	0.4	1.6
最大拉力（N）	8500	13000
适用铆钉	2.4、3.2、4.0、4.8	2.4、3.2、4.0、4.8
重量（kg）	1.4	2.2

参 考 文 献

1. 中华人民共和国国家标准. 起重机　钢丝绳　保养、维护、安装、检验和报废 GB/T 5972—2009. 北京：中国标准出版社，2007.
2. 中华人民共和国国家标准．起重机械安全规程 GB 6067．1—2010．北京：中国标准出版社，2011.
3. 中华人民共和国国家标准．塔式起重机安全规程 GB 5144—2006．北京：中国标准出版社，2007.
4. 中华人民共和国国家标准．塔式起重机 GB/T 5031—2008．北京：中国标准出版社，2009.
5. 中华人民共和国国家标准．建筑施工塔式起重机安装、使用、拆卸安全技术规程 JGJ 196—2010．北京：中国标准出版社．2011.
6. 中联重工科技发展股份有限公司塔机使用说明书.
7. 永茂建筑机械有限公司塔机使用说明书.
8. 上海市吴淞建筑机械厂有限公司塔机使用说明书.
9. 江麓浩利建筑机械有限公司塔机使用说明书.
10. 德国 LEBHERR 公司塔机使用说明书.
11. 朱维益．建筑施工工程师手册．北京：中国建筑工业出版社，2003.
12. 杜荣军．建筑施工安全手册．北京：中国建筑工业出版社，2007.
13. 柳春圃．建筑施工常用数据手册（第二版）．北京：中国建筑工业出版社，2001.
14. 建筑施工手册（第四版）编写组．建筑施工手册（第四版）．北京：中国建筑工业出版社，2003.
15. 高振峰．土木工程施工机械实用手册．济南：山东科学技术出版社，2009.

网上增值服务说明

为了给广大建筑施工技术和管理人员提供优质、持续的服务，我社针对本书提供网上免费增值服务。

增值服务的内容主要包括：

（1）标准规范更新信息以及手册中相应内容的更新；

（2）新工艺、新工法、新材料、新设备等内容的介绍；

（3）施工技术、质量、安全、管理等方面的案例；

（4）施工类相关图书的简介；

（5）读者反馈及问题解答等。

增值服务内容原则上每半年更新一次，每次提供以上一项或几项内容，其中标准规范更新情况、读者反馈及问题解答等内容我社将适时、不定期进行更新，请读者通过网上增值服务标验证后及时注册相应联系方式（电子邮箱、手机等），以方便我们及时通知增值服务内容的更新信息。

使用方法如下：

1. 请读者登录我社网站（www. cabp. com. cn）“图书网上增值服务”板块，或直接登录（http：//www. cabp. com. cn/zzfw. jsp），点击进入“建筑施工手册（第五版）网上增值服务平台”。

2. 刮开封底的网上增值服务标，根据网上增值服务标上的 ID 及 SN 号，上网通过验证后享受增值服务。

3. 如果输入 ID 及 SN 号后无法通过验证，请及时与我社联系：

E-mail：sgsc5@cabp. com. cn

联系电话：4008-188-688；010-58337206（周一至周五工作时间）

如封底没有网上增值服务标，即为盗版书，欢迎举报监督，一经查实，必有重奖！

为充分保护购买正版图书读者的权益，更好地打击盗版，本书网上增值服务内容只提供在线阅读，不限定阅读次数。

防盗版举报电话：010-58337026

网上增值服务如有不完善之处，敬请广大读者谅解并欢迎提出宝贵意见和建议（联系邮箱：sgsc5@cabp. com. cn），谢谢！